U0358576

英文版总主编 WILLIAM DAMON RICHARD M. LERNER
中文版总主持 林崇德 李其维 董 奇

第一卷（上）人类发展的理论模型
Theoretical Models of Human Development

英文版本卷主编
RICHARD M. LERNER

儿童心理学手册
（第六版）

HANDBOOK OF CHILD PSYCHOLOGY
（SIXTH EDITION）

华东师范大学出版社
·上海·

儿童心理学手册（第六版） 第一卷 （上）

Handbook of Child Psychology, Vol. 1: Theoretical Models of Human Development, 6th Edition
By William Damon, Richard M. Lerner

上海市版权局著作权合同登记 图字：09－2007－380 号

谨以此书纪念 Paul Mussen，他的宽宏与慷慨对我们的生活产生了至深的影响，并且帮助我们构建了一个活动的舞台。

英文版本卷编委

Paul B. Baltes
Max Planck Institute for Human Development
Berlin, Germany

Peter L. Benson
Search Institute
Minneapolis, Minnesota

Thomas R. Bidell
Denver, Colorado

Jochen Brandstädter
Department of Psychology
University of Trier
Trier, Germany

Urie Bronfenbrenner
Department of Human Development
Cornell University
Ithaca, New York

Anton Bucher
University of Salzburg
Salzburg, Austria

Beverley D. Cairns
Social Development Research Center
University of North Carolina
Chapel Hill, North Carolina

Robert B. Cairns
Social Development Research Center
University of North Carolina
Chapel Hill, North Carolina

Mihaly Csikszentmihalyi
Claremont Graduate University
Claremont, California

Glen H. Elder Jr.
Carolina Population Center
The University of North Carolina
Chapel Hill, North Carolina

Kurt W. Fischer
Graduate School of Education
Harvard University
Cambridge, Massachusetts

Jacqueline J. Goodnow
School of Behavioural Science
University of Sydney
Sydney, Australia

Gilbert Gottlieb
Center for Developmental Science
University of North Carolina, Chapel Hill
Chapel Hill, North Carolina

Stephen F. Hamilton
Department of Human Development
Cornell University
Ithaca, New York

Giyoo Hatano
Human Development & Education Program
University of the Air
Chiba City, Japan

Richard M. Lerner
Department of Child Development
Tufts University
Medford, Massachusetts

Robert A. LeVine
Graduate School of Education
Harvard University

Cambridge, Massachusetts

Robert Lickliter
Department of Psychology
Florida International University
Miami, Florida

Ulman Lindenberger
Max Planck Institute for Human Development
Berlin, Germany

David Magnusson
Department of Psychology
Stockholm University
Stockholm, Sweden

Hazel R. Markus
Department of Psychology
Stanford University
Stanford, California

Peggy J. Miller
Department of Speech Communication
University of Illinois
Champaign, Illinois

Pamela A. Morris
MDCR
New York, New York

Fritz K. Oser
Department of Education
University of Freiburg
Freiburg, Switzerland

Willis F. Overton
Department of Psychology
Temple University
Philadelphia, Pennsylvania

Kevin Rathunde
Department of Family and Consumer Sciences
University of Utah
Salt Lake City, Utah

Peter C. Scales
Search Institute
Minneapolis, Minnesota

W. George Scarlett
Department of Child Development
Tufts University
Medford, Massachusetts

Arturo Sesma Jr.
Search Institute
Minneapolis, Minnesota

Michael J. Shanahan
Department of Sociology
University of North Carolina — Chapel Hill
Chapel Hill, North Carolina

Richard A. Shweder
Committee on Human Development
University of Chicago
Chicago, Illinois

Linda B. Smith
Department of Psychology
Indiana University
Bloomington, Indiana

Margaret Beale Spencer
Department of Psychology
University of Pennsylvania
Philadelphia, Pennsylvania

Håkan Stattin
Department of Social Sciences
Örebro University
Örebro, Sweden

Ursula M. Staudinger
Jacobs Center for Lifelong Learning and
Institutional Development
International University Bremen
Bremen, Germany

Esther Thelen
Department of Psychology
Indiana University
Bloomington, Indiana

Jaan Valsiner
Department of Psychology
Clark University
Worcester, Massachusetts

Douglas Wahlsten
Department of Psychology
University of Windsor
Ontario, Canada

《儿童心理学手册》(第六版)中文翻译版编委会

翻译总主持:

林崇德
北京师范大学发展心理研究所

李其维
华东师范大学心理与认知科学学院

董　奇
北京师范大学认知神经科学与学习研究所

编委(以姓氏笔画为序):

王振宇
华东师范大学学前与特殊教育学院

王穗苹
华南师范大学教育科学学院

方晓义
北京师范大学发展心理研究所

邓赐平
华东师范大学心理与认知科学学院

卢家楣
上海师范大学心理学系

申继亮
北京师范大学发展心理研究所

白学军
天津师范大学心理与行为研究院

朱莉琪
中国科学院心理研究所

阴国恩
天津师范大学心理与行为研究院

苏彦捷
北京大学心理学系

李　红
西南大学心理学院

李庆安
北京师范大学发展心理研究所

李晓文
华东师范大学心理与认知科学学院

李晓东
深圳大学心理学系

杨丽珠
辽宁师范大学心理学系

连　榕
福建师范大学教育科学与技术学院

吴国宏
复旦大学心理学系

岑国桢
上海师范大学心理学系

邹　泓
北京师范大学发展心理研究所

张　卫
华南师范大学教育科学学院

张文新
山东师范大学心理学院

张向葵
东北师范大学心理学系

张庆林
西南大学心理学院

陈会昌
北京师范大学发展心理研究所

陈英和
北京师范大学发展心理研究所

陈国鹏
华东师范大学心理与认知科学学院

周宗奎
华中师范大学心理学院

庞丽娟
北京师范大学教育学院

胡卫平
山西师大教师教育学院

俞国良
中国人民大学心理研究所

施建农
中国科学院心理研究所

莫　雷
华南师范大学教育科学学院

陶　沙
北京师范大学认知神经科学与学习研究所

桑　标
华东师范大学心理与认知科学学院

程利国
福建师范大学教育科学与技术学院

雷　雳
中国人民大学心理研究所

第一卷　目录

《儿童心理学手册》(第六版)中文版序

写序难,为这约800万字的皇皇巨著写序似乎更难。

先说说这套中文版手册的成书由来。

把最新版本(2006年第六版)的《儿童心理学手册》介绍给中国的学界同仁,其最初想法在该年的年底就已萌发。当时中国心理学会发展心理学专业委员会和教育心理学专业委员会在广州联合举行学术年会,我们三人均有幸受邀,忝为大会开幕式和闭幕式的报告人。尽管我们没有在各自的报告中过多谈及这一问世不久的新版《儿童心理学手册》,但在会下和会后的交谈和联系中,我们已考虑组织队伍迅速将之译成中文的可能性。巧合的是,其后不久,华东师范大学出版社教育与心理编辑室主任彭呈军同志主动就翻译出版手册之中文版一事征询我们的意见。彭呈军同志本人亦是发展心理学的专家,接受过该领域的专业训练。他深知其书的学术价值和影响力。我们并且被告知:华东师范大学出版社社长兼总编辑朱杰人教授秉承其一贯对出版高品位心理学著作的热心态度,明确表示只要经过认真而严肃的论证,一定会全力支持并尽快落实这一出版规划,并且提议由我们三人共同主持这项工作。华东师范大学出版社的积极态度,使我们深受鼓舞,同时也使我们感到责任重大。于是,在2007年初这一颇受中国发展心理学界同仁注目的工作正式启动。

从2007年初至2009年初,历时两个寒暑,计约800万字的《儿童心理学手册》中文版终于与读者见面。作为中文版的主持人,我们顿有如释重负之感,同时也颇觉兴奋和欣慰。或许,我们在不经意间竟创造了历史。因为翻译和出版手册类图书,这在中国心理学界未有前例,且其间动员、组织了国内几乎整个儿童(发展)心理学界的力量共襄此举,这更是值得铭记之事。

对任一学科而言,手册的价值是不言而喻的。众所周知,任何学术手册的语种嬗替,其困难之处也许不在于专业内容的理解、把握和准确表达,更在于其时效性的潜在要求。在尽可能短的时间内完成出版的全套作业,这多少有些冒险。须知,倘费时耗日,当我们勉力成书之际,人家又有新版问世,这岂非让我等劳作成了"明日黄花"!因此,手册价值的第一要义在于其时效性,这也是我们始终未敢懈怠的首要考虑。基于此,我们在受命之初,就确定了动员全国儿童(发展)心理学同仁协力同心,共同参与,在确保译文质量的前提下,尽可能快地推进翻译和出版进程之原则。我们之所以敢于接受这一任务，坦率言之，首先，乃是基于对目前中国儿童(发展)心理学界基本队伍的了解和信任。历经改革开放数十年，随着国内外学术交流的频繁展开，中国儿童(发展)心理学家的学术视野更加开阔，学术水平迅速提高。国内许多同行的研究也与时俱进，已具备在许多相关领域与国外同行进行交流的话语权。当然，差距犹存，但已获之成果足令我们不必妄自菲薄。《儿童心理学手册》原版的主编自认为其各章的撰稿人都是发展(儿童)心理学各领域最优秀的专家。同样我们也可以自信地说，我们中文版的译校队伍亦为国内相关领域的一时之选。任何学术著作的翻译，某种意义上其实都是一种学术对话，对话的质量就直接反映在译文的水平上。总体而言，我们对译文的质量是满意的。其次，如下条件也为我们预期可完成这项工程平添了信心：中国发展(儿童)心理学界不仅学科队伍齐整，而且具有团结协作的良好传统。改革开放早期，朱智贤、刘范、朱曼殊、李伯黍诸先生就曾经领衔组织过全国范围的合作研究项目。我们理应追随前辈，使这一传统后承有绪。去年开始至今仍在进行之中的由我们主持的《中国儿童青少年心理发育特征调查》就是另一全国协作的大项目。而此次《儿童心理学手册》中文版的问世当为中国发展(儿童)心理学界的成功合作更添新的标志！作为这一工程的主持人，我们深感于国内同仁的积极参与和热情投入！这使我们能在最短的时间内联系并确定各章的译校者，所邀同仁，无一例外地慨然应允，而且几乎全都在规定时间内完成任务。没有他们的努力，要将这四卷(中文版分 8 册)中文版《儿童心理学手册》在如此之短的时间内奉献于读者面前，那是极难想象的！在此，我们谨向参与这一工程的所有同仁表达我们真诚的谢意！

下面我们对这一新版《儿童心理学手册》本身之某些可议之处再稍作赘语。这或许对开卷阅读此书的读者有所裨益。

原手册主编之一 W. Damon 教授为手册撰写了长篇前言(1998 年第五版的前言也为其所撰)，对手册长达 75 年的演变历史作了详尽的阐述，对从 C. Murchison 以后，历经 L. Carmichael、P. Mussen，再到他们自己(W. Damon 和 R. M. Lerner)的各版手册之内容特色和主题变迁，所论周详，为我们描绘了发展(儿童)心理学自身发展的历史长卷。某种意义上，Damon 的前言本身不啻为关于发展(儿童)心理学之发展的一项元研究。如他所说，手册扮演着这一学科之“指向标、组织者和百科全书的角色”。我们建议读者，无论是专业的，还是非专业或旁专业的，抑或是发展(儿童)心理学中某一分支领域更为专门的研究者，在从手册采撷你所感兴趣的材料之前，这一前言是应该首先阅读的。

由于 Damon 出色的前言在前，这给我们撰写中文版序言增加了压力。若提出更高要求：企望在深入各章内容之后，再行跳出，站在高处对它们作一评述的话(严格来说，还必须对前几版相关内容的演变作纵向的回顾和比较)，这更为我们力所不逮，且多少有点令我们产生某种“崔灏题诗在上头”之感。

作为一名发展(儿童)心理学家应该感到庆幸，因为我们始终有薪火相传、不断更新的《儿童心理学手册》相伴随。其他领域的心理学家就未必有此好运。诚如 Damon 所言，“《儿童心理学手册》对本学科的发展起到了独特而重要的作用，其影响之大甚至连那些世界著名的学术手册也难以比拟”(见本手册“前言”)。我们很难想象,没有当年 Murchison 的首创以及随后 Carmichael 和 Mussen 的开拓进取以及当代 Damon 和 Lerner 的继承发扬,一句话,若没有这一系列的《手册》问世,当今发展(儿童)心理学的园地也许不会有今日如此繁荣的景象! Eisenberg 曾将 1970 年版《手册》(Mussen 主编)奉为“圣经”,这或许是她作为 Mussen 弟子的溢美之词,但要说历代发展(儿童)心理学家未曾受惠于这些《手册》,这就难免有罔顾事实之嫌了! 试问,当代发展(儿童)心理学的各类研究课题、数以百千计的学术著作和学位论文,哪一项或哪一篇敢于声称没有受到其直接或间接的启示和指导? 学术的滋养也许润泽于无声,但它的影响是难以否认的。它实际起到了指引新研究方向之“明灯”、形成新思想之“发生器”、提供新知识之“宝库”和孕育新理论之“摇篮”的作用(Damon 语)。

历代各版《手册》的宗旨始终为历任主编所恪守,即旨在为我们“提供一幅对知识的目前状态进行全面、准确描绘的图画——主要的系统性思考和研究——在人类发展的心理学领域内最重要的研究”(Mussen,1983 年版“前言”),以“真实地向读者奉献一部完整的儿童心理学”。传统上,《手册》的读者定位于所谓“特定的学者”,因此具有“高级教程”的特点。但自第五版之后,其“特定学者”的范围显然有明显扩大的倾向,因为“如今的学者更多倾向于在多学科的领域,如心理学、认知科学、神经生物学、历史学、语言学、社会学、人类学、教育学和精神病学等学科进行跨学科的遨游”(Damon,本版“前言”),而且这种遨游必定还伴有不同研究导向的实践工作者与之同行。

《儿童心理学手册》从“四分卷”之体例到各卷内容的主题确定,乃是从 1998 年的第五版开始成型的。第五版与 1983 年的第四版相比,有了显著的变化。正是从第五版始,几种如今几乎成为儿童(发展)心理学家们工作语言的理论模型和研究取向渐居主流地位。它们是动力系统论、毕生发展和生活过程论、认知科学和神经模型、行为遗传学方法、个体—情境交互论、动作论、文化心理学以及泛新皮亚杰学派和泛新维果茨基模式。就这些主题而言,第六版与第五版相比,似乎更多地只是表现为新材料的增加、思考层次的深入而并无方向上的重大转变。如果说从第四版到第五版是“革命”的话,那么从第五版到第六版,确切地说,应该只是某种“改良”——尽管某些方面的进步是显而易见的。在可以预见的未来,或许也未必会再产生更多新的范式。因此,我们应对 Damon 和 Lerner 对手册的历史贡献给予高度评价。

至于本版(第六版)与第五版的不同之处,Damon 和 Lerner 在其所撰第六版的“前言”中未作详列,当然读者完全可以自行判断。我们仅略述如次。

在第一卷“人类发展的理论模型”中,本版保留了 1998 年第五版 19 章中的 15 章,其撰稿人也没有变化。除删去第五版中的第 6、7、8 和 13 章外,较大的变化是增加了 3 章新的内容,即“现象学生态系统理论: 多元群体的发展”、“积极的青年发展: 理论、研究与应用”和“宗教信仰与精神信仰的毕生发展”。这一变化显然与后面我们还将提及的当代儿童(发展)心理学中“系统发展理论”逐渐取得支配地位的现状相一致。

相对而言,第二卷“认知、知觉和语言”在体例和结构上均有所变化: 第五版的 19 章先被重新组织为以阐述认知发展的神经基础以及婴儿期的知觉和动作发展为主要内容的“基础”部分以及“认知与交流”、“认知过程”、“概念理解和成就”和“展望儿童期后的发展”这四个部分，然后将相关各章分属于它们，所涉主题也略有扩大而增至 22 章。至于撰稿人，22 章中有 15 章由新人担纲。

第三卷“社会、情绪和人格发展”的体例和撰稿人变动最小。两版均为 16 章，其中题目和撰稿人均未变化的就有 12 章；第 2 章、第 3 章和第 15 章只是题目分别从“早期社会人格的发展”改为“个人发展：社会理解、关系、道德感、自我”；从“生物学与儿童”改为“生物学、文化与气质偏好”；从“成功动机”改为“成就动机的发展”，但 3 章的撰稿者仍是原班人马。唯一一章题目和撰稿人均有变化的是第 16 章“人际环境中的青少年发展”（第五版的题目为“家庭背景下的青春期发展”）。

第三卷尽管体例和章目改变不大，但内容的重点却有新的侧重。如该卷主编 Eisenberg 所指出的，这种改变主要体现在对“变化过程”的重视上，即研究者普遍进行着各种“中介作用”的考察。此外，大量的调节变量也成为研究者的关注中心，对调节过程的研究和讨论更加深入，给予儿童情绪及情绪驱动的行为调节机制以及调节过程的个体差异与个体社会能力和适应的关系予以更多注意。可以说，有关自我调节的内容几乎在这一卷的各章中都有不同形式的讨论。值得指出的是，作为分卷的主编，N. Eisenberg 也许是最为恪尽职责的，因为只有她为这一卷撰写了较为系统全面的“导言”。这无疑为读者对全卷各章内容的全方位的思考提供了便利。

第四卷“应用儿童心理学”在体例、撰稿人及各章安排上均有较大变化。这反映了实践的需求以及儿童（发展）心理学自身对应用基础的日益重视。该卷的主编（两版同为 Renninger 和 Sigel）一如第五版的旧例，亦为本卷撰写了简短的前言（只是调换了两人署名的顺序）。但他们把第五版的“家庭养育”、“学校教育”、“心身健康”和“社区与文化”这四部分所涉内容重新组织成为“教育实践中的研究进展与应用”、“临床应用的研究进展与含义”和“社会政策和社会行动的研究进展及其意义”这三个方向，同时在撰稿人和各章主题上均有较大改变。内容涵盖面有所扩大，从 17 章扩至 24 章，作者多数更换为新人。除该卷主编 Renninger 和 Sigel 外，只有“发展心理病理学及预防性干预”、“人类发展的文化路径”、“儿童期贫困、反贫困政策及其实行”、“父母之外的儿童保育：情境、观念、相关方及其结果”这四章的撰稿人身份予以保留。

在罗列了上述关于第五版与第六版的异同之后，我们还想略费篇幅对这两版手册的最可关注之处表达我们的浅见。我们认为，近些年来，儿童（发展）心理学的进展突出体现在“理论”和“应用”这两个方面。

Lerner 为本手册第一卷撰写的第 1 章“发展科学、发展系统和当代的人类发展理论”具有全手册导论的性质。它理应成为阅读全书的理论向导。

根据 Lerner，当代人类发展研究最值得称道的变化是系统论思想的产生、发展并渐成主导思潮，它是我们构筑真正跨学科的儿童（发展）心理发展的研究领域的必然产物。发展系统思想正成为过去十年儿童（发展）心理学中理论变化的核心。它的跨学科的内在属性甚至使越来越多的儿童(发展)心理学家不满原有的称谓,主张以“发展科学”来取代“发展心理学”。发展系统论的界定性特征可概括为关系实在论、历史(时间)根植性、相对可塑性和发展多样性这四个主要方面(Lerner 虽列举了更多特征,但都可在上述四个方面中得到释述)。Lerner 认为,发展系统理论的框架在发展科学研究中已处于“支配地位”,它甚至被提到了库恩意义上的“范式转换”的高度。

以下我们就发展系统理论的这四个方面稍作说明。

从哲学层面而言,发展系统理论的基础是一种关系实在论。关系实在论摒弃一切传统的两分概念[在儿童(发展)心理学中,它们是人们耳熟能详的“成熟与学习”、“天然与教养”、“连续与间断”、“稳定与不稳定”、“完全不变与变化”等成对范畴]。关系实在论认为:事物不是简单二元对立的,而是构成一种整合的相互依赖和彼此决定的关系。它主张应融合整个人类发展生态系统的不同组织水平(从生物学到文化学),强调这些不同水平之间的关系才是构成发展分析的基本分析单元。这一思想几乎指导着本手册各章的内容,由此产生了许多更为具体的不同的理论模型,其涵盖领域既有传统领域(如知觉和动作发展、个性、情感和社会性发展、文化与发展、认知发展等),也包括新出现的研究领域(如精神和信仰发展、多样化儿童的发展、人类的积极发展等)。

关系实在论对流行已久的“普遍性规律”的概念造成巨大冲击。传统研究者拘泥于实质源自实证主义和还原论的万物一统观,即人类行为的研究旨在确认通常与人有关的所谓普遍性规律。关系实在论则强调个别化的特异性规律。每个个体都是其自身发展的积极推动者。对个体—情境关系的强调,使“发展科学从一个似乎将时间和地点视为与科学发展规律的存在和作用无关的研究领域,转化为一个试图探求情境根植性和历时性在塑造多样化个体和群体发展轨迹中的作用的研究领域。”(本手册第一卷第 1 章)

发展的可塑性是发展系统理论的另一要点。“可塑性”又与“发展的多样性”的概念相通。因为在个体与情境构成的动态系统中,个体与情境本质上是相互塑造的。于是在人与情境之间建立起“健康的支持性的联合”就可促进所有多样性个体的积极变化。而且,与发展科学对可塑性与动态性的理论关注相适应,纵向研究方法中用以评估发展系统中个人与情境间关系变化的统计方法的新进展以及关于质性分析技术的融合使用,也为之提供了方法的支持。

可塑性不能脱离发展的历史(时间)根植性。系统随时间进程而变化,即所谓历史(时间)根植性。发展系统论主张的历史(时间)根植性认为存在贯穿毕生持续系统的变化。多组织水平的联合作用既促进系统的变化,也制约着变化本身。

具体到个体,没有一个人的个体⟷情境的关系是相同的;即便同卵双生子,他们也有着不同的关系史。“这种生物与情境随时间而出现的整合,意味着每个人均有各自发展的轨迹,它是个人所特有的。”多样性既指个体内的变化,也指个体间的差异。发展的多样性是人类生命历程所特有的特征,且也是人类发展的重要财富,因为它界定了人类生命最优化之潜在物质基础的变异范围。它使人们利用它以实现自身积极、健康的毕生发展成为可能。

发展系统的相对可塑性意味着所有人都有发展的潜势，当这种潜势与环境发展资源整合之际，积极的发展变化就可期待。"为一个人一生的相对可塑性提供可能性的个体←→情境的关系融合系统，构成了每个人的某种基本发展势力。"这种势力是发展的真正动力之源。

系统的发展方向不一定是正面的，关键在于社会的资源提供是否及时。发展科学的最大应用价值是努力使发展最优化，即促进在主体的实际生态环境中，最好地联合内外资源去塑造他的生活历程。这就要求我们发展科学的研究者能为之设计和提供一种"能描述、解释和优化实践(使发展最优化)为一体的科学议程"。对多样化群体中个体和群体的认识，对多样化情境资源的认识以及整合的科学议程都是发展科学所必须的成分。

从发展的可塑性、时间根植性和个体—情境的动态系统观出发，就应对"个别差异(缺陷)"这一儿童(发展)心理学家最为熟知的概念加以重新审视。传统上，个别差异是从误差变异的角度来理解的，或是被理解为是由实验控制缺乏或测量不当所致，或是(更糟糕)干脆把它们理解为是某种缺陷或异常的指标。

遗憾的是，这种"缺陷"取向的思考方式的残余至今仍游弋于发展科学的外围，特别在行为遗传学、社会生物学或某些进化心理学之中。众多学者已警告我们：这些关于基因和人类发展的错误观念，普通人或许易受其迷惑，但决不能成为公共政策的核心。缺陷取向的理论基础，归根结底是遗传还原论和环境还原论。它们对公共决策影响极大，尤其是在其与缺陷模型相结合的时候。因为尽管个别差异是绝对的，但这并不意味着"一定有人属于缺陷人群，有人属于优势人群"。

假如要为遗传与环境以及其他众多二元对立的概念之纠缠不清的争论解套，要肃清堂而皇之存在的两分法思维的残余影响，那就必须重新审视传统的"交互作用"概念。交互作用只是"用自身通常被概念化的两个分离的单纯实体……以合作或竞争的或独立地(在)起作用"来描述事物(Collins et al., 2000)①。只要是立足于这样的交互作用，争论两者(如天然与教养、机体与环境)的相对贡献大小，便是毫无意义的。一言以蔽之，所有两分法的观点，特别是遗传还原论的观点，不能作为阐述人类发展的理论框架。这在神经科学大举进入心理学家视野之际，尤应警惕。

从轻易地对差异贴上"缺陷"的标签，到将之理解为"发展的多样性"，Lerner 认为这堪称是一次"真正意义上的范式转变"：对人类本质特征的认识，以及对时间、地点(情境)和个体多样性的认识的范式转变。这一转换在第五版 Damon 和 Lerner 两主编当年曾亲自担任分主编的"人类发展的理论模型"一卷中即已成形，并开启了它们在发展科学中渐趋活跃的时代。至于在第六版中，则它与处处可见的发展系统模型有关。结合两版各章(包括第六版的新章)，可得出如下结论：发展是动态的、多样的；时间和地点(情境)的差异是本质而非误差。因此，"要认识人类发展，必须认识与个体、地点(情境)和时间有关的种种变量是如何协

---

① Collins, W. A., Maccoby, E. E., Sternberg, L., Hetherington, E. M., Bornstein, M. H. (2000). Contemporary research on parenting: The case of nature and nurture. *American Psychologist*, *55*, 218 - 232.

同塑造行为的结构和功能及其系统的和系列的变化”(参阅第一卷第4、8、11、13、14、15、16等各章以及Elder、Modell和Magnusson等人的研究)。

当然,发展的多样性并不否认存在人类发展的一般规律。只不过它同时坚持也存在“个别化的规律”,而且认为前者的概括需要经过经验的确证,而非先验的约定产物。个别化的、特异的和普遍性的规律共存;每个人和每一人群均有其独特的和共同的特征,它们都应成为发展分析的核心目标。发展系统理论也并不否定基因等的作用,而是强调“基因细胞、组织、器官、整个机体以及其他所有构成人类发展生态环境的机体外组织水平,融合为一个完全是联合起作用的、相互影响、因而是动态的系统”(Lerner, 本手册,第一卷,第1章)。动态系统的核心特征是不把系统内的变量理解为独立的因素,它所指的“相互作用”是相互决定并彼此塑造的双向关系。说“动态(力)系统”是手册中出现频率最高的词汇之一似不为过。关于发展系统取向的经典的研究,有兴趣并希望用于实证研究的读者可进一步参阅本手册有关各章及更多的相关著作。我们认为,尽管这些方法目前并未普及,但预示着未来的方向。

再说说本版《手册》在重视儿童(发展)心理学应用方面的特色。

尽管Kurt Lewin的名言“没有什么比一个好理论更实用”常被人引用,但理论毕竟不能代替实践。把儿童发展研究与实践的主张紧密联系起来,这一发展科学的应用取向已受当代发展学者的普遍重视。它既是发展系统理论所强调的可塑性、时间根植性和发展多样性的自然归属,同时也向我们呈现了发展科学的跨学科性质的时代风貌。这在本版《手册》中有充分展现。

值得指出的是,当代儿童(发展)心理学对应用的重视,并未使发展科学沦为纯实用的技术,而是将之提升到了“应用的基础研究”的层面。

自1996年由Stokes提出“应用的基础研究”概念之后,基础研究与应用不再被视为界限分明的两个方面,而成为“沟通基础研究与活生生的人和活动之间的管道”。儿童(发展)心理学家不再只关心认知与情意功能的某些割裂的方面,而是去拓展“教育或临床干预以及课本、软件、课程及媒介如何设计”等实践的专业性功能,这完全符合“任何研究须以满足社会需要”之根本要旨。“应用的基础研究”不仅要整合儿童(发展)心理学各领域的研究成果,因为它“并非只借鉴单一的理论或研究传统”;而且由于“实践的发展研究(是)建基在具体解析环境问题、关注环境一般性质及有明确实践原理的研究之上”,因而它实际还要借助于与心理学的其他领域的合作,如临床、认知、教育、神经及社会心理学。因此,应用的基础研究要求跨学科领域的合作。这提示我们,儿童(发展)心理学家应该具备更宽广的学术视野和素养。我们也许可从这最新一版的《儿童心理学手册》的第四卷中感受到这一变化,并从国外同行在这一方面的努力中获得某种启示。当然应该指出,有关应用和实践的基础研究,这是最与社会、文化等因素紧密相关连的。中国的儿童(发展)心理学家理应开创自己更符合中国国情、社情和民情的应用课题。它们是任何国外的现有研究所不可取代的,也是我们可以贡献于整个人类发展科学的大可用武之处。

最后我们想说,我们稍感遗憾的是,基于《手册》使用的时效性,我们原计划此书能在

2008年内即与读者见面的，但现在的出版时间稍稍晚于我们的预期。一项大工程，其间涉及一些难控的因素似在所难免。不过如以第五版与第六版之时隔8年为参照，它将至少还有5年的有效期。应该指出，一定意义上，凡手册所载之知识，乃是前人已知且相对凝固的知识；而学术之树常青。因此，更为重要的是我们如何从中汲取营养，孕育和构建新知。“读书仅向大脑提供知识原料，只有思考才能把所学的书本知识变成自己的东西”(洛克：《人类理解论》)。中国的儿童(发展)心理学家未来一定会以更多创造性的成果反哺于下一版的手册！我们期待着。

林崇德　李其维　董奇

2009年1月

《儿童心理学手册》(第六版)前言

WILLIAM DAMON

所有学术性的手册在其学科领域中均发挥诸多重要的作用,首要的是,它们反映了该领域最近发生的变化以及使这些变化得以产生的经典研究。在这个意义上,所有手册都反映了其编撰者在手册出版之际,他们对自己领域内最重要内容的最佳判断。但许多手册也会影响到这些领域本身的发展。学者们——尤其是年轻学者们——会把手册作为信息来源,从中得到启示,进而指导自己的研究。举凡一种手册,它在对自身领域之构成加以考察之际,同时也汇集了日后将会决定该领域之未来发展的各种思想。因此,手册不仅是一盏指明灯和一种发生器,以及大家共同接受之知识的宝库,同时也是孕育新洞见的摇篮。

本手册继承的传统

在有关人类发展的研究领域,《儿童心理学手册》起到了独特而重要的作用,其影响之大甚至连那些世界著名的学术手册也难以比拟。《儿童心理学手册》一直在为该领域几乎长达75年的发展研究继承着扮演指向标、组织者、百科全书角色的传统,这段时间可以说涵盖了发展领域绝大部分的科学工作。

Carl Murchison 于 1931 年协调整合了各方面的稿件,推出了第一本《儿童心理学手册》。我们很难想象如果没有他的工作,这一领域如今会是什么模样。无论 Murchison 本人是否认识到了这本手册的潜在价值(本身是一种有趣的思考,假定他的梦想和雄心出于自然),他开始了出版这一工程的首创工作。它不仅费时旷日,而且发展成为一种跨越许多相关领域的繁荣传统。

通观《手册》的成书历史,它收集了世界范围内有关发展的研究,并在这些研究中起到了形成的作用。我们作为发展学家,目前状况如何,我们已知道了什么以及我们将向何方向发展,对这些问题,本手册的历史会告诉我们什么呢?至于在我们所探索的问题中,在我们所使用的方法中以及在我们为求得对人类发展的理解所引用的理论观点中,什么发生了改变,什么保持原样,手册的历史又告诉了我们什么呢?借助提出这些问题,我们遵循着科学本身的精神,因为发展的问题可以在任何努力的水平上提出来——包括建立研究人类发展的宏大事业。为了达于对该领域所描绘的人类发展的最好理解,我们必须了解该领域本身是怎样发展的。对一个要考察其连续性和变化的领域来说，我们必须探问：对该领域本身而言，什么是其连续性，什么又是其变化？

对《手册》历史的回顾决不是去讲述该领域为什么表现为今日现状的完整故事，而只是展现这个故事的一个基本部分。它指明那些决定了领域发展方向的选择并且它影响了这些选择的作出。基于此，本手册的历史揭示了关于这一门学科形成的大量判断和其他的人类因素。

本手册的特点

Carl Murchison 是一位主编过《心理学文档》(*The Psychological Register*)，创办并主编过多种核心心理学期刊，撰写过社会心理学、政治、犯罪心理等书籍，编辑过各种手册、心理学教科书、著名心理学家传记，甚至一本论述精神信仰的书籍(Arthur Conan Doyle 爵士与 Harry Houdini 也在此书投稿人之列)的学者/指挥者。Murchison 主编的最初版《儿童心理学手册》由一家小型的大学出版社(Clark 大学)于 1931 年出版，当时该领域本身尚处于其婴儿期。Murchison 写道：

> 实验心理学一直具有(比儿童心理学)更悠久的科学和学术地位，但目前的经费投入，纯粹实验心理学研究的投入也许要比儿童心理学领域少得多。尽管这已是明显的事实，但很多实验心理学家仍然轻视儿童心理学领域，他们认为它的研究特别适合于女性以及那些不怎么阳刚(masculinity)的男性。这种所谓保护的态度乃是基于完全忽视儿童行为领域的研究需要巨大的阳刚气概。(Murchison，1931，p. ix)

Murchison 阳刚的隐喻当然是产生于他那一时代；它对某种性别刻板印象的社会历史是一种很好的修饰。Murchison 对其所要肩负的任务及采纳的方法有先见之明。在 Murchison 为其手册撰写前言之际，发展心理学只被欧洲和少数具有前瞻眼光的美国实验室、大学所了解。然而，Murchison 预见到该领域即将会得到提升：“如果目前尚不能达到，但当几乎所有有智慧的心理学家都意识到：大半心理学领域涉及一个问题，即婴儿在心理上如何变为成人时，这个时刻就不会太过遥远。”(Murchison，1931，p. x)

为撰写 1931 年初版《手册》，Murchison 走访了欧洲及美国许多儿童研究中心(或“工作站”)(Iowa、Minnesota、UC. Berkeley、Columbia、Stanford、Yale、Clark)。Murchison 的欧洲伙伴包括年轻的“发生认识论”学家 Jean Piaget，Piaget 在其撰写的“儿童哲学”(Children’s Philosophies)一章中，大量引用了他对 60 名 4 至 12 岁的日内瓦儿童所作的访谈。Piaget 向美国读者介绍了他对儿童最初的世界概念进行研究的具有创造性的研究程序。另一位欧洲学者 Charlotte Bühler 撰写了关于儿童的社会行为一章。有关这一主题至今仍是新鲜的，Bühler 描述了蹒跚学步儿童复杂的玩耍行为及交流模式，这一内容直到 20 世纪 70 年代末才被发展心理学家重新探究。Bühler 同时也预期对 Piaget 的批判将出现在 20 世纪 70 年代的社会语言学的鼎盛时期：

> Piaget 在其关于儿童谈话与推理的研究中，着重强调儿童的谈话更多的是以自我为中心的，而不具有社会性……3 到 7 岁的儿童伴随操作的谈话，实际上并没有太多的相互交流，而像是一种独白……[但是]儿童与家庭每个不同成员之间的特殊关系还是会在分别进行的交谈中有所区别地反映出来。(Bühler，1931，p. 138)

其他的欧洲学者包括：Anna Freud 撰写了“儿童的心理分析”一章，以及 Kurt Lewin 撰写的“儿童行为和发展的环境作用”一章。

Murchison 选择的美国学者均非常有名。Arnold Gesell 开展对双生子研究，他提出的先天论解释，至今我们仍耳熟能详。斯坦福的 Louis Terman 对“天才儿童”概念作出全面的诠释。Harold Jones 论述了出生顺序的发展效应。Mary Cover Jones 介绍了关于儿童的情绪研究。Florence Goodenough 所写一章是关于儿童绘画的内容。Dorothea McCarthy 撰写了有关“语言发展”的一章。Vernon Jones 在“儿童道德”的一章中强调其个性发展的方面，但这种说法在认知发展变革期间曾淡出人们的视野，不过在 20 世纪 90 年代末又被视为道德发展的核心内容而又重新获得人们的关注。

Murchison 的儿童心理学的思想也包含对文化差异的考查。他的《手册》向学术界推出了一位年轻的人类学家 Margaret Mead。她刚刚结束在 Samoa 和 New Guinea 的周游。在 Mead 的早期著作中，她曾写到：她的南海(South Seas)之行是想对早期“结构主义”的错误观点提出质疑，如 Piaget、Levy-Bruhl 等人所提出年幼儿童思维的“泛灵论”观点。(有趣的是，同一卷中 Piaget 所写一章大约三分之一的内容就是讲述日内瓦的儿童是如何随年龄增长而摆脱泛灵论的。)Mead 报告了一些她认为“令人惊异”的数据：“在 32000 幅(年幼“思维幼稚的”儿童所作)的图画中，不存在将动物、物质现象或无生命物体拟人化的案例。”(Mead，1931，p. 400)Mead 同时也用这些数据批评西方心理学家的自我中心主义观点，她指出泛灵主义和其他观念更可能是文化因素导致的，而非早期认知发展的本质。这些内容对于当代心理学并非是陌生的主题。Mead 还向发展领域的研究者提供了一份在不熟悉文化中进行研究的研究指南，并附以研究方法及实行这些方法的建议，如把问题翻译为当地语言形式；不要做控制实验；不要对处于懵懂年龄(knowing age)的被试进行研究(他们往往是处于对研究的无知状态)；与你所研究的儿童有更多的接触等。

尽管在 1931 年《儿童心理学手册》中，Murchison 邀请了阵容庞大的作者队伍，但他的成就感并没有使自己满足很久。仅仅 2 年后，Murchison 就推出了第二版，在这一版中他写道：“在短短的 2 年多时间之后，这第一次修订就几乎不包含与原版《儿童心理学手册》有什么共同之处。这主要是因为在过去 3 年里，该领域的研究迅速扩展，部分原因也在于编者的观点发生了变化。”(Murchison，1933，p. ii)由 Murchison 所带来的传统也处于发展变化之中。

Murchison 认为有必要在第二版提出如下的警示：“我们一直都未试图简化、浓缩或提出不成熟的思想。本卷是为特定的学者服务的，它要求具有强大的说服力。”(Murchison，1933，p. vii) Murchison 之所以这样说，可能是因为第一版的销量未能像教科书那样畅销；也可能他受到了有关第一版在可接受性方面的消极评价。

Murchison 认为第二版与第一版极少有雷同,这有些夸大其辞。其实,大约有一半章节的内容基本是相同的,只有很少的增加和更新。(尽管 Murchison 仍继续使用"阳刚"的措辞,但第二版的 24 位作者中仍有 10 位是女性。)有些第一版的作者被要求撤除原来的章节而改写新的主题。例如,Goodenough 撰写"心理测验"一章而非"儿童图画"的内容,Gesell 在其撰写的一章中简要阐述了他的成熟论——这超越了他以前的双生子研究。

但 Murchison 在第二版也做了一些较大的改变。他完全摈弃 Anna Frued 的观点,认为心理分析在心理学的学术界已遭到疏离。Leonard Carmichael 首次作为作者撰写了重要一章(它是迄今为止手册中最长的一章),内容是有关产前和围产期儿童的发展。Leonard Carmichael 日后在手册的传承中起到关键作用。第二版增添了三章生物学导向的内容：一章是关于新生儿动作行为,一章是关于生命最初 2 年内视觉—操作功能,另一章是关于生理"欲望",例如饥饿、休息、性的内容。加之 Goodenough 与 Gesell 在其研究视角上的较大的转变,所有这些都使 1933 年的《手册》向生物学方向有了更多的扩展,这也与 Murchison 长久以来的愿望相一致：他希望这些新兴的领域使儿童心理学展现出作为硬科学(hard science)的骨架。

Leonard Carmichael 在主持 Wiley 出版的首版《手册》时任职 Tufts 大学校长。从大学出版社转到历史悠久的 John Wiley & Sons 商业公司,这与 Carmichael 众所周知的雄心是一致的;的确,Carmichael 的努力是想让这本书变得更有影响,使之超越 Murchison 当初的所有预期。此时书名(当时只有一卷)被改称为《儿童心理学指南》(*Manual of Child Psychology*),这与 Carmichael 的如下意图相吻合：他希望出版一本"优秀的科学指南,以期在这一领域内的各种良好的基础教科书与学术的期刊文献之间,建起一座跨越两者的桥梁"(Carmichael,1946,p. viii)。

这本《指南》在 1946 年出版,Carmichael 抱怨"这本书的诞生艰难,代价昂贵,尤其是在战争的条件下"(Carmichael,1946,p. viii)。然而,为这项工程付出的努力是值得的。《指南》很快成为研究生训练和本领域内学术研究的"圣经"。只要研究人类发展,到处可以看到这本指南。8 年后, Carmichael 时任 Smithsonian Institution 的主任,他在 1954 年出版的该指南第二版的前言中写道,"第一版不仅在美国,而且在世界各地都大受欢迎,这预示着对儿童成长和发展现象的研究越来越重要"(Carmichael,1954,p. vii)。

Carmichael 主编的《指南》第二版的使用周期很长：直到 1970 年 Wiley 才推出其第三版。Carmichael 当时已经退休,但他仍对此书有着浓厚的兴趣。在他的坚持下,他自己的名字仍成为第三版书名的一部分;几乎令人难以想象,它被称为《Carmichael 儿童心理学指南》,即使此时新任主编已经上任,作者和顾问也已更换新人。Paul Mussen 接任了主编一职,再次使这项工程展现辉煌。第三版变成了二卷本,它的内容覆盖了整个社会科学并被发展心理学及其相关学科的研究广泛引用。很少有一本学术性的纲要文献会既在自己领域处于如此主导地位,又在相关学科也有如此高的知晓度。这套《指南》对研究生以及高级的学者同样是重要的资源。出版界更是将《Carmichael 指南》作为标准,以致其他出版的科学手册均与之比较。

1983 年出版的第四版由 John Wiley & Sons 出版并被重新命名为《儿童心理学手册》。此时,Carmichael 已经去世。整套书扩展为四卷本,学界多称之为“Mussen 手册”。

Carmichael 为新兴的领域所选的内容

Leonard Carmichael 当年应 Wiley 出版社之约成为主持这项出版工程的主编。工程获得了商业的资助,并且版本予以扩展(1946 年与 1954 年指南)。关于从何处搜寻、选取他认为重要的内容,Carmichael 曾作如下说明:

> 作为既是《指南》的编辑又是特定章节的作者,撰写者都受惠于……广泛接受并使用先前出版的《儿童心理学手册》(修订版)的材料。(1946,p. vii)
>
> 《儿童心理学手册》和《儿童心理学手册》(修订版)的编撰都是 Carl Murchison 博士。我希望在此表达我对 Murchison 博士在推出这些手册以及在其他心理学高级著作方面所做的先驱工作的深深感激之情。《指南》在其精神和内容的很多方面都归功于他的先见和编辑才华。(1954,p. viii)

上述第一段引自 Carmichael 1946 年版的前言,第二段引自 1954 年版的前言。我们无从知晓缘何 Carmichael 直到 1954 年才表达了对 Carl Murchison 个人的赞辞。也许是粗心的打字员在 1946 年版的前言手稿中遗漏了称赞的段落,而这一遗漏当时又未引起 Carmichael 的注意。或者也许经历了 8 年的成熟发展之后, Carmichael 平添了慷慨之情。(也可能 Murchison 或其家人对此有了抱怨。)不管怎样,Carmichael 终于对他的《指南》之基础予以承认了,如果说这不是对它们的初始编辑所作承认的话。他的选择是从这些基础开始的,这为我们披露了手册的部分历史。它为我们今天作为那些为 Murchison 及 Carmichael 所主编的手册作出贡献的先驱者们的后辈,留下了巨大的智慧遗产。

尽管 Leonard Carmichael 在 1946 年版的《指南》中所采取的思路与 Murchison 1931 年版和 1933 年版的《手册》的思路大致相同,但 Carmichael 又沿此思路向前有所发展,他增加了某些部分,也增添了他自己的色彩,删除了部分 Murchison 所重视的内容。Carmichael 首先沿用 Murchison 的五章关于生物的或实验的主题,例如生理成长、科学方法、心理测量等。他加入了生物学导向的新三章,涉及婴儿期的发展、身体成长、动作和行为的成熟(Myrtal McGraw 的介绍立刻使同一卷中 Gesell 的那一章显得过时了)。随后他委托 Wayne Dennis 撰写了有关青少年发展的一章,其主要关注点是青春期的生理变化。

关于社会及文化对发展影响的主题,Carmichael 保留了 Murchison 中的五章: 两章是由 Kurt Lewin 和 Harold Jones 撰写的有关环境对儿童的影响,Dorothea McCarthy 撰写有关儿童语言的一章,Vernon Jones 撰写有关儿童道德的一章(现在题名“性格发展——一种客观的研究途径”),以及 Margaret Mead 撰写的有关 “早期幼稚”儿童的一章(由于采用了一些取自世界各地具有异国文化色彩的母子照片而提高了人们的兴趣)。Carmichael 同时保留了 Murchison 另外三章的主题(情绪发展、天才儿童、性别差异),但他选择新作者来撰写它们。但是,Carmichael 删除了 Piaget 和 Bühler 所撰写的二章。

Carmichael 的 1954 年的修订版是他的第二次也是最后一次修订版,其结构和内容与 1946 年的《指南》非常接近。Carmichael 再次保留 Murchison 原版的核心,以及多名作者和章节的主题,有些同样的材料甚至可追溯到 1931 年版的《手册》。不足为奇,与 Carmichael 的个人兴趣最接近的章节得到了明显的保留。只要有可能,Carmichael 就会倾向于生物及生理学。他显然支持对心理过程的实验处理。然而,他还是保留由 Lewin、Mead、McCarthy、Terman、Harold Jone 和 Vernon Jones 等所撰写的有关社会、文化和心理分析的内容,他甚至还增添了由 Harold 与 Gladys Anderson 所撰写的有关社会发展和由 Arthur Jersild 所撰写的有关情绪发展的两章新内容。

Murchison 和 Carmichael 所主编的《指南》和《手册》至今仍是令人感兴趣的读物。这一领域内经久不衰的许多话题正源于那时：诸如先天－后天之争;普遍主义的一般性与情境主义的特殊性的对立;个体发生期间的改变是延续性的还是间断性的;成熟、学习、动作活动、知觉、认知、语言、情绪、行为、道德以及文化的标准范畴——都通过分析而得以区分,然而,正如每一卷的所有作者都承认的,所有这些不可避免地结合在人类发展的动态整体之中。

以上这些如今并未改变,但早期版本中的很多内容难免显得有些陈旧了。那些描述儿童饮食偏好、睡眠模式、习惯消除、玩具和身体体型的大量篇幅,如今看来是有点奇怪而没有什么可圈点之处。有关儿童思维和语言的章节,其撰写年代是在现代神经科学以及大脑/行为研究带来的突破之前。有关社会和情绪发展的章节也忽视了社会的影响以及自我调节的内容,而这些方面很快就为后来的归因研究和社会心理学中的其他一些研究所揭示。某些术语,如认知神经科学、神经网络、行为遗传学、社会认知、动力系统、积极的青年期发展等,在当时定然是不为人们所知的。甚至 Mead"幼稚"儿童的论述与当代文化心理学中丰富的跨文化知识相比,也显得十分薄弱。

通观 Carmichael《手册》的各章,它们列举各种独特事实并有规范的倾向,很少用到什么理论将之联系起来。情况似乎是：人们沉浸在一个新领域的前沿有所发现的喜悦之中,所有这些新发现的事实在其被发现的过程中及其本身都是有趣的。当然,这就使得很多材料似乎给人以奇特和任意之感。我们很难知道是什么造成了这一事实系列,应把这些事实置于何处,哪些是值得追根溯源,哪些是可以放弃的。毫不奇怪,在 Carmichael 的《指南》中呈现的一堆材料以如今的标准衡量,它们不仅是过时的,而且是糟糕而没有什么关联的。

时至 1970 年,对理解人类发展而言,理论的重要性变得不言而喻。在回顾 Carmichael 的最后一版《指南》时,Paul Mussen 写道,"1954 年版的《指南》只有一章是关于理论的,它介绍了 Lewin 的理论,目前我们看到,这一理论对发展心理学并没有产生什么持久而重要的影响"(Mussen,1970,p. x)。在随后间隔的多年中,我们似乎可以看到一种偏离标准的心理学研究的转向,这一度被认为是"荒漠之地(dust-bowl)经验主义"。

Mussen 的 1970 年版本——当时称为《Carmichael 指南》——已面目一新,几乎整体更新了它的内容。两卷中只有一章采自之前,即 Carmichael 自己新写的长文"行为的开始与早期发展”——换了一个与 Murchison 1933 年版本中不同的名字。另外，正如 Mussen 在其前言中写道，“一开始就应该清楚……目前的两卷本无论就何种意义而言，都不是先前版本的修订版；这是一本全新的《手册》”(Mussen，1970，p. x)。

事实正是如此。与 16 年前 Carmichael 的最后一版相比，Mussen 两卷本的范围、内容的多样性及理论的深度都是惊人的。该领域已有巨大发展，新的《指南》展现了很多新的、不断出现的研究成果。生物学的研究视角仍很强势，有关身体成长(physical growth)(作者 J. M. Tanner)、生理发展(physiological development)(作者 Dorothy Eichorn)的两章以及 Carmichael 修订的一章(现在写得更为精致，引用了希腊哲学和现代诗词)为之奠定了基础。另有两章可以说是生物学的姐妹篇，它们是 Eckhard Hess 所撰写的有关习性学(ethology)的一章和 Gerald McCLearn 所撰写的有关行为遗传学的一章。这些章节至少在未来 30 年内将决定儿童心理学领域内生物学研究导向的主要方向。

就理论而言，Mussen 的《手册》是将理论完全渗透在全书之中。1970 年版中多数理论阐述都是围绕着著名的“三大体系”理论而组织的：(1) Piaget 认知发展理论，(2) 心理分析理论，(3) 学习理论。Piaget 受到广泛的重视。Piaget 再次出现在《指南》中，此次他对他的整个理论进行了更全面的(某种意义而言，更准确的)阐述，这与他在 1931/1933 年对有趣的儿童言语表达的分类极少有相似之处。此外，John Flavell、David Berlyne、Martin Hoffman，以及 William Kessen、Marshall Haith 与 Philip Salapatek 所撰写的有关各章都对 Piaget 研究工作的不同侧面给予了相当的重视。此外，其他的理论视角也有所表现。Herbert 与 Ann Pick 在有关感觉的和知觉的一章中详细阐述了 Gibson 的理论，Jonas Langer 所撰写的一章是关于 Werner 的机体理论(organismic theory)，David McNeill 所撰写的一章对语言发展作出了基于乔姆斯基理论的解释，以及 Robert LeVine 撰写了日后很快成为“文化理论”的早期文本。

随着对理论的日益重视，1970 年的《指南》深入探求在前面版本中几乎都被忽略的问题：寻找可以对变化的机制加以说明——用 Murchison 过去的话说就是——回答“婴儿在心理上如何变成成年人的问题”。在这过程中诸如先天与后天的相对立性这样的老话题又被再次提出，但如今涉及更为复杂的概念的和方法论的工具。

在理论建构之外，1970 年的《指南》还推出了许多新的理论以及有特色的新撰稿人：同伴相互作用(Willard Hartup)、依恋(Eleanor Maccoby 与 John Masters)、攻击行为(Seymour Feshback)、个体差异(Jerome Kagan 与 Nathan Kogan)，及创造性(Michael Wallach)等。我们对所有这些领域在新世纪仍然保持着浓厚的兴趣。

如果说 1970 年的《指南》反映了当时儿童心理学领域中经历播种之后的茂盛景象的话，那么 1983 年的手册则反映了这一领域的基础所覆盖的范围已超越了先前预期的边界。新的作物已从过去被视为许多分离的区域内茁壮而出。原来像是一座法国式的花园，它有着拱形的设计和整洁的区隔，如今已转变成英式园林，它似乎不受拘束但又硕果累累。Mussen 的二卷本的《Carmichael 指南》如今成为四卷本《Mussen 手册》，其页数几乎是 1970 年版的三倍。

曾经辉煌的理论现在风光不再。Piaget 的文章虽然还在 1970 版中出现，但现在他的影响逐渐在其他各章中减弱。学习理论与心理分析理论很少再被提及。然而，早期的理论仍留下它们的印记，在新的理论中时有隐现，作者们在处理材料的概念化工作中明显地把先前的理论纳入其中。在全书中，随处可见并未回到"荒漠之地经验主义"的景象。而是代之以各种经典的和创新的思想共存的局面：习性学、神经生物学、信息加工、归因理论、文化的研究视角、沟通(communications)理论、行为遗传学、感—知觉模型、心理语言学、社会语言学、非连续性阶段理论以及连续的记忆理论，它们都占有一席之地，但没有一个居于核心地位。研究的论题范围从儿童的游戏到大脑单侧化，从儿童的家庭生活到学校、日托所的影响，以及对儿童发展的不利的危险因素等。另外《手册》还报告了试图运用发展的理论为基础来开展临床的和教育的干预。有关"干预"的内容通常在各章的最后部分，在作者们探讨与特定干预成就相关的研究时予以提及，而不是以整章篇幅专门阐释实践的问题。

经过现在的编辑团队的努力，终于使我们有了《手册》的第五、第六版(如果算上最初 Wiley 之前 Murchison 主编的两版，它们实际是第七、第八版)。对我们所做工作提出批判性的总结，我必须将之留给未来的评论家。《手册》的主编们都为自己所主编的各卷手册撰写了介绍性以及/或者概括性的报告。在此，我只想在他们所付出努力之外，增加一些有关设计意图的说明，以及对我们的儿童心理学领域从 1931 年到 2006 年发生的某些走向稍加评论。

我们编辑现在这套手册与之前 Murchison、Carmichael 与 Mussen 持有同样的目标，正如 Mussen 所写的，那就是"提供一幅对知识的目前状态进行全面的、准确的描绘图画——主要的系统性思考和研究——在人类发展的心理学领域内最重要的研究"(Mussen, 1983, p. vii)。我们认为《手册》的读者应该像 Murchison 宣称的那样，定位于"特定的学者"，也应该具有像 Carmichael 所界定的"高级教程"的特点。尽管如此，我们仍期待它与前几版相比，能适应更多跨学科的读者，因为如今的学者更倾向于在多学科领域，如心理学、认知科学、神经生物学、历史学、语言学、社会学、人类学、教育学和精神病学等学科进行跨学科的遨游。我们也相信具有不同研究导向的实践者应该是在"学者"这一大范畴之内，本《手册》也是为他们服务的。为了达到这一目的，我们首次在 1998 年版中以及再次在目前的版本中，真实地向读者奉献了一部完整的儿童心理学。

除了这些非常一般性的意图，我们还使《手册》第五版和第六版的各章展现出它们各自的风貌。我们所邀请的作者均为儿童心理学领域的某个方面公认的领衔专家，尽管我们也知道，如果选择的过程完全没有时限，并且经费预算无虞的话，我们还应该邀请大批其他的学术带头人和研究者，但我们没有余地——因而也没权利——使他们加入进来了。我们邀请的每位作者都接受了这份挑战，很少有例外。唯一让我们深感遗憾的是：1998 年版的作者中有几位已经去世。我们尽可能地安排了他们的合作者来修订或更新这些章节。

我们对作者的要求非常简单：向读者传达在你所研究的儿童心理学领域内你所了解的一切。从写作伊始，作者就居于舞台中心——当然，他们也可从评论家和手册编辑那里得到很多建设性的反馈意见。没有人试图对任何一章强加某种观点或某种偏爱的研究方法，或为领域设界。作者可对所涉研究者在其研究领域中试图达到的目标以及为什么设定这样的目标,如何着手实现这一目标,依靠哪些智慧的资源,取得了哪些进展以及得到了何种的结论,表达作者自己的观点。

在我看来,实现了这一目标后,其结果就是我们可以看到更为茂盛的英式花园的景象,但或许过去 10 年内出现的某些花园庭式也稍许包括在内。强大的理论模型与研究取向——并不是完全统一的理论,例如三大主要理论体系——开始再次起到对领域内很多研究与实践加以组织的作用。在这些模型与研究取向中也存在很大的差异,但每一种的旗下都会聚着许多有意义的研究成果。有些成果只是最近才系统成形的,有些则是组合了或修改了那些至今仍保持活力的经典理论。

在本《手册》中,读者可以发现几种主要的模型和研究取向: 动力系统论、毕生发展和生活过程论、认知科学和神经模型、行为遗传学方法、个体—情境交互论、动作论、文化心理学以及泛新 Piaget 学派和泛新维果茨基的模式。尽管有些模型和研究取向已孕育有时,但现在才具有自己独立的身份。研究者可以直接地运用它们,只要谨慎地接受它们所蕴含的假设,然后在特定的条件下有控制地使用它们,在实践中探索它们的内涵即可。

现在还出现另一种研究模式,即重新发现并探索那些刚刚被先前一代的研究者研究过的人类发展的核心过程。科学兴趣常表现为一种交互循环的运动(或螺旋式运动,对那些希望抓住科学发展前进的本质的研究者来说就是如此)。在我们身处之时代,发展研究的指向已不再是诸如动机与学习这类经典论述——这不是就这些论题已被完全遗忘,或在这些领域已没有好的研究在进行的意义上而言的,而是指它们已经不再是进行理论反思和争论的突出主题。有些论题受到相对忽略则是学者们有意为之,如当学者们面对心理动机是否是值得研究的“真实”现象,或“学习”是否能够或者应该首先与发展加以区分之类的问题时。而所有这些现已改变。正如本版的内容所证实的: 发展的科学革命迟早会回归到为解释其所关注的核心问题——个体及社会群体历时发生的逐渐变化——所必要的概念,以及回到像学习和动机这些在这一任务中不可缺少的概念上来。本手册令人兴奋的特色之一就是它为这些经典的概念向我们展现了理论上和实证研究上的进展。

另一个近几年遇到非议的概念就是发展概念本身。有些社会批评家认为: 蕴含在“发展”概念之中的“进步”观念似乎与诸如平等、文化多样性的原则不相同调。我们从这些批评中获得的真正好处是: 例如,儿童心理学领域的研究可以从更适当的不同的发展路径来开展。但是,像许多批评的立场一样,它也会导致极端化。对某些人来说,探究人类发展的核心领域中的问题是值得怀疑的。成长、进步、积极的改变、成就,以及改善绩效和行为的标准,所有这些作为研究主题的合法性都受到了质疑。

就像在学习和动机中的情形一样,毫无疑问,儿童心理学领域的重心所在迟早不可避免地会回归到对发展的广泛关注上。从婴儿到成人的成长经历是一部多侧面的发展故事,它包括学习,技能和知识的获得,注意和记忆能力的提高,神经元和其他生物能力的增长,性格及个性的形成和改变,对自己与他人理解的增进和重组,情绪和行为调节的发展,与他人沟通与合作的进步,以及在本版《手册》中提及的其他成就。家长、老师以及各领域的成人会辨识并正面评价儿童的这些发展成就，尽管他们通常并不知晓如何去理解它们，更不用说如何促进它们自然地发展。

手册的作者们在各自的章节中阐释的各种科学发现需要提供这样的理解。当新闻媒体一则接着一则播报那些根据过于简单或具有普遍偏见的思考所得到的关于人类发展的所谓原因时，正确的科学理解的重要性在近年来变得益发清楚了。关于家长、基因或学校在儿童的成长和行为方面的作用，本书相关各章严谨并负责任的阐释与那些典型的新闻故事形成了强烈的对照。至于公众选择何种来源获取自己的信息，这方面似乎难以形成什么竞争。不过令人宽慰的好消息是：科学真理通常在最后会融入公众的意识。这融入之路在日后某一天也许也会成为发展研究的一个好的研究课题，特别是当这种研究能够为我们找到加速这一过程的方法的时候。同时，这一版《儿童心理学手册》的读者也可从中找到如今该领域内最可靠、最有洞见且是最前沿的科学的理论与发现。

2006年2月

Palo Alto，California

（蔡丹译，李其维审校）

参考文献

Bühler，C.（1931）. The social participation of infants and toddlers. In C. Murchison（Ed.），*A handbook of child psychology*. Worcester，MA：Clark University Press.

Carmichael，L.（Ed.）.（1946）. *Manual of child psychology*. New York：Wiley.

Carmichael，L.（Ed.）.（1954）. *Manual of child psychology*（2nd ed.）. New York：Wiley.

Mead，M.（1931）. The primitive child. In C. Murchison（Ed.），*A handbook of child psychology*. Worcester，MA：Clark University Press.

Murchison，C.（Ed.）.（1931）. *A handbook of child psychology*. Worcester，MA：Clark University Press.

Murchison，C.（Ed.）.（1933）. *A handbook of child psychology*（2nd ed.）. Worcester，MA：Clark University Press.

Mussen，P.（Ed.）.（1970）. *Carmichael's manual of child psychology*. New York：Wiley.

Mussen，P.（Ed.）.（1983）. *Handbook of child psychology*. New York：Wiley.

致谢

像《儿童心理学手册》这样如此重要的著作之诞生，总是凝结了无数人的心血。他们的名字并不一定出现在封面或书脊上。但重要的是，我们必须向150多位合作者表示感谢，是他们的学识赋予第六版《手册》以生命。他们渊博的知识、资深的专业素养、辛勤的工作，使得这一版《手册》成为发展科学中最重要的参考著作。

除了本版四卷本的作者之外，我们还有幸与 Jennifer Davison 和 Katherine Connery 两位编辑合作，他们来自 Tufts 大学的"青年发展应用研究中心"。两位"敢作敢为"的精神与令人印象深刻的能力渗透在每一卷的细节之中，这种精神和能力是无价的源泉，它使此项工程得以及时并且高质量地完成。

显然，我们同样也要强调，如果没有 John Wiley& Sons 编辑们的才干，对质量的追求与专业的素养，这版《手册》的出版不可能成为现实，它也不会成为我们所相信的：它将是一种里程碑式的著作。Wiley 的团队对《手册》付出了巨大的贡献。在对这些作出杰出贡献的所有合作同事表达感谢之际，我们要特别提到其中四位：心理学资深编辑 Patricia Rossi，高级著作出版编辑 Linda Witzling，副编辑 Isabel Pratt 及副社长兼出版人 Peggy Alexander。他们的创造性、专业素养、协调及远见卓识，对《手册》高质量传统的不懈坚持，所有这些都对现在我们手中这本《手册》的每一成功之处起到至关重要的作用。我们也要深深感谢 Publications Development Company 的 Pam Blackmon 和她的同事们所承担的巨大工作量，他们把第六版数千页的内容进行复制编排和制版。他(她)们的专业水平及精益求精的精神是极其宝贵的，这为编辑们提供了继续进行富有成效之工作的基础。

儿童发展通常发生在家庭。同样，《手册》编辑们的工作得以实现也是由于其配偶、朋友和孩子们的支持及容忍。在此我们向所有我们所爱的人表示感谢，感谢他们伴随我们走过了数年的《手册》第六版的出版历程。

许多同行对各章的手稿提出过宝贵的意见和建议，这大大提高了最终手册的质量。我们对所有这些学者的巨大贡献表示感谢。

William Damon 和 Richard M. Lerner 感谢 John Templeton 基金会对他们各自的学术努力所提供的支持。此外，Richard M. Learner 还要感谢"国家 4 - H 委员会"(National 4-H

Council)的支持。Nancy Eisenberg 感谢来自以下机构的支持：国家心理健康学会(National Institute of Mental Health)，Fetzer 学会(Fetzer Institute)和博爱——利他主义、同情、服务(The Institute for Research on Unlimited Love — Altruism, Compassion, Service)研究协会(位于 Case Western Reserve 大学医学院)。K. Ann Renninger 和 Irving E. Sigel 感谢 Vanessa Ann Gorman 对《手册》第 4 卷的编辑工作的支持。K. Ann Renninger 得到 Swarthmore 学院院长办公室对此项工程的支持，在此同样也要表示深深的感谢。

最后，在 Barbara Rogoff 的鼓励下，早期部分前言的内容发表在了《人类发展》(*Human Development*，1997 年 4 月)。我们感谢 Barbara 对统筹出版工作的编辑协助。

第 1 章

发展科学、发展系统和当代的人类发展理论

RICHARD M. LERNER

与那些经常被引为典范加以表述的大学发展速度甚为相似,关于人类发展的理论创新通常是以冰川的移动速度缓慢进行的。诚如 Cairns 和 Cairns(本《手册》本卷第 3 章)所描绘的,从某种人类发展研究新方法的形成,到该方法被应用于研究并形成一个由相关理论构成的网络或"家族"(Reese & Overton,1970)而支配着初始模型的不断变化和扩展,不经意间可能已经流逝几十年的光阴。最后,它从舞台消失,丧失其在研究和应用中所具有的积极的或举足轻重的理论框架作用。这种影响的式微,可能有几个方面的原因。

可能是因为认识到:(a) 该理论存在根本性的概念缺陷,包括在经验上存在违反事实的论断(如参见 Overton,本《手册》本卷第 2 章,一些试图对人类发展作解释时把自然变量和教养变量截然两分的理论观点;也参见 Lerner,2004a,2004b,关于行为遗传学和社会生物学中这类两分法问题的讨论);(b) 对源自该理论观点进行经验检验的有关方法上存在无法弥补的问题(如参见 Gottlieb, Walhsten & Lickliter, 本《手册》本卷第 5 章, Garcia Coll, Bearer, & Lerner,2004,以及 Lerner,2002, 关于行为遗传学和社会生物学中所存在的这类问题的讨论);或(c) 理论存在明显的"过度延伸",也就是试图去解释超出模型范围之外的现象(如,参见 Collins, Maccoby, Steinberg, Hetherington, & Bornstein,2000; Elder & Shanahan, 本《手册》本卷第 12 章; Horowitz,2000; Shweder et al. , 本《手册》本卷第 13 章; Suomi,2004a,2004b, 关于行为遗传学和社会生物学对社会行为或社会文化制度作遗传还原论解释中所存在的这一问题的讨论;参见 Fischer & Bidell,本《手册》本卷第 7 章; Thelen & Smith, 本《手册》本卷第 6 章,关于认知发展新先天论解释中这个问题的讨论;

Bloom,1998，关于语言发展的行为主义解释中该问题的讨论）。

2 Cairns 和 Cairns(本《手册》本卷第 3 章)也注意到,在某个阶段,某种理论创新实际上可能是回归到以前某个时期提出来的思想。新的理论观点最初被引入时,由于几个方面的原因,一开始它们可能并不受欢迎,甚至不被接受。这可能是由于对某一理论中的观念或所用的词汇还缺乏概念上的准备(比如,参见 Flavell,1963,讨论为什么皮亚杰早期的理论论述——如 1923 年的论述,在几乎长达 40 年里不被美国接受)。另外,也可能是由于方法上的局限(例如缺乏统计程序来对随时间变化的多水平层级嵌套的相互影响关系进行建模,如参见 Nesselroade & Ram,2004),某一理论观点难以得到理想的检验。而且,“时代精神”(zeitgeist)(Boring,1950)也可能阻止人们去接受那些要求对科学社会重新进行整饬的观念。Cairns 和 Cairns(本《手册》本卷第 3 章)细述了在经历心理学家和心理学理论(及还原论)支配该领域 50 余年后,欲构筑一个真正跨学科的儿童发展研究领域所面临的挑战。

不过,这种在接受某一新的理论取向时所面临的概念、方法和社会方面的制约,是可以克服的(例如通过 Kuhn,1962 所述的范式革命中所包含的举证过程的分类)。这样,某个历史阶段提出的某一理论可能被重新发现,或可能产生某种比较新的表述,尽管不过是“新瓶装老酒”。

当代人类发展研究中对与发展系统理论有关概念和模型的关注(Cairns & Cairns, 本《手册》本卷第 3 章; Gottlieb et al. , 本《手册》本卷第 5 章; Lerner,2002; Overton, 本《手册》本卷第 2 章),正是这样的一个例子,特别是早在 20 世纪 30 年代(如果不是更早的话),就有学者提出这些模型的根源可能与发展科学的理念有联系(如 Maier & Schneirla,1935; Novikoff,1945a,1945b; von Bertalanffy,1933)。表 1. 1 介绍了发展系统理论的界定性特征,正如 Cairns 和 Cairns(本《手册》本卷第 3 章)所阐明的,该表所阐述的观点与 19 世纪后期和 20 世纪早期儿童发展研究奠基人的兴趣和所使用的概念之间,有颇多相似。

表 1. 1 发展系统论的界定性特征

关系元理论

基于某种超越了笛卡儿二元论的后现代哲学观点,发展系统理论是以某种人类发展的关系元理论为理论框架的。因此,他拒绝了所有将人类发展的生态系统成分(比如自然和教养变量之间)、连续性与间断性以及稳定性与不稳定(性)加以分离的做法。而是以系统综合或整合取代将发展系统进行两分或还原论式的划分的做法。

多水平组织的整合

基于关系论的思考及拒绝笛卡儿的两分法,这种做法与认为人类发展生态环境内的所有组织水平是整合或融合为一体的观念有联系。这些不同的组织水平,分布于生物和生理水平与文化和历史水平两级之间。

个体发展中的发展调节涉及个体←→情境之间的相互影响关系

作为水平整合的结果之一,发展调节是通过发展系统的所有水平(从基因和细胞生理学水平,到个体心理和行为机能,再到社会、文化、设计或自然的生态环境,最后是历史水平)之间相互影响的联系而发生作用。这些相互影响的关系通常可表示为水平 1←→水平 2(例如家庭←→社区),在个体发展水平上可以表示为个体←→情境。

整合行为，个体←→情境关系，是人类发展的基本分析单元 发展调节的特征意味着，行动整合，即个体对情境的行动和多水平情境对个体的行动之间的整合（个体←→情境），构成了人类发展基本过程研究中的基本分析单元。
人类发展的历时性和可塑性 由于在关于构成人类发展生态环境的组织水平分析中，融入了历史水平（因此是历时性的），因此发展系统表现出了系统变化倾向和可塑性等基本特征。由于这种可塑性的存在，所观察到的个体内变化轨迹，可能随时间和地点的不同而不同。
相对可塑性 发展调节既可能促进也可能制约变化的机会。因此，个体←→情境关系的变化并非无限的，可塑性幅度（因情境条件的变更而导致某种发展轨迹变化的概率）可能因毕生发展的不同时期和历史而异。不过，个体和情境两个水平上的潜在可塑性，构成了人类发展的一种基本势力。
个体变化、个体变化的个体差异及多样性的实质意义 在为发展过程提供基础支撑的发展系统中，不同组织水平上变量之间的结合，至少在一定程度上依不同个体和群体而不同。这种多样性是系统性的，是由个体独特的、群体差异的，以及普遍性的现象自然造就的。这种在任何时候均可观察到的个体变化上所存在的个体间的差异范围，是发展系统可塑性的证据，它表明多样性研究在关于人类发展的描绘、解释和优化中具有奠基性的意义。
乐观主义、发展科学的应用及促进人类的积极发展 这种潜在可塑性及其体现方式，证明这样一种做法的合理性，即应该乐观、主动地寻找可被合理部署以促进人类积极发展的个体特征及其生态环境特征。通过将应用发展科学应用于旨在（例如通过社会政策或基于社区的方案）促进人类发展轨迹之品质的实践（干预）计划，就可能通过联合发挥个体和情境的优势力量（体现为各种积极变化的潜势），促进人类的积极发展。
多学科性且需要敏感于变化的方法 这种对发展系统各个组织水平进行整合的做法，需要来自多个学科的学者进行合作分析。研究需要多学科的知识，以及思想上跨学科的认识。发展系统的时间根植性以及由此导致的可塑性，要求相应的研究设计、观察和测量方法及数据分析程序均应敏感于变化，并能够在多个分析水平上整合变化的轨迹。

当代人类发展系统论中，在这些相互关联的且实际上是“融合在一起的”(Tobach & Greenberg, 1984)诸多特征中，其界定性特征包括：(a) 关系实在论(relationism)，即不同组织水平之间的整合；(b) 历史根植性和历时性；(c) 相对可塑性；(d) 多样性 (Damon & Lerner, 1998; Lerner, 2004a, 2004b)。正如 Cairns 和 Cairns 在其章节所论述的，人类发展系统论的这四个成分，在该领域中具有悠久而丰富的历史传统(Cairns & Cairns，本《手册》本卷第 3 章)。例如 Cairns 和 Cairns 描述了 James Mark Baldwin (1897/1906)对情境中的发展(development-in-context)的研究兴趣，从而对整合的、多水平的，因而是跨学科的学术研究的兴趣。这些兴趣也同样为 1896 年美国第一家心理诊所的创建者 Lightner Witmer 所分享(Cairns & Cairns，本《手册》本卷第 3 章；Lerner, 1977)。

Cairns 和 Cairns 也将发展系统论中的发展过程观，包括相互影响、双向性、可塑性和生物行为组织性(现代理论所强调的各个方面)，视为是人类发展领域的创始者的思考中不可或缺的部分。Wilhelm Stern (1914)强调的整体性(holism)，与关于这些发展过程的发展系统视角有关。对人类发展领域的缔造和早期发展具有重要贡献的其他学者(如 John Dowey,1916; Kurt Lewin,1935,1954; John B. Watson,1928)均强调,把儿童发展研究与应用和实践主张联系起来十分重要(Bronfenbrenner,1974; Zigler,1998)。发展科学的这个应用取向也是一种当代的观点,它源自发展系统理论所强调的可塑性和时间根植性。

从发展心理学到发展科学

从《儿童心理学手册》第五版出版到第六版出现将近十年间,主导着人类发展研究的核心理论观点出现了某种十分快速的变化。不过,也许可以把当前这种对发展系统理论的重视,解释为是某种对该领域的历史根源的回归(例如对自然与教养问题采纳某种整合的观点、强调多学科的合作、将精神作用视为人类生活中的一个重要维度以及将发展科学诉诸应用等),而不是某种人类发展研究新视角的出现。在《手册》第五版 Cairns(1998)和我(Lerner,1998)在我们各自章节中所观察到的,并将其作为发展科学的理论倾向或最前沿的兴趣,到了本版的写作中,已经成为该领域的主流及其与众不同的特色。实际上,系统的和多学科性的思考方式以及跨越并整合基础和应用研究的做法成为领域的核心特征,这与这一段时间里该领域本身的称谓所发生的变化相联系。

十年以前,研究人类发展的多数学者将该领域称为发展心理学,或者如果他们自己不是心理学家(如 Elder,1998),则将其视为一个由心理科学主导的关于人之生命全程的研究领域。但是如今,该领域从深度和广度上均已变得越来越具有多学科性(在一些二级领域实际上就是跨学科性的,换句话说是学科综合的,例如参见 Elder & Shanahan, 本《手册》本卷第12 章; Gottlieb et al. , 本《手册》本卷第 5 章; Shweder et al. , 本《手册》本卷第 13 章)。因此,越来越多的人类发展研究者将他们的领域称为发展科学(例如参见 Cairns & Cairns, 本《手册》本卷第 3 章; Magnusson & Stattin, 本《手册》本卷第 8 章),并且在该领域,至少已有一本重要的研究生教科书已经将其书名由《发展心理学》(Bornstein & Lamb,1999)更名为《发展科学》(Bornstein & Lamb,2005)。

这一研究人类生命全程的领域,其名称的变化,在很大程度上反映了过去十年间主要理论认识的变化: (a) 关于天然—教养问题的两分法概念,以及关于天然的理论表述(社会生物学或行为遗传学)或教养的理论表述(如 S—R 模型或功能分析法)的还原论(Overton, 本《手册》本卷第 2 章; Valsiner, 本《手册》本卷第 4 章),其主导地位已悄然淡出;(b) 力图系统融合人类发展生态环境不同组织水平(从生物学和生理学到文化和历史, 如 Baltes, Lindenberger, & Staudinger, 本《手册》本卷第 11 章; Elder & Shanahan, 本《手册》本卷第 12 章; Gottlieb et al. ,本《手册》本卷第 5 章; Thelen & Smith, 本《手册》本卷第 6 章)的发展系统模型、概念,逐渐处于支配地位;(c) 强调不同组织水平之间的关系(而非任何单一水平本身的主效应),构成了发展分析的基本分析单位(例如参见 Bronfenbrenner & Morris, 本《手册》本卷第 14 章; Brandtstädter, 本《手册》本卷第 10 章; Fischer & Bidell, 本《手册》本卷第 7 章; Magnusson & Stattin, 本《手册》本卷第 8 章; Rathunde & Csikszentmihalyi,

本《手册》本卷第 9 章)。

本版《手册》各章节所涵盖的内容范围阐明了许多不同的理论模型体系,这些理论模型是发展系统思想(即关于把人类发展生态环境的多个组织水平联系起来的关系过程的思想)的具体体现,或至少是以这些思想为背景。这些模型为人类发展研究的诸多领域提供概念基础,包括传统的兴趣领域以及新出现的探究领域:传统领域有如生物发展(Gottlieb et al.,本《手册》本卷第 5 章);知觉和动作发展(Thelen & Smith, 本《手册》本卷第 6 章);个性、情感和社会性发展(Brandtstädter, 本《手册》本卷第 10 章; Bronfenbrenner & Morris, 本《手册》本卷第 14 章; Elder & Shanahan, 本《手册》本卷第 12 章; Magnusson & Stattin, 本《手册》本卷第 8 章; Rathunde & Csikszentmihalyi, 本《手册》本卷第 9 章);文化与发展(Shweder et al.,本《手册》本卷第 13 章);认知发展(Baltes et al.,本《手册》本卷第 11 章; Fischer & Bidell, 本《手册》本卷第 7 章)及新出现的探究领域,如精神和信仰发展(Oser, Scarlett, & Bucher, 本《手册》本卷第 17 章),多样化儿童的发展(Spencer, 本《手册》本卷第 15 章)和人类的积极发展(Benson, Scales, Hamilton, & Sesma, 本《手册》本卷第 16 章)。

实际上,作为动态发展系统内个体发育变化的一个界定性特征(Baltes et al.,本《手册》本卷第 11 章; Gottlieb, 本《手册》本卷第 5 章; Thelen & Smith, 本《手册》本卷第 6 章),人类发展的潜在可塑性既为发展科学的应用(Cairns & Cairns, 本《手册》本卷第 3 章),也为某种可能性,即可以通过确认并联合个体及有助于健康和积极成长的情境(Benson et al.,本《手册》本卷第 16 章)中的资源促进人类在生命过程中的积极发展,提供了某种基本准则。而且,强调个体如何作用于情境从而促进这种存在于自己与调节着适应性发展的情境之间的可塑关系(Brandtstädter, 本《手册》本卷第 10 章),这种关注推动了人类发展研究中某种以人为中心(而不是以变量为中心)的研究方法的发展(Magnusson & Stattin, 本《手册》本卷第 8 章; Overton, 本《手册》本卷第 2 章; Rathunde & Csikszentmihalyi, 本《手册》本卷第 9 章)。而且,鉴于这种关系中所涉及的个体和情境变量之间具有某种实质上是开放性的组合可能(例如存在着超过 70 万亿个可能的人类基因型,而一生中每个基因型有可能与数量更大的社会经历轨迹相结合; Hirsch,2004),发展的多样性成为发展科学首先需要给予关注的焦点(Lerner,2004a; Spencer, 本《手册》本卷第 15 章)。这种多样性的个体成为发展科学探究的必然对象,并且,研究者是从某种基于发展势力的观点来进行概念化(因为个体发展变化的潜在可塑性构成了所有人类的某种根本的发展势力; Spencer, 本《手册》本卷第 15 章),并带着这样一种预期——即通过在人与场景之间建立健康的支持性的联合可促进所有这种多样性个体的积极变化(Benson et al.,本《手册》本卷第 16 章),来着手这一探究。

发展科学的这些理论关注重点,已经与定量统计方法的巨大进展,尤其是纵向研究方法中用以评估发展系统中个人与情境间关系变化的统计方法的进展,很好地结合在一起(例如参见 Duncan, Magnusson, & Ludwig, 2004; Laub & Sampson, 2004; McArdle & Nesselroade,2003; Molenaar,2004; Nesselroade & Ram,2004; Phelps, Furstenberg, & Colby,2002; Singer & Willett,2003; Skrondal & Rabe-Hesketh,2004; von Eye,1990; von Eye & Bergman,2003; von Eye & Gutiérrez Peña,2004; Willett,2004; Young, Savola, &

Phelps,1991)。而且,人们对于质性方法重要性的认识也有提高,认识到它既是一种有价值的关于生命历程的分析工具,也是一种对人类发展的定量评价进行三角校正(triangulation)[①]的方法。因此,伴随着新的质性技术的出现,传统质性方法的使用有某种增长的趋势(Mishler,2004)。

最后,发展理论和研究方法所经历的这一令人振奋的革新阶段,深受后现代思想中关于发展科学的哲学基础所作的重新评价的影响。这种对发展科学家最具吸引力的哲学思想就是关系论,这种理论超越了无果的争议(例如将成熟与早期经验视为学习的基础,或视为早期认知发展的新先天论与经验论的基础;如参见 Spelke & Newport,1998)——这种争议是基于将原本融为一体的发展系统分离开来的错误两分法而展开的(例如参见 Overton,1998, 2003, 本《手册》本卷第 2 章; Valsiner,1998, 本《手册》本卷第 4 章)。

关系元理论对发展科学的影响

发展系统的理论框架在发展科学研究中的这种支配地位,是范式或科学哲学(领域内的理论背景阐述)转换的产物,也是这种转换的制造者,支配着该领域理论阐述(Overton, 1998,2003, 本《手册》本卷第 2 章)。如前面所述,该领域的理论认识已经发生了重要变化,而此前的理论基础主要是某种实证主义和还原论的元理论,原来的这种元理论中一个关键性的假设是万物一统(uniform)、持恒(permanent)。如今它已经转变成某种后现代主义的观念,这种观念超越了将真实世界与附属现象截然两分的笛卡儿观念(例如,在过去几十年中,这种两分法往往体现在关于天然与教养、成熟与学习、连续与间断、稳定与不稳定或完全不变与变化的区分之中;Brim & Kagan,1980; Lerner,2002; Overton, 本《手册》本卷第 2 章)。避开所有两分法而出现的这种整合的关系元理论(Overton,1998, 本《手册》本卷第 2 章),其关注焦点则在于构成人类发展生态系统之不同组织水平之间的关系结构上(例如 Baltes,1997; Baltes et al. ,本《手册》本卷第 11 章; Bronfenbrenner,2005; Brofenbrenner & Morris, 本《手册》本卷第 14 章; Elder & Shanahan, 本《手册》本卷第 12 章; Thelen & Smith, 本《手册》本卷第 6 章)。

6 而且,在这种既是发展系统思想的产物又是这种思想的推动者(Lerner,2002)的关系元理论语境中,人们拒绝源自实证主义和还原论所认为的万物一统、持恒的观点——即认为人类行为的研究应旨在确认通常与人有关的普遍性规律。这种观点被另一新观点所代替,新的观点强调的是个别化,强调应致力于揭示生命历程中所涉及的特异规律,以及可能是个别

① 三角校正法,又称三角交叉检视法,Denzin(1978)首次将其引入社会科学研究方法中,它基本的假设是:任何一种资料、方法和研究者均有其各自的偏差,唯有纳入各种资料、方法和研究者时才能中和。Stake 认为三角校正不在内容的真实性如何,而在于不同的人所呈现数据的意义。所以三角校正的目的是在寻找丰富的事情面向,不同的资料来源会有不同的面向,同样的事在不同的时空情境是否仍具有相同的意义(Stake,1995)。一个值得信任的研究,其执行过程是精巧而重伦理的,且研究发现的呈现应尽可能地接近被研究者的经验。因此质性研究的可信性不是证据的可信性,而是研究的发现值得信赖的程度,所关注的焦点必须确认是在于对"人"的世界,人的主体性是最被关心的部分。——译者注

化的规律(如 Block,1971; Magnusson,1999a,1999b),并强调个体是其自身发展的积极推动者(Brandtstädter,1998,1999, 本《手册》本卷第 10 章; Lerner,1982; Lerner & Busch-Rossnagel,1981; Lerner, Theokas, & Jelicic,2005; Rathunde & Csikszentmihalyi, 本《手册》本卷第 9 章)。类似地,该领域哲学基础的变化,也将发展科学从一个似乎将时间和地点视为与行为发展规律的存在和作用无关的研究领域,转化为一个试图探求情境根植性和历时性在塑造多样化个体和群体发展轨迹中的作用的研究领域(例如参见 Baltes et al. ,本《手册》本卷第 11 章; Bronfenbrenner & Morris, 本《手册》本卷第 14 章; Elder, Modell, & Parke,1993; Elder & Shanahan, 本《手册》本卷第 12 章)。

毫无疑问,关系元理论对发展科学实践最深远的影响,在于对多样性、个体差异、发展轨迹所进行的概念化(Lerner,2004a,2004b; Spencer, 本《手册》本卷第 15 章)。在万物一统和持恒性假设的视角看来,最好的情形是,研究者从误差变异的角度将个别差异—多样性视为某种实验控制缺乏或测量不当的第一证据。而最坏的情形则是,将随时间或地点不同而表现出的多样性、或不同人之间的个别差异,视为出现缺陷的指标。因此,如果不是研究者因为使用某种充满误差(缺乏实验控制不足以消除个体间差异)的研究设计或测量模型而出现疏忽,那就是那些偏离了与一般人有关的常模(这是不随时间和地点变化的变量之间的关系)的人在某种程度上存在缺陷(引自 Gould,1981,1996)。至少对某些观察者来说,他们是比较不正常的。

从缺陷到发展科学中的多样性

对过去十年间接受发展科学训练的同行来说,先前的这种哲学背景和关于科学的相关哲学假设,可能显得十分质朴,或完全是离奇的某种未开化的过去所遗留的痕迹。就科学发展史而言,在一个十分短暂的期间里(Cairns & Cairns, 本《手册》本卷第 3 章),人类发展领域的参与者曾看到这样一个突变,这一突变或许足以称为一次真正意义上的范式转变,是在对人类行为和发展规律的探究中,关于所谓人类本质特征的认识的范式转变,以及关于时间、地点和个体多样性的认识的范式转变(Brefenbrenner & Morris, 本《手册》本卷第 14 章; Elder & Shanahan, 本《手册》本卷第 12 章; Overton, 本《手册》本卷第 2 章; Shweder et al. ,本《手册》本卷第 13 章; Valsiner, 本《手册》本卷第 4 章)。

1998 年 William Damon 主编的《儿童心理学手册》(第五版)出版,预示着认知发展领域否决了实证论和还原论的霸权地位。正如 Damon(1998)的《手册》一至四卷所有章节中,特别是在那个版本中与本卷所对应的"人类发展的理论模型"(Damon & Lerner,1998)一卷中所表明的那样,那时大多用以界定人类发展领域中最前沿的学识,均与在本版本卷《手册》中处处可见的各种关于人类发展的发展系统模型有关,并且正如 Cairns 和 Cairns(1998)所特别指出的,(这些学识)开始到了开启其在发展科学中支配地位的时代。

出现于《手册》第五版第 1 卷(Damon & Lerner,1998)并在本卷各章(包括两个版本均出现的以及本版新出现的各章)得到证实的世界观是,万物是动态、多样的。因此,时间和地点是实质,而非误差;要认识人类发展,必须认识与个体、地点和时间有关的种种变量如何协

7

同塑造行为的结构和功能及其系统的和系列的变化(Baltes et al.,本《手册》本卷第11章;Bronfenbrenner & Morris,本《手册》本卷第14章;Benson et al.,本《手册》本卷第16章;Elder,1998;Elder,Modell,& Parke,1993;Magnusson,1999a,1999b;Magnusson & Stattin,1998,本《手册》本卷第8章;Shweder et al.,本《手册》本卷第13章;Spencer,本《手册》本卷第15章;Valsiner,本《手册》本卷第4章)。

相应地,个人和情境的多样性进入了人类发展分析中最显著的位置(Lerner,1991,1998,2002,2004a,2004b)。构成当代人类发展研究的基础的动态发展系统观,并不否认可能存在人类发展一般规律的观点。而是一直坚持主张也存在个别化的规律,并坚信任何关于群体或人类整体的概括需要经过经验的确证,而非先于经验的约定(Lerner,2002;Magnusson & Stattin,本《手册》本卷第8章;Overton,本《手册》本卷第2章)。

如果对Kluckhohn和Murray(1948)半个世纪前的见识加以释义的话,那就是,所有人均像所有其他人,所有人均像一些其他人,每个人均不像其他人。那么到了如今,人类发展科学已经认识到,人类的行为和发展存在着个别化的、特异的和普遍性的规律(例如,参见Emmerich,1968;Lerner,2002)。每个人和每个人群均拥有其独特的和共同的特征,这必然是发展分析的核心目标。

那么,不同人或不同群体之间存在差异,并不一定就意味着其中之一有缺陷,而另一方则有优势(Spencer,本《手册》本卷第15章)。当然,预先设定一组人为积极的或正常发展的标准,而如果另一组人有别于这一标准组则界定为有缺陷,以这样一个模型作为人类发展研究的理论背景,并没有什么益处。如果说发展科学中仍为人类缺陷模型留有余地的话,那么它只是有助于认识这样一些个体的思考方式,他们仍继续把多样性视为标示着误差变异的存在或必然反映了人类发展的某种缺陷。

还原论模型的遗迹

尽管当代人们强调的是关系元理论和发展系统理论,不过还原论及缺陷取向思考方式的残余,仍游弋于发展科学的外围。这些遗传还原论的例子仍可见于行为遗传学(如Rowe,1994;Plomin,2000)、社会生物学(如Rushton,1999,2000),以及至少是某些形式的进化心理学(如Buss,2003)当中。这些理论,构成了过去的那些诸如优生学和人种卫生学(Proctor,1988)等泛生物化误差的当代版本。

正如Collins等人(2000)所解释的,这些观点已经不再是科学理论最前沿的构成部分。然而,它们对科学和公共政策的影响力犹存。具有很高声望的遗传学者,例如Bearer(2004),Edelman(1987,1988),Feldman(如Feldman & Laland,1996),Ho(1984),Lewontin(2000),Müller-Hill(1988)和Venter(如Venter et al.,2001),以及杰出的比较和生物心理学同行,例如Greenberg(如Greenberg & Haraway,2002;Greenberg & Tobach,1984),Gottlieb(1997,2004),Hirsch(1997,2004),Michel(如Michel & Moore,1995)和Tobach(1981,1994;Tobach,Gianutsos,Topoff,& Gross,1974)等,均提醒我们

需要在认识和社会影响上持续给予警惕，以免这类关于基因和人类发展的错误观念成为公共政策或社会计划的核心。

至少部分的是由于如 Horowitz(2000)所述的遗传影响行为这类过分简单化的模型对“普通人”所具有的吸引力，这种反事实观念的应用仍具有现实可能性，并且在一些情形下甚至是令人遗憾的实实在在的事实。这些简单的，并且我必须强调的是，也是错误的模型，往往被普通人用来形成关于人的差异和潜力的观念或决定。

遗传还原论可能，也曾经，引发出诸多将多样性视为“有什么”和“没有什么”问题的观点(如 Herrnstein & Murray, 1994; Rushton, 1999, 2000)。在这种观点看来，有些人表现出正常的人类行为和发展特征，而有些人则没有这些特征。按照那些即使进入 20 世纪 90 年代仍反映了人类发展学术史之大多特征的、对多样性不甚关注的假设和研究，这些人类发展的标准特征往往是与欧美的来自中等阶层的研究样本相联系(Graham, 1992; McLoyd, 1998; Shweder et al.，本《手册》本卷第 13 章; Spencer, 1990, 本《手册》本卷第 15 章)。当然，也有一些人表现出其他特征，并且这些人既非欧美人，也非中等阶层。然而，如果前面一组被视为是标准的、正常的，那么后面一组的这些特征就要被视为非标准的、非正常的(Gould, 1996)。在提出这样一个解释的时候，也就开启了进入某种灾难性滑坡的入口，即从某种关于组间差异的描述，滑向某种认为后面一组人存在缺陷的推断(Lerner, 2002, 2004a, 2004b)。

在遗传还原论的视角看来，这种推断是合理的，因为在这种理论中，这后面一组人的特征最终起决定作用的实质性起因必然是基因(如参见 Rowe, 1994; Rushton, 2000)。在这种与遗传还原论有关的完全是同义反复的推理中，这些非欧美的或非中等阶层组群的人因其所拥有的基因，他们的行为必然是不完善的，并且因其所拥有的基因，他们必然存在行为缺陷(如参见 Rushton, 2000)。简而言之，正是某个人所拥有的使其隶属某一族群的基因提供了行为缺陷或行为财富，一组人拥有的是带来财富的基因，另一组人拥有的则是带来缺陷的基因。

如表 1.2 所示，这些遗传还原论的观点对公共政策和社会计划可能具有直接而深远的影响(Lerner, 2004a, 2004b)。表中的“A”栏表示关于遗传还原论观点的信念，被认为是(1) 正确的，还是(2) 错误的。表中的“B”栏表示与遗传还原论有关的公共政策和社会计划的影响，这种影响在“A”的两种信念条件下在实际当中可能是(1) 正确的，也可能是(2) 错误的。而且，表中的“A. 2, B. 2”分区不仅表示基于遗传还原论观念的政策和计划被认为是错误的，实际上它也是错误的，而且也表示基于发展系统论的政策和社会计划被认为是正确的，而实际上也是正确的。表 1.2 阐明，如果遗传还原论被认为是正确的，则不管其实际上是否正确(必须强调的是它毫无疑问是不正确的)，总会促发一系列举动的出现，这些举动束缚了人们联想的自由、生殖的权利，甚至是生存的权利。

相反，表 1.3 所示的则是严格的环境(极端的情境主义)还原论对政策和社会计划的不同影响。正如 Overton(1998, 2003, 本《手册》本卷第 2 章)所强调的，将天然和教养截然分离的观点和还原主义观念一样，同样在哲学上和经验做法上存在不足。因此可以预想，这两种将天然和教养截然分离的观念，均可能导致在科学研究方面和将科学应用于政策和社会计划方面存在问题。遗传还原论和环境还原论问题的可比性可见于表 1.3 的 A. 2, B. 1 分区。如同表 1.2 中的 A.2,B.2 分区的情形,表 1.3 的这一分区表示的是,基于环境决定论的政策和社会计划被认为是错误的,而实际上也是错误的。那么,就像表 1.2 一样,这一分区也表明基于发展系统论的政策和社会计划被认为是正确的,实际上也是正确的。

表 1.2 遗传论(遗传还原论)"分离的"基因观被认为(A) 正确与否及(B) 实际正确与否,由此导致的政策和社会计划的影响

A. 遗传论"分离的"观念被认为:			
1. 正确的		2. 错误的	
B. 公共政策和社会计划的影响——如果遗传论"分离的"立场实际上是:			
1. 正确的	2. 错误的	1. 正确的	2. 错误的
修复低级的基因型,使其等同于高级的基因型 种族通婚法则 限制低级基因携带者的自由(隔离、歧视、不同社会区域) 绝育 从基因库消除低等基因型	与 A.1,B.1 一样	浪费而徒劳的人道主义政策 浪费而徒劳的公平、平权法案、公正和社会正义计划 用以镇压因遗传受制约者抱负未酬而导致社会动荡的政策和方案 文化堕落和公民社会的破坏	公正、社会正义、公平、平权法案 崇尚多样性 全体参与文明生活 民主 系统评估和卷入 公民社会

表 1.3 严格的环境论(极端情境主义)"分离的"情境观被认为(A) 正确与否及(B) 实际正确与否,由此导致的政策和社会计划的影响

A. 严格的环境"分离"观被认为:			
1. 正确的		2. 错误的	
B. 公共政策和社会计划的影响——如果环境"分离"立场实际上是:			
1. 正确的	2. 错误的	1. 正确的	2. 错误的
为所有儿童提供同样的教育或经验训练以尽可能实现他们共同的潜势/倾向 消除所有个别化教育和训练方案 对所有儿童实施标准化评估 当孩子在成就方面表现出个别差异,则对父母、学校和社会施以处罚 教育父母、照料者和教师以某种标准的方式对待所有儿童	与 A.1.B.1 一样	浪费而无效地敏感于多样性的政策 浪费而无效地基于个体差异的计划 用以镇压那些得到承诺将接收到使其等同于他人的个别化方案者,但抱负未酬而导致社会动荡的政策和方案 文化堕落与公民社会的破坏	敏感于个别差异并致力于提高不同个体与情境之吻合度的方案 旨在修正人与情境吻合度方面存在个体发育或历史不公的平权法案 崇尚多样性 全体参与文明生活 民主 系统评估和卷入 社会公正 公民社会

两个表格均表明，如果这类关于人类发展的分离的还原论观点被视为是正确的，则不管它们实际上是否正确（它们当然是不正确的，如参见 Gottlieb, 1997; Hirsch, 1997; Horowitz, 2000; Lerner, 2002; Venter et al., 2001)，都将推动一系列制约着人们联想自由、生殖权利，甚至是生存权利的举动的出现。因此，正如表 1.2 所示，如果遗传决定论者的观念被正确地视为是错误的（并且反过来，发展系统观被正确视为是正确的），则将推动旨在促进美国多样化家庭和儿童的社会公正和公民社会之政策和计划的发展。类似地，表 1.3 表明，如果发展系统观被正确地视为是正确的，而严格的环境决定论被正确地视为是错误的，则将促进社会公正和公民社会。尽管与严格的环境决定论有关的一组存在问题的政策和方案的影响，不同于那些与遗传决定论有联系的问题，但所导致的不良结果是一样的。

尽管存在着支持某种关于基因—经验联合作用的动态观的理论和研究，但是一些遗传还原论的支持者仍坚持认为，将基因视为可与情境相分离的观念和方法是有效的，并且其显而易见是完全压倒性的或不可辩驳的。媒体日复一日仍继续讲述着这一同样的故事，而且更经常出现的结果是，非专业人员常常被这一故事所说服。

这种语言使用和公众谈论所提出的挑战，表明需要我们承担的科学责任不仅仅是去修正研究证据的错误传播那么简单，正如 Horowitz(2000)所提醒的，我们还有另外一个道德伦理责任，即支持社会公正。她强调，在面对极具诱惑力的遗传还原论观点时，尤其是当这种观点与那种缺陷模型结合在一起的时候，这种举动更显其关键影响。她解释说：

> 如果我们接受一个挑战，需要为我们的行为负起社会责任，那么必须确保我们不以这样一种决定论的方式使用诸如基因或先天观念等单变量的措辞，从而给人造成这样一种印象——这些单变量措辞就是对常人提出的简单问题的简单回答，以免我们的做法促成错误的信念系统，认为应该制定致力于限制人们的经验和机会以及最后发展的社会政策，尤其是在与种族主义和环境不良结合在一起的时候。或者正如 Elman、Baltes 及其同事在《天赋再思考》(*Rethinking Innateness*, Elman et al., 1998)一书的结论部分所述，"如果我们疏忽的、不规范的措辞选择，不经意间确然损害了孩子后代，[面对谴责时]我们不能带着无辜的愤怒表情面对法官说'尊敬的阁下，我们并没有认识到这些措辞有如此含义'。"(Horowitz, 2000, p. 8)

10

Overton(本《手册》本卷第 2 章)也指出，需要认识到语言的这种微妙之处，以避免在我们的科学语言中充填这类措辞——这些措辞在显性水平上似乎拒绝遗传还原论的截然两分法的思考方式，但是在某种更深入的结构水平上，却默许这种思考的语言是科学论述的构成部分。他注意到：

> 在现今的两分法形式中，没有谁会真正声称物质、身体、大脑、基因或社会、文化和环境导致了行为或发展的产生：但认为这个或那个才是优先起决定作用的背景观念却是无声的潜台词，它仍继续塑造着论述的方向。最常听到的主张是行为和发展是天然

和教养交互作用的产物。但是交互作用自身通常被概念化为两个分离的单纯实体，两个实体以合作和/或竞争的方式独立起作用(如 Collins et al.，2000)。结果，这种争议完全为另一个水平上的论述所替代。在这个新的水平上，争论者双方同意行为和发展是由天然和教养二者共同决定的，但是他们仍然为每个实体实质贡献的相对大小争论不休。(Overton，本《手册》本卷第 2 章，p. 33)

类似地，他解释说：

从超越行为遗传学进展到生物学和文化这种更广泛的问题，诸如"当代的证据证实，可遗传特征的表达常常强烈依赖于经验"(Collins et al.，2000，p. 228)这类结论也出于同样原因被质疑。在某种关系元理论的语境中，这种结论是失败的，因为它们始于这样的前提——即存在所谓"可遗传特征"这类纯粹的遗传性传承形式，并且在关系元理论中这样一个前提是不可接受的。(Overton，本《手册》本卷第 2 章，p. 36)

尽管当代的发展科学拒绝了可见于行为遗传学和社会生物学中的，与人类发展的遗传还原论有关的两分法思维在哲学基础上的、理论认识上的和方法上所表现出来的诸多特征，但是这些微妙而精细的语言问题仍表明，这些关于人类发展的两分法思维仍堂而皇之存在着。前面我已经提到，在科学论述的语言存在这种有问题所导致的大量负面影响——尤其是如果普通人以为这种术语的使用意味着遗传还原论中关于社会政策的观点应该得到支持的时候。因此，我们在用以解释为什么一般的两分法观点，特别是遗传还原论观点，不能作为人类发展科学阐述的理论框架时，所用术语的选择和使用上一定要小心谨慎并力求准确。实际上，正如 Lewontin(1981，p. 245)所警示的，"比喻的代价是恒久的警惕"(The price of metaphor is eternal vigilance)。

将发展系统观用于理论、研究和应用

关于基因在人类发展中的作用，或更一般而言，人类发展中的生物学作用，发展系统理论提供了另一种看法和语汇。正像表 1. 2 和表 1. 3 所示，这些人类发展理论对基因在行为和发展中的作用提供了某种不同的观点，为普通大众提供了某种不同的(诚然也是更为复杂的)故事(Lerner，2004a，2004b)。它是以某种关系元理论为基础的，因此不需要把天然与教养、机体与环境或任何其他笛卡儿式的二元性分割开来，而这曾是发展科学以往的理论论述的构成部分(参见 Cairns & Cairns，本《手册》本卷第 3 章；Overton，本《手册》本卷第 2 章；Valsiner，本《手册》本卷第 4 章)。发展系统理论强调，基因、细胞、组织、器官、整个机体以及其他所有构成人类发展生态环境的机体外组织水平，均融合为一个完全是联合起作用的、相互影响的、因而是动态的系统(Bronfenbrenner，2005；Brofenbrenner & Morris，本《手册》本卷第 14 章；Elder & Shanahan，本《手册》本卷第 12 章；Gottlieb et al.，本《手册》本卷第

5 章；Thelen & Smith，本《手册》本卷第 6 章；Tobach，1981)。

11

个体和人类发展的复杂生态环境之间的这种双向关系，可以表示为个体⟷情境。因为最宽泛的情境水平是历史，时间总是个体⟷情境关系融合系统的一个部分。因此，存在贯穿毕生持续系统变化(可塑性)的可能(Baltes et al.，1998，本《手册》本卷第 11 章，Elder & Shanahan，本《手册》本卷第 12 章)。当然，通过多个组织水平联合作用促进变化的系统，也起着制约变化的作用。因此，这种不变与变化两种可能的融合，使得可塑性显示出相对性而非绝对性的特点(Lerner，1984，2002)。

然而，人类发展的这种时间根植性和至少是相对可塑性的出现，表明我们可乐观期待着在一个或多个人类发展生态环境水平上，找到方法将心理科学应用于促进毕生积极发展的实践(Bronfenbrenner，2005；Ford & Lerner，1992；Lerner，2002，2004c；Magnusson & Stattin，1998)。而且，因为没有哪两个人，甚至是同卵(MZ)双胞胎，具有贯穿一生完全相同的个体⟷情境关系史，因此每个人的个性应得到合法的保证(Hirsch，1970，1997，2004)。正如前面述及的，存在超过 70 万亿个可能的基因型，这意味着出自任何一组父母的两个孩子遗传上完全一样的可能性极小——大约 62.7 亿分之一的概率，而出自特定一对夫妻的两个遗传完全一样但非同卵双胞胎儿童的概率稍小于 160000 分之一(Hirsch，2004)，因此，除了同卵双生子外，任何两个人具有完全相同的生物基因型(这里使用的是某种冗余修饰法——an redundancy，即将生物和基因两个相似概念结合在一起加以使用)的概率显然是很低的。

但是，两个人，包括同卵双生子，具有完全相同的事件、经历和社会关系史——也就是某种社会基因型(这里使用的是某种矛盾修饰法——an oxymoron，即将社会和基因两个相对的概念糅合于一处)的概率，是如此微小，以至于等同于我们大多数人将其视为是不可能的。这种生物和情境随时间而出现的整合，意味着每个人均具有某种发展轨迹(一种动态变化的表现型)，这种轨迹至少在一定程度上是个人所特有的。

多样性——人类发展的重要财富

多样性是人类生命历程所特有的某种特征，实际上是某种界定性的特征(Spencer，本《手册》本卷第 15 章)。就某一个体而言，多样性——被视为个体内系统变化的可能，表示的是某种毕生变化的可能性。因此，被刻画为个体内可塑性的多样性，是发展势力的某种重要财富，其可加以利用以促进一个人的积极、健康的发展变化。不同人之间，被刻画为个体间差异的多样性，表示的是界定人类生命最优化之潜在物质基础的变异范围。任何个体均可能具有某种变化范围很大的潜在发展轨迹，所有组群均将有大的变化范围的发展轨迹——因为其中的人必然具有多样的发展路径。多样性，不管是被视为个体内的变化，还是被视为个体内变化中的个体间差异，二者均是个体的一种势力，是一种用以计划和促进旨在提高人类生存条件的方法的财富(Benson et al.，本《手册》本卷第 16 章；Lerner，2004c；Spencer，本《手册》本卷第 15 章)。

这种包含着动态发展系统内的变化的个体←→情境关系的多样性，与认为因人所具有的相对可塑性从而可望促进人类生活这种乐观主义观点一道，意味着有可能将发展科学应用于促进毕生的积极发展（Benson et al.，本《手册》本卷第 16 章；Damon，1997，2004；Lerner，2002，2004a，2004b，2004c）。因而，对源自发展系统理论的积极人类发展观的特征及其对科学和应用的影响加以描述，不无裨益。

积极人类发展观的特征与影响

为一个人一生的相对可塑性提供可能性的个体←→情境的关系融合系统，构成了每个人的某种基本发展势力。这种发展势力在不同程度上出现于所有婴儿、儿童、青少年、成人及老年人身上。相对可塑性随着个体年龄的增长而减小，但是正如 Baltes 在柏林老龄化项目中的研究（如 Baltes et al.，1998，本《手册》本卷第 11 章；Baltes & Smith，2003；Smith et al.，2002）所精致阐明的，有证据表明，人即使进入生命的第 10 个和第 11 个十年仍存在可塑性。

12

这一融合的发展系统不仅为人的变化提供可能，而且也为个体于其中成长的情境变化提供可能。这后一种可能意指家庭、邻居和文化也具有相对可塑性，它们在任何时候所拥有的资源水平——或发展财富，也可能随历史而改变。支持积极发展的情境势力和财富，在 Benson 等（本《手册》本卷第 16 章）所提出来的术语中可见一斑，诸如供给健康和积极发展的社会养分。这些财富可通过增长、结合和重整，改善人类发展的环境。

在任何地点或任何时刻，个体和可塑的发展系统中的情境水平均可能出现问题，或在个体、家庭或社会生活功能改善所需的某一方面存在不足。出现可塑性并不意味着人们不贫困或不缺乏促进发展所需要的社会养分。但是，发展系统的相对可塑性的确意味着所有人均拥有发展势力，当这些发展势力与社区发展资源整合在一起的时候，可以用来促进积极的变化。因此，问题或缺陷可能只是个体←→情境关系大量潜在结果的一部分。问题并非不可避免，且它们当然并非固着于一个人的基因里。

发展科学的作用在于，确认个体的发展势力与家庭、社区、文化和文化环境中的情境资源之间的那些关系，并整合发展势力和资源以促进积极的人类发展（Lerner，2004a，2004b）。一个系统可能向更好的方向变化，也可能向更坏的方向变化。发展科学家的研究和应用，应旨在提高个体←→情境关系的可能输出结果中，健康和积极的那部分输出结果的实现可能性。

发展科学的科学议程，不局限于描述和解释人的发展，还包括努力使发展最优化（Baltes，1968，1987，1997；Baltes et al.，本《手册》本卷第 11 章）。旨在促进人类在其实际生态环境中发展的做法，是一种关于系统关系如何联合塑造生活历程的理论观点的检验方法。这些做法也肩负人类发展学者的道德责任，承担着既是关于人类生活的研究者又是公民社会成员所负的责任（Fisher，1993，1994，2003；Fisher，Hoagwood，& Jenson，1996；Fisher & Tryon，1990）。

而且，缺乏一个融描述、解释和优化实践为一体的科学议程，人类发展科学至多是一项不完整的学术事业。缺乏关于多样化群体中个体和群体的变化范围的认识，缺乏关于多样化情境资源的认识，发展科学也不再是一门完整的发展科学。从对基于实证的政策和实践方案的应用需求角度看，缺乏一个整合的科学议程也是不妥当的。

设计人类发展的研究议程

那么，对于那些感兴趣于描绘、解释和促进积极人类发展的发展科学家而言，什么才是关键的经验问题？这一关键问题实际上是五个相互关联的“什么”问题：

1. 积极人类发展有什么特征？
2. 什么个体与其有关？
3. 积极人类发展有什么情境/生态环境条件？
4. 在个体发展、家庭或代际以及时代或历史时间上，什么时候可以整合到关于积极人类发展的促进中？
5. 积极人类发展有什么例证？

对这些问题的回答需要某种非还原论的方法论。源于生物的、心理的或社会的理论均不够妥当。发展科学需要整合性的和关系性的模型、测量和设计(Lerner, Dowling, & Chaudhuri,2005)。在发展系统取向的研究中，这种方法的例子有如 Eccles 及其同事关于阶段←→环境吻合性的探究(如 Eccles, Wigfield, & Byrnes,2003)，Damon 及其同事关于基于社区的青少年宪章探究(Damon,1997,2004; Damon & Gregory,2003)，Benson 及其研究所同事关于发展资源在积极青少年发展中的作用探究(如 Benson et al.，本《手册》本卷第 16 章; Leffert et al.,1998; Scales, Benson, Leffert, & Blyth,2000)，Theokas(2005; Theokas & Lerner,2005; 亦参见Lerner et al.,2005)关于与家庭、学校和邻居有关的实际发展资源对积极青年发展的影响探究，以及 Leventhal 等(Leventhal& Brooks-Gunn,2004)和 Sampson 等(Sampson, Raudenbush & Earls,1997)关于邻居的特征对青少年发展的影响探究。

13

个体←→情境整合研究所采用的方法中，也包含某种三角校正法(triangulation)，即对用以认识和集成发展系统不同组织水平上的变量的，在理论上包括定量和质性的多重研究方法进行校正。这种三角校正可有效融合 Campbell 和 Fiske(1959)所提供的关于通过多重特质多重方法分析矩阵来考察辨别效度和聚敛效度的经典方法。这类方法中需要敏感于多样性的测量，在对变化敏感的因而是纵向设计的情境必须使用到这类测量(Cairns & Cairns, 本《手册》本卷第 3 章; Lerner et al.,2005; Magnusson & Stattin, 本《手册》本卷第 8 章)。在这类研究中，为了排除与时间和情境有关的变异而发展起来的特质测量并非理想的选择。为反映我们多样性的人类所具有的丰富性和发展势力，我们的测量体系必须敏感于个体变量的多样性，诸如人种、民族、宗教、性偏好、生理能力状态和发展状态，必须敏感于情境变量的多样性，诸如家庭类型、邻居、社区、文化、物理生态环境和历史时期。

特别重要的是，我们的设计和测量要敏感于时间的不同含义。Elder(1998; Elder &

Shanahan, 本《手册》本卷第 6 章)、Baltes (Baltes et al., 本《手册》本卷第 11 章)和 Bronfenbrenner(2005; Brofenbrenner & Morris, 本《手册》本卷第 14 章),就动态发展系统中时间内涵提供了十分富于见地的论述。因而,我们的方法应该对年龄、家庭和历史时间进行评估,必须敏感于正常和非正常历史事件在影响发展轨迹中的作用。

最后,我们的设计不仅要汲取来自多个学科中专长于人类发展研究的同事的学识,也要汲取我们所研究的人和团体的学识(Lerner,2002,2004a,2004b,2004c; Villarruel, Perkins, Borden, & Keith,2003)。我们所研究的人和团体,他们也是发展方面的专家——这是我们在文化人类学、社会学以及基于社区的青年发展研究和实践领域的同仁多年来所得到的认识。我们基于社区的研究和应用中的参与者,他们毋庸置疑是关于他们家庭和邻居发展特征方面的专家。相应地,没能利用其参与者的智慧的研究,往往面临缺乏真实性的危险,在把知识产生的学问转化为知识应用的学问时,也面临人为地设置不必要的障碍的危险(Jensen, Hoagwood, & Trickett,1999)。

结论

当代的发展科学——以某种关系元理论为基础并强调利用各种发展系统理论来设计关于多样化个体与情境动态关系的研究——构筑了一个复杂而令人振奋的关于探究和促进积极人类发展的途径。它提供了一种开展好的科学研究的方法,它从哲学上、概念上和方法上汲取了来自多个学科的有用信息,这些学科均各自拥有关于构成人类发展的个体←→情境关系的认识基础。与过去那些追随分离天然—教养关系及还原论的路线,因而设计不良且方法上不完善的研究相比,这样的科学也更难以付诸行动(Cairns & Cairns, 本《手册》本卷第 3 章; Overton, 本《手册》本卷第 2 章; Valsiner, 本《手册》本卷第 4 章),这样的科学也更难以对常人进行解释。

正如本卷各个章节所清晰阐明的,这一源自发展系统观的科学研究及应用的丰富性,以及这一工作的内在效度和生态效度,是该理论的吸引力仍持续不可辩驳地增长的原因。而且,这一理论强调发展路径的多样性。在这些路径中人类在与他们天然的和人工创设的生态环境的交互中,能够为他们自己和他人创造健康和积极发展的机会。正如 Bronfenbrenner(2005)所明确阐述的,这些关系使人从人类个体(human)变成人类群体(human being)。

相应地,现在用以界定发展科学的优越性的这种关系性、动态性和敏感于多样性的专业探究,既可证实又可进一步延伸每个人所固有的某种能力,即在自己成功而积极的发展过程中扮演某种积极动因的能力(Brandtstädter, 本《手册》本卷第 10 章; Lerner,1982; Lerner & Busch-Rossnagel,1981; Lerner, Theokas, et al.,2005; Magnusson & Stattin,1998, 本《手册》本卷第 8 章; Rathunde & Csikszentmihalyi, 本《手册》本卷第 9 章)。发展系统观使我们认识到,如果我们希望拥有一门恰当而胜任的人类发展科学,则我们必须综合研究个体与情境各组织水平之间的关系和时间根植性(Brofenbrenner,1974; Zigler,1998)。否则便不足以构成科学。如果我们希望通过我们的科学,服务于美国的和世界的个体、家庭和社

14

区，如果我们希望我们的学术努力有助于形成成功的政策和社会计划，则我们必须不折不扣地接受这种根植于发展系统观的，关于多样性和积极个体的历时性、关系性的整合模型。

通过这样的研究，发展科学有机会把学术和研究传统的财富与我们人自身的发展势力相结合。我们可以在 Kurt Lewin(1943) 被经常引用的观点上进一步作出改进，即没有什么比一个好理论更实用。通过将我们的科学服务于我们世界的公民，则可以实现这样一个理念：一门科学对社会的最大贡献，莫过于将其学术致力于改进所有人的生活机遇。通过认识所有个体的发展势力，以及存在于他们家庭、社区及文化中有助于促进这些发展势力的资源，并将其发扬光大，我们就可以拥有一门发展科学——在这些极具挑战性的时代，其可能有助于我们既作为一个科学团体的同时又作为民主国家的公民，最终实现对所有人而言均有的真正的自由和公正。

（邓赐平译）

参考文献

Baldwin, J. M. (1906). *Social and ethical interpretations in mental development: A case study in social psychology*. New York: Macmillan. (Original work published 1897)

Baltes, P. B. (1968). Longitudinal and cross-sectional sequences in the Study of Age and Generation Effects. *Human Development*, *11*, 145 - 171.

Baltes, P. B. (1987). Theoretical propositions of life-span developmental psychology: On the dynamics between growth and decline. *Developmental Psychology*, *23*, 611 - 626.

Baltes, P. B. (1997). On the incomplete architecture of human ontogeny: Selection, optimization, and compensation as foundations of developmental theory. *American Psychologist*, *52*, 366 - 380.

Baltes, P. B., Lindenberger, U., & Staudinger, U. M. (1998). Lifespan theory in developmental psychology. In W. Damon (Editor-in-Chief) & R. M. Lerner (Vol. Ed.), *Handbook of child psychology: Vol. 1. Theoretical models of human development* (5th ed., pp. 1029 - 1144). New York: Wiley.

Baltes, P. B., & Smith, J. (2003). New frontiers in the future of aging: From successful aging of the young old to the dilemmas of the fourth age. *Gerontology*, *49*, 12 - 135.

Bearer, E. (2004). Behavior as influence and result of the genetic program: Non-kin rejection, ethnic conflict and issues in global health care. In C. Garcia Coll, E. Bearer, & R. M. Lerner (Eds.), *Nature and nurture: The complex interplay of genetic and environmental influences on human behavior and development* (pp. 171 - 199). Mahwah, NJ: Erlbaum.

Block, J. (1971). *Lives through time*. Berkeley, CA: Bancroft Press.

Bloom, L. (1998). Language acquisition in its developmental context. In W. Damon (Editor-in-Chief) & D. Kuhn & R. S. Siegler (Vol. Eds.), *Handbook of child psychology: Vol. 2. Cognition, perception, and language* (5th ed., pp. 309 - 370). New York: Wiley.

Boring, E. G. (1950). *A history of experimental psychology* (2nd ed.). New York: Appleton-Century-Crofts.

Bornstein, M. H., & Lamb, M. E. (Eds.). (1999). *Developmental psychology: An advanced textbook* (4th ed.). Mahwah, NJ: Erlbaum.

Bornstein, M. H., & Lamb, M. E. (Eds.). (2005). *Developmental science: An advanced textbook* (5th ed.). Mahwah, NJ: Erlbaum.

Brandtstädter, J. (1998). Action perspectives on human development. In W. Damon (Editor-in-Chief) & R. M. Lerner (Vol. Ed.), *Handbook of child psychology: Vol. 1. Theoretical models of human development* (5th ed., pp. 807 - 863). New York: Wiley.

Brandtstädter, J. (1999). The self in action and development: Cultural, biosocial, and ontogenetic bases of intentional selfdevelopment. In J. Brandtstädter & R. M. Lerner (Eds.), *Action and self-development: Theory and research through the life-span* (pp. 37 - 65). Thousand Oaks, CA: Sage.

Brim, G., & Kagan, J. (Eds.). (1980). *Constancy and change in human development*. Cambridge, MA: Harvard University Press.

Bronfenbrenner, U. (1974). Developmental research, public policy, and the ecology of childhood. *Child Development*, *45*, 1 - 5.

Bronfenbrenner, U. (2005). *Making human beings human*. Thousand Oaks, CA: Sage.

Buss, D. M. (2003). *Evolutionary psychology: The new science of the mind* (2nd ed.). Boston: Allyn & Bacon.

Cairns, R. (1998). The making of developmental psychology. In W. Damon (Editor-in-Chief) & R. M. Lerner (Vol. Ed.), *Handbook of child psychology: Vol. 1. Theoretical models of human development* (5th ed., pp. 25 - 105). New York: Wiley.

Campbell, D. T., & Fiske, D. W. (1959). Convergent and discriminant validation by the multitrait-multimethod matrix. *Psychological Bulletin*, *56*, 81 - 105.

Collins, W. A., Maccoby, E. E., Steinberg, L., Hetherington, E. M., & Bornstein, M. H. (2000). Contemporary research on parenting: The case of nature and nurture. *American Psychologist*, *55*, 218 - 232.

Damon, W. (1997). *The youth charter: How communities can work together to raise standards for all our children*. New York: Free Press.

Damon, W. (Ed.). (1998). *Handbook of child psychology* (5th ed.). New York: Wiley.

Damon, W. (2004). What is positive youth development? *The Annals of the American Academy of Political and Social Science*, *591*(1), 13 - 24.

Damon, W., & Gregory, A. (2003). Bringing in a new era in the field of youth development. In R. M. Lerner, F. Jacobs, & D. Wertlieb (Eds.), *Applying developmental science for youth and families — Historical and theoretical foundations: Vol. 1. Handbook of applied developmental science — Promoting positive child, adolescent, and family development through research, policies, and programs* (pp. 407 - 420). Thousand Oaks, CA: Sage.

Damon, W. (Editor-in-Chief) & Lerner, R. M. (Vol. Ed.). (1998). *Handbook of child psychology: Vol. 1. Theoretical models of human development* (5th ed.). New York: Wiley.

Dewey, J. (1916). *Democracy and education: An introduction to the philosophy of education*. New York: Macmillan.

Duncan, G. J., Magnuson, K. A., & Ludwig, J. (2004). The endogeneity problem in developmental studies. *Research in Human Development*, *1*(1/2), 59 - 80.

Eccles, J., Wigfield, A., & Byrnes, J. (2003). Cognitive development in adolescence. In I. B. Weiner (Editor-in-Chief) & R. M. Lerner, M. A. Easterbrooks, & J. Mistry (Eds.), *Handbook of psychology: Vol. 6. Developmental psychology* (pp. 325 - 350). New York: Wiley.

Edelman, G. M. (1987). *Neural Darwinism: The theory of neuronal group selection*. New York: Basic Books.

Edelman, G. M. (1988). *Topobiology: An introduction to molecular biology*. New York: Basic Books.

Elder, G. H., Jr. (1998). The life course and human development. In W. Damon (Editor-in-Chief) & R. M. Lerner (Vol. Ed.), *Handbook of child psychology: Vol. 1. Theoretical models of human development* (5th ed., pp. 939 - 991). New York: Wiley.

Elder, G. H., Modell, J., & Parke, R. D. (1993). Studying children in a changing world. In G. H. Elder, J. Modell, & R. D. Parke (Eds.), *Children in time and place: Developmental and historical insights* (pp. 3 - 21).

New York: Cambridge University Press.

Elman, J. L., Bates, E. A., Johnson, M. H., Karmiloff-Smith, A., Parisi, D., & Plunkett, K. (1998). *Rethinking innateness: A connectionist perspective on development (neural network modeling and connectionism)*. Cambridge, MA: MIT Press.

Emmerich, W. (1968). Personality development and concepts of structure. *Child Development*, *39*, 671 - 690.

Feldman, M. W., & Laland, K. N. (1996). Gene-culture coevolutionary theory. *Trends in Ecology and Evolution*, *11*, 453 - 457.

Fisher, C. B. (1993). Integrating science and ethics in research with high-risk children and youth. *SRCD Social Policy Report*, *7*, 1 - 27.

Fisher, C. B. (1994). Reporting and referring research participants: Ethical challenges for investigators studying children and youth. *Ethics and Behavior*, *4*, 87 - 95.

Fisher, C. B. (2003). *Decoding the ethics code: A practical guide for psychologists*. Thousand Oaks, CA: Sage.

Fisher, C. B., Hoagwood, K., & Jensen, P. (1996). Casebook on ethical issues in research with children and adolescents with mental disorders. In K. Hoagwood, P. Jensen, & C. B. Fisher (Eds.), *Ethical issues in research with children and adolescents with mental disorders* (pp. 135 - 238). Hillsdale, NJ: Erlbaum.

Fisher, C. B., & Tryon, W. W. (1990). Emerging ethical issues in an emerging field. In C. B. Fisher & W. W. Tryon (Eds.), *Ethics in applied developmental psychology: Emerging issues in an emerging field* (pp. 1 - 15). Norwood, NJ: Ablex.

Flavell, J. H. (1963). *The developmental psychology of Jean Piaget*. New York: Van Nostrand.

Ford, D. H., & Lerner, R. M. (1992). *Developmental systems theory: An integrative approach*. Newbury Park, CA: Sage.

Garcia Coll, C., Bearer, E., & Lerner, R. M. (Eds.). (2004). *Nature and nurture: The complex interplay of genetic and environmental influences on human behavior and development*. Mahwah, NJ: Erlbaum.

Gottlieb, G. (1997). *Synthesizing nature-nurture: Prenatal roots of instinctive behavior*. Mahwah, NJ: Erlbaum.

Gottlieb, G. (2004). Normally occurring environmental and behavioral influences on gene activity. In C. Garcia Coll, E. Bearer, & R. M. Lerner (Eds.), *Nature and nurture: The complex interplay of genetic and environmental influences on human behavior and development* (pp. 85 - 106), Mahwah, NJ: Erlbaum.

Gould, S. J. (1981). *The mismeasure of man*. New York: Norton.

Gould, S. J. (1996). *The mismeasure of man* (Rev. ed.). New York: Norton.

Graham, S. (1992). Most of the subjects were White and middle class: Trends in published research on African Americans in selected APA journals, 1970 - 1989. *American Psychologist*, *47*, 629 - 639.

Greenberg, G., & Haraway, M. M. (2002). *Principles of comparative psychology*. Boston: Allyn & Bacon.

Greenberg, G., & Tobach, E. (Eds.). (1984). *Behavioral evolution and integrative levels*. Hillsdale, NJ: Erlbaum.

Herrnstein, R. J., & Murray, C. (1994). *The bell curve: Intelligence and class structure in American life*. New York: Free Press.

Hirsch, J. (1970). Behavior-genetic analysis and its biosocial consequences. *Seminars in Psychiatry*, *2*, 89 - 105.

Hirsch, J. (1997). Some history of heredity-vs.-environment, genetic inferiority at Harvard (?), and the (incredible) Bell Curve. *Genetica*, *99*, 207 - 224.

Hirsch, J. (2004). Uniqueness, diversity, similarity, repeatability, and heritability. In C. Garcia Coll, E. Bearer, & R. M. Lerner (Eds.), *Nature and nurture: The complex interplay of genetic and environmental influences on human behavior and development* (pp. 127 - 138). Mahwah, NJ: Erlbaum.

Ho, M.-W. (1984). Environment and heredity in development and evolution. In M.-W. Ho & P. T. Saunders (Eds.), *Beyond neoDarwinism: An introduction to the new evolutionary paradigm* (pp. 267 - 289). London: Academic Press.

Horowitz, F. D. (2000). Child development and the PITS: Simple questions, complex answers, and developmental theory. *Child Development*, *71*, 1 - 10.

Jensen, P., Hoagwood, K., & Trickett, E. (1999). Ivory towers or earthen trenches? Community collaborations to foster "real world" research. *Applied Developmental Science*, *3*(4), 206 - 212.

Kluckhohn, C., & Murray, H. (1948). Personality formation: The determinants. In C. Kluckhohn & H. Murray (Eds.), *Personality in nature, society, and culture*. New York: Knopf.

Kuhn, T. S. (1962). *The structure of scientific revolutions*. Chicago: University of Chicago Press.

Laub, J. H., & Sampson, R. J. (2004). Strategies for bridging the quantitative and qualitative divide: Studying crime over the life course. *Research in Human Development*, *1*, (1/2) 81 - 99.

Leffert, N., Benson, P., Scales, P., Sharma, A., Drake, D., & Blyth, D. (1998). Developmental assets: Measurement and prediction of risk behaviors among adolescents. *Applied Developmental Science*, *2* (4), 209 - 230.

Lerner, R. M. (1977). Biographies of S. DeSanctis, J. Dewey, A. Gesell, F. Goodenough, J. Locke, L. M. Terman, H. Werner, & L. Witmer. In B. B. Wolman (Ed.), *International encyclopedia of neurology, psychiatry, psychoanalysis, and psychology*. New York: Van Nostrand Reinhold.

Lerner, R. M. (1982). Children and adolescents as producers of their own development. *Developmental Review*, *2*, 342 - 370.

Lerner, R. M. (1984). *On the nature of human plasticity*. New York: Cambridge University Press.

Lerner, R. M. (1991). Changing organism-context relations as the basic process of development: A developmental contextual perspective. *Developmental Psychology*, *27*, 27 - 32.

Lerner, R. M. (1998). Theories of human development: Contemporary perspectives. In W. Damon (Editor-in-Chief) & R. M. Lerner (Vol. Ed.), *Handbook of child psychology: Vol 1. Theoretical models of human development* (5th ed., pp. 1 - 24). New York: Wiley.

Lerner, R. M. (2002). *Concepts and theories of human development* (3rd ed.). Mahwah, NJ: Erlbaum.

Lerner, R. M. (2004a). Innovative methods for studying lives in context: A view of the issues. *Research in Human Development*, *1*(1), 5 - 7.

Lerner, R. M. (2004b). Genes and the promotion of positive human development: Hereditarian versus developmental systems perspectives. In C. Garcia Coll, E. Bearer, & R. M. Lerner (Eds.), *Nature and nurture: The complex interplay of genetic and environmental influences on human behavior and development* (pp. 1 - 33). Mahwah, NJ: Erlbaum.

Lerner, R. M. (2004c). *Liberty: Thriving and civic engagement among America's youth*. Thousand Oaks, CA: Sage.

Lerner, R. M., & Busch-Rossnagel, N. A. (Eds.). (1981). *Individuals as producers of their development: A life-span perspective*. New York: Academic Press.

Lerner, R. M., Dowing, E., & Chaudhuri, J. (2005). Methods of contextual assessment and assessing contextual methods: A developmental contextual perspective. In D. M. Teti (Ed.), *Handbook of research methods in developmental psychology* (pp. 183 - 209). Cambridge, MA: Blackwell.

Lerner, R. M., Lerner, J. V., Alermigi, J., Theokas, C., Phelps, E., Gestsdottir, S., et al. (2005). Positive youth development, participation in community youth development programs, and community contributions of fifth grade adolescents: Findings from the first wave of the 4-H Study of Positive Youth Development. *Journal of Early Adolescence*, *25*, 17 - 71.

Lerner, R. M., Theokas, C., & Jelicic, H. (2005). Youth as active agents in their own positive development: A developmental systems perspective. In W. Greve, K. Rothermund, & D. Wentura (Eds.), *The adaptive self: Personal continuity and intentional selfdevelopment* (pp. 31 - 47). Göttingen, Germany: Hogrefe/Huber.

Leventhal, T., & Brooks-Gunn, J. (2004). Diversity in developmental trajectories across adolescence: Neighborhood influences. In R. M. Lerner & L. Steinberg (Eds.), *Handbook of Adolescent Psychology* (pp. 451 - 486). New York: Wiley.

Lewin, K. (1935). *A dynamic theory of personality*. New York: McGraw-Hill.

Lewin, K. (1943). Psychology and the process of group living. *Journal of Social Psychology*, *17*, 113 - 131.

Lewin, K. (1954). Behavior and development as a function of the total situation. In L. Carmichael (Ed.), *Manual of child psychology* (2nd ed., pp. 791 - 844). New York: Wiley.

Lewontin, R. C. (1981). On constraints and adaptation. *Behavioral and Brain Sciences*, *4*, 244 - 245.

Lewontin, R. C. (2000). *The triple helix*. Cambridge, MA: Harvard University Press.

Maier, N. R. F., & Schneirla, T. C. (1935). *Principles of animal behavior*. New York: McGraw-Hill.

Magnusson, D. (1999a). Holistic interactionism: A perspective for research on personality development. In L. A. Pervin & O. P. John (Eds.), *Handbook of personality: Theory and research* (2nd ed., pp. 219 - 247). New York: Guilford Press.

Magnusson, D. (1999b). On the individual: A person-oriented approach to developmental research. *European Psychologist*, *4*, 205 - 218.

Magnusson, D., & Stattin, H. (1998). Person-context interaction theories. In W. Damon (Editor-in-Chief) & R. M. Lerner (Vol. Ed.), *Handbook of child psychology: Vol. 1. Theoretical models of human development* (5th ed., pp. 685 - 759). New York: Wiley.

McArdle, J. J., & Nesselroade, J. R. (2003). Growth curve analysis in contemporary psychological research. In I. B. Weiner (Editorin-Chief) & J. A. Schinka & W. F. Velicer (Vol. Eds.), *Handbook of psychology: Research methods in psychology* (Vol. 2, pp. 447 - 477). Hoboken, NJ: Wiley.

McLoyd, V. C. (1998). Children in poverty: Development, public policy, and practice. In W. Damon (Editor-in-Chief) & I. E. Sigel & K. A. Renninger (Vol. Eds.), *Handbook of psychology: Vol. 4. Child psychology in practice* (pp. 135 - 208). New York: Wiley.

Michel, G., & Moore, C. L. (1995). *Developmental psychobiology: An interdisciplinary science*. Cambridge, MA: MIT Press.

Mishler, E. G. (2004). Historians of the self: Restorying lives, revising identities. *Research in Human Development*, *1*(1/2), 101 - 121.

Molenaar, P. C. M. (2004). A manifesto on psychology as a idiographic science: Bringing the person back into scientific psychology, this time forever. *Measurement*, *2*, 201 - 218.

Müller-Hill, B. (1988). *Murderous science: Elimination by scientific selection of Jews, Gypsies, and others — Germany 1933 - 1945* (G. R. Fraser, Trans.). New York: Oxford University.

Nesselroade, J. R., & Ram, N. (2004). Studying intraindividual variability: What we have learned that will help us understand lives in context. *Research in Human Development*, *1*(1/2), 9 - 29.

Novikoff, A. B. (1945a). The concept of integrative levels and biology. *Science*, *101*, 209 - 215.

Novikoff, A. B. (1945b). Continuity and discontinuity in evolution. *Science*, *101*, 405 - 406.

Overton, W. F. (1998). Developmental psychology: Philosophy, concepts, and methodology. In W. Damon (Editor-in-Chief) & R. M. Lerner (Vol. Ed.), *Handbook of child psychology: Vol. 1. Theoretical models of human development* (5th ed., pp. 107 - 187). New York: Wiley.

Overton, W. F. (2003). Development across the life span. In I. B. Weiner (Editor-in-Chief) & R. M. Lerner, M. A. Easterbrooks, & J. Mistry (Vol. Eds.), *Handbook of psychology: Vol. 6. Developmental psychology* (pp. 13 - 42). New York: Wiley.

Phelps, E., Furstenberg, F. F., & Colby, A. (2002). *Looking at lives: American Longitudinal Studies of the Twentieth Century*. New York: Russell Sage Foundation.

Piaget, J. (1923). La pensee l'enfant. *Archives of Psychology, Geneva*, *18*, 273 - 304.

Plomin, R. (2000). Behavioural genetics in the 21st century. *International Journal of Behavioral Development*, *24*, 30 - 34.

Proctor, R. N. (1988). *Racial hygiene: Medicine under the Nazis*. Cambridge, MA: Harvard University Press.

Reese, H. W., & Overton, W. F. (1970). Models of development and theories of development. In L. R. Goulet & P. B. Baltes (Eds.), *Lifespan developmental psychology: Research and theory* (pp. 115 - 145). New York: Academic Press.

Rowe, D. C. (1994). *The limits of family influence: Genes, experience, and behavior*. New York: Guilford Press.

Rushton, J. P. (1999). *Race, evolution, and behavior* (Special abridged ed.). New Brunswick, NJ: Transaction.

Rushton, J. P. (2000). *Race, evolution, and behavior* (2nd special abridged ed.). New Brunswick, NJ: Transaction.

Sampson, R., Raudenbush, S. W., & Earls, F. (1997). Neighborhoods and violent crime: A multilevel study of collective efficacy. *Science*, *277*, 918 - 924.

Scales, P., Benson, P., Leffert, N., & Blyth, D. A. (2000). The contribution of developmental assets to the prediction of thriving among adolescents. *Applied Developmental Science*, *4*, 27 - 46.

Singer, D., & Willett, J. B. (2003). *Applied longitudinal data analysis: Modeling change and event occurrence*. New York: Oxford University Press.

Skrondal, A., & Rabe-Hesketh, S. (2004). *Generalized latent variable modeling: Multilevel, longitudinal, and structural equation models*. Boca Raton, FL: Chapman & Hall.

Smith, J., Maas, I., Mayer, K. U., Helmchen, H., Steinhagen-Thiessen, E., & Baltes, P. B. (2002). Two-wave longitudinal findings from the Berlin aging study: Introduction to a collection of articles. *Journal of Gerontology: Psychological Sciences*, *57B*(6), 471 - 473.

Spelke, E. S., & Newport, E. L. (1998). Nativism, empiricism, and the development of knowledge. In W. Damon (Editor-in-Chief) & R. M. Lerner (Vol. Ed.), *Handbook of child psychology: Vol. 1. Theoretical models of human development* (5th ed., pp. 275 - 340). New York: Wiley.

Spencer, M. B. (1990). Development of minority children: An introduction. *Child Development*, *61*, 267 - 269.

Stern, W. (1914). *Psychologie der frühen Kindheit bis zum sechsten Lebensiahr*. Leipzig: Quelle & Meyer.

Suomi, S. J. (2004a). How gene-environment interactions shape biobehavioral development: Lessons from studies with Rhesus monkeys. *Research in Human Development*, *1*(3), 205 - 222.

Suomi, S. J. (2004b). How gene-environment interactions influence emotional development in Rhesus monkeys. In C. Garcia Coll, E. Bearer, & R. M. Lerner (Eds.), *Nature and nurture: The complex interplay of genetic and environmental influences on human behavior and development* (pp. 35 - 51). Mahwah, NJ: Erlbaum.

Theokas, C. (2005, February). *Promoting positive development in adolescence: Measuring and modeling observed ecological assets*. Unpublished Doctoral Dissertation. Medford, MA: Tufts University.

Theokas, C., & Lerner, R. M. (2005). Promoting positive youth development across variations in socioeconomic status and poverty: Framing the Corwin and Bradley structural equation modeling approach within a developmental systems perspective. In A. Acock, K. Allen, V. L. Bengtson, D. Klein, & P. Dilworth-Anderson (Eds.), *Sourcebook of family theory and research* (pp. 488 - 492). Thousand Oaks, CA: Sage.

Tobach, E. (1981). Evolutionary aspects of the activity of the organism and its development. In R. M. Lerner & N. A. Busch-Rossnagel (Eds.), *Individuals as producers of their development: A life-span perspective* (pp. 37 - 68). New York: Academic Press.

Tobach, E. (1994). Personal is political is personal is political. *Journal of Social Issues*, *50*, 221 - 224.

Tobach, E., Gianutsos, J., Topoff, H. R., & Gross, C. G. (1974). *The four horsemen: Racism, sexism, militarism and social Darwinism* (pp. 67 - 80). New York: Behavioral Publications.

Tobach, E., & Greenberg, G. (1984). The significance of T. C. Schneirla's contribution to the concept of levels of integration. In G. Greenberg & E. Tobach (Eds.), *Behavioral evolution and integrative levels* (pp. 1 - 7). Hillsdale, NJ: Erlbaum.

Valsiner, J. (1998). The development of the concept of development: Historical and epistemological perspectives. In W. Damon (Editor-in-Chief) & R. M. Lerner (Vol. Ed.), *Handbook of child psychology: Vol. 1. Theoretical models of human development* (5th ed., pp. 189 - 232). New York: Wiley.

Venter, J. C., Adams, M. D., Meyers, E. W., Li, P. W., Mural, R. J., et al. (2001). The sequence of the human genome. *Science*, *291*, 1304 - 1351.

Villarruel, F. A., Perkins, D. F., Borden, L. M., & Keith, J. G. (Eds.). (2003). *Community youth development: Programs, policies, and practices*. Thousand Oak, CA: Sage.

von Bertalanffy, L. (1933). *Modern theories of development*. London: Oxford University Press.

von Eye, A. (1990). *Statistical methods in longitudinal research: Principles and structuring change*. New York: Academic Press.

von Eye, A., & Bergman, L. R. (2003). Research strategies in developmental psychopathology: Dimensional identity and the personoriented approach. *Development and Psychopathology*, *15*, 553 - 580.

von Eye, A., & Gutiérrez Peña, E. (2004). Configural frequency analysis: The search for extreme cells. *Journal of Applied Statistics*, *31*, 981 - 997.

Watson, J. B. (1928). *Psychological care of infant and child*. New York: Norton.

Willett, J. B. (2004). Investigating individual change and development: The multilevel model for change and the method of latent growth modeling. *Research in Human Development*, *1*(1/2), 31 - 57.

Young, C. H., Savola, K. L., & Phelps, E. (1991). *Inventory of longitudinal studies in the social sciences*. Newbury Park, CA: Sage.

Zigler, E. (1998). A place of value for applied and policy studies. *Child Development*, *69*, 532 - 542.

第 2 章

发展心理学：哲学、概念和方法论

WILLIS F. OVERTON

心理学及其子学科的历史发展一直被一些基本矛盾所困扰，发展心理学也在所难免。心理学所面临的基本的二分法——所谓的矛盾命题——包括主体—客体，心—身，天性—教养，生物—文化，内心—人际，结构—功能，稳定—变化，连续—间断，观察—推理，一般—特殊，观念—物质，统一性—多样性以及个体—社会。尽管心理学表面上否认哲学对它的影响，但是却在悄悄地使用 17 世纪的本体二元论哲学假设、19 世纪的经验主义认识论以及 20 世纪早期的新实证主义，并以此建立起了标准的正统方法，以此来解决前述的那些矛盾命题。这种方法的惯常做法是，给其中一个概念以特权，围绕这个概念进行系统的研究，然后努力用观察法让人们相信，那个被踩到脚下的概念理应遭到拒绝，理应被边缘化。这种解决矛盾命题的标准方法一直没有成功过，因为它最终的目的是要压制一个概念而扶正另一个概念,但是,此研究中被压制的概念有可能变成彼研究中的特权概念。譬如,在天性—教养之争中,尽管大家都承认二者有某种形式的相互作用,但是却很少有人以不偏不倚之心公平地对待天性和教养来开展研究,探讨二者如何相互补充,在人的发展中共同发挥作用(Overton,2004a)。

本章旨在探究基本概念假设如何在历史和现实研究中发挥作用,即它们如何对经验主义问题(包括最基本的矛盾命题)的解决方法产生影响。本章的聚焦点是发展。我们将审视那些影响我们理解发展概念的各种概念模型,进而了解对发展作经验主义解释的各种理论与方法,它们是种系发生(物种发展——进化),胚胎发生(胚胎的发展),个体发生(个体的毕生发展),微发生(短期的发展),直生论(正常发展),以及发病机理(病理发展,此处是心理病理)。我的论题是,从经验科学——包括心理学,尤其是发展心理学——的发展史来看,两个广为接受的抽象元理论(通常所说的世界观)构成了基本的概念背景,在此基础上生发出经验科学关于世界本质和原理的各种观点和思想。分解元理论(split metatheory)的背景思想是,世界可以被分解为不变的纯粹形式化的基础,在这一思想指导下提出了矛盾观,与该理论相关的概念有基础论、要素论、原子论和还原论。关联元理论(relational metatheory)认为世界是积极活动、不断变化的,它用流体动力整体论取代了矛盾观,与其相关的概念有自组织、系统以及整体合成。

19

本章的重点是对发展概念进行分析,即对发展的概念、理论及元理论的基本概念系统和功能进行讨论,所以这部分可以充当本书的导言。Wittgenstein(1958)曾经指出,“在心理学中存在着经验方法和概念的混淆”(p. xiv)。为了避免这种悲观判断,心理学,抑或任何经验科学,应该花更多精力去澄清理论和方法中的核心概念。概念澄清和概念基础的探究历来是哲学的主要职责,同时它也是最让人棘手的事情。在心理学领域,哲学思想以及由此而进行的概念澄清都被看作是反科学的。正如 Robert Hogan(2001)所言,“我们所受到的训练和从事的主要活动就是研究方法;这个领域对哲学充满深深的怀疑。为了证实假说,我们必须强调方法而弱化对概念的分析”(p. 27)。但是,Hogan 也同时警告我们,“所有的经验主义也不能够拯救一个坏的想法”(p. 27)。坦诚地说,对哲学思想的边缘化,以及由此而引发的对概念基础探究的边缘化都源于一种人为的二分法。这种二分法把哲学局限于推理与反思,并与观察和实验划清界限;把心理学限制在观察与实验,且与推理和反思风马牛不相及。

具有讽刺意味的是,当今心理学排挤对概念基础的探究,这一现象本身却是心理学接受了一些基本的本体论和认识论哲学假设的产物。这些假设来源于把推理与观察分离开的想法,它们推崇知识和推理本身来源于并且只能来源于观察的认识论思想。这些假设对科学方法进行了特别的限定,只有观察、因果关系、归纳—演绎,并且只有这些方法才是有效的。哲学家 Morris R. Cohen(1931)在很久以前就抓住了这种思想倾向的本质,他批评它的“反理性主义……倾向于淡化推理在科学中的作用”。他指出,这种方法的座右铭是把“不用思维[推理];去发现[观察]”这二者分离开(p. 76)。

在过去的大概 50 多年里,很多有力的观点批驳了这种把推理与观察相割裂并且拒绝反思的做法。本章的下文会讨论其中一些观点。的确,很多观点认为,这种态度已经过时,正如宣称新实证主义已经过时一样。然而,像九头蛇怪①一样,这种分解观的新变种会继续出现并发挥其背景影响的作用。这种分解观通常会像所谓的后现代思想的变体一样,蔑视推理本身。有时候,这种分解观会公开或隐蔽地攻击理论,花言巧语地说什么所有的理论必须直接从观察材料归纳而来(即,必须是"以数据为基础"或者是"材料驱动的")。面对任何经过深思熟虑的批评时,人们惯常的反驳是"那只是哲学"。当观察的分析方法成为发现知识的唯一工具时,理论也因此而还原为方法;当说明经验变量的关系流程图被奉为指导理论时,人们常常会庆祝分析观对综合观的胜利。通常,对工具的重视胜于对行为表现的重视,行为只是是否满足观察标准的指标,而从不会把它看作是心理主体自组织系统的一种表达或指标。

20

不管这种分析观以何种形式出现,它都会把推理与观察相隔离,进而使推理和反思边缘化。这种结果本身也是知识建构过程中,在对概念进行定位时所表现出的对特定方法偏爱的直接结果。对概念进行定位是构建其他概念、理论和方法的基础。概念定位本身不是一个不证自明或者直接观察的东西,它只是一个具体的主张,所以和其他主张一样,概念定位也需要陈述理由。在对这个具体的主张作出接受或者拒绝之前,需要对陈述的理由和主张进行反思和分类。把推理和观察隔离开的主张可能是发展心理学中非常糟糕的一个基础,但是,在进一步对概念问题进行探究之前,我们是无法作出判断的。用 Hogan 的话说,世界上所有的观察也不能够拯救概念的混淆。

元理论

在本章的讨论中,经常会提及的一个术语是元理论(metatheory)。元理论超越了一般理论,它是其他理论概念建构的基础,恰如房屋的根基是建筑的基础一样。进一步讲,元理论不仅发挥基础作用、限制作用和支持理论概念的作用,而且也对观察方法和调查起着同样的作用。研究方法的背景思想是元方法(metamethod)。广义地讲,方法论是指导经验研究的原则(Ascendorpf & Valsiner,1992),方法论不是具体方法本身。

元理论和元方法的主要功能是为理论和方法的发展提供丰富的概念来源。元理论还提供研究的指导方针,以避免概念混淆,产生不必要的思想和方法。

讨论元理论时,需要时时牢记几个不同分析水平之间的差异(图 2.1)。理论和方法直接指向经验世界,而元理论和元方法则指向理论和方法本身。观察水平(observational level)是最为具体和界限清晰的分析水平。这是将世界中的客体和事件的性质加以概念化的常识水平——而不是与"看见"无关的朴素的解释。例如,你可以把某一发展领域的变化描述得平稳而连贯,也可以描述得突兀而曲折,抑或二者兼备。不管用哪一种方式来描述发展,也

① Hydra,希腊神话中的九头蛇怪,赫拉克勒斯所杀死的一个多头怪物。它凶猛异常,身躯硕大无比,是个九头的蛇怪,其中八个头可以杀死,而第九个头,即中间直立的一个却是杀不死的。——译者注

不管把这种描述看作是严格的描述还是广义的归纳推理，这种描述本身是在观察水平上处理外部世界的。

虽然观察水平的分析直接而具体，具有常识性，但是我们可以把注意力集中到这种常识水平的理解上，并且我们也这样做了。然后，我们就转向反思水平(*reflective level*)的分析，它是第一个理论层面(*theoretical level*)的分析和讨论。在这个层面上，主要是在更为广泛和抽象的领域来组织和重构观察所得的认识。理论层面的分析对象主要是一些观察水平的概念，它们的形式可以从非正式的觉察到高度精致化的理论，其内容涉及事物的性质以及人的行为与变化。经典的发展理论，如 Piaget 的，Vygotsky 的，以及 Werner 的，都包含一些理论原则(如，阶段)。它们假设，变化的连续性和不连续性最终的结合可以完美地解释人的发展。斯金纳的理论和社会学习理论则假设所有的变化都是完全连续的。

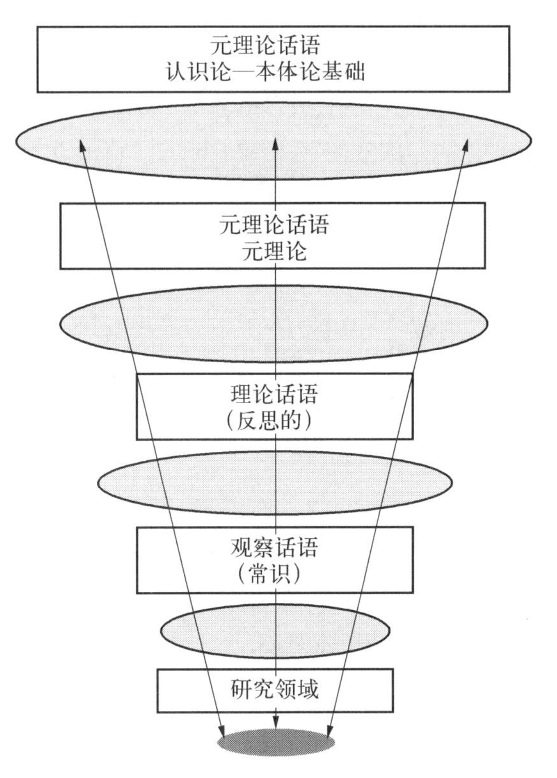

图 2.1 研究领域的不同话语水平。

21

理论水平之上是元理论水平的分析(*metatheoretical level*)。在这个层面，关注的对象是影响理论和观察水平的基本概念。元理论本身是一组规则、原理或故事(叙事性的)，它们描述和预设理论——对任何科学领域的概念化解释方法——应该接受和拒绝的东西。例如，在"原子论"这一元理论中，只有连续的变化是可能的，因此，只有表达严格的连续变化的理论才会形成。元方法也是一组规则、原理或叙事，但是它们却是对某一科学领域内可接受的方法——观察性探究的工具——的本质性描述和规定。当一系列元理论思想包括元方法相互之间紧密联系，形成一套内在统一的概念体系时，这组概念就是模型(*model*)或者范式(*paradigm*)。这些概念本身能够依据其概括性的高低而形成层级结构。所以，构成记忆理论的一些基本概念所组成的模型是一个处于相对较低水平的模型，因为这个模型只能用来解释记忆。诸如"发展系统"(例如，Lerner，2002)，或者"平衡模型"(见 Valsiner，1998a)这样的模型可以运用到许多领域，包括社会、认知、情感等领域，这种模型在层级结构的较高水平上发挥作用。任何元理论思想的层级维度又形成一个内在一致的相互联系的思想系统，在这个层级顶端运行的模型就是世界观(*worldview*)(Overton，1984)。世界观是由内在一致的认识论(*epistemological*)(例如：有关知识的问题)和本体论(*ontological*)(例如：有关实在的问题)原则组成的。本章的大部分内容涉及有广泛应用性的思想。

元理论和元方法紧密联系、相互交织。例如，当我们考察发展的本质时，一种主流的元理论就认为,形态的变化(形式转换)是发展的合理成分,它对于理解发展非常重要。如果主流的元理论认为形式转换是合理的,那么发展理论就会包含诸如“阶段”、“时期”或者“水平”的概念,因为这些概念可以清楚地说明形式转换。如果形态变化、阶段、时期或者水平是某一元理论的一部分,那么相关的元方法将预设各种具体方法的意义,这种预设其实是对某一领域内可用的模式和顺序的评估。如果一种元理论认为变化在理解发展问题时无足轻重,那么任何诸如阶段、时期或者水平的概念将会黯然失色,人们对模式和评估顺序的方法也因此而兴味索然。

广义地讲,元理论为研究自然世界提供一个视角(例如,一个元理论也许把一个孩子看作是一个“积极的行动者”,他或她会主动构建自己的世界,而另一个元理论则把孩子看作是一个“录音装置”,孩子一直在加工信息)。元方法提供一种方法观,这种方法观最适合探索元理论所描述的世界。

要深入理解元理论的作用,就必须对适合某一知识领域的元理论进行历史的考察。发展心理学的产生和早期发展适逢人类对元理论充满兴趣的年代。当时是17世纪,即所谓的现代社会的开端。在过去的一个世纪里,我们的世界经历了重大的变化,这是当代元理论的背景所在。在讨论具体的元理论及其历史起源之前,必须首先了解元理论在理解发展的本质方面产生的广泛影响。这为本章讨论的发展框架提供了一般性背景。

22

发展的概念

在探讨发展的本质时,公认的一点就是发展的变化性。我们经常谈及诸如艺术形式、社会、不同经济体制、宗教、哲学以及科学等领域的发展,每一个领域的变化都是人们关注的焦点。发展心理学的情况也一样。作为心理学的一个分支,发展心理学研究行为以及意图、思维、知觉和情感的变化。发展心理学的关注点是,这些变化在人从生到死,或者某一特定时期——譬如婴儿、童年、青春期、成年以及老年——的发生情况。

尽管对变化的关注无可厚非,但是,当我们面临是否把所有的变化都看作发展时,我们就有点犹豫,如果不是的话,那么发展的特殊本质到底是什么。也许,大家都同意,当我们的身体疲劳时所出现的变化不能看作是发展。但是,其他短暂的、容易恢复的变化又如何界定呢?例如,某人头部被击,从清醒变为昏迷,这是发展性变化吗?或者,一只鸽子经过训练,当灯亮时啄一个键,然后再经过训练,灯亮时不啄那个键,这种变化是发展性变化吗?对于诸如此类关于发展本质问题的回答在很大程度上取决于元理论对发展的界定。

至少发展心理学家内部,认为发展性变化的特点是可以观察的跨年龄的行为变化。这种理解易于确定操作定义,并适合作为经验调查的操作指南。然而,如果把这种理解广泛运用到发展心理学研究领域中,那么就会出现非常严重的问题。

第一个问题是,把发展性变化与年龄联系了起来。仔细思考就会发现,年龄在观察水平的作用很明显,但是在反思水平,年龄却不能作出任何有意义的区分。年龄没有任何可以区分于时间的特点,年龄仅仅是时间的一个标记。更为重要的是,年龄—时间单元没有唯一性或者新颖性，譬如年、月、周、分钟等等。那么，我们是否可以说发展是事物在时间河流中发生的变化(例如：Elman，2003)，或者说时间是一种“理论上的原点”？时间几乎不能够成为理论上的任何东西，在时间中或者时间本身是无所作为的。正如Wohlwill(1973)曾经指出的，时间不能成为自变量，它只是操作加工的一个维度。所有的变化——即使是很短暂的——都发生在时间“中”，所以我们会简单地说发展是关于变化的。我的意思是，为了能够获得一个有意义的区分来指导更广领域的科学研究，我们必须进一步探讨变化本身的本质。在此之前，我们要探讨把发展定义为“可观察的跨年龄方面的行为变化”所引发的第二个问题，这就是对“可观察的行为变化”的质疑。

发展中什么在变：行为的表达构成功能与工具交流功能

显然，行为是我们研究的焦点，它是我们研究中的因变量。问题是“可观察的行为变化”是否引起了反思水平的区别，因为进一步的研究需要作出这种区分。概括地讲，可观察的行为——从神经元水平到克分子的各个水平——可以体现表达构成功能与工具交流功能。表达性行为表达或者反映一些基本的组织或者系统。例如，人类的个体发生行为常常被认为是一些认知、情感或动机系统的诊断指标(请看图2.2左边的立方体所描述的系统)。这些系统拥有特定的行为方式，这些行为方式具体地表达为外部世界可见的行为或者行为模式(图2.2中的中间水平线)。

言语表达也许反映了儿童的思维系统。在某种特定背景下，哭声也许反映了儿童的依恋系统的状况。一系列的行为也许反映了儿童的意图系统。这种表达功能是构成性质的，它赋予人类行为的创造功能(Taylor，1995)。它是新的行为、意图以及意义构成的基础。当研究的目标是对心理的本质、状态或者内在的心理或生理系统变化的评估或诊断，那么研究的中心应该是表达性功能。当探究一个行为的表达功能时，行为表达所反映出来的动力系统则是发展变化的内容所在。动力系统通过它们的行为(图2.2的中间水平线)来变换形式(图2.2左边的那些立方体)。在下一部分我们会发现，动力系统(发展变化的“内容”)和转换(发展变化的“类型”)是紧密相关的。

23

工具性行为是获得行为结果的手段，它是行为的操作维度(参见图2.2的中间水平线)。例如，在人的个体发生过程中，一个表达性认知行为或者思想也许还是解决问题的方法。哭闹之类的情绪性行为也许是表达性的，但是从工具性观点看，它可以获得照顾。如果把行走看作是人的移动能力的反映，它也许还是表达性的，但是行走也具有工具性，因为它可以帮助孩子获得食物。人际交流把行为扩展到了主体之间(图2.2中左边关于人的立方体与右边社会环境之间的关系)。广义地讲，表达构成是一个我们“接纳我们所拥有的世界”的过程，工具交流则是“我们给那个世界制定规则的过程”(Taylor，1995，p. ix)。行为的表达构成功能和工具交流功能都是发展性研究的重点。然而，如果不清楚具体研究的焦点是定位在行为的表达构成功能还是工具交流功能上，那么，就会出现概念混淆，并对具体研究产生不利影响。

24

现在我们来看几个研究个体发生的例子，它们分别把构成功能和工具交流功能作为自

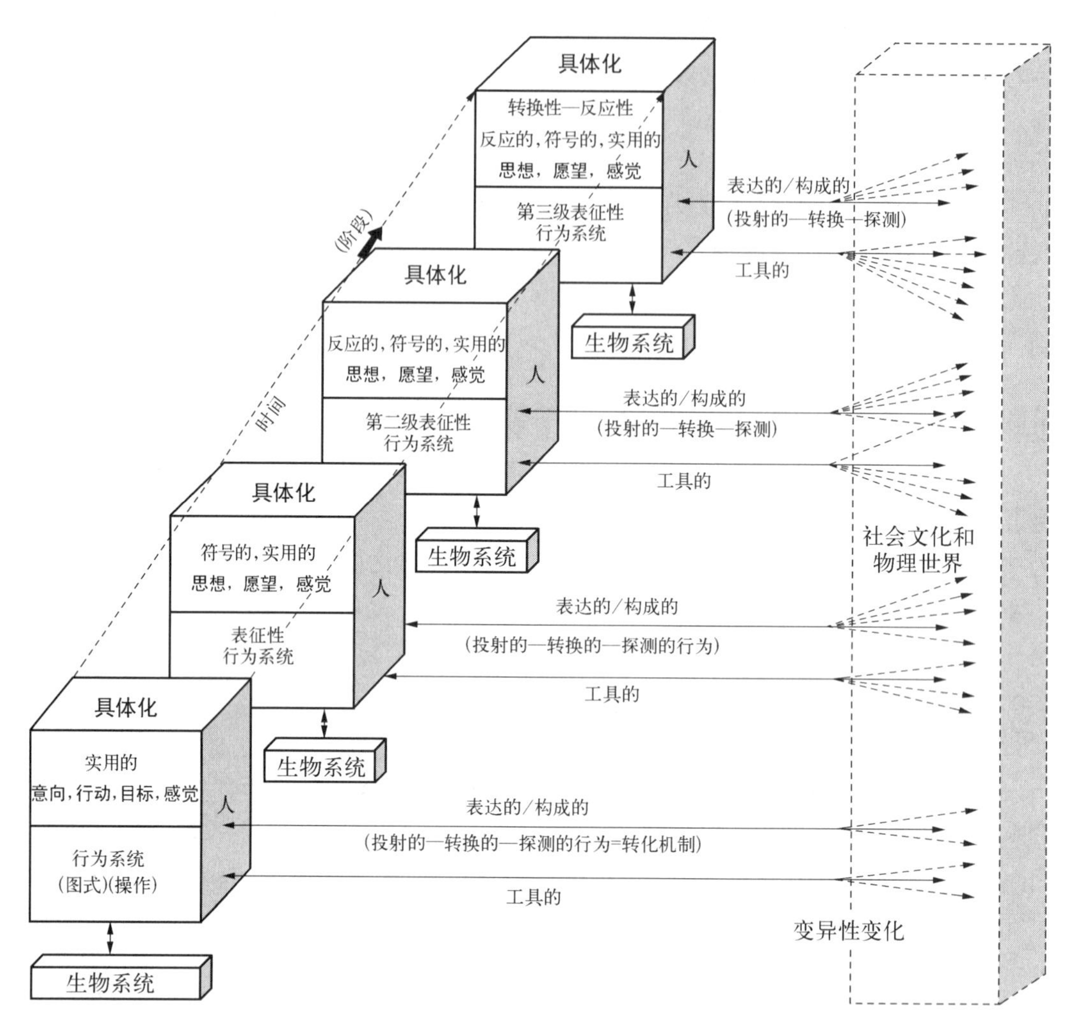

图 2.2 心理主体的发展：社会文化和物理环境中转换性变化与变异性变化通过具体化行为出现的几个水平。

己的研究焦点。针对婴儿对喂养者依恋关系的研究要测量婴儿指向喂养者的亲近行为。在考虑到亲近行为时，行为具有工具性特点。然而，Bowlby 和他的同事对这种行为感兴趣，主要是把它看作潜在的依恋组织的表达；所以，他们的焦点定位在行为的表达性上。Bowlby 和他的同事把亲近行为看作是潜在依恋系统的一个特征与探查标准。对于皮亚杰的任务，诸如客体守恒任务，或者转换任务，如果从工具性观点去进行分析，会产生一些成功或者失败的问题解决行为。然而，皮亚杰和他的同事创造了这些问题，并把它们作为一些具体的认知组织(例如：格式，运算)的表达特征来使用。当然，在一定程度上，学生的年级平均分可以作为智力的指标；但是，有一些社会认知方面的研究从工具性出发，把学生的年级平均分看作是对社会文化背景适应或者调节的指标。事实上，许多社会文化观的研究(参见 Pinquart & Silbereisen，2004)把发展局限在工具性的"儿童输出"，"应对行为"，把其他行为视为对文化环境的适应。另外一个例子是，行走可以看作是运动系统的表达，但是，也可以把它看作是获得目标的一个工具。同样地，情绪反应可以看作是情感系统的表达（例如，Boesch，1984；Sroufe，1979），或者可以看作是获得特定结果的工具性手段（例如，Saarni，Mumme & Campos，1998）。最后一个例子是语言，尽管语言发展经常被看作是交流的工具来研究，但是，它也可以被当作是情感认知系统的表达来研究（例如，Bloom，1998；Bloom & Tinker，2001）。

从这些例子可以看出，任何一个特定的行为，我们既可以用表达构成的观点来看待，也可以用工具交流的观点来研究。两种观点都不是观察自身所直接拥有的，它们是来自于常识的、精致化了的对现象的一种反映而已，而且任何一个都可以成为研究的焦点。然而，如果没有清楚地区分二者的话，"观察行为"就会变得模棱两可。这种模棱两可将导致研究目的的混乱，也将导致我们在总体上对观察行为与发展关系理解的混乱。而且，这种模棱两可会使研究者的内在主观价值观渗透，最终受到潜在的元方法假设的影响，使得研究领域处于预设的背景下并且被肢解。例如，看看曾经在历史上行为主义和新实证主义价值观的框架中，研究"被观察的行为"时所发生的可怕后果吧。因为，早期的行为主义和新实证主义拒绝把"组织"或者"系统"等作为研究的对象（例如，在解释人的行为时，拒绝任何以人为中心的心理系统的合法解释地位），这样，"可被观察的行为"就绝对地与工具交流行为并且只与工具交流行为划上了等号。

在这个例子中，用二分法将概念进行划分，并且进行优劣划分，这样就直接导致了不同理论和方法之间的冲突，因为，这涉及到谁在经验研究中是"合法的"或者"重要的"或者"有意义的"。例如，在过去的经典学派之战中，皮亚杰学派、沃纳学派（Wernerians）和埃里克森学派等站在表达构成一方，斯金纳学派、斯宾塞—赫尔一派的学习理论家，以及多拉德和米勒一派的社会学习理论家站在工具交流一方，这场学派之战就集中体现了这种分歧。

25

争论的每一方都坚持认为，自己的观点代表了问题的全部。至于研究方法方面，双方的争论更为复杂，但是双方都很少作过深入的探究。例如，对效度和信度问题的研究发现，表达构成一方对于效度问题情有独钟，而信度则最受工具交流一方的垂青。《研究方法 101 课程》曾经大行其道，该课程中把信度奉为圭臬，视信度为测量之起始，这种课程其实是典型的工具论者的偏颇之辞。

上述的实例表明，元理论假设对于科学研究有着强大的影响，实例中仅仅是解决表达和工具的关系问题的三种可能方法之一。这种"非此即彼"的解决之道赋予工具交流以至高无上的地位，而把表达构成予以边缘化。这个实例同样也是在选择研究主题时，青睐某个排他性的"有作用的"方法的生动例子（例如，参见情绪的功能理论的著作，Saarni 等，1998）；它也是在某一研究领域推崇一种排他性的"适应主义"理论的例子；它同样也是明目张胆地拒绝（边缘化或者至少是部分地）用心理结构、心理系统或者生物学系统来解释人的行为的例子。

第二个元理论取向的思路与前述的特权—边缘化方式相左。这种"非此即彼"的思路看重表达性，对工具性则不屑一顾。这种思路的例子有，在解释行为的过程中认为只有生物和/或心理系统是必要而且充分的。

第三种思路把表达性和工具性看得同等重要，它们是相互作用的。在这种取向中，对表达性和工具性都接纳,二者不是分裂和竞争的关系,它们只是整个问题的不同方面(具体见图 2.2)。正如那幅著名的两可图,从一个角度看过去是花瓶,从另一个角度看过去则是人脸,表达性和工具性正如两个不同的角度,它们并非独立的过程。系统和适应,如同结构和功能一样,只是在分析时它们才被分割开来。研究生物和心理系统的发展指标时绝不可以否定行为的适应功能;研究行为的适应功能时则绝不可以忽视行为来源于一些动力系统(见 Overton & Ennis,出版中)。Dodge 和他的同事研究攻击行为的发展时所运用的方法堪称把二者结合的有趣例子。一般意义上的信息加工和 Dodge 的(1986)社会信息加工理论都特别强调行为的工具性作用,而且这种作用在社会因素和物理因素相互作用的实时情景中得到发挥。然而,Dodge 和 Rabiner(2004)明确表示,在发展过程中"潜在心理结构"的表达性是重要的,因为它们会影响儿童"在各种社会情景中对信息的编码、解释和反应"(p. 1005;另见 Arsenio & Lemerise,2004; Crick & Dodge,1994)。

在研究中持兼容并包的态度,才能承认行为的表达性和工具性之间的不同,承认二者是行为整体的合法组成成分。这种态度视每一种功能为发展研究中统一整体的合法组成成分,并且,任何一个具体研究的性质与研究目标之间息息相关。从这种相对观出发,坚持用观察行为的表达性和工具性特点来研究发展,而不是笼统地用"可观察行为的变化"作为研究的出发点,那么原来那些存在于发展研究中的混淆与争论会大大减少。但是,这种替换还没有回答到底哪些行为的变化可以称之为发展。要解决这一问题,就需要对发展本身进行进一步的反思。

发展性变化的本质:转换与变异

如果发展性研究是一个综合性的研究领域,那么就需要用尽可能宽的视角来看待"发展性变化"。也许,最广义的发展涵盖了两种最为基本的变化:转换性的(transformational)与变异性的(variational)(见图 2.2)。转换性变化(transformational chang)是一个系统的形式、组织或者结构的变化。毛虫变成蝴蝶,蝌蚪变成青蛙,水变成冰或者气体,种子变成植物,细胞变成有机体。所有的非线性动力系统,包括人类的心理,都要经历转换性变化。转换性变化会导致新事物出现。随着形式的变化,事物会变得越来越复杂。这种升级的复杂性是事物的模式复杂化的一种体现,它不是仅仅在原来的事物上线性地添加一些成分而形成的复杂性。结果是,新模式所体现的新特点不能够还原为(即完全解释)早期的成分,或者由原来的成分加以预测(图 2.2 中左边的四个系统立方体给予了说明)。人们通常把这种出现新事物的变化称之为*质变*,这种变化无法通过纯粹的量的增加来获得。同样,说到发展的"非连续性"时也是指新事物的出现与质变(Overton & Reese,1981)。阶段、时期或水平等都是和发展有关的概念,指转换性变化所引起的新事物出现、质变以及非连续性。20 世纪发展心理学的每一个大家——Piaget、Vygotsky、Werner——都承认转换性变化的这些主要特点。Piaget 和 Werner 通过对发展各阶段的区分和重组来表达他们的发展思想;Vygotsky(1978)认为,发展不是"相互分离的变化的逐渐积累……[而是]一个复杂的辩证过程,是从一种形式到另一种形式的性质转换,内外因素相互起作用"(p. 73)。(也可参见 Schneirla,

26

1957)

哲学家 E. Nagel(1957)指出,广义的转换性变化具有两个基本特点:(1)“具有系统的特点,拥有明确的结构(即,组织性)……”以及(2)“系统的系列变化能够产生相对持久并且新颖的增长,这种增长不仅仅表现在结构(即组织)方面,而且还体现在操作模式(即功能)方面”(p. 17)。

转换性变化是动力系统(例如,生物系统;作为系统的心理主体或者人;认知、情感和动机系统)的相对持久的、不可逆转的变化,而且这些变化符合自然序列。转换性变化的持久性和不可逆转性保证了发展性变化不具有相对短暂性和容易逆反性,序列性保证了它的目的论(目标指向的)性质。序列意味着顺序,而任何顺序都是有方向的。转换性变化必然包含着指向某一终极状态或目标的方向。这里很有必要在元理论水平上区分主体目的论与客体目的论。主体目的论涉及主观上持有的“意图”、“目的”或“目标”(例如,“我想成为一个更好的人”),它与转换性发展的界定没有关系。客体目的论则涉及一些规则或原则的结构,这些规则或原则是设计出来用于解释所研究的现象的(例如,“X 从缺乏分辨度发展到更具分辨度并具有等级综合的平衡水平”)。所以,规则在概念水平上建构了新的发现,或者说限定了序列顺序和终极状态。任何理论都包含对某一问题或某一领域的解释,发展性转换理论必须说明什么是发展。

经常会出现下面这样的概念混淆,认为充分的描述要比设置终点更为重要(例如,Sugarman,1987)。相似的错误还表现在,主张离开终点而确立一个“更为中立的、人—时间—情景相一致的发展概念”(Demetriou & Raftopoulos,2004, p. 91)。没有中立的立场,也不存在没有设置终点的充分的描述。一般而言,发展是指向特定结果的变化。如果不理解这一点,又怎么可能搞清楚所描述的对象呢?如果要描述/解释语言获得的过程,那么,成人的语言必然是终点。如果没有这一理想的终点,那么便无法描述儿童的语言获得。同样的道理,如果要描述/解释推理、思维、问题解决、人格或者其他的转换性发展,必须用概念的终点来作为理想的最终模型。

前述的关于设置发展终点的混淆源于这样一个错误观念,即认为设置一个理想的终点必然会导致用一种“成人化的观点来看待儿童的行为,把它们看作是成人行为的不成熟版本”(Marcovitch & Lewkowicz,2004, p. 113)。这种观点的本质是没有认识到转换性发展变化具有非线性(非连续性)的特点。例如,Piaget 对推理过程的发展感兴趣,这就使他把命题的演绎推理作为研究的终点。然而,Piaget 描述了几种相当不同的推理形式(例如前运算和具体运算),这些推理形式作为达到成人推理水平的非连续的先驱。需要说明的是,可以根据内容(例如,成人的记忆模型,成人的推理模型)来设置终点,可以根据结构(例如,Werner 的,1957, 直生原则认为“发展源于最初的相对整体性,缺乏区分度、清晰度以及等级综合”,p. 126)来设置终点,也可以根据功能来设置终点(例如,参见 Valsiner,1998a 对于平衡模型的讨论;Piaget 对于适应水平的讨论)。谁也无法废除设置终点的作用,从而宣布决定远端进化(例如,适应性的)的因素在发展中发挥作用(Marcovitch & Lewkowicz,2004)。远端适应就是终点。

27

在定义发展时通常会用到“成熟”这一概念,如“发展指各个系统的成熟”,对“成熟”概念的使用也常常引发概念混淆的问题。这种问题是双重的。首先,如果我们仅仅按照传统的词典意义(例如,“在成长过程中个性和行为特点的出现”,《韦氏在线词典》(第十版);“智力或情感得以完全发展的过程”,Cambridge International Dictionary of English, online edition)来理解成熟,那么讨论转换性发展的定义显然就是同义反复,因为我们无需添加任何东西。第二,如果发展指生物系统的动作变化,那么发展的概念与发展的潜在机制就会混到一起,这是严重的概念混淆。

胚胎学中的变化包含了一些最为明显的、最为具体的转换性或者形态学变化的例子(Edelman,1992; Gottlieb,1992)。通过分化与综合的一系列过程,单细胞的受精卵发育成9个月大的有高度组织功能的胎儿。人类的认知和社会情感现象的个体发生也反映了转换性变化的特点。例如,外显的行为也许经历一系列的转换性变化成为符号化的观念,进一步的转换使其成为具有新颖的逻辑特点的符号观念(参见图2.2左侧的正方形)。记忆也许通过转换从再认发展到回忆。自我和同一性的意义(Chandler, Lalonde, Sokol & Hallett,2003; Damon & Hart,1988; Nucci,1996)也经历了一系列的转换。人们认为情感要从最初的比较整体的状态分化而来(Lewis,1993; Sroufe,1979)。身体变化,如运动能力的变化,也被认为经历了转换性变化(Thelen & Ulrich,1991)。

变异性变化是指变化偏离标准、常模、均值的程度(参见图2.2右侧的箭头)。以鸽子的啄食为例,何时、何地以及何种速度啄食等方面的变化都是变异性变化。婴儿的伸手触摸行为,学步儿童行走准确性的提高,词汇量的增加以及获得优或差的学业成绩等都是变异性变化的实例。从适应(工具性)的观点看,发展性变异变化是技能或能力变得更为精确的过程。这种变化可以描述为线性的,它是自然的累积过程。所以,这种变化是数量性质和连续性质的。

变异性变化是由特定水平(即动力系统的任何水平)的质和量的变异构成的。如果思维经历转换性变化,那么在任何转换水平都会发现思维的变异性变化(例如,分析思维和综合思维)。如果情感经历转换性变化,那么在任何转换水平,情感的表现程度的差异都反映了变异性变化(例如,焦虑、移情、利他等的多寡)。如果同一性经历转换性变化,那么在任何转换水平,个体所选择的同一性类型的差异都反映了变异性变化(例如,个人主义的或集体主义的)。如果记忆经历转换性变化,那么在任何转换水平,记忆的能力、风格以及内容等方面的差异则反映了变异性变化。

人们经常用门、类及个体的典型变化作为标准来界定转换性变化。例如,在个体发生学中,认知、情感和动机系统的标准变化是问题的关键。在这里,我们关注的焦点是普遍形式的出现顺序,这些形式的变化为发展限定了一条路径或轨迹。如前所述,当我们追踪发展轨迹时,转换性变化总是与不可逆性、非连续性(非相加性、非线性)、序列以及方向性等概念相联系。而变异性变化则用个体和群体之内和之间的差异来界定,其关注的焦点在于当下的个体和群体的差异,这种差异由某种特性以及反复的运动变化所引起。变异性变化与可逆性、连续性、循环性等概念相联系。当考察生命形式和身体系统的变化时,转换性变化需要

28

用“时间箭头”来界定，变异性变化则用“时间周期”来界定(Overton，1994a，1994c；Vlsiner，1994)。

把转换性变化和变异性变化结合起来，在更广阔的视野中来理解发展，这就引发了如何来理解二者关系的问题。在表达—工具问题中我们曾经讨论过三个元理论解决方案，在转换—变异问题中这三个方案再度出现。第一种方案运用了二分法，把事物一分为二，把工具性看作是有特权的研究基础。这种方案把转换性变化边缘化，认为它只是描述，其本身尚需要解释。本质上而言，这种态度表明，当我们的经验性知识不断增加时，所有外显的转换性变化最终会得到解释，当然，这种经验性知识是变异的产物，而且只是变异的产物。这种解决方案的一个严重后果是，与其相关的元理论会预先规定一些能够评价线性的、可加性过程的方法，而把能够评价非线性过程的方法边缘化。这种解决方案的一个经典例子是斯金纳演示，它只给出啄键和强化的变异情况，这样的话，也可以训练鸽子来回打乒乓球，这样就可以宣布，鸽子打乒乓球这种外显发展的新事物在现实中也是一个连续性的、可加的变异。有些人把认知发展描绘成表征内容(见 Scholnick & Cookson，1994)的简单增加，有些人把认知发展描绘成加工表征内容的效率增加(Siegler，1996； Sternberg，1984)，这两种人都会采用上述的解决方案。

第二种解决方案把转换性变化视为基本事实，而把变异性变化的作用边缘化，视变异性变化为转换性变化系统中一种相当无关的噪声。尽管没有哪一种理论明确承认采纳这种方案，但是在一些阶段理论中——如 Erik Erikson(1968)的心理社会发展理论——转换性变化备受青睐，而变异性变化的作用似乎微不足道。

如前所述，第三种元理论的解决方案不把转换性变化和变异性变化分割开来让它们成为相互竞争的两方，而是把二者看作基本的必需成分，它们包含于现实的整体中，相辅相成。这种解决方案认为转换性变化和变异性变化分别担任不同的功能角色，但是每一种角色的加工过程可以自我解释，也可以由另一种角色来解释。转换性系统产生变异，变异改变系统(参见图 2.2 对这个方案的说明)。这种关联论的元理论态度将在下文作为“实在的呈现”(take on reality)来做详细介绍，它解决了发展研究中遇到的许多矛盾问题，并且为我们拓展新的研究思路。

统一的发展概念

当我们把转换性—变异性变化以及表达构成变化和工具交流变化一股脑放进相关矩阵时，它们就反映了发展性变化的完整图景。表达构成和工具交流维度说明了发展过程中的变化是什么。在发展心理学领域，心理主体(或者说能够解释主体功能的动力系统)和主体的行动是研究的主要对象。例如，对于变化的主体的性质问题，尽管 Piaget 和 Skinner 分别形成了极端的看法，但是二者都共同关注主体。Piaget 认为表达性和工具性都是变化的本质特征。“格式”和“运算”被看作是主体的表达构成行为的起源，而“程序”则是工具性策略，它们负责应对外部世界。对于 Skinner 来说，表达性被拒绝或者被边缘化，“操作性行为”代表主体对环境变化的工具性调整和适应。

29

转换—变异维度说明的是发生的变化的性质。在这个维度,研究的主要对象是行为而不是行为的功能,表达性—工具性行为发挥作用,也正是表达性—工具性行为产生变异和转换。例如,在本章稍后部分将讨论进化发展的新达尔文主义理论,它是一个发展的系统理论。在这个理论中,行为的变异和转换变化将成为关注的焦点,而行为的表达工具功能将淡出研究者视线。

把变化的维度和变化的性质放到一起,用相互补充的视角来审视它们,我们会发现,可以根据研究目标对各种特征维度重新组合,例如,可以组成一个转换—表达维度。在这个维度上,研究的重点是系统变化的顺序——无论是感情系统、情绪系统、身体系统还是认知系统都可以——此时,心理主体投射于其外部世界的认知—情感意义将会在系统变化的顺序中得以反映。同样,可以组成一个变异—工具维度,这个维度研究那些导致个体运用某种特定程序或策略的变异性变化——同样,无论是感情系统、情绪系统、身体系统还是认知系统都可以——这些程序或策略帮助主体适应环境和自我调节。

把表达—工具行为的变化和转换性—变异性变化予以综合考察,为我们提供了一个新的平台,在此基础上我们有可能为发展提出一个更全面的定义,它将摆脱以往诸如"随着年龄变化而出现的可观察的行为变化"之类的引起混淆的定义,它也将更为合理地涵盖发展研究的所有内容。这一背景下的发展是行为的表达构成和工具交流特点在形式(转换的)和功能(变异的)上的变化。我们也将在这个定义的基础上对行为有更广泛的理解,而不是把发展研究限制在某一特定研究领域之内。像历史学、人类学、哲学、社会学、进化生物学、神经生物学、心理学以及研究系统变化的自然科学等都将成为发展研究的潜在领域。在这一新的有包容性的发展概念中,发展的内容至少包括——前文已经提及过的——系统发生(例如,门的发展变化或者进化发展),个体发生(例如,个体的发展变化),胚胎发生(例如,胚胎的发展变化),微观发生(例如,短时间内的变化,诸如个人概念或个人记忆的变化),发病机理(例如,病理的发展变化),直生论(例如,常规发展)。从这个观点出发,发展研究必然演变成一个跨学科性的、比较性的领域。

这个新的有包容性的发展概念是我们进一步研究的一个新起点,一方面我们可以回溯过去,探讨发展研究中的元理论概念的本质和历史,另一方面,我们可以面向未来,考察用这种方法来解释发展时,概念、理论和方法所发生的相应变化。当我们审视和接受这些变化时,传统的发展研究中出现的一些所谓重要争论会因此迎刃而解,变得无足轻重。看看这些传统的争论吧,发展是普遍的(对大多数人来说是典型的,无论其特殊的生物环境、文化或社会背景)还是特殊的(仅对有些人是典型的)?发展的方向是必然的还是偶然的?发展是可逆的还是不可逆的?发展是连续的(线性的,也就是具有可加性)还是非连续的(非线性,也就是出现新事物或新水平)?发展的基础是生物还是文化?只有这些概念对子(conceptual pair)陷入矛盾时,上述问题才变成争论。从我们新的有包容性的元理论立场出发,所有这些争论都将烟消云散,因为这些概念对子是相互平等的,它们不再相互矛盾,而是相互补充。所以,从相互联系的观点出发,站在理性和经验的基础上,我们可以有把握地举例说,无论是记忆内容还是记忆策略,还有思维内容或思维风格,它们都是特殊的(变异性变化),回忆和符号思维是人类个体发生(转换性变化)过程中的典型的获得性产物。同样,毫无疑问的是,年级平均成绩的提高是可逆的(变异性变化),但是我们也必须承认,把婴儿咿呀学语到掌握语言的过程理解为一个有序列的、有方向的、不可逆的过程(转换性变化)是有益的。反思以及常识性的观察发现,行为之间有一致性,这种一致性可以在行动中得以表达(表达性);但是也得承认,行为是在对其提出要求的特定环境中发挥作用的(变异的,工具性的)。在一些科学领域中,我们通过反思以及日常观察会发现,有些领域出现新事物(转换性),而另一些领域出现的变化则更容易理解并具有可加性(变异性)。几百年来,人们试图成功地把人的行为划分为先天和后天,但是面临的结果只有失败。这意味着,我们也许应该排除所有的"哪个"以及"多少"之类的绝对化问题,采用一种关联论方法,这样我们也许能够找到一种更为有效的概念基础,从而解决发展过程中生物和文化的作用问题。

30

对发展的包容性理解不仅解决了发展心理学中传统的概念争论问题,它还对经验主义的方法产生连锁反应。最一般的意义在于,在这种新的背景下,经验研究将放弃工具性科学观(参见下文对方法论的讨论)。在关联论元方法中,阶段究竟存在(转换性变化,非连续性,序列性)还是不存在(变异性变化,连续性)的问题不复存在。取而代之的是,以研究转换性变化这一极为目标的学者将致力于从经验角度出发,验证关于发展的各种阶段、时期或者水平(非线性变化)的模型。以变异性变化为研究目标的学者关注不同年龄、时间或阶段的个体差异的稳定性之类的问题,他们与阶段之类的问题没有关系。这种关注具体变化的研究使我们有机会认识到测量具体变化的技术的重要性。例如,以研究转换性(非线性)和表达性行为为主要目标的研究者经常要求把当代顺序测量技术和关联论技术运用到评估转换性模式的变化以及潜在特质方面(见下文对方法论的讨论;例如,Bond & Fox, 2001;Fischer & Dawson,2002; Sijtsma & Molenaar,2002)。变异性变化的研究(稳定性,连续性),追踪变异性变化(例如,发展的功能)轨迹的研究,以及那些探究工具性行为的研究都倡导使用传统的关联论程序以及传统的实验程序(见下文对方法论的讨论; 例如,Appelbaum & McCall,1983)。

下面几节将详细描述和分析分解观元理论和关联元理论,同时也将谈到关联元理论的重要性。这几节还会描述元理论对发展心理学领域的各种概念和问题的影响。在详细讨论了分解观和关联元理论之后,有一节专门讨论认识论问题。构建分解观和关联论方法的相关哲学基础也将被讨论,同时还将讨论这些哲学传统对概念和理论发展的意义。最后,将用这些传统作为背景来分析发展心理学中的分解观和关联论方法。

分解观与关联论元理论

前面已经提到,最基本和最抽象的元理论是"世界观"。在发展心理学中,Steven Pepper (1942)把广为讨论的世界观描述为机械论、背景论以及机体论(Ford & Lerner, 1992; Overton, 1984; Overton & Reese, 1973; Reese & Overton, 1970)。此处讨论的世界观与Pepper的分类关系密切。分解观元理论(Split metatheory)吸纳了Pepper所描述的机械论的思想,把心理主体看作是反应性的、统一的、固定的。关联元理论(Relational metatheory)则选择性地利用了 Pepper 的背景论和机体论,把宇宙和人都看作是积极的、有组织的、变化的。Pepper 对背景论和机体论的统一持怀疑态度,但是关联元理论抛弃了 Pepper 的怀疑论,提供了一种建设性的关系(Overton & Ennis,出版中)。

分解观元理论

分解观元理论继承了几个基本原则,包括"分解"(splitting),"基础论"(foundationalism)和"原子论"(atomism)。分解——曾经是 Rene Descartes 思想中的一个概念——是把整体分离成排他性的纯粹的形式或成分。在分解中,那些表面纯粹的形式被放进一个排他性的"非此即彼"的框架中,在这个框架中,一种成分与另一种成分是矛盾对立的,相互之间是排斥的(例如,在逻辑矛盾定律中,A=非 A 是绝对不会出现的)。为了分解,必须接受两个原则:基础论和原子论。这就是元理论的公理,其基本含义是,事物有一个基本的最低点,在这一点上事物的性质是不变的(基础论的基础);这个最低点的成分——纯粹的形式——(原子论的原子)有自己的特性,这种特性不因环境的变化而变化。由此推出的一个结论是,所有复杂的事物都是简单的复合体,因为整体纯粹是由基本成分累加而成的。

31

分解观、基础论和原子论都以分解(decomposition)为原则,主张将总体打碎,直到其最小的成分(Overton,2002)。这一过程还有其他名称,如还原论(reductionism)和分析态度(Overton,2002)。分解观元理论需要另外一个原则来重组或改组整体。这就是单向性和线性(可加性)相结合,或者叫因果序列。成分之间相互联系,其根据是,要么它们在发生的时间和空间上相邻,要么它们都处在简单有效的单向因果顺序中(Bunge,1962; Overton & Reese,1973)。分解观元理论认为,除了单个地起作用的原因外,没有其他的决定因素,即没有真正的交互的因果关系(Bunge,1962;Overton & Reese,1973)。

所有的矛盾都是在分解观元理论的背景中产生的。例如,个体—社会或个体—集体或人—社会之类的矛盾,都把人类的所有行为描绘成一些基本的形式相加的产物,这些产物则等同于人与社会文化这两种基本形式。所以,从分解观出发,行为就变成了这两种纯粹形式组合起来的整体,问题也就演变成其中哪一种形式更为重要。先天论—经验论或者天性—教养也是关系密切的矛盾,在这对矛盾中,其基本组成形式一方面是一些基本的生物成分(例如,DNA、基因、神经元),另一方面是一些基本的环境成分(如,父母、社会、文化)。这些例子在本节以及后续的内容中探讨。

近来,当代社会文化观(例如,Cole & Wertsch,1996; Wertsch,1991)和社会建构观(例如,Gergen,1994)都认为人—社会文化这对矛盾是其理论中的定义性特征。这些观点追随 Marx 的思想,Marx 主张更为广义的意识—物质矛盾,把物质的社会文化客体看作是第一位的,这样就产生了他的辩证唯物主义。Wertsch 承认 Marx 的贡献,他把自己的工作也置于人—社会矛盾框架中,具体表现在他既对 Vygotsky 进行了分解性的阐释(例如,"为了获得一种连贯的推理,使其反映马克思主义主张的社会力量第一的观点,Vygotsky 和其同事……主张干预性工具的许多设计特征来源于社会生活",1991,p. 33,引用时加的强调)也对 Luria 进行了分解性的阐释：

> 正如 Luria 所言(1981,p. 25),“为了解释人类意识的高级复杂形式,我们必须在人类有机体之外着手。为了寻找人类意识活动和外显行为的起源,我们*不应该到*大脑内部或者灵魂深处去寻找,*而应该着眼于*外部的生活环境。总之,这意味着我们必须*在社会生活的外部过程中寻找这些起源*[引用时加的强调],在人类生活的社会和历史形式中去找寻。”(Wertsch,1991,p. 34)

有时候,表现在社会建构观和社会文化观中的分解变得相当微妙。Cole 和 Wertsch (1996)在一篇文章的开篇直接引用了 Piaget 的文章内容,他们承认 Piaget——在社会文化观和社会建构观眼中,他一直是一个反面角色,他经常不恰当地受到批评,原因是他坚持对人给予优先地位的观点——“没有否认社会在知识建构中的作用”(p. 251)。然而,作者又把问题的基础从特定的社会环境转换到了社会环境所决定的文化调节上,从标题(“文化调节的首要地位”,p. 251)和文本都做了转换,给予文化以特别的地位：

> 在 Vygotsky 的理论中,社会起源具有特别重要的作用,该理论与 Piaget 的社会平衡的概念相比缺少对称性……对于 Vygotsky 和文化历史理论家来说,*社会环境*在某种特殊意义上*要比个人更重要*。社会是文化遗产的载体……(p. 353,引用时加的强调)

行为遗传学是运用分解观元理论的第二个例子。行为遗传学运用家庭研究法、双生子研究法和收养研究法,其目的在于把任何行为得分(例如,对人格、精神病理学、智力、语言、认知测量得分)这一变量分解为两种变量的比例,一种变量是由基本基因(纯粹形式)决定的,另一种变量是由基本环境决定的(纯粹形式;Plomin,1986,1994)。“行为基因模型运用数量基因理论和准实验方法,把表型(测量的)变异分解为基因变异和环境变异”(McGuire、Manke、Saudino、Reiss、Hetherington & Plomin,1999, p. 1285)。用于分解的主要工具是数量化方案,被称作“遗传可能性指数”或“遗传可能性系数”。这一指数用在可加性质的成分变量统计模型(包括基于统计的方差分析和所有相关分析)中,这种模型假定,每一种分数都是自变量的一个线性函数(即,分数是各种成分效应的总和,Winer,1962, p. 151;另见 Overton & Reese,1973)。而且,一般假定,通过这种数量化方案获得的相关模型反映了根本的因果事实,即主要是基因因素和环境因素以加法的形式影响被研究的行为(Vreeke, 2000)。在行为遗传框架中,终极目标是发现具体的行为遗传的因果路径。在这里,我们要通过分析因果效应的多重性——在分解观元理论的背景中——来解释任何行为,最终能够揭示出这种解释的最终的遗传基础。有人预期能够发现与特定行为相联系的基因,针对这种看法,Plomin 和 Rutter(1998)认为：

32

> 基因的发现将为分析复杂的因果过程提供机会……我们将不再关注总体中有多少

变异受到了影响；相反，在基因的作用问题上，我们可以作出关键性的转换，从以前的“黑箱”推理转到对特定基因的观察上来。(p. 1238)

关联元理论

在分析了分解观元理论的历史性失败以及其竞争对手——后现代思想——的无知后，Bruno Latour(1993)提议，走出笛卡儿式分解观的极端，走向中心或“中间王国”，在这里思想和实体不用表征为纯粹的形式，而是边界模糊的形式。这是一个走向Latour称之为“关联论”的元理论空间，在这个空间中，基础是基础，而不是某种最低点，分析的目的是进行分类，而不是在自然的联结处加以切分(cutting nature at its joints)。关联元理论在Latour的提议基础上发展了起来。它首先在关联论领域中清除了分解观元理论，把各种矛盾转化为相互平等、互为补充的不可分离的整体。因为分解观与基础论息息相关，所以清除了一个，另一个也就不复存在。分解观主张纯粹的形式的概念假设，但是这种假设本身来源于原子论，原子论假设真实中存在一个固定的不变的最低点，实在由基本成分组成，基本成分不会因为背景的变化而变化。所以，接受原子论就会直接相信精神(观念、心智)和物体(事物、身体)是自然界中绝对不同的两样东西。如果自然界是由原材料组成的，那么相信能够对其分割也就似乎是合理的。关联元理论拒绝原子论，以整体论取代原子论，并把整体论作为基本的指导原则。在这一概念框架中，因情景而定的成分取代了固定成分，由此出现这样的结果——正如哲学家John Searle(1992)所指出的——“具有心理特点的事实并不意味着它就不是物理性的，具有物理特点的事实并不意味着它就不是心理性的”(p. 15)。同样，具有生物特点的事实并不意味着它就不是文化性的；具有文化特点的事实并不意味着它就不是生物性的。站在整体论的基础之上，关联元理论提出了一些具体原则，以此来说明各个部分之间的关系以及各个部分与整体之间的关系。换言之，关联元理论提出了为任何科学研究所适用的分析和综合原则，它们包括(a) 矛盾的同一性，(b) 同一性的矛盾，以及(c) 整体的综合。

整体论

整体论是一个概念性原则，它认为客体和事件的特性来自于其所处的相关背景。整体并非是由离散的成分组成的集合体，而是一个各部分被组织和自组织起来的系统，每一部分的特性由它与其他部分的关系以及它与整体的关系所决定。这种背景下的复杂性是被组织的复杂性(Luhmann, 1995; von Bertalanffy, 1968a, 1968b)，整体或动力系统无法分解成因果关系中可加的线性序列中的成分(Overton & Reese, 1973)。非线性动力学是这种复杂结构的定义性特征。在整体论背景下，分解原则、基础论和原子论被认为是没有意义的分析方法，那些所谓的基本的矛盾同样被认为是无效的二分法。

33

在整体论中，拒绝纯粹的形式或要素对于发展心理学具有重大的意义。例如，在上节中提到的，天性—教养之争是置于分解观和基础论的框架之中的。在新近的分解观中，没有人真正说明，是物质、身体、大脑和基因还是社会、文化和环境是行为发展的原因，其背景思想仍然是，其中一方的作用优于另一方，这种思想还在无声地制约着对问题的讨论。最常见的看法是，行为和发展是天性和教养相互作用的产物。但是，通常意义的相互作用本身就是相互独立的两个纯实体以合作和/或竞争的方式独立地发挥作用(例如，Collins, Maccoby, Steinberg, Hetherington, & Bornstein, 2000)。结果，争论轻易地被置换到了另外一个讨论水平。在这个新水平，争论者们同意，行为和发展是由天性和教养*共同*决定的，但是，他们还会继续争论，到底二者中谁的贡献和价值更大。种群行为遗传学继续关注那个经典的问题，即每种形式对于特定行为的贡献有*多大*。其他的分解观也在继续它们的争论，两种纯粹的形式中究竟哪个决定着特定行为的起源和功能。所以，尽管对矛盾有表面的调和，传统的哪个和多少的问题(见 Anastasi, 1958; Schneirla, 1956)仍然强有力地维持着分裂式的研究框架。这是因为，如果这种调和不是仅仅为了所谓的纯粹形式假设，那么它就不可能把发展问题转变为“先天”和“经验”之类的传统议题(Spelke & Newport, 1998)。拒绝原子论，接受整体论就会消除纯粹形式的想法，也就会使任何基础论的分解观站不住脚。这就取消了哪个和多少问题在任何研究领域的科学合法地位。

但是，接受整体论本身并不能提供详尽的方案，并以此来解决发展心理学和其他科学研究领域中的许多基本矛盾。整体论的解决方案需要一些原则，以这些原则为基础提出以前的二分法中的每个概念的特征仍然保留，同时认为每一个概念是另一个概念的构成成分。例如，天性和教养仍然保持各自的特性，同时认为，行为是生物的产物这一事实并不否认行为同样也是文化的产物；相反，行为是文化的产物这一事实并不否认行为同样也是生物的产物。这一认识的基础是，把特性和差异看作是*分析的*两个*瞬间*。第一瞬间以矛盾的同一性原则为基础，第二个瞬间以同一性的矛盾原则为基础。

矛盾的同一性

矛盾的同一性(*identity of opposites*)这一原则在整体的各个基本部分中确定每个部分的特性，它不像分解观那样把各个部分看作是排他性相互对立的，而把它们看作是统一的(例如，不能分离)相互包含的矩阵中相区分的一极(例如，相互平等)。说它们是相区分的，因为每一极都被递归性地得到定义；每一极定义它的相对者，并被其相对者所定义。在这个同一性分析瞬间，矛盾律被搁置起来，每个种类包含它的相对者，事实上，每个种类就是它的矛盾。进一步讲，更为关键的是，作为这一瞬间的区分属于特点、起源和行为结果。例如，某一当下的行为是 100%天性的，因为它是 100%教养的。这一行为没有其他百分比的起源——无论是我们回到子宫，回到细胞，回到基因，回到 DNA——也没有稍迟的有其他百分比起源的行为。同样，任何一个行为既是表达性的又是工具性的，任何发展性变化既是转换性的又是变异性的。

可以用许多方法来说明这一原则，但是最明了的应该是 M. C. Escher 创作的那幅著名的墨水素描画画手。如图 2.3 所示，左手和右手采用相关联的姿势，所以，每只手同时在画另一只手，但是同时又被另一只手所画。在这种相关矩阵中，每只手与另一只手是完全相等的——所以相互平等和不可分离——因为每一只都正在画并被画。在这一分析瞬间，矛盾律(例如，没有 A=非 A 这样的情况)退位了，同一性(例如，A=非 A)上任了。在同一性分析瞬间，纯粹的形式瓦解了，种类之间相互渗透。

34

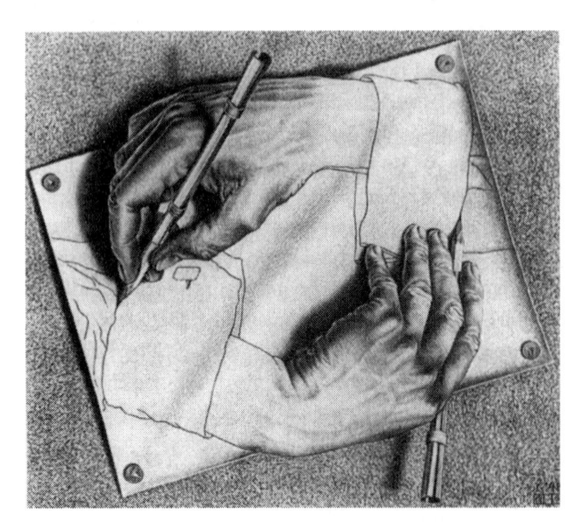

图 2.3 M. C. Escher 的画手。© 2006M. C. Escher Company-Holland. 版权所有。www.mcescher.com. 获准使用。

每个种类包含并且是它的矛盾。结果，在种类之间建立了广泛的包容性。如果我们把包含和排除看作是在观察一个两可图时的不同瞬间(例如，内克尔立方体或者花瓶妇女错觉图)，那么在这个同一性分析瞬间，我们观察到的只有包含。在下一个分析瞬间(矛盾)，图形变位，当手作为矛盾和互补者出现时，我们将再次看到排他性。

在同一性分析瞬间，做以下练习很有用。前面提到过传统的分解观中有矛盾的两极(例如，人与文化)，我们把其中一极写在一只手上，然后看发生什么结果。这种练习不仅仅是我们所熟悉的科学研究中对双向效应的演示说明，它可以使关联元理论的主要特征更真实，它使似乎矛盾和竞争的双方相互平等并且难以分离，这一练习还使真正的非可加性的相互决定的含义具体化(Overton & Reese，1973)。

如果按照矛盾的同一性这一原则来开展一项关于人、文化以及行为的研究，那么与其他任何元理论一样，这项研究会有许多限制。举例来说，其中一个重要的限制是，行为、特性、风格等不能被分解为人和文化的相互独立的、可以相加的纯粹形式。所以，从关联元理论的观点来看，社会文化观和社会建构观试图把社会和文化摆在一个优先位置的做法仅仅是概念混淆而已。

如果从矛盾的同一性这一原则出发提出限制的话，这一原则也就开启了各种可能性。其中之一就是认识到——也许对于 Searle 而言——行为由生物或人决定这一事实并不意味着行为不是社会或文化决定的，而且，社会或文化决定这一事实并不意味着它不是生物或者人决定的。矛盾的同一性这一原则确立了元理论的立场，那就是基因与文化、文化与人、大脑与人等等是真正相互渗透的。

因为把矛盾律在有些背景下搁置起来，在有些背景下又加以运用，这种想法及意义并不为人熟知，所以有必要澄清和说明。关联元理论在很大程度上受益于 19 世纪的哲学家 G. W. F. Hegel(1770—1831)提出的辩证法概念。对 Hegel 而言，历史变化是一个动态的表达性与工具性的成长历程，它是由辩证法所表征和定义的。Hegel 辩证法的核心思想是，动态系统的概念或基本特征从区分走向综合。动态系统的任何初始概念或基本特征——被称作“命题”或“判断”——在其内部包含一种固有的矛盾，这种矛盾通过系统的运动变得与第二个概念或特点——命题的“反命题”或“否定”——相区分。结果，甚至在单个的命题中也存在命题—反命题的固有矛盾关系，恰如在单个的器官个体中也可以区分出多细胞个体一样。这说明了辩证法的基本相关特点。

当命题转化为反命题时——产生与矛盾关联一极的区分——它们之间的一个潜在空间

由此产生，这就变成了二者调和的基础。调和的出现——还是通过系统的活动机制——构成了一个新的个体或结合——被称作是“综合”。调和形成的综合本身是一个系统，它除了包含原系统之外还表现出新的系统特点。所以，一个新的包含三个领域——命题—反命题—综合——的相关动态矩阵便形成了。与其他综合一样，通过区分出现的综合不是终极的。综合代表一个新的动态行为系统——一个新命题。所以，又开始了新一轮的区分与综合。

35

在这个关联模式中，相对的极(例如，命题和非命题)从最初的相对没有区分的矩阵中(例如，命题)出现，这种极并不构成相互绝对排斥的分离(分解)的矛盾种类。双方成长于共同的土壤，当它们处于相对的矛盾关系中时，它们还拥有共同的特性。Hegel 把这种关系称之为“矛盾的同一性”(Stace，1924)，并用他的著名的主人与奴仆例子做了说明。在这个例子中，Hegel 认为，如果不说明奴仆的约束，那么就不可能定义或理解主人的自由；当然，如果不说明主人的自由，那么就不可能定义或理解奴仆的约束。所以，自由包含了约束的思想，正如约束包含着自由的思想一样，在这个例子中我们看到了自由与约束的矛盾统一体。

有人认为，逻辑律——譬如，矛盾律——可以根据研究背景灵活地使用，如果为这种观点辩护，我们必须认识到，逻辑律本身是可变的，它本身也是受背景影响的。有些元理论的预设要么是人与世界相分离，要么心理与世界相分离，在这样的元理论中，逻辑律是不变的。然而，在目前讨论的元理论中，逻辑律本身是人类的心智与外部世界相互建构的产物，它们仅仅是被画出的图画、被讲述的故事而已。它们也许是为我们的生活带来一定秩序的好图画、好故事，但是，也许还有更好的图画和故事可以为我们所用。Wittgenstein(1953/1958)在其后期作品中特别讨论了背景的作用，或者用我们的话说就是元理论思想。他对另一个逻辑律的讨论很能说明问题，他指出，排中律也许是许多可能图画中的一个：

> 排中律主张：要么这样，要么那样。所以，它其实……什么也没有说，而是给我们一幅图画……这幅图画似乎确定了我们必须做什么，以及如何做——其实它并没有……说“没有第三种可能性”……只是表明我们无力从这幅图画中转移视线，这幅图画似乎已经确定无疑地包含了问题与解决之道，但是我们却始终觉得情况并非如此。(第 352 节)

最近有一次关于社会心理学中“错误归因”的观点交流，在这次交流中，传统分解观视野中相互竞争的、二选一的关系被转变为相互平等、不可分离的合作者。在交流中，一方(Gilovich & Eibach，2001)从分解观出发指出“人类的行为不能简单地划分为情景性的和意向性的”(p. 23)；他们进一步指出，很难“清楚地说明某个特定的行为中究竟有多少来源于刺激，有多少来源于与行为有关的意向”(p. 24)。来自矛盾的同一性观的一方(Sabini，Siepmann，& Stein，2001)对此说法予以回应，他们拒绝这种看法，因为它反映了竞争和互补解释之间的混淆。他们提出以下质疑：

> John 约上 Sue 出去了，这一行为有多少是出于她的美丽，有多少是出于他的好

色……并不是这一问题难于回答，只是因为这个问题在概念上不一致。之所以不一致是因为它把两类事实上互补的解释看作似乎互为竞争的关系。我们的核心论点是，所有的行为是环境刺激和心理特性相互结合的产物。(p. 43)

同样的例子，但是却更微妙，出现在最近一次关于空间能力发展的对话中。Uttal (2000)用似乎是互补论的观点表白道，他关于空间发展的观点"是以如下假设为基础的，地图和空间认知的发展在本质上是相互作用的"(p. 247)。然而，在分析了 Uttal 的观点后，Liben(1999)质疑 Uttal 是否是在矛盾的同一性这一背景中来讨论问题的，她提出如下问题：

在 Uttal 的文章中，他似乎要说明地图的独立作用，他提出，让孩子经常看地图可以发展孩子的基本空间概念，看地图是空间能力发展的原因。我个人倾向于提出一种更为激进的机体与环境因素相互依赖的观点。(p. 272)

36

矛盾的同一性原则把相互竞争的非此即彼的关系转换为相互平等、不可分离的合作者关系，这种转换可以在先天—教养争论中找到第三个例释。如前所述，在关联元理论中，行为、特质和风格不能够被分解为独立的可加的基因和环境的纯粹形式。由是观之，行为遗传学的目标只是概念混淆而已。运用遗传指标而得出的百分比，无论其价值是什么，也绝对不能反映基因和环境对个体差异的单独作用，因为基因和环境的关系(Escher 的画手中的左手和右手)不是独立和可加的。把视角从行为遗传学转到更广泛的生物与文化议题，诸如"目前的证据表明，遗传特质的表现主要依赖于经验"(Collins 等，2000，p. 228)之类的结论因为同样的理由而值得怀疑。在关联元理论中，这种结论是错误的，因为它的前提是存在"遗传特质"这样的基因遗传的纯粹形式，而在关联元理论中这种前提是不能接受的。

在其他一些领域中，先天—教养之争中的矛盾的同一性原则也提倡对相互作用这一概念进行重新解释。在分解观元理论中，"相互作用"被定义为两个相互独立的纯粹形式——生物和文化——结合起来产生一个结果，这被称之为"传统的相互作用论"(Oyama，1989；也可参见，Lerner，1978；Overton，1973)。在这种元理论背景下，相互作用可以是各种成分之间的相互合作或竞争(例如，Collins 等，2000)，也可以是数量性质的，不同的因素可以对特定的行为产生数量不同的贡献(例如，Scarr，1992)。但是请再回顾一下前边的画手图。两只手在为画手作贡献并在一定意义上相互作用吗？它们是在相互作用，但是却不是以加法的形式，把对画与被画的贡献分割后分配给左手或右手。在关联元理论中，任何*相互作用*的概念(例如，互动、共同作用、交流)都必须包含相互渗透、相互决定、联合(Tobach & Greenberg，1984)，而且更广义地说，是*联系*。在这里，独立的成分代表了一种抽象，它在某些分析目的中也许是有用的，但是这种抽象决不拒绝潜在的矛盾的同一性原则。分析和综合本身是关联元理论矩阵的两极，恰如抽象与实在的关系(例如，Lerner，1978；Overton，1973；另可见 Magnusson & Stattin，1998，对相互作用的成分所作的充分讨论)。

同一性的矛盾

虽然矛盾的同一性原则为研究设定了限制并提供了各种可能性，但是它本身并没有提供具体的研究进程。矛盾的同一性分析瞬间的局限性在于，在建立一个种类到另一个种类的联系时，研究的稳定基础被消除了，而这个基础在分解观元理论中则由基础性的成分来提供。要重建稳定的研究基础，需要进入第二个分析瞬间。这与前一个分析瞬间相反，角色颠倒，排他性占主导地位。在这一相反的分析瞬间，Escher 的画手画中则表现出了左手与右手之分。在这一分析阶段，矛盾律重新被启用(例如，A＝非 A 的情况不存在)，种类之间又相互排斥。因为排他性，各部分表现出相互区分的*独特*特性。在任何一般性的动力系统中，这些相互区分的特性是稳定的，它们可以形成相对稳定的实验研究的平台。根据同一性的矛盾原则确立的研究平台则变为立场、观点或者域界，之所以这样，主要是考虑到研究平台不能反映绝对的基础(Harding，1986)。如果不把这些平台看作是最低点的基础时，它们也许就被当作是普通的分析水平。让我们再回到 Escher 的画吧，当注意的焦点是左边是左边，右边是右边时，如果两只手足够大——人可以站在一只手上来研究另一只手的结构和功能——情况就很明确了。再回到先天—教养问题上，当明确地认识到，任何行为是 100％生物性的和 100％文化性的，科学家就可以运用不同的观点来从生物观点或文化观点来分析行为。生物和文化不再形成相互竞争的解释；相反，它们只是关于研究对象的两种观点而已，它们源于多元观点，并以多元观点来理解。更一般地讲，人类同一性和人类发展的统一体只能够在多元视角的多样性中找到。

37

整体的综合

把基本的两极概念作为相对稳定的立场不仅为我们开辟了一条通道，帮助我们在关联元理论中建构实验研究的广阔平台，而且助我们迈出了重要的一步。然而，这一方案仍然是不完全的，因为它遗漏了一个重要的关系成分——部分与整体的关系。两极概念的对抗性提醒我们，它们的矛盾性质依然存在，仍需解决。但是，在分解观中我们无法解决这个问题。相反，关联元理论的解决方法是从两极走向中间，站在冲突之上，在这里它找到一个新系统，可以对两个冲突的系统进行协调。这就是对整体的综合原则，这种综合本身将构成另外一个立场。

在这一点上，Escher 的画不能够胜任说明的功能。在画中，同一性和矛盾都表现了出来，但是，当表达二者的空间时，它没有描述一种协调关系。对这幅画的综合是一只看不见的手，它画了这幅画中的手，而且正被这两只手画着。形成一般元理论综合系统的目的是，它可以协调大多数可能的两极对立关系。毫无疑问，这一水平的综合有许多候选对象，但是物质或自然与社会这两极就可以满足目前的目的(Latour，1993)。物质和社会代表两个系统，它们出于矛盾的同一性之中。认为一个客体是社会的决不否认它是物质的；认为一个客体是物质的决不否认它是社会的。对一个客体既可以从社会性也可以从物理性立场去分析，综合所面临的问题是什么系统可以协调这二者。可以提出一个答案加以讨论，即生命或有生命的系统协调物质和社会的关系。因为我们的具体研究目标是心理学取向的，所以我们可以从物质—社会两极转换到生物与文化的先天—教养两极上来。那么，在心理学背景下,协调生物与文化的系统又是什么呢？是有机体,是人(见图2.4a)。人——作为一个知、情、意、行相统一的自组织动力系统——代表了结构和功能的一个新水平或阶段,并且构成了生物和文化的协调(参见Magnusson & Stattin,1998, 对人是研究焦点的方法学分析)。

到目前,综合作为一种立场,它协调并解决了另外两个成分的矛盾。这为经验研究提供了特别广阔和稳定的基础。人的立场(person standpoint)使我们可以在心理学中的许多维度进行经验研究,如结构—功能关系(例如,知觉、思维、情感、价值观)、个体差异以及毕生发展等。因为,一般和特殊都是相互联系的概念,毫无疑问我们要重点关注这一问题,即是否一般性的过程排斥特殊性的过程;这一问题显然并不是先前在讨论两极问题中我们所理解的那样。从一般立场所看到的过程决不意味着它没有与背景相联系。一般理论,诸如Jean Piaget(1952)、Heinz Werner(1940/1957)、James Mark Baldwin(1895)、William Stern(1938), 以及Erik Erikson(1968); John Bowlby(1958)的依恋理论和客体关联理论;Harry Stack Sullivan (1953)和Donald Winnicott(1965,1971)都是发展取向的与人相关的研究立场的例子。

必须认识到一种综合的立场与另外一种综合立场是关联的。生命和社会由物质来协调,所以在心理研究中,生物代表了一种立场,它是人与文化的综合(图2.4b)。这就意味着,运用关联生物方法研究心理过程的目的是,探讨心理结构—功能关系的生物条件和背景,以及相应的行为表现。

38

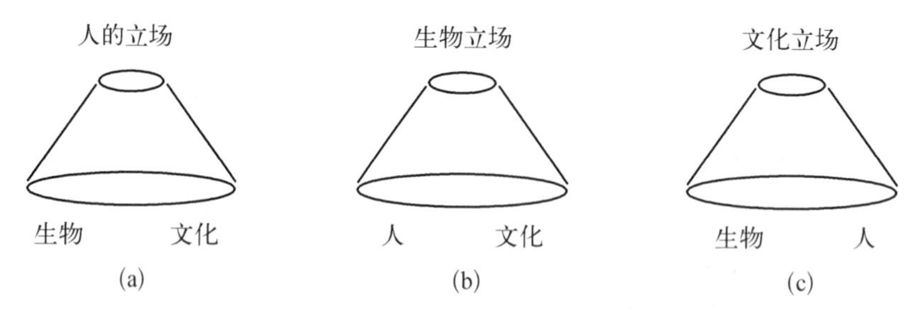

图2.4 心理研究中的关联立场:(a)人,(b)生物,(c)文化。

这种研究与以分解观为基础的生物性研究方法非常不同,因为分解方法针对研究对象预设了一种原子论和还原论的态度。神经生物学家Antonio Damasio研究心理自我和情感的脑神经基础,他的工作是这种生物关联立场的绝佳说明。在他的生物学研究背景下,Damasio(1994)指出:

> 神经科学家目前面临的任务是,研究支持适应预调节功能[例如,自我的心理主观经验]的神经生物学……我无意把社会现象还原成生物现象,但是却想讨论它们之间的关系(p.124)……认识到人的许多高级行为背后有其生物机制并不意味着可以把它们简单还原为生物学的一些成分。(p.125)

诺贝尔奖获得者、神经生物学家Gerald Edelman(1992; Edelman & Tononi,2000)在意

识的脑基础方面的工作也是相似的例证：

> 我希望表明的是，还原论曾经否定了启蒙运动的思想家，而现代神经科学和现代物理学的证据却驳斥了还原论。把个人行为理论还原为分子相互作用理论是非常愚蠢的，因为当我们认识到，意识的出现需要多少不同水平的物理、生物和社会因素相互作用时，问题就很清楚了。(Edelman，1992，p. 166)

第三种综合立场认为，生命和物质由社会来协调，它承认心理研究是关于心理过程的研究，文化代表着人与生物综合的立场(图 2.4c)。所以，关联论的文化方法研究心理结构—功能关系的心理加工过程。文化立场的关注点是，在心理功能的背景下考察文化差异，而人的立场的关注点是考察文化差异背景下的心理功能，二者是互为补充的。

这种立场在"文化心理学"或"发展取向的文化心理学"中得到阐释。然而，并非所有的文化心理学都出自关联元理论，例如，当文化心理学主张社会建构主义，认为社会因素"优先并且是世界的基本成分"时(Miller，1996，p. 99)，显然，这种文化心理学是以分解观元理论为理论背景的。同样地，当把社会文化看作是"社会力量的首要因素"，或者宣布"调节工具"(例如，工具—交流行为)是构成心理兴趣的必要焦点(参见，例如，Wertsch，1991)时，我们也就看到了分解观元理论的影子。

Valsiner(1998b)的著作可以看作是关联论发展取向的文化立场的范例，它探讨了"人类心理的文化性质"。以人的文化性为聚焦点，Valsiner 重点指出，要避免试图把人的加工过程还原为社会过程。在这一点上，他明确区分了分解观元理论的"二元论"和关联元理论的"二元性"。Ernst Boesch(1991)和 Lutz Eckensberger(1990，1996)对关联论文化立场予以了详细阐述。Eckensberger 从 Piaget 的认知理论、Janet 的动力理论以及 Kurt Lewin 的社会场理论出发所做的理论和实验方面的扩展和充实，以及 Boesch 的文化心理学都主张，"文化心理学旨在整合个人和文化的变化，整合个人和集体的含义，搭建主体和客体之间的沟通桥梁"(例如，Boesch，1991，p. 183)。

同样，Damon(1988)通过对"两个相互补充的发展功能，……社会发展的社会功能和人格功能"(p. 3)的讨论提供了对文化立场的看法，Damon 把这些都看作是矛盾的同一性。社会功能是一个整合的行为，其作用是"确立与其他人的关系并保持这种关系，使个体成为社会所接受的一员，根据社会法规和标准来调节个人行为"(p. 3)。人格的功能是个性形成，它形成个人特性以区分于他人的行为，这一行为能够"把自己和他人区分开来，在社会中找到适合自己特点、需要和理想的独特位置"(p. 3)。尽管还可以列举出其他例子(例如，Grotevant，1998；Hobson，2002)，但是最后必须指出，Erik Erikson 正是在关联元理论指导下把特性描述为"一个过程，它'位于'个体的中心，并且还是公共文化的中心"(p. 22)。

39

考虑到综合以及中心观，最后要指出的是，关联元理论并非限定在三种综合内。例如，交流或症候学可以被人和文化所综合。在这种综合中，生物和人被合并起来，生物/人和文化代表同一性的矛盾，它们被交流所协调。

总之,已经阐明的观点是,元理论原则构成基础,在此之上产生任何领域内进行经验研究所使用的概念和方法。分解观元理论对世界采用二分的理解,其专有的方法是对心理过程和行为进行还原分析,由此产生对各种成分的可加的线性的因果解释。分解观元理论导致了一系列矛盾,极大地束缚了经验研究。关联元理论通过对世界的综合式整体理解,运用内在一致的分析—综合方法解决了分解观元理论的矛盾困境。关联元理论框架提出了真正多元领域、多元方法的研究方案,在这个方案中,对于个别方法的评价不以其潜在的优点而论,而是把每个方法看作是整个方案中的一个必需的视角。

关联元理论以前述的统一的发展概念为基础,提出的研究方法解决了对发展性变化解释中的许多概念困难。然而,由于关联元理论的抽象性,所以需要在理论和经验观察两个方面对其进行其他同构元理论的反思,以期厘清元理论水平与更为具体水平之间的关系。这样,为了全面理解基本概念对经验研究的影响,必须首先理解分析水平和元理论水平。目前,*发展系统*是元理论的最好例子,它嵌套于关联元理论中。发展系统(Gottlieb、Wahlsten & Lickliter,1998;Lerner,2002;Overton,2003;Oyama,2000)非常重视整体、行为、组织、变化和非线性的作用,把它们看作是核心概念。这种方法把个体很具体地定义为,积极的自组织系统,通过各个部分——最初是基因—环境——的共同作用,通常以非线性的方式得以发展。这种成长的非线性特点是指,当系统改变,新的特点和新的功能水平出现,这些变化不能还原为(即被彻底解释)早期的特点。所以,基因—环境系统通过行为转化为细胞—环境系统,然后进入器官—环境系统,最后是人—环境系统。人—环境系统的进一步转化导致了认知、情感和动机子系统的发展变化。发展系统元理论的变量包括 Thelen 和 Smith(1998)描述的"动力系统"; Magnusson 和 Stattin(1998)描述的"整体的人"概念; Wapner 和 Demick(1998)描述的"整体的、发展的、系统取向的"方法。发展系统元理论与理论水平本身很接近,所以有时候它与具体的理论概念融合起来。

在稍后的一节中,将介绍位于关联元理论和发展系统之间的一个重要的中间水平的元理论。这些相互联系的概念是发展取向的,它们体现为行为元理论的思想。行为元理论的作用是扩展关联元理论,并为几个重要的发展以及与发展有关的概念——包括系统和子系统——提供基础,这些概念本身已经成为发展性分析的主要领域。在介绍行为元理论之前,先要在下一节探讨发展和进化,因为这些概念在关联元理论和分解观元理论中都很重要。

发展与进化:关联论的历史和关联论模型

在发展心理学中,发展与进化是不可分割、相互补充的。正如 Broughton(1981)所指出的,美国发展心理学的先驱 James Mark Baldwin"第一个通过对智力发展阶段(Baldwin, 1897/1973)以及它与生物组织和适应的连续性和非连续性(Baldwin, 1902/1976)的描述来对哲学和生命科学进行综合"(p. 396)。Baldwin 关注进化与个人发展的互补性,这使得他试图去解释基因组和表现型之间的关系,具体问题包括个体发生历程中的适应行为如何影响种族的进化(1902/1976)。这一工作的一个重要结果是提出了"机体选择"(1895)过程,即人们后来熟知的"Baldwin 效应"(参见 Piaget,1967/1971,1974/1980；另参见,Cairns，第3章，本书,本卷),"机体选择"过程是一种非拉马克式的选择,它与 Darwin 的自然选择中的分解的机械的过程不同。更清楚地讲,机体选择是指表现型适应被基因突变所代替的可能性。经典达尔文主义及新达尔文主义以基因为中心,环境的唯一作用是从基因组所提供的变异中进行选择,"机体选择"过程则与这些主张相左。

在欧洲,另一个发展心理学奠基者 William Stern(1938)也提出了一个发展心理学框架,主张进化与个人发展过程是紧紧地相互交织在一起的,"发展概念所蕴含的不只是一系列水平和阶段,还有进化;准备、发生、成长、成熟以及衰退是自然组织的有意义的过程"(p. 30)。后来在 Heinz Werner《心理发展的比较心理学》(*Comparative Psychology of Mental Development*)(1940/1948)这本书中他把这个框架带到北美。在这本著作以及其他著作中,Werner 坚持主张进化和发展的互补性,因为发展心理学中的比较方法不仅可以运用在形式相似性的比较中,还可以运用到个体发生、种系发生以及其他变化序列中的形式相似性以及生理和形式差异的比较中,如下文所述:

> 这一发展观有赖于这样一个假设,即哪里有生命,哪里就有成长和发展,也就是说,形式是系统的、依次按顺序出现的。这种基本假设意味着,发展概念可以运用到生命科学的许多领域……发展心理学没有把自己限定在个体发生或种系发生中……(1957,p. 125)

在所有的强调个人发展与进化相补充的心理学家中,Jean Piaget 对二者的关系做了最深入的探讨。众所周知,Piaget 在著作中以人为中心来定义从婴儿到成人的发展。然而,当 Piaget 把注意力转向对发展的过程进行解释时,他的立场也转向了更为广泛的后成论,他研究了基本的生物×心理×环境的相互作用。在这种思想背景下,他出版了两本重要著作(1967/1971,1974/1980),重点对基因型与表现型的关系在经验和概念水平方面进行了探讨。根据对普通蜗牛——Limnaea stagnalis——的研究,像 Baldwin 一样,他开始相信新达尔文主义的以基因为主的解释是不充分的。根据新达尔文主义的解释,一个随机的(基因的)变异和自然(环境)选择可以解释有机体生命过程中代内和代际发生的适应。他同样开始相信,拉马克式的解释也是站不住脚的,因为拉马克式的解释认为,表现型的适应会对基因组产生直接影响。为了取代这两种解释,Piaget(1967/1971,1974/1980)提出了"表型复制模型"(amodel of the phenocopy),这个模型描述了这样一种机制,即个体的表现型适应间接地影响基因组,并保证一些行为特点的代际传递。这一模型建立在 Piaget 自己的"平衡过程"概念——见于他的关于个体发生性发展的著作中——和 Baldwin 的机体选择观念之上。

表型复制模型认为,个体发展包括几个水平的组织化,每一个水平的组织化都与环境发生相互作用(例如,DNA 水平、蛋白质制造、细胞形成、组织生长、器官形成、形成有机体整体、行为组织,最后到人的发展、情感、动机和认知等)。婴儿出生时就表现出行为的动力组织系统,这种系统并不是一些相互分离的生物决定的先天机制的直接反映,而是后成性过程的产物，上述的那些水平就是在出生前发展的后成性过程中生成的。这一模型在上升序列方面接受了 Baldwin 的机体选择观念。低水平(较早的)变化产物的选择依据可能是较高水平的限制。例如，“生殖细胞的极端复杂的内部过程……也许可以有效地认可、阻止或修正 DNA 内部突变的传递”(Piaget，1974/1980，p. 51)。

41

Piaget 的独特贡献在于，他进一步提出，与这种自下而上的效应相伴而生的还有一种自上而下的效应。在这种效应中，来自较高水平的不平衡，在某种情景下会引起较低水平的不平衡，这种效应会导致表现型的染色体复制或“表型复制”。出生时具备的预适应行为系统在环境的冲突和障碍中发挥作用，这些障碍产生的影响代表一种系统的不平衡。重要的是，这些环境障碍并没有构成传入系统内的特殊信息；这是拉马克式解释的开始。不平衡的唯一功能是向系统提供出错反馈，并将反馈信息置于运动平衡恢复程序中，整个过程具体体现在对变化探索的行为中。探索行为构成表型的变异，在很多情况下，这种变异导致的适应对生物系统没有一般性的影响(例如，法国人说法语有一千多年，但是这并不意味着法语可以通过基因来传递)。然而，不平衡可以影响较低水平的组织，并导致进一步的不平衡，最终影响到基因水平。对这种自上而下的不平衡的反应将在受影响的各个水平产生变异探测行为。如果不平衡到达基因水平，那么变异选择会最终表现为表现型的基因复制。

在表型复制模型中，Piaget(1974/1980)明确承认，他著作中的平衡化与自组织系统(即抵制无序并把随机过程传送到有序结构中的动力系统)的现代理论之间有密切联系。情理之中的是，其他一些从当代的发展系统观出发的研究继续主张发展与进化的互惠关系(例如，Ingold，2000；Oyama，2000)，并且继续研究基因型与表现型的发展关系。最近，Gottlieb (2002)在回顾了选择性喂养和早期经验的关联论文献后提出了一个三阶段模型，以此来解释进化发展中发展性行为的出现，他的模型与 Piaget 的模型非常一致。Gottlieb 模型的第一个阶段是个体发生方面的变化(新的行为性适应)，这种变化发生在代际之间，它支持个体与环境建立新的关系。在第二个阶段中可能包含也可能不包含结构性基因的变化，新的环境关系激发潜在的解剖学或生理学变化，在最后一个阶段，基因变化发生。正如 Gottlieb (2002)所指出的，“在这个理论中，非常重要的是，在到达第三阶段之前，进化已经在行为、解剖学和生理学水平上发生了表现型变化。也就是说，新的变化和适应在被选择之前就出现了，所以，它们不是自然选择的结果。”(p. 217)

总之，从各种发展系统观的起源与深入研究中可以看出，在发展与进化的相互补充的关系方面，发展心理学一直是在关联理论框架中展开的。然而，在 20 世纪 90 年代开始，随着所谓的进化心理学(Buss，1999；Tooby & Cosmides，1992)以及后来的进化发展心理学(Bjorklund & Pellegrini，2002)的出现，分解的、基因决定的、可加的相互作用观打破了相互补充的观念。在这种分解观看来，进化过程中确定的基因指令决定着行为变异，而文化对个人行为变异的选择则构成了个人的发展性适应。这种对进化与发展的分解观来源于早期的行为与社会生物观，但是它的基本概念则来源于新达尔文主义元理论。关于进化和发展性进化心理学的非关联解释，到目前已经出现了许多针对其概念问题的精彩的批评(例如，Lickliter & Honeycutt，2003；Mameili & Bateson，出版中；Rose & Rose，2000)。我们现在来分析分解观的新达尔文主义元理论对传统的发展研究的影响。

发展与进化：分解观

新达尔文主义元理论被称作新达尔文综合和现代综合。新达尔文主义元理论出现于20世纪40年代，它是Darwin的进化观，即达尔文主义，与Mendel的遗传学结合产生的。在这里使用“现代”这个词有点讽刺意味，因为到目前为止，这种观点已经有60年的历史了。众所周知，综合的核心是对随机变异和自然选择二元的整合。起初，无论是Mendel的遗传学还是Darwin的进化观，它们在内部与外部之间有严格的划分(即分解)。对进化学家来说，“对于其环境而言，突变是随机的”这一说法意味着，解释个体之间变异的过程独立于对个人作出选择的进化过程。对于遗传学家而言，基因型构成了有机体的内部状态，表现型则构成了外在的表现(见图2.5)。

42

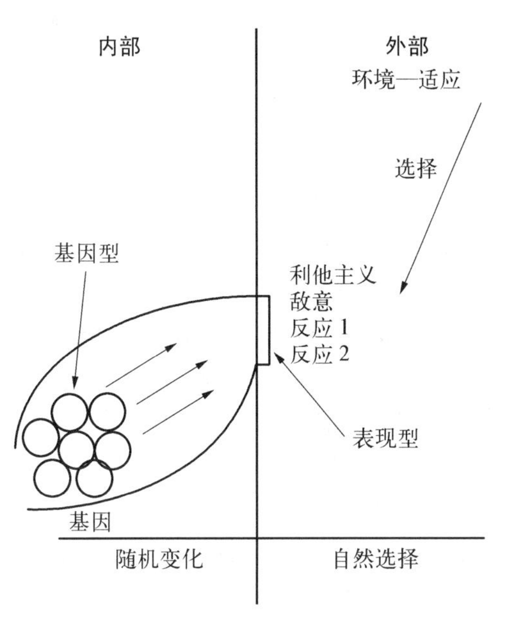

图2.5 分解式的新达尔文元理论。

除了在内部与外部之间作出划分以外，新达尔文综合的最重要特点是，进化性变化是由而且仅仅是由基因频数的变异决定的。所以，新达尔文综合元理论主张，变化就是变异，而不是转换(transformation)。转换性变化在本质上是一种副现象。在这种元理论中，基因(或更准确地说是DNA)通过“提供信息”、“指示”或“指令”来引起表现型，基因本身被看作是一些独立的原因包或基因库，它们以指向外部的单向方式发挥着原因作用。这种独立的原因聚集和原因传递引起了外部的表现，即所谓的表现型。

这种元理论获得了许多隐喻来支持和提升它对分解实体、碎片、集聚和线性的单向因果性进行解释(见Nijhout, 1990; Oyama, 1989)。这些隐喻有，把基因组看作独立的包，称作“豆袋”(bean bag)；“指令被传送”的说法；以及“程序”、“蓝图”或“指令”等观念。

内部集聚产生随机变异，但却是外部的自然选择决定着变化的外貌。表现型是可观察的行为的变化性。环境作为独立的原因*主体*在操控着这种变化性，以便选择出那些提高生存几率的行为特点。对于原因的这种二元论(即，对内部与外部的分解)理解需要强调两点。首先，生物原因(内部的)和社会文化原因(外部的)是分离的、独立的力量，这是原型。在分解模型中，因果关系仍然是线性的(可加的)和单向的。当我们谈到内部情况时，不存在互反的因果关系，原因仅仅独立地、单向地、从内到外地起作用。外部情况亦然，没有互反的因果关系，只不过方向变成了由外向内。

第二点需要强调的是，在描述进化时，“适应”被公式化了，它成了外部变化的主要特点(Gould，1986；Lewontin，2000)。适应等同于“调节”，这样适应就变成了为了适合独立的背景而设计出的变化。背景(即社会文化因素)选择那些最适合的特点，这就是竞争的核心观念——适者生存。

总之，新达尔文综合所描述的进化元理论包括一个内部集聚的基因库，它代表着一组解决方法，还有一个外部环境，它代表各种需要解决的问题(见 Lewontin，2000)。这种“适应论者”方案分解了主体(基因)和客体(环境)，使它们变成了相互孤立的实体碎片，把随机变异指派给基因，把偶然的选择指派给环境。整个过程完全是偶然的。所有成分——内部的和外部的——从根本上说都是可以交换的，假如一些成分随机出现，任何结果有可能就不是原来的结果。因为在这一过程中没有根本的组织原则，所以，本质上而言，任何变化都是可逆的(Overton，1994a)。

43

这种分解式的新达尔文元理论对于发展性变化问题有许多可能的意义。下面将选择介绍这种思维方式对发展问题、理论、概念和方法论等方面的影响。

分解式的新达尔文元理论：发展性应用

分解式的新达尔文元理论对理解发展产生影响的第一个例子是著名的天性—教养问题。尽管新达尔文元理论并没有造成天性与教养的矛盾(与这个矛盾关系密切的主要是那些最初的分解观大家，如，Galileo 和 Descartes，后面将讨论他们)，但它却试图把天性的碎片和教养的碎片放到一块。新达尔文元理论所支持的矛盾是，整体分割为天性和教养，天性是内部(基因、生物)的情况，教养是外部(社会文化、经验)的情况。一旦这种分解被确定为本体论的实在，那么行为和特点(如，利他主义、攻击性、同情、思维、语言)都可以被解释为天性或教养作为原因而产生的结果，或者是两个方面因素的可加性结合。这样，矛盾就变成了，哪个因素从根本上决定变化，各方对于决定性变化的独立贡献是多少，或者各方是如何决定变化的(Anastasi，1958；Lerner，1978；Overton，1973)。

在这个分解观元理论背景下解决天性—教养问题需要在几种不同策略中作出选择。第一个策略是生物决定论，它把外部情况看作是副现象，认为行为的真正原因是内部情况。例如，这种策略认为，暴力是由基因决定的(真正的原因)，社会—文化事件仅仅起到触发暴力的作用。社会决定论——作为生物决定论的镜像——把个人的内在情况看作是副现象，它认为外部情况提供了行为的根本原因。在这里需要声明的是，就暴力或温顺而言，其产生可能有很多的基因变异，社会文化因素是暴力行为的真正原因。两种策略通常都贬低二元论的思想，但是它们对待二元论的方法是，抑制新达尔文主义叙事的一个或另一个方面的功能性实体。

对天性—教养问题采用的第三种分解策略是传统的相互作用论(Oyama，1989；另见 Lerner，1978；Overton，1973)。二元论尽管是这个方案的一个功能性成分，但是在这一策略中二元论还是被忽视了。这一策略主张，任何特点都部分地由另一因素决定。这种策略有时候把二元性置于统一体之中，认为各种特点或多或少是由其他的一个或几个因素决定的(例如，见 Scarr，1992)。对前文已述及的关于一般分解问题的数量可加性问题，这种解决方案的态度是折中和妥协。最后一种策略是社会/生物相互作用论，二元论在这里被青睐有加。一般来讲，这种观点认为，生物因素设置了限制，或者说确定了行为的"倾向"或"约束"，社会文化决定行为的表达。这一折中最为直接地反映了新达尔文元理论对变化的本质的看法(例如，Karmiloff-Smith，1991)。

上述的四种策略并没有穷尽对天性—教养问题的解决之道，它们之间也并非是相互排斥的。每一个随时都想合并另一方。然而，无论是天性—教养问题的复杂性还是各种非分解观的解决之道都不是这里讨论的中心(详细讨论见 Overton，2004a)。相反，这里要强调的中心是，所有已经出现的解决方法，都是因为而且*仅仅*是因为它们接受了关于事物本质的某一种元理论。在这种元理论中，"天性"(遗传学、生物学)等同于内部的本体论实体，它与本体论的外部实体"教养"(经验、社会文化)是彻底分开的。如果我们拒绝接受这种对"实在"的本体论描述，那么各种争论就荡然无存了。

第二个运用新达尔文元理论作为模板来解释发展现象的例子是行为主义。在这个领域，有人已经指出(Oyama，1989；Skinner，1984；Smith，1986，1990)Skinner 的模型直接运用了新达尔文理论。Skinner 的操作性行为来源于其他地方，但是他对于主体的外部情况(与行为的表达性功能相对的工具性)的行为主义解释从来不需要给出内部起源的解释和说明，他所需要的仅仅是新达尔文理论的内部情况的输出结果——一组操作性行为(工具性)反应的随机变异。以此为基础，Skinner 对外部反应的研究就可以并且能够聚焦于自然选择或者"凭后果作出的选择"作为代表行为发展的"真正的"功能性变量。

44

与对 Skinner 的兴趣相比，当代发展心理学对于 Belsky、Steinberg 和 Draper(1991)的著作更感兴趣，因为后者把新达尔文隐喻作为研究框架来解释社会化的发展理论。他们解释社会化的策略是把社会生物学与 Bronfenbrenner(1979)的行为生态学相结合。社会生物学提出的适应性策略认为，自然选择偏爱那些增加适应性的行为策略。社会生物学领域的一些创始者以"进化的现代观"(p. 663，即 20 世纪 40 年代的"现代"综合或新达尔文综合)为基础，关注生物性的内在的变化。相反，行为生态学则代表了个体的外在因素，认为行为策略是由"背景决定的"，是由环境塑造或选择的。"社会生物学的格言是，自然选择偏爱那些增加适应性的行为。行为生态学家的格言是，为成功繁殖作出贡献的行为策略……是由背景决定的。"(p. 648)"我们的理论来源于现代进化生物学，其核心是人们调整他们的生活史，以便对背景条件做出反应，这样就可以提高繁殖适应性——或者至少在进化环境中具有适应性。"(p. 663)这里的讨论无意对这种观点在理论层面或观察层面作出批评，讨论的目的是澄清这样一个认识，即这种观点来源于某个特别的元理论，如果接受了这个元理论，那么结果就与接受另一个元理论的结果大相径庭。这种元理论支持对发展性变化进行分解性的理论解释与经验观察。这种分解观导致的后果是，只有变异性是根本的真正的发展性变化，只能在"生物原因"和"社会原因"的类型范围内解释发展(参见 Lewontin，2000)。

对发展机制的研究是新达尔文元理论在当代发展心理学得以运用的另一个重要例证，这种研究把变异性变化和内—外原因作为重要的概念背景来解释重要的发展心理学问题(见 Hoppe-Graff，1989；Sternberg，1984 对发展机制的全面讨论)。Siegler(1989，1996；

Siegler & Munakata，1993)提出一个假设，把认知发展与几个基因相比拟。每个机制产生可选择的类型(随机选择)，环境按照适应标准对这些类型进行选择(自然选择)(见图 2.6)。

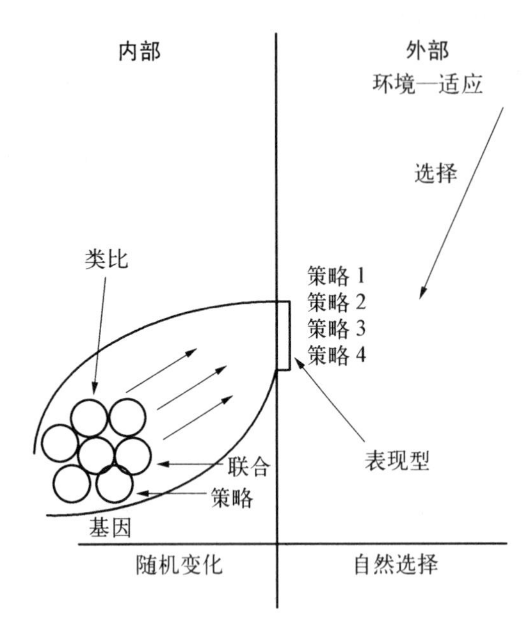

图 2.6 新达尔文元理论及其发展机制(变异性变化)。

45

对 Siegler(1989)而言，认知发展的机制是"提高儿童信息加工能力的任何心理过程"(p. 353)。这就意味着任何机制(原因)的发展结果(效果)都是储存知识的增加。这里的增加既指储存的知识量的增加，也指储存与提取知识系统的效率的提高。所以，发展最终是按储存的知识来定义的。这种定义本身就把发展性变化限定到了变异性变化之内，转换性变化——一种根本的变化形式——在这里是没有位置的。为了解释储存知识的变化，Siegler 提出了五种构想的发展"机制"：(1) 突触发生(神经系统机制的一部分)，(2) 联合竞争，(3) 编码，(4) 类比，以及(5) 策略选择。

每种发展机制都与单独的基因相类比。每种机制都是一个内部的小包裹，向外——从基因型到表现型——流动着因果关系。以五种机制(见图 2.6)中的策略选择机制为例，是它引起了表现型的变异，结果导致外部行为——学习策略 1、学习策略 2、学习策略 3 等——的变异。作为一个特别的类比，让我们考察一下动物的尾巴长度。人类将拥有一套先天预置的可供选择的策略，恰如老鼠有一套决定尾巴长度的基因一样(或者从技术上讲，处于某个特殊位置的等位基因)。

在介绍完变异性并且仅仅是变异性变化的内部情况后，需要介绍 Siegler 对外部情况的看法。可供选择的各种策略在为生存而竞争。环境选择(即原因)能够生存的策略，这种策略是能够最有效地促进信息加工过程的策略，因此，也就是知识储存的形成。对于老鼠而言，1 英寸、2 英寸或 3 英寸的尾巴长度的表现型取决于哪一种长度被选择；对于儿童而言，则可能出现的是对策略 1、策略 2 或策略 3 的选择。

总之，Siegler 认为，快速高效的知识获得决定着人类的发展，这一点可以用人类的表现型行为来解释，所有这些都是预置于系统之内的因果机制作用的结果。知识获得的表现型行为与其内在机制共同形成对人类发展的描述和解释。Siegler 和 Munakata(1993)曾经说过："变化机制……内部的变异中心和选择中心似乎并不是一致的。在变化的环境中，多个实体的相互竞争对于适应来说是必要的。为了产生更为进步和成功的行为表现，各种变异之间的有效选择是必要的。对于任何发展系统来说，获得这些变异和选择的功能是至关重要的。"(p. 3)

另外，Kuhn 和她的同事(D. Kuhn、Garcia-Mila、Zohar & Andersen，1995)提出了对认

知更广义的看法，就变异性变化和适应的排他性而言，这一看法提出的科学推理的发展与Siegler的理论很相似。这一理论假定在年幼儿童时期就可以利用初级形式的知识获取策略、元认知能力以及元策略能力(metastrategic competence)，这些能力构成了科学推理的基本成分。这些技能在解决问题的过程中表现出来，在个体内会有行为上的变异，发展或变化"逐渐出现，以个体对各种策略运用的充分程度而定"(p. 9)。White(1995)把这种运动称之为"朝向科学推理的进化认识论"(p. 129)，他指出，这种科学推理的发展与"世纪之交行为主义者 Edward L. Thorndike(1898)所提出的尝试—错误学习"(p. 134)有着惊人的相似，他还把它与Piaget的观点作了对比，发现在运用转换性变化和变异性变化来共同说明发展的基本特点时，Siegler的理论更强调辩证法(Overton，1990)：

> 儿童可用的逻辑工具并不存在大规模的结构变化，变化的只是儿童在面临问题情景时所需要的认知成分。变化不是大范围的，它们更局部，更细微。然而，也有迁移……科学推理的出现依赖于许多共同发挥作用的认知成分的相互协调。*变化，一旦发生，是不可逆的。*(White，1995，p. 135，引用时加的强调)

需要再次强调的是，在前述的例子中，各类发展理论直接来源于新达尔文元理论，它们把发展性变化定义为变异性变化，而非转换性变化或形态学上的变化。Siegler提出的发展机制，还有Kuhn的、Skinner的、社会生物学/行为生态学以及社会化理论、当代进化心理学，还有最近的发展进化心理学都讨论变化，但是在这些变化之中都没有包含根本的转换性的新变化。在每一个例子中，形式以及形式的变化——从婴儿到儿童再到成人的思维形式的变化，或人格组织形式的变化，或从整体情感到可以区分的具体情感这种情感组织形式的变化——被排除在讨论之外，或者被看作是副现象。在每一个新达尔文式的理论中，内部原因(天性)提供行为的变异基础，外部原因(教养)则仅仅起到塑造行为的作用。在这些理论中，对发展的解释仅仅是变异性变化与行为塑造。转换性变化或形态上的变化被排除在根本的发展之外，它们被看作仅仅是显现。

46

分解式的达尔文元理论：有缺陷的变化理论

以上给出的这些例子表明，分解观元理论——新达尔文元理论——是如何在不同领域中影响人们对发展性变化的理解与解释的。下一步，我们将转向这种元理论的最终生存力问题上。

新达尔文元理论对变异性变化和转换性变化的分解在生命科学领域造成了很大的矛盾。一方面，众多的心理学家纷纷转向新达尔文元理论，把它作为理解发展性变化的一种背景；另一方面，许多生物和进化发展领域的研究者抱怨，新达尔文元理论已经过时，并且有严重缺陷，因为它不能整合发展性变化。具体来说，这些批评认为，新达尔文元理论有严重缺陷，因为它忽视了发展性变化的另外一类——转换性变化。批评主要来自生物学、进化生物学、进化发展生物学以及人类学领域的Brooks(1992；Brooks & Wiley，1991)，Edelman(1992)，Gilbert(2003；Gilbert，Opitz & Raff，1996)，Goodwin(1992)，Gould(2000)，

Kauffman(1992,1995), Ingold(2000)以及 Lewontin(2000)。心理学内部发展系统取向研究的心理学家也提出了同样的批评(例如,Bateson,1985; Gottlieb,1992, 本书本卷第 5 章; Kuo,1967; Lehrman,1970; Schneirla,1957; Tobach,1981; Varela, Thompson, & Rosch, 1991)。

所有这些批评并非是反达尔文的或反进化论的。它们仅仅想表明,新达尔文理论需要修正和扩展。在谈到这一点时,进化生物学家、发展生物学家、神经生物学家、遗传学家、古生物学家、人类学家和心理学家可能用非常不同的声音说话,但是对下面的观点他们都一致同意:无论所选择的分析水平是什么,组织、系统、结构或形式——还有组织、系统、结构或形式的转换——这些概念必须进入新的进化综合中,它们应该与变异和选择等概念一样处于中心位置。发展——被设想为形式、组织,或系统的结构的有序变化——必须直接整合到目前的变异性变化与选择理论之中。

Gilbert(2003)是一个发展生物学家,他是这样描述发展的起源(转换性变化)被排除在进化之外的:

> 发展观被现代综合(Modern Synthesis)排除出来了……人们以为种群遗传学能够解释进化,所以,认为形态学和发展在现代进化理论中无足轻重。(p. 778)

Edelman(1992)是一个神经生物学家,他的观点代表了当代修正主义者的主流看法,他提出要把形式和形式变化(转换)重新引入到扩展的新达尔文理论中:

> 新达尔文理论中最需要完善的一部分是……考虑动物的形体、组织结构和结构功能是如何从物种原形那里发展来的——形态学进化问题。(p. 48)
>
> 形态学——细胞、组织、器官以及最终的动物整体的形状——是行为的根本的唯一的基础。(p. 49)
>
> 为了完成它[完善新达尔文理论],我们需要说明发展(发生学)是如何与进化相联系的。我们需要知道,基因是如何通过发展来影响形式的。(p. 51)

除了批评进化不能等同于基因频率的变异性变化之外,修正主义者还反对把基因作为独立的、分离的、极小的实体来看待,他们主张,"个体发生背后的基因组调整网络表现出强大的'自组织的'结构特点与动力特点。"(Kauffman,1992, p. 153)既然认识到基因组是一个自组织系统(即一个积极的形式变化组织),那么就需要"提出一个新的进化理论,该理论包含选择性与自组织的结合"(Kauffman,1992,p. 153;另见 Varela 等,1991)。

47

这些批评者进一步指出,进化理论——局限在随机变异和自然选择中——已经变得过分关注多样性的保持(即关注可逆性、循环性),而忽略了多样性形式(即转换性和方向性; Brooks,1992; Lewontin,2000)的起源与发展路径的重要性。

修正主义者最后指出,新达尔文理论把一种分解式的环境中的适应概念描述为自然选择，这极大地限制了人们的认识。修正主义者主张对内外分离的二元论进行改造，要采用关联的视角来看待研究对象，即生物有机体构成了它们的社会文化环境，而社会文化环境又创造了生物有机体（Edelman，1992；Lewontin，2000）。

一言以蔽之，当代进化修正主义者的各种观点可以概括为，自然是关联的世界；在这样一种理解中，内与外、变异与转换、生物的与社会的以及其他的分离与对立只是被看作一种分析水平的区分，而不是自然的发生学切口。这种关联性理解产生的区分会让研究者用一种关联的视角来开展研究，而不会宣布他的观点就是"实在"。在以下两种观点的对比中，我们可以更好地理解人类个体发生的这些主题，对比的一方是分解适应观，体现在前述的 Skinner 的理论和社会学习理论中，另一方是适应的关联理论，体现在 Jean Piaget 的著作中。与 Skinner（1984）和社会学习理论一样，Piaget（1952）也把适应作为一个基本的核心的理论概念。然而，与这些新达尔文理论家不同的是，Piaget 的适应概念经常被理解为第二个理论核心概念——组织——的补充。在现代进化修正主义者看来，Piaget 反复地强调组织（形式）和适应（功能）是同一相关矩阵的两极，是一个整体的两个方面。既不是组织最终被还原为适应，也不是组织提供变异和适应性选择。新的组织在适应过程中出现，但是，适应又是在当前的组织限制下运作的。当研究的问题集中到新事物的出现、顺序和不可逆上时，组织和组织的变化（转换性变化）就成了焦点。当研究指向行为、过程和变异等问题时，适应就成了焦点。结构和功能并非相互独立、相互割裂的问题解决之道；结构与功能、组织与行为、形式与过程是对同一个整体的不同看法。

总之，新达尔文的"现代综合"是一种分解观元理论，它对发展研究的许多领域产生了影响。这种元理论偏爱变异性变化而排斥其他变化。它为其他理论提供了一个概念背景，在这一背景中，其他理论认为发展就是变异性变化，并且仅仅是变异性变化。只有在关联元理论中，变异和转换才相互补充、不可分割，并且只有在这种元理论中，进化和发展才能够处于真正互补的位置。

发展取向的具体化行为元理论

本节介绍的元理论与关联元理论相一致，但是它是在关联元理论和发展系统之间起作用的中间水平的理论。这组相互联系的概念被称之为发展取向的具体化行为元理论。这一理论的作用是对关联元理论进行扩充，并为几个重要的发展概念及与发展相关的概念提供基础。关联的概念包括系统与子系统的性质和功能，这些都是发展分析的重要领域。

具体化

几个基本术语界定了发展取向的具体化行为元理论，每一个术语都与关联元理论相联系。具体化（embodiment）是这些基本概念中最重要的，因为具体化是一个综合的概念，它把生物的、社会文化的以及以人为中心的各种心理学研究观点予以沟通和整合。在过去的几十年里，发展研究的趋势不断深入到研究对象的部分中去。从 20 世纪 80 年代早期开始，人

48

类发展研究就大胆地提出了分解的研究方法,包括变异取向的、叙事、模块和领域特殊性研究。这些研究都宣称自己代表着科学知识发展的基础。结果是,人类发展研究日益分解为生物决定的、文化决定的以及生物文化决定的行为,心理的先天模块,情景认知,领域特殊的理解以及交流与工具性功能。这些排他性的研究方案所共同忽略的恰恰是心理主体——活生生的动因和动作相融合的具体化中心。这是具体化的人——自组织的动力行为系统——具有表达性,投射于外部世界;同时与自己、世界、思维、情感、愿望、信仰及要求相沟通,表现出工具性。这就是具体化的人,他来自于相关的生物—文化环境,并与这个世界发生着互动和交流,所以发展了自己的表达与适应功能,同时也改变着外部世界。

具体化是对我们心理学中有生命的人的价值的肯定。具体化的人不是一个分裂的、闲散的行动者,到处游荡窥视,从业已成型的世界中提取意义。他不是一组引起行为的基因,也不是大脑和文化。行为是具体化的人与世界积极互动的结果。在心理学界最早提出具体化的人这一概念的是 Maurice Merleau-Ponty(1962,1963),这一概念的提出表明,关联元理论运动与对行为的分解式认识——行为是生物和文化因素相加的产物——开始分道扬镳。

具体化的涵义是,知觉、思维、情感、欲望——我们行动、经验和生活的方式——是*特殊个体*以积极行动者为背景的(Taylor,1995)。特殊个体是我们拥有特殊行为、经验和意义的前提条件。正如 Johnson 所言:“人类是肉体的生物,我们的经验以及我们对经验的理解都仰仗于我们身体的类型以及我们与自己生活环境相互作用的方式。”(1999,p. 81)作为一个相关的概念,具体化不仅包括身体的生理结构,而且还把身体作为一种有生命的经验形式,它与社会文化及物理世界积极互动。作为形式的身体代表了生物学观点,作为有生命的经验的身体代表了心理学的视角,身体积极地与世界互动代表了社会文化观。在关联元理论看来,具体化是一个把以上各个研究领域沟通和整合起来的概念,它拒绝分解观、基础论、元素、原子论以及还原论(见图 2.7)。

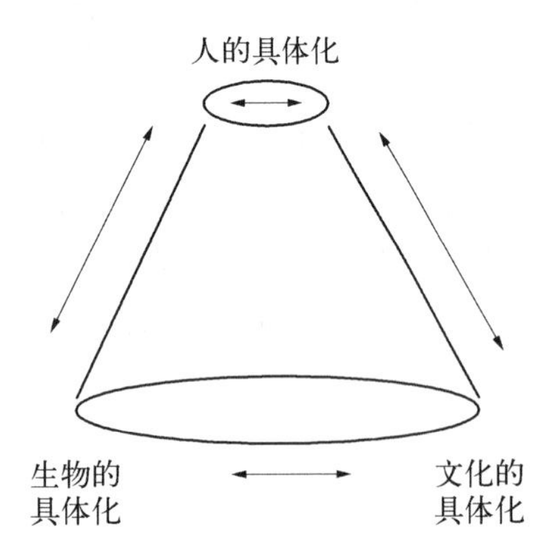

图 2.7 具体化的人、生物和文化。

生物具体化

当代神经科学越来越认可具体化的重要性,认为它是从生物学视角研究心理问题的一个重要特征。例如,Antonio Damasio(1994,1999)——从神经维度研究情绪——和 Gerald Edelman(1992; Edelman & Tononi, 2000)——从神经维度研究意识——以及 Joseph LeDoux(1996)——从神经维度研究情绪——都支持在生物—心理研究中运用具体化方法,他们都主张,再也不能把认知、情感和动机系统以及行为这些构成心理的内容看作是基因模块性的直接表达(如先天论者,譬如 Steven Pinker,1997, 所宣称的那样),也不能把它们看作是软件的一个功能块,甚至不能把它们仅仅看作是大脑活动所产生的功能。更确切地讲,他们认为,必须在具体化的背景下来研究它们的意义(另见 Gallese,2000a,2000b)。如

49

Damasio 所言：

> 如果没有某种形式的具体化，我们可能无法想象心理(1994，p. 234)。他进一步提出了对当代心理观的看法："这是 Descartes 的错：对身与心的分裂。……Descartes 的心理脱离肉体的思想也许是以下问题的根源。直到 20 世纪中期，心理还被类比为软件程序……[并且]神经科学家认为可以用大脑活动[即联结主义]完全解释人的心理，这种想法的背景是 Descartes 的心理脱离肉体的思想。这些看法把有机体的其余部分以及周围的物理环境和社会环境弃之不顾——而且还忽略了一个重要的事实，那就是部分环境本身也是有机体加工活动的产物。"(1994，pp. 249－250)

Edelman(1992)同样认为：

> 心理是具体化的。很有必要认为，身体的某些规定性影响着人的心理……符号并不是通过形式化的方法来获得特定的意义；相反却应该假定，形式的结构本身就是有意义的。这是因为，范畴是由两方面的因素决定的，一方面是身体结构，另一方面是对进化结果与行为的适应性使用。(p. 239)

社会文化具体化

从综合的文化观来看，那些不认同分解观元理论的社会建构主义者(例如，Harre，1995；Sampson，1996)已经把具体化行为作为关联理论的支点，以此来支持分解式话语分析中的相对主义。Sampson 认为"具体化话语""代表了人类所有目的性活动的内在具体化性质，这些活动包括交谈、对话和话语本身"(p. 609；另见 Csordas，1999；Ingold，2000；Overton，1997)。也许，Boesch(1991) 对具体化在发展取向的文化心理学领域的运用说得最清楚。Boesch 在《我与身体》(*The I and the Body*)中讨论了文化心理学中具体化的中心性，他说"显然，身体不仅仅是一个具有解剖学和生理学特性的客体，*它是我们行为的动因*，正是借助于我们的身体，我们才能够思考和行动"(p. 312，引用时加的强调)。

以人为中心的具体化、行为与发展

以人为中心或综合的心理主体观构成了发展心理学的一个立场，这一立场为任何具体研究领域确立了研究重点。这种综合观的理论和经验研究的重点是心理过程和心理加工的模式，因为这些可以解释心理主体的行为以及行为在环境中的变化发展(见图 2. 8－A)。这种研究发展的方法需要阐明五个相互联系的关键概念——人、动因、行为、经验以及人—具体化。在具体探讨这些概念之前，我们要介绍与这个以人为中心的观点有差异的"变异"的一些观点。

变异的观点与以人为中心的观点

变异的观点主要研究生物的、文化的以及个人方面的变异，因为这些被看作是预言、相关、危险因素或行为的原因。这种观点与以人为中心或以儿童为中心的观点之间存在区别，这种区别与很久以前 Block(1971)所描述的以及最近被 Magnusson(1998; Magnusson & Stattin,1998)和其他人(例如,Cairns, Bergman & Kagan,1998; Hart, Atkins & Fegley, 2003; NICHD Early Child Care Research Network,2004; Robins & Tracy,2003)详细阐述的相似。如 Magnusson 所指出的，在变异观看来，各种个人变量(如“儿童因素”、“儿童特点”)和环境以及生物变量是解释各种被研究过程的参与者(见图 2.9)。在以人为中心的研究观点中，自组织动力行为系统——它确定心理机制——是解释的主要手段。尽管变异方法经常主张分离的排他的取向，但是，事实上，变异的方法可以转换成关联融合研究的一种必要观点。以变异为中心的方法的目的是对事件、状态和运动作出预言，而以人为中心的方法的目的是解释心理过程及它们的转换，这两种方法的冲突仅仅在还原的情况下出现，在这种情况下，一方或另一方都宣称自己的研究目的才是最基础的，并且是唯一的。在这种背景下，非常需要认识到，目标是互补的，而不是有人建议的，变异研究是研究方法取向的，以人为取向的研究是概念背景取向的。两种方法都要把理论转换为经验上可检验的，还要把经验材料转换为理论。Bronfenbrenner 的生物生态模型(Bronfenbrenner & Morris,1998)是以变异传统为基础的，它也许是当代发展理论中说明变异方法的非常重要而清楚的一个例子。

50

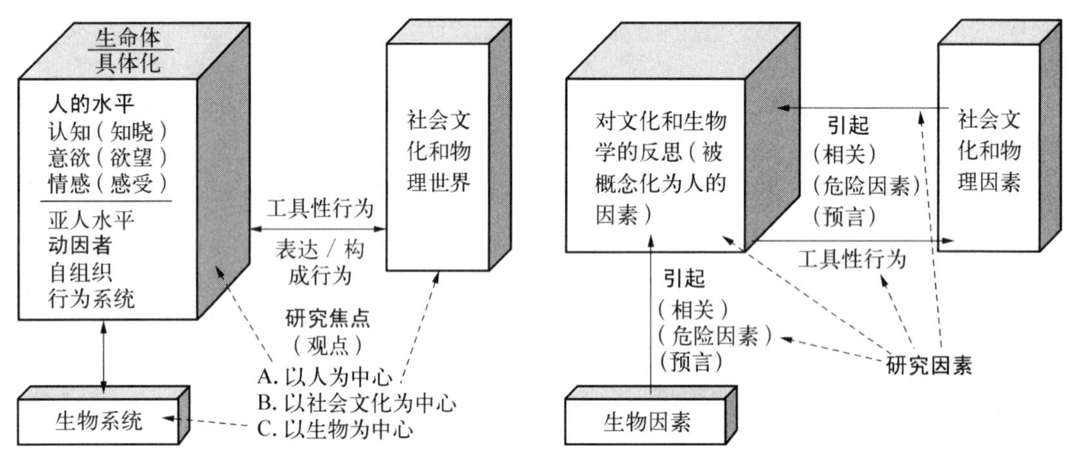

图 2.8 具体化行为：相关研究方法。

图 2.9 变异研究方法。

以人为中心的立场是一种把生物的综合(图 2.8 - B)和文化的综合(图 2.8 - C)结合起来的必需的综合，认识到这一点具有非常重要的意义。因为心理学，特别是发展心理学正在演变为生物学、文化、话语、叙事或计算机科学的附属品，认识到这一点可以帮助心理学走出这一困境。*Psyche* 最初是指“灵魂”，后来指“心灵”，如果不让心理学再次失去心灵——像行为主义统治时期的做法一样——必须把心理主体作为行为的中心，这样就可以有效预防在解释过程中把人的心理和行为还原成生物、文化、话语等等。

以人为中心的方法作为一种必需的视角还有第二个益处，那就是可以对两极的观点——表达构成的观点和工具适应的观点——采用一种互补的方式来理解人的行为。分解的或二分的——特别是分离的变异方法——所理解的行为只具有适应性的、工具交流的功能。以人为中心的方法认为,任何行为都是认知、情感以及意向等内在动力组织的表达,这种表达的运作形成了我们所知晓、感知和渴望的世界。Bloom 在语言发展方面的工作(Bloom & Tinker,2001)提供了很好的说明,他的方法是以人为中心的方法,他选择认知、情感以及意向—动机意义表达这一背景来说明语言获得的概念,而不采取排他的态度。他并不认为语言获得只是为了交流而出现的工具性的操作过程。

以人为中心的方法的第三个益处是,在解决某些重要的问题——例如,对心理的意义的一般理解——时,它可以提供一个必需的背景。具体而言,以人为中心的方法是一个必需的框架,它可以帮助我们解决所谓的符号—基础问题,即如何来解释表征项(例如,一个符号,一个图像)获得心理意义(Bickhard,1993)。以后会更为详细地来讨论这个问题。

我们已经讨论了以儿童或以人为中心的方法在发展研究中作为背景的一些优势,以下现在可以详细介绍这种元理论以及关联论的五个相互关联的概念:人、动因、动作、经验以及人的具体化。

人—动因

在 Escherian 的整体分析水平上(见图 2.8 - A),人和动因是相互补充的。人这个水平是由一些真正的心理概念(思想、情感、愿望、动机)构成的,这些概念具有意向性的特征,可以被解释,并且具有意识性(Shanon,1993),换言之,它们具有心理意义。动因水平——有人称之为亚人水平(subpersonal level)(Dennett,1987; Russell,1996)——指行动系统,或者动力自组织系统。"图式"、"操作"、"自我"、"依恋行为系统"以及"执行功能"是一些描述动力自组织系统的概念。

51

整体上看,人—动因构成了心理学的元理论的核心。在这个背景下,心理被定义为一个自组织动力系统,这个系统是由以下内容组成的:认知的(认识、信念)、情感的(情绪)、意欲的或动机性的(希望、愿望)意义或理解,以及获得、实现和改变这些意义的过程。需要强调的是,以人为中心的元理论并不是一个封闭的认识,而是一个包括情感、希望、愿望和认知的理论。而且,对于心理的定位问题也有明确看法,即心理产生于相关的生物—社会文化活动矩阵中。在这一背景下,心理这个概念是以人为中心的,因为我们所描述的方法是站在人的立场上的。作为一个以人为中心的概念,心理就很自然地把生物(图 2.8 - C)和社会文化(图 2.8 - B)联系了起来。

动作,意向,行为

人—动因是动作的来源,以人为中心的方法确立了传统的动作理论的框架(Brandstädter,1998; Brandstädter & Lerner,1999; Mueller & Overton,1998a)。在动因水平——没有必要把这一水平只限定在人类有机体之内——动作被定义为任何动力自组织系统特有的功能。例如,植物的向阳性;气候系统形成从高到低的大气压力区,从西到东运动。人的系统则组织和适应人的生物和社会文化环境。在人的水平,动作被定义为意向性的活动(即赋予活动以意义)。然而,意向性并不等同于意识:所有的动作是有意向的,但是,只有一些意向是有意识的或有自我意识的。同样的道理,意向不能仅仅与反思的符号水平等同。如 Brentano(1973/1874)所说,所有动作,即使是那些发生在感知—运动水平的动作,都是指向一些客体的。

动作通常与行为(behavior)是相区分的,因为人—动因的动作意味着动作的意向性客体的转换,而行为通常仅仅意味着运动和状态(例如,对“反应”的传统定义是在空间和时间中的特定移动——行为——见 von Wright,1971, p. 199)。作为动作,婴儿的咀嚼(动作)——从社会文化的立场来看,可以被叫做“篮子”(basket)——从以人为中心的立场来看,婴儿正在把他所知道的世界转换为实际的动作——能够咀嚼。Piaget 的认知发展理论是一个很好的以儿童为中心的发展动作理论的例子,在这个理论中,元理论的“动作”转化成具体的理论概念。所以,Piaget 的基本理论概念,如“功能”、“同化”、“适应”、“运算”和“反省抽象”都是指动作。Piaget(1967)在他的著作中反复强调动作的中心性:“我认为人类的知识在本质上是动作性的。认识就是把现实同化到转换系统中。认识就是转换现实……在我看来,认识一个客体并不意味着复制它——而是意味着对它施加动作。”(p. 15)“认识一个客体……是对它施加动作,以便转换它。”(1977, p. 30)“没有什么是认识的,除非主体以某种方式对周围世界施加动作。”(1980, p. 43)

在发展理论中,动作至少有三个方面的主要功能(见图 2. 1)。首先,动作表达认知——情感——意向的意义。必须认识到,与其他基本概念一样,意义也有站在不同立场的相互补充的定义(Overton,1994b)。“我的意思是”(I mean)与“它意指的是”(it means),二者是在一个相关的矩阵中起作用的。前者是以人为中心的意义,后者是社会文化观的意义。从以人为中心的立场出发,分析的中心是“我的意思是”,其次才是“我的意思是”与“它意指的是”是如何联系起来的。在表达的瞬间,动作是以人为中心的意义的投射,也就是把客观世界(即,对象的视角)转化为我们所知道、感觉和想要的现实的世界(actual world)。在这里,世界又是一个关联论的两极概念。现实的世界是由人所建构的意义形成的世界——所知道的世界;环境或客观的世界则是指称的世界,是从社会文化观出发所考察的世界。

52

动作的第二个重要功能是,在交流和调节以人为中心的意义中发挥工具性作用。交流、对话、话语和问题解决都引起注意在自组织系统表达和工具性适应变化之间的相关往复运动。完全的适应(即成功的)行为仅仅是指把意义投射到世界上(例如,如果我把面前的客体当作是盛水的杯子,并且成功地从杯中喝到了水,那么我的概念系统没有发生变化)。部分适应(即部分成功)行为导致探索性行为或变异(例如,如果所意指的茶杯漏水,并且洒在我的衬衣上,我会改变我的动作,以便把手指按在客体的裂缝上)。适应性的探索性行为(例如,手指放在裂缝处,然后成功地喝到了水)导致对系统的重新组织(转换性变化),也导致新意义的出现(例如,茶杯是没有裂缝的客体)。

经验和动作。投射行为的一般性循环以及遇到困难时的探索性变异行为一起构成了动作的第三种功能:动作决定所有心理发展的一般机制。从以人为中心的发展性动作观来看,所有的发展可以用主体的动作来解释。然而,这个元理论概念可以转化为理论水平中的具体概念(例如,Piaget 的同化—顺应和平衡过程,一致性动作机制的发展概念)。

既然动作是发展的一般机制，那么就有必要认识到，行为和经验是相同的概念。所以，认为动作是发展的机制就是承认经验是发展的机制。所有的发展都是通过经验而出现的。但是，应该澄清的是，在经验就是动作这个定义中，既不排除生物方面的，也不排除社会文化方面的成分。事实上，把经验理解为人—动因的动作代表了对二者的综合。

经验本身是另外一个概念，它有不同的意义，主要取决于所关注的是人—动因还是客体的环境。总体而言，经验是由动作与环境(即动作意指的客体)的交互作用所确定的，但是由于对交互作用的关注点不同，又会产生不同的意义。从人—动因观点(图 2.8－A)出发，经验是探究、操作和观察世界的动作，而从环境的观点(图 2.8－C)出发，经验是动作背景中发生的客观事件或者刺激。从人—动因的立场来理解，当经验被描述为一种情感时，意思是指通过观察、操作和探究动作所体验到的以人为中心的意义。

在心理学的历史、尤其是发展心理学的历史中，受分解观元理论的影响，这些用法的互补性经常被忽视。结果是经常含蓄地或坦率地把经验等同于、并且仅仅等同于客观的刺激。当刺激被赋予这种特权时，它在分解观元理论的因果研究中就有了特殊的作用。请看下面的例子：

> 对于 Schneirla 而言，经验就是在有机体的整个生命历程中对作用于它的各种刺激所产生的影响……任何刺激影响，以任何方式作用于有机体的刺激，都是经验的一部分。(Lerner，2002，p. 152)

在这里，刺激是解释经验的唯一成分，而且刺激作为经验产生的原因而作用于有机体。这种分解式理解的结果是，我们又回到了毫无益处的天性—教养之争中，“经验”与解释行为的另外两个因素“先天”和“生物成熟”对立起来了，由此，产生了许多毫无意义的问题，诸如“经验影响行为和发展吗？”“经验在青春期有多大的作用？”等。另一方面，当经验被理解为“动作—环境”的互补性产物时，以上这些问题以及其他的天性—教养之争就烟消云散了，因为这些问题让位于对动作的两种经验探究，一种是与动作的来源(人—动因)有关的研究，另一种是与动作的环境有关的研究(见 Overton & Ennis，出版中)。

当把经验理解为发展的动作循环——(对知道的世界的)投射—转换与(对系统的)解释—转换——时，经验就变成了生物系统和文化系统的心理桥梁。在这里没有道理存在隔离的、割裂的、孤立的人的心理。以人为中心的经验来自生物—社会文化的相关活动矩阵(参见，例如，Gallese，2000a，2000b；Suomi，2000)，这种经验既转换着矩阵也被矩阵所转换。人的发展不是分解式的先天论或环境论，或二者分离的可加性的结合。新生儿是一个实践的动作意义的动力系统，这些动作意义是 9 个月生物—环境相互渗透的结果，这种渗透一直可以追溯到 DNA(Gottlieb，2002；Lewontin，2000)。最后，值得重复的是，经验可以解释发展并不意味着拒绝另外的解释，即生物对发展的解释和文化对发展的解释。我们所要拒绝的是，对这几种解释中的某一种采取绝对的排他的态度。

53

人—动因的发展

人—动因的心理发展具有后成性质，新的形式的出现是相互渗透的结果，这种相互渗透发生在目标系统的动作与目标系统在现实的、客观的社会文化环境以及物理环境中遇到的阻碍之间。正是通过相互渗透的动作，系统才发生变化，进而产生区分。但是，部分的差异意味着部分的新的协调，这种协调本身就是一种新形式的出现（见图 2.2）。所以，如前文述及的，神经的动作系统通过神经的—环境的功能之间相互渗透的动作而变得有区分。这种区分导致了新的协调或重新组织，最终达到婴儿出生时有意识的实际动作的适应水平。意识性是这一时期出现的动作系统的一个系统特点。最初的适应性的实际意识是对动作意义的最小觉知（Zelazo，1996）。无法把意识还原或"压缩"到一个更低的水平，因为它是转换的结果。同样，动作的进一步发展性区分和协作——意识的更高水平——将通过意识动作与其所处的社会文化及物理环境的相互渗透而出现（见图 2.2）。实际的动作的协调产生的意识有其描述形式，即符号意义和意义的符号表征水平（Mueller & Overton，1998a，1998b）；而动作系统协调的进一步发展的描述形式则是反思与转换反思（transreflective）（对反思符号意义的反思符号理解）的意义。

总之，到目前为止已经介绍了以人为中心的发展的动作元理论的核心，在这个理论中，心理是一个动力的自组织系统，它的组织内容包括认知的（认识、信念）、情感的（情绪）和意欲或动机性的（希望、愿望）意义和理解，以及对这些意义的保持、运用和转换的过程。通过表达性投射，心理把世界转换为所知道的世界，通过适应性探究，心理转换自身（例如，发展）。然而，目前所阐明的只是核心，而且仅仅是核心，它还缺少具体化的关键的必需特征。

人—动因的具体化动作

人—动因是动作的来源，动作是意义的来源；但是动作本身是具体化的。如前所述，具体化是指，我们的知觉、思维、情感、意向——我们经验世界的方式——是以我们独特的身体作为积极动因为背景的。在动因水平，具体化说明任何生物系统动作（例如，苍蝇的现实世界必须由苍蝇的具体化动作的性质所决定）的特有的性质。在人的水平上，具体化是指，身体的动作从一开始就限定和表明意向性的特性（Margolis，1987）。意向性不仅仅局限于心理意义的符号的、反思的或转换的系统。意向性还扩展到心理意义的特定系统之中，即在意识的最低水平运作的实际的具体化动作的意义系统。这些最基本的意义"的来源是身体，因为身体具有特殊的感知和运动能力，而且把二者紧密联系起来"（Thelen, Schöner, Scheier, & Smith，2001, p. 1）。这些基本意义来源于——如 Piaget 反复强调的——感知运动机能，它是具体化动作的具体例证。

Varela 等（1991）已经为认知的具体化理论勾勒了一个基本轮廓。Sheets-Johnstone（1990）提供了一个人类具体化与思维的进化人类学方面的观点，Santostefano（1995）已经详细描述了实际的、符号的和反思的具体化意义的情感和认知维度。而且，一些精神病理学家——包括 R. D. Laing（1960）、Donald Winnicott（1965）和 Thomas Ogden（1986）——认为，人—动因的具体化行为会出现中断，这种中断是理解一些严重的精神病症状发展机制的关键所在（参见 Overton and Horowitz，1991）。

54

在实际的动作水平(见图2.2),Bermudez(1998)的工作表明,自我意识的发展对于理解具体化的人这一概念的影响具有关键作用。Bermudez的基本观点是,后期的意义形式出现在符号的以及反思的意识中,这些意义形式在婴儿的具体化的自组织动作系统中产生,同时它们也受这个系统的限制。最为重要的是,这些早期系统具备了人的水平上的肉体本体感受性和外界感受性。由于这些以人为中心的加工过程与物理世界和社会文化环境相互渗透,所以本体感受性作为自我意识动作系统出现的区分机制而运作,外界感受性则作为客体意识系统出现的区分机制而运作。所以,在生命的最初几个月里,基本的实际动作与"我"和"他者"(other)的联系得以发展,这种联系以后被转换成学步儿童的符号的"我"和"其他"的联系。Thelen(2000)研究了一般性动作的作用,以及更为具体的"身体记忆"在婴儿认知发展中的作用,他的工作表明具体化在实际动作水平具有重要作用。

Langer(1994)的经验研究说明了具体化动作系统相互协调的重要性,因为从意义的实际水平到意义的符号水平这些相互协调都存在(见图2.2)。Held和他的同事(例如,Held & Bossom,1961; Held & Hein,1958)的早期工作说明,自发的具体化动作在适应的各个水平的重要性。Goodwyn和Acredolo(1993)研究了较大婴儿使用身体姿势的情况,发现婴儿把身体姿势作为表达实际意义的符号,这说明了具体化实际姿势的表达性和工具性价值。例如,很多文献表明儿童运用手指作为计数工具(Gelman & Williams,1998),Saxe(1981,1995)的跨文化研究发现,手指以外的身体表征也是计数系统的组成部分。而且,Overton和Jackson(1973)的早期研究以及Dick、Overton和Kovacs(2005)的最近研究均表明,至少在反思意义水平上,身体姿势支持符号表征的产生。

在符号、反思和转换反思的机能水平上(见图2.2), Lakoff和Johnson(1999;另见,Lakoff,1987)的著作详细探讨了具体化的重要性。在Lakoff和Johnson看来,在各个机能水平上,具体化提供了基本的隐喻来确定意义。Kainz(1988)用类似的方法研究了普通逻辑的基本定律(例如,同一律、矛盾律、排中律),发现这些定律产生于早期的自我与他人相区分的具体化。最后,Liben(1999)对于儿童符号能力和空间反思能力发展的研究表明,这种发展应该在具体化的儿童背景下来理解,而不应该在传统的非具体化视野的背景下来理解。

认识论—本体论的问题

到此为止,在广义的范围内,本章已经揭示了发展概念的本质以及相关概念,并把这些概念看作是元理论层次中的基础和支撑部分。我们已经讨论过的元理论包括:分解、关联、具体化动作、发展系统等,在更高水平的讨论(见图2.1)中,这些元理论又成了高水平元理论的构成性概念。这些高水平的元理论就是我们接下来将要讨论的在认识论(也就是关于认识的问题)和本体论(也就是关于实在的问题)水平上的元理论。在这些水平上被解释的概念性问题都是在历史的轨迹中演进的,因此,任何对这些问题本身的准确说明都离不开一个历史的方法。

形而上学是一个宽泛的哲学领域,它涉及对自然、[世界的]起源、世界或"存在"的结构

55

等问题的概念性追问。本体论属于形而上学，它思考这样的问题：是什么构成了实在(Real)(Putnam, 1987)。认识论探讨认识的问题，它是对我们的认识对象和认识方法的合法性的追问。从关系的角度来理解，认识论是关于我们如何认识到什么是实在的解释，而本体论是关于我们认识到的实在的解释。从历史的视角看，这两个领域里都提供了多种解释其基本问题的方案。推理和观察一直以来被认识论当作是获得有效知识的基本途径。在本体论领域内，物质和形式也一直是关于实在的基本答案。物质被分解为部分、元素或者是一致的单元，而形式则被解析为模式、结构或组织，于是，*一致性*和*组织*分别取代了物质和形式而成为构成实在的候选概念。探讨实在的本质还有另一条途径，就是假设物质和形式都具有不同的活性。实在可以被假定为本质上是*惰性的*和恒常的，也可以被假设为本质上是活跃的和流变的。这就产生了形成概念的不同策略：(1) 物质是惰性的、恒常的——这是牛顿主义所倡导的；(2) 物质是活跃的、流变的——这是前牛顿主义和以 Einstein 为代表的后牛顿主义对物质世界的本质的理解；(3) 形式是惰性的和恒常的——通常被认为是 Plato 的立场；(4) 形式是活跃的并且是流变的——Leibniz 的单子论和 Hegel 的辩证逻辑如是说。

在有关本体论和实在的讨论中，不能太过于强调一般常识性意义上的“现实”(real)和本体论的实在(Real)在用法上有什么区别。没有人会怀疑他每天所体验到的世界的真实性和现实性。在常识实在论(Commonsence realism)看来，这个世界是真实的，它的存在是显而易见的；所有本体论—认识论的观点也是把人、动物和物质对象都看作是真实的存在。本体论的实在(Putnam, 1987)却是另有所指。它是这样一种观念：存在某种基底或基础，是所有其他事物产生的前提。依据这种观念，实在可以被定义为：它的存在无须以其他任何事物为前提，它也不能被还原为其他任何事物。

如果我们用分解的思路来对待这个问题，结果就是物质和形式的二分法。实在包括物质和形式，这个命题必然导致物质的原初性被强调而形式则被边缘化，被降低为可以被还原的现象(Appearance)。唯物主义本体论(materialist ontology)假设对物质进行分解可以获得实在。基于这种本体论的立场，形式、模式、组织以及观念等都被看作是一些现象，根本上，它们都起源于实在(也就是物质)。例如，在这种分解本体论的框架下论及“系统”这个概念时，它仅仅反应了某种个别的元素或物质，诸如神经元之类。以社会例子而言，“共同体”(community)仅仅意指个体的线性聚集状态。倘如假设对形式进行分解可到达基本的实在，那么就是唯心主义的本体论(idealist ontology)。这种观点以为：只有形式或图式才是实在，元素、个体以及各个局部只有在形式或图式的规范下方能被统一起来。依据这种观点，“共同体”(community)是一种基本存在，而“个体”只是“共同体”这种形式的具体表现。在这些例子中，关于实在的陈述被分离了，于是，实在变成了一个抽象的基础，这就是所谓基础主义(foundationalism)或基础论的立场(foundationalist position)。

Plato 和 Aristotle 以及关联性发展传统

对 Plato 和 Aristotle 而言，在本体论和认识论之间或者分别在这两个领域中相对立的观念之间，并不存在根本性的分离。他们都把认识问题当作自己研究的重点，都认为是推理和观察、物质和形式构成了这个不可分割的、并不断被扩充的世界图景。Plato倾向于强调推理在认识中的意义；Aristotle则明确地阐述了推理和观察之间辩证的平衡关系。Plato的理论立足点，或者说思想脉络都植根于他的关于形式或模式的本体论意义的论述，这构成了他的理念(Ideas)学说。但是，他也承认还存在另外一条理论线索，那就是把物质当作一种“无形式的、模糊的和低级的存在”(Stace, 1924)。Aristotle强调形式和物质的关联特征的意义。形式和物质的关系就像Escher的画《画素描的手》(*Drawing Hands*)一样，是一种辩证关系：无形式的物质或无物质的形式都是不可能的。Aristotle主张只有个别事物的存在，并且这种“存在”不能和物质相分离。存在即意味着物质成为时间和空间范畴的内容。由此看出，存在并不是实在的构成标准。如Ross(1959)指出的那样，“Aristotle所言之‘物质’并不等同于我们一般所说的与思想相对的那种东西，它是表达了一种相对的意义——相对于形式而言的意义。”(p. 76)

在不活跃—稳定[名为“存在”(Being)]和活跃—流变[名为“生成”(Becoming)]之间，Plato和Aristotle都采取了关联性的观点。Plato最著名的思想是他关于永恒的形式领域的假设(即一个不变化的领域)。在当代，Plato因为这种思想而被赋予了本质主义(essentialism)之父的美名，本质主义以探索自然之“本质”(essences)为己任(见Mayr, 1982)。基于这种分解论思潮，当代先天论者认为“结构”和“组织”应该是固定不变的，他们的概念基础来自本质主义的形式不变论。然而，事实上，Plato本人并不支持这种分解论的理论(Cornford, 1937; Lovejoy, 1936; Nisbet, 1969)，他的原话是这样说的：“只有圣人才是不变的，而凡人的世界和社会却是一个连续发展和生成的过程。”(Nisbet, 1969, p. 308)

56

Aristotle认为存在(静止的、稳定的、不活跃的、不变化的)和生成(活跃的、变化的)的本质是相关联的，这种思想体现在他的一些重要概念中，如关于个别事物的“潜能”和“现实”等。一个被考察对象的现实性(也就是，这个对象在一个既定的时刻是什么)体现了对象的存在。而从潜能向现实性的过渡则体现了对象的生成(Ross, 1959, p. 176; Wartofsky, 1968)。“成为存在”(也就是，生成)是Aristotle的发展概念的核心，并且——如同在本章早些时候对发展所作的统一的、详细的定义一样——他强调变化具有转换性和变异性这两个特征，并且指出它们是生成最重要的关联性特质。Aristotle将转换性变化称为“生殖和解构”，而将变异性变化称作“更替”(Ross, 1959, pp. 101—102)。尽管Aristotle的思想体系的核心是发展(也就是，生成)，但是人们却常常将他的观点解释为：自然是一个固定的、形式化的、等级化的组织，到后来竟演变成著名的*scala naturae*，即所谓“伟大的存在链”(Lovejoy, 1936)。把Aristotle关于自然的认识理解为非进化性的，因而是非发展性的，这是对他的思想的误解，其原因是人们错误地理解了他在生物分类学上所采取的本体论—认识论姿态，他确实希望能够建立一个单一化的生物分类系统(Lovejoy, 1936, p. 58)。Aristotle是一个逻辑分类学的高手，但同时他也认识到，任何专门的分类系统都存在局限性，都有发生错误的危险。今天，如果还把Aristotle看成一个非进化论者，把他的思想理解为静态的、具有等级化形式的观念(见Mayr, 1982)，那就是丢掉了Aristotle思想中的关联性意义。

现代性与分解论传统的崛起

17世纪,“现代性”的曙光在天际微显,现代纪元悄然开始。分解元理论扬起风帆,开始了它的历史旅程。现代性是通过两个特征来定义的,一是对知识的绝对必然性的追求(Toulmin,1990),二是对更广泛的个人自由——特别是思想自由的追求。放弃权威和教义,在理性和推理的基础上建构知识体系,这被看作是实现上述两个目标的关键。在这场运动的早期,推动思想进程的几个关键的人物是: Galileo Galilei,他提出了一个和心理分离的(*disconnected*)物理的自然世界;Rene Descartes,他的认识论将这种分离或分解上升为知识的第一原则;还有Thomas Hobbes,在他那里,意识和自然都被纳入了唯物主义的原子论的视野中。这三者中,以Descartes对分解元理论的形成影响最为深刻并持久。

Descartes的主要贡献是引入了分解论和基础主义(splitting and foundationalism)的概念,并将它们表述为关联认识论的核心议题。如前所述,分解论——无论区分性的还是关联性的都——是一种二分法;基础主义则被表述为这样一种判断: 前述二分法的结果之一,非此即彼地构成了根本性的实在。天性和教养,唯心主义和唯物主义(形式和物质),推理和观察,主体和客体,稳定和流变,生物和文化,诸如此类,所有可以纳入笛卡儿主义认识论影响的要素,都可以被看作是相互分离的、相互竞争的候选要素。在分解论的逻辑前提下,其中一种要素获得特别青睐,被指定为实在——即被当作基础——相应地,另一种要素则被边缘化,被当作纯现象或附带的现象。

这里的基础是指一种能够提供绝对确定性,并能解释所有疑问的终极追求。基础不是指一个参照点、立足点或一个视点;[在基础的意义上]确定性和或然性不会既对立又统一,辩证地相关联。Descartes的基础主义要探求的是那种处于最底部的、稳固的也是安全的基底。它是绝对固定的、不变的岩床;是阿基米得的终极支点(Descartes,1969)。

随着分解逻辑和基础主义的确立,还原论的主题便在历史的传统中牢牢地扎下了根。现象最终都可以被还原为(也就是,解释为)实在,对这个命题的深思熟虑使得还原论在今天演化出丰富多样的形态。“排除式的还原论”、“本体论式的还原论”、“特征本体论式的还原论”、“理论还原论”、“限定还原论”、“因果性还原论”、“基本的或水平的还原论”、“微还原论”、“平滑的还原论”、“语义还原论”(Shanon,1993)和“生物社会学还原论”(Bunge & Ardila,1987)——每一种还原论所感兴趣的以及强调的都是不同的局部领域——等等,各种还原论都在原来的命题中增加了一点新的意义(Overton,2002)。

57

将实在分解为主观部分和客观部分在字面意义上导致了二元论的产生,于是,Descartes——以及所有接受笛卡儿主义的概念的人——必须面对一个问题,这就是如何将相互分离的两部分再合并到一起来。如果存在一个自然的绝对基底,而这个基底又是由一系列个别的元素构成,那么必然要有一种能够将各个局部联接成貌似整体的黏合剂。Descartes倾向于用交互作用来解决这个问题,他的交互作用的概念与“传统的”交互作用主义者的概念并没有不同,这些人的观念在前文讨论天性和教养的关系时提到过。根据传统的交互作用主义的观点,某些固定元素的纯粹形式被称为天性,而另一些固定元素的纯粹形式则被称为教养,行为就是这两者的额外输出。

经验主义、唯物主义和客观主义

Descartes 的分解逻辑和基础主义在操作层面上形成了当代分解论传统的永恒的背景架构。然而，关于终极基础的本质是什么的论证依然在进行之中。这个议题被留给 Hobbes 以及后来的经验主义者继续讨论，他们的讨论在主观和客观的分离、身心分离、意识与物质分离的框架内进行，而将理论建立在这个框架内的唯物主义者的标志就是以原子物质作为终极的本体论基础——实在。18 世纪——一个被称为启蒙的时代——英国的经验主义提出了否定理性和 Descartes 的主观要素的宣言——他们否定了著名命题“我思故我在”中的“我”和“思”。在 John Locke，George Berkeley，David Hume 等人的认识论著作中，推理和观察被分离了，经验主义的教义就此确立：所有的知识都来自并且只能来自感官(观察)，因此，所有的知识一定能还原为感官信息(要了解更多信息参见 Overton，1998)。沿着这一线索，当代经验主义者继续追求在理性和推理基础之上建立知识的目标，这里的理性和推理都不是本源性的，它们被解释为来自并且只能来自感官。这种强有力的一元论将主观性、心灵或观念边缘化，然后生出了客观主义；客观主义坚信，物质实在才是终极存在(being)，是绝对的、独立于心灵和认识者的存在(being)(Searle，1992)。如 Putnam(1990)所说，[是客观主义]开启了认识论的“上帝之眼”。

于是，对客观主义来说，最紧要的问题就是建构本体论的实在，并且将各种常识经验还原为这种实在，进而实现科学的目标；也就是要将既得的经验知识系统化。牛顿主义的观念为唯物主义者提供了来自基底的支持。所有问题的中心是，如何用一种对所有物体来说都是基本的稳定的方法来重新定义物质的自然属性。在牛顿的时代，物质被认为是具有天然的活跃性的。人们在存在(静态的、固定的)和生成(活跃的、变化的)之间的关系中理解物质的意义。而牛顿通过他的惯性概念将活跃性(生成)和物质(存在)分离开，并且对物质进行重新定义，把它定义为惰性的存在(Prosch，1964)。

将物体定义为惰性的物质，以及物质的原子论假设(也就是说，物体从根本上说是物质元素的集合，元素是构成自然的基本单元，它们联合并组成了世界万物)都是以牛顿的运动定律为出发点的。后来的人将这些观点发展成了一种元物理学的世界观，这种世界观认为自然的实在是且*只是*固定的、惰性的物质。这是一种“弹子球式”的或“机械论的”世界观，“是这样一种观念，任何事物都是由微小的、坚固的微粒构成，这些微粒本身是稳定的，但不停地运动着，相互作弹性碰撞……并且，它们的相互作用遵循机械原则”(Prosch，1964，p. 66)。在这种分解论的世界观下，所有人类的心理过程，包括认知(知觉、思维、推理、记忆、语言)，情感(情绪)，意向(动机、愿望、期待)，都必须被还原为感觉的基底。联合就像胶水一样，被用来解释如何从简单的感觉中产生出复杂的内容，诸如：观念、情绪以及愿望等这些常识性认识中的现象。

现在正在讨论的这些议题——分解论、基础主义、唯物主义、客观主义——每一个都是在认识论上向前迈出的一小步，它们的最终目标是要实现完全的科学方法论的表达式，即所谓“机械论解释”，这种解释稍加修正，就成为当今流行的方法论的基础，其影响遍及新实证主义、后工具主义、约定主义和功能主义。这些相关问题将在后面有关方法论的章节中进行

58

讨论。

对 18 世纪的经验主义哲学家而言,问题的焦点首先是对认知问题("复杂观念")的探索。19 世纪,功利主义哲学家 Jeremy Bentham 继承了 John Stuart Mill 和 Alexander Baine 的思想,发展了经验主义哲学家的传统教义,他将牛顿的力学范式用于解释(人类社会的所有现象,如)行为、价值观、道德和政治等(Halevy,1955)。Wundt 和 Titchener 的*实验*心理学就是从 Bentham 的思想土壤中生长起来的,受 Bentham 影响的还有 Angell、Carr、Woodworth 等人的功能主义观点,受这种影响的理论还有行为主义以及各种新行为主义,包括学习论和发展的社会学习理论。在行为主义那里,"刺激"和"反应"等概念取代了原来的"感觉"概念而成为解释的基底概念。

在 18 世纪,分解论的传统继续作为一种元理论广泛地影响着多个领域的研究,包括对发展问题的研究。在哲学上,分解论的传统对英美分析哲学的条理清晰的思维方式影响甚广。在名称上,分析哲学继承了 Descartes 的分解论的概念。直到今天,分析哲学依然在多种可能的选择中追寻"原子"的观念,也就是那些构成知识的绝对基底的元素(Rorty,1979)。为了达到这个目的,英国哲学流派的做法是将它们的基础主义植根于对"语言起源"的分析。在美国则体现为新实证主义对"中性语言"或者"观察句子"的研究,相应的研究见诸 Moritz Schlick、Roudolf Carnap、Gustav Bergmann、Herbert Feigl、Carl Hempel、A. J. Ayer 等人的著作,以及更早些时候的 Ludwig Wittgenstein[他的《逻辑哲学论》(*Tractatus Logico-Philosophicus*)]。

现代性与关联元理论的精致化

英国经验主义沿袭着它的分解论和基础主义的脉络,与此同时,德国现代哲学则在关联性认识论和本体论议题上渐行深远。在德国启蒙运动的前沿,矗立着 Leibniz 的伟大思想,这是一个将普遍数学原理和个体性元物理理论合二为一的综合(认识论和本体论)理论(Gadamer,1993)。在 Leibniz 看来,在关联的矩阵中,认识论是主体的普遍的知识,而本体论则是客体的个别的存在。Ernst Cassirer(1951)诠释了 Leibniz 的关联理论的精髓,他说:"不能简单地用个体性或者普遍性的概念来理解 Leibniz 哲学的核心。必须意识到这些概念是相辅相成、互相融合的。"(p. 33)

Leibniz

在本体论的视野中,Leibniz,这个与 Locke 同时代的人,拒绝将存在和生成分离开。[在他看来,]活动性和无休止的变化是实在的基本天性。在他关于物质的概念中,Leibniz 用"多元宇宙"概念取代 Descartes 的二元论和 Locke 的唯物主义一元论。Leibniz 认为"单子"是构成这个宇宙的基本单元。单子"在基本的意义上,'是'活跃的,并且它的活性构成了从一个状态到另一个状态的连续变化,而所有这些状态都是独立于单子的但却是由单子连续的序列所决定的……每一个单子都和其他任何单子不相同,而且也不能用一组纯粹静止的性质来描述它们"(Cassirer,1951,p. 29)。"在 Leibniz 的哲学中,个别的实体占有不可或缺的最重要的优先地位,这种个别存在(being)不仅仅是一个功能性的个案、一个特例;它是它自身的本质的表达……每一个个别的实在都是宇宙的一个片段,而且还是关于宇宙的一个独特视角,只有当所有这些独特的视角被综合在一起,才能给我们描绘一个真实的实在。”(Cassirer,1951,pp. 32—33)

从认识论的角度看,如果物质总是“持续地从一种状态到另一种状态发生着变化”,那么,认识就是用理性去揭示那些规范这些变化的规律和法则。这就是 Leibniz 的理性主义。它和 Descartes 的理性主义的最大的区别在于,它不需要求助于上帝以获得普遍观念,它也不必将推理和观察分离开。作为法则或规律的普遍观念,以及作为观察的特殊经验,都是关联性的,或者都是协同关联的。知识以观察为起点,但是观察却建立在某个系统、观念或者形式的内容之上。分析在 Leibniz 的系统中并没有受到抑制;它在他的思想中占据了一个显著的位置。同时,分析也没有获得超越综合的优先权;所有的分析都暗示了先有整体或综合,然后才有分析。Cassirer(1951)指出,对 Leibniz 而言,“整体的概念具有不同寻常的更深刻的含义,要理解一个普遍的整体就不能简单地将它还原为一些部分的量的集合。一个全新的整体是有组织性的,而不是机械性的;整体的本质不是局部的量的集合,而是以这些局部为前提,同时它也为局部的本质和存在提供了可能性的条件。”(p. 31)

59

Leibniz 的思想传统是理性主义的传统,正如 Cassirer 所指出的那样,它的形成植根于对事件的本质和对知识的本质的有机解释。于是,在一种日渐成熟的有组织的世界观之中,理性的本体论—认识论基础的独特特征被清晰地彰显出来了。正如牛顿主义的分解论传统成为流传后世的经典一样,Leibniz 主义关于发展研究的理性主义传统也是流芳百世的典范。它包含如下几个方面的内容。首先,它建立了一个独特的基本原理,按照这个原理,知识必须从“视点”(point of view)或者是从“域界”(line of sight)中产生。强调知觉或视点的重要性的传统可以追溯到 Plato(Kainz,1988),但是,Leibniz 将这个重要性意义置于整体与部分的关联性内容之中,使得其重要性意义更加凸现。视点并不是像那个时代经常的用法一样用来指代无限制的相对主义。在 Leibniz 主义的传统中,一个“视点”只有当它和其他“视点”一同被纳入一个范围更广的语义关系中时,才真正成为一个“视点”。例如,主体和客体只有在这样的情况下才能成为“视点”:在一个范围更广的有机单元内,这两者都被纳入一个相关矩阵之中。如果没有这个单元,它们都只是独立的元素,这时使用“视点”这个词语是没有意义的。

在当代的欧洲大陆哲学的后现代时期,视点已演化为有关理解或认识的“视界”(horizon)概念,继续体现出它的强劲影响力。关于视界的观念在 Nietzsche 和 Husserl 的著作中可以看到,但只有在 Hans-Georg Gadamer(1989)的解释学中才真正发展成熟。视界是一整套从一个特定的、具有优势地位的立足点出发形成的理解。获得一个视界就意味着将某个对象置于前景(foreground),或者,采用某种置于前景(foregrounding)的加工,这是一种在本质上是内在关联的方法论原则。无论什么东西被置于前景,一定有相应的其他东西被置为背景。其结果就是,某些东西被置于前景凸现出来,而其他内容则被纳入与之相关联的认识矩阵之中。例如,在发展研究领域,将主体“置于前景”可以认识客体;将表达置于前景可以识别工具,或者,将转换置于前景就可以认识变异。正是不同的视界之间的相互支持，或者视界的融合(fusion of horizon)，从根本上构成了关联系统中的事实。这个情形十分类似于我们熟知的人面花瓶两可图(vase-person)。在一个优势立场上，我们基于人面视界，于是看到两个相对的人脸。在这个视界上，人脸是合法的认知对象。而在另一个优势立场上，基于另外一个视界，花瓶成了前景。两种视界都有自己合法的认识对象；并且，这两个对象都是同一个整体的不同部分，这个整体促成了不同视界的融合。

Leibniz 的相关性传统对发展性的另一个启示体现为如下原则：活动性、变化和组织与惰性、稳定和均质具有同样的基础性意义。活动性—惰性、变化—稳定以及组织—均质分别构成了本体论—认识论的关联矩阵的两极，或不同状态。这就是在哲学和发展研究中的生成原则(Overton，1991b)。如前所述，这个原则与牛顿—休谟主义将存在分离的传统截然相反，它把活跃性、变化(而不是随机的变异)以及组织当作基本的可还原现象。

关于生成的原则的论述可以追溯到前苏格拉底时代的 Anaximander 和 Heraclitus 等人的著作中(Wartofsky，1968)，生成的原则，和它的域界一样，将活跃性、变化和组织当作宇宙的必然的、不可再还原的特征(Allport，1955；Nisbet，1969)。到了 18 世纪，生成[的概念]从 Leibniz 的本体论渐渐被运用于有关人、社会以及自然的认识。

1725 年，Giambattista Vico 批评了静态的人文社会观，并指出社会的变化反映了人类心灵的近期的、必然的发展。1755 年，Kant 在他的《关于自然的通史和天堂的理论》(*General History of Nature and Theory of the Heavens*)一书中提出了物质世界的生成的观念，并且主张这样的世界在一个系统的、有序的样式之中持续地进化着。从 1784 年开始，Johann Gottfried Herder 在一个四卷本的系列丛书中，将生成的观念扩展运用到包括自然、生命物种和人类社会等类似领域之中(Toulmin & Goodfield，1965)。

Hegel

18 世纪末 19 世纪初，生成原则最有影响力的倡导者就是 G. W. F. Hegel(1770—1831)。对 Hegel 而言，历史是发展中必然的动力过程，是表达—转换的变化。这种变化的本质被描述为一个辩证的过程(参见前文)，通过这个过程，一个系统的概念或者基础性特征趋向于统一同时又相互区分。这个过程提供了一个基础，使得变化被理解为定向的。作为一种分离式的理解，始终存在这样的争论：应该将变化描述为循环的(变异性的(variational))还是定向的(转换性的)。在辩证法的语境中，这种两分法[的矛盾]得到了解决，[辩证法]认识到：命题—反题的两个极端构成了变化的循环维度。然而，这个循环不是闭合的圆圈，而是一种回旋。一个回旋哪怕只有一点开放性，它都使得循环不会准确地回到原来的起点。其结果是，随着活动的持续进行，这种开放的回旋延伸成为螺旋(综合或统一)。连续的螺旋就体现出了[变化的]方向(参见 Overton 1994a，1994c)。

19 世纪，生成原则被广泛应用于社会理论家的研究中，诸如：Comte、Marx、Spencer 以及生物学家 Wolff、Goethe 和 von Baer 等人。还有 James Mark Baldwin(1895，1897/1973)第一次在辩证法的范畴内专门地阐述了发展心理学问题。如 Broughton(1981)所指出，“按照质的差异，将意识区分成不同的水平，通过这种区分，他[Baldwin]的……取向和 Hegel 的

60

辩证过程渐渐调和了"(p. 399;同时参见 Freeman-Moir,1982)。

到了 20 世纪,Heinz Werner(1948,1957)在生成原则的辩证特征中勾勒出他自己的理论路线。在这个理论中,他提出,优生学(正常发展)原则是转换性变化的普遍解释原则或法则。直生原则(orthogenetic principle)假设"任何发展都是这样一个过程:从相对较同一、较少区分的状态转变为更多区分、更清晰更具有整体层次性的状态"(1957,p. 126)。但是,在 20 世纪发展学家中,Werner 并不是唯一采用辩证的生成观来建构理解的理论和元理论框架的人。例如,Piaget 也描绘了同样的元理论图景,那就是以"平衡化"来解释人的转换性发展:"这些整体性的转化……渐渐显示出一种进化的规则,这个规则可以表述为:一个从混沌的、未区分状态到关联性协调的区分状态的同化和顺化过程"(Piaget,1954,p. 352)。同样,Vygotsky(1978)主张最好将发展描述为"一个复杂的辩证过程,其特征是不同功能的发展的周期性和不均衡性,以及从一种状态到另一种状态的变迁和质的转换"(p. 73)。

非常有意思的是,20 世纪后半叶的三位重要的发展学家——Piaget(Piaget & Garcia,1991,p. 8),Werner(Werner & Kaplan,1963,p. 11)和 Vygotsky(1978)都把发展看作是一种螺旋形的变迁,当循环变更具有了方向性,螺旋形变迁就出现了(见表 2.6)。针对高级心理功能,Vygotsky 特别指出,"发展,多数时候是一个螺旋过程而不是简单循环,[螺旋的]每转一圈都会在更高的水平上通过同一点。"(p. 56)

和经典的发展主义理论家,诸如 Werner、Piaget 和 Vygotsky 等人一样,动力学派的理论家,包括英国的客体—关系[学派](例如:Fairbairn,1952;Winnicott,1965)和"自我心理学派"(ego psychology schools)[的学者](Erikson,1968)已经发现,要理解常态或病态的人类个体发生学,其核心是"活跃性"、"区分性"和"统一性"等辩证的生成观念(Overton & Horowitz,1991)。

这个讨论集中于莱布尼茨—黑格尔主义传统的历史影响,因为这个传统提出了生成原则,并逐渐使之清晰化。广泛而言,关联发展传统的哲学基础从 Leibniz 到 Kant 再到 Hegel 逐步趋于精细完美,而正是 Kant 一个人的贡献同时既促进又限制了这个过程。Kant 的域界是认识论的域界,因为认识是人类的活动,因此,他只关注于人类知识的必然条件。Hume 将推理(心灵)和观察分离之后,指出有效的(即普遍的和必然的)知识不能从可观察的世界中生成,这个世界只能产生特殊的和偶然的[知识]。Kant 赞同[Hume 的观点],但采取了关联主义的立场,他指出事实并不会瓦解有效知识。相反,它能够说明,如果偶然知识是观察世界的特征,那么,有效知识必然是思想和心灵的特征。

Kant

从关联论的视角出发,Kant 主张有效知识和偶然知识都是人类经验的本质方面(也就是说,普遍性和特殊性、必然性和偶然性都是人类经验的特征)。因此,问题不在于——如同牛顿—休谟的分解论传统中的问题一样——是否有可能存在有效知识。中心问题变成了在心灵的什么条件下,才可以产生可经验到的合法知识。为了讨论这些条件,Kant 提出这样的理论:推理—思维—概念和观察—直观—知觉一起构成了一个关联矩阵。这是一个沿袭了 Leibniz 的关联主义传统的理论——它常常被看作是 Kant(1781/1966)试图调和理性主

61

义和经验主义的努力——其实，他那一句著名的关联主义格言更能清晰地表述[两种知识的关系]："没有知觉的概念是空洞的，没有概念的知觉是盲目的。"这句经常被引用的格言是从Kant的原文衍生出来的，他的原文是："思维无内容是空的，直观无概念是盲的。……知性不能直观，感官不能思维。只有从它们的互相结合中才能产生出知识来。"(p.45)

从这种统括性的关联论信念出发，Kant描绘了人类认知的哲学图景，肯定了生成传统中的活跃性和组织性特征。Kant描述的心灵包含三个相互关联的动力系统成分。因为Kant并不区分结构和功能，所以有时从结构的立场来考察这些动力性系统，并且称之为"官能"或"形式"；而另一些时候，又从功能的立场来考察它们，并把它们称为"动力"或"活跃性"。首先，依据直观的形式或知觉的形式，感觉素材或内容需要被纳入到先天的空间和时间范畴中。其次，知觉在先天知性范畴(*Priori categories of understanding*)中形成综合项目。知性范畴(诸如：实体性、现实性、因果性、必然性)是一套基本水平的规则系统，这套系统根据Hume曾经忽略的特别属性(如：必然性、因果性、现实性、实体性)赋予知觉以序列。第三，想象官能的特征是心理的活跃性，它的功能是将知觉和范畴综合为关于对象的知识；"在我们之中存在一种将多方面[知识]综合起来的活跃的力量，称之为想象……想象意味着将多种直观转化为一个表象"(1781/1966, p.112)。

除了这三个心灵的基本成分之外，Kant还提出了一个"判断"官能。判断是一个主动地将知识——从直观、知性和想象中得来——赋予经验世界的过程。这个知识和知识的获得与运用之间的关联图式成为稍后的认知发展的背景，在这个背景上，认知能力的发展，与获得并使用这种能力的程序的发展被区分开来了(Chandler & Chapman, 1994; Overton, 1990, 1991a; Overton & Dick, 出版中)。

Kant与现象—本体的分解论

虽然Kant所描绘的人类认知图景是基于关联(理论)的，但他的观点在两个方面与传统的关联发展理论是不一致的：其一，对Descartes的现象和本体的分离哲学做了康德式诠释；其二，Kant认为范畴和直观的形式在根本上是不变的。本体被表述为"物自体"，也就是说，对象或事件是独立于它们的表征而存在的。现象则被表述为对对象或事件的表征，它们由认知者所拥有。对Kant而言，这两个世界是分离的。物自体和认识是分离的，而认识也不与物自体发生联系。这种分离的直接结果就是，视点(即，人)被置于一个优先的地位，牛顿—休谟传统也是用了同样的方法将视点置于优先地位。

在更广的范围内，Kant的分解论对发展研究的影响是，在发展的天性—教养的争论中，Kant为天性主义者提供了一个逻辑基础，同样地，牛顿—休谟分解论为教养主义者提供了逻辑基础。天性主义——无论是Chomshy对语言获得的解释(1975)(参见：Jackendoff, 1994; Overton, 1994b; Pinker, 1997)，还是其他当代各种形式的新天性主义(例如：Astuti, Solomon, Carey, 2004; Baillargeon, 1993; Karmiloff-Smith, 1991; J. M. Mandler, 1992; Spelke & Newport, 1998)——呈现了这样一幅图画：人类心灵就是一套先天的规则，不受人类历史和文化的影响；它正好与经验主义者的传统相对立，他们强调历史和文化的作用，却不涉及心灵本身。

黑格尔对心灵和自然的关联性发展的调和

Hegel 放弃了 Kant 的分解论,并对他的静止的范畴概念加以改造,使之成为更加彻底的、并且统一的关联性发展理论中的内容。Hegel(1807,导言)在他的著作中一开始就确立了鲜明的观点:不存在独立的自在之物,同样也不存在独立的自知之知。认识的世界和实际的客体世界都以更基本的范畴形式存在于同一个辩证的关联矩阵之中。这就是他的那句著名的格言所要表达的意思:“凡是合理的[知识]都是现实的[客体],凡是现实的都是合理的。”(Hegel,1830,p. 9)和 Kant 以及其他持这种思路的人一样,Hegel 采取了主观的、以人为中心的或者是现象学的视角。然而,对 Hegel 而言,客体和事件构成的现实世界成了这种观点的辩证属性。

62

在他的精神(即主体)现象学(即对经验的研究)中,Hegel 区分了意识的两种属性或“状态”:(1) 知识的状态(也就是,认识、思维、“观念”)和(2) 事实的状态(即现实或客体)。在任何时刻,这两种状态都不可能和谐相处,因为当人认为某个东西是一个例证(知识的状态)时,就意味着它是对现实世界(事实的状态)的不准确的表达。在这种辩证法中,历史成了中心的重要角色,而知识则具有了发展性,当两种状态不能很好地协调时,“意识必须更新知识以适应客体”(Hegel,1807,p. 54)。从而,Kant 主张认识作为一个活动在它自己的形式中是静止的,而 Hegel 则认为认识活动是在时间中演变的。

Kant 将心灵看作是静止的、固定的,而在 Hegel 那里,精神是流动的、变化的,或者如同 Hundert(1989)指出的那样,Kant 将心灵比喻为“一个钢铁档案柜”,而(Hegel)则用有机体的生长来隐喻精神。以这个有机体生长隐喻衍生出来的观点作为基础,进一步支持并促进了关联发展观的形成。这个隐喻的显著特征包括辩证法中的两个相关的概念——“区分”和“综合”,以及 Hegel 对知识发展的描述,这种描述在他的《精神现象学》(*Phenomenology*)一书的第 1 页上就出现了,他塑造了一个发展性有机体的原型:

> 花朵开放的时候花蕾消逝,人们会说花蕾是被花否定了的;同样地,当结果的时候花朵又被解释为植物的一种虚假存在形式,而果实是作为植物的真实形式出现而替代花朵的。这些形式不但彼此不同,而且互相排斥不相容。但是,它们的流动性却使得它们同时成为一个有机统一体的环节,它们在这个有机统一体中不但不互相冲突,而且彼此都互为必要条件;而正是这种相互的必要性构成了整体的生命。(Hegel,1807,p. 2)

Hegel 哲学体现出一种生长性形象,是一个系统地进行区分和综合的活动过程,这和 Kant 哲学的固定的形象截然相反,Kant 哲学给出的是一个先天预制的活动系统。例如,Kant 将心灵隐喻为一个固定的“钢铁档案柜”,在此基础上,产生出今天的以数字计算机来研究发展的方法,这种方法用数字化模型来描述心灵的本质。计算机的形象使得对人、对变化以及对认知—情感过程的本质的认识都被机械化了。根据这种隐喻的描绘,认知发展只是简单的表征内容的增加(Scholnick & Cookson,1994),这种增加是一个机械“过程”,体现为线性的机械因果性的多样化，或者是计算机制自身效率的提升(Siegler，1989，1996；Sternberg，1984)。在这个图像中，没有“表达—转换性变化”(expressive-transformational change)的位置，这是那些传承了 Hegel 哲学的研究者，诸如，Piaget、Werner、Erikson 和 Bowlby 等人的著作中常常出现的概念。

康德—黑格尔哲学的对立还导致了情感发展领域内的一个重要争议，这个争议起源于这样一些人，他们都认为，“情感不是‘刺激’或‘反应’，而是人格和行为的中心性的、组织化的特征”(Malatesta, Culver, Tesman & Shepard，1989，p. 5)。情感问题作为一个共同的主题，产生一个以人为中心的视点，这个视点将表达性变化作为发展研究的领域，从这个视点出发，产生出了描述儿童情感发展特征的两条不同路线，一条是沿袭 Kant 理念的一组研究者(例如：Ekman，1984；Izard，1977；Izard & Malatesta，1987)的选择，选择另一条的是沿袭 Hegel 理念的一组研究者(例如：Lewis，1993；Sroufe，1979)。康德派的成员用大量模型来描述婴儿[的情绪特征]，[这些模型认为婴儿]先天具有一些基本的“离散的”情绪。Hegel 派则更多采用描述性策略，指出，婴儿的情感生活——也包括社会生活和认知生活——开始于一个相对均质的活动系统，这个活动系统在现实世界中渐渐发生分化和再综合。Malatesta 等人(1989)将 Hegel 的理论体系作了心理学转换，也引用了 Sroufe 的著作：“情感一开始时是一种没有区分的原始状态，只有痛苦和不痛苦的体验，渐渐地分化为各种特殊的情感。分化的发生是阶段性的，它的主要功能就是实现发展过程中的再组织。”(p. 11)

63

关于情感发展形式的争论和关于认知发展和情感发展的本质关系的争论是等价的。这个争论也是在分解论立场和关联论立场的框架下进行的。从分解论立场看来，概念性的界定是对自然本质的分割。而在关联发展论的立场上，这些界定被看作是不同的功能状态。如 Santostefano(1995)所指出，“认知和情感将始终被隔离开，只要研究者将这种界定看作具体的分割，并将不同领域看成是相互对立的，而无论不同领域之间的关系是相互独立的(如：Zajonc，Pietromonaco，& Bargh，1982)，还是分解但互相影响的(如：Leventhal，1982)，再或是一个支配另一个(如：Izard，1982；G. Mandler，1982)。”(p. 63)

现象学的建构主义和实在论

Hegel 试图将心灵和自然统一起来的所有努力成为了一种特别的建构主义的概念基础，这种建构主义，最好将它命名为现象学建构主义。建构主义是一个宽泛的理论立场，它认为心灵活动只能在知识世界的结构中发生。建构主义是一种认识论的立场，它假定*在所有*认识活动，都必须依赖人的构成性因素。建构主义通常和实在论形成对照，实在论作为一种认识论，它宣称，作为知识的世界是对一个独立于心灵之外的世界的直接反映。对实在论者而言，对世界的知觉是直接的，不需要心智活动的参与(例如，参见 Gibson，1966，1979)。现象学建构主义持另外一种理论立场，它相信心灵将世界建构成知识，而知识世界又反过来参与建构过程。根据 Hegel 的理论，存在两个客观世界——主观的客观世界和物质—文化的客观世界，二者只能择其一。因此，分清楚要考察的对象是主观的客观世界还是物质—文化的客观世界是很重要的，考察主观的客观世界即是现象学建构主义的工作，考察物质—文化的客观世界就是对现象学建构主义的发生背景的内在含义进行考察。Hilary Putnam

(1987)十分清楚地表达了现象学建构主义的理念:“我的观点并不是: 是心灵认识了世界,……如果必须用一个隐喻来表达,那么这个隐喻应该是: 心灵和世界相结合塑造了心灵和世界。”(p. 1)Piaget 的著作(1992)则精确地概括了现象学建构主义的特征,正如他在表明自己的态度时所说:“不是经验主义者,也不是先验主义者,而是建构主义者和辩证法的追随者才是制造新事物的源泉。”(p. 215)

客体关系理论作为人类发展理论中的一个广为人知的理论,和 Erikson 的自我理论以及 Piaget 和 Werner 的认知效能理论一道,都将它们关注的重点集中于个体的心理发展。然而,现象学建构主义者的研究可能既立足于建构过程,又关注建构过程和文化—生物客体的关联性。于是,在现象学建构主义中,如同在更广泛的关联理论框架中一样,心灵内部发展理论和人际发展理论并不一定是矛盾的。让我们来比较一下 Piaget 的心灵内部发展理论和 Vygotsky 的人际发展理论研究发展的途径。Piaget 的研究中心是个体内在的心理动力性组织的发展,但 Piaget 自己的许多研究都涉及到人际—文化内容的影响(Carpendale & Mueller,2004;Overton,2004b;Piaget,1995;Youniss & Damon,1992)。Vygotsky 研究的焦点是社会文化的人际过程;同样,Vygotsky 的著作显示了对于个人心理内部动力组织的高度热情。van de Veer 和 Valsiner(1994)指出,将 Piaget 和 Vygotsky 看作是不可调和的对立的两个极端是不准确的,因为 Piaget 和 Vygotsky 在“个人—认知(和效能)结构”(p. 6)的发展问题上并没有区别,并且,“两者的人格(也就是个人中心的)观点实际上是很接近的,……只是并没有引起重视”(p. 6)。由于两者的理论价值相辅相成,两者的元理论又十分接近,所以,Piaget 和 Vygotsky 理所当然地构成了一个在更广阔的范围内研究发展的统一方法的两个极端: Piaget 的内部心理研究在 Vygotsky 的人际行为环境中进行,而 Vygotsky 的人际研究则是在 Piaget 的内部心理活动的基础上展开的。

解释学: Gadamer 和发展的关联论传统

Hans-Georg Gadamer (1976, 1989, 1993) 在欧洲, Charles Taylor (1979, 1985, 1991, 1995)在北美同时开创了 Leibniz-Hegel 的关联发展哲学传统的当代模式。尽管Gadamer 和 Taylor 都拒绝接受 Hegel 系统的特性(比如,关于历史必须是一个辩证的过程这样的教条),但他们都继承并发扬了 Hegel 的关联和发展的观念,以及动作的中心意义既包含表达—构成的也包含工具—交流的观念。两人都对如何理解具体化的中心意义作出了贡献; Gadamer 在他的解释学的存在主义背景中,Taylor 则在他的明确阐述中都对具体化进行了讨论。

64

广义上讲,解释学是关于意义的解释的理论或哲学。解释学的历史可以追溯到经院哲学时期,那时,解释学的任务是揭示神学经典中的意义。Schleiermacher 在浪漫主义时期(Romantic period)[对解释学]作出了重要的正规的贡献。Vico 和 Droysen 后来为问题的解释增加了一个历史的维度,Dilthey 在 20 世纪的转折时期发表了他的《历史理性批判》一书,书中,他发明了一种作为人类科学的方法论的 *verstehen*(理解)方法(Bleicher,1980)。

Gadamer 的解释学方法已经被命名为“普遍解释学”或“哲学解释学”(与下一节将要讨论的 Habermas 的“批判解释学”相区别)。作为解释学的传人,Gadamer(1989)详细论述了

verstehen 方法(参见本章关联发展方法论一节),但是这种方法已经不仅仅是一个方法论了,它显示了一个广阔的哲学视野,目的是回答这个问题:“理解何以可能?”

解释学的循环:转换性的变化。解释学的循环——重申了 Leibniz-Hegel 的整体主义,主张将部分联合成为一个整体——构成了基于解释学视点的关于所有理解的基本背景条件。理解从前理解到理解的演进构成了一个循环。那个整体——无论是一个需要理解的文本,还是需要解释的现象,比如人的发展——就是意义的最初解释,或者是构成常识的“偏见”,解释学将[这些]最初的意义命名为前理解。这种预期的意义——称为特别表现的域界(Gadamer,1989,p. 306)——被提升到了研究的现象层面。其结果是,它们形成了理解的早期阶段。然而,研究的客体不仅仅是一个主观的任意投射,它本身就是一个具有原初一致性的整体;因而,研究的客体会反过来作为下一阶段意义生成的修正标准而发生作用。通过这个生成和修正的循环,理解被提升了。关于提升或者进步的观念与[解释学的主题]是相适宜的,因为解释学的循环不是一个闭合的循环,而是一个——基于 Hegel 的辩证法——开放性的回旋,这种回旋的结果就是产生了具有方向性的认识螺旋。“这个循环不断地扩大,既然整体的概念是相对的,所以[当整体]被整合到更大的主题背景中时,对个别部分的理解总是会受到影响。”(Gadamer,1989,p. 190)

解释学循环构成的概念性内容在发展研究中成为一些具有特征性的问题。当研究旨在讨论个体发生学变化中转换的本质时,解释学的循环就成为 Piaget 的顺应—同化理论中的概念性内容,描述了一种变化机制的活动。同化是将意义(即,情感、知觉、认知)在一个正在建构的世界中表达出来的过程。顺应则是一种修正活动,当同化产生出局部的或一系列局部的误差时[就需要顺应的修正]。心理发展必然是基于某些组织而发生的,这些组织(感觉的、动机的、表征的、反射的)构成了前理解,这种前理解则被投射到经验世界中。同时,客观世界本身的结构也会对这个前理解提出要求,于是,它需要自我修正以适应后继的发展。

当研究集中于给发展的科学本质作出定义时,解释学循环就体现为相关的科学逻辑概念:称为“外向推导”(abduction)或“后向推导”(retroduction)。这个概念以及它在相关元理论中的位置等问题将在这一章的方法论部分中详细讨论。

为了说明解释学循环是理解的核心前提条件,Gadamer 追随 Heidegger 的理论,把概念植根于存在世界之中(1989,p. 293)。通过[概念和存在的]结合,使得(1) 认识论和本体论都被纳入理解的整体中成为相关的环节,并且(2) 理解被定义为既是关联性的(解释和传统相辅相成)又是变异性—转换性的(部分和整体振荡性运动导致个体的形式和传统发生了变化)。

解释学的循环,作为理解的前提条件,显然地欠了莱布尼茨—黑格尔传统的情。Gadamer 意识到所欠的这个情,所以自诩为“Hegel 的传人”。这种理论上的血缘关系在 Gadamer 表述理解的特定条件时体现得最显著;这时,他将 Hegel 的理论奉为“作为形而上学的整体总和的普遍的以及固有的辩证法”(Gadamer,1993,p. 51)。

65

对普遍的固有的——先验的和内在的——辩证法的继承和更新是 Gadamer 方法的核心。这里的普遍的和固有的之间存在辩证的关系,是两个对立面的统一。每一方都被确认为本体论的实在。

马克思主义的分解论传统

Karl Marx 早期是 Hegel 的追随者,是莱布尼茨—黑格尔传统的继承者。他的著作同时强调了活动性和辩证法[在本体论—认识论中]的中心性。而最重要的是,Marx 将物质世界上升为思想的唯一来源,赋予它绝对优先的地位。在这场运动中,Marx 重新选择了分解论的传统。于是,Marx 的唯物辩证法实际上采取另一种基础主义者的立场,与牛顿—休谟传统相类似,他们都倡导以独立于意识之外的物质世界作为实在的绝对基底。

社会的和生物的建构主义

Marx 的分解论孕育了第二种建构主义,社会建构主义。如果物质世界被赋予了优先的本体论地位,那么,这个世界中的,且只有这个世界中的工具—交流性的社会关系才能构成思维的范畴基础。一旦思维范畴的来源是与社会世界分离的,那么人只能将这些社会输入性范畴还原到[物质]世界中,并在这个层面上建构认识世界。因此,社会建构主义就是在工具—交流性的社会关系的基础上,并且只是在这个基础上构成知识世界。这种理论立场后来被实用主义学家 George Herbert Mead 响亮地表述为"社会行为主义"(Mead, 1934)。Vygotsky 的写作时代和 Mead 相当,他被看作是社会建构主义运动之父——也许是因为他的著作最初"被一群'进步的'年轻的马克思主义者发现并宣传开来,在所有可用的理论中,他们将他的理论看作是批判天赋论的主要思想武器。天赋论将个人的成败都归因于基因或天赋,这种观念曾经非常盛行"(van der Veer & Valsiner, 1994, p. 5)。

当 Vygotsky[的理论]被置于社会建构主义的框架下时,他和 Piaget 之间——即在人际理论和内心理论之间——就不再具有共通性了。在这个框架中,他的理论显得和吉布森学派(Gibson, 1966, 1979)的实在论者所采取的社会生态学立场非常融洽。在实在论的语境中,人的"意向"被还原成为工具性行动,它的变化受制于一种类似达尔文式选择过程的影响,并尽量与环境所能容忍的行为保持协调(Reed, 1993; Rogoff, 1993)。

作为一种分解论的理论,社会建构主义力图避免加入现象学建构主义之列。事实上,社会建构主义将它自己置于一个两分法的一端,而两分法的另一端是建构主义的第三种内容:生物建构主义。生物建构主义诞生于 Kant 的分解论之中。它包含的假设是:认知和情感是人建构知识世界的两种方式。但是,人是进行这种建构的主体,他的基本属性受先天遗传因素决定。Scarr(1992)完美地印证了生物建构主义[的假设]。她一方面坚持"实在"由经验构成,因此,它就不是"物质世界的性质"(p. 50)。另一方面,她又假设"经验由基因型所驱动……根据这个模型,父母的基因决定了他们的表现型,孩子的基因决定了他或她的表现型,而孩子的生存环境仅仅是父母和孩子的个性特征的反映"(p. 54)。生物建构主义和社会建构主义的对峙所产生的结果只是,又多了一个分天性—教养的二分法版本。

在相当长的一个时期里,马克思主义的分解论传统在文本解读方面体现了强大的影响力,这种影响力涉及对 Vygotsky 的理论的诠释,以及在更广泛的范围内,涉及对内心理论和人际理论之间关系的解释。马克思主义的传统已经被详尽地解读过,这些解读往往都是为发展的概念化服务的，在这里，发展的概念化问题包括人际特征的概念化和社会—文化特征的概念化，这些解读为它们提供认识论—本体论的基础。Jurgen Habermas 的“批判理论”作为一个代表，对当代关于马克思主义的思考作了最审慎、最全面的阐述。

Habermas 和马克思主义的分解论传统

在否定的角度上，Habermas 理论的核心论点是：任何作为参照点的表达—构成性主体都不可能是中心性的。如 McCarthy 所指出的：“Habermas 的理论的关键是他对‘意识的范式’的否定，以及它将‘主体的哲学’和‘沟通’行动范式结合在一起，‘沟通’行动范式是彻底的主体间主义者(intersubjectivist)的最爱。”(1993, p. x) Habermas 自己则将这种否定看作是一个“范式的转换”，其目的是要消除工具—交流(范式)的优越性，使得 Descartes 的“主观主义”或者“主观形而上学”的每一个遗迹都得以保留(Habermas, 1993b, p. 296)。从这个立场出发，Habermas(1991, 1992)善意地批判了 George Herbert Mead 的“社会行为主义”，以此来推进如前所述的范式转换。他还抨击 Kohlberg 的“道德视点”，“道德视点”是 Kohlberg 以及其他表达—构成取向的发展研究者的立场，他们认为“对道德认知的讨论覆盖了实践取向的问题的优先性”(1993a, p. 121)。

在更多肯定的方面，Habermas 试图将各种传统的主体—客体、自我—非我、推理—观察之间的辩证张力都整合到沟通和社会实践的领域中来(McCarthy, 1991)。如果这种概念化只是一个视点的功能，因而允许另外的视点存在，并且这个视点可以将前述辩证张力整合到表达—构成主体中，那么，将能够产生一个强有力的理论，这个理论可以更好地揭示发展的工具—交流特征。然而，Habermas 坚持这种辩证张力*必须并且只能在工具—交流领域中得到整合*。这样固执地排斥[表达—构成性视点]消减了其理论的潜力，坚持分解论使发展研究从根本上受到不必要的约束。

分解论和关联元理论中的文化和发展

近来，马克思主义者的分解论传统已经演化成为研究文化和发展的极有影响力的理论基础。Wertsch(1991)在他关于考察发展的“文化的”策略的评价中对此作了高度评价。他将关注“普遍心理功能”的发展研究和他自己的“聚焦于社会文化种系”的研究作对比，据此以进行更广泛的综合陈述。然而，Wertsch 并没有在关联论条件下对普遍性和特殊性——先验的和内在的——继续进行比较，而是代之以清晰地确立了一个马克思主义者的本体论议程，并将 Vygotsky 和 Luria 的观点稳固地植入其中，说道：

> 由于对马克思主义者所声称的*首要社会力量*[格外地强调]主张的关注，Vygotsky 和他的同事们形成了一些推论，为了把握这些推论的线索，他们……主张绝大多数中介性意义的意向特征[即工具性行为]都源自社会生活。对于 Luria(1981)来说，“为了解释人类意识的复杂形式，必须超越人类的有机组织。要探寻意识活动以及‘属于某一范畴’行为的起源，不能在人类大脑的沟壑中或在精神深处去寻找，而应该在生命的外部条件中去考察。这意味着我们必须从社会生活的外部过程中，在人类存在的社会和历

史形式中去寻找这些起源。”(p. 25)(Wertsch,1991,pp. 33—34)

马克思主义者的分解论传统于是成了沟通 Vygotsky 和 M. M. Bakhtin(1986)之间的桥梁,Bakhtin 的贡献在于创设了一个关于意义和语言的概念,这是一个彻底外在于表达—构成性主体的概念(Kent,1991),如下文所述:

> Vygotsky 和 Bakhtin 都相信人类的沟通实践促进了个体的心理功能的发展……他们坚信,“意识的社会维度在时间和事实中是初始的。意识的个人维度则是次级派生的”(Vygotsky,1979,p. 30)。(Wertsch,1991,p. 13)

然而,在 Wertsch 的眼里,Vygotsky 没有充分地坚持马克思主义者的传统,因为,如果 Vygotsky“的兴趣在于将马克思主义的心理学形式化,那么他对于丰富的历史的、制度的、或文化的过程所作的论述就显得太少了”(1991,p. 46)。所以,Wertsch 吸收了 Habermas 关于工具—交流性行为的论述,抛弃了 Vygotsky 的理论转而接受了 Bakhtin 的观点,提出一个一般性的主张:“对广泛领域内的社会力量的反应导致了中介性意义的出现。”(1991,p. 34)

Shweder(1990)关于文化和发展所作的研究作为一个例证,再一次显示了马克思主义分解论在当代的背景性影响(还可以参见: Cole,1995,1996;Miller,1996;Rogoff,1990,1993)。然而,为了勾勒出一个“文化心理学”的轮廓,他更多地承袭了 Habermas 的策略,将主体和文化的辩证张力必然地整合于工具性领域之中,因而否认任何实在可能完全置于表达性主体之中。在 Shweder 的陈述中,他明确地反对将普遍的、先验的、观念的以及固定的[存在]当作功能性实体[存在](1990,p. 25);于是,这种两分法的结果使得特殊的、内在的、实践的和关联的[存在]获得了显著的优越性地位。因此,当 Shweder(Shweder & Sullivan,1990)在他的主体—文化研究中界定主体概念时,明确表示:它不是,或不可能是普遍的或观念性的主体,于是,这样的主体只能出现在那些认知—情感研究和人格研究领域中。Shweder 明确地排斥这样的主体,取而代之的是“符号性主体”,它的特点是只具有工具性理性和工具性意向。最后的结果是他与斯金纳主义(1971)相差无几,在 Skinner 的立场或框架中,“高级心理活动”只有在它可以通过可测量的工具性反应表达出来时,才是可以被研究的,而这种工具性反应是和某种特殊的刺激联系在一起的。同样,对 Shweder 而言,“理性”和“意向”都被定义为工具性的问题解决行为,它们和文化环境相关。

67

如所有这些例证所显示,当马克思主义的传统成为发展研究的基础时,活动是中心——如同在莱布尼茨—黑格尔的关联主义传统中行动是中心一样。然而重要的是,要注意这样一个事实,在马克思主义传统中,活动只具有工具—交流性意义。当 Rogoff(1993)考察认知时——如同 Sweder 考察意向以及 Bakhtin 考察语言和意义一样——也对认知过程作了限定性的定义:“解决心理和其他问题的活动过程。”(p. 124)莱布尼茨—黑格尔的传统同时认可工具性行动和表达性心理活动,认为这两者是相关的环节。但是,当 Rogoff 谈及表达性时,她首先将它重构为一个静态的公式,然后否认它是“作为心理内容集合的认知”(p. 124)。

将表达性主体分离，其结果是，Rogoff 自己方法中的“关联”实际上是工具—交流性主体和文化背景之间的关联。她以此作为一种方法，这种方法允许作这样的思考：“将个体思维或者文化功能当作前景，而不用假设它们是相互分离的元素。”(p. 124)这固然不错，但是关于“分离元素”的假设已经在基础上确立了，而这个假设不需要的元素也已经被制止。

表达性—工具性的莱布尼茨—黑格尔传统把行动置于中心位置，这种选择体现在为数不多的行动理论中，这些理论的共同点是都关注文化在人的发展中所扮演的角色(参见 Oppenheimer 的回顾，1991)。然而，关于这个问题的论述在 E. E. Boesch(1991)的著作中比比皆是。如 Eckensberger(1989)所说：

> Boesch 认为任何行动以及任何目的都包含两个维度或两个方面：其一……工具性的方面，即每一个行动都是工具性的，它的发生总是为了实现某个目的。例如，人用锤子是为了将钉子打进墙里。所有行动都还包含第二个方面，这是 Boesch 所说的*主观—功能性方面*(表达—工具性[的方面])。在这里，将钉子打进墙里可能含有某种主观—功能性意义，即人们认为它是值得去做的，人们可能喜欢去做这件事，或者做它是出于愤怒的情绪。无论如何，锤击钉子的行动承载的意义超出它的工具性目的。(p. 30)

在这个基础上，Boesch(1980，1991，1992)和 Eckensberger(1989，1990，1996)开创了一个发展取向的文化心理学，它与那些植根于马克思主义传统中的文化心理学相比范围更广。Boesch 建立了系统，而 Eckensberger 按照 Piaget 理论——Boesch 称之为第一个动作理论——对这个系统进行了扩展，此外还吸收了 Janet 的动力理论，精神动力理论，以及 Kurt Lewin 的场理论。通过对表达—构成/工具—交流行动的关联性主题的思考，他们创立了文化心理学，目的是整合“文化的和个体的变迁……个人的和集体的意义系统……[以及]努力消除客观主义和主观主义之间的鸿沟”(Eckensberger，1990)。

关于个体和文化的包含性关联发展模型并不只存在于欧洲大陆。例如，如早些时候提到过的，Damon(1988，1991；Damon & Hart，1988)在他关于“两个互补的发展功能……社会发展的社会的功能和人格的功能”讨论中，显示了这种方法的轮廓。在广义的莱布尼茨—黑格尔主义中，通过在区分概念和整合概念之间的转换，Damon 让两个对立的功能相互渗透而成为一个统一体。Furth(1969)也明确地表达了关联性的社会发展的观点，根据这种观点，“否定自我和非我作为孤立的实体以支持关联性”(Youniss，1978，p. 245)，这种观念已经成为 Youniss 和他的同事们持续关注的焦点(比如：Davidson & Youniss，1995；Youniss & Damon，1992)。最近，这种关联性的观点的影响已经延伸到婴儿发展研究领域(Mueller & Carpendale，2004；Hobson，2002)，对社会发展的起源和本质问题的研究有两种策略，个体化(分解论)的策略和关联性策略，对这两种策略的对比以及对这种对比本身的考察是产生上述延伸的关键：

> 关联理论框架的基本原则是，自我总是生活在社会现实中，总是沉浸在与他人的关

系中。这种关系不是建立在个别的心智中,而是通过对话和互动建立在公共空间里的。……自我和非我都不是原初的,而是可以还原为某种特别的交互式关系,正是在这种关系中,并且通过这种关系,自我和非我的概念才得以演进。(Mueller & Carpendale,2004,p. 219)

68

实用主义

认识论—本体论——需要对认识论—本体论作一个简短的说明,为包容性地理解发展建立一个背景——的最后一个传统是美国的实用主义,其代表人物主要有 Pierce、James 以及 Dewey 等。实用主义的各种基础性假设结合在一起,构成了有机整体论者(contextualist)的世界观(Pepper,1942),这种世界观吸收了所有莱布尼茨—黑格尔主义的主题,包括整体主义、行动、变化以及辩证法。这些主题的焦点都在关联辩证法的工具性一端,而不在表达性一端。在关联性发展哲学背景中,如果说 Gadamer 和 Taylor(还见于 Ricoeur,1991)代表了现象学的观点,那么,实用主义,特别是 James 和 Dewey 的理论,则能被当作工具性观点的代表。

Putnam(1995)将整体主义描述为 James 哲学的首要特征之一。这种整体性约定使得"人们有意无意地拒绝的许多熟知的二元论,诸如,事实、价值和理论等,在 James 看来都是互相渗透、互相依赖的"(p. 7)。James(1975)事实上讨论了所有的二元论传统和分解论哲学传统,然后和 Dewey(1925)一道,论证了普遍性—特殊性、内在—外在、主体—客体、理论—实践、一元论—多元论和统一性—多样性中的关联性的互相贯通的认识。尽管设定了相互渗透的辩证的本体论实体,但是实用主义关注的焦点和重点依然是特殊的、外在的、客观的、实践性的、多元的以及多样性的(议题)。

在认识论方面,实用主义批判基础主义关于存在终极的固定客体知识的论点,并坚持知识和行动是有联系的。知识从行动中产生,从特别的实践(*praxis*)中产生。在这一点上,James 和 Dewey 与 Habermas、Gadamer、Bakhtin 以及 Taylor 等人的观点略有不同。对话没有被作为知识的媒介(表达性的和工具性的)加以详细讨论,而是经验的概念在实用主义中担当了这个功能。经验一方面显露出辩证的关联性,同时也将具体特征赋予存在(being),James 称之为"双桶"(double-barrelled)(1912,p. 10)概念。"它具有这样的特点,在它的原初的统一体中,行为和物质、主体和客体都没有被分离,而是把它们都包含在一个未作分析的整体中。"(Dewey,1925,pp. 10—11)经验所指,既是主体的行动(即主体施予客体世界的探索、操作、观察等活动)也是客观世界对主体的侵越。"它(经验)包括人们所做的和所体验到的,以及他们所努力追求的……和承受的一切,也包括人们如何施与影响以及如何被影响。"(p. 10)为了进行经验主义的研究,分析将这个统一体分解为两个视点,于是就产生了不同的分析意义。然而,经验主义的问题不是某个经验是否是真实的,而是如何从各种形式的经验中去理解人类的发展。

变化和新事物也是实用主义立场中的基本[问题]。然而,实用主义对变化的理解是变异性的(variational)而不是转换性的(transformational)。同样,新事物是指产生新的变异而不是指在转换性的变化中出现新水平的组织。[产生]这种理解的部分原因是由于实用主义接受了达尔文进化论的假设("达尔文主义让我们认识到,只要时间足够长,随机一偶然的叠加可以产生巨大的影响力,在未来产生合适的结果",James,1975,p. 57),另外一个原因是,实用主义所采取的是工具性和适应性相联结的关系这一信念。

在统一和多元主义以及多样性之间,实用主义更加偏爱多样性和多元主义(James,1975,p. 79),因为这种偏爱,实用主义更多地关注变异性(variational)变化和变异性(variational)新事物等概念。在实用主义的讨论中,特别是在James的著作里,"统一"、"秩序"、"形式"以及"模式"等概念都被解释成为表示固定的、不变的,被放在绝对先验主义(James,1975,p. 280)或本质主义的理论域中。当以这种理解作为认识的域界时,变化实际上必然被限定在多样性的范围内。如果只有在多样性和多元主义的范围内,"事物才能被分离,……才有各个部分之间的自由运动,才可能有真正的新事物和随机性"(p. 78),那么,变化必须被限定在这个范围内。对实用主义而言,正是在多元主义和多样性的范围内,"世界才是处于生成过程中的"(p. 289)。

实用主义可以被看成是一种基于关联性发展哲学的工具性观点,这种看法还暗示了这样一种限制性的区分:统一性是静态的、固定的,多样性是活跃的、变化的。在广义的关联性发展传统中,活动性和变化不是分离的、封闭的。统一性以及统一性的同义词——包括"普遍性"、"先验"、"秩序"、"系统"、"形式"、"模式"、"组织"和"结构"——在整个莱布尼茨—黑格尔传统中,始终被理解为本体论意义上的活动和变化。本章一直强调,莱布尼茨—黑格尔传统同样认可多样性以及多样性的同义词——包括"具体"、"内在"、"无序"、"多元"、"内容"和"功能"——作为本体论的实体。依据这个传统中的表达性和转换性视点(point of view),结构行使(活动)和变化的功能,同时自组织系统也产生(活动)和变化。依据这个传统中的工具性和变异性视点,活动就是变异性的(多样性、多元性和个体差异)变化。

69

一个相关的问题是,实用主义对秩序或统一观念本身采取了自相矛盾的态度。无序或多样性是实用主义—有机整体主义的基础性范畴,如果实用主义者还只是隐晦地谈及这个判断,那么Stephen Pepper(1942)在萃取实用主义的假设时则将它明确指出来了。然而,实用主义又自诩为不拒绝任何实践水平的范畴("我把实用主义称作一个中立者,一个调解人,……她事实上没有任何偏见",James,1975,p. 43),因此,它也不能拒绝诸如秩序、统一、组织、模式或结构等概念。然而,实用主义确实对这些概念各有厚薄,区别对待。最重要的是,在一些实用主义的解释中,倾向于将秩序和统一解释成为要达到的最后目标,而不是合法的本体论实体。在这个例子中,如果说秩序不是被概念化,那么也是被加工成为了现象。实用主义的这种解读分离了先验的和内在的或统一性和多样性之间的辩证关联,Gadamer和Taylor都对这些关联性有所讨论。在进行这种分离时,实用主义采用了单调特征(flattened character)的方法,这是Richard Rorty提出的后现代主义方法。如哲学家Thomas McCarthy(1991)所指出,"Rorty的认识论行为主义只是大多数后现代主义思想家所熟知的文本主义的一个变式。"(p. 20)它继承了"文本主义的根本性解释,这种解释旨在排斥先验观念,使得理智和真理的观念单调化"(pp. 14-15)。

然而,实用主义的这种分解论解读并不一定是真正规范的解释。Pepper 以他的著作《世界的假设》(*World Hypotheses*)一书而闻名于世,在之后的一篇论文中,他解释了整合在有机整体主义中的重要意义。相关地,他还指出,实用主义应该强调的整合是"一种对冲突的整合"(1979, p. 411),因而也是辩证的整合。他也警告有机整体主义者提防陷入另一种危险的倾向,这就是过分强调偶然性、随机性和易变性。对 Pepper 而言,有机整体主义者已经"太过强调历史变化,文化影响,以及文本意义的相对性,这使得他们很难使自己在接受任何程度上的持久性"(p. 414)。Pepper 激烈地批评有机整体主义者的褊狭,指出"世界上存在着比有机整体主义者所能够接受的多得多的持久性"(p. 414)。同样,Hilary Putnam 也详细阐述了实用主义在当代的广义解读。Putnam 有时将这种解读称为"内在的实在主义"(internal realism),而有时又把它称为"实用的实在主义"(1987, 1990, 1995)。在这两种情况下,"实在主义"都是我们已经讨论过的常识的实在主义——既不是心灵的实在主义(观念主义),也不是世界的实在主义(唯物主义)。"内在的"和"实用的"等概念使他的系统假设具有了实用主义立场的特征,即既包括表达性又包括工具性。

最后,实用主义不必被理解为一种分解论传统,它是一种排斥形式的秩序与变化的传统,这样的观点零星地见于每一个实用主义创始人的文献中:

> 在自然状态下……的一些存在不仅仅是流动和变化。在任何情况下,形式都只能从稳定中产生,即使在运动中,也必须保持均衡。变化将两者联结起来并使得它们互相支持。有这种一致性就有持久性。秩序不是无中生有,而是从和谐的交互作用的关联中形成的,秩序和关联互为对方提供能量支持。因为秩序是活跃的,……所以它本身也是发展的。它在它的平衡的运动中包含了更大的多样性和变化。(Dewey, 1934, p. 14)

这里引用的是 Dewey 的文字,Putnam 等其他学者也都表现出这样的认识:如果把实用主义理解为将秩序赋予无序,将活跃性和变化赋予结构和功能,那么,实用主义便扩大了发展的关联论传统的哲学根基,也扩展了发展研究的领域。例证比比皆是,例如,Damon 和 Hart(1988)研究了社会发展,Nucci(1996)对道德发展的研究,以及在 Varela 等人(1991)和 Wapner 和 Demick(1998)在认知发展领域的研究。Piaget(1985)——考虑到他的早期关于认知运算(表达性—转换性)的研究和当代学者关于认知过程(工具性—多样性)的研究之间的关系——在这个新的舞台上,发现了"一个将我们早期研究所关注的发生结构主义和 J. Dewey 以及 E. Claparede 著作中的功能主义综合起来的可能性"(p. 68)。 70

这一节的目的是为包容性地理解发展提供一个宽泛的认识论—本体论基础。所谓包容性的理解是将发展理解为形式的(转换性的)和功能的(变异性的)变化,这种变化发生在行为的表达—构成特征和工具—交流特征中。为了实现这个目的,我们回顾了莱布尼茨—黑格尔传统的历史线索,并且标记出了这个线索分离成为两个相互排斥的线索的分离点。最后,我们给出某些特别例证并不是为了将不同的研究进行分类。我们选择某些例证更主要是因为它们分别从发展研究的不同领域得出了特别的结论。在结论部分,认识论—本体论基础、关联发展的元理论、发展的系统、发展取向的具体行为元理论以及发展的整合性概念等内容交织在一起，成为一个错综复杂的文本，它要解释对发展现象进行科学的理解和解释的本质意义。这一节的重点议题是方法论，这里是对方法论的广义的理解，指经验科学研究的元方法。方法，在狭义上是指设计、操作和改进经验研究的某种特殊技术，被分别放在两种非此即彼的方法论中加以讨论。

也可以这样说，当下的讨论已经为我们构造了一道发展的风景线，并且将一些特定类型的心理学主体(表达—工具性的)移植进来，这些主体以特定的方式发生变化(转换—变异性的)。它们生活在一个生物—文化环境中，正是主体的活动创造了这个环境，同时这个环境也在创造主体的活动。现在，研究任务就是要找到一条最佳途径，将变化的创造者和这个环境整合起来。这就是方法论的任务。

方法论：解释与理解

至今为止，我们始终在关注发展研究，这种研究具有广泛的基础，是一种知识驱动的行为。现在，我们将考察进一步局限于作为经验科学的发展心理学领域。与历史的对话已经[使我们]形成这样的共识，即任何经验科学，无论它是什么形式的，都是一种具有特定的主要目标取向的人类活动——是一种认识论的活动。与历史的对话还进一步[使我们]获得这样的共识，经验科学的最一般性的目标和活动取向就是建立一个系统化的知识体系，这个知识体系和观察证据紧密相连(Lakatos，1978b；Laudan，1977；Nagel，1979；Wartofsky，1968)。任何经验科学都致力于建立一个知识系统，它是人经验到的世界中的各种现象和过程之间关系的表征模式。这些模式按理由而形成对现象和过程的解释。进一步而言，作为完全的经验主义，它的解释必须包含这样的暗示：在某种意义上可以接受观察的—实验的检验。

如果科学的目标是秩序，那么它的起点就是流动的、混乱的日常经验，这些经验就是通常所说的常识(参见前文对观察的常识水平的讨论，表2.1，还可参见：Nagel，1967，1979；Overton，1991c；Pepper，1942；Wartofsky，1968)。哲学家Ernst Nagel(1967)曾经描述过："所有的科学都是从常识的信念和特性出发，并且事实上是通过再返回常识而印证它的发现。"(p.6)这种常识基础就是Gadamer所说的前理解的"预期意义"(见前文关于解释学循环的讨论)。

对于科学的发展心理学来说，这个常识起点包括一系列活动，通常是指知觉、思维、情感、关联、记忆、价值判断、意向、游戏、创造、言语、对比、推理、期望、意志、决策，等等。这些活动，以及这些活动的变化，都是在常识水平上对经验或话语(见表2.1)的理解，它们构成了发展心理学的问题。它们之所以成为问题，是因为，作为日常生活中的实践活动，它们貌似稳定，而实际上稍加思索就会发现，它们其实是不协调的、相互矛盾的和混乱的。精炼过的、批判性的、反思的理论和元理论，以及各种系统的、具体的、文化的、生物学的、信息过程的、皮亚杰式的、吉布森式的、维果茨基式的、乔姆斯基式的以及其他人的理论，都是力图解释

（也就是，使它们变得更有秩序）在各种研究领域中的矛盾、不协调和混乱的特征。 71

科学的起点在哪里——常识以及当我们开始检验常识时的矛盾；科学的目标又在哪里——使得解释的理论和规则不断精致化，在这两个问题上，科学家、科学史学家和科学哲学家的看法略有不同。科学是人类基于知识的活动，它的职能是使变动的日常生活获得秩序和组织化。分歧只是在这样的问题上：科学是如何或者通过什么途径将常识提炼为知识的。这个议题——从常识到科学之路——构成了科学的方法论。从历史的角度看来，有两种可能的途径，也是事实上的途径。一条出现在牛顿—休谟的分解认识论—本体论传统中。那些沿袭这一传统的人被告诫要拒绝解释，他们小心翼翼地行走在一条观察且只有观察的小路上。在这条路上，推理只有在作为分析启发式时才会出现；而一个超越冲突的工具就是创造一种更加纯洁的观察，没有任何解释。第二条道路则从莱布尼茨—黑格尔的关联传统中得来。沿着这条道路研究的人则被导向关联辩证法的方向，在这条路上，解释和观察相互渗透并形成了一个对立的统一体。在这条路上，解释和观察在冲突的解决中形成了平等互补的伙伴关系。

接下来将要讨论这两种途径（参见 Overton 1998 更广泛的历史性的讨论）。我们从牛顿的分解论传统的机械论解释开始，直到当代的关联性方法论。这种科学方法论的进化包括了实证主义、实证主义的经验主义变式、新实证主义、结构主义和约定主义，也有关联性元方法，都列在表 2.1 中。

表 2.1 科学的方法论

分解论传统 **牛顿—休谟主义**		相对主义和教条主义	**关联性传统** **亚里士多德** **莱布尼茨—黑格尔主义**
实证主义	工具主义 约定主义		研究程序 研究传统
（演绎，启发式策略）	发现的内容 元理论 方法和理论 （启发式策略）		元理论 方法和理论
规律 普遍化 ↑ （归纳） | 观察 实验 评价 （还原和因果性）	证实的内容 规律 普遍化 ↑ （归纳） | 观察 实验 评价 （还原和因果性）		规律 外向推导 现象学循环 先验论证 观察 实验/评价

分解论的机械化解释

机械化解释是分解论方法的延续,它用二分法将科学分成两个互相独立的部分:描述的和解释的。机械化解释包含三个步骤。第一个步骤是对描述的探讨,接下来两个步骤是针对解释的。

步骤1:还原描述

机械化解释的第一个步骤对研究的常识客体作了陈述,并且将它*还原*成为绝对物质的、可观察的、固定的、不变的基础性元素,或者叫原子,在原则上,它们是可以被直接观察的。诸如还原主义、原子主义、元素主义和分析态度等名称所指都是这一步骤。在心理学中,很长一段时间里,这些原子就是"刺激"和"反应"。今天,它们变成了"神经元"和"行为",或者"环境因素"和"行为",再或者"输入"和"输出"——表述发生了变化,但在这个元方法中的主题依然是一样的。在这里,为了继续保持经验主义和唯物主义的框架,需要一个更强的限制,即所有的现象最终都必须被还原成为可观察的现象。

简而言之,如果我们根据第一步骤的要求来研究发展,那么,一些在发展过程中会发生变化的概念,如发展的"转换性变化"、发展的"阶段性",以及"心理组织"或"动力系统"等,都将被看作是派生性的,因为它们都不能被直接观察到。在这种陈述线索中,最理想的结果是,转变、阶段和心理组织等概念都只能行使概要的功能,即陈述一个潜在的更加分子化的真实的实在。贯穿这个步骤的驱动力是朝着更加分子化的方向努力,这种努力基于这样一个信念,只有在分子水平上,实在才可以被直接观察。目前,[理论界]对"微发生"(microgenetic)方法(例如:D. Kuhn et al.,1995;Siegler,1996)的热衷是这一理念的最好的例证,微发生的方法"为认知发展研究提供了*指导性*意义"(Siegler & Crowley,1991,p. 606,引用时加的强调)。在这个途径中,"尝试评价分析"(trial-by-trial analysis)的方法非常突出,这种方法依据[对象]在尝试性学习过程中表现出来的可观察的行为*差异*,将各种发展的观念还原到克分子水平的基底上。

72

必须认识到,步骤1的目的是通过研究对常识作出解释。在客观主义的宗旨下,常识性观察是不可靠的,只有通过更加仔细的中立的观察,科学才能减少误差,并最终达到最初的基底,即构成"事实"和"数据"(即不变的可观察事实)的水平。

步骤2:因果性解释

分割化使得科学被区分为各个独立部分,机械化解释的步骤2就是将研究转向其中的第二个部分——解释。步骤2坚持一个宗旨,即在步骤1所描述的元素中寻找不变的关系。更关键的是,针对我们发展心理学的研究对象——行为和行为的改变——这个步骤将研究引向对它们的前提进行考察。按照特定的充分性和必要性的标准,这些前提被命名为"原因",在这种元方法中对解释的定义就是发现原因。这种前提也常常被表述为机制,但它们的含义是一样的。

这又是一个值得在此停留、并体会元理论的重要影响的关键点。因为特定元理论原则的介入,"解释"这个词被定义为前提—结论之间的关系,或者是研究对象的功效性的—物质性的接近性原因。进而,科学本身则被定义为关于自然现象的(因果性)解释。必须注意一个非常重要的问题，Aristotle曾经对科学解释作了一个元理论表述，与这里的表述截然不同。Aristotle的科学图式表述了四种解释的相互补充的关系，而不是分离的关系。Aristotle的两种解释在本质上是因果性的(即，前提物质性原因和功效性原因)。另外两种是根据研究对象的模型、组织或形式而作出的解释。Aristotle的“形式的”(即，研究对象的暂时的模型、形式或组织)解释的含义是：赋予研究对象以可理解性；而“终极的”(即，研究对象的结果或目标)解释的含义是：说明对象的属性或功能的理由(Randall，1960；Taylor，1995)。今天，原子的结构、DNA的结构、太阳系的结构以及宇宙的结构都是我们熟知的自然科学的形式模型规范。亲属关系的结构、心理结构、心理组织、动力系统、依恋行为系统、语言系统、自我和超我、活力理论、图式、运算以及认知结构都是人文科学的形式模型规范。同样地，热力学第二定律的次序性和方向性的含义、自组织系统、平衡过程或反省抽象、直向进化原则或概率性后成论原则等等，都是终极模型规范的例证(Overton，1994a)。

无论形式的还是终极的模型规范都具有解释力，使得被考察的现象具有可理解性。在Aristotle的关联性纲要中，都能产生合法的解释。然而，在机械化解释的分解论陈述中，因为受到还原主义和客观主义的规范，形式的和终极的解释原则都彻底失去了作为解释的身份；解释被局限于可观察的动因(即，导致客体移动的力)和物质(客体的物质成分)原因，除此之外，别无他意。最多，在机械化陈述中，形式的和终极的原则再出现在彼此分离并独立的描述性单元中，仅仅作为“实在”的简单的陈述，如步骤1所讨论过的，实在是由克分子来描述的。通过这种方式，转换性变化和动力心理学系统作为发展研究的必要特征却被排斥或边缘化。

步骤3：无假设、理论和法则的解释性归纳

机械化解释的第3个步骤是将归纳设定为科学的基础性逻辑。步骤3告诉研究者，科学的最终解释必须建立在固定不变的法则之上，这些法则只能来自归纳，归纳是一个基于经验的一般化过程，它产生于朴素的对反复出现的原因—结果联系的观察，这个过程在步骤2中已经讨论过。步骤2中形成的弱一般化将成为无“假设”的解释。而强一般化则成为无理论命题的解释。理论命题结合在一起，相互之间产生逻辑关联(和联合)，就形成了无理论解释。规律就是最强的终极性的归纳。

73

演绎重新介入经验科学的叙述时，是作为一种分离的启发式的方法，它从起源于归纳的假设和理论命题出发，指导其他经验观察。在20世纪的新实证主义中，“假说—演绎的方法”被引入牛顿一脉的经验主义者的元方法中，但这种介入只是在不变的主题下产生了一个变式。关于“假设”的假设并没有对解释作出任何贡献，它一样只不过是经验的一般化，它基于原始的数据而产生，然后又作为主要前提服务于形式化的演绎推论。同样地，当机械化解释眼中的“工具主义”放弃了假设—演绎的立场后，便转而依靠模型，模型本身只是起到了同样类型的无启发式策略的解释的作用(见表2.1)。

在这个主题下的另一个重要的变式就是所谓的科学解释的覆盖规律模型(covering law model)。Carl Hempel(1942)把它当作新实证主义的一个分支加以介绍，这种模型成为了后来的所有在这个元理论下表达的解释的原型。根据覆盖规律模型，科学解释采取了演绎的

(即,形式化的)逻辑形式;特殊事件要得到解释,它必须在逻辑上被包含于一个普遍规律之下,或者包含于一个类似于规律的陈述之下(即,一个高度确定性的归纳的经验一般化;Ayer,1970;Hempel,1942)。覆盖规律模型对于发展研究具有特别重要的意义,因为它将历史事件类比于物理事件,在物理事件中,先发生的事件被当作后发生事件的因果性前提(Ricoeur,1984)。

至此,根据牛顿主义和后来的经验主义者所表述的科学方法论,[我们]勾勒出一个追求绝对确定性的基本轮廓。步骤1,还原到观察的(非解释性的)可观察基础。步骤2,寻找原因。步骤3,归纳出规律。如前所述,历史上还出现过很多理论变式。事实上,"可能性"已经代替"确定性"成为今天最常用的词条,不了解这一点,就可能被误导。归纳本身在本质上只是统计学的和概率性的陈述。然而,这种变化也只是[理论]式样的变化,而非实质的改变,因为,只要目标是追求100%的概率,那么概率性就变成了确定性或最大限度地接近确定性。这种形式的不可知论陷入对确定性的不断追问之中,取代了对知识的追问。确定性作为一种辩证关系,是在一些似乎合理的概念框架下形成的。

实证主义和新实证主义

机械化解释产生于18世纪,已经演化出若干形式,并成为一些特殊的方法论或元方法的至上宝典。每一种形式都是这个主题下的变式,而每一个变式都没有放弃它们的基本主题。到了19世纪中叶,机械化解释被形式化,并成为从策略上区分经验科学和非科学的标准。正是这个时期,"形而上学时代"走到了它的末期。其标志是哲学研究离开了帝国主义的教义操作下的哲学系统,将思考指向被称为"实证主义"的科学。Auguste Comte,当时在写哲学史的书,创造了"实证主义"这个词,他把思想的发展划分为三个时期:早期的神学时代,刚刚过去的形而上学时代和实证主义的科学时代(参见 Gadamer,1993;Schlick,1991)。实证科学是指那些植根于"已知"和"确定"的研究。实证的领域被界定为"实验"的领域,而不是先验的预置存在的领域。然而,在牛顿—休谟一脉的经验主义和唯物主义中"潜藏"(silent)着形而上学,在它的长期熏陶下,实验中对"已知"的定义已经超越了常识的观察或常识水平的讨论,而是定义为一种过滤掉(即,排斥)了所有解释特征的观察(即,被还原为"数据",更明确地说,可以被称为"感觉数据")。于是,实证科学基于牛顿主义方法论而进行思考,实证主义则将这种方法论编撰成为法典(见表2.1)。

Comte之后,实证主义在19世纪剩下的时间里被反复阐述,进入20世纪的早期,有更多哲学家参与进来:John Stuart Mill、Richard Avenarius和Ernst Mach。20世纪20年代和30年代,一种被称为新实证主义的理论出现了,在维也纳学派的哲学论著中,它采取了一种新的实证姿态。一同参与这场哲学原理变革的哲学家还有Moritz Schlick、Rudolf Carnap、Herbert Feigl、Gustav Bergmann、Otto Neurath、Kurt Godel以及A. J. Ayer(见Smith,1986)。这是一种"逻辑的"实证主义——Schlick更愿意把它叫做"连贯的经验主义"(1991,p. 55)——它产生于牛顿—休谟传统的遗产中,现在已经习惯于被叫做分析哲学。在这点上,分析哲学发展出了与传统的认识论不同的"语言学转向"(linguistic turn),传统认识论的首要问题是如何认识实在,分析哲学却从关注另一个问题开始:如何才能使一种语言

74

声称自己认识了实在。在这个语境中，逻辑实证主义关注的不是对实在的认识，而是声称认识了实在这个陈述的本质(Schlick，1991，p. 40)。

逻辑实证主义十分重视还原主义的方法和牛顿主义机械方法论的归纳法。表现为它非常重视对科学特征的理解，以及对覆盖规律模型的(因果性)解释异常青睐，在实证主义的视点(point of view)中，科学应该具有如下特征：对现象进行描述和解释。这种还原主义者看问题的方式最终导致了当代划分科学与非科学的两个标准的确立(Lakatos，1978a，1978b；Overton，1984)。第一个标准是，一个命题(即，假设、理论陈述、规律)被认为在科学中是有意义的，*当且仅当*它能被还原为一些词，这些词的意义能够被直接观察到或被直接证明。"词的意义最终必须是明显的，是已知的。只要通过行为就可以被显示或证明。"(Schlick，1991，p. 40)那些"意义能够被直接观察到"的词构成了中性观察语言——一种纯粹观察性的，独立于主体之外，不依赖于心智的解释。于是，所有理论性的语言都应该还原为纯粹的观察和中性观察语言。第二个标准是，一个陈述被接受为在科学中是有意义的，当且仅当能够证实通过严格的归纳一般化，它可以直接从纯粹的观察中产生。于是，对任何普遍的命题(例如：假设、理论、规律)，在科学上是有意义的，必须且只要对纯粹的观察本身作总结性的可论证的陈述，仅此而已(见表 2.1)。

虽然逻辑实证主义最初被局限于自然科学领域，但它的原则通过 Bridgman(1927)的"操作主义"(operationalism)而出口到了行为科学领域。实证主义的还原论在 A. J. Ayer(1946)的"可证实原则"那里达到了它的顶峰。根据这个原则，一个陈述在科学中是有意义的，原则上只有在这样的范围内才是可能的：存在一个可能的实验(纯粹的观察)可以证实或者证伪它。Bridgman 的操作主义扩展了这一原则，他不但将这个标准应用于科学意义的检验，还用它来鉴别这些意义的特定属性。在操作主义之中，科学概念的意义只有在这些概念的应用中才能体现出来(也就是说，对概念进行操作性或使用性定义)。

新实证主义在 20 世纪 40—50 年代达到了它的顶峰，但最终它的支持者和反对者都认识到了它的缺陷，这是一种激进的分割主义者的思维方式。它失误的原因有：

1. 如 Quine(1953)和其他一些人(例如：Lakatos，1978b；Popper，1959；Putnam，1983)的著作中所显示的，越来越明确的是，内含丰富的理论不能被还原为中性观察性语言。

2. 用归纳作为获得理论性命题的方法被证明是不充分的(Hanson，1958，1970；Lakatos，1978a；Popper，1959)。

3. 有证据说明，新实证主义引入的覆盖规律模型的适用性非常有限(Ricoeur，1984)，并且其自身逻辑也有缺陷(Popper，1959)。

4. 人们认识到有这样一种理论，它符合"科学的"的标准，但它却产生出不能验证的预言(Putnam，1983；Toulmin，1961)。

工具主义—约定主义

随着新实证主义的日渐没落，另一种经过修正的方法论，被称为工具主义或约定主义，从牛顿—休谟传统中冉冉升起(Lakatos，1978b；Laudan，1984；Kaplan，1964；Overton，1984；Pepper，1942；Popper，1959)。分割主义者的策略接受了实证主义的还原—归纳方法的失败，并承认应该引入理论性解释，以此为科学增添一个非还原性的维度(见表 2.1)。然而，元理论、理论和方法仅仅被当作是作出预言的传统的或工具性的启发机制。于是，工具主义中的理论被限定为仅行使预言的功能，和新实证主义中的形式化演绎系统(覆盖规律模型)的预言功能一样。Popper(1959)通过他的证伪模型为工具主义增加了一个独特的维度，他宣称，一个理论和模型能够被接受为科学，当且仅当，存在一种观察事实——如果能够发现——能够证伪或推翻这个理论。

工具主义敞开的大门，让解释重新进入到科学领地中，但依然心存犹豫，不确定是否让解释完全地参与建构科学的知识体系的过程。辩证地定义解释和观察的完全伙伴关系，这个运动需要一场根本性的变革；这种根本性的变革包括：(1) 放弃分解论和基础主义主张，它们已经建立了一个真理的仲裁体系，以纯粹观察作为唯一的、最终的判断标准；(2) 将早已被分解论和基础主义埋葬了的科学解释的观念释放出来。这种在莱布尼茨—黑格尔的关联论的两个选择之间的转换，即从常识到精炼的科学知识之间的转换，[工具主义]从 20 世纪 50 年代开始出现，至今依然很流行。

75

构成关联方法论的概念是在几种叙述性的支线理论中形成的，诸如：分析哲学、自然科学的历史和哲学、行为和社会科学哲学以及解释学等等。尽管它们相互之间时而竞争时而合作，但总体上，这些支线理论经常互相孤立，不能进行公共性的对话。但是，它们的积累效应依然铸造了一个关于科学方法论的整合理论的框架，这个理论框架超越了笛卡儿分解论的二分法，按照 Descartes 的二分法，自然科学和社会科学是对立的，说明和理解是对立的，观察和解释是对立的，理论和数据是对立的。

这里简要列举 20 世纪 50 年代出现的新元方法的主要代表人物：晚期的 Ludwig Wittgenstein(1958)——他的开创性的著作《哲学研究》(*Philosophical Investigations*)于 1953 年第一次出版——是分析哲学的代表，其后是他的学生 Georg Henrik von Wright，再后来是 Hilary Putnam。Hans-Georg Gadamer(1989)——他的《真理和方法》(*Truth and Method*)1960 年首次出版——代表了解释学的传统，其后是 Jurgen Habermas、Richard Bernstein 和 Paul Ricoeur。Steven Toulmin(1953)——他的《科学的哲学》(*Philosophy of Science*)于 1953 年出版——和 N. R. Hanson(1958)——他的《发现的模式》(*Patterns of Discovery*)于 1958 年出版——代表了自然科学。他们之后的追随者包括 Thomas Kuhn、Imre Lakatos、Larry Laudan 以及最近的 Bruno Latour。Elizabeth Anscombe(1957)——她的《意向》(*Intention*)于 1957 年出版，以及 William Dray(1957)的《定律和说明的历史》(*Laws and Explanation in History*)和 Charles Frankel(1957)的《说明和解释的历史》(*Explanation and Interpretation in History*)，代表了社会科学。社会科学的其他代表人还有：Peter Winch(1958)和 Charles Taylor(1964)。

关联论科学方法论

要将科学的、整合的关联性方法论的发展过程作一个说明，显然是一个既琐碎又复杂的工作(参见 Overon，1998，2002)。我将只关注一些中心人物的主要贡献，据此勾勒出[方法论发展的]脉络。其中包括 Wittgenstein(1958)和他的《哲学研究》,Gadamer(1989)和他的《真理和方法》,Hanson(1958)和他的《发现的模式》,von Wright(1971)和他的《说明和理解》,以及 Ricoeur(1984)和他的《时间和叙事》(*Time and Narrative*)。

Wittegenstein 和 Gadamer 事实上彻底颠覆了关联性方法论的结构。Wittgenstein 的基础性贡献是,打开一扇重新评价科学的门,科学活动理所当然地被当作是对基础性实在的诚实描写,Wittgenstain 指出这是一个意味深长的错误。更确定的是,Wittgenstein 的贡献还在于他对科学意义的解释,科学是人类的一部分共同行为的产物,这些共同行为还是我们的概念性语法结构的基础,概念性语法结构就是"生命的形式"(form of life)或者叫 *lebenswelt*(生命世界)。Gadamer 的贡献则在于系统性地证实了,超越客观主义和基础主义并不一定导致相对主义。

Hanson 对自然科学的历史的分析显然受到 Toulmin 的影响,还有 Wittgenstein 的《哲学研究》对他也有深远的影响。通过研究,Hanson 得出关于现代自然科学研究的三个结论,与新实证主义和工具主义的经典法则相区别。Hanson 的结论本身就构成了一种新的关联性方法论的蓝图。它们是:(1) 在观察和解释之间,或者在理论和事实/数据之间没有绝对的区分。他用一句响亮的格言表述了这个理念:"所有的数据都负载理论。"(2) 科学说明就是发现模型,也就是发现因果性(参见 Toulmin,1953,1961)。(3) 科学的逻辑既不是分离的演绎逻辑,也不是分离的归纳逻辑,科学的逻辑在本质上是不明式推论的(abductive)[后向推论的(retroductive)]。

解释和观察

Hanson 的第一个结论,即"所有数据都满载理论",是新关联性方法论的核心原则。如果观察和解释之间存在关联性交互关系,那么,对观念进行分析,把解释还原到基础性观察水平是没有意义的。机械化解释的步骤 1 描述了分析性还原主义,关联性方法论则用互补的分析和综合取而代之。经验科学的分析和分析工具在这个原则中获得了重新肯定,肯定的附加条件是,同时还要认识到,分析环节总是在综合环节的条件下发生的,并且,分析不能排斥综合,也不能使之边缘化。

76

Gadamer 的"哲学解释学"的两个论点支持了新关联性方法论的观点,并且使它得到扩展。第一个论点是,他坚决主张,在游戏中显示出来的交替性的往复运动支持了 Descartes 的基础主义的对立面,体现了另外一种本体论思想。这种往复运动的本体论主题正是植根于关联性方法论中,而又反过来支持它。其结果是,科学活动——无论是属于自然科学、行为科学还是社会科学——都从解释—观察之间的往复(Escher 的人的左右手)运动中产生。

Gadamer 的第二个贡献是他详细论述了——在 Heidegger 之后——解释学的循环,前文对此有论述。在这些论述中,[Gadamer 提出了两个命题:]解释学循环就是解释和观察之间的往复运动的基本形式;开放的循环所构成的螺旋就是科学方法论的基本结构。

探究活动在一个循环运动中,从现象学的常识理解转换到高度反思的、高度组织化的知识,正是这些知识构成了科学知识。整体[性探究]——即研究的一般性领域,例如整个人的发展——最初是从一些意义或"偏见"开始的,这些意义或"偏见"构成了常识性观察和基础性预设,其中也包括元理论假设。探究就是把这种预期性意义投射到现象中。然而,探究的客体并不仅仅是一个意义投射而产生的幻象,它自己是一个独立的整体,有自己的内在连贯性;探究的客体还会对后来的意义投射进行修正,它正是通过这种作用反作用[于探究活动]。在这个循环中,解释对从观察得来的内容作出意义解释,而观察决定了将什么内容提供给解释。套用 Kant 的话来说,就是: 没有观察的解释失之空泛,没有解释的观察则流于盲目。

通过这个投射(解释)和修正(观察;Escher 的人的左右手)构成的循环,探究活动渐渐提升;同样,这个循环也是开放性的,并构成了一个螺旋。正是这个解释和观察之间的辩证循环孕育了后来 Thomas Kuhn(1962,1977)关于自然科学的解释范式的观念,引发了 Lakatos(1978a,1978b)和 Laudan(1977,1984,1996)关于本体论和认识论的前提预设的讨论,他们认为这个前提预设在所有*研究程序和研究传统*中都处于中心性的地位(见表 2.1)。

因果性和动作模型

Hanson 的第二个结论——模型和原因总是在自然科学中起说明的作用——把原本泾渭分明的自然科学和社会科学之间的分隔扰乱了。如果自然科学研究——在整个现代——理所当然地包括模型和因果性解释,那么,就没有必要对理解和解释作非此即彼的二分法区分。对模型或动作—模式的解释(Aristotle 的形式的和终极的解释),它们分别叙述了[动作的]意向和原因以及因果性解释(Aristotle 的物质的和功效的解释),它叙述了必要和充分条件,在这里都变成了相关联的概念(Escher 的人的左右手)。解释——被定义为“可理解的秩序”(Hanson,1958)——成了包括动力模型和原因的上位概念。在机械化解释的步骤 2 中描述了分离的原因概念,关联性方法论则用另一个概念:“可理解的秩序”取而代之。

一个来自关联性方法论内部的挑战是要合理地调和两种解释模式。von Wright(1971)发表了一个冗繁复杂的调和方法,Ricoeur(1984)稍后在这个方法上有所发展。他们都只关注行为和社会科学的解释。von Wright 和 Ricoeur 都主张在内在的—外在的这个维度上实现这种调和。内在的指这样一些领域,包括个人—行为者的心理领域或者动作系统的心理领域。外在的即是指运动或陈述。依据 Anscombe(1957)的一个重要区分,任何行为都可能在一种叙述中被当作内在的,而在另一种叙述中被当作外在的。于是,用 von Wright(1971)的话来说,任何行为都可能“从特定的意向出发,被理解为一个动作,或理解为一个目标的实现,或者只是一个‘纯粹自然的’事件,也就是说,在最简单的水平上,就是肌肉的活跃性”(p. 128)。

在这个框架下,因果性解释——按照 Hume 的理解,因果性是指原因和结果之间的、逻辑上的独立或共变关系——说明的是外在的运动或陈述。动作—模式解释(即,动作、动作系统、意向、原因)说明的是行动(act)的意义。

77

在某种条件下,这里所做的解释是非常清晰的。想象一下两个物体的如下行为: 物体 A 在空间中移动,它的一部分与物体 B 发生了接触。在这种情况下,我们拥有状态和运动,而且因果性解释是恰当的。在运动中的中间状态可以很容易地被当作一系列导致序列中最后状态的充分必要条件。这可以通过多种实验设计轻易地证实。

当这两个物体都是无机物时，这种解释是有效的，当这两物体是人的时候，情况就发生变化了。在后一种情况下，你用因果性解释可能不会得到满意的答案，因为，你没有考虑到这种运动中的心理含义。如果你了解到，这两个物体都是人，而且物体 A 向物体 B 的移动实际上是一个男人穿过房间去亲吻他妻子的脸颊，这时的解释就必须在行为、意向、动机以及更广泛的意义背景中展开。这两种解释——一方面是因果性解释，另一方面是动作—模式的解释——分别解释了不同的现象。它们分别有不同的指称，因果性解释所指的是运动和状态，动作—模式解释所指则是意义。因为它们有不同的指称——不同的待解释对象（*explananda*）——所以它们是兼容的。但是，它们又是不可互相替代的。行为不是运动的原因，只是运动的一个分支。原因不能用来解释行为，而是需要行为促发运动。

通过分析不同类型解释的调和，可产生出若干推论。其一，可以说明，原则上，不可能通过对大脑或神经生理现象的解释而说明意识现象。如前文定义，意识是内在的，涉及心理意义，只能通过动作—模式来解释。大脑是外在的，涉及运动和状态，而与心理意义无关。神经生理学的因果性解释可以作为动作—模式解释的补充，但不能使意识“机械化”。

第二个重要的推论是，如果反复比较以人为中心的研究和对变量的研究，就能够发现，动作—模式解释关注的是前者，而因果性解释关注后者。例如，Piaget 的理论代表的以人为中心的理论。“个体”（儿童—成年人）、“动因者”（系统，即“认识的主体”）、“动作”、“具体化”和“意向”都是 Piaget 理论的核心概念，显示出 Piaget 理论对发展的关注。Piaget 隐隐约约地认识到，应该调和不同的解释类型，并且将自己的精力都集中于寻求形式化的动作—模式解释（格式、运算）和终极动作—模式解释（平衡化、反省抽象）。Lorenco 和 Machado（1996）已经清楚地指出，如果不是所有的，至少是许多对 Piaget 理论的误读起源于这样一个事实，即对 Piaget 理论的攻击都来自那些依然固守着新实证主义的排他性因果解释的人。

还有另外一种推论，来自对不同解释类型的关联性调和，但是，它引起的最重要的问题是，在严格的意义上，动作—模式解释是如何运作的。学生在第一堂科学课程上，就开始接受严格的实验设计方法的训练，以便能够鉴别变量的因果性关系。如果结果显示，在控制条件下，一个外在的变量（前提、自变量）明确地导致了一个希望的事件（结果、因变量），那么，这就可以说明这个变量是这个事件的充分条件。这就是发展心理学中常见的训练性和增强性实验的原理。如果，在控制条件下，能够显示一个变量被排除或取消，某个事件就不再发生，那么这个条件就是这个事件的必要条件。这就是剥夺性实验的原理。相关性也是在这个背景下讨论的，须要明确相关并不是因果性，同时也承认相关是实现因果性解释的第一步。

但这些科学方法阵营中的新来者几乎没有受到任何指导，去关注动作—模式的解释形式，只是被灌输了新实证主义或工具主义的观念，而这些观念将被证明是不恰当的。为了说明动作—模式解释如何能成为合法的时尚科学中的一员，我们必须转向 Hanson 关于当代科学运作的第三个结论。

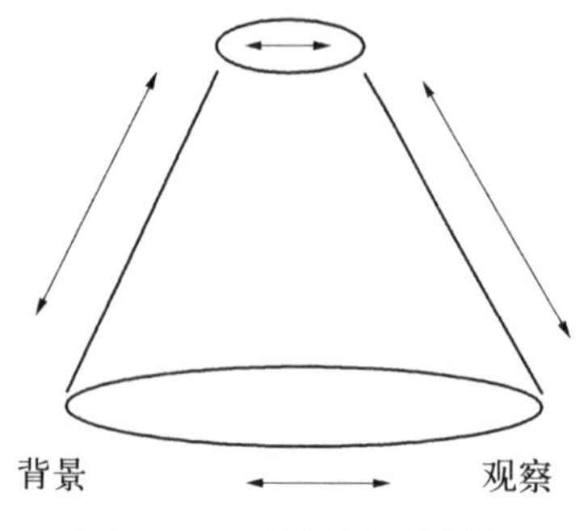

图 2.10　不明推论式过程。

78

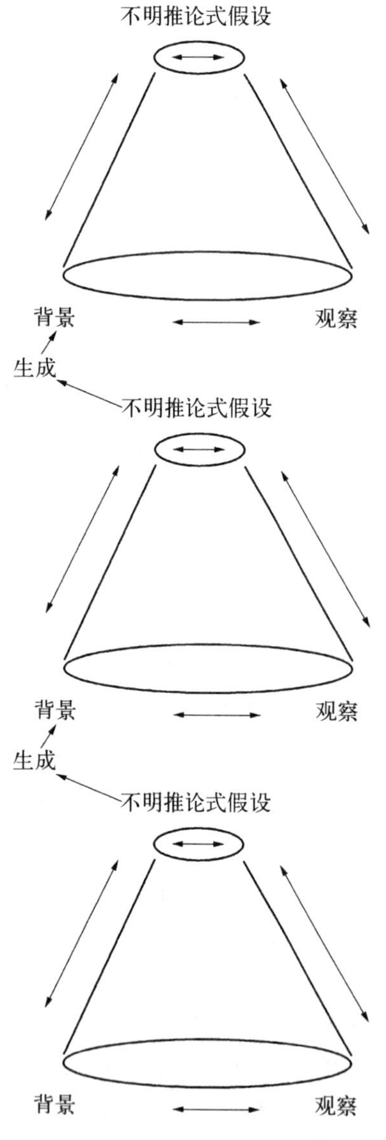

图 2.11　不明推论式的科学过程。

79

不明推论式—先验的论证

Hanson 的结论是,科学的逻辑既不是由分离的归纳也不是由分离的演绎构成的。它们都包含在科学运作的领域中,但是 Hanson 指出,科学活动的最高逻辑是不明推论式(abduction)。不明推论式(也叫"后向推论"),最早由实用主义哲学家 Charles Sanders Pierce (1992)提出来。在其现代变体中,这种逻辑被称为"产生最佳解释的推论"(Fumerton,1993;Harman,1965)。不明推论式的运行就是将基于判断的观察和所有背景观念(包括所有元理论原则和理论模型)排列成循环,就像 Escher 的人的两只手一样(图 2.10)。调和这两者的可能性,表现为这样的问题:假设已知背景观念,作为观察的必要假设前提是什么。在背景观念的语境中,推论——或解释——必须依据什么必要假设前提,才能构成对现象的解释。[只有回答了这个问题,我们才能对]解释作经验性的评价,以保证它的经验性的合法性(即,它的经验性证据和适用范围)。这种逻辑的一个重要的关联性特征是,它从现象学水平(常识性客体)转向解释,然后又在更广泛的循环中返回。这种返回正是科学过程的标志,通过这种转移和返回,它呈现了一个已经为我们所熟悉的解释学循环(见图 2.11)。这种理论和前面提到过的假设—演绎解释的区别在于,在不明推论式中,所有的背景观念,包括元理论假设,构成了这个过程的必要特征,而不明推论式解释自身则成为更广泛的背景观念整体的一部分。

不明推论式运算的基本逻辑如下:

1. 步骤 1 描述了一些高度可靠的现象学意义上的观察(O 是一个例证)。

2. 在步骤 2 中,O 作为一个被解释对象,要根据动作—模式解释(E)作出一个推论或解释。其结果是得到一个条件从句:"如果 E 是例证,那么 O 就是可以预期的。"

3. 步骤 3 说明一个结论,即 E 就是例证。

这种不明推论式的动作—模式解释的例子——我将在后面描述一个特别的例子——在任何以情感、动机或认知的心理组织为中心假设的心理学研究中比比皆是。Piaget 的研究中包含了特别多的不明推论式解释。例如下面的例子：

> 有一个关于现象的观察(O)例证是：某些人(即一般情况下是超过 7 岁的儿童)能够理解这样一个事实：尽管概念在质的显现方面发生了改变，但它在量上仍然是不变的(守恒)。
>
> Piaget 然后指出(E)作为一种特别类型的动作系统，具有某种专门的属性，包括可逆性(具体运算)。于是，得到这样一个条件从句："如果(E)具体运算，那么(O)守恒是可以预期的。"
>
> 结论是，对假定的 O，"具体运算可以解释人对守恒的理解"。

如 Fumerton(1993)指出，显然，如果步骤 2 中的条件从句被赋予了具体含义，那么这个讨论将令人绝望地陷入一个谬误的结论之中(即是说，循环将成为闭合的，这是一种恶性循环的形式)。Fumerton 非常正确地认识到"如果……那么"关系断言了一些其他类型的联结。特别是，这种联结是 E 和 O 之间的一种有意义的"关联性"，在这里，关联性被定义为 E 和 O 之间的可理解性关系(Overton，1990)。

必须要有一个标准，使得我们在替代性的 Es 中选择"最好的"E。当然这并没有特别的障碍，因为大多数唾手可得的*选择*理论或解释的传统标准，在这里都可以很好地适用。这些标准包括，解释的范围；解释的深度、一致性和逻辑连贯性；在一个领域中，解释可以将未解决问题和已解决问题的比例降低到什么程度，这里，问题是指概念性的和/或经验性的问题(Laudan，1977)；以及解释的经验性证据和经验性成效。这里提到的范围、经验证据和经验成效等，它们本身会使得循环返回到观察世界，因而使得循环保持开放。动作—模式解释或者理论，实际上，决定了在接下来的观察中应该注意什么，并且，经验的任务就是返回世界去发现我们是否能找到观察对象。于是，这个循环持续地变化着，从常识性观察和假设背景出发，转向动作—模式解释，然后又在更高水平上返回精确的观察以及再回到解释。

形式化的不明推论式被 Kant 凸现出来，而最近则有 Charles Taylor(1995；还见于 Grayling，1993；Hundert，1989)对它的详细论述，以及 Russell(1996)把它引入认知发展的领域。这就是关于先验的论证，可以表述为：

1. (我们)有一个关于特征 A 的(可靠的)现象学经验。
2. (我们)要获得关于特征 A 的经验，心理必须具有属性 B。
3. 因而，心理必然具有属性 B。

关于先验的论证是为了回答意识或心理组织是如何可能的问题(von Wright，1971)。为了获得一些高度可靠的现象学观察或现象学经验，比如守恒，我们的意识或心理应该必须具有什么前提属性(也就是说，我们应该用哪种动作—模式来作解释)？可理解性的必要条件是什么？再一次，我们从解释对象开始，进行了回归性的讨论，以便获得一个更加强有力的结论。如果对经验的观察是可能的，那么这个更强的结论就是必然的（因为结论是必然的，观察必然是可能的）。于是，这种回归导致了更强的结论。

这就回答了人们在行为科学和社会科学中如何进行模式解释这个问题。进行动作—模式解释的程序存在于不明推论式和先验论证的规则中，还存在于这样一个标准中：按照这个标准一个特定的不明推论式—先验解释被建立起来，作为替代性解释中的最佳选择或最似乎合理的选择。Rozeboom(1997)提供了关于这个过程的一个细节丰富的操作性分析，以及对与这个过程相联系的统计学的和研究的策略提出了实践性的建议。

在结论中，有大量关于新关联方法论的叙述。这些叙述中的大多数都不厌其详地讨论了研究方法和测量方法，并把它们作为设计、操作和评估经验研究的特别技术，而经验研究则被当作在多种解释中判断最佳解释的准则，众多的解释假定了发展变化中的各种形态——转换性的、变异性的、表达性的、工具性的、规范化的以及个体差异。Rozeboom(1997)的研究就是一例，当然，还有其他一些研究者，他们致力于开发新工具，以用于建模以及评估发展的多方面的特征。要一一细数这些研究成果可能需要整整一章的篇幅，所以，在这里我只简要讨论其中最优秀的一个成果，即 Fischer 和 Dawson(2002)开发的新工具。

80 在关联性背景中，解释和观察被当作功能互补的对立统一体，也是在这个背景中，关于我们的科学观察的有效性的讨论也成了中心议题。有效性始终是科学方法论所关注的议题，但是，按照分解论对科学的理解，有效性和解释的意义无任何关系。在分解论的叙述中，有效性只是一个内容性的议题，在很大程度上依赖于实验设计的输出。在关联性的叙述中，我们的科学观察的有效性，或者按照 Messick(1995)的说法叫"核心有效性"，已经成为一个互相补充的过程，它包括：Escher 的人的一只手，建构有效性的显著特征，因为它包含了解释性意义；以及 Escher 人的另一只手，内容有效性，因为它包括了外指的(denotative)意义(见 Overton,1998,一个综合性讨论)。

结论

这一章探讨了一些背景性观念，包括作为心理学的一般性的基础、限制以及支撑理论和方法，以及发展心理学的相应的特殊的理论和方法。对这些方法的理解给研究者带来了一整套内容丰富的概念，可以用来建构和评估心理学理论。元理论和元方法就是对背景观念的解释，它们有助于避免概念的混淆。概念混淆会使得一些理论研究和经验研究方法的选择南辕北辙，从根本上失去意义。本章的观点可以通过 Hogan(2001)早些时候的一段评论来表达：

> 我们经历的训练和实践的核心都只关注研究方法；极度的哲学怀疑论……就是铁律。我们强调证实假设的方法，而极端地忽视对假设概念的分析。[要知道]，世界上所

有的经验主义都不能拯救一个糟糕的观念。(p. 27)

本章的这些观点从根本上证明了 Wittgenstein(1958)的判断错了,他说:"在心理学中,存在着经验的方法和概念混淆。"(p. xiv)。

(胡林成、蒋柯译,熊哲宏审校)

参考文献

Allport, G. (1955). *Becoming*. New Haven, CT: Yale University Press.

Anastasi, A. (1958). Heredity, environment, and the question "how?" *Psychological Review*, *65*, 197-208.

Anscombe, G. E. M. (1957). *Intention*. Oxford. England: Basil Blackwell.

Appelbaum, M. I., & McCall, R. B. (1983). Design and analysis in developmental psychology. In W. Kessen (Ed.), *Handbook of child psychology* (Vol. 1, pp. 416-476). New York: Wiley.

Arsenio, W. F., & Lemerise, E. A. (2004). Aggression and moral development: Integrating social information processing and moral domain models. *Child Development*, *75*, 987-1002.

Asendorpf, J. B., & Valsiner, J. (1992). Editors' introduction: Three dimensions of developmental perspectives. In J. B. Asendorpf & J. Valsiner (Eds.), *Stability and change in development: A study of methodological reasoning* (pp. ix-xxii). London: Sage.

Astuti, R., Solomon, G. E. A., & Carey, S. (2004). Constraints on conceptual development: A case study of the acquisition of folk-biological and folksociological knowledge in Madagascar. *Monographs of the Society for Research in Child Development*, *69*(3, Serial No. 277).

Ayer, A. J. (1946). *Language, truth and logic* (2nd ed.). New York: Dover.

Ayer, A. J. (1970). What is a law of nature. In B. A. Brody (Ed.), *Readings in the philosophy of science* (pp. 39-54). Englewood Cliffs, NJ: Prentice-Hall.

Baillargeon, R. (1993). The object concept revisited: New directions in the investigation of infants' physical knowledge. In C. Granrud (Ed.), *Visual perception and cognition in infancy* (pp. 265-313). Hillsdale, NJ: Erlbanm.

Bakhtin, M. M. (1986). *Speech genres and other late essays* (C. Emerson & M. Holquist, Eds. & V. W. McGee, Trans.). Austin: University of Texas Press.

Baldwin, J. M. (1895). *Mental development in the child and the race: Methods and process*. New York: Macmillan.

Baldwin, J. M. (1973). *Social and ethical interpretations in mental development: A study in social psychology*. New York: Arno Press. (Original work published 1897)

Baldwin, J. M. (1976). *Development and evolution*. New York: AMS Press. (Original work published 1902)

Bateson, P. (1985). Problems and possibilities in fusing developmental and evolutionary thought. In G. Butterworth, J. Rutkowska, & M. Scaife (Eds.), *Evolution and developmental psychology* (pp. 3-21). New York: St. Martin's Press.

Belsky, J., Steinberg, L., & Draper, P. (1991). Childhood experience, interpersonal development, and reproductive strategy: An evolutionary theory of socialization. *Child Development*, *62*, 647-670.

Bermudez, J. L. (1998). *The paradox of self-consciousness*. Cambridge, MA: MIT Press.

Bickhard, M. H. (1993). Representational content in humans and machines. *Journal of Experimental and Theoretical Artificial Intelligence*, *5*, 285-333.

Bjorklund, D. F., & Pellegrini, A. D. (2002). *The origins of human noture: Evolutionary developmental psychology*. Washington, DC: American Psychological Association.

Bleicher, J. (1980). *Contemporary hermeneutics. Hermeneutics as method, philosophy and critique*. Boston: Routledge & Kegan Paul.

Block, J. (1971). *Lives through time*. Berkeley, CA: Bancroft.

Bloom, L. (1998). Language acquisition in its developmental context. In W. Damon (Editor-in-Chief) & D. Knhn & R. Siegler (Vol. Eds.), *Handbook of child psychology: Vol. 2. Cognition, perception, and language* (5th ecl., pp. 309-370). New York: Wiley.

Bloom, L., & Tinker, E. (2001). The intentionality model and language acquisition. *Monographs of the Society for Research in Child Development*, *66* (1, Serial No. 267).

Boesch, E. E. (1980). *Kultur und handlung* [Culture and handling]. Bern: Huber.

Boesch, E. E. (1984). The development of affective schemata. *Human Development*, *27*, 173-182.

Boesch, E. E. (1991). *Symbolic action theory and cultural psychology*. Berlin, Germany: Springer-Verlag.

Boesch, E. E. (1992). Culture: Individual — Culture: The cycle of knowledge. In M. V. Cranach, W. Doise, & G. Mugny (Eds.), *Social representations and the solid bases of knowledge* (pp. 89-95). Lewiston, NY: Hogrefe & Huber.

Bond, T. G., & Fox, C. M. (2001). *Applying the Rasch Model*. Mahwah, NJ: Erlbaum.

Bowlby, J. (1958). The nature of the child's tie to his mother. *International Journal of Psychoanalysis*, *39*, 350-373.

Brandtstädter, J. (1998). Action perspectives on human development. In W. Damon (Editor-in-Chief), & R. M. Lerner (Vol. Ed.), *Handbook of child psychology: Vol. 1. Theoretical models of human development* (5th ed., pp. 807-863). New York: Wiley.

Brandtstädter, J., & Lerner, R. M. (Eds.). (1999). *Action and self-development: Theory and research through the life span*. London: Sage.

Brentano, F. (1973). *Psychology from an empirical standpoint* (A. C. Rancurello, D. B. Terrell, & L. McAlister, Trans.). London: Routledge.

Bridgman, P. (1927). *The logic of modernphysics*. New York: Macmillan.

Bronfenbrenner, U. (1979). *The ecology of human development*. Cambridge, MA: Harvard University Press.

Bronfenbrenner, U., & Morris, P. A. (1998). The ecology of developmental processes. In W. Damon (Editor-in-Chief) & R. M. Lerner (Vol. Ed.), *Handbook of child psychology: Vol. 1. Theoretical models of human development* (5th ed., pp. 993-1028). New York: Wiley.

Brooks, D. R. (1992). Incorporating origins into evolutionary theory. In F. J. Varela & J. Dupuy (Eds.), *Understanding origins: Contemporary views on the origin of life, mind and society*. Boston studies in the philosophy of science (Vol. 130, pp. 191-212). Boston: Kluwer Academic.

Brooks, D. R., & Wiley, E. O. (1991). *Evolution as entropy: Toward a unified theory of biology* (2nd ed.). Chicago: University of Chicago Press.

Broughton, J. M. (1981). The genetic psychology of James Mark Baldwin. *American Psychologist*, *36*, 396-407.

Bunge, M. (1962). *Causality: The place of the causal principle in modern science*. New York: World Publishing.

Bunge, M., & Ardila, R. (1987). *Philosophy of science*. New York: Springer-Verlag.

Buss, D. M. (1999). *Evolutionary psychology: The new science of the mind*. Boston: Allyn & Bacon.

Cairns, R. B., Bergman, L. R., & Kagan, J. (Eds.). (1998). *The logic and implications of a person-oriented approach*. London: Sage.

Carpendale, J. I. M., & Mueller, U. (Eds.). (2004). *Social interaction and the development of knowledge*. Mahwah, NJ: Erlbaum.

Cassirer, E. (1951). *The philosophy of the enlightenment*. Boston: Beacon Press.

Chandler, M., & Chapman, M. (Eds.). (1994). *Criteria for competence: Controversies in the assessment of children's abilities*. Hillsdale, NJ: Erlbaum.

Chandler, M. J., Lalonde, C. E., Sokol, B. W., & Hallett, D. (2003). Personal persistence, identity development, and suicide. *Monographs of the Society for Research in Child Development*, *68*(2, Serial No. 272).

Chomsky, N. (1975). Recent contributions to the theory of innate ideas. In S. P. Stich (Ed.), *Innate ideas*. Berkeley: University of California Press.

Cohen, M. R. (1931). *Reason and nature: An essay on the meaning of scientific method*. New York: Harcourt, Brace.

Cole, M. (1995). Culture and cognitive development: From cross-cultural research to creating systems of cultural mediation. *Culture and Psychology*, *1*, 25 - 54.

Cole, M. (1996). *Cultural psychology: A once and future discipline*. Cambridge, MA: Harvard University Press.

Cole, M., & Wertsch, J. V. (1996). Beyond the individual-social antinomy in discussions of Piaget and Vygotsky. *Human Development*, *39*, 250 - 256.

Collins, W. A., Maccoby, E. E., Steinberg, L., Hetherington, E. M., & Bornstein, M. H. (2000). Contemporary research on parenting: The case for nature and nurture. *American Psychologist*, *55*, 218 - 232.

Cornford, F. M. (1937). *Plato's Cosmology*. London: Routledge & Kegan Paul.

Crick, N. R., & Dodge, K. A. (1994). A review and reformation of social-information processing mechanisms in children's development. *Psychological Bulletin*, *115*, 74 - 101.

Csordas, T. J. (1999). Embodiment and cultural phenomenology. In G. Weiss & H. F. Haber (Eds.), *Embodiment: The intersection of nature and culture* (pp. 144 - 162). New York: Routledge.

Damasio, A. (1994). *Descartes' error: Emotion, reason, and the human brain*. New York: Avon Books.

Damasio, A. (1999). *The feeling of what happens: Body and emotion in the making of consciousness*. New York: Harcourt Brace.

Damon, W. (1988). Socialization and individuation. In G. Handel (Ed.), *Childhood socialization* (pp. 3 - 10). Hawthorne, NY: Aldine De Gruyter.

Damon, W. (1991). Problems of direction in socially shared cognition. In L. B. Resnick, J. M. Levine, & S. D. Teasley (Eds.), *Socially shared cognition* (pp. 384 - 397). Washington, DC: American Psychological Association.

Damon, W., & Hart, D. (1988). *Self-understanding in childhood and adolescence*. New York: Cambridge University Press.

Davidson, P., & Youniss, J. (1995). Moral development and social construction. In W. M. Kurtines & J. L. Gewirtz (Eds.), *Moral development: An introduction* (pp. 289 - 310). Boston: Allyn & Bacon.

Demetriou, A., & Raftopoulos, A. (2004). The shape and direction of development: Teleologically but erratically lifted up or timely harmonious? *Journal of Cognition and Development*, *5*, 89 - 95.

Dennett, D. (1987). *The intentional stance*. Cambridge, MA: MIT Press.

Descartes, R. (1969). *The philosophical works of Descartes* (E. S. Haldane & G. R. T. Ross, Trans.). Cambridge, England: Cambridge University Press.

Dewey, J. (1925). *Experience and nature*. La Salle, Ill: Open Court Press.

Dewey, J. (1934). *Art as experience*. New York: Berkeley Publishing Group.

Dick, A. S., Overton, W. F., & Kovacs, S. L. (2005). The development of symbolic coordination: Representation of imagined objects, executive function and theory of mind. *Journal of Cognition and Development*, *6*, 133 - 141.

Dodge, K. A. (1986). A social information processing model of social competence in children. In M. Perlmutter (Ed.), *Minnesota Symposia on Child Psychology* (Vol. 18, pp. 77 - 125). Hillsdale, NJ: Erlbaum.

Dodge, K. A., & Rabiner, D. L. (2004). Returning to roots: On social information processing and moral development. *Child Development*, *75*, 1003 - 1008.

Dray, W. H. (1957). *Laws and explanation in history*. London: Oxford University Press.

Eckensberger, L. H. (1989). A bridge between theory and practice, between general laws and contexts? *Psychology and Developing Societies*, *1*, 21 - 35.

Eckensberger, L. H. (1990). On the necessity of the culture concept in psychology: A view from cross-cultural psychology. In F. J. R. van de Vijver & G. J. M. Hutschemaekers (Eds.), *The investigation of culture: Current issues in cultural psychology* (pp. 153 - 183). Tilburg, Germany: Tilburg University Press.

Eckensberger, L. H. (1996). Agency, action and culture: Three basic concepts for psychology in general and for cross-cultural psychology in specific. In J. Pandey, D. Sinha, & D. P. S. Bhawuk (Eds.), *Asian contributions to cross-cultural psychology* (pp. 75 - 102). London: Sage.

Edelman, G. M. (1992). *Bright air, brilliant fire: On the matter of the mind*. New York: Basic Books.

Edelman, G. M., & Tononi, G. (2000). *A universe of consciousness: How matter becomes imagination*. New York: Basic Books.

Ekman, P. (1984). Expression and the nature of emotion. In K. Scherer & P. Ekman (Eds.), *Approaches to emotion* (pp. 329 - 343). Hillsdale, NJ: Erlbaum.

Elman, J. (2003). Development: It's about time. *Developmental Science*, *6*, 430 - 433.

Erikson, E. H. (1968). *Identity youth and crisis*. New York: Norton.

Fairbairn, W. R. D. (1952). *An object-relations theory of the personality*. New York: Basic Books.

Fischer, K. W., & Dawson, T. L. (2002). A new kind of developmental science: Using models to integrate theory and research. *Monographs of the Society for Research in Child Development*, *67* (1, Serial No. 268), 156 - 167.

Ford, D. H., & Lerner, R. M. (1992). *Developmental systems theory: An integrative approach*. Newbury Park, CA: Sage.

Frankel, C. (1957). Explanation and interpretation in history. *Philosophy of Science*, *24*, 137 - 155.

Freeman-Moir, D. J. (1982). The origin of intelligence. In J. M. Broughton & D. J. Freeman-Moir (Eds.), *The cognitive developmental psychology of James Mark Baldwin: Current theory and research in genetic epistemology* (pp. 127 - 168). Norwood, NJ: Ablex.

Fumerton, R. (1993). Inference to the best explanation. In J. Dancy & E. Sosa (Eds.), *A companion to epistemology* (pp. 207 - 209). Cambridge, MA: Basil Blackwell.

Furth, H. G. (1969). *Piaget and knowledge: Theoretical foundations*. Englewood Cliffs, NJ: Prentice Hall.

Gadamer, H. G. (1976). *Hegel's dialectic: Five hermeneutic studies* (P. Christopher Smith, Trans.). New Haven, CT: Yale University Press.

Gadamer, H. G. (1989). *Truth and Method* (J. Weinsheimer & D. Marshall, Trans., 2nd ed. rev.). New York: Crossroad.

Gadamer, H. G. (1993). *Reason in the age of science*. Cambridge, MA: MIT Press.

Gallese, V. (2000a). The acting subject: Towards the neural basis of social cognition. In T. Metzinger (Ed.), *Neural correlates of consciousness* (pp. 325 - 334). Cambridge: MIT Press.

Gallese, V. (2000b). The "shared manifold hypothesis": From mirror neurons to empathy. *Journal of Consciousness Studies*, *8*, 33 - 50.

Gelman, R., & Williams, E. M. (1998). Enabling constraints for cognitive development and learning: Domain specificity and epigenesis. In W. Damon (Editor-in-Chief) & D. Kuhn & R. Siegler (Vol. Eds.), *Handbook of child psychology: Vol. 2. Cognition, perception, and language* (5th ed., pp. 575 - 630). New York: Wiley.

Gergen, K. J. (1994). The communal creation of meaning. In W. F. Overton & D. S. Palermo (Eds.), *The nature and ontogenesis of meaning* (pp. 19 - 40). Hillsdale, NJ: Erlbaum.

Gibson, J. J. (1966). *The senses considered as perceptual systems*. Boston: Houghton-Mifflin.

Gibson, J. J. (1979). *The ecological approach to visual perception*. Boston: Houghton-Mifflin.

Gilbert, S. F. (2003). *Developmental biology* (7th ed.). Sunderland, MA: Sinauer Associates.

Gilbert, S. F., Opitz, J. M., & Raft, R. A. (1996). Resynthesizing evolutionary and developmental biology. *Developmental Biology*, *173*, 357 - 372.

Gilovich, T., & Eibach, R. (2001). The fundamental attribution error where it really counts. *Psychological Inquiry*, *12*, 23 - 26.

Goodwin, B. C. (1992). The evolution of generic forms. In F. J. Varela & J. Dupuy (Eds.), *Understanding origins: Contemporary views on the origin of life, mind and society* (Boston Studies in the Philosophy of Science, Vol. 130, pp. 213 - 226). Boston: Kluwer Academic.

Goodwyn, S. W., & Acredolo, L. P. (1993). Symbolic gesture versus word: Is there a modality advantage for onset of symbol use? *Child Development*, *64*, 688 - 701.

Gottlieb, G. (1992). *Individual development and evolution: The genesis of novel behavior*. New York: Oxford University Press.

Gottlieb, G. (2002). Developmental-behavioral initiation of evolutionary change. *Psychological Review*, *109*, 211 - 218.

Gottlieb, G., Wahlsten, D., & Lickliter, R. (1998). The significance of biology for human development: A developmental psychobiological systems view. In W. Damon (Editor-in-Chief) & R. M. Lerner (Vol. Ed.), *Handbook of child psychology: Vol. 1. Theoretical models of human development* (5th ed., pp. 233 - 274). New York: Wiley.

Gould, S. J. (1986). Archetype and adaptation. *Natural History*, *95* (10), 16 - 28.

Gould, S. J. (2000). More things in heaven and earth. In H. Rose & S.

Rose (Eds.), *Alas, poor Darwin: Arguments against evolutionary psychology* (pp. 101 - 126). New York: Harmony Books.

Grayling, A. C. (1993). Transcendental arguments. In J. Dancy & E. Sosa (Eds.), *A companion to epistemology* (pp. 506 - 509). Cambridge, MA: Basil Blackwell.

Grotevant, H. D. (1998). Adolescent development in family contexts. In W. Damon (Editor-in-Chief) & N. Eisenberg (Vol. Ed.), *Handbook of child psychology: Vol. 3. Social, emotional, and personality development* (5th ed., pp. 1097 - 1149). New York: Wiley.

Habermas, J. (1984). *The theory of communicative action: Vol. 1. Reason and the rationalization of society* (T. McCarthy, Trans.). Boston: Beacon Press.

Habermas, J. (1991). The paradigm shift in Mead. In M. Aboulafia (Ed.), *Philosophy, social theory, and the thought of George Herbert Mead* (pp. 138 - 168). Albany: State University of New York Press.

Habermas, J. (1992). *Postmetaphysical thinking: Philosophical essays* (W. M. Hohengarten, Trans.). Cambridge, MA: MIT Press.

Habermas, J. (1993a). *Justification and application: Remarks on discourse ethics* (C. P. Cronin, Trans.). Cambridge, MA: MIT Press.

Habermas, J. (1993b). *The philosophical discourse of modernity: Twelve lectures* (F. G. Lawrence, Trans.). Cambridge, MA: MIT Press.

Halevy, E. (1955). *The growth of philosophic radicalism*. Boston: Beacon Press.

Hanson, N. R. (1958). *Patterns of discovery*. New York: Cambridge University Press.

Hanson, N. R. (1970). Is there a logic of scientific discovery. In B. A. Brody (Ed.), *Readings in the philosophy of science* (pp. 620 - 633). Englewood Cliffs, NJ: Prentice-Hall.

Harding, S. (1986). *The science question in feminism*. Ithaca, NY: Cornell University Press.

Harman, G. (1965). The inference to the best explanation. *Philosophical Review*, *74*, 88 - 95.

Harré, R. (1995). The necessity of personhood as embodied being. *Theory & Psychology*, *5*, 369 - 373.

Hart, D., Atkins, R., & Fegley, S. (2003). Personality and development in childhood: A person-centered approach. *Monographs of the Society for Research in Child Development*, *67*(1, Serial No. 272).

Hegel, G. W. F. (1807). *Phenomenology of spirit* (A. V. Miller, Trans.). New York: Oxford University Press.

Hegel, G. W. F. (1830). *Hegel's logic: Being part one of the encyclopedia of the philosophical sciences* (W. Wallace, Trans.). New York: Oxford University Press.

Held, R., & Bossom, J. (1961). Neonatal deprivation and adult rearrangement: Complementary techniques for analyzing plastic sensory-motor coordinations. *Journal of Comparative Physiological Psychology*, *54*, 33 - 37.

Held, R., & Hein, A. (1958). Adaptation of disarranged hand-eye coordination contingent upon re-afferent stimulation. *Perceptual-Motor Skills*, *8*, 87 - 90.

Hempel, C. G. (1942). The function of general laws in history. *Journal of Philosophy*, *39*, 35 - 48.

Hobson, R. P. (2002). *The cradle of thought*. London: Macmillan.

Hogan, R. (2001). Wittgenstein was right. *Psychological Inquiry*, *12*, 27.

Hoppe-Graff, S. (1989). The study of transitions in development: Potentialities of the longitudinal approach. In A. Ribaupierre (Ed.), *Transition mechanisms in child development: The longitudinal perspective* (pp. 1 - 30). Cambridge, MA: Cambridge University Press.

Hundert, E. M. (1989). *Philosophy, psychiatry and neuroscience: Three approaches to the mind*. New York: Oxford University Press.

Ingold, T. (2000). Evolving skills. In H. Rose & S. Rose (Eds.), *Alas, poor Darwin: Arguments against evolutionary psychology* (pp. 273 - 297). New York: Harmony Books.

Izard, C. E. (1977). *Human emotions*. New York: Plenum Press.

Izard, C. E. (1982). Comments on emotions and cognition: Can there be a working relationship. In M. S. Clark & S. T. Fiske (Eds.), *Affect and cognition* (pp. 229 - 242). Hillsdale, NJ: Erlbaum.

Izard, C. E., & Malatesta, C. W. (1987). Perspectives on emotional development: Vol. I. Differential emotions theory of early emotional development. In J. Osofksy (Ed.), *Handbook of infant development* (2nd ed., pp. 494 - 554). New York: Wiley.

Jackendoff, R. (1994). Word meanings and what it takes to learn them: Reflections on the Piaget-Chomsky debate. In W. F. Overton & D. S. Palermo (Eds.), *The nature and ontogenesis of meaning* (pp. 129 - 144). Hillsdale, NJ: Erlbaum.

James, W. (1912). *Essays in radical empiricism*. New York: Longmans, Green.

James, W. (1975). *Pragmatism and the meaning of truth*. Cambridge, MA: Harvard University Press.

Johnson, M. (1999). Embodied reason. In G. Weiss & H. F. Haber (Eds.), *Embodiment: The intersection of nature and culture* (pp. 81 - 102). New York: Routledge.

Kainz, H. P. (1988). *Paradox, dialectic, and system: A contemporary reconstruction of the Hegelian problematic*. University Park: Pennsylvania State University Press.

Kant, I. (1966). *Critique of pure reason* (F. M. Muller, Trans.). New York: Anchor Books. (Original work published 1781)

Kaplan, A. (1964). *The conduct of inquiry: Methodology for behavioral science*. San Francisco: Chandler Publishing.

Karmiloff-Smith, A. (1991). Beyond modularity: Innate constraints and developmental change. In S. Carey & R. Gelman (Eds.), *The epigenesis of mind: Essays on biology and cognition* (pp. 171 - 197). Hillsdale, NJ: Erlbaum.

Kauffman, S. (1992). Origin of order in evolution: Self-organization and selection. In F. J. Varela & J. Dupuy (Eds.), *Understanding origins: Contemporary views on the origin of life, mind and society* (Boston Studies in the Philosophy of Science, Vol. 130, pp. 153 - 181). Boston: Kluwer Academic.

Kauffman, S. (1995). *At home in the universe: The search for the laws of self-organization and complexity*. New York: Oxford University Press.

Kent, T. (1991). Hermeneutics and genre: Bakhtin and the problem of communicative interaction. In D. R. Hiley, J. F. Bohman, & R. Shusterman (Eds.), *The interpretive turn: Philosophy, science, culture* (pp. 282 - 303). Ithaca, NY: Cornell University Press.

Kuhn, D., Garcia-Mila, M., Zohar, A., & Andersen, C. (1995). Strategies of knowledge acquisition. *Monographs of the Society for Research in Child Development*, *60*(4, Serial No. 245).

Kuhn, T. S. (1962). *The structure of scientific revolutions*. Chicago: University of Chicago Press.

Kuhn, T. S. (1977). *The essential tension*. Chicago: University of Chicago Press.

Kuo, Z.-Y. (1967). *The dynamics of behavior development*. New York: Random House.

Laing, R. D. (1960). *The divided self*. New York: Pantheon Books.

Lakatos, I. (1978a). *Mathematics, science and epistemology: Philosophical papers* (Vol. 2). New York: Cambridge University Press.

Lakatos, I. (1978b). *The methodology of scientific research programmes: Philosophical papers* (Vol. 1). New York: Cambridge University Press.

Lakoff, G. (1987). *Women, fire, and dangerous things: What categories reveal about the mind*. Chicago: University of Chicago Press.

Lakoff, G., & Johnson, M. (1999). *Philosophy in the flesh: The embodied mind and its challenge to western thought*. New York: Basic Books.

Langer, J. (1994). From acting to understanding: The comparative development of meaning. In W. Overton & D. Palermo (Eds.), *The nature and ontogenesis of meaning* (pp. 191 - 214). Hillsdale, NJ: Erlbaum.

Latour, B. (1993). *We have never been modern*. Cambridge, MA: Harvard University Press.

Laudan, L. (1977). *Progress and its problems: Towards a theory of scientific growth*. Berkeley: University of California Press.

Laudan, L. (1984). *Science and values: The aims of science and their role in scientific debate*. Los Angeles: University of California Press.

Laudan, L. (1996). *Beyond positivism and relativism: Theory, method, and evidence*. Boulder, CO: Westview Press.

LeDoux, J. (1996). *The emotional brain: The mysterious underpinnings of emotional life*. New York: Touchstone.

Lehrman, D. S. (1970), Semantic and conceptual issues in the nature-nurture problem. In L. R. Aronson, E. Tobach, D. S. Lehrman, & J. S. Rosenblatt (Eds.), *Development and evolution of behavior: Essays in memory of T. C. Schneirla* (pp. 17 - 52). San Francisco: Freeman.

Lerner, R. M. (1978). Nature, nurture, and dynamic interactionism. *Human Development*, *21*, 1 - 20.

Lerner, R. M. (2002). *Concepts and theories of human development* (3rd ed.). New York: Random House.

Leventhal, H. (1982). The integration of emotion and cognition: A view from perceptual-motor theory of emotion. In M. S. Clark & S. T. Fiske (Eds.), *Affect and cognition* (pp. 121 - 156). Hillsdale, NJ: Erlbaum.

Levins, R., & Lewontin, R. (1985). *The dialectical biologist*. Cambridge, MA: Harvard University Press.

Lewis, M. (1993). The emergence of human emotions. In M. Lewis & J. Haviland (Eds.), *Handbook of emotions* (pp. 223 - 235). New York: Guilford Press.

Lewontin, R. C. (2000). *The triple helix: Inside and outside: Gene, organism, and environment*. Cambridge, MA: Harvard University Press.

Liben, L. S. (1999). Developing an understanding of external spatial representations. In I. E. Sigel (Ed.), *Development of mental representation: Theories and applications* (pp. 297 - 321). Mahwah, NJ: Erlbaum.

Lickliter, R., & Honeycutt, H. (2003). Evolutionary approaches to cognitive development: Status and strategy. *Journal of Cognition and Development*, *4*, 459 - 473.

Lourenço, O., & Machado, A. (1996). In defense of Piaget's theory: A reply to 10 common criticisms. *Psychological Review*, *103*, 143 - 164.

Lovejoy, A. O. (1936). *The great chain of being*. Cambridge, MA: Harvard University Press.

Luhmann, N. (1995). *Social systems*. Stanford, CA: Stanford University Press.

Luria, A. R. (1981). *Language and cognition* (J. V. Wertsch, Ed.). New York: Wiley Intersciences.

Magnusson, D. (1998). The logic and implications of a personoriented approach. In R. B. Cairns, L. R. Bergman, & J. Kagan (Eds.), *Methods and models for studying the individual* (pp. 33 - 63). London: Sage.

Magnusson, D., & Stattin, H. (1998). Person-context interaction theories. In W. Damon (Editor-in-Chief) & R. M. Lerner (Ed.), *Handbook of child psychology: Vol. 1. Theoretical models of human development* (5th ed., pp. 685 - 760). New York: Wiley.

Malatesta, C. Z., Culver, C., Tesman, J. R., & Shepard, B. (1989). The development of emotion expression during the first two years of life. *Monographs of the Society for Research in Child Development*, *54* (1 Series No. 219).

Mameli, M., & Bateson, P. (in press). Innateness and the sciences. *Biology and Philosophy*.

Mandler, G. (1982). The structure of value: Accounting for taste. In M. S. Clark & S. T. Fiske (Eds.), *Affect and cognition* (pp. 211 - 227). Hillsdale, NJ: Erlbaum.

Mandler, J. M. (1992). How to build a baby: Vol. Ⅱ. Conceptual primitives. *Psychological Review*, *99*, 587 - 604.

Marcovitch, S., & Lewkowicz, D. J. (2004). U-Shaped functions: Artifact or hallmark of development? *Journal of Cognition and Development*, *5*, 113 - 118.

Margolis, J. (1987). *Science without unity: Reconciling the human and natural sciences*. New York: Basil Blackwell.

Mayr, E. (1982). *The growth of biological thought*. Cambridge, MA: Harvard University Press.

McCarthy, T. (1991). *Ideals and illusions: On reconstruction and deconstruction in contemporary critical theory*. Cambridge, MA: MIT Press.

McCarthy, T. (1993). Introduction. In J. Habermas (Ed.) & F. G. Lawrence (Trans.), *The philosophical discourse of modernity* (pp. vii-xvii). Cambridge, MA: MIT Press.

McGuire, S., Manke, B., Saudino, K. J., Reiss, D., Hetherington, E. M., & Plomin, R. (1999). Perceived competence and self-worth during adolescence: A longitudinal behavioral genetic study. *Child Development*, *70*, 1283 - 1296.

Mead, G. H. (1934). *Mind, self and society: From the standpoint of a social behaviorist*. Chicago: University of Chicago Press.

Merleau-Ponty, M. (1962). *Phenomenology of perception* (C. Smith, Trans.). London: Routledge & Kegan Paul.

Merleau-Ponty, M. (1963). *The structure of behavior* (A. Fisher, Trans.). Boston: Beacon Press.

Messick, S. (1995). Validity of psychological assessment: Validation of inferences from persons' responses and performances as scientific inquiry into score meaning. *American Psychologist*, *50*, 741 - 749.

Miller, J. G. (1996). Theoretical issues in cultural psychology. In J. W. Berry, Y. H. Poortinga, & J. Pandey (Eds.), *Handhook of cross-cultural psychology: Theory, and method* (pp. 85 - 128). Boston: Allyn & Bacon.

Mueller, U., & Carpendale, J. I. M. (2004). From joint activity to joint attention: A relational approach to social development in infancy. In J. I. M. Carpendale & U. Mueller (Eds.), *Social interaction and the development of knowledge* (pp. 215 - 238). Mahwah, NJ: Erlbaum.

Mueller, U., & Overton, W. F. (1998a). Action theory of mind and representational theory of mind: Is dialogue possible? *Human Development*, *41*, 127 - 133.

Mueller, U., & Overton, W. F. (1998b). How to grow a baby. A reevaluation of image-schema and Piagetian action approaches to representation. *Human Development*, *41*, 71 - 111.

Nagel, E. (1957). Determinism and development. In D. B. Harris (Ed.), *The concept of development* (pp. 15 - 24). Minneapolis: University of Minnesota Press.

Nagel, E. (1967). The nature and aim of science. In S. Morgenbesser (Ed.), *Philosophy of science today* (pp. 5 - 13). New York: Basic Books.

Nagel, E. (1979). *The structure of science* (2nd ed.). Cambridge, MA: Hackett Publishing.

NICHD Early Child Care Research Network. (2004). Trajectories of physical aggression from toddlerhood to middle childhood. *Monographs of the Society for Research in Child Development*, *69* (4 Serial No. 278).

Nijhout, H. F. (1990). Metaphors and the role of genes in development. *BioEssays*, *12*, 441 - 446.

Nisbet, R. (1969). *Social change and history*. New York: Oxford University Press.

Nucci, L. P. (1996). Morality and the personal sphere of action. In E. Reed, E. Turiel, & T. Brown (Eds.), *Values and knowledge* (pp. 41 - 60). Hillsdale, NJ: Erlbaum.

Ogden, T. H. (1986). *The matrix of the mind: Object relations and the psychoanalytic dialogue*. Northvale. NJ: Aronson.

Oppenheimer, L. (1991). Determinants of action: An organismic and holistic approach. In L. Oppenheimer & J. Valsiner (Eds.), *The origins of action: Interdisciplinary and international perspectives* (pp. 37 - 63). New York: Springer-Verlag.

Overton, W. F. (1973). On the assumptive base of the nature-nurture controversy: Additive versus interactive conceptions. *Human Development*, *16*, 74 - 89.

Overton, W. F. (1984). World views and their influence on psychological theory and research: Kuhn-Lakatos-Laudan. In H. W. Reese (Ed.), *Advances in child development and behavior* (Vol. 18, pp. 191 - 226). New York: Academic Press.

Overton, W. F. (1990). Competence and procedures: Constraints on the development of logical reasoning. In W. F. Overton (Ed.), *Reasoning, necessity, and logic: Developmental perspectives* (pp. 1 - 32). Hillsdale, NJ: Erlbaum.

Overton, W F. (1991a). Competence, procedures and hardware: Conceptual and empirical considerations. In M. Chandler & M. Chapman (Eds.), *Criteria for competence: Controversies in the assessment of children's abilities* (pp. 19 - 42). Hillsdale, NJ: Erlbaum.

Overton, W. F. (1991b). Historical and contemporary perspectives on developmental theory and research strategies. In R. Downs, L. Liben, & D. Palermo (Eds.), *Visions of aesthetics, the environment, and development: The legacy of Joachim Wohlwill* (pp. 263 - 311). Hillsdale, NJ: Erlbaum.

Overton, W. F. (1991c). The structure of developmental theory. In H. W. Reese (Ed.), *Advances in child development and behavior* (Vol. 23, pp. 1 - 37). New York: Academic Press.

Overton, W. F. (1994a). The arrow of time and cycles of time: Concepts of change, cognition, and embodiment. *Psychological Inquiry*, *5*, 215 - 237.

Overton, W. F. (1994b). Contexts of meaning: The computational and the embodied mind. In W. F. Overton & D. S. Palermo (Eds.), *The nature and ontogenesis of meaning* (pp. 1 - 18). Hillsdale, NJ: Erlbaum.

Overton, W. F. (1994c). Interpretationism, pragmatism, realism, and other ideologies. *Psychological Inquiry*, *5*, 260 - 271.

Overton, W. F. (1997). Beyond dichotomy: An embodied active agent for cultural psychology. *Culture and Psychology*, *3*, 315 - 334.

Overton, W. F. (1998). Developmental psychology: Philosophy, concepts, and methodology. In W. Damon (Editor-in-Chief) & R. M. Lerner (Vol. Ed.), *Handbook of child psychology: Vol. 1. Theoretical models of human development* (5th ed., pp. 107 - 188). New York: Wiley.

Overton, W. F. (2002). Understanding, explanation, and reductionism: Finding a cure for Cartesian anxiety. In L. Smith & T. Brown (Eds.), *Reductionism* (pp. 29 - 51). Mahwah, NJ: Erlbaum.

Overton, W. F. (2003). Metatheoretical features of behavior genetics and development. *Human Development*, *46*, 356 - 361.

Overton, W. F. (2004a). Embodied development: Ending the nativism-empiricism debate. In C. Garcia Coll, E. Bearer, & R. Lerner (Eds.), *Nature and nurture: The complex interplay of genetic and environmental influences on human behavior and development* (pp. 201 - 223). Mahwah, NJ: Erlbaum.

Overton, W. F. (2004b). A relational and embodied perspective on resolving psychology's antinomies. In J. I. M. Carpendale & U. Mueller (Eds.), *Social interaction and the development of knowledge* (pp. 19 - 44). Mahwah, NJ: Erlbaum.

Overton, W. F., & Dick, A. S. (in press). A competence-procedural and developmental approach to logical reasoning. In M. J. Roberts (Ed.), *Integrating the mind*. Hove, UK: Psychology Press.

Overton, W. F., & Ennis, M. (in press). Cognitive-developmental and behavior-analytic theories: Evolving into complementarity. *Haman Development*.

Overton, W. F., & Horowitz, H. (1991). Developmental psychopathology: Differentiations and integrations. In D. Cicchetti & S. Toth (Eds.), *Rochester Symposium on Developmental Psychopathology* (Vol. 3, pp. 1 - 41). Rochester, NY: University of Rochester Press.

Overton, W. F., & Jackson, J. (1973). The representation of imagined objects in action sequences: A developmental study. *Child Development*, *44*, 309 - 314.

Overton, W. F., & Reese, H. W. (1973). Models of development: Methodological implications. In J. R. Nesselroade & H. W. Reese (Eds.), *Life-span developmental psychology: Methodological issues* (pp. 65 - 86). New York: Academic Press.

Overton, W. F., & Reese, H. W. (1981). Conceptual prerequisites for an understanding of stability-change and continuity-discontinuity. *International Journal of Behavioral Development*, *4*, 99 - 123.

Oyama, S. (1989). Ontogeny and the central dogma: Do we need the concept of genetic programming in order to have an evolutionary perspective. In M. R. Gunnar & E. Thelen (Eds.), *Minnesota Symposia on Child Psychology: Vol. 22. Systems and development* (pp. 1 - 34). Hillsdale, NJ: Erlbaum.

Oyama, S. (2000). *The ontogeny of information: Developmental systems and evolution* (2nd ed.). Durham, NC: Duke University Press.

Pepper, S. C. (1942). *World hypotheses*. Los Angeles: University of California Press.

Pepper, S. C. (1979). Contextualistic criticism. In M. Rader (Ed.), *A modern book of esthetics: An anthology* (5th ed., pp. 404 - 416). New York: Holt, Reinhart and Winston.

Piaget, J. (1952). *The origins of intelligence in children*. New York: Norton.

Piaget, J. (1954). *The construction of reality in the child*. New York: Basic Books.

Piaget, J. (1967). *Six psychological studies*. New York: Random House.

Piaget, J. (1971). *Biology and knowledge*. Chicago: University of Chicago Press. (Original work published 1967)

Piaget, J. (1977). The role of action in the development of thinking. In W. F. Overton & J. M. Gallagher (Eds.), *Knowledge and development* (pp. 17 - 42). New York: Plenum Press.

Piaget, J. (1980). *Adaptation and intelligence: Organic selection and phenocopy*. Chicago: University of Chicago Press. (Original work published 1974)

Piaget, J. (1985). *The equilibration of cognitive structures*. Chicago: University of Chicago Press.

Piaget, J. (1992). *Morphisms and categories: Comparing and transforming*. Hillsdale, NJ: Erlbaum.

Piaget, J. (1995). *Sociological studies*. New York: Routledge.

Piaget, J., & Garcia, R. (1991). *Toward a logic of meanings*. Hillsdale, NJ: Erlbaum.

Pierce, C. S. (1992). *Reasoning and the logic of things: The Cambridge conference lectures of 1898*. Cambridge, MA: Harvard University Press.

Pinker, S. (1997). *How the mind works*. New York: Norton.

Pinquart, M., & Silbereisen, R. K. (2004). Human development in times of social change: Theoretical considerations and research needs. *International Journal of Behavioral Development*, *28*, 289 - 298.

Plomin, R. (1986). *Development, genetics, and psychology*. Hillsdale, NJ: Erlbaum.

Plomin, R. (1994). *The limits of family influence: Genes experience and behavior*. New York: Guilford Press.

Plomin, R., & Rutter, M. (1998). Child development, molecular genetics, and what to do with genes once they are found. *Child Development*, *69*, 1223 - 1242.

Popper, K. (1959). *The logic of scientific discovery*. London: Hutchinson.

Prosch, H. (1964). *The genesis of twentieth century philosophy*. New York: Doubleday.

Putnam, H. (1983). *Realism and reason: Philosophical papers* (Vol. 3). New York: Cambridge University Press.

Putnam, H. (1987). *The many faces of realism*. Cambridge, England: Cambridge University Press.

Putnam, H. (1990), *Realism with a human face*. Cambridge, MA: Harvard University Press.

Putnam, H. (1995). *Pragmatism*. Cambridge, MA: Blackwell.

Quine, W. V. (1953). *From a logical point of view*. Cambridge, MA: Harvard University Press.

Randall, J. H. (1960). *Aristotle*. New York: Columbia University Press.

Reed, E. S. (1993). The intention to use a specific affordance: A conceptual framework for psychology. In R. H. Wozniak & K. W. Fischer (Eds.), *Development in context: Acting and thinking in specific environments* (pp. 45 - 76). Hillsdale, NJ: Erlbanm.

Reese, H. W., & Overton, W. F. (1970). Models of development and theories of development. In L. R. Goulet & P. B. Baltes (Eds.), *Life-span developmental psychology: Research and theory* (pp. 115 - 145). New York: Academic Press.

Ricoeur, P. (1984). *Time and narrative* (Vol. 1, K. McLalughlin & D. Pellauer, Trans.). Chicago: University of Chicago Press.

Ricoeur, P. (1991). *From text to action: Vol. Ⅱ. Essays in hermeneutics* (K. Blarney & J. B. Thompson, Trans.). Evanston, Ill: Northwestern University Press.

Robins, R., & Tracy, J. L. (2003). Setting an agenda for a personcentered approach to personality development. *Monographs of the Society for Research in Child Development*, *67*(1 Serial No. 272), 110 - 122.

Rogoff, B. (1990). *Apprenticeship in thinking: Cognitive development in sociocultural activity*. New York: Oxford University Press.

Rogoff, B. (1993). Children's guided participation and participatory appropriation in socialcultural activity. In R. H. Wozniak & K. W. Fischer (Eds.), *Development in context: Acting and thinking in specific environments* (pp. 121 - 154). Hillsdale, NJ: Erlbaum.

Rorty, R. (1979). *Philosophy and the mirror of nature*. Princeton, NJ: Princeton University Press.

Rose, H., & Rose, S. (Eds.). (2000). *Alas, poor Darwin: Arguments against evolutionary psychology*. New York: Harmony Books.

Ross, W. D. (1959). *Aristotle*. Cleveland, OH: World Publishing.

Rozeboom, W. W. (1997). Good science is abductive, not hypothetico-deductive, In L. L. Harlow, S. A. Mulaik, & J. H. Steiger (Eds.), *What if there were no significance tests?* (pp. 335 - 391). Mahwah, NJ: Erlbaum.

Russell, J. (1996). *Agency: Its role in mental development*. Hove, UK: Erlbaum, Taylor and Francis.

Saarni, C., Mumme, D. L., & Campos, J. (1998). Emotional development: Action, communication, and understanding. In W. Damon (Editor-in-Chief) & N. Eisenberg (Vol. Ed.), *Handbook of child psychology: Vol. 3. Social, emotional, and personality development* (5th ed., pp. 237 - 310). New York: Wiley.

Sabini, J., Siepmann, M., & Stein, J. (2001). Authors' response to commentaries. *Psychological Inquiries*, *12*, 41 - 48.

Sampson, E. E. (1996). Establishing embodiment in psychology. *Theory and Psychology*, *6*, 601 - 624.

Santostefano, S. (1995). Embodied meanings, cognition and emotion: Pondering how three are one. In D. Cicchetti & S. L. Toth (Eds.), *Rochester Symposium on Developmental Psychopathology: Vol. 6. Emotion, cognition, and representation* (pp. 59 - 132), Rochester, NY: University of Rochester Press.

Saxe, G. B. (1981). Body parts as numerals: A developmental analysis of numeration among the Oksapmin of New Guinea. *Child Development*, *52*, 306 - 316.

Saxe, G. B. (1995, June). *Culture changes in social practices and cognitive development*. Paper presented to the annual meeting of the Jean Piaget Society, Berkeley, CA.

Scarf, S. (1992). Developmental theories for the 1990s: Development and individual differences. *Child Development*, *63*, 1 - 19.

Schlick, M. (1991). Positivism and realism. In R. Boyd, P. Gasper, & J. D. Trout (Eds.), *The philosophy of science* (pp. 37 - 55). Cambridge, MA: MIT Press.

Schneirla, T. C. (1956). Interrelationships of the innate and the acquired in instinctive behavior. In P. P. Grasse (Ed.), *L'instinct dans le comportement des animaux er de l'homme* (pp. 387 - 452). Paris: Mason et Cie.

Schneirla, T. C. (1957). The concept of development in comparative psychology. In D. B. Harris (Ed), *The concept of development* (pp. 78 - 108). Minneapolis: University of Minnesota Press.

Scholnick, E. K., & Cookson, K. (1994). A developmental analysis of cognitive semantics: What is the role of metaphor in the construction of knowledge and reasoning. In W. F. Overton & D. S. Palermo (Eds.), *The nature and ontogenesis of meaning* (pp. 109 - 128). Hillsdale, NJ: Erlbaum.

Searle, J. (1992). *The rediscovery of the mind*. Cambridge, MA: MIT Press.

Shanon, B. (1993). *The representational and the presentational: An essay on cognition and the study of mind*. New York: Harvester Wheatsheaf.

Sheets-Johnstone, M. (1990). *The roots of thinking*. Philadelphia:

Temple University Press.

Shweder, R. A. (1990). Cultural psychology: What is it? In J. W. Stigler, R. A. Shweder, & G. Herdt (Eds.), *Cultural psychology: Essays on comparative human development* (pp. 1 - 46). New York: Cambridge University Press.

Shweder, R. A., & Sullivan, M. A. (1990). The semiotic subject of cultural psychology. In L. Pervin (Ed.), *Handbook of personality: Theory and research* (pp. 399 - 416). Guilford: New York.

Siegler, R. S. (1989). Mechanisms of cognitive development. *Annual Review of Psychology*, *40*, 353 - 379.

Siegler, R. S. (1996). *Emerging minds: The process of change in children's thinking*. New York: Oxford University Press.

Siegler, R. S., & Crowley, K. (1991). The microgenetic method: A direct means for studying cognitive development. *American Psychologist*, *46*, 606 - 620.

Siegler, R. S., & Crowley, K. (1992). Microgenetic methods revisited. *American Psychologist*, *47*, 1241 - 1243.

Siegler, R. S., & Munakata, Y. (1993, Winter). Beyond the immaculate transition: Advances in the understanding of change. *SRCD Newsletter*.

Sijtsma, K., & Molenaar, I. W. (2002). *Introduction to nonparametric item response theory* (Measurement methods for the social science, 5). Thousand Oaks, CA: Sage.

Skinner, B. F. (1971). *Beyond freedom and dignity*. New York: Bantam Books.

Skinner, B. F. (1984). Selection by consequences. *Behavioral and Brain Sciences*, *7*, 1 - 43.

Smith, L. D. (1986). *Behaviorism and logical positivism: A reassessment of the alliance*. Stanford, CA: Stanford University Press. Smith, L. D. (1990). Metaphors of knowledge and behavior in the behaviorist tradition. In D. E. Leary (Ed.), *Metaphors in the history of psychology* (pp. 239 - 266). New York: Cambridge University Press.

Spelke, E. S., & Newport, E. L. (1998). Nativism, empiricism, and the development of knowledge. In W. Damon (Editor-in-Chief) & R. M. Lerner (Vol. Ed.), *Handbook of child psychology: Vol. 1. Theoretical models of human development* (5th ed., pp. 275 - 340). New York: Wiley.

Sroufe, L. A. (1979). Socialemotional development. In J. Osofsky (Ed.), *Handbook of infant development* (pp. 462 - 516). New York: Wiley.

Stace, W. T. (1924). *The philosophy of Hegel*. New York: Dover Publications.

Stern, W. (1938). *General psychology: From the personalistic standpoint*. New York: Macmillan.

Sternberg, R. J. (Ed.). (1984). *Mechanisms of cognitive development*. New York: Freeman.

Sugarman, S. (1987a). The priority of description in developmental psychology. *International Journal of Behavioral Development*, *10*, 391 - 414.

Sullivan, H. S. (1953). *The interpersonal theory of psychiatry*. New York: Norton.

Suomi, S. J. (2000). A behavioral perspective on developmental psychopathology: Excessive aggression and serotonergic dysfunction in monkeys. In A. J. Sameroff, M. Lewis, and S. Miller (Eds.), *Handbook of developmental psychopathology* (2nd ed., pp. 237 - 256). New York: Plenum Press.

Taylor, C. (1964). *The explanation of behavior*. New York: Humanities Press.

Taylor, C. (1979). *Hegel and modern society*. New York: Cambridge University Press.

Taylor, C. (1985). *Human agency and language: Philosophical papers* (Vol. 1). New York: Cambridge University Press.

Taylor, C. (1991). The dialogical self. In D. R. Hiley, J. F. Bohman, & R. Shusterman (Eds.), *The interpretive turn: Philosophy, science, culture* (pp. 304 - 314). Ithaca, NY: Cornell University Press.

Taylor, C. (1995). *Philosophical arguments*. Cambridge, MA: Harvard University Press.

Thelen, E. (2000). Grounded in the world: Developmental origins of the embodied mind. *Infancy*, *1*, 3 - 28.

Thelen, E., Schöner, G., Scheier, C., & Smith, L. (2001). The dynamics of embodiment: A field theory of infant preservative reaching. *Behavioral and Brain Sciences*, *24*, 1 - 86.

Thelen, E., & Smith, L. (1998). Dynamic systems theories. In W. Damon (Editor-in-Chief) & R. M. Lerner (Vol, Ed.), *Handbook of child psychology: Vol. 1. Theoretical models of human development* (5th ed., pp. 563 - 634). New York: Wiley.

Thelen, E., & Ulrich, B. D. (1991). Hidden Skills. *Monographs of the Society for Research in Child Development*, *56* (1, Serial No. 223).

Tobach, E. (1981). Evolutionary aspects of the activity of the organism and its development. In R. M. Lerner & N. A. Busch-Rosnagel (Eds.), *Individuals as producers of their development: A life-span perspective* (pp. 37 - 68). New York: Academic Press.

Tobach, E., & Greenberg, G. (1984). The significance of T. C. Schneirla's contribution to the concept of integration. In G. Greenberg & E. Tobach (Eds.), *Behavioral evolution and integrative levels* (pp. 1 - 7). Hillsdale, NJ: Erlbaum.

Tooby, J., & Cosmides, L. (1992). The psychological foundation of culture. In J. H. Barkow, L. Cosmides, & J. Tooby (Eds.), *The adapted mind: Evolutionary psychology and the generation of culture* (pp. 19 - 139). New York: Oxford University Press.

Toulmin, S. (1953). *The philosophy of science*. New York: Harper & Row.

Toulmin, S. (1961). *Foresight and understanding*. New York: Harper & Row.

Toulmin, S. (1990). *Cosmopolis: The hidden agenda of modernity*. Chicago: University of Chicago Press.

Toulmin, S., & Goodfield, J. (1965). *The discovery of time*. New York: Harper & Row.

Uttal, D. H. (2000). Seeing the big picture map use and the development of spatial cognition. *Developmental Science*, *3*, 247 - 264.

Valsiner, J. (1994). Irreversibility of time and the construction of historical developmental psychology. *Mind, Culture, and Activity*, *1*, 25 - 42.

Valsiner, J. (1998a). The development of the concept of development: Historical and epistemological perspectives. In W. Damon (Editor-in-Chief) & R. M. Lerner (Vol. Ed.), *Handbook of child psychology: Vol. 1. Theoretical models of human development* (5th ed., pp. 189 - 232). New York: Wiley.

Valsiner, J. (1998b). *The guided mind: A sociogenetic approach to personality*. Cambridge, MA: Harvard University Press.

van der Veer, R., & Valsiner, J. (1994). Reading Vygotsky: From fascination to construction. In R. van der Veer & J. Valsiner (Eds.), *The Vygotsky reader* (pp. 1 - 7). Cambridge, MA: Blackwell.

Varela, F. J., Thompson, E., & Rosch, E. (1991). *The embodied mind: Cognitive science and human experience*. Cambridge, MA: MIT Press.

von Bertalanffy, L. (1968a). *General system theory*. New York: George Braziller.

von Bertalanffy, L. (1968b) *Organismic psychology and systems theory*. Barre, MA: Barre Publishing.

von Wright, G. H. (1971). *Explanation and understanding*. Ithaca, NY: Cornell University Press.

Vreeke, G. J. (2000). Nature, nurture and the future of the analysis of variance. *Human Development*, *44*, 32 - 45.

Vygotsky, L. S. (1978). *Mind in society: The development of higher psychological processes*. Cambridge, MA: Harvard University Press.

Vygotsky, L. S. (1979). Consciousness as a problem in the psychology of behavior. *Soviet Psychology*, *17*, 3 - 35.

Wapner, S., & Demick, J. (1998). Developmental analysis: A holistic, developmental, systems-oriented perspective. In W. Damon (Editor-in-Chief) & R. M. Lerner (Vol. Ed.), *Handbook of child psychology: Vol. 1. Theoretical models of human development* (5th ed., pp. 761 - 806). New York: Wiley.

Wartofsky, M. (1968). *Conceptual foundations of scientific thought*. Toronto, Ontario, Canada: Macmillan.

Werner, H. (1948). *Comparative psychology of mental development*. New York: International Universities Press. (Original work published 1940)

Werner, H. (1957). The concept of development from a comparative and organismic point of view. In D. B. Harris (Ed.), *The concept of development: An issue in the study of human behavior* (pp. 125 - 148). Minneapolis: University of Minnesota Press.

Werner, H., & Kaplan, B. (1963). *Symbol formation*. New York: Wiley.

Wertsch, J. V. (1991). *Voices of the mind: A sociocultural approach to mediated action*. Cambridge, MA: Harvard University Press.

White, S. (1995). Toward an evolutionary epistemology of scientific reasoning. *Monographs of the Society for Research in Child Development*, 60 (4, Serial No. 245), 129 - 136.

Winch, P. (1958). *The idea of a social science and its relation to phi losophy*. London: Routledge & Kegan Paul.

Winer, B. J. (1962). *Statistical procedures in experimental design*. New York: McGraw-Hill.

Winnicott, D. W. (1965). *The maturational process and the facilitating environment*. New York: International Universities Press.

Winnicott, D. W. (1971). *Playing and reality*. New York: Basic

Books.

Wittgenstein, L. (1958). *Philosophical Investigations* (3rd ed., G. E. M. Anscombe, Trans.). Englewood Cliffs, NJ: Prentice-Hall. (Original work published 1953)

Wohlwill, J. F. (1973). *The study of behavioral development*. New York: Academic Press.

Youniss, J., & Damon, W. (1992). Social construction in Piaget's theory. In H. Beilin & P. B. Pufall (Eds.), *Piaget's theory: Prospects and possibilities* (pp. 267 - 286). Hillsdale, NJ: Erlbaum.

Zajonc, R. B., Pietromonaco, P., & Bargh, J. (1982). Independence and interaction of affect and cognition. In M. S. Clark & S. T. Fiske (Eds.), *Affect and cognition* (pp. 211 - 227). Hillsdale, NJ: Erlbaum.

Zelazo, P. D. (1996). Towards a characterization of minimal consciousness. *New Ideas in Psychology*, *14*, 63 - 80.

第3章

发展心理学的历史

ROBERT B. CAIRNS和BEVERLEY D. CAIRNS

这一章主要介绍过去的这个世纪里曾经对发展心理学科学研究活动产生过影响的思想、人物和事件。本章的准备工作由于近来几本发展心理学史著作的出版而受益匪浅。一些重要研究者关于该学科历史的观点都体现在《发展心理学世纪回顾》(*A Century of Developmental Psychology*, Parke, Ornstein, Rieser, & Zahn-Waxler, 1994)一书中,这些研究者绝大多数都参与了当代的研究。虽然阅读间接的评论能为我们提供有用的指导和解释,但是对原始材料的阅读则是无可替代的。为此,Wozniak(如 1993,1995)已经准备好了一套重版丛书,其中包括了心理学历史上的重要原始文章与著作。 90

其他的近期著作一部分出自专业历史学家之手,而另一部分来自那些没有卷入该学科当前实证性争论的人(如 Broughton & Freeman-Moir, 1982; Elder, Modell & Parke, 1993)。此外,Sears(1975)和 White(1996)也曾专门介绍过在美国这门学科的形成过程及其与社会发展的关联。但是,任何单一的总结评述都只能讲述整个故事的一部分,我们所写的这章也不例外。*

根据上一版《儿童心理学手册》的习惯,一项研究成果或事件要想转化为历史事实必须用 20 年时间,这大约相当于科学发展中的一代。这种惯例使历史研究任务更容易处理并且使历史事件的中心更明确。

发展与历史

略有讽刺的是,就是这样一门致力于研究意识行为的起源发展的学科却对其自身的起源和发展漠不关心。《儿童心理学手册》(Carmichael, 1946; Murchison, 1931, 1933; Mussen, 1970)的前五版都没有作任何的历史性回顾,然而到了 1983 年的版本中,这种情况有所改变。该书新增了两章有关历史的内容(Borstlemann, 1983; Cairns, 1983)。早期的人们不愿回顾历史,这虽有些遗憾,但也在情理之中。因为要想在将来的实证研究中取得成

---

* Robert Cairns 教授于 1999 年 11 月 10 日逝世。这一章是在 Cairns 教授为《儿童心理学手册》(1998)第五版撰写的章节的基础上由 Beverley D. Cairns 和 Richard M. Lerner 修订而成。和该章的 1998 版一样,这一版的大部分工作同样要归于先前著述的两章发展心理学史(Cairns, 1983; Cairns & Ornstein, 1979)的 Cairns 教授和其他一些在早期准备工作中作出贡献的人。这些人包括:Beverley D. Cairns, Peter A. Ornstein, Robert R. Sears, William Kessen, Ronald W. Oppenheim, Alice Smuts, Lloyd Borstlemann, Robert Wozniak, Philip R. Rodkin, Kimberly Davidson,以及发展科学中心的成员。

功所必须做的是展望未来而不是回首往事。另外，制度和经济因素也制约了对历史的研究——一方面，期刊是寸纸寸金，而另一方面，有关历史的评论研究又往往得不到优先发表权，其结果便是当前的论文研究常忽略先前研究者的工作和洞见。对历史的忽略还与一种更普遍的倾向有关，那就是人们很少承认或关注他人有挑战性的发现、概念和解释。这些学术研究中的缺点，如果得不到纠正，那将会削弱该学科真正的发展。

对历史的说明并不是一成不变的。当有关发展现象本质的新观点或资料出现时，人们就会调整对历史事件的侧重点和解释。与此相似的是，当新发现和新问题出现时，人们同样会从一个新角度重新审视有关的历史。对 Baldwin 研究贡献的重新发现就是这样一个例子。随着人们对认知、道德与社会性发展的概念整合兴趣的增加，研究者很可能会重新发现 Baldwin 为发展研究所奠定的知识基础。我们已经发现 J. M. Baldwin 直接影响了 Jean Piaget、L. S. Vygotsky、H. Wallon 和 L. Kohlberg(见 Broughton & Freeman-Moir, 1982; Cairns, 1992; Valsiner & van der Veer, 1993)。一门科学的思想史的建设必定是不断向前发展的。

为人们普遍认同的一点是，发展心理学有自己独特的历史，它虽与实验或普通心理学史有关却相对独立。1979 年是科学心理学的百年诞辰(Hearst, 1979)，至此 Wundt 在莱比锡大学建立心理学实验室恰逢一个世纪。我们稍作回顾，哪怕随便翻阅一下 1879 年那个时期的文献，都会发现随着 Helmholtz、Fechner、Weber、Lotze、James、Galton 纷纷建立心理实验室，现代心理学已渐入正轨(Littman, 1979)。

回望历史，行为发展成为新心理学的研究焦点似乎是不可避免的。在 19 世纪晚期，哲学和生物学思想中的发生学主题影响渐增，而此时的心理学创始人也开始从发展的视角来研究问题。法国的 Alfred Binet、德国的 William Preyer 和 William Stern、英国的 Herbert Spencer 和 George J. Romanes 以及几位美国的心理学家(从 G. Stanley Hall 和 John Dewey 到 James Mark Baldwin 和 John B. Watson)都对发展的基本思想表示赞同。这些基本思想是什么呢? Watson 这位经常被描述为发展研究方法反对者的人认为，发展的方法要求研究者对“从卵子受精直到随年龄增加而日益变得复杂的个体的动作流”(1926, p. 33)进行持续的观察和分析。对 Watson 而言，发展的方法是：

> 行为主义者的基本观点是：要了解一个人，你必须了解他活动的生活史。可以确信的是，心理学是一门自然科学，是生物学的一个具体分支。(p. 34)

在生物学和心理学领域，发展并不是什么新思想。生理学家 Karl von Baer(1828)早年创建比较胚胎学时，他和他的追随者就曾受发展思想的影响。另外，发展也是早期心理学中经过系统阐述的基本主题之一(Reinert, 1979)。

但是，并不是所有的新心理学奠基人都认同发展或承认心理学是生物学的分支。一些极具影响力的心理学家，包括 Wilhelm Wundt 自己，都在这个问题上持有不同观点。Wundt 曾发现在实验室背景中研究儿童会遭遇很多困难，所以他认为“坚持，就如同有时坚持‘如不分析儿童心理，就无法完全了解成人心理’的观点一样，是完全错误的，而与其相反的观点才是应采取的正确立场”(1907, p. 336)。

就连美国儿童心理学之父 G. Stanley Hall 也将发展研究置于新心理学中低微的从属地位。他在约翰·霍普金斯大学的就职演讲上(1885)，追随自己的导师 Wundt，认为心理学应被划分为三个领域：(1) 实验心理学，(2) 历史心理学和(3) 本能研究。历史心理学包括对儿童与青少年的研究以及对原始人类和民族信仰的研究；本能心理学研究那些被认为是天生的过程和行为，所以它涵盖了今天所谓的比较与进化心理学的大部分内容；在三个分支中，Hall 认为实验心理学是“更核心的，而且应归结于更为精确的方法”，这些方法包括反应时法、心理物理法以及研究感知觉关系的内省法。由于历史心理学和本能心理学一定要依赖于观察法和相关法，所以被认为难以得出普遍的、永久的原理。Hall 的分类与 Auguste Compte、John Stuart Mill、Wilhelm Wundt 等很多研究者的看法一致，他对研究人类思想行为的“第二心理学”的呼吁根植于当时的文化(Cahan & White, 1992; Wundt, 1916)。按照 Hall 的观点，第二心理学就是二流的心理学。

对实验心理学和发展心理学的划分已经被证明是经得起考验的，然而那并不重要，重要的是发展问题本应成为新心理学关注的核心，但事实并非如此，它甚至从来没有在实验心理学的历史上发挥过重要作用(参见 Boring, 1929/1950)。

已达成共识的是，对儿童的科学研究产生于两股力量的交汇，一是社会力量，二是科学力量。科学背景是本章关注的中心，而且我们原则上把重点放在学科的思想和经验基础上。

当然，还有社会和政治的根源。Sears(1975)曾在他题为“重访古人”的经典篇章中评论道：

> 到 19 世纪末，出现了一种介于教育和医疗职业之间的、大致融合了二者的专门技术，显而易见的是，这种社会工作一开始是作为救助职业出现的。在 20 世纪的头 20 年里，这个职业的人开始从事相关研究以提高他们的能力，但是这些人对未来科学的影响主要是因为他们为学校、医院、诊所和社会机构里的儿童提供了迅速扩充的服务，这种服务的扩充一直持续到一战后。在接下来的 10 年里，也就是 20 世纪 20 年代，许多来自非职业导向的学科(“纯粹科学”)领域的科学家开始加入进来与有关儿童职业领域的研究者一起，来创造我们今天视为的儿童发展科学领域。但是，就像从物理学和化学中发展而来的工程科学一样，儿童心理学是社会需要的产物，它与科学本身的关系不大……这个领域发源于*关联*。(p. 4, author's emphasis)

92

不论发展心理学是社会力量的创造还是开放的科学探索不可避免的产物，它只是在 20 世纪才成为一门独立的科学。然而，它在生物学中的科学根源，至少还要再回溯 100 年。也正是在那个时候，人们才开始针对生命起源、物种演变和个体发展这些基本问题开展实证研究。

生物学根源：胚胎学与进化

可以确定地说，发展心理学的科学根源存在于胚胎学和进化生物学而不是实验心理物理学。19世纪生物学的两个核心思想直接塑造了发展心理学并应予以关注：(1) K. E. von Baer的发展原理，以及(2) C. R. Darwin的进化理论。

发展原理

Karl Ernst von Baer(1792—1876)是19世纪伟大的原创性生物学家之一，可与Curvier、Lamarck和Darwin相比肩(Hamburger, 1970)。Baer生于爱沙尼亚，是德国后裔，在沃兹堡和柯尼斯堡他完成了解剖学上的杰出工作。Baer还是比较胚胎学的先驱，他发现了人的卵子和脊索(脊索是脊椎动物胚胎中圆柱形的胶状物，生长在脊骨和颅骨里)。与本章更为相关的是，Baer以他在胚胎学和解剖学方面的实证性研究为基础，归纳出了个体发展变化的一般原理(von Baer, 1828—1837)，他提出发展是沿着前后相继的阶段，按照从一般到具体、从相对同质到愈加分化的层级组织结构顺序推进的。

尽管von Baer自己认为他提出的发展原理是革命性的，可是这个发现最初却没引起人们多少注意。在经历了一阵痛苦与失望后，von Baer于1834年移居到俄罗斯并成为圣彼得堡科学院的图书馆长，其后，他又被任命为俄罗斯北极科考队领队，从事地理学、植物学和生物学等方面的进化发展研究。在职业生涯的后期，Baer回到了他的家乡爱沙尼亚，担任塔尔图大学校长。

对今天的学生来说，von Baer的发展原理听起来可能没什么大不了的，关于生物发展与认知发展的那几章中对他的基本定理也提到过一些。但是，当这个理论首次提出时，它却挑战了当时占统治地位的发展理论。19世纪的大部分时间里，在生物发展领域占据统治地位的是两种相互竞争的理论：(1) 预成论和(2) 渐成论(Gould, 1977)。预成论认为个体的发展转化只是错觉，因为在个体的发展过程中，只有器官的大小和它们之间的关系还在继续变化，而个体的基本特性则早已在它的发展早期①完全形成，或预先确定了。尽管今天预成论由于其对子宫里“小大人”这种刻画的缺点已被淘汰，但这种“小矮人”的观念并不是该理论的核心(Gould, 1977)。

预成论的基本观点是：发展只能使器官外形变化，器官关系发生变化，而不能使器官具有新的性质。因此，这种理论认为，如果你的测量工具足够先进，你会发现个体从胚胎到儿童再到成人的发展过程是一个稳定而先决的过程。这很荒唐吗？也许是，但如果你能类似地想到现代基因理论的话，就会觉得这个理论并非全无道理，在那里基因是持久不变的，而它创造的器官也不会改变。不仅如此，特殊的等位基因还被认为是与个体的特定结构和行

① 胚胎期。——译者注

为特点相联系的。从另一个层面上讲，当代发展心理学家通常认为人的主要特质与性格，如依恋和进攻性，都在婴儿期和儿童早期的更迭中发展并稳定下来。如此形成的这些性格和内化模型的发展可以体现为形成年龄上适宜的表达，而非发展出潜在的类型。

93

19 世纪另外一个主要的发展理论是渐成论。这个理论认为在个体的发展转换过程中，会出现新异性。但又是什么决定了转换过程和发展产物的性质呢？早期的生机论（活力论）的答案是——隐德来希（*entelechy*，指亚里士多德提出的生命活力），但这已不再为大多数的 19 世纪渐成论者所接受。在各种回答中，目的论的答案被看作是无知的表现。但是如果没有发展方向和自我调整，又是什么阻止了胚胎发育成各种各样的怪物呢？因此解释发展转换的渐成论是不能够独立存在的，它需要有其他的假设来解释发展中的序列特性和顺序本质（von Bertalanffy, 1933; Gould, 1977）。

随着自然哲学中著名的复演论作为重要的哲学运动在德国兴起，这块 19 世纪生物学中的理论空白得到了填补。复演论把个体发生（个体发展）和种系发生（物种的发展）这两种主要的器官生成方式整合到了一个框架里，它认为在胚胎发展的过程中，胚胎的组织器官会经历该物种在以前进化过程中所经历过的所有物种的成年形式，胚胎器官的发展过程其实就是该物种进化过程的快速重放。在个体可预测的渐进而有序的发展过程中，新性质也许只出现在器官发展的最终或成熟阶段。这个被 Ernst Haeckel（1866）称作"生物发生律"的概念在 19 世纪生物学领域极具影响力。复演假说也为 Hall 的青春期理论与 S. Freud 最初的压抑和性心理发展阶段理论提供了生物学隐喻（Sulloway, 1979, pp. 198—204, 258—264）。

和他那个时代著名的生物学家相反，von Baer 认为复演论是以错误的观察和浪漫主义而非逻辑为基础的。在自己的研究中他发现，在胚胎发展的早期阶段，相关种类的胚胎在解剖学上具有高度相似性；但是，同复演论的预期解释相反，典型的物种差别不仅出现在发展晚期也出现在发展早期，而且该组织在各阶段中似乎非常适合有机体的目前情况。正如复演论模型所暗示的那样的，复演不仅仅是对该种族早期模型的机械重复（de Beer, 1958）。为了使渐成论的描述更有说服力，von Baer（1828—1837）提供了四条描述发展的规律：

1. 很多动物的一般特征在动物胚胎中的出现时间早于特殊特征的出现时间。

2. 从一般特征中发展出稍不一般的特征，直至最特殊的特征出现。

3. 某个特定物种的胚胎，它的发展过程不是经历其他动物的各个发展阶段，而是越发展越和其他动物不同。

4. 根本上说来，高等动物的胚胎从不会长得像一个低等动物，而只像它的胚胎。

von Baer 坚持认为发展是一个不断分化与重组的过程，因此，新性质可以在任何一个发展阶段出现，而不是仅出现在最后一个阶段。当这个胚胎学规则后来被应用到结构、动作、思想以及社会行为（如 Piaget, 1951; Werner, 1940/ 1948）中去的时候，它产生了深远的影响。1828 年得出的结论是：需要对发展过程本身做更严格的研究，而不能只根据对进化的类比来理解它。

尽管 von Baer 被公认为是一个杰出的胚胎学家，他对发展性质的概括却没有立刻被人们接受。这些概括不符合当时人们普遍坚持的生物学信念，von Baer 对 Darwin 进化论的排斥也于事无补。所以虽然拥有令人信服的可资比较的、实证性证据，但在 19 世纪的大部分时间里，von Baer 的发展思想在同复演论的竞争中往往处于下风。

当然，von Baer 的观点也没有彻底被他那个时代的人们所忽视。Herbert Spencer 正是在 Carpenter(1854)极具影响力的生理学教科书中发现了 von Baer 关于发展规则的思想。Spencer(1986)曾这样写道，von Baer 的工作代表了"胚胎学最显著的进展之一"，并宣称：

94

> 我是在1852 年才开始熟悉 von Baer 的发展规则的。由于这个规则的普遍适用性，我把它看作是一个基本原理，而且应该承认，它是贯穿自然界的统一方法。这个规则宣称每种动植物都是由最初的同质逐渐发展到异质的，它使得以前无条理或部分上有条理的思想开始变得协调统一起来。(p. 337)

Spencer 的工作反过来又启发了 James Mark Baldwin 和他的接班人，包括 Jean Piaget 的发生认识论。另外，von Baer 对心理学的影响还体现在 20 世纪 Z.-Y. Kuo，Schneirla 和 Carmichael 关于动物行为学和比较心理学的研究工作上。现代动力系统模型、交感论、发展心理生物学和发展科学都以 von Baer 的发展规则作为基础概念(如，见 Lerner，第 1 章；Thelen & Smith，本《手册》本卷第 6 章)。不仅如此，时间和适时还是 von Baer 发展理论的核心，这与现代胚胎学中的关键期、行为发展中的敏感期、行为进化中的幼态持续与异时发育都是一致的(Cairns, 1976; de Beer, 1958; Gottlieb, 1992; Gould, 1977)。

当然 von Baer 的理论后来也经过了几次大的修改。发展原则确认了渐成论的一个关键特征——由同质经由不断分化发展到异质然后整合为新结构，但它没有解决发展方向如何被引导的问题。在 von Baer 的著作中，他仍然保持着模糊的目的论色彩，这种思考问题的出发点同"自然哲学"的出发点是相吻合的，但却与他的精确的实证研究和严谨的理论分析相脱节。发展原则没有解决发展方向问题，这使得复演论能够继续得到应用。后来又经过了 100 年，胚胎发展方向的谜题才得以解决(von Bertalanffy, 1933)。

进化与发展

"Charles Darwin 的工作在多大程度上，以及以何种方式影响了发展心理学？"(Charlesworth, 1992, p. 5)为了回答他关于 Darwin 的影响问题，Charlesworth 断定道：Darwin 的影响远比传统预期的小得多，间接得多。他发现 Darwin 的进化论与发展心理学之间只有很少一些联系。这是遗憾的，因为：

> Darwin 的学术贡献和他现有的理论阐述能够促进发展研究，而后者又因对前者假设的有力检验而支持了前者。(p. 13)

应该指出的是，虽然 Charlesworth 断定进化论对发展心理学的影响不大，但这与文献中其他很多观点不一致。比如说，Kessen(1965)就相信 Darwin 极大地改变了我们头脑中儿童与童年的定义。根据 Kessen 的说法(1965)，这种影响既可以是直接的(通过 Darwin 已出版的对他自己儿子的观察)，也可以是间接的(通过进化论思想对 Preyer、J. M. Baldwin、Hall 和 Taine 的影响)。Wohlwill(1973) 也曾作过类似的结论，他曾研究过 Darwin 理论是如何通过 Baldwin、Preyer 和 S. Freud 三人而影响发展思想的。

这个关于 Darwin 影响力的命题很大程度上依赖于我们把“Darwin 的影响力”定义的是大还是小。正如上面所说的那样，对个体发展的研究是以胚胎学而不是以进化学为基础的。Jane Oppenheimer(1959)在她的胚胎学史概述中曾指出，胚胎科学的方法与观念很少受进化生物学影响。不仅如此，von Baer 自己也曾明确反对过 Darwin 的进化论。

然而，随着 Haeckel(1866)在复演论里把个体发生学概念和进化学概念加以结合，情况变得并不明了了。Haeckel 是 19 世纪的后 50 年中 Darwin 进化论的有力支持者，他的影响在 Preyer(1882/1888—1889)和 Hall(1904)的思想中得到了很好的体现。另外，从 Darwin 对情绪和智力进化的评论到比较心理学家 Romanes(1889)和 Morgan(1896)的工作，再从这些 19 世纪晚期的关键人物到心理生物整合与学习观念的现代比较工作的创建，这之间贯穿着一条明显的主线。Sigmund Freud 自己(1957)也曾承认进化论对心理学的确很重要，在 Sulloway(1979)为其写的传记中，进化论也是一条核心信息，这一点从传记的题目就可以看出来——“Freud，心理的生物学家”。

95

Darwin 进化论对发展心理学所拥有的“不大的”影响，体现在它对行为遗传和行为倾向进化的重要意义上面。至少有一个现代社会生物学模型把个体发展的差异看作是“发展噪音”(Wilson, 1975)。这是因为社会生物学的研究重点是：(a) 社会结构差异而不是个体生活史的差异，(b) 引起群体结构差异的生物因素，包括引起侵犯行为、利他行为和合作行为的基因因素。按照 Wundt 的逻辑，这些现象在个体身上的不成熟表现应被看作是短暂和个体化的；当个体聚集在一起形成社会结构时，基因和进化的力量才显得更突出(见 Gottlieb, Wahlsten, & Lickliter，本《手册》本卷第 5 章)。

与上面的情况形成对比的是，从 19 世纪中叶到今天，进化论都一直对动物发展的比较研究有着巨大的影响。在英格兰，Douglas Spalding(1873)曾报告说早期经验会对刚孵出的小鸡在形成父母偏爱方面产生明显影响。他的实验结果表明，种系和个体发展的影响是一先一后的，小动物注定在出生后的一段高敏感期内形成偏爱，而只有在这段敏感期内的经验才对偏爱的形成最有影响力。

George John Romanes 是一个对 Darwin 抱有信心的年轻科学家，由于深受 Spalding 研究成果的吸引，他在进化论的框架里强调行为的早期形成和可塑性。更广泛地说，Romanes 对性和认知阶段性发展的分析为两位最重要的发展心理学理论家——Sigmund Freud 和 James Mark Baldwin 提供了基本的主题。在 Freud 的藏书中，《人类的心理进化》(*Mental Evolution in Man*, Romanes, 1889)是他标注最多的一本书。Sulloway(1979)也认为 Freud 后来强调婴儿早期会出现性特征是受这本书的启发。和复演论相一致，Romanes 认为人的性特征出现在出生后 7 周。也正是在 Romanes 和 Spencer 的指引与启发下，Baldwin(1895)进行了自己的研究工作并在此基础上创作了《儿童与种族的心理发展》(*Mental Development in the Child and the Race*)。我们还应该注意到，致力于研究进化的 Romanes 还被尊称为比较心理学之父(Gottlieb, 1979; Klopfer & Hailman, 1967)。

在北美，有关动物行为发展的研究迅速成为人们关注的焦点，加拿大生理学家 Wesley Mills 在 1899 年发表于《心理学评论》(*Psychological Review*)的一篇论文中明确表明了发展研究的必要。在那篇文章里，Mills 批评了 E. L. Thorndike(1898)狭隘的观点——关于实验分析如何有助于理解动物学习和智力的观点。

对 Mills 来说，学习的生态有效性和生物限制性并不是什么陌生概念。在一篇著名的文章中，Mills(1899)预测了在情境中理解发展的重要性，他这样写道：

> 如果我们研究者能够对动物，例如一条狗，从其出生的那刻起持续一年进行观察，而且研究者在不被狗发现的前提下精确注意狗的生活环境和在这个环境中所发生的一切，那么我们就应该这么做，我相信这样我们就可能拥有对比较心理学最有价值的一个贡献。这意味着几位而不是一位研究者需要放弃他们所有的时间，包括白天与黑夜，轮流投入到这项工作中去。但是，在这方面至今只有一些很不完善的观察方法被用来用去。尽管如此，根据我的观点，这种观察本身就是一种最有价值的贡献，这种贡献对我们来说多多益善。
>
> 如果能给这项研究再加上一个要求的话，研究者应该带着特定的目标测量时常变化的环境条件对一个动物的影响，这类似于自一个动物出生起就开始对其作近距离的观察，那么我们应该能获得对比较心理学的另一份最有价值的贡献。但如果对接受实验的动物的历史都不了解，这样研究的价值就大不如前面建议的做法了。(p. 273)

无论 Mills 的建议回顾起来多么令人信服(他提出的只是建议而已)，最终是 Thorndike 完成了研究工作，实验方法赢得了当时的“战役”，也基本上赢取了那个世纪的“战争”。到了下一代人，Thorndike 式的短期的、非发展的实验设计开始在动物与儿童的实验研究中占据统治地位，至少美国的情况是这样。应该注意的是，Thorndike 在《动物的智慧》(*Animal Intelligence*, 1898, p. 1)一书中首次描述了他的实验工作的基本点是为了阐明“动物头脑中联想过程的性质”，而实际上，却研究了动物意识以及在学习方法中表征的作用。Thorndike 的“效果律”被证明是极有影响的。

96

总之，动物发展方面的那些有思想的调查者所关心的是进化和个体发展问题以及它们是如何相关的。19 世纪后半期 Romanes(1889)、Morgan(1896)和 Mills(1898)的工作，以及 20 世纪中期 Z.-Y. Kuo(1930)、Schneirla(1959)、Tinbergen(1972)和 Hinde(1966)的工作都反映了这一点。这种双重关注，随着它所引起的对动物和人类儿童的探讨，为新的、综合的发展研究奠定了概念和经验基础。Darwin 的思想是否一直对现代发展心理学有所影响，取决于要评价哪种进化思想以及要考察发展心理学哪些方面的研究。

发展心理学的诞生(1882—1912)

尽管传统心理物理学实验只是有所影响,还算不上是原因,发展研究依然是欣欣向荣的。行为和智力发展的研究在19世纪90年代全速前进,到19世纪90年代中期,发生与发展心理学已经拥有了自己的科学期刊(《心理学年鉴》,*L'Année Psychologique*, 1894;《教育评论》,*Pedagogical Seminary*, 1891,后来又更名为《发生心理学杂志》,*Journal of Genetic Psychology*)、研究机构(巴黎大学,1893;克拉克大学,1890)、有影响力的教科书(如《儿童心理》,*The Mind of the Child*, 1982;《儿童的智力与道德发展》,*L'Évolution Intellectuelle et l'Enfant*, 1893;《儿童与种族的心理发展》,1895)、专业组织(如美国国家教育学会儿童研究部,1893;法国儿童心理研究协会,1899)以及心理学诊所(宾夕法尼亚大学,1896)。早在1888年,Hall就能够参考到"由细致的经验的、科学观察者发表的近80份关于幼儿研究的出版物"(Hall, 1888, p. xxiii)。这个领域发展得如此之快以至于它被命名为——Paidoskopie——用来强调它新获得的科学独立性(Compayré, 1893)。令人高兴的是,这个名字被沿用了下来。

尽管如此,对用哪一年作为发展心理学的百年开端,学界还没有形成强烈共识。问题是这方面的相关日期很多,以至于一个人能提出几个里程碑式的日期,而选哪个日期就看他想纪念哪次运动或哪位先驱了。Hall在克拉克大学创立的儿童发展研究所与《教育评论》在这一领域具有显著意义,但是如果因此把Hall的贡献排在Alfred Binet的前面,那也是没有道理的。几乎是在同一时间,Binet在巴黎大学奠定了现代实验儿童心理学的基础并且创立了《心理学年鉴》这份发展研究方面的主要刊物。如果承认这些主要进展本身是时代精神的受益者,那么这种进退维谷的情况也许可以得到缓解,这种时代精神约始于1880年,而重要的一次飞跃是1882/1888—1889年Willam Preyer《儿童心理》的出版。*

这本书被称作是"现代心理学的第一部著作"(参见Reinert, 1979),它"极大地刺激了现代发生心理学的发展"(Munn, 1965)。

但并不是所有人都认为Preyer的工作具有首创性并给予很高的评价(例如,Bühler, 1930; Kessen, 1965; 等等)。尽管如此,Preyer的著作还是作为一剂强烈催化剂促进了未来心理学和生物学的发展研究,所以用1882年作为现代发展心理学的开端是比较合理的。除了Hall和Binet,另外两个人——James Mark Baldwin和Sigmund Freud——也对发展心理学的形成做出了巨大贡献。这些人作出贡献的性质和程度是本节讲述的重点。

---

* 《儿童心理》的实际出版日期有一些不明确。在第二版的序中,Preyer告诉我们"这本书首版于1881年10月"(p. xvi)。这说的好像已经很直接的了,但是德文原版的出版日期却是1882年。这种时间差距很明显,因为从作者在序上签名(1881年10月6日于耶拿)到这本已写好的书实际出版有一段时间上的迟滞。类似的模糊性还出现在通常把1879年作为Wundt建立实验室的年代,而那时Wundt的实验室还在建设中,而William James宣称是他首先建成了实验室。

胚胎与婴儿

当《儿童心理》一书出版时,William T. Preyer(1841—1897)认为这仅仅是他整个计划,

97 即更全面地研究发展性质的第一步,他4年后完成了这项计划并出版了《特殊的胚胎生理学》(*The Special Physiology of the Embryo*, Preyer, 1885)一书。这两本书所讨论的问题是相互依赖并互为补充的,所以对Preyer而言,这两本著作没有被翻译在一块并作为一个整体进行研究不能不说是一个遗憾。Preyer认为,适用于胚胎学研究的概念与方法用在行为研究中也占有优势,而且两种调查可互相支持和补充。那为什么要写成两本书呢? Preyer(1882/1888—1889)是这么解释的:

> 很多年前我就计划从生理学的角度去做研究儿童的工作,包括研究儿童出生前和刚出生后两个阶段,其目的是解释各种生命过程的起源。很快我就发现把工作分开来进行会更容易。因为胚胎期的生命与出生后的生命在本质上是不同的,所以做一个区分肯定能使调查者的工作更易进行,也能使读者更易理解结果的解释。由此,我才在"胚胎生理学"中单独讨论出生前的生命。(p. ix)

Preyer完成了所计划的对数目众多的动物(包括人类)胚胎发展和出生后发展两个阶段的研究工作。到现在为止,几乎还没有任何单独的调查者能和他相媲美。

是什么吸引Preyer首先对发展做了研究呢? 对这个问题我们不能给出一个明确的答案,但是我们确实知道他曾在德国受过生理学训练,而且他和他那一代人一样受到过Ernst Haeckel的想法——科学是统一的,发展是进化与生命的中心——的影响。Preyer认识到,如果缺少了对人类发展从孕育到成熟的仔细分析,那么现代生物学的科学方案将是不完整的,而且这项方案必将是跨学科的。正如他所说的那样,对儿童出生前后的观察"是很必要的,这种观察可以采用生理学的、心理学的、语言学的、教育学的视角,而且这都是无可替代的"(1882/1888—1889, pp. 186 - 187)。Preyer认为一个研究者的智力和学术广度是他从事儿童研究能够多产的必需要素,除此之外,Preyer还为这项事业建立了方法学标准。他所支持并遵循的研究程序证明了下面这个命题是一个错误的命题——人们不能够客观观察儿童(甚至是未成熟的或未出生的儿童)并从中获取有用信息。

Preyer并不是第一个为了科学目的而细致观察自己子女的人。根据Reinert(1979)的看法,马尔堡大学的一位希腊语和哲学教授Dietrich Tiedemann(1748—1803)更早地使用了这个方法,他1787年的专著《对儿童心理能力发展的观察》(*Observations on the Development of Mental Capabilities in Children*, Murchison & Langer, 1927)似乎是已知出版的第一本有关儿童纵向发展的心理学日志。在Tiedemann和Preyer之间的这一百年中,还出现了一些儿童观察的研究报告,其中一些研究已经充分摆脱了父母偏见的影响以及其他被认为有用的科学成果的干扰(Reinert于1979年对这项工作做了一次翔实的描述)。

Charles Darwin的一篇文章在进一步激发人们在这项努力的研究兴趣中扮演了重要角色。1877年,这篇文章登载于新创办的心理学期刊《心理》(*Mind*)上面,它的发表是由两个

月前出现的一篇翻译文章引起的,这篇文章翻译的是 H. Taine(1876)对刚刚所述问题的观察。Darwin 以 37 年前对自己一个儿子出生后头两年的观察笔记为基础写出了这篇文章。尽管从观察的系统性和报告的深度上讲,这篇文章不如其他研究报告,但 Darwin 的贡献是使这种研究方法得到认可并推动了儿童研究。

即使按照今天的标准,Preyer 为自己设置的方法学标准也是极好的。他报告说他"毫无例外地严格坚持"以下原则:

- 只有直接观察才能被调查者引用,并且为了精确起见,这些直接观察还要和其他研究者的观察进行比较。
- 要立刻把所有的观察详细记录下来,而不管它们是否乏味或只是"无意义的发音"。
- 观察中要尽可能保持平静自然,尽可能避免"人为造成儿童紧张"。
- "观察中任何长于一天的中断都要找另一个观察者来代替原来的观察者,当原来的观察者重新工作后,他需要核对他观察的中断期间另一位观察者观察到和记录下了什么。"
- "同一个孩子每天至少要被观察三次,并且所有偶然观察到的现象都要被记录下来,这种观察方法不比那种一边参照具体问题,一边系统确定现象的方法要差"[《儿童心理》(1882/1888—1889),vol. 2, pp. 187 - 188]。

98

简而言之,Preyer 预计到了观察和分类中的大部分问题,包括可靠性和观察者一致性问题。

Preyer 是如何组织他的发现的,这个问题几乎同他的研究方法和发现一样有趣。对 Preyer 来说,像 Gaul 一样将儿童的心理分为三个部分:(1) 感觉,(2) 意志,及(3) 智力。因为 Preyer(1882/1888—1889)在视觉、听觉、味觉、触觉和温度觉方面的比较发展知识极其广阔,所以他对"感觉发展"的很多概括——虽不是全部——都是准确的。当然,他的某些陈述显然是错误的。比如,他曾写道:"正常人刚出生时什么都听不到。"(p. 96)而对于各种各样动物的听力,Preyer 则得出了一套相反且正确的结论——它们一出生就能听。尽管大部分观察都是仔细、精确的,但让人困惑的是 Preyer 竟犯了如此初级的错误。Preyer 总的假设是人类比人类之前的物种在刚出生时更不成熟(如,幼态持续),他关于新生儿无能力的结论正是受到了这个假设的影响。尽管有相反的经验证据,但有关儿童本性那些被坚信正确的假说还是导致了错误结论的产生,这在历史上既不是第一次,也不会是最后一次。

在"意志发展"部分中,提供了关于坐立、抓握、指向、站立以及其他运动模式形成的丰富分析。但是 Preyer 所寻找的不仅仅是一个行为清单,他希望能够发现这些行为是如何形成的。比如说,"有意的"指向行为是从更早的无意"抓握"或"抓取"行为发展而来的,只有 9 个月以上的儿童才能用指向这个动作向其他人表示自己的需要。此外,他总结道:"第一次有意的目的性动作发生在儿童出生后 3 个月末。"(p. 332)在动作模式、反射及其他行为的发展研究中,Preyer 发现了系统分析"目的性"形成的一条可能线索。

《儿童心理》的第三部分"智力发展"包括了语言的理解与产出以及社会认知(涵盖了自我概念)的发展。带着非同寻常的良好感觉,Preyer 继续讨论,他从描述语言发展中几个里程碑的出现一直讲到尝试确定“自我”概念的发展时间。Preyer 认为,当孩子认识到“他能看到或感觉到的身体各部分是属于他自己的”时候,自我概念就出现了(p. 189)。且不说这项建议有其他什么优点,它至少使 Preyer 就此事进行了一系列的观察和小实验,一方面探讨了儿童对镜子中自己映像的反映,另一方面探讨了幼儿对人称代词的使用与误用。

除了对婴儿期和童年早期的研究,Preyer 还为现代发展学家留下了一笔遗产——《特殊的胚胎生理学》(1885)。为了完成对“各个生命过程起源”的分析,Preyer 针对无脊椎动物、爬行动物、鸟类以及各种哺乳动物进行了观察和实验。这些观察中的一些——关于出生前胎儿感觉和运动机能发展的观察——由于最近新科学技术的运用才得以证实和扩充。同最近人们对早期发展的解释相符合,Preyer 这样总结道: (a) 综合性的、自发的动作活动出现在对感觉刺激的反应性发展之前,(b) 动作活动可能为以后心理、感情和语言行为提供了基础。由于 Preyer 的开拓性研究,他被尊为行为胚胎学之父(Gottlieb, 1973)。

Preyer 有时候被称作是方法学家的原型——他仔细、精确、自制、踏实。因此,Karl Bühler(1930)写道,《儿童心理》一书“是一本不同寻常的书,书中到处都是有趣且细心的观察,但是这本书缺少原创思想”(p. 27),而“Preyer 也不是心理学的先驱”(p. 27)。带着这样的观点,即认为 Preyer 的这本书更像一本发展心理生理学而不是发展心理学著作,其他人重复了同样的话(Reinert, 1979)。*

Preyer 在实证上的声誉已经超越了他对发展心理学的理论贡献了吗? 答案部分地取决于你会选择强调理论的哪些方面。Preyer 在编写《儿童心理》和《特殊的胚胎生理学》两本书时,主要关注于澄清一个基本的发展问题: 行为的个体发展和种系发展之间的关系,以及这两种过程是如何互相影响的。他对起始日期的分类本身并不是目的,而是要建立一个行为时间表。准确地说,他的目标是建立一个感觉与认知系统的合乎规律的发展次序,以便于人们可以在物种之间以及发展系统之间进行有意义的概括。

因此,对 Preyer(1882/1888—1889)来说,一个关键的理论问题是: 在行为和思想“生命过程”的起源与完善上,如何协调相互争执的先天论者和经验论者的说法。就人类的视觉(或其他感觉过程)而言,他断定“我的观察显示……*双方都是正确的*”(vol. 1, p. 35, emphasis added)。在讨论 C. H. Waddington(1971) 有关发展前景的一个早期模型时,Preyer 猜测“大脑进入到了一个能给它留下很多印象的世界,这些印象中的一些很模糊,只有很少一些是清晰的”(vol. 2, p. 211)。通过经验,一些神经通路消失了,而另一些则得到了巩固。.

为了避免把 Preyer 写成一个幼稚的先天论者,我们应该补充一点,即他的立场更接近现代发展心理生物学的双向方法,而不是 Immanuel Kant 的先天论思想。利用大脑的比较

---

* 文化刻板印象在对《儿童心理》一书的评价中发挥作用了吗? 比如说,Compayré(1893)把这本书称作是“德国人刻苦精神的纪念碑”。Mateer(1918)评价道(在一篇比较法国人 Peréz 的“逻辑性而华美”的写作风格和德国人 Preyer 写作风格的文章里):“法国人写得很华美也很令人信服,但他们容易犯技术错误。尽管他们的数据显得匮乏且不可信,但是他们似乎总能够通过直觉正确地直接得出前提和结论。德国人的工作缺乏激情,但因有事实支持而显得更可信,可是在应用中却显得不是那么鼓舞人心。”(p. 24)

胚胎学研究以及跨物种的行为比较，Preyer（1882/1888—1889）推定经验和大脑的正常结构发展之间有反馈关系。他曾提出了关于结构—功能双向关系的预见性假说，并得到这样一个结论——“*大脑通过自己的活动而成长*”（vol. 2, p. 98, emphasis added）。这样的话，个体又是怎样促进自身的发展的呢？Preyer 的答案很明显只是推测，他遵循了同样的推理思路，而这种思路又反映在下个世纪发展心理生物学家和现代神经生物学家提出的结构—功能双向性的建议中（也可参见本《手册》中 Brandtstädter, Chapter 10; Gottlieb et al. ,Chapter 5）。

以 Haeckel 的生物发生原理为背景来看待 Preyer 的行为时间表，后者的理论引进则应予以关注。Haeckel 生物发生原理的关键假设是：对于祖先物种而言，人类的成熟被加速了。正如前面所说的那样，根据这种观念，人类会比其在进化中所经历的那些物种更快地通过几个发展阶段，这样的话，人类在进化中产生的新性质以及人类的独特特征就会出现在成熟期而不是在婴儿期。要想检测这个观点是否正确，我们需要有关成熟速度的准确信息，因此就要准确划定特定行为的起始时间。但是 Preyer 不是一个生物发生律的拥护者。他提出了一个非常有说服力的假说——和人类的祖先物种相比，人类的成熟速度变慢了——这个观点与为人们所熟知的复演论观点相反。和人类物种上的近亲相比，人类应该享有一个更长而不是更短的未成熟期。相应地，同动物相比，人类在“生命过程”和行为发展中应该有更大的可塑性，而人类儿童应该有更多的学习机会（vol. 1, pp. 70 - 71, 1882/1888—1889）。从本质上讲，这是一个关于幼态持续的较早声明：人类相对较慢的成熟速度对于获得更长时间的好奇心、灵活性和适应性是有好处的（也参见 Fiske, 1883）。在现代关于个体发生和种系发生关系的研究（如，Cairns, 1976; de Beer, 1958; Mason, 1980）和结构—功能双向关系的研究（如，Gottlieb, 1976; Z. -Y. Kuo, 1967）中可以找到对他理论解释的回应。

沿着 Preyer 留在发展心理学研究道路上的足迹，我们发现他为行为发展的科学观察制定了很高的标准。尽管不是十全十美，但他的观察记得仔细，写得理性。对那些追随他的人，Preyer 教会了他们如何在生物科学的框架内进行儿童研究，还向他们演示了跨学科技术是如何被应用的。除了方法学的教益，还有理论的教益。Preyer 是他那个时代的一位伟人，他采用进化论的观点，致力于澄清个体发生与种系发生、天性与教养之间的关系。令人惊奇的是，他对胚胎学的影响力与对发展心理学的影响力可能不相上下。通过他的工作，一些有才华的青年才俊加入到实验胚胎学领域中（包括 Hans Spemann，他确定了胚胎发展中的“关键期”和“组织者”）。或许最重要的是，通过对儿童和幼龄动物成功的整合实验研究，Preyer 证明了对行为发展的调查研究同社会人文运动一样是一项科学事业。令人愉快的是，其他欧美的同行也都明白了这条讯息。 100

记忆与智力

在一篇讲述 Alfred Binet（1857—1911）科学贡献的文章中，Siegler（1992）这么评价道，“具有讽刺意味的是，虽然在他的研究中反复出现的主题是智力惊人的多样性，但是同他的贡献紧密相连的竟然是一种把智力简化成一个简单数字（智商分数）的做法”（p. 175）。而这仅仅是 Binet 生活与工作中的讽刺之一。另一个讽刺是，尽管 Binet 肯定是他那个时代法国最伟大的心理学家，然而他却没能够在法国获得一个教授的职位。不仅如此，他和 Simon 一起开发的智力测验，本打算为如何“学会学习”提供指导，可是在过去的一个世纪里智力测验一直被用作划分儿童与成人智力类别的根据，而且这种类别被认为是一生都保持不变的。

指陈历史上的优先性和影响力是件敏感的事情，但是下面这项声明并没有引起法国以外评论家们大的争论：Alfred Binet 是法国第一个著名的实验心理学家。* 因为他是最早把观察工作拓展到实验室外的实验儿童心理学家，所以他的工作在本章占有特殊的重要性。一直以来，他的工作成果影响深远，Jenkins 和 Paterson(1961)这样评论，“可能没有什么心理学的创新发明能比 Binet-Simon 量表的开发对西方社会更有影响力了”(p. 81)。如果只把这个量表的影响与 Binet 的名字相连，虽合乎情理，但却令人遗憾，因为他对发展心理学的其他贡献得到的关注微乎其微。结果是，实验儿童心理学花了 70 年时间才达到了 Binet 对认知和记忆组织的理解水平。

从步入心理学殿堂直到整个职业生涯中，Binet 始终保持独立思考与行动的特点。他是在放弃法律学校和医学训练后，第三次选择才进入了心理学(Wolf, 1973)。在 1879/1880 年，Binet 开始在巴黎国家图书馆独立阅读心理学书籍。令人奇怪的是，为了尽量少读或不读德文，他选择性地避开了实验心理学(Wundt 式的书籍)，他自己也没有去过莱比锡。在从事心理学工作后不久，Binet 发表了他的第一篇论文，文中就经验对心理物理学领域中两点触觉区别的影响进行了有价值的讨论。为了进行研究训练，Binet 曾在萨佩特雷里医院(Salpêtrière，一所有名的巴黎医院)给著名的神经学家 Jean Martin Charcot 当副手。在一段七年多的时间里，Binet 同 Charcot 和 Charles Féré 进行合作，研究催眠状态以及催眠状态在正常人群和患病人群中的表现。Binet 所引入的实验方法确实与人们普遍接受的实验程序有一定的距离。他在研究中的学徒关系引起了学术界的巨大争论，而年轻的 Binet 则被裹挟进一片争吵声之中。问题在于萨佩特雷里医院这几个人对特定现象的报告没有可信度——举个例子说，由于电磁的影响(在演示中使用一个很大的磁铁)，催眠暗示的效果会从身体的一边转移到另一边。但在他处重现这种现象的尝试却被证明是不可行的。结果是，Binet 和 Féré 所采用的研究程序相当不严谨，他们很少注意他们的被试和他们自己可能的受暗示性(参见 Siegler, 1992)。

荒唐的想法，是吗？根据我们现在关于大脑和催眠状态的知识，这是个很天真的主张。但是新的发现正是在这里产生的。不久后(1888)，Féré 成为第一个发现情绪变化与人体电的变化有关联的研究者。无论他是否天真，他都被认为是发现电阻测量法和首先提出唤醒理论的人(Thompson & Robinson, 1979, p. 444)。

101

在萨佩特雷里医院的日子里，Binet 还同时受益于 E. G. Balbiani 的胚胎学实验室，他的研究技能因此得以精进许多。他开始直接熟悉严格的生物学研究程序和当时很现代的进

* 但他不是法国第一个儿童心理学家。Peréz(1851/1878)出版的《儿童的前三年》(*The First Three Years of the Child*)比 Preyer 的《儿童心理》(1882/1888—1889)还要早几年。这两个作者从事同一领域的工作，但是，正如 Reinert(1979)指出的那样，一般说来，Peréz 被认为更富有想象，而 Preyer 被认为更擅长方法。

化、发展与遗传学概念。随着他被授予巴黎大学自然科学博士学位并被任命为该机构生理心理学实验室主任，他的这份工作在 1894 年走到了顶点。那一年，Binet 创办了《心理学年鉴》(*L. Année Psychologique*)并任编辑，与人合著了两本书(一本讲的是象棋大师和心算家超常记忆本领的决定因素，另一本讲的是实验心理学方法或方法中关键的处理)，还发表了 15 篇文章。这些文章涉及美学、暗示性、无脊椎动物的神经系统、儿童知觉以及记忆发展等多方面的研究。这只是一年的工作成果？不是的，因为其中的一些研究在这之前两三年就开始了；答案也可以是肯定的，因为他 1895 年和 1894 年的出版物清单一样都让人印象深刻。这种模式一直保持到他 1911 年去世。除了上述工作，在事业后期他还创作和监制了在巴黎和伦敦上演的戏剧(Wolf, 1973)。

如果不是胸有成竹，写那么多东西定会是难为之事。但创作上的多产对 Binet 来说并不是什么大问题，这在很大程度上要归功于他“极其开放、好奇和求索”的头脑。还在完成博士学位前，当 Binet 被法兰西学院下属的道德与政治研究院授予桂冠时，他就受到如此赞誉(Wolf, 1973)。尽管他是在图书馆开始进行研究训练的，但是他很快就开始致力于利用那些即便不算异端也很新异的方法来扩展这一领域的实证基础。他很早就因为实验心理学传统方法(它一直在莱比锡和巴尔的摩得到使用)的狭隘性和误导作用而拒绝它。他在其《实验心理学导论》(*Introduction to Experimental Psychology*)中曾这么评价内省实验：

> 被试走进一个小屋，根据电信号进行反应，留给实验员的只不过是一个词……被试只有三种选择——“相等”、“更大”或者“更小”——实验员总是好像在实验前就把结果设定好了。他们的目标很简单，但却只是一个人为虚构的目标，一个掩盖了所有令人讨厌的复杂因素的目标。(Binet, Phillippe, Courtier, & Henri, 1894, pp. 28 - 30)

Hall 和他的学生利用量表方法进行的大规模研究也没有能给他留下印象。对此，Binet 曾写道：

> 那些喜欢把事做大的美国人总是发表一些对上百甚至上千人的实验。他们相信一项研究的最后价值是与被观察的人数成正比的。这太荒唐了。(p. 299)

他的这种评论很难得到他的美国与德国同事的好感。一个比较大度的评论家 Howard C. Warren 也对 Binet 的评论感到不满，他回应说“即使是评价一本这么短的书，失望感也会油然而生”(Warren, 1894)。

Binet 为心理学中行为问题的解决提供了一种实用的、多方法的、多样本的办法。Binet 不是单纯依靠内省法和心理生理实验进行研究，而是彻底地解剖了行为现象。以记忆研究为例，他在研究中改变刺激的性质(图形记忆材料和文字记忆材料；有意义的句子和单个的词)、受测的被试(能在舞台上表演的象棋大师和超级心算家；正常儿童与迟钝儿童)、采用的测量方法(自由回忆法、再认、血压的生理测量法和电活动法)、设计类型(大群体样本、对个体的长期分析)以及所用的统计。通过所有的这些,Binet 会根据实验目的去选择设计方案、实验程序以及被试,而不是只因为它们具有方便性就选择它们。为了调查想象力和创造力,他还采用新技术(墨迹图、词语联想和个体历史信息)研究了天才的剧作家。

这样的方法学教义并非没有缺陷,它使得 Binet 同时向新的发现与新的错误来源敞开了自己的大门。在 Binet 所处的时代,人们对他的工作褒贬不一,但两种看法都是正确的。Binet 早期的研究是经不住考验的:他是在学着做一场没有赢家的买卖。他参与的催眠"磁性"性质的研究很快就露出了马脚(Siegler, 1992)。H. S. Jennings(1898—1899)以同样的理由批评了 Binet 对低等兽类的心理生活的研究。J. M. Cattell 的一个学生 S. Franz(1898) 对 Binet 有关儿童认知与生理测量关系系列研究中统计结果呈报的质量进行了批评。Florence Mateer(1918)下面这句话说的肯定是 Binet,她说"这个法国人写得漂亮且有说服力,但是他的技术容易出错"(p. 24)。遗憾的是,这些错误,以及上面这些人所持的态度,掩盖了 Binet 工作的基本光辉。虽然生活中的 Binet 是个害羞的人,但是作为一个科学家他一点都不腼腆。他直言不讳,他不附和该学科当时主要领袖的观点,批评他们幼稚的概括和错误的概念化。他发表了他坚信的东西,好像为了获得长期回报而付出事业和影响力的短期代价是值得的。

102

Binet 报告了以他的两个年轻女儿为被试所做的记忆与知觉的实证研究。在其后数年时间里他不仅延续了对孩子(直到她们成为青少年)的研究,而且还涉及了更多的被试以及更广泛的记忆领域。在他著名的合作者 Victor Henri 的支持下,这项工作的研究范围被扩展到了天资聪颖或愚钝的人身上。Binet 的研究假设是,对常人记忆过程的研究是理解超常或有缺陷儿童的关键,他的实验室还投资进行了正常儿童、青少年、成人的记忆研究。Binet 对普通问题进行汇聚分析的需要非常敏感。他在 1903 年这么说过,"我们的心理学还没有发达到"仅仅分析实验室得到的信息就够了的程度;相反,只有通过对那些"我们所熟知的人、亲戚和朋友"的研究,我们才能更好地理解各种复杂的智力功能。

尽管如此,Binet 并没有轻视大规模研究的设计,他只是认为仅这些研究本身不足以完全解释记忆过程的性质。在同 Henri 的合作中,他曾对记忆发展做过一系列著名的研究,其中涉及几百个儿童。

在 Binet 和 Henri(1894)的一项分析中,他们发现儿童把记忆材料重组为对他们有意义的信息组块。应该注意的是,这种积极重组信息的观点目前又重新吸引了"现代"记忆研究者们的注意(如,Paris, 1978)。下面是 Binet 和 Henri 的一段话,它们由 Thieman 和 Brewer(1978)翻译为:

> 儿童在说话时倾向于用在日常对话中经常碰到的、更熟悉的词去代替会话文本中那些文绉绉的词。他们一边转换,一边记忆。(p. 256)

具有启发和教育意义的是,Binet 和他的同事是怎样走上这条实验道路的。注意到其他研究者可能以不同的方式进行研究,Binet 开始以自己的亲属(即他的两个十几岁的女儿)、朋友为对象进行对“高级功能”的精细研究。当然 Binet 没有完全放弃实验设计研究，他以熟人(这些人的过去和历史他都了如指掌)为被试进行的实验扩展了实验研究的范围。对 Binet 而言，要解开智力之谜，不仅要通过大规模研究描绘出智力的轮廓，而且要在个体分析中追寻智力的内部特征。从以个体为焦点到以大样本为焦点，然后再到以个体为焦点，这样的反复转换是一个特别有目的的研究策略。

把注意力集中到两三个孩子身上而不是一个孩子或一个大样本身上，这样做就不可避免把研究者的注意力集中到这几个孩子的差异上。Binet 就是这么做的。但他并不是第一个对人与人的差别及对这些差别的评价和解释产生好奇的心理学家。在更早的时候，Francis Galton 就曾利用感觉分辨测试来评价人们基本能力的差异。Galton 曾简明地讲述过这种测试的合理性(1883)：“关于外部事件的信息只有通过感觉通路才能到达我们的大脑；感觉对差异越灵敏，我们的判断和才智发挥作用的余地就越大。”(p. 27)

换句话说，感觉上的一定差异能够在“复杂”的认知功能中得到直接反映或放大反映。美国心理学家 James McKeen Cattell 在一篇名为“心理测验与测量”(1890)的文章中介绍过一个相似的理念(和研究策略)。具体说，Cattell 提出心理测量应由几个“基本”感觉和运动能力的测试组成，包括颜色区辨能力、反应时以及其他标准的心理物理程序。其他实验心理学家——包括威斯康星的 Joseph Jastrow、弗莱贝格的 Hugo Munsterberg、耶鲁和爱荷华的 J. A. Gilbert(1894，1897)都持有相同观点。

103

Binet 和 Henri(1895)独树一帜地采用了一种决然不同于他们的美国与德国同行所使用的方法。尽管如此，这种方法还是与早些时候他们研究记忆发展时得出的结论完全一致；也就是说，只关注于基本记忆单元而不关注观念或意义的记忆，这种做法是荒唐的。此外，Binet 的个案研究似乎已经很清楚地表明：人与人之间在包括语言技能、暗示性、常识判断和想象力等“更高级”心理功能上存在着巨大差别。Binet 和 Henri(1895)曾提出过一种与 Galton 和 Cattell 完全不同的方法学策略：

> 认知过程越高级越复杂，个体差异就越大；个体之间存在感觉差异，但它没有个体的记忆差异大；感觉记忆的个体差异没有观念记忆的个体差异大，等等。结果是，如果一个人要研究个体差异，那就有必要从最智慧和最高级的认知过程做起，然后才有必要考虑那些简单和基本的认知过程。(p. 417)

尽管“复杂”的认知过程比简单的认知过程更难测量，但是它所要求的测量精度不是很高，因为个体在复杂功能上的差异比在基本功能上的差异大得多。Binet 和 Henri 认识到的一个更基本的问题是：把智力分解成要素要比把这些要素组合起来创造一个功能整体容易得多。最大的挑战不是如何评定感觉元素，而是确定如何把感觉元素结合起来来预测智力表现。智力的各个部分是如何被适当加权的？感觉转化为认知过程的性质又是如何的？Binet 和 Henri 提供了一个彻头彻尾的实用主义解决方案：绕开重新组合问题，直接评定复杂功能。以这个简化方案为基础，Binet 和 Henri 构想出了一个评定个体差异的实用主义方法，并在10年后完成了它。

法国的儿童研究运动直接促进了可行的智力测验的最终编制。儿童心理研究协会成立后不久，Binet就应邀成为其中一员，并很快在该协会的活动与出版物中成为举足轻重的人物。这个协会不仅敦促教育部要主动考虑弱智儿童的需要，而且在受政府之命创建特教班级的过程中也很有影响力。作为这个协会的一个领导者，Binet被授予这项权利。并非完全只是机缘巧合，不久Binet还受邀开发一种测验，以便鉴别出那些可能会从特殊教育中受益的特殊儿童。报告该项工作结果的一系列文章被发表在1905年的《心理学年鉴》上(Binet & Simon, 1905)，后来该工作又得到了拓展(Binet, 1908, 1911)。尽管这些文章分别为医学、教育、心理三个方面的评定工作都提供了指导方针，但是它们主要的精力还是放在了心理测试上。除了一些未采用的程序(包括想象研究中被建议使用的墨迹图)和从其他研究者那儿借鉴来的新技术，如Ebbinghaus的填句测验技术(1897)和Jacobs(1887)的"数字记忆"测试，1905年量表中的30个测试都按照Binet和Henri 10年前提出的轮廓进行落实。

尽管量表初版能反映编制智力测验的多数理念(如，多种测验按照难度进行排列，对个体的不同能力进行测试，年龄标准化，外部效度)，但要想让这个量表能更好地应用于正常儿童，研究者还要对它进行大规模的进一步修订。这项修订工作始于Binet(1908, 1911)，并由两位美国发展心理学家Goddard(1911)和Terman(1916)完成修订。虽然Binet和Simon二人成就巨大，但当他们深深意识到该技术的光明前途时，也意识到了该技术的不足之处。他们的结论是：

> 我们仅仅是想说明：通过精确而真实的科学手段，可以确定一个人的智力水平，通过与正常儿童智力水平的比较，可以确定一个弱智儿童的智力到底落后了几年。尽管一个摸着石头过河的人不可避免地会犯一些错误，但我们还是相信我们已经成功地证明了我们想法的可能性。(p. 336)

他们确实做到了。

104 Binet不愿做一个理论家，他最初甚至拒绝给智力下一个定义，他于1908年补充到，这是"一个可怕而复杂的问题"：

> 一些心理学家确信智力是可以被测量的；另外一些则宣称智力是不可被测量的。但是还有一些更博学的人，他们忽略了这些理论讨论并投身于实际问题的解决。(p. 163)

尽管Binet拒绝给智力下定义，但是他在智力机能的性质及其决定要素上却毫不犹豫地坚持自己的立场。这些测试本身的设计就反映了一种假设：测试的目的是测查不同水平的机能，而不是评定儿童思想中的错误。同这种认知加工的机能观点相吻合的是，Binet认为这项测试的主要好处之一就是能确定哪些儿童需要"学会学习"。对Binet来说，智力适应所反映的是一个不断变化的动态过程，一个永远变化的重组过程；因此，他关注于研究这些认知过程随时间而重组的方式，以及它们的“可塑性和延展性”(1909/1978, pp. 127—128)。就此，他提出了一项能够增强认知机能的“智力塑造”方案。在《儿童研究的现代思想》(*Les Idées Modernes sur les Enfants*)(1909/1978)一书中，Binet 专门批评了“个人智力是一个固定量”的观点并批驳这种观点是“残忍的悲观主义”(p. 126)。讽刺的是，恰恰是一个相反的假设点燃了大多数美国翻译者对这项测试的翻译热情，他们都深信这个“固定的量”是由遗传决定的，并且只要在抽样误差的范围之内，孩子智商的“真分数”都能被确定。

我们该如何盖棺论定 Binet 在“理解发展”方面所作出的主要贡献呢？除了他对心理现象的具体理解外，心理学有三个基本进展都是这位杰出科学家的功劳。第一个进展涉及这样一个观点，即评价高级认知的个体差异需要宏观策略而不是微观策略。回首过去，这个想法似乎很有道理，但是直到 Binet 和 Simon 进行研究并得出必然结论后这个想法才被美国心理学接纳。毕竟从直觉上看，精准的、微观分析的实验方法似乎比宏观的、复杂的方法更能预测日常行为。这个想法消逝得很缓慢，以至于它仍然活跃在今天的社会发展研究中。在认知领域，在对同一现象的预测和评价中，近来对社会互动的微观分析似乎没有宏观评价做得更好。到底为什么宏观技术在这方面更胜一筹将继续成为争论的话题，而 Binet 的分析仍可能成为解答问题的关键。

第二个贡献同第一个贡献是相关的。对于 Binet 而言，后来 Cronbach(1957)提出的“心理学中的两种科学”都是必需的。而 Binet 在儿童实验心理学和个体差异的研究中都发挥了先锋作用。他的方法学信条体现了他在这方面的立场：“观察和实验，实验和观察，这是我们获得真理的唯一方法”(Binet, 1904/1973, p. 293)。正如 Binet 所预见的那样，当这两个基本方法发生分离时，问题便不可避免地产生了。如果我们不能用实验的方法来解决产生的问题，那么我们就应该避开这些问题，“因为它们是不可以用(现代心理学所承认的)唯一确定的标准来衡量的”。

对 Binet 的另一个基本贡献也需要加以评述。超越了该领域的其他先驱，Binet 是首先为人类发展科学可行性命题提供有力证据的人之一。虽然他知道这个问题的复杂性，但是他仍坚定不移地力图帮助发展心理学“变成一门有重大社会用途的科学”(Binet, 1908)。Binet 还证明了一个命题：如果研究者能对实验和观察两种方法产生的信息都保持深刻的洞察力，那么创建一门人类行为发展的实证科学将是人们力所能及的事情。

美国的新心理学

Hall(1844—1924)在美国领导组织心理学这项新科学时，他没有任何伙伴。在漫长的职业生涯中，他是美国心理学和美国儿童的持久有力的支持者、作家和代言人。Ross(1972)和 White(1992)曾很专业地讲述过发生在 Hall 工作中的轶事，White 还曾阐述过对 Hall 在科学和社会政策中所发挥作用的新见解。Hall 生于马萨诸塞州，曾经当过部长、哲学教授、实验心理学家、儿童心理学家、教育心理学家、大学校长和儿童研究运动的领导者。他还是 105

美国心理学中的一个首要人物：美国第一个心理学教授(在霍普金斯大学,1883)和美国心理学会的第一任主席(1891)。Hall是一个有很有效率的老师,他对思想性的东西充满热情且有恒心,另外,他还很擅长把他的这种热情传递给其他人。他对心理学及心理学的使命高瞻远瞩,认为它的使命是创造更完善的人和更完美的世界。

但是根据历史研究,他又是怎么成为一个科学家和理论家的呢？上一版《手册》的这一章得出的结论是：Hall不仅极大地影响了美国新心理学的发展和组织,还为儿童及青少年的科学研究奠定了基础。我们可以推论：Hall自己的研究贡献不是很大,另外由于他的理论建议过于墨守成规,且与实证性数据联系不紧,所以其中很多都是有漏洞的。他对科学的高谈阔论也意义不大。Sheldon White(1992)筛选整理了数年的证据后,终于得出了一个关于Hall的贡献的决然不同的结论：

> 近来的作品总是把Hall描写成一个功利的、有名无实的人,把他的思想简化压缩为几个口号,引用他同时代的竞争者对他工作的批评,然后对Hall在行政管理上的成功大加恭维,但与此同时,这些作品却忽略掉了Hall曾经说过的大部分话。(p. 33)

一些人的确聆听过Hall的讲授,比如Mark Hopkins,这位是Hall在威廉姆斯学院的导师,也是一个颇有造诣的老师(White, 1992)。Lewis Terman、Arnold Gesell和E. C. Sanford在克拉克大学读研究生时曾深受Hall的影响。John Dewey、James McKeen Cattell和Joseph Jastrow曾在约翰·霍普金斯大学上过Hall的课。还有包括Earl Barnes在内的其他一些人,由于深受Hall在儿童研究运动中研究方法和观点的吸引,于19世纪90年代在利兰斯坦福初级大学里开始了他们对儿童的调查研究(Goodwin, 1987; Zenderland, 1988)。正是这些科学家塑造了20世纪美国的心理学。

Hall在欧洲师从Wundt进行博士后学习,之后又回到美国,并于1880年开始学习发展心理学。他从德国带回了"量表法"来研究"儿童心理的内容"。这种方法最初是用来帮助老师了解孩子刚入学时适合学什么概念。研究程序包括询问孩子们的经验和问一些关于词语意思的问题——举个例子,"你见过牛吗?"或"你的肋骨在哪?"答案或对或错,正确率被用来描述儿童群体而不是单个儿童。农村儿童被用来和城市儿童做对比,男孩和女孩做对比,黑人与白人做对比,等等。就所问的那类问题来说,量表法是后来常识类和词汇类基本能力测试的先导。在Hall的核心调查中,他对波士顿刚入学的儿童施测了134个问题,这些问题大多和上面的差不多。这次数据收集的工作繁重而芜杂,受测的400名儿童中大约有一半的口语报告不得不被剔除。

White(1992)是这么评价这次研究的：

> 从方法上看,这项问卷调查工作的确比较薄弱,但是,后来应用的心理学方法规范又过于具有约束性。Hall的调查问卷要求人们描述日常情境下儿童的行为,现在这种方法变得越来越流行了。(p. 33)

这点被很多人采纳。Hall 认为科学研究有潜力去改变教育实践，他的这种观点给教育者留下了深刻印象(Hall, 1883, 1891)。Zenderland(1998)认为儿童研究运动对心理学的主要影响在于它为临床心理学的被认可铺平了道路。

当 Hall 于 1884 年在约翰· 霍普金斯大学被任命为美国第一个心理学教授时，他在美国引领心理学发展方向的时机到了。在与 C. S. Peirce 和 G. S. Morris 的激烈竞争中，他脱颖而出，而 Peirce 被许多人认为是美国杰出的哲学家，Morris 是优秀的演讲者(White, 1992)。以 Wundt 在莱比锡建立的普通模型为基础，Hall 在霍普金斯建立了教学实验室并吸收了一些年轻人一同研究，后来这些年轻人在促进这门科学的发展中扮演了积极角色。第一期实验课的学生包括：John Deway、James McKeen Cattell、Joseph Jastrow 和 E. H. Hartwell。在约翰·霍普金斯大学校长 D. Gilman 的支持鼓励下，Hall 还建立了美国的第一份心理学期刊《美国心理学报》(*American Journal of Psychology*)。由于在霍普金斯的成功，Hall 于 1889 年被提供了一个领导大学的机会——担任克拉克大学的第一任校长。Hall 在克拉克大学一直工作到 1924 年他去世，那里浓厚的发展研究传统一直保持到了今天。

106

按照自然哲学的精神，Hall 把生物发生律应用到了人类发展的所有方面。对 Hall 而言，对儿童的教育、抚养和宗教指导的含义是多重的。他曾警告说，对早期发展和学习的“不自然的”与“人为的”束缚是危险的，另外，他也曾表示过对一些家长和老师的轻蔑——这些人企图训导儿童而不是让儿童的天性得到自然发展。根据 Hall 的复演论观点，行为就像形态结构一样，会沿着一条不变的发展道路前进，这条路早在祖先进化发展时就已经被决定了。对这一自然过程进行干涉不仅是有害的，还会造成成长的阻碍或“发展停滞”。

Hall 的生物发生学框架导致他把精力集中在了青少年的发展现象上。在行为方面，青少年开始不再快速重演祖先的心理特征，个体开始按照预先决定的发展序列表现出独特的个人才能。因此，青春期应该是人一生中最具可塑性和最有可能发生改变的时期。正如 Hall(1904)所说的：

> 尽管青春期很好地展现了人类种族以前的形态，但是它的早期阶段必须更确定、更安全，而晚期阶段的或然性必须比以往更大，持续时间必须更长，因为根据现在的定义，青春期是不成熟的阶段，是我们从超级类人猿走向人类的唯一出发点。(vol. 2, p. 94)

Hall 是随意指定青春期作为儿童新一轮成长的起始时间的，而其他的复演论理论认为，独特特征的出现是在出生后不久，甚至在出生前(参见 Gould, 1977，对这件事详细的讨论)。由于深信青春期是人类发挥自身潜力的核心时期，Hall(1904)写作了一部两卷本的手册，名为《青春期：它的心理学及其与生理学、人类学、社会学、性、犯罪、宗教和教育的关系》(*Adolescence: Its Psychology and Its Relations to Physiology, Anthropology, Sociology, Sex, Crime, Religion, and Education*)。这本书旁征博引，引文源自哲学、医学、人类学、宗教及心理学等。在缺乏数据的地方，Hall 便作出猜测性的进化解释和道德解释。结果是虽然这部书规模可观，但在逻辑和科学严谨性方面的表现却时好时坏。

但是该书还经常能切中要害。如果抛开说话的口气而仅从内容上讲，书中的一些观点和讨论显得相当现代化。对于社会认知和态度的发展变化，Hall 是这么写的：

> 儿童对惩罚的态度……在对 2536 名儿童(6—16 岁)的测试中得到检验，该结果显示：儿童在青春期对惩罚的矫正作用的需求感会明显增强，这和他们更小时候对惩罚的看法截然不同，以前他们通常认为惩罚是报复和寻求公正的常见表现。另外，在青春期区分过错的种类和程度的能力也显著增强，他们能考虑到可使过错减轻的情节、给他人带来的不便、过错行为的非故意性以及犯错的目的。所有的这些都随着年龄的增长而增长，直到 16 岁。(vol. 2, pp. 394—395)

相似的是，在一场关于道德推理的论证中，Hall(1904) 断定："当青春期到来时，孩子们的道德观也会改变——从根据行为结果来进行判断转变为根据动机进行判断。"(vol. 2, p. 394)这项结论的基础也是用改良后的问卷法得出的实证性数据。在这种情况下，Hall 在讲述道德判断的发展时引用了 Schallenberger 的研究(1894)：

> 从 6 至 16 岁每个年龄阶段中各选择男孩 1000 人与女孩 1000 人，让他们回答诸如此类的问题：如果一个女孩儿为了讨母亲高兴，用一盒新油漆把客厅里的椅子都给上了色进行装饰，你会把那个女孩儿怎么办呢？通过孩子们的回答我们可以得出以下结论。大部分年龄较小的男孩会选择抽打那个女孩儿，但是 14 以上的孩子中这么做的人数大大减少了。年龄较小的孩子很少提出解释为什么这么做是错的，但是 12 岁的孩子中，有 181 人愿意解释，16 岁的孩子中，有 751 人愿意解释。年龄小的孩子进行惩罚的动机是报复，而年龄大的孩子这么做则是为了防止这种事情的重复发生。随着孩子年龄的增大，进行惩罚的目的就会发生改变；随着年龄的增大，对这个女孩子无知做法所采取的行为方式和行为动机及感受都会发生一个明显的转变。*

107 青春期是"生命从以自我中心为基础转向以他人中心为基础的阶段"(vol. 2, p. 301)。

迄今为止，一切都进展顺利，除了 Hall 很不幸运地在新一代生物学家抛弃生物发生律的时候发现了它。如果进化论与复演论在 Hall 的心理学中高高占据第一位的话，那么道德和宗教就紧随其后排在第二位。联系发生的方式并非显而易见，而是好像表现了他所持有的信念——"遍及宇内的精神的连续性"(vol. 2, p. 208)。

我们该如何评价 Hall 对发展心理学的贡献呢？说他的贡献是独一无二的，这似乎没什

---

* 两万两千个被试？并不是这样的。Schallenberger(1894)发表在《教育评论》(*Pedagogical Seminary*)上的文章却只有 3434 个 6 至 16 岁的男孩和女孩回答了问题。误解的产生是因为 Schallenberger 为了比较不同性别和年龄群体之间的差异而把孩子们的回答乘以 1000 化成了比例分数。尽管如此，一个包括了 3434 个男女儿童的样本无论在哪个时代都会给人深刻印象，特别是在计算机、电子计算器和机械笔发明之前。

么错。Kessen(1965)对此给出了一个简约明了的总结:"自他起，在儿童研究的沙丘上就一直有挖掘者,但从某种意义上讲,Hall 是前无古人而后有来者的。"(p. 151)在更晚些时候,White(1992)作出结论说 Hall 有三大贡献:

1. Hall 通过他的问卷研究提出了"首个协作性的儿童发展的'标准科学'"。重要的是,尽管从 Hall 的使用方式上说问卷法作为一种科学的工具还有所欠缺,但是这种方法在描述自然条件下的儿童生活方面确实有巨大潜力。

2. Hall 认为社会参与是内部心理组织的催化剂。因此,他还为童年期提供了一"社会生物的"观念。

3. Hall 以同时满足"成功实现科学综合并提供实际建议"的需要为指导。

有一个同第三点相关联的贡献不能被忽视,因为它对于发展理论和干预模型都有潜在的重要意义。Hall 集中精力研究青春期,因为他相信个体在这一时期易受影响,而且新的行为和信念,不论好坏,都会在这一时期建立并巩固。在他看来,婴儿和儿童都或多或少被减轻了压力,他的学生 Arnold Gesell 也持有同样的观点(见下面)。尽管 Hall 对复演论的推理是大错特错的,但是他对青春期具有发展可塑性的直觉却是颇具创造性和煽动性的。

Hall 还扩展了该学科的研究领域并将新方法引入其中。特别重要的是,在组织和资助美国儿童研究运动(包括国家教育学会儿童研究分会)的活动时,他发挥了关键作用。

Hall 在科研上所扮演的角色更像是一个科学方法和理论的引进者和翻译者而不是它们的创造者。除了问卷法和生物发生律,Hall 还帮助把 Wundt 式的实验程序与 Preyer 的《儿童心理》(Hall 为这本书的美国版写了前言)介绍到美国。他还帮助美国心理学改头换面:1909 年他为 Sigmund Freud 和他的副手们(C. G. Jung, A. A. Brill, E. Jones 和 S. Ferenczi)以及北美洲大部分著名心理学家召开了一次会议。举行这次会议是为了纪念克拉克大学成立 20 周年,这次会议还通常被看成是北美洲接受精神分析的关键事件,而当时 Freud 正遭欧洲科学团体的排斥。同年,克拉克大学为创建发展心理学的另一位先驱 William Stern 颁发了荣誉学位。在 Hall 的职业生涯中,他不仅始终接受新鲜的研究方法,而且致力于使心理学更有用,更与社会相关。

总之,Hall 是这个领域的一位卓越的老师和中介者。他激发和预测了发展研究的大部分领域——智力测试、儿童研究、早期教育、青春期、人生全程心理学、进化对发展的影响。由于他所使用的方法和所支持的理论有缺点,很少有研究者更进一步地称他为科学导师。他打算把这门新科学的原理应用到社会中去,然而却鞭长莫及。心理学原理很有限,但社会问题又太大。针对 Hall 的贡献,或许我们应该换一种审视问题的方法,一种把他对个人、学科和社会的多重影响都考虑进去的方法,这种审视会告诉我们:所有渴望助益儿童和青少年的人都能尊称他为导师。

制造发展理论

任何关于认知与社会性发展的描述都必须注意到 James Mark Baldwin(1861—1932)的

卓越贡献。他在这门新兴学科中的精神领袖地位已完全得到了确认。《儿童与种族的心理发展》(*Mental Development in the Child and the Race*, 1895)是Baldwin在"新心理学"的框架内建立发生认识论的早期尝试之一(Broughton & Freeman-Moir, 1982; Cairns & Ornstein, 1979; R. H. Mueller, 1976)。那本指南手册《心理发展的社会与伦理解释》(*Social and Ethical Interpretations of Mental Development*, J. M. Baldwin, 1897/1906)是心理学家使用发展观念去联结社会制度的研究(如社会学)和个人机能的研究(如心理学)的初次系统尝试。

学术界最近把Baldwin和Piaget的理论放在一起进行比较。对此,Wozniak(1982, p. 42)这么评价:

> Baldwin提出了一种生物社会的、发生的智力理论,这是一种最广义上的心理理论,从概念上说这个理论遥遥领先于Baldwin所处的那个时代。这个理论涵盖了(尚处在萌芽阶段的)有关智力的生物学理论和后来Piaget提出的发生认识论中的最重要概念。

其他的研究显示:经常同Piaget和Vygotsky联系在一起的思想与Baldwin提出的关键思想和概念之间是明显的继承关系(Broughton, 1981; Cahan, 1984; Valsiner & van de Veer, 1988; Wozniak, 1982)。但是如果我们仅仅通过Piaget或Vygotsky来观察Baldwin的话,那就错了。在进化认识论中,关于发展中所产生变异的代际传递、人格的动力特征及体现于人格的社会性、认知的双重起源等方面,Baldwin都有独特的见解,单就这些观点本身就足以引起人们的研究兴趣。

同20年前相比,Baldwin已不再是一个"模糊不清的人物"了(Broughton & Freeman-Moir, 1982, p. 2)。1861年,Baldwin出生在南加利福尼亚的哥伦比亚,1934年,他在巴黎去世。Baldwin在大学时就受过哲学和心理学的训练,后来曾去欧洲从事一年高级研究(包括在莱比锡跟随冯特学习了一学期),在这之后,他在普林斯顿大学完成了自己的博士学位。在多伦多大学任教的4年中,他建立了一个心理实验室并开始进行一个有关"婴儿心理"的研究活动。这项工作的结果被刊登在100年前的《科学》(*Science*)杂志上,它涉及婴儿运动方式、用右手或左手的习惯、颜色视觉、受暗示性以及研究方法(J. M. Baldwin, 1890, 1891, 1892, 1893)。这些发现为他首部关于心理发展的著作提供了实证基础。

从一开始,Baldwin就更多的是一个理论心理学家,而不是一个实验心理学家。他以研究发现来论证理论原理,而不是系统研究经验现象。Baldwin思想的主要"信念是:如果没有一个有关意识的种系发展这一心理进化的大问题的理论*,就不能达成关于个体心理发展的一致观点"(Baldwin, 1895, p. vii)。这个信念表明他沿袭了Herbert Spencer在哲学上的和George John Romanes在生物学上的理论导向以及Wilhelm Preyer和Alfred Binet的

* 种系发展是Baldwin使用的非传统的表达方式之一。这里的种系是指人类种系之间的不同。实际上,认知发展的跨文化研究要求以人类个体发展的研究为补充。

实证导向。经过了这一番对婴儿精细而简短的调查研究，Baldwin 重新回到了心理与进化理论问题的研究、历史评论、编辑活动以及哲学建构和哲学系统化的工作上来。对他而言，发展研究不再是一项实证活动，但是，有关心理发生的问题始终是他理论与哲学思考的核心。

在心理学作为一门科学的组织工作中，在三种心理学基本期刊[《心理学评论》(*Psychological Review*)、《心理学公报》(*Psychological Bulletin*)、《心理学索引》(*Psychological Abstracts*)]的创办工作中，在两个主要心理学系(在多伦多大学和普林斯顿大学)的成立工作中和第三个心理学系(在约翰·霍普金斯大学)的重建工作中，他都发挥了关键作用。他成为美国心理学会最早的几任主席之一时才年仅 36 岁。他赢得了他那个时代心理学家所能得到的最高荣誉，包括一枚丹麦皇家学院颁发的金质奖章和牛津大学授予的第一个自然科学荣誉博士学位。那些仔细看过历史记录的人通常都会认为 Baldwin 同 William James、John Dewey、C. S. Peirce 一样是美国心理科学形成过程中的主要思想动力之一。

形而上学与发展

在一份关于 Baldwin 思想结构的精辟分析中，Wozniak(1982)这么写道："Baldwin 的思想深深植根于'精神哲学'的传统，这种传统在 19 世纪的美国高等教育中占统治地位。"(p. 13)早期的 Baldwin 关注于新生的生物与行为科学，以及科学解释知识起源和感知现实的可能性。早在他事业的起步阶段，Baldwin 就曾把融合形而上学与心理学作为明确的发展方向来引导他的实证与理论工作(Wozniak, 1982, p. 14)。在 19 世纪 90 年代初期，他就认识到要想综合理性与现实，就必须把发生研究作为中心主题。

109

在他接下来的职业生涯中，"发展本身作为一个伟大的主题"(J. M. Baldwin, 1895, p. x)一直在他的工作和思想中占统治地位。在他那个时候，Baldwin 把发生学概念扩展应用到了三个新生学科——心理学、进化生物学和社会学——以及一个成熟学科——哲学中去。Baldwin 用自己的科学人生诠释了他的观点，即认知发展并不局限于童年期。正如 Wozniak (1982)所评价的那样：

> Baldwin 自己辗转于几种思想之间。实际上，他的一些基本著作在概念的结构和内容上都有着巨大差别……以至于有人怀疑是否有三个 Baldwin 在工作：一个精神哲学家(大概到 1889)、一个进化心理学家(大约 1889—1903)和一个进化认识论专家(1903—1915)。(p. 14)

尽管 Wozniak 对 Baldwin 职业生涯中明显的思想转换的描述似乎是正确的，但是 Baldwin 好像是在 1900 年之前就脱离或超出了科学心理学的研究，这和他的《哲学与心理学词典》(*Dictionary of Philosophy and Psychology*)的工作是相一致的。Baldwin 的工作范围如此之广，复杂性如此之大，以至于任何简短的总结都容易误导读者。下文说明中的缺点可以通过参考更完整的分析得到弥补，这些分析包括：Wozniak(1982)，发生认识论的起源；

R. H. Mueller(1976),Valsiner 和 van der Veer(1988),论心理学和社会学的关系;Cahan(1984),Baldwin 与 Piaget 的发生认识论比较。除此之外,前一版《儿童心理学手册》(Mussen, 1983)中的不同章节也都曾尝试把 Baldwin 的贡献放进当代和历史的理论框架中去(Cairns, 1983; Harter, 1983; Sameroff, 1983)。Baldwin 一生卷帙浩繁、著述颇丰,其中包括 21 本书和 100 多篇文章。也许只有 Baldwin 自己对自己一生工作的深刻总结才是理解他最合适的起点。

心理发展与社会个体发生学

Baldwin 最能激发现代心理学家的两本著作被证明是:《儿童与种族的心理发展》(Baldwin, 1895)和《心理发展的社会与伦理解释》(Baldwin, 1897/1906)。前者反映了 Baldwin 尝试提出"发生认识论"的努力。在个人发展方面,引起"认知图式"发展的关键机制是"循环反应"。Baldwin 的这项创见同后来出现的学习观念是有联系的,这种学习观念解释了经验是如何通过反复的自我刺激和模仿被内化到习惯当中去的。个体发生论的观点挑战了一个在当时占统治地位的思想——意识是"一种固定不变的物质,它的特性也是固定不变的"(Baldwin, 1895, p. 2)。关于传统方法中的静态观念,他是这么写的:

> 发生学思想把所有的这些观点全部反转。我们认为意识是一种不断增长和发展的活动,而不是一种不变的物质。机能心理学是对官能心理学的继承。我们应该在最简单的活动(在同一时间还应是同一活动)中寻求最大启示,而不是刚一开始就对这种成长和发展的活动进行细致展示。发展是一种螺旋的进化过程,它的构成要素造成了它的复杂形式然后又藏身其中……虽然发生学的观念现已经出现,可是令人惊奇的是它没有更早地出现,而且迄今为止"新"心理学对其并不重视。(1895, p. 3)

在 Baldwin 看来,从婴儿发展到成人要经历很多阶段,从反射或生理学阶段开始,接着通过"感觉运动"阶段和"观念运动"阶段,然后再推进发展到符号转换阶段(Baldwin, 1895)。只有在最高级阶段,"逻辑演绎的形式才会独立或优先发生作用,纯粹的思想(指什么都思考或什么都不思考的思想)也才开始出现。思想的内容已经消失,剩下的只是一个躯壳而已"(Baldwin, 1930, p. 23)。从他的最早表述开始,Baldwin 的心理发展阶段理论就是过程与结构兼重。他使用过的很多术语,包括"顺应"、"同化"、"模仿"、"循环反应",在今天的教科书中都随处可见,尽管我们不能假设 Piaget 使用的意思同 Baldwin 的意思一模一样。

110

仅仅两年后《心理发展的社会与伦理解释:一项社会心理学研究》(*Social and Ethnical Interpretations in Mental Development: A Study in Social Psychology*, Baldwin, 1897/1906)便出版了。这本书是美国心理学家在儿童社会认知发展方面的第一部著作;同时,它还是第一部书名中包含有"社会心理学"的英文著作(R. H. Mueller, 1976)。在这本著作中,认知阶段模型被扩展到社会性发展、社会性组织以及自我起源等问题上。由于心理学和社会学概念之间存在着巨大的真空地带,Baldwin(1895)感到社会心理学的基本问题被忽视了：

> 尽管人们从来都没有充分认识到这一点，但同样正确的是：社会或集体心理学必须在发生学这块土地上才能生根结果。我们没有社会心理学是因为我们没有一个关于社会自我的理论。我们有关于自我①和他我②的理论，但是他们并没有显示社会自我应该受到他们的排斥③。因此研究社会和制度的理论家就只能在形而上学和社会学的汪洋大海中痛苦挣扎，然而却没有一个心理学家能给他们带个救生圈甚至听到他们的呼救声。(p. ix)

在社会性发展方面，"辩证的个人成长论"认为儿童从自我中心的接受阶段发展到主观自我阶段，最后才能达到一个移情的社会性自我阶段。在 Baldwin 的框架中：

> 如果儿童不能根据别人对他的建议调整自我感觉，那么他的人格发展便会陷入停滞。因此在每一个发展阶段他自己都部分地是别人的，甚至连他对自己的想法也不例外。(p. 30)

同他强调自我的发展过程而不是静止的结构相一致的是，早期经验和基因并不能固定一个人的人格。相应的是，"人格是一个永不休止的、向前发展的东西"(p. 338)。行为是不固定的、动态的并对周围背景有所反应的。Baldwin(1897/1906)的观点是：

> [儿童的]需要是社会情境作为整体的一个功能……他的需要并不是一致的。这些需要因每种情况下社会情境的不同而不同。而那些竭力想用一个词，比如说"自私"、"慷慨"或其他词来表示儿童所有需要的做法则是荒唐的，因为这个词只是参考了各种各样生活情境中的一种而已。(p. 31)

自我开始逐渐地、不可避免地适应其他人和社会传统。这种"社会遗传性"通过模仿和内部循环反应的运作发挥作用。通过每个关系，儿童都会得到一个更准确的关于自我和其他人的感觉。"唯一基本保持不变的是一个增长的自我感，它包括两部分，本我和他我。"(Baldwin, 1897/1906, p. 30)

社会发生论

Baldwin 主要关注的另一个发展问题涉及天性与教养之间的关系以及个体发展中所产

---

① 私密意义的我。——译者注
② 对他人的观念。——译者注
③ 因为社会自我是自我与他我的连续体，是二者辩证地相互定义的结果。——译者注

生变异的代际传递。根据指导 Baldwin 思想的形而上学综合，由他来争辩下面的这个命题是再合适不过的了：天性—教养的二元论不仅错误地"认为这两个发展动因是相反的势力"，也不能接受"人的大部分特征都是由天性和教养共同决定的"可能性(Baldwin, 1895, p. 77)。进化适应和发展顺应都朝着相同的目标前进，虽然它们建立在截然不同的时间尺度上。把这个分析扩展到二者的同步性是如何建立并维持这个问题上，Baldwin(1895)这么写道：

> 显然我们被引向了一个比较独特的问题：当我们使用诸如"种系发展"、"个体发展"等词语来形容这些问题时，我们会感觉它们很熟悉。首先，正如不断显示的那样，有机生命是如何发展成更复杂和更具有适应能力的形式的呢？这是一个种系发生问题……但是第二个问题，一个个体发生的问题也同样重要：这个问题是，生物个体是如何做到让自己越来越适应它周围的环境的呢？……第二个问题是新的发生心理学中更紧迫、更困难、更容易被忽视的问题。(pp. 180 – 181)

从他的第一本发展学著作(Baldwin, 1895)开始到《发展与进化》(*Development and Evolution*, Baldwin, 1902)这本书，Baldwin 扩展了他关于通过"有机体选择"实现行为倾向的代际传递的观点。他认为发生在个体一生中的"适应" 可以通过他命名的"有机体选择"的过程以种族"顺应"的形式传递给下一代(Baldwin, 1895, p. 174)。该思想的精髓是：个体发生学上的顺应可以用来引导进化改变的路线。但这是怎么完成的呢？人们对此事究竟牵连了哪些过程仍存在争议(如 Gottlieb, 1979, 1987; Piaget, 1978; Vonèche, 1982)。很明显 Baldwin 得到了一个引导选择的发展机制，这个机制既补充了 Darwin 的自然选择概念，也没有求助于"Lamarck 式的因素"(如对已得特征的继承)。多年来，他加强了这个概念(J. M. Baldwin, 1930)。尽管 Baldwin 使用了 C. L. Morgan 的脆弱逻辑(1896, 1902)，但在生物学上这个命题还是得到了认可并被称做"Baldwin 效应"(Cairns, 1983; Gottlieb, 1979)。

111

一个批判性评价

自从 Baldwin 理论的现代性得到了承认，使用现代标准来评判它的适当性便显得合情合理。通过对他著作的大致浏览，我们便可发现其中存在一致性和表达上的缺点。而要了解 Baldwin 著作中的其他问题则还需要检阅他同辈人的著作。无疑，他理论中最重要的方法对后来的调研者产生了影响，这其中也包括我们这代的一些人。

可能是他愿意接受新观念的缘故，Baldwin 时常改进他理论模型中基本概念的意思。正是由于他的思想同时代和背景相关，那些对他理论一成不变的描述可能造成误导，那些在他与他的同辈和继承者(包括 Piaget 和 Vygotsky)之间作出的比较也会出现混乱。

Baldwin 的著作还诠释了他理论工作的另外一个前提——个体经历了一个"通过他人建议不断修正自我感觉"的过程(1897/1906, p. 30)。因此，他早期有关心理哲学的工作不仅从总体上深受苏格兰通俗哲学中形而上学观点的影响，而且还深受他普林斯顿导师 James

McCosh 直觉实在论的影响(R. H. Mueller, 1976; Wozniak, 1982)。在第二阶段实验室的研究工作中,他借鉴了 Preyer、Binet 和 Shinn 等前人的工作。与此相似的是,他的"有机体选择"的观点也有不少是从 Morgan(1896)和 Osborn(1896)的工作中借鉴而来的。在把发生学逻辑概念化和把哲学定义精确化的任务中,Baldwin 利用了 William James 和 C. S. Peirce 的思想。Baldwin 大方地承认了这些影响,与此同时他也强调了自己独特的见解和创意。

在写作方式和组织结构上 Baldwin 常常顾此失彼。正如本章的一些引文所诠释的那样,在一些问题上,他的观点是敏锐的、有力的和有挑战性的。尽管如此,在另一些问题上他也会变得木讷愚钝。作为为数不多的几个对 Baldwin 保持友好的美国心理学家之一,William James 温和地评价道:这篇文章(正如它的作者 Baldwin 的大部分作品一样)很明显有多处缺陷(James, 1894, p. 210)。其他的批评就没有这么温和了。James Sully,一个重要的英国实验专家,Baldwin 的同辈,是这么开始并结束对《儿童与种族的心理发展》的评价的:

> 这本书为评论者提供了特殊的难点。评判一部生物学著作(Baldwin 教授这本著作似乎是一本心理学著作),要先看这本书的编排、结构和组织形式:这本书现在这样,第一眼看上去很明显缺乏这些特征。人们开始阅读的时候不可能完全排除第一印象的影响……
>
> 总结一下我对 Baldwin 教授这本书的印象。它似乎在很多方面都是新鲜而又刺激的。然而从另一方面来说,由于在创新之后过于强调概念的新颖性,使得人们不得不去检查一下除了把新颖性概念化之外还有些什么。*当一个新思想被提出的时候,人们都会希望这个理论或多或少有事实支持。*(1896a, pp. 97, 102 - 103, italics added)

不清晰性并非仅仅存在于这本书中。在对比了 Baldwin 和 C. H. Cooley(1902)对社会性发展的讨论后,Sewney(1945)指出"Cooley 用一种简明易懂的语言来展示他的观点,他的描述不会令人迷惑而且其中也没有混乱的术语,但这些问题充斥在 Baldwin 的作品中"(p. 84)。R. H. Mueller 曾在一个未出版的杂志中找到了一段 Cooley 自己对 Baldwin 写作方式和动机的评价:

> 像 Baldwin 这样积极奋发的作家们所犯的一个大错是:他们往往不让自己的想象得到自然而彻底的生长便急于在一门学科中运用它们。他们这种强而为之的做法损害了思想的自发性、理性和人性。他们所写的可能是一时具有刺激性、连贯性和吸引力的,但是不能为长久计。Goethe 称这种写作方式为怪癖。如果你想做出些有长久价值的东西,你就该把自己的首要兴趣放在该学科的内容和真理上,而不是你的书和文章,还有如何把自己变成真理的发现和传播者。(R. H. Mueller, 1976, p. 250)

112

除非是同情 Baldwin,不然任何一个现代的评论家都会这么说,"Baldwin 的作品中有很多没有完成和令人费解的东西”(Broughton, 1981, p. 402)。这些半途而废的例子包括Baldwin社会性理论的理论不连续性,以及对发展阶段描述的内部不一致性。

对读者来说,Baldwin的写作方式所造成的可能不仅仅是读起来不方便的问题。他不断修改解释与概念,以至于同一术语新增了几个新的相似意思或修改过的意思,而这个术语到底是什么意思要依上下文而定。表达上的不精确也体现在了解释上。也许这恰恰解释了那个重要的争论: Baldwin所使用的诸如有机体选择、模仿和发生学方法之类的术语到底是什么意思。

Baldwin喜欢在他的发展学观点中融入新思想,他似乎对新旧观念之间可能产生的冲突更敏感。Baldwin提出的社会性自我概念似乎从Josiah Royce和William James的工作中获益匪浅(Valsiner & van de Veer, 1988)。在修改“有机体选择”这个概念时,他还引入了Osborn(1896)和Morgan(1896)的一些思想。尽管如此,这是一个同化而不是模仿的过程,因为大部分观点被纳入发生学框架时都经过了转化。从智力再形成和重组的长期模式上,我们可能能找到解释Baldwin为旧观点发明新术语的原因以及他对智力成果优先权和所有权特别敏感的原因。在他看来,这些概念就是新发明。对Baldwin来说,优先权和得到承认是很重要的,也正是由于很在意这些东西,他才急于把自己的思想转化成出版物。

我们只要想想“有机体选择”这个概念,这点便可得到证实。这个概念的目的从一开始就很清楚: 把发生在个人生活史中的顺应和发生在种族生存史中的适应相联系。但是对这个精确机制的确认经证明却只是一个“投射测验”。这其中有部分原因是Baldwin吸收了C. Lloyd Morgan(1896)提出的术语和逻辑论据。在一篇关于这方面问题的短小精悍的文章中——它曾作为Baldwin《发展与进化》这本书的附录而重印在其中,Morgan(1902)称发展中的个人变化和种系发生中的适应性变异的结合只不过是一种巧合性的变异而已。Baldwin对有机体选择的叙述吸收了这个巧合性变异概念,但我们不清楚他是在什么时候接受下面这个重要推论的: 个体发生中的具体个人经验和种系发生中的具体变异并没有直接的联系。但是最终Baldwin确实澄清了这个概念(Baldwin, 1930)。

所有的这些都说明Baldwin的贡献不是独立于他那个时代的丰富的思想背景而存在的,他从中得到了启示。同他的社会认知发展模型相一致的是,这个影响也是双向的。现在有充足的证据说明有包括四个学科的大批研究者受到了Baldwin发展理论和概念的影响。在他所致力的发展概念及其系统应用这方面,Baldwin比他的同事,如Hall,更有说服力,更有思想性,更有毅力。他预想了一门新的发生科学(Baldwin, 1930)。

Lawrence Kohlberg引起了美国心理学家对Baldwin理论贡献的注意,在这方面,他比与他同代的任何其他心理学家都更受尊敬。在Kohlberg(1969)发表那篇经典的社会认知文章之前,现代发展心理学家中很少有人承认Baldwin在这个领域的洞见。为了建立一个适合调查伦理道德发展的理论框架,Kohlberg在上研究生的时候曾自学过Baldwin的著作。因此,让Kohlberg两个曾经的学生(Broughton & Freeman-Moir, 1982)来修订关于Baldwin理论的主要著作是再合适也不过的了,也正是因为这个,那本书中Kohlberg写的那章包含了一些最值得一读的段落。他的文章为下面的这个问题提供了简明扼要的答案:

Baldwin 理论和 Piaget 理论的真正区别是什么？Kohlberg(1982)这么写道：

> 最后，Baldwin 的道德理论和 Piaget 的道德理论的基本区别是 Piaget 的理论中没有自我。Piaget 从认识客体（但首先只是从自我中心的角度认识客体）的自我开始讲起，认为发展是一个不断推进的客体化过程。与此形成对比的是，对 Baldwin 而言，所有的经验都是自我的经验，而不仅是身体和认知的自我经验。首先，这说明了自我的中心是意志而不是认知。其次，经验从一开始就是社会性的和反射性的。儿童的自我认识是一种存在于自我与他人关系当中的关于意志和能力的认识。基本上说来，个人是一个潜在的道德存在，不是因为社会权威和社会规范（正如 Durkheim 和 Piaget 所想的那样），而是因为个人的目的、意志和自我与社会自我中的这些是共通的。(pp. 311 - 312)

113

个体也是一个整合的自我。Baldwin(1897/1906)曾这么指出："尽管在社会生活这一领域我赋予模仿很大的重要性，但是我更喜欢把我的理论称作是社会组织的'自我'或'自我思想'理论。"(p. xviii)

Baldwin 的理论工作预料到了 Piaget 在认知和道德发展方面的大部分理论。Piaget 使用了 Baldwin 理论中与众不同的术语（从循环反应和认知图式到适应、顺应和感知运动），这是明显的思想继承关系。更重要的，正如 Cahan(1984, p. 128)所评价的那样，"构成 Piaget 认知发展研究的那些目的、发生学方法和认识论假设，在世纪之交 Baldwin 的著作中都能找到表述"。从 Baldwin 到 Piaget 之间的联系方式已经被确定。从 1912 年到 1934 年去世，Baldwin 主要居住在巴黎。而他的著作也深受他周围的法国知识分子的关注，特别是 Pierre Janet。正如 Piaget 给 Mueller 所写的那样(1976, p. 244)：

> 遗憾的是，我未能亲自认识 Baldwin 这个人，不过，他的作品对我还是产生了巨大影响。此外，我还上了 Pierre Janet 的课，他经常提到 Baldwin，同样深受他的影响。

还有一份 Piaget 对 Baldwin 引用模式的书面记录。奇怪的是，这些参考引用只出现在 Piaget 事业较为早期(1923/1926)或较为晚期(1978)出版的著作里。

认为 Piaget 的理论只是对 Baldwin 最初理论的简单修改，这种推断是错误的。正如 Broughton(1981)和 Cahan(1984)所评价的那样，它们二者之间的不同和它们的相似一样大。除了 Kohlberg 所做的颇有见解的划分，两位研究者在科学风格上也存在着巨大差别，反过来又导致了它们在方法内容上的巨大差别。Baldwin 用实验心理学的方法和分析来例证发展理论，但他很早就知道用实验心理学的方法来评价他所建构的发展理论是不合适的。在这种进退两难的情况下，他决定放弃科学问题而专门解决哲学问题。

不同的是，Piaget 接受的是生物学而不是哲学训练。作为一个实证科学家，他利用观察来理解现象而不仅仅是阐明原理。Piaget 曾为发明一种能够解决他想理解的实证问题的适合方法而面临挑战。使用直接观察的临床方法并创设适当的发展性任务,为 Piaget 提供了修改、扩展、评价其理论的工具,这些工具也使其他人能够评定现象的重复性和该理论的适当性。更重要的是,通过对这些现象的客观追踪,Piaget 和他的追随者们得到了一些洞见,这些洞见对实验专家和脱离实际的观察者来说并不是不言自明的东西。这些洞见反过来又增强了 Piaget 发展模型的生命力。

尽管 Baldwin 在理论系统和实证工作中存在缺点,他的建议还是对 20 世纪的发展理论家产生了巨大的直接或间接的影响。正如 Valsiner 和 van de Veer(1988)所证明的那样,Baldwin(1897/1906)的社会背景下自我发展观念一方面与 George H. Mead(1934)的符号互动论有直接联系,另一方面又与 L. S. Vygotsky(1962)有关人格的社会背景起源的命题有直接联系。Baldwin 的工作是共同基础,虽然 Mead 和 Vygotsky 都没有直接提到过对方。Valsiner 和 van de Veer(1988)的分析是同下面的独立证据相吻合的:(a) 在符号互动论的形成中,Baldwin 的工作对 C. H. Cooley 以及 Mead 有明显的影响。(b) Baldwin 和 Vygotsky 之间主要是通过 Janet 的著作联系起来的。Valsiner 和 van de Veer(1988)指出,他们这些人是有选择地吸收了 Baldwin 的影响。一方面,Cooley(1902)和 Mead(1934)倾向于放弃 Baldwin 自我理论中的发展特征。另一方面,Vygotsky(1962)仍然以个体发生学为焦点,并保留了 Baldwin 思想中的社会动力学。

114

Baldwin 的发展观念可能会对科学产生什么持久而显著的影响呢?在处理这个问题时,我们首先必须要回答一个问题:为什么它们会在心理学中消失呢?主要的解释是,Baldwin 的理论不符合 20 世纪早期统治美国新心理学的思想与实证趋势。美国的新心理学将会被这样一种模型所占据,它要么否定了认知的重要性,要么减小了婴儿期以外的发展的重要性。更重要的是,这门学科中没有适合 Baldwin 心理与社会过程的发展观念的研究方法。Baldwin 越是偏离婴儿研究的方向,他理论研究中的推测成分就越大,得到的数据支持也就越少。但是要实现他的目标——建立发展科学——就要在对系统性的追求和对证据的追求二者之间保持一个持久的平衡。正如 Quine(1981)所评价的那样:

> 只要这两种追求中的一种得不到另一种的验证,那么科学理论就会变得名不符实:一种情况是变成纯粹的观察记录,另一种情况是变成空中楼阁。(p. 31)

Baldwin 的同事和学生中缺少一个有才之士能够帮助把他的发展学观念转化为实证科学。由于缺少了适当的方法,他越来越少去证明和校正他的观点,就像他之前的 William James 一样,他日益迷恋于哲学,从而远离了发展心理学的实证问题。

有一些作家还认为其他一些因素也限制了他的影响力:(a) 他的写作方式不能够激发他证实自己思想的信心;(b) 他没有教出一些能够继承他工作的学生(他在约翰·霍普金斯的那五年里,没有一个学生完成心理学博士阶段的学习活动);(c) 公之于众的个人丑闻给他造成了极大尴尬,以至于他于 1909 年中断了在约翰·霍普金斯大学的研究工作。自从经历了那个事件,他就很少在美国了,而他的名字似乎也受到了下一代心理学家的抵制。所有的这些都促使 Baldwin 的观点在美国倒退和消沉。讽刺的是，Baldwin 被迫移居巴黎却反而促使了人们更快地接受了他的观念。同美国心理学家相比较，欧洲心理学家更倾向于接受他的发展学观念与方法。

除了这些起作用的因素外，在 Baldwin 的日程表上未完成的事业还有创造一些适合发展研究的方法、技术和分析手段。Piaget 和 Vygotsky 帮助建立了这些方法，并根据研究结果修改了他们的观念，从而对现代发展思想产生了巨大影响。最近的方法学批评者建议，关于发展过程的系统研究不仅需要不同的统计方法，还需要利用不同的研究设计以及不同的组织实证观察的方法(Cairns, 1986; Valsiner, 1986; Wohlwill, 1973)。此外，根据 Baldwin 的建议，分析"背景中的发展"的任务很明显是一个跨学科的活动，它延伸到了心理学领域之外。当 Sully(1896a)说 Baldwin 的《儿童与种族的心理发展》一书同生物学和心理学的相关程度相同时，他很可能是正确的。而当 R. H. Mueller 说 Baldwin 的《心理发展的社会与伦理解释》一书同社会学和心理学的相关程度相同时，他很可能也是正确的。

即便 Baldwin 写得更精确，招收了更多学生，去世得比较晚(在巴尔的摩而不是巴黎)，但是从更广意义上讲，他没能完成更大的目标。他会失败，是因为他所构想的科学与新心理学所能兼容的科学都不同。曾在 19 世纪 90 年代阻碍发展观念进入心理学的很多障碍到了今天仍然存在。

我们该如何总结 James Mark Baldwin 的工作呢？除了存在于他的著作和教学中的缺点，除了他所得到的荣誉和承受的失望，他最终成功地完成了他力所能及的那部分目标。在之后 100 年的时间里，他用来描述发展思想的洞见与视野继续启迪和激励着人们。

发展精神病理学

Sigmund Freud(1856—1939) 与发展心理学的建立之间存在着一种微妙的关系。与这个领域的其他研究者不一样的是，Freud 没有发表过有关行为发展的实证研究：他只在临床背景下观察了极少的几个孩子，而从未在传统的实验背景下观察。然而，精神分析却是 20 世纪发展心理学领域内一种很有影响力的学说，即使可能不是最有影响力的。而且，精神分析能够在美国和其他地方得到初步接纳部分程度上要归功于 Hall 的热情支持。正如 Freud (1926/1973)在描述精神分析运动的出现时提到的：

115

> 1909 年，Freud 和 Jung 受 G. Stanley Hall 邀请到马萨诸塞州伍斯特的克拉克大学举办了精神分析的系列讲座。从那时起，欧洲对精神分析的兴趣日益浓厚。然而，精神分析运动一直坚决拒绝新的教义，并且颇有感情色彩地被认为它有时候似乎是不科学的。(vol. 18, p. 720)

Hall 慧眼识中了这个新奇的发展心理学理念并对之进行了宣传，而那时这个理论在欧洲还正受到抵制，在美洲的影响也很弱小。Freud(1910)在克拉克大学的那些讲座被整理并发表于 Hall 的《美国心理学报》(*American Journal of Psychology*),直到今天,这些文章仍然被视为精神分析创始人对此所作的最简明扼要的阐释。

Freud 出生于摩拉维亚,并成长于维也纳。年少时他已对自己将来要研究的东西产生了浓厚的兴趣。尽管解剖学和生理学是他早期关注的领域,他却受 Darwin 和 Haeckel 文章的影响,同时也深受英国联结主义者 John Stuart Mill 理念的影响。在完成了医学学习之后,Freud 参与神经生物学研究达数年之久,开创了对胎儿大脑的系统个体发育分析和对感觉神经通路的图片绘制等工作。Freud 早期的生理学文章大受好评,并且他作为有前途的研究者和方法学家获得了国际声望。

据 E. Jones(1953)的看法,19 世纪 80 年代中期是 Freud 工作生涯的转折点——他决定研习神经学,这个决定部分是因为他自身的经济考虑。为了深入学习这个领域,他考取了奖学金,去巴黎师从著名神经学家 J. M. Charcot。从 1885 年 10 月 13 日到 1886 年 2 月 28 日,Freud 一直在萨佩特雷里医院工作,这么说起来,他和 Alfred Binet 还有些共同的兴趣。很明显的,这两位年轻人都被 Charcot 关于身体症状和心灵的相互关系的论述所吸引,Charcot 的论述包括将催眠术应用于消除歇斯底里症状和探测潜意识。Binet 则是最早发表关于研究性变态及根源文章的两人中的一位。在一篇值得注意的却几乎被忘却的文章《爱恋中的恋物癖》(*Le Fétichisme dans l'Amour*)中,Binet(1887)描写说性吸引和性冲动很容易与中性物体联系在一起,并且联想学习的正常机制也能引起"不正常"。在发表于早期《法国与外国哲学评论》(*Revue Philosophique*)杂志的这篇文章中,Binet 预测了精神分析的三大主题,即(1) 控制正常和异常行为及情绪的各机制之间的连续性;(2) 性在精神病理学中的显著意义;(3) 人的行为的本质合法性。

回到维也纳之后,Freud 开始了他的神经病学实践,并且和 Josef Breuer 合写了一部《癔病的研究》(*Studies in Hysteria*, 1895/1936)。当 Freud 用自由联想和梦的解析取代催眠术来探究潜意识的时候,精神分析学便诞生了。

Binet 提出的潜意识概念到底对精神分析运动作了贡献没有? 在 Breuer 和 Freud (1895/1936)合写的一篇优秀文章中,我们可以看到这样一段:

> 来源于正常睡眠状态下的歇斯底里症状与催眠后的受暗示经历极其一致。但这也意味着不能进入意识的那些观念情结和在意识层面发挥作用的那些观念是共存的,换言之,这当中存在着*精神分裂*……似乎我们还可以肯定地说精神分裂来自大量受压抑的,但是未被压抑到意识层面之下的想法,即便没有催眠它也会出现。*以上面的这种或那种方式,都可以形成一个精神存在的状态,现在它在思考能力上是匮乏的和初步的,或多或少类似于醒着的思想。而我们的上述认识都要归功于 Binet 和 Janet*。(p. 188,引用时加的强调)

一直以来 Binet — Janet — Freud 之间的联系被忽略的一个可能的原因是,A. A. Brill 在其早期的《癔病的研究》(1936 年前)英文翻译本中没收录这一段。但仅仅是疏漏吗? 也许吧,但 Sulloway(1979)对精神分析中的选择性回忆和有偏见的引用的解释却不是那么温和。他问道:“为什么在知识革命的历史中会有如此之多的参与者在有意或无意之中隐藏他们革命活动的真实的性质和根源呢?”(p. 6)他的回答是,“可能的发现者有一种展望未来的倾向,历史学家有一种回顾历史的倾向,在这两种倾向之间存在着一种强大潜在的张力”(p. 7)。新科学运动创造了创新、发现与新奇事物。尽管科学家们致力于让二者平衡并做到纯粹的学术化,但人们还是会因受到强烈的诱导而忽视或轻视那些威胁了新异性幻觉的研究和研究者们。尽管精神分析诠释了这种诱惑,但这不能够使它在过去的发展心理学领域免落窠臼。

116

正如 Freud(1926/1973)所指出的,精神分析“随着时间的流逝逐渐获得了两种意思:(a) 治疗神经失调的一种特殊方法,以及(b) 无意识心理过程的科学,它还被恰当的称作是‘深层心理学’”(p. 720)。精神分析理论涉及一个关于人格进化与发展的有力假设,这是作为治疗方法的精神分析所不具备的。为什么精神分析会作为一种发展理论出现呢?

一种答案是:这是数据所要求的。人们认为只有精神分析法才能揭示婴儿性欲的作用和早期经验的重要性。还有第二种可能性,但它与第一种并不兼容:Freud 曾接受过神经生物学方向的训练并得到一些经验,因此为了集中精力研究个体发生中事件的生成过程,他一早就做好了知识准备。回想一下 Freud 曾经在他的生理学工作中进行过胚胎分析就会明白这一点。最后,更广意义上的科学知识力量一直在发挥作用。正如 Gould(1977)和其他的一些人所记录的那样,与那时进化发展学假设相对应的一些假设似乎在精神分析的思想中得到了充分的体现。根据他在这一领域受到过的科学训练,Freud 在建构他的人格理论和精神病理理论的时候利用生物学方法似乎是合情合理的。

有种观点认为 Freud 使用物理学作为精神分析的基本模型,同这种观点相反的是,他的理论似乎与那时的生物学思想,而不是与“物理学”或“医学”模型更相近。因此,精神分析的一些特定命题似乎与 Darwin-Haeckel 在发展和进化方面的命题相对应。这些命题包括:(a) 精神内部各种本能之间为了生存和表达而进行永无休止的争斗;(b) 精神分析的焦点是两种发挥重要作用的内在动机力量,这两种力量分别是引发繁殖(性的、力必多)的进化本能和带来选择和破坏的本能(攻击、死的愿望);(c) 个体发生中预先决定的发展阶段是同种系发展阶段相平行的,因此在人类婴儿期就出现性的表达;(d) 发展受阻和固着的概念是一个被引入复演论用来解释胚胎畸形的思想,根据这个思想,如果在个人发展过程中,种系进化的阶段不能依次序出现,“怪物”就会产生了。

稍后,在《摩西与一神教》(*Moses and Monotheism*, 1939)一书中,Freud 清楚地解释了他理论中的生物发生律。正如我们已经知道的,美国主要的心理复演论学者 Hall 承认他关于发展与进化的思想同精神分析的思想基本一致。

对精神分析的方法学遗产需加以评论。根据 Freud 自己的说法,他一生致力于“推论或猜想心理器官是如何建构的,以及其中的何种力量在相互影响和相互抵消”(E. Jones, 1953, vol. 1, p. 45)。

Freud 的成年精神病人们反映给他的报告和重构的记忆很大程度上影响了他关于发展

和婴儿期经验的推论。但是由于资料基础薄弱，根本不可能据此建立一种关于正常发展的理论。可是 Freud 有那个时代的其他理论家(也包括今天的)所没有的一个优势：他，就像 Binet 一样，有机会以“我们所熟知的人”为对象研究复杂的心理过程。精神分析正是从对个体长期完整的观察(包括 Freud 的自我分析)中发展而来的。精神分析的理论建构和评价以研究个体为基础，所采用的那种研究策略与他早期生理学研究中所发现的有效的方法没有什么不同。

117

如果像 Preyer、Binet、Baldwin、Lewin、Piaget 那样使用个案研究的研究者的贡献能够说明一些问题，那么上述这种程序也并非一无是处。但是这个方法也有缺陷。虽然 Binet 认为有必要从分析的两个层面上来反复验证一个人的假设——Freud 最后还是表现出了他对系统性实验工作以及由此得到的结果有效性的轻视。比如说，为了回应实验室中对压抑的实验证明，Freud 这么评价道：“我不认为这些验证有什么价值，因为这些主张断言的基础——可靠的观察的价值是独立于实验验证之外而存在的。”(引自 Shakow & Rapaport, 1964, p. 129)Freud 很早曾认为人们出于“情绪化的”、“非科学的”理由拒绝精神分析的教义，而他前面的评论似乎要求人们以同样的理由接受它。人们是用教条而不是数据来评价精神分析主张的有效性。如果从如下两方面来说，这是个遗憾：第一，发展研究的历史表明，尽管当两种方法交合在一起的时候更为持久的进步已经发生，但是 Freud 所坚持的观点——个体方法并不比正规方法更不科学——还是正确的；第二，当实证性的观察和实验与核心假设发生冲突从而使其价值受到贬损的时候，整个领域的科学地位就会受到损害。

无论如何，精神分析已在科学和社会中繁荣昌盛了 100 多年，我们怎么高估它对健康与社会科学以及文学所产生的直接影响都不过分。作为一种科学方向，由于它既根源于 Darwin 和 Haeckel 的进化—发展思想，又根源于 J. S. Mill 的心理联想主义和英国经验主义，所以它特别容易和其他理论结合。比如说，C. Hull 的假设—演绎行为模型以及 K. Lorenz 和 N. Tinbergen 的习性理论都很容易地结合了精神分析理论。这两种综合——社会学习理论和依恋理论——经证明在发展研究领域是特别有影响力的，我们下文将再次提到这件事。

一个使精神分析变得对发展心理学家特别有吸引力的核心假设是，精神分析关注于具有形成和决定作用的早期经验。它假定婴儿期和童年早期发生的事件奠定了成人人格和精神病的基础。这个广义上的假设要求人们研究婴儿期和童年早期以及发生在家庭关系中的事件。讽刺的是，这个假设也暗示着发生于个体发展晚期即童年期、青少年期和成年早期的事件，其可塑性必然较低，因此对理解人格和精神病理学来说就更不关键。从某种意义上讲，精神分析是一个发展学理论。因此，童年期被视作是“潜伏”阶段，而青春期则被视作是早期的偏差和冲突受到激活的阶段。

精神分析理论和它之后的大部分派生理论都具有形式上的相似性——包括客体关系理论和依恋理论——发展的主要动力过程限于人生最早的那几年。一旦这些人格倾向和结构得以建立并巩固，其他的非发展的过程就开始发挥作用了。在非常特殊的情况下，像精神分析治疗的晚期干预也会起作用。正如 Fenichel(1945)所主张的那样，精神分析中的共感关系被视作是一个重建性质的精神治疗干预，通过这种干预，固着与发生在婴儿期和童年期的冲突得以复活和修复。

具有更广泛意义的是，精神分析及它的衍生模型将很多发展过程——交互作用、双向性、行为可塑性、生物行为组织——与个体发生中的某些关键点联系起来。在通常情况下，这个关键点是婴儿期或儿童早期，由此这些发展过程就变得不再那么活跃和有关，但在这些发展过程中产生的性格结构与倾向决定着个体一生当中适应的性质和质量。

科学与社会中的其他趋势

精神分析很明显在确定未来发展心理病理学研究的日程上发挥主导作用，但其他几乎被忘记了的有力因素正将心理学和社会联系起来。一个值得注意的、与儿童研究特别有关的事件是第一家心理诊所于 1896 年在美国宾夕法尼亚大学创立，Wundt 和 Cattell 以前的一个学生 Lightner Witmer 是这个所的领导。

Witmer 的目的是帮助诊断和治疗有上学问题的学生，并将新建立起来的科学原则应用到日常生活中。那些原则是什么呢？在 Witmer 看来，儿童研究需要一个多学科的方法，从一开始他就将不同专业的人组织在一起，包括社会工作者、医生和开业心理学家。在没有治疗模式的情况下，他建立了一个模式。虽然这家诊所在本质上只是费城的一家地方机构，但在 Wimter 的领导之下，这家诊所不断得到发展和壮大，为了记录这家医院的活动，还发行了专门的《心理临床》(*Psychological Clinic*)期刊。这时，应用心理学和临床心理学的概念才开始流行。宾夕法尼亚 Witmer 小组的一个学生 Morris Viteles，领导建立了美国的工业心理学(Viteles, 1932)。

118

发展理论

从 1900 年开始，发展心理学的理论活动在美国开始日益衰弱，而在欧洲却方兴未艾。在 Preyer 的推动下，发展心理学的研究活动在德语通行的国家得到不断发展，其中，年轻的 William L. Stern(1871—1938)起了关键性作用。从世纪之交到 19 世纪 30 年代早期，在德国 Stern 推动建立了这门新科学的理论和体制基础(Kreppner, 1992)，鉴于他在这门学科的突出地位，在 1909 年他被克拉克大学授予了荣誉博士学位。

Kreppner(1992)最近认为 Stern 应该与 Preyer、Binet、Freud、Hall、Baldwin 并列为发展心理学的先驱之一。在美国心理学中他大部分是由于提出了心理年龄可以转变成智力商数而被人们记住的(J. Peterson, 1925; Stern, 1911, 1914)，这一转换的目的是使不同年龄的智力得分具有相同含义。很少有人能系统地注意到他在将心理学的三个领域建立成三个不同的科学学科，即(1) 差异心理学，(2) 个性心理学，(3) 发展心理学这一过程中发挥的基础作用。Stern 的影响表现在他提出的发展思想、他创立的各种体制和他影响的学生上，这些学生包括 Heinz Werner 和 Martha Muchow。

虽然他是在 Hermann Ebbinghaus 门下完成的博士论文，Stern 很早就认识到人类发展研究需要一个统一的视角(Kreppner, 1992)。在这方面,Binet 和 Henri(1895)在更早的时候理解儿童的认知功能和问题解决时,就碰到了元素论和整体论间的二元论问题。跟他们一样的态度:

> (Stern 批评)那种心理元素就是心理力量承担者的观点……一个人的行为不是由单一的元素来决定的,而是由环境、个人与个人和环境的相互作用构成的整个结构决定的。因此,整体角度就是 Stern 建立他以人为导向的理论框架的根本基础之一。(Kreppner, p. 317)

与辩证哲学一致,Stern 描述了个性和环境限制因素在人的发展中的相互制约作用。这就产生了个体发生中行为的可塑性问题。个人是一个复杂的单元,它既不完全由内部因素也不完全由外部因素来决定。在这一点上,Stern 写道:

> 这是个人可塑性的一个事实,是关于有意教育或环境的无意影响的一个领域,这一领域比很多经验论者所以为的要小得多。因为个人不仅仅是环境所施加影响的被动接受者,同时他也对这些影响作出反应。他影响并保持这种可塑性的方式不仅是主动和被动之间冲突的表现,同时也是克服这种冲突的一种工具,它既是一面镜子也是一种武器。(W. Stern, 1918, pp. 50 - 51, 引自 Kreppner, 1994, p. 318)

但要记住的是,辩证的系统的视角并不一定是发展的视角。Stern 对发展和个人差异的双重兴趣让他陷入了一个困境。在个人的特点,即特质和类型的讨论中加入关于个人发展的变化,增加了新的复杂因素。理论的任务就是要解决变化的、适应性强的特征和长久的、固定的特征之间的矛盾。前者促进新的适应,而后者带来可预见的个体差异。关于这一点,IQ 分数的提出使年龄成为常量,而主要关注个体差异,它表现了对差异的评价和 Stern 思想中非发展的一面。他的学生代表了他的想法的两个方面,从场论的非发展观念(Lewin, 1935)到 Werner(1940/1948) 心理发展和符号转换中完全的发展观念。

119 他的影响甚至超过了最近回溯的范围。通过 Gordon Allport 的经典作品《人格》(*Personality*, Allport, 1937),Stern 的思想得到了突出的表现。Stern 的巨大影响体现在 Allport 关于人格组织和功能的整体性质的概念和研究特殊规律和一般规律的模式中。在个体差异的研究中,Stern 写就了一本书(1911),这本书是关于差异心理学最早的系统的教科书之一,它在准确性和清晰性方面仍是让人敬佩的书。

在建立和领导了汉堡大学的心理研究所之后,Stern 在 1933 年被德国法西斯政权驱逐出了德国。1934 年他来到美国,受雇于杜克大学的心理学系,1938 年死于北卡罗来纳州的达勒姆。像 J. M. Baldwin 一样,他的名字虽然暂时被人们忘记了,但是他的思想却一直流传到现在。

儿童研究

在法国，教育领域中的发展心理学进步很快，但是一到大学就陷入困境不能前进了。当巴黎大学和法国大学的教授职位公开招聘时，Binet 却三次被拒。虽然在将心理学建立成一门实验科学的过程中，他作出了杰出的贡献，但他在法国到死都没有得到一个教授头衔。Binet 建立的教育问题研究的实验室启发 E. Claparéde 在日内瓦建立 J. J. Rousseau 研究所。

在英格兰，虽然相对来说没有在儿童研究上取得新的进展，James Sully(1896b)和 William Drummond(1907)出版了心理学和发展心理学方面有影响力的教科书(McDougall, 1906—1908)。关于这一点，Mateer(1918)评论说："总的看来，在学前儿童这一方面，英国的儿童研究作出的贡献与其说是独创性的，还不如说是模仿性的，并且在数量上也很少。"(p. 28)另外，Hall 作出的贡献也被带回它的发源地欧洲。在英格兰的英国儿童研究学会和法国的儿童心理研究协会是两个以 Hall 的美国协会为样板的很有影响力的组织。在意大利、俄国、丹麦和葡萄牙，发展研究也在不断地进行着，但相对来说这些事都离当时正在进行的关于发展的研究和思考的主流较远。但当 Mateer(1918)引进幼儿和儿童的学习行为研究经典的条件反射方法时，它们很快就变得离主流不那么遥远了。

1890 年之后，北美与欧洲一起成为儿童科学研究的重要中心之一。Millicent Shinn 的《一个儿童发展的笔记》(*Notes on the Development of a Child*)在 1893 年的发表使个体研究再次引起了人们的兴趣，在那个时候，她对 Preyer 方法的复制和推广工作被认为是个"杰作"。(Mateer, 1918)

发展与教育

Binet、Hall 和 Stern 的作品强调了基本的发展研究和教育实践的紧密联系。这些研究者成为心理学家，他们把研究的重点放在发展现象上，而把作品的重点却放在教育上。这与 John Dewey 做法很不一样。在 Cahan(1994)有关 Dewey 对心理学贡献的评论中，她说：

> 教育是 Dewey 关注的最持久、最全面和最综合的问题，他也因为这一问题而出名。他对教育的兴趣使他把原本在心理学上与社会体制和社会生活中分离的问题放在一起并使它们融合。(p. 146)

一方面受到 George S. Morris 和 W. T. Harris 的新黑格尔主义的影响，另一方面又受到 C. S. Peirce 和 William James 的实用主义的影响，Dewey 形成了关于教育的独特观点，该观点关注儿童的社会环境。儿童与他或她生活或适应的环境之间的辩证关系对于理解发展的性质是关键的。在这一框架里，学校成为发展研究的自然背景。

Dewey 认为儿童在学校的经历将为他们培养良好的智能和道德做好准备，而这将有助于建立一个更好的社会(Dewey, 1916)。怎样来实现这一点呢？按照 Dewey 的观点，教育的内容不应该由成年人来规划，而应该由儿童周围的环境和他们目前的兴趣来决定。教学任务的出发点应该是儿童而不是老师的需要和兴趣。

120 听起来很熟悉？这些思想在20世纪前几十年里就开始形成了。Baldwin-Piaget的顺应和同化的概念就是第一个与“经验的不断重组和重构”相近的思想(Dewey, 1916, p. 82)。Stern“[儿童]影响并保持这种可塑性的方式不仅是主动和被动之间冲突的表现,同时也是克服这种冲突的一种工具”的观点也一样。Vygotsky的“最近发展区”也是一个相似的概念。这些相互交织在一起的思想很大部分应该归因于黑格尔的唯心论和与之相联系的突现的、发展的设想。

在理论上,Dewey创立了使发展和教育概念化的框架,而没有提供一个严密模型来指导教学实践。由此,在如何把理论运用到实践当中的问题上十分模糊。例如,“经验重构”的想法并没有提供教学任务的难度应该怎样,应该给儿童多少帮助和练习的指令性规定。

在对Dewey的作品和思想进行评论的时候,Cahan(1994)强调说Dewey认为教育是社会重构的一个机会,“学校扮演着社会变迁的杠杆的角色”(p. 163)。这一中心思想,Dewey(1899)很早的时候就在芝加哥大学的一次讲座上表达过了。

> 一个很明显的事实,我们的社会生活经历了一场彻底和激进的变革。如果我们的教育对于生活还有什么意义的话,它也要经历一场同样彻底的变革。……活跃的职业、自然研究、基础科学、艺术和历史的引进;纯粹的符号和形式的内容被降低到次要的位置;道德氛围、师生关系和纪律的变化;更积极、更意味深长和更具有自我指导性因素的引进——所有这些都不仅仅是偶然的事情,它们是更大的社会发展所必需的……这样做意味着要使我们的每个学校都成为社区生活的雏形,里面进行着反映更大社会生活的职业,弥漫着艺术、历史和科学的精神。如果学校介绍并培养社会上的每个儿童成为这样的小社区里的一员,向他灌输服务的精神,向他提供有效的自我指导的工具,我们将得到有价值的、可爱的、和谐的大社会的最深最好的保障。(pp. 43 - 44)

这样,教育理论“成为政治理论,教育不可避免地被投入到社会变革的斗争中”(Cremin, 1964, p. 118)。Dewey的框架很明显融合了人类发展的科学、教育实践、社会改革和道德规范的内容。从历史的角度来看,Dewey的著作和观点也许可以看作继承自他以前在约翰·霍普金斯大学的老师Hall的另一笔遗产。

建立时期的研究主题

19世纪末20世纪初现代发展心理学的出现几乎不是一个系统连贯的过程。例如,Dewey关于发展宽泛的哲学观点、von Baer的胚胎概念和Darwin的进化概念似乎存在于不同的地方。总的来看,发展的作品和理论各不相同又各有根据,相互之间有争议又都观点新颖,在很多情况下都很出色。虽然在方法和理论方面没有取得一致,但一些主题似乎引起了人们的注意,指导着这些早期的发展研究者的工作。具有普遍意义的七个主题是:

1. 意识和智力的个体发展
2. 意图与思想、行为之间的一致
3. 进化和发展的关系
4. 天性和教养
5. 早期经验的影响以及发展何时停滞
6. 道德发展
7. 科学怎么为社会作出贡献

知识与意识

发展研究者对“心理理论”的概念几乎不陌生。的确,对于比较研究者和发展研究者来说,意识的起源和知识的发展是处于形成阶段的这门科学经验研究上最主要的关注点。在Romanes(1884)看来,比较心理学的最主要的工作就是研究从动物到人的意识和智力的连续性。为了在两者之间建立联系,有必要研究一下动物的意识和它们对各种各样生存环境的明显的“智慧的”适应。为什么要研究连续性呢? 对 Romanes 来说,这种连续性将证明人类同动物在进化中处于同一连续体上。Romanes 从各种各样的非正式资料来源的信息中,收集关于各种的动物(狗、鸡、蜘蛛、猫)的趣闻轶事,介绍它们如何在适应环境时表现出很高水平智力,以及如何通过 Larmarck 遗传传递机制向后世传递这些知识。 121

这里不得不提到 C. Lloyd Morgan。Morgan 对发展和进化思想最主要的贡献就是对后天习得特性的遗传传递概念,即 Baldwin 所谓“有机体选择”概念的变种的漂亮批驳(Klopfer & Hailman, 1967; Morgan, 1896, 1902),他批判 Larkmarch 主义的论证逻辑超出了心理学和行为的范围。

Morgan 的贡献是为将更高水平的认知过程向更低级的动物的推广设置了限制。最初的时候他仅仅是对非人类的动物的心理状态的解释表示怀疑,后来他系统地阐述了他的也许足以对心理学作出贡献的标准。这一标准现在被称为“Morgan 标准”,它的内容是“一个行为可以被解释为更低级的心理官能作用的结果,它就决不能被解释为是更高级的心理官能作用的结果”(Morgan, 1894/1903, p. 53)。Morgan 标准设想非人类的动物的“精神能力”在性质上与人类的“精神能力”是不同的,这有助于打破 19 世纪拟人论的嚣张表现(也见 Schneirla, 1966)。作为附带产生的结果,它使人们关注的中心从动物的意识转移到了动物的行为上,这包括内在的生物物理学和化学过程作用的分析和外在的物理和社会力量的分析。

这种转变非同小可。到 1906 年,H. S. Jennings 将对草履虫的活动有重要意义的研究命名为“低级生物的行为”。更早的时候,Binet 对纤毛虫和其他低等动物的研究被称为“微生物的精神生活”。通过 Jennings 和 J. Loeb,关注点的变化为 J. B. Watson 的行为主义铺平了道路(1914),具有讽刺意味的是,同时也造成了对意识的否定。在《Lloyd Morgan 标准为何事与愿违》(*How Lloyd Morgan's Canon Backfired*)一文中,Costall(1993)提出“C. L. Morgan 认为动物和人类的行为仅仅可以被看作是有意图的;他的标准本来是要纠正拟人论的，结果却一直被误解"（p. 13；见 Wozniak, 1993）。无论 Morgan 自己意图是什么，他在将动物和儿童的行为发展的研究扩展到心灵主义和拟人论之外发挥了重要的作用。如果发展研究要从 Wundt(1907)和 Hall(1885)规定的二流地位中被提升的话，这将是很重要的一步。

关于知识的来源同样也是早期的发展研究者关注的问题。儿童心理学家不仅关注"儿童头脑中的内容"(Hall, 1891)，他们也关注这些内容是怎么进入头脑中的。Preyer 主要关注感觉、语言和认知的建立，而 Binet 和 Baldwin 很早就重视儿童知觉辨别和记忆的实验研究。J. M. Baldwin(1895, 1915)关于知识的来源的发展理论部分来源于关于意识和认知的后康德思辨和那时候流行的 Herbert Spencer 和 G. J. Romanes 进化的观点的混合。

然而，这些研究的基础是对于婴儿的观察，正是这些观察为反射、感知运动和意念运动的适应等思想提供了经验材料。Baldwin 成熟的"遗传发生论"实际上是关于心理的一个理论，在很大程度上它是基于直觉和前人在哲学和生物学方面提出的框架之上的。对认知和智力的主要关注产生了那时候最强大的实证测试和最可靠的实验方法，这似乎不是纯粹的偶然。

思想与行为的关系

虽然意识的问题是主要的主题，但是关于思想和行为之间的联系问题也没有被落下。"有意志"的行为是在个体发生中的什么时候产生的？在发展的某个阶段，意识、意图和行为之间是什么关系？事实上，早期的发展研究者都研究了这些相互关联的问题，但是，同样地，他们的重点和结果都不一样。部分是因为他们学习催眠术的经历和他们受 Charcot 的影响，Binet 和 Freud 关注在正常或病态行为的指导和控制中无意识的作用。Binet(1892)研究了无意识的作用下人格的改变，Breuer 和 Freud(1895/1936)把动机和无意识的控制作用作为精神分析理论的中心主题。关于这一点，这时期一个很有趣的观察是发现了 Binet 和 Freud 关于无意识过程观点的联系。相似地，Baldwin(1897/1906)考虑了随着练习增加和时间流逝，意识是如何运作的，有意识的行为是如何变成无意识的，意识和意图是怎么与认知发展同步发展的。但是，"意图"研究却提出了没有解决的难以克服的方法论问题（虽然 Preyer 在他的婴儿研究中对这一问题较早提出过质疑）。

122

个体发生与种系发生

从个体发生的角度或从种系发育的角度，怎样来给发展下一个定义呢？发展心理学是在 Wallace 和 Darwin 提出物种起源理论并被广泛采用所产生的生物学革命之后才诞生的。生物学家和心理学家都感觉到了要建立一个同样有力的个体发生学理论是比较困难的，最早的有名的研究一般发展理论的人是很少的。

毫无疑问，早期最有影响力的发展理论是"生物发生律"。事实上，早期的发展研究者在某种程度上都是复演论者，但是采用这种复演理论的人没有放弃对其他观点或补充观点的考虑。关于这一点，Preyer 不成熟的假设与 Baldwin、Morgan 和 Osborne 关于有机体选择观点的提出都代表着人们为解决发展是怎样促进进化和进化是怎样促进发展这一难题的努力。

在世纪之交后不久，生物学中复演理论的基础假设就遭到了怀疑，"生物发生律"也就不成立了(Gould, 1977)。胚胎研究表明，发展中形态变化的阶段不能简单用祖先类比来解释。甚至在胚胎发生学中，形态能够适应占主流的特殊环境，就像 von Baer 在更早的时候说的那样，发展适于用对该物种来说越来越独特的结构分化的方式来描述。从 Morgan 和 Baldwin 的建议到现代习性学和发展心理生物学的建议，都不断强调进化修正和发展适应是相互支持的。可以确定的是，复演理论是顽固的，但是它提出的问题对于科学来说却是基础性的。

天性与教养

一个相关但是可分离的问题是，在多大的程度上个体的行为和倾向反映了经验而不是天生的遗传潜能的作用。"天性—教养"的问题，正如 Galton(1871)所指出的那样，不断地折磨着发展理论家。在这个问题上的立场那时和现在一样，各不相同。有人提出这不是肯定其中一方否定另一方的问题，而是这两者怎样在发展的过程中融合在一起的问题，事实上早期的研究者对这一建议起码在口头上表示了肯定。

对发展的"天性"影响的研究采用了很多的方法。例如，Preyer 就假设在没有后天训练的情况下，个体儿童婴儿时期的行为一定反映天赋因素的作用。Galton 依照规律，把重点放在通过家族研究、家庭成员和双胞胎比较和动物的选择培育的方法获得的信息上；他和 Karl Pearson 一起建立了评价变异和相关的新统计手段，而这对智力量表很适合；他们还将变异分为可遗传的和受环境影响的两种，而这一方法也为现代定量行为遗传学和一个世纪的争论打下了基础。

发展何时结束?

很明显的，所有早期的发展学家都认为，经验在行为、情感和认知这些基础系统的建立和维持中起了重要作用。因为时间的安排制造了这个世界上的所有差异，所以当涉及经验什么时候能发挥作用的时候，这些学者们之间就存在着很大的观点差别(见 Elder，本《手册》第 16 章)。对于 Hall 来说，个体经验在青少年时期起了主要的作用；早期的经验事实上没有什么相关，因为进化的力量直到青少年时期都对发展进展起作用。对 Freud 来说情况却刚好相反：婴儿时期才是关键，他认为早期的发展在为成年后的行为打下基础方面起着基本作用。除非在婴儿时期和儿童早期，不然一个人会抵制正经历的变化(除了在心理分析的治疗之下)。对 Preyer 来说，那是胚胎发生学。而对 Baldwin 来说，个性发展是一个持续的永不停息的生命过程，因此转折点可以出现在个体发生的全过程当中。

123

在发展的时间表和可塑性还不明确的情况下，研究者每个人都可以讨论并分享幸福的错觉，好像他们涉及的是相同的问题和结果。精神分析理论的一个基本前提就是一个很强的纵向假设，这一假设认为早期经验是接下来的思想、行为和关系的基础。持精神分析观点的那些作家可能是激进的发展学家，但这也仅仅只就生命的一个阶段而言。一旦人格结构、动机和"工作模式"①建立起来之后，人们就开始把关注点从建立和变化的过程转移到维持的过程中了。而持 Baldwin 的生命历程观点的研究者却一直关注着个体发生中的所有事情。

在没有个体的行为适应的纵向信息的情况下，就没有足够的理由对关于早期经验的时机和功能的理论假设作出选择和排除。虽然 Mills(1898)呼吁系统的纵向研究，但半个世纪之后人们才开始对这一方法进行系统的研究，过了 90 年之后这一方法才被人们采用。

人的道德和完善

对意图和意志的关注可以看作是更大的道德问题的一部分：科学怎样才能帮助人们掌握并达到至善且避免缺陷呢？这一关键问题完全充斥于 Tetens 和 Carus 的道德心理学，对于 Spencer、Hall、Baldwin 及那个时代的其他几个人来说这也不是无足轻重的事。他们中很多人都有的一个目标就是要系统地提出一门发展科学，使之尽可能补充甚至是代替宗教。

直到 1900 年，一个关键的实证结果，即"道德判断发展"的阶段才得以建立。在这一结果中，更大的儿童比更小的儿童更关注过错者的动机和意图。相似地，在"道德判断"的抽象化水平上人们发现了惊人的年龄发展差异，与更小的儿童(6—10 岁)不同的是，更大的儿童(12—16 岁)能从过错者的角度来看问题。这些观点是从每一年龄阶段数千名儿童回答的大量问卷调查中归纳出来的(例如，Hall, 1904; Schallenberger, 1894)，但在国内外，人们猛烈抨击的是这一方法而不是这些结论。在道德行为问题上，J. M. Baldwin 的理论预示了 Hartshorne 和 May 关于道德行为的说法与 Kohlberg 有关自我和道德推理发展的理论。

社会应用

应用于社会需要，既是机遇又是挑战。为了促进"科学"原理在儿童的抚养和教育中的运用，儿童研究运动在美国兴起，在欧洲大陆和英国，人们也作了类似的努力。而问题在于可用的科学原理并不多。关于这一点，William James 在《与教师的谈话》(*Talks with Teachers*, 1900)一书中写道"这一学科中已知的有用的事实只不过一巴掌那么些"。不是包括 Binet 和 Hall 在内的每个人都同意 James 的观点，但那时候和现在一样，人们都试图让关于儿童的著作超越那些简单的常识性的内容。

一些早期的发展学家的观点同时也受到了政治的影响。其中的一个结果就是优生学运动的建立和快速发展。Francis Galton 是这一运动的思想领袖，在英国它的目标是保护优秀的基因。"社会达尔文主义"的一个附带影响是一个重要的新发明——智力量表以及人们对它的信念，人们认为它能够快速地确定在才能方面天生的稳定的差异。Haeckel(1901)在德国发起的一场运动就带有着生物上的种族优越性的观点，这也导致了黑暗的政治目标。

发展原理和思想的运用同时也有好的一面(见 Sears, 1975)。关心这一科学的人们都倾

---

① 指关于依恋的工作模式。——译者注

向于担任儿童的支持者,他们借助自己的威望促成了儿童劳动法的通过、小学和中学课程的修改和以儿童为中心的培养和控制实践的推广。从这些努力当中,这一学科也许没有直接得到什么好处,但是儿童的福利却受益匪浅。John Dewey 关于人的发展的概念对于教学和教育实践有着巨大的影响。这一领域的不断发展使它成为一个进步的社会运动的同时,也越来越成为一门实证科学。 124

总的来说,行为发展的现代研究作为一门有力的、多学科的、充满着新思想、新方法和新的发展方法的事业,有一个良好的开端。这一学科的建立者似乎可以解决那些基本的发展问题了。也许是这样子的吧,但是早期的诺言却还没有实现,起码在后面的半个世纪里没有实现。

中期(1913—1946):制度化与拓展

从1913年到1946年这20世纪三分之一的时间里,发生了两次世界大战,出现了在影响深度和持续时间上史无前例的经济大萧条,两个新的政治经济体系成为世界级的力量,大规模杀伤性武器和种族灭绝带给人们难言的恐怖。这些事件影响了那时正在进行的思考工作和科学研究工作,发展心理学也不例外。

自相矛盾的是,一些在世界范围内造成了悲剧影响的事却丰富和扩展着这门学科。第一次世界大战使人们注意到心理评价特别是智力测验的优势和潜力。同时,它也将重要的美国发展理论家 James Mark Baldwin 带到了法国,在那儿他获得了比在他自己的国家更大的影响。第二次世界大战使心理学在成为一门科学的同时也成为了一门职业。美国20世纪20年代的繁荣直接转化成私人基金和国家基金的形式,慷慨地支持着这门学科的发展。同样地,20世纪30年代和40年代初的经济萧条使大量的资助被撤出,同时发展问题的研究水平也下降了。

20世纪30年代纳粹的迫害使一批顶尖的优秀理论家从欧洲移居到了美国。一些人,包括 Kurt Lewin、Fritz Heider 和 Heinz Werner,获得了改变现代社会心理学方向、保存发展理论的机会。对于其他人来说,包括 Karl Bühler 和 William Stern,移居国外却是一个悲剧,因为在那里他们的才能和成就没有受到赏识而是被忽略了。如果 Charlotte Bühler 能自由安全地呆在她维也纳的研究所,而不是到洛杉矶做一名助手,社会性发展研究又将会往哪个方向发展呢?

除了社会和政治的影响,这一领域有很多需要完成的目标。这一学科的研究方法需要立即扩展,要允许研究者和理论家对好几个问题的系统研究。因此,提出将想法转变成为可操作化研究的方式成为第一要务。事实上,所有的重要问题,从社会、认知和感觉运动的分析到语言、道德发展和心理生物变化的研究,都要得到关注。在20世纪20年代,随着特别用于儿童研究的基金的广泛建立,实证研究获得了空前的发展。

在经验基础建立的过程中,儿童和发展心理学的研究分裂成各个独立的小领域、主题和理论。没有哪一个模型,即使是行为主义也不能够包摄所有的研究活动,为这些活动提供统一的方向。学科的分化使一些人试图通过出版手册(用来总结不同的研究工作),建立以发展为中心的期刊和科学协会来综合这一领域。但是由于没有有力连贯的关于发展的普遍理论,小领域内的发展研究和思想都沿着各自的轨道发展。这一时期的重要事件和思想也许最好可以用从心理测验、道德发展到语言、思想和发展心理生物学这几个领域的探究所取得的进步来说明。这就是这一部分内容将采取的写作策略:以对美国发展心理学制度化的评论始,而以这一时期主要的理论思想的简短评论终。

125

机构与发展

Hall在19世纪八九十年代领导的儿童研究运动20年后就产生了结果。各种各样的儿童研究协会在全国各地相继建立,它们一起形成了倡导儿童利益的有力运动。1906年,美国衣阿华州的一个家庭主妇和母亲Cora Bussey Hillis建议为儿童抚养的研究和促进建立一个研究中心(Sears, 1975),她的理由很简单但是很有力:如果研究可以提高玉米和猪的产量,为什么它不可以促进儿童的培养呢?在衣阿华大学建立儿童福利研究中心的运动最后是成功的,该研究机构在1917年建立,它的实验学校在1921年开办。

衣阿华的研究所和一个在它之后不久于底特律建立的、可与之比肩的麦瑞尔—帕尔默研究所一起成为在20世纪二三十年代在美国和加拿大建设儿童发展研究所的样板。因为这些研究所的一个主要功能是传播关于儿童研究的信息,所以纷纷发行各种出版物,包括大学的专题论文系列(在衣阿华、哥伦比亚、明尼苏达、多伦多和伯克利)、期刊[《儿童发展》(*Child Development*)、《儿童发展专题论文》(*Child Development Monographs*)]、手册(Murchison, 1931, 1933)和杂志[《儿童研究》(*Child Study*)、《父母杂志》(*Parents Magazine*)]。这些研究所大多也授予高等学位,这样就有利于组建一个新的专业的工作队伍。那里的毕业生在大学里找到教书或做研究的工作,或者在广大的应用领域找到职位。作为跨学科的儿童发展研究协会于1930年建立,这为这一学科的科学贡献者提供了一个发表意见的论坛和框架(Frank, 1935)。

对于美国儿童研究的黄金时代,它的两个参与者已经说得很好了(Sears, 1975; Senn, 1975),因此只在这里进行一个概述。新设立的各种各样的私人和政府的基金都能被用于儿童发展的研究。在这些显赫的捐资者当中,更为有名的是菲尔斯儿童研究所和麦瑞尔—帕尔默儿童研究所的个人赞助商以及各种专项任务项目(例如,由联邦基金资助的Terman天赋儿童研究、由Payne基金会赞助的电影对儿童影响的研究、由宗教和社会教育研究所赞助的关于道德的研究)。

但是如果仅仅考虑在这一领域的影响,洛克菲勒基金(Laura Spelman Rockefeller Memorial; LSRM)是最有影响力的。通过LSRM基金,在三所大学(加利福尼亚、哥伦比亚和明尼苏达大学)建立了重要的研究中心。大量的赞助被投入到耶鲁和衣阿华州已有的研究机构当中,密歇根大学和华盛顿建立了小规模的研究中心。在Vassar、Sarah Lawrence和师范学院(哥伦比亚)有关人格和儿童发展的研究也得到了洛克菲勒基金的赞助。这还不是全部。在 Lawrence Frank 的总领导下,洛克菲勒基金还为个人研究项目提供资助(包括 C. Bühler 的开创性研究),同时也使国家儿童研究学会的建立成为可能(见《儿童研究》,vols. 1 to 3)。对儿童研究如此慷慨的赞助促进了在斯坦福、哈佛、多伦多和康奈尔进行着的研究工作。总之,结果就是证明了 Binet 关于美国人喜欢把事情做大的观点。

详细总结从 1920 年到 1940 年这些机构具体的活动和成就不是我们在这里能够做到的。作为这一时期的经历者,Goodenough(1930b)对这一活动频繁的历史时期中的研究工作和成就作过详尽的总结。每一个研究机构都在运用的方法和涉及的问题方面形成了自己的"特点"。这些研究机构研究的问题应该说明了这一点。

1. 智力测试。事实上,所有的研究机构都在某种程度上致力于阐明智力评估和在测试中个体差异是怎么产生的等问题。到 20 世纪 30 年代末,在衣阿华开展了有关环境丰富性对智力测验结果影响的研究,在菲尔斯和伯克利开展了有关 IQ 稳定性和变化性的纵向研究。明尼苏达的 Anderson(1939)在研究个体早期智力测验与后期测验结果重叠程度的基础上,提出了关于智力功能连续性的富有启发性的理论。斯坦福的研究人员在 Lewis Terman 和 Quinn McNemar 的带领下,对过分主张智力的可塑性的观点提出了强烈的质疑(Minton, 1984)。

2. 纵向研究。大部分睿智的发展心理学家都认识到需要获取更长时间范围内行为和发展的信息。但是资源的缺乏阻碍了关于行为和认知的长期的大规模的研究。由此却显示出了这些研究机构无法估价的作用。其中的两个研究机构,伯克利和菲勒斯发起了系统的纵向研究工作,这一工作弥补了斯坦福的 Terman 所开创的研究的不足。 126

3. 行为和情绪的发展。关于儿童的恐惧心理以及它们是如何产生的问题,在哥伦比亚、明尼苏达、约翰·霍普金斯、加利福尼亚和华盛顿大学(圣路易斯)均有所研究。这一工作,在本质上只是 Waston 和他在约翰·霍普金斯的合作者(见下文)发起的研究项目的延伸,它探讨了个体发展中情绪是如何产生的以及恐惧如何获得和消除的问题(Jersild, Markey, & Jersild, 1933; M. Jones, 1931)。

4. 成长和生理成熟。衣阿华研究所早期的工作是关于儿童生理发展的研究,包括儿童的照顾和饮食(Baldwin & Stecher, 1924)。类似地,Arnold Gesell 在耶鲁的研究所率先建立了正常发展的图表,用于确定畸形的行为或者发展障碍(见下文)。菲勒斯研究所很早就建立了探究生理发展和行为发展之间关系的传统,这一传统产生的结果中就有在身体和心理关系的评价和诊断方面的重大进步。

5. 研究方法。明尼苏达州的 John Anderson 和 Florence Goodenough,哥伦比亚的 Dorothy S. Thomas 和多伦多的 H. McM. Bott 都认识到了更多地使用观察研究方法的必要性(见 Anderson, 1931; Bott, 1934; Goodenough, 1929; D. S. Thomas, 1929)。但是关于方法的工作不仅仅局限在观察技术上。Goodenough(1930a)继续探索着研究人格和智力评价的其他的灵活方法(包括她的"画人"测试),这些研究者引领了把高级统计方法运用于研究设计和分析的潮流。明尼苏达的 Dorothy McCarthy 和 J. J. Rousseau 研究所的 Jean Piaget 也开始了他们关于儿童语言和思维起源的有影响力的研究。

这仅仅是主要研究问题的一部分。在注意到这些已完成研究工作的知识和科学质量的同时,我们也要注意到在这些新建立的研究机构中几乎没有重要的理论家。但也有几个著名的理论家是例外,他们是 Rousseau 研究所的 Jean Piaget 和 20 世纪 40 年代衣阿华的 Kurt Lewin 和 Robert Sears。这些研究机构把大部分时间都投入到了如同 Hollis 夫人所认为的实际问题上:“我们怎样才能改进培养儿童的方法呢?”人们很快就发现解决这一问题的方法和理论都很不足。这些研究机构主要致力于设计更多的方法,而把基本的理论工作抛给了其他人。

心理测验

在 20 世纪二三十年代的很多发展学家眼里,建立一个可信的儿童心理科学的主要障碍与其说是理论方面的,还不如说是方法方面的。鉴于 Binet 对此的深刻理解和毕生的努力,可以这样说,他和他的合作者为这一科学的前半个世纪的研究提供了最重要的先进方法。无论 Binet-Simon 的智力评价方法有什么样的缺陷,它都为儿童发展的准确研究和认知事件转变成可以计量的单元提供了工具。这一测验也为关于个体发展各个重要方面的比较和人与人之间个体差异的分析敞开了大门,同时,它也为这一科学的前半个世纪的主要问题提供了一个可靠的研究方法,这些问题包括天性—教养、早期经验、意识的连续性与行为和认知的可预测性等。

Goddard(1911)也值得赞扬,因为他是第一个将 Binet-Simon 量表带到美国的人。然而,是 Lewis M. Terman 和他在斯坦福大学的同事,通过对 Binet-Simon 量表的修改,而为智力测验在美国和全世界的推广发挥了关键作用。用于个别施测的 Stanford-Binet 测验有助于使临床心理学成为一个在诊所、学校、军队和工业中都独立的职业,这也实现了 Binet 的一个预见(J. Peterson, 1925)。

像 Hall 的其他转向教育心理学的学生一样,Terman 最早是在斯坦福的教育学院工作。

127

Terman 曾经是一个学校的校长,他对于班级里的个体差异问题早就有兴趣,他将七个智力优秀生和七个后进生在不同方面测量结果的比较定为他的论文的课题(Terman, 1906)。自从在印第安纳大学做本科论文研究的时候,他就熟悉 Binet 的著作了;同时,鉴于他的背景和斯坦福大学与 Barnes 相关的大规模研究的传统,Terman 尝试将 Binet-Simon 量表在更大范围内标准化(用了约 1000 个加利福尼亚的学龄儿童;Terman, 1916),这完全是出于他的一贯风格。在对该量表的其他改进方面,Terman 采用了 William Stern 的建议,可以用智力商数(IQ)来代表儿童的水平。在观察和标准化的努力中,Terman 证明自己无愧为 Binet 的继承者。美国版本的测验几乎立即取得了成功,这一方法被广泛运用,其核心思想被用于编制团体测试来满足军队(挑选参加第一次世界大战的新兵)和学校筛选天赋和弱智儿童的需要(Goodenough, 1954)。

这里不适合对这一测验运动进行全面的描述。1925 年前智力测验的有用史料可以在 J. Peterson(1925)和 K. Young(1924)写的著作里找到,更近期的记述可以在 Goodenough

(1954)写的书与Carroll和Horn(1981)写的书里找到。这里只对智力测验及其与发展心理学的关系作三点评论。

第一,这一方法为不同时间、不同个体和不同条件下的系统比较铺平了道路,这是进行人类行为纵向研究必要一步;它也为不同背景、不同种族和不同环境经历的个人之间的比较提供了工具,因此使研究者重新研究遗传和环境影响问题成为可能。Sherman和Key(1932)、Wheeler(1942)、Skeels和Wellman领导的衣阿华研究小组都研究了早期经验对IQ的影响(Skeels, 1966; Skeels, Updegraff, Wellman, & Williams, 1938)。另外,这一方法被运用于它的修订者都没有意料到的地方。例如,Kamin(1974)曾报告这些测验被运用于挑选申请到美国的移民。鉴于被测试者复杂的背景和评价条件,这一做法是不恰当的,但这一工具被证明是对不同认知能力进行分类和区分的有力工具。

第二,评论一下测验运动与其他心理学,特别是其他发展心理学的关系。作为一种研究手段,这一方法最初形成了一股热潮,之后又冷静了一段时间。当20世纪30年代,人们在进行智力测验成绩的实验研究时,发现增加一两个标准差(例如,10—20个IQ分数)也是常见的事,在相对较短的时间里(4—16个星期;见H. E. Jones, 1954,对此的评论)都可能增加这么多。另外,Sherman和Key(1932)证明,在文化剥夺的阿巴拉契亚山区居住的儿童的IQ和年龄有负相关。这样的发现使人们开始思考环境对IQ分数的贡献,接着人们对这些发现的性质和意义展开了讨论(见McNemar, 1940; Minton, 1984)。对双胞胎数据的阐释,以及从关于智力遗传的同卵双生子、异卵双生子和其他类型的兄弟姐妹的测试中得到的发现的阐释,也引起了一场类似的争议。在20世纪30年代末,这些问题没有得到明确的解答就沉寂下去了,直到大约30年后才又重新出现在研究领域的前沿。

第三,智力测验的方法没有产生统一的智力发展理论。理论的争论主要是围绕着测试的结构和统计分析(例如,说明变异需要一个因素,还是两个或更多因素)以及测试的结果是否被恰当阐释等问题展开的。正在形成的(按照Baldwin和Piaget的模型而创立的)认知理论和上述评价方法之间存在着较大的差距。无论Piaget还是Baldwin,都没有在Goodenough(1954)全面的关于"心理发展"的章节中被提到。这种差距不是没有先例的:社会互动的评价方法与人格和社会学习模式理论(见下文)中也存在着类似的问题。但是这一测验方法在教育和市场上证明了自己的价值,虽然它们轻易地被整合进已经存在着的心理学理论当中。由此,测验运动在发展心理学的主流之外获得了发展和繁荣(Dahlstrom, 1985)。

纵向研究

128

根据Wesley Mills(1899)的看法,这一学科需要(a)对个体进行从出生到成熟的纵向研究,需要(b)对发展的长期条件进行系统的实验控制研究。如果没有这些信息,几乎不可能充分掌握人类或动物的发展过程。因为关于发展的主要假设在根本上同这些过程相关,有人可能就认为在这个新学科里,纵向研究将会受到最大的重视,但事实并非如此。也许是进行人类的毕生研究的实际困难比较大，或者由于所进行的投资或风险比较大。无论是什么原因，到这一领域历史的第一阶段结束的时候所获得的关于纵向发展的信息不是不完全的(例如，Binet 做的关于他的两个女儿的研究)，就是主观和回顾性的(例如，精神分析的访谈)。但是，在这些零碎信息的基础上，提出了关于认知和人格发展的最有影响力的精神分析理论和行为主义理论，很少有数据可以用来评价它们的意义或改正它们的缺点。

纵向研究的一个障碍——测量方法的缺少，似乎随着一个用于认知能力评价的可靠工具的编制解决了。Lewis M. Terman 取得的进步已经足够大了，他完善了智力测量工具，并在 1921 年开展了对行为—认知特征的第一次大规模的纵向研究。他在加利福尼亚挑选了 952 个 2 到 14 岁的男孩和女孩，他们的 IQ 都在 140 或 140 以上，这一组人是在一个大约 25 万人的样本中找到的最聪明的孩子(在智力测验的表现方面)(Terman, 1925)。他的最初目标是设计一个天才儿童教育方案。结果，这一样本成为纵跨 20 世纪大部分研究中的一组核心被试，在儿童和成年早期的好几个阶段，人们重新评价这些天才儿童直至他们成长为成年人，所评价的行为内容扩展到了人格特征、生活成就和社会适应。之后，他们的配偶和孩子也被包括到研究当中，并且每一组的实验对象被跟踪调查 60 年(Sears, 1975)。虽然原初设计有缺陷(例如，没有一个与之相配的没有天赋的控制组或者对照组)，研究得出的数据还是提供了关于毕生发展的丰富信息。总的来说，这些工作是这门科学在它的第一个世纪里所取得的主要成果之一，它包括了当时最有影响力的三个人物的努力(Binet, Terman, & Sears)。

另一个妨碍纵向研究的因素是缺少能和它们的研究对象存在时间一样长的研究机构。随着 20 世纪 20 年代好几家儿童研究所在美国的成立，这一问题也得到了解决。这之后纵向研究的项目很快就在伯克利、菲勒斯研究所、明尼苏达和哈佛开始实施了。刚开始的时候，用小规模的短期项目来研究一些特定的问题。例如，Mary Shirley(1931, 1933a, 1933b)完成了一项两年的关于婴儿的动作、情绪和社会性发展的研究，与 Gesell 的横断研究相比，她的纵向研究使她能够确定发展和变化的特定顺序。

Mills(1899)对动物进行的那类实验干预研究也被运用于儿童研究。Myrtle McGraw (1935)给 Jimmy 和 Johnny 这对双胞胎不同的训练经验从而加以研究，这是使用被 Gesell 称为"双胞胎合作"的控制程序的比较好的例子。通过在运动机能的正常发展之前就提供"丰富"的经验，McGraw 证明了经验可以促进爬行和其他动作模式的出现和巩固。环境刺激"丰富"的那个双胞胎比那个被控制的双胞胎显示出一定的优势，虽然年龄和与之相连的成长使这一明显的优势不断地消失(见 Bergenn, Dalton, & Lipsitt, 1994，这是对 McGraw 及其贡献的更详细的介绍)。除了这些著名的著作，还有对同样这些问题的大量的更鲜为人知的调查研究，这些研究使用短期的纵向干预来影响智力测验的成绩(例如，Hilgard, 1933)和运动技巧(例如，Jersild, 1932)。

这些纵向发展的研究仅仅局限于儿童，最起码在开始阶段是这样的。童年之后的发展怎么样呢？自从 Quetelet 的早期研究，很少有人直接研究成熟期的发展变化。但有一些例外是值得注意的，因为它们为现代对毕生发展的研究的重视提供了部分基础。关于年老问题的最早的著作之一就是 Hall(1922)在他死前不久出版的那本。接着，Hollingworth

129

(1927)在20世纪20年代出版了关于毕生发展的教科书；12年之后，Pressey、Janney和Kuhlen(1939)进一步扩大了这一方面著作的覆盖范围。

关于毕生发展问题的这些扩展研究的资料怎么说也是不充分的。令人惊奇的是，关于青少年行为发展的研究几乎没有；也许Hall的主要著作使人看起来似乎所有的重要问题都已经得到了解答。Bühler(1931)报告了这一年龄组的一个更令人感兴趣的研究，其中分析了大约100个青少年的日记。在说明这一研究工作时，Bühler(1931)写道：

> 所有的作者都认为亲密的友谊是青少年而不是儿童的一个特征。爱情和被称为英雄崇拜的狂热也是这样的，这也被认为是青春期的一个典型特征。根据青少年的日记，Charlotte Bühler研究了在青春期英雄崇拜的分布和类型。她收集的大概一百本的真实的日记来自不同的国家、不同的环境和不同的年龄段……有来自德国的、奥地利的、美国的、捷克的、瑞典的和匈牙利的。统计资料表明女孩开始写日记的平均年龄是13岁8个月，而男孩的平均年龄是14岁11个月。在所有女孩的日记里，迷恋某人或是调情占据了一定的位置，有时是两者兼而有之。迷恋某人是从13岁9个月到17岁。男孩的日记展示了各种各样的友谊。与女孩迷恋某人不同的是，男孩对某一领导者或者某个女孩，或者常常是年龄更大的女人的真挚的钦美占据了一定的位置。(p. 408)

日记为将来的纵向研究提供了创新的替代办法，它提供了关于青少年的最隐私的想法、事情、希望和愿望的说明。但是这种研究方法因为存在着故意选择问题(例如，谁写的日记，什么被有意省略或记录了)，也有一定的风险。因为它固有的个人隐私的性质，这一方法无法排除作假。在这一方面，Sigmund Freud对一本已出版的日记曾写过一篇引言，但经过仔细的检查，结果却证明这本日记是假的。由年轻的Cyril Burt(1920—1921)来揭露了这一造假，却颇有几分讽刺。大约50年之后，Kamin(1974)和其他一些人对Burt做的分开抚养的双胞胎的研究数据的准确性和偏差提出了质疑。虽然存在着这些隐藏的危险，日记仍然为青少年的信仰、态度和冲突提供了潜在的丰富的信息资源。

如果这些纵向研究所需要的时间、努力和资金不成问题，到20世纪中期，它们的收获会是怎么样的呢？它们值得投资吗？早期的结果表明，如果评价方法(即智力和生理测验方法)以前就有了可靠性和效用，就可以得到极高的可预测性。但是，在社会性和人格特征当中，个体差异随着时间的推移而更表现出明显的不稳定性。因为总的来说，除了对人的特征的长期稳定性的内隐看法，纵向研究是没有理论的，所以早期的发现对它们的解释提出了严肃的问题。是这些方法的错，还是理论框架自身有问题？为了回答这一问题，又花了半个世纪的时间进行研究。

行为主义与学习

大概在第一次世界大战在欧洲爆发的时候，美国心理学内部发生了一次混乱。John B.

Watson(1878—1957) 称行为主义“完全是美国的产物”(1914, p. ix),它的基本思想是人类、动物和儿童的研究都需要自然科学的客观的研究方法,这一观点有十分重要的意义,但并非新鲜观点。Watson 周围的其他人,包括他在行为生物学上的老师(Jacques Loeb 和 H. S. Jennings)和他的心理学同事(例如,K. Dunlap)都曾经表达过类似观点,但是没有人能像 Watson 亲口或在自己的作品中表达的那样富有说服力和权威性。Watson(1914) 写道:

> 心理学,按照行为主义者的观点,是自然科学的一个纯粹客观的实验分支。它的理论目标是对行为的预测和控制。内省不是它的基本方法,它的数据的科学价值也不在于准备用意识来解释这些数据。行为主义者试图获得动物反应的统一说明。他认为人和动物之间没有分界线,人的行为无论多么文雅和复杂,也仅仅是他的总的研究领域的一部分。(p. 1)

130

对于 Watson 来说,动物和人的心理在本质上是相同的。方法学上的差异使 Hall 将这一学科分成三部分,使 Wundt 把它分成了两部分,而 Watson 却不这样看,因为儿童、动物和人的研究都可使用同样的行为的、非认知的方法。此外,Watson 还要建立一个可运用于社会和日常生活的实用的心理学。他认为,事实上,可以将科学运用于解决生活和行为中的问题,这样就使心理学得到解放。

Watson 最早的时候学的是比较心理学,同时也深受生物学家 Jacques Loeb 的影响,而这位生物学家“研究的是怎么样用生理化学的影响,而不是用拟人的、物理的或心灵主义的术语来解释动物的行为”(Jensen, 1962, p. x)。他的解释概念“趋向性”是从植物研究中借用过来的。在植物研究中,刺激定向运动可以说是趋向阳光的。同时,另一位行为生物学家 H. S. Jennings 在客观分析的需要上同意 Leob 的观点,但也强调了“低等生物的行为的复杂性和变化性以及作为行为的决定因素的内部因素的重要性”(Jensen, 1962, p. x)。Watson 在芝加哥的老师 Leob 和 Watson 在约翰霍·普金斯大学的资深同事 Jennings 是怎样概括出行为主义的很多基本观点,这是一个非常吸引人的故事,该故事由 D. D. Jensen 完好地记录下来(1962;或见 Pauly, 1981)。

Watson 对发展的贡献经历了两个阶段:经验的阶段和理论的阶段。我们先看他对发展研究方法和实证工作的贡献。按照他的观点,Watson 开始证明纯粹的行为方法和人类的行为研究之间的关联。他从研究新生儿和情绪反应的条件反射开始(Watson & Morgan, 1917; Watson & Rayner, 1920)。Watson 对这一任务有充分的准备,在他的生涯中期,他被公认为是美国在比较心理学和生理心理学方面的最杰出的研究者之一(Buckley, 1989; Horowitz, 1992)。

为什么 Watson 选择婴儿作为研究对象呢? 鉴于行为主义的方法学纲领,从青少年或成年人开始研究不也一样合适吗? Watson 自己在他的人类活动的“生命图”中给出了答案,在这一“生命图”中他声称“为了理解人”一定要从人类的行为历史开始着手(1926)。他认为人格是由从出生开始的学习经历形成的。先天的反射和情绪为此提供了基质,条件反射和学习机制使发展中感情和行为的精致化成为可能。因此,人格是一个等级结构的结果,各种学习经历为此提供了基本的结构材料。爱、恐惧或愤怒这些早期感情的条件反射为接下来的发展提供了基础。从对情绪和早期经历的强调可以看出 Watson 直接受到了 Freud(如 Watson 在 1936 年于他的自传中陈述的那样)和那时流行的关于人格的其他观点的影响(包括 McDougall 在 1926 年所述的情操理论)。无论怎么说,婴儿的情绪发展研究成为 Watson 从 1916 年到 1920 年的实验和观察工作的中心。因为他的研究, Watson(和 E. L. Thorndike)被早期的《儿童心理学手册》称为是开创了实验儿童心理学的人(Anderson, 1931, p. 3),而 Binet 又一次被忽视了。

婴儿的研究工作是从 1916 年到 1920 年在实验室和在约翰·霍普金斯医院新生儿护理室进行的,这一研究因 Watson 在第一次世界大战时的服役而中断,又因 1920 年他被霍普金斯大学开除而结束。这一系列的研究工作包括对使婴儿产生情绪反应的刺激的控制观察(Watson & Morgan, 1917)、对在出生时和之后不久的行为反应的系统分类(Watson, 1926)以及对恐惧反应的条件反射和控制的实验(Watson & Rayner, 1920)。

虽然 Watson 的条件反射的研究仅仅是演示性质的,并且在它们的方法方面没有什么值得出版的价值,但它们的确具有巨大的影响力。在 Florence Mateer (1918) 和 N. Krasnogorski(Krasnogorski 在 1909 年第一次记述了儿童的分泌唾液的条件反射)更广泛和细致的研究的引领下(Krasnogorski, 1925; Munn, 1954; Valsiner, 1988), Watson 在"Albert 个案"中对婴儿情绪条件反射问题进行了大胆地探索。这一研究工作中令人印象深刻的是发现了恐惧是条件反射的结果,恐惧一旦建立就很难消除,并且很容易泛化。正如 M. C. Jones(1931) 指出的那样,"条件化的情绪反应"与反射性条件作用的早期表现之间存在着明显的区别:"虽然条件反射极端的不稳定,但是情绪反应常常是作为一次创伤性经验的结果而习得的,并且即使在没有强化的情况下也会长期保持。"(p. 87)根据 Watson(1928) 的观点,"一切内容可习得"并且它们很容易记住。他写道:"恐惧的条件反射的起源的证明使我们的情绪行为研究具有了自然科学的基础,从中产生了一条可以说明成年人情绪行为巨大的复杂性的解释性原理。"(p. 202)条件反射基础上出现的情绪反应无论是采用 B. F. Skinner 和 W. K. Estes(1944) 的"CER"形式,还是以 Solomon 和 Wynne(1953) 的"焦虑的两因素理论"的形式,或是以 Maier、Seligman 和 Solomon(1969) 的"习得性无助感"的概念的形式,都继续在人格和发展的新的行为解释中发挥着,或许是神秘的但同时也很重要的作用。

131

虽然 Watson 自己没有完成进一步的科学研究,但是他的学生和同事在 20 世纪 20 年代到 30 年代早期继续进行着他的婴儿实验研究(见 M. C. Jones, 1931)。Mary Cover Jones (1924) 探索了情绪反应的消除问题,表明实验产生的恐惧感怎样可以被去除。H. E. Jones (1930) 阐明了反应的短期稳定性(两个月之后作用就不强了)。后来,实验心理学家研究了新生儿(例如,Marquis, 1931; Wickens & Wickens, 1940)和胎儿(Spelt, 1938)建立条件反射的可能性并开展了对早期动作学习的广泛研究。Watson 的研究工作一方面刺激了用于评价儿童行为的观察方法的发展,另一方面也刺激了关于学习的行为主义理论家族的建立

(例如,Guthrie, 1935; Hull, 1943; Skinner, 1938; Tolman, 1932)。

这把我们带到了 Watson 的心理发展理论上。随着 Watson 在时间和空间上越来越远离数据,他的这一理论变得越来越极端和空泛。当他关于儿童发展的观点得以详尽的阐释之后,很明显他开始认为所有的情绪,不仅仅是恐惧和愤怒,都是适应性行为和快乐生活的障碍。在其他方面,他在他的很有影响力的畅销书《婴儿和儿童的心理照顾》(*Psychological Care of Infant and Child*, 1928)中反对过多的母爱。他说,儿童因为获得爱而变得"千疮百孔",最后会变成完全依靠别人的关注和反应的社会性的"残疾人"。爱,像恐惧一样会使人厌恶。

Watson 的书虽然听起来有点危言耸听,但是它们却包含着 20 世纪二三十年代很严肃的一个信息。科学应该为人们提供培养儿童的更好更有效的方法,并且如果在儿童的早期生活中,妈妈和儿童能够从彼此中解放出来,那么两者的潜能都将会得到提高。可以预测的是,关于儿童培养的这一"现代"观点将会引起很大的争议,既有人相信也会遭到有些人的强烈批评。和他关于人格的冷峻看法一起,Watson 在他的环境决定论上也越来越极端。虽然 Watson 在方法上支持发展,却贬低了出生后人格的心理生物因素的作用,认为学习是从出生到成熟过程中行为发展的进度调整并得以稳定的关键机制。当然,生物学也很重要,但是它仅仅提供了学习的可能性。在没有早期经验长期效应的证据和人的发展的纵向研究的信息的情况下,Watson 当时冒了极大的风险做薄冰之旅。令人敬佩的是,他自己也这样说(1926, p. 10)。但是 Watson 当时无处获得修正或验证其观点的资料,因为除了偶尔还在纽约的新学院做兼职教师和在克拉克大学作过系列讲座外,他在 1920 年就从学术界和科学研究中退出了。

但是在 20 世纪二三十年代通过他的广为流传的杂志文章[例如在《哈珀》(*Harper's*)和《大西洋月刊》(*Atlantic Monthly*)中],Watson 成为培养儿童的科学方法的象征。他的观点涉及教育、儿科学、精神病学和儿童研究,在这些领域中,对习得习惯和避免情绪的强调转变成了行为主义的儿童培养的处方。对这些材料的粗略回顾可以发现,除了思考 Watson 自己做的或者大略指导过的演示性研究外,事实上它们都没有引用实验资料。然而应该注意到的是,Watson 建议母亲们对她们的孩子采取的心理冷淡方法也不是他的首创。在内科医生 Emmet Holt 的《儿童的照顾和喂养》(*The Care and Feeding of Children*)这本从 1894 年第一版就开始畅销的书中,也对亲吻孩子("肺结核、白喉、梅毒和很多其他严重的疾病都可能以这种方式传播",Holt, 1894/1916, p. 174)或者跟小孩一起玩("小孩会因此而变得紧张和烦躁",Holt, 1894/1916, p. 171)这些邪恶的做法提出了一样的指导。与其说 Watson 是提供了新的指导,还不如说是提供了新的理由。在 1928 年的图书促销中,Watson 被描写为是"美国最伟大的儿童心理学家"(Buckley, 1989, 插图 15)。

如果 Watson 继续进行着实验研究,那会发生什么事呢?我们仅仅可以猜测他的观点将会更接近事实而不是他的推测,他关于儿童培养的观点也会变得不那么个性化和极端(Buckley, 1989)。但是,正如我们在其他地方指出的那样,他思想的中心还是存在某些问题(Cairns & Ornstein, 1979)。除了没有感情没有头脑的儿童的行为主义模型,Watson 观点

132

中最明显的缺陷也许是，他假设了发展是可以归结为学习的基本单位的机械过程。从出生开始，所有的行为似乎都是经过学习获得的，在过程中最早的经历是最基本的。这对于行为主义者来说是不必要采取的奇怪的立场。虽然 Watson 在早期声称心理学是“生物学的确定的一部分”，但他关于发展的观点既不是生物学的也不是有机论的。学习是发展的一个基本过程，而不是唯一的过程。

对儿童学习的实验研究既不是以 Watson 为始也不是以他为终。另一条有影响力的研究主线追随着由 E. L. Thorndike 领导的语言学习的研究以及对“效果律”和不同奖惩效果的分析(要回顾相关的研究参见 J. Peterson, 1931)。这方面的研究工作采用 Thorndike 所使用的类似实验方法(仿照 Binet & Henri, 1895, Ebbinghaus, 1897)，也使用在教室里对不同种类奖惩反馈的效果的控制研究(例如，Hurlock, 1924)。大部分学习和记忆的研究是与婴儿和动物的条件反射研究、智力测试研究与语言和思维的研究相分离的。研究的领域本可能被看作是可组合在一起而形成一种关于认知的发展观点，而不是各自独立地且每一个方面都向自己的特殊的方法、概念和学科归属发展，但是，50 年之后才有人真正试图将它们组合在一起(见 Carroll & Horn, 1981; Ornstein, 1978)。

成熟与成长

当 Watson 作为儿童发展的行为主义和环境决定论的代言人时，Arnold Gesell(1880—1961) 正在确立自己作为成长和成熟在行为中作用的倡导者地位。在 20 世纪初 Gesell 受教于克拉克大学，他吸收了 Hall 有关儿童研究的意义、行为中生物控制的重要性、儿童研究的实际价值，特别是对于教育的实际意义方面的观点。在获得博士学位之后，Gesell 刚开始的时候在学校教授课程(克拉克大学的发展心理学的毕业生在那时大部分都这样做)。然后，他回到耶鲁大学完成他的医学博士学位，然后于 1911 年建立了一个儿童研究实验室，这一实验室使他可以延续 W. Preyer 和 M. Shinn 的传统。Gesell(1931, 1933) 很早就证明自己是一个富有创新精神的仔细的方法论专家。他是第一个在行为分析中广泛使用电影和在实验研究中使用双胞胎作为控制的人之一(即一个双胞胎受实验控制，而另一个作为成熟的控制)。

1928 年 Gesell 出版了《婴儿期和人的成长》(*Infancy and Human Growth*)，这是对婴儿期特点多年研究结果的出色报告。按照 Gesell 的想法，他的一个目标就是提供“对正常和特殊儿童的心理发展的过程、模式、速度作客观记录”(p. viii)；另一个目标是理论性的，这本书的最后一部分讨论了“早期智力发展和人格形成中有关的遗传……及人类婴儿期的重要意义等方面的广泛问题”(p. ix)。

Gesell 对这两个问题的处理都很完善，他的常模表以及对两个月大婴儿与三个月大和九个月大婴儿的区别的描述对于现代的读者来说也是正确的。在身体、运动和知觉发展的基本特点上，儿童如同料想的那样显示出稳定的发展和年龄差异。如果选择的婴儿不具有这些特征(这种情况也发生过几次，)他们将被更具有“代表性的”婴儿所代替。总的来说，建立合适的常模被视为是他的医疗实践和实际诊断工作的基本部分。这正如Gesell后来描述的那样：

[治疗实践]总是与正常儿童发展的系统研究紧密联系，双方的好处互相促进。对正常行为的观察使我们对不良发展有了了解；发展不良反过来又暴露了存在于正常的婴儿期发展那种"明显性"外衣下的问题。(Gesell & Amatruda, 1941, p. v)

Gesell和他的同事在一系列完整的研究报告中，建立了人生前五年的成长和行为变化的明确的常模(例如，Gesell & Amatruda, 1941; Gesell & Thompson, 1934, 1938)。

133

现在很少有心理学家将Gesell看作是理论学家。这太遗憾了，虽然他也许只是在那段名义上致力于"发展"研究的时间里作出了贡献，提供了有用的持续影响。对Gesell来说"成长"是一个关键概念，但是他说的成长是什么意思呢？园艺学的术语在描述儿童时一直很流行(一个典型的例子是Froebel杜撰的"幼儿园"一词)。但是Gesell很聪明，没有陷于植物学的类比中。他认识到人类的行为和智力发展有自己的特性，他写道：

心理发展是一个不断转化和重建的过程。人的往者不像树木一样完全保留下来，它不断被丢弃、投射、取代，甚至变质的程度是树木的解剖结构都无法说明的。这一过程是分阶段的，不断地将正在发生和以前发生的事永久地融合在一起。心理发展是一个不断的合并、修正、改组和进步的分等级的抑制过程。改组如此得频繁，往事几乎都丧失自己的本来面目。(1928, p. 22)

这些观点最终会发展成什么样呢？对Gesell来说，最终产生的是关于遗传和环境关系的新视角。类似于Preyer 50年前所写的，Gesell(1928)总结道：

最高的发展规律是这样的：现在的所有的成长都决定于过去的成长。成长不是完全由遗传的X单元加上环境的Y单元决定的简单机能，而是在每一个阶段反映着包含在这一过程中的往者历史的综合过程。换句话说，我们被遗传和环境的虚假二元论误导了，它使我们无视这样一个事实：成长是一个持续的自我条件反射过程，而不是被两种力量牵强地控制着的戏剧性事件。(p. 357)

Gesell的理论与婴儿发展的早期研究者所提供解释不仅仅是相似，还有不同。回想Preyer关于婴儿期各种不成熟对行为可塑性的功能分析，Gesell更精细地重新表述了婴儿期性成熟的概念，并添加了对人类独特的社会反应性的新观点。

人类婴儿期的显著之处在于可塑性的延长和加深。像低于人类的动物一样，婴儿期存在着行为模式的特殊成熟方式；但是这一过程进行的不那么严格，而且总体行为模式本该不断发展时却停了下来。这更大的可变性对社会环境特别敏感，且不断地改变着我们适应的环境。在非语言类适应行为（一般的实践智力）的客观方面，人和其他灵长类动物之间存在着高度的早期相似之处，这种相似之处也许在它的一些要素上是如此的一致，以至于暗示着进化的甚至是复演论的解释。但是对那种相似之处的超越、扩展、剧烈改变，最后体现为普遍化的可调节性和对他人的反应性，而对这些方面人类是特殊的继承者。这种显著的社交性甚至存在于前语言阶段，远远早于儿童能说单个词的时间，这就是他的"人性"之处。(1928, p. 354)

Gesell总是从数据中引出理论。每次当他脱离数据时，他就不可抗拒被拉回到仔细收集的事实和对成熟所拥有的治疗效应的信念中来。他强烈地认为，对作为成长自身属性的理解是解开心理学核心难题的关键。在Watson提出他对儿童培养中早期刺激作用的看法的那一年，Gesell提出了婴儿不受经历影响的相反观点，他写道：

在所有事情中，成熟的不可避免和确定性是早期发展中令人印象最为深刻的特点。遗传的稳定力量确保并规定着每个婴儿的成长，它的推动作用是生而具有的，但是我们还是要感谢这种天生的决定性。如果它不存在，婴儿将会成为软弱的可塑性的牺牲品，而这种可塑性又常常被浪漫化了。他的智力、精神和人格很容易成为疾病、饥饿和营养不良的受害者，最糟糕的是成为错误管理的受害者。照现状看，朝最理想方面发展的天生趋势是根深蒂固的，这使他从我们的教育实践中好的方面广泛受益，而减少因我们的无知而遭受的影响。仅仅当我们考虑到遗传这一核心的时候，我们才能更好地看待重要的个体差异，而这一差异不仅区分了成年人，还有婴儿。(1928, p. 378)

因为心理生物的"免疫"系统的保护作用，同时"朝最理想状态发展的天生趋势"的驱使，婴儿比他们看起来的样子要更强健。这一点是就普遍情况而言的，是观察无论是未满月的婴儿，还是一岁或更大的婴儿成长都能发现的显著共性。 134

这种天生的惯性适用于婴儿所有特征的成长吗？例如智力发展、人格发展和社会性发展等。关于这一点，Gesell区分了控制认知成长和社会性成长的不同机制。在社会性成长中，最主要的决定因素是存在于"生活网"和"适应整个人类家庭的条件反射系统"中的社会基础。听起来很像Watson的观点？但并非如此。因为比起行为主义的单向观点和它对父母塑造儿童的强调，Gesell更倾向于James Mark Baldwin的相互作用的观点。Gesell (1928)写道：

所有的儿童都通过相互关系适应他们的父母并彼此相互适应。甚至父母和孩子之间的不适应也是心理生物学意义上的适应，且只有当我们把它们看成是合乎规律的适应的条件反射形式的时候，它们才可以被理解。成长仍是关键概念。不管怎样，儿童和他们的父母必须一起成长，这意味着相互之间的关联。婴儿的人格成长的根源涉及其

他人。(p. 375)

从作用上看,成熟的变化要求人际交往的变化,且在每一阶段儿童与他人之间达成的人际交往状态是建立其人格的材料。Gesell 在这儿提出了社会性发展的心理生物学理论的框架。

这个理论会发展成什么样呢? Gesell 的研究工作没有走得很远,因为它还停留在空洞的概念框架水平上,没有什么资料来支持它。像他以前的 Baldwin 一样,Gesell 确实没有方法(或者也许是没有打算)继续研究隐含于社会交往的心理生物学观点中的动态信息。这很不幸,因为他的关于社会性发展的观点起码与 Watson 的观点一样有道理但仅是推测而已。如果被阐述得更充分一些,这些观点还可以为 Gesell 人类关系研究所的同事开始创立第一个社会学习理论的工作提供明确的指导。40 年后,Bell(1968)、Bell 和 Harper(1977)使用惊人相似的方式和比喻阐释了这一基本理论模型。

说到 Gesell 的思想遗产,Thelen 和 Adolph(1992)评论了 Gesell 的研究工作中一些自相矛盾的地方。

> 他对成熟作为最终原因的坚信是不可动摇的,但是他又做得好像环境很重要,而且他的研究工作包含着好几条有关实际发展过程的线索。他相信儿童的个别性,但是他却选择了基因对环境影响的决定作用;他想解放并安抚父母,但是也许仅仅是增加了父母的内疚。(p. 379)

如此回顾,Gesell 的观点看起来是自相矛盾的,这仅仅是因为我们没有看到他的杰出之处。其中最主要的一点是儿童的社会交往比运动和感觉的结构更容易受经验的影响,由此就有一种"普遍的可调节性和对他人人格的反应性,而人类对这些是特殊的继承者"。Gesell 不认为早期经验具有首要作用;相反,婴儿是"趋利避害的",因为"朝最理想状态发展的天生趋势是如此根深蒂固,这使他从我们的实践中好的方面广泛受益,而从我们的无知做法中受到的损害却比原本要小"。这是一个强有力的信息,与 Hall 关于青少年的更早的看法相一致。至少它表明研究者应该在婴儿之外寻找经验的形成作用,特别是"对他人人格的反应性"的作用。

Gesell 是一个富有开拓精神的研究者,他明白有机体的统一性,他也明白任何有关发展的系统的说明必须考虑到实验因素。虽然他认识到周围事件影响行为的多种方式,但是在解释基本的运动、感觉和情绪系统的发展时,他不赞同优先考虑周围事件的作用。

其他研究者认识到了与年龄相关的生物变化在行为发展中的作用,以及它们与情感、认知和社会性模式的基本变化的关系。例如,M. C. Jones(1931)在讨论情绪发展的时候说,对不熟悉的人的防备或恐惧通常在出生后第一年的后半年里出现(从第 20 周到 40 周;见 Bayley, 1932; Washburn, 1929)。Jones 注意到即使在没有把陌生人和一些令人讨厌的外部刺激进行匹配的时候,这种现象也会出现。因此,这就不太符合 Watson 关于恐惧或喜爱产生于条件反射的观点，这其中一定有其他的发展机制在起作用。

为什么恐惧的实验证明和它的条件反射及消退，比对有关恐惧现象发展的仔细的纵向研究要相对更受欢迎呢？M. C. Jones(1931)给出的答案很具有洞察力，而且无疑是正确的："因为训练和练习更适合于实验证明，我们经常将更难考察的生物内部因素的重要性降到最低。"(p. 78)

135

主要的儿童发展研究机构可获得的资金和研究人员支持了在师范学院(哥伦比亚)、伯克利、衣阿华、明尼苏达和菲勒斯的研究所有关成熟和成长的重要研究。在那些非常著名的研究中就包括明尼苏达大学的 Mary Shirley 的研究。为了拓展 Gesell 的横断观察，Shirley 做了一项对 25 名婴儿从出生到 2 岁的运动、情绪和人格发展的纵向研究，并在一部综合的三卷本著作里公布了研究的结果(Shirley, 1931, 1933a, 1933b)。相似地，华盛顿大学的 Sherman 夫妇(圣·路易斯)、师范学院的 McGraw(1935)和蒙特利尔的 K. M. B. Bridges 完成了对婴儿和幼儿与成长相关变化的有用的研究。

社会性与人格发展

在对儿童社会行为研究的评论中，Charlotte Bühler(1931)称赞美国人 Will S. Monroe 第一次完成了"儿童社会意识"的研究。Monroe 以德文发表的著作(1899)记述了很多关于社会性发展各方面的问卷研究。例如，儿童被询问他们更喜欢什么样的"好友"，他们在朋友中发现了哪些种类的道德品质，以及他们对惩罚、责任和纪律持何种态度。但是，Monroe 的著作不是出版的对这些问题的最早研究。斯坦福的 Earl Barnes(这位曾经是 Monroe 的老师)在更早的时候编辑的两册著作[《教育研究》(*Studies in Education*)；1896—1897，1902—1903]覆盖了同样的内容，记述了一系列的有关社会倾向合理全面的问卷研究。例如，Margaret Schallenberger(1894)曾经作为 Barnes 的学生在斯坦福学习，那时她更早地完成了讨论儿童社会判断中与年龄相关的变化的研究。在 19 世纪 90 年代，问卷在全国范围内，通过各州的儿童研究协会(在伊利诺依、南卡罗来纳和马萨诸塞)分发到老师手里，数千名儿童被问及关于他们的社会态度、道德和友谊的简短问题。Hall 会不时地将问卷放到《教育评论》(*Pedagogical Seminary*)中，要求读者将填写结果交给他。

因为这一方法的缺陷，从偶然的抽样方法到对问题的处理和记分的不标准等问题，问卷研究几乎不是科学研究的范式。然而，尽管存在着方法上的缺陷，一些与年龄相关的现象也是足够确定的，因此，出现了前面引用的 Schallenberger 关于幼儿对惩罚的具体形式的依赖，以及推理和移情在青少年早期起着越来越重要作用的结论。这些发现在 Hall 的《青春期》(*Adolescence*)中多有介绍，并且为该研究工作中一些更有用的部分提供了经验基础。批评很快产生了作用，问卷研究进行了 10—15 年之后，这一方法不再成为人们喜欢选择的方法。正如 Bühler 所说："Monroe 在开启发展社会心理学方向之后的十年内没有进一步做出什么研究。"她总结道，这一研究的失败是因为"缺乏系统的观点"(1931, p. 392)。

在社会性发展研究出现断档之后，20 世纪 20 年代中期，另一种研究方法被引入到婴儿和儿童的社会行为研究中去,在本质上,它是运用于个体婴儿和幼年动物研究中的“客观的”或“行为的”方法的延伸。几乎在同时,行为研究报告出现在了维也纳、纽约(哥伦比亚)、明尼苏达和多伦多的儿童研究机构。在更早一点的时候,Jean Piaget 记录了儿童当中自然的语言交流(Piaget, 1923/1926)。师范学院(哥伦比亚)的前八篇《儿童发展专论》(*Child Development Monographs*)中的五篇都是关于社会性模式的行为评价方法和所获结果(Arrington, 1932; M. Barker, 1930; Beaver, 1930; Loomis, 1931; D. S. Thomas, 1929)。与社会学家 W. I. Thomas 合作出版《美国儿童》(*The Child in America*, 1928)的 Dorothy S. Thomas 似乎就集中精力试图将“实验社会学的方法系统运用于儿童”。除了 Thomas 和她同事的著作之外,在明尼苏达 Goodenough(1929, 1930a)及在多伦多 Bott(1934)出版了关于这一方法的见解深刻的方法学论文。Charlotte Bühler 自己也应该受到赞扬,因为她开拓了对婴儿有控制的实验观察,她似乎是完成“从出生到 2 岁儿童社会态度的实验研究”的第一个研究者(Bühler, 1931)。

136

从 1927 年到 1937 年,人们对观察研究几乎产生了同更早时候的问卷研究一样的热情。这些研究是建立在这样的假设基础之上的,即行为流可以被分类为不同的行为单位,并且这些单位可以用早期提出的用于实验和测验数据的统计方法进行分析。观察的基本问题,包括观察者的一致性、编码的可靠性、测量的稳定性、各种效度和普遍性及统计评价等,都得到了仔细的关注。用这种方法研究的问题包括对作为年龄函数的群体大小和性别组成(Parten, 1933)、游戏活动的性质(Challman, 1932)等单纯的描述性的和人口统计学研究,也包括对侵犯行为的自然发生(例如,Goodenough, 1931)和交换中互惠模式(Bott, 1934)的研究。到 1931 年,Bühler 已经可以引用大约 173 篇文章了,其中的很多文章都直接涉及儿童社会行为模式的观察。在接下来的 5—10 年内报道了同样数量的研究,其中的一些研究现在被认为奠定了 20 世纪 70 年代再度兴起的研究(例如,Murphy, 1937)的基础。就方法而言,报告与现在关于社会交往的观察分析所用的方法可相互匹敌。

什么理论思想与这些行为方法相联系?在多大的程度上这些观点是系统的?实际上,这些研究的理论指导与更早的问卷研究的理论指导一样少。这些研究工作是关于行为的,但是它们不关注发展过程,无论是学习的还是心理生理的过程。J. M. Baldwin 差不多被人忘记了(除了一些例外,例如,Piaget, 1923/1926)。鉴于 D. S. Thomas(1929)的目标和背景,哥伦比亚大学的方法与 Cooley、Mead 和 Baldwin 的社会学模型没有联系得更紧密就不那么令人惊讶了。也许概念上的扩展是整个研究计划的一部分,但是它没有在师范学院或者其他儿童研究机构完成的研究里实现。结果,这些研究工作关注决定儿童的行为和交往的最直接因素,但是很少能提供有关它们的关系的信息,例如交往是怎么习得或改变的,或者它们对于更长期的人格发展意味着什么。

如果说对交往和社会性发展的研究还存在着理论支撑的话,那么这一理论似乎要么是从对成长和成熟的重要性的信念,要么是从对由遗传、体质或者早期经验等因素所决定的人格类型的长久不变的性质的坚信中得出来的。关于这一点,Bühler(1931)依据婴儿对社会刺激的反应的不同而将婴儿分成三种类型。“这些类型是社会盲行为、社会依赖行为和社会独立行为”(1931, p.411)。社会盲型的儿童不怎么关注其他人的行为和反应,反而选择了玩具、自己玩、四处走动,而不考虑其他的儿童。另一方面,社会依赖型的儿童“非常关注其他人的存在和活动;……他观察自己的行为对其他人的作用,并仔细观察其他人的反应”。社会独立型的儿童“虽然会注意其他人的存在和对他的行为的反应,但是不依赖于其他人,既不受其威胁也不受其驱使”(1931, p.411)。Bühler 认为这些倾向不取决于家庭和抚养的条件,因此,它们是儿童的“基本的”倾向。对儿童(6 至 18 个月大)的再测让 Bühler 明白这些类型是相对稳定的,但是她还警告说:“当然,这还要看其他作者是否证实这些开拓性的观察。”(1931, p.411)

回顾过去,那时占优势的理论——精神分析理论、学习理论和认知理论所讨论的问题并不关注交往的研究,似乎很少有人愿意尝试填补交往研究在理论和经验之间的鸿沟。结果,那些研究数据在一些实践领域,如托儿学校的管理和年轻教师的培训中找到了用武之地。因为这些发现要么是被那些关注发展的主要心理学理论的研究者忽略了,要么就是被认为是不相关的,所以这一方法及它所关注的问题暂时从研究者的视野中消失了。

道德发展

人类的可完善性和更高的道德规范的建立一直受到发展学家的关注。虽然关于儿童对违法和惩罚的看法及态度的问卷研究是有用的,但是作为科学的研究方法却有很明显的缺陷。在 20 世纪二三十年代,关于这些问题的研究继续进行着,但是已经自我意识到了这些可以使用的方法的局限。然而还存在大量的问题需要研究,很多实际生活问题需要解决,因此期望道德发展的研究者能够聪明地应对这些挑战是完全合理的(见 V. Jones, 1933)。为了应付这些需要,在道德发展的研究中出现了三个主要的进展:(1) 在诚实和亲社会行为的评价中短期实验操作的使用;(2) 对自然发生的规则的制定和道德判断的观察研究的运用;(3) 对可用于评价特殊经历的态度问卷的精细改进。

137

证明短期实验方法对于学龄儿童的有效性,这有其特别的背景,起码在对比倡议者希望知道的和实际上他们得到的之时可以看出这一点。在他们被社会和宗教研究所聘任到哥伦比亚大学,做关于星期日学校、教堂和宗教青年团体如何改进他们工作的为期多年的研科项目之前,Hugh Hartshorne 是南加利福尼亚大学宗教学院的教授,Mark May 是锡拉丘兹大学的心理学家。E. L. Thorndike 是发起和解释这一研究的指导者。如果物理科学能够为社会解决问题,为什么行为科学不能帮忙解决一些社会中出现的伦理道德问题呢?

这一科研项目的目标定得很高:分析各种各样的社会机构对道德行为的影响,并且确定这些机构怎样能够提高它们的表现。在刚开始的时候,Hartshorne 和 May 认识到他们必须解决道德和伦理行为的评价问题。Hartshorne 和 May 根据人们对当时可用的问卷和评分程序的批评,认为对价值观和性格的研究需要一种新方法。他们写道“虽然我们认识到态度和动机对社会福利和个人性格的重要性，正如平常理解的那样，但是我们意识到在伦理行为的客观研究中，我们必须从研究行为事实开始”(1929, vol. 3, pp. 361 - 362)。相应地，为了得到关于诚实、帮助和合作、抑制与坚持的信息，研究者设计了一系列测试和实验背景。最有名的方法是对欺骗的简要的实验评价(允许答题纸的滥用、偷看和其他形式的欺骗行为，所有的这一切都受到实验者隐蔽的监视)。他们也设计了各种社会测量方法，包括用于评价同龄人名声的“猜是谁”的方法。这一研究的结果和作者对道德行为相对的专门性的解释被广泛地讨论。就我们的目的而言已足以说明这是对学龄儿童社会行为的短期实验操纵的最早研究之一。另外，这些作者对伦理行为是怎样养成的提供了一个大胆的理论陈述(通过 Thorndike 的学习原理)。这与项目发起机构所期望的或想要的不太一样。作为发起机构的社会和宗教研究所的执行秘书在前言里带着歉意地写道：

> 对于外行来说，这本书在看第一眼的时候也许充满了与道德和宗教教育没有关系的事，混杂着测试和统计资料，却缺少例如怎样发展性格的清楚的指导。这样的读者也许深思后有所明白，如果性格教育要从纯粹的猜测发展成一门科学，这些初步的过程是不可避免的。内科和外科科学也不得不走一条相似的路，如果它不想从魔术和江湖骗术中得到发展的话。(Hartshorne & May, 1929, vol. 2, p. v)

Hartshorne 和 May 总结认为传统的宗教和道德教育与诚实和对他人服务的实验测试结果之间，如果有关系的话，也很少。

到 20 世纪 20 年代，问卷方法普遍不受欢迎，但是怎样使态度量化的基本问题仍然存在。L. L. Thurstone 这位芝加哥大学具有开拓精神的定量心理学家，受聘于潘氏基金会进行有关上电影院对儿童社会态度和偏见的影响的研究，这一研究工作为 Thurstone 提供了为道德/种族态度的评价建立新方法的机会。在一系列的研究中，Thurstone 和他的同事 R. C. Peterson(Peterson & Thurstone, 1933)为测量特殊的电影对看待国家/种族群体的态度的影响引进了新的方法论，他们使用前测和后测设计以及 5 个月后的追踪测试(后测后的后测)。虽然现代的作者很少知道这些研究，但是 Thurstone 自己(1952)认为他对态度评价方法论的发展具有很大的影响。此外，这一研究工作提供了某些电影对减少或者增加种族和宗教偏见的强烈影响的完全令人信服的证明。在某些情况下[例如，令人激动的《国家的诞生》(*Birth of a Nation*)]，由于看电影而引起的不利的种族态度在 5 个月之后才被发现。这一研究是 20 世纪六七十年代关注电视影响的研究的令人敬慕的先导(同见，V. Jones, 1933)。

138

一个主要的发展是 Jean Piaget 对道德推理的评价(Piaget, 1932/1973)。Piaget 的临床方法是观察个体儿童的行为，仔细地记录他们的反应，这一方法使他能够确定儿童在规则运用上的变化和它们的起因。虽然这一方法也有问卷法那种自我报告的缺陷，但是他的观察和直接的询问能够更准确地确定儿童自己采用的标准。此外，Piaget 的报告的影响在很大的程度上反映了他的解释在理论上的重要意义。

语言与认知发展

从 1924 年开始，语言和思维是怎么发展的问题开始受到这一学科最聪明的天才们的注意。他们中的一些人，包括 Jean Piaget 和 L. S. Vygotsky，开始关注语言，并把它视为理解儿童的思维模式发展的工具。其他人把语言本身视为一种现象，把关注点放在“年幼儿童对符号习惯这种非常复杂的系统所做的令人惊奇的迅速习得”上(McCarthy, 1954)。

Dorothy McCarthy 所写的跨越这一时期的全面的评论文章提供了对这一时代很好的概览(McCarthy, 1931, 1933, 1946, 1954)。在某个时候，事实上所有主要的发展研究者都被吸引到语言发展的研究中，一些非发展学家也被吸引来了。Jean Piaget 出版了他用功能方法对语言发展的研究结果报告，在这本小书里，他向心理学家很好地阐释了语言和思维之间的紧密关系。Piaget 的语言研究为这一领域最老的问题之一，即思维、逻辑和意识是怎么发展的，注入了新的活力。对于 Piaget 来说，语言是思维的反映，它被用来展示产生语言表达的心理图式的性质和结构。在这一研究工作中，Piaget 似乎明显受到了 J. M. Baldwin 有关年幼儿童在他的脑海中日益将自己和其他人相区分的观点的指导。思维的这种转变的主要经验标志是以自我为中心的言语到社会化的言语的转变。Piaget 写道：

> “以自我为中心的”的功能是更不成熟的功能，且趋向于在儿童 3—7 岁的时候支配他们的语言产生，在儿童 7—12 岁的时候这一支配作用比以前更弱。在这种形式的言语中，儿童不关心他跟谁说话也不关心是否有人听。他不是因为自己的原因而说话，就是为了与那时刚好参与活动的人交往的乐趣而说话。这种说话是以自我为中心的，部分是因为儿童仅仅谈论他自己，但是最主要的是因为他不考虑其他人对他的看法。当时碰巧在场的任何人都可以作为他的听众。(1923/1926, p. 9)

儿童在社会化的言语中“真正地与其他人交流思想，或者通过告诉他的倾听者有兴趣和影响其行为的事，或者通过在辩论中或甚至在追求共同目标的合作中真正地交流想法”(pp. 9—10)。这种社会化的言语直到七八岁的时候才产生，而这一进程直到十一二岁的时候才完成。在这同一册书的后面，Piaget 将自我中心主义联系到儿童个人化的思维倾向上：

> [没有能力客观化自己的想法，]头脑倾向于将意图投射到所有的事情上，或者通过并不是建立在观察基础上的关系将所有的事情联系在一起……越以自我为中心，头脑就越不能将思维去个人化，就越不能排除所有事情的意图不是有利的就是充满敌意的那种想法(泛灵论、人为论等)……因此，自我中心主义服从于自我的乐趣，而不服从于客观逻辑的要求。这也是一个间接的障碍，因为只有讨论的习惯和社会生活才能产生逻辑的观点，而自我中心主义正好使这些习惯变得不可能。(1952, pp. 237 - 238)

换句话说，Piaget 与 Baldwin 和 Freud 同样假定儿童的现实和逻辑概念是从与外部社会的交往中发展起来的，是从杂乱的自我意识中产生的。这不是毫无意义的，Piaget 在《儿童的语言和思维》(*The Language and Thought of the Child*, 1923/1926)的前言中写道：

> M. C. Blondel 和 J. M. Baldwin 教授的社会心理学也给我留下了深刻的印象。同样明显地，我也是多么地感激精神分析学，在我看来，精神分析学使心理学从早期的思想中实现了深刻的大变革。(pp. xx－xxi)

139

Piaget 所使用的方法和概念在全球范围内几乎马上引起了人们的注意和争论。在 McCarthy 对与这一问题相关的实验数据(包括她自己的)的全面回顾中，她(1931, 1933, 1946, 1954)考察了关于这一问题的大量文献的演变。对 Piaget 分类的严密解释暗示出，在年幼儿童被观察的各种不同的人群和背景中，以自我为中心的谈话部分很少超过 6%到 8%。另外，不利的证据不仅来自美国的儿童研究，中国(H. H. Kuo, 1937)、俄国(Vygotsky & Luria, 1929)和德国(Bühler, 1931)的研究也得出了同样令人信服的一系列否定性的调查结果。在确定了与社会化言语相反的自我中心言语的概念所指之后，C. Bühler(1931)写道：

> 然而其他作者，例如 William Stern 与 David 和 Rosa Katz 一致认为，这一结果应该归因于 Piaget 进行研究的日内瓦"托儿所"的特殊生活条件。与 Piaget 相反，Katz 夫妇(1927)强调甚至儿童与家庭中的每一个其他成员的特殊关系都在各自的谈话中得到了清楚的反映。他们出版的所有对话都是这样的。(p. 400)

这是 Bühler 核心的观点，她刚刚用了几年的时间证明了婴儿期和童年早期儿童的社交模式的性质，她已经最终证明了他们行为的真正的"社会"性质。应该注意的是，Bühler 将这一矛盾的发现归因于 Piaget 最初观察的背景—关系的特殊性。Piaget 似乎接受了这一解释，起码是在那个时候。在《儿童的语言和思维》(1923/1926)的第二版的前言中，他写道：

> [我们]最初的研究仅仅涉及儿童之间的语言，正如在卢梭研究所的托儿所这种非常特殊的学校条件下观察的那样。现在，Mlle. M. Muchow、M. D. Katz、Messrs、Galli 和 Maso 及 M. A. Lora[Luria]按照同一观点，在德国、西班牙和俄国研究了不同学校环境的儿童，特别是在研究了儿童在家庭中的谈话之后，所获得的结果在某些点上与我们的结果有很大的不同。这样，虽然小学生在他们的谈话中所表现出来的自我中心的程度与我们观察到有点相似，但 M. Katz 的儿童在他们中间或者与他们的父母谈话的时候，表现得很不一样。(pp. xxiii－xxiv)

McCarthy(1933, 1954)所赞同的另一个解释认为，问题出在 Piaget 所使用的分类系统的模糊上。无论是什么原因，很明显地，对 Piaget 有关自我中心在年幼儿童语言当中占主导地位的断言很少有确证。伴随着对 Piaget 报告早期不一致的不断重复验证，这一争议一直延续到 20 世纪 70 年代(参见，例如，Garvey & Hogan, 1973; E. Mueller, 1972)。

这一问题对这一领域具有重要意义，因为它关于发展的差不多所有的方面，无论是对认知方面、语言方面、社会方面或是道德方面的理解都有启发。除了自我中心的言语所占的比例是 6%或者 40%还是 60%的问题之外，这种形式的交流作为儿童年龄的一种函数有减少的趋势，这是大家所认同的。为什么呢？似乎与 Baldwin 和 Freud 更早时候的系统阐释不相矛盾，Piaget 给出的答案是自我中心的交流直接反映出年幼儿童的"个人化"的思考方式，随着儿童在看待自己和现实时越来越客观化，向社会化言语的转变也就产生了。自我中心的言语逐渐失去作用，也就被摒弃了。俄国心理学家 L. S. Vygotsky(1939)提出了一个相反的观点，对 Piaget 的解释构成了严重的挑战。Vygotsky 观点的关键是，在成熟的时候这两种语言系统也同时存在：内部言语和社会化的言语。对于 Vygotsky 来说：

> 思维和语言的关系首先不是一个事物，而是一个过程；它从思维到语言，再相反地从语言到思维这样不断推进。每一种思维不断推进、成长、发展，每一种思维都完成一种功能，解决一个面临的问题。作为内心活动的这种思维流要经过一系列的阶段。分析思维和语言之间关系的第一步，就是要研究思维发展到表现为语言的时候所经历的各个不同的阶段和水平。(p. 33)

这就需要对言语的功能进行发展的研究，因为这也许能够为我们提供思维和言语是怎样相互关联的问题的答案。这种研究：

> 首先，显示了言语的两种不同的阶段。言语存在着一个内部的、有意义的语义方面，同时也存在着一个外部的、听觉的、语音的方面。这两个方面虽然是一个整体，都有它们自己特殊的发展规律……在儿童言语的发展中有很多事实都证明了言语的语音方面和语义方面的独立发展的存在。(1939, p. 33)

140

Vygotsky 是如何解释自我中心言语的作用的呢？他的解释又与 Piaget 的解释有什么不同呢？虽然自我中心言语自身在 Piaget 的系统阐释中没有明显的功能，它仅仅反映儿童自我中心的思考方式，因此注定要随着儿童的认知发展而消失，但是它对 Vygotsky 却有功能上的重要意义。事实上，自我中心言语构成了发展的中转站，这是"先于内部言语的发展的阶段"(1939, p. 38)。它是有助于年幼儿童思维过程的一种语言形式，但它不是在童年时期逐渐地衰退并失去作用，而是不断发展，并最终发展为"内部言语"和思维。Vygotsky (1939)写道：

> 如果将自我中心言语的程度降低到零看作这种言语衰退的迹象，这就像说在儿童

不再用手指而是在头脑中计数时，他就停止了计数。事实上，在衰退的迹象后面是进步的发展，……一种新的言语形式的形成。(p. 40)

通过关于自我中心言语的一些巧妙的实验，Vygotsky 接着在分析言语功能和它们与思维的关系中前进了重要的一步。他超越了自然的观察方法，在理论上操纵相关的方面。例如，他断定当儿童处于不可能理解他们的人——聋哑儿童或是说外语的儿童当中的时候，自我中心言语的发生率会大大降低。Vygotsky 指出自我中心言语的程度"很快地降低，在大部分的情况下最后降低到零的水平，在其他的情况下也会平均降低八次"。虽然这些发现似乎与 Piaget 的观点相矛盾，它们与这种观点相一致，即"自我中心言语的真正原因是没有区分为自己而说的言语和为别人而说的言语；它只有在与社会言语的联系中才会起作用"(1939, p. 41)。

总结 Vygotsky 的观点和实验研究的其他部分将会超出这一综述的范围(见 McCarthy, 1954)。在 20 世纪 30 年代关于这一方面的研究没有结束；到 20 世纪六七十年代很多同样的关注和提议再次出现。不幸的是，天才的 Vygotsky——他与 Piaget 出生于同一年——在 1934 年 38 岁的时候就逝世了。他的同事和合作者 A. R. Luria 将他的发展的观点带到了当代心理学中。

语言发展的功能分析，虽然在理论依据方面很引人入胜，但是也仅仅构成了关于语言的所有研究的一部分。此外，研究者还关注语言表达的不同发展阶段(例如，前语言阶段的表达、语音的发展、词汇的增加、随着年龄增长句法复杂性的变化)和语言发展的个体差异以及它们是怎么产生的(通过经历、上学、早期熏陶等等)。这些问题的文献是如此的多，以至于到这一时期末，如果没有一大部分是关于这些发现的说明和总结的话，关于儿童发展的书是不可能写好的。这些大量的数据似乎超出了理论家用有意义的模式进行组织的能力。

发展心理生物学与习性学

Gesell 派对成长和成熟的强调是发展心理学和发展生物学中为了解开个体发生的秘密的更广泛尝试的一部分(见 McGraw, 1946)。这样算的话，(a) 对 Mendel 研究的重新发现和(b) 有关染色体传递单位的位置的革命性发现，大大促进了对遗传机制的理解。但是这些事件也为发展学家提出了一个有意义的问题。如果所用的体细胞具有相同的遗传密码，在发展中的分化又是怎么发生的呢？为什么成熟细胞具有显著的不同功能和属性？发展的总计划在哪里？特定细胞怎样被诱发为有机体提供独一无二的特殊服务？

在关注这些问题的胚胎学者当中，Hans Spemann(1938)在他的发现，即细胞组织可以成功从假定成长的一个地方移植到另一个地方的基础上提出了富有启发性的见解。如果移植发生在发展的适当时候，两栖动物神经板的假定区域的组织可以成功地被移植到生出四肢的区域。之后，这一组织会根据它周围的环境来发展，这样它就会带有皮肤或是肌肉的特点，而不再是大脑的特点。在这些实验的基础上，Spemann 提出核外或环境的力量在个体发

141

生的过程中帮助“组织”细胞质的发展。一旦这种组织发生在它的外形和功能发展的关键时期，之后它所产生的作用将会是不可逆的或者不易改变的(见 Waddington, 1939)。

这些实验为关于生物发展的“机体”理论或者系统理论的形成提供了大量的经验例证(von Bertalanffy, 1933)。在刚开始的时候，机体理论关注的问题是：什么引导发展？答案简单说就是：机体。内在于生命系统的依赖自己且相互依赖的要素间的关系的限制引导发展。这些要素可以是细胞、细胞群或者是整个的亚系统，例如由荷尔蒙分泌形成的亚系统。它的核心思想就是机体的好几种特征，包括它的行为，决定于由它们所组成的整个相互影响的系统。成分间的相互调节使对原始来源的可能反馈和自我调节成为可能。

机体理论与 Darwin 将进化作为一个动态的适应过程的观点是相互兼容的。发展也同样是动态的。这仅仅需要一个不大的概念跳跃，即把行为看作是机体系统的基本组成成分，并且它的发展仅仅可以通过这一系统的其他生物和社会特征来理解。因此，机体发展的“系统”不仅是指处在皮肤下面的，还可以包括来自其他机体以及发展发生于其中的社会网络的反馈。两位发展—比较心理学家，T. C. Schneirla 和 Zing-Yang Kuo 在 20 世纪 30 年代早期，为将机体理论运用于行为的个人发生学的问题起了带领作用。

Schneirla 处理的问题是怎样弄清陆军蚁复杂的社会结构的呢？这些蚂蚁虽然没有大脑灰质，但它们几乎在所有的适应阶段都非常的协调一致。Wilson(1975)认为这是一种典型的“真正社会性的”物种。这一高水平的社会组织是怎样实现的呢？Schneirla(1933)通过在巴拿马进行一系列综合的野外调查和在美国自然历史博物馆他的研究所里进行实验研究来解决这一问题。他检验了如下假设：群体组织不是来自某一单独的内部来源；相反，这一复杂的社会系统是幼蚁、工蚁和蚁后的发展事件之间相互依赖以及周围环境限制的结果。

Schneirla 确定了经验关系的模式，而这为他对社会组织的发展分析提供了充分的支持。例如，他发现群体的迁移和觅食搜索的首要刺激因素是正在发展的幼虫产生的加剧的活动。当幼蚁走出发展的静止阶段的时候，它们的活动刺激了群体的其他蚂蚁的活动，引起觅食搜索和迁移。当幼蚁的活动随着与成长相关的变化而减少时，这种搜索和流浪的阶段也就结束了。群体内多余的食物(因为年幼蚂蚁需要的减少)养肥了蚁后，引发了一次新的产卵循环，这就再创了繁殖所需要的条件。回顾这一研究，Schneirla(1957)总结说：“因此，这一循环模式是以反馈的形式实现自我再激发的，是蚁后功能和群体功能之间互惠关系的产物，而不是内生于蚁后的定时机制的产物。”

Z.-Y. Kuo 是一位中国的心理学家。在回国工作之前，他跟随 E. C. Tolman 在伯克利大学完成了博士阶段的学习。大约在此时，他也得到了一个相似的结论。Kuo 最早的时候受到 J. B. Watson 关于在发展条件受控制情况下行为可塑性的主张的激发。但是他超越了 Watson，并不断收集相关的资料。在一系列富有启发性的研究中，他为年幼的动物制造了独特的成长环境。通过这些研究，Kuo 证明了社会模式的主要特征可以改变，也可以创造新的特征。例如，如果从幼年开始就将小猫和老鼠养在一起，最终可以使猫“喜欢”上老鼠，而不是消灭它们(Z.-Y. Kuo, 1930, 1967)。除了行为的可塑性之外，Kuo 也关注行为来源的基本问题，以及在个体发生的过程中新的行为模式是在什么时候发生的以及怎样发生的。

142 在他对“本能”行为，例如对鸟的啄食、发声和运动模式等起源的研究中，Kuo 认为因为中枢神经系统、生理功能和行为功能之间必要的反馈关系，所以在发展中会出现这些本能特征。通过将行为的自我激发作用的机体理论推到极限，Kuo 提出了胚胎行为本身的反馈能够帮助引导它后来发展的观点。Preyer(1888—1889)在更早的时候就暗示了在发展中这种反馈作用的可能性，但是当时与之相关的资料很少。

Kuo 是怎样探索这些想法的故事可以在他于 20 世纪 30 年代发表的一系列论文中找到，在他关于行为发展后来的书中也有这方面的总结(例如，Z.-Y. Kuo, 1930, 1939, 1967)。他必须首先解决在观察胚胎发展的同时怎么使它们仍然存活着的问题(通过在保证胚胎和它周围的膜完好无损的同时移开胚胎外壳的方法，他创造了一个可供观察的“窗户”)。之后，Kuo 就可以勾画出从发展开始到孵化的时候在卵里的动作模式，包括心脏活动、呼吸、四肢运动和啄食的最初阶段。在这些观察的基础上，他总结说，机体自身的活动在决定发展的方向方面就有影响作用，包括影响脚的协调和啄食活动。这些观察的最早报告马上遭到了怀疑(例如，Carmichael, 1933)，并且有充足的理由。Kuo 的一些推测没有得到支持，因为他没有足够重视在产生活动和静止的循环中中枢神经系统自发的支配作用(Oppenheim, 1973)。但是他的关于反馈功能有利于胚胎发展的一般观点，在一些例子中得到了明显的肯定。例如，在鸡的胚胎中对脚的运动的抑制被发现与关节的骨化和孵化后的行动困难有关系(Drachman & Coulombre, 1962)。另外，胚胎自己产生的声音的呼叫促进了孵化后该物种典型的偏好的发展(Gottlieb, 1976)。

虽然 Schneirla 和 Kuo 对行为的发展方法效用的证明是很有影响力的，但是他们对儿童心理学却没有什么直接的影响(虽然 Kuo 的研究在 1933 年修订的《儿童心理学手册》中被 Carmichael 充分讨论，并且 Schneirla 也是同一本书的评论者)。直到下一代的时候，在比较心理学和发展心理学中才开始有人听到并理解他们的基本意思。

另一个心理生物学研究者获得了更大的立即的成功和明显的效果。Leonard Carmichael 将 William Preyer 的心理学传统带到了 20 世纪 30 年代。他的《儿童心理学手册》的章节(Carmichael, 1933, 1946)提醒学者们留意生物发展和行为建立之间关系方面那些仍没有解决的问题。Carmichael 同时也使关于早期生物和行为发展分析的大量文献得到了儿童心理学家的关注。Myrtle McGraw(1946)写的章节为发展心理生物学的基本问题提供了一个很好的批评性的概略。

在欧洲，“行为的生物学”的研究或者习性学，在 Konrad Lorenz 的论文《鸟环境中的伙伴》(*Der Kumpan in der Umwelt des Vogels*, 1935；于 1937 年翻译成英语并出版)中经历了一次再生。在这一论文中，Lorenz 重新肯定了进化的力量对行为的决定性贡献，并提醒生物学家和心理学家早期经验和它可能的不可改变性很重要。建立在一个美国人 C. O. Whitman 和一个德国人 O. Heinroth 在 20 世纪之初打下的基础之上，Lorenz 为研究本能和行为的进化基础提出了一个令人信服的观点。走在美国行为主义者的前面，Lorenz 认为在“关键时期”的经验的作用不能用那时已有的学习和联想原理加以说明。他特别的在四个方面区分了印刻现象(刚孵化就能立即活动的鸟对父母的偏好与物种认同的确定)和"联想学习"的不同。印刻现象(1) 只发生在早期的关键时期,(2) 在后面的发展中不可逆,(3) 它的影响是超越于单个有机体的(不仅仅局限于被印刻的对象,而且包括该对象所在的物种),(4) 它先于"条件反射"的出现而存在(例如,性偏好虽然在婴儿期还没有出现,但是已经受到影响了)。事实上,发展心理学家没有立即注意到习性学的研究;学科之间的鸿沟,再加上第二次世界大战的影响,推迟了把这些思想引进到主流的心理学和发展思想当中。

中期的理论趋势

143

有哪些理论活动产生于 20 世纪的这三十年呢? 对于那些创立于前一个阶段的主要发展模式来说,它们中的很多都经历了更改、修正和扩展。通过与精神分析的结合,行为主义得到了解放和发展。精神分析本身也分成了 3 个明显的分支: (1) 经典精神分析(Munroe, 1955);(2) 后精神分析理论;(3) 新精神分析理论。相似的是,Baldwin 的认知和社会性发展取向也在以下 3 个方面被分割和扩展: (a) 同现在的 Jean Piaget 相关联的心理发展理论;(b) 社会学、人类学和精神病学中的符号互动论运动;(c) Vygotsky 的扩展性主张,即"每个儿童都是其他人的一部分,甚至他的思想也是如此"。

尽管在美国 Piaget 和 Vygotsky 一直是 Baldwin 发展传统的最杰出代表,但是在东欧、非洲、南美,特别是在法国,最杰出的代表则是 Henri Wallon(1879—1962)。尽管如此,无论是那时还是现在,Henri Wallon 几乎从没有获得过英语国家的承认。他的学生 René Zazzo (1984, p. 9)评价道:"作为 J. M. Baldwin 的直接传承者和依恋理论家的先驱,Wallon 认为其他人(的研究)是初级的和基本的。"(也参见 Wallon, 1984b)简而言之,Wallon 比他的同辈人与竞争者 Jean Piaget 更推崇一个更加综合的、更加相互影响的、更社会化的发展组织观(参见 Birns, 1984, pp. 59—65; Piaget, 1984; Wallon, 1984a)。

行为达尔文主义也没有被忽视。美国的 Whitman 和欧洲的 Heinroth 奠定了现代习性学的基础,而 Lorenz 和 Tinbergen 则于 20 世纪 30 年代和 40 年代对该理论进行了扩展,这种"机体"方法影响了生物学和心理学的理论。同发展研究存在直接联系的大部分都是 Schneirla 和 Kuo 的发展心理生物理论以及 Stern、Lewin 和 Werner 的认知—机体原理。乍一看,似乎 Baldwin 的"每个人都有他自己的理论"这一看法得到了应验。

除了一些内部争论外,这些主要的理论间鲜有直接冲突和对峙——这并不是因为相互尊重而是因为选择性的忽略。正如 A. Baldwin(1967/1980)所注意到的,发展理论倾向于讨论各个理论的历史而非彼此指责。它们有不同的目标,专注于不同的问题,运用不同的方法,也受到不同发现的挑战。在适当的时候,随着学科兴趣和关注点的转移,每个一般的理论取向都有可能成为关注焦点。

这一时期的下述三个理论还未曾单列出来以引起大家关注,我们将依次作些评论,它们是: 社会学习理论、精神分析及其衍生理论和 Lewin 的"场论"。

社会新行为主义

"社会学习"理论家族皆来自20世纪30年代的一般行为模型和人格的精神分析观点的结合。在一般行为理论流行之时,有四种学习模型颇具影响力:(1) Clark Hull(1943) 的行为系统;(2) E. R. Guthrie(1935)的接近性学习模式;(3) E. C. Tolman(1932)的目的性行为主义;(4) B. F. Skinner(1938,1953)的操作性学习理论。尽管这些理论在语言和学习性质的基本假设上有所差异,但是它们都承认这样一个理念,即学习的原则是普遍的,超越了物种、年龄和环境的差异。

人们除了相信行为主义基本原则的普遍适用性,还需要说明这些理论对不同人类问题的意义,这些问题包括人格模式和社会习性的获得。J. B. Watson 对爱和恐惧的学习和去学习的大胆思索很早就引导了这一方向。对20世纪30年代的作家们来说,一个挑战就是为特定的人类行为的学习提供一个更加系统的、也更有说服力的说明。为此,耶鲁大学的一群年轻有为的科学家便着手把对人格过程的研究放在更稳固的经验和行为基础上(Maher & Maher, 1979)。他们尝试着把一些精神分析概念和从 Clark Hull 的一般行为理论中引出的猜想进行联结。结果得到了一系列颇具影响力的概念,这些理论概念在接下去的几十年里在儿童心理学中占据了主导地位。

144 从精神分析—行为主义角度来看,第一次重要的协作努力被引向了对攻击模式的分析。这次合作的成果,是一本发表在二战前夕的名为《挫折与攻击》(*Frustration and Aggression*)的薄薄的小册子,它一发表便受到了关注并产生了影响(Dollard, Miller, Doob, Mowrer, & Sears, 1939)。尽管书中"攻击总是挫折的结果"(p. 27)的基本假说很快就被作者所修正(参见 Miller, Sears, Mower, Doob, & Dollard, 1941),可是书中这个观点依旧大受推崇。精神分析的联想主义假说和 Hull 理论的刺激驱动假说得到了很好的结合。

Miller 和 Dollard(1941)的《社会学习和模仿》(*Social Learning and Imitation*)一书很快就对儿童学习和模仿概念作了直接应用。这次概念延伸并非是首次。Sears 的婴儿挫折研究(引自 Dollard et al. ,1939)和 Mowrer 的遗尿研究(1938)已经表明社会学习原理可以被很容易地用于研究儿童成长中面临的问题。二战后,儿童心理学开始全面受到社会学习观点的影响。

精神分析

到20世纪30年代,精神分析事业已经经历了多次分裂,并且对行为发展研究产生过明显影响。最明显的影响是直接的,是凭借 Sigmund Freud 本人的教义及其他正统理论信奉者实现的。但那些非直接的,通过诸如 J. B. Watson、J. Piaget 和 R. R. Sears 等人的理论来传播的也具有同样的影响力,这些人也受到了精神分析理论部分思想的影响。介于上述两种之间的是所谓的后弗洛伊德主义者(那些在弗洛伊德设定的限制内对精神分析理论进行扩展的人)和新弗洛伊德主义者(那些质疑幼儿性欲和早期经验的重要性等不可挑战说法的精神分析家)。这些主题都频繁地出现在精神分析理论的讨论中(如,Hall & Lindzey, 1957; Munroe, 1955)。出于现在的目的,我们将对精神分析和行为发展关系逐一评论。

到20世纪30年代,精神分析被不少儿童心理学家当成他们追寻的统一发展理论的答案。一个在这个问题上比较有影响力的学者是弗洛伊德的女儿,Anna Freud。她对该理论用于理解人格发展(包括发展的一切特征)时的充分性的看法是非常明确和坚决的。在Anna Freud为《儿童心理学手册》第一版所写的一章中,她(1931)写道:

> 精神分析理论不允许自己与其他理论相提并论:它拒绝与其他理论一起被置于同一地位上。精神分析理论假定自身具有普适性,这一点使得该理论不会局限于一个具体的领域,如,对神经质儿童甚或儿童性发展的理解。精神分析超越了这些边界,在这些边界之内,它甚至获得了评判的权利,并且侵入了其他专家自认为属于自己的地盘,就如本书目录所表明的那样。(p. 561)

精神分析的胃口不是别的而是整个发展心理学,在20世纪其余的时间里,它以这样或那样的形式几乎实现了这一点。

看似不可避免的是,具有实证头脑的美国心理学家会尝试用实验来检测该理论的关键命题——确实,这项事业吸引了心理学界的一些最优秀的年轻人。他们发现了什么呢?总结当时得到的关于固着、退行、投射以及其他精神分析机制的实验测评结果,Sears(1944)写道:

> 一个人不得不得出以下结论,实验心理学还没有对这些问题的解决作出什么主要贡献……对精神分析理论的纯粹检验是否是一项适合的实验心理学任务呢?这似乎很令人怀疑。实验学家们不应试图骑在风筝的尾巴上,这风筝本不被指望承受如此重负;他们的明智之举是尽可能从精神分析中获得所有预感、灵感和经验,然后再开始一个艰巨的任务——建构一个系统的人格心理学,但这个理论本来是建立在行为数据而不是经验数据的基础之上的。(p. 329)

所有的这些都是在说,对精神分析的实验检验并不是一件有所收益的事情。正如我们所见到的那样,Sears遵循了他自己提出的建议,并为发展现代社会学习理论铺平了道路。

145

尽管对精神分析理论科学分析的回应模棱两可,但在20世纪三四十年代该理论的影响却有增无减。实际上,每一个关于人类行为的重要理论——那些只涉及生理、运动或感觉现象的理论除外——都能同精神分析理论相适应。在那个时代,行为主义(无论是"激进的"Watson主义,还是传统的Hull的理论)和Piaget的认知理论都同样深受这个理论的影响,这就和今天的道德说与社会认知理论深受它的影响是一样的。这个理论对育儿实践产生的直接影响,如果没有超过早期Holt和Watson的影响的话,至少也应和他们的影响相等同。Benjamin Spock的第一版关于婴儿护理的手册很是畅销,它的出版鼓舞了美国公众,使得他们开始接受与精神分析训练相一致的做法。专业临床心理学的快速成长——第二次世界大战需要更多的诊断和治疗方面的专家——也强调对评价和治疗理论的需要。能服务于这项任务的工具包括投射测验(通常是以精神分析假说为基础的)和心理疗法(直接或间接从精神分析面谈中演变而来)。心理学作为一门职业和一种科学变得越来越受到精神分析理论与实践的影响。

但实际上精神分析学家们的思想各不相同,且精神分析理论对人格的看法不可能是一成不变的。其他一些持有异见的著名精神分析学家有 Carl Jung、Alfred Adler、Karen Horney、Eric Fromm 和 Harry Stack Sullivan。他们的共同点是在动力学理论中关注人际关系的影响,因为这些影响不仅在家庭系统中得到了体现,而且在稍后的儿童期与成熟期的人际交往中也得到了体现。对"客体关系"的关注必然伴随着对早期性欲和早期经验可逆性的不重视(参见 Munroe, 1955)。在人际关系的新 Freud 理论中,Horney(1937)和 Sullivan 发挥了引领作用。在 1940 年的一篇名为《精神病学》(*Psychiatry*)的长篇大论中,Sullivan 在两个理论之间建立了联系,这两个理论一个是同社会学和人类学相联系的在符号互动论,一个是精神病理学的新分析人际理论。Sullivan 的立场是"自我内动作用"产生于"生活中反复出现的人际情景"。关于自我内动作用的思想(这是一个过程而不是一个实体)是从生活中的人际背景发展而来的,它在很大程度上取决于同与之交往的重要他人观点的"交互确证"。因为社会系统持续作用于个人行为以及个人对自我的思考,所以性格的发展是一个连续的、不断变动的过程。Sullivan 对他以后有关社会交往的社会学(Cottrell, 1942,1969)、精神病学(G. Bateson, Jackson, Hayley, & Weakland, 1956; Jackson, 1968)和心理学模型产生了重大影响。

场论和生态心理学

当 Kurt Lewin 于 20 世纪 30 年代早期移民到美国的时候,他在德国已经是一名声名显赫的儿童心理学家了。美国读者首先是在 1931 年的两篇英文文章中了解到了 Lewin 极具影响力的理论——"行为与发展是整体情境的功能之一"。在他的经典论文"心理学思想中亚里士多德模式和伽利略模式之间的冲突"(1931a)中,Lewin 曾为他把个体儿童作为实际和具体的整体情境一部分来进行研究的方法作过一次精彩的辩护。他认为行为的动力——关于暂时支配行为方向与形式的力量的研究——是不能通过使用标准统计方法得以阐明的。通过累加"标准"环境下大样本儿童的结果必然会把本应精确的行为动态控制模糊化,而不是将其清晰化。"从一般情况到具体特殊情况的推论……是不可能的。一般儿童和一般情况是一种抽象概念,因此对于动力学的调查研究来说它没有什么用处"(Lewin, 1931b, p. 95)。Lewin 的一些最有远见的前辈们(Preyer、Binet、Freud 和 Piaget)曾凭直觉作出过这一结论,而 Lewin 给这个结论作了理性的解释。这个结论与 Galton 以及大多数美国心理学家作出的结论形成了鲜明对比。

Lewin 的方法学思想与他在心理经验与行为的背景关联性上的理论立场是相一致的。Lewin 理论中的一个关键因素是他把重点放在了心理环境而不是与之相反的物理环境或客观决定的具体环境上。Lewin 认为,"所有这些关于儿童的事情和事件一部分是根据它们的'外观'但首要的还是根据它们的'功能可能性'进行定义的(v. Uexküll 意义上的实质行动世界)"(1931b, p. 100)。动物行为学家 J. von Uexküll 强调个人重组的内部空间而不是外部世界客观的机械力量(参见 Loeb, 1912/1964),Lewin 支持他的这种看法并抓住了一个思想,这个思想所隐含的意义到现在还没有完全为人们所理解。Lewin 所阐述的心理场理论是同格式塔和系统理论方法相一致的。尽管行为被看作是个人与环境二者共同的函数,这两种主要的变量"是互相依存的,换句话说,为了理解或预测行为,个人或环境必须被看作是一群互相依存的因素,我们把这些因素作为一个整体称作个人的生活空间(LSp)"(Lewin, 1954, p. 919)。Lewin 的理论基本上是一个行为模型,它根据特定心理环境所产生的力来解释行为的方向性。但是这些发挥作用的力既不单独属于个人也不单独属于场,只有从这些聚合在一起将决定行为的力的整体的角度才能理解行为。

20 世纪三四十年代在美国工作时,Lewin 曾把他的理论模型扩展到了不同的社会与发展现象上,包括冲突的分析、社会影响、志趣水平、目标设定以及专制和民主环境的影响。除了对具体的研究项目产生过影响,Lewin 的行为与发展原理(并不是以其特殊的思想学派而被认同)还被纳入了该学科当中。比如说,他的"场论"要求人们去注意行为发生的背景,特别是个体对那个背景的个人反应。这个"环境"并不仅仅是物理和社会的环境,还包括儿童对那个背景的感觉。由于儿童有不同的需要以及发生在他或她身上的影响不同,所以儿童从同一"客观"环境中得到的感知觉可能会不同。相反的是,看似完全相同的回答可能会反映出极其不同的心理力量的作用。刺激和反应都与背景相关联,二者都孕育于社会/环境的母体当中,皆不可与之相分离。

上述简要的概括不允许详述 Lewin 的发展与社会性理论(A. Baldwin, 1967/1980 和 Estes, 1954 年曾作过一个极好的总结)。应该注意的是,Lewin 及其学派的人开创了冲突解决(Lewin, 1935)、志趣水平(Lewin, Dembo, Festinger, & Sears, 1944)、小团体过程(Lewin, Lippitt & White, 1939)以及干扰与挫折的效果(R. G. Barker, Dembo, & Lewin, 1941)等方面的研究。Lewin 的一个博士后学生 Roger Barker 曾把基本的生态心理学概念传播给下一代(R. G. Barker, 1963, 1964, 1968)。在扩展基本观点方面(Bronfenbrenner, 1979, 1993, 1995),Urie Bronfenbrenner(1979)是极有影响力的。此外,其他一些受到 Lewin 启示的学生实际上塑造了现代社会心理学的面貌。Lewin 同发展心理学之间有直接的联系。Marian Radke Yarrow 是一个著名的发展心理学家,曾在麻省理工学院受过 Lewin 的资助,后来她就在这里的研究生研讨会上把 Lewin 的理论教授给 H. Kelley、J. Thibaut、M. Deutsch 和其他一些学生。

有没有什么东西 Lewin 的理论没有涉及呢? 场论的批评者指出 Lewin 较少注意持久变化的过程,即那些关于学习的过程。尽管 Lewin 明确承认儿童"身体上的"改变能对心理环境产生重大影响,但是场论很少关心发展的变化是如何与心理力量的变化整合到一起的。因此,作为一个描述型的模型,这个模型是很有说服力的,但是如何批判性地进行检验、修改、证伪就不那么清楚了。"没有背景的'客观'刺激可能只是一种幻觉",这是 Lewin 强调的一个重点,正是他强调的这个重点把心理学从行为主义的困境中解脱了出来。特别是在社会性发展和社会心理学的研究中,Lewin 的方法学和理论的含义是巨大的。

中期的评论

看似讽刺的是，在这个阶段，是社会与经济力量而不是科学进展最先引起了儿童心理学上最显著的发展。新创办的儿童研究机构遍及整个美国，这些机构一经成立就立刻变得极具科学影响力，而且在 20 世纪的大部分时间里这种情况都得以维持。除了为这些机构提供实际财政支持的基金会与公立大学，还有一支由相关教师与家长组成的广泛的全国性联盟，他们迫切要求人们从科学和其他角度更多注意儿童的需要。这个“运动”与 19 世纪八九十年代时 Hall 给定的雏形与方向的“运动”是同一种社会/政治“运动”。但是研究中心的成立并没有促成一门科学，而调查者也立刻受到了挑战，他们几乎要在儿童研究的每一个部分都发展出更合适的研究方法。研究的每一领域——智力、诚实、情感、语言、思维、知觉、成长、可预测性——都呈现出了其本身在方法和分析上的问题，而这些问题的解决还要依靠它们自身。结果必然令发展研究变得支离破碎。

147

这一阶段有什么实证性进展呢？要回答这个问题只要压缩一下由 C. Murchison(1931，1933)和 L. Carmichael(1946)编写的 3 本书的信息就可以了。除了证明儿童行为与认知的几乎所有方面都能够通过实证方法进行研究——早期承诺的但并没有被证明——我们找到了一些能够迷惑研究者自己的发现，这些发现是与早期儿童概念的统一性相违背的。这些现象包括诚实的特定性、婴儿的恐惧可迅速条件化、儿童的自我中心、聪明儿童的生理常态(或优势)、对行为跨时间跨空间的适度预测。关于早期经验的研究引起了巨大的争论，这些研究旨在说明儿童基本的智力适应可能会受到特别有益或特别容易被忽视的经验的影响。对科学来说，比争论更重要的可能是那些不太戏剧性但很关键的进展——那些在描述感觉运动、认知、行为发展“常规的”(如，这个物种典型的)过程上的进展。

这一时期的理论活动在具体和一般两个“层面”上进行。在第一个层面上，实证性的进展——方法学和数据上的——产生了引人注意和需要整合的信息。Hartshorne 和 May (1928)提出了他们关于利他主义和诚实“特异性”的理论；C. Bühler(1931)有关婴儿期三种社会性“类型”的说明；F. Goodenough(1931) 关于愤怒与争吵发展的解释；J. Anderson (1939)关于儿童能力连续测验中的“重叠”假设；等等。这些以数据为基础的假说在儿童行为的实证研究与最初促进研究的核心理论概念之间构成了一个必要环节。

在第二个层面上，为了填补复演假说崩溃后留下的空白，人们曾作过各种各样的尝试去建立一个一般的整合理论。对 20 世纪二三十年代每一个争夺领导权的一般性发展理论而言，它们的历史都可以追溯到 19 世纪八九十年代的早期模型。J. Piaget、L. S. Vygotsky、H. Wallon 和 H. Werner 提出的认知发展理论同 J. M. Baldwin 的概念是直接联系在一起的；Z.-Y. Kuo、T. C. Schneirla 和 L. von Bertalanffy 的发展心理生物学沿袭了先前动物行为学和实验胚胎学上的概念进展；A. Gesell 的成熟模型在好几个方面扩展了 W. Preyer 的发展观点；Watson 的行为主义科学是建立在 Morgan、Loeb 和 Jennings 等其他人先前工作基础上的；精神分析的几个版本都保留了一些前代理论的中心要素。

尽管上述模型之间存在着明显的差别,但是它们也有一个相似之处:从基本意义上说,它们都是发展的。它们之间的差别来自一些假设,这是一些关于如何才能最适当地描述发展过程以及如何才能最恰当地概念化行为现象的假设,这些假设反过来又反映在这些理论讨论哪些物种的哪些行为或认知现象上。尽管精神分析得到了广泛的认可并在临床应用方面取得了明显优势,但在心理生物学和认知的研究中,机体模型开始悄然变得有影响力了。然而这些模型中没有一个能够占据统治地位,这门科学也不能自称是一门完善并扩展了生物进化论的关于行为发展的统一理论。确实,在确定那些决定行为与学习的背景事件方面的进展引起了一些问题,这些问题和是否可能存在一种行为发展的一般理论有关。

现代

在经历了二战时期研究活动的普遍压抑之后,行为发展的研究在二战后开始向前发展并且到最近才与过去持平。这个学科一个新的"黄金时代"产生了并超越了前两个黄金时代(1895—1905 和 1925—1935)。部分地受电子录音、编码和计算机分析技术发展的影响,新技术和方法的应用接踵而至。从新的投射程序到关于权威主义的问卷或学习研究的简要实验程序,这些研究方法有效的"生命周期"看起来都从 15 年缩短到了 10 年。一些在测验焦虑、社会强化满足、冲动性、模仿等方面富有希望的观点都迅速出现,又迅速消逝,它们甚至来不及被体面地"送终"或"发讣告"。

148

在很大程度上,研究活动和分析的高速发展可归功于联邦政府对实证研究的支持及新的教学和研究机构的建立。国家卫生研究院(NIH)就成立了一个新研究机构来研究儿童健康和人类发展,其他一些机构(如,国家心理健康研究所、国家毒品滥用研究所)也接受了一种理解问题行为的发展导向。此外,美国国会还设立了前所未有的国家项目来为贫穷和弱势儿童提供入学优先权,Urie Bronfenbrenner 和 Edward Zigler 这两位心理学家在发起并指导这个项目的早期工作上功不可没。其他一些发展心理学家也参与到旨在增强教育和学习的电视节目的创作中(如,芝麻街)。在这个阶段,通过创新和发现,发展心理学的研究和应用的几乎一切领域都有过扩展、创造和批判。

在此阶段,比较明显的早期理论走向之一是一般学习理论的崛起、主导和衰退。在一般学习理论于 20 世纪 60 年代初衰败之前,学习的行为模型一直在美国心理学领域中占有统治地位。在发展心理学领域,情况也不例外。想要进入理论主流,在儿童研究的许多领域中,从语言习得和认知学习到社会行为和儿童抚养,许多研究都给自己贴上学习理论的标签。行为并不发展,他们是习得的。尽管学习理论是简陋的和微不足道的,它看起来还是很适合发展心理学家的,虽然并没有足够适应。到 20 世纪 60 年代中期,这个领域开始重新发现动态发展模型,该领域曾经是以此模型为基础而建立的。这些模型以相当不同的形式出现在语言与认知研究、基本的运动和知觉过程的调查以及社会和人格发展的纵向研究中。这一领域还重新发现了精神分析的一些基本假设,即早期关系不仅对理解精神病理学很关键,而且还是人格的一条核心特征。

人们在20世纪上半段所研究的很多想法与问题又重新变成了研究的中心，这包括很多成长模式的研究，如运动与感觉发展、思维和语言上的认知变化以及社会与人格发展中交往的作用。

这段发展史同当代的一些事件(包括这版《手册》其他章所涉及的事件)是重合的。我们离当前的趋势越近就越难从持续的变化中清理出瞬息万变的学术兴趣。因此，我们把这章的最后一部分留出来用来讨论我们对近20年来发展科学的感觉(20世纪的最后10年与这世纪的头10年)。尽管如此，这里，一个有着更可靠的历史基础的讨论是：贯穿20世纪80年代的发生在发展科学中的一些变化帮助塑造了这个领域的当代趋势。焦点集中在三个领域：(1) 社会学习理论，(2) 依恋理论，(3) 认知发展。

社会学习理论：兴起、衰落和新生

同一般印象相反的是，"社会学习理论"不是单独的一个，而是几个。这些理论中的大多数最初产生的原因是，人们很少能就哪个学习原理具有普遍性这个问题达成共识。在过去半个世纪的时间里，从Skinner和新Hull学派理论家建立的基本框架上发展出了很多社会学习理论，这些理论中的每一个都有自己独特的着重点和支持者。这样的努力既复杂又经常引起误解，因此我们在这儿只对历史上的几个闪光点作一些评价。

兴起

149

在把精神分析与学习的综合理论引入儿童研究方面，Robert R. Sears的影响被认为是普遍而深入的。作为创造新Hull派社会学习理论(Dollard et al.，1939；Miller et al.，1941)的耶鲁团体的最初成员之一，在依阿华儿童福利研究站、哈佛大学和斯坦福大学，Sears都对他的学生和同事产生了关键性的影响。他在这些研究机构中的同事有不少都曾对社会学习理论作出过有影响力的修改(包括E. E. Maccoby、J. Whiting、V. Nowlis、J. Gewirtz、Richard Walters、A. Bandura和Sears的妻子Pauline Snedden Sears)，Sears引起了发展心理学领域及其相关领域的一些主要变化，在这方面他功不可没。

在这个团体(Sears, Whiting, Nowlis, & Sears, 1953)的首份主要出版物中，"进取"和"依赖"被看作是儿童生命早期所习得的动机。他们是怎样习得这些动机的呢？答案并不那么简单，至少对Hull学派的学者们来说不简单，因为Clark Hull(1951)并没有阐述过条件性驱力理论而Freud对它的阐述也是含混不清。总结这两种观点，Sears和他的同事认为这些关键的社会动机是作为儿童早期家庭经验的普遍结果而获得的。此外，父母—儿童关系的质量差异引起了驱力在大小和表达上的不同，发生在母婴交往中的奖赏、惩罚和挫折就表明了这一点。人们扩展了这个社会学习理论来解释性别角色类型(通过内化父母的价值观和自我强化)与良心(通过后天教育和母亲撤出自己的爱)的发展。

半结构访谈技术被广泛应用于父母教养态度、信念和儿童抚养实践的调查上。Sears和他的同事在依阿华、马萨诸塞和加利福尼亚(Palo Alto)进行了大规模的研究。目的之一是通过采用共同的研究技术在三个地点重复得到同一关键发现。采用针对家长的既长又有深度的访谈作为主要的研究技术，这些研究试图把养育子女的做法与儿童行为和人格模式的评估联系在一起。对儿童的评估凸显了观察方法学方面的进展，并且修改和发展了适宜儿童的"投射测验"方法。不再使用墨迹或半结构图形，调查者用娃娃或玩具屋让学前儿童来重建核心家庭(Bach, 1946)。访谈与观察方法为广泛范围的跨文化和跨年龄研究提供了模型(如，Whiting & Whiting, 1975)。

社会学习理论和它的使用者的一个最大优点是他们愿意接受数据，无论这些数据与该理论相支持还是相矛盾。因此，为了扩展原先的主张并改正其中的错误，人们对它们进行了或小(如，Sears, Maccoby, & Levin, 1957; Sears, Rau, & Alpert, 1965)或大(如，Bandura & Walters, 1959; Whiting & Whiting, 1975)的修改。

衰落

这其中的缺陷是什么呢？在依阿华、马萨诸塞州和加利福尼亚进行有关儿童抚养的大规模研究工作的研究者自己就确定了其中一些原因。当 20 年研究努力的结果被收集在一起进行分析的时候，只找到了对引起这一研究的理论上不大的支持。问题在于儿童抚养实践与儿童的社会行为和人格模式中的变异之间没有什么可靠的关联。

这一研究工作的一个关键的参与者 Eleanor Maccoby 指出，理论中存在的问题同方法中存在的问题一样多。35 年后再回顾那时的事，Maccoby(1994)写道：

> 在父母的儿童抚养实践(正如在细致的访谈中父母所说的那样)和对儿童的人格特点的独立评价之间存在着很少的联系，如此地少以至于几乎没有出版过将这两组资料联系在一起的文章。这一研究的主要成就是一本关于从母亲的视角来看的儿童抚养实践的书(Sears et al. ,1957)。这本书主要是描述性的，仅仅包括对引起这一研究工作的理论的非常有限的检验。后来 Sears 和他的同事对学前儿童做了一次研究，特别关注在通向社会性成熟的进步中对同性别父母认同的作用。他们使用范围更广的评价方法，包括对父母和儿童之间交往的观察。关于对父母的认同是影响儿童社会化特性习得的最主要机制的假设又一次没有得到证实。(特别见 Sears et al. ,1965，表 40, p. 246)

不是所有的研究结果都是否定性的，或是不可靠的。但是首先这些发现的总的模式没有为激发这一研究的理论提供什么支持。应该怪谁呢，理论还是检验理论的方法？方法可能有问题，同样理论也可能有问题。 150

在社会学习的时代达到高潮的时候，在所发表的一篇尖锐大胆的评论中，Marian Radke Yarrow 和她的同事写道：

> 儿童抚养研究是与富有启发性的关于发展过程和关系的假设紧紧交织在一起的松散的方法论的奇怪组合。有关母亲对发展了的儿童行为影响的引人注目的传说没有坚

实的数据基础，对它的确切证明在很多方面还仍然是未来研究的一个课题。从先前资料的分析中得出的发现使人们难以继续保持对方法论的满足，并不再认为重复验证是多余。儿童的日常生活经历对他的行为和发展都有重要的作用，在很多方面也是发展理论的核心。对它的准确理解对于科学和社会都很重要。要增进这方面的知识，每一个研究者都是方法论者，都应该对研究的出色负责。(Yarrow, Campbell, & Burton, 1968, p. 152)

Sears和她的同事的两个值得注意的贡献需要提及。在对美国心理学会作的一次主席演讲中，Sears(1951)重新引起了人们对社会交往的理论概念和家庭关系的双向性的注意。虽然Sears小组所采用的研究方法使直接研究交往现象变得困难，但这些概念在Sears之后发表的主要论文的概念里扮演了重要的角色。它们刺激人们重新关注最早由James Mark Baldwin提出来的、后来在精神病学家H. S. Sullivan(1940, 1953)和社会学家Leonard Cottrell(1942)的著作中所体现的问题。

第二个贡献是将儿童发展的研究重新纳入到心理学的主流之中，这是儿童发展研究在前半个世纪大部分时间里所没有取得的地位。通过将儿童研究和那时流行的心理理论体系联系在一起，这就为新一代心理学家进入这一领域打开了大门。然而，这一成果不是没有代价的，很多更早的发展研究被新的一代放在一边或忽视了。传统的发展研究，正如体现在Carmichael的《手册》连续版本的章节中那样，被认为与社会学习和社会控制的基本问题毫不相关。不再对发展性变化进行描述，这一代的发展学家关注用“新的”社会交换、模仿、双向分析、依赖、攻击和良心等概念来解释变化。在社会学习的革命中被忽视的是创立这一研究领域的那一代曾经熟悉的那些概念，以及他们的下一代曾经广泛研究的那些概念所涉及的现象。

回顾社会学习理论的发展，我们发现，在20世纪60年代早期，这一运动被分成了两部分，每一部分都在思想方面受惠于育儿运动和B. F. Skinner(1953)的强化概念。J. Gewirtz、S. Bijou和D. Baer(Bijou & Baer, 1961; Gewirtz, 1961)在Skinner的带领下将操作性条件反射的思想和概念运用于正常和弱智儿童行为矫正的分析中，但是在从鸽子到儿童的理论转型中存在着问题。正如“条件反射”或“习得动机”的概念给最初的社会学习理论带来了困难，“条件反射”和“社会强化”的概念对操作性学习理论来说也是一个难以理解的概念(见Gewirtz & Baer, 1958; Parton & Ross, 1965)。

新生

是Albert Bandura和Richard Walters(1963)带来了社会学习理论的复苏，也是他们改变了该理论模型的经验和解释基础。他们认为把学习概念同精神分析相结合会导致两个模型相互贬抑。社会学习理论应该探讨学习机制，这种学习机制包括支配模仿与强化的认知过程。在他们的工作中，“模仿”被看作是获得新行为的主要机制，因此，它是理解社会化和跨代传递的关键。实际上，这二人重新规定了“模仿”概念的核心地位(“模仿”也曾在J. M.

Baldwin 的主张中占据核心地位)。

社会学习理论中的下一次修正很快便到来了——Albert Bandura 使这一理论重新获得生命力并以独特的人的认知过程为基础建立了这个理论。当有关模仿与社会学习的短期儿童研究能够用另外的认知理论来解释时,对社会学习理论进行进一步修改的需要就凸显出来了。比如说,对儿童模仿原因与后果的考察表明,儿童的学习方式同动物的观察学习并不相似。在儿童社会强化(如语言反馈)的效果中,我们可以观察到相类似的现象。仅仅是指导语或其他认知操作就可导致强化物效率的明显不同,这导致了下面的这种解释:对儿童的社会强化应被看作是信息传递过程而不是基本的强化过程(参见 Paris & Cairns, 1972; Stevenson, 1965)。其他关于惩罚、依赖性和良心的"信息"解释出现了(如, Walters & Parke, 1964)。因为一些相似的原因(Bandura, 1969),Bandura 还对模仿的解释作了相似的修改。Patterson(1979)创造性地扩展了观察方法,因此,这为社会学习假说的精确测评铺平了道路。 151

同 Rotter(1954)和 Mischel(1973)一起,Bandura 把社会学习理论的中心从先前的精神分析的冲突和焦虑转向了积极有效的儿童特征。利用自我效能感和自我调节概念,他确定了人类适应的独特性质,并把导向的中心从人类的问题转移到了人类的潜力上。但是在 Bandura 修改的社会学习理论中这些并不是要反对的焦点。由于这个原因,Grusec(1994)认为:

> Bandura 对自我效能感的兴趣来自他对恐惧症治疗中被试模仿作用的研究。这些研究结果的一个显著特点是:个人对自己效能体验的感知程度决定了如何达到并保持对行为与恐惧唤醒的改变。根据自我效能感理论,人们会发展出关于他们自身能力与特征的信念,通过决定他们努力做什么和他们在特定的情景和领域中能付出多少努力,这些信念指导了他们的行为。(p. 488)

在长达一个世纪的循环中,社会认知—学习理论的再提出不但接受了 Baldwin 的模仿概念并且还把他的"自我"概念作为中心组织主题。

一些行为主义者模型的特征在过去几代社会学习理论中几乎没有发生什么改变,如社会学习研究者一直对发展概念保持了一种好奇的姿态。从 Watson 开始,学习理论的"基本观点"就是人们应该从历史的角度出发来研究人类活动,因此从这种意义上讲,该理论是关注发展的。社会学习观点认为发展中与年龄相关的转化过程并不是那么迅速(Cairns, 1979; Grusec, 1994),其中隐含的假设坚持认为,认知和学习上逐渐增加的变化足以解释主要的社会性发展现象,包括它们的建立、维持和改变。

依恋:发现与丧失

随着对模仿的再发现,研究社会学习理论的学生发现了需要分析的新鲜而又有活力的现象，就这样新一代的社会学习模型诞生了。母婴依恋研究就是如此。动物行为研究和随后人类研究中的关于母婴依恋的系统调查为精神分析理论框架注入了新生命。根据Ainsworth(1972)早期的一个定义，依恋指的是“一个个体(人或动物)在他同另一个特定的个体之间形成的情感联结”(p.100)。

典型的依恋发展自母婴之间。生命早期发展起来的牢固联系肯定不是什么新发现。尽管如此，针对动物和人类依恋行为的系统研究在二次世界大战后才开始出现。Scott(1962, 1963)和Harlow(1958)关于幼犬与恒河幼猴的经典研究为早期情感关系的系统研究开启了一扇大门。几乎在同一时间，Bowlby(1958)和他以前的博士后同事(Ainsworth, 1963; Schaffer & Emerson, 1964)提出了一些关于人类婴儿依恋的有影响力的主张。

依恋现象

Harry F. Harlow(1958)在他就任美国心理学会主席的演讲中宣布了一些戏剧性的发现结果：在幼猴对无生命的“替代”母亲形成亲密联系的过程中，身体接触发挥了重要作用。根据最初对这些发现的解释，在婴儿社会依恋的形成中，触觉刺激或“触觉安慰”是一个比饥饿更有力的因素。Harlow和其他人后来做的工作导致人们对最初的解释——关于哺乳动物依恋发展所需要的必要而充分的条件(如，Cairns, 1966)以及关于早期社会经验作用的稳定性和可塑性的解释(如，Mason & Kinney, 1974; Suomi & Harlow, 1972)——作了重大修改。尽管如此，在促进母婴关系研究，更广泛地说，在促进社会交往发展的调查上，对“无母猴子”的描述起到了催化剂的作用。

152

鉴于早期经验在大多数发展理论中占有的关键地位，令人好奇的是以前在母婴依恋方面人们竟没做过多少系统性工作。这确实特别令人惊奇，因为母婴之间的紧密关系可能是最早被觉察到的和在各种哺乳动物身上都能观察到的最活跃的现象。当儿童能够开始独立移动时，这时如果他们被不情愿地移动或与母亲(或代理母亲)分开，他们就会变得很沮丧，而重聚能够立即中止沮丧(如，儿童不再哭泣、尖叫或哀怨)。这个年龄段的儿童在碰到陌生人和到了陌生的地方时——甚至是熟悉的人在陌生的地方——都会表现出更高的厌倦和恐惧。几乎从所有的哺乳动物身上都能看到这种现象，人类婴儿也表现出了中等强度水平的厌倦和恐惧。

通过针对鸟(如，印刻)和哺乳动物(如，依恋)的实验和观察工作，人们从多个角度调查研究了早期形成的紧密联结。到了20世纪60年代中期，人们已经可以勾勒出一幅关于依恋关系情况的完整图画，它包括了依恋关系的出现、保持和改变(Harlow, 1958; Rosenblatt & Lehrman, 1963; Scott, 1963)。从这些发现中可以总结出四条关于哺乳动物依恋性质的概括(Cairns, 1966)：

1. 在出生时和刚出生后的那段时期，母婴之间在行为和生理状态上具有明显的同步性。此外，婴儿的行为还可使母亲保持在一个母性的状态并塑造改变她的生理状态，从而使之满足婴儿的当前需要。对婴儿来说，一个平行的反馈环也起到了相似的作用，在母亲或婴儿的行为或状态之间也开始建立一种相互性的关系(Rosenblatt & Lehrman, 1963)。生物需要和社会行为开始变得相互支持(Hofer, 1994)。实际上,母婴之间的行为与生物状态很快就互相组织起来了。

2. 亲近性和母婴之间的相互约定促进了社会依恋的建立,在最初促进交往的心理生物条件不具备的情况下,这种社会依恋仍旧会存在并保持下去。在大多数哺乳动物中,这种依恋都很强烈,而不情愿的分离都会引发母婴的紊乱、沮丧和分裂。这种沮丧是如此之强烈以至于可以用一系列的行为和生物评估来对其进行评定。

3. 强烈的社会依恋能够在不同的条件下建立(如,缺奶、缺乏接触安慰;甚至在相反的情况下,如强烈惩罚),这些条件的影响在很大程度上取决于相互交往的背景。此外,年长动物可以像年轻动物一样产生依恋(母性依恋只是特殊情况下的一种)。实验研究表明社会依恋的力量随着交往、时间花费和关系排他性的增长而增强。

4. 成熟中发生的变化引起了依恋性质与品质的改变;幼小动物的成熟同步于母亲在行为生理上的变化,这种同步性是同母亲养育下一代的准备相吻合的。新的依恋通常在数分钟和数小时内形成,而不是在数周和数月内形成,这可能是为了平衡保护后代与生活上的紧张(Cairns & Werboff, 1967; Mason & Kinney, 1974)。在这方面,为了能使脆弱的婴儿生存下来,适应必须迅速。

依恋理论

在这些系统调查中,母婴依恋的研究引起了人们的关注,这些研究极大地激发了科学与公众的兴趣(Maccoby & Masters, 1970)。精神分析学家John Bowlby于20世纪50年代在伦敦塔维斯托克诊所开办了一系列的研讨会来探讨这些问题,并于20世纪60年代扩展了这一系列的研讨会(Foss, 1961, 1965; 参见 Bretherton & Waters, 1985)。在这些研讨中报告了两个关键的研究项目:(1) Schafer 和 Emerson(1964)对处于依恋开始年龄的儿童的观察。(2) Ainsworth(1963)关于乌干达母婴依恋的观察报告。Schafer 和 Emerson(1964)发现人类婴儿在出生后8到9个阴历月开始表现出区别性依恋,这些依恋形成于婴儿和亲密护理过他的一批人等。

153

John Bowlby 刚开始成名是因为他对客体关系理论特别是对早期母婴亲密关系意义的贡献(如,Bowlby, 1946, 1952)。早在20世纪50年代初,他就开始和同事——著名的习性学家 Robert Hinde,一起从事跨学科研究。这些研究的结果之一是发表在《国际精神分析杂志》(*International Journal of Psychoanalysis*)上的一篇论文,在这篇论文中,Bowlby 将来自客体关系理论的概念与进化论假设整合到一起。因此他提出了一种融合了精神分析和习性学的依恋理论(Bowlby, 1958)。在一套重要的书籍中,Bowlby 描述了他的"依恋理论"是如何解释母婴焦虑、分离和丧失的(1969, 1973)。

根据 Bowlby 对依恋的观点,儿童早期相对稳定的依恋系统建立时所发生的事件具有特别的重要性。母婴分离可能会造成持久性的负面后果。在发展早期形成的依恋性质引起儿童形成了内部表征模型。此外,这些引起依恋的过程涉及母婴之间强烈的相互调控和相互组织。Bowlby(1952)写道:

如果能够顺利成长，这些组织必须在关键期受到合适的组织者的影响。同样，如果心理发展要能够顺利无阻，那么没有分化的心理似乎就有必要在特定的关键期受到心理组织者——母亲的影响。(p. 53)

与习性学/动物行为的研究不同的是，Bowlby 的客体关系/依恋理论明显把重点放在了个体差异上。除此之外，它的目标，就像客体关系理论一样，是为精神病理学提供一个综合性的说明。就像习性学假设一样，它强调早期经验的形成性作用。

任何关于现代“依恋理论”的讨论都要包括 Bowlby 的长期合作者，Mary D. S. Ainsworth。Ainsworth 在乌干达(Ainsworth, 1967)和巴尔的摩(Ainsworth, Blehar, Waters, & Wall, 1978)曾做过一对颇有影响的关于母婴关系的观察研究。一个被称作是“陌生情景”的控制观察方法出现在后一研究中(Ainsworth et al., 1978)。* 这项评定包括了一系列比较简短的分离(如，1 到 3 分钟)，观察者会特别关注母婴重聚的性质。对重聚的编码提供了一种分类方法，通过这种分类方法儿童被诊断为安全型依恋(B 类型)或不安全型依恋(A 和 C 类型)，以及各种各样的亚类型(Ainsworth et al., 1978)。依恋理论的一个主要引人注意的东西是它的假设——这些依恋类型是与以后人际关系的质量和精神病理学相联系的。

对依恋理论本身及其优缺点的扩展讨论已超出了本章的写作范围，它应属于当代时期的叙述。要想了解这个极有影响的理论的目前状况，即神经精神分析的现代发展版本，可以参见 Bretherton 和 Waters(1985)以及 Goldberg、Muir 和 Kerr(1995)。

认知复兴

在这个时代，认知的发展问题作为思考与研究的核心焦点再度出现。认知发展是如何发生的问题变成发展心理学家关注的核心问题主要有以下几个原因：受到国家对教育过程重新审查的促进(如，Bruner, 1960)；关于 Piaget(Flavell, 1963; Hunt, 1961)和 Vygotsky(Cole, 1978)的那些有著名书籍的影响；社会学习理论活力的下降。它是复兴——而不是一次革命——因为认知问题、意识和认知发展自这门学科成立之初便是研究的核心。

154

几乎这一领域的所有方面都曾在最近被强调过。针对儿童语言发展、思维、感觉和信息加工的调查研究前所未有地活跃起来。按照认知理论的修改，甚至连核心部分的行为模型都经不起证明，T. Kendler 与 H. Kendler(Kendler & Kendler, 1962)和 M. Kuenne(1946)在“中介机制”上为认知理论提供了一个新方向。信息加工方法能否作为桥梁联结各种认知发展研究与解释受到了人们的质疑。由于这场运动的强力推进，超越社会发展与认知发展二者之间的障碍似乎是不可避免的，自我与他人的概念将可能重新被提到(参见 Harter, 1983, 1998, 本《手册》第 3 卷第 9 章; Lewis & Brooks-Gunn, 1979)。这本《手册》的其他几

---

* 似乎是在“陌生人情景”技术被应用于非人类的哺乳动物之后，这项评定技术才得以成型。

章中还包含了这个运动近来的历史，关于实验认知概念、社会认知以及认知发展概念之间协调关系的主张（如，参见 Baltes, Lindenberger, & Staudinger, 本《手册》本卷第 11 章；Fischer & Bidell, 1998; Kuhn & Franklin, 本《手册》第 2 卷第 22 章；Overton, 本《手册》本卷第 2 章）。

历史上的主题和当代的进展

在发展研究与理论诞生一百多年后，现在它依旧变化多端而又生机勃勃，新鲜而又杰出（有很多例子为证），且引人争论。为了总结这一章，我们要回想一下刚开始就已经确定下来的两个主题——一是要观察估计过去二十年里发展科学的情况，二是要描述一个多世纪以来的科学工作曾取得过哪些进展，遇到过哪些困难（还参见 Cairns, 2000; Cairns, Cairns, Rodkin, & Xie, 1998）。

知识与意识

了解心理以及它是如何发展并发生作用的始终是发展学家的一个主要关注点。随着时间的流逝和科技的进展，研究大脑过程和认知活动之间关系的调查者在确认出路和可塑性方面已经取得了可观的成就。而且现在已有令人信服的证据来支持 Preyer 当年的猜测——"大脑借助自身的活动得以成长"。然而，尽管人们已在理解和方法学方向上取得了令人瞩目的成就，可是争吵声依旧继续着，人们对一些基本问题的争论并没有结束（如，大脑中是否有一块区域专门执行语言功能呢?）。应如何对大脑进行研究，心理建构是如何表现的，方法是如何构思组织的，这三者同那些仍没解决的问题都有联系，但是前者同这些问题的联系比后二者同它们的联系都要小（Morrison & Ornstein, 1996; 参见 Gottlieb et al.，第 5 章；Magnusson & Stattin, 第 8 章；Overton，第 2 章；Valsiner，第 4 章，本《手册》本卷）。

思想与行为

自我和它的独特过程（如，自我概念、自我效能感、自我调控）将继续成为现代研究者的研究中心。19 世纪 90 年代归因于"意志"的那些东西同 20 世纪 90 年代归因于自我和它的过程（动机、价值观、性格倾向）的那些东西是相同的。尽管如此，方法和测量措施以及它们所引起的发现还是发生了改变。20 世纪晚期多层次、多尺度的方法学步骤揭开了不少谜题。一个人自我的特性与他人对他的自我描述并不一定相吻合，和那些差异有系统性联系的是评估领域、评估背景和测量方法的意义。但是，如何说清自我与其他概念之间的区别应是今天而不是昨天的事。这本书的其他地方讨论了这些方面的现有状况（参见 Baltes et al.，第 11 章；Brandstädter，第 10 章；Rathunde & Csikszentmihalyi，第 9 章，本《手册》本卷）。

个体发生与种系发生

怎样用个体发生、种系发生或是二者的发生来最好地定义发展呢？这是系统性发展科学遇到的首要问题之一，也是当今时代最后需要重新评价的问题之一。但是，现在人们正把这个问题当作以下两个问题来进行讨论：代际传递是如何发生的？代际之间与个体发生之间是如何产生转折点的？根据一项最近的合作性主张，“发展性调查研究把注意力集中在了胚胎与祖先的发生上，以及重复和改变后续几代发展道路的过程上”（卡罗来纳州人类发展协会，1996, p. 1）。因为代际之间的调查研究不仅可行而且实际，所以在将来可能成为一种主要的研究方法（参见，如 Bronfenbrenner & Morris, 本《手册》本卷第 14 章）。

155

天性与教养

虽然经过了一个世纪的争论，但是无论是在公共场合还是在实验室，天性—教养的辩论都依然继续着（如，Herrnstein & Murray, 1994; Lehrman, 1953, 1970）。我们可以想起 J. M. Baldwin 注意到“人类大部分成就是因为两种原因共同起作用”而如此解决这个问题，Preyer 也得出了同样的结论。

今天，天性与教养这两个互相孤立的概念，以及还原论者要么同先天（如，社会生物学和行为遗传学）要么同后天（如，行为主义或功能分析方法）相联系的提法已经不再是理论主流和科学兴趣（如，参见 Gottlieb et al. ，第 5 章；Overton, 第 2 章，本《手册》本卷）所在了——透过各种版本的发展系统理论（如，参见 Fischer & Bidell, 1998; Lerner, 第 1 章；Magnusson, & Stattin, 第 8 章；Thelen & Smith, 第 6 章，本《手册》本卷）来看——科学的注意力已经集中到了一些模型和方法上，它们现在有希望开始解决下面这个问题——“这两种因素”是如何在生物学、互动、社会网络等层面上“共同发生作用的”。

发展何时结束？

实际上这门学科的所有研究者都是发展学家——包括最重要的成熟论者 Arnold Gesell。自从有了科学，严格的预成论和单一因果观这些天真思想就变成了一个稻草人。但是，调查者们是在什么时候开始相信经验之间是非常相关的呢？他们又是在什么时候开始认为经验之间是没有关系的呢？在这两个问题上，调查者之间仍然存在着严重分歧。由于缺乏系统性的基本规范和实验信息，早期对这个问题的思考受到了阻碍。由于缺少人类行为适应的纵向信息，选择或者拒绝这些关于时间进程和早期经验功能的理论假设都是没有适当基础的。在现代，通过神经行为、认知和社会性发展的研究，在各个领域时间和时机的作用已得到了阐明。例如，Baltes 等（本《手册》本卷第 11 章）、Brandstädter（本《手册》本卷第 10 章）、Elder 和 Shanahan（本《手册》本卷第 12 卷）、Overton（本《手册》本卷第 2 章）和 Valsiner（本《手册》本卷第 4 章）等人曾评论过这个信息。

人类的道德与完善

道德价值和道德发展将继续成为这个学科的重点，尽管这项工作因在方法学上受到严重挑战而被阻碍。同较早的时代相比，现在的人们更少把注意力放在理解个人价值观发展的概念框架上，当然这也有一些重要的例外。在过去的 20 年内，这一领域的重要性得以凸显，人们对道德和精神发展(参见 Oser, Scarlett, & Bucher, 本《手册》本卷第 17 章)、青年的积极发展(参见 Benson, Scales, Hamilton, & Sesma, 本《手册》本卷第 16 章)，在概念化和研究不同儿童和青少年的发展时所使用的人类发展强度基础模型(本《手册》本卷第 15 章)的兴趣，都可以证明这一点。

鉴于这一新兴的理论和实证研究，在下个时代，这一领域将会变成研究中心。确实，目前人们对社会背景中自我与自我组织的关注为一种关于道德、人的积极发展以及所有人都具有健康功能的综合性观点铺平了道路。Kohlberg 颇有洞见地评论道："个体基本上是一个潜在的道德存在，不是因为社会权威和社会规范(正如 Durkheim 和 Piaget 所想的那样)，而是因为个人的目的、意志和自我都是社会性自我中共通的部分。"(Kohlberg, 1982, pp. 311 – 312)

社会应用

应用领域继续呈现出巨大的机会和巨大的问题。Sears(1975)断定说，这门学科自创立起便是与应用相关的。在这方面，White(1996)写道：

> 某种儿童研究已成为任何一个针对儿童的社会设计不可或缺的一部分。尽管从传统意义上说发展心理学并不是一门政策科学，但是在有关儿童与家庭治理体系的组织和管理中它发挥了重要作用。(p. 413)

156

随着研究越来越离不开具体的社会问题和社会需求，有些人担心这门科学会妥协。但这并没有发生。相反的是，经过仔细评价的社会应用帮助创造了一门更强劲、更容易验证且更与应用相关的科学(Lerner, 本《手册》本卷第 1 章)。确实，人们对应用发展科学新产生的兴趣出现在近 20 年，自这本《手册》的新一版出版后[如，参见 Farmer & Farmer, 2001; Fisher & Lerner, 2005; Gest, Mahoney, & Cairns, 1999; Lerner, Jacobs, & Wertlieb, 2003; 还有《应用发展科学》(*Applied Developmental Science*)和《应用发展心理学期刊》(*Journal of Applied Developmental Psychology*)]，这种兴趣至少有一部分是来自使用发展系统理论来探讨人类发展的可塑性，以及应用发展科学促进人类积极发展的潜力。

另一种社会应用的副产品也应该被提到。这门学科的快速成长对发展研究造成了一些意想不到的危害，而这个危害不仅仅是在发表空间和财政支持上的激烈竞争。一个不幸的结果是，严密组织的研究群体已经形成严密的理论和/或实证联盟，这个联盟促进了对团体内的包容和对团体外成员的排斥。在这种情况下，支配性的方法和思想更倾向于独占所有的资源，它会导致人们忽视并歪曲与其竞争的其他概念，以及对其不利的证据。尽管从长远上来看，这些努力倾向于自我纠正，但从短期上看，它们会引起分裂与误解。在这方面，达到有效应用的努力往往能促使人们在思想和发现上达成共识并形成共同的标准。

走向交叉性科学

1994年6月,一个由著名生物学家和心理学家组成的诺贝尔基金研讨会号召人们为发展研究制定一个综合统一的框架(Magnusson, 1996)。任何单独的信息来源或单独调查者都不能够被过分推崇,因为它已变成了一个跨学科、国际性的运动。在这门学科的历史上,有一个不同寻常的事件。在过去100多年的时间里,欧洲的发展学调查者——从Binet和Stern到Lewin和Bühler——得到洞见与强调重点的频率同美国学者的频率总是不同,反之也如此。当例外——早些的有Baldwin、Piaget、Vygotsky和Freud,晚些的有Magnusson、Bronfenbrenner、Bandura、Bruner和Bowlby——发生的时候,整个学科都得到了新生。

当代科学家研究更好的整合发展模型的压力来自多个方面。这些方面包括社会性发展和社会生态学(如,Bronfenbrenner, 1995, 2005; Ford & Lerner, 1992)、发展心理生物学和习性学(P. P. G. Bateson, 1991; Garcia Coll, Bearer, & Lerner, 2004; Gottlieb, 1992; Hinde, 1970; Hood, Greenberg, & Tobach, 1995)、动态系统方法(Lerner, 2002; Smith & Thelen, 1993; Thelen & Smith, 1994)、发展精神病理学(如,Cicchetti & Cohen, 1995; Hay & Angold, 1993)、认知发展(Balts & Baltes, 1990; van der Veer & Valsiner, 1991)和发展科学(卡罗来纳人类发展学会,1996;Magnusson, 1996)。基本知觉和运动模式获得了新的生命和新的方向,部分是由于发展研究中的方法学进展。现在的趋向是建立一个更加综合的发展学框架,而社会性发展、情感和认知的研究似乎成了这个趋向的最大受益者。

鉴于理论的进展——直到实证性数据能够证明发展性概念,这个进展才变为可能——这一领域现在似乎已经开始要变成一门真正的交叉性科学。20世纪60年代,斯德哥尔摩的David Magnusson、芬兰的Lea Pulkinnen和英国的Michael Rutter与David Farrington首先发起了纵向研究,这种研究在20世纪的最后几十年里为美国研究者提供了模型。关于儿童和青少年的纵向研究在方法学上引发了新革命(如,参见Duncan, Magnusson, & Ludwig, 2004; Laub & Sampson, 2004; McArdle & Nesselroade, 2003; Mishler, 2004; Molenaar, 2004; Nesselroade & Ram, 2004; Skrondal & Rabe-Hesketh, 2004; von Eye, 1990; von Eye & Bergman, 2003; von Eye & Gutiérrez Piña, 2004; Willett, 2004)。由此产生了重要的发现(如Phelps, Furstenberg, & Colby, 2002; C. H. Young, Savola, & Phelps, 1991)。这项工作帮助这一领域重新获得了早期的那种生命力。多层次信息正围绕生活在自然情境中的个体组织起来,当这些信息同关于起源和可塑性的关注结合在一起的时候,它就变成了"发展理论的本质"(Yarrow et al., 1968)。

157

(辛自强、刘东译)

参考文献

Ainsworth. M. D. S. (1963). The development of infant-mother interaction among the Ganda. In B. M. Foss (Ed.), *Determinants of infant behavior* (Vol. 2, pp. 67 - 104). New York: Wiley.

Ainsworth, M. D. S. (1967). *Infancy in Uganda: Infant care and the growth of love*. Baltimore: Johns Hopkins University Press.

Ainsworth, M. D. S. (1972). Attachment and dependency: A

comparison. In J. L. Gewirtz (Ed.), *Attachment and dependency* (pp. 97 - 137). New York: Wiley.

Ainsworth, M. D. S., Blehar, M. C., Waters, E., & Wall, S. (1978). *Patterns of attachment: A psychological study of the Strange Situation*. Hillsdale, NJ: Erlbaum.

Allport, G. W. (1937). *Personality: A psychological interpretation*. New York: Holt.

Anderson, J. E. (1931). The methods of child psychology. In C. Murchison (Ed.), *A handbook of child psychology* (pp. 1 - 27). Worcester, MA: Clark University Press.

Anderson, J. E. (1939). The limitations of infant and preschool test in the measurement of intelligence. *Journal of Psychology*, *8*, 351 - 379.

Arrington, R. E. (1932). *Interrelations in the behavior of young children* (Child Development Monographs No. 8). New York: Columbia University Press, Teachers College.

Bach, G. R. (1946). Father fantasies and father-typing in father-separated children. *Child Development*, *17*, 63 - 80.

Baldwin, A. (1980). *Theories of child development*. New York: Wiley. (Original work published 1967)

Baldwin, B. T., & Stecher, L. I. (1924). *The psychology of the preschool child*. New York: Appleton.

Baldwin, J. M. (1890). Origin of right- or left-handedness. *Science*, *16*, 302 - 303.

Baldwin, J. M. (1891). Suggestion in infancy. *Science*, *17*, 113 - 117.

Baldwin, J. M. (1892). Infants' movements. *Science*, *19*, 15 - 16.

Baldwin, J. M. (1893). Distance and color perception by infants. *Science*, *21*, 231 - 232.

Baldwin, J. M. (1895). *Mental development in the child and the race: Methods and processes*. New York: Macmillan.

Baldwin, J. M. (1902). *Development and evolution*. New York: Macmillan.

Baldwin, J. M. (1906). *Social and ethical interpretations in mental development: A study in social psychology*. New York: Macmillan. (Original work published 1897)

Baldwin, J. M. (1915). *Genetic theory of reality, being the outcome of genetic logic, as issuing in the aesthetic theory of reality called pancalism*. New York: Putnam.

Baldwin, J. M. (1930). [Autobiography]. *A History of Psychology in Autobiography*, *1*, 1 - 30.

Bandura, A. (1969). *Principles of behavior modification*. New York: Holt, Rinehart and Winston.

Bandura, A., & Walters, R. H. (1959). *Adolescent aggression*. New York: Ronald Press.

Bandura, A., & Walters, R. H. (1963). *Social learning and personality development*. New York: Holt, Rinehart and Winston.

Barker, M. (1930). *A technique for studying the social-material activities of young children* (Child Development Monographs No. 3). New York: Columbia University Press.

Barker, R. G. (Ed.). (1963). *The stream of behavior: Explorations of its structure and content*. New York: Appleton-Century-Crofts.

Barker, R. G. (1964). *Big school, small school: High school size and student behavior*. Stanford, CA: Stanford University Press.

Barker, R. G. (1968). *Ecological psychology: Concepts and methods for studying the environment of human behavior*. Stanford, CA: Stanford University Press.

Barker, R. G., Dembo, T., & Lewin, K. (1941). Frustration and regression: An experiment with young children. *University of Iowa Studies in Child Welfare*, *18*(1).

Barnes, E. (1896 - 1897, 1902 - 1903). *Studies in education* (Vols. 1 - 2). Philadelphia: Author.

Bateson, G., Jackson, D. D., Hayley, J., & Weakland, J. H. (1956). Toward a theory of schizophrenia. *Behavioral Science*, *1*, 251 - 264.

Bateson, P. P. G. (Ed.). (1991). *The development and integration of behavior: Essays in honor of Robert Hinde*. New York: Cambridge University Press.

Bayley, N. (1932). A study of crying of infants during mental and physical tests. *Journal of Genetic Psychology*, *40*, 306 - 329.

Beaver, A. P. (1930). *The initiation of social contacts by preschool children* (Child Development Monographs No. 7). New York: Columbia University Press.

Bell, R. Q. (1968). A reinterpretation of the direction of effects in studies of socialization. *Psychological Review*, *75*, 81 - 95.

Bell, R. Q., & Harper, L. V. (1977). *Child effects on adults*. Hillsdale, NJ: Erlbaum.

Bergenn, V. W., Dalton, T. C., & Lipsitt, L. P. (1994). Myrtle B. McGraw: A growth scientist. In R. D. Parke, P. A. Ornstein, J. J. Rieser, & C. Zahn-Waxler (Eds.), *A century of developmental psychology* (pp. 389 - 423). Washington, DC: American Psychological Association.

Bijou, S. W., & Baer, D. M. (1961). *Child development*. New York: Appleton-Century-Crofts.

Binet, A. (1887). Le Fétichisme dans l'amour. *Revue Philosophique*, *24*, 143 - 167, 252 - 274.

Binet, A. (1892). *Les Altérations de la personnalité* (Trans. 1896). Paris: Félix Alcan.

Binet, A. (1903). *L'étude experimentale de l'intelligence*. Paris: Schleicher.

Binet, A. (1908). Le développement de l'intelligence chez enfants. *L'Année Psychotogique*, *14*, 1 - 94.

Binet, A. (1911). Nouvelles recherches sur la measure du niveau intellectuel chez les enfants d'ecole. *L'Année Psychologique*, *17*, 145 - 201.

Binet, A. (1973). Nos commission de travail. In T. H. Wolfe (Ed.), *Alfred Binet*. Chicago: University of Chicago Press. (Original work published 1904)

Binet, A. (1978). *Les idées modernes sur les enfants*. Paris: Flammnarion. (Original work published 1909)

Binet, A., & Henri, V. (1894). La mémoire des phrases (mémoire des idées) *L'Année Psychologique*, *1*, 24 - 59.

Binet, A., & Henri, V. (1895). La psychologie individuelle. *L'Année Psychologique*, *2*, 411 - 465.

Binet, A., Phillippe, J., Courtier, J., & Henri, V. (1894). *Introduction à la psychologie expérimentale*. Paris: Alcan.

Binet, A., & Simon, T. (1905). Méthods nouvelles pour le diagnostic du niveau intellectuel des anormaux. *L'Année Psychologique*, *11*, 191 - 244.

Birns, B. (1984). Piaget and Wallon: Two giants of unequal visibility. In G. Voyat (Ed.), *The world of Henri Wallon* (pp. 59 - 65). New York: Aronson.

Boring, E. G. (1950). *A history of experimental psychology*. New York: Century. (Original work published 1929)

Borstlemann, L. J. (1983). Children before psychology: Ideas about children from antiquity to the late 1800s. In P. H. Mussen (Series Ed.) & W. Kessen (Vol. Ed.), *Handbook of child psychology* (4th ed., pp. 1 - 80). New York: Wiley.

Bott, H. (1934). *Personality development in young children*. Toronto, Ontario, Canada: University of Toronto Press.

Bowlby, J. (1946). *Forty-four juvenile thieves: Their characters and home backgrounds*. London: Bailliere, Tindall, & Cox.

Bowlby, J. (1952). *Maternal care and mental health* (2nd ed.). Geneva, Switzerland: World Health Organization.

Bowlby, J. (1958). The nature of the child's tie to his mother. *International Journal of Psycho-Analysis*, *39*, 350-373.

Bowlby, J. (1969). *Attachment and loss: Vol. 1. Attachment*. New York: Basic Books.

Bowlby, J. (1973). *Attachment and loss: Vol. 2. Separation: Anxiety and anger*. New York: Basic Books.

Bretherton, I., & Waters, E. (1985). *Growing points of attachment: Theory and research*. Chicago: University of Chicago Press.

Breuer, J., & Freud, S. (1936). *Studies in hysteria* (A. A. Brill, Trans.). New York: Nervous and Mental Disease. (Original work published 1895)

Bronfenbrenner, U. (1979). *The ecology of human development: Experiments by nature and design*. Cambridge, MA: Harvard University Press.

Bronfenbrenner, U. (1993). The ecology of cognitive development: Research models and fugitive findings. In R. H. Wozniak & K. W. Fischer (Eds.), *Development in context: Acting and thinking in specific environments* (pp. 3 - 44). Hillsdale, NJ: Erlbaum.

Bronfenbrenner, U. (1995). Developmental ecology through space and time: A future perspective. In P. Moen, G. H. Elder Jr., & K. Lüscher (Eds.), *Examining lives in context: Perspectives on the ecology of human development* (pp. 619 - 647). Washington, DC: American Psychological Association.

Bronfenbrenner, U. (2005). *Making human beings human*. Thousand Oaks, CA: Sage.

Broughton, J. M. (1981). The genetic psychology of James Mark Baldwin. *American Psychologist*, *36*, 396 - 407.

Broughton, J. M., & Freeman-Moir, D. J. (1982). *The cognitive developmental psychology of James Mark Baldwin: Current theory and research in genetic epistemology*. Norwood, NJ: Ablex.

Bruner, J. (1960). *The process of education*. Cambridge, MA: Harvard University Press.

Buckley, K. W. (1989). *Mechanical man: John Broadus Watson and the beginnings of behaviorism*. New York: Guilford Press.

Bühler, C. (1931). The social behavior of the child. In C. Murchison (Ed.), *A handbook of child psychology* (pp. 374 - 416). Worcester, MA: Clark University Press.

Bühler, K. (1930). *The mental development of the child: A summary of modern psychology theory*. New York: Harcourt Brace.

Burt, C. (1920 - 1921). A young girl's diary. *British Journal of Psychology: Medical Section*, *1*, 353 - 357.

Cahan, E. D. (1984). The genetic psychologies of James Mark Baldwin and Jean Piaget. *Developmental Psychology*, *20*, 128 - 135.

Cahan, E. D. (1994). John Dewey and human development. In R. D. Parke, P. A. Ornstein, J. J. Rieser, & C. Zahn-Waxler (Eds.), *A century of developmental psychology* (pp. 145 - 167). Washington, DC: American Psychological Association.

Cahan, E. D., & White, S. H. (1992). Proposals for a second psychology. *American Psychologist*, *47*, 224 - 235.

Cairns, R. B. (1966). Attachment behavior of mammals. *Psychological Review*, *73*, 409 - 426.

Cairns, R. B. (1976). The ontogeny and phylogeny of social behavior. In M. E. Hahn & E. C. Simmel (Eds.), *Evolution and communicative behavior* (pp. 115 - 139). New York: Academic Press.

Cairns, R. B. (1979). *Social development: The origins and plasticity of social interchanges*. San Francisco: Freeman.

Cairns, R. B. (1983). The emergence of developmental psychology. In P. H. Mussen (Series Ed.) & W. Kessen (Vol. Ed.), *Handbook of child psychology: Vol. 1. History, theory, and methods* (4th ed., pp. 41 - 102). New York: Wiley.

Cairns, R. B. (1986). Phenomena lost: Issues in the study of development. In J. Valsiner (Ed.), *The individual subject and scientific psychology* (pp. 97 - 112). New York: Plenum Press.

Cairns, R. B. (1992). The making of a developmental science: The contributions and intellectual heritage of James Mark Baldwin. *Developmental Psychology*, *28*, 17 - 24.

Cairns, R. B. (2000). Developmental Science: Three audacious implications. In L. R. Bergman & R. B. Cairns (Eds.), *Developmental science and the holistic approach* (pp. 49 - 62). Mahwah, NJ: Erlbaum.

Cairns, R. B., Cairns, B. D., Rodkin, P., & Xie, H. (1998). New directions in developmental research: Models and methods. In R. Jessor (Ed.), *New perspectives on adolescent risk behavior* (pp. 13 - 40). New York: Cambridge University Press.

Cairns, R. B., Cairns, B. D., Xie, H., Leung, M.-C., & Hearne, S. (1998). Paths across generations: Academic competence and aggressive behaviors in young mothers and their children. *Developmental Psychology*, *34*, 1162 - 1174.

Cairns, R. B., & Ornstein, P. A. (1979). Developmental psychology. In E. S. Hearst (Ed.), *The first century of experimental psychology* (pp. 459 - 510). Hillsdale, NJ: Erlbaum.

Cairns, R. B., & Werboff, J. (1967). Behavior development in the dog: An interspecific analysis. *Science*, *158*, 1070 - 1072.

Carmichael, L. (1933). Origin and prenatal growth of behavior. In C. Murchison (Ed.), *A handbook of child psychology* (2nd ed., pp. 31 - 159). Worcester, MA: Clark University Press.

Carmichael, L. (Ed.). (1946). *Manual of child psychology*. New York: Wiley.

Carolina Consortium on Human Development. (1996). A collaborative statement. In R. B. Cairns, G. H. Elder, & E. J. Costello (Eds.), *Developmental science* (pp. 1 - 7). New York: Cambridge University Press.

Carpenter, W. B. (1854). *Principles of comparative physiology* (4th ed.). Philadelphia: Blanchard and Lea.

Carroll, J. B., & Horn, J. L. (1981). On the scientific basis of ability testing. *American Psychologist*, *36*, 1012 - 1020.

Cattell, J. (1890). Mental tests and measurements. *Mind*, *15*, 373 - 381.

Challman, R. C. (1932). Factors influencing friendships among preschool children. *Child Development*, *3*, 146 - 158.

Charlesworth, W. R. (1992). Charles Darwin and developmental psychology: Past and present. *Developmental Psychology*, *28*, 5 - 16.

Cicchetti, D., & Cohen, D. J. (Eds.). (1995). *Developmental psychopathology*. New York: Wiley.

Cole, M. (Ed.). (1978). *Mind in society: The development of higher psychological processes*. Cambridge, MA: Harvard University Press.

Compayré, G. (1893). *L'évolution intellectuelle et morale de l'enfant*. Paris: Hachette.

Cooley, C. H. (1902). *Human nature and the social order*. New York: Free Press.

Costall, A. (1993). How Lloyd Morgan's canon backfired. *Journal of the History of the Behavioral Sciences*, *29*, 113 - 122.

Cottrell, L. S., Jr. (1942). The analysis of situational fields in social psychology. *American Sociological Review*, *7*, 370 - 382.

Cottrell, L. S., Jr. (1969). Interpersonal interaction and the development of the self. In D. A. Goslin (Ed.), *Handbook of socialization theory and research* (pp. 543 - 579). Chicago: Rand McNally.

Cremin, L. A. (1964). *The transformation of the school: Progressivism in American education, 1876 - 1957*. New York: Vintage Books.

Cronbach, L. J. (1957). The two disciplines of scientific psychology. *American Psychologist*, *12*, 671 - 784.

Dahlstrom, W. G. (1985). The development of psychological testing. In G. A. Kimble & K. Schlesinger (Eds.), *Topics in the history of psychology* (Vol. 2, pp. 63 - 113). New York: Wiley.

Darwin, C. (1877). Biographical sketch of an infant. *Mind*, *2*, 285 - 294.

de Beer, G. (1958). *Embryos and ancestors* (3rd ed.). London: Oxford University Press.

Dewey, J. (1899). *The school and society*. Chicago: University of Chicago Press.

Dewey, J. (1916). *Democracy and education: An introduction to the philosophy of education*. New York: Macmillan.

Dollard, J., Miller, N. E., Doob, L. W., Mowrer, O. H., & Sears, R. R. (1939). *Frustration and aggression*. New Haven, CT: Yale University Press.

Drachman, D. B., & Coulombre, A. J. (1962). Experimental clubfoot and arthrogryposis multiplex congenita. *Lancet*, *283*, 523 - 526.

Drummond, W. B. (1907). *An introduction to child study*. London: Arnold.

Duncan, G. J., Magnusson, K. A., & Ludwig, J. (2004). The endogeneity problem in developmental studies. *Research in Human Development*, *1*(1/2), 59 - 80.

Ebbinghaus, H. (1897). Über eine neue Methode zur Prüfung geistiger Fähigkeiten und ihre Anwedung bei Schulkindern. *Zeitschrift für angewandte psychologie*, *13*, 401 - 459.

Elder, G. H., Jr., Modell, J., & Parke, R. D. (Eds.). (1993). *Children in time and place: Developmental and historical insights*. New York: Cambridge University Press.

Estes, W. K. (1944). *An experimental study of punishment* (Psychological Monographs, 57, 3). Evanston, IL: American Psychological Association.

Estes, W. K. (1954). Kurt Lewin. In W. Estes, S. Koch, K. MacCorquodale, P. Meehl, C. Mueller Jr., W. Schoenfeld, et al. (Eds.), *Modern learning theory* (pp. 317 - 344). New York: Appleton-Century-Crofts.

Farmer, T. W., & Farmer, E. M. Z. (2001). Developmental science, systems of care, and prevention of emotional and behavioral problems in youth. *American Journal of Orthopsychiatry*, *71*, 171 - 181.

Fenichel, O. (1945). *The psychoanalytic theory of neurosis*. New York: Norton.

Féré, C. (1888). Note sur les modifications de la résistance électrique sous l'influence des excitations sensorielles et des émotions. *Comptes Rendus de la Société de Biologie*, *40*, 217 - 219.

Fischer, K. W., & Bidell, T. R. (1998). Dynamic development of psychological structures in action and thought. In W. Damon (Editorin-Chief) & R. M. Lerner (Vol. Ed.), *Handbook of child psychology: Vol. 1. Theoretical models of human development* (5th ed., pp. 467 - 561). New York: Wiley.

Fisher, C. B., & Lerner, R. M. (2005). *Encyclopedia of applied developmental science*. Thousand Oaks, CA: Sage.

Fiske, J. (1883). *Excursions of an evolutionist*. Boston: Houghton Mifflin.

Flavell, J. H. (1963). *The developmental psychology of Jean Piaget*. Princeton, NJ: Van Nostrand.

Ford, D. H., & Lerner, R. M. (1992). *Developmental systems theory: An integrative approach*. Newbury Park, CA: Sage.

Foss, B. M. (Ed.). (1961). *Determinants of infant behavior*. New York: Wiley.

Foss, B. M. (Ed.). (1965). *Determinants of infant behavior: II*. New York: Wiley.

Frank, L. (1935). The problem of child development. *Child Development*, *6*, 7 - 18.

Franz, S. I. (1898). [Review of the book *L'Année Psychologique*, Vol. 4]. *Psychological Review*, *5*, 665.

Freud, A. (1931). Psychoanalysis of the child. In C. Murchison (Ed.), *A hand-book of child psychology* (pp. 555 - 567). Worcester, MA: Clark University Press.

Freud, S. (1910). The origin and development of psychoanalysis. *American Journal of Psychology*, *21*, 181 - 218.

Freud, S. (1939). *Moses and monotheism*. New York: Random House.

Freud, S. (1957). *A general selection from the works of Sigmund Freud*. New York: Liveright.

Freud, S. (1973). Psychoanalysis: Fundamentals. In *Encyclopedia Britannica* (Vol. 18). Chicago: Encyclopedia Britannica. (Original work published 1926)

Galton, F. (1871). *Hereditary genius: An inquiry into its laws and consequences*. New York: Appleton.

Galton, F. (1883). *Inquiries into human faculty and its development*. London: Macmillan.

Garcia Coll, C., Bearer, E., & Lerner, R. M. (Eds.). (2004). *Nature and nurture: The complex interplay of genetic and environmental influences on human behavior and development*. Mahwah, NJ: Erlbaum.

Garvey, C., & Hogan, R. (1973). Social speech and social interaction: Egocentrism revisited. *Child Development*, *44*, 562 - 568.

Gesell, A. (1928). *Infancy and human growth*. New York: Macmillan.

Gesell, A. (1931). The developmental psychology of twins. In C. Murchison (Ed.), *A handbook of child psychology* (pp. 209 - 235). Worcester, MA: Clark University Press.

Gesell, A. (1933). Maturation and the patterning of behavior. In C. Murchison (Ed.), *A handbook of child psychology* (2nd ed., pp. 158 - 203). Worcester, MA: Clark University Press.

Gesell, A., & Amatruda, C. S. (1941). *Developmental diagnosis: Normal and abnormal child development*. New York: Hoeber.

Gesell, A., & Thompson, H. (1934). *Infant behavior: Its genesis and growth*. New York: McGraw-Hill.

Gesell, A., & Thompson, H. (1938). *The psychology of early growth*. New York: Macmillan.

Gest, S. D., Mahoney, J. L., & Cairns, R. B. (1999). A developmental approach to prevention research: Configural antecedents of early parenthood. *American Journal of Community Psychology*, *27*, 543 - 565.

Gewirtz, J. L. (1961). A learning analysis of the effects of normal stimulation, privation, and deprivation on the acquisition of social motivation and attachment. In B. M. Foss (Ed.), *Determinants of infant behavior*. New York: Wiley.

Gewirtz, J. L., & Baer, D. (1958). The effect of brief social deprivation on behaviors for a social reinforcer. *Journal of Abnormal and Social Psychology*, *56*, 49 - 56.

Gilbert, J. A. (1894). Researches on the mental and physical development of school children. *Studies of the Yale Psychology Laboratories*, *2*, 40 - 100.

Gilbert, J. A. (1897). Researches upon school children and college students. *University of Iowa Studies: Studies in Psychology*, *1*, 1 - 39.

Goddard, H. H. (1911). Two thousand normal children measured by the Binet measuring scale of intelligence. *Pedagogical Seminary*, *18*, 232 - 259.

Goldberg, S., Muir, R., & Kerr, J. (Eds.). (1995). *Attachment theory: Social, developmental, and clinical perspectives*. Hillsdale, NJ: Analytic Press.

Goodenough, F. L. (1929). The emotional behavior of young children during mental tests. *Journal of Juvenile Research*, *13*, 204 - 219.

Goodenough, F. L. (1930a). Interrelationships in the behavior of young children. *Child Development*, *1*, 29 - 47.

Goodenough, F. L. (1930b). Work of child development research centers: A survey. *Child Study*, *4*, 292 - 302.

Goodenough, F. L. (1931). *Anger in young children*. Minneapolis: University of Minnesota Press.

Goodenough, F. L. (1954). The measurement of mental growth in childhood. In L. Carmichael (Ed.), *Manual of child psychology* (2nd ed., pp. 459 - 491). New York: Wiley.

Goodwin, C. J. (1987). In Hall's shadow: Edmund Clark Sanford, 1859 - 1924. *Journal of the History of the Behavioral Sciences*, *23*, 153 - 168.

Gottlieb, G. (1973). Dedication to W. Preyer, 1841 - 1897. In G. Gottlieb (Ed.), *Behavioral embryology* (pp. xv - xix). New York: Academic Press.

Gottlieb, G. (1976). The roles of experience in the development of behavior and the nervous system. In G. Gottlieb (Ed.), *Neural and behavioral specificity* (pp. 3 - 48). New York: Academic Press.

Gottlieb, G. (1979). Comparative psychology and ethology. In E. Hearst (Ed.), *The first century of experimental psychology* (pp. 147 - 173). Hillsdale, NJ: Erlbaum.

Gottlieb, G. (1987). The developmental basis for evolutionary change. *Journal of Comparative Psychology*, *101*, 262 - 272.

Gottlieb, G. (1992). *Individual development and evolution: The genesis of novel behavior*. New York: Oxford University Press.

Gould, S. J. (1977). *Ontogeny and phylogeny*. Cambridge, MA: Harvard University Press.

Grusec, J. E. (1994). Social learning theory and developmental psychology: The legacies of Robert R. Sears and Albert Bandura. In R. D. Parke, P. A. Ornstein, J. J. Rieser, & C. Zahn-Waxler (Eds.), *A century of developmental psychology* (pp. 473 - 497). Washington, DC: American Psychological Association.

Guthrie, E. R. (1935). *The psychology of learning*. New York: Harper.

Haeckel, E. (1866). *Generelle Morphologie der Organismen* (Vols. 1 - 2). Berlin, Germany: Georg Reimer.

Haeckel, E. (1901). *The riddle of the universe at the close of the nineteenth century*. London: Watts.

Hall, G. S. (1883). The contents of children's minds. *Princeton Review*, *2*, 249 - 272.

Hall, G. S. (1885). The new psychology. *Andover Review*, *3*, 120 - 135, 239 - 248.

Hall, G. S. (1888 - 1889). Foreword. In W. Preyer (Ed.), *The mind of the child* (Vol. 1). New York: Appleton.

Hall, G. S. (1891). The contents of children's minds on entering school. *Pedagogical Seminary*, *1*, 139 - 173.

Hall, G. S. (1904). *Adolescence: Its psychology and its relations to physiology, anthropology, sociology, sex, crime, religion, and education* (Vols. 1 - 2). New York: Appleton.

Hall, G. S. (1922). *Senescence, the last half of life*. New York: Appleton.

Hall, G. S., & Lindzey, G. (1957). *Theories of personality*. New York: Wiley.

Hamburger, V. (1970). Von Baer: Man of many talents. *Quarterly Review of Biology*, *45*, 173 - 176.

Harlow, H. F. (1958). The nature of love. *American Psychologist*, *13*, 673 - 685.

Harter, S. (1983). Developmental perspectives on the self-system. In P. H. Mussen (Series Ed.) & M. Hetherington (Vol. Ed.), *Handbook of child psychology* (4th ed., Vol. 4, pp. 275 - 386). New York: Wiley.

Harter, S. (1998). The development of self-representations. In W. Damon (Editor-in-Chief) & N. Eisenberg (Vol. Ed.) *Handbook of child psychology: Vol. 3. Social, emotional, and personality development* (5th ed., pp. 553 - 617). New York: Wiley.

Hartshorne, H., & May, M. S. (1928 - 1930). *Studies in the nature of character* (Vols. 1 - 3). New York: Macmillan.

Hay, D. F., & Angold, A. (1993). Introduction: Precursors and causes in development and pathogenesis. In D. F. Hay & A. Angold (Eds.), *Precursors and causes in development and psychopathology* (pp. 1 - 22). Chichester, England: Wiley.

Hearst, E. (Ed.). (1979). *The first century of experimental psychology*. Hillsdale, NJ: Erlbaum.

Herrnstein, R. J., & Murray, C. (1994). *The bell curve: Intelligence and class structure in American life*. New York: Free Press.

Hilgard, J. (1933). The effect of early and delayed practice on memory and motor Performances studied by the method of co-twin control. *Genetic Psychology Monographs*, *14*, 493 - 567.

Hinde, R. A. (1966). *Animal behavior*. New York: McGraw-Hill.

Hinde, R. A. (1970). *Animal behavior: A synthesis of ethology and comparative psychology* (2nd ed.). New York: McGraw-Hill.

Hofer, M. A. (1994). Hidden regulators in attachment, separation, and loss. *Monographs of the Society for Research in Child Development*, *59*(2 - 3, Serial No. 240).

Hollingworth, H. L. (1927). *Mental growth and decline: A survey of developmental psychology*. New York: Appleton.

Holt, L. E. (1916). *The care and feeding of children: A catechism for the use of mothers and children's nurses* (8th ed. rev.). New York: Appleton. (Original work published 1894)

Hood, K. E., Greenberg, G., & Tobach, E. (Eds.). (1995). *Behavioral development: Concepts of approach/withdrawal and integrative levels*. New York: Garland.

Horney, K. (1937). *The neurotic personality of our time*. New York: Norton.

Horowitz, F. D. (1992). John B. Watson's legacy: Learning and environment. *Developmental Psychology*, *28*, 360–367.

Hull, C. L. (1943). *Principles of behavior*. New York: Appleton Century-Crofts.

Hull, C. L. (1951). *Essentials of behavior*. New Haven, CT: Yale University Press.

Hunt, J. M. (1961). *Intelligence and experience*. New York: Ronald Press.

Hurlock, E. B. (1924). The value of praise and reproof as incentives for children. *Archives of Psychology*, *11*(71).

Jackson, D. D. (Ed.). (1968). *Communication, family, and marriage*. Palo Alto, CA: Science and Behavior Books.

Jacobs, J. (1887). Experiments on "prehension." *Mind*, *12*. 75–79.

James, W. (1890). *The principles of psychology* (Vol. 1). New York: Macmillan.

James, W. (1894). Review of "internal speech and song." *Psychological Review*, *1*, 209–210.

James, W. (1900). *Talks to teachers on psychology: And to students on some of life 's ideals*. New York: Holt.

Jenkins, J. J., & Paterson, D. G. (Eds.). (1961). *Studies in individual differences: The search for intelligence*. New York: Appleton-Century-Crofts.

Jennings, H. S. (1898–1899). The psychology of a protozoan. *American Journal of Psychology*, *10*, 503–515.

Jennings, H. S. (1906). *Behavior of the lower organisms*. New York: Macmillan.

Jensen, D. D. (1962). Foreword to the reprinted edition. In H. S. Jennings, *Behavior of the lower organisms* (pp. ix–xvii). Bloomington: Indiana University Press.

Jersild, A. T. (1932). *Training and growth in the development of children: A study of the relative influence of learning and maturation* (Child Development Monographs No. 10). New York: Columbia University Press, Teachers College.

Jersild, A. T., Markey, F. V., & Jersild, C. L. (1933). *Children's fears, dreams, wishes, daydreams, likes, dislikes, pleasant and unpleasant memories: A study by the interview method of 400 children aged 5 to 12* (Child Development Monographs No. 12). New York: Columbia University Press, Teachers College.

Jones, E. (1953). *The life and work of Sigmund Freud* (Vol. 1). New York: Basic Books.

Jones, H. E. (1930). The galvanic skin reflex in infancy. *Child Development*, *1*, 106–110.

Jones, H. E. (1954). The environment and mental development. In L. Carmichael (Ed.), *Manual of child psychology* (2nd ed., pp. 631–696). New York: Wiley.

Jones, M. C. (1924). A laboratory study of fear: The case of Peter. *Pedagogical Seminary*, *31*, 308–315.

Jones, M. C. (1931). The conditioning of children's emotions. In C. Murchison (Ed.), *A handbook of child psychology* (pp. 71–93). Worcester, MA: Clark University Press.

Kamin, L. J. (1974). *The science andpolitics of IQ*. Hills'dale, NJ: Erlbaum.

Katz, D., & Katz, R. (1927). *Gespräche mit Kindern: Untersuchungen zur Sozialpsychologie und Padagogik*. Berlin, Germany: Springer.

Kendler, H. H., & Kendler, T. S. (1962). Vertical and horizontal processes in problem solving. *Psychological Review*, *69*, 1–16.

Kessen, W. (1965). *The child*. New York: Wiley.

Klopfer, P. H., & Hailman, J. P. (1967). *An introduction to animal behavior: Ethology's first century*. Englewood Cliffs, NJ: Prentice-Hall.

Kohlberg, L. (1969). Stage and sequence: The cognitive-developmental approach to socialization. In D. A. Goslin (Ed.), *Handbook of socialization theory and research* (pp. 347–480). Chicago: Rand McNally.

Kohlberg, L. (1982). Moral development. In J. M. Broughton & D. J. Freeman-Moir (Eds.), *The cognitive developmental psychology of James Mark Baldwin: Current theory and research in genetic epistemology* (pp. 277–325). Norwood, NJ: Ablex.

Krasnogorski, N. I. (1925). The conditioned reflex and children's neuroses. *American Journal of Diseases in Children*, *30*, 753–768.

Kreppner, K. (1992). William L. Stern, 1871–1938: A neglected founder of developmental psychology. *Developmental Psychology*, *28*, 539–547.

Kreppner, K. (1994). William L. Stern: A neglected founder of developmental psychology. In R. D. Parke, P. A. Ornstein, J. J. Rieser, & C. Zahn-Waxler (Eds.), *A century of developmental psychology* (pp. 311–331). Washington, DC: American Psychological Association.

Kuenne, M. R. (1946). Experimental investigation of the relation of language to transposition behavior in young children. *Journal of Experimental Psychology*, *36*, 471–490.

Kuo, H. H. (1937). A study of the language development of Chinese children. *Chinese Journal of Psychology*, *1*, 334–364.

Kuo, Z.-Y. (1930). The genesis of the cat's response to the rat. *Journal of Comparative Psychology*, *11*, 1–35.

Kuo, Z.-Y. (1939). Studies in the physiology of the embryonic nervous system: IV. Development of acetylcholine in the chick embryo. *Journal of Neurophysiology*, *2*, 488–493.

Kuo, Z.-Y. (1967). *The dynamics of behavioral development: An epigenetic view*. New York: Random House.

Laub, J. H., & Sampson, R. J. (2004). Strategies for bridging the quantitative and qualitative divide: Studying crime over the life course. *Research in Human Development*, *1*(1/2), 81–99.

Lehrman, D. S. (1953). A critique of Konrad Lorenz's theory of instinctive behavior. *Quarterly Review of Biology*, *28*, 337–363.

Lehrman, D. S. (1970). Semantic and conceptual issues in the nature-nurture problem. In L. R. Aronson, D. S. Lehrman, E. Tobach, & J. S. Rosenblatt (Eds.), *Development and evolution of behavior: Essays in memory of T. C. Schneirla* (pp. 17–52). San Francisco: Freeman.

Lerner, R. M. (2002). Concepts and theories of human development (3rd ed). Mahwah NJ: Earlbaum.

Lerner, R. M., Jacobs, F., & Wertlieb, D. (Eds.). (2003). Applying developmental science for youth and families: Historical and theoretical foundations. In R. M. Lerner, F. Jacobs, & D. Wertlieb (Eds.), *Handbook of applied developmental science: Vol. 1. Promoting positive child, adolescent, and family development through research, policies, and programs* (pp. 1–30). Thousand Oaks, CA: Sage.

Lewin, K. (1931a). Conflict between Aristotelian and Galileian modes of thought in psychology. *Journal of General Psychology*, *5*, 141–177.

Lewin, K. (1931b). Environmental forces in child behavior and development. In C. Murchison (Ed.), *A handbook of child psychology* (2nd ed., pp. 590–625). Worcester, MA: Clark University Press.

Lewin, K. (1935). *A dynamic theory of personality*. New York: McGraw-Hill.

Lewin, K. (1954). Behavior and development as a function of the total situation. In L. Carmichael (Ed.), *Manual of child psychology* (2nd ed., pp. 918–970). New York: Wiley.

Lewin, K., Dembo, T., Festinger, L., & Sears, P. (1944). Level of aspiration. In J. M. Hunt (Ed.), *Handbook of personality and the behavior disorders* (Vol. 1, pp. 333–378). New York: Ronald Press.

Lewin, K., Lippitt, R., & White, R. (1939). Patterns of aggressive behavior in experimentally created "social climates." *Journal of Social Psychology*, *10*, 271–299.

Lewis, M., & Brooks-Gunn, J. (1979). *Social cognition and the acquisition of self*. New York: Plenum Press.

Littman, R. A. (1979). Social and intellectual origins of experimental psychology. In E. Hearst (Ed.), *The first century of experimental psychology* (pp. 39–85). Hillsdale, NJ: Erlbaum.

Loeb, J. (1964). *The mechanistic conception of life*. Cambridge, MA: Harvard University Press. (Original work published 1912)

Loomis, A. M. (1931). *A technique for observing the social behavior of nursery school children* (Child Development Monographs No. 5). New York: Columbia University Press, Teachers College.

Lorenz, K. Z. (1935). Der Kumpan in der Umwelt das Vogels. *Journal of Ornithology*, *83*, 137–213.

Lorenz, K. Z. (1937). The companion in the bird's world. *Auk*, *54*, 245–273.

Maccoby, E. E. (1994). The role of parents in the socialization of children: An historical overview. In R. D. Parke, P. A. Ornstein, J. J. Rieser, & C. Zahn-Waxler (Eds.), *A century of developmental psychology* (pp. 589–615). Washington, DC: American Psychological Association.

Maccoby, E. E., & Masters, J. C. (1970). Attachment and dependency. In P. H. Mussen (Ed.), *Carmichael's manual of child psychology* (3rd ed., Vol. 2, pp. 73–157). New York: Wiley.

Magnusson, D. (Ed.). (1996). *The lifespan development of individuals: Behavioral, neurobiological, and psychosocial perspectives — A synthesis*. New York: Cambridge University Press.

Maher, B. A., & Maher, W. B. (1979). Psychopathology. In E. Hearst (Ed.), *The first century of experimental psychology* (pp. 561–622). Hillsdale, NJ: Erlbaum.

Maier, S. F., Seligman, M. E. P., & Solomon, R. L. (1969). Pavlovian fear conditioning and learned helplessness. In R. Church & B. Campbell (Eds.), *Punishment and adversive behavior* (pp. 299–342). New York: Appleton-Century-Crofts.

Marquis, D. B. (1931). Can conditioned responses be established in the newborn infant? *Journal of Genetic Psychology*, *39*, 479 - 492.

Mason, W. A. (1980). Social ontogeny. In P. Marler & J. G. Vandenbergh (Eds.), *Social behavior and communication*. New York: Plenum Press.

Mason, W. A., & Kinney, M. D. (1974). Redirection of filial attachments in rhesus monkeys: Dogs as mother surrogates. *Science*, *183*, 1209 - 1211.

Mateer, F. (1918). *Child behavior: A critical and experimental study of young children by the method of conditioned reflexes*. Boston: Badger.

McArdle, J. J., & Nesselroade, J. R. (2003). Growth curve analysis in contemporary psychological research. In I. B. Weiner (Editorin-Chief) & J. A. Schinka & W. F. Velicer (Vol. Eds.), *Handbook of Psychology: Vol. 2. Research methods in psychology* (pp. 447 - 477). Hoboken, NJ: Wiley.

McCarthy, D. (1931). Language development. In C. Murchison (Ed.), *A handbook of child psychology* (pp. 278 - 315). Worcester, MA: Clark University Press.

McCarthy, D. (1933). Language development in children. In C. Murchison (Ed.), *A handbook of child psychology* (2nd ed., pp. 329 - 373). Worcester, MA: Clark University Press.

McCarthy, D. (1946). Language development in children. In L. Carmichael (Ed.), *Manual of child psychology* (pp. 476 - 581). New York: Wiley.

McCarthy, D. (1954). Language development in children. In L. Carmichael (Ed.), *Manual of child psychology* (2nd ed., pp. 492 - 630). New York: Wiley.

McDougall, W. (1906 - 1908). An investigation of the colour sense of two infants. *British Journal of Psychology*, *2*, 338 - 352.

McDougall, W. (1926). *An introduction to social psychology* (Rev. ed.). Boston: Luce.

McGraw, M. (1935). *Growth: A study of Johnny and Jimmy*. New York: Appleton-Century-Crofts.

McGraw, M. B. (1946). Maturation of behavior. In L. Carmichael (Ed.), *Manual of child psychology* (pp. 332 - 369). New York: Wiley.

McNemar, Q. (1940). A critical examination of the University of Iowa studies of environmental influences upon the IQ. *Psychological Bulletin*, *37*, 63 - 92.

Mead, G. H. (1934). *Mind, self and society*. Chicago: University of Chicago Press.

Miller, N. E., & Dollard, J. (1941). *Social learning and imitation*. New York: McGraw-Hill.

Miller, N. E., Sears, R. R., Mowrer, O. H., Doob, L. W., & Dollard, J. I. (1941). The frustration-aggression hypothesis. *Psychological Review*, *48*, 337 - 342.

Mills, W. (1898). *The nature and development of animal intelligence*. London: Unwin.

Mills, W. (1899). The nature of animal intelligence and the methods of investigating it. *Psychological Review*, *6*, 262 - 274.

Minton, H. L. (1984). The Iowa Child Welfare Research Station and the 1940 debate on intelligence: Carrying on the legacy of a concerned mother. *Journal of the History of the Behavioral Sciences*, *20*, 160 - 176.

Mischel, W. (1973). Toward a cognitive social learning reconceptualization of personality. *Psychological Review*, *80*, 252 - 283.

Mishler, E. G. (2004). Historians of the self: Restorying lives, revising identities. *Research in Human Development*, *1*(1/2), 101 - 121.

Molenaar, P. C. M. (2004). A manifesto on psychology as a idiographic science: Bringing the person back into scientific psychology, this time forever. *Measurement*, *2*, 201 - 218.

Monroe, W. S. (1899). *Die Entwicklung des sozialen Bewusstseins der Kinder*. Berlin, Germany: Reuther & Reichard.

Morgan, C. L. (1896). *Habit and instinct*. London: Edward Arnold.

Morgan, C. L. (1902). "New statement" from Professor Lloyd Morgan. In J. M. Baldwin (Ed.), *Development and evolution* (pp. 347 - 348). New York: Macmillan.

Morgan, C. L. (1903). *An introduction to comparative psychology*. London: W. Scott. (Original work published 1894)

Morrison, F. J., & Ornstein, P. A. (1996). Cognitive development. In R. B. Cairns, G. H. Eider Jr., & E. J. Costello (Eds.), *Developmental science* (pp. 121 - 134). New York: Cambridge University Press.

Mowrer, O. H. (1938). Apparatus for the study and treatment of enuresis. *American Journal of Psychology*, *51*, 163 - 168.

Mueller, E. (1972). The maintenance of verbal exchanges between young children. *Child Development*, *43*, 930 - 938.

Mueller, R. H. (1976). A chapter in the history of the relationship between psychology and sociology in America: James Mark Baldwin. *Journal of the History of Behavioral Sciences*, *12*, 240 - 253.

Munn, N. L. (1954). Learning in children. In L. Carmichael (Ed.), *Manual of child psychology* (2nd ed., pp. 374 - 458). New York: Wiley.

Munn, N. L. (1965). *The evolution and growth of human behavior* (2nd ed.). Boston: Houghton Mifflin.

Munroe, R. L. (1955). *Schools of psychoanalytic thought*. New York: Dryden Press.

Murchison, C. (Ed.). (1931). *A handbook of child psychology*. Worcester, MA: Clark University Press.

Murchison, C. (Ed.). (1933). *A handbook of child psychology* (2nd ed.). Worcester, MA: Clark University Press.

Murchison, C., & Langer, S. (1927). Tiedemann's observations on the development of the mental faculties of children. *Journal of Genetic Psychology*, *34*, 205 - 230.

Murphy, L. B. (1937). *Social behavior and child personality: An exploratory study of some roots of sympathy*. New York: Columbia University Press.

Mussen, P. H. (Ed.). (1970). *Carmichael's manual of child psychology* (Vol. 1 - 2). New York: Wiley.

Mussen, P. H. (Ed.). (1983). Handbook of child psychology (4th ed.). New York: Wiley.

Nesselroade, J. R., & Ram, N. (2004). Studying instraindividual variability: What we have learned that will help us understand lives in context. *Research in Human Development*, *1*(1/2), 9 - 29.

Oppenheim, R. W. (1973). Prehatching and hatching behavior: Comparative and physiological consideration. In G. Gottlieb (Ed.), *Behavioral embryology* (pp. 163 - 244). New York: Academic Press.

Oppenheimer, J. M. (1959). Embryology and evolution: Nineteenth century hopes and twentieth century realities. *Quarterly Review of Biology*, *34*, 271 - 277.

Ornstein, P. A. (Ed.). (1978). *Memory development in children*. Hillsdale, NJ: Erlbaum.

Osborn, H. F. (1896). Ontogenetic and phylogenetic variation. *Science*, *4*, 786 - 789.

Paris, S. G. (1978). Coordination of means and goals in the development of mnemonic skills. In P. A. Ornstein (Ed.), *Memory development in children* (pp. 259 - 273). Hillsdale, NJ: Erlbaum.

Paris, S. G., & Cairns, R. B. (1972). An experimental and ethological investigation of social reinforcement in retarded children. *Child Development*, *43*, 717 - 729.

Parke, R. D., Ornstein, P. A., Rieser, J. J., & Zahn-Waxler, C. (1994). The past is prologue: An overview of a century of developmental psychology. In R. D. Parke, P. A. Ornstein, J. J. Rieser, & C. Zahn-Waxler (Eds.), *A century of developmental psychology* (pp. 1 - 70). Washington, DC: American Psychological Association.

Parten, M. B. (1933). Social play among preschool children. *Journal of Abnormal and Social Psychology*, *28*, 136 - 147.

Parton, D. A., & Ross, A. O. (1965). Social reinforcement of children's motor behavior: A review. *Psychological Bulletin*, *64*, 65 - 73.

Patterson, G. R. (1979). A performance theory for coercive family interaction. In R. B. Cairns (Ed.), *The analysis of social interactions: Methods, issues, and illustrations* (pp. 119 - 162). Hillsdale, NJ: Erlbaum.

Pauly, P. J. (1981). The Loeb-Jennings debate and the science of animal behavior. *Journal of the History of the Behavioral Sciences*, *17*, 504 - 515.

Peréz, B. (1878). *La psychologic de l'enfant: Les trois premières ann'ees* [The first three years of childhood] (A. M. Christie, Ed. & Trans.). Chicago: Marquis. (Original work published 1851)

Peterson, J. (1925). *Early conceptions and tests of intelligence*. Yonkers-on-Hudson, NY: World Books.

Peterson, J. (1931). Learning in children. In C. Murchison (Ed.), *A handbook of child psychology* (pp. 316 - 376). Worcester, MA: Clark University Press.

Peterson, R. C., & Thurstone, L. L. (1933). Motion pictures and the social attitudes of children. In W. W. Charters (Ed.), *Motion pictures and youth* (Pt. 3, pp. 1 - 75). New York: Macmillan.

Phelps, E., Furstenberg, F. F., & Colby, A. (2002). *Looking at lives: American Longitudinal Studies of the Twentieth Century*. New York: Russell Sage Foundation.

Piaget, J. (1926). *The language and thought of the child*. New York: Harcourt Brace. (Original work published 1923)

Piaget, J. (1951). *Play, dreams, and imitation in childhood*. New York: Norton.

Piaget, J. (1952). [Autobiography]. *A History of Psychology in Autobiography*, *4*, 237 - 256.

Piaget, J. (1978). *Behavior and evolution*. New York: Pantheon Books.

Piaget, J. (1984). The role of imitation in the development of representational thought. In G. Voyat (Ed.), *The world of Henri Wallon* (pp. 105 - 114). New York: Aronson.

Pressey, S. L., Janney, J. E., & Kuhlen, J. E. (1939). *Life: A psychological survey*. New York: Harper.

Preyer, W. (1885). *Specielle Physiologic des Embryo*. Untersuchungen über die Lebenserscheinungen vor der Geburt. Leipzig, Germany: Grieben.

Preyer, W. (1888 - 1889). *The mind of the child* (Vols. 1 - 2). New York: Appleton. (Original work published 1882)

Quine, W. V. (1981). *Theories and things*. Cambridge, MA: Belknap Press.

Reinert, G. (1979). Prolegomena to a history of life-span developmental psychology. In P. B. Baltes & O. G. Brim (Eds.), *Life-span development and behavior* (Vol. 2, pp. 205 - 254). New York: Academic Press.

Romanes, G. J. (1884). *Mental evolution in animals*. New York: Appleton.

Romanes, G. J. (1889). *Mental evolution in man: Origin of human faculty*. New York: Appleton.

Rosenblatt, J. S., & Lehrman, D. S. (1963). Maternal behavior of the laboratory rat. In H. L. Rheingold (Ed.), *Maternal behavior in mammals* (pp. 8 - 57). New York: Wiley.

Ross, D. G. (1972). *Stanley Hall: The psychologist as prophet*. Chicago: University of Chicago Press.

Rotter, J. B. (1954). *Social learning and clinical psychology*. Englewood Cliffs, NJ: Prentice-Hall.

Sameroff, A. J. (1983). Developmental systems: Contexts and evolution. In P. H. Mussen (Series Ed.) & W. Kessen (Vol. Ed.), *Handbook of child psychology: Vol. 1. History, theory, and methods* (4th ed., pp. 237 - 294). New York: Wiley.

Schaffer, H. R., & Emerson, P. E. (1964). The development of social attachments in infancy. *Monographs of the Society for Research in Child Development*, *29*(3, Whole No. 94).

Schallenberger, M. E. (1894). A study of children's rights, as seen by themselves. *Pedagogical Seminary*, *3*, 87 - 96.

Schneirla, T. C. (1933). Studies on army ants in Panama. *Journal of Comparative Psychology*, *15*, 267 - 299.

Schneirla, T. C. (1957). Theoretical consideration of cyclic processes in Doryline ants. *Proceedings of the American Philosophical Society*, *101*, 106 - 133.

Schneirla, T. C. (1959). An evolutionary and developmental theory of biphasic processes underlying approach and withdrawal. In M. R. Jones (Ed.), *Nebraska Symposium on Motivation*, *1958* (pp. 1 - 42). Lincoln: University of Nebraska Press.

Schneirla, T. C. (1966). Behavioral development and comparative psychology. *Quarterly Review of Biology*, *41*, 283 - 302.

Scott, J. P. (1962). Critical periods in behavioral development. *Science*, *138*, 949 - 958.

Scott, J. P. (1963). *The process of primary socialization in canine and human infants* (Monographs of the Society for Research in Child Development, 28, 1). Lafayette, IN: Child Development.

Sears, R. R. (1944). Experimental analysis of psychoanalytic phenomena. In J. M. Hunt (Ed.), *Personality and the behavior disorders* (Vol. 1, pp. 306 - 332). New York: Ronald Press.

Sears, R. R. (1951). A theoretical framework for personality and social behavior. *American Psychologist*, *6*, 476 - 483.

Sears, R. R. (1975). Your ancients revisited: A history of child development. In E. M. Hetherington (Ed.), *Review of child development research* (Vol. 5). Chicago: University of Chicago Press.

Sears, R. R., Maccoby, E. E., & Levin, H. (1957). *Patterns of child rearing*. Evanston, IL: Row-Peterson.

Sears, R. R., Rau, L., & Alpert, R. (1965). *Identification and child rearing*. Stanford, CA: Stanford University Press.

Sears, R. R., Whiting, J. W. M., Nowlis, V., & Sears, P. S. (1953). Some child-rearing antecedents of aggression and dependency in young children. *Genetic Psychology Monographs*, *47*, 135 - 234.

Senn, M. J. E. (1975). Insights on the child development movement in the United States. *Monographs of the Society for Research in Child Development*, *40*(Serial No. 161).

Sewney, V. D. (1945). *The social theory of James Mark Baldwin*. New York: King's Crown Press.

Shakow, D., & Rapaport, D. (1964). *The influence of Freud on American psychology*. New York: International Universities Press.

Sherman, M., & Key, C. B. (1932). The intelligence of isolated mountain children. *Child Development*, *3*, 279 - 290.

Shinn, M. (1893 - 1899). Notes on the development of a child. *University of California Publications*, *1*.

Shirley, M. M. (1931). *The first two years. A study of twenty-five babies: Vol. 1. Postural and locomotor development*. Minneapolis: University of Minnesota Press.

Shirley, M. M. (1933a). *The first two years. A study of twenty-five babies: Vol. 2. Intellectual development*. Minneapolis: University of Minnesota Press.

Shirley, M. M. (1933b). *The first two years. A study of twenty-five babies: Vol. 3. Personality manifestations*. Minneapolis: University of Minnesota Press.

Siegler, R. S. (1992). The other Alfred Binet. *Developmental Psychology*, *28*, 179 - 190.

Skeels, H. M. (1966). Adult status of children with contrasting early life experiences. *Monographs of the Society for Research in Child Development*, *31*(3, Whole No. 105).

Skeels, H. M., Updegraff, R., Wellman, B. L., & Williams, H. M. (1938). A study of environmental stimulation: An orphanage preschool project. *University of Iowa Studies in Child Welfare*, *15*(4).

Skinner, B. F. (1938). *The behavior of organisms: An experimental analysis*. New York: Appleton-Century-Crofts.

Skinner, B. F. (1953). *Science and human behavior*. New York: Macmillan.

Skrondal, A., & Rabe-Hesketh, S. (2004). *Generalized latent variable modeling: Multilevel, longitudinal, and structural equation models*. Boca Raton: Chapman & Hall.

Smith, L. B., & Thelen, E. (Eds.). (1993). *A dynamic systems approach to development: Applications*. Cambridge, MA: MIT Press.

Solomon, R. L., & Wynne, L. C. (1953). Traumatic avoidance learning: Acquisition in normal dogs. *Psychological Monographs*, *67* (Whole No. 354).

Spalding, D. A. (1873). Instinct: With original observations in young animals. *Macmillan's Magazine*, *27*, 282 - 293.

Spelt, D. K. (1938). Conditioned responses in the human fetus in utero. *Psychological Bulletin*, *35*, 712 - 713.

Spemann, H. (1938). *Embryonic development and induction*. New Haven, CT: Yale University Press.

Spencer, H. (1886). *A system of synthetic philosophy: Vol. 1. First principles* (4th ed.). New York: Appleton.

Spock, B. (1946). *The common sense book of baby and child care*. New York: Duell, Sloan and Pearce.

Stern, W. (1911). *Die differentielle Psychologic in ihren methodischen Grundlagen*. Leipzig, Germany: Barth.

Stern, W. (1914). *The psychological methods of testing intelligence* (F. M. Whipple, Trans.). Baltimore: Warwick & York.

Stern, W. (1918). *Grundgedanken der personalistischen Philosophie*. Berlin, Germany: Reuther & Reichard.

Stevenson, H. W. (1965). Social reinforcement with children. In L. P. Lipsitt & C. C. Spiker (Eds.), *Advances in child development and behavior* (Vol. 2, pp. 97 - 126). New York: Academic Press.

Sullivan, H. S. (1940). Some conceptions of modern psychiatry. *Psychiatry*, *3*, 1 - 117.

Sullivan, H. S. (1953). *The interpersonal theory of psychiatry*. New York: Norton.

Sulloway, F. J. (1979). *Freud, biologist of the mind: Beyond the psychoanalytic legend*. New York: Basic Books.

Sully, J. (1896a). Review of "Mental development in the child and the race: Methods and processes." *Mind*, *5*, 97 - 103.

Sully, J. (1896b). *Studies of childhood*. New York: Appleton.

Suomi, S. J., & Harlow, H. F. (1972). Social rehabilitation of isolatereared monkeys. *Developmental Psychology*, *6*, 487 - 496.

Taine, H. (1876). Note sur l'acquisition du langage chez les enfants et dans l'espèce humaine. *Revue Philosophique*, *1*, 3 - 23.

Terman, L. M. (1906). Genius and stupidity. *Pedagogical Seminary*, *13*, 307 - 313.

Terman, L. M. (1916). *The measurement of intelligence*. Boston: Houghton Mifflin.

Terman, L. M. (1925). *Genetic studies of genius: Vol. 1. Mental and physical traits of a thousand gifted children*. Stanford, CA: Stanford University Press.

Thelen, E., & Adolph, K. E. (1992). Arnold L. Gesell: The paradox of nature and nurture. *Developmental Psychology*, *28*, 368 - 380.

Thelen, E., & Smith, L. B. (Eds.). (1994). *A dynamic systems approach to the development of cognition and action*. Cambridge, MA: MIT

Press.

Thieman, T. J., & Brewer, W. F. (1978). Alfred Binet on memory for ideas. *Genetic Psychology Monographs*, *97*, 243 - 264.

Thomas, D. S. (1929). *Some new techniques for studying social behavior* (Child Development Monographs No. 1). New York: Columbia University Press, Teachers College.

Thomas, W. I., & Thomas, D. S. (1928). *The child in America: Behavior problems and programs*. New York: Knopf.

Thompson, R. F., & Robinson, D. N. (1979). Physiological psychology. In E. Hearst (Ed.), *The first century ofexperimental psychology* (pp. 407 - 454). Hillsdale, NJ: Erlbaum.

Thorndike, E. L. (1898). Animal intelligence: An experimental study of the associative processes in animals. *Psychological Monographs*, *2* (Whole No. 8).

Thurstone, L. L. (1952). [Autobiography]. *A History of Psychology in Autobiography*, *5*, 295 - 331.

Tiedemann, D. (1787). Beobachtungen über die Entwickelung der Seelenfähigkeiten bei Kindern. *Hessische Beiträge zur Gelehrsamkeit und Kunst*, *2*(2 - 3, Whole No. 6 - 7).

Tinbergen, N. (1972). *The animal in its world: Explorations of an ethologist, 1932 - 1972*. London: Allen & Unwin.

Tolman, E. C. (1932). *Purposive behavior in animals and men*. New York: Appleton-Century-Crofts.

Valsiner, J. (Ed.). (1986). *The individual in scientific psychology*. New York: Plenum Press.

Valsiner, J. (1988). *Developmental psychology in the Soviet Union*. Brighton, England: Harvester Press.

Valsiner, J., & van der Veer, R. (1988). On the social nature of human cognition: An analysis of the shared intellectual roots of George Herbert Mead and Lev Vygotsky. *Journal for the Theory of Social Behavior*, *18*, 117 - 135.

Valsiner, J., & van der Veer, R. (1993). The encoding of distance: The concept of the zone of proximal development and its interpretations. In R. R. Cocking & K. A. Renninger (Eds.), *The development and meaning of psychological distance* (pp. 35 - 62). Hillsdale, NJ: Erlbaum.

van der Veer, R., & Valsiner, J. (1991). *Understanding Vygotsky: A quest for synthesis*. Oxford, England: Blackwell.

Viteles, M. S. (1932). *Industrial psychology*. New York: Norton.

von Baer, K. E. (1828 - 1837). *Über Entwickehmgsgeschichte der Thiere: Beobachtung und Reflexion* (Vols. 1 - 2). Königsberg: Bornträger.

von Bertalanffy, L. (1933). *Modern theories of development: An introduction to theoretical biology* (J. H. Woodger, Trans.). London: Oxford University Press.

Vonèche, J. J. (1982). Evolution, development, and the growth of knowledge. In J. M. Broughton & D. J. Freeman-Moir (Eds.), *The cognitive developmental psychology of James Mark Baldwin: Current theory and research in genetic epistemology* (pp. 51 - 79). Norwood, NJ: Ablex.

von Eye, A. (1990). *Statistical methods in longitudinal research: Principles and structuring change*. New York: Academic Press.

von Eye, A., & Bergman, L. R. (2003). Research strategies in developmental psychopathology: Dimensional identity and the personoriented approach. *Development and Psychopathology 15*, 553 - 580.

von Eye, A., & Gutiérrez Peña, E. (2004). Configural Frequency Analysis: The search for extreme cells. *Journal of Applied Statistics*, *31*, 981 - 997.

Vygotsky, L. S. (1939). Thought and speech. *Psychiatry*, 2, 29 - 54.

Vygotsky, L. S. (1962). *Thought and language*. Cambridge, MA: MIT Press.

Vygotsky, L. S., & Luria, A. R. (1929). The function and fate of egocentric speech. *Proceedings and Papers of the 9th International Congress of Psychology*, 464 - 465.

Waddington, C. H. (1939). *An introduction to modern genetics*. New York: Macmillan.

Waddington, C. H. (1971). Concepts of development. In E. Tobach, L. R. Aronson, & E. Shaw (Eds.), *The biopsychology of development* (pp. 17 - 23). New York: Academic Press.

Wallon, H. (1984a). Genetic psychology. In G. Voyat (Ed.), *The world of Henri Wallon* (pp. 15 - 32). New York: Aronson.

Wallon, H. (1984b). The psychological and sociological study of the child. In G. Voyat (Ed.), *The world of Henri Wallon* (pp. 205 - 224). New York: Aronson.

Walters, R. H., & Parke R D. (1964). Social motivation, dependency and susceptibility to social influence. In L. Berkowitz (Ed.), *Advances in experimental social psychology* (Vol. 1, pp. 232 - 276). New York: Academic Press.

Warren, H. C. (1894). Review of Binet's L'introduction à la psychologie expérimentale. *Psychological Review*, *1*, 530 - 531.

Washburn, R. W. (1929). A study of the smiling and laughing of infants in the first year of life. *Genetic Psychology Monographs*, *6*, 397 - 537.

Watson, J. B. (1914). *Behavior: An introduction to comparative psychology*. New York: Henry Holt.

Watson, J. B. (1926). What the nursery has to say about instincts. In C. Murchison (Ed.), *Psychologies of 1925* (pp. 1 - 35). Worcester, MA: Clark University Press.

Watson, J. B. (1928). *Psychological care of infant and child*. New York: Norton.

Watson, J. B. (1936). [Autobiography]. *History of Psychology in Autobiography*, *3*, 271 - 281.

Watson, J. B., & Morgan, J. J. B. (1917). Emotional reactions and psychological experimentation. *American Journal of Psychology*, *28*, 163 - 174.

Watson, J. B., & Rayner, R. A. (1920). Conditional emotional reactions. *Journal of Experimental Psychology*, *3*, 1 - 14.

Werner, H. (1948). *Comparative psychology of mental development* (Rev. ed.). Chicago: Follett. (Original work published 1940)

Wheeler, L. R. (1942). A comparative study of East Tennessee mountain children. *Journal of Educational Psychology*, *33*, 321 - 334.

White, S. H. (1992). G. Stanley Hall: From philosophy to developmental psychology. *Developmental Psychology*, *28*, 25 - 34.

White, S. H. (1996). The relationship of developmental psychology to social policy. In E. F. Zigler, S. L. Kagan, & N. W. Hall (Eds.), *Children, families, and governments: Preparing for the twenty-first century* (pp. 409 - 426). New York: Cambridge University Press.

Whiting, B. B., & Whiting, J. W. M. (1975). *Children of six cultures: A psycho-cultural analysis*. Cambridge, MA: Harvard University Press.

Wickens, D. D., & Wickens, C. D. (1940). A study of conditioning in the neonate. *Journal of Experimental Psychology*, *26*, 94 - 102.

Willett, J. B. (2004). Investigating individual change and development: The multilevel model for change and the method of latent growth modeling. *Research inhuman Development*, *1*(1/2), 31 - 57.

Wilson, E. O. (1975). *Sociobiology: The new synthesis*. Cambridge, MA: Harvard University Press.

Wohlwill, J. (1973). *The study of behavioral development*. New York: Academic Press.

Wolf, T. H. (1973). *Alfred Binet*. Chicago: University of Chicago Press.

Wozniak, R. J. (1982). Metaphysics and science, reason and reality: The intellectual origins of genetic epistemology. In J. M. Broughton & D. J. Freeman-Moir (Eds.), *The cognitive developmental psychology of James Mark Baldwin: Current theory and research in genetic epistemology* (pp. 13 - 45). Norwood, NJ: Ablex.

Wozniak, R. J. (Ed.). (1993). *The roots of behaviourism*. London: Routledge/Thoemmes Press.

Wozniak, R. J. (Ed.). (1995). *Mind, adaptation, and childhood*. London: Routledge/Thoemmes Press.

Wundt, W. (1907). *Outlines of psychology* (C. H. Judd, Trans.). New York: Stechert.

Wundt, W. (1916). *Elements of folk psychology: Outlines of a psychology history of the development of mankind*. New York: Macmillan.

Yarrow, M. R., Campbell, J. D., & Burton, R. V. (1968). *Child rearing: An inquiry into research and methods*. San Francisco: Jossey-Bass.

Young, C. H., Savola, K. L., & Phelps, E. (1991). *Inventory of longitudinal studies in the social sciences*. Newbury Park, CA: Sage.

Young, K. (1924). The history of mental testing. *Pedagogical Seminary*, *31*, 1 - 48.

Zazzo, R. (1984). Who is Henri Wallon. In G. Voyat (Ed.), *The world of Henri Wallon* (pp. 7 - 14). New York: Aronson.

Zenderland, L. (1988). From psychological evangelism to clinical psychology: The child-study legacy. *Journal of the History of the Behavioral Sciences*, *24*, 152 - 165.

第 4 章

发生认识论及其方法论意义*

JAAN VALSINER

* 感谢 Kurt Fischer, Gilbert Gottlieb 对手稿文字的录入工作。特别感谢 Nancy Budwig, Miguel Goncalves 以及 Richard Lerner 对手稿的早期版本提出的建设性评论。

所有心理发展的基本规律是：后续的发展总是以先前的发展为基础，但二者存在质的不同。……实际上，后续发展的每个阶段都蕴含于先前的发展阶段中，然而，后续的发展又是一种全新的心理现象。

(Wundt，1900/1973，p. 149)

儿童心理学并非完全是发展心理学，而发展心理学也只是部分涉及儿童心理。我们可以从两个方面对儿童进行研究：儿童是什么(非发展儿童心理学)和儿童的发展过程是怎样的(发展心理学)。同样，也可以对与儿童发展或他们现存的状态有关的其他系统——自然的或文化的系统进行研究。只有强调从变化及显现的过程对儿童心理进行的研究，才是发展性研究(Valsiner & Connolly, 2003)。

167

儿童是任何社会都关注的对象，因而也是儿童心理学研究的领域。在 20 世纪的各个国家里，儿童心理学的发展方式存在差异。难怪持文化历史观的研究者认为，在一个时代的某个国家里，以儿童为导向的社会行动工程的实现取决于儿童的地位(Salvatore & Pagano, 2005; Valsiner, 2003d)。在欧洲，儿童心理学历来以发展生物学为基础，它反映了生物成熟和心理发展间的问题。在北美，儿童心理学建立在有关儿童知识的社会效用上。儿童心理学从儿童研究(儿童学)运动中汲取养分——这场运动最初致力于跨学科的研究，后来试图对儿童的成长方式包括儿童发展进行研究(Hall, 1883)。研究儿童应集中于实践，而非理论的构建，有关儿童知识的社会效用应大于基础科学。在有些社会中，儿童福利事业似乎推动了心理学家对儿童进行研究。与之相反，基础发展科学则建立在来自其他物种(如，蚂蚁——T. C. Schneirla; 鸭子——G. Gottlieb)的实验知识的基础上。

本章我们将展示，当前心理学家是怎样超越儿童心理学历史发展的障碍，为建立一般的发展科学而做出的努力。以比较观为基础，发展科学从以下三个方面进行研究(Valsiner, 2001a)：

1. 比较不同物种(个体和种系)的发展规律；
2. 思考物种(首先是人类，也包括那些较高级的灵长类)内的变异性；
3. 强调心智和社会的历史变迁。

对儿童发展进行认识，需要一个既强调理论又重视实验研究的方法论框架。我们致力于从事实验研究，但其目的是获取一般性的知识，而不是数据的简单积累。科学是为了寻求普遍的认识，心理学也试图探究超越具体情境的一般性规律。

我们认为，一般的认识来源于对具体情境的研究，它与特殊现象并不矛盾。特殊现象只是对科学的一个新挑战：即如何在无限而具体的现象丛中获得普遍性的认识？

观察儿童：成人的视角

在儿童心理学中，儿童是研究对象，然而我们所提出的问题以及问题解决的方法仍停留在成人心理学所关心的问题上。通过研究婴儿，来证明某种早期的心理机能是早熟的或所谓与生俱来的(见 Fischer & Bidell,该《手册》本卷第7章,关于争论的谬误)。先天与后天的对立困扰着儿童心理学,使研究者们陷入了对二者在心理发展中作用的无休止的争论中(而不是将此问题搁置一边)。例如,我们可能看见青少年的危险行为或过失行为——吸烟、说谎、迷恋音乐视频等;或者探索他们的部分生活(比如寻求刺激: Lightfoot, 1997)——并对这些"问题"进行研究。发展研究通常截止到成年早期。因此,有关儿童发展的教科书冠以"青少年心理学"的标题也许是合适的,这些书籍通常是从青少年父母的社会道德观的角度撰写的(Lightfoot, 1997; Valsiner, 2000c, 见第13章的具体分析)。

在未研究领域里,还有很多值得探讨的问题。儿童的年龄与研究者的年龄越接近,其发展特征越不受到关注。尽管人类在其整个生命历程中都以群居形式生存着,但研究者们并没有对35岁(或者75岁)的人进行过发展性研究。而且,直到一种毕生发展(life-span development)(Baltes, Lindenberger, & Staudinger, 1998; C. Bühler, 1934)和生命全程发展(life-course development)(Elder & Shanahan, 该《手册》本卷第12章)的新领域的出现,成人才作为发展中的个体受到较多的关注。事实上,在特定文化背景中,人类行为的作用从出生到死亡都是彼此关联的(见 Brandtstädter, 该《手册》本卷第10章)。

儿童心理学似乎以其成为一门实验科学而自豪,因而与意识形态的、理论上的或者其他概念上的非实证取向背道而驰。然而,具有讽刺意味的是,该观点考虑到多种非实证研究的不足,即概念上的障碍(conceptual blinders),来指导该学科的发展。

168

障碍1: 单一文化假设

儿童心理学的著作主要基于西方文化历史及其社会道德的狭隘观念,它并不代表一般意义上人类儿童的知识。研究者的社会地位(通常是具有一定社会经济地位、获得证书并为社会机构服务的中产阶级)使研究者在研究其他社会阶层的儿童(通常是处于较低社会阶层而不是较高社会阶层的儿童)时,可能会通过善意的行为而修改一些事实。这种现象同样发生在同一社会群体内(比如,对贫穷儿童的干预)以及不同社会群体间(比如,将西方儿童发展的理论假设应用到非洲农村或者欧洲或北美移民区的儿童身上)。

当代文化心理学已经揭示了西方儿童心理学中的"文化近视"(cultural myopia)现象(Chaudhary, 2004; Rogoff, 2003),其结果是,即使跨文化心理学和文化心理学的新近发展也没能解决这一问题。不同社会之间的差异往往被视为儿童之间的差异,尽管这些差异可能始于成人假设的不同。许多跨文化比较研究也揭示了文化的局限性。例如,在日本,当一个孩子惹了麻烦,日本妈妈的典型回答是"我会和你在一起"——一种共生的关系。然而,从西方心理学的观点来看,这种家庭关系被视为是"不健康的":

> 假设一个刚从美国接受了专业培训的土耳其临床心理学家,当他去土耳其农村进行研究时,也会面临类似的尴尬处境。观察那里的人际关系,他/她会发现在整个村庄里,每个人都与其他人存在彼此交错的复杂关系。(Kagitcibasi, 2003, pp.167-168)

世界并不能按照某个标准将人们隔离开来，使其脱离所在的社会情境。恰恰相反，人们会主动地融入到一定的社会情境中（因而需要进行个人—情境分析；Magnusson & Stattin，该《手册》本卷第 8 章），这种主动参与的若干形式显然是与单一文化假设不相符的（例如，Benigni & Valsiner，1995，在意大利的美国政治学中关于“不道德家庭主义”的讨论）。此外，有些研究者像个“移民”一样，不断地从一个社会迁移到另一个社会，他们也可能融入到自己的专业社会化过程（强调非融入）中，如同研究者的被试融入他们所在的世界中一样。

障碍 2：将复杂的问题简化为社会可接受常模

儿童心理学已建构了大量不同种类的发展模式，但仍然未能提出普遍适用的理论模型来解释发展的复杂性（Fischer & Bidell，本《手册》本卷第 7 章）。发展现象的复杂性（和动态化）要求运用同时代数学模型的不同版本——绝大多数是定性的——作为普遍的理论模型来对此做出解释。相反，大多数儿童心理学把发展的复杂性简化为平均数，并以平均数来确定一般性的常模。

儿童心理学总是重复地犯以部分代替整体（pars pro toto）的错误。例如，观察“家庭背景中的儿童”，只考虑了家庭关系的一种形式，即父母占主导地位的二元家庭，并以此作为一般性常模。实际上，这种二元家庭在历史上的欧洲和北美国家最为典型。结果，祖父母、旁亲、同胞兄妹、用人及其他人的角色不再成为关注的焦点。在观察过程中，当儿童周围各种亲属的活动成为不可避免的影响因素时，研究者对儿童与亲属的“融入”性感到错综复杂、难以解决。的确，这种融入型家庭才是世界各国的常模，而西方有差别的模式只是一个例外。因此，研究者不再只研究核心家庭所带来的后果以及个体偏离正常的“融入”状态（即发展问题）所产生的相应的心理偏差，而是将注意力转向了对已成形的“融入”状态与个体的成长方式进行比较研究。这种比较的目的是以自己作为积极观察者的身份来评价自己的研究结果。

在此，用进化生物学作一个类比可能比较合适。假设人们关于灵长类的知识都——或者大部分——来自于实验室、动物园或者宠物饲养院，而不是对生长在自然环境中的灵长类进行直接的观察。那么在这种情况下，研究者可能积累了一些很好的实验知识，实验数据具有较高的内部一致性，但不一定很充分。Charles Darwin 曾专程到毕尔格（The Beagle）获取丰富多样化的生物知识数据库。近十年来，儿童心理学主要从欧洲或北美的特殊文化背景中获取数据，好像这些儿童的发展常模是所有文化背景中儿童发展的常模一样。这与进化生物学中由动物园里的动物来推论动物物种发展的普遍模式相类似。毋庸置疑，动物园里的动物，同生活在中产阶级家庭环境中的儿童一样，都生活在真实的情景中。然而，这些情景是具体的、历史的、特殊的，而不是物种生存的普遍条件。

169

在当前儿童心理学中，直接强调发展过程的研究是非常少的。这种将发展的观点有选择、有限制地纳入到儿童研究中，可能与意识形态以及社会对发展儿童心理学的应用需求密切相关（Valsiner，1988）。在任何社会中，儿童和青少年在意识形态上都由成人指导，这是因为在各种经济发展水平的社会中，成人对经济发展起着关键的作用。儿童一直以生产者和消费者(Nieuwenhuys, 2003)、顾客和推销员、破坏者和治愈者等身份参与社会生活。例如,利用儿童好玩的精力,让其在大街上卖报纸,或者把女童子军饼干送到中产阶级家里,或者在学校里上学,或者——最后但并非最不重要——征募儿童兵进入部队(Hundeide, 2005)。年幼儿童的创新潜能可以为社会力量所利用,以实现其社会机构的目标——而不仅仅出于仁慈或者儿童权利的考虑。

儿童的创新能力不是人类的专利,年幼的灵长类动物也能够创造新的动作,使其社会化进程发生变化(Hirata, Watanabe, & Kawai, 2001; Kawamura, 1959)。所有这些活动伴随新事物的产生。不过,新事物不是某种能够预先控制的东西。发展既包括革新,也包括与过去脱离,因此它可能带来进步,也可能导致毁灭,并存在一定的风险。这种不确定性增强了人们对儿童未来发展知识的需求,并赋予儿童心理学家在社会中的地位。然而,只有当真正理解了儿童发展需要从儿童研究到建立发展科学时,儿童心理学家(其角色和算命人的角色类似)的地位才得以确立。

形成中的发展科学

发展的矛盾性表现在,革新与破坏(即失败)并存。纵观儿童心理学形成与发展的历史,可以看出,这种矛盾性总是重复出现。发展观念的形成是缓慢的,并且不断地受到侵蚀和破坏(Cairns, 1998,本《手册》本卷第3章)。

到20世纪末和21世纪初,我们见证了一门新学科的成长:发展科学(developmental science)。这门新学科超越了儿童心理学的界限并对普遍发展的问题进行了梳理。它关注个人—情境关系(见Magnusson & Stattin,本《手册》本卷第8章),以普遍的或然渐成论为基础(Gottlieb, 1999; Gottlieb, Wahlsten, & Lickliter,本《手册》本卷第5章)。

自20世纪90年代中期以来,这门新科学在诸多方面得以确立。许多杂志应运而生:《发展科学》(*Developmental Science*)(创刊于1998年)、《应用发展科学》(*Applied Developmental Science*)(创刊于1997年),以及一本新手册《应用发展科学手册》(*Handbook of Applied Developmental Science*)(Lerner, Jacobs, & Wertlieb, 2003)。发展科学的标签自然地迎合了我们的思考,与我们的社会话语中社会制度的渐进发展论题紧密相关。

发展科学(developmental science)这一术语指一种普遍观的认识重现,即以研究发展过程为导向。在20世纪90年代中期,发展科学被定义为:

> 发展科学是一门用以指导社会、心理和生物行为学科研究的新的综合科学。它描述了一个全新领域的发展调查结果和相关概念的发展趋势。它强调时间框架、分析水平和情境与发展过程之间动态的交互作用。时间和适时的把握时间对该观点是很重要的。时间框架与所要研究现象的发生时间有关,单位可以短至几毫秒、几秒、几分钟,长达几年、几十年,甚至上千年。在这种观点下,个体的机能现象可以从多种水平上进行研究:从遗传学、神经生物学和激素水平到家庭、社会网络结构、社区以及文化水平等

子系统。(卡罗来纳协会的人类发展研究,1996, p. 1)

如前所述,普遍的发展取向涵盖了各种不同的领域,而人类儿童在其社会情境中的发展只是研究的一个方面。卡罗来纳协会在该《手册》的第五版就突出地表现了发展的影响力,在该版本中继续保留了这一特点(例如,Bronfenbrenner & Morris, 第 14 章; Cairns, 第 3 章; Elder & Shanahan, 第 12 章;Gottlieb, Wahlsten, & Lickliter, 第 5 章;Magnusson & Stattin, 第 8 章,本《手册》本卷)。

在发展科学的发展过程中,有一个最难以解决的现象,即研究对象的不断变化,这不可避免地导致了人们对发展概念的理解存在一定困难。因此,发展研究的难点在于研究对象的复杂性及其动态的变化,并缺少普遍认同的术语(Valsiner, 2005b; van Geert, 1986, 1988, 1998, 2003)。研究的主要理论问题在于如何概括这些复杂的现象,并充分挖掘心理学家对实证研究的兴趣,从而实现对发展的普遍性理解。

儿童心理学家一直致力于运用有限的发展概念来探讨多种实证论题。在有些情况下,这些问题无关紧要,即对儿童是什么(而不是他们将会成为什么样)的非发展性取向研究,这类研究不需要采用任何发展的理论框架。在儿童心理学的理论界提出"发展的观点",但用以研究发展的实验研究方法还没有确立,这种理论和实验领域之间的矛盾是科学的大敌。这会导致具体知识与一般知识的分离(Shanahan, Valsiner, & Gottlieb, 1996)。一般知识容易被纷乱复杂的主题以及特殊情境的实验结果所掩蔽,因此,该学科可能陷入一种只见树木不见森林的困境。然而,科学实验探索的结果是发现普遍的基本知识,而不是单纯的"数据累积"。

科学的基础: 概念、现象和方法的统一

由于发展心理学和非发展心理学都是基础科学,其概念的装置需要被系统地组织和充分地概括。如果用化学来比喻,心理学在某种程度上超越了炼金术的地位,但仍然不能像 Mendeleev 的化学元素周期表那样如此精确(Brush, 1996)。基础科学强调知识的抽象性和形式化,但没有脱离关键的实验问题。心理学已成为一门实验科学,却付出了大大丧失抽象的一般知识的代价。心理学历史的社会"植入性"(embedded nature)能够对该学科的多样化发展作出解释。

社会科学的智力依存性: 阵发性突然增长

在各国家里,社会科学经过一段激烈的"爆发期"而发展起来(Valsiner, 2003c)。在不同国家的发展历史上,确实出现过知识和创新观点的快速增长时期。例如,19 世纪 90 年代和 20 世纪初以及第二次世界大战之后的美国;20 世纪 20 年代的苏联和德国,等等(Valsiner & van der Veer, 2000)。

心理学的社会依存性

心理学植根于社会中,并且总是在社会的影响下而存在(Dolby, 1977)。纵观 20 世纪,

科学—社会关系的新形式指导着心理学脱离了一般的理论框架(Benetka, 2002; Danziger, 1990, 1997)。当前儿童心理学试图改变一般的理论建构对科学的发展并不重要的观点——因为这种观点对于任何一门科学的健康发展都是有害的(Crick, 1988)。实验研究和理论知识建构之间的不断互动保证了科学的普遍化(Morgan, 1894)。思维科学家在其学科的约束下对实际操作提出了新的理解(Knorr Cetina, 1999)。

不奇怪的是,发展科学与儿童心理学在历史上曾存在短暂的联系。现在,处于 21 世纪的初期,再次环顾整个世界,在迅速变化的社会里,人们会发现发展科学又迈向一个新的起点。

171 每一个社会都有其普遍的世界观和关于自己的神话,研究者通过内隐地接受这些假设,从而显示出自己对社会的忠诚。例如,在 20 世纪 20 年代及之后一段时期的苏联,人们把马克思主义绝对真理的神话作为所有心理学研究的基础和引导力量(Valsiner, 1988)。除了社会意识形态所禁止产生的事物外,这种信仰也给世界带来了引人注目的鲜活的思想(比如 Vygotsky 的思想、Basov 的思想和 Bakhtin 的思想)。在 19 世纪的欧洲大陆,研究者对传统的上流文化的关注导致了整体心理学(Ganzheitspsychologie)思想(Diriwächter, 2003)和格式塔心理学(Ash, 1998)的形成。又例如,在美国的"进步主义时代",心理学家对实用主义价值观的接受和认同促使了正统行为主义者的出现(Watson, 1913)。

在第二次世界大战之后的美国,很多心理学家对这些思想进行了修改或保留(Valsiner, 2005a),但这并不确保这些思想得到了发展。社会自我神话的某些方面造成了概念和方法进步的障碍,这虽然可能没有阻碍整个心理学的发展,却限制了发展科学的进步。因而,一位社会科学史学家评论道:

> 为什么在美国,历史与自然会融合为一体?我认为,其决定因素在于美国例外论(American exceptionalism)的民族思维方式。我们往往把美国看成是一个民族的神话,一个始于讲高贵语言的清教徒所在的"山巅之城"(city upon a hill)——全世界仰望的榜样,今天却退化为"美国是第一"的呐喊。美国的神话思想真正起源于欧洲,来自"旧"世界的人们将自己的想象转向"新"的世界,赋予虚构的美国多种不同的具体形式:想象 Martin Luther King 的美国梦想,或者外来移民的成功之梦,或者为建立民主政治而使世界安宁的美国外交使团。所有不同版本的民族神话背后都是一个信念,即在历史上美国占有一个非同寻常的地位。(Ross, 1993, p. 103)

虽然,从社会历史唯一性上来看,任何社会都是一个例外,但是有些社会比另一些社会更有助于基本思想的发展。除了美国,在早期的苏联,社会意识形态所采用的马克思主义辩证法也是基于例外论的信仰(例如,在一个经济落后的国家建立共产主义)。这种发展的、开放性的哲学观渗透到社会的方方面面:从日常生活到科学研究,并且创造了有利于孕育发展科学的一方沃土。

另外一个证实意识形态作用的例子是,研究者常将美国特定文化历史条件下的中产阶级儿童作为常模，认为所有其他孩子（包括在美国被定义为社会经济地位低的或来自其他国家的孩子）要么消极被动（落在后面），要么焦虑不安（印度、日本和中国在校儿童在基础科学方面超前的竞争性），总之，都与此常模存在偏差。从例外论的信仰到殖民主义的实践只是跨越了一小步——这是过去200年来西方研究模式（modus operandi）的精髓之所在。除了欧美中产阶级背景下的儿童，其他儿童均被当作了“发展中世界”的儿童来对待（见Escobar, 1995）。

当前心理学的国际性

到21世纪初，当前发展科学已经遍及世界各地。在这一时代理念的指导下，发展科学已经很少只依赖于某一个国家。目前，学术界的经济因素决定了大学院系及其研究实验室的性质和定位、发展科学家的学术职位及其揭示现象的手段。拥有基本观点不是某个社会的专利。将基本观点转化成实验研究，能产生新的知识，反过来，丰富的知识也可以应用于实践。

心理学的社会建构论在其客观性上曾坚持一种不可侵犯的观点，即心理学的量化。目前，该观点正受到越来越多的挑战：心理学的量化不仅仅是一种科学的工具，还具有重要的实践意义。

通向客观性之路

量化是保证心理学客观性的条件。一批受到心理学专业培训的学生已认识到：量化是科学的必经之路（via regia），统计推断是科学的方法。心理学的量化已成为一种社会规范和专业准则，但这也会对心理现象的研究有一定的消极影响（Cairns, 1986）。

随着社会的转型，人们不禁质疑“什么是知识”和“什么是方法论”。心理学现已成为“概率帝国”的聪明“人质”（Gigerenzer, 1993）。从对不同儿童进行研究以及对已有现象的经验描述，研究者的具体实践受到归纳推理的规范程序的支配，研究者将这些规范程序作为一种“科学的方法”，编译成各种版本的统计学（Gigerenzer et al., 1989）。不过，统计方法所基于的原理在心理学上应用较少（Michell, 1999）。

172

情境的量化

在获得数据的过程中，量化是一个敏感的运算，研究者不能只从公理上接受，而是需要足够的证据。量化是指将直接获得的数据（正如在名量表中所反映的，它既包括质也包括量的观点）在本质上转化为一系列有较多约束水平的数量（顺序量表→等距量表→比率量表，见Laird, 2005）。有些复杂的现象在经数据转换的量化过程中，造成了无法挽回的损失，因为这些数据不能代表研究者理论所支持的某些关键现象。

在任何一门科学中，是否需要对数据进行量化取决于研究的问题。反对过分和机械量化的呼声在心理学发展的历史上此起彼伏。例如，James Mark Baldwin，在其生命的尽头，仍然明确地陈述了量化在发展心理学中的问题。他指出：

> 量化的方法使心理学变成了像物理学或化学一样的严格科学，这种做法必须抛弃。

因为它将复杂的问题简单化，将整体分成部分，把后继的发展当成早期的存在，因而否定或排除了构成或揭示什么是真正的遗传因素。新事物的表现形式不能用原子化的术语来阐述，而应该运用更综合的方法。(Baldwin, 1930, p. 7, emphases added)

从21世纪反思过去，Baldwin对心理学方法论中去量化(de-quantification)的革命性呼唤是非常正确的。正如数学家在看待心理学家所做的事情时指出，将所有的问题简化为单纯的统计方法，是一种严重的、自我限制创造性的行为。此外，Rudolph(2006)指出，心理现象的实在性不能用简单的数字来代替。因此，Baldwin主张取消简单粗糙的量化，但这并不是反对心理学中的精确化和严密性。事实上，它为心理学的改革和创新打开了门户。数学科学并不只局限于统计学，统计学只是应用数学的一个狭小领域。发展心理学的形式模型在数学领域内的定性分支学科里或许能找到适合自己的归宿(Valsiner, 1997, 第3章)。对于发展科学而言，需要一门新的推理逻辑学，能够对定性的数据进行分析((Fischer & Bidell, 本《手册》本卷第7章)。这种逻辑学既具有形式上的严密，又对具体现象的研究留有足够的余地。

作为一门归纳逻辑形式的统计学

作为一门(one kind)归纳逻辑推理的学科，统计学的地位是毋庸置疑的。在过度概括化方面，它超越了所有(the whole)的科学方法，使一门社会历史建构的心理学成为一门科学。心理学知识的客观性常体现在选择大量的被试(大样本N)、采用随机化取样、运用"标准化的方法"、进行平均数的差异检验(差异的统计显著性检验)和使用当前流行(envogue)品牌的数据分析软件包。这些已被普遍接受的研究方法即使有点夸大或歪曲，但它确实涉及了心理学方法论中的一个大问题：研究方法与理论的逐渐分离，并与其所要应用的现象越来越远。各种统计方法之间相互比较，如同它们之间彼此各异。这种现象表现在，研究者优先采用定性的还是定量的方法，还是坚信标准化方法的统计效力，即研究方法是否受情境的制约。标准化主要采取为方法赋属性值的形式，而对该方法怎样从原始现象中产生数据不予理睬。统计方法已经成为折中主义心理学工具箱里的一个独立成分，在细致地观察现象时，可以被研究者拿取和使用，而不仅仅是用来制造新知识的工具。

数据：搜集还是获得？

另一种关于方法论的观点认为，建构一般知识的过程是一个动态的循环过程。它需要一系列彼此联系的成分：关于世界普遍(公理)的假设、特定目标领域里具体创立的理论、对相关现象的理解、将现象的某些方面转化成预期数据的具体方法。在研究者推理的基础上，研究者常常构建数据或者从现象中获得数据(Kindermann & Valsiner, 1989; Valsiner, 2000b)。数据的收集不能仅仅以现象的丰富性为基础，而应该与研究者的理论建构及理论上关联的数据相一致。

173

假设检验：理论驱动与伪经验主义

在知识建构中，对外展性的依赖为心理学中假设检验的实践提供了新的视角。在形成新的思想上，一项假设的经验证据要比验证一个已有概念时更具有建设性，这就是伪经验主义。

> 心理学研究往往是伪经验主义的，也就是说，它通常涉及一些关系的实验研究，这些关系是从研究所涉及的概念的意义中按逻辑推导而来的。比如，研究"所有的未婚男子是否确实是男性的和未婚的"。(Smedslund, 1995, p. 196)

研究者对基本问题理解的实验证据使儿童心理学受到批评，因为儿童是一个非中性的研究对象。此外，社会对正常儿童的发展有一种预期，很多研究者致力于证明处于常态边缘的儿童是一类特殊的儿童(例如，冒险去干坏事)。人们可以通过对理论假设及其与研究问题之间的关系的详细阐述来驳斥伪经验主义。研究问题能够为研究者提供新的知识，这种知识不能从所使用术语的意义中推导出来。

相反，由推理产生的(即基于理论的)假设强调实验研究对科学的作用。在以下四种参照系内建立假设，实验结果都能获得一致的意义。

组织知识结构：参照系

我们在一个宽泛的、普遍的观点框架中，即参照系内，预设我们的研究工作(Valsiner, 2000c, 第5章)。参照系(frames of reference)是研究者头脑中一般化的概念定位装置，在参照系内，研究者通过提出研究问题、创立方法来形成统一的多水平的方法论循环。通过多种不同的参照系，研究者可运用不同的方法对同一现象进行研究。参照系缩小了实验研究关注的焦点，这就像是在显微镜下将对象放大。在选定的某种具体的参照系内，某些现象的细节就会变得更为清晰，从而有利于观察，而其他方面可能变得模糊从而淡出研究者的视线。

参照系是一个必要的"眼罩"或者理论一般化的定位工具，它使我们集中于所要研究的对象，消除分心物的干扰。在心理学上有四种参照系，但只有两种与发展科学有关。

个体内(系统内)参照系

个体内(系统内)参照系探讨个体系统(如，个人或社会)组织的所有问题，认为所有问题都是由系统内的关系来决定的。思考一下人类(自我报告)的人格结构的内在组织，如Freud建构的普遍的人格结构，包括本我(id)、自我(ego)和超我(superego)，这三种成分位于每个人的内部，成分之间特定的关系产生了特定情境中人格的多种心理现象。例如，个体内参照系将人与环境分离开来，反之亦然。一项没有考虑到环境与人之间关系的环境研究，可看作是在个体内参照系下进行的研究。

个体间(系统间)参照系

个体间(系统间)参照系是指在不同系统间所投射出的事物外部特征差异的基础上，对不同系统特征的比较。与系统内参照系相比，系统间参照系关注的焦点从投射事物本身(理所当然的)转向了从一个系统到另一系统间投射特征的差异。

个体间参照系广泛应用在心理学中。它既包括个体间的比较(例如，Mary在X测验上的成绩比Susie高)，也包括被试样本间的比较(例如，男性和女性)。它假设要比较的群体本身具有某种内在的特征，但是在量上又与另外一个群体存在差异。因此，要对男性和女性的攻击性特征进行比较时，假定男性和女性在质上都具有攻击性，但两性的攻击性存在量的

174

差异。

个体间参照系在心理学中广为流行。心理学致力于实验研究,运用理想的定量方法建构数据,并对具有"X"特征的多与少之间作出比较。然而,这种普及性的增长被视为科学发展的障碍(Essex & Smythe, 1999; Smyth, 2001),因为它使研究现象的许多方面变得模糊不清,比如现象的系统组织结构、稳定性与动态性及其发展特征。个体间参照系的运用使得发展的过程因研究者的行为而被否定。

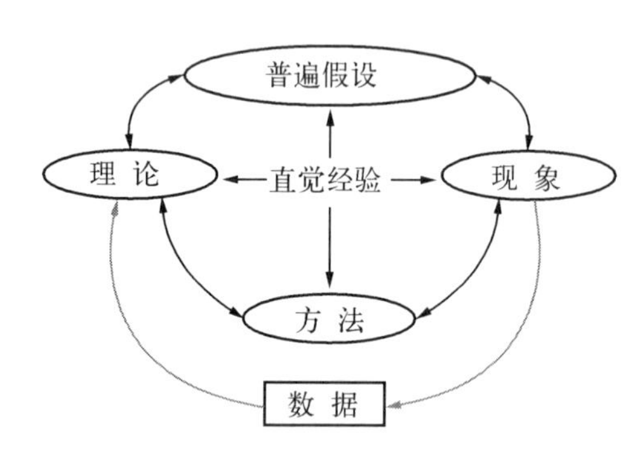

图 4.1 方法论的基本结构环。

来源:"Changing Methodologies: A Co-Constructivist Study of Goal Orientations in Social Interactions," by A. U. Branco and J. Valsiner, 1997, *Psychology and Developing Societies*, 9 (1), pp. 35 - 64.

要检验使用该参照系的结果,可以通过比较被试与经统计处理而达到显著性的可靠结果之间的差异(即随机化选取的大量类似样本来重复和验证结果)。在运用个体间参照系时,需要使用适当的统计方法,因为该参照系的假设与统计方法是十分吻合的(见图 4.1)。

个体间参照系依赖于人类对所要评价和比较的事物的内在倾向性。"Johnny 比 Jimmy 数学好",不仅反映了两个孩子之间的差异,同时也反映了陈述者的评价偏好。为什么在数学测验中得高分比得低分好呢?这种假设已成为一种信念,纳入到我们如何看待有价值的教育成绩这一集体的文化意义系统中。

个体—生态学参照系

个体—生态学参照系认为系统(例如,个人、社会群体和社区)是研究者关注的焦点,因为系统作用于其所在的环境,作用的结果又参与到系统的转化之中。该参照系同时考虑到个体与环境,并关注二者之间的相互关系。它使人们初步了解到,作用于环境中的个体,用以未来为导向的目标(如,解决一个问题)指导着以目标为导向的行为。该行为导致变化的环境对个体的反馈,这种反馈又使个体发生变化,产生新的发展状态。

通过问题解决活动,人类在其整个生命历程中不断获得发展,研究者可以运用个体—生态学参照系对这一实际现象进行研究。我们解决的每一问题是来自当下情境中的问题。我们设定一个目标(期望解决的问题),并努力行动以实现这个目标。努力的过程会导致自我的改变。自我的改变应归因于自我与问题情境之间的交换关系。以目标为导向的问题解决过程是问题解决者发展的情境。这里,没有必要将问题解决者与其他人进行比较(这是系统间参照系关注的焦点)。问题的解决、诠释和创造的过程是个体—生态学参照系关注的领域。

个体—社会生态学参照系

个体—社会生态学参照系是个体—生态学参照系的拓展。它既关注系统与环境之间的相互作用,也强调其他社会规则的作用。发展中的人要面对环境,与环境相互作用,并在作用的过程中改变着自己。然而,在很大程度上,环境是由他人预先设定的(例如,父母为孩子设定了“适宜成长的环境”),他人在其环境中的行为又以内隐和外显的方式受社会的引导和支配。

因而,个体—社会生态学参照系与个体—生态学参照系具有相同的特征:

- 活动的人
- 环境
- 个体在环境中的行为

与个体—生态学参照系不同的是,在个体—社会生态学参照系中:

- 由社会引导着他人去协调个体与环境之间的关系(可能是另一个人、社会机构或者环境中的符号客体)
- 个体的变化是社会引导行为的结果

采用个体—社会生态学参照系的研究者可能与采用个体—生态学参照系的研究者所研究的对象相同,但具体研究方法存在差异。在个体—社会生态学参照系中,研究者需要分析存在于个体与环境相互作用中的社会意义结构(structure of social suggestions)。研究者将有些社会意义纳入到环境本身,有些通过在相同环境中行动的他人所提出,并用以调节人们的行为(具体见 Magnusson & Stattin,本《手册》本卷第 8 章)。

一致同意的习惯:变化问题

在具体实践过程中,实验研究经常用其中一种参照系来代替另一种参照系(Valsiner, 2000c, 第 5 章)。例如,母婴相互联结(mother-infant mutual bonding)的现象是人类关系的一个方面,在不同国家、不同时代和不同情境下都可以观察到这种现象。相反,随意地将婴儿(或母亲)的依恋类型(A, B, C,或者其他)作为真实的(de facto)人格特质来预测婴儿(或母亲)的未来状态,这忽视了依恋的基本问题(依恋关系是未来发展的基础),并用另一个问题(一般的依恋特质——早期的成长方式预测了未来的成长方式)来取代了这一问题。这导致了由开始的动态的现象(母婴在彼此联系的过程中形成一个机能情感的纽带)转变成两种静态的成长特征在形式统计学上的关系(一个人具有依恋类型 A,B,C,预测了他随时间的推移而形成的状态)。

将动态的发展性问题转化为静态的本体论问题在心理学研究中十分盛行。这种现象是由社会的约束造成的,即在研究过程中所使用的约定俗成的研究方法和数据分析策略的限制。研究者致力于“预测行为”,这导致对行为及其心理附属物(思想、信念、价值观)的实在性和稳定性作出证明,而不是对行为、思维、信仰和价值判断的过程进行研究。正如多年前 Wittgenstein 指出的,概念的混淆在心理学中尤为盛行,结果导致了“问题和方法混为一谈”(Wittgenstein, 1958, p. 232)。

作为认识循环的方法论

方法论过程循环的各种成分(见图 4. 1)处于普遍性的不同水平上。世界的普遍公理观(普遍假设)比有关现象的理论学说或直觉反映更具有普遍性,后者又比产生数据的方法更具有一般性。

在科学认识论的图式内，还强调研究者要将直觉经验的现象与其个人观点的理论建构和假设联系起来，为研究者的主观性留下余地。科学家并不是没有感情的机器，科学家也是人。在看待自己的研究上，他们有着人类普遍具有的个人主观偏好和立场观点。

所有代表研究对象的新模型都是主观的，个体通过主观内省、有时通过潜心投入到一个志趣相投的思想者群体中创建的。投入到这样一个群体中会导致科学家之间及其所在的社会之间产生智力上的互相依赖性(见 Valsiner & van der Veer, 2000)。

研究者以过程循环的具体结构为基础，创立研究方法，构建实验数据。这里的方法论等同于一般知识建构的循环过程，循环的不同部分会插入其他部分。你既可以将图 4.1 描绘成一个循环式结构，也可以将它看成是一个螺旋式结构。尽管新旧知识在表面上看似相同，但新知识从来不会完全回归到最初形成的知识状态。科学知识的螺旋式发展使我们从历史思想中获得益处。现在，一个基本的问题(比如发展)需要弄清楚，以便在以后遇到类似的问题时能够从追溯历史中找到答案。对知识的非线性的、螺旋式发展的分析有助于我们在当前科学中避免出现类似的缺陷*。

两种一致性

在任何一门科学中，方法论的主要作用在于使研究过程的抽象的/理论的方面与具体的/实验的方面保持一致性，并与研究对象保持密切的联系(Branco & Valsiner, 1997; Cairns, 1986; Winegar & Valsiner, 1992)。最近几十年来，发展心理学面临严重的方法论危机，因为在大多数情况下，它的实验计划与假设的理论观点彼此之间并不一致(Molenaar, 2004; Molenaar, Huizenga, & Nesselroade, 2003; Smedslund, 1994; Valsiner, 1997, 第3章)。假设、理论、方法、数据和现象之间保持纵向的一致性(vertical consistency)对有效的知识建构是必要的。与之相反，我们看到，一些研究者致力于建立不同水平上的横向的一致性(horizontal consistency)：各种方法之间(固定方法的标准化、基于其他方法的实验效度)、不同理论之间(支持不同理论的研究者之间的冲突和碰撞)及不同世界观之间(见图 4.2；不连续的箭头表示横向的一致性，实心的箭头表示纵向的一致性)。

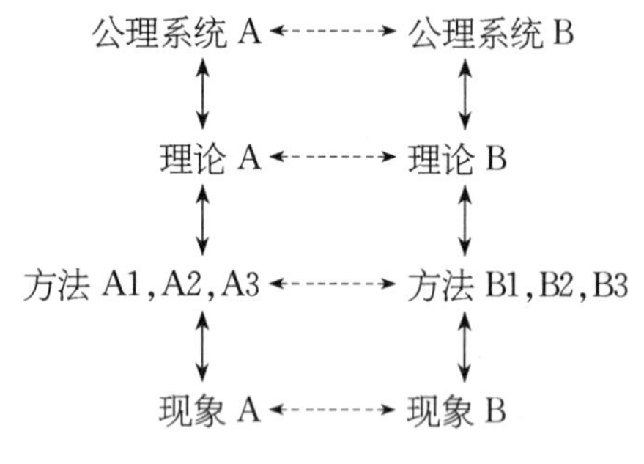

图 4.2 方法论中纵向和横向的一致性。

尽管大多数心理学社会机构致力于沿着横向的一致性路线进行研究，然而，纵向的一致性对科学知识的形成至关重要。因此，在谈到 X 研究的“正确方法”的问题，当用横向的一致性来回答时，要么会产生主观的评价(比如，定量的方法比定性的方法更好或者更坏)，要么必须经过社会的审查(如果你不使用这种方法，就不能发表这篇文章)。相反，用纵向的一致性来回答同样的问题时，需要

* 例如，由于技术的进步(功能性磁共振成像，fMRI)，对不同心理机能的大脑定位重新引起了当前研究者的极大兴趣。关于大脑深层结构的机能定位的研究问题与颅相学家提出的关于头盖骨的问题很相似。现代神经科学重演了“颅骨内的颅相学”的某些形式和看法，因而，它实际上否定了科学、否定了新技术所给予的潜在的巨大益处。

分析这种方法是否保留了研究者所要研究现象的有关方面。例如,智力测验的项目或人格问卷的项目,尽管二者各自的“标准化方法”不同,但它们既可以用来研究儿童的认知过程(Piaget, 1922),也可以用来研究成人的自我建构过程(Valsiner, Diriwächter, & Sauck, 2004)。关于这些方法问题的解决为理解具体的心理过程打开了通道。目前,对现有的定量方法的去定量化研究是一个很有前途的研究领域。

经由主观性的客观性

与客观现实性相比,知识建构的实际过程离不开人们(如科学家)的主观性。科学家通过整合实验的/归纳的和理论的/演绎的这两条路线(或者被 C. L. Morgan 称为“两种归纳”)进行研究工作(Morgan, 1894, 第5章, 2003; Valsiner, 2003a)。Morgan 的认识论图式值得人们密切关注(见图 4.3)。

哲学家(心理学家)在理解人类的内部心理时常常运用“初级归纳”(first induction)或“主观归纳”(subjective induction):研究什么问题,怎样去研究,预期的结果是什么。哲学家和心理学家聚集在一起,运用其思维的力量去弄清楚这些现象。

然而,科学家不同于哲学家,他们不谈内部心理的映像,而是通过观察他人(外部投射)来获取知识。这类观察属于“次级归纳”(second induction)或者“客观归纳”(objective induction)。在心理学中,次级归纳是收集实验证据的过程。此时的科学家就像一个作家、作曲家或者一个画家——他们都以自己的方式,根据自己对外部世界的经验,形成对问题的新的理解。

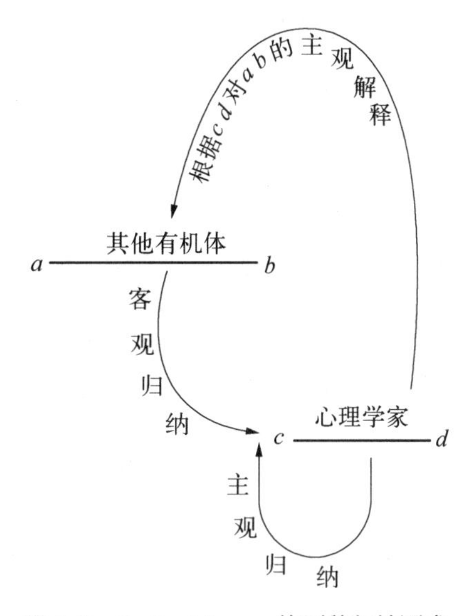

图 4.3 C. L. Morgan 的两种归纳图式。

来源: *An Introduction to Comparative Psychology*, by C. L. Morgan, 1894, London: Walter Scott.

177

知识的创建是一个展开的过程

如果没有初级归纳,只利用次级归纳不可能理解世界,两种方法都起作用,必须结合起来。关键的问题是如何使二者结合起来。Morgan 的工作表明,两种归纳的统一对科学推论是必要的。

两种归纳的统一需要经过外展(abduction)的过程,才能建构新的知识。外展是一种创造性的综合过程,是理解新的一般知识状态而产生的质的飞跃(Peirce, 1892, 1935)。这样,科学知识超越了一般的常识,而不只是服从常识。发展科学的基本框架需要进行创造性的综合分析。

发展思维的基础

发展科学试图超越西方文化结构中有关儿童的知识。经过努力,在理解人类发展方面,发展科学的研究已经扩展延伸到不同社会群体(比较—文化知识基础——Valsiner, 2000c, 2001a),人类的发展历史(Stearns & Lewis, 1998)、个体的生命历程(Brandtstädter, 第10章; Elder & Shanahan, 本《手册》本卷第12章),以及不同物种之间(Matsuzawa, 2001)。发展科学的跨学科性质是由其知识的普遍性决定的。

发展的具体公理特征

在儿童(或成人)心理学中,保持发展观点的一致性受到以下四种基本条件的限制:

1. 发展的不可逆性是基于时间的不可逆性(Bergson, 1907/1911; Prigogine, 1973)。

2. 发展结构(机体、个人、社会网络、社区等等)的复杂性、动态化和通常定义不明的性质与其环境的同样动态化与结构化(Bronfenbrenner, 1979; Bronfenbrenner & Crouter, 1983; Bronfenbrenner & Morris, 1998; Magnusson & Stattin, 本《手册》本卷第8章)。

3. 发展系统和环境的多水平性(Gottlieb, 1992, 2003; Lerner, 1991)。

4. 个体—环境之间关系的变异性是一种正常现象(而不是一种错误),需要对基于这些关系的发展的新质形式进行分析(Fischer & Bidell, 第7章; Magnusson & Stattin, 本《手册》本卷第8章; Molenaar, et al., 2003; Valsiner, 1987, 2004a)。

在上述心理现象的四种特征中,没有一种是非发展心理学领域所必需的条件。非发展心理学的传统做法忽视了时间的不可逆性和现象的结构化。

发展作为一种新形式的建构

发展可以被定义为在不可逆的时间框架内,通过机体与环境相互作用的过程,产生了结构上的转变。强调发展结构的新异性是基于发展的开放系统性质的基本假设(Ford & Lerner, 1992; Lerner, 1978, 1984; Valsiner, 1987)。所有生物的、心理的和社会有机体之所以存在和发展,只是由于他们与其成长的环境发生持久的交换关系。因此,解释发展过程的模型要么暗含了机体与环境之间动态的交互作用,要么以直接的方式考虑到这一点。发展现象是一个自组织系统,而不仅仅是一个本体论对象。

178

发展观和非发展观

在大多数情况下,非发展观和发展观在处理相同的现象时持相反的观点。他们之间彼此对立,而不是折中地调和二者的矛盾(Branco & Valsiner, 1997; Valsiner, 2000c)。非发展观基于同一性公理:

X=[是]=X

在非发展观中,发展性问题从公理中被排除出去。相反,发展观基于生成公理(axiom of becoming),有两种形式:

X→[生成]→Y

X→[保持]→X

公理 X→[保持]→X 与非发展观中的同一性公理 X=[是]=X 并不相同。存在(being)

是一个本体论的实体(ontological entity),而保持(remaining)则意味着系统生成状态的维持过程。生成和保持过程保证了发展的相对稳定性和变化性。在保持的情况下,系统维持一般的形态,这取决于新生成状态的不断革新。生物有机体通过新细胞的产生和老细胞的衰亡来维持自身,然而其大致的构成(有机体的结构)基本是一样的。

发展过程的多水平性

发展科学从不同普遍性水平上(包括种系发生学、文化历史学、个体发生学和微观遗传学水平上)对事物结构的发展变化进行研究。每一种发展水平都有自己特定的时间单位。例如,在种系发生学中,一百万年是一个合理适当的时间框架,然而在文化历史学中,500 年已经足够了。个体发生学的最大时间段限于有机体的一生,然而微观遗传学可能只限于几毫秒甚至几微秒的发展变化。

发展过程的层级系统观在或然性的渐成论中有详细阐述(Gottlieb, 1997, 1999, 2003; Gottlieb et al., 本《手册》本卷第 5 章)。除了有机体水平有四个不同方面外(遗传活动、神经活动、行为和环境),人类的心理现象需要包含更高级的心理机能,以便在超越行为水平上作出进一步区分(见图 4.4)。

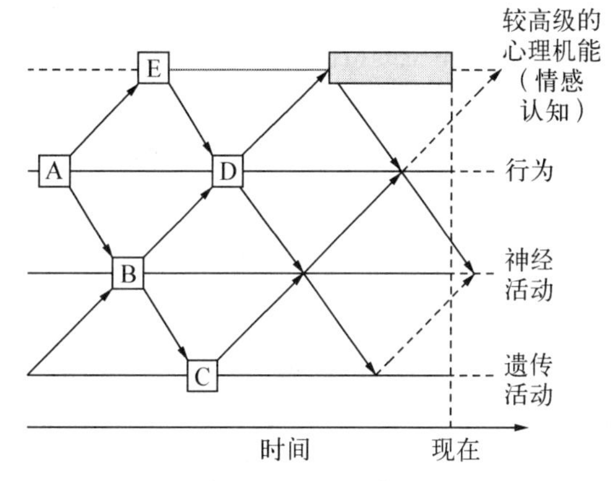

图 4.4 关于发展的平行加工组织图示

图 4.4 给我们指出了所有生命系统的系统化层级组织。科学面对的问题不在于是否存在这些水平(这里假设答案为"是"),也不在于其本体的或实在的结构(例如,思维和情感的本质)。存在多少水平取决于研究者的理论目的。水平是概念化的组织装置,它使研究者避开了无意义结构领域中各种"变量"的干扰。发展需要协调不同机能过程的结构。在这样一种层级系统中,因果关系的概念具有了新的意义,多水平加工的整个系统成为发展的"一般原因"。较高级水平的组织执行控制着较低级水平的组织(cf. the issue of "downward causation"; Moreno & Umerez, 2000)。同时,这些"因果效应"不是线性的、机械的"表示原因和结果的箭头",而是需要不同水平组织之间的交流。这种因果作用的过程实质上是不同水平组织间缓冲的过程。

然而,不管研究者描述了多少种水平的组织以及存在哪些水平的组织,有机体发展的关键特征存在于本质上不同水平的组织之中。 179

等级复杂性的动态次序

发展科学的一个问题是相邻(adjacent)水平间的关系是如何组织起来的。* 让我们从

* 这一点与人类基因组的发现结果的滥用有关,即将遗传水平的组织与复杂的心理现象联系起来(例如,有人声称发现了智力的遗传因子或者精神分裂症的遗传因子),这一问题极其具有吸引力。

发展作为一个系统的、多水平过程开始谈起：

> 人类个体发展包括**增长和转换的过程**(incremental and transformational processes)，通过个体当前的特征与其当前的情境之间的相互作用流(flow)，**产生一连串**(a succession of)相对持久的变化，**增加或丰富**(elaborate or increase)了个体结构与机能特征的多样化以及与环境作用的模式，**保持**(maintain)了系统组织的连贯性，以及个体作为整体的人的结构与功能的一致性(Ford & Lerner, 1992, p. 49，黑体字为强调的部分)。

在儿童心理学中，如果一直将以前的结构框架运用于实践，会导致心理学方法论的基本重组。这种观点所强调的每一方面都表明，需要对儿童心理学中从现象中获得数据的社会上常规的方式进行重新认识(Kindermann & Valsiner, 1989)。

首先，在实证研究中，个体与环境之间的相互作用流(flow)需要研究者利用时间领域的分析单位。该单位的特征是在一个具体明确的方向上，对现象的转换(transformation)进行基于时间的描述。Ford 和 Lerner(1992, pp. 140—142)提出行为情节图式(behavior episode schemata)的概念，作为基于时间分析单位的一个例子。在日常生活的重复性情境中，个体根据自己的目标，形成一种普遍的图式，用以指导自己在类似情境中的行为。

其次，要研究现象的连续转换(sequential transformation)，就需要发展新的技术，以对复杂的发展系统进行定性和定量的分析(例如，关于一个网络隐喻的应用——Fischer & Bidell，本《手册》本卷第 7 章；应用"突变理论"对婚姻的思考，Gottmann, Murray, Swanson, Tyson, & Swanson, 2002；在家庭中应用系统循环，Stratton, 2003)。这里，具有决定性的一步是，统一发展变化中定性和定量的方面，从化学反应的王国(Prigogine, 1973)继续走向发展科学的领域。

再次，维持机能整体的一致性，在某一种(而不是另一种)环境条件下确定未来发展的阶段，要对这些问题作出解释，需要在开放系统中对因果关系进行根本性重组。

心理学将系统机能组织的不同水平混为一体，儿童心理学因在其社会道德方面的弱点，助长了这一混淆。有趣的是，最为生物学化中——与发展科学相近——的心理学部分，"进化心理学"，又首当其冲地产生了这一混淆。在进化论框架内，研究者的争论超越了生物学、心理学和社会现象的组织水平，仿佛世界是一锅原始的汤，所有的有机体为了获得控制资源的优势地位而彼此欺骗对方(Strout, 2006)。不同物种生存的环境存在很大差异，即使他们"共同占有"同一块栖息地。因此，不可能通过进化心理学来解释人类较高级的心理机能(道德、价值观和意义)，除非这些模型是分层次的，不同组织水平之间相互包含又彼此独立*。

---

* Imanishi(2002, p. 43) 用蝗虫打了一个很好的比方："当人类看到一片没有树木的大草原时，蝗虫可能看到了一片丛林密布的森林。"这继承了 von Uexküll(1957)关于不同物种在知觉输入上有差异的经典例子。

发展系统分析：摩尔根法则的再思考

强调发展的不可逆性、建构性和多层级冗余性，必然需要清晰地了解方法论的基本规则，它决定着关于发展的哪一种解释是合理的。"节约律"（"摩尔根法则"，Morgan's Canon）作为一种约束，使无数代研究者对发展作出非系统的、元素主义的因果解释。摩尔根法则的典型形式通常表现在： 180

> 如果一种行为可以用低级的心理过程来解释，那么就不应该把它解释为高级心理过程的结果。（Morgan，1894，p.53）

先不谈心理学家从 Morgan 的部分思想结构中断章取义，导致对"节约律"的选择性解释（见 Morgan，2003；Valsiner，2003a），如前所述，该定律实际上阻碍了对发展进行系统因果性解释的理论建构（Lerner，1995）。它使研究者忽视了作用于"心理量表"上相邻水平（即较低水平与较高水平）之间的一种新的调节机制的出现。

从发展的角度来看，一种新的调节机制（例如，存在于心理学领域内部或不同心理学科之间的较高级的符号中介装置）的出现最初可能很"脆弱"、没有成形。发展需要不同水平之间的过渡形式：较高级水平在结构上基本不变，然而，在其成形之前不能被清晰地觉察到（见图 4.4）。因此，摩尔根法则的经典解释不可能解释发展；发展需要多层次的复杂的调节机制（即分化），受摩尔根法则指导的研究者常常戴着"特制的障目镜"，对心理学方法论中出现的这些机制视而不见。

这种对比反映了对人类发展感兴趣的科学家的活动受到高水平的符号学的制约。发展心理学通过对学科历史以及各种具体研究主题的高度抽象的限制，产生了研究中的盲点。然而，这并不只是说明了发展心理学本身的自我约束。还需要对已有的约束进行调整，以适应发展现象的本质。

以下论述对节约律进行了调整，以适应系统化、结构化的发展条件：

> 如果我们假设发展是一个多水平的或然的渐成的过程，那么，我们就不应该用单一的低水平的加工（在多层次加工网络内）来解释一个可观察的（或出现的）结果，而应该用作用于不同水平间的因果系统加工过程来解释。只有当我们已经排除了来自相邻水平的任何可能的影响外，特别是处于较高层级水平的加工，才可能将结果产生的原因归于单一水平（"高级"或"低级"）因果系统的作用。

这一论述提出了一系列不同方面的研究活动，需要首先对不同水平间的联结进行验证。如果研究排除了这些联结，就可以在特定水平内建构一个系统的因果性的解释框架。如果发现不能排除不同水平间可能存在的联结，那么，在建构解释框架时，必须保持研究现象的层级(不同水平间)性质,至少保留到下一个紧接的层级水平上。

例如,思考一下在图 4.4 中:修正后的"法则"只在行为水平上对 A→D 之间的转化进行解释。那么,首先需要证明的是,较高水平的现象(E)和较低水平的现象(B),在该因果系统内都不起作用。在线性因果条件下(例如,A 产生 C,见图 4.4),不允许通过迂回的中介水平的作用进行因果推理。然而,在系统因果条件下,通过系统 A→B→C,A 在转化成 C 中的实际作用是存在的。通过系统因果关系模型操作生物学和心理学系统,其中催化作用过程非常实用。

生物和心理世界中的系统因果性

心理学家已习惯于用变异数分析来思考问题,即将问题归因于主效应和交互作用,不再进一步思考形成这种原因的本质是什么。这可能在一段时间内满足了非发展心理学的需求,然而在发展科学领域远远不够。发展研究不能仅仅依赖于因果线性模型(X 导致 Y,X 在 Z 条件下产生 Y,见 Valsiner, 1987, 2000c),还需要考虑系统模型(系统 A—B—C 导致 Y,或者在 P—Q 的条件作用下,系统 A—B—C 导致 Y)。因果系统模型需要研究者关注产生"由原因导致结果"的循环系统过程,这些结果主要是因果系统自我更新(保持)活动的副产品。在这一点上,发展中的因果关系是彼此互惠或相互关联的(Ford & Lerner, 1992, pp. 56—58; Lewin, 1943; Weiss, 1969,1978)。这种循环模型在生物学中是常规性假设(例如,克雷布斯循环或三羧酸循环,Krebs, 1964),然而,在心理学中非常少见。

181

心理综合

生物和社会科学中的因果系统具有系统性和催化作用。系统形成原因,并在其存在的过程中维持自身。该过程的基本模式见图 4.5(Minch, 1998, p. 47)。

将两种独立的物质(A,B)综合起来形成一种新的复合体(AB),可以通过把一种催化剂(C)暂时添加进输入物质中来实现:首先,将 C 加入到 A(形成中间体 C—A),然后再到 B(形成中间体 C—A—B,将 A 和 B 结合形成一个整体)。然后,催化剂释放新的复合体 A—B,并重新生成 C。没有催化剂的作用,或许不可能生成复合体(直接的、没有任何中介因素的作用,A+B→A—B 不能发生)。新复合体的形成标志着一个新整体的建立。

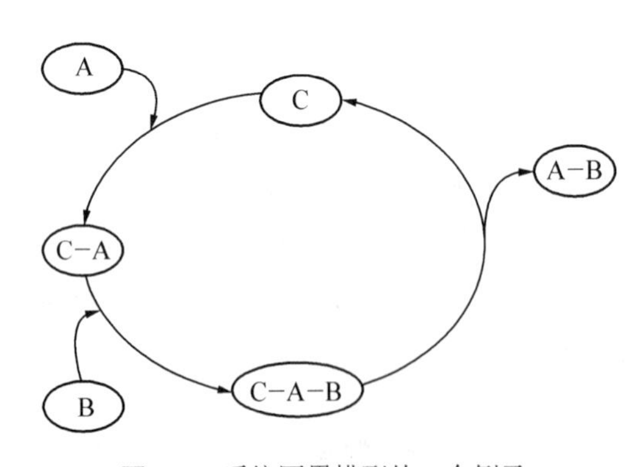

图 4.5 系统因果模型的一个例子。

C 是催化剂,在自我循环的过程中,使 A 和 B 的合成成为可能。

催化作用过程的范例表明了科学家思维中有机体和经典的形式因果模型之间的差异。同样地,图 4.5 很容易解释这个问题:"C 导致 A—B 的出现"(如"贫穷引起了儿童的暴力行为",或者,如果研究者避免使用直接的表示因果的语言,可以运用这种表述:"贫穷预测了儿童的暴力行为")。从图 4.5 可以看出,这种一般性的陈述是不充分的,尽管在某种抽象意义上可能是正确的

(的确,从C经过C—A和C—A—B再循环转化为C,可以看成是形成A—B的原因)。当然,这种抽象的表述可作为科学家之间交流的一种心理经济性的速记方式,它暗指在整个系统中已为大家所共识的过程,没有必要对其进行一一的复述。

自动系统和新异事物的产生

图4.5告诉我们在产生复合体(A—B)的过程中系统维持自身的一个例子。发展科学应该超越复合体自身的保持状态,从而对其形成的新异性和不可预期性做出解释。发展系统除在其建立的再生循环中不断重复循环外,还具有自动产生的性质(Maturana, 1980)。

在一定条件下,因果系统可通过建构新的部分并将其纳入自身的结构,或者联合系统内的各个部分通过再组织过程而进行自我更新。这种可能性为发展研究创造了特定的条件,因为它使我们不能只从任何因果系统中某些发展过程的结果作出推论。根据图4.5,如果出现一个新的结果A—B—Z,我们不可能从先前已被证实的因果系统(A + B以C为中介)作出推论。还有一种可能性是,因果系统进行自我修复(也见图4.6)。如果一个新的出乎意料的结果出现,因果循环系统的结构可能发生改变。

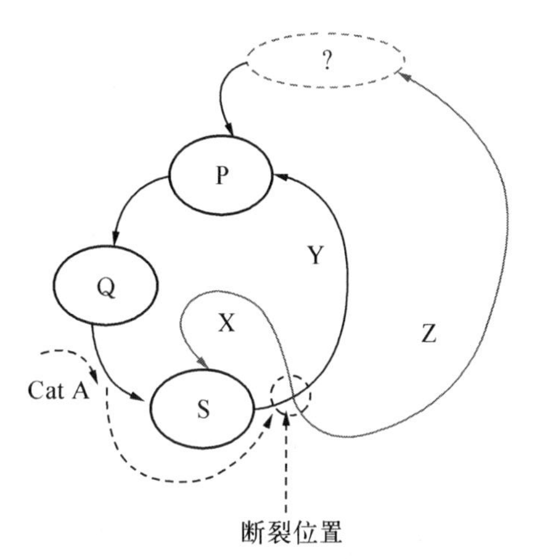

图4.6 非可递的层次性及其更新中断。

182

首先,有必要证明这种新结果不可能来自于先前的机能系统。不同的因果系统可能达到(或维持)相同的发展结果(如等效原则是所有开放系统的特征),不同的发展结果可能由同一个因果系统产生。发展的这种理论方面对实证研究实践来说是一个复杂的难题(Baltes & Nesselroade, 1973),并对人类发展有特定的持续作用(Bornstein, 1995; Kojima, 1995)。等效原则促使了一种新的取样方法的出现(如历史结构取样法)。

发展过程的动态层级性

儿童发展模型的有些概念定义不确切、并具有意识形态色彩,建构这些模型的不同理论家常常使用"层级"一词。在西方民主社会里,意识形态的含义随不同的社会模式而变化(如,政治自由,公民平等)。在这种情况下,不同模型中层级概念的使用往往是不确定的,这是因为人们普遍持有的对层级的看法——一种"自上而下"的严格的控制过程——往往存在一定的局限性(见Ford & Lerner, 1992, p. 114)。

然而,层级具有多样性和稳定性。因此,使用不同模型并非意味着把灵活的发展过程简化为某些既定的图式。任何层级组织都可被视为一个"临时工程"(一旦其控制机能失去作用,该组织就会弱化并逐渐消失)。从逻辑上讲,任何层级都不必是严格精确的。

可递和非可递关系

任何层级关系都可归为两种类型：线性层级和循环层级。线性层级以逻辑递归关系为基础(即,如果 A ＜—＞＞ B 并且 B ＜—＞＞ C ,那么 A ＜—＞＞ C,其中“＜—＞＞”表示在二者相互关系中处于优势层级的一端)；循环层级,以非可递关系为基础(见图 4. 5；如 A ＜—＞＞B 且 B＜—＞＞C 且 C＜—＞＞A)。例如,如果确定了一个优势层级,人们认为该层级具有稳定性和固定性,这无疑是一个非发展性的观点。也许这仅仅适用于无生命体而非有机体。有趣的是,这种固定的非可递层级同样能保证系统的稳定性。

图 4. 6 说明了一组非可递层级的机能,并标明了潜在发展变化的位置。通常,当“层级”这一术语运用在心理学中时,往往指的是位于可递层级中第一级水平。例如,对 Werner 的层级整合概念最常见的解释是(除了他自己的解释——见下述),不同的模型具有固定的线性关系(递归法则)。

相反,非可递层级对整合结构中各层级水平进行灵活的控制,这是第二种层级,即以非可递关系为基础,支配着生物和心理世界的调节过程。大部分生物调节过程都是一种循环结构。两种层级在任何关系发生改变的过程中都具有一定的可塑性,这些关系的改变还可能扩展到整个结构的变化(如 Lerner, 1984)。然而,非可递层级自身的发展并不是开放性的；事实上,这类层级维持其存在状态是通过相关情境的波动实现的(见图 4. 6)。

此时,我们关注的焦点已延伸到在心理系统和生物系统中关于因果或关系理论意义的一个普遍的认识论问题。系统催化取向是一个适当的因果关系模型(如果催化条件 Z 出现,那么系统 A—B—C 会导致 X),而并非通常人们所接受的线性的直接因果关系模型(A 引起 B；见 Valsiner, 2000c, p. 74)。这种观点在生物化学领域中卓有成效(Krebs, 1964)。根据这一观点,在相关分析中,变量 X 和变量 Y 在统计学上发现的“关系”并不表明 X 和 Y 在系统中的实际关系。相关数据不具有解释力——它们需要自我解释！

以前我们集中于分析,系统结构是什么(之前已描述过)以及系统在什么条件下可能发生变化,现在将注意力转向了对系统因果关系模型的应用分析上。这在科学上不是什么新鲜事：1927 年,Kurt Lewin 通过对系统机能(Bedingungsstruktur)存在的各种条件、转变为新状态的潜在性及其分解条件的研究,揭示了一元复杂现象的条件遗传性(《条件遗传》

183

Konditional-genetische Zusammenhänge, Lewin, 1927, p. 403)。Vygotsky 运用心理定势认识论,使其“双重刺激法”成为发展心理学的方法论工具(见图 4. 9；Valsiner, 2000c, pp. 78—81)。

在实际生活中的非可递层级

这里,我们并不打算仅仅建构一种抽象的理论模型。非可递层级也许能成为思维的工具,使我们能够理解在心理现象中,看似对立的现象可能具有反常的一致性。

例如,关于不同性别间的优势关系,这是社会学家和心理学家头脑中经常思考的问题。许多普通人热衷于解放运动,比如一些国家的女性平等运动。根据对这些国家女权问题的研究,得到了一些看似矛盾的结果(Villenas & Moreno, 2001)。这些运动中暗含着非可递层级的思想(见图4.6)及其预期的反向结果(原本处于优势地位的男性与女性逐渐平等,倘若考虑到女性在种族中有传宗接代能力,那么女性将处于优势地位,Rogers,1975)。此外,人类学家对非西方国家所进行的研究发现,性别关系远远比简单的“优越论”复杂得多。Meigs(1990)发现,在新几内亚岛,男性有三种并行的性别观念:一种是大男子主义;第二种是屈从于女性的生殖能力;第三种是平等主义。这三种观念之间的运动也许是循环式非可递层级的表现:可能某些男性优于一些女性,而这些女性又优于某些男性,等等。

需要注意的是,这类把循环整体区分出优先次序的具体环境形成了动态稳定的高变异系统。在该系统中,变化经常发生;但未必获得发展。于是问题就出现了:在什么样的层级顺序下才能产生发展?很明显,可递层级由于其自身的稳定性,不可能产生发展,同样地,有规律的非可递层级也不可能产生发展(见图4.6中的X路线)。很容易看出,成组的循环(Y路线)怎样使非可递层级转变为可递层级。只有打破循环,注入新元素,系统才会发生新的转换(Z路线)。

病毒的遗传调节性为这类通过自组织形成的新生事物提供了证据。例如,球石病毒基因,就带有自我调节机制,使其在环境中特定的催化条件下,改变基因的基本结构(Wilson et al., 2005)。虽然这是在基因调节水平上对先前非可递循环的破坏和重组,但这只是经验性的描述。在心理学领域中,已有的非可递循环中的类似破坏和重组,作用于新层级出现的水平上(Valsiner, 2001b; Zittoun, 2005)。

变异性是一种现象而非“错误”

不论在随时间变化的系统内还是在不同系统之间,变异性对理解所有的发展具有重要意义(Molenaar, 2004);因此,在数据水平上所描述的轨迹构成了相似的轨迹家族。为了实现对该轨迹家族的描述,发展的每个轨迹都是数据的重要特征。根据这种观点,可以从单一个案普遍推论到人格系统的一般机能水平(Lamiell, 2003)。研究者的实验任务首先是分析单个系统的功能,一旦对此作出解释,然后将系统作用方式的知识予以整合,并对不同个体进行研究,从而建构一个普遍的模型(Molenaar et al., 2003; Thorngate, 1986, 1992)。

当代心理学习惯于论述“个体差异”,乍一看还以为是在探讨变异性。然而事实并非如此;“个体差异”是对个体偏离某一定位点(平均值或者任一其他标准)的定量描述,使用“个体差异”往往忽视了存在于现象内部的变异性(Valsiner, 1986)。从技术上讲,关于个体差异的证据使描述“变量之间的关系”成为可能,尽管其在质上难以作出区分。相关系数表示变量X和Y之间的关系,它忽视了X或Y的变异性,强调了二者的同质性。不过,从得出相关系数的数据散点图中保留了变异性的证据。

184

事实上,关于“个体差异”的讨论不够严密,因为存在两种形式的“个体差异”:(1) 系统内随时间变化而变化(个体内差异)和(2) 在同一时间内不同系统间的差异(个体间差异)。此外,有证据表明这两种差异并非同形同构(Molenaar et al., 2003)。这导致需要对实证研究的策略进行根本性变革。在心理学上,我们应该舍弃对平均数或原型的依赖,放弃运用“一般线性模型”的假设来建模发展现象,因为它们与真实的系统现象不相符,特别是对于发展现象而言。

系统内变异性

发展科学把系统随环境和时间变化的变异性波动和对样本的研究进行了分离。只有通过对系统的重复观察和对其进行定量(Nesselroade & Molenaar, 2003)或定性研究(Mey, 2005),才能发现系统内的变异性。个体生命研究的参数的特点是(C. Bühler, 1934):对与环境条件有关的生命历程的描述(如 Chernoff, 2003; Mernissi, 1994; Shostak, 1981)。每一生命历程在其细节上都是独一无二的,通过比较先前与后继的两种形态,可以了解这种独特性。然而,随着时间发展,这种独一无二的个体背后潜藏着普遍的生命历程,通过对个体生命历程的抽象和概括,可以发现一些不变的特征。系统内变异性的研究,不仅包括独特的“局部描述”,还包括根据不同生命历程的比较而获得的普遍性准则。

系统间变异性

正如 Molenaar 等人(2003)指出,系统间(从某些较大单元抽取的样本称为“总体”)的变异性基本上不是、也不可能与系统内的变异性是同形同构的。该结果表明,人们从群体(样本)研究中所获得的关于普遍原理的科学知识,与其在个体水平上的应用毫不相关。根据对样本的分析所建构的普遍模型并不一定适用于样本中的个体(除了个别处于边缘的个体中完全同质的样本。事实上,这种个体是不存在的)。

在什么情况下个体间变异性对发展科学具有重要意义?它可以提供一个基本背景:所有可获得的样例集(即个体间变异性或者单个的样本)是基于物种的选择,并在此基础上,提出一个能检测系统内变异性的模型。如果有证据表明,关于个案(比如从样本分布的中间范围取样)的一般模型能应用于样本分布中的“特例”,那么研究者就可能根据个案研究总结出一般性知识(Valsiner, 2003b)。该方法在语言学领域应用广泛,一种理论观点的适当性需要在不同语言间对单个样本进行测试,对极端个案的测试可能会推翻该理论。这种相反个案的结果使理论系统得以重建,有时候可能导致人们摒弃该系统。

对取样的再思考:历史结构取样

从取样到对个案的系统研究,到从中获得一般性结论,这种对发展方法论的重新思考提出了取样的亮点(Sato, Yasuda, & Kido, 2004)。发展系统不是以其存在的状态为特征,而是以其形成的过程为特征。个体独特的发展轨迹可能暂时趋向于某一时间点上(等效点),到以后会逐渐分离开来。

在传统取样中,选择个案作为一个样本来表示“总体”。现在人们往往对随机取样的方法感兴趣,认为随机取样保证了样本是总体的最好代表。在当前社会科学中,我们发现了基于经验取样的新传统(Csikszentmihalyi & Larson, 1987; Kubey & Csikszentmihalyi, 1981)。它强调对日常生活经验的并随时间不断积累的具体点进行取样。然而,该结果在质上不同于对人进行取样,这里我们只是获得了个体随时间变化的“经验的总体”(即这种取样验证了个体内变异性)。

在具体科学领域内,如果我们为寻求普遍化的知识而对个体内和个体间变异性的建设性结合感兴趣,那么取样的思想具有了新的意义。我们可以谈及等效的点取样,或者更一般意义上,关于历史结构取样(historically structured sampling, HSS; Valsiner, & Sato, 2006)。因为发展科学研究的问题不是以系统内部的一般属性为特征,而是在于了解个体与环境相互作用过程中的机能表现,是在多样化的发展轨迹中,到底什么是普遍规律的问题。此外,发展现象在其本质上是历史的,特定的系统在不同环境条件下可能集中于一个等效的区域。HSS恰好考虑了环境的多样性,从某一具体的等效区域开始,追溯到个体早期生活历史中的重要事件(见图4.7)。

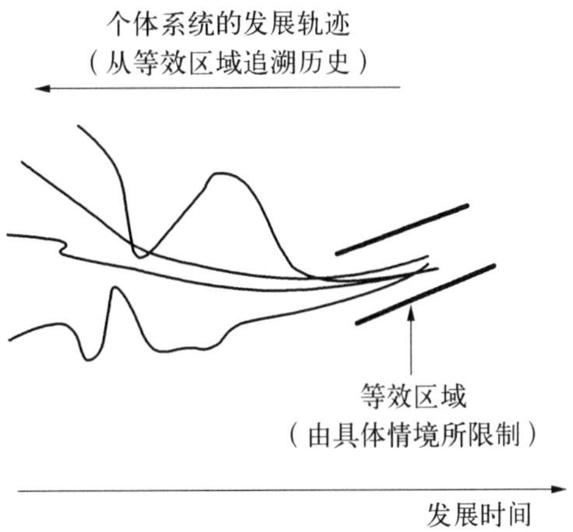

图4.7 基于等效点取样的发展轨迹——历史结构取样(HSS)。

来源:"Whom to Study in Cultural Psychology: From Random to Historically Structured Sampling," by J. Valsiner and T. Sato, in *Pursuit of Meaning: Theoretical and Methodological Advances Cultural and Cross-Cultural Psychology*, J. Straub, C. Kölbl, D. Weidemann, and B. Zielke (Eds.), 2006, Bielefeld, Germany: Transcript.

机能建构的中心

在发展模型中,"形式"(或结构)与"机能"、"建构"与"转变"是两对具有重要关联性的术语。通常,人们认为这两对概念是对立的:结构是静态的(机能是动态的),转变只是按照预定的方式发生变化(而不是建构一种新奇的事物)。然而,有机体通过联合这两个方面而获得发展:即它们被结构化地组织起来(从而可以支持不同的机能),并通过建构新的结构来实现自身的转变(Guerra, 2003; Slunecko, 2002)。

依据不同的定理,每一术语都存在很大争议。因而,在发展心理学的历史上,欧洲格式塔(整体或完形,Ganzheit)心理学(Ash, 1998; Diriwächter, 2003, 2004)和美国联想主义心理学展开了一场持久的论战(Cairns, 1998)。这场论战从未停息也无法终止。原因在于二者所建构的定理(前者理论的核心为结构,而后者将结构还原为元素)在本质上只是一个假设,而不是真理。同样地,有机体建构自身的发展,即积极主动地创建新的发展,才是理论的本质。

关于发展结构的绝对普遍的观点源于发生生物学和心理学的历史。其根源显然是18、19世纪的自然哲学,并可追溯到Johann Wolfgang Goethe的生物学的观点。到19世纪末,心理学中受到普遍认同的一个中心话题是对发展的关注。因此,对于Wilhelm Wundt、Franz Brentano、George H. Mead、Georg Simmel以及其他著名思想家而言,尽管通常并不强调其在发展心理学中的作用,但是关于发展的概念化问题对他们来说都不陌生。

于是如下问题就产生了——从过去到现在(如,Rogoff, 2003, pp. 52 - 62; 也见

Budwig, Valsiner, & Bamberg, 1998)关于复杂的发展现象的分析单位是什么？在20世纪初,发展性质的不同组织水平是普遍探讨的一部分问题。对大多数研究而言,其现象学的基础在于哲学家和心理学家们所生活的时代的一般特征——创作音乐,并欣赏自己的创作(现场直播——CD的时代即将到来!)：

> 格式塔理论最根本的出发点是试图解决这样一个问题：什么是旋律。最明显的答案是：旋律等于单个音调之和。但事实上,同一旋律可能由完全不同的音调组构成,即相同的旋律可以转变成不同基调下的音调组。如果旋律只是音调之和,那么我们听不同的音调组时会将其知觉成不同的旋律。(von Ehrenfels, 1932/1988, p. 121)

186

迁移中心和(综合)分析单元

发展的"整体性"问题是结构的转变：从一种情境向另一种情境的转变,以及从一种结构形式向另一种结构形式的转变(发展的、前进的或者倒退的)。20世纪初,发展思想家们试图用各种方式弄清楚整体和部分间的关系,如溯因推理(abduction)(C. S. Peirce),创造性综合(creative synthesis)(W. Wundt),或者通过概括把经验从一种情境"纵向"传递到另一种情境。"整体"应作为一种机体形式、一种结构来加以研究。如果不把"整体"看成是持续的、动态的、交互作用的部分,是生命的本质,是源于过去和现在,那么就不能真正理解它(Krueger, 1915, pp. 166—171)。

在从整体的视角分析单元的基础上,Lev Vygotsky(1927/1982)提出了辩证系统的分析单元：

> 心理学,要想研究复杂的整体……需要将要素分析法改变为单元分析法[即将整体分成有联系的单元——*metod ... analiza ... razchleniayushego na edinitsy*]。在分析的过程中,整体成为一个由各种突出特征的单元结合的联合体,这些分析单元具有密不可分性,其表现出的特性相互对立[俄文：edinitsy, v kotorykh v protivopolozhnom vide predstavleny eti svoistva]*(p. 16,本人苦苦思索出来的翻译)。

这种概括化的思想始于研究者用形式运算来研究各种现象。其根本的隐喻如同水与其构成成分(氧和氢)之间的关系**。显然,水的特性无法还原成氢或氧的特性。然而,水的化学成分是普遍一致的,它不依赖于其所在的环境,不管是存在于各种生物系统(如,人体或植物的细胞结构),还是存在于各种地质形式(如,海洋或咖啡杯)中。

* 需要指出的是,在将俄文原稿译成英文的过程中,与各单元的辩证动态特性的复杂联系未被译出,其重点在于："心理学的研究目标是将心理当作一个复杂的整体系统,为此,必须用单元分析法代替要素分析法。"(Vygotsky, 1986, p. 5)

** J. S. Mill在科学论坛中曾使用过该隐喻:"氢和氧构成化合物水,水具有不同于氢和氧的新的特性。"(R. Keith Sawyer, personal communication, February 20, 2002)

对整体分析单元的关注需要我们认识到，在各个发展系统中不同组织水平的存在和保持，并试图通过相邻水平间的因果机制对现象作出解释。正如 Kenji Imanishi(2002, p. 22)曾幽默地谈道："用不会飞、也不会游的细胞来解释为什么鸟会飞、鱼会游，是没有意义的。"这种解释从合成细胞作用的组织水平上，即神经系统内细胞网络的某些形式上，提供了游泳和飞翔的基础。然而，这些网络包括细胞都只是系统的组成部分，而不是原因。原因存在于系统的机能中，在整个细胞网络而不是在整体的个别成分中。将形成复杂现象的原因还原为构成现象的基本要素并不会使问题更为明晰，相反会引起混淆。例如，当前极其具有吸引力的人类基因组工程声称，在大量的碱基对中，可以定位出与人类的一些复杂现象(如精神分裂症、学业成绩或者任何其他的"因变量")相对应的"基因"。事实上，有关基因规则的相关证据表明，这种简单的一一对应的联结在生物学上是不可能的——因为它否定了系统所具有的多重组织水平的性质。然而，心理学家(和外行人)还在继续寻找简单的方式，将因果关系归因于(或归咎于)社会可接受的"原因"。儿童心理学似乎仍然无法摆脱"遗传与教育"问题所面临的概念上的困境。

建构发展科学的普遍模型

为较近的历史和概念研究而进行的模型选择，受研究者的公理性假设的指导。这种选择取决于两个基本的要素：随时间变化的动态的重构过程(分化，去分化和整合)，以及与非随机的、结构化的和以目标为导向的引导环境之间的互换关系。

187

显然，这两类模型利用了两种参照系，即个体—生态学参照系和个体—社会生态学参照系来进行发展的分析。第一类模型包括分化和平衡的假设，第二类则关注与引导环境之间的关系。所有模型的基础是构造主义(尽管还考虑到其动力学基础)，它们在历史上植根于发生生物学(而非心理学)以及建立在生物学世界观基础上的哲学。

分化和平衡：结构动力学

在任何发展的概念模型中，将发展中的有机体(X)先前发展状态的核心部分转变为一种重组的结构(X－Y)，或者从联结紧密的多个系统转化为单一的系统，都属于"分化模型"(differentiation models)。关注某物成为另一物(something-becoming-something else)的理论研究称为遗传逻辑学或协同遗传逻辑学(genetic or co-genetic logic)(Baldwin, 1906; Herbst, 1995)。在 20 世纪，该形式的发展逻辑学还处于形成阶段。然而，任何分化模型都暗含着(通常不明确地指出来)某些逻辑形式的变化在时间上具有不可逆性。

对于任何一位研究自然界中生长过程的自然主义者而言，随时间推移而使组织结构发生变化的分化思想，的确是一个非常简单的思想模型。分化模型的历史可以追溯到歌德(Goethe)的自然观以及自然哲学的传统。在这种背景下，胚胎学的创始人 Karl Ernst von Baer 认为，分化模型适用于对组织系统进行个体发生学的观察(von Baer, 1828)。对于自然科学家而言，已分化的组织系统的整体性质是确定的，他们没有必要去反复强调只有有组织的生物系统(而不是其组成成分)才能生存。在进化论思想的发展中,对分化的研究要稍微复杂一些(Gottlieb, 1992; Oyama, 1985)。

我们可以对分化模型的普遍本质进行较为详细的描述。如果朝着更系统的、复杂的方向发生结构的转变(即 x→{x−y}的转变),传统上称之为是一种进步(progression),那么其反向转变(即{x−y}→x 的转变)则被认为是一种倒退(regression)。倒退包含在分化模型中。为完整起见,我们应该谈一谈由 Kurt Goldstein(1933, p. 437)所提出的分化和去分化模型(de-differentiation models)。需要反复强调的是,任何去分化过程(通常被归入到“倒退”中,意味着回归到了先前的状态)都是正在进行中的发展过程的一部分。由于时间的不可逆性,任何发展不可能“回归”到先前的状态,这使得每一种新的发展状态都具有独特性。然而,在对人类的整个生命历程进行研究时,可能会看到与先前的发展状态相类似的状态(见 Sovran, 1992)。在不可逆的时间框架下,发展是一种螺旋式的展开。在螺旋形曲线的不同位置上,一种新的状态可能与先前的某一状态很相似,但是,这种新的状态绝不可能重复再现先前的状态。

分化模型的众多例子已经运用到儿童心理学的不同领域中。这些模型成为生物学(Sewertzoff, 1929; von Baer, 1828)和语言学(its diachronic focus, à la Saussure — Engler, 1968)研究的基础。在儿童语言发展的研究中,研究者从个体发生学的角度来描述儿童如何识别或产生语音和单词。认知发展的阶段模型表明了认知结构的分化(Case, 1985; Fischer, 1980; Fischer, Yan, & Stewart, 2003)。对儿童智力运算的微遗传学分析(microgenetic analyses)揭示了问题解决策略随年龄而发生的变化(Valsiner & van der Veer, 2000, 第7章)。尽管分化模型得到了广泛的实际运用,但在发展心理学中,一般性的公理公式还非常少见。

James Mark Baldwin 和发展逻辑学(遗传逻辑学)

Baldwin 的工作对发展心理学的各个方面都产生了开创性的影响(Valsiner & van der Veer, 2000)。他在分化理论的精细化阐述中的作用同样具有深远的意义,因为这发生在他的“遗传逻辑学”或“发展逻辑学”(Baldwin, 1906)思想形成的背景下。该发展的逻辑考虑到发展过程的开放性:在先前已有结构及其与当前环境作用的条件下,新的发展形式怎样出现在某一结合点上。有机体积极主动地作用于环境,通过持续的试验过程,尝试,再尝试(进行“持续的模仿”),从而使环境与内部心理世界逐渐分化。

188

经验的异质性

Baldwin 清楚地认识到,根据静态的特征来看待有机体所处的环境,存在理论上的危险。发展中的个体所在的世界是不断变化的。这种变异性有其实在的形式,即与社会发生交互作用:

> 儿童开始意识到在某种程度上人们对待他的方式是因人而异的,因此个性有不确定或无规律的成分。这种成长意识从对6个月以上婴儿的观察中,可以很清晰地看出

来。母亲有时候给他一块小饼干,有时候不给。父亲有时候微笑着、突然举着他,有时候却不这样。儿童会寻找情绪变化和教养方式的信号。在先前有规律的人际交互方式的基础上所产生的期望,是导致儿童失望的根源。(Baldwin, 1894, p. 277)

个体所在的社会环境的异质性,使个体需要对这种异质性进行选择性加工。先前已形成的"图式"(见 Baldwin, 1908, p. 184)使得个体对实际环境输入的多样性作出选择。根据 Baldwin(1898)的观点,个体应:

特立独行,我行我素,锻炼其判断力,为坚持真理而奋斗,具备独立自主的优点和固执己见的缺点,学会选择性控制社会环境,并根据自己的判断对社会产物有正确的认识。(pp. 19 - 20)

显然,一个人的社会性体现在其个性中。个性从社会根源中分化出来,并获得相对的自主性。这种自主性的异质性使人们不再单纯地盲从于社会世界,而是经过作用于心理过程的内化的选择机制——认知图式(Baldwin, 1898, p. 10),从而引发对新知识"系统确定性"(systematic determination)的需要。这种图式并不是对世界的表征,而是个体在将来与外部世界作用过程中的先行组织者。Frederick Bartlett(Rosa, 1993)、Jean Piaget(Chapman, 1988, 1992)和 Lev Vygotsky(van der Veer & Valsiner, 1991)继承并发展了这一观点。因此,当前形成的思想或行为的分化结构,为将来的个体与不可预知的环境之间的作用提供了基础。

Pierre Janet 和心理机能的层级结构

在 20 世纪的头十年里,心理学思想发展史上最为关键的人物大概当属法国精神病学家 Pierre Janet(Valsiner & van der Veer, 2000, 第 3 章)。他是潜意识过程分析的创始人。他的工作成为各种行为理论的基础,其影响在 20 世纪迅速扩大(Boesch, 1983, 1991; Leont'ev, 1981)。

Janet 主要关注人格结构中思想和行为现象的分化及其相互整合的实证研究(Janet, 1889,1926,1928)。在分化过程中,机能系统中的某些部分扮演调节者的角色,协调其他部分的机能。不同的临床案例通过简单的改变控制系统来获取病理学上异常的机能,为大脑正常功能的层级控制提供了证据。在一个极端上,一个人通过思维过程发现了完整而具体的行为模块(Janet, 1921)。而在另一个极端,由知觉经验自动引发的思维过程可能导致无批判的、未经检验的行为模块(Janet, 1925, p. 210)。

张力的概念

个体在对人格系统的分化和整合的处理方式上存在很大差异。心理张力的概念体现在 Janet 的思维—行为层级结构的所有水平上(Sjövall, 1967, pp. 52 - 56)。在较高水平的层级上,个体的意志可被看成最高级的控制机制。因此,意志不是一种独立于正常行为控制层级之外的神秘物,而是在发展中形成的最高水平的层级系统。

189 分化过程以先前分化结构的各部分之间的张力为特征。这种张力就是心理学研究所关注的重点,所以:

有些病人以病态的方式对自己的行为表示满意,他们进行自我观察,报告自身的焦虑,陷入了一种长期的自我心理分析中。他们在患有精神疾病的状态下成为了心理学家。(Janet, 1921, p. 152)

处理这种张力的关键特征是,通过使用语言对个体过去的经验进行综合(Meyerson, 1947)。Henri Wallon(1942, 1945)对分化与综合的过程也有类似的论述。

Heinz Werner 的分化模型

Heinz Werner 与 Jean Piaget 和 Lev Vygotsky 并称为 20 世纪三位重要的发展心理学家。在这本《手册》的早期版本中,曾经对 Werner 的研究进行了详尽分析(Langer, 1970; Valsiner, 1998a)。最近他的研究又受到了关注,因为他揭示了科学家与其所在的社会背景之间存在大量未知的智力依存性(Valsiner, 2005a)。

直生论原则

在英文心理学文献中, Werner 的观点一般是从他出席第一届明尼苏达儿童发展研讨会上引证的。大致如下:

发展心理学提出了一个关于发展的协调性原则,即直生论原则。它强调无论发展始于何处,它都是从一种相对综合的、缺乏差异性的状态下产生,并转化为一种逐渐分化、更为明晰和多层级整合的状态。(Werner, 1957, p. 126)

分化思想的根源要追溯到 Goethe(cf. Werner, 1926, p. 32)。为了解 Werner 的研究目的,需要详细地介绍其思想的细微之处。下面对 Werner 关于"主体"和" 客体"两极性(分化)作一重点介绍。

主体—客体逐渐分化的结果是,有机体越来越少地受直接的具体情景的控制;个体较少地受外部刺激的限制,更多地受自身选择状态的推动。这种自由的结果就是个体对目标、可选择手段及结果的种类有了更为清晰的理解,从而对行为延迟和计划有了更大的把握。个体能更好地作出选择,并能按自己的方式重新布置环境。总之,他可以操纵环境,而不是被动地对环境作反应。这种从对当前情境的控制中所获得的自由,也可以使个体对其他情境进行更准确的估测。(Werner, 1957, p. 127)

直生论法则并不表明在具体发展现象的水平上遵循分阶段发展的线性的预定规则。事实上,Werner 承认发展轨迹的多线性(Werner, 1957, p. 137)。分化包括与之互补的去分化。在层级整合过程中,当较高水平的组织特征出现时,需要对"较低"水平(即先前形成的水平)的组织进行质的重组:

> 发展……趋向于稳定。一旦达到一个整合的切实稳定的水平,后续发展的可能性取决于个体的行为模式能否变得自动化,以至于不需要进行结构的重组……例如,个体学习的早期目标是建立感觉运动图式,之后,该图式就成为应对环境的工具或手段。由于有机体不可能处于两种完全相同的环境中,因此,这些图式在适应性行为上的有效性取决于图式的稳定性和可变性(看似矛盾的"稳定的灵活性")。
>
> ……若假设较高水平的运算包括层级整合过程,那么较低水平的运算则须根据其机能性质进行重组,从而有助于高级机能的发展。举一个关于表象的机能性质变化的通俗易懂的例子:表象从只是有助于记忆、幻想和具体概念的理解阶段,后来被转变为抽象概念和思维的符号图式阶段。(Werner, 1957, pp. 139 - 140)

Werner 关于主体—客体逐渐分化的观点,导致了心理调节装置的出现,这种装置成为人类心理和情感过程的组织者。在此,还将其与 Vygotsky 的符号中介装置作了比较(见 van der Veer & Valsiner, 1991)。Werner 认为,这些调节装置在分化过程阶段出现,并使个体产生有计划的行为和明确的个人动机(Werner, 1940, p. 191)。 190

Werner 将动机概念纳入到出现的一系列调节装置之中,这可作为心理学中曾被提出、之后又被遗忘的一条理论小巷的例子。个体经过建构文化意义来建构自身的动机,这使得在个体发生学中出现新形式的自我调节,并在人类历史上产生文化意义系统(语言形式的分化,如隐喻装置)的变革。

虽然与 Werner 同时代(及之后)的大多数发展心理学很少将目的论的思想纳入到其理论的核心,但他对发展过程的指向性的态度却是鲜明的(见 Werner, 1957, p. 126 footnote)。Werner 对"原始的"(较低级的)和"文明的"(较高级的)思维形式进行了明确的区分(如,见 Werner & Kaplan, 1956)。在 20 世纪 20—30 年代的认知心理学中,这种区分很常见,也没有因价值因素受到意识形态的影响。Vygotsky 以及对知识发展作出重要贡献的其他研究者都明确接受了这种思想(见 Goldstein, 1971)。

微遗传学研究

Werner 坚持的实验信条是,对心理现象在时间上的展开进行实验研究。他的微遗传学实验与 Friedrich Sander 的遗传学(Aktualgenese)方法论并行获得了发展(分析见 Valsiner and van der Veer, 2000, 第 7 章)。如果在 20 世纪 50 年代,Werner 仍与 Friedrich Sander 的方法和原理保持一致,那么基于这种知识结合而产生的所有假设将是发展性的(假设在特定的实验条件下,分化或去分化过程是可以被观察的)。该假设是关于在发展中结构展开的实际过程,而不是指发展的结果。以前,Werner 就反对把发展过程从研究中排除出去(Werner, 1937)。然而,20 世纪 50 年代之后,他的研究计划有所转变:其研究范围很少涉及到过程的研究，而开始运用以结果为导向的统计推断技术（Lane, Magovcevic, & Solomon, 2005）。

George Herbert Mead：协调自我与他人

近来，人们对 Mead 的智力环境观给予了关注和分析（Cook, 1993; Joas, 1985; Valsiner & van der Veer, 2000）。例如，为了克服个体与社会的分离，以及实用主义者所探讨的理性融合，Mead 提出了一个关于个体分化（不同的“自我”与普遍的“他人”；Dodds, Lawrence, & Valsiner, 1997）与社会分化的双重反馈回路模型（double-feedback loop model）。个体作用于环境，并改变着环境，在作用的过程中所获得的反馈和结果又导致对自我内部心理的重构。反过来，这种心理的重构又进一步地作用于环境，使环境发生变化，如此等等。主体和客体分化的过程保持了二者之间的动态关系，然而，这一过程在持续不断地发生变化：

> 对社会引导自我的反应可能源于他人的作用——我们在想象中提出他人的观点，并用他人的语调、姿势，甚至面部表情来行事。我们还可以扮演自己周围群体中的多种角色。事实上，只要这样做，个体就会变成我们社会环境中的一部分——意识到作为自我的他我，意味着我们扮演过他人角色，能够识别他人的类型，以便进行交流。因此，我们对他人作出行动的内部反应与我们的社会环境一样变化无常。（Mead, 1913, p. 377）

因此，行动者的内、外部世界在协调中不断分化，并从一个自我转变为另一个自我（见图4.8）。

191

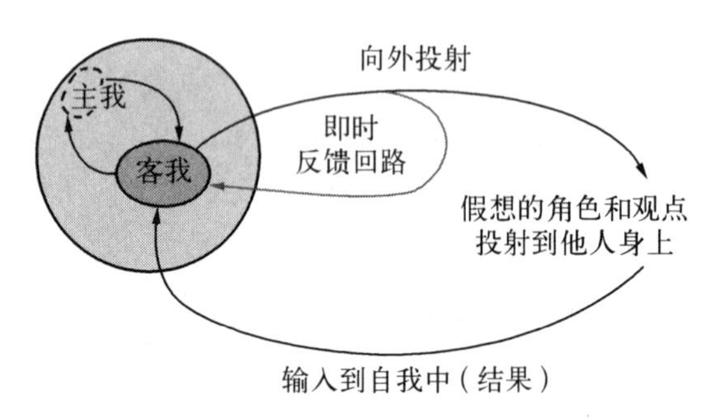

图 4.8 G. H. Mead 心理学核心示意图

为了新的建构，自我的开放性有以下三种方式：

1. 内部前馈循环（internal feed-forward cycle）（客我→主我→客我）。这是一个内部回路，驱使着易受影响的那部分自我（客我）改变自身的状态，以新的行为方式作用于环境。

2. 即时反馈循环（immediate feedback cycle）。这是一个即时的操作过程，当个体作用于环境时，甚至在从环境中获得任何反应之前，个体就已经在分析其可能的结果了（例如，在你告诉我这些文字有多么乏味之前，我就已经知道了）。

3. 实际反馈循环（pragmatic feedback cycle）。将个体作用于环境的结果反馈给自我。

整合这三种回路的焦点是内部心理上称为客我的自我单元，它联系着内、外部持续不断的动态变化的输入流。其中有些“客我”来自于行为的结果；另一些源于个体的预期，或者个体的“内在无限性”（internal infinity）（主我）。

Vygotsky 和辩证的综合

Vygotsky 思想的核心在于证明了个体在生活体验的过程中不断出现新的建构(Van der Veer & Valsiner, 1991, 1994, 第 9 章; Vygotsky, 1971)。他认为,发展需要心理机能的分化(从“低级”到“高级”水平,通过符号中介的随意过程来区分)。

Vygotsky 认识到要研究分化过程,必须对心理学中已有的方法进行重新思考。因此,他提出了“双重刺激法”(method of double stimulation),该方法强调对过程的分析,即在特定的目标定向的任务中,对被试在刺激情境下心理进一步分化的建构过程进行分析(Valsiner, 2000c)。创立该方法论的主要目的是,试图发现个体在同一活动形式内(line of actions)(类似于 Karl Bühler 关于思维过程的研究,以及之后 Köhler 关于猿猴顿悟的问题解决研究)以及不同活动形式与符号反应之间,何时达到一个辩证的综合推理的时刻。在后一种情况下,当前问题解决的情境可按其意义进行重新建构,这种意义引导着人们与情境之间的关系。人类从行走到会说话,到沉思,到意义概括,再到心理的一般状态(如,“抑郁”或“高兴”的状态),这些能力构成了心理的分化过程,较高级的心理机能逐渐整合到具有控制作用的所有机能结构中。

双重刺激法

双重刺激法(method of double stimulation, MeDoSt)制约了发展心理学在实验方法的重构过程中出现的一些激进的思想(见图 4.9)。首先,它是非常明确的构造主义的观点,认为被试面对的是整个的实验情境(而不仅仅是目的迥异的各种成分——“自变量”)。其次,认为被试是主动的个体,通过将目标子域(Vygotsky 称为“刺激—对象”)和实现目标的手段(“刺激—手段”)引入到实验情境,并对其进行重构。将结构化刺激领域的机能分化为“目标”和“手段”(其他方面构成了实验的背景),由实验者引导,但不能由他或她来决定。实验者给被试一个具体情境中的任务,被试可能拒绝完成该任务,而转向另一个任务。心理学实验只是部分地受实验者的操纵。

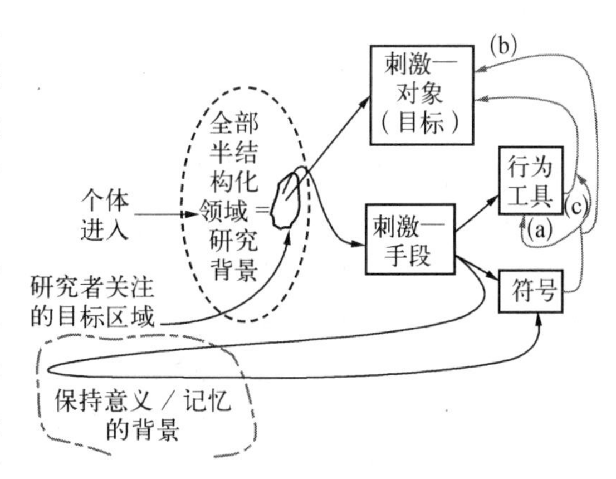

图 4.9 Vygotsky 双重刺激法的组成成分。

双重刺激法需要对“刺激—对象”(任务及其目标)和“刺激—手段”(最终实现目标所采用的方法)作出区分。这是基本的主/客体分化,它是任何问题解决情境所必需的条件(Simon, 1999),是人类和其他灵长类,甚至那些在进化阶梯上远离人类的物种所共有的成分(见 Sarris, 1931, 关于狗的心理能力)。Vygotsky 对手段/结果之间差异的关注源于 Köhler对黑猩猩的观察研究。 192

在两种手段间存在一个“双重刺激”的次级分化,可用来组织被试在实验情境中的行为。在该情境中创造行动的工具,并运用先前可利用的客体(经过修改或不用修改)合成新的机能。这种合成存在不同性质的水平，其中有些不要求人类思维的参与。因此，对于发明清洗马铃薯技术的日本猴而言，它只是对可利用的环境和身体资源进行重组，从而创造了一种全新的方式来解决食物获取的问题(Hirata et al., 2001)。同样地，Köhler 在坦纳利佛(Tenerife)的黑猩猩也像在实验室、动物园或野外解决问题的灵长类一样，以全新的方式创造性地对已有资源进行组合(Matsuzawa et al., 2001)。当个体对已有的行为资源形式进行调整，以适应任务的需求，并且将调整过程保持在物种的集体记忆中，这是种系发展史上的一次质的飞跃。对于黑猩猩而言，制造行动的工具就是一种突破。

MeDoSt 需要研究不同符号的运用——行为者的符号手段。像行为工具一样，为特殊任务的要求，在当前情境下建构符号，或者将其从先前的情境引入到当前的情境。通过符号中介装置，将过去与现在的情境联系起来，对预期的未来作出推断。人类主体，通过使用语言(思考和说话)不断地表达意义。

符号意义的建构和运用包括心理实验的情境。要研究的被试(实验的参与者)明白将要发生在他或她身上的一系列事件，并同意参与其中*。人类所使用的符号有三种并行的功能：

1. 允许个体对制造或选择工具的行为赋予意义(图 4.9 中的 a)。
2. 为努力达到目标的行为赋予意义(b)。
3. 维持努力使用工具以达到目标的持久性(c)。

人类的内在动机是通过符号建构的；"尝试，再尝试"的意义(持久的模仿，Baldwin, 1906)建立在个体文化的基础上(Valsiner, 2000c)，并通过情感性的超越一般化的符号意义而获得强化。

实验者无法控制被试的解释行为，也无法消除被试对研究情境的意义理解。人类心理学研究在本质上必然是个体的和历史的。从 Ebbinghaus 开始，一代代心理学家都想方设法去消除因个体过去的知识经验给研究情境带来的个体内变异性，但都没有成功。Vygotsky 方法论的独创性在于，他决定将那种不可避免的、无法控制的人类解释环节，变成一种可被考虑的理论上的优点(Toomela, 2003)。在研究中，意义建构的过程成为研究的对象。在他的方法论中，"因变量"相当于微遗传学过程，即被试试图达到目标，并进行相应的意义建构。Vygotsky 思想的实验基础源于格式塔心理学关于灵长类动物的实验结果，以及 Mikhail Basov 关于儿童行为的调查研究。

最近发展区

最近发展区(zone of proximal development, ZPD)是指儿童通过引导可以达到的水平与个体现有水平之间的差异(即社会中心论的定义)，或者儿童在有帮助游戏中超越现有发展水平的过程(Vygotsky, 1966)。在这两种情况下，该概念具有时间上的不可逆性。

---

* 人们常用一些标签来指代参加心理学研究的人，研究者常自主地赋予这些标签一定的意义，并认为这是件很有趣的事。最初，研究者将他们称为观察者(在内省范式中——指那些对自己内在的心理过程进行观察的人)，之后，又称为被试(例如，广泛使用的一句行话"让被试跑"——用白鼠代替内省的人的一段时间)，现在，被称为研究参与者，但这贬低了研究者的作用，因为研究者同被研究的人一样，他们也是研究的参与者。

时间的不可逆性对发展中的人提出了非常特殊的要求。首先，个体总是环境中的行动者，与环境发生即时的交互作用，其他人只是偶尔参与其中。也就是说，发展中儿童的特定生活里不存在“社会性他人”(social other)。他们的经验是独特的(如 Bergson 所强调的那样)。尽管这种经验流是通过社会的交互作用形成的，然而其心理本质仍然是个体的，具有必然的主观性。这种经验的本质被称为发展的“基于时间的自我中心主义”(time-dependent egocentrism)。该观点认为，在人类发展历程中，个体内部心理的情感和心理过程具有关键性的作用，但这并不意味着社会性他人的作用变小了，而只是强调发展中的儿童是最了解自身生活经验的人(Valsiner, 1989)。

193

其次，个体在环境中对微遗传学行为的实践过程决定了其在随后的经验建构中所需的可能条件。除了这些可能的条件外，当前的实际经验影响着下一时刻(即将到来的时刻)经验的建构。当前经验在个体心理系统的机能整合中的关键作用，可以通过即时的社会支持(采用脚手架或者教学的方式)或者其他方式来实现。因此，社会性他人在学习过程中的作用是重要的但非必要的。说其重要，是因为社会性他人为发展中的个体创建了经验的环境。然而，在儿童与其环境的每一次作用过程中，社会性他人的存在并非是必不可少的(或者是不确定的)。作为一个独特的个体，发展中的儿童受周围世界中个人或社会的引导。ZPD 源于 Henri Bergson 的思想：

> 意识是有机体在执行实际行动中[法语：qui entoure I'action effectivement accomplie]，作用于可能动作或潜在行为区域上[法语：activité virtuelle]的一盏灯。它用动作来表示犹豫不决还是作出选择。在需要许多同样可能的行动的地方，如果没有作出任何实际行动(如同陷入了无尽的思考中)，那么意识就会很强烈。在只可能作出一种行动(就像梦游者或者更一般化的无意识行为)的地方，意识就几乎不存在了。如果我们能够发现所有一连串系统化的运动，并且从第一次就能预见最后一次，在这种情况下，依然存在表征和知识；如果受到了障碍物的惊吓，意识就会突然闪现。从这个观点来看，有机体的意识可被定义为潜在[virtuelle]行为与实际行为之间的算术差异，它能够测定表征与行为之间的距离。(Bergson, 1907/1911, pp. 159 - 160; French original inserts from Bergson, 1907/1945, pp. 154 - 155)

如果我们将 Bergson 有时回到机械决定论的概念(如“算术差异”)搁置一边，他关于意识建构性的其他概念似乎非常具有现代意义。发展中的人在其生命历程中经常面临复杂的选择，因而需要建构新的行为(及其符号表征)。这些被建构的行为是其已有行为最亲密的“近邻”。个体持续地从先前已有的状态发展到目前还没有实现的思想和行为状态，这就是后来 Vygotsky“最近发展区”思想的本质所在。

最近发展区是现在与将来的交汇区

ZPD 是一个必要的观念，它表明教师和学生的作用是互助且不对等的：教师试图使学生“保持”在由教学目标所决定的“操作区”(zone of operation)内，而学生试图重新调整自己与该区之间的差距。教与学任务间的协商过程包含了二者间有无距离的错综复杂的运动(Maciel, Branco, & Valsiner, 2004)。

什么事物能够(不能)投射到 ZPD 上？这取决于微遗传学的成功(或幸运)介入以及社会性他人与发展中的人(我们的目标有机体)之间的交互作用过程。教学实验只是一种情境,在该情境中,其中一种目标定向(即教师的目标定向)有相对明确固定的方向,而另一种(即学生的)不能(也不可能)具有相同的方向(Branco & Valsiner, 1992)。相反,学生可能偏离教师的目标定向,也可能与教师的目标定向达成一致。同样地,学生可能持有一种中立的或者不合作的态度,从而破坏了教学效果(Poddiakov, 2001,2005)。因此,仅仅依据教学实验的成败来衡量 ZPD 是不合适的。相反,对教与学事件的联合建构的过程进行直接的观察,能够给予研究者在对学生如何超越当前发展状态的研究中以启示。

194

Mikhail Basov 的动态结构形式理论

Basov 的工作,已为现代读者所熟知(Basov, 1991),它起源于格式塔心理学及其关于发展的统一性原则(Valsiner, 1988, 第 5 章)。与 Vygotsky 相对比,当他的辩证综合过程由于其在很大程度上的不确定性受到质疑时,Basov 通过使用在个体发育中所建构的三种逐渐复杂的形式(以及它们之间的过渡形式),证实了新的分化结构的出现(Basov, 1929, 1931, 1991; 也见 Valsiner, 1988, 第 5 章)。

第一种形式——行为之间没有特定的联结点,而是在每个瞬间一个接着一个形成一种暂时的行为链。这些行为在特定的时间和特定的情景下被引发出来。过去的经验和对未来的期望都不包含在这个特定情境的行为链中。例如,学步期儿童的行为序列是没有规律的,他可能用一系列没有任何关联的行为从一个地方移动到另一个地方。

第二种形式——联合决定过程。它是在当前状态和过去经验二者联合的基础上形成一种结构化的行为形式。这一分化结构需要及时地联系过去与现在,保持行为的连续性(例如:按 Basov 的观点,通过马尔科夫分析和其他时间序列分析,当前,我们对时间进程的建模尝试,对于探究该分化形式是存在公理性限制的)。然而,在这一形式下的分化并不包括对未来的指向性。因此,它不能被视为最终的分化结果。

第三种形式——统觉过程。该过程构成了从过去到现在、从现在到预期的未来之间的统一联接。对未来的预期——统觉中心——提供了个体所关注的任一时刻的行为结构。这被用来将过去经验与特定的联结加以整合,并纳入到行为结构中,作为有助于未来发展的工具。

Basov 关于儿童学的观点和我们今天的行为观点具有某些相似之处(见 Brandtstädter, 本《手册》本卷第 10 章)。他清楚地预期了对人类行为的目标定向性进行思考的必要。因为研究人类心理与制造聚焦仪存在很大的差异。

Kurt Lewin 的拓扑心理学

Lewin 关于人类行为和思维的动力学观点对心理学思想作出了重大贡献(Zeigarnik,

1981)。这是一个普遍的方法论取向,从根本上超越了大多数联想主义心理学者的世界观。他认为:

> 场理论最好被描述为一种方法,即一种分析因果关系和创立科学构想的方法。这种分析因果关系的方法可以用有关环境条件变化的一般性陈述形式来表示。(Lewin, 1943, p. 294)

场的整体性要求按照场结构、驱力(Lewin, 1935, 1938, 1939)或梯度来对变化作出解释(Gurwitsch, 1922; Waddington, 1966, 1970)。Lewin 致力于克服心理学中的"亚里士多德模式"(Aristotelian models)(Lewin, 1931; Valsiner, 1984)。他没有用平均数或众数(出现次数最多的数)来代表真实的心理机能(即 Lewin 定义的"亚里士多德模式"),而是试图分析能动的个体所在的整个场的结构,强调场的结构及其转变是实现该目标的有效途径。

生活空间场的加工

尽管 Lewin 主要关注描述个体心理机能在当前状态的场(Lewin, 1935, 1936a, 1936b, 1938),其场理论在发展方面则试图对个体在场内以及在微遗传学水平上"生活空间"变化中的导航运动(navigation)作出解释。该运动需要个体意义的重构(Lewin, 1942)。在刚进入一个新环境时,个体的心理场结构是未分化的,在探索环境的过程中,通过个体的一系列行为而逐渐分化(Lewin, 1933, 1943)。Lewin 的实证研究为这种情境转变过程提供了经典范例(例如,蔡格尼克记忆效应; Zeigarnik, 1927)。Zeigarnik 和 Lewin 证实了记忆加工过程中未完成行为的成形作用。

Lewin 在方法论上的一般观点与这些实验结果相一致。在发展心理学的实验方法中,他关注的是哪一种场转换的条件(即条件—遗传分析; Lewin, 1927)能够为直接研究分化过程开启一道门户(如, Boesch, 1991; Bourdieu, 1973, 1985; Bronfenbrenner, 1979; Bronfenbrenner & Morris, 本《手册》本卷第 14 章; Valsiner, 1987)。所有系统的发展分析的起点都源于场理论的某个版本(Valsiner & Diriwächter, 2005)或者动态结构隐喻的使用("网络";见 Fischer & Bidell,本《手册》本卷第 7 章)。任何强调有机体与环境之间动态关系的发展观,都是依据"场"而非"点"来建构其方法论的。

195

发展心理学的动力学取向

在当前发展心理学的不同领域,可以看到分化模型的连续性、精细化和多样化。Ford 和 Lerner(1992)就此证明了"生命历程"的结构如何通过分化显现出来(Ford & Lerner, 1992, pp. 200 - 204)。他们的分化模型强调一种"混合分层结构"(heterarchy)(与"层级结构"不同),该分化结构的"影响因素"来自于"自上而下"和"自下而上"两个方向上(Ford & Lerner, 1992, p. 114)。

Fogel(1993, 1999)对成人和婴儿间的交流过程感兴趣,他运用分化模型来研究交互作用流中关系的出现。Lyra对成人和婴儿间交互作用流中手势的出现进行了深入分析(Lyra, Pantoja, & Cabral, 1991; Lyra & Rossetti-Ferreira, 1995; Lyra & Winegar, 1997)。除了联结和层级整合,发展还包括相对于先前状态的分化现象的缩略过程(the process of abbreviation)(Lyra, 1999)。

缩略过程的存在使先前分化现象中的某些方面缺失,研究者们在很多年前已认识到它的重要性(如Dewey, 1895, pp. 26—29)。这种缺失被Vygotsky称为"行为的化石作用"(fossilization of behavior)。在人类符号结构中,这种缩略的作用如同当前的前馈信号一样,目的是用来保存过去的现象——"符号的一个主要功能就是缩略事实"(Lyra & Rossetti-Ferreira, 1995)。在个体发育中,说话与动作按顺序分化,且二者间相对自主地确立关系,这使得符号中介装置以动态灵活的方式控制着发展的规则。例如,在社会行为领域,儿童在游戏中建构社会角色(Oliveira, 1997; Oliveira & Rossetti-Ferreira, 1996),青少年建构个人隐私(Oliveira & Valsiner, 1997)。所有这些例子都表明,分化的普遍原则如何指导一个发展中的个体获得在内部心理和人际之间的自主性。Georg Simmel(1906, 1908)将青少年隐私的出现视为一种文化现象,这种观点与分化观念相一致。在个人与社会分化的另一极端上,共规则交互作用的过程产生了分化系统的元交流(metacommunication)(Branco & Valsiner, 2005; Fogel & Branco, 1997)。

动力系统理论

当前,运用分化模型的研究受到了动力系统理论(dynamic systems theory, DST)的积极推动,尤其是还受到了提供形式建模的实验理论心理学的积极影响。(van Geert, 1998, 2003)。在最近20年里,DST在发展心理学中的应用已逐渐增长(Lewis, 1995, 2000; 2005; Smith & Thelen, 1993; van Geert, 2003)。这就要求心理学家尽量少用一些其他的形式分析方法。

DST对非线性加工很敏感,它在具有变异性现象的基础上建构模型,并使研究者在多样性中看到了统一(Aslin, 1993)。DST将系统的未来状态——一个有吸引力的状态——引入到理论的核心。在一个极大忽视未来的学科中,因为将来的行为还没有出现,这种理论见地是相当具有革命性的。DST关注动态过程,并被重新引入到心理学中。这些动态过程包括在系统与环境相互作用的一定条件下形成的结构,再与先前已有的结构相互作用,产生的新的结构(这远不是平衡态; Nicolis, 1993)。发展科学缺少能够考虑到新异性出现的模型,而DST正好满足了发展科学的要求(Fogel, 1999; Lewis, 2000, 2005; van Geert, 2003)。

196

动力学理论关注的两个重要概念包括轨迹(trajectory)(随时间的运动趋势)和吸引子(attractor)。轨迹代表动态过程的结果。这些结果根据其方向性进行描述:由先前已观察的部分轨迹推断其延伸的部分;或从一个预期的延伸部分来推断现在,这是引入吸引子的基础。对于一个动态系统而言,"吸引子"是轨迹的终点。动态过程趋向于系统的一个相对稳定的状态;因此,吸引子的概念含有一定的趋向性。一个吸引子是所有邻近轨迹都指向的状态空间(state space)区域(Clark, Truly, & Phillips, 1993, p. 74)。对这种将来的集中点或区域的具体定位,提供了当前运动的未来趋向。

发展中的平衡

在发展心理学的历史上,分化与整合的思想不断重现。然而,这些思想过去常常被用来描述发展随时间展开的外在表现。这种分化的内部(过程)机制却很少被进行明确的陈述(Janet 的"张力"概念就是沿着这个方向致力于探讨分化过程中不同方面的逐步"综合")。这让一些发展心理学的领袖人物不得不承认这门学科处于停滞状态,尤其是在面临重要的应用性问题时:

> 大部分研究远远不能确定因果作用中的决定性中介因素,也没有找到预防或处理的有效成分。我们知道一些关于风险和防护性指标的知识,但对于风险和防护性因果作用过程的了解却远远不够。(Rutter, 2003, p. 376)

在平衡模型中,关于形成新的分化状态的组织问题引起了研究者的关注。平衡模型拓展了我们对分化问题的思考。有些模型关注在较高水平的层次整合过程中,新形式的实际综合过程。这些模型需要系统具备以下条件:

- 系统存在协调一致的初始状态。
- 由于有机体与环境之间关系的混乱,破坏了初始状态的出现。
- 为回复到初始的协调(平衡)状态或在层级组织的较高水平(前进、平衡、综合)上的综合状态,而出现基于时间(目的论)的运动。

有目的的运动是平衡模型的主要构成标准。因为在有些版本的模型中,动态过程的结果既不能被恢复到"协调一致"的状态,也不是最初的状态。因此,从辩证的观点来看,动态过程的结果从一种"矛盾"的形式转变成另一种(新的)形式(Riegel, 1975, 1976)。另外,所有的去分化模型也是建立在动力系统理论的基础上。同样地,在发展系统理论中,平衡/去平衡模型是组织/非组织形式研究关注的焦点(Ford & Lerner, 1992, pp. 171 - 173)。

在近代西方思想理论中,平衡模型可以追溯到 Herbert Spencer 的思想。他认为所有生命体都处于逐渐趋同的平衡状态的系统运动中(1864; pp. 170 - 176)。因此,他所强调的只是在基于时间的变化过程中一个优势状态向平均状态的转变(Valsiner, 1984, 1986)。为适应发展的需要,只有不断地延续平均状态的确定过程(average-affirming process),才能使后者成为一种维持变化过程的、可预测的、有组织的结构。

经去平衡而发展: Peirce, Bergson, Piaget

Charles Sanders Peirce 提出了在个体发展历程中经去平衡的发展原则:

> 原生质体处于一种极度不稳定的状态中;正是这种不稳定平衡的特性,在其临近

> 平衡点上才可能产生令人震惊的巨大效应。在这里,一般地偏离规律之后将伴随其他更大的偏离;偶然发生的较大偏离将会进一步打破规律——假设这些都是天性的习惯。现在,根据心理规律,打破习惯和偶然更新的自发性,将伴随强烈的感觉。毫无疑问,由于神经原质体处在最不稳定的物质条件下,因此造成的感觉最明显。(Peirce, 1892, p. 18,引用时加的强调)

197 在这里,Peirce无疑提前了我们这个时代对"混沌理论"(chaos theory)的普及与喜爱。他强调,正是通过这种持续的去平衡过程——发生在不可逆的时间内——所形成的这些条件为有机体创造了新的预适应形式。时间的不可逆性通过 Henri Bergson 的哲学体系缓慢而艰难地渗透到20世纪发展科学家的理论模型中。

Bergson(1889, 1896/1988, 1907/1911)的哲学广为人知,但是真正了解其本质的人并不多。他大大借鉴了19世纪90年代"有机界进化"的传统思想,加上 Henry Osborn、James Mark Baldwin 以及 C. Lloyd Morgan 所作的努力,才使其成为讨论的焦点。Bergson 强调对生命体和非生命体之间进行对比研究,这与19世纪90年代关于自然科学的争论有着紧密的联系。他主张生命系统和孤立的事物(即物质客体)之间存在巨大差异,这一理论基础是绵延(duration)的概念,因为生命系统总是处于生成过程(process of becoming)中。Bergson 对那个时代的科学进行批判,矛头直接指向从无生命世界到其所在的自然系统研究中毫无根据地转换分析的观点。在自然系统中,过去的经验(通过选择性记忆)进入到当前新事物的结构中。生成过程是一种创造性的适应过程,它超越了环境的即时需要。

动态世界的结构取向:预期的预适应性

伯格森的发展思想是以"适应"(adaptation)这个概念为基础的。从过去到现在,这一概念都广为流行,并具有不同的意义。首先,它可以被看成一种对正在引起变化的条件的直接反应——不论是"正向的"(通过产生新的变化)还是"负向的"反应(消除已存在的但不适应环境需要的变化)。Bergson(1907/1911)对这两种含义均持否定看法(基于他的机械论的解释,p. 63),并认为通过与情境需要的协调作用,在新机制出现的过程中,应该显现出个体行为的适应性(但不是被铸造,也不是被塑造)。因而,在个体心理发展中,心理机能发展出新的组织形式,以使其有可能面对未来的新情境(相反的观点是,与当前环境需要相符合)。适应是组织(系统)的成长,指向一系列未来的可能性(如,那些当前不存在、也无法被精确定义的)。然而,这些新形式会疏导有机体与环境的进一步作用(例如,Bergson 关于视觉疏导的讨论,pp. 105 - 108;以及对在疏导意识过程中概念作用的讨论,pp. 305 - 308)。在创造性适应中,出现的组织形式超越了对当前生存条件的"吻合",并为面对未来可能的挑战打下了基础。Bergson 的适应是发展过程中与"不适的良好性"(goodness of misfit)有关的一个最佳例子(Valsiner & Cairns, 1992)。

Jean Piaget 关于个体和社会知识创造的结构主义观源于其心理动力学取向和心理测量学的工作实践(Amann-Gainotti, 1992; Amann-Gainotti & Ducret, 1992; Chapman, 1988; 也可以参见 Piaget 自传,1952)。Piaget 在工作中,从动态结构主义观的角度来研究发生认识论，但该观点在进化论思想方面持含糊不清的态度(Hooker, 1994)。Piaget 的结构主义是格式塔心理学思想的延续，它的提出也可以作为元素论经验主义(elementaristic empiricism)和整体哲学探讨(holistic philosophizing)的第三种选择(Piaget, 1970a, 1971a, 第1章)。因此，通过发生认识论，Piaget 专注于"研究主体在其历史发展(个体发生和社会进化)过程中建构和组织知识的方式"(Piaget, 1965, p. 31)。对知识结构的建构研究促进人们对正在建构的那个结构的理解。

一个结构包含"某些统一的元素和联系，然而这些元素不能被单独挑选出来，也不能独立于与其相关的联系"(Piaget, 1971b, p. 139)。因为结构是动态的，它作用于更广泛的结构系中：

> 功能是亚结构的机能作用于总结构所引发的行为，不论总结构是包括前者的亚结构还是整个有机体的结构。(p. 141)

Piaget 的动态结构主义致力于理解发展的过程和对已有组织形式的持续维护。后者可以追溯到 Immanuel Kant 哲学思想的影响(如，Fabricius, 1983)，而前者严格遵循伯格森主义的路线，持续关注进化过程中的创造性(Chapman, 1988, 1992; Piaget, 1952)。

198

Piaget 在知识建构的系统开放性的基础上建立其理论系统，这促使他致力于处理可能性、不可能性和必然性这些问题(Piaget, 1986; Piaget & Voyat, 1979; Vuyk, 1981)。知识建构的过程是动态的；结构转变的每种可能性都是先前转变的一个结果，并且使其有可能转移到下一个新的结构状态。这种动态重构过程的基础是自动调整的一般特性。

发展中的平衡

在 Piaget 的大部分实验研究中(十分缓慢的——在过去的40年里——到1957年)形成的主要发展机制是平衡(Moessinger, 1978; Rowell, 1983)。Piaget 的平衡概念是一种发展中的平衡(强平衡，equilibration majorante)，该过程永远不会达到一种恒定的平衡状态。因而，Piaget 的发展观是开放性的，它允许建构新的结构：

> 我们可以观察这样一个过程("平衡")，它从某一平衡态，经过多次"非平衡"(nonbalances)和再平衡(reequilibrations)过程，过渡到另一个存在质的不同的平衡态。因此需要解决的问题包括探讨平衡的各种形式、形成非平衡的原因，最重要的是，平衡和再平衡的因果机制或方法。特别需要强调的是，在最开始的某些情况下，再平衡仅仅是回到了先前的平衡状态；然而相反的是，发展的基本形式不仅包括产生新的平衡，也包括普遍意义上较好的平衡。因而，一说到"渐进的平衡"(increasing equilibrations)就会引出自我组织的问题。(Piaget, 1977, pp. 3－4, 引用时加的强调)

Piaget 在古典逻辑学和关注不可逆时间"绵延"的伯格森主义理论体系的背景下，提出了变化的平衡。在古典逻辑学中，思维过程独立于时间的不可逆性。因此，个体可以将诸如可逆运算、衰退等概念引入到先前的平衡状态中。相反，在伯格森主义的理论体系中，像“衰退”这样的现象实际上是对先前较复杂的结构按与先前相似的方式去进行分化，并非与某些先前的状态完全相同。可以认为(Valsiner, 1987, pp. 52 - 58)，皮亚杰的理论建构中无不渗透着张力的概念，并贯穿于他的整个职业生涯，这导致了他在对平衡的不同表述里充斥着许多矛盾。

Piaget 非常依赖“平衡”这一概念，它包含两“部分”过程：同化(assimilation)和顺应(accommodation)。同化是将“外部元素整合到正在发展或已经完成的结构中”(Piaget, 1970b, p. 706)，而 Piaget 将顺应界定为“通过同化元素，对已同化的图式或结构进行修正”(p. 708)。皮亚杰提出了发展中平衡的这些过程，它们是同一有机整体相辅相成的两部分。

> 同化和顺应不是两个孤立的机能，而是处于机能的两极上，即在任何适应中处于相反的两极。因而，要单独说到同化作用只能通过提取这种方式……但是必须记住，在没有相应的顺应的情况下，任何事物都不可能被同化到有机体及其机能系统中。(Piaget, 1971b, p. 173)

具有讽刺性的是，很多心理学家在描述 Piaget 的平衡观点时，都没有认识到这两个过程之间的相互关系。当 Piaget 用“平衡”或“比例”等术语来描述二者之间的关系时，也许他自己也陷入了将同化和顺应相互分离的倾向(如，Piaget, 1970b, p. 708)。

随时间展开的“好像”(As-If)结构发展

时间的不可逆性导致了人类心理机能的二元性；我们的行为及对行为的映像，不仅存在于我们自身和环境之间(res media — Fischer & Bidell，本《手册》本卷第 7 章)，也存在于当前和即将发生的具有不确定性的未来之间。因而，人们的表现好像他们不是目前的自己(现在)，而是表现为他们所期望的自己(未来)。他们好像扮演了另外一个人，但事实上，他们仍然是他们自己。尽管如此，他们通过“好像”模式为自身的发展创造了条件。

199

20 世纪末，Hans Vaihinger(Vaihinger, 1920)对人类“好像”行为作了系统的分析。Vaihinger 的哲学使科学产生了内在的二元性。人类每一个存在的行为都是、同时又还不是一个潜在的生成过程(Valsiner & van der Veer, 1993)。人们经常会在思乡和对异乡的追寻中犹豫不决，并经常作出这样的选择(Boesch, 1997, pp. 79 - 128)——我们的行动导向是在坚持已知的基础上探索未知的世界。发展必然要求建构一个“好像”(期望的目标)的映像(Smythe, 2005)，从而推动着发展中的人为此而努力。指导人类发展的基本二元论是，在当前状态(as-is)和期望的状态(as-if)之间建构一个持续的比较。这种比较需要两种状态之间持续的共情过程(Josephs, 1998)。发展中的人要体验到现有的“好像”状态，并以行动来克服这种差异。

体验他人(Einfühlung)：主体间性

Theodor Lipps 关于体验或“共情”的“美学理论”提出了类似的问题(Lipps, 1903,

1923; Witasek, 1901)。例如,一位观察者在观看一件艺术品,当问及他是如何与作者或其他观察者感受到相似的体验时,就引发了一个有关人类理解力的普遍问题(Wispé, 1987)。以儿童早期的共情为基础,在个体发生学中提出了审美体验的各种复杂版本,这些版本被视为协调从当前状态到期望状态的分化结构随时间展开的复杂形式。Vygotsky 集中于研究"辩证的综合"(Vygotsky, 1925/1971),而 Baldwin 则关注"审美假象"(Baldwin, 1911, 1915),他们都对这一重要问题进行了详细阐述和理论建构。

现在,关于"好像"存在类型的问题大都被归入到主体间性的标签之下。所有主体间性建构的基础是关于社会世界的一组基本公理:

> 第一,具有较高智力水平(有意识的)的人类同胞的存在;第二,人类同胞对生活世界中客体的经验(原则上与我们相似)……"相同的"客体必然展现给我们每一个人不同的侧面。首先,因为我的世界和你的世界不可能完全相同;我的这里是你的那里;我的活动范围和你的也不一样。其次,我的个人环境及其相关系统、计划层级等与你的不同,因此,我和你彼此对客体认识范围的说明可能完全采取不同的方向。(Schütz & Luckmann, 1973, p. 59)

这里有两种社会建构的理想:观点的互换性和相关系统的一致性(Schütz & Luckmann, 1973, p. 60)。任何教与学的情形都与主体间性的概念存在冲突:教师与学生的观点(角色)不能互换,教师与学生对相关系统的一致性也同样不能互换。另外,我们知道,主体间性本身有一个多层次结构的组织(Coelho & Figueiredo, 2003; Gillespie, 2003; Kirschner, 2003),在客体间性中存有一个真实的成分(Moghaddam, 2003)。

后皮亚杰主义和后维果茨基主义模型

值得注意的是,在 Piaget 之后的各种发展模型的阐述中,仍然强调的是对水平(或者阶段)的描述,而不是贯穿于儿童发展(从一个状态或阶段向前发展到另一个状态或阶段)的机制。Fischer 的"技能理论"(skill theory)(Fischer, 1980; Fischer & Bidell, 1998, 本《手册》本卷第 7 章; Fischer & Ferrar, 1987,1992; Fischer, Yah, & Stewart, 2003)致力于通过在任何时候发展的不均衡来定义阶段的过渡。在这种不均衡的基础上,发展中的平衡(或对新颖事物的辩证综合)就很容易进入模型的理论层面。Pascual-Leone(1976)曾作过这样的尝试,但是没有坚持下来,也没有进行精确的实验论证。然而,Robbie Case 在儿童认知发展方面的详细分析,为阶段之间的过渡提供了精确的证据(Case, 1985,1991)。对后皮亚杰主义的发展模型而言,可塑性问题仍然是一个重要的悬而未决的问题,因为从一个阶段向另一个阶段的过渡机制包括有序和无序两种形式,这样很难用机械论的术语来定义(见 Lerner, 1990; Toomela, 2003)。已有的形式化模型还相对有限,因此,平衡模型必然要处理一些定性的、定向的和发展的变化问题(见 Moshman, 1998)。

研究者致力于运用当前极具吸引力的"神经网络"模型(Fischer, Bullock, Rotenberg, 200

& Raya, 1993),这将认知发展的解释机制问题回到了神经科学的时代(如,that of Bekhterev, 1994)。Bekhterev 的联合反射层级系统曾经风靡一时,事实上,它是当前基于计算机模型中急剧出现的"神经网络"模型。

人类发展中的文化因素

对"好像"状态的关注导致人类对符号中介的依赖。在 20 世纪末,心理学界已经认识到,不可能忽视人类心理现象的重要性质——社会建构的意义。心理学是一门研究有意义行为的科学,而发展心理学则是关于这种行为形式的发生和变化的科学(Valsiner, 2001c)。

各种类型文化心理学的出现和发展心理学的研究(Boesch, 1989, 1991, 2003; Chaudhary, 2004; Cole, 1990, 1995; Eckensberger, 1997, 2003; Obeyesekere, 1990; Shweder, 1991, 1995; Shweder & Sullivan, 1990, 1993; Toomela, 2003; 也见 Jahoda, 1993, 1995; Krewer, 1992; Simão, 2005)共同为打破学科研究中规避意义的传统——这是学科危机的核心问题——指明了方向(K. Buhler, 1927/1978; Vygotsky, 1927/1982)。研究者认为,人类的心理现象存在于一个符号标记的世界中(Lotman, 1992),并被参与行为和反射行为过程中能动的人类所建构或重构。

关注参与性

在过去的几十年里,被卷入社会事件的人们引起了社会科学家们的强烈兴趣(Valsiner & van der Veer, 2000)。Barbara Rogoff 试图通过在文化情境中对行为的参与性观察学习,来理解教与学的过程(Rogoff, 1990, 1992, 1993, 2003; Rogoff & Lave, 1984)。此外,Michael Cole 也对"最近发展区"的概念进行了更深入的研究,并将其置于人类行为的背景中。在文化工具研究的基础上,Cole 强调教与学过程的统一性(Cole, 1995; Newman, Griffin, & Cole, 1989; Scribner & Cole, 1981)。他的理论建立在"文化实践论"(cultural practice theory)的基础上(比较人类认知实验室, 1983)。

在人类发展过程中,个体发生现象的微遗传学和情境间的关系问题在"文化实践论"中占有重要的地位。Cole 对在社会文化组织下选择(比较人类认知的实验室, 1983, pp. 332 - 333)和创造(Newman et al., 1989, p. 12)情境的方式很感兴趣。Cole 对最近发展区的一贯兴趣与他的"文化实践论"是一致的,他认为"文化背景,也就是社会组合的情境,是分析的单元,而非孤立的个体或者抽象的文化尺度"(比较人类认知的实验室, 1983, p. 334)。文化和个体之间相互关联的主要机制是互相交织性。Cole(1992, p. 26)将生物学"模块"和文化"背景"之间的交互作用比喻成"将两条绳子捻在一起"。

James Wertsch 的工作一方面源于维果茨基主义的符号中介的观点(Wertsch, 1979, 1983, 1995),另一方面源于活动理论的观点(Leont'ev, 1981)。在对最近发展区的思考中,他认为处于一定共同活动背景下的个体在指导他人发展时,其首要手段是对情境的动态过程进行再定义。同伴经常处于主体间性(分享相似的情境定义)的某些关系中,从而超越了情境的再定义过程(Wertsch, 1984, pp. 7 - 13)。

在20世纪80年代中期,Wertsch致力于将他的符号中介行为取向与更广泛的社会语言学背景(Wertsch, 1985)整合起来,其特征体现在Mikhail Bakhtin文学理论(Bakhtin, 1981)的动态世界观上。他的理论观点达到了一个新层次:当行为框架仍然保持在Wertsch所考虑的背景内时,理论的新层面已经转移到可解释的说话方式上。Wertsch接受了Bakhtin所强调的对话并纳入他的研究系统中。来自于不同社会文化环境中个体的不同"声音",促进了人们对信息复杂性的研究(Wertsch, 1990, 1991, 1995),结果又转向对交流信息中语义双关现象的研究。在情景活动(situated-activity)的背景下,由于互相"激励"(interanimate)或互相控制,导致在说话方式上存在不同的声音。在这些情境的基础上,宏观水平的心理现象(如历史同一性)也出现在发展的过程中(Penuel & Wertsch, 1995)。

201

自我对话模型

在20世纪90年代后半叶,在不同"声音"的对话中,对自我这一复杂现象的传统研究受到了普遍欢迎(Hermans, 1995, 2001, 2002, 2003)。该观点已为发展科学和德国传统的文化心理学所利用(Boesch, 1983, 1989, 1991, 2003),它强调在社会中通过扮演和体验集体文化中的神化故事,来建构个人意义(幻觉)。这与人们的思乡情感(striving-for-the-feeling-of- home, Heimweh)和对异乡的追寻(striving-for-the-far-off, Fernweh)过程很相似,不同声音的对话为发展科学提供了多种可能性。Eckensberger(1995, 1997, 2003)进一步完善了系统行为取向理论。

近来,以一种传统的视角,来研究在个体生命历程的断裂应对过程中符号资源的运用,这是一个很有前途的新发展观。(Perret-Clermont, Pontecorvo, Resnick, Zittoun, & Burge, 2004; Simão, 2003; Valsiner, 2001b; Zittoun, 2005; Zittoun, Duveen, Gillespie, Ivinson, & Psaltis, 2003)。该领域产生了一个重要突破——新方法论的发展,使我们在事物转变成新状态的过程中观察到一些有意义的现象。这种突破不能通过实证研究的积累达到已有"文献"的水平,也不能通过大多数研究的倾向到达那个水平("文献的民主性"; Valsiner, 2000a)。发展科学的一致性来自于对所有科学的理论核心进行学科间的丰富和发展,这些学科以发展作为一种研究方向——如人类学、社会学、蛋白质遗传学、胚胎学等等。如果在心理学领域里,儿童心理学采用符合发展现象本质的抽象思维模式的话,它就能不断获得发展。

结论:从发展模型到新的方法论

本章已讨论了基本观点的一致性:如果发展就是我们声称所要研究的对象,那么研究方法与研究目的就是一致的;如果发展被定义为一种"过程",那么不能只靠标准的非发展结果"测量"来指导知识建构的实验研究;如果发展的概念包含"个人"与"环境"之间的关系,那么必须根据这些关系的实际机能而不是相关事物的静态"映像"进行研究(见Magnusson &

Stattin, 本《手册》本卷第 8 章)。如果变异性是所有发展现象的重要方面,那么通过平均数法或原型法来剔除变异数据,是没有道理的(Fischer & Bidell, 本《手册》本卷第 7 章; Valsiner, 1984,1986)。相反,可以采取对合理的变异性进行定义的方式(例如,反应常模、全距、约束、拓扑学模型)。

当前,发展科学已经被推到了批判的风口浪尖上。我们小心地借用了前人的发展概念,例如,Baldwin、Mead、Vygotsky 和 Piaget,并将其纳入到新的理论形式和方法建构中。方法的建构是难以预测的,正如心理学中社会所共识的观点认为不能对发展进行直接的研究一样。此外,新实验程序的发展是在普遍的"方法论循环"中更新大量联结关系的基础上建立的(见图 4.1)。

首先,在理解发展中的系统时,需要对因果性这一基本概念进行调整。儿童心理学作为发展科学的一部分,其现象学基础是需要采取全世界的和历史的视角来看待儿童、父母和祖父母的生活,然后再从有助于他们应对贫穷与富裕、战争与和平、私有与公有等生活问题的社会—宗教制度和教育制度方面进行研究。这个过程有一点图形/背景的颠倒;所有的发展现象都存在于半结构化的领域中,已成为普遍接受的公理(正如 Fischer 和 Bidell 在本《手册》本卷第 7 章详细描述的一样)。在这种现象的概念化领域中,新形式的模型将会适应科学的发展,而旧的变异性分析和相关分析技术将失去用处,因为它们违反了发展科学的公理基础。

202

其次,在发展科学中,"个人中心"(person-centered)研究取向[与"变量中心"(variable-centered)相反]的进步与不可逆的生命历程中现象的本质相适应(Magnusson, 1988; Magnusson & Cairns, 1996; Magnusson & Stattin, 本《手册》本卷第 8 章)。这些研究取向使我们在教与学的相互作用过程中,将注意力重新转移到分化、平衡、个人与环境结构的统一性模型上。这一整体的观点通过意义领域的模型(Rossetti-Ferreira, Amorim, Soares da Silva, & Carvalho, 2004)而获得进一步发展,从而为在指导个体发展时理解社会情境的动力学特征建构新的方法论。对发展本身的理解需要通过建构理论模型、详细地分析模型的本质、模型与现象的吻合性以及保持模型的持久性等方面来实现。模型的维持就是对发展现象的相关方面进行抽象概括的过程。儿童心理学必须超越其"学科领域的研究"(area studies)性质,并真正成为富有成效的发展科学。

21 世纪初期也许是这一学科发展成熟的时期。发展科学再一次将发展的观点和研究实践渗透到儿童心理学中,然而这一学科还有很长的路要走。例如,在 19 世纪初期,James Mark Baldwin 的"遗传逻辑学"仍然远未成为发展研究中一个羽翼丰满的成熟的理论形式核心。然而,在这个科学爆炸的时代,科学仍然在进步;它远离关于儿童研究的单一文化思路,致力于建构一个普遍的但具有情境敏感性的发展科学。

(白学军、臧传丽、胡笑羽译)

参考文献

Allen, P. (1981). The evolutionary paradigm of dissipative structures. In E. Jantsch (Ed.), *The evolutionary vision: Toward a unifying paradigm of physical, biological, and sociocultural evolution* (pp. 25 - 72). Boulder, CO: Westview Press.

Amann-Gainotti, M. (1992). Jean Piaget, student of Pierre Janet (Paris 1919 - 1921). *Perceptual and Motor Skills*, *74*, 1011 - 1015.

Amann-Gainotti, M., & Ducret, J.-J. (1992). Jean Piaget élève de Pierre Janet: L'influence de la psychologie des conduites et les rapports avec la psychanalyse. *L'Information Psychiatrique*, *6*, 598 - 606.

Ash, M. (1998). *Gestalt psychology in German culture 1890 - 1967*. Cambridge, England: Cambridge University Press.

Aslin, R. N. (1993). Commentary: The strange attractiveness of dynamic systems to development. In L. B. Smith & E. Thelen (Eds.), *A dynamic systems approach to development* (pp. 385 - 389). Cambridge, MA: MIT Press.

Bakhtin, M. (1981). *The dialogic imagination*. Austin: University of Texas Press.

Baldwin, J. M. (1894). Personality-suggestion. *Psychological Review*, *1*, 274 - 279.

Baldwin, J. M. (1898). On selective thinking. *Psychological Review*, *5* (1), 1 - 24.

Baldwin, J. M. (1906). *Thought and things: A study of the development and meaning of thought, or genetic logic: Vol. 1. Functional logic, or genetic theory of knowledge*. London: Swan Sonnenschein.

Baldwin, J. M. (1908). Knowledge and imagination. *Psychological Review*, *15*, 181 - 196.

Baldwin, J. M. (1911). *Thought and things: A study of the development and meaning of thought, or genetic logic: Vol. 3. Interest and art being real logic*. London: Swan Sonnenschein.

Baldwin, J. M. (1915). *Genetic theory of reality*. New York: Putnam.

Baldwin, J. M. (1930). James Mark Baldwin. In C. Murchison (Ed.), *A history of psychology in autobiography* (Vol. 1, pp. 1 - 30). New York: Russell & Russell.

Baltes, P. B., Lindenberger, U., & Staudinger, U. (1998). Life-span theory in developmental psychology. In W. Damon (Editor-in-Chief) & R. Lerner (Vol. Ed.), *Handbook of child psychology: Vol. 1. Theoretical models of human development* (5th ed., pp. 1028 - 1143). New York: Wiley.

Baltes, P. B., & Nesselroade, J. R. (1973). The developmental analysis of individual differences on multiple measures. In J. R. Nesselroade & H. W. Reese (Eds.), *Life-span developmental psychology* (pp. 219 - 251). New York: Academic Press.

Basov, M. (1929). Structural analysis in psychology from the standpoint of behavior. *Journal of Genetic Psychology*, *36*, 267 - 290.

Basov, M. (1931). *Obshchie osnovy pedologii*. Moscow-Leningrad: Gosudarstvennoe Izdatel'stvo.

Basov, M. (1991). The organization of processes of behavior. In J. Valsiner & R. van der Veer (Eds.), *Structuring of conduct in activity settings: The forgotten contributions of Mikhail Basov*. *Soviet Psychology*, *29* (5, Pt. 1), 14 - 83.

Bekhterev, V. M. (1994). *Collective reflexology*. Commack, NY: Nova Science.

Benetka, G. (2002). *Denkstile der Psychologie*. Wien, Austria: Wiener Universitäts Verlag.

Benigni, L., & Valsiner, J. (1995). "Amoral familism" and child development: Edward Banfield and the understanding of child socialization in Southern Italy. In J. Valsiner (Ed.), *Child development within culturally structured environments: Vol. 3. Comparative-cultural and constructivist perspectives* (pp. 83 - 104). Norwood, NJ: Ablex.

Bergson, H. (1889). *Essai sur les données immédiates de la conscience* [Time and free will: An essay on the immediate data of consciousness]. Paris: Presses Universitaires de France.

Bergson, H. (1911). *Creative evolution*. New York: Henry Holt. (Original work published in 1907)

Bergson, H. (1945). *L'Evolution créatrice* [Creative evolution]. Genève: Éditions Albert Skira. (Original work published 1907)

Bergson, H. (1988). *Matter and memory* (N. M. Paul & W. S. Palmer, Trans.). New York: Urzone/Zed Books. (Original work published 1896)

Boesch, E. E. (1983). *Das Magische und das Schöne: Zur Symbolik von Objekten und Handlungen*. Stuttgart: Frommann.

Boesch, E. E. (1989). Cultural psychology in action-theoretical perspective. In Ç. Kagitçibasi (Ed.), *Growth and progress in cross-cultural psychology* (pp. 41 - 51). Lisse, Germany: Swets & Zeitlinger.

Boesch, E. E. (1991). *Symbolic action theory and cultural psychology*. New York: Springer.

Boesch, E. E. (1997). *Von der Sehnsucht*. Saarbrücken, Germany: Privater Vor-Abdrück.

Boesch, E. E. (2003). Why does Sally never call Bobby "I"? *Culture and Psychology*, *9*(3), 287 - 297.

Bourdieu, P. (1973). Cultural reproduction and social reproduction. In R. Brown (Ed.), *Knowledge, education, and cultural change* (pp. 71 - 112). London: Tavistock Publications.

Bourdieu, P. (1985). The social space and the genesis of groups. *Social Science Information*, *24*(2), 195 - 220.

Bornstein, M. H. (1995). Form and function: Implications for studies of culture and human development. *Culture and Psychology*, *1* (1), 123 - 137.

Branco, A. U., & Valsiner, J. (1992, July). *Development of convergence and divergence in joint actions of preschool children within structured social contexts*. Poster presented at the 25th International Congress of Psychology, Brussels, Belgium.

Branco, A. U., & Valsiner, J. (1997). Changing methodologies: A co-constructivist study of goal orientations in social interactions. *Psychology and Developing Societies*, *9*(1), 35 - 64.

Branco, A. U., & Valsiner, J. (Eds.). (2005). *Metacommunication and communication in human development*. Greenwich, CT: InfoAge Press.

Bronfenbrenner, U. (1979). *The ecology of human development*. Cambridge, MA: Harvard University Press.

Bronfenbrenner, U., & Crouter, A. C. (1983). The evolution of environmental models in developmental research. In W. Kessen & P. Mussen (Eds.), *Handbook of child psychology: Vol. 1. History, theory, and methods* (pp. 357 - 414). New York: Wiley.

Bronfenbrenner, U., & Morris, P. (1998). The ecology of human development processes. In W. Damon (Editor-in-Chief) & R. Lerner (Vol. Ed.), *Handbook of child psychology: Vol. 1. Theoretical models of haman development* (5th ed., pp. 993 - 1028). New York: Wiley.

Brush, S. G. (1996). The reception of Mendeleev's Periodic Law in America and Britain. *Isis*, *87*, 595 - 628.

Budwig, N., Valsiner, J., & Bamberg, M. (1998). Situating Rogoff: The inter-disciplinary study of human development. *Clark Working Papers on Developmental Psychology*, *1*(1), 1 - 16.

Bühler, C. (1934). *Der menschliche Lebenslauf as psychologishes Problem*. Leipzig, Germany: S. Hirzel.

Bühler, K. (1978). *Die Krise der Psychologic*. Frankfurt-am-Main, Germany: Ullstein. (Original work published in 1927)

Cairns, R. B. (1986). Phenomena lost: Issues in the study of development. In J. Valsiner (Ed.), *The individual subject and scientific psychology* (pp. 97 - 111). New York: Plenum Press.

Cairns, R. B. (1998). The making of developmental psychology. In W. Damon (Editor-in-Chief) & R. Lerner (Vol. Ed.), *Handbook of child psychology: Vol. 1. Theoretical models of human development* (5th ed., pp. 25 - 105). New York: Wiley.

Carolina Consortium on Human Development. (1996). Developmental science: A collaborative statement. In R. B. Cairns, G. Elder, & E. J. Costello (Eds.), *Developmental science* (pp. 1 - 6). New York: Cambridge University Press.

Case, R. (1985). *Intellectual development: Birth to adulthood*. Orlando, FL: Academic Press.

Case, R. (1991). Stages in the development of the young child's first sense of self. *Developmental Review*, *11*, 210 - 230.

Chapman, M. (1988). *Constructive evolution*. Cambridge, England: Cambridge University Press.

Chapman, M. (1992). Equilibration and the dialectics of organization. In H. Beilin & P. Pufall (Eds.), *Piaget's theory: Prospects and possibilities* (pp. 39 - 59). Hillsdale, NJ: Erlbaum.

Chaudhary, N. (2004). *Listening to culture*. New Delhi, India: Sage.

Chernoff, J. M. (2003). *Hustling is not stealing: Stories of an African bar girl*. Chicago: University of Chicago Press.

Clark, J. E., Truly, T. L., & Phillips, S. J. (1993). On the development of walking as a limit-cycle system. In L. B. Smith & E. Thelen (Eds.), *A dynamic systems approach to development* (pp. 71 - 93). Cambridge, MA: MIT Press.

Coelho, N. E., Jr., & Figueiredo, L. C. (2003). Patterns of intersubjectivity in the constitution of subjectivity: Dimensions of otherness. *Culture and Psychology*, *9*(3), 193 - 208.

Cole, M. (1990). Cultural psychology: A once and future discipline. In J. Berman (Ed.), *Nebraska Symposium on Motivation* (Vol. 37, pp. 279 - 336). Lincoln: University of Nebraska Press.

Cole, M. (1992). Context, modularity and the cultural constitution of development. In L. T. Winegar & J. Valsiner (Eds.), *Children's development within social context: Vol. 2. Research and methodology* (pp. 5 - 31). Hillsdale, NJ: Erlbaum.

Cole, M. (1995). Culture and cognitive development: From cross-cultural research to creating systems of cultural mediation. *Culture and Psychology*, *1*(1), 25 - 54.

Cook, G. (1993). *George Herbert Mead: The making of a social pragmatist*. Urbana: University of Illinois Press.

Crawford, C., & Krebs, D. L. (Eds.). (1998). *Handbook of evolutionary psychology*. Mahwah, NJ: Erlbaum.
Crick, F. (1988). *What mad pursuit: A personal view of scientific discovery*. London: Penguin Books.
Csikszentmihalyi, M., & Larson, R. (1987). Validity and reliability of experience sampling method. *Journal of Nervous and Mental Diseases*, *175*, 526 - 536.
Danziger, K. (1990). *Constructing the subject*. Cambridge, England: Cambridge University Press.
Danziger, K. (1997). *Naming the mind*. London: Sage.
Diriwächter, R. (2003, June). *What really matters: Keeping the whole*. Paper presented at the 10th Biennial Conference of International Society for Theoretical Psychology, Istanbul, Turkey.
Diriwächter, R. (2004). Völkerpsychologie: The synthesis that never was. *Culture and Psychology*, *10*(1), 179 - 203.
Dewey, J. (1895). The theory of emotion: Pt. II. The significance of emotions. *Psychological Review*, *2*(1), 13 - 32.
Dodds, A. E., Lawrence, J. A., & Valsiner, J. (1997). The personal and the social: Mead's theory of the "generalized other." *Theory and Psychology*, *7*(4), 483 - 503.
Dolby, R. G. A. (1977). The transmissions of two new scientific disciplines from Europe to North America in the late 19th century. *Annals of Science*, *34*, 287 - 310.
Eckensberger, L. H. (1995). Activity or action: Two different roads towards an integration of culture into psychology? *Culture and Psychology*, *1*(1), 67 - 80.
Eckensberger, L. H. (1997). The legacy of Boesch's intellectual oeuvre. *Culture and Psychology*, *3*(3), 277 - 298.
Eckensberger, L. H. (2003). Wanted: A contextualized psychology. In T. S. Saraswathi (Ed.), *Cross-cultural perspective in human development* (pp. 70 - 101). New Delhi, India: Sage.
Engler, R. (1968). *Ferdinand de Saussure Cours de linguistique générale: Édition critique*. Wiesbaden, Germany: Otto Harrassowitz.
Escobar, A. (1995). *Encountering development: The making and unmaking of the third world*. Princeton, NJ: Princeton University Press.
Essex, C., & Smythe, W. E. (1999). Between numbers and notions. *Theory and Psychology*, *9*(6), 739 - 767.
Fabricius, W. V. (1983). Piaget's theory of knowledge: Its philosophical context. *Human Development*, *26*, 325 - 334.
Fischer, K. W. (1980). A theory of cognitive development: The control and construction of hierarchies of skill. *Psychological Review*, *87*, 477 - 531.
Fischer, K. W., & Bidell, T. R. (1998). Dynamic development of psychological structures in action and thought. In W. Damon (Editor-in-Chief) & R. Lerner (Vol. Ed.), *Handbook of child psychology: Vol. 1. Theoretical models of human development* (5th ed., pp. 467 - 562). New York: Wiley.
Fischer, K. W., Bullock, D. H., Rotenberg, E. J., & Raya, P. (1993). The dynamics of competence: How context contributes directly to skill. In R. H. Wozniak & K. W. Fischer (Eds.), *Development in context* (pp. 93 - 117). Hillsdale, NJ: Erlbaum.
Fischer, K. W., & Ferrar, M. J. (1987). Generalizations about generalization: How a theory of skill development explains both generality and specificity. *International Journal of Psychology*, *22*, 643 - 677.
Fischer, K. W., & Ferrar, M. J. (1992). Generalizations about generalizations: How a theory of skill development explains both generality and specificity. In A. Demetriou, M. Shayer, & A. Efklides (Eds.), *Neo-Piagetian theories of cognitive development* (pp. 137 - 172). London: Routledge.
Fischer, K. W., Yah, Z., & Stewart, J. (2003). Adult cognitive development: Dynamics in the developmental web. In J. Valsiner & K. J, Connolly (Eds.), *Handbook of developmental psychology* (pp. 491 - 516). London: Sage.
Fogel, A. (1993). *Developing through relationships*. Chicago: University of Chicago Press.
Fogel, A. (1999). Systems, cycles, and developmental pathways. *Human Development*, *42*, 213 - 216.
Fogel, A., & Branco, A. U. (1997). Meta-communication as a source of indeterminism in relationships. In A. Fogel, M. Lyra, & J. Valsiner (Eds.), *Dynamics and indeterminism in developmental and social processes* (pp. 65 - 92). Hillsdale, NJ: Erlbaum.
Ford, D. H., & Lerner, R. M. (1992). *Developmental systems theory*. Newbury Park, CA: Sage.
Gigerenzer, G. (1993). The superego, the ego, and the id in statistical reasoning. In G. Keren & C. Lewis (Eds.), *A handbook for data analysis in the behavioral sciences: Methodological issues* (pp. 311 - 339). Hillsdale, NJ: Erlbaum.
Gigerenzer, G., Swijtink, Z., Porter, T., Daston, L., Beatty, J., & Krüger, L. (1989). *The empire of chance*. Cambridge, England: Cambridge University Press.
Gillespie, A. (2003). Supplementarity and surplus: Moving between the dimensions of otherness. *Cuhure and Psychology*, *9*(3), 209 - 220.
Goldstein, K. (1933). L'analyse de l'aphasie et l'étude de l'essence du langage. *Journal de Psychologie*, *30*, 430 - 496.
Goldstein, K. (1971). Concerning the concept of "primitivity." In A. Gurwitsch, E. M. Goldstein Haudek, & W. Haudek (Eds.), *Selected papers of Kurt Goldstein* (pp. 485 - 503). Den Haag, The Netherlands: Martinus Nijhoff.
Gottlieb, G. (1992). *Individual development and evolution: The genesis of novel behavior*. New York: Oxford University Press.
Gottlieb, G. (1997). *Synthesizing nature/nurture*. Mahwah, NJ: Erlbaum.
Gottlieb, G. (1999). *Probabilistic epigenesis and evolution: The 23rd Heinz Werner Lecture*. Worcester, MA: Clark University Press.
Gottlieb, G. (2003). Probabilistic epigenesis of development. In J. Valsiner & K. J. Connolly (Eds.), *Handbook of developmental psychology* (pp. 3 - 17). London: Sage.
Gottmann, J. M., Murray, J. D., Swanson, C. C., Tyson, R., & Swanson, K. R. (2002). *The mathematics of marriage: Dynamic nonlinear models*. Cambridge, MA: MIT Press.
Guerra, G. (2003). Autonomy and constructivism. *European Journal of School Psychology*, *1*(1), 97 - 118.
Gurwitsch, A. (1922). Über den Begriff des embryonalen Feldes. *Archiv für Entwicklungsmechanik der Organismen*, *51*, 383 - 415.
Hall, G. S. (1883). *The study of children*. Somerville, MA: Private publication.
Herbst, D. (1995). What happens when we make a distinction: An elementary introduction to co-genetic logic. In T. Kindermann & J. Valsiner (Eds.), *Development of person-context relations* (pp. 67 - 79). Hillsdale, NJ: Erlbaum.
Hermans, H. J. M. (1995). The limitations of logic in defining the self. *Theory and Psychology*, *5*(3), 375 - 382.
Hermans, H. J. M. (2001). The dialogical self: Toward a theory of personal and cultural positioning. *Culture and Psychology*, *7*(3), 243 - 281.
Hermans, H. J. M. (Ed.). (2002). Special issue on dialogical self. *Theory and Psychology*, *12*(2), 147 - 280.
Hermans, H. J. M. (2003). Clinical diagnosis as a multiplicity of self-positions: Challenging social representations theory. *Culture and Psychology*, *9*(4), 407 - 414.
Hirata, S., Watanabe, K., & Kawai, M. (2001). "Sweet-potato washing" revisited. In T. Matsuzawa (Ed.), *Primate origins of human cognition and behavior* (pp. 487 - 508). Tokyo: Springer.
Hooker, C. A. (1994). Regulatory constructivism: On the relation between evolutionary epistemology and Piaget's genetic epistemology. *Biology and Philosophy*, *9*, 197 - 244.
Hundeide, K. (2005). Socio-cultural tasks of development, opportunity situations, and access skills. *Culture and Psychology*, *11*(2), 241 - 261.
Imanishi, K. (2002). *The world of living things*. London: Routledge. (Original work published 1941)
Jahoda, G. (1993). *Crossroads between culture and mind*. Cambridge, MA: Harvard University Press.
Jahoda, G. (1995). The ancestry of a model. *Culture and Psychology*, *1*(1), 11 - 24.
Janet, P. (1889). *L'automatisme psychologique: Essai de psychologie expérimentale sur les formes inférieures de l'activité humaine*. Paris: Félix Alcan.
Janet, P. (1921). The fear of action. *Journal of Abnormal Psychology and Social Psychology*, *16*(2/3), 150 - 160.
Janet, P. (1925). *Psychological healing* (Vol. 1). New York: Macmillan.
Janet, P. (1926). *De l'angoisse a l'extase: Un délire religieux la croyance* (Vol. 1). Paris: Félix Alcan.
Janet, P. (1928). *De l'angoisse a l'extase: Un délire religieux la croyance: Vol. 2. Les sentiments fondamentaux*. Paris: Félix Alcan.
Jantsch, E. (1980). *The self-organizing universe*. Oxford, England: Pergamon Press.
Joas, H. (1985). *G. H. Mead: A contemporary re-examination of his thought*. Cambridge, MA: MIT Press.
Josephs, I. E. (1998). Constructing one's self in the city of the silent: Dialoguer, symbols, and the role of "as if" in self development. *Human*

Development, *41*, 180 - 195.

Kagitcibasi, C. (2003). Human development across cultures: A contextual-functional analysis and implications for intervention. In T. S. Saraswathi (Ed.), *Cross-cultural perspective in human development* (pp. 166 - 191). New Delhi, India: Sage.

Kawamura, S. (1959). The process of sub-culture propagation among Japanese macaques. *Primates*, *2*(1), 43 - 51.

Kindermann, T., & Valsiner, J. (1989). Research strategies in culture-inclusive developmental psychology. In J. Valsiner (Ed.), *Child development in cultural context* (pp. 13 - 50). Toronto, Ontario, Canada: Hogrefe & Huber.

Kirschner, S. R. (2003). On the varieties of intersubjective experience. *Culture and Psychology*, *9*(3), 277 - 286.

Knorr Cetina, K. (1999). *Epistemic cultures*. Cambridge, England: Cambridge University Press.

Kojima, H. (1995). Forms and functions as categories of comparison. *Culture and Psychology*, *1*(1), 139 - 145.

Krebs, H. A. (1964). *The citric acid cycle: Nobel lectures, physiology or medicine 1942 - 1962* (pp. 399 - 410). Amsterdam: Elsevier.

Krewer, B. (1992). *Kulturelle Identität und menschliche Selbsterforschung*. Saarbrücken, Germany: Breitenbach.

Krueger, F. (1915). Über Entwicklungspsychologie. *Arbeiten zur Entwicklungspsychologie*, *1* (1), 1 - 232. Leipzing, Germany: Wilhelm Engelmann.

Kubey, R., & Csikszentmihalyi, M. (1981). The experience sampling method. *Public Opinion Quarterly*, *45*, 317 - 328.

Laboratory of Comparative Human Cognition. (1983). Culture and cognitive development. In W. Kessen (Ed.), *Handbook of child psychology: Vol. 1. History, theory, and methods* (pp. 295 - 356). New York: Wiley.

Larid, J. L. (2005). A microgenetic developmental perspective on statistics and measurement. In R. Bibace, J. Laird, K. Noller, & J. Valsiner (Eds.), *Science and medicine in dialogue* (pp. 221 - 229). Stamford, CT: Greenwood.

Lane, J., Magovceic, M., & Solomon, B. (2005). The Clark years: Creating a culture. In J. Valsiner (Ed.), *Heinz Werner and developmental science* (pp. 181 - 200). New York: Kluwer Press.

Lamiell, J. T. (2003). *Beyond individual and group differences: Human individuality, scientific psychology, and William Stern's critical personalism*. Thousand Oaks, CA: Sage.

Langer, J. (1970). Werner's comparative organismic theory. In P. H. Mussen (ED.), *Carmichael's Handbook of Child Psychology* (3rd ed., pp. 733 - 771). New York: Wiley.

Leont'ev, A. N. (1981). The problem of activity in psychology. In J. V. Wertsch (Ed.), *The concept of activity in Soviet psychology* (pp. 37 - 71). Armonk, NY: Sharpe.

Lerner, R. M. (1978). Nature, nurture, and dynamic interactionism. *Human Development*, *21*, 1 - 20.

Lerner, R. M. (1984). *On the nature of human plasticity*. Cambridge, England: Cambridge University Press.

Lerner, R. M. (1990). Plasticity, person-context relations, and cognitive training in the aged years: A developmental contextual perspective. *Developmental Psychology*, *26*(6), 911 - 915.

Lerner, R. M. (1991). Changing organism-context relations as the basic process of development. *Developmental Psychology*, *27*, 27 - 32.

Lerner, R. M. (1995). The place of learning within the human development system: A developmental contextual perspective. *Human Development*, *38*, 361 - 366.

Lerner, R. M., Jacobs, F., & Wertlieb, D. (Eds.). (2003). *Handbook of applied developmental science* (Vols. 1 - 4). Thousand Oaks, CA: Sage.

Lewin, K. (1927). Gesetz und Experiment in der Psychologie. *Symposion*, *1*, 375 - 421.

Lewin, K. (1931). The conflict between Aristotelian and Galileian modes of thought in contemporary psychology. *Journal of General Psychology*, *5*, 141 - 177.

Lewin, K. (1933). Environmental forces. In C. Murchison (Ed.), *A handbook of child psychology* (2nd ed., pp. 590 - 625). Worcester, MA: Clark University Press.

Lewin, K. (1935). Psycho-sociological problems of a minority group. *Character and Personality*, *3*, 175 - 187.

Lewin, K. (1936a). *Principles of topological psychology*. New York: McGraw-Hill.

Lewin, K. (1936b). Some social-psychological differences between the United States and Germany. *Character and Personality*, *4*, 265 - 293.

Lewin, K. (1938). *The conceptual representation and the measurement of psychological forces*. Durham, NC: Duke University Press.

Lewin, K. (1939). Field theory and experiment in social psychology: Concepts and methods. *American Journal of Sociology*, *44*, 868 - 896.

Lewin, K. (1942). Field theory and learning. In N. B. Henry (Ed.), *The forty-first yearbook of the National Society for the Study of Education: Pt. II. The psychology of learning* (pp. 215 - 242). Bloomington, IN: Public School Publishing.

Lewin, K. (1943). Defining the field at a given time. *Psychological Review*, *50*, 292 - 310.

Lewis, M. D. (1995). Cognition-emotion feedback and the self-organization of developmental paths. *Human Development*, *38*, 71 - 102.

Lewis, M. D. (2000). The promise of dynamic systems approaches for an integrated account of human development. *Child Development*, *71* (1), 36 - 43.

Lewis, M. D. (2005). Bridging emotion theory and neurobiology through dynamic systems modeling. *Behavioral and Brain Sciences*, *28*, 169 - 245.

Lickliter, R., & Honeycutt, H. (2003a). Developmental dynamics: Toward a biologically plausible evolutionary psychology. *Psychological Bulletin*, *129*(6), 819 - 935.

Lickliter, R., & Honeycutt, H. (2003b). Developmental dynamics and contemporary evolutionary psychology. *Psychological Bulletin*, *129*(6), 866 - 872.

Lightfoot, C. (1997). *The culture of adolescent risk-taking*. New York: Guilford Press.

Lipps, T. (1903). Einfühlung, inner Nachahmung, und Organ-emfindungen. *Archiv für die gesamte Psychologie*, *2*, 185 - 204.

Lipps, T. (1923). *Aesthetik*. Leipzig, Germany: Barth.

Lotman, J. M. (1992). O semiosfere. In J. M. Lotman. *Izbrannye stat'i: Vol. 1. Stat'i po semiotike i tipologii kul'tury* (pp. 11 - 24). Tallinn, Estonia: Aleksandra.

Lyra, M. C. D. P. (1999). An excursion into the dynamics of dialogue. *Culture and Psychology*, *5*(4), 477 - 489.

Lyra, M. C. D. P., Pantoja, A. P., & Cabral, E. A. (1991, August). *A diferenciação da produção vocal do bebê nas interações mãeobjeto-bebê*. Paper presented at 43rd Meeting of the Sociedade Brasileira para o Progresso da Ciência, Rio de Janeiro, Brazil.

Lyra, M. C. D. P., & Rossetti-Ferreira, M. C. (1995). Transformation and construction in social interaction: A new perspective of analysis of the mother-infant dyad. In J. Valsiner (Ed.), *Child development in culturally structured environments: Vol. 3. Comparative-cultural and constructivist perspectives* (pp. 51 - 87). Norwood, NJ: Ablex.

Lyra, M. C. D. P., & Winegar, L. T. (1997). Processual dynamics of interaction through time: Adult-child interactions and process of development. In A. Fogel, M. Lyra, & J. Valsiner (Eds.), *Dynamics and indeterminism in developmental and social processes* (pp. 93 - 109). Hillsdale, NJ: Erlbaum.

Maciel, D. A., Branco, A. U., & Valsiner, J. (2004). Bi-directional process of knowledge construction in teacher-student transaction. In A. U. Branco & J. Valsiner (Eds.), *Metacommunication and communication in human development* (pp. 109 - 125). Stamford, CT: InfoAge Press.

Magnusson, D. (1988). *Individual development from an interactional perspective*. Hillsdale, NJ: Erlbaum.

Magnusson, D., & Cairns, R. B. (1996). Developmental science: Toward a unified framework. In R. B. Cairns, G. Elder, & E. J. Costello (Eds.), *Developmental science* (pp. 7 - 30). New York: Cambridge University Press.

Matsuzawa, T. (Ed.). (2001). *Primate origins of human cognition and behavior*. Tokyo: Springer.

Matsuzawa, T., Biro, D., Humle, T., Inoue-Nakamura, N., Tonooka, R., & Yamakoshi, G. (2001). Emergence of culture in wild chimpanzees: Education of master-apprenticeship. In T. Matsuzawa (Ed.), *Primate origins of human cognition and behavior* (pp. 557 - 574). Tokyo: Springer.

Maturana, H. (1980). Autopoiesis: Reproduction, heredity and evolution. In M. Zeleny (Ed.), *Autopoiesis, dissipative structures, and spontaneous social orders* (pp. 45 - 79). Boulder, CO: Westview Press.

Mead, G. H. (1913). The social self. *Journal of Philosophy*, *10*, 374 - 380.

Meigs, A. (1990). Multiple gender ideologies and statuses. In P. R. Sanday & R. G. Goodenough (Eds.), *Beyond the second sex: New directions in the anthropology of gender* (pp. 101 - 112). Philadelphia: University of Pennsylvania Press.

Mernissi, F. (1994). *Dreams of trespass: Tales of a harem girlhood*. Cambridge, MA: Perseus Books.

Mey, G. (Ed.). (2005). *Qualitative Forschung in der*

Entwicklungspsychologie. Köln, Germany: Kölner Studien Verlag.

Meyerson, I. (1947). Pierre Janet et la théorie des tendances. *Journal de Psychologie*, *40*, 5 - 19.

Michell, J. (1999). *Measurement in psychology: Critical history of a methodological concept*. Cambridge, England: Cambridge University Press.

Minch, E. (1998). The beginning of the end: On the origin of the final cause. In G. van de Vijver, S. N. Salthe, & M. Deplos (Eds.), *Evolutionary synthesis* (pp. 45 - 58). Dordrecht, The Netherlands: Kluwer Press.

Moessinger, P. (1978). Piaget on equilibration. *Human Development*, *21*, 255 - 267.

Moghaddam, F. M. (2003). Interobjectivity and culture. *Culture and Psychology*, *9*(3), 221 - 232.

Molenaar, P. C. M. (2004). A manifesto on psychology as idiographic science: Bringing the person back into scientific psychology, this time forever. *Measurement: Interdisciplinary Research and Perspectives*, *2*, 201 - 218.

Molenaar, P. C. M., Huizenga, H. M., & Nesselroade, J. R. (2003). The relationship between the structure of inter-individual and intra-individual variability. In U. Staudinger & U. Lindenberger (Eds.), *Understanding human development* (pp. 339 - 360). Dordrecht, The Netherlands: Kluwer Press.

Moreno, A., & Umerez, J. (2000). Downward causation at the core of living organization. In P. B. Andersen, C. Emmeche, N. O. Finnemann, & P. V. Christiansen (Eds.), *Downward causation: Minds, bodies, and matter* (pp. 99 - 117). Aarhus, Denmark: Aarhus University Press.

Morgan, C. L. (1894). *An introduction to comparative psychology*. London: Walter Scott.

Morgan, C. L. (2003). Other minds than ours. *From Past to Future*, *4* (1), 11 - 23.

Moshman, D. (1998). Cognitive development beyond childhood. In W. Damon (Editor-in-Chief) & D. Kuhn & R. Siegler (Vol. Eds.), *Handbook of child psychology: Vol. 2. Cognition, perception, and language* (5th ed., pp. 947 - 978). New York: Wiley.

Nesselroade, J. R., & Molenaar, P. C. M. (2003). Quantitative models for developmental processes. In J. Valsiner & K. J. Connolly (Eds.), *Handbook of developmental psychology* (pp. 622 - 639). London: Sage.

Newman, D., Griffin, P., & Cole, M. (1989). *The construction zone: Working for cognitive change in school*. Cambridge, England: Cambridge University Press.

Nicolis, G. (1993). Nonlinear dynamics and evolution of complex systems. In J. Montangero, A. Cornu-Wells, A. Tryphon, & J. Voneche (Eds.), *Conceptions of change over time* (pp. 17 - 31). Geneve, Switzerland: Foundation Archives Jean Piaget.

Nieuwenhuys, O. (2003). The paradox of child labour and anthropology. In V. Das (Ed.), *The Oxford India companion to sociology and social anthropology* (Vol. 2, pp. 940 - 955). New York: Oxford University Press.

Obeyesekere, G. (1990). *The work of culture*. Chicago: University of Chicago Press.

Oliveira, Z. M. R. (1997). The concept of "role" and the discussion of the internalization process. In B. Cox & C. Lightfoot (Eds.), *Sociogenetic perspectives on internalization* (pp. 105 - 118). Hillsdale, NJ: Erlbaum.

Oliveira, Z. M. R., & Valsiner, J. (1997). Play and imagination: The psychological construction of novelty. In A. Fogel, M. Lyra, & J. Valsiner (Eds.), *Dynamics and indeterminism in developmental and social processes* (pp. 119 - 133). Hillsdale, NJ: Erlbaum.

Oyama, S. (1985). *The ontogeny of information*. Cambridge, England: Cambridge University Press.

Pascual-Leone, J. (1976). A view of cognition from a formalist perspective. In K. Riegel & J. Meacham (Eds.), *The developing individual in a changing world* (pp. 89 - 100). The Hague, The Netherlands: Mouton.

Peirce, C. S. (1892). Man's glassy essence. *The Monist*, *2*, 1 - 22.

Peirce, C. S. (1935). *Collected papers of Charles Sanders Peirce*. Cambridge, MA: Harvard University Press.

Penuel, W., & Wertsch, J. (1995). Dynamics of negation in the identity politics of cultural other and cultural self. *Culture and Psychology*, *1* (3), 343 - 359.

Perrel-Clermont, A.-N., Pontecorvo, C., Resnick, L. B., Zittoun, T., & Burge, B. (Eds.). (2004). *Joining society: Social interaction and learning in adolescence and youth*. Cambridge, England: Cambridge University Press.

Piaget, J. (1922). Essai sur la multiplication logique et les débuts de la pensée formelle chez l'enfant. *Journal de Psychologie*, *19*, 222 - 261.

Piaget, J. (1952). Jean Piaget. In E. G. Boring, H. Werner, H. S. Langfeld & R. M. Yerkes (Eds.), *A history of psychology in autobiography* (Vol. 4, pp. 237 - 256). Worcester, MA: Clark University Press.

Piaget, J. (1965). Psychology and philosophy. In B. B. Wolman & E. Nagel (Eds.), *Scientific psychology: Principles and approaches* (pp. 28 - 43). New York: Basic Books.

Piaget, J. (1970a). *Epistémologie des sciences de l'homme*. Paris: Gallimard.

Piaget, J. (1970b). Piaget's theory. In P. Mussen (Ed.), *Carmichael's handbook of child psychology* (pp. 703 - 732). New York: Wiley.

Piaget, J. (1971a). *Insights and illusions of philosophy*. London: Routledge & Kegan Paul.

Piaget, J. (1971b). *Biology and knowledge*. Chicago: University of Chicago Press.

Piaget, J. (1977). *The development of thought: Equilibration of cognitive structures*. New York: Viking.

Piaget, J. (1986). Essay on necessity. *Human Development*, *29*, 301 - 314.

Piaget, J., & Voyat, G. (1979). The possible, the impossible, and the necessary. In F. B. Murray (Ed.), *The impact of Piagetian theory on education, philosophy, psychiatry, and psychology* (pp. 65 - 85). Baltimore: University Park Press.

Poddiakov, A. N. (2001). Counteraction as a crucial factor of learning, education and development: Opposition to help. *Forum Qualitative Sozialforschung/Forum: Qualitative Social Research*, *2* (3). Available from http://www.qualitative-research.net/fqs-texte/3 - 01/3 - 01 poddiakov-e.htm.

Poddiakov, A. N. (2005). Coping with problems created by others: directions of development. *Culture and psychology*, *11*(2), 227 - 240.

Prigogine, I. (1973). Irreversibility as a symmetry-breaking process. *Nature*, *246*, 67 - 71.

Riegel, K. (1975). Toward a dialectical theory of development. *Human Development*, *18*, 50 - 64.

Riegel, K. (1976). The dialectics of human development. *American Psychologist*, *31*, 689 - 700.

Rogers, S. C. (1975). Female forms of power and the myth of male dominance: A model of female/male interaction in a peasant society. *American Ethnologist*, *2*, 727 - 756.

Rogoff, B. (1990). *Apprenticeship in thinking*. New York: Oxford University Press.

Rogoff, B. (1992). Three ways of relating person and culture: Thoughts sparked by Valsiner. *Human Development*, *35*(5), 316 - 320.

Rogoff, B. (1993). Children's guided participation and participatory appropriation in sociocultural activity. In R. H. Wozniak & K. W. Fischer (Eds.), *Development in context* (pp. 121 - 153). Hillsdale, NJ: Erlbaum.

Rogoff, B. (2003). *The cultural nature of human development*. New York: Oxford University Press.

Rogoff, B., & Lave, J. (Eds.). (1984). *Everyday cognition*. Cambridge, MA: Harvard University Press.

Rosa, A. (1993). *Frederick Charles Bartlett: Descripcion de su obra y analisis de su primera postura respecto de las relaciones entre psicologia y antropologia*. Unpublished manuscript, Universidad Autonoma de Madrid.

Ross, D. (1993). An historian's view of American social science. *Journal of the History of the Behavioral Sciences*, *29*(2), 99 - 110.

Rossetti-Ferreira, M. C., Amorim, K., Soares da Silva, A. P., & Carvalho, A. A. (Eds.). (2004). *Rede de significações e o studio do desenvolvimento humano*. Porto Alegre, Portugal: ArtMed Editora.

Rowell, J. A. (1983). Equilibration: Developing the hard core of the Piagetian research program. *Human Development*, *26*, 61 - 71.

Rudolph, L. (2006). Spaces of ambivalence: Qualitative mathematics in the modeling of complex fluid phenomena. *Estudios de Psicologia*.

Rutter, M. (2003). Commentary: Causal processes leading to antisocial behavior. *Developmental Psychology*, *39*(2), 372 - 378.

Salvatore, S., & Pagano, P. (2005). Issues of cultural analysis. *Culture and Psychology*, *11*(2), 159 - 180.

Sarris, E. G. (1931). *Sind wir berechtigt, vom Wortverständis des Hundes zu sprechen?* Leipzig, Germany: Barth.

Schütz, A., & Luckmann, T. (1973). *The structures of the life-world*. Evanston, IL: Northwestern University Press.

Scribner, S., & Cole, M. (1981). *The psychology of literacy*. Cambridge, MA: Harvard University Press.

Sewertzoff, A. (1929). Direction of evolution. *Acta zoologica*, *10*, 59 - 141.

Shanahan, M., Valsiner, J., & Gottlieb, G. (1996). The conceptual structure of developmental theories. In J. Tudge, M. Shanahan, & J. Valsiner (Eds.), *Comparative approaches in developmental science* (pp. 13 - 71). New York: Cambridge University Press.

Shostak, M. (1981). *Nisa: The life and words of a Kung woman*. Cambridge, MA: Harvard University Press.

Shweder, R. A. (1991). *Thinking through cultures*. Cambridge, MA: Harvard University Press.

Shweder, R. A. (1995). The confessions of a methodological individualist. *Culture and Psychology*, *1*, *1*, 115-122.

Shweder, R. A., & Sullivan, M. A. (1990). The semiotic subject of cultural psychology. In L. Pervin (Ed.), *Handbook of personality* (pp. 399-416). New York: Guilford Press.

Shweder, R. A., & Sullivan, M. A. (1993). Cultural psychology: Who needs it? *Annual Review of Psychology*, *44*, 497-523.

Simão, L. M. (2003). Beside rupture: Disquiet; beyond the other—Alterity. *Culture and Psychology*, *9*(4), 449-459.

Simão, L. M. (2005). Bildung, culture and self. *Theory and Psychology*, *15*(4), 549-574.

Simmel, G. (1906). The sociology of secrecy and of secret societies. *American Journal of Sociology*, *11*(4), 441-498.

Simmel, G. (1908). Vom Wesen der Kultur. *Österreichische Rundschau*, *15*, 36-42.

Simon, H. (1999). Karl Duncker and cognitive science. *From Past to Future*, *1*(2), 1-11.

Sjövall, B. (1967). *Psychology of tension*. Nordstets, Germany: Svenska Bokförlaget.

Slunecko, T. (2002). *Von der Konstruktion zur dynamischen Konstitution*. Wien: Wiener Universitäts Verlag.

Smedslund, J. (1994). What kind of propositions are set forth in developmental research? Five case studies. *Human Development*, *37*, 280-292.

Smedslund, J. (1995). Psychologic: Common sense and the pseudoempirical. In J. A. Smith, R. Harré, & L. van Langenhove (Eds.), *Rethinking psychology* (pp. 196-206). London: Sage.

Smith, L. B., & Thelen, E. (Eds.). (1993). *A dynamic systems approach to development*. Cambridge, MA: MIT Press.

Smyth, M. (2001). Fact making in psychology: The voice of the introductory textbook. *Theory and Psychology*, *11*(5), 609-636.

Smythe, W. E. (2005). On the psychology of "as if." *Theory and Psychology*, *15*(3), 283-303.

Sovran, T. (1992). Between similarity and sameness. *Journal of Pragmatics*, *18*(4), 329-344.

Spencer, H. (1864). *First principles*. London.

Stearns, P. N., & Lewis, J. (Eds.). (1998). *An emotional history of the United States*. New York: NYU Press.

Stratton, P. (2003). Contemporary families as contexts for development. In J. Valsiner & K. J, Connolly (Eds.), *Handbook of developmental psychology* (pp. 333-357). London: Sage.

Strout, S. (2006). Sex in the city: The ambiguity of female mating strategies. *Estudios de Psicologia*.

Thorngate, W. (1986). The production, detection, and explanation of behavioural patterns. In J. Valsiner (Ed.), *The individual subject and scientific psychology* (pp. 71-93). New York: Plenum Press.

Thorngate, W. (1992). Evidential statistics and the analysis of developmental patterns. In J. Asendorpf & J. Valsiner (Eds.), *Stability and change in development* (pp. 63-83). Newbury Park, CA: Sage.

Toomela, A. (Ed.). (2003). *Cultural guidance in the development of the human mind*. Westport, CT: Ablex.

Vaihinger, H. (1920). *Die Philosophie des als ob: System der theoretischen, praktischen und religiösen Fiktionen der Menschheit* (4th ed.). Leipzig, Germany: Felix Meiner.

Valsiner, J. (1984). Two alternative epistemological frameworks in psychology: The typological and variational modes of thinking. *Journal of Mind and Behavior*, *5*(4), 449-470.

Valsiner, J. (Ed.). (1986). *The individual subject and scientific psychology*. New York: Plenum Press.

Valsiner, J. (1987). *Culture and the development of children's action*. Chichester, England: Wiley.

Valsiner, J. (1988). *Developmental psychology in the Soviet Union*. Brighton, England: Harvester.

Valsiner, J. (1989). Collective coordination of progressive empowerment. In L. T. Winegar (Ed.), *Social interaction and the development of children's understanding* (pp. 7-20). Norwood, NJ: Ablex.

Valsiner, J. (1997). *Culture and the development of children's action* (2nd ed.). New York: Wiley.

Valsiner, J. (1998a). The development of the concept of development: Historical and epistemological perspectives. In W. Damon (Editor-in-Chief) & R. Lerner (Vol. Ed.), *Handbook of child psychology: Vol. 1. Theoretical models of human development* (5th ed., pp. 189-232). New York: Wiley.

Valsiner, J. (1998b). The pleasure of thinking: A glimpse into Karl Bühler's life. *From past to future: Clark Papers on the History of Psychology*, *1*(1), 15-35.

Valsiner, J. (2000a). Entre a "Democracia da Literatura" e a paixao pela compreensão: Entendendo a dinâmica do desenvolvimento. *Psicologia: Reflexão e critica*, *13*(2), 319-325.

Valsiner, J. (2000b). Data as representations: Contextualizing qualitative and quantitative research strategies. *Social Science Information*, *39* (1), 99-113.

Valsiner, J. (2000c). *Culture and human development*. London: Sage.

Valsiner, J. (2001a). *Comparative study of human cultural development*. Madrid, Spain: Fundacion Infancia y Aprendizaje.

Valsiner, J. (2001b). Process structure of semiotic mediation in human development. *Human Development*, *44*, 84-97.

Valsiner, J. (2001c). The first six years: Culture's adventures in psychology. *Culture and Psychology*, *7*(1), 5-48.

Valsiner, J. (2003a). Comparative methodology as the human condition: Conway Lloyd Morgan and the use of animal models in science. *From Past to Future*, *4*(1), 1-9.

Valsiner, J. (2003b). Culture and its transfer: Ways of creating general knowledge through the study of cultural particulars. In W. J. Lonner, D. L. Dinnel, S. A. Hayes, & D. N. Sattler (Eds.), *Online readings in psychology and culture* (Unit 2, Chap. 12). Washington, DC: Western Washington University, Center for Cross-Cultural Research, Bellingham. Available from http://www.wwu.edu/~culture.

Valsiner, J. (2003c, June). *Theory construction and theory use in psychology: Creating knowledge beyond social ideologies*. Keynote presentation at the 10th Biennial Conference of International Society for Theoretical Psychology (ISTP), Istanbul, Turkey.

Valsiner, J. (2003d, December). *Missions in history and history through a mission: Inventing better worlds for humankind*. The First Annual Casimir Lecture on the Studies in History of Education, Leiden University, The Netherlands.

Valsiner, J. (2004a, September 11). *Transformations and flexible forms: Where qualitative psychology begins*. Keynote lecture at the Inaugural Conference of the Japanese Association of Qualitative Psychology, Kyoto, Japan.

Valsiner, J. (Ed.). (2005a). *Heinz Werner and developmental science*. New York: Plenum Press.

Valsiner, J. (2005b). *Attractors, repulsors, and directors: Making dynamic systems theory developmental* (Sapporo, No. 27, 13-25). Annual Report 2003-2004 of Research and Clinical Center for Child Development, Hokkaido University, Japan, Graduate School of Education.

Valsiner, J., & Cairns, R. B. (1992). Theoretical perspectives on conflict and development. In C. U. Shantz & W. W. Hartup (Eds.), *Conflict in child and adolescent development* (pp. 15-35). Cambridge, England: Cambridge University Press.

Valsiner, J., & Connolly, K. J. (2003). The nature of development: The continuing dialogue of processes and outcomes. In J. Valsiner & K. J. Connolly (Eds.), *Handbook of developmental psychology* (pp. ix-xviii). London: Sage.

Valsiner, J., & Diriwächter, R. (2005). Qualitative Forschungsmethoden in historischen und epistemologischen Kontexten In G. Mey (Ed.), *Qualitative Forschung in der Entwicklungspsychologie* (pp. 35-55). Köln, Germany: Kölner Studien Verlag.

Valsiner, J., Diriwächter, R., & Sauck, C. (2004). Diversity in unity: Standard questions and non-standard interpretations. In R. Bibace, J. Laird, K. Noller & J. Valsiner (Eds.), *Science and medicine in dialogue* (pp. 289-307). Stamford, CT: Greenwood Press.

Valsiner, J., & Sato, T. (2006). Whom to study in cultural psychology: From random to historically structured sampling. In J. Straub, C. Kölbl, D. Weidemann, & B. Zielke (Eds.), *Pursuit of meaning: Theoretical and methodological advances cultural and cross-cultural psychology*. Bielefeld, Germany: Transcript.

Valsiner, J., & van der Veer, R. (1993). The encoding of distance: The concept of the zone of proximal development and its interpretations. In R. R. Cocking & K. A. Renninger (Eds.), *The development and meaning of psychological distance* (pp. 35-62). Hillsdale, NJ: Erlbaum.

Valsiner, J., & van der Veer, R. (2000). *The social mind*. New York: Cambridge University Press.

van der Veer, R., & Valsiner, J. (1991). *Understanding Vygotsky: A quest for synthesis*. Oxford, England: Basil Blackwell.

van der Veer, R., & Valsiner, J. (1994). *Vygotsky Reader*. Oxford, England: Basil Blackwell.

van Geert, P. (Ed.). (1986). *Theory building in developmental psychology*. Amsterdam: North Holland.

van Geert, P. (1988). The concept of transition in developmental theories. In W. J. Baker, L. P. Mos, H. V. Rappard & H. J. Stam (Eds.), *Recent trends in theoretical psychology* (pp. 225 - 235). New York: Springer.

van Geert, P. (1998). We almost had a great future behind us: The contribution of non-linear dynamics to developmental-science-in-the-making. *Developmental Science*, *1*, 143 - 159.

van Geert, P. (2003). Dynamic systems approaches and modeling of developmental processes. In J. Valsiner & K. J. Connolly (Eds.), *Handbook of developmental psychology* (pp. 640 - 673). London: Sage.

Villenas, S., & Moreno, M. (2001). To valerse por si mesma between race, capitalism, and patriarchy: Latina mother-daughter pedagogies in North Carolina. *Qualitative Studies in Education*, *14*(5), 671 - 687.

von Baer, K. (1828). *Über Entwicklungsgeschichte der Thiere: Beobactung und reflexion*. Königsberg, Germany: Bornträger.

von Ehrenfels, C. (1988). On Gestalt qualities. In B. Smith (Ed.), *Foundations of Gestalt theory* (pp. 121 - 123). München, Germany: Philosophia Verlag. (Original work published 1932)

Von Uexküll, J. J. (1957). A stroll through the worlds of animals and men. In C. H. Schiller & K. Lashley (Eds.), *Instinctive behavior* (pp. 5 - 80). New York: International Universities Press.

Vuyk, R. (1981). *Overview and critique of Piaget's genetic epistemology, 1965 - 1980* (Vols. 1 - 2). London: Academic Press.

Vygotsky, L. S. (1966). Play and its role in the mental development of the child. *Voprosy psikhologii*, *12*(6), 62 - 76. In English translation. In J. Bruner, A. Jolly, & K. Sylva (Eds.), *Play* (pp. 537 - 554). Harmondsworth, England: Penguin. (Original work published 1933)

Vygotsky, L. S. (1971). *Psychology of art*. Cambridge, MA: MIT Press. (Original work published 1925 in Russian)

Vygotsky, L. S. (1982). Istoricheskii smysl krizisa v psikhologii. In *Sobranie sochinenii* (Vol. 1). Moscow, Russia: Pedagogika. (Original work published 1927)

Vygotsky, L. S. (1986). *Thought and language* (2nd ed.). Cambridge, MA: MIT Press.

Waddington, C. (1966). Fields and gradients. In M. Locke (Ed.), *Major problems in developmental biology* (pp. 105 - 124). New York: Academic Press.

Waddington, C. (1970). Concepts and theories of growth, development, differentiation and morphogenesis. In C. Waddington (Ed.), *Towards theoretical biology* (Vol. 1, pp. 1 - 41). Chicago: Aldine.

Wallon, H. (1942). *De l'act à la pensée*. Paris: Armand Colin.

Wallon, H. (1945). *Les Origines de la pensée chez l'enfant*. Paris: Presses Universitaires de France.

Watson, J. B. (1913). Psychology as the behaviorist views it. *Psychological Review*, *20*, 158 - 176.

Weiss, P. (1969). The living system: Determinism stratified. In A. Koestler & J. Smythies (Eds.), *Beyond reductionism: New perspectives in the life sciences* (pp. 3 - 55). London: Hutchinson.

Weiss, P. (1978). Causality: Linear or systemic. In G. Miller & E. Lenneberg (Eds.), *Psychology and biology of language and thought*. New York: Academic Press.

Werner, H. (1926). *Einführung in die Entwicklungspsychologie*. Leipzig, Germany: Barth.

Werner, H. (1937). Process and achievement: A basic problem of education and developmental psychology. *Harvard Educational Review*, *7*, 358 - 368.

Werner, H. (1940). *Comparative Psychology of Mental Development*. Harper & Brothers.

Werner, H. (1957). The concept of development from a comparative and organismic point of view. In D. B. Harris (Ed.), *The concept of development* (pp. 125 - 147). Minneapolis: University of Minnesota Press.

Werner, H., & Kaplan, B. (1956). The developmental approach to cognition: Its relevance to the psychological interpretation of anthropological and ethnolinguistic data. *American Anthropologist*, *58*, 866 - 880.

Wertsch, J. V. (1979). From social interaction to higher psychological processes: A clarification and application of Vygotsky's theory. *Human Development*, *22*, 1 - 22.

Wertsch, J. V. (1981). The concept of activity in Soviet psychology: An introduction. In J. V. Wertsch (Ed.), *The concept of activity in Soviet psychology* (pp. 3 - 36). Armonk, NY: Sharpe.

Wertsch, J. V. (1983). The role of semiosis in L. S. Vygotsky's theory of human cognition. In B. Bain (Ed.), *The sociogenesis of language and human conduct* (pp. 17 - 31). New York: Plenum Press.

Wertsch, J. V. (1984). The zone of proximal development: Some conceptual issues. In B. Rogoff & J. V. Wertsch (Eds.), *Children's learning in the "zone of proximal development": Vol. 23. New directions for child development* (pp. 7 - 17). San Francisco: Jossey-Bass.

Wertsch, J. V. (1985). *Vygotsky and the social formation of mind*. Cambridge, MA: Harvard University Press.

Wertsch, J. V. (1990). The voice of rationality in a sociocultural approach to mind. In L. C. Moll (Ed.), *Vygotsky and education* (pp. 111 - 126). Cambridge, England: Cambridge University Press.

Wertsch, J. V. (1991). *Voices of the mind*. Cambridge, MA: Harvard University Press.

Wertsch, J. V. (1995). Sociocultural research in the copyright age. *Culture and Psychology*, *1*(1), 81 - 102.

Wilson, W. H., Schroeder, D. C., Allen, M. J., Holden, M. T. G., Parkhill, J., Barrell, B. G., et al. (2005). Complete genome sequence and lytic phase transcription profile of a Coccolithovirus. *Science*, *309*, 1090 - 1092.

Winegar, L. T., & Valsiner, J. (1992). Re-contextualizing context: Analysis of metadata and some further elaborations. In L. T. Winegar & J. Valsiner (Eds.), *Children's development within social context: Vol. 2. Research and methodology* (pp. 249 - 266). Hillsdale, NJ: Erlbaum.

Wispé, L. (1987). History of the concept of empathy. In N. Eisenberg & J. Strayer (Eds.), *Empathy and its development* (pp. 17 - 37). Cambridge, England: Cambridge University Press.

Witasek, S. (1901). Zur psychologischen Analyse der ästhetischen Einfühlung. *Zeitschrift für Psychologie und Physiologie der Sinnesorgane*, *25*, 1 - 49.

Wittgenstein, L. (1958). *Philosophical investigations*. Oxford, England: Blackwell.

Wundt, W. (1973). *The language of gestures*. The Hague, The Netherlands: Mouton. (Original work published 1900)

Zeigarnik, B. (1927). Das Behalten erledigter und unerledigter Handlungen. *Psychologische Forschung*, *9*, *1 - 85*.

Zeigarnik, B. (1981). *Teoria lichnosti Kurta Levina*. Moscow: Moscow University Press.

Zittoun, T. (2005). *Transitions: Development through symbolic resources*. Greenwich, CT: Information Age Press.

Zittoun, T., Duveen, G., Oillespie, A., Ivinson, G., & Psaltis, C. (2003). The use of symbolic resources in developmental transitions. *Culture and Psychology*, *9*(4), 415 - 448.

第 5 章

生物学对人类发展的意义：发展的心理生物学系统观*

GILBERT GOTTLIEB, DOUGLAS WAHLSTEN 和 ROBERT LICKLITER

本章描述了发展的心理生物学系统观的历史和当前地位，它对行为遗传学的发展取向的概念启示，它对诸如多感觉发展等研究领域的应用，以及这一观点对人类发展的更广泛的

---

* 本章五部分内容的作者如下：(1)“发展的心理生物学系统观……”(G. G.)；(2)“发展的行为遗传学”(D. W)；(3)“发展的……多感觉发展的例子”(R. L.)；(4)“发展的……更广泛的启示”(G. G.)；以及(5)“总结与结论”(G. G.)。Gottlieb(1996)也审阅了第一部分中引导至当前发展系统观点的历史流派。G. G. 的研究与学术兴趣部分得到 NIMH 的 52429 基金和 NSF 的 BCS－0126475 基金的支持。D. W. 的研究则得到来自 NIH 的 2 RO1 AA012714 基金，以及加拿大自然科学与工程研究议会的 OGP－45825 基金的支持。R. L. 的研究部分得到 NIMH 的 MH－48949 基金的支持。

意义。此外还包括对生物学、发展神经科学、发展心理生物学和社会学等一些思考的简要评价。

211

发展的心理生物学系统观：历史和当前地位*

当前对后成论的定义认为，个体发展的特征是有机体随时间在新异性(novelty)和复杂性(complexity)上的增加，即新的结构和功能上的性能和能力的顺次出现。作为在其各部分中水平和垂直同动(coaction)的结果，它们在所有的分析水平上表现出来，包括有机体—环境同动(Gottlieb, 1991)。我们现在对后成论的各种定义性特征的理解是过去200多年中艰辛探究的结果。

后成论对预成论的胜利

后成论对预成论这个概念的胜利始于真正的发展性思维的年代。也就是说，要理解任何表型(phenotype)的起源，我们有必要研究其在个体身上的发展。这种观点至少在19世纪初就已经存在了，当时 Etienne Geoffroy Saint-Hilaire 大力宣传他的假设，即演化上变化的源起事件其实是胚胎或胎儿发展的异常。因此，演化上变化的起源或开始被视为一个异常个体在发展早期的一个变化。尽管 Karl Ernst von Baer(1828)并不相信演化论(认为一个物种可通过改善、改良来产生新物种)，他仍将对个体发展的描述作为对物种间关系进行分类的基础：那些共享有最多发展特征的被分类在一起，而那些共享有最少特征的则被给予较远的分类。von Baer 注意到脊椎动物在它们的发展早期要比发展晚期更加相似。这个现象相当得普遍，因此 von Baer 制定了一个法则来描述该效应，即各种脊椎动物的发展可以被普遍地描述为是从同质向异质、从一般向特殊的发展过程。随着各个物种的个体达到自身发展阶段的晚期，它们彼此之间的差异越来越大，因此在每个物种达到成年后就会具有越来越少的相似之处。图5.1复制了 von Baer 基于自己的发展观察对各种脊椎动物所作的分类。

实验胚胎学的诞生

von Baer 对发展描述重要性的强调代表了在理解"什么"这个问题上的一个巨大飞跃，但是它并没有抓住"怎样"这个问题。他以及他的先驱们并没有表现出对每个发展阶段得以产生的机制或方法的兴趣——这对他们来说并不算是一个问题。这个发展的问题留给了19世纪晚期自称为实验胚胎学家的 Wilhelm His, Wilhelm Roux 和 Hans Driesch：His(1888)在提及 von Baer 的观察时写道：

---

* 第一部分标明是介绍"一个"系统观点而不是"这个"系统观点。作为一个对诸多行为科学中的发展系统观点的部分阐述，感兴趣的读者还可以查阅 Ford 和 Lerner(1992)的版本中对人类发展的系统观点的描述，此外还有 Oyama(1985)更加抽象地对发展系统和演化的观点的阐述。图5.6给出了 Gottlieb 对发展的心理生物学系统观点的看法的精华，它从1970年的双向性和概然后成论等核心概念开始。

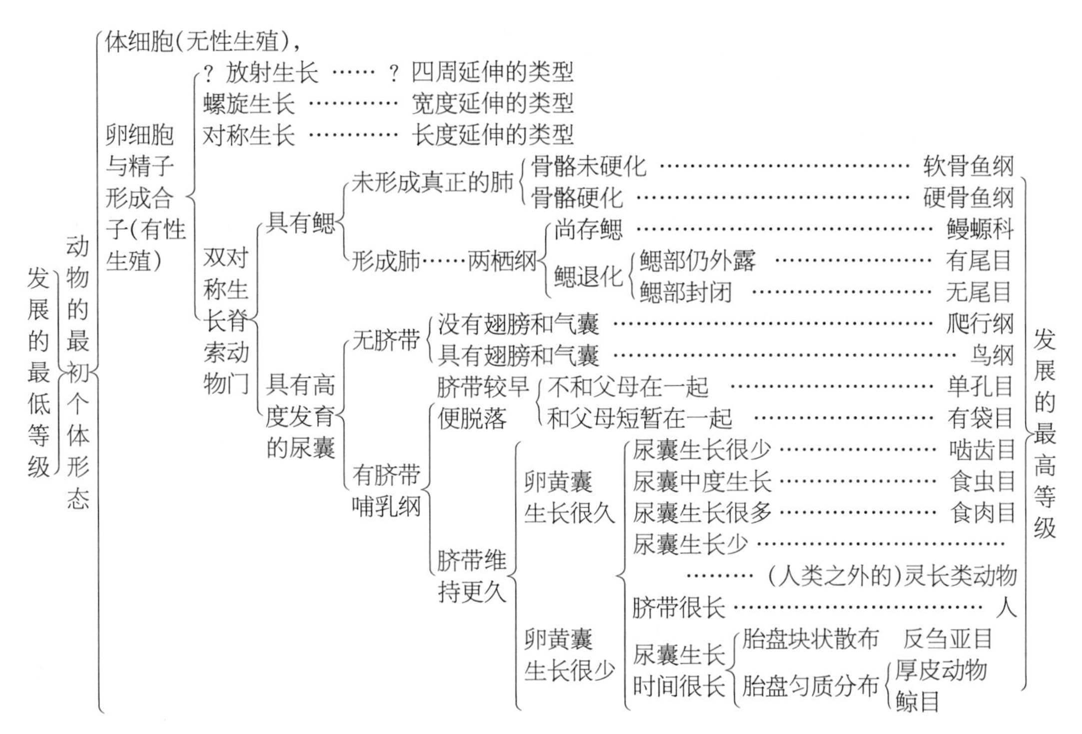

图 5.1[*] von Baer 的发展进程图式。von Baer 对各种脊椎动物[鱼、两栖类、爬行类、鸟和哺乳动物(单孔类从鲸开始)]的发展分类在右边的垂直轴呈现。他的其他三种身体组织类型在本图的左上方进行了简单呈现。von Baer 的图式并不是传统意义上的祖先产生后裔的演化形式。本图自上而下,是根据出生前结构组织不断增加的复杂性来划分的。对 Von Baer 来说,最复杂的出生前组织结构反映了个体发生发展的最高等级。发展的等级从最低(从本图左边开始)向最高发展(本图的右边),而结构组织复杂性则依据右边的垂直轴从最低(顶端)到最高(低端)。

来源: From *Über Entwickelungsgeschichte der Thiere: Pt. 1. Beobachtung und Reflexion*, by K. E. von Baer, 1828, Konigsberg, Germany: Borntrager; and *Scientific Memoirs*, *Selected from the Transactions of Foreign Academies of Science*, *and from Foreign Journals: Natural History*, by A. Henfry and T. H. Huxley, 1853, London: Taylor & Francis.

212

> 通过比较不同有机体(的发展),以及寻找它们的相似性,我们可能发现了它们的种系关系,但我们无法直接解释它们的生长和形成。一个直接的解释只能源自对个体发展不同阶段的直接研究。作为一些先前阶段的生理结果,以及卵细胞的受精和分裂等行为的最终结果,我们必须考察每一个发展阶段。(p. 295)

1888/1974 年,在一个蛙卵细胞经过第一次分裂形成两个细胞后,Roux 将一个热针头插入了其中的一个,并由此引发了对胚胎学真正的实验研究。

当 Hans Driesch 重复了 Roux 的实验并被其实验结果所震撼时,他最终得出了一个结论,也就是我们今天所持有的结论,个体的发展最好被看作一个有层次的组织系统。尽管

---

* von Baer 的这一图式是比较旧的,其中有一些已经在新的分类图式中加以修正。参见 Kardong K. (2006, 4 th ed.). *Vertebrates: Comparative Anatomy*, *Function*, *Evolution*. Mcgraw Hill Higher Education, p. 122.

Roux发现杀死一个细胞而使另一个分裂细胞继续生存会产生蛙的半胚胎，Driesch（在1908/1929年综述时）发现分离开海胆最初的两个细胞会产生两个完全发育的海胆，虽然在大小上有所缩减。[当后来将这种分离程序应用于两栖动物时，如Driesch对海胆的实验一样，产生了两个完全发育的胚胎（Mangold & Seidel, 1927）。] Driesch开始相信一些非物质的活力因素（生命力，entelechy）在胚胎的形成过程中起着作用，并且我们永远无法通过实验努力理解这些，所以他最终放弃了胚胎学而选择了在假设上更加可控的心理学问题。

213

由于Driesch已经发现一个单独的细胞可以产生一个完全发育的个体，他非常准确地总结说，每个单独的细胞肯定有同样的发展潜能，并且在理论上也可以成为身体的任何部分。他将这些细胞视为协调的一等潜能系统（harmonious-equipotential systems）。对Driesch来说，这些协调的一等潜能系统的活力特征就是它们能通过不同的途径达到相同的结果或终点，他称这个过程为等效性（equifinality）。因此，在通常情况下，两个相互依附的分裂细胞或者形成一个胚胎；或者在不寻常的两个分裂细胞分离开的情况下，每个都会形成一个胚胎。对Driesch来说，这些实验观察为活力论提供了最基本的或最"简单"的证据；对那些今天仍然在胚胎领域努力的人来说，这些实验观察也继续对实验性解决方法和发现提出严峻的挑战。

针对当前的目标来说，我们有必要注意到这一点，即如果有机体的每一个细胞都是一个协调的一等潜能系统，那么有机体自身也必然是这样一个系统。Driesch的等效性概念，即相同物种发展中的有机体可以通过不同的途径达到相同的终点，已经成为发展系统理论的一个公理。* 在一个发展心理学的系统观点中，等效性意味着：首先，拥有不同的早期或初始条件的发展中个体可以达到相同的终点；其次，拥有相同初始条件的有机体可以通过不同的途径或路线达到相同的终点（cf. Ford & Lerner, 1992）。这些结论都已经被大量的行为研究结果所证明，包括D. B. Miller（Miller, Hicinbothom, & Blaich, 1990）和R. Lickliter（Banker & Lickliter, 1993）对鸟的研究，以及Noel（1989）和Carlier, Roubertoux, Kottler和Degrelle（1989）在其他哺乳动物中的研究。但是这个相当重要的等效性发展原理很少在发展心理学的理论观点中被明确提及，所以可能对很多读者来说听起来很陌生。K. W. Fischer（1980）提出的婴儿期和儿童早期的技能发展理论就是少数几个明确地纳入了等效性概念的例子："在相同的技能领域，不同的个体会遵循不同的发展路径……发展转变规则可以预测任一单独领域中多种不同的可能路径。"（p. 513）

人类发展的微观发生学研究最有可能解释等效性，因为在这些条件下，个体对相同挑战的反应被密切地监测并以或长或短的时期来描述（例如，Kuhn, 1995）。在一个研究中，Bellugi, Wang和Jernigan（1994）监测了10—18岁的威廉姆斯综合征和唐氏综合征儿童在韦氏儿童智力量表（WISC-R）积木测验中的尝试解决方法。两组儿童表现的一样差，但是唐氏综合征儿童的尝试解决方法在许多方面非常接近他们要试图拷贝的积木，而威廉姆斯综合征儿童都无法正确复制出木块的外形轮廓。如图5.2所示，两组儿童得到的分数均较

---

* Egon Brunswik在他为《国际统一科学百科全书》（*International Encyclopedia of Unified Science*）所作的引用较少的专论《心理学概念框架》（1952）中，第一次号召人们把等效性作为心理发展的重要原则。

低,但是他们是以完全不同的方法(通过不同的途径)来实现的。

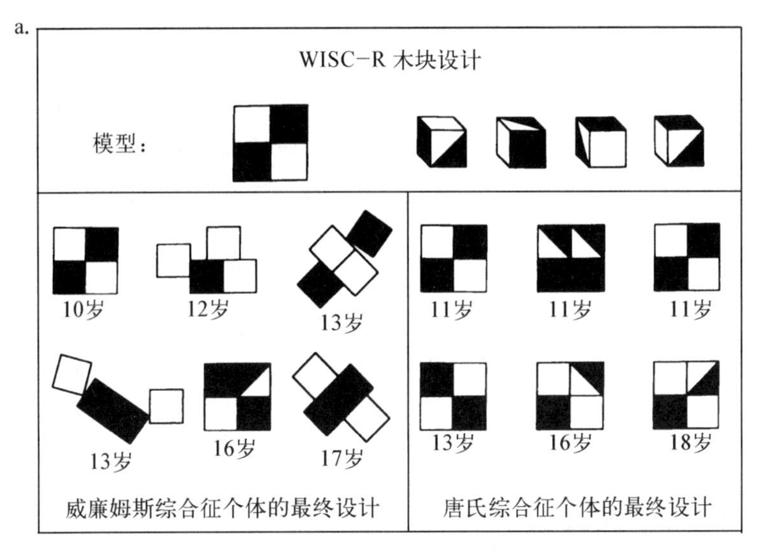

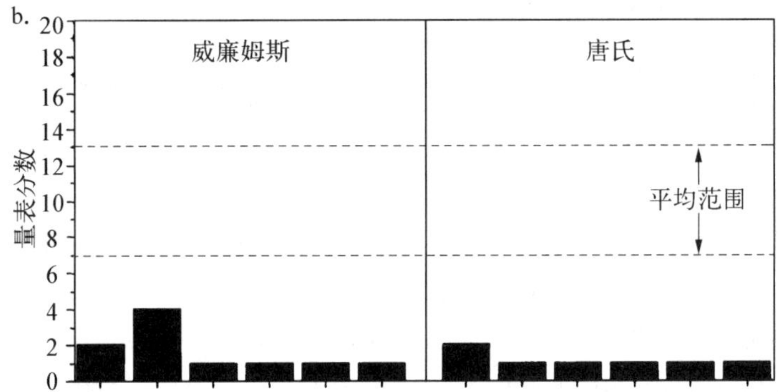

图 5.2 威廉姆斯综合征(WS)与唐氏综合征(DS)儿童在积木测验表现上的对照。(1) WS 和 DS 儿童在其错误上表现出了惊人的差异。WS 儿童均无法正确复制出木块的整体轮廓。(2) 错误上的差异在量化分数上并没有得到体现,因为它们都比较低。

214

来源: From "Williams Sydrome: An Unusual Neuropsychological Profile" (pp. 23-56), by U. Bellugi, P. P. Wang, and T. L. Jernigan, in *Atypical Cognitive Deficits in Developmental Disorders: Implications for Brain Functions*, S. H. Broman and J. Grafman (Eds), 1994, Hillsdale, NJ: Erlbaum. Copyright 1994 by Dr. U. Bellugi, the Salk Institute, La Jolla, California. 经许可使用。

另外一个例子涉及听力正常学前儿童和聋童的语言发展研究。每组儿童都可以随意设计一组符号系统来代表事件和物体,但是听力正常儿童是通过将自己照料者的语言作为榜样来实现这个结果,而在父母听力正常却不懂手势语言家庭中的学前聋童,发展出他们自己的一套姿势来与同伴和成人进行有意义的交流和沟通(Goldin-Meadow, 1997)。

再举最后一个例子。在选育具有高低攻击性小鼠的世系中,较低攻击性世系的个体如果在 28—235 天大时被测验四次,它们的攻击性会变得和高攻击性世系中的个体一样(图 5.3;Cairns, MacCombie, & Hood, 1983)。由此看来,达到同一终点的发展途径是不同的。

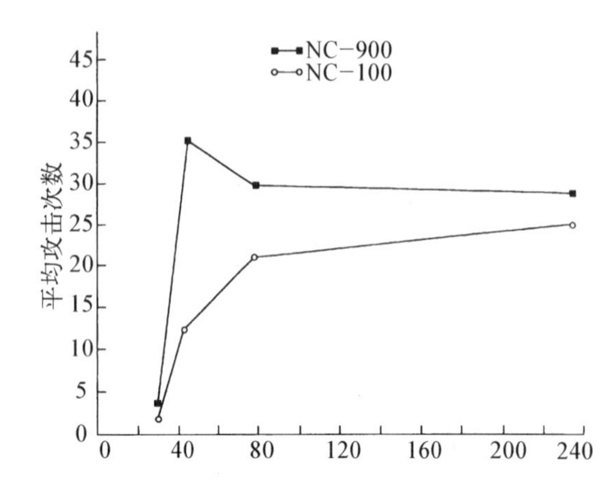

图 5.3 在 5 秒为一区组,高攻击水平(NC - 900)和低攻击水平(NC - 100)个体攻击它们实验搭档的平均次数。(相同的个体在 28,42,72 和 235 天时被重复测量。)

来源:From "A Developmental-Genetic Analysis of Aggressive Behavior in Mice: I. Behavioral Outcomes," by R. B. Cairns, D. J. MacCombie, and K. E. Hood, 1983, *Journal of Comparative Psychology*, *97*, pp. 69 - 89.

但是,在这些小鼠实验中,等效性并不意味着在高攻击性世系中存在一个遗传的途径而在低攻击性世系中存在一个实验的途径,攻击性的表达在两个世系中都是通过遗传和实验来作为中介的。高攻击性世系达到高攻击性发展途径的关键经历是 21—45 天时的社会隔离饲养,而低攻击性世系达到高攻击性发展途径的关键经历是在个体 45—235 天的时候反复测验。后一个发现提出了一个相当重要的问题:如果低攻击性世系在 45 天之前而不是之后被重复测验,那么在 45 天时两攻击性世系之间的攻击性差异是否会被消除?

系统观与机械—还原和生机—建构观

回顾从先驱们到我们当前对发展的系统本质的定义,从 19 世纪晚期到 20 世纪 30 年代,我们看到了系统或机体胚胎学家的观点,包括 Paul Weiss 和 Ludwig von Bertalanffy,以及生理遗传学家 Sewall Wright。

在其相当明晰且历史体系完整的有关发展话题的作品《现代发展理论:理论生物学导论》(*Modern Theories of Development: An Introduction to Theoretical Biology*,最先出版于德国)中,von Bertalanffy(1933/1962)介绍了系统理论,正如他所说的,这种途径一方面可以避免机械理论,另一方面又可以避免生机说的陷阱。就像 von Bertalanffy 所看到的,发展的"机械理论"的错误,就是其试图将各组成部分或机制构想为彼此独立运行的,以此来分析发展过程的各个方面。von Bertalanffy 认为,对于从物理学中借鉴过来的机械主义的经典概念,它基本的错误就在于将其可累加的观点应用于对有生命的机体的解释。比较来看:

215

> 机械理论在分析生命过程时将其视为一系列彼此独立发生的事件;另一方面,生机说则相信这些事件是由一个非物质的,超然的生命力来调控的。这些观点都没有被事实所证明。我们现在认为生物学对这种对立的解决方法就是在机体或系统理论中去寻求。一方面作为机械理论的对立面,设想有机体的要素之间彼此和谐而协调地运作;另一方面又不像生机说那样以神秘的生命力来解释这种协调运作,而是通过有生命的系统自身内在的力量来解释。(von Bertalanffy, 1933/1962, pp. 177 - 178)

现在,我们通过区分理论还原主义和方法还原主义来了解 von Bertalanffy 的观点。理论还原主义通过参考其组成部分来解释整个有机体的行为,是机械主义物理概念的一种衍生。方法还原主义则认为,不仅对这个有机体各个层级组织各个水平的分析描述相当必要,而在每个水平之间的双向描绘对个体发展的理解也是相当关键的。* 为了理解历史上的先例,这里有必要呈现 Paul Weiss 和 Sewall Wright 的图示,它描述了发展上层级组织系统观严格的方法还原主义。(我们使用希望不会令人烦恼的多元形式系统,因为有机功能的各个水平在自身内部又构成了分析的系统:机体—环境生态系统,神经系统,基因组系统等。von Bertalanffy 后来在 1950 年也开始在他的"一般系统理论"这个概念中使用多元形式。)

在 Paul Weiss(1959)的交互影响层次图式中(图 5.4),有七个分析的水平。基因(DNA)是向外扩张的分析路径的最终简化单元,从基因到染色体(在此基因可以彼此影响),从细胞核到细胞质,从细胞到组织(形成诸如神经系统,循环系统,肌肉骨骼系统等器官系统的有组织的细胞排列),所有这些组成了与外界环境产生交互作用的有机体。这个图式代表了一个有层级组织,可以增加大小、分化和复杂性的系统,其中每个成分都影响所有处于自己水平和更高或更低水平的成分,也会被它们所影响。因此,图 5.4 中影响的箭头不仅从基因出发向上,最终通过各种路径和整个有机体的活动达到外部环境,而且也可以从外部环境通过有机体的各个水平返回到基因上去。

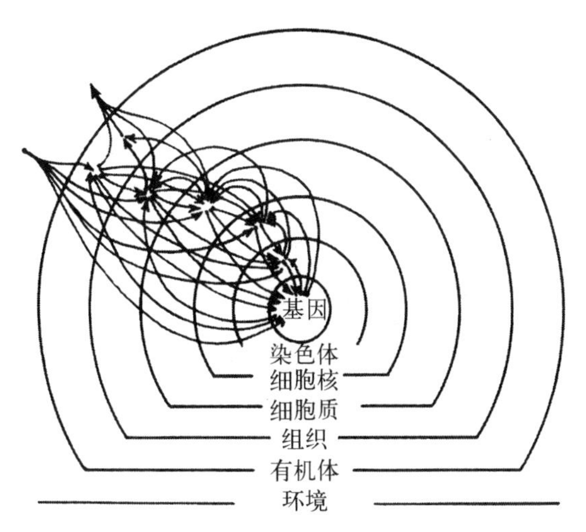

图 5.4 胚胎学家 Paul Weiss 从组织的最低水平(基因)到最高水平(外部环境)的交互影响层次。

来源:From "Cellular Dynamics," by P. Weiss, 1959, *Reviews of Modern Physics*, *31*, pp. 11 - 20. Copyright 1959 by Reviews of Modern Physics. 经许可使用。

216

人们在注意基因向前或向上的反馈影响的同时,向后或向下的反馈影响通常被认为是在细胞膜处就停止了。更新的概念则是整体相互联系的一个充分同动的系统,其中基因自身的活动可以通过细胞质而被在系统任何一个水平发生的活动所影响,包括外部环境。例如,社会互动,改变一天长度等外部环境因素可以导致激素分泌(Cheng 的综述,1979),而这

* 系统思维在神经科学中正逐渐凸现。为了向 Viktor Hamburger 长期和多产的神经胚胎学生涯致敬,国际发育神经科学杂志 *International Journal of Developmental Neuroscience* 发表了一篇 Viktor Hamburger 年度奖的综述。1993 年,该奖项颁给了 Ira B. Black,他在发表的"脑营养交互作用的环境调控"综述中,详细叙述了神经活动在发展中对多重营养因子的影响,进而进一步证明了如图 5.6 所示的解决双向关系的可实施性。Black 本人在他的综述结论部分提出了这个问题:"我们现在是否可以从环境刺激转移到冲动活动、营养调控、心理功能和行为……?"(第 409 页)。稍后的一个 Viktor Hamburger 奖也继续了该主题。在 Carla Shatz(1994)的"视觉系统发展中自发神经活动对视网膜和外侧膝状体联结模式的影响"一文中,他也遵从了本章第一作者对"经验"这个词的广义的定义("自发或激发的功能活动")(Gottlieb,1976)。甚至一个有机体在没有与外界环境的交互作用条件下也可以获得经验,这时经验与内部(细胞水平上的)活动相关,所以这就是将内源活动纳入经验过程部分的基本原理。也许对某些读者来说,在神经和行为分析的水平上均摒弃掉经验这个词而使用功能活动看起来会更恰当些。就第一作者的思考方式来说,经验和功能活动是同义词。

些激素会导致细胞核内 DNA 转录的激活(例如,启动基因)。现在有许多实验例证说明外部感觉和内部神经活动可以激活或抑制基因表达(如,Anokhin, Milevsnic, Shamakina, & Rose, 1991; Calamandrei & Keverne, 1994; Mauro, Wood, Krushel, Crossin, & Edelman, 1994; Rustak, Robertson, Wisden, & Hunt, 1990),因此支持了从基因到环境的各个分析水平的双向影响(稍后会讨论)。

Weiss 是一个实验胚胎学家,所以他没有在他的图中明确包含一个发展上的维度可能仅仅是一个疏忽。另一个图解的系统观,也不是明确的发展意义上的,则由 Sewall Wright 在 1968 年提出。他的图解(图 5.5)再一次表示出各个水平的联系是双向的,基因的活动被稳固地放置在一个完全同动的影响系统的最中央。这是将这种思维方式应用到发展过程上虽小却相当重要的一步(见图 5.6)。

217

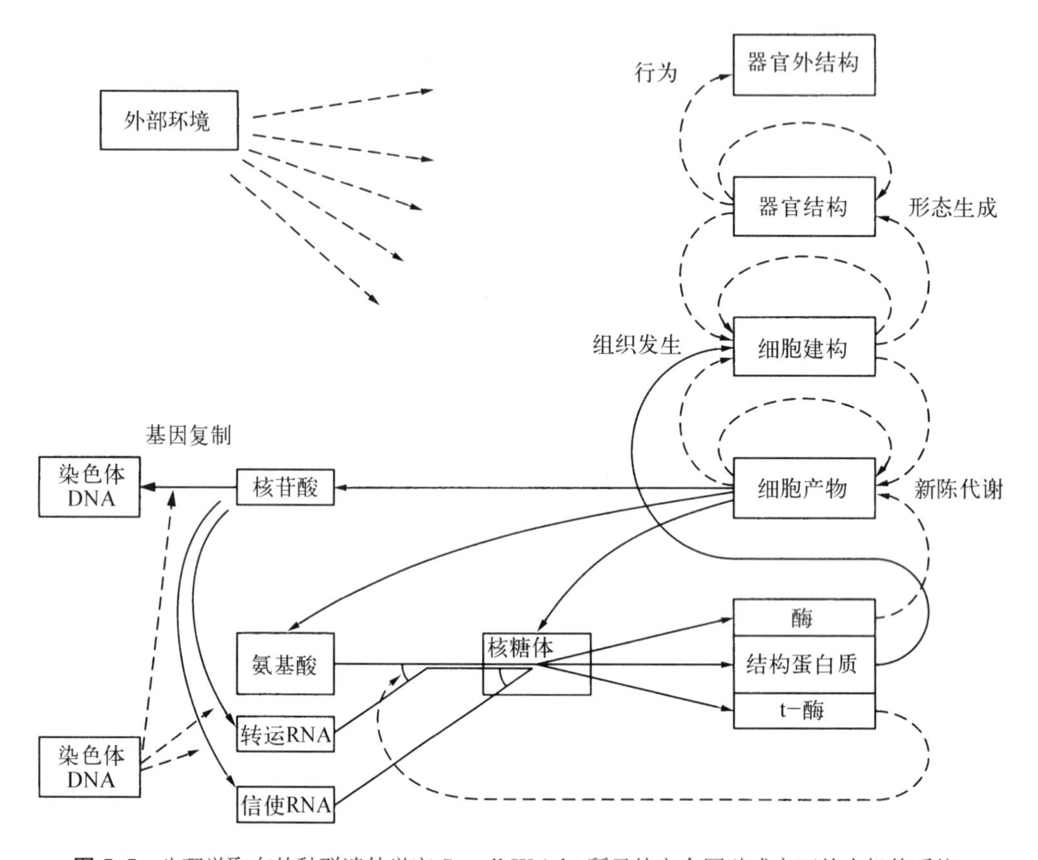

图 5.5 生理学取向的种群遗传学家 Sewall Wright 所示的完全同动或交互的有机体系统。

来源:From *Evolution and the Genetics of Populations: Vol. 1. Genetic and Biometric Foundations*, by S. Wright, 1968, Chicago: University of Chicago Press.

感觉刺激对遗传活动的影响

一些行为科学家,包括发展心理学家,似乎没有意识到基因(DNA)本身在发展的过程中也会受到更高水平因素的影响这一事实。因此,有必要强调,一致性是正常发展过程的一部分。例如,一类被称为即刻早期基因表达(immediate early gene expression)的遗传活动是对感觉刺激作出特定反应的。在给予了恰当刺激的动物脑内发现了大量的神经元,而在被剥夺了正常感觉刺激的动物脑内则缺少皮层神经元(例如,Rosen, McCormack, Villa-Komaroff, & Mower, 1992, 以及相关参考文献)。不久之前,一些声望很高的神经科学家,至少包括一个后来的诺贝尔奖获得者,徒劳地试图把感觉刺激引起的即刻早期基因表达认为是不可能的,而不把它看作是正常神经行为发展的重要特征之一。例如,Roger Sperry (1951)写道,"神经系统模式的确立一定不需要功能调整的辅助"或者"在许多例子中,发展……明显是独立于功能的,甚至……功能作为健康生长所必需的一般条件"(p. 271)。20年后,Sperry(1971)继续发表意见说:"至少在大体上,我们现在可以看到,相当精巧和准确的行为神经环路的遗传和组织,只是受到胚胎生长和分化机制的限定。"(p. 32)Sperry 并不是唯一的一个表达了神经和行为后成论的遗传预成概念的人。Viktor Hamburger,可能是诺贝尔桂冠获得者 Hans Spemann 最重要的学生,也在几个场合表达了和 Sperry 相类似的想法,值得称赞的是他后来又做了修改:

> 神经系统的结构,以及伴随的行为模式源于完全受遗传的、内部因素决定的自生性生长和成熟过程,而排斥着功能调整,练习或其他类似于学习的东西。(Hamburger, 1957, p. 56;1964 年全本重印,p. 21)

有了如此著名的神经系统发展权威在书中和文章里作出这样的论断,并被生物取向的心理学家阅读过后,遗传预成论观点进入心理学就不足为奇了,尤其是考虑到心理学还为其所受的环境主义批评而试图恢复平衡。发展的系统观的价值之一就是明确地使用遗传和经验的影响因素(说明问题),而不仅仅在口头上(且通常是空洞的)宣称两者均是非常重要的。

发展的多重性概念

发展是由机体内和机体外的各种影响因素系统推动的。甚至那些好像是先天或本能的行为也具有该影响因素系统中的出生前和出生后背景,包括基因、细胞质、蛋白质—蛋白质联系、细胞—细胞交互作用、感觉刺激、运动活动,等等。这些影响因素都是物种典型的内部和外部常态环境的一部分,而我(G. Gottlieb)则称之为"发展多重性",来让人们注意那些产生任何及所有行为表型(发展的结果)的各种组成成分。事实上,我是追随 T. C. Schneirla (1956)称所有这些因素为经验。我们称之为学习的那种经验的明显形式是这个相当广泛定义中的一个子集(见该部分:定义为功能活动的经验)。

我是根据自己对出生前因素在鸭子本能行为发展中的作用研究而得出发展多重性这个概念的(Gottlieb, 1971a)。在 1965 年,我已经表明,对于在孵化器中孵化出的鸭子和小鸡,由于它们被剥夺了与母亲的接触,因此在孵化后无法识别母亲对同类集合的叫声。它们拥有的唯一声音——听觉经验就是在进入测验情景前听到的自己和同伴的发音。在 1966 年,

218

我证明了,多听同伴声音可以降低它们对同类母亲叫声的反应潜伏期而增加行为反应持续期。然而,有必要设计一个在胚胎期去除声音的程序,以确定胚胎期发声在完善反应的知觉选择性时的重要性,因为这在孵化后的影响是相当明显的。在 John Vandenbergh 的帮助下,我设计了一个胚胎声音抑制手术,它不会干扰胚胎和刚孵化幼崽的健康(Gottlieb & Vandenbergh, 1968)。现在,出生后对同类母亲叫声的反应选择性可以在那些没有经历过自己或同伴叫声的鸭子中进行验证。结果则表明,去除声音的小鸭听觉选择性有缺失:它们无法区分母鸭的叫声和母鸡的叫声。控制组的小鸭在被去除声音之前可以听到自己胚胎期的发声 18—23 小时,结果它们表现出了对母鸭叫声的偏好(Gottlieb, 1971a, pp. 141 - 142)。这种经验的影响无法归因于任何常规的或明显的学习形式,因为胚胎期发声和母亲声音拥有不同的初级听觉特征,且人耳听起来一点都不相似。

这些实验结果导致了发展多重性概念的形成:

> 当前的结果表明,物种特异性听知觉后成论是一个概然现象,阈限,定时(timing)以及最终这种知觉的完成都受到了有机体和感觉刺激因素的调控。在正常的发展过程中,物种特异性知觉的明显变化和完善并不仅仅代表了一个预定的或固定的,且独立于正常发生的感觉刺激的有机体基础的展现。考虑到物种特异性知觉的演化,自然选择看起来已经涉及了对整个发展多重性的选择,包括有机体的和个体发生中正常出现的刺激特征。(Gottlieb, 1971a)

1987 年,West 和 King 进一步扩展了发展多重性这个概念,他们指出:除了我们的基因外,我们不仅继承了一个相当标准的胚胎和胎儿的刺激环境,同时还有父母、同辈和他们居住的环境。他们创造了个体发生的小生境(ontogenetic niche)这个词来表明伴随基因的物种典型的生态和社会遗产。因此,我们不仅仅遗传了先天的(基因),也继承了后天的养育因素(在任何给定物种中通常普遍存在的出生前和出生后的早期环境条件)。

发展的因果关系(同动)

发展的行为(或器官或神经)后果是至少两个特定成分同动的结果(例如,人—人,有机体—有机体,有机体—环境,细胞—细胞,细胞核—细胞质,感觉刺激—感觉系统,活动—运动行为)。发展的原因(使得发展得以发生)是这两个成分之间的关系,而不是成分本身。基因自身可引起的发展并不比刺激本身能引起的发展更多。当将同动作为发展的因果关系分析核心时,我们需要详细阐述该发展系统中至少两个成分之间的某种关系。在有机体功能水平上使用频率最高的用于代表同动的概念是经验。因此经验是一个代表关系的术语。

因为根据定义,发展着的系统总是以某种方式变化着,对发展因果关系的陈述就必须也包含一个时间维度来描述经验和有机体同动发生的时间。例如,实验胚胎学最早期的发现之一就与组织移植早期发展的时间导致的结果差异有关。当胚胎头部区域的组织移植到胚胎背部时,如果移植发生在发展的早期,该组织会根据新环境而进行分化(例如,它会分化成背部组织)，然而如果移植发生在发展的晚期，组织会根据它先前的环境进行分化，例如，在胚胎的背部可能会出现第三只眼。这些移植实验不仅显示了时间的重要性，也体现了胚胎发展的同动本质。

同动对个体发展的重要性

Weismann(1894)关于遗传物质(后来被称为基因)在个体发展中作用的早期表述认为，染色体或基因系统的不同部分引起了发展中个体不同部分的分化，因此他认为存在眼睛的基因、腿的基因、脚趾的基因，等等。在 Driesch 的实验(1908/1929)中他分离了海胆生长的最初的两个细胞，然后由每个细胞得到了一个充分发育的海胆，这表明每个细胞都含有一套完整的基因成分，意味着每个细胞都能够发展成身体的任意一部分，这种能力在实验胚胎学早期历史的术语上被称为等势性(equipotentiality)或多能性(pluripotency)，现在的术语中则称作全能性(totipotency)和多向分化潜能(multipotentiality)(例如，DiBerardino, 1988)。然而即使是每个细胞都具有这种潜能，它也并不会发展成身体的任一部分。每个细胞都会根据它的环境进行发展，因此胚胎前极的细胞会发育成头的部分，而后极的细胞则发育成身体尾部的末端，胚胎前部外侧区域的细胞发展成前肢，而后部外侧区域的细胞则发展成后肢，胚胎背部区域发展成后背，等等。

219

尽管我们尚不清楚什么使得细胞根据其生长环境进行正常的分化，但我们知道是细胞与周围环境的交互作用，包括相同区域的其他细胞，使得细胞正确的分化。基因(DNA)的确切角色并不是生成一只胳膊，一条腿，或者手指，而是制造蛋白质(通过公式 DNA↔RNA↔蛋白质中固有的同动)。通过 DNA - RNA -细胞质同动生成的特定蛋白质受到高于 DNA - RNA 同动水平的同动的影响。

总的来说，当某些科学家将行为或有机体结构或功能的任何方面称作“基因决定”时，他们并没有留意到这样一个事实，即基因是在一个拥有更高水平影响因素的发展系统背景中合成蛋白质的。因此，例如，正如对神经系统早期发展的实验所示，蛋白质的合成量受到神经活动的调节，这再一次地表现了在个体发展中影响的双向性和同动性(例如，Born & Rubel, 1988; Changeux & Konishi 的总结, 1987)。

概然后成论对预定后成论的胜利

1970 年，Gottlieb 描述了在概化个体发展时存在行为的预定后成论和概然后成论的二分法。预定后成论把遗传激发的结构成熟视为一个主要是以单方向的模式产生功能，而概然后成论则正视了结果和功能之间的双向影响。概然概念的应用范围当时并不是那么广泛。在 1976 年，Gottlieb 明确地将遗传水平加入该图式中，因此单向的预定概念可以绘制如下：

遗传活动→结构→功能

这是一个非交互的路径，而概然观念则是完全双向的：

遗传活动↔结构↔功能

现在,自发的神经活动以及行为和环境刺激都被认为在正常的神经发展中起着作用,而感觉和激素的影响可以诱发遗传活动,概然观念的正确性和应用的广泛性是无可否认并且已经被普遍地证实。从这个角度说,后成论的概然概念超越了预定观点。

基于概然观念,Gottlieb(1991,1992)近来又提出了一个更加简化的发展的心理生物学系统观的图式,它纳入了 von Bertalanffy,Weiss 和 Wright 对该主题的主要观点,并在有机体—环境水平上增添了一些细节,以对全面的行为和心理生物学分析有所帮助。这种对发展的思考方式都可以追溯到心理生物学理论先驱们的努力,例如 Z.-Y. Kuo(见 1976 年的总结),T. C. Schneirla(1960),以及 D. S. Lehrman(1970)。当前,大量心理生物学取向的理论家有意无意地使用着概然的和双向的概念(例如,Cairns, Gariépy, & Hood, 1990; Edelman, 1988; Ford & Lerner, 1992; Griffiths & Gray, 1994; Hinde, 1990; Johnston & Edwards, 2002; Magnusson & Törestad, 1993; Oyama, 1985)。

220

如图 5.6 所示,Gottlieb 将分析的水平减少为三个功能性机体水平(遗传的,神经的,行为的),并将环境水平细分为物理、社会和文化三个成分。* 从事非人类动物模型研究的学者强调环境的物理和社会方面的影响;从事人类研究的学者则关注文化方面。对这个被认为是简单思维的图式的批评并不是它的过分简化,而是其过于复杂:有太多的影响,并朝向相当多的方向运作。简而言之,一个发展的心理生物学系统观被认为是无法掌控,且对分析目的也没有用处。我们希望在本章余下的部分说明,这样一个图式不仅是有用的,同时也代表了一个在适当复杂水平上的个体发展,而后者公平地对待了发展影响的事实。**

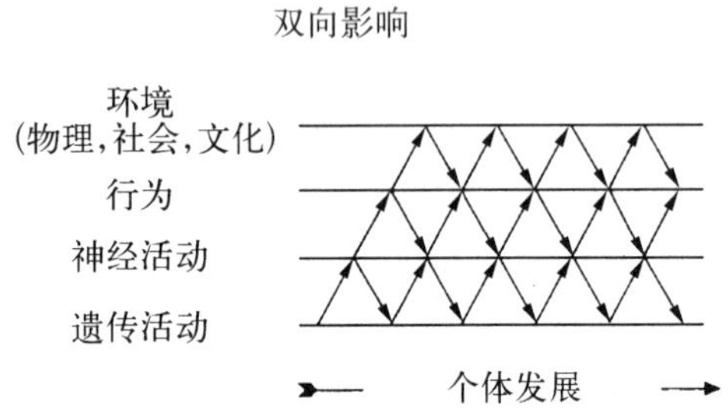

图 5.6 心理生物发展的一个系统观。

来源: From *Individual Development and Evolution: The Genesis of Novel Behavior*, by Gilbert Gottlieb, 1992, New York: Oxford University Press. Copyright 2002 by Gilbert Gottlieb.

定义为功能活动的经验

在转向回顾发展行为遗传学和多感觉的影响,像图 5.6 那样将分析的所有四个水平联系起来之前,有必要为经验这个词提供一个定义,以使我们可以讨论发生在每个分析水平上的经验事件,而不仅是局限于机体—环境水平。经验是功能或活动的同义词,并且有着相当

* Gariépy(1995)正确地指出,此类的心理功能并没有包含在 Gottlieb 系统图示的这四个水平中(图 5.6)。忽略它的原因是心理功能或调节(知觉、思维、态度、爱、恨,等等)必须根据对行为和环境刺激的外显水平分析来推断,正如由 E. C. Tolman 在 1932 年引入的方法学行为主义这个概念所阐明的那样。从这个角度上说,所有的心理学家都是方法学(而不是理论)行为主义者(cf. Brunswik,1952)。

** 在对基因型和母亲环境综述中的结论部分,Roubertoux、Nosten-Bertrand 和 Carlier(1990)指出:"诸多效应组成了一个非常复杂的网络,这可能会吓退那些仍试图在生物组织不同水平间(尤其是分子的和行为的水平)建立简单关系的人。这个构想确实更加复杂。"(第 239 页)

宽泛的解释,包括神经细胞的电活动及其过程:冲动传导;神经化学和激素分泌;肌肉和感觉器官(内感受器,本体感受器和外感受器)的使用和锻炼;当然还有有机体自身的行为。因此,经验这个词,并不是环境的同义词,而是强调在神经和行为分析水平上的功能活动。这些功能对发展的贡献有以下三种形式:(1) 诱导的,在某一个方向上而非另一个方向上引导发展;(2) 促进的(时间上的或数量上的),影响结构和生理成熟的阈限或速率,或行为发展的发生;(3) 保持,用于维持已经诱导出的神经或行为系统的完整性。这三个经验的影响在发展中可能发生的不同过程如图 5.7 所示。

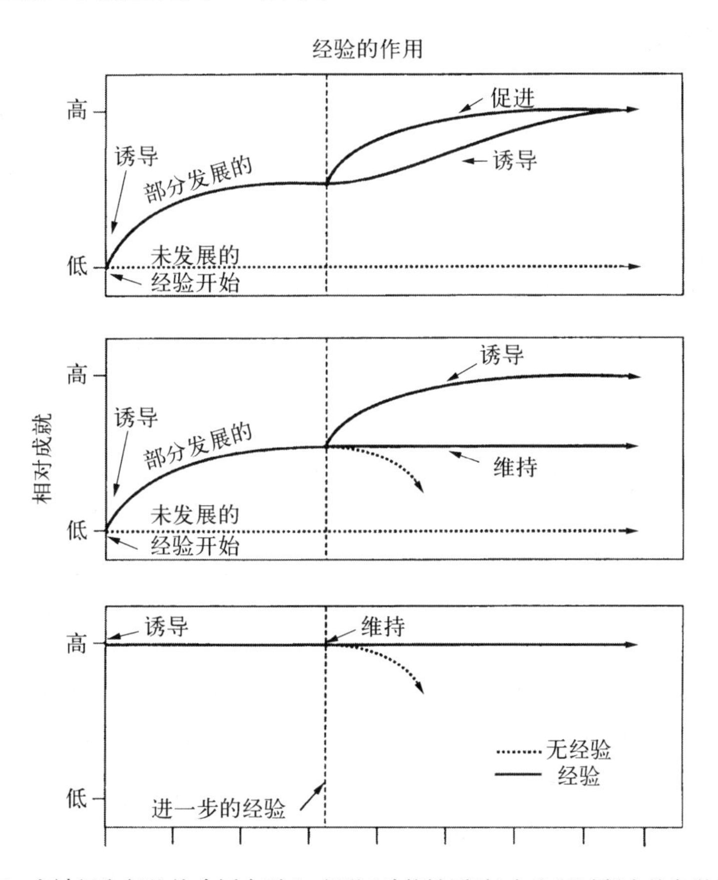

图 5.7 在神经和行为的分析水平上,经验(功能性活动)在发展过程中的各种作用。

来源:From *Individual Development and Evolution: The Genesis of Novel Behavior*, by Gilbert Gottlieb, 1992, New York: Oxford University Press. Copyright 2002 by Gilbert Gottlieb.

对发展的心理生物学系统观特征的总结

221

在最后的版本中,发展的心理生物学系统观涉及在遗传、神经、行为和环境等分析水平上活动的时间描述,以及这四个水平间活动的双向效应。当与双向性和概然后成论相关的概念第一次提出时(Gottlieb, 1970),它们在很大程度上是直觉性的。然而它们现在看起来似乎在许多方面,如果不是全部的话,都已经是确定的事实。考虑到实验胚胎学对所有系统观的继承,两个进一步的假设或命题是有必要的:

1. 由于细胞早期的等势性,以及在任何个体中仅有染色体组中的小部分可以表达这个事实(Gottlieb, 1992),在个体的心理和行为发展中实际实现的仅代表了许多其他可能中的小部分(这一点也参见 Kuo,1976)。

2. 一个发展的系统观有必要明确等效性这个概念;也就是说,朝向共同发展终点的途径有多种可能性(可以在 Gottlieb,1997 中找到一个有关该系统观的早期历史和当前地位的更加详细的综述)。

发展的行为遗传学

在本章接下来的两个部分,我们要考察发展的行为遗传学和出生前与出生后多感觉对神经和心理生物功能的影响,以此来进一步阐述发展的心理生物学系统观。

发展的遗传分析的观点

有关发展的研究通常关注两类问题,并会采用各自适宜的方法。但当从一类方法学的研究所得结果用于回答需要不同的方法学来解释的问题时经常导致误解,尤其是在发展的行为遗传学领域。

有关发展的两个问题

第一个问题关心从受精卵到成年个体平均或典型的发展过程的原因。它是最早期胚胎学家的关注焦点,也是现代科学最耀眼的智力挑战之一。在这种背景中人们经常考察物种间的巨大差异。在理解平均或物种典型的发展时,许多重要的进展都是使用了实验方法,通过临床手术,改变感觉经验或化学处理来修改个体发展的过程(Jacobson, 1991;Purves, 1994)。

这种途径(个体发展)可以通过使用诸如辣根过氧化酶(HRP)等追踪分子的方法探讨神经系统源起的研究来举例说明。当将 HRP 注入 16 细胞蛙胚胎的一个细胞内时,该物质就传入了由该细胞有丝分裂产生的所有细胞中,再对注入 HRP 后几天的分化胚胎进行染色即可以揭示一个细胞的发展情况(Moody, 1987)。尽管在正常情况下,一个细胞可能产生中枢神经系统中的一种特定神经元,然而当该特定神经元在 16 细胞胚胎时期被毁坏时,临近细胞的命运即被改变以产生所需的神经元(Jacobson, 1981),从而一个细微之处有些异常的胚胎最终生成了一个正常的有机体。这种实验表明细胞间的交互作用在胚胎分化成器官系统中所起的关键作用。它既没有操控遗传也没有操控胚胎的环境,事实上,它探索的是个体发展的内部过程。

第二个问题(种群途径)则关注同物种成年个体表型上个体差异的由来。历史上,这一直是关心测量人类心理能力的心理学家(Francis Galton, Cyril Burt)及感兴趣于农作物产量和演化的遗传学家(Ronald Fisher, Sewall Wright)所关注的核心。有关人类儿童的发展行为遗传学研究通常采用相关的统计分析方法,并且实际上是独立于实验神经胚胎学而自己发展的(见 Gottlieb 的批评,1995)。

在最初的阶段，遗传科学尚未发展起来。同时，胚胎学独自发展，很少关注遗传学(Allen, 1985; Sarkar, 1999)。孟德尔认为豌豆的“恒定区分特征”是自身遗传的。这是一个遗传的马赛克理论，其中个体的每一个特征(高度，颜色或形状)都是由一个单独的遗传单元决定的。这个概念被那些重新发现孟德尔定律的人所采用，而Bateson(1913)则将这些单位命名为基因。从20世纪遗传学刚刚起步时开始，基因就以其最显著的性状表现来命名(例如，果蝇的白眼，小鼠的糖尿病和耳聋，暗示着一个基因编码特定的表型，而突变则揭示了基因的真正功能。

对这两个主要问题答案的寻求并不需要将各部分分开来思考。达尔文熟练地将胚胎学知识和个体变异的知识整合起来以支持他关于演化的论断，近来的理论学家也非常强调有机体自身发展对自然选择和演化的重要性(Gould, 1977; McKinney & McNamara, 1991; Salthe, 1993)。事实上，发展的系统理论为胚胎发生学，个体差异和演化的关系提供了独特的见识(Gottlieb, 1992; Johnston & Gottlieb, 1990)。

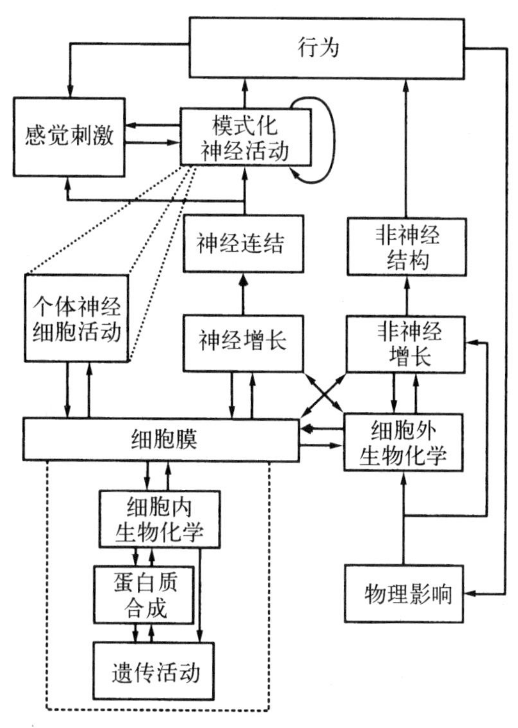

图5.8 正如Johnston和Edwards(2002)所提出的，行为发展模型展示了在行为的发展建构及其交互作用中涉及到的所有因素。非神经成分包括激素(细胞外生物化学的部分)、骨骼、肌肉、羽毛，等等。当动物在栖息地运动时，感觉刺激受到行为的影响，这既产生又修改着刺激，不过也通过神经系统的联系和神经活动的当前状态。椭圆形箭头标明了自发神经活动的作用。所有对发展的持久性经验效应都是通过在细胞水平上修改事件得以实施，但是在遗传活动和行为之间没有直接联系。实线表明因果关联，而虚线则表明一个事物是嵌套于另一个事物之内的。

来 源: From “Genes, Interactions, and the Development of Behavior,” by T. D. Johnston and L. Edwards, 2002, *Psychological Review*, *109*, pp. 26 - 34. Reprinted with permission of the authors and the American Psychological Association.

一般来说，强调一个生命系统(图5.6)内层级水平间交互作用双向本质的理论也会鼓励学科之间的协作。这种学科协作的绝佳例子在Johnston和Edwards(2002)对基因—环境交互作用的多水平分析中尤其明显，如图5.8所示。与此相对，数量行为遗传学这种最强烈的还原主义观点则很少关注基因和行为间的水平，因此也将心理学与比较胚胎学、发展遗传学和神经科学隔离开来。

有关个体差异的研究并不能为有机体的发展提供充分的解释。我们拥有的许多基因几乎在一个人群中的所有成员中都同等有效。一个基因是一个DNA(脱氧核糖核酸)分子的一段，它处于一个特定位置或者位于一个染色体或核糖体核苷酸(mtDNA)上。基因有时候被定义为DNA上一段特定种类蛋白质分子的编码。在发展的过程中,DNA转录成为中间分子信使核糖核苷酸(mRNA),后者随后再转录成为蛋白质分子。DNA是由腺嘌呤(A),胞嘧啶(C),胸腺嘧啶(T)和鸟嘌呤(G)四种核苷酸碱基组成的两条长链形成的双螺旋结构,它们组成线性的序列来为蛋白质内的氨基酸提供线性序列编码。在分子的水平,人们也许会说基因编码或规定了蛋白质的结构(Stent, 1981)。而这个蛋白质的结果可能是为了一个细胞的、神经的或行为的表型,而其强烈依赖于个体拥有的其他基因(Greenspan, 2004)和遇到的环境序列(Sokolowski & Wahlsten, 2001; Wachs, 1992)。一个特定的基因有时会有两个或更多的形式(等位基因),这些形式在一个人群中可能存在一个或更多的核苷酸碱基的差异。如果这些不同的等位基因编码存在着微小差异的蛋白质氨基酸序列,且如果较不常见的等位基因在人群中发生的频率至少为1%,我们就可以说出现了蛋白质多形态(polymorphism)。如果不是的话,就无法在个体中产生值得关注的表型差异。对于许多对发展至关重要的基因来说,突变很快便被自然选择消除,且几乎人群中的所有成员都拥有同样的等位基因。

动物模型和分子遗传学

近来在分子生物学中的发明使得我们可以在原本仅有一个等位基因的遗传物质上制造新的可察觉的突变(Wynshaw-Boris, Garrett, Chen, & Barlow, 1999),或者是将一个物种的一段完整基因插入另一个物种的早期胚胎中,使其能永久地纳入染色体组而制造出一个转基因动物(Julien, Tretjakoff, Beaudet, & Peterson, 1987)。定位突变极大地拓展了脑与行为研究中可利用的等位基因变异的基因数量。例如,在小鼠脑中,小分子谷氨酸是激活突触后神经元的神经递质,而突触细胞膜上检测并对谷氨酸作出反应的受体则由几个单元组成,每一个都可以由一个不同的基因来编码。也存在可以与谷氨酸发生强烈交互作用或参与突触谷氨酸运输的基因编码分子。截至2004年,研究者已经识别出在神经系统中谷氨酸功能中涉及的对酶、转运体或受体单元进行编码的40个基因(www.informatics.jax.org)。已知的这些基因的突变等位基因有27个,其中除两个外其余均是被定向改变的。在当前的定位方法发明之前,仅在这些基因的两个中发现了自发突变。一个是由Phillips(1960)检测出的Lurcher突变,另一个是后来证明为*hotfoot*基因的一个等位基因,且此后又发现了好几个该处的等位基因。这些都是谷氨酸受体,促离子型亚单位delta 2基因(Grid2)的等位基因。另外,眼疱疹eye blebs基因是1969年发现的一个有着广泛的表型效应的严重突变(Beasley & Crutchfield, 1969),而后来证明它是谷氨酸受体相互作用蛋白1基因(Grip1)的一个等位基因。同时,通过基因定位创造了这27个基因中至少58个等位基因,因此相当地拓展了研究谷氨酸功能时可利用的突变范围。

这种奇异的在非人类基因和胚胎上进行的精彩实验当然不适合对人类的研究。尽管已经有许多针对人类早期出生前事件发生通常序列的精细描述,而且很显然人类与其他哺乳类动物存在许多的相似性(O'Rahilly & Müller, 1987),但我们关于哺乳动物胚胎发生学最可信的信息还是来自实验室动物。伦理上的考虑正确地限制了以科学的名义对人类胎儿的工作,我们依赖于动物来了解许多生物的过程。

考虑到分子生物学能改变基因组的力量,从分子水平去认识人类和其他动物的共同起源或同源程度是相当重要的。至少99%在人类身上发现的基因也可以在小鼠身上找到[小鼠基因组序列协会(Mouse Genome Sequencing Consortium 2002)]。较低等的果蝇身上的许多基因也出现在小鼠和人类身上(Adams et al., 2000; Sokolowski, 2001)。作为一个一般原则,从分子水平考虑的发展过程倾向于在相当广泛的物种间应用,而涉及行为或认知等更高水平的功能则更倾向于是物种特异的。儿童的语言发展心理学不太会从小鼠和果蝇的研究中获益,而对人类神经系统突触的遗传分析则可以通过严格控制的昆虫或蠕虫神经系统的研究得以清楚地阐明。

在寻找人类功能紊乱的动物模型时,小鼠发挥了特殊的价值,因为它们是哺乳动物并且可以易于适应对其基因相当大范围内的实验操作改变(Phillips et al., 2002; Tecott, 2003)。尽管我们有可能在小鼠身上复制出人类的几个单基因缺陷,但也显而易见,在小鼠身上人为制造神经症状来模仿老年痴呆或帕金森病在许多重要方面是不同于人类的情况的(Dodart, Mathis, Bales, & Paul, 2002)。在分子水平上一个看起来单基因的相似缺陷,在将该基因置于活的有机体背景上的时候,通常发现它有着物种典型的特征。 224

有关个体差异的单基因和多因素研究

对于那些主要关心种内个体差异的科学家来说,有两个方法最为流行(Greenspan, 2004)。一些人试图检测并理解一个单基因的成分,然后再阐明该基因影响神经细胞寿命和有机体行为的网络结构(Wahlsten, 1999b)。另一些人则从实验室不同品系动物或者人类近亲的表型差异开始着手,他们认为这些表型肯定在相当多的相关基因位点上存在差异,而其中每个基因位点都会对表型有较小的影响。这类研究中分析的表型通常会受到环境几个方面的具体影响,而该表型又被视为一个复杂的、多因素的特征而非一个单基因特质(Phillips et al., 2002)。那些关注许多具有较小效应的基因影响的研究者则希望知道涉及的特定基因,但是他们的方法通常无法检测到这一点。相代替的,他们即刻的目标可能是用更宽泛的词语来描述遗传和环境效应。

当一个突变可用于研究时,最容易对单基因效应进行研究。通常的等位基因有时也被称为自然型(wild type),并以+来表示,所以在自然状态中捕获的动物一般都拥有纯合子基因型+/+。突变的等位基因可能导致基因功能的严重扰乱并被标记为-。如果突变是隐性的,仅有纯合子的-/-会表现出表型上的异常,而杂合子+/-看起来以及功能同+/+型动物都一样。研究者随后测量了+/+,+/-,-/-基因型动物的大量表现型以判定突变的效应是精确定位还是很广泛的。在大多数情况下,在某个特定表型上具有较大效应的突变也会改变许多其他表型的价值(values),这个现象称为多效基因作用(pleiotropic gene action)。即使当我们仅考虑一个基因的突变时,这种情况也相当复杂。一个特定突变是显性还是隐性可能取决于我们测量的东西(Moore, 2001)和进行观察时所处的发展阶段。突变的结果通常依赖于位于其他位点的基因(上位)以及环境(Greenspan, 2004; Scriver & Waters, 1999; Sokolowski & Wahlsten, 2001)。

在过去的几十年中,可用于研究的突变相当少。其中的大多数都是在实验室中由于未知原因而自发产生的。现在自发突变的供应量由于化学变异生成法的使用而大大增加;雄性小鼠使用乙基去甲肾上腺素等物质来导致比平时随机情况高的频率诱导染色体突变。人们已经建立了一些大企业来在成千上万的小鼠中筛选突变的后代(Belknap et al., 2001; Moldin, Farmer, Chin, & Battey, 2001; Nadeau & Frankel, 2000)。通过集中注意于一个特定的表型,如活动性、焦虑或者记忆,研究者希望至少可以识别出其中部分对这些功能相当重要的基因。

大多数具有较大效应的突变都需要在实验室安全条件下辛苦地进行复制。它们表型效应上的巨大特征使得我们可以用一小组动物样本来对其进行研究,但是相当精细变异的广泛效应使得实验难以解释。研究果蝇的科学家在野生群体中发现了一些非常有趣的遗传变异,体现在行为层面上的变化不太明显,例如幼虫在进食时可移动的距离(Sokolowski, 2001),以及果蝇能适应白天长度变化的情况(Greenspan, 2004)。Greenspan(1997)认为这些具有较小效应的基因不大可能改变较多的性状,因此我们更容易来阐明与它们紧密合作的其他基因的网络。

受到大量多态基因和环境变异影响的脑与行为方面被称为数量或复杂性状。仅在过去的十年内识别复杂性状涉及的特定基因才变为一个具体的目标(Belknap et al., 2001; Flint, 2003; Phillips et al., 2002)。在整个染色体组内遍布的成千上万的表型中性标记位点的发现已经成为连锁分析的福音,而涉及大样本动物,尤其是小鼠的科研项目的充足基金为检测可能解释一个特质仅 5% 表型变异的连锁基因提供了必要的统计效力(Crabbe, 2002)。如果数据表明与数量性状有关的一个基因位于一个特定染色体的某个区间上,这个区间就被指代为一个数量性状位点(QTL)。通常这个区间过于宽泛,我们可以在那里找到成千上万的基因,我们的挑战就是缩小搜索范围并精确指出哪个特定基因是 QTL 的基础。最后的这一步已经被证明是极其困难的(Nadeau & Frankel, 2000)。但是,这个途径可以在单基因和多因素观点之间建立桥梁。

225

实验室动物的选育,品系比较和杂交以及人类双生子和领养等经典方法,可以揭示涉及非特异性遗传和环境变异等有趣的现象,但对于其本身,它们无法可靠地指出任何特定的基因,或者甚至无法确定影响一个行为的多态基因的数量。

个体差异的三个来源

尽管人们通常会假设个体间的差异源自遗传,环境或者是两者的结合,现在我们有很好的理由认为还存在一个既非遗传又非环境的第三个因素(Finch & Kirkwood, 2000; Whitelaw & Martin, 2001)。即有趣的差异可能源自发展中有机体的内部而无法传递到下一代(Collins, 1985; Layton, 1976; Lupski, Garcia, Zoghbi, Hoffman, & Fenwick, 1991; Wahlsten, 1989)。第三个因素的影响,被 Haldane(1938)指代为未知因素 X,有时用发展噪音或随机性这样的术语来传达这样一个想法:它并没有表现出遗传效应的典型规律(Lewontin, 1991)。考虑到那些遗传背景相同且在相当类似的情境中抚养长大的个体最终表现出明显不同的表型结果,我们可能就会使用这个概念了(Gärtner, 1990; Spudich & Koshland, 1976)。第三种变异来源的可能性在 Schneirla(1957)的概念中即有所体现:“有机体自我刺激的循环关系”(p. 86)而有机体是“与自己交互作用的”。

例如，在 BALB/c 的品系 129 小鼠中胼胝体是缺失的，其中 20%到 50%在遗传上是相同品系的动物有明显的缺陷，但是其他的同窝幼崽则是正常的(Wahlsten, 1989; Wahlsten, Metten, & Crabbe, 2003)。哪只小鼠成年后会缺失胼胝体是在出生前就已经决定了的。一窝小鼠中有缺陷的胚胎和正常胚胎的子宫空间定位表现出一种随机模式，且与许多出生前的环境变异无关(Bulman-Fleming & Wahlsten, 1991)。对胚胎大脑皮层轴突生长的详细研究表明，胼胝体的形成存在不同的阈限，因为有两个过程的相对定时：(1) 轴突向大脑中部的生长，(2) 指向另一半球的组织桥梁的形成。定时中的较小差异都会使得个体移向阈限的一边或另一边，由此产生一个随机分布(Wahlsten, Bishop, & Ozaki, in press)。随机表型变异的程度取决于有机体的遗传及其抚养环境(如 Wahlsten, 1982)，而第三种个体变异来源来自生长中有机体的内部，是不同于遗传和环境的。

遗传的本质

发展行为遗传学寻求理解遗传在一个有机体的神经系统和行为的发展过程中的作用。为了解决这个问题，我们有必要阐述遗传到底意味着什么。一个实体通常通过与其相异的东西对照来进行定义。遗传不是环境。遗传(H)是处于有机体内部的，而环境(E)则是位于有机体外部的。不同于也处于内部的第三个因素，遗传是在代际之间进行传递的。除非我们开始更深地挖掘有关发展的数据，否则这个公式看起来非常简单。

受精时的遗传

在一个单细胞胚胎受精之时，我们已经可以清楚地区分遗传(H)和环境(E)。所有的遗传来自父母。胚胎上每个物质斑点，整个有机体，全都是遗传来的；细胞核内的染色体、线粒体、内质网，以及细胞质内的其他细胞器，甚至细胞膜都是遗传的组成部分(Ho, 1984)。环境则是外部的，是施加于胚胎上的环境的各个方面，而不是其一部分。这种对遗传(H)和环境(E)的定义提供了对有机体周围一切物质的一个清楚、彻底的区分。对于发展理论来说，它要比宣称遗传仅由 DNA 分子组成更让人满意，因为这种教条不考虑胚胎的绝大部分，或将胚胎内的细胞质也分类为环境的一部分。

226

即使是这种在受精时对遗传(H)和环境(E)的定义也有着一定的困难。全部的单细胞胚胎是从父母遗传而来的，但并不是全部信息都会传递到下一代去，从父母那里获得的一些东西并不是通过遗传而被它们所拥有的。考虑一下人类胚胎多一条染色体的例子，例如 21 三体综合征(唐氏综合征)或者 XYY 的雄性个体。这些在形成配子细胞时又会重新开始；它们不会影响父母，也很少会被传递到下一代去。因此，遗传物质本身可能存在一定的不可遗传的缺陷。这些现象表明我们试图对自然强加严格的定义是多么软弱无力。

要证明遗传的某些方面对发展的重要性，我们必须在相同的环境中培养具有不同遗传物质的有机体(Sokolowski & Wahlsten, 2001)。相类似地，我们可以通过在不同的环境中培养具有相同遗传物质的有机体来揭示环境的作用。有研究者认为(例如 Lorenz, 1981)，如果剥夺一只鸟聆听同种鸟歌声的机会后，该鸟在缺乏熟练的指导者的情况下仍然可以唱得非常棒，则可以证明该首歌是被编码入基因中的。尽管诺贝尔奖授予了 Lorenz，他的逻辑还是存在缺陷(Johnston, 1988; Lehrman, 1970; Lerner, 1992)。感觉剥夺实验仅仅测验了环境的一个特定特征的重要性,即观察学习,而它绝对没有反映有关基因的任何事情。同样地,一些心理学家认为分开抚养的同卵双胞胎(一个卵细胞或 MZ)可以揭示基因对心理发展的重要性(Bouchard & McGue, 2003)。这种逻辑也是有缺陷的:同卵双胞胎拥有相同的遗传物质,确实是为评估不同环境的效应提供了绝佳的机会;双胞胎(co-twins)两个个体间的差异不可能是由于他们拥有不同的遗传物质,但两者的一致却可以反映相同的遗传(H),高度相似的环境(E),或者最可能的情况,即遗传环境两个因素均相似。

研究遗传中的差异

并没有方法从发展总体上表明遗传的重要性,但是巧妙的实验可以证明遗传上的一个特定差异可以导致发展上的一个明显差异。也许最清楚的证明就是通过 60 多代的兄妹交配产生的一个遗传上的小鼠近交系。在所有染色体的每个基因位点上,每个动物对相同的等位基因都是纯合的。这个非凡的近交系允许研究者制造出成百上千甚至成千上万具有相同基因型的小鼠。然而这个近交系存在时间很短;一个罕见的,自发的突变有时会将一个等位基因转变为该基因的一个运作不良的新类型,并可能导致大脑畸形或者古怪行为。可以将突变的动物与正常的兄弟姐妹比较,表型上任何大的差异都可以归因为是一个单基因上的差异。这些同源突变小鼠在其他的每个基因位点上都是相同的。此外,它们是由同一个母亲同时受孕并在同一个实验室的笼子中由相同的父母抚养的。

小鼠的糖尿病突变(*db*)原本发生在 C57BL/6Ks 品系中。它是隐性的,只有遗传了该突变的两个复本的动物才会表现出糖尿病和肥胖的性状,其中两个复本从双亲各遗传一个,其基因型为 *db*/*db*。这个实验设计由不同的组别组成,这些组别的差异仅在于 4 号染色体上的 *db* 位点,它们体重上 25 克的差异以及血糖含量和胰岛素水平的升高看起来可以归因于这个基因位点上的差异。这个实验的逻辑相当清楚:*db*/*db* 基因型肯定引起了糖尿病和肥胖,因为遗传上不同的兄弟姐妹都是同时受孕且在相同的环境中抚养的。然而,表型差异会依赖于环境。如果"配对喂养"*db*/*db* 型小鼠,给予它们与其+/+兄弟姐妹在前一天食用的相同量的食物,基因上变异的小鼠不会变得肥胖或表现出临床上的糖尿病症状(Lee & Bressler, 1981)。*Db* 基因并不会编码糖尿病,相反,*db*/*db* 基因型使得小鼠比其正常兄弟姐妹对日常饮食环境更加敏感。

如果将小鼠饲养在可以自由进食的实验室环境中,6 号染色体上的肥胖突变(*ob*)也可能导致肥胖和糖尿病,但是限制 *ob*/*ob* 型小鼠的饮食并不会防止糖尿病症状的出现。研究者发现,*ob* 基因的正常等位基因可以编码一种先前未知的蛋白质,被称为瘦素(leptin),它在白色脂肪细胞内合成并经血液循环到脑部(Zhang et al., 1994)。操控 *ob*/*ob* 型小鼠的瘦素可以预防它们的肥胖和糖尿病,但是瘦素对 *db*/*db* 型小鼠没有什么益处。通过一系列复杂的实验(见 Wahlsten, 1999b),人们已经确定 *db* 基因的正常形式可以编码检测下丘脑瘦素的受体的结构。因此这个基因被重命名为瘦素受体(*Lepr*)基因,而变异则标示为该基因的一个等位基因($Lepr^{db}$)。相类似地,我们现在称 *ob* 突变是瘦素基因的一个等位基因($Lepr^{ob}$)。在这个例子中,了解这两个基因如何在生理上互相交互作用有助于我们理解在

227

变异基因型的性状表达中起最重要作用的特定环境因素。只有通过学习它们彼此之间以及和环境间的交互作用,我们才可能充分了解这两个遗传因素的运作。

不存在等同于同源突变小鼠的人类。当一个特定基因的不同等位基因可以根据它们的蛋白质产物或者 DNA 自身检测出来时,我们可能比较在一个单独位点上不同的两组人群,但是他们不可能在其他的基因位点或者抚养上完全相同。这种异质性产生了一个危险,即一个等位基因的差异可能同其他足以引起行为上的差异的遗传或环境差异相关。很明显,当我们发现酗酒症与多巴胺 2 型受体(DRD2)基因的一个特定等位基因相关时,这种情况就出现了:等位基因的频率在不同种族群体间有很大的差异,酗酒症也是如此,由此产生了一个虚假的相关。如果在同一个种族群体间研究(Kidd et al., 1996),或者是在一个家庭内部进行测量(Wong, Buckle, & van Tol, 2000)时,酗酒症与 DRD2 等位基因的相关就消失了。

遗传的一个操作定义

在受精时定义遗传看起来相当地合情合理,但是随着发展的进行,遗传(H)和环境(E)之间的差别变得越来越不明显(Rose, 1998)。我们可以通过检验那些用于操控和保存动物遗传上变异的一些标准方法来看到这一点。通过对同一家族内许多代的培养,我们可以产生一个新的近交系。同一实验室内保存的两个近交系主要由于其祖先不同而存在差异,这个祖先就是在大约 100 年前作为该品系建立者的一对父母(Russell, 1985)。相类似地,在相同实验室条件下,选育——即让在某些测验上得分均很高或很低的雄性与雌性进行交配——几代之后,高低组的曲线通常会分化得非常明显,从而揭示原始总体中的表型变异至少部分可能反映了遗传上的差异。

考虑一个相对容易测量的表型,成年个体大脑的大小或重量。近交系会有较大的变化,从 DBA/2J 的 410 毫克到 BALB/cJ 的 520 毫克(Wahlsten, 1983)。脑的大小是发展的一个结果;它并没有编码在 DNA 中,且受到营养状况的强烈影响。如果 DBA/2J 和 BALB/cJ 品系在脑的大小上存在约 100 毫克的差异,而它们又是在相同的环境中抚养长大的,那么将这个表型差异归因为具有不同的遗传特性看起来是比较合理的。在这种背景中,遗传又意味着什么呢?

遗传这个词在科学文献中有两种使用方式。一种运用了“所有遗传物质都是由基因或者 DNA 分子构成的”这个教条,该教条认为品系间的任何表型差异都应该被看作是基因遗传的。另一种则运用了一个操作性定义;如果品系差异反映了遗传上的一个差异,那么在一个特定实验中的遗传包括了该品系间不同的全部内容——即除了它们共享的实验环境外的任何东西。后一个观点非常类似一个发展的观点,因为它考虑了可能影响大脑发展的全部因素。

非孟德尔遗传

染色体(包括常染色体和性染色体)中的 DNA 分子,以及细胞质中线粒体内的 DNA,都是遗传的重要组成成分。细胞核内的常染色体遵循孟德尔遗传定律来遗传,而线粒体内的基因载体仅仅通过雌性来传递。源于异常线粒体 DNA 的神经症,如人类中的 Leber 视神经炎,可能影响女性和男性后代,但是不能通过男性来传递(如 Wallace et al., 1988)。某些品系的小鼠携带的不同的核糖体 DNA 可以影响多种行为(Roubertoux et al., 2003)。从父母到后代的另一种遗传涉及源自病毒的 DNA 或 RNA。小鼠白血病病毒通过卵细胞遗传给胚胎,而小鼠乳腺癌病毒则通过产后泌乳传递给胎儿(Grun, 1976)。小鼠的许多品系特异的癌症是从父母到后代进行垂直传递而不是非亲属之间的水平传递。这些非孟德尔遗传因素也同寄主染色体组发生交互作用;它们更容易在某些品系中进行感染、增殖并遗传给下一代。除非进行特定的实验操作,否则这些特异的病毒会存在许多代,并且看起来似乎是遗传的一个正常组成部分。例如,C3H/HeJ 品系小鼠自从其在 1920 年受孕起就一直携带小鼠乳腺癌病毒,但是在2001 年, Jackson 实验室的工作人员通过让没有该病毒的雌性小鼠泌乳来哺育新生小鼠而消除了本品系的病毒(http: //jaxmice. jax. org/info/bulletin/bulletin07. html)。

228

某特定近交小鼠品系的胚胎在该品系的子宫环境中发展,可以导致不同品系间明显不同的遗传差异。出生后,新生胎儿住在由同品系小鼠所处的巢穴内,并饮用它们的乳汁。所有这些早期的社会互动都是发生在同品系之间的。尽管这些特征毫无疑问是环境性的,但是它们在不同的天然品系之间存在明显的不同,并可能导致脑或行为上的品系差异。将母亲环境(maternal environment)视为遗传的一部分看起来可能是两个截然不同的概念的混淆。但是对那些我们原本以为表明了遗传效应的近交品系和选育曲线的比较,却证实了母亲环境之间的差异。或者在这些简单的实验中母亲环境是遗传的一部分,或者品系比较自身无法提供遗传上某一差异的重要性,更不用说遗传的影响了。可能存在争论认为最终的母亲环境本身就依赖于品系特异的遗传活动。毫无疑问,母亲的子宫环境在许多方面依赖于其基因型和自身环境,而环境又依赖于其外祖母的基因型和母亲的环境。然而,从个体发展的观点来看,母亲通过遗传传递到新有机体的基因和通过子宫环境而对胚胎发展产生的影响是非常不一样的。遗传的基因部分存在于胚胎的内部;母亲环境则施加于胚胎外部。由于胚胎的基因型、细胞质和其出生前环境的混淆,多数使用标准品系或实验室动物的通常的研究设计无法证明表型上的品系差异仅仅是源于受精卵细胞核内基因上的某个差异。

解析遗传

遗传的一个特定成分对于不同品系间的某个特定表型差异是否重要只能通过实验来得到确定和验证。正反杂交、F_2杂交和回交可以说明常染色体、性染色体、核糖体 DNA、细胞质细胞器和母亲环境各自的贡献(Roubertoux et al., 2003; Sokolowski & Wahlsten, 2001)。通过使用这些方法,我们已经证明 F_2杂交小鼠比近交小鼠发育得更快,部分是因为它们从较好的杂交母亲环境中获益(Wahlsten & Wainwright, 1977),而 BALB/c 小鼠有着较大的脑,部分是由于 BALB/c 的母亲环境(Wahlsten, 1983)。出生前母亲环境的重要性可以这样测量,即通过将两个近交品系中任一个的子宫移植到一个 F_1杂交雌性体内,然后在出生后由替代母亲来抚养(Carlier, Nosten-Bertrand, & Michard-Vanhée, 1992)。Carlier、Roubertoux 和 Pastoret(1991)结合了正反交和子宫移植的方法,发现正反杂交在近交系和 F_1杂交母亲环境中发展得非常不同。因此,可能存在遗传不同成分之间的交互作用，而认为某个特定品系一定百分比的差异可以简单地归因于遗传的某个成分，并且所有的百分比加起来是100%的想法通常是没有意义的。

区分遗传作用和环境作用

从其最初酝酿开始，发展心理学就非常感兴趣于遗传(H)和环境(E)的作用。人们设计了许多方法来从实验和统计上去区分二者的效应。同时，许多理论学家将这两个实体视为从根本上是不可区分的。自然主义者John Muir(1911/1967)在其教书时以钦佩的态度表达了这种整体的想法："不论何时我们想单独挑出一个东西时，我们都会发现它普遍地联系着每个事物。"发展系统理论也强调事物之间的关系，而且它将一个有生命系统的属性归因于各部分和不同水平之间动态的相互作用(图5.8；Ford & Lerner, 1992; Gottlieb, 1992; Johnston & Edwards, 2002; Oyama, 1985)。

从还原主义理论的角度来看，区分遗传和环境可能是一个非常简单的任务，因为一个系统的各部分被认为是天生的和不可妥协的成分特性，从而可以累加起来以描述整个有机体(整体等于部分之和)。然而对于发展系统理论来说，为了方便而在某一时刻划分出的一个边界随着发展的进行会逐渐变得模糊和短暂(Moore, 2001; Rose, 1998)。考虑一个具有潜能的处于适宜环境的胚胎，它会分化、适应环境并生长。究竟是遗传(H)还是环境(E)对其发展更加重要这个问题是无意义的，因为两者都非常关键和重要。没有环境的一个胚胎是无法设想的。

229

可遗传性与可累加性

使用同源突变小鼠的简单两组实验的逻辑是无法进行预测的。因为所有其他的看起来都是相当的，不同组平均分数之间差异的精确数量还不一定能仅仅归因于遗传上的差异么？事实上，这种推断只在一种情景中会是有效的：当E和H的效应是严格可累加的时候。如果表型的值(value)确实是可归于遗传(H)和环境(E)成分的算数和，那么组平均表型间的差异就等于遗传(H)值之间的差异，而与环境(E)的值无关，正如这种实验逻辑所暗示的那样。如果这两个因素并非可累加而是乘法关系(H×E交互作用的一种形式)，平均表型间的群组差异就依赖于遗传(H)和环境(E)特定值上的差异(见图5.9)。因此，尽管遗传差异的量在任何情况下都相当重要，然而，当遗传(H)和环境(E)并非可累加时，被观察到的群组差异同样依赖于被选用于研究的环境和两种基因型，而被观察到的群组差异是特异于该环境的，该环境对研究中全体被试都是一样的。

一个简单的两组实验无法揭示环境(E)和遗传(H)是否可以累加。我们需要某些种类的因素设计来测验交互作用或者遗传(H)和环境(E)之间相互独立的存在(Sokolowski & Wahlsten, 2001)。关键点就是，即使在当仅操控一个因素时不能在数据中发现交互作用，遗传(H)和环境(E)的不可加性也会对这两组实验的数据结果存在很大影响。对相同实验环境中饲养的同源突变小鼠的一流研究，是一种说明遗传上差异的重要性的极好方法，但是在原则上，如果环境(E)和遗传(H)在发展上无法区分的话，是无法真正从量上去区分两者的效应的。

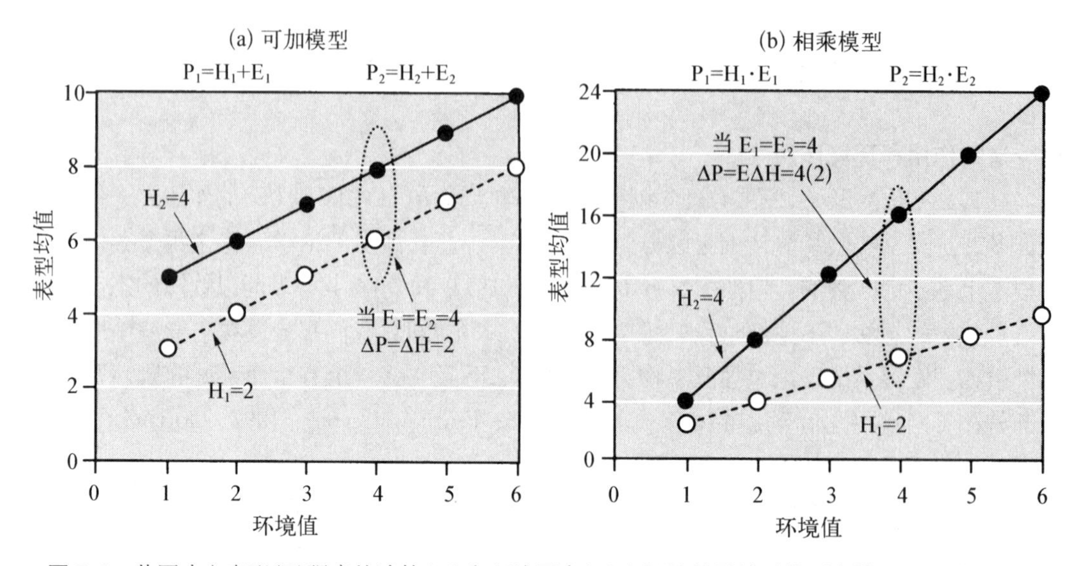

图 5.9 共同决定表型(P)强度的遗传(H)和环境因素(E)之间的数量关系的两个模型。品系 1 和品系 2 的独立组的动物在六个等距的环境中进行饲养。(A) 在可加性模型中,品系均值间的差异在每个环境中都是两个单位。(B) 在相乘模型中,品系均值间的差异强烈地依赖于 H 和 E 的值,因此在 E 是 4 个单位的环境条件下时,品系差异是 8 个单位。如果一个实验涉及仅在一个环境中饲养的两个品系,数据有可能表明品系差异单纯是遗传差异的结果。然而,当存在遗传—环境交互作用时,差异的大小依赖于 H 和 E。

同样的考虑可以应用于通过对单一近交系所做的涉及环境作用的任何研究;这些结果可能阐明了对环境的某一基因特异的反应,但是并不能保证其他品系的结果都会一样。当存在遗传—环境交互作用时,某些特征的外观上可遗传性的程度取决于特定的抚养环境,而环境可塑性又依赖于有机体的遗传,不论实验设计是否能够揭示这一点(Wahlsten, 1979)。

230

在果蝇、大鼠和小鼠等实验动物中,对养在不同条件下遗传上不同的品系已经进行了大量因素实验。通过对有关小鼠文献的全面回顾,Erlenmeyer-Kimling(1972)得出结论:"基因—环境交互作用是数不胜数的,而对于不同的基因型处理效应经常在方向上是相反的。"(p. 201)。从那以后,许多其他对不可加性引人注目的实证研究也陆续出版发表。考虑一下由 Hood 和 Cairns(1989)做的一个实验的结果,经过选育的两个品系小鼠,在隔离饲养时表现出高和低频率的攻击行为。之后在隔离或社会群体中饲养(见图 5.10)。隔离饲养条件下小鼠的品系差异非常大,通常更加活跃易激怒,但是在社会群体中饲养时这种差异就消失了。因此,我们并不能就泛泛地说某一品系比其他的更具攻击性。

当存在 H×E 交互作用时,品系特异的反应常模会存在不同。但这并不是说这种反应常模本身就是遗传所编码的。我们最多只能说,当不同品系一直饲养于相同的环境当中,两个反应常模间的一个差异源于遗传上的一个差异,到具有不同环境的实验操作开始时为止。

反应的常模是一个携带成千上万基因的整个有机体在多方面环境中的特征,本身就可能受到环境的修改,并不全部由基因型决定。例如,当一个近交 BALB 小鼠的卵巢被移植到一个 BALB 或者一个 F_1 杂交雌性体内,然后寄主雌性小鼠与一个 BALB 雄性交配,我们在两种母亲环境下均可以观察到遗传表现上是 BALB 的胚胎和幼鼠(Bulman-Fleming & Wahlsten, 1988)。成年个体脑的大小取决于断奶前一窝幼崽的多少;大窝小鼠成年后拥有较小的平均脑大小。一窝幼崽多少是一个环境因素,因为近交小鼠是拥有相同的遗传物质的,但是,与杂交母亲环境中的小鼠相比,近交小鼠反应常模的斜率要更为陡峭(图 5.11)。

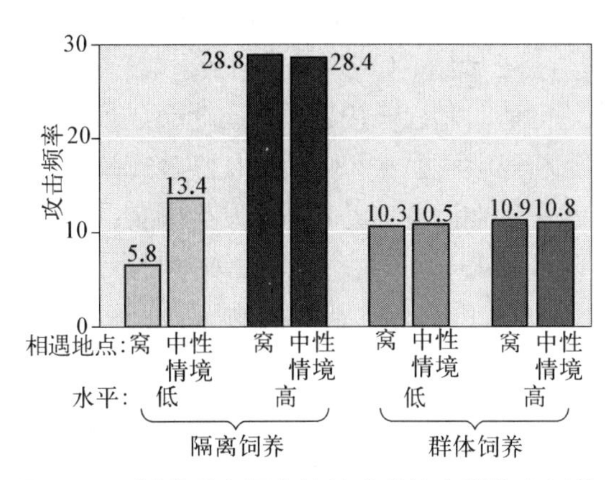

图 5.10 断乳后在隔离情境或者社会群体中抚养长大的两种选育的雄性大鼠对一个入侵大鼠的平均攻击频率。两者的相遇发生在测验雄鼠的笼中或者是一个中性情境。相遇情境对测验结果没有明显影响。在最初的选育实验中,雄性大鼠在被测验前先在隔离情境中进行饲养,因此在本实验中当大鼠在隔离情境中饲养时存在非常大的水平上的差异。然而,当大鼠同其他具有相同水平的大鼠共同在社会群体中进行饲养时,高攻击水平的雄性大鼠的攻击频率明显地降低了,而选育品系之间的差异也不再明显。大鼠的遗传物质并没有被饲养条件所改变,但是在社会性饲养的条件下不同品系间的遗传差异不再明显地表现在行为上。

来源: From "A Developmental-Genetic Analysis of Aggressive Behavior in Mice: Pt. 4 Genotype-Environment Interaction," by K. E. Hood and R. B. Cairns, 1989, *Aggressive Behavior*, 15, pp. 361 - 380.

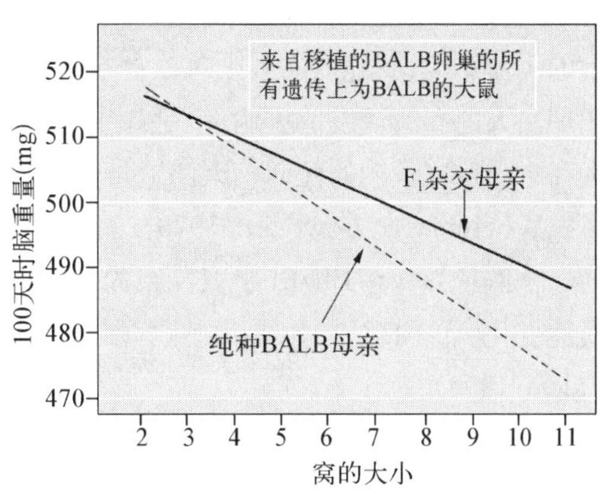

图 5.11 高度纯种的 BALB 品系的 100 天大鼠的脑重量。所有的都是来自 BALB 卵巢移植后再与 BALB 雄性交配的宿主雌性。宿主雌性或者是一个遗传上的 BALB 或者是一个 BALB 和 C57BL/6J 品系的杂交。杂交大鼠在它们的繁殖能力和抚养后代的能力上明显强于纯种大鼠。对两种母亲来说,源自较小窝的大鼠明显具有较大的成年脑大小。代表了环境对脑增长影响的反应的线性常模的斜率本身是依赖于母亲环境的。纯种母亲相对来说不大能够抚养较大窝的幼崽。

来源: From "Effects of a Hybrid Maternal Environment on Brain Growth and Corpus Callosum Defects of Inbred BALB/c Mice: A Study Using Ovarian Grafting," by B. Bulman-Fleming and D. Wahlsten, 1988, *Experimental Neurology*, *99*, pp. 636 - 646.

231

针对人类特质的量化行为遗传研究中最典型的遗传性分析试图了解一个总体内可归因于遗传变异的表型变异所占的比例。这种分析假设有许多具有较小效应的基因,它们广泛地分布于染色体内,且它们彼此之间(没有基因—基因交互作用)以及和环境之间(没有 H×E 交互作用)可以相加,一起来决定一个个体的表型。但是,这些假设同当前的分子和发展生物学的知识并不一致(Greenspan, 2004; Sokolowski & Wahlsten, 2001; Wahlsten, 1994)。此外,真正存在的 H×E 交互作用可以明显地改变一个假设无交互作用的统计模型内的参数估计(例如,Tiret, Abel, & Rakotovao, 1993; Wahlsten, 1990),而出生前母亲环境的效应可以明显地影响一个双生子研究中遗传性的表观程度(Devlin, Daniels, & Roeder, 1997)。我们甚至有可能设计一个缺少任何遗传变异的看似可信的模型来通过常规的数量遗传分析表明较高的"可遗传性"(Guo, 1999)。

记录反应的常模

在一个近交系内,拥有相同基因型的许多动物被随机分配到几种不同的饲养条件下。C57BL/6J 品系通常并不肥胖,但是在一个相当高脂肪含量的饮食情景中饲养时,则可以引起肥胖和生理上的糖尿病,其指标是很高的血糖含量和胰岛素水平(Surwit, Kuhn, Cochrane, McCubbin, & Feinglos, 1988)。尽管 C57BL/6J 品系小鼠的胰岛素水平受到饮食的明显影响,其他的品系则对饮食中的脂肪没有那么敏感。C57BL/6J 品系小鼠通常不会出现由大的噪音诱发的癫痫,但是如果在 15 个不同的时间之一接触一个启动噪音,结果发现在 14 到 20 天内的任何一天的这种噪音暴露都会导致它们在 28 天时出现声音诱导的严重癫痫(Henry & Bowman, 1970),而 DBA/2J 小鼠则在没有启动时也会发生癫痫(等效性的一个例子)。C57BL/6J 小鼠品系的利爪程度在必须从一个不对称环境中取食时会发生实质性变化,而 CDS/Lay 品系小鼠倾向于使用偏好的爪子而抵制转换的压力(Biddle & Eales, 1999)。

当检测了许多不同的环境条件时,我们可以记录到反应的一个广泛的轮廓或常模(见 Gottlieb, 1995; Platt & Sanislow, 1988; Sarkar, 1999)。反应的常模将表型作为一个特定基因型对环境的函数,对一种基因型完整的反应常模会涉及环境中许多相关维度上的变异。当对不同环境的反应轮廓在具有不同基因型的个体之间存在差异时,这就表明了基因—环境的交互作用。而如果两个基因型的反应常模近乎相同时,即使数据从统计的层次上没有显示基因—环境的交互作用,从生理层次上说基因和环境仍然有紧密的交互作用。

复制的基因型对记录一个基因型特异的反应常模是相当关键的。精细的环境实验对多数不是高度近交的有机体都不可行,不过只要我们采用的是随机区组的设计,一个反应常模有时可以被定义为在遗传上不同的个体的平均值。例如,从相同的巢中拿到的野生鳄鱼蛋在实验室中六种不同的温度下进行孵化,结果发现高于 32 摄氏度的均成为雄性,而低于 32 摄氏度的均成为雌性(Ferguson & Joanen, 1982)。依赖于温度的性别决定在爬行动物中相当普遍,而不同的物种也具有不同的雄性和雌性转化的关键温度(Bull, 1983; van der Weele, 1995)。

将人类志愿者随机分配到不同的处理条件中也可能潜在揭示一个反应的平均常模,因为随机分配可以确保群体差异与遗传差异之间不存在相关(Blair & Wwahlsten, 2002)。也就是说,对微小环境效应的好研究可以在不存在遗传同质性的被试之间进行。但是在这种情况中,每个处理条件内的变异可能反映了个体间的遗传和环境差异。群体平均分的轮廓可以看成是许多个体反应常模的平均,而群体内的变异则反映了个体反应常模与群体平均值之间的偏离(图 5.12)。这种设计实验的交互作用观点与通常用于从统计上评估结果的方差分析(ANOVA)模型相冲突。我们预期在相同处理组内的个体对同一个实验处理时的反应存在不同,部分是因为他们的遗传差异;而 ANOVA 模型则认为一个组内的全部个体都是受到一个处理的同等影响,而这个组内的个体差异则来自独立于实验处理的一些东西。

232

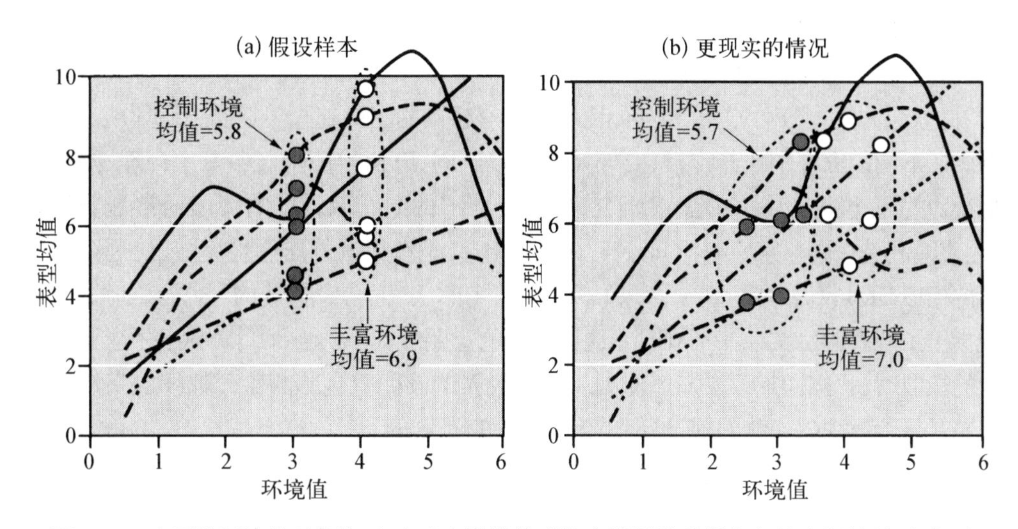

图 5.12 在两种环境处理条件下，当反应常模的形状表明测验分数与环境之间的关系时，对这六个个体来说，每个遗传上独特的个体的测验分数都不相同。(1) 如果每个组内的每个个体都经历了确切的相同量的环境因素，很明显环境丰富性在不同的个性上会有不同的效应大小。一些可能比在控制条件下做得更差。组平均值此时就是在几个不同的反应常模上的点的平均数。(2) 更加可能的是在一个特定处理条件下的个体并不会经历到确切的相同的环境因素，尽管通常来说在环境丰富的条件下的值通常会高一些。然而，组平均测验分数在这两种条件下会有不同。

区分人类的遗传与环境

反应常模和遗传—环境交互作用的基本思想可以应用于任何物种：原生动物、昆虫、脊椎动物，甚至植物。人类并不具有可产生遗传和环境相加的特殊属性。但是，数量遗传行为学家通常声称双生子和收养研究可以区分遗传(H)和环境(E)的效应。收养方法可以有效地区分遗传(H)和环境(E)的论断假设认为：出生前环境不能解释个体差异，或者说所有妇女的子宫内环境都是一样的。这一点并不符合真实情况(Boklage, 1985; Lerner, 1995, p. 152)。母亲怀孕期间的健康和营养状况对胎儿的大脑发展有很大的影响，而除视觉外的每种感觉经验模式在胎儿最后三个月内都是非常活跃的(如 Busnel, Granier-Deferre, & Lecanuet, 1992; DeCasper & Spence, 1986; Gottlieb, 1971b)。但是，至于在一个收养研究的情境中这些效应到底有多重要，如果缺乏严格的实验条件控制，我们会难以确定。在同母亲分开前，胎儿和婴儿生活在一个由遗传供给者提供的环境中。相应地，收养方法不能决定性地分离遗传(H)和环境(E)的效应。

在某些情境下，收养为研究收养后环境差异提供了绝佳的方法。例如，Schiff、Duyme、Dumaret 和 Tomkiewicz(1982)比较了拥有相同家庭经济情况的法国兄弟姐妹的学业表现和 IQ 测验分数；一个或两个孩子被较高社会经济地位(SES)的家庭收养，而另一个孩子仍然由母亲抚养。被收养者的平均 IQ 提高了 16 分。这两组在收养前有许多因素是匹配的，但是有非常不同的收养后环境。Capron 和 Duyme(1989)采用相同的方法进行了一个 2×2 的收养前和收养后 SES 与后来的 IQ 相关的因素研究。与他们本以为可以有效地区分遗传(H)和环境(E)因素相反(McGue, 1989)，作者明确地意识到收养前的遗传(H)和环境(E)因素 233

被混淆了。

我们可以在遗传上相同的同卵双胞胎(MZ)中很好地控制遗传,但是区分遗传(H)和环境(E)的效应并不十分可能,因为同卵双胞胎享有相同的出生前和早期出生后环境。当同卵双胞胎在不同的家庭中抚养时,只要环境能足够不同,以使得测验足够有力合理,则有可能测量行为的可塑性。不幸的是,对研究来说,"分开"的同卵双胞胎的环境通常是非常相似的,因为他们是在同一家庭的不同分支中被抚养,或是在相同的居住环境中,或是在相同文化下的相似SES家庭中(Farber, 1981; Taylor, 1980)。对分开抚养的同卵双胞胎的比较明确地指出了双胞胎确实存在不同时非遗传因素的重要性;但是,当他们表现出了很紧密的表型上的相似时,我们通常无法知道原因。分开抚养的同卵双胞胎测验分数间的高相关支持了遗传对行为有强烈影响的假设,但是无法证明它是真的。

将同卵双胞胎(MZ)与在相同家庭中抚养的异卵双胞胎(DZ)相比较也涉及对遗传(H)和环境(E)的一个相似的混淆。同卵双胞胎的遗传物质肯定要比异卵双胞胎相似得多,他们的环境也是如此。相应地,同卵双胞胎之间增大的表型相关非常可能在某种未知程度上反映了他们的共同经历(Hoffman, 1991)。确切地说,观察到的相关哪个部分可以归因于非遗传上的相似性还无法确定,除非心理学家可以提供一个很好的方法来测量与被研究的行为发展有关的特定环境(Wachs, 1992)。

因此,收养和双生子研究方法为研究环境对发展的效应提供了有用且控制良好的情境,尽管它们无法清楚地区分开遗传和环境的效应。这两种研究可以提供证据表明遗传影响行为,但是,能证明遗传效应对人类行为影响的唯一决定性方法是通过连锁分析,即通过证明一个家族内的行为变异与染色体DNA特定位置上标记位点的等位基因是高度相关的。许多对人类心理发展具有重要影响的基因已经被定位在特定的染色体位点上,但因为它们的效应通常是破坏性的,所以这些基因在人群中通常相当罕见。尽管已经有许多无畏的基因探寻者做了许多尝试和搜寻,那些在人类行为变异正常范围内有着微小效应的假设位点则仍未探明。

基因—环境交互作用的视角

遗传性分析是建立在可加性模型基础之上的,这种模型假设遗传和环境效应在生物上可分离,统计上相独立。然而,分子遗传学研究已经毫无疑问地发现许多基因的行为受到环境条件的调控(Gottlieb, 1998)。对各种动植物进行的控制良好的实验已经多次表明机体对环境改变的敏感性依赖于基因型(反应常模),一个基因位点上等位基因变异的结果只有通过与其他位点上基因的关系才能了解(上位或基因—基因交互作用)。正如Nijhout(2003, p. 418)敏锐的评论那样:"我们对基因影响特质机制的所有了解都表明一个简单的可加性假设肯定是错误的。"基因影响其他东西,而自身也作为一个多维度、非线性生物系统的一部分而受到影响。

在寻找对医疗和精神疾病的治疗方面很重要的单基因时,这种交互作用观点被证明是富有成果的并且已经获得了广泛的信任。在《科学》(*Science*)一篇编辑评论中,Brenner(2003)展望了未来"那些由于自身遗传背景使得自己对我们文明中某种疾病尤其敏感的人可以学习如何采用额外的护理”。现在普遍认为要寻找复杂疾病所涉及的主要基因是极其困难的,因为“这会涉及若干基因和它们彼此之间以及与环境之间的交互作用”(Edenberg et al., 2004)。近期一个抑郁症的研究将基因—环境交互作用假设放在了他们研究的首位,结果发现在 5 羟色胺转运基因(5-HTTPR)的启动子区携带有短等位基因的人在经历一些应激生活事件时更可能发展出抑郁,而那些具有长等位基因的人则即使处于相当大的应激下也不大可能发展出抑郁(Caspi et al., 2002)。这种交互作用的想法在一些流行报道中也可看到,例如,一个报道中提出,母亲在怀孕期间患流感会使得胎儿日后更易得精神分裂症可能仅仅会发生在“一小组遗传上具有敏感性的胎儿中”(Tanner, 2004)。

234

不过,可加性模型仍然是对人类行为与认知进行数量遗传分析的惯用手段。这一逆流依据的主要原理是(也许是真的),基因—环境交互作用在统计上太小以至于完全可以放心地忽略它们。有研究者宣称他们已经尝试过测量人类心理特征的 H×E 交互作用,但是全都一致地没有发现任何此类效应(Detterman, 1990; Plomin, 1986)。在回顾有关酗酒的双生子研究(这些研究试图测量交互作用)时,Heath 和 Nelson(2002)提到“没有研究记录到这种效应的重要性”。Scarr(1992)认为交互作用通常在实验室中观察到是因为采用了很强的实验处理,而这些处理并不在正常的变异范围之内,然而,在一个相当广泛环境内的交互作用一般都太小而不在理论学家的考虑范围之内。

在这些辩解中主要有三个问题。首先,因为并没有具有相同基因型的人可以被分配到不同的环境中去,H×E 交互作用的存在与否在人类心理能力的研究中是无法验证的;其次,通常用于测验交互作用的二因素方差分析的方法明显对心理学家们感兴趣的几种真正的交互作用不敏感,而寻求有足够效力的交互作用效应所需要的样本大小通常也远远大于研究中所采用的(Wahlsten, 1991, 1999a);第三,在环境变异适中而且完全正常时,存在交互作用真实性的问题。

在涉及两个或更多因素的实验中,交互作用假设是作为可加性关系这一虚无假设的对立假设来检验的。这一检验的统计效力就是当确实存在一个交互的非累加的关系时可加性虚无假设会被拒绝的概率。已经证实发现,对于行为研究中许多可以合理预期的交互作用来说,在一个方差分析中检测一个交互作用的效力要远远小于检测遗传性主效应的效力(Wahlsten, 1990)。一个统计检验的效力强烈依赖于研究中所观察的个体数目;更多的被试会产生更强的效力。看起来研究者通常采用了过少的被试,以至于难以检验到可信的交互作用效应,而宣称没有发现交互作用通常是基于完全不充足的数据。

这个问题的严重程度可以通过一个在两种环境中饲养两个品系动物的简单研究看出来。假设真正的群体均值如图 5.13 所示。遗传和环境均有重要的效应,但是环境处理对品系 B 的效应是其对品系 A 的效应的两倍。将效应增倍是非常显著的而我们也能够检测交互作用效应的大小。如果我们将一类错误(假阳性)的概率设在 0.05 并想要效力为 90%,Wahlsten(1991, 1999a)的方法表明,我们建议实验者,如果唯一关心的是主效应的存在,则每组需采用 7 个个体,但如果要以同样的效力检测交互作用的存在,就需要每组 44 个个体。对于这个特殊的例子,仍然需要 6 倍多的被试来检测一个实际的交互作用。这种计算可以让我们在同事说他们已经寻找了基因—环境交互作用但什么也没有发现时提出疑问：你在寻找什么样的交互作用？该测验的统计效力是多少？你是否拥有足够的被试来使得检验可信？

235

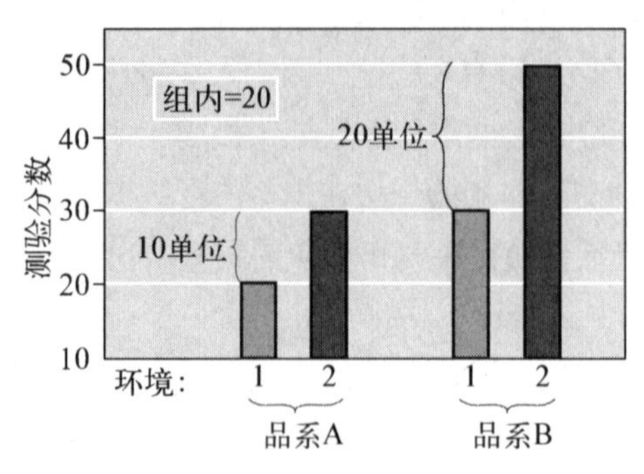

图 5.13 两个品系在两种环境中饲养的遗传—环境交互作用的例子。环境对品系 A 的作用是 10 个单位，但是对品系 B 的作用却是其两倍，因此两个品系在环境 1 中的差异是 10 个单位，但是在环境 2 中却是 20 个单位。相对于一个组内的标准偏差(20 个单位)，环境对品系 A 的作用大小是 0.5，而对品系 B 是 1.0。这是在一个实验中应该被检测到的实际的交互作用，而所选择的样本大小应该能够检测出交互作用效应。如文中解释的那样，检测该交互作用所需的样本大小要比在相同统计效力水平上仅仅检查品系或者环境的主效应所需要的动物数量大出约六倍。

仅在近来的动物研究中才开始谈论和强调环境局限于正常范围内的交互作用效应问题。确实，大多数神经和行为遗传研究对不同的遗传品系采用显著的环境处理来增大看到真实效应的可能性。由于不同实验室在日常饲养和测验动物的方式上存在普遍的差异，近来对不同实验室之间实验的可重复性的关心已经促动了我们对这些变异重要性的系统评估。在这些研究中，研究者非常努力地试图减少环境差异。Crabbe、Wahlsten 和 Dudek(1999)甚至在三个实验室间同时对动物进行运输、饲养和测验。然而，除了酒精偏爱性之外，旷场活动和可卡因激活测验的品系差异都与所进行实验的实验室存在显著的相关(见 Wahlsten, Metten, Phillips, et al., 2003)。在动物测验实验室中一个无法除去的差异就是操纵测验的技术人员，这当然是一个微小的环境处理，但却可能具有潜在的重要性。在分析各种品系小鼠对疼痛反应的八年时间的数据时，Chesler、Wilson、Lariviere、RodriguezZas 和 Mogil(2002)发现，实际上是实施测验的技术人员对动物的疼痛敏感性有着最大的影响，甚至大于遗传的效应。

当环境存在中等程度的差异时，确实会发生交互作用，但是在统计上除非有足够量的样本，其实并不大容易检测出来。正如从地球观察宇宙中微弱光亮的物体需要更强的天文望远镜一样，因素设计中统计上较小的效应需要更大量的样本来确保它们在无法解释、看起来只是处理组内随机变异水平之上显现出来。

硬件—软件区分

遗传作用和环境作用的可加性是以两者在发育过程中独立作用为前提的。一种通常为内隐的但有时也会外显的理论指出，在这个由预置(prewired)联结组成的固定矩阵中，基因编译成脑结构(硬件)而信息(软件)储存在经验中。这样电子计算机就成为了基因＋经验(G＋E)形式的一种很方便的比喻。

硬件和软件的区别起源于早期关于遗传和心理能力的理论。Bateson(1913)认为：孟德尔的单元特征结构或者基因是“根本要素，而环境干扰的结果是次要的”，他还指出个体之间非遗传的变异性是“因为外部的干扰”。Spearman 和 Burt 在心理学上明确地把遗传和脑的结构联系在一起。Spearman(1904)断言自然先天功能的存在，并且主张“在出生后可实质上修改所研究功能的所有这些环境都是无关的，必须被充分地”从数学角度上“消除”。Cyril

Burt(1909)这样说明智力,“我们可能在通常的神经结构的一些特征中最终找到这样的心理生理基础,它是这种能力的基石;这种神经特征的重要性在于它能够产生一种精神形式,我们称之为智力。这种特性的生物遗传性可能会造成心理特质的可遗传性”(p. 169)。后来,习性学家 Konrad Lorenz(1965)认为,基因为大脑的结构提供了“遗传的蓝图”。数量行为遗传学家 Wilson(1983)写道“大脑是控制人类行为发展的最终结构”,“它的精确配置是由 DNA 所编码的”(p. 10)。行为遗传学家 Scarr 和 McCartney(1983)指出“成熟序列主要是由发展的遗传程序控制的。在发展中,新的适应或者新的结构不会从经验中产生”(p. 424)。

在提出遗传上“硬线路”大脑的理论时,人们还不了解神经联结和传递的基础,现代神经科学也还没有出现。人们一度普遍接受,在个体发育的早期存在神经可塑性(Harris 1981),就在过去的 20 年间,严格的成人大脑结构这一概念得到了许多严格实验的证明。现在的共识认为,大脑皮层的突触联结依赖于感觉和运动经验并会被其改变(Black & Greenough, 1998; Purves, 1994)。按照 Greenough、Black、Klintsova、Bates 和 Weiler(1999)的理论,在成熟个体中也有多方面针对经验的“大脑适应”。在不够活跃的突触消失后的几个小时内,新的突触就会出现(Kasai, Matsuzaki, Noguchi, Yasumatsu, & Nakahara, 2003)。突触的反转和突触棘密度的变化被认为对学习和记忆非常重要(Rampon & Tsien, 2000)。基因表达序列显示,小鼠经历几个小时的丰富环境就可诱导出与“形成新突触、重组和加强旧突触”有关的许多基因(Rampon et al. , 2000)。不仅是突触,就连整个神经元也会在早期经历的影响下产生或者消除(Bredy, Grant, Champagne, &Meaney, 2003),这种现象也会出现在成年个体的大脑中(Greenough, Cohen, & Juraska, 1999; Jessberger & Kempermann, 2003; Kempermann & Gage, 1999)。 236

电脑中硬件和软件的严格区别也许是必然的,但是在大脑的发展和功能方面,这种区分不一定完全适用。经验改变着大脑结构;基因不能转译成大脑结构或者其他任何生理结构,但是基因对周围环境变化的反应对结构的产生至关重要。同时,大脑也不是一块能被经验随意改变的胶泥。新的经验如何改变大脑取决于机体的遗传性以及对先前经验的继承。一旦理论学家同意在发展中基因和环境不是独立作用的话,生物学上可加效应的理论就会动摇。

新分子生物学的启示

强有力的新分子技术用于发展研究已经使一些研究者宣称说,一场科学的革命正在发生。而远在分子遗传学年代之前,发展心理学就已经作为一个科学的学科出现并成熟起来了。因此来评估现代分子遗传学是否挑战了发展的关键问题并需要其修订就变得尤为重要。我们的结论认为,分子生物学是确认而非否认了诸如双向因果和基因—环境交互作用等概念。事实上,分子水平上的研究揭示了先前仅在神经或者行为表型水平上显著的交互作用的内部工作机制。

生物学的分子革命已经为实验者的工作台带来了一些主要的技术:

- 可以轻易地破译任何有机体的 DNA 碱基序列,好几个物种的完整基因组序列都已经被确认。

- 信使 RNA 内成千上万基因的同时表达现在可以在不同的环境条件下，从不同年龄个体的一小块组织中被检测出来。
- 了解任何基因的 DNA 结构后，我们可以使用特定的分子探针使其失效。
- 我们已经识别出了成千上万的小的并且在表型上呈中性的 DNA 多态性，这极大地促进了可能对行为变异非常重要的遗传变异的发现。

总的来说，这些方法揭示了生命体内惊人的复杂性。尽管使用新技术后我们已经清楚地阐明了在有限视野范围内的许多现象，但对生命更大范围的描绘仍不是很清楚。

基因计数

人们设计了高效的、昂贵的以及大规模自动化的方法用以检测包括人和小鼠在内的一些发展心理学家关注的焦点生物的 DNA 序列。一旦整个基因序列被测定，极为大量的新基因一下子就摆到了分析家们的工作台上。这项工作的一个复杂之处在于它关系到基因的本质。几年前，人们普遍认为，对 DNA 序列的认识会发现所有的基因，每个基因的结构会决定他们所要转录的蛋白质的结构，从而我们可以了解这些蛋白质的功能。现在我们知道了基因所转录的 mRNA 可以粘接，然后被翻译成不止一种的蛋白质(Keller, 2000; Rose, 1998)。而且很多其他的基因同样进行着常规的复制转录过程但最终并不生成蛋白质。更重要的是，人和小鼠的基因中，极大部分(98%)DNA 是不能转录为蛋白质的不编码 DNA(内含子)的，它们的功能现在还是个谜。以上和其他令人困惑的事实使得精确确定物种 DNA 上的基因数目存在着不确定性。2001 年 2 月份最初估计的人类能编码蛋白质的基因数量为31778，到 2002 年 9 月就降到了 22808。2001 的标定显示，科学界对于一半以上的基因完全未知。2003 年，最准的估计是 24500，但是研究者"承认它与最终的数目相差甚远"(Pennisi, 2003)。同时，他们谨慎地指出，其中的上千个也许是假基因(pseudogenes)，它们在 DNA 水平上与基因很相似，但是在蛋白质中无法表达。另一种更加复杂的基因计算方法则估计有高达 45000 个基因。在 2004 年 10 月，国际人类基因组协会(the International Human Genome Consortium, 2004)报道了收集 DNA 序列的最新进展，并且保守地把能转录为蛋白质的基因数目定为 20000 到 25000。可以登录网站 Ensembl Human(http: //www. ensembl. org/Homo_sapiens/index. html)来收集人类基因组的历史和最新信息。

237

当完成实验室小鼠的基因序列测定时(Mouse Genome Sequencing Consortium, 2002)，发现有 22011 个 DNA 片段像基因，但是研究者谨慎地指出，一些基因可能"缺失了，分散了，或者测定得不正确，而且有些基因是假基因或者具有其他的可疑性"。人们非常清楚的是，因为同源性或者从同一个祖先进化而来的原因，人和小鼠基因结构非常相似。99%的小鼠基因在人类身上也存在，在染色体的许多长段区域上，占全部基因组的 90%，小鼠的基因排列顺序和人类的几乎都相同。

小鼠和人类的基因同源性可以为实验室使用小鼠作为研究人类遗传障碍的模型提供支持，但是要非常小心。小鼠基因组序列协会 2002 年确定了与人类基因高度相似的 687 种小鼠的基因，其突变形式可能致病。令人诧异的地方在于每个基因序列的细节上。由于致病基因减少繁衍适宜性，其特定形式（等位基因）通常在人群中非常罕见，而正常的等位基因数量上是占优势的。人类基因中的一些致病等位基因已经被测定，然而小鼠体内正常的等位基因与人类突变的致病基因序列相同但是小鼠却不发病。这些疾病包括家族性帕金森病，囊性纤维性变病，Becker 型肌营养不良和克罗恩病。这些发现说明了发展的背景对基因的重要性。一个物种的遗传灾难对于另一个物种来说可能是维持生命所必需的。

蛋白质的数量比基因的数量多很多倍，人类蛋白质的数量要超过一百万种（Anni & Israel, 2002）。哺乳动物的一个基因通常由几个外显子组成，这些外显子的 DNA 为蛋白质的氨基酸序列编码，外显子被长段的不编码氨基酸的内含子分割开来。当 RNA 从基因上转录下来后，内含子部分在细胞中被去掉而外显子部分的 RNA 被组合在一起再翻译成蛋白质。这种组合可以通过很多方式完成。在一些情境中，所有的外显子都在序列中出现，但是通常的情况是一个或多个外显子没有在最后的 mRNA 中出现。因为有外显子的不同组合，细胞可以从一个基因中产生一系列功能不同的蛋白质。

另外，每个蛋白质都有能力与其他蛋白质相互作用。在果蝇中，许多种类的蛋白质会与 5 个甚至更多的蛋白质发生交互作用，从而导致大量和复杂的交互作用（Giot et al. , 2003）。虽然 DNA 含有几个世代都相对稳定的基因，但是由基因产生的蛋白质才是细胞或细胞群体生命活动的本质，通过了解蛋白质工作的方式，我们可以理解进化的过程。所以仅对基因复杂知识的理解只能被认为是探索生物的分子生物学的初始步骤。

基因表达序列

知道基因的序列之后，可以合成一条短的互补 DNA 序列（cDNA），互补 DNA 可以和同一基因形成的 mRNA 配对。可以在一块载玻片上滴一小点互补 DNA 进行实验，一块载玻片上可以有几千个点，每个点都可以检测出几千个基因中的一个基因的定量表达。高效表达的基因包括已经被我们了解了很长时间的基因和以前没有被发现的基因。所以，不用预先猜想基因本身的功能就可以检测基因的表达（Lee et al. , 2002）。

虽然这种技术有较高的敏感性和特异性，但是同时检测大量的基因只能给我们一幅粗略的概括图像。举一个例子，对 553 例线虫（C. elegans）进行微阵列（microarray）实验，利用这些组合数据来确定 11000 多个基因在不同情况和不同生长时期的表达，从而识别有相似表达模式的基因簇（Kim et al. , 2001）。在基因表达的结果中研究者们找到了 44 个可以观测到的丛峰，即它们在三维图上显示为高点。六号峰含有 909 个基因，它们的 mRNA 彼此关联，平均 Pearson 相关系数为 0.21，许多基因在神经组织中都非常活跃。 238

在全基因组范围上对基因表达的测定为环境条件会改变基因活动的论断提供了极大的支持。举例来说，昼夜生理节奏使小鼠的特定组织中 10%（约 1000 以上）基因具有以 24 小时为周期的表达模式，但是每天的波动范围则取决于基因所处的特定组织（Storch et al. , 2002）。同时，有一些基因受环境的影响很明显比另外一些基因大。

采用阵列方法，在一个实验中检测大量的基因（10000 个以上），检测到假的阳性关系的风险是不可忽视的，同时判定表达是否出现真正变化的标准也似乎是随意确定的。其他解释这些实验结果的困难也是存在的（Nisenbaum, 2002），所以在现在这样的研究初级阶段应该倍加小心。到目前为止,使用基因序列的最大困难在于,不同生产商的不同系统得出的结果很少重合,所以不同研究的实验数据基本不能够相互比较。这个问题的严重性可以用以下事例说明:仅在2003年就发表了将近3000个微阵列研究(Marshall, 2004)。

定向突变

当一个基因的DNA序列被标定出来后,这些信息就可以用来制作分子探针,分子探针可以把外来DNA片段插入到科学家们感兴趣的某一特定基因的目标位置。这是一种转基因的方法,因为它可以把一个物种的基因转移到另外一个物种里去。如果这种插入事件可以传给后代,这种突变在基因位点上就是一个等位基因。研究者在小鼠的上百个基因中实现了定向变异,在先前已知的只有正常"野生类型"等位基因的位点上生成了等位基因多样性(Müller,1999;www. informatics. jax. org)。在很多情况下这种等位基因被认为是无效突变或者是需要敲除的,因为它使基因完全丧失了原来产生特定蛋白质的功能。由于伦理的原因定向变异不能在人类身上进行实验,而小鼠的基因和人类的非常相像,所以这些小鼠实验在这个领域里具有特殊的重要性。

一种像这样有很多步骤的方法通常会造成解释上的一些困难,需要精细控制额外变量。如果不能排除邻近基因参与的可能,就不能确定地认为是特定的基因造成了敲除效应(Gerlai,1996)。尽管这些实验不是特别复杂(Crusio, 2004; Wolfer, Crusio, & Lipp, 2002),然而它们确实需要大量的时间,所以在大家争抢发表新发现的潮流中很容易忽略这些问题。

在敲除研究中,很令人惊异的现象之一是尽管一个必须基因的功能全部丧失,动物还可以生存甚至相当健康。举个例子,小鼠多巴胺-β-羟化酶基因的缺失导致它不能合成去甲肾上腺素,这种物质在神经学上被认为是一种很重要的神经递质和神经激素。但如果这些敲除基因的小鼠能够在帮助下渡过从胎儿晚期到断奶的困难时期,许多个体会没有太大缺陷地存活下来长到成年,并成功地完成迷津任务(Thomas & Palmiter 1997)。感到挫折的研究者们往往进行一些无畏却又无用的尝试来试图敲除基因后明显改变表型。这些结果不能说明基因功能是彼此无关的。相反,它们表明发展系统中有相当的可塑性,其他机制可以弥补一部分的缺失。

小鼠中的敲除研究一般集中在研究者比较感兴趣的一个或几个基因上,但是这种方法却提供了获得所有基因信息的可能。研究者在单细胞酵母几乎所有基因上都进行了基因突变的实验。其他的研究者则把DNA片段插入了植物拟南芥的29454个基因中的21000个上(Alonso et al., 2003)。这种技术在小鼠身上发挥了巨大作用,但是培养和保持20000多个突变来考察行为功能的前景并不吸引人。

分子标记物

要检测一个对人群中个体差异可能是非常重要的突变基因的存在,一种方法是可以证明在某个表型中的变异倾向于从父母传到后代,而其与那些本身并不改变表型的DNA标记物有密切的联系(Crabbe, 2002)。该标记物距离同一染色体的某未知基因越近,两者越可能一起被传递,因为它们在遗传上是"连锁的"。在分子遗传学年代之前,连锁分析通常是很

239

难下结论或者不够敏感,因为可用于研究的标记物太少了。染色体上的一段区域原本是长而无意义的腺嘌呤和胸腺嘧啶碱基循环的地方(AT 循环),在染色体这段区域发现广泛分布着成千上万的多态位点,情况有了戏剧性的改变。这些标记物大多位于非编码 DNA 上,因此对表型没有效应,而它们以异常高的比率发生突变,因此即使是在关系相当紧密的个体之间也会发生这种差异。更常见的是这样的位点,在一个单核苷酸上有一个差异。现在有相对简便的方法来检测这些单核苷酸的多态性(SNPs 或者“snips”),从而已经在人类和小鼠中发现了成千上万的 SNPs 的特定 DNA 序列。dbSNP 数据库(build 122 at http: // www / ncbi. nlm. nih. gov / SNP)最近的更新表明,已经在人类中记录了多达 235026 个 SNPs,而在小鼠中已经记录了 544636 个。这些变异使得检测对发展有主要效应的一个基因并定位到一个染色体的较短片段上变得更为容易。

近来 Edenberg 等人(2004)的一个研究阐明了新的分子工具的力量。该小组测量了在酗酒家族和非酗酒家族成员的酗酒情况和脑电图(EEG)脑波。先前的证据已经表明,酗酒涉及一个抑制性神经递质分子 GABA(伽玛氨酪酸)的受体,但是在 4 号染色体的一段区域上有四个 GABA 受体。在 4 号染色体上该区域存在的几十个 SNPs 已经被人类基因数据库公开阐明,尤其是 dbSNP 网页,而研究者发现在临床诊断上和 EEG 的变异与位于 GABRA2 基因的 SNP 基因型高度相关,但是和其他三个临近的基因则没有关系。最后,他们记录了 48 个个体在 GABRA2 基因上的 DNA 序列,并发现核苷酸多态性并没有改变 GABA 受体分子上的氨基酸。相反地,他们总结认为,与酗酒有关的多态性位于该基因上的一个对基因作用的调控非常重要的区域。

现在普遍认为,复杂的人类疾病中涉及的许多遗传变异并不会改变由一个基因编码的蛋白质结构,而是影响调控分子绑定的基因区域,这一基因在发展过程中可以启动和中止转录。应当将这种可能性视为一个假设,直到确认了任何特定基因的特定调控机制,但它确实是一个可信的假设。对精神病学文献中涉及的许多其他基因来说,数据仅仅表明一个标记物位点是与表型多样性相关,而该标记物又临近那些在神经系统和行为功能中相当重要的基因。在许多例子中,对表型变异确切负有责任的基因并不清楚。很有可能一个标记物位点位于一个基因内含子内,但该基因的外显子并不产生个体差异,而该基因又临近于同一染色体上碰巧是表型变异来源的另一基因。要正确地解释这些研究文献,我们必须拥有相当的分子遗传学知识并细致地阅读这些文章。

新的生物技术的诱惑是巨大的,它们取得的成就也确实令人印象深刻。然而,它们尚未做到的,就是回答发展心理学在神经系统和行为水平上提出的问题。相反,转基因和敲除的小鼠的行为发展却很少被考察过(Branchi & Ricceri, 2002)。还原主义期望,可以通过参考在分子水平上的事件来更好地解释宏观水平上的现象;相应地,许多分子生物学家已经开始采用一种还原主义的语言,即将环境因素归为次要的从属地位,这与 Bateson(1913)的基因占首要地位的观点相似。对一个发展学家来说,有关分子基因活动丰富的新信息并未随着从行为有机体的水平去理解原理的需要而放弃。事实上,它已经开启了一扇进入惊人的分子复杂性世界的大门。

发展的心理生物学系统观的应用：多感觉发展的例子

240 正如本章前两节所陈述的一样，将多重影响系统作为研究人类发展的基础机制——这一观点正逐渐被接受，而不再采用简单解释的二分法，如基因或环境，本能或学习，成熟或经验，结构或功能。对表型结果多样性的个体发生过程的强调，有效地消除了二分法的空洞解释；取而代之发展的心理生物系统的途径提供了更加全面的视角，它整合了基因、神经、行为、社会和文化水平的分析（见图 5.6）。该整合的观点和发展心理学的先驱 Kuo(1967)的观点一致，早在 40 年前他就写道："对行为的研究是一门整合的科学，它包括解剖学、胚胎学、生理学和实验形态学上的比较，以及有机体和外部物理世界、社会环境的动态关系的量化和质性分析。"(p. 25)

Kuo 从交叉学科和多水平视角对行为的发展分析，逐渐被整合到发展科学中(Lickliter, 2000b)，看待发展逐渐从依赖决定论、线性和还原主义的简单因果模型转向动态、等级和系统取向。最近，发展的系统研究方法在发展心理学的几个子领域中变得越来越明显，包括运动发展(Thelen, Schöener, Scheier, & Smith, 2001; Thelen & Ulrich 1991)，认知发展(Bjorklund, 1995; Richardson, 1998)，语言发展(Dent, 1990; Zukow-Goldring, 1997)，人格和情绪的发展(Lerner, 1988; Lewis & Granic, 2000)，以及社会性发展(Cairns et al., 1990; Fogel, 1993)。

在知觉发展的研究中，尤其在早期多感官能力的研究中，概念和方法学上也逐渐转向更系统取向的方法(Gottlieb, 1991, 1997)。我们的环境天生是多感觉通道的，我们往往通过几个感觉系统同时来经验客体和事件。然而一个感觉通道是如何和另一个通道相联系的？在大脑中它们的功能是如何被整合的？来自发展心理学(Bahrick & Lickliter, 2002; Lewkowicz & Lickliter, 1994; Rose & Ruff, 1987)，发展生物学(Edelman, 1987, 1992)，认知科学(Bertelson & de Gelder, 2004; Smith & Katz, 1996)和神经科学(Calvert, Spence, & Stein, 2004; Stein & Meredith, 1993)的工作者共同致力于这些问题的研究。近来相关领域的实证与概念上的发展指导越来越多的研究者远离简单的单一原因解释，逐渐强调多重影响的价值，并在不同的水平上进行分析，这为多感官整合研究领域的出现作出了贡献。

接下来我们并不打算对这个迅速发展的研究领域进行全面回顾，而仅仅对相关的操作框架以及传统的、新出现的概念进行简要的考察。主要目的在于探讨生物上具有说服力的系统观是如何被研究知觉发展的学生所运用，并为他们提供这样一个框架：一方面承认发展复杂、动态的特性，另一方面又试图将来自基因的、神经科学和心理学的数据整合到一个连贯的、相互补充的体系中来说明年轻的有机体是如何将来自不同的感觉输入整合，进而对物体和事件产生整体知觉。多感官整合是正常知觉的基础性特征，为了成功地回答它在发展过程中是如何获得的这一问题，需要交叉学科、多水平和比较的方法进行发展上的分析，正如 Kuo(1967)以及后来的 Gottlieb(1991, 1996, 1997)所提倡的那样。

对多感觉发展的传统观点

过去的几十年中，有大量的关于婴儿多通道能力的研究(Aslin & Smith, 1988; Bahrick, Lickliter, & Flom, 2004; Lewkowicz, 2000; Lewkowicz & Licklite, 1994; Meltzoff, 1990; Rose & Ruff, 1987)。一般而言，这些研究在很大程度上是描述性的，为出生后第一年出现的各种知觉能力建立一个时间表；这些工作也成功地表明婴儿表现出大量的多感官能力，包括根据声音—嘴唇的同步性(Dodd, 1979)、语音(Kuhl & Meltzoff, 1984)、情感的表达(Walker-Andrews, 1997)以及说话者的性别(Walker-Andrews, Bakrick, Raglioni, & Diaz, 1991)来将面孔和声音进行匹配的能力；婴儿也对大量整合听觉和视觉刺激的时间参数很敏感，包括同步性(Bahrick, 1987; Lewkowicz, 2000; Spelke, 1981)、速度(Lewkowicz, 1985; Spelke, 1979)、节律(Bahrick & Lickliter, 2000; Mendelson & Ferland, 1982)和持续时间(Lewkowicz, 1986)。同时，相关的研究表明，令人印象深刻的触觉—视觉联结在婴儿第一年也会出现，包括出生后前几个月的触觉辨别和跨通道迁移的能力(Bushnell, 1982; Clifton, Rochat, Robin, & Berthier, 1994; Rochat & Senders,1991; Rose, 1994; Streri & Molina, 1994)。

241

尽管存在大量令人印象深刻的关于婴儿多感官能力的证据，但是对于婴儿出生前的和出生后的经验(见图5.7)及其各种可能贡献的研究，或者是在发展早期多感官功能如何通过特定的过程和机制获得和改变的研究，却出奇地少。无疑，事情的这种状态在很大程度上是由于对人类婴儿进行实验研究的局限性。对胎儿和新生儿的实验操作无论是在范围上还是在持续时间上都存在必要的限制，传统的实验室技术诸如感觉剥夺或感觉加强都是被禁止的；姑且将实验的限制搁置不谈，我们认为，对与人类多感觉发展相联系的过程和机制强调的不足也是由于我们在这个领域所探索的典型问题类型所导致的。

也许在过去的30年中，引导婴儿多感觉发展研究领域最为突出的问题是所关心的方向问题：多感觉发展的过程是(1)从最初分离的感觉到协调的多通道的经验，还是(2)从最初的整体感觉到分化的形式？对这个问题答案的探索产生了两派流行的(对立的)理论观点，即是多感觉发展的“整合观”和“分化观”(见Bahrick & Pickens, 1994及E. J. Gibson & Pick, 2000的简要回顾)。

一般而言，整合观认为，在出生后发展的最初阶段，不同感觉通道的功能是独立的感觉系统，在发展中通过婴儿的活动和对不同感觉通道同时提供信息的反复经验逐渐整合并协调起来(Birch & Lefford, 1963, 1967; Friedes, 1974; Piaget, 1952)。例如Piaget认为，婴儿操作他们环境中的物体，因此他们有很多机会体验到物体的触觉、听觉、视觉和味觉等方面的属性，通过反复的体验，婴儿逐渐学会成功地将多个感觉通道的感觉联系在一起。相反，分化观认为，在发展的早期，不同的感觉形成了一个整体，而随着婴儿的成长，来自不同感觉通道的信息得到了区分(Bahrick, 2000; E. J. Gibson, 1969; J. J. Gibson,1966; Marks, 1978)。比如E. J. Gibson(1969)认为婴儿在出生之时就拥有一些多感觉的能力，能够天生地知觉事件与物体的单通道或多通道中恒常的属性(比如密度，持续时间，节律，形状)。从这个角度来看，婴儿在他们的发展过程中通过经验来区分更精细而复杂的多通道关系。对多通道中的恒常性的知觉是这派观点中的关键所在,而逐渐在更精细水平上对恒常结构的区别和抽取是婴儿的主要发展任务(Bahrick, 2000)。

传统观点的潜在假设

在过去的几十年中,整合和分化两派观点之间长久的争论对人类婴儿早期多感觉功能的实证研究有着启发式的引导作用。但是,随着我们在神经胚胎学和发展心理生物学方面知识的不断增长,这两个观点所依赖的一些共同假设现在受到了质疑。尤其是这两派观点中暗含的假设都没有充分地认识到婴儿出生前后的发展过程中,发生在感觉系统之内(Freeman, 1991; Kellman & Arterberry, 1998)和之间(Honeycutt & Lickliter, 2003; Radell & Gottlieb, 1992; Symons & Teses, 1990)复杂、动态的组织和重组过程,以至于两种观点在一定程度上感觉通道及其敏感性表现出极其简单或根本没有发展的特征。例如两派观点中都有一个内隐的假设:不同的感觉系统从完全相等的基础上开始发展(R. L. Tees & Buhrmann, 1989),而这个假设和我们已知的神经胚胎的发展是相矛盾的。鸟类和哺乳动物(包括人类)的多种感觉系统并不是在发展的同一时间获得功能的(Alberts, 1984; Bradley & Mistretta, 1975; Gottlieb, 1971b),而在婴儿出生前后,不同的感觉通道有不同的发展史。在早期发展中的某一个特定的时间点,经验上的差异可以有效地影响特定通道加工给定类型感觉信息的能力(Gottlieb, 1971b; Lickliter, 1993; Turkewitz & Kenny, 1982)。

242

在人类(以及许多早成性的鸟类和哺乳动物)中,听觉系统有时在出生前的后期就可以行使其功能,而视觉通道从出生时才可以。近来大量关于鸟类和哺乳动物胚胎和新生个体的研究表明,不同感觉系统在不同的时间相继获得功能,这点在决定早期发展中多感觉关系的属性和修正方面有着重要的影响(Foreman & Altaha, 1991; Foushee & Lickliter, 2002; Gottlieb, Tomlinson, & Radell, 1989; Kenny & Turkewitz, 1986; Lickliter, 1990; Symons & Tees, 1990)。例如,一些早成性动物的新生个体在出生后的早期阶段,听觉对后发展的视觉系统具有功能上的优先性(Gottlieb & Simner, 1969; Johnston & Gottlieb, 1981; Shillito, 1975)。早期感觉优势层级在一定程度上可以归因于以下事实:出生时两种不同的感觉系统在出生前获得经验的多少不同(Lickliter, 1994)。无论是整合观还是分化观,在解释多感觉能力时都没有将时间的不同步性的可能影响考虑在内(参见 Mellon, Kraemer, & Spear, 1991; Spear, Kraemer, Molina, & Smoller, 1988),因此在认识早期知觉组织模式上难免存在着局限性(参见 Lickliter, 2000a; Turkewitz & Kenny, 1982; Turkewitz & Mellon, 1989)。因为不同感觉通道获得功能的时间不同,所以到出生时每一感觉系统都有其独特的发展史,而感觉刺激的典型模式对知觉的组织和反应性有着重大的影响。

整合观和分化观也倾向于忽略和轻视这样的事实,即在某种程度上,不同的感觉通道对不同种类的知觉信息进行特异性加工。比如,听觉通道能够更加有效地加工时间上的变化而非空间上的变化,视觉通道则相反,在加工空间变化方面更加有效(Kubovy, 1988; Welch &

Warren, 1986)。不同的感官知觉物体和事件时并非简单地采用相同的方法,而是对不同知觉信息反应的精度和速度上均存在着差异(Bushnell & Boudreau, 1993; Soto-Faraco, Spence, Lloyd, & Kingstone, 2004)。存在于特定种类知觉信息中的区别显著性等级导致了一些物体和事件的属性(如质地、条纹、大小、重量、时间频率和空间运动)能够更容易或更恰当地被某种感觉通道而非其他通道加工理解。刺激属性的显著性等级在任何两种通道中都不相同(Bushnell, 1994),在发展的过程中,通道之内或者之间也不会变得一致,抑或采用相同的方式变化。Lewkowicz(1988)的研究表明,人类婴儿中,对同时出现的听觉和视觉输入的相对优势可以反转。因此,不参照特定属性以及它们在通道之内和之间的相对显著性,对单一通道属性的反应进行评价和讨论就会显得过于简单。婴儿在不同感觉通道进行整合或区分信息的能力可能受到了不同感觉输入相对显著性等级的影响(Bushnell, Shaw, & Strauss, 1985; 也见 Spear & Molina, 1987)。

这些显著性因素及其影响是如何实现的?在早期的发展中它们又是如何变化的?对这些问题的理解十分有限,并且无论整合观还是分化观都很少涉及这些问题。这也导致由这两派分歧的观点产生的大量研究一直不够重视在发展多感觉能力中的任务特殊性和背景敏感性。

也许更加重要的是,关于多感觉发展的整合和分化理论都假设多感觉功能是以单一发展路径为特征的整体现象。但从早至 1940 年的 Ryan 直至近期的 Turkewitz 及其同事(Botuck & Turkewitz, 1990; Turkewitz & Mellon, 1989)都指出,多感觉功能有大量不同的类型和分类,包括多感觉的抑制和促进,多通道特征之间的联系(多通道的协调),对共同信息的抽取(多感觉的等值性)。没有理由假设不同的多感觉功能分享共同的发展机制或路线。的确,每种独特的多感觉功能都有自己的发展轨迹,并受不同的神经、生理、心理和社会机制所影响。就这一点,Turkewitz 和 Mellon(1989)提出:

243

> 因为感觉可以同时被整合与分离,发展也可以按照整合和分化来进行,所以多感觉的等值性在出生的时候既可能是存在的,也可能不存在。也就是说,在不同的阶段,发展可能不以多感觉功能的存在与否为特征,而将发展不同阶段的不同类型的多感觉功能普遍性和显著性作为特征。(p. 289 页)

尽管越来越多的证据表明,不同的机体内部和机体外的因素可能相互作用从而决定不同感觉通道的信息是否被整合,但是关于多感官知觉不是一个单一整体的过程这一观点还没有被普遍接受(Lewkowicz, 2002; Turkewitz, 1994; Walker-Andrews, 1994)。除了以上简要回顾过的因素外(如感觉系统功能变化着的功能性质,不同通道的区分显著性的等级,区分和整合的过程),非特异性的刺激特征,例如相对亮度或呈现给不同通道的刺激的数量(Lewkowicz & Turkewitz, 1980; Lickliter & Lewkowicz, 1995; Radell & Gottlieb, 1992),以及特异性的机体特征,例如婴儿的唤醒状态(Gardner & Karmel, 1984; Gottlieb, 1993; Reynolds & Lickliter, 2004),都影响了婴儿特定的多感觉功能的显现。

因此，个体的多感觉功能是由多方面决定，内部和外界相互作用的结果，通常不是线性的模式。正如 Thelen 和 Smith(1994)指出的，运动和知觉为婴儿提供了大量的、多模式的信息，告诉他们这个世界看、摸、听、尝，以及嗅的时候是什么样的。这些听到的、看见的、触摸和运动得到的信息都是时间锁定的，会随着婴儿的活动、位置和行为而发生改变。需要进一步以发展的系统观点来解释和评价这些因素以及他们的相互作用，并在适当的复杂度上来研究多感觉的发展，以便可以公正地评价不同的影响以及给多感觉功能的发展提供一种生物学上可行的并且在概念上并没有简化的方法。我们也正在沿着这个方向一步一步地前进。

多感觉发展的发展心理生物系统观

最近，人们开始关注对婴儿多感觉功能发展有所贡献的感觉和非感觉因素的实验考察，而不再仅仅停留于描述性的研究(Bahrick & Lickliter, 2002; Lewkowicz, 2002; Lewkowicz & Lickliter, 1994; 参见 Tukewitz, 1994 的不同见解)。正如先前提到的，关注的焦点从“什么”及“何时”向“如何”的转变，需要研究者重新考虑甚至改写早期关于知觉组织研究中采用的传统概念和方法。在不否认理解这个现象的复杂性的情况下，这种重新定向的一个更大的目标是去理解和解释个体功能及其组织。

我们认为，采用交叉学科的研究策略和强调比较发展的研究是改变关注焦点的最佳方法(Lickliter & Bahrick, 2000)。换而言之，从不同的分析水平以及不同的物种获取信息，会使对多感觉发展的过程和机制复杂性的实证研究从中获益。假定任何一种特定行为能力的发展都是多重等级组织水平上动态、双向交互作用的结果(见图 5.6)，我们相信使用交叉学科、比较和汇聚的研究策略是必需的，可以用它来发现和界定各种对于理解正常知觉发展所必需且足够的条件、经验和事件(包括机体内部和外部的)。

244

在前面我们已经讨论过，作为发展的心理生物学系统观的分析核心(见图 5.6)，Gottlieb (1991, 1992)提出了三种不同的机体功能水平(基因、神经和行为)和三种不同的环境水平(物理、社会和文化)。基因作用、神经解剖和生理、行为及社会的影响之间彼此依赖的双向关系的复杂网络给那些仍希望在不同的组织水平间建立简单的单向联结的研究者提出了挑战。这种复杂性也给另外一些研究者提出了挑战，他们致力于解开早期的发展中所涉及因素的复杂网络，但是却出于不同的原因。如此复杂的网络需要对动态的双向关系进行探讨，而不仅仅是发现非前因后果的简单联结。尽管存在这些挑战，但研究也取得了初步的进步。虽然早期多感觉能力的研究在 Gottlieb 心理生物系统框架中的基因和文化水平上探讨得相对较少，但是一些研究者已经迈出了第一步，目标是试图将神经与行为水平的分析(如 Knudsen & Brainard, 1991; Knudsen & Knudsen, 1989; Stein & Meredith, 1990; Stein Meredith, Huneycutt, & McDade, 1989; R. L. Tees, 1994)和生理与社会水平的分析进行整合(Columbus & Lickliter, 1998; Gottlieb, 1993; Lickliter & Gottlieb, 1985, 1988; McBride & Lickliter, 1993)。这些多重水平分析的初步努力全部来自对各种鸟类和哺乳类的比较研究。

在操作上，这些实验操纵了发展中动物的感觉经验，使动物对多通道信息的神经和/或行为上的反应产生了系统的变化，Knudsen(1983)将仓鸮的一只耳朵塞起来进行喂养，改变信息到达双耳的相对时间和强度，改变在视顶盖构建听觉接受野(听觉地图)的双耳信息的相对权重，结果大脑区域参与了对感觉事件的定位。尽管耳朵被塞住的鸟不得不学会使用不正常的双耳信息，它们仍然在视觉地图完好的寄存器中发展了听觉地图(Knudsen, 1983)。但是当仓鸮成年以后将耳塞移走，与听觉地图最初形成之时相比，此时被剥夺耳的信息传入更强，以至于听觉和视觉在空间拓扑地图上出现了偏离。由正常听觉经验产生的对这种偏离的矫正依赖于视觉空间线索的可用性和使用，如果不提供视觉信息(如将仓鸮养在黑暗中)，将不会看到矫正性的重组(Knudsen, 1985)。

King、Hutchings、Moore 和 Blackmore(1988)在幼年雪貂中，发现了类似的活动依赖性的神经以及发展过程。这些哺乳动物在早期的发展中，或被堵塞一只耳朵，或被蒙上一只眼睛。这两种情况下都发现实验中的感觉限制引起了动物听觉感受野的漂移，这种功能漂移或补偿确保了雪貂能够将听觉和视觉信息进行调整和校正，尽管它们正经历着听觉或视觉输入的实验性限制。研究结果也表明，一个感觉系统的感受野或地图(视觉)是如何施加关键的发展性影响，从而引导和维持另一通道(听觉)的空间拓扑神经地图的。据此推测，在正常的条件下，地图的调整校正反映了正在经历的听觉和视觉刺激的经验，这些经验同时来自相同客体或事件，因而在时空上是相联系的(Stein & Meredith, 1993)。仓鸮和雪貂研究结果的相似性说明了改变感觉经验如何可以引发神经的改变，以及反过来，神经改变如何可以导致行为的改变。这两个相互影响、相互依赖的过程再次阐明了贯穿整章所倡导的"双向"主题。

在进行物理和社会水平的分析时，几个利用早成鸟类的相关研究已经证明，与同种个体的社会交互作用可以促进通常在早期发展所需的迅速的知觉重组(见 Lickliter, Dyer, & McBride 的综述, 1993)。社会环境除了为发展中的有机体提供营养和保护之外，还提供了一个知觉经验的排列，包括温觉、触觉、嗅觉、听觉和视觉刺激。同种个体由此可以被看成发展中个体的经验源，并被发现在物种典型的知觉组织中扮演着重要的角色。例如，Lickliter 和 Gottlieb(1985)发现小鸭需要与同辈身体接触的社会交往经验，以使在面对熟悉母亲和另一个物种陌生雌鸟时表现出对前者的一种物种特异的视觉偏好。那些在孵化后能看到同辈但没有身体接触的幼鸟无法表现出物种典型的视觉偏好(McBride & Lickliter, 1993)。

245

Gottlieb(1993)也证明了小鸭与同伴的触觉接触对其正常听觉学习能力发展的重要性，他发现与同伴的身体接触可以诱导出小鸭高度的可塑性，使得它们能够学习选择那些非同种的母亲叫声，但这种能力在能看见或听见但并不能接触同伴的鸭子中并不存在。Lickliter 和 Lewkowicz(1995)也证明出生前触觉和来自同窝伙伴的前庭刺激的重要性，它可使幼年山齿鹑成功显现物种典型的听觉和视觉反应。总的来说，这些对早成鸟的研究(1) 提供了多样的例证说明，经常并非显而易见的多水平影响对正常知觉组织的出现有所贡献，(2) 提醒研究者在试图识别那些影响一个给定知觉能力的经验时要持有开放的思维，(3) 强调社会过程对心理生物发展的关键作用。这种观点经常受到忽视，以至于人类婴儿的社会经验的贡献在许多多感觉整合的实验室研究中被忽略掉了。

多感觉发展的系统特征：结构化有机体与结构化环境

通过对神经学、行为学和社会水平分析的比较研究结果进行综合，可以得到多感觉发展的几个互相关联的决定性特征。多感觉发展是：

- 多维的：在发展系统中，没有哪一个水平、成分或者子系统（包括婴儿内部的那些）具有原因上的优先性。
- 非线性：复杂的发展因果关系网络并不总是显而易见或者直截了当的。网络中的关系需要不同水平分析的多次可重复观察才能确定。
- 活动依赖性：多感觉能力来源于婴儿的持续活动和与世界的接触。
- 背景敏感性：正在显现的多感觉能力会受到婴儿直接环境特性的强烈影响和修改。
- 任务特异性：婴儿的多感觉表现会受到局部变化的促进或干扰。

通过一些人类婴儿的工作，这些相互关联的多感觉发展特性开始被普遍认可（特别是关于背景敏感和任务特异的特性；参见 Bahrick et al.，2004；Lewkowicz，2002；Streri 和 Molina，1994）。跨学科的联系和比较的视角可以突出多感觉的社会性、多维度以及非线性本质，但是很少有研究者会把这些方法综合起来。很遗憾的是，在当代的发展心理学研究中，对多感觉功能的比较研究方法的认识一直被大大地忽略了。在动物研究中，一些发现可以为人类发展研究中的“怎样”这类问题提供潜在的有价值、创造性的指导路线（Gottlieb & Lickliter，2004）。例如最近，使用感觉剥夺和感觉加强方法进行的经验修正研究，不论是在出生前还是出生后，都得出了一些重要结论，表明经验条件对早成或晚成的新生个体的多感觉组织的正常发展是必须的（Banker & Lickliter，1993；Foreman & Altaha，1991；Gottlieb，1971b；Gottlieb et al.，1989；Kenny & Turkewitz，1986；R. C. Tees & Symons，1987）。但是，这些发现很少被用来指导对人类机能的研究（除了 Bahrick & Lickliter，2002；Eilers et al.，1993；Lewkowicz，1988；Wilmington，Gray，& Jahrsdoerfer，1994）。

主流发展心理学一直抵触对比较方法研究结果的接纳，结果导致对多维性和非线性原理的低估，从而延续了对行为因果关系认识上的还原主义观点。许多学习人类发展的学生一直认为行为在某种程度上建立于，或决定于更加“基本”、更加“本原”的在基因水平和/或神经生理水平上发生的过程。这种对行为“生物学基础”的线性、单向、自下而上的观点，以及遗传和神经生理学成分在解释人类机能上拥有特权的倾向，尽管应用广泛，却仍然有着概念性的缺陷。特别是这种发展的自上而下的观点忽视了这样一个事实，即遗传和神经因素总是有机体整个发展系统中的重要组成部分（Gottlieb & Halpern，2002；Johnston & Gottlieb，1990；Lickliter & Berry，1990；Oyama，1985）。这个系统中任何一个元素或者水平都不具备必然的首要性或者特权。基因、神经结构或者其他对表型发展影响的功能意义只有在与作为其部分的发展系统关联起来才可以进行理解（见图 5.6）。在发展系统的任何一个水平，其影响都是依靠系统的其他部分来起作用的，这使得所有的因素都是潜在地互相关联互相约束的（Gottlieb，1991）。尽管这种对关联的强调导致了复杂性，然而这种复杂性并

246

不令人绝望,可以通过实验手段在分析的四个水平上对其进行拆解,如图 5.6 所示(见 Gottlieb 的综述,1996)。

任何发展结果的控制都在于内在和外在多样性的结构和本性上的相互关联(而不是在任何个人因素中),这一重要的观点仍然没有被发展心理学普遍接受。尽管如此,我们相信发展的心理生物学系统观带来的洞察力对行为发展的研究具有重要的意义。特别是广泛控制和相互关联的概念突出了这样一种需要,即对发展中的有机体及其结构性的环境间的动态关系给予明确的实证性关注。从这个角度来看,想要将这种复杂性和动态关系还原到严格的只有遗传或者神经的分析水平就不那么合理了。发展分析的最小单元一定是发展系统,包括有机体和一套在整个发展过程中都与其相互作用的物理的、生物的和社会因素的集合。

过去的 50 年中,在几个卓越学生对知觉的研究工作中,可以清楚地看到他们对机体及其环境间关系的实证性关注这种需要的认可(例如,Brunswik,1952,1956;J. J. Gibson, 1966, 1979)。这些作者主张在一个适当的复杂水平上构建心理学理论,因此有必要对主体及其环境两者的代表性样本进行研究。机体及其环境间的关系,而不是有机体本身的性质,应作为心理学研究的适宜对象。例如,J. J. Gibson(1966, 1979)主张用生态学的方法来研究知觉,研究者会直接关注环境的结构,机体如何在其中活动,以及环境向知觉主体提供了什么样的知觉信息。在这种方法中,知觉依赖于来自主体的各种经验,这个主体拥有各种感觉和运动能力,本身又在物理的、生物的、心理的和社会背景中(Thelen et al., 2001;Varela,Thompson & Rosch,1991)。发展学家由此就要面对这样的挑战:确定胎儿和婴儿的环境是如何提供并约束可用于幼小机体的知觉信息,以及这些约束和贡献是如何被发展中的机体变化着的感觉运动结构和能力所特化的(见 Adolph,Eppler, & Gibson, 1993;Lickliter, 1995;Ronca, Lamkin, & Alberts, 1993)。例如,Bertenthal 和 Compos (1990)发现,婴儿对物体和表面的知觉反应会随着爬行的经验而显著改变。随着婴儿的成长而掌握新的动作,探索环境的新的机会也随之出现。这种双向的观点强调了机体和其周围环境的基本联结,并且承认超越机体边界的实证研究对全面理解机体及其行为非常重要。

具有讽刺意味的是,这种方法有时被定位成"环境主义者"的取向,并被看作人类发展研究中"生物学"途径的对立面。这种源于内隐的发展二元论的二分观点,在发展心理学的某些方面仍然十分普遍,它试图描绘与给定行为特征或能力相关联的内在和外在因素相对的因果力。本章倡导的发展心理生物学系统观明确拒绝这种二元论以及它的过度还原。我们相信,遗传和环境、控制的内在和外在来源、先天和后天之间的绝对区分在发展科学中已经不再成立了。作为一个恰当的例证,在现在的发展心理学中仍然普遍存在的对内在与外在的因果关系的传统二分法中,多感觉发展比较研究中展现的多等级、非线性、活动依赖的过程是无法被充分体现的。我们需要的是对多感觉发展的一种考察途径,其中以明晰的关系术语对机体内外的因素进行研究(Gottlieb & Halpern,2002)。

247

这种对关系方法的需求或许可由"有效刺激"概念进行最好诠释。这个概念最早由比较心理学家 T. C. Schneirla 提出(1959, 1965)。简言之,有效刺激的概念认为,刺激的效应不只依赖于其特定的(物理的)数值,也依赖于感觉接受者的特性、机体的一般唤醒状态、机体的经验历史及其发展的条件。作为 Schneirla 观点的佐证,现在有许多证据显示,婴儿对外界感觉刺激的反应并不是简单地由感觉输入所提供的物理特性决定;对于新生儿,相同的刺激可能会产生差别巨大的效应,这取决于其所受到的全部刺激的量以及当时的唤醒水平(人类婴幼儿和动物例证见 Gardner, Lewkowicz, Karmel, & Rose, 1986; Lewkowicz & Turkewitz,1981;Lickliter & Lewkowicz,1995;Radell & Gottlieb,1992)。在某一感觉道上一个刺激的数量变异可能会引起另一感觉道上反应的系统变化,而通过改变婴儿的内部状态或者所提供的外部感觉刺激量可能会修正给定刺激的注意"值"。

这种相互决定原则强调了早期多感觉关系受到机体的发展阶段、状态和经验历史的影响,也受到所提供和撤销的感觉刺激历史的本质,以及更大范围的发展所处的物理、社会和时间背景等因素的影响。换言之,背景和特异刺激特性都成为行为的支配性决定因素,水平间双向传递的描述对于个体功能的发展性理解具有决定性意义。

发展的心理生物学系统观的更广泛的启示

本章中,我们仅仅将心理生物学发展系统观应用到了发展行为遗传学以及婴儿的多感觉发展中;因此,我们希望呼吁大家关注系统概念对人类发展更宽泛的适用性来结束我们的说明。

如图 5.6 中所示的在四个分析水平(环境、行为、神经活动、基因表达)间垂直和水平双向影响已经有许多证据,但自上而下的影响在发展心理学中尚未被广泛理解和重视。Waddington(1957, p. 36, 图 5.5)对遗传疏导的单向理解曾在许多年中都是占支配地位的观点,并且在发展心理学的一些领域中仍然受到支持(Fishbein, 1976; Kovach & Wilson, 1988; Lumsden & Wilson, 1980; Parker & Gibson, 1979; Scarr, 1993; Scarr-Salapatek, 1976; Sperry, 1951, 1971)。

由于环境因素对基因表达的影响是当前许多神经科学和神经遗传学实验室追求的目标,现在已经有相当多的证据表明基因活动对发展中有机体的外部环境均有反应(Gottlieb, 1992, 1996)。举一个早期的例子,Ho(1984)在果蝇胚胎发展的特定时期使其接触乙醚而在其身上诱导出了第二对翅膀;乙醚改变了细胞内的细胞质,因此由 DNA - RNA -细胞质同动关系生成的蛋白质也受到了相应的改变。这种特定的影响具有非传统演化路径的潜能,如同许多药物和其他物质的效应那样,持续地进行隔代操作(Campbell & Perkins, 1988)。由于现在对可激起或抑制基因表达的外部感觉和内部神经事件有如此多的实验证据,已经将这种现象描述为"即刻早期基因表达"(如, Anokhin et al., 1991; Calamandrei & Keverne, 1994; Mack & Mack, 1992; Rustak et al., 1990)。

(通常)强调自下而上单向流动在发展心理学中还很突出,与之形成对照的是,在行为—环境的分析水平上,双向性早在 J. M. Baldwin(1906)的"循环反应", Vygotsky(van der

Veer & Valsiner, 1991)强调个人与其文化世界的同动,以及 William Stern(1938)的个性学或个体—客观世界关系,以及许多其他的更近的例子(Fischer, Bullock, Rotenberg, & Raya, 1993; Ford & Lerner, 1992)中就已经很明显地受到认可了。 248

近来比较双向影响在生物学、心理学和社会学的理论解释的认可情况,尽管心理学理论承认环境—行为水平上的垂直双向性,以及基因到神经水平上从微观到宏观的单向流动,社会学理论则主要看到环境—行为水平上的单向垂直影响,结果缺少个人对其社会和文化世界的影响(Shanahan, Valsiner, & Gottlieb, 1997)。Shanahan 等人总结说,尽管双向性的例子可以在不同学科中找到,但单向性思维仍然相当普遍。仅仅是最近生物学家才发现从宏观到微观的流动得到了实证的支持,而这种自上而下的影响尚未作为一个整体在生物学和心理学中扎下根来(对于发展心理病理学这个例外,见 Cicchetti & Tucker, 1994)。另一方面,社会学家尚未完全接受在行为—环境水平上的影响从微观到宏观的流动。

概然后成论

后成发展的可能本质植根于发生在复杂系统中的交互同动,如图 5.6 和图 5.8 所示。

自从 19 世纪摒弃了生物预成论而转而支持后成论,人们已经意识到发展是序列发生的,因此是一个自然发生的现象。随着 19 世纪晚期实验胚胎学的出现,人们已经普遍接受细胞和有机体发展是从基因到发展中的有机体的所有水平上同动的结果。随着逐渐意识到发展系统中的影响是完全双向的,而基因无论是在本身还是外部都不会产生已经最终(如成熟)的特质,后成论的预定概念已经从几乎所有的生物学和心理学观点中退居下来(参考 Scarr, 1993)。现在后成论被定义为有机体不断增加的复杂度:系统各部分之间的水平和垂直同动(包括有机体—环境同动)的结果,导致新的结构、功能特性以及能力的出现(Gottlieb, 1991)。正如本章在第一部分发展的心理生物学系统观所说的,发展的显现本质在等效性的概念中得到了很好的体现。

如 Shanahan 等人(1997)所总结的那样,概然后成论与 Baldwin(1906)对发展现象的理解是相一致的。发展现象的随机本质最终起源于任何给定水平上的反应范围。因此,对紧张的反应可能在水平之内即有许多变化;而考虑到对压力的反应的发生与行为模式有高度相关(如,它们都是组织化的),因此其在不同水平间的总体的模式上还存在变异性。London (1949)对"行为谱"的论证例示了对反应范围的关心。从这种观点来讲,尽管发展现象可以提示结果的类别,然而它们不能如此表征以暗示随后的衍生。这个观点由 Fischer 很好地表述出来;在其认知理论中,他采用了适应性共振理论的原理来解释个体发生上多种认知形式的产生(Fischer et al. ,1993)。

因此,概然后成论的标志——双向性和不确定性——越来越广泛地应用于发展心理学,即使它们在一些研究者中还不是主流观点。这些研究者包括那些未身处于我们当前对行为—环境关系进行概念化的历史中的心理理论学家,或是那些尚未抓住当前理解生物发展的实证性突破的人。

总结与结论

发展性思维开始于 19 世纪早期，与后成论对预成论概念的胜利处于同一时期。尽管在早期阶段仅仅是在描述水平上，但却导致人们逐渐意识到要理解任何表型的起源，有必要研究其在个体中的发展。19 世纪晚期，发展描述被实验胚胎学所超越，后者明确地论述了对发展结果的理论理解和解释。当 Hans Driesch 的实验使得有必要将胚胎细胞概念化为一个和谐一等势系统时，一个领域或者系统的观点也应运而生。20 世纪 30 年代，Ludwig von Bertalanffy 在机械—还原和生机—建构观中仔细地选择一条道路，并形成了对实验胚胎学的一个有机体系统观点，该观点后来被胚胎学家 Paul Weiss 和生理学取向的种群遗传学家 Sewall Wright* 所继承和发扬光大。目前，心理生物发展的系统观已经开始在发展心理学、发展神经生物学和行为遗传学中占据一定地位。因此，尽管仍存在一些不同意见者，一个心理生物学系统观在理解人类和非人类动物的心理发展时看起来是可行且有用的。

249

心理生物发展的系统观是指导理论和实验的一个有用的框架。那些从事非人类动物研究的研究者从中受益颇多，而这些研究者如 Ford 和 Lerner(1992)明确地倡导那些从事人类研究的发展心理学家也采用系统观点。如先前所说，相似的一些观点已经由心理生物取向的发展学家如 Cairns 等人(1990)、Edelman(1988)、Griffiths 和 Gray(1994)、Hinde(1990)、Johnston 和 Edwards(2002)、Magnusson 和 Törestad(1993)，以及 Oyama(1985)提出来了，这代表了对 Z.-Y. Kuo、T. C. Schneirla 和 D. S. Lehrman 的先驱们理论努力的一种了解和认可。由于发展的系统观点可以回溯到 19 世纪 90 年代 Hans Driesch 对其胚胎实验进行理论化概括的时候，我们不能称其为一个"范式的转换"，不过在发展心理学的领域中来说，它的确是一个相对新鲜的事物。

（苏彦捷译）

参考文献

Adams, M. D., Celniker, S. E., Holt, R. A., Evans, C. A., Gocayne, J. D., Amanatides, P. G., et al. (2000). The genome sequence of drosophila melanogaster. *Science*, *287*, 2185 - 2195.

Adolph, K. E., Eppler, M. A., & Gibson, E. J. (1993). Development of perception of affordances. In C. Rovee-Collier & L. P. Lipsitt (Eds.), *Advances in infancy research* (Vol. 8, pp. 51 - 58). Norwood, NJ: Ablex.

Alberts, J. R. (1984). Sensory-perceptual development in the Norway rat: A view toward comparative studies. In R. Kail & N. S. Spear (Eds.), *Comparative perspectives on memory development* (pp. 65 - 101). Hillsdale, NJ: Erlbaum.

Allen, G. E. (1985). Heredity under an embryological paradigm: The case of genetics and embryology. *Biological Bulletin*, *168*, 107 - 121.

Alonso, J. M., Stepanova, A. N., Leisse, T. J., Kim, C. J., Chen, H. M., Shinn, P., et al. (2003). Genome-wide insertional mutagenesis of arabidopsis thaliana. *Science*, *301*, 653 - 657.

Anni, H., & Israel, Y. (2002). Proteomics in alcohol research. *Alcohol Research and Health*, *26*, 219 - 232.

Anokhin, K. V., Milevsnic, R., Shamakina, I. Y., & Rose, S. (1991). Effects of early experience on c-fos gene expression in the chick forebrain. *Brain Research*, *544*, 101 - 107.

Aslin, R., & Smith, L., B. (1988). Perceptual development. *Annual Review of Psychology*, *39*, 435 - 473.

Bahrick, L. E. (1987). Infants' intermodal perception of two levels of temporal structure in natural events. *Infant Behavior and Development*, *10*, 387 - 416.

Bahrick, L. E. (2000). Increasing specificity in the development of intermodal perception. In D. Muir & A. Slater (Eds.), *Infant development: The essential readings* (pp. 90 - 120). Oxford, England: Blackwell.

Bahrick, L. E., & Lickliter, R. (2000). Intersensory redundancy guides attentional selectivity and perceptual learning in infancy. *Developmental Psychology*, *36*, 190 - 201.

Bahrick, L. E., & Lickliter, R. (2002). Intersensory redundancy guides early perceptual and cognitive development. In R. Kail (Ed.), *Advances in Child Development and Behavior* (Vol. 30, pp. 153 - 187). New York:

* 一些观察者注意到，随着分子生物学的出现，在生物学领域，系统的或有机体的思维已经让位于遗传决定论而居于次要地位了。

Academic Press.

Bahrick, L. E., Lickliter, R., & Flom, R. (2004). Intersensory redundancy guides infants' selective attention, perceptual and cognitive development. *Current Directions in Psychological Science*, *13*, 99 - 102.

Bahrick, L. E., & Pickens, J. (1994). Amodal relations: The basis for intermodal perception and learning in infancy. In D. J. Lewkowicz & R. Lickliter (Eds.), *The development of inter-sensory perception: Comparative perspectives* (pp. 205 - 234). Hillsdale, NJ: Erlbaum.

Baldwin, J. M. (1906). *Thought and things: A study of the development and meaning of thought, or genetic logic: Vol. 1. Functional logic or genetic theory of knowledge*. London: Swan Sonnenschein.

Banker, H., & Lickliter, R. (1993). Effects of early and delayed visual experience on intersensory development in bobwhite quail chicks. *Developmental Psychobiology*, *26*, 155 - 170.

Bateson, W. (1913). *Mendel's principles of heredity*. Cambridge, England: Cambridge University Press.

Beasley, A. B., & Crutchfield, F. L. (1969). Development of a mutant with abnormalities of the eye and extremities. *Anatomical Record*, *163*, 293.

Belknap, J. K., Hitzemann, R., Crabbe, J. C., Phillips, T. J., Buck, K. J., & Williams, R. W. (2001). QTL analysis and genomewide mutagenesis in mice: Complementary genetic approaches to the dissection of complex traits. *Behavior Genetics*, *31*, 5 - 15.

Bellugi, U., Wang, P. P., & Jernigan, T. L. (1994). Williams syndrome: An unusual neuropsychological profile. In S. H. Broman & J. Grafman (Eds.), *Atypical cognitive deficits in developmental disorders: Implications for brain functions* (pp. 23 - 56). Hillsdale, NJ: Erlbaum.

Bertelson, P., & de Gelder, B. (2004). The psychology of multimodal perception. In C. Spence & J. Driver (Eds.), *Crossmodal space and crossmodal attention*. Oxford, England: Oxford University Press.

Bertenthal, B. I., & Campos, J. J. (1990). A systems approach to the organizing effects of self-produced locomotion during infancy. *Advances in Infancy Research*, *6*, 51 - 98.

Biddle, F. G., & Eales, B. A. (1999). Mouse genetic model for leftright hand usage: Context, direction, norms of reaction, and memory. *Genome*, *42*, 1150 - 1166.

Birch, H., & Lefford, A. (1963). Intersensory development in children. *Monographs of the Society for Research in Child Development*, *28*(5, Serial No. 89).

Birch, H., & Lefford, A. (1967). Visual differentiation, intersensory integration, and voluntary motor control. *Monographs of the Society for Research in Child Development*, *32*(1/2, Serial No. 110).

Bjorklund, D. (1995). *Children's thinking: Developmental function and individual differences*. New York: Brooks/Cole.

Black, I. B. (1993). Environmental regulation of brain trophic interactions. *International Journal of Developmental Neuroscience*, *11*, 403 - 410.

Black, J. E., & Greenough, W. T. (1998). Developmental approaches to the memory process. In J. L. Martinez Jr. & R. P. Kesner (Eds.), *Neurobiology of learning and memory* (pp. 55 - 88). San Diego, CA: Academic Press.

Blair, C., & Wahlsten, D. (2002). Why early intervention works. *Intelligence*, *30*, 129 - 140.

Boklage, C. E. (1985). Interaction between opposite-sex dizygotic fetuses and the assumption of Weinberg difference method in epidemiology. *American Journal of Human Genetics*, *37*, 591 - 605.

Born, D. E., & Rubel, E. W. (1988). Afferent influences in brain stem auditory nuclei of the chicken: Presynaptic action potentials regulate protein synthesis in nucleus magnocellularis neurons. *Journal of Neuroscience*, *8*, 901 - 919.

Botuck, S., & Turkewitz, G. (1990). Intersensory functioning: Auditory-visual pattern equivalence in younger and older children. *Developmental Psychology*, *26*, 115 - 120.

Bouchard, T. J., Jr., & McGue, M. (2003). Genetic and environmental influences on human psychological differences. *Journal of Neurobiology*, *54*, 4 - 45.

Bradley, R. M., & Mistretta, C. A. (1975). Fetal sensory receptors. *Physiological Reviews*, *55*, 352 - 382.

Branchi, I., & Ricceri, L. (2002). Transgenic and knock-out mouse pups: The growing need for behavioral analysis. *Genes, Brain, and Behavior*, *1*, 135 - 141.

Bredy, T. W., Grant, R. J., Champagne, D. L., & Meaney, M. J. (2003). Maternal care influences neuronal survival in the hippocampus of the rat. *European Journal of Neuroscience*, *18*, 2903 - 2909.

Brenner, S. (2003). Humanity as the model system. *Science*, *302*, 533.

Brunswik, E. (1952). *The conceptual framework of psychology*. Chicago: University of Chicago Press.

Brunswik, E. (1956). *Perception and the representative design of experiments in psychology*. Berkeley: University of California Press.

Bull, J. J. (1983). *Evolution of sex determining mechanisms*. Menlo Park, CA: Benjamin/Cummings.

Bulman-Fleming, B., & Wahlsten, D. (1988). Effects of a hybrid maternal environment on brain growth and corpus callosum defects of inbred BALB/c mice: A study using ovarian grafting. *Experimental Neurology*, *99*, 636 - 646.

Bulman-Fleming, B., & Wahlsten, D. (1991). The effects of intrauterine position on the degree of corpus callosum deficiency in two substrains of BALB/c mice. *Developmental Psychobiology*, *24*, 395 - 412.

Burt. C. (1909). Experimental tests of general intelligence. *British Journal of Psychology*, *3*, 94 - 177.

Bushnell, E. W. (1982). Visual-tactual knowledge in 8 -, 9½ -, and 11 - month old infants. *Infant Behavior and Development*, *5*, 65 - 75.

Bushnell, E. W. (1994). A dual-processing approach to crossmodal matching: Implications for development. In D. J. Lewkowicz & R. Lickliter (Eds.), *The development of inter-sensory perception: Comparative perspectives* (pp. 19 - 38). Hillsdale, NJ: Erlbaum.

Bushnell, E. W., & Boudreau, J. P. (1993). Motor development in the mind: The potential role of motor abilities as a determinant of aspects of perceptual development. *Child Development*, *64*, 1005 - 1021.

Bushnell, E. W., Shaw, L., & Strauss, B. (1985). The relationship between visual and tactual exploration by 6-month-olds. *Developmental Psychology*, *21*, 591 - 600.

Busnel, M. C., Granier-Deferre, C., & Lecanuet, J. P. (1992). Fetal audition. *Annals of the New York Academy of Sciences*, *662*, 118 - 134.

Cairns, R. B., Gariépy, J.-L., & Hood, K. E. (1990). Development, microevolution, and social behavior. *Psychological Review*, *97*, 49 - 65.

Cairns, R. B., MacCombie, D. J., & Hood, K. E. (1983). A developmental-genetic analysis of aggressive behavior in mice: Pt. 1. 56 behavioral outcomes. *Journal of Comparative Psychology*, *97*, 69 - 89.

Calamandrei, G., & Keverne, E. B. (1994). Differential expression of Fos protein in the brain of female mice is dependent on pup sensory cues and maternal experience. *Behavioral Neuroscience*, *108*, 113 - 120.

Calvert, G., Spence, J., & Stein, B. E. (2004). *The handbook of multisensory processes*. Cambridge, MA: MIT Press.

Campbell, J. H., & Perkins, P. (1988). Transgenerational effects of drug and hormone treatments in mammals. *Progress in Brain Research*, *75*, 535 - 553.

Capron, C., & Duyme, M. (1989). Assessment of effects of socioeconomic status on IQ in a full cross-fostering study. *Nature*, *340*, 552 - 553.

Carlier, M., Nosten-Bertrand, M., & Mjchard-Vanhée, C. (1992). Separating genetic effects from maternal environmental effects. In D. Goldowitz, B. Wahlsten, & R. E. Wimer (Eds.), *Techniques for the genetic analysis of brain and behavior* (pp. 111 - 126). Amsterdam: Elsevier.

Carlier, M., Roubertoux, P., Kottler, M. L., & Degrele, H. (1989). Y chromosome and aggression in strains of laboratory mice. *Behavior Genetics*, *20*, 137 - 156.

Carlier, M., Roubertoux, P. L., & Pastoret, C. (1991). The Y chromosome effect on intermale aggression in mice depends on the maternal environment. *Genetics*, *129*, 231 - 236.

Caspi, A., Sugden, K., Moffitt, T. E., Taylor, A., Craig, I. W., Harrington, H., et al. (2002). Influence of life stress on depression: Moderation by a polymorphism in the 5 - HTT gene. *Science*, *301*, 386 - 389.

Changeux, J.-P., & Konishi, M. (Eds.). (1987). *The neural and molecular bases of learning*. Chichester, England: Wiley.

Cheng, M.-F. (1979). Progress and prospects in ring dove: A personal view. *Advances in the Study of Behavior*, *9*, 97 - 129.

Chesler, E. J., Wilson, S. G., Lariviere, W. R., Rodriguez-Zas, S. L., & Mogil, J. S. (2002). Influences of laboratory environment on behavior. *Nature Neuroscience*, *5*, 1101 - 1102.

Cicchetti, D. V., & Tucker, D. (1994). Development and selfregulatory structures of the mind. *Development and Psychopathology*, *6*, 533 - 549.

Clifton, R. K., Rochat, P., Robin, D. J., & Berthier, W. E. (1994). Multimodal perception in the control of infant reaching. *Journal of Experimental Psychology: Human Perception and Performance*, *20*, 876 - 886.

Collins, R. L. (1985). On the inheritance of direction and degree of asymmetry. In S. D. Glick (Ed.), *Cerebral lateralization in nonhuman species* (pp. 41 - 71). New York: Academic Press.

Columbus, R., & Lickliter, R. (1998). Modified sensory features of social stimulation alters the perceptual responsiveness of bobwhite quail chicks. *Journal of Comparative Psychology*, *112*, 161-169.

Crabbe, J. C. (2002). Genetic contributions to addiction. *Annual Review of Psychology*, *53*, 435-462.

Crabbe, J. C., Wahlsten, D., & Dudek, B. C. (1999). Genetics of mouse behavior: Interactions with laboratory environment. *Science*, *284*, 1670-1672.

Crusio, W. E. (2004). Flanking gene and genetic background problems in genetically manipulated mice. *Biological Psychiatry*, *56*, 381-385.

DeCasper, A. J., & Spence, M. J. (1986). Prenatal maternal speech influences newborns' perception of speech sounds. *Infant Behavior and Development*, *9*, 133-150.

Dent, C. H. (1990). An ecological approach to language development: An alternative to functionalism. *Developmental Psychobiology*, *23*, 679-703.

Detterman, D. K. (1990). Don't kill the ANOVA messenger for bearing bad interaction news. *Behavioral and Brain Sciences*, *13*, 131-132.

Devlin, B., Daniels, M., & Roeder, K. (1997). The heritability of IQ. *Nature*, *388*, 468-471.

DiBerardino, M. A. (1988). Genomic multipotentiality in differentiated somatic cells. In G. Eguchi, T. S. Okada, & L. Saxén (Eds.), *Regulatory mechanisms in developmental processes* (pp. 129-136). Ireland: Elsevier.

Dodart, J.-C., Mathis, C., Bales, K. R., & Paul, S. M. (2002). Does my mouse have Alzheimer's disease? *Genes, Brain, and Behavior*, *1*, 142-155.

Dodd, B. (1979). Lip reading in infants: Attention to speech presented in-and-out of synchrony. *Cognitive Psychology*, *11*, 478-484.

Driesch, H. (1929). *The science and philosophy of the organism*. London: A. & C. Black. (Original manuscript published 1908)

Edelman, G. (1987). *Neural Darwinism*. New York: Basic Books.

Edelman, G. (1988). *Topobiology*. New York: Basic Books.

Edelman, G. (1992). *Bright air, brilliant fire: On the matter of mind*. New York: Basic Books.

Edenberg, H. J., Dick, D. M., Xuei, X. L., Tian, H. J., Almasy, L., Bauer, I. O., et al. (2004). Variations in *GABRA2*, encoding the a 2 subunit of the $GABA_A$ receptor, are associated with alcohol dependence and with brain oscillations. *American Journal of Human Genetics*, *74*, 705-714.

Eilers, R., Oller, D. K., Levine, S., Basinger, O., Lynch, M., & Urbano, R. (1993). The role of prematurity and socioeconomic status in the onset of canonical babbling in infants. *Infant Behavior and Development*, *16*, 297-316.

Erlenmeyer-Kimling, L. (1972). Genotype-environment interactions and the variability of behavior. In L. Ehrman, G. S. Omenn, & E. Caspari (Eds.), *Genetics, environment and behavior* (pp. 181-208). New York: Academic Press.

Farber, S. L. (1981). *Identical twins reared apart. A reanalysis*. New York: Basic Books.

Ferguson, M. W. J., & Joanen, T. (1982). Temperature of egg incubation determines sex in alligator mississippiensis. *Nature*, *296*, 850-853.

Finch, C. E., & Kirkwood, T. B. L. (2000). *Chance, development, and aging*. New York: Oxford University Press.

Fischer, K. W. (1980). A theory of cognitive development: The control and construction of hierarchies of skill. *Psychological Review*, *87*, 477-531.

Fischer, K. W., Bullock, D. H., Rotenberg, E. J., & Raya, P. (1993). The dynamics of competence: How context contributes directly to skill. In R. H. Wozniak & K. W. Fischer (Eds.), *Development in context* (pp. 93-120). Hillsdale, NJ: Erlbaum.

Fishbein, H. D. (1976). *Evolution, development, and children's learning*. Pacific Palisades, CA: Goodyear.

Flint, J. (2003). Analysis of quantitative trait loci that influence animal behavior. *Journal of Neurobiology*, *54*, 46-77.

Fogel, A. (1993). *Developing through relationships: Origins of communication, self, and culture*. Chicago: University of Chicago Press.

Ford, D. H., & Lerner, R. M. (1992). *Developmental systems theory: An integrative approach*. Newbury Park, CA: Sage.

Foreman, N., & Altaha, M. (1991). The development of explorations and spontaneous alteration in hooded rat pups: Effects of unusually early eyelid opening. *Developmental Psychobiology*, *24*, 521-537.

Foushee, R., & Lickliter, R. (2002). Early visual experience affects postnatal auditory responsiveness in bobwhite quail. *Journal of Comparative Psychology*, *116*, 369-380.

Freeman, N. J. (1991). The physiology of perception. *Scientific American*, 78-85.

Friedes, D. (1974). Human information processing and sensory modality: Cross-modal functions, information complexity, memory, and deficit. *Psychological Bulletin*, *81*, 284-310.

Gardner, J. M., & Karmel, B. Z. (1984). Arousal effects on visual preferences in neonates. *Developmental Psychology*, *20*, 374-377.

Gardner, J. M., Lewkowicz, D. J., Karmel, B. Z., & Rose, S. A. (1986). Effects of visual and auditory stimulation on subsequent visual preferences in neonates. *International Journal of Behavioral Development*, *9*, 251-263.

Gariépy, J.-L. (1995). The making of a developmental science: Historical and contemporary trends in animal behavior research. *Annals of Child Development*, *11*, 167-224.

Gärtner, K. (1990). A third component causing random variability beside environment and genotype: A reason for the limited success of a 30-year-long effort to standardize laboratory animals? *Laboratory Animals*, *24*, 71-77.

Gerlai, R. (1996). Gene-targeting studies of mammalian behavior: Is it the mutation or the background genotype? *Trends in Neurosciences*, *19*, 177-181.

Giaever, G., Chn, A. M., Ni, L., Connelly, C., Riles, L., Veronneau, S., et al. (2002). Functional profiling of the saccharomyces cerevisiae genome. *Nature*, *418*, 387-391.

Gibson, E. J. (1969). *Principles of perceptual learning and development*. Englewood Cliffs, NJ: Prentice-Hall.

Gibson, E. J., & Pick, A. (2000). *The ecological approach to perceptual learning and development*. Oxford, England: Oxford University Press.

Gibson, J. J. (1966). *The senses considered as perceptual systems*. Boston: Houghton-Mifflin.

Gibson, J. J. (1979). *The ecological approach to visual perception*. Boston: Houghton-Mifflin.

Giot, L., Bader, J. S., Brouwer, C., Chaudhuri, A., Kuang, B., Li, Y., et al. (2003). A protein interaction map of drosophila melanogaster. *Science*, *302*, 1727-1736.

Goldin-Meadow, S. (1997). The resilience of language in humans. In C. T. Snowden & M. Hausberger (Eds.), *Social influences on vocal development* (pp. 243-311). New York: Cambridge University Press.

Gottlieb, G. (1970). Conceptions of prenatal behavior. In L. R. Aronson, E. Tobach, D. S. Lehrman, & J. S. Rosenblatt (Eds.), *Development and evolution of behavior* (pp. 111-137). San Francisco: Freeman.

Gottlieb, G. (1971a). *Development of species identification in birds: An inquiry into the prenatal determinants of perception*. Chicago: University of Chicago Press.

Gottlieb, G. (1971b). Ontogenesis of sensory function in birds and mammals. In E. Tobach, L. R. Aronson, & E. Shaw (Eds.), *The biopsychology of development* (pp. 67-128). New York: Academic Press.

Gottlieb, G. (1976). Conceptions of prenatal development: Behavioral embryology. *Psychological Review*, *83*, 215-234.

Gottlieb, G. (1991). Experiential canalization of behavioral development: Theory. *Developmental Psychology*, *27*, 4-13.

Gottlieb, G. (1992). *Individual development and evolution: The genesis of novel behavior*. New York: Oxford University Press.

Gottlieb, G. (1993). Social induction of malleability in ducklings: Sensory basis and psychological mechanism. *Animal Behaviour*, *45*, 707-719.

Gottlieb, G. (1995). Some conceptual deficiencies in "developmental" behavior genetics. *Human Development*, *38*, 131-141.

Gottlieb, G. (1996). A systems view of psychobiological development. In D. Magnusson (Ed.), *Individual development over the lifespan: Biological and psychosocial perspectives* (pp. 76-103). New York: Cambridge University Press.

Gottlieb, G (1997). *Synthesizing nature-nurture: Prenatal roots of instinctive behavior*. Mahwah, NJ: Erlbaum.

Gottlieb, G. (1998). Normally occurring environmental and behavioral influences on gene activity: From central dogma to probabilistic epigenesis. *Psychological Review*, *105*, 792-892.

Gottlieb, G., & Halpern, C. T. (2002). A relational view of causality in normal and abnormal development. *Development and Psychopathology*, *14*, 421-435.

Gottlieb, G., & Lickliter, R. (2004). The various roles of animal models in understanding human development. *Social Development*, *13*, 311-323.

Gottlieb, G., & Simner, M. L. (1969). Auditory versus visual flicker in directing the approach response of domestic chicks. *Journal of Comparative and Physiological Psychology*, *67*, 58-63.

Gottlieb, G., Tomlinson, W. T., & Radell, P. L. (1989).

Developmental intersensory interference: Premature visual experience suppresses auditory learning in ducklings. *Infant Behavior and Development*, *12*, 1 - 12.

Gottlieb, G., & Vandenbergh, J. (1968). Ontogeny of vocalization in duck and chick embryos. *Journal of Experimental Zoology*, *168*, 307 - 325.

Gould, S. J. (1977). *Ontogeny and phylogeny*. Cambridge, MA: Harvard University Press.

Greenough, W. T., Black, J. E., Klintsova, A., Bates, K. E., & Weiler, I. J. (1999). Experience and plasticity in brain structure: Possible implications of basic research findings for developmental disorders. In S. H. Broman & J. M. Fletcher (Eds.), *The changing nervous system* (pp. 51 - 70). New York: Oxford University Press.

Greenough, W. T., Cohen, N. J., & Juraska, J. M. (1999). New neurons in old brains: Learning to survive? *Nature Neuroscience*, *2*, 203 - 205.

Greenspan, R. J. (1997). A kinder, gentler genetic analysis of behavior: Dissection gives way to modulation. *Current Opinion in Neurobiology*, *7*, 805 - 811.

Greenspan, R. J. (2004). E pluribus unum, ex uno plura: Quantitative and single-gene perspectives on the study of behavior. *Annual Review of Neuroscience*, *27*, 79 - 105.

Griffiths, P. E., & Gray, R. D. (1994). Developmental systems and evolutionary explanation. *Journal of Philosophy*, *91*, 277 - 304.

Grun, P. (1976). *Cytoplasmic genetics and evolution*. New York: Columbia University Press.

Guo, S. W. (1999). The behaviors of some heritability estimators in the complete absence of genetic factors. *Human Heredity*, *49*, 215 - 228.

Haldane, J. B. S. (1938). *Heredity and politics*. London: Allen & Unwin.

Hamburger, V. (1957). The concept of "development" in biology. In D. H. Harris (Ed.), *The concept of development* (pp. 49 - 58). Minneapolis: University of Minnesota.

Hamburger, V. (1964). Ontogeny of behaviour and its structural basis. In D. Richter (Ed.), *Comparative neurochemistry* (pp. 21 - 34). Oxford, England: Pergamon Press.

Harris, W. A. (1981). Neural activity and development. *Annual Review of Physiology*, *43*, 689 - 710.

Heath, A. C., & Nelson, E. C. (2002). Effects of the interaction between genotype and environment. *Alcohol Research and Health*, *26*, 193 - 201.

Henfry, A., & Huxley, T. H. (1853). *Scientific memoirs, selected from the transactions of foreign academies of science, and from foreign journals: Natural history*. London: Taylor & Francis.

Henry, K. R., & Bowman, R. E. (1970). Behavior-genetic analysis of the ontogeny of acoustically primed audiogenic seizures in mice. *Journal of Comparative and Physiological Psychology*, *70*, 235 - 241.

Hinde, R. A. (1990). The interdependence of the behavioural sciences. *Philosophical Transactions of the Royal Society, London*, *B329*, 217 - 227.

His, W. (1888). On the principles of animal morphology. *Proceedings of the Royal Society of Edinburgh*, *15*, 287 - 298.

Ho, M.-W. (1984). Environment and heredity in development and evolution. In M.-W. Ho & P. T. Saunders (Eds.), *Beyond neo-Darwinism: An introduction to the new evolutionary paradigm* (pp. 267 - 289). San Diego, CA: Academic Press.

Hoffman, L. W. (1991). The influence of the family environment on personality: Accounting for sibling differences. *Psychological Bulletin*, *110*, 187 - 203.

Honeycutt, H., & Lickliter, R. (2003). The influence of prenatal tactile and vestibular stimulation on auditory and visual responsiveness in bobwhite quail: A matter of timing. *Developmental Psychobiology*, *43*, 71 - 81.

Hood, K. E., & Cairns, R. B. (1989). A developmental-genetic analysis of aggressive behavior in mice: Pt. 4. Genotype-environment interaction. *Aggressive Behavior*, *15*, 361 - 380.

International Human Genome Sequencing Consortium. (2004). Finishing the euchromatic sequence of the human genome. *Nature*, *431*, 931 - 945.

Jacobson, M. (1981). Rohon-Beard neurons arise from a substitute ancestral cell after removal of the cell from which they normally arise in the 16 - cell frog embryo. *Journal of Neuroscience*, *1*, 923 - 927.

Jacobson, M. (1991). *Developmental neurobiology* (3rd ed.). New York: Plenum Press.

Jessberger, S., & Kempermann, G. (2003). Adult-born hippocampal neurons mature into activity-dependent responsiveness. *European Journal of Neuroscience*, *18*, 2707 - 2712.

Johnston, T. D. (1988). Developmental explanation and the ontogeny of birdsong: Nature/nurture redux. *Behavioral and Brain Sciences*, *11*, 617 - 663.

Johnston, T. D., & Edwards, L. (2002). Genes, interactions, and the development of behavior. *Psychological Review*, *109*, 26 - 34.

Johnston, T. D., & Gottlieb, G. (1981). Development of visual species identification in ducklings: What is the role of imprinting? *Animal Behaviour*, *29*, 1082 - 1099.

Johnston, T. D., & Gottlieb, G. (1990). Neophenogenesis: A development theory of phenotypic evolution. *Journal of Theoretical Biology*, *147*, 471 - 495.

Julien, J.-P., Tretjakoff, I., Beaudet, L., & Peterson, A. (1987). Expression and assembly of a human neurofilament protein in transgenic mice provide a novel neuronal marking system. *Genes and Development*, *1*, 1085 - 1095.

Kasai, H., Matsuzaki, M., Noguchi, J., Yasumatsu, N., & Nakahara, H. (2003). Structure-stability-function relationships of dendritic spines. *Trends in Neurosciences*, *26*, 360 - 368.

Keller, E. F. (2000). *The century of the gene*. Cambridge, MA: Harvard University Press.

Kellman, P. J., & Arterberry, M. E. (1998). *The cradle of knowledge: Development of perception in infancy*. Cambridge, MA: MIT Press.

Kempermann, G., & Gage, F. H. (1999). New nerve cells for the adult brain. *Scientific American*, *280*, 48 - 53.

Kenny, P., & Turkewitz, G. (1986). Effects of unusually early visual stimulation on the development of homing behavior in the rat pup. *Developmental Psychobiology*, *19*, 57 - 66.

Kidd, K. K., Pakstis, A. J., Castiglione, C. M., Kidd, J. R., Speed, W. C., Goldman, D., et al. (1996). DRD2 halotypes containing the TaqI A1 allele: Implications for alcoholism research. *Alcoholism: Clinical and Experimental Research*, *20*, 697 - 705.

Kim, S. K., Lund, J., Kiraly, M., Duke, K., Jiang, M., Stuart, J. M., et al. (2001). A gene expression map for caenorhabditis elegans. *Science*, *293*, 2087 - 2092.

King, A. J., Hutchings, M. E., Moore, D. R., & Blackmore, C. (1988). Developmental plasticity in the visual and auditory representations in the mammalian superior colliculus. *Nature*, *332*, 73 - 76.

Knudsen, E. I. (1983). Early auditory experience aligns the auditory map of space in the optic tectum of the barn owl. *Science*, *222*, 939 - 942.

Knudsen, E. I. (1985). Experience alters the spatial tuning of auditory units in the optic tectum during a sensitive period in the barn owl. *Journal of Neuroscience*, *5*, 3094 - 3109.

Knudsen, E. I., & Brainard, M. S. (1991). Visual instruction of the neural map of auditory space in the developing optic tectum. *Science*, *253*, 85 - 87.

Knudsen, E. I., & Knudsen, P. F. (1989). Vision calibrates sound localization in developing barn owls. *Journal of Neuroscience*, *9*, 3306 - 3313.

Kovach, J. K., & Wilson, G. (1988). Genetics of color preferences in quail chicks: Major genes and variable buffering by background genotype. *Behavior Genetics*, *18*, 645 - 661.

Kubovy, M. (1988). Should we resist the seductiveness of the spacetime-vision-auditory analogy? *Journal of Experimental Psychology: Human Perception and Performance*, *14*, 318 - 320.

Kuhl, P. K., & Meltzoff, A. N. (1984). The intermodal representation of speech in infants. *Infant Behavior and Development*, *7*, 361 - 381.

Kuhn, D. (1995). Microgenetic study of change: What has it told us? *Psychological Science*, *3*, 133 - 139.

Kuo, Z.-Y. (1967). *The dynamics of behavior development*. New York: Random House.

Kuo. Z.-Y. (1976). *The dynamics of behavior development* (Enlarged ed.). New York: Plenum Press.

Layton, W. M., Jr. (1976). Random determination of a developmental process: Reversal of normal visceral asymmetry in the mouse. *Journal of Heredity*, *67*, 336 - 338.

Lee, S. M., & Bressler, R. (1981). Prevention of diabetic nephropathy by diet control in the *db/db* mouse. *Diabetes*, *30*, 106 - 111.

Lee, T. I., Rinaldi, N. J., Robert, F., Odom, D. T., Bar-Joseph, Z., Gerber, G. K., et al. (2002). Transcriptional regulatory networks in saccharomyces cerevisiae. *Science*, *298*, 799 - 804.

Lehrman, D. S. (1970). Semantic and conceptual issues in the naturenurture problem. In L. R. Aronson, D. S. Lehrman, E. Tobach, & J. S. Rosenblatt (Eds.). *Development and evolution of behavior* (pp. 17 - 52). San Francisco: Freeman.

Lerner, R. M. (1988). Personality development: A life-span perspective. In E. M. Hetherington, R. M. Lerner, & M. Perlmutter

(Eds.), *Child development in life-span perspective* (pp. 21 - 46). Hillsdale, NJ: Erlbaum.

Lerner, R. M. (1992). *Final solutions: Biology, prejudice, and genocide*. University Park: Pennsylvania State University Press.

Lerner, R. M. (1995). The limits of biological influence: Behavioral genetics as the emperor's new clothes. *Psychological Inquiry*, *6*, 145 - 156.

Lewis, M. D., & Granic, I. (2000). *Emotion, development, and selforganization: Dynamic systems approaches to emotional development*. New York: Cambridge University Press.

Lewkowicz, D. J. (1985). Developmental changes in infants' response to temporal frequency. *Developmental Psychology*, *21*, 850 - 865.

Lewkowicz, D. J. (1986). Developmental changes in infants' bisensory response to synchronous durations. *Infant Behavior and Development*, *9*, 335 - 353.

Lewkowicz, D. J. (1988). Sensory dominance in infants: Pt. 1. Sixmonth-old infants' response to auditory-visual compounds. *Developmental Psychology*, *24*, 155 - 171.

Lewkowicz, D. J. (2000). The development of intersensory temporal perception: An epigenetic systems/limitations view. *Psychological Bulletin*, *126*, 281 - 308.

Lewkowicz, D. J. (2002). Heterogeneity and heterochrony in the development of intersensory perception. *Cognitive Brain Research*, *14*, 41 - 63.

Lewkowicz, D. J., & Lickliter, R. (Eds.). (1994). *The development of intersensory perception: Comparative perspectives*. Hillsdale, NJ: Erlbaum.

Lewkowicz, D. J., & Turkewitz, G. (1980). Cross-modal equivalence in early infancy: Auditory-visual intensity matching. *Developmental Psychology*, *16*, 597 - 607.

Lewkowicz, D. J., & Turkewitz, G. (1981). Intersensory interaction in newborns: Modification of visual preferences following exposure to sound. *Child Development*, *52*, 827 - 832.

Lewontin, R. C. (1991). *Biology as ideology*. Concord, Ontario, Canada: House of Anansi Press.

Lickliter, R. (1990). Premature visual stimulation accelerates intersensory functioning in bobwhite quail neonates. *Developmental Psychobiology*, *23*, 15 - 27.

Lickliter, R. (1993). Timing and the development of perinatal perceptual organization. In G. Turkewitz & D. A. Devenny (Eds.), *Developmental time and timing* (pp. 105 - 124). Hillsdale, NJ: Erlbaum.

Lickliter, R. (1994). Prenatal visual experience alters postnatal sensory dominance hierarchy in bobwhite quail chicks. *Infant Behavior and Development*, *17*, 185 - 193.

Lickliter, R. (1995). Embryonic sensory experience and inter-sensory development in precocial birds. In J. P. Lecanuet, W. P. Fifer, N. A. Krasnegor, & W. P. Smotherman (Eds.), *Fetal development: A psychobiological perspective* (pp. 281 - 294). Hillsdale, NJ: Erlbaum.

Lickliter, R. (2000a). Atypical perinatal sensory stimulation and early perceptual development: Insights from developmental psychobiology. *Journal of Perinatology*, *20*, 45 - 54.

Lickliter, R. (2000b). Kuo's epigenetic vision for psychological sciences: Dynamic developmental systems theory. *From past to future: Clark University Papers on the History of Psychology*, *2*, 39 - 51.

Lickliter, R., & Bahrick, L. E. (2000). The development of infant intersensory perception: Advantages of a comparative covergentoperations approach. *Psychological Bulletin*, *126*, 260 - 280.

Lickliter, R., & Berry, T. D. (1990). The phylogeny fallacy: Developmental psychology's misapplication of evolutionary theory. *Developmental Review*, *10*, 322 - 338.

Lickliter, R., Dyer, A. B., & McBride, T. (1993). Perceptual consequences of early social interaction in precocial birds. *Behavioural Processes*, *30*, 185 - 200.

Lickliter, R., & Gottlieb, G. (1985). Social interaction with siblings is necessary for visual imprinting of species-specific maternal preferences in ducklings (anas platyrhynchos). *Journal of Comparative Psychology*, *99*, 371 - 379.

Lickliter, R., & Gottlieb, G. (1988). Social specificity: Interaction with own species is necessary to foster species-specific maternal preference in ducklings. *Developmental Psychobiology*, *21*, 311 - 321.

Lickliter, R., & Lewkowicz, D. J. (1995). Intersensory experience and early perceptual development: Attenuated prenatal sensory stimulation affects postnatal auditory and visual responsiveness in bobwhite quail chicks. *Developmental Psychology*, *31*, 609 - 618.

London, I. D. (1949). The concept of the behavioral spectrum. *Journal of Genetic Psychology*, *24*, 177 - 184.

Lorenz, K. (1965). *Evolution and modification of behavior*. Chicago: University of Chigaco Press.

Lorenz, K. Z. (1981). *The foundations of ethology*. New York: Simon & Schuster.

Lumsden, C. J., & Wilson, E. O. (1980). Translation of epigenetic rules of individual behavior into ethnographic patterns. *Proceeding of the National Academy of Sciences, USA*, *77*, 4382 - 4386.

Lupski, J. R., Garcia, C. A., Zoghbi, H. Y., Hoffman, E. P., & Fenwick, R. G. (1991). Discordance of muscular dystrophy in monozygotic female twins: Evidence supporting asymmetric splitting of the inner cell mass in a manifesting carrier of duchenne dystrophy. *American Journal of Medical Genetics*, *40*, 354 - 364.

Mack, K. J., & Mack, P. A. (1992). Induction of transcription factors in somatosensory cortex after tactile stimulation. *Molecular Brain Research*, *12*, 141 - 147.

Magnusson, D., & Törestad, B. (1993). A holistic view of personality: A model revisited. *Annual Review of Psychology*, *44*, 427 - 452.

Mangold, O., & Seidel, F. (1927). Homoplastische und heteroplastische Verschmelzung ganzer Tritonkeime. *Roux's Archiv für Entwicklungsmechanik der Organismen*, *111*, 593 - 665.

Marks, L. E. (1978). *The unity of the senses: Interrelations among the modalities*. New York: Academic Press.

Marshall, E. (2004). Getting the noise out of gene arrays. *Science*, *306*, 630 - 631.

Mauro, V. P., Wood, I. C., Krushel, L., Crossin, K. L., & Edelman, G. M. (1994). Cell adhesion alters gene transcription in chicken embryo brain cells and mouse embryonal carcinoma ceils. *Proceedings of the National Academy of Sciences, USA*, *91*, 2868 - 2872.

McBride, T., & Lickliter, R. (1993). Visual experience with siblings fosters species-specific responsiveness to maternal visual cues in bobwhite quail chicks. *Journal of Comparative Psychology*, *107*, 310 - 327.

McGue, M. (1989). Nature-nurture and intelligence. *Nature*, *340*, 507 - 508.

McKinney, M. L., & McNamara, K. J. (1991). *Heterochrony: The evolution of ontogeny*. New York: Plenum Press.

Mellon, R., Kraemer, P., & Spear, N. (1991). Development of intersensory function: Age related differences in stimulus selection of multimodal compounds in rats as revealed by Pavlovian conditioning. *Journal of Experimental Psychology: Animal Behavior Processes*, *17*, 448 - 464.

Meltzoff, A. N. (1990). Towards a developmental cognitive science: The implications of cross-modal matching and imitation for the development and representation and memory in infancy. In A. Diamond (Ed.), The development and neural bases of higher cognitive functions. *Annals of the New York Academy of Sciences*, *608*, 1 - 31.

Mendelson, M. J., & Ferland, M. B. (1982). Auditory-visual transfer in 4-month-old infants. *Child Development*, *53*, 1022 - 1027.

Miller, D. B., Hicinbothom, G., & Blaich, C. F. (1990). Alarm call responsivity of mallard ducklings: Multiple pathways in behavioural development. *Animal Behaviour*, *39*, 1207 - 1212.

Moldin, S. O., Farmer, M. E., Chin, H. R., & Battey, J. F., Jr. (2001). Trans-NIH neuroscience initiatives on mouse phenotyping and mutagenesis. *Mammalian Genome*, *12*, 575 - 581.

Moody, S. A. (1987). Fates of the blastomeres of the 16 - cell stage Xenopus embryo. *Developmental Biology*, *119*, 560 - 578.

Moore, D. S. (2001). *The dependent gene: The fallacy of "nature versus nurture."* New York: Henry Holt.

Mouse Genome Sequencing Consortium. (2002). Initial sequencing and comparative analysis of the mouse genome. *Nature*, *420*, 520 - 562.

Muir, J. (1967). My first summer in the Sierra. In D. Brower (Ed.), *Gentle wilderness: The Sierra Nevada*. San Francisco: Sierra Club. (Original manuscript published 1911)

Müller, U. (1999). Ten years of gene targeting: Targeted mouse mutants, from vector design to phenotype analysis. *Mechanisms of Development*, *82*, 3 - 21.

Nadeau, J. H., & Frankel, W. N. (2000). The road from phenotypic variation to gene discovery: Mutagenesis versus QTLs. *Nature Genetics*, *25*, 381 - 384.

Nijhout, H. F. (2003). The importance of context in genetics. *American Scientist*, *91*, 416 - 423.

Nisenbaum, L. K. (2002). The ultimate chip shot: Can microarray technology deliver for neuroscience? *Genes, Brain, and Behavior*, *1*, 27 - 34.

Noel, M. (1989). Early development in mice: Pt. 5. Sensorimotor development of four coisogenic mutant strains. *Physiology and Behavior*, *45*, 21 - 26.

O'Rahilly, R., & Müller, F. (1987). *Developmental stages in human embryos*. Washington, DC: Carnegie Institute.

Oyama, S. (1985). *The ontogeny of information: Developmental systems and evolution*. Cambridge, England: Cambridge University Press.

Ozaki, H. S., & Wahlsten, D. (1993). Cortical axon trajectories and growth cone morphologies in fetuses of acallosal mouse strains. *Journal of Comparative Neurology*, *336*, 595 - 604.

Parker, S. T., & Gibson, K. R. (1979). A developmental model for the evolution of language and intelligence in early hominids. *Behavioral and Brain Sciences*, *2*, 367 - 408.

Pennisi, E. (2003). Gene counters struggle to get the right answer. *Science*, *301*, 1040 - 1041.

Phillips, R. J. (1960). "Lurcher," a new gene in linkage group XI of the house mouse. *Journal of Genetics*, *57*, 35 - 42.

Phillips, T. J., Belknap, J. K., Hitzemann, R. J., Buck, K. J., Cunningham, C. L., & Crabbe, J. C. (2002). Harnessing the mouse to unravel the genetics of human disease. *Genes, Brain, and Behavior*, *1*, 14 - 26.

Piaget, J. (1952). *The origins of intelligence*. New York: Norton.

Platt, S. A., & Sanislow, C. A. (1988). Norm-of-reaction: Definition and misinterpretation of animal research. *Journal of Comparative Psychology*, *102*, 254 - 261.

Plomin, R. (1986). *Development, genetics and psychology*. Hillsdale, NJ: Erlbaum.

Purves, D. (1994). *Neural activity and the growth of the brain*. New York: Cambridge University Press.

Radell, P. L., & Gottlieb, G. (1992). Developmental intersensory interference: Augmented prenatal sensory experience interferes with auditory learning in duck embryos. *Developmental Psychology*, *28*, 795 - 803.

Rampon, C., Jiang, C. H., Dong, H., Tang, Y.-P., Lockhart, D. J., Schultz, P. G., et al. (2000). Effects of environmental enrichment on gene expression in the brain. *Proceedings of the National Academy of Sciences, USA*, *97*, 12880 - 12884.

Rampon, C., & Tsien, J. Z. (2000). Genetic analysis of learning behavior-induced structural plasticity. *Hippocampus*, *10*, 605 - 609.

Reynolds, G., & Lickliter, R. (2004). Modified prenatal sensory stimulation influences postnatal behavioral and perceptual responsiveness in bobwhite quail chicks. *Journal of Comparative Psychology*, *118*, 172 - 178.

Richardson, K. (1998). *The origins of human potential: Evolution, development, and psychology*. London: Routledge.

Rochat, P., & Senders, S. J. (1991). Active touch in infancy: Action systems in development. In M. J. Weiss & P. R. Zelazo (Eds.), *Infant attention: Biological constraints and the influence of experience* (pp. 412 - 442). Norwood, NJ: Ablex.

Ronca, A. E., Lamkin, C. A., & Alberts, J. A. (1993). Maternal contributions to sensory experience in the fetal and newborn rat. *Journal of Comparative Psychology*, *107*, 1 - 14.

Rose, S. (1994). From hand to eye: Findings and issues in infant cross-modal transfer. In D. J. Lewkowicz & R. Lickliter (Eds.), *The development of intersensory perception: Comparative perspectives* (pp. 265 - 284). Hillsdale, NJ: Erlbaum.

Rose, S. (1998). *Lifelines: Biology beyond determinism*. Oxford, England: Oxford University Press.

Rose, S. A., & Ruff, H. A. (1987). Cross-modal abilities in human infants. In J. D. Osofsky (Ed.), *Handbook of infant development* (pp. 318 - 362). New York: Wiley.

Rosen, K. M., McCormack, M. A., Villa-Komaroff, L., & Mower, G. D. (1992). Brief visual experience induces immediate early gene expression in the cat visual cortex. *Proceedings of the National Academy of Sciences, USA*, *89*, 5437 - 5441.

Roubertoux, P. L., Nosten-Bertrand, M., & Carlier, M. (1990). Additive and interactive effects of genotype and maternal environment. *Advances in the Study of Behavior*, *19*, 205 - 247.

Roubertoux, P. L., Sluyter, F, Carlier, M., Marcet, B., Maarouf-Veray, F, Cherif, C., et al. (2003). Mitochondrial DNA modifies cognition in interaction with the nuclear genome and age in mice. *Nature Genetics*, *35*, 65 - 69.

Roux, W. (1974). Contributions to the developmental mechanics of the embryo. In B. H. Willier & J. M. Oppenheimer (Eds.), *Foundations of experimental embryology* (pp. 2 - 37). New York: Hafner. (Original manuscript published 1888 in German)

Russell, E. S. (1985). A history of mouse genetics. *Annual Review of Genetics*, *19*, 1 - 28.

Rustak, B., Robertson, H. A., Wisden, W., & Hunt, S. P. (1990). Light pulses that shift rhythms induce gene expression in the suprachiasmatic nucleus. *Science*, *248*, 1237 - 1240.

Saint-Hilaire, E. G. (1825). Sur les deviations organiques provoquées et observées dans un éstablissement des incubations artificielles. *Mémoires: Museum National d'Histoire Naturelle (Paris)*, *13*, 289 - 296.

Salthe, S. N. (1993). *Development and evolution: Complexity and change in biology*. Cambridge, MA: MIT Press.

Sarkar, S. (1999). From the reaktionsnorm to the adaptive norm: The norm of reaction, 1909 - 1960. *Biology and Philosophy*, *14*, 235 - 252.

Scarr, S. (1992). Developmental theories for the 1990s: Development and individual differences. *Child Development*, *63*, 1 - 19.

Scarr, S. (1993). Biological and cultural diversity: The legacy of Darwin for development. *Child Development*, *64*, 1333 - 1353.

Scarr, S., & McCartney, K. (1983). How people make their own environments: A theory of genotype-environment effects. *Child Development*, *54*, 424 - 435.

Scarr-Salapatek, S. (1976). Genetic determinants of infant development: An overstated case. In L. Lipsitt (Ed.), *Developmental psychobiology: The significance of the infant* (pp. 59 - 79). Hillsdale, NJ: Erlbaum.

Schiff, M., Duyme, M., Durnaret, A., & Tomkiewicz, S. (1982). How much could we boost scholastic achievement and IQ scores? A direct answer from a French adoption study. *Cognitiori*, *12*, 165 - 196.

Schneirla, T. C. (1956). Interrelationships of the "innate" and the "acquired" in instinctive behavior. In P.-R. Grassé (Ed.), *L'Instinct dans le comportement des animaux de l'homme* (pp. 387 - 452). Paris: Masson.

Schneirla, T. C. (1957). The concept of development in comparative psychology. In D. B. Harris (Ed.), *The concept of development* (pp. 78 - 108). Minneapolis: University of Minnesota Press.

Schneirla, T. C. (1959). An evolutionary and developmental theory of biphasic processes underlying approach/withdrawal. In M. Jones (Ed.), *Nebraska Symposium on Motivation* (Vol. 7, pp. 1 - 42). Lincoln: University of Nebraska Press.

Schneirla, T. C. (1960). Instinctive behavior, maturation-experience and development. In B. Kaplan & S. Wapner (Eds.), *Perspectives in psychological theory-essays in honor of Heinz Werner* (pp. 303 - 334). New York: International Universities Press.

Schneirla, T. C. (1965). Aspects of stimulation and organization in approach/withdrawal processes underlying vertebrate behavioral development. In D. S. Lehrman, R. Hinde, & E. Shaw (Eds.), *Advances in the study of behavior* (Vol. 1, pp. 2 - 74). New York: Academic Press.

Scriver, C. R., & Waters, P. J. (1999). Monogenic traits are not simple: Lessons from phenylketonuria. *Trends in Genetics*, *15*, 267 - 272.

Shanahan, M. J., Valsiner, J., & Gottlieb, G. (1997). Developmental concepts across disciplines. In J. Tudge, M. J. Shanahan, & J. Valsiner (Eds.), *Comparative approaches to developmental science* (pp. 34 - 71). New York: Cambridge University Press.

Shatz, C. (1994). Role for spontaneous neural activity in the patterning of connections between retina and LGN during visual system development. *International Journal of Developmental Neuroscience*, *12*, 531 - 546.

Shillito, E. (1975). A comparison of the role of vision and hearing in lambs finding their own dams. *Applied Animal Ethology*, *1*, 369 - 377.

Smith, L. B., & Katz, B. B. (1996). Activity-dependent processes in perceptual and cognitive development. In R. Gelman & T. K.-F. Au (Eds.), *Handbook of perception and cognition* (2nd ed., pp. 413 - 445). San Diego, CA: Academic Press.

Sokolowski, M. B. (2001). Drosophila: Genetics meets behaviour. *Nature Reviews Genetics*, *2*, 879 - 890.

Sokolowski, M. B., & Wahlsten, D. (2001). Gene-environment interaction and complex behavior. In H. R. Chin & S. O. Moldin (Eds.), *Methods in genomic neuroscience* (pp. 3 - 27). Boca Raton, FL: CRC Press.

Soto-Faraco, S., Spence, C., Lloyd, D., & Kingstone, A. (2004). Moving multisensory research along: Motion perception across sensory modalities. *Current Directions in Psychological Science*, *13*, 29 - 32.

Spear, N. E., Kraemer, P. J., Molina, J. C., & Smoller, D. (1988). Developmental change in learning and memory: Infantile disposition for "unitization." In J. Delacour & J. C. Levy (Eds.), *Systems with learning and memory abilities* (pp. 27 - 52). Amsterdam: Elsevier/North-Holland.

Spear, N. E., & Molina, J. C. (1987). The role of sensory modality in the ontogeny of stimulus selection. In E. M. Blass, M. A. Hofer, & W. M. Srnotherman (Eds.), *Perinatal development: A psychobiological perspective* (pp. 85 - 110). Orlando, FL: Academic Press.

Spearman, C. (1904). "General intelligence," objectively determined and measured. *American Journal of Psychology*, *15*, 201 - 293.

Spelke, E. S. (1979). Perceiving bimodally specified events in infancy. *Developmental Psychology*, *15*, 626 - 636.

Spelke, E. S. (1981). The infant's acquisition of knowledge of bimodally specified events. *Journal of Experimental Child Psychology*, *31*, 279 - 299.

Sperry, R. W. (1951). Mechanisms of neural maturation. In S. S. Stevens (Ed.), *Handbook of experimental psychology* (pp. 236 - 280). New York: Wiley.

Sperry, R. W. (1971). How a developing brain gets itself properly wired for adaptive function. In E. Tobach, L. R. Aronson, & E. Shaw (Eds.), *The biopsychology of development* (pp. 28 - 34). New York: Academic Press.

Spudich, J. L., & Koshland, D. E., Jr. (1976). Nongenetic individuality: Chance in the single cell. *Nature*, *262*, 467 - 471.

Stein, B. E., & Meredith, M. A. (1990). Multisensory integration: Neural and behavioral solutions for dealing with stimuli from different sensory modalities. *Annals of the New York Academy of Sciences*, *608*, 51 - 70.

Stein, B. E., & Meredith, M. A. (1993). *The merging of the senses*. Cambridge, MA: MIT Press.

Stein, B. E., Meredith, M. A., Huneycutt, W. S., & McDade, L. (1989). Behavioral indices of multisensory integration: Orientation to visual cues is affected by auditory stimuli. *Journal of Cognitive Neuroscience*, *1*, 12 - 24.

Stent, G. S. (1981). Strength and weakness of the genetic approach to the development of the nervous system. *Annual Review of Neuroscience*, *4*, 163 - 194.

Stern, W. (1938). *General psychology from the personalistic standpoint*. New York: Macmillan.

Storch, K.-F., Lipan, O., Leykin, I., Viswanathan, N., Davis, F. C., Wong, W. H., et al. (2002). Extensive and divergent circadian gene expression in liver and heart. *Nature*, *417*, 78 - 83.

Streri, A., & Molina, M. (1994). Constraints on intermodal transfer between touch and vision in infancy. In B. J. Lewkowicz & R. Lickliter (Eds.), *The development of intersensory perception: Comparative perspectives* (pp. 285 - 308). Hillsdale, NJ: Erlbaum.

Strohman, R. C. (1997). The coming Kuhnian revolution in biology. *Nature Biotechnology*, *15*, 194 - 200.

Surwit, R. S., Kuhn, C. M., Cochrane, C., McCubbin, J. A., & Feinglos, M. N. (1988). Diet-induced type Ⅱ diabetes in C57BL/6J mice. *Diabetes*, *37*, 1163 - 1167.

Symons, L. A., & Tees, R. L. (1990). An examination of the intramodal and intermodal behavioral consequences of long-term vibrissae removal in the rat. *Developmental Psychobiology*, *23*, 849 - 867.

Tanner, L. (2004). Flu during pregnancy linked to schizophrenia in kids. *Globe and Mail*, p. A13.

Taylor, H. F. (1980). *The IQ game: A methodological inquiry into the heredity-environment controversy*. New Brunswick, NJ: Rutgers University Press.

Tecott, L. H. (2003). The genes and brains of mice and men. *American Journal of Psychiatry*, *160*, 646 - 656.

Tees, R. C., & Symons, L. A. (1987). Intersensory coordination and the effects of early sensory deprivation. *Developmental Psychobiology*, *20*, 497 - 508.

Tees, R. L. (1994). Early stimulation history, the cortex, and intersensory functioning in infrahumans: Space and time. In D. J. Lewkowicz & R. Lickliter (Eds.), *The development of intersensory perception: Comparative perspectives* (pp. 107 - 132). Hillsdale, NJ: Erlbaum.

Tees, R. L., & Buhrmann, K. (1989). Parallel perceptual/cognitive functions in humans and rats: Space and time. *Canadian Journal of Psychology*, *43*, 266 - 285.

Thelen, E., Schöener, G., Scheier, C., & Smith, L. B. (2001). The dynamics of embodiment: A field theory of infant perserverative reaching. *Behavioral and Brain Sciences*, *24*, 1 - 86.

Thelen, E., & Smith, L. B. (1994). *A dynamic systems approach to the development of cognition and action*. Cambridge, MA: MIT Press.

Thelen, E., & Ulrich, B. O. (1991). Hidden skills: A dynamic systems analysis of treadmill stepping during the first year. *Monographs of the Society for Research in Child Development*, *56* (Serial No. 223).

Thomas, S. A., & Palmiter, R. D. (1997). Disruption of the dopamine-ß-hydroxylase gene in mice suggests roles for norepinephrine in motor function, learning, and memory. *Behavioral Neuroscience*, *111*, 579 - 589.

Tiret, L., Abel, L., & Rakotovao, R. (1993). Effect of ignoring genotype-environment interaction on segregation analysis of quantitative traits. *Genetic Epidemiology*, *10*, 581 - 586.

Tolman, E. C. (1932). *Purposive behavior in animals and man*. New York: Century.

Turkewitz, G. (1994). Sources of order for intersensory functioning. In D. J. Lewkowicz & R. Lickliter (Eds.), *The development of intersensory perception: Comparative perspectives* (pp. 3 - 18). Hillsdale. NJ: Erlbaum.

Turkewitz, G., & Kenny, P. (1982). Limitations on input as a basis for neural organization and perceptual development: A preliminary theoretical statement. *Developmental Psychobiology*, *15*, 357 - 368.

Turkewitz, G., & Mellon, R. C. (1989). Dynamic organization of intersensory function. *Canadian Journal of Psychology*, *43*, 286 - 307.

van der Veer, R., & Valsiner, J. (1991). *Understanding Vygotsky: A quest for synthesis*. Oxford, England: Blackwell.

van der Weele, C. (1995). *Images of development: Environmental causes in ontogeny*. Veije University, Amsterdam, The Netherlands.

Varela, F. J., Thompson, E., & Rosch, E. (1991). *The embodied mind: Cognitive science and human experience*. Cambridge, MA: MIT Press.

von Baer, K. E. (1828). *Uber entwickelungsgeschichte der thiere: Pt. 1. Beobachtung and Reflexion*. Konigsberg, Germany: Borntrager.

von Bertalanffy, L. (1950). *A systems view of man*. Boulder, CO: Western Press.

von Bertalanffy, L. (1962). *Modern theories of development: An introduction to theoretical biology*. New York: Harper. (Original work published 1933 in German).

Wachs, T. D. (1992). *The nature of nurture*. Newbury Park: Sage.

Waddington, C. H. (1957). *The strategy of the genes*. London: Allen & Unwin.

Wahlsten, D. (1979). A critique of the concepts of heritability and heredity in behavioral genetics. In J. R. Royce & L. Mos (Eds.), *Theoretical advances in behavior genetics* (pp. 425 - 470). Germantown, MD: Sijthoff & Noordhoff.

Wahlsten, D. (1982). Mice in utero while their mother is lactating suffer increased frequency of absent corpus callosum. *Developmental Brain Research*, *5*, 354 - 357.

Wahlsten, D. (1983). Maternal effects on mouse brain weight. *Developmental Brain Research*, *9*, 215 - 221.

Wahlsten, D. (1989). Deficiency of the corpus callosum: Incomplete penetrance and substrain differentiation in BALB/c mice. *Journal of Neurogenetics*, *5*, 61 - 76.

Wahlsten, D. (1990). Insensitivity of the analysis of variance to heredity-environment interaction. *Behavioral and Brain Sciences*, *13*, 109 - 161.

Wahlsten, D. (1991). Sample size to detect a planned contrast and a one degree-of-freedom interaction effect. *Psychological Bulletin*, *110*, 587 - 595.

Wahlsten, D. (1994). The intelligence of heritability. *Canadian Psychology*, *35*, 244 - 260.

Wahlsten, D. (1999a). Experimental design and statistical inference. In W. E. Crusio & R. T. Gerlai (Eds.), *Handbook of moleculargenetic techniques for behavioral neuroscience* (pp. 40 - 57). Amsterdam: Elsevier.

Wahlsten, D. (1999b). Single-gene influences on brain and behavior. *Annual Review of Psychology*, *50*, 599 - 624.

Wahlsten, D., Bishop, K. M., & Ozaki, H. (in press). Recombinant inbreeding in mice reveals thresholds in embryonic corpus callosum development. *Brain and Behavior*.

Wahlsten, D., Metten, P., & Crabbe, J. C. (2003). Survey of 21 inbred mouse strains in two laboratories reveals that BTBR T/+ *tf/tf* has severely reduced hippocampal commissure and absent corpus callosum. *Brain Research*, *971*, 47 - 54.

Wahlsten, D., Metten, P., Phillips, T. J., Boehm, S. L., II, Burkhart-Kasch, S., Dorow, J., et al. (2003). Different data from different labs: Lessons from studies of gene-environment interaction. *Journal of Neurobiology*, *54*, 283 - 311.

Wahlsten, D., & Wainwright, P. (1977). Application of a morphological time scale to hereditary differences in prenatal mouse development. *Journal of Embryology and Experimental Morphology*, *74*, 133 - 149.

Walker-Andrews, A. S. (1994). Taxonomy for intermodal relations. In B. J. Lewkowicz & R. Lickliter (Eds.), *The development of intersensory perception: Comparative perspectives* (pp. 39 - 56). Hillsdale, NJ: Erlbaum.

Walker-Andrews, A. S. (1997). Infants' perception of expressive behavior: Differentiation of multimodal information. *Psychological Bulletin*, *121*, 437 - 456.

Walker-Andrews, A. S., Bahrick, L. E., Raglioni, S. S., & Diaz, 1. (1991). Infants' bimodal perception of gender. *Ecological Psychology*, *3*, 55 - 75.

Wallace, D. C., Singh, G., Lott, M. T., Hodge, J. A., Schurr, T. G., Lezza, A. M. S., et al. (1988). Mitochondrial DNA mutation associated with Leber's hereditary optic neuropathy. *Science*, *242*, 1427 - 1430.

Weismann, A. (1894). *The effect of external influences upon development*. London: Henry Frowde.

Weiss, P. (1959). Cellular dynamics. *Review of Modern Physics*, *31*, 11 - 20.

Welch, R. B., & Warren, D. H. (1986). Intersensory interactions. In K. R. Boff, L. Kaufman, & J. P. Thomas (Eds.), *Handbook of perception and human performance* (pp. 1 - 36). New York: Wiley.

West, M. J., & King, A. P. (1987). Settling nature and nurture into an ontogenetic niche. *Developmental Psychobiology*, *20*, 549 - 562.

Whitelaw, E., & Martin, D. I. K. (2001). Retrotransposons as epigenetic mediators of phenotypic variation in mammals. *Nature Genetics*, *27*, 361 - 365.

Wilmington, D., Gray, L., & Jahrsdoerfer, R. (1994). Binaural processing after corrected congenital unilateral conductive hearing loss. *Hearing Research*, *74*, 99 - 114.

Wilson, R. S. (1983). Human behavioral development and genetics. *Acta Geneticae Medicae et Gemellologiae*, *32*, 1 - 16.

Wolfer, D. P., Crusio, W. E., & Lipp, H. P. (2002). Knockout mice: Simple solutions to the problems of genetic background and flanking genes. *Trends in Neurosciences*, *25*, 336 - 340.

Wong, A. H. C., Buckle, C. E., & Van Tol, H. H. M. (2000). Polymorphisms in dopamine receptors: What do they tell us? *European Journal of Pharmacology*, *410*, 183 - 203.

Wright, S. (1968). *Evolution and the genetics of population: Vol. 1. Genetic and biometric foundations*. Chicago: University of Chicago Press.

Wynshaw-Boris, A., Garrett, L., Chen, A., & Barlow, C. (1999). Embryonic stem cells and gene targeting. In W. E. Crusio & R. T. Gerlai (Eds.), *Handbook of molecular-genetic techniques for brain and behavior research* (pp. 259 - 271). Amsterdam: Elsevier Science.

Zhang, Y., Proenca, R., Maffei, M., Barone, M., Leopold, L., & Friedman, J. M. (1994). Positional cloning of the mouse obese gene and its human homologue. *Nature*, *372*, 425 - 432.

Zukow-Goldring, P. (1997). A social ecological realist approach to the emergence of the lexicon: Educating attention to amodal invariants in gesture and speech. In C. Dent-Reed & P. Zukow-Goldring (Eds.), *Evolving explanations of development* (pp. 199 - 250). Washington, DC: American Psychological Association.

第 6 章

动力系统理论

ESTHER THELEN 和 LINDA B. SMITH

258 动力系统是近年来研究发展的一种理论方法。就其现代形式而言，这个理论是直接从数学与物理学中处理复杂与非线性系统的不断努力中发展而来的，但是它也沿袭生物学与心理学中悠久而丰富的系统思维传统。动力系统这个术语，在最一般的形式上，它是指系统中元素随着时间而改变的系统。在更技术一点的层面上，动力系统指的是一类数学方程，它用来描述具有特定属性的，以时间为基础的系统。

动力系统理论

本章，我们将以描绘复杂的物理、生理系统行为的极普遍的、独立于情境的原则为基础，来介绍一种发展理论。动力系统应用于发展过程的研究出现于 20 年前，相对比较新。但是，在诸多方面，这种研究都是悠久传统的一个现代延续；自然而然，本章的内容就从形成动力系统理论的两支知识传承的简要历史回顾开始：发展过程的理论(和经验研究)与一般系统理论。

我们先简单说明一下动力系统原理，然后再介绍如何应用它们对变化过程作更深刻的理解。我们阐释了如何利用这些思想帮助人们理解发展过程，如：(a) 作为一种概念的引导，(b) 作为研究的程序，(c) 作为形式理论的基础。最后，我们还对动力系统方法应用于发展形成的理论与其他发展理论的关系进行了评价。

在通篇介绍中，不管是对研究发展过程的历史传承，还是对动力系统理论本身的介绍，两个主题将反复出现：

1. 发展可以理解为正在发展着的系统所有层次多重的、相互的、连续的相互作用，从分子层次到文化层次。
2. 发展可以理解为从毫秒到年的许多时间尺度上所表现出的嵌套过程。

动力系统的价值在于，它为时间、物质和过程之间复杂的交互作用的概念化、操作化以及形式化过程提供了一种理论原则。某种意义上，动力系统理论是一个元理论，可以将之应用于不同的种系、年龄、领域和微粒的分析。而且，它也是人类如何从他们日常行动中获得知识的具体理论(e. g. , Thelen & Smith, 1994)。 259

知识传承：发展的过程

> 新异的表现形式产生的过程，也许是所有发展科学独有的、最重要的悬而未决的问题。(Wolff, 1987, p. 240)

当我们说起一个生物体(有机体)“发展”时，到底意味着什么呢？通常，我们指的是生物体变大了，除此之外，往往还意味着生物体变得更复杂了。事实上，发展的定义性属性正是新形式的产生。腿、肝脏、大脑、手，它们都起始于单个细胞和一群相同的细胞。3 个月的婴儿，当一个移动的物体离开了他的视线，他会停止跟随；8 岁的儿童，则能读懂地图和理解方位的象征性表达；再到后来 18 岁的学生能理解甚至能创造空间与几何的形式理论。这当中的每一次转变，都涉及从没有包含新模式的前身中，涌现出行为的新模式的过程。这种新异性是从哪里来的呢？一个发展着的系统如何能够从无产生有呢？

理解这种越来越复杂的行为新模式的起源，在发展科学中处于核心地位。传统的发展心理学家一直在生物体或环境中寻找新形式的起源。在生物体内，复杂结构和功能的出现，是因为复杂性以神经或基因代码的形式存在于生物体中。发展由等待组成，直到这些贮存的指令告诉生物体该做什么为止。另一种情况，生物体经由与环境的交互作用，通过吸纳与塑造物理或社会环境中的结构，而获得新的形式。人们普遍认为上述两种过程，对有机体的发展都有贡献，生物体通过先天与后天的综合作用变得复杂。譬如，发展的行为基因的定向假设：复杂的起源可以被分成哪些是内在的、天生的，以及哪些是从环境中吸纳的。但是，关于发展是受内在结构、环境输入所驱使，还是受两者的综合作用所驱使，传统观念中的基本假设是“信息能先于产生它的过程而存在”(Oyama, 1985, p. 13)。

但是，如果发展的指令在基因中，那么是谁打开了这些基因呢？如果复杂性存在于环境中，那又是谁来决定生物体应吸收和保留什么呢？然而，回答这些问题的唯一途径，又需求助另一个因果的中介者，来评价信息，并作出决定——是基因的还是环境的。一些聪明的小精灵，当他们知道发展过程的所有剧情①，就会为之精心配制一个发展过程的背景音乐。这在逻辑上站不住脚；这种观点认为新异性确实不是发展而来的，而是一直就存在的。假设基因与环境的相互作用并不能消除这个逻辑僵局。这种假设仅仅是以预存设定发展的两个起源来取代一个起源。

本章中，我们采用一个不同的传统。我们同意 Wolff(1987)的观点，认为新异形式的问题是非常大且无法回答的问题。我们也认同传统的解决方法——自然的、教养的，或者两者的交互作用——是充分的。我们采用这样一个传统：以生物组织的系统理论，来解释由自组织过程而产生的新形式的形成。自组织过程，在此是指在没有外在指令的情况下，在生物体自身中，或是环境中，从一个复杂系统内元素交互作用中涌现的模式及秩序。自组织——由它们自身活动而改变自身的过程——是生物的一个基本属性。形式是在发展过程建构出来的(Gottlieb, Wahlsten, & Lickliter, 本《手册》本卷第 5 章，Oyama, 1985)。

动力系统为生物的自组织思想的形式化提供了一般原理，以它来理解发展过程，以及实施实验研究特别有用。本章中，我们极为详细地把这些原则应用于婴幼儿的知觉、运动、认知的发展(e. g. , Jones & Smith, 1993; Thelen, 1989; Thelen & Smith, 1994; Thelen & Ulrich, 1991)。但是，把发展着的生物体视为一个整体的、自组织系统，此前在生理学与心理学中已出现过多次。所以，在描述与应用动力系统原理之前，需先把系统理论置入发展的一个更宽阔的系统思维视角中。为了接近这个目标，我们对文献的回溯是选择性、主题性，而不是面面俱到的。读者们可参阅 Ford 和 Lerner(1992), Gottlieb(1992), Gottlieb 等人(本《手册》本卷第 5 章)，以及 Oyama(1985)和 Sameroff(1983)对此的精彩评论。

260

胚胎学的启示：从无形的卵发展出的形状

一个婴儿迈出的第一步，说出的第一个词，都是新的行为形成的生动例子。但是关于发展的新异性，没有一个例子可以像胚胎这样，从结构相似、无形的单细胞的初始状态——受精卵中突现，引人注目。也没有其他的发展例子，在典型一物种结构的严格演变上，发生了如此彻底的"演变"。

一个多世纪以来，生物学家们一直在研究这种转变，即从一个单球体转变为一个有着漂亮的成形器官和高度分化的组织类型的复杂三维生物体。在过去的几十年中，研究者们已在理解发展过程的"这个不可知黑箱"(Marx, 1984a, p. 425)上取得了重要的进展。

非常显然，胚胎发展是一个复杂的突变，它是细胞核中活动——特定的基因产物的打开或关闭——与细胞体和表面上记录器早已决定的普遍生物物理规则之间的一种精致的舞蹈(Marx, 1984b, p. 1406)。思考一下动物是如何获得其身体发展的基本进程——身体的特定部分与器官，在生命开始的第一天，数个星期内，按照有序的时空维度而涌现。当受精卵分裂成大约 10000 个细胞时，身体模型结构就发生了。这个时候，尽管细胞看上去像一个未分化的细胞堆，但是它们在位置上已被标志了，这些位置预示着不同的躯体位置。这堆细胞

① 这里的剧情意指基因，背景音乐意指环境。——译者注

变成了一个奠基的细胞群。

已有的研究已清楚地揭示出，在胚胎演变最初的那群似乎同质的细胞中，实际上包含了以后个体发育过程中各种精微的演变程序（Wolpert, 1971）。这种隐含的“潜模型”（prepattern）决定了后来出现的个体全部结构。这些精微的演变程序和“潜模型”在发挥作用时，常常受到人们“习以为常的”重力的影响。例如，某些特殊的分子和晶状体在重力的推拉作用下碰撞而影响细胞内和细胞表面上的分子结构的机械作用效能。重力作用还会影响生理机能与新陈代谢中局部扰动放大的调控（Cooke, 1988; Gierer, 1981）。甚至更为奇妙的是，一旦某种初始潜模型形成了，细胞核中的基因调节活动的开或关，则由细胞核外物理和机械事件变化来决定。因而，一旦初始的产生身体的命运之神决定了，那么更精细的组织与器官分化的过程，则是在细胞核过程与其他的细胞活动之间的平等的双向过程。

在胚胎发生的过程中，细胞分裂，特征改变，移动，自组织成更大的组织、器官以及器官系统的集合体。这个过程具有高度的动态性，也即，细胞与组织自身的运动是秩序与复杂的渊源。产生于不同的局部梯度的细胞群移动和相互接触，它们的新位置进一步改变它们的特征，这个过程就是我们熟知的新形式的引导产生（induction）。在此，与我们的解释特别相关的是，没有单个的细胞自身能提供信息来表明这个区域将变成神经管或肢体的雏形。更合适的提法是，作为一个集合体的细胞群，在一个更大集合体中的特定位置决定了它们的最后命运。这里，至关重要的不是哪一个细胞，而是集合体的历史与时空维度。发展经由过程得以建构：

> 引导产生与决定的路径涉及一系列依赖于环境的基因表达的历史，而这些与实际上主宰了形式与模式获得的物理与物化活动相耦合。在任意一次的耦合中，相邻集合体所在的位置、尺度及大小，与各种引导细胞信号之间存着相互作用，这些细胞不仅维持已建立的模式，而且会把它转换成新模式。（Edelman, 1988, p. 26）

上述图景与木偶操纵者那样——在适当的时间把合适的线推出——投掷基因去控制细胞中已确定了要发生的事件的情形差异很大。以动态观点来看，我们认为木偶与木偶操纵者彼此间的影响是同等的。或者，更准确地说，我们除去了牵着线的木偶与木偶操纵者的分别：当木偶操纵者推出线，线变松时，这时候重要的是线之间的关系。

在形式上以及隐喻上利用动力系统，来对发展过程进行建模的先驱者中，胚胎学家们曾在其中。最著名的当数卓越的发展生物学家 C. H. Waddington。他的主要研究兴趣在于胚胎中组织分化的基因影响，以及截然不同的组织类型——骨骼、肌肉、肺等——从一个单细胞中的涌现。尽管事实上他是一个遗传学家，但他也是一个彻底的系统论者。Waddington（1954）曾以清晰的动力学术语来表述发展过程：“我们还能以一个系统的联立微分方程组的解来思考发展。”（p. 238）特别是在其后期的著作中，Waddington 以吸引子（attractors）、分叉（bifurcations）、开放系统（open systems）、稳定性（stability）、突变（catastrophes）与混沌（chaos）的语言描述了胚胎的发展变化（Waddington, 1977）。图 6.1 是他的描述之一，他把

261

三维空间、多维空间细分为许多区域,认为开始于一区域任何地方的轨迹都会聚到一个确定的终点,而开始于其他区域的轨迹则会聚到其他确定的终点(Waddington,1957,p. 28)。这幅图表示受精卵中的生理梯度(gradients,各种成分的发展变化率)是如何通过依赖于时间的过程确定下来,变成稳定、分化的组织类型。Waddington 尤其受发展的自稳定特性所激发,图 6.2 中描述的是其经典的"衍生的景观"(epigenetic landscape)。这个"景观"表示一个发展着的系统,时间朝向读者,山谷的深度是稳定性的一个标志(球,一旦处于山谷中,很难移出)。从一个初始的未分化状态(球能放在景观的任何地方),发展创造出越来越复杂的小丘与山谷。随着发展的不断进行,组织类型变得由更高的山所隔离,这标志着发展不可逆转的本质。但是,无论如何,沿着景观的路径也有缓冲;也即发展在全局上以相似的方式进行,尽管初始条件会多少有些不同,尽管沿途路径有着小的扰动与波动。在他身后 1977 年所发表的著作中,Waddington 将这个"衍生的景观"称作为"吸引子景观"(p. 105)。他这样问道:"我们如何才能确定'衍生的景观'的形状呢?"他建议说:"我们应该尝试尽可能以多种方法,细微地去作更换,以及观察更换后的反应",我们会发现系统会抗拒一些类型的改变更甚至于另一些类型,或者在一些方向上的改变后,系统的恢复会快于另一些方向上的改变(Waddington, 1977, p. 113)。同样,探寻系统的稳定性在我们的动力系统解释中也是关键的一步。

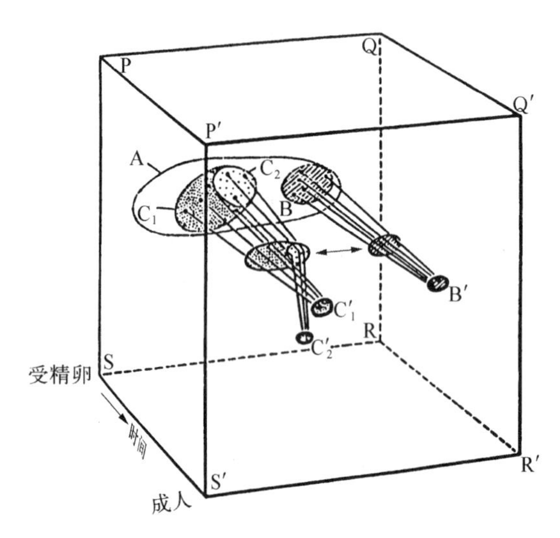

图 6.1 Waddington 的发展阶段一空间图。沿着 Z-轴的是时间,从受精之时的平坦的 PQRS 到已是成人的 P′Q′R′S′。其他的两个维度是指系统的要素。这幅图表示有着连续的成分梯度的受精卵,如何分化为具体的组织。状态空间中的一些区域是作为吸引子,抵达相邻的轨道。

来源:*The Strategy of the Genes: A Discussion of Some Aspects of Theoretical Biology* (p. 28), by C. H. Waddington, 1957, Lodon: Allen & Unwin. Copyright 1957 by Allen & Unwin. Reprinted with permission of Mrs. M. J. Waddington.

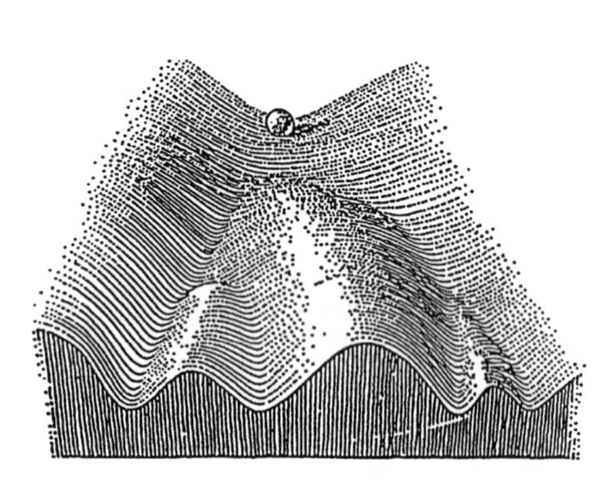

图 6.2 Waddington 经典的"衍生的景观"。球的路径是受精卵部分的发展历史,表明了发展着的组织类型增长的稳定性。

来源:*The Strategy of the Genes: A Discussion of Some Aspects of Theoretical Biology* (p. 29), by C. H. Waddington, 1957, Lodon: Allen & Unwin. Copyright 1957 by Allen & Unwin. Reprinted with permission of Mrs. M. J. Waddington.

Waddington之后，理论家与数学家们都提出了大量的地貌形成、形式涌现的动力模型（参阅，e. g.，Gierer，1981；Goodwin & Cohen，1969；Meakin，1986；Tapaswi & Saha，1986；Thom，1983；Yates & Pate，1989，及其他）。这些模型的共同特征是初始条件都包含非常平的梯度，不同物理因素如细胞中的压力、细胞中的附着力，或者两者。梯度或者力场由许多类型的微分方程中的一种来表达，它把变化表示成一个时间函数。一些方程组是关于侧抑制(lateral inhibition)，它可以使得一个小的局部激活得到增强，形成一个模式节点。当方程由多种参量来求解时，就会产生复杂的空间模式，它也许会包含循环，多峰谷，甚至分形（复杂的尺度独立模式）。组合两个或更多具有不同变化速率梯度，以及耦合它们的相互作用，则能导向更复杂的模式，包括条纹、柱形结构等等："非常复杂的现实模式的产生，是以基本的场—形成机制及其组合为基础。"(Gierer，1981，p. 15) 262

这些模式形成的模型中，一个最令人欣喜和极具想象力的模型，是数学家 J. D. Murray 为哺乳动物体表模式的发生所提供的一个优美模型："豹子是如何获得它身上那些斑点的"(Murray，1988，1993)。回忆一下你最近去动物园所看到的，动物体表上显著不同的模式：斑马、豹子、长颈鹿身上复杂的斑点与条纹；鼬鼠、獾身上简单的条纹；以及一些蹄类动物线条柔和的暗色模式。Murray 介绍了由一个简单非线性方程所建模的发展过程的单方面机制，是如何能够解释体表图案发生上的所有变化的。方程是扩散反应类型的，一些化学物质(成形素)的初始梯度能以一定的反应速度，与相邻表面上变化着的扩散速率相组合。在化学反应与其扩散速率之间的相互作用具有高度的非线性，这意味着有时反应进程是以稳定的方式，而另一些时候，反应则是不稳定的，没有色素沉着(形成)。这种非线性，导致了体表上光滑的或补丁状的反应产物。其间，关键的因素是反应速度；如果假定发展进程开始时受基因的控制，那么接下来就只能认为初始梯度的表面形状和尺度，激活了早期胚胎发生期间体表黑色素细胞中黑色素的产生。

图 6.3 所示的 Murray 简模型的威力，说明了带有参数集方程的模拟结果，在化学动力学发生的过程中，只有体表尺度在改变。当身体按比例增长 50000 倍时(假定从一个老鼠变为一个大象)，一个规则的系列模式就出现了：非常小的动物是纯色，接着是简单的分叉，接着是更多复杂的点，然后更大的动物几乎是均衡的体表，制服一样的体表(实际上，非常小与

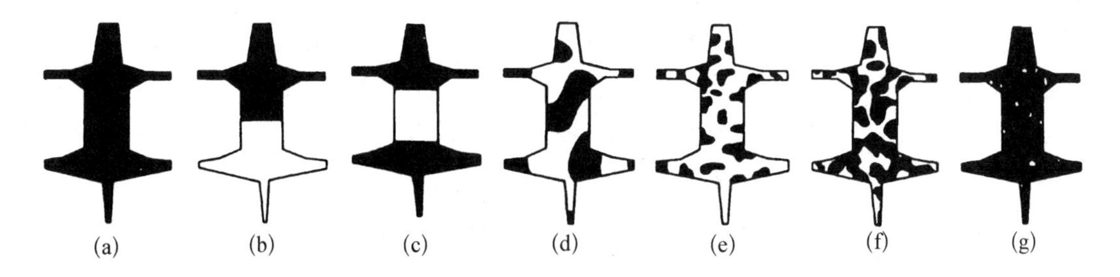

图 6.3 哺乳动物体表着色的反应扩散机制所形成的模式的体表效应。单个的机制能解释多样的体表模式，这依赖于方程中的参数值。

来源：*Mathematical Biology* (2nd ed.，p. 445)，by J. D. Murray，1993，Berlin，Germany：Springer-Verlag. Copyright 1993 by Springer-Verlag. Reprinted with permission.

非常大的动物更可能有固定的体表模式）。在实际的动物身上，初始的生理梯度微小的随机变化，会在体表模式上导致非常大的个体差异性。这里的一个重要事实是反应的动力学产生了模式。

胚胎学家与研究形态发生的理论家们都揭示了：在发展过程中，奇特的复杂结构模式是如何能产生于动力系统中非常简单的初始条件的。这些最终所产生的模式，并非在基因中有特别的编码。尽管所有的豹子都有斑点，所有的浣熊都有斑纹尾巴，但是没有专门的基因是指向豹子身上斑点以及浣熊的斑纹尾巴的。结构的复杂性是在发展过程中所建构的，因为具有化学与新陈代谢约束的生物系统能够自发地自组织形成模式。在这样的系统中，"什么导致什么发生了"这样的话题会令人倍感棘手。当系统的所有部分合作时，当一群细胞在其他细胞中处于特定位置的情境中只表现出一种特定的命运时，只是简单地询问这个结构或行为是由基因还是由环境引起的，是行不通的。通过实验与建模，胚胎学家的研究直接指向对过程的深入与细致的理解。

263

胚胎学对于心理发展理论的意义非常深奥。我们经常发现自己在寻找发展的原因，或是寻找使得一些行为——言语、行走、数概念——发生的基本结构是什么。因而，更多的发展研究一直是在发现不变量——步骤、阶段、结构、表征、装置、图式或模块——这些不变量在不同年龄阶段起着不同作用。这种寻找有益的一面在于，直接指向的不变量是"内在的"（一出生就出现的），它们是基因性的（由自然选择而获得的进入系统的硬件），以及通过基因的类比，"决定"发展的结果（e. g., Gelman & Gallistel, 1978; Spelke, Breinlinger, Macomber, & Jacobson, 1992）。但是，胚胎学告诉我们，基因——在自身中，或它们自己——不决定发展的结果。基因是发展过程动力突变中的一个基本要素。理解发展意味着理解突变。

山间溪流隐喻

对心理学而言，得自胚胎学的更大启示在于：我们在发达生物体中所看到的稳定的规则——作为心理学家我们探索现象是去解释——也许不能划分或分解出具体的原因，但是可 以将之理解为许多随着时间运行过程的动力学突变。这个思想对我们通过分析，通过分离事物——成分或要素，直到我们获得了事物的基本要素——所理解的科学的一般概念构成了挑战。相对于以一系列的部分（要素）来解释发展，以复杂、突变过程来解释，甚至对于科学家们而言都是不同的（see Chi, Slotta, & de Leeuw, 1994）。在此，我们提供一个隐喻，这也许会使我们在开始时会远离所关注的领域，但是我们希望通过这个隐喻来思考，能够把过程解释为结构得以产生的原因。

隐喻是一条快速流动的山间溪流。在一些地方，水流得平缓，有一些小的波纹。附近也许是一个小的漩涡或者是一个大的激流。而另外一些地方也许有波浪和水花。这些模式持续了一个小时又一个小时，一天又一天，但是一场暴风雨后，或者是一个长期的干旱后，新的模式也许会出现。这些新模式是从哪里来的呢？它们为什么会保持，又为什么会改变呢？

没有人可以确定山间溪流的任何地理构图，或者为水流模式进行一个宏大的水压设计。

然而,规则性显然是从多重因素中突然产生的:水顺流的速率、河床的地貌、当时的天气条件所决定的蒸发速率与降雨量,以及在特定限制条件下,水分子的重要性质会自组织成不同的水流模式。但是我们在当下所看到的,仅仅是这个情景的一部分。这个特殊的水流模式,也是那些隐匿的限制条件在许多不同的时间尺度作用下的产物。山脉的地理历史,决定了溪流河床的倾斜度,以及岩石的腐蚀程度。这个地区长期的气候条件导致了山间特殊的植被,以及随之而发生的水的吸收与径流量的模式。过去一年或两年的气候影响了山脉上的雪以及雪融化的速度。仅仅发生逆流的山脉地貌影响顺流的速度,等等。而且,我们能看到在维持一个稳定的模式上,这些制约条件的相对重要性。如果一个小的岩石落到一个池塘,那么什么也不会发生。但是,如果滚下来的岩石越来越大时,在一些点上,溪流就会分成两个,或者产生一个新的更快的流道。什么持续不变? 什么发生了变化呢?

过程解释假定:行为模式以及心理活动可以同样的术语理解为山间溪流中的漩涡以及细流。它们存在于当下,也许非常稳定,也许非常容易发生变化。行为是多重因素影响下的产物,每一因素自身都有历史。但是正如我们不能真的从一个河床的当前地貌,缕析出山脉的地理历史一样,我们也不能在实时的行为与对此有作用的生命时间过程之间划一界线。同样,在这些模式自身与这些模式的一些抽象物之间不存在隔离。

山间溪流的隐喻把行为发展描绘成一个渐成的过程;也即发展是由其自身的历史和系统范围内活动真实地建构而成。在发展的理论建构中,这一思想具有悠久的历史。

发展心理生物学的衍生论①

没有人比工作于 40 年代、50 年代、60 年代的这群发展心理生物学家,对系统方法理解更深刻了,特别是T. C. Schneirla, Daniel Lehrman, 和 Zing-Yang Kuo,今天,他们的传统为 Gilbert Gottlieb 最无争议地继续着(Gottlieb, et al., 本《手册》本卷第 5 章)。这些生物学家使用衍生论(epigenesist)来描述行为的个体发生过程(参见 Kitchener, 1978, 对术语衍生论各种含义的讨论)。对他们思想的最佳理解,是将之视为行为变化方面的流行科学思维的一种对照,特别是对于"天性对教养"这个反复出现的争论而言。 264

数十年来,北美心理学由学习理论家所主导。众所周知,这些实验心理学家的目标是去阐释动物的行为由经验所塑造的一般规律。行为主义者使用各种动物进行实验,如老鼠、鸽子,但是他们认为训练与强化的原则适用所有生物种类,包括人类。根据行为主义的理论,发展由动物受强化的历史所组成。这种激进的行为主义的环境论,在 Lehrman(1971)的评论文章的陈述中尤为引人注目:

> 这里,我称之为"行为主义倾向"基础的是这些思想,它是关于实验者如何获得对行为的控制,或者被试的行动是如何由实验者的行动所预测的一种科学解释,以及对之进行科学领悟的陈述。(p. 462)

---

① 也作渐成论。——译者注

尽管学习一直是解释发展的一个重要方面,特别在解释儿童的社会化方面(Bandura, 1977),但是学习理论作为一般的发展理论早已失去了优势。这部分原由在于,它们不能解释物种的差异性,以及不能为认知和语言的发展提供一种令人满意的解释。同样地,学习理论的困境正在于学习不能独自告诉我们新异性是如何产生的。

在50年代与60年代,习性的观点流行起来,它强烈地反对纯粹的学习理论。习性学理论来自与Konrad Lorenze及其学生相关联的欧洲学派。Lorenz的研究对重新定向心理学家对物种典型的习性及动物对其环境的适应性的作用是开创性。尽管习性学家们,如Lorenz,认为学习是重要的,但学习总是伴随着内在与本能所决定的行为。据Lorenz的观点,内在的与习得的之间的差别,对于理解行为及其发展具有首要的重要性。事实上,Lorenz认为行为可以分解成那些整体的内在的元素和那些习得的元素,尽管行为学家的研究最频繁地集中于内在部分。一个行为的形成——例如特别的求偶声音及表现,或者人类的面部表情——被认为是"硬件的",而不是习得的。Lorenz称这类运动为"固定行为模式"(fixed action pattern),因为它们的出现无需特殊的经验。这些行为表现的目标与倾向性也许在个体发生时就可以获得。例如鹅,本能地跟随它所印刻的对象,如果Lorenz在适当的时候替代了鹅妈妈,鹅就会习得跟随他。

与学习理论家、习性理论家相反,实验胚胎学家们发起了消除习得与已获得的争论运动。他们尤其不满内在的或本能的这类术语的模糊性以及误定义的意义。Lehrman于1953年的论述在今天看来仍是意味深长、意义重大:

> 显而易见,天性没有在受精卵中出现。在适当的年龄以后,天性才会出现于动物的行为中。研究者关注的问题在于:这些行为是如何产生的?像"内在的"(innate)与"基因性固定的"(genetically fixed)这类解释模糊了以研究发展过程去获得行为与其相互作用的实际机制的必要性。发展的问题是新的结构与活动模式发展的问题,这些新的结构与活动模式是由生物体与其内在环境已存物之间,以及生物体与其外部环境之间的相互作用所决定的。(p. 338)

Kuo(1967)在《行为发展的动力学:一个衍生论的观点》(*The Dynamics of Behavior Development: An Epigenetic View*)这本书中,以系统观对发展过程作了特别清晰的阐述。Kuo强调行为是复杂的、变化的,它产生于连续变化的内在的与外在的环境中。我们观察到的行为是一个动物对于环境整体反应的一个必不可少的部分,但在身体不同的部分中存在反应的分化——或模式形成的不同速度。他这样写道:

265

> 行为的个体发生是一个适应于新的环境刺激作用,对已有行为模式梯度的修正、转换,以及重组的过程;一个新的空间和(或)序列的行为模式梯度的永久的或暂时性形成("学习"),经常会并入动物发展的历史中,以及先前所积累的行为模式梯度的列表中。(Kuo, 1970, p. 189)

在生物体的一生中，新的模式是从潜在的模式区间中选择而来的：

> 因而，在个体发生的每个阶段，每个反应不仅是由刺激或者刺激物所决定，而且受到整体的环境背景、个体解剖上的结构与它们的功能容量、物理的(生化与生物物理)条件，以及直到当前阶段的发展历史的制约。

Kuo(1970)呼吁一个整合的发展科学，他强烈建议科学家们要把研究“发生于表面之下以及之外的每一件事”作为行为模式发展梯度的部分，而不能仅仅着眼于生物体或环境的整体测量：“我们应该对每一个感觉模块的刺激效果进行定量测量，而且要对环境背景中或复杂的组织部分之间的相互作用进行定量分析。”(p. 190)作为一个胚胎学家与比较心理学家，Kuo 的非凡见地风行一时，但并没对儿童心理学的主流产生直接的影响，那个时候人们着迷于 Piaget(1952)，后来又着迷于 Bowlby(1969)以及依恋理论。不管怎么说，一个广阔的系统观点一直在一群比较发展心理生物学家中持续着，他们对生命早年的子、父、环境复杂的相互作用机制进行着精细的研究。他们包括 Gilbert Gottlieb、Jay Rosenblatt、Lester Aronson、Ethel Tobach、Howard Moltz、William Hall、Jeffrey Alberts、Patrick Bateson、Meredith West 等。在婴儿研究上，Gerald Turkewitz 在继续 Schneirla-Kuo 的传统上曾是一个领军人物。

这些比较研究的一个特点是对发展中生物体的经验性情境的细微而详尽的理解，包括那些未必是特定行为表面的、明显的前兆因素，但也许正是发展的关键的促成因素。Schneirla(1957, p. 90)这样写道：“经验也许是以微妙的方式作用于个体的发生”，而且这种方式不明确。气温、光线、重力，在关键时期的微小作用，能突变为大的发展性差异。同样，在动力系统中，不明显的、不明确的因素是需考量的重要因素。

在 Schneirla 和 Kuo 的系统研究传统中，对发展分析的一个漂亮的实例是 Meredith West 和 Andrew King 对鸟鸣发生的研究。West 与 King 对北美燕八哥——一窝寄生物习得鸣声的研究揭示了发展过程中的微妙与变化，这对较简单化的早期观点——鸣声的习得直接由内在模板，或通过模仿其他雄性动物的鸣声而习得——提出质疑。首先，他们发现了鸣声的学习与表现的不可控制的情境效应——例如，雄性八哥与哺乳期的雌性八哥住在一起，会影响雄八哥鸣声的内容。即使雌八哥不发出声音，她们对雄八哥也有社会性影响，这种影响如此强烈，以至于能超越任何具体的感官模板(King & West, 1988)。在雄八哥学习鸣叫期间，这种影响机制表现为雌八哥选择性的反应(通过简单的扇翅膀运动)。雌八哥通过她的反应来帮助雄八哥形成鸣声。进一步说，与雌八哥一起的这种经验，对于适当的雄性求偶行为是基本的。当一个雄八哥由金丝雀扶养时，它们会鸣叫来追求金丝雀，而不追求他们的同类。但是这个表现不像年长的习性学家主张的那样，是固定的印刻。当这些在金丝雀窝里长大的雄八哥下一季与雌八哥住在一起，它们就又恢复了雄八哥本来的行为表现。

由此以及其他的证据，West 和 King 推论出：在时空连续性建构的意义上，鸟鸣发展是由多重因素决定的动态过程。一个动物的典型种系养育环境，以及在那种环境中它们自己的行动,与动物的基因一样,都是不可避免的影响源泉(West & King, 1996)。因为这些动态过程具有相当的交互性与非线性,所以当它们受到扰动时,基础的特性就消失了。例如,对预期养育条件的实验性干扰,如把动物隔离起来,或者给它们注射激素,也许两者都会产生戏剧性的或微妙的突变性效应。这样的实验性处理经常能揭示系统中的交互作用,但是在解释它们时一定要极为小心。这些发现提醒人们,对婴儿与儿童的实验进行解释时之所以一定要小心谨慎,因为实验性的控制与主体正常的、日常的经验的交互作用经常是未知的。动力系统方法表明了这些情境因素及其时间函数,都是技能完成(performance)与发展的关键方面。

266

Goldstein 和 West 最近的研究(1999;Goldstein, King, & West, 2003)强有力地说明了这个观点。这项研究重在关注儿童从前语言发音到那些可称为言语的发音的发展。前语言发音或"咿呀学语"的发展,长时间被人们认为是受发音器官成熟所驱使(e. g. , Kent, 1981),当我们以动力系统观来研究时,它将呈现出一种新的意义。对实际生活中发生相互作用时的婴儿养育者与婴儿一起进行研究时发现:婴儿发音的发展表现出时间尺度上的多重原因与相倚。母亲们以一致的方式对待哪怕是陌生婴儿的咿呀学语,当咿呀学语变得越来越像言语时,它就会越来越强烈地影响母亲的反应(Goldstein & West, 1999)。婴儿对养育者的反应及其声音敏感,为了适应养育者的行为形式与行为在时间上的改变,婴儿会改变他们的咿呀学语的量与声音形式(Goldstein et al. , 2003)。

在 Goldstein 等人(2003)的研究中,让 8—10 个月婴儿的母亲戴着耳机,接受实验者的指导语。当母亲们随即对婴儿的发声进行反应(通过微笑、靠近、触摸)时,婴儿的咿呀学语会混合着提高的声音以及更快速的辅音—元音转换,这些是发展上更高级的声音形式。相反,那些母亲们不予反应的婴儿组,他们接受到同样的社会刺激但是没有得到随即的反应,婴儿就不会改变他们的咿呀学语。所以说,婴儿必须是辨别出他们的声音在环境中引起了一个变化,然后他们的声音才能改变。

通过控制婴儿与养育者之间的实时的相互作用,发音发展的多重原因与时间尺度就变得很显然。引起发音发展的机制不仅限于婴儿,更进一步也包括养育者与婴儿这个系统。发音的模式是由多重力量相互作用而造成的,包括发音装置、视、听知觉系统,以及学习机制。这些要素共同来调节发音,而且它们也受到养育者的可得性及反应的调节。发音的发展不是一个婴儿的能力,而是婴儿/养育者相互作用中的一个突现属性,这是因为发音学习过程是由社会性的相互作用引起的。因为咿呀学语的发展性进展改变了养育者对其婴儿的反应方式(Goldstein & West, 1999),为新学习的发生设定了阶段,所以不时地社会性相互作用才可能与那些可靠地描绘婴儿在第一年的以月为单位的发声发展阶段关联(Oller, 2000)。从动力系统观来看,母亲的行为与婴儿的感觉能力的相互作用产生了更高级的婴儿的行为发展。因而,养育者与婴儿之间的相互作用是发展性变化的一个源泉。

情境与生态理论家

胚胎学家与渐成论者的传统都强调在生物体自身中以及生物体与环境之间多重过程中

的自组织。他们关注的焦点在于变化起源各要素之间的关系,而不是一系列的结构。这样自然要求我们把目光转向婴儿及其抚养的物理与社会环境设置,要求我们详细地理解情境,以及理解处于那种情境之中的生物体。已有的发展理论都可以被置于这样一个连续统中,它是关于研究者们是否更关注儿童的头脑中是什么,或者更关注环境中具体的、变化的细节的连续统。皮亚杰学派、认知主义者以及发展的信息加工解释,都很少注意到儿童的物理与社会世界中的特殊本质。这些研究方法的目标是去理解心理的一般性质以及它们是如何发展的。因为在这些解释中,心理过程被假定为人脑对世界的普遍适应过程,它是非物质的,譬如,儿童是否能通过在地面上玩木棍,或置身于一个结构化的学习中,或者通过观察一群人的谈话与动作,来学会传递性关系推理。这里关注的焦点在于个体,并以个体作为分析的基本单位,在这个意义上,所有个体在不同的经验之上及之外,都有共同的结构与过程。

对处于连续统另一端的那些理论家而言,一个人在情境与文化中的经验,不仅仅是发展的支撑,而且正是发展自身的素材。在连续统这一端,我们把发展心理学家分成那些沿着 James Mark Baldwin、John Dewey、Kurt Lewin 的传统在研究的;更近的,以 A. R. Luria 和 L. S. Vygotsky 为代表;以及被冠之以生态的、情境的,或者跨文化的理论家们。另外,一些毕生发展视角(e. g., Baltes, 1987)的一些观点也有强的渐成论与系统论的假设。所有这些观点,都在本《手册》本卷的如下章节中予以充分介绍:由 Overton 所写的第 2 章;Valsiner 所写的第 4 章;以及 Gottlieb 等人所写的第 5 章;Rathunde 和 Czikszentmihalyi 所写的第 9 章;Bradtstderrn 所写的第 10 章;Shweder 等人所写的第 13 章;Elder, Bronfenbrenner 和 Morris 所写的第 12 章;以及 Baltes, Lindenberger, Staudinger 所写的第 11 章。尽管情境理论存在许多版本(参见 Dixon & Lerner 的评论,1988; Ford & Lerner, 1992),但是他们对发展都共有特定的假设,这些假设与动力系统方法的许多特征有重合。首要的及最重要的假设,是去除了环境与个体之间的二元性,正如渐成论者尽力消除结构与功能之间的界限一样。

267

所有的发展理论家都一致认为:可以跨越组织的许多水平对人类和其他生物体进行描述,可以从分子、细胞水平经由神经活动与表现的复杂水平,乃至扩展到它们与社会和物理环境的嵌套关系(e. g., Bronfenbrenner, 1979)。而且,所有的发展理论也认为这些水平彼此相互作用。情境观与偏向于个体中心的研究方法之间的深刻区别在于,这些水平更多地作为概念化,而不仅仅是交互作用;但是,概念化与交互作用胶合在一起。行为与其发展随着时间,由不断改变的关系集以及关系集的历史浇铸而成。像前面所提到的,我们必须放弃简单的线性因果观念:事件 A 或结构 X 引起了行为 B 的出现。而且,因果在各水平上是由多重因素决定的,在时间上是连续变化的。

系统思想对于心理研究具有根本的意义。例如,认识是涌现的,人类行为是在任务与历史中社会性地建构而成,这些思想在 Hutchins 最近对航海的研究中得到非常精彩的诠释。在现代海军中,航海通过大量人力与测量装置之间相互作用的复杂系统而获得成功。这些相互作用受到军事训练与语言文化的塑造与维持,而且受到大型航船的地理学、测量装置,个体的心理,以及所面临任务的影响。可以说,没有哪一个要素能单独使航海获得成功。

Hutchins 的分析以参与者的观察与计算模拟为基础，它表明了上述所有这些要素是如何关系到航海的，航海团队的机智是如何涌现的，它又是如何依靠以及如何受制于物理要素，传统的职能、文化的。航海团队是机智的。他们的活动是事件—驱动以及目标—导向的。航海团队必须与船的运动步伐一致，必须保持前进。当发生故障时，不能选择放弃也不能选择重新开始；而且当时就必须作出最恰当的选择。Hutchins 的研究表明了这些即时的决策是如何分摊在个体的相互作用上的——因为没有一个人能知道解决当时所出现的问题所有应知晓的。没有一个理想系统中的问题，能被逻辑地分割成相互独立的部分，且能以一种完美的劳动分工分派给个体。而且，航海团队是以部分冗余性为特征，时而又会迅速改变相互作用模式以及信息流。智能就在整体相互作用的模式中，它的特性完全不同于那些由个体组合而成的整体。

Hutchins(1995)在其著作的最后，反思了文化与社会分布式认知对认知科学的贡献：

> 认知科学的早期研究者，打赌认为人类认知的模块化将是这样的，开始时确实可以忽略文化、情境以及历史，后来则把这些整合进去。这种赌注是不能偿还的。这些是人类认知的基础方面，不能将之省事地并入优先考虑独立的个体心理的抽象属性视角。(p. 354)

一般系统理论

我们已经描述了不同组织水平——从胚胎水平到社会水平——研究发展的理论方法。这些方法都以共同的假设为基础：即假定系统的复杂性以及变化产生的多重相关原因。但是，在这些观点中，发展着的生物体特性重在——自组织、非线性、开放性、稳定性与变化——这些并不限于生物系统。它们也可见于复杂的物理系统中，如化学反应、全球气候变化、山间溪流、云、滴着水的龙头——在那里许多要素形成一个整体的模型，并且随着时间发生变化。用物理学家和数学家所形式化的动力系统的原则来描述这类复杂物理系统的表现，也许是研究与理解发展中的生物体的最好方式。

268

Kurt Lewin 和动力场。发展的最早的动力形式之一，是 Kurt Lewin 的人格发展拓扑场理论。Lewin 是一个坚定的反还原论者。他提出过这样的疑问：心理学如何才能像小说家一样，而且“以科学的方式来取代诗意的方式”来呈现出人类行为所有的丰富性呢(Lewin, 1946, p. 792)？Kurt Lewin(1946)参考 Einstein 的理论物理学，这样写道：

> 应该使用分析的方法，而且必须对影响行为的不同因素作仔细的区分。在科学上，这些数据也只是表达了具体情境中它们特定的设置。彼此相倚联合存在的事物整体叫做场。(p. 792)

在 Lewin 看来，一个给定的物理环境只有作为存于其中个体的状态函数才有意义。相反，个体的特质不存在于他们所处的环境设置之外。Lewin 称这些生活空间的相互作用为场——具有变化权重的力场。人们通过这个力场,依赖于他们所在的空间位置、需要,以及他们从前的历史,发生动态的移动。力也许有竞争的,冲突的,重叠的,以及三者总合,这依赖于个人的气质与环境。学习——和发展——由在生活空间中找到一条路或发现一个新的适当位置构成。而且当儿童发掘出一条新路时,他们实际上创造出空间探索的新部分,这是一个自组织过程。

Lewin 以图 6.4 描绘了这种发展的动态性。生活空间在发展上的不同点,由分层的力场(layed force fields)表示,对这些场的引力变化程度有着不同的区域。生活空间的参量有许多维度:空间的大小,专门化的程度,在现实与非现实或幻想之间的分离,以及在整个时间中对心理过程的影响。一个年幼儿童的生活空间与年长儿童更扩张的空间相比,更受局限,更少分化,它更多地受最近发生的过去经验的影响,要把更多投射于不远的将来。Waddington 1977 年以图 6.1 对发展阶段—空间图表所进行的阐释与 Lewin 对偏好区域的确认,把发展描绘成一个在生活空间中积极的漂移,是多么令人惊异的相似。

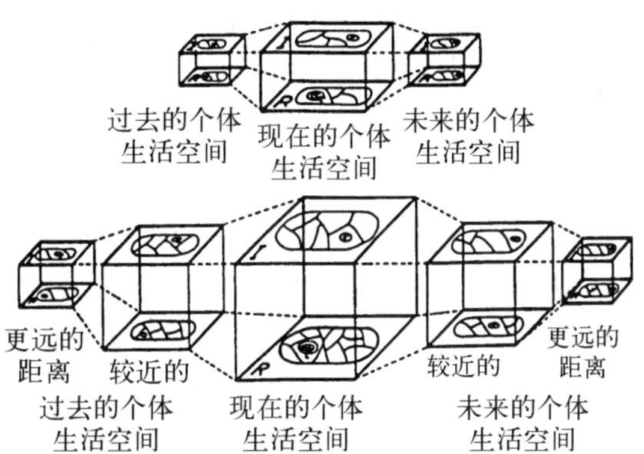

图 6.4 Lewin 心理空间(附注)景观 以 R="现实",I="非现实"来描绘力场的分层系统,表明了在过去、现在、未来的动机力量的联结。上面的图描绘了年幼儿童的生活空间,下面的图描绘了年长儿童的生活空间。

来源: From "Behavior and Development as a Function of the Total Situation" (p. 798), by K. Lewin, in *Manual of Child Psychology*, L. Carmichael (Ed.), 1946, New York: Wiley. Copyright 1949 by John Wiley & Son. Reprinted with permission.

作为隐喻的系统理论。虽然 Kurt Lewin 的动态概念内涵丰富,但是模糊,难以操作化。他的思想,不管是与 50 年代或 60 年代的北美实验心理学的机械论喜好,或是与 Piaget 的发展心理学的心灵主义的假设,都很难相符,所以这些年他对儿童心理学的影响几乎让人感觉不到。发展的系统思维,在 70 年代后期 80 年代初期才有点恢复,但是这些思想更多是外显地与物理、数学、生物中复杂新科学联系在一起的。两位发起人,生物学家 Ludwig von Bertalanffy 和化学家 Ilya Prigogine 对这种复苏的影响尤为重要。

Ludwig von Bertalanffy(1968)曾以原创"一般系统理论"获得殊荣。30 年代后,他就宣布自己是一个生物系统的反还原论者(von Bertalanffy, 1933)。从化学到心理学的所有科学中,主导性趋势是去分解系统中越来越小的元素,但是 von Bertalanffy 感觉到理解不是来自这些互相分离的部分,而是它们之间的关系。譬如,动物是由组织与细胞构成,而细胞又是由复杂的分子组建而成的,即使我们在非常极致的细节上,了解了分子的结构,也并不能获知动物的行为。复杂的异质的部分一起形成一个整体时所发生的,一定会超出部分所发生的。系统的属性需要一个新的描述水平——一个不可能单独源于系统组成成分的行为。这些系统原则,是如此的普适以至于它们能应用于广泛的多样的生物与实体:

269

一般而言,我们询问应用于系统的原理,并不考虑它们是物理的、生物的还是社会的类型。如果提出这个问题，合适地定义系统的概念，那么我们就会找到能应用于一般化的系统，而不顾它们的特定类型、元素以及所涉及的力的模型、原理和规则的存在。(von Bertalanffy, 1968, p. 33)

von Bertalanffy为阐释整体性或自组织、开放性、自稳定性(equifinality)，以及递阶分层组织这些原理提供了动力方程。在系统应用于心理学的讨论中，von Bertalanffy对心理机能的"动态平衡"模型尤其不满，特别是弗洛伊德学派假设生物体总是寻求减少压力以及寻求平衡。相反，生物体也是积极的；作为一个开放系统，它们生活在一种失衡中(我们称之为动态稳定性)，积极地寻求刺激。这种失衡允许变化与弹性；在许多发展性的解释中(e. g. Piaget)，太稳定了以至于对变化的再发生不利的思想，我们发现它们对于理解发展是一个基本假设。

诺贝尔化学奖得主Ilya Prigogine是系统理论的第二个主要贡献者，他也是个有雄辩口才的公众人物(参见Ilya Prigogine, 1978; Prigogine & Stengers, 1984)。Prigogine的主要兴趣在远离热力学平衡系统的物理学。回顾一下，在牛顿的热力学中，所有的系统都趋向紊乱。宇宙的能量随着时间不断耗散。宇宙的熵增加，正如Prigogine提出的，"时间之矢"只在一个方向上——朝向组织的解体。但是，许多系统，以及所有的生物系统都处于热力学非平衡态。它们是热力学开放系统：从所处环境中吸引能量，增加它们的秩序——时间之矢至少会发生暂时性逆转。发展是在复杂与组织中渐近增长的第一个例证。这类系统呈现出特殊的属性，包含了自组织成模式的能力，以及非线性或对初始条件的敏感性。而且，重要的是这类系统天生具有"噪音"，因为秩序正是产生于这样的涨落(fluctuations)。在平衡系统中，噪音受到阻碍，因而在平衡中，系统作为一个整体得以保持。相反，在非平衡系统中，涨落会被放大，超越整个系统的组织，把系统转换到一个新的有序的组织状态。

许多发展心理学立即意识到，这些外显的系统原理与发展心理学中古老而重要的问题是相关的，例如，Sandor Brent(1978)在Prigogine的自组织的形式中，看出复杂的起源问题，以及从一个发展阶段到一个更高的发展阶段的转变问题的潜在解决方法。而且，Brent还认为非线性思想能解释发展表面的"自动催化"，即一个小的转换催化了随后发生的(转换)，加速了变化。

Brent的讨论具有严谨的理论性。而Arnold Sameroff(1983)则把新的系统方法更具体地与发展现象相联。Sameroff长期以来都对处于危险中儿童的发展结果持有兴趣，特别是在线性模型不能从前提条件中预测发展路径方面。在一篇重要而具有影响力的文章中，Sameroff和Chandler(1975)描述了永远都令人迷惑的发现：那些在出生前后具有非常严重的危险因素的儿童，包括厌食、早产、分娩并发症以及贫穷的社会环境，他们中的一些不受到影响，或只造成了一点长期的后果；而另一些儿童则持续受到严重的影响。简单因果关系或疾病的医学模型肯定不能来取代这个完全的有机体模型，根据Sameroff的观点，这里"重在关注整体的、积极的机能实体，它们在环境的作用之外建构自身，这源于生物发展的特性"(1983, pp. 253 - 254)。

270

采用这样具有整体性、自稳定性、自组织以及递阶分层组织假设的系统模型，对于发展心理学的每一方面都有意义。例如，社会化的理论必须变得彻底的情境化，因为开放系统的观点意味着个体总是处在与环境的交互作用中。在这种情况下，生物的脆弱性或危险性并不在真空中，而是处于一个或多或少的支持性家庭与社区文化的丰富网络之中。发展的结果是儿童与社会的文化日程的一个联合产物，而且整个系统具有自组织和自稳定的特性。

与此同时，对于变化发生的争议推动了 Ford 和 Lenrer(1992)的发展的系统理论。他们在推导上与我们的理论接近。Ford 和 Lenrer 开始把人类视为“结构与功能的多水平的、情境性组织”(p. 47)，它们表现出各种变化的稳定性与可变性，以及可以在水平之中以及水平之间发生改变。根据这些理论，个体的发展：

> 涉及递增的与转换的过程，这个过程是通过个体与他/她所处情境当时特征之中不断的相互作用，产生了一连串的相对持久的变化，在维持内在的组织与个人的结构—功能单位为一个整体的同时，使得个体的结构与功能特征以及他们与环境相互作用的模式，得到增长，且变得更精致。(p. 49，原著英文为斜体)

他们所坚持的这个定义，包含了终生的变化可能性，多重(尽管不是无限的)和非线性发展路径，不连续性以及新形式的涌现。而且，这个定义具体说明了发展从来都不是个人与环境单独的功能，发展实际上是它们两者动态的相互作用的结果。图 6.5 是 Ford 和 Lerner 把发展性变化模型视为人与环境控制系统的相互作用中的一系列可能状态。因而各种状态是系统当时的构造，它以当时的状态以及系统即时的与长期的历史为基础。我们在本章接下来的内容中，将要重复介绍这些主题。

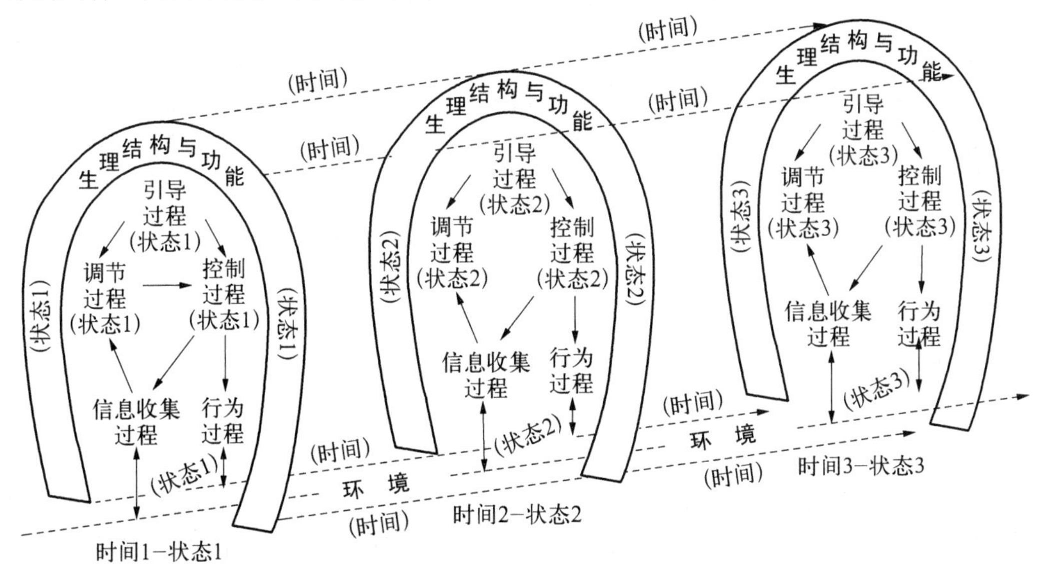

图 6.5 Ford 和 Lerner 视为一系列可能状态的发展性变化模型。

Ford 和 Lenrer 在模型范围上的论述模棱两可；它以生物和社会的发展攻击单独发展的系统理论。他们的智力投入直接指向发展理论的“机体论”和情境学派，很少针对物理与数学的动力系统。因而，他们基本不关注系统方法的操作性实现，也不直接与个体儿童发展的实验性与观察性研究相关联。

271

上述系统理论的历史传承回顾表明了：系统方法对发展心理学家们有着长久的吸引力。这很有意义。作为一个发展心理学家，我们一直面对着丰富和复杂的生物体，在积极主动的个体与他们身边持续变化的环境之间有着复杂的因果网。动力系统理论对这个理论传承最近的贡献是，使得我们能够以文字或数学公式来表达复杂性、整体性、新形式的涌现，以及自组织的理论。它们无需设计就能产生模式的复杂思想，提供了一种表达方法：发展着的生物体并不能提前知道他们将在哪儿结束。形式是过程的产物。

动力系统思维导论

尽管系统思维在发展研究中有着悠久的传统，从胚胎学到文化与社会学的研究都有涉及，但是这些有关系统思维的表达过去更多地停留在理论上，而不是作为研究的一个内在导引，或是对已有研究进行合成的一种工具。发展心理学家们也许承认系统这回事，但是，基于系统原则去设计与完成实证研究则是困难的。在本章接下来的内容中，我们总结了一组可适用于人的发展的动力原理，然后再介绍研究是怎么产生的，如何来操作以及如何以动力观阐释之。我们重点以 Haken(1977)提出的并称之为“协同学”那一类的动力为基础，来总结动力系统。随后，我们会谈到早已应用于发展的动力系统的其他形式，如 van Geert 的“逻辑增长模型”、van der Maas 和 Molenaar 的“突变论”。还有可以在 Smith 和 Thelen(1993)论文中找到的其他例子。

大自然在时间中由模式所占据着。季节以规则的标准变化着，云朵的聚集与散开，树长成一定的形状与大小，雪花的形成与融化，我们看不见的微小的动植物经由复杂的生物圈传递，以及社会群体聚集到一起又解散开。虽然我们已揭示了许多自然秘密，但是由这些复杂系统形成模式的过程——在部分中组织起来的关系——仍是一个巨大的谜。不管怎样，在过去的 20 年左右，物理学家、数学家、化学家、生物学家以及研究社会与行为的科学家们，对这类复杂、或是对具有许多多样性部分的系统如何协作产生有序模式越来越感兴趣。科学的前景是这样一套共有的原理和数学公式，它可以不考虑系统的物质组成，而来描述随着时间演化的模式。

来自复杂的秩序

这类动力系统的关键特征是：它们包含了非常多的组成部分，这些部分经常是不同质的——如分子、细胞、个体或者种系。理论上，部分几乎可由无限种方式自由地进行组合。因而系统的自由度是相当大的。然而，当这些部分到了一起，它们会在所处的时空中形成模式。不是所有的可能性都能观察到，最初的自由度受到压缩。而且，形成的模式不是简单的或是静态的。涌现出的复杂的(精致的)形状或形式，在时空中会经历变化，包括多重的稳定模式，不连续的、形式的迅速改变，以及表面的随机性但实际上是确定地改变了。这样系统的特征是从复杂到简单，再到复杂的序列涌现，没有预先的说明；模式是自己组织而成的。前面提到的山间溪流表明了形状、形式以及随着时间的动态变化，而且在水分子中，或者溪流的河床中，以及随着地理时间的气候改变中，并没有程序来编码波纹和漩涡。

发展中的人同样包含着大量处于不同组织水平的不同部分与过程，从细胞的分子组成到多样的组织类型与器官，再到呼吸、消化、运动、认知等功能性的子系统。但是行为是极度的连贯、极度的复杂，这再一次表明了复杂来自于简单，简单来自于复杂。山间溪流的自组织非常明显；我们在此认为在发展着的人中所看到的模式，也是在多重部分中关系的产物。

山间溪流与发展着的人两者都从不同的部分中创造出秩序，因为他们都可归为开放系统，或者说都是远离热力学平衡的系统。一个系统处于热力学平衡时，它的能量与运动都是均匀分布的，系统内也不存在从一个区域到另一区域的流动。例如，当我们把酒精加入水内，或是在水中溶解盐，分子与离子混合，或完全反应。如果我们不加热这个系统，或加入电流，这个系统就是稳定的。任何新现象都不会涌现，系统是封闭的。像流动着的溪流河床或是生物学系统发生演化或改变，那是因为它们连续地受到能量的注入或转移，就像山顶水的势能变成流动着水的动能一样。生物系统的维持是因为动植物吸收或者摄入能量，这个能量用来维持它们组织的复杂性。尽管热力学第二定律认为系统到最后都走向平衡，这仅仅在整体上正确。在局部上，一些系统吸收能量以及增长它们的秩序。

272

开放系统中，许多元素以非线性方式自由地彼此相关联，具有奇异的属性。当充足的能量泵入这些系统时，新的有序结构也许会立即出现，虽然它们在从前并不明显。没有特别或优先关系的分子或单独部分开始聚集时，系统也许会突然地在空间中产生模式，在时间中产生许多规则。这个系统也许表现出高度的复杂性，尽管是以有序的方式，从一个模式转变成另一个，记录时间，抵制扰动，产生复杂的结构。这些涌现的组织完全不同于元素所构成的系统，模式也不能由单个的元素特征所单独预测。开放系统的行为表现又应验了古老的格言："整体大于部分之和。"

一个复杂系统自由度的缩减，以及有序模式的涌现，使得系统能够以更少的变量被描述，而不需要描述初始要素时那么多变量。我称这些宏观变量为集体变量(也称为序参量)。以人的行走，这样一个由多重因素决定的行为为例。在所有单个要素的微观水平上——肌肉、腱、神经路线、新陈代谢过程等——系统以高度复杂方式运行。但是，当这些部分合作时，我们能清楚地规定一个集体变量在更简单的水平上来描述这种合作——例如，行走中脚的摆动与姿势的交替的循环。这种循环的交替是一个集体变量，但不是唯一的集体变量。我们也看到肌肉发放的模式，以及在关节处产生的压力。集体变量的选择是描绘动力系统的关键一环，但是它并不总是易于完成，它相当地依赖于所需分析的水平。

吸引子与动态稳定性

自组织是开放系统的一个关键属性，尽管模式的巨大范围在理论上是可能的，但是系统实际上只出现一种，或只出现其一个非常局限的子集，它以集体变量的行为表现为指标。系统"习惯的"或"偏好的"只是一些行为模式。在动力系统术语中，这种行为模式是一种"吸引子"状态，因为系统——在特定的条件下——对这种状态有种亲和力。再以动力系统术语表示,即为系统在它的状态中,或相空间中,偏好一个特定的位置,而且当它偏离那个位置,最后还是要趋向于回到那里。

一个动力系统的状态空间是任意维空间的一个抽象的建构物,它的坐标定义了集体变量的可能状态。例如,像摆锤这样简单的机械系统的运动,它完全能以一个两维状态空间来描述,在图 6.6 中所示坐标轴指的是位置与速度。当摆锤来回摆动时,它的运动可以在平面上标示出来。一个理想的、无阻尼摆锤的运动,通过追踪摆锤位置与速度的规则改变的状态空间而规定了一个轨迹或路径。如果我们给摆锤施加阻力,最终它会停止,它的轨迹将会像一个螺旋形。

273

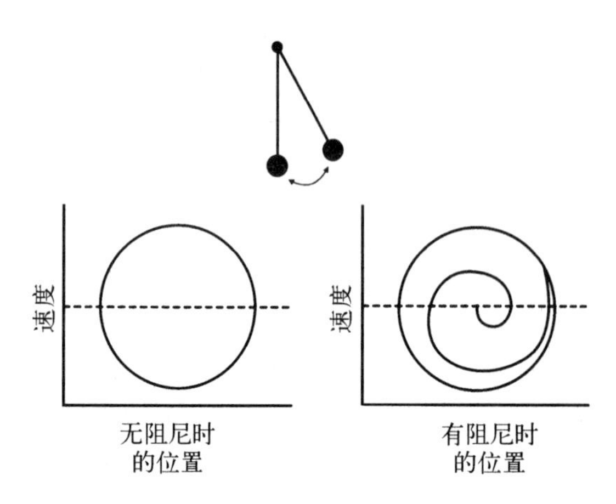

图 6.6 一个可视为动力系统的简单摆锤,在没有阻尼的情况下,摆会呈现出一个有边界的周期吸引子。有阻尼时,摆会进入一个单独的点吸引子。

无阻尼摆的圆形轨迹,和有阻尼摆的不动点是这个系统的吸引子。当阻力出现时,吸引子就是一个点吸引子,因为所在空间所有的轨道都会聚到不动点,不管这个系统的起点或初始条件如何。虽然摆只有一个固定点,但是生物系统往往不止一个吸引子;系统也许会到达数个可能的平衡点中的一个,这取决于初始条件。所有的初始条件都导向一个特定固定点吸引子,这被称为吸引盆(basin of attraction)。

在摆锤的例子中,没有阻力时,吸引子是一个有边界的循环型或周期型,它将一直持续这种振荡。当摆锤受到轻微扰动时,它又及时地恢复成周期行为。一旦给予摆锤一点能量,这些时空模式会吸引状态空间中所有其他可能轨迹,而且它们表示了摆系统稳定的集体变量。在生物体中,周期行为经常是系统中每一要素与先前模式相协调的集体结果。(Kugler & Turvey,1987; Schōner & Kelso,1988)。就人的运动而言,在正常的行走中,腿的循环交替反映了相外 180 度两腿的耦合。这种协调的动力学可由包含两腿间所有可能相关系的相空间来表达。以动力的术语来看,这里存在相外 180 度的强吸引子。考虑到一般情况下,人们习惯交替使用他们的双腿行走,虽然也存在 0 度的(跳)周期吸引子,以及 90 度的(飞跑)周期吸引子,但是它们在正常的情况下都不稳定,因而它们很少见(至少在成年中!)。

最后,还有一类特殊的吸引子——混沌吸引子,在非线性动力学中为人熟知的解释受到了极大的关注。混沌在动力学中有特指的技术上的含义。混沌所描绘的系统的行为近看像随机的,并但在状态空间上,长时间绘制的图又不是随机的,并呈现出非常复杂的几何结构。越来越多的证据说明了许多生物系统是混沌的——例如,心率的涨落(Goldberger & Rigney, 1988),嗅球的电活动(Freeman, 1987),以及人类胎儿的运动方式(Robertson, 1989)。

对发展论者而言,一个行为模式的偏好或吸引子最重要的维度,则是它的相对稳定性。

动态稳定性概念可以通过势能景观(potential landscape)来得到最好表达。想象一个有山峰、山谷的景观(地形),一个球在其中滚动,它描述了集体变量的状态,如图 6.7 所示。图中(a),球在小山顶有大量贮存的势能;给它一个轻的推力,小球将沿着山坡往下滚。因而,系统的状态,由球来表达是非常不稳定的。任何一个小的推力都会使小球离开山顶。图中(b),球在一个深谷中,与图中(a)相反,小球具有非常少的势能,需要大的外在推动才能改变它的位置。后者是一个非常稳定的吸引子;前者被称为排斥子(repellor),因为系统不想停在山顶上。图中(c),球在一个浅的山谷,相对稳定,但是如果给予足够强的推力,球会移动到邻近的山谷中(当在两个山谷之间没有很长的小丘时)。经过足够的时间后,山坡上所有的球都会停在一个最深的山谷中,尽管相邻的谷也许足够深以至于球离开它们近乎是不可能的。图 6.7(d)也表示了这样一个具有三个点吸引子和它们之间两个排斥子的多重稳定的吸引子。

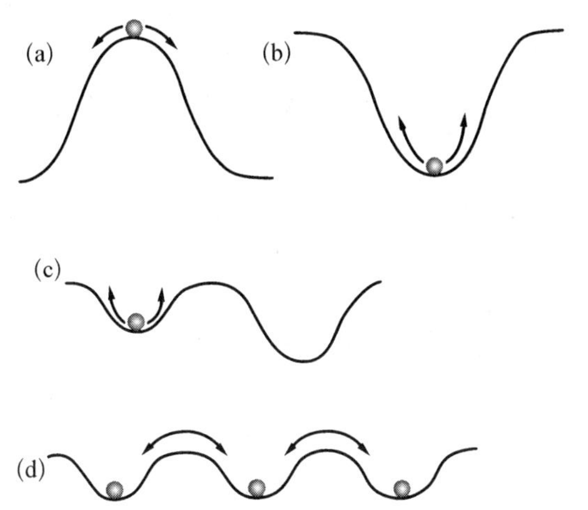

图 6.7 稳定与不稳定的吸引子。吸引子的稳定性可描述成势能坡。(a) 在山顶的球有大量势能,甚至一个轻微的推动使球离开,这是排斥子。(b) 在山底部的球需要很大的能量才能将之推到顶部。如果受到扰动,它很快就会回到底部。这是一个稳定吸引子。(c) 处于浅坡的球,是一个次稳定的吸引子。相对小的扰动也会把它推向周围,尽管对于给定的时间,它可能会停在更深的坡中,因为其自身的噪音。(d) 一个行为系统也许有多重稳定性。

274

系统的稳定性可以用许多方法来测量。首先,稳定以系统将处于一种特殊的状态而非其他势能地貌的统计可能性为指标。其次,稳定性是对扰动的反应。如果一个小的扰动作用于系统,就使得系统离开了它的固定状态,一段时间后,系统又回到了它原来的平衡位置。像图 6.7 所示,当势能山谷深,坡面很陡时,球将会迅速地滚到底部。相反,同样的扰动作用于一个浅势能的坡面中,球将会花费更长的时间才能回到平衡状态,因为回复到原位的力很小。如果从一个山顶推一下球,它将不再回到山顶。因而,系统稳定性的一个指针是:一个小的扰动后,系统回复到平衡状态的时间。

第三,稳定性与系统对系统内部的自然涨落的反应有关。我们知道,复杂系统表现模式包含了许多子系统。每一个子系统都与它的噪音有关联,这些内在的噪音作为随机的力量,对集体变量的稳定性产生影响。这是把复杂系统甚至是明显的稳定系统说成是动力的另一种方式。如果系统停留在一个陡的、深的坡面中,这些随机的力量对于小球只有微小的作用,球将不会围绕着平均的吸引子模式周围变动。但是在浅的坡面中,这些微小的作用力更有效,球将会来回地滚动。我们可以测量距离吸引子状态的差异量,例如测量围绕着吸引子状态的集体变量的方差与标准差。吸引子越稳定,围绕吸引子的标准差越小。

软组织

如图 6.7 所示,我们所称作的一个模式、一个吸引子,是系统所偏好停留处以及系统如何抵抗内在与外在力量的统计状态。尽管一些吸引子状态是如此不稳定,以至于几乎从来也观察不到,另一些吸引子状态是如此的稳定,以至于这种状态看上去似乎不可避免。因为这些行为状态在一定的环境中是如此可靠,所以我们很容易相信这是系统中由硬件结构或程序所产生的。非常稳定的吸引子需费很大的推力才能使得它们从偏好的位置移开,虽然如此,它们还是动态的与可改变的。这是把系统说成软组织(Kugler & Turvey, 1987),而不是硬件化与程序化的一种方式。系统的要素会以很多种方式组织起来,尽管只有一个或数个组织方式足够稳定,以至于人们能够看到。在此,我们认为,在动作与认知上,以及在发展上,许多像程度、阶段或结构一样运行的构造,是稳定的吸引子,它的稳定性限度实际上在适当的情境下会变动。也即,许多心理建构或运动构成——例如,物体恒常性与行走——是这类吸引子,它们具有如此的强度与稳定性以至于只有最强的扰动才能打断它。它们看上去好像是接入了硬件一样。其他能力——如传递性推导,视错觉,以及许多运动技能——具有吸引子,它们的稳定性容易受到情境的控制,或缺乏训练,或是由于没注意而被打乱。

一个好的软组织系统的发展性实例是婴儿用手与膝盖爬行的运动模式。人们一直习惯于把这一模式描述为在人类运动的个体发展中的一个"阶段":几乎所有婴儿在学会走路之前都会爬行。把爬行视为运动往前发展的一个必须的前奏,这使人们很感兴趣;实际上,一些物理治疗师认为婴儿必须经过这个爬行阶段才能获得感觉运动的整合。但是,以动力的术语来看,考虑到婴儿的神经肌肉系统的当时状态,以及婴儿想要穿过房间去获得某个吸引人的东西,我们可以把爬行视为一个暂时的吸引子,一个系统偏爱的模式。当婴儿没有足够的力量与平衡站起来走路时,爬行是一种独立运动的自组织的解决方法——一种统计上的可能性,而不是不可避免的解决方法。事实上,一些婴儿使用一些不规则的模式,用腹部爬行,或者用臀部快速地滑,一些婴儿从来也不爬行。这些典型的爬行是一个系统所偏好的吸引子,但并不是硬件似的发展阶段。

软组织是发展动力观的核心假设。它永远地消除了程序、结构、模块以及图式这些词汇,以复杂、稳定性以及变化等概念取代了上述概念。稳定性定义了系统的集体状态,可通过它对变化的抵抗来测量。围绕稳定态的涨落变动是复杂系统的不可避免的伴随物。这些涨落——系统动态地运动着的迹象——是行为与发展中新形式产生的源泉。

275

系统是如何变化的:涨落与跃迁

上面,我们把行为模式定义成不同的稳定性,软组织的吸引子状态。那么,当它们处于发展中,或学习中,模式是如何改变的呢?这里,我们援引非线性概念,一个动力系统的标志。在动力系统中,一个模式因为系统要素间的合作而具有连贯性。这种连贯性不会因为系统内在的涨落,以及是否有小的推力作用于系统,而发生改变。因而行走对人的运动而言是非常稳定的吸引子。我们能穿着高跟鞋走过房间,能在各种表面上走,甚至我们说着话,或嚼着口香糖也可行走。但是当系统参量,或是外在边界条件改变了,到了旧模式不再连贯与稳定的那个点处,系统会碰到一个质变的新模式。例如,我们走到不同的倾斜度的山上,当山的陡峭程度到达一定危险值时，我们就必须转换成四足走法——以四足爬行。这是一个非线性相变或相跃迁的例子，具有相当的非平衡系统的特征。

在运动模式这个例子中，改变的参量只是山的陡峭程度。这个参量的渐渐变化，引起了我们行走中的渐渐变化，直到在斜坡上的一个小的改变使得我们的模式发生一个大的变化。在动力学术语中，斜坡的改变充当着我们步态类型的控制变量。这个控制变量并不是"真的"以传统术语中的意思来控制系统。相反，它只是系统集体行为敏感的一个参数，因而可以通过集体状态来发展系统。在生物系统中，任意的生物体变量数或相关边界条件，都相对的非专门化，且经常在温度、光线、运动速度等中发生变化。

例如，Thelen 和 Fisher(1982)发现了身体的体重及组成成分，也许可以作为我们熟知的新生婴儿移步反应"消失"的控制参数。新生婴儿能够保持直立，一般就会举步走路，但是过了数月后，这种反应就不能再现。尽管传统的解释认为这是由于更高级脑中枢反射的抑制，但是 Thelen 和 Fisher 注意到，当婴儿仰卧，而不是直立时，这种类似于移步的运动没有消失。这使得中枢神经系统的解释靠不住。而且，他们还注意到，在婴儿的移步受到抑制的这段时间，他们的体重以一定的速度在增长，特别是身体脂肪。Thelen 和 Fisher 由此得出推论，当婴儿的腿部增重，肌肉的大小并没有增长时，婴儿们就会越来越困难地在生物力学所要求的直立姿势中抬起他们的腿。身体的脂肪沉积是一个增长性的变化，它并不专门针对腿步运动，它还影响系统，结果就导致了行为上的质变。

因而，变化也许是由系统中那些不明显的组成成分所引起的，当然，在另外一些情况下，控制参量也许会具体地作用于系统。例如，特定技能的训练或经验也许是关键的因素。例如，8—10 月大的婴儿够不到一个透明障碍物周围的玩偶(Diamond, 1990b)。一般情况下，婴儿很少有关于透明障碍物的经验。但是当 Titzer、Thelen 和 Smith(2003)把透明的盒子给婴儿数个月后，这些婴儿学会了改变他们平常直接在视线中去取物体的反应，而是采取有利于到达透明盒子开口处的取法。此例中，婴儿通过探索，学习透明盒子的知觉属性，是引起新的认识形式产生的控制变量。

就像我们早已讨论过的，在系统中，并不是所有的变化都是相转变的。在控制变量的一些值上，系统也许以线性连续的方式来反应。非线性是一种阈限反应，在一个关键的值上，控制变量一个小的改变会导致系统的质变。控制参数(不管它们是否是非专门性的，生物体的，或是环境的参数)或特定的经验，通过影响当前吸引子的稳定而导致相变。记住，所有的复杂系统都负载有内部涨落。当系统是一致的，而且模式是稳定的，这些涨落会缓和渐弱。但是，在控制参数的关键值上，系统失去了内在的一致性，噪音扰乱了集体变量。在一些点上，噪音超越了模式合作的稳定性，那么系统就会表现出没有模式，或者增长易变性。但是，有时当控制变量通过这些关键值时，系统就会进入一个新的不同的协调模式。

行为相变最优美的实证研究，来自 Kelso 及其同事们的一系列研究以及他们的双手协调模型(参见 Kelso 的扩展讨论，1995)。他们的基础研究如下：要求被试或同步(两个手的食指一起弯曲，一起伸开)或异步(一只手的食指弯曲，另一只手的食指伸开)运动他们的食指。接着要求被试加快两只食指周期运动的频率。通过加快速度而不要求运动模式改变，

276

在异步条件下开始的被试经常会转向同步运动。因此,两种模式在低频率时是稳定的,且只有同步运动在更高频率时是稳定的。以动力学的术语看来,相关相的集体变量对控制变量——频率——敏感。

Kelso 及其同事使用这个简单的实验,明确地指出了从异步运动到同步的相变是由系统稳定性的失去而完成的。在每一被试刚刚发生转变之前,围绕平均相关相位的标准差一直很小,直到每一被试发生转变之前的那一刻,差异会激增。接下来,被试从异步转为同步运动后,就习惯于同步模式,这时候差异又一次变小了。与此同时,Scholz、Kelso 以及 Schōner(1987),在被试以各种频率运动的过程中,以一个小的拉力扰乱了运动,这时候,他们观察到,当被试接近从异步转向同步时,在拉力扰动下恢复到要求的频率就更困难。系统一致性的瓦解,反映在从状态空间的各区域进入轨迹的异步吸引子逐渐减弱的强度。

动力系统观的发展

在这一节中,我们概要地使用"Waddington 衍生景观"作为一种手段来解释主要概念,对动力系统进行一个总的回顾。接着我们以学习够取的发展这一问题为例,来说明动力系统理论如何引导实验和研究。最后,我们回到客体概念的发展上,利用 A—非—B 错误来介绍这些思想是如何并入行为与发展的形式理论中去的。

动力的衍生景观

在前文中,我们早对自组织系统作了这样的描述:表现出各种不同稳定与变化程度的多重、异质的系统要素的"软组织"行为模式。依据动力系统观,可将发展预想成一系列在时间中进化与消失的模式,在任一时点,拥有特定的稳定度。我们对前述势能景观的表达进行推广,采用抽象的方式描绘这些变化,图 6.8 所示近似于 Waddington(图 6.2)在早期的(1957)以及后期的(1977)具体化的著名的衍生景观。图 6.8 中第一个维度是时间(Muchisky, Gershkoff-Stowe, Cole, & Thelen, 1996)。景观(地形)从过去到现在,从背景到前景的进展不可逆转。第二个维度——地表——是集体变量,或是对系统协作状态的一种测量。图中,形成了景观的每一根线都表示了某一特殊时刻。这些线描绘了在那个时点系统可能性的变化范围。每一根线的轮廓都是系统发展到那一时刻的历史作用的结果,加上在那个时

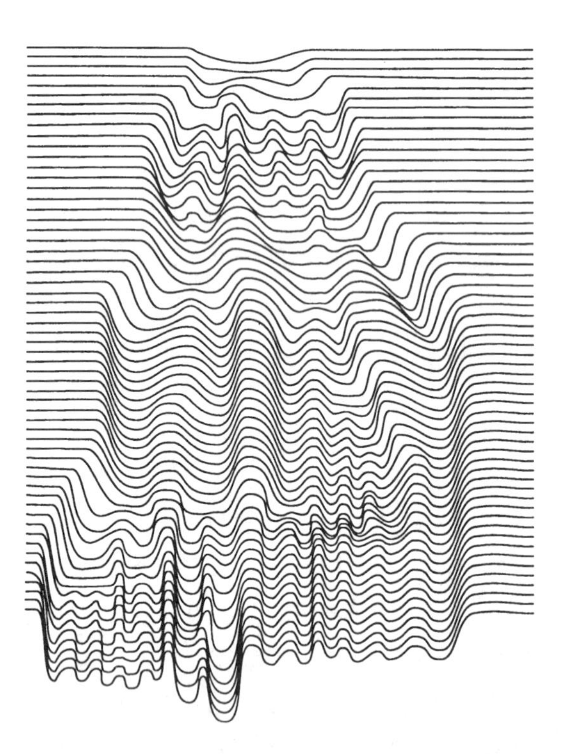

图 6.8 Waddington 的衍生的景观的改编(图 6.2)。这幅图把行为发展描述成一系列不同稳定性的进化与消失的吸引子。

点作用于系统的各种因素——像社会和物理情境,儿童的动机与注意状态等等。景观的第三个维度与集体变量的变化深度相关。这个深度表示系统在那个时点的稳定性,以及在限制性因素的特定组合上的稳定性。因而,这个深度捕捉到的是可能性,而非严格意义上的行为与认知状态的固定本质。 277

嵌套的时间尺度

"景观"表达了发展着的动力系统的一个关键属性:在多重时间尺度上变化的嵌套。决定了时间 t 上的任一点系统稳定性的情境与条件,构成了下一时刻(t+1)系统状态的初始条件。与此同时,在(t+1)时刻的系统的属性决定了(t+2)时刻的系统状态,等等。系统因而是反复的,每一个状态都是依赖于先前的状态。

最重要的是这个反复的过程在每个时间尺度都发生。因而进化与消失着的稳定性的景观,就像早就描绘过的实时过程的动力学一样,比如对够取一个物体,说出一个句子,或者解决一个额外的问题这些能力,在秒、时、天、星期或者月的时间尺度上变化着。以动力的术语来看,时间尺度也许是分形的(Grebogi, Ott, & Yorke, 1987)或是在观察的许多水平上都是自相似的。例如,海岸线是典型的分形——海岸线测量时完全依靠尺度。在公理的尺度上描绘海岸线,海岸线就是一条简单的曲线,但当测量尺度变为米或厘米时,其简单性就消失了。毫无疑问,这个简单的曲线只是小海湾与不规则形状的集合,它对于走在沙滩上的人们、憩居在沙滩上的螃蟹而言,显然存在不同的几何尺度。与此同时,我们认为,当知觉、行动、思维以秒或秒的部分的时间尺度发生时,这些累积起来的行动就构成了发展变化上的更大的海岸线(Samuelson & Smith, 2000)。

以动力观来看,每一行动在时间上的发生表明了行动的激活、高峰、衰退的过程,具有与时间每一时点相关联的各种稳定性水平,而且每一个行为动作都改变着整个系统,建立了时间中行动的历史。因而,在数秒内或数分内,重复相同的行为能导致习惯化或学习,就像一个即时的活动变成下一活动的起点那样。因而,我们可以想象出如图 6.9 所示的,在实时的领域中演化的一个小尺度的景观。在图示中,我们认为行为 A 激活时有一个陡的上升时间,以及一个非常慢的衰退。通过重复,A 激活的阈限在减小,因为活动被先前的激活所启动。这个行为变得更稳定,更容易发生,很少能被打断——人们已经习得了某物。一个同样令人信服的解释是 A 的激活也许提高了对相同行动重复的阈限,就像在顺应、适应与厌烦中所发生的一样。

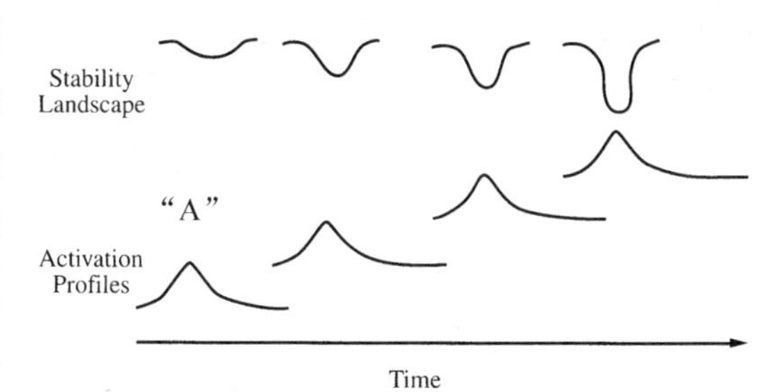

图 6.9 在时间上对行为进行重复的效果。每一次激活都启动或降低了下一次重复行为的阈限。一个降低的阈限会充当一个局部吸引子,使得行为更稳定。

因为把实时中行动的历史计算在内,当同样的条件依赖于系统的当时历史,导致了不同的行为结果时,动作的实时动力学也许表现出滞后的重要属性(e. g. , Hock, Kelso, & Schöner, 1993)。所以,行为的表现承载的不仅仅是他们当时表现的动力学,而且也包括一个动量(e.g., Freyd, 1983),以至于系统总是受到知觉、运动、思维的每一个动作的影响,虽然程度不等。就像一分钟接着一分钟的活动,它们负载着自己的历史,并建立动量,因此也确实是这些累积的历史组建了学习与发展变化的内容。描绘系统状态可能性的景观上的每一条线,包含了它自身的分形时间尺度。思维与行动是其自身历史的函数,同时发展也是它的历史。适应、记忆、学习,顺应与发展形成一张无缝的网,它们建立在时间上的过程——在现实世界的活动上。

这样一种嵌套的时间尺度的观念,极大地改变了我们关于大脑中的表征观。这在认知发展研究中尤为典型:研究者以设定的任务去测量儿童们实际上知道些什么。因而,实验表明了婴儿的可能与不可能的物理事件,目的在于揭示婴儿是否知道物体是坚硬的,一物与另一物不能占据同样空间,物体遵循重力与动量规律等等(e.g., Baillargeon, Spelke, & Wasserman, 1985; see also Cohen & Oakes, 1993)。或者,以婴儿们对一系列有色棒子的反应为基础,假定儿童"有"能力去进行传递性的推理——从两两的关系去推断第三个关系。(如果蓝色的棒子长于绿色的棒子,而绿色的棒子长于黄色的棒子,那么蓝色的棒子长于黄色的棒子吗?)如果儿童不能通过这个测试,那么说明他们还不了解物体的物理属性,或没有能力同时思考两个事物。

278

这里的核心假设是:认识或能力是作为被贮存之物,它是永恒的,存在于当前的反应表现之外。一个实验性任务只有当它反映了对正在起作用的心理结构的真正解读,才是好的实验任务。这种普遍的观点陷入了严重的困境,而且是在经验的与理论的两方面。首先,实际上,数千个研究都表明了儿童的认识或他们应用一定步骤的能力非常容易发生变化,且高度依赖于实验的整体情境,包括实验的地点、指导语以及提示、他们的动机与注意以及一些在任务中非常微妙的变量(Thelen & Smith, 1994)。例如,以有色棒子任务为基础,Piaget总结出,学前儿童能够作出传递性推理。但是当 Bryant 和 Trabasso(1971)在推理前提的信息方面训练学前儿童,直到他们习得并记住了"蓝色的棒子长于绿色的棒子",学前儿童就能够作出这类推理。类似地,6 个月的婴儿不能找到藏起来的物体,这使得 Piaget 认为婴儿在物体离开了他们的视线时就不能在心理上表征物体(Piaget, 1954)。然而,同一年龄的婴儿看到物体从期望的地点消失时,他们会表现出很惊讶。

为了解释这些奇怪的结果——在一个情境中儿童如何认识这些物体,而不是另一个情境——发展心理学家早就提出,儿童一直都有"真的"能力,但是他们的行为失败是因为一些表现能力。在传递性推理的例子中,Bryant 和 Trabasso(1971)推导出,儿童的失败不在于缺乏心理结构,而在于他们记住了前面的物体。当他们的记忆力受到训练,能力就表现出来了。与此同时,6 个月的婴儿知道物体恒常,但是他们在搜寻上有缺陷——实际上是伸出手,移去盖子,拿到物体。改变要移动搜索任务中的组成要素,婴儿的物体恒常性的基础认识就显露出来了。非常小的儿童因而也拥有相当的认知能力,但是,他们的能力会因为不成熟的记忆、运动技能、语言以及注意,而被藏匿着。

在能力与表现、操作之间的差异,在过去的 20 年里,曾是发展性思维的一股主要力量(Gelman, 1969)。在一个又一个领域里,研究者们沿用这种逻辑训练:定义一些认识结构的本质，作一些彻底的任务分析，除去了起着辅助作用的过程与操作性变量，理解儿童是否拥有“基本”的认识。因为这些程序，研究者一直没能揭开儿童早期甚至更早时期的认知能力，当然这超出了 Piaget 及其追随者所提出的观点。另外，能力/表现之间的差异似乎有助于解释 Piaget 的发展中滞差(decalage)：为什么同一儿童在某一任务中的一个认知水平上与其他任务中的另一水平上都能完成操作，则被认为是利用了类似的结构。而且，困难在于任务实际上所能揭示的隐藏结构。

为什么动力学的解释揭示了能力/表现差异理论上的不足呢？因为行为总是在时间中组织起来的。不存在一种逻辑方法能解析出什么是“基本的”，永恒的，以及永久核心，什么只在当时才表现出来。因为心理活动总是从知觉与行动的基本原理，在时间中得以发展的，也总是实时地与内在和外在的情境相联，没有什么逻辑方法可以在这些连续的过程之间划一个区分线。认识的本质与构成认识的记忆、注意、策略以及动机无异。除此之外，探寻一个核心能力在任务分析中经常简化成一个练习。看着物体消失这个任务难道真的构成了对物体恒常性的真正测量？在实验中可以允许有多少线索，或者多少易化的处理能消除参试者的多余操作方面的阻碍？能够取回一个隐藏的物体，并不意味着这个儿童真的知道，或具有独立于情境中行动的认识。这样解释的危险在于，在定义的困境与任务分析中，发展的过程自身迷失了。这个儿童表现得就像他/她在这个时候这种情境下所做的，这又是如何发生的呢？在这个儿童的历史中，或一般而言，在儿童的历史中，是什么导致了这些模式按时产生的呢？

279

分析水平的分层(Layered levels of Analysis)。认真地考察时间也意味着在多重时间尺度以及分析水平上进行整合。例如，发生于毫秒内的神经兴奋性。反应时是数百毫秒的等级。人们在数个小时、数天、数个月后学会技能。发展性的变化发生在数周、数月、数年之内。传统上，心理学家把动作、学习以及发展视为不同的过程。但是对生物体的时间而言，它们是统一的、整体的，只是它们处于系统的不同水平。例如，婴儿所迈出的每一步，既是产物又是变化的产生者——在神经、眼球和肌肉、动机以及关于空间与表面的观念的水平上。一个有关行走的完善理论，需要在所有这些水平上对生物体发生的变化进行整合。因而，发展的研究必然要关注在不同的时间、不同的分析水平上，变化是如何相互作用的。

这里举一个 Neville 及其同事(参见 Neville & Bavelier，2002 对此的评论)对聋童的神经与行为发展进行研究的例子。成长中的聋童在视觉处理上会发展成不同的结果，这一点在他们对边缘视觉事件反应的 ERPs(event-related potentials，相关事件潜能)中相当明显。Neville 发现来自视觉区域的 ERPs，正常儿童比聋童要大 2—3 倍。Neville 利用在发展中运作的视觉与听觉皮层区域竞争过程，来解释这些差异。但是，我们可以应用变化的动力学来思考这些差异到底意味着什么。个体聋童这种每时每刻的经验——在毫秒等级上的内部神经活动——对没有听觉与有听觉的视觉系统的发展是不同的。神经活动上的这些毫秒差异的自然效果，在长期内则会引起神经联结上的变化，这在后来就决定了有听力与聋的成人，在 ERPs 上神经活动的不同模式的证据。一个毫秒等级上的事件，在一个更长的时间尺度上进行重复，则会导致发育的更慢的过程（神经的联结）以及神经活动的更快速的过程（ERPs）这两方面的变化。

这里，我们注意到，许多其他的研究项目也明确以分析的嵌套水平，试图来理解发展性变化（Gershkoff-Stowe，2001，2002），这些研究表明了儿童说出的每一单词是如何来改变词汇的提取，以及如何来改变系统接下来能快速连续地产生许多不同的单词。同样地，Adolph、Vereijken 以及 Shrout（2003）也揭示了，沿着一个斜坡上的每一步，是如何改变身体的动力学，以及婴儿了解斜坡的什么属性。最后，Thomas 和 Karmiloff-Smith（2003）最近对发展性障碍，特别是威廉综合征（William's Syndrome）的研究，非常有说服力地切中了理解发展的要点——以及有效的干预——需要理解在多重时间尺度上，变化过程是如何彼此作用，从而产生发展性的轨迹。他们研究的一般程序，所基于的脑机能的静态模型思想——机能被映射到限定的脑区域——对于研究与理解发展障碍是不合适的，包括以遗传为基础的障碍，如威廉综合征。而且，他们认为非典型发展中的儿童，他们的大脑是部分完好，部分受损（就像正常成年人的大脑受伤）的不正常大脑，在胚胎发生及婴儿出生后的整个发展过程中，大脑的发展都是不同的。从 Neville 对聋人脑部发展的研究结果的回顾，可以发现脑中功能—结构映射涉及在多个时间尺度上的过程的发展性突变的产物。Thomas 和 Karmiloff-Smith（2003）所作的模拟研究，对非典型的发展轨迹提供了特别有价值的启发，这些发展轨迹来自于在时间选择与一般过程的运行中的细微差异（参见 Elman，Bates，Johnson，& Karmiloff-Smith，1996）。

Lewis 早就把嵌套水平的思想扩展到情绪和人格的研究中。他提出疑问：当我们得知一件悲伤的事情时，我们如何从幸福的状态转换成悲伤的呢？情绪如何迁入，又是为什么会迁入的呢（比如，沮丧、满意）？为什么一些人更容易有这些情绪，而不容易有另外一些情绪？这些幸福与不幸福的情节以及这些情绪又是如何造就我们的人格的呢？理解情绪要求理解在不同的时间尺度上的过程是如何彼此影响的。最近，在一个情绪与人格发展的新理论中，

表 6.1　对 Lewis（2000）提出的情绪发展中嵌套的时间尺度的总结

	情绪性情节	情　　绪	人　　格
时间尺度	数秒到数分钟	数小时，数天	数年
描绘	情绪状态的认知解释的快速趋同	情绪解释性偏差的持续占据	持续的情绪—解释的习惯
动力系统的形式	吸引子	状态空间暂时的修正	解释性状态空间的永久结构
可能的神经生物的机制	边缘回路产生的眶额组织活动所调节的皮质一致性	眶额—边缘皮质的引发，运动练习以及之前传入的、持续的神经激素	一些边缘皮质联结的选择与加强、其他联结的切断、弹性的失去
更高等级的形式	目的、目标	目的性定向	自我感

Lewis(2000)把情绪性情节、情绪与人格之间的关系,与刻画海岸特点的不同分析尺度上的循环因果联系起来。海岸线的大尺度或宏观的特征——海湾、海脊、半岛——为小尺度或微观的过程——海流、潮汐压力、腐蚀设定了条件。而这些微观属性偶然会对长时程的宏观属性有贡献。这是一个循环因果的例子。理解情绪与人格的发展,需要在同样的循环因果的关系中找到解答——从情绪至更稳定的人格的中间尺度的微观情绪状态中。表6.1总结了Lewis关于情绪发展的三个尺度,表明了在跨尺度上表现出的类似与差异,以及当前的心理与神经生物机制的理解。

这些发展模式符合图6.8所示景观中所隐藏的更广泛的思想:在许多时间尺度上,模式稳定性的变化。在景观上的每一条线,表示一种由集体变量表达的行为模式的状态;也就是,把多重成分缩减成一个更简单的行为表达。了解、认识到集体变量的行为表现,是发现变化过程的基础的第一步。但是,对变化过程作更全面的理解,需要了解构成协作的整体各要素的行为表现。这在发展的研究中尤为重要,因为这些要素的贡献以及重要性,自身都会随着时间以及不同的情境而发生变化。例如:大腿包块(leg mass)以及脂肪—肌肉的比例也许对婴儿2个月时行走的行为表达具有效用,但这些解剖学参数的变化,对已转为独立行走的12个月婴儿,并没有多大的重要性。在更大的年龄中,尽管婴儿需要充分的腿部包块,以及足够的力量去支持他们的体重,但是婴儿使用视觉与本体感受维持平衡的能力也是重要的要素。与此同时,尽管在学习新技能的早期阶段,集中的注意力会决定成败,但当技能变得越来越自动化时,相关注意的作用就逐渐变小了。

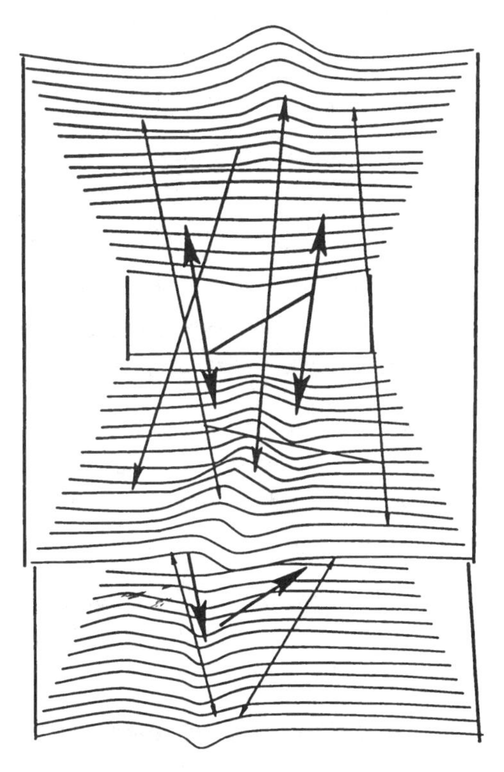

图6.10 一个多层系统的衍生的景观,系统组成要素以一种变化的方式彼此相互作用。

因为系统的要素自身也有一个发展的历史,而且它们之间的关系也是交替变化的,所以我们的动力景观更完整的表达如图6.10所示的一个叠在另一个上的三个景观层,这表明了动力系统的组成要素自身也具有动力性。联结各层的箭头,表示要素之间的耦合是复杂的也是偶然的,而且会随着时间变化。这意味着耦合也总是多方向的,而且子系统彼此之间的作用效果在时间上也是像瀑布那样层叠。继续以婴儿行走为例,婴儿在生命第一个月的活动中不断增加的腿部力量,促进了简单的站立、爬行、行走。独立的运动引起了在空间认知上的改变,这可能是因为当婴儿四处移动时,他们会更多地注意空间的标志物(Acredolo, 1990; Bertenthal & Campos, 1990)。但是,认知上的改变也会反馈到运动行为上，当技能更熟练的婴儿探索与开发了他们所处的空间环境中更多的不同方面时，他们就会改变他们的动作计划，也能够对意料之外的事件作出迅速的调节。

281 重要的是，在每个水平上的解释，都必须是一致的，基本相容的。这一点在考虑行为的神经偏差时特别重要。自从 Myrtle McGraw(1932)时期以来，在有关人的发展的研究上，仍存在着一个传统，即从神经的水平来寻找解释，以及去寻找一些可以观察到的行为变化，作为在大脑中先前的决定性的变化所导致的。例如，Goldman-Rakic(1987)与其他研究者早已认为在前额皮层的突触联结的大量重新组织，是 8—12 个月的婴儿为什么会表现出空间认知、优势反应倾向的抑制、甚至语言的开端方面进展的原因。Thatcher 与其他学者试图把 Piaget 的阶段论解释成大脑活动阶段性变化的结果(Thatcher，1991，1992)。

对发展过程中变化机制的成功探究，需要在迥然不同的组织水平上对机制进行整合。例如，我们通过发现身体脂肪的积淀在新生儿行走的消失中起着一个控制参量的作用，提供了变化的机制。一个生理学家也许会提出质疑：出生后的新陈代谢过程加速了脂肪的积淀，因此新陈代谢过程也能构成一种基于过程的变化的解释。但是，新陈代谢不应作为任何水平上比自身更基础与更真实过程的解释。实际上，因为水平与过程彼此相互作用，所以把一个水平设定为最后的原因是不可能的。非常需要对许多系统要素的变化进行描绘，因为只有这样才能对多水平过程与他们之间的相互作用进行充分整合。

多重因果(Multicausality)。发展着的生物体是复杂的系统，它包含了非常多的嵌于其内的单独的要素，同时也对复杂环境开放。这些组成要素彼此连续地相互作用，并以这样的方式改变着彼此，改变着作为整体的系统。这是多重因果的思想。像自然中许多其他的复杂系统一样，这样的系统能表现出整体(coherent)的行为：没有媒介或程序，这些系统的部分也能协同产生一个组织化的模式。而且，整体性完全是由生物体的组成要素与环境的机遇和约束之间的关系产生的。这是开放系统的思想，在环境中(任务中)的任一要素，在产生系统整体性时与其他组成要素一样。这种自组织意味着没有一个单独的要素——内在的或外在的——在因果关系上有优先权。当这样的复杂系统自组织时，它们是以状态的相对稳定性和不稳定性为特性。发展可以被想象成一系列变化的动力稳定性的正在演化与消失的模式，而不是一个朝向成熟的不可避免的发展进程。因而，当婴儿有了足够的力量，能够协调出现的手—膝姿势、支持的环境，以及有兴趣进行自我运动时，他们用来运动的爬行就是一个整体行为，但还不是一个平衡以及具有足够力量直立行走的系统。爬行模式已是数月以来的一个稳定行为。但是，当婴儿学习走路时，爬行模式就会因站立与行走的模式失去了稳定性。在基因或神经系统的硬件中并不存在把爬行模型组织起来的程序。在一个任务情境中(移过房间)，爬行自组织成为一个问题的解决方法，后来则由更有效的解决方法取代了。

282 **不同质的系统与兼变(Heterogeneous Systems and Degeneracy)**。多重因果、自组织、开放性这些思想与神经发展中的涌现思想相合。大脑由许多不同的部分与过程所组成，而且每一部分都通过感觉—运动系统与世界上的其他部分发生着连续的交互作用(例如，Churchland & Sejnowski，1992；Crick，1994；Damasio，1994；Edelman，1987；

Huttenlocher, 2002; Kelso, 1995; Koch & Davis, 1994)。大脑也具有 Edelman(1987)所称的兼变性,在神经结构中,它是指任一单独的功能由神经信号的多个结构来实现,而且不同的神经群也参与许多不同的功能。兼变性引起了冗余,结果系统的功能可能因为某个组成要素的缺失而相同。例如,Bushnell(1994)主张,因为我们是通过视觉、声音、运动、触觉还有嗅觉来接触空间的,所以哪怕缺少一个模块,我们也能认识空间。例如,一个盲人,不会抹去空间的概念;相反,盲童的研究揭示了比较的空间概念可通过不同的模块群发展而获得。

兼变性也指不同系统无需外在的教师,可以相互教育、学习。细心的婴儿观察者长期以来都注意到,婴儿实际上会花费数小时来观看他们自己的行动(如,Bushnell, 1994; Piaget, 1952)——把他们的手放在脸前,看着手来来回回,过一些月后,集中地观看他们轻轻地挤与放开衣服。多模块的第二个特征即为 Edelman(1987)所称的重入(reentry),跨模块的多重同时性表征的外在相互作用。例如,当一个人看到一个苹果——并且立即给它以诸如此类的特征化——经验是视觉的,而且它也激活了对苹果的嗅觉、它的味道、感觉、重量以及与苹果的各种活动联系在一起的一系列感觉与运动。重要的是,这些多模块的经验是锁时(time locked)及关联的。

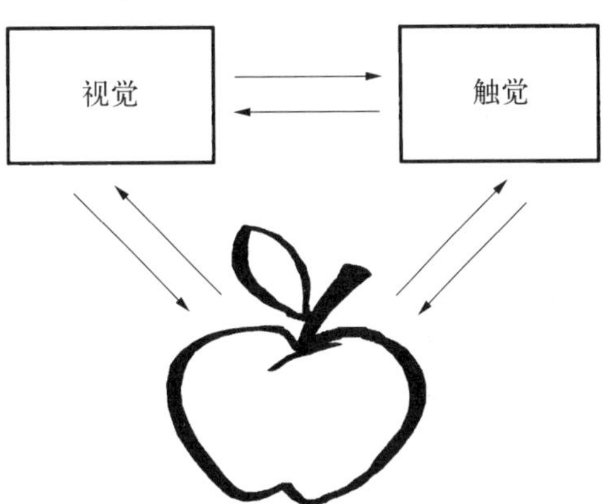

图 6.11 两个感觉系统与外界世界的锁时对应,以及它们之间的对应示例。因为视觉与触觉系统主动搜集信息——通过移动手、移动眼睛,联结着这些系统的箭头也为它们彼此之间提供信息。

用手移动苹果时,触摸方式的改变与苹果移动时人们看到的变化是锁时的。锁时相关造成了一种有效的学习机制,如图 6.11 所表示的四个相关的对应关系。第一个对应关系是在苹果的物理属性与视觉系统的神经活动之间。另一个对应关系是苹果的物理属性与触觉系统的神经活动之间。第三个与第四个对应关系是 Edelman 所称的重入对应:视觉系统的活动对应(映射到)于触觉系统,触觉系统的活动对应于视觉系统。因而刺激的两个独立的映射——视觉与触觉——提供了不同质的注释,通过实时的相关彼此学习。同时,视觉系统受随时间改变的苹果的阴暗与纹理以及点的共线运动变化而激活。触觉系统则由压力与纹理上的锁时变化而激活。在实时的每一步上,每一个相异过程的激活彼此映射,使得系统能够在其自身活动中去发现超越特殊模块之上的更高等级的规则。

依赖经验的弹性(Experience-dependent Plasticity)。近半个世纪来,神经科学家们都认为大脑皮质表面包含着:以粗略的地形顺序排列的感觉输入以及身体各部分的运动的对应关系。占主流的假设认为:这些巧妙有序的表征,由生命早年神经的解剖结构的成熟所确定后,就保持着静态。这些古老的真理曾被遗弃。在过去的 20 年里,人们又在猴子身上重新发现,这些对应关系由功能来确定与维持,而且至今成人的大脑也有着未曾想到的弹性。现在,大脑的弹性不仅仅发现于躯体感觉皮质,而且在躯体感觉的子皮质区域,以及视觉、听 283

觉及猴子与其他哺乳动物的运动皮质中也有发现(Kaas, 1991, see also Stein & Meredith, 1993)。成人大脑弹性的这些实证研究对理解发展非常重要,这因为(a)它们表明了脑的表征,甚至那些能被"地理的"定位的表征,也是动态的过程,(b)它们为发展中发生的确切过程提供了线索。

现在的经典实验是由 Merzenich 与其同事对新世界猴(具有宽阔扁平的鼻子)所做的研究:新世界猴敏感的手的清晰躯体表征,具有相对未分化的大脑区域。在皮质表面上,手指与手的感觉与电生理反应区精细的对应,揭示了个体的猴子身上那些相似、但不完全相同的相邻区域详细的对应(Jenkins, Merzenich, & Recanzone, 1990)。现有很多方法都证明了,这些区域是弹性的,不具有解剖上的严格性。首先,当实验者切除了猴的手指,对应就重新组织了,结果相邻区域扩大了,填充在切除手指所对应的皮质空间。其次,当 Merzenich 把成年猴的手指焊并在一起,猴的大脑就消除了指之间的界线,接受野重叠。当通过外科手术把并在一起的手矫正后,不同的手指对应的区域又恢复了。通过训练而增强的单个手指功能会扩大它的皮层表征,当训练停止了,表征区域又恢复到从前。最后,甚至当没有实验性控制施加时,手指表征的区域界限也会随着时间的改变而发生变化,大概地反映了手指即时的使用历史。这些以及其他实验都揭示了,以 Merzenich、Allard 以及 Jenkins(1990)"皮层表征的具体细节——皮层神经元的分布,以及选择性反应——是由我们一生中的经验所确定与不断修正的"(p. 195;原文以斜体表强调)。

我们以一个非常有趣的新思想的要点来结束本部分:成人的联觉是发展中的大脑弥散性的相互联结作用与丰富的多模块性质的残留。联觉定义为感觉中外在的、持续的、一般知觉的规则性偶然经验,不是普遍地与特定刺激相联(Harrison, 2001)。例如,字母 A 也许与红色关联,也许与花的味道关联。不是所有可能跨模块的对应都会以联觉经验出现。相反,联觉常倾向于觉知颜色字母,或者是音乐的字条,或者有颜色的声音和味道。联觉很长时间被视为心理学异类(Harrison, 2001),没有得到系统的研究——部分是因为联觉经验是如此局限于一些不固定的对应,高度的个体化(一些个体也许觉知一个高 C 是橙色的,而另一些个体也许把它觉知成蓝色的),以及因为非常少的成年人报告这些跨模块的体验。但是,最近对于成人的行为研究,表明了联觉现象的心理实在性,像在搜寻任务中的 pop-out 效应;以及最近的脑成像研究也表明了联觉的神经实在性。越来越多的研究(见 Mondloch & Maurer, 2004)表明:这些成人的敏感性联觉的联结,是发展不成熟过程中丰富的相互联结的遗迹,这种相互联结在发展过程与成熟生物体明显独立的感觉系统的产生中扮演重要角色。

认知发展的多模块过程(Multimodal Processes in Cognitive Development)。不同质的系统之间的彼此耦合,以及与外界锁时性的发展能力的一个范例,来自婴儿如何理解透明的研究。透明是个令人困惑的概念;想一下鸟儿会试图飞向窗户来伤害它们自己。理解透明是一个问题,因为描述人们所遇到绝大多数情形时的视觉与触觉线索之间的关系,在透明的情形下不起作用。所以,婴儿像鸟儿一样,都会被透明所困扰。在 Diamond(1990b)的研究中,他给婴儿呈现藏在盒子下的玩偶,像图 6.12 所示的盒子有一边是开口的。这些盒子或是不透明的——藏着玩具——或是透明的以至于婴儿能看到盒子下的玩具。这一研究得到的

284

关键结论是，9个月的婴儿从不透明盒子下取玩具要好于从透明盒子中取。从透明盒子中取物的问题是婴儿试着直接通过透明的表面去取玩具，而不是寻找发现盒子的开口处。

但是，如果为婴儿提供有关透明容器的经验，他们就会相当迅速地解决问题。Titzer、Thelen和Smith(2003)给8个月大的婴儿一套透明或不透明的桶在家里玩。给家长的指导语只是要求他们把这些容器放到玩偶箱中，使得婴儿玩的时候能碰到。接着，当婴儿9个月大的时候，以Diamond的任务来测试他们。提供不透明容器玩的婴儿不能从透明的盒子里取出玩偶，就像Diamond的研究所得到的结论一样。但是，给过透明容器玩的那些婴儿能迅速发现出口，从透明盒子里找到物体。

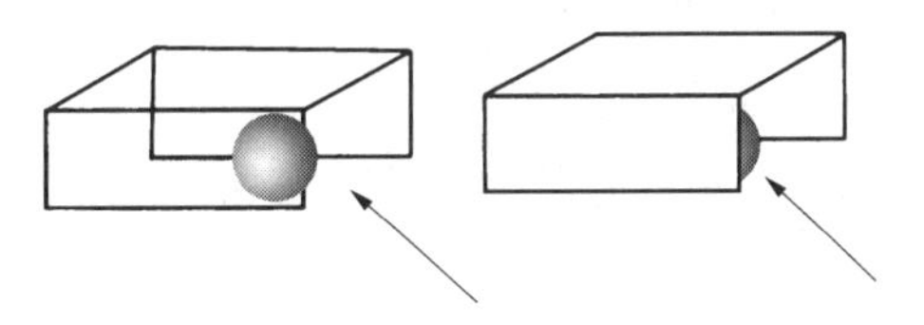

图 6.12 Diamond任务中藏于透明盒子与不透明盒子中一个玩具(球)。盒子开口处箭头所示。

为什么呢？这些婴儿在与容器玩的过程中——在看与触摸的相互内部关系——早已学会辨别出微妙的视觉线索，区分出立体透明的表面；也早已习得有着透明视觉属性的表面是立体的。从触摸透明表面得到的触觉线索训练了视觉，而视觉又训练了拿取与触摸，使得婴儿能够在透明的容器中找到开口处。这些结论表明婴儿在环境中的多模块的经验是如何产生知识的——关于开口、物体的取回以及透明的表面。

人类认知的经验研究表明：许多概念与过程也许是天生的多模块，它们非常契合Edelman提出的“重入”的思想(如，Barsalou, 2005; Glenberg & Kaschak, 2002; Gogate, Walker-Andrews, & Bahrick, 2001; Lickliter, 1994; Richardson, Spivey, Barsalou, & McRae, 2003)。对于这个结论的证实之一：即使在任务中意味着明显的单模块，但是概念与过程的完成却是由多重模块所促成的。例如，视觉目标的识别看上去自动激活了与物体相关联的动作。在一个研究中，给成人呈现一幅如图6.13所示的水罐图。实验任务非常简单，要求参与者去按键，表示这个物体是否是一个水罐(是/不是)。反应时是因变量。这是一个纯粹的视觉物体识别任务。然而，当所按键表示是的反应，当图示水罐的柄与所按的键在同一侧时，参与实验者在识别物体时更快，好像看到手柄本身就启动了到达那边的运动反应。类似的结果见于广泛的各类认识对象以及在任务中使用许多不同方法的研究报告中。一般而言，当反应与对物体的真实反应相一致时，人们完成视觉任务更快。这些结果告诉我们视觉识别是使用同一种内部语言的行动。也即视觉识别如何必须在“重入对应”的思想之下，在重入对应之处经由认识对象上行动的锁时关联来训练和增建。

图 6.13 Tucker与Ellis任务的示例。一种实验情形，任务是相同的，要求参与者尽快地回答问题“这是一只水罐吗？”要求一半的参与者按右键回答“是”，另一半参与者按左键。当水罐的柄与按的键在同一侧时，参与者按键回答“是”更快。

作为选择的发展(Development as Selection)。在前面的章节中,我们提出把动力系统的一般原理视为概念化发展变化的一种方式:出于具体任务的目的组织而成的模式(模型),它的形式与稳定性依赖于当下以及更久远的系统的历史。我们强调动力观意指系统的组成要素中、系统的内部与外部,以及在系统存在的各个时间尺度上存在着连续性。关于大脑组织过程与机能的现代发现与这些动力原则高度地一致;这些原理确实为精确的变化机制提供了启发。

285 把发展作为选择性过程的特性表明,大脑是一个动力的整体,是一个具有自组织与动力属性的整体;它被设定从多重锁时的输入中抽象出一致性/整体性,它的组织过程由功能来维持。在下面的解释中,我们主要依靠 Gerald Edelman(1987)的"神经元簇选择理论"(theory of neuronal group selection, TNGS)作为动力行为发展初始化的神经机制。

许多附加的假设也很重要。首先,假设在神经胚胎中的基因与衍生的过程产生了大脑的全局结构(see Edelman, 1987,1988)。但是,在那个原初的结构中,神经元的数目及它们的联结存在着巨大的可变性。其次,神经元以及神经元群之间的联结通过使用而产生。第三,存在着足够多的神经元数目,以及它们之间的可能联结。

接着,我们可以想象一个新生婴儿,他来到这个世界的第一次经验,包括在胸前被哺乳。与婴儿自己的嘴唇、下巴、舌头以及喉咙的运动知觉相联系的是母乳的味道、母亲皮肤的视觉与嗅觉,她发出的声音,以及由接触而产生的整个身体的触觉经验和温暖感。因为联结网络的退化与重入,这些知觉激活了在时间上相关的联结成网络的神经元群,联结起原本由独立的感受系统识别的模式。这些知觉有相当大的可能性与来自情绪与动机中心载有快乐情绪的神经网络相联(Damasio, 1994; Edelman, 1987)。随着每一次吮吸和吞咽,重复着哺育的情形,有重叠但并不雷同,神经元群也被激活了。相同的组织得到强化;很少使用的神经路径变得更不稳定。因为结构是重入的,共同的知觉元素会从这些由它们在实时—世界中的关系所标志的重叠输入中抽象出来。这种不同质的输入之间的对应(映射)是一重要的过程;新的关系因为这些不同质的输入一起出现而得到兴奋以及加强。

随着重复,这样由功能决定的选择过程,使得新生婴儿能够把特征集识别为更高等级的类别:"是吃的时候了。"但,这是一个动态的分类,现在仅由部分的或不完全的特征所激活——哺乳的姿势,例如,母亲的视觉与气味,或者吮吸本身的行动——它是随着经验的积累而不断更新的。当喂养由一个瓶子来补充,例如,类别"是吃的时候了"也许被扩大成包括对瓶子质量的知觉,以及包含适应奶嘴的变化所作的吮吸运动的调节。因而对于喂养、物体的属性以及其他的人类行为的更高等级的认识,则是通过日常的活动——看、运动、听、触——的选择而得到塑造。

Edelman(1987)明确地追随 Piaget(1952)的思想,他认为这些早期的知觉行动分类是发展的基石。特别是类别(范畴)的突然出现,它是动力模式形式的一种具体情况。面向新生婴儿的任务需在许多水平上减少自由度:在外部世界中——刺激的潜在不确定的性质——这是由形成知觉的类别来完成的;而在内部世界(环境中)中——多种关节与肌肉的同样不确定的性质——这是通过探索运动的协调与控制来完成的。同时,最重要的是,他们必须将他们的内部与其所处的外部世界进行动态匹配。他们必须使得其知觉类别与行动的类别以弹性的、适应的方式与功能相一致。在我们的动力学方法中，知觉、行动、认知都不是脱节的；它们是一个单独过程的部分。

因而，我们认为不管是否选择术语模式形式，或协调，或类别的获得，都可求助于相同的动力学过程。其间，复杂的不同质的元素在时空上会自组织产生整体性。动力学的模式可能是短暂的，或者非常稳定的，但是，最重要的是它们具有时间依赖性(time dependent)与无缝性(seamless)。时间依赖性指的是大脑与身体中每一事件，都是当下的，都是一个历史，都对未来有影响。无缝性是指在没有受到打断的情况下，这些时域是自身的。发展的精华是知觉、行动以及实际认知的动力学。婴儿所看到的、想到的，在当下所做的，为他们在未来的发展提供养分，就像儿童在过去所做的是他/她现在如何看、想以及如何行动的基础。因而，我们可想象出依据 TNGS 理论，将神经过程假定成动力模式形成的具体形式，它具有形成知觉类别和形成高级心理机能的发展核心的行动模式，以及通过婴儿期与儿童期变得越来越复杂及概括化的思维模式。 286

探索(Exploration)。一个不知道学习什么的学习者，如何以何种方式去设法学习呢？这是一个比它可能第一次出现时更困难的问题。这是个关于一个人是否需要细化学习任务与学习目标，认知者与其设计者是否都必须知道需要学习什么的问题。来自人类发展的证据使我们远离这种窘境：婴儿通过探索，能发现需学习的任务，以及解决这些任务的方法，或者是非目标导向的行动。在婴儿身上，自发的运动产生了学习任务以及学习机会。一个实证研究是关于婴儿的够取学习(Corbetta & Thelen, 1996)。在不能够取向能够取物体转换期间，对四个婴儿一周接着一周的发展跟踪观察 3 个月。结果观察到四个迥然不同的发展模式。在不能够到物体的时期，一些婴儿几乎完全不能举起他们的手臂，只是平静地坐着看着外界。其他一些婴儿更紧张与主动，用力舞动，上下挥动手臂，总是在运动。这些不同的婴儿不得不去学习解决差异很大的问题，学习去伸手以及抓到物体。用力挥动手臂的婴儿不得不习得更少的运动，降低他的手，把它们带到中线上。平静的儿童不得不学习变得更活泼，抬起她们的手，从她的一边通常的位置向上举。每一个婴儿确实都在学习，从对运动空间的探索开始，发现解决问题的方法。

每一个婴儿的学习过程，会表现出来自探索空间的激发、探索以及问题解决方案的选择这些反应中一种。在基本形式中，发展模式是这样的：一个引诱人的玩偶的出现，唤起以及引起了各种与解决问题无直接关系的行动，在不同的婴儿身上引起了不同的动作。这些行动是非常真实的第一反应，整个空间上的这些行动在形式及方向上，没有清晰的一致性。但是每个婴儿通过行动，通过运动，探索运动空间的整个范围，以他/她自己独特的方式，迟早会与玩偶发生联系——撞入或轻触或猛击。这些在空间上接触/选择的运动，接着会创造出以不断增加的频率来重复的形式。在数个星期内，循环重复——由看到玩偶唤起、行动，以及偶尔的接触。在循环中，日益稳定、更高效以及更有效的够取形式涌现出来。在儿童的发展模式上引人注目的是，每一个人沿着自己不同的发展路径，都发现了一个解决方法，以及最后聚集到高度一致的解决方法。当他们探索不同的运动——受看到玩偶的唤起而激发的非控制性行为——他们中的每一个都有不同的发展任务需要解决。这样,培养聪明的认知者的教程就很明晰了:从锁时的相关中建立重入对应的多维系统,只需要在行动中进行设置,让认知者进行更广泛的甚至自由的运动,学习以及通过这些探索去发现任务及其解决方法。

作为一种探索手段,运动的威力也由一个熟知的"婴儿联合强化"(Rovee-Collier & Hayne, 1987)的实验程序得到阐释。让婴儿(3 个月大)躺着,他们的踝由一个带子系着,在其头顶上悬挂着可运动物体。当然,婴儿是通过他们自己的行动,发现了这个联系。当婴儿踢他们的脚时,开始是自动的,他们使得物体运动。几分钟后,他们习得了脚踢以及轻摇的运动物体之间关联性,会表现出饶有兴趣的视觉与听觉。运动物体变化地对应于婴儿的动作:婴儿踢得越多,运动得越强烈,他们对运动物体产生的运动与声音就越多。在这种情况下,婴儿就会增加他们踢的动作,明显超过婴儿只是看着不运动物自发的基线运动水平,当婴儿发现他们的控制时,此时婴儿的行为是一个更广泛的多样的行动与选择的初始探索之一,这些选择使得有趣的事件——可移动物体的运动——最优模式出现。

尽管,这是一个实验任务,不是日常真实世界的例子,但是它对真实世界的学习而言,是一个非常合适的模式。可移动物体为婴儿提供了许多相关的锁时模式。更重要的是,婴儿通过他们自己的探索性运动模式发现了这种关系。婴儿随着可移动物体而移动;他们踢得越快越猛烈,可移动物体的摆动就越来越剧烈。这对婴儿来说是个相当迷人的任务;他们微笑、大笑,以及当这种关联消失时经常发怒。因而像真实世界一样,这个实验性程序提供了复杂性,多样性,又几乎从不完全重复,而且它们与婴儿自己的行动精确地锁时相关。这个过程正是从探索、从自发的非任务相关的运动开始的。没有自发的运动,没有探索,就不能从可移动物体中习得什么。

287

小的哺乳动物——包括小孩——会花费大量的时间于无明显目标的行为。他们移动,摇晃,到处走,他们跳跃,以及扔东西,他们普遍地误用这种行为方式,似乎对心理成熟没有什么好处。但是,通常称为玩耍的这些行为,对新的解决方法保持开放的创造性智力形成是必不可少的。

具身性(Embodiment)。神经系统处于身体内——而且是通过身体与外在世界相联(影响与被影响)。认为认知——以及发展——是我们通过身体与外在物理世界的连续的、深刻而又完全的交互作用的产物,这一点得到了越来越多的承认与研究。在认知方面,对于身体角色的关注可见于语言研究(e. g., Glenberg & Kaschak, 2002; Lakoff & Johnson, 1980),问题解决以及记忆中(Richardson & Spivey, 2000),联合注意与目标性阅读(Yu & Ballard, 2004),以及发展性人工智能的新方法中(Pfeiffer & Scheier, 1999)。文献中的重要观点是认知不仅仅贮存在生物体中,而且贮存在它们与外在世界的耦合相互作用中(这也是 Gibson 研究知觉方法的核心,参见,Gibson, 1979)。

具身性的一个发展性应用,是把物理世界视为发展过程本身的一个关键的机制。并不是所有认识都需要输入脑部,都需要有专用的机制,或者表征。一些认识可在身体内得到实现,这可见于被动的行走者所揭示的一个引人注目的事实。传统意义上,人们把两足动物运动时交互的肢体运动归功于一个中心模式的产生式——看起来存在于两个相耦合摆的动力学中(McGeer,1990)。我们的一些智能,也出现于身体与外部世界的接触面。变化盲视的现象经常以这种方式来概念化。人们不记得眼前正确的细节,因为他们不需要记住他们只是看着与看到的事物的细节(O'Regan & Noë, 2001)。类似地,Ballard 及其同事(Ballard, Hayhoe, Pook, & Rao, 1997)早已经在研究任务中,要求实验参与者卸载掉他们对世界的短时记忆(当他们能够),重新排列方块。这种在身体与外部世界联结处的卸载,看上去是人类认知渗透性(pervasive)的一个方面,并且这种卸载对高级水平的认知功能的发展,或在时间上独立的心理内容的捆绑也许是关键的。

Smith(2005)最近报告过关于身体如何——以及身体与外部世界中的事件连续的耦合——在字词学习中发挥重要作用的事例。实验程序得自 Baldwin(1993)首次使用的一个任务,如图 6.14 所示。参与实验的被试为 1.5—2 岁的儿童。实验者坐在儿童所在的桌前,呈现一个物体给他们玩耍,大约一秒。接着,在儿童的视线之外,把两个物体放入容器,再把容器放置在桌上。实验者看着一个容器说:"我看见这儿有一个 dax。"实验者没有给儿童展现容器中的物体。后来,实验者从容器中取出物体,问儿童哪一个是 dax。注意儿童从来没有这个名字与物体联系在一起的经验。他们如何才能把物体的名字与正确的物体对上号呢? Baldwin 指出两岁儿童也能做到把名字和那个摆在容器里没看见的物体对上号,且同时说出物体的名字。儿童是如何做到这一点呢? 而且,如果构筑一个人工装置,你这个装置如何能做到当物体名字被提供且当事人不在现场时,让他/她知道物体的名字?

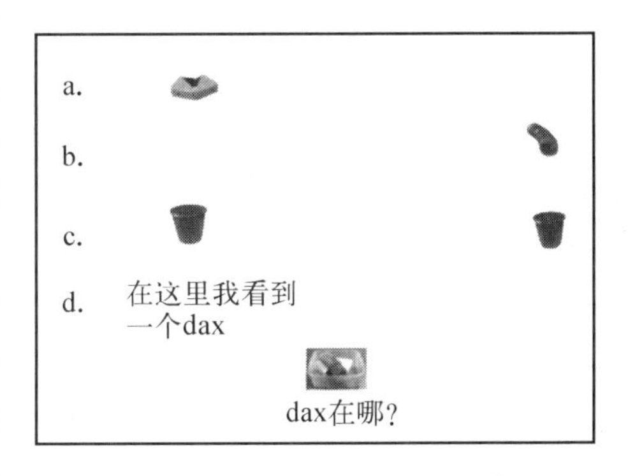

图 6.14 在 A 非 B 任务中,事件的过程的图示。延迟后,隐藏着的盒子被移动,让婴儿去够取,寻找隐藏的玩偶。

288

个体会以许多解决方法去试,包括推理,记住容器外的物体名称,以及提供名字时言语者可能的意图。但是,据 Smith 介绍,年幼的孩子会以一种相当简单的方式解决了问题,他们使用物体与位置空间之间关联。儿童在任务中利用人世间深刻且基础的重要规则:一个现实的物体在知觉上区别于其他物体,是以它的特别位置为基础的;它必须与其他物体的位置不同。在 Baldwin 的任务中,一个关键的因素是在实验程序的第一个部分,在右边呈现一个物体,在左边呈现另一个物体。容器也用同样的方式呈现,名字随着实验者看着一个桶或在一个位置时而给出,例如,在右边。儿童通过把物体的名字与位置联结起来,完成了任务。我们了解到这些,是因为我们能以许多关键的方式对实验进行修改。例如,一种情况是不需要容器或藏匿物,就能得到结果。一种情况是仅仅在右边呈现目标物,儿童留意到并与之一起玩耍,然后在左边呈现分心物,让儿童去注意左边并在那玩耍。接着,移开所有的物体,仅以一个空的同样的桌子表面呈现在视野中,引导儿童注意左边,提供一个物体的名字,或者引导其注意右边,提供一个物体名称。儿童始终会可靠地把名称与曾在那个位置的物体联系起来。

年幼儿童对这个任务的解决方法是简单的,在某种意义上,一个诀窍使得年幼儿童看上去比他们实际上可能更聪明。而且,诀窍将在许多任务中都起作用。把物体与位置相联,接着注意力导向到那个位置,去把相关的事件与提供了一种容易的方式去捆绑宾语与谓词的物体联系起来(Ballard et al., 1997)。人们经常会表面上无意识地以一只手的姿势,说到一个故事中的主角,而说到反面主角时,则用另一手。通过手的姿势与注意的方向,他们把故事中的事件与人物联想起来。美国手势语形式地使用空间于其代名词的系统中。人们也使用空间作为一种记忆方法,对过去事件方向上的观察有助于记忆。能说明这一点的一个实验任务是Richardson和Spivey的"Hollywood Squares"实验(2000)。在不同的时间,以四个不同的录像,以不同的空间位置呈现给实验参与者,询问他们关于这些录像的内容。被试回答这些问题时,所记录的眼睛追随相机的结果表明,他们系统地观察方向是先前呈现相关信息的方向。

这是所有与直接指针(deictic pointers)相关的思想(Ballard et al., 1997; Hurford, 2003),这也是感觉运动行为——一个人看在什么地方,看到了什么,在哪儿行动——如何在我们的认知系统内创造出整体性的一个强有力的例子,把相关的认知内容捆绑在一起,使得他们与其他不同的内容区分开。总之,一个人不需要更多的内容—相关知识或推理系统去把一个观点与另一个观点联结起来。相反,存在一个更容易的方式,通过使用世界以及身体作为这个世界的指针。

与这些具身性思想相关的一个正在涌现的领域,是渐成的机器人技术(Zlatev & Balkenius, 2001)。这个领域产生于发展心理学与机器人技术的友好合作,它关注物理与社会环境交互作用的结果——越来越多更复杂的认知结构在系统中涌现而引申的渐成论过程(Zlatev & Balkenius, 2001)。渐成的机器人技术强调与生物、人工系统的发展过程相关的三个关键思想:

1. 系统的具身性。
2. 物理和社会环境中的情境性。
3. 被引申的渐成论发展过程,经由物理、社会环境交互作用,所导致的系统中涌现的越来越复杂的认知结构。

这种跨学科的发展研究特意从Piaget关于发展主要是由有机体与环境间的交互来决定中借用术语"渐成",而不使用基因。这个领域目前的研究,不仅没有突出感觉运动的相关作用,而且也没有突出对社会过程有着特别注重的Vygotsky(1962)的思想。目前,在渐成的机器人学领域流行的研究课题,也应是发展心理学的兴趣所在:联合注意(Björne & Balkenius, 2004)、模仿(Schaal, 1999),以及观察学习(Breazeal, Buchsbaum, Gray, Gatenby, & Blumberg, 2005)。

289

从理论到实践:研究的动力系统方法

动力方法的优势在于其极强的一般性,因而有可能跨领域、跨分析水平进行应用。例如,发展的动力系统方法更多的是一种关于发展的思维方法,而不是一种具体理论,比方说,人格与形式推理的获得。但是,动力学的方法确实是系统研究一个特定领域的一个非常有力的研究策略。我们首先来总结一下利用动力策略进行研究的原理步骤,其次我们以一个动力学方法应用于一个基本的运动技能发展为例,来作具体阐释。

系统的稳定性是一个基本的论题,因为它以多重组成要素的一些集体测量行为,以及整个时间上稳定性的变化为指标。依据动力的原则,新形式的转化涉及使得新的自组织模式能够形成的系统稳定性的失去。在转变点上,变化中的系统也许会表现出哪一个要素的一个控制参量,或是一个关键的元素。Thelen 和 Smith(1994)粗略地描绘了研究设计的一系列的清晰步骤,具体内容如下。

确定集体变量作用(Identify the Collective Variable of Interest)。在动力系统中,一个或两个变量,可以由一个多维系统的自由度的获得而确定。在一个发展研究中,其目标是想以这个集体变量来描绘系统在整个时间中的变化。在整个时间中,或在一个发生着非线性变化的系统中去找到一个集体变量并不容易。在一个年龄上测得的表现,在后一个年龄上并不具同一意义,因为系统中的要素以及各要素之间的关系都发生了变化。但是,这是任何一个在时间上的研究所共有的问题,不管其理论的动机是什么。

集体变量的一个重要判据是,它应得到很好的定义且是可观察变量,而不是一个推导出的建构。但是,"词典中单词的数目"是可操作的细节,"语言加工能力"则不是,因为它不能在一些其他具体的行为测量之外来定义。在一些行为研究中,合适的集体变量也许是一种关系——在刺激与反应之间的计时,身体的不同部分之间运动的计时,或者在一个社会对话中互相交换的次数。

刻画行为的吸引子状态(Characterize the Behavioral Attractor States)。在开始一项变化的研究之前,理解集体变量在不同的时点,以及在不同的条件中所偏好的状态,这一点很重要。这里跨级研究是非常有效的。有时,了解熟练的成人或儿童是如何在变化的条件下,比如以不同的速度、准确性或者要求,完成任务最有帮助。在不同的年龄对系统的稳定性进行取样,在发展的研究中挑选出一个合适的时间表,这也很关键。如果在 8—12 个月之间存在大的差异,12 个月后变化非常小,那么细致的研究应由快速转变的时机所导向。

正如我们在前面所提及的,一个行为吸引子的稳定性是由其围绕着一个平均值的变化所标示:如何容易受到干扰,以及系统在发生扰动后,如何迅速地回到一个稳定的结构。在同一个体身上变化非常大以及容易脱离发展进程这些表现,都表明了吸引子状态不稳定。相反地,当表现汇集在一个稳定值时,尤其是来自不同的初始条件,以及出现排斥或其他扰动时,吸引子井将是深的。

描绘集体变量的动力学轨道(Describe the Dynamic Trajectory of the Collective Variable)。动力学分析的核心在于一张集体变量稳定性的地图。在动力学策略中一个极其重要的假设是:个体(或者是家庭单位)以及任何行为在时间上发生改变是研究的基本单位。所有的发展研究都会对不同年龄上的数组儿童进行比较,以及在平均的群体表现上从年龄相关的差异来推断发展。这样的跨级研究对于划定变化的界线具有重要性,但是它们不能为产生变化的过程提供信息。动力系统的非线性本质在于,吸引子从许多初始位置进入轨道。这意味着儿童会从差异较大的起点终止于同一行为。与此同时,在初始条件中哪怕是非常小的差异也能导致广泛的迥然不同的结果(图 6.7)。群体的平均水平不能消除这些路径的模糊性;正在发挥作用的发展机制也许极度地不同(或者惊人地相似)。

290

因而,对于发展轨迹的理解需要以合适密度的取样间隔获取相关变化的时间尺度,来对个体进行纵向研究。例如,婴儿几乎每天都出现新行为,即使对他们进行每周观察也会错失关键的转折点。后来,转变的发生相对就慢了,需要测量的频率就大大变小了。

设计纵向研究用来探测系统在时间上的稳定性;我们确实需要在两个以上相关的时间尺度上来测量系统。明显的一个时间尺度是随着年龄或发展的时间的变化。不太明显的时间尺度是实验任务中的实际时间。通过在单个实验的一段时间内,以不同的试验及条件,来测量操作表现,我们可以来探寻分钟上的动力学。因而,在实验的这段时间内的系统历史也许非常重要。试验次数以及实验顺序两者的效果也是系统稳定性的指标。在许多次重复后,操作表现真的会发生变化吗? 或者无论先前的任务是什么,系统都会稳定吗?

对两个时间尺度进行研究很重要,因为它们必定会交织进现实生活中: 我们在时间中任一点上所观察到的婴儿和儿童行为,反映了其长期的发展历史以及他们在完成任务时间内的短暂的历史。同样,发展的变化反映了儿童重复的每日经验,它们自身调整着操作表现的动力学。所以,考虑参与实验者的内在动态、历史是有作用的,因为经验的任务是被限定在具体的背景中的: 对于给定的先前的历史与生物体的条件,内在的动力学是所偏好的稳定景观。

确定转折点(Identify Points of Transition)。转折可能是向新形式的质变,像说出第一个字词,或者是能够完成一个传递性推理任务,或者能在集体变量上发生量的改变,如完成一个任务的速度与准确性的变化。转折是重要的,因为当一个系统处于转折时,变化的机制就可以确定与操控。稳定的系统不发生变化;只有当系统组成要素的一致性或整体性弱化时,要素能够重新组织成一个更稳定的形式时,才会发生变化。

动力学的另一分支为人们所熟知的突变论(catastrophe theory),它特别关注从一个形式到另一个形式的突然转变。这些突然的跳跃与突变的标志以及没有中间形式的转变的指示器相关联。正如前面的讨论一样,van der Maas 和 Molenaar(1992)早就把突变论应用于 Piaget 的观察任务中,去探索从非守恒至守恒的转变是否可能由突变模式来解释。尽管,他们没有发现大量标记性的强证据,但是标记在转变中仍是系统有用的指标。这些标记是:

- 双峰分数分布(Bimodal score distribution): 操作表现或者出现,或者消失,没有中间形式。
- 不可通达性(Inaccessibility): 与双峰分布有关,中间的状态不可能达到,它们不稳定极少能被观察到。
- 突然的跳跃(Sudden jumps): 没有中间状态,从一个形式快速地转变为另一个形式。
- 滞后性(Hysteresis): 操作表现依赖于当下这一时刻过去的表现。例如,任务加速与任务减速经过同一速度范围所造成的反应会不同。
- 趋异性(Divergence): 在不同的控制变量下,系统对变化的反应不同。
- 线性反应的趋异性(Divergence of linear response): 非线性意味着在一个控制变化或

扰动中，一个小的变化能导向一个大的效用。

- 平衡的延迟复原(Delayed recovery of equilibrium)：来自早期的术语学，即扰动后一段慢的松弛时间。
- 不规则变异(Anomalous variance)：增长的不寻常的变异性。

确定潜在的控制参数

绘制集体变量动力学图形的目的在于发现系统发生的变化。下一步就是去探明它们是如何以及为什么发生变化。有机体的、行为的、环境的因素造成发展的转变到底是什么？

一个深思熟虑的实验设计，需要确定潜在的控制参数。在一些情况下，变化产生的可能原因相当明显；例如，练习使得学习骑自行车或做数学题更容易。但是，在许多发展性变化的例子中，关键的过程与事件并不明显，也许恰恰正是那些一眼看上去似乎只是偶然的或者是太普遍易于被忽略的系统要素。在前面章节中描述过的，West 与 King(1996)对于鸟鸣学习的研究，是一个很好的例子：雌八哥微微地拍动翅膀是雄八哥声音发展的关键的决定因素。另一个例子是，Thelen 和 Ulrich(1991)对婴儿单调行走的描述，单调行走中的进展与支配性肌肉协调上的所有变化相关。

291

除了基于信息的推测之外，有助于发现相关控制变量的一个方法，就是去实际地测量随着集体变量一起发生变化的大量的系统变量的变化。因而，如果有效的行为是婴儿找回物体，一个集体变量是对隐藏物体的找回。而且，因为找回操作表现是许多对变化有贡献的其他过程的一个集合、自变量，所以接下来对伴随着的视觉注意或者记忆的测量，会揭示相关的跳跃与高原稳定水平。

集体变量上的不稳定性显示了转折点。因而，Gershkoff-Stowe 和 Smith(1997)把儿童对词的提取错误作为在 15—24 个月期间词汇快速增长特征的函数，绘制了一幅图。在这段时间里，个别儿童对熟悉物体名字的提取，表现出了一个短时期(3—6 周)的中断。儿童会指向一个大家都非常熟悉的物体(如猫)，他们在过去能正确或错误命名(例如，鸭子)过数次。在个别儿童身上，词汇通达方面的短暂中断与一个新词产生的增加率在时间上相关，这表明了新词被加入到词典中去的速率是对这些词提取过程的一个控制变量。因而，它是词汇通达过程的发展性变化的主因。

传统上，人们认为行为资料上的可变性是研究者的噩梦。在主体之内或之间的太多变异淹没了任何的实验性效应。因而，研究者慎重地选择实验任务，这使得被试在任务中的表现看上去相似。但是，现实中的儿童行为并非如此，它们非常脆弱且依赖于情境。那些能力忽有忽无，甚至一个熟练的成人，在每一次的任务表现也会不同(Yan & Fischer, 2002)。动力系统理论把变异性从一个备受指责的境地变成一种幸事。在动力系统理论中，衡量的不是儿童是否可以有一些静态的能力，或者是一些不变的概念。相反，随着系统总是在不断变动，最重要的维度是随着时间的推移情境中行为的相对稳定性(van Geert, 2000)。可变性的新测量可让研究者看到：在问题解决的短时间尺度上，或者更长的发展时间段上变化的轨迹。例如，Yan 和 Fischer(2002)对成人学习一个新计算程序的跟踪研究发现：每个人的成绩都发生变化，但是在新手与专家之间，可变性模式不同。De Weerth 和 van Geert(2002)

还采集了婴儿与他们的母亲基本可的松(cortisol)的密集纵向抽样。婴儿的可的松水平随着年龄在下降,但没有表现出昼夜的节律,但是每一个婴儿在不同的测量中变异很大。相反,母亲在个体内非常稳定,但是个体间的差异要甚于婴儿之间。

控制实验产生转变的推测性控制参量(Manipulate Putative Control Parameters to Experimentally Generate Transitions)。对集体变量以及其他系统要素所绘制的图表,只能为可能的控制参数提供启发性和相关的证实。更具说服力的是,通过调节隐在的控制参数,在一个真实的或发展的时间尺度上,产生发展性的转变。发展性变化的这些模拟在这些转折点发挥作用,因为系统不稳定,因而易受干扰影响。

当干扰在一个发展着的系统中起作用时,它就有着理论与实践的重要性,当已有行为一旦稳定地确立后,对其再进行干扰就很困难了。例如,大脑启智项目(The Head Start Program)目标在于较早的学前期,因为研究者们发现,丰富学习(enrichment)对年长的儿童很少有效,因为他们的教育习惯早已形成。一旦一个敏感期决定了,则可通过提供具体干扰使得长程的行为发生改变,以此来测量发展的控制参数。出于伦理的考虑,这些干扰通常对被试有益。

在前面讨论的例子中,Titzer 等人(2003;也见 Smith & Gasser, 2005)通过给婴儿提供许多树脂玻璃盒在家里玩,加速了婴儿从透明容器中获取物体能力的发展。一般地,10 个月大的婴儿从一边开口的树脂玻璃盒里取玩偶有困难。尽管玩偶完全在婴儿的视线中,他们在其视线方向去取玩偶——撞到树脂玻璃盒——不能到盒子的开口处去取。Titzer 等人由此作出推论,因为婴儿缺乏有透明属性经历,所以依靠他们通常的触及模式,直接去取他们所看到的。发展变化的控制参数是,重复操纵透明容器,了解可以看到但是不能触及到的物体。实验者为 8 个月大的婴儿提供了各式各样的透明容器,告诉父母让他们的孩子与这些容器每天玩两次,一次玩 10 分钟,除此之外没有其他特别的指导语。到 9 个月大的时候,在实验组中的婴儿比 10 个月大没有丰富经验的控制组中的婴儿,更容易从透明容器中取到物体。丰富的经验促使系统进入了新的形式。

292

以类似的研究风格,Gershkoff-Stowe 和 Smith(1997)利用训练来研究在字词提取错误中所观察到的中断,我们在前面描述过这方面的内容。这些研究者推论出,伴随着加速的词汇增长而出现的字词提取上的中断,是一个心理词典因许多新的和不稳定的加入而变得拥挤的产物。如果在一种新的拥挤的词汇集合中,字词的提取容易中断,是因为字词提取相对而言没有得到练习,那么,在这个时期的命名错误也应随着字词提取的练习而降低。这里,对于发展性改变的控制变量,是让儿童重复地看、重复地命名物体。被试为 17 个月大的婴儿,实验者为他们在产生一套物体名字上,提供了额外的练习。当这些儿童的产生词汇速率开始加速时,研究者观察到的字词提取错误增长发生在对许多熟悉字词的提取而不是对受到额外训练的字词。这种训练研究表明了:看以及命名物体也许是词汇提取更稳定更少混乱的原因,以及系统自身的活动如何成为发展性改变的原因。

对测量控制参数而言,与长程干扰同样有所贡献的是 Vygotsky(1962)称之为微基因的实验内容(e.g., Kuhn & Phelps, 1982; Siegler & Jenkins, 1989)。实验者通过操纵可能的控制参数,在一个很短的时期里,有时是在一个实验的一段时期之内,试着把儿童推入到一个更成熟的操作表现中。例如,Thelen, Fisher 和 Ridley-Johnson(1984)检验了他们的假设:熟知的新生儿步行反应"消失"的控制参量,是皮下脂肪迅速的沉积,同时使得婴儿的腿部相对地重。如果推理出腿部重量对于婴儿能否走路是关键的,那么改变婴儿腿部重量应能模拟发展的变化。事实确实如此。把婴儿放入水中,减少腿部的机械负荷,步行的动作则增加;而增长体重则降低步行动作反应。

我们再一次强调,许多发展的研究是在操控潜在的控制变量。那些提供了练习、丰富化,或增加的父母支持,是希望被试表现出更高级的行为;那些增加了注意或加工处理需求,或者给予了模糊的刺激或分心物的参与者,将出现更少的熟练动作。动力系统方法的不同之处,在于把这些实验置于更大的整个集体的动力学情境中,以至于原则性的决定可由实验阶段的操纵者看时机而作出。在先前的例子中,干扰发生作用是因为实验者从其他的文献资料中获得了参与实验的儿童正处于一个快速变化的时期。

在下面的章节中,我们将详细介绍发展性研究的设计,以及如何来实施这些清晰的动力系统原理。我们举例来说明:一个动力学视角揭示的一般方法所不能发现的变化过程。

学习够取的动力系统方法

够取(触及)与抓住物体是一个基本的知觉—运动技能,它对于正常人的机能是关键的。正常婴儿会在3—4个月时,首次伸出手抓住他们所看到物体。起初,他们的协调与控制都很弱;他们经常错过目标,他们的动作总是颠簸状、迂回的。在数月之内,他们会变得更熟练,直到一岁底,当他们被放在购物车内推行时,他们能把超市货架上的物体抓掉。

Halverson(1931,1933),尤其是 Hofsten(1991)的开创性研究中早已记载了,在婴儿开始伸出手的第一个月内,他们的够取会变得更精确、直接与流畅。但是研究中涉及技能的涌现以及技能改善提高的发展过程,还是遗留了些未知。够取技能关系到许多要素的结构与过程的功能,包括生理的,新陈代谢的,以及肌肉与关节的生物力学属性,中枢神经系统状态,视觉与视觉注意、动机等。在生命开始的第1年间,所有的元素都在变化——其中一些会以相当快的速率发生变化。那么,使得系统向新的状态进展的控制参量是什么呢?

为了理解这些过程,Thelen 与她的同事们使用清晰的动力系统原理,设计了够取突然出现的实验研究。研究主要关注够取作为一个突然出现的知觉—运动模式,是通过情境中多重要素的相互作用的软组织而获得的。所有的要素对于技能的出现与进展都是必须的,而且一个或多个要素也许在发展中的不同时点担当控制参数。全部的设计都是为了在多重水平上(从行为到肌肉模式上),以及多重时间尺度上(真实的时间,以及发展的时间),重复地稠密地测量一小群儿童身上的行为。

293

这个研究涉及四个婴儿,Nathan、Gabriel、Justin 以及 Hannah。在研究中,实验者对他们伸出的手臂与未伸出的手臂的运动进行观察,从3个星期一直到30个星期,交替进行观察。在观看触及行为时,追踪了多个要素:运动轨道的运动学(时空参数)、手臂之间的协调、移动关节的基本的力矩与力量模式、产生力量的肌肉活动模式,以及婴儿日常的体位与运动状态。另外,研究还重在使用多重时间尺度。每周,实验者给婴儿呈现诱人的物体,以这样的方式,触及可以嵌套在一个更大的时间段内,而且运动变量被记录以至于可以捕捉到非触及运动发展至触及运动的转折点。因而,他们记录了两个时间尺度上的转折:(1) 玩偶呈现处实验的真实时间;(2) 稳定的模式发展与消失之处的发展的时间尺度。

集体变量动力学。使用动力系统方法的第一步,是去定义一个或多个合理的集体变量——测量获得系统的状态以及系统的发展变化。先前的叙述表明(e. g. , Fetters & Todd, 1987; Mathew & Cook, 1990; von Hofsten, 1991)在触及方面的发展,可以由描绘手到玩偶的路径的两个指标来测量:直接性及平稳性。手到物体的直接的路径是从运动的开始到目标的最短距离,成人的手几乎接近于直线接触到物体。平稳性是运动开始与停止或者放慢与加速的频率的测量。婴儿颠簸不平的运动,有许多"缓速块",它们是以加速与减速为特征的。相反,成人朝向一个直接目标的运动,只表现加速或减速的一种。

这四个婴儿的两个集体变量的发展动态情况如图 6. 15 所示(Thelen, Corbetta, &

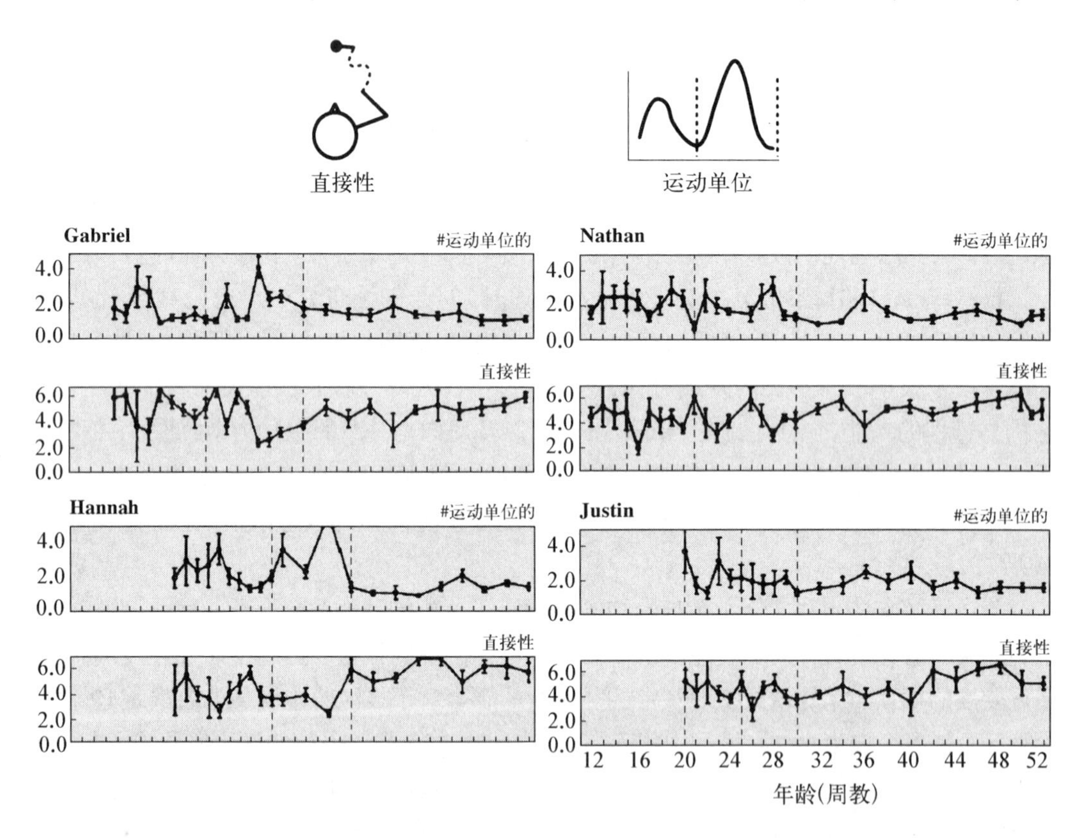

图 6. 15 四个婴儿在第一年中,触及轨迹的直接性与平稳性的变化的纵向图。集体变量是运动单位(很少=一个更平稳的触及)的数量与直接性指标,值 1 表示从起点到目标完美的直接性。

来源:From "The Development of Reaching during the First Year: The Role of Movement Speed," by E. Thelen, D. Corbetta, and J. Spencer, 1996, *Journal of Experimental Psychology: Human Perception and Performance*, *22*, pp. 1059 - 1076. Copyright 1996 by the American Psychological Association. Reprinted with permissions.

Spencer, 1996)。在整个过程中,婴儿的触及技能越来越好;他们到一岁底时,都集中在以相对直的与平稳的手的路径。这些动作完成的结果与先前报告的随着年龄的进展相一致(von Hofsten, 1991)。但是,这幅稠密的纵向研究图示比先前研究的图表,揭示的内容更丰富,更令人惊叹。

特别显著的是,婴儿在第一年内的触及行为的动力学高度非线性(与不稠密的群体数据所揭示的表面线性进展形成对比)。首先,婴儿在第一个转折点的年龄上具有显著的不同。(从没有触及到触及)Nathan在第12周时就能触及,Hannah和Justin直到20周大的时候还不能到达里程碑,甚至在动作的完成上还有后退。所有的婴儿在开始时,触及都是弱的。但是四个婴儿中的三个——Nathan、Hannah以及Gabriel——表现出一个重要时期,在取得一些进展后,他们动作的直接性与平稳性会表现得更差(由图6.16所标示的)。最后,Nathan、Justin和Hannah还有一个相当不连续的向好的方向的转折,他们的行为表现变化

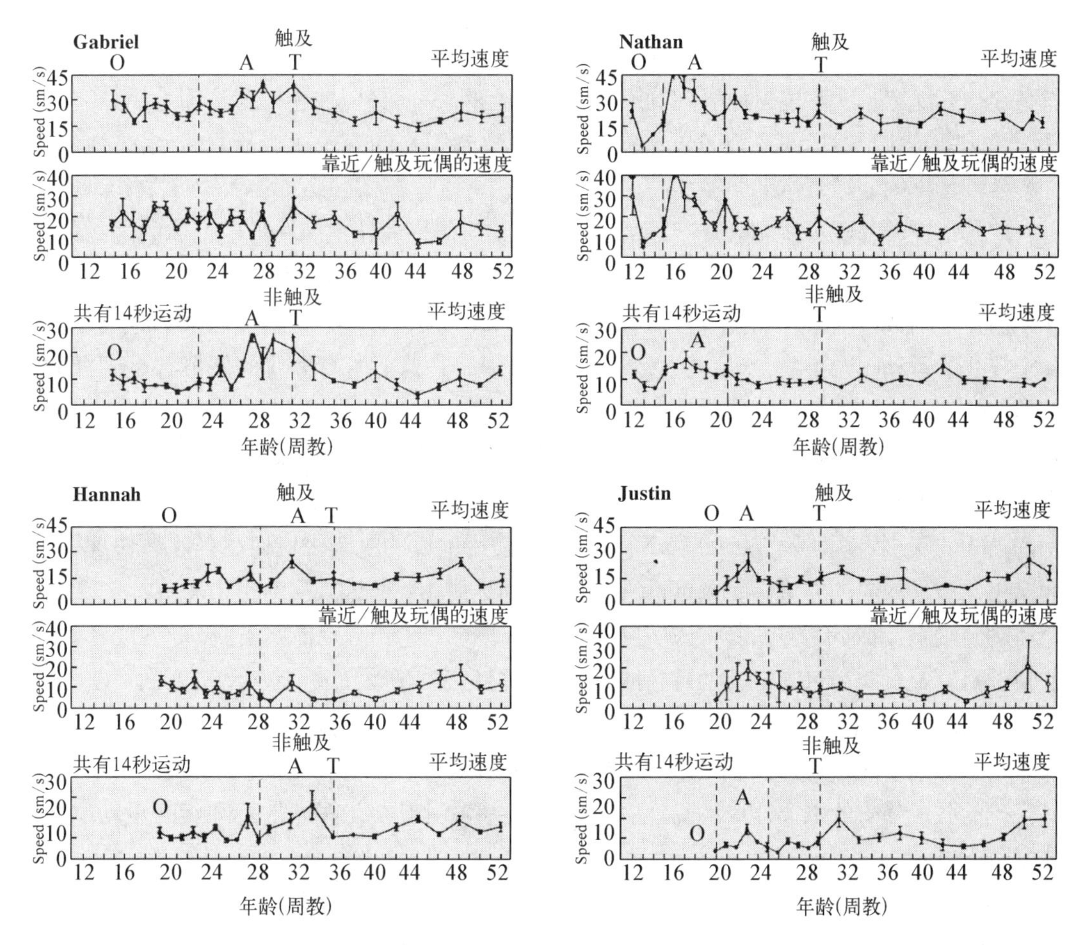

图 6.16 图6.15中四个婴儿触及到玩偶的平均速度,触及的速度,以及非触及的运动速度。

来源: From "The Development of Reaching during the First Year: The Role of Movement Speed," by E. Thelen, D. Corbetta, and J. Spencer, 1996, *Journal of Experimental Psychology: Human Perception and Performance*, *22*, pp. 1059 – 1076. Copyright 1996 by the American Psychological Association. Reprinted with permissions.

比较少(图 6.16 中 T 所示,p. 295)。Gabriel 朝向稳定性的转变比较循序渐进,而且整个过程都表现出非常清晰的非线性。这些向不同状态转变相都是由统计所确定的。

当我们使用这样稠密的抽样,来绘制个体变化轨迹时,触及的发展进程看上去差异很大。尽管四个婴儿到 1 岁时,都明显在集中于相同值,但是他们不是通过同样的平均值到达那儿的。这些集体变量的动力学能为触及从开始及进展的过程,提供启发吗?这些控制变量对四个婴儿是共同的吗?什么能解释个体差异呢?

第一次转变:触及的开始(The First Transition: The Onset of Reaching)。纵向研究设计使得 Thelen 及其同事,能以一定的精确性,探明了第一个相转变:出现成功的伸手和触及所提供的玩偶的行为(注意,开始的这些星期是对这些婴儿更自然的观察而得到的)。确定了一个发展的转折后,动力学方法的下一步就是去寻找潜在的控制参量。回忆我们对跨水平与时间尺度上连续性所作的强假设;不连续肯定会部分产生于这些连续的动力学。

294 对于年幼的婴儿而言,从出生开始,甚至在出生之前,他们总是连续地移动他们的四肢。触及,这个新的形式,肯定是从婴儿连续的移动与知觉过程中所涌现出来的,这些移动与知觉是在他们能第一次完成目标导向的触及之前发生的,——甚至在新行为出现之后,还会继续作为非触及性手臂运作。Thelen 等人(1993)观察到婴儿向第一次触及的转变,是他们从许多各种各样的非触及运动中"发现"了一个触及。

295 这些研究者发现了在非触及运动中的运动系统所偏好的状态——他们个体的内在动力学——深刻地影响着向触及转变的性质。特别是,四个婴儿动作幅度上的差异,尤其是他们在触及开始前数月内,自发的手臂运动的活力。Gabriel 和 Nathan 大幅度有活力地运动;另两个婴儿的运动比较平稳,产生的运动很少很慢,很有力量。所有婴儿的任务都是同样的:把他们的手放在需要触及物的附近。但是,他们解决这个任务会遇到不同的问题:Gabriel 和 Nathan 不得不抑制他们有力的运动,去获得控制;Hannah 和 Justin 不得不产生更多的肌肉力量去伸展他们手臂,在空间上向前,克服重力生硬地抓住物体。对移动手臂的部分所使用的力矩的考察表明了:296 Gabriel 和 Nathan 主要使用他们的肌肉去应对由其手臂快速运动而产生的被动的惯性力量,而 Hannah 和 Justin 则是使用其肌肉去应对重力。

刚开始触及,对于婴儿而言,诸多要素都是必须的。他们必须能够看到玩偶(或者其他的目标),以及玩偶在空间中的位置。他们必须想得到它。触及的视觉与动机方面可能不是控制变量,因为其他的证据也表明了:婴儿能相当好地在一个三维空间中对物体进行定位,如果不熟练,到 3 个月时,他们能抓住或嘴巴对着物体,表现出对物体有兴趣。因而,很可能是正确的肌肉模式的选择,以及对激活的合适的调整,使得婴儿能从他们间接的运动中,形成第一次触及。

实际上,根据肌电图(EMG)记录,对婴儿肌肉运动合成进行的分析,揭示了触及开始是与功能性肌肉的使用变化相联的。Spencer 和 Thelen(1995)通过比较在触及开始之前的触及模式与非触及模式,以及触及开始之后的触及模式与非触及模式发现了:当婴儿开始频繁的触及时,独自的和在与其他肌肉的组合中,增强了他们前部的三角肌(肩膀的肌肉运动抬起了手臂)。在触及之前,婴儿有时会抬起他们的手臂,而且他们使用与其他肌肉的组合来做到这一点。选择性激活与控制这个肌肉群的能力与目标导向运动联系在一起。

Thelen 及其同事推测出，婴儿在触及实际出现之前的数周与数月内，会通过经验学习具体功能的肌肉模式。婴儿运动的实际活动——感觉他们的四肢的动态感，以及觉知他们运动的结果——是重生与重入的神经网络的锁时的输入，这在前面的章节中描绘过。结果，四肢参量类型，会从适于玩偶空间位置的所有可能的组合中突然出现。

其他系统要素的变化，也许会使这种发现更加容易。例如 Thelen 及其同事发现，婴儿直到他们也能在中线位置上稳定他们的头，才能触及。或许，颈部与头部的肌肉力量及控制，对于手臂能独立的抬起是必须的。稳定的头部与眼睛也易化了被触及物在空间中的精确定位。

在第一年中控制的转变(Shifts in Control during the First Year)。回顾三个婴儿在第一年中集体变化的动力学，我们发现这之中有一个显著的非线性进程(图 6.15)，以明显的表面上不稳定期紧接着稳定期。也回忆一下个别婴儿有着异常的内在运动动力学，特别是在描述与速度的性质相关的方面。成人触及的研究重复地表明运动速度——反映了传向四肢的能量大小——在运动控制的诸多方面是一个关键的参量。比较快的运动一般很少精确，可能是因为只有很少的时间来作细微的调整(Fitts, 1954)。触及轨迹也许要求有不同的控制策略，以及不同的肌肉活动模式，这依赖于他们是慢慢地完成还是迅速地完成触及(Flanders & Herrmann, 1992; Gottlieb, Corcos, & Agarwal, 1989)。类似地，非常快的运动产生了比慢的运动更大的运动相关被动的力量，因而对中枢控制也提出不同的问题(Latash & Gottlieb, 1991; Schneider, Zernicke, Schmidt, & Hart, 1989)。运动速度在这些发展性转变中，能担当控制参量吗?

图 6.16 表示了四个婴儿，在整个一年中运动速度的特征。图中表明了触及本身的平均速度及峰值，正如运动的开始与结束一样。另外，Thelen 等(1996)报告了婴儿的非线性运动速度，也就是在 14 秒取样实验中，当他们不够取物体时，婴儿所产生的所有运动。这种分析揭示了许多值得注意的结果。首先，婴儿汇集在或多或少相似的有益的运动和接触速度上；太慢地或太快地抓住玩偶并不是功能性的。其次，在这个共同速度内，在平均水平上，四个婴儿保持着个体速度特定或内在的动力学。例如，Gabriel 比 Hannah 运动得更快。第三，在触及的与非触及运动的特有速度之间，存在着相关。触及不是独立于婴儿正在进行的动作以及他们的习惯之外的，而是由这些动力学所影响形成的。最后，更快的运动的时期与集体变量上的不稳定相联，表明弱的控制能力。

尽管，使得婴儿更快地或更慢地运动因素仍然未知，但是这个全程的速度变化显然是在触及轨迹的直接性与平稳性上，充当了一个控制变量。而且，触及的个体行动是在当时形成的，载有系统当时的状态，是由系统的历史依次决定的。 297

双手协调(Bimanual Coordination)

在任务与内在动力之间的相互作用，同样可由婴儿触及的另一个方面得到充分的解释：他们以一只或两只手去触及。Gesell(1939; Gesell & Ames, 1947)首次注意到双侧对称，以及婴儿偏好从非常不稳定的频繁的单肢使用向双肢使用转变，以及从强势的单侧化动作至对称动作的完成。Thelen 等人(1996)对四个婴儿的研究详细地阐释了这些转变。图 6.17 (Corbetta & Thelen, 1996)表明了一只或两只手触及的个体频率。注意到，在这种情况下，玩偶要能被一只手抓住，因此两只手的触及对功能来说并不是不得已。不仅个别婴儿有混合的行为偏好，而且两个婴儿在他们的发展进程中也类似。

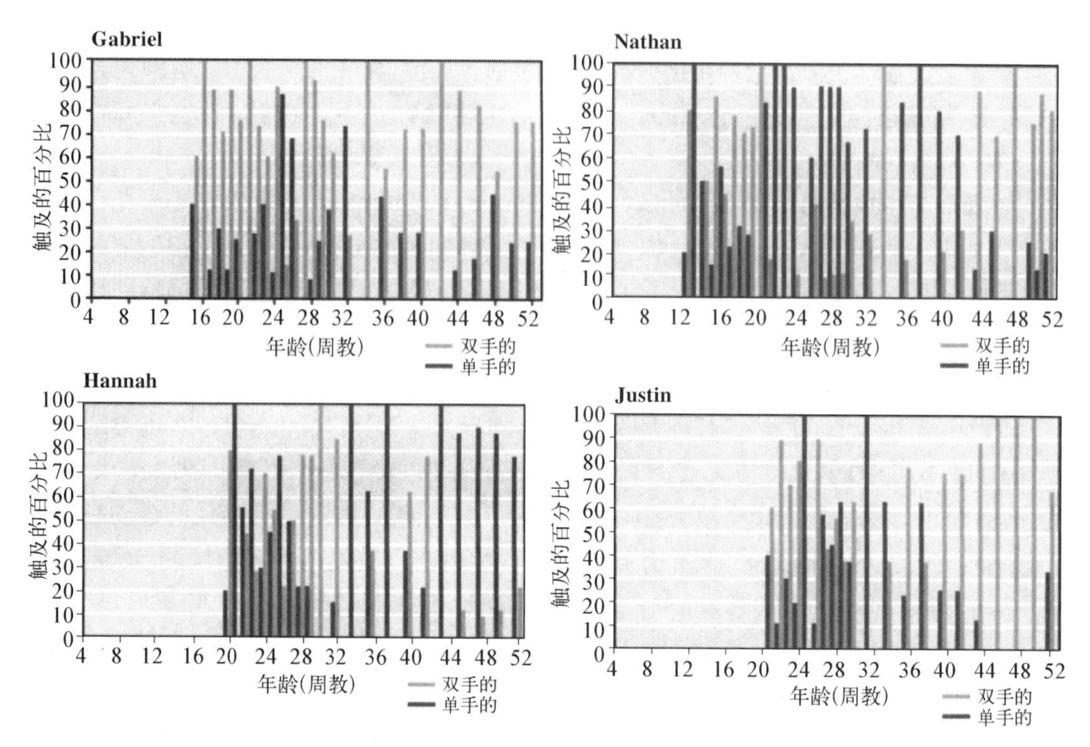

图 6.17　图 6.15 中的四个婴儿用单手与双手触及玩偶的百分比。

就像在单个一手臂轨迹中一样，Corbetta 和 Thelen(1996)发现了双手的协调也受婴儿内在的动力学影响——在这种情况下，他们的四肢以一种耦合的方式运动，在非触及运动中也如此。当婴儿使用两只手触及时，两只手臂趋向于在所有的运动上一起加速或减速；四肢对称地耦合。相反，当婴儿偏好于使用一只手去抓住玩偶时，有时这样的耦合不是很明显。此外，在触及与非触及上双手对称性与更高速度的运动时期相关联。例如，Gabriel 使用两只手，几乎在整个一年都有耦合的运动，他是最有活力的婴儿。相反，Hannah 的运动主要是单侧肢体非耦合(移动得慢)，除了在一年中间的那段时期，当她的运动速度增长，她的运动对称也增长。运动速度对于运动的效率以及双侧耦合的强度都是一个控制变量。

尽管婴儿有一个明显的任务目标，即伸出手去抓住一个玩偶，但是这个动力的动作是从正在进行的运动的经历中突然发生的。婴儿系统的状态是从他们身体的结构、新陈代谢，动机，以及从他们在此之前的数月中曾经是如何移动中涌现出来的。以这样的观点来看，系统中没有一个部分是优先享有特权的——在大脑中不存在专用于触及的编码。触及是在多个时间尺度上从多重的要素中自组织所形成的一个模式：任务与目标的当下动力学，以及婴儿移动与触及的历史的长程动力学。

控制水平的一个模型

298

触及发展的动力学观点揭示了在集体变量上阶段一样的变化，与此同时也把婴儿的触及嵌入进婴儿连续的和正在发生的内部的动力学中。在这部分，我们提出一个涌现控制的动力(动态)模型，认为它们是通过动态地耦合，来调和这些多重水平以及多重时间尺度。

技能是什么？

在这里，我们暂时离开并进行如下质疑是有益的：在控制手臂(或任何身体部分)成功地、适应地运动，涉及到了什么？

根据 Bernstein(Bernstein, 1996)的观点，熟练活动的标志性特征之一，是能够灵活地适应于现在与未来的条件下的运动。构成了熟悉行为表现的不只是一个重复的稳定的模式，而是快速优美地完成一些高水平目标的能力，而且能当场或者在未来情境的期望中灵活地补充解决方案。例如，我们以一个熟练的骑手为例，他的目标在于，以优美的姿势骑着马通过一个预定的跑道。在这种情况下，技能意味着，在赛场预期的变化出现时，适应于马的运动，作一些细微的及时的调整。

毫无疑问，在运动上，也像在认知或社会活动上一样，我们能把技能定义为，为了满足社会、任务或物理环境发生正在变化的需求时，能迅速调集到合适的策略。对于触及而言，好的控制是指在所有方向上，对于运动的与固定的物体而言，当光线或暗或明，当我们的注意力集中或分散时等等，从任何一个位置，都能够有效地触及到。进一步的分析，我们能确定，影响触及的控制的三个水平中的一个潜在扰动的来源。正如图6.18中所描绘的，触及首先必须以稳定化来对抗短暂的机体的扰动——作用于运动肢体上的外在压力的各种形式，趋向于把想要的运动轨迹推离进程(我们知道成人面对一个作用于肢体的小的颠簸，非常善于保持他们的运动轨迹；如 Hogan, Bizzi, Mussa-Ivaldi, & Flash, 1987)。其次，在面临运动同步(时间上的先后选择)的不同任务要求时，触及必须稳定，例如设定各种关节与肌肉的协调方式来产生手臂的时空轨迹。最后，甚至当全局的目标参量发生变化——当目标在意料之

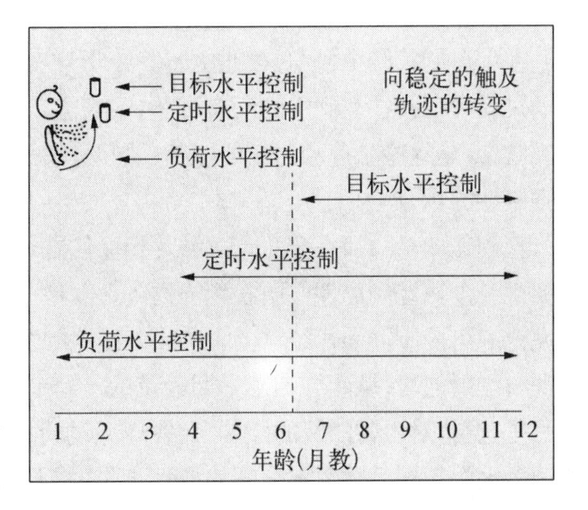

图 6.18 在触及上的一个增长控制的简模型。Schoner(1994)之后，我们就把控制定义为使得行为水平免受来自其他水平的扰动。两个负荷水平涉及作用于四肢上内在的与外在的压力以及相关联的延展的反作用力。时间选择水平涉及一个轨迹的产生，以及完成轨迹的关节与肌肉的时间选择。目标水平是空间的目标。婴儿只能逐渐地获得这些水平的控制。

外被取代了(成年人则是迅速与更稳定地作调节;Jeannerod, 1988),触及仍必须稳定。使用Gregor Schöner(1994)的术语,我们可以把这些控制的水平定义为负荷、时间选择以及目标水平。

在一般成人熟练的动作中,这些水平不是孤立的,也即人们觉知、思维,以及行动在物理世界是作为一个整体的。控制的水平只能通过外在的实验控制才能显现出来,例如,当实验者使用一个外在负荷时,告诉参试者保持一个肢体的姿势不变;或者告诉他们触及物突然被替换掉。成人能够有意地去隔离、保护或者控制他们在多个行为水平上的活动。这意味着,在熟练的成人身上,控制等级不是紧密地耦合;目标等级不是手臂的生物力学的一个奴隶,尽管负荷水平对于运作有影响作用。我们必须强调这些水平确实是限定性任务要求的一个函数。它们在任务不出现时,不会自动或功能性存在。

299

控制水平的发展

相反,婴儿不会开始就能去抵挡任务的某个方面受到干扰——也就是说,开始就能控制他们的动作来抵抗环境中意料之外(甚至是预期的)的碰撞。实际上,我们在此想指出的是,初始的状态高度融合,婴儿的运动在初始时紧密地与低水平的动力学相耦合,只有通过经验以及有机体的变化,一个更高水平的目标动力学才能涌现出来。

这一点,我们可以在早期手与腿自发的运动中,看到非常清晰的例证。正如,我们在前面所指出的,给年幼婴儿的四肢注射了充足的能量所导致的模式表明了,耦合振荡子的动力学具有一个周期强制函数。这些动力学很可能是简单的神经元模式与关节、肌肉弹性属性相组合,以及重力的作用——负荷水平动力学的集体作用。

在生命的第一个月中,婴儿主要着迷于这些动力学。他们控制得很好,或完全不控制,运动过程中四肢在空间中的所有姿势,或者各部分的时间同步。因而婴儿必须解决的第一个问题,就是这些负荷动力学的控制;他们必须开始减弱在负荷水平与更高的控制水平之间的强制性的耦合。

直到在3—4月时,婴儿首次触及和抓住物体,他们必须早就开始,通过重复运动,来及时产生一个轨迹到达他们所看到的物体。但是,他们的触及仍未独立于负荷水平动力学,实现完全的可控制。婴儿经常会太快或太慢地触及,他们会越过目标,或者在停止与开始突然出现时注射能量,从而导向了早期触及的一个非常典型的加速的或减速的模式。这个模式预测了,没有对手臂的好的控制,在快速运动时,触及轨迹将会变差。它发生的原因是因为快速运动引起了手臂各部分间的惯性力量,需要精确的控制——一些熟练的运动者会连续地控制住。实际上,这在先前描绘过的四个婴儿触及中也发生过:当运动速度加快,触及轨迹就会变得更颠簸与更不直接(图6.16)。

我们发现,婴儿大约7个月大的时候,会明显地向更平稳与更直接的触及转变。我们认为,对稳定轨迹解的系统发现——也即隔离与促成获取触摸所见玩偶的手的时空参量。因而,到了这个年龄,触及不再受负荷—水平动力学所冲击了。婴儿能够平稳地,以相对直接的方式触及,而且他们能克服自身的惯性力量,从而控制住身体的各部分。

尽管8—12月大的婴儿,在一般的与日常的条件下,看上去像个相当好的触及者,但我们能创造条件去揭示出他们仍没有精熟到最高的技能水平——能够保护目标免受低水平动力学的影响。在下面的内容中,我们报告一下这类研究,关于目标等级——触及物的位置与本质属性——在什么情形下受到扰动。这些实验揭示了,在这个不稳定时期,婴儿是不灵活的;可以说,他们受先前所产生的手臂路径所控制。他们的轨迹形式不错但不灵活;他们陷于先前触及的习惯中。我们集中于经典的客体获得实验——Piaget 的"A 非 B"错误来进行介绍。动力系统对客体取回任务的解释,与认为此任务反映恒常认识的传统解释构成了挑战。动力系统观认为婴儿表现出来的,是在目标与轨迹控制的时间同步水平之间的强制性耦合的路径。

A 非 B 错误任务动力学

婴儿的主要任务之一,就是学习物体的属性以至于作用于它们,思考它们,最后谈论它们。实际上,成千上万的文章都是关于物体表征的本质:婴儿们在什么时候以及如何来理解物体空间的与时间的恒常。一个著名的曾用来测量婴儿对客体理解的实验,是让婴儿去取回一个藏匿的物体。不固定的搜寻错误模式以及显著性的发展性变化刻画了婴儿在 6—12 个月之间的行为操作表现。这里,我们简要评述一下动力系统对搜寻错误之一——经典的 Piaget 的 A 非 B 错误——的解释(Smith, Thelen, 2001; Thelen, Schōner, Scheier, & Smith, 2001; Thelen & Smith, 1994)。

A 非 B 错误(The A-Not-B Error)。我们介绍一个如何应用多重因果与嵌套时间的动力学概念,来重温发展心理学中经典研究的例子。由Piaget(1962)最初提出的问题是,"婴儿什么时候获得物体恒常的概念?"他设计的一个简单的物体—隐藏任务,被许多代的研究者所使用。实验者把一个非常逗人的玩偶放在位置 A 的一个盖子下,让婴儿去取玩偶。在位置 A 的实验重复数次。接着,试验进行一个关键的转变,实验者把物体藏在一个新的位置 B 处。这时,8—10 个月的婴儿会犯奇怪的错误。如果在隐藏与触及之间有一个短的延迟,他们将不去触及发现物体消失之处 B,而是返回到先前发现物体的 A 处。这个 A 非 B 错误特别有趣,因为它与高度受限的发展时期紧密地联系在一起:大于 12 个月的婴儿能够在关键的 B 实验中,正确地搜寻到物体。为什么有这个显著的转变呢?

300

12 个月大的婴儿难道知道 10 个月婴儿所不知道的吗? Piaget 认为只有在 12 个月时,婴儿才能知道物体的存在独立于他们的动作。其他学者认为,在 2 个月期间,婴儿转变了他们的空间表征,改变了他们的前额叶皮层的功能,学习了抑制反应,改变了他们对于任务的理解,或者增加了对客体的表征强度(Acredolo, 1979; Bremner, 1985)。

所有这些思想都有价值,但是没有一个能解释实验结果的整个模式(Smith, Thelen, Titzer, & McLin, 1999)。这也许是因为,这些都以单个的原因来寻求解释,而这里并不存在单一的原因。我们提出一个形式理论,动力场模式(Thelen et al., 2001)来解释 A 非 B 错误是在嵌套的时间尺度上,交互作用的多重原因的涌现产物。这个解释开始于组成这个任务的看、触以及记忆事件的分析,如图 6.19 所示。

任务动力学(Task Dynamics)。通过整合,动力场模拟了婴儿到达位置 A 与 B 的决定,在这段时间里,各种因素影响着这个决定。场模型受 Amari(1977)分析地描绘与刻画类型

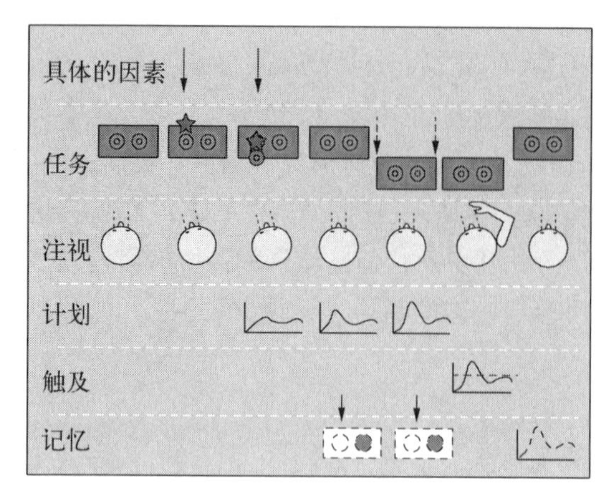

图 6.19 A 非 B 错误的一个任务分析，描述了一个典型的 A 处的隐藏事件。盒子与隐藏的容器连续地构成了当前的视觉输入。这个具体的瞬时输入是由 A 容器中隐藏玩偶所构成的。在隐藏与允许搜寻之间设定一个延迟。在这些事件中，婴儿看得见所有物体，记得线索的位置，以及开始一个导向触及参量激活的计划过程，随后是触及本身。最后，婴儿记住了当前触及的参量。

启发，它是抽象的，不具有解剖特异性。模型有一个一维激活场，定义了潜在激活状态的一个参数空间(在目标位置 A 与 B 的情况下)。输入是由它们的位置和它们对场的影响所表征的。更重要的，场中点为另一个提供了输入，使得场自组织起来。一个非常高的激活点对点周围有强的抑制影响，允许没有外在输入出现时维持激活。

图 6.20a 表示了第一次 A 试验上，激活的演化。在婴儿看到任务的物体隐藏之前，在场上存在着盖着的 A 位置与 B 位置的激活。当实验者把婴儿的注意力导向 A 位置，通过藏玩偶，它在 A 位置产生一个高的、瞬间的激活。接着，在整个时间中场演化成一个决定。当激活峰值跨越一个槛时，婴儿就触及了那个位置。

这个解释至关重要的一点是，一旦婴儿触及，那么关于这个触及的记忆将成为下一步试验的另一个输入。因而，在第二次 A 处的试验，因为先前的活动 A 处就会存着一些增长激活。这与隐藏线索组合起来产生了对位置 A 第二次触及。在对 A 的许多次实验中，对于先前动作的一个强烈记忆建立起来了。每一次的试验都嵌入在先前试验的历史中。现在，图

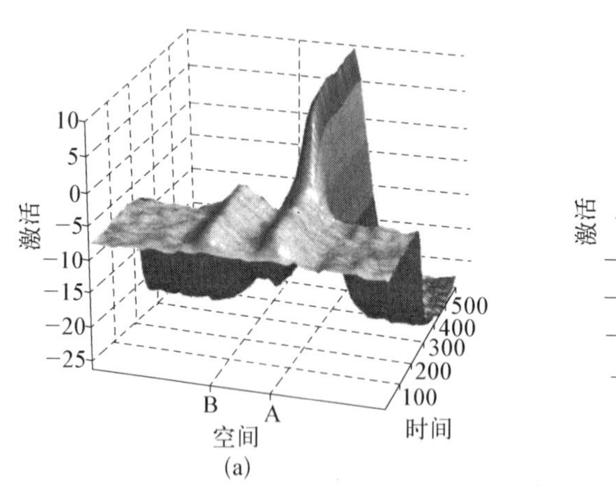

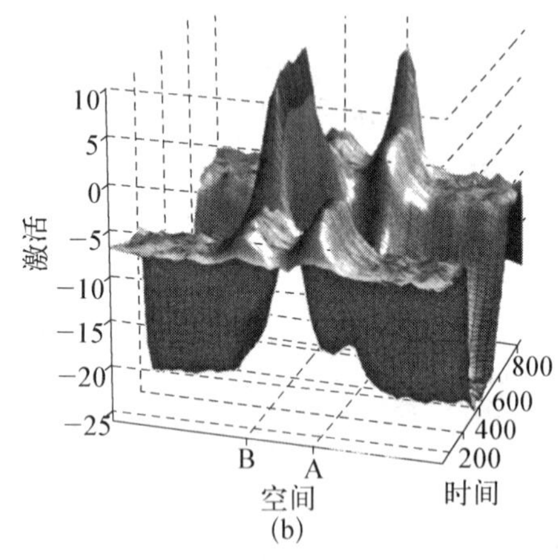

图 6.20 (a) 第一次试验 A，计划场激活的时间演化。当物体被隐藏时，激活产生，预期在延迟期间场中会维持自组织特性。(b) 第一次试验 A，计划场激活的时间演化。这里在隐藏事件前，由于对于先前触及的记忆，在 A 处会有一个增强的激活。当物体在 B 处隐藏时，激活在 B 处产生，而且当这种瞬时的事件结束了，还会因为对场属性的记忆，这种激活也会在朝向 A 的方向上的长时记忆延伸。

6.20b 中考虑关键的 B 试验。实验者提供了一个强的线索 B。但是,当这个线索延迟时,在 A 处的动作记忆的停留开始主导场,在这段时间内,把决定转回到习惯性的 A 位置。这个模式清晰地预测了,这种错误发生是时间依赖的:在隐藏物体之后存在一个简短的时期,婴儿应该能正确地搜寻,实际上他们也做到了(Wellman, Cross, & Bartsch, 1987)。

使用这个模型作导引,实验者能预知到错误的来与去。这是由改变延迟时间,通过提升对遮盖物或隐藏事件的注意一抓取属性,以及通过增加或减少先前到达 A 的次数而预知的(Diedrich, Thelen, & Smith, 2001; Smith et al., 1999)。错误甚至发生(或不发生)于不隐藏玩偶的情况(Smith et al., 1999)。把注意导向一个正在视野中的目标 A,会提高对这个位置的激活,婴儿触及那个连续出现于视野中的物体。随后,当实验者把婴儿的注意导向一个不同于 A 的附近看得见的目标 B,婴儿看到了,但接着又返回到原来的目标 A。实验者通过使 B 试验的触及以某种方式不同于 A 试验中的触及,来使得这个错误消失。在模型中,这些差异减弱了场中 A 试验记忆激活的影响。

一个通过转变婴儿的姿态的实验,成功地做到了这一点(Smith et al., 1999)。一个婴儿在 A 试验中坐着,接着将站起来,像图 6.21 中所示,在延迟与搜寻期间,去观看在 B 处的隐藏事件。婴儿姿势的转变,甚至导致了 8 个月或 10 个月婴儿正确的搜寻,就像 12 个月的婴儿一样。在另一个实验中,到达 A 与 B 尝试的相同,通过增加与减弱腕的重量来改变(Diedrich, Smith, & Thelen, 2004)婴儿以"重"的手臂触及 A,以"轻"的手臂作用于 B 试验中(反之亦然),好像 2—3 个月的婴儿也不会犯错误。这些结果都表明了,相关的记忆是在身体语言中以及与感觉表面相靠近的。另外,他们强调错误的高度去中心化的本质:相关的原因包括,在桌上的遮盖物,隐藏事件,延迟,婴儿过程的活动,以及婴儿对身体的感觉。

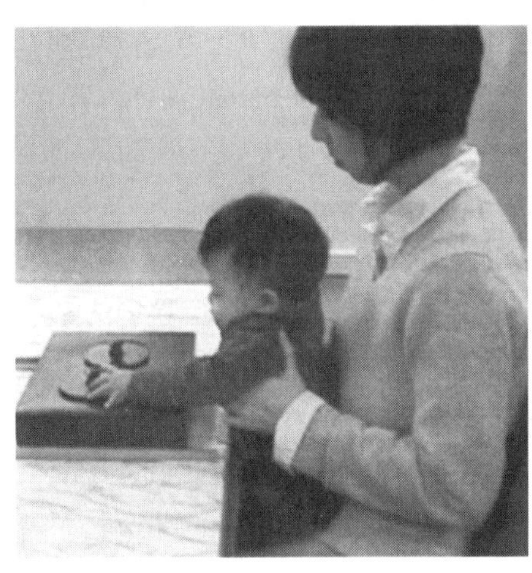
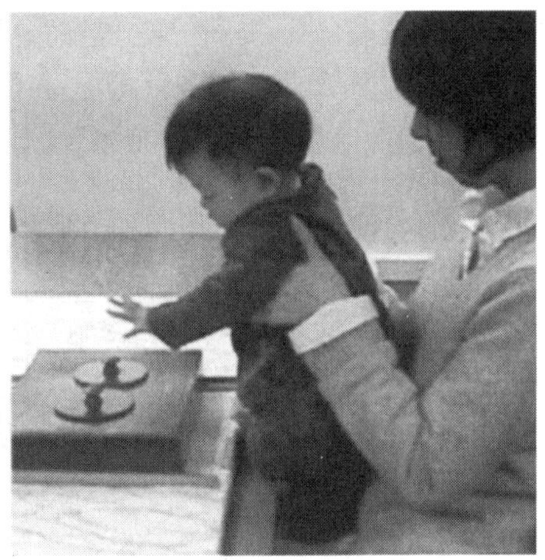

图 6.21 一个婴儿在 A 试验中坐着,在 B 试验中站着。

这种多重因果性要求我们重新思考认识与发展到底意味什么。10 个月大的婴儿犯 A 非 B 错误时与不犯时,真的知道一些不同的事物吗?如果我们对认识进行概念化,把认识看成是涌现的,或者看成是从与任务或系统即时的先前活动相关的多重要素中,在一个准确时刻所造就的,那么答案当然是。12个月的婴儿确实知道10个月婴儿不知道的什么内容呢?这里不存在单一的原因,没有单一的机制,以及没有一个认识结构能区分10个月的婴儿与12个月的婴儿,因为存在许多原因致使错误出现或消失。相反,10个月的婴儿与12个月的婴儿都可视为在完成任务过程中自组织而成的一个复杂系统。而且,正像实验的动力学嵌套于任务的动力学之中,而任务动力学则是嵌套于发展的动力学之中。

302 **发展的动力学(Developmental Dynamics)**。A非B错误对发展理论一直是重要的,因为它与婴儿数月的发展紧密关联。然而,神经场模式表明了,引起了儿童犯错误的动力学,涉及所有年龄中目标—导向动作的基本过程。实际上,通过改变任务,研究者们可以使得年长的儿童与成人,像婴儿一样,间或地保留着这些错误。

最近,Spencer与其同事(2001),发明了一项适合于2岁儿童的A非B任务:在沙箱上藏玩偶。沙子的表面呈现出一致的场景,因此,不存在什么记号预示着两个可能的隐藏位置。实验者让学步儿童在位置A,试验多次,接着把玩偶藏在位置B。10秒的延迟之后,学步儿童看着玩偶被藏到B处后,仍回到位置A去挖沙子寻找玩偶。实际上,在许多其他的情境中,儿童与成人都会不顾及新的信息,返回到一个习惯的地点(Butler, Berthier, & Clifton, 2002; Hood, Carey, & Prasada, 2000)。但是,在一个标准的A非B任务中,婴儿在两个月中会改变他们的行为。在场模型中,这是由增长静态的场激活来模拟的。这使得来自隐藏线索的输入,更容易在B处形成一个自给的(self-sustaining)的峰值,完成对A的记忆。类似地,在犯错误的模式(也是一个动力学系统模式),Munakata(1998)通过强的自给的隐藏事件的记忆,来模拟发展。婴儿每天做什么来提高他们对位置的记忆呢?一个可能是他们的自我运动,爬行开始出现,提高了婴儿的空间记忆(Bertenthal & Campos, 1990)。但是,也存在其他的可能性。在1岁期间,婴儿精巧的运动控制得到了显著提高。也许,更多的觉知物体与操作它们,提高了婴儿注意到目标差异的灵活性,或者更少依赖他们先前的动作。只是重复练习A非B任务,也会提高婴儿的操作表现(Diamond, 1990a)。以这种方式,任务上的实时活动与发展的时间统成一体。发展性变化是从婴儿的实时活动中演化而来的。

动力方法的意义(Implications of a Dynamic Approach)。发展的动力系统理论,有助于解决一个明显的理论矛盾。在一个全局水平上,由生物遗传以及由人类环境的相似所限定的约束,似乎导致了相似的发展结果。所有尚未受限制的婴儿,学习走路,从发生A非B

303 错误进展到不发生,说他们的母语,以及形成深刻的社会关系。但是,当人们观察发展的细节时,这幅图景似乎远不是决定的。在同一个家庭中长大的儿童,彼此之间差异非常大。有着社会与经济优势的儿童有时会在生活中失败,而有些来自贫困背景的儿童长大后却能成功。这样的非线性也许反映了发展中像阶段一样的转变,也许构成在标准的A非B任务中10个月与12个月婴儿之间的显著性差异。但是,如果发展是由实时的事件所组成的,那么这些非线性也会造成个体的差异。甚至在开始状态或在发展历史中,非常小的差异也能被放大,导致大的个体差异。如果确实是这样的,那么在微水平上,发展将是杂乱的,非常依赖于婴儿特定的实时活动。从动力观来看,理解儿童创造发展性变化的日常活动过程是重要的——这种发展性变化既包括普遍的获得也包括个体的路径。

知道是什么？(What Is Knowing?)皮亚杰从观察他自己的孩子在“错误的地方”寻找物体，所得出的最初结论到底意味着什么？对于 Baillargeon 与 Graber(1988)及其他研究者而言，发现了婴儿似乎知道物体在它们放置的地方，但是在任务中，为什么婴儿只是看而不去行动，这些结论到底意味着什么？这个动力系统解释如何才能与 Munakata、McClelland、Johnson 和 Siegler(1997)以及他们的联结主义的解释——其中物体的内部表征停留于把输入传递给行动的独立系统的数个层级中某一个——相符呢？

这些问题的一个可能答案是，A 非 B 错误不仅仅是关于触及——不只关于物体/关于知道。根据这个答案，婴儿在 A 非 B 任务中，在开始时恰恰是独立于他们的行动来表征物体的，尽管这些表征，正如 Munakata 等人所认为的，对于支撑目标—导向的手的动作并不充分。这个答案分离了知道与行动；当物体被藏于 B 处时，婴儿知道物体在哪儿，只是不能控制触及。

我们认为这个答案是错误的。知道是在任务的作用下，跨多重水平系统组成的动力过程。我们不需要调用知道那一时刻之外表征的建构物，如“目标”或者是“时空中的扩充”。就像行动一样，知道是一个动力系统的瞬间产物，不是一个与行动可分离的原因。Churchland(1986)对此曾提出这样的解释：

> 大脑不是出于它自身的目的处于模式识别的事务中；如大脑所完成的那样，模式识别的本质必须被置于大脑如何达到运动控制的作用的那个情境中，才能得到理解。不管进化成什么样子，模式识别一直促进运动协调……如果我们忽略了运动控制，在情境之中理解模式识别，我们会冒得出生物上的不相关性结论的风险。(pp. 473 - 474)

我们认为知道与行动相关。因而，知道也许开始是作为或总是一个天生的感觉运动行为。因而，我们的动力系统解释可以站在与皮亚杰关于感觉运动活动的最初思想同样的立场上。也可以与 Johnson(1987)；Varela、Thompson，以及 Rosch(1991)；Churchland(1986)；以及与 Edelman(1987)，以及 Barsalou(2005)、Glenberg 和 Kaschak(2002)所持的在循环发生的感觉运动模式中涌现的认知，从而能使得行动变成为知觉的导引，这些更新的思想站在同样的立场上。

动力系统与其他的发展理论(Dynamic System and Other Theories of Development)。动力系统作为发展理论，与其他方式的发展理论有何不同呢？Thelen 和 Bates(2003)近来认为，这个问题与它们的答案可以一起归纳于表 6.2。他们详细地考虑了下列理论框架：

1. Chomsky(1968，1975，1988)的语言发展的先天论(在其他领域一样受到先天论的启发——参见 Fodor，1983 年的一个讨论)。

2. E.J. Gibson(1969)的知觉与知觉发展的理论(重在经验主义)。

3. Vygotsky(1978)的社会框架中的认知发展理论(强烈赞成经验主义，尽管毫无疑问它是经验主义方法的一个复杂的有趣的特例)。

4. Piaget(1952,1970)的认知发展的建构主义理论(对于今天的涌现主义方法而言,它是一个直接的先驱)。

5. 由 Edlman 等人介绍的联结主义(1996)。

6. 由 Thelen 与 Smith(1994)所介绍的动力系统。

表 6.2 发展理论的分类

理论	Chomsky	Gibson	Vygosky	Piaget	Thelen/Smith	Elman/Bates
变化的重点机制	成熟	知觉学习	内化	建构	自组织	涌现/习得联结
经验	非	是	是	是	是	是
外在的信息	非	是	是	是	是	是
社会的	非	非	是	非	非	非
生物的约束	是	是	非	是	是	是
大脑发展	非	非	非	非	是	是
具身性	非	是	非	是	是	非
心理表征	是	非	是	是	非(不是传统意义的)	是
动力系统	非	非(是)	非	非	是	是
形式模式/模拟	是	非	非	非	是	是

选自“Connectionism and Dynamic System: Are They Really Different?” by E. Thelen and E. Bates, 2003, *Development Science*, *6*, pp. 378 - 391

304

来对这六个理论的十个方面进行比较:(1) 变化的主要机制,(2) 外在信息的建构作用,(3) 社会交互作用的重要性,(4) 生物的约束作用,(5) 作为理论上的限制,大脑发展的信息使用,(6) 强调感觉运动过程,(7) 强调心理表征的精制,(8) 引用动力系统作为结构与变化原因/解释来源,(9) 使用数学的形式,(10) 使用计算模拟作为发展研究的工具。

变化的机制(Mechanisms of Change)。Chomsky 引用两个相关的机制,来解释发展变化以及环境的作用:参数设置(parameter-setting)与触发机制(triggering)。触发机制是指因为环境中一个事件(不像通过睾丸激素的遗传的定时发放,导致胚胎中男性生殖器产生过程的触发),先前存在的行为选择的释放。参数设定是触发机制的一个浓缩形式,由此,儿童能够使用环境的信号,从一系列的内在的语法选择中,选择对于他们的母语而言正确的参数。这些年,在详细阐述这些思想上,Chomsky 一直强调人们高估了作为变化来源的学习,至少对物种特别重要的那些行为领域来说是如此。在 Gibson 看来,变化的主要机制是儿童对环境的探索,以及对在他们当时的能力与丰富的结构化环境内部行动的适合之间的匹配的发现。这主要是一个知觉学习过程,或者是一个在知觉阵列中辨别相关特征能力的不断增长,从而能调节合适的行动来与之匹配的过程。Vygotsky 则在内化(internalization)上建立了他的理论。对 Vygotsky 而言,许多认知与语言结构,让人类首次在与有能力的成人相互作用的王国中进行游戏。通过参与社会的相互作用,年幼的生物体变得有能力,内化了相关的结构,直到最后他/她能自己产生这些结构。尽管与许多 Vygotsky 同时代的行为主义者

(American, European and Russian)的大量成果相比,这是环境决定的更丰富更复杂的形式,内化当然是一种来自外部的"推进"机制。Piaget 开创性的贡献在于,他一直重视认知发展的双向特性,儿童是凭借他们作用于外在世界(同化),接着根据他们的失败程度,来调整他们的动作格式(顺化)。联结主义对发展的解释,认为变化机制主要是在子符号类似神经元的结点中,联结权重的变化,这样现实物理世界的规则能体现为结点间互相联结的内在过程,从输入到输出。一些模式开始于对结构的很少的限制性假设,因而其他的结构就以神经通路的当时理解为基础,或者作为一个经验的结果(见 O'Reilly & Munakata, 2000, for a comprehensive review and tutorial)。总之,变化的主要机制在于在学习环境中统计性规则的合并。

305

关于变化的原因原理,动力系统观又有何不同呢? 在动力系统理论中提出的自组织与涌现的概念,与 Piaget 的建构主义有着很强的历史渊源,它强调感觉运动过程也与 Gibson 的方法有共同之处,与联结主义也共同对环境起着建构作用。现代动力系统方法不考虑社会的相互作用,但却在原则上涉及(见 Yu & Ballard, 2004)。Chomsky(和先天论)似乎也遗漏了,但他是正确的吗? 在动力系统中,存在有关变化的清晰形式理论,与变化的一个触发机制一致。特别是 Yamauchi 和 Beer(1994)介绍的连续的时间循环网络动力学,对应于一个外在的触发,是如何转变不同的吸引子状态,产生迥然不同的序列行为模式。也即,Chomsky 关于变化的机制的一般思想——触发机制与参数设置,可以在动力系统中得到很好的实现。

外部信息的构造作用(The Structuring Role of External Information)。维度与上述描述的变化机制有着很强的相关,尽管它们不是一回事。先天论倾向于低估构造的作用,而经验论倾向于(通过定义)把环境视为结构的一种主要来源。因而,对于 Chomsky 而言,环境的作用有限,主要是通过触发机制。实际上,Chomsky 一直在强调环境的微弱作用。相反,对 Vygosky 而言,社会环境一直是结构得以内化的一个关键的源泉,它通过儿童与社会的交互作用实现的。同样,Gibson 认为儿童不需要建立复杂的心理结构去表征环境,因为环境在信息方面已很丰富,只是等着被发现。在这方面,Piaget 一直强调儿童练习他/她的细微的内在感觉运动格式,利用他/她的意图与现实化之间不匹配的信息(失衡)去促使变化,这是结构化的本质。而且,认知发展的终点(形式运算)反映了一个长长的系列转换与重组,结果导致结构不能在外部世界中检测到。外部的信息对于联结主义也是关键的,因为在现实中,统计规则的合并是这些理论中变化的主要机制。外在结构对于动力系统理论也很重要,因为手边的具体任务,以及现实中交互作用的历史,是系统组织起来的众多原因之一。而且,在动力系统中,外在结构的一个变化也许会引起一个完全不同的终点,而且终点自身也不是由环境所包含的。这是与先天论共有的一点:尽管先天论把变化的主要原因看成是系统本身受限定的属性;动力系统则把许多正在发生交互作用的外在内在要素的复杂系统的历史视为主要的原因。

社会交互作用的重要性(Importance of Social Interaction)。表 6.2 总结的六个理论,只有 Vygosky 严肃地把社会交互作用视为认知发展的结构源泉。Chomsky 否认社会的因素在语言发展中发挥重要结构的作用，而 Gibson 则没有提到任何社会因素的优先地位。Piaget 在心理建构中认识到社会因素的重要性（特别是在其关于语言与文化的著作中——见 Piaget 对 Vygosky 思想的评论，1986），但是他没有研究社会过程。现在，Thelen 与 Bates 认识到这一点，动力系统未能认识到社会因素作为发展性过程中结构的源泉。

生物约束的作用（The Role of Biological Constraints）。表 6.2 所比较的六个理论中，Vygosky 是唯一的没有一丁点关于发展的生物约束思想的人。Thelen 与 Bates 认为，这与其说是因为 Vygosky 主要研究兴趣的原因，不如说是对一个生物作用的基本否定。所有现代的严肃的发展理论，都认可生物的作用。在生物的作用所决定的具体结果上，这些理论从特别强烈的（先天论）到弱的（大部分联结主义）是不同的。动力系统在多重因果，多层次的，历史的方法把生物与环境视为连续融合不可分割的。在动力系统观中，无需去问什么是最重要的或什么是最具决定性的。

作为约束源的大脑发展（Brain Development as a Source of Constraints）。Thelen 与 Bates 注意到四个经典的理论家——Piaget，Gibson，Vygotsky，Chomsky——中没有一个利用了发展神经生物学中的信息。但是，公平地说，在 20 世纪 50—60 年代初，很少能获得这些有用的信息。在最后的 20—30 年间，在大脑的发展上，有一些关于弹性、活动依赖因素的探索，以及大脑发展中基因与环境的双向作用（尤其见 Elman et al. 所写的第 5 章，1996；Thelen 与 Bates 所写的第 5 章，1994）。许多这方面的信息与强的先天论相矛盾（重在生物的决定的严格的形式），以及与我们支持的发展的动力方法高度一致。然而，把神经发展的先进的认识，认真地综合入一般的发展理论仍未发生。这是动力系统目前还未发展的一个重要的局限。

306

高级认知的感觉运动基础（Sensorimotor Bases of Higher Cognition）。Piaget 强调感觉运动是高级认知的基础，这是他的理论的关键，也是他最具创造性的重要贡献。Chomsky 明确地否认这一点（对语法有作用，是心理模块的自动作用，而不是身体自身）。在 Gibson 的理论中，感觉运动是高级认知的基础是毫无疑问的，但是在 Thelen 与 Bates 看来，这不是因为 Gibson 对于心理主义的强烈批判（见下文），而是这些思想从未得到充分的发展。一旦语言学习和社会化过程开始作用时，Vygosky 也不认为这些因素在起作用。现在联结主义理论，像大多数联结主义理论一样，只对感觉—运动的作用给予了微乎其微的注意。动力系统理论，重视知觉—运动发展，强烈支持 Piaget 的立场，赞成充分的具身的心理。

心理表征（Meantal Representations）。在他们的讨论中，除了 Gibson 的观点，Thelen 与 Bates 介绍了几乎所有的理论观点，他们提到当一些动力系统理论家回避表征时（Smith et al.，1999；Thelen & Smith，1994），另一些人却包含它（Spencer & Schoner，2003）。但是，人们得到的结论依赖于他们所持的表征的意义。在强的传统意义上，表征意味着 Newell、Shaw 以及 Simon（1957）的物理符号系统：在一个计算系统内，内在表征的命题是作为符号那样来运算（以一种语法和一种语义学）。Chomsky、Piaget 以及 Vygosky 意义上的表征意义也在其中。于是，存在像表征一样的类似物，系统中任一具有稳定性（如循环）的内部事件，理论家都能指出与之对应的行为规则。这是联结主义及 Thelen 与 Bates 意义上的“表征”。在这个定义下,很难去想象一个理论没有表征(因为任何一个内在规则都是对应于一个行为的规则总数)。

作为结构与变化源泉的动力学(Dynamics as a Source of Structure and Change)。发展的理论应是关于时间的:实际上,实时的事件是如何发生变化的呢?动力系统理论,作为一种发展理论,表达了一个从物理学、数学以及生物学中的系统理论,到一个在时间上的变化理论中得来的启示的应用效果。这是研究的最为关键之处。因为动力系统理论自身,是20世纪晚期的一个运动,这些思想对四个经典的发展理论影响微弱是不足为奇的。但是,当代的吉布森学派,像Turvey、Kelso和Shaw(Kelso, 1995; Turvey, 1977; Turvey, Shaw, Reed, & Mace, 1981)是早就利用动力系统来解释成人的知觉与运动机能方面的先驱者。类似的,作为非线性神经网络模式的联结主义模型,是非线性动力系统(特别是在Elman et al. 第4章的内容中可见,1996);他们具体地定义动力系统理论的原理与现象。尽管不是所有联结主义的实践者,都知道这个例子的深意;也不是所有的联结主义模型都对实时活动的交互作用,以及更慢的学习与发展变化的动力学有太多说明,但是Thelen与Bates总结了联结主义与动力系统的共同点:变化的非线性的思想,对初始条件的敏感,以及在一些数量参数的不断累积之后,会发生突变性的转换(包括U状的行为表现)。而且,动力系统的数学提供了一种一般的研究、描述、解释变化的方式,包括我们前面所提到,像由Chomsky所提出的触发机制与参数设定过程。

数学形式主义与模拟(Mathematical Formalisms and Simulations)。形式的具体理论在Chomsky与J. J. Gibson、Piaget的部分理论,以及联结主义、动力系统的理论中,扮演着重要的角色。形式数学理论,在发展心理学中将会变得越来越重要。理论,只是一段文字(经常误定义),会导致“这究竟意味着什么”争论,也会混淆预测的,而且也不能从一些言论中推导。源于模拟的理论陈述和预测的数学形式,对未来所有的发展理论,有确切无疑的说服力。

307

总结

应用Thelen与Bates理论的要诀,在于把动力系统置于一个更宽的发展理论的图景中。正如他们所说明的,动力系统中许多不同的思想——从触发机制到联结学习,到具身性,再到社会化——是强有力的理论框架,而且是可以实现的。动力系统理论与其他视角的发展理论并不相左,它只是以一种新方式把构成发展的许多思想进行了统合。动力系统加入这种当前的发展研究,重在把发展理解为一个嵌套的动力学的复杂系统,以及在许多分析水平上组织的相互作用的复杂系统,包括大脑与身体,以及身体与外在世界之间的相互作用。

结论:为什么是动力学的?

动力方法对于发展的主要贡献在于,为由辩证所困扰的一个领域带来一个可能的黏合:天性与教养,学习与成熟,连续与不连续,结构与过程,知觉与概念的,符号与前符号的,等等。或者这样或者那样的思维的危险，不在于好的研究未曾完成，或不能完成，而是这个研究领域的要点——理解变化——可能会被遗忘。只有在动力学的框架与语言中，才能去除这些两重性，以及把研究转向集中于发展着的系统是如何运作的。

动力学的前提能够通过耦合与连续性的假设来实现。耦合意味着发展着的系统中所有的要素是连续相关联的，以及在个体中以及个体与环境之间发生相互的作用。连续性是指在时间中的过程是无缝隙的，是累积的；心理与物理活动在当下被组织形成，也就是作为系统历史的一个函数。在当下所做的行动，依次地置于下一秒、分、周、年中的行为进程中。在以这种形式化的过程中，来询问行为的哪一部分来自进程、心理结构、符号系统、知识模块或者基因是没有意义的，因为所有的这些建构物都不是永恒的、都不以分离的形式而存在的。当系统不再是动态的，就不存在时间与水平。

动力学是稳定性、变化的语言，动力方法则构造出系统什么时候是稳定的或变化的，以及什么造成了变化这些发展性问题的框架。动力学的强项，在于可以在许多水平与时间尺度上提出上述发展性问题。系统沿着所有的方式向上与向下，都是动力的。我们可以在神经、生理水平，或者个体或社会行为水平下，提出有意义的发展问题。因为，动力学寻求建构的自由，所以存在整合分析的各水平真正的可能性。与此同时，当系统随着一个单独的事件，一个实验中的部分，更扩展的训练，或者是我们所认为的数周或数月的发展时间尺度上，发生变化时，我们能探测系统。动力学与其说是一种框架或语言，不如说是事物——语言、同伴关系、视知觉、相邻的调节等——发展的具体理论，它具有优点与弱点。优点是，可以潜在把许多传统上分隔的领域兼容并包于同样的动力过程之下；弱点同样明显。动力方法对实际的研究作用不大。它是一种思维方式，一种收集发展数据的策略，更有前景的是，一些分析与建模技术有更广的一般性。（这还不错！）方法不能替代理解发展的最困难部分：收集到好的数据以及使用描述与实验的方法。没有清晰的理论假设，收集数据时会出现严重的缺陷，但是没有一个与数据一致的对话，对于传播理论，无论是言语的或数学的，同样危险。例如，动力学的思维使我们重新阐释 A 非 B 错误，产生新的预测，但是只有在长途跋涉后再回到实验室才能对理论的形成提供内容。这些实验为新的理论启示提供了保证，等等。

（孙志凤译，李其维审校）

参考文献

Acredolo, L. (1979). Laboratory versus home: The effect of the environment on the 9-month-old infant's choice of spatial reference system. *Developmental Psychology*, *15*, 666-667.

Acredolo, L. (1990). Behavioral approaches to spatial cognition. In A. Diamond (Ed.), *The development and neural bases of higher cognitive functions* (pp.596-612). New York: National Academy of Sciences.

Adolph, K. E., Vereijken, B., & Shrout, P. E. (2003). What changes in infant walking and why. *Child Development*, *74*(2), 475-497.

Amari, S. (1977). Dynamics of pattern formation in lateral inhibition type neural fields. *Biological Cybernetics*, *27*, 77-87.

Baillargeon, R., & Graber, M. (1988). Evidence of location memory in 8-month-old infants in a nonsearch AB task. *Developmental Psychology*, *24*, 502-511.

Baillargeon, R., Spelke, E. S., & Wasserman, S. (1985). Object permanence in 5-month-old infants. *Cognition*, *20*, 191-208.

Baldwin, D. (1991). Infants' contribution to the achievement of joint reference. *Child Development*, *62*, 791-875.

Baldwin, D. (1993). Early referential understanding: Infants' ability to recognize referential acts for what they are. *Developmental Psychology*, *29*(5), 832-843.

Ballard, D., Hayhoe, M., Pook, P., & Rao, R. (1997). Deictic codes for the embodiment of cognition. *Behavioral and Brain Sciences*, *20*, 723-767.

Baltes, P. B. (1987). Theoretical propositions of life-span developmental psychology: On the dynamics between growth and decline. *Developmental Psychology*, *23*, 611-626.

Bandura, A. (1977). Self-efficacy: Toward a unifying theory of behavioral change. *Psychological Review*, *84*, 191-215.

Barsalou, L. W. (2005). Abstraction as a dynamic interpretation in perceptual symbol systems. In L. Gershkoff-Stowe & D. Rakison (Eds.), *Building object categories in developmental time*. Hillsdale, NJ: Erlbaum, 389-431.

Bernstein, N. A. (1996). *Dexterity and its development* (M. L. Latash & M. T. Turvey, Eds. & Trans.). Hillsdale, NJ: Erlbaum.

Bertenthal, B. I., & Campos, J. J. (1990). A systems approach to the organizing effects of self-produced locomotion during infancy. In C. Rovee-Collier & L. P. Lipsitt (Eds.), *Advances in infancy research* (Vol. 6, pp. 1-60). Norwood, NJ: Ablex.

Bowlby, J. (1969). *Attachment and loss: Vol. 1. Attachment*. New York: Basic Books.

Breazeal, C., Buchsbaum, D., Gray, J., Gatenby, D., & Blumberg, B. (2005). Learning from and about others: Towards using imitation to bootstrap the social understanding of others by robots. In L. Rocha & F. Almedia e Costa (Eds.), *Artificial Life*, *11*, 1-32.

Bremner, J. G. (1985). Object tracking and search in infancy: A review of data and theoretical evaluation. *Developmental Review*, *5*, 371-396.

Brent, S. B. (1978). Prigogine's model for self-organization in nonequilibrium systems: Its relevance for developmental psychology. *Human Development*, *21*, 374-387.

Bronfenbrenner, U. (1979). *The ecology of human development*. Cambridge, MA: Harvard University Press.

Bryant, P. E., & Trabasso, T. R. (1971). Transitive inferences and memory in young children *Nature*, *232*, 456-458.

Bushnell, E. (1994). A dual processing approach to cross-modal matching: Implications for development. In D. Lewkowicz & R. Lickliter (Eds.), *The development of intersensory perception* (pp. 19-38). Mahwah, NJ: Erlbaum.

Butler, S. C., Berthier, N., & Clifton, R. (2002). 2-year-olds' search strategies and visual tracking in a hidden displacement task. *Developmental Psychology*, *38*, 581-590.

Chi, M. T. H., Slotta, J. D., & deLeeuw, N. (1994). From things to processes: A theory of conceptual change for learning science concepts. *Learning and Instruction*, *4*, 27-41.

Chomsky, N. (1968). *Language and mind*. New York: Brace & World.

Chomsky, N. (1975). *Reflections on language*. New York: Pantheon Books.

Chomsky, N. (1988). *Language and problems of knowledge: The Managua lectures*. Cambridge, MA: MIT Press.

Churchland, P. (1986). *Neurophilosophy: Towards a unified science of the mind-brain*. Cambridge, MA: MIT Press.

Churchland, P. S., & Sejnowski, T. J. (1992). *The computation brain*. Cambridge, MA: MIT Press.

Cohen, L. B., & Oakes, L. M. (1993). How infants perceive a simple causal event. *Developmental Psychology*, *29*, 421-444.

Cooke, J. (1988). The early embryo and the formation of body pattern. *American Scientist*, *76*, 35-41.

Corbetta, D., & Thelen, E. (1996). The developmental origins of bimanual coordination: A dynamic perspective. *Journal of Experimental Psychology: Human Perception and Performance*, *22*, 502-522.

Crick, F. (1994). *The astonishing hypothesis: The scientific search for the soul*. New York: Charles Scribner's Sons.

Damasio, A. R. (1994). *Descartes' error: Emotion, reason, and the human brain*. New York: Putnam.

De Weerth, C., & van Geert, P. (2002). A longitudinal study of basal cortisol in infants: Intra-individual variability, circadian rhythm, and developmental trends. *Infant Behavior and Development*, *25*, 375-398.

Diamond, A. (1990a). Development and neural bases of AB and DR. In A. Diamond (Ed.), *The development and neural bases of higher cognitive functions* (pp. 267-317). New York: National Academy of Sciences.

Diamond, A. (1990b). Developmental time course in human infants and infant monkeys and the neural bases of inhibitory control in reaching. In A. Diamond (Ed.), *The development and neural bases of higher cognitive functions* (pp. 637-676). New York: National Academy of Sciences.

Diedrich, F. J., Smith, L. B., & Thelen, E. (2004). *Memories and decisions close to the sensory surface*. Manuscript in preparation.

Diedrich, F. J., Thelen, E., & Smith, L. B. (2001). The role of target distinctiveness in infant perseverative reaching. *Journal of Experimental Child Psychology*, *78*, 263-290.

Dixon, R. A., & Lerner, R. M. (1988). A history of systems in developmental psychology. In M. H. Bornstein & M. E. Lamb (Eds.), *Developmental psychology: An advanced textbook* (2nd ed., pp. 3-50). Hillsdale, NJ: Erlbaum.

Edelman, G. M. (1987). *Neural Darwinism*. New York: Basic Books.

Edelman, G. M. (1988). *Topobiology: An introduction to molecular embryology*. New York: Basic Books.

Elman, J, L., Bates, E. A., Johnson, M. H., & Karmiloff-Smith, A. (1996). *Rethinking innateness: A connectionist perspective on development*. Cambridge, MA: MIT Press.

Fetters, L., & Todd, J. (1987). Quantitative assessment of infant reaching movements. *Journal of Motor Behavior*, *19*, 147-166.

Fitts, P. M. (1954). The information capacity of the human motor system in controlling the amplitude of movement. *Journal of Experimental Psychology*, *47*, 381-391.

Flanders, M., & Herrmann, U. (1992). Two components of muscle activation: Scaling with the speed of arm movement. *Journal of Neuropsychology*, *67*, 931-943.

Fodor, J. A. (1983). *The modularity of mind*. Cambridge, MA: MIT Press.

Ford, D. H., & Lerner, R. M. (1992). *Developmental systems theory: An integrative approach*. Newbury Park, CA: Sage.

Freeman, W. J. (1987). Simulation of chaotic EEG patterns with a dynamic model of the olfactory system. *Biological Cybernetics*, *56*, 139-150.

Freyd, J. (1983). The mental representation of movement when statis stimuli are viewed. *Perception and Psychophysics*, *33*, 575-581.

Gelman, R. (1969). Conservation acquisition: A problem of learning to attend to relevant attributes. *Journal of Experimental Child Psychology*, *7*, 167-187.

Gelman, R., & Gallistel, C. R. (1978). *The child's understanding of number*. Cambridge, MA: Harvard University Press.

Gershkoff-Stowe, L. (2001). The course of children's naming errors in early word learning. *Journal of Cognition and Development*, *2*(2), 131-155.

Gershkoff-Stowe, L. (2002). Object naming, vocabulary growth, and the development of word retrieval abilities. *Journal of Memory and Language*, *46*(4), 665-687.

Gershkoff-Stowe, L., & Smith, L. B. (1997). A curvilinear trend in naming errors as a function of early vocabulary growth. *Cognitive Psychology*, *34*, 37-71.

Gesell, A. (1939). Reciprocal interweaving in neuromotor development. *Journal of Comparative Neurology*, *70*, 161-180.

Gesell, A., & Ames, L. B. (1947). The development of handedness. *Journal of Genetic Psychology*, *70*, 155-175.

Gibson, E. J. (1969). *Principles of perceptual learning and development*. New York: Academic.

Gibson, J. J. (1979). *The ecological approach to visual perception*. New York: Houghton Mifflin.

Gierer, A. (1981). Generation of biological patterns and form: Some physical, mathematical, and logical aspects. *Progress in Biophysics and Molecular Biology*, *37*, 1-47.

Glenberg, A., & Kaschak, M. (2002). Grounding language in action. *Psychological Bulletin and Review*, *93*, 558-565.

Gogate, L., Walker-Andrews, A. W., & Bahrick, L. (2001). The intersensory origins of word comprehension: An ecological-dynamic systems view. *Developmental Science*, *4*, 31-37.

Goldberger, A. L., & Rigney, D. R. (1988). Sudden death is not chaos. In J. A. S. Kelso, A. J. Mandell, & M. F. Shlesigner (Eds.), *Dynamic patterns in complex systems* (pp. 248-264). Singapore: World Scientific.

Goldman-Rakic, P. S. (1987). Development of control circuitry and cognitive function. *Child Development*, *58*, 601-622.

Goldstein, M. H., King, A. P., & West, M. J. (2003). Social interaction shapes babbling: Testing parallels between birdsong and speech. *Proceedings of the National Academy of Sciences*, *100*(13), 8030-8035.

Goldstein, M. H., & West, M. J. (1999). Consistent responses of human mothers to prelinguistic infants: The effect of prelinguistic repertoire size. *Journal of Comparative Psychology*, *13*, 52-58.

Goodwin, B. C., & Cohen, N. H. (1969). A phase-shift model for the spatial and temporal organization of developing systems. *Journal of Theoretical Biology*, *25*, 49-107.

Gottlieb, G. (1992). *The genesis of novel behavior: Individual development and evolution*. New York: Oxford University Press.

Gottlieb, G. L., Corcos, D. M., & Agarwal, G. C. (1989). Strategies for the control of voluntary movements with on mechanical degree of freedom. *Behavioral and Brain Sciences*, *12*, 189-250.

Grebogi, C., Ott, E., & Yorke, J. A. (1987). Chaos, strange attractors, and fractal basin boundaries in nonlinear dynamics. *Science*, *238*, 632-638.

Haken, H. (1977). *Synergetics: An introduction*. Heidelberg: Springer-Verlag.

Halverson, H. M. (1931). Study of prehension in infants. *Genetic Psychological Monographs*, *10*, 107-285.

Halverson, H. M. (1933). The acquisition of skill in infancy. *Journal of Genetic Psychology*, *43*, 3-48.

Harrison, J. (2001). *Synaesthesia: The strangest thing*. New York: Oxford University Press.

Hock, H. S., Kelso, J. A. S., & Schöner, G. (1993). Bistability and hysteresis in organization of apparent motion pattern. *Journal of Experimental Psychology: Human Perception and Performance*, *19*, 63 - 80.

Hood, B., Carey, S., & Prasada, S. (2000). Predicting the outcomes of physical events: 2 - year-olds fail to reveal knowledge of solidity and support. *Child Development*, *71*, 1540 - 1554.

Hogan, N., Bizzi, E., Mussa-Ivaldi, F. A., & Flash, T. (1987). Controlling multijoint motor behavior. In K. B. Pandolf (Ed.), *Exercise and sport science reviews* (Vol. 15, pp. 153 - 190). New York: Macmillan.

Hurford, J. (2003). The neural basis of predicate-argument structure. *Behavioral and Brain Sciences*, *26*(3), 261 - 283.

Hutchins, E. (1995). *Cognition in the wild*. Cambridge, MA: MIT Press.

Huttenlocher, P. R. (2002). *Neural plasticity: The effects of environment on the development of the cerebral cortex*. Cambridge, MA: Harvard University Press.

Jeannerod, M. (1988). *The neural and behavioural organization of goal-directed movements*. Oxford, England: Clarendon Press.

Jenkins, W. M., Merzenich, M. M., & Recanzone, G. (1990). Neocortical representational dynamics in adult primates: Implications for neuropsychology. *Neuropsychological*, *28*, 573 - 584.

Johnson, M. H. (1987). *The body in the mind: The bodily basis of meaning, imagination, and reason*. Chicago: University of Chicago Press.

Jones, S. S., & Smith, L. B. (1993). The place of perception in children's concepts. *Cognitive Development*, *8*, 113 - 139.

Kaas, J. H. (1991). Plasticity of sensory and motor maps in adult mammals. *Annual Review of Neurosciences*, *14*, 137 - 167.

Kelso, J. A. S. (1995). *Dynamic patterns: The self-organization of brain and behavior*. Cambridge, MA: MIT Press.

Kent, R. D. (1981). Articulatory-acoustic perspectives on speech development. In R. E. Stark (Ed.), *Language behavior and early childhood* (pp. 105 - 126). New York: Elsevier.

King, A., & West, M. (1988). Searching for the functional origins of cowbird song in eastern brown-headed cowbirds (*Molothrus ate rater*). *Animal Behavior*, *36*, 1575 - 1588.

Kitchener, R. F. (1978). Epigenesis: The role of biological models in developmental psychology. *Human Development*, *21*, 141 - 160.

Koch, C., & Davis, J. L. (Eds.). (1994), *Large-scale neuronal theories of the brain*. Cambridge, MA: MIT Press.

Kugler, P. N., & Turvey, M. T. (1987). *Information, natural law, and the self-assembly of rhythmic movement*. Hillsdale, NJ: Erlbaum.

Kuhn, D., & Phelps, E. (1982). The development of problem-solving strategies. In H. Reese & L. Lipsitt (Eds.), *Advances in child development and behavior* (Vol. 17. pp. 2 - 44). New York: Academic Press.

Kuo, Z.-Y. (1967). *The dynamics of behavior development: An epigenetic view*. New York: Random House.

Kuo, Z.-Y. (1970). The need for coordinated efforts in developmental studies. In L. R. Aronson. E. Tobach. D. S. Lehrman. & J. S. Rosenblatt (Eds.), *Development and evolution of behavior: Essays in memory of T. C. Schnirla* (pp. 181 - 193). San Francisco: Freeman.

Lakoff, G., & Johnson. M. (1980). *Metaphors we live by*. Chicago: University of Chicago.

Landau, B., & Gleitman. L. (1985). *Language and experience*. Cambridge, MA: Harvard University Press.

Latash, M. L., & Gottlieb, G. L. (1991). Reconstruction of joint complaint characteristics during fast and slow movements. *Neuroscience*, *43*, 697 - 712.

Lehrman, D. S. (1953). A critique of Konrad Lorenz's theory of instinctive behavior. *Quarterly Review of Biology*, *28*, 337 - 363.

Lehrman, D. S. (1971). Behavioral science, engineering, and poetry. In E. Tobach, L. R. Aronson, & E. Shaw (Eds.), *The biopsychology of development* (pp. 459 - 471). New York: Academic Press.

Lewin, K. (1936). *Principles of topological psychology*. New York: McGraw-Hill.

Lewin, K. (1946a). Action research and minority problems. *Journal of Social Issues*, *2*, 34 - 36.

Lewin, K. (1946b). Behavior and development as a function of the total situation. In L. Carmichael (Ed.), *Manual of child psychology* (pp. 791 - 844). New York: Wiley.

Lewis, M. D. (2000). Emotional self-organization at three time scales. In M. D. Lewis & I. Granic (Eds.), *Emotion, development, and self-organization* (pp. 37 - 69). Cambridge, UK: Cambridge University Press.

Lickliter, R. (1994). Prenatal visual experience alters postnatal sensory dominance hierarchy in bobwhite quail chicks. *Infant Behavior and Development*, *17*, 185 - 193.

Lorenz, K. Z. (1965). *Evolution and modification of behavior*. Chicago: University of Chicago Press.

Marx, J. L. (1984a). New clues to developmental timing. *Science*, *226*, 425 - 426.

Marx, J. L. (1984b). The riddle of development. *Science*, *226*, 1406 - 1408.

Mathew, A., & Cook, M. (1990). The control of reaching movements by young infants. *Child Development*, *61*, 1238 - 1258.

McGeer, T. (1990). Passive dynamic walking. *International Journal of Robotics Research*, *9*(2), 62 - 82.

McGraw, M. G. (1932). From reflex to muscular control in the assumption of an erect posture and ambulation in the human infant. *Child Development*, *3*, 291 - 297.

Meakin, P. (1986). A new model for biological pattern formation. *Journal of Theoretical Biology*, *118*, 101 - 113.

Merzenich, M. M., Allard, T. T., & Jenkins, W. M. (1990). Neural ontogeny of higher brain function: Implications of some recent neuropsychological findings. In O. Franzn & P. Westman (Eds.), *Information processing in the somatosensory system* (pp. 293 - 311). London: Macmillan.

Mondloch, C. J., & Maurer, D. (2004). Do small white balls squeak? Pitch-object correspondences in young children. *Cognitive, Affective, and Behavioral Neuroscience: Special Multisensory Process*, *4*(2), 133 - 136.

Muchisky, M., Gershkoff-Stowe, L., Cole. E., & Thelen, E. (1996). *The epigenetic landscape revisited: A dynamic interpretation — Advances in infancy research* (Vol. 10, pp. 121 - 159). Norwood, NJ: Ablex.

Munakata. Y. (1998). Infant perseveration and implications for object permanence theories: APDP model of the A-not-B task. *Developmental Science*, *1*, 161 - 184.

Munakata. Y., McClelland, J. L., Johnson, M. H., & Siegler, R. S. (1997). Rethinking infant knowledge: Toward an adaptive process account of successes and failures in object permanence tasks. *Psychological Review*, *104*, 686 - 713.

Murray, J. D. (1988). How the leopard gets it spots. *Scientific American*, *258*(3), 80 - 87.

Murray, J. D. (1993). *Mathematical biology* (2nd ed.). Berlin, Germany: Springer-Verlag.

Neville, H. J., & Bavelier, D. (2002). Specificity and plasticity in neurocognitive development in humans. In M. H. Johnson & Y. Munakata (Eds.), *Brain development and cognition: A reader* (2nd ed., pp. 251 - 271). Malden, MA: Blackwell.

Newell. A., Shaw, I. C., & Simon. H. A. (1957). Empirical explorations of the logic theory machine. *Proceedings of the Western Joint Computer Conference*, pp. 218 - 239.

Oller, D. K. (2000). *The emergence of the speech capacity*. Mahwah, NJ: Erlbaum.

O'Regan, J. K., & Noë, A. (2001). A sensorimotor account of vision and visual consciousness. *Behavioral and Brain Sciences*.

O'Reilly, R. C., & Munakata, Y. (2000). *Computational Exploration in Cognitive Neuroscience*, Cambridge, MA: MIT Press.

Oyama, S. (1985). *The ontogeny of information: Developmental systems and evolution*. Cambridge, England: Cambridge University Press.

Pfeiffer, R., & Scheier, C. (1999). *Understanding Intelligence*. Cambridge, MA: MIT Press.

Piaget, J. (1952a). *The origins of intelligence in children*. New York: International Universities Press.

Piaget J. (1952b). *Play, dreams and imitation in childhood*. New York: Norton.

Piaget, J. (1954). *The construction of reality in the child*. New York: Basic Books.

Piaget, J. (1970). *Genetic Epistemology*. New York: W. W. Norton & Company, Inc.

Piaget, J. (1986). Essay on necessity. *Human Development*, *29*, 301 - 314.

Prigogine, I. (1978). Time, structure, and fluctuations. *Science*, *201*, 777 - 785.

Prigogine, I., & Stengers, I. (1984). *Order out of chaos: Man's new dialogue with nature*. New York: Bantam Books.

Richardson, D., & Spivey, M. (2000). Representation, space, and Hollywood Squares: Looking at things that aren't there anymore. *Cognition*, *76*, 269 - 295.

Richardson, D. C., Spivey, M. J., Barsalou, L. W., & McRae, K. (2003). Spatial representations activated during real-time comprehension of verbs. *Cognitive Science*, *27*, 767 - 780.

Robertson, S. S. (1989). Mechanism and function of cyclicity in spontaneous movement. In W. P. Smotherman & S. R. Robinson (Eds.), *Behavior of the fetus* (pp. 77 - 94). Caldwell, NJ: Telford.

Rovee-Collier, C., & Hayne, H. (1987). Reactivation of infant memory: Implications for cognitive development. In H. Reese (Ed.), *Advances in child development and behavior* (Vol. 20, pp. 185 - 238). San Diego, CA: Academic Press.

Sameroff, A. J. (1983). Developmental systems: Contexts and evolution. In P. H. Mussen (Ed.), *Handbook of child psychology* (Vol. 1, pp. 237 - 294). New York: Wiley.

Sameroff, A. J., & Chandler, M. J. (1975). Reproductive risk and the continuum of caretaking casualty. In F. D. Horowitz, M. Hetherington, Scarr-Salapatek, & G. Siegel (Eds.), *Review of child development research* (Vol. 4, pp. 187 - 244). Chicago: University of Chicago Press.

Samuelson, S, & Smith, L. B. (2000). Grounding development in cognitive pocesses. *Child Development*, *71*, 98 - 106.

Schaal, S. (1999). Is imitation learning the route to humanoid robots? *Trends in Cognitive Sciences*, *3*, 233 - 242.

Schneider, K., Zernicke, R. F., Schmidt, R. A., & Hart, T. J. (1989). Changes in limb dynamics during the practice of rapid arm movements. *Journal of Biomechanics*, 22, 805 - 817.

Schneirla, T. C. (1957). The concept of development in comparative psychology. In D. B. Harris (Ed.), *The concept of development: An issue in the study of human behavior* (pp. 78 - 108). Minneapolis: University of Minnesota Press.

Scholz, J. P., Kelso, J. A. S., & Schöner, G. (1987). Nonequilibrium phase transitions in coordinated biological motion: Critical slowing down, and switching time. *Physics Letters*, *A123*, 390 - 394.

Schöner, G. (1994). Dynamic theory of action perception patterns: The time before contact paradigm. *Human Movement Science*, *13*, 415 - 439.

Schöner, G., & Kelso, J. A. S. (1988). Dynamic pattern generation in behavioral and neural systems. *Science*, *239*, 1513 - 1520.

Smith, L. B., (2005). *Using space to bind names to things*. Manuscript submitted for publication.

Smith, L. B., & Gasser, M. (2005). The development of embodied cognition: Six lessons from babies *Artificial Life* (Vol. 11, Issues 1 - 2, pp. 13 - 30).

Smith, L. B., & Thelen, E. (1993). *A dynamic systems approach to development: applications*. Cambridge, MA: MIT Press.

Smith, L. B., Thelen, E., Titzer, R., & McLin, D. (1999). Knowing in the context of acting: The task dynamics of the A not B error. *Psychological Review*, *106*, 235 - 260.

Spelke, E. S., Breinlinger, K., Macomber, J., & Jacobson, K. (1992). Origins of knowledge. *Psychological Review*, *99*, 605 - 632.

Spencer, J. P., & Schöner, G. (2003). Bridging the representational gap in the dynamic systems approach to development. *Developmental Science*, *6*, 392 - 412.

Spencer, J. P., Smith, L. B., & Thelen, E. (2001). Tests of a dynamic systems account of the A-not-B error: The influence of prior experience on the spatial memory abilities of 2 - year-olds. *Child Development*, *72*, 1327 - 1346.

Spencer, J. P., & Thelen, E. (1995, November). *A new method for detecting muscle pattern changes in unconstrained, multi-joint learning tasks: II. Multi-muscle state activity*. Poster presented at the 25th annual meeting of the Society of Neuroscience, San Diego, CA.

Stein, B. E., & Meredith, M. A. (1993). *The merging of the senses*. Cambridge, MA: MIT Press.

Tapaswi, P. K., & Saha, A. K. (1986). Pattern formation and morphogenesis: A reaction-diffusion model. *Bulletin of Mathematical Biology*, *48*, 213 - 228.

Thatcher, R. W. (1991). Maturation of the human frontal lobes: Physiological evidence for staging. *Developmental Neuropsychology*, *7*, 397 - 419.

Thatcher, R. W. (1992). Cyclic cortical reorganization during early childhood. *Brain and Cognition*, *20*, 24 - 50.

Thelen, E. (1989). Self-organization in developmental processes: Can systems approaches work. In M. Gunnar & E. Thelen (Eds.), *Minnesota Symposia on Child Psychology: Vol. 22. Systems and development* (pp. 77 - 117). Hillsdale, NJ: Erlbaum.

Thelen, E., & Bates, E. (2003). Connectionism and dynamic systems: Are they really different? *Developmental Science*, *6*, 378 - 391.

Thelen, E., Corbetta, D., Kamm, K., Spencer, J. P., Schneider, K., & Zernicke, R. F. (1993). The transition to reaching: Mapping intention and intrinsic dynamics. *Child Development*, *64*, 1058 - 1098.

Thelen, E., Corbetta, D., & Spencer, J. (1996). The development of reaching during the first year: The role of movement speed. *Journal of Experimental Psychology: Human Perception and Performance*, *22*, 1059 - 1076.

Thelen, E., & Fisher, D. M. (1982). Newborn stepping: An explanation for a "disappearing reflex." *Developmental Psychology*, *18*, 760 - 770.

Thelen, E., Fisher, D. M., & Ridley-Johnson, R. (1984). The relationship between physical growth and a newborn reflex. *Infant Behavior and Development*, *7*, 479 - 493.

Thelen, E., Schöner, G., Scheier, C., & Smith, L. B. (2001). The dynamics of embodiment: A field theory of infant perseverative reaching. *Behavioural and Brain Sciences*, *24*, 1 - 86.

Thelen, E., & Smith, L. B. (1994). *A dynamic systems approach to the development of cognition and action*. Cambridge, MA: Bradford Books/MIT Press.

Thelen, E., & Ulrich, B. D. (1991). Hidden skills: A dynamical systems analysis of treadmill stepping during the first year. *Monographs of the Society for Research in Child Development*, *56* (No. 223).

Thom, R. (1983). *Mathematical models of morphogenesis*. New York: Wiley.

Thomas, M. S. C., & Karmiloff-Smith, A. (2003). Modeling language acquisition in atypical phenotypes. *Psychological Review*, *110*(4), 647 - 682.

Titzer, R., Thelen, E., & Smith, L. B. (2003). *Learning about transparency*. Unpublished manuscript.

Tomasello, M., & Krueger, A. C. (1992). Joint attention on actions: Acquiring verbs in ostensive and non-ostensive contexts. *Journal of Child Language*, *19*, 311 - 329.

Turkewitz, G. (1994). Sources of order for intersensory functioning. In D. J. Lewkowicz & R. Lickliter (Eds.), *The development of intersensory perception: Comparative perspectives; the development of intersensory perception: Comparative perspectives* (pp. 3 - 17). Hillsdale, NJ: Erlbaum.

Turvey, M. (1977). Contrasting orientations to the theory of visual information processing. *Psychological Review*, *84*, 67 - 88.

Turvey, M. T., Shaw, R. E., Reed, E. S., & Mace, W. (1981). Ecological laws of perceiving and acting: In reply to Fodor & Pylyshyn. *Cognition*, *9*, 237 - 304.

van der Maas, H. L. J., & Molenaar, P. C. M. (1992). Stagewise cognitive development: An application of catastrophe theory. *Psychological Review*, *99*, 395 - 417.

van Geert, P. (2000). The dynamics of general developmental mechanisms: From Piaget and Vygotsky to dynamic systems models. *Current Directions in Psychological Science*, *9*, 64 - 68.

Varela, F., Thompson, E., & Rosch, E. (1991). *The embodied mind*. Cambridge, MA: MIT Press.

von Bertalanffy, L. (1933). *Modern theories of development*. London: Oxford University Press.

von Bertalanffy, L. (1968). *General system theory*. New York: Braziller.

von Hofsten, C. (1991). Structuring of early reaching movements: A longitudinal study. *Journal of Motor Behavior*, *23*, 280 - 292.

Vygotsky, L. S. (1962). *Thought and language*. Cambridge, MA: MIT Press.

Vygotsky, L. (1978). *Mind in Society: The development of higher mental functions*. Cambridge, MA: Harvard University Press.

Waddington, C. H. (1954). The integration of gene-controlled processes and its bearing on evolution. *Proceedings of the 9th International Congress of Genetics*, *9*, 232 - 245.

Waddington, C. H. (1957). *The strategy of the genes*. London: Allen & Unwin.

Waddington, C. H. (1977). *Tools for thought*. New York: Basic Books.

Wellman, H. M., Cross, D., & Bartsch, K. (1987). A meta-analysis of research on stage 4 object permanence: The A-not-B error. *Monographs of the Society for Research in Child Development*, *5*(3, Serial No. 214).

West, M., & King, A. (1996). Eco-gen-actics: A systems approach to the ontogeny of avian communication. In D. E. Kroodsma & E. H. Miller (Eds.), *The evolution and ecology of acoustic communication in birds* (pp. 20 - 38). Ithaca, NY: Cornell University Press.

Wolff, P. H. (1987). *The development of behavioral states and the expression of emotions in early infancy: New proposals for investigation*. Chicago: University of Chicago Press.

Wolpert, L. (1971). Positional information and pattern formation. *Current Topics in Developmental Biology*, *6*, 183 - 223.

Yates, K., & Pate, E. (1989). A cascading development model for amphian embryos. *Bulletin of Mathematical Biology*, *31*, 549 - 578.

Yamauchi, B., & Beer, R. D. (1994). Sequential behavior and learning in evolved dynamical neural networks. *Adaptive Behavior*, *2*(3), 219 - 246.

Yan, Z., & Fischer, K. (2002). Always under construction: Dynamic variations in adult cognitive microdevelopment. *Human Development*, *45*, 141 - 160.

Yu, C., & Ballard, D. (2004). A multimodal learning interface for grounding spoken language in sensory perceptions. *ACM Transactions on Applied Perception*, *1*, 57 - 80.

Zlatev, J., & Balkenius, C. (2001). Introduction: Why epigenetic robotics. In C. Balkenius, J. Zlatev, H. Kozima, K. Dautenhahn, & C. Breazeal (Eds.), *Proceedings of the First International Workshop on Epigenetic Robotics: Modeling cognitive development in robotic systems* (Vol. 85, pp. 1 - 4). Lund University Cognitive Studies.

第 7 章

动作和思维的动态发展*

KURT W. FISCHER 和 THOMAS R. BIDELL

* 在为撰写本章做准备的过程中得到了 Frederick P. Rose 夫妇及哈佛大学教育学研究生院的资助。

313 人类活动兼有组织井然和变化多样两种特征,它会依据一些特定的原则发生动态的变化。儿童和成人在其行为和思维方面都表现出了一定的灵活性和创造性。具体表现为,在其所从事的丰富多样的文化实践中,他们会使其已有的观念去适应新的情境,并提出新的概念,制订新的计划以及建立各种相应的假设等。当今,几乎没有哪个研究发展的学者会否认这样一个事实:半个世纪以来,心理学家们已经收集了大量的证据,用于证明人类心理加工过程所具有的建构性、自我调节性和文化背景依赖性等特征。如果心理作用(psychological function)——即人类的行为方式——具有建构性、动态性和文化融入性,那么心理结构(psychological structure)——即人类行为的组织或模式——同样也会拥有这些特性。然而,令人惊讶的是,大多数被广泛采用的有关心理结构及其发展的概念,却并未反映出心理加工过程所具有的动态性、建构性和文化融入性等特征。从另一方面看也是如此:有关发展的那些主要模型也都是以静态的、刻板的方式来描述心理结构的。像普遍发展阶段、先天
314 的语言结构模式及先天的认知胜任能力等这类概念都将心理结构描绘为一种固定不变的、与情境变化和行为反馈相隔绝的组织结构。

人类行为动态性的标志是其普遍深入的变异性:人的行为会因情境而异、因面对的人而异、因其情绪状态而异。面对大量不断涌现的有关行为和发展变异性的研究证据,那些以静态模式为指导的研究者们会不断地发现:儿童的行为表现根本不像那些静态概念所预测的那样具有稳定性。在某天或某种情境下能够解答某个算术问题(或某个社会性问题)的儿童,很可能在转天或在一个不同但又明显类似的情境下却无法解答同样的问题。即便是同一年龄的不同儿童,有的常常根本无法完成同样的认知任务——对于这种情况的出现,有时可以用文化背景或家庭环境的不同来加以解释,但有时候却很难找到确切的原因。从事一项任务时,即便是同一个人甚至也会因情境、社会背景以及自身和他人的情绪的不断变化,而时刻表现出不同的行为。的确,纵观认知发展研究的数据资料,我们可以发现:在心理操作水平上存在变异性是一种常态,而非特例。

发展科学的任务就是去识别和描述这种变异性出现的模式,并提出各种模型用于解释那些同时反映稳定性和变异性的数据资料。我们将展示动态结构分析的概念和方法,是如何为分析这种变异性及发现其中的变异规则提供理论框架和研究工具的。这方面的重要发现涉及:通过质变产生新的认知能力的过程,一种行为向另一种行为进行转化的过程等。

在我们看来,行为之所以存在如此大的变异,是因为心理结构并不是静态的,心理结构会自然地引发行为和发展的变异性。也就是说,这种变异性起因于个体依据情境、他人、意义系统以及自己的身体状况对自身的心理结构进行建构性的自我组织过程。发展变异性的模式非但不会带来困难,相反会非常有助于我们理解这些动态系统的组织过程,以及个体建立新的关联并进而产生新结构的建构过程。对于这些动态系统的复杂性,我们没有必要去控制,仅仅需要去描述和理解。由于认知系统是通过各种具体方式而加以组织的,而这些具体的组织方式会引发各种变异性,因此这些变异性是我们理解认知系统的组织过程及心理结构的关键。动态系统分析工具为我们提供了利用这种变异性去发现其内在变异规则的途径。

在本章中，我们将提出一个理论框架，来界定个体在动态系统中所建构的心理结构。我们将展示这一理论模型是如何对人类心理结构发展的各种变异性进行描述和解释的。本章首先对动态结构主义作为一种研究发展的一般方法作一个总的介绍，然后详细阐述一种有关心理结构的理论模型。在此，心理结构被视为一种对具有自我建构性和社会融入性的技能和活动(即动作和思维)所进行的动态组织过程。我们会将这一观点与传统的有关心理结构的静态观点进行对比。这种静态观点实际上只是彼此相互对立的先天论和经验论的某种现代整合，它在一定程度上支配着科学的对话。这种静态的观点是从还原主义的科学理论中派生出来的。还原主义理论继承了笛卡儿的哲学传统，这一哲学传统导致了对心理结构本质的系统性误解，以及在对发展变异性程度解释上的明显失败。

专门用于分析发展和学习的动态理论框架及其研究工具，为研究心理结构及其变异性和变异的内部规则提供了研究的方法论。只要用于检验有关变异性、变化性和稳定性的动态假设的方法足够有效，那么这些概念和工具就可以应用于考察建立动态结构时变异性的长期发展和短期微观发展的研究中。由于其广泛的应用范围和适用性，动态结构模型及其方法论清晰地阐明了认知、社会、情绪和神经发展之间的关系——在人类进行活动时，这些颇具丰富复杂性的各种因素彼此协同发生着作用。

动态结构主义

心理结构经常一直被看作是静态的，其中的原因之一就是理论家们把结构与形态相混淆了。结构指的是一种关系系统(Piaget, 1970)。各种复杂的实体(如生物机体和心理活动)就是通过这种关系系统组织起来的。系统之间(如神经系统和心血管系统)是相互支持、相互作用的关系。这些系统之间的关系通常会保持一定的平衡或均衡，而这种平衡只有依靠各系统的持续性活动才得以维持。因此，关系系统(即结构)必须是动态的。 315

形态是对结构的一种抽象，是一种可以从动态结构中被察觉出来的固定模式。一只橘子具有细胞和组织水平的结构，而这种结构使其汇聚成一个球状体。橘子的结构是动态的，这种动态体现在发展之中，它会在一段时间内保持着动态平衡，之后会逐渐腐烂。另一方面，球状体这一概念指的是一种抽象的形态，可以用它来描述动态结构的某个特征，如由橘子的结构所产生的形状特征。除了橘子以外，球状体这一概念是一个可以应用于无数现实事物当中的观念性形态。正是由于这一形态概念在许多不同情境下保持稳定不变，才使其用来描述许多不同物体(如球、李子和行星)之间的相同点时变得十分有用。

当描述实体的抽象概念与所描述的实体相混淆时，结构/形态的问题就出现了。一般情况下，人们总是期望世界上各种现象的模式符合其内在的抽象概念，而不是去确定哪个现象模式与某个现实物体或某种个人经验相匹配。人们通常在人格和社会关系方面也期望他人能够符合某种刻板的印象，如一个害羞、内向的人，或一位母亲(Greenwald et al., 2002)。同样，在科学领域，那些对球状体感兴趣的研究人员可能会因棒球、篮球和足球彼此间有如此多的不同而感到惊异，而那些对天赋知识感兴趣的研究者则可能会对一个婴儿能够区分分别包含1、2、3个点的点阵(arrays of dots),而3岁的儿童却不能理解这些数字的意义表示惊讶(Spelke, 待发表)。对球状体而言,逻辑上的谬误是很明显的:球形状只是对不同客体的共同形态的一种抽象,而并非是以某种方式清楚描述该客体应该是什么样的独立存在的形态。这类逻辑谬误同样也存在于刻板印象和先验论者对于数字问题的解释上。

这种形态谬误常常会使科学家和教育工作者们困惑不已,科学家和教育工作者们通常会期望思维和动作的模式与诸如发展阶段、认知能力、核心知识这样一些独立的存在形态相一致。学者们常常会对下面这样的情形感到迷惑:一个儿童在某一任务上或某一情境中达到了一定的发展阶段或具有某种胜任能力,但在另外的任务上或其他情境中却不能表现出相同的能力,似乎有某种内在的抽象逻辑决定着个体在真实世界中的行为表现一样(Piaget, 1985)。在与日俱增的认知操作变异性的证据面前,信奉结构的传统概念的企图导致发展理论家们卷入了一些毫无意义的争论,这方面的争论议题有:在各种不同的行为表现中,哪一种行为表现能够体现个体"真实的"逻辑能力?儿童在几岁时能够习得诸如"客体永久性"这样的概念?稍后我们将说明:经过无数次痛苦地尝试着以"形态"这种静态的"结构"概念来解释大量变异性的证据之后,形态与结构的混淆是如何引发发展科学领域的解释危机的(我们也欣喜地看到这一领域已开始较多地关注变异性的动力学问题了)。

动态结构主义从承认人类心理发展的内在复杂性和个体在建构动作和思维的动态系统的过程中所起的重要作用入手,为结构的静态概念提供了另一条解释途径。动态结构主义并没有尝试去消除或超越系统之间关系的复杂性,而是运用了当代发展科学的研究工具来分析各种模式的复杂性——研究人类的建构活动是如何引发动作和思维系统中新的关系产生的。对于人类行为动态结构的分析,为简化(而非丢弃)复杂性、找出系统之间的主要关系、根据系统之间的这些主要关系来解释各种活动和发展路径,提供了一条重要的途径。因此,动态结构主义与Piaget(1983)和Chomsky(1995)等人的经典结构主义是有所不同的,经典的结构主义把结构与心理动力的变异性截然分开了,将结构看作是静态的,并试图根据这种静态的形态来解释发展的问题。

情境中的变异性:一个表征社会互动的实例

动态结构主义将研究重点聚焦在人类行为普遍深入的变异性方面,它分析了模式的稳定性以及各种行为模式发生变异的规则(Bidell & Fischer, 1992; Fischer, Yan, & Stewart, 2003; Siegler,本《手册》第2卷第11章;Thelen & Smith,本《手册》本卷第6章;van Geert, 1998)。像生态学研究那样,从情境着手研究。从情境着手研究意味着,人类的活动是具体的、情境性的、具有一定社会背景的——也就是说,要从生态和结构的角度去理解人类的活动(Brofenbrenner & Morris,本《手册》本卷第14章; Cairns, 1979; Gibson, 1979)。人们不是通过一个游离躯壳的大脑,而是通过躯体的活动来理解周围世界的。脑和神经系统总是通过人的身体和一些特定的情境发生作用。特定的情境包括特定的人物、客体和事件,其作用是为行动提供机会和给予支持。人们通常是与他人一起在具有某种文化意义的特定社会情境中协同活动的,在这种情境中各种行为通过具有解释功能的文化框架

316

来获取其意义(Rogoff, 1990)。人们在情境中的行为取决于他们是谁以及他们是如何发展起来的(Brandtstädter,本《手册》本卷第10章; Lerner & Busch-Rossnagel, 1981)。

从具体的、情境性的、社会条件下的个体活动和联合活动的情境着手研究,需要有两个主要步骤:(1) 描述在一定情境中活动的基本结构或组织情况;(2) 描述这些基本结构随个人、团体、任务、场合和文化等关键维度变化而变化的情况。无论是研究知识、动作、情绪、社会互动、脑功能还是研究其中某些内容的组合时,动态结构分析的方法通常会依据多元成分的理念,把置身于事件中的个体与该个体活动的框架结合起来加以综合考虑。人类行为的成熟程度和复杂程度会随着时间、场合、状态以及解释或含义的不同而发生巨大而系统的变化。除了因其年龄、文化、社会群体的不同所产生的变异外,这些是每个个体都会表现出的变异。

让我们来看一些可以证明存在有广泛变异性的有关儿童积极和消极社会互动的叙述(Fischer & Ayoub, 1994; Hencke, 1996; Rappolt-Schlichtman & Ayoub,待发表;Raya, 1996)。从儿童的叙述中可以看出,儿童发展的水平、内容以及情绪的效价会随其当前主要的社会支持、情绪状态和文化体验的不同而发生显著变化。例如,有研究记录表明:一个名叫Susan的5岁女孩,其活动在发展的复杂性和情绪组织方面都体现出了某种程度上的变异性。首先,让她观看其心理辅导师用玩具娃娃演的一个虚拟剧:一个名字叫做Susan的玩具娃娃为她全家画了一幅画,并将画交给了和她一起玩的玩具爸爸。“爸爸,送给你这个礼物,我爱你。”然后,玩具爸爸会抱住玩具娃娃说,“我也爱你,谢谢你送给我这么漂亮的画。”然后他给她一个玩具,并说到,“Susan,这是送给你的礼物。”当被提问时,这个女孩也迅速地演绎出了一个类似的反映社会互惠的故事,故事中由于Susan对父亲很友善,父亲对Susan也很友善。

十分钟之后,心理辅导师让女孩像刚才做的那样,表演一个最能体现人们相互之间友善的故事。此时女孩编的故事远没有原先那么复杂,情节也变得相对简单:故事中只表现玩具爸爸送给玩具娃娃许多礼物,并未体现二人之间的社会互惠,即故事中仅仅体现了“友善行为”这样一种简单的社会关系类别而已。

又过了几分钟,当女孩自发地转向玩一个打斗游戏之后,心理辅导师开始给她看另外一个表现父女之间友善关系的故事。这一次,当女孩自己演绎故事的时候,其故事的内容由积极转向了消极,而且出现了攻击性情节。玩具女娃打玩具爸爸,而玩具爸爸一边冲着玩具女娃叫着说“你不许打我”,一边打玩具娃娃的耳光,并将她在房间中推来搡去——这些暴力行为经常会出现在受虐儿童所讲述的故事中。玩具娃娃一边哭一边说,她害怕再挨打。值得我们注意的是,Susan讲述的故事尽管转向了消极的情感,但却仍然是一个反映社会互动的故事:玩具爸爸之所以打玩具女娃是因为她打了爸爸,同时由于挨了爸爸的打而让玩具娃娃变得异常恐惧。

在这之后,Susan表现得十分不安:她在房间里跑来跑去,大声喊叫,乱扔玩具。当心理辅导师要求她再编一个故事时,故事中的玩偶没有缘由地你推我搡、互相攻击,没有丝毫明显的社会互动。由于感到压抑和错乱,在Susan后来编造的故事中,没有再出现复杂的攻击情节。即使在让她尽可能地编一个最好的故事时，其故事的内容也不过是描述两个玩偶之间不停地你推我搡而已。也就是说，此时故事的内容仅仅表现了“恶意行为”这样一种简单的社会关系类别而已。

这名儿童的实际情况到底是什么样的呢？她是否向我们阐述了其父女之间存在的某种积极或消极关系呢？她是否具备阐述社会互动情况的能力？在研究儿童发展时，经常会涉及这类问题。但是，对这类问题不可能会作出一个有意义的假设。Susan 明显地向我们展示了四种不同的“能力”——积极互动、积极的社会关系类别(不含有互动性)、消极互动和消极的社会关系类别。根据当时的情境、自身的情绪状态以及来自心理辅导师的社会支持情况，Susan 先后向我们展示了这四种不同的“能力”。她的这四种技能均随着与社会情境相关的各种技能、自身情绪状态、与父亲和心理辅导师之间关系的不同，而在情绪效价和发展水平(复杂性)两个方面表现出了非常大的变异性。

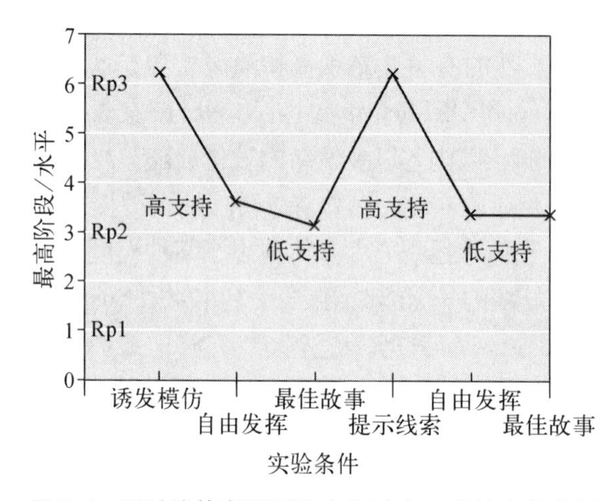

图 7.1 通过编故事所反映出的社会互动能力的变异是社会情境支持的函数。在高社会支持的评价情境中，访谈者要么给儿童示范表演一个故事(诱发模仿)，要么向儿童描述一个故事的中心思想和某些内容线索(提示线索)，然后要求儿童被试表演或讲述一个类似的故事。在低社会支持的评价情境中，访谈者就不再提供这样的社会支持，他们所做的仅仅是要求儿童被试尽其所能编最好的故事出来(最佳故事)，或者是让儿童被试通过自由发挥编出一系列的故事，通过其所编的最复杂的故事来判定该儿童在这种条件下(自由发挥)的能力。在进行这一评价之前，儿童被试已经编过若干次类似的故事了。Y 轴代表被试的能力在发展序列中所属的等级和技能水平(Rp1 到 Rp3)，后面会对此再作详细解释。

来源：From “The Dynamics of Competence: How Context Contributes Directly to Skill”(pp. 93 - 117), by K. W. Fischer, D. H. Bullock, E. J. Rotenberg, and P. Raya, in *Development in Context: Acting and Thinking in Specific Environments—The Jean Piaget Symposium Series*, R. H. Wozniak & K. W. Fischer (Eds.), 1993, Hillsdale, NJ: Erlbaum; and“The Effects of Development, Self-Instruction, and Environmental Structure on Understanding Social Interactions,” by E. J. Rotenberg, 1988, *Dissertation Abstracts International*, 49(11), p. 5044B.

317

尽管大多数的发展理论和方法并不致力于处理这种变异性，但是各种不同的评价场合通常会产生很大的变异性。儿童(及成人)在不同的情况下会表现出不同水平的能力，甚至在像同伴间友善的或恶意的社会互动这样单一的领域中也是如此(A. Brown & Reeve, 1987; Fischer, Bullok, Rotenberg, & Raya, 1993)。图 7.1 展示了八名 7 岁儿童在几种不同实验条件下的最佳(也是最复杂的)行为表现。实验条件主要有以下两类：(a) 访谈者为儿童被试表演复杂故事提供高水平的社会支持，如提示剧情的中心思想。(b) 访谈者不给被试提供这类社会支持。结果发现，随着情境的变化，儿童对恶意的、友善的以及善恶参半的社会互动进行表达的能力会发生剧烈而系统的变化。随着实验条件的变化，每个儿童都表现出了类似的能力表现变化模式——高水平支持条件下的个体会表现出第 6 或第 7 等级的能力水平，而低水平支持条件的个体则会表现出第 2、3 或 4 等级的能力水平。这一变异性是体现发展范围的一个很好的例子，发展的范围介于高支持下的能力水平与无支持下的能力水平之间。Susan 通过其叙述的积极和消极故事，向我们表明其发展范围介于一种互惠的社会互动水平与一种建立在非互惠的单一类别基础上的社会互动水平之间。例如，当访谈者首次给 Susan 表演一个反映友善互惠的故事时，她表现出了一种较高水平的、具有互惠特征的社会互动能力；而访谈者后来不再给予任何示范，只要求 Susan 自己编一个故事时，她则表现出了较低水平的、无互惠特征的社会互动能力。因此，无论是给 Susan 贴上具有社会互惠能力的标签，还是贴上只具有无互惠特征的社会类别能力的标签，都是对其能力发展范围的一种曲解。

因情绪状态的不同，儿童会在其表征中体现出不同的情绪效价，这一点与 Susan 转向编造消极故事的情形类似。处于焦虑状态时，受过虐待的儿童通常会将故事的内容由积极转入消极，其消极故事的复杂程度降低，且在情绪平定下来之前始终保持低水平的复杂程度(Ayoub & Fischer，待发表；Buchsbaum, Toth, Clyman, Cicchetti, & Emde, 1992)。

上述这些种类的变异应该是发展分析的重点和核心内容。只有将这些变异作为情境、文化、情绪状态及其他影响行为的重要因素的函数并加以综合考虑，学者们才有可能为解释人类发展的众多不同形态而建立起一个有效的理论框架。动态结构主义为这些变异的发展性解释及描述提供了概念和工具，而且推动了用于考察人类不断继承下来的各种复杂性的理论和方法的创立。

心理结构的动态特性

什么是心理结构？为什么它在解释发展问题中显得异常重要？问题的答案取决于，人们对于心理结构的本质以及它与其他生物学现象、心理学现象和社会学现象之间的关系是如何进行假定的。由于心理结构是活动的动态系统的组织化产物，因而动态结构分析所依据的假设就会与将结构视为静态的传统观点有着根本的不同。在阶段论及其相关的观点中，结构的概念是与形态的概念被等同看待的，因此这种看法在面对业已“发现的”发展多样性问题时，就显得站不住脚了(其他传统的心理学观点也存在同样的问题)。“结构即形态”范式的持续性统治地位阻碍了发展理论中关于变异性危机的有效解决。

318

要成功地建立一个动态心理结构模型，核心的一点就是要理解动态结构与静态形态之间的不同之处。最基本的第一步是要同时将研究重点聚焦在变异性和稳定性上。的确，如果我们忽视了变异性，就很容易错失变异规则的来源，确信模型是静态的，并将结构视为静态的形态。任何一种对心理结构的恰当说明，都必须不仅要解释确保系统正常行使其功能和随时随地维持系统自身稳定性的特点，而且还要解释由于自我组织系统的动态性所引发的广泛变异性。心理结构的各种模型必须明确说明，在生物、心理和社会的多重影响下活动的动态组织机制。

在本节中，我们将阐明一个动态结构的理论框架是如何同时处理变异性和稳定性的，从而对认知、社会互动、情绪和大脑等方面的发展作出强有力的解释。

生存系统中的动态结构

所有生存系统——无论是生物系统、心理系统还是社会系统——都必须通过组织来发挥其功能。缺乏组织的生命体将会死亡，组织混乱的社会将会崩溃，组织紊乱的大脑会使人在面对日常问题时感到无助。生存系统的这种组织特征，我们将其称之为结构，它是一种动态的模式，是维持具有生存和生命意义的、有组织的活动的相关成分。

我们说一个系统是结构化或组织化的，是指该系统的不同部分之间、子系统之间以及不同过程之间所存在的特定关系。以人体为例，呼吸系统、血液循环系统、消化系统、代谢系统以及神经系统都必须按照某些非常具体的关系来实现其功能，从而以保证有机体的整体机能和健康。同样，在一个复杂的社会中，经济系统、司法系统、政治/选举系统以及政府之间也必须维持某些特定的关系，以便维系整个社会的正常运转。这样一来，只有当一定的关系存在的时候，动态系统才会存在，而系统各个部分之间的关系将为系统自身提供明确的组织内容。

说得夸张一点，生存系统远不仅仅只是个组织的问题。它们必须是动态的。如果系统要执行其自身的功能，维持其完整性及其与其他功能系统间的相互作用，那么它们就必须处于不断的运动和变化之中。如果一个系统无法发生变化以适应不断变化的各种条件，那么这个系统就进入了静止状态，很快就会走向消亡。社会系统、心理系统和生物系统必须能够超越其当前组织模式的局限，甚至应该能够积极主动地对构成其结构的各种关系进行引导和重组。当一个有机体或者社会变得不再具有灵活性且无法对其周围环境的变化作出适应性反应时，就像一个有机体或社会发生组织混乱那样，必定将消亡。因此，结构不仅要与组织混乱相区分，而且要与静止的形态相区分，静止的形态实际上是结构的对立面。从根本上来说，结构是动态的，因为它是运动、变化、适应系统的产物。在与父亲和辅导者之间社会互动的不同表征中，Susan 展现了这种动态的适应。动态的变异性是人类动作和思维的一个最基本特性。

人类心理是一个参与躯体、环境和社会等系统的活动并与这些系统协同活动的专门生存系统。人类心理的专门功能是引导和理解人类在与人和物打交道时的有关活动。活动总是在一定情境之中发生的，而不仅仅是发生在个体身上或发生在大脑之中。实际上，活动者所处的物理和社会世界中的人和物也是该活动的一部分。

此外，正如在 Susan 的活动中所看到的那样，各种生存系统都具有能动的特性——自我调节和自我组织、适应和变化，这些特性是目标定向活动的结果(Bullock, Grossberg, & Guenther, 1993; G. Gottlieb, 2001; Kauffman, 1996)。在寻求自身目标的过程中，一种生存系统会与其他生存系统和非生存系统发生多重关系，并相互构成为彼此的动态性的一部分。

这种能动作用和相互作用自然会导致系统发生变异。如果各种系统是静态的，它们就不会发生任何变化；正是因为它们是运动和变化的，因此必然会导致变异性的出现。系统越复杂，结构所依存的关系就越多，系统所体现出的变异性也就越大。与蜥蜴、老鼠或猴子相比，人类在活动方面会体现出更丰富的变异性。那些忽略生存系统的动态复杂性及各系统

319

之间相互作用的过于简单化的理论模型，是解释不了这种变异性的。

发展过程中的变异和顺序：建构性网络

人们总是自觉或不自觉地为自己的概念和活动提供某些有意义的隐喻性理论框架(Lakoff & Johnson, 1999)。同日常概念一样，科学概念和理论也是从各种隐喻框架中派生出来的，唯一的不同之处在于科学概念和理论需要通过建立在观察和行为基础之上的系统性研究来加以验证。传统的有关心理结构发展的静态观点与人们普遍接受的阶梯式文化隐喻有着密切的关系。发展被认为是一种简单的线性过程，从一种形式结构移动到下一种形式结构，就像是在爬一级级的固定台阶一样。至于阶梯的台阶是否可以被理解为跨领域的阶段，特定领域能力的水平，或者建立在某个心理测量学基础之上的量表的分数，这些似乎都不是需要关心的问题。在每一种情况下，发展过程的起点、各阶段的顺序以及终点均是线性的而且相对固定，从而构成了一种单一的阶梯。依据这样一种决定论、简化论的隐喻作为理论基础，就很难阐明建构性活动或场合支持的作用，因为从每一步如何往前发展没有任何选择的余地。因此，儿童在发展中的丰富性，包括各种技能随情境变化而发生的变异性，根本无法在阶梯隐喻的理论中得以体现。发展仅仅意味步入下一个阶段——这是一种过于简单的理论，很明显它并没有捕捉到 Susan 在关于友善和恶意的社会互动故事中所表现出的变异性。

建构性网络是一个解释发展问题的较为动态的隐喻，它可以同时解释发展中的变异性和稳定性(Bidell & Fischer,1992; Fischer et al. , 2003)。这种网络隐喻对于动态模型来说是十分有用的，因为它有助于考虑在各种情境中和各种变异条件下技能的主动建构问题。与阶梯的台阶不同的是，网络中的每一根丝并非按照一种确定的顺序而固定不变，而是网络创建者的建构活动和支持网络建构的场合(就像树枝、树叶和墙角对蜘蛛网所起的作用一样)相结合的产物。个体在建构网络时所表现出来的活动是特别明显的。例如，某根网丝起初可能是比较纤细的，需要依赖其周围的丝提供外部支持。而且像蜘蛛那样，人会不断地建构它，直到它成为网络中稳定的一部分时为止。尽管大多数心理学研究都是把个体从社会网络中分离出来进行研究，但是与蜘蛛织网不同的是：建构人类发展的网络不是仅靠单个个体就能完成的事情，而是需要靠多方面力量的协同活动来完成。我们将会展示人们通常是如何协同建构其发展网络的各个部分的。

网络中的每一根丝代表着个体的一种不同发展路径。网络中的丝可以从各种不同的起点发出，朝各种不同的方向延伸，在各种不同的终点结束，所有这一切都是由特定情境下的主动建构决定的。在建构的系列顺序上，组成一条发展线路的若干根丝可能会与网络另一区域中组成另一发展线路的若干根丝有所不同。同时，在网络中还存在一定顺序，其中包括：在某些丝的空间位置、分开处和汇合处以及相应的起始点和终点等方面都有类似的排序。采用建构性网络作为一种隐喻所设计的发展模型，会有助于揭示与建构活动和情境有关的变异性，而且也可以将静态结构的线形阶梯模型合并进来。

图 7.2 是一个理想的建构性网络的图示。图中的线或丝代表着潜在的技能领域。丝与

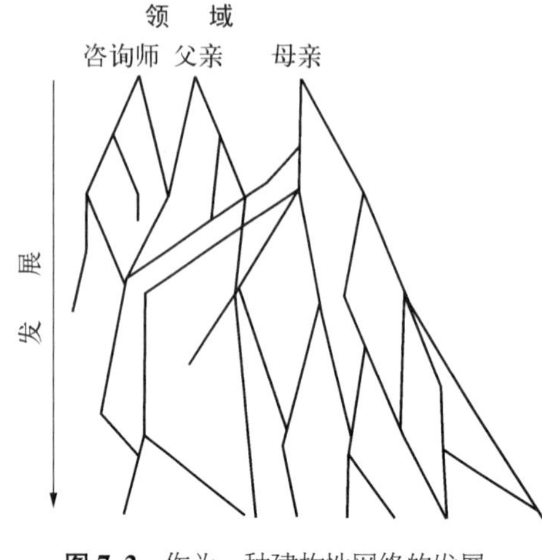

图 7.2 作为一种建构性网络的发展。

丝之间的联结点代表着各种技能领域之间可能存在的关系，丝的不同走向表明：在各种不同情境中建构技能时，发展路径和发展成果可能会出现的变异。丝的不同分组代表着技能的不同领域，如母亲、父亲和咨询师就构成三组分别独立的丝束。在每一根丝的内部，人们的活动也是会有所变化的，而这种变化可以体现出发展的范围(如 Susan 的例子)，它在情境支持条件下的高能力与无情境支持条件下的低能力之间发生变化(Fischer, Bullock, et al., 1993; Fischer et al., 2003)。在我们后面的讨论中，网络隐喻有助于清楚有力地对动态技能发展的变异性进行分析。

认知和情绪发展过程中的动态结构

为了能同时对发展和学习中的变异性和稳定性作出解释，需要有一个新框架来取代“结构即形态”范式在研究和解释中的基础地位。心理结构的静态概念必须由像建构性网络这样的动态概念所取代。那些认为结构独立于人类活动而存在的具体观点，必须让位于“结构是活动的内在动态组织”这样的新解释。这一理论框架是从动态系统理论中产生的，动态系统理论正在影响着各个不同领域和越来越多的研究者(在本卷中，我们将在大多数章节中采用动态系统的观点，来展示在人类发展中动态系统成长的程度)。

对于顺序和变异的处理由二分法向二者内在关联的转变，是众多动态系统模型的共同之处(Hua & Smith, 2004; Kelso, 1995; Port & van Gelder, 1995; van Geert, 1998)。过去一度被视为是随机或混乱的一些现象，现在看来都是以某些导致特定变异模式的复杂方式而加以组织化的产物。对活动及其变化的描述和建模要从分析特定现象中组织与变异之间的关系开始着手。例如，从表面上看来，参差不齐的海岸线是由海水随机侵蚀所造成的，似乎无规律可循，但是实际上可以采用不规则几何学对其进行精确地建模，建立的模型可以揭示出侵蚀和沉淀等地质过程的内在组织情况。由于认识到组织与变异性有关，因此地质学家和数学家一直在创立侵蚀过程的动态组织模型，该模型可以解释和预测海岸线变化中所观测到的变异性(Kruhl, Blenkinsop, & Kupkova, 2000)。类似地，生物学家为生物有机体进化的结构(Kauffman, 1993)和脑功能与发展的动态过程建立了模型(如 Marcus, 2004; Polsky, Mel, & Schiller, 2004; Spruston & Kath, 2004)。

要想完全实现动态系统分析的潜力，不仅需要将非线性动态概念与心理过程联系起来，而且需要为这些过程建立一些明晰的动态模型。整体性的概念固然重要且有用，但是它们最终必须通过具有明确定义特性的模型来进行验证。研究人员只有通过使用这些模型，才能确定他们所假设的过程是否真的引起了那些其所期望的发展与变异的动态模式(Fischer & Kennedy, 1997; Thelen & Smith,本《手册》本卷第 6 章; van der Maas, 1995; van Geert, 1998; van Geert & van Dijk, 2002)。令人欣喜的是,类似像 Excel 这样建立在计算机平台上的电子数据报表工具,就能够比较方便地用于建立明晰的动态模型,并借助实证数据对这些模型作出检验。

从动态系统的观点来看,心理结构就是活动系统的实际组织过程。比如像一种控制行为的逻辑阶段、一种有待实现的、渐成的语言能力或认知能力,都不是一个独立存在的实体,而是人类活动系统的一种特性。由于实际的活动系统是动态的——处在不断的运动、适应和重组之中,因此它们必须以一种动态的形式进行组织。变异性是系统动态性的必然结果。由于系统是有组织的,因此变异性并非是随机的,而是具有一定模式的,这一点在 Susan 所讲述的几个不同的故事中得到了很好的证明。正如地质学者为海岸线演变的结构所建立的模型,生物学家为生物种系进化的结构建立模型那样,发展学家也可以为人类动作和思维的发展及学习的动态结构建立模型。

为了更加成功地进行动态结构分析和建立动态发展模型,学者们需要对某些心理学构想做具体说明,这有助于对所研究的具体问题上的变异性背后的结构进行分析。对于心理结构的动态分析方法来说,恰当的构想不止一个。有许多当代构想可以服务于这一目的,因为它们就是专门为分析不同情境下活动的组织和变异情况而逐步提出的。以脚本这一概念为例,它集中反映了平常讲故事过程中的组织和变异情况,涉及对欲编造的特定情境下的活动进行叙述、目标确立和回忆 (Fischer, Shaver, & Carnochan, 1990; Nelson, 1986; Schank & Abelson, 1977)。策略这一概念用来表现问题解决活动中组织的变异情况已经有着很长的历史了(Bruner, Goodnow, & Austin, 1959; Siegler & Jenkins, 1989; Siegler, 本《手册》第 2 卷第 11 章)。学徒期(Rogoff, 1990)、环境生态位置(Gauvain, 1995)和场合(Whiting & Edwards, 1998)这些概念,对于不同情境下活动的社会组织情况进行动态分析提供了便利。

321

我们发现,动态技能是一种非常有利于对心理结构进行动态分析的重要构想,它为将动态心理结构的许多必要特征整合成一种单一、熟悉的观点提供了一种非常有效的途径 (Fischer, 1980b; Fischer & Ayoub, 1994; Ficher, Bullock, et al., 1993)。20 世纪 50 年代后期和整个 60 年代的认知革命(Bruner, 1973; Gardner, 1985)、20 世纪 60 和 70 年代的生态学革命(Bronfenbrenner & Morris,本《手册》本卷第 14 章; Gibson, 1979)以及 20 世纪 80 和 90 年代的情绪革命(Campos, Barrett, Lamb, Goldsmith, & Stenberg, 1983; Frijda, 1986; Lazarus, 1991)中的一些核心概念是动态技能这一构想的基础。在以上这些革命中,特别强调目标、自我调节、机体与环境的相互作用、偏见或约束、活动的社会基础等方面的重要性。最为重要的是, Piaget(1970)和 Vygotsky (1978)坚持认为,活动是认知结构的基础,认知结构是活动中各种关系的系统。

在后续的讨论中,我们将说明动态技能这一构想,用它来阐明心理结构的本质特征。我们将展示结构的动态分析是如何解释和预测发展变异性的特定模式的,主要将重点集中在发展研究中经常观测到的三类主要变异性：(1) 顺序，(2) 同步性，(3) 范围。在后面的几节中，我们将展现这些动态特征是怎样与静态结构观点的特征有所不同的。我们也会介绍一些研究学习和问题解决中的微观发展及动态变化、情绪的发展以及认知与情绪发展中脑功能的作用等方面的重要方法论问题。

作为动态技能的心理结构

在英语的日常用法中，"技能"这一术语无论是其字面意义还是隐含意义，都是指人类活动动态组织的一些本质特征(Burner, 1973; Welford, 1968)。技能是个体在一种特定情境下，以某种组织方式进行活动的能力。因此，它是以动作为基础，并具有情境专门性。不存在抽象的、一般的技能，人们拥有的都是服务于某种特定情境的技能：打篮球的技能，讲述儿童故事的技能，人际协商的技能。技能不可能完全通过熟悉操作规则或逻辑结构就可以突然涌现。它们都是通过在真实情境中从事真实活动而逐渐建立起来的，并且它们可以通过这一相同的建构过程逐渐迁移到新的情境中(Fischer & Farrar, 1987; Fischer & Immordino-Yang, 2002; Granott, Fischer, & Parziale, 2002)。

技能这一概念同样有助于界定心理过程、机体过程和社会文化过程之间的各种关系，同时也有助于突破心理与行为、记忆与计划、个人与情境这种人为的二分法。一种技能，如给儿童讲一些有关与其他儿童发生情绪性相互作用的故事，可以将情绪、记忆、计划、沟通、文化脚本、言语、动作表情等各系统的关系拉近，并联合在一起。如果一个人需要以一种儿童能理解和喜爱的方式，在一个特定情境下为一个特定的儿童讲述一个有条理的故事，那么其上述系统中的每一个系统都必须与其他系统协调活动。动态技能这一概念促进了对相互协作系统之间的关系及其所产生的变异模式的研究，防止了把心理过程视为孤立的模块，这些模块模糊了协作活动系统之间的关系。如果你想知道是如何做到这一点的，让我们先研究一下技能的某些特征。

综合与相互合作

技能并非是由彼此孤立的各种成分所构成的，相反它要求其构成成分必须综合在一起。打篮球的技能要求其他许多技能，如奔跑、跳跃、视觉一运动协调等技能，以一种协调的方式综合在一起起作用。综合在一起的各种技能并非只是简单的相互依赖关系，而是相互合作的关系。真正意义上的综合意味着各个系统均参与其他系统的活动过程。原子论式的模型只虑及简单的相互依赖：拱门中的石块，桥梁的托架，一台串行计算机中的模块等都是属于原子论式的系统构成，这些系统的各个部分是相互依赖的，但各部分显然并不参与彼此的活动过程。

相比之下，生存系统的各成分之间不仅相互依赖，而且相互合作。尽管这一观点最初看起来似乎与我们的直觉是对立的，但是在人类细胞或器官系统等这类人们熟悉的过程中，有许多显而易见的例子支持这一观点。人体内的任何一个系统都是由多个子系统构成的，这些子系统的活动都超出了其所界定的范围。以心血管系统为例，由于每个器官都需要从血液中获取供氧，因此心血管系统会参与每一个器官系统的活动。同时，心血管系统中含有来

322

自神经系统、肌肉系统等系统的成分,如此其他系统也会依次参与到血液循环系统的活动中来。这些系统中的任何一个系统,都不可能脱离其他系统而单独活动。当断绝与其相互合作的其他系统之间的联系时,生存系统就会消亡。对于生存系统而言,结构概念必须反映系统间的相互合作。

活动系统是生存系统(尤其像人类这样复杂的系统)的核心部分。活动会发展成为由许多相互合作的成分构成的技能。当 Susan 编造一个反映玩偶 Susan 与玩偶爸爸之间积极的社会互惠行为的故事时,每个角色的行为都会以一种亲密的、互惠的方式影响对方的行为,也就是说他们是相互合作的。各种技能通常都具有这种构成成分之间的相互合作特性。

场合专门性和文化

所有技能都具有场合专门性,并受到文化的限定。现实的心理活动和身体活动都是被有机地组织在一起、在特定场景中发挥特定功能的。某种特定技能进行组织的准确方式——即它的结构——对其正常行使功能来说是十分关键的。任何时间条件下,技能的专门性也有着同等重要的地位。一个优秀的篮球运动员不会自动地变得那么出色;在一种文化背景下善于讲故事的人,也不是自然而然就能让其他文化背景下的听众理解和喜爱他们的故事的。

技能的场合专门性与综合和相互合作特征有关,这是因为人们会发展出各种技能以便在特定情境中与具有特定社会文化背景的其他人进行合作。同时,人们可以通过参与到一定情境中来建立技能的过程,来内化和使用这些技能,这样技能就披上了文化模式的面纱。同样,像记忆、知觉、情绪乃至生理调节等构成成分系统均参与到具有文化色彩的各种技能中来。因此,技能的场合专门性所表达的远不仅仅是技能与环境的匹配问题。即使像知觉或记忆这样通常被认为是独立于社会文化系统之外的系统,也会通过其参与的各种技能被联系在一起,相关研究将会向我们展示这些联系的广泛性和深入性(Greenwald 等, 2002; Mascolo, Fischer, & Li, 2003)。

自我组织、相互调节和成长

技能是能够自我组织的。技能的这一自然功能的一部分就是它们可以进行自我组织和自我重组。这些自我组织的特性远远超出了维持现状的作用,其中包括发展出一些全新的、更为复杂的技能。发展科学的目标之一是分析组织和变化的过程,技能就是在这一过程中习得和发展的。与必须通过外在力量人为地建立和维护的机械系统不同的是,形成和维持技能(特别是生存系统中的技能)的力量存在于个体的活动和社会互动之中。由于各构成成分之间需要相互合作,因此技能的建构和维持同时包括自我调节和与其他人之间的相互调节。在人类生物学中有一个明显的例子,当人们提高自身的活动水平时,他们对氧气和能量使用量的增加,会诱发其呼吸频率和新陈代谢频率的增加。在动作系统同呼吸和新陈代谢系统的相互参与的控制中,没有外在的中介卷入其中。生存系统会通过自身的主动调节以维持其自身的完整性。

就技能而言,其构成成分之间会以同样的方式相互调节。Susan 及其父亲针对彼此的恶意行为,相互激起了对方的恶意回应,这些反应是在内容、组织和情绪气氛(包括性质和强度)等方面的适应。技能并非是一种固定不变的能力,而是一种不断地自我适应和自我调节的活动结构。当 Susan 和她的父亲以及她的心理辅导师一起表演时,他们共同发展新的技能,协调那些先前相对独立的活动,并使之形成一些新的综合体。通过协调和相互调节,他们在依次相互协调和调节的过程中将其活动组织成为各种全新的综合系统。

动态结构主义理论为把握这种适应性变异,以揭示变异背后的规则,提供了概念和工具。这方面的重要发现之一就是找到了一个可以测量制约变异的层级性复杂程度的通用量表。

技能发展的通用尺度

323

推动发展科学的要素之一就是用于测量活动变化和变异的通用尺度(或量表),就像用摄氏温度和华氏温度来测量温度,用米或英尺来测量长度。这些量表应该依据自然反应分布的特性,并且在不同的任务和领域中都能通用。然而,大多数心理测量(如智力测验、成就测验或人格测验)通常都是通过一种情境编制的任意性比较大的量表。这些量表采用的不是自然发生的反应分布,而是通常采用某些假定能力稳定的(静态的)统计模型和正态分布(van Geert & van Dijk, 2002; Wahlsten, 1990),而且它们只使用该测验作为单一情境来评定行为。实用性强的量表不会只仅仅局限于一种情境或一种测量工具,它应该能够测量各种不同情境中的不同技能。正如温度和长度可以在各种条件下通过各种方式进行测量一样。

值得庆幸的是,现在随着一种可以测量行为复杂性的通用量表的发现——该量表涵盖了长期发展和短期变化的核心维度——这一测量问题已经得到改变(Commons, Trudeau, Stein Richards, & Krause, 1998; T. L. Dawson & Wilson, 2004; Fischer, 1980b; Fischer & Immordino-Yang, 2002)。方法各异的研究证据已表明,通用量表既可采用间断群集的方式(如成长模式中的突然变化),也可采用 Rasch 量表法中的差距(gap)指标来加以计分。有关成长曲线的分析已评述了这些成长模式(Fischer & Rose, 1999; van Geert, 1998),同时访谈数据和测验数据的 Rasch(1980)分析结果显示出了与上述的各种间断模式相当一致的证据(Dawson, 2003; Dawson, Xie, & Wilson, 2003),形成了一个如图 7.3 所示的、至少有 10 个复杂性层级水平的量表。这一量表与 Piaget(1983)所提出的发展阶段的理论轮廓十分接近,但是该量表的各水平是建立在较好的实证基础之上的,而且每个发展阶段的行为表现水平也不是某一个固定的点,而是在整个量表中处于变化状态。该量表与 Case(1985)、Biggs 和 Collis(1982)等提出的量表也有着很多的相似之处。有趣的是,脑活动成长的间断模式似乎也遵循着这一量表,这将会在本章后面的部分中详细说明(Fischer & Rose, 1996)。

许多发展心理学家都假定存在着发展阶段,某些阶段是与上述的其中某些水平相匹配的(Biggs & Collis, 1982; Case, 1985; Halford, 1982; McLaughlin, 1963),但是他们所提出的这些阶段并非是建立在非常明确的实证标准之上的,这类实证标准应该明确说明怎么才算达到了某一个阶段或水平,什么样的情况则表明还没有达到(Fischer & Silvern, 1985)。一般而言,这些研究者仅仅是对其所假定的认知重组的顺序进行了描述,而没有具体说明达到这些阶段或水平的实证标准,充其量只是轻描淡写地介绍了“质变”的情况和大概的发展顺序。

图 7.3 中的技能量表以感觉运动动作为起始水平，经历几种复杂水平的协调之后最终形成表征，这些表征依次经历几种水平的协调之后达到抽象的等级，而抽象水平会一直发展至成年期。动作、表征和抽象的较大的成长循环，被称之为等级(图中的左边一栏)，而被标记为间断群集的具体变化则被称之为水平(中间一栏)。右侧一栏的年龄指的是在支持最佳表现的条件下技能第一次出现的年龄。如图 7.4 所示，每一水平都会有一个典型的技能结构，类似的结构会出现在每一个等级中，这反映了动态成长过程是一个不断循环的过程。这些结构会开始于组织为个别集合形式的动作、表征和抽象。个体在对这些个别集合进行协调和分化的基础上，进而形成一一对应，然后这些一一对应也会通过协调和分化而形成系统。在每一等级的第四水平上，个体通过对系统进行协调和分化从而形成系统的系统，因此它既是一个新的单元同时也是下一个等级的起始单元——一种新的类型的个别集合。在第 10 水平上，个体可以建构个别原则，还没有证据表明在个别原则水平之上存在着更高水平的间断群集(Fischer et al., 2003)。

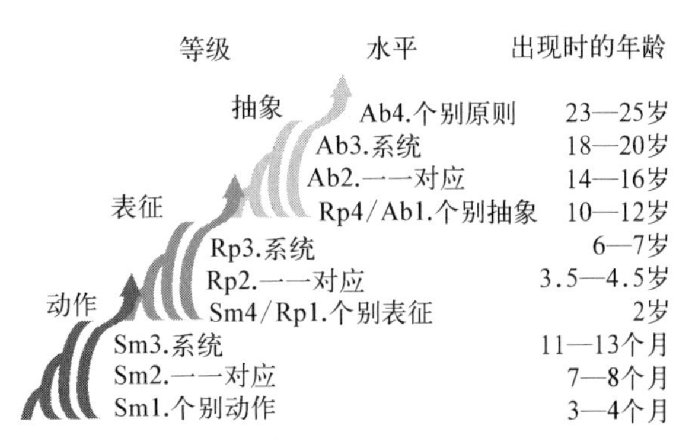

图 7.3 技能的水平和等级的发展循环。从 3 个月大的幼儿到成人期，技能的发展进程分为 3 个等级，总共 10 个水平。某种技能出现时的年龄是指该技能到达理想水平时的年龄，是一个人在社会情境支持下能够表现出来的最复杂的技能。由于图中的研究数据来自美国或欧洲中产阶级家庭的儿童，因此上述标准在不同的社会群体中可能会有所不同。有证据表明，还存在另外一个等级，该等级含有先天的动作成分，在生命的最初几个月就开始出现了。

来源：From "A Theory of Cognitive Development: The Control and Construction of Hirerarchies of Skills," by K. W. Fischer, 1980b, *Psychological Review*, 87, pp. 477 - 531; and "The Big Picture for Infant Development: Levels and Variations"(pp. 275 - 305), by K. W. Fischer and A. E. Hogan, in *Action in Social Context: Perspectives on Early Development*, J. J. Lockman & N. L. Hazen(Eds.), 1989, New York: Plenum Press.

与研究发展和学习的静态方法相反的是，该量表上的水平并不表明一种心理结构或模块可以适用于不同领域，就像是 Piaget(1985)的通用逻辑结构或 Chomsky 和 Fodor(1983)的模块那样。尽管人们在不同的情境下并不使用相同的结构，但他们却可以在同一个量表上发展各种技能。尽管可以使用同一个通用量表把成长和变异过程生成的、适用于不同任务和领域的各种技能放在一起，但是这些技能的使用情况也可以完全不同，它们会依据情境、情绪状态和目标的不同而进行动态适应。同样，个别活动的复杂性也会因情境和状态的不同而不同。以温度为例，在过去的几百年来物理学家们就已经发现了一种测量它的标准量表。应用这一同样的量表，我们可以测定太阳的温度、南极洲的温度、纽约的火炉或冰箱内的温度，一个人的口腔温度，或是海底的温度。借助于一个通用量表，温度计可以测量各种截然不同的情境和方法下的温度，甚至是当产生热和冷的方式有着巨大差异的情况下也能够测量。

这样一来，各种技能就可以按照图 7.3 和 7.4 中所示的量表排列成多水平的层级。人

324

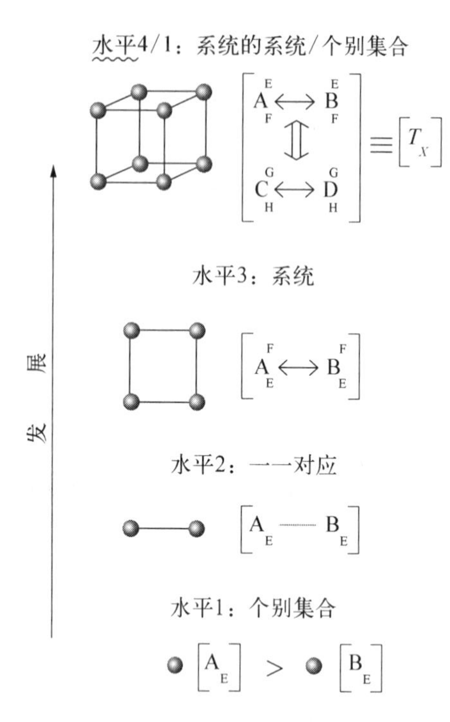

图 7.4 一个等级的发展水平的循环：立方模型和技能结构。第 4 水平代表着一个等级的终极结构和下一个等级中新单元的形成。

325

正如水平 4/1 中的两个技能公式所表示的那样，第 4 水平的动作形成第 1 水平的表征，而第 4 水平的表征又形成第 1 水平的抽象。

在技能公式中，方括号代表一种技能的结构；每一个字母表示一种技能成分，较大的字母代表一种主要成分(集合)，上标字母或下标字母则代表该主要成分的一个子集。集合之间的横线(—)表示一一对应关系，单线箭头(↔)表示形成的系统关系，双线垂直箭头(⇕)表示所形成的系统的系统关系，(>)代表不需要整合就可以从一种技能转换到另一种技能。图中为了简便只是在第一水平上展示了这种转换，实际上这种技能之间的转换在每一水平中都会发生。后面出现的技能公式中符号和文本的意义如下：粗体字母代表感觉运动行为，斜体字母代表表征，而手写体字母则代表抽象。

们是通过协调过程来建构技能的，就像 5 岁的 Susan 编造那些带有情绪色彩的有关社会互动的故事那样，先是将多个动作协调到社会类别中，后来又将社会类别协调到互惠活动中。Susan 所用到的那个层级的技能是个体将示范的行为(Sm3 行为系统)与社会类别构成一个整体(Rp1 个别表征)，然后再与社会互惠活动形成一个整体(Rp2 表征一一对应)。用于控制具体情境下活动的已有技能成分，可以通过相互协调而形成一些新的技能，这些新的技能可以用于控制更为广泛范围内的不同活动。在这些新形成的综合技能中，各种技能成分依旧发挥着子系统的功能。这些成分也仍然可以被单独使用，正如 Susan 在情绪低落和缺乏场合支持的情况下退化到简单行为那样。我们可以依据积极和消极的社会互动表征来解释动态技能，并阐述这些技能在长期过程中是如何发展的(宏观发展或个体发生)以及是如何时时刻刻发生变化的(微观发展)。

该量表中的技能层级体现了动态系统的自我组织和相互调节的原则。随着各种技能在后面水平上的不断综合和分化，这些技能成分会主动服从于各种新形式的组织及相互调节。正是通过自我组织协调形成新技能的过程导致了生活技能的多水平层级的建构。的确，在这个意义上，"层级"有一种特别的含义。例如，计算机的程序虽然也可以采取层级的顺序进行编排，将低水平加工的输出结果供给高水平加工程序，但是这种组织形式一般并不涉及相互调节和自我组织的问题。

通过建构加以概括

尽管 Susan 为在某一种场合下表征积极和消极的社会互动建构了自己的各种技能，但是她会很自然地试图将涉及各种相关情景的技能加以概括——例如，用表征她与父亲之间互动的技能来建立她与心理辅导师之间互动的表征。通过协调建构技能的过程与技能的概括有着密切的关系，在前面提到的那个复杂性量表中可以同时说明这两个过程。对心理和生理活动的概括涉及专门建构一些由个体或集体(在工作中密切合作的一些人)的目标定向活动所驱动的概括性技能，特别是对于像教育、数学和科学这样一些领域的社会群体来说更是如此。这些领域中的技能概括并不是像一些先验论者所说的那样,是先天的、等待发展来激活的内在固有特征(Baillargeon, 1987; Fodor, 1983; Spelke, 1988)。动态技能通过协调、分化以及由简单到复杂的跨越等环节进行概括的某些机制已经得到了比较准确的说明(Fischer & Farrar, 1987; Fischer & Immordino-Yang, 2002; Siegler & Jenkins, 1989)。对微观发展的研究是分析动态概括过程的一种非常有力的方式,我们将在后面的一节中说明人们是如何花费漫长的时间来学习一般性知识的。

为积极和消极的社会互动所建立的建构性网络

将复杂性量表和图 7.2 所示的建构性网络结合起来,会有助于从动态角度对心理结构加以分析。与传统的发展阶梯不同的是,建构性网络强调综合、专门性、多重路径、主动建构以及技能发展的其他重要特性(Bidell & Fischer, 1992; Fischer et al. ,2003)。建构网络是一个自我组织的过程,在这一过程中个体会根据复杂性量表对各种活动进行协调和分化。网络中的每一条路径都是个体的建构活动与形成技能的场合(其中还包括协同参与建构技能的其他人)相结合的产物。

我们使用关于友善和恶意的社会互动故事来说明建构性网络的特性,以及建构性网络与情绪和认知发展的动态特性之间的关系。讲故事是人类的基本活动。要讲述一个特定的故事,儿童就需要像编剧本一样按照事件顺序的具体模式组织各项活动(Bruner, 1990; Fischer et al. , 1990; Ninio & Snow, 1996; Schank & Abelson, 1997)。这一组织过程有助于给这个故事赋予意义,就像 5 岁的 Susan 所讲述的有关一个女孩和她的父亲之间互动的故事那样。如果缺少了这种脚本的组织过程,那么故事将会变得混乱且毫无意义。例如,像谁对谁表示友善、出于什么原因,或者谁伤害了谁、出于什么原因等这类问题将会变得模糊不清。然而,故事讲述活动的组织还必须具有一定的灵活性,这样故事的讲述者才能在情境和人物发生变化时编造出新的故事来,从而表达不同的观点和情感,就像 Susan 依据她的情绪状态、场合线索以及来自成年心理辅导师的支持情况来改变所讲述的故事那样。

像其他的技能一样,故事讲述技能的复杂性和组织情况会随着建构活动的动态变化而发生很大的变化,其中建构活动的动态变化包括故事的复杂性、情绪状态以及来自他人的社会—场合支持。为了说明这类变异情况,技能量表提供了一个分析和比较这些变异的测量工具。当 5 岁的 Susan 处于积极的心境中并得到来自心理辅导师的支持时,她会组织一个有关积极互动的复杂故事。几分钟之后,当她的情绪处于紧张状态时,即使有来自心理辅导师的支持,她也不会再编造积极互动的复杂故事了,而是讲了一个同样复杂的消极互动方面的故事。当心理辅导师不再提供场合支持时,Susan 只能讲述一个比较简单的、积极或消极方面的故事。此外,讲述故事的组织形式会随着群体文化和话语圈的不同而不同,这是因为个体需要建构不同的故事讲述技能,以便参与到不同文化模式的交流活动中去。Susan 讲述的故事符合她的文化圈子,但若要想符合其他的文化圈子,就必须对故事进行重组。 326

网络和偏向

图 7.5 向我们展示的是一个讲述有关积极和消极社会互动故事的发展网络,被试为来

自不同种族和社会阶层的美国儿童(Ayoub & Fischer,待发表; Fischer & Ayoub, 1994)。在儿童游戏的过程中,他们通常会友善或恶意地对待彼此,就像5岁的Susan那样,他们很容易就能讲出有关同伴之间积极和消极互动的故事,并将其付诸行动。该网络有三条截然不同的路径,它们是分别由不同效价的情绪领域加以组织起来的——左边的是友善,右边的是恶意,居中的是友善和恶意的结合。这些任务是按照技能的复杂性排列步骤的,在每一技能结构的左边用数字标出了步骤的序列。每一水平通常都有多个步骤,每个步骤在建构过程中会因情境的不同而有些不同,在结构内用数字来标示不同的情境。水平的名称在左边一栏中标出。

327

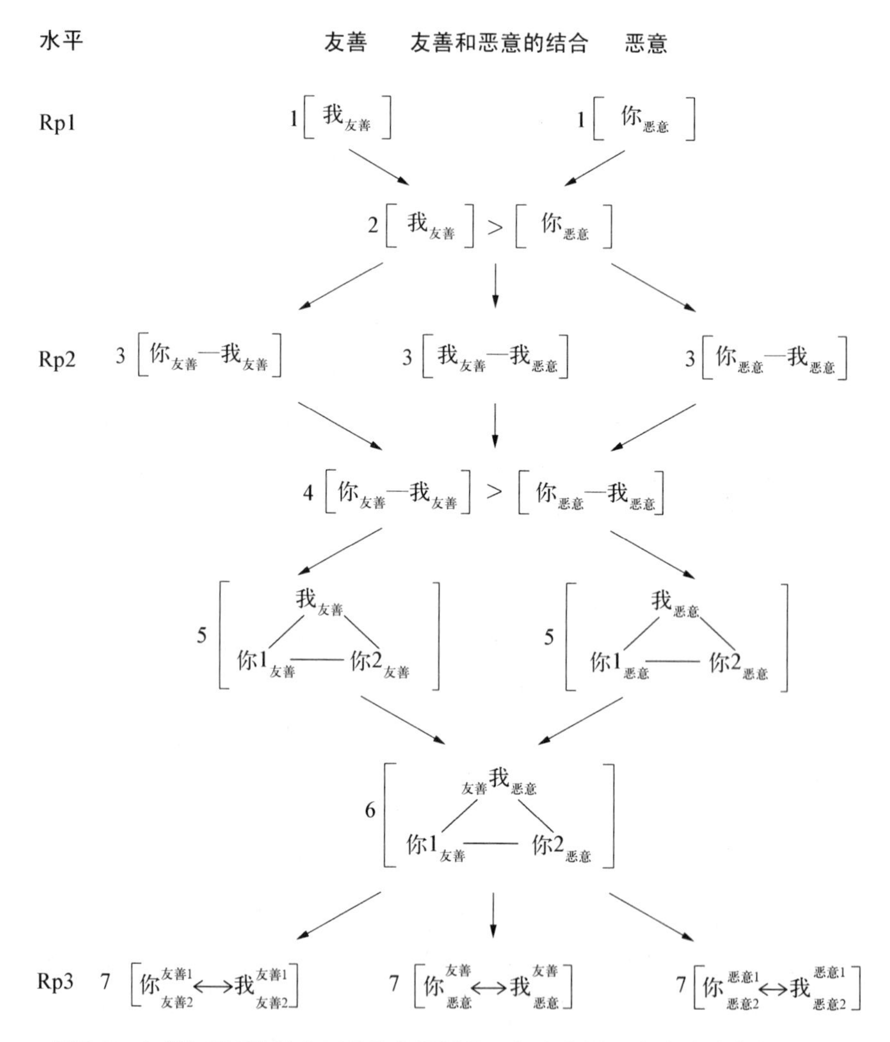

图7.5 友善和恶意的社会互动的发展网络。每个方括号左边的数字表示该任务在技能结构的复杂性程度顺序中的顺次。每个含有文字的方括号表示一种技能结构。左边一栏标明的是每一技能水平的第一步骤。

在该研究中,要求2—9岁儿童讲述有关两三个男孩或女孩在一起做游戏的故事,而且每个故事能够反映出三种情绪领域的其中一种。在儿童所讲述的故事中,通常会有一个人物的名字采用讲故事者本人的名字，而其他人物则采用他或她的朋友或兄弟姐妹的名字；在某些研究中，故事中的人物采用的是陌生儿童的名字。在另外的一项任务中，要求儿童讲述一些有关亲子互动的类似故事。

越靠后一些的步骤就越会包含较为综合的技能，这些较综合的技能是通过对低水平技能成分进行协调和分化而逐步建构起来的。例如，在步骤 3 中，故事会涉及两个友善(或恶意)事例之间的一一对应，这同 Susan 所讲述的互惠性故事很类似：一个玩偶会因为另一个玩偶针对自己的恶意(或友善)行为，而报以相应的恶意(或友善)行为作为反应。在图 7.5 中，每个表示你或我所表现的友善或恶意行为的图示，代表着一个具有一定技能结构的故事，这些故事会因个别表征、一一对应和系统三种技能水平的不同而有所变化。

$$[\text{你}_{\text{友善}}—\text{我}_{\text{友善}}] \quad (1)$$

这个结构代表着一种互惠行为的一一对应：如果你对我友善，我也会对你友善。举例来说，当左边一栏的第 3、4、5 步骤构成友善路径的一部分时，图 7.5 中具体故事结构之间的箭头表示的就是这些故事的发展顺序。这些技能公式主要强调了儿童在讲述友善或恶意故事时必须要加以控制的一些要素：角色(你或我)，情绪效价(友善或恶意)，角色之间的关系(无需协调的转换、一一对应和系统)。像其他任何生存系统中的结构一样，这类要素还包括许多其他成分，如动作、知觉、情感、目标以及社会期待等，这些要素内部也存在层级的问题。

因此，图 7.5 中的每一个步骤都代表着一种不同水平的、用于在社会互动中形成某种关系的技能。儿童所讲述的故事是分别沿着代表以下三个内容领域的路径发展的：友善、恶意、友善和恶意相结合。当从左至右的故事平行发展时，这些故事在发展历程中首次出现的时间就会十分接近。它们的发展同样也会表现为在其发展路径上存在着许多联系。

与研究者忽视个体内变异而重视个体间变异这一普遍趋势如出一辙的是，人们有时会错误地理解这一发展网络，通常将该网络解释为：不同的儿童正沿着其各自的一条路径在不断地向前发展。而事实恰恰相反，每个儿童都会同时沿着图 7.5 上的那个网络中的每一条路径平行发展。也就是说，每个儿童都可以平行发展其对于积极效价(如何产生友善的互动)，消极效价(如何产生恶意的互动)和复合效价(在互动过程中如何将友善和恶意结合在一起)的理解能力。如果个体几乎是沿着这三条路径平行发展，而无明显偏向时，那么发展网络就会像图 7.5 中的那个样子，其中复杂性是决定发展顺序的主要因素。在这个网络中，无论效价如何，同等复杂性程度的不同步骤是相互平行的。

然而，情绪的特征之一就是，人们通常会在其行为和思维中表现出一定的偏向。偏向于某种行为倾向是情绪的定义特征之一，这将在下一节情绪的发展中具体讨论。情绪偏向通常对一个发展网络有着很大的影响；它们既可以转换发展路径之间的关系，也可以改变发展的顺序。对于友善和恶意相结合的网络而言，一种广泛的情绪偏向就是人们通常在长时间内偏爱某一极端的评价——偏向积极(友善)或消极(恶意)评价。在社会心理学中有一个非常重要的发现：大多数人通常会在其活动和评价中表现出积极的偏向，尤其是在对他们自己的归因上(Higgins, 1996; Osgood, Suci, & Tannenbaum, 1957)。图 7.6 展示了一种普遍存在的积极偏向。

尽管积极偏向比较普遍，但也有许多消极偏向的例子。像儿童虐待这样的创伤(Ayoub, Fischer, & O'Connor, 2003; Westen, 1994)以及内隐态度(Greenwald et al., 2002)都会产生强烈的消极偏向。当儿童的情绪表现出一种强烈、持久稳固的消极偏向，同时远离积极一端时，他们的整个发展网络都会转向(偏向)与图 7.6 相反的方向——朝向消极的一端。也就是说，对恶意互动的理解能力的发展，通常要早于对友善互动的理解能力的发展，而对善意和恶意相结合互动的理解能力的发展也比较迟一些。许多曾遭虐待的少年儿童由于这种消极的情绪偏向而表现出了另外一种发展路径(Fischer et al., 1997;Rappolt-Schlichtman & Ayoub,待发表)。除了这种经验的长期效应以外，场合、心境以及类似的一些因素也会造成一些短期的个体内效应，就像处于消极心境会导致偏向讲述消极的故事那样。这样一来，发展网络不仅有利于呈现个体间在发展路径上的变异情况，而且有利于呈现个体内部随时间变化而发生的变异情况。

328

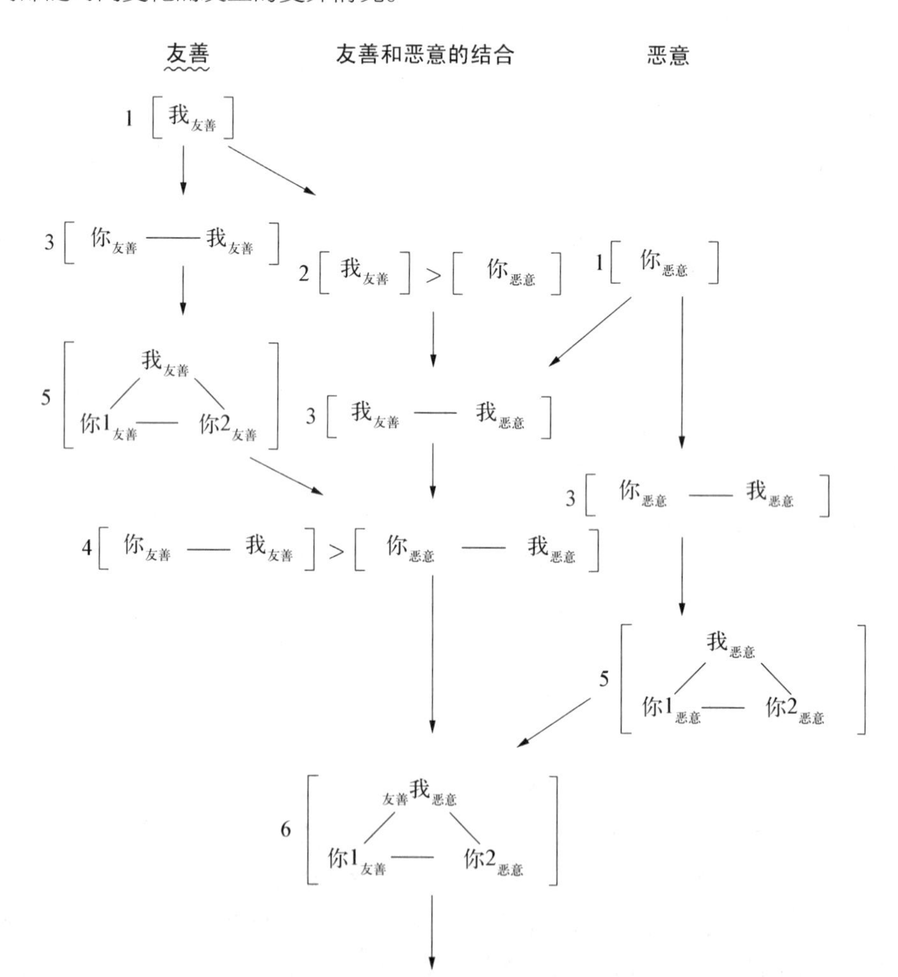

图 7.6 偏向于友善互动的发展网络。该网络只包含了图 7.5 的网络中前三分之二的技能。

在网络中为非线性的动态成长建模

除了像在图 7.2 和图 7.5 中那样表征步骤与路径之间的网状关系以外，还有许多其他的工具可以用来分析发展的不同特性。其中一个特别强有力的工具就是建立成长函数的数学模型(Singer & Willett, 2003)。网络中的每一条路径都可以用其成长函数加以描述，在这里成长函数是一个非线性的动态成长模型(Fischer & Kennedy, 1997; van Geert, 1991, 2003)。图 7.7 向我们展示了该数学模型为三条路径的每一条所生成的成长曲线。

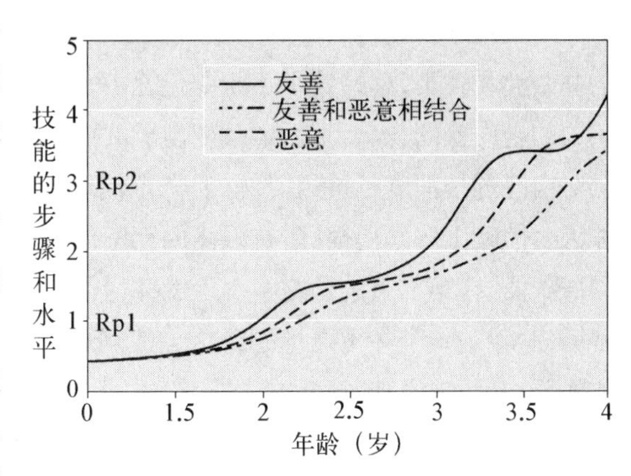

图 7.7 偏向友善互动的成长函数。技能的步骤是指图 7.5 中所示的复杂性程度的顺序。技能水平是指图 7.3 中所示的复杂性程度的层级水平。

在这个成长模型中，包括了一个像图 7.6 所示的、普遍存在的积极偏向。在一些特定的情况下，它也会在发展过程中出现一些类似阶段那样的跳跃，这将会在下一节中加以讨论。借助于动态技能理论提供的量表工具，复杂性量表可以用于成长路径的定量分析。图中清楚地向我们展示了偏向于积极效价的同时远离消极效价和复合效价的情况，并且还强调了友善路径相对于其他路径所具有的在数量上的优势。该图同时也突出了成长过程中的适应程度和有利时机以及二者之间的关系——这些是网络图所无法比拟的。然而，该量化图示则弱化了那些特定故事结构中间所存在的顺序关系，而这在图 7.5 和 7.6 中有着很明确的呈现。分析发展活动结构的不同工具注重该结构的不同特性，没有一种测量工具能单独地把所有重要方面都照顾到。

动态技能是如何解释发展中的变异性的

包括技能建构的网状过程在内的所有技能特征，都有助于解释和预测变异的模式，这些是有关心理结构的传统静态观点所一直回避的问题。在本节中，我们将向大家展示如何根据动态技能的特征来解释三种基本形式的系统发展变异性——(1) 复杂性程度，(2) 顺序，(3) 同步性。在下一节中，我们将讨论精确描述和解释发展过程中的变异性的方法和测量问题。

发展的范围：最佳水平和功能水平

儿童(和成人)通常可以在一定范围的不同技能水平上活动，就像 Susan 可以在两种不同水平上给她的心理辅导师讲述有关友善和恶意的故事。来自心理结构静态观点的一个基本错误就是，无论是在同一领域中还是在不同领域间，每个个体都被认为“拥有”一个固定的结构水平，认为认知就像是一个里面装了一定量液体的密封瓶子。根据这种观点，个体的行为可以完全由固定的认知水平来预测，如儿童在工作记忆中可以同时保存的项目数量。来自这种固定水平的离差看上去会很神秘，需要进行复杂的解释。这种离差通常会被忽视，这是因为研究人员的研究方法有误，他们将不同个体、不同活动、不同场合下的行为简单累加在一起，同时把真实的变异当成是测量误差(Estes，1956；Fischer，Knight，& Van Parys，1993；Skinner，1938；van Geert & van Dijk，2002)。

一个人在不同场合和不同情绪状态下，会拥有不同的能力。在动态技能中所发现的组织的复杂性和种类，总是处于不断变化之中。这是因为：(a) 人们为了适应不断变化的环境和不同的合作伙伴，需要不断地改变自己的活动；(b) 人们为了应付新的情境、人和问题，通常会对自己的技能进行重组。例如，一个网球队员在某天的比赛中发挥了最佳的水平——可能因为他晚上休息得很好，有很棒的沥青球场，对手是一个比较熟悉的选手。同样还是这个网球队员，在第二天的比赛中水平发挥得很差——可能因为他晚上没有睡好，是较差的泥土赛场，对手是一个并不熟悉的新手。该网球队员技能水平的降低是由于其活动的组织水平的降低，而不是说其某些内在的阶段或能力发生了改变，这才是“实情”。他无意中改变了知觉、动作预期、动作执行、记忆(如对手的优势)等相互协调系统之间的现实关系。这些关系构成了技能的动态结构。由于两天之中这些系统之间的协调关系有所不同，因此网球技能的组织水平也随之发生了改变。因为现实活动系统的动态特性足以对这种变异作出解释，所以没有必要再假定一些抽象的能力或阶段结构。

330

从打网球到社交互动、筹划一个聚会以及对科学和文学问题的推理，在大多数技能中都存在着一定的技能水平方面的变异。Vygotsky(1978)提出了最近发展区(ZPD)的概念，并认为行为表现的变异来源于专家是否为儿童提供了脚手架支持。我们的研究结果为该发展区内发生变异的一个重要原则提供了证据：即前面提到的发展范围，它是个体在某个领域中有社会场合支持时的最佳表现与无社会场合支持时的最佳表现之间的间隔。Susan 在建构有关友善和恶意的故事的过程中，就展示了这一发展范围。

在一项关于友善和恶意故事的研究中，要求 7 岁的儿童在高和低两种社会场合支持的条件下讲述故事，结果如图 7.1 和表 7.1 所示：在有社会场合支持的情况下，总是呈现出高水平的技能，而在缺乏社会场合支持的情况下则总是表现出较低水平的技能(Fisher，Bullock，et al.，1993)。典型的 7 岁儿童在低支持的条件下所叙述故事的最佳水平位于步骤 3(Rp2 水平，表征一一对应)，而在高支持的条件下则达到了步骤 6(Rp3 水平，表征系统)。这两种发展水平之间的间隔(儿童在这一领域的发展范围)显示在表 7.1 中，该表是在图 7.1 中的数据基础上绘制的。个体在某一领域独立工作时(低支持条件下)的最高技能水平，被称之为功能水平(functional level)。个体在高支持条件下的最高技能水平，则被称之为最佳水平(optimal level)。

正如表 7.1 所示，一种技能的变异区间甚至可以扩展得更大一些。社会支持不仅仅是提示或示范，还包括他人共同参与到一个任务中(也称作脚手架支持)，如一个成人扮作一个玩偶的角色与一个儿童一起表演一个故事。借助于脚手架支持，儿童的任务绩效水平可能会提高好几个步骤，这是因为活动的心理控制有一个专家的共同参与。相反的情况是，情绪压力、疲劳、分心和来自共同参与者的干扰等因素会导致一个人的任务绩效低于其功能水平。

表 7.1 7岁儿童在不同社会支持条件下讲述故事的发展范围

步 骤	技能水平	行为表现水平	社 会 支 持
1	Rp1		
2			
3	Rp2	功能水平	无
4			
5			
6	Rp3	最佳水平	通过示范等给予启动
7			
8	Ab1	脚手架支持水平	由成人直接参与
9			

注释：功能水平和最佳水平是行为表现的上限，它们在同一任务上具有一定的稳定性。表中左侧的垂直线表示脚手架支持水平可能出现的范围。7岁儿童的脚手架支持水平具体出现在哪一个步骤上，取决于与儿童的技能相结合的脚手架支持的性质。

发展的范围似乎成为大多数不同任务、年龄和文化条件下的行为表现特征。就年龄来说，发展的范围会随着年龄的增长而不断扩大，至少30岁之前仍是这样(Fischer, Bullock, et al., 1993; Fischer et al., 2003)。当跟着老师或导师一起学习新的东西时，大多数人都会直接地感受到这种发展范围。在老师的提示下，他们可以在一个相对较高的水平上，理解一种新的概念或掌握一种新的技能。在没有这种提示的情况下，他们的技能水平会急剧下降，比如当他们离开课堂并企图向一个对此一无所知的朋友解释一个新概念时，就会出现这样的情况。

一项关于韩国青少年人际自我概念的研究表明，在最佳水平与功能水平之间通常出现相当巨大的差距，如图7.8所示(Fischer & Kennedy, 1997;另见Harter & Monsour, 1992; Kennedy, 1991)。在该研究中，每个青少年被试都要接受关系自我访谈(SiR)，该访谈用于评价被试分别在两种条件下的发展水平(这将在动态结构分析方法论一节中加以详细描述)。对于最佳水平条件而言，高水平支持是指要求每个青少年被试自己用一个详尽的图解，对在几种不同人际关系中的自我加以描述，这类人际关系包括诸如与父母、兄弟姐妹、要好的朋友以及老师之间的关系。无论是画这个图解还是回答访谈问题时，访谈者都会对一些关键的技能成分加以提示，从而保证被试表现出最佳水平的行为。而对于功能水平条件而言，低水平支持是指对被试进行一项类似于大多数传统的青少年自我评价方法的开放式访谈，只简单地要求他们说明一下自己在各种人

331

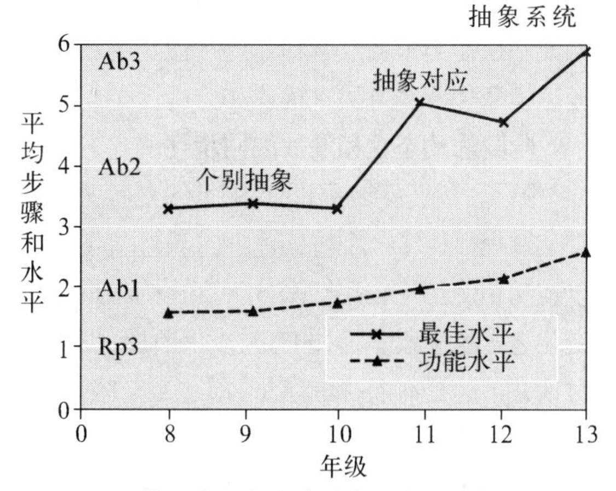

图 7.8 韩国青少年在关系自我访谈中所反映的发展水平的范围。

际关系中是什么样的情况，以及怎样把他们的这些描述彼此联系在一起。在整个过程中，没有任何关键技能成分的提示。

这一建构性网络为描绘发展水平的变异性提供了另外一条很实用的途径。图7.9展示了个体分别在与母亲和好友这两种人际关系中的自我概念的发展网络。在每一条发展路径上，粗的实线表示一种可以用于某种特定场合的、建构完备且高度自动化的技能。在高度应激、疲劳和干扰的情况下，个体的行为表现会降至这一水平。细的实线代表用于同一场合、在正常条件下个体可以独立控制的功能水平——技能的这一组织水平建构比较完备，但是自动化水平较低。最佳水平的技能由破折号虚线表示，它仍处于建构中，当个体接受到适度的场合支持(如示范或提示)时，就会表现出这种水平的技能。最后，点线表示个体新近开始建构的一种技能水平，在这种水平中，只有当一个比较强有力的合作伙伴提供脚手架支持并共同参与时，个体才能将各种技能成分综合为一个结构。

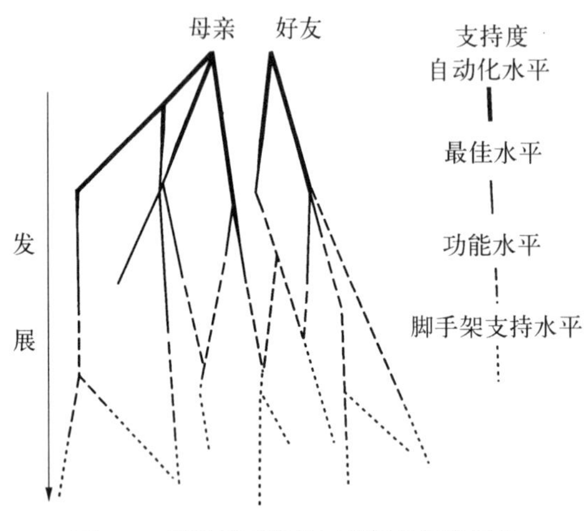

图7.9 两种关系的发展范围的网络图示。

从这一角度来看，我们不难发现为什么技能水平会有这么大的变化范围。这种变异是人类活动的主动性、建构性及场合融入性等特征的直接结果。如图7.8和图7.9所示，青少年的人际自我概念并非是一种固定的能力，而是正在建构过程中的、具有多水平结构的动态技能。与新近建构完成或刚开始建构的技能相比，在特定发展序列中出现较早的那些技能，不仅整合的程度较高，而且随着时间和条件的变化也具有较好的稳定性。个体需要具有记忆和组织那些事件及人际关系特征的技能，其在该技能组织水平上的变异正是这些动态建构性因素的自然结果。因此，没有必要再依据那些高高在上的、用于指导活动的形式阶段结构或潜在能力来加以解释。变异性是由建构性动态因素来解释的。我们的任务就是去创立理论模型和研究方法来描述和分析这种动态性。

阶段的动态性和发展的同步性

除了可以解释在不同水平上的变异来源之外，动态技能的概念也为分析动态性建构的变化过程提供了一个框架。通过具体说明那些导致诸如发展范围发生变异的条件，我们可以控制和使用这些条件来分析变化的各种模式。我们曾通过控制这些条件阐述过一个有关变化过程的经典争论，即有关发展阶段的争议(Bidell & Fischer, 1992)。有关阶段的传统对话并不总是有多少信息量，不过是一些不可调和的主张的汇集：

332

阶段论支持者：“在认知发展的过程中存在一些阶段。”

阶段论反对者：“不，认知发展过程中并不存在什么阶段。”

阶段论支持者：“它存在。”

阶段论反对者:“不,它不存在。”

与这种为是否存在阶段而争执不休的做法不同的是,动态技能分析方法旨在具体说明那些造成类似阶段性的变化和非阶段性的连续变化的条件。究竟是否存在阶段取决于活动发生时各种条件的动态特性!

在那项韩国青少年的研究中,当成长过程不是平稳地改变而是表现为不连续的跳跃时,动态技能理论曾被用于预测这些条件和年龄间隔。经预测,高支持的条件会产生2次不连续的变化,这标志着2种新水平的抽象协调将会出现。图7.8展示出了成长函数所预测的那种变化:最佳水平的成长分别在11年级和13年级出现了2次突然加速,这与以美国和中国被试为样本的研究中所发现的最佳水平发生飞跃的年龄大致相当(Cheng, 1999;Fischer & Kennedy, 1997;Harter & Monsour, 1992;Wang, 1997)。研究者采用该技能理论框架在其他类型的技能中也观测到了类似的模式,被试的年龄组范围是从学前儿童到成人(例如,Corrigan, 1983; Fischer & Hogan, 1989;Fischer et al., 2003;K. Kitchener, Lynch, Fischer, & Wood, 1993)。在每一种情况下,发展的飞跃总是与技能水平的一个大的转变相联系的,就像图7.8所示的在最佳条件下向抽象一一对应和抽象系统的转变。当把最佳水平与功能水平混在一起时,这种不连续性就会被掩蔽,因为这样所得到的发展函数实际上是两种不同发展函数的一个平均值,而这将不可避免地掩蔽了真实的成长函数。此外,有许多证据表明同时存在着其他种类的不连续性变化,如在Rasch量表上的差距以及在复杂性层级量表的类似位置上出现的脑电波模式的变化(Dawson, 2003;Dawson et al., 2003;Fischer & Rose, 1996)。

正如这个例子以及许多其他例子所展示的那样,行为的发展水平会随着评估场合、协同参与者、唤醒状态、情绪状态以及目标的不同而发生变化,这仅仅是几个最明显的变异来源。有些研究者认为,这些变异说明并不存在发展的阶段(Brainerd, 1978;Flavell, 1982;Thelen & Smith, 1994),但是这种观点并没有注意到变异的规则。行为的组织很系统地发展着,而且时刻都在发生着改变。这些事实仅仅同那些过于简单的有关阶段和变异的观点相抵触。现实中的行为和神经网络并非局限在一个单一水平上活动,而是在一定范围或区域内活动(A. Brown & Reeve, 1987;Fischer, Bullock, et al., 1993; Grossberg, 1987; Vygotsky, 1987)。那些验证类似阶段性变化的研究必须考虑到这个范围的问题,并要具体分析哪一部分的变异表现出类似阶段的特征,而哪一部分则没有表现出这种特征。只有这样才能平息在这一问题上无休止的争论,因为争论的双方都仅仅注意到了一部分变异,并因此得出了一些并不完整的结论。

将最佳水平和功能水平分离是一个使用动态技能框架来解释和预测变异模式的样例。这些变异模式过去通常要么一直被忽略,要么被基于静态阶段或静态的心理结构能力模型的理论所曲解。尽管不同的研究者可能对某一现象(如最佳水平上的不连续性)的具体解释不尽相同,但是这里所说的动态建构框架毕竟可以通过提供相应的概念和研究方法,以控制和操纵发展过程中的变异,使得从实证角度对这个问题进行探讨成为可能(有关这些方法论的论述已贯穿在整个这一章中,同时也可以参见方法论一节)。

“阶段”很重要的一部分内容就是期望看到发展的高度同步性。阶段理论认为，个体在各种不同场合下所表现出的行为水平具有高度的稳定性。“硬性阶段”(hard stage)是指在某一个特定的阶段，人的大脑中会出现一种内在的逻辑系统(Kohlberg, 1984; Piaget, 1985)。这种观点意味着无论处于什么样的状态或场合，某个人在同一时间内所进行的操作在逻辑上是等值的——比如说 Piaget 的液体守恒任务和形状分类矩阵任务。这就好像是说，儿童七岁生日那天 Piaget 把手放在他的头顶上，该儿童立刻就会进入具体运算思维阶段一样。这样强烈的“时刻同步”(不同领域同时发展到一个新的水平)几乎没有得到任何实证性的支持(Fischer & Bullock, 1981)。相反的是，无论对于儿童还是成人来说，即使所从事的任务在逻辑上具有高度的相似性，他们在不同任务和不同情境下的行为水平也都表现出了高度的变异性。例如，即便是在两种任务的程序和问题很相似的情况下，能完成数量守恒任务的儿童常常在液体守恒任务中失败。

333

另一方面，当采用动态观点来分析同步性发生与否的原因及发生的时机时，有证据表明发展的同步性也的确存在。一些相当的概念向我们展示了有时被称作“间隔同步性”(interval synchrony)的现象，这是指并非同时出现，而是指二者的出现之间存在一个相对较短的时间间隔。此外，对于在类似任务中所测量的那些关系比较密切的概念来说，这一间隔是比较短的，特别是对于那些生态效度较高、定义较明确的概念结构而言(T. L. Dawson & Gabrielian, 2003; K. Kitchener & King, 1990; Pirttilä-Backman, 1993)。概念之间的间隔将随着在内容、场合情境和概念上差异的减少而不断缩短。Case 及其同事(1996)研究表明，通过讲授那些界定明确的核心概念结构，可以提高不同领域之间的同步性程度，有时这种同步性可以解释几乎一半的变异性——这表明存在着很高的间隔同步性。Lamborn, Fischer 和 Pipp(1994)研究表明，对像诚实、善良这类特定道德概念的理解能力的发展，与社会问题的解决技能有着密切的关系，而与解决其他问题的技能没有什么关联。

像阶段或能力这类心理结构的静态观点很难对系统变异性和同步性解释清楚。Piaget 和其他的硬性阶段理论家们起初置证据于不顾，强行认为不同的任务会对逻辑结构引发不同形式的阻抗。他们认为所出现的时滞(decalages)(时间差距)现象是不同种类阻抗的结果，但是对于阻抗起作用的过程从来没有给予过解释(Kohlberg, 1969; Piaget, 1971)。

动态建构理论的原则是以一种直截了当的方式来解释发展阶段中的变异模式和同步性问题的：

- 技能是通过不断对以往技能加以综合而建构起来的越来越包容广泛的层次结构。
- 对每一个体而言，技能在各个水平上都会因场合、目标、状态、支持和一些其他因素的不同而有所变化。一个很重要的例子就是发展范围。
- 各种技能是为个体参与到特定的任务和场合中而建构的。随着时间的推移，通过各种具体的概括活动，这些技能也可以迁移到其他更为广泛的任务和场合中去(Case et al., 1996; Fischer & Farrar, 1987; Fischer & Immordino-Yang, 2002)。

即使在像图 7.9 这样包含两个领域的简易图解中也很容易看出，就功能水平、最佳水平和脚手架支持水平来说，有些技能在不同领域中却有着相同的发展进度，而另一些技能即使在相同的领域中发展进度也会有所不同。总而言之,这些原则有助于解释间隔同步性是如何发生的,以及人们是如何建立基本技能的。这一过程将会在后面的一节题为"建立结构:过渡机制、微观发展及新知"的内容中详细论述。

图7.3和7.4中所示的复杂性层级量表为评价同步性的程度提供了一种测量工具,从而摆脱了有关阶段有或无的无休止争论。对于关系比较密切的许多技能而言,各种水平并没有显示出完全的同步性,即使不完全同步但发展进度也还是相对比较接近的。图7.7中有关友善和恶意的成长函数向我们展示了:同样是这些成长曲线是如何随着年龄变化同时表现出不同水平之间的相同点和差异的。当退后一点看时,所看到的变化的大体轮廓会明显地显示出同步性;如果我们走近看时,三条曲线所反映的细节性变化会使得各水平发展的异步性变得比较突出。每一种较高水平的新技能都是建立在与其类似的较低水平的技能之上的:每一次将一种技能向一个新的水平扩展都是一种建构性的概括过程,而这一概括过程是要受到现有的成分技能制约的。因此,根本没有必要通过乞求具有普遍性的逻辑结构或先天决定的形式约束,来说明发展过程中出现的间隔同步性问题。技能在一定场合下进行建构的动态特征,足以同时解释变异模式中所出现的变异性和同步性。

技能习得顺序的变异性

变异的另外一种形式涉及服务于一定场合和任务条件下的各种技能的建构顺序,通常被称作发展的顺序或路径(developmental sequences or pathways)。尽管特定发展顺序中的变异常被看作是反对阶段的层级式建构观点的证据(Brainerd, 1978; Gelman & Baillargeon, 1983),但是动态结构分析的方法清楚地阐明了发展顺序何时会出现何时不会出现,而阶段和能力理论则很难对在发展顺序中所观测到的稳定性和变异性进行透彻的说明。

对这一证据进行考察时会很容易发现一个熟悉的模式:发展顺序存在着很大的变异性,但是这种变异性既非随机的也不是绝对的。发展顺序中的步骤数量和规则会随着像学习状况、文化背景、内容领域、场合、共同参与者和情绪状态等因素的不同而发生变化。此外,在各步骤中所出现的变异性程度似乎取决于是在哪个水平上考察发展顺序(Dawson & Gabrielian, 2003; Fischer, 1980b; Fischer et al., 2003)。 334

发展顺序主要从以下两个水平上去分析:(1)大规模的、比较宽泛的发展顺序,覆盖不同步骤之间的较长时间内的发展,相对独立于领域维度。(2)小规模的、特定领域内的、比较详细的发展顺序。大规模的发展顺序似乎相对恒定一些。例如,儿童也许现在还不能在一个较大范围内的各种任务上进行具体运算操作,然而几年之后会在一些相关任务上进行前运算操作。另一方面,我们经常发现小规模的发展顺序一直存在着非常剧烈的变化(Ayoub & Fischer,待发表;Wohlwill & Lowe,1962)。

一般来说,小规模发展顺序的变异是与在任务、场合、情绪、共同参与者以及评定条件上的变异有关的。例如,Kofsky(1966)在Inhelder和Piaget(1964)有关具体运算思维理论的基础上,为物体分类能力的发展建立了一个由11个步骤组成的发展顺序,并且还运用量图分析(scalogram analysis)的方法对发展顺序进行了严格的验证。她所预期的发展顺序基本遵循逻辑级数的原则,但因评价每一个步骤所采用的任务和材料的不同而有所不同。这表明,在几个微小发展顺序上有很微弱的可量测性(scalability)。

小规模发展顺序的其他变异来源还包括文化背景、学习状况、学习风格和情绪。例如,Price-Williams、Gordon 和 Ramirez(1969)在两个墨西哥村庄考察了掌握物质守恒和数字守恒的顺序。除了一个村庄的儿童从很小的时候就开始制作陶器外,这两个村庄在其他许多方面都是基本相当的。那些来自陶器制作家庭的儿童习得物质守恒(用泥巴作为测试材料)往往要早于习得数字守恒,而来自非陶器制作家庭儿童的情况则截然相反。

情感状态对发展顺序也能产生很大的影响(Ayoub & Fischer,待发表;Fischer & Ayoub, 1994)。例如,内向的儿童和外向的儿童在积极和消极社会互动的表征方面会表现出不同的发展顺序,尤其在表征那些涉及自我的社会互动时会表现得更为明显。内向的儿童通常表现出积极的偏向,如图 7.6 所示。正如我们在情绪一节中所谈的,像儿童虐待这类极端的情绪体验经常会导致在表征一定关系中的自我和他人时出现非常明显不同的发展顺序。

此外,忽略发展顺序来自学习风格、学习障碍和文化差异等这类因素的变异,会导致未被发现的各种变异混在一起,这样就会使人误认为这些任务对于发展顺序的测量效果比较差(Fischer,Knight, et al. , 1993)。实际上,只要将其分解为各种可能的顺序,那么测量效果就会很好。例如,如果把 6 个与阅读单个单词有关的任务作为一个序列对小学 1—3 年级的阅读困难学生进行测量,那么测量效果会比较差(Knight & Fischer, 1992)。在每一项任务中,儿童分别会以以下方式处理每个单词:直接读出这个单词(阅读生成)、通过与一幅图匹配来阅读这个单词(阅读再认)、想出一个与之押韵的词(韵律生成)、识别出一个与之押韵的词(韵律再认)、读出构成该单词的每个字母(字母识别)、描述该单词的含义(单词界定)。通过采用可用于探测出各种可能顺序的量表技术研究发现,在该样本中存在着 3 种不同的良序顺序。阅读困难者子样本也显示出了能反映其具体阅读困难所在的顺序。

对于重新思考建构性动态技能发展中的变异模式来说,建构性网络框架提供了一个很好的工具。通常可以探索出不同组别儿童的可能发展路径,就像阅读优秀者和阅读困难者的三条可能的发展路径那样。当采用发展阶梯这一标准隐喻时,只能根据儿童在某一单一发展顺序上行为表现水平的高低,来比较分析儿童之间在一个单一发展进程中的相对进步或相对迟滞(delay)情况。如果仅仅考虑一条发展路径,那么似乎也就只有一种补救方法:设法推动发展迟滞组在“标准”路径上加速发展。

图 7.10 向我们展示了学生在完成一系列阅读任务时所采取的三种网状的发展路径。采用局部顺序量表(partially ordering scaling)对每组被试在 6 种任务上的习得顺序进行了检验,这一统计技术是建立在 Guttman 量表的逻辑之上的(Krus, 1977;Tatsuoka, 1986)。两项任务之间的连线表明该顺序在统计学意义上的可信度。通过对三种发展路径的比较表明,阅读困难者并非是在通用顺序上表现出迟滞,而实际上他们获得这些技能走的是完全不同的路径。一般的阅读者都只表现出一种主要的路径(a),但阅读困难者会表现出两条不同于一般阅读者的路径(b 和 c)。

335

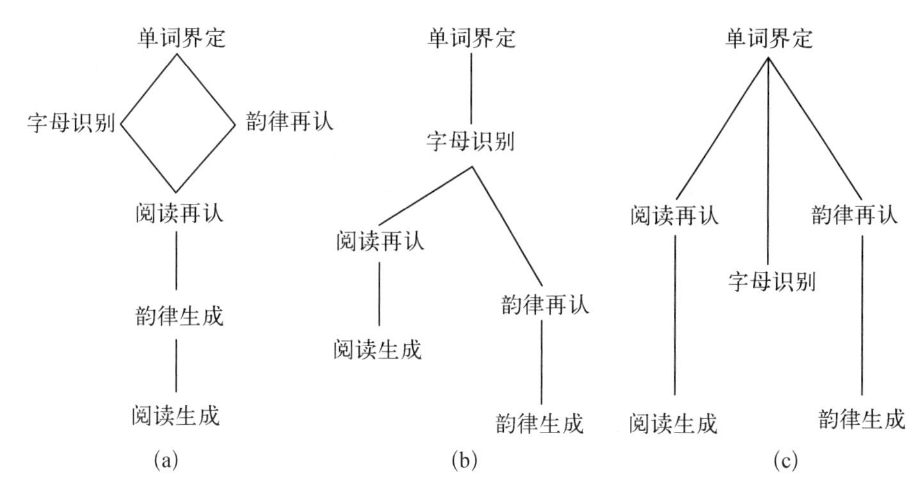

图 7.10 阅读优秀者和阅读困难者的发展路径。大多数阅读优秀者发展的标准路径见(a：路径 1：阅读单一单词的标准发展路径)，而阅读困难者所遵循的两条整合程度较差的发展路径见(b：路径 2：阅读和韵律独立发展)和(c：路径 3：阅读、字母识别和韵律分别独立发展)。

来源：From "Growth Cycles of Mind and Brain: Analyzing Development Pathways of Learning Disorders," by K. W. Fischer, L. T. Rose, and S. P. Rose, in *Mind, Brain, and Education in Reading Disorders*, K. W. Fischer, J. H. Bernstein, & M. H. Immordino-Yang (Eds.), in press, Cambridge, England: Cambridge University Press; "Learning to Read Words: Individual Differences in Developmental Squences," by C. C. Knight and K. W. Fischer, 1992, *Journal of Applied Developmental Psychology*, 13, pp. 377 - 404.

这张可能路径的图示为我们暗示了一种不同的教育补救策略。教师的任务不再是试图加快阅读困难者的发展速度，而是要引导儿童沿着其各自不同的可能路径，最终达到熟练阅读这一目标(Fink，待发表；Wolf & Katzir-Cohen, 2001)。教师可以通过提供环境支持的方式来引导发展，为儿童建立由已知通往未知的桥梁，而不是让其反复地遭受未知事物的困扰。这一方法在对学习障碍儿童和残疾儿童的教育实践中得到了很充分的应用(Fischer, Bernstein, & Immordino-Yang, 待发表；Rose & Meyer, 2002)，而且在对受虐儿童和有攻击性儿童的教育上也有一定的作用(Ayoub & Fischer, 待发表；Kupersmidt & Dodge, 2004; Watson, Fischer, & Andreas, 2004)。

从这一角度来看，绘制可能发展路径的工具对于研究儿童发展是非常重要的，尤其是对于研究来自不同社会经济群体、不同文化、不同民族或种族的儿童以及在学习和心理上存在障碍的儿童来说更是如此。基于白人中产阶级儿童常模的发展阶梯，来自其他社会群体的儿童常常被视为在发展中存在缺陷。在网络的隐喻中，许多发展差异可以被视为可能的发展路径而非缺陷，而且课程、干预措施以及治疗方法都可以依据这种可能路径加以创建。

研究方法应该允许考察各种可能的发展顺序，而不是强制所有儿童进入唯一的一个发展顺序。有相当多有关发展的研究者一直将发展顺序解释为发展路程中的一块块固定不变的里程碑，而非一种变化多样的现象。在 20 世纪 70 年代早期，Flavell(1971)和 Wohlwill (1971)就曾提倡要在发展顺序的变异方面多作些研究，但是这一呼吁直到最近才得到重视。

大多数的后皮亚杰主义发展理论及领域理论依然只是粗略地区分各种发展阶段，而完全忽视了顺序中的各个分支以及各步骤中出现的变异，这就造成了对认知和情绪发展中一致性和普遍性的过度概括。

336

综上所述，人类行为、思维和情绪的组织过程存在着的广泛而系统的变异，而这些变异可以通过以层级形式组织的、一定场合中的行为系统来加以测量、分析和解释。在发展水平、同步性和发展顺序上的变异模式均符合建构主义有关心理结构的动态系统解释。鉴于普遍存在的认知变异性，我们会惊奇地发现大多数著名的有关心理结构的模型，过去一直（甚至延续到现在）是以像阶段、能力和先天的核心知识这样一些静态概念作为基础的。为了有助于理解为什么这些静态的结构概念依然占据很大的优势以及心理结构的动态观点是如何超越它们的，我们将在下一节中回顾一下心理结构静态概念的历史和起源，以及它们作为一种解释工具所具有的缺陷。

发展科学中的变异性危机和笛卡儿哲学

由于发展理论缺乏对心理结构的动态性和建构性的认识，导致了发展科学中的解释危机。这一危机的核心问题是如何去说明发展现象中出现的大量变异性，在过去的30年中这一问题逐渐从发展的研究和理论的幕后转入了前台(Bidell & Fischer, 1992; Damon, 1989; Siegler, 1994，本《手册》第2卷第11章；Thelen & Smith，本《手册》本卷第6章)。

静态的阶段结构从其发端直至20世纪80年代早期一直在认知发展理论中占据着统治地位，但事实证明它无法对研究中出现的以下大量证据加以说明：(a) 在不同领域和场合中习得逻辑概念的年龄上，所存在的大范围变异及个体内和个体间不时存在的一致性；(b) 习得这些概念及其成分的系统顺序；(c) 在各种条件下，概念发展过程中所表现出的同步性由高到低的变异。在20世纪80年代中叶，由于阶段论对变异性和一致性同时出现的情况无力进行解释，因此许多学者最终放弃了将阶段论作为研究的理论框架，并提出了一系列有关心理结构及其起源的其他可能性的解释。

许多这种可能的解释企图在不脱离“结构即形式”这种静态隐喻的情况下说明变异产生的原因，但是它们总是暴露出这样或那样的不足。传统的皮亚杰主义者试图对变异性用“迟滞”这一概念搪塞过去。简单来说，迟滞是指不同任务或不同个体间习得年龄上的差异。这种观点通常会忽视变异性的存在，因此只是给变异性换了一个名字，并没有对其进行解释。另一些理论工作者则提出将能力(或保持静态的内在结构)与行为表现(或不断变化的外在表现形式)分离开。然而，将能力从能力—行为表现中分离出来的做法以及先验论模型又会引发其他一些令人困惑的问题：究竟是什么因素干扰了能力的表现？是什么因素致使无法对心理组织是如何引导行为的以及结构如何去适应一定范围的环境场合和文化场合等问题进行解释。

为什么发展心理学家们坚持静态的结构模型呢？我们认为最主要的原因是传统的笛卡儿主义认识论对西方心理学思想有着广泛而深入的影响(Descartes, 1960; Gottlieb,

Wahlsten, & Lickliter, 第5章;Overton,第2章;Valsiner, 第4章,本《手册》本卷)。笛卡儿主义的方法从概念上就将心理系统从其所属的自然场合中孤立出来了。实际上,心理系统是与生物系统和文化系统相互关联的,共同构成了一个密不可分的整体。这一将研究的事物从与其相关联的其他现象中分离出来的方法,在早期的自然科学研究历史中取得了辉煌的成功,但是它掩盖了心理活动的复杂性和动态性。当采用这种方法论来研究心理结构或心理组织的问题时,势必会导致系统性的扭曲。

在这一节中,我们将通过回顾笛卡儿主义理论框架以及围绕着"阶段结构"这一概念所展开的实证性争论,向人们展示这一争论是如何让我们发现在水平、同步性和顺序上所存在的变异性的,以及结构即形态的观点为什么无法解释和预测这些变异性。然后我们将论证自阶段理论提出以来的三大理论运动——(1) 领域专门性理论;(2) 先天能力理论;(3) 能力/执行理论——在解释发展结构中的变异性时所表现出的不当之处,因为它们也没有超越出笛卡儿主义的结构即形态的范式。在后面的一节中,我们会描述一系列超越了以往的方法、能更强有力地在动态结构框架内处理变异性问题的研究方法,其中略述如何将有关发展过程的理论框架转化为具体的数学模型,而这种模型可以根据儿童和成人个体的成长模式加以验证。 337

笛卡儿主义的二元论框架

尽管自然论/先验论与教养论/经验论之间就知识起源的解释问题争论不休,但是笛卡儿主义的理论框架却被争论双方所接受。由于争论双方的理论基础都是心理和世界的二元论,因此二者必然彼此暗含着对方。激进的先验论和经验的学习论与笛卡儿主义二元论的关系,就好比是一枚硬币的两面。笛卡儿主义的先验论认为,心理结构的起源是一些可外化的先天结构,如概念。而经验论则将其解释为经验在大脑中留下的印象。把心理结构看作是一种先天的形式,意味着某些外界输入信息已得到了存储和操控。如果认为环境信息是先前存在的知识库的话,那么就需要在大脑中预先存在有各种容纳装置或组织结构,通过它们可以对这些知识进行接受、保存和组织。在这种理论框架中,对心理结构的解释只有两种可能——先天的或养成的,因而它们就自然成为笛卡儿主义认识论两大分支的基础。

哲学和科学中存在的笛卡儿主义传统导致了方法论上的简化和具体化。这些方法一直在众多科学领域中应用并取得了很大的助益,但将其运用于动作、思维和情绪发展的动态过程研究时,却造成了系统性的误解。作为一种特性,人类心理活动的动态组织过程从生存系统中被抽象了出来,并被看作是单独存在的"事物",并由此产生了静态结构这一概念。将心理结构具体化为一种单独存在的静态形式,致使科学家们在尝试理解心理组织过程起源的问题上走上了一条错路。理论工作者一直被有关先天—养成问题的徒劳争论所纠缠。整天在争论那些被认为是静态的心理结构是以某种未知的方式植入基因的,还是通过对知觉运动的分析而逐渐建立的,而不是去寻求对于儿童在其蕴含着场合因素的心理活动中建立新的关系时的建构性自我组织过程的理解。简化主义的假定支持心理结构静止的观点,同时局限了其对发展理论的解释力度。

17 世纪在 René Descartes(1960) 等人的哲学思想中产生的笛卡儿学派的方法,为科学领域清理纷繁世界的复杂性、一次只集中研究某一方面问题提供了有力的分析工具。这一工具以笛卡儿简化主义而著称,通过将过程的某一方面从与其关联的该过程的其他方面中或从与其关联的其他过程中分离出来,化繁为简,单独对其进行研究。Descartes 试图通过引入二元论将心理从自然中分离出来,认为有一个单独存在的心理结构可以通过感官接收来自外部世界的印象。Descartes 关于奶牛眼睛的著名解剖实验,向我们揭示了投射在视网膜上的印象,这支持了他关于先天结构可以接收来自环境的感觉形象的观点。类似的是,哲学家 John Locke(1794)在其逻辑实证主义哲学中声称,需要有某些预先存在的逻辑结构去解释来自外在环境的输入信息是如何通往高级知识的。Locke 发现,感觉印象的简单联想机制无法说明归纳、演绎和概括这一类的高级知识。同 Descartes 一样,Locke 对知识获得的解释也涉及一个二元论的概念,即有一个预先存在的心理结构负责接收和加工来自外部世界的感觉输入信息。

尽管笛卡儿学派的简化主义一直是而且依然会是科学分析的一个必不可少的工具,但是它的长处——将某种现象从复杂的关系中分离出来——同时也是短处(Wilson, 1998)。当把笛卡儿学派的简化主义作为独一无二的一种分析工具时,它会排除掉一个我们应该去理解的重要特性——即心理系统内部各过程成分之间以及心理系统与外部其他系统之间的相互关系。对于理解历史现象和发展现象中存在的改变和变异而言,对各种关系的理解是非常必要的。在现实世界中,正是系统之间以及过程之间的相互关系影响着运动和改变。对于维持月球运行的轨道来说,地球和月球之间的引力关系是非常关键的,它决定了在地球上观测月球时所看到的月球运行的周期性变化。如果忽略了地球和月球之间的引力关系,那么就无从理解这一变异模式的来源,因而也就无法解释月球运行的轨道系统。限于科学目的,简化主义的方法还是非常有效的,如将一种专门种类的致病细菌分离出来。当我们要对某些涉及成分和系统之间关系的复杂现象进行研究时,那就成问题了。例如,在不断变化的自然和社会生态条件下,某些细菌是如何进化为有毒菌株的?不断变化的生态条件包括许多地区的贫困和绝望不断加剧、过度滥用抗生素等。结构的动态成长是由于各种不断变化的系统之间的相互作用关系,既不是由于有一个静态的先天结构,也不是由于印留在头脑中的、静态的环境结构。

338

将简化主义作为一种独一无二的分析工具进一步暴露了具体化和二元论所带来的相关问题,这些问题的出现都源于忽视了各种理论构想之间所存在的关系。系统之间的关系能够解释运动和变化,若不对系统之间的关系进行说明,那么意识、思维和结构这类抽象概念就会显得僵化,并与其他一些像身体、行为和功能这样的构想相隔离。这些静态的抽象概念使其所指的现象具体化了,并把动态的过程视为了固定不变的客体。人类所具有的自我组织、目标定向的行为被排除在发展问题的解释范围之外了。

此外,由于系统之间的关系在这种具体化过程中丢失掉了,因此各系统看起来似乎是彼此孤立、相互分离,甚至是相互抵触的。这些看似相抵触的具体化的抽象概念是经典的笛卡儿主义二元论将心理与身体分离、将思维与行为分离、将结构与功能分离的基础。自

Descartes 时代以来，这一二元论的假说在西方主流科学思想尤其是心理学理论中已变得根深蒂固。这样一来直接导致的结果就是对心理现象及其起源的静态说明和一些毫无结果的争论，并试图通过像才能、联想、刺激—反应的联结及先天概念或阶段等其中的某一个这样的具体化的抽象概念来解释各种心理过程。尽管这种单一构想的各种解释引发了大量的争论，但是众所周知它们在对大量发展数据的解释方面存在着局限性。

当代心理学的一场悄然整合：先验论和经验论的整合

先验论和经验论之间关于发展理论的争论持续了一个多世纪，争论的最终结果是出现了一种彼此默许的共享模型——当代心理学的一种整合方式——它既不是一种纯粹的先验论也非严格意义上的经验主义，但从其假设来看仍属于笛卡尔主义。这一新的模型是逻辑实证主义和成熟论的一种混合物。根据这一观点，婴儿天生就具备一定的核心知识系统，它们为个体提供了一些有关世界一定方面的预先确定的表征，如数量永久性和客体永久性(Carey & Spelke, 1996；Hauser，Chomsky, & Fitch, 2002；Spelke, 2000)。然而，这些初始的表征必须通过学习过程而加以扩展。学习过程通常通过对知觉—运动输入信息的分析，进而引发来自核心知识的归纳和概括而得以发展。有关的争论一直不断，如核心知识是随着时间的推移而不断发生质的变化还是一直保持不变直至成年期？是什么样的机制导致了先天表征发展成为了新知识？在这种变化中，知觉分析和学习机制都扮演着什么样的角色？然而，这场争论的框架依旧是牢固地建立在笛卡尔主义假说基础之上的。

对于知识的起源及其发展的问题，先验论和经验论之间的争论以及当代出现的整合观点都是以其所共享的一套核心的二元论假说为出发点的：尽管心理是从行为中分离出来的，但是心理与其所处的周围环境场合是相独立的，心理的组织方式(心理结构)与心理的运行方式(认知功能)也是彼此分离的。

早期的实证主义者试图在不考虑行为者及其心理所起的作用的情况下，单凭对环境的感觉印象来解释知识的起源。在经典的实证主义理论中，心理中组织的作用是微乎其微的(心灵如"白纸"的极端观点)，认为知识是由环境偶然塑造的。不同观念之间的联结或结合是因为两件事同时发生而造成的：一个人同时看到了红色和苹果，因此他或她就记住了红苹果。在行为主义版本的联想主义中，意识的作用完全被剥夺了，行为是环境偶然通过刺激和反应的联结而直接组织的(Skinner, 1969)。当代的实证主义理论依赖于一种信息加工的隐喻。在该隐喻中，来自环境的感觉信息首先经知觉分析被分解为基础知识单元，然后这些基础知识单元被重新综合成高一级水平的知识(Newell & Simon, 1971)。然而，它与所有其他有关心理发展的实证主义理论的共同之处是：一种将心理与环境场合相分离的二元论，同时把心理具体化为一种容器或机械加工装置，还将心理结构与心理内容分离开来。

339

实证主义传统中的信息加工理论一直将研究重点集中在对信息的输入和存储方面，并通过计算机的信息流程模型来分析认知结构。这些理论旨在解决认知结构来自何处以及它们是如何随着时间的推移发生变化的。有几个信息加工理论也曾提出过一些有关认知结构的定性层级模型(Anderson et al., 2004；Klahr & Wallace, 1976; Pascual-Leone, 1970)，但是它们对于这些结构的起源以及从一种结构转化到另一种结构的机制只是提供了一个很粗略的说明。

尽管先验论者多年来与经验论者进行着激烈的争论，但是他们与经验论者都接受二元论的假说，只是各自以不同的方式来接受(Fischer & Bullock, 1984; Overton，本《手册》本卷第2章)。先验论者以及与其有着紧密关系的唯理论者的理论都是以对心理—环境、心理—身体及思维—行为的二元论的认可为出发点的。他们与经验论者的不同之处在于，认为心理结构而非环境结构是第一位的。虽然先验论者接受外界感官信息和内在结构的二元论，但是他们只是给二者指派了不同的角色而已。先验论者认为感觉信息并不是为了给预先存在的心理容器填充经验，而是通过提供输入信息来激活那些预先存在的心理结构，如语言的句法或客体的特征。二元论者将心理结构从其与人类活动场合的关系中分离出来，这导致了对心理结构的具体化，从而必然得出"心理结构必须是先天的"这样的结论。外部世界只是给认知这个磨提供它所需要加工的谷物而已，也许有时提供一个触发刺激来引发一个新的成熟水平的开始，但是外部世界在心理结构自身发展的过程中所起的作用是微不足道的。

当把一个动态系统按静态来对待的话，系统借以组织和发展的复杂关系就会被忽略掉。这样动态系统必然会被抽象和具体化为一种静态的模式。当心理结构被认为是一种静态的模式，不采用任何活动和系统之间的关系来解释其起源和发展时，该结构看上去就会像是一个独立的存在，与其从中抽象出来的现实毫无相关。因此，可以推论出来心理结构必定是先天的。

笛卡儿主义传统中将动态结构具体化为静态形式的做法在西方文化中有着很深的历史渊源(Pepper, 1942)，至少可以追溯到2000多年前的Plato。Plato有关理想的、普遍形式的学说为"概念和观点是如何被看作是独立于大脑的"提供了很好的例证。这些形式独立存在于这一并不完美的物质世界，它们是物质世界进化的方向。这些形式可以传递给新生的婴儿，婴儿在不断成熟的过程中会把这些形式记住。在18世纪，Kant(1958)认为我们可以通过遗传获得预存的认知结构或类别规则，这些东西使我们的经验变得有意义。较近的时期，Chomsky(1965)和Fodor(1983)认为有一个被称作"模块"的先天言语结构可以迫使人们以某种特定的模式来学习语言和概念。一些当代的新先验论者则紧随Chomsky其后，提出了一些可以决定发展成就的先天结构，如数字概念、客体概念和欧几里得几何学等方面的发展成就(Baillargeon, 1987; Fodor, 1983; Spelke, 1988)。

由于传统笛卡儿主义的经验论和先验论持有同样的二元论观点，都将心理结构看作是静态的，因此他们从来都不曾向对方就心理结构的本质提出过真正的挑战。然而，关于先天结构和学习究竟谁更重要的争论，使得双方都对各自的理论观点重新进行了审视、反思和修正。由于经验论—先验论之争的双方都试图通过修正各自的模型以应对所遇到的挑战，因此他们会自然地去求助于其所共有的笛卡儿主义框架内的那些模型，这从而使得双方开始越来越多地接纳对方理论中的成分。尽管以经验论为基础的理论仍强调知觉输入的重要性，但是它也开始采用先验论中关于心理结构起源的观点来解释是如何组织输入信息的，以及输入信息的组织情况是如何随时间推移而变化的。另一方面,先验论者也逐渐开始采用各种有关机能学习和知觉分析的机制来解释先天结构是如何使知识和概念发生变化的。

乍一看,两种完全相反的倾向整合在一起似乎是在朝着一条综合理论的方向前进。但是这一经过整合所产生的混合模型并没有带领我们超越笛卡儿主义二元论的框架,当然也没能提供一种超越心理结构的静态观念的方式——一种解释心理结构是如何从人与周围世界以及人与人之间的相互关联行为中产生的方式。正是由于这些原因,笛卡儿主义的综合在解释认知发展变异性的大量数据时并不怎么成功。将静态的心理结构观念与机械的信息加工模型结合在一起的做法,对于认知行为表现的解释与它们单独解释相比并没有任何改善。要想理解为什么笛卡儿主义模型——无论是先验论的、经验论的、还是二者的混合体——在解释变异性时困难重重,就需要对这一传统理论中固有的静态心理结构概念以及它们所带来的解释方面的局限性有更为深入的思考。这一分析可以为理解动态结构主义是如何以场合中的行为为出发点对发展中的动态结构进行分析的奠定良好的基础。 340

形态化结构的理论范式

由于传统的笛卡儿主义在科学理论尤其是心理学理论中一直都占据着主导地位,因此简化和具体化无疑一直在心理结构的概念中占据着支配地位。西方理性传统中的这些著名思维模型一直促使人们把动态结构看作是静止的形态。如此一来,结构即形态的模型就往往会在人们毫无意识的情况下成为一种基础性的隐喻(Lakoff & Johnson, 1999; Pepper, 1942)或范式(Kuhn, 1970),这种基础隐喻或范式被用来对自然和社会系统中的组织特性作科学说明,尤其是在心理学中(Overton, 第 2 章;Valsiner, 本《手册》本卷第 4 章)。

在语言和文化实践的强烈支持和人们通常无意识使用的情况下,要想超越有关结构的这一静态隐喻可并不是一件容易的事情。一个生动、普遍的实例就是有关沟通的管道隐喻(Lakoff & Johnson, 1980; Reddy, 1979)。在有关知识沟通的通常论述中,人们经常使用这一隐喻,让人感觉大脑好像是一个承载知识的容器,而那些他们所知道的事物好像是彼此独立的客体。他们将沟通当作是将一种知识客体从一个人传递给另一个人,就像静态的客体是通过诸如导管或电话线这样的管道进行传递的。这一隐喻通常会让人认为,只要告诉某人一条信息(就像是给他一个物体)就足以用以沟通甚至教学。例如,如果某一门课程或某一章节介绍过某一个概念,那么通常会假定已经把那个客体交给了学生或读者。如果他们不能解释和说明那个客体所代表的知识,该学生就会被认为是一个没有效率的学习者(由于愚笨、注意力不集中或懒惰)。研究表明,仅仅通过这种展示,学生并不能进行有效的学习,要想理解某项学习内容,他们还需要有对其进行实践和操作的经验(Crouch, Fagen, Callan, & Mazur, 2004; Schwartz, 2000; Schwartz & Fischer, 2005)。这种静态的隐喻(以及其他的隐喻)忽略了人们对沟通和教育的结构进行学习、掌握和理解时所具有的建构性,而且这些过程的社会特性也受到了忽视。

结构即形态的观念把结构当作是一种静态的特性来看待,认为知晓的内容可以从知晓活动本身中分离出来,就像那个管道隐喻那样把有关客体的知识与掌握知识的活动分离开来了。设想一下,有人把金门大桥的结构从金门大桥中分离出来,以某种方式把它概括一下,并将它寄给某个人,期望他只要再有些钢材什么的,就能很快复制出这一坐落于圣弗朗西斯科的标志性建筑。甚至更为荒谬的是,试图将结构从一个活体细胞的协调密切、自我组织的生物化学过程中抽取出来,然后将其应用在一滴惰性混合物上,并期望它能生成一个新的细胞。结构是现实动态系统的一个不可分离的特性,而且它是伴随着系统的发展(建构)而出现的。在现实中,结构无法从其作为动态系统的组织特性这一角色中分离出来。

在发展的研究中,有三大心理学的静态观念占据着主流,它们都是采用静止的形态来解释动态结构的。包括 Piaget 的阶段论(1983,1985)在内的许多发展理论中,行为表现为一种抽象的逻辑结构形式。在许多语言学和认知理论中,行为表现为一种可执行的准逻辑规则的形式,其中以 Chomsky(1957,1995)的先天言语能力理论及其推论得出的先天认知能力理论最为典型(Baillargeon, 1987; Fodor, 1983; Spelke, 1988)。在英、美心理学内许多传统的实证主义理论中,行为表现为线性输入—输出规则的形式,以统计学、信息加工学和行为遗传学中的线性模型最为典型(Anderson et al., 2004; Horn & Hofer, 1992; Plomin, DeFries, McClearn, & Rutter, 1997)。在重点考察领域专门性的研究方法中,理论的线性形态表现得尤为突出。所谓领域专门性是指依据经验的领域将知识分解成为截然不同的几部分。

341

尽管上述三大理论框架彼此间存在着众所周知的分歧,但是它们的核心假设都来源于结构即形态的范式,都将心理结构描述成一种独立于现实的人类自我组织活动而存在的抽象形式。在阶段论中,心理结构被看作是一种可以对每个人的发展轨道施加影响的、通用的抽象逻辑。尽管 Piaget 认为行为是知识和发展的基础,但是其认知阶段论的基础隐喻是一种连续的逻辑阶段,这些阶段决定了在不同场合和知识领域下的认知表现,而且这些阶段相对而言是不受认知表现所处的场合影响的。与此类似的是,先验主义能力理论则抛出了一套通用操作代码、蓝图或称之为一套指令,它们是以某种独立于那些不时产生的活动而存在的。同柏拉图主义的形态一样,这些蓝图是潜藏在基因中的,到了合适的时机就会对行为发号施令。

实验心理学/心理测量学的理论框架同样也是建立在结构即形态的核心假设之上的,但是它们所说的结构是隐藏在解释的标准方法和范式后面的。它们所假定的两分法——人和环境、输入和输出、遗传和经验、x 领域和 y 领域——的线性混合结构是潜藏在其研究设计、统计方法和理论概念之中的,但是它们有关结构的内隐假设很少会得到普遍的认可(Bronfenbrenner, 1979; Fischer & Bullock, 1984; Gottlieb, Wahlsten, & Lickliter, 第 5 章;Overton, 第 2 章;Thelen & Smith, 第 6 章;Valsiner,第 4 章,本《手册》本卷;Wahlsten, 1990; Wittgenstein, 1953)。将人和环境划分到了不同组别的因素当中,而不考虑它们在生成各种活动的过程中所具有的相互协调的动态关系。现代生物学的许多理论也都是基于类似的简化主义假设,将结构概念具体化为形态(Goodwin, 1994;Gottlieb, 2001;Kauffman, 1996)。

由于结构即形态的范式在认知发展理论中的主宰地位,因此学者们不是以动态的范式来理解结构,而是被迫在阶段、先天结构和线性信息加工过程这三种不够准确的有关结构的概念中选择一种。心理结构是以动态系统的一种现实的组织特性形式而存在的。就像人的骨骼系统和循环系统的结构那样,它们是真实的,而且是有别于其他动物的。结构是自我组织系统所创建的一种特性——它既不是一种像鬼魂一样到处乱飘的能力,也不是什么可以向人类机器发号施令的逻辑,而是由心理和生理活动的自我组织系统所展现出来的一种动态组织活动。然而,在具体说明动态结构的概念和方法之前,我们首先需要对遍及发展科学和心理科学的有关结构的静态观点所存在的一些重要问题进行分析,并以此作为我们讨论的基础。

认知发展阶段的争辩及认知发展变异性的发现

像所有结构即形态的模型一样,阶段结构概念的优势在于它可以对发展中的稳定性加以说明。技能可以展示其在作用方式和发展方式两个方面的稳定性模式。那么拿什么来说明在认知功能和认知发展方面的稳定性模式呢? Piaget(1983,1985)的形式运算阶段概念似乎对这个问题作出了比较合理而又有力的回答:个体通过建立一个逻辑结构来保持自己对其解释活动或行为活动的组织情况,以便在以后的某个时间或不同的情境中加以应用。这些结构的存在可以说明个体具有将相同的概念或技能应用于众多不同情境中的能力。相类似的是,由于隐藏在概念之下的逻辑结构是逐渐建构起来的,因此这一事实可以用来说明出现在特定序列中的各种概念。只是在部分上完成的逻辑会导致一个新概念(如,一一对应)的产生,而最后全部完成的逻辑结构则会导致一个范围更大、逻辑更完善的概念(如,数量守恒)。Piaget 的阶段论将人类所有的认知活动都放置在了一个由多种抽象逻辑形态组成的序列中,但是已经证明它无法对来自阶段预测的大量离差作出解释(Bidell & Fischer, 1992; Flavell, 1971; Gelman & Baillargeon, 1983)。

然而,阶段结构理论所具有的优势同时也是它最大的劣势:尽管通用的逻辑结构非常别致地解释了发展的稳定性,但是它却无法对认知发展和认知作用中存在的变异性给出任何解释。由于阶段论将心理结构(动态心理活动的组织过程)等同于一种静止的形态(形式逻辑),因此它无法为可能会导致发展过程中的变异和变化的、现实存在的心理机制提供一个合适的模型。一定年龄阶段的儿童所具有的、潜藏在其所有概念之下的、固定的逻辑结构,似乎可以解释所观测到的儿童在思维形态上的一致性,但是它对一致性所作出的预测远远高估了不同儿童所能表现出的一致性程度,同时已经证明它无法对这种高估现象作出解释。 342

在采用 Piaget 的原创任务和实验程序所进行的大量重复研究中发现,儿童实际所表现出的一致性程度与阶段论所预测的一致性程度之间有很大的差异,这更像是一个规律而非特例。另一方面,对 Piaget 的形式阶段结构理论的实用性持怀疑态度的反对者,将其研究的重点集中在识别阶段论预测之所以失败的条件上。相形之下,Piaget 建构主义观点的支持者则不断尝试着去证实该理论所声称的那些发展指标——阶段顺序、认知成就出现的时机和普遍性。这些研究者们将其研究重点集中在展示那些可以为阶段性预测提供实证支持的条件上。当今依然有许多的研究者沿着各自的研究路线各走各的,对对方阵营的研究发现采取视而不见或拒绝接受的态度。

这一通常很激烈且持续时间较长的实证性争论的直接结果,就是发现了在所研究的认知发展的每个方面存在着的巨大变异性。在研究者所进行的大量重复研究中,尽管在任务材料的性质、任务的复杂程度、实验步骤、示范的程度、训练的程度、记分的方法上存在着变异,但却发现了一个具有相当一致性的发展变异模式(Bidell & Fischer, 1992; Case, 1991b; Fischer, 1980b; Halford, 1989; Lourenco & Machado, 1996)。研究中的评估条件越接近于 Piaget 所采用的条件,所得的研究结果就越类似于 Piaget 所报告的研究结果。任务或实验步骤同 Piaget 的研究模式差异越大,研究的结果也会在一定范围内发生很大的变化。

这一变异模式的一个经典样例是在数量守恒研究中发现的。根据 Piaget 的理论,数量守恒(当数量相同的两组物体中的其中一组经变化看似数量多于另一组时,个体依然认为它们数量相等的能力)被视为潜在的具体运算逻辑所产生的结果。在最初的有关数量守恒的研究中,Piaget 和 Szeminska(1952)采用的实验材料是每组 8 个或 10 个物体的几组物体,结果发现 6 到 7 岁是掌握这一概念的典型年龄。在一组后续的重复研究中,Gelman(1972)向我们展示了当任务复杂性通过以下方式加以降低时: (a) 减少儿童所要比较物体组的数目; (b) 不要求对所作的守恒判断说明理由,儿童掌握数量守恒概念的年龄会比 Piaget 所提出的标准要低。Gelaman 报告说,在上述条件下, 3 到 4 岁的儿童也能准确地回答出数量守恒的问题。值得庆幸的是,关于数量的争论最终还是引发了一些重要的新发现,这些发现清楚地说明了数量行为和概念早期建构的发展路径(Case et al. , 1996; Dehaene, 1997; Spelke, 待发表)。

随着重复性研究的迅猛增多,这一有关掌握逻辑概念的年龄问题的拉锯战逐渐延伸到了心理结构的其他维度上。在这些维度上,研究人员也同样发现: 变异性模式是评估条件的函数。这些变异性维度主要包括我们曾提到过的三种核心特征(发展水平、不同领域和场合条件下发展水平的同步性以及不同领域和场合条件下的发展顺序)中的变异性。

随着发展变异性方面实证资料的不断增多,形式阶段结构理论所暴露的问题就越发严重。如果像数量守恒这些概念有潜在的逻辑结构作支持的话,那么这种逻辑结构为什么在大多数情况下(即便不是在所有情况下)却不能证明其自身的存在呢? 为什么一个儿童在某一时刻还可以表现出逻辑思维的能力,而在另一时刻却好像是失去了这一能力呢? 如果认知发展是由潜在的连续不断出现的逻辑形态所构成的话,那么为什么发展的顺序不能在不同领域、场合和文化条件下保持不变呢? 阶段结构这一形式概念无法为这些变异性的模式作出任何具体的解释,它唯一能做的就是为其贴上"迟滞"这样一个标签。

从某种意义上而言,阶段论已经走出了其成功的光环,而步入了一个令人质疑的位置。20 世纪 80 年代中叶,由于阶段论不能够说明其预测的不同领域、不同个体以及不同文化间的一致性与实际一致性之间所出现的巨大差距,因此导致了研究者们纷纷放弃把阶段理论作为解释框架(Beilin, 1983)。然而更为重要的是,在有关阶段论的争论中,并没有真正的赢家,因为争论的双方都没能为在争论中所揭示的变异模式提出一个具有可行性的解释。认知操作成绩会随着某些条件的改变而发生巨大的变化,然而在其他条件下又会表现出高度的一致性,心理结构的概念该如何解释这一事实呢?

对变异性问题加以解释,还是把这个问题搪塞过去

从科学历史的角度来看,人们可能会认为变异性新模式的发现可能会导致兴奋和理论方面的进展。毕竟科学的主要任务就是发现并解释变异性。通过理论的建构和再建构过程,要对观测到的变异范围进行解释,并寻求在此变异范围内存在的各种规则模式。的确,衡量一个科学理论是否合理的基本标准之一就是看它是否能够对在某种人们感兴趣的现象中所观测到的变异性的整个范围作出充分的解释。

343

然而,科学理论上的改变根本不是那么简单的。一些威胁到某领域的主流看法或范式的证据往往会导致将这些不一致的发现同化到现有的范式中去。这种同化过程或者通过否认这些新发现与现有范式的关联性的方式,或者通过提出符合主流范式的另外一种解释的方式(Hanson,1961; Kuhn, 1970)。对于发展过程中所发现的变异性一直遵循着这样一种模式,那就是回到主流的笛卡儿哲学的框架中去,通过较轻微的修改只对观测到的部分变异性进行解释。对于变异性的反应不外是通过种种理论花招把这个问题搪塞过去,如忽略变异性,承认变异性的存在而不去解释其产生的原因,以及侧重解释一小部分能够支持现有理论的变异性效应,而不是去全面描述变异性的范围和充分解释所观测到的变异性模式产生的原因。在面对这些有关变异性的新证据时,上述的每一种理论反应都是为了维护笛卡儿哲学框架和结构即形态的范式。尽管事实上大多数有关变异性的证据没有得到解释,但是上述理论方面的反应还是促成了现代笛卡儿综合理论的形成。

重新审视阶段理论

Piaget、Kohlberg(1969)以及其他的阶段理论家们起初大都忽视变异性,一般将其视为麻烦事或测量误差。他们认为诸如掌握知识的年龄、同步性和发展顺序等方面在领域、任务、背景和共同参与者上的差异,代表着不同形式的对于潜在于逻辑结构之中的运算的阻滞。尽管 Piaget 后来承认自己的观点不充分,而且采用另外一种逻辑框架进行实验(Piaget, 1985,1987;Piaget & Garcia, 1991),但是他却从没有找到另外一种结构概念,能够用来预期和解释行为表现是在何时和怎样发生变化的(图 7.3 所示的技能水平层级量表来自对成长曲线变异模式的分析,它充分显示了分析变异对于理解阶段是非常有用的)。

尽管几位学者都一直强调 Piaget 有关儿童发展阶段的重要性以及变异的其他形式的说法(Beilin, 1983; Chapman, 1988; Lourenço & Machado, 1996),但是他们也意识到一些需要被解释的现象似乎不像他们所解释的那样。Piaget 及其他几位阶段理论家并没有具体说明各种认知阶段结构与环境阻力经过交互影响而使得一种任务的发展一般晚于另一种任务的整个过程。他们对于个体间在技能掌握的顺序和时机,以及个体内在不同任务、场合、社会支持和经验条件下的变异情况的处理非常不当。总之,阶段理论对于在发展水平、同步性和发展顺序上所观测到的大多数变异模式没能提供任何解释(Bidell & Fischer, 1992;

Edelstein & Case, 1993)。

领域专门性理论

由于有关变异性证据的不断增多和经典阶段概念的不当变得越发清晰，理论危机进一步加深了。随着阶段理论逐渐失去产生有趣和可信研究的潜力，以及除了 Chomskian 的先天论外再没有任何明确的有关心理结构的可供选择的模型，此时需要有某些理论框架作为继续对发展进行实证研究的基础。领域专门性理论的出现为该领域从对阶段理论的依赖中解脱出来提供了一条途径，而且无需对任何特别的心理结构模型重新加以承诺。根据领域专门性理论，心理过程并非是以通用结构的方式加以组织的，而是局限于一定的领域，比如空间、语言或数学推理能力，或是像一些类似问题解决、类比推理的任务以及心理理论(Demetriou, Christou, Spanoudis, Platsidou, 2002; Hirschfeld & Gelman, 1994; Turiel & Davidson, 1986; Wellman, 1990)。这些领域中的结构通常被称为模块，象征着大脑和行为的一些相互分离、彼此不同的结构(Fodor, 1983)。在教育中，领域专门性在 Howard Gardner(1983)的“多元智力”理论的影响下已成为一大主题，引发了全世界范围内学校的课程改革。

有关重要领域的发展和学习的描述，对于发展科学和教育来说都有着非常重要的价值，但是许多学者仅仅停留在对领域的描述上。因此，他们避免了对变异性模式的解释——比如，不同的逻辑概念(如数量和心理理论)在掌握年龄上的差异和相似之处。相反，他们只是简单地宣称，认知是按照逻辑进行组织的，因而没有必要解释不同领域之间的关系。这一理论观点只是简单地承认了变异性存在的事实，而回避了对它的起源进行系统化的说明。

344

在某种程度上，这种承认对于一个曾经被阶段理论所主导的领域来说是一种进步——阶段理论假定一个单一的逻辑引发了心理的所有方面的变化。然而，就领域专门性对于解决变异性问题所造成的假象来说，这是一个不幸的理论弯路。发展学家需要解释为何不同领域中的许多(结构上等价的)概念的群集会在大致相同的时间内出现，表现为一种间隔性的同步(Case, 1991b; Fischer & Silvern, 1985)。他们需要解释个体单独在一个领域或是一个任务中进行工作时所表现出的技能水平，为何要低于在有成年人支持时所表现出的水平(Fischer, Bullock, et al., 1993; Rogoff, 1990)。虽然领域专门性理论对于发展的变异性给予充分的认可，但它却没有对不同领域以及个体内的变异性给予解释。

新先天论

对于变异性的证据的一个重要反应便是新先天论运动(Carey & Gelman, 1991; Fodor, 1983; Spelke, 1988)，它是结构即形态范式内的替代阶段理论的一种主要理论。采纳这种理论视角的研究者利用巧妙的实验揭示了婴儿和幼童所具有的惊人的能力，而且创立了一种现代笛卡儿主义的综合理论。由于拒绝把形式逻辑阶段作为结构的观点，因此另一个有影响力的结构观点——先天的形式规则——似乎是结构即形态范式中剩下的唯一可供选择的结构观点。不幸的是，先天形式规则的观点与形式逻辑这一姐妹观点有着相同的根本局限性：作为静态的结构观点，它不能恰当地说明产生于人类动态活动中的变异性(Fischer & Bidell, 1991)。

新先天论的研究者一直关注于那些似乎支持先天能力存在的认知变异性的特定效应，在这方面比较突出的领域有数量、空间、语言、客体特性和心理理论等(Carey & Spelke, 1994)。在大多数情况下，他们并没有尝试去解决在行为表现上所发现的那些广泛的变异性。的确，这项运动的当代之父 Noam Chomsky (1965, 1995)明确排斥了在语言方面的变异性的证据，并宣称那仅是一种错觉，所有的人"实际上"讲的是同一种基本语言。Chomsky 的言语能力理论以一套先天规则为基础说明了人类的言语行为，但仅具体说明了很少的一部分。尽管有近 50 年的努力，但是先天论一直是声名狼藉的。它既无法说明人类语言的变异性(中文是不同于英文的!)，也无法说明个体在各种不同背景中掌握一种语言时所发展的日常交流技能存在的巨大变异(Lakoff, 1987; Ninio & Snow, 1996; Slobin, 1997)。尽管如此，先天主义的方法对于许多发展理论学家来说还是有很大吸引力的，这主要因为它有关儿童早期能力的重大发现。

新先天主义研究的基本范式就是设计一些使得获得技能的年龄比传统的 Piaget 的标准要低些的任务 (Baillargeon, 1987; Spelke, 1988, 待发表)。先天主义研究者采用一定的方法对 Piaget 的任务材料和程序进行了简化。在完成任务的过程中，儿童只需很少的活动，对于比较复杂的活动给儿童提供示范、训练或是其他形式的支持。他们在探索婴幼儿和儿童的能力时表现出了极大的创造性，展示了一些与 Piaget 有关各种逻辑概念的年龄标准严重背离的结果。他们的新先天主义的论断是，认知结构必定是先天的，因为儿童在很小的年龄就表现出了获得某些特定概念的迹象了。然而，这种早熟的论断只能说明一半的变异性证据——向下的一半(Fischer & Bidell, 1991; Halford, 1989)。它将最早的年龄作为概念出现的"真实"年龄，从而忽略了获得知识的年龄有很宽泛的变异性，既包括向下的也包括向上的。

一个将重点放在早期年龄而非变异性方面的很好例子是对于婴儿掌握客体知识的广泛研究，尤其是有关客体守恒(甚至当客体被移开或是知觉不到时，仍然认为物体还在那里)和客体追踪的研究。研究者采用去习惯化的程序开展研究，这一程序可以在无须个体表现更多行为的情况下来评价其对刺激的偏好。给婴儿呈现一种刺激物，直到他们对其熟悉(习惯化)，然后再给他们呈现一种有所改变的刺激物。如果他们对新异刺激表现出更多的注意(去习惯化)，就可以得出结论说他们注意到了这两个刺激之间的差异。

一个著名的例子是 Baillargeon 关于婴儿客体守恒的研究(Baillargeon, 1987, 1999)。鉴于只选择性地关注变异性的某些方面这一问题的严重性，我们将该项研究置于 Piaget (1954)有关婴儿客体守恒的原始发现和解释的背景下来认识是十分有益的。Piaget 就婴儿客体守恒的建构过程提出了一个包括六个阶段的发展顺序，后续的研究都是通过对其加以修正和澄清来加以证实的(McCall, Eichorn, & Hogarty, 1977; Uzgiris & Hunt, 1987)。

345

Piaget 对自己的观察提供了一种建构主义的解释：采用一个简单的以活动为基础的机制来解释从一个阶段到另一个阶段的过渡。通过协调早期对客体的感觉运动的各种活动而形成各种更加综合的全新行动系统，婴儿逐渐建构起对他们能通过客体做些什么以及客体是如何表现的等多方面的综合理解。例如，通过协调在第 2 个阶段注视和抓握客体的感觉运动的活动，大约五六个月大的婴儿就可以过渡到第3发展阶段并形成处理客体的相应心理结构——视觉引导下的够拿，通过这一结构，他们能够同时拿起并观察一个客体。Piaget描述了在第4发展阶段的一个特别重要的过渡，即大约8个月大的婴儿可以通过协调将各种不同视觉引导下的够拿技能，融入一个用于寻找到已被转移或遮盖起来的客体的系统中去。例如，婴儿可以协调以下两种技能(Piaget称为"图式")：够拿一个拨浪鼓并握住它，以及够拿一块遮住拨浪鼓的布并移开它。借助于第4发展阶段的这种协调活动，他们开始能够理解客体是如何被其他客体遮盖的以及为什么仍然可以找回被遮盖的客体。在后面的发展阶段中，这一认识可以延伸至2岁以后。2岁的婴儿开始能够在许多可能会隐藏的地方进行彻底地搜查，以便找到被隐藏的客体。

相对于Piaget有关客体守恒的逐步建构的模型，Baillargeon更加关注年龄范围的较低一端和简单的寻找任务。首先，让3个月到5个月大的婴儿对于见到一个小门产生习惯化，他们可以看到小门从其前方的水平位置向上旋转180度弧，并再次水平地平躺于一个立体表面上。然后，向他们呈现客体被放置在旋转门后面的两种场景。在可能事件中，这个门会向上转动，但在碰到那个客体时就停止转动了。在不可能事件中，客体被悄悄地移走了，门径直地通过那个客体所占用的空间，仿佛门是从客体中穿过去似的。相对于可能事件情况下，3个半月到4个半月大的婴儿会在不可能事件情况下表现出更为显著的去习惯化，Baillargeon将这种行为看作是客体守恒的证据。她的结论是，婴儿在4到5个月时就掌握了客体守恒，比Piaget报道的8个月大时要早。

以下这一源自早熟的论断是相当直截了当的：如果能够发现与类似客体守恒概念相关联的行为出现得要远早于先前的研究发现，那么就可以断定讨论中的这一概念必定是先天就存在的。类似的证据使得越来越多的概念出现了先天决定论的说法，这类概念包括客体属性、空间、数量和心理理论(Carey & Gelman, 1991; Saxe, Carey, & Kanwisher, 2004; Spelke, 2000)。基于静态的笛卡尔模型，这些论断都存在着很大的局限性，主要体现在没有考虑到发展现象中变异性的全距。

这一问题的症结在于把问题简单化了，它忽略了那些各种不同复杂程度的后天逐步建构的活动。Baillargeon的任务和程序明显地不同于Piaget所使用的更为复杂的评价方法。不是让婴儿主动地在许多连续的地方寻找一个隐藏的客体这样独立地解决问题，Baillargeon只是简单地让婴儿注视两种呈现中的一个呈现。这种程序大大地简化了任务，从一种概念性任务简化成为了一种知觉预期任务。实际上，有关该情境的神经网络计算机模型就可以通过使用简单的视觉策略来解决类似任务，而无须将客体特征与空间定位进行协调(Mareschal, Plunkett, & Harris, 1999)。

Baillargeon和其他先天论者声称，客体概念出现得非常早，即使是Piaget所说的那些通常比较晚些时候才发展的更为复杂的行为也是如此，这已有大量的证据来说明。这一选择性地关注于一种行为出现的最早年龄的做法，不仅模糊了发展的建构机制，而且使得客体守恒概念看上去是在3个半月大的时候一下子就完全形成似的。在这个框架内，先天的概念是在生命的最初几个月突然出现的，而且发展也随即消失。除了通过先天概念之外，这类早期发展是如何发生的？这一问题的答案引出了另外一个问题：各种技能是如何通过一系列大量的日益复杂的与客体有关的活动(其中注视行为仅仅是一个开端)而发展起来的？ 346

能力/行为表现模型

先天主义者和许多其他认知科学家通过区分能力与行为表现来回答这个问题。对于能力/行为表现作出区分的现代观点是由 Chomsky(1965)提出的，他试图解释为什么他的先天语言规则理论无法预期在实际语言使用过程中所观测到的范围广泛的变异性。Chomsky 认为，先天的语言规则与具体的沟通行为表现是分别独立存在着的。先天语言规则控制着哪些沟通行为有可能发生，但并不负责掌管哪些沟通行为会在一个特定情境下的实际发生。许多面对类似要解释为什么传统的 Piaget 的逻辑概念无法预期在认知行为表现中所观测到的变异模式问题的发展心理家，都已采纳了这一区分(Flavell & Wohlwill, 1969; Gelman, 1978; Klahr & Wallace, 1976; Overton & Newman, 1982)。

基于 Piaget 和 Chomsky 的模型的能力/行为表现理论将各种认知结构描绘成存在于大脑中的一套套固定的规则，这些规则可以明确说明各种行为，但却不能说明为什么这些行为不受行为发生时场合的影响或者说这些行为是独立于其发生时的场合的。结构存在于背景中的某个地方，并提供一种限制性的功能：它们决定着在一个特定时间内可能发生的一系列行为范围的上限，但不负责将要发生的具体行为。例如，在算术中，一个学龄前儿童数数的行为源于一种能够直接知觉到客体数量(如 1、2 或 3)的数学能力。比如说，如果一个儿童不能准确地数出三块椒盐脆饼，那么这种失败将被解释为是由于诸如记忆衰退或注意力分散等方面的干扰(Greeno, Riley, & Gelman, 1984; Spelke, 待发表)。的确，一个熟练的人会由于记忆衰退或注意力分散而处处表现出混乱现象，但是当一个 3 岁孩子在数出 3 个物体的所有任务上几乎全部失败的时候，这样一种解释又有何意义呢？

这些模型排除了认知和语言行为表现中的变异性，宣称固定不变的能力可以因对认识过程的干预(说明的比较模糊)或由于未知的针对此能力的环境阻力(就像 Piaget 所提出的阻滞)而有不同的表达方式。尽管大多数先天主义理论都假设了这样一个框架，但是某些能力/行为表现理论并不要求心理结构是先天存在的，而只是要求它们绝对地独立于那些例示它们的行为。导致广泛变异的建构性活动的动力被掩盖在混乱的调节变量之中了，这些调节变量会以某种方式阻碍能力在活动中加以实现。这种脱离现实的结构概念与把金门大桥的结构装入瓶中这样可笑的想法似乎没有太大区别。为什么必须要假设独立存在于要讨论的现实活动以外某处(还不清楚位于何处)的各种结构水平呢？为什么不根据其所存在于其中的日常场合而建立实际心理活动和身体活动的组织机制模型？

总之，作为逻辑阶段的替代模型，领域专门性、先天主义和能力/行为表现模型都具有相同的致命局限性。虽然这些新模型并未像阶段模型那样作出跨领域的阐述，但是它们仍保留了把心理结构视为静止形态的观点，认为心理结构是独立于它所要组织的行为而存在的。无论这种静止形态被看作是通用的逻辑还是领域专门性的模块，它们都是仅仅对行为组织过程中的稳定性进行了说明，而忽略或轻视了变异性。对于当代发展科学的挑战不是把行为变异性这个问题搪塞过去。相反，学者们需要建立心理结构的动态模型，使用诸如技能、层级复杂性、场合支持和发展网络等概念来创建研究方法，以分析和解释人类活动动态组织过程中的变异性和稳定性。

建构主义理论

建构主义将笛卡儿哲学框架所取消的东西作为自己的出发点，即在生理、心理和社会诸系统之间关系的场合下人类从事建构活动的机制。正如我们在本章前几节中所阐述的，对于笛卡儿综合理论及相关的结构即形态的范式所遇到的难题，动态结构框架为其提供了一个既简单直接又综合的出路。人类的知识不是被动地来自环境，也不是被动地来自基因。人们是通过对起始于新生儿最早的感觉运动活动的行为系统的主动协调来建构知识的，而这种建构过程会受到环境和遗传系统的影响。通过协调其参与社会生活和物质世界的活动系统(包括知觉活动)，婴儿会建立起有关这些系统之间的新型关系，以及认识和作用于世界的新潜能。行为系统之间的这些新型关系构成了心理结构——人类知识的组织层面，我们称之为技能。这些技能既会表现出广泛的变异性，也会在变异范围内表现出一定的顺序模式。

347

动态系统方面的研究为这一建构主义理论观点提供了一个框架，它借鉴了在笛卡儿哲学传统之外所发展起来的一些传统观点，来作为笛卡儿传统的替代物。一些重要的概念和方法来自认识论的结构主义及相关的社会文化/社会历史理论(Cole, 1992; Rogoff, 2003)、传统的系统理论(Dixon & Lerner, 1992; von Bertalanffy, 1976)、动态系统理论(Thelen & Smith, 1994, 本《手册》本卷第6章; van der Maas & Molenaar, 1992; van Geert, 1991)和发展科学学科群(Cairns, Elder, & Costello, 1996; Cairns, 第3章; Valsiner, 本《手册》本卷第4章)。尽管这些传统在很多方面各不相同，但是它们拥有共同的建构主义观点，均关注心理、生理和社会文化系统的行为、相互关联性和复杂性。从这个角度来说，人是认知变化的基本要素，负责在心理系统与生理和文化系统之间建构新型的关系(Bidell & Fischer, 1996; R. Kitchener, 1986)。这些关系是通过那些引发具体行为表现模式的特殊方式而组织起来的。它们是复杂多变的，因为它们是生存系统。

人们通过其不同的身体、各种物质环境、不同的社会文化关系以及不同的发展历史建构了人类认识和行动的技能，从而产生了各种丰富多变的活动。如果忽略了这种变异性，那么它就会像噪音一样掩盖住发展过程的本质，因而会误导研究者和教育者。然而，如果将这些发展分析的工具用于控制和操纵引发变异性的条件的话，那么将会揭示出这种变异性的系统性特点，这将成为理解发展结构的性质的关键。在下一节中，我们将讨论一些借助于发展变异性来理解和描述动态心理结构的发展的方法论工具。

动态结构分析的方法论问题

为了克服结构即静止形态的局限性，我们需要阐明动态发展的一种框架，其中包括一系列体现动态概念的方法。经典的研究方法采用的是一些静态的观点，它们指出一种能力出现的年龄(实际上,只是一组被试在一种场合下的平均年龄或众数年龄),强迫选择成长的线性模型,对活动采用二分法的割裂分析方式(比如,遗传与环境,或输入与输出)(Anderson et al., 2004; Horn & Hofer, 1992; Plomin et al., 1997; Wahlsten, 1990)。最为重要的是,需要提出有效的研究设计,使之能够探测出变异性,进而利用这些变异性揭示出发展过程中秩序或规则的来源。

有效研究的设计、测量工具、分析方法和模型应该能够探测出成长模式的变异性。研究设计必须能够应对变异性,否则为发展提供适当分析工具的愿望注定会落空。本章主要关注人们协调并区分低级单元以形成高级控制系统的活动,其中包括发展研究者与教育研究者感兴趣的大多数活动。这些控制系统的成分包括神经网络、身体的各个部分、直接场合(包括客体和其他人)以及行为的社会文化框架。人们每时每刻都在建构并修正着控制系统,而此时的场合和目标对该系统的性质和复杂性也有着重大的影响。人们通常与他人联合起来从事该建构活动。要想超越有关发展和学习的静态刻板,研究必须直接涉及这些变异性的事实。研究设计必须涉及广泛的发展形态,其中包括在不同场合和条件下动作和思维的不同特征的发展情况。

我们可以在不同的分析水平上找到发展的规律,从脑的活动到简单的行为、复杂的活动以及二人或多人群组的合作活动。在分析这些发展规律时,重要的一点就是要避免一个常见的错误:没有一条规律可以适用于发展活动的所有特征或所有分析水平。同样的发展规律不会随处可见。这是人类活动变异性的一个基本原则。 348

这一原则的一个重大贡献就是,发展有许多不同的形态!有些行为以及脑特征显示出持续性成长的发展趋势,有些显示出时而迅速加速时而减慢速度的发展趋势,有些显示出摇摆的发展趋势,而有些则呈现成长之后继而衰退的发展趋势(Fischer & Kennedy, 1997; Siegler,本《手册》第2卷第11章; Tabor & Kendler, 1981; Thatcher, 1994; Thelen & Smith,本《手册》本卷第6章; van Geert, 1998)。发展的年龄同样也是动态变化的,即使在同一领域测量同一个儿童:评估条件、任务、情绪状态以及许多其他因素都会造成发展年龄的巨大变化。发展里程碑,即在发展路径上竖起的固定在某一位置上的界石,是不存在的。相反,存在着一些可以在一定范围内移动的发展浮标,它们会受到各种支持和趋向的巨大影响而移动位置。

值得注意的是,研究者们普遍忽视甚至否定在发展形态和发展年龄上所存在的变异性。学者们坚信持续发展的观点,通常忽略在许多发展机能中所存在的发展的突进或减慢,坚持认为发展是平稳和连续的,尽管存在大量的证据证明与此相反。正如在儿科医生诊室中所看到的图表那样,身心发展的趋势一般都被画成了平滑的曲线,即使有关个体成长研究一致表明几乎身体成长的所有方面实际上都显示出间歇式的发展模式(Lampl & Johnson, 1998)。这种歪曲在心理发展方面是相当普遍深入的。例如,即使其他人采用相同的任务和测量工具进行的大量重复研究表明成长曲线是非线性的S型曲线,Diamond(1985)有关婴儿对隐藏客体记忆的线性成长曲线仍然经常被大量引用(Bell & Fox, 1992,1994)。许多研究数据有力地表明,非线性的个体成长在婴幼儿认知和情绪发展中是一种规律,在后期的发展过程中依然是这样(Fischer & Hogan, 1989; McCall, Eichorn, & Hogarty, 1977; Reznick & Goldfield, 1992; Ruhland & van Geert, 1998; Shultz, 2003)。

类似的是,在论战双方的另一极,学者们坚信阶段理论,忽略连续性成长的证据,即使这类证据出现在他们自己的研究数据中也往往会如此。例如,即使面对确凿证据表明发展是渐进和连续的,但 Colby、Kohlberg、Gibbs 和 Lieberman(1983)仍宣称:他们有关道德发展的纵向研究数据表明在成长过程中表现为一定的阶段性(Fischer, 1983)。同样讲到发展的年龄时,学者们通常认为每一个特定的发展年龄就好像是一个发展的里程碑,尽管有大量证据表明在不同的评价条件下,发展的年龄存在着变异性(Baron-Cohen, 1995; Case, 1985; Spelke,待发表)。例如,按照 Piaget 的评定,一般来说客体永久性在儿童 8 个月大的时候开始发展,守恒发展开始于 7 岁,联合推理发展开始于 12 岁,但是如果没有更明确的说明,这种说法是站不住脚的,因为由于任务、支持等因素的不同,发展的年龄会出现很大的变异性。甚至有关幼小婴儿反射的经典研究也表明,即使反射行为出现和消失的年龄也存在着变异性(Touwen, 1976)。

从事物的中间着手:研究设计的一些建议

要想研究事物中间的发展过程,研究设计就需要加以拓宽,以便捕捉到人们在真实生活场景下活动的变异性和多样性的整个范围。例如,如果使用一种把所有行为都放在一个单一的线性尺度上进行衡量的工具来评定发展的话,那么探测到的无非是线性的变化。大部分传统研究的局限性来源于其将观测和理论限制在单一维度分析上的假设。当这些假设加以改变时,研究可以扩展至涵盖人类的全部活动。由于局限在一维过程上对发展进行观测和解释,因此那些静态假设完全妨碍了对于结构丰富的动态发展变异性的调查。要想从事促进多维过程解释的研究,研究设计就需要超越一维假设去探求变异性的动态源泉(Edelstein & Case, 1993; G. Gottlieb, Wahlsten, & Lickliter, 本《手册》本卷第 5 章; Lerner, 2002; Thelen & Smith, 1994, 第 6 章; Valsiner, 本《手册》本卷第 4 章; van Geert & van Dijk, 2002)。

以下是四个重要的一维假设,它们通常是不正确的,而且还体现在研究设计中暗示性地假定结构是静态的。在通过强调变异性和多样性来评定动态变化的研究设计中,这些假设都需要予以避免。

349 1. 单一水平,单一能力假设——与之相反的假设。在任何时刻,一个人都是在单一认知阶段或单一复杂水平上行使机能的,并拥有单一能力。与这个单一水平、单一路径假设相反的是,即便是在相同情境下,人们是在多种不同发展水平上行使机能的(Fischer & Ayoub, 1994; Goldin-Meadow & Alibali, 2002; Siegler, 本《手册》第 2 卷第 11 章)。在发展中,一个人是通过多种路径(领域或任务)所构成的联结路径网络来行动的,每一条路径都涉及在发展水平的一定范围或区域内的变异性,正如在图 7.2 和 7.9 的网络中所阐述的那样。评价必须包括多种路径和多种条件,以便探测出全部范围内的水平和能力。

2. 单一形态假设——与之相反的假设。每一条发展路径都显示出基本类似的线性和单调的形态。与这个线性假设相反的是,发展的路径是有许多不同形态的,通常包括发展方向上的逆转——不仅有增长而且有跌落,如图 7.11 所示。个体的身心发展通常是时起时落的,正如我们在本节导言中所描述的那样。在发展的过程中,当人们在最佳水平上行使机能或在微观发展中建立一种新技能时,这种时起时落似乎尤为普遍和系统化。个体活动的发展路径是呈非线性动态变化模式的,很少呈现出直线的形态。在长期的发展过程中,始终存在着一种周期性地朝向一个较低水平的移动(倒退),尤其是在突进性的发展之后(Fischer & Kennedy, 1997)。在微观发展过程中,新的技能建构起来之前,向后倒退至较低水平技能的情况是很普遍的(Granott & Parziale, 2002),正如我们在本章中对微观发展所讨论的那样。

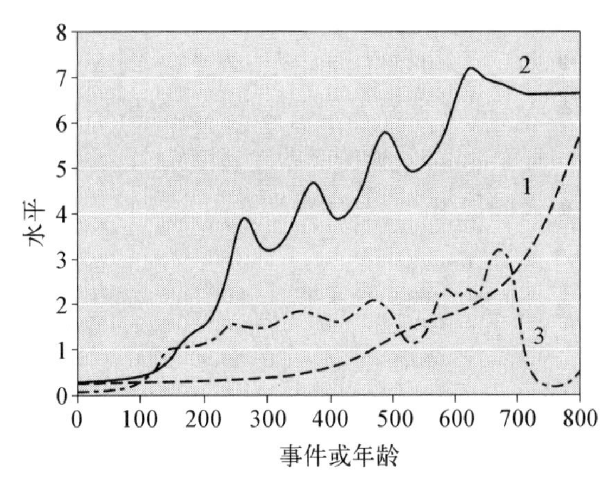

图 7.11 基于同一成长模型的三条不同的成长曲线。所有三条成长曲线都是根据本章中所采用的人际关系自我发展的同一个非线性层级模型而生成的,但是方程中参数值的不同而造成了明显不同的形态。同一个成长过程可以产生单调的成长(成长点 1)、阶段性的突然增进和减退式的成长(成长点 2)以及脉动式变化的成长(成长点 3)。

3. 单一个体假设——与之相反的假设。人们是以个体形式发展和学习的,有时候他们也会彼此相互作用和影响。与这种个体化假设相反的是,人们通常无法单独地行使其功能,而是从出生时开始都要以基本的社会交往方式进行活动,几个合作伙伴作为一个整体共同完成所承担的任务(Bronfenbrenner & Morris, 本《手册》本卷第 14 章; A. Brown & Palincsar, 1989; Scardamalia & Bereiter, 1999; Vygotsky, 1978)。从社会性的角度研究发展,不仅是比较现实的,而且使发展进程更加透明化。当人们一起工作,对他们所做的事情进行沟通交流时,内在的学习和思维过程会得以外化,而社会协作和社会干扰过程也就会变得愈加明显(Fischer & Granott, 1995)。

4. 单一场合假设——与之相反的假设。最有效的研究通常重点关注一项任务和在该任务上的变异性,或者一种评价场合。与这种统一标准的假设相反的是,研究需要把多种任务和多种评定场合结合起来,以便能够涵盖反映发展特征的水平和能力的整个范围、路径以及社会互动情况(Bronfenbrenner, 1993; Campbell & Stanley, 1963; Fischer, Knight, et al., 1993)。为了准确地描述人们的发展活动,研究设计必须包括一系列的评定条件以及在这些条件下的一系列任务。

发展研究的指导方针

为了分析和理解发展过程中的各种自然变异性以及不同变异性之间的一致性,研究设计需要超越那些具有局限性的假设。分析变化的动态性需要设法探测出发展和学习过程中

350

的变异性：

- 人们是沿着一个网络中并行的多条路径发展的。
- 人们可以时刻在一定范围内的不同水平和能力上行使其功能。
- 人们的长期发展和短期学习都是根据不同的成长形态进行的，包括许多成长曲线中复杂的、非线性的间歇发展模式。
- 人们是在社会整体中学习和发展的，因此研究也应该反映发展过程的这种基本的社会特性。
- 人们在不同的任务和条件下的行为是有所不同的，因此研究需要包含一系列任务和条件，以探求动作和思维的变异性的全部范围。

只有通过分析发展和学习过程中的自然变异性，研究者们才能真正理解变异性内部的一致性。

把所有这些影响变异性的因素都考虑进来，似乎会令人退缩，但其实是不必的。用于研究设计和分析观察结果的几条简单直接的指导方针有助于揭示发展过程中的变异性和多样性。研究者应该把研究的重点集中在以下几个方面：(a) 利用精心设计的钟表和尺子去测量变化和变异，(b) 研究几个不同的任务和领域，以确定不同发展路径的普遍性与变异性，(c) 变化评价条件，以揭示在水平和内容上的变异性，(d) 在不同社会文化背景下开展调查，以揭示不同文化群体对发展的影响。没有一项研究可以一次就能调查清楚所有的变异来源，但是研究者可以通过每项研究调查清楚几种变异来源。研究者也需要将其研究发现在动态发展多重来源的概念图中摆对位置，以避免出现简化主义描述的缺陷，即假设通过一项研究就可以了解变异的重要来源。

钟表、尺子和重复测量工具

要想探测发展形态上的变异性，需要有精良的钟表和尺子去测量变化的情况。要想捕捉到平稳的成长变化和间歇式的发展变化，就需要有一个能够探测出变化速度的钟表。对于发展年龄和发展事件来说，需要有足够频率的取样，以便能评定出每个时期的提高和降低情况。否则，就无法探测出成长的形态。另外，评价年龄或评价时机的分布也必须慎重地选择，这样在项目分布或反应分布上变化的估计值才不会由于时间样本偏差而产生扭曲。许多发展研究使用的是群集年龄，比如 2 岁和 4 岁年龄组指的是组内被试的平均年龄在 2 岁和 4 岁的左右。这种研究设计假定平均差异是重要的，并为发展评价提供了一个坏的时钟，因为在从 2 岁到 4 岁的时间尺度中，它只代表为数不多的几个点。例如，如果像 Case (1985)所预期的那样，主要的活动重组在学龄前的早期每 6 个月发生一次的话，那么必须至少每 2 个或 3 个月就要评价一次，这样才有可能探测到重组的时期，而年龄分布的跨度应该统一为 2 个月或 3 个月，而并不应该集中在平均年龄左右。

捕捉发展的形态也需要一把好的尺子，它能够提供一种足够敏感的尺度去探测成长过程中的起起伏伏。最好的评价工具是能够为日益增加的复杂性提供一个相对连续的发展量表，如用于评定婴儿发展的 Uzgiris-Hunt(1987)量表以及用于评定友善和恶意社会互动行为的量表(Ayoub & Fischer, 待发表; Fischer, Hencke, & Hand, 1994)。至关重要的是要避免使用那些把所有量表项目结合在一起而迫使成长进入一个特定函数的量表，就像各种智力测验强迫测验数据进入那些显示随着年龄增长而线性增长的量表中那样。

一个单一任务很少能成为一把好的尺子，因为它所提供的行为样本是相当有限的。最好是由一系列任务或一组任务来形成一个一致性较高的发展量表。可以采用一系列任务来解决以下两个方面的问题：(a) 编制一个 Guttman 形式的发展量表来测量在发展网络中的一条线性路径(Guttman, 1944)，如 Uzgiris-Hunt 量表；(b) 把各种分支路径分离开，如图 7.5 和7.10 中分别用于测定友善和恶意社会互动行为的任务以及阅读独立单词的任务。通过对不同任务的轮廓图分析，就可以做出一把可以用于评定任何一条路径的好尺子出来。一种特别有用的方法就是 Rasch 量表，它是基于一种合情理的、非线性(逻辑)发展模式之上的，既可以用于 Guttman 量表的测定，也可以用于分支路径的测定(Bond & Fox, 2001; Dawson, 2003; Rasch, 1980)。用于测定层级式技能发展的通用量尺的发现，起源于使用这些或相关的方法去考察行为表现发展剖图的那些研究，正如在题为“技能发展的通用尺度”那一节中所讨论的那样。 351

表 7.2 展示了一套用于详细说明单词阅读中一种最简单路径的发展剖图——图 7.10 (a)表明，对于一个普通读者来说，其发展路径只有一个简单的分支(Knight & Fischer, 1992)。发展顺序是由每一对任务的排序模式所决定的。就这一简单顺序的大多数发展剖图来看，表中从左到右的所有任务都是在达到了一定的通过点之后，然后都失败，这是 Guttman 量表典型的特征。在这一简单的模式中，分支路径是通过显示变异的剖图来指明的，如表 7.2 中的步骤 2b，在一连串“通过”的中间，存在着一个失败的任务。在基于对每个单词不同任务上行为表现的分析基础上，每个儿童被试都会得到一个像图 7.2 那样的剖图。即使只是在某一单一时间点上评价而非纵向评价，仍可以看出该儿童在该路径上所达到的步骤。为了简便说明，该表只是显示了通过/失败的任务，实际上还可以通过使用多重步骤量表来验证：发展顺序靠前的任务，其得分会相对较高于靠后的任务。

表 7.2 用于评定单词阅读的标准发展顺序的任务剖图

步骤	单词界定	字母识别	韵律再认	阅读再认	韵律生成	阅读生成
0	−	−	−	−	−	−
1	+	−	−	−	−	−
2a	+	+	−	−	−	−
2b	+	−	+	−	−	−
3	+	+	+	−	−	−
4	+	+	+	+	−	−
5	+	+	+	+	+	−
6	+	+	+	+	+	+

注：“+”号代表通过，“−”代表没有通过。
来源：From “Laerning to Read Words: Individual Differrences in Developmental Sequences,”by C. C. Knight and K. W. Fischer,1992, *Journal of Applied Developmental Psychology*, *13*, pp. 377 - 404.

通过剖图分析能够发现各种发展网络，简单的如图 7.10(a)中普通阅读者单词阅读的发展网络，复杂的如图 7.5 中善意和恶意社会互动行为的发展网络。对含有分支的网络的分析逻辑是与对线性 Guttman 量表的分析逻辑是相同的，而发展顺序是由所有任务对的顺序模式所决定的。事实上，对于不同儿童来说，同样的一套任务可以得到不同的发展网络。例如，表 7.2 中的不同任务剖图界定了低水平阅读者的综合性较差的发展网络，如图 7.10(b)和(c)所示，其中字母识别、单词再认和韵律再认这三个领域是彼此独立的。

当设计任务去建构测量变化的尺子时要牢记一个重要的特征，就是任务之间的相似性和不同点。像在表 7.2 中那样简单的顺序通常会由于任务之间在内容或程序上的不同而被排除掉。当研究者试图使用具有区分性的任务建立量表以评价不同的步骤时，任务差异性就会消除掉对于步骤的测量(Kofsky, 1966; Wohlwill & Lowe, 1962)。一个良好的、简单的 Guttman 形式的尺度会采用那些只在复杂性或难度上有差异，而在内容和程序上差异尽可能小的任务。如果将每一套任务(每一个领域)作为一个独立的 Guttman 尺度，那么就可以捕捉到区分性任务之间的差异。同样，在纽约测量冰箱的温度与测量火星的表面温度需要不同的温度计。Rasch 分析也能够推动在不同任务和领域上使用一个通用的量表(Bond & Fox, 2001; Dawson et al., 2003)，因为它有助于检验技能复杂性尺度的概化程度，这表明该量表在不同领域和较大领域上可以同时发生效用。

制定一个尺度的另一种方法是采用对相似任务分组的方式去评定一个量表。例如，在早期语言发展的研究中，Ruhland 和 van Geert (1998)基于荷兰儿童的自发言语将单词分组为不同的句法类别，从而形成了一个灵敏度较高的发展量表。例如，他们发现儿童在 2 岁的晚些时候，代词使用有一个较大的突进性发展，如图 7.12 所示。其他的分组方法的研究也已证明该方法在发展研究中是非常有用的，这方面的研究包括类似复杂程度的算术问题(Fischer, Pipp, & Bullock, 1984)和对于被称之为反思性判断的、与知识基础有关的两难困境的解释说明(K. Kitchener et al., 1993)。基于这种相似任务分组的量表可以用于具体说明在不同领域上发展的形态以及比较个别被试或个别实验组在不同领域或水平上的发展之间的关系。像量图分析一样，它们还提供了一种方法用于检验横断研究设计的发展函数。例如，这种方法可以检验在发展水平上出现的或面对一项任务时各种单独策略发展的突进分布和双峰分布(Siegler, 2002)。这种设计对于每一个水平或策略必须分配不同类别的任务。然而，这种分组的方法并不能为量表上

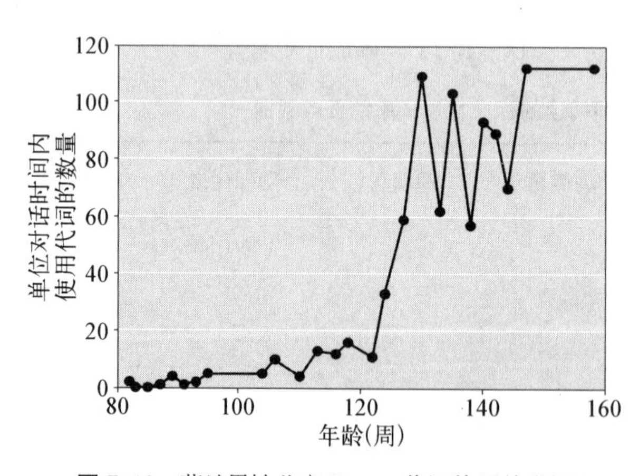

图 7.12 荷兰男性儿童 Tomas 代词使用的发展

来源：From "Jumping into Syntax: Transitions in the Development of Closed Class Words," by R. Ruhland and P. van Geert, 1998, *British Journal of Developmental Psychology*, 16(Pt. 1), pp. 65 - 95.

352

的间断点或水平之间的时间间隔提供敏感的指数。

Rasch 分析满足了这方面的需要，它为评价一个量表上和非连续性维度上的步骤和时间间隔提供了一种有力的工具(Bond & Fox, 2001; Rasch, 1980)。直到最近，研究人员才开始意识到它在评价发展量表以及确定项目间在一个量表上的距离等方面所具有的潜力。大多数研究者都已经使用它来确定一个领域的项目是否符合单一的 Guttman 量表以及量表中各项目间的距离，它也可以用来评价几个量表的相互独立性或是网络中的分支。Rasch 量表可以为如图 7.3 所示的技能的层次复杂性量表提供最有说服力的证据来源之一(Dawson, 2003; Dawson et al., 2003)。

把任务组合起来形成发展量表的三种方法(Guttman 量表、相似任务的分组和 Rasch 分析)提供了一种重复测量的评价手段。即使只有一次评价，它仍具有许多纵向评价的理想特征。通过对任务剖图和分布的分析，就可以确定每个人是否符合某一特殊的发展路径或成长函数。与“发展只能通过几个月或几年这样的纵向考察之后才能得到有效评价”传统看法相反的是，这种重复测量评价可以为描述和检验发展的路径和成长函数提供有力的工具。如果将这种重复测量与纵向研究设计结合起来，那么就会为发展的评价提供更为强有力的工具。

在一个领域中不同任务上的一般性结构

在发展量表中，任务的差异性通常是要加以控制和系统操纵的。然而，任务的差异性是很重要的。正如几十年来数以千计的心理测量学研究和实验研究所报告的那样(Fleishman, 1975; Mischel, 1968)，任务是行为变异性的最强大来源之一。要想精确地描述发展，就需要对不同任务和领域进行评价，以便捕捉到发展路径和成长函数的变异模式。

在认知和发展科学中最常见的假设之一便是，行为可分为若干领域，而这些领域是建立在一般的心理结构之上的。它是领域专门性框架和新先天主义理论的核心。然而，有关概念性结构的普遍性证据在研究文献中是比较罕见的，它们很少针对普遍性进行仔细研究(Fischer & Immordino-Yang, 2002)。许多一直被描述为一般胜任力的能力似乎根本不是具有内部一致性的能力，而是一些概括性的变量，充其量项目之间有微弱的相关。这方面的例子包括以下几个假定的领域：心理理论、元记忆、形象思维以及自我适应能力等。对于其中的每一个领域来说，到目前为止都没有明确的证据表明存在着那么一种核心的普遍性结构，用以生成各种不同任务上所共有的活动。例如，自我适应能力一直是作为有效率的人们的一种广泛特征而被提出的，而且 Jack 和 Jeanne Block 一直对其进行广泛的纵向研究(Block, 1993)。在荷兰和美国儿童的这种一般胜任力的研究表明，自我适应能力并不影响其他相关的具体胜任能力，如学业成就和社会偏好(Harter, 1999; van Aken, 1992)。也就是说，它与具体技能之间并没有表现出一种普遍性的关系，这说明并没有证据表明存在着一种可以适用于不同任务的一般结构。自我适应能力也许是一种有用的社会构想，但是它似乎并不是一种负责在发展过程中把各种不同活动整合在一起的核心心理结构。

在一个领域中存在一个一般性结构的令人信服的实例是由 Robbie Case 和他的同事(1996)所报告的核心概念性结构。它提供了一个用以定义一般性结构并检验其普遍性的 353

模型。一般性数概念发展的评价要求有一系列的任务,而且其中所有的任务都需要使用这个一般性数概念。Case和他的同事为初等数目线路(elementary number line)建构了这样一个任务阵,它代表着数目沿着一条线所发生的量变。这一表征构成了幼童有关数目的核心概念结构,即一个可以在许多不同情境下有利于数目理解的思维框架。像读出钟表上显示的时间、数出生日聚会上的礼品数量和解答简单的算术问题等任务,都需要充分利用这样一个相同的结构。像数目线这样的一般概念性结构的发现,将会给教育工作者带来很大的益处,会大大地提高为儿童传授现代社会所需要的基本概念和技能的努力程度。

从大约4到8岁,儿童开始建立有关数目的核心概念性结构。当教师和课程明白清晰地传授这一结构时,儿童会在大量各种不同的数目任务中表现出明显的进步,但对其在其他领域的任务中(如对社会互动行为的理解)的行为表现则不会有任何促进作用。这个变化能够占到测验分数方差的50%,这个影响是十分显著的。由于Case和他的同事采用了许多任务,因此他们就能够确定该结构的普遍性程度——即儿童可以将其运用在何处以及不适用于哪些地方。还应该注意到的是,除了不同的数目任务间存在这种普遍性变化之外,研究人员仍然发现存在着巨大的任务效应以及发展水平上的显著变异。结构的普遍性是在这种实质性的变异性之中起作用的。

在行为科学中,研究者通常希望从他们的数据中概括总结出一个领域的发展特点,但是两种普遍使用的方法通过人为的减少变异而非解释变异的方式阻碍了合理的概括。首先,在一般应用于智力、教育和人格测试等领域的"心理测量法"中,许多任务是被总加在一起的,而且仅仅考虑这一总括分数。一个男孩的IQ分数为116,或一个年轻女孩子的大学入学考试分数为575。每个人在任务表现上的大多数变异被忽略掉了。其次,在通常应用于实验心理学和神经科学的"实验方法"中,研究者通过变化一个参数来分析一项任务,并将计算出来的行为表现差异的平均数作为该参数的具体数值。除了平均数以外,任务表现上的各种变异都被视为误差变量,并没有得到进一步的分析。同时,因为仅仅考察了一个任务,所以各种不同任务间的变异也被忽略掉了。

心理测量的策略在能力理论中是十分明显的,其中研究者探讨了某些假定的一般能力,如空间智力、言语智力(Demetriou et al., 2002; Sternberg, Lautrey, & Lubart, 2003)。与Case有关数目的核心概念性结构的证据相比,这些所谓的模块化能力的内部一致性证据是十分有限的。测量每一种能力或智力的大部分任务或项目之间仅仅具有很少的共同方差,两两项目之间的相关通常只能解释大约4%的测验分数的方差(每两个项目间的平均相关系数值为0.2)。

教育研究者经常会很沮丧地宣称,他们发现所讲授的概念很少会概化或迁移到与讲授的截然不同的其他任务上去(Salomon & Perkins, 1989)。例如,当教师讲授一个概念时,比如重力、进化或工作记忆,他们通常会发现,当需要把课上教师明白清晰地讲授过的概念应用于那些不同于课堂上讲授时所使用的任务时,即使是那些聪明的学生也会觉得有一定的难度。这种远距离概括(将知识运用到与最初所学的有很大距离的任务上)遇到困难的原因是概括性技能的建构需要时间和努力(Fischer & Immordino-Yang, 2002)。此外,即使有一个像Case那样强大的"数字线"概念性结构,概括化依然不会是完美无缺的。对于像空间智力或自我适应性这样脆弱的结构来说,根本不用指望有什么概括化。学习并非是简单地通过导管把信息从一个人传递给另一个人,或是从一项任务传递到另一项任务。

使用第二种策略的研究者通常对一项任务进行实验操纵,从而将其调查局限于一个任务以及该任务的变异上。他们的本意是去控制变异性的外在来源(如任务效应),但与此同时,他们也希望能够概括出一些广泛的能力或概念,如客体永久性(Baillargeon, 1999)、数目概念(Spelke, 待发表),或工作记忆(Diamond, 1985)。不幸的是,局限于一种(或两种)任务上这种做法的代价就是: 在超出该任务的范围时,来自该任务的研究结果基本上没有什么普遍性。

当研究者使用不同的任务来评价一个领域时,他们通常会发现: 对每个任务来说,会显示出非常不同的有关发展的描述。事实上,发展研究中的许多核心争论主要集中在有关任务差异性的议题上。什么时候儿童才能真正理解客体永久性? 什么时候儿童才能掌握其母语的句法? 人们什么时候才能够进行逻辑思维? 只有通过考察那些表明兴趣领域的许多截然不同的任务,这些问题才能得到答案。变异性的动态分析也随之变为可能。 354

多重评价条件和社会支持: 发展范围

即使对于同一个单一任务来说,一个人在不同的社会场合支持下通常也会表现出非常不同的能力,这一点可以由发展范围体现出来。一个个体在一个单一任务上的变异的其他来源包括情绪状态、共同活动的其他参与者以及对任务和条件的熟悉程度。为了捕捉到这些变异的来源,研究设计中必须包含多种条件,以便激发每个人不同的行为表现水平。忽略这些变异并声称可以将基于一项评价任务和条件的发展分析推广至其他任务上,是不合逻辑的。

回想一下韩国青少年有关关系自我概念的研究,其中报告了在发展范围上的巨大变异——在无帮助的行为表现条件(低支持)与任务启动条件(高支持)之间存在的反差(Fischer & Kennedy, 1997; Kennedy, 1991)。个人行为表现的上限在以上两种条件下发生了巨大的变化,如图7.8所示。这种差距是相当稳定的,而且通过简单的成长训练、练习或是激发动机等措施是根本无法消除的。在图7.1中所示的发展范围表明了在另一领域中(友善和恶意的故事)所存在的这种稳定性。这些故事中的行为表现,在高支持条件下上升至最佳水平,而在低支持条件下又回落至功能水平。行为水平因支持条件的变化而不断地转换,而且两种条件下行为表现之间的差距通过练习、教学和激发动机等措施也无法得到缩小(Fischer, Bullock, et al., 1993)。

由于高支持的条件会导致最佳水平的行为表现,因此研究设计必须能够维持适当的行为表现,并尽可能地减少干扰。任务应该简单明确,并且要有很准确的定义,而程序也应该为参与者所熟悉,且没有不和谐的情绪状态。最为重要的是,场合应该能够对高水平的功能作用有启动作用,即借助于一个知识渊博的人所提供的经常被证明为特别有效的社会启动。成功的启动程序包括演示如何完成一项任务并要求人们去模仿、解释完成一项任务的要点和提供一个有效解决方法的原型。

关系自我(SiR)访谈阐述了一个有效、灵活的高支持程序。被试可以自己建立一个自我启动的工具——一种有关在其人际关系中的自我的视觉表征。此外,一个访谈者还可以通过询问一些结构化的问题来启动高水平的功能作用。首先,要求被试描述在与一系列指定的人的关系中关于他们自己的若干特征(见图 7.13)。他们在一张留言贴纸上写下每一段描述,并指明这一描述是积极的、消极的,还是积极/消极混合的。然后,他们在一张 18 英寸的圆形自我图示中把这些描述排列出来,将每段自我描述放置于三个同心圆中的一个内面,其范围从最重要的(内圆)到最不重要的(外圆)。每个学生都将自己所有的自我描述分组汇集于这个图示上,并解释各组描述之间或单个描述之间的关系。一旦该图示创建起来,访谈者便可以通过询问一些具体的问题去评价技能量表中的四种截然不同的发展水平。例如,有关自我理解的抽象水平的一一对应可以通过要求每个学生解释两个突出的抽象水平的自我描述彼此之间的关系(即一一对应)来评价,如体贴的和万分愉快的,如图 7.13 所示。

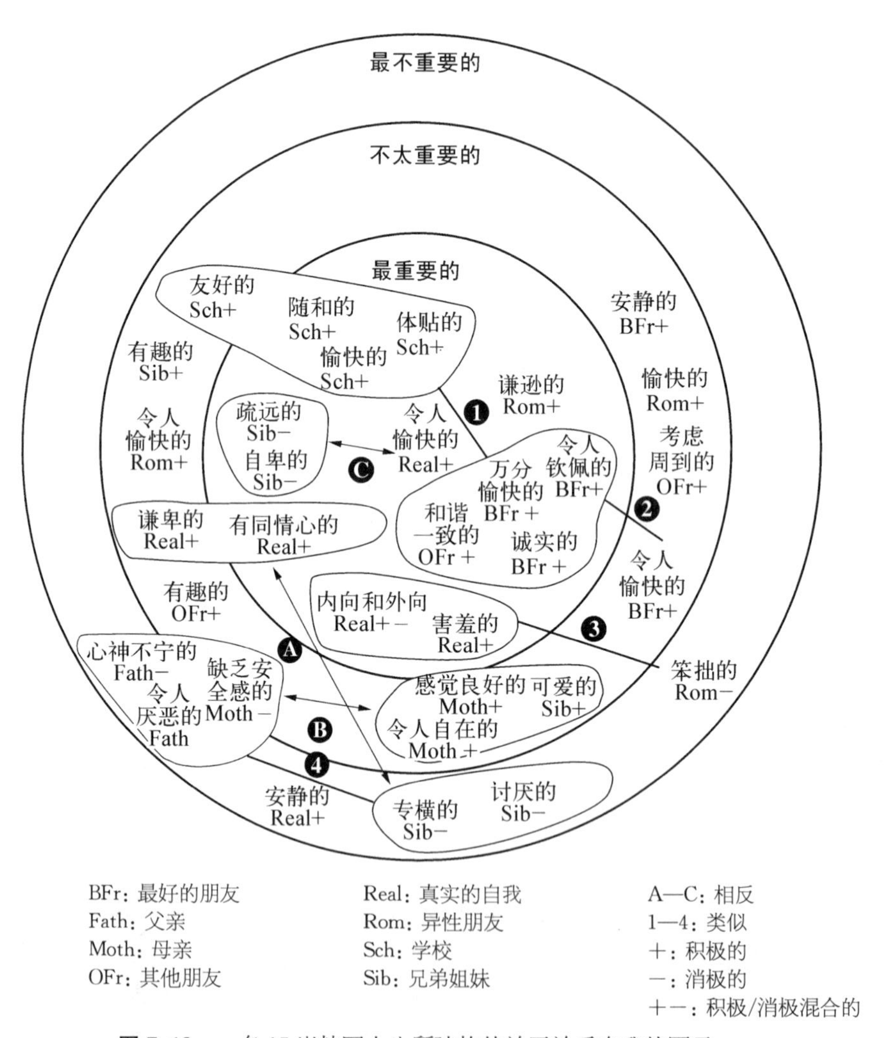

BFr: 最好的朋友　Fath: 父亲　Moth: 母亲　OFr: 其他朋友

Real: 真实的自我　Rom: 异性朋友　Sch: 学校　Sib: 兄弟姐妹

A—C: 相反　1—4: 类似　+: 积极的　−: 消极的　+−: 积极/消极混合的

图 7.13　一名 15 岁韩国女生所建构的关于关系自我的图示。

SiR 的目的是用以评价自我理解的功能水平和最佳水平。在实验的开始部分给予低支持的条件，并通过传统的“自发”程序来评价一个人的功能水平(McGuire & McGuire, 1982)。在没有任何图示或支持性问题的条件下，首先要求被试去描述他们在与所指定的人的关系当中是什么样的人，并指出哪些特征可以归并在一起，哪些特征是彼此相反的。然后，再转换到高支持的条件。

学者们常常宣称，远东文化中集体主义的特性致使人们没有比较清晰的自我概念，而在西方则恰恰相反(Fischer, Wang, Kennedy, & Cheng, 1998; Markus & Kitayama, 1991)。采用西方传统低支持评价方法的研究似乎显示出，远东国家人们的自我描述的确原始而且简单，而且在青春期期间自我概念几乎没有任何发展变化。

这种说法显示出了单一条件评价的局限性，它忽视了场合支持对自我复杂性各水平上变异性的影响作用。由于东方文化通常不鼓励在谈话中关注自我，因此人们很可能会表现出一种较低水平的自我描述，除非为他们提供一个强有力的鼓励对自己进行描述的社会场合。这样就可以对在韩国的研究中为什么最佳水平与功能水平之间如此巨大的差异作出解释了(如图 7.8 所示)。在低支持条件下，韩国青少年确实显露出了简单且原始的自我描述，这或许也是他们在很多公共谈话场合中所表现出来的行为。另一方面，在高支持条件下，他们却表达出了较为复杂的自我描述，这与美国青少年的发展水平是相当的，尽管韩国青少年的这一发展水平要比美国青少年晚一年才出现。最佳水平与功能水平之间的差距，在韩国青少年中比在美国同龄人中要大一些，这可能是由于韩国人对关注自我持贬低的态度。 355 356

社会文化变异和意义框架

在发展路径中的一个强大变异性来源就是社会文化场合，它反映了不同国家、民族和种族群体以及社会阶层之间的差异(Cole, 1996; Rogoff, 2003; Valsiner, 2001; Whiting & Edwards, 1988)。为了捕捉人类发展的变异范围，研究者需要在不同文化群体中去评价发展的路径。对于不同的文化进行研究，通常需要有一些该文化的本土人士参与进来共同开展研究工作，以确保该研究与该文化的各种意义系统相吻合，而不要误读了它们。

发展科学中的一个主要分歧，是把研究发现概括起来推广至全人类还是强调文化差异。动态结构分析方法要求对这种变异的来源进行分析，它既不是持普遍性的假定也不是持文化差异的假定。不同的社会群体看重不同的活动、传授不同的内容、规定不同的角色和规范，并实行不同的育儿方法。在一种文化中经常使用的养儿方法(如，西方的父母把他们的婴儿安排在一个独立的卧室内睡觉)，也许在其他文化中却是很少被使用的(肯尼亚的 Gusii 族人认为，西方的这种睡眠安排是对儿童的一种虐待；LeVine, Miller, & West, 1988)。

然而，有些特征被证明是具有普遍性的，至少在许多文化中相当普遍，而在其他一些文化中确有很大的差别(Fischer et al., 1998)。例如，在关系自我的发展过程中，技能的最佳水平在中国、韩国、台湾地区和美国被试身上似乎是很接近的。同时，在以上几种不同的文化中，人们都倾向于主要从积极方面来看待自己，图 7.13 中所示的那个韩国女孩就是一个明例(注意看一下积极和消极的分布频率)。另一方面，害羞这种情绪在不同的文化中有着很大的差别。基本上来说，在中国和许多亚洲其他文化中，害羞情感在儿童的言语发展中出现得很早。不同情境和不同反应的害羞可以使用不同的言语来严格区分,而且遍及成人的言谈话语和情绪概念中。在美国和英国,同样是这种情绪却被看作是微不足道的,该情绪在儿童言语发展过程中出现得较晚,而且在大多数中产阶级成人的情绪概念中是很鲜见的(Li, Wang, & Fischer, 2004; Shaver, Wu, & Schwartz, 1992)。

发展研究者需要通过考察主要的变异来源(如任务、评价条件、情绪状态和文化)来解释这些相似性和差异性。然后他们需要有效地描述这些变异性的特征,将其研究发现与有关发展和变异的概念明确地联系起来。在传统上,有关发展和学习的理论一直充斥着各种各样有关变化和变异过程的复杂概念,但是一直没有找到一种办法能够充分地验证这些有关变异过程的断言,并确定这些过程是否真的能够产生所预期的成长模式。这种缺陷目前已不复存在了。

成长和发展模型的建立和检验

发展理论需要复杂尖端的分析工具,以便超越一直主导行为科学的线性主效应模型。包括动态成长模型和神经网络在内的非线性动态方法,为表征和分析动态变化提供了有效的途径。这些动态分析方法自然地与发展理论配合在一起,可以保证发展研究的学者们来捕捉人类发展的复杂性(Fischer & Kennedy, 1997; Shultz, 2003; Thelen & Bates, 2003),而且可以很容易地通过像Excel这样的软件把它们编制成计算机程序。

借助于这些建立变化模型的新工具,可以说在van Geert(1994)所称的"实验理论心理学"中的几乎任何理论都可以得到明确的检验。发展和学习的过程可以用方程式来表征,而且可以通过变化各种参数采用计算机实验来检验模型所生成的成长函数是否能符合理论学家的预期和实证发现。一个成长模型可以定义一个基本的成长函数或是具体说明某一个成分(被称为"成长点")的一组函数。这些成长模型不仅能够模拟量化成长,如复杂性的水平、某一活动的频度或偏好等,而且可以模拟质化的发展,如一个新阶段的出现,两条路径经合并为一条路径,或是一条路径分化为若干的分支。

357 一种非常重要的非线性动态模型表征了在大脑和神经系统中的网络。研究者已经建立了许多神经网络模型用以描述和分析学习和适应的过程,这些过程都涉及在一个或两个复杂水平上的协调和分化活动(Bullock et al., 1993; Elman et al., 1996; Grossberg, 2000; van der Maas, Verschure, & Molenaar, 1990)。例如,通过对单词信息的比较,来推断如何生成一个英语单词的过去时态。通过对视觉扫描和客体特征的整合,来推断出婴儿是如何沿着一条特定的路径来寻找一种特定类型的客体的。或者通过对视觉信息和手—臂控制的结合,来产生视觉导向的够拿行为。

评价这种模型时要考虑的一个很重要的特征便是,它们是否反映了它们所要表征的活动的真实结构。许多模型采用全局性、概括性的程序去分析一项活动的发展或学习。尽管这些概括性的方法便于设计模型,但是它们的结构通常都不会与真实活动的结构有密切的匹配。那些一直建构得与欲建模的行为、社会互动和神经系统网络的真实结构特别匹配的模型,也一直是比较成功的模型。例如,神经网络的适应性共振理论一直被用于仔细地建构与神经系统、躯体和感官的结构相匹配的模型(Raizada & Grossberg, 2003)。眼—手协调模型是严格地根据眼、手和相关皮质网络的实际构造而建立的(Bullock et al., 1993)。许多模型很少对需要建模的活动的特定结构给予关注。在评价一个模型时要问这样一个问题,就是它是否真实地反映了所要关注的活动的结构。

成长和发展的非线性模型

几十年来,应用系统理论和非线性动力学对发展进行的理论性解释一直受到普遍的认可(Sameroff, 1975; von Bertalanffy, 1976),但是用于对发展进行精确分析所需要的工具却被忽略掉了。随着计算机革命的到来,一系列新的动态模型工具应运而生,研究者们开始着手于建立一些易于处理的心理问题模型,尤其是涉及动作协调的模型(Bullock et al., 1993; Thelen & Smith, 1994)。目前有关动态系统的研究大量涌现,包括各种用于分析活动及其发展的模型(e.g., Case et al., 1996; Fischer & Kennedy, 1997; Hartelman, van der Maas, & Molenaar, 1998; Shultz, 2003; van Geert, 1998)。在本章中我们所关注的是动作、思维和情绪的层级成长模型。我们将界定各种心理成长点(grower)的基本成长过程以及在发展过程中它们是如何相互联系在一起的。

这些新工具产生后的一个非常重要的影响就是,它们促使对有关成长、发展和学习的定义更有力、更精确。传统上,就方向性变化来说,对上述三个方面变化的模式的界定一直是有局限性的,通常认为是线性增长的(Willett, Ayoub, & Robinson, 1991; Wohlwill, 1973)。在动态结构分析中,它们由变化过程模型重新界定——任何系统性的变化机制不仅会导致线性的增长和降低,而且也会导致比较复杂的变化模式,如在持续性的突升和暴跌交替中保持上升的势头,或是在两个边界之间上下波动。方程式可以系统地说明这些成长过程,并能够预期一族通常是许多不同形态的成长曲线。在日常用语中,成长是最总括的一个术语,发展倾向于指在一个较长时期内的系统性增长,而学习则通常意味着基于经验的一种短期内的增长。我们期望随着动态模型中有关变化的定义更为精确,对于上述术语的定义也会得到修正。我们的目的中最重要的一点就是,成长、发展和学习不再由任何单独一条特定曲线的形态来区分。我们不再需要诸如单调增长这样带有局限性的定义。

逻辑的成长

成长模型中最适当的出发点通常是逻辑的成长,因为生理学中大多数成长过程都表现出这种类型的成长。图 7.14 显示了逻辑成长的三个例子,它们都是由相同的基本方程式产生的。该基本方程式生成了代表比较简单的成长的 S 型曲线。需要注意的是,即使是这种最简单的曲线也不是线性的。这种模型之所以叫做逻辑模型,是因为该方程式中包含对数值(成长点水平的二次或更高次的幂)。

许多基本的成长进程都涉及这种成长形式。在这种成长形式中,特定时间上的变化来自三个参数:(1) 该成长点先前的水平,(2) 该系统的成长速率,(3) 被称作承载能力的系统成长的极限水平。在这里水平是指一个成长点已经达到的某种数量,可能涉及一系列内容广泛的不同特征,如发展水平、反应的频率和活动的数量。在我们的许多例子中,水平(L)指的是当把一项活动应用于关系自我发展的研究时,该活动在图 7.3 中所示的技能复杂性量 358

表中所处的复杂性水平的位置（Fischer & Kennedy, 1997）。在其他领域也已建立了一些模型，如 King 和 K. Kitchener(1994)的反思性判断，它共有 7 个发展阶段，每个阶段所显示的成长曲线都与关系自我的成长曲线相类似(K. Kitchener & King, 1990; K. Kitchener et al., 1993)。

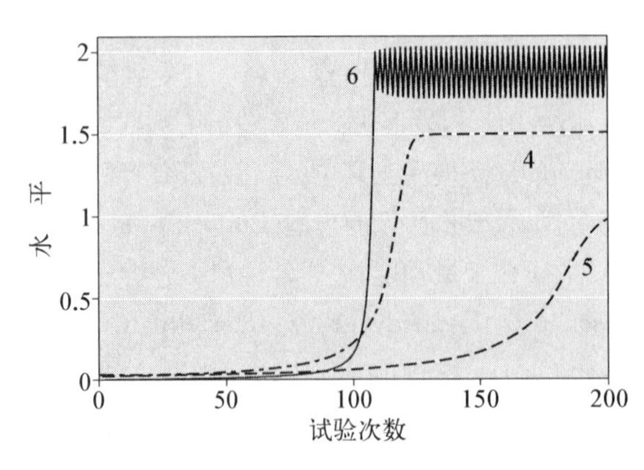

图 7.14 简单的逻辑成长的三种形态。

不需要与其他成长点相联系，只通过其自身，该方程式通常就可以导出 S 型的成长模式，正如图 7.14 中所示的成长点 4 和成长点 5 那样。然而，即使没有联系在一起，在成长曲线中仍然存在着显著的变异。正如成长点 6 所显示的那样，当成长点 6 的发展接近其承载能力时，会表现出振荡波式的发展形态。图 7.14 中的三条成长曲线都是产生于同一个方程式，而仅在成长参数值上有所不同而已。

逻辑成长方程式可以采取几种不同的形式，van Geert(1994)认为可以把下面的这个方程式作为动作、思维和情绪建立层级成长模型的最佳切入点，以成长点 B 为例：

$$L_{B_{t+1}} = L_{B_t} + R_B \frac{L_{B_t}^2}{K_B^2} - R_B \frac{L_{B_t}^3}{K_B^3}$$

$L_{B_{t+1}}$ 是成长点 B 的水平，下标 t 指的是前一次试验，而 $t+1$ 指的是当前的这次试验。R_B 是成长点 B 的成长速率，指的是每次试验中的变化数量。K_B 是成长点 B 的承载能力，即这一特殊系统在这种条件下成长的极限。

这个方程式分为三项，它们共同产生了在本次试验中成长点 B 的水平。第一项是前一次试验中成长点 B 的水平。第二项是成长项——成长速率乘以前一次试验中水平的平方，再除以承载能力的平方。伴随着适中的成长速率，这个因素使得每一个试验都发生了增长。水平之所以要除以承载能力，采用成长在承载能力所占的比率而不是成长的绝对数值，是因为这样一个假设：水平是作为承载能力的函数而起作用的。

在这个逻辑方程式中的成长项中，采用的是水平与承载能力的比率的平方，而不是直接采用其比率。这个方程式的平方形式似乎能更准确地代表心理成长的过程，并且同时在以下两种方式上这种成长取决于个体先前的水平：(1) 当前的理解力是建立在先前的理解力之上的，(2) 水平会影响着遇到促进成长的情境的概率。van Geert(1994)详细阐述了这一论点，并表明这种平方形式的成长方程式比非平方形式的方程式更符合个体的成长曲线。图 7.12 中荷兰儿童 Tomas 在代词使用方面的成长曲线非常符合平方形式的方程式，而不符合非平方形式的方程式(Fischer & Kennedy, 1997; Ruhland & van Geert, 1998)。

第三项提供了一种基于系统极限的校准形式。如果没有一定的极限，那么水平将会最终骤增到相当大的数量。在现实的生物系统中,总是基于食物、空间和能源等方面的供应情况而存在着某种极限的。校准项基于系统的承载能力扣除一定的数量,以防止其出现剧增的情况。扣除的这个数量是成长项(方程式的第二项)乘以水平与承载能力的比率。结果是水平的立方,这个方程式自然被称为立方型逻辑方程式(更为简单一点的方程式被称作平方型方程式)。与承载能力相比,若当前的水平相对较低时,那么减去的数量就会较小;但是随着当前水平的提高,扣除的数量就会逐渐增多一些。若当前水平接近承载能力时,扣除的数量会变得足够大以至于完全抵消成长的数量,此时水平接近了承载能力的极限。然而,成长过程并不总是能产生平滑的 S 型成长模式的。当成长速率很高时,随着当前水平接近承载能力,该当前水平就会显示出振荡起伏的发展形态,如图 7.14 中成长点 6 所示的那样。需要注意的是,在图 7.12 中所示的 Tomas 代词使用方面的发展也证明了这个振荡式的发展形态的存在,当其使用代词的能力迅速增长至一个很高的水平时,就会表现出这种发展形态。振荡起伏是动态系统在其非常迅速地成长时所表现出的一个常见特性。

359

成长也可以用其他种类的方程式来描述,最常见的就是用微积分替代我们现在使用的这种差异方程式。微分方程式假定:对于变化的反馈在一定时间内是即时的和连续的,而差异方程式则假定:反馈是发生在不连续的事件(如社会冲突或学习情境)之间的。不连续事件的假设似乎更适合大多数心理发展和学习的实际情况。同时,从数学角度而言,微分方程式使用起来比较复杂也比较难,而差异方程式使用起来则容易一些,可以在电脑上多次循环使用任何电子制表程序就可以做到(与计算偿还抵押贷款数额的计算过程很相似)。对于如何使用电子制表程序去建立一个动态模型,van Geert(1994)提供了分步的使用指导。Singer 和 Willett(2003)描述了另一类基于线性假设的成长模型,并提供了分步的使用指导。

成长点之间的联系

任何一个单一的活动都会受到许多不同成分的影响,而共同影响以后的活动。在一个成长模型中,每个成分(成长点)都是由一个成长函数所代表的,而所有的成长点可以在这组成长函数内联系起来。为一个成长点建模时,可以先建立一个像第一个方程式那样的成长函数,然后围绕着这个函数建立起各种联系。这些联系的范围从强到弱直到消失,而且它们影响成长的方式也可以多种多样。成长点之间的联系可包含多个方面,如个人单独行为,或两者之间的交互行为,就像师生之间的关系那样(van Geert, 1998)。

成分的不同组合可以产生不同的成长曲线。然而,对于动态系统来说,即使是相同的组合也会产生大量不同的成长函数。就像单调成长有各种各样的形态一样,连续的阶段性变化和不规则的起伏变化可以由同一组方程式产生。图 7.11 中的成长曲线 1、2 和 3 全部是由同一个非线性层级发展模型派生出来的。这个模型是有关 5 种人际关系中的关系自我的,每一种关系又存在着 5 种发展水平(Fischer & Kennedy, 1997)。尽管在形态上存在着巨大的差别,但是它们仅仅是在同一组方程式中的参数值上有所不同而已。同一个成长过程却产生了在本质上有所不同的单调成长(成长点 1)、阶段性突升和骤降式成长(成长点 2)以及起伏性变化式的成长(成长点 3)。

在成长点之间,最强的联系方式是层级式整合。对层级式整合来说,在发展网络中每条路径上的每个后继步骤都是建立在前一个步骤之上的。在这类整合的一个例子中,两个分支路径会汇合在一起形成一条新的路径,正如当一个青春期的女孩在比较两种人际关系中的自我时那样。图7.13中所示的15岁韩国女孩比较了她在学校时的自我(体贴的,喜欢学校生活)与和最好的朋友在一起时的自我(感觉自己令人钦佩,万分愉快)。她为这两种人际关系中的自我特征建立了一种一一对应的联系。每一种关系的路径模型都为5个层级成长点相继依次建立起一个技能量表——成长点A、B、C、D和E。在这个序列中,稍后的成长点紧接着上一个成长点的水平之后开始发展。前提是前一个成长点已经变得足够强大和频繁发生,使得个体能够开始以此为基础去建立下一个成长点。当这个女孩把她在学校里所表现出的特征与其在好朋友面前表现出的相关特征协调在一起的时候,就是她正在协调两条路径的时候。每一条路径都有5个层级式成长点,这5个层级成长点形成了一个五水平的量表。

在这一前提性的联系中,后一个成长点开始变化之前,前一个成长点必须先到达某一指定的水平 P:

$$L_{B_{t+1}} = L_{B_t} + P_{B_t}\left[R_B \frac{L_{B_t}^2}{K_B^2} - R_B \frac{L_{B_t}^3}{K_B^3}\right]$$

P_{B_t} 是在第 t 次试验中基于前提性成长点A的水平之上的成长点B的先行函数:

$$\text{若 } L_{A_t} < p, \text{则 } P_{B_t} = 0; \text{若 } L_{A_t} > p, \text{则 } P_{B_t} = 1$$

在成长点A于第 t 次试验中达到其前提性水平 p(比如0.2)之前,先行函数值 P_B 等于0,而且成长点B还没有成长。当成长点A达到0.2时,先行函数值 P_B 等于1,而且成长点B开始成长。先行函数的规格确定会比这要复杂得多。例如,在成长点B开始成长之前,即使成长点A达到了0.2,但是在之后的几次事件或试验中仍可能还需要停留在成长点A上;或者存在着两个不同的前提性成长点,成长点 A_1 和 A_2 均需要到达一个指定的水平。

360

除了在成长点之间存在着强大的层级式联系之外,在路径之内和路径之间也还存在着一些较弱的联系。这些微弱的联系在任何时候都是很难被发现的,但是它们经常会在成长模型中不断累积。这些微弱的联系可以来源于在许多不同场合重复出现的行为,也可以来源于在同一时间共同起作用的多种联系。随后,这些微弱的联系渐渐会成为成长形态的强大决定因素。

竞争就是一种常见的微弱联系。在竞争过程中,一种成分或路径的成长会对其他成分或路径的成长产生干扰作用。例如,当试图把自我的两种对立的特征(如,舒适的感觉与不自在的感觉)联系在一起时,这可能会与其有关自身特征的早期理解产生干扰。另一种常见的联系是支持。在支持中,一个成分或路径的成长会促进另一成分或路径的成长。理解现实中的自我是怎么会害羞的,能够促进该女孩对自己为什么在男朋友面前显得很笨拙的理解(见图7.13中的异性朋友关系部分)。竞争性和支持性的联系既会发生在相互接续的成长点之间(同一路径的不同水平之间),也会发生在不同领域之间(不同的人际关系或者不同的路径之间)。我们将采用同一路径内不同水平间的联系来说明这两个过程。van Geert

(1994)，Fischer 和 Kennedy (1997)对此有比较充分的解释。

当成长点 C 沿着其路径成长时，它会与成长点 B 发生竞争，即舒适的感觉与不安的情绪发生竞争。在这一模型中，竞争过程是一个竞争参数乘以成长点 C 在前后两次连续试验中水平的变化值，然后再除以成长点 C 在前一次试验中的水平值。这一项要从成长点 B 的成长方程式中扣除：

$$-Cb_{C\to B}\frac{L_{C_t}-L_{C_{t-1}}}{L_{C_t}}$$

此处，$Cb_{C\to B}$是成长点 C 对成长点 B 所产生的竞争效应的强度参数。竞争参数具体说明的是竞争效应的强度。竞争和支持的较大参数值会引发成长过程中的巨大摄动，包括骤降和剧增。通常，这些值都很小，表示这些联系还比较微弱。

在这个模型中，竞争是成长点 C 的当前水平相对于其前一个水平所发生变化的函数，而不是其当前水平的函数。对这种形式的竞争的解释是：假定成长过程中水平发生变化的数量是竞争的主要来源，而非技能的绝对水平。例如，当一个青少年着手建构一个用于对和母亲在一起的舒适感觉与其不安情绪作比较的抽象一一对应时，在完全理解之前，她的新理解很可能会暂时干扰其原先的理解。此外，花费在建立新的理解上的时间和精力，会与其对前一水平上的技能的进一步学习产生竞争，因为前一水平技能学习的时间已经用完了。因此，成长点 C 与成长点 B 之间的竞争是水平变化的函数，而不是绝对水平自身的函数。

在这个模型中成长点 C 对成长点 B 的支持采取的是一种不同的形式——支持参数乘以成长点 C 的水平，然后再除以成长点 C 的承载能力。这一项要加到成长点 B 的成长方程式中：

$$+Sb_{C\to B}\frac{L_{C_t}}{K_c}$$

此处，$Sb_{C\to B}$是一个说明成长点 C 对成长点 B 所起的支持效应的强度参数。例如，当一个青少年将其“现实自我”中的害羞与其在男朋友面前表现出的尴尬联系在一起时，那么这两种特征之间的联系将能够促进在前一成长点上对害羞和尴尬理解的水平。有证据表明，这种来自高一级成长点的支持作用，对成长曲线中发展突进的产生是十分重要的。对于许多参数值来说，它们可以促进像图 7.7 和图 7.11 中所示的那种连续突进的成长模式的出现，从而有助于解释像关系自我研究中所发现的、在成长曲线中所出现的连续突进。

将水平之间的支持过程和竞争进程添加到第二个方程式中，就得到了下面的这个有关成长点 B 的联系型成长模型：

$$L_{B_{t+1}}=L_{B_t}+P_{B_t}\left[R_B\frac{L_{B_t}^2}{K_B^2}-R_B\frac{L_{B_t}^3}{K_B^3}+Sb_{C\to B}\frac{L_{C_t}}{K_c}-Cb_{C\to B}\frac{L_{C_t}-L_{C_{t-1}}}{L_{C_t}}\right]$$

层级中接连的每一个水平都有一个类似的成长方程式，代表 5 个水平的 5 个方程式共同构成了关系自我的一条路径的成长模型。完全模型包括 5 个单独的关系(路径)，每种关

361 系与其他关系都有着支持性联系和竞争性联系，而且不同路径间的竞争和支持与同一水平内的竞争和支持有概念性的不同(Fischer & Kennedy, 1997)。

成长点之间存在的这些各种不同的联系，对于成长和发展的形态有着强大的动态影响。有证据表明，多种联系类型的融合对于决定发展的许多形态起着十分重要的作用。

平衡、失衡与发展的形态

如果关系自我模型是正确的话，那么它应该能够生成像在关系自我研究中所获得的代表最佳水平和功能水平的成长曲线，以及一系列可以引发进一步研究的其他种类的成长曲线。比如平衡、失衡、倒退和起伏等过程都可以通过该模型而加以考察。

在韩国开展的有关关系自我发展研究的实证结果中显示，在最佳水平与功能水平之间存在着显著的差异，如图 7.8 所示，此处比较的标准是从整个访谈过程中所获得的最高水平。在最佳条件下，学生们在理解方面显示出了相对快速的成长，而且还出现了两个连续性的突进。在功能条件下，他们的发展非常缓慢而且呈单调发展的成长形态。

该模型生成的成长模式与该实证研究的成长模式相类似，显示出了高支持评价条件下与低支持评价条件下在水平和发展形态上的类似差异。图 7.15 呈现了由该模型所生成的高支持条件和低支持条件下的成长曲线。需要注意的是，上文提到的高、低支持水平指的是场合支持，与本模型中的成长点之间的支持是有所不同的。场合支持并没有直接包括在本模型中，但它却会随着成长速率参数的变化而变化。除了高支持水平下的成长点具有较高的发展速率，而低支持水平下的成长点具有较低的发展速率以外，图中发展曲线的参数值都是相同的。由于在方程式中仅存在发展速率的不同，因此成长模式的形态从明显的层级阶段式成长转换成为单调而多变的成长。所有的高支持曲线都接近于实证研究中高支持条件下关系自我的成长曲线。第 3 种关系在低支持条件下的发展曲线虽然具有最低的成长速率，但仍接近于实证研究中低支持条件下的成长曲线。在某些低支持曲线的变异性中包含有突进或骤降，这种成长模式大概可能代表着该样本的成长速率比韩国样本略高一点。一般来说，低发展速率会产生相对单调的成长，而高发展速率则会产生一系列的间断(突进或骤降)。

这种从一系列不连续的成长到单调成长的变化，为该模型界定了一套很宽泛的成长模式，但是该模型也可以生成其他的成长模式。例如，图 7.11 中显示的就是由同一模型生成的成长曲线，成长点 1 和 2 表现出了类似的由不连续性到相对单调的成长变化。然而，成长点 3 则表现出了一种较不稳定的成长模式，这种模式在成长曲线较不稳定或不平衡的情况下是很普遍的。

根据 Piaget(1985)的观点，认知发展通常是保持平衡的，经调节产生了一系列连续的平衡(稳定期)。在他的发展层级中，这些稳定期标志着发展阶段。像图 7.15 所示的高支持条件下成长点的那种突进而平缓的成长模式，显示的就是一个平衡的过程。在这个过程中，不同领域的成长点都倾向于寻求同一个水平——一种在非线性动力中被称作“吸引者”的东西，因为看起来像有什么东西总是牵引着这些成长曲线向某个通常的地方靠近。例如，当一个成长点变动得比其他成长点高一些的时候，这可以被解释为它打乱了平衡，它会被重新牵引到通常的水平。同时,功能水平的成长点并没有显示出存在任何明确的吸引者的迹象——没有寻求同一水平的倾向。

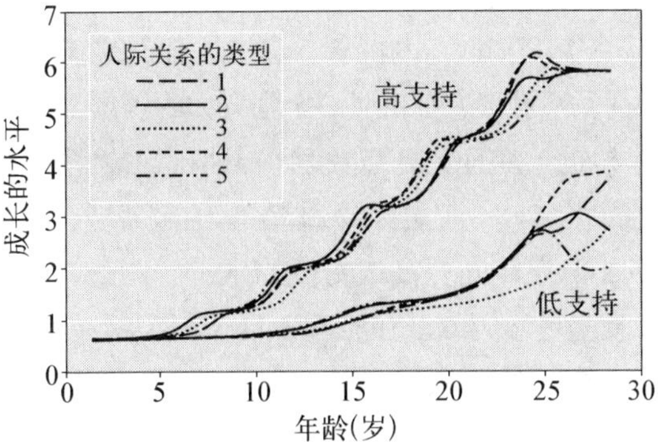

图 7.15　关系自我发展的成长模型：5 种人际关系的最佳水平和功能水平及 5 种层级水平。

这种模式也被称作 U 型成长模式，因为每一次突进之后都有一个骤降出现——这也是学者们经常一直所困惑的一种现象(Strauss, 1982)。这种 U 型成长曲线在图 7.11 的成长点 2 上表现得尤为明显。在这些动态成长模型以及有关最佳水平的实证研究中,成长的高峰之后往往都伴随着跌落。通过对该模型中所有可能的参数值进行实验验证后，Fischer 和 Kennedy(1997)断定：在该模型中,多种领域(人际关系)之间的支持性联系,通过成长点之间的相互促进,进而超越了系统本身的承载能力,最终导致了这种成长模式的出现。这种由成长点之间的联系所导致的复杂效应是动态系统的特点之一。

362

这种依次性的平衡是一类层级成长曲线的一个共同特性,但是也有许多形态的成长曲线并未显示出这种依次性的特点。除了那些像在图 7.5 所示的低支持曲线外,许多成长函数在各成长点系统中都布满了动荡因素。这些动荡因素有时会导致如图 7.16 所示的那种成长模式,我们称之为 Piaget 效应。Piaget(1950)在批评加速儿童早期发展的努力时建议：逼迫他们超越其自然水平,就像训练动物在马戏团耍把戏。这不仅不利于儿童的正常成长,而且会阻碍儿童的长期发展,就像发生在马戏团动物身上的情形一样。除了领域 2 在其第二水平上给予了一次提升成长速率的机会外(类似于促进早熟的特殊训练),图 7.16 中所示的模型和成长参数基本上与图7.15 所示的最佳水平的模型和成长参数一模一样。这一提升导致领域 2 的发展水平立刻超过了其他领域的发展水平,但是随着时间的推移其他领域却有较多的成长,而领域 2 在一个相对较低的水平上就中止发展了。同时,这 5 个领域也停止了相互之间所存在的那种均势,而表现出不同的发展水平。这样一来,一个成长点上发展速率的短期推进扰乱了整个系统,并改变了与这个成长点相联系的其他成长点的成长模式。

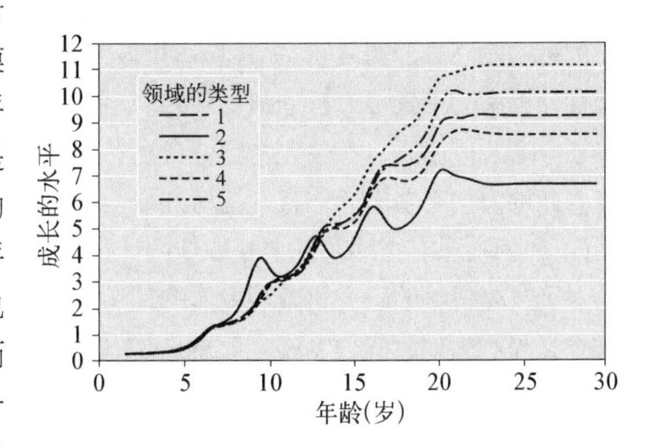

图 7.16　Piaget 效应：早期的成长加速而造成的起伏式发展形态。

Piaget 效应仍然是一个依次性的模式。在这个以及其他相关层级模型中的成长点有时会显示出更为强烈的扰乱性,包括骤降、迸发和湍流式的振荡,类似于图 7.14 中成长点 6 由简单的逻辑成长公式所生成的湍流式振荡。这样一来,同样的成长过程会生成一系列完全不同的发展形态,从单调成长到阶段平衡式的成长,再到扰乱式的成长以及湍流式的变异。这些层级成长模式中的某些成长函数看上去甚至非常符合灾变和混沌的性质。这些是真正的非线性系统,而且它们为描述和分析促进对人类发展的许多不同形态提供了一个强有力的工具。

Van der Maas 和 Molenaar(1992)假定: 根据灾变理论,以过渡到一种新的技能水平为标志的发展重组反映了改变的一种特别重要的性质——滞后作用,即在发生显著变化期间,发展将会根据一个控制参数的变异方向从某一个点转向更高或更低的水平。例如,移走热量后水结冰时的温度与增加热量冰融化时的温度是不同的。在心理发展过程中最有可能产生滞后效应的因素包括场合支持和情绪状态。当这些因素发生变化时,无论是转向较高的发展水平还是转向较低的发展水平,两种水平之间的过渡时期的变异会显著地大于水平稳固之后的变异。

目前有大量可以用于约束发展过程和分析变化的非线性动态工具,而且在将它们用于分析发展和学习方面还有许多工作要做。其中的许多工具起初是为了解决生物学中有关物种间互动的生态和长期进化的动力而设计出来的(Holland, 1992; Kauffman, 1996; Wolfram, 2002)。有些学者甚至已开始将这些非线性概念应用到了社会交往现象当中,诸如人们是如何通过一起协作来促进各自的发展的(Fogel & Lyra, 1997; Nowak, Vallacher, Tesser, & Borkowski, 2000)。一个可以推进有关发展的方法和理论的特别有前景的领域是对于个体和社会群体在微观发展过程中的过渡机制的研究。

363

建立结构: 过渡机制、微观发展及新知

由于对发展的研究就是对变化的研究,因此任何对心理结构发展的恰当说明都必须能够提供一个足以可信的对于过渡机制的解释。通过这种过渡机制,个体可以将某一特定水平上的结构发展成为更复杂、更具包容性及更能适应个体差异的结构。特别是在宏观分析和微观分析中有关任务分析的最新进展,已经使这一领域从过去的那种有关过渡机制的模糊描述中摆脱了出来。有关在特定任务和特定场合下发展过渡的建构主义模型的轮廓正在形成。此种方法有希望为一直困扰认知科学家的一个关键性问题提供答案: 人类是如何建构新知,如何在已有技能基础上获取新的认识的(Granott et al., 2002; Gruber, 1973)?

对于过渡机制的研究与微观发展的理念(又称作微观起源)是紧密相关的。微观发展通常被定义为对短期时间内发展变化的研究,短期时间的范围包括分钟、小时、天、周,而不包括月和年。对短期时间内的变化过程的研究能够获得有关整个过渡期发生时的详尽数据(Granott & Parziale, 2002),而这些详尽数据是无法通过传统的横断及纵向发展研究那种有较大时间间隔的观察方法来获得的。

微观发展与宏观发展之间的关系

动态结构分析的一个最大优势就是它可以提供一种将短期变化与长期变化联系在一起

的方法。以往的研究方法倾向于以长期发展或以短期微观发展(学习)为中心,这样一来要么是把一种类型的变化强加到另一种类型的变化上,要么是只强调一种类型的变化而同时忽略或完全舍去另一种类型的变化 (Piaget,1950; Skinner,1969)。我们在前面概述有关发展方面的研究方法和概念的令人质疑的单维性假设时,这些情况经常被提及。

微观发展是一系列短期的过程,通过这些过程人类为参与具体的场合建构各种新的技能,这就是 Vygotsky (1978) 所称的“邻近过程”。宏观发展则描述的是大规模的过程。通过这些过程,不同场合、领域下的许多局部活动会在相当长的时期内逐步得到巩固、概括,并结合在一起形成较大且缓慢的发展变化。

图 7.9 中发展网络的图示说明了这种微观和宏观发展的方法。用于具体场合中建构各种具体技能的微观发展过程,是由发展网络中显示着正在建构中的分支(虚线和点线)来表示的。在任何时候, 都有许多分支正在建设中,而且这些分支会由于场合和共同参与者的不同而沿着不同的路径发展。无论是从最佳水平转向功能水平还是从功能水平转向脚手架支持水平,都是沿着该量表每个分支上的不同发展点起始,并且在那个分支发展范围内跨越几个不同的水平,如图 7.9、表 7.1、图 7.1 和图 7.8 所示。

稍微退后一点,扫视整个发展网络,就会在你的眼前出现出一幅微观发展的巨幅画面。在每个分支上只有很小的一部分属于微观发展,而宏观发展则是由负责建构整个网络的全部过程构成的。宏观发展并非是许多微观发展过程的原子式的简单堆积,而是在所有微观过程共同参与下的一个不断累积的过程。从这个意义上来说,微观过程与宏观过程之间是一种内在相互联系且相互依赖的关系,类似于分子式和亚原子式的关系。离开了对方,谁也无法单独存在,但双方也都无法替代对方。在微观发展的分析水平上,我们可以发现一些在宏观水平上不会出现的现象,反之亦然。

一个重大的宏观发展现象就是发展水平的不连续性的群集现象,即在不同分支路径(领域)上各种技能同时出现上升、跌落和重组的那些区间,在图 7.17 中被标记为“显现区域”。这一现象抓住了阶段理论中真相的核心——到底是什么可以使得那些与儿童打交道的人们在接触到一个儿童之前,就可以准确地预测出大多数这个儿童可能会使用到的各种技能。近观(微观发展的)这个网络时,你会看到行为表现所显示出来的巨大变异性,但是退后一点距离再来审视这个网络的话,你就会发现:一种新水平的出现会存在着一种相对一致性。例如,从宏观发展的角度来看,青少年个体大约 15 到 16 岁和 19 到 20 岁时在关

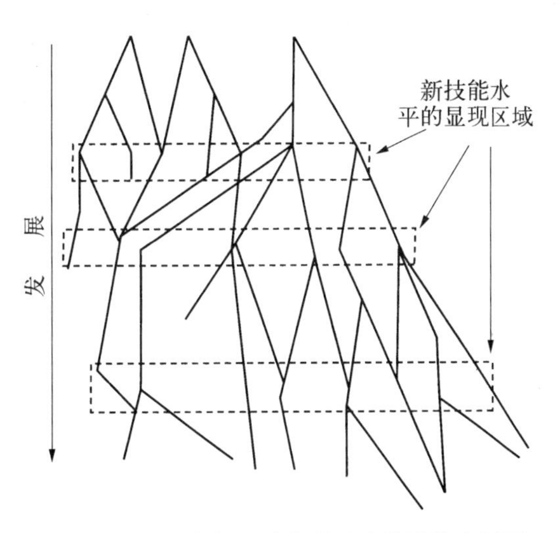

图 7.17 不同分支同时出现不连续性的发展网络。矩形框代表的是同时出现不连续性的三个区域。在该网络中,之前和之后也还存在着其他的显现区域。

364

系自我的理解水平上会发生两次突进，但是如果以小时、天和星期为单位对这些变化进行微观发展分析时就会发现，每个个体都是在逐渐建构这些新技能的。

在宏观发展中所出现的不连续性的群集现象，并非产生于某种神秘的潜在阶段性的结构，而是产生于一种动态过程中。在这种动态过程中，人们会通过对在逐步发展过程中所产生的那些具有各种各样局限性的早期成分加以整合而建构出新的技能。这些局限性包括社会文化的含义和场景(Rogoff, 2003; Whiting & Edwards, 1988)、在神经学和解剖学方面的生物变化对技能的支持(Carey & Gelman, 1991; G. Dawson & Fischer, 1994; Fischer & Rose, 1996)，以及达到技能建构的某种速度和范围在时间上的限制。同样是这些动态条件有时会引起相反的模式——在某些情况下的某些领域中，技能出现的年龄会存在着很大的差异，如图7.10、7.15和7.16所示。

发展的群集是一种宏观发展的现象，并不直接出现于微观发展中。然而，正是由于对在许多不同场合下的微观发展过程的组合，而导致了每一发展水平上不连续性群集的出现。反过来，宏观发展的限制因素会随时限制微观发展的过程，因为人们是在那些经过长时期积累起来的技能的基础上建构新技能的，而且这些技能已经在功能水平和最佳水平中反映出具有复杂性程度上的上限。因此，要想充分理解发展的过渡，就需要研究微观发展与宏观发展之间的关系。

建构过程：从微观到宏观

研究微观发展与宏观发展之间关系的一个主要障碍是一直缺少在一个研究中可以同时包括这两种分析水平的研究方法。用于研究短期变化和长期变化的概念框架和研究方法已经独立地发展起来了。一方面，对宏观发展的研究主要是一直围绕着Piaget(1983, 1985), Werner(1948)的普遍结构模型以及侧重于输入和输出的实验/心理测量学方法展开的(Horn & Hofer, 1992; Klahr & Wallace, 1976)。通常来讲，一直是采用横断或纵向的研究方法来描述人在其一生中较大时间间隔点上相继出现的心理测验量表分数或心理结构的各种形态的。对于那些最终会导致长期变化的、日常的短期功能性适应来说，这些方法没有任何参考价值。

另一方面，微观发展一直是被当作一种与适应特定环境有相对直接关系的过程来研究的。无论这种适应是被视为一种个体的学习过程(Bandura, 1977; Skinner, 1969)还是一种个体之间相互控制的内化过程(Rogoff, 1990; Vygotsky, 1978)，采用这种功能性方法的研究者都几乎对长期的结构性变化不作任何分析。

现代的任务分析方法可以克服这种方法论上的分界，使得在一个共同框架下研究短期重组与长期重组之间相互联系的方式有了可能(Goldin-Meadow, 2003; Granott & Parziale, 2002; Miller & Coyle, 1999; Siegler & Crowley, 1991)。通用的量表和概念使得依据执行控制的结构来描述在各种具体任务、场合和合作者的情况下的心理组织过程成为了可能，从而将微观发展与宏观发展联系在了一起。技能复杂性量表使得采用同一个量表(如图7.3所示)同时来分析微观发展和宏观发展成为了可能。研究者可以将儿童在一项任务上的短期行为表现中的变化,如解决问题的效率、策略以及错误,与其对控制行为表现的结构进行层级组织时的变化直接地联系在一起。

365

这类研究使得我们对以下四方面的理解有了突破性的进展:(a) 同时发生或重心轮换的核心过渡机制;(b) 新的技能是通过建立、重复和概括等环节逐步建构起来的,这在成长曲线的形态上表现得十分明显;(c) 在一个领域中从新手变为专家的微观发展过程;(d) 人们自我形成高水平的新技能时所采用的联结过程。

过渡状态中的重心轮换

层级整合中的一个基本过渡机制是同时发生或重心轮换(Fischer, 1980b)。跨越多个不同任务的若干项实验研究的结果在以下这种常见的微观发展现象上已经达成了一致:当个体在刚刚开始发展一种新技能时,他们会轮换使用两种不同的表征或两种不同的策略,而这两种表征或策略中的任何一种都只是部分地适合当前任务的需要(Bidell & Fischer, 1994; Goldin-Meadow, 2003; D. E. Gottlieb, Taylor, & Ruderman, 1977)。Piaget (1952)和 Baldwin (1894)认为,在过渡过程中含有摸索的成分,在这个摸索的过程中儿童会直觉性地去寻找各种对新形态的技能进行组合和区分的方法。例如,在还无法理解不同形状容器中液体守恒的问题之前,儿童经常会用言语来表征液体的高度,而同时用手势来表征液体的宽度(反之亦然)。几天或几周之后,他们就会把这两个维度整合成为一种用于解决守恒问题的新技能,这是在宏观发展中所迈出的一大步。Goldin-Meadow 及其同事(1993)研究表明,这种双表征无疑表明在技能(如守恒和数学等值)发展的过程中存在着一种过渡状态。这种过渡过程会发生在情绪发展的过程中。另外,当儿童需要对反义词对进行整合时,像善意和恶意这样的反义词对照常会同时出现在儿童的活动中(Fischer & Ayoub, 1994;Harter & Buddin, 1987)。

许多这种过渡期都涉及把同时出现的成分建构成为新的技能,当然在很多过渡期中也涉及对应用于一项任务上的各种技能或策略的整合体做一点点改变(Siegler & Jenkins, 1989)。多种多样的对同时发生所进行的研究为我们提供了一个新的有关过渡期前后对照鲜明的描述:起初,在一项任务上,一个人会同时使用那些不完全适合的技能,而这种同时发生促使人们摸索着去整合和区分各种技能,并最终形成一种新的、层级性的、比较适合该项任务完成的综合性技能。

建构过程中成长曲线的形态及新技能的概括化

微观发展分析揭示了通过整合和区分同时出现的技能来形成一种新技能的实时过程。要分析个体的成长曲线,而不是去分析各种标准化数据的组合(Estes, 1956; Fischer, 1980a; Granott & Parziale, 2002; Siegler & Crowley, 1991; Yan & Fischer, 2002)。我们可以对人们在不同技能和任务上学习和概括的变化进行分析和比较,比如描绘学生个体或学生群体对在不同任务和内容上所学到的新知识进行概括时的发展过程。通常来说,学习的发展过程是能够被直接查明的,包括技能建构的特性和该技能对各种新情境的概括化程度。在图 7.3 和 7.4 中的技能复杂性量表提供了一个用于比较不同技能成长的通用量表,从而大大促进了研究工作的开展。

用于分析的一个关键工具是成长曲线的形态。在日常学习活动中，由于各种活动的复杂程度不同，人们产生了各种各样复杂的成长模式，它们并非只是一个简单地向上推进的过程，随时都会在一定范围内发生变化。借助于动态系统理论的洞察力，许多认知科学家都认识到：复杂的轨迹可以捕捉到学习和发展曲线的真正形态。实时轨迹并非是沿着直线移动的，而是由于受到限制因素的制约而通常在一定范围内上下起伏。

通过对成长曲线的分析显示出了一个建构和概括一种新技能的原型模式：人们首先建立一种技能，然后不断地对其进行重建，建构和不断重建的过程反映在成长曲线上是一种波浪形的模式，而不是一条直线或一个单调上升的过程。当遇到一个新的任务或情境时，人们首先会向下移动到一个低的复杂性水平，如图 7.18 所示，他们会使用类似于儿童所使用的那些基本技能。然后，他们会通过不断地重建(每次重建都会出现一定的变异)，逐渐建构起一种较为复杂的技能来应付该任务(Fischer et al.，2003；Granott，2002)。也就是说，当遇到的场合有某些改变时，人们的技能会失灵，并退回到一个较低的技能水平，然后在这一新场合下重新建构这个技能。随着场合或状态自然地发生变化，他们的技能会不断地失灵，每一次他们又会用不同的方式去适应并重建这种技能。这种模式常常被称作“扇形边”，如图 7.18 所示，因为它是逐渐建立的，并不断出现跌落，从而形成了一个类似扇贝壳的形状。通过这一缓慢的过程，人们会逐渐建立起一种比较通用的技能，它可以运用于一定范围内发生变异的场合中。科学家已经就婴儿和年幼儿童的这一过程进行了详尽的描述，并将这一过程称作“循环反应”(Piaget，1952；Wallon，1970)，但是当面对新的学习情境时，这一过程会发生在任何年龄段的人们身上(Fischer & Connell，2003)。

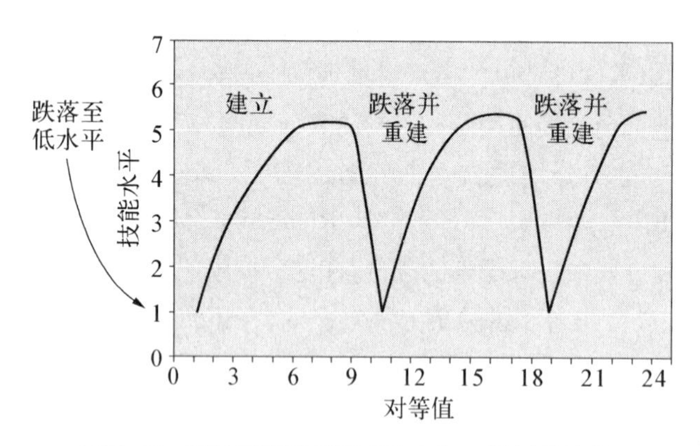

图 7.18　通过不断地重建而建立起一种新的技能。

来源：From “Adult Cognitive Development：Dynamics in the Development Web”(pp. 491-516)，by K. W. Fischer，Z. Yan，and J. Stewart，in *Handbook of Developmental Psychology*，J. Valsiner and K. Connolly(Eds.)，2003，Thousand Oaks，CA：Sage.

366

图 7.19 表明了在 Nira Granott(1994，2002)的一项研究中一对研究生在学习一种新技能时所出现的这一现象。Ann 和 Donald 当时试图去理解一个光控的 Lego 品牌机器人(完成这项研究时，Lego 机器人在麻省理工学院的媒体实验室还处于研发阶段，还没有在玩具店上市)。机器人是如何工作的以及它会对什么作出反应，Ann 和 Donald 起初对此一无所知。他们试着去了解它是什么以及它有什么功能。一开始时他们对于这个机器人的理解的复杂性水平还是非常低的，他们经过半个小时的密切合作之后，逐步建立起了一种复杂水平较高的对于机器人的共同理解。他们有关机器人是如何在地面上移动的理解在技能复杂性水平上是呈波动式发展的，如图 7.19 所示，从原始的自我中心行为(即将机器人的特性与他

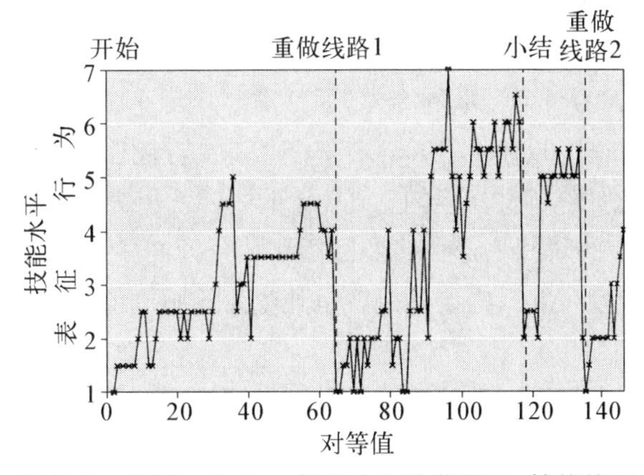

图 7.19 理解一个 Lego 机器人的微观发展：技能的不断重建。一对研究生 Ann 和 Donald 共同来理解一个光控机器人。在他们共同解决问题的过程中，需要不断地重建其技能。他们需要在半个小时之内经历 4 个部分的重建过程。

来源：From "Microdevelopment of Co-Construction of Knowledge during Problem-Solving: Puzzled Minds, Weird Creatures, and Wuggles," by N. Granott, 1994, *Dissertation Abstracts International*, 54 (10B), p. 5409; and "How Microdevelopment Creates Macrodevelopment: Reiterated Sequences, Backward Transitions, and the Zone of Current Development" (pp. 213 - 242), by N. Granott, in *Microdevelopment: Transition Processes in Development and Learning*, N. Granott and J. Parziale (Eds.), 2002, Cambridge, England: Cambridge University Press.

们自己的行为混淆在一起了)逐渐过渡到了复杂的表征系统(该系统描述了机器人的具体特性)。

Ann 和 Donald 的技能是比较脆弱的，建立起来然后又失灵，这样反复了好几次，如图 7.19 由垂直虚线所隔成的板块内的内容所示，可见其理解水平的发展并不是呈直线上升趋势而直至达到一个比较适合水平的。在该情境中看似很小的变化也会导致其技能失灵并跌至低水平，即标记为"以自我为中心的行为"的那些水平，这类行为的产生是因为他们把自己的活动与机器人的特性混淆在一起了。在每次失灵之后，他们会再次重建自己的理解技能。在他们的技能经历了初始发展(第一个板块：开始)之后，一根电线从机器人身上脱落了下来，他们无意中将其插入一个不同的插座内，这样一来机器人会产生一种不同的反应。随着机器人的这一变化，他们的技能又垂直下落至低水平，并开始重建自己的技能(第二个板块：重做线路 1)。之后，另外一个人加入了进来，问他们正在做什么。因为需要解释自己的行为，他们的技能再次失灵并降至一个低水平，几分钟之后他们又逐渐建立起所需的技能(第三个板块：小结)。完成了解释之后，他们有意地从机器人身上取下一根电线并将其插在另外一个插座内。他们的技能再次失灵，而且不得不重新建立新的技能(第四个板块：重做线路 2)。

367

需要注意的是，这项研究要求两个被试一起做事情，而不是让每个被试单独去解决问题。许多微观发展研究都从这一对于社会交往情境下的学习分析中得到了某些启示。这种社会交往场合不仅比较自然和具有生态效度，而且还能提供比较丰富的数据资料用于学习过程的分析。合作使得学习过程更加明显，因为学生会通过将其学习过程外化出来的方式(言语交流、手势、合作活动)来进行互相交流。个体单独工作时很少会外化其学习过程，因而使得研究者难于去研究他们的学习过程。

总的来讲，随着情境的变化而出现的不断重建和失灵说明这些新技能比较脆弱，通常难以将其概括化(Fischer & Immordino-Yang, 2002; Salomon & Perkins, 1989)。情境的微小变化会引起技能跌至一个低水平并需要重建，如图 7.18 所示的扇贝模型。我们认为，这个不断重建的过程是创建一种概括化技能的基本机制。

学习需要花费一段时间：从新手到专家的成长

建立崭新的、概括化的技能通常需要很长的时间，特别是在学校里所教的而且社会看重的那些领域，如文学、数学、科学和艺术。成为一个领域的专家，通常需要 5 至 10 年的学习(Ericsson & Charness, 1994; Gardner, 1993; Hayes, 1985)。在一个领域创造出崭新的概括性知识，同样也需要一段很长的时间，比如达尔文当年创立进化论的概要就花费了 8 年的时间(Gruber, 1981)，然后用其生命中其余的时间将这个概要概括和区分为许多生物学专题。成为一项工作或是一个更小领域的专家可能只需要几周或是几个月的时间就够了，但仍然需要花费时间。

新手和专家在处理一项任务的方法上会显示出截然不同的微观发展模式，而且当人们从新手向专家发展时，同样也会产生一种与众不同的中间模式。在一项以研究生为被试学习使用计算机进行简单统计运算(比如，求一组数据的平均数)的微观发展研究中，学生们显示出了三种模式，如图 7.20 所示(Fischer et al., 2003; Yan, 2000; Yan & Fischer, 2002)。新手们会产生出不规则的、紊乱的成长曲线，频繁地在高与低的技能水平之间发生起伏，如在第一行中所显示的那样。中等技能水平的学生则显示出了扇贝壳形的模式，即反复地建立和维持一种较为复杂的技能，如在中间一行所显示的那样，同样在图 7.18 和 7.19 中也说明了这一点。专家们的技能则通常在一个低水平起始，但能够迅速地达到当前任务所需的熟练水平，而且基本上维持在这一水平上，偶尔会因为出错或困扰出现短暂的下降。

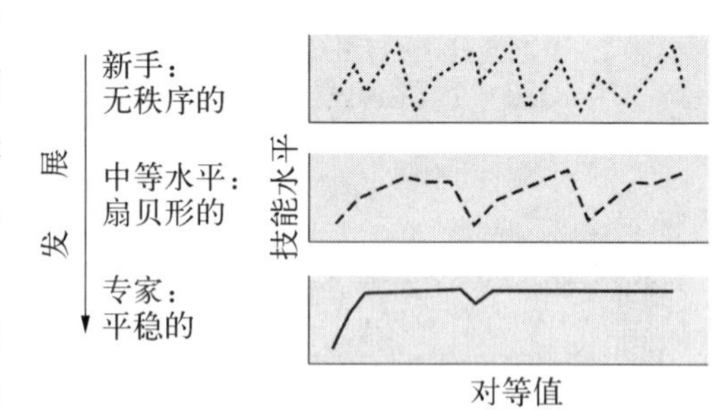

图 7.20 新手、中等水平和专家所使用的技能的成长曲线。

来源：From *Dynamic Analysis of Microdevelopment in Learning a Computer Program*, by Z. Yan, 2000, Unpublished Doctoral Dissertation, Harvard Graduate School of Education, Cambridge, MA; and "Always under Construction: Dynamic Variations in Adult Cognitive Development," by Z. Yan and K. W. Fischer, 2002, *Human Development*, 45, pp. 141 - 160.

对一个学期的课程进行四次评价，大约 40% 的学生会由新手成为中间模式或是由中间模式成为专家(有的学生也会表现出由中间模式倒退到新手的水平，这可能由于课程从比较简单变得越来越具有复杂性，显然这些学生感到很困惑)。因此，学习和问题解决情境下成长曲线的模式是一种非常直接的评价方法，它既可以评价人们是如何在短时期内掌握技能的，也可以评价这些短时期内掌握的技能是如何与长期的发展和专长发生联系的。

学习和发展的多重维度

要想揭示那些像在图 7.20 中所示的微观发展模式，需要观察人们学习新技能时所走的路径。成长通常会沿着多个路径和路径分支同时展开，其中某些会显示出人们正在学习，而另一些则没有显示出学习(Fischer & Granott, 1995)。某个特定的活动不仅仅只是发生在一个维度或是一个发展水平上，它会在各种不同水平上、沿着不同的认知和情感路径展开。

例如，在对机器人的研究中，Ann 和 Donald 显示出了两条独立并相互关联的路径，即理解机器人和彼此间进行言语交流，它们是互相缠绕在同一项活动之中的，却产生了彼此显著不同的成长模式。与理解机器人的扇贝形成长模式相比，言语交流路径的成长曲线则显示出一种持续较高的技能水平，而且在整个实验期间没有发生任何系统性的变化，见图 7.21 中上面的那条虚线(图 7.21 显示的仅仅是图 7.19 中的第一板块所对应的那部分)。尽管 Ann 和 Donald 在共同解决问题的过程中始终保持着有效的表征性交流，但是该交流的复杂性水平并未显示出系统性的成长。同时，他们对机器人的理解(明显是通过他们的交流)确实显示出了系统性的变化，形成了一个扇贝形的模式。如果只对 Ann 和 Donald 之间的言语交流作肤浅的分析，那么就会错失掉理解机器人的发展过程，并且显示出的只是他们在表征性交流中所呈现的一条相对平坦、稳定的轨迹，有些起伏但没有学习。一项活动会涉及多个同时存在的路径(维度)，它们实际上是同一活动的各个不同方面，而且在一种学习情境下只有部分路径会显示出系统性的变化。 368

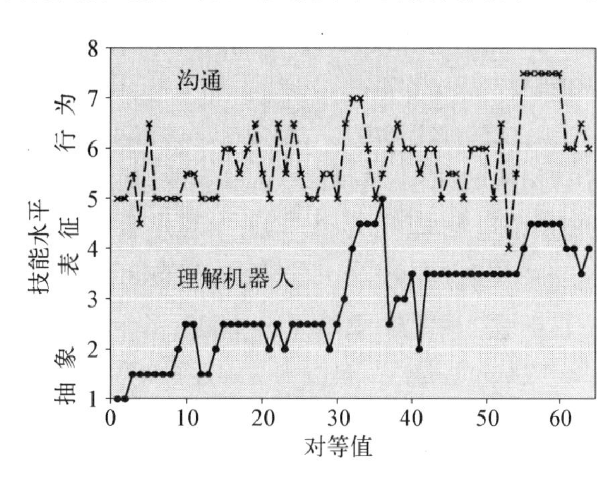

图 7.21 Ann 和 Donald 的第一个问题解决序列中的两个分支路径。

来源：From "Beyond One-Dimensional Change: Parallel, Concurrent, Socially Distributed Processes in Learning and Development," by K. W. Fischer and N. Granott, 1995, *Human Develpoment*, 38, pp. 302 - 314.

有一点重要的补充是，这些学生实际所具有的技能水平要高于他们在任何一条路径上所显示出的水平。基于他们在研究生课程上的表现和他们的年龄，他们具有使用复杂抽象技能的能力，至少是 Ab2 水平(抽象水平的一一对应)和 Ab3 水平(抽象水平的系统)，但他们在理解机器人的活动中并没有表现出这样高的水平：人们会根据任务的需要来确定到底选择使用哪个水平的技能。除非是当前情境所需，否则不会使用更高水平的技能。

在微观发展中考察学习的动态性质，需要：(a) 找到正在成长的路径或分支路径，(b) 把它们与那些仅仅发生变化而没有任何成长的路径或分支路径区分开来。那些能够把在一项活动中起作用的多种技能水平识别出来的方法，促进了对这些不同路径的区分，因而可以揭示出微观发展的规律。通过使用这些方法，有可能会发现人们是如何从低水平建立起各种技能的以及他们如何通过不断地重建来概括和巩固这些技能。一般来说，复杂的微观发展网络来自这些微观发展的路径，它们通过成长、联结以及分支而产生出技能和理解的非线性长期发展。

联结：一种建构新知识的过程

人类是通过什么样的方式来建构对其自身来说相对较新的知识的，这一直是有关学习的一个奥秘。这也就是说，为什么不同的人所学到的知识有那么大的不同。有关新知识的起源问题困扰了哲学家几个世纪(Kant, 1958; Plato, 1941)，并且继续困惑着 20 世纪的学者们(Fodor,1975)。当人们对某些事物看似一无所知的时候，比如说对于 Lego 机器人机能的了解，他们是如何建构有关这个事物的新知识的？他们是如何从一无所知到建构出新知识的呢？

产生这种两难境地的原因在于结构即形态这一范式的局限性。人类并不是从一无所知中建构新知识的！之所以看起来如此，是因为学者们假定人类只是在一个知识水平上发生机能作用。事实上，人们可以在多重水平上发生机能作用，他们并由此能够使用一个水平的机能来指导其在另一水平上的行为活动。他们能够通过使用来自其他情境的已有知识，独立自主地建构新知识(Dunbar,2001; Kurtz, Miao, & Gentner, 2001)。

联结过程是人们独立自主地建构新知识的一种重要途径。在这一过程中，人们可以通过同时在两个水平上发生机能作用来引导其建构自己的知识(Case,1991a; Granott et al., 2002)。他们会无意识地建立起一种目标技能或目标理解，它位于还未建立起来的高于他们现有功能水平的地方，人们把它作为建立理解的外壳来使用。这个外壳的功能就像是登山者所用的抓升钩的功能一样，把行为活动拉升到目标水平。这个外壳通常会建立在类比或隐喻的基础上，像 Lakoff(1987)和其他认知语言学家所描述的意义框架那样。教师和其他人也能够为学习者提供起联结作用的外壳，如年幼儿童可以把 Case 的数字线隐喻作为其算术运算的一个核心概念结构(Case et al., 1996)。

369

在联结的过程中，人们所建立的目标外壳通常是不完整而且模糊的，但是它们的确为引导对新知识的探索提供了一个框架。继而，人们借助他们的行为活动为这个外壳逐渐填充各种组成成分，直到他们对这一场合下的新任务的理解达到一个较高理解水平为止。专家们大概也使用这种起联结作用的外壳。不同的是，他们对于相关领域所建立的那些外壳，较少模糊且比较完整，有利于快速地建构技能和解决问题，如图 7.20 的第三行所示。

另一对研究生共同研究 Lego 机器人的例子可以说明联结过程是如何运转的(Granott et al.,2002)。Kevin 和 Marvin 原本并不知道他们的机器人能对声音作出反应。当他们开始探究这个机器人的时候，他们先和它玩了几分钟，看看有什么情况发生。几分钟之后，他们显示出了其第一个联结的情形——对于不确定的某种因果关系提出了一种比较模糊的解释，它为需要建构的技能提供了一个轮廓：Marvin 把手放置到机器人四周的不同位置上想看看会发生些什么，并且 Kevin 说，“它好像有反应。”

反应一词暗含着因果关系、行为与反馈的意思，但是 Kevin 并没有具体说明，因为他还没有了解到足够的信息。因为并不十分清楚到底是 Marvin 行为中(或其他什么中)的什么因素引起了机器人的反应以及机器人是如何改变其在反应中的动作的。这两个学生甚至还不了解机器人是对声音作出反应的，而且他们也还没有探测出机器人动作中的相应模式。尽管如此，反应这一想法确实暗示着存在一个内容未知的因果联系。Kevin 和 Marvin 借此建立了一个联结外壳，它有效地提出了两个彼此相关的未知变量 X 和 Y：

$$\left[\underset{\text{外壳}}{}(X) \xrightarrow{\text{反应}} (Y)\right] \quad (2)$$

公式中字母外的圆括号表明,这两个成分对 Kevin 和 Marvin 来说仍然是未知的。这个外壳把行为 X 与反应 Y(作为对 X 的反应)联结在了一起。尽管这个外壳仍旧缺少内容,但是它标识着存在一种未知的因果关系。除了外壳中的某些成分一开始还未知或部分已知外(有点像行为中的代数学),联结过程会遵循着技能发展的基本结构。未知成分的数量和性质会随着发展的层级水平的不同而不同。

通过先建构一个外壳,联结的运作过程就像是建高架公路时先竖起一些支柱一样。支柱已经被放置到位了,但是光靠它们还不能够完全支撑将要最终建造在其上的公路。就像支柱之间仍然缺少水平横梁和混凝土那样,在 Kevin 简短的叙述中仍缺少内容——具体的因果关系。如同这些光溜溜的支柱一样,起联结作用的外壳还需要探索其目标因果的一一对应关系,目前只是准备好了建构这一因果关系的框架而已。尽管这一联结外壳目前仍然是中空的,但是 Kevin 和 Marvin 将会利用这个外壳来组织他们的新经验,并由此对其赋予一定的含义。

在 Kevin 和 Marvin 引入这一反应外壳之后,他们继续把玩机器人并观察它是如何作出反应的。几分钟之后,他们建立了一个因果联系,那就是:"当它向这边走来,一进入阴影区部分,它就开始改变其行为。"这一陈述详细说明了机器人来到阴影下与其行为改变之间的一个基本因果联系,从而可以把技能外壳中的 X 和 Y 填充上了具体的内容:

$$\left[\text{在阴影下} \xrightarrow{\text{反应}} \text{改变行为}\right] \quad (3)$$

由反应所界定的这一联结外壳引导着 Kevin 和 Marvin 阐明了第一条因果关系或假设:阴影会引起机器人行为上的变化。这种联结外壳经过初次使用之后,Kevin 和 Marvin 通过探索不断使其进一步充实,进而对这个机器人有了相对细致和稳定的理解。

总之,微观发展分析可以充分地捕捉到行为活动、发展和学习的动态特性。当人们在新的复杂性水平上为一个特定任务或情境建构技能时,这些比较复杂的技能起初是脆弱的,而且只有经历较长时期才能够逐渐达到相对稳定。通过与他人共同工作或者自己单独工作,人们会同时使用几种相关的组成成分技能,或者轮流使用这些组成成分技能,而且他们会通过协调过程把这些组成成分逐渐整合成为更高一级水平的技能。为了促进自身技能的建构,他们会建立更高水平的外壳来联结或引导自己的新知识。随着时间的推移,他们会根据任务或场合中每个小的变化而来反复建构和重建每一种技能,直到他们能够巩固自己的行为表现为止,从而最终形成一种具有一定概括性的技能。一旦这些新技能巩固之后,人们就会把它们作为进一步建构的基础,其中包括概括化到新情境中去和建构新的协调。当然,即使技能是很巩固的,这些技能也不会总是能够随意利用的。它们仍然受制于许多动态的、构成人类行为活动的相互作用因素。

370

学习和问题解决的微观发展分析使得人类行为活动结构中的巨大变异性每时每刻都变得特别明显。情绪的发展是具有显著变异性的另一领域。传统上，情绪一直被认为是与认知相脱离的(简化主义的另一个例证)，但是过去25年来情绪研究方面的变革已经从根本上改变了这一观点。事实上，情绪和认知并不是相互分离的，而是同一个事物的两个方面。实际上，微观发展和情绪是引领超越结构即形态的范式、创立动态建构主义的两个领域。

情绪与行为和发展的动态组织

情绪强烈地显示出了动态结构分析是如何阐明人类行为及其发展的。经过20世纪中叶行为主义和认知主义时代几十年的忽视之后，在过去的25年中，情绪已经回归到人类行为和思维研究的中心舞台上了(Damasio, 1994; Frijda, 1986; Lazarus, 1991; Scherer, Wranik, Sangsue, Tran, & Scherer, 2004)。学者们已为理解情绪建构了一个新的框架，该框架属于新动态结构主义的核心，它顾及了在一个单独分析系统中传统上的两个关注点：结构和功能。这一通用框架通常被称为“功能方法”，因为它强调情绪在人类行为中所起的适应作用(功能)。然而，与动态结构主义相一致的是，关注功能是与结构分析结合在一起的，因而一个比较恰当的标签应该是情绪的功能—结构或功能—组织方法(Fischer et al., 1990;Mascolo et al., 2003;Sroufe,1996)。我们将举例说明分析情绪功能时所采用的几种相关结构类型，包括信息流、脚本、类别层级、维度分离、发展水平、发展网络和动态成长曲线。单独通过哪一种分析都无法全部获取有关情绪的组织和功能的所有重要方面——情绪是一种典型的动态现象。

情绪和认知不可分离

与普遍的文化假设相反，情绪和认知是共同运作的，并不是彼此对立的。国际情绪研究协会的官方杂志《认知和情绪》(*Cognition and Emotion*)反映了这一观点。认知一般是指对信息的加工和评价，而情绪则指的是对某种行为倾向的偏向或强迫效应，这种行为倾向产生于什么对人有益或者什么对人有害的评定(Frijda,1986;Lazarus,1991;Russell & Barrett, 1999)。因此，认知和情绪是人类行为控制系统特点的一体两面。情绪和认知共同处在心理与行为的中心。

情绪分析强调了躯体与社会环境的作用。心理不仅仅是大脑的机能，整个躯体都会参与心理活动。人类的心理是其躯体、心身行为、思维、对客体及他人的感受的一部分。这一生态学假设是动态结构框架的基础，而且适用于对所有人类行为的分析。情绪是对情境中人类的心身具有最重要的组织性影响因素之一，心身活动是形成动作和思维的基本生物学过程。和通常的说法和许多经典理论相反，情绪不仅仅是个体的感受或内心体验，而且是人类活动(形成动作和思维)整合的结果，是在社会相互作用中建立的。

在心理学的历史中，常常会在情绪和情感之间作一个区分。情绪指的是生物学驱动的反应,而情感则强调个体的体验和意义(T. Brown,1994)。按照这些定义,现代的功能/结构分析处理的是情感而非情绪,但是最近由于研究者对于生物学因素的强调,人们普遍喜欢采用情绪这一术语。在这一现代含义中,情绪一词是在一个广泛的意义中被使用的,其中也包含情感的经典意义。我们会交叉使用情绪和情感这两个术语,但都指的是在人们的评定基础上所产生的行动倾向对于活动的组织方式。

371

适应和评定是情绪中的两个基本概念。我们可以在情绪过程的基本定义中捕捉到它们:人们是在那些能将其活动融入各种事件中的情境中行动的。情绪产生于每个人基于其许多的特定关注(目标、需要)而对事件所作的评定。一种情绪是一种行为倾向(强迫、偏向),这种行为倾向产生于一种评定,并塑造或组织其活动状态朝向自己的目标和需要。情绪的核心过程是行为倾向,即情绪对行为进行组织的方式。动作、思维、体验、生理反应,以及支体和语音的表达都是由一种情绪的行为倾向加以组织的。

例如,当人们感到羞愧时,他们想在某些情境中得到肯定的评价,但是某人却对他们所做的、或所说的某些事情,或对于他们的某些特征(特别是暗指有严重缺陷的某些特征)进行了否定的评价(Tangney & Dearing ,2002;Wallbott & Scherer,1995)。他们通常会垂下眼睛,掩面,脸红,保持安静。他们设法避开或躲藏起来,并且他们可能设法把事件或特征归咎于其他人。从主观上来说,人们一旦感到暴露了其缺陷(无论大小),他们就会关注令自己感到羞耻的缺陷。情绪是指如下整个过程,包括评价、社会场合、躯体反应、活动、主观体验,但特别是指组织羞愧反应的行为倾向。

情绪的过程在图 7. 22 中进行了概述,该图示显示了许多情绪理论家所提出的有关信息加工的过程(Fischer et al. ,1990;Frijda,1986;Lazarus,1991)。对于人们正在其中行动的情境来说,他们察觉到了一个显著的变化(图 7. 22 中左边的第一栏),包括情境中的某些差异或某些与预期相冲突的情况。就羞愧的例子来说,人们可能注意到了他们有拙劣的表现或者违反了一些规定,或者他们可能观察到某些人向他们表现出鄙视或者厌恶的表情。

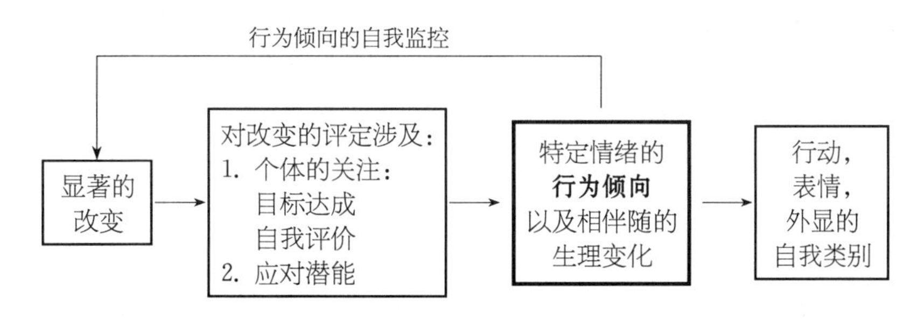

图 7. 22 情绪过程。

然后,他们会评价情境所具有的情感意义——它在他们的特定关注中所具有的重要性(第二栏)。尽管评定一词有认知的、意识的和审慎的含义,但是这一过程通常会无意识地和迅速地发生。根据 Higgins 及其同事(1996)的研究,评价的结果之一就是:对于情境是促进还是妨碍目标达成或希望实现(促进成就或避免麻烦)给予一个总体的肯定评价或否定评价。那些危及人们所关注事情的情境会引起消极情绪的产生,如羞愧、恐惧、悲伤和愤怒。

而促进人们所关注事情的那些情境则会引起积极情绪的产生,如骄傲、快乐和爱。

个体也会从应对潜能的角度对情境作出评价,即他或她能在多大程度上很好地处理或改变该情境中产生情绪的那些方面。当环境令人满意的时候,个体可能会设法维持或促进它们,或可能只是享受它们。当环境危机一种目标或需要的时候,个体则要评估一下做些什么才能改变当前的情境——倒退、改变,或者逃离消极的情境。如果能对一个消极情境作出倒退或改变的评价,会导致诸如愤怒或内疚的情绪。如果不能作出倒退或改变的评价,则会导致悲伤或羞愧。如果能作出可以逃离的评价,会导致害怕或羞愧。

每种评定都会产生一种行为倾向(图 7.22 中的第三栏),即一种基于评价和应对潜能的行为模式,应对潜能是为了应对情境而无意识地做出的一个行动计划。每种情绪通常都对应有一种原型的、具有优先权的行为倾向,它负责对行为的控制。人们倾向于以某种方式行动,并倾向于根据特定的偏好以及为计划的行动做准备时的躯体生理变化来感知和解释事件。

婴儿期早期之后,个体也可以通过自我控制来设法改变自己的知觉和行动。对于羞愧来说,行为倾向包括设法隐藏或避免被别人观察,低头或盖住脸,感到渺小和暴露,并且变得专注于消极行为或特征。自我控制包括设法改变消极的行为或特征,否认或掩饰它,或者把它归咎于其他人。

372

图 7.22 中的加框文字提出了这些情绪过程的一个大概次序,尽管它们通常会同时发生,而且无法像这些加框文字所展示的那样把它们完全分开。具有分离和次序的含义是信息流分析的一个局限性。在一个人的某种情绪已经得到充分发展之后,这些过程会变得天衣无缝而且是自动化的。情绪似乎是无意识中发生的,自动地降临到我们身上,尽管事实上这个过程很复杂而且需要经历一个长期的发展过程。情绪的核心是行为倾向,在图 7.22 中用粗体字加以突出。

除了从左到右所反映的过程顺序以外,还有一个反馈环。在这个反馈环中,年龄大一些的儿童和成人会评定自己的情感反应,并且退回去重新循环整套的情绪过程,对他们自己的情绪作出情绪反应并竭尽全力进行自我控制。这个环路常常导致对于一种情绪而产生某种情绪,比如一个人因感到惭愧而变得愤怒,或者因感到爱而担心害怕。

情绪的组织效应

情绪对活动加以组织的方式是强有力的而且是普遍深入的。通常采用以下描述来刻画这些方面的组织效应:(a) 对特定情绪进行原型组织的脚本,(b) 类别层级,和(c) 使情绪彼此产生关联的维度。

这些以实证为依据所得出的有关情绪的组织效应的描述,非常好地阐明了在人类发展中生理过程和心理体验是如何共同起作用的(Damasio,2003;Fischer et al.,1990)。持先天论的理论家常常强调基因对人类动作和思维的限制或偏差(Carey & Gelman,1991;Spelke,2000)。最为极端的是,持先天论观点的研究者极力寻找某些知识或情绪早期或者“首次”出现的时间,然后声称这种早期发展表明这些知识或情绪是天生就具有的。就像我们先前所讨论的那样，这种方法忽视了人类活动的发展性组织过程，简化了分析过程，把所有问题都归结为几种先天成分的作用。情绪和情绪发展强有力地显示出：当通过经验和文化来建构各种情绪时，生物学方面的限制是如何对活动的发展性组织施加动态影响的。对于发展的动力如何同时产生“基本的”类别和复杂的行为组织来说，情绪是一个范例(Camras，1992；Russell & Barrett，1999)。

脚本

采用原型情绪脚本是一种描述情绪组织过程的很好方法。原型情绪脚本是对某种普遍情绪(如愤怒、恐惧、爱和羞愧)的前因事件和反应的原型或最佳事例的描述(Mascolo et al.，2003；Shaver，Schwartz，Kirson，& O'Connor，1987)。这些种类的脚本在认知心理学中一直被广泛地用于描述一个许多人所共同的、标准的事件次序——即某种特定情绪的原型或最佳事例(Schank & Abelson，1977)。原型情绪脚本是从人们所讲述的有关情绪的故事、人们对各种情绪所作的人格特征归因以及人们在引发情绪的情境中所表现出的反应中推断出来的。

在一个脚本的标准格式中，前因描述的是那些诱发情绪的情境中所出现的显著变化，反应描述的是由情绪所产生的行为倾向，而自我控制过程则描述人们尝试改变或限制情绪的方式。表7.3和7.4分别展示了消极情绪羞愧和积极情绪爱的原型。对于羞愧来说，主要的组织影响(行为倾向)是隐藏、逃避、暴露感，并且变得专注于引起羞愧的原因。对于爱来说，主要的组织影响是觉得快乐和安心、想要接近所爱的那个人，而且为所爱的那个人着想。控制过程通常对于像羞愧等消极情绪来说是非常重要的，但对像爱这类积极情绪来说重要性很小或根本不存在任何重要性，因为在原型情境中不存在避免或消除积极情绪的愿望。现实中情绪的发生无疑比简单的原型要复杂得多，而且控制过程确实也会与积极情感一起发生，这要因特定事件发生时的条件不同而不同。

373

表7.3　成人关于羞愧情绪的原型脚本

前因：个人的缺陷，卑劣的或极糟糕的行为、陈述和特征
一个人以卑劣的方式行事，说一些应该受到谴责的话，或显示出一种可耻的或有缺陷的特征。 某个人目击了这一行为、陈述或特征，并判断它是消极的。
反应：隐藏，逃避，畏缩感，感到自己毫无价值
这个人设法隐藏起来或逃避他人的观察与判断，自身感到渺小、暴露、毫无价值以及无力。 这个人低下头，蒙住脸或眼睛，或躲避其他人。有时他或她会打击那些发现其缺陷的人。 他或她专注于这些消极的行为、陈述和特征，而且更普遍地专注于对自身的消极评价。
自我控制过程：倒退和重新定义
这个人可能会设法改变这一消极的行为、陈述或特征，或否认它的存在，或掩饰它。

来源：From “The Organization of Shame Words in Chinese”，by J. Li，L. Wang，& K. W. Fischer，2004，*Cognition and Emotion*，18，pp. 767 – 797 and *Self-Conscious Emotions: The psychology of Shame*，*Guilt*，*Embarrassment*，*and Pride*，by J. P. Tangney and K. W. Fischer(Eds.)，1995，New York：Guilford Press.

表 7.4 成人关于爱的情绪的原型脚本

前因：他人的魅力，符合某人的需要，良好的沟通，时间和特殊体验的共享
该个体发现另外一个人在身体方面和/或心理方面是充满魅力的。 该他人符合该个体的一些重要的需要。 这两个人有良好沟通，这种沟通鼓励豪爽和信任；他们有很多时间共处，并且有共同的特殊体验。
反应：觉得快乐和安心，想要接近，为对方着想
该个体感到温暖和快乐，常常面带微笑，特别是在想起对方或与对方在一起的时候。 该个体为对方着想，想要与其在一起共度时光（不分离），有目光接触，拥抱，接吻，表示亲密关系（心理方面的和/或性方面的），向对方表达积极的情感和爱。 该个体感到比较安心和自信，着重强调事件积极的一面。
自我控制过程：不显著
（出于礼貌或者为了避免困窘、内疚或遭受拒绝，有可能会压抑爱的表达，但是这样的自我控制还没有构成原型，至少在美国是这样。）

来源：From "Is Love a 'Basic' Emotion?" by P. R. Shaver, H. J. Morgan, and S. Wu, 1996, *Personal Relationships*, 3, pp. 81- 96; and "Emotion Knowledge: Futher Exploration of a Prototype Approach," by P. R. Shaver, J. Schwartz, D. Kirson, and C. O'Connor, 1987, *Journal of Personality and Social Psychology*, 52, pp. 1061 -1086.

情绪的家族、维度与文化变异

人类可以体验到许多不同种类的情绪，而且学者们已经努力去寻找所有这些变异性的潜在组织过程，主要是依靠面部表情、情绪词、人格类型以及各种其他资料去推断情绪类型或类别之间的关系。总的来说，大多数类别是通过原型来发生作用的，也就是说会依据与最佳事例（原型）的相似性程度来构成家族相似性。在 20 世纪后期，有关知识的研究发生了革命性的变化，大多数类别不再是根据排他性的逻辑来定义，而是根据与原型的重叠性来定义，即将各种类别组织成各种基本家族（Lakoff, 1987; Rosch, 1978; Wittgenstein, 1953）。像其他大多数类别一样，情绪也具有这一组织特点。

关于情绪类别的惊人发现之一是：情绪词的基本家族与在面部、声音和动作等方面表情的基本家族之间存在着相似性。这些人类活动成分之间存在的一致性是很显著的，图 7.23中显示的是在英语、印尼语、意大利语和汉语被试中所发现的有关情绪词的原型家族（Shaver, Murdaya, & Fraley, 2001; Shaver et al., 1992）。在许多有关基本情绪的面部表情的分析结果中，愤怒、悲伤、恐惧、羞愧、爱和快乐这 6 个情绪家族也经常出现（Ekman et al., 1987）。除了以上 6 个情绪家族外，还存在着一些额外的情绪类别，如厌恶和惊奇（这些额外的类别虽然不是基本家族，但它们是图 7.23 中某个基本家族的从属项目）。

除了情绪家族的基本类别以外，更高程度的抽象会通过诸如积极—消极评价这样的高级类别或维度，把家族与情绪联系在一起。而更低程度的抽象也可以把家族再分为若干次级类别，然后再把次级类别更进一步细分为更低水平的类别，最终会细分到具体的情绪词。例如，汉语情绪词的群集，在（悲伤的）爱的家族中形成了悲伤的爱和无报答的爱这两个次级类别，而在羞愧的家族中则形成了内疚/悔恨和羞愧这两个次级类别，如图 7.23 所示。

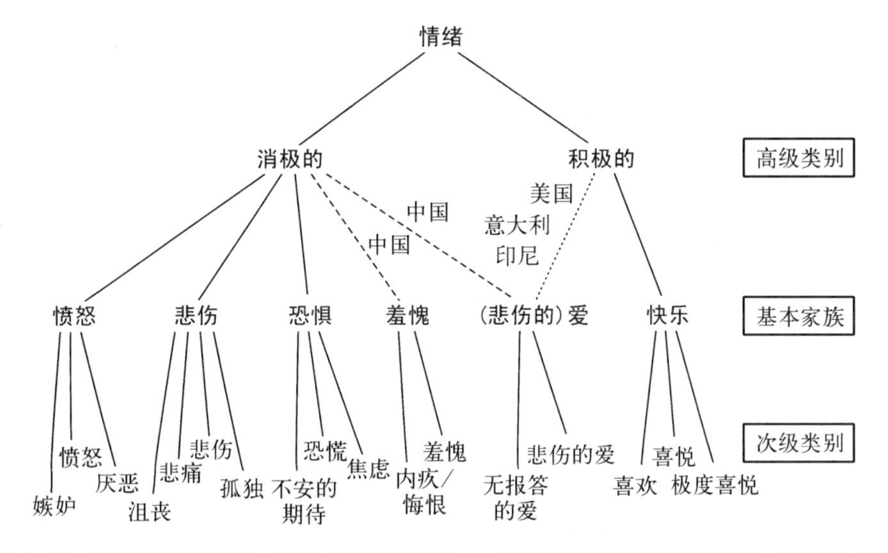

图 7.23 情绪类别的层级。这个层级是以 Shaver 及其同事的发现为基础的，反映了中国被试对于情绪家族的组织情况，同时也反映了美国、意大利和印尼被试的结果。对于次级类别来说，该图只列出了来自中国被试样本的最大的一些类别。虚线代表的是仅从中国被试样本那里得到的结果；点线代表的是仅从美国、意大利和印尼被试样本那里得到的结果。

来源："Structure of the Indonesian Emotion Lexicon" by P. R. Shaver, U. Murdaya, and R. C. Fraley, 2001, *Asian Journal of Social Psychology*, 4, pp. 201 - 224; "Cross-culture Similarities and Differences in Emotion and Its Representation: A Prototype Approach" (Vol. 13, pp. 175 - 212), by P. R. Shaver, S. Wu, and J. C. Schwartz, in *Review of Personality and Social Psychology*, M. S. Clark (Ed.), 1992, Newbury Park, CA: Sage.

在更高的抽象程度上，可以沿着几个界定情绪空间的不同维度把情绪类别进一步归类。最常见的维度通常为积极—消极评价或接近—回避评价。这就是为什么评价会作为人们首次评价的一部分而出现在图 7.22 的情绪过程模型中的道理——一个事件对他们来说是好还是坏。这一高级的维度代表了自 19 世纪实验心理学开端以来在许多不同研究中已发现的三个维度之一，它比原型分析的框架出现得要早许多(Osgood et al., 1957; Schlosberg, 1954; Wundt, 1907)。 374

尽管在维度的确切性质上存在着某种程度的差异，但是经典维度在许多采用不同方法、数据和文化的类似研究发现中是基本相同的。三个最高级的维度分别是：(1) 积极—消极评价或接近—回避评价，它通常可以解释大约一半的变异，见图 7.23；(2) 活动性或主动的—被动的；(3) 参与性或自我—他人。虽然维度(2)和(3)因为图表的限制而没能在图 7.23 中显示出来，但它们作为附加的高级类别是可以出现在层级图表中的。

基本情绪家族和情绪的维度在不同文化中之所以类似，大概是因为它们反映了人类的基本特征。从这个意义上来说，先天论者的论点是正确的：情绪类别中含有重大的物种普遍性(遗传的)成分(Ekman et al., 1987)。在生成图 7.23 中的层级的研究中，Shaver 及其同事首先要求被试从其母语的标准词典中挑出与情绪有关的词(Shaver et al., 1992, 2001)。然后，他们让另一组被试把这些挑选出来的词划归到不同的类别中。通过对被试的分类进行层级聚类分析生成了维度、基本家族和次级家族。汉语、印尼语、意大利语和美国英语显示出了 5 种共同的情绪家族(愤怒、悲伤、恐惧、爱和快乐)以及三种情感维度。考察不同文化的其他研究者发现了类似的情绪家族和情绪维度(Fontaine, Poortinga, Setiadi, & Markam, 2002; Heider, 1991)。在涉及情绪在不同文化中的基本差异时,可以把以上所述的这些主要情绪家族排除在外。

然而,与文化的类似性一样,文化的差异性也是巨大的和重要的。中国、印尼、意大利和美国被试所显示的这个层级就说明了这种差异性。首先,汉语被试对于爱的组织过程显著地不同于美语、意大利语和印尼语被试。对于后者来说,爱基本上被归类为一种积极的情绪;而在汉语被试看来,爱是悲伤的和消极的,包括两个主要的次级类别:悲伤的爱和无报答的爱。相反的是,美语被试的次级类别主要是积极的,包括诸如偏爱和迷恋等单词。汉语被试与美语被试有关爱的基本家族的建构过程是明显不同的。

375

更大一些的差异是汉语被试显示出了第 6 个情绪家族—羞愧,它在美语被试的研究中仅作为悲伤家族中的一个小的次级群集出现,而不是作为一个单独的基本家族出现。这一发现展示了巨大的文化差异——一种完全不同的情绪家族,这大概反映了巨大的文化体验差异(Benedict, 1946; Kitayama, Markus, & Matsumoto, 1995; Li, Wang, & Fischer, 2004)。羞愧在美国(和其他许多西方文化中)不及在中国和其他一些东方文化中那么显著。

Li 等(2004)通过分析汉语中羞愧家族的类别组织过程进一步深化了这一发现,采用的研究方法类似于 Shaver 的方法。他们以来自中国大陆的讲普通话的人为被试,让其识别与羞愧有明确相关的 113 个词。通过被试对这些词的分类进行层级聚类分析,产生了图 7.24

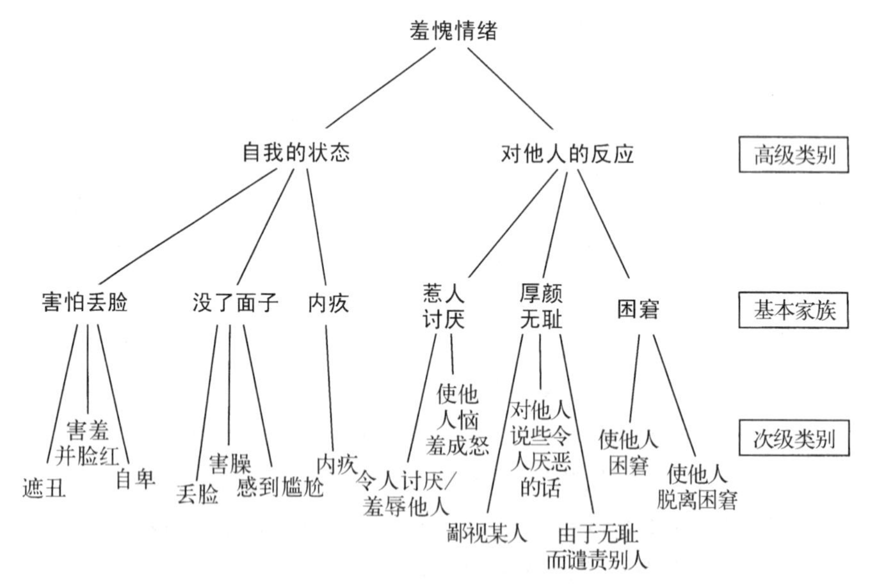

图 7.24 汉语中羞愧类别的层级。该层级显示了汉语中羞愧类别的组织情况。对于次级类别来说,仅显示了第一级的类别。

来源:From "The Organization of Shame Words in Chinese," by J. Li, L. Wang and K. W. Fischer, 2004, *Cognition and Emotion*, 18, pp. 767 - 797.

中的层级略图。主要的高级维度是自我/他人(情绪的三个高级维度之一),而且羞愧词有6个基本家族,大部分基本家族都有若干个次级类别。每个基本家族和次级类别的英语名称都是经过谨慎选择的,以便忠实其汉语的意义,但是对于其中大部分汉语情绪概念来说,要想在英语中找到内涵一致的词也是相当困难的。有趣的是,在这些家族中与美国文化类似的其中一个家族是内疚,但是在汉语中很难将其与羞愧家族区分开。尽管包括足够的单词数(13),但并没有显示出次级类别之间的明显区别。

一般来说,情绪概念的组织似乎在不同文化间具有广泛的相似性,但是同时文化体验会导致在具体情绪概念上的巨大差异性以及在基本情绪家族上的强大变异性。情绪概念或者说所有情绪,不能简单地说完全是先天的或因文化的不同而完全不同的。情绪组织的过程在受到广泛的人种特征制约的同时,也会因文化和个体的不同而显示出非常不同的结构。 376
关注情绪中的变异性的研究方法,不仅促进了对于个体变异性和文化多样性的描述,而且促进了对于不同个体和文化中共有的情绪特征的发现。

情绪化组织的发展

情绪所产生的行为倾向不仅会影响活动的发生,而且也影响着活动的发展。无论情绪是由文化规范所引起,还是由比较个体化的生活事件(如创伤)所引起,情绪体验对发展网络的形成有着强大的影响。情绪发展方面的研究大都关注它们之间的一致性,即情绪体验的单向效应。一种特定类型情感体验的频繁出现可以塑造一个个体或群体沿着一个独特路径发展。图7.6和7.7所示的总体正偏态就是一个很好的例子:人们通常偏向于积极的归因,尤其是关于他们自身的归因(Greenwald et al., 2002)。其他重复出现的情感体验,如重复出现羞愧感、来自看护者的一贯的爱以及重复出现的虐待等,会导致人们沿着一条由这些情感组织所塑造的完全不同的路径发展。动态研究的工具促进了对这些情绪塑造发展方式的分析。

羞愧和荣誉发展网络上的单向效应

人类在一种广泛而持久稳固的影响下发展其发展网络中的任何一个路径时,几乎都无法离开这些情绪体验。中国被试6种截然不同的羞愧家族的发展,向我们阐明了文化方面的羞愧体验是如何导致人们情绪发展网络中一个额外主要分支的发展的(Mascolo et al., 2003)。在中国和许多其他亚洲文化中,作为常规的社会化内容的一部分,儿童会不断地体验到羞愧和使他人感到羞愧(Benedict, 1946; Heider, 1991; Shaver et al., 1992)。其结果是,他们学到了许多有关羞愧的词,他们发展出了具有良好区分的、有关羞愧的脚本和类别,而且他们声称羞愧是其日常生活中的一个必要部分:我羞愧和你羞愧。相反,在美国文化中,许多儿童较少体验到羞愧,而他们会将其他种类的消极体验作为其社会化的一部分。其结果是,大多数美国儿童在他们的早期词汇中不会去使用有关羞愧的词,也不会发展出具有良好区分的、有关羞愧的脚本和类别。取而代之的是,他们会发展出有关其他种类的消极情感的脚本和类别,如愤怒、攻击、悲伤和抑郁等(Ayoub & Fischer,待发表;Luborsky & Crits-Christoph, 1990; Noam, Piaget, Valiant, Borst, & Bartok, 1994; Selman, Watts, & Schultz,

1997)。

在发展结构的网络隐喻中,美国人有关羞愧的体验对情感发展的这一分支的成长几乎没有任何促进。羞愧家族只有最低程度的发展,至少与羞愧有关的概念和有意识的体验是这样的(Scheff 和 Retzinger 1991,认为:由于羞愧是人类的基本生物特性,因此对于美国人来说,羞愧仍然在潜移默化地塑造着人们的行为和体验)。中国人对于羞愧的体验引发了羞愧这一情感发展分支的充分成长,并与许多其他不同的分支共同构成了图 7.24 中的多维层级。

随同羞愧一起发展的是与其有很大分别的荣誉和尊重的发展。在中国,荣誉和尊重是羞愧的对立面,而在美国文化中,骄傲被视为羞愧的对立面。羞愧和荣誉的这一精细发展导致了一些在大多数英语语言文化的人们中所不多见的发展路径,如中国人所具有自我和谐和社会荣誉等情绪。中国儿童注重努力在其学业和其他活动上取得成功,然而总是对他们所取得的成就保持谦虚的态度。他们的行为目标是通过自己的成就为其家庭带来社会荣誉:"即使我不值得你赞美,但是你也要尊重我的家庭。"中国人关于自我和谐和社会荣誉的发展路径可以与美国人关于骄傲的发展路径形成鲜明对照,美国人强调成就对于获得成就的个体自身的意义,而不是对于其家庭所具有的意义(Mascolo et al., 2003)。

依恋、工作模型和气质

依恋和气质是情绪—发展方面一直得到广泛研究的两个领域。在这两个领域中,其情绪模型都认定情绪对发展路径具有持久而稳固的单向效应。依照依恋理论,儿童和成人的人际关系、好奇心以及总体的情绪安全感均依赖于他们早期与其照料者(通常是母亲和父亲)的亲密关系的性质。依照传统的气质理论,婴儿生来就具有一种能产生特定情绪反应的情绪特质,它普遍深入地影响着人的发展,而且这种情绪特质从幼年到成人期趋向于一直保持稳定。

377

依恋理论描述了基于婴儿在其亲密关系中的情感体验的三条主要发展路径:安全型(类型 B),不安全的回避型(类型 A)以及不安全的焦虑/矛盾型(类型 C;Ainsworth, Blehar, Waters, & Wall, 1978;Shaver & Clark, 1996)。有时会出现第四条发展路径,即紊乱型(类型 D),它与虐待和创伤有着密切的关系(Cicchetti, 1990;Lyons-Ruth, Alpern, & Repacholi, 1993;Main & Solomon, 1990)。对于每条路径来说,儿童都会基于他们与其母亲或其他看护者的早期经验而发展出一个有关亲密关系的工作模型(Ayoub et al., 2003;Bretherton & Munholland, 1999;Sroufe, 1996)。每个儿童的内部工作模型都遵循着一个简单的有关亲密关系中相互作用的情绪脚本,其中有一种或两种情绪在该脚本中占据着优势。

根据这一理论,该工作模型会贯穿在儿童随后的发展全程中,尤其是在亲密关系的发展以及生活中其他许多方面的发展过程中。在安全的人际关系中长大的婴儿,会主要围绕"爱"这种情绪建立他们的工作模型,他们相信当需要的时候他们的母亲将会出现并照顾他们,并且相信他们的母亲会允许他们独立地探究和学习。那些在回避型依恋关系中长大的婴儿,会主要围绕"爱和害怕拒绝"这种情绪组合来建立自己的工作模型,他们认识到虽然他们的母亲通常会照顾他们,但是她们也时常会拒绝接受他们的情感或亲近行为。那些在矛盾型依恋关系中长大的婴儿，会主要围绕“爱和愤怒”这种情绪组合来建立自己的工作模型，他们认识到虽然他们的母亲通常会照料他们，但是她们也时常严格地限制他们的行为，或表现出不一致的行为，使得他们对所限制的依恋和愤怒保持高度的警惕。那些在紊乱型依恋关系中长大的婴儿，则会对他们的看护者作出不一致的反应，并且常常有受虐的历史，我们将在稍后的章节中对其进一步分析。有几项纵向研究发现，依恋路径具有一定程度的稳定性，具体而言相隔几年时间的依恋类型之间有中度的相关，当然在许多儿童身上也存在着依恋类型发生明显改变的证据(Cassidy, & Shaver, 1999; Fraley & Shaver, 2000; Schore, 2003; Waters, Merrick, Treboux, Crowell, & Albersheim, 2000)。

仅有少数几项研究直接考察的是儿童工作模型的发展，这可能是由于依恋理论认为工作模型在婴儿期之后是相对固定不变的。Luborsky 分析了 3 岁和 5 岁的来自中产阶级家庭、英国血统的美国儿童所创作的虚构故事，这些虚构故事是儿童对有关与家庭或朋友在一起时带有情绪色彩的情境的故事主线所作的反应(Luborsky et al., 1996)。在这个特别的样本中，占优势的工作模型(Luborsky 称其为“核心人际关系主题”)是积极的和安全的：一名儿童希望被爱、被理解，希望能感到愉快和舒适。在儿童的故事中，重要的他人理解该儿童，并且当儿童需要帮助的时候他们会提供帮助。该儿童会自信地作出反应，而且是有益的和建设性的反应。

有些研究考察了成年心理治疗患者的人际关系工作模型，详细说明了人们是如何基于占优势的情绪去建构一个有关人际关系的无意识脚本的。这个脚本就像是一个工作模型，但是它拥有大部分与病人的心理问题有关的消极成分，因此它称作核心冲突关系脚本(Luborsky, 2001; Luborsky & Crits-Christoph, 1990; Noam, 1990; Selman & Schultz, 1990)。脚本包括一些关键的希望或关注，其他人对这些希望的典型反应，以及某人回应其他人时所作出的行为。例如，抑郁症病人时常希望得到他人的爱和亲近，得到接纳和理解，但是他们更经常地将其他人看作是拒绝和反对他们，而不是爱和接纳他们。他们对于拒绝的反应是感到抑郁和无助(一种占优势的悲伤情绪)，如表 7.5 中的抑郁脚本所示。Fischer 和 Ayoub 也曾分析过受虐儿童的工作模型，我们将在情绪的分离和分裂一节中再对此加以讨论。

378

表 7.5　核心冲突关系的抑郁脚本

希望或关注：一个人希望在一个亲密关系中被接纳、爱和理解。

他人的反应：同这个人可能会产生亲密关系的其他某人拒绝或反对他或她，即便有时也显示出某种程度的爱和接纳。

自己的反应：这个人作出抑郁、失望和无助感的反应。占优势的情绪是悲伤，伴随产生的还有悲伤家族中的各种其他情绪。

来源：From “The Only Clinical and Quantitative Study since Freud of the Preconditions for Recurrent Symptoms during Psychotherapy and Psychoanalysis” by L. Luborsky, 2001, *International Journal of Psychoanalysis*, 82, pp. 1133–1154; and *Understanding Transference: The CCRT Method*, by L. Luborsky and P. Crits-Christoph, 1990, New York: Basic Books.

有关气质的研究显示出了一个与依恋相类似的模式：从学龄期到成年期，气质的几个维度有着中度的长期稳定性，尤其是内向性/抑制作用和焦虑性/神经质两个维度(Costa & McCrae，1997；Kagan & Snidman，2004)。得到最广泛研究的是人在提防新异的情境(特别是陌生人)时所表现出的内向性/抑制作用；它是与外向性或友善的社会行为相对的。研究发现，这一维度从婴儿期直到儿童期和在成年期有中度的相关，平均来说具有中度的稳定性，当然在许多儿童身上也发现了变异性的明显证据(与依恋风格类似)。

依恋理论和气质理论通常都假定情绪具有持久稳固的单向效应，即沿着某一个情绪维度来塑造发展。结构分析的方法为捕捉这种单一维度效应提供了强有力的工具，如图 7.6、7.7 和 7.13 所示。这些工具也为超越单一维度去考察动态的复杂效应指明了方向，这种动态的复杂效应代表大部分的情绪发展。

网络中积极偏向/消极偏向之间的动态转换

动态结构分析的工具有助于超越单一情绪的分析，也有助于对发展的情绪组织效应进行更细致、更具体的分析。情绪发展涉及多种情绪，而且在不同情境中、在发展的不同时刻，情绪偏向会不断地转换。儿童会改变他们对自己及其所处的社会环境的理解。随着时间的推移，随着家庭、社区和生活情境的不同，儿童的价值观念和期望也会不断地发生转换。

在与自我有关的发展中，普遍深入的积极偏向很好地说明了对情感偏向进行动态的、多维度的分析是十分必要的。积极情绪和消极情绪的发展都是动态的，一会儿朝这个方向，一会儿朝那个方向——并非总是朝着一个方向发展。例如，在有关自我概念和社会关系中的情绪发展的研究中，儿童已显示出其发展会在积极方向和消极方向之间不断地转换(Fischer & Ayoub，1994；Hand，1982)。在一项纵向研究中，3 岁、4 岁和 5 岁儿童讲述有关他们自己及其他儿童在善意的和恶意的社会互动中的故事，如图 7.5 所示(Hencke，1996)：大多数 3 岁儿童表现出与在较年长儿童和成人中所见的积极偏向相反的偏向——一种明显的消极偏向。相对于我$_{善意}$的故事来说，3 岁儿童更喜欢我$_{恶意}$的故事，而且理解的水平也更高一些。正如一名 3 岁儿童所说的，“我们可以多讲几个恶意方面的故事吗？真是太有趣了！”然而，在几年之内，儿童的这种消极偏向就消失掉了，而且被逐渐变强的常规积极偏向所取代。在图 7.25 的成长模型中表现了这种从消极偏向到积极偏向的动态转换过程。

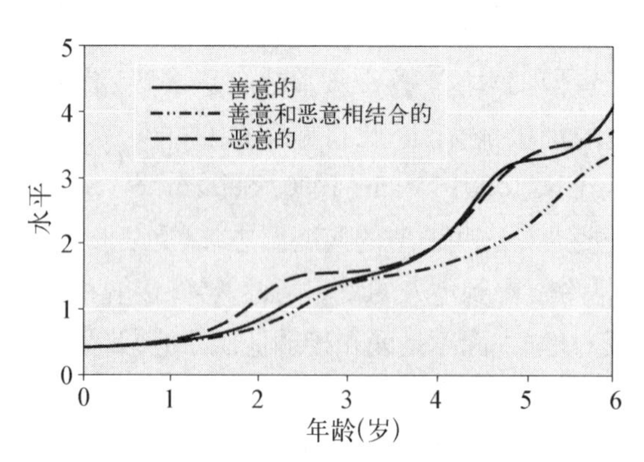

图 7.25 一个显示出从最初的消极偏向向后来的积极偏向转换的成长函数。

有关家庭角色中自我的情绪方面的发展转换

情感偏向的这种转换在发展过程中是普遍存在的。就发展的一般原则而言，随着每个新水平的产生都会连带产生一些特定的情绪反应和扭转，而且当儿童发展到更高的水平时这些情绪的大部分也会发生改变。例如，研究文献阐述了在早期发展中所出现的情绪防御的瞬变现象，这一现象的出现是基于儿童对其自身及自身社会角色的（不）理解的发展之上的。就婴儿的行为角色，我$_{\text{婴儿}}$来说，学龄前儿童在假扮游戏中显示出他们很早就具有扮演婴儿角色的技能，甚至早于扮演母亲角色——我$_{\text{母亲}}$技能的出现（Pipp，Fischer，& Jennings，1987）。然而，当儿童达到3岁左右（此时肯定不能把他们再当作婴儿来看了）的时候，即使他们现在能够表演许多其他的简单角色（如母亲、孩子、医生和病人），但是他们中的许多人已变得不再能扮演婴儿的角色了（Watson，1984）。在3岁儿童中，情绪性防御影响行为表现的其他例子还包括：非洲裔美国儿童即使能正确地将其他人归为黑色人种或白色人种，但是却将他们自己归为白色人种（Clark & Clark，1958；Fischer，Knight，et al.，1993；Spencer，Brookins，& Allen，1985）；年幼的男孩即使能正确地将其他儿童归为小孩子或大孩子，但是却将他们自己归为大孩子（Edwards，1984）。这些偏向似乎是遍及人类心理生活的自我推销偏向的早期版本，而且随着儿童的理解能力和情绪的发展，这种自我推销会在形式上发生变化（Greenwald et al.，2002）。

379

通常来说，儿童会参与到他们在自己的生活中所体验到的各种社会关系和角色之中。对他们来说，这些社会关系和角色所显露出的各种不同的情绪性含义，将取决于其技能的发展。这种情绪效应的一个经典例子就是俄狄普斯冲突，它最初是由Freud（1955）提出的。除了全球文化比较方面的研究外，一直几乎没有任何发展方面的研究是针对俄狄普斯冲突的（Spiro，1993）。据Freud所说，学前儿童会发展出一种想取代其同性别家长的愿望，目的是为了与其异性别的家长发生浪漫关系。Freud围绕这一在核心家庭中所存在的情绪冲突建构了一个庞大的理论体系。

Watson和Getz（1990）在美国白人中产阶级家庭中对俄狄普斯冲突现象进行了实证研究，结果发现：儿童在3岁到4岁期间的确表现出大量的由情绪所组织的、俄狄普斯类型的行为。例如，一名4岁的女孩对她的父亲说，“爸爸，请你吻我比吻妈咪多一百次。”俄狄普斯行为在5岁和6岁时会急剧减少。研究者在解释俄狄普斯行为的出现和减少时，并不是像Freud那样将其归因于年幼儿童的阉割焦虑及类似的暴力想象，而是根据其有关家庭角色的理解和情绪的发展状况。4岁时，儿童开始理解由丈夫和妻子角色所界定的这一特定的爱恋关系。也正是在这个时候，儿童把有关母亲和父亲角色的表征通过一一对应建构成一种关系概念。这一新的技能致使他们想要与其异性别的家长扮演夫妻。当一位名叫Johanna的女孩开始理解其父母（Jane和Walter）的特定角色时，

$$[\text{Jane}_{\text{母亲}}\text{——Walter}_{\text{父亲}}] \tag{4}$$

她想要担任其母亲的角色，以便与她的父亲形成特定的爱恋关系：

$$[\text{Johanna}_{\text{母亲}}\text{——Walter}_{\text{父亲}}] \tag{5}$$

这就是为什么她会说，“爸爸，请吻我比吻妈咪多一百次。”

这一理解将父母与夫妻这两种角色搅在一起了，认为母亲角色中包括妻子角色、父亲角色中包括丈夫角色。当需要在表征系统中对这些角色进行区分和协调的时候，儿童发现他

们无法充当他们自己家长的角色(成为他们自己的父亲或母亲),而且也发现了其他方面的限制,如由于他们太年轻而无法与异性家长结婚以及人们不能与其家庭成员结婚等。对家庭中角色关系的这一比较完整的理解的出现,大多会导致儿童失去想取代其同性家长的愿望,除非在这个家庭中存在着角色混乱的现象,如乱伦(Fischer & Watson,2001)。她开始理解在实际家庭中配偶角色与父母角色的交叉现象:

$$\left[\text{Jane}_{\text{母亲}}^{\text{妻子}} \longleftrightarrow \text{Walter}_{\text{父亲}}^{\text{丈夫}}\right] \tag{6}$$

情绪的分离和分裂的发展

情绪强有力地塑造着发展,并且对发展路径最普遍深入的影响之一就是情绪的分离,即人们通常会把可以结合在一起的积极方面和消极方面分离成独立的成分(Ayoub et al.,2003;Fischer & Ayoub,1994;Harter,1999)。图7.6中所示的积极偏向的、善意和恶意相结合的发展网络就是这种情绪分离的一个例证:两岁儿童通常就会把自己和其他人分离开,把他们自己描绘成善意的,同时把其他人描绘成恶意的,即我$_{\text{善意的}}$和你$_{\text{恶意的}}$。将相反的两种表征放在一起并认识到每个人(自己和其他人)都会有善意的一面和恶意的一面,这对他们来说是比较困难的。

随着时间的推移,儿童在某些特定领域中会从分离向整合发展。到了上小学的时候,大多数儿童都能够将在不同社会情境中相分离的积极—消极情感协调起来了,正如在图7.5和7.6中所示的那样,他们在第6和第7个步骤中可以把他们自己以及其他人同时叙述在恶意和善意相结合的故事中。例如,在一个故事中是这样讲的:Jason走近站在运动场上的Seth,一边击打着他的手臂,一边说,"我想成为你的朋友。让我们一起玩儿吧"(这是一个恶意行为和善意行为相结合的故事)。Seth以恰当的、互惠性的、善意和恶意相结合的行为对此作出了回应:"我很想做你的朋友,但是我不会和打我的小孩一起玩儿。"被要求表演或解释这种故事的年幼儿童一般会将这种故事分成两个单独的部分,一部分是关于善意的,另一部分是关于恶意的。发展网络中间一栏(善意和恶意相结合)的技能涉及整合各种不同的积极—消极分离的步骤。

380

分离是更一般的分裂范畴中的一种特定情形,分裂是指那些即便应该由某些外在标准加以协调的行为也被分离开了。情绪分离涉及沿着积极的—消极的维度方向加以分开,或者更为通常的是将情感的对立两极(如,聪明的和愚笨的,成人和儿童)从中间分离开。分裂通常是指沿着除了积极—消极的评价以外的维度对构成成分所进行的比较强烈的分离。心理被自然地分成几部分,就像在发展网络中所描绘的那些单独分开的路径那样。因此,分离和分裂是人类活动中的一种普遍深入的现象。

分裂和分离这两个术语在心理病理学中通常被限于用来指代动机性的分离,如将自我分裂为多重人格,或者将家庭和朋友分离为好人和坏人(Breuer & Freud,1955;Putnam,1997)。然而,如果缺乏对技能进行协调的能力或者体验本来就是自然分离的,那么分离和分裂的发生就属于一种正常和通常的事情(Feffer,1982;Fischer & Ayoub,1994)。在这里,并不存在什么病理学的问题。人们通常会将他们的世界分离为好的和坏的，聪明的和愚笨的，我们的和他们的。在许多场合中，他们会强烈地将自己与那些他们所不赞同的人、信仰以及感受分离开来。实验研究已经明确地确定：各种不同形式的主动分裂会常常发生的，尤其是处于梦境、催眠状态和极度的宗教性体验中的时候(Foulkes，1982；Greenwald et al.，2002；Hilgard，1977)。分离和分裂是人类发展的很正常的一部分。

发展的动态分析工具有助于洞察正常意义上的和病理学意义上的这两种类型的分离和分裂。积极的和消极的发展显示出的就属于自然的积极—消极的分离，如图 7.5 和 7.6 中所示的善意的/恶意的网络以及图 7.13 中所示的 SiR 访谈结果。在严重的情绪创伤中，分离和分裂被放大了，而且它们对于创伤的适应起到了重要的作用。

频繁地遭受严重虐待的儿童会形成一种分裂的技能以适应其所处的可怕情境(Putnam，1997；Terr，1991)。例如，8 岁的 Shirley 通过采用分裂的技能去应付她的父亲对她的虐待(Canadian Broadcasting Corporation，1990)。Shirley 的父亲再三地在他们家地下室里的床上强奸她。她要是抵抗他的求欢行为，就要遭受痛打。为了应付这一伤害，在遭受强奸时，她会专注于她床头上方墙壁上的一个小洞，从而将她的身体分裂，并觉得她将自己放进了那个洞里。在那个洞里面，她可以在无须产生巨大悲痛也无须对暴力的父亲产生愤怒的情况下熬过这一伤害。有一天，她的父亲在楼上的主卧室里强奸了她，而不是在地下室里。由于没有了墙壁上的洞来支持她的分裂，于是她开始尖叫并对抗她的父亲。这时，他大发脾气，把她打晕，然后继续强奸她(尽管这位父亲从没有因为他的罪行而被逮捕，但是 Shirley 最后终于得到救助，并且成为一名投身阻止虐待儿童运动的杰出人士)。

在类似 Shirley 这样的处境中，分裂是一种适应性的行为。她形成了一种主动分裂的协调能力，从而建构了各种技能用于阻止自己去体验这种伤害所带来的全部痛苦。4 到 6 岁期间，儿童首次表现出主动地将一些成分与另一些成分分裂开来的能力，也就是 Shirley 将自己放进墙壁上那个洞里时的那个年龄(Fischer & Ayoub，1994)：

$$[\text{我- Shirley}_{\text{在洞中}} + \text{她- Shirley}_{\text{被强奸}}] \qquad (7)$$

关联着两个 Shirley 角色的连线被阻断了，表示这一协调关系是分裂性的。随着发展，人们可以建构出更为复杂、更为精密的分裂性协调，以便主动地将多种构成成分分离开来。

尽管有关受虐儿童发展路径方面的研究仍处于初期阶段，但是从目前的数据资料中可以大致看出这些发展路径(包括先前所提到的紊乱型依恋，即类型 D)的初始轮廓。对于那些严重受虐或被忽视的儿童来说，其沿着积极—消极维度发展的组织过程会受到极大的影响。对于许多受虐的儿童来说，表象中出现的那种正常的积极偏向在其年幼时就消失了，取而代之的是相反的偏向——消极偏向。在图 7.6 和 7.7 中可以发现，从向积极方面倾斜逐渐转换到向消极方面倾斜。许多受虐儿童多以消极的术语来描述自我，不断地表演和谈论消极的事件和互动关系，而不是从积极的方面来关注其有关自我及其重要关系的特点。

381

有一项研究结果表明，这一逆转是非常巨大的。它基于消极的自我偏向建构了另外一条不同的发展路径。被试为一组因患有抑郁和行为失调而住院的处于青春期的女孩，在 SiR

访谈(见图7.13)中要求她们对自己加以描述(Calverley, Fischer, & Ayoub, 1994; Fischer et al., 1997)。在访谈的某一部分中,要求她们指出各种不同自我描述特征的重要性,而在另一部分中则让她们指出哪些自我描述特征是积极的哪些是消极的。在这个访谈中青少年被试并没有显示出通常的积极偏向,相反的是,那些长期体验过严重性虐待的女孩在其关于关系自我的描述中则显示出一种普遍深入的消极偏向,如图7.26所示。住在同一家医院而没有受到过性虐待的抑郁症女孩则没有显示出消极偏向,而是显示出一种明显的积极偏向。和许多临床的断言相反的是,受虐的女孩并非是在其自我表征的低发展水平上行使机能;她们的功能水平是与那些未受虐的女孩以及来自其他总体的同龄青少年相当的。她们的自我描述是消极的,但并非是低水平的。受虐女孩是沿着一条与众不同的路径发展的,而并非是没有发展。

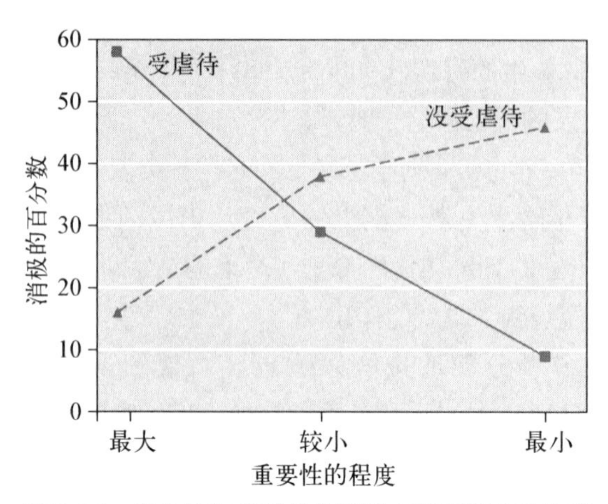

图7.26 受虐的和未受虐的抑郁症青春期女孩的消极自我表征的重要性程度。

来源: From "Complex Splitting of Self-Representation in Sexually Abused Adolescent Girls," by R. Calverley, K. W. Fischer, and C. Ayoub, 1994, *Development and Psychopathology*, 6, pp. 195–213.

这些创伤环境产生了由被虐待和伤害的体验所塑造的独特发展路径(Ayoub & Fischer, 待发表)。在这样的环境中长大的儿童常常会产生相当复杂的分裂,就像Shirley的分裂那样具有巨大的发展方面的复杂性。图7.27描述了一名叫John的男孩的早期发展路径,他是在一个充满隐性家庭暴力的环境中长大的,由此而形成了一种固定的由社交来维持的分裂——在公众场合保持良好而在私下充满暴力。在私底下,他的父亲专横地对待他,每当他不服从时就体罚他。而在公共场合,他的父亲则将他当作令其骄傲的好孩子来对待。一般来讲,父母总是在公众面前保持一个好市民、好邻居和模范社区成员的形象,但是在家里却总是充满暴力和虐待。

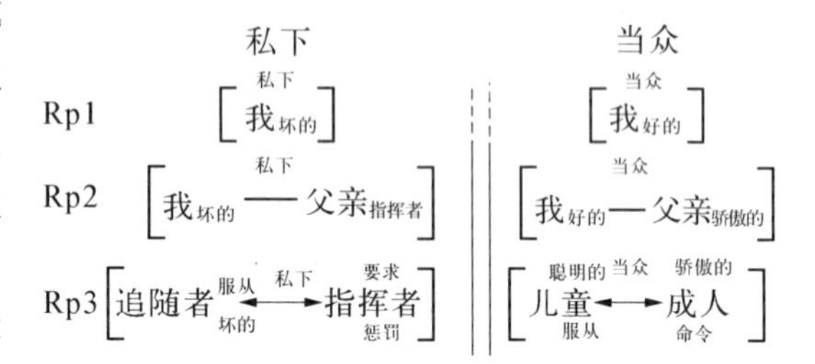

图7.27 隐性家庭暴力中私下和当众关系的分裂性表征(Rp)的发展。两栏间的双线表示私下和当众这两条路径的分裂。

当John发展亲密关系的工作模型时,他会建构出一种自己特有的、由其家庭所维持的私下—公众分裂。他逐渐建立起一种复杂而概括的人际关系表征:私底下是暴君—受害者关系,而当众则是模范家庭的关系(Ayoub et al., 2003; Fischer & Ayoub, 1994)。图7.27描绘了2岁到7岁之间这一发展的表征层级的三个主要水平(Rp1到Rp3)。在第一个水平上,John表征了自己与父亲分别在私下和当众所扮演的不同角色,但是这两种情境下的父子关系之间的分裂并不是很稳定(因此只是用虚线表示这两个领域是分开的)。在第二个水平,他建立了联结自己的角色与他父亲的角色的角色关系,当众与私下之间的分裂比较稳定一些了。在第三个水平上,他对于上述角色进行概括时明显地超越了父子关系中的角色,实际上涵盖了自己与其他成人和儿童的关系中的各种角色。 382

这些结果并不意味着仅仅受虐或受创伤儿童才会显示出情绪的分离和分裂。这种情况是每个人在许多情况下都会表现出的正常过程。虐待只是产生了与众不同的发展路径,受虐个体人际关系的工作模型是在虐待的强烈影响下而加以组织的,具有消极偏向以及当众良好关系与私下暴力关系之间的明显分裂等特征。发展的动态分析工具既有助于探测这些与众不同的路径,也有助于避免把分裂和分离这种复杂形式描述为原始性发展的常见错误看法。

总之,情绪作为一种影响偏向的力量为发展塑造了独特的路径,包括在表征自我和他人时所表现出的积极与消极之间的正常的情绪分离。当儿童经受像虐待这样严重的情绪体验时,他们的情绪反应会导致其基于自己的情绪负载的人际关系而沿着与众不同的路径去发展。发展中的理解能力会通过改变评价来影响情绪反应,这将导致在发展中某一点上表现出一些行为,如 4 岁儿童所表现出的类似于 Freud 归因于俄狄普斯冲突的情绪反应。情绪因而可以作为采用动态结构的概念和方法去分析不同成分是如何一起产生发展的一个范例。

情绪和认知是共同起作用的,它们非常广泛地相互影响着彼此的发展,很难将它们分开。在宏观发展的大背景中,情绪和认知的许多大的发展组织过程是同时发生的。借助动态结构分析的方法,使得建构有关情绪和认知中的这些变化是如何与脑的发展联系在一起的第一个详细模型有了可能。

把天性与教养结合在一起:心理活动和大脑活动的成长循环

动态结构框架为探测发展过程中的规律性提供了有力的工具。没有这些工具,规律性经常被人类活动的变异性所淹没。在探索心理发展与脑发展之间关系的过程中处理变异性时,动态分析一直是一种特别有用的方法,帮助建立了第一个有关在发展过程中脑与行为之间关系的模型——假定存在着一种成长循环将认知和情绪的发展水平与脑皮层功能的成长联系在了一起(Fischer & Rose, 1994; Thatcher, 1994)。借助于动态分析,研究者揭示出了大量新的研究发现并建立了第一个有关脑与心理发展之间关系的详细模型。

大多数发展研究都没有正确对待变异性这一事实,但是忽视这一事实对于研究脑与行为之间关系是特别不利的。发展有许多不同的形态!某些行为和脑机能会显示出持续的成长,而其他的行为和脑机能则会显示出各种不同程度的不连续性。有关脑与行为之间关系的研究需要以通过分析不同的成长模式来寻找在所有这些变异性中存在的关系为出发点。各种不同的形态为揭示脑和行为的成长过程提供了工具。如果遗漏掉这些变异,研究注定会因脑发展的变异性和行为发展的变异性混在一起而陷入困境。

动作、情感、思维和大脑的渐成说

目前,科学家们假设脑的成长与动作、思维和情绪的成长有着密切的关系;然而有关这一假设的实证基础仍然是有限的,因为几乎没有任何直接评价脑与行为发展之间关系的研究。在几个有限的领域中,有关神经系统的研究已经揭示出某些特定的脑成分与行为发展之间有着密切的关系,尤其是在视觉系统(Hubel & Wiesel,1977)和语言的某些方面(Deacon,1997)的研究中。为了找到脑的变化与动作、思维和情绪发展之间存在的普遍联系,涌现了大量的推测,但基本都缺乏证据。

幸运的是,随着采用一种新的有关脑—行为发展的动态渐成分析的方法,研究正在开始改变这一状况。这类研究显示出的是非线性的、动态成长的复杂模式,而不是单调的成长模式(Fischer & Rose,1994;Rakic,Bourgeois,Eckenhoff,Zecevic,& Goldman-Rakic,1986;Shultz,2003;Thatcher,1994;Thelen & Smith,Chapter 6,本《手册》本卷;van Geert,1998)。

383

动态成长分析的工具为阐明脑—行为之间关系的渐成过程开辟了道路。

在行为和脑之间,存在着一些可以有利于寻找规律性的重要共同性,其中包括渐成变化的模式。渐成是通过质的改变而发展的,就像卵子和精子结合成受精卵细胞通过胚胎、新生婴儿,并最终成为成人那样。在最后以赞同渐成论而告终的有关胚胎学发展的性质方面的历史性争论平息下来之后,作为人类成长的量变学说的对立面,渐成的概念逐渐扩展到了脑的发展以及认知和情绪的发展方面(Erikson,1963;Hall,1904;Piaget,1983;Werner,1948)。通过对成长函数的分析表明,在脑的渐成模式与行为的渐成模式之间存在着一种很直接的对应关系。

从动态的观点来看,处于渐成过程中的每个结构都是作为先前高度发展的系统通过成分过程的协调而实现的自我—组织活动的结果而出现的,正如在前面有关动态结构的章节中所描述的那样。由于这些成分系统既能实现其单独的机能也能实现其作为整个大的系统中的一部分的机能,因此这些系统是以层级的形式被加以组织的。发展科学的关键在于揭示那些用于阐明脑、动作、思维和情绪等方面发展的渐成过程中存在的特定原则和循环过程。

脑和行为的成长循环涉及渐成协调的一个较长发展序列,从出生以前一直到成人期。认知和情绪的发展是与脑的发展结合在一起的,其中动作、情绪和思维与神经网络之间是一种合作的关系。天性和教养、生物学和环境以及脑和行为两两之间是根本无法分开的,相反的是它们两两之间是一种合作协调的关系。"在天性和教养之间存在着一个个体的动因,其独特的综合能力推动着智力的渐成,并将生物学和环境方面的影响组织到这一过程中去"(Bidell & Fischer,1996,p. 236)。

理解大脑和行为成长模式的原则

通过从成长动态学尤其是不连续性的角度进行分析,脑和行为的许多特征的发展曲线显示出了巨大的相似性，这似乎与神经网络和行为的最佳水平所共同拥有的层级式渐成成长形式这一共同基础有关。有关心理活动和脑活动中的这些共同成长模式的调查研究为二者的连续成长循环提供了证据。我们首先说明由 Fischer 和 Rose(1996)用于描述他们有关大脑/行为成长循环模型的五个原理，该模型的提出受到了 Thatcher(1994)和 van Geert(1991,1994)的研究工作的很大影响。

大脑活动和最佳认知机能两者都显示出了非线性的动态成长。在发展过程中经常出现间歇，这是人类身体成长的普遍特性(Lampl & Johnson,1998)。成长首先加速然后慢下来，在成长模式中交替出现突升、高原稳定水平、下降以及其他的不连续性变化。对于某些成长类型来说，这种间歇性变化是有规律性的，而对于其他成长类型来说则是没有什么规律而言，显示出动态系统由于受到许多不同因素的影响而通常出现的变异性，如图 7.11 所示。对于脑活动的某些特性以及认知和情绪的最佳水平来说，这类间歇性变化是有规律性的，而且在某些特定年龄间隔上形成不连续的群集。然而，理解这种规律性首先需要理解这种变异性。有关动态结构框架的原理涉及成长函数中的不连续性的群集、变异的过程以及规律性。

原理 1：脑和行为的成长过程中出现的不连续性群集。脑活动和心理活动都会通过一系列不连续性的群集(突升、骤降以及其他形式的急剧变化)而推动向前发展，这些不连续性群集代表着动作、思维和情绪的控制系统的重组水平。分析不连续性的一个很重要的核心就是那些最具优势的变化，如一个突升的起点和高峰。

大量的证据表明，在脑和行为的发展过程中会出现一系列的不连续性群集，它们标志着一系列连续的水平，而且反映出基本的成长过程，如同我们在技能发展的通用尺度那一节中所讨论的那样。不同变量的成长模式并非是完全一致的，这显示了动态系统的正常变异性。同时，不同的成长曲线也会显示出发展过程(Piaget,1985,称为“平衡”)的一些重要规律性，如图 7.15 所示的各种成长点的动态发展模型那样。

原理 2：同时出现的独立成长点。那些发展中的、在很大程度上彼此独立(分属于不同的领域或路径，而且位于脑的不同区域)的行为和脑活动通常会几乎同时显示出不连续性。个体成长控制系统的动态特性导致了一系列不同的、独立的心理活动和脑活动的同时发生变化。

384

在多重发展领域的网络中，不连续性会发生在不同领域的一致性群集中，如图 7.15 中被标记为最佳水平的群集和图 7.17 的网络中被标记为“显现区域”的部分。然而需要注意的是，同样是这些成长曲线也显示出了各成长点的相对独立性。当对这些曲线的一小部分进行近距离观察时(如图 7.28 所示)，同样是图 7.15 中的那些显示为群集的成长点明显也是相互独立的，因为从短期来看不同成长点的同时出现的趋势并不明显。大部分发展研究采用的就是这种近距离的短期观察，而不是远距离的长期观察。在动态系统中，不连续性的群集是与相对独立性的成长共存的。通常只有在长期观察中，成长点之间的(微弱的)联系才会明显一些。

在发展研究中时常发生的一个错误是假定突进或其他不连续性的群集反映的是单一的一致性机制，诸如有那么一个记忆模块控制着所有成长点的成长。许多传统的认知理论都假定，有这么一个单一的工作记忆或短时记忆的机制，它就好像是一个瓶颈限定着所有领域中的发展(如 Case，1985；Halford，1982；Pascual-Leone，1970)。这种单一过程的解释不符合所发现的证据。群集在一起的成长点可以是彼此独立的，因为这些群集是通过动态调节过程而产生的，如图 7.15 所示。例如，幼儿猕猴的不同脑皮层区域中突触的密度都是通过大约同时的突升和骤降而发展的，很明显这些皮层区域是可以单独分开的，而且它们的机能在很大程度上是彼此独立的(Bourgeois & Rakic，1993；Rakic et al.，1986)。

由于动态系统可以通过许多方式来同时产生不连续性，因此在分析产生同时性的内在过程时，需要有分析成长过程和动态变异性的研究设计。一定要在不同的条件下，通过评定变异性来研究成长，而且成长过程应该在外显的动态成长模型中有所体现(Fischer & Kennedy，1997；Thelen & Smith，本《手册》本卷第 6 章；van Geert，1991，1998)。为了考察脑与行为之间的关系，这些研究设计应该包括对行为的领域专门性和大脑机能定位的分析。与通常的假设相反的是，同时性与领域专门性或机能定位根本不相抵触。

> 原理 3：活动的领域专门性和脑的机能定位。不同领域的成长点与大脑区域之间的关系，可以通过对那些领域的成长函数与脑区域的成长函数进行比较而加以分析。成长函数的各种复杂形态为确定哪些成长函数一起变化以及哪些技能与脑区域一同成长提供了工具。

例如，在截然不同的领域中的许多行为会在婴儿大约 8 个月大时表现出同时性成长，包括像寻找和移动等空间技能，模仿和声调等言语技能以及识别出熟悉的看护者和竭力呆在他们附近等社会技能——通过分离和陌生人忧虑显示出来(Ainsworth et al.，1978；Bertenthal，Campos，& Kermoian，1994；Campos et al.，2000；Uzgiris & Hunt，1987)。许多婴儿开始有效地寻找玩具或接连藏在不同盖子下面的饼干，模仿他们所听到的由其看护者讲出的简单的声调轮廓和音节，并且当他们的母亲离开和陌生人出现时会一致地显示出忧虑。这三套不同的活动分属于不同的领域，会涉及截然不同的皮层网络。它们表现出了大致的平行变化，但是要想确定它们是否紧密相关，就需要对成长模式进行动态分析。

成长函数能够区分出哪一种行为活动是与脑的哪一区域的发展相配的。Bell 和 Fox 将这些行为的成长函数与通过脑电图所测量的皮层活动的成长函数进行了比较(EEG；Bell，1998，2001；Bell & Fox，1992，1994)。个别婴儿在某些领域和皮层区域显示出了非常显著的重叠同时性，但在其他方面只有很微弱的而且不太严格的同时性。例如，那些在 8 到 12 个月大之间其寻找技能的成长曲线中显示出一个突升的婴儿，其额叶皮层的脑电图活动(功率)的成长曲线中也会产生出一个同时性的突升，其他区域则没有出现这种现象；通过 EEG

测量的脑电波也显示出额叶的成长与顶枕叶的成长之间存在着一定的联系。相反，那些在寻找技能的成长曲线中没有显示出明显突升的婴儿，其皮层活动的成长曲线中也没有出现任何突升。

通过关联不同成长函数中的动态变异性，研究者可以克服在比较不同领域和皮层区域时所遇到的困难。他们可以使用成长函数中的相似性去分析脑与行为之间关系的发展，可以探测什么时候不同的行为和皮层活动会同时发生不连续性以及它们什么时候不会同时发生。不连续性群集似乎反映了脑和行为新的组织水平的产生以及与神经网络相联系的新的动作控制系统的产生。在脑电图活动、皮层的连通性以及心理活动等方面出现的不连续性，显示出一定的同时性，也反映出新的控制系统和神经网络的出现。

原理4：神经网络和动作控制系统的出现。每达到一个发展水平，都会相应有一种新的动作控制系统出现，它是由联结若干脑区域的一种新型神经网络的成长所支持的，而且是在低水平技能的基础上建立的。对于不同的脑区域和技能领域来说，它们可以同时出现相似的(独立的)网络和控制系统。它们在脑皮层活动和最佳水平等方面特征的成长曲线中会出现不连续性的群集。通过对成长函数的仔细分析，除了可以发现皮层区域与技能之间的大致同时性以外，还可以探查出两者之间的对应关系。

这些新的系统出现之后，需要经历一段较长的巩固期。在这期间，它们会逐渐地融合成为有效的行为—神经控制系统。之后，另一种新型的控制系统开始成长，而且另一个发展水平和不连续性的群集也开始成长。这样一来，该成长循环创造了心理发展和脑发展的层级。

原理5：不连续性的循环形成了水平和等级。一系列日趋复杂的网络系统和控制系统的发展，形成了两个动态循环：一个循环形成了发展的水平，而另一个(更高一级的)循环则将各水平归为等级组，从而构成了一个循环的循环。

这两种循环都包含一连串的成长变化，这些成长变化经由大脑区域和心理领域有规律性地循环运行——随着一个成长过程的运行，它会有规律地改变神经网络。在这里不存在全或无的变化，就像经典的阶段理论所提出的那样随时随处都会发生变化。这些循环可能会涉及一系列不同的神经过程，如不同皮层区域突触的成长和修剪(Huttenlocher, 2002; Rakic et al., 1986)，树突的成长(Marrs, Green, & Dailey, 2001; Scheibel, Conrad, Perdue, & Wechsler, 1990)，髓磷脂的形成使神经元绝缘，并因此而加快神经冲动的传递，从而不断改善神经元之间相互协调的能力(Benes, 1994; Yakovlev & Lecours, 1967)，以及可以改善脑区域之间沟通的其他各种不同的神经过程。

发展过程中的重组循环

这些原理具体说明了一个沿着与脑活动相关的心理活动发展量表成长的模型——

在 3 个月和 25 岁之间共有 10 个水平，如图 7.3 中所示的最佳水平(对于生命的头 3 个月也假定有三个水平，Fischer & Hogan，1989)。量表中的水平是由行为(动作、思维和情绪)和脑(解剖学方面的成长和脑皮层的活动)二者的不连续性和成长循环的一系列证据所支持的。除了在最佳评价条件下之外，每个水平出现的年龄都有很大的变异性。在新水平出现的年龄，大多数人最初能够控制几种新的复杂性水平上的技能，而且根据神经活动的不连续性群集来假定他们在不同脑区域成长着一种新的神经网络。然而，即使是在最佳评价条件下，新水平出现的精确年龄也会随着个体和领域的不同而有所不同(见图 7.28)。

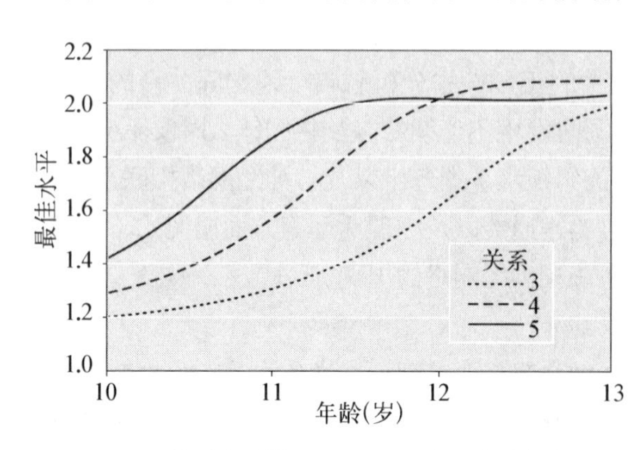

图 7.28 关系自我模型(图 7.15)中三个成长点的最佳水平的近距离观察。

386 发展是在三种不同细致程度的纹理上发生的——步骤、水平和等级。在最细纹理程度上可以探测出发展的顺序，各种技能形成了一系列微观发展的步骤，这些步骤是依据相对较短的时间间隔和相对较小的复杂性差异程度而被划分开来的。在动态技能理论中，这些步骤是由一组规则所预测和解释的，这组规则是通过协调和区分来转换各种技能的规则，如在微观发展一节中所讨论的焦点轮换交替规则。大多数步骤都只不过是技能建构的发展网络中一条路径上的一个点，并不涉及不连续性的问题。

中等纹理程度的是发展的水平，每个水平的出现都是以行为活动和脑活动中的不连续性群集为标志的，标志着一种新的控制系统和神经网络的出现，因而是一种建构新技能的能力。比较细致的步骤评价大大地促进了对于水平的探查，因为细致的步骤评价可以为变化的数量和速度提供精细的尺度和时钟，如在方法论一节中所描述的那样。

在最粗的纹理程度上，水平形成了被称之为等级的重组循环。复杂性程度逐步升高的 4 个水平每循环一次，就构成了一个等级，如图 7.3 所示。随着一个新等级的开始，各种技能被重组为一组新的行为单元：分别为动作、表征和抽象(以及所假设的婴儿期初期的反射)，从而被简化了。一个等级中的技能要经历 4 个水平的成长，从单一的单元到一一对应、再到系统，最终到系统的系统(它发起下一个等级)。每一个新等级的发展都会带来一种异常强烈的不连续性形式，致使脑和心理活动产生根本的改变。例如，在 2 岁的晚期，儿童的发展会进入表征等级，开始显示出复杂的语言、独立的行为(如在我善意和你恶意的表征中所显示的那样)以及许多其他方面的根本性行为变化，而且在额叶和顶枕叶活动中会出现一些显著的突升。同样地，在 10 岁到 12 岁之间，儿童会将多种具体的表征经联合而形成第一个抽象水平，并开始一个新等级的发展。

新的等级需要把各个复杂系统融合在一起并最终铸造一个新的单元——这需要用神经胶水把各种成分黏合在一起。我们假定，前额皮质提供了许多这种胶水，这是与前额皮层的一般功能相一致的(Damasio,1994;Gray,Braver,& Raichle,2002;Thatcher,1994)。

动作和思维的层级式成长

技能的层级式成长模式的典型特征是有若干的突升和高原稳定(有时会有下降),如图 7.15 所示的成长模型。认知发展的研究通常会显示出这种特定的成长模式,如图 7.29 中有关反思判断的研究所示(Fischer & Pruyne, 2002; K. Kitchener et al., 1993)。由 K. Kitchener 和 King (1990)所设计的反思判断访谈引发了有关复杂的两难问题方面的争论,如要求基于不一致的新闻报道去确定事实。在一项最佳水平评价中,从总体上来看,学生在 14 岁和 28 岁之间水平是增长的趋势,突升的中心位置大约在 16、20 和 25 岁。许多其他研究(如图 7.8 所示的韩国青少年关系自我发展中的不连续性证据)也发现,在最佳条件下存在着类似的模式。

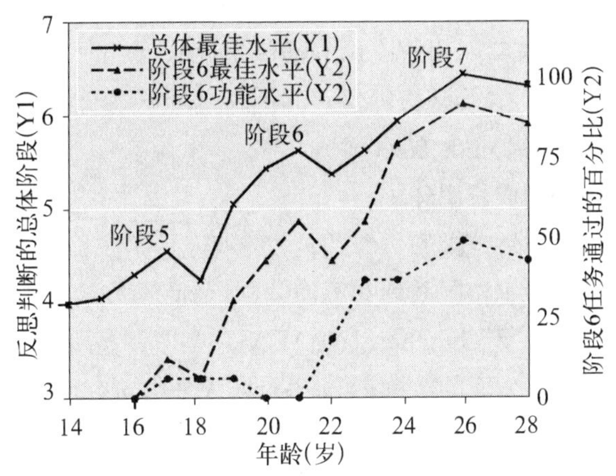

图 7.29 反思判断的发展:最佳水平和功能水平。最佳水平的成绩在反思判断的阶段 5、6 和 7 开始出现时有突升,但是功能水平的成绩则显示出较慢的逐渐增长趋势。最上面的线(实线)表示的是在所有任务上反思判断的总体分数。两条虚线表示的是用于评估阶段 6 的所有任务的通过百分比,阶段 6 是真实的反思思维的开始。上面的虚线表示阶段 6 的最佳水平,而下面的虚线则表示阶段 6 的功能水平。

来源:From "Developmental Range of Reflective Judgment: The Effect of Contextual Support and Practice on Developmental Stage," by K. S. Kitchener, C. L. Lynch, K. W. Fischer and P. K. Wood, 1993, *Developmental Psychology*, 29, pp. 893-906.

除了层级式成长以外,行为之间的相关系数也会随着新的技能水平的出现而显示出不连续性。例如,通过对伯克莱成长研究中三个年龄婴儿的测验成绩进行纵向分析发现:婴儿大约在 8、13 和 21 个月大时,测验项目之间的相关系数有明显的下降,而在 4 个月大时相关系数从较低的稳定水平开始升高,如图7.30 所示(McCall et al., 1977)。这些变化是与相似年龄上有关不连续性的其他证据相符合的(如,Fischer & Hogan, 1989; Ruhland & van Geert, 1998; Uzgiris & Hunt, 1987)。

387

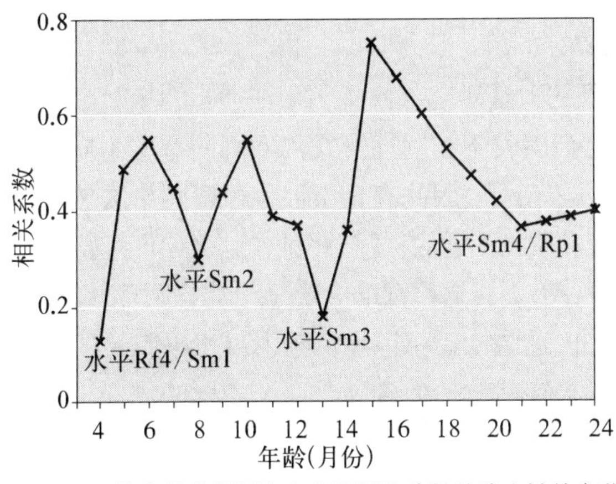

图 7.30 伯克莱成长研究中女婴行为分数的稳定性的变化

来源:From "Transitions in Early Mental Developpent," by R. B. McCall, D. H. Eichorn, and P. S. Hogarty, 1977, *Monographs of the Society for Research in Child Development*, 42(3, Serial No. 171).

有关不连续性的这一明显证据也必须动态地来理解:在这些年龄上,大多数活动并没有展示出明显的不连续性,因为水平是随着最佳支持、情绪状态、工作要求和许多其他因素的不同而动态变化的。不连续性通常只会发生在这样一些活动中,至少(a) 随着发展而活动的复杂性水平有一定程度的提高,而且(b) 是在支持最佳表现的条件下去评价(个体的最佳水平)。如果对不连续性进行比较精细测量的话,即使没有高支持,往往也可以在量表的相同位置上显示出差距,但是其与年龄的关系有很大的变异性(Dawson-Tunik,2004)。

脑的成长循环

脑发展证据的一个最显著的特征是其成长曲线与认知发展的成长曲线的相似性。脑的成长显示出相同系列的不连续性,与心理发展的层级成长曲线非常吻合。Fischer 和 Rose (1994)以及 Thatcher(1994)重新考察了许多研究数据,尤其是有关脑皮层活动、突触密度和头部成长方面的数据。他们发现,大多数研究可以提供整体的支持证据,但是受年龄抽样的限制,即由于抽样时年龄间隔比较大,因而无法提供成长函数的精确估计值。那些年龄取样间隔比较小的研究可以显示出有关脑成长的比较清晰而显著的循环,即在一些特定的年龄时期会出现一系列的不连续性,如图 7.3 所示。下面介绍几个涉及 EEG(它测量的是脑皮层中的电活动)的明显例证。这些测量指标中能显示出最清晰发展变化的是脑电波的能量数量,被称作功率。一个脑区域的某一波段的功率除以另外一个功率值(如 EEG 中的总功率),从而得到相对功率。

在婴儿期,EEG 功率上的不连续性出现的年龄是与心理发展上的不连续性出现的年龄相似的——大约为 3 到 4 个月、6 到 8 个月、11 到 13 个月和 2 岁 (Hagne, Persson, Magnusson, & Petersén, 1973)。例如,在一项有关日本婴儿枕叶 EEG 相对功率的研究中发现,突升大约出现在 4、8 和 12 个月时,如图 7.31 所示(Mizuno et al. ,1970)。在儿童期和青少年期,不连续性大约出现在 2、4、7、11、15 和 20 岁(Somsen, van't Klooster, van der Molen, van Leeuwen, & Licht, 1997; Thatcher, 1994)。图 7.32 描绘了一个经典的有关相对功率发展的瑞典研究,结果显示突升大约发生在 2、4、8、12、15 和 19 岁时(Hudspeth & Pribram, 1992; John, 1977; Matousek & Petersén, 1973)。

388

Thatcher(1994)有关脑电图相干性发展的大量研究不仅阐明了在适当的年龄区域里存在着不连续性,而且阐明了成长曲线的形态会随着不连续性形式的不同而有所不同。相干性是不同脑皮层区域的波形之间相关性的测量指标,因此高相干性代表着两个区域有着相似的脑电图波形,因而它们是彼此联结且可以彼此沟通的。随着发展,脑区中任何两点脑电图波形的相干性通常会持续周期性地上下摆动,而且这些摆动会显示出成长循环,即以一种规律性的模式在脑皮层区域之间移动。此外,这些摆动可以显示与发展水平有关的不连续性。当进入一个新的发展水平时,摆动模式会突然地转换到另外一个不同的周期。大约在 4、6 和 10 岁时,摆动周期会发生显著地转换,而且不同脑区域的摆动模式的相关也会从同相向异相转换,或者从异相向同相转换。这些模式为分析脑与行为之间关系的发展提供了强有力的线索。

相干性的循环不仅暗示着一系列的不连续性,而且暗示着在每个水平上脑皮层区域间连通性的一个成长循环(Fischer & Rose, 1994; Immordino-Yang & Fischer, 待发表; Thatcher,

1994)。由脑电图相干性所测定的连通性程度的上下起伏，会以一种反复性的模式在脑区域之间循环。成长的领先优势会以一种规律性的模式围绕着脑皮层来回移动，图 7.33 中显示

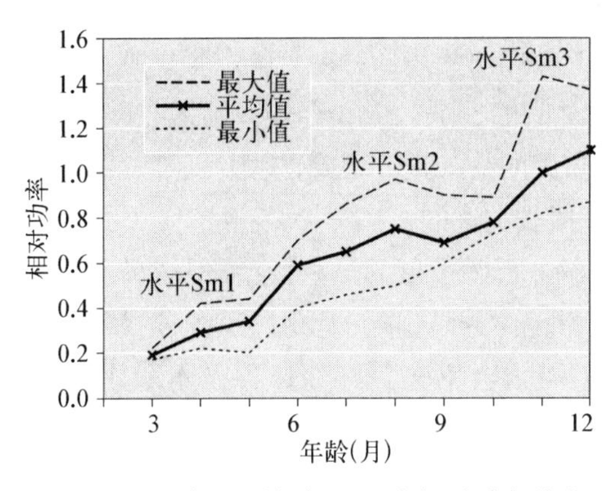

图 7.31 日本婴儿枕叶 EEG 中相对功率的发展。相对功率是波段从 7.17 到 10.3 赫兹的功率与波段从 2.4 到 3.46 赫兹的功率的比值。

来源：From "Maturation of Patterns of EEG: Basic Waves of Healthy Infants under 12 Months of Age," by T. Mizuno et al., 1970, *Tohoku Journal of Experimental Meadicine*, 102, pp. 91 - 98.

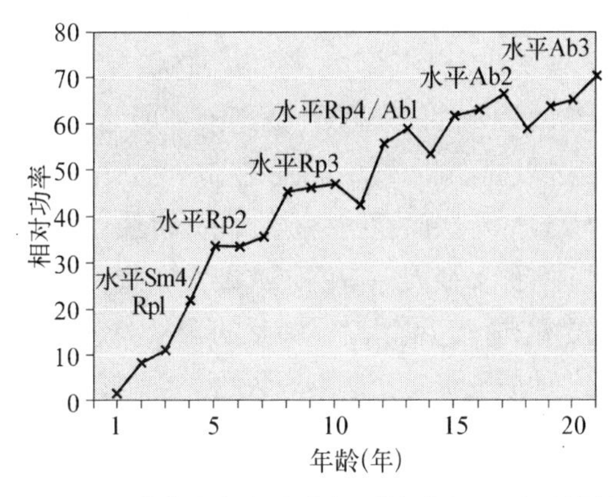

图 7.32 瑞典儿童和青少年顶枕叶(O - P)区域的脑电图 α 波的相对功率的发展。相对功率是指用 α 波中绝对能量(微伏)的振幅除以所有波的绝对能量的振幅总和。

来源：From *Functional Neuroscience: Vol. 2. Neurometrics*, by E. R. John, 1977, Hillsdale, NJ: Erlbaum; and "Frequency Analysis of the EEG in Normal Children and Adolescents" (pp. 75 - 102), by M. Matousek and I. Petersén, in *Automation of Clincal Electroencephalography*, P. Kellaway and I. Petersén (Eds.), 1973, New York: Raven Press.

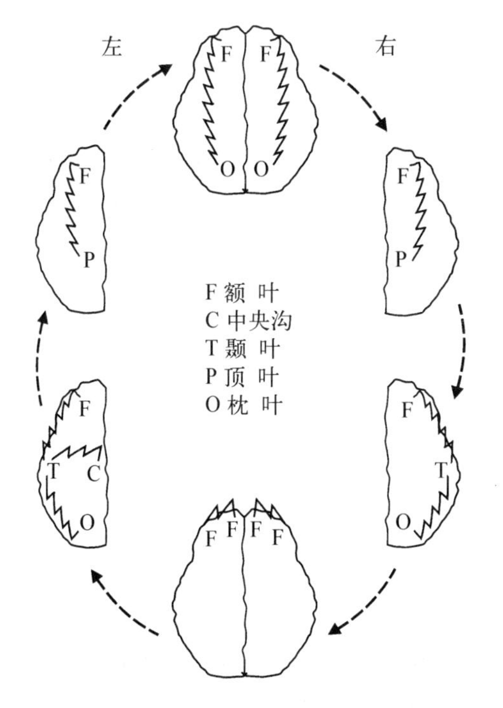

图 7.33 技能发展的每个水平上脑皮层连通性的成长循环。

注释：锯齿形连线代表着相干性成长的领先优势。在其他时候，每个连通也会继续成长。大脑左半球中部与后部之间的连通比大脑右半球类似部位之间的连通较为普遍一些，而大脑左半球颞叶与中央沟之间的连通就是这一差异的一个明显的例子。

来源：From "Dynamic Growth Cycles of Brain and Cognitive Development" (pp. 263 - 279), by K. W. Fischer and S. P. Rose, in *Developmental Neuroimaging: Mapping the Development of Brain and Behavior*, R. Thatcher, G. R. Lyon, J. Rumsey, & N. Krasnegor (Eds.), 1996, New York: Academic Press; and "Cyclic Cortical Reorganization: Origins of Human Cognitive Development" (pp. 232 - 266), by R. W. Thatcher, in *Human Behavior and the Developing Brain*, G. Dawson & K. W. Fischer (Eds.), 1994, New York: Guilford Press.

的是每个水平上的一个完整循环。在连通过程中，前额脑皮层通常总是起引导作用的，首先起始于大脑两半球的额叶区域与枕叶区域之间的长距离连通。然后，成长会规律性地围绕脑皮层移动，先是在大脑右半球逐步扩展，然后在大脑左半球逐步扩展。对于大脑右半球来说，成长开始于长距离、整体的连通，然后是收缩为较局部的连通。在大脑左半球中，成长开始于较为局部的连通，然后逐渐扩展为较远距离之间的连通。成长会规律性地在整个脑皮层区域之间来回移动，直到在整个脑皮层的各处布满网络为止。因此，该循环可以解释在一个大致的年龄时期网络是如何同时独立地显示出成长突进的。

有许多令人兴奋的研究要去完成，以验证大脑—行为发展的这些模型以及它们对于大脑变化与行为发展之间关系的含义。然而，要着重记住的是，它们是动态系统，这就意味着它们的成长形态会是不一致的。它们会表现出变异性，会不同于图 7.15 以及本章其他各种不同的图中所显示的简单化的成长函数。正如动态模型中的成长过程所预期的那样，它们也将会随着个体、任务、状态和场合的不同而发生很大的变异。

结论：发展过程中稳定性和变异性的动力

理解人类动作、思维和情绪的核心是人类活动的组织过程及其众多的变化形态。活动形成了具有一致性的模式——人们时时刻刻积极建构着的结构是动态变化的，建构时不仅要利用他们的大脑而且要利用他们的身体，他们周围的物体和人，以及他们的角色、规范和文化价值观。通过综合使用来自非线性动态学、生物学以及认知科学的概念和工具，动态结构主义分析了人类所有的各种复杂性程度的行为。

389

解释以处于场合中的人们为出发点，而且把动作、思维和情绪的结构放在他们自己的活动中来进行分析，而不是将其放在静态逻辑、先天观念和内在体验中进行分析。当一个人行动的时候，他或她可以同时地在多个发展水平上行使其机能，而不是仅在一个单一的水平上。当一个人成长时，他的或她的活动可以有许多不同的发展形态，而不是只依据一个或两个基本的发展模式，如线性变化模式。尽管活动的复杂性众多而且其变异性的范围广泛，但是研究者可以通过使用来自系统和技能动态分析的强有力工具去考察结构或组织(成分的模式)并发现变异的规则。

用于分析结构的经典框架目前还没有普遍认可人类动作、情绪和思维的动态学及其自我组织特性。它们一直依靠的是一种结构即形态的静态概念，寻求的是简单的“主效应”和“稳定性”，而没有认识到分析变异性的重要性。这种静态概念把结构简化为单一维度的形态，从而遗漏掉了结构中的大多数成分。它将心理结构看作是逻辑、先天观念或社会文化系统，而不是将其直接放在它们所处的活动中来看待，从而使心理结构具体化了。从其目前的外表来看，它形成了一种现代综合理论，其中先天论和经验论不再是相互对立的立场，它们以笛卡儿认识论为基础形成了一个共同框架，把人分成几部分并对它们分别从天性和教养两个方面静止地加以分析。

在动态结构框架内从事研究开辟了一个不同的天地。分析人类活动的变异性被证明有助于阐明变异范围内的规则；也就是说，分析动态特性的研究设计有助于对变异性中的稳定性产生新的领悟。当发展被作为一个建构性的网络而不是一个线性的阶梯来分析的时候，不同的人所采取的截然不同的路径会变得很明显。例如，不能只简单地认为成绩不良的阅读者在阅读发展阶梯上处于较低的位置，实际上他们是沿着比正常阅读者相比更为分岔的、较不完整的路径在发展着自己的阅读技能。受虐儿童也不是在情绪稳定性和社会互惠性的阶梯上不成熟那么简单，实际上他们已经建立了一些截然不同的分支路径(通常是分裂的)来应付他们所受到的虐待。

当分析每个人技能的多种水平时，有关阶段是否存在的争论就消失了。对于不同领域的发展和学习有一个通用的复杂性量表，在该量表的一些适当的点上会出现一些不连续的飞跃并以此作为标记，但是它是动态的，而不是一个固定的阶梯。在最佳的、高支持的条件下，人们的行为表现会显示出那种类似阶段的飞跃；但是在普通的、低支持的条件下，同样还是这个人则不会显示出规律性的阶段，其发展模式通常是呈平稳的、单调式成长。各种不同条件下成长曲线的这些复杂形态为分析人类活动的各种不同成分之间的关系提供了重要的工具，因为这些形态可以作为发现这类关系的线索。通过对这些形态的分析表明，脑电活动的发展与行为之间的关系导致了一个有关成长循环的新模型的出现，它将大脑的活动与技能发展水平联系了起来。 390

认识到个体是同时在多个水平上行使机能的，这有利于探测反映人们建构新技能和新知识的微观发展进程。它可以阐明先前未被发现的一些过渡机制，如从事一项任务时各种可供选择的策略会同时出现，一项技能通过反复地重建可以得到概括化，以及可以用以指导一个人的学习和促进更为复杂的技能建立的、类似代数空壳那样的东西的建构。通用复杂性量表以及成长模型共同促进了对微观发展这一短期过程与宏观发展的这一长期模式产生关联。

当大多数活动的协作特性被认识和分析的时候(而不是将人看作是孤立的“个体”而对其进行研究)，发展的许多重要方面就会变得清晰了。由于在完成一项任务或解决一个问题时，人们会与他人就其共同的活动发生互动，因此在许多情况下能非常直接地发现其技能的建构过程。因为有太多的情绪是产生于人们的社会关系之中的，所以情绪发展的许多模式变得非常清晰。像羞愧和爱这类情绪除了具有生物学特性以外，明显具有社会性，但是即使像恐惧、愤怒、悲伤和喜悦这类情绪也是在关系中成长起来的，而且是由社会脚本所界定的。情绪可以动态地起到塑造行为和发展或使行为和发展出现偏向的作用，而且持久稳固而强烈的情绪体验会产生出与众不同的发展路径，像中国被试所具有的丰富多样的羞耻概念以及遭受虐待和伤害的儿童所具有的非常细致的消极关系自我模型。

目前学者和研究者有许多新的工具和概念用于分析人类发展的丰富性，从而超越了那种将动态组织简化为静态形态以及从天性和教养两个角度分别进行分析的笛卡儿范式。有关动态结构分析是如何帮助阐明那些一直令人困惑的或在先前的范式中未曾被发现的现象的例子不胜枚举。借助于这一新的动态学理论，发展科学家现在完全有可能会捕捉到人类所有丰富而多变的特性，而不是将人类的特性简化为单一维度的刻板。

(何一粟、李洪玉、程诚、徐良森、强麟译，李洪玉审校)

参考文献

Ainsworth, M. D., Blehar, M., Waters, E., & Wall, S. (1978). *Patterns of attachment: A psychological study of the strange situation*. Hillsdale, NJ: Erlbaum.

Anderson, J. R., Bothell, D., Byrne, M. D., Douglass, S., Lebiere, C., & Qin, Y. (2004). An integrated theory of the mind. *Psychological Review*, *111*, 1036 - 1060.

Ayoub, C. C., & Fischer, K. W. (in press). Developmental pathways and intersections among domains of development. In K. McCartney & D. Phillips (Eds.), *Handbook of early child development*. Oxford, England: Blackwell.

Ayoub, C. C., Fischer, K. W., & O'Connor, E. E. (2003). Analyzing development of working models for disrupted attachments: The case of family violence. *Attachment and Human Development*, 5, 97 - 119.

Baillargeon, R. (1987). Object permanence in 3½- and 4½- month-old infants. *Developmental Psychology*, 23, 655 - 664.

Baillargeon, R. (1999). Young infants' expectations about hidden objects: A reply to three challenges. *Developmental Science*, 2, 115 - 132.

Baldwin, J. M. (1894). *Mental development in the child and the race*. New York: Macmillan.

Bandura, A. (1977). *Social learning theory*. Englewood Cliffs, NJ: Prentice-Hall.

Baron-Cohen, S. (1995). *Mindblindness: An essay on autism and theory of mind*. Cambridge, MA: MIT Press.

Beilin, H. (1983). The new functionalism and Piaget's program. In E. K. Scholnick (Ed.), *New trends in conceptual representation: Challenges to Piaget's theory?* (pp. 3 - 40). Hillsdale, NJ: Erlbaum.

Bell, M. A. (1998). The ontogeny of the EEG during infancy and childhood: Implications for cognitive development. In B. Garreau. (Ed.), *Neuroimaging in child psychiatric disorders* (pp. 97 - 111). Berlin, Germany: Springer-Verlag.

Bell, M. A. (2001). Brain electrical activity associated with cognitive processing during a looking version of the A-not-B task. *Infancy*, 2, 311 - 330.

Bell, M. A., & Fox, N. A. (1992). The relations between frontal brain electrical activity and cognitive development during infancy. *Child Development*, *63*(*5*), 1142 - 1163.

Bell, M. A., & Fox, N. A. (1994). Brain development over the first year of life: Relations between electroencephalographic frequency and coherence and cognitive and affective behaviors. In G. Dawson & K. W. Fischer (Eds.), *Human behavior and the developing brain* (pp. 314 - 345). New York: Guilford Press.

Benedict, R. (1946). *The chrysanthemum and the sword*. Boston: Houghton-Mifflin.

Benes, F. (1994). Development of the corticolimbic system. In G. Dawson & K. W. Fischer (Eds.), *Human behavior and the developing brain* (pp. 176 - 206). New York: Guilford Press.

Bertenthal, B. I., Campos, J. J., & Kermoian, R. (1994). An epigenetic perspective on the development of self-produced locomotion and its consequences. *Current Directions in Psychological Science*, *3*, 140 - 145.

Bidell, T. R., & Fischer, K. W. (1992). Beyond the stage debate: Action, structure, and variability in Piagetian theory and research. In R. J. Sternberg & C. A. Berg (Eds.), *Intellectual development* (pp. 100 - 140). New York: Cambridge University Press.

Bidell, T. R., & Fischer, K. W. (1994). Developmental transitions in children's early on-line planning. In M. M. Haith, J. B. Benson, R. J. Roberts, Jr., & B. F. Pennington (Eds.), *The development of future-oriented processes* (pp. 141 - 176). Chicago: University of Chicago Press.

Bidell, T. R., & Fischer, K. W. (1996). Between nature and nurture: The role of human agency in the epigenesis of intelligence. In R. Sternberg & E. Grigorenko (Eds.), *Intelligence: Heredity and environment* (pp. 193 - 242). Cambridge, England: Cambridge University Press.

Biggs, J., & Collis, K. (1982). *Evaluating the quality of learning: The SOLO taxonomy* (*Structure of the Observed Learning Outcome*). New York: Academic Press.

Block, J. (1993). Studying personality the long way. In D. C. Funder, R. D. Parke, C. Tomlinson-Keasey, & K. Widaman (Eds.), *Studying lives through time: Personality and development* (pp. 9 - 41). Washington, DC: American Psychological Association.

Bond, T. G., & Fox, C. M. (2001). *Applying the Rasch model: Fundamental measurement in the human sciences*. Mahwah, NJ: Erlbaum.

Bourgeois, J.-P., & Rakic, P. (1993). Changes of synaptic density in the primary visual cortex of the macaque monkey from fetal to adult stage. *Journal of Neuroscience*, *13*, 2801 - 2820.

Brainerd, C. J. (1978). The stage question in cognitive-developmental theory. *The Behavioral and Brain Sciences*, *1*, 173 - 182.

Bretherton, I., & Munholland, K. A. (1999). Internal working models in attachment relationships. In J. Cassidy & P. R. Shaver (Eds.), *Handbook of attachment: Theory, research, and clinical applications* (pp. 89 - 111). New York: Guilford Press.

Breuer, J., & Freud, S. (1955). *Standard edition of the complete psychological works of Sigmund Freud: Vol. 2. Studies on hysteria* (A. Strachey & J. Strachey, Trans.). London: Hogarth Press.

Bronfenbrenner, U. (1979). *The ecology of human development: Experiments by nature and design*. Cambridge, MA: Harvard University Press.

Bronfenbrenner, U. (1993). The ecology of cognitive development: Research models and fugitive findings. In R. H. Wozniak & K. W. Fischer (Eds.), *Development in context: Acting and thinking in specific environments* (pp. 3 - 44). Hillsdale, NJ: Erlbaum.

Brown, A. L., & Palincsar, A. S. (1989). Guided, cooperative learning and individual knowledge acquisition. In L. B. Resnick (Ed.), *Knowing, learning, and instruction: Essays in honor of Robert Glaser* (pp. 393 - 451). Hillsdale, NJ: Erlbaum.

Brown, A. L., & Reeve, R. (1987). Bandwidths of competence: The role of supportive contexts in learning and development. In L. S. Liben (Ed.), *Development and learning: Conflict or congruence?* (pp. 173 - 223). Hillsdale, NJ: Erlbaum.

Brown, T. (1994). Affective dimensions of meaning. In W. T. Overton & D. S. Palermo (Eds.), *The nature and ontogenesis of meaning* (pp. 167 - 190). Hillsdale, NJ: Erlbaum.

Bruner, J. S. (1973). Organization of early skilled action. *Child Development*, *44*, 1 - 11.

Bruner, J. S. (1990). *Acts of meaning*. Cambridge, MA: Harvard University Press.

Bruner, J. S., Goodnow, J. J., & Austin, G. (1956). *A study of thinking*. New York: Wiley.

Buchsbaum, H. K., Toth, S. L., Clyman, R. B., Cicchetti, D., & Emde, R. N. (1992). The use of a narrative story stem technique with maltreated children: Implications for theory and practice. *Development and Psychopathology*, *4*, 603 - 625.

Bullock, D., Grossberg, S., & Guenther, F. H. (1993). A self-organizing neural model of motor equivalent reaching and tool use by a multijoint arm. *Journal of Cognitive Neuroscience*, *5*, 408 - 435.

Cairns, R. B. (1979). *Social development: The origins and plasticity of interchanges*. San Francisco: Freeman.

Cairns, R. B., Elder, G. H., Jr., & Costello, E. J. (1996). *Developmental science*. Cambridge, England: Cambridge University Press.

Calverley, R., Fischer, K. W., & Ayoub, C. (1994). Complex splitting of self-representations in sexually abused adolescent girls. *Development and Psychopathology*, *6*, 195 - 213.

Campbell, D. T., & Stanley, J. C. (1963). *Experimental and quasi-experimental designs for research*. Chicago: Rand McNally.

Campos, J. J., Anderson, D. I., Barbu-Roth, M. A., Hubbard, E, M., Hertenstein, M. J., & Witherington, D. (2000). Travel broadens the mind. *Infancy*, *1*, 149 - 219.

Campos, J. J., Barrett, K. C., Lamb, M. E., Goldsmith, H. H., & Stenberg, C. (1983). Socioemotional development. In M. M. Haith & J. J. Campos (Eds.), *Infancy and developmental psychobiology* (4th ed., Vol. 2, pp. 783 - 915). New York: Wiley.

Camras, L. A. (1992). Expressive development and basic emotions. *Cognition and Emotion*, *6*, 269 - 284.

Canadian Broadcasting Corporation. (1990). *To a safer place* [Television broadcast].

Carey, S., & Gelman, R. (Eds.). (1991). *The epigenesis of mind: Essays on biology and knowledge*. Hillsdale, NJ: Erlbaum.

Carey, S., & Spelke, E. (1994). Domain-specific knowledge and conceptual change. In L. A. Hirschfeld & S. A. Gelman (Eds.), *Mapping the mind: Domain specificity in cognition and culture* (pp. 169 - 200). Cambridge, England: Cambridge University Press.

Carey, S., & Spelke, E. (1996). Science and core knowledge. *Journal of Philosophy of Science*, *63*, 515 - 533.

Case, R. (1985). *Intellectual development: Birth to adulthood*. New York: Academic Press.

Case, R. (1991a). A developmental approach to the design of remedial instruction. In A. McKeough & J. L. Lupart (Eds.), *Toward the practice of theory-based instruction: Current cognitive theories and their educational promise* (pp. 117 - 147). Hillsdale, NJ: Erlbaum.

Case, R. (Ed.). (1991b). *The mind's staircase: Exploring the conceptual underpinnings of children's thought and knowledge*. Hillsdale: NJ Erlbaum.

Case, R., & Okamoto, Y. (with Griffin, S., McKeough, A., Bleiker, C., Henderson, B., & Stephenson, K. M.). (1996). The role of central conceptual structures in the development of children's thought. *Monographs of the Society for Research in Child Development*, *61* (5 - 6, Serial No. 246).

Cassidy, J., & Shaver, P. (Eds.). (1999). *Handbook of attachment: Theory, research and clinical applications*. New York: Guilford Press.

Chapman, M. (1988). *Constructive evolution*. New York: Cambridge University Press.

Cheng, C.-L. (1999). Constructing self-representations through social comparison in peer relations: The development of Taiwanese grade-school children. *Dissertation Abstracts International: Section B: The Sciences and Engineering*, *59* (9 - B), 5132.

Chomsky, N. (1957). *Syntactic structures*. The Hague, The Netherlands: Mouton.

Chomsky, N. (1965). *Aspects of the theory of syntax*. Cambridge, MA: MIT Press.

Chomsky, N. (1995). *The minimalist program* (Vol. 28). Cambridge, MA: MIT Press.

Cicchetti, D. (1990). The organization and coherence of socioemotional, cognitive, and representational development: Illustrations through a developmental psychopathology perspective on Down syndrome and child maltreatment. In R. Thompson & R. A. Dienstbier (Eds.), *Socioemotional development* (Vol. 36, pp. 259 - 366). Lincoln: University of Nebraska Press.

Clark, K. B., & Clark, M. K. (1958). Racial identification and preference in Negro children. In E. E. Maccoby, T. M. Newcomb, & E. L. Hartley (Eds.), *Readings in social psychology* (3rd ed., pp. 602 - 611). New York: Holt.

Colby, A., Kohlberg, L., Gibbs, J., & Lieberman, M. (1983). A longitudinal study of moral judgement. *Monographs of the Society for Research in Child Development*, *48* (1, Serial No. 200).

Cole, M. (1992). Culture in development. In M. H. Bornstein & M. E. Lamb (Eds.), *Developmental psychology: An advanced textbook*. Hillsdale, NJ: Erlbaum.

Cole, M. (1996). *Cultural psychology: A once and future discipline*. Cambridge, MA: Harvard University Press.

Commons, M. L., Trudeau, E. J., Stein, S. A., Richards, F. A., & Krause, S. R. (1998). Hierarchical complexity of tasks shows the existence of developmental stages. *Developmental Review*, *18*, 237 - 278.

Corrigan, R. (1983). The development of representational skills. In K. W. Fischer (Ed.), *Levels and transitions in children's development* (Vol. 21, pp. 51 - 64). San Francisco: JosseyBass.

Costa, P. T., Jr., & McCrae, R. R. (1997). Longitudinal stability of adult personality. In R. Hogan, J. Johnson, & S. Briggs (Eds.), *Handbook of personality psychology* (pp. 269 - 290). San Diego, CA: Academic Press.

Crouch, C. H., Fagen, A. P., Callan, P., & Mazur, E. (2004). Classroom demonstrations: Learning tools or entertainment? *American Journal of Physics*, *72*, 835 - 838.

Damasio, A. R. (1994). *Descartes' error: Emotion, reason, and the human brain*. New York: Grosset/Putnam.

Damasio, A. R. (2003). *Looking for Spinoza: Joy, sorrow, and the feeling brain*. New York: Harcourt/Harvest.

Damon, W. (1989). Introduction: Advances in developmental research. In W. Damon (Ed.), *Child development today and tomorrow* (pp. 1 - 13). San Francisco: Jossey-Bass.

Dawson, G., & Fischer, K. W. (Eds.). (1994). *Human behavior and the developing brain*. New York: Guilford Press.

Dawson, T. L. (2003). A stage is a stage is a stage: A direct comparison of two scoring systems. *Journal of Genetic Psychology*, *164*, 335 - 364.

Dawson, T. L., & Gabrielian, S. (2003). Developing conceptions of authority and contract across the lifespan: Two perspectives. *Developmental Review*, *23*, 162 - 218.

Dawson, T. L., & Wilson, M. (2004). The LAAS: A computerizable scoring system for small- and large-scale developmental assessments. *Educational Assessment*, *9*, 153 - 191.

Dawson, T. L., Xie, Y., & Wilson, J. (2003). Domain-general and domain-specific developmental assessments: Do they measure the same thing? *Cognitive Development*, *18* (2003), 61 - 78.

Dawson-Tunik, T. L. (2004). "A good education is ..." The development of evaluative thought across the life-span. *Genetic, Social, & General Psychology Monographs*, *130*, 4 - 112.

Deacon, T. W. (1997). *The symbolic species: The co-evolution of language and the brain*. New York: Norton.

Dehaene, S. (1997). *The number sense: How the mind creates mathematics*. New York: Oxford University Press.

Demetriou, A., Christou, C., Spanoudis, G., & Platsidou, M. (2002). The development of mental processing: Efficiency, working memory, and thinking. *Monographs of the Society for Research in Child Development*, *67* (1, Serial No. 173).

Descartes, R. (1960). *Meditations on first philosophy* (L. J. LaFleur, Trans., 2nd ed.). New York: Bobbs-Merrill.

Diamond, A. (1985). Development of the ability to use recall to guide action, as indicated by infants' performance on AB. *Child Development*, *56*, 868 - 883.

Dixon, R. A., & Lerner, R. M. (1992). A history of systems in developmental psychology. In M. H. Bornstein & M. E. Lamb (Eds.), *Developmental psychology: An advanced textbook*. Hillsdale, NJ: Erlbaum.

Dunbar, K. (2001). The analogical paradox: Why analogy is so easy in naturalistic settings, yet so difficult in the psychological laboratory. In D. Gentner, K. J. Holyoak, & B. Kokinov (Eds.), *The analogical mind: Perspectives from cognitive science* (pp. 313 - 334). Cambridge, MA: MIT Press.

Edelstein, W., & Case, R. (Eds.). (1993). *Constructivist approaches to development: Contributions to human development* (Vol. 23, pp. 33 - 56). Basel, Switzerland: S. Karger.

Edwards, C. P. (1984). The age group labels and categories of preschool children. *Child Development*, *55*, 440 - 452.

Ekman, P., Friesen, W. V., O'Sullivan, M., Chan, A., Diacoyanni-Tarlatis, I., Heider, K., et al. (1987). Universals and cultural differences in the judgments of facial expressions of emotion. *Journal of Personality and Social Psychology*, *53*, 712 - 717.

Elman, J. L., Bates, E. A., Johnson, M. K., Karmiloff-Smith, A., Parisi, D., & Plunkett, K. (1996). *Rethinking innateness: A connectionist perspective on development*. Cambridge, MA: Bradford Books.

Ericsson, K. A., & Charness, N. (1994). Expert performance: Its structure and acquisition. *American Psychologist*, *49*, 725 - 747.

Erikson, E. (1963). *Childhood and society* (2nd ed.). New York: Norton.

Estes, W. K. (1956). The problem of inference from curves based on group data. *Psychological Review*, *53*, 134 - 140.

Feffer, M. (1982). *The structure of Freudian thought*. New York: International Universities Press.

Fink, R. P. (in press). What successful adults with dyslexia teach educators about children. In K. W. Fischer, J. H. Bernstein, & M. H. Immordino-Yang (Eds.), *Mind, brain, and education in reading disorders*. Cambridge, England: Cambridge University Press.

Fischer, K. W. (1980a). Learning and problem solving as the development of organized behavior. *Journal of Structural Learning*, *6*, 253 - 267.

Fischer, K. W. (1980b). A theory of cognitive development: The control and construction of hierarchies of skills. *Psychological Review*, *87*, 477 - 531.

Fischer, K. W. (1983). Illuminating the processes of moral development: A commentary—A longitudinal study of moral judgment. *Monographs of the Society for Research in Child Development*, *48* (Serial No. 200), 97 - 107.

Fischer, K. W., & Ayoub, C. (1994). Affective splitting and dissociation in normal and maltreated children: Developmental pathways for self in relationships. In D. Cicchetti & S. L. Toth (Eds.), *Disorders and dysfunctions of the self* (Vol. 5, pp. 149 - 222). Rochester, NY: Rochester University Press.

Fischer, K. W., Ayoub, C. C., Noam, G. G., Singh, I., Maraganore, A., & Raya, P. (1997). Psychopathology as adaptive development along distinctive pathways. *Development and Psychopathology*, *9*, 751 - 781.

Fischer, K. W., Bernstein, J. H., & Immordino-Yang, M. H. (in press). *Mind, brain, and education in reading disorders*. Cambridge, England: Cambridge University Press.

Fischer, K. W., & Bidell, T. (1991). Constraining nativist inferences about cognitive capacities. In S. Carey & R. Gelman (Eds.), *The epigenesis of mind: Essays on biology and cognition—The Jean Piaget Symposium Series* (pp. 199 - 235). Hillsdale, NJ: Erlbaum.

Fischer, K. W., & Bullock, D. (1981). Patterns of data: Sequence, synchrony, and constraint in cognitive development. In K. W. Fischer (Ed.), *Cognitive development* (Vol. 12, pp. 69 - 78). San Francisco:

Jossey-Bass.
Fischer, K. W., & Bullock, D. (1984). Cognitive development in school-age children: Conclusions and new directions. In W. A. Collins (Ed.), *Development during middle childhood: The years from six to twelve* (pp. 70-146). Washington, DC: National Academy Press.
Fischer, K. W., Bullock, D. H., Rotenberg, E. J., & Raya, P. (1993). The dynamics of competence: How context contributes directly to skill. In R. H. Wozniak & K. W. Fischer (Eds.), *Development in context: Acting and thinking in specific environments—The Jean Piaget Symposium Series* (pp. 93-117). Hillsdale, NJ: Erlbaum.
Fischer, K. W., & Connell, M. W. (2003). Two motivational systems that shape development: Epistemic and self-organizing. *British Journal of Educational Psychology: Monograph* (2, Series II), 103-123.
Fischer, K. W., & Farrar, M. J. (1987). Generalizations about generalization: How a theory of skill development explains both generality and specificity—The neo-Piagetian theories of cognitive development: Toward an integration [Special issue]. *International Journal of Psychology*, *22* (5/6), 643-677.
Fischer, K. W., & Granott, N. (1995). Beyond one-dimensional change: Parallel, concurrent, socially distributed processes in learning and development. *Human Development*, *38*, 302-314.
Fischer, K. W., Hencke, R., & Hand, H. H. (1994). *Mean and nice interaction scale: Peers* (Test manual). Cambridge, MA: Harvard University, Cognitive Development Laboratory.
Fischer, K. W., & Hogan, A. E. (1989). The big picture for infant development: Levels and variations. In J. J. Lockman & N. L. Hazen (Eds.), *Action in social context: Perspectives on early development* (pp. 275-305). New York: Plenum Press.
Fischer, K. W., & Immordino-Yang, M. H. (2002). Cognitive development and education: From dynamic general structure to specific learning and teaching. In E. Lagemann (Ed.), *Traditions of scholarship in education*. Chicago: Spencer Foundation.
Fischer, K. W., & Kennedy, B. (1997). Tools for analyzing the many shapes of development: The case of self-in-relationships in Korea. In E. Amsel & K. A. Renninger (Eds.), *Change and development: Issues of theory, method, and application* (pp. 117-152). Mahwah, NJ: Erlbaum.
Fischer, K. W., Knight, C. C., & Van Parys, M. (1993). Analyzing diversity in developmental pathways: Methods and concepts. *Constructivist Approaches to Development: Contributions to Human Development*, *23*, 33-56.
Fischer, K. W., Pipp, S. L., & Bullock, D. (1984). Detecting discontinuities in development: Method and measurement. In R. Emde & R. Harmon (Eds.), *Continuities and discontinuities in development* (pp. 95-121). New York: Plenum Press.
Fischer, K. W., & Pruyne, E. (2002). Reflective thinking in adulthood: Emergence, development, and variation. In J. Demick & C. Andreoletti (Eds.), *Handbook of adult development* (pp. 169-197). New York: Plenum Press.
Fischer, K. W., & Rose, S. P. (1994). Dynamic development of coordination of components in brain and behavior: A framework for theory and research. In G. Dawson & K. W. Fischer (Eds.), *Human behavior and the developing brain* (pp. 3-66). New York: Guilford Press.
Fischer, K. W., & Rose, S. P. (1996). Dynamic growth cycles of brain and cognitive development. In R. Thatcher, G. R. Lyon, J. Rumsey, & N. Krasnegor (Eds.), *Developmental neuroimaging: Mapping the development of brain and behavior* (pp. 263-279). New York: Academic Press.
Fischer, K. W., & Rose, S. P. (1999), Rulers, clocks, and nonlinear dynamics: Measurement and method in developmental research. In G. Savelsbergh, H. van der Maas, & P. van Geert (Eds.), *Nonlinear developmental processes* (pp. 197-212). Amsterdam: Royal Netherlands Academy of Arts and Sciences.
Fischer, K. W., Rose, L. T., & Rose, S. P. (in press). Growth cycles of mind and brain: Analyzing developmental pathways of learning disorders. In K. W. Fischer, J. H. Bernstein, & M. H. ImmordinoYang (Eds.), *Mind, brain, and education in reading disorders*. Cambridge, England: Cambridge University Press.
Fischer, K. W., Shaver, P. R., & Carnochan, P. (1990). How emotions develop and how they organise development. *Cognition and Emotion*, 4(2), 81-127.
Fischer, K. W., & Silvern, L. (1985). Stages and individual differences in cognitive development. *Annual Review of Psychology*, *36*, 613-648.
Fischer, K. W., Wang, L., Kennedy, B., & Cheng, C. (1998). Culture and biology in emotional development. In D. Sharma & K. W. Fischer (Eds.), *Socioemotional development across cultures* (Vol. 81, pp. 21-43). San Francisco: Jossey-Bass.
Fischer, K. W., & Watson, M. W. (2001). Die dynamische Entwicklung sozio-emotionaler Rollen und ihre Verzerrungen in Familien: Der Ödipuskonflikt [Dynamic development of socioemotional roles and distortions in families: The case of the Oedipus conflict]. In G. Röper, C. von Hagen, & G. Noam (Eds.), *Entwicklung und Risiko: Perspektiven einer Klinischen Entwicklungspsychologie* [Risk and Development: Perspectives from Clinical Developmental Psychology] (pp. 86-116). Stuttgart, Germany: Verlag W. Kohlhammer.
Fischer, K. W., Yan, Z., & Stewart, J. (2003). Adult cognitive development: Dynamics in the developmental web. In J. Valsiner & K. Connolly (Eds.), *Handbook of developmental psychology* (pp. 491-516). Thousand Oaks, CA: Sage.
Flavell, J. (1982). Structures, stages, and sequences in cognitive development. In W. A. Collins (Ed.), *The concept of development* (Vol. 15). Hillsdale, NJ: Erlbaum.
Flavell, J. H. (1971). Stage-related properties of cognitive development. *Cognitive Psychology*, *2*, 421-453.
Flavell, J. H., & Wohlwill, J. F. (1969). Formal and functional aspects of cognitive development. In D. Elkind & J. H. Flavell (Eds.), *Studies in cognitive development* (pp. 67-120). London: Oxford University Press.
Fleishman, E. A. (1975). Toward a taxonomy of human performance. *American Psychologist*, *30*, 1127-1149.
Fodor, J. (1983). *The modularity of mind: An essay on faculty psychology*. Cambridge, MA: MIT Press.
Fodor, J. A. (1975). *The language of thought*. New York: Crowell.
Fogel, A., & Lyra, M. C. D. P. (1997). Dynamics of development in relationships. In F. Masterpasqua & P. A. Perna (Eds.), *The psychological meaning of chaos* (pp. 75-94). Washington, DC: American Psychological Association.
Fontaine, J. R. J., Poortinga, Y. H., Setiadi, B., & Markam, S. S. (2002). Cognitive structure of emotion terms in Indonesia and The Netherlands. *Cognition and Emotion*, *16*, 61-86.
Foulkes, D. (1982). *Children's dreams: Longitudinal studies*. New York: Wiley.
Fraley, R. C., & Shaver, P. R. (2000). Adult romantic attachment: Theoretical developments, emerging controversies, and unanswered questions. *Review of General Psychology*, *4*, 132-154.
Freud, S. (1955). Analysis of a phobia in a 5-year-old boy. In J. Strachey (Ed.), *Standard edition of the complete psychological works of Sigmund Freud* (Vol. 10, pp. 3-152). London: Hogarth Press.
Frijda, N. H. (1986). *The emotions*. Cambridge, England: Cambridge University Press.
Gardner, H. (1983). *Frames of mind: The theory of multiple intelligences*. New York: Basic Books.
Gardner, H. (1985). *The mind's new science: A history of the cognitive revolution*. New York: Basic Books.
Gardner, H. (1993). *Creating minds*. New York: Basic Books.
Gauvain, M. (1995). Thinking in niches: Sociocultural influences on cognitive development. *Human Development*, *38*, 25-45.
Gelman, R. (1972). Logical capacity of very young children: Number invariance rules. *Child Development*, *43*, 75-90.
Gelman, R. (1978). Cognitive development. *Annual Review of Psychology*, *29*, 297-332.
Gelman, R., & Baillargeon, R. (1983). A review of some Piagetian concepts. In J. H. Flavell & E. M. Markman (Eds.), *Cognitive development* (Vol. 3, pp. 167-230). New York: Wiley.
Gibson, J. J. (1979). *The ecological approach to visual perception*. Boston: Houghton-Mifflin.
Goldin-Meadow, S. (2003). *Hearing gesture: How our hands help us think*. Cambridge, MA: Harvard University Press.
Goldin-Meadow, S., & Alibali, M. W. (2002). Looking at the hands through time: A microgenetic perspective on learning and instruction. In N. Granott & J. Parziale (Eds.), *Microdevelopment: Transition processes in development and learning* (pp. 80-105). Cambridge, England: Cambridge University Press.
Goldin-Meadow, S., Alibali, M., & Church, R. B. (1993). Transitions in concept acquisition: Using the hand to read the mind. *Psychological Review*, *100*, 279-297.
Goodwin, B. (1994). *How the leopard changed its spots: The evolution of complexity*. New York: Charles Scribner's Sons.
Gottlieb, D. E., Taylor, S. E., & Ruderman, A. (1977). Cognitive bases of children's moral judgments. *Developmental Psychology*, *13*, 547-556.
Gottlieb, G. (2001). *Individual development and evolution: The genesis of novel behavior* (Rev. ed.). New York: Oxford University Press.

Granott, N. (1994). Microdevelopment of co-construction of knowledge during problem-solving: Puzzled minds, weird creatures, and wuggles. *Dissertation Abstracts International*, *54*(10B), 5409.

Granott, N. (2002). How microdevelopment creates macrodevelopment: Reiterated sequences, backward transitions, and the zone of current development. In N. Granott & J. Parziale (Eds.), *Microdevelopment: Transition processes in development and learning* (pp. 213-242). Cambridge, England: Cambridge University Press.

Granott, N., Fischer, K. W., & Parziale, J. (2002). Bridging to the unknown: A transition mechanism in learning and problem-solving. In N. Granott & J. Parziale (Eds.), *Microdevelopment: Transition processes in development and learning* (pp. 131-156). Cambridge, England: Cambridge University Press.

Granott, N., & Parziale, J. (Eds.). (2002). *Microdevelopment: Transition processes in development and learning*. Cambridge, England: Cambridge University Press.

Gray, J. R., Braver, T. S., & Raichle, M. E. (2002). Integration of emotion and cognition in the lateral prefrontal cortex. *Proceedings of the National Academy of Science*, *99*(6), 4115-4120.

Greeno, J. G., Riley, M. S., & Gelman, R. (1984). Conceptual competence and children's counting. *Cognitive Psychology*, *16*, 94-143.

Greenwald, A. G., Banaji, M. R., Rudman, L., Farnham, S., Nosek, B. A., & Mellott, D. (2002). A unified theory of implicit attitudes, stereotypes, self-esteem, and self-concept. *Psychological Review*, *109*, 3-25.

Grossberg, S. (1987). *The adaptive brain*. Amsterdam: Elsevier/North-Holland.

Grossberg, S. (2000). The complementary brain: Unifying brain dynamics and modularity. *Trends in Cognitive Sciences*, *4*, 233-246.

Gruber, H. E. (1973). Courage and cognitive growth in children and scientists. In M. Schwebel & J. Raph (Eds.), *Piaget in the classroom*. New York: Basic Books.

Gruber, H. E. (1981). *Darwin on man* (2nd ed.). Chicago: University of Chicago Press.

Guttman, L. (1944). A basis for scaling qualitative data. *American Sociological Review*, *9*, 139-150.

Hagne, I., Persson, J., Magnusson, R., & Petersén, I. (1973). Spectral analysis via fast fourier transform of waking EEG in normal infants. In P. Kellaway & I. Petersén (Eds.), *Automation of clinical electroencephalography* (pp. 103-143). New York: Raven.

Halford, G. S. (1982). *The development of thought*. Hillsdale, NJ: Erlbaum.

Halford, G. S. (1989). Reflections on 25 years of Piagetian cognitive developmental psychology, 1963-1988. *Human Development*, *32*, 325-357.

Hall, G. S. (1904). *Adolescence: Its psychology and its relations to physiology, anthropology, sociology, sex, crime, religion, and education*. New York: Appleton.

Hand, H. H. (1982). The development of concepts of social interaction: Children's understanding of nice and mean. *Dissertation Abstracts International*, *42*(11), 4578B.

Hanson, N. R. (1961). *Patterns of discovery*. Cambridge, England: Cambridge University Press.

Hartelman, P. A., van der Maas, H. L. J., & Molenaar, P. C. M. (1998). Detecting and modelling developmental transitions. *British Journal of Developmental Psychology*, *16*(Pt. 1), 97-122.

Harter, S. (1999). *The construction of self: A developmental perspective*. New York: Guilford Press.

Harter, S., & Buddin, B. (1987). Children's understanding of the simultaneity of two emotions: A five-stage developmental sequence. *Developmental Psychology*, *23*, 388-399.

Harter, S., & Monsour, A. (1992). Developmental analysis of conflict caused by opposing attributes in the adolescent self-portrait. *Developmental Psychology*, *28*, 251-260.

Hauser, M. D., Chomsky, N., & Fitch, W. T. (2002). The faculty of language: What is it, who has it, and how did it evolve? *Science*, *298*, 1569-1579.

Hayes, J. R. (1985). Three problems in teaching general skills. In S. F. Chipman & J. W. Segal & R. Glaser (Eds.), *Thinking and learning skills: Research and open questions* (Vol. 2, pp. 391-406). Hillsdale, NJ: Erlbaum.

Heider, K. (1991). *Landscapes of emotion: Mapping three cultures of emotion in Indonesia*. New York: Cambridge University Press.

Hencke, R. W. (1996). *Self stories: Effects of children's emotional styles on their appropriation of self-schemata*. Unpublished doctoral dissertation, Harvard University, Cambridge, MA.

Higgins, E. T. (1996). Knowledge activation: Accessibility, applicability, and salience. In E. T. Higgins & A. W. Kruglanski (Eds.), *Social psychology: Handbook of basic principles* (pp. 133-168). New York: Guilford Press.

Hilgard, E. R. (1977). *Divided consciousness*. New York: Wiley.

Hirschfeld, L. A., & Gelman, S. A. (1994). *Mapping the mind: Domain specificity in cognition and culture*. Cambridge, England: Cambridge University Press.

Holland, J. H. (1992). Genetic algorithms. *Scientific American*, *266*(7), 44-50.

Horn, J. L., & Hofer, S. M. (1992). Major abilities and development in the adult period. In R. J. Sternberg & C. A. Berg (Eds.), *Intellectual development* (pp. 44-99). Cambridge, England: Cambridge University Press.

Hua, J. Y., & Smith, S. J. (2004). Neural activity and the dynamics of central nervous system development. *Nature Neuroscience*, *7*, 327-332.

Hubel, D. H., & Wiesel, T. N. (1977). Functional architecture of macaque monkey visual cortex. *Proceedings of the Royal Society, London*, *193*(Series B), 1-59.

Hudspeth, W. J., & Pribram, K. H. (1992). Psychophysiological indices of cerebral maturation. *International Journal of Psychophysiology*, *12*, 19-29.

Huttenlocher, P. R. (2002). *Neural plasticity: The effects of environment on the development of the cerebral cortex*. Cambridge, MA: Harvard University Press.

Immordino-Yang, M. H., & Fischer, K. W. (in press). Dynamic development of brain and behavior: Hemispheric biases, interactions, and the role of development. In D. Coch, K. W. Fischer, & G. Dawson (Eds.), *Human behavior and the developing brain: Vol. 1. Normal Development*. New York: Guilford Press.

Inhelder, B., & Piaget, J. (1964). *The early growth of logic in the child* (G. A. Lunzer & D. Papert, Trans.). New York: Harper & Row.

John, E. R. (1977). *Functional neuroscience: Vol. 2. Neurometrics*. Hillsdale, NJ: Erlbaum.

Kagan, J., & Snidman, N. (2004). *The long shadow of temperament*. Cambridge, MA: Belknap Press.

Kant, I. (1958). *Critique of pure reason* (N. K. Smith, Trans.). New York: Random House Modern Library.

Kauffman, S. (1996). *At home in the universe: The search for laws of self-organization and complexity*. New York: Oxford University Press.

Kauffman, S. A. (1993). *The origins of order: Self-organization and selection in evolution*. Oxford, England: Oxford University Press.

Kelso, J. A. S. (1995). *The self-organization of brain and behavior*. Cambridge, MA: MIT Press.

Kennedy, B. (1991). The development of self-understanding in adolescence. *Dissertation Abstracts International: Section B: The Sciences and Engineering*, 55(7-B), 3036.

King, P. M., & Kitchener, K. S. (1994). *Developing reflective judgment: Understanding and promoting intellectual growth and critical thinking in adolescents and adults*. San Francisco: Jossey-Bass.

Kitayama, S., Markus, H. R., & Matsumoto, H. (1995). Culture, self, and emotion: A cultural perspective on "self-conscious" emotions. In J. Tangney & K. W. Fischer (Eds.), *Self-conscious emotions: The psychology of shame, guilt, embarrassment, and pride* (pp. 439-464). New York: Guilford Press.

Kitchener, K. S., & King, P. M. (1990). The reflective judgment model: Ten years of research. In M. L. Commons, C. Armon, L. Kohlberg, F. A. Richards, T. A. Grotzer, & J. D. Sinnott (Eds.), *Adult development 3: Models and methods in the study of adolescent and adult thought* (pp. 62-78). New York: Praeger.

Kitchener, K. S., Lynch, C. L., Fischer, K. W., & Wood, P. K. (1993). Developmental range of reflective judgment: The effect of contextual support and practice on developmental stage. *Developmental Psychology*, *29*, 893-906.

Kitchener, R. F. (1986). *Piaget's theory of knowledge: Genetic epistemology and scientific reason*. New Haven, CT: Yale University Press.

Klahr, D., & Wallace, J. G. (1976). *Cognitive development: An information-processing view*. Hillsdale, NJ: Erlbaum.

Knight, C. C., & Fischer, K. W. (1992). Learning to read words: Individual differences in developmental sequences. *Journal of Applied Developmental Psychology*, *13*, 377-404.

Kofsky, E. (1966). A scalogram study of classificatory development. *Child Development*, *37*, 191-204.

Kohlberg, L. (1969). Stage and sequence: The cognitive developmental approach to socialization. In D. A. Goslin (Ed.), *Handbook of socialization theory and research* (pp. 347–480). Chicago: Rand, McNally.

Kohlberg, L. (1984). Moral stages and moralization: The cognitive-developmental approach. In L. Kohlberg (Ed.), *The psychology of moral development: The nature and validity of moral stages* (pp. 170–205). San Francisco: Harper & Row.

Kosslyn, S. M. (1996). *Image and brain: The resolution of the imagery debate*. Cambridge, MA: MIT Press.

Kruhl, J. H., Blenkinsop, T. G., & Kupkova, M. (Eds.). (2000). *Fractals and dynamic systems in geoscience*. Boston: Birkhauser.

Krus, D. J. (1977). Order analysis: An inferential model of dimensional analysis and scaling. *Educational and Psychological Measurement*, *37*, 587–601.

Kuhn, T. (1970). *The structure of scientific revolutions* (2nd ed.). Chicago: University of Chicago.

Kupersmidt, J. B., & Dodge, K. A. (Eds.). (2004). *Children's peer relations: From development to intervention*. Washington, DC: American Psychological Association.

Kurtz, K. J., Miao, C.-H., & Gentner, D. (2001). Learning by analogical bootstrapping. *Journal of the Learning Sciences*, *10*, 417–446.

Lakoff, G. (1987). *Women, fire, and dangerous things: What categories reveal about the mind*. Chicago: University of Chicago Press.

Lakoff, G., & Johnson, M. (1980). *Metaphors we live by*. Chicago: University of Chicago Press.

Lakoff, G., & Johnson, M. (1999). *Philosophy in the flesh: The embodied mind and its challenge to Western thought*. New York: Basic Books.

Lamborn, S. D., Fischer, K. W., & Pipp, S. (1994). Constructive criticism and social lies: A developmental sequence for understanding honesty and kindness in social interactions. *Developmental Psychology*, *30*(4), 495–508.

Lampl, M., & Johnson, M. L. (1998). Normal human growth as saltatory: Adaptation through irregularity. In K. M. Newell & P. C. M. Molenaar (Eds.), *Applications of nonlinear dynamics to developmental process modeling* (pp. 15–38). Mahwah, NJ: Erlbaum.

Lazarus, R. S. (1991). *Emotion and adaptation*. New York: Oxford University Press.

Lerner, R. M. (2002). *Concepts and theories of human development* (3rd ed.). Mahwah, NJ: Erlbaum.

Lerner, R. M., & Busch-Rossnagel, N. A. (Eds.). (1981). *Individuals as producers of their own development: A life-span perspective*. New York: Academic Press.

LeVine, R. A., Miller, P. M., & West, M. M. (Eds.). (1988). *Parental behavior in diverse societies* (Vol. 40). San Francisco: Jossey-Bass.

Li, J., Wang, L., & Fischer, K. W. (2004). The organization of shame words in Chinese. *Cognition and Emotion*, *18*, 767–797.

Locke, J. (1794). *An abridgment of Mr. Locke's essay concerning human understanding*. Boston: Manning and Loring.

Lourenço, O., & Machado, A. (1996). In defense of Piaget's theory: A reply to 10 common criticisms. *Psychological Review*, *103*, 143–164.

Luborsky, L. (2001). The only clinical and quantitative study since Freud of the preconditions for recurrent symptoms during psychotherapy and psychoanalysis. *International Journal of Psychoanalysis*, *82*, 1133–1154.

Luborsky, L., & Crits-Christoph, P. (1990). *Understanding transference: The CCRT method*. New York: Basic Books.

Luborsky, L., Luborsky, E., Diguer, L., Schmidt, K., Dengler, D., Schaffler, P., et al. (1996). Is there a core relationship pattern at age 3 and does it remain at age 5? In G. G. Noam & K. W. Fischer (Eds.), *Development and vulnerability in close relationships* (pp. 287–308). Hillsdale, NJ: Erlbaum.

Lyons-Ruth, K., Alpern, L., & Repacholi, B. (1993). Disorganized infant attachment classification and maternal psychosocial problems as predictors of hostile-aggressive behavior in the preschool classroom. *Child Development*, *64*, 572–585.

Main, M., & Solomon, J. (1990). Procedures for identifying infants as disorganized/disoriented during the Ainsworth strange situation. In M. Greenberg, D. Cichetti, & M. Cummings (Eds.), *Attachment in the preschool years* (pp. 121–160). Chicago: University of Chicago Press.

Marcus, G. F. (2004). *The birth of the mind: How a tiny number of genes creates the complexities of human thought*. New York: Basic Books.

Mareschal, D., Plunkett, K., & Harris, P. L. (1999). A computational and neuropsychological account of object-oriented behaviours in infancy. *Developmental Science*, 2, 306–317.

Markus, H. R., & Kitayama, S. (1991). Culture and the self: Implications for cognition, emotion, and motivation. *Psychological Review*, *98*, 225–253.

Marrs, G. S., Green, S. H., & Dailey, M. E. (2001). Rapid formation and remodeling of postsynaptic densities in developing dendrites. *Nature Neuroscience*, *4*, 1006–1013.

Mascolo, M. J., Fischer, K. W., & Li, J. (2003). Dynamic development of component systems of emotions: Pride, shame, and guilt in China and the United States. In R. J. Davidson, K. Scherer, & H. H. Goldsmith (Eds.), *Handbook of Affective Science* (pp. 375–408). Oxford, England: Oxford University Press.

Matousek, M., & Petersén, I. (1973). Frequency analysis of the EEG in normal children and adolescents. In P. Kellaway & I. Petersén (Eds.), *Automation of clinical electroencephalography* (pp. 75–102). New York: Raven Press.

McCall, R. B., Eichorn, D. H., & Hogarty, P. S. (1977). Transitions in early mental development. *Monographs of the Society for Research in Child Development*, *42*(3, Serial No. 171).

McGuire, W. J., & McGuire, C. V. (1982). Significant others in the self-space: Sex differences and developmental trends in the social self. In J. Suls (Ed.), *Psychological perspectives of the self*. Hillsdale, NJ: Erlbaum.

McLaughlin, G. H. (1963). Psychologic: A possible alternative to Piaget's formulation. *British Journal of Educational Psychology*, *33*, 61–67.

Miller, P. H., & Coyle, T. R. (1999). Developmental change: Lessons from microgenesis. In E. K. Scholnick, K. Nelson, & P. H. Miller (Eds.), *Conceptual development: Piaget's legacy* (pp. 209–239). Mahwah, NJ: Erlbaum.

Mischel, W. (1968). *Personality and assessment*. New York: Wiley.

Mizuno, T., Yamauchi, N., Watanabe, A., Komatsushiro, M., Takagi, T., Iinuma, K., et al. (1970). Maturation of patterns of EEG: Basic waves of healthy infants under 12 months of age. *Tohoku Journal of Experimental Medicine*, *102*, 91–98.

Nelson, K. (1986). *Event knowledge: Structure and function in development*. Hillsdale, NJ: Erlbaum.

Newell, A., & Simon, H. A. (1971). *Human problem solving*. Englewood Cliffs, NJ: Prentice-Hall.

Ninio, A., & Snow, C. (1996). *Pragmatic development*. Boulder, CO: Westview.

Noam, G. G. (1990). Beyond Freud and Piaget: Biographical worlds—Interpersonal self. In T. E. Wren (Ed.), *The moral domain* (pp. 360–399). Cambridge, MA: MIT Press.

Noam, G. G., Paget, K., Valiant, G., Borst, S., & Bartok, J. (1994). Conduct and affective disorders in developmental perspective: A systematic study of adolescent psychopathology. *Development and Psychopathology*, *6*, 519–523.

Nowak, A., Vallacher, R. R., Tesser, A., & Borkowski, W. (2000). Society of self: The emergence of collective properties in selfstructure. *Psychological Review*, *107*, 39–61.

Osgood, C. E., Suci, G. J., & Tannenbaum, P. (1957). *The measurement of meaning*. Urbana: University of Illinois Press.

Overton, W. F., & Newman, J. L. (1982). Cognitive development: A competence-activation/utilization approach. In T. M. Field, A. Huston, H. C. Quay, L. Troll, & G. E. Finley (Eds.), *Review of human development* (pp. 217–241). New York: Wiley.

Pascual-Leone, J. (1970). A mathematical model for the transition rule in Piaget's developmental stages. *Acta Psychologica*, *32*, 301–345.

Pepper, S. C. (1942). *World hypotheses*. Berkeley: University of California.

Piaget, J. (1950). *The psychology of intelligence* (M. Piercy & D. E. Berlyne, Trans.). New York: Harcourt Brace.

Piaget, J. (1952). *The origins of intelligence in children* (M. Cook, Trans.). New York: International Universities Press.

Piaget, J. (1954). *The construction of reality in the child* (M. Cook, Trans.). New York: Basic Books.

Piaget, J. (1970). *Structuralism* (C. Maschler, Trans.). New York: Basic Books.

Piaget, J. (1971). The theory of stages in cognitive development. In D. R. Green, M. P. Ford, & G. B. Flamer (Eds.), *Measurement and Piaget* (pp. 1–11). New York: McGraw-Hill.

Piaget, J. (1983). Piaget's theory. In W. Kessen (Ed.), *History, theory, and methods* (Vol. 1, pp. 103–126). New York: Wiley.

Piaget, J. (1985). *The equilibration of cognitive structures: The central problem of cognitive development* (T. Brown & K. J. Thampy, Trans.). Chicago: University of Chicago Press.

Piaget, J. (1987). *Possibility and necessity* (H. Feider, Trans.). Minneapolis: University of Minnesota Press.

Piaget, J., & Garcia, R. (1991). *Toward a logic of meanings*. Hillsdale, NJ: Erlbaum.

Piaget, J., & Szeminska, A. (1952). *The child's conception of number* (C. Gattegno & F. M. Hodgson, Trans.). London: Routledge & Kegan Paul.

Pipp, S., Fischer, K. W., & Jennings, S. (1987). Acquisition of self and mother knowledge in infancy. *Developmental Psychology*, *23*(1), 86 - 96.

Pirttilä-Backman, A.-M. (1993). *The social psychology of knowledge reassessed: Toward a new delineation of the field with empirical substantiation*. Unpublished doctoral dissertation, University of Helsinki, Helsinki, Finland.

Plato. (1941). *The republic* (F. M. Cornford, Trans.). London: Oxford University Press.

Plomin, R., DeFries, J., McClearn, G., & Rutter, M. (1997). *Behavioral genetics* (3rd ed.). New York: Worth.

Polsky, A., Mel, B. W., & Schiller, J. (2004). Computational subunits in thin dendrites of pyramidal cells. *Nature Neuroscience*, *7*, 621 - 627.

Port, R. F., & van Gelder, T. (Eds.). (1995). *Mind as motion: Explorations in the dynamics of cognition*. Cambridge, MA: Bradford/MIT Press.

Price-Williams, D., Gordon, W., & Ramirez, M., Ⅲ. (1969). Skill and conservation: A study of pottery making children. *Developmental Psychology*, *1*, 769.

Putnam, F. (1997). *Dissociation in children and adolescents: A developmental perspective*. New York: Guilford Press.

Raizada, R., & Grossberg, S. (2003). Towards a theory of the laminar architecture of cerebral cortex: Computational clues from the visual system. *Cerebral Cortex*, *13*, 100 - 113.

Rakic, P., Bourgeois, J.-P., Eckenhoff, M. F., Zecevic, N., & GoldmanRakic, P. (1986). Concurrent overproduction of synapses in diverse regions of the primate cerebral cortex. *Science*, *232*, 232 - 235.

Rappolt-Schlichtman, G., & Ayoub, C. C. (in press). Diverse developmental pathways, multiple levels of organization, and embedded contexts: Examining the whole child to generate usable knowledge. In K. W. Fischer & T. Katzir (Eds.), *Building usable knowledge in mind, brain, and education*. Cambridge, England: Cambridge University Press.

Rasch, G. (1980). *Probabilistic model for some intelligence and attainment tests*. Chicago: University of Chicago Press.

Raya, P. (1996). *Pretense in pair-play therapy: Examining the understanding of emotions in young at-risk children*. Unpublished doctoral dissertation, Harvard University, Cambridge, MA.

Reddy, M. (1979). The conduit metaphor. In A. Ortony (Ed.), *Metaphor and thought* (pp. 284 - 324). Cambridge, England: Cambridge University Press.

Reznick, J. S., & Goldfield, B. A. (1992). Rapid change in lexical development in comprehension and production. *Developmental Psychology*, *28*, 406 - 413.

Rogoff, B. (1990). *Apprenticeship in thinking: Cognitive development in social context*. New York: Oxford University Press.

Rogoff, B. (2003). *The cultural nature of human development*. Oxford, England: Oxford University Press.

Rosch, E. (1978). Principles of categorization. In E. Rosch & B. B. Lloyd (Eds.), *Cognition and categorization* (pp. 27 - 48). Hillsdale, NJ: Erlbaum.

Rose, D., & Meyer, A. (2002). *Teaching every student in the digital age*. Alexandria, VA: American Association for Supervision & Curriculum Development.

Rotenberg, E. J. (1988). The effects of development, self-instruction, and environmental structure on understanding social interactions. *Dissertation Abstracts International*, *49*(11), 5044B.

Ruhland, R., & van Geert, P. (1998). Jumping into syntax: Transitions in the development of closed class words. *British Journal of Developmental Psychology*, *16*(Pt. 1), 65 - 95.

Russell, J. A., & Barrett, L. F. (1999). Core affect, prototypical emotional episodes, and other things called emotion: Dissecting the elephant. *Journal of Personality & Social Psychology*, *76*, 805 - 819.

Salomon, G., & Perkins, D. N. (1989). Rocky roads to transfer: Rethinking mechanisms of a neglected phenomenon. *Educational Psychologist*, *24*, 185 - 221.

Sameroff, A. (1975). Transactional models in early social relations. *Human Development*, *18*, 65 - 79.

Saxe, R., Carey, S., & Kanwisher, N. (2004). Understanding other minds: Linking developmental psychology and functional neuroimaging. *Annual Review of Psychology*, *55*, 87 - 124.

Scardamalia, M., & Bereiter, C. (1999). Schools as knowledgebuilding organizations. In D. P. Keating & C. Hertzman (Eds.), *Developmental health and the wealth of nations: Social, biological, and educational dynamics* (pp. 274 - 289). New York: Guilford Press.

Schank, R. C., & Abelson, R. P. (1977). *Scripts, plans, goals, and understanding*. Hillsdale, NJ: Erlbaum.

Scheff, T. J., & Retzinger, S. (1991). *Emotions and violence*. Lexington, MA: Lexington Books.

Scheibel, A., Conrad, T., Perdue, S., Tomiyasu, U., & Wechsler, A. (1990). A quantitative study of dendritic complexity in selected areas of the human cerebral cortex. *Brain and Cognition*, *12*, 85 - 101.

Scherer, K. R., Wranik, T., Sangsue, J., Tran, V., & Scherer, U. (2004). Emotions in everyday life: Probability of occurrence, risk factors, appraisal and reaction patterns. *Social Science Information*, *43*, 499 - 570.

Schlosberg, H. (1954). Three dimensions of emotion. *Psychological Review*, *61*, 81 - 88.

Schore, A. N. (2003). *Affect regulation and the repair of the self*. New York: Norton.

Schwartz, M. S. (2000). *Design challenges: A new path to understanding science concepts and skills*. Unpublished doctoral dissertation, Harvard Graduate School of Education, Cambridge, MA.

Schwartz, M. S., & Fischer, K. W. (2005). Building general knowledge and skill: Cognition and microdevelopment in science. In A. Demetriou & A. Raftopoulos (Eds.), *Cognitive developmental change: Theories, models, and measurement* (pp. 157 - 185). Cambridge, England: Cambridge University Press.

Selman, R. L., & Schultz, L. H. (1990). *Making a friend in youth*. Chicago: University of Chicago Press.

Selman, R., Watts, C. L., & Schultz, L. H. (Eds.). (1997). *Fostering friendship: Pair therapy for prevention and treatment*. Pleasantville, NY: Aldine-De Gruyter.

Shaver, P. R., & Clark, C. L. (1996). Forms of adult romantic attachment and their cognitive and emotional underpinnings. In G. G. Noam & K. W. Fischer (Eds.), *Development and vulnerability in close relationships* (pp. 29 - 58). Hillsdale, NJ: Erlbaum.

Shaver, P. R., Morgan, H. J., & Wu, S. (1996). Is love a "basic" emotion? *Personal Relationships*, *3*, 81 - 96.

Shaver, P. R., Murdaya, U., & Fraley, R. C. (2001). Structure of the Indonesian emotion lexicon. *Asian Journal of Social Psychology*, *4*, 201 - 224.

Shaver, P. R., Schwartz, J., Kirson, D., & O'Connor, C. (1987). Emotion knowledge: Further exploration of a prototype approach. *Journal of Personality and Social Psychology*, *52*, 1061 - 1086.

Shaver, P. R., Wu, S., & Schwartz, J. C. (1992). Cross-cultural similarities and differences in emotion and its representation: A prototype approach. In M. S. Clark (Ed.), *Review of Personality and Social Psychology* (Vol. 13, pp. 175 - 212). Newbury Park, CA: Sage.

Shultz, T. R. (2003). *Computational developmental psychology*. Cambridge, MA: MIT Press.

Siegler, R. S. (1994). Cognitive variability: A key to understanding cognitive development. *Current Directions in Psychological Science*, *3*, 1 - 5.

Siegler, R. S. (2002). Microgenetic studies of self-explanation. In N. Granott & J. Parziale (Eds.), *Microdevelopment: Transition processes in development and learning*. Cambridge, England: Cambridge University Press.

Siegler, R. S., & Crowley, K. (1991). The microgenetic method: A direct means for studying cognitive development. *American Psychologist*, *46*, 606 - 620.

Siegler, R. S., & Jenkins, E. (1989). *How children discover new strategies*. Hillsdale, NJ: Erlbaum.

Singer, J. D., & Willett, J. B. (2003). *Applied longitudinal data analysis: Modeling change and event occurrence*. New York: Oxford University Press.

Skinner, B. F. (1938). *The behavior of organisms*. New York: Appleton-Century-Crofts.

Skinner, B. F. (1969). *Contingencies of reinforcement: A theoretical analysis*. New York: Appleton-Century-Crofts.

Slobin, D. I. (Ed.). (1997). *The crosslinguistic study of language acquisition: Expanding the contexts* (Vols. 4 - 5). Hillsdale, NJ: Erlbaum.

Somsen, R. J. M., van 't Klooster, B. J., van der Molen, M. W., van Leeuwen, H. M. P., & Licht, R. (1997). Growth spurts in brain maturation during middle childhood as indexed by EEG power spectra. *Biological Psychology*, *44*, 187 - 209.

Spelke, E. S. (1988). Where perceiving ends and thinking begins: The apprehension of objects in infancy. In A. Yonas (Ed.), *Perceptual Development in Infants* (Vol. 20, pp. 191 - 234). Hillsdale, NJ: Erlbaum.

Spelke, E. S. (2000). Core knowledge. *American Psychologist*, *55*, 1233 - 1243.

Spelke, E. S. (in press). Core knowledge, combinatorial capacity, and education: The case of number. In K. W. Fischer & T. Katzir (Eds.),

Building usable knowledge in mind, brain, and education. Cambridge, England: Cambridge University Press.

Spencer, M. B., Brookins, G. K., & Allen, W. R. (Eds.). (1985). *Beginnings: The social and affective development of black children*. Hillsdale, NJ: Elrbaum.

Spiro, M. E. (1993). *Oedipus in the Trobriands*. New Brunswick, NJ: Transaction.

Spruston, N., & Kath, W. L. (2004). Dendritic arithmetic. *Nature Neuroscience*, *7*, 567-569.

Sroufe, L. A. (1996). *Emotional development: The organization of emotional life in the early years*. Cambridge, England: Cambridge University Press.

Sternberg, R. J., Lautrey, J., & Lubart, T. I. (Eds.). (2003). *Models on intelligence: International perspectives*. Washington, DC: American Psychological Association.

Strauss, S. (with Stavy, R.). (Eds.). (1982). *U-shaped behavioral growth*. New York: Academic Press.

Tabor, L. E., & Kendler, T. S. (1981). Testing for developmental continuity or discontinuity: Class inclusion and reversal shifts. *Developmental Review*, *1*, 330-343.

Tangney, J. P., & Dearing, R. L. (Eds.). (2002). *Shame and guilt*. New York: Guilford Press.

Tangney, J. P., & Fischer, K. W. (Eds.). (1995). *Self-conscious emotions: The psychology of shame, guilt, embarrassment, and pride*. New York: Guilford Press.

Tatsuoka, M. M. (1986). Graph theory and its applications in educational research: A review and integration. *Review of Educational Research*, *56*, 291-329.

Terr, L. C. (1991). Childhood traumas: An outline and overview. *American Journal of Psychiatry*, *148*(1), 10-20.

Thatcher, R. W. (1994). Cyclic cortical reorganization: Origins of human cognitive development. In G. Dawson & K. W. Fischer (Eds.), *Human behavior and the developing brain* (pp. 232-266). New York: Guilford Press.

Thelen, E., & Bates, E. (2003). Connectionism and dynamic systems: Are they really different? *Developmental Science*, *6*, 378-391.

Thelen, E., & Smith, L. B. (1994). *A dynamic systems approach to the development of cognition and action*. Cambridge, MA: MIT Press.

Touwen, B. C. L. (1976). *Neurological development in infancy* (Vol. 58). London: Spastics International.

Turiel, E., & Davidson, P. (1986). Heterogeneity, inconsistency, and asynchrony in the development of cognitive structures. In I. Levin (Ed.), *Stage and structure: Reopening the debate* (pp. 106-143). Norwood, NJ: Ablex.

Uzgiris, I. C., & Hunt, J. M. V. (1987). *Infant performance and experience: New findings with the ordinal scales*. Urbana: University of Illinois Press.

Valsiner, J. (2001). The first six years: Culture's adventures in psychology. *Culture and Psychology*, *7*, 5-48.

van Aken, M. A. G. (1992). The development of general competence and domain-specific competencies. *European Journal of Personality*, *6*, 267-282.

van der Maas, H. (1995). Beyond the metaphor? *Cognitive Development*, *10*, 631-642.

van der Maas, H., & Molenaar, P. (1992). A catastrophe-theoretical approach to cognitive development. *Psychological Review*, *99*, 395-417.

van der Maas, H., Verschure, P. F. M. J., & Molenaar, P. C. M. (1990). A note on chaotic behavior in simple neural networks. *Neural Nerworks*, *3*, 119-122.

van Geert, P. (1991). A dynamic systems model of cognitive and language growth. *Psychological Review*, 98, 3-53.

van Geert, P. (1994). *Dynamic systems of development: Change between complexity and chaos*. London: Harvester Wheatsheaf.

van Geert, P. (1998). A dynamic systems model of basic developmental mechanisms: Piaget, Vygotsky, and beyond. *Psychological Review*, *105*, 634-677.

van Geert, P. (2003). Dynamic systems approaches and modeling of developmental processes. In J. Valsiner & K. Connolly (Eds.), *Handbook of developmental Psychology* (pp. 640-660). Thousand Oaks, CA: Sage.

van Geert, P., & van Dijk, M. (2002). Focus on variability: New tools to study intra-individual variability in developmental data. *Infant Behavior and Development*, *25*(4), 340-374.

von Bertalanffy, L. (1976). *General systems theory* (Rev. ed.). New York: Braziller.

Vygotsky, L. (1978). *Mind in society: The development of higher psychological processes* (M. Cole, V. John-Steiner, S. Scribner, & E. Souberman, Trans.). Cambridge, MA: Harvard University Press.

Wahlsten, D. (1990). Insensitivity of the analysis of variance to heredity-environment interaction. *Behavioral and Brain Sciences*, *13*, 1-27.

Wallbott, H. G., & Scherer, K. R. (1995). Cultural determinants in experiencing shame and guilt. In J. P. Tangney & K. W. Fischer (Eds.), *Self-conscious emotions: The psychology of shame, guilt, embarrassment, and pride* (pp. 466-488). New York: Guilford Press.

Wallon, H. (1970). *De l'acte à la pensée* [From action to thought]. Paris: Flammarion.

Wang, L. (1997). *The development of self-conscious emotions in Chinese adolescents*. Unpublished doctoral dissertation, Harvard Graduate School of Education, Cambridge, MA.

Waters, E., Merrick, S., Treboux, D., Crowell, J. A., & Albersheim, L. (2000). Attachment security in infancy and early adulthood: A twenty-year longitudinal study. *Child Development*, *71*, 684-689.

Watson, M. W. (1984). Development of social role understanding. *Developmental Review*, *4*, 192-213.

Watson, M. W., Fischer, K. W., & Andreas, J. B. (2004). Pathways to aggression in children and adolescents. *Harvard Educational Review*, *74*, 404-430.

Watson, M. W., & Getz, K. (1990). The relationship between oedipal behaviors and children's family role concepts. *Merrill-Palmer Quarterly*, *36*, 487-505.

Welford, A. T. (1968). *Fundamentals of skill*. London: Methuen.

Wellman, H. M. (1990). *The child's theory of mind*. Cambridge, MA: MIT Press.

Werner, H. (1948). *Comparative psychology of mental development*. New York: Science Editions.

Wertsch, J. V. (1979). From social interaction to higher psychological processes: A clarification and application of Vygotsky's theory. *Human Development*, *22*, 1-22.

Westen, D. (1994). The impact of sexual abuse on self structure. In D. Cicchetti & S. L. Toth (Eds.), *Disorders and dysfunctions of the self* (Vol. 5, pp. 223-250). Rochester, NY: University of Rochester.

Whiting, B. B., & Edwards, C. P. (1988). *Children of different worlds: The formation of social behavior*. Cambridge, MA: Harvard University Press.

Willett, J. B., Ayoub, C., & Robinson, D. (1991). Using growth modeling to examine systematic differences in growth: An example of change in the function of families at risk of maladaptive parenting, child abuse, or neglect. *Journal of Counseling and Clinical Psychology*, *59*, 38-47.

Wilson, E. O. (1998). *Consilience: The unity of knowledge*. New York: Knopf.

Wittgenstein, L. (1953). *Philosophical Investigations* (G. E. M. Anscombe, Trans.). Oxford, England: Oxford University Press.

Wohlwill, J. F. (1973). *The study of behavioral development*. New York: Academic Press.

Wohlwill, J. F., & Lowe, R. C. (1962). An experimental analysis of the development of conservation of number. *Child Development*, *33*, 153-167.

Wolf, M., & Katzir-Cohen, T. (2001). Reading fluency and its intervention. *Scientific Studies of Reading*, *5*, 211-239.

Wolfram, S. (2002). *A new kind of science*. Wolfram Media.

Wundt, W. (1907). *Outlines of psychology* (C. H. Judd, Trans.). New York: Stechert.

Yakovlev, P. I., & Lecours, A. R. (1967). The myelogenetic cycles of regional maturation of the brain. In A. Minkowsky (Ed.), *Regional development of the brain in early life* (pp. 3-70). Oxford, England: Blackwell.

Yan, Z. (2000). *Dynamic analysis of microdevelopment in learning a computer program*. Unpublished doctoral dissertation, Harvard Graduate School of Education, Cambridge, MA.

Yan, Z., & Fischer, K. W. (2002). Always under construction: Dynamic variations in adult cognitive development. *Human Development*, *45*, 141-160.

第 8 章

情境中的人：整体—交互作用方法*

DAVID MAGNUSSON 和 HAKAN STATTIN

* 本章是 D. Magnusson 和 H. Stattin(1998)在本《手册》第五版中发表的“人—情境交互作用理论”的修订版。Lars R. Bergman、Jan Bergstrom、Michael Bohman、Magnus Kihlbon、Uno Lindberg、Ulf Lundberg 和 Henry Montgomery 阅读过本章并发表了评论。我们非常感谢他们的评论。

这里所呈现的成果得到了瑞典银行三百周年基金会、瑞典社会研究委员会、瑞典研究规划与协调委员会的资助。

401 自从心理学作为一门科学的学科诞生以来,已经以各种方式形成它的核心任务。其中有些核心任务通过关注全人类的功能方面,已经对理论研究和实证研究产生巨大的影响。然而,对于科学家所宣称的同一学科,却在理论框架方面缺乏一致性,这是心理现象研究的特点,这种现象仍然存在且是分裂的主要原因。越来越多的心理学家开始意识到,对于设计、执行和解释具体问题的研究来说,需要一个一般的理论框架。这在人格研究中一直非常明显(例如, Cervone, 2004; Mischel, 2004)。本章的目的是讨论这种情况,通过关注个体发展来确定它的重要性,并给出在促使发展科学成为科学家庭中真正一员方面可以做些什么以获得更大成功的建议。

针对这个目标,本章的讨论从这一命题开始：科学心理学的核心任务是帮助理解和解释为什么个体如他们在真实生活中所做的那样思考、感受、行动和反应(Magnusson, 1990)。讨论是在如下命题的基础上进行的：

命题1：我们主要关注的是个体的功能与发展。然而,个体当前的功能与毕生的发展不是孤立于他或她所生活的环境的。对于这里的描述和讨论来说,一个基本的原则是：个体是整合的、复杂的和动态的人—环境(person-environment, PE)系统——PE系统中一个积极的、有目的的部分。因此,正如没有环境的知识不可能理解个体的功能与发展一样,没有个体功能的知识是不可能理解社会系统如何作用的(例如, Coleman, 1990)。对今后心理学研究的主要影响是：我们必须将理论与实证研究的对象从不受情境约束的个体转到作为整合的、复杂的PE系统中一个积极的、有目的的部分作用与发展的人身上(例如, Ryff, 1987)。

命题2：个体作为一个整合的、不可分割的整体在PE系统内作用与发展。这种情况对心理现象的研究有着深远的影响。

命题3：所提出的任务需要这样一个研究策略,即单独研究的结果须有助于知识的综合,这是理解个体为什么如他们在真实生活中所做的那样思考、感受、行动和反应,以及他们如何在这些方面发展所需要的。

命题4：在这样一个研究策略中一项基本的要求是：将作为一般框架的关于个体功能与发展的一般理论模型，应用到具体问题研究的设计、执行和解释中。这是所有关注动态、复杂过程的科学学科发展的特点。

这些观点并不新颖。它们在此之前就已经形成了，在理论层面上广为人知并被广泛接受。然而，虽然它们对个体发展过程的理论与实证研究有着根本和深远的影响，但是它们的影响却只限于这些方面。我们的评价是：这种情况是通常被称之为发展心理学的学科分裂的一个原因。本章强调需要真正地考虑在这些命题中所反映出来的观点，以便在个体发展的研究中获得真正科学的进步。

自然科学史已表明了基本的、一般的理论框架对科学进步的重要性。在物理学领域，世界的牛顿模型在很长一段时间里都满足这样的目的，并为无生命界研究取得的巨大成功奠定了基础。在20世纪，Einstein的相对论和量子理论又对它进行了补充；目前，理论物理正发展一个广义的理论——弦理论(the string theory)去克服二者的不相容性。对于心理学来说，Darwin在1859年提出的作为生物研究框架的进化论所起的作用，更接近于我们现在的情况。整体观对生命科学研究的根本重要性的标志是系统生物学(Systems Biology)的建立。 402

> 系统生物学并不像在过去30年里已经大获成功的生物学模式那样去一次一个地研究个体的基因或蛋白质。相反，它研究特定生物系统运行时，系统中所有因素的关系与行为。(Ideker, Galitski, & Hood, 2001, p. 343)

在作为一门生命科学的心理学中，一个一般的理论框架对特定问题的研究有如下主要影响：

- 具体问题的实证研究结果有必要去建构关于所研究现象的知识综合体(例如，Richters, 1997)。与那些没有一般参考框架的相比，应用一般理论模型尤其意味着：关于整合个体特定方面的研究结果获得了额外的意义。整体大于部分之和。Darwin在环绕南美旅行时所观察到的自然的每一个特定方面，其他人以前也曾见过。但是，直到Darwin将其所观察到的东西系统化，并用自然选择的整体模型的一般观点来解释时，它们才构成进化论的一般理论模型发展的基础，该模型可以在具体问题研究的设计、执行和解释中起基本框架的作用。相应地，在科学史中最显著的进步之一是通过Darwin将他的观察系统化为一般的、整体的模型的独创能力所发动的(cf. Mayr, 2000a)。正如持非常不同观点的科学家们所强调的那样，为了在理解和解释个体如何和为何在真实生活中思考、感受、行动和反应的道路上获得进一步发展，心理学需要一个一般的整体框架。对个体发展的研究也有这种需要。
- 科学进步的一个基本要求是：研究不同但相互依赖问题的研究者彼此之间进行交流。一般理论框架提供了一个共同的概念空间，该概念空间可以作为关注研究过程中包含的所有水平现象的不同问题的研究者之间能够有效交流的前提。在自然科学中，一个一般的理论框架可以让天体物理学家与那些关注原子水平问题的科学家进行交流，反之亦然。Montgomery(2004)在对科学发展的评论中指出，分裂是由于缺少一致的科学模型："科学中的语言正处于变化之中，并似乎被两个相反的趋势所主宰。科学英语的全球化似乎预示着国际间更加统一，而领域—特殊术语的增长却表明了交流的困难。"(p. 1333)总之：通过为具体问题和对特定现象实证研究的设计和解释，以及研究者之间在主要问题上的有效交流充当一般的理论框架，人类功能与发展的一般模型将有助于克服研究中的分裂现象。

环境

在心理学研究中，在Lewin关注个体"生活空间"时提出的著名公式 $B = f(PE)$ 中，早已明确地表达了"不考虑个体功能所处的环境就不能理解个体功能"的思想(Lewin, 1935, pp. 11 - 12)。然而，环境是一个很模糊的概念，有多种不同的解释，因此需要对它在这里的使用作一些说明。对于环境在个体功能与发展中作用的讨论来说，可根据与个体经验接近的维度对环境进行排序。在下面的讨论中，我们根据上述维度区分出三个环境位置：(1) 直接情境，(2) 近体环境，和(3) 远体环境。

个体当前的功能总是发生在一个带有特定特征的情境之中。个体功能不可避免地与特定情境条件相关，因而不能将其孤立出来理解。正是在这种瞬间的情境中，我们与世界相遇，形成我们对世界的观点，并发展出我们处理新情境的特定方式。个体经验对社会化过程的发展起着十分重要的作用。情境在不同的特定水平上呈现信息，我们需要作出恰当的反应，而它们则为我们提供建立对外部世界的正确概念所必需的反馈。通过将新的知识与经验同化到现存的心理类别之中，并通过调节旧类别而形成新类别，每个个体在与环境连续的交互作用中发展出一个整合的心理结构系统。在遗传倾向的基础及局限之上，情调(affective tone)开始与特定的内容或行动联系在一起，应付各种环境与情境的策略在连续进行的学习过程中发展起来(Magnusson, 1981, p. 9)。这些观点与对当前个体功能的跨情境分析相联系，这将在后面题为："个性：发展中的人"的部分中讨论。

403

这种情境—限制的过程发生在各种环境中——如家、学校、街坊四邻、俱乐部，或图书馆中。尤其，这些环境还能提供与家族成员、同伴、同学和其他个体联系的机会。总之，这些个体正在或可能与其发生直接接触的环境因素合在一起，构成了我们所讨论的近体环境(proximal environment)。从某种程度上说，近体环境是具有个体差异性的，这将在后面对兄弟姐妹作用进行研究的部分中加以阐述。

近体环境根植于且依赖于在更一般水平上的、被称之为远体环境(distal environment)的环境之特定社会文化与物理特征。个体近体环境的特点直接取决于它所在的远体环境的特点。

根据接近的维度，个体所属的整个PE系统构成了一个等级系统，其中直接情境、近体环境和远体环境是整合在一起的。近体环境与远体环境在个体发展的 PE 交互作用过程中的作用在本章“PE 系统中的环境”* 部分中予以讨论。

科学心理学的目标

科学工作的目标是：形成现象如何和为何像它们在各种复杂水平上所表现的那样运行的基本原则与特定机制。这个目标和人类功能与发展的研究有关，就如同它与物理学研究有关一样。物理科学中的显著进步，以及由此引发的高科技社会的迅猛发展，已经使物理学成为其他科学学科，包括行为科学与社会科学的典范。不幸的是，其他领域有时在没有考虑它所研究的现象是否与物理学所提供的模型等同的情况下，就采用了物理学家所赞成的目标与价值观。例如，在自然的牛顿力学模型框架中，在研究精确率时，一个重要的概念是“预测”。自从 J. B. Watson(1913)通过提出“预测和控制行为”是科学心理学的目标来为心理学是一门自然科学辩护开始，准确的预测通常被看作是心理学科学定律有效性的一个主要标准。在技术复杂的统计工具的发展与应用的促进下，预测也已成为人类个体发生学研究的主要目标。单一变量或复合变量在个体发展中的心理重要性，通常用它们以统计的术语预测以后的结果有多好来衡量。发展研究的主要目标是预测与控制的主张仍然得到支持，即便在那些它不太适合的领域。

因为以下两点相关原因，可以对“精确预测个体功能与发展是心理学研究的最终目标”这一观点提出质疑。第一点与个体功能是整合的过程有关；第二点关注的是指导这一过程类型的规律。

动态复杂过程的现代模型潜在的一个基本主张是：这些过程是由特定原则所指导，但除非在特定的、严格控制的条件下，否则往往无法预测(例如，Kelso, 2001)。对人类功能的研究属于“生命科学”领域。诺贝尔奖获得者 Frances Crick①(1988)论述了在不同学科中所探寻的定律的种类，并总结道：生物系统中所研究的现象是这样的，即定义物理学的普遍有效的、强有力的定律并不适用于生物学。20 世纪最重要的生物学家 Mayr (1997)采用了同样的观点并总结道，生物学必须放弃经典物理学范例，凭其自身的能力去发展为一门科学学科。作为一门生命科学，心理学应该更多地向生物学，而不是物理学学习。 404

从这一观点来看，在我们的科学探索中，成功的最终标准不是我们能对跨越不同情境或生命历程的个体行为预测有多好，而是我们在解释和理解个体功能与发展的潜在过程时有多成功。因而，心理学研究的科学目标大体有以下三个方面：

---

* 在这一章中，“物理环境”的概念包括生物的部分。在西方文化中，其他个体构成了最重要的部分。在另外一些文化中，各种家畜和野兽在形成整合的环境中也起了作用。

① Frances Crick(1916—2004)，英国科学家，因发现脱氧核糖核酸(DNA)的双螺旋分子结构而于 1962 年与 J. D. 沃森(James Dewey 和 Watson，美国)，M. H. F. 威尔金斯(Maurice Hugh Frederick Wilkins，英国)一起获得诺贝尔生理医学奖。——译者注

1. 找出在人的功能与发展的整合过程中起作用的因素。它们可能是个体心理的、生物的和行为的因素和/或环境因素，这取决于所研究过程的本质。

2. 找出描绘当前功能与发展过程特征的基本原则。这个问题在后面关于个体发展的部分中予以讨论。基本原则是描述不受年龄、性别和文化限制的所有人类发展过程性质的一般特征。为了在个体发展研究中获得真正科学上的进步，必须在特定的理论与实证研究中考虑这些原则。

3. 找出在 PE 系统框架中，在个体特定水平上，起作用的因素为完成它们在个体整合功能中的任务而发挥作用的机制(见后面方法和研究策略部分)。

应该强调的是，我们虽不赞成将预测看作是人类功能与发展过程研究取得科学成功的最终标准，但并没有不赞成将预测看作是研究设计的一种工具。本章关注的是个体性(individuality)和我们讨论中一个关键的概念过程(process)。当然，在对专属的分析现象进行适当的设计研究中，预测是一个有用的概念工具和方法工具。作为工具的预测概念，也可以应用到许多运用心理学方法的实际情境中，例如人员选拔或决策。在这种情况下，人们最关心的是预测所确定的事，也就是某一事件可能发生的概率。*

理论框架：整体—交互作用模型

鉴于交互作用在生命有机体(living organisms)过程中的重要作用，个体功能与发展研究的一般理论方法构成了一个整体—交互作用的框架(Magnusson，1995，2001)。简言之，现代的整体—交互模型强调，个体与 PE 系统是有组织的整体，作为整体起作用并以个体和环境中结构和过程的相关方面的模式为特征。在所有水平上，整体是从相关因素功能的、动态的交互作用中，而不是从整体中每一个孤立部分的作用中获得它的典型特征与性质的。个体结构与过程中每一个起作用的因素，和环境中的每一个因素，都从它在个体整体的、整合的功能的作用中获得意义(Magnusson，1990)。2004 年生理医学诺贝尔奖获得者 Richard Axel 与 Linda Buck(例如参见，Buck 与 Axel，1991)所呈现的嗅觉实证研究的结果，是这种心理过程以及它对特定情境刺激依赖的一个显著的例子。他们指出，每一种特定的气味通常是激活不同传感器联合体的气味分子的混合物——传感器是各类受体细胞，它们通过嗅球将它们的信号传递到大脑皮层。到达大脑皮层的独特编码使我们感知到某一特定的气味，并赋予它意义。相应地，刺激情境一定是高度组织化的，并且所涉及的生物系统必须以独特的方式模式化，以便让个体能够识别并对特定气味赋予意义。

---

* 在发展研究与心理学研究中预测概念的问题一般源于在两个互不相关的含义上使用(或误用)预测概念讨论实验结果：(1) 显著统计关系的预测，如，在预测数据与标准数据之间；(2) 预测个体机能。经常讨论显著性相关系数，好像可以将它们解释为个体功能的有效预测者一样。这是统计学非科学的误用。即使是发展研究中常见的同样大小的显著性相关系数，也不能构成那种结论的根据，这一点已经用可靠的数据在经验上得到证明(Magnusson，Andersson，& Törestad，1993)。

整体—交互作用模型不是一个概念的空盒子：它有大量基本原则内容，这些基本原则内容以与自然选择框架中突变与多样性的基本原则一样的方式，描绘个体发展过程的特征，这一点应该清楚，而且这对于理解它（指整体—交互模型）在研究过程中的作用非常重要。发展过程中的基本原则会在后面部分中讨论。 405

视角

从三个互补的视角：共时的、历时的与进化的视角来看，个体的思考、感受、行动与反应可以成为研究的对象。应该认识到，这三个视角是互补的，而不是矛盾的。本章集中在历时的视角上；也就是个体的发展过程上。Magnusson (1990) 以及 Magnusson 与 Törestad (1993)对用共时的视角来看待个体功能的整体—交互作用观进行了回顾与讨论，建议感兴趣的读者去读那些文章。在下面的介绍中，在恰当的时候会包括当前的功能。进化视角在这里不作考虑。

用共时的视角对心理现象进行研究时会涉及现存的心理、生物与行为结构框架之内的思考、感受、行为与反应的过程。相应地，"共时性"模型分析和解释为什么个体的功能以它们同时发生的心理、行为和生物状态为基础，却与可能导致当前情况的发展过程无关（例如，大部分的认知模型）。与此相反，"历时性"模型用个体的发展史来分析当前的功能。它们关注的是，个体相关方面与他或她的环境在导致当前功能的过程中是如何发挥作用的。

个体发展的研究指的是在个体当前功能的整合过程中所包含的心理、行为和/或生物因素的变化。在其最一般的形式中，有机体的发展指的是在大小、形状和/或功能方面任何前进的或后退的变化。个体发展的研究关注的是毕生的从受精至死亡的发展过程(Baltes, Lindenberger, & Staudinger, 1998; Cairns, 1998; Overton, 1998; Valsiner & Conolly, 2003，对发展的概念及其理论的、概念的和方法的运用进行了详细回顾与讨论)。

人—环境关系的三种一般方法

在元理论水平上，在个体当前功能与发展中，可以区分出三种研究人—环境关系的一般方法：(1) 单向因果关系，(2) 经典交互作用论，和(3) 现代交互作用论——这里我们称之为整体交互作用论。每一种方法对理论建构和实证研究的执行与解释都有其特定的影响。

单向的人—环境模型

关于环境在发展过程中作用的传统观点，有两点相关特征。第一，个体与环境被看作是两个分离的实体来对待和讨论。第二，他们之间的关系用单向的因果关系来描绘：个体是环境影响的对象。这种观点反映在从马克思的社会模型到主流实验心理学对非常具体的行为方面进行研究的 S－R(刺激—反应)模型的所有普遍水平的理论与模型中。这些表面上非常不同的理论其实都坚持这种观点。根据经典精神分析理论,个体的生命过程受婴儿期父母对婴儿的对待的单向影响。Watson(1930)在他以一个行为主义者的视角对个体发展进行的讨论中,主张在个体发展过程中给环境一个决定性的作用。即使在那些没有表明是行为主义者或精神分析观点的发展理论中,家庭通常也被视为在从婴儿期到青春期的社会化过程期间以单向的方式影响儿童。在使用预测、自变量和因变量,以及预测者和标准等概念的研究设计中,也显现出了单向的方法。

在对作为自变量的环境因素,和作为因变量的人的特征之间关系的实证研究中,采用心理测量的变量方法有着久远的传统。在对"家庭背景对个体教育与职业生涯影响"的教育研究中,就可发现很好的例子。在"环境在儿童及他们社会化过程中的作用"的研究中,家庭可能有的影响一直是一个重要主题。Baumrind(1971)给出这一研究方向上的例子。她区分出三种影响儿童行为的态度:权威的、独裁的和宽容的。儿童行为对养育的影响并未被考虑——儿童行为是父母行为的产物。

406

经典交互作用论

在公式 $B = f(PE)$ 中表达了经典交互作用论的主要思想;换句话说,个体功能是个体与环境因素相互作用的结果。这意味着研究的兴趣集中在人—环境关系的交界处。与传统单向的观点相比,经典交互作用观强调关系的特征是交互作用的(例如,Endler & Magnusson, 1976)。

尤其在 20 世纪 70 年代至 80 年代期间,经典交互作用模型的外显形式除了对计划、执行和解释发展的研究产生影响之外,还对人格研究产生了双重的影响。第一,个体当前功能跨情境一致性的问题成为理论争论的重要主题(例如,Magnusson & Endler, 1977; Mischel, 1973)。第二,这一争论相应地又导致对情境特征的理论分类与经验分析的兴趣(见 Forgas & Van Heck, 1992; Magnusson, 1981)。

非常笼统地看,经典交互作用论有很深的根源。交互作用观的早期提倡者是 Wilhelm Stern(1935)。他将交互的人—环境交互作用领域定义为人的"生物圈"或"个人世界"(cf. Kreppner, 1992b)。Baldwin 在 19 世纪 90 年代时已经用这样的术语讨论个体发生与进化发展。正如 Cairns 与 Cairns(1985)所指出的那样,从 Baldwin 到 Piaget、Kohlberg 和已经影响了发展研究不同领域的其他人一脉相承。在经验发展研究中,在应用交互作用观方面,主要的进步是 Bell(1968, 1971)发表的两篇强调父母与他们孩子之间双向关系的文章。在 Ainsworth(1983)对依恋的讨论中也强调了母亲—孩子关系中的交互作用。Kerr 与 Stattin (2003)已经对这个方向上的研究进行了追踪和总结。

从 20 世纪 70 年代开始,大部分发展学家已经在理论上接受了人—环境交互作用论所起的作用。在许多理论发展模型中,人际关系中的交互作用已经是基本组成部分。从历史的观点来看,从 Bowlby(1952)开始,发展学家已经使用表达社会交互作用的相互依赖、交互作用特点的术语。然而,虽然交互作用在理论上得到了认可,但在实际的评估中,概念的交互作用本质却通常被丢掉。主要的发展研究者已经用不同的术语确定了这种观点。*

整体(现代)交互作用论

根据整体—交互作用的观点,心理事件反映了个体过程的两个相互依赖的水平:(1) 个体与环境因素之间连续进行的交互作用过程,(2) 个体心理生物因素与行为因素之间连续进行的过程。这个观点与经典交互作用论有两方面的不同。第一,不管是以当前的,还是以发展的视角来看,整体交互作用论都更强调个体功能的整体的、动态的特性和整个 PE 系统整体的、动态的特性。第二,它以系统的、外显的方式,将生物过程与外显行为都合并到模型之中。

407

整体交互作用论的一个重要方面是:在从宏观水平到细胞系统微观水平的 PE 系统所有水平上,起作用因素都是作为整合的系统而运行与发展的。相应地,整合过程运行与变化的方式,取决于有机体等级组织中所有纵向与横向的相关因素之间进行的交互作用。这种主张对人类个体发生学研究的有效方法和策略具有决定性的影响(见方法影响部分)。

整体交互作用论建立在五个基本命题之上:

1. 个体是复杂的、动态的 PE 系统中活跃的、有目的的部分。

2. 个体作为整体的、整合的有机体而发生作用发展。

3. 用整合的、复杂的和动态的过程最能描述现存的心理生物结构中个体的功能和发展变化。

4. 这一过程的特点是:个体的心理的、行为的和生物的因素,与环境的社会的、文化的和物理的因素之间不断进行着交互作用(包括交互依赖)。

5. 环境作为社会、文化与物理因素之间不断进行的交互作用与相互依赖的过程而发生作用与变化。

在上述五个命题中总结的整体—交互作用模型,已经以日益增加的速度从不同资源中吸取营养,这主要是由于临近的生命科学中科学进步的结果(例如,Magnusson,1999a)。对个体功能与发展的心理生物因素与行为因素的研究,已经有助于形成一个模型,该模型可在对特定问题进行实证研究的设计、执行和解释中起到框架的作用。在自然科学中发展出来的动力进程(dynamic processes)的现代模型,既在理论上又在方法上丰富了整体—交互作用框架。设计良好的纵向研究已经证明了个体发展过程的独特性。这已强化了这样的观念,即对于理解个体毕生发展过程中起作用的机制来说,整体—交互作用的观点是必不可少的。

---

* 正如上面所述,已经提出不同的概念和形式用来表达我们这里称之为"交互作用"和"交互作用论"的概念,包括"交流"(transaction)、"交互决定论"(reciprocal determinism)、"辩证—背景的"(dialectic-contextualistic)、"过程—人"(process-person)与"发展二元论"(developmental dualism),我们使用交互作用与交互作用论术语的原因是:这些术语在所有其他的生命科学中已经很好地确定下来,用来描述生物生命过程的基本方面(如,Lindberg,2000)。在社会生态学中,交互作用概念是一个基本概念。我们认为,如果我们继续发明和使用新术语,而不采用那些在我们想要与之合作的学科中已经很好建立起来的概念,那么,这对于我们自身学科的科学进步来说,只能是有害的、不利的,因为我们自身学科科学发展的进步要依赖于与临近学科的合作。

个体不断地遇到有新需求、威胁和机会等新的情境。在与环境交互作用的过程中,在不同条件,甚至极端条件下,有机体必须保持其内部调节的完整和平衡。在每一个特定情境中,这一适应过程一方面依赖于个体的心理、生物和行为技能的交互作用,另一方面依赖于情境条件。

当个体将一个情境——工作时、休闲时等——解释为危险的或劳神的(demanding)时,就可以看到包括心理、行为和社会因素交互作用过程的例子。解释情境刺激的认知活动,经由下丘脑与杏仁核、肾上腺肾上腺素和皮质醇的分泌,反过来引发其他的生理过程。认知—生理的相互作用伴随着恐惧或焦虑和/或一般的经验唤起等情绪状态。接着,这些情绪不仅影响个体对环境的行为和处理环境的行为,而且也影响他或她对情境条件中一系列变化的解释和预期,因此,又影响了他或她在下一过程阶段期间的生理反应。

这个例子说明了个体心理生物因素与情境因素是如何交织在一个连续的环中。这一过程进行的方式,尤其要视个体所观察并赋予意义的环境而定。这种情境—个体相遇的结果,为接下来个体对被其解释为心理上类似的情境的行为和反应打好了基础。在 Appley 与 Turnball(1986;例如, Warburton, 1979,讨论信息加工与压力的生理方面)压力研究的讨论中清楚说明了这种观点的应用。随着过程的进行,这一交互过程包括心理系统(在它对某一类型情境的解释中)、生理系统和对这样的情境以及类似情境的行为反应。

整体—交互作用模型尤其感兴趣的是个体对近体环境中所发生的事件的解释和对他或她自己行为可能结果的预期所起的作用。对外部信息的评价指导着个体的思想和行为,并唤起影响心理事件、思想、感觉、情绪和行为的生理系统。在应对与适应(coping and adaptation)的理论与实证研究中,个体对环境刺激与事件的解释和评价构成了基本元素(例如, Smith & Lazarus, 1990)。

408

个体发展的整体—交互作用模型的基本原则已经提出一段时间了。对这种观点有影响的先驱者是 Kuo(1967)和 Schneirla(1966)。那些对整体观点的形成作出贡献的人中,还包括 Cairns(1979,1996)、Gottlieb(1991,1996)、Lerner(1984,1990)、Magnusson 和 Allen(1983a,1983b)、Sameroff(1989)等人。Brooks-Gunn 和 Paikoff(1992)赞成用整合的方法研究社会化过程,即一种考虑到生物的、情感的、认知的与社会的多方面因素的方法。由 Bronfenbrenner、Ceci(1994)提出的生物—生态学模型基本符合整体交互作用论的原则。在 Thelen(1995)提出的有关运动发展的一种新的综合理论(a new synthesis of motor development)中,可以看到现代/整体—交互作用观在特定领域中的应用。Karli(1996)提出的有关攻击行为的发展之整合的、整体的生物—心理社会方法是与整体交互作用论一致的。Susman(1993)对行动异常潜在发展过程的讨论亦是如此。近年来,Li(2003)、Baltes 和 Smith(2004)对作为生物—文化模型的整体—交互作用观的主要特征进行了讨论。

对瑞士儿童进行个体发展与适应(Individual Development and Adaptation,简称 IDA)的纵向研究的例子可以用来说明在整体—交互作用框架中考虑心理生物的、行为的与社会的因素的相互作用——对于恰当地理解发展过程的——必要性(Magnusson, 1988; Magnusson, Stattin, & Allen, 1985; Stattin & Magnusson, 1990)。在瑞士一个社区中,对所有同龄的男孩和女孩从10岁开始进行追踪。女孩平均年龄为14.5岁时，在月经初潮年龄和违规行为、学校适应、与父母和老师关系等多方面的数据之间已经存在很强的相关。例如，与比较晚熟的女孩相比，早熟的女孩报告更多的饮酒行为。她们也报告与父母、老师更紧张的关系及学校适应不良。从横断视角来解释，这一结果表明，可以确定，这组女孩正在反社会发展的危险之中。

然而，当追踪上述女孩到26至27岁时，在月经初潮年龄与饮酒之间没有发现系统的关系。另一方面，较早的生物成熟对教育、家庭、孩子和职位的确存在影响。那些成熟较早的女孩与正常成熟或成熟较晚的女孩相比，她们有更多的孩子且接受更少的教育。这些影响不能只归因于成熟早；换句话说，它们是青春期期间与生物成熟相联系的各种相关因素网：自我知觉，自我评价，尤其是亲密朋友的社会特点的最终结果。那些生物发育较早的女孩在青年中期时感到自己心理上比同龄人更成熟，因而更多地与年龄比较大的同龄人和男朋友交往(cf. Galambos, Kolaric, Sears, & Maggs, 1999)。简单地说，她们要比那些较晚成熟的同龄人遇到更多超前的社会生活，包括那些被认为是违规的行为(例如，Caspi, Lynam, Moffitt, & Silva, 1993)。

最重要的一点是，单独的性成熟并不能解释观察到的短期和长期的结果。早期的生物成熟为包括个体心理与行为因素以及环境中的社会因素的整合过程提供了偏好条件。女孩们在青春过渡期的当前功能以及它对她们生活史的影响，主要依赖于以下三者的结合：(a) 早期的生物成熟，(b) 近体环境中容易接近年长的朋友，和(c) 在近体与远体环境中占主导地位的规范与准则。

评论

这里提出两点相关的评论：

1. 在一般水平上，PE关系的三种研究方法反映了依赖于其他生命科学(包括医学)的科学进程的重要方面的历史进步。例如，1943年，Clark Hull在《心理学评论》(*Psychologlcal Review*)中一篇被广泛引用的文章里总结道：现有的关于个体内部过程的知识太有限了，以至于不能作为对它们(个体内部过程)进行科学分析的基础，并认为，心理学研究暂时不得不局限在对“分子行为”的研究上。由于受到人类生物学迅速发展的影响，Roger Russell在1969年APA(美国心理学会)主席致辞中，关于Clark Hull，他讲道：“现在的情况不同，而且变化如此之快，以至于心理学家很难跟上与其基本能力领域最为密切相关的其他生物科学方面的那些重大发展。”(Russell, 1970, p. 211)同样地，包括信息加工、学习和记忆的认知领域的当前发展，为整体—交互作用模型的产生铺平了道路。

409

2. 我们这里所描述的三种研究PE关系的方法，反映了正规科学发展的典型特征。尽管它们并没有严格地用历史的观点或当代的观点界限来定义一种方法，但这三种方法全部都依然存在，并用于不同的目的，这取决于研究目的和所研究现象的特征。单个的贡献者明显差不多先于整体—交互作用方法的引入。

当前在三种方法之间作出的区分并不是想引发对PE关系研究方法的广泛讨论；现在提

出的整体—交互作用观是对早期模型的必要补充,是环境中个体功能与发展的一般模型的基础,这才是我们的目的。

作为科学研究组织原则的人

正如我们前面强调的那样,个体作为整合的 PE 系统中一个积极的、有目的的部分起作用并发展。这意味着,心理学理论与实证研究的主要问题不是研究个体与环境如何作为两个同等重要的独立部分相互作用的。而是个体如何有意识地或下意识地处理和了解当前的情境条件,以及在整个生命历程当中它们在这个方面是如何发展的。对于分析来说,一个基本命题是:个体发展不是由环境决定的,而是依赖于环境。

作为人—环境系统中积极动因的人

个体是积极的、有目的的观点早已存在。欧洲的意动心理学家,例如 Brentano(1874/1924)和 Stumpf(1883)提倡心理和心智过程不是作为接受和加工信息的器官,而是活动的动态观念。在美国,James(1890)是这一观点的倡导者。个体功能方式的意向性本质这一构成 Brentano 观点的重要部分,在 Tolman(1951)目的性行为的研究中也得到了强调。最近,在行动理论(action theory)中也强调个体是积极的、有目的的动因观(例如,Brandtstädter,本《手册》本卷第 10 章)。

中介心理系统

个体作为人—环境交互作用过程中活跃的、有目的的动因的观点意味着:个体内在生活的指导原则和他或她处理外界环境的指导原则,在于包括在计划和图式中组织的自我知觉、他人知觉和世界观等整合的心理系统的功能。这种观点反映在将人格概念化为目标导向的、适应的开放系统的提议中(例如,Allport,1961;Hettema,1979;Schwartz,1987)。

基于大脑活动的心理系统,为个体发展中的适应起先锋带头作用,因为它调动了神经生物学和生理的改变。通过选择和解释来自外界的信息,并将信息转变为内部和外部的活动,心理系统允许有机体去塑造它的有效环境(effective environment),并提供一个迅速和可逆的策略,借此有机体可以适应变化的环境(例如,Lerner,1990;Nelson,1999b)。

脑研究一直强调杏仁核在心理过程中的作用。在社交恐怖症实证研究的讨论中,Stein、Goldin、Sareen、Eyler Zorilla 和 Brown(2002;也参见 Blumberg et al.,2003,对患有双相型精神障碍的青少年杏仁核的讨论)作出总结:

410

> 理解社交恐怖症底层病因学的新线索来自基础和认知神经科学。这些研究已经将注意集中到杏仁核和它与其他皮层及皮层下区域在调解恐怖与焦虑时丰富的联结网络作用……除了认为杏仁核与社交恐怖症有特殊相关外,还认为它也在社会智力(social intelligence)的回路(circuitry)中起重要作用。双侧杏仁核损伤的人不能对他人作出正

确的社会判断。(p. 1027)

通过对感官知觉和大脑在解释来自外界信息时功能的研究,这里所呈现的观点起了重要的作用(例如, Jeeves, 2004)。与主流的传统观点相反,输入到感觉的过程被看作是信息被大脑解释和整合并被用来处理内部和外部问题,而不仅仅被看作是感官刺激。感官更多的是作为感觉系统,而不是作为独立的感觉结构起作用,整个大脑是作为一个模式识别者,而不是作为一个测量绝对量值的仪器来工作(例如, Boncinelli, 2001; Tononi & Edelman, 1998)。例如,视觉是大脑积极的过程,而不是消极的反应过程(例如, Popper & Eccles, 1977; Roland, 1993)。

下意识过程

在一些个体心理动力模型中,一个重要的概念是下意识过程(subconscious processes)。随着对控制的并行加工(意识、注意,以及因此接受批判分析)和与之相对的自动(注意关注与意识之外的)信息加工的兴趣与理解日益增加,近几十年已经激起了对这一问题的争论(例如, Kihlstrom, 1990; Öhman, 2002)。下意识过程最重要的成分之一是在两个互相依赖方面的预期(expectation): (1) 预期在当前情境中自己活动的结果,与(2) 对情境所处环境的大致预期。

Sells(1966)在对适应过程反馈机制的分析中,提出了个体适应变化条件时对环境信息下意识加工的作用。Greenwald 和 Banaji(1995)讨论了下意识加工在社会认知中的作用。有研究也已经表明,未识别出的认知机能障碍会妨碍社会化过程(Buikhuisen,1982),阻碍社会适应,并促使青少年犯罪(Buikhuisen,1987)。理解连续进行的信号加工对意识之外感觉的影响,为知觉—认知系统赋予了新的意义,而不必提及精神分析的概念;与此同时,它降低了早期归于意识功能的重要作用。

价值观、评价与规范

通过与所考虑的特定问题有关的基本价值观、信念、规范、目标和动机,引导一个人有目的地应对环境的中介心理过程起了重要的,有时甚至是决定性的作用(例如, Eccles & Wigfield, 2002)。Carver 和 Scheier(1998),在他们对个体目标—指向行为潜在反馈过程的讨论中宣称:“尽管目标没有构成整个反馈回路,可对反馈回路仍是非常重要的。”(p. 4)

价值观结构解释和影响当前情境中指导个体思想和行为的短期与长期目标(Pervin, 1983)。Max Weber 在他对新教(Protestantism)与资本主义的分析中提出的隐含假设是:个体有目的的、目标指向的活动由潜在的价值观和偏好决定(例如, Coleman, 1990)。在政治史与宗教史中,充斥着价值观和评价对个体功能、组织和社会的强大影响,这反映在态度、惯例和冲突中。在 Fishbein 和 Ajzen 的合理行动理论(theory of reasoned action)中,给出了一个精致的模型,用来说明个人和社会的价值观如何通过态度和主观规范影响当前情境中行为意图和对策的(Ajzen & Fishbein,1980)。

价值观与评价在整合的中介系统中占很重要的地位,既用来指导日常的兴趣和活动,又用来在个体处理环境的进程中,保持有机体加工的连续和稳定。在一项纵向研究中,Stattin

和 Kerr(2002)调查了青少年的两种价值取向:“自我中心”的价值观(指的是主要关注自己的需要和享乐)和“他人中心”的价值观(指的是关注他人的幸福快乐和共同的利益)。这些组中每组数据都表明,青少年生活情境的各个方面具有一致但不同的相关组合。第一次观察后的 20 多年,相对于自我中心的价值观,他人中心的价值观在成人期与下述三点有关:(a) 对他人更感兴趣,偏爱与他人在一起,有与他人交往的需要或者更善于交际;(b) 人际类型更多的是关联型,而不是独立型;和(c) 有更加温暖与关爱的伴侣关系和更好的家庭气氛。

411

总的来说,可以将价值观与评价看作是隐藏在不同领域的功能与发展中,有相互协调作用同时也对后来的生活情境产生影响。这并不意味着价值观对行为有单向的影响。价值观同认知、情绪、规范和态度一样,都是个体行为整体的一部分。一方面它们是经验与社会化的结果;另一方面,它们也影响对来自外界环境的信息的选择和解释。对于发展研究而言,价值观与评价在社会化过程中的作用,以及传递价值观与规范给年轻人的不同媒介的作用,应该是非常重要的问题(Costanzo, 1991)。Stattin、Janson、Klackenberg-Larsson 和 Magnusson(1995)在关注父母的惩罚行为如何反映在他们的孩子成为父母后的行为中时,说的就是这个主题。

自我意识、自我知觉和自我评价

在个体内部世界与他或她处理环境的过程中,自我意识——包括自我知觉和自我评价——是心智系统的一个重要的方面。James(1890)用整个一章来阐述这个问题(例如,Epstein, 1990)。此外,在《人的奥妙:我们的心智与我们的大脑》(*The Wonder of Being Human: Our Mind and Our Brain*)中,诺贝尔奖获得者 John Eccles 和 Donald Robinson (1985)使用“自我意识心智”(self-conscious mind)的术语来表达他们所见过的最高心智经验,并讨论自我意识的出现,同时将其分析为是大脑—心智(brain-mind)过程中的重要成分。

一个不断扩大的研究团体已经证明:个体适应与应对环境的能力取决于他们对自己能力的信念和信任,正如在一项女性教育生涯的纵向研究中得到的经验证实一样(Gustafson & Magnusson,1991)。重要的是个体对情境—结果相倚的内部表征和实施控制时对他们作为积极参与者所起的作用的心理表征(例如,Bandura,1997)。儿童应对他们环境的经验以及感知到的控制和预见性经验,会对他们自己的观点产生影响,例如:(a) 有能力或没能力或对自己的能力自信或不自信,(b) 对他们应对特殊情境需要的动机,与(c) 行为与情感资源的调动。Harter(1990)将典型的高自尊儿童描述为:自信的、有好奇心、有能动性,能忍受挫折,并能随环境变化而作出相应调整的儿童。

个体自我知觉、自我评估和自我尊重的发展构成了学习与经验过程的主要部分,通过这一过程,他或她获得预测环境和积极地控制环境的能力(Bandura, 1977; Brandstädter, 1993; Harter, 1983)。Baltes、Lindenberger 和 Staudinger 从发展的视角对人格和自我的问题进行了广泛的研究(本《手册》本卷第 11 章)。Pulkkinen 和 Rönkä(1994)对个体对发展和未来生活取向的控制中的自我同一性、学业成就、学业成功的作用以及家庭中的社会经济地位对这些发展方面的作用之间的关系进行了实证研究。Karli(2000)在一篇关于自我与环境交互作用的文章中，对与情感和情绪的社会适应功能相关的互连脑区进行了分析。

与正式的和非正式的环境中同龄人的发展规范和预期有关的自我定义(self-definitions)在发展的过渡阶段起了重要的作用。近来的研究已经清楚地表明，青少年清楚地意识到他们的行为(如与过渡期有关的有年龄规定的正式行为和其他较不正式的行为)是"过早"、"准时"，还是"较迟"；例如晚归时间、就寝时间、花钱、选择衣服等等(例如，Brooks-Gunn & Petersen, 1983)。Stattin 和 Magnusson(1990)发现，在青少年中期的女孩当中，那些对自己的定义是"较早"的女孩往往认为自己受男孩欢迎，有更多超前的饮酒习惯和更多的违规行为，同时也有更多的学校适应问题和更多的心身反应和抑郁反应。Norway 和 Germany(Alsaker, 1995; Silbereisen & Kracke, 1997)的研究也已证明：自己早熟的自我定义与青少年从事更多超前社会行为之间紧密相连。

412

Luria(1976)在对乌兹别克斯坦偏远村庄里不识字居民进行的研究中，已经在经验上证实了文化在个体自我知觉发展中的基本作用。Brooks-Gunn 和 Paikoff(1992)用他们整合的方法对青少年过渡期间他们称之为"自我感觉"(sel-feelings)进行的分析中涉及这一问题。

语言和语言习得

在个体功能与发展过程当中，一个关键的因素是语言和语言习得。以当前的观点来看，使用功能性的语言，既对诸如思维和提取等内在过程，也对诸如社会情境中不考虑文化背景、年龄和智力水平的行为起重要作用。使用功能性语言对个体解释环境中的意义是非常重要的。思维发展中的语言习得是 Piaget(1964)关注的一个重要问题。Luria(1976)在对偏远不识字的乌兹别克斯坦居民进行的实证研究中，观察到使用语言能力与抽象思维之间的联系。2004 年 2 月《科学》(*Science*)的主题是"语言的进化"，这从一个更广阔的科学视角表明了当前在这一领域中的兴趣。Tomasello 对个体语言和语言习得的近期研究作了总结(1999；也参见 Lundberg，2006)。

情绪

日常生活经验告诉我们情调的重要性，它与内部生活和外部活动相联系，并对我们自己的行为和他人的行为产生影响。自古以来，科学家们在对人类本质的讨论中早已认识到这一点。Darwin(1872)用一本书来阐述这一问题，书名为《人类与动物的情绪表达》(*The Expression of Emotions in Man and Animals*)，Willam James 在《心理学原理》(*Principles*, 1890)一书中讨论了情绪以及它们与生物过程的关系。从这种观点来看，值得注意的是，有关情绪的实证研究在战后时期如此被低估以至于直到 20 世纪最后几十年这种情况才有所改变。在情绪研究复兴中，William James 对情绪与大脑机能之间联系的研究传统起到了重要的作用。Damasio(2003)、LeDoux(1996)以及其他人的研究已经增加了我们对情感与情绪在心理、中介系统以及它们的脑加工基础的功能与发展方面作用的知识。对情绪在决策中作用的兴趣日益增加(例如，参见，Schwartz，2000)。

在对婴儿期和儿童期情绪发展的研究综述中，Thompson(2001)对结构的视角和功能的视角二者作出区分，认为前者是指以断续态(discrete states)来分析情绪，后者是对可以将情绪看作是一套因素来加以严格讨论的观点进行质疑。关于后一种观点，他觉得基本上是一种以发展的视角研究情绪和感觉的整体方法。

> 在这点上，定义情绪的不是一套内部主观的、生理的和其他因素，而是一个人的目标、评价、动作倾向和与环境刺激、障碍物和有利环境有关的其他能力的群集。(Thompson，2001，pp. 73—83)

同样，当 Forgas(2002)讨论人际过程方面影响的作用时，他支持"多重加工理论"(multiprocess theory)。Tracy 和 Robins(2004)指出，研究者越来越多地关注个体心理生活的整合本质，同时也更加关注诸如羞愧与骄傲这样的自我意识情绪，而不是像悲伤与高兴这样的"基本情绪"(cf. Damasio，2003，情感与情绪之间的区别)。

动机

个体功能与发展中最重要的概念之一是动机，它与目标、价值观、情绪和行为紧密关联。动机是理解人类功能与发展的一个基本问题：在日常生活中，我们很容易识别出有动机的个体(motivated individual)。自从公元 1 世纪以来，在学习与教育模型中，动机一直是一个重要的主题。重新唤起的对动机的兴趣已经以几种方式得到证明：例如，在现代行动理论(action theory)中，它已成为一个重要主题，还有在最近一期的《欧洲心理学家》(*European Psychologist*)中，关注的就是不同情境下的动机与学习(见 Järvelä & Volet，2004)。该刊的另一期则专门用于讨论动机的主要问题及其对行为自我调节的影响(Efklides，2005)。根据动机在青少年犯罪方面的作用，McCord(1997)提出他称之为动机构想论(construct theory of motivation)的理论。

413

中介心理系统的发展

在特定情境中，个体整合的心理系统作用的方式是先前经验和成熟发展过程的结果。这些过程在他或她先天倾向(constitutional dispositions)范围内，在与生理的、社会的和文化的环境连续的交互过程中发生。个体在与环境特征密切的交互作用中，通过将新知识与新经验同化到现存的结构，顺化旧结构，并形成新结构来发展出一个整合的认知、情绪系统。相应地，对于恰当的个体功能与发展模型的讨论来说，脑发育是一个基本主题。"神经回路必须非常精确地组合起来，以便正确地传递和加工信息。"(Pasquale，2000)

作为 PE 交互作用过程的结果，一个人的中介系统以及它作用方式的特点(建立起来的特定认知结构、结构的特定内容、与结构内容联系在一起的情调和应对策略)将取决于个体在发展过程中所遇到的环境。文化因素在建立和使用有效的中介系统时所起的基本作用已经得到了与 Vygotsky 合作的 Luria(1976)的经验上的证实。他展现了在偏远山村居住的不识字的人们是怎样发展出一种阻碍他们用抽象术语解释环境并表达自我知觉和他人知觉能力的中介系统和语言的。在那些所记载的成长中没有接触到其他人类的儿童个案中可以看到，在语言习得和社会化过程的其他方面，接触人类的必要性的例子(McCrone，1993)。总而言之，这些例子支持这样的结论，即虽然人类带着很大的生物(基因的和素质的)潜能出生，但是在生命历程的所有阶段，个体功能的本质取决于他或她从整合的 PE 系统的形势中所获得的经验。*

Irvine(1969)对心理过程的文化依赖性作出经验性的说明：在智力测验可能被用来比较不同种族群体的心理能力之前，必须对西方文化所界定的智力概念进行修订(也见 R. J. Sternberg，2004)。在 20 世纪 60 年代非洲第一位心理学教授 Alistair Heron 所报告的经验中，证明了文化因素对感官知觉也很重要。他发现，传统的不受文化影响的测验(culture-free test)在当代非洲文化中效果并不好，因为这些测验所使用的图形大部分都是有边角的，而在传统非洲村庄里生活的男孩和女孩的生活环境中，所有事物都是圆形的。具有讽刺意味的是，当“不受文化影响的”测验适合于儿童抚养环境的特点时，得到的结果与西方文化中的结果一致(与第一作者进行私人交流)。

如果我们的抚养环境很相似，那么我们世界观的主要特征就有共同之处。当环境非常不同时(如文化间的)，整个中介系统和对环境的最终解释也是不同的。在对焦虑—唤起情境进行的一系列跨文化研究中发现，儿童与青少年在这个方面存在系统差异(Törestad, Olah, & Magnusson，1989)。对外部世界的解释如果达到指导行为的程度，那么，即使在客观上相似的情境中，实际行为中的跨文化差异也是可以理解的。Valsiner 和 Lawrence (1996)分析了文化情境中的个体发展问题，强调对交互作用的人—文化系统进行客观分析的重要性(也请见在文化心理学视角下对发展进行的讨论；Schweder et al.，1998)。

即使在同一个家庭中抚养的儿童也不可能拥有完全相同的物理与社会环境。对于出生较早与出生较晚的儿童来说，由于儿童出生顺序、家庭关系的改变和家庭社会经济条件的变化，他们所体验到的近体环境可能有显著的差异(例如，Dunn & Plomin，1990)。因而，即使在同样的近体环境中成长起来的儿童，这些环境会导致他们在外部世界概念上的个体间差异，因而在解释单一情境时也是不同的。

评论

414

当中介系统的成分是理论与实验分析的对象时，建议你要小心谨慎。前面对心理系统不同方面进行的讨论使用了许多概念，其中有些反映了诸如价值观、目标、规范、态度和自我知觉这样的假设构念(hypothetical constructs)。当使用这些概念时，很容易陷入观念与现象混淆的陷阱之中，而忘记这些概念只是抽象的术语，涵盖着作为一个有组织的整体作用的有机体的不同方面。知觉、认知、情绪、价值观、规范和态度都是同一整合过程的成分。

有实证研究支持这个古老的思想，即知识是习得而不是先天的(Locke，1690)。此外，我们与生俱来的大脑具有这样的性质，那就是既为发展过程提供潜能又限制其发展过程。一个新生儿在整个一生的发展中将变成什么样，这是限制个体(person-bound)因素和近体与远体环境因素连续交互作用过程的结果。在这一部分，我们已经注意到个体精神生活(mental life)的功能与发展的基本方面。为了理解个体心理功能以及它在整合的个体功能与发展中的作用，所有这些方面必须合并到一个一般的模型之中(从不同的观点来看，有大量的理论与实证研究已经报告了我们这里已简要回顾的内容。由于篇幅有限，而且我们的

---

* Holden(2004)给出了关于人类语言发展的进化观。

能力也不允许,因而我们不能详尽地论述这一领域。因此,这里所给出的参考文献对所有相关的报告而言并非是公平的。它们应该被看作是进一步阅读的建议。其中,Harré & Gillett 为我们这里讨论的主题提供了综述,1990)。

整体—交互作用模型中的行为

在个体功能的单向模型中,行为通常仅被看作是结果。然而,整体交互作用模型认为,包括言语行为和运动行为的所有表现形式上的行为,既在当前的人—情境交互作用中起重要作用,也在个体发展过程中起重要作用。

正如前面举例说明的那样,如果个体将一个情境解释为费神的或危险的,那么个体的外显行为将是连续进行的交互作用过程的一部分。它也足以在两个相关的方面改变整个 PE 交互作用过程的本质。第一方面,对个体来说,行为起着重要的作用,例如,通过改变情境条件来满足个人短期和长期的需要,并避免负性心理或生物体验。第二方面,通过他或她自己的行为,儿童改善他或她自己的社会环境;通过适应其他人的行为,儿童发展并保持有效的社会关系(Cairns,1986a)。

应该注意到,在特定情境中,个体独特的行为并不像特质测验中所反映的那样,完全取决于个体潜在的素质倾向。在一个特定情境中,行为既是个体心理和生物素质的函数,也是情境特征的函数;这是一个互为因果的问题。一个对酒有着强烈的潜在倾向(latent disposition)的人,如果近体环境并没有提供接近酒的途径,那么他不会成为一名酗酒者。同样地,只有在特定的环境条件下,一个具有攻击性的人才会实施暴力犯罪。这也是为什么通常不可能在新情境中预测个体行为的原因。

人—环境交互作用过程中的生物因素

将生物因素合并到个体功能与发展的模型中为现代/整体—交互作用模型提供了一个基本的新主张。为了后面的讨论,我们有必要澄清个体功能与发展的“生物”方面与“遗传”方面二者之间的区别。当实证研究发现某一行为与个体某一生物因素相关时,这通常被错误地理解为是遗传决定的。在发展的某一阶段生物的作用要大于基因的作用。需要用发展分析(developmental analysis)来决定一个人素质的、生物化学的、基因的和经验的因素是如何交织在一起的。

1883 年,在 Wundt 提倡心理学是一门独立的科学学科时,他强调心理现象的生物学基础(Wundt,1948)。William James(1890)在《心理学原理》中,在谈到他的主要内容——心理之前,专门用两章讨论大脑和大脑的活动。而且在 1899 年,Angell 和 Thompson 讨论了机体过程(organic processes)和意识之间的关系。后来,在他提出机能心理学时,Angell(1907)强调在个体功能模型中需要整合生物因素。在 20 世纪最后几十年里,Eysenck(1990)是人格因素生物基础的具有影响力的倡导者。此前,Lehrman(1970)、Schneirla(1957)、Tobach 与 Schneirla(1968)都曾讨论过生物因素在发展过程中的作用问题。正如 Lerner(1983)所强调的那样,可以将个体与环境之间的交互作用过程描绘为积极的适应过程。在这一适应过

415

程中,生物因素在与心理因素和行为持续的交互作用中起着重要的作用。例如,Selye(1976)讨论了肾上腺皮质的适应作用,肾上腺皮质通过垂体前叶腺释放促肾上腺皮质激素(ACTH),产生诸如皮质醇的皮质激素来对压力作出反应。思维、情绪、感觉和行为与生物过程之间的关系,已经在新近的实证研究中予以解释(例如,Damasio,1999;LeDoux,1996)。McGuire 与他的同事用俘获的猴子做的实验表明,社会因素(诸如群体中领导的地位和他对组内其他成员行为的解释)是如何影响他的血清素和 5-羟吲哚醋酸(5-HIAA)(这两者是个体情绪的重要调节器)水平的(Raleigh,McGuire,Brammer,& Yuwiler,1984)。在对自由放养狒狒进行的研究中,Sapolsky(1990)证明了社会因素与生物因素之间强大的相互作用,以及皮质醇系统的反馈机制如何在社会地位较低的动物中被阻止(也见 Sapolsky,2005)。Petersen 和 Taylor(1980)讨论了生物因素在青少年中的作用。Susman(1998)总结了对人格发展进行研究时考虑生物因素的深层次原因。Cairns 和 Hood(1983)审慎地评估了如何在连续的社会行为中为来自生物学理论的概念分配一个任务,Earls 和 Carlson(1995)对此也进行了讨论。

发展精神生物学的贡献已经大大增加了我们对生物因素在个体发展过程中作用的理解(例如, Kagan, 2003; Segalowitz & Schmidt, 2003)。在交互作用过程中,环境因素也对个体功能的生物因素产生影响。例如,在出生前的那段时期,情境在发展过程中的作用已经很明显(例如, Huizink, Mulder, & Buitelaar, 2004)。并且,M. K. McClintock(1971)研究社会因素对生物功能的影响时发现,在研究那一年当中,住同一个宿舍房间的女学生生理周期已经同步了;多数情况下,她们在学年结束前生理周期已经完全一致了。在讨论实践在塑造个体行为的作用时,Ericsson、Krampe 和 Tesch-Römer(1993)认为,实践减少了生物因素的作用,这通常被看作是确定的。

生物学与反社会行为

反社会行为是个体功能的一个方面,它与生理活动/反应之间系统的且通常可重复的关系已经得到证明。Ortiz、Raine(2004)与 Raine(2002)对作为青春期发展成分的神经递质、荷尔蒙(例如,睾丸激素、皮质醇和肾上腺素)和脉搏率的研究进行了综述。在这些研究中已经发现,在反社会行为和诸如低肾上腺素分泌所反映的较低的生理活动/反应之间存在正向的有时是高的相关。我们对 12 岁和 13 岁男孩 IDA(个体发展与适应)进行的纵向研究中,一方面,在攻击性数据与多动数据之间发现显著的负相关;另一方面,在攻击性数据和学校两个不同情境中[①]抽取尿样的肾上腺素分泌数据之间发现显著的负相关。后来,当获得这些男性 30 岁的犯罪记录时,在惯犯数据与学校情境中相对较低的肾上腺素分泌数据之间发现了强的、显著的关系(Magnusson, afKlinteberg, & Stattin, 1993)。

值得注意的是,已经有研究发现,与控制组中非罪犯的人相比,惯犯组中罪犯有更多传导物质方面的功能障碍(Alm 等, 1994; Belfrage, Lidberg, & Oreland, 1992; Moffitt 等,

---

① 正常的、没有压力的情境和考试情境。引自 D. Magnusson, *On the Individual: A person-oriented approach to developmental research*。——译者注

1997; Raine, 1997)。在前面部分,已经有研究表明,大脑,尤其是杏仁核,在引发作为对恐惧和威胁作出充分心理与行为反应之基础的生理活动方面发挥着作用。研究者已经认为,在此类情境中不适当暴力行为的出现可能与杏仁核功能障碍有关(例如, Magnusson, 1996a)。

生物学与幸福

对生物因素在个体发展中作用的实证研究一直集中在反社会行为上。近年来,实证研究已经证明了与幸福、安宁和积极的社会交互作用相联系的、互补的生物学系统——平静—联结系统(the calm-connection system)的存在(Uvnäs-Moberg, 1998a, 1998b; Uvnäs-Moberg, Arn, & Magnusson, 2005)。相应的生理模式包括肌肉放松和较低水平的皮质醇和心血管活动,还包括胃—肠道中促进消化和合成代谢的增强活动。迷走神经、副交感神经系统被激活,视丘下部—垂体轴和下丘脑—肾上腺—骨髓系统被关闭。在中枢水平上,下丘脑垂体后叶催产素起重要的整合作用。

416

从整体—交互作用的观点来看,平静—联结系统的引入填补了整合的心理生物模型的空白。它补充且平衡了由 Cannon(1914)提出、Selye(1976)进一步发展的攻击—逃避系统(fight-flight system),该系统在压力与反社会行为的研究中起了重要的作用。作为整个有机体功能完整的一部分,平静—联结系统的概念丰富了近年来提出的"积极发展"领域实证研究的理论基础(见 Aspinwall & Staudinger, 2003)。正如 Magnusson 与 Mahoney(2003)所指出的那样,在这一领域中,成功的研究需要一个整体—交互作用的参考框架才能形成必要的知识综合体。

在攻击—逃避与压力系统的整合与协调中,一方面,大脑起了重要的作用;另一方面,平静—联结系统起了重要的作用。在婴儿期,大脑尤其对社会与物理环境刺激开放,并依赖于这些刺激。在最佳条件下,大脑发育了,因此恰当的积极和消极情绪与环境所提供的信息联系在一起,同时也与意识和下意识的心理活动与行为联系起来。

评论

对生物因素作用的简要回顾表明,在整合的发展过程的理论与实证研究中考虑这些因素的重要性。心理学研究中的生物学传统有两个特点值得我们去注意。第一,尽管 Angell(1907)将生物因素合并到可能主要被看作是个体功能整体观的模型之中,但生物因素仍然没有始终如一地被整合到心理模型之中。相反,它们几乎已经形成了一个对发展研究影响很小的独立的研究方向。第二,生物因素方面的实证研究已经达到将它们在个体功能中的作用看作是因果关系的程度;还原论思想占统治地位。当然,在 Bronfenbrenner 和 Crouter(1983)、Cairns(1979),以及 Lerner(1984)的研究中,以及诸如 Kalverboer 和 Hopkins(1983)与 Levine(1982)这样的心理—生物学家的介绍中也能发现例外的情况。Dawson、Ashman 与 Carver(2000)总结了抚养条件的作用以及它在大脑发育中的长期影响,Glaser(2000)评述了儿童被虐待或忽视对其脑发育影响的研究。Gottlieb、Wahlsten 和 Lickliter(1998)也对个体发展中的生物学研究进行了全面的评述。

天性—教养问题：个体发展中的遗传因素与环境因素

在当前功能与个体发展中遗传与环境因素的相对作用自古以来一直是争论的主题(例如,Garcia Coll,Bearer,& Lerner,2004;Gottlieb,Wahlsten,& Lickliter,本《手册》本卷第5章)。这个问题与本章所关注的内容有关。评估可归于遗传或环境因素的群体水平变量的相对大小一直是争论的主题。Anastasi(1958)与许多追随者已解释了这一方法的局限性(例如, Cairns,1979; Dodge,1990; Medawar,1984)。

20世纪60年代DNA与遗传密码的发现是理解基因在发展过程中作用的重要一步。这一发现为勾画个体基因组结构蓝图与遗传因子运行机制的研究打开了新窗口。这一方向上最近研究的解释已经导致强调个体发展过程中遗传与环境因素共同作用的理论模型的引入。

近来,Lickliter与Honeycutt(2003a,2003b)对先天—后天争论的现状进行了总结：

> 结果,许多心理学家继续想当然地认为,行为总是由发生在基因水平上的更基本的或更主要的过程决定的。这种忽略了当代生物学中的许多概念与经验内容的单向的、自下而上的行为因果观认为,遗传因子始终是单个有机体发展系统不可缺少的一部分。系统中没有哪个单一因素或水平必定有因果优先权或特权,基因的功能意义或对行为发展的任何影响只有在它们作为其中一部分的发展系统中才能得到理解。(Lickliter & Honeycutt, 2003a, p. 830;也见,Gottlieb, 2000; Rutter, 2004)

417

某一发展序列的开始与进展就所有个体都一样这一点来说可能是由遗传决定的。然而,甚至诸如月经周期的出现和身高成长规律这样的发展顺序,在某种程度上也可以被环境因素所改变(Tanner,1981)。对于某一行为类型来说,有遗传倾向性并不意味着它不能被环境干预所改变(Angoff,1988)。在基因型提供的结构之内的个体表现型,随同环境一起发展,这个过程从受精开始一直持续整个一生。在遗传因子设置的舞台上,许多不同的戏剧都可能上演(Waddington,1962)。

因此,在大多数方面,个体发展在由遗传因子所设置的限制和基础之上,在与环境交互作用的成熟与经验过程中发生。赞同气质中有遗传成分的Kagan(1992),强调环境是如何改变这一影响的。Cairns(1996)对遗传与环境在攻击个体差异中的作用进行的20年的评估中得出这样的结论,即通过30多代选择性杂交而获得的老鼠的差异,显示出很强的环境特殊性。血亲后代(descendant lines)中的攻击行为可以被社会环境条件改变,这种改变甚至可达到将遗传差异忽略不计的程度。在对新生儿进行的一项设计良好的纵向研究中,Meyer-Probst、Röesler与Teichmann(1983)证明,对那些一出生就被确定有生物危险的儿童来说,有利的社会环境对他们后来的社会发展起到保护的作用。关于动物与人类训练计划的结果,Schrott(1997)总结道：

> 已经发现环境刺激可以增加脑重(尤其是前脑)、皮质层厚度、神经胶质细胞的数

量、胶质与神经元的比率、神经元细胞体与神经元大小，并通过增加树突的分支、树突棘的密度和不连续突触的数量改变突触的形状。(p. 45)

在前面已讨论了个体当前功能中涉及的心理的、生物的、行为的与情境的因素之间相互作用的一般模型。在这个模型中，个体对环境事件的解释会激活交感神经系统，并释放诸如肾上腺素和皮质醇这样的压力荷尔蒙。在正常条件下，这一过程是适应性的反应，对个体没有不利的影响。然而，当持续的压力导致产生过多这样的荷尔蒙时，它们会阻碍遗传的正常调节并可能造成伤害而不是保护(见 Lundberg, 2005)。

生物学年龄：成熟度的标志

正如前述 IDA 实证研究中所说明那样，成熟度是影响女孩应对环境和环境对女孩反作用的一个有力的作用因素。在男孩的研究中也观察到了成熟度的作用(Andersson, Bergman, & Magnusson, 1989)。

传统上，一直用实足年龄来表示个体的发展；换句话说，是用他或她自出生以来地球围绕太阳旋转的时间来表示个体的发展水平的。因此，所有同一天出生的个体，发展水平都是一样的。令人痛苦的现状是，虽然对个体在发展速度方面差异的研究需要另一基础(alternative bases)已经提倡了几十年，但大部分对青春期和青少年进行的研究仍然忽视这一观察结论(例如，Baltes, 1979; Horn & Donaldson, 1976; Thomae, 1979; Wohlwill, 1973)。

在成长速度方面存在的强大的个体间差异，不但对个体不同功能方面的差异有深远的影响，而且对环境反作用于个体的方式也产生深远的影响。因此发展时间上的差异，不仅与个体的社会关系有关，也与他们满足环境要求的能力和有效利用环境机会的能力有关。然而，在设计实证研究时，在特定条件下控制生物学年龄而不是实足年龄只是一种补救办法。生物学因素与时间(chronological)是嵌套在一起的；发展过程中重要因素在发展速度上表现出的个体差异，有时会被与实足年龄紧密相连的社会影响所抵消：例如，学校的义务教育、有些国家中义务服兵役和强制退休的年龄。

418

人格一致性：人—环境交互作用的问题

PE 关系讨论的一个核心问题是人格一致性。一系列使用严格实验设计的实证研究，以自然情境中的儿童和成人作为参与者，在系统观察的基础上运用等级评定来探索外显的、当前的行为跨情境的稳定性(Magnusson, Gerzén, & Nyman, 1968; Magnusson & Heffler, 1969)。这些研究得出了两个重要的结果。第一，在情境条件没有变化的情况下，在外显行为评估中对个体进行的跨情境观察显示了很高的跨情境稳定性。然而，当情境条件在群体成员和群体任务方面系统地发生变化时，在跨情境观察中发现个体行为显示出了极低的跨情境稳定性。第二，在许多情境下对同一参与者进行的连续观察随情境条件而变化，参与者行为的独立评估者之间的一致性逐步增加到相当高的水平。结论是：一个人的个性反映在他或她处理情境条件的独特方式上，部分反映在独特的跨情境外显行为模式上

(Magnusson, 1980)。

这些在严格实验条件下得到的结果，对人格特征稳定性研究和发展过程稳定性与一致性研究都有重要的方法论影响。在这两种情况下，在情境限制状态(situation-bound state)数据与潜在特质数据之间的选择将对实证研究的结果产生决定性影响。例如，当数据涉及的是实验室研究、自然实验或没有实验设计的系统观察时，在特定情境下对个体观察的解释往往必须考虑所获数据所处和所涉及的情境条件。在状态(state)与特质(trait)数据之间的选择也对发展问题的实证研究产生基本的影响。例如，某一行为的发展稳定性测定将会特别取决于收集最初基本数据和后续数据时所处情境条件的相似性。

最近 Li 等人(2004)报告了与发展过程中的稳定性和连续性讨论有关的研究。他们采用了 8 至 89 岁的参与者作为样本，检验毕生智力结构的分化—去分化假设并得出如下结论："这些结果表明，儿童期和晚年期要比成年期拥有更加简练的功能组织智能与认知过程。特别是，这些结果支持毕生智力发展动态的分化—去分化观。"(pp. 161—162)这一研究展现出儿童期(例如，Johnson, 2001)和老年期皮层组织的变化，这是对早期研究的重要补充。此外，这些研究得出了两点在设计发展过程实证研究时非常重要的相关结论。第一，随着年龄的增长，在认知模型中使用的特定假设构念(hypothetical construct)或生物成分内容会改变它在脑功能动态过程中的特性和作用。第二，它在个体实际功能中的重要性并不随时间而发生线性变化。

在发展中，个体与他们的环境都作为整合的整体而变化。个体的变化是生物成熟和与环境交互作用获得的认知—情感经验的结果，而个体的环境变化则是不同水平的社会变化和处于环境之中的个体对环境直接和间接作用的结果(例如，选择一项新工作或搬到一个新环境)。个体与他或她的环境同时发生的变化也会改变交互作用过程的本质。从长远看，这样一种变化可能是固有的(radical)，部分是作为交互作用过程本身的结果(例如，Lerner, 1991)。例如，一个家庭中交互作用过程的本质随时间而改变。儿童与他的家庭之间的交互作用与该儿童在青春期、中年时或退休时与他或她的家庭之间的交互作用并不相同。交互作用过程因而加速发展(参见对转变：发展中的一项基本原则的讨论)。

复杂动态过程的现代模型的形成已丰富了对发展过程的研究。然而，整个有机体系统和它的心理生物与行为因素子系统暗含着这样的特性，即它们没有最初提出混沌理论(chaos theory)①的气象学所研究的过程那么混乱；在正在进行的人—环境交互作用过程中，个体是有目的和积极的部分。每个心理生物系统都在两种彼此制衡的力量过程中作用与发展：一方面，成熟与经验努力去改变，而另一方面，原则拒绝改变。在遇到环境挑战时，生理系统保持着动态的平衡。当提到在这个系统中通过改变获得的稳定性时，稳态(homeostasis)的概念已经被"非稳态"(allostasis)②所取代(McEwen, 1998)。每一个生物系 419

① 1963 年美国气象学家 Edward Norton Lorenz 首先提出混沌理论。混沌理论是研究如何把复杂的非稳定事件控制到稳定状态的方法，它彻底粉碎了拉普拉斯关于决定式可预测的幻想，它的提出被看作是 20 世纪三大科学革命之一。——译者注

② 非稳态(allostasis)是指通过生理或行为的改变达到稳定或稳态的过程。——译者注

统都保护自己使其免受非适宜变化的影响,这可能会导致系统的故障和损害。例如,在大脑正常的功能与发展中,可能忽视许多导致有害的蝴蝶效应①的事件,而只有那些有助于现行的当前功能和新结构功能发展的事件才被接受。这类缓冲机制在所有生命有机体包括人类的生存中都起着十分重要的作用(Hartman, Garvik, & Hartwell,2001; Magnusson,2003)。

Baltes和Staudinger(1996a)讨论并强调社会因素对认知发展过程的重要性。Baltes和Staudinger(1996b)的著作对不同社会因素在发展过程不同方面的作用进行全面的纵览,将分析扩展到包括生态和跨文化的视角。个体发展在发展过程中受环境因素影响的程度,因不同因素而异。一方面,在性发展中,一些特征被生物因素有力地控制着,诸如性腺结构和功能。另一方面,个体功能的其他方面,如同伴的选择和性关系类型,可能非常容易受经验(Cairns & Cairns,1994)和合适的、开始异性关系年龄的社会标准因素的影响(Maccoby,1990)。影响个体从婴儿期到童年期和青春期的社会化过程的程度并表现出高度稳定性的一个因素是抚养环境中的生态稳定性程度(Magnusson & Endler,1977)。

总之,根据个体先前的生活史和变化发生时起作用的环境影响可以理解人类个体发生过程中的每一个变化。在个体生命过程的每一阶段,现在的状态都是过去之子和未来之母。这一原则甚至适用于似乎打破发展稳定方向的突然变化。例如,那些已经被称之为“转折点”的变化,有时作为“偶然事件”或“重要事件”的结果而出现。从这种观点来看,个体发展是以连续性还是非连续性为特征的问题是发展过程的问题,而不是个体功能某一方面的问题,这才是主要的争论焦点(如参见,Horowitz,1989)。这个问题有趣的方面涉及过程中引起突然变化的重要事件、它们出现时所处的条件、它们对生命历程可能产生的长期影响以及这些方面与年龄水平、性别差异之间的关系。

已经讨论了几个世纪的、作为个体功能与发展特征的连续性,既隐含着变化又隐含着稳定:

> 剩下的艰巨任务是解开发展顺序中变量间因果状况,包括将遗传化学性质转化为行为个性的交流,以及在稳定与变化中暗含社会情境与社会关系的方式。(Hartup & van Lieshout,1995,p. 681)

个体发展过程中的连续性并不意味着变化一定是可预测的。这种情况并不排除科学的分析过程,就像由混沌理论所引发的研究所展现的那样。我们只参考Scriven(1959)的观点,他在讨论进化论的预测和解释时反对“单一事件的高度可预测性是真正科学解释的前提”:“即使在未来预测不可能时,对过去满意的解释还是可能的。”(p. 477)

---

① 蝴蝶效应出自混沌理论,1972年,E. N. Lorenz在美国科学发展学会第139次会议上发表了题为《蝴蝶效应》的论文,他提出一个看似荒谬的命题:巴西丛林一只蝴蝶偶然扇动翅膀,可能会在美国得克萨斯州掀起一场龙卷风,这就是蝴蝶效应。换句话说,蝴蝶效应是指在动态和复杂的长期过程中,一个似乎很小、可以忽略的事件却产生了长期、有时是巨大的影响。——译者注

个体性：发展中的人

有机体在生命过程的任何阶段的基本性质，都是始于受精并从胎儿期向前延伸出来的连贯过程的结果。心理生物成分模式在胎儿与婴儿生命期建立（例如，Nelson，1999a；Stern，2001）。个体能力的早期组织——尤其作为解释和评估外界信息并将情绪与价值观依附于该信息上并激活生物自主系统、内分泌系统和肌肉系统的重要器官的——脑的组织，为发展过程建立了一个平台，并对个体生命历程产生影响。在婴儿初期建立中介系统期间，大脑尤其容易受来自近体环境中有组织的、模式化的刺激的影响并依赖于它。

420

有机体的功能显示出与生俱来的可塑性，这使得克服来自个体、环境或个体—环境交互作用的早期缺陷成为可能（例如，参见，Garraghty，Churchill，& Banks，1998）。在最近一篇文章中，Li(2003)讨论了发展可塑性的生物—文化动态模型。大脑在青年早期变化的余地非常明显，这种观点的提出对青春期和青少年期研究有重要的影响（Spear，2000）。大脑在成人期仍继续产生新的神经细胞（例如，Kempermann & Gage，1999）。

在理论与实证研究中，心理学关注的是个体。诺贝尔奖获得者 Ralph Greenspan 在2002年瑞士科学学会演讲中着重强调生物的个性特征。Mayr(1997)也表达了同样的观点：

> 生命界的多样性给人留下的印象最为深刻。在有性繁殖种群中，没有两个完全相同的个体，任何两个种群、物种或更高级的分类群中也没有。无论在哪里，当一个人观察自然时，他都会发现独特性。（p. 124）

Greenspan 以强调“现在的挑战是找到分析单个有机体过程特有本质的合适方法”结束了他的讲演。这个声明对人类来说同样有效。

人格结晶（personality crystallization）假设或许有助于理解发展中的个性问题（Magnusson & Mahoney，2003）。根据这一假设，在某一时间点上系统组织相异的个体的发展过程——是不同体质因素、成熟和环境经验的结果，并将在下一步采取部分不同的方向。每一步都为将来的发展选择奠定基础，而且随着时间的流逝，更多稳定的“类型”将最终出现。如果这种观点是正确的，那么随着时间的流逝，在个体类别之内应该展现出更清晰的同质性，并在个体类别之间展现出更清晰的分化。Bergman 和 Magnusson(1997)在纵向IDA 研究项目中，给出了对这一假设的经验性支持。他们观察到，许多问题行为——攻击性、多动、注意困难、较低的学习动机与糟糕的同伴关系——在10岁和13岁的男孩中有同样的频率。然而，在这两个年龄之间问题行为的分布已经发生改变。问题行为频率高和低的男孩的比例在13岁时各自都有所增加。结果中等指标的问题行为比例减少了。

评论

从这一部分的介绍与讨论中可得出两点对个体、发展过程的实证研究有重要影响的结论。首先，分析的对象是有其特定规范、守则、态度、价值观和评价的社会文化环境中整合的个体。因此，当对某一特定问题进行设计和解释研究时，应该以恰当的方式考虑这些特征。

其次,如果研究者想要对发展过程进行跨文化的推广,那么需要谨慎地进行理论分析,而且在有些情况下还需要进行经验的、文化的与跨文化的分析。

人—环境系统中的环境

个体思考、感受、行动和反应的方式在与物理和社会文化环境紧密交互作用过程中得到发展。因此,列举出与理解个体发展过程有关的某些基本的环境特性是恰当的。这样做的目的并不是想全面地呈现关于整合的PE系统的功能与发展中环境因素的研究,而是想要引起对环境方面的注意,而这是设计、执行和解释某一特定发展问题的实证研究应该考虑的。如果读者想对发展过程中环境因素的作用有更全面的概念上的分析,建议读者查阅Bronfenbrenner和Morris(1998)以及Schweder等人(1998)的文章。

421

情境的概念

在个体当前功能与发展模型中,一个关键的概念就是情境。个体作为其中一部分的整体的、整合的有组织的人—情境(PE)系统,是由从个体的细胞水平到环境的宏观水平的多层因素系统组成的(Hinde,1996;Lerner,1978;Riegel,1975)。在实际作用中,每一要素的作用与功能都取决于其他的、横向与纵向的、同时起作用的要素的情境。一个细胞的功能与发展取决于它与之交流的周围细胞的功能与发展;这也就是说,它取决于周围细胞的信息流(Damasio & Damasio,1996;Edelman,1987)。心血管系统的发展与作用取决于其他身体系统(例如,免疫系统)如何发展与作用。个体社会化过程取决于他或她与之联系的其他个体的功能与发展。某种文化要素作用的方式,诸如个体的近体环境,取决于其他的相关因素是如何作用的。

整个PE系统是依照结构以及与它相伴随的过程分等级地组织起来的(Koestler,1978,用"整体"的概念表示系统的这一典型特征)。系统的每个等级同时是由低级系统组成的一个整体,又是高级系统的一个子系统。不同等级的系统相互依存。个体作为其中一部分的近体社会文化系统的功能与发展取决于社会与文化特有的特征(例如,Bateson,1996;Hinde,1996)。在社会学中,Coleman(1990)呈现了一个个体与环境作用以及这一过程交互作用特征的全面理论。这部分只限于识别和讨论个体必须应对和影响的外部环境的某些方面。

发展研究中的环境

在理论水平上,人格领域的研究者很久以来一直强调,不能在与个体行为所发生的情境条件相隔离的条件下理解和解释个体行为。Reinhardt(1937)观察到情境条件对行为的重要性:"预测未来行为的可靠性……不仅只取决于个体目的的稳定性……而且也取决于同一类型情境的保持或出现。"(p. 492)Brunswik(1952)在建议将心理学定义为机体—环境关系的科学时非常强调这一观点。在历史上,Tetens在1777年就已讨论了社会文化因素在个体发展过程中的作用。在个体发展中考虑环境因素的大力倡导者是 W. Stern(1927,1935),他强调作为“近体空间”(proximal space)的环境的作用。类似地,在 Vygotsky(1978)的认知和语言发展理论中,“最近发展”(proximal development)是最重要的概念。Barker(1965)的环境分析,还有 Bronfenbrenner(1989)的环境因素水平分析,都为这个主题增加了新的重要的内容。Baltes(1976)在以毕生视角对个体发展的讨论中,强调他称之为二元—辩证范式(dualistic-dialectic paradigms)的环境因素的作用(例如,Riegel,1976)。

心理学尚未发展出一套与它已获得的行为与人格语言一样程度的环境语言,当我们考虑环境理论在那些也关注有机体在个体水平上的功能与发展的临近学科中所起的作用时,这种状况尤为明显。对于人种学家(ethnologists)来说,在动物行为的解释模型中提到环境因素(例如,感知到的地盘)是非常自然的事(见 Schweder 等,1998)。人类学家和社会学家从他们不同的视角,对各种对人类行为起作用的因素展开的讨论和作出的重要贡献,通常被心理学中理论争论所忽略和忽视。在 20 世纪 20 年代,社会学家 William I. Thomas(1927,1928)讨论了许多我们今天关注的问题。他特别提到实际的与感知的(actual and perceived)环境与情境之间的不同,并探讨和界定与区分情境有关的问题;他还强调个体所遇到的情境的发展作用,并主张必须把环境条件纳入到实际行为的模型中。 422

环境的概念分析与经验分析

科学地分析人—环境交互作用过程的前提是对不同水平的环境进行系统地描述性的分析(Schneirla,1957; Sells,1963)。Rotter(1955)首先尝试对情境与情境条件进行分析,讨论了他提出的“心理情境”(the psychological situation),换句话说,即由个体解释和赋予意义的情境。在一个相关主题上,作为个体行为暂时框架的情境作用是 Magnusson(1981)所主编的一卷书中主要讨论的问题。Pervin(1978)在对环境与行为的讨论中包含了对刺激、情境和背景的分析。Forgas 和 Van Heck(1992)对情境理论与实证研究进行了综述。

实际的与感知的环境

一个古老的区分就是:“实际的”环境和个体在头脑里建构的、表象的和“感知的”环境。这里我们将被讨论的两方面称之为实际的 VS 感知的环境(actual versus perceived environments)。为了准确地分析人—环境交互作用过程,需要具有环境在这两个方面组织与作用的知识。通常假定,环境在这一过程中的重要作用是因为环境被个体感知和解释。然而,个体对外部世界感知和解释是参照“实际”环境、真实的社会文化和物理环境的组织和作用形成与作用的。

实际的社会—文化环境

个体当前功能与发展取决于所有从文化水平的规则与习俗到近体环境所特有的习惯、规范与规则的泛化水平上的社会文化环境。

长久以来,儿童研究用非常总括的、一般的术语来看待社会环境。然而,在 20 世纪最后几十年间,研究扩展到环境更具体的方面,例如,母—婴依恋(例如,Ainsworth,1983)、每个孩子在家庭环境中特定的情境(Dunn & Plomin,1990)、作为环境的家庭(Maccoby &

Jacklin,1983)和在儿童抚养交互作用中的环境(Radke-Yarrow & Kuczynski,1983)。

临床工作首要关心的是社会环境的特点。关于这一点,已经有人对精神病治疗工作中那种普遍不受情境约束的精神障碍分类提出了批评。Emde(1994)在回顾对儿童早期诊断分类的讨论时讲道:"当前对这一年龄群体的诊断分类系统是不充分的,因为其范围有限,并且这样的系统并没有对情境中的人给予充分的注意。"(p. 72)

实际的物理环境

研究者已经在理论上和经验上对物理环境刺激的多样性和数量的重要性进行了讨论和证明。White(1959)在讨论作为动机中一个重要因素的能力时,强调儿童与无生命环境交互作用的作用。J. McV. Hunt(1961,1966)在讨论智力与内在动机发展时,强调刺激物理模式的重要性。Piaget(1964)在他的认知发展分析中说道:"客体的、物理现实的经验,显然是认知结构发展的基本要素。"(p. 178)Hubel 和 Wiesel(1970)的研究表明,模式化刺激对知觉系统的正常发展具有决定性的作用。物理环境的排列以及它所提供的信息和刺激的多样性对感官知觉和认知发展的发展都有影响。

作为信息源和刺激源的环境

423 外部因素的影响主要来自个体对环境所提供的信息的加工。正如在适应—水平模型(adaptation-level models)中所强调的那样(例如, Schneirla,1957,对"痕迹作用"的讨论),对来自环境的相关信息进行选择和解释的知觉—认知—情绪加工过程,主要受先前对类似的过去事件的学习与经验的影响。先前的影响已经产生了认知图式、态度以及不同程度的处理、应对以及安全地控制环境的习惯方式(Thompson,1981)。

经验要在当前的参考系统中进行解释。Helson(1964)的"适应水平"理论将这一体系表达为:来自早期的、重复的同类刺激经验,当前的背景因素以及与先前经验过现在又重现的情境相联系的认知、情绪和动作的残留记忆的影响。或者用诺贝尔奖获得者 Aron Klug 的话说:"人并不是用眼睛来看,而是用他所有先前的经验成果来看。"(Fensham & Marton,1991)Krupat(1974)在谈到"先前的危险经验(以及对一个人自己能力的自信)起到降低主体的无能感的作用"(p. 736)时,也同意关于人类机能的类似观点。重复地暴露于同类环境事件会产生各种各样的影响。例如,可能导致反应强度的降低(Magnusson & Törestad,1992),可能因为"简单暴露效应"[①]而有更积极的态度(Moreland & Zajonc, 1982),或者用与最初的反应特性相反的"对立过程"取代之(Landy, 1978; Solomon & Corbit, 1974)。相应地,先前的人—环境交互作用和个体心理系统功能方面的个体差异也会导致对当前情境刺激与事件解释的个体差异。这样的个体差异可以部分地解释个体应对情境条件的独特方式。

作为刺激源的环境的概念可以在实验心理学中得到最好的说明。实验传统的基本原则

---

① 简单暴露效应(mere exposure effect):又称为多看效应,或屡见效应,是指刺激的简单暴露就能成为提高个体态度的充分条件,换句话说简单的无强化暴露可以提高对刺激的喜欢程度。——译者注

是：用客观的术语对刺激进行详细的说明。这假定某一情境因素的影响是普遍的，而且对所有个体来说都具有相同的意义和相同的刺激值(例如，Fechner 对物理刺激客观特征的推理)。

我们所关心的学习理论强调作为信息源的环境的作用。例如，在 Bolles(1972)对学习律的详细说明中，作为习得如何有效处理外部世界基础的环境，提供了两类信息；在周围世界中两种相倚事件被习得了。首先，儿童学会去看某一外部条件与它们的结果之间的联系(情境—结果相倚)。其次，他们认识到他们采取的某一行为将会导致可预测的结果(行为—结果相倚)。这些习得的相倚，使环境既可预测又可改变。Seligman(1975)的习得性无助理论暗示着个体行为与他们接收到的关于这些行为对环境影响的信息之间的联系，已经被歪曲，这会对个体的精神生活产生有害的影响。如果习得性无助状态普遍而持久，那么个体会认为环境是不受他们影响的。

最佳环境

与对作为刺激源的环境的讨论有关的是最佳刺激问题，它包括两个主题：偏好(刺激的偏好水平)与提高(刺激发展的最佳水平；Wachs，1977)。

许多对环境刺激作用的研究似乎都假定，在外部刺激的多样性与最佳发展之间存在单一的关系(Wohlwill，1973)。然而，有足够的经验证据表明，对于偏好和提高二者来说，都有一个刺激的最佳水平。与中等刺激相比，刺激太多或太少都会导致不太满意和较不充分的发展(见 Schneirla，1959，趋—避双相过程论)。如对压力的实证研究表明，对活动要求过高或过低都会导致生理上和心理上的压力反应。

构成最佳环境条件的因素因个体、特定个体的不同年龄和性别而异(例如，Csikszentmihalyi，1993)。刺激的最佳水平也因每个个体在早期经验、学习和成熟基础上形成的适应水平而异。刺激最佳水平可能对某一年龄阶段尤为关键，如当有机体对刺激做好准备并且敏感时，但在其他的发展阶段就没有同样的效果(例如，准备就绪的概念)。Hubel 和 Wiesel(1970)研究了生命初期对小猫视觉系统发展的影响，结果证明了最佳刺激在发展关键阶段的决定性作用。 424

人类有机体有一种与生俱来的整理和组织外部信息的内在动力。环境的两点显著特征：一致的模式与影响力(influenceability)有助于此。第一点要求是：环境要在物理上和社会上以一致的方式组织起来。这样的条件，有助于个体努力为他或她的近体环境赋予意义，并对作为他自己的动作依据的外部世界作出正确的预测。外界信息的模式和一致性对婴儿早期大脑发育特别重要，并被组织起来以便将恰当的情绪反应与儿童所见所为联系起来(例如，Lagercrantz, Aperia, Ritzen, & Rydelius，1997)。Radke-Yarrow 和 Kuczynski(1983)强调护理者在建构促进社会化过程的儿童社会环境中的作用。

最佳环境的第二个标准是，它们可以被个体的动作所影响，而且这可以以一种可预测的方式进行；个体必须能对他或她的环境进行积极的控制。这一标准是发展自我同一性、自我效能、认知与社会能力和控制感的前提。

形成与诱发事件

"形成"(发展的)与"诱发"(当前的)事件二者之间的区别与当前的个体功能模型和个体发展模型的区别有关(例如,Spring & Coons,1982)。形成性的生活事件(Formative life events)会影响对某一行为的倾向,包括反社会行为和障碍易感性。因而,它们通过增加或降低以后行为与障碍的概率来影响发展(例如, Brown, Harris, & Peto,1973)。诱发事件可能会引发某一行为或精神分裂症发作,而不必增加或降低以后行为与事件的概率。

诱发事件是可互换的,因为它们的影响一般通过非特异路线传递,像在生理与心理障碍情况下的压力,而形成时间可能是更特异的且不可互换。从相互作用的观点来看,形成事件通过塑造个体迅速地应对特殊情境,在发展中可能是活跃的。诱发事件只在当前情况下发生;例如,在特定场合接触酒,可能引发酒精滥用行为,而即使一个人有酒精滥用的倾向,如果没有酒也可能会防止酒精滥用。

重大事件

环境对发展过程影响的大小和类型都存在个体差异。我们特别关心的是对个体生活进程有深远影响的单一事件的出现。尽管这些事件中有些似乎是偶然发生的,但它们对个体发展过程的影响取决于个体对某一类动作或反应(例如结婚或新工作)的准备程度,同时还取决于环境提供的机会(例如, Bandura,1982,对"偶然事件"的讨论)。在其他情况下,重大事件也可能是个体(他/她)自己或行为影响到他人的个体的有意行为的结果。有时这种影响并不是直接可见,而是以混沌理论中所谓蝴蝶效应的典型方式慢慢增加并最终对个体的生活产生决定性的影响。最初,Poincaré(1946)注意到了动力系统的这一特征:

> 一个非常小的、我们没注意到的原因,决定了我们不得不注意的重大结果,于是我们说,这一结果是由于偶然……如果我们能在初始的瞬间,准确地了解自然的规律和宇宙的情形,那么我们应该可以预测同样的宇宙在随后瞬间的情形……但是情况并不总是这样;最初条件中的微小差异,可能会产生非常不同的最终现象;前面的一个小小的错误,可能在后面造成很大的错误。预测成为不可能的,而我们拥有的是偶然的现象。

许多对个体生活道路具有决定性影响的过程都具有这样的特点。如,在邻居、工作机会、学校和文化与休闲活动方面有特定特点的某一地区买一幢新房子,可能不仅对所有孩子,而且对所有家庭成员的未来生活道路都产生决定性的影响。在其他情况下,影响更加直接并产生前面已经讨论过的"转折点"(Pickles & Rutter,1991)现象。通常,重大事件具有这种巨大影响的必要条件是:个体在它发生时处于不平衡状态,而这一事件起到恢复整个系统平衡,并为生活道路指明新方向的作用(Magnusson,1988,p. 33)。在这样的条件下,重大事件在个体生活周期中起到与物理环境中突变理论所提出的"分叉"(bifurcation)同样的作用。

425

近体之动态的人—环境系统

对于当前的功能和发展过程而言,最重要的环境作用是由个体直接遇到的那部分环境引起的。W. Stern(1935)讨论了环境因素,将这一近体环境称为人的近体空间(Personaler Nahraum)(Kreppner,1992a,1992b)。对当前功能与发展尤为重要的是儿童直接接触的其他个体(例如,Patterson & Moore,1978)。Peterson(1979)分析了人—与—人交互作用的功用,McClintock(1983)对社会关系交互作用的分析怎样有助于理论与经验的进步进行了讨论。

学者们越来越关注对作为社会环境与个体之间交互作用的发展的解释、理解和说明。同时,对构成家庭和同伴群体基本结构的远体社会文化环境的作用的关注也增加了。某些模型强调不同情境下行为的共性(Jessor & Jessor,1977)。其他模型更倾向于考虑环境的影响和机会与人的需要和特征之间的匹配(例如,D. E. Hunt, 1975; Lerner & Lerner,1987)。此外,还有那些需要予以系统研究的是不同情境下个体的功能模式(Magnusson,1988);而其他更多的是过程取向的研究,如分析社会化动因与单个个体之间的相互影响(例如, Bell,1968)。

从这种观点来看,个体在其中产生作用与发展的两个社会系统尤为重要: 家庭与同伴网。每一个系统都是复杂和动态的,而家庭和同伴关系的特征就包含于相互的、功能的交互作用中。

社会化过程中作为环境的家庭

我们主要在家庭环境的框架下设法去理解儿童的发展。在对学校中被同伴拒绝的儿童IDA(个体发展与适应)项目的广泛研究以及同父母的访谈揭示出,这些儿童与家庭特征之间在以下三个方面具有系统的关系: 家庭气氛、父母对他们作为家庭的从业者(workers)和抚养者的角色的经验,以及与父母之间的关系(Magnusson, Dunér, & Zetterblom,1975)。传统的社会化研究关注家庭环境的一般结构,内聚力,父母的指导和规则设定,父母为儿童建立预言性环境(predictive environment)的方式,家庭中关于自主性与责任感的规则,父母的鼓励与支持,作为行为榜样的父母,家庭的日常活动与交流,在家庭决策、计划和组织中儿童的参与等等。在功能良好的家庭中,决策的自主权(decisional autonomy)问题被看作是青少年发展的任务。在这一过程中, Baumrind(1989)对权威与专治的训练方式与父母控制和情感支持的平衡之间作出的区分已获得广泛认同。Olaon对家庭中内聚力和适应性的区分也得到了广泛的认同(Olson等,1983)。

关系互惠与分析水平

家庭为“人与他或她的情境不可分离”提供了最好的证明。意识到父母—儿童之间的关系是双向的过程,并从交互作用的观点来分析,可能是当今家庭过程研究中一个最显著的特点(例如, Bell,1968,1971; Kerr & Stattin,2003)。每一位家庭成员都是家庭系统中活跃的、整合的部分,都对他或她的社会情境作出贡献。Maccoby(1992)在对儿童社会化进行历史性回顾时强调,在最近几十年,家庭研究出现了两大变化。首先是从父母作为文化传递者

(自上而下的观点或主要作用模型)到更多交互作用的父母—儿童过程观的变动。其次是对养育中所包含的复杂机制的关注和深入的理解:调节和中介因素,多重决定和交互作用过程。近来,Maccoby(2003)再次强调双向的研究观:

426

> 当今,家庭动力学的大部分学生对家庭成员之间的影响采取了更具细微差别的观点。他们将它看作是一套随时间而展开的交互作用过程,同时每一位家庭成员都要适应家庭角色与功能的整个结构,每一位家庭成员也要彼此适应。(p. 193)

正如 Kreppner 和 Lerner(1989)所总结和讨论的那样,现在也更强调隔代问题,家庭过程朝向心理学化和社会学化的方向发展,开始更加深入地理解家庭中的儿童成员因素对社会化的相似性和差异性的作用,并且更强烈地认识到社会化对特定历史时间的紧密依赖。

为了获得对家庭内部过程的全面理解,既需要宏观取向的研究,也需要微观取向的研究。在微观水平上对父母与儿童在特定情境中的行为与情感交流的分析,可能在更宏观的水平分析中不一定能反映出来。Dowdney 和 Pickles(1991)对母亲与儿童在惩戒性情境中负性情感表达的研究说明了这一点。该研究发现,儿童在特定情境中对他们母亲的即时行为作出反应,而母亲对儿童行为的反应却保持一段时期。

除了要研究两个、三个和四个家庭成员之间的关系外(von Eye & Kreppner,1989),还需要用以下两种观点来定义家庭系统:既要将家庭中所有成员作为研究对象(Olson 等,1983),又要将整个家庭本身作为研究对象。将家庭看作是自组织统一体和功能整体的观点在家庭系统模型中已经得到强调(Belsky, 1981; Hinde, 1992; Minuchin, 1985)。然而,虽然今天的社会化研究在理解家庭过程方面已经取得了一些进步,但是很少有人试图同时从多个视角:父亲的、母亲的和儿童的,对家庭生活(态度与行为)进行研究。

家庭与时间维度

养育问题、父母态度、规则和纪律训练是重要的。但是如果与家庭的其他特征,家庭格局、结构和交互作用模式方面的变化分离开来,那么它们更倾向于被视为静态的实体,当作父母或整个家庭稳定的特征来处理。然而,养育的特点既具稳定性又富变化性。这些年来,父母的行为和态度随着儿童发展水平而改变,而且随同一家庭中不同儿童而不同。父母方面的改变也不是发生在与家庭其他方面状况相隔离条件下;整个家庭过程都随时间而变化。例如,Stattin 和 Klackenberg(1992)研究了在特定的家庭内部关系冲突模式(用母亲—儿童、父亲—儿童,和母亲—父亲冲突作为构成因素)方面儿童期与青年期之间的关系。

情境中的家庭

除了对双向作用和复杂性的强调日益增加外,现在更加清晰地表达了社会化的情境植入性(Lerner,1989;Oliveri & Reiss,1987)。儿童在日托、学校和同伴群体中的功能与发展都和家庭有联系。Steinberg(1987)对脖子挂着钥匙的孩子(latchkey children)[1]和他们同伴

---

[1] 双职工家庭中的孩子,父母双方都在工作,孩子脖子上挂着钥匙独自回家。——译者注

取向的研究是众多此类研究之一。此外,养育发生于家庭之中并是家庭自身——它的经济状况、可以就读的日托和学校的质量、街坊四邻的影响、其他的公共机构组织和社会网络,以及更广泛的社会和文化背景——的一种反映。父母在日常生活中如何对他们的孩子作出反应是与他们其他的经验有联系的。例如, Greenberger、O'Neil 和 Nagel(1994)报告了父母的工作条件与他们养育之间重要的联系和复杂的交互作用。

同伴

大量的文献表明:同伴关系构成了儿童与青少年之间产生许多新行为的人际环境。同伴关系与友谊尤其能引起青少年的兴趣(例如, Berndt,1982; Cairns & Cairns,1994)。在同伴关系的研究中,对于同伴在发展过程中的作用,可以区分出三个主题:(1) 与同伴关系相联系的个体行为,(2) 对于个体行为来说,同伴群体的特点和作用,和(3) 同伴群体的情境植入性。

427

依赖于同伴联系的个体行为

第一个主题关注个体与同伴群体,并且所关心的仅仅是它得到的关于个人的信息。在20 世纪 70 年代和 80 年代,许多研究都是针对个体在同龄人中的地位(也就是受欢迎 VS 不受欢迎;被忽视的、有争议的和被拒绝的儿童)和与此相关的诸如同伴相互作用,应对与问题解决,社会技巧与能力,学校适应与成就,人格的不同方面,情绪,孤独和亲社会与反社会行为等特点而进行的(例如, Coie, Dodge, & Coppotelli, 1982; Coie & Kupersmidt,1983)。以发展的观点来看,儿童与青少年的社会—技巧问题和较低的同伴地位数据,与后来生活中出现的适应问题(如,辍学、青少年犯罪)和心理健康问题数据之间,存在统计上的相关(例如, Cowen, Pederson, Babigian, Izzo, & Trost,1973; Kohlberg, LaCross, & Ricks,1972)。这一方向上的研究大部分都采用心理测量和社会测量的方法,基本上反映了单向的因果观。

同伴群体的功能与特点

第二个研究方向关注的对象是同伴群体的功能以及它的心理社会过程。Bronfenbrenner(1943)总结了与本章基本观点一致的重要一点:

> 社会发展不仅牵涉到个体,而且也牵涉到他作为其中一部分的社会组织。不仅群体中某一个特定的人的社会地位会发生变化,而且群体本身的结构——也就是将群体结合在一起并给予它独特特征的频率、强度、模式和内部关系的基础也会发生变化。(p. 363)

在这个传统中,友谊中的互惠性已经得到研究(Gershman & Hayes,1983),个体与他或她的朋友之间在社会人口学变量、态度和行为方面的相似性也已经得到研究(D. B. Kandel, 1978)。

与传统的社会测量与心理测量方法相比,Cairns 和 Cairns(1994)在他们的纵向研究计划中采用了一种过程取向的方法,这也是在本章的理论框架下实施的。根据从较大样本整个青春期的个体基础上收集的几乎没有损耗的数据,他们得以从深度和过程两个方面研究同伴关系动力学,以及这些关系对青春期个体发展过程的作用(Neckerman,1992)。一个有着同样的目标,描述"其中的作用"的计划是柏林青年纵向研究(the Berlin Youth Longitudinal Study)。尤其是该计划中的实证研究(见 Silbereisen & Noack,1988)揭示了许多青少年行为在危及暂时的或将来的心理社会健康和作为追求个体个人和社会目标的工具两个方面都具有双重特性。

从生命—历程的视角来看,一个重要的问题是:同伴特点如何进入到改变着的行为(changing behaviors)情境之中的。Magnusson 等(1985)和 Stattin 与 Magnusson(1990)报告的 IDA 项目的研究,证实了一个人的社会行为(不管是短期的还是长期的)如何与他在青少年早期所结交的同伴特征发生着系统的联系。对进一步的实证研究来说,有趣的观察结果是:教室外的同伴关系最为重要,该结果是从同学关系的研究中获得的,因而这限制了前述结论的推广。同一个项目的研究已经证明,在教育动机较低的青少年中,与非传统的同伴交往是女性成年后选择家政取向而不是职业取向工作的前提因素(Gustafson, Stattin, & Magnusson,1992)。

与同伴风气如何强化个体行为,同伴群体特点和它的稳定性,群体过程以及行为如何在同伴群体中发展相比,同伴关系研究的成果对同伴地位和行为,以及相对于群体的个体的个人和社会特点之间的关系更有启发性(Hartup,1996)。一个研究方向已经为青少年犯罪如何在友谊群体中逐步升级提供了新信息。在用录像带记录的实验背景下,Dishion 与其同事(Dishion, McCord, & Poulin,1999)研究了当男孩们谈论彼此的评论并作出反应时,违规谈话是如何逐渐出现的;作者们将其称为"偏差训练"(deviancy training),意思是讨论违规主题可能伴随着实际的反应(例如, Kiesner, Kerr, & Stattin,2004)。

428

同伴群体的情境植入性

对于同伴关系和同伴群体作用的讨论来说,研究者最感兴趣的是作为同伴群体出现、结构和作用框架的社会文化的近体和远体环境的作用。通过同伴群体对犯罪少年团体的出现所起的作用,说明了社会文化因素的作用。Emler 和 McNamara(1996)指出,对青少年的研究倾向于低估花费在同伴上的时间量和与青少年组织参与相联系的同伴群体的活动和范围的程度。

远体环境

对儿童和青少年来说,家庭与同伴并不是唯一的社会影响。近体环境根植于较高等级的经济、社会和文化系统。这些远体系统在特定社会中的独特本质决定了近体环境(诸如家庭和同伴群体)的功能与发展的机会和限制,同时也决定了个体功能与发展的机会和限制。大量研究一直关注普遍的社会文化的影响,正如在社区、邻里、学校和休闲环境中所显示的那样(例如,Lerner,1995)。例如,已经发现,青春期成熟是否影响女孩的社会适应要依学校环境(Caspi,1995)、小区条件(Ge, Broady, Conger, Simons, & Murry,2002)和社区特点而定。

社会与经济条件

远体经济与社会因素以及这些方面的变化如何影响个体行为的最著名的例子是 Elder 及其同事用加利福尼亚伯克利人类发展研究院纵向研究数据所做的开创性工作(参见,例如,Elder,1998)。一系列研究系统地勾画出 20 世纪 30 年代早期经济萧条时期经济危机对家庭凝聚力、养育和儿童行为的影响。研究结论之一是:严重的收入降低带来的"经济压力"主要影响的是丈夫(Elder, Van Nguyen, & Caspi,1985)。由收入降低引出父亲更加专制的惩戒,随后又影响了男孩的问题行为。Kloep(1995)报告了一项纵向研究,即阿尔巴尼亚不景气、经济危机和价值观变化如何影响家庭关系和儿童行为的。心理社会时间表可能深受广泛的宏观社会条件和习俗的影响,正如 Silbereisen(1995)在一系列关于职业选择的研究中比较在前东德和西德抚养的青少年时所证明的那样。

正式的和非正式的社会规则

在不同程度上,对个体的功能与发展以及近体环境的功能与发展的良机和限制由正式的社会规则所决定。有些受诸如开始和结束义务教育、参军或退休年龄等实足年龄的束缚。一些是全国控制的,而其他一些可能由地方决定。法律规范存在的范围因国家和社会而异。社会化过程也依赖并受非正式的社会规范和准则的影响,例如在传统美国文化中对约会的规定或在正统的穆斯林国家中对女性穿着的规定。对个体行为来说,非正式规则的存在可能是普遍的,甚至可以控制整个社会;其他的可能更特殊,并限于某一群体(例如,宗教派别)或暂时的潮流(20 世纪 60 年代和 70 年代的嬉皮运动)。它们在某种程度上是标准化的,如基于实足年龄,而在某种程度上说,它们又是更独特的,并限于诸如某一班级的智力水平或成员人数。即使是非正式的社会规则,也可能在个体社会文化背景中产生内隐的,有时是非常强大的期望成分。在该种意义上来说,它们在控制个体行为方面是有效的,尤其在发育期和青春期。

作为适于个体功能与发展变化阶段的环境

环境为形成中的个体行为提供参考框架,提供一个各种行为可以在其中显现出来的阶段。同样,对发展过程有影响的变化既发生在近体环境之中,又发生在远体环境之中(例如,Sameroff, Peck, & Eccles,2004)。在个体发展过程中,包含在成熟与经验之中的个体因素与随时间而变的环境因素嵌套在一起。 429

发展时间表对同伴周围关系的限定说明了人与环境因素怎样参与到变化的交互作用的过程中。在童年期,同伴交往发生在近邻、幼儿园和后来的学校之中。在青春期,休闲时间的活动从青年早期成人引导的有组织的活动(例如,运动俱乐部)转变为青年晚期更加成人化的商业活动(酒吧、俱乐部和迪斯科舞厅)(例如,Hendry, Shucksmith, & Glendinning,1995)。个体在这一发展过程中所遇到的近体环境类别取决于远体的社会、经济和文化因素的种类和家庭与个体对环境的选择(只要他们有选择的权力)和行动。

从长远角度来看,远体环境发生着变化。诸如上面所描述的那些变化会导致个体近体环境发生改变(Elder,1996)。例如,将今天在旅游、通信、信息交流和工业生产方面的条件与那些仅仅是50年前的条件做一比较就可看到明显的改变。意识形态运动和政治运动影响并改变了教育机会和教育系统,同时也改变了规范、规则、任务和价值观。几乎席卷世界的城市化进程,不仅意味着更多的人在城市地区成长和生活,而且还意味着城市地区经济、社会和文化特征已经发生了变化,有时是显著的变化。这种变化产生的一个结果是:成长并呆在同一地区环境中的人,可能在与他或她出生时的远体环境非常不同的远体环境中去世。此外,不同时代的人在不同的环境中出生和生活,有着不同的规范、价值观、资源和需求。因此可以断定,对于个体发展过程中什么是主导因素、起作用机制是什么这样的问题,很难做出正确的跨时代和跨文化的推广。

个体—环境同步

为了坚持发展的视角,我们既需要理解影响儿童和青少年发展中的行为、规范和角色的正式的社会影响,也需要理解非正式的社会影响(Ryff,1987)。正式和非正式规定的基础倾向于为个体形成一个要求和机遇并存的社会时间表;这一时间表有时有较强的年龄等级(Caspi,1987)。尽管有大量特定的选择,但是一个国家普遍的制度基础和法律系统对大部分人来说通常都是相似的,它们详细说明了不同年龄阶段标准的社会角色和规范。这并不是说儿童与青少年只有一条路可以走。恰恰相反,在个体发展中一个重要的问题在于,个体的心理的、生物的和行为的能力与近体和远体环境的要求、时机和限制同步。可能的生活道路的多样性,可能会在年轻人中产生压力和不安全感。在一个社会中,什么能被看作是对成年期有利的途径,要取决于文化的"内隐成功理论"(Klaczynski, 1990; Ogbu,1981)。这也取决于生态学中的局部变量。例如,农村环境通常提供较少的教育和工作机会,因此这里的青少年和他们父母的教育期望一般要比在更加城市化环境中低(Sarigiani, Wilson, Petersen, & Vicary,1990)。

可以这样说,大部分年轻人对未来(职业、教育、家庭和婚姻以及物质标准)的思考和对自己的思考,是与正规的情境(formal contextual)和由年龄决定的变化联系在一起的(Nurmi,1991,2002)。一个人对自己的观念(同一性和自我概念)和对他的未来(关于未来的计划、决定、愿望和想像)的观念,以及这些自我观念和世界观的重建,与其说是与认知发展有严密的关系或者说是累计的早期经验的逐渐展开,倒不如说是可能取决于正规转变(尤其在教育中的)的实足年龄。在瑞典,能不能进入高级中学,就像在美国能不能进大学一样,对未来的工作角色有非常重要的影响(例如,Petersen,1993)。相应地,在一个特定社会中的教育系统结构的演变,为青少年的改变和影响成人的父母角色、配偶角色和工作者角色的决定提供许多诱因(例如,Klaczynski,1990)。还有人已经指出,那些可能被看作是普遍趋势(例如,青年早期受教育的动机的降低),并被认为是发展阶段特点之结果的观点正在被质疑,实际上可能是青年中期学校环境方面的特定变化与个人预期不一致的一种反映(Eccles 等,1993)。在某一社会中的年轻人有一个共同的时间表,需要跨文化的资料去辨别这样的社会规定在发展中的控制作用(Thelen,1981)。

430

遗传学研究已经引入了"敏感"期的概念,指的是有机体此时对学习经验比其他时候更敏感。类似地，教育轨道改变的年龄，参与更加成人化的行为形式(如，公众舞蹈、电影)的机会和其他环境的变化，或许可被看作是"关键"期，此时情境的影响引起个体生活(既包括未来的又包括当前的)的重构。

同步过程的一个方面是个体作出的关于某一重要的社会生活方面的决定的时机。正如已经提到的那样，教育道路的选择对以后的成人社会生活道路很重要。完成学业较早的人，在未来的家庭计划、婚姻、职业和获得的物质财产方面，都与完成学业较晚的人有着不同的时间表(Gustafson & Magnusson, 1991)。决定离家早或晚也是一样的(Stattin & Magnusson,1995)。Gustafson、Stattin和Magnusson(1989)的研究表明，较早与男孩开始约会的女孩在成年早期倾向于选择家庭而不是事业。总之，儿童与青少年如何利用社会文化环境中可利用的机会，他们开始发生转变的年龄，以及他们在社会年龄等级规范中如何界定自身，都可能对他们当前的适应和未来的生活道路产生深远的影响。在某种程度上，个体行为是被更广泛的社会文化安排组织引导的：通过它的制度和对行为的年龄要求，社会塑造了个体行为的方向，并为其设置了转折点。但是，在环境提供的机会和限制范围内，个体也可以组织他们自己的发展，并且通过他们自己的行为，年轻人以牺牲其他方面为代价来选择一些类型的发展环境，通过这样的方法才有助于形成他们独特的发展。

跨文化视角

文化因素通过日常生活中近体环境中的组织—机构安排影响个体行为。文化情境是如何影响个体行为这一问题为文化和跨文化研究提出了一个首要任务。在近几十年，这样的研究已经记录了文化背景间存在的相似之处和不同之处；然而，在有关儿童发展的此类研究中，主要问题之一仍是将物理和社会背景中个体功能变量与每一文化群体中特定的文化因素联系起来(Harkness,1992)。跨文化比较并不仅仅是对几个国家进行比较，并对实证研究中已经证实的差异进行思考的问题，而是去理解这些国家中不同条件下的相似性和差异性。跨文化比较尤其需要研究行为背后的背景机制是否具有跨文化的相似性，行为、家庭和同伴过程的中介物是否相似或不同，以及作为心理功能中介条件的同样的因素在跨文化的条件下是否以同样的方式运行。

Brooks-Gunn和Paikoff(1992)在他们对青少年过渡期间自我感觉(self-feeling)改变的研究中强调，当进行跨文化推广时，要注意该问题研究的局限性。Stattin和Magnusson(1990)指出，从瑞典女孩中获得的性成熟度(rate of sexual maturation)的特定长、短期影响，可能与有着不同的社会规范、规则和(对十几岁女孩的)角色期望的文化中的影响是不相同。更明确地说，在一个鼓励不同年龄青少年之间接触，尤其是发展两性关系的社会，较早的青春期成熟与问题行为之间的联系，可能要比青少年间根据实足年龄层进行接触，且更限制两性关系的社会要强。Stattin、Kerr、Johansson和Ruiselova(待出版)研究了远体文化因素影响青少年过渡过程特点的假设。该研究同时在瑞典中部和斯洛伐克东部进行。与瑞典青少年的情况相比，斯洛伐克地区对待年轻女孩的传统是：不鼓励女孩与年长男孩或男性交往，而且对较早的性关系持更保守的态度。Stattin等人发现，实证研究支持这样的观点，即在这种条件下，月经初潮年龄差异与当前行为之间的关系与瑞典的并不相同。对于瑞典女孩来说，较早的青春期发育是促使异性关系发生的条件，且与发育较晚的女孩相比，发育较早的女孩有更多的违规行为。总之，这些结果与以下观点是一致的，即社会文化因素影响着发育时间与社会行为之间的联系。在一种文化内，相似的过程可能在起作用。Caspi 和 Moffitt(1991)在一项以新西兰女孩为样本的研究中发现，只有当女孩所在的学校是男女同校时，才会出现同样的早熟女孩的越轨行为。可能与女校相比，男女同校的环境有更多与年长的、工作的男孩交往的机会。

431

小结

这一部分总结并涉及大量关于环境特定方面和它们对个体发展重要性的实证研究。总之，它们表明了，在个体当前功能和发展过程的一般模型中，应当考虑卷入其中的环境的广泛的近体和远体方面。

为了更好地解释我们所提到的实证研究，应该注意到，个体对环境条件的适应和操纵是一个复杂的、动态的过程，因而在个体发展过程的最终分析中，需要一个一般的、基本的理论框架。几乎毫无例外，这里所报告的研究使用的是单向的 PE 关系模型，即一次处理一个或几个群体水平上的环境成分。这一方法有助于识别发展过程中可能起作用的环境因素。实证研究很少涉及环境条件在个体水平上起作用的交互作用过程。对发展过程理论化的影响将在后面关于测量模型的部分中论及。

对于环境因素在发展过程中的作用的研究来说，进步的主要挑战之一是：发展并应用适合于在个体水平上研究这一问题的策略和测量工具。这是一个非常困难的任务，但困难不能成为不去尝试的理由。

整体—交互作用模型的基本原则

正如我们在引言中所强调的那样，整体—交互作用模型不是一个概念的空盒子；它包含着一些个体发展过程典型特征的基本原则。在这一领域的研究中，在设计、执行和解释独立于性别、年龄和文化发展过程特定方面的研究时，要考虑到这些原则，这是该领域研究取得更大科学进步的先决条件。在这一部分，我们提出并讨论了许多我们认为是基本的原则。

整体原则：从变量到个体

“变量”这个术语是心理学研究中误用最多的概念之一。误解有时是由于在两个完全不同的意义上使用这个概念：作为反映个体功能某一方面的心理学概念，比如说智力或攻击性，和作为统计概念，它指的是数据的测量水平。或许值得回顾一下变量在数学中的最初定义：“一个可能是任何值或值的集合的量。”在心理学中，变量的含义已经扩展到“个体和/或情境中可能因个体而异的一个因素”。变量概念的误用之一是将心理现象具体化为假设构念的普遍倾向(例如，Bergman & Magnusson，1990)。假设构念实际上主要是推论出来的；

它们反映了个体整合的、动态的功能方面，但不能作为单独的结构单元而存在。个体可以以聪明的、信任的或无助的方式行动，但智力、信任和无助本身并不存在。假设构念在测量水平上通常被看作是“潜变量”(latent variables)。Borsboom、Mellenbergh 和 van Heerden(2003)最近对现代测量理论中使用潜变量的理论现状进行研究并指出，应用这类模型需要“一个潜变量的现实本体论”。这个要求并不只限于应用测量理论时的潜变量的研究。当在其他涉及假设变量的测量情境中应用潜变量的概念时也同样有效。 432

发展过程整合的、整体的本质尤其意味着它们是作为不可分解的整体发生发展的，因此不能被分解或理解为独立的成分。过程的整体观实际上有很深的根源。Carl von Linné 的阐述适合于此：“这种关系在所有部分之间存在，如果一旦有一部分消失，那么整体也将不复存在。”(Broberg，1978，p. 29)这也是复杂动态过程的现代模型的主要观点。相应地，整体图画所传递的信息要超出单独部分所包含的信息，“后成论说”(The doctrine of epigenesis)被定义为：“不管是社会的还是非社会的行为，最好将其看作是有组织的系统，并且需要整体的分析来解释它。”(Cairns，1979，p. 325)

个体生活过程的独特性意味着，在发展过程中对所有个体而言，单一成分并不一定独立于个体功能中其他同时起作用的因素而具有同样的心理学意义。在 IDA 纵向研究中，Magnusson 和 Bergman(1990)观察到，童年时的攻击性数据与男性成人的犯罪数据有显著的相关。进一步的分析支持这样的假设，即那些儿童期就表现出一系列攻击性、多动、注意缺陷、较差的同伴关系和其他问题行为的男性可以解释大部分早期攻击性和成人犯罪之间的相关。当将这些问题较多的男性组排除在样本之外时，早期攻击性数据就不再是成年犯罪的预测数据了。同样，在家庭中，离婚不能不受家庭生活和家庭关系的其他方面的支配而独自影响孩子。当有其他的危险因素却表面上在一起时，这也是有害的(Stattin & Magnusson，1996)。这同样适用于抚养条件的其他方面，例如，家庭中的犯罪行为、酗酒问题和失业。

整体原则适用于所有系统，而不管它们在哪个水平上起作用。它适用于细胞水平，诸如冠状动脉系统、免疫系统、心血管系统的子系统水平，以及认知系统和行为系统，同时还适用于作为一个总体的系统的个体水平。它也适用于环境及其子系统，如年轻人之间的同伴系统，还适用于整个 PE 系统。Wills(1993)在讨论文化在人类发展中的作用时宣称：“主要是文化的复杂精细而不是它的特定特征驱动着脑的进化。”(p. 42)国际地圈—生物圈计划(The International Geosphere-Biosphere Program，IGBP)主席 Barrien Moore(2000)赞成整体的方法，他在讨论未来地球生命支持系统研究的挑战时，总结道：

> 首先，地球作为一个系统运行，带有作为一个整体系统之特点的性能和行为……了解地球系统的成分是非常重要的，但是对于了解作为一个整体的地球系统的功能来说，仅仅如此还是不够的。(p. 1)

概言之，个体功能的整体方法已经讨论一段时间了(例如，Allport，1937；Lewin，1935；

Russell,1970;Sroufe,1979)。Mischel(2004)对这一方法在人格研究和该技术现状的历史发展进行了回顾。在发展研究中,许多作者倡导整体观(Cairns,1979;Emde,1994;Ford,1987;Lerner,1984,1990;Magnusson,1988;Sameroff,1983;Wapner & Kaplan,1983;Wolff,1981)。Husén(1989)在讨论未来教育研究的挑战时,表达了这一观点的影响:"我们现在正面对着范式的转换,从笛卡尔关于人的哲学和牛顿力学过分概括和抽象的范式转化为赞美个性和独特性的范式。"(p.357)

结论

虽然在个体发展的过程中包含近体和远体的环境因素,但这些因素本身都不能在过程本身获得它的意义,而只有通过它在整体中所起的作用才能获取其意义。在人的心理中,每一方面都构成了整合过程中的一个因素,并且它对个体的意义和重要性在某种程度上说是唯一的。这同样适用于当前情境和发展过程中心理功能的每一个成分。相应地,对于真正科学地理解个体当前的行为和发展过程来说,考虑整体原则是非常重要的。

433

在特定的人类功能方面的实证研究中,无论从当前的视角还是从发展的视角来看,对于选择和运用合适的方法与研究策略来说,整体原则都有着极其重要的影响。一个重要的影响是:当在特定研究中整体过程是兴趣之所在时,脱离其他同时作用的成分而单独考察单一方面是无法最终理解整体过程的。例如,如果我们只考虑一个细胞,那么我们将不能理解它们工作系统的功能(例如,Levi-Montalcini,1988)。

通过总结从一个方面的研究中得到的结果,既不能理解个体的功能也不能理解发展变化,这是Allport在1924年着重强调的观点。因而,传统的变量取向的方法需要用人的方法(person approach)来完善,人的方法考虑了整体—交互作用的框架(例如,Magnusson,2003)。

采用整体原则并不意味着个体功能与发展的特定心理、行为和生物方面不能成为实证研究的对象。Mayr(1976)对生物学的警告同样适用于心理学:"生物学过去的历史已经表明,反智的整体论(anti-intellectual holism)和纯粹的原子还原论(purely atomistic reductionism)一样阻碍进步。"(p.72)在理论分析的整体方法和具体机制的实证研究之间没有真正的矛盾,具体机制在个体为什么如他或她所作那样思考、感受、行动和反应的潜在过程中起作用(例如,McCall,1981)。Darwin在1859年正式提出的进化论并没有阻碍生命科学对具体问题的理论与实证研究。恰恰相反,接受和应用进化论中自然选择的基本原则,为生命有机体的研究取得真正科学的进步打下了基础。

转变、涌现和结构与过程中的新奇性

一些理论与实证研究似乎暗含着这样的假设,即个体发展是一些元素附加到已有元素的累积过程或是相同元素的简单叠加。然而,个体发展却是在心理生物和环境限制所设置的范围内,在子系统和整个系统水平上连续的结构重组的过程:

通过发展,儿童和动物改善了它的表达性质,将先前孤立的性质结合在一起,形成新的一组性质，并且在建立独特的个性的过程中，打开了一扇接受世界的新窗，同时关闭了另一扇窗。(Fentress，1989，p. 35)

在某一方面的变化会影响到子系统中与其相关的部分，有时甚至是整个有机体。Mayr (1997)强调，涌现(emergence)的概念是生物整体观的两大支柱之一："在一个结构化的系统中，在交互作用的较高水平上出现的新性质不能由较低水平成分的知识所预测。"(p. 19)从更一般的水平上看，结构和过程在个体水平上的重组根植于并且是整个PE系统结构重组的一部分。*

相应地，个体发展意味着现存结构与过程模式的连续重组并创造新的结构与过程。有时完全新异的行为也会出现。在Chapel Hill① 进行的纵向研究计划可以作为例证(Cairns，Cairns，Neckerman.，Fergusson，& Gariépy，1989)。在童年晚期，女孩发展出攻击表达的新方法，包括以一种使被攻击的目标对象不知道谁在攻击她的方式排斥和嘲笑同伴的能力。女性在青少年晚期使用这一策略的频率逐渐增加。另一方面，男孩的特点更多的是对抗技术的继续发展，这使得他们更容易受到直接的和暴力的报复。那些表面看来似乎对所有不同年龄水平的个体都相同的行为，对同龄的不同个体或同一个体的不同年龄，可能具有不同的心理学意义。在传统的发展研究中通常忽视个体的整体、整合的发展过程中新异性原则的这一结果。 434

功能交互作用

在经典交互作用框架中，大量关于个体功能的争论是在使用传统实验设计用统计术语研究群体水平上的个体的人—环境交互作用的实证研究基础上进行的(Miller, 1978; von Bertalanffy, 1968)。相比之下，在各个水平上的所有生命有机体的过程的根本特征是：在个体水平上起作用因素之间的功能交互作用(Miller, 1978; von Bertalanffy, 1968)。开放系统的成分并不孤立地起作用，通常也不在个体内以线性方式相互依赖地起作用。尤其当心理、生物和行为成分卷入进来共同作用时，过程更加复杂了。

以毕生观点来看，功能交互作用是个体发展过程所独有的特征；从胎儿早期发育时单细胞之间的交互作用(例如，Edelman, 1989; O'Leary, 1996)到个体与他或她的环境之间毕生的相互作用。所有生物器官都是由细胞构成。个体从单细胞开始，作为一个有组织的、功能整体，它的发展背后隐含着细胞间的交互作用过程。每个细胞的形成、作用和死亡都是细胞—细胞相互作用的结果，在这个过程中，细胞从邻近细胞中接收信息并将信息传递给邻近细胞。从分子生物学和生物物理学技术到单细胞模型系统，甚至到现在的转基因有机体的应用，已经为理解细胞结构和细胞的新形式的生长、分裂和发展的调节机制找到了新途径。

---

* 正如Baltes(1987)所强调的，从毕生视角来看，新异性既意味着结构与过程的成长，也意味着结构与过程的衰退。

① Chapel Hill：查布尔希尔，美国北卡罗来纳州中北部一城镇，位于罗利西北偏西的彼得蒙边界。为北卡罗来纳大学(建于1789年)所在地。——译者注

在生物科学里，正如 Mayr(2000b)所强调的那样，交互作用是所有生物功能与发展模型中的主要概念。在瑞典自然科学研究委员会 1998/1999 的年度报告中，重点部分都是用来讨论从细胞蛋白质到大脑水平的生物过程中，交互作用的基本作用(Lindberg,2000)。*

相互作用与相互依赖

正如前面所指出的那样，在传统的变量取向的心理学研究中，一个有力的假定是：关注单向的因果关系。对个体功能具有暂时的和长期的发展影响的单向影响显然是存在的。例如，室外温度单向地影响个人衣物的选择和他或她行为的某些方面。令人感兴趣的是，有实证研究表明，个体发展的一些方面与出生季节有关(例如，Kihlbom & Johansson,2004)。在近体和远体环境的不同的范围内，个体生命在现存的规范、规则和规定所设定的范围内发生和发展。

然而，动态复杂过程的首要特点是起作用因素的动态交互作用。相互作用与相互依赖是在所有个体功能和 PE 系统水平上的过程的特点：它们是怀孕期间细胞与它们子宫内环境之间关系的特点，是心理生物成分整合到个体内的方式，是个体在社会化过程中关系的方式和个体与环境关系的方式(Bell,1971;Caspi,1987)。在经典交互作用论中，人—人交互作用被看作是这一原则的很好例证。起作用因素之间的相互作用有助于整个系统功能的发展变化：

> 在发展中，由亲子交互作用引起的相互影响的潜在基本原则是：在一个移动的双向系统中，每位参与者的反应不但作为对他人的刺激，而且也由于刺激的交流而改变，导致他人方面可能的扩展反应。(Bell,1971,p. 822)

正如在现代交互作用观中所强调的那样，功能交互也是个体内部心理生物过程的一项基本原则。Maier 和 Watkins(2000)在免疫系统讨论中总结道：

435

> 大脑和免疫系统构成了一个双向的交流网络，在该网络之中，免疫系统是为大脑提供有关传染和损伤信息的感觉器官，因此听从大脑的指令去调整防御措施。被激活的免疫细胞释放名为细胞活素类的蛋白质，它通过血液和神经通路传递信号给大脑。通过这些感官通道传递给大脑的信息，在神经活动、行为、情绪和认知功能方面引起大量的变化。了解这一网络的机能或许可以解释行为、情绪和认知中理解较差的压力、抑郁和个体内变化方面。(pp. 98 - 112)

非线性

正如前面所述，大量心理学研究关注的是群体水平上变量间的统计关系。最常用的方

* 误解统计学作用的一个例子是，要求发展过程中存在的动态交互作用应该得到以数据集研究交互作用的统计模型的证明。功能交互作用是发展过程的一个特征，应该与作为处理数据工具的统计交互模型加以区分。基本上，他们只是交互作用这个词是共同的(Magnusson,2001)。

法假定：(a) 个体间变量的关系是线性的，和(b) 从个体间获得的关系适用于个体内起作用因素之间的关系。

我们这里所关注的是在个体水平上起作用的成分之间线性与非线性的相互关系问题。个体过程的特征多半是非线性而不是线性的。这一原则意味着，诸如荷尔蒙 A 对荷尔蒙 B 的依赖作用并不一定是线性的；这一关系可能表现为完全不同的函数。这同样适用于单一个体与他或她的环境之间的相互影响。例如，随着环境刺激的增加，个体的心理与生理压力反应通常是非线性的。一方面是个体的成绩和心理与生理压力反应；另一方面是环境要求的强度，二者之间存在的倒 U 关系是一个例子。两个与人有关(person-bound)的起作用因素之间关系或个体与他或她的环境之间关系的非线性函数可能因人而异。

功能交互作用中的因果关系

理解个体功能与发展的方式包括对因果机制的讨论。当讨论个体发展过程模型时，尤应关注这些机制。理解因果机制也是有效干预的前提。这里的讨论和前面题为"人—环境关系的三种一般方法"中作出的区分有关。

在元理论水平上，这里的讨论可以区分出三种主要的因果模型：心理主义模型、生物模型和环境模型(Magnusson, 1990)。每一种方法的主要差异在于它假定的用来解释指导个体功能与发展的主要因素。很少有学者愿意明确地将自己看作是任一类别的典型代表。然而，我们认为，这些模型是存在的，并且影响研究者们真正的所做和所论。

心理主义模型(mentalistic model)强调，对于理解个体为何如他们所做那样作用与发展来说，心理因素是至关重要的。在理论与经验分析中，其兴趣集中在知觉、思维、情绪、价值观、目标、计划和冲突的内部过程。

生物模型(biological model)假定个体的思维、情感、动作和反应主要由他或她的生物学特质及其作用方式所决定。它假定，将在大脑、生理学系统和自主神经系统中发现主要的决定性因素。当运用个体发展的生物模型时，主要决定性的指导因素是遗传和成熟。在它最极端的版本中，这一模型意味着，发展过程中的个体差异源于基因，而环境和心理因素只起较小的作用。

环境模型(environmentalistic model)确定个体功能与发展的主要因果因素在环境中。在环境因素所有一般水平的理论与模型中都有所反映：宏观的社会理论，关于"病态家庭"(sick family)的理论和特定个体变量的 S－R 模型是为数不多的几个例子。环境模型在发展研究中一直很有影响。

在许多传统研究中，这三个一般模型的共同点是：它们假定单向的因果关系；心理因素是行为的主要原因，生物因素与环境因素分别被隐含地假定为心理活动与行为的基本决定因素。 436

在理论与实证研究中，理解基本因果机制的每一种元理论方法，一直且仍具有强烈的、有时是显著的影响。它们也一直对如何讨论和处理社会问题，以及心理学的应用有着广泛的影响，例如，在讨论心理疾病适当的治疗方法中。它们的存在反映了领域的分裂，在内容、概念、研究策略和方法论方面分裂为子学科，而且多元的研究成为专门的领域，领域与领域之间很少或没有接触。这三个解释模型本身谁都没有错。但当它们中某一个,通常在内隐的和未加讨论的情况下被假定为能满足心理学作为一门科学学科的需要,或者至少对心理学来说是非常重要时,问题就产生了。它已经阻碍了研究与应用两个方面真正的进步。

个体功能的知觉、认知—情绪、生物和行为成分与对环境的知觉和解释,包含在当前情境功能交互作用的连续环(loop)中。个体的功能和发展过程是多重决定的,并以复杂的、动态的方式呈现作用与发展。从这种观点来看,Gottlieb(2003)用“共同作用”(co-action)的术语讨论了发展的因果关系。

这个观点意味着,自变量与因变量的概念和预测者与标准的概念,已经失去了它们以前在传统假定单向因果关系的研究中所具有的绝对意义。在发展过程某一阶段的统计分析中,起标准或因变量作用的因素,在下一阶段可能起预测者或自变量的作用。

时间性

整体—交互作用模型中另外一个重要的概念是过程。“过程”可以被描述为相互联系、相互依赖事件的连续的流。这个定义引入了时间这一任何个体功能和发展模型中的基本要素。在动态过程的现代模型中,一个重要的概念是运动(motion)。此外,节律和周期是生物过程的主要方面(Weiner,1989)。Faulconer 和 Williams(1985)吸收了 Heidegger 的思想,强调在我们努力理解个体功能时附加上时间性(temporality)的重要性。没有时间性原则,就忽视了当前功能与发展过程的主要动态方面(例如,Dixon & Lerner,1988)。Li 等人(2004)早期提及的研究说明了认知结构如何以一种非线性的方式随年龄而改变,并在经验上证实在毕生研究中考虑主要的个体过程的时间方面的重要性。

时间观(temporal perspective)随所考虑系统的特征而变化。女孩在生物年龄方面的个体差异对青春期和青年早期的行为有影响,但也以不可预知的方式对以后的生活方式产生影响。与较高水平过程相比,较低水平系统的过程一般以短时观(shorter time perspectives)为特征。Cairns 和 Cairns(1985)对以秒和分钟的角度看待的短时交互作用和以月和年的角度看待的发展交互作用二者作出了区分。他们提出,对短期、当前的适应来说非常重要的社会学习过程,在长期过程中可能会被缓慢作用的成熟、生物社会过程所取消或淹没(也参见 Riegel,1975,在其发展辩证理论的介绍中)。

作为成熟与经验结果的个体结构和过程的改变速度随系统类型,尤其是子系统水平而改变(见 Lerner, Skinner, & Sorell, 1980,关于“非等效时间度量”的讨论)。作为细胞—情境交互作用结果的胎儿解剖结构的变化要比个体在青春期的变化快得多。P. W. Sternberg(2004)通过下述内容指出,应该在基础水平的生物机制发展研究中考虑细胞发展的典型特征:

> 几十年来,生物学家一直对找出发展器官中不同类型细胞的正确位置的惊人准确性非常着迷。在发展期间,细胞命运模式模型强调远距离作用的发展信号空间梯度和局部作用的细胞与细胞的信号事件之间的差异。

既然不同水平的系统彼此嵌入且在动态交互作用之中包含着系统的要素，那么时间观并不只一次应用于一个子系统。相反，不同时间量程的系统要素之间的协调与同步是很重要的。

结论

437

为了理解转变过程，必须长期追踪它们。可以通过运用实验设计来研究、观察和追踪短期过程。对于长期过程(例如，青春期变化)，最常用的方法是随时间而进行的系统观察：纵向研究。只有通过追踪女孩直至成人年龄，才能在我们的生物学年龄的研究中追踪生命过程中青少年行为的相关性。

对实证研究具有决定性影响的基本环境是：在发展转变过程的速度方面，有时非常明显的个体间差异的存在。前面提到的，十几岁女孩生物学成熟方面个体差异的研究证明了长期发展过程横断研究的不足。绝大多数关于青少年的经验性研究，一直且仍然是根据从某一实足年龄样本获得的数据进行的。结果将引入一个无关的、大量的、样本数据中整体变量的未知部分。用横断设计研究处于该年龄的女孩的问题，而不考虑青春期过程的心理生物时机方面的个体差异，可能会导致错误的结论，而且，如果该结果被用作干预的依据，那么将会对女孩产生负面的影响。

组织

整体—交互作用模型并不意味着发展过程是随机的。个体发展科学分析的根本依据是这样的一个命题，即过程是由结构中的基本原则和特定机制所指引的，该结构作为个体在所有水平上起作用因素的模式而被组织并起作用。器官和器官成分构成整体、整合的有机体的功能单元。在有序的组织中，原则和机制起着维持当前功能和发展变化二者的整合和稳定的作用。

Fentress(1989)强调并讨论了以发展的视角来看行为的有序组织。一个有趣的问题是，是否早期发展与老化过程之间的差异，本质上是朝向(与更少的组织相反的)更多的组织的组织方向上的中断(Baltes & Graf，1996)。

生物系统发展中，一个基本的、详细记载的原则是它们的自组织能力，这是开放系统的特征，它指的是一个转变过程，通过该过程，出现新的结构和模式(见 Kelso，2001，对它的概述，和 Barton，1994，对发展过程中自组织的讨论)。从胚胎发育开始，自组织就是一个指导原则。“生命世界里的目的论(finality)起源于有机体的概念，因为部分必须彼此制造，因为它们必须联合起来形成整体，因为，正如 Kant 所说，有机体必须‘自组织’。”(Jacob, 1976, p. 89)

在子系统中，起作用的要素进行自我组织，以便将每一个子系统的功能，也就是它在整个系统中的效用最大化，正如较高水平的子系统自我组织以实现它们在整体中的作用一样。自组织是活细胞中的一项基本原则(例如，Hess & Mikhailov, 1994)。在大脑、冠状动脉系统和免疫系统的功能与发展中，也发现了这一原则。

神经元之间的联结强度和实际上初期联系的完全保存，似乎要依赖于发展的神经系统中神经活动的模式，而且这些活动模式因人而异——充其量它们只是统计上的一致——因此每个个体大脑的详细线路都是相异的。(Stryker，1994，p. 1244)

这一原则也可以应用到感觉和认知系统的功能与发展以及外显行为之中(见 M. Carlson, Earls, & Todd, 1988)。

个体差异

自组织的两个方面和这里的讨论有关。第一，子系统内起作用因素的组织和功能方式存在个体差异，这反过来也导致组织和功能上的差异。这些组织可以被描述为，子系统内起作用因素的模式和功能子系统的模式。Weiner(1989)认为，甚至由心脏自然的起搏器(natural pacemakers)①引起的振荡、胃和大脑都是模式的。

438 在心理学中，模式的思想并不新颖。Galton(1869)断定，一些人要比其他人更聪明且每个人的智力模式都是独一无二的。对智力资源方面个体差异当前分析的一般方法是使用描述模式的传略。诸如 Preyer(1908)、Shinn(1900)和 W. Stern(1914)这样的儿童心理学先驱，根据他们自己孩子的日记，描述并讨论了模式发展变化方面的个体差异。个体特征的模式也反映在 20 世纪 30 年代至 50 年代期间关于儿童发展的纵向研究中(见 Thomae，1979)。

第二，起作用的因素在一个特定子系统中可被组织为模式的方式的数量以及子系统可被组织为整个有机体的方式的数量是受限的(例如，Gangestad & Snyder，1985，根据共同的影响源，他赞成不同的人格类型的存在)。对于每一个子系统和整体而言，只有有限数量的状态是起作用的(例如，Bergman & Magnusson, 1991; Sapolsky, 1994)。在多维空间中，带有相似作用因素模式的个体形成"密集点"(dense points)(见关于结晶假设的讨论)。

在多维空间中补充"密集点"假设的是"白点"(white spots)假设，即由于心理学和/或生物学的原因，在某一水平上起作用的因素的模式不能出现(见 Bergman, 1988b; Bergman & Magnusson, 1997)。对于理解普遍的发展过程来说，识别白点和极端的与偏离的发展路径，可能与研究密集点一样重要(例如，Caprara & Zimbardo, 1996; Kagan, Snidman, & Arcus, 1998)。

作为子系统功能基本特征的模式，可以用从生物学研究中获得的客观数据来说明。Gramer 和 Huber(1994)研究压力情境下的心血管反应，发现可以根据被试对心脏收缩血压(systolic blood pressure，简称 SBP)、心脏舒张血压(diastolic blood pressure，简称 DBP)和心率(heart rate，简称 HR)的不同价值模式将它们归属于三组之一，如图 8. 1 所示。Mills 等人报告了关于心血管反应的类似研究(1994)。

Gramer 和 Huber 所呈现的数据代表个体功能在模式方面的暂时情境。Packer、Medina、Yushak 和 Meller(1983)已经证实了怎样根据个体明显不同的生物过程将他们分组，他们研究在患有严重心脏疾病的病人身上卡普多普瑞②的血液动力学效用。总之，这些结果反映了发展中个体差异之潜在的基本原则：在组织的所有水平上，个体发展反映在起

① 心脏自然的起搏器是窦房结，是心脏传导系统的主要因素之一，该系统控制心率。——译者注

② 卡普多普瑞(Captopril)：一种用于治疗高血压的药物，该药通过抑制激活高血压素的酶起作用。——译者注

作用因素的模式上。

环境的组织与人—环境系统

组织也是外部环境在其所有表现形式中的一项基本特征。物理环境与社会文化环境都是结构化和组织化的。对于生命历程的社会学来说,对社会机构的本质和它们根据年龄、性别和社会等级的组织进行研究是非常重要的(见 Elder, 1998)。尤其令人感兴趣的是环境"如何通过观看者的眼睛被个体所知觉和解释"的组织。作为发展的、进化的个体,我们力求世界的一致性和我们自己在世界中的一致性。对人—环境交互作用的讨论,尤为明显的是个体与生俱来的对家庭、同伴关系和其他社会网中的社会环境进行心理组织的努力(例如, Kelvin, 1969)。环境的组织,正如个体以组织化的形式和结构对其进行知觉和解释的那样,是个体有效处理人—环境交互作用过程每一时刻所具有的大量信息并赋予意义的一个必要条件,而且也是个体运用信息做出充分有效的行动的必要条件。对于儿童照料者来说,最重要的任务之一是以一种能帮助儿童建立正确和值得信赖的社会世界的心理组织(mental organizations)的方式来行事(Costanzo, 1991; Trevarthen & Aitken, 2001, p. 30)。

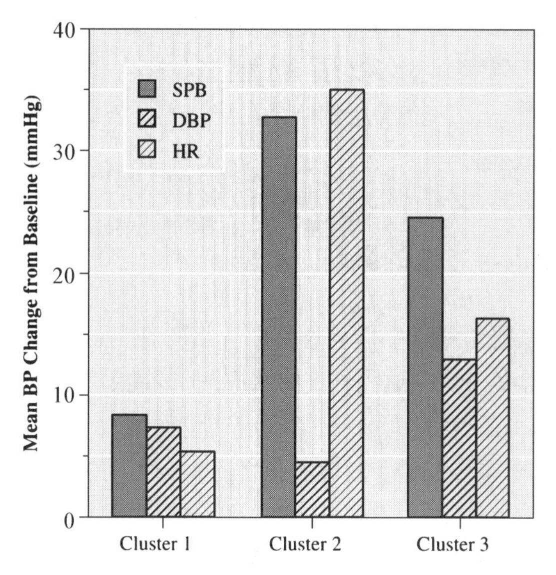

图 8.1 在准备讲演过程中,心血管反应群中 SBP、DBP 和 HR 活动的量值。①

来源: From "Individual Variability in Task-Specific Cardiovascular Response Patterns during Psychological Challenge" by M. Gramer and H. P. Huber, 1994, *German Journal of Psychology*, *18*, pp. 1 - 17.

439

过程的整合: 综合体

在动态、复杂过程的所有水平上,起作用部分在它们的运行中互相配合,以便能达到它们所属的系统的目标。这一原则既适用于所有水平上的子系统部分,又适用于整体作用时子系统之间的相互协调。整体不仅大于而且还不同于部分之和,整合是该事实潜在的原则。

小结

这一部分一直致力于讨论适用于所有个体发展过程的基本原则。对发展过程特定方面进行的理论与实证研究中必须考虑这些原则。当然,这里讨论的原则,不管在数量上还是内

---

① 该研究将 60 名正常血压的大学生(30 名男性,30 名女性,年龄在 20—27 岁之间)安排在三种实验室紧张性刺激条件下:心算、字谜和准备演讲。反应分数的统计分析显示了在 SBP、DBP 和 HR 方面较强的特定任务效应。与心算和字谜相比,准备演讲证明是最有效的紧张性刺激。而且,可以识别出三种个体—反应特征群:"不反应"(non-reactors)、"心肌反应"(myocardial reactors)(SBP 和 HR 效果强烈,同时伴随着中等程度的 DBP 增长)和"血管反应"(vascular reactors)(DBP 较大增长,同时伴随着中等程度的 SBP 和 HR 增长)。——译者注

容上,都不应该被看作是最终的全部基本原则列表。与任何领域中正常的科学发展一样,进一步的理论与经验分析无疑将修改该列表。我们这里的目的是强调,如果不考虑这些基本原则,那么统计分析的结果在统计上可能是显著的,但仍冒着与理解个体过程的基础不相关的危险。

理论与方法的影响

经验科学中科学进步的一个典型特征是日益专业化(specialization)。当专业化在自然科学的分支中达到一定的水平时,很明显,进一步的发展在于整合临近学科中已取得的成果。在引言中,我们注意到进化论对生物科学的科学进步的作用。一般而言,在自然科学中,最重要的进步是通过在之前完全不同的学科交界处整合实现的;例如,在物理学和化学的交界处以及后来在生物学、化学和物理学的交界处。随着科学朝着更好地理解物理和生物世界所需的自然的一般模型方面的进步,之前在分支学科中明确的、清楚的界限变成为新的学科。

我们已经简要提到了在包括生物学的自然科学中什么是规则(rule)来强调基本的一般理论框架对这些学科的进步所起的根本作用:这同样适用于作为一门科学学科的心理学。对于人类个体发生学研究中更大程度的、真正的进步来说,非常需要一个个体和社会的一般模型、一个一般的理论框架。个体发展的整体—交互作用模型就是想要满足这一需要。

整体—交互作用模型的基本原则——整体原则,伴随出现与新异的转变,功能交互作用,时间性,组织性和综合——在研究的任务是促进对发展过程的理解时,对实证研究的计划、执行和解释具有决定性的影响。现在,理论上日益接受这一观点,科学的任务是在实证研究中认真考虑这些影响。

为了消除普遍的误解和批评,让我们再次强调一下,个体功能和发展整体的、整合的模型,并不意味着在每一次研究努力中都必须研究个体的整个系统。接受自然科学中自然的一般模型从不意味着在每一个特定问题的研究中都应该研究整个宇宙。

走向一种发展的科学

这里所倡导的观点的一个结果是:为了全面地理解和解释个体的发展过程,传统的发展心理学所包含的知识并不够。我们需要从许多传统的科学学科的交界处获得援助:发展生物学、认知科学、发展心理学、生理学、内分泌学、神经心理学、社会心理学、社会学、人类学和邻近的学科。包含在个体毕生发展过程中的全部现象空间,形成了一个清楚规定和限定的科学探索领域。这一领域构成了它自己的科学学科——发展科学(Cairns, 2000; Magnusson, 1999b, 2000; Magnusson & Cairns, 1996)。在1994年由瑞典皇家科学院主办的诺贝尔专题讨论会中——代表个体发展的不同方面,从胎儿期到老年期和从细胞水平到生物学与文化相互依赖的水平——的杰出科学家作出的贡献,显然证明了建立发展科学的潜在的原则和需要(Magnusson, 1996b)。在已为大家接受的学科交界处对个体发展进行

440

研究的组织，与日益增加的跨学科合作需求是一致的(例如，Kafatos & Elsner，2004)。对个体发展的研究构成了一个在理论、方法和研究策略上有其特定要求的研究领域，这个命题并不意味着心理学失去了它作为一门科学学科的身份。物理学、化学和生物学并没有因为在它们交界面处的新发展而失去它们特有的优点。为发展科学提供必要的知识，而不是加强心理学作为主流科学发展的积极合作者的身份。

方法影响：寻找机制

在前一阶段，我们提出了心理学研究的三个主要任务；第三个任务是寻找指导起作用因素在个体功能与发展过程中作用的机制。这一目标需要应用与相关现象有明确联系的方法工具并要考虑发展过程的基本原则。

整体交互作用模式注意到发展研究中一些早期的方法问题，并提出一些新问题。如果认真考虑整体一交互作用模型的基本原则，那么对于实证研究的计划、执行和解释都会产生特定的影响。

现象的本质：分析水平

包含在整合的人一环境系统的不同水平之中的结构和过程的本质是不同的。基本的后果是：在实证研究中不可能将一个水平分解为另一个水平(例如，Novikoff，1945)。对经验数据进行任何恰当解释的一个必要条件是：研究者意识到且明确问题在现象水平中所处和所在的位置。例如，特质资料的分析所产生的理论影响和在对同一潜在变量的分析中运用状态资料产生的理论影响是不同的。

相应地，对特定主题的实证研究计划的起点是：在对恰当水平的现象进行观察基础上的仔细的、系统的分析(Cairns，1986b；Magnusson，1992)。如果这个要求没有满足，即使对数据进行复杂的分析，不但不会产生什么有价值、而且有时还会得到令人误解的结果。分析总是由一个问题开始，它可能是在理论考虑、实验设计研究的结果和/或自然情景下对所研究现象的直接观察所激发出来的。

信息获得的工具：数据收集的方法

从前面的讨论中，可以得出这样的结论，即不能不考虑已经确定的研究问题的结构特点和水平而使用一套特殊的方法。没有一个能够用来有效研究所有类型问题的科学方法。个体生命历程是一个高度特异性的过程。只要我们的目标有助于个体发展过程知识的综合，那么在最终的分析中，必须参照它们整体的特点而对它们进行分析。倘若在个体整合的发展过程的所有水平上，有非常多的因素，那么这个观点为获得信息的适当工具的发展和应用提出了真正的挑战。*

---

* 有时用方法来定义心理学分支。“实验心理学”就是一个例子，它一直且依然常常被看作是最有声望的心理学研究领域。Cronbach(1954)在一篇被广泛引用的文章中，根据方法分离出两个心理学学科，它们分别是：实验心理学和相关心理学(比较 Cronbach，1975)。我们断言，有一个单独的、整合的现象空间是心理现象科学分析的目标。

441 在实证研究中，观察和获取信息的传统方法是实验设计。实验设计也是当前或发展过程的研究中一项重要的工具。对于短期变化过程(例如，在生命的胎儿期)的研究和大脑因外界信息影响而在细胞水平上的发展(例如，在关于学习的脑研究中)的研究来说，这样的设计绝对必要而且是非常实用的(例如，E. R. Kandel & Schwartz, 1982)。O'Connor(2003)强调在早期实证研究中自然实验法的优点。这种研究策略，既是短期过程实验研究的重要工具，也是长期发展过程研究的重要工具(例如，Cairns, 1986a; Cairns & Rodkin, 1998)。

本章集中在作为变化的动态过程的个体毕生发展。描绘分析目标特征的基本原则限制了经典实验设计在基本发展问题实证研究中的应用。得出这一结论的主要原因是：过程的独特性和同时起作用的发展过程的基本原则在作用方式上存在个体差异。在这种情况下，系统观察成为不可缺少的补充工具。科学史中随处可见支持这种观点的例子。Charles Darwin 的进化论是在将他详细观察的结果系统化的基础上形成的。Johannes Kepler 的地球围绕太阳运动的精巧的三大定律源于 Tycho Brahe 对行星运动所作的详细和系统的观察。Carl von Linnaeus 的植物分类系统与 Fleming 发现青霉素一样，同是系统观察的结果。这些贡献仅仅是所有那些已经构成它们各自学科进一步理论发展的必要条件的例子。

发展过程的基本原则得出了这样的结论：在运行机制研究方面的进步需要进一步发展和应用在控制条件下进行系统的观察和描述的恰当方法。有时自然提供了系统观察的条件。如何通过自然条件下使用变量的观察获得研究基本心理现象知识的一个例子是 Luria (1976)对语言、自我知觉、对他人的知觉和对世界的知觉进行的研究。对在一起抚养或分开抚养的同卵和异卵双生子的研究提供了另一例子(例如，Bohman, Cloninger, Sigvardsson, & von Knorring, 1982; Haugaard & Hazan, 2003)。在关于进化论的研究中，在不同形式的系统观察基础上进行的描述分析起了十分重要的作用。纵向研究的情况也是一样，它旨在理解以前面总结的基本原则为特征的作为毕生过程的个体发展。

我们对个体与环境作用以及整个——当前的和发展的——PE 系统作用的理解，也可能从包括人种学研究中经常成功运用的定性方法的方法宝库的扩展中获益(例如，Schweder 等，1998)。一种合适的补充是叙事法(narrative approach)，即对个人生活传记进行分析的方法(例如，Sarbin，1986；Singer，Slovak，Frierson，& York，1998)。Fiese 等人(1999)在他们对家庭生活不同方面的研究中使用了叙事法。Manturzewska(1990)在她对职业音乐家毕生发展的研究中，给出了这一方法富有成效的例证。根据 Tomkin(1979)的"程式理论"(script theory)，R. Carlson(1988)倡导在人格发展研究的几个领域中心理传记探索的有效性。Cairns 和 Cairns(1994)在他们对青少年的纵向研究中收集的广泛的访谈资料信息是别的方式所不能获得的。

泛化

许多心理学实证研究的一个特点是它的种族中心主义。对通常与过渡行为(transition behaviors)和发展事件的时机联系在一起的是抚育环境的研究，大部分是在西欧国家、澳大利亚、新西兰和美国做的。尽管文化和跨文化研究已经为其他文化提供了有价值的信息，但我们关于这些相关是否在别的国家也一样的知识仍然有限。即使在已经作了此类广泛比较的地方，通常这也是用西方国家中的个体发展和验证的工具做的。这种情况对所获得的整个 PE 系统不同水平不同方面的功能和发展的经验结果的泛化提出了根本的问题(例如，Baltes, Reese, & Nesselroade, 1988)。在一种环境情境中获得的结果在其他情境中多有效？在有关个体差异在生物成熟中的作用以及它的长期影响的研究中，已经明显地证明了这个问题的重要性。对这一问题的实证研究表明，将在一种文化背景中获得的有关发展过程的结果作为人类本质一般结论的依据泛化到其他文化背景中是危险的。

442

将从某一特定问题研究中得出的结果泛化是科学研究的目标。在实验心理学的传统中，可重复性(replicability)一直被看作是结果有效性的主要标准。简单地使用这一原则有时会产生这样的影响，例如，总是将某一问题在不同文化研究中得出的结果差异解释为错误的。这激发了一些讨论。

在寻找可能起作用的因素并寻找这些同时起作用的因素的潜在机制时，发展过程的基本原则对结果的泛化有四点主要的影响。

第一，不应在没有考虑所研究现象的情况下将发展过程中可能起作用因素的结果泛化到不同的年龄水平。

第二，结果不能从分析的一个水平泛化到另一个水平，不管是起作用的因素还是作用的机制。很多实证研究的解释都假定，可以将群体水平上研究的在个体和/或 PE 系统中起作用的因素之间的关系，泛化并适用于个体水平的发展过程中因素之间的关系。虽然对缺乏理论和经验支持存在严重的争论，但这一传统仍然在该领域中占支配地位(例如，Bergman, 1998; Ford & Lerner, 1992; Magnusson, 1998; Nesselroade & Featherman, 1991)。Molenaar、Huizenga 和 Nesselroade(2002)近来使用模拟程序(simulation procedure)证明了该假设的错误。他们指出，在极端情况下，群体水平上研究的起作用因素之间的显著关系并不适用于任何个体(也见 von Eye & Bergman, 2003)。Borkenau 和 Ostendorf(1998)对个体进行的实证研究也得出了同样的结果。

第三，不能把群体平均数的结果泛化到个体。Lewin(1931)非常赞成这一观点。例如，某一年龄代表样本在某一成绩上的平均值，有时被用作评价个体或群体成绩的参照点。然而，任何父母都能观察到，他们的孩子并不一定沿着发展研究中提出的年龄曲线发展。用群体平均值作为个体复杂的、动态的过程结论的依据，无疑将隐藏重要的机制。Kagan、Snidman 和 Arcus(1998)参照儿童实证研究，讨论并强调了研究统计上的极端群体的价值。

第四，不能在没有仔细考虑的情况下，将在一个文化情境中获得的可能起作用的因素的结果泛化到其他文化中。也不能将某一因素在一代人中运行作用的结果，独立于所研究的结构和过程的本质，泛化到另一代人中。

在有关个体发展结果的泛化中需要慎重考虑的跨国差异的一个例子，是关于德国、俄国和美国儿童在他们与学业成绩相关的能力方面的信念是怎样的一系列研究。一般而言，很少发现儿童对“什么因素对成绩是重要的”之观点存在跨国差异。然而，美国儿童系统地报告了更强的信念，即它们能影响这些因素和他们的成绩。尽管如此，在美国而不是欧洲儿童中获得了大量较低的信念—学业分数相关(Little, Oettingen, Stetsenko, & Baltes, 1995; Oettingen, Little, Lindenberger, & Baltes, 1994)。Silbereisen 和同事对在前东德抚养的儿童和在西德的类似组,在过渡行为的相关和背景条件方面进行了比较。他们的分析表明,在东德的许多相关与从西德获得的那些相关非常不同,而在西德抚养的儿童通常与美国研究中发现的那些结果相似。其中一个例子是离家的时间选择(Silbereisen, Meschke, & Schwartz, 1996)。

443 不同西方国家的儿童在这些方面也有差异。例如,在西欧,约会系统并没有达到像美国一样的存在程度,而这意味着,可能有非常不同的诸如青春期发育影响的结论。青春早期生物成熟的作用支持这一观点。美国和西欧国家的有些地区之间在社会文化环境方面的差异如此之大,以至于很难将青少年和年幼成人从一种文化泛化到另一种文化中。例如,有些美国大城市的生态系统带有它们种族合成的、自然结构的和人口统计的特点,这在欧洲很少有。因为与某一地区紧密联系的犯罪类型、帮派的存在等等与城市生态学有很大的关系,因此,在美国的暴力和犯罪帮派的研究并不易于应用到欧洲社会(Shannon, 1988)。即使在美国,中西部小城中的孩子或青少年的近体环境与纽约或洛杉矶的近体环境可能非常不同。

这些例子表明,可以从一种文化泛化到另一种文化的、个体的当前功能和发展过程,并不是单个起作用因素相对重要性和一般作用的结果(参见,例如,Baltes,1979)。相反,可以泛化的是人—环境系统中个体水平上起作用的机制。带着该目标的实证研究必然需要由环境中的人的一般模型提供的理论框架。对寻找这样的机制之价值,与社会和文化环境中的差异有关的个体功能和发展的差异所包含的重要信息,值得我们去辨认。

当然,泛化的问题也包括干预和预防的领域。例如,已经证明对美国学龄前儿童有效的干预策略在应用到其他文化中时并不一定有效,这主要是因为不同国家在幼儿园的基础设施、基本内容和儿童活动的组织结构方面有显著的差异。

测量模型

方法是分析资料以便理解特定心理生物结构内起作用的过程和所包含的发展变化的工具。有时,复杂统计工具的发展的确有助于加强发展的经验研究。然而,为了正确地应用统计方法,认识到它们与斧子、刀子、剃刀是切削的工具一样,只是分析数据的工具,这一点很关键。工具本身并无好坏之分。特定的统计方法对特定研究的适合性(appropriateness),取决于它对问题正确答案的帮助多有效。统计复杂化程度决不是判断实证研究科学价值的标准。

传统上,统计最常以下面的战略结构来应用:

问题→数据→统计

在研究过程中,没有哪个统计工具本身具有价值,只有当统计工具与现象的特征匹配时,换句话说,只有当它与所研究现象的分析有关联时,它才有助于科学真实地回答相关的问题。这里的主张是：任何统计方法的恰当运用，都要预先假定一个研究策略，该研究策略包括将统计和问题联系起来的一个测量模型，也就是下面的一般图解：

问题→测量模型→数据→统计

Magnusson(1998,2003)提出了两个互补的基本测量模型(measurement models，简称MMs)，对将要使用的数据和相关的统计工具有特定的影响。两个MMs之间的根本差异在于，推导代表刺激的反应、对测验或问卷项目的反应、所观察行为的等级等的单一数据的心理意义的方式。两个测量模型之间概念差别的理论框架，分别在被称为变量方法(the variable approach)和人的方法(the person approach)中得到表达。

444

测量模型1

根据测量模型1(measurement model 1，简称为MM1)，在潜在维度k上，个体A的一个单一数据，从它在该维度中，相对于其他个体B、C、D等位置的位置中，获得它的心理意义，正如图8.2a所示。

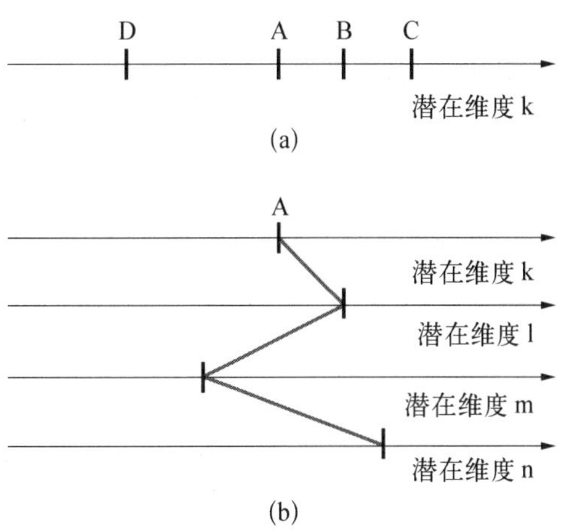

图8.2 (a) 测量模型1：变量方法。
(b) 测量模型2：人的方法。

MM1是一直被称为变量方法的测量模型。一般来说，经验发展研究被MM1的应用所支配。这也是我们前面提到的大部分有关环境条件对个体发展过程作用研究的情况。这一方法也支配着受人限制(person-bound)的变量之间关系的实证研究。关注点集中在单一变量或变量的联合体，它们的相互关系(R-R和S-R关系)以及它们与特定标准的关系。问题用变量的形式表达，结果也用这样的语言来解释和泛化。常用的统计模型包括平均数和其他测定参数之间的比较、相关与回归分析、因素分析、结构方程模型、列联表和线性结构关系模型(LISREL)的最初形式。在这些分析中，有丰富的统计工具宝库可以使用和应用(参见，例如，Bergman, Magnusson, & El-Khouri, 2003)。

对于作为数据和心理现象之间联系的MM1的适合性讨论，有两点评论是相关的：

1. 这些分析中使用的大部分统计是在单一变量数据的正态分布和变量间关系方差齐性和线性假设的基础上进行的(见Miccery，1989，对正态假设的重要讨论)。在使用这些工具之前，很少提到发展过程的心理模型。经典的测验理论提供了很好的例子(例如，Magnusson, 1967)。

2. 应用MM1的统计，得到的是群体水平上变量问题的答案。用这些术语，而不是个体的术语进行泛化的事实所产生的影响，在前面已经考虑过。

在个体发展的研究中，最常使用的统计方法是MM1框架中的线性回归模型。在发展过程研究中，在该框架中恰当地应用线性统计模型预先假定满足下述相关假设(见

Magnusson, 1998, p. 48)。

1. 可以用有意义的方式,在常规的、连续的维度上对个体进行比较。

2. 个体在某一变量维度上只有量的差异,没有质的差异。

3. 对于所有个体来说,变量和它们在个体的整体(the totality of an individual)中作用的方式之间的关系都是相同的。例如,使用多重回归等式,对于所有个体来说,每一个变量都有同样的权重并反映了平均人的特点。

4. 在常规分析中研究的变量间的相互关系,可以用来推论变量如何在个体内部起作用。在发展问题的分析中,例如以发展的视角对稳定性和转变的问题进行分析时,第五点假设应该是有效的。

5. 在常规量表中可能的心理含义和意义,在量上和质上应该对所有年龄都是相同的。

445 为了正确应用 MM1 中的线性模型,应该遵守这些假设。包括个体变量数据矩阵的两点相关特征。

第一点与数据水平上统计共线性(statistical colinearity)的存在有关,它有时反映在大多数发展过程中所包含的大量起作用的因素之间、非常高的函数关系上(例如,Darlington, 1968)。在个体水平上,数据分析中的变量,涵盖了作为整体的同一个有机体功能的不同方面。因而,与一个潜在变量有关的数据也包括其他在过程中同时起作用的潜在变量的信息,这一点毫不令人惊讶。在群体水平数据中经常发现的高相关(例如,在诸如攻击和多动等外显行为的不同方面之间)反映了这样的事实,即它们在很大程度上与个体水平上的内容重叠。因此,对单一变量数据的研究,有时将非常高估单一成分对发展变化过程的独特贡献以及在这一过程中环境的特定方面的独特作用。Magnusson、Andersson 和 Törestad(1993)在一项成人饮酒问题的发展背景的研究中,在经验上证实了这一作用的力量。这一作用大部分时间都被忽视,因为人们经常只研究和报告彼此独立的一个或几个变量。

第二个特点是在起作用变量之间统计交互作用的存在(例如, Hinde & Dennis, 1986)。在某种程度上,统计交互作用可以用诸如结构模型来处理,但这种可能性是有限的。正如 Bergman(1988a)所指出的那样,虽然在数据中存在交互作用,但是当模型被证明与相关矩阵相反时,变量取向的线性分析并不总是考虑这些交互作用。

从历史的观点来看,Baltes 在 1979 年已经在有关毕生发展研究的回顾中强调了发展的一维概念和"单一因素"的不适之处,并断定:"正相反,德国作者已经赞成这样的观点,即将多维性、多向性和不连续性作为任何人类毕生发展理论的关键因素包含进去"(p. 263),注意到这一点很有趣。然而,实证研究基本上没注意到这一重要的理论理解的必然结果就是需要 MM1 之外的另一测量模型。

测量模型 2

根据测量模型 2(measurement model, MM2),在潜在维度 k 上的个体 A 的一个单一数据,从它在同一个体数据结构的位置中获得它的心理意义,代表他或她在潜在维度 k、l、m、n…… 上的位置。如图 8.2b 所示,假定这些潜在维度代表所研究的系统中同时起作用的成分。MM2 是前面对发展过程主要特征进行分析的部分的逻辑结论;也就是说,它符合个体整体发展过程的典型特征。因此,在个体水平上对发展过程的最后分析中,MM2 是合乎统计选择的测量模型。MM2 的应用是:统计产生关于个体的知识,而泛化指的是个体。

MM2 是一直被称作为人的方法(the person approach)的测量模型。图 8.3 说明了如下基本命题,即同一个位置,对于某一潜在维度上的不同个体(A、E 和 F)来说,它在三个人整合的心理、生物和行为功能中的意义可能完全不同。例如,个体 A、E 和 F 同样的攻击性水平,在个体其他问题行为模式,包括多动、注意不能集中和缺少学业动机中,有不同的心理意义。觉察到高烧是疾病的重要指示器,然而,只有将高烧和病人其他的、同时起作用的因素的资料一起考虑时,才能在可能的诊断中作出最终的选择,这种选择可以作为相关治疗的依据。这些例子的重要性是遵循发展过程基本原则的结果的,并在我们研究团体和其他地方的许多研究中得到经验的证实。

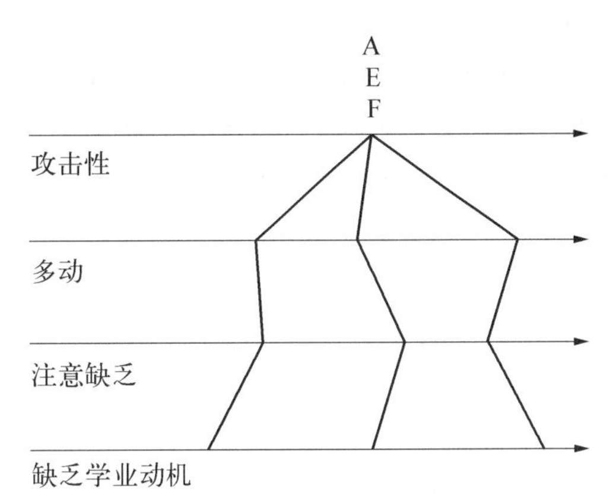

图 8.3 基于四种问题行为数据得出的三个人(A、E 和 F)假想的曲线图。

446

MM2 的使用是出于两个主要目的:

1. 识别在有机体水平上以相似的方式起作用的个体和以与同水平的其他个体不同的方式起作用的个体的组群。在数据中,根据个体相关变量方面的传略对个体进行分类。

2. 用模式的术语分析短期和长期的发展过程。从自然科学中得来的动态的、复杂的过程模型,有助于考虑到个体过程特定特征的模型与方法的应用与发展(Bergman,2002)。

个体的模式分析

在其他关注动态复杂过程的科学学科,诸如生态学、气象学、生物学和化学中,模式分析(pattern analysis)已经成为一种重要的方法工具。在发展心理学中,它已经逐渐被应用到越来越多的研究中。

在一个准确的个体模式分析中,需要特别考虑两点相关问题。第一,数据应该指个体功能的同一水平。第二,需要仔细地分析模式分析中所包含的个体数据量表中变量的本质,因为不同变量的量表必须有可比性。在心理学中,不对原始数据应用特定量表程序几乎是不可能的。这种量表可能是不同的类型,最常用的解决办法是将变量标准化,使不同变量分数具有可比性,并确保在模式分析中标准差较大的变量不占主导地位。然而,这是一种有副作用的药,因为它可能对保留变量间的变异很重要。有时,通过使用准绝对量表(quasi-absolute scaling)几乎可以做到这一点。Bergman、Magnusson 和 El-Khouri 详细地研究了这一问题(2003,pp. 38—42)。

根据所研究现象的不同理论模型,已经提出并使用了许多模式分析的方法:聚类分析技术(cluster analysis techniques; Bergman, 2002; Bock, 1987; Manly, 1994)、Q-分类技术(Q-sort technique; Block, 1971; Ozer, 1993)、潜在剖面图分析(latent profile analysis,简称 LPA; Gibson, 1959)、结构频率分析(configural frequency analysis,简称 CFA; Lienert & zur Oeveste, 1985)、潜在转换分析(latent transition analysis; Collins & Wugalter, 1992)、对数线性建模(log-linear modeling; Bishop, Feinberg, & Holland, 1975)和多方差P-方法因素分析(multivariate P-technique factor analysis; Cattell, Cattell, & Rhymer, 1947; Nesselroade & Ford, 1987)(也参见, Cronbach & Gleser, 1953,他讨论了四种概图相似的情况)。对模型的回顾和讨论可见 Bergman 等(2003)和 von Eye 与 Bergman(2003)的介绍。

对于发展问题的研究,该方法主要被用来研究不同年龄中观察到的联系模式(linking patterns)。对于经验性地分析模式中动态、发展过程的方法的发展和应用来说,我们付出的努力相对较少。为了进一步发展人类个体发生学研究,一个重要的挑战在于应用和发展这样的方法工具。

个性与一般性

对个性的强调自然引发来自群集图面(cluster profiles)的个体的一般性问题。有两点评论是相关的。

1. 认为起源于某一群集的所有个体并没有表现出完全相同的作用因素结构,这反映在该群集经验数据的模式中(例如, Bergman, 1988b)。这里暗含的一个观点是:按照相关成分的数据模式对群组个体进行的实证研究结果可以被用来识别属于特定群集的个体功能过程的一般机制,还可以被用来研究群集内的差异。然而,除非在极特殊条件下,它们是不能用来预测某一情境中单一个体的行为或某一个体的生命历程的。在这两种情况下,实际的结果不仅取决于规定他或她属于哪个群集的个体心理、行为和生物倾向,还取决于他或她生活和发展所处的特定的近体和远体环境条件(见对可塑性的讨论)。

447

2. 对于某一水平的系统来说,顶端空间中的群集并不意味着是一劳永逸地将所有个体归为传统意义上的概念类型的静态的观点。许多群集的边界是模糊的,并有穿透性。有些个体的特定方面不属于特定群集;并非所有个体都能明确地被归为这个或那个主要群集(见 Bergman,1988b)。此外,由于特定的个体发展路径,个体也可能从一个群集转移到另一个群集。变化可能来自变化的心理生物条件(例如,严重的疾病、愈来愈严重的精神疾病和有强烈影响的生活事件)、变化的环境条件,或二者的结合。

人—环境系统和环境的模式分析

正如前面所强调的,既包括物理环境又包括社会文化环境的结构化和组织化的环境是个体将它们经验为有意义的和个体有目的动作的前提。注意到这一点很重要,即某一环境方面的心理意义,在于它对其本身的很多因素作用的、整合的模式作出的贡献。

对环境来说,这种观点得出与对人一样的结论。从情境中抽取出来的环境单一方面的研究,并不能构成理解环境在个体功能过程中作用的基础。相应地,MM2 的应用,在因素模式的环境研究中,有一处是和所研究的问题有关的。一个例子是 Gustafson 和 Magnusson (1991)在 IDA 项目中报告的女性终身职业的研究,其中,用相关因素的模式描述女性家庭背景：父亲和母亲的教育、父母的收入、父母对女孩接受高等教育能力的评价和父母对高等教育的评价。后来证明这些环境因素模式对女儿将来的终身职业有重要的意义。

在婴儿期和青春早期，当有机体对环境的影响尤为敏感时，在儿童环境研究中，MM2 有着特殊的作用。因为，在最普遍的水平上，个体与他或她的环境是作为一个不可分割的系统作用的，恰当的理论和经验分析应当包括对个体和环境因素模式的分析和评价。例如，Cairns 等(1989)在建构与早期辍学有关的发展模式时，既包括个体变量(例如，认知、攻击性)，也包括环境变量(例如，社会经济地位)。MM2 的应用也是最近建立的积极发展领域尤为关心的。

评论

MMs 两者之间的关系是垂直的；在它们二者之间不存在矛盾。二者是否都是发展研究中的有效工具取决于特定的研究目的。

两种方法中的测量任务显然是不同的。在 MM1 中，测量任务是确定个体在潜在维度上的位置，恰当的测量技术是在个体可能的所有位置序列中进行辨别。在 MM2 中，测量任务是将个体(或环境和 PE 系统)分配到适当水平的类别之中，测量的问题是将每一类别或等级边界的分数线最大化。

统计

在自然科学中，为复杂的、动态的过程建立理论模型的一个后果是促进了研究这一过程的统计方法的发展。其中之一是模式研究的非线性数学和方法的复兴。为了在个体发展研究中取得更进一步的科学进步，利用这一发展是很重要的。如果充分地运用，新的数学方法对个体发展动态的、复杂的过程的实证研究与理论建构有重要的影响。Bergman 等(2003)对"以人为取向"的统计工具进行了回顾和讨论。在发展研究的这一方向上，方法和模型的应用和兴趣日益增加(例如，Bergman & El-Khouri, 1999, 2001; Molenaar, Boomsma, & Dolan, 1991; Nagin & Tremblay, 2001; Nesselroade & Molenaar, 2003; Nesselroade & Schmidt McCollam, 2000; Vallacher & Nowak, 1994; Valsiner，本《手册》本卷第 4 章; van Geert, 1998; von Eye & Bergman, 2003)。这一发展引起关注是因为两个原因：它已经证明了对整合的、整体过程的整体观的实证研究的影响，而且它已经刺激了方法工具的发展(见，例如，Lewis, 2000)。同时，应用动态、复杂过程的现代模型(如混沌理论)必须谨慎。与最初发现混沌理论是一个有用工具时所处的条件相比，在个体当前的功能和相应的发展过程中，一个重要的作用因素是个体在 PE 系统中——有意识和下意识的——意向性的积极作用。

448

研究策略

前面部分已经概述了普通心理学研究，尤其是发展心理学研究中，成功的研究策略的若干影响。这里不是重复它们,而是将注意转到几个结果上,这是从本章形成的视角中自然产生的。

多变量方法

当我们关注的是——在子系统水平上、在整个人的水平上、在群体水平上或在PE系统水平上——系统的功能与发展时,应该包括广泛的成分分析,这已被看作是在恰当水平上理解过程必不可少的部分,由此导致的结果是,强调每个水平上起作用的因素的多重因果和相互依赖。这是从发展科学的定义中得出的。

纵向设计

两点相关的因素构成了以下结论的基础,即对于理解和解释毕生发展过程的机制来说,个体发展的纵向研究是必不可少的:(1) 转变(带有涌现和新异)、交互作用、时间性、组织性和同步性的基本原则,与(2) 这些原则如何刻画个体发展过程的独特性。在发展过程的本质中所固有的是从时间的角度研究它们的需要(例如, Sameroff & MacKenzie, 2003)。纵向研究使研究者能够以一种横断研究所不能的方式研究发展过程的机制。这一命题的主要根据是:不是单一变量而是整合的个体在随时间发展,随时间的流逝是可以识别这一点的(Magnusson, 1993)。如果一个历史学家试图通过抽取1939年6月某一天不同欧洲国家的报纸样本,将新闻转化为数据并对数据矩阵进行多维分析来了解第二次世界大战爆发背后的历史过程,那么没有人会拿他当真的。但是,使用横断的群体数据作为得出有关发展过程结论的基础,不正是我们所做的吗?

理解过程的唯一途径是长期地追踪它们。追踪个体的时间因所研究的过程而异。对生命第一周和婴儿期大脑发育的研究需要在有限的时间里频繁地观察。在较短时间内频繁地观察可能也会加深,从日托到学校的过渡期间,在学校的第一学年期间,或从学校到工作的过渡期间,与动机、适应和成绩的变化有关的因素的理解,正如Nurmi和他的同事所证明的那样(参见,例如, Nurmi, Salmela-Aro, & Koivisto, 2002)。在其他迅速、急剧转变的时期,例如,在更年期转变或衰老的一些方面开始的时期,同样的方法可能是合适的(参见,例如, Nilsson等,2004)。理解这些过程需要在相对有限的一段时间里频繁地观察个体。处理这种耗时程序的一种解决办法或许是在与小样本中每一位个体或他们的照料者紧密合作的基础上进行观察。调查个体青春期发育对以后生活历程的影响,必然需要一段时间的观察,即将其从青春期一直延长到成人生活。正如以前所强调的,完全错误的和临床上极糟的影响可能是从对青春期发展的不适当的简单观察得出的。在Stockholm的IDA项目中已经清楚地证实了这一点。在深入地讨论和分析发展过程中生物成熟的作用时,注意到这一点是很有趣的,即当参与IDA项目的女性在43岁时,在该年龄的生理与心理健康和初潮年龄之间,未发现显著的相关(El-Khouri & Mellner, 2004)。

449

纵向研究有着长期的传统。许多发展研究者有力地阐明了支持这种方法的理由(例如, McCall, 1977),并且还详细地分析了它的优缺点(例如, Baltes, Cornelius, & Nesselroade,

1979; Schaie & Baltes, 1975)。由于种种原因,纵向研究的优点经过很长时间才被充分地认识到,因此方开始了大量的研究项目。然而,在最近几十年中,研究者日渐意识到开展这样的研究的必要性。这种趋向的一个表现是:欧洲科学基金会在 20 世纪 80 年代中期建立的第一个科学网是:个体发展纵向研究欧洲网。*

由 Schneider 和 Edelstein 在网络框架下管理的目录,确认了大约 500 项欧洲正在进行的与心理社会发展和心理生物发展有关的纵向研究项目。近来, Phelps、Furstenberg 和 Colby 对美国纵向研究项目进行了综述(2002)。

评论

个体发展,从其最一般的形式来看,可以被定义为在大小、形状和/或机能方面任何前进的或后退的变化。这个定义有两点相互联系的结果:第一,构成纵向的那些方面,不但包括时间,而且还要看所研究的结构或过程是否发生变化;第二,对变化系统观察的合适方法——实验室实验法、自然实验法、在较长时间内对现象进行系统的、描述的分析、叙事报告等——随将要研究的过程本质和可能达到的观察条件而变。

文化与跨文化研究

我们在前面已经注意到西方国家在计划、执行和解释心理学研究中,包括发展研究中所反映的极端的种族中心观(参见,例如, Graham, 1992)。无论是在理论上还是实践上,西方人通常都被看作是标准,而其他文化中的人的行为被看作是异常的。这种观点有多种表达形式。这种观点对取决于并与环境的功能和本质有关的个体功能与发展的一个影响是:需要系统的文化和跨文化研究。环境的作用并不只限于当前情境中的刺激和事件。正如我们已经指出的,每一个特定事件都根植于不同水平的社会和文化系统,并通过处于这些系统的特定框架中的人来解释。在不同文化中抚养的儿童之间,发展过程方面不同的研究结果既有助于得到有关在个体和环境中起作用因素的必要知识,也有助于获得这些因素作用机制的必要知识。Luria(1976)报告的对文盲和隔离人(isolated humans)的研究证明了文化研究对我们概括"人类本质"的巨大重要性。今天,我们已经积累了更多在不同文化中养育的变化的知识(Harkness & Super, 2002)。

多学科合作

理解和解释个体功能和发展需要以 PE 系统所包含的环境因素作用的知识和个体心理生物成分作用的知识为前提条件。正如前面发展科学的讨论中所指出的那样,这意味着需要从许多临近学科交界面的研究中获得知识。Shanahan、Valsiner 和 Gottlieb(1997)对发展

---

* 在一系列研讨会中,对理解和解释个体发展非常重要的主题的讨论在八卷中都有描述/呈介(Baltes & Baltes, 1990; de Ribaupierre, 1989; Kalverboer, Hopkins, & Geuze, 1993; Magnusson & Bergman, 1990; Magnusson, Bergman, Rudinger, & Törestad, 1991; Magnusson & Casaer, 1993; Rutter, 1988; Rutter & Casaer, 1991)。

450 的跨学科概念进行了有趣的分析。这样的知识是传统心理学领域的研究者之间,以及那些来自心理学的研究者和那些来自其他相关学科的研究者之间彼此合作的结果。这种合作和真正科学进步的前提是形成并参照一个一般的、普通的个体和社会模型。在发展科学领域中,参照这种一般模型进行的系统的、计划良好的合作有很大的潜力。Leshner(2004)在美国科学促进协会(AAAS)主题为"前沿科学"的年会后,在《科学》社论中断言:"我们正在获得又一个重要的教训,即没有哪个领域是孤立的。任何一个领域的进步绝对取决于许多其他学科的进步。"(p. 429)这一断言对个体发展过程的研究同样有效。

预防、治疗和干预

对个体生命历程起作用的心理和社会文化结构与过程的研究本身就是重要的科学关注点。然而,既然可以用人类发展积极和消极方面的知识来促进健康发展并防止有害发展,那么社会影响也是重要的。整体一交互作用模型对社会政策中有效的干预和治疗所需要的知识有重要的影响,它表现在机构、项目和其他措施方面。

实证研究表明,在儿童期和青春期单一个体问题和/或社会环境中单一问题的存在,对个体将来适应的负面影响是有限的。那些在童年后期和青春期问题行为累积的个体和/或以大范围危险因素为特征的社会环境,增加了出现晚期适应不良问题的风险(例如, L. N. Robins, 1966; Stattin & Klackenberg, 1992)。不同种类的适应问题倾向于在有限数量的个体身上发生,而在早期吸毒和滥用酒精、犯罪、欺凌恐吓等方面表现出来的适应不良问题,这个群体负很大的责任(Stattin & Magnusson, 1996)。

忽视这些众所周知的情况,对这类问题的讨论和研究通常运用特定的视角(例如,社会学的、心理学的或犯罪学的视角),集中在某一个变量上(例如,攻击性),或某一问题(例如,滥用酒精)上。在这种情况下,干预计划通常在孤立的环境中实施,集中在单一问题上,并参照单一视角关注特定年龄群体。通常,预防措施和治疗项目是暂时的"计划",而不是从应用领域中所包含的那些广泛的专门知识中获得的现有的科学知识和经验基础上开展的基本的、长期的战略。不同的参与者和机构在同一领域中作用通常是平行的,但有时存在竞争;换句话说,没有协同和合作。

实证研究表明,个体发展过程中的消极方面倾向于集中在一起。例如,Magnusson (1988)在 IDA 项目的报告中指出:那些在 18 至 23 岁期间有过犯罪活动记录的人中有 52%也有过酒精滥用和/或精神病创伤的记录。那些有酒精滥用记录的人中有 77%也有犯罪活动和/或精神病创伤的记录。对于那些有精神病记录的人来说,相应的数字为 58%。不只是诸如酒精问题或暴力问题,而是一般生活方式的问题。不能将青春期期间广泛的适应问题从早期发展过程和社会情境中分离出来。对于预防和治疗不合群和反社会行为来说,社会组织的影响是显而易见的。

个体发展的整体一交互作用模型意味着,在组织和执行社会项目进行干预和治疗时,必须考虑整个人一环境系统,而不是只考虑个体功能的单一问题和社会情境中的单一危险因子。长期的项目和策略必须在发展科学所有相关领域知识的基础上制定,并在代表多个机构、项目和措施的专业人员紧密合作的基础上计划和执行，这必须被整合起来，以便个体在广泛的人—环境系统中能充分地参与。

结论

451

作为一些结论的背景，对个体功能和发展的理论与实证研究中的一些明显的倾向可以简要总结如下：

1. 就实证研究所涉及的理论方面来说，假设检验是在参照适用于所考虑问题所属的分区的零碎理论基础上完成的；这里缺少对整合的、基本的理论框架的参考。

2. 用统计术语研究问题和讨论结果仿佛统计显著性和心理重要性是同义的一样。这通常用在诸如对因果模型和因果关系的讨论中。复杂的数据分析方法的发展已经促进了这一传统。

3. 人格和个体发展的研究被定义为个体间差异的研究(例如，Block，2003)。群体水平上个体差异研究的结果，有时构成推论个体水平上功能的依据。

4. 理论与实证研究是非常种族中心的。通常内隐地假定，在西方文化中所做的研究结果，可以用作推论人类本质的依据。

这些方法中，每一种都有其优点，并且，在恰当地应用该方法的一些学科分支中已经取得了重要的知识。它们中每一种也有其局限，当研究的目的是希望有助于理解个体发展过程时，这一局限变得尤为明显。许多卓越的科学家已经强调了心理学的分裂对科学进步的阻碍作用，正如在上面总结的观点中所反映的那样(例如，Sanford，1965)。近来，Rom Harré(2000)在《科学》中的一篇文章中作出了下述评价：

> 自从对理论心理学状态出现第一声不满开始，至今已有大概三十年了。然而，到现在，与美国相比，在欧洲更能听到不同的声音。这是主流理论心理学的一个显著特点，也是科学中独一无二的，即它作为一项事业，应该几乎完全不受批评性评价的影响。那些早已被证明是无效的或糟糕的方法仍被数以百计，也许是数以千计的人们在常规基础上使用。每一期权威心理学期刊中几乎都能明显地看到长久以来就面临的概念混淆。这是一种难以理解的情况。新的途径和更现实的研究模式一直被提出、证明和忽视……通过采纳能揭露我们周围不确定世界的一些特点的图式，自然科学已经获得了巨大的成功。(p. 1303)

我们从这里的几点中已经看到了朝向分支学科整合的大好趋势，例如，在认知和脑研究、脑研究和情绪、自我意识和情绪等等的相互合作。与其他生命科学中所发生的情况一样，个体发展研究更大的科学进步需要接受和应用“环境中的人”的一般模型框架中整合的全部结果。

我们已经对在整合的 PE 系统框架中发生的，整合的、动态的、复杂过程的个体发展进行了分析和讨论，而且已经指出对实证研究确切的和重要的影响。整体—交互作用模型已经构成了讨论该种环境中个体的功能与发展和识别发展过程的基本原则的基本理论框架。

正如我们前面所强调的，整体—交互作用模型并不是又一个在心理问题讨论中出现的，偶尔还流行一下的模糊概念。科学地运用现代整体—交互作用模型需要考虑这里已经讨论的最明显的基本原则：整体原则、转变、交互作用、时间性、组织、合成和最重要的原则——个性。

整体—交互作用模型和随后的基本原则可以为实证研究充当一般理论框架的作用，该命题需要两点评论：

1. 必须将模型的模式和它的影响看作是可以根据它在应用中获得的进一步经验校正的。今天的进化论和150年前的已经不同；通过再改进和扩展，它已经被改变了(Goodwin，1994)。这是正常科学发展的一个例子。

452

2. 在具体现象的研究中采用整体—交互作用的一般参考框架是符合关注动态、复杂过程的科学学科(包括生命科学)之一般趋势的。在对个体发展的研究中，对一般理论框架的需要是广泛的科学时代精神的一部分。表达了对为他或她作为PE系统中积极的、有目的部分之个体提供一般模型的需要的理解日益增加(例如，Li，2003)。

对特定发展问题实证研究的设计、执行和解释的整体—交互作用一般参考框架，并不意味着目前为止所完成的一切都是错误的和没有重要效果的。整体—交互作用模型不是代替现存的方法，而是包含和补充作为规范科学进步例子的现存方法。为了在将来的理论和实证研究中获得真正的进步，挑战性的任务是注意理论、方法和研究策略的影响并认真地对待它们。

Mayr(1997)在对生物学史的分析中总结道：如果生物学没有脱离物理学的模式，并发展出适合生物过程本质的、它自己的理论基础或方法，那么它就不能在20世纪取得惊人的成功。为建构个体为什么如他们在真实生活中那样思考、感受、行动和反应的知识综合体，我们需要一个作为其建构前提的基础理论框架。在本章中，我们的目标一直是总结整体—交互作用模型起这样的作用的动机。尽管我们选择去指明它，但一般模型的时代已经到了。我们在形成将要研究的问题时，在选择合适的数据和测量模型时以及在解释结果时，如果我们想要跟上其他生命科学前进的脚步，我们就需要它。

心智：世界观和自我知觉

所有社会和文化的组件(building blocks)都是个体。打个比方说，个体是社会的细胞。在其角色上，个体是在与环境动态的、复杂的交互作用过程中积极的、有目的的参与者。这种观点引发了一些讨论。

包括知觉、认知、自我知觉、情绪和价值观的整合的心智，在个体观察外部世界和他或她自己的作用时，构成了意识和下意识意义感的心智参考框架。因此，个体的心智生活对该个体的内部生活、与他人的关系、对所发生事件的解释、对近体和远体环境中可能发生什么情况的预期，以及内部和外部活动的目标和指向起决定性作用。

在每一阶段，个体心智生活构成和功能的方式，取决于个体在之前的生命阶段中与环境的交互作用。其结果就是，没有两个拥有同样世界观和自我知觉的个体。支配一个个体近体和远体环境的态度、信念和行为的整合的一般环境参考框架，在他/她的世界观发展中起重要作用。

对于世界上的许多个体来说，带有政治结果的宗教信仰支配并指导着心智过程和外显活动达到了通常被科学心理学所遗忘的程度。一个被近体群体、社会或文化中所有成员所共享的宗教和政治信仰，不仅是构成团结、一致、和谐的强大基础，而且也引发与其他信仰的个体、群体和文化的冲突。Armstrong(2000)在她的《为上帝而战》(*The Battle for God*)一书中对此进行了解释性的历史回顾。

无论在历史上，还是当今世界，宗教信念和世界观的其他方面都有异常重要的作用。对于大部分人来说，世界观组织着他们的生活和他们对个人的、宗教的、社会的、文化的和政治活动的参与资源的使用。从个体到社会的所有水平上，一致和冲突的根源都在人们和他们宗教的与政治的领袖的心智当中。面对这种情况，理解个体整合的心智功能应该是科学心理学最重要的任务之一。我们必须承认，科学永远不能回答存在的问题，如什么是生活的意义，或对哪一个信念有最强大的科学基础的问题给出最终的解答。从长远来看，为了对所有社会有益，我们所能做的是帮助将有关世界观对个体、群体和社会的作用和结果的知识综合起来。这个任务尤其意味着，用本章中提出的视角对关于环境中的个体的基本研究进行挑战。为了用可靠的科学工作满足那个挑战，我们需要一个个体和社会的一般模型。

453

(王蕾译，李其维审校)

参考文献

Ainsworth, M. D. S. (1983). Patterns of infant-mother attachment as related to maternal care: Their early history and their contribution to continuity. In D. Magnusson & V. L. Allen (Eds.), *Human development: An interactional perspective* (pp. 35 - 53). New York: Academic Press.

Ajzen, I., & Fishbein, M. (1980). *Understanding attitudes and prediction in social behavior*. Englewood Cliffs, NJ: Prentice-Hall.

Allport, G. W. (1924). The study of the undivided personality. *Journal of Abnormal and Social Psychology*, *19*, 131 - 141.

Allport, G. W. (1937). *Personality: A psychological interpretation*. New York: Holt, Rinehart and Winston.

Allport, G. W. (1961). *Pattern and growth in personality*. New York: Holt, Rinehart and Wilson.

Alm, P. O., Alm, M., Humble, K., Leppert, J., Sorensen, S., Lidberg, L., et al. (1994). Criminality and platelet monoamine oxidase activity in former juvenile delinquents as adults. *Acta Psychiatrica Scandinavica*, *89*, 41 - 45.

Alsaker, F. D. (1995). *Timing of puberty and reactions to pubertal changes*. Unpublished manuscript, University of Berne, Switzerland.

Anastasi, A. (1958). Heredity, environment and the question "how"? *Psychological Review*, *65*, 197 - 208.

Andersson, T., Bergman, L. R., & Magnusson, D. (1989). Patterns of adjustment problems and alcohol abuse in early childhood: A prospective longitudinal study. *Development and Psychopathology*, *1*, 119 - 131.

Angell, J. R. (1907). The province of functional psychology. *Psychological Review*, *65*, 197 - 208.

Angell, J. R., & Thompson, H. B. (1899). A study of the relations between certain organic processes and consciousness. *Psychological Review*, *6*, 32 - 46.

Angoff, W. H. (1988). The nature-nurture debate, aptitudes, and group differences. *American Psychologist*, *43*, 713 - 720.

Appley, M. H., & Turnball, R. (1986). *Dynamics of stress: Physiological, psychological, and social perspectives*. New York: Plenum Press.

Armstrong, K. (2000). *The battle for God*. New York: Ballantine Book.

Aspinwall, L., & Staudinger, U. M. (Eds.). (2003). *A psychology of human strengths: Perspectives on an emerging field*. Washington, DC: American Psychological Association.

Baltes, P. B. (1976). Symposium on implications of life-span developmental psychology for child development. *Advances in Child Development and Behavior*, *11*, 167 - 265.

Baltes, P. B. (1979). Life-span developmental psychology: Some converging observations on history and theory. In P. B. Baltes & O. G. Brim Jr. (Eds.), *Life-span development and behavior* (Vol. 2, pp. 255 - 279). New York: Academic Press.

Baltes, P. B. (1987). Theoretical propositions of life-span developmental psychology: On the dynamics between growth and decline. *Developmental Psychology*, *23*, 611 - 626.

Baltes, P. B., & Baltes, M. (1990). *Successful aging: Perspectives from the behavioral sciences*. Cambridge, England: Cambridge University Press.

Baltes, P. B., Cornelius, S. W., & Nesselroade, J. R. (1979). Cohort effects in developmental psychology. In J. R. Nesselroade & P. B. Baltes (Eds.), *Longitudinal research in the study of behavior and development* (pp. 61 - 87). New York: Academic Press.

Baltes, P. B., & Graf, P. (1996). Psychological aspects of aging: Facts and frontiers. In D. Magnusson (Ed.), *The life-span development of individuals: Behavioral, neurobiological and psychosocial perspectives* (pp. 426 - 460). Cambridge, England: Cambridge University Press.

Baltes, P. B., Lindenberger, U., & Staudinger, U. M. (1998). Lifespan theory in developmental psychology. In W. Damon (Editorin-Chief) & R. M. Lerner (Vol. Ed.), *Handbook of child psychology: Vol. 1. Theoretical models of human development* (pp. 1029 - 1143). New York: Wiley.

Baltes, P. B., Reese, H. W., & Nesselroade, J. R. (1988). *Life-span developmental psychology: Introduction to research methods*. Hillsdale, NJ: Erlbaum.

Baltes, P. B., & Smith, J. (2004). Lifespan psychology: From developmental contextualism to developmental biocultural coconstructivism. *Research in Human Development*, *1*(3), 123 - 144.

Baltes, P. B., & Staudinger, U. M. (1996a). Interactive minds in a life-span perspective: Prologue. In P. B. Baltes & U. M. Staudinger (Eds.), *Interactive minds: Life-span perspectives on the social foundation of cognition* (pp. 1 - 32). New York: Cambridge University Press.

Baltes, P. B., & Staudinger, U. M. (1996b). *Interactive minds: Life-span perspectives on the social foundation of cognition*. New York: Cambridge University Press.

Bandura, A. (1977). Self-efficacy: Toward a unifying theory of behavior change. *Psychological Review*, *84*, 191 - 215.

Bandura, A. (1982). The psychology of chance encounters and life paths. *American Psychologist*, *37*, 747 - 755.

Bandura, A. (1997). *Self-efficacy: The exercise of control*. New York: Freeman.

Barker, R. G. (1965). Exploration in ecological psychology. *American Psychologist*, *20*, 1 - 14.

Barton, S. (1994). Chaos, self-organization, and psychology. *American Psychologist*, *49*, 5 - 14.

Bateson, P. P. G. (1996). Design for a life. In D. Magnusson (Ed.), *The life-span development of individuals: Behavioral, neurobiological and psychosocial perspectives* (pp. 1 - 20). Cambridge, England: Cambridge University Press.

Baumrind, D. (1971). Types of adolescents life-styles. *Developmental Psychology, Monograph 4*.

Baumrind, D. (1989). Rearing competent children. In W. Damon (Ed.), *Child development today and tomorrow* (pp. 349 - 378). San Francisco: Jossey-Bass.

Belfrage, H., Lidberg, L., & Oreland, L. (1992). Platelet monoamineoxidase activity in mentally disordered violent offenders. *Acta Psychiatrica Scandinavica*, *85*, 218 - 221.

Bell, R. Q. (1968). Reinterpretation of the direction of effects in studies of socialization. *Psychological Review*, *75*, 81 - 95.

Bell, R. Q. (1971). Stimulus control of parent or caretaker by offspring. *Developmental Psychology*, *4*, 63 - 72.

Belsky, J. (1981). Early human experience: A family perspective. *Developmental Psychology*, *17*, 3 - 23.

Bergman, L. R. (1988a). Modeling reality: Some comments. In M. Rutter (Ed.), *Studies of psychosocial risk: The power of longitudinal data* (pp. 354 - 366). Cambridge, England: Cambridge University Press.

Bergman, L. R. (1988b). You can't classify all of the people all of the time. *Multivariate Behavioral Research*, *23*, 425 - 441.

Bergman, L. R. (1998). A pattern-oriented approach to studying individual development: Snapshots and processes. In R. B. Cairns, L. R. Bergman, & J. Kagan (Eds.), *Methods and models for studying the individual* (pp. 83 - 121). Thousand Oaks, CA: Sage.

Bergman, L. R. (2002). Studying processes: Some methodological considerations. In L. R. Bergman & A. Caspi (Eds.), *Paths to successful development: Personality in the life course* (pp. 177 - 198). Cambridge, England: Cambridge University Press.

Bergman, L. R., & El-Khouri, B. M. (1999). Studying individual patterns of development using I-States as Objects Analysis (ISOA). *Biometrical Journal*, *41*, 753 - 770.

Bergman, L. R., & El-Khouri, B. M. (2001). Developmental processes and the modern typological perspective. *European Psychologist*, *6*, 177 - 186.

Bergman, L. R., & Magnusson, D. (1990). General issues about data quality in longitudinal research. In D. Magnusson & L. R. Bergman (Eds.), *Data quality in longitudinal research* (pp. 1 - 31). Cambridge, England: Cambridge University Press.

Bergman, L. R., & Magnusson, D. (1991). Stability and change in patterns of extrinsic adjustment problems. In D. Magnusson, L. R. Bergman, G. Rudinger, & B. Törestad (Eds.), *Problems and methods in longitudinal research: Stability and change* (pp. 323 - 346). Cambridge, England: Cambridge University Press.

Bergman, L. R., & Magnusson, D. (1997). A person-oriented approach in research on psychopathology. *Development and Psychopathology*, *9*, 291 - 319.

Bergman, L. R., Magnusson, D., & El-Khouri, B. M. (2003). Studying individual development in an interindividual context: A personoriented approach. In D. Magnusson (Series Ed.), *Paths through life* (Vol. 4). Mahwah, NJ: Erlbaum.

Berndt, T. J. (1982). The features and effects of friendships in early adolescence. *Child Development*, *53*, 1447 - 1460.

Bishop, Y. M. M., Feinberg, S. E., & Holland, P. W. (1975). *Discrete multivariate analysis: Theory and practice*. Cambridge, MA: MIT Press.

Block, J. (1971). *Lives through time*. Berkeley, CA: Bancroft Books.

Block, J. (2003). My unexpected life. *Journal of Personality Assessmeat*, *81*, 194 - 208.

Blumberg, H. P., Kaufman, J., Martin, A., Whiteman, R., Zhang, J. H., Gore, J. C., et al. (2003). Amygdala and hippocampal volumes in adolescents and adults with bipolar disorder. *Archives of General Psychiatry*, *60*, 1201 - 1208.

Bock, H. H. (1987). *Classification and related methods of data analysis*. Amsterdam: North-Holland.

Bohman, M., Cloninger, C. R., Sigvardsson, S., & von Knorring, A.-L. (1982). Predispositions to petty criminality in Swedish adoptees. *Archives of General Psychiatry*, *39*. 1233 - 1241.

Bolles, C. (1972). Reinforcement, expectancy and learning. *Psychological Review*, *79*, 394 - 409.

Boncinelli, E. (2001). Brain and mind. *European Review*, *9*, 389 - 396.

Borkenau, P., & Ostendorf, F. (1998). The big five as states: How useful is the five-factor model to describe intraindividual variations over time? *Journal of Research in Personality*, *32*, 202 - 221.

Borsboom, D., Mellenbergh, G. J., & van Heerden, J. (2003). The theoretical status of latent variables. *Psychological Review*, *10*(2), 203 - 219.

Bowlby, J. (1952). *Maternal care and mental health* (2nd ed.). Geneva, Switzerland: World Health Organization.

Brandtstädter, J. (1993). Development, aging and control: Empirical and theoretical issues. In D. Magnusson & P. Casaer (Eds.), *Longitudinal research on individual development: Present status and future perspectives* (pp. 194 - 216). Cambridge, England: Cambridge University Press.

Brentano, E. (1924). *Psychologie vom empirischen Standpunkte* [Psychology from an empirical point of view]. Leipzig, Germany: F. Meiner. (Original work published 1874)

Broberg, G. (1978). *Carl von Linné: Om jämvikten i naturen* [About balance in nature]. Stockholm: Carmina.

Bronfenbrenner, U. (1943). A constant frame of reference for sociometric research. *Sociometry*, *6*, 363 - 397.

Bronfenbrenner, U. (1989). Ecological systems theory. *Annals of Child Development*, *6*, 185 - 246.

Bronfenbrenner, U., & Ceci, S. J. (1994). Nature-nurture reconceptualized in a developmental perspective: A bio-ecological perspective. *Psychological Review*, *101*, 568 - 586.

Bronfenbrenner, U., & Crouter, A. C. (1983). The evolution of environmental models in developmental research. In P. Mussen (Series Ed.) & W. Kessen (Vol. Ed.), *Handbook of child psychology: Vol. 1. History, theories and methods* (4th ed., pp. 357 - 414). New York: Wiley.

Bronfenbrenner, U., & Morris, P. A. (1998). The ecology of developmental processes. In W. Damon (Editor-in-Chief) & R. M. Lerner (Vol. Ed.), *Handbook of child psychology: Vol. 1. Theoretical models of human development* (5th ed., pp. 993 - 1028). New York: Wiley.

Brooks-Gunn, J., & Paikoff, R. L. (1992). Changes in self-feelings during the transition towards adolescence. In H. McGurk (Ed.), *Childhood social development: Comtemporary perspectives* (pp. 63 - 97). Hillsdale, NJ: Erlbaum.

Brooks-Gunn, J., & Petersen, A. C. (1983). *Girls at puberty: Biological and psychosocial perspectives*. New York: Plenum Press.

Brown, G. W., Harris, T. O., & Peto, J. (1973). Life-events and psychiatric disorder: Vol. 2. Nature of causal link. *Psychological Medicine*, *3*, 159 - 176.

Brunswik, E. (1952). *The conceptual framework of psychology*. Chicago: University of Chicago Press.

Buck, L., & Axel, R. (1991). A novel multigene family may encode odorant receptors: A molecular basis for odor recognition. *Cell*, *65*, 175 - 187.

Buikhuisen. W. (1982). Aggressive behavior and cognitive disorders. *International Journal of Law and Psychiatry*, *5*, 205 - 217.

Buikhuisen, W. (1987). Cerebral dysfunctions and juvenile crime. In S. A. Mednick, T. E. Moffitt, & S. A. Stack (Eds.), *The causes of crime: New biological approaches* (pp. 168 - 184). Cambridge, England: Cambridge University Press.

Cairns, R. B. (1979). *Social development: The origins and plasticity of interchanges*. San Francisco: Freeman.

Cairns, R. B. (1986a). A contemporary perspective on social development. In P. S. Strain, M. J. Guralnick, & H. M. Walker (Eds.), *Children's social behavior: Development, assessment, and modification* (pp. 3 - 47). New York: Academic Press.

Cairns, R. B. (1986b). Phenomena lost: Issues in the study of development. In J. Valsiner (Ed.), *The individual subject and scientific psychology* (pp. 79 - 112). New York: Plenum Press.

Cairns, R. B. (1996). Socialization and sociogenesis. In D. Magnusson (Ed.), *The life-span development of individuals: Behavioral, neurobiological and psychosocial perspectives* (pp. 277 - 295). New York: Cambridge University Press.

Cairns, R. B. (1998). The making of developmental psychology. In W. Damon (Editor-in-Chief) & R. M. Lerner (Vol. Ed.), *Handbook of child psychology: Vol. 1. Theoretical models of human development* (5th ed., pp. 25 - 105). New York: Wiley.

Cairns, R. B. (2000). Developmental science. Three audacious implications. In L. R. Bergman, R. B. Cairns, L.-G. Nilsson, & L. Nystedt (Eds.), *Developmental science and the holistic approach* (pp. 49 - 62). Mahwah, NJ: Erlbaum.

Cairns, R. B., & Cairns, B. D. (1985). The developmental-interactional view of social behavior: Four issues of adolescent aggression. In D. Olweus, J. Block, & M. Radke-Yarrow (Eds.), *The development of antisocial and prosocial behavior*. New York: Academic Press.

Cairns, R. B., & Cairns, B. D. (1994). *Lifelines and risks: Pathways of youth in our time*. Cambridge, England: Cambridge University Press.

Cairns, R. B., Cairns, B. D., Neckerman, H. J., Fergusson, L. L., & Gariépy, J.-L. (1989). Growth and aggression: Vol. I. Childhood to early adolescence. *Developmental Psychology*, *25*, 320 - 330.

Cairns, R. B., & Hood, K. E. (1983). Continuity in social development: A comparative perspective on individual difference prediction. In P. B. Baltes & O. G. Brim Jr. (Eds.), *Life-span development and behavior* (pp. 302 - 358). New York: Academic Press.

Cairns, R. B., & Rodkin, P. C. (1998). Phenomena regained: From configurations to pathways. In R. B. Cairns, L. R. Bergman, & J. Kagan (Eds.), *Methods and models for studying the individual* (pp. 245 - 264). Thousand Oaks: Sage.

Cannon, W. B. (1914). The emergency function of the adrenal medulla in pain and the major emotions. *American Journal of Physiology*, *33*, 356 - 372.

Caprara, G. V., & Zimbardo, P. G. (1996). Aggregation and amplification of marginal deviations in the social construction of personality and maladjustment. *European Journal of Personality*, *10*, 79 - 110.

Carlson, M., Earls, F., & Todd, R. D. (1988). The importance of regressive changes in the development of the nervous system: Towards a neurobiological theory of child development. *Psychiatric Developments*, *1*, 1 - 22.

Carlsou, R. (1988). Exemplary lives: The uses of psychobiography for theory development. *Journal of Personality*, *56*, 105 - 138.

Carver, C. S., & Scheier, M. F. (1998). *On the self-regulation of behavior*. Cambridge, MA: Cambridge University Press.

Caspi, A. (1987). Personality in the life course. *Journal of Personality and Social Psychology*, *53*, 1203 - 1213.

Caspi, A. (1995). Puberty and the gender organization of schools: How biology and social context shape the adolescent experience. In L. J. Crockett & A. C. Crouter (Eds.), *Pathways through adolescence: Individual development in relation to social contexts* (Penn State series on child and adolescent development, pp. 57 - 74). Hillsdale, NJ: Erlbaum.

Caspi, A., Lynam, D., Moffitt, T., & Silva, P. A. (1993). Unraveling girls' delinquency: Biological, dispositional, and contextual contributions to adolescent behavior. *Developmental Psychology*, *29*, 19 - 30.

Caspi, A., & Moffitt, T. (1991). Individual differences are accentuated during periods of social change: The sample case of girls at puberty. *Journal of Personality and Social Psychology*, *61*, 157 - 168.

Cattell, R. B., Cattell, A. K. S., & Rhymer, R. M. (1947). P-technique demonstrated in determining psycho-physiological source traits in a normal individual. *Psychometrika*, *12*, 267 - 288.

Cervone, D. (2004). Personality architecture: Within-person structures and processes. *Annual Review of Psychology*, *56*, 423 - 452.

Coie, J. D., Dodge, K. A., & Coppotelli, H. (1982). Dimensions and types of social status: A cross-age perspective. *Developmental Psychology*, *18*, 557 - 570.

Coie, J. D., & Kupersmidt, J. B. (1983). A behavioral analysis of emerging social status in boy's groups. *Child Development*, *54*, 1400 - 1416.

Coleman, J. S. (1990). *Foundations of social theory*. Cambridge, MA: Belknap Press.

Collins, L. M., & Wugalter, S. E. (1992). Latent class models for stage-sequential dynamic latent variables. *Multivariable Behavioral Research*, *27*, 131 - 157.

Costanzo, P. R. (1991). Morals, mothers, and memories: The social context of developing social cognition. In R. Cohen & A. W. Siegel (Eds.), *Context and development* (pp. 91 - 134). Hillsdale, NJ: Erlbaum.

Cowen, E. L., Pederson, A., Babigian, H., Izzo, L. D., & Trost, M. A. (1973). Long-term follow-up of early detected vulnerable children. *Journal of Consulting and Clinical psychology*, *41*, 438 - 446.

Crick, F. (1988). *What mad pursuit: A personal view of scientific discovery*. New York: Basic Books.

Cronbach, L. J. (1954). The two disciplines of scientific psychology. *American Psychologist*, *12*, 671 - 684.

Cronbach, L. J. (1975). Beyond the two disciplines of scientific psychology. *American Psychologist*, *30*, 116 - 127.

Cronbach, L. J., & Gleser, G. C. (1953). Assessing similarities between profiles. *Psychological Bulletin*, *50*, 456 - 473.

Csikszentmihalyi, M. (1993). Contexts in optimal growth in childhood. *Daedalus*, 31 - 56.

Damasio, A. (1999). *The feeling of what happens: Body and emotion in the making of consciousness*. New York: Harcourt Brace.

Damasio, A. (2003). *Looking for Spinoza: Joy, sorrow, and the feeling brain*. Orlando, FL: Hartcourt.

Damasio, A. R., & Damasio, H. (1996). Advances in cognitive neuroscience. In D. Magnusson (Ed.), *The life-span development of individuals: Behavioral, neurobiological and psychosocial perspectives* (pp. 265 - 273). Cambridge, England: Cambridge University Press.

Darlington, R. B. (1968). Multiple regression in psychological research and practice. *Psychological Bulletin*, *69*, 161 - 182.

Darwin, C. (1859). *On the origin of species by means of natural selection or the preservations of favored races in the struggle for life*. London: John Murray.

Darwin, C. (1872). *The expressions of emotions in man and animals*. London: John Murray.

Dawson, G., Ashman, S. B., & Carver, L. J. (2000). The role of early experience in shaping behavioral and brain development and its implications for social policy. *Development and Psychopathology*, *12*, 695 - 712.

de Ribaupierre, A. (1989). *Transition mechanisms in child development: The longitudinal perspective*. Cambridge, England: Cambridge University Press.

Dick, D. M., Rose, R. J., Viken, R. J., & Kaprio, J. (2000). Pubertal timing and substance use: Associations between and within families across late adolescence. *Developmental Psychology*, *36*, 180 - 189.

Dishion, T. J., McCord, J., & Poulin, F. (1999). When interventions harm: Peer groups and problem behavior. *American Psychologist*, *54*, 755 - 769.

Dixon, R. A., & Lerner, R. M. (1988). A history of systems in developmental psychology. In M. H. Bornstein & M. E. Lamb (Eds.), *Developmental psychology: An advanced textbook* (2nd ed., pp. 3 - 50). Hillsdale, NJ: Erlbaum.

Dodge, K. A. (1990). Nature versus nurture in childhood conduct disorder: It is time to ask a different question. *Developmental Psychology*, *26*, 698 - 701.

Dowdney, L., & Pickles, A. R. (1991). Expression of negative affect within disciplinary encounters: Is there dyadic reciprocity? *Developmental Psychology*, *27*, 606 - 617.

Dunn, J., & Plomin, R. (1990). *Separate lives: Why siblings are so different*. New York: Basic Books.

Earls, F., & Carlson, M. (1995). Promoting human capability as alternative to early crime prevention. In R. V. Clarke, J. McCord, & P. O. Wikstrom (Eds.), *Integrating crime prevention strategies: Propensity and opportunity* (pp. 141 - 168). Stockholm, Sweden: National Council for Crime Prevention.

Eccles, J. S., Midgley, C., Wigfield, A., Buchanan, C. M., Reuman, D., Flanagan, C., et al. (1993). The impact of stage-environment fit in young adolescents' experiences in schools and families. *American Psychologist*, *48*, 90 - 101.

Eccles, J. S., & Robinson, D. (1985). *The wonder of being human: Our brain and our mind*. Boston: New Science Library.

Eccles, J. S., & Wigfield, A. (2002). Motivational beliefs, values, and goals. *Annual Review of Psychology*, *53*, 109 - 132.

Edelman, G. (1987). *Neural Darwinism: The theory of neuronal group selection*. New York: Basic Books.

Edelman, G. E. (1989). Topobiology. *Scientific American*, *260*, 44 - 52.

Efklides, A. (2005). Motivation and affect in the self-regulation of behavior. *European Psychologist*, *10*(3), 173 - 174.

Elder, G. H., Jr. (1996). Human lives in changing societies: Life course and developmental insights. In R. B. Cairns, G. H. Elder Jr., & E.

J. Costello (Eds.), *Developmental Science* (pp. 31 - 62). New York: Cambridge University Press.

Elder, G. H., Jr. (1998). The life course and human development. In W. Damon (Editor-in-Chief) & R. M. Lerner (Vol. Ed.), *Handbook of child psychology: Vol. 1. Theoretical models of human development* (5th ed., pp. 939 - 991). New York: Wiley.

Elder, G. H., Jr., Van Nguyen, T., & Caspi, A. (1985). Linking family hardship to children's lives. *Child Development*, *56*, 361 - 375.

El-Khouri, B. M., & Mellner, C. (2004). Symptom development and timing of menarche: A longitudinal study. *International Journal of Methods in Psychiatric Research*, *13*, 40 - 53.

Emde, R. N. (1994). Individuality, and the search for meaning. *Child Development*, *65*, 719 - 737.

Emler, N., & McNamara, S. (1996, May). *Social structures and interpersonal relationships*. Paper presented at the 5th biennial conference of the European Association for Research on Adolescence, Liège.

Endler, N. S., & Magnusson, D. (1976). Towards an interactional psychology of personality. *Psychological Bulletin*, *83*, 956 - 979.

Epstein, S. (1990). Cognitive-experiential self-theory. In L. A. Pervin (Ed.), *Handbook of personality: Theory and research* (pp. 165 - 192). New York: Guilford Press.

Ericsson, K. A., Krampe, R. T., & Tesch-Römer, C. (1993). The role of deliberate practice in the acquisition of expert performance. *Psychological Review*, *100*, 363 - 406.

Eysenck, H. J. (1990). Biological dimensions of personality. In L. Pervin(Ed.), *Handbook of personality: Theory and research* (pp. 244 - 276). New York: Guilford Press.

Faulconer, J. E., & Williams, R. N. (1985). Temporality in human action: An alternative to positivism and historicism. *American Journal of Psychology*, *40*, 1179 - 1188.

Fensham, P., & Marton, F. (1991). *High-school teachers' and university chemists' differing conceptualization of the personal activity in constituting knowledge in chemistry*. Gothenburg, Sweden: University of Gothenburg, 1, Department of Education and Educational Research.

Fentress, J. C. (1989). Developmental roots of behavioral order: Systemic approaches to the examination of core developmental issues. In M. R. Gunnar & E. Thelen (Eds.), *Systems and development* (pp. 35 - 75). Hillsdale, NJ: Erlbaum.

Fiese, B. H., Sameroff, A. J., Grotevant, H. D., Wamboldt, F. S., Dickstein, S., & Fravel, D. L. (1999). The stories that families tell: Narrative coherence, narrative interaction, and relationship beliefs. *Monographs of the Society for Research in Child Development*, *64* (2, Serial No. 257).

Ford, D. H. (1987). *Humans as self-constructing living systems: A developmental perspective on personality and behavior*. Hillsdale, NJ: Erlbaum.

Ford, D. H., & Lerner, R. M. (1992). *Developmental systems theory: An integrative approach*. Newbury Park, CA: Sage.

Forgas, J. P. (2002). Feeling and doing: Affective influences on interpersonal behavior. *Psychological Inquiry*, *13*, 1 - 28.

Forgas, J. P., & van Heck, G. L. (1992). The psychology of situations. In G. V. Caprara & G. L. van Heck (Eds.), *Modern personality psychology* (pp. 418 - 455). New York: Harvester.

Galambos, N. L., Kolaric, G. C., Sears, H. A., & Maggs, J. L. (1999). Adolescents' subjective age: An indicator of perceived maturity. *Journal of Research on Adolescence*, *9*, 309 - 337.

Galton, F. (1869). *Hereditary genius: An inquiry into its laws and consequences*. London: MacMillan.

Gangestad, S., & Snyder, M. (1985). To carve nature at its joints: On the existence of discrete classes in personality. *Psychological Review*, *92*, 317 - 349.

Garcia Coll, C., Bearer, R., & Lerner, R. M. (Eds.). (2004). *Nature and nurture: The complex interplay of genetic and environmental influences on human behavior and development*. Mahwah, NJ: Erlbaum.

Garraghty, P. E., Churchill, J. D., & Banks, M. K. (1998). Adult neural plasticity: Similarities between two paradigms. *Current Directions in Psychological Science*, *7*(3), 87 - 91.

Ge, X., Brody, G. H., Conger, R. D., Simons, R. L., & Murry, V. M. (2002). Contextual amplification of pubertal transition effects on deviant peer affiliation and externalizing behavior among African American children. *Developmental Psychology*, *38*, 42 - 54.

Gershman, E. S., & Hayes, D. S. (1983). Differential stability of reciprocal friendships and unilateral relationships among preschool children. *Merrill-Palmer Quarterly*, *29*, 169 - 177.

Gibson, W. A. (1959). Three multivariate models: Factor analysis, latent structure analysis and latent profile analysis. *Psychometrica*, *24*, 229 - 252.

Glaser, D. (2000). Child abuse and neglect and the brain: A review. *Journal of Child Psychology and Psychiatry*, *41*, 97 - 116.

Goodwin, B. (1994). *How the leopard changed its spots*. London: Phoenics Giants.

Gottlieb, G. (1991). Experimental canalization of behavioral development: Theory. *Developmental Psychology*, *27*, 4 - 13.

Gottlieb, G. (1996). A systems view of psychobiological development. In D. Magnusson (Ed.), *The life-span development of individuals: Behavioral, neurobiological and psychosocial perspectives* (pp. 76 - 104). Cambridge, England: Cambridge University Press.

Gottlieb, G. (2000). Environmental and behavioral influences on gene activity. *Current Directions in Psychological Science*, *9*, 93 - 97.

Gottlieb, G. (2003). Probabilistic epigenesis of development. In J. Valsiner & K. J. Connolly (Eds.), *Handbook of developmental psychology* (pp. 3 - 17). Thousand Oaks: Sage.

Gottlieb, G., Wahlsten, D., & Lickliter, R. (1998). The significance of biology for human development: A developmental psychobiological systems view. In W. Damon (Editor-in-Chief) & R. M. Lerner (Vol. Ed.), *Handbook of child psychology: Vol. 1. Theoretical models of human development* (5th ed., pp. 233 - 273). New York: Wiley.

Graham, S. (1992). "Most of the subjects were White and middle class." *American Psychologist*, *47*(5), pp. 629 - 639.

Gramer, M., & Huber, H. P. (1994). Individual variability in task-specific cardiovascular response patterns during psychological challenge. *German Journal of Psychology*, *18*, 1 - 17.

Greenberger, E., O'Neil, R., & Nagel, S. (1994). Linking workplace and homeplace: Relations between the nature of adults' work and their parenting behaviors. *Developmental Psychology*, *30*, 990 - 1002.

Greenwald, A. G., & Banaji, M. R. (1995). Implicit social cognition: Attitudes, self-esteem, and stereotypes. *Psychological Review*, *102*, 4 - 27.

Gustafson, S. B., & Magnusson, D. (1991). Female life careers: A longitudinal person approach to female educational and vocational pathways. In D. Magnusson (Vol. Ed.), *Paths through life* (Vol. 3). Hillsdale, NJ: Erlbaum.

Gustafson, S. B., Stattin, H., & Magnusson, D. (1989). *Aspects of the development and moderation of sex role orientation among females: A longitudinal study* (Report No. 694). University of Stockholm, Department of Psychology.

Gustafson, S. B., Stattin, H., & Magnusson, D. (1992). Aspects of the development of a career versus homemaking orientation among females: The longitudinal influence of educational motivation and peers. *Journal of Research on Adolescence*, *2*, 241 - 259.

Harkness, S. (1992). Cross-cultural research in child development: A sample of the state of the art. *Developmental Psychology*, *28*, 622 - 625.

Harkness, S., & Super, C. M. (2002). Culture and parenting. In M. H. Bornstein (Ed.), *Handbook of parenting: Vol. 2. Biology and ecology of parenting* (2nd ed., pp. 253 - 280). Mahwah, NJ: Erlbaum.

Harré, R. (2000). Acts of living. *Science*, *289*, 1303 - 1304.

Harré, R., & Gillett, G. (1990). *The discursive mind*. Thousand Oaks, CA: Sage.

Harter, S. (1983). Developmental perspectives on the self system. In P. H. Mussen (Series Ed.) & E. M. Hetherington (Vol. Ed.), *Handbook of child psychology: Vol. 4. Socialization, personality and social development* (4th ed., pp. 275 - 385). New York: Wiley.

Harter, S. (1990). Causes, correlates, and the functional role of global self-worth: A life-span perspective. In R. J. Sternberg & J. Kolligan Jr. (Eds.), *Competence considered* (pp. 67 - 97). New Haven, CT: Yale University Press.

Hartman, J. L., IV, Garvik, B., & Hartwell, L. (2001). Principles for the buffering of genetica variation. *Science*, *291*, 1001 - 1004.

Hartup, W. W. (1996). The company they keep: Friendships and their developmental significance. *Child Development*, *67*, 1 - 13.

Hartup, W. W., & van Lieshout, C. F. M. (1995). Personality development in social context. *Annual Review of Psychology*, *46*, 655 - 687.

Haugaard, J. J., & Hazan, C. (2003). Adoption as a natural experiment. *Development and Psychopathology*, *15*, 909 - 926.

Helson, H. (1964). *Adaptation level theory*. New York: Harper & Row.

Hendry, L. B., Shucksmith, J., & Glendinning, A. (1995). *Adolescent focal theories: An empirical perspective*. Aberdeen, Scotland: University of Aberdeen, Department of Education.

Hess, B., & Mikhailov, A. (1994). Self-organization in living cells. *Science*, *164*(8), 223 - 224.

Hettema, P. J. (1979). *Personality and adaptation*. Amsterdam: North

Holland.

Hinde, R. A. (1992). Developmental psychology in the context of other behavioral sciences. *Developmental Psychology*, *28*, 622 - 625.

Hinde, R. A. (1996). The interpenetration of biology and culture. In D. Magnusson (Ed.), *The life-span development of individuals: Behavioral, neurobiological and psychosocial perspectives* (pp. 359 - 375). Cambridge, England: Cambridge University Press.

Hinde, R. A., & Dennis, A. (1986). Categorizing individuals: An alternative to linear analysis. *International Journal of Behavioral Development*, *9*, 195 - 219.

Holden, C. (2004). The origin of speech. *Science*, *303*, 1316 - 1319.

Horn, J. L., & Donaldson, G. (1976). On the myth of intellectual decline in adulthood. *American Psychologist*, *31*, 701 - 709.

Horowitz, F. D. (1989). Commentary: Process and systems. In M. R. Gunnar & E. Thelen (Eds.), *Systems and development* (pp. 35 - 75). Hillsdale, NJ: Erlbaum.

Hubel, D. H., & Wiesel, T. N. (1970). The period of susceptibility to the physiological effects of unilateral eye closer in kittens. *Journal of Physiology*, *206*, 419 - 436.

Huizink, A. C., Mulder, E. J. H., & Buitelaar, J. K. (2004). *Psychological Bulletin*, *130*, 113 - 142.

Hull, C. L. (1943). The problem of intervening variables in molar behavior theory. *Psychological Review*, *50*, 273 - 291.

Hunt, D. E. (1975). Person-environment interaction: A challenge found wanting before it was tried. *Review of Educational Research*, *45*, 209 - 230.

Hunt, J. McV. (1961). *Intelligence and experience*. New York: Ronald Press.

Hunt, J. McV. (1966). The epigenesis of intrinsic motivation and early cognitive learning. In R. N. Hober (Ed.), *Current research in motivation* (pp. 355 - 370). New York: Holt, Rinehart and Winston.

Husén, T. (1989). Educational research at the crossroads? Anexercise in self-criticism. *Prospects*, *3*(19), 351 - 360.

Ideker, T., Galitski, T., & Hood, L. (2001). A new approach to decoding life. *Annual Reviews of Genomics and Human Genetics*, *2*, 343 - 372.

Irvine, S. (1969). Culture and mental ability. *New Scientist*, *1*, 230 - 231.

Jacob, F. (1976). *The logic of life: A history of heredity*. New York: Random House.

James, W. (1890). *The principles of psychology*. New York: Holt, Rinehart and Winston.

Järvelä. S., & Volet, S. (2004). Motivation in real-life, dynamic, and interactive learning environments: Stretching constructs and methodologies. *European Psychologist*, *9*(4), 193 - 197.

Jeeves, M. (2004). Human nature without a soul? *European Review*, *12*, 45 - 64.

Jessor, R., & Jessor, S. L. (1977). *Problem behavior and psychosocial development: A longitudinal study of youth*. New York: Academic Press.

Johnson, M. H. (2001). Functional brain development in humans. *Nature Review Neuroscience*, *2*, 475 - 483.

Kafatos, F. C., & Eisner, T. (2004). Unification in the century of biology. *Science*, *303*, 1257.

Kagan, J. (1992). Yesterday's premises, tomorrows promises. *American Psychologist*, *28*, 990 - 997.

Kagan, J. (2003). Biology, context, and developmental inquiry. *Annual Review of Psychology*, *54*, 1 - 23.

Kagan, J., Snidman, N., & Arcus, D. (1998). The value of extreme groups. In R. B. Cairns, L. R. Bergman, & J. Kagan (Eds.), *Methods and models for studying the individual* (pp. 65 - 80). Thousand Oaks, CA: Sage.

Kalverboer, A. F., & Hopkins, B. (1983). General introduction: A biopsychological approach to the study of human behavior. *Journal of Child Psychology and Psychiatry*, *24*, 9 - 10.

Kalverboer, A. F., Hopkins, B., & Geuze, R. (1993). *Motor development in early and later childhood: Longitudinal approaches*. Cambridge, England: Cambridge University Press.

Kandel, D. B. (1978). Similarity in real-life friendship pairs. *Journal of Personality and Social Psychology*, *36*, 306 - 312.

Kandel, E. R., & Schwartz, J. H. (1982). Molecular biology of learning: Modulation of transmitter release. *Science*, *218*, 433 - 443.

Karli, P. (1996). The brain and socialization: A two-way mediation across the life course. In D. Magnusson (Ed.), *The life-span development of individuals: Behavioral, neurobiological and psychosocial perspectives* (pp. 341 - 356). Cambridge, England: Cambridge University Press.

Karli, P. (2000). The interaction between the self and the environment: A two way traffic due to the brain. *European Review*, 215 - 224.

Kelso, J. A. S. (2001). Self-organizing dynamical systems. In N. J. Smelser & P. B. Baltes (Eds.), *International Encyclopedia of Social and Behavioral Sciences* (Vol. 20, pp. 1384 - 1350). Amsterdam: Elsevier.

Kelvin, P. (1969). *The bases of social behavior: An approach in terms of order and value*. London: Holt, Rinehart and Winston.

Kempermann, G., & Gage, F. H. (1999, May). New nerve cells for the adult brain. *Scientific American*, 38 - 43.

Kerr, M., & Stattin, H. (2003). Parenting of adolescents: Action or reaction. In A. C. Crouter & A. Booth (Eds.), *Children's influence on family dynamics: The neglected side of family relationships* (pp. 121 - 152). Mahwah: NJ: Erlbaum.

Kiesner, J., Kerr, M., & Stattin, H. (2004). "Very Important Persons" in adolescence: Going beyond in-school, single friendships in the study of peer homophily. *Journal of Adolescence*, *27*, 545 - 560.

Kihlbom, M., & Johansson, S. E. (2004). Month of birth: Socioeconomic background and development in Swedish men. *Journal of Biosocial Science*, *36*, 561 - 571.

Kihlstrom, J. F. (1990). The psychological unconscious. In L. A. Pervin(Ed.), *Handbook of personality: Theory and research* (pp. 445 - 468). New York: Guilford Press.

Klaczynski, P. A. (1990). Cultural-developmental tasks and adolescent development: Theoretical and methodological considerations. *Adolescence*, *25*, 811 - 823.

Kloep, M. (1995). Concurrent and predictive correlates of girls' depression and antisocial behavior under conditions of economic crisis and value change: The case of Albania. *Journal of Adolescence*, *18*, 445 - 458.

Koestler, A. (1978). *Janus: A summing up*. London: Hutchingson.

Kohlberg, L., LaCrosse, J., & Ricks, D. (1972). The predictability of adult mental health from childhood behavior. In B. Wolman (Ed.), *Manual of child psychopathology*. New York: McGraw-Hill.

Kreppner, K. (1992a). Development in a developing context: Rethinking the family's role for children's development. In L. C. Vinegar & J. Valsiner (Eds.), *Children's development within social context* (pp. 1 - 13). Hillsdale, NJ: Erlbaum.

Kreppner, K. (1992b). William L. Stern, 1871 - 1938: A neglected funder of developmental psychology. *Developmental Psychology*, *28*, 539 - 547.

Kreppner, K., & Lerner, R. M. (1989). Family systems and life-span development: Issues and perspectives. In K. Kreppner & R. M. Lerner (Eds.), *Family systems and life-span development* (pp. 1 - 13). Hillsdale, NJ: Erlbaum.

Krupat, E. (1974). Context as a determinant of perceived threat: The role of prior experience. *Journal of Personality and Social Psychology*, *29*, 731 - 736.

Kuo, Z.-Y. (1967). *The dynamics of behavior development: An epigenetic view*. New York: Random House.

Lagercrantz, H., Aperia, A., Ritzen, M., & Rydelius, P.-A. (1997). Genetic versus environmental determinations of human behavior and health. *Acta Pediatrica*, *86*(Suppl. 22).

Landy, F. J. (1978). An opponent process theory of job satisfaction. *Journal of Applied Psychology*, *63*, 533 - 547.

LeDoux, J. (1996). *The emotional brain: The mysterious underpinning of emotional life*. New York: Simon and Shuster.

Lehrman, D. S. (1970). Semantic and conceptual issues in the nature-nurture problem. In L. R. Aronsson, E. Tobach, D. S. Lehrman, & J. S. Rosenblatt (Eds.), *Development and evolution of behavior: Essays in memory of T. C. Schneirla* (pp. 17 - 52). San Francisco: Freeman.

Lerner, R. M. (1978). Nature, nurture, and dynamic interactionism. *Human Development*, *21*, 1 - 20.

Lerner, R. M. (1983). A "goodness of fit" model of personinteraction. In D. Magnusson & V. L. Allen (Eds.), *Human development: An interactional perspective* (pp. 279 - 294). New York: Academic Press.

Lerner, R. M. (1989). Individual development and the family system: A life-span perspective. In K. Kreppner & R. M. Lerner (Eds.), *Family systems and life-span development* (pp. 15 - 31). Hillsdale, NJ: Erlbaum.

Lerner, R. M. (1990). Plasticity, person-relations, and cognitive training in the aged years: A developmental perspective. *Developmental Psychology*, *27*, 911 - 915.

Lerner, R. M. (1991). Changing organism: Relations as the basic process of development—A developmental perspective. *Developmental Psychology*, *27*, 27 - 32.

Lerner, R. M. (1995). *America's youth in crisis: Challenges and options for programs and policies*. Thousand Oaks, CA: Sage.

Lerner. R. M., & Lerner, J. V. (1987). Children in their contexts: A goodness of fit model. In J. B. Lancaster, J. Altmann, A. S. Rossi, & L.

R. Sherrod (Eds.), *Parenting across the life span: Biosocial dimensions*. Chicago: Aldine.

Lerner, R. M., Skinner, E. A., & Sorell, G. T. (1980). Methodological implications of dialectic theories of development. *Human Development*, *23*, 225 - 235.

Leshner, A. I. (2004). Science at the leading edge. *Science*, *303*, 729.

Levi-Montalcini, R. (1988). *In praise of imperfection*. New York: Basic Books.

Levine, S. (1982). Comparative and psychobiological perspectives on development. In W. A. Collins (Ed.), *Minnesota Symposium on Child Psychology: Vol. 15. The concept of development*. Hillsdale, NJ: Erlbaum.

Lewin, K. (1931). Environmental forces. In C. Murchison (Ed.), *A handbook of child psychology* (pp. 590 - 625). Worcester, MA: Clark University Press.

Lewin, K. (1935). *A dynamic theory of personality*. New York: McGraw-Hill.

Lewis, M. D. (2000). The promise of dynamic systems approaches for an integrated account of human development. *Child Development*, *71*, 36 - 43.

Li, S.-C. (2003). Biocultural orchestration of developmental plasticity across levels: The interplay of biology and culture in shaping the mind and behavior across the lifespan. *Psychological Bulletin*, *129*, 171 - 194.

Li, S.-C., Lindenberger, U., Hommel, B., Aschersleben, G. R., Prinz, W., & Baltes, P. B. (2004). Transformations in the couplings among intellectual abilities and constituent cognitive processes across the life span. *Psychological Science*, *15*, 155 - 163.

Lickliter, R., & Honeycutt, H. (2003a). Developmental dynamics of evolutionary psychology: Status quo or irreconcilable views. *Psychological Bulletin*, *129*, 866 - 872.

Lickliter, R., & Honeycutt, H. (2003b). Developmental dynamics: Toward a biologically plausible evolutionary psychology. *Psychological Bulletin*, *129*, 819 - 839.

Lienert, G. A., & zur Oeveste, H. (1985). CFA as a statistical tool for developmental research. *Educational and Psychological Measurement*, *45*, 301 - 307.

Lindberg, U. (2000). Cellers samspel och medvetandets grund [Cells' interactions and the basis of consciousness]. In *Ytor på djupet* [Plains in the depth] (pp. 65 - 83). Stockholm: The Swedish Council for Research in Natural Sciences, Annual Report 1998/1999.

Little, T. D., Oettingen, G., Stetsenko, A., & Baltes, P. B. (1995). Children's action-control beliefs about school performance: How do American children compare with German and Russian children? *Journal of Personality and Social Psychology*, *69*, 686 - 700.

Locke, J. (1690). *An essay concerning human understanding*. London: Routledge.

Löfgren, L. (2004). Unifying foundations: To be seen in the phenomenon of language. *Foundations of Science*, *9*, 135 - 189.

Lundberg, I. (2006). Early language development as related to the acquisition of reading. *European Review*, *14*(*1*), 65 - 79.

Lundberg, U. (2005). Stress hormones in health and disease. The role of work and gender. *Psychoneuroendicrinology*, *30*, 1017 - 1021.

Luria, A. R. (1976). *Cognitive Development: Its' cultural and social foundations*. Cambridge, MA: Harvard University Press.

Maccoby, E. E. (1990). Gender and relationships: A developmental account. *American Psychologist*, *46*, 513 - 520.

Maccoby, E. E. (1992). The role of parents in the socialization of children: An historical overview. *Developmental Psychology*, *28*, 1006 - 1017.

Maccoby, E. E. (2003). The gender of child and parent as factors in family dynamics. In A. C. Crouter & A. Booth (Eds.), *Children's influence on family dynamics: The neglected side of family relationships* (pp. 191 - 206). Mahwah, NJ: Erlbaum.

Maccoby, E. E., & Jacklin, C. N. (1983). The "person" characteristics of children and the family as environment. In D. Magnusson & V. L. Allen (Eds.), *Human development: An interactional perspective* (pp. 76 - 91). New York: Academic Press.

Magnusson, D. (1967). *Test theory*. Reading, MA: Addison-Wesley.

Magnusson, D. (1980). Personality in an interactional paradigm of research. *Zeitschrift fur Differentielle und Diagnostische Psychologie*, *1*, 17 - 34.

Magnusson, D. (1981). *Toward a psychology of situations: An interactional perspective*. Hillsdale, NJ: Erlbaum.

Magnusson, D. (1988). Individual development from an interactional perspective. In D. Magnusson (Ed.), *Paths through life* (Vol. 1). Hillsdale, NJ: Erlbaum.

Magnusson, D. (1990). Personality development from an interactional perspective. In L. Pervin (Ed.), *Handbook of personality* (pp. 193 - 222). New York: Guilford Press.

Magnusson, D. (1992). Back to the phenomena: Theory, methods and statistics in psychological research. *European Journal of Personality*, *6*, 1 - 14.

Magnusson, D. (1993). Human ontogeny: A longitudinal perspective. In D. Magnusson & P. Casaer (Eds.), *Longitudinal research on individual development: Present status and future perspectives* (pp. 1 - 25). Cambridge, England: Cambridge University Press.

Magnusson, D. (1995). Individual development: A holistic integrated model. In P. Moen, G. H. Elder, & K. Luscher (Eds.), *Linking lives in context: Perspective on the ecology of human development* (pp. 19 - 60). Washington, D C: American Psychological Association.

Magnusson, D. (1996a). The patterning of antisocial behavior and autonomic reactivity: Results from Sweden. In D. M. Stoff & R. B. Cairns (Eds.), *Aggression and violence: Genetic, neurobiological, and biosocial perspectives* (pp. 291 - 308). Mahwah, NJ: Erlbaum.

Magnusson, D. (Ed.) (1996b). *The life-span development of individuals: Behavioral, neurobiological and psychosocial perspectives*. Cambridge, England: Cambridge University Press.

Magnusson, D. (1998). The logic and implications of a person approach. In R. B. Cairns, L. R. Bergman, & J. Kagan (Eds.), *Methods and models for studying the individual* (pp. 33 - 64). Thousand Oaks, CA: Sage.

Magnusson, D. (1999a). Holistic interactionism: A perspective for research on personality development. In L. A. Pervin & O. P. John (Eds.), *Handbook of personality: Theory and research* (2nd ed., pp. 219 - 247). New York: Guilford Press.

Magnusson, D. (1999b). Individual development: Toward a developmental science. *Proceedings of the American Philosophoical Society*, *143*, 86 - 96.

Magnusson, D. (2000). Developmental science. In A. E. Kazdin (Ed.), *Encyclopedia of Psychology* (Vol. 3, pp. 24 - 26). New York: American Psychological Association and Oxford Press.

Magnusson, D. (2001). The holistic-interactionistic paradigm: Some directions for empirical developmental research. *European Psychologist*, *6*, 153 - 162.

Magnusson, D. (2003). The person approach: Concepts, measurement models, and research strategy. *New Directions for Child and Adolescent Development*, *101*, 3 - 23.

Magnusson, D., & Allen, V. L. (1983a). Implications and applications of an interactional perspective for human development. In D. Magnusson & V. L. Allen (Eds.), *Human development: An interactional perspective* (pp. 369 - 387). Orlando, FL: Academic Press.

Magnusson, D., & Allen, V. L. (1983b). An interactional perspective for human development. In D. Magnusson & V. L. Allen (Eds.), *Human development: An interactional perspective* (pp. 3 - 31). New York: Academic Press.

Magnusson, D., Andersson, T., & Törestad, B. (1993). Methodological implications of a peephole perspective on personality. In D. C. Funder, R. D. Parke, C. Tomlinson-Keasey, & K. Widaman (Eds.), *Studying lives through time: Personality and development* (pp. 207 - 220). Washington, D C: American Psychological Association.

Magnusson, D., & Bergman, L. R. (1990). A pattern approach to the study of pathways from childhood to adulthood. In L. N. Robins & M. Rutter (Eds.), *Straight and devious pathways from childhood to adulthood* (pp. 101 - 115). New York: Cambridge University Press.

Magnusson, D., Bergman, L. R., Rudinger, G., & Törestad, B. (1991). *Problems and methods in longitudinal research: Stability and change*. Cambridge, England: Cambridge University Press.

Magnusson, D., & Cairns, R. B. (1996). Developmental science: Toward a unified framework. In R. B. Cairns, G. H. Elder Jr., & E. J. Costello (Eds.), *Developmental science* (pp. 7 - 30). New York: Cambridge University Press.

Magnusson, D., & Casaer, P. (1993). *Longitudinal research on individual development: Present status and future perspectives*. Cambridge, England: Cambridge University Press.

Magnusson, D., Dunér, A., & Zetterblom, G. (1975). *Adjustment: A longitudinal study*. Stockholm: Almqvist & Wiksell.

Magnusson, D., & Endler, N. S. (1977). Interactional psychology: Present status and future prospects. In D. Magnusson & N. S. Endler (Eds.), *Personality at the crossroads: Current issues in interactional psychology* (pp. 3 - 31). Hillsdale, NJ: Erlbaum.

Magnusson, D., Gerzén, M., & Nyman, B. (1968). The generality of behavioral data I: Generalization from observations on one occasion.

Multivariate Behavioral Research, *3*, 295 - 320.

Magnusson, D., & Heffler, B. (1969). The generality of behavioral data III: Generalization potential as a function of the number of observation instances. *Multivariate Behavioral Research*, *4*, 29 - 42.

Magnusson, D., af Klinteberg, B., & Stattin, H. (1993). Autonomic activity/reactivity, behavior, and crime in a longitudinal perspective. In J. McCord (Ed.), *Facts, frameworks, and forecasts* (pp. 287 - 318). New Brunswick, NJ: Transaction.

Magnusson, D., & Mahoney, J. L. (2003). A holistic approach for research on positive development. In L. G. Aspinwall & U. M. Staudinger (Eds.), *A psychology of human strengths: Fundamental questions and future directions for a positive psychology* (pp. 227 - 243). Washington, DC: American Psychological Association.

Magnusson, D., & Stattin, H. (1998). Person context interaction theories. In W. Damon (Editor-in-Chief) & R. M. Lerner (Vol. Ed.), *Handbook of child psychology: Vol. 1. Theoretical models of human development* (5th ed., pp. 685 - 759). New York: Wiley.

Magnusson, D., Stattin, H., & Allen, V. L. (1985). Biological maturation and social development: A longitudinal study of some adjustment processes from mid-adolescence to adulthood. *Journal of Youth and Adolescence*, *14*, 267 - 283.

Magnusson, D., & Törestad, B. (1992). The individual as an interactive agent in the environment. In W. B. Walsh, K. Craig, & R. Price (Eds.), *Person-environment psychology: Models and perspectives* (pp. 89 - 126). Hillsdale, NJ: Erlbaum.

Magnusson, D., & Törestad, B. (1993). A holistic view of personality: A model revisited. *Annual Review of Psychology*, *44*, 427 - 452.

Maier, S. F., & Watkins, L. R. (2000). The immune system as a sensory system: Implications for psychology. *Current directions in psychological science*, *9*(3), 98 - 102.

Manly, B. F. (1994). *Multivariate statistical methods: A primer* (2nd ed.). London: Chapman & Hall.

Manturzewska, M. (1990). A biographical study of the life-span development of professional musicians. *Psychology of Music*, *18*, 112 - 139.

Mayr, E. (1976). *Evolution and the diversity of life*. Cambridge, MA: Harvard University Press.

Mayr, E. (1997). *This is biology*. Cambridge, MA: Belknap Press.

Mayr, E. (2000a, July). Darwin's influence on modern thought. *Scientific American*, 67 - 71.

Mayr, E. (2000b). Biology in the twenty-first century. *Bioscience*, *50* (10), 895 - 897.

McCall, R. B. (1977). Challenges to a science of developmental psychology. *Child Development*, *48*, 333 - 344.

McCall, R. B. (1981). Nature, nurture and the two realms of development: A proposed integration with respect to mental development. *Child Development*, *52*, 1 - 12.

McClintock, E. (1983). Interaction. In H. H. Kelley, E. Berscheid, A. Christensen, J. H. Harvey, T. L. Huston, G. Levinger, et al. (Eds.), *Close relationships*. New York: Freeman.

McClintock, M. K. (1971). Menstrual synchrony and suppression. *Nature*, *229*, 224 - 225.

McCord, J. (1997). "He did it because he wanted to..." In W. Osgood (Ed.), *Nebraska Symposium on Motivation: Vol. 14. Motivation and delinquency* (pp. 1 - 43). Lincoln: University of Nebraska Press.

McCrone, J. (1993). *The myth of irrationality*. London: McMillan.

McEwen, B. S. (1998). Protective and damaging effects of stress mediators: Allostasis and allostatic load. *New England Journal of Medicine*, *338*, 171 - 179.

Medawar, P. (1984). *Plato's republic*. Oxford, England: Oxford University Press. (Original work published 360 B.C.)

Meyer-Probst, B., Röesler, H.-D., & Teichmann, H. (1983). Biological and psychosocial risk factors and development during childhood. In D. Magnusson & V. L. Allen (Eds.), *Human development: An interactional perspective* (pp. 344 - 369). Orlando, FL: Academic Press.

Miccery, T. (1989). The unicorn, the normal curse, and other improbable creatures. *Psychological Bulletin*, *105*, 156 - 166.

Miller, J. G. (1978). *Living systems*. New York: McGraw-Hill.

Mills, P., Dimsdale, J. E., Nelesen, R. A., Jasievicz, J., Ziegler, G., & Kennedy, B. (1994). Patterns of adrenergic receptors and adrenergic agonists underlying cardiovascular responses to a psychological challenge. *Psychological Medicine*, *56*, 70 - 56.

Minuchin, P. (1985). Families and individual development: provocations from the field of family therapy. *Child Development*, *56*, 289 - 301.

Mischel, W. (1973). Toward a cognitive social learning reconceptualizing of personality. *Psychological Review*, *80*, 252 - 283.

Mischel, W. (2004). Toward an integrative science of the person. *Annual Review of Psychology*, *55*, 1 - 22.

Moffitt, T. E., Caspi, A., Fawcett, P., Brammer, G. L., Raleigh, M., Yuwiler, A., et al. (1997). Whole blood serotonin and family background relate to male violence. In A. Raine, P. A. Brennan, D. P. Farrington, & S. A. Mednick (Eds.), *Biosocial bases of violence* (pp. 231 - 249). New York: Plenum Press.

Molenaar, P. C. M., Boomsma, D. I., & Dolan, C. V. (1991). Genetic and environmental factors in a developmental perspective. In D. Magnusson, L. R. Bergman, G. Rudinger, & B. Törestad. *Problems and methods in longitudinal research: Stability and change* (pp. 250 - 273). Cambridge, England: Cambridge University Press.

Molenaar, P. C. M., Huizenga, H. M., & Nesselroade, J. R. (2002). The relationship between the structure of inter-individual and intra-individual variability: A theoretical and empirical indication of developmental systems theory. In U. M. Staudinger & U. Lindberger (Eds.), *Understanding human development* (pp. 339 - 360). Dordrecht, The Netherlands: Kluwer Press.

Montgomery, S. (2004). Of towers, walls, and fields: Perspectives of language in science. *Science*, *303*, 1333 - 1335.

Moore, B. (2000). Sustaining earth's life support system: The challenge for the next decade and beyond. *Global Change Newsletter*, *41*, 1 - 2.

Moreland, R. L., & Zajonc, R. B. (1982). Exposure effects in person perception: Familiarity, similarity and attraction. *Journal of Experimental Social Psychology*, *18*, 395 - 415.

Nagin, D. S., & Tremblay, R. E. (2001). Parental and early childhood predictors of persistent physical aggression in boys from kindergarten to high school. *Archives of General Psychiatry*, *58*, 389 - 394.

Neckerman, H. J. (1992). *A longitudinal investigation of the stability and fluidity of social networks and peer relationships of children and adolescents*. Unpublished doctoral dissertation, University of North Carolina, Chapel Hill.

Nelson, C. A. (1999a). How important are the first three years of life? *Applied Developmental Science*, *3*, 235 - 238.

Nelson, C. A. (1999b). Neural plasticity and human development. *Current Directions in Psychological Science*, *8*(2), 42 - 45.

Nesselroade, J. R., & Featherman, D. L. (1991). Intraindividual variability in older adults' depression scores: Some implications for developmental theory and longitudinal research. In D. Magnusson, L. R. Bergman, G. Rudinger, & B. Törestad (Eds.), *Stability and change: Methods and models for data treatment* (pp. 47 - 66). Cambridge, England: Cambridge University Press.

Nesselroade, J. R., & Ford, D. H. (1987). Methodological considerations in modeling living systems. In M. E. Ford & D. H. Ford (Eds.), *Humans as self-constructing living systems: Putting the framework to work* (pp. 47 - 79). Hillsdale, NJ: Erlbaum.

Nesselroade, J. R., & Molenaar, P. C. M. (2003). Quantitative models for developmental processes. In J. Valsiner & K. J. Connolly (Eds.), *Handbook of developmental psychology* (pp. 622 - 639). Thousand Oaks, CA: Sage.

Nesselroade, J. R., & Schmidt McCollam, K. (2000). Putting the process in developmental processes. *International Journal of Behavioral Development*, *24*(3), 295 - 300.

Nilsson, L.-G., Adolfsson, R., Bäckman, L., de Frias, C. M., Molander, B., & Nyberg, L. (2004). Betula: A prospective cohort study on memory, health, and aging. *Aging Neuropsychology and Cognition*, *11*(2/3), 134 - 148.

Novikoff, B. (1945). The concept of integrative levels and biology. *Science*, *2*, 209 - 215.

Nurmi, J.-E. (1991). How do adolescents see their future? A review of the development of future orientation and planning. *Developmental Review*, *11*.

Nurmi, J.-E. (Ed.). (2002). *Navigating through adolescence: European perspectives* (Michigan State University Series on Families and Child Development). New York: Routledge.

Nurmi, J.-E., Salmela-Aro, K., & Koivisto, P. (2002). Goal importance, related achievement-beliefs and emotions during the transition from vocational school to work: Antecedents and consequences. *Journal of Vocational Behavior*, *60*, 241 - 261.

O'Connor, T. G. (2003). Natural experiments to study the effects of early experience: Progress and limitations. *Development and Psychopathology*, *15*, 837 - 852.

Oettingen, G., Little, T. D., Lindenberger, U., & Baltes, P. B. (1994). Causality, agency, and control beliefs in East versus West Berlin children: A natural experiment on the role of context. *Journal of Personality and Social Psychology*, *66*, 579 - 595.

Ogbu, J. (1981). Origins of human competence: A cultural-ecological perspective. *Child Development*, *52*, 413 - 429.

Öhman, A. (2002). Automaticity and the amygdala: Nonconscious responses to emotional faces. *Current Directions in Psychological Science*, *11*, 62 - 66.

O'Leary, D. D. M. (1996). Development of the functionally-specialized areas of the mammalian neocortex. In D. Magnusson (Ed.), *The life-span development of individuals: Behavioral, neurobiological and psychosocial perspectives* (pp. 23 - 37). Cambridge, England: Cambridge University Press.

Oliveri, M. E., & Reiss, D. (1987). Social networks of family members: Distinctive roles of mothers and fathers. *Sex Roles*, *17*, 719 - 736.

Olson, D. H., McCubin, H. I., Barnes, H., Larsen, A., Muxen, M., & Wilson, M. (1983). *Families: What makes them work*. Los Angeles: Sage.

Ortiz, J., & Raine, A. (2004). Heart rate level and antisocial behavior in children and adolescents: A meta-analysis. *Journal of the American Academy of Child and Adolescent Psychiatry*, *43*, 154 - 162.

Overton, W. F. (1998). Developmental psychology: Philosophy, concepts, and methodology. In W. Damon (Editor-in-Chief) & R. M. Lerner (Vol. Ed.), *Handbook of child psychology: Vol. 1. Theoretical models of human development* (5th ed., pp. 107 - 188). New York: Wiley.

Ozer, D. J. (1993). The Q -Sort Method and the Study of Personality Development. In D. C. Funder, R. D. Parke, C. Tomlinson-Keasey, & K. Widaman (Eds.), *Studying lives through time: Personality and development* (pp. 147 - 168). Washington, D C: American Psychological Association.

Packer, M., Medina, N., Yushak, M., & Meller, J. (1983). Hemodynamic patterns of response during long-term captopril therapy for severe chronic heart failure. *Circulation*, *68*, 103 - 112.

Pasquale, E. (2000). Turning attraction into repulsion. *Science*, *289*, 1308 - 1309.

Patterson, G. R., & Moore, D. R. (1978). Interactive patterns of units. In S. J. Suomi, M. E. Lamb, & R. G. Stevenson (Eds.), *The study of social interaction: Methodological issues*. Madison: University of Wisconsin Press.

Pervin, L. A. (1978). Definitions, measurements, and classification of stimuli, situations, and environments. *Human Ecology*, *6*, 71 - 105.

Pervin, L. A. (1983). The stasis and flow of behavior: Toward a theory of goals. In M. M. Page (Ed.), *Nebraska Symposium on Motivation* (pp. 1 - 53). Lincoln: Nebraska University Press.

Petersen, A. (1993). Presidential address: Creating adolescents—The role of and process in developmental trajectories. *Journal of Research on Adolescence*, *3*, 1 - 18.

Petersen, A. C., & Taylor, B. (1980). The biological approach to adolescence: Biological change and psychological adaptation. In J. Adelson (Ed.), *Handbook of adolescent psychology* (pp. 117 - 155). New York: Wiley.

Peterson, D. R. (1979). Assessing interpersonal relationships by means of interation research. *Behavioral Assessment*, *1*, 221 - 276.

Phelps, E., Furstenberg, F. F., Jr., & Colby, A. (Eds.). (2002). *Looking at lives: American Longitudinal Studies of the Twentieth Century*. New York: Russell Sage Foundation.

Piaget, J. (1964). Development and learning. *Journal of Research in Science Teaching*, *2*, 176 - 186.

Pickles, A., & Rutter, M. (1991). Statistical and conceptual models of "turning points" in developmental processes. In D. Magnusson, L. R. Bergman, G. Rudinger, & B. Törestad (Eds.), *Problems and methods in longitudinal research: Stability and change* (pp. 133 - 166). Cambridge, England: Cambridge University Press.

Poincaré, H. (1946). *The foundations of science*. Lancaster, England: Science Press.

Popper, K. R., & Eccles, J. C. (1977). *The self and its brain*. Berlin, Germany: Springer Verlag.

Preyer, W. (1908). *The mind of the child*. New York: Appleton-Century.

Pulkkinen, L., & Rönkä, A. (1994). Personal control over development, identity formation, and future orientation as components of life orientation: A developmental approach. *Developmental Psychology*, *30*, 260 - 271.

Radke-Yarrow, M., & Kuczynski, L. (1983). Conceptions of the environment in childrearing interactions. In D. Magnusson & V. L. Allen (Eds.), *Human development: An interactional perspective* (pp. 51 - 74). New York: Academic Press.

Raine, A. (1997). Antisocial behavior and psychophysiology: A biosocial perspective and a prefrontal dysfunction hypothesis. In D. M. Stoff, J. Breiling, & J. D. Maser (Eds.), *Handbook of antisocial behavior* (pp. 289 - 304). New York: Wiley.

Raine, A. (2002). Biosocial studies of antisocial and violent behavior in children and adults: A review. *Journal of Abnormal Child Psychology*, *30*, 311 - 326.

Raleigh, M. J., McGuire, M. T., Brammer, G. L., & Yuwiler, J. (1984). Social and environmental influences on blood serotonin concentration in monkeys. *Archives of General Psychiatry*, *41*, 405 - 410.

Reinhardt, J. M. (1937). Personality traits and the situation. *American Journal of Sociology*, *2*, 492 - 500.

Richters, J. E. (1997). The Hubble hypothesis and the developmentalist's dilemma. *Development and Psychopathology*, *9*, 193 - 229.

Riegel, K. F. (1975). Toward a dialectical theory of development. *Human Development*, *18*, 50 - 64.

Riegel, K. F. (1976). The dialectics of human development. *American Psychologist*, *31*, 689 - 700.

Robins, L. N. (1966). *Deviant children grow up*. Baltimore: Williams and Wilkens.

Roland, E. (1993). *Brain activation*. New York: Wiley-Liss.

Rotter, J. B. (1955). The role of the psychological situation in determining the direction of human behavior, In M. R. Jones (Ed.), *Nebraska Symposium on Motivation* (pp. 245 - 268). Lincoln: University of Nebraska Press.

Russell, R. W. (1970). "Psychology." Noun or adjective. *American Psychologist*, *25*, 211 - 218.

Rutter, M. (1988). *Studies of psychosocial risk: The power of longitudinal data*. Cambridge, England: Cambridge University Press.

Rutter, M. (2004). Pathways of genetic influences on psychopathology. *European Review*, *12*, 19 - 33.

Rutter, M., & Casaer, P. (1991). *Biological risk factors for psychosocial disorders*. Cambridge, England: Cambridge University Press.

Ryff, C. D. (1987). The place of personality and social structure research in social psychology. *Journal of Personality and Social Psychology*, *53*, 1192 - 1202.

Sameroff, A. J. (1983). Developmental systems: Context and evolution. In P. H. Mussen (Gen. Ed.) & W. Kessen (Vol. Ed.), *Handbook of child psychology: Vol. 1. History, theory, and methods* (4th ed., pp. 237 - 294). New York: Wiley.

Sameroff, A. J. (1989). Commentary: General systems and the regulation of development. In M. R. Gunnar & E. Thelen (Eds.), *Systems and development* (pp. 219 - 235). Hillsdale, NJ: Erlbaum.

Sameroff, A. J., & MacKenzie, M. J. (2003). Research strategies for capturing transactional models of development: The limits of the possible. *Development and Psychopathology*, *15*, 613 - 640.

Sameroff, A. J., Peck, S. C., & Eccles, J. S. (2004). Changing ecological determinants of conduct problems from early adolescence to early adulthood. *Development and Psychopathology*, *16*, 873 - 896.

Sanford, N. (1965). Will psychologists study human problems? *American Psychologist*, *20*, 192 - 202.

Sapolsky, R. M. (1990). Stress in the wild. *Scientific American*, *262*, 106 - 113.

Sapolsky, R. M. (1994). On human nature. *The Sciences*, *34* (*6*), 14 - 16.

Sapolsky, R. M. (2005). The influence of social hierarchy on primate health, *Science*, *308*, 648 - 652.

Sarbin, T. R. (1986). The narrative as the root metaphor for psychology. In T. R. Sarbin (Ed.), *Narrative psychology: The storied nature of human conduct* (pp. 3 - 21). New York: Praeger.

Sarigiani, P. A., Wilson, J. L., Petersen, A. C., & Vicary, J. R. (1990). Self-image and educational plans of adolescents from two contrasting communities. *Journal of Early Adolescence*, *10*, 37 - 55.

Schaie, K. W., & Baltes, P. B. (1975). On sequential strategies in developmental research: Description or explanation? *Human Development*, *128*, 384 - 390.

Schneider, W., & Edelstein, W. (1990). *Inventory of European Longitudinal Studies in the Behavioural and Medical Sciences*. Berlin, Germany: Max-Planck-Institute for Human Development and Education.

Schneirla, T. C. (1957). The concept of development in comparative psychology. In D. B. Harris (Ed.), *The concept of development* (pp. 78 - 108). Minneapolis: University of Minnesota Press.

Schneirla, T. C. (1959). An evolutionary and developmental theory of biphasic processes underlying approach and withdrawal. In *Nebraska Symposium on Motivation*. Lincoln: University of Nebraska.

Schneirla, T. C. (1966). Behavioral development and comparative psychology. *Quarterly Review of Biology*, *41*, 283 - 302.

Schrott, L. M. (1997). Effect of training and environment on brain morphology and behavior. *Acta Pediatrica* (Suppl. 42), 45 - 47.

Schwartz, C. (1987). Personality and the unification of psychology and modern physics: A system approach. In J. Aronoff, A. I. Robin, & R. A. Zucker (Eds.), *The emergence of personality* (pp. 217 - 254). New York: Springer.

Schwartz, N. (2000). Emotion, cognition, and decision making. *Cognition and Emotion*, *14*(41), 433 - 440.

Schweder, R. A., Goodnow, J., Hatano, G., LeVine, R. A., Markus, H., & Miller, P. (1998). In W. Damon (Editor-in-Chief) & R. M. Lerner (Vol. Ed.), *Handbook of child psychology: Vol. 1. Theoretical models of human development* (5th ed., pp. 865 - 937). New York: Wiley.

Scriven, M. (1959). Explanation and prediction in evolutionary theory. *Science*, *130*, 77 - 482.

Segalowitz, S. J., & Schmidt, L. A. (2003). Developmental psychology and neurosciences. In J. Valsiner & K. J. Conolly (Eds.), *Handbook of developmental psychology* (pp. 48 - 71). London: Sage.

Seligman, M. E. P. (1975). *Helplessness: On depression, development and death*. San Francisco: Freeman.

Sells, S. B. (1963). *Stimulus determinants of behavior*. New York: Ronald Press.

Sells, S. B. (1966). Ecology and the science of psychology. *Multivariate Behavioral Research*, *1*, 131 - 144.

Selye, H. (1976). *Stress in health and disease*. Boston: Butterworths.

Shanahan, M. J., Valsiner, J., & Gottlieb, G. (1997). Developmental concepts in cross-disciplinary comparison. In J. Tudge, M. J. Shanahan, & J. Valsiner (Eds.), *Comparisons in human development: Understanding time and context* (pp. 34 - 71). New York: Cambridge University Press.

Shannon, L. W. (1988). *Criminal career continuity*. New York: Human Sciences Press.

Shinn, M. W. (1900). *The biography of a baby*. New York: Houghton Mifflin.

Silbereisen, R. K. (1995, May). *Early adversities and psychosocial development in adolescence: A comparison of the former Germanies*. Paper presented at the Research Colloquium "Growing up in times of social change," Friedrich Schiller University of Jena, Germany.

Silbereisen, R. K., & Kracke, B. (1997). Self-reported maturational timing and adaptation in adolescence. In J. Schulenberg, J. L. Maggs, & K. Hurrelman (Eds.), *Health risks and developmental transitions during adolescence* (pp. 85 - 109). London: Cambridge University Press.

Silbereisen, R. K., Meschke, L. L., & Schwarz, B. (1996). Leaving parents' home: Predictors of home leaving age in young adults raised in former East and West Germany. In J. A. Graber & J. S. Dubas (Ed.), *Leaving home: Understanding the transition to adulthood* (*New directions in child development*) (pp, 71 - 86). San Francisco: Jossey Bass.

Silbereisen, R. K., & Noack, P. (1988). On the constructive role of problem behaviors in adolescence. In N. Bolgar, A. Caspi, G. Downey, & M. Moorehouse (Eds.), *Persons in developmental processes* (pp. 152 - 180). New York: Cambridge University Press.

Singer, M. I., Slovak, K., Frierson, T., & York, P. (1998). Viewing preferences, symptoms of psychological trauma, and violent behaviors among children who watch television. *Journal of the American Academy of Child and Adolescent Psychiatry*, *37*, 1041 - 1048.

Smith, C. A., & Lazarus, R. S. (1990). Emotion and adaptation. In L. Pervin (Ed.), *Handbook of personality* (pp. 609 - 637). New York: Guilford Press.

Solomon, R. L., & Corbit, J. D. (1974). An opponent theory of motivation: Vol. I. Temporal dynamics of affect. *Psychological Review*, *2*, 119 - 145.

Spear, L. P. (2000). Neurobiological changes in adolescence. *Current Directions in Psychological Science*, *9*, 111 - 114.

Spring, B., & Coons, H. (1982). Stress as a precursor of schizophrenia. In R. W. J. Neufeld (Ed.), *Psychological stress and psychopathology*. New York: McGraw-Hill.

Sroufe, L. A. (1979). The coherence of individual development: Early care, attachment and subsequent developmental issues. *American Psychologist*, *34*, 834 - 841.

Stattin, H., Janson. H., Klackenberg-Larsson, I., & Magnusson, D. (1995). Corporal punishment in everyday life: An intergenerational perspective. In J. McCord (Ed.), *Coercion and punishment in long-term perspectives* (pp. 315 - 347). New York: Cambridge University Press.

Stattin, H., & Kerr, M. (2002). Adolescents' values matter. In J.-E. Nurmi (Ed.), *Navigating through adolescence: European perspectives* (Michigan State University Series on Families and Child Development, pp. 21 - 58). New York: Routledge.

Stattin, H., Kerr, M., Johansson, T., & Ruiselova, Z. (in press). *Female pubertal timing and problem behavior in adolescence: Explaining the link*.

Stattin, H., & Klackenberg, G. (1992). Family discord in adolescence in the light of family discord in childhood: The maternal perspective. In W. Meeus, M. de Goede, W. Kox, & K. Hurrelman (Eds.), *Adolescence, careers, and cultures* (pp. 143 - 161). Berlin, Germany: de Gruyter.

Stattin, H., & Magnusson, D. (1990). Pubertal maturation in female development. In D. Magnusson (Vol. Ed.), *Paths through life* (Vol. 2). Hillsdale, NJ: Erlbaum.

Stattin, H., & Magnusson, D. (1995). Onset of official delinquency: Its co-occurrence in time with educational, behavioral and interpersonal problems. *British Journal of Criminology*, *35*, 417 - 449.

Stattin, H., & Magnusson, D. (1996). Antisocial behavior: A holistic perspective. *Development and Psychopathology*, *8*, 617 - 645.

Stein, M. B., Goldin, P. R., Sareen, J., Eyler Zorilla, L. T., & Brown, G. G. (2002). Increased amygdala activation to arranged and contemptuous faces in generalized social phobia. *Archives of General Psychiatry*, *59*, 1027 - 1034.

Steinberg, L. (1987). Latchkey children and susceptibility to peer pressure: An ecological analysis. *Developmental Psychology*, *22*, 433 - 439.

Stern, D. C. (2001). Initial patterning of the central nervous system: How many organizers? *Nature Reviews: Neuroscience*, *2*, 92 - 98.

Stern, W. (1914). *Psychologie der frühen Kindheit* [Psychology in early childhood]. Leipzig, Germany: Quelle & Meyer.

Stern, W. (1927). *Psychologie der frühen Kindheit* [Psychology in early childhood]. Leipzig, Germany: Quelle und Meyer. (Original work published 1914)

Stern, W. (1935). *Allgemeine Psychologie auf personalistischer Grundlage*. Den Haag: Nijhoff.

Sternberg, P. W. (2004). A pattern of precision. *Science*, *303* (5658), 637 - 638.

Sternberg, R. J. (2004). Culture and intelligence. *American Psychologist*, *59*(*5*), 325 - 338.

Stryker, M. P. (1994). Precise development from imprecise rule. *Science*, *263*, 1244 - 1245.

Stumpf, C. (1883). *Tonpsychologie* (Vol. 1). Leipzig, Germany: S. Hirzel.

Susman, E. J. (1993). Psychological, contextual, and psychobiological interactions: A developmental perspective on conduct disorder: Toward a developmental perspective on conduct disorder [Special issue]. *Development and Psychopathology*, *5*, 181 - 189.

Susman, E. J. (1998). Biobehavioral development: A integrative perspective. *International Journal of Behavioral Development*, *22*, 671 - 679.

Tanner, J. M. (1981). *A history of the study of human growth*. Cambridge, England: Cambridge University Press.

Tetens, J. N. (1777). *Philosophische Versuche ber die menschliche Natur und ihre Entwicklung*. Leipzig, Germany: Weidmanns Eben und Reich.

Thelen, E. (1981). Kicking, rocking, and waving: Contexual analysis of rhythmical stereotypes in normal human infants. *Animal Be haviour*, *29*, 3 - 11.

Thelen, E. (1995). Motor development: A new synthesis. *American Psychologist*, *50*, 79 - 95.

Thomae, H. (1979). The concept of development and life-span developmental psychology. In P. B. Baltes & O. G. Brim Jr. (Eds.), *Life-span development and behavior* (Vol. 2., pp. 281 - 312). New York: Academic Press.

Thomas, W. I. (1927). The behavior pattern and the situation: Publications of the American Sociological Society. *Papers and Proceedings*, *22*, 1 - 13.

Thomas, W. I. (1928). *The child in America*. New York: Knopf.

Thompson, R. A. (2001). Infancy and childhood: Emotional development. In N. J. Smelzer & P. B. Baltes (Eds.), *International encyclopedia of the social and behavioral sciences* (pp. 7382 - 7387). Amsterdam: Elsevier.

Thompson, S. C. (1981). Will it hurt less if I can control it? A complex answer to a simple question. *Psychological Bulletin*, *90*, 89 - 101.

Tobach, E., & Schneirla, T. C. (1968). The biopsychology of social behavior of animals. In R. E. Cooke & S. Levin (Eds.), *Biological basis of pediatric practice* (pp. 68 - 82). New York: McGraw-Hill.

Tolman, E. C. (1951). A psychological model. In T. Parsons & E. A. Shils (Eds.), *Toward a general theory of action* (pp. 279 - 364). Cambridge, MA: Harvard University Press.

Tomasello, M. (1999). *The cultural origin of human cognition*. Cambridge, MA: Harvard University Press.

Tomkins, S. (1979). Script theory: Differential magnification of affects. In H. Howe & R. Dienstbier (Eds.), *Nebraska Symposium on Motivation* (Vol. 26, pp. 201 - 236). Lincoln: University of Nebraska Press.

Tononi, G., & Edelman, G. M. (1998). Consciousness and complexity.

Science, *282*, 1846 - 1851.

Törestad, B., Olah, A., & Magnusson, D. (1989). Individual control, intensity of reactions and frequency of occurrence: An empirical study of cross-culturally invariant relationships. *Perceptual and Motor Skills*, *68*, 1339 - 1350.

Tracy, J. L., & Robins, R. W. (2004). Keeping the self in self-conscious emotions: Further arguments for a theoretical model. *Psychological Inquiry*, *15*, 171 - 177.

Trevarthen, C., & Aitken, J. K. (2001). Infant intersubjectivity: Research, theory, and clinical applications. *Journal of Child Psychology and Psychiatry*, *42*(1), 3 - 48.

Uvnäs-Moberg, K. (1998a). Oxytocin may mediate the benefits of positive social interactions uzguris and emotions. *Psychoneuroendrocrinology*, *23*, 819 - 825.

Uvnäs-Moberg, K. (1998b). Antistress pattern induced by oxytocin. *News in Physiological Sciences*, *13*, 22 - 26.

Uvnäs-Moberg, K., Arn, I., & Magnusson, D. (2005). The psychology of emotion: The role of the oxytonergic system. *International Journal of Behavioral Medicine*, *12*(2), 59 - 65.

Vallacher, R. R., & Nowak, A. (1994). *Dynamical systems in social psychology*. San Diego, CA: Academic Press.

Valsiner, J., & Connolly, K. J. (Eds.) (2003). *Handbook of developmental psychology*. London: Sage.

Valsiner, J., & Lawrence, J. A. (1996). Human development in culture across the life-span. In J. W. Berry, P. R. Dasen, & T. S. Saraswathi (Eds.), *Handbook of cross-cultural research* (pp. 2 - 67). New York: Allyn & Bacon.

van Geert, P. (1998). A dynamic systems model of basic developmental mechanisms: Piaget, Vygotsky, and Beyond. *Psychological Review*, *105*(4), 677 - 734.

von Bertalanffy, L. (1968). *General system theory*. New York: Braziller.

von Eye, A. (2002). *Configural frequency analysis: Methods, models, applications*. Mahwah, NJ: Erlbaum.

von Eye, A., & Bergman, L. R. (2003). Research strategies in developmental psychopathology: Dimensional identity and the person-oriented approach. *Development and Psychopathology*, *15*, 553 - 580.

von Eye, A., & Kreppner, K. (1989). Family systems and family development: The selection of analytical units. In K. Kreppner & R. M. Lerner (Eds.), *Family systems and life-span development* (pp. 247 - 269). Hillsdale, NJ: Erlbaum.

Vygotsky, L. (1978). *Mind in society: The development of higher psychological processes*. Cambridge, MA: Harvard University Press.

Wachs, T. D. (1977). The optimal stimulation hypothesis and early development: Anybody got a match. In I. C. Uzgiris & F. Weizmann (Eds.), *The structuring of experiences* (pp. 153 - 178). New York: Plenum Press.

Waddington, C. (1962). *New patterns in genetics and development*. New York: Columbia.

Wapner, S., & Kaplan, B. (1983). *Toward a holistic developmental psychology*. Hillsdale, NJ: Erlbaum.

Warburton, D. M. (1979). Physiological aspects of informational processing and stress. In V. Hamilton & D. M. Warburton (Eds.), *Human stress and cognition* (pp. 33 - 66). Chichester, England: Wiley.

Watson, J. B. (1913). Psychology as the behaviorist views it. *Psychological Review*, *20*, 158 - 177.

Watson, J. B. (1930). *Behaviorism* (2nd ed.). New York: Norton.

Weiner, H. (1989). The dynamics of the organism: Implications of recent biological thought for psychosomatic theory and research. *Psychosomatic Medicine*, *51*, 608 - 635.

White, R. W. (1959). Motivation reconsidered: The concept of competence. *Psychological Review*, *66*, 297 - 333.

Wills, C. (1993). Which came first? Nature, nurture and the tangible history of human development. *The Sciences*, *33*, 38 - 43.

Wohlwill, J. F. (1973). *The study of behavioral development*. London: Academic Press.

Wolff, P. H. (1981). Normal variation in human maturation. In K. J. Conolly & H. F. R. Prechtl (Eds.), *Maturation and development: Biological and psychological maturation*. London: Heinemann Medical Books.

Wundt, W. (1948). Principles of physiological psychology. In W. Dennis(Ed.), *Readings in the history of psychology* (pp. 248 - 250). New York: Appleton-Century Crofts.

第 9 章

发展中的个体：经验的视角

KEVIN RATHUNDE 和 MIHALY CSIKSZENTMIHALYI

关于人类发展的经验视角

本章将从经验的视角审视人的发展。虽然经验或现象学的观点对于揭示发展的进程非常重要，但在发展思想的体系中却未得到充分重视。尤其是最优体验(optimal experience)及其调节可以帮助我们理解为什么有些个体终生都能保持认知灵活性(cognitive flexibility)并能更好地终身学习。对这些个人层面过程的充分理解也可以更好地阐明社会情境特征对经验及发展过程的积极作用。 465

现象学的分析大都是描述性的，其重点并不在于发展过程。研究主观经验在理论和方法上存在诸多困难(Giorgi, 1985)。由于这些原因，许多研究者甚至不认为在探索发展问题时,经验的方式是可行的。然而,一个人在活动时的感受和报告是了解他当时如何有效集中精力和注意的极少数方法之一。而理解注意的运用是探索个人发展最有价值的分析之一,特别是当它与精神资源的获得或者广义的教育相联系的时候。

经验观既不是让个体从环境中剥离出来,亦非意味着个人进程重于生物或文化因素。虽然在本章占有特殊地位,主观经验研究与当代其他人类发展理论是相容的。因此,我们假设个人可以主动影响发展的过程,但发展是生物、心理和社会文化力量交互作用的结果。(Lerner,本《手册》本卷第1章)。为避免对此观点造成误解,有必要在本章的开头简要介绍一下我们关于经验和人的发展的假设,并分析这些假设与当代其他理论的一致之处。

466

经验倾向:主观经验研究的发展历程

在关于人的科学研究中,经验及其分支的研究中隐含着许多复杂和挑战性问题。经验和意识的本质是什么?第一人称的、主观的数据能和第三人称的运用客观技术所搜集的数据相一致吗?这些数据可靠吗,抑或不可避免地存在偏差?现象学的方法如何挑战传统的实证科学的假设?要系统地探索主观经验,什么方法才是最好的?这些问题并不在本章详述,但在探究其他主题时,我们对于上述部分问题的立场会逐渐清晰(关于方法论和认识论问题的讨论,详见 Chalmers, 1995; Rathunde, 2001c; Taylor & Wozniak, 1996; Varela, Thompson, & Rosch, 1991)。不管怎样,花点时间介绍一下经验研究的历史还是有益的。

William James 对于建立适于心理学的主观经验研究作出了很大贡献。James 对于主观经验以及它与最优机能之间关系的兴趣在当时是独特的。他率先发起了被美国心理学称之为经验倾向的研究,是当前相关研究领域的奠基人。例如,他的一个最为重要的成就是将当前经验和相对长久的心理结构联系起来了。他谈到"只有那些我注意到的项目才能改变我的心理,没有选择性的兴趣,经验将是一片混沌"(James,1890,p. 402)。这句话代表了 James 关于意识的总体看法,他试图理解当前的兴趣和情感是如何对不断发展的意识流产生影响的。意识流的隐喻突出了把不断变化的注意作为理解许多其他结果如终身学习、甚至天赋的基础这一观点的重要性。

James 倡导经验倾向,源于他对于把意识流和人作为经验主体的兴趣(Taylor & Wozniak, 1996)。这使得他的研究与众不同并自成一体。同时代的其他心理学家的著作,倾向于将结果与行为从意识流中去掉,把它们具体化,将它们作为客观事实,与黑暗的主观世界形成鲜明对比。James 激进经验主义的认识论方法(Taylor & Wozniak, 1996)不同于这种二元论的时尚。他认为意识流中主观与客观内容持续产生互相影响,此一时,彼一时,现在是客观的,时间一变,可能就变为主观的,反之也一样。

James(1902)关于异常精神状态和先验/宗教体验的研究对经验观的建立及本章后面将要讨论的一些主题(例如,高度投入或"最优体验")也起到了重要作用。和其他心理学家不同,James 并没有贬低这些体验,因为他深信这些经验是激发人类最优机能的初始能量。在1906年哥伦比亚大学美国哲学年会前夕发表的题为"人类的能量"的主席致辞中(James, 1917,pp. 40—57),James 解释了为何一些人"能最大能量地生活"。他提出两个问题:

(1) 人类能量的极限是什么? (2) 这些能量如何被激发和释放才能得到最好的利用? 他注意到这些问题听起来非常普通,但"作为科学探究中的一个方法,我怀疑它们是否被严肃地看待过。如果答案是没有,那么几乎所有的心理科学和行为科学都应为它们找一个位置"(p. 44)。

在美国心理学向经验倾向的转变中,另一个关键的思想家是 John Dewey。如果说 James 的重点是在注意和能量使用方面,Dewey 则是最始终如一地把该观点应用于发展中的个体的人,尤其是教育和终身学习方面(Rathunde, 2001c)。

毋庸置疑,Dewey 也是一个现象学者。像 James 一样,他在方法论上也尽量避免二元论和实证方法。Kestenbaum(1977)注意到,"在他的整个哲学生涯,Dewey 用各种方法发现了主体和客体、自我和外界是不能截然分开的。他的机能互动(organic interaction)概念和后来的交易(transaction)概念,都是试图去捕获每一个经验情境下自我和外界的相互意义"(p. 1)。Dewey 的所有思想都有现象学的意义,因为意义必须在反思和知识中先"存在"(had)然后才能被"了解"(known)。观念既不是对可观察的客观事实的简单概括,也不是外部客体的映象或复本;相反,观念在组织而不是复制世界时发挥作用。Dewey 认为观念是转换复杂经验问题的工具。因此,理性过程能够为问题和目标提供一种解决方法,但是如果把目标本身视为目的并与意识流分开,那么它将破坏能量、注意和发展。

467

Dewey 的这个基本假设是理解本章最重要问题之一的关键: 内在动机为发展提供了无价的、可持续并不断更新的能量。作为一个概念,这里的内在动机,并不是在动机领域中按内部和外部来划分的内部动机和外部动机中的一个例子。相反,它指的是一种能量,在投入的瞬间,它与目标彼此是无法人为进行区分的。Dewey 经常用辩证的术语(例如,综合—分析,具体—抽象,主观—客观)来描述受动机激发的思想中的健康关系或紧张(Dewey, 1933)。他经常描述两极互补之间的一种节奏,其中一端强调即时参与或者被活动包围的感受,另一端则要从当前的参与中分离出来以评估学习过程的方向性。在意识中,这种对比所提供的必不可少的反馈允许在投入的同时保持向有价值目标迈进(也可见 Kolb, 1984; Rathunde, 1996, 2001a)。

许多心理学家都忽视了直接经验的辩证关系。但很多现象学者如 Husserl(1960)和 Merleau-Ponty (1962)的开创性工作却是强调意识流中难以描述的、前反映的体验。如果这种直接性(immediacy)不与有意追求的目标联系起来考虑,是很难理解其背后的动机的。Dewey 和 James 都懂得这一点。这就是 Dewey 之所以花大量时间研究教育和经验的关系的主要原因(1938)。他主张教育绝不能忽视直接经验的重要性。这就是为什么 Dewey 要强调在课堂教学中思考与行动要结合起来,理性与行动相结合时才是最好的问题解决的工具。相反,传统的教学方式——今天仍占主要地位——以事实为基础的去情境化的知识,对学生当时的体验性质缺乏敏感性。本章的后面在谈到社会情境在促进最优体验方面的作用时会再谈及此主题。

本章的重点是最优体验或者说高度关注与积极参与的状态,它指的是——如 James 所述——一个人"以最大能量生活"的时候。这种时刻的发展重要性存在于它们有益于成长的时刻。西方和东方的思想及著作都对不寻常的体验状态有所提及,那正是一生之中的转折点。例如,James 根据神秘主义和宗教提出了最优体验。而 Dewey(1934/1980)把审美经验作为最佳能量使用的代表。“Dewey 认为审美经验是普遍的、共同的、非美学经验的实现”(Kestenbaum, 1977, p. 9)。审美经验能揭示大量的人类潜能和理想的学习条件方面的内容。

在当代心理学中,Abraham Maslow(1968)着重解释了这种“高峰”体验是如何将自我实现的个体与最优成长相联系的。Maslow——和之前的 Dewey、James 一样——其思想根植于挑战传统科学方法的哲学中。Maslow 的背景来源于传统的存在主义和现象学。正如人们所期望的,自我实现的个体在终身学习的过程中,比停留在成长的低级阶段的人,有更多的高峰体验。自我实现会在生活的各个领域发生,与 James 相同,Maslow 倾向于把它们看作是很少见的、超越的、可以改变一生命运的瞬间。

本章将继续保持这种经验取向,但与前面不同的是把最优体验称为更易获得并与日常生活能够整合起来的涌动体验(flow experiences)(Csikszentmihalyi, 1975, 1990)。涌动既能伴随着非凡重大的生活事件,也会发生在看似平常的日常活动中。关于涌动的研究早在 30 年前介绍日常生活与发展的独特观点中,特别是在创造性和教育努力方面的个人技能发展上,就已出现。与过去取向的另一个区别是关于实证研究的性质问题。除了运用第一人称,在最优体验的研究历史中是有叙述说明的习惯的,而涌动研究的突出特征是采用了经验抽样法(the Experience Sampling Method, ESM)。ESM 使用电子寻呼装置(例如,程序性观察)随机地向研究被试发出信号,提示他们记录自己的即时体验和想法。这种“系统现象学”的方法用独特的方式搜集了量化和质化的信息,目前已被广泛用于不同的研究领域(Hektner & Schmidt, 即将出版)。本章将用一些 ESM 研究的结果来说明经验取向是如何揭示人的发展历程的。

468

在情境中发展的人

人的发展在很大程度上是植根于生物—社会和文化情境中的,这一观点在过去的几十年中越来越被接受,并成为现象学思考的基本组成部分(Brandtstäder, 第 10 章; Bronfenbrenner & Morris, 第 14 章; Elder & Shanahan, 第 12 章; Lerner, 第 1 章; Magnusson & Stattin, 第 8 章,本《手册》本卷; Nakamura & Csikszentmihlayi, 2003)。现象学家强调在一个人的体验中有多少是没有存在于外显的意识当中并且被认为是理所当然的:再强调一遍,生活中很多东西或者特定的即时体验都是在意识“知道”之前就已经“存在了”(Damasio, 1994)。Merleau-Ponty 强调身体时时刻刻对知觉产生影响。Dewey 强调反映在个人生活中的前客观性习惯中的社会情境的普遍影响(Kestenbaum, 1977)。本章的观点是,随着年龄和智慧的增长,一个人对自己的注意、体验和成长进行重要的自我调节控制。但是在讨论一个人对自身发展发挥积极影响的能力之前,搞清楚一个人的注意在多大程度上源于他们所处的物质和社会环境也是很重要的。

每个社会都会构建出一个“好”人(good person)形象,以及对发展成为一个有价值的团体成员非常重要的素质和技能形象。例如，印度人的传统观点认为，一个人不是单独的个体，而是社会关系网络中的一个节点(Marriott, 1976)。仅具备了人的身体并不能算作真正的人，人必须隶属于某个团体，并履行相应的义务。在这一点上，古代的中国人和亚马逊沿岸的土著部落看法类似(Lévi-Strauss, 1967)。在大多数文化中，作为肉体，人与动物并无分别。是文化和社会的力量把动物转化成了人。

为了让儿童将来能够成为机能正常的成人，每种文化都会用自己的方法教育儿童掌握必要的知识、行为和情感。社会化的过程通常是非正式的，是在公共舆论的压力下进行的。但大多数文化中也会进化出社会化的正式机制，通常都是通过复杂的宗教仪式和礼节加以强化。印度有一些关于这个过程的清晰的案例。经典的印度文化为了确保社会成员从婴儿到老年都能遵从举止得当的楷模，付出了极大努力。"印度人是在一系列的集体事件中被有意塑造而成的。这些事件叫做 *samskaras*，即生命周期仪式，它是一个印度人生活中的基础和必需"(Hart, 1992, p. 1)。samskaras 通过在生命各个阶段给予不断更新的"行为规则"来帮助塑造儿童和青年(Pandey, 1969, p. 32)。正如印度的精神分析家 Sadhir Kakar (1978)半开玩笑地写道，"samskaras 就是'在合适的时间的合适仪式'。——生命周期的概念是以一系列的阶段展开的，每一阶段都有特定的'任务'，从一个阶段到另一个阶段需要有序地进行，这是传统的印度思想的一部分——这些仪式的一个主要功能是使儿童逐步融入社会，通过 samskaras，正如它的功能使然，儿童从最初的母婴相依关系中脱离出来，而转变为羽翼丰满的社会成员"(pp. 204—205)。

一个个仪式让儿童或年轻人具有了进入人生下一阶段的资格，直到他或她长大并扮演了社会中所提供的每个可能的角色。在有些文化中，一个人只有在他或她有了孙辈之后才能算真正成人。成为祖父母意味着，在其他事情中：(a) 一个人能繁衍，因此被赋予庄严的力量；(b) 一个人很成功，因为只有相当富有的父母才能为子女找到配偶；(c) 活到这么大岁数的人，是智慧的或者说至少是经验丰富的(LeVine, 1980)。只有这些素质都具备了，才能说这个人终于成人了。 469

在西方社会，向人生的高级阶段过渡已不再有明显的标记，只有学术生涯中的各种毕业典礼代表了不同的教育水平。宗教当中也有一些与人生转变有关的内容，如以犹太人的禁戒律和天主教准入圣礼为标志的宗教仪式，都说明在犹太基督教传统中，人格精神形成的重要性。但是即使我们已经没有代表着在向人生更高发展水平转折的清晰标记，我们仍然期望，在我们的社会中，个体在不同的生活阶段具有不同的素质。

因此当我们缺少共同的仪式来庆祝一个人从人生的一个阶段顺利地发展到另一个阶段的时候，发展心理学家在他们关于生命周期的描述中，认识到了这种转折的重要性。例如，Eric Erikson(1950)提出了一系列我们所必须面对的心理社会任务：在青少年时期建立同一性，在成年早期发展亲密感，在中年时期获得生殖感，最后在老年阶段对过去的人生进行有意义的整合(也可见 Vaillant, 1993)。Robert Havighurst(1953)将重点更多地转向了社会角色的要求，并发展出一个随着年龄而改变期望的生命转折模型——例如，学生、工人、家长。最近，Levinson(1980)和 Bee(1992)提出了相似的模型。发展理论通常并不声称这些任务总能得到解决或者甚至个体必须意识到它们。但是,如果这些任务不能成功地得以解决,个体的心理适应就可能受到损害。这些模型的一个共同假设是没有合理原因却偏离了正常发展阶段的个体,将会面临无法发展完整个性的风险。

强调人是社会建构的、并植根于社会情境似乎意味着一种被动和相对论的立场。这种观点似乎暗指人格的标准或多或少有一定的任意性,是由于不同时间不同地点的历史发展的偶然性结果。也意味着生命的大多数方面都是"无意识的"、不受个人的主动影响。但是,我们并不同意这些看法。我们理解人的发展会因为时间与地点的不同而具有很大的差异性,社会实践可能对人的发展路径起到强有力的制约作用。但是采用经验的视角来解释人类本质的核心方面——如果得到培养与倡导的话——将会提供对发展进程产生影响的机会。

人类天性与适宜唤醒

对适宜唤醒的需要是具有跨文化特点的人类天性的一个核心方面。几十年来,研究者对"趋向/回避"理论(Tobach & Schneirla, 1968)和"适宜唤醒"理论(Apter, 1989; Berlyne, 1960; Hebb, 1955)的研究说明,存在着能够被个人的唤醒水平所激发的普遍人类反应,并且这些反应始于婴儿早期(Turkewitz, Gardner, & Lewkowicz, 1984)。适宜唤醒是以遗传为基础的,并具有跨文化的特点。可以认为适宜唤醒是在人类进化过程中产生的,因为它是适应性的并有助于人类的发展,尤其为协调人类与环境间的和谐关系起到了卓有成效的作用。

唤醒连续体上的一端是诸如焦虑和恐惧这类体验,这些体验对安全和生存具有明显的意义。这些高唤醒水平的条件诱发了个体试图将唤醒减低至可控水平(如,退缩)的反应。唤醒连续体上的另一端是低唤醒水平条件,如倦怠,这些低唤醒水平引起了虽不明显但同等重要的反应——增加唤醒的尝试(如,接近、探索和游戏)。本章主要关注的是涌动的适宜唤醒,这是唤醒连续体的轴心。因为所有的体验都根植于情境,所以焦虑、无聊和涌动的确切性质在具体内容上都会有所不同。换句话说,不同的文化具有不同的符号系统,由于文化对信息的组织形式不同,因而能够产生涌动的活动以及达成涌动的具体路径也是不同的。然而,大量有关涌动的跨文化研究(Csikszentmihalyi, 1975, 1990; Nakamura & Csikszentmihalyi, 2002)表明,体验过程和现象学状态之间具有显著的一致性。

470

为了从经验的视角来理解发展中的个体,除了涌动之外,研究者也可以从其他普遍性的人类经验开始探讨,但是,把重点放在适宜唤醒上却更具优势,尤其是当我们的主要目标是理解发展中的个体时。焦虑是由保护对个体来说至关重要的东西如生命、家庭或者信念的需要引起,并引发了个体的保护性反应(如,小心、巩固地位);低水平的唤醒条件,如倦怠,则会引发相反的运动。这类体验会引起个体探索的动机,具有发动和增强注意力的作用。当然,这两种令人反感的状态并不总是以促进成长和引起适宜唤醒的方式来引发那些能够"解决"问题的反应。一个高度焦虑的个体,很可能为了回避风险,而放弃一个能真正解决问题的方法,取而代之的是采用一个短期的解决方案来应对压力(如,接受安全的职位)。从另一个角度来讲，倦怠则会转化成个体对消遣娱乐的需要和满足，这同样会造成其有意义成长的停滞。从这个角度讲，发展的僵局应归于个体难以集中注意力和对能量的愚蠢消耗。

涌动的体验在经验的连续体中具有独特的作用，它代表了处理无聊和焦虑这些问题时所采取的一种健康的解决方案。展开来说，涌动代表了秩序性和新异性的完美结合；代表了注意的稳定性和广度的协调运作(Fredrickson, 1998)。根据涌动模型(会在本章后面进行更详细的描述)，这种组合表征为对技能和挑战的建构：当个体的技能与挑战同样强大和有效时，涌动最易产生。在这种条件下，人的技能会因当前面临的新挑战而转换形式，而这些挑战也同时会因技能的应用和扩展而转换形式。在解决倦怠和焦虑这类问题时，与消遣和退缩这些短期的解决方法相比，涌动是一种更具难度的方法。因此，涌动作为一种复杂的体验或者个体在稳定和变化间所体会的"边界"体验，为研究者提供了一个难得的视窗来审视发展中的个体(Waldrop, 1992)，这种组合产生了一种特殊的现象学状态，在这种状态中，个体能够感到一种从未体验过的控制感。正是从这个角度来说，我们认为涌动是一种完善的或者说最优的体验。

涌动的缺失同样能揭示一个发展中个体的许多方面。在其他辩证性的模型中，如Piaget(1962)的同化与顺应模型里，技能和挑战之间的平衡被认为是波动且经常变化的。通过能力水平的提高，个体能够以促进其长远成长的方式解决高唤醒条件(即，高挑战与低技能)下的问题，并由此增加一种秩序感和控制感。但是，若仅通过漠视挑战或者固步自封而暂时降低唤醒水平，涌动就无法产生。反过来，对于倦怠(低挑战与高技能)的建设性的解决方案是，个体挑战其现有能力，从而激发出一种变化和扩展的感觉。诸如消遣娱乐之类的短期解决方案，也许会让个体不再感到倦怠，但不会产生涌动。从长远角度来看，这种"解决方案"是对原本可以投入到成长取向活动中的、有价值的注意资源的浪费。Dewey指出，做苦力(drudgery)和磨洋工(fooling)分别都是这些不良方案所导致的结果(Dewey, 1913)。

上述经验性的辩证观被假定为基于遗传的，并且属于人类天性的一部分。从生理学视角来看，人类机体生来就是要保持适宜的唤醒水平的。从生命开始的一刻，人们就不断尝试回避过多或过少的刺激。因此，这些调整性的反应并非起源于环境。例如，婴儿能够通过习惯化和去习惯化的程序来学习(Caron & Caron, 1968; Cohen & Younger, 1983)。当给婴儿呈现一个新异刺激时，婴儿会将注意力集中在这个刺激上，直到他对这个刺激习惯化；并在此新形成的习惯的基础上，当另一新异刺激出现时，婴儿会再次将注意集中在该新异刺激上。当刺激过多时，婴儿会将其目光从人或物上面转移开，并表现出心率和唤醒水平的降低。

不同的文化领域会产生数以千计的适宜唤醒和涌动的表现形式，但是，对适宜唤醒这个人生的基本组织原则的根本性需要，有助于我们去解释这些表现形式背后的内在动力。由此，我们认为这有助于解释为什么由秩序性和新异性组合而成的艺术作品是最受青睐的(Arnheim, 1971)，为什么最受欢迎的音乐是在一个熟悉的背景上引入新鲜元素而成的(Simonton, 1984)，为什么允许成员自由发言的这类家庭谈话是最有趣的(Hauser, 1991; Rathunde, 1997)。这些情境都具有引发适宜唤醒的巨大潜力，因为它们通过秩序性和新异

471

性的交叉引发了个体对注意力的使用,因此,这类情境更容易导致涌动,且具有内在奖赏作用。

激发个体的自主发展:经验的潜在自我调节作用

呈现这一观点的主要目的是通过对最优体验动力性作用的详细描述,来让人们深刻体会到发展过程中潜在的自我调节。经验在此充当了一个重要的角色,因为发展是在时间上的展开,是突发性的现象;因此即时的体验是处在展开过程的核心位置的,并且为生物学、个体与文化环境的整合提供了一个完整平台。

当代的理论观点在衡量生物学对人类发展的重要性时已经超越了自下而上的还原论,而提倡一种强调遗传和环境之间交互作用的系统观(如,Gottlieb, Wahlsten, & Lickliter, 本《手册》本卷第5章)。这些理论取向说明,基因的指导作用体现在对发展中的机体所处的外部环境的反应中,其中包括感觉事件和内部神经事件。尽管系统模型承认心理现象的重要性,但其更多关注的是可观察的个体行为,而非本章所提及的主体经验。因为基因并不能直接导致某种特质的形成这一观点已被广为接受,所以关于发展中的个体经验观指出,像涌动或兴趣之类的体验,会进入到生理心理系统观中所涉及的不同层级间交互作用的过程中(如,Gottlieb et al., 本《手册》本卷第5章),这种说法与Schneirla(1959,1965)的观察是一致的,即环境刺激的影响作用依赖于机体所处的唤醒状态和体验的历史。

即使一个人站在还原论的立场上——目前在发展心理学中仍相当普遍——强调基因对行为的产生具有基础性作用,经验观对个体如何将生物素质赋予他们的潜能最大化的解释仍然是十分有用的。反应区间(reaction range)的观点说明,对每种基因类型来说,能够组成的表现型集合是有限的(Gottesman, 1963)。例如,一个人具有内向的基因型,就意味着他无法表现得像一个外向的人那样,但是,这样的人如果想要获得更多积极的社会经验,他们的社会参与取向就会最大化。经验观所强调的是在沟通和互动中,涌动的机会是如何让一个特定的基因型所"允许"的表现范围最大化。从理论上来讲,系统观认为这种内在关系让经验对人格产生了更大的影响。

像生物还原论一样,文化决定论正在被大多数热衷于系统模型的社会科学研究者所摒弃,他们转而强调人与社会情境之间的相互影响(Lerner, 2002)。即时的经验居于人与环境交互作用过程的核心,并作为一个强大的支点来影响个体的发展和社会化进程。

强调个体与环境相互影响的经验观由来已久,尽管在当时这些观点并不是围绕最优体验这个结构来组织的。例如,在20世纪初,芝加哥学派所强调的符号互动论(如,受George Herbert Mead, William I. Thomas和Charles H. Cooley影响的思想)就具有很强的现象学取向。Thomas和Znaniecki(1927)的一项在当时颇为经典的,名为《生活在欧美的波兰农民》(*The Polish Peasant in Europe and America*)的研究,成为后来尝试用现象学来取代还原论者的社会科学方法的先驱。符号互动论者通过一些诸如Thomas的"情境的定义"等概念,来说明脱离了主观的体验与解释是无法理解人与情境的关系的。

将涌动作为一个有组织的结构纳入现象学观点能够进一步说明，个体不只是文化信息的一个被动接收器，他们可以发挥主动的作用。注意的投入受到体验的主观性质的强烈影响。像涌动这样的奖赏性体验，会吸引个体的注意力，并影响对生物—文化信息的选择(Inghilleri, 1999; Massimini & Delle Fave, 2000)。换句话说，长期以来，那些能够为涌动体验提供机会的信息和领域可以通过理念的筛选来塑造文化。和生物传递相似，文化互动中不同理念的传递终将对文化的进化产生影响。从某种程度上来说，对最优体验的自我调节是可能的，个体在文化变迁的过程中可以自觉地发挥作用。 472

个体往往是某种文化背景下的各类社会化力量的受体，但是，他或她同样有能力进行改变，因为上述说法反过来说亦成立：社会实践必须为实现最优体验而顺应人类的天性及其特征。就像人类的眼睛在工作时会回避过强或过弱的光线一样，当某种社会化进程不能通过对焦虑或者倦怠状态的转换(即，获得新技能或寻找有意义的挑战)而提供给个体保持适宜唤醒的机遇时，同样会被摒弃。当某种社会实践活动不断地产生令个体不愉快的体验或者仅能提供短期的解决方案时，它们就不会被下一代接受和传承。个体行动者——通过自身的自我调节行动——不得不改变它们。

一些严格苛刻的社会实践，如专制政权或不可变更的传统文化，之所以会在人类社会中长期存在，是因为人们受制于暴力的威胁、公众舆论的压力，或者是由于这些社会实践在个体面对引发焦虑的威胁时提供给他们安全感和熟悉感。但是，如果这些情境不能向个体提供转换所面对的挑战的机会，由于缺乏灵活的“解决方案”，个体的体验会在焦虑与人类精神的缺失之间交替。长此以往，在这种情境下的生活质量(quality of life)会对停滞系统产生破坏作用。许多现代社会则面临相反的困境：缺少外部威胁和相对舒适的生活会导致个体从事消遣娱乐等并不利于成长的社会实践。这些宽松的系统会保护人们自我放纵的权利，但却不能真正给个体提供机遇来挑战现存的、作为其舒适生活基础的秩序。在这种社会中，个人的体验会变得越来越无聊和没有意义。因此，个体在尝试摆脱以无休止的、新的娱乐活动来“解决”倦怠问题的恶性循环时，就会产生要求改变的压力。

通过新技能的增长(即发现一种新的秩序感)不能有效解决的焦虑问题常会通过退回到现状来加以解决；倦怠没有通过有意义的挑战得到缓解就会被用短暂的娱乐加以“处置”。这两种令人不快的结果，如果随时间不停地累积，就会让一个社会及生活在其中的人们进入不健康的发展轨道。但是，这种状态是不能长期持续的，因为其过多地浪费了个体有价值的注意资源，并且导致个体采用一种更复杂的方式来对经验进行组织和重组。在这种令人反感的社会条件下，追求适宜唤醒的机体需要就会诱发改变。最初，改变来自那些能够看到未来美好前景的“少数创造性”个体(Toynbee, 1987)。最终，如果一个社会要繁荣发展，那么该社会中代表变革和稳定的这两股力量就要协同运作、互相促进。Simonton(1984)对创造性的研究为这种观点提供了实证支持。人类取得伟大成就和发展的时代往往正是那些既有社会整合又有社会分化的历史时期，并且这两种力量都无法压倒对方。在本章随后的内容中，同样的论证会应用到两个重要的社会化情境——学校和家庭之中。

成人发展的理想结果：心理复杂性的作用

如果涌动这种最优体验标志着个体与环境的适应和发展过程都在一个正确的轨道上，那么运用经验观对个体对最优体验进行自我调节的能力进行探究就是一个最具前景的研究领域。在某种程度上，最优体验的动力性是比较容易理解的，这样我们就能够思考这种调节是怎样进行的。我们认为心理复杂性的结构与个体灵活处理体验的能力有关。心理复杂性是一种通过协调自我—环境间整合或分化的适应性关系，或者为达到一个具有适宜唤醒性质的秩序性与新异性间的平衡，最终使个体走向最优体验的自我调节能力。

心理复杂性，或简单地说——复杂性，是指一些习惯化的倾向，这些倾向能够帮助个体积极地应对一些令人不愉快的体验条件：当焦虑表现为个体在自我—环境关系中的失调时，通过在更高级的水平上创造秩序就成为一个自觉目标；当感到倦怠时，通过分化寻求改变则成为目的。换句话说，一个具有心理复杂性的个体，是通过尝试获得新技能，而不是对问题不作任何转换、就用熟悉的方法来缓解焦虑的。当面临一个相反的体验僵局时，这样的个体对安逸和舒适的单调条件的反应，就是通过将注意力放在转换方向的挑战上。这种改变不是一种寻求刺激的捷径；而是，正如 Piaget 所说的自我—环境关系中的“失衡”一样，一种向更高水平发展的途径(Piaget, 1962)。

473

我们认为婴儿为保持适宜唤醒所做的尝试是心理复杂性的早期基础，成人对这些调节努力的干涉是复杂性发展成一种心理特性时所遭遇的首要障碍。心理复杂性的概念是用来描述可能与年龄和经验有关的自我调节的成熟模式的；我们在此用这个结构表示基于实践和经验的高度发展的反应习惯。因此，本章节就是要以心理复杂性在生命后期中的强大表现来说明心理复杂性是如何在生命周期中展开的。

从生命后期回溯到童年期，这种方法使我们更容易识别那些促使成人调节和发展的积极模式。当然，关于发展在生命全程中的连续性以及童年期条件是否与成年期条件存在着必然联系等问题目前仍有争议。我们这里不去回答这些问题，本卷的其他部分会进行详细讨论。有一点我们可以说明，如果发展中的个体既是主动的制造者又是个体发育的产物这种观点是正确的，那么了解个体发育的理想终点，对于理解生命早期的行为是如何增加最优发展结果的前景的，就会变得容易一些。

尽管在不同的文化背景下和不同的活动领域以及不同的生命阶段里，“发展”和“最佳机能”在内容及结构上的差异不可避免地存在，但是我们认为成人发展的最优化可以说是肯定的。我们相信，透过表面现象去集中分析任意系统内最优机能是如何将自我—环境关系中整合与分化的需要卷入其中的，将会是一个多产的研究方向。心理复杂性的表达方式有很多，但在唤醒的高低波动和最优体验的达成过程中是有潜在的相似性的。有理由相信，一个具有心理复杂性的人，能更经常地享受到注意的完全投入以及适宜的唤醒状态，由此，意味着他们更有能力来实现自身的潜能。

尽管存在模糊性和风险，但仍然存在一些有说服力的理由来支持发展的最优模式立场。Bruner(1986)曾指出，发展心理学家的职能不仅仅是描述，而且要能规划出发展的最佳途径。如果做不到这点，他们等于放弃了，对自我调节来说，其在社会所依赖的公共意义建构方面的作用。当这些关于“好人”和“好社会”的元理论被外显地描述出来时，它们不只是添加到公共话语中，也为决定发展研究的本质和方向提供了一个选择性原则。Rogers(1969)在为其“最优的人(optimal person)”的概念辩护时，阐明了相似的观点；他向其他人发出了挑战：“如果我的关于充分发挥机能的人(fully functioning of the person)的概念对你来说是那样的格格不入……那么请给我你自己关于人的定义……然后发表出来让大家看看。我们需要很多诸如此类的定义，以便真正在重要的现代话语中来描述关于适宜的和理想的公民形象。”(p. 296)最近，Seligman 和 Csikszentmihalyi(2000)也呼吁应该有更多的致力于揭示积极的发展结果的研究。

从充分发展的人开始说起，我们可以从近期一项关于生命后期创造力的研究中得到借鉴，在这个研究中，我们对成熟的自我调节和对后期生活具有重要影响的心理复杂性进行了详细的描述。因为，生理成熟的变化在青少年期达到顶峰，中年期和老年期往往是以生理和认知能力的衰退为标志的，对理论工作者来说，成年人究竟是否存在真正意义上的“发展”，或者可能仅仅是衰退抑或是变化是很难界定的(Pearlin, 1982)。在这场争论中，我们所持的观点与 Baltes 和 Smith(1990)相似，他们提出了“弱”发展的假说，这个假说谈及的是成年期是智慧发展顶点的可能性。该假说指出，年龄的增长并不必然导致智慧的增加，从平均水平上看，无法证明年纪较大的人比年纪较小的人更聪明，但是，因为智慧本身被界定为一种需要经验积累的专门知识，又因为年龄的增长意味着更多的经验和实践活动，所以在年纪较大的成年人中，会出现显著的智慧结果不均衡分布的现象。同样，心理复杂性的显著表现也更容易在成年期出现，尽管发展程度较低的自我调节形式在生命全程的各个阶段都可以发生。 474

选择从生命后期开始研究的第二个原因是，这能够帮助我们从婴儿期、童年期和青少年期里寻找成熟的自我调节和心理复杂性的起源。如果首先能为理想的成人发展结果描绘出清晰的蓝图，那么在其中找到有关早期发展阶段的文献就容易很多，同时，也更有希望找到童年期发展模式与成年期理想的发展结果之间的联系。我们对心理复杂性与以游戏和探索为阶段性特征的人类婴儿发展(Gould, 1977)之间的特殊联系进行了研究。

大多数人会赞成这样一种观点，成年发展的理想结果是身心协调、对生活有兴趣、保持好奇心、精力充沛地干事业、与家人朋友亲近、乐于助人、热心社区事务、关心世界大事。但是，不同的文化在界定成年人的成功时无疑会在每个类别的具体内容上存在差异。我们的目的不是为最优发展提出具体标准，而是透过经验的视角寻找存在于调节经验过程中的共同之处。为了与最优体验协调，同时辩证地运用分化与整合来维持最优体验，对不同符号领域的观测可能是有区别的，但所投入的动力机制是一样的，它们在适宜唤醒和人类天性方面具有共同基础。因此，本章的一个重要任务就是探讨将中性或不良的日常生活情境转化为投入体验的自我调节技能。

在转向心理复杂性的具体事例之前，我们在下一节里更多地谈及最优体验、复杂性和发展。在提供了成年期复杂性的实例之后，我们会在余下的章节内对心理复杂性在童年期和青少年期的先行表现进行介绍，同时还会强调家庭和学校环境在复杂性形成中所起到的基础性作用。

最优体验理论

协调最优体验的过程有哪些相似之处？如何运用分化与整合的辩证法来保持最优体验或涌动？这些都是后续问题的一部分。为了在经典的发展理论中更好地找到答案，我们用在早期有关发展的文献中所熟悉的术语来探究最优体验和心理复杂性的概念，首先从Piaget开始。

Piaget理论的现象学延伸

许多来自Piaget理论的常见概念有助于初步理解最优体验和心理复杂性之间的关系。例如，平衡概念体现了Piaget的基本观点之一：发展是存在于主体和客体之间的一个进化过程。Piaget之前的学者，有些从主体角度（如，通过先验结构，理性主义，或其他先天论思想）来解释发展，另一些则从环境方面（如，联想，实证主义，或其他后天教养观点）来解释发展，Piaget试图用交互作用论的开放系统模型来解决发展这个谜。有些人可能会发现这种观点与普遍地把Piaget看作是固定阶段论的学者是不一致的；然而，这种误解是由于他大量使用平衡这个术语而引起的。例如，平衡有时是指同化和顺应的即时调整，有时是指暂时达到某一阶段，有时是指形式运算的理想终点。在即时的相互作用的第一水平上，Piaget非常清晰地把发展看成是自我和环境的正在进行的一种关系：同化和顺应都是为了不断地追求平衡。行为会持续地引入不平衡，这些不平衡必须得以纠正。因此，也是在这一水平上能够获得有关Piaget思想最好的经验式诠释。

尽管成熟论者和环境决定论者都认同Piaget的部分观点，但是从生物进化的开放系统模型出发，他的理论可以得到更准确的理解："它[Piaget的理论]并不认为我们有自己的能量系统，而是认为我们和所有的生命体共享一个能量系统。它首要关注的不是内部平衡的转变和改变，而是在世界上介于日益增大的赋予个性的自我与更广阔的生活领域之间的平衡，是二者和构成现实社会本身的交互作用。"(Kegan，1982，p. 43)因此，平衡描述了开放系统的状态：自我与环境在分化与整合过程中彼此相联；对我们来说，这种平衡代表的就是适宜唤醒。同化和顺应是整个动态进化过程的两个方面，必须结合起来理解：当有机体产生分化时，也就是说，开始了从同化向顺应的运动(即从结构到变化)。这种运动又会引起从顺应到同化(即从变化到结构)的相反运动，使得有机体以一种新方式与环境整合起来。

475

用这种关注自我与环境关系的一般系统(general systems)术语来描述发展，一些棘手的二分概念就不再这么复杂了(如，天性/教养)，个体就不用看作是关系过程的结果(即比较传统的解释)，而应看作是组织信息和创造自身意义的过程。但是，如此一来，学者又遇到一个新难题，那就是描述和测量暂时性的平衡状态。至少有两种基本方式用来说明这一问题：从"内部"，强调自我如何经历有关过程；从"外部"，注重实际的结果。经验取向采纳的是前一种方法。然而，Kegan(1982)认为Piaget采用的是后者，他对同化和顺应过程的描述都是从外部进行的。他关注的是与不同认知发展阶段有关的问题解决的成功。相应地，这一取向忽视了从自我参与角度去看待同化/顺应过程。这可能是该理论被质疑有瑕疵的原因之一，它没有充分考虑发展中情感和动机的作用(Sternberg，1984)。然而，有重大历史原因会导致许多心理学家忽视内部参照，因此需要公正地看待 Piaget。除了少量存在主义和现象学方法外，发展心理学领域很少提到这些参与问题；即使有，也因为它们缺少严密的理论与方法而不能进行跨学科的验证。

总的来说，Piaget 的理论有助于把最优体验和复杂性与有关发展文献中的基本思想联系起来，但是有几个原因，使它并不足以说明本章的目的。该理论很少告诉我们自我是如何经历自我与环境的相关过程的，它也没有告诉我们是什么——用人类的术语来说——促进了发展。同化、顺应和平衡虽然在自我与环境的关系中对发展活动进行定位是很重要的，但是，从测量与研究的角度来讲，这些概念却是非常模糊的；因此其效用就受到了限制。然而，如果采用内部参照的框架，就会产生新的研究机会。例如，如果平衡指的是充分卷入(fully involving)的复杂关系，那么我们则可以从另一视角去看待发展，即强调把充分卷入作为自我—环境协调过程中的测量标准。我们认为，采用现象学的观点来关注对自我与环境关系的体验，可以更多地理解自我与环境之间的互动过程。例如，复杂的关系是什么样的呢？该如何用现象学的方法识别这些关系是否太片面了——太整合或太分化了呢？

Piaget 提出用诸如机能性快乐(funtional pleasure)等涉及内部动机的概念来回答上述问题。遗憾的是，他从未具体地阐述过这些观点。例如，Piaget 观察到婴儿会因为感受到自己有能力完成某个活动而发笑，随后做出有趣的表情，并表现出自己的愉悦(即机能性快乐)。然而，这种观察都是很短暂的并局限于早期感觉运动阶段，因为他关注的重点是与认知发展的高级阶段相伴随的成功解决问题的外在表现。由此可能遗漏掉不少富有意义的研究过程，而这些研究过程可能有助于我们进一步认识个体在寻求平衡时所伴随着的喜悦以及内在动机。

这里要声明的是自我把体验到的自我—环境平衡的时刻当作是最优的回报。从某种程度上说，Piaget 关于寻求平衡是人类发展动力的观点是正确的，准确地说寻求最优体验也是发展的动力。通过对这些体验进行监控，我们学习识别关系在何时是复杂的、何时是过度分化或过度整合的(即过分强调顺应或同化)。把人看作是关系过程(relational process)而不是静态的实体，从这个角度来说，关于最优体验的理论有利于全面理解发展中的人。

关于自我—环境平衡的其他观点

476

值得一提的是，有些早期的观点认为发展是由寻求自我—环境平衡所激发的，而这种平衡是与个体的最优体验以及充分发展有关的。虽然这里可以提及许多思想家，远的可追溯到 Aristotle(MacIntyre，1984)，但是我们选取了三位见解相关的更近期的作者：Friedrich Nietzsche、Abraham Maslow 和 Carl Rogers。他们的见解借由一个共同的思想——命运之爱(love of fate)联系起来。无论是 Nietzsche 的“超人”(overman)、Maslow 的“自我实现”，还是 Rogers(1969)的“充分发挥机能”，他们三位都认为命运之爱是一个充分发展的人的标志;都把命运之爱描述为自我与环境之间令人满意的和谐一致。

热爱自己的命运是什么意思呢?对 Nietzsche 来说,就是通过完全接纳环境而肯定生活。尽管有艰难、有险阻,或许更准确地说,正是因为它们,人们才不会希望自己的生活变成其他的样子。这也是因为克服障碍的过程提供了塑造人的机会。命运之爱是 Nietzsche 哲学的核心概念:“在人类当中,我对伟大(greatness)的定义就是命运之爱:一个人不想成为其他什么人,不是向前,不是倒退,也不是来世……不仅要承受必须面对的东西……而且是要爱它。”(1968,p. 714)一个充满活力的人(即,超人)不会只满足生存和适应,而是致力于超越自己。这种超越的体验是最深层的动机:“我要学得更多以发现事物中本来存在的美;我也要成为创造美的人。”(1974,p. 223)

Maslow(1971)对自我实现与高峰体验的研究让他得出相似的结论。健康的人的动机不只是来源于匮乏、对生活单纯地忍受或为了自我与后代的生存等需要,也来源于成长的需要。Maslow 根据他对他认为是自我实现的个体,包括有创造性的艺术家和科学家的观察与访谈,总结出成长的过程经常是以高峰体验作为回报的。这些体验和自我与环境的和谐一致相符;他把这种和谐一致看作是“内部需求”与“外部需求”或是“我想”与“我必须”的一种平衡。在“自由地、幸福地和全身心地拥护自己的决定,选择和决定自己的命运”的体验中,自我实现的人更是如此(p. 325)。

Rogers(1969)也持非常相似的观点。他是这样评价充分发挥机能的人的:“当行动的过程在所有与内部和外部刺激有关的向量中是最经济的时候,他会愿意或选择追随行动的过程,因为这样的行为给人带来的满意度是最大的。”(p. 294)因此,他认为“充分发挥机能的人……当他自发地、自由地、自愿地选择和决定自己的命运时,不仅体验了而且利用了最绝对的自由”(p. 295)。这样,正如 Nietzsche 和 Maslow 一样,命运之爱与内部—外部的和谐一致一样会唤起一次有价值的深切体验。与另外两位思想家一样,Rogers(1959)也认为人不会仅满足于生存,而且受扩展与成长的激励:“有机体的内在倾向是发展一切对保持和增强有机体有用的能力。它不仅包括 Maslow 所说的‘缺失性需要’……[还]涉及成长……生命的过程不仅是趋向于保存生命,而且是超越机体的瞬间现状,持续地发展自己,并在持续增长的活动领域里利用自动化的决策。”(p. 196)

命运之爱揭示了自我与环境和谐一致的关系;同样地,它是区分发展中的人的标志。它是很有价值的因为它是与内部和外部刺激间的最“经济向量”相符的。* 最重要的是,它是一种确认、表现和伴随机体最需要的发展与成长的体验。这种复杂关系通过个体的分化与整合达到最大化,使得生命与能量得以最充分的表达。用 Piaget 的术语来说,成长就是获得一个新的平衡,是与现实更和谐一致的“高级阶段”(即,与具体运算相比,形式运算与现实是更协调的)。这些思想家关于内部参照以及成长时内在动机的特征是对 Piaget 观点的补充。

477

* 需要再次重申的是,当从关系的角度界定人时,就像本章中这样,很容易误用主体与客体,内部与外部等术语。这些术语会将人与世界隔离,这不是我们的目的。相反,与我们的观点比较一致的是人的“定位”既不在内部也不在外部,或者更好地说是同时存在于内外部之间。

最优涌动体验

涌动理论延续了这种思想传统，并用体验的术语来说明和谐一致和成长的时刻。涌动体验(Csikszentmihalyi，1975，1990，1993；Nakamura 和 Csikszentmihalyi，2002)描述了自我—环境相适应的内在动机的原型体验。大量来自不同文化的应答者都以极相似的方式把涌动描述为是一种高度卷入和令人愉悦的体验(Csikszentmihalyi 和 Csikszentmihalyi，1988)。运动员提到涌动时指“正在状态”(in the zone)，诗人则指缪斯女神登门造访。

在涌动中，个体完全投入于手头上的工作。有一种行为与觉察合并为一束聚焦的意识的感觉。在涌动中，非常清楚地知道从一个时刻到下一个时刻需要做什么；目标清晰有序。人可以立即知道自己的表现如何：反馈是明确的。网球选手知道球打得好不好，小提琴家能听出拉的音符是对还是错。在涌动中，人失去了自我意识；敏感的自我消失了。用 George Herbert Mead 的话说，就是只需要关心主体“我”而不必担心客体“我”。时间感被扭曲以适应体验；光阴似箭。当这些体验的维度就在眼前时，人会尽一切可能将这些感觉化为现实，不是为了外在的奖赏，而是因为这种体验本身。诗人享受写诗的体验，证券交易员享受打败市场的体验，即使没有名利的回报，他们也会继续做这些事，因为他们都乐在其中。

最后，也是最重要的，当自我的技能与环境的挑战相适宜时，就会产生涌动的体验。例如，打网球时，如果对手太强或太弱，我们是不能从中体验乐趣的；只有双方势均力敌时，我们才能享受比赛。我们也不爱看情节和人物太难以想象或太显而易见的小说；我们愿意看那些能发挥想像力的文章。享乐的这一性质是与居于最优人格的核心部位的相关和谐性(relational synchrony)最有关系的。

涌动体验标志着取得了唤醒增加和唤醒减少过程的平衡。涌动模型根据知觉到的挑战与技能的吻合来阐述这种平衡：在活动中，挑战令唤醒增加，技能则让唤醒减少。所以，挑战与技能的和谐一致会形成一种充分卷入的状态，从而回避了过高或过低唤醒(如，焦虑或倦怠)的缺陷。在这个意义上，涌动似乎代表着很多发展理论中提到的气质与环境“相匹配”(goodness of fit)的主观维度(如，Lerner 和 Lerner，1987；Thomas 和 Chess，1977)。

事实上，有人会认为当相对于特定阶段所提供的发展机遇来说，一个人充分发挥机能就可以产生涌动体验。例如，根据 Erikson 的阶段论，对于第一阶段的婴儿来说，唯一的行动机会就是吃东西，唯一的技能就是喝奶，因此，当他们碰到乳头时就会体验涌动。随着在物质和社会环境中行动机遇的增加，如果儿童要不断体验快乐，就必须提高其行动的能力。因此，人们会期待同一性、亲密、繁殖和完美无缺，这些任务提供的挑战会为涌动提供更为复杂的机会。

焦虑和倦怠是令人厌恶的现象学状态，是由技能和挑战或自我与环境的瞬间不平衡引起的。当相对于技能来说，挑战性太强时，这种不同步的关系就会引起焦虑，因为人会觉得被压倒、失去控制、受到了失去完美与顺序的威胁。反过来，对特定的挑战来说，技能太强，自我与环境的相宜性就来得太简单轻松了，这会导致新异性的丧失，因此专注感和紧迫感也会下降。

可以用 Piaget 的术语对技能与挑战之间的平衡作进一步的解释。同化模式是指有组织的、先前已存在信息结构。该结构让新信息的加工过程更加自动化,因为已有的结构会对信息进行组织。"技能"也有类似的过程;一种技能就是一个熟练的反应,是习惯性与自动化的。因此,一个熟练的钢琴家在看一首简单曲子的时候主要是依赖于他的同化模式。另一方面,如果乐谱的难度超过了钢琴家的技能,那么顺应模式就起作用了。顺应是对新鲜事物作出更大努力的反应(Block,1982)。用注意的术语来说,顺应如同化一样,运用了更多主动的、控制的或线性过程而不是即时的、自动化的或球形过程 (Schneider & Shiffrin,1977)。说当技能与挑战平衡时涌动更可能出现,就是说同化与顺应处于平衡时,以及即时地和主动运用注意以达到全神贯注状态时,涌动更可能出现。Rathunde(1993,2001a)也把注意的这些即时的和主动模式看作是未分化的兴趣,作为涌动的同义词,它指潜伏在注意动力学中的某些东西(参考 Rathunde & Csikszentmihalyi,1993)。

478

Piaget(1962,pp. 147—150)认为当同化居于支配地位时,自我与环境的关系就太僵化、太片面了。在一个过度同化的模式下,自我对环境会有习惯性的先入为主的偏见,可想而知,人们会认为客观性降低了(Kegan,1982)。过度同化相当于由技能高于挑战所引起的不平衡,会让人产生倦怠。当厌烦时,人就会太"主观"、太习惯化,与行动的新机会就接近了。反过来,当顺应居于支配地位时,或当新异性压制了已有结构的加工能力时,自我就会发狂并指向外部;它扩散环境中的不确定性,感受相关、联结和意义的可能性也减少了。过度顺应相当于由挑战高于技能所引起的不平衡,让人感到焦虑。当焦虑时,自我会觉得受制于环境,超出了自己所能控制的范围,由于过度的刺激,对弄清情境感到茫然。

当技能与挑战处于平衡时,行动是完全以自我与环境的关系为中心的。一个熟练的钢琴家演奏一曲有挑战性的乐谱时会投入到一个卷入关系当中。已有技能的自动化提供了信心、结构、完整,以及从中可获得新材料的基础;然而,要达到这一点并不容易,乐谱的新异性要求更高的注意力。正是这样的结合需要全神贯注——它是通过习惯将信息"组块化"的注意资源,这些资源可以通过努力来聚集。全神贯注可以被视为一种涌动体验,能够在自我与环境融为一体的单一能量系统内捕捉到。持续活动的动机成为内在的——不是在自我里,而是在自我—环境的关系里。

也可以从另外的角度,即把涌动的充分卷入看作是积极的情感与专心致志的结合。有些活动可以引起积极的情感,但是如果这些活动缺少重点、也不需要集中精神,那就很快会被乏味的体验所取代。同样,有些活动开始时伴随着高度的注意力,但是由于全无愉悦感,人们很快就会感到压抑与疏离。Dewey(1913)把前一种体验叫做"磨洋工",后一种体验称为"做苦力"。相比之下,他把最优体验看成是情感与认知的投入,既严肃认真地专心于目标,又体验到趣味与自主。对有些人来说,工作之所以成为苦差事,是因为全神贯注的同时没产生积极的情感,而闲暇之所以是消磨时光,是因为无法集中精神,好心情也难以维持。对另外一些比较幸运的人来说,工作与闲暇事实上是难以区分的,都让人觉得完全是一种享受;它们提供的是未分化的兴趣,二者都是一种"严肃的游戏"(如,Rathunde,1993,1995)。

情感—认知的和谐一致对体验质量的意义,也可以用精神分析中的初级和次级过程思维的结构来描述。这两个过程常常用非此即彼的方式被一分为二。初级过程与快乐原则和梦想、神话、情感思维、幻想、诗意的感觉等有关。而次级过程与现实原则和推理、逻辑、科学、智力、抽象思维等有关。对这两个过程的严格区分是与病理学等价的。用 Freud 的术语,相对无拘束的初级过程思维意味着本我压倒了自我与超我而居于支配地位。而次级过程思维起主导作用则意味着超我对自我与本我的控制。一个健康的自我,至少在很大程度上,比一个不健康的自我更能让本我与超我或初级与次级过程思维协调起来。因此在自我调节、自由与健康方面取得更大的成功。几位精神分析思想家还把这种协调与创造性结合起来(Jung,1946;Kris,1952)。这意味着自我的健康发展可能与调节唤醒和处理最优体验的能力有关。

479

最后,最优体验使得情感与认知模式和谐一致的观点,得到了涌动、高峰体验和充分发挥机能的人的突发体验等描述的支持。应答者认为涌动是行动与觉察的愉快结合,此时行动之间的联结是自动的、没有自我意识的,但对目标是否达成反馈仍保持紧张而仔细的监控。Maslow(1971)是这样评价高峰体验的——“我们发现高峰体验包含两个成分:一个情感上的狂喜,一个是智力上的启发。这两个成分需要同时出现。”(p. 184)最后,Rogers(1969)也有相似的观点,他认为充分发挥机能的人,既是突发体验的参与者也是观察者:“感觉随着复杂的经验流,以及为理解其不断变化的复杂性而尝试各种令人着迷的可能性而浮动。”(p. 285)总之,上述所有描述中,都包含一个自动化成分及可控的注意,初级过程思维成分是即时的,次级过程思维成分则是监控环境。信息的这种组合,就像油画中光线的明暗对比,让这种体验变得意义非凡和兴趣盎然。

涌动与发展

正如同一个人不能两次踏进同一条河流一样,我们也不能在同一活动中多次投入同样的热情。为了继续提供最优体验,必须不断地再造(re-create)涌动活动。正因为如此,涌动模型成为一个发展模型。如 Piaget 所观察,同化和顺应过程之间的失衡是不可避免的,需要一再强调。从现象学的角度看,失衡是由倦怠和焦虑这两种不可避免的生活体验引起的。用最简单的术语说就是,个体通过发现新的挑战来转化倦怠,通过增强技能来克服焦虑。正是通过这种永恒的辩证过程,发展得以持续;因为最优体验有赖于技能和挑战的提高而非停滞来重新获得,所以这种发展会朝着更大的复杂性方向进行(Csikszentmihalyi, 1990; Csikszentmihalyi & Rathunde, 1993)。*

图 9.1 是对在前面讨论的涌动模型中所提到的如何提高技能与挑战性的一种图示。为了从倦怠或焦虑的状态中再次进入“涌动通道”,必须适当地提高挑战和技能。换句话说,涌动可以从倦怠或焦虑中产生。一旦“进入”体验,涌动就有一些共同特征,但是从之前与之后的更大范围来讲,这种体验是大不相同的。例如,消除倦怠是一个发现新异事物的过程,这

* 这里,我们关注的焦点依然在即时的主观体验上,但是,采用其他的时间架构,感知同样的辩证紧张状态也是可能的。换句话说,一个人可以通过发现一种建立新技能的方法克服整个一周、一个月或一年的焦虑。像早期提到的一样,平衡也是同样的,它可以认为是即时体验或塑造更长时期的阶段。

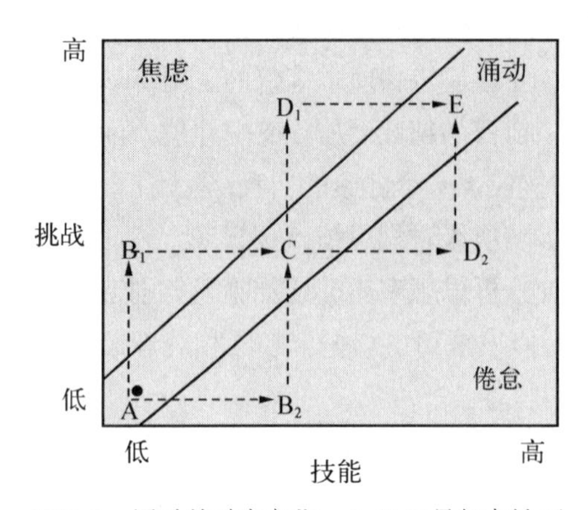

图 9.1 涌动的动态变化。A、C、E 是复杂性不断增加的平衡的愉悦状态；B_1 和 D_1 是焦虑状态，要求个体学习新的技能以回到涌动状态；B_2 和 D_2 是倦怠的状态，需要新挑战以回到涌动状态。

个事物要足够新奇才能检验个体的技能。对于一个具有健康人格的人来说，倦怠能够引发其对有意义的挑战性活动的探索，而不仅仅是转向；正如兴趣和好奇心让自我挣脱外壳，倦怠降低了，体验成为一种更加内在化的奖赏。相反，焦虑的转变更像是解决一个问题。对焦虑的积极反应不是退缩回一个安全位置，而是引发一个尝试解决两难局面的活动。随着成功的增多，坚毅感、秩序或闭合的增长，焦虑得以消除，体验的质量得以提高。

与解决倦怠问题相类似，从摆脱已有信息结构的局限这个意义上说，同化向顺应的转变过程中涉及发现问题。当同化中加入了突然产生的顺应感，却又没被后者压倒时，体验是最优的。例如，一个刚学会滑雪的人，要通过在新的山峰上寻找新挑战来检验自己技能上的不足；如果这些挑战没有超出滑雪者的能力范围时，就会加强他们的体验感，因为这些挑战能够引起高度的精神集中，要求更迅速地作出调整。但是，当挑战很明显超出了能力可及的范围时，滑雪者就会感到失去控制而产生焦虑：在这种情况下，顺应取代同化就是一个重建新结构的问题解决过程。也许这个滑雪者需要学习一种更有效的方法来控制速度；随着动作由笨拙变得熟练自如，焦虑开始降低，注意从“强制”行为中的自我意识中分离，至少在这些新行为变得太过自动化之前，滑雪的经历都会让人感到兴奋莫名。

Apter(1989)将这种变化称为反转唤醒(arousal reversals)。在他的反转理论中，他把先出现的问题发现模式称为超目的(paratelic)的，并将它描述为一个唤醒增强模式，在这个模型中，注意力集中于此时此刻，更注重手段而不是目的。相反，之后出现的问题解决模式称为目的(telic)的。在这个模式中，注意力更多地集中于活动的目标，存在一种未来—时间取向，并且其活动是为了降低唤醒。通俗一点讲，超目的模式更具有自发性、愉悦性、趣味性；目的模式更为严肃，更具有工作性。超目的模式的回报来自从倦怠到适宜唤醒的运动结果；而目的模式则通过从焦虑回到适宜唤醒中获得适当的奖赏。这里，Apter 的观点与我们一致，最优体验同时具有超目的性和目的性。

心理复杂性与发展

最优体验和成长轨迹在先前已经作了概述，那么是什么品质促进了最优体验的获得和成长轨迹的发展呢？这个问题并不是要让人们改变对人格特质或特征这些传统心理学概念的偏好。在讨论个体时，常常是需要一套用来描述“好像”存在于个体身上的品质或特征的语言。尽管这类语言有缺陷，但仍可以用有关术语讨论这些品质；从某种程度上说，这些品质被看作是个体相对稳定的“特质”，它们也可以被看作是与环境有关的稳定方向。

Bronfenbrenner(1992;Bronfenbrenner & Morris, 本《手册》本卷第14章)最近用他们有关潜能的术语对这些个人属性进行了讨论,并把它们统称为发展的激励特性(developmentally instigative characteristics)。这些特性有两个特征,第一个与鼓励或阻碍来自环境的某些反应的品质有关;例如,一个婴儿通过表现出愤怒或高兴对他人产生刺激,并唤起相应的反应。根据Bronfenbrenner的观点,发展心理学家忽视了一个需要研究的问题,那就是发展的结构特性,它包括对环境的主动选择取向。他对这种激励特性的解释是:"在特定的环境中,当它们随着时间而显现时,[它们]会引发一个持续发展的反馈补充模式,创造更为复杂的发展轨迹以展现时间上的连续性。结果就是有关人的一个具体的进化清单……在生活进程中能够让人不断变得独特,并构成了随着时间的推移我们仍能识别的一个人的独特人格"(1992,pp. 219—220)。

文献中所探讨的有关发展的激励特性中,有很多例子都与最优体验有关。例如,Block(1982)讨论过自我弹性(ego resiliency)与辩证地处理同化和顺应能力的相关。当新异性压制了一个特定图式时,需要顺应来恢复心理平衡。但是,在从同化转向顺应的过程中,最初,焦虑状态会加强并延长,直到结构重组。如果个体不能将克服焦虑的努力集中起来,他或她可能会坚持已失败的努力(即,持续言语、固着),抑或选择忽略挑战。一个具有自我—弹性的人更善于保持两个模式的平衡,因此通过在不断变化的生活条件下保持灵活性来回避过度同化与过度顺应的危险。这样的人能够在过度同化的条件下产生自发性,在过度适应的条件下能自我指导和组织(Block,1982;Block & Block,1980)。 481

Bandura(1977)的自我效能概念也表明关系质量与辩证的最优体验有关。例如,高自我效能的人会稍微高估自己控制挑战的能力,这种"曲解"(distortion)能够引导个体选择略高出他们现有能力的挑战性任务。换句话说,它让人们产生了冒险的信心。由于这种选择并不是超出现实的,个体是能够掌握这种挑战性任务的,因此会强化和增强自我效能感。同样,这种积极的反馈循环与高自尊也是一致的。在体验涌动之后,自尊得以增强,越是经常体验涌动的人(即,花更多的时间在高挑战、高技能情境上),越是报告更高的自尊水平(Adlai-Gail,1994;Wells,1988)。

Ford和Lerner(1992)把有能力的人描述为具有灵活的自我调节能力的人,这个观点与我们这里提到的观点有关:"一个有能力的人可以有效地修正自己的行为及所处的社会环境特征……例如,当人们发现自己令他人感到乏味或心烦意乱时,就会改变话题;或者如果人们觉得别人的谈话很无聊或令自己心烦意乱时,他们会转向更愉快的话题或终止这个话题……这种能力——这种有效的自我调节——是个体如何成为个人发展的生产者的一个例证"(p. 85)。

当然,一个有能力或灵活的人并非脱离了生物和环境的约束,人人都受到其束缚。我们都受到特定的遗传和习得特征的限制,大多数情境下是无法忽略那些强制的物质与社会要求的。不过,与环境达到一定的吻合度还是可能的。根据Ford和Lerner(1992)的观点,灵活的人能在以下几方面做得更好:(a) 能更好地评估面临的挑战和自身的应对能力或技能;(b) 能更好地选择并进入吻合可能性更大的情境,回避不吻合的情境;就像早前提到的谈话例子;(c)或者通过改变自己以获得更好的吻合(如,在谈话中改变自己的反应模式——或者顺应)或者尝试改变环境(如,试着改变他人的谈话主题——或同化)。自我调节的能力让我们成为自身发展中的一个更主动的塑造者。

非但不是降低生态学和互动论者的理论而转向人格的一方,有关自我调节的观察强化了自我—环境关系是发展的首要因素的观念。虽然,激励的或结构化的品质发动了互动方式(interaction styles),但其维持是靠着自身结果的积累。个体某些行动导致的结果产生的反馈流维系着成长轨迹。个体并不是在每种环境中都保持不变;更确切地说,个体的行为是环境的函数这一点是保持一致的。发展的激励特征在行为发生变化时保持一种连续性。在本章,我们尤其感兴趣的是引导个体指向自我—环境平衡和最优体验的连续性反应。

举一个例子来说明如何在变化中保持一致会非常有用。在过度挑战情境中,个体可能意识到减少唤醒、增强技能是恰当的行为趋势;在倦怠时,个体可能通过寻找更高的挑战提高唤醒水平。一个人,时而表现出坚定的保守态度,时而又充满冒险的信心,对旁观者来说,他可能是不一致的、矛盾的、是任由环境摆布的。但是,从主观经验的内部参照来讲,这种灵活和复杂的反应恰恰是一致性的表现。只有在那时,人才能作出指向最优体验的选择。

在本章以及以前的一些书中(Csikszentmihalyi, 1996; Csikszentmihalyi & Rathunde, 1993; Csikszentmihalyi, Rathunde, & Whalen, 1993),表现出主动—交互取向的人曾被称之为心理复杂的人(being psychologically complex)或简单地叫做复杂的人。一个复杂的人具有自我调节的能力,他通过让自我与环境更加吻合或和谐一致而迈向最优体验。传统的人格概念主张反应的稳定性,忽略了环境事件,业已证明是存在缺陷的(Barker, 1950; Mischel, 1968)。不同社会和物质环境的要求引发不同的行为,对于这一点,我们并不否认。但是,传统的人格概念没有看到变化中的一致性,或者人的行为是环境的函数方面的一致性(对于这一点更深入的讨论,请参见 Cairns & Hood,1983;Sroufe,1979)。

482

自然科学家在描述复杂系统时也意识到了这种在变化中的一致性现象;他们称之为突发的自我组织(如,Prigogine,1980)。Waldrop(1992)的评论认为:

> 自我组织系统是适应性的,他们并不是像地震时石头滚落一样,简单被动地对事物作出反应。他们积极地转向有益于自己的事物……复杂系统已经在某种程度上具备了将秩序与混乱纳入到特殊的平衡中的能力。这种平衡点——常被叫做混乱的边界——系统的组成部分从不会在一个位置上固定,也不会陷于骚乱。混乱的边界是指生命具有一定的稳定性来维持自身发展并具有足够的创造性使生命名副其实……混乱的边界是停滞和混乱之间不断扭转的较量场地,是一个复杂系统能够自发的、适应的、存在的场地。(pp. 11 - 12)

虽然这些词是用来描述分形之美的——由湍流的河、气候和其他自然现象组成的图案——它们也可以同样应用到心理系统中。混乱的边界(反过来,就是秩序的边界)也就是这里所说的平衡与和谐一致。最优发展既包括可预测的不可知性,也包括不可预测的可知性。下边这段是 Rogers(1969)对充分发挥机能的人的描述,注意其与早期复杂自然系统描述的相似之处。

> 因此应该很清楚,个体对他自己来讲是可靠的,但不是明确地可预言的。比如说,如果他以一个权威角色进入一个新的环境,他不能预测自己的行为会是什么样的。这视权威角色的行为和他自己目前的反应、愿望以及其他因素等而定。他对自己会有适当的行为举止感到自信,但他事先并不知道要做些什么……只有适应不良的人,其行为才是明确可预测的,随着经验开放性和存在式生活的增加,会失去某些可预测性是显而易见的。对适应不良的人来说,其行为之所以是可预测的,是因为这些行为是僵硬、模式化的。如果这样的人学会对权威作出敌对的反应模式……并且,如果因为这个他否认或曲解一切应该提供矛盾证据的经验,那么他的行为是明确可预测的……我认为,随着个体越来越趋近完全发挥机能的适宜状态,虽然其行为总是有规律并坚定的,但却是更难以预测的。(pp. 292 - 293)

根据 Rogers 的观点,行为是有规律的,因为充分发挥机能的人会尝试选择能够达到成长和符合个体内外和谐一致要求的最佳路径。但无论在哪个特定的情境,都不可以事先预知这种选择,正是由于这个原因,当我们对人进行思考时,除非用关系术语,用其他一切术语都可能产生误导。我们关于心理复杂性的概念,就是要避免那种用自我与环境分化与整合的辩证过程把人看作是静态的定义。根据 Kegan(1982)的观察,人"为了一个新面貌而不断投入运动"。与那种把人看作是这种过程的结果的传统取向相反,这里,关注的不是个体做了什么,而是正在做什么。这种取向把人从"自我"(即,心理的、主体—取向的视角)和"角色"(即,社会的、基于客体的视角)中分离出来。这也助于我们识别不同体验过程中的相似性,它们存在于贯穿生命全程中的自我调节的那些独特事例中。现在我们就举例说明这种自我调节。

成年后期复杂性发展的例证

在先前章节描述的最优发展结果是根据心理复杂性的成就进行预测的。复杂性是指存在于个体身上的辩证两极性,这种两极性让个体能够不断地协商、再协商,从而取得自我—环境相一致的适宜回报。在最普遍的水平上,这些两极性包含了结果的打破与建立和问题的发现与解决。具有这种潜力的人被认为是更可能通过在秩序与新异性边缘灵活地工作,不让任何一方占据主导地位而"促进"发展的。换言之,他们可以通过分化与整合实现自我—环境的一致,或者取得秩序与新异性平衡的适宜唤醒。

结构打破与问题发现是以远离倦怠为特征的,因为它们提高了唤醒水平、增加了刺激,满足了个体的需要;结构建立和问题解决是减少唤醒的过程,是当人们感到焦虑时所产生的回归秩序的需要。例如,一个愉快的、深度卷入的谈话要求参与者表达不同的见解;同时也

483

需要协调这些观点以达成共识。当一个谈话进行得很费力时，一个具备心理复杂性的人会煽动谈话继续进行以发现"问题"，如表达一种观点、提供新的信息、故意唱反调等等。如果谈话正在变得不连贯，参与者表达的观点过于分散，具备心理复杂性的人会试图搭建桥梁，共享理解。代表复杂性的特殊品质依不同的领域而有所不同，但通常来讲，可以这样说，结构—打破/问题—发现阶段始于对秩序的盲目感觉，这种感觉是与冒险、检测限制，对新挑战开放、寻找混乱的边界的动力一致的。反过来，结构—建立/问题—解决阶段是从发散或新异的理所当然之感开始的，这种感觉与找到答案、勤奋和耐心寻找秩序的边界的决心是一致的。

为了从现象学的角度对这一过程有更好的理解，另外一个例子也很有用，运用技能和挑战的概念来思考在问题发现与解决中是如何必须运用注意的。假设我们正设法理解一位学生是如何为完成历史作业的研究报告而保持适宜唤醒的。问题发现的需要从对秩序的盲目感觉开始。也许，学生对手头的题目已经有了很好的理解；他或她已经阅读了老师布置的书籍，在课堂上也做了笔记，就他或她的能力来说，完成作业简直是轻而易举。但是，做这些可能很没意思。从注意的角度讲，拥有高技能意味着学生不需要付出太多的努力；理解这个题目相对来说是自动化的。因此，做作业时要将倦怠转化为适宜的唤醒和深度卷入，就得向他或她对该题目的理解提出不同的挑战；以及发现新信息新思想对其新技能进行检验。如果学生认真地接受挑战，那么这样的情境就为涌动提供了良好机会：他或她的高技能提供了整合的背景，这种背景可以"自由"地把主动的或选择性注意放在分化的挑战工作中。在这个过程中的某些时刻，他或她卷入的强度应该能引发涌动的体验。

反过来讲，问题解决从分化的情境开始。比如说，学生在搜索新信息的过程中非常投入并喜欢这个过程。他或她收集了很多资料，简单地记下一些新的想法，工作数日以应对要分化最初的理解所带来的挑战。此时写一篇简单论文所产生的倦怠已经不再是困扰他或她的问题。情况改变了，当对任务进行前瞻性思考时，会感到焦虑；此时的挑战是对新信息进行整合。从注意的角度讲，应用同样的动力过程，但是重心相反。此时学生的技能允许他们在研究中认识到历史题目的多维性。学生不用花费太多的努力去考虑他在过去几天的学习中已经掌握的所有细节。如果他认真对待这个挑战，该情境同样也为涌动提供一个好的机会：他或她的技能提供了分化的背景，这种背景可以自由地把主动的或选择性注意放在整合的挑战工作中。

两个例子的要点是自动和主动模式共同合作加强了当前时刻。在问题发现情境（即转化倦怠）中，主动努力放在了分化的工作和发现新异性上，即时注意提供了一种整合感和顺序感（即学生对作业的最初理解）。在问题解决情境（即转化焦虑）中，主动努力是用来发现新联系的，以便让新信息变得井然有序（如，为论文找到一个新主题），即时注意提供了新事实的千变万化的景象。在两个例子中，技能（自动的注意）和挑战（主动的注意）必须互补以达到适宜唤醒。当两种情况都参与其中，并增强当前时刻的强度使其超过其中任何单一模式能独自完成的程度时，涌动就会产生。

现在我们具体描述有些个体是如何在成年后期（later life）表现复杂性的。虽然有很多关于成人思维的辩证模型在概念上与我们关于复杂性的概念相似，仍然有必要具体说明这些辩证思维过程是如何在真实人物身上实际体现的。这方面的问题缺少研究，最近，我们在芝加哥大学为收集生命后期的创造性资料进行了大规模的访谈，从这些访谈中，我们有机会收集到相关信息(Csikszentmihalyi, 1996; Nakaumura & Csikszentmihalyi;2003)。这个研究中的 100 个访谈对象都是在文化界非常成功的人士(13 个已经获得了诺贝尔奖，其他也有相当的名气)，但是他们的生活能够在更广泛的意义上作为成功的范例、最优发展轨迹的榜样。在访谈中，他们谈到的很多因素与他们非凡的成就有关，但更为重要的是，他们对复杂性如何在真实生活情境中建立作了精彩描述。我们从这些访谈中抽取一些例子以便使至今为止所讨论的理论思想更为具体。这些成年后期复杂性的例子，回过头来，为开展与当前发展研究之间的联系提供了一个讨论的舞台。

484

被公认特别有创造性的个体可能并不适于用来描述复杂性。创造性常常是根据我们曾提到的发展的辩证法的其中一部分来鉴定的，即与打破结构和发现问题有关的部分。创造性确实是最常用这种分化反应进行鉴别的；但这可能是因为许多创造性研究就是计划用这种方法来测量创造性的。然而，创造性——它可以在相当长的时间内得以持续——取得卓越的成就不是只靠发散性思维；辐合性的、整合的思维也同样重要。

也有一些理论把创造性看作是一个双极的心理过程，它以情感的直接性和认知的分离性的协调来驱动分化和整合过程。* 例如，Getzels(1975)认为："需要艰辛的努力是不言而喻的……然而至少在某种程度上，创造性思维需要让位于正在产生的嬉戏。"(p. 332) Einstein 在解释自己的创造过程时提到一个类似的二元性(Hadamard, 1954, p. 142)：一个"联合"游戏的阶段和一个更加"艰苦"的阶段要求逻辑上的一致性。Gardner(1993, 1998)最近提出，原创者的成熟智力常伴随一种游戏的、儿童似的品质(也见 Simonton, 1984)。Barron(1969)在题为"无知与经验的循环"一章中把创造性看作是直接与分离的和谐一致。这个题目引自 William Blake 的诗句，用具体、自发、脱离抽象(即无知)这种"前逻辑(prelogical)"思想与运用"推理"而拥有一个逻辑结构(即经验)的思想进行对照。

为什么创造性与直接和分离都有关系呢？我们的模型表明，这两者都需要利用注意以得到结构打破与结构重建的主观回报。创造性不只是通过脱离抽象的娱乐性和自发性而实现的；也是需要通过付出努力对注意进行主动和导向性控制实现的。每次注意的参与都为产生另一种情形创造了条件；二者必须合作才能对信息进行分化与整合。Barron(1996)对创造性的描述也基本雷同，只是没有强调主观体验，"在创造的过程中，在两个看似相反的特质倾向中有一种连续不断的辩证的和必要的紧张：一种倾向是建构和整合，另一种趋势朝向结构瓦解和扩散……任务就是避免为了一种可能性而牺牲另外一种。我们必须能够运用纪律以获得更多的自由……为了完成更复杂的整合过程，需要容忍甚至偶尔欢迎扩散"(pp. 177 - 179)。

---

* 虽然这里以及本章的大部分内容关注的是心理过程，但创造性不能降低至这一水平。

复杂性的维度

接下来，将从七个两极维度来阐明心理复杂性和最优发展。这个数字是主观的，在后面的讨论中依据例子数量可以增加或减少。我们相信，这些双极维度揭示了通过分化与整合的过程发现最优体验的能力。

485 在芝加哥大学一项有关创造力的研究中*，一个核心的维度就是主体(agency)和受体(communion)的结合，即朝向独立自主和相互依赖的驱力(Bakan, 1966)。这通常被视为“雌雄同体”的特质，因为它联合了传统上分别属于男性和女性的特征。为什么雌雄同体的特质可能会带来良好的发展结果(Baumrind, 1989)以及卓越的成就(Spence & Helmreich, 1978)？我们认为，在通过结构的建立和改变来获得最优体验方面，这两种特征都发挥了不可或缺的作用。因此，只有一种特征占优势的个体(即一个高度男性化或女性化的人)是处于不利地位的，至少在该特质对能力表现影响较大的活动领域来说是这样。

其中一个领域是人际关系，具体说就是沟通行为。沟通技巧对一个人在社会舞台上扮演自己的角色是十分重要的，不管这个角色是什么。沟通技巧对工商管理(Leavitt, Pondy, & Boje, 1989)，家庭气氛的和睦(Larson & Richards, 1994)以及政治领导力来说同样重要(Gardner, 1995; Kouzes & Posner, 1995)。

例如，如果学生不能把自己的想法准确传达给老师(主体)或者听不懂老师的意思(受体)，那么，无论学生还是老师都不能从这种关系中获得最大收益。因此，在人际沟通中有能力成为主体与受体的教师或学生——作为个体去“发言”，以一种对他人开放的姿态去“倾听”——往往处于优势地位，他们能从这样的交流中学习并且从交流过程中得到最佳的回报。尽管 Charles Cooley(1961)没有用到雌雄同体或者最优体验之类的概念，但他在讨论最健康的人(optimally healthy person)时涉及了基本相同的特征。他认为总体来说男性比女性具有更低的社会敏感性，更具有攻击性，更容易在精神上感到孤独。他评论说：“一个人只有保持开放和不断成长的姿态他才会保持……易感性，易感性并不是缺点，除非它陷入了被同化以及组织的困境。我认识一些具有稳定和攻击个性的男人，对自己在他人心目中形象的敏感程度并不亚于女性。确实，如果一个人总是很武断，不愿意接受来自他人的意见，可以肯定他不会走得很远，因为他很少学到什么。就健全的人格而言，在人生的每一个阶段都需要稳定性和可塑性的适当组合”(p. 828)。

在我们采访过的胜任了成人角色的那些个体身上，主体和受体相结合这一特征十分明显。例如，John Hope Franklin，这位具有开创精神的历史学家讲述了一次令他难忘的课堂经历，在北卡罗来纳州一个关于重建时期(Reconstruction period)的研究生研讨会上，大家讨论一本书里面所提到的一个观点，认为种族隔离以及在19世纪80年代至19世纪90年代的 Jim Crow 法相对较新，因而没有随着年代被“神圣化”。当问及一个学生的进展情况时，

---

* 除非特别注明，引用的访谈均来自作者及芝加哥大学“生命后期创造性”课题组的其他成员的合作成果，该课题由 Spencer 基金会资助(Csikszentmihalyi, 1996)。

Franklin 回忆说：

> 他的双眼炯炯发光……他发现种族隔离在实际生活中以及法律中都出现得更早，因此他说那个[该作者的]论点是站不住脚的，肯定是言过其实。他极度热情，非常兴奋。我对于这个发现也十分激动……当然，[作者]所说的有一些例外，而这个学生的一部分发现正好可以归于这些例外中。但是这并没有降低他的兴奋。他的兴奋也感染到了我，你明白吗？

在一些趣闻里，Franklin 揭示了社会交往中一些复杂微妙的技巧。他带着接纳的态度和分享的激情去倾听学生的谈话，不会即刻评判和纠正学生过于热情的反应。由于他的谦虚、接纳、耐心，或者说由于他表现出受体的某些核心品质——Franklin 正在鼓励学生的主体性及令人快乐的发现。尽管意识到这位学生过于激扬，对事实的掌握也存在一定错误，但 Franklin 认为最重要的是让学生们感到快乐，因为学生需要热情来应对以后的艰巨工作。Franklin 接着说道：

> 那些愿意作出长期努力的学生，往往愿意把时间和注意放在解决问题所需要的方法上；这需要持续的耐心，这意味着他不能胡编乱造或者曲解事实材料。他必须忠实于他的发现。在教学过程中，我常常会举一些著名历史学家类似的事例，我并非想揭穿什么，我只是想指出即使在被广泛接受和高度评价的著作中，也有某一段落被历史学家歪曲了，在一些例子中，他对事实闪烁其词。我会回过头去告诉他们真相。我认为这些是重要的东西。

这样，学生会产生一种兴奋感，这种兴奋感并不依靠事实。最后，通过这种直言不讳的教学，Franklin 要求学生将他们带有感情色彩的见解与有别于学者的细致工作结合起来。通过这种方法，Franklin 将受体和主体这二者协调起来：有时候他会仔细地倾听学生以支持他们的个性，但有时候他会站在权威的角度说话，学生必须采用受体模式来听取他的观点。由于他的教学方式的复杂性，难怪 Franklin 谈起他 50 多年的教学生涯时，他说这是他“最乐意去做的事”。*

486

从访谈中发现的第二个两极性是从热情投入与客观分离(passionate investment and detached objectivity)中产生的张力(tension)。另一位杰出的历史学家，Natalie Davis，她对其工作方式中存在的辩证的张力有着异乎寻常的清醒认识，通过对她的访谈，我们可以找到

---

* 在本章的后面我们还会谈及这种人际关系动力学，以及如何在家庭互动中培养诸如主体与受体这类的品质。比方说，母亲的受体角色对父亲的主体角色会起到一个缓冲作用，反之亦然。要避免儿童生长在过分强调某一品质的家庭中并被迫进入一种反应模式，这种传统的、不同性别类型的联合所营造一种家庭氛围，是一种“解决办法”。我们后面会再次注意早期的家庭经验是如何影响生命后期的复杂性。目前，我们仅指出有雌雄同体教养方式的家长报告说在抚养子女的过程中得到更多的快乐(Lamb，1982)。

一个将以上两极完美结合的最佳示例。

有两种不同的事物——它们相互重叠。一个是对探究过去发生的事情有着强烈的兴趣……我喜欢探索奥秘，这会激起我浓厚的兴趣……我对此有一种情感冲动，我想不仅仅是好奇心……我常常说我热爱我所从事的事业，我热爱写作……是好奇心促使我去思考发现某些事物的方法，促使我去思考我是如何想的，前人是如何想的，以及人们无法发现的一些方法，或者是从一个前人没有采用过的新角度来观察事物。这使我不断地出入图书馆，不断地思考，思考，再思考。

然而，分离的方式与情感同样重要，它使得人们可以确保他们的热情与现实相契合。

找到一个和你所写的东西相分离的方法是很重要的……这使你能正确看待批评。你不能太认同自己的工作，以至于你不能接受任何批评和反应……对于我来说这意味着更多……分离能使我对我所写的情境及其复杂性……保持其本来的样子。太多的情感不仅会使自我过多地卷入，以至于不能承受任何批评，而且也会围绕你自己的投入对人们作过多的调整。

当被问道这些模式是如何调和时，她作了详细说明：

当我写东西的时候，同时有好几种不同的心理状态并不是很困难：一方面是完全被抽走的感觉，随着项目浮动，另一方面却又是分离的，能够审视自己……这两方面是和谐的。我没觉得是在这个阶段或者在那个阶段……开始时是有强烈的好奇心……你找到所有的材料然后开始整理……在认同、情感和分离之间往返运动，这常常能得到正确的结果。我觉得这种游移从一开始就存在……有不同的优势观点是我自己的定位。

上述内容所提供的关于行动复杂性的解释是相当具有说服力的。Davis 的热情和好奇使她与众不同，也令她的工作摆脱沉闷与僵化；相反，她的分离是从批判过程开始的，并将许多不同的文章组织在一起，这个过程不是以过早闭合为特征的。用 Davis 的话来说，这两种模式之间达到和谐一致时就是具有多元视角的时刻，或者说同时拥有“两个心灵”。拥有这两种优势观点，能让作品避免流于老生常谈或耸人听闻，不断发展和成长。

第三个两极性与前一个有关，可以被称为发散思维和辐合思维的结合。辐合思维涉及从不同的信息中找出相同之处的能力；它代表的是智力中理性、问题解决的取向，常常用智力测验来测量。具有辐合思维的人，可以这样说，把社会心理内化了；通常通过了解别人的想法就可以预测他们的思想。相反，具有发散思维的人指向独特性和发现问题。发散思维包括流畅性，或者说有产生多种不同的想法、探索多元视角、作出不同寻常联想等能力（Guilford, 1967; Runco, 1991）。这种能力被看作是与创造性思维同义。

487

发散思维如果没有辐合思维平衡的话，是没有多大用处的，反之亦然。这一观点出自另一位杰出的学者、历史学家 William McNeill。他把工作看成是一个“发现自己的爱好”的过程。一旦一个想法出现在他的脑海里，他会发现这个想法会自动地突然出现在很多不同的情境中，包括一些他从来没期望会在那里发现的地方。然而，在发散和分化过程的某些时刻，需要一个更为辐合的心理框架来估计该想法与现实的吻合度。后一模式有助于产生闭合，需要一丝不苟的工作、自我批评以及智力上的成熟。接下来的引文讨论了发散（开放）和辐合（闭合）的协调：

在过去的日子里，我一直在观察我自己以及身边的同事，思考是什么让人们能干成一些事情，写书，写文章，完成任务，而另一些有着相同甚至更优智力水平的人却总是无法把一件事情干完，他们浪费时间，白白地任时光流走，最后的期限临近，但是他仍然没有完成任务。我认为这两种人之间的区别主要来自两点：第一点，是集中注意力的能力——在年幼的孩子身上被称为注意广度，人与人之间在注意广度上存在巨大的区别。有一些人总是寻找干扰，一有机会就走神［打响指］。你不得不以管窥天……第二点是你不能吹毛求疵，我知道我有一些同事，他们有非常具有影响力的新颖独特的想法，但是他们看到自己所写的东西时，常常会说“还不够好”。这就是吹毛求疵，他们被自己批评性的观点所束缚。这需要一个良好的平衡，当然你需要对自己所写的东西带有批判的态度，仔细的思考，进行一些修改，而不仅仅是把它写在纸上，然后说就是它了。但是过多的批评和过度的开放会带来自我毁灭。你必须有一个平衡，对某一个特定事物保持某种程度的开放，然后完成。但需要完成该任务时，对自己说……“我现在要锁定这项任务，是该完成它的时候了。”……在合适的时候把事情隔离起来，不让自己的批评能力过于尖锐，太尖刻了你是没办法完成任何事情的。在我看来，这两种极端对成就都会起到破坏作用……也许，它们是妨碍性的而不是破坏性的……我想，你只要想想你身边的两类人，能够完成和不能完成他们原本要完成的事的人，你就会发现这里存在两个陷阱［过于开放或是过于闭合］，它们会妨碍那些有能力的人取得成功。

第四个两极性仍然和前面两个有关，与依恋/分离及辐合/发散思维的两极性类似的是嬉戏（playfulness）与纪律（discipline）的协调。例如，社会学家 David Reisman 对这个综合体作了简单描述，他评论到“他在同一时刻既想负责任又不想负责任”。雕刻家 Nina Holton 更详细地描述了渗透在创造过程中的、对游戏和工作感觉的双重需要。

告诉人们你是一个雕塑家，他们会说：“噢，太有意思了，太棒了。”然而我会说：“这有什么？”我的意思是我的工作就像一个石匠。或者在过半数的时间里，我在做木匠。但他们不想听这些，因为他们只能想象前半部分，有意思那部分。但是正如 Kruschev 曾经说过的，你看，这不是煎薄饼。产生一个想法并不能让雕塑站起来，它还是坐在那儿。所以，下一阶段，当然是艰苦工作。你能直接把想法转换成雕塑吗？当你独自一人坐在工作室中时，让你感到兴奋会是这个未经雕凿的东西吗？它看起来像什么东西吗？你真能把它雕刻出来吗？你能亲自完成吗？你有什么东西能当作材料？所以，第二部分有很多繁重的工作。你看，雕刻就是这样。它是异想天开的美妙想法与繁重工作的结合。

第三个例子取自 Jacob Rabinow，他是世界上最多产的发明家之一。当正在搞一个项目时，需要纪律多于需要有趣的直觉，他会用一个心理"游戏"让自己慢下来。

是的，在这方面我是善于运用技巧的。当我需要花费大量精力去完成一个任务时，我会假装自己在监狱。别发笑！当一个人在监狱时，时间就不那么重要了。换句话说，如果这个工作要花一个星期，那就花一个星期好了，反正我要在里面呆 20 年呢……明白了吗？这是一种心理游戏，不然的话你就会说："天哪，一点进展都没有"，然后你就会开始犯错误。但另一方面，你会说这跟时间绝对没关系。人们会问每小时会得到多少钱？与别人合作是每小时 50 元还是 100 元。胡说。除了你要做的事情，其他一切你都会忘记。而我没有这样的烦恼。一般来说，我工作速度很快。但是有的时候我会花费一整天贴一样东西，然后第二天再贴另一边——这会花费我两天时间，但我觉得也没有什么关系。

488

第五个两极性是外倾与内倾的协调，这与前面的那些没有明显的联系。通常特定的个体要么喜欢处在行动的中心，要么喜欢处在场所的外围以对正在发生的事情进行观察。一般来说，人们是处于这一维度的一端的；事实上，外倾和内倾都是人格中最基本最稳定的特质(Costa & McCrae, 1980；McCrae & Costa, 1984)。换句话说，复杂的人，似乎是既喜欢他人陪伴又喜欢独处的人，这完全取决于当时的要求。作家兼物理学家 Freeman Dyson 指着他办公室的门说：

科学是一种社交活动。把门打开或者关上是有本质区别的。当我在进行科学研究时，我把门打开。我的意思是，这是一种比喻，但却是实情。你会一直都想和人交流，有时候你愿意被人打断是因为只有和他人互动你才能以有趣的方式完成工作。从本质上说，这是一项共同的事业……不断有新事物产生，你必须与时俱进，这样才能清楚地了解外面正在发生什么。你必须持续地交流。当然写作是另外一回事。当我写作时，我会把门关上，但是即使是把门关上，仍然会有太多的声音对我造成干扰，所以我常常会躲到图书馆里，这样没人知道我在哪里。这是一个孤独的游戏，我想这是主要的区别，但是，之后的反馈是非常热烈的……你会接触到大量不同的人。许许多多的人就是因为看过我面向公众的书之后，给我写信。所以我可以接触到范围更大的朋友。这在极大程度上又拓宽了我的视野。但是这是在写作完成后而不是在写作进行时发生的。

在这段话中，与人们接触——交谈、倾听——是为了了解新事物和不同的见解。互动是让信息进来的过程，关上门独处是限制信息的过程。门，在这里，作为自我和他人之间的分界线，就好像是智力上的分离为自发行动创造了“距离”，以便对反馈进行整合。已经有人指出社会互动是一个辩证的过程，它既推动人们相聚，也促使人们分离，过分开放或封闭对人际关系和个人成长都有损害作用(Altman, 1975；Altman, Vinsel, & Brown, 1981)。过度的外倾或内倾会降低我们在自我—环境适应性调节方面的灵活性；它让我们变得更加可预测，对目前的敏感性下降，因此对情境的不同变化需要作出相对简单的反应。内倾型的人可能会因为缺乏刺激而丧失成长机会，外倾型的人会因他或她没有花时间对经验进行反思而停止成长。

下面这些节选自 Piaget(1952)文章中的文字与 Dyson 对接触和独处之间辩证关系的描述极为一致。

> 我确实善于社交，喜欢教书以及参加各种各样的会议，但是有时候我会十分迫切地感受到我需要独处，需要和大自然接触。早上我和大家一起度过，到了下午我一个人静静地散步，集中思考并调整我的想法，然后我回到我在乡间的家里的书桌旁……这是我自己作为一个社会人和“自然人”的分裂(酒神节的兴奋以智力活动告终)，这使我能够超越持续存在的焦虑并将之转化为工作的需要。

第六个两极性是精力(energy)与宁静(quietude)，这是根据这两个阶段的内部联系提出的。正如大家所预想的那样，本研究中很多受访者都要长时间地高度聚精会神地工作；但，这并不意味着他们被工作奴役。相反，每次采访归来，他们给我们留下的共同印象是从容不迫。特别让人惊讶的是，取得杰出成就的人往往认为自己本质上是懒惰的。他们说，只有每天靠着自律，才没有让自己向天性中懒散的一面屈服。

以上几则故事有助于解释这些明显矛盾的特质，这些故事生动地描述了活动与休息是如何和谐共处的。例如，经济学家 Kenneth Boulding 描述在美丽的自然景色中工作的状态，那是一种边欣赏山间小溪，边用录音机“写作”的情境。有很多故事讲述了在紧张的工作间隙穿插着小睡、散步、骑车、园艺、砍柴以及其他有助于消除工作疲劳的活动。这些轶事中一个重要主题是，这些人物的精力不是完全由外部的时间表控制的。他们本能地知道什么时候应该集中注意、什么时候应该放松；有几个人认为自己完全“掌握了自己的时间”。他们认为活动的节奏和闲适对工作成功都很重要，他们从尝试错误中学会了这些策略。加拿大小说家 Robertson Davies 举了以下例子： 489

> 这使我想到我生命中十分重要的东西，尽管这听起来有点傻并且微不足道。但是我总是坚持睡午觉，这个习惯是我从我父亲那遗传而来的。有一次我对他说：“你知道吗，你干得好极了。你当初移民来加拿大时还是个一无所有的小男孩，但是你现在做得很好。你把成功归因于什么呢？”他回答说：“嗯，使我最终决定要自己做老板的一个重

要原因是我非常想每天吃完午饭后都能小睡一会儿。”我心里想：“这是一个多么不同寻常的动力啊！”这确实有用，他每天午饭后都会小睡20分钟。我也一样，我认为这极为重要，如果你不让自己的一生在驱赶和鞭策中度过，你可能会更享受生活。

最后，复杂性还可以根据对待工作的态度分为打破常规（iconoclastic）与尊重传统（traditional），既倾向于令人炫目的新尝试，又保持相应的行动领域的完整性。与旧观念可能是错误的、任何新东西都一定比旧的好等现代偏见相反，这些人开始明白那些被传承下来的观念和惯例一定有他们的可取之处，否则他们不会被保存下来，而那些新奇的东西还未经受时间的考验。

毫无疑问，我们所采访的大部分人都具有强大和独立的自我这个人格特征；但他们也十分谦逊，非常清楚地意识到他们的工作是“站在巨人的肩膀上”，他们的成就也是通过一些传统的训练才成为可能。自信常常会伴随有进取心的、打破常规的性格；比如说，诺贝尔经济学奖获得者 George Stigler 说道：

我想说能干的人的一个通病就是缺乏胆量。他们愿意玩安全的游戏。他们会做现有的文献正在做的东西，只是往里面加一点东西……所以这是一个安全的游戏。要创新，你必须玩一些不太安全的游戏，看它会不会变得更有趣。结局如何是无法预测的。

创新本身并没有什么意义，除非与传统的思想联系起来。这些传统思想为发现对抗它的新思想提供了背景。艺术家 Eva Zeisel 的一件陶艺作品被纽约现代艺术博物馆认可为当代设计的杰作。她成长于20世纪初，当她还是一个小女孩时就深受民间传统艺术的影响，她认为她的创作源泉扎根于此。她敏感地意识到传统和创新之间的相互作用：

创造一些不同的东西并不是我的目标，也不应该是任何人的目标。因为，首先，如果你是一个设计师或者任何一个行业的爱好者，你必须长期发挥机能，你不能总是想着要和别人不同。我的意思是从不同到不同再到不同……试图不同是一个消极的动机，创造性的想法和创造性的东西很难从消极的推动力中产生。消极的推动力总是让人有挫折感。试图不同意味着不能像这个也不能像那个，而这个“不像”——这就是后现代主义，用了前缀“后”，行不通的原因。消极的推动力无法产生任何快乐的创造，只有积极的推动力才可以。

辩证思维与最优体验

主体、激情、发散思维、嬉戏、外倾、打破常规以及精力等概念包含一些共同的特征，而受体、分离、辐合思维、纪律、内倾、传统以及宁静等概念也有一些共同的特征。这当然部分是由于选择性访谈带来的结果；或者说，我们在访谈中发现的是我们想要发现的东西。但一定有更多的两极性；在不同研究领域，不同的宗教，神话以及东西方哲学出现了无数相关特质，比如在佛教中涅槃的最优体验是与男性阳刚的特性(例如,支配、主动、攻击)和女性阴柔的特性(如,被动、接受、柔顺性; Kuo,1976)之间的中庸之道相连的。这些辩证对立的概念在西方哲学中,从早期的哲学家 Anaximander 和 Heraclitus,到 Aristotle 和 Plato,以及后来的 Marx、Hegel 和其他的一些人的思想中也能见到(如,Adler, 1927;Rychlak, 1976),一些杰出的人类发展理论中也有这些对立看法的存在,比如 Freud 关于自我对本我和超我的中介作用观点,以及在我们先前详细讨论过的 Piaget 的辩证模型(也见 Lerner, 2002; Riegel, 1973)。 490

从不同时期及不同的文化中涌现出的这些相关的辩证主题,为研究人类发展的学者提供了一个不断苦苦思考其意义的强大理由。从这些访谈中提炼出的关于这些两极性的解释,强调了我们在本章试图要发展的现象学观点。从成对的互补性概念出发,我们力图回答这些问题:结构的建立与改变是如何与最优体验相联的?又是怎样超越倦怠和焦虑的?我们可以看到像热情、嬉戏、外倾、精力这些特质之间的共同点,也可以在分离、纪律、内倾以及宁静这些特质中发现共同点。前一组特质表达的是一种即时的主观注意风格,或者是与同化模式相联系、缺少主观和客观分离的风格。后一组特质暗示注意是主动的和客观的,或者与顺应模式更一致的风格。如同我们先前所提到过的那样,两种注意必须以互补的形式方能起作用,有时它们合作是为了增加唤醒水平和寻求新挑战(即分化),有时它们合作是为了降低唤醒水平和建立新技能(即整合)。比如,在嬉戏探索的情境,必须运用纪律这一特质以发现新的挑战并增加其新颖性;有时必须运用纪律来建立新技能以及增加秩序。因此,这两类特质使人拥有找寻并维持最优体验的自我调节能力。

先前所提到的这些现象学的解释并不能全面解释多种多样的两极性的存在,但是它可以为有兴趣探索这些辩证主题的理论家和研究者们提供一个切入点,这个切入点常常是被忽略的。如果发展的最重要的目标之一,是人在适应新环境方面的灵活性(Kelly, 1955, Lerner,1984),那么从访谈中获取的这些材料,证明了人类在生命后期有灵活性的潜能。更为重要的是,它帮助解释了如何通过避免过度整合引发的倦怠和过度分化所引发的焦虑,让体验达到最优化。这些两极性有助于我们理解发现挑战和建立技能的过程,也有助于我们理解挑战和技能之间的暂时平衡对涌动体验的激发作用。

比如说,为什么 John Hope Franklin 那么热爱教学工作呢?主体和受体这些品质跟他对教书的热爱有什么关系呢?对此,现象学的解释是他复杂的教学风格是自我矫正型的,这让他能够避免因对学生过于接受或太指向学生而产生的消极体验。因此能够使他不把消极经验归于学生的过度接受,或者对他们进行过多的指导。前一个问题,会让那些总希望自己去顺应遇到的每一个人感到烦恼;这让互动变成了一个让人感到压抑、缺少控制的活动,因而产生焦虑。相反,那些不顾别人的想法和兴趣的人,从来不会因为别人而改变自己的任何行为,同样也会使互动变得单调乏味。

这两个极端在 Franklin 的教学风格中都不会出现,因为他有能力随着情境要求的不同变化,在主体和受体之间不断进行转换。比如在我们前面所举的例子中,当学生对自己的"发现"过分热情时,他毫不犹豫地作出强烈反应。他注意听学生的发言,让他起带头作用。

然后,基于在这个环节中获得的知识,Franklin 会发现什么时候让学生回头检查一下他的论据比较恰当。这样,他作为教师的主体地位受到了在交流过程中所获得的洞察力的支持。也可以反过来说: Franklin 对学生的反应性最初是通过在北卡罗来纳州上课,让学生对重建时期进行研究而建立起来的。通过这种方式,主体与受体的两极性让师生之间高度和谐,这大概就是让他的教学体验更加愉快的原因吧。

同样的道理也适用于其他两极性。那些能将嬉戏与纪律、热情投入与客观分离等有机结合的人是能够从工作的过程(如,写作、研究、雕刻)中得到更多回报的人,这是因为在打造自我—环境和谐的过程中,灵活性更大。例如,Davis 关于观察的直接性(observing immediacy)的概念(即,同时处于两种心理状态)使她能在工作的过程同时发现所产生的问题。好奇心引发了分离的需要,以对在探索过程中得到的素材进行重塑;从主动投入中得到的反馈,有助于发现一些亟待解决的问题。借用哲学家和神学家 Paul Tillich(Gilkey, 1990)的一段话,可以说 Davis 以及其他提出类似的辩证主题的人,他们的客观性是建立在强烈的主观性之上的。相反也可以说他们的主观性建立在强烈的客观性之上。换句话说,通过发现问题和解决问题(如,对书面作品做挑剔性修改,运用一些"戏法"让自己对工作更有耐心,把门关上让自己独处),他们掌握了技能,建立了自信,而技能与自信反过来又能支持他们继续探索。

491

总之,上述所讨论的这些两极性,能够在优化体验的同时促进人的发展;虽然每种两极性的描述方式依据不同的活动有所不同,但每种描述中都涉及灵活性在协调自我与环境关系中的作用[关于匹配模型(goodness-of-fit models)的进一步讨论见 Lerner, 1984; Thomas & Chess, 1977]。* 两极性的一端描述了自然的同化过程(即,运用已有的图式或技能使加工过程更加自动化和高效),另一端则是艰苦的顺应过程(即,通过选择性的努力来改变技能)。能够将这两个过程协调起来的人可以: (1) 有效地用整合来平衡分化,反之亦然;(2) 对于持续存在的倦怠与焦虑,能够避免损失心理能量;(3) 能够在适宜唤醒和促进成长的活动中更好地对注意进行引导和投入。

复杂性与智慧

对于老年人来说,在扮演的各种文化角色中,最能代表最优发展结果可能就是智慧了。我们现在就来深入探讨智慧这一概念的涵义以及它与以上章节中所提到的复杂性的动力学之间有何联系。

在东西方文化中,不断提及的一个主题是智慧,它被看作是长寿者的一个品质。人们认为,这些人拥有一种特殊的洞察力,他们可以在既定的环境中提出"最佳"的行动方案。这种观点代代相传,社会也支持了其基于进化论背景的效度。正如有助于生存的生物信息会一代一代传下去,我们有理由相信,有着丰富涵义的智慧概念也会基于类似的原因进行文化传

---

* Lerner(1984)还对人类的可塑性,它在进化过程中的基础,以及灵活的自我调节的发展重要性进行了深入的、多学科角度的审视。

承(Csikszentmihalyi & Nakamura，即将发表；Csikszentmihaly & Rathunde，1990)。

对智慧的人我们有许多种称呼：导师、圣人、顾问、长者、老师等。这些称呼均表达了一种核心特质：具有选择或帮助他人选择最适宜生存和成长的行动方案的能力，这种能力与他们从长期的生活过程中所获得的洞察力有关。从广义上来说，智慧的人，能够给出关于解决生命基本问题的忠告(Baltes & Smith，1990)。从历史上来看，在东西方文化中，这些忠告都与对生活经验的反省有关；通过对岁月长河中的成功与失败经验的反思，智慧的人形成了对自我—环境的关系过程的元觉察(meta-awareness)(Rathunde，1995)。比如说，一个智慧的师长，通常被认为具有谦虚、独立，以及耐心等品质，这些品质通过允许年轻人从错误中成长促进了他们体验自我发现的愉悦(Chinen，1984；Clayton & Birren，1980)。不干涉(或干涉)的决定是建立在对人际交往过程中的复杂性的非凡领悟上作出的，这一点在历史学家 John Hope Franklin 与他的学生之间的互动中就很明显地体现出来。

之前提到过，智慧的一个核心特点，是超越狭隘的具体思维以及在更广阔的背景中看待事情的能力。John Reed，花旗集团(Citicorp)的前任 CEO，最敏锐最成功的财务主席之一，讲述了他解决问题的方式：

> 我是一个总是要了解我所工作的情境的人。有些人总是进来就说"Gee，汽车的挡泥板弯了，怎么才能让它恢复原状？"他们只想搞清楚是什么装置把挡泥板搞弯了。对谁设计了这辆汽车、谁会拥有它、或其他别的外在因素等，他们从来不感兴趣。而我不一样。我要解决一个问题，但是为了能更好地认识问题，我需要了解它的背景。因此，我会好奇：谁会开这辆车呢？为什么会这么设计，弯曲的挡泥板是否与汽车设计有关？这就是我思维的模式——我总是将一件事放入它的背景中去考虑。

值得一提的是，Reed 并不认为是他的整体观、重视事件背景的特点使他成为一个更成功的商人。他举了很多成功的 CEO 的例子，这些人只是运用辐合思维去思考。但是，他声称，从个人的角度，他更喜欢从更复杂的背景中来思考问题，否则的话就无法思考(当然，为了能在他的位置继续坐下去，Reed 也得做好分内之事，在他任内的 4 年中，公司的股票增值超过 400%)。 492

当前关于智慧的研究表明，智慧是评价人类最优发展的一个有效标准。Sternberg (1990)是这样描述智慧的，"与智力和创造性相比，有智慧的人试图去理解[现存]知识的含义和局限。智商高的人则试图让这些知识得到最好的应用。而有创造力的人则希望摆脱这些知识的束缚"(p. 153)。Sternberg 将智慧、智力和创造力分别比作政府的三个职能部门，在对心理的自我管理中，智慧具有审判功能，智力具有执行功能，创造力则具有立法功能。这种三元图式与到目前为止所讨论的复杂性系统是一致的。创造性/立法性反应，代表的是指向分化，或者试图超越已知、产生新的事物或观点的运动；相反，智力的/执行性反应，可以被看作是指向整合的运动，它要在建立清晰且可预测的行为参数的基础上寻找一致性。最后，智慧/审判性的反应就是对认识过程进行背景性评估，从而了解立法性/创造性反应以及执行性/智力的反应的优势和局限。

获得智慧的人可以用最适宜发展的方式将自我管理的这三种功能组合起来。创造性的反应可能会产生指向变化的运动,也正是由于这个原因,它在需要作决定的情境中可能起不到什么作用。智力的反应可能增强知识间的一致性,但是不足以产生新思想。智慧的反应,反映的是对功能之间如何优势互补的一种觉察:智力如果缺乏创造力就会僵化,创造力如果缺乏智力的驾驭就会导致混乱。最后,正是由于智慧,才能考虑具体情境中的自我—环境关系,根据过程对它们进行评估,从而发现当创造性反应必须让位于智力反应时会有什么缺陷,当智力反应必须让位于创造性反应时又有什么不足。因此智慧的反应能够反映 Rogers 所说的充分发挥机能的人所具有的可预测的不可预测性(the predictable unpredictability of the fully functioning person):一个特定的反应(即追求变化或稳定)是否合适,是不能预先知晓的;然而,目前最适合这种情境的行动是可以被确定地选择的。这种行动反映的要么是连续性,要么是不连续性 (另见 Lerner & Busch-Rossnagel, 1981)。因此,智慧是用另外一种方式描述了复杂的人的变通性,复杂的人能够找到通向成长和最优体验的最佳路径(Rathunde, 1995)。

近来,一些研究成人发展和后形式认知(postformal cognition)的学者得到相似的结论,智慧的人具有变通性和辩证表现(Brent & Watson, 1980; Clayton & Birren, 1980; Holliday & Chandler, 1986; Kramer, 1983; Labouvie-Vief, 1980, 1982; Pascual-Leone, 1990; Sinnott, 1984)。如 Labouvie-Vief(1990)注意到 Piaget(如,同化与顺应),Freud(如,初级过程和次级过程),James(如,主体我和客体我)都提到过二元性,甚至当代的神经心理学家也从解剖学和化学上对基础的加工系统进行了比较 (Tucker & Williamson, 1984)。Labouvie-Vief 用历史上的神话 (mythos)与理性 (logos)的区分来指代二元模式。神话象征的是运用思维实体对自我作一个近距离的确认(即认识的主体与客体是无法分割的主观性模式);理性象征的是运用推理或思考的能力将主体与客体分开,或对它们之间的关系进行逻辑分析。

Labouvie-Vief(1990)认为智慧可以将与世界有关的这两种重要方式重新衔接起来。传统上,它们是二分的且相互对立的。因此,神话一般与情绪、身体、主观性以及所谓的女性特征有关;而理性,由于它与理性思维、智力、客观性等相对应,常被认为更具有男性特征。* 在我们的文化中,儿童的性别分化也是基于这种二分法的 (Gilligan, 1982; Gilligan, Lyons, & Hanmer, 1990)。如果智慧通过超越这些虚构的极性,把这些模式重新联结起来,那么这样的描述就会和复杂性的意义相近了。

493

其他人也发现了与智慧特征有关的两极性。Meacham(1983)描述了成熟信念与办事谨慎(mature faith and cautiousness)之间的平衡。Erikson、Erikson 和 Kivnick(1986)讨论信

* 值得一提的是,把客观性与主观性和男性特质与女性特质联系起来,最适用于工具操作领域,在这些领域,男人必须学会适应现实的需要,所以更为客观。但这种联系在注重表达和社会活动的领域中就正好反过来了,女人在这些领域被认为是更具有客观性。

任与怀疑的矛盾时提出了相同的观点。信任与信念能够让人们自发地、全身心地投入到能够产生新思想、新联系的活动中去；相反，怀疑和谨慎，用一种收获现实成果的最好方式，让整合这些突然出现的联结的活动放缓。这些品质的分裂不仅描述了给个体带来消极结果的条件，也说明在一个更大的社会系统中存在一些不明智的行为。例如，Tillich 在综合分析客观性和主观性的研究项目中也隐含了一种文化评论。他认为，现代科学过分强调科学家需要与其要认识的客体分离开来(即主观性所忽视的相反事实为客观性提供了基础)，现代科学主要是处在辩证关系中客观—分离这一端来认识事物本身，这就把技术层面的知识与人性关怀与利益(human concerns and interests)割裂开来。这样做的结果是，人们要面对许多由于对技术的滥用而产生的问题与危险。

智慧是一种结构，是对心理复杂性的最充分的表达。智慧的人通过理解自我与环境的动力关系，最大程度地发展了通向最优体验的能力。这大概就是为什么人们在谈论智慧时，通常将它与超越或入迷的状态相联系。智慧的人对其漫长而丰富的人生进行反思，理解了整合是出于回避焦虑与失调的需要、分化是出于避免倦怠和停滞的需要，智慧就是通过这些过程而历练出来的。由于智慧的人能够将主观性与客观性这两种模式协调起来(Labouvie-Vief，1990，1994)，因而对整合和分化的过程进行自我调节就是可行的。智慧的人做好了准备，通过保持和谐一致来随时随地发挥自己的优势，但是在不可预测的情境中，则依赖于特定的时间、地点及情境。

就如同对任何复杂系统的描述一样，对智慧的人的描述也具有似是而非的必然性，在特定的环境中用强调过程、对立和互动的辩证概念来表达是最好的。因此，发展性研究旨在更好地理解人们的激励性特征，毫无疑问，这非常困难。然而，已有大量研究证实智慧是潜在的成熟的结果(如，Baltes & Smith, 1990)。有关智慧的现象学解释是对这些研究的进一步支持。除了实证研究，对不同文化和历史时期中有关智慧看法的解释学研究也是行之有效的方法。

总之，本章节试图更具体地论述心理复杂性的一些特征，即能够使分化与整合之间实现辩证和谐的一些品质。这些特征让个体能够在创造自身环境并进一步促进发展中发挥积极的作用，在对人的发展产生影响的各种生物和文化因素中，它们只是其中包含的一部分或者一小部分。终身学习的能力以及在环境中相对缺乏的“电路”(hardwired)反应可能是人类最显著的特征。Lerner(1984)得出了相同结论，他认为，在发展过程中得到最优发展的即是那些能够适应不可预知的情境的自我调节能力或风格(即改变自我以适应环境或者改变环境以适应自我)。虽然，这些激励性特征可能与遗传素质(如，可能影响开放/退缩水平的气质特征，集中注意的能力等)有关(见 Thomas & Chess, 1977)，它们也会受到社会化情境的影响，尤其是受到家庭的影响。因此，了解这些特征是如何在儿童发展过程中产生的，是理解人类发展的关键所在。

复杂性在儿童发展过程中的基础

前面我们通过理论术语的描述以及对理想结果的举例，勾画出了我们关于成人复杂性

494 的观点，现在我们把重点转向复杂性的基础是怎样在儿童发展过程中建立起来的。尽管要精确地追溯我们前面讨论结果的进化过程、或者在早期经验和这些结果之间确立明确的因果关系是不可能的，但是这里依然假定，前面的讨论有助于发现在生命早期那些促进人的充分发展的过程。许多假设的关系都有待进一步研究和验证。为了突出重点，我们提出了另外三个假设：

1. 如果辩证的两极性可以表明复杂的发展结果，那么这些结果社会化的情境也具有辩证性的特征。

2. 在众多对儿童发展非常重要的关系当中，以下两种关系无疑是关键：亲子关系和师生关系。因此我们把讨论的焦点集中在这两种互动情境中。有关亲子关系的讨论我们从青少年开始，然后回溯到童年期和婴儿期。有关学校情境的讨论将聚焦在青少年早期的重要转折期，这一时期，自我调节的成熟模式开始形成。

3. 如果在从出生到老年的个体发育过程中，复杂性的发展存在一种合理的联系，那么就可以假定，人类的这样一种（潜在的）发展方式是由进化决定的。因而本章会以探讨复杂性是根植于人类进化史上的一个人类发展目标的思想作为结束语。

基于以上假设，本章节将探讨儿童社会化与成人期复杂性结果之间的关系。这种方法是探索性的，它有两个目的：进一步深化本章节中所讨论的基于经验的理论观点；起到抛砖引玉的作用，以期未来出现更多有关该主题的研究。

社会情境的重要性

生命后期的复杂性在儿童时期是如何打下基础的？我们同意 Bronfenbrenner(1992)的观点，成熟的自我调节在很大程度上是以往社会经验的遗留产物："的确，个体通常能够调整、选择、重构，甚至创造他们自身的环境。但是，这种能力只有当个体已经在一定程度上能够投入自我导向的行动时才会出现，这种能力是他的生物学天赋能力和他或她所处的发展环境之间的联合函数，缺一不可。"(pp. 223—224)在谈及最优的环境是哪种类型时，他是这样描述的："结构或者功能上的任何极端无组织或僵化，对心理成长来说都是危险的信号，而中等程度的系统变通性是人类发展的最适宜条件。"(p. 241)我们认为这种系统变通性对最优体验是否出现起着重要作用。

继 Piaget 之后，大多数探讨思维的建构性本质的研究都没有重视人际交往过程的价值。例如，有关社会认知的理论性工作主要集中在内部建构是如何对知觉及社会交往的动力产生影响的，这种内部建构的发展与接触他人无关(Kahlbaugh, 1993)。此外，许多这类理论也没有把 Piaget 的辩证思想纳入进来(Kuhn, 1978)。很少有人尝试把从自我和他人的辩证互动中形成的思想理论化。有关从它们如何影响即时体验的角度去考虑这些互动的尝试就更少了。

在一定程度上，由于受俄国 Luria 和 Vygotsky 为代表的发展观点潜移默化的影响，目前，更多地强调个体是如何在社会文化情境中发展的，以及高级的心理机能是如何在社会交往中被"内化的"(Bruner, 1990; Mead, 1934; Rogoff, 1990; Stern, 1985; Wertsch, 1979,

1985, 1991)。把辩证的发展原则与社会交往联系起来的时机已经成熟了。James Mark Baldwin(1906,1908,1911)的思想为我们把现象学与社会过程联系起来的尝试,提供了一个重要历史背景(Kahlbaugh,1993)和关键性见解。

Baldwin 的观点之所以与本章内容有关,有多种原因。他的"发展"(即建构组织"平台"方面的进展)理论是辩证的、并且是对二元对立的综合。前面关于 Piaget 的许多看法也适用于 Baldwin: 发展是通过同化与顺应的交替进行实现的,如果信息与已有结构相一致,守恒的、同化功能就起作用;如果在环境中遇到对立,重建知识结构、改变取向的顺应功能就起作用(Broughton & Freeman-Moir, 1982)。

495

Baldwin 与 Piaget 之间的三点差异对我们的目的更为重要。第一,Baldwin 更强调与成功适应相联的主观奖赏的重要性;他认为积极的体验会引起行为的不断重复,而重复会导致习惯的形成。与他的同事 John Dewey 和 William James 一样,Baldwin(1906)以很大的篇幅论述了兴趣是注意的原动力的观点(pp. 41—44)。因而,他的观点与我们要对同化与顺应的过程进行现象学解释的目标是一致的。

第二个关键的差异是 Baldwin 对最优成人发展模式的界定方式。Piaget 认为形式运算是思维发展的最后阶段,处于该阶段的个体具有对世界上各种关系作出理性假设的能力。而在 Baldwin 的最高发展阶段——超逻辑阶段(hyperlogic),他注重的是超越二元化的对世界的审美能力。他对这一阶段的描述与当代关于后形式运算和智慧的理论是较为相似的(Basseches, 1980;Kramer, 1983),Baldwin 早前是这样评论生命后期复杂性的:"在审美的沉思中获得的关于现实的直觉,保存了除外部表现以外的事实或真理的所有意义,以及除主观性体验以外的所有用途及价值;因此,从根本上排除了从内部与外部,主观与客观这种对立的角度去构建现实的方式。"(Baldwin, 1911, p. 256)

Baldwin 模型与 Piaget 模型之间最大的差别在于对社会过程作用的看法上。Piaget 认为,社会环境的质量会影响儿童通过各个发展阶段的速度,但不影响阶段本身的性质。当儿童发展了更为成熟的思维形式时,社会过程会变得越来越重要。社会过程是 Baldwin 的发展理论必不可少的组成部分。他认为越具有新异性的社会交往,越能扮演推动成长的持续性资源的重要角色:"即使在每次重要体验之后,人们仍能保持这种新异性而没有减少;当适合于他们的任务以习惯和得到验证的事实形式呈现时,个体汹涌澎湃的心理倾向和特质就会不断形成。"(1906, p. 61)Baldwin 之所以把个体的发展置于社会交往的中心位置,是因为这些互动是连续的挑战和新异性的源泉,因此它对发展起到一个强有力的刺激作用。

正是通过交往,同化和顺应的机能才扩展到最大限度,这些机能是在新生儿与主要的抚养者之间的协调过程中发展起来的。例如,儿童通过模仿顺应了他人,但是模仿绝不是"完全的"复制,因为动作已经被添加了私人意义,儿童学会的任何内容都是与主观经验有关的。同样,当学习正确使用一个词汇时,个体也会把个人的意图表达在里面(Bakhtin,1981)。从这个角度来说,顺应不是消极的模仿活动,而是具有"创造性"的。通过放逐(ejecting)自我的过程,儿童根据自己的条件对他人的观点进行同化;当产生矛盾时,自我被重新建构。由此可见，在发展动力方面，Baldwin 与 Piaget 的看法颇为相似，但 Baldwin 认为，对自我的辩证成长来说，儿童与主要的抚养者之间的关系是基础，社会依存是发展产生的必要条件(如，Tobach，1981； Tobach & Schneirla，1968)。

与强有力的人(相对于儿童而言)互动会促进顺应；与一个缺少力量(less powerful)的人互动会鼓励同化。对婴儿的需要和愿望是反应性的母亲，会被认为是缺少力量的；换句话说，当她顺应时，儿童会同化。当儿童必须顺应时，母亲就是“强有力”的，儿童可能是通过模仿动作、对言语和物理刺激作出反应或调整自己以适应喂养时间等等方式顺应的。从这种普遍的动态过程中，我们可以看到自我的辩证成长是如何通过母子(女)之间平等交换朝着积极的方向进行的，或者失败的同化或顺应习惯又是如何通过与一个过于主动或长期被动的母亲交往中形成的。

“爱和纪律”* 代表的是鼓励复杂性的教养行为：当父母能把爱和纪律适当结合时，儿童就会发展出成功的同化和顺应习惯，两种模式的协调一致与最优体验就容易产生。随着时间的推移，在爱和纪律平衡的家庭中进行社会化的儿童，会发展出对注意力进行自我调节的高级能力，会对环境作出能够促进最优体验和成长的反应。换句话说，他们极有可能出现与复杂性相连的发展—激励特征。

496

父母可以通过多种方式为儿童提供一个爱与纪律健康结合的教育模式。策略之一就是我们现在所说的传统核心家庭。父母通过长期的劳动分工创造了一种成熟系统：那就是父亲充当“管教者”(disciplinarian)，母亲充当“抚养者”(nurturer)(Parsons & Bales，1955)，也就是所谓的严父慈母的形象。这种传统的性别角色划分在父母教养方式中表现得非常明显。例如，父亲常常由于他们的主动风格而成为刺激源，母亲则是鼓励调节和安抚的源泉(Field，1985)。通常，父亲对孩子的看法不太敏感，他们为孩子提供外部挑战资源；母亲则更愿意把注意放在如何支持孩子的兴趣方面。** 尽管当代家庭父母角色边界不像过去那么僵化，人们仍然能够观察到这种传统模式的明显痕迹(Larson & Richards，1994)。

然而传统的解决方式只是众多可能性中的一种。父母亲或其中单独一方，也可能担当雌雄同体的角色，既是抚养者又是管教者。可想而知，这种方式有得天独厚的优势，它可以适时地在爱与纪律之间进行转换，因此，可以形成令人满意的亲子关系(即，当孩子需要管教的时候，母亲不必依赖“等你爸爸回家再说”，同样，父亲也不可能在孩子们需要支持时，用“去找你妈妈”去搪塞)。想出几种把爱和纪律有效结合起来的教养方式并不困难。例如，有孩子的家庭会把孩子送到学校接受智力和身体方面的严格训练。那些要求过高的父母，其子女也可以通过关心他们的抚养人或扩展家庭中的其他成员来实现顺应。争论的焦点并不在于特定的家庭组织(虽然某些安排可能是有利的)，而是在某些适宜的社会化情境中，能够形成同化与顺应的良好习惯的儿童，更可能在成年时发展出对经验进行成熟的自我调节的

---

* 通常“纪律”这个词被等同于惩罚。这个词来源于拉丁语的“门徒”(discipulus)，就是学生(pupil)的意思。这个意思折射出纪律的含义为用经验培养心智和性格。在训练或教学范围内，惩罚与纪律具有相同的含义。

** 如果对一个“更强有力”的爸爸作出反应与习得同化的习惯有关，那么在现代家庭中缺乏父亲卷入现象的增长就能够帮助解释在许多社区里社会整合明显下降的现象。

能力。

亲子互动和复杂性的成长

接下来,我们会运用前面的假设对有关父母教养方式对儿童发展影响的各种观点进行分析和整合。在下面的选择性综述中,我们试图把父母的爱与纪律,或支持与挑战和儿童发展的三个阶段(青少年、儿童早期和婴儿期)联系起来。

青少年时期的父母教养方式

家庭是否仍然能对青少年的发展产生影响?爱与纪律的性质是否仍然以前面所讨论的方式产生作用?即使和家长的互动与自我调节的习惯有关,但也可以认为在童年期建立的模式到了青少年时期就相对"固定"了;用 Vygotsky(1978)的术语说,"心理间的"(intermental)已经变成"心理内的"(intramental)。不仅如此,青少年比年幼儿童接触的社交圈更大,更容易受同伴的影响。他们也更容易接触到无人监控的媒体(如,电视、书、音乐和电影)以及学校教育的影响。尽管有以上诸多影响因素,大量的研究表明诸如爱与纪律(适用于文献中使用的各种提法)这样的教养方式的性质,对青少年的发展仍然非常重要(Damon, 1983;Irwin, 1987;Maccoby & Martin, 1983)。

Diana Baumrind(1987, 1989)把"反应"与"要求"的结合(即权威型教养方式)与青少年的最优能力联系起来,从操作性定义来说,与主体和受体的雌雄同体的结合一样。Cooper及其同事(Cooper, Grotevant, & Condon, 1983)发现在家庭互动过程中,联系与个性的结合(即,听取及调整观点,表达个体的选择)与青少年同一性的获得和角色采纳技能有关。这些结果都证明,有效的分化和整合过程与心理复杂性有关:同一性需要经过危机(即对不同的选择进行探索)和承诺(即在考虑过这些选择后作出坚定的决策;Marcia, 1966)才能获得;角色采纳需要考虑他人的观点,然后整合到自己的观点中(Cooper 等,1983)。最后,Stuart Hauser's(1991)的研究揭示了在家庭谈话中"支持"(情感使能)和"挑战"(认知使能)的"移动"是如何与青少年自我的高级发展相联系的;同时,还表明,似乎在自我发展的高级阶段,辩证性性格会增加(Kegan, 1982;Loevinger, 1966)。 497

尽管我们有关家庭与青少年的研究强调的是对体验结果的测量,但它与以往的研究结论是一致的。例如,认为自己的家庭环境是支持和挑战并存的天赋优异的青少年,报告说他们有更多的最优体验,对日常生活、尤其是正在从事的学习活动更感兴趣;被子女认为是支持性与挑战性并存的家长,对自己与子女的关系及个人生活有更大的满意感(Csikszentmihalyi 等, 1993;Rathunde, 1996)。一项全国性的、采用聚合交叉设计的研究,调查了近700名不同背景的青少年,验证了以上结果:在控制了青少年的性别、年级(6至12)、种族背景(黑人、亚裔、西班牙裔及白人)和父母受教育程度之后,来自支持性与挑战性并存家庭的青少年报告了更多的最优体验,对学校生活更感兴趣(Rathunde, 2001a)。

为什么支持与挑战并存的家庭环境与积极的体验结果有关呢?正像我们之前所述,注意的两个基本模式(被动—即时的注意模式与积极—主动的注意模式,James,1890)必须密切保持同步,以保证适宜唤醒、涌动及知识增长。在 Piaget 的理论中,这些模式分别对应的是同化与顺应。将这两种模式分离开，将会对最优体验及学习产生干扰，导致磨洋工或做苦力(Dewey, 1913, 1938)——两种对过低或过度唤醒的短期“解决办法”。支持与挑战并存的家庭环境会促进两种注意模式的交互使用，因而更有可能与青少年发展出最优体验的能力有关。当父母期望青少年担负更多成熟的责任、学习与年龄相符合的新技能、朝着更加个性化方向发展等等时，这样的家庭环境就是挑战性的。因而，挑战性的环境就是青少年能够从中受到纪律影响的训练；他们“练习”重新组织自己的注意力，了解他人的观点，形成不断顺应新期望与目标的行动计划。当父母通过照顾孩子的日常需要、非审判的方式倾听孩子的心声，允许青少年去探索兴趣所在等等时，他们就为孩子营造了一个支持性的家庭环境。在这样的家庭中，青少年会以较低的自我意识、较少受现实要求的制约以及更符合个人的主观性和想象力的方式接触世界。这种理论上的推理与该领域那些强调在家庭中把爱与纪律结合起来的益处的观点是一致的，但是这种推理是从我们的经验方法中得到的。

这些主张也有一些实证支持。如，我们运用经验抽样法(ESM)让注意的两种模式(即即时卷入和对目标的主动聚焦)变得可操作，从青少年身上搜集他们在家庭中得到的支持与挑战水平的信息。在两个学生的社会经济地位(SES)和种族背景差异很大的聚合交叉设计研究中，结果一致表明：(1) 对高家庭支持的知觉与青少年即时情绪及精力有关；(2) 对家庭挑战的知觉与青少年对重要目标的选择性注意有显著相关。不仅如此，来自高支持、高挑战家庭的青少年报告更多的涌动，对学习活动也更感兴趣，他们在学习上花费更多的时间，让自己的能力更上一层楼(Csikszentmihalyi 等，1993；Rathunde, 1996, 2001a)。对此，我们认为，由于支持与挑战并存的家庭允许同化与顺应的辩证过程有更多的变通性，所以会让青少年更容易协调人与环境的关系，这种一致的关系更可能形成适宜唤醒和最优体验。

在这类家庭中的重复性经历更可能促进自我调节习惯(即心理复杂性的最初信号)的形成，这种习惯可以将倦怠及焦虑转化为涌动。相反，这些研究也表明，来自高支持、低挑战家庭(即放任性的环境)的青少年更乐于从事被动的休闲(如，看电视)和其他“磨洋工”的活动，来自低支持、高挑战(即更为专制性的环境)家庭的青少年，会在重要的学校活动上花费更多的时间，但是会报告消极的情绪体验并感到所从事的活动是“做苦力”。与提供强有力的支持及挑战的家庭相比，这些家庭环境可能会强化不断防御的调节模式，而不是增加最优体验。未来的研究应该对这些可能性进行探讨。

498

童年期的父母教养方式

如果青少年的经历与家庭条件密不可分，尽管来自朋友、学校及媒体的影响更大，那么年幼儿童经验的性质很可能与家庭条件有着更加密切的关系。Barbara Rogoff(1990)的研究尤其支持了这个观点。她对许多不同文化背景下的父母与儿童进行了研究，其研究的理论基础来自 Vygotsky 关于心理发展是通过人际交往实现的观点。她的主要理论概念是指导性参与(guided participation)，它是支持与挑战的结合：“指导性参与让成人或儿童卷入了挑战，在提出问题和解决问题的过程中，通过对儿童的活动材料和职责的安排以及人际沟通对儿童进行控制与支持，在这个过程中，儿童在一个舒适但有小小挑战的情况下进行观察与参与。”(p. 18)

指导性参与的基本过程具有普遍性。在所有的文化背景中，家长与子女必须搭建一个能够对情境达成共识的桥梁，允许主体间交流(intersujectivity)，或有一个共同的注意焦点和共享的假设(Rogoff, Mistry, Göncü, & Mosier, 1993)。因而，所有的父母都采用一些措施提供支持与挑战：支持儿童掌握技能的尝试，向儿童提出挑战促使他们掌握更高的水平。为了帮助儿童避免过低或过高的挑战性，成人必须巧妙地让支持与挑战的比例保持均衡。例如，支持可以通过这些方法来实现：把任务分解成一个个子目标从而简化其结构，用语言把新旧任务联系起来，认真追随孩子的视线和注意力，帮助儿童回避令人沮丧的障碍等。但是，随着孩子技能的发展，挑战的水平也应该提高：向儿童提问促使他们寻找更多的信息，让儿童承担一些责任，当儿童可以靠自己取得成功时，就不要干预等。

为了让指导性参与更有效，家长必须仔细观察孩子的线索："互动线索——轮换时间的掌握，非言语线索，每位搭档说了或没说什么——这对建立一个支持与挑战并存的学习环境是非常重要的，这种环境要根据学习者的理解情况而不断调整。"(Rogoff, 1990, p. 104)儿童可能会或多或少地直接请求帮助，也可能通过表情、手势、无精打采或反感的眼神这些含蓄的信号进行暗示。许多研究发现了行为中的敏感性调整。例如，有效的辅导老师会对干预的最佳水平提出假设，然后根据学生的反应修正这些假设(Wood & Middleton, 1975)。当 6 岁和 9 岁的儿童在解决一个分类任务时，母亲可以通过提供充分的言语和非言语信息来帮助他们；然而，随着活动的继续，这种冗余的帮助应该减少，只有当孩子在解决问题的过程中表现出困难与犹豫时，才再次为他们提供这种帮助(Rogoff & Gardner, 1984)。最后，这种相似的此时此刻的动态过程在大学里表现得更明显，专家们也是这样在化学、物理、计算机科学和数学领域对学生进行辅导的(Fox, 1988a, 1988b)。

指导性参与的益处是让儿童/学习者置身于最近发展区当中(即挑战性稍微高于儿童的实际技能水平，在一个更有能力的搭档的帮助下能够掌握这些挑战；参见 Vygotsky, 1978)。Rogoff 认为，最近发展区代表了一个"敏感性的动态区域"，在这里，发展产生了，文化的技能也被代代相传。从现象学的观点来看，我们认为儿童在最近发展区中的主观体验与最优的、内在奖赏的涌动体验是很相近的。在最近发展区中，挑战略高于技能，个体会经历令人有点儿不愉快的唤醒状态，如果个体能够形成更高水平的技能，这种不愉快的唤醒状态就会转化为涌动(Csikszentmihalyi & Rathunde, 1993)。我们的经验观认为正是涌动的吸引力让儿童乐于作出调整。

很多研究证实指导性参与对儿童的发展有益。例如，它与婴儿的沟通能力(Hardy-Brown, Plomin, & DeFries, 1981; Olson, Bates, & Bayles, 1984)，与儿童顺序排列技能的提高(Heber, 1981)以及 3 到 7 岁儿童对新奇事物的积极探索都有关系(Henderson, 1984a, 1984b)。Wood 和 Middleton(1975)发现当母亲量体裁衣，根据孩子的需要进行指导时(即，在一个略有挑战性的水平上进行指导，为让孩子取得成功而不断调整她们的教学)，儿童在用积木搭建金字塔时表现得更好。有趣的是，母亲干预的数量与表现无关；干预的性质才是关键所在。

指导性参与的过程虽然具有普遍性，但不同文化间在所重视的目标及达成的手段方面 499

还是存在重要差异:“一个主要的文化差异也许在于成人调整自己的活动以适应儿童的程度,以及反过来,儿童调整自己的行为以了解成人世界的程度”(Rogoff 等,1993,p. 9)。前者,是以儿童为中心的模式,它强调父母通过参与孩子的游戏,把孩子当成一个对话伙伴,等等,来顺应孩子的水平。这种模式在前面引用过的研究中已经描述过,它也是美国中产阶级家庭的典型模式:“在我们研究的中产阶级人群中,成人与孩子之间观点的沟通桥梁经常是以孩子为出发点的,他们关注孩子的注意方向、调整自己的观念以实现对孩子的理解。”(Rogoff 等,1993,p. 19)

当孩子较多地融入成人的日常生活及工作环境时,他们就会通过观察和效仿顺应成人。在以成人为中心的取向中,人们期望儿童在该发言时才发言,答复询问,或只是简单地执行指示,同时,成人也会对儿童的努力提供有益的反馈。这种模式在很多非西方文化中可以看到,如在 Kaluli、新几内亚、萨摩亚群岛,在这些地方,人们期望孩子适应正常成人的情境(如,抚养者在与孩子说话时并不使用简单的表达方式;Ochs & Schieffelin,1984)。这种模式在美国的一些黑人社区同样可以看到,在那里,不鼓励孩子先开始与成人对话,儿童保持安静时,父母对他们的注意时间更长(Ward,1971),而在东方文化中,比如日本,父母强调孩子应该在更有经验的社会成员面前扮演学徒的角色(Kojima,1986)。

Martini 和 Kirkpatrick(1992)表示,波利尼西亚父母教育孩子的目标就是把孩子变成“父母式的人”。为了达到这个目标,社会化的任务就是围绕着教育孩子如何成为一个胜任的一家之主、如何在家庭内外以及更大的社区内维系熟悉关系——同时,在复杂的人际关系网络中保持自治。群体参与与自治之间的复杂平衡会受到文化的进一步强化,这种强化始于儿童中的同伴交往(Martini,1994)。

Rogoff 及其同事(1993)认为,来自不同社区的人可以从以儿童为中心和以成人为中心的社会化模式的协调中获益。例如,西方文化中的以儿童为中心的取向对发展“学校教育论”(discourse of schooling)是有益的,而以成人为中心的方法有助于发展儿童的观察技能。通过鼓励发展观察技能,以成人为中心的方法可能有助于白人儿童将自己的行为与团体中其他人的行为协调起来;反过来,以儿童为中心的方法能够帮助传统社会及一些西方的少数族裔社区获得到西方的机构接受教育的机会,这些机会依靠强烈自信的个性。

婴儿期的父母教养方式

大量有关婴儿期父母教养方式的研究能够帮助我们从讨论中提炼动力学理论。例如,Field(1985,1987)曾提出,婴儿出生时就具有不同的遗传倾向性,这令他们对环境刺激作出不同的反应(如,Eysenck,1973;Freedman,1979;Izard,1977)。了解并相应地调节自己的行为,以满足婴儿的刺激和唤醒调节需要的母亲,为安全依恋和自我调节的发展提供了最优条件(也见 Lewis & Rosenblum,1974)。所以,母亲调节自己的行为以满足孩子对刺激或安慰的需要,能够帮助孩子保持适宜的唤醒水平。在正常情况下,母亲和婴儿甚至在行为和生理节律方面也可以保持协调一致(Brazelton,Koslowski, & Main,1974;Field,1985;Stern,1974)。

当母亲不能用适当的方式刺激或安慰孩子时,婴儿就会从互动中退出,表现出反感的眼神、消极的情感、心跳加速或其他骚动行为；当这类婴儿得到治疗或脱离了过低或过度刺激的环境后，常会得到好转(Field,1987)。然而，如果母亲长期不能发展出能够满足孩子需要的和谐一致的模式的话，孩子的心理与行为就会紊乱，造成他(她)难以应付后期一系列的发展问题。例如，有报告显示早期亲子关系失调与学龄期的行为和情绪问题有关，包括多动、注意广度小，同伴关系困扰(Bakeman & Brown, 1980; Field, 1984; Sigman, Cohen, & Forsythe, 1981)。 500

也许"很难读懂"某些婴儿(即早产儿或有唐氏综合征婴儿)的唤醒需要，但是父母通常会比陌生人更能适应和照顾好儿童。互动辅导的研究也显示父母可以通过学习成为更敏感的交往对象。例如，当要求模仿婴儿的反应时，母亲就会减少自己的主动行为，转而更加注意婴儿的线索；反过来，如果要求她们让婴儿保持注意时，母亲对婴儿的线索就不太敏感了，自己的主动行为增多(Clark & Seifer, 1983; Field, 1977)。因此，前一种辅导技术增强了父母教养方式中的以儿童为中心的取向，后一种辅导技术则是对以成人为中心的取向的鼓励。

主体间交流的观点也是依恋研究的前沿问题(Bretherton, 1987)。依恋理论认为婴儿和父母在遗传上已为共同协商、合作行动做好了准备(Bowlby, 1969; 对照的观点可参照Gottlieb等，第5章；Thelan & Smith，本《手册》本卷第6章；Trevarthen, 1979)，甚至新生儿就已经具备体验自发产生的自我组织感的能力(Stern, 1985)。依恋研究中特别有用的部分是，大量的理论与实证工作都说明了早期互动是如何影响儿童以后的发展的。依恋研究者假设早期抚养者与婴儿的互动性质会影响儿童对世界的解释，这种解释是通过工作模型的发展发挥作用的(见后面的讨论)。因此，与世界联系的基本方式被认为与早期抚养者—婴儿互动的特征存在根本联系。

"依恋系统"这个术语指的是一个一致的行为—动机系统，该系统围绕一个特定的人物(或人群)。Bowlby(1969)注意到，依恋系统因知觉到的危险而激活，因安全而失效(deactivated)。Bretherton(1987)主张把依恋系统看成是持续活动的会更加有益，因为这可以用来解释两种不同的依恋现象：当知觉到危险时把抚养者当作安全基地，以及把抚养者当作探索的出发点。Bretherton的概念化让我们可以把依恋系统看成是与本章讨论过的其他适宜唤醒模型的一个连续体，同讨论过的其他模型一样，依恋系统把两种"对立的"人类倾向结合起来：在面临过度变化时寻求连续性(安慰)，在面临失去感觉的连续性时寻求改变(刺激)。

支持/挑战的结合也被认为是抚养婴儿的最有效方式并不奇怪。安全依恋是指当婴儿需要支持时，抚养者就会提供支持，同时通过鼓励探索和自主来提供挑战。* 这种平衡有助于创设与安全依恋相联的和谐一致的模式(Isabella & Belsky, 1991)，比如那些在喂养情境中观察到的、面对面的互动，对哭闹情境的反应，以及其他类型的互动行为(Ainsworth & Bell, 1969; Bell & Ainsworth, 1972)。不和谐一致的模式倾向于过度或过低的刺激，因而是

---

* 在依恋文献中，通常把以儿童为中心的取向描述成最佳的教养方式。这是基于大多数依恋研究者把母亲的不敏感性看成是母亲没有采择孩子观点的能力(Ainsworth, 1983)。

与不安全依恋模式相连的(Isabella & Belsky,1991)。

由于人类婴儿对抚养者有依赖性,因此在生命的第一年里,抚养者对主体间的关系模式有巨大影响。依恋理论认为从这些关系中,儿童形成了关于世界是怎样运作的内在工作模型。这个模型发挥了一种功能性作用:它是对经历过的现实的表征,因而可以运用过去经验来想象其他的可能性并作出决定(Craik,1943)。根据进化论的观点,由于工作模型在一定程度上为生存提供了有利条件,它们允许有更多的富有洞察力的、适应性行为(Johnson-Laird,1983)。一个模型的适应性取决于它与真实世界的符合程度(即表征内容必须模拟环境中的相关内容);工作模型越复杂,有机体的潜在反应就越具有灵活性。

在与抚养者互动的基础上,儿童学习了有关自我是如何与他人相连的基本信息,这些信息为未来的解释提供模板。互动关系中的曲解或打断会导致信息加工的变形;因为工作模型变得自动化和习惯化,这些曲解会导致相对稳定的发展的非适应模式。Stern(1985)提出了具有鼓励性的建议,当母亲对婴儿的线索"过于依从"(overattune)或"不够依从"(underattune)时,她们就损害了婴儿评价自己内在状态的能力。从经验论的视角来看,这种结果会严重损害个体将来评价倦怠和(或)焦虑的能力以及促进涌动体验的反应能力。

501

与经验论的观点有关的研究也显示依恋模式会影响儿童从事活动的方式。例如,12个月大时是安全依恋的婴儿,在2岁时完成一个对他们来说很难独立完成的困难任务时,表现出更强的适应性交流能力。安全依恋的婴儿试图独立解决问题,但是当他们遇到障碍时会转向母亲求助;母亲就会安慰他们的孩子,帮助他们把精力集中在任务上(Matas, Arend, & Sroufe,1978)。因此,在安全依恋关系中,投入任务的方式反映了母婴互动的方式(即在支持的情境中探索)。同样值得注意的是安全依恋的学步儿表现出更大的热情和活动乐趣。

总之,有关青少年期、童年期及婴儿期教养方式的几种观点一致认为,支持与挑战相结合的教养方式为儿童发展创设了最佳环境。对不同教养方式研究中存在的连续性有一个深入的理解,是走向儿童发展的整合理论的第一步。我们认为,其中一个值得探索的最重要领域是:支持与挑战结合而成的系统变通性是如何影响儿童的主观经验,以及他们自我调节唤醒的能力的。每个领域的研究都传递了本章中的现象学观点。支持与挑战相结合的父母教养方式与青少年报告的在学校中的涌动体验(Rathunde,1996, 2001a),儿童在最近发展区的参与(Rogoff,1990),学步儿热情的任务表现(Matas等,1978),婴儿的适宜唤醒(Field,1987)有关。纵览上述观点,都强调了儿童通过家庭中的主体间交流的经验而获得发展;这种观点的历史起源可以追溯到Baldwin(1960),Cooley(1902),Mead(1934)和Vygotsky(1962)的思想。

师生互动与复杂性的成长

与家庭环境一样,学校环境在儿童社会化和促进儿童发展方面都起着重要的作用。如果支持和挑战并存的家庭的确能够促进即时注意和主动注意的交互使用,并因此而提高儿童发现最优体验的能力,那么我们也有理由相信学校环境也可以起到相同的作用。具有挑战性的学校环境能激活学生的顺应努力(即主动注意):梳理自己的思想,接受新观点,订出新计划等等。支持性的学校环境维持学生的同化习惯(即即时注意)：从自己的角度探索世界,用想象作为桥梁获取新的经验以及在探索和学习中感到轻松和有效。因此,支持与挑战并存的学校环境创设了一种灵活的社会系统,它对“完全”注意或双向注意来说是最理想的条件,这两种注意能够维持学生的适宜唤醒并促进挑战与技能产生变化。

对于学习的两种不同价值,教育哲学的看法不一。例如,当代教育哲学关心的是如何提高学生的学业成绩(如,回归基础取向,越来越强调表现和标准化测验),因此,倾向于强调学生要顺应他人——通常是老师和/或课文上的观点。成年人对学生提出挑战,期望他们努力学习吸取新的知识。这种取向非常强调我们现在称之为主动注意,或传统上称为“客观”、“理性”或“概念”模式的价值。William James 将这种学习(knowing)称为“知识型的”(knowledge about)(Taylor & Wozniak, 1996)。相比之下,随着人们越来越关注儿童的发展,承认儿童有建构的能力,20 世纪出现的几种教育哲学都非常强调学生的内在学习动机。这些取向强调由内而外地引导学生主动学习,因此人们常常将此与 Dewey 在教育中倡导的进步运动联系在一起(Semel & Sadovnik, 1998)。他们非常强调我们称之为即时注意,或传统上称为“主观”或直觉模式的价值。Taylor 和 Wozniak (1996)提到 James 有时将这种学习称为知觉型的(perceptual);经验是直接和即时的,“感知者(knower)和感知对象(known)之间是密不可分的 (p. xvii)”。强调这一取向的教师期望学生去发现挑战,从而学习更多的新知识。 502

我们认为两种注意应该交替使用,正如在许多心理复杂性的例子中清楚看到的那样。James 和 Dewey 都认识到这样一个两难困境：当一种模式与另一种模式彼此分离时,学习的过程就会被有害的结果中止。James(1904)认为,“知识存在于个体的经验组织中。知识是被构建的;是由在时间上展开的关系构成的。”(pp. 539 - 540)当经验被主动或选择性注意分成几个部分时,已有的经验组织必须保持完整,被强调的各部分经验必须在不断变化的关系中重新找到它们的位置。从这个意义上说,James 认为知识既不是主观的,也不是客观的,但是当我们将知识理解成一种功能或过程时,它就既是主观的又是客观的。与 James 一样,Dewey 对纯理性分析也表示怀疑。唯智主义将现实与他人“关于”某些事物的知识等同起来,Dewey 的进步运动正是对这种“唯智主义谬误”的反击(Kestenbaum, 1977)。遗憾的是,Dewey 的经验哲学在这点上常常被误解或被忽视。像众多与进步运动相联系的人一样,Dewey 常被看作是“轻松”自由放任教育模式的倡导者,这种教育模式过于关注儿童的兴趣。但是,认为 Dewey 的经验哲学反映了 James 关于主观和客观以及即时和主动注意相互联系的观点,这是完全正确的。这点在 Dewey(1934/1980)对“完全”或审美经验(即普通经验的理想楷模)的描述中体现得很清楚：“艺术以特别热烈的方式庆祝这个时刻,在这个时刻,过去增强了现在,未来加快了现在。”(p. 18)各种审美经验是对思想的主观和客观阶段基本节律的增强,人们将这个被增强的节律体验成一个强大的流或涌动体验。

学校或教师,可能会强调无论是以教师为主导、抽象/概念取向,还是以学生为主导、具体/直觉取向有时都是有效的,但这仅仅是因为无论学校主张的教育哲学是什么,他们都低估了注意的作用。换句话说,一定的教育哲学可能只强调和认可其中一种取向,但是学习只有通过即时和主动这两种注意模式的相互作用才能发生。因此，注意的“缺失”的作用就像是学校里的一位不速之客：运用由外而内方法的教师没有认识到学生的想象与直觉对达成教学目标可以起到事半功倍的效果；运用由内而外方法的教师没有认识到理性和抽象思维是维持学生对某一学科的学习兴趣和热情的必要条件。如果教育哲学认识到适宜唤醒以及即时和主动注意有助于改变学生的学习焦虑和/或倦怠时，这种一边倒的方法可能会更有效。

总是向学生提出挑战的教师造成的一个最大的体验问题是，他们总是向学生传授一些与其技能水平不一致的新知识；因此，他们让学生产生了一种焦虑感，这种感觉很难转化为适宜的唤醒。例如，如果一项挑战对学生来说毫无意义，又超过了其能力所能掌握的水平，那么他们就没有投入挑战的信心，因为这种即时的信心是建立在技能基础之上的。在这种情况下，学生只能通过做苦力来“解决”焦虑的问题；学生被动地按教师的要求去做以求跟上进度。由于学生的体验流被打断，即时注意和主动注意的运用是分离的，因此，学习效果大打折扣。另一方面，总是让学生来发现挑战的教师造成的体验僵局是，他们总是让学生发现挑战，但学生所选择的挑战，其新颖性是不足以让其现存技能产生变化的；因此，他们让学生产生了倦怠感，这种感觉也难于转化为适宜的唤醒。例如，学生选择的“挑战”不能让他们从当前中脱离出来，去付出努力和主动注意。在这种消极的教学环境中，倦怠只能通过 Dewey 所说的磨洋工来“克服”；学生把注意放到不重要的事情上来分散倦怠感。由于具体与抽象注意的运用是分离的，体验流再次被打断；而这种分离也无法让思维的节奏加快，这种节奏让学生能产生主观的涌动般的体验。

支持与挑战缺少平衡的学校环境是如何撕破经验的组织的，这一点可以从我们对天赋优异的青少年的研究中看到(Csikszentmihalyi 等，1993)。其中一部分研究是观察学生的经验以及艺术(即，运动、音乐和视觉艺术)和科学(即数学和科学)才能的发展。通过对学生进行访谈，我们发现与艺术类才能有关的教学常被看作是以学生为中心的：教师是高度支持性的，他们鼓励学生发现挑战、发挥主动性、培养内在动机等。相比之下，数学和科学的教学多是以成人为中心的：教师向学生提出挑战，对学生不会特别关心和支持，要求学生遵从，通过强调分数和表现使学生形成了外在动机。学校情境中盛行的这两种取向都与学生具体的体验僵局有关。例如，学生在艺术课堂上表现出磨洋工的 ESM 模式。当我们用寻呼机提示他们报告当时对课堂上正在进行的活动的感受时，他们会说感到轻松愉快(如，他们当时报告的情绪和卷入程度都高于平均水平)；但是他们并不明白正在做的事情有何重要意义(如，他们报告正在做的事情与其目标和未来的相关低于平均水平)。相比之下，科学课上的学生报告正在做的事是一件苦差事。当寻呼机提醒他们报告时，他们表示知道这些活动是有用的；但他们的卷入程度低于平均水平。到高中毕业时，那些将自己的才能发展得最好的学生，不论是什么领域，都报告有即时投入以及关注未来的重要目标 (Rathunde, 1993, 1996, 2001a)。与对学习任务的充分关注一致，这些学生也更经常地报告涌动体验。

503

分布在全国的许多学校，每天都在上演上述情节。我们认为这是由于片面的哲学观造成的，这种哲学将教师对学生，挑战对支持，概念对直觉思维的价值对立起来。如果将最优体验的思想运用到教育上，我们相信这种二分法终结了因强调自觉努力而忽视了即时卷入，或因强调即时卷入而忽视了自觉努力的状况。前者更多的是与学校环境中的专制/僵化倾向有关(即，高挑战、低支持)，而后者更多的是与学校环境中的放任/无组织倾向有关(即，低挑战、高支持)。正如我们在讨论家庭环境时一样，支持和挑战的严重失衡必将导致同化和顺应之间辩证关系中的灵活性降低，这让学生很难实现个人—环境之间的和谐，由于放慢了心理活动的理想节奏，体验涌动的可能性也降低了。更重要的是，在缺少系统变通性的环境中的重复经历(Bronfenbrenner, 1992)，可能会让个体形成不利于心理复杂性发展的自我调节习惯，也不利于将令人反感的体验如倦怠和焦虑转化为涌动。对学校中存在的这些不利而又熟悉的模式有一个清醒认识，这对形成一种全面的、体验性的、敏感的教育哲学是非常重要的一步。这种哲学关心的是学校情境的特征是如何影响学生的现象学以及他们调节唤醒的能力的。

中学阶段学生的体验质量：Montessori 与传统学校环境的比较

中学阶段的转折是儿童发展的一个关键期。研究证明许多青少年早期的孩子在中学这一转折阶段都会面临不少困难(Carnegie Council on Adolescent Development, 1989; Eccles et al., 1993)。一项研究发现中学阶段学生的内在学习动机呈下降趋势，这与本章讨论的内容有密切关系(Anderman, Maehr & Midgley,1999; Gottfried, 1985)。正如大多数教师证明的那样，许多儿童在小学阶段非常热爱学习，但是到了中学，他们的动机和学校体验的质量都呈下降的趋势。

Eccles 及其同事(1993)认为这种下降趋势表明，青少年的发展阶段与学校环境之间在中学转折期不相适应。她们列举了几个成长中的不匹配现象：当青少年有能力进行更复杂的认知综合时，教学内容却是分散的；当同一性、选择和自主在青少年生活中变得越来越重要时，教师和学校却变得更加僵化与控制取向；当学生自我意识高涨，觉得自己处于“舞台中心”时，学校和教师却越来越强调公开的评价与竞争。青少年时期也是一个发展人际交往技能的关键时期，他们越来越重视同伴；但是许多中学中，教师自上而下的、讲授式的教学方法却不断增加，这很难让学生在上课时进行合作 (Wentzel, 1998)。最后，在一个充满压力和快速发展变化的时期，当学生需要成人的继续支持时，师生关系却变得越来越疏远和没有人情味(Feldlaufer, Midgley, & Eccles, 1998)。 504

我们的观点与之前讨论过的研究一致，但是重点放在中学阶段的变化是如何影响学生的体验以及发展最优体验的潜能的。许多中学都会犯我们关于青少年才能发展研究中提到的科学课上所犯的错误。在支持与挑战的平衡中，他们更倾向于后者，这会导致一个更加僵化和专制的学校环境。学习变得更加成人导向：教师对学生提出挑战，越来越强调分数和表现，忽略人际间的支持。这种转变完全出于成人的一片好意。我们的文化非常重视学业成绩，而把学业成绩又通常理解为在数学和科学这些重要的技术领域的成绩，这些成绩是以抽象和概念思维而不是以具体和直觉的“感觉”为基础的。因此，在青春期随着学生抽象思维和演绎推理能力的提高(Piaget,1962)，教师、学校管理者、学校董事会和国家的立法机构转向了在表面价值上是与目前任务相吻合的教育方法。遗憾的是，学校进行的变革常常弄巧成拙。正如之前解释的一样,专制的社会环境会影响即时和主动的注意模式的协调活动。从经验的视角来看,中学里的这些变化可能促进了自觉努力而忽视了即时卷入,涌动之所以减少,是因为这两种模式的相互影响受到了妨碍,因此增强了学生磨洋工的模式。虽然没把重心放在体验的结果上,截至目前为止的大多数关于中学转折期的研究都与我们的这种解释是一致的。

我们认为对青少年早期的孩子来说,一个更为合适的环境是重视学生的体验质量以及为了终身学习而调节唤醒的能力。这种环境高度评价支持与挑战对创设系统变通性的作用,这种变通性增强了同化与顺应的辩证关系以及能够更经常带来涌动的心理活动的强度。为了对这些观点进行探讨,最近一项研究对 Montessori 和传统中学里学生在课堂中的体验质量进行了比较 (如,Rathunde, 2001b; Rathunde & Csikszentmihalyi, 2005a, 2005b)。在理论上,Montessori 的教育哲学有许多刚才谈到的、能够增加青少年体验的品质。虽然全世界有上千所学校,尤其是在儿童的早期教育领域,都是按 Montessori 的教育哲学理念办学的,但在最近的几十年里,越来越多的中学,无论是公立还是私立的,都把这种哲学思想整合到了学校教育中。

Montessori 教育哲学与最优体验理论一样都关注儿童的高度集中注意和强烈的投入状态。这一点可以用该方法的起源来说明。Maria Montessori 认为儿童自然出现的集中注意揭示了人类的本质。当她谈及集中注意时,她考虑的内容与涌动类似。在 Standing(1984)著的 Montessori 传记中提到,她的方法的发展有一个关键的转折点,她观察了一个正在玩木筒的 3 岁儿童,孩子非常投入地玩,一点儿也没分心。孩子们集中注意的能力给 Montessori 留下了深刻的印象。她在谈起儿童的注意力时常说道:"这反映了儿童不仅能认真地工作,而且有高度的集中注意的能力……行动能让人全神贯注。行动需要消耗所有的心理能量,因此儿童对周围发生的一切完全是视而不见。"(Montessori, 1946, pp. 83 - 84)Montessori 把观察 3 岁儿童玩木筒所获得的启发逐渐总结为蒙台梭利教育方法的主题: 即创设一个能培养儿童高度投入和集中注意的学校环境。

Montessori 教育模式与最优体验理论第二个重要的共同点是他们都强调终身学习,而不是短期表现。Montessori 试图通过其"正常化"(normalization)的概念来把握能够促进自我导向学习的人格特征和注意的灵活性。类似于心理复杂性的概念,正常化会增加对环境的适应性以及提高协调人—环境关系的能力:"适应环境和有效发挥机能——这是教育的根本所在。"一个"正常化的"儿童会渐渐形成高度集中注意的习惯,这使他们能接触到人类天性中的能够维持终身学习的必要的动机力量。与心理复杂性概念另一个相似之处是,正常化依赖于 Montessori 所说的两种重要能量流——身体与心理的统一——因此抽象本身并不是目的。Standing(1984)评论道:"Montessori 的方法对心理与身体关系的理解比任何其他的教育体系都更深刻。"(p. 159)Montessori 常提到心理—身体的关系对思想和行动的保护机能。她(1976)评论道,"对儿童而言,在生命的各个阶段,都应该有通过自身活动来维持行动和思想平衡的可能性……[否则]他的思维……就可能在无休止的抽象推理中迷失自己。"(pp. 24—25)

505

Montessori教育哲学与我们对教育的看法的第三个重要共同之处，与最优体验的环境有关。两种方法对环境所提的基本问题是相同的：如果人们假定通过终身学习之路的关键是受内在动机激励的集中注意的习惯状态，那么成人怎样才能为儿童准备一个能够促进其高度集中注意和涌动的环境呢？Montessori（1989）用"有准备的环境"（prepared environment）这个概念来回答这个问题，这个概念与最优体验理论有两个重要的相似之处。第一，有准备的环境必须做到支持与挑战的平衡，用Montessori的术语来说就是自由与纪律的平衡。Montessori认为自由选择是集中注意的前提条件；但是，她从来没有忽视儿童对环境中的秩序、结构和纪律的同等需要。她评论道（引自Standing，1984）："在自由这个问题上……如果我们发现自己每走一步都遇到矛盾时，千万不要被吓倒。你绝不能把自由想象成没有规则或法律。"（p. 286）第二，因为环境是从体验为出发点来定义的，在有准备的环境中，教师要特别注意学生正在体验的质量。首要的是发现学生有兴趣投入并与其发展水平相适应的活动，保持一个秩序井然、赏心悦目的环境，去除不必要的分心物，这些是以间接的方式保护和提高儿童的集中注意（参考Rathunde，2001b）。

有研究比较了五所Montessori学校和六所传统学校，这些学校在社会经济地位（SES）和其他重要的学习和家庭变量上都是严格匹配的。研究发现这些学校之间主要的差别是教学方法。五所Montessori中学的学校环境与这里阐述的经验观点和许多当代教育研究者提倡的教育改革是一致的（如，Ames，1992；Anderman等，1999）。例如，他们都受强调内在动机的哲学思想影响，学生有选择课题的自由以及即席写作教师介绍给他们的主题的自由（如，所有学校的学生，每天都要花几个小时做自选课题），赋予学生对影响他们课堂和学校活动的事情进行决策的职责（如，购买补给），学业上的竞争消失了，分数也不再是硬性规定，学生通常是根据兴趣而不是能力分组，白天时间当中有很大一部分比例都是无组织的，可以用来进行同伴交往与合作，在有些学校的课程计划中还隔出一部分时间，教师根据上课时的具体情况用来增加或减少与学生接触的时间。

经验抽样模式（ESM）可以对学生的日常体验进行系统观察。结果表明（Rathunde & Csikszentmihalyi，2005a，2005b）当学生在学校从事学习活动时，Montessori学校的学生报告有更高的情感、效能（如，感到精力充沛）、内在动机和更多的涌动体验。当在学校里从事非正式的、非学业活动时（如，吃午餐、社交），两类学校的学生报告了相似的体验。Montessori学校的学生还认为教师给予他们较多的支持，在维持课堂秩序方面做得也比较好（即维持纪律）。最后，Montessori学校的学生花在个人自选项目上的时间更多，他们更经常地把同学视为朋友，与同学合作的时间也更多。而传统中学的学生大部分时间都处于说教式的教育环境之中（如，听讲座、作笔记、观看教学录像）。

这个研究的一项最具重量级的发现与即时和主动注意运用之间的联结有关。记得我们曾预期传统中学与我们关于才能发展研究中科学课的课堂情况是相似的。我们假设这种提出挑战、强调分数、缺少人际支持的、以教师为主导的环境会因强调自觉努力而忽视了即时卷入，因此导致学生在学校里磨洋工的模式。我们的研究结果支持以上预期。当传统中学的学生回复寻呼机的提示时，他们报告说自己明白学校活动对达成未来目标的重要性，但是 506

他们在从事这些活动时却不能有很高的卷入感。相比之下，Montessori 学校的学生在完成学业活动时则报告了很高的未分化兴趣(undivided interest)——卷入感与知觉到的重要性同时结合在一起。

比较不同的教育环境是一件充满经验主义陷阱的难事。但是，这些初步研究使我们有希望从学生的体验角度来定义学校环境。许多公立学校都采取自上而下的和标准化测验的传递模式。Montessori 学校能避免这些倾向，因为长期以来他们一直强调学生的内在动机。尽管如此，关注体验的原则，让支持与挑战恰到好处的平衡，诸如此类，并不属于任何一个特定的哲学范畴。因此，这些研究结果对把知识等同于一些认知技能的狭窄教育观点的美国和其他西方社会有更为重要的意义(Johnson，1987；Lakoff & Johnson，1999；Sternberg，2001)。在我们看来，这种狭窄的教育观点降低了学生发展心理复杂性习惯的可能性，因为这种心理复杂性的形成依赖于注意的灵活性以及具体和抽象思维方式的结合。

中学时期处于青少年发展的十字路口。这也是成熟的抽象思维开始完全发挥力量的关键时期。当很多事情都可能出现错误时，学习如何利用这些新的认知技能进行处理也是青少年早期面临的一项关键任务；在这个阶段，消极的学校体验会影响年轻人长远的教育过程(Anderman & Maehr，1994；Csikszentmihalyi & Schneider，2000；Eccles，Lord，& Midgley，1991；Sternberg，2001)。而在青少年早期养成的积极体验习惯则能为儿童成年后的心理复杂性和未来职业生涯的成功打下良好的基础。

幼态持续和复杂性：永葆童心的进化逻辑

回到本章的主题——同化与顺应的现象学，技能与挑战的平衡，支持与挑战主体间的动态变化，等等，这些只是信息的选择性排列的例子，还是反映了人类的一些内在本质？我们认为生命后期的复杂性与其在儿童发展中的基础之间所作的联结，其深层次的含义可以在进化论的框架下看得更加清楚。仍然沿用从成熟回溯到早期发展阶段的策略，我们作最后一次的“回归”，也就是说，我们将从进化论的观点看幼态持续(neoteny)。

幼态持续是指发展迟滞，特别是神经系统的发育迟滞，这类婴儿天生就相对不成熟，必须学习如何生存(Gould，1977；Lerner，1984)。与其他灵长类动物相比，人类被认为是幼态持续的，因为他们从胎儿到成年发展的速度异乎寻常地缓慢。事实上，成年人类甚至还保留人类胎儿的许多身体特征如扁平的脸型和很少的体毛(Bolk，1926)。Huxley(1942)和其他人(如，Montagu，1989)认为幼态持续“击退了”(drive off)发展时间表上的、曾是我们进化历史中的一部分特质(如，较高的眉脊以及成年猿和尼安德特人的突出的下颚)。Lorenz(1971)认为比生理特征更为重要的是幼态持续的行为结果——诸如好奇心、嬉戏、灵活性等孩子似的特质的保持。他认为对人类特征的定义应该是非专门化的，这种定义总是处于不断发展的状态，随着新环境而作出相应的改变。

在《越来越年轻》(*Growing Young*)这本书中，Ashley Montagu(1989)同意以上观点，并讽刺地总结道：“生活的目标在于尽可能晚地、年轻地死去。”(p. 5)他认为我们通过进化，在生理上已经准备好“变年轻”，或是强调随着我们成熟更加重视而不是减少孩子似的特质。虽然，这些理念的重要性已得到小部分社会和自然科学家的认可，但是 Montagu 断言大量关于幼态持续的应用理解的分支需要被充分认可。这种理解明确承认并培养孩子似的特质，其结果导致养育和教学哲学的调整；同时也会将社会重新定义为旨在扩充人类幼态持续特征的系统。 507

依恋过程的普遍性能使我们进一步理解幼态持续的进化逻辑。依恋揭示了这样一个事实：父母在抚养子女过程中的高投入具有遗传基础(Bowlby, 1969)，人类婴儿与父母在生理上已为主体间关系做了准备(Papousek & Papousek, 1987)。因此，父母和婴儿天生就具有相互协商和共同决定意义的技能：“人类天生就具有一种自我调节的策略，通过人类相互协商和联合行动用来获取知识……因此，对人类大脑来说，社会化与呼吸和行走一样，是自然的、天生的或‘生物的’。”(Trevarthen，1988，p. 39)

因此，幼态持续的概念将这章各节联系起来，形成了一个统一体。首先，它为生命后期复杂性的假定目标提供了基本原理，幼态持续不断发展的特征应归结为灵活性(见 Lerner, 1984)。我们访谈的终身学习者可以看作是人类进化中幼态持续的实例。其次，这个概念为把复杂性的思想与我们在社会互动中对儿童发展的观察联系起来提供了方法。之所以要在可塑的对固定的(plastic versus fixed)发展路径之间进行权衡取舍，主要是因为人类儿童对父母的强烈依赖(Gould，1977；Lewontin, 1981)。我们可以通过比较人类与其他灵长类动物来说明这种依赖；人类生育的年龄较大，每次怀孕生育的婴儿较少，妊娠期更长，哺乳期也较长，一生中拥有的子女数量也很少(Altmann, 1989; Johanson & Edey, 1981)。人类胎儿也被子宫“提前”驱逐出来，因为脑部大小的进化有了早产的必要性，这样可以让大脑安全地通过产道(Montagu, 1989)。人类婴儿对抚养者几乎是完全依赖，以及形成依恋的遗传素质，正是“个体”发展发生于社会过程的原因。

这种缓慢而稳定的“乌龟策略”是如何导致成人复杂性的呢？这种策略又与我们所说的对发展很重要的最优体验有什么联系呢？我们可以通过仔细观察由幼态持续发展提供的游戏机会来回答本章提出的最后问题。长期依赖性，这个人类的基本困境造成很多结果，我们认为游戏最能说明人类的发展。幼态持续为婴儿提供了充足的时间，让他们在相对来说无压力的环境下游戏；Bruner、Jolly 和 Sylva(1976)认为游戏得到进化的垂青，在没有压力的游戏时间内，使人类能成功、愉快地模仿成人的技能。因此，游戏现象包含了幼态持续的进化逻辑；对游戏特点的仔细观察能揭示父母保护、最优体验和复杂性成长之间的本质联系。

游戏的综合特点

Baldwin(1906)把游戏与人类发展的最高水平联系起来，对游戏的特点进行了分析。他将游戏称为综合的(syntelic)其目的在于要抓住游戏是主观和客观，内在和外在特点的独特融合这一要点：

> 内在的自由和外在的形式必须同时保存[在游戏里]；“外在的形式”指的是一致性、

模式、戏剧性的品质;内在的自由指的是控制、选择性特点、重要的本质。(p. 114)

游戏客体并不是内在或幻想的客体,也不是外在现存的客体,而是二者同时兼具,即我们称之为具有外观的客体,其本身是一种兴趣的终点,以后会发展成为所谓的"综合"。(p. 116)

Baldwin在评论中认为游戏为与违背现实环境的假装创造了机会;这两种品质——重要的本质和外在的形式——必须同时存在。如果没有对外部世界的参考,那么游戏就成为纯粹的幻想,失去了趣味性和戏剧效果。反过来,如果游戏过于依赖现实或是被迫的,也会失去趣味性,但是出于完全不同的原因。游戏必须保留自我幻想(self-illusion)的特点,也就是Baldwin所指的"不必感觉"(don't-have-to feeling),即赋予客体个人的意义、内在的决定和自我控制感;在某种程度上,这种品质缓和了外部控制,不然的话外在控制就会占上风。因此,Baldwin(1906)声称:"游戏是一种将内外控制调和与融合在一起的模式……因为它为客体的相对隔离提供了可能性,也为实验处理提供了条件。"*(p. 119)

508 正是游戏的综合特点使其变得尤为重要,并与人类最高思维形式相联系起来。通过允许主客观模式之间的摆动,Baldwin看到了基本的人类二元论的出现(如,身体/心理,自我/他人,真理/谬误)与由于充分发展而最终克服了二元论之间的发展性联系。因此,游戏的馈赠表现在Baldwin的最高思维形式(即美学思考)的综合特点中。与John Dewey(1934/1980)对审美体验的评论相似,Baldwin对审美模式的描述与当代后形式思维的观点以及我们对涌动体验的评论非常接近:"在审美体验中,对智力和感情的了解是相互支撑,互为补充的。"(1911, p. 279)可是,Baldwin对这些结果的发展历史有独到的见解;换言之,游戏是人类思维最高形式的萌芽,因为它的综合特点是在高水平的组织中得到精致与恢复的。

玩游戏的基本好处在于个体可以在一个没有压力的环境下操纵信息,这个环境是外在和内在决定因素共同作用的结果,不受任何单一因素的控制。游戏可以摆脱强制和"必须"的心理状态,或者避开不相干的"不必做"的意识状态。因此,游戏取得了我们在描述涌动体验提到的自我—环境的和谐一致;此外,两者在动力学方面也是相似的。例如,Berlyne(1960, 1966)认为当有机体感到厌倦时,游戏会发挥刺激—寻求功能,但是当有机体感到焦虑时,游戏会发挥唤醒—降低功能。其他理论家也强调游戏的积极作用或其他功能;例如,Ellis(1973)把游戏看作是一种刺激寻求,Freud(1959)、Vygotsky(1962)和Erikson(1977)认为游戏是通过以象征的方式处理问题来缓解紧张的安全方法。

同时,自我的分化和整合方面,游戏所起的作用也与涌动一样。当游戏是一项探索活动时,能为个体带来新异感(Fagen, 1976);当游戏是一项模仿性(或重复性)的活动时,能使个体形成习惯(Piaget, 1966)。在生物多样性和延续性方面,Vandenberg(1981)将游戏的分化和整合作用分别比作遗传变异和DNA的功能。在文化多样性和延续性方面,游戏也同样重要。许多理论将游戏与人类的创造性、成就和灵活性联系在一起(Bruner, 1972; Rubin,

* 类似地,个体可以把科学过程看成是综合,看成是"控制"的理论(主观的)和实证(客观的)模式之间的摆动。

Fein, & Vandenberg, 1983; Sutton-Smith, 1976)。Huizinga(1955)把游戏看作是文化制度的根源,这是对游戏重要性的最高评价。

总而言之,幼态持续通过适宜的刺激环境的建立与游戏联系起来,这种环境是父母投入了大量精力而为儿童提供的没有生存压力的环境。Groos(1901)从进化论的视角出发,指出人类个体成熟前的一段时期正是为了游戏而存在,游戏时间的长短与有机体最终达到的复杂性水平之间存在着一定的关系(可参考 Gould, 1977; Johanson & Edey, 1981; Lerner, 1984; Lewontin, 1981)。当涌动体验与游戏(即将游戏还原到成人的组织水平)被看作是同一连续体时,Groos 的表达式就可以扩展至涌动体验;换言之,就成人持续获得涌动体验的程度来说,他们的生活反映了一种不断发展的幼态持续模式。这一发现同前面提到的关于生命后期复杂性的实例是相符合的:个体对其注意进行调节以不断获得涌动体验,进而使其"游戏"的能力在成年期得以维持。*

如果能够更好地了解哪些社会条件可以有效地利用幼态发展模式,则可以帮助我们从中获得更多关于个体发展的知识。从婴儿与抚养者之间的依恋关系中,我们可以获得关于这些条件的重要线索。在不受自身问题困扰的情况下,父母亲通过进化已经准备好通过不断地调整支持与挑战来创设一个游戏空间,以帮助婴儿调节其唤醒水平。婴儿期、童年期和青少年时期的最优发展结果都和支持与挑战相结合的教养方式有关,我们认为这不是巧合;这种结合——从它们为最优体验创设的适宜条件的程度来说——与幼态持续的进化逻辑是一致的。因此,未来需要作进一步的研究以探明家庭(或者其他社会化环境)是如何促进最优经验以及最优结果的生成的,也会告诉我们怎样创设与我们生物潜能更为一致的社会环境。

509 有关成功的老年人(successful aging)的研究也有助于我们更进一步地理解无止境的发展(unending development)的含义。本章中有关复杂性的实例表明,询问终身学习者是如何让自己保持对学习的兴趣与卷入的,是很有价值的工作。然而,还需要进行大量的研究。在成人后期,"保护性"(protective)的社会条件是否仍能起到促进最优经验的作用?个体通过对其经历过的支持性和挑战性条件的内化之后,能够在多大程度上掌握这一调节机能?尽管本章重点关注的是个体在最优体验产生过程中所负的责任,但必须明确的是,社会条件仍同等重要。比如,我们所采访过的不少对象都在学院里有终身或名誉职位;很多人都有非常乐于奉献的配偶,大多数人都不必为经济问题发愁。进一步研究成功的老年人,有助于我们理解个体自身的激励品质和社会条件是如何共同保持幼态持续的。对诸如早期的亲子互动及发展理论等儿童发展问题的了解将是大有裨益的。

结论:经验在发展中的作用

发展理论总是倾向于把个体看成是终身都要受外部力量推动的有机体。从受精到死

* 在 Baldwin 的术语中,所谓成人期的"游戏"暗含着一种审美体验,它将各种片面的事实(如情感和理智,内部的和外部的)融合在一起。Dewey(1934/1980)也同样认为,审美体验中融合着情感和理智。

亡,个体始终被看作是受一系列自变量:遗传程序、早期的环境与刺激、社会与文化背景等影响的因变量。与这种极端的决定论相反,近来的理论取向强调了个体自身在其发展轨迹的形成中所起的积极能动作用(比如,Brandtstädter,见本《手册》本卷第 10 章;Bronfenbrenner & Morris,见本《手册》本卷第 14 章;Magnusson & Stattin,见本《手册》本卷第 8 章)。

我们关于人类发展的经验观同上述后一种取向是相吻合的。我们承认,人类在出生时是极不成熟的,必须依赖支持性的社会环境才能让他们的潜能得到充分发展。反过来,社会环境也期望成长中的个体在能够被称之为"人"之前表现出最低限度的能力。此外,每种文化都有对充当个体发展的理想目标的最优人格的期望。尽管事实上人的发展会因时间与地点的不同而不同,但在经验观看来,调节唤醒这一人类基本倾向在出生时就有了。因此,与许多人格表现都有跨文化的一致性一样,是一种经验的辩证法在保持和培养适宜唤醒。我们用心理复杂性这个名词来代表个体灵活地调节唤醒与最优体验的成熟能力。一个具有复杂性的个体能够通过分化与整合、或者在秩序与新异性保持平衡的适宜唤醒使自我—环境相适应,从而迈向涌动体验。有理由相信这样的个体往往更享受全神贯注的投入状态,并以 James(1917)所说的"最大能量"去生活。能够拥有和支配这种能量和注意,让人们具有更大的实现潜能的能力。

是什么推动着自我—环境之间灵活的协调与复杂性的发展?尽管心理复杂性的具体结构并不是通用的,但是许多发展理论研究了那些有利于个体发展的条件,这些个体都是有能力促进自我发展的。这类理论不少已经在本章中提到过。然而这些理论却很少关注自我调节产生的最接近的原因(proximal causes),也很少采用现象学的方法来通过体验对个体每时每刻所运用的注意和反馈进行监控,而正是这些体验,指导着个体进行调节和作出决策,以应对新的挑战并发展新的技能。此外,发展理论也很少关注像涌动这样的高度卷入状态,而这种状态表明具备唤醒调节能力时,一切都是尽如人意的,同时这种状态也表明发展正处在一个积极的轨道上。在本章中我们以最优体验为起点,来尝试对最优发展进行概念上的界定。

由此,关于发展的实质问题便演变为:如何帮助儿童学习尽可能多地享受生活中不同方面的乐趣?怎样创设有助于儿童复杂性发展的环境呢?我们的答案是习惯和倾向性,它们是基于家庭和学校环境中的重复性经历形成的,家庭和学校环境承担了儿童社会化的主要职责。当一个儿童被过多和过难的机会所淹没或当其学会对缺乏刺激的环境报之以冷漠和不关心的态度时,他(她)可能永远也不会学着去享受主动形成自我体验所带来的愉悦。换言之,实践以及在促进适宜唤醒的环境中不断获取成功将有助于心理复杂性的培养。我们认为,支持与挑战并存的家庭和学校环境将在这方面发挥有效的作用,因为他们对于儿童的技能与挑战之间的平衡比较敏感,进而对即时注意和主动注意二者间的相互联系比较敏感,而只有这两种模式共同发挥作用,才能使焦虑和/或倦怠得以转化。尽管这一理论还在发展之中,还没有得到更多的实证检验,但我们所提及的一些研究结果有望帮助我们理解社会环境是如何影响这两种模式间的相互联系,以及是如何影响最优体验产生的可能性的。

510

当尝试理解积极的自我调节与发展时，如果忽略了从经验方面的考虑，我们将会疏漏这样一个事实：要在自我发育过程中成为一个主动的代理人，个体必须想要(want)发展。只有他们喜欢这样做时，他们才会想要这样做。否则，发展就会产生疏离，因为无论是儿童还是成人的学习和成长主要都是为了外在的原因。儿童为了毕业而学习，成人为了金钱和升迁而工作，在对美好未来的憧憬中，他们无精打采地忍受目前的条件。这些并非导致复杂性或理想晚年的发展轨迹。相反只有当儿童在学习和应对挑战时感觉到了完全的投入和充分的自我展现时，发展才是一个受内在动机激励的进程。在对适宜唤醒的成功调节过程中所培养的习惯为个体的终生学习打下了坚实的基础。

(李晓东译)

参考文献

Adlai-Gail, W. S. (1994). *Exploring the autotelic personality*. Unpublished doctoral dissertation, University of Chicago, IL.

Adler, M. J. (1927). *Dialectic*. New York: Harcourt.

Ainsworth, M. D. S. (1983). Patterns of infant-mother attachment as related to maternal care: Their early history and their contribution to continuity. In D. Magnusson & V. L. Allen (Eds.), *Human development: An interactional perspective* (pp. 35 - 55). New York: Academic Press.

Ainsworth, M. D. S., & Bell, S. M. (1969). Some contemporary patterns in the feeding situation. In A. Ambrose (Ed.), *Stimulation in early infancy* (pp. 133 - 170). London: Academic.

Altman, I. (1975). *Environment and social behavior* Monterey, CA: Brooks/Cole.

Altman, I., Vinsel, A., & Brown, B. (1981). Dialectical conceptions in social psychology: An application to social penetration and privacy regulation. In L. Berkowitz (Ed.), *Advances in experimental social psychology* (Vol. 14, pp. 107 - 160). New York: Academic Press.

Altmann, J. (1989). Life span aspects of reproduction and parental care in anthropoid primates. In J. Lancaster, J. Altmann, A. Rossi, & L. Sherrod (Eds.), *Parenting across the life span: Biosocial dimensions* (pp. 15 - 29). New York: Aldine de Gruyter.

Ames, C. (1992). Classrooms: Goals, structures, and student motivation. *Journal of Educational Psychology*, *84*, 261 - 271.

Anderman, E., & Maehr, M. L. (1994). Motivation and schooling in the middle grades. *Review of Educational Research*, *64*, 287 - 309.

Anderman, E., Maehr, M., & Midgley, C. (1999). Declining motivation after the transition to middle school: Schools can make a difference. *Journal of Research and Development in Education*, *32*(3), 131 - 147.

Apter, M. (1989). *Reversal theory*. London: Routledge & Kegan Paul.

Arnheim, R. (1971). *Entropy and art: An essay on disorder and order*. Berkeley, CA: California Press.

Bakan, D. (1966). *The duality of human existence*. Chicago: Rand McNally.

Bakeman, R., & Brown, J. (1980). Early interactions: Consequences for social and mental development at three years. *Child Development*, *51*, 437 - 447.

Bakhtin, M. M. (1981). *The dialogical imagination: Four essays by M. M. Bakhtin* (M. Holquist, Ed., & C. Emerson & M. Holquist, Trans.). Austin: University of Texas Press.

Baldwin, J. M. (1906). *Thought and things: Vol. 1. A study of the development and meaning of thought*. New York: Macmillan.

Baldwin, J. M. (1908). *Thought and things: Vol. 2. A study of the development and meaning of thought*. New York: Macmillan.

Baldwin, J. M. (1911). *Thought and things: Vols. 3 - 4. A study of the development and meaning of thought*. New York: Macmillan.

Baltes, P. B., & Smith, J. (1990). Toward a psychology of wisdom and its ontogenesis. In R. J. Sternberg (Ed.), *Wisdom: Its nature, origins, and development* (pp. 87 - 120). New York: Cambridge University Press.

Bandura, A. (1977). *Social learning theory*. Englewood Cliffs, NJ: Prentice-Hall.

Barker, R. (1950). *Ecological psychology*. Stanford, CA: Stanford University Press.

Barron, F. (1969). *Creative person and creative process*. New York: Holt, Rinehart and Winston.

Basseches, M. A. (1980). Dialectical schemata: A framework for the empirical study of the development of dialectical thinking. *Human Development*, *23*, 400 - 421.

Baumrind, D. (1987). A developmental perspective on adolescent risk taking behavior in contemporary America. In C. E. Irwin (Ed.), *Adolescent social behavior and health* (pp. 93 - 125). San Francisco: Jossey-Bass.

Baumrind, D. (1989). Rearing competent children. In W. Damon (Ed.), *Child development today and tomorrow* (pp. 349 - 378). San Francisco: Jossey-Bass.

Bee, H. (1992). *The journey of adulthood*. New York: Macmillan.

Bell, S. M., & Ainsworth. M. D. S. (1972). Infant crying and maternal responsiveness. *Child Development*, *43*, 1171 - 1190.

Berlyne, D. E. (1960). *Conflict, arousal and curiosity*. New York: McGraw-Hill.

Berlyne, D. E. (1966). Curiosity and exploration. *Science*, *153*, 25 - 33.

Block, J. H. (1982). Assimilation, accommodation, and the dynamics of personality development. *Child Development*, *53*, 281 - 295.

Block, J. H., & Block, J. (1980). The role of ego-control and egoresiliency in the organization of behavior. In W. A. Collins (Ed.), *Minnesota Symposia on Child Psychology: Vol. 13. Development of cognition, affect, and social relations* (pp. 39 - 101). Hillsdale, NJ: Erlbaum.

Bolk, L. (1926). *Das Problem der Menschwerdung*. Jena, Germany: Gustav Fischer.

Bowlby, J. (1969). *Attachment and loss: Vol. 1. Attachment*. New York: Basic Books.

Brazelton, T., Koslowski, B., & Main, M. (1974). The origins of reciprocity: The early mother-infant interaction. In M. Lewis & L. Rosenblum (Eds.), *The effect of the infant on its caregiver* (pp. 49 - 76). New York: Wiley.

Brent, S. B., & Watson, D. (1980, November). *Aging and wisdom: Individual and collective aspects*. Paper presented at the third annual meeting of the Gerontological Society, San Diego, CA.

Bretherton, I. (1987). New perspectives on attachment relations: Security, communication, and internal working models. In J. Osofsky (Ed.), *Handbook of infant development* (pp. 1061 - 1100). New York: Wiley.

Bronfenbrenner, U. (1992). Ecological systems theory. In R. Vasta (Ed.), *Six theories of child development* (pp. 187 - 249). London: Jessica Kingsley.

Broughton, J. M., & Freeman-Moir, D. J. (Eds.). (1982). *The cognitive developmental psychology of James Mark Baldwin: Current theory and research in genetic epistemology*. Norwood, NJ: Ablex.

Bruner, J. S. (1972). The nature and uses of immaturity. *American Psychologist*, *27*, 687 - 708.

Bruner, J. S. (1986). Value presuppositions of developmental theory. In L. Cirillo & S. Wapner (Eds.), *Value presuppositions in theories of human development* (pp. 19 - 28). Hillsdale, NJ: Erlbaum.

Bruner, J. S. (1990). *Acts of meaning*. Cambridge, MA: Harvard University Press.

Bruner, J. S., Jolly, A., & Sylva, K. (Eds.). (1976). *Play: Its role in development and evolution*. New York: Penguin Books.

Cairns, R. B., & Hood, K. E. (1983). Continuity in social development: A comparative perspective on individual differences prediction. In P. B. Baltes & O. G. Brim (Eds.), *Life-span development and behavior* (Vol. 5, pp. 301 - 358). New York: Academic Press.

Carnegie Council on Adolescent Development. (1989). *Turning points: Preparing American youth for the 21st century*. New York: Carnegie Corporation.

Caron, R. F., & Caron, A. J. (1968). The effect of repeated exposure and stimulus complexity on visual fixation in infants. *Psychonomic Science*, *10*, 207 - 208.

Chalmers, D. (1995). Facing up to the problem of consciousness. *Journal of Consciousness Studies*, *2*, 200 - 219.

Chinen, A. B. (1984). Modal logic: A new paradigm of development and late-life potential. *Human Development*, *27*, 42 - 56.

Clark, G. N., & Seifer, R. (1983). Facilitating mother-infant communication: A treatment model for high-risk and developmentally delayed infants. *Infant Mental Health Journal*, *4*, 67 - 82.

Clayton, V. P., & Birren, J. E. (1980). The development of wisdom across the life span: A reexamination of an ancient topic. In P. B. Baltes & O. R. Brim (Eds.), *Life span development and behavior* (Vol. 3, pp. 103 - 135). New York: Academic Press.

Cohen, L. B., & Younger, B. A. (1983). Perceptual categorization in the infant. In E. Scholnick (Ed.), *New trends in conceptual representation* (pp. 197 - 220). Hillsdale, NJ: Erlbaum.

Cooley, C. H. (1902). *Human nature and the social order*. New York: Scribners.

Cooley, C. H. (1961). The social self. In T. Parsons, E. Shils, K. Naegele, & J. Pitts (Eds.), *Theories of society: Foundations of modern sociological theory* (pp. 822 - 828). New York: Free Press.

Cooper, C. R., Grotevant, H. D., & Condon, S. M. (1983). Individuality and connectedness in the family as a context for adolescent identity formation and role-taking skill. In H. D. Grotevant & C. R. Cooper (Eds.), *Adolescent development in the family* (pp. 43 - 59). San Francisco: Jossey-Bass.

Costa, P. T., & McCrae, R. R. (1980). Still stable after all these years: Personality as a key to some issues in adulthood and old age. In P. B. Baltes & J. O. G. Brim (Eds.), *Life-span development and behavior* (pp. 64 -103). New York: Academic Press.

Craik, K. (1943). *The nature of explanation*. Cambridge, England: Cambridge University Press.

Csikszentmihalyi, M. (1975). *Beyond boredom and anxiety*. San Francisco: Jossey-Bass.

Csikszentmihalyi, M. (1990). *Flow*. New York: Harper & Row.

Csikszentmihalyi, M. (1993). *The evolving self*. New York: HarperCollins.

Csikszentmihalyi, M. (1996). *Creativity: Flow and the psychology of discovery and invention*. New York: HarperCollins.

Csikszentmihalyi, M., & Csikszentmihalyi, I. S. (Eds.). (1988). *Optimal experience: Psychological studies of flow in consciousness*. New York: Cambridge University Press.

Csikszentmihalyi, M., & Nakamura, J. (in press). Wisdom: Origins, outcomes and experiences. In R. J. Sternberg & J. Jordan (Eds.), *A handbook of wisdom: Psychological perspectives*. New York: Cambridge University Press.

Csikszentmihalyi, M., & Rathunde, K. (1990). The psychology of wisdom: An evolutionary interpretation. In R. J. Sternberg (Ed.), *Wisdom: Its nature, origins, and development* (pp. 25 - 51). New York: Cambridge University Press.

Csikszentmihalyi, M., & Rathunde, K. (1993). The measurement of flow in everyday life: Towards a theory of emergent motivation. In J. E. Jacobs (Ed.), *Nebraska Symposium on Motivation: Vol. 40. Developmental perspectives on motivation* (pp. 57 - 98). Lincoln: University of Nebraska Press.

Csikszentmihalyi, M., Rathunde, K., & Whalen, S. (1993). *Talented teenagers: The roots of success and failure*. New York: Cambridge University Press.

Csikszentmihalyi, M., & Schneider, B. (2000). *Becoming adult*. New York: Basic Books.

Damasio, A. (1994). *Decartes' error*. New York: Penguin.

Damon, W. (1983). *Social and personality development*. New York: Norton.

Dewey, J. (1913). *Interest and effort in education*. Cambridge, MA: Riverside.

Dewey, J. (1933). *How we think*. Boston: D. C. Heath & Company.

Dewey, J. (1938). *Experience and education*. New York: Macmillan.

Dewey, J. (1980). *Art as experience*. New York: Perigee. (Original work published 1934)

Eccles, J., Lord, S., & Midgley, C. (1991). What are we doing to early adolescents? The impact of educational contexts on early adolescents. *American Journal of Education*, *99*(4), 521 - 542.

Eccles, J., Midgley, C., Wigfield, A., Buchanan, C. M., Reuman, D., Flanagan, C., et al. (1993). Development during adolescence: The impact of stage-environment fit on young adolescents' experience in schools and families. *American Psychologist*, *48*, 90 - 101.

Ellis, M. J. (1973). *Why people play*. Englewood Cliffs, NJ: PrenticeHall.

Erikson, E. H. (1950). *Childhood and society*. New York: Norton.

Erikson, E. H. (1977). *Toys and reasons*. New York: Norton.

Erikson, E. H., Erikson, J. M., & Kivnick, H. Q. (1986). *Vital involvement in old age: The experience of old age in our time*. New York: Norton.

Eysenck, H. J. (1973). *Eysenck on extroversion*. New York: Wiley.

Fagen, R. M. (1976). Modeling: How and why play works. In J. S. Bruner, A. Jolly, & K. Sylva (Eds.), *Play: Its role in development and evolution* (pp. 96 - 115). New York: Penguin Books.

Feldlaufer, H., Midgley, C., & Eccles, J. S. (1988). Student, teacher, and observer perceptions of the classroom behavior before and after the transition to junior high school. *Journal of Early Adolescence*, *8*, 133 - 156.

Field, T. (1977). Effects of early separation, interactive deficits, and experimental manipulations on infant-mother face-to-face interaction. *Child Development*, *48*, 763 - 771.

Field, T. (1984). Separation stress of young children transferring to new schools. *Developmental Psychology*, *20*, 786 - 792.

Field, T. (1985). Attachment as psychobiological attunement: Being on the same wave length. In M. Reite & T. Field (Eds.), *Psychobiology of attachment* (pp. 415 - 454). Orlando, FL: Academic Press.

Field, T. (1987). Affective and interactive disturbances in infants. In J. Osofsky (Ed.), *Handbook of infant development* (pp. 972 - 1005). New York: Wiley.

Ford, D. H., & Lerner, R. M. (1992). *Developmental systems theory: An integrative approach*. Newbury Park, CA: Sage.

Fox, B. A. (1988a). *Cognitive and interactional aspects of correction in tutoring* (Tech. Rep. No. 88 - 2). Boulder: University of Colorado, Institute of Cognitive Science.

Fox, B. A. (1988b). *Interaction as a diagnostic resource in tutoring* (Tech. Rep. No. 88 - 3). Boulder: University of Colorado, Institute of Cognitive Science.

Fredrickson, B. L. (1998). What good are positive emotions? *Review of General Psychology*, *2*, 300 - 319.

Freedman, D. G. (1979). *Human sociobiology*. New York: Free Press.

Freud, S. (1959). Creative writers and daydreaming. In J. S. Strackey (Ed.), *The standard edition of the complete psychological works of Sigmund Freud* (Vol. 9, pp. 141 - 153). London: Hogarth Press.

Gardner, H. (1993). *Creating minds*. New York: Basic Books.

Gardner, H. (1995). *Leading minds: An anatomy of leadership*. New York: Basic Books.

Gardner, H. (1998). Extraordinary Cognitive Achievements (ECA): A symbol systems approach. In W. Damon (Editor-in-Chief) & R. M. Lerner (Vol. Ed.), *Handbook of child psychology: Vol. 1. Theoretical models of human development* (5th ed., pp. 415 - 466). New York: Wiley.

Getzels, J. (1975). Creativity: Prospects and issues. In I. Taylor & J. W. Getzels (Eds.), *Perspectives in creativity* (pp. 326 - 344). Chicago: Aldine.

Gilkey, L. (1990). *Gilkey on Tillich*. New York: Crossroad.

Gilligan, C. (1982). *In a different voice: Women's conception of self and of morality*. Cambridge, MA: Harvard University Press.

Gilligan, C., Lyons, N. P., & Hanmer, T. J. (Eds.). (1990). *Making connections*. Cambridge, MA: Harvard University Press.

Giorgi, A. (Ed.). (1985). *Phenomenology and psychological research*. Pittsburgh, PA: Duquesne University Press.

Gottesman, I. I. (1963). Genetic aspects of intelligent behavior. In N. R. Ellis (Ed.), *Handbook of mental deficiency: Psychological theory and research* (pp. 253 - 296). New York: McGraw-Hill.

Gottfried, A. E. (1985). Academic intrinsic motivation in elementary and junior high school students. *Journal of Educational Psychology*, *77*, 631 - 645.

Gould, S. (1977). *Ontogeny and phylogeny*. Cambridge, MA: Harvard University Press.

Groos, K. (1901). *The play of man*. New York: Appleton.

Guilford, J. P. (1967). *The nature of human intelligence*. New York: McGraw-Hill.

Hadamard, T. (1954). *The psychology of invention in the mathematical field*. Princeton, NJ: Princeton University Press.

Hardy-Brown, K., Plomin, R., & DeFries, J. C. (1981). Genetic and environmental influences on the rate of communicative development in the first year of life. *Developmental Psychology*, *17*, 704 - 717.

Hart, L. M. (1992, December). *Ritual art and the production of Hindu selves*. Paper presented at the meetings of the American Anthropological Association, San Francisco, CA.

Hauser, S. (1991). *Adolescents and their families*. New York: Free Press.

Havighurst, R. J. (1953). *Human development and education*. New York: Longmans, Green.

Hebb, D. O. (1955). Drive and the CNS (Conceptual Nervous System). *Psychological Review*, *62*, 243 - 254.

Heber, M. (1981). Instruction versus conversation as opportunities for learning. In W. P. Robinson (Ed.), *Communications in development* (pp. 183 - 202). London: Academic Press.

Hektner, J., & Schmidt, J. (in press). *Measuring the quality of everyday life: The ESM handbook*. Newbury Park, CA: Sage.

Henderson, B. B. (1984a). Parents and exploration: The effect of context on individual differences in exploratory behavior. *Child Development*, *55*, 1237 - 1245.

Henderson, B. B. (1984b). Social support and exploration. *Child Development*, *55*, 1246 - 1251.

Holliday, S. G., & Chandler, M. J. (1986). *Wisdom: Explorations in adult competence*. Basel, Switzerland: Krager.

Huizinga, J. (1955). *Homo ludens*. Boston: Beacon Press.

Husserl, E. (1960). *Cartesian meditations: An introduction to phenomenology* (D. Cairns, Trans.). Den Haag, The Netherlands: Martinus Nijhoff.

Huxley, J. S. (1942). *Evolution: The modern synthesis*. New York: Harper and Brothers.

Inghilleri, P. (1999). *From subjective experience to cultural change*. Cambridge, England: Cambridge University Press.

Irwin, C. E. (Ed.). (1987). *Adolescent social behavior and health*. San Francisco: Jossey-Bass.

Isabella, R. A., & Belsky, J. (1991). Interactional synchrony and the origins of infant-mother attachment: A replication study. *Child Development*, *62*, 373 - 384.

Izard, C. E. (1977). *Human emotions*. New York: Plenum Press.

James, W. (1890). *Principles of psychology*. New York: Henry.

James, W. (1902). *The varieties of religious experience: A study in human nature*. New York: Longmans, Green.

James, W. (1904). A world of pure experience. *Journal of Phiolosophy, Psychology and Scientific Methods*, *1*, 533 - 543.

James, W. (1917). *Selected papers on philosophy*. London: J. M. Dent & Sons.

Johanson, D. C., & Edey, M. A. (1981). *Lucy: The beginnings of humankind*. New York: Simon & Schuster.

Johnson, M. (1987). *The body in the mind*. Chicago: University of Chicago Press.

Johnson-Laird, P. N. (1983). *Mental models*. Cambridge, MA: Harvard University Press.

Jung, C. G. (1946). *Psychological types*. New York: Harcourt Brace.

Kahlbaugh, P. (1993). James Mark Baldwin: A bridge between social and cognitive theories of development. *Journal for the Theory of Social Behavior*, *23*, 79 - 103.

Kakar, S. (1978). *The inner world: A psychoanalytic study of childhood and society in India*. New Delhi, India: Oxford University Press.

Kegan, R. (1982). *The evolving self*. Cambridge, MA: Harvard University Press.

Kelly, G. A. (1955). *The psychology of personal constructs*. New York: Norton.

Kestenbaum, V. (1977). *The phenomenological sense of John Dewey*. Atlantic Highlands, NJ: Humanities Press.

Kojima, H. (1986). Child rearing concepts as a belief-value system of the society and the individual. In H. Stevenson, H. Azuma, & K. Hakuta (Eds.), *Child development and education in Japan* (pp. 39 - 54). New York: Freeman.

Kolb, D. A. (1984). *Experiential Learning*. Englewood Cliffs, NJ: Prentice-Hall.

Kouzes, J. M., & Posner, B. Z. (1995). *The leadership challenge*. San Francisco: Jossey-Bass.

Kramer, D. A. (1983). Post-formal operations? A need for further conceptualization. *Human Development*, *26*, 91 - 105.

Kris, E. (1952). *Psychoanalytic explorations in art*. New York: International Universities Press.

Kuhn, D. (1978). Mechanisms of cognitive and social development: One psychology or two? *Human Development*, *21*, 92 - 118.

Kuo, Y. (1976). Chinese dialectical thought and character. In J. F. Rychlak (Ed.), *Dialectic: Humanistic rationale for behavior and development* (pp. 72 - 86). Basel, Switzerland: Karger.

Labouvie-Vief, G. (1980). Beyond formal operations: Uses and limits of pure logic in life span development. *Human Development*, *23*, 141 - 161.

Labouvie-Vief, G. (1982). Dynamic development and mature autonomy. *Human Development*, *25*, 161 - 191.

Labouvie-Vief, G. (1990). Wisdom as integrated thought: Historical and developmental perspectives. In R. J. Sternberg (Ed.), *Wisdom: Its nature, origins, and development* (pp. 52 - 83). New York: Cambridge University Press.

Labouvie-Vief, G. (1994). *Psyche and eros*. New York: Cambridge University Press.

Lakoff, G., & Johnson, M. (1999). *Philosophy in the flesh*. New York: Basic Books.

Lamb, M. (Ed.). (1982). *Nontraditional families: Parenting and child development*. Hillsdale, NJ: Erlbaum.

Larson, R., & Richards, M. H. (1994). *Divergent realities: The emotional lives of mothers, fathers, and adolescents*. New York: Basic Books.

Leavitt, H. J., Pondy, L. R., & Boje, D. M. (1989). *Readings in managerial psychology* (4th ed.). Chicago: University of Chicago Press.

Lerner, R. M. (1984). *On the nature of human plasticity*. New York: Cambridge University Press.

Lerner, R. M. (2002). *Concepts and theories of human development* (3rd ed.). Mahwah, NJ: Erlbaum.

Lerner, R. M., & Busch-Rossnagel, N. A. (Eds.). (1981). *Individuals as producers of their development: A life-span perspective*. New York: Academic Press.

Lerner, R. M., & Lerner, J. (1987). Children in their contexts: A goodness-of-fit model. In J. Lancaster, J. Altmann, A. Rossi, & L. Sherrod (Eds.), *Parenting across the life span* (pp. 377 - 404). New York: Aldine de Gruyter.

LeVine, R. (1980). Adulthood among the Gusii. In N. Smelser & E. Erikson (Eds.), *Themes of work and love in adulthood* (pp. 77 - 104). Cambridge, MA: Harvard University Press.

Levinson, D. J. (1980). Toward a conception of the adult life course. In N. Smelser & E. Erikson (Eds.), *Themes of work and love in adulthood* (pp. 265 - 290). Cambridge, MA: Harvard University Press.

Lévi-Strauss, C. (1967). *Tristes tropiques*. New York: Atheneum.

Lewis, M., & Rosenblum, L. A. (Eds.). (1974). *The effect of the infant on its caregiver*. New York: Wiley.

Lewontin, R. C. (1981). On constraints and adaptation. *Behavioral and Brain Sciences*, *4*, 244 - 245.

Loevinger, J. (1966). The meaning and measurement of ego development. *American Psychologist*, *21*, 195 - 206.

Lorenz, K. (1971). *Studies in animal and human behavior* (Vol. 2). Cambridge, MA: Harvard University Press.

Maccoby, E. E., & Martin, J. A. (1983). Socialization in the context of the family: Parent-child interaction. In P. H. Mussen (Series Ed.) & E. M. Hetherington (Vol. Ed.), *Handbook of child psychology: Vol. 4. Socialization, personality, and social development* (pp. 1 - 101). New York: Wiley.

MacIntyre, A. (1984). *After virtue: A study in moral theory*. Notre Dame, IN: University of Notre Dame Press.

Marcia, J. E. (1966). Development and validation of ego identity status. *Journal of Personality and Social Psychology*, *3*, 551 - 558.

Marriott, M. (1976). Hindu transactions: Diversity without dualism. In B. Kepferer (Ed.), *Transaction and meaning: Directions in the anthropology of exchange and symbolic behavior* (pp. 109 - 142). Philadelphia: Institute for the Study of Human Issues.

Martini, M. (1994). Peer interaction in Polynesia: A view from the Marquesas. In J. L. Roopnarine, J. E. Johnson, & F. H. Hooper (Eds.), *Children's play in diverse cultures* (pp. 73 - 103). Albany: State University of New York Press.

Martini, M., & Kirkpatrick, J. (1992). Parenting in Polynesia: A view from the Marquesas. In J. L. Roopnarine & D. B. Carter (Eds.), *Annual advances in applied developmental psychology* (Vol. 5, pp. 199 - 222).

Norwood, NJ: Ablex.
Maslow, A. (1968). *Toward a psychology of being*. New York: Van Nostrand Reinhold.
Maslow, A. (1971). *The farther reaches of human nature*. New York: Penguin Books.
Massimini, F., & Delle Fave, A. D. (2000). Individual development in a bio-cultural perspective. *American Psychologist*, *55*, 24 - 33.
Matas, L., Arend, R. A., & Sroufe, L. A. (1978). Continuity and adaption in the second year: The relationship between quality of attachment and later competence. *Child Development*, *49*, 547 - 556.
McCrae, R. R., & Costa, P. T., Jr. (1984). *Emerging lives, enduring dispositions: Personality in adulthood*. Boston: Little, Brown.
Meacham, J. A. (1983). Wisdom and the context of knowledge: Knowing that one doesn't know. In D. Kuhn & J. A. Meacham (Eds.), *On the development of developmental psychology* (pp. 111 - 134). Basel, Switzerland: Karger.
Mead, G. H. (1934). *Mind, self, and society*. Chicago: University of Chicago Press.
Merleau-Ponty, M. (1962). *Phenomenology of perception* (C. Smith, Trans.). New York: Humanities Press.
Mischel, W. (1968). *Personality and assessment*. New York: Wiley.
Montagu, A. (1989). *Growing young*. Boston: Bergin & Garvey.
Montessori, M. (1946). *Unpublished lectures*. London: AMI.
Montessori, M. (1976). *From childhood to adolescence* (2nd ed.). New York: Schocken.
Montessori, M. (1989). *To educate the human potential*. Oxford, England: Clio Press Ltd.
Nakamura, J., & Csikszentmihalyi, M. (2002). The concept of flow. In C. R. Synder & S. J. Lopez (Eds.), *Handbook of positive psychology* (pp. 89 -105). London: Oxford University Press.
Nakamura, J., & Csikszentmihalyi, M. (2003). The construction of meaning through vital engagement. In C. L. Keyes & J. Haidt (Eds.), *Flourishing: Positive psychology and the life well-lived* (pp. 83 - 104). Washington, DC: American Psychological Association.
Nietzsche, F. (1968). *The portable Nietzsche* (W. Kaufmann, Trans.). New York: Viking.
Nietzsche, F. (1974). *The gay science* (W. Kaufmann, Trans.). New York: Vintage Books.
Ochs, E., & Schieffelin, B. B. (1984). Language acquisition and socialization: Three developmental stories and their implications. In R. Shweder & R. LeVine (Eds.), *Culture and its acquisition* (pp. 276 - 311). Chicago: University of Chicago Press.
Olson, S. L., Bates, J. E., & Bayles, K. (1984). Mother-infant intraction and the development of individual differences in children's cognitive competence. *Developmental Psychology*, *20*, 166 - 179.
Pandey, R. B. (1969). *Hindu samskaras: A sociological study of the Hindu*. New Delhi, India: Motilal.
Papousek, H., & Papousek, M. (1987). Intuitive parenting: A dialectic counterpart to the infant's integrative competence. In J. Osofsky (Ed.), *Handbook of infant development* (pp. 669 - 720). New York: Wiley.
Parsons, T., & Bales, R. F. (1955). *Family, socialization and interaction process*. Glencoe, IL: Free Press.
Pascual-Leone, J. (1990). Wisdom: Toward organismic processes. In R. J. Sternberg (Ed.), *Wisdom: Its nature, origins, and development* (pp. 244 - 278). New York: Cambridge University Press.
Pearlin, L. I. (1982). Discontinuities in the study of aging. In T. K. Hareven & K. J. Adams (Ed.), *Aging and life course perspectives: An interdisciplinary perspective* (pp. 55 - 74). New York: Guilford Press.
Piaget, J. (1952). Autobiography. In E. G. Boring (Ed.), *A history of psychology in autobiography* (Vol. 4, pp. 237 - 256). Worcester, MA: Clark University Press.
Piaget, J. (1962). *Play, dreams, and imitation in childhood*. New York: Norton.
Piaget, J. (1966). Response to Brian Sutton-Smith. *Psychological Review*, *73*, 111 - 112.
Prigogine, I. (1980). *From being to becoming: Time and complexity in the physical sciences*. San Francisco: Freeman.
Rathunde, K. (1993). The experience of interest: A theoretical and empirical look at its role in adolescent talent development. In P. Pintrich & M. Maehr (Eds.), *Advances in motivation and achievement* (Vol. 8, pp. 59 -98). Greenwich, CT: JAI Press.
Rathunde, K. (1995). Wisdom and abiding interest: Interviews with three noted historians in later-life. *Journal of Adult Development*, *2*, 159 - 172.
Rathunde, K. (1996). Family context and talented adolescents' optimal experience in productive activities. *Journal of Research on Adolescence*, *6*, 603 - 626.
Rathunde, K. (1997). Parent-adolescent interaction and interest. *Journal of Youth and Adolescence*, *26*, 669 - 689.
Rathunde, K. (2001a). Family context and the development of undivided interest: A longitudinal study of family support and challenge and adolescents' quality of experience. *Applied Developmental Science*, *5*, 158 - 171.
Rathunde, K. (2001b). Montessori education and optimal experience: A framework for new research. *NAMTA*, *26*, 11 - 43.
Rathunde, K. (2001c). Toward a psychology of optimal human functioning: What positive psychology can learn from the "experiential turns" of James, Dewey, and Maslow. *Journal of Humanistic Psychology*, *41*, 135 - 153.
Rathunde, K., & Csikszentmihalyi, M. (1993). Undivided interest and the growth of talent: A longitudinal study of adolescents. *Journal of Youth and Adolescence*, *22*, 1 - 21.
Rathunde, K., & Csikszentmihalyi, M. (2005a). Middle school students' motivation and quality of experience: A comparison of Montessori and traditional school environments. *American Journal of Education*, *111*, 341 - 371.
Rathunde, K., & Csikszentmihalyi, M. (2005b). The social context of middle school: Teachers, friends, and activities in Montessori and traditional school environments. *The Elementary School Journal*, *106*, 59 - 79.
Riegel, K. F. (1973). Dialectical operations: The final period of cognitive development. *Human Development*, *16*, 346 - 370.
Rogers, C. (1959). A theory of therapy, personality, and interpersonal relationships as developed in the client-centered framework. In S. Koch (Ed.), *Psychology: A study of a science: Vol. Ⅲ. Formulations of the person and the social context* (pp. 184 - 256). New York: McGraw-Hill.
Rogers, C. (1969). *Freedom to learn*. Columbus, OH: Merrill.
Rogoff, B. (1990). *Apprenticeship in thinking: Cognitive development in social context*. New York: Oxford University Press.
Rogoff, B., & Gardner, W. P. (1984). Adult guidance of cognitive development. In B. Rogoff & J. Lave (Eds.), *Everyday cognition: Its development in social context* (pp. 95 - 116). Cambridge, MA: Harvard University Press.
Rogoff, B., Mistry, J., Göncü, A., & Mosier, C. (1993). Guided participation in cultural activity by toddlers and caregivers. *Monographs of the Society for Research in Child Development*, *58* (Serial No. 236).
Rubin, K. H., Fein, G. G., & Vandenberg, B. (1983). Play. In P. H. Mussen (Series Ed.) & E. M. Hetherington (Vol. Ed.), *Handbook of child psychology: Vol. 4. Socialization, personality, and social development* (pp. 693 - 773). New York: Wiley.
Runco, M. A. (1991). *Divergent thinking*. Norwood, NJ: Ablex.
Rychlak, J. F. (Ed.), (1976). *Dialectic: Humanistic rationale for behavior and development*. Basel, Switzerland: Karger.
Schneider, W., & Shiffrin, R. M. (1977). Controlled and automatic human information processing: Pt. 1. Detection, search, and attention. *Psychological Review*, *84*, 1 - 66.
Schneirla, T. C. (1959). An evolutionary and developmental theory of biphasic processes underlying approach and withdrawal. In M. R. Jones (Ed.), *Nebraska Symposium on Motivation* (Vol. 7, pp. 1 - 41). Lincoln: University of Nebraska Press.
Schneirla, T. C. (1965). Aspects of stimulation and organization in approach/withdrawl processes underlying vertebrate behavioral development. In D. S. Lehrman, R. A. Hinde, & E. Shaw (Eds.), *Advances in the study of behavior* (Vol. 1, pp. 1 - 71). New York: Academic Press.
Seligman, M. E. P., & Csikszentmihalyi, M. (2000). Positive psycholgy: An introduction. *American Psychologist*, *55*(1), 5 - 14.
Semel, S., & Sadovnik, A. (1998). *Schools of tomorrow, schools of today: What happened to progressive education* (Vol. 8). New York: Peter Lang.
Sigman, M., Cohen, S. E., & Forsythe, A. B. (1981). The relation of early infant measures to later development. In S. L. Friedman & M. Sigman (Eds.), *Preterm birth and psychological development* (pp. 313 - 327). New York: Academic Press.
Simonton, D. K. (1984). *Genius, creativity, and leadership*. Cambridge, MA: Harvard University Press.
Sinnott, J. (1984). Postformal reasoning: The relativistic stage. In M. L. Commons, F. A. Richards, & C. Armons (Eds.), *Beyond formal operations* (pp. 298 - 325). New York: Praeger.
Spence, J. T., & Helmreich, R. L. (1978). *Masculinity and femininity: Their psychological dimensions, correlates, and antecedents*. Austin: University of Texas Press.

Sroufe, L. A. (1979). The coherence of individual development. *American Psychologist*, *34*, 834 - 841.

Standing, E. M. (1984). *Maria Montessori: Her life and work*. New York: Penguin Books.

Stern, D. M. (1974). Mother and infant at play: The dyadic interaction involving facial, vocal, and gaze behaviors. In M. Lewis & L. Rosenblum (Eds.), *The effect of the infant on its caregiver* (pp. 187 - 213). New York: Wiley.

Stern, D. M. (1985). *The interpersonal world of the infant*. New York: Basic Books.

Sternberg, R. J. (Ed.). (1984). *Mechanisms of cognitive development*. New York: Freeman.

Sternberg, R. J. (1990). Wisdom and its relations to intelligence and creativity. In R. J. Sternberg (Ed.), *Wisdom: Its nature, origins, and development* (pp. 142 - 159). New York: Cambridge University Press.

Sternberg, R. J. (2001). Why schools should teach for wisdom: The balance theory of wisdom in educational settings. *Educational Psychologist*, *36*, 227 - 245.

Sutton-Smith, B. (1976). Current research and theory on play, games and sports. In T. Craig (Ed.), *The humanistic and mental health aspects of sports, exercise and recreation* (pp. 1 - 5). Chicago: American Medical Association.

Taylor, E., & Wozniak, R. (1996). *Pure experience: The response to William James*. Bristol, England: Thoemmes Press.

Thomas, A., & Chess, S. (1977). *Temperament and development*. New York: Brunner/Mazel.

Thomas, W. I., & Znaniecki, F. (1927). *The Polish peasant in Europe and America*. New York: Knopf.

Tobach, E. (1981). Evolutionary aspects of the activity of the organism and its development. In R. M. Lerner & N. A. BuschRossnagel (Eds.), *Individuals as producers of their development: A life-span perspective* (pp. 37 - 68). New York: Academic Press.

Tobach, E., & Schneirla, T. C. (1968). The biopsychology of social behavior of animals. In R. E. Cooke & S. Levin (Eds.), *Biologic basis of pediatric practice* (pp. 60 - 82). New York: McGraw-Hill.

Toynbee, A. (1987). *A study of history*. New York: Oxford University Press.

Trevarthen, C. (1979). Communication and cooperation in infancy: A description of primary intersubjectivity. In M. Bullowa (Ed.), *Before speech: The beginnings of human communication* (pp. 321 - 347). Cambridge, England: Cambridge University Press.

Trevarthen, C. (1988). Universal co-operative motives: How infants begin to know the language and culture of their parents. In G. Jahoda & I. M. Lewis (Eds.), *Acquiring culture: Cross-cultural studies in child development* (pp. 37 - 90). London: Croom Helm.

Tucker, D. M., & Williamson, P. A. (1984). Asymmetric neural control systems in human self-regulation. *Psychological Review*, *91*, 185 - 215.

Turkewitz, G., Gardner, J., & Lewkowicz, D. J. (1984). Sensory/perceptual functioning during early infancy: The implications of a quantitative basis for responding. In G. Greenberg & E. Tobach (Eds.), *Behavioral evolution and integrative levels* (pp. 167 - 195). Hillsdale, NJ: Erlbaum.

Vaillant, G. (1993). *The wisdom of the ego*. Cambridge, MA: Harvard University Press.

Vandenberg, B. (1981). Play: Dormant issues and new perspectives. *Human Development*, *24*, 357 - 365.

Varela, F., Thompson, E., & Rosch, E. (1991). *The embodiedmind: Cognitive science and human experience*. Cambridge, MA: MIT Press.

Vygotsky, L. (1962). *Thought and language*. New York: Wiley.

Vygotsky, L. (1978). *Mind in society: The development of higher psychological processes*. Cambridge, MA: Harvard University Press.

Waldrop, M. (1992). *Complexity: The emerging science at the edge of order and chaos*. New York: Simon & Schuster.

Ward, M. C. (1971). *Them children: A study of language learning*. New York: Holt, Rinehart and Winston.

Wells, A. (1988). Self-esteem and optimal experience. In M. Csikszentmihalyi & I. S. Csikszentmihalyi (Eds.), *Optimal experience: Psychological studies of flow in consciousness* (pp. 327 - 341). New York: Cambridge University Press.

Wentzel, K. (1998). Social relationships and motivation in middle school: The role of parents, teachers, and peers. *Journal of Educational Psychology*, *90*, 202 - 209.

Wertsch, J. V. (1979). From social interaction to higher psychological functions. *Human Development*, *22*, 1 - 22.

Wertsch, J. V. (1985). *Vygotsky and the social formation of mind*. Cambridge, MA: Harvard University Press.

Wertsch, J. V. (1991). A sociocultural approach to mind. In W. Damon (Ed.), *Child development today and tomorrow* (pp. 14 - 33). San Francisco: Jossey-Bass.

Wood, D. J., & Middleton, D. (1975). A study of assisted problemsolving. *British Journal of Psychology*, *66*, 181 - 191.

英文版总主编 WILLIAM DAMON RICHARD M. LERNER
中文版总主持 林崇德 李其维 董 奇

第一卷（下）人类发展的理论模型
Theoretical Models of Human Development

英文版本卷主编
RICHARD M. LERNER

儿童心理学手册
（第六版）

HANDBOOK OF CHILD PSYCHOLOGY
(SIXTH EDITION)

华东师范大学出版社
·上海·

儿童心理学手册（第六版）　第一卷　（下）

第 10 章

人类发展的行动观点*

JOCHEN BRANDTSTÄDTER

行动观点在发展心理学中的兴起

发展心理学从多种理论角度阐述了人类发展的条件和限制。但是，尽管行动观点

* 我要感谢 Richard M. Lerner，他对整个手稿提出了精心的编辑意见，还要感谢 Werner Greve，他对之前的一份草稿给出了有价值的建议。

(action perspective)在发展研究和理论解释中日益得到重视,但对于个体在生命全程中对他/她自身发展史创造的贡献,却尚未获得足够关注。通过行动以及体验我们行动的结果,我们建构起对自身以及所处的物质、社会和符号环境的表征,并且这些表征会引导和激发那些塑造和影响我们行为和个人发展的活动。

如此,行动形成了发展,而发展又形成了行动:个体既是积极的产生者,也是他/她自身发展的产物。因此,行动理论观点的核心理念是,如果不关注自我反思(self-reflective)和自我调节(self-regulative)的环路,即将发展变化与个体通过行动和思考解析他们个人发展的方式联结起来的环路,那么就不能充分理解人类的发展,包括成人期及生命后期。这并不表明,个体是他们自身生命史的唯一或者无上产生者。正如任何其他类型的活动,个人发展的相关活动受到文化、社会历史以及物质条件的限制,这些限制在部分程度上或者甚至完全在个人的控制范围之外,但是却决定性地构成了行为和发展可能选择的范围。因此,发展的行动理论观点不仅要考虑那些个体用来尽力控制生命过程中其自身发展的活动,而且还要考虑引导这些活动的非个人或个人外影响因素。

517

关于人类个体在塑造他们自身发展和成熟中存在积极作用的观点从未受到正面质疑。但是,至少直到最近,尚无将此观点组织成详尽理论阐述的系统工作。虽然行动已经被认为是每一个体生命史的构成要素,但是它们在发展理论中几乎没有扮演过要素角色(Dannefer, 1989)。推测而言,忽视此点的原因之一是由于发展研究在从儿童早期到青少年期的形成性阶段上的传统优势。自我调节活动和意向性自我发展(intentional self-development)与个人目标、规划和认同计划(identity project)有关;这些定向成分通常在向成人期的过渡中,在独立性和自主性发展任务的重要性增加时,变得更加分化和具体。行动理论观点的早期拥护者同时也支持发展的生命全程观点,这当然不仅仅是巧合;Charlotte Bühler(1933)是一个突出例子。对行动理论观点的忽视也可能反映了更深的在认识论和方法学上的保守性。将因果解释模式应用于行动是科学哲学上长期存在且仍存在激烈争议的一个争论焦点,而且最后结论尚不得见(如,Brand, 1984; Lenk, 1978; Thalberg, 1977)。此外,行动观点将发展视为由集体和个人行动共同塑造和引导的一个过程,这看起来与寻找发展的决定性规律和普遍性原则是几乎不一致的。这些问题稍后会进行更详细的讨论。但是在此处应该指出,那些关于人类发展的普遍性、有序变化和决定论的观点近年来已经受到了多方面抨击(如,Bruner, 1990a; Gergen, 1980)。与此同时,对行动理论观点的关注却在过去几十年中日益增加(如,Brandtstädter, 1984a, 1984b, 2001; Brandtstädter & Lerner, 1999; Bruner, 1990b; Chapman, 1984; Crockett, 2002; Dannefer, 1984; Eckensberger & Meacham, 1984; J. Heckhausen, 1999; J. Heckhausen & Dweck, 1998; Lerner, 2002; Lerne & Busch-Rossnagel, 1981; Silbereisen, Eyferth, & Rudinger, 1987; Valsiner, 1989)。

行动观点似乎为发展和文化观点的整合提供了一个有利结合点。实际上,发展、文化和行动的概念是内在联系的,如图 10.1 所示。作为个人和集体活动的结果,发展本质上是一种文化产物——这是本章中提出的核心论点。相反,行动和自我调节活动取决于发展性变化;激发和指导这些活动的目标、价值观和信念在个体发生(ontogenetic)和文化—历史因素的共同影响下发生变化。类似的概念性和功能性联系也联结了行动和文化领域。尽管文化变革和变化的长期和连续动态性往往在任何单一个体控制之外,文化仍然是个体行动和决定的集体结果(Hayek, 1979)。另一方面,文化构建了塑造行动可能性、结果和意义的行动空间(Boesch, 1980, 1991),并且文化习俗还构成了特定类型的行动,正如我后面所要解释的。上述关系也表明了文化和人类个体发生之间的功能依赖性,这种关系以建构性和选择性行动为中介:个体塑造他们自身的发展生态环境,以此调节他们自身的发展;他们建构了某种个人文化(Heidmets, 1985),这成了更大的文化宏观系统的构成要素。另一方面,文化情境又形成了引导和规范发展通路的局限性和“可能性”(affordance)——使用 Gibson(1977)的术语——的某种排列。这种引导作用是文化系统维持和自我保存的一种基本要求;反而言之,人类个体发生从物质、社会和心理等方面而言,最根本上依赖于文化情境的调节和保护作用。

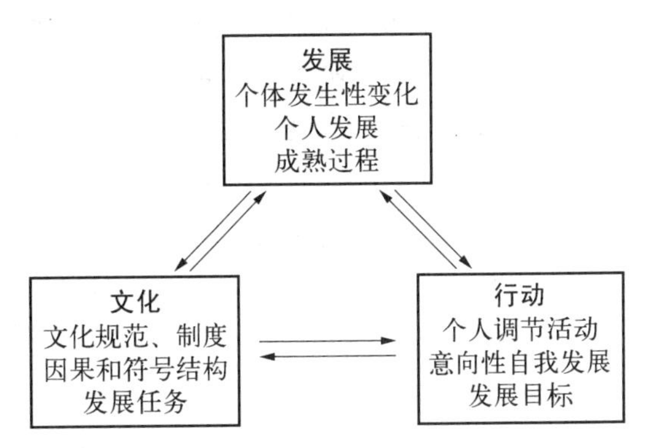

图 10.1 发展、文化和行动之间的相互关系。

518

在以下部分,我将重点关注在文化和历史情境下,个人和集体行动如何以多种方式构成毕生发展,又是如何以多种方式在毕生发展中被塑造。

文化对发展的调节

对个体发生和随年龄阶段所发生变化的调节和控制是文化稳定、复制和自我更新的过程所必需的(如,Bourdieu & Passeron, 1977)。每一个文化体系都有受其支配的一整套广泛的技术、制度或者规则来调节发展,而且如果没有这样的文化代理(proxy)和支架(scaffold),人类实际上不可能发展。新生儿和幼儿完全依赖于某个人,这个人照顾他们的身体和心理发展,并且以促进成长和防御伤害性影响的方式组织环境事件。在教育和社会化过程中,即确定贯穿生命周期的发展任务、可能性和选择等因素的某种排列,发展的规范化和制度化变得日益突出。和发展本身一样,对发展的引导和控制也是一个毕生的过程。此过程服务于传递文化价值观和问题解决方式以及反复灌输一些态度、品质和技能,这些态度、品质和技能是在某种文化—历史背景下生存和共存所必需的,或者被认为是必需的。然而不管如何,文化的个体发生要素更深地植根于现代人类种族的生理构造和种系发生进化中(如,Tobach, 1981)。

发展的强可塑性和开放性是使个体发生的文化背景化成为可能并增强的进化性和生物性范畴之一。只要文化概念暗含着养成和完善某些易修正目标或过程(尤其是生命本身)的意义,这些特征就已经隐含在文化的概念中了。早在 1977 年,Johann Nicolas Tetens 就认为人类发展的“可完善性”(perfectibility)建立在两个基本条件的前提之上:具有反思和自我参照行动(*innere Selbsttätigkeit*①)的能力以及发展的可修正性。

> 在所有生物中,人类是迄今为止最可能渐臻完美的物种,从出生起就具有最大的发展潜力……人类是所有生物中最具适应性、能力最多样的,能够按照预定的广泛领域内的活动,以最大的多样性改变自己。(Tetens, 1777, p. 40; trans. J. B.)

关于文化和个体发生之间的功能联系在下列论断中被表述得更加淋漓尽致,即:文化制度——以及创造文化所必需的发展和行动潜力——是对人类生物体中缺乏特定的适应自动化作用(adaptive automatism)的一种补偿。这一观点可以追溯至 Herder(1772)的著作;它在 Gehlen(1955/1988)的人类学体系中被采用并获得详尽阐述。正如 Gehlen 所直接指出的,人类个体是一种"有缺陷的生物"(deficient being),其特点是缺乏自然特化器官以及与特定环境的固定联系,因此对他们而言,文化就变成了其"第二天性":

> 人类是一种行动中的生物。从狭义而言,他也是"不确定的"——他对自身提出挑战。行动就是人类发展对外部世界态度的需要的表达。就他给自身提出问题而言,他也必须发展起对自身的一种态度并利用自己……对于某种"不确定"生物的生存而言,旨在达到某种确定生存状态并加以维持的自制、训练和自我改正(self-correction)都是必须的。(Gehlen, 1955/1988, pp. 24—25)

根据这个角度,文化通过提供某种"躯壳之外"的人为安排来保障生存和发展,即适应性的补偿方式(参见 Geertz, 1973)。但是,关于人类是"有缺陷生物"的观点可能具有误导性,以至于将缺乏自然特化器官等同于适应性缺陷。实际上,人类通过创造性和建设性行动应对逆境的非凡能力,已经更多于对缺乏适应自动化作用和本能调节作用的补偿。为了灵活应对由不稳定环境引起的持续不断和变动的适应性挑战,行为的组织必须具有适于变化以及经验式修正的充足空间。中枢神经系统的皮质和新皮质区域的超常生长为行为的认知和动机控制提供了必要的开放性和多样性。此处尤其要提到的是抽象、归类和表征能力,这促进了个体从不断涌现的事件中抽取规则和规律以及有可能对行动和效果进行心理模拟。人类的适应能力由于语言和沟通得到了进一步提高。语言能够传递知识,既为行为的社会控制又为自我控制和自我强化提供了符号手段(如,Luria, 1979; Zivin, 1979)。明显延长的心理成熟和成长阶段,与此相应的长时间的保护和照顾阶段,以及家庭和群体结构的出现,构成了一个具有共同支持进化性因素的复合体,它们同时决定了人类发展的脆弱性以及潜力(参见,Bruner, 1972; Gould, 1977; Lerner, 1984)。

519

这样,文化和发展就形成了一个功能性综合体,只有在考虑到行动及自我相关活动的中介作用时,才能对其进行充分评价。文化是在文化演变过程中所形成的问题解决形式的聚

---

① *inner Selbsttätikeit*:德语。——译者注

合体系;他们为来源于人类物种生物构造的适应性问题和文化体系自身的维持及进一步发展问题提供了解决办法,并且他们也提供了指引人类行动者在寻找意义和目标中现存的方向。最重要的是,文化通过补偿性策略和"修补装置"(prosthetic device)(Bruner, 1990b)来增大行动资源和发展选择性,因而使发展主体超越身体构造的局限性。这些补偿装置也包含"心理工具"(psychological tools)①(Vygotsky, 1960/1979),它们体现在文化习俗、制度和知识体系中:

> 心理工具是人为结果。从本质而言,他们是社会性质的,而不是机体性质或者个体性质的。他们直接指向掌握或者控制行为过程……由于被包含在行为过程中,心理工具改变了心理功能的整个流程和结构……正如机械工具改变了自然适应的过程一样。(Vygotsky, 1960/1979, p. 137)

将发展界定为遗传和环境影响因素两者交互性产物的陈词滥调对调节发展、行动和文化之间的动态关系漠不关心。环境是"由机体组成的自然"(Lewontin, 1982, p. 160);同样地,发展的生态系统是限制和激活意向性自我发展的"意向性世界"(Shweder, 1990)。

我们不能将体现行动和文化性行动空间本质特征的语义和符号内容还原为物理或者生理过程。虽然行动的意义可能与行动的物理特征相关并在部分程度上从中引出,但是行动的意向性和物理性方面之间的关系不能考虑用还原解释的方式进行关联(Dennett, 1987)。这并不意味着,行动观点必定要抛弃行动的"自然"基础和局限性。自然和文化方面在发展过程中是互相影响和渗透的(Boesch, 1980; Brandtstädter, 1984a, 1984b; Dannefer & Perlmutter, 1990; Gibson, 1977),并且我已经指出过发展的文化和种系发生基础之间的相互依赖性。在发展遗传学中,对发展的遗传调节在相当程度上是以行为系统为中介的这一事实日益有了认识(如,Gottlieb, 1992)。个体选择和创造他们的环境所依据的偏好和能力,即表型特征,是与基因型因素相联系的;这些特性也影响着个体对他们选择接触的环境影响所作出的反应方式(如"基因型—环境的积极共变"的概念;Scarr & McCartney, 1983; 又见Plomin, 1986)。通过他们的行动,个体形成并不断改变他们的表现型,并将之延伸到其个人文化和发展史中。

个人对发展过程的调节

人类发生的文化调节与意向性自我发展过程紧密交织,并在部分上以后者为中介。积极的主体是文化系统的构成性和生产性元素,该系统通过个人行动不断被实现、维持和更新。与此同时,个体的行动在物理和符号方面都被牢牢地限制在文化的行动空间内;正是通过与文化情境的互动,个体才能分析可能的和所期待的发展过程的前景,并获得实现这些 520

① 心理工具是维果斯基认知发展理论的核心概念,指人为创造的标记、符号、文字、公式、图像等。它们能够帮助个人去掌握适应于自己所在文化的心理功能,如感知觉、记忆、注意等。——译者注

前景的知识和方法。

因此,文化并不是一个从本质上就与自我发展相对立的力量体系,如同从卢梭开始的异化观点著作所主张的那样;相反,文化背景对自我调节过程既有限制又赋予可能。文化的要求及提供的可能性也许或多或少地与个体发展目标和潜力互相一致或者冲突。发展的个人和背景局限性之间的关系模式在文化演变和个体发生过程中不断被再定义和改变。这些变化,既包括在历史上也包括在个人一经历时间中发生的,在发展着的个体和文化生态体系之间的作用中永远会引发矛盾和差异: 发展任务、角色期望或者表现标准可能会使个体的发展资源负担过重;社会机会结构可能阻碍个人目标和认同计划的实现,等等。正如辩证法所强调的(如,Kesselring, 1981; Riegel, 1976),这些差异和冲突在文化演变以及个体的毕生发展中都是驱动力,因为它们促进了其所起源的体系内的重新调整和全新整合。

个体能以多种方式对这些适应性问题作出反应。他们能根据情境限制和资源调整个人目标和规划,或者反过来,尝试改变外部环境以适合个人兴趣和能力;他们可能尽力回避或者抵制标准要求,或者适应它们。这些适应性活动通常旨在减少实际或者感知到的个人发展过程与个人对自我以及未来发展标准设想之间的差异;他们也服务于稳定和保持个人认同,从而展示生命体系所赖以维系和延续他们自身的自生成过程的功能特征(如,Brandtstädter & Greve, 1994; 对自生成概念的说明,见 Maturana & Varela, 1980; Zélény, 1981)。

上述思考结果支持和揭示了有关意向性自我发展过程为个体毕生发展所必需的论断。但是应该意识到,这些过程和任何人类活动一样,包含了在个人控制之外的要素。我们在构造和制约个人行动和发展的社会文化矩阵中组织我们的生活和活动,我们改变这些背景制约的可能性是有限的。我们甚至对我们行动的"内部"背景影响也有限,尤其是我们不能随意改变我们自身的动机和信念(如,Brandtstädter, 2000; Gilbert, 1993)。此处,行动—理论观点到了必须进行仔细考察的地步。最后,任何人都不应低估偶然性、不可控事件和"偶然遭遇"(chance encounters)(Bandura, 1982a)在任何个体生活史中的影响,即使这里也可能涉及一定程度上的控制,因为个体可能自主选择或主动寻找机会。

从行动主体的角度来看,生命的毕生发展似乎是期待和不期待、可控和不可控要素的混合,或者说是一个得和失、成和败的故事(Baltes, 1987; Brandtstädter, 1984a)。努力保持这种有利的平衡是人类活动的基本方面。但是个体关于他们能够多大程度改变个人发展过程的感觉是不同的,而且这些差异会显著影响对自我和个人未来的情感态度;感觉自己无法达到期望的发展目标或者变成自己想要成为的人,在很大程度上与生活中的抑郁和丧失意义感相联系。

历史摘记

人类发展的行为观点具有可以追溯到古代的久远历史。在 Aristotle 的哲学著作中就已经清楚表达了人类创造自身的观点,将行动视为人类根据理性设想以此改变自我和生活的过程(Müller, 1982)。在文艺复兴时期,自我形成和自我完善观点盛行,甚至成为生活的主导形式。关于通才的文艺复兴时期理想(Renaissance ideal of *uomo universale*),指那些在所有发展领域尽力追求自我完善的个体,在 Shaftesbury、Herder、Schiller 和 Goethe 的著作中得到了传播(Spranger, 1914);之前提到的 Tetens 关于人类发展"可完善性"的观点明显仍受到此理想的影响。Giambatista Vico (1725/ 1948)甚至将他的历史文化哲学建立在以下观点的基础上：我们能真正理解的只有我们自己所创造的那些事物(参见 Bunge, 1979)。

521

在早期德国心理学中——尤其是哲学导向的"内省"(understanding)心理学分支(Dilthey, 1924; Spranger, 1914)——人类发展一直被视为是一个积极自我发展的毕生过程(Höhn, 1958)。在 Charlotte Bühler 关于生命过程中发展的概念中(Bühler, 1933; Bühler & Marschak, 1969),其理论焦点在于个体具体化和实现人生目标中的成功和失败,而其要点却在儿童期和青少年期就已产生。但是,意向性自我发展的早期概念却强烈地充满了自由和自发的含义,并且通常包含反因果关系论者的方法学观点。这些见解并没有在某个能够日益用自然科学的方法学理念证实自己的学科领域找到肥沃土壤(如,Cairns, 1983; Reinert, 1976)。

特别是,明确反心灵主义者观点的行为主义的兴起,阻碍了行动观点被更为广泛地接受和进一步发展。尽管正是行为主义者的方案,宣扬了发展过程几乎无限的可操作性和可改变性,上述仍然属实(Bijou & Baer, 1961; B. F. Skinner, 1953; J. B. Watson, 1930)。也正是在行为主义者的理论框架中,首次系统提出了自我控制和自我调节的主题。在行为主义者看来,自我调节可简化为个体通过操作刺激和强化偶然事件借以控制他们自己行为的过程:"当某个人控制自身时……他便在行为。他通过操作一些变量(这些变量是行为的功能),精确地控制自己正如他控制其他任何人的行为一样。"(B. F. Skinner, 1953, p. 228)但是,一种抵制心灵主义术语(如个人目标、信念或者意向等解释性概念)的理论观点,是很难把握对行动观点具核心意义的那些特殊主题的;即,将个人发展与构成文化背景的意义系统、制度和标准以及文化背景内的个人活动联系起来。

在心理学领域内,对于这些问题的兴趣在 19 世纪 50 和 60 年代的所谓认知革新中又重新开始。对行为主义方法学的哲学和认识论批判(如,Putnam, 1975)为驱散围绕着行动概念的疑云作出了进一步贡献。如今,行动理论方法在许多研究领域都占据显著地位。而且,关于解释和理解,自由和决定论,或者因果关系论和意向论之间的传统二分法也已经丧失了很多的敌对性色彩;呼吁让这些观点兼容并蓄,或者至少和谐共存的哲学立场已被提倡(如,Davidson, 1980; Dennett, 1987)。心理学中文化观点的复苏,以及对行为和发展的文化基础的理论关注的增强——Bruner 甚至预言了"背景革新"的即将来临——都在行动理论取向中找到了自然契合点:

> 一种文化心理学,几乎由其定义决定,将不会专注于"行为"而是其基于意向的相应对象——"行动",更为明确一些,是情境行动——处于一定文化背景之中,参与者之间存在多元互动状态下的行动。(Bruner, 1990a, p. 15)

行动的概念

遗憾的是,或者不是,尝试要阐明行动概念不能从其参照的单一或者唯一理论框架出发。行动理论的观点表述在一些非常不同的领域得到了促进,比如心理学、社会学、人类学、生物学、哲学以及经济学;而即使在这些学科中,行动的概念也以不同形式出现。

在更窄的心理学领域,我们可以大致区分出行动的结构理论、动机理论、控制—系统理论以及社会—建构主义理论。

行动的结构理论

这一系统的理论集中于对行动的结构分析。结构分析有不同形式,而且不是总有可能把它们清楚地分开。其中一个方向的研究特别集中于行动的形态结构以及行动所基于的认知操作;这种取向以 Piaget 的工作为代表(如,1970, 1976)。其他取向则更多集中于特定活动和技能的成分分析(如,Fischer, 1980; Mascolo, Fischer, & Neimeyer, 1999)。然而,这种结构取向的另一个派生理论则在对组成不同类型行动的基本构成特点,比如他们的行动者、工具、目标、对象以及进一步的背景要素的分析中得到了具体体现(如,Aebli, 1980; Bruner, 1982; Fillmore, 1968; Schank & Abelson, 1977)。

522

行动的动机理论

具有一定影响力的行动理论表述是在动机心理学中得到发展的,可能最突出的是源于 Tolman 和 Lewin 两者的期望—价值观行动模型(expectancy-value models of action)(综述见 Feather, 1982; Krampen, 1987a)。根据这个理论的基本解释模式,行动由以下两方面的联合作用进行解释并预测:(a) 与行动—结果一致性相关的个人期望和(b) 根据个人目标和标准对期望结果的主观评价。在这一基本模型上已经提出了不同的派生和扩展模型(如,Ajzen, 1988; Atkinson, 1970; Fishbein & Ajzen, 1975; H. Heckhausen, 1989; Vroon, 1964)。

行动的控制—系统理论

在 G. A. Miller,Galanter 和 Pribram(1960)的传统理论中,此类行动理论取向采用了控制学和系统论的概念。基本的分析工具是反馈循环圈:将目标转换为行为,以及调节目标有关活动的相关过程,被描述为是具有多层组织水平、差异逐渐缩小的反馈环路(如,Carver & Scheier, 1981, 1998; Ford, 1987; Powers, 1973)。

行动的社会—建构主义概念:活动理论

行动研究的主要原生分支是从前苏联的 Vygotsky 及其学生的工作中产生的(Leont'ev, 1978; Luria, 1979; Vygotsky, 1934/1986)。这一取向基于辩证唯物主义的原则，具有浓厚的社会历史色彩。目标指向的活动被视为外部现实和个体意识之间的中介因素；认知发展源于个人与文化符号以及物质对象和工具的交互作用，而工具作为客体化的思维和问题解决方式，组织着思维和行动(另见 Cole, 1978; van der Veer & Valsiner, 1991; Wertsch, 1981)。

这样的分类方式不能说是穷尽的；在理论集合之间并没有明显的界限，而且有更广范围内的研究方案在不同程度上借用或者整合了来源于前面所述的理论体系的要素。例如，这些方案关注行动的社会认知方面(如，Bandura, 1986, 1997)，文化符号角度(如，Boesch, 1980, 1991; Bruner, 1990a, 1990b; Valsiner, 1998)，或与行动和行动计划的形成及实施相关的过程(如，Frese & Sabini, 1985; Gollwitzer & Bargh, 1996; Kuhl & Beckmann, 1985; von Cranach, 1982)。在相邻学科内也作出了对行动理论颇具影响力的贡献，尤其是社会学(如，Bourdieu, 1977; Parsons & Shils, 1962; Schütz, 1962)和人类学(如，Geertz, 1973; Gehlen, 1955/1988; Tyler, 1969)。最后，行动的分析性哲学体系为阐述行动的概念作出了显著贡献(综述参见，Brand, 1984; Care & Landesman, 1968; Moya, 1990)。之前提到的一些理论观点从一开始就是在发展的框架中形成的，或者被界定为发展理论；这对结构主义者和社会—建构主义者取向尤其是这样。这些理论取向为更综合的意向性自我发展理论观点贡献了重要元素，这将在后面章节中进行概述。

这些介绍性评论应该已经清楚表明，集中于行动概念的不同理论和研究方案并没有形成一个一致体系。鉴于行动概念内在的多学科特性，要见到一个全面统一的行动理论似乎是空想。这就使任何想要形成统一定义的努力都是白费。为了阐明行动的概念，在以下部分，我将集中于一些一般性的和相对没有争议的要素，这些要素似乎与概念化行动和发展之间的相互依赖关系特别有关。

阐述行动：概念性成分

是否有可能鉴别出所有行动实例中都普遍具备，而且能将行动和其他不属于行动的行为模式分开的一系列本质性和区别性特征呢？当我们说到举动(act)、行动(action)或者类似于行动的活动(activity)时，显然不是不加区分地指向任一行为，而是那些能够并且应该以某种特定方式被解释和预测的行为。我们似乎在表明，被观察到的行为是个体由于其个人信念和价值观所选择的，因此能够被解释为是服务于某些个人目标或者表达个人态度和价值观。相应地，在解释行动时，我们会尽力去展示它们是如何与行动者的价值观、信念、态度或者能力相联系的。当我们把某个观察到的行为解释为行动或某种特定类型的举动时，我们就假定了行动者“可能可以采取不同方式做”(Chisholm, 1966)，并且他/她有足够的自由避免这种行为的发生(甚至无行为有时候也能被认为是一种行动)。相反地，超出个人掌控范围的行为事件似乎就不符合行动的要求；生理反射、情绪反应和所有形式的下意识或出错行为(走神、记忆衰退等)就是典型的例子。这些区分对于道德和伦理评价也是很基本的；根据道德规范内在的概念规则，公正、理性或责任感的标准只适用于意向性或个人控制的行为，而不包括非意向性行为事件(Austin, 1956)。

523

行为和行动之间没有一一对应的关系：某个特定行为，作为一件可观察到的物理事件，常常只是组成一个行动的若干部分之一(Thalberg, 1977)。比如，问候的行动就可以具体呈现为多种在物理上不同的行为(如通过挥手、点头、说出某个口头的惯用语)；反过来，某个特定的行为，例如挥手，根据“内部”背景(个体的意愿、信仰等)、情境特定性以及符号体系、社会规范和惯例(在特定情境下的特定行为表示某特定行动)等，可以表达如下不同的行动，如问候、给信号或赶蚊子。因而，若要把某特定行为归类为某种特定类型的行动通常需要一个超越了直接观察到事物的解释过程；从这个意义上，行动可以被认为是一种解释性建构(Lenk, 1981)。有时还要区分行动和举动，此处的术语举动是用于表示包含某特定行动的某些行动的一般类别或者类型(如，Harré & Secord, 1972)。同样地，同一类别的举动可以通过不同的行动来具体呈现，而同一行动又可以表示不同的举动。为了被认定是某些举动或者某些类型行动的具体表现，不同的行动必须互相具有一些结构上的相似性：它们必须拥有那些根据惯例和概念规则被认为是构成某单独举动类型的那些特征。需要说明的是，这一点对于发展连续性(continuity)和一致性(coherence)的构建至关重要，这通常包括在不同个体发生水平上在表现不同行为之间建立结构性或者“同型”的等价物(Kagan, 1971)。

因而在第一个步骤中，我们在定义行动时可能要考虑诸如意向性、个人控制、自发性和(感知到的)选择自由度之类的标准(如，Groeben, 1986; T. Mischel, 1969)。然而，这些标准没有一个是不存在问题的。就意向性标准而言，有意行动的结果往往包含不期望的或有害的只是被容忍的副作用；当人们并非集中关注这些副作用时，他们可能也要对这些附属效应承担道德和法律上的责任。另外还存在意向性弱化的例子，例如，当某个人在打电话时漫无目的地在纸上乱画。同样，个人控制的标准也有复杂含义。有很多非意向性的行为，如生理反射，是我们从技术层面上能控制的；例如，我们可以让自己处于较高温度条件下故意出汗。但这并不意味着这些生理反射就都是行动(虽然那些我们借以获得反应的工具性活动确实是)。另外不可否认的是，任何阶段的行动都包含个人控制之外的成分过程；如果没有那些我们控制之外的中介机制的帮助，我们就无法控制自己的行为和发展。正如已经提到的，我们甚至无法完全掌握我们行动的内部背景；因而，我们无法自由地计划、希望或相信那些我们想要计划、希望或相信的任何东西(如，Kunda, 1990; Lanz, 1987)。

限于本章的篇幅，我无法详细阐述围绕行动概念的错综复杂状况(更详细的论述请参见Greve, 1994; Moya, 1990)。就当前目的，之前的思考可以简化为一个工作定义：行动也许可以定义为这样的行为，(a) 可以根据意向性状态(目标、价值观、信念、意志)进行预测和解释；(b) 至少在部分程度上处于个人控制之下，而且是从多种备选行为之中选出来的；(c) 由社会规则和习俗或主体对这些背景性制约条件的表征所支持和限制；(d) 旨在根据个人对所期望未来状态的表征改变情境。

524

这个定义再次强调了行动与个人发展之间的密切关系。但是，与个人发展意向性相关的自我参照行动还具有其他属性，对此将在后面章节中进行描述。在讨论这些问题之前，我将尝试对个人和社会因素是如何在行动调节过程中互相交织的问题给出更详尽的解释。

行动的制约条件：构成性和调节性规则

人类行动与规则在两层含义上相关。在第一层常见含义上，行动和个人行动空间受到规则的制约；在第二层更为基本的含义上，行动——或者至少有一些行动——是由规则构成的。根据 Searle(1969)的观点，个体能够区分调节性规则(regulative rules)和构成性规则(constitutive rules)(这些区分可追溯到 Kant；同见：Brandtstädter, 1984b; D'Andrade, 1984; M. J. Smith, 1982; Toulmin, 1974)。

调节性规则

个人行动受到多种文化规定和限制的调节，而且或多或少是正式和外显的(法律、规范、习俗、社会期望等)。这些规则划定了情境限定区域和行动边界。然而，这些由调节性规则所施加的限制并不是强制性的；与自然法规不同，文化法规有时是可以违背的。但是，调节性规则具有"规范效力"(normative force)(Toulmin, 1969)；这些规则与辅助性社会效力相联系，比如赞许或者有利于增加符合规则行为的频率和概率的强化模式。调节性规则，无论它们是外部施加的还是内化并整合到自我调节过程中的，都在行动和发展的模式内生成规律。例如，发展任务或者决定社会背景中个体生命事件适宜进度表的标准时间表(如，Chudacoff, 1989; Neugarten & Hagestad, 1976)，界定了规范和同步个体生活过程因而赋予发展规程和规律的调节规则体系。

构成性规则

当提到某些举动或者行动时，如结婚、陈述理由、承诺或者罚点球，很明显的是，这些行动不只是简单地受规则调节，在更强的意义上，而是由规则所构成。正如一个人只能在象棋规则的框架内去下棋一样，其结婚、许诺等也是如此。只有根据特定的语义规则和社会惯例才能界定，至少在大纲上，某个行为必须以哪种方式或在哪种背景条件下执行才能作为该特定举动的一个有效例证。将一个行动描述或理解为某一类举动的例证时，是以与相关构成性规则的相近性为前提的(Winch, 1958)。组成特定举动的规则是在脚本式认知结构(scriptlike cognition structure)或者图式中单独呈现的(Schank & Abelson, 1977)。这些脚本和图式使我们能够根据社会共有含义来组织我们的活动，并在一定社会背景下推断、预测和协调行动的进程。

通过构成性规则，特定类型的行动与文化制度产生了不可分割的联系。正如 D'Andrade(1984)所指出的，规范性背景的变化改变了可能行动的范围，最终创造出全新类型的行动：

> 构成性规则体系的结果之一是，和其他动物相比，人类行为整体技能的极大扩展。例如，如果没有称为足球的构成性规则系统，得分、防守、过人等行为就不会存在。(p. 94)

调节性和构成性规则从行动理论角度为重构发展规律性和不变性提供了重要有利点。尤其是构成性规则概念为传统的发展普遍性主题提供了一个全新角度；正如我在后面部分要说明的，决定特定技能和能力结构的形式或概念规则，也为相应能力的个体发生性建构建立了顺序规则。

行动的多价性

多价性(polyvalence)的概念与勒温理论中的效价概念相关；它指向这样的现象，即同一个行动可以服务于不同的目的和意图，并且相应地可以具备，并且通常也的确具有在个人和公众两个水平上的多重含义。例如戒烟的人，这样做可以是为健康原因，为避免社会冲突，为经济原因，为显示其意志力，或者是为这些原因中的一些组合。行动或行动倾向主要源于工具性、符号性、表达性和审美性效价的混合作用，有时候可能会自相矛盾：

525

> 多价性有三层意思：第一，行动，针对整合目标而言，是“超定”的；第二，它们包含了不同领域的经验；以及，第三，行动理由并不简单由这些行动(将要)获得的具体特定结果所决定，它还取决于潜在的主观经验以及个人幻想、文化规则和价值观。(Boesch, 1991, p. 363)

由于行动的多价(或多义)性质，这就使同一个基本行动能同时说明多种不同举动。当Doe先生在修整草坪时，他会割草、发出噪声和锻炼肌肉；通过做这件事，他可能是——取决于特定原因、社会和符号背景——为了取悦他的邻居，避免与妻子的冲突以及展示他的责任感等(Rommetveit, 1980)。其中一些效果和含义可能是他想要的，而其他的可能只是简单容忍或者甚至他根本就没意识到。为了把握描述某特定行动的多个层次，Goldman(1990)创造了一个“举动树”(act tree)的比喻，其枝杈是通过因果机制、习俗或语言规则生成的。行动者解释他们自身活动的效果和意义以及描述他们行动的方式，可能与外部观察者的解释有所不同。这些差异可能会导致社会冲突和认同问题，解决此问题通常需要协商和沟通以达成一致解决的办法。沟通意义是在必须协调自己行动和发展目标(比如婚姻关系或者家庭系统)的发展中个体之间建立共识和共同方向的基本策略(Berger, 1993; Brandtstädter, Krampen, & Heil, 1986)。从这些思考中可以明显看出，行动的意义和动机效价，即使是日常活动的行动，都能够并且常常最终植根于总体认同目标和生命主题。

行动意义和效果的区别性呈现需要不同种类的知识和专业技能以及相应的发展步骤：估量行动—结果可能的一致性需要关于行动空间的因果结构的知识，而解释其语义或符号意义则需要相应的概念性知识。行动意义的多价性也意味着情绪的多价性；当将不同的解释图式运用到个人的或观察到的行动上时，就可能导致不同的或者“混合”的情绪评价。例如，某种攻击性行动可能被作为一种自卫举动、违背道德规范的举动或失去自控的举动，因而可能相应引发骄傲感、内疚感或者羞愧感。这些混合情绪的出现似乎是对所观察到事件及行为的因果和语义含意的个人发展能力的一种个体发生标志(Harter, 1986)。

自控和意向性自我发展极其关键地取决于意义和评价标准的建构和解构。人类行动者会依照他们自己的意愿、情绪和行动采取某种评价态度，例如，我们会根据自己的感觉体验到自豪感或羞愧感。这样的元情绪或二级评估是行动调节的更高个体发生水平的特征,在这个水平上,道德原则、社会规范和关于"应该自我"(Higgins, 1988)的个人表征都被整合到意向性自我发展过程中(又见 Frankfurt, 1971)。再次,应该要注意个体发生的要求。行动的多价性反映了个体行为在多层背景水平(hierarchy of contextual levels)中的嵌入——在此借用 Bronfenbrenner(1979;Bronfenbrenner & Morris, 1998)发展生态模型中的术语——这些背景水平是从环绕所有的文化制度、规范和符号的宏观系统开始,通过中介的中央系统,一直延伸到构成个体活动直接背景的社会和物质微系统。意义表征的个体发生进程,以与行动所处背景水平不断增加的抽象性与复杂性相对应的序列依次进行。但是在发展的早期,评估某个体行动的中心主要是在直接或最邻近环境下感知到和预期到的效果(如家长或同伴的反应),评价范围在随后的发展阶段会有所扩展,这样更复杂和抽象的系统观点在自我调节过程中逐渐发挥影响(见 Eckensberger & Reinshagen, 1980; Edelstein & Keller, 1982; Harter, 1983; Selman, 1980)。 526

行动的背景

心理学上的行动解释主要集中于行动的"内在"背景:决定行动意向性结构的个体期望、目标和信仰等。但是,这种解释关注点对行动只提供了简化的、很大程度上无视历史的以及非动态的描述,这对发展理论化的贡献非常有限。要了解某个个体的生活史是如何与毕生的个人目标、计划和行动相联系的,就必须要考虑外部的背景条件。充斥于任一个人生活史中的有意和无意、期待和意外结果的混合,在本质上都取决于行动的外部背景及其物理的、物质的和社会的制约。

人们一般对他们行为的背景条件只有有限认识。赋予行动意义和效果的因果和符号性结构的复杂性通常会超出个体行动者的表征能力;无意和意外的结果是在"有限合理性"(bounded rationality)条件下行动事实的固有特征(Simon, 1983)。虽然无意结果方面在行动的心理学和哲学解释中很大程度上被忽视(见 Giddens, 1979),但从发展的角度,这具有突出含义。关于无意或意外结果的经历是个体修订和不断调整个人目标和信念的动力;意外会激发行动的内部背景赖以改变和适应外部制约的探索性活动。无意的结果以及个体应对它们的方式,在任何个人生命史中都是戏剧性元素(Bruner, 1990a);它们塑造未来行动空间和发展可能性,并使个体对其自身和环境所持的理论及信念得到改变。

作为文化的产物,行动背景在很大程度上是个人和集体行动的结果。文化为最大化行动的有意结果和抑制行动的无意副作用提供了方法和辅助工具:文化创立规范和制度以协调单个行动者之间的行动,因而它们变得互相一致。除此之外,个体自身也主动控制他们行动空间的结构;行动者感兴趣于将他们行动的效果或意义与其意图相聚合,并且努力去组织相应的个人行动空间。如果这些努力失败了,个体就可能会选择一个更符合他们意愿或发展目标的小生态环境(ecological niche)(Super & Harkness, 1986)。通过这些选择性和建设性活动,个人的行动背景就变成了行动者自我的延伸(如,Brandtstädter, 2001; Csikszentmihalyi & Rochberg-Halton, 1981; Thomae, 1968)。

通常,个体根据"可应对难度"的原则来选择和组织活动的背景和领域(G. Brim, 1992)。在儿童早期,这种选择一般处于成人看护者的控制之下。父母通过限制儿童体验某些特定活动情境和经历以及鼓励或支持某些特定活动来组织儿童的活动;他们为儿童创造了"自由活动区"(zones of free movement)和"提高行动区"(zones of promoted action)(Valsiner, 1987a),这些区域或多或少会进行调整以适应"最近发展区"(zone of proximal development),但同时也是在塑造着"最近发展区",所谓"最近发展区"就是儿童已经部分掌握但是若要成功完成仍需要外部支持的下一个发展任务或者步骤(Vygotsky, 1978; Wertsch, 1984)。这种行动区域的构成为组织和指导发展过程提供了一个脚手架;其例子可以在儿童进餐时的行动空间组织中以及学步儿爬行活动的组织中找到(Gärling & Valsiner, 1985; Valsiner 1988a, 1988b)。

527

将背景要求和资源与个人目标及发展潜力相协调一致,本身就是意向性自我发展的基本主题(Kahana, Kahana, & Riley, 1989)。由于外部(物理、社会、符号)背景和个人行动资源(价值观、兴趣、能力)两方面都涉及历史性和个体发生方面的变化,这种相互适应性就持续成为整个生命过程中的关注点,而且发展性问题通常都是由于这些影响因素之间(或之内)在不同发展阶段的适应性差而导致的(Brandtstädter, 1985a; Chess & Thomas, 1984; Lerner & Lerner, 1983; Thomas & Chess, 1977)。个体生命历程中的关键事件或转折会产生极其强大的压力而改变其行动空间和发展目标。在生命后期,行动资源的变化和局限——通常伴随着衰老的过程——会迫使个体对个人计划和活动的重新调整。这种能够缓和衰退经验并对自我和个人发展保持积极态度的适应性力量的重要性,已经成为过去几年中发展和老年学研究中的一个主题(如,Baltes & Baltes, 1990; Brandtstädter & Renner, 1990)。我将在后面章节中对此进行阐述。

外部背景局限性与个人兴趣及潜力之间的契合度,或可以达到的契合度,深深地影响着个体生活史中成功与失败或者发展的得与失之间的长期平衡。反复体验到个人行动与情境结果之间的非偶然性关系,会损害个人控制感与自我效能感,并且可能促使形成回避具失败风险的任务和发展选择的倾向;然而,正是这些挑战才为未来个人发展提供了机会(Bandura, 1981, 1997)。

发展的多样性和规律性:行动—理论的重构

寻找人类发展中的一致性和法则性规律(lawful regularity)是一种传统的探索理想,这个理想从最开始就影响着发展心理学:"由于人类变化的丰富表现,我们必须回溯到一种恒定规则,尽可能地回到多变现象之后的永恒起源。"(Carus, 1823, p. 94; 译者 J. B.)这个理想可以追溯到 Parmenides(公元前 540—前 480)和 Plato(公元前 427—前 347)的哲学学说:对 Parmenides 而言,包罗万象的现象世界只是同一个永恒本质的表现,而 Plato 认为经验现象是永恒不变思想的反映或不完全例证(同见 Toulmin, 1977)。

行动理论观点和这种具影响力的认识论观点在何种程度上一致呢?至少乍看上去,似乎是行动观点的兴起预示了 Parmenides 和 Plato 理论的终结;支持后者的论据似乎会削弱前者,反之亦然。首先,主要目的在于揭示个体发生普遍原则的探索研究往往会倾向于贬低发展的规范性、符号性和主观—意向性条件——这些似乎滋长了人类个体发生的多样性而不是规律性的条件(Shweder, 1990)。其次,说得婉转些,探索个体发生的普遍原则并未取得显著成就;这种探索产生了大量显然不支持发展中的法则性规律假设的证据。因而,追踪研究已经为许多行为领域证明了发展模式相当大的可变性和多样性;相应地,长期预测研究也表明了高度的不确定性(Baltes, Reese, & Lipsitt, 1980; Lerner, 1984; Rutter, 1984; Schaie, 1983)。同样地,只有很少证据支持关于生命过程中的人格发展是由儿童早期经验深刻塑造的传统论断,如同心理分析理论所认为以及学习理论者所部分认为的那样(Clarke & Clarke, 1976; Oyama, 1979)。O. G. Brim 和 Kagan(1980, p. 13)恰当地描述了这一状况:"……成长过程比想象的要个体化得多,很难找到一个普遍模式。"

毫无意外,这些研究经历强烈支持了那些系统强调毕生发展的非连续性、背景性和偶然性(比如巧合或意外)特点的理论观点(Baltes & Reese, 1984; Baumrind, 1989; Emde & Harmon, 1984; Gollin, 1981; Lerner, 1984)。甚至还有观点认为,所有寻求个体发生普遍性和不变性原则的行动根本没用(如,Gergen, 1980; Shweder, 1990)。但是,在此需要提请注意的是:只要我们无法排除,从发展的多样性中抽取出结构和类法则规律的困难只不过是反映了理论的缺陷,那么简单地把这些困难归因于发展的所谓不可预知性或不成熟性就是个立不住脚的论断。近来在发展研究者中流行的对量子力学中基本的现象非决定论(indeterminism of phenomena)的引用似乎是不合理的;在这儿指出以下事实就足够了,即量子力学中的测不准原理并不是理论无知性的声明,而是一个强有力的预测方法。无论在什么情况下,把缺乏法则性规律的证据等同于缺乏这些特质的证据都是逻辑性错误。发展的一致性和普遍性不是最终可确立的和看得见的事实;这些特质只能通过理论性提炼方式产生。类似地,可塑性以及可修正性也并非从本质或基础层面表现发展特性的因素;必须将它们理解为在一定文化和历史框架下与变化及修正潜力相关的特质。 528

发展一致性的建构与解构

为了说明发展模式的连续性和一致性,引用因果机制是十分有用的(如,Overton & Reese, 1981)。然而,由于必须将发展中的机体视为开放系统(同见 Ford & Lerner, 1992),这种因果论或决定论观点就显出一定问题。只有在某个隔绝外部影响的系统内才能产生因果关系链,这样随后的状况才能以必然和恒定的方式互相联系;但是,发展中的机体通过持续的刺激和信息交换与其物理及社会环境存在功能性紧密联系。决定论者角度的维护者可能会争辩说,这种困难通过扩展分析视角便可被简单解决:"假定决定论是成立的,那么某一系统中看上去并非由前提因素或条件的呈现或操作所导致的变化,都应当被看作是属于一个更包罗广泛的已确定系统。"(Nagel, 1957, p. 17)

然而,如果我们拓展我们的解释范围,把发展的物理和社会生态关系也涵盖进去,那么就变得很明显,人类发展的规律并非是因果定律单独带来的,而是在相当大的程度上,反映了制度、集体代理人(collective agent)和发展中个体本身有意或无意地运用这些定律的方式。如果因果关系论是用来指事件的恒定顺序,在这些事件中一些先决条件不可避免地产生一些结果(如,Bunge, 1979),那么就不能用这种关系论去描述将人类发展作为个人和集体行动产物的规律。在文化背景中,发展规律在很大程度上是通过个体和制度化的行动形成及传递的,由此,通过行动也可以被改变或抑制。例如,发展早期的风险因素和不利发展结果之间的联系通常取决于缓和或中介因素,如社会环境中的普遍态度或者预防和治疗资源的可利用性(如,Busch-Rossnagel, 1981);同样地,与年龄相关的记忆力、体能和健康等下降的问题,在缺乏对抗功能丧失的动机、知识或资源的背景下(和个体身上)会表现得更严重(Baltes & Schaie, 1974; Salthouse, 1987)。关于看起来似乎不可避免的因果序列是如何被干预行动所打破的,一个特别有意思的例子就是苯丙酮酸尿症(PKU)这一遗传性代谢疾病。以前,PKU一定会造成严重的智力落后;今天,由于对涉及的代谢系统有了足够认识,因此就可能通过合理膳食制度避免这种具潜在危害的发展后果。类似的例子可以很明显地随意扩展。

行动背景中的发展规律主要是从个人化以及制度化的主体活动(agentivity)中产生的。因而,这种处于特定社会或是个人背景C中以产生或阻止某具体发展结果或模式D的倾向性,可以被认为是取决于可利用的干预资源、这些干预的成本以及D对C的价值(这可能是积极的或消极的)(Brandtstädter, 1984c)。相应地,我们会认为,对于可控的发展领域,从不为社会所需要的状态到具有积极价值状态的转换应该比逆向的转换更频繁或更可能。与这一假设一致,追踪观察表明,在被社会认为积极的品质上,表现较差儿童后来提高到较高水平的概率远高于逆向的情况;同样地,社会偏差行为比那些符合社会规范的行为显示出较差的发展稳定性(Kagan & Moss, 1962; Kohlberg, LaCrosse, & Ricks, 1972)。例如,追踪结果也表明,违法青少年在成人期出现社会偏差行为的概率要低于反过来推论情况的概率(Rutter, 1984)。通过同样的推理,我们可以从一个消极性发展模式或结果的频繁或定期发生,推断出缺乏相应预防性知识或资源的事实;这个论据也可以解释个体觉得生命后期某些具有积极价值领域的发展性丧失更难以控制的现象(J. Heckhausen & Baltes, 1991)。

529

即便是生物和发展遗传学也不再为发展恒定和有序变化的决定论观点提供安全庇护所。基因组并不严格地决定发展的表现型。更确切的是,它界定了特定基因型的反应模式或将可能环境影响与表型结果相匹配的功能;“基因……在一系列环境条件下对某个范围内的形式进行编码”(Gould, 1981, p. 56; 同见 Gottlieb, 1992)。依据这一观点,只有在相关的渐成发育条件保持恒定或在临界范围之内的时候,发展模式才表现为具有遗传固定性。如果我们把某特定发展现象的遗传可能性界定为由基因源决定的表现型变异的比率,那么所获得的估计值并不是一个自然常数,而是极其重要地取决于在产生或包含于特定文化背景中的关键环境条件的变异范围。例如,道德规范和司法法规限制了发展资源分配中的不公平性,公众健康检查防止了危害性影响,而理论和技术的进步永远为人类的发生发展促生新的预防和改正性干预措施。相应地,由遗传和外源性影响引起的表现型发展变异的相关部分,在或短或长的历史间隔中能够各自变化;但是“改变了混合成分,结果也改变”

(Plomin, 1986, p. 7)。从发展的行动观点来看，遗传系数为有关某个发展特质的外部可改变性更多还是更少的问题只提供了有限证据；更确切而言，它们反映了发展的生态环境对关键性渐成影响因素进行控制的倾向和限制(Brandtstädter, 1984b; Lerner & von Eye, 1992; Scarr, 1982)。

发展的可塑性：弱和强的制约条件

在形成有关发展规律的命题时，早期的思考提出了以下附加说明：如果个人或集体代理人都想要改变它并拥有可以这样做的适宜方法时，不能被改变的发展趋势是不存在的(同见 Watkins, 1957)。通过更深入的考察，这个论点被证明是无可辩驳的；单由于其逻辑形式，这就是正确的。但是，这并不意味着人类个体发育的无限可塑性或可改变性，既不是所有的发展性改变都可能，也不是所有可能的变化都是被期待或是容许的。

我们可以在发展轨迹界限内区分出强和弱的制约条件，也就是说，那些自身至少在原则上对变化开放的制约条件以及那些由于充足原因不可变的制约条件。强大的制约条件，如果也很广泛，就会通过逻辑法则施加于发展(如，通过逻辑和数学结构)；前提是，包含逻辑矛盾或者结合了与逻辑相反状态的发展结果是不可能的。自然法则也强有力地制约了可能发展现象的空间。人类既是个人行动者，同时也是遵循生理、生物化学和生物物理法则的有机系统。通过有意地操纵前提条件，这些法则最终可以被利用来产生所期待的发展结果，但是由于自然法则这一概念的固有原因，它们是无法改变的。发展的轨道必须保持在自然法则所限定的范围内，这比那些由逻辑限定的更为狭窄。

相反地，为发展的社会和个人调节提供导向性框架的价值观、技术和理论都不是固定的或严格不变的，而是在事实上或原则上对变化开放的。关于在人类发展中所可能达到和所想要达到的极限问题，在文化变革过程中被不断重新定义和反复协商；为发展性干预和完善所需的文化资源的渐进性扩展，与强调人类个体发生的可塑性、多方向性和变异性的理论范式的兴起相一致，这当然也绝非偶然。

最后，个体发生过程受到的制约还包括应用于科学以及日常生活情境中以分析和交流发展信息的语义规则和概念性结构。这些符号性背景不仅组成和制约了行动的空间，还赋予发展序列以顺序。至于要将它区分为是强或弱的制约条件，这种限制无法轻易进行归类。这是非常重要的一点，到发展普遍性主题时将进行更深入的论述。

为总结这些思考，我们可以将不同的制约条件画成一个包含性的层级系统，如图 10.2 所示(见 Brandtstädter, 1984c)。

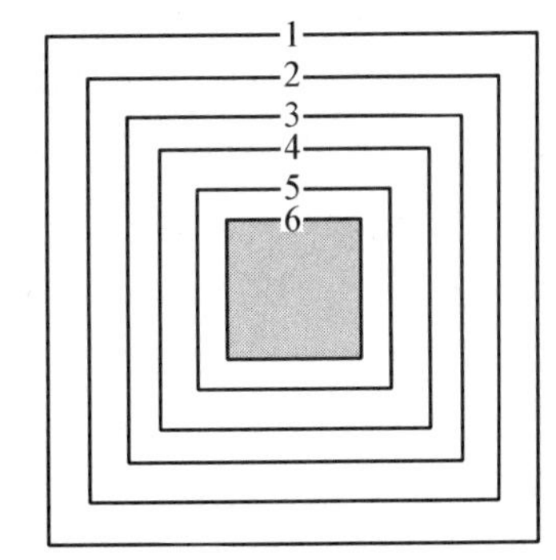

(1) 形式制约(逻辑结构)
(2) 普遍制约(自然法则)
(3) 符号性制约(语言规则、语义结构)
(4) 认识论制约(有关发展的知识)
(5) 技术制约(控制的技术资源)
(6) 标准制约(文化规范和价值观)

图 10.2 行动背景中的发展：制约体系。

530

从发展系统所假设的所有逻辑可能情况的整体

中，只有一种情况的子集是符合自然法则和符号性制约的；还是从这一子集中，只有更小一部分可以在现有理论和技术手段所限定的范围内实现；而最后，只有一些被选出来的发展通路，既可能实现，也能在普遍标准制约下被期待或允许（此处，反过来通常也是对的）。图10.2中残留的阴影区域就描述了发展变化在该制约体系内的允许范围。

关于发展过程是具备较高还是较低可改变性的设想，在有关毕生教育和干预资源分配的政策决策中发挥重要作用。通常，这样的假设都是建立在对被讨论特质所观察到的个体内和个体间变异的基础上的。例如，儿童早期方案都是在早期与生命后期阶段相比具有一种特殊敏感性的前提下开创的；这个假设在关于智力测验分数稳定性长时变化范围的分析中找到了坚强的依靠（如，Bloom，1964；Clarke-Stewart & Fein，1983）。之前的思考告诫人们要警惕从观察到的变化推论发展可塑性的潜在隐患。因为实际上能观察到的发展特性的变化都取决于在特定环境设置下能实现的供给、资源和制约，这显然只能对变化的潜在范围进行不充分估计。就像McCall（1981，p.9）指出的："没有在样本中呈现出来的环境也有一定含义适于……变化的潜力。"为估量表现的极限和发展的变异，有计划的实验干预似乎提供了更为坚实的基础；通过记忆法训练来提高老年被试记忆表现的努力就可作为一个例子（Baltes，1993；kliegl，Smith，& Baltes，1989）。然而，即使通过实验操作，可能发展的极限仍然无法以任何精确方式被确定，因为这样的干预结果往往取决于特定文化和历史情境下所能获得的理论和程序性工具，而它们本身也受到理论和技术的限制。

发展中的不变性和普遍性：行动的理论视角

在建立普遍有效的发展模式过程中所遇到的众所周知的困难反映了一般性原则——就像Hegel（1837/1857）在他的历史哲学中曾经指出的一样——发展只有在具体的历史演变中才能证明自己。因而有人可能会怀疑，那些把背景、文化和意向性行动视为人类发展驱动力的理论观点，可能会终结于一种将追寻发展连续性和普遍性视为堂吉诃德式幻想的相对主义中（Bruner，1990b；Gergen，1980）。这是个危险的看法，至少对那些仍然坚持下述观点的发展学家来说如此，他们认为理论框架的力量源于其包容发展中的差异性及规则性和不变性的能力（Block，1971；Brandtstädter，1984c，1985b；Lerner，1984；Rosch，1977）。从最后这部分扩展论点，我们下面会探讨发展普遍性这一传统问题是如何从行动理论角度进行解释的。要预先说明的是，行动理论对不变性和普遍性的解释在某些方面和传统对这些问题的处理不同。

作为经验性规律的发展普遍性

正如通常所采用的，发展普遍性的概念是指在不同的社会、文化或者历史背景下以相同或者类似方式进行自我表现的个体发生现象。在所有的文化中，我们都在下列现象中观察到了类似的结构和序列，比如胚胎发育，生理功能成熟，早期感知动作发展，语言习得，认知和情感发展，以及生理成熟过程（综述参见Cole & Scribner，1974；Kagan，1981b；Warren，1980）。对发展中多样性及多向性的理论强调当然不应与人类个体发生基本模式和过程中

531

相当高的不变性和跨情境稳定性混为一谈。跨文化研究，由于其重点在表明文化的特定性上，因此常常倾向于忽视发展中的显著共性特征(Rosch, 1977)。

尽管上述类型的发展共性在广泛变化范围内的环境下都会出现，但是他们必须以那些能够对特定个体发生功能产生影响的外源性因素的恒常性为前提。只有在关键的发育影响因素保持足够稳定或者——这正是行动理论观点所关注的情况——被积极地保持在一定临界范围内时，遗传机制才会产生相似的发展表现型。如果关键的外源变异性超出了那些允许的范围，例如由于它们在进化史中第一次出现，作为超出遗传缓冲机制之外的影响结果之一，就会出现异常的发展模式：撒利多胺事故(thalidomide disaster)①就是个生动的例子。遗传对个体发生的控制，是以那些调节和标准化关键外源性变量的分布、强度和时间模式的机制及结构为前提的。确保此类渐成秩序的中介过程包含对发展机体自身的选择性和建设性活动，以及文化和社会体系的"制度化运转"(Warren, 1980, p. 310)。正如已经强调过的，以个人和文化为主体所实施的活动在发展调节过程中融合；二者都与规定和促进毕生发展任务和角色转换的时间选择及序列的社会规范相关。

由这些思考中引发出一个重要观点，即从严格意义上，对特定个体发展形式所观察到的规律性其本身并不足以建立普遍性，因为观察到的现象往往只能覆盖有限范围内的情况。即便是某条经验性规则被发现无一例外地有效，也不能保证其跨时空的普遍性；这就是Hume经典地阐述过的归纳泛化(inductive generalization)问题。关于个体发生普遍顺序的基本原理，如同已经在认知、社会道德或情绪发展等的阶段模型中所提出的那样(例如，Kohlberg, 1976; Piaget, 1970; 同见 Brainerd, 1978)，到最后也许可能被推翻，但绝不会是单独基于经验基础上。

此处，关于发展的强弱制约条件的区分也表明了普遍性在弱和强含义上的相应区别。发展普遍性的传统概念，只要它们是指在社会和文化引导发展中存在的共性所导致的经验性规律，那么最多也只能算是弱含义上的普遍性(哪怕从未发现例外)。相反地，要提出严格意义上的普遍性，就必须证明被证伪事件(falsifying event)在逻辑或概念上都是不可能的，从而能够在先验基础上予以排除。

作为结构性推论的发展普遍性

就如已经表明的，对于人类发展普遍性的追寻，至少是对严格意义上的普遍性，往往被认为是一种过时的研究探索，与强调背景和文化对人类个体发生的形成性影响的观点直接对立。但是，似乎有关在行动情境下构建发展的形式与概念结构的思考为这些问题展开了一个全新的视角。

构成性规则的概念为阐述这个观点提供了一个出发点。正如之前所介绍的，构成性规则建立了一个结构性标准，要求经验现象必须满足作为特定类属的实例的条件。根据构成性规则进行界定，比如利他主义的概念，利他主义的举动必须具有为他人利益而牺牲自己利

---

① 撒利多胺事故：20世纪60年代发生的药品安全案例。由于孕妇服用德国一家药厂开发的供孕妇使用的镇静剂thalidomide，造成了欧洲、南美、澳洲、日本等国约12000多名海豹肢畸形儿，近半数陆续死亡。——译者注

益的特征;这一特征用来作为鉴定利他主义倾向的标准,因此在这类举动的所有有效例证中都有所表现。如果从来没有不包含自我牺牲这一要素的利他行为的例子,这并不是因为某些自然法则或因果机制所导致,而是反映了事先就剔除这样事件的构成性规则,这非常类似于在国际象棋中,如果不把王向车的方向移动两格,是不可能出现"王车易位"的。在物理理论中,当对某理论变量的测量是基于或来源于一些理论的核心假设时,会遇到相似的情况;收集到的数据不能证明那些正是在这种观察程序中被证实的理论部分是不正确的。根据结构主义者的理论观点(Balzer & Moulines, 1980; Balzer, Moulines, & Sneed, 1987),这种测定过程的"动态性发展中理论化"(theoreticity),不应被视为一种方法学缺陷,而是先进的自然理论化(physical theorizing)的特征。

532

总而言之,我们可以断言:当提出"如果A,那么B"这类关系时,由于命题中出现术语的形式或概念结构中的——或者如Wittgenstein(Waismann, 1979, p. 91)所提出的"句法"中的——内在原因,伪事件(如,没有B时出现A)就被排除了,那么这个命题便成了一种重言式,一个在所有可能范畴中都正确的陈述。这样从结构上事先排除被证伪情况的推论可以被称为结构性推论(structural implicaitons),或某种包含蕴涵性结构(implicative structures)的命题(如,Brandtstädter, 1987; Lenk, 1987)。结构性推论很大程度上与相干逻辑(relevance logic)提出的对必要推论的蕴涵说明相一致(Anderson & Belnap, 1975)。根据相干逻辑,必要推论的普遍有效性是从蕴涵的关系中得出的,其中结果的意义被嵌套于前提的意义中,因此对前提的有效验证就必然涉及对结果的证实。有趣的是,Piaget在其后期著作中采用了一个相干逻辑观点来阐述必然性的概念及其在个体发生中的获得(Piaget, 1986,1987; Piaget & Garcia, 1983/1991; Ricco, 1993; 同见Overton, 1990)。

结构性推论可能容易与经验性假设相混淆,至少在相关概念的结构尚未充分分析的情况下如此。在心理学研究中关于这样的混淆存在大量例子(如,Brandtstädter, 1982; Kukla, 1989; Smedslund, 1979, 1984)。但是,要在蕴涵性和经验性关系中划分清晰的界限却难以解决;尤其是涉及那些包含很多解释说明的概念的时候("集群概念"; Putnam, 1975),由结构所赋予的以及和概念经验相关的这两种意义之间的类别界限可能变得模糊(如,Brandtstädter, 1987; Lenk, 1987)。尽管有这样的限制,蕴涵性结构仍然为揭示发展的普遍性提供了有利角度。

此处的重点是,蕴涵性结构会使个体发生序列具有一种恒定顺序;但是,事先需要指出一些注意要点以避免误解。首先,要强调的是,结构分析与经验分析一样,不是万无一失的。这并不罕见,如假定"合乎逻辑"的个体发生顺序实际上并未出现(如,Carey, 1982; Fischer, 1980);像Flavell(1972)所指出的:"从逻辑优先性到发展优先性的路径是极其不可靠的。"(p. 331)另外,结构性分析决不可能用任何经验性细节说明发展序列。例如,对发展任务的形式或概念性含义进行详细考察可能获得对相关技能获得步骤的知识,但是却不可能告诉我们许多有关可能促进这一进程的学习经验或教育安排的类型。几乎出于同样的原因,结构分析也不能解释为什么结构上相似的技能通常却是在不同的年龄或发展阶段获得的,例如,儿童在重量守恒概念之前先发展起物质守恒概念,尽管两种任务具有相似的形式结构

(如,Aebli,1987; Piaget & Inhelder, 1942/1974)。

注意到这些要点,关于蕴涵性结构会使个体发生序列具有恒定顺序的论断应该进行如下解读:每当某个发展状态或结果 D 由于其(形式、概念、物质)结构而伴随特定构成性元素 Ci 时,那么 D 会预设 Ci 也在个体发生序列中。Ci 是否在 D 之前出现或者同时出现也许是个开放的经验性问题;但是至少,没有 Ci 时出现 D 的情况可以在形式上或概念上被排除。同样的原因,D 在个体发生中也不可能发生在 Ci 之前。

下面,我会简要介绍三种包含不同类型结构关系的结构性推论的变体:(1) 形式推论;(2) 构成性和常规性推论;(3) 概念性推论。

形式推论

这种类型的结构性推论源于某特定任务或能力的形式(逻辑的、数学的)结构。正如 Piaget(如,1970; Inhelder & Piaget, 1958)在认知发展领域所展示的,某个任务的形式结构是由掌握它所必需的认知操作类型以及这些操作的个体发生过程这二者共同反映的。例如,按照大小排列物体要以理解不对称关系的传递属性为前提;平衡秤任务要求掌握杠杆长度和相应重量之间具有的补偿关系。而这些任务中隐含的能力,同样地,要以更基本的能力为前提,比如发现和监控物体的大小或长度之间的差异等。尽管这些发展序列可以用适当方法从经验上来表明,如量表图分析法(Siegler, 1981; Strauss & Ephron-Wertheim, 1986),但这些方法显然并不反映简单的经验或因果偶然性,而是根据特定任务的形式特点进行推断(同见 Smedslund, 1984)。

533

构成性和常规性推论

行动一般都包含对中介物体的适当利用;特定技能(如,滑冰、弹钢琴)在本质上就与适当使用器械、工具或其他文化制品相联系。此处有效行动的前提就是适应这些中介手段的特定结构特点和要求(Kaminski, 1982; Leont'ev, 1978; Oerter, 1991)。这些结构特点对所习得行动序列的步骤顺序通常有严格限制(如,Resnick, 1973)。比如,儿童不能理解时钟指针的含义并说出时间,除非他们已经获得了其他成分技能,如区分时钟的大小指针,将指针的位置转化成特定的数字关系等。尽管某个物体或器具的结构特点与使其能被适当使用的发展步骤之间并无一一对应关系(Fischer, 1980),但我们仍然可以有把握地假设,在个体发生序列中,复杂技能不可能在其成分技能,即与所涉及物体及器具的特定结构性特征和要求相关的技能之前出现。

这些理论似乎适用于所有由特定产生规律所界定的活动。类似许诺、跳华尔兹或做意大利肉酱面的行动都隐含了一个行动和背景元素的循环结构,这种结构被编码为构成性规则、规定或食谱。这些构成性规则可能存在变异、创造性修改以及非典型和几近成功(less-then-successful)的实现过程。其类别可能是模糊的,以至于可能没有能适用于所有范例的关键特征(Rosch, 1977)。但是在之前提到的那些例子中,我们可以鉴定出那些必须恒定出现的结构特征,因为是它们构成了目前被讨论的行动:华尔兹只能在 3/4 的拍子下表演;承诺只能由那些理解责任概念的人给出,以此类推。通过排除一些在结构上就不可能的个体发生序列,这些结构性推论也决定了个体发生的不变性。

概念性推论

我们用来描述和交流行为或发展现象的这些术语，其含义主要源于它们在概念网络中的位置。构成这种网络的语义关系可以被视为一个规则系统，它决定了哪些条件或属性是“可共同预见的”(Keil, 1979)。比如，“说谎”这个概念，在语义上与“事实”和“意图”相联系；当我们指责某人说谎时，我们是指他或她是在有目的地说假话。正如 Piaget(1932)所观察到的，幼儿常常以模糊方式使用“说谎”这个词来泛指不恰当的话；在语言习得过程期间，这个词的使用逐渐被限定于带有欺骗意图而编造的不真实陈述，因而与已建立的概念规则相符合。这些规则表明，一个人在掌握事实和意图的概念以前是不可能鉴别出“说谎”的，而且在能够区分真伪及有意向地行动之前不能表现出说谎的行为。

恒定的个体发生序列，比如在道德判断的认知发展模型中所假定的，同样能被重构为结构性推论。道德判断主要涉及内疚感和责任感的归因问题(Kohlberg, 1976; Turiel & Davidson, 1986)；依次而言，根据责任感和意图相关联的概念性规则，责任感归因包含对行动者动机、意图和制约条件的考虑。从这样的分析，我们可以推断，具备道德判断能力在个体发生上以具备评估他人动机和意图的能力为前提；这也符合有关社会—认知能力是具备道德判断能力的“必要不充分”条件的理论假设(如，Selman & Damon, 1975)。然而无法确定的是，我们此处考虑的是否是一个容易招致实证经验驳斥的命题；并且，被证伪情况(没有社会认知能力却具有道德能力)似乎从概念上就不一致且不可能发生——假定从概念上进行道德能力的有效评估。道德能力的另一个构成特征是具备对有关一般伦理标准的普遍社会规范和制度的评价能力。这一假设存在于下列基本原理中，即原则性或后习俗道德判断是以超越体系或“先于社会”的社会道德观的发展为前提的(如，Kohlberg, 1976)。同样由于基本概念的原因，很难想象会存在不符合这一假设的个体发生模式，因为伦理原则正是意味着一种普遍的、超越体系的观点。

534

这些例子表明了语言游戏①(language game)的结构是如何影响个体发生形式的。当然，这种情况在语言习得领域中尤为明显：通过学与教，逐渐使交流行为开始呈现出符合已有语言符号规律(semiotic order)的形式。这个建构性过程反映在 Keil 和 Batterman(1984; 同见 Keil, 1989)称之为“特点到定义”的转化中：当使用一个概念的时候，儿童最先关注的是通过统计关联性得到的、表征这个概念典型事例的显著特征(例如，对于幼儿，“母亲”可能和“做晚饭”的特征有紧密联系；见 Inhelder & Piaget, 1964)。随着语言能力的发展，儿童越来越注意到从结构上定义这个概念的结构稳定性(例如，“母亲”是由特定血缘关系所界定的)，从而最终能够进行正确归类，既对那些没有显示出预期独特特征的非典型范例，也对那些虽然表现出这种特征却缺乏界定性特征的无效范例。

概念结构并不仅仅是塑造着语言的发展，就如同所给例子可能表明的那样。更确切而言，不管发展现象在任何地方根据概念类别被产生、界定或评价时，它们都会对个体发生模

① 语言游戏：由 Ludwig Wittgenstein 提出的一个哲学概念，主要强调“语言是一个活动或一个生活形式的一部分”。——译者注

式施加限制。为了简要说明这一观点,我引用一些来自情绪发展领域的例子。情绪词汇通常都包含于我们用来描述和解释行动的其他心理概念网络中,并从中获取其意义。例如,“羡慕”在概念上与社会比较过程相关;“嫉妒”意味着一种对特定社会杰出群体(social constellation)的感知;“焦虑”或“害怕”暗含着对厌恶事件的预见,以及关于个人能否改变这些事件的疑虑;“自豪”则指向对个人成就的感知等(Brandtstädter, 1987; Mees, 1991)。假借因果关系假设,此类关系也曾经在情绪的归因理论中被提出(如,Weiner, 1982)。然而,对于一种能被作为因果可能性的关系,其效果必须具有独立于原因的可验证性。提到的例子是否符合这种形式要求还需要质疑。例如,如果我们要对羡慕某人的感觉进行归因,同时还要否认他/她进行了构成这种情绪的标准认知活动,这就不成其为一种可能的观察,而是一种概念上的混淆。在此,概念结构再次决定了发展的顺序:如果一种特定情绪包含了一种标准的已界定的认知活动,那么它从个体发生上也会以相应认知能力的发展为前提。这种在结构上隐含的情绪发展序列也出现在实证性研究中(比较 Averill, 1980; Brandtstädter, 1987; Frijda, 1986; Reisenzein & Schönpflug, 1992);但是,这并不是把结构性推论转化成经验性推测,而是要证实所采用的实证程序的概念正确性。

在此要着重指出的是,语言符号结构或规则与因果关系结构不同,没有固有的形式效力;它们对发展的影响是以个人和集体行动为中介的。社会化或者意向性自我发展的进程很大程度上致力于使个体行为和发展能够证明特定概念应用的正确性;例如,表示能力、发展任务或者具有积极价值特质的概念。此外,蕴涵性结构形成着发展(如之前所阐述的以中介方式),其自身也是形成性过程的产物(Piaget, 1970; Wartofsky, 1971)。除非由术语规则固定,否则语言符号结构不是一成不变的;它们与社会共有信念和价值观的变化保持一致,因此一个概念连续的修正形式之间最终可能只存在体系相似性的松散关系(Putnam, 1975; Rosch, 1978)。对规范、制度或习俗以及其他产生常规性或周期性发展形式的结构都是如此。

我们怎么可能在如此不稳定的基础上寻找发展的不变性和普遍性呢?虽然我们可以设想完全不存在特定语言游戏或规则的文化或历史阶段,但是,发展性结构在最初构成其本身的语言符号和制度结构之外,似乎不具备单独存在性。在一定的语言游戏中所建构和定义的发展模式必须遵循此游戏的规则;这些游戏可能会变化,但“每当语言游戏变化时,概念就会发生变化,词语的意义也就随概念而改变”(Wittgenstein, 1969, p. 65)。

535

简而言之,似乎行动的理论观点增进了对发展多样性及不变性的理解。在对此观点的阐述中,我认为发展过程可变化或可供变更的范围是广泛的,但不是无限的。它受到随文化和历史时期而变化的制约条件的限制(如规范的、理论的和技术的制约),同时还受到从定义上就不局限于任何特定情境的制约条件的限制(如物理法则和逻辑原则)。发展的稳定性和不变性常常源于个人和集体行动引导个体发生过程所采用方式的共性。我们还进一步努力说明了,一个超出仅经验性规律的关于发展普遍性的更强概念,是如何从对构成特定发展现象的形式、规则或物质结构的思考中提取出来的。因此通常的观点,即寻找普遍性和理解历史及文化背景中的发展与多样性相对立,就是有问题的。发展的行动观点显然可以融合这两种探索性观点。

意向性自我发展和个人对发展的控制

关于个体是他们自身发展的产生者,或者至少是协同产生者的观点并不新异。交互论者、情境论者和机体—结构论者(organismic-structuralist)的取向都包含此观点,因而有利于摒弃将发展主体视为只是各种发展影响因素的被动接受者的片面观点(参见 Bronfenbrenner, 1979; Lerner, 1982; Magnusson, 1990; Reese & Overton, 1970; Sameroff, 1975)。但是这些取向——尤其是机体模型——将发展从本质上视为个人—环境交互的结果,而不是意向性行动的目标领域;换而言之,行动和发展之间的关系从本质上被视为是功能性的,而不是意图性的。这个问题在发展的早期阶段似乎是正确的:婴儿当然不会有意地为促进其自身的发展而参与与社会或者物质环境的交互活动。即使处于发展早期阶段儿童的活动会显示出一些目的性的迹象,但是也并非直接有意地指向某种发展任务或者目标。这种有意导向通常是通过其他个体开始间接实现的,主要是通过婴儿看护者,他们按照预设的发展日程组织和限制儿童的行动空间,因此他们在与儿童自身,同时还有文化宏观系统的共同建构性交互中塑造和引导了儿童的未来发展(Goodnow & Collins, 1990; Lerner, 1985; Valsiner, 1988c; Wozniak, 1993)。

直到进入青少年期和成年早期后,个体关于自身和个人未来的概念才变得足够清晰,可以引导意向性活动。来源于家庭和更大社会环境的外部指示和要求日益被个体内化,并且被整合到自我调节和自我评价的过程中;随着从发展控制的他控和外部模式进展到意向性自我发展的日益内控和自发模式,发展的调节就达到了一个更高的新水平。在发展的研究中,相当忽视这种自发性—意向性模式;但是从行动观点而言,这是核心的兴趣点。

为了阐明这一点,必须关注行动—发展关系之间的相互作用特征:意向性自我发展的活动本身就是发展的结果,其结构和意向性内容在整个生命周期中都发生变化。在下文中,将首先尽力描述这些活动的基本过程特征。基于这些分析,将更进一步关注自我调节活动的发生以及这些活动在个体毕生发展中的修正和变化。

意向性自我发展活动:结构和过程

意向性自我发展背景下的自我调节活动包含不同的功能成分。自我调节模型主要区分了以下阶段或者子过程(Bandura, 1986; Carver & Scheier, 1981, 1986; Kanfer & Hagerman, 1981; Karoly, 1993; Schunk, 1991):(a) 自我观察和自我评价过程,此过程主要监测实际的和期望的情境或者事件过程之间的聚合性;(b) 预定或者准备过程,此过程包括对各种可能选择的权衡,目标界定以及目标执行计划的细化;(c) 执行过程(当必须在较长时期中维持目标定向行为时,执行过程就可能进行保护执行意愿而对抗干扰因素的支持过程,并在相对缺失外部支持时起补偿作用);以及(d) 评价过程,此过程中以预期结果为标准

536

对行动的功效进行评价,并且该过程也能衡量自我能力感和效能感。

行动调节的不同阶段或者水平在部分上相互交织,通常无法清楚分开。在复杂的非常规任务中,准备和执行阶段可能包含中间行动环路,每一个环路都包含上文中所区分的全部过程。必须强调的是,从意愿到行动的转化通常并非顺利或者是自动化的过程;更精确而言,在行动调节的不同阶段或者水平之间的转换可能产生各种困难。这些问题值得特别关注,因为它们经常导致无助感和抑郁(Kuhl & Beckmann, 1985)。

图 10.3(参见 Brandtstädter, 1992, 2001)总结了这些思考,并将它们转化到发展相关行动的领域;该图也是进一步讨论的引领性框架。

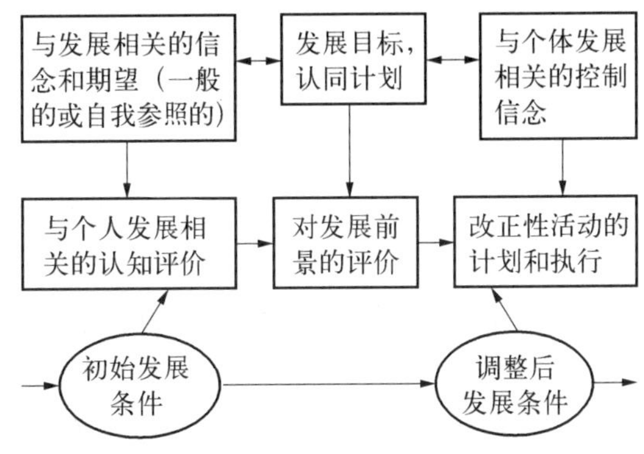

图 10.3 发展的个人控制:成分过程和制约条件。

在图 10.3 中,自我观察和自我改正阶段的联系类似于一个反馈环路。在典型的负反馈环路中,被发现的与预定标准的背离激活了以减少这种差异为目标的改正措施(反馈环路概念在行动理论中的应用见 Carver & Scheier, 1981, 1998; G. A. Miller 等, 1960)。但是,必须加上一些说明。首先应该清楚,意向性自我发展活动不仅可能是由感知到的差异引发的,同样还可能是由预期到的与所期望发展过程或者结果之间的差异所引发的。更重要的是,意向性自我发展活动不仅可能会缩小差异,而且也可能会产生差异,正如当个体为他们自己设置更有挑战性的新目标时。这种自我产生的差异并不令人气馁,而是提供了积极动机和一种生命的意义感(Bandura, 1989, 1991)。内部引发的目标差异的积极情绪性质,与外部引发的情绪相比,大概与控制感的差异相关;通常,个体只选择那些他们认为能达到的新目标。最后,自我调节行为的负反馈模型并不能确定如下重要事实,即,缩小现实和期望情境之间的差异不仅可以通过改变与目标相一致的情境来实现,反之,还可以通过根据情境事实调整目标和条件达到——例如,通过重设自我评价标准或者降低抱负(Brandtstädter & Renner, 1990; Carver & Scheier, 2003; Elster, 1983; Klinger, 1975, 1987)。正如后面讨论的,这种选择的调整是理解生命周期中意向性发展的主题和目标变化的基础。

意向性自我发展中的自我观察和自我监控

在自我观察和自我监控中,自下至上或者数据驱动的过程和自上至下或者概念驱动的过程是相互联系的。例如,为了评价表示特定技巧或者能力的某些品质是否适用于自己,个体必须仔细检查行为情节和情节记忆中的相关表象,以确认它们是否和特定品质的指标模式充分匹配;这个过程受到储存在语义记忆中的概念规则的引导和限制,并在自我观察过程中被激活(参见 Berzonsky, 1988; Medin & Smith, 1984)。

537

在假设对目标和自我评价标准也进行充分阐述的条件下,通过详细阐述观察数据的意义和含义,就能建立自我概念表征的语义联系或者对应。如果不建立这种对应,就不能激活自我评价过程。为了在评价性对照中进行比较,必须在相似的界定水平上表征目标和观察数据;这就隐含了自我调节过程中的潜在困难。

自我监控过程可以在其分化程度、关注主题和准确性上都存在个体内和个体间差异。这些特性取决于认知资源和动机倾向,可以在生命周期中轮流改变。

复杂性和分化性

监控过程越外显和详细,改正性干预的时机选择和目标指向就越精确。例如,当对体重和相关参数(如卡路里摄入量)的变化进行密切和规律的监控时,体重控制就越有效(Bandura, 1982b; Mace, Belfiore, & Shea, 1989; Schunk, 1991)。自我观察的外显程度和分化程度依赖于个人特定因素和情境因素。个体知识基础的复杂性和丰富性非常重要,这本身就取决于个人及其经历条件,比如认知能力和专业知识(Sternberg & Wagner, 1986)。自我观察的质量也取决于个人的兴趣和动机,因为与那些相关度较小的领域相比,通常个人重要领域会得到更加集中和仔细的监控。但是在自我参照反馈具有威胁性或者自我贬低含义的情况下,防御过程就会被激活以抑制对信息的详细审查(如 Kruglanski, 1990),这将在后面章节进行更进一步的讨论。

注意焦点

自我观察包括自我聚焦性注意(self-focused attention)。将自己(和自我)作为注意观察目标的准备性存在个体和情境间差异;这种特性的差异由如下概念表明,如"自我意识"(Duval & Wicklund, 1972),"自我知觉"(Fenigstein, Scheier, & Buss, 1975),或者"自我监控"(M. Snyder, 1979)。自我注意的状态容易在高个人关注度的情境中发生,这种情境对于公众或者私人如何看待个体自我具有意义,而在其内又没有现成可行的常规行动模式(Karoly, 1993)。一般而言,注意力会集中于某个缺少安全导向基础,从而必须收集或者产生额外信息以准备下一步骤的行动序列的要素上(Allport, 1987; Carver & Scheier, 1986, 1990; Parasuraman & Davies, 1984)。

注意调节既包括自动化过程,也包括策略—意向性过程(Shiffrin & Dumais, 1981; Shiffrin & Schneider, 1977);作为一种意向性策略,自我聚焦注意可能服务于自我修养、自我管理或者自我表现的目的,并且可能会促进对变化中社会情境的弹性顺应(Bandura, 1986; M. Snyder & Campbell, 1982; Tesser, 1986)。在个人经历情境中,当个体面临破坏性的变化或者关键的发展转变,必须重新调整个人目标、计划和行为模式时,自我聚焦注意就会得到加强;在对自己或者自身发展前景不满意的人群中间,自我注意和自我改正的倾向通常会更加突出(Brandtstädter, 1989)。自我批评式反省包含将自我暂时分隔成批评和被批评两个部分的过程,一种从 Aristotle 开始(见 Arendt, 1976)就经常被视为病理性或者病原性的条件(如 Ellis, 1976)。但是,似乎更适宜将自我注意视为某种适应问题的症状而不是原因,或者更精确而言,是应对和重新调整过程中的功能成分。

从更广泛意义而言,自我注意可能涉及和个人目标及计划有关的所有外部条件。在生命过程的一些阶段中,当关于潜在冲突的不同责任或任务要求同时发生时,就可能伴随特别高的注意负担;在日常情境中,经常会同时追求不同的行动目标和过程。由同时注意不同目标和任务而导致的紧张感，可以通过对任务的分解和有序安排而减少。因此，例如，通过有顺序地处理问题、在一个时间只集中关注一个主题的方法，可以将青少年期身体和社会性发展的各种适应性问题减少到可控局面(Coleman, 1980)。通过有序聚焦而对多重任务进行分解在某种程度上是注意调配过程中自己自动化实现的(Dörner, 1984)。通常，注意力集中在那些构成个体“当前关注重点”的内容和主题上(Klinger, 1987)；随着生命主题和认同计划的变化，即使个体不能明确地意识到这些变化，注意焦点也会发生相应的转移(Csikszentmihalyi & Beattie, 1979; Erikson, 1959)。

538

保护性和防御性机制

就如其他感知过程一样，但是可能更是如此，表征自我的过程受到个人动机、需要和主观信念的影响。尤其是自我参照信息的加工会受到帮助尽可能久地维持自我理论完整性和持续性这一制约条件的限制，此处自我理论(self-theories)是指在我们生命过程中产生和巩固下来的，并指引着我们组织未来的发展(Greenwald, 1980)。观察结果通常存在多种解释；在可选择的解释或者说明选项中，那些最符合个人实际动机和信念的会最优先被选择。个体往往会怀疑那些和原有信念不一致资料的有效性；在极端的例子中，还可能发生拒绝或者明确否认事实的情况(Festinger, 1957; Nisbett & Ross, 1980; Wicklund & Brehm, 1976)。当然，感知系统主要是评价而不是保存行动者的信念。但是即使证据强到足够改变个体原有的信念系统，这些变化也会遵循保守的原则，Quine(1951, p. 41)对此从科学理论的动力学观点出发阐述为：“……我们自然的倾向是尽可能少地打乱原有体系。”至少在原则上，某种理论假设总是会通过调整理论体系外的其他方面以对抗不一致证据，从而得到保护，而这对于人们关于自身所持有的假设也一样。

暂且不论前面提过的一致性效应，已建立的自我参照信念会受到自我证明(self-verification)和自我美化(self-enhancement)倾向的支持。事实证据通常会从对自我概念和个人世界观有积极含义的方式进行解释，并且自我美化的解释通常比自我贬低的(self-denigrating)解释更容易出现(Kunda, 1990; Swann, 1983)。自我美化和认知一致性机制通常在自我参照信息的加工过程中融合(C. R. Snyder & Higgins, 1988)。但是，这两种倾向可能冲突；例如，自我反对的(self-deprecating)或者威胁性的事实可能会非常强，以至于如果否定该事实就会违反其他强大信念。在这种情况下，有证据显示，一致性原则会凌驾于自我美化倾向之上(Swann, Griffin, Predmore, & Gaines, 1987)。

类似于“自我服务偏见”(self-serving bias)、“否认”或者“防御”等概念都意味着对理性原则的违背；信息加工中自我保护机制的影响力似乎与“现实”的自我观点相反，这种机制在传统上被认为是心理健康和优化发展的基本条件。但是，即使在理性的限制内，以自我服务的方式去操作证据通常仍存有广阔空间，因此必须更加谨慎地去评估这种机制的功能(S. E. Taylor, 1989)。从发展的角度，自我保护机制的潜在适应价值就变得尤为突出。例如，随着个体的衰老，在生命早期阶段形成的自我图式(self-scheme)就受到其在各个功能和社会领域的衰退经验的威胁；当个体面临令人讨厌而不可逆的发展变化时，保护和防御机制就能帮助其维持自尊和个人连续性。虽然它们很大程度上在无意识水平上起作用，但是这些机制以多种方式影响意向性自我发展的活动。通过抑制衰退和认同不足的感觉,保护性机制会抑制自我改正倾向,但是它们也用于优先安排自我改正性干预以及将自我调节资源引入易变领域内(Brandtstädter & Greve, 1994; Brandtstädter & Rothermund, 2002a)。

自我评价过程

自我评价的(self-evaluative)反应是自我观察和自我调节行动的中介。在自我评价过程中,个体将实际自我感觉与期望自我方面(self-aspect)的表征进行对比,后者在个体目标、抱负、道德导向和认同计划中得以充分展示(Higgins, Strauman, & Klein, 1986)。正如前面所提到的,对于这种评价性对比,自我评价标准和观察到的事实资料都必须在适宜的具体化水平上呈现出来。

539

在目标执行期间,自我评价的中心会转移到目标完成的时间、性质或者数量形式上(在一定经历跨度中达到职业目标,保持向目标前进的一定速率,诸如此类)。这种执行标准是在从意愿到行动的转换中形成的,并且它们在一定程度上为这种转换的发生所必需。当这种执行标准变成自我评价的突出参照点时,就建立了一种新水平的"元监控"(Carver & Scheier, 1986),这在下列事实中得以反映,例如,诸如失望、骄傲或者羞耻等情绪不再受所感知到的与目标之间的差距或距离所控制,而是受感知到的向目标前进的速率、质量或者进展顺利程度等决定。

自我评价标准在生命周期中是可变的;这又一次强调了行动和发展之间的双向作用。例如,随着年龄变大,个体期望的一些特质,例如健康、智力效能或者职业成功,可能会具有部分不同的含义,其相应的自我评价标准可能会升高或者降低。年龄等级的、社会历史的和非常规的因素在生命过程中的交互使行动资源发生变化(Baltes, Cornelius, & Nesselroade, 1979),而行动资源的变化会影响实现特定目标或者维持特定标准的难度及相应个人代价。个人目标和标准在生命过程中的转换也可能反映了发展的内隐理论和标准年龄期望。标准期望通过界定特定年龄个体对他们自身及未来发展应持什么期望,使个人目标和抱负合理化或者被拒绝。个体调整目标和标准以适应变化后情况的弹性是不同的;正如下文中要深入讨论的,在生命全程中,这种调整弹性在应对发展性丧失(developmental losses)和保护个体连续性和效能感中起着重要作用(参见 Atchley, 1989; Brandtstädter & Renner, 1990; G. Brim, 1992)。

自我评价反应的激活和抑制

自我评价反应取决于个体如何看待他们行动的意义和效果。此过程遵循下列原则,即通过破坏或者改变行动的意思和含义,自我评价过程以及随后的行动倾向就会得到促进或者弱化。通过最小化或者降低个人行为的消极含义,或者在将它们与假定的积极效果进行比较时有意平衡两者之间的差距,就会抑制自我改正活动的进行;造成消极含义的信念、理论或者符号系统会受到质疑或者拒绝;当个体行为或者发展背离社会标准时,如果将发生的事件解释为不可控或将之描述为合乎道德法则,那么责任归因、自责或者内疚感就会得到缓和(Bandura, 1989; C. R. Snyder & Higgins, 1988)。自我评价也受到个体所选择的比较标准的极大影响。例如,在评价自身的健康或者身体能力时,年龄较大的人一般都会将他们自己与同龄人进行比较,而不是年龄较小的人(或者和他们自己在年轻时的情况相比较);通过这种方式,发展性丧失或者功能性损伤就不那么突出了,就能维持自我描述的稳定性,即在一个参照组中位置的稳定性(Brandtstädter & Greve, 1994; J. Heckhausen & Krueger, 1993)。

但是从行动观点出发,"向下"比较的自我美化效应必须和这种比较抑制自我改正愿望的潜在作用之间取得平衡。相反,"向上"比较,例如和崇拜的偶像或者能力更高的对手之间进行比较,就可能会产生消极的自我评价,但是只要个体自信具备实现这些目标所必需的行动资源和发展储备,"向上比较"也可以产生自我发展的动机目标(如 Collins, 1996; Wills, 1991)。

自我评价所赖以进行与解除的认知和符号过程是自我管理的重要目标;例如,对积极或消极结果的心理模拟是一种有效手段,可以激发个体的自我改正倾向,并克服各种障碍和诱惑以维持特定行动过程(C. Taylor & Schneider, 1989)。但是,将上述过程简单视为随意激活的意向性或者策略性过程则可能是错误的。更准确而言,这些过程主要取决于相关信息的有效性以及个人可获得性。例如,个人经历经验决定了哪些事件可以作为评估实际发展选择的参照标准,并因此显著影响抱负水平的设置以及个体接受现实情况的心理准备程度(Strack, Schwarz, Chassein, Kern, & Wagner, 1990)。这类性质的比较效果可能可以解释众多文献所记载的一种现象,即老年人,其中大部分人曾经遭受过战争或者经济危机,似乎比年轻的一代更不容易产生抑郁心理(Blazer, 1989; Seligman, 1990)。比如宗教信仰或者公正世界信念这样的存在观也能影响特定解释的产生;例如,在抗衡发展性丧失的过程中,根据责任归因的不同,这些观念会促进或者阻碍个体建构比较温和的意义(Montada, 1992)。

540

一般而言,发展的生态系统在其所包含的特定意义和比较标准上都存在差异。文化和历史因素,同时还有与个人在生命周期中的位置相关的因素,都塑造和限制着自我评价所赖以进行的信息和符号空间。社会系统会使理想发展的概念制度化,并且会通过创设合理故事以及提供支持它们的观点与符号去稳定这种概念(Dannefer & Perlmutter, 1990)。此外,关于发展与成熟的标准期望及刻板印象提供了一种背景,可以在此背景下讨论对于特定年龄个体,什么应该被认为是正常、合理或者适宜的。很明显,这种信息加工和符号过程限制对意向性自我发展过程具有普遍和直接的影响。

自我评价中的情绪

自我评价过程能够激发非常广泛的多种积极或者负性情绪。个体可能会带着自豪、愤怒或者感激之心回顾其生命过程,而未来发展前景展望可能会引发希望和自信,或者也许是害怕、焦虑及失望等情绪。当发展前景模糊或者不定时,则经常会产生这些情绪的混合体。

情绪和认知及行动倾向相联系,并且是两者的中介因素(如 Averill, 1980)。在意向性自我发展的背景中,表示期望和实际发展结果不符的情绪具有特别意义,因为它们具有促进改正性行动的内在潜力。相关的例子包括内疚、愤怒和焦虑等情绪反应：作为一种预期到不喜欢事物而产生的未来导向的情绪，焦虑经常会导致预防性倾向，并且会激发个体努力去获取认为能够作为工具应对这种不喜欢事物的知识及技能。内疚或者自责是一种感觉自己违反了特定规范、标准期望或者道德准则的情绪；这种情绪状态可能会产生自我惩罚和补偿倾向，或者通过"符号性自我完整"(symbolic self-completion)产生一些活动以稳定其受威胁的自我定义(Gollwitzer, Bayer, Scherer, & Seifert, 1999; Wicklund & Gollwitzer, 1982)。愤怒感表明个人目标受到了阻碍；这通常会导致摧毁挫折性障碍物倾向的产生。当轻易就能达到正向对比结果时，愤怒的情感反应会尤其强烈(Kahneman & D. T. Miller, 1986; D. T. Miller, Turnbull, & McFarland, 1990)。这些例子不能说明只有自我参照情绪才在自我调节中有重要意义。观察别人的行为可能引发遗憾或同情的移情反应，或者敬畏、蔑视的感觉，这些情绪通过突出认同性和道德感同样能影响意向性自我发展(如 C. Taylor, 1989)。

通过对感知到情况的进一步分析和认知加工，情绪反应及相应的自我调节倾向在强度和性质上都会得到调整(Lazarus & Smith, 1988; Parkinson & Manstead, 1992)。愤怒或者焦虑感既可以转化成期盼或者幸福感，也可以转化成无望或者绝望的情绪状态，这取决于个体在进一步分析后如何看待某种威胁情况的意义以及自身应对能力。当感知到一些消极事件，比如发展性丧失或者损伤，是普遍和不可避免的，一般的结果是导致悲伤和无望感。例如，在个体生命后期，当个体意识到在余下的生命时间内无法实现一些对个人具有重要意义的计划时，这些情绪就可能会出现。当目的和目标长期处于可达到范围之外时，无望感可能最后就转化成更加持久的抑郁状态。抑郁反应的典型表现是感觉自己不是或者不能变成自己想要成为的那个人；这种情绪反应可能标志着危机并成为个人发展中的转折点。通常，只有从这种无效任务中解脱出来并转向新目标，才能结束这种抑郁状态；无助感甚至可能会激发解脱和重新定位的过程(Brandtstädter & Rothermund, 2002b; Carver & Scheier, 1998; Klinger, 1987)。

从目标到行动：发展目标的界定和执行

541

当要求个体说明他们未来所追求的目标时，回答的抽象性和高度通常都是不一样的。目标设想的范围可以从高度抽象的理想(如实现个人潜力，提高专业能力，为和平和正义而战斗)到非常具体的任务和日常计划(如访友或者出差)。这些差异可能和个人特定因素相关，如价值观定向或者未来前景范围；在生命后期，时间所剩无几的衰老感可能会使个体减少对长期计划的投入(如 Brandtstädter & Wentura, 1994; Kastenbaum, 1982)。个体经常会同时追求不同时间长度和综合程度的目标，因此具体的短期计划经常服务于更长期或者抽象的目标。下述事实反映了这种行动和行动计划的多层次组织性，即，有关个人对特定活动的动机或者理由的问题("为什么"?)经常会引出更高水平目标上的原因，而关心特定活动是如何开展的问题("怎么样"?)一般会引发较低水平的操作性目标(Kruglanski, 1996; Martin & Tesser, 1989)。但是，目标上"措辞"水平的差异可能也指向从目标界定到执行的转化过程中调节水平的差异，这是个体注意力实际集中之处（参见 Pennebaker，1989；Vallacher & Wagner，1987）。关注中心最优先放在目标、计划或者某个引起执行问题的行动序列的步骤上。在危机或者冲突的情境下，对基本的个人目标及生命主题的思考会增多：这和指向抑郁和主导性高水平抗争之间联系的发现是一致的（Emmons，1992）。

传统的发展研究只从非常普遍的角度说明了生命主题和发展目标；其重点是建立毕生基本动机关注点的普遍模式或者序列。例如，Charlotte Bühler（1933；参见 Bühler & Marschak，1969）曾经提出了五大基本生命意向（"满足需要"、"适应性自我限制"、"创造性扩展"、"建立内部秩序"、"自我实现"），她认为这些意向决定了从儿童早期到成人后期的生命周期不同阶段的行为和个人发展。通过细化 Bühler 的模型，Erikson（1959）提出了贯穿生命周期的认同性发展的八个阶段，每个阶段都有其突出的心理危机和任务（例如，青少年期、成人中期和成人后期的主要问题被分别认为是"认同性"、"生育感"和"自我完整"）。在 Havighurst 的发展任务模型中（1948/1974），也提出了类似的毕生自我发展优先任务的基本模式，他认为此模式反映了生物变化和与年龄相关的文化要求的共同影响。这些概念无疑对发展研究有重大影响，但是它们对发展目标的内容、复杂性和抽象性以及从目标定义到执行的中介过程的多样性只给予了很少关注。人格和行动研究近来采用的方法对这些问题提供了更加区别性的对待；例如，"个人奋斗"（Emmons，1986，1989，1992）、"个人计划"（Little，1983，1998）、"生命主题"（Csikszentmihalyi & Beattie，1979；Schank & Abelson，1977）或者"生命任务"（Cantor & Fleeson，1991；Zirkel & Cantor，1990）的概念是直接参照目标在个人发展中的调节作用形成的（参见 Brunstein，Schultheiss，& Maier，1999）。

意向性自我发展的目标反映在计划、方案以及个体投入时间和精力的行动过程上。但是，发展目标极少表现为这样的形式，即在最初就已经确定了目标达成所必需的方法和程序。社会文化发展任务（Havighurst，1948/1974）在建构时也通常带有一定程度的抽象性，这就使执行过程具备了适宜个人和环境条件的能力。目标执行基本上取决于三种制约条件：(1) 如何解释所讨论的目标，(2) 哪些方法是为达到目标所必需的和(3) 相关方法和资源在社会和个人水平上是否可达到。在下文中，将对目标向意愿以及意愿向行动之间的转换进行更深入分析。

调节的水平：控制—系统原因

由于行动控制系统方面的原因，将目标转化成行动的过程包括了多层反馈环路系统；较高水平的调节目标逐步转化成更加具体的计划或者方案，并进一步转化成具体的行为序列（参见 Carver & Scheier，1986，1998；Powers，1973）。因此，例如，"助人"的抽象原则视情境条件而定，可能激活特定的方案如"帮助老人过街"，然后会进一步具体化并转化成行为序列。这种自上至下的过程也受到感觉输入的限制，以产生适宜情境的具体方案。在多层系统内，从低到高的调节水平的进展是以子程序为中介的，比如认知脚本或者产生系统；每个水平都设置子目标或者参照值，据此，下一更低水平的活动得到监控。 542

意向性自我发展的活动可以简单地用类似术语进行分析。正如上文所指出的，最为抽象和一般的生命主题及认同计划可以用较高水平的调节表征，并随后在下一水平具体化和转化成适宜情境的计划和行为。行动控制的这种多层次、自上至下思路的探索性优势很明显。可能最重要的是,要将从目标到行动的转化理解为创造性和非推论性的过程。对于习惯化了的行动模式,这种转化可能在部分上或者完全是自动化的;但是在非常规情境中,必须激活知识结构和探究性程序以明确和执行目标和意愿。相应地,多层序列模型(hierarchic-sequential model)为分析行动调节的紊乱问题提供了有利角度;很明显,如果行动者的知识、能力或者技能不足,不能将抽象目标和其具体含义、计划和程序联系起来,那么调节水平之间的功能交互就可能受影响。

但是,必须对此附加一些保留意见。正如已提到的,任何计划或者行为都可能同时服务于不同的目标。多层序列模型具有众所周知的局限性,即在界定和执行目标过程中较难说明行动的多价性以及由此产生的冲突和协调。而且,该模型通常只在事后显示个人行动是如何与较高层次的目标和原则相联系的;在个体发生序列上,特定行动模式的获得也可以先于对其意义和实用性的理解。但是,最重要的反对意见在于,多层序列模型的流线性形式在复杂情境中提供的通常是有偏的或者不充分的行动和计划,而在这种情境中,各种任务的优先性经常被特别重新排列,计划在执行过程中被进一步具体化和修改,目标可能会发生完全不规律和偶然的变化。这种"行动中计划"(Meyer & Rebok, 1985)的方式在综合性、长期的或者界定较模糊的目标中尤其典型。由于其适应灵活性,这种"摸索前进"的方式可能是不确定和复杂情境下最合理的策略(如果这也算是一种策略)(Popper, 1961)。在这种条件下,边计划边活动(planning activities)的方式往往比那种线性的自上至下模式表现出更多和更高的效果(Hayes-Roth & Hayes-Roth, 1979);对人生的计划可能就是最典型的例子。

这些保留意见要求在意向性自我发展的目标界定和执行过程中进行更为精细的分析。在下文中,我首先会说明目标的语义性规范化(semantic specification)和程序性规范化(procedural specification),然后再转向有关自我调节意愿的制定和保持问题。

目标界定:语义性和程序性规范化

为了在意向性自我发展中起到引领作用,目标必须在两方面进行规范,一是他们的语义性含义,即他们的意思和标准,二是与其执行过程相关的程序性含义。仔细区分目标界定过程的这两种维度似乎很重要,因为他们通常包含不同类型的知识和探索性程序。特定目标的语义性和程序性规范化之间的联系一般就表现为计划(Friedman, Scholnick, & Cocking, 1987; Nuttin, 1984; J. Smith, 1996, 1999)。

不管我们考虑的是职业发展目标、共同发展伙伴关系的目标,还是在生命后期保持身体或者心理能力的目标,要形成更加具体的执行意向通常需要阐明特定目标的语义含义,即界定所期望结果的标准或者典型特征的外显表征。这些解释也许已经存在于语义记忆中;否则必须通过中介性探索活动进行建构。社会脚本和制度化规定会帮助和引导这种解释过程。通过语义性阐述,目标就和"识别器模式"(recognizer pattern)(Schank & Abelson, 1977)这一更加外显的指标联系起来,这会在执行和评价与目标相关的活动中指导其信息加工过程,特别是还会促使个体从长时记忆中提取相关的程序性知识(S. E. Taylor & Crocker, 1981)。

但是,只进行目标的语义性规范化对于执行与目标有关的行动是不够的;期望目标状态的表征必须进一步得到充实,即将它们与达到特定期望状态相关条件和活动的表征相联系。只有当这种相关程序知识对行动者而言在社会背景中存在并且在认知上可达到时,才能形成这种操作性联系。当存在同等有效的不同选择可以达到目标时,行动者通常会选择那种看起来能够最好地平衡期望作用和不期望副作用的方法。例如,在达到一些职业目标时,个体会选择看起来最符合自己其他个人目标和认同计划(比如公平、健康或者家庭利益相关等个人原则,依此类推)的方法。这就强调了一个要点,个人发展目标的规范化和选择受到将个人目标和计划的整体系统都考虑在内的优先原则的支配,或者至少是其中最终受特定目标达成程序影响的那个部分。作为结果,目标的程序性规范化经常会包含一种妥协,即对完成特定目标可能不是最理想的,但是对更加综合性的个体利益部署更有实用性。这种更加全面的设想甚至还可能包括了其他个体的需要和利益。例如,在婚姻共同发展的背景中,夫妻二人的生活理想和发展目标经常不得不相互调整以保持稳定和令人满意的关系(Brandtstädter 等, 1986; Ickes, 1985)。在目标的选择和程序性规范化中,自我中心态度的凌驾程度也反映了行动者的社会道德观;道德和伦理标准通过提醒关注共同发展个体的利益从而具有约束个人目标选择和执行的基本功能。

543

行动通路和长期目标

目标的程序性规范化,尤其是长期发展目标和计划,通常决定了中间步骤的时间顺序。计划性行动序列中的子目标与其相关的高级目标或者远期目标相比,通常时间跨度会更短(Carver & Scheier, 1981)。计划的序列性结构从动机角度而言也非常重要;通过降低任务的复杂性,会促进对行动序列的控制感,并且能提供最直接的强化,这有利于在更长时期内保持意向(Bandura, 1986; Harackiewicz & Sansone, 1991; Pervin, 1991)。

对一般拱形生命主题或目标(common overarching life theme or goal)有利的行动步骤或子目标的序列就形成了所谓的"行动通路"(Raynor, 1981)。个体的自我观念和未来期望都紧密地以行动通路的时间期限和进展为转移。在通路中,最初的步骤基本上是由对未来成功的期盼所驱动的;随着进一步发展,对已有成就的回顾就逐渐成为自我评价的重要来源之一。当通路由于达到期待的最终结果而被终止后("关闭的通路",Raynor & Entin, 1982, 1983),个体就会体验到失去意义和目标的感觉(如 Baumeister, 1986)。因此,与个人发展期望有关的情绪状态就完全取决于个体能够在多长时间内成功保持行动通路的开放性,或者通过联结新的通路并创造有意义的新任务以避免通路关闭:"开放的通路……提供了理解个体差异的一种方式,其中有的个体通过持续的变化保持心理上的年轻,而有的个体则由于沉溺过去不能自拔而使其心理年龄变老。"(Raynor, 1982, p. 274)一般而言,在指向保护、进一步提高或者美化已有成果的动机驱使下,行动通路就可能延续下去(如 Schank & Abelson, 1977)。发展任务的序列安排和贯穿生命周期的标准社会期望也可能会促进目标和行动通路的有意义联结。但是,随着年龄的增长,时间范围的缩短会使行动通路变短甚至终止;相应地,在生命后期,回忆生命经历中的成就作为个人连续性和自尊的来源之一,其作用越来越重要(Coleman, 1986)。

如上文已经提到的，不是所有的目标都能通过一系列操作性步骤而最终达到。除了有些目标可能太困难以致个体达不到的平常情况之外，有些目标太长期或者太持久，由于其非常的性质，个体最后也可能达不到。目标也可能源于某种持久的动机性倾向，对此根本没有最后的完美结果可界定，例如，为健康奋斗、社会认同或者职业成功（也许处于持续不断的标准及要求的调节之下）会在整个生命周期塑造和调节着个体的意向性自我发展。还有其他一些目标，无论在我们行动、决定或者作计划时，其功能就像我们所考虑的行动的一般准则或规则。例如，真诚、公正、无私或者明智之类的认同目标，显示的是行动的性质，可以由特定行为所表明而不是达到。此外，能力目标，比如专业知识或者艺术创造力，由于其不确定性和复杂性，在其内容和标准方面留下了永久的重新讨论空间（如 Atchley, 1989）。这种长期的或者永无止境的目标极其有利于保持开放的行动通路和发展前景（Gollwitzer, 1987; Gollwitzer & Moskowitz, 1996; Srull & Wyer, 1986）。

544

自我调节意愿的设定和保持

目标的设定受到一系列条件的限制，其中一些已经在上文中涉及。目标在语义性和程序性规范化上的缺陷是个体抛弃不成熟行动计划或者未能优先启动这些计划的可能理由之一。在这些情况下，意愿一直保持这种初始或者衰退的状态，就可能成为无助感和抑郁的来源（Kuhl & Beckmann, 1985），至少是当目标对个体非常重要而无法自拔时。

在行动或者计划执行过程中，引导和维持行动的内外部动力（动机状态、诱因、资源、行动的限制因素）并不是稳定的，而是经常变化的。干扰和诱因与意愿交互作用；意料之外的障碍会改变主体关于代价和收益之间的平衡；行动的物质和物理资源可能会过早耗尽。这些困难在长期计划中尤其常见，并且由于这些长期目标通常伴随缺乏具体切实的诱因以及相当滞后的延迟满足，从而加大了这些困难。

在一定程度上，意愿已经相对于其对立的行动倾向被自动地筛选出来了。在衡量可选择目标和计划的预决定或者准备阶段，个体往往会严格地评估即将作出的决定的正反面；相比较而言，当框架已经确定并且个人已经进入实施阶段时，支持计划保持和执行的认知过程就会更加容易进行（Gollwitzer, 1990; H. Heckhausen & Gollwitzer, 1987）。而且，在执行阶段遇到的困难会增加目标的吸引性，至少只要这些困难看起来可以克服（如 Wright & Brehm, 1989）；很明显，目标效价中这些反应物的增加起到了调动行动资源以及缓和或消除不利倾向的作用。具有"正好可控困难性"的抱负比起那些只需较低努力的目标经常会让人觉得更有吸引力，尤其是当他们感到这是一种实现自身能力或者获得有关个人能力反馈的机会的时候（参见 Locke & Latham, 1990）。

另一方面，维持意愿本身就能变成意向性行动的目标（Kuhl & Beckmann, 1994）。比如毅力或者自制力等词就通常指个体使自身意愿和意志成为意向性控制的目标的能力。有时，自我调节概念就用来说明这些定向保持的过程（如 Baumeister, Heatherton, & Tice, 1994; Karoly, 1993）。自我调节在特定含义上包括一系列策略，比如刺激控制和环境选择（比如消除干扰因素，选择促进性环境），注意资源配置（比如关注情境中促进意愿的方面，不关注干扰刺激），或者情绪和动机控制（比如集中于最近期目标，想象积极结果）。基本上，所有这些策略在为维持某项有意行动过程所必需的界限内，都起到了保持吸引和干扰因素之间平衡的作用。某种程度上，自我控制策略在早期社会化过程中早已获得(Harter, 1983; W. Mischel, 1983; W. Mischel, Cantor, & Feldman, 1996; W. Mischel & Mischel, 1976)；这些策略的获得为意向性自我发展划分了阶段。自我控制过程在功能上与语言媒介相联系；自励、自我强化和自我批评过程预先要求个体符号性地表征自我的能力，这是自我概念的基础(Luria, 1979)。

个人对发展的控制：发生和发展性变化

有关意向性发展过程自身是如何在毕生过程中发展和变化的问题引入了一个远未深入研究过的领域。尽管近几年来受到了越来越多的关注，但是总体而言，意向性行动的个体发生还未成为发展研究的焦点(如 Brandtstädter, 1999; Bullock, 1991; Lewis, 1991; Oppenheimer & Valsiner, 1991; Valsiner, 1987a)。其中最为突出的是缺乏有关个体塑造和组织其自身发展史的能力与活动的起源及变化的研究。 545

发展相关行动以特定表征能力为前提。个体对个人发展必须有既定的目标和标准，并且必须能够参照这些自我导向(self-guides)评估当前情境；而且，他/她必须已经获得相关知识，包括关于未来发展的可能及大概过程，以及达到个人和社会期望结果的方法和策略。此外，设定和在较长时期内保持自我调节意愿需要特定的调节能力。关于实际、期望和可能自我的个人概念(即个体怎么样才能应该是、可能是和愿意是什么的表征)为这些过程提供了动机基础(Cantor, Markus, Niedenthal, & Nurius, 1986; Higgins, Klein, & Strauman, 1985)；在生命周期中，这些表征也会变化，而且从社会期望角度以特定方式发生变化。

这些初步的思考表明，在分析意向性自我发展的个人发生中，应该考虑发展的三个基本要点：(1) 意向性行动总体上的发展以及与意向性相关的认知和表征过程的发展；(2) 与发展中的个人控制相关的信念及能力的形成；以及(3) 自我(或者自我概念)的发展，这种自我概念或多或少是指引自我调节过程的自我参照性价值观、信念和标准的一种内在结构。

意向性行动：发展的视角

意向性与个体的一些特定能力存在本质联系，即个体认识存在于行为—结果可能性(behavior-outcome contingencies)中的规律的能力，以及预期个体自身行为的可能效果的能力(Lütkenhaus & Bullock, 1991)。新生儿就已经表现出操作性学习和展示出一定程度的可能性意识(Olson & Sherman, 1983)。但是，对个人作用的理解以自我和非自我的认识性区分为前提，这是逐渐从标志着最初阶段认知发展的完全自我中心和经验不分化状态进化而来的(Kegan, 1983; Piaget, 1936/1952)。正是这种区分，才是概念上完全分化的和类别化的自我的发展起源(Butterworth, 1990; Case, 1991; Filipp, 1980; Harter, 1983; Lewis & Brooks-Gunn, 1979)。

作为意向性萌芽的标志，我们认为可能是明显指向产生或者引发特定结果的早期行为性适应(Bell, 1974)。在亲子交互情境下,这些迹象在生命的第一个月中就已经能被发现,例如操作性地使用声音来影响父母的行为(Papousek & Papousek, 1989):

> 可以很容易观察到一个3个月大的婴儿是如何有效地控制其父母的行为的,例如,在早期的交互性挠痒痒游戏中,当儿童用无法抗拒的叫声引发下一次重复活动时……可以通过暂时打破儿童的期望(比如让母亲对孩子暂时闭上眼睛或者没有反应地离开)来轻易地展示这种偶然经验的有效性……当发生这种现象时,即使是一个2个月大的儿童,都会激发一系列脸部、身体或者声音的行为,以试图将其母亲带回到其控制中。(Papousek & Papousek, 1989, p. 479; J. B. 译)

通过亲子交互的模式化和相互协调化,会促进对行为—效果可能性规律的认识(Brazelton, Koslowski, & Main, 1974; Papousek & Papousek, 1987)。相互影响可能性(transactional contingencies)的经验为最初以初步方式表征因果结构和操作性关系的工作模型的发展,提供了原材料。当处于此早期发展阶段的儿童意识到他们这种日益增长的以规律和可靠方式产生有趣结果的能力后,就表现出丰富的情绪反应(Case, 1991; J. S. Watson, 1966)。正如之前提到的,看护者安排儿童的行动空间以提高特定成就,因此就为进一步发展提供了脚手架(Rogoff, 1990; Wood, Bruner, & Ross, 1976)。通过提供促进性手段,同时还通过施加外部障碍和阻力,物理和社会环境就为个体提供了关于行动潜力和局限性的反馈,因此促进了概念自我或者类别自我的渐进分化(如 Lewis & Brooks-Gunn, 1979)。

546

随着儿童开始能够区分自我和非自我,并能从其自身角度,把外部事物视为独立实体,他们也认识到,行动能够产生独立于产生性活动而存在并持续存在的结果,而且该结果具有特定的社会价值。到18个月大的时候,儿童能够专注地监控他们自身行动的结果:例如,在玩积木的时候,当他们完成任务后会暂停,并注视着结果。在这个年龄前后,儿童开始以有意行动过程抗议和积极反对干扰;这证明了目标指引性计划能力的日益增长以及个人能力感的日益产生(Geppert & Küster, 1983; H. Heckhausen, 1984; Trudewind, Unzner, & Schneider, 1989)。

意向性发展中的一个重要步骤是应用中间行动以达到某些目标,例如10个月大的儿童会移开某个障碍以重新拿到玩具。当采用不同方式以达到同一目标时,意向性就被表现得更为清楚了(Bruner, 1973; Piaget, 1936/1952)。在生命的前两年中,物质的客体和方法被越来越有目的地结合到感知动作协调中去,但这并不只是扩展了个体行动空间的"可能性"(Gibson, 1977);更精确而言,正是在与这些方法的交互中,首次产生了成功和失败的经验。活动—理论取向中已经特别强调了行动的外部客体对发展的显著意义(Leont'ev, 1978; Oerter, 1991; Valsiner, 1987b; Vygotsky, 1978)。工具的使用就是一个范例:为了高效和成功的行动,个体的行为必须适应工具的功能和特点。为某个特定类型问题而设计的中介行动方法,在此意义上是对特定类型问题的客体化——既包括外部物体也包括之前所界定的“心理工具”(Vygotsky, 1978)——表明了特定的发展任务：能力感和自我作用感(self-agency)的内在动机能够促进个体通过适应工具功能要求以完成这些任务(Harter, 1978; White, 1959)。在儿童早期,看护者通过组织活动区域以支持儿童成功使用物体;在稍后的发展阶段,更加复杂的文化实践及技巧的引导性获得则通常会采用学徒式学习模式(Rogoff, 1990)。因此,与物体相关和以之为中介的行动,就构成了个体开始认识行动的社会性本质及逐渐参与社会的知识和实践网络的基本过程(Lave & Wenger, 1991; Valsiner, 1988a, 1988b; Vygotsky, 1978)。

到目前为止,已经论述了意向性自我发展起源中一些首先必须经过的步骤。进一步的提高与语言获得,尤其是自我相关言语的获得紧密相关。对自我的言语(speech-for-self)是在期望行动过程中克服障碍和意外干扰的有效手段,并有助于控制在这些经验中产生的不快情绪(Kopp, 1989; Luria, 1969; Zivin, 1979)。在自我参照的对话中,关于期望自我和应有自我的表征被实现和转化为自我指示和自我改正的意愿(Lee, Wertsch, & Stone, 1983)。对于被认为积极的个人品质(比如好,强壮,聪明,礼貌),其自我归因必然受语言媒介的影响;因此,第一个自我调节意愿的产生很大程度上是与语言的发展一致并且同步进行的。描述和评价自己的符号方法的获得是自我调节动机的重要核心来源;正如Kagan所观察到的:

> [A]在全世界,两到三岁的儿童都开始在行动执行之前、之中和之后思考其行动的正确性、能力以及适宜性。他们将自己的行为、想法和感觉与标准进行比较,并尽力与标准相符合,就如航天器程序在飞行中修正航线一样。(Kagan, 1984, pp. 129—130)

与控制相关的信念和动机的发展

自我改正和自我发展的意愿在两种预期信念的对比中产生：一种是关于发展前景通过改正性干预会有多大提高的期望,另一种是关于没有这种干预会发生什么的初始或者基本期望,将两者进行比较。这种初始和改进后期望的比较(Valle & Frieze, 1976)在生命周期的关键转折点和选择中变得尤为突出。一般而言,个体看待自身可行发展选择的范围取决于行动者所赋予自己的个人控制感和效能感的程度。 547

个体控制生活环境的程度由个人和情境因素共同决定：具体而言,这取决于个体发展生态环境的偶然性及其自身对这些偶然性起作用的能力,而这又取决于是否存在适宜的程序性知识以及个人是否可以获取这些知识。这些不同的方面或者角度已经在控制概念的区分中进行讨论,比如“偶然性判断”和“能力判断”的区别(Weisz, 1983; Weisz & Cameron, 1985),“反应—结果期望”和“效能期望”的区别(Bandura, 1977; H. Heckhausen, 1989),“策略信念”和“能力信念”的区别(E. A. Skinner, 1991, 1995; E. A. Skinner, Chapman, & Baltes, 1988),或者是反向的标志,比如“普遍性无助感”和“个人无助感”的区别(Abramson, Seligman, & Teasdale, 1978)。应该指出的是,个体所感知到的控制的这些方面之间的形式关系不是对称的,比如普遍性无助感(关于某种结果通常是无法控制的信念)

包含了个人无助感，但反过来就不是。这种不对称性对动机观和发展观似乎都很重要，因为只有个体意识到，那些在他们的实际控制范围之外的目标并不是普遍或者通常意义上都必然无法达到的，他们才会形成扩展其控制能力的意愿。

这些概念的区分表明了分析控制信念发展的两种取向：首先我们可能会问，个人作用感是如何从个体与其社会和物质环境的交互中产生，以及发展为分化性的控制信念系统的。其次，我们应该考虑行动的物理、时间和社会资源随个体发生及与年龄相关的变化是如何影响个体感知到的控制感和效能感的。

发展控制感和个人作用感

对直接环境中事物的控制感表明了个体能在认知上区分动作自我、外部事物以及行动的效果，这是早期感知动作发展的基本成就。将操作性物体以及其他个人逐渐整合到自己的行动序列中催生了一种中介作用或者"代理控制"(proxy control)的早期感觉(Bandura, 1982b)，并且是区分方法—结果信念(或者偶然性信念)与效能信念之间关系的萌芽。在儿童早期，控制经验逐渐获得了某种情感效价，这不仅源于个体在引发事件过程中的愉快经验，而且日益反映着个体能将成果放在更广阔社会情境中进行评估。在客体化和操作化物理及社会环境的过程中，儿童也开始将自己身体及其部分视为物体和工具。这是反思过程的基石，通过此过程，作为物理实体的自我以及后期又成为心理实体的自我才能变成意向性行动的对象。

个人作用和控制的自我感知源于行为—事件的偶然性经验。某些情境因素，比如父母敏感性和反应性或者任务环境和操作情境，在多大程度上适于儿童的技能水平和发展能力，会影响行动、意愿和结果之间的偶然关系，并且会变成控制感和自我效能感个体间差异的来源(Gunnar, 1980; Lamb & Easterbrooks, 1981; E. A. Skinner, 1985, 1995)。偶然经验的概化并将其整合到概念自我中去又与语言的发展有关。在 2 到 3 岁之间，儿童开始能掌握自己行为的语义内容和符号本质，并认为自己具有某种独特品质和特性。学前儿童越来越受到所期待的自我评价的动机激发，并且渴望寻找机会来测试和证实自我描述。但是，要将能力和偶然性视为个人作用的独特组成部分需要进一步的在认知和概念上的成就：因此，直到儿童中期，或者以 Piaget 的术语而言，直到具体运算阶段，儿童才能区分结果的"内部"和"外部"原因，比如能力、努力程度、任务难度和运气，并且在自我评价反应中思考这些差异(Nicholls & Miller, 1984, 1985)。

虽然在生命的第一年就能观察到个体开始有目的地协调方法和结果之间的关系，但是这些早期协调活动只是实践性的和直觉性的。注意力放在行动的直接、具体结果上；直到在认知发展的较后期阶段产生了"反思性抽象"(reflexive abstraction)后(Piaget, 1976, 1978)，注意力才转到行动过程本身以及协调行动和结果之间关系的中介机制上来。在前青春期，个人能力和情境偶然性的表征通常会达到内隐理论形式。个体思维向假设—推论或者形式—运算模式转化的标志是，假设性地计划不同的个人未来发展过程的能力逐渐增长，这是指引和激发青少年期和成人期的生命计划和意向性自我发展的基本认知过程。但是，具体—运算阶段的儿童已经开始表现出心理功能，比如记忆、注意或者理解，并且使用元认

548

知策略来控制和促进这些功能(如记忆策略,注意控制技巧,理解监控;如 Flavell, Speer, Green, & August, 1981; Flavell & Wellmann, 1977; Markman, 1977; P. H. Miller & Bigi, 1979)。通过元认知策略维持或者促进个体表现成为毕生意向性自我发展的关注重点之一,这在老年人尽力去对抗和补偿功能性丧失中变得尤为重要(Baltes & Baltes, 1990; Dixon & Bäckman, 1995)。

行动资源和控制感

行动资源在个体一生中的发展,至少是在许多领域,大致符合曲线函数:在生命周期的最早阶段,主导的趋势是资源扩展,而较后阶段则以身体、时间、社会和物质方面储备的保持及不同程度的降低为特征。关于成长和衰退的类似模式,大体上也适用于控制感和作用感在生命中的经历;但是,其实际关系已经被证明在相当大程度上更为复杂(如 Brandtstädter, Wentura, & Greve,1993; J. Heckhausen & Schulz, 1995)。

控制感的个体差异在学前阶段就已经很明显:例如,在与成就相关的情境中,这些差异表现在冒险倾向、对失败的反应或者在困难任务上有差别的坚持性(H. Heckhausen, 1984)。但是,关于年龄变量是如何与控制感在质和量的差异上发生联系的问题远没有最后解决。由于身体、心理和社会行动资源的扩展,以及对外部指示和指令的脱离和渐进内化过程,可以预期个体从儿童期到青少年期在内部—自动化控制导向上的提高;考虑到道德判断从他律到自律的类似转换,这个假设似乎是对的(Rest, 1982; Selman, 1980)。虽然有一些发现似乎符合这种假设,但是横断和追踪研究还未证实有清晰而集中的趋势(文献综述参见 Krampen, 1987b; E. A. Skinner & Connell, 1986)。此处我不再深入考察阻碍此领域研究的方法学困难(见 E. A. Skinner, 1995, 有一段讨论);很明显,只要儿童还未发展起相应的分析角度,对内部和外部观念的评估就存在严重的概念问题。通常,如果假设控制感或效能感是可利用行动资源的一种直接功能似乎就过于简单了。控制和效能的个人感觉基本上应取决于可用的行动潜能是否充足到能够实现重要的个人目标和发展目的,或者反过来,这反映个人目标和抱负调整得有多符合个人的行动潜能。此处我们必须指出,在行动资源扩展之后,目标和期望经常会调整到更大的程度,这可能会产生新的不足。出于相同原因,当目标被调整得适应变化后的发展机会时,则行动资源的减少并不必然导致丧失控制感(如 Brandtstädter & Renner, 1990; Brandtstädter & Rothermund, 1994; J. Heckhausen & Schulz, 1995)。

当我们考虑生命后期时,这个原则的理论意义就变得特别突出。正如我在下文中会以更多细节进行论述的,调整目标和计划以适应变化后的行动资源是帮助老年人保持个人效能感和对自我及个人未来保持积极态度的关键过程之一。

意向性自我发展和发展中的自我

意向性自我发展活动与自我的联系存在两种含义。首先,这些活动及它们所基于的自我观察和自我评估过程是反身性的;即,它们是倒回指向行动个体本身的。其次,并且这是一个更复杂的问题,这些活动也和个人的自我有关。这两种含义经常被混淆,在本文中必须 549

进行仔细区分。

研究上已经习惯于将自我——指概念自我或者类别自我，或者如James(1890)所描述的"我为对象"的自我("me" self)——理解为个体对自身所持有的一种观点，这是从社会要求中成长起来的，以对自身和自身行为给出一致的和令人满意的归因(Epstein, 1973; Kihlstrom & Cantor, 1984; Markus, 1977)。但是，不是所有个体对自身认为是正确的感知和信念都涉及那些以基本方式表现他们特色和赋予他们个性的品质。因此就显得自我，在更强的个人认同的含意上，少于(在某种意义上是多于)自我参照信念整体。为了将自我描述的特质作为个人认同的组成部分，这些特质必须满足特定标准(Baumeister, 1986; Brandtstädter & Greve, 1994; McGuire & McGuire, 1981)。这些特质都必须足够持久和恒定：只有那些足够稳定的特质(或者被个体认作为稳定的自我描述特征)才能保证不同时间上的个体同一性(self-sameness)。而且，为了与认同性相关，这些特质还必须具有一些独特实用性，并以某种方式对建立个人独特性有作用。最后，这些特质必须以适宜方式与个人经历或者生命过程相联系，并且被人们认为正是这些特质才形成了其生活的重要特征。当个体能够根据这些标准建构个人认同的自我图式时，意向性自我发展活动，只要它们还用来实现、稳定和维持个人认同性，就能达到完全的发展性表达(Norem-Hebeisen, 1981)。

概念自我和内化控制的个体发生

那些被儿童视为属于自己所有的物体(玩具或者身体部位)是个体独特性的第一个明显标志(Kopp, 1982; Lewis & Brooks-Gunn, 1979)。在发展的早期阶段，认同性经常通过简单的区别对比进行分析(儿童对成人，男孩对女孩)；具体和可观察的属性较早获得，比必须经观察进行推论的抽象品质(比如态度，气质，性格)更加容易用于自我描述(Broughton, 1978; Selman, 1980)。根据基本和不变特征进行的稳定自我归类在儿童中期产生，与具体运算思维水平上对身体守恒的理解有关。自我描述的核心内容之一是性别，这也被认为在稳定认同性的进一步具体化中具有关键作用(Guardo & Bohan, 1971; Harter, 1983; Kohlberg, 1966; Marcus & Overton, 1978)；尤其是在具有明显性别角色模式的社会中，经常会提出"应该"自我的概念，以规定女孩或男孩应该或者通常怎么样行为(如关于情绪外露性的规则；见Case, 1991, Stangor & Ruble, 1987, 1989)。

自我调节活动以自我评价标准或者形成个人所期望的和应该自我的"自我导向"(Higgins, 1988)为基础。自我评价和自我控制源于早期的他律状态，这种状态以通过指令或者身体限制对行为进行外部调节为标志；随着表征能力的提高，儿童内化外部指令，并将评价和判断标准应用到自身和其行动上。内化控制的产生当然是儿童早期最核心和显著的成就之一(Diaz, Neal, & Amaya-Williams, 1991; Flavell, 1977; Kopp, 1982, 1987)。如果将标准取向内化的概念理解为外部规范向内部控制语言的简单转换，则有可能导致误解。更准确而言，内化应该被视为一个建构过程，外部的评价、标准和规范通过此过程，以适于儿童实际发展水平及能力的方式被同化、解释和实现(Lawrence & Valsiner, 1993)。

内化控制的产生以自我情感的出现为标志，比如骄傲、内疚或者难为情，这通常可以在3至4岁左右的成就情境中见到(H. Heckhausen, 1984)。这个年龄的儿童会激烈地反对自我排斥(self-discrepant)的特质("我不是一个坏孩子!")。这些自我声明的早期形式预示了自我美化和自我证明(self-assertion)的过程,这两个过程在后来成为意向性自我发展的核心内容(Kagan, 1981a)。但是直到儿童中期,自我评价概念或者标准才能在场景性和语义性记忆中以足够的复杂性进行表征,因此儿童可以外显地描述那些他们为自己感到骄傲或者羞耻的情境(Harter, 1983)。随着个体认知和社会道德发展的提高,自我评价概念——例如,关于什么是好的、有能力的、公正的或者负责任的个人观念——被持续地重新定义和赋予部分新的含义。这个过程不会在任何年龄段停止,而是持续终生。个体会回顾过去并严格评估自身,自己的行动,以及后来最终可以根据普遍他人观点从一般理想、准则或原则来评估自己的个人发展以及生命经过,这种能力和准备性标志了社会认知和社会道德发展的较高水平,预示着思维达到了形式—运算水平(Selman, 1980)。正是在这个水平的认知发展上,个体首次变得能够根据自我理想和一般伦理原则建构可能自我。这些理想和原则基本上指向行动主体和其社会、制度与文化环境之间的关系。随着个体对这些关系逐渐发展起更加全面和分化的观点时,自我界定和自我评价就获得了更广泛的新角度(Damon & Hart, 1982);这种评价角度的变化也影响着人生目标和认同计划的选择和定义。 550

未来自我、生命计划和文化脚本

在青少年期和成年早期,对期望的可能自我的想象性说明变成了意向性自我发展的主要动机来源。在这个转化阶段,对未来自我的构建主要集中于未来职业、建立家庭和伙伴关系等领域以及和这些领域相关的发展任务和方面(Dreher & Oerter, 1987; Nurmi, 1993; Pulkkinen, Nurmi, & Kokko, 2002)。小学儿童可以形成关于未来生命角色的理想和计划,但是这些经常是模糊的和幻想性的。在青少年期,未来目标变得更加具体;它们反映了更加广泛的一系列现实选择,并且和具体的程序性意愿和执行性目标相联系(Rosenberg & Rosenberg, 1981; Russell & Smith, 1979)。

在成人期,关于毕生不同阶段的个人计划和目标最后融合成或多或少更加全面和一致的生命计划。鉴于生命计划逐渐提高的特别本质,对 Rawls(1971)所认为的每个个体"有根据其所面临条件而提出的合理生命计划"的观点就必须进行质疑。大多数人已经发展起关于其生命总体轮廓的至少一些观点。这些观点根据实际局限性和可能性进行细化、调整和再形成;情况通常是以不可预期的方式出现的。在形成和细化生命计划的过程中,父母、伙伴和其他重要他人在总体上起着重要作用,他们既作为模范也作为指导者(Goodnow & Collins, 1990; Levinson, 1978; J. Smith, 1996)。随着个体逐渐参与到伙伴、家庭和职业的社会角色系统中,从而渐渐有必要协调和同步个人自身和其他个体的生命计划;婚姻伙伴关系的质量和稳定性很大程度上取决于生命目标的一致性和相互适应性(Brandtstädter 等, 1986; Felser, Schmitz, & Brandtstädter, 1998)。

随着个体逐渐将其个人发展与家庭和职业圈子的标准及角色系统联系起来,"标准"或者所期望发展的社会表征在个人生命计划中受到了进一步的影响。以年龄段划分的社会通过对发展事件和转折点的适宜进度表的规定或者标准期望,限制和引导着意向性自我发展;在和生理变化的交互中,这些标准就形成了生命过程的文化脚本(Hagestad, 1991;

Neugarten & Hagestad, 1976)。偏离这种脚本就会引发注意,并且需要对此作出解释或者辩护。但是,生命过程的文化脚本的标准力量也来自下述事实,即偏离"标准"模式具有特定的符号性和归因性效价。对事先规定的发展转折时间表的偏离,取决于不同领域,可能会被视为无能、不负责任、不关心或者轻率的标志(Kalicki, 1996)。随着个体在生命周期中的迈进,这些符号性效价就在自我评价和意向性自我发展中获得了影响力。

个人认同和独特性的感觉与那些个人生命过程中偏离标准或者典型模式的因素具有本质程度上的联系;很明显,对个体生命过程的文化性标准化会减少其区别性和独特价值。由于生命过程的发展任务和标准期望为特殊的解释和执行提供了一些范围,因此这个问题会稍微缓和;这样,就变成了发展任务本身以适合个人目标和认同计划的方式去处理和执行生命过程的文化脚本(如 Dittmann-Kohli, 1986)。

个人认同的形成并不以形成稳定的最后结果而结束,而是包含了持续的修订和重新调整(Gergen & Gergen, 1987)。在对青少年期和成人期的生理转折和角色变化作出反应时,意向性自我发展的主题和自我描述品质的个人重要性也发生变化(如 Cantor, Norem, Niedenthal, Langston, & Brower, 1987; Dreher & Oerter, 1986; Nurmi, 1992)。个体在教育、职业和家庭范围内的位置影响着个人对期望自我、可能自我和应该自我的描述;生命周期中在这种位置发生变化期间,关于自我评价的不同标准、规则和比较角度就变得突出(Wells & Stryker, 1988)。随着个体沿着构成其"生命之线"(Wollheim, 1984)的发展和行动通路前进时,他们也往往会转换自我界定的时间焦点;尽管年轻人基本根据未来的可能自我来分析其认同性,但是老年人会根据过去成就将自我界定推进到越来越高的水平(Wong & Watt, 1991)。

551

但是在某种程度上,这些发展适应性也用来稳定和保护自我系统的核心成分。像科学理论一样,对结构中一些部分的调整对于避免受到其他更加核心部分的约束是必须的。一般而言,生命周期中自我定义的变化受到自我系统要保持个体持续和完整的内在倾向性的阻碍。因此,大多数追踪研究都证明了成人期内在自我描述上的令人印象深刻的稳定性(Bengtson, Reedy, & Gordon, 1985; Filipp & Klauer, 1985)。这种稳定性在老年个体身上尤其突出;逐渐衰老的自我似乎有强大的适应性机制,能够抗衡衰退和受限制的经验以保护自我图式(Atchley, 1989)。关于意向性自我发展的综合理解当然必须包括对有意性和无意性的讨论,这是自我评价标准以及向生命后期转换过程中关于发展和衰退之间协调的内在基础。本文的最后部分将对此问题进行讨论。

保持个人连续性和认同性:同化和顺应过程

非常明显的是,必须从用来实现和稳定个人认同性的更大过程背景中看待意向性自我发展活动。在整个生命过程中,个体面临一些事件和变化,不断经历发展或者衰退,以及获得与在生命较早阶段固化的自我图式一致或者不一致的经验。个人连续性以及自我界定的危机和转变基本上是由在思维和行动上的这些变化的应对方式决定的。

向老年的转换对自我连续性和完整性带来了尤其大的威胁。生命后期是以无法控制性变化和不可抵抗性衰退的累积为特征的。虽然老年人在生理、心理和社会参数上的个体间差异量相当大(如 Baltes & Mayer, 1999; Birren & Schaie, 1990; Rowe & Kahn, 1987; Schneider & Rowe, 1991),但是仍日益付出生理储备能力减小、慢性的损伤性健康问题以及亲人死亡和社会孤独的代价。这些适应性问题由于生命时间资源的缩减而进一步严重;意识到重要个人目标不再可能在剩余时间中达到是个体生命后期尤其不愉快的经验(Breytspraak, 1984)。老年人自我报告中也产生了关于发展性获得和丧失的主观平衡逐渐恶化的描述(Brandtstädter 等,1993; J. Heckhausen, Dixon, & Baltes,1989)。总之,行动资源在生命后期趋向于萎缩,这些稀缺资源应投入到哪些计划和目标上的问题逐渐越来越突出。

许多研究方案曾经关注过下述似乎合理的假设,即,在生命后期,发展性丧失的经验、功能的限制以及社会边缘化应该对自尊、个人效能感和一般幸福感有消极影响。但是这种假设只找到了少得令人惊奇的证据支持。并没有普遍证据表明失望、抑郁或者认同性问题在生命后期会增加,只有在严重衰退和威胁生命的健康问题显得突出的生命结束阶段也许例外(Blazer,1989; Newmann,1989; Stock,Okun,Haring,& Witter,1983)。同样地,并无一致证据显示自我效能感或者控制感降低。在每个年龄段,个人发展中的控制感都与幸福感的主观和客观标志呈正相关,比如健康、生活满意度和乐观性;但是,控制感的个体差异和年龄变量并没有显示出系统相关关系(Fung, Abeles, & Carstensen, 1999; Lachman, 1986; Rodin, 1987)。

这种相当违反直觉模式的发现就对可能存在的方法学问题提出了疑问。例如,已经论述过的关于年龄和抑郁之间的关系,这个发现也许是有偏差的,因为抑郁的个人参与调查的动机较低;两者之间的关系可能是曲线型的;老年人可能更加愿意报告心理问题;老年期的抑郁症状经常表现为隐蔽的或者躯体化的形式;或者——考虑到这些研究领域的追踪调查中代表人群的总体突出性质——这些实证数据有可能将真实的发生结果和代际差异混淆在一起了(Blazer, 1989; Kessler, Foster, Webster, & House, 1992)。此处不再细究这些观点,但是它们似乎都不够有力,无法清楚解释老年自我显著的稳定性和完整性;实际上,这些现象逐渐将注意力吸引到发展老年研究上(Brandtstädter 等, 1993; Staudinger, Marsiske, & Baltes, 1995)。 552

此处又产生了一个问题,自我系统会采用什么保护性机制来保持个人连续性和对未来发展的积极态度呢? 从行动的理论观点,两个基本的适应性过程——或者说是两组过程——可以被鉴别出来:一方面,个体设法改变环境以防止或者避免不期望或者与自我不一致的结果;另一方面,要调整评价标准以及内在个人目标和抱负以适应情境限制。我们将前一种适应模式称为同化,而后一种称为顺应(Brandtstädter & Renner, 1990; Brandtstädter & Rothermund, 2002b)。此处这些概念的使用有别于熟悉的皮亚杰术语,因为此处我们并非指认知适应模式,而是指使实际和期望情境或者状态达到一致的两种互补性过程。

从定义出发,同化性活动基本上包括所有形式的意向性行动和问题解决行动,其目标是使发展前景和个人目标及标准保持同步,或者通过主动改变情境条件(个人生活环境,行为模式或者行为品质)来减少目标差距。在老年期,个人重视的身体、心理和社会能力的保存成为自尊的重要来源,也是同化作用的优势关注点。

当同化活动无法减少实际差异或者损失时,顺应过程往往就被激活了。通过促进个体脱离无效目标,顺应过程促进个体重新定向并致力于新的目标和自我评价标准,然后这就可能变成同化活动的新参照点。同化和顺应模式的理论区分在部分程度上和其他包含了双向过程性应对概念的行动理论模型一致,如问题聚焦应对模型和相对的情绪聚焦应对模型(Folkman, 1984; Lazarus & Launier, 1978),诱发—脱离循环理论(theory of incentive-disengagement cycle)(Klinger, 1975, 1987),或者初级控制模型和相对的二级控制模型(J. Heckhausen & Schulz, 1995; Rothbaum, Weisz, & Snyder, 1982);其他地方已经非常细致地讨论了和这些概念的关系(Brandtstädter & Renner, 1992)。

此处,我还应该讨论同化和顺应过程的功能关系及其内在机制(参见 Brandtstädter & Greve, 1994; Brandtstädter & Rothermund, 2002a, 2002b; Brandtstädter, Wentura, & Rothermund, 1999)。讨论只集中于成人后期的发展,但是其中的基本理论原则适用于个人发展的所有情境,包括发展性丧失和个人认同威胁。

通过同化性活动预防或者减少发展性丧失

个体会明确和有意地设计一些预防性或者改正性行动以保持期望的表现标准或者技能,这可能被视为生命后期同化活动的典型案例。取决于有关方法—结果关系的主观信念和能力,这些维持目标的执行过程可以采取多种形式,比如锻炼身体、节食、仔细安排日常常规活动、使用化妆品或者药品工具等等。随着功能丧失和不足经验的更加明显,这种自我改正意向通常会提高;这些关系的强度一般取决于个体发展和老化过程中控制感的程度,同时还取决于这些被讨论领域的个人重要性(Brandtstädter, 1989)。

补偿性行动是同化活动的另一个变式,当有些功能性丧失已经不可抗拒后,这个活动变得尤其重要。像这样的补偿是中介性人类行动的一个基本类别,而且从非常普遍的意义而言,任何采用辅助性策略和方法以达到某些目标、否则就难以达到的活动都包含补偿成分(Vygotsky, 1960/1979)。在生命后期,补偿举动明确指向维持某些期望的表现标准,而不管任务相关功能或者技能的丧失。因为特定任务中的表现通常取决于不同的技能成分和外部因素,因此特定成分的退化经常可以通过选择性使用或者强化那些仍然功能正常的成分得到弥补;这取决于所涉及的功能领域,补偿也可能包含使用特定元认知策略(如记忆方法的帮助)或者外部弥补方法(Bäckman & Dixon, 1992; Baltes & Baltes, 1990; Salthouse, 1987)。补偿性活动往往在那些具有高鉴别力、和个体经历高度相关的领域以及对个人认同具有核心意义的领域最为突出。和其他意向性自我发展活动一样,补偿性行动取决于是否存在相关的理论和技术知识以及个人是否可以获得等问题。

更重要的一类同化活动包含自我证明(self-verification)活动(Swann, 1983)。自我证明概念是指一种普遍(但是表达方式各不相同)的倾向,即个体偏好选择那些能够在自我描述的维度上提供自我一致反馈的社会或者信息情境,而自我描述是个人认同性的核心或者要素(Greve, 1990; Rosenberg, 1979; Wicklund & Gollwitzer, 1982)。在某种程度上,自我

553

证明倾向已经在自动化水平上发生;例如,强大的自我信念有拒绝或者质疑有差异信息的内在倾向。这种保护性效果可以避开自我差异性证据(至少是只要这个证据不足以强到超过保护性力量),而在这种情况下,会同等抑制同化和顺应反应。但是,只有那些有意指向减少丧失突出性或者避免自我差异反馈的自我证明活动,才能被认为是同化性的。例如,老年人会策略性地选择社会交往以服务于这种自我美化意愿(如 Carstensen, 1993; Ward, 1984)。人们甚至可能改变其外貌(如通过美容手术)以引发符合他们自我观念的社会反馈。

所有同化性活动的普遍特征是对特定目标、抱负或者标准的持续坚持。同化活动的强度和持续时间基本上取决于个人感知到的能力和效能;如果最初的控制信念较为强大,执行同化意愿过程中的困难可能会激发额外的同化性努力,甚至引发被阻碍目标效价的反应性提高(Klinger, 1975; Wortman & Brehm, 1975; Wright & Brehm, 1989)。但是当个体面临确实的不可抗拒性丧失或者损伤时,这种坚持性可能会导致资源的无效率使用,并最终加重无助感和抑郁感。此处,控制信念的可能无效性含义就会变得突出,这些含义在临床发展研究上得到了越来越多的关注(Coyne, 1992; Janoff-Bulman & Brickman, 1982; Thompson, Cheek, & Graham, 1988)。

只要同化过程占据主导地位,顺应反应就被抑制;如果个人标准或者目的能够毫无困难地维持,就没有必要进行修改。但是当行动资源减少,同化活动就可能变得日益困难和费力。从经济学中借用术语,"生产—可能性边界"(production-possibility frontier)(Samuelson & Nordhaus, 1985)随着生产储备的减少而变窄,因此某个领域内的生产的期望水平只能通过降低其他领域的水平而得到维持。生命后期行动资源的减少应该有类似的效果:为了在一些特定领域维持期望的标准,个体被迫降低其他领域的标准。例如,在运动领域的一些活动中,年龄较大者会通过强化训练和对身体储备的综合使用来成功维持表现水平(Ericsson, 1990);但是随着年龄的增大,这些努力都变得日益费劲。老化的心理问题很大程度上来源于下述事实,即,为功能性丧失所做的补偿性努力遵循回报率逐渐缩小的原则,因此维持特定标准的机会成本最后超出了利润收益。在这种条件下,唯一避免或者消除持久性挫折感和无助感的方法,就是调整目标和抱负以适应情境限制和变化后的行动资源。

顺应过程:调整目标以适应行动资源

发展中获得和丧失的概念包含评价性成分;发展结果或者变化在个体看来是获得还是丧失取决于它们是如何与个人目标和计划相联系的。相应地,丧失或者目标差异的消除,不仅能够通过改变实际情境达到,而且也可以通过调整目标和自我评价标准而实现。这些过程大部分在无意识水平下进行。因此,对这些机制的考察使我们在部分程度上偏离了意向性行动范式的范围;但是这对理解生命过程中意向性自我发展的动态系统具有核心意义(参见 E. A. Skinner, 1995)。 554

顺应模式的典型方面包含对受阻目标的贬低和脱离过程,对期望的重新调整以及对另一选择的重新积极评价。顺应过程也包含解释性过程以接受最初并不喜欢的某个情境,因此可以促进脱离无效目标。同化活动隐含了对目标和标准的持续坚持性,然而顺应过程却以灵活调整目标来适应情境限制为特征。重新调整评价标准和期望经常被认为是较差的应对方式，并且和无望感、放弃或者抑郁等概念相联系。这种含义是误导性的；实际上，无望感和无助感表明了放弃受阻目标的困难性以及顺应弹性上的不足。

从不同研究获得的实证结果表明了顺应过程在生命后期对于弱化丧失性感觉经验和稳定积极自我感觉的重要性。因此，人们往往不会重视那些超出可行范围的发展目标；而在抑郁主体中则较少表现出这种倾向(Brandtstädter & Baltes-Götz, 1990)。类似地，遭受身体损伤的个人往往会通过重新设置目标和抱负以适应他们的缺陷(Schulz & Decker, 1985)。相反，脱离无效目标的困难性似乎是抑郁的特征(Carver & Scheier, 1990)；因此在生命后期，持续追求"年轻化"的目标和自我理想可能会变成持续不满的来源(Miskimins & Simmons, 1966)。已经发现顺应灵活性的程度可以预测对长期病痛、健康恶化或者身体障碍等问题的应对情况(Brandtstädter 等, 1993; Schmitz, Saile, & Nilges, 1996)。而且，一般性控制信念在生命后期令人惊奇的稳定性似乎从本质上依赖于个体调整目标以适应可利用资源(Brandtstädter & Rothermund, 1994; G. Brim, 1992)。随着年龄的增长，应对的首选模式从同化—攻势转变成顺应形式；由于不可控和不可抗拒丧失在生命后期的增多，这种转化和理论预期一致。

调整目标以适应情境限制的准备性或者能力取决于情境的和个人的条件。个体会发现脱离那些对其认同性具有核心作用，而且不容易找到替代或者功能等价事物的目标最为困难。高"自我复杂性"(self-complexity)(Linville, 1987)，即高度多变和多焦点的自我结构，能促进个体脱离无效的生命计划并致力于新目标。更加重要的一个因素涉及改变令人不快状态或者丧失的含义、使之最后变得可接受的能力，这可能在情境和个人之间存在差异。在令人不快的情绪状态中，缓和后意义的接受度似乎会被认知系统所产生的情绪一致性认知的倾向性所降低(Blaney, 1986)。因此我们可以推论，顺应机制涉及的是超出这种一致性效应的那些机制(如 S. E. Taylor, 1991)。

如之前所表明的，这种辅助性机制很可能在个人意识之外、自动化的水平上运转。对目标和抱负的顺应不需要、也经常不能被有意激发，虽然这可能对个体的意愿和决定有指示性影响。但是顺应过程并不开始于、而是结束于决定放弃某个目标或者解除某个任务。通过计划性使用自我管理和自我指导方法，可以在某种程度上促进从无效任务中脱离的过程，但是就如其他无意识性或者自动化过程一样，只有通过这种中介性和技巧性的方式才能将这个过程置于个人控制之下。就如我们无法接受任何偏离我们已有信念背景中那些看起来充分可信观点的信念一样，我们也不能抛弃一个目标仅仅是因为看起来这样做是有利的(如 Gilbert, 1993; Kunda,1990)。行动的理论研究对这种无意识或者个人控制之外的自动化机制在行动调节中的作用日益加以重视(Bargh & Chartrand, 1999; Brandtstädter, 2000)。

555 在支持顺应过程的自动化过程中，注意调节的机制最为重要。如已经讨论过的，注意通常集中于那些与这种进行中行动过程相关的情境条件上：这表明，稀缺的注意资源会从那些已经或者觉得即将不可控的问题中撤离(Brandtstädter & Renner, 1992)。从那些不可控问题上的注意转移可能受到补偿倾向的支持，即在消极反馈之后将注意力聚焦于情感上不一致的刺激物上(例如那些具有积极情感作用的刺激物)(Derryberry, 1993; Rothermund,

2003; Tipper & Cranston, 1985)。但是即使在多次徒劳无功地尝试解决这些问题之后,特定种类的问题可能继续受到注意;这对于那些重要个人问题尤其确切,即使成功几率非常低,持续性同化活动也会有较高的主体应用性。在这种条件下,问题聚焦的思维可能会退回到围绕受阻目标及其含义的反复思考中(Martin & Tesser, 1989; Martin, Tesser, & McIntosh, 1993);在双向过程模型中,这种反复思考活动就成为从同化转化到顺应模式困难的征兆。但是,反复思考也可能会提高顺应过程,因为这会促进个体发现顺应的积极含义,由于这种含义的缓和效果,也应该有更多机会被接纳为是正确的(Brandtstädter & Renner, 1992; Wentura, 1995)。一般而言,为了解构某个问题中不喜欢的含义,就必须产生破坏或使所不喜欢的结论及其前提无效的信息;这种聚焦的和偏爱驱使的思维形式包含一种积极性偏差,因为在得到期望的积极结果之后往往会停止搜寻进一步信息的活动(Kruglanski, 1990; Kunda, 1990)。

在最后这些思考中所表明的同化和顺应过程之间的差异可能会让人想起主动和被动的幸福概念的传统区分(Tatarkiewicz, 1976);智慧的哲学定义强调了发现这两种状态之间适宜平衡的重要性。不管如何被定义,智慧表达的不仅是关于哪些是生命中的重要目标以及如何达到这些目标的知识,而且也包括了判断哪些限制是不可避免的以及如何接受必须的情况(Kamlah, 1973; Nozick, 1989)。毕生的意向性自我发展就基于这种参与和不参与、持续的目标追求和弹性的目标调整之间的互相作用。从这些互补性过程的理论分析出发,对连续性和变化是如何在毕生个人发展中共同实现以及如何互相支持的问题,就获得了更好的理解。

总结和结论

文化体系通过规范和控制个体生命全程的发展过程来维持和延续自身。在社会文化允许和限制的范围内,发展中的个体建立自身的发展进程,并力图达到最优化。在生命全过程中,个体都在积极地致力于以社会和个人对毕生"成功"发展的表征为标准来维持他们自身的发展,他们尽力去达到发展性获得和丧失之间符合他们自我定义和认同目标的最佳平衡。以这些基本的原则进行推测,我进一步得出观点,即,从理论和研究两方面而言,如果不考虑个体用来控制他们自身和他人发展的表征和调节过程,就不能充分地理解人类的个体发生。目标引领下的行动既是发展的驱动力也是个人毕生发展的结果,本章中已尽量整合了发展的这两个方面。

与传统的模式争论相反,我认为,任何发展"范式"的价值不应只根据已有基础进行判断,而是应考虑它的探索能力和相关研究的质量。在这个意义上,本章通篇所强调的行动观点,其一般意义就在于它潜在整合了个体发生的文化、历史和个人因素。这种整合作用从本质而言是源于这样的事实,即,行动的概念与这些不同的分析水平存在内在联系。与此相关的是,发展的行动观在解释人类个体发生的稳定和变化现象、多样和普遍现象上是非常独特的。行动观点说明,发展模式的稳定性和多样性本质上都是与特定社会历史情境中普遍的发展可能性和局限性的特定安排相关的,并且反映了个体通过建构性和选择性活动利用和

556

作用于这些情境条件的方式。因此,行动范式就提供了整合强调发展轨迹的可变性和情境相关性理论观点的框架。但这并不必然说明,发展的行动观点就否定了关于发展的连续性、联系性和普遍性的传统主题。相反,本文认为,将这些在行动的文化和个人背景中塑造和构成发展的不同限制条件纳入思考,可能会帮助更好地理解这些传统主题。虽然并不抛弃发展的因果联系观点,但是行动观点认为,发展的一致性和连续性本质上取决于利用因果机制在文化和个人水平上建构和解构发展偶然性的方式。

本章中非常明显的是,发展的行动观点不能被降低为形式意义上的一种单一理论。相应地,单独挑出某特定研究项目作为此观点的典型代表也是有问题的。本章中给出的研究范例涵盖了生命全程发展中一系列分布广阔的主题。在儿童期发展领域,研究者指出了儿童与物质及社会环境的共同建构性交互在技能形成及自我表征发生中的作用,而后者是意向性自我发展活动的起源。在青少年期和成人期发展领域,本文尽力描述了个体目标、价值和控制信念是如何在生命计划和意向性自我发展过程中交互作用的,以及随着个体自身的发展,个人和背景因素是如何塑造和改变这些导向的。在生命后期发展领域,则更多将重点放到了特定的活动和过程上,老年人借助这些活动维持个人连续性、抗衡发展性丧失以及调整个人计划以适应变化后的功能储备。行动理论的一些概念,例如生命任务、个人奋斗、自我调节、未来前景、自我效能、控制感、生命计划、自我证明和补偿,已经成为该研究领域的引领性概念,并且成为这种多产性理论的核心。虽然行动理论方法在传统上和解释或者描述方法非常类似,但是越来越多人认识到,任何方法学上的狭隘看法都会妨碍对发展、文化和行动之间的功能性共存的综合分析。目前研究中,研究者会自由使用,而且经常策略性地联合采用,包括从实验法和微观发生分析到观察法和经历访谈等所有范围内的方法。

除了本章中集中讨论的理论问题之外,发展的行动观点还有特别的实践和伦理意义。只要是从狭隘的因果论者或者机械论者角度看待发展过程,那么就无法经受理性或者道德评估的考验。只有当我们将塑造和限制发展的个人及集体行动也纳入考虑,那么这种评估才变得可能和合理。引导着目标定向行动的假设、预期和理论前提可能会在一致性和效度方面得到评价;行动的目标和计划可能会从其可行性、个体内和个体间的一致性以及是否合乎道德标准等方面进行评价。这对于控制发展的相关活动也是一样;目标、文化、可能性及限制性的系统塑造了行动在个人和社会水平上的发展,因为发展问题经常反映的是此系统各因素间的不兼容性,因而更是如此。因此,发展的行动观点说明,任何优化发展的努力都应该在人类个体发生的个人和社会规范背景内进行对发展信念和标准期望的严格分析,不管是内隐的或是外显的。这也提醒发展研究者,当将他们的研究结果和理论化结果重新放到社会化和意向性自我发展的背景中后,就变成了他们所研究过程的部分前提条件。

(李蓓蕾、赵晖译,陶沙审校)

参考文献

Abramson, L. J., Seligman, M. E. P., & Teasdale, E. J. D. (1978). Learned helplessness in humans: Critique and reformulation. *Journal of Abnormal Psychology*, *87*, 49 - 74.

Aebli, H. (1980). *Denken: Das Ordnen des Tuns—Kognitive Aspekte der Handlungstheorie* (Vol. 1). Stuttgart, Germany: Klett-Cotta.

Aebli, H. (1987). Mental development: Construction in a cultural context. In B. Inhelder, D. de Caprona, & A. Cornu-Wells (Eds.), *Piaget today* (pp. 217-232). Hillsdale, NJ: Erlbaum.

Ajzen, I. (1988). *Attitudes, personality, and behavior*. Chicago: Dorsey Press.

Allport, A. (1987). Selection for action: Some behavioral and neurophysiological considerations of attention and action. In H. Heuer & A. F. Sanders (Eds.), *Perspectives on perception and action* (pp. 395-419). Hillsdale, NJ: Erlbaum.

Anderson, A. R., & Belnap, N. D., Jr. (1975). *Entailment: The logic of relevance and necessity* (Vol. 1). Princeton, NJ: Princeton University Press.

Arendt, H. (1976). *The life of the mind: Vol. 1. Thinking*. London: Secker & Warburg.

Atchley, R. C. (1989). A continuity theory of normal aging. *Gerontologist*, *29*, 183-190.

Atkinson, J. W. (1970). *The dynamics of action*. New York: Wiley.

Austin, J. L. (1956). A plea for excuses. *Proceedings of the Aristotelian Society*, *57*, 1-30.

Averill, J. A. (1980). A constructivistic view of emotion. In R. Plutchik & H. Kellerman (Eds.), *Emotion: Theory, research, and experience: Vol. 1. Theories of emotion* (pp. 305-339). New York: Academic Press.

Bäckman, L., & Dixon, R. A. (1992). Psychological compensation: A theoretical framework. *Psychological Bulletin*, *112*, 259-283.

Baltes, P. B. (1987). Theoretical propositions of life-span developmental psychology: On the dynamics between growth and decline. *Developmental Psychology*, *23*, 611-626.

Baltes, P. B. (1993). The aging mind: Potential and limits. *Gerontologist*, *33*, 580-594.

Baltes, P. B., & Baltes, M. M. (1990). Psychological perspectives on successful aging: The model of selective optimization with compensation. In P. B. Baltes & M. M. Baltes (Eds.), *Successful aging: Perspectives from the behavioral sciences* (pp. 1-34). New York: Cambridge University Press.

Baltes, P. B., Cornelius, S. W., & Nesselroade, J. R. (1979). Cohort effects in developmental psychology. In J. R. Nesselroade & P. B. Baltes (Eds.), *Longitudinal research in the study of behavior and development* (pp. 61-87). New York: Academic Press.

Baltes, P. B., & Mayer, K. U. (1999). *The Berlin Aging Study: Aging from 70 to 100*. Cambridge, England: Cambridge University Press.

Baltes, P. B., & Reese, H. W. (1984). The life-span perspective in developmental psychology. In M. H. Bornstein & M. E. Lamb (Eds.), *Development psychology: An advanced textbook* (pp. 493-531). Hillsdale, NJ: Erlbaum.

Baltes, P. B., Reese, H. W., & Lipsitt, L. P. (1980). Life-span developmental psychology. *Annual Review of Psychology*, *31*, 65-110.

Baltes, P. B., & Schaie, K. W. (1974). The myth of the twilight years. *Psychology Today*, *7*(10), 35-40.

Balzer, W., & Moulines, C. U. (1980). On theoreticity. *Synthese*, *44*, 467-494.

Balzer, W., Moulines, C. U., & Sneed, J. D. (1987). *An architectonic for science: The structuralist program*. Dordrecht: Reidel.

Bandura, A. (1977). Self-efficacy: Toward a unifying theory of behavioral change. *Psychological Review*, *84*, 191-215.

Bandura, A. (1981). Self-referent thought: A developmental analysis of self-efficacy. In J. H. Flavell & L. Ross (Eds.), *Social cognitive development: Frontiers and possible futures* (pp. 200-239). Cambridge, England: Cambridge University Press.

Bandura, A. (1982a). The psychology of chance encounters and life paths. *American Psychologist*, *37*, 747-755.

Bandura, A. (1982b). Self-efficacy mechanisms in human agency. *American Psychologist*, *37*, 122-147.

Bandura, A. (1986). *Social foundations of thought and action: A social cognitive theory*. Englewood Cliffs, NJ: Prentice-Hall.

Baudura, A. (1989). Self-regulation of motivation and action through internal standards and goal systems. In L. A. Pervin (Ed.), *Goal concepts in personality and social psychology* (pp. 19-85). Hillsdale, NJ: Erlbaum.

Bandura, A. (1991). Self-regulation of motivation through anticipating and self-regulatory mechanisms. in R. A. Dienstbier (Ed.), *Nebraska Symposium on Motivation: Vol. 39. Perspectives on motivation* (pp. 69-164). Lincoln: University of Nebraska Press.

Bandura, A. (1997). *Self-efficacy: The exercise of control*. New York: Freeman.

Bargh, J. A., & Chartrand, T. L. (1999). The unbearable automaticity of being. *American Psychologist*, *54*, 462-479.

Baumeister, R. F. (1986). *Identity: Cultural change and the struggle for self*. New York: Oxford University Press.

Baumeister, R. F., Heatherton, T. F., & Tice, D. M. (1994). *Losing control: How and why people fail at self-regulation*. San Diego, CA: Academic Press.

Baumrind, D. (1989). The permanence of change and the impermanence of stability. *Human Development*, *32*, 187-195.

Bell, R. Q. (1974). Contributions of human infants to caregiving and social interaction. In M. Lewis & L. A. Rosenblum (Eds.), *The effect of the infant on its caregiver* (pp. 1-19). New York: Wiley.

Bengtson, V. L., Reedy, M. N., & Gordon, C. (1985). Aging and selfconceptions: Personality processing and social contexts. In J. E. Birren & K. W. Schaie (Eds.), *Handbook of the psychology of aging* (pp. 544-593). New York: Van Nostrand.

Berger, C. R. (1993). Goals, plans, and mutual understanding in relationships. In S. Duck (Ed.), *Individuals in relationships* (pp. 30-59). Newbury Park: Sage.

Berzonsky, M. (1988). Self-theorists, identity status, and social cognition. In D. K. Lapsley & F. C. Power (Eds.), *Self, ego, and identity* (pp. 243-292). New York: Springer.

Bijou, S. W., & Baer, D. M. (1961). *Child development: Vol. 1. A systematic and empirical theory*. New York: Appleton-Century-Crofts.

Birren, J. E., & Schaie, K. W. (Eds.). (1990). *Handbook of the psychology of aging* (3rd ed.). San Diego, CA: Academic Press.

Blaney, P. H. (1986). Affect and memory. *Psychological Bulletin*, *99*, 299-246.

Blazer, D. (1989). Depression in late life: An update. *Annual Review of Gerontology and Geriatrics*, *9*, 197-215.

Block, J. (1971). *Lives through time*. Berkeley, CA: Bancroft.

Bloom, B. S. (1964). *Stability and change in human characteristics*. New York: Wiley.

Boesch, E. E. (1980). *Kultur und Handlung: Einführung in die Kulturpsychologie*. Bern, Switzerland: Huber.

Boesch, E. E. (1991). *Symbolic action theory in cultural psychology*. Berlin, Germany: Springer.

Bourdieu, P. (1977). *Outline of a theory of practice*. Cambridge, England: Cambridge University Press.

Bourdieu, P., & Passeron, J.-C. (1977). *Reproduction in education, society and culture*. Beverly Hills, CA: Sage.

Brainerd, J. (1978). The stage question in cognitive-developmental theory. *The Behavioral and Brain Sciences*, *1*, 173-213.

Brand, M. (1984). *Intending and acting: Toward a naturalized action theory*. Cambridge, MA: MIT Press.

Brandtstädter, J. (1982). Apriorische Elemente in psychologischen Forschungsprogrammen. *Zeitschrift für Sozialpsychologie*, *13*, 267-277.

Brandtstädter, J. (1984a). Action development and development through action. *Human Development*, *27*, 115-119.

Brandtstädter, J. (1984b). Personal and social control over development: Some implications of an action perspective in life-span developmental psychology. In P. B. Baltes & O. G. Brim Jr. (Eds.), *Life-span development and behavior* (Vol. 6, pp. 1-32). New York: Academic Press.

Brandtstädter, J. (1984c). Entwicklung in Handlungskontexten: Aussichten für die entwicklungspsychologische Theorienbildung und Anwendung. In H. Lenk (Ed.), *Handlungstheorien interdisziplinär: Vol. 3. II. Wissenschaftliche und psychologische Handlungstheorien* (pp. 848-878). München, Germany: Fink.

Brandtstädter, J. (1985a). Entwicklungsberatung unter dem Aspekt der Lebensspanne: Zum Aufbau eines entwicklungspsychologischen Anwendungskonzepts. In J. Brandtstädter & H. Gräser (Ed.), *Entwicklungsberatung unter dem Aspekt der Lebensspanne* (pp. 1-15). Göttingen, Germany: Hogrefe & Huber.

Brandtstädter, J. (1985b). Individual development in social action contexts: Problems of explanation. In J. R. Nesselroade & A. von Eye (Eds.), *Individual development and social change: Explanatory analysis* (pp. 243-264). New York: Academic Press.

Brandtstädter, J. (1987). On certainty and universality in human development: Developmental psychology between apriorism and empiricism. In M. Chapman & R. A. Dixon (Eds.), *Meaning and the growth of understanding: Wittgenstein's significance for developmental psychology* (pp. 69-84). Berlin, Germany: Springer.

Brandtstädter, J. (1989). Personal self-regulation of development: Cross-sequential analyses of development-related control beliefs and emotions. *Developmental Psychology*, *25*, 96-108.

Brandtstädter, J. (1992). Personal control over development: Some developmental implications of self-efficacy. In R. Schwarzer (Ed.), *Self-*

efficacy: Thought control of action (pp. 127 - 145). New York: Hemisphere.

Brandtstädter, J. (1999). The self in action and development: Cultural, biosocial, and ontogenetic bases of intentional selfdevelopment. In J. Brandtstädter & R. M. Lerner (Eds.), *Action and self-development: Theory and research through the life span* (pp. 37 - 65). Thousand Oaks, CA: Sage.

Brandtstädter, J. (2000). Emotion, cognition, and control: Limits of intentionality. In W. J. Perrig & A. Grob (Eds.), *Control of human behavior, mental processes, and consciousness* (pp. 3 - 16). Mahwah, NJ: Erlbaum.

Brandtstädter, J. (2001). *Entwicklung—Intentionalität—Handeln*. Stuttgart, Germany: Kohlhammer.

Brandtstädter, J., & Baltes-Götz, B. (1990). Personal control over development and quality of life perspectives in adulthood. In P. B. Battes & M. M. Baltes (Eds.), *Successful aging: Perspectives from the behavioral sciences* (pp. 197 - 224). New York: Cambridge University Press.

Brandtstädter, J., & Greve, W. (1994). The aging self: Stabilizing and protective processes. *Developmental Review*, *14*, 52 - 80.

Brandtstädter, J., Krampen, G., & Heil, F. E. (1986). Personal control and emotional evaluation of development in partnership relations during adulthood. In M. M. Baltes & P. B. Baltes (Eds.), *The psychology of aging and control* (pp. 265 - 296). Hillsdale, NJ: Erlbaum.

Brandtstädter, J., & Lerner, R. M. (Eds.). (1999). *Action and selfdevelopment: Theory and research through the life span*. Thousand Oaks, CA: Sage.

Brandtstädter, J., & Renner, G. (1990). Tenacious goal pursuit and flexible goal adjustment: Explication and age-related analysis of assimilative and accommodative strategies of coping. *Psychology and Aging*, *5*, 58 - 67.

Brandtstädter, J., & Renner, G. (1992). Coping with discrepancies between aspirations and achievements in adult development: A dual-process model. In L. Montada, S.-H. Filipp, & R. M. Lerner (Eds.), *Life crises and experiences of loss in adulthood* (pp. 301 - 319). Hillsdale, NJ: Erlbaum.

Brandtstädter, J., & Rothermund, K. (1994). Self-percepts of control in middle and later adulthood: Buffering losses by rescaling goals. *Psychology and Aging*, *9*, 265 - 273.

Brandtstädter, J., & Rothermund, K. (2002a). Intentional selfdevelopment: Exploring the interfaces between development, intentionality, and the self. In L. J. Crockett (Ed.), *Nebraska Symposium on Motivation: Vol. 48. Agency, motivation, and the life course* (pp. 31 - 75). Lincoln: University of Nebraska Press.

Brandtstädter, J., & Rothermund, K. (2002b). The life-course dynamics of goal pursuit and goal adjustment: A two-process framework. *Developmental Review*, *22*, 117 - 150.

Brandtstädter, J., & Wentura, D. (1994). Veränderungen der Zeit- und Zukunftsperspektive im Übergang zum höheren Erwachsenenalter: Entwicklungspsychologische und differentielle Aspekte. *Zeitschrift für Entwicklungspsychologie und Pädagogische Psychologie*, *26*, 2 - 21.

Brandtstädter, J., Wentura, D., & Greve, W. (1993). Adaptive resources of the aging self: Outlines of an emergent perspective. *International Journal of Behavioral Development*, *16*, 232 - 349.

Brandtstädter, J., Wentura, D., & Rothermund, K (1999). Intentional self-development through adulthood and later life: Tenacious pursuit and flexible adjustment of goals. In J. Brandtstädter & R. M. Lerner (Eds.), *Action and self-development: Theory and research through the life span* (pp. 373 - 400). Thousand Oaks, CA: Sage.

Brazelton, T. B., Koslowski, B., & Main, M. (1974). The origins of reciprocity: The early mother-infant interaction. In M. Lewis & L. A. Rosenblum (Eds.), *The effect of the infant on its caregiver* (pp. 45 - 76). New York: Wiley.

Breytspraak, L. M. (1984). *The development of self in later life*. Boston: Little, Brown.

Brim, G. (1992). *Ambition: How we manage success and failure throughout our lives*. New York: Basic Books.

Brim, O. G., Jr., & Kagan, J. (1980). Constancy and change: A view of the issues. In O. G. Brim Jr. & J. Kagan (Eds.), *Constancy and change in human development* (pp. 1 - 25). Cambridge, MA: Harvard University Press.

Bronfenbrenner, U. (1979). *The ecology of human development*. Cambridge, MA: Harvard University Press.

Bronfenbrenner, U., & Morris, P. A. (1998). The ecology of developmental processes. In R. M. Lerner (Ed.), *Handbook of child psychology: Vol. 1. Theoretical models of human development* (5th ed., pp. 993 - 1028). New York: Wiley.

Broughton, J. (1978). Development of concepts of self, mind, reality, and knowledge. *New Directions for Child Development*, *1*, 75 - 100.

Bruner, J. S. (1972). The nature and uses of immaturity. *American Psychologist*, *27*, 687 - 708.

Bruner, J. S. (1973). The organization of early skilled action. *Child Development*, *44*, 1 - 11.

Bruner, J. S. (1982). The organization of action and the nature of adult-infant transaction. In M. von Cranach & R. Harré (Eds.), *The analysis of action* (pp. 313 - 327). Cambridge, England: Cambridge University Press.

Bruner, J. S. (1990a). *Acts of meaning*. Cambridge, MA: Harvard University Press.

Bruner, J. S. (1990b). Culture and human development: A new look. *Human Development*, *33*, 344 - 355.

Brunstein, J. C., Schultheiss. O. C., & Maier, G. W. (1999). The pursuit of personal goals: A motivational approach to well-being and life adjustment. In J. Brandtstädter & R. M. Lerner (Eds.), *Action and self-development: Theory and research through the life span* (pp. 169 - 196). Thousand Oaks, CA: Sage.

Bühler, C. (1933). *Der menschliche Lebenslauf als psychologisches problem*. Leipzig, Germany: Hirzel.

Bühler, C., & Marschak, M. (1969). Grundtendenzen des menschlichen Lebens. In C. Bühler & F. Massarik (Eds.), *Lebenslauf und Lebensziele* (pp. 78 - 88). Stuttgart, Germany: Fischer.

Bullock, M. (Ed.). (1991). *The development of intentional action: Cognitive, motivational, and interactive processes—Contributions to Human Development* (Vol. 22). Basel, Switzerland: Karger.

Bunge. M. (1979). *Causality and modern science* (3rd ed.). New York: Dover.

Busch-Rossnagel, N. A. (1981). Where is the handicap in disability? The contextual impact of physical disability, In R. M. Lerner & M. Busch-Rossnagel (Eds.), *Individuals as producers of their development: A life-span perspective* (pp. 312 - 281). New York: Academic Press.

Butterworth, G. (1990). Self-perception in infancy. In D. Cicchetti & M. Beeghly (Eds.), *The self in transition: Infancy to childhood* (pp. 119 - 137). Chicago: University of Chicago Press.

Cairns, R. B. (1983). The emergence of developmental psychology. In W. Kessen (Ed.), *Handbook of child psychology: Vol. 1. History, theory, and methods* (pp. 41 - 102). New York: Wiley.

Cantor, N., & Fleeson, W. (1991). Life tasks and self-regulatory processes. In M. L. Maehr & P. R. Pintrich (Eds.), *Advances in motivation and achievement* (Vol. 7, pp. 327 - 369). Greenwich, CT: JAI Press.

Cantor, N., Markus, H., Niedenthal, P., & Nurius, P. (1986). On motivation and the self concept. In R. M. Sorrentino & E. T. Higgins (Eds.), *Handbook of motivation and cognition: Vol. 1. Foundations of social behavior* (pp. 96 - 121). New York: Guilford Press.

Cantor, N., Norem, J. K., Niedenthal, P. M., Langston, C. A., & Brower, A. M. (1987). Life tasks, self-concept ideals and cognitive strategies in a life transition. *Journal of Personality and Social Psychology*, *53*, 1178 - 1191.

Care, N. S., & Landesman, C. (Eds.). (1968). *Readings in the theory of action*. Bloomington: Indiana University Press.

Carey, S. (1982). Semantic development: The state of the art. In E. Wanner & L. R. Gleitman (Eds.), *Language acquisition: The state of the art* (pp. 347 - 389). New York: Cambridge University Press.

Carstensen, L. L. (1993). Motivation for social contact across the life span: A theory of socioemotional selectivity. In J. E. Jacobs (Ed.), *Nebraska Symposium on Motivation: Vol. 40. Developmental perspectives on motivation* (pp. 209 - 254). Lincoln: University of Nebraska Press.

Carus, F. A. (1823). *Psychologie: Erster Band* (2nd ed.). Leipzig, Germany: Barth & Kummer.

Carver, C. S., & Scheier, M. F. (1981). *Attention and self-regulation: A control-theory approach to human behavior*. New York: Springer.

Carver, C. S., & Scheier, M. F. (1986). Self and the control of behavior. In L. M. Hartman & K. R. Blankstein (Eds.), *Perception of self in emotional disorder and psychotherapy* (pp. 5 - 35). New York: Plenum Press.

Carver, C. S., & Scheier, M. F. (1990). Origins and functions of positive and negative affect: A control-process view. *Psychological Review*, *97*, 19 - 35.

Carver, C. S., & Scheier, M. F. (1998). *On the self-regulation of behavior*. New York: Cambridge University Press.

Carver, C. S., & Scheier, M. F. (2003). Three human strengths. In L. G. Aspinwall & U. M. Staudinger (Eds.), *A psychology of human strengths: Fundamental questions and future directions for a positive psychology* (pp. 87 - 102). Washington, DC: American Psychological Association.

Case, R. (1991). Stages in the development of the young child's first sense of self. *Developmental Review*, *11*, 210 - 230.

Chapman, M. (1984). Intentional action as a paradigm for developmental psychology: A symposium. *Human Development*, *27*, 113-114.

Chess, S., & Thomas, A. (1984). *The origins and evolution of behavior disorders: Infancy to early adult life*. New York: Brunner & Mazel.

Chisholm, R. M. (1966). Freedom and action. In K. Lehrer (Ed.), *Freedom and determinism* (pp. 11-44). New York: Random House.

Chudacoff, H. P. (1989). *How old are you? Age consciousness in American culture*. Princeton, NJ: Princeton University Press.

Clarke, A. M., & Clarke, A. D. B. (Eds.). (1976). *Early experience: Myth and evidence*. New York: Free Press.

Clarke-Stewart, K. A., & Fein, G. G. (1983). Early childhood programs. In M. M. Haith & J. J. Campos (Eds.), *Handbook of child psychology: Vol. 6. Infancy and developmental psychobiology* (pp. 917-999). New York: Wiley.

Cole, M. (Ed.). (1978). *Soviet developmental psychology: An anthology*. White Plains, NY: Sharp.

Cole, M., & Scribner, S. (1974). *Culture and thought: A psychological introduction*. New York: Wiley.

Coleman, J. C. (1980). *The nature of adolescence*. London: Methuen.

Coleman, J. C. (1986). *Aging and reminiscence processes: Social and clinical implications*. New York: Wiley.

Collins, R. L. (1996). For better or worse: The impact of upward social comparison on self-evaluations. *Psychological Bulletin*, *119*, 51-69.

Coyne, J. C. (1992). Cognition on depression: A paradigm in crisis. *Psychological Inquiry*, *3*, 232-235.

Crockett, L. J. (Ed.). (2002). *Nebraska Symposium on Motivation: Vol. 48. Agency, motivation, and the life course*. Lincoln: University of Nebraska Press.

Csikszentmihalyi, M., & Beattie, O. (1979). Life themes: A theoretical and empirical exploration of their origins and effects. *Journal of Humanistic Psychology*, *19*, 45-63.

Csikszentmihalyi, M., & Rochberg-Halton, E. (1981). *The meaning of things: Domestic symbols and the self*. Cambridge, England: Cambridge University Press.

Damon, W., & Hart, D. (1982). The development of selfunderstanding from infancy through adolescence. *Child Development*, *53*, 841-864.

D'Andrade, R. G. (1984). Cultural meaning systems. In R. A. Shweder & R. A. LeVine (Eds.), *Culture theory: Essays on mind, self, and emotion* (pp. 88-119). Cambridge, England: Cambridge University Press.

Dannefer, D. (1984). Adult development and social theory: A paradigmatic reappraisal. *American Sociological Review*, *49*, 100-116.

Dannefer, D. (1989). Human action and its place in theories of aging. *Journal of Aging Studies*, *3*, 1-20.

Dannefer, D., & Perlmutter, M. (1990). Development as a multidimensional process: Individual and social constituents. *Human Development*, *33*, 108-137.

Davidson, D. (1980). *Essays on actions and events*. Oxford, England: Clarendon Press.

Dennett, D. C. (1987). *The intentional stance*. Cambridge, MA: MIT Press.

Derryberry, D. (1993). Attentional consequences of outcome-related motivational states: Congruent, incongruent, and focusing effects. *Motivation and Emotion*, *17*, 65-89.

Diaz, R. M., Neal, L. J., & Amaya-Williams, M. (1991). The social origins of self-regulation. In L. Moll (Ed.), *Vygotsky and education* (pp. 127-154). London: Cambridge University Press.

Dilthey, W. (1924). Ideen über eine beschreibende und zergliedernde Psychologie. In B. Groethuysen (Ed.), *Wilhelm Diltey: Vol. V. Gesammelte Schriften* (pp. 139-240). Leipzig, Germany: Teubner.

Dittmann-Kohli, F. (1986). Problem identification and definition as important aspects of adolescents' coping with normative life-tasks. In R. K. Silbereisen, K. Eyferth, & G. Rudinger (Eds.), *Development as action in context* (pp. 19-38). Berlin, Germany: Springer.

Dixon, R. A., & Bäckman, L. (Eds.). (1995). *Compensating for psychological deficits and declines: Managing losses and promoting gains*. Hillsdale, NJ: Erlbaum.

Dörner, O. (1984). Denken und Handeln in Unbestimmtheit und Komplexität. In P. Wapnewski (Ed.), *Wissenschaftskolleg zu Berlin: Jahrbuch 1982/1983* (pp. 97-118). Berlin, Germany: Siedler.

Dreher, E., & Oerter, R. (1986). Children's and adolescents' conceptions of adulthood: The changing view of a crucial developmental task. In R. K. Silbereisen, K. Eyferth, & G. Rudinger (Eds.), *Development as action in context* (pp. 109-120). Berlin, Germany: Springer.

Dreher, M., & Oerter, R. (1987). Action planning competencies during adolescence and early adulthood. In S. L. Friedman, E. K. Scholnick, & R. R. Cocking (Eds.), *Blueprints for thinking: The role of planning in cognitive development* (pp. 321-355). Cambridge, MA: Cambridge University Press.

Duval, S., & Wicklund, R. A. (1972). *A theory of objective selfawareness*. New York: Academic Press.

Eckensberger, L. H., & Meacham, J. A. (1984). The essentials of action theory: A framework for discussion. *Human Development*, *27*, 166-172.

Eckensberger, L. H., & Reinshagen, H. (1980). Kohlbergs Strukturtheorie der Entwicklung des moralischen Urteils: Ein Versuch ihrer Reinterpretation in Bezugsräumen handlungstheoretischer Konzepte. In L. H. Eckensberger & R. K. Silbereisen (Eds.), *Entwicklung sozialer Kognitionen* (pp. 65-131). Stuttgart, Germany: Klett-Cotta.

Edelstein, W., & Keller, M. (Eds.). (1982). *Perspektivität und Integration: Beiträge zur Entwicklung des sozialen Verstehens*. Frankfurtam-Main, Germany: Suhrkamp.

Ellis, A. (1976). RET abolishes most of the human ego. *Psychotherapy: Theory, research, and practice*, *13*, 343-348.

Elster, J. (1983). *Sour grapes: Studies in the subversion of rationality*. Cambridge, England: Cambridge University Press.

Emde, R. N., & Harmon, R. J. (Eds.). (1984). *Continuities and discontinuities in development*. New York: Plenum Press.

Emmons, R. A. (1986). Personal strivings: An approach to personality and subjective well-being. *Journal of Personality and Social Psychology*, *51*, 1058-1068.

Emmons, R. A. (1989). The personal striving approach to personality. In L. A. Pervin (Ed.), *Goal concepts in personality and social psychology* (pp. 87-126). Hillsdale, NJ: Erlbaum.

Emmons, R. A. (1992). Abstract versus concrete goals: Personal striving level, physical illness, and psychological well-being. *Journal of Personality and Social Psychology*, *62*, 292-300.

Epstein, S. (1973). The self-concept revisited or a theory of a theory. *American Psychologist*, *28*, 405-416.

Ericsson, K. A. (1990). Peak performance and age: An examination of peak performance in sports. In P. B. Baltes & M. M. Baltes (Eds.), *Successful aging: Perspectives from the behavioral sciences* (pp. 154-196). New York: Cambridge University Press.

Erikson, E. H. (1959). Identity and the life cycle. *Psychological Issues*, *1*, 18-164.

Feather, N. T. (Ed.). (1982). *Expectations and actions: Expectancyvalue models in psychology*. Hillsdale, NJ: Erlbaum.

Felser, G., Schmitz, U., & Brandtstädter, J. (1998). Stabilität und Qualität von Partnerschaften: Risiken und Ressourcen. In K. Hahlweg, D. H. Baucom, R. Bastine, & H. J. Markman (Eds.), *Prävention von Trennung und Scheidung: Internationale Ansätze zur Prädiktion und Prävention von Beziehungsstörungen* (pp. 83-103). Stuttgart, Germany: Kohlhammer.

Fenigstein, A., Scheier, M. F., & Buss, A. H. (1975). Public and private self-consciousness: Assessment and theory. *Journal of Consulting and Clinical Psychology*, *43*, 522-527.

Festinger, L. (1957). *A theory of cognitive dissonance*. Standford, CA: Standford University Press.

Filipp, S.-H. (1980). Entwicklung von Selbstkonzepten. *Zeitschrift für Entwicklungspsychologie und Pädagogische Psychologie*, *12*, 105-125.

Filipp, S.-H., & Klauer, T. (1985). Conceptions of self over the life span: Reflections on the dialectics of change. In M. M. Baltes & P. B. Baltes (Eds.), *The psychology of aging and control* (pp. 167-205). Hillsdale, NJ: Erlbaum.

Fillmore, C. J. (1968). The case for case. In E. Bach & R. T. Harms (Eds.), *Universals in linguistic theory* (pp. 1-88). New York: Holt, Rinehart and Winston.

Fischer, K. W. (1980). A theory of cognitive development: The control and construction of a hierarchy of skills. *Psychological Review*, *87*, 477-531.

Fishbein, M., & Ajzen I. (1975). *Belief, attitude, intention, and behavior: An introduction to theory and research*. Reading, MA: Addison-Wesley.

Flavell, J. H. (1972). An analysis of cognitive-developmental sequences. *Genetic Psychology Monographs*, *86*, 279-350.

Flavell, J. H. (1977). *Cognitive development*. Englewood Cliffs, NJ: Prentice-Hall.

Flavell, J. H., Speer, J. R., Green, F. L., & August, D. L. (1981). The development of comprehension monitoring and knowledge about communication. *Monographs of the Society for Research in Child Development*, *46* (Serial No. 192).

Flavell, J. H., & Wellman, H. M. (1977). Metamemory. In R. V.

Kail Jr. & J. W. Hagen (Eds.), *Perspectives on the development of memory and cognition* (pp. 3 - 33). Hillsdale, NJ: Erlbaum.

Folkman, S. (1984). Personal control and stress and coping processes: A theoretical analysis. *Journal of Personality and Social Psychology*, *46*, 839 - 852.

Ford, D. H. (1987). *Humans as self-constructing living systems: A developmental perspective on personality and behavior*. Hillsdale, NJ: Erlbaum.

Ford, D. H., & Lerner, R. M. (1992). *Developmental systems theory: An integrative approach*. Newbury Park, CA: Sage.

Frankfurt, H. G. (1971). Freedom of the will and the concept of a person. *Journal of Philosophy*, *68*, 5 - 20.

Frese, M., & Sabini, J. (Eds.). (1985). *Goal-directed behavior: Psychological theory and research on action*. Hillsdale, NJ: Erlbaum.

Friedman, S. L., Scholnick, E. K., & Cocking, R. R. (Eds.). (1987). *Blueprints for thinking: The role of planning in cognitive development*. Cambridge. England: Cambridge University Press.

Frijda, N. H. (1986). *The emotions*. Cambridge, England: Cambridge University Press.

Fung, H. H., Abeles, R. P., & Carstensen, L. L. (1999). Psychological control in later life: Implications for life-span development. In J. Brandtstädter & R. M. Lerner (Eds.), *Action and selfdevelopment: Theory and research through the life span* (pp. 234 - 372). Thousand Oaks, CA: Sage.

Gärling, T., & Valsiner, J. (Eds.). (1985). *Children within environments: Toward a psychology of accident prevention*. New York: Plenum Press.

Geertz, C. (1973). *The interpretation of cultures: Selected essays*. New York: Basic Books.

Gehlen, A. (1988). *Man, his nature and place in the world*. New York: Columbia University Press. (Original work published 1955 in German)

Geppert, U., & Küster, U. (1983). The emergence of "wanting to do it oneself": A precursor of achievement motivation. *International Journal of Behavioral Development*, *6*, 355 - 369.

Gergen, K. J. (1980). The emerging crisis in life-span developmental theory. In P. B. Baltes & O. G. Brim Jr. (Eds.), *Life-span development and behavior* (Vol. 3, pp. 31 - 63). New York: Academic Press.

Gergen, K. J., & Gergen, M. M. (1987). The self in temporal perspective. In R. P. Abeles (Ed.), *Life-span perspectives and social psychology* (pp. 121 - 137). Hillsdale, NJ: Erlbaum.

Gibson, J. J. (1977). The theory of affordances. In R. Shaw & F. Bransford (Eds.), *Perceiving, acting, and knowing* (pp. 67 - 82). Hillsdale, NJ: Ertbaum.

Giddens, A. (1979). *Control problems in social theory: Action, structure and contradiction in social theory*. London: Macmillan.

Gilbert, D. T. (1993). The assent of man: Mental representation and the control of belief. In D. M. Wegner & J. W. Pennebaker (Eds.), *Handbook of mental control* (pp. 57 - 87). Englewood Cliffs, NJ: Prentice-Hall.

Goldman, A. I. (1970). *A theory of human action*. Englewood Cliffs, NJ: Prentice-Hall.

Gollin, E. S. (1981). Development and plasticity. In E. S. Gollin (Ed.), *Developmental plasticity: Behavioral and biological aspects of variations in development* (pp. 231 - 251). New York: Academic Press.

Gollwitzer, P. M. (1987). Suchen, Finden und Festigen der eigenen Identität: Unstillbare Zietintentionen. In H. Heckhausen, P. M. Gollwitzer, & F. E. Weinert (Eds.), *Jenseits des Rubikon: der Wille in den Sozialwissenschaften* (pp. 176 - 189). Berlin, Germany: Springer.

Gollwitzer, P. M. (1990). Action phases and mind-sets. In E. T. Higgins & R. M. Sorrentino (Eds.), *Handbook of motivation and cognition: Vol. 2. Foundations of social behavior* (pp. 53 - 92). New York: Guilford Press.

Gollwitzer, P. M., & Bargh, J. A. (Eds.). (1996). *The psychology of action: Linking cognition and motivation to behavior*. New York: Guilford Press.

Gollwitzer, P. M., Bayer, U., Scherer, M., & Seifert, A. E. (1999). A motivational-volitional perspective on identity development. In J. Brandtstädter & R. M. Lerner (Eds.), *Action and selfdevelopment: Theory and research through the life span* (pp. 283 - 314). Thousand Oaks, CA: Sage.

Gollwitzer, P. M., & Moskowitz, G. B. (1996). Goal effects on action and cognition. In E. T. Higgings & A. W. Kruglanski (Eds.), *Social psychology: Handbook of basic principles* (pp. 361 - 399). New York: Guilford Press.

Goodnow, J. J., & Collins, W. A. (1990). *Development according to parents: The nature, sources, and consequences of parents' ideas*. Hillsdale, NJ: Erlbaum.

Gottlieb, G. (1992). *Individual development and evolution: The genesis of novel behavior*. New York: Oxford University Press.

Gould, S. J. (1977). *Ontogeny and phylogeny*. Cambridge, MA: Belknap.

Gould, S. J. (1981). *The mismeasure of man*. New York: Norton.

Greenwald, A. G. (1980). The totalitarian ego: Fabrication and revision of personal history. *American Psychologist*, *35*, 603 - 618.

Greve, W. (1990). Stabilisierung und Modifikation des Selbstkonzeptes im Erwachsenenalter: Strategien der Immunisierung. *Sprache and Kognition*, *9*, 218 - 230.

Greve, W. (1994). *Handlungsklärung*. Göttingen, Germany: Hogrefe.

Groeben, N. (1986). *Handeln, Tun, Verhalten als Einheiten einer verstehend-erklärenden Psychologie*. Tübingen, Germany: Francke.

Guardo, C. J., & Bohan, J. B. (1971). Development of a sense of selfidentification in children. *Child Development*, *42*, 1909 - 1921.

Gunnar, M. R. (1980). Contingent stimulation: A review of its role in early development. In S. Levine & H. Ursin (Eds.), *Coping and health* (pp. 101 - 119). New York: Plenum Press.

Hagestad, G. O. (1991). Trends and dilemmas in life course research: An international perspective. In W. R. Heinz (Ed.), *Theoretical advances in life course research* (pp. 23 - 57). Weinheim, Germany: Deutscher Studien Verlag.

Harackiewicz, J. M., & Sansone, L. (1991). Goals and intrinsic motivation: You *can* get there from here. In M. L. Maehr & P. R. Pintrich (Eds.), *Advances in motivation and achievement* (Vol. 7, pp. 21 - 49). Greenwich, CT: JAI Press.

Harré, R., & Secord, P. F. (1972). *The explanation of social behavior*. Oxford, England: Blackwell.

Hatter, S. (1978). Effectance motivation reconsidered: Toward a developmental model. *Human Development*, *1*, 34 - 64.

Harter, S. (1983). Developmental perspectives on the self-system. In E. M. Hetherington (Ed.), *Handbook of child psychology: Vol. IV. Socialization, personality, and social development* (pp. 275 - 385). New York: Wiley.

Harter, S. (1986). Cognitive-developmental processes in the integration of concepts about emotions and the self. *Social Cognition*, *4*, 119 - 151.

Havighurst, R. J. (1974). *Developmental tasks and education* (3rd ed.). New York: McKay. (Original work published 1948)

Hayek, F. A. (1979). *Law, legislation and liberty: Vol. 3. The political order of a free people*. London: Routledge & Kegan Paul.

Hayes-Roth, B., & Hayes-Roth, F. (1979). A cognitive model of planning. *Cognitive Science*, *3*, 275 - 310.

Heckhausen, H. (1984). Emergent achievement behavior: Some early developments. In J. Nicholls (Ed.), *Advances in motivation and achievement: Vol. 3. The development of achievement motivation* (pp. 1 - 32). Greenwich, CT: JAI Press.

Heckhausen, H. (1989). *Motivation und Handeln* (2nd ed.). Berlin, Germany: Springer.

Heckhausen, H., & Gollwitzer, P. M. (1987). Thought contents and cognitive functioning in motivational versus volitional states of mind. *Motivation and Emotion*, *11*(2), 101 - 120.

Heckhausen, J. (1999). *Developmental regulation in adulthood: Agenormative and sociocultural constraints as adaptive challenges*. New York: Cambridge University Press.

Heckhausen, J., & Baltes, P. B. (1991). Perceived controllability of expected psychological change across adulthood and old age. *Journal of Gerontology: Psychological Sciences*, *46*, 165 - 173.

Heckhausen, J., Dixon, R. A., & Baltes, P. B. (1989). Gains and losses in development throughout adulthood as perceived by different adult age groups. *Developmental Psychology*, *25*, 109 - 121.

Heckhausen, J., & Dweck, C. S. (Eds.). (1998). *Motivation and self-regulation across the life span*. New York: Cambridge University Press.

Heckhausen, J., & Krueger, J. (1993). Developmental expectations for the self and "most other people": Age-grading in three functions of social comparison. *Developmental Psychology*, *29*, 539 - 548.

Heckhausen, J., & Schulz, R. (1995). A life-span theory of control. *Psychological Review*, *102*, 284 - 304.

Hegel, G. W. F. (1857). *Lectures of the philosophy of history* (J. Sibree, Trans., 3rd German ed.). London: Bohn. (Original work published 1837 in German)

Heidmets, M. (1985). Environment as the mediator of human relationships: Historical and ontogenetic aspects. In T. Gärling & J. Valsiner (Eds.), *Children within environments: Toward a psychology of accident prevention* (pp. 217 - 227). New York: Plenum Press.

Herder, J. G. (1772). *Abhandlung über den Ursprung der Sprache*. Berlin, Germany: A. Weichert.

Higgins, E. T. (1988). Development of self-regulatory and selfevaluative processes: Costs, benefits, and trade-offs. In M. R. Gunnar & L. A. Sroufe (Eds.), *Minnesota Symposium on Child Psychology: Vol. 23. Self processes in development* (pp. 125 - 165). Minneapolis: University of Minnesota Press.

Higgins, E. T., Klein, R., & Strauman, T. (1985). Self-concept discrepancy theory: A psychological model for distinguishing among different aspects of depression and anxiety. *Social Cognition*, *3*, 51 - 76.

Higgins, E. T., Strauman, T., & Klein, R. (1986). Standards and the process of self-evaluation: Multiple affects from multiple stages. In R. M. Sorrentino & E. T. Higgins (Eds.), *Handbook of motivation and cognition: Foundations of social behavior* (pp. 23 - 63). New York: Guilford Press.

Höhn, E. (1958). Entwicklung als aktive Gestaltung. In H. Thomae (Ed.), *Entwicklungspsychologie* (pp. 312 - 235). Göttingen, Germany: Hogrefe.

Ickes, W. (Ed.). (1985). *Compatible and incompatible relationships*. New York: Springer.

Inhelder, B., & Piaget, J. (1958). *The growth of logical thinking form childhood to adolescence*. New York: Basic Books.

Inhelder, B., & Piaget, J. (1964). *The early growth of logic in the child*. New York: Norton.

James, W. (1890). *The principles of psychology*. New York: Holt.

Janoff-Bulman, R., & Brickman, P. (1982). Expectations and what people learn from failure. In N. T. Feather (Ed.), *Expectations and actions* (pp. 207 - 237). Hillsdale, NJ: Erlbaum.

Kagan, J. (1971). *Change and continuity in infancy*. New York: Wiley.

Kagan, J. (1981a). *The second year: The emergence of self-awareness*. Cambridge, MA: Harvard University Press.

Kagan, J. (1981b). Universals in human development. In R. H. Munroe, R. L. Munroe, & B. B. Whiting (Eds.), *Handbook of cross-cultural human development* (pp. 53 - 63). New York: Garland STPM Press.

Kagan, J. (1984). *The nature of the child*. New York: Basic Books.

Kagan, J., & Moss, H. A. (1962). *Birth to maturity*. New York: Wiley.

Kahana, E., Kahana, B., & Riley, K. (1989). Person-environment transactions relevant to control and helplessness in institutional settings. In P. S. Fry (Ed.), *Psychological perspectives of helplessness and control in the elderly* (pp. 121 - 153). Amsterdam: Elsevier.

Kahneman, D., & Miller, D. T. (1986). Norm theory: Comparing reality to its alternatives. *Psychological Review*, *93*, 136 - 153.

Kalicki, B. (1996). *Lebensverläufe und Selbstbilder: Die Normalbiographie als psychologisches Regulativ*. Opladen, Germany: Leske & Budrich.

Kaminski, G. (1982). What beginner skiers can teach us about actions. In M. von Cranach & R. Harré (Eds.), *The analysis of action* (pp. 99 - 114). Cambridge, England: Cambridge University Press.

Kamlah, W. (1973). *Philosophische Anthropologie: Sprachkritische Grundlegung und Ethik*. Mannheim, Germany: BI Taschenbücher.

Kanfer, F. H., & Hagerman, S. (1981). The role of self-regulation. In L. P. Rehm (Ed.), *Behavior therapy for depression: Present status and future directions* (pp. 143 - 180). New York: Academic Press.

Karoly, P. (1993). Mechanisms of self-regulation: A systems view. *Annual Review of Psychology*, *44*, 23 - 52.

Kastenbaum, R. (1982). Time course and time perspective in later life. In C. Eisdorfer (Ed.), *Annual review of geriatrics and gerontology* (pp. 80 - 101). New York: Springer.

Kegan, R. (1983). A neo-Piagetian approach to object relations. In B. Lec & G. G. Noam (Eds.), *Developmental approaches to the self* (pp. 267 - 307). New York: Plenum Press.

Keil, F. C. (1979). *Semantic and conceptual development: An ontological perspective*. Cambridge, MA: Harvard University Press.

Keil, F. C. (1989). *Concepts, kinds, and cognitive development*. Cambridge, MA: Bradford Books.

Keil, F. C., & Batterman, N. (1984). A characteristic-to-defining shift in the development of word meaning. *Journal of Verbal Learning and Verbal Behavior*, *23*, 211 - 236.

Kesselring, F. (1981). *Entwicklung und Widerspruch*. Frankfurt-am-Main, Germany: Suhrkamp.

Kessler, R. C., Foster, C., Webster, P. S., & House, J. S. (1992). The relationship between age and depressive symptoms in two national surveys. *Psychology and Aging*, *7*, 119 - 126.

Kihlstrom, J. F., & Cantor, N. (1984). Mental representations of the self. In L. Berkowitz (Ed.), *Advances in experimental social psychology* (Vol. 17, pp. 1 - 47). New York: Academic Press.

Kliegl, R., Smith, J., & Baltes, P. B. (1989). Testing-the-limits and the study of age differences in cognitive plasticity of a mnemonic skill. *Developmental Psychology*, *26*, 894 - 904.

Klinger, E. (1975). Consequences of commitment to and disengagement from incentives. *Psychological Review*, *82*, 1 - 25.

Klinger, E. (1987). Current concerns and disengagement from incentives. In F. Halisch & J. Kuhl (Eds.), *Motivation, intention, and volition* (pp. 337 - 347). Berlin, Germany: Springer.

Kohlberg, L. (1966). A cognitive-developmental analysis of children's sex-role concepts and attitudes. In E. E. Maccoby (Ed.), *The development of sex differences* (pp. 82 - 172). Stanford, CA: Stanford University Press.

Kohlberg, L. (1976). Moral stages and moralization: The cognitive developmental approach. In T. Lickona (Ed.), *Moral development and behavior: Theory, research, and social issues* (pp. 31 - 53). New York: Holt, Rinehart and Winston.

Kohlberg, L., LaCrosse, J., & Ricks, D. (1972). The predictability of adult mental health from childhood behavior. In B. Wolman (Ed.), *Manual of child psychopathology* (pp. 1217 - 1284). New York: McGraw-Hill.

Kopp, C. B. (1982). Antecedents of self-regulation: A developmental perspective. *Developmental Psychology*, *18*. 199 - 214.

Kopp, C. B. (1987). The growth of self-regulation: Caregivers and children. In N. Eisenberg (Ed.), *Contemporary topics in developmental psychology* (pp. 34 - 55). New York: Wiley.

Kopp, C. B. (1989). Regulation of distress and negative emotions: A developmental view. *Developmental Psychology*, *25*, 343-354.

Krampen, G. (1987a). *Handlungstheoretische Persönlichkeitspsychologie*. Göttingen, Germany: Hogrefe.

Krampen, G. (1987b). Entwicklung von Kontrollüberzeugungen: Thesen zu Forschungsstand und Perspektiven. *Zeitschrift für Entwicklungspsychologie und Pädagogische Psychologie*, *19*, 195 - 227.

Kruglanski, A. W. (1990). Lay epistemic theory in social-cognitive psychology. *Psychological Inquiry*, *1*, 181 - 197.

Kruglanski, A. W. (1996). Goals as knowledge structures. In P. M. Gollwitzer & J. A. Bargh (Eds.), *The psychology of action: Linking cognition and motivation to behavior* (pp. 599 - 618). New York: Guilford Press.

Kuhl, J., & Beckmann, J. (Eds.). (1985). *Action control: From cognition to behavior*. Berlin, Germany: Springer.

Kuhl, J., & Beckmann, J. (Eds.). (1994). *Volition and personality*. Göttingen, Germany: Hogrefe.

Kukla, A. (1989). Nonempirical issues in psychology. *American Psychologist*, *44*, 785 - 794.

Kunda, Z. (1990). The case for motivated reasoning. *Psychological Bulletin*, *108*, 480 - 498.

Lachman, M. E. (1986). Locus of control in aging research: A case for multidimensional and domain-specific assessment. *Journal of Psychology and Aging*, *1*, 34 - 40.

Lamb, M. E., & Easterbrooks. M. A. (1981). Individual differences in parental sensitivity: Some thoughts about origins, components, and consequences. In M. E. Lamb & R. L. Sherrod (Eds.), *Infant social cognition: Empirical and theoretical considerations* (pp. 127 - 153). Hillsdale, NJ: Erlbaum.

Lanz, P. (1987). *Menschliches Handeln zwischen Kausalität und Rationalität*. Frankfurt-am-Main, Germany: Athenäum.

Lave, J., & Wenger, E. (1991). *Situated learning: Legitimate peripheral participation*. New York: Cambridge University Press.

Lawrence, J. A., & Valsiner, J. (1993). Conceptual roots of internalization: From transmission to transformation. *Human Development*, *36*. 150 - 167.

Lazarus, R. S., & Launier, R. (1978). Stress-related transactions between person and environment. In L. A. Pervin & M. Lewis (Eds.), *Perspectives in interactional psychology* (pp. 287 - 327). New York: Plenum Press.

Lazarus, R. S., & Smith, C. A. (1988). Knowledge and appraisal in the cognition-emotion relationship. *Cognition and Emotion*, *2*, 281 - 300.

Lee, B., Wertsch, J. V., & Stone, A. (1983). Toward a Vygotskyan theory of the self. In B. Lee & G. G. Noam (Eds.), *Developmental approaches to the self* (pp. 309 - 341). New York: Plenum Press.

Lenk, H. (1978). *Handlungstheorien: Interdisziplinär: Vol. II Handlungserklärungen und philosophische Handlungsinterpretation*. München, Germany: Fink.

Lenk, H. (1981). Interpretative action constructs. In J. Agassi & R. S. Cohen (Eds.), *Scientific philosophy today* (pp. 151 - 157). Dordrecht, The

Netherlands: Reidel.

Lenk, H. (1987). Strukturelle und empirische Implikationen: Über einige strukturinduzierte Implikationen und deren Umkehrungen in der Soziometrie und Soziatpsychologie. In J. Brandtstädter (Ed.), *Struktur und Erfahrung in der psychologischen Forschung* (pp. 14 - 34). Berlin. Germany: W. de Gruyter.

Leont'ev, A. N. (1978). *Activity, consciousness, and personality*. Englewood Cliffs. NJ: Prentice-Hall.

Lerner, R. M. (1982). Children and adolescents as producers of their own development. *Developmental Review*, *2*, 342 - 370.

Lerner, R. M. (1984). *On the nature of human plasticity*. Cambridge, England: Cambridge University Press.

Lerner, R. M. (1985). Individual and context in developmental psychology: Conceptual and theoretical issues. In J. R. Nesselroade & A. von Eye (Eds.), *Individual development and social change: Explanatory analysis* (pp. 155 - 188). New York: Academic Press.

Lerner, R. M. (2002). *Concepts and theories of human development* (3rd ed.). Mahwah. NJ: Erlbaum.

Lerner, R. M., & Busch-Rossnagel, A. (Eds.). (1981). *Individuals as producers of their development: A life-span perspective*. New York: Academic Press.

Lerner, R. M., & Lerner, J. V. (1983). Temperament-intelligence reciprocities in early childhood: A contextual model. In M. Lewis (Ed.), *Origins of intelligence: Infancy and early childhood* (2nd ed., pp. 399 - 421). New York: Plenum Press.

Lerner, R. M., & von Eye, A. (1992). Sociobiology and human development: Arguments and evidence. *Human Development*, *35*, 12 - 33.

Levinson, D. J. (1978). *The seasons of a man's life*. New York: Alfred Knopf.

Lewis, M. (1991). Ways of knowing: Objective self-awareness or consciousness. *Developmental Review*, *11*, 231 - 243.

Lewis, M., & Brooks-Gunn, J. (1979). *Social cognition and the acquisition of self*. New York: Plenum Press.

Lewontin, R. C. (1982). Organism and environment. In H. C. Plotkin (Ed.), *Learning, development and culture* (pp. 151 - 170). Chichester, England: Wiley.

Linville, P. W. (1987). Self-complexity as a cognitive buffer against stress-related illness and depression. *Journal of Personality and Social Psychology*, *52*, 663 - 676.

Little, B. R. (1983). Personal projects: A rationale and method for investigation. *Environment and Behavior*, *15*, 273 - 309.

Little, B. R. (1989). Personal projects analyses: Trivial pursuits, magnificent obsessions and the search for coherence. In D. M. Buss & N. Cantor (Eds.), *Personality psychology: Recent trends and emerging directions* (pp. 15 - 31). New York: Springer.

Little, B. R. (1998). Personal project pursuit: Dimensions and dynamics of personal meaning. In P. T. P. Wong & P. S. Fry (Eds.), *The human quest for meaning: A handbook of research and clinical applications* (pp. 193 - 235). Mahwah, NJ: Erlbaum.

Locke, E. A., & Latham, G. P. (1990). *A theory of goal setting and task performance*. Englewood Cliffs, NJ: Prentice-Hall.

Luria, A. R. (1969). Speech development and the formation of mental processes. In M. Cole & I. Maltzman (Eds.), *A handbook of contemporary Soviet psychology* (pp. 121 - 162). New York: Basic Books.

Luria, A. R. (1979). *The making of mind*. Cambridge, MA: Harvard University Press.

Lütkenhaus, P., & Bullock, M. (1991). The development of volitional skills. In M. Bullock (Ed.), *The development of intentional action: Cognitive, motivational, and interactive processes* (Contributions to Human Development, Vol. 22, pp. 14 - 23). Basel, Switzerland: Karger.

Mace, F. C., Belfiore, P. J., & Shea, M. C. (1989). Operant theory and research on self-regulation. In B. J. Zimmerman & D. H. Schunk (Eds.), *Self-regulated learning and academic achievement: Theory, research, and practice* (pp. 27 - 50). New York: Springer.

Magnusson, D. (1990). Personality development from an interactional perspective. In L. A. Pervin (Ed.), *Handbook of personality: Theory and research* (pp. 193 - 222). New York: Guilford Press.

Marcus, D. E., & Overton, W. F. (1978). The development of cognitive gender constancy and sex role preferences. *Child Development*, *49*, 434 - 444.

Markman, E. (1977). Realizing that you don't understand: A preliminary investigation. *Child Development*, *48*, 986 - 992.

Markus, H. (1977). Self-schemata and processing information about the self. *Journal of Personality and Social Psychology*, *35*, 63 - 78.

Martin, L. L., & Tesser, A. (1989). Toward a motivational and structural theory of ruminative thought. In J. S. Uleman & J. A. Bargh (Eds.), *Unintended thought* (pp. 306 - 326). New York: Guilford Press.

Martin, L. L., Tesser, A., & Mclntosh, W. D. (1993). Wanting but not having: The effects of unattained goals on thoughts and feelings. In D. M. Wegner & J. W. Pennebaker (Eds.), *The handbook of mental control* (pp. 552 - 572). New York: Prentice-Hail.

Mascolo, M. F., Fischer, K. W., & Neimeyer, R. (1999). The dynamic of co-development of intentionality, self, and social relations. In J. Brandtstädter & R. M. Lerner (Eds.), *Action and self-development: Theory and research through the life span* (pp. 133 - 166). Thousand Oaks, CA: Sage.

Maturana, H., & Varela, F. (1980). *Autopoiesis and cognition: The realization of the living*. Boston: D. Riedel.

McCall, R. B. (1981). Nature-nuture and the two realms of development: A proposed integration with respect to mental development. *Child Development*, *52*, 1 - 12.

McGuire, W. J., & McGuire, C. U. (1981). The spontaneous selfconcept as affected by personal distinctiveness. In M. D. Lynch, A. A. Norem-Hebeisen, & K. J. Gergen (Eds.), *Selfconcept: Advances in theory and research* (pp. 147 - 172). Cambridge, MA: Ballinger.

Medin, D. L., & Smith, E. E. (1984). Concepts and concept formation. *Annual Review of Psychology*, *35*, 113 - 138.

Mees, U. (1991). *Die Struktur der Emotionen*. Göttingen, Germany: Hogrefe.

Meyer, J. S., & Rebok, G. W. (1985). Planning-in-action across the life span. In T. M. Schlecter & M. P. Toglia (Eds.), *New directions in cognitive science* (pp. 47 - 68). Norwood, NJ: Ablex.

Miller, D. T., Turnbull, W., & McFarland, C. (1990). Counterfactual thinking and social perception: Thinking about what might have been. In M. P. Zanna (Ed.), *Advances in experimental social psychology* (Vol. 23, pp. 305 - 331). New York: Academic Press.

Miller, G. A., Galanter, E., & Pribram, K. H. (1960). *Plans and the structure of behavior*. New York: Holt, Rinehart and Winston.

Miller, P. H., & Bigi, L. (1979). The development of children's understanding of attention. *Merrill-Palmer Quarterly*, *25*, 235 - 263.

Mischel, T. (1969). Human action: Conceptual and empirical issues. In T. Mischel (Ed.), *Human action: Conceptual and empirical issues* (pp. 261 - 278). New York: Academic Press.

Mischel, W. (1983). Delay of gratification as process and as person variable in development. In D. Magnusson & U. P. Allen (Eds.), *Human development: An interactional perspective* (pp. 149 - 165). New York: Academic Press.

Mischel, W., Cantor, N., & Feldman, S. (1996). Principles of selfregulation: The nature of will-power and self-control. In E. T. Higgins & A. W. Kruglanski (Eds.), *Social psychology: Handbook of basic principles* (pp. 329 - 360). New York: Guilford Press.

Mischel, W., & Mischel, H. N. (1976). A cognitive social-learning approach to morality and self-regulation. In T. Lickona (Ed.), *Moral development and behavior* (pp. 84 - 107). New York: Holt, Rinehart and Winston.

Miskimins, R. W., & Simmons, W. L. (1966). Goal preference as a variable in involutional psychosis. *Journal of Consulting and Clinical Psychology*, *30*, 73 - 77.

Montada, L. (1992). Attribution of responsibility for losses and perceived injustice. In L. Montada, S.-H. Filipp, & M. Lerner (Eds.), *Life crises and experiences of loss in adulthood* (pp. 133 - 161). Hillsdale, NJ: Erlbaum.

Moya, C. J. (1990). *The philosophy of action*. Cambridge, England: Polity Press.

Müller, A. W. (1982). *Praktisches Folgern und Selbstgestaltung nach Aristoteles*. Freiburg, Germany: Alber.

Nagel, E. (1957). Determinism and development. In D. B. Harris (Ed.), *The concept of development* (pp. 15 - 24). Minneapolis: University of Minnesota Press.

Neugarten, B. L., & Hagestad, G. O. (1976). Age and the life course. In R. H. Binstock & E. Shanas (Eds.), *Handbook of aging and the social sciences* (pp. 35 - 57). New York: Van Nostrand.

Newmann, J. B. (1989). Aging and depression. *Psychology and Aging*, *4*, 150 - 165.

Nicholls, J. G., & Miller, A. T. (1984). Development and its discontents: The differentiation of the concept of ability. In J. G. Nicholls (Ed.), *Advances in motivation and achievement: Vol. 3. The development of achievement motivation* (pp. 185 - 218). Greenwich, CT: JAI Press.

Nicholls, J. G., & Miller, A. T. (1985). Differentiation of the concepts of luck and skill. *Developmental Psychology*, *21*, 76 - 82.

Nisbett, R., & Ross, L. (1980). *Human inference: Strategies and shortcomings of social judgment*. Englewood Cliffs, NJ: Prentice-Hall.

Norem-Hebeisen, A. A. (1981). A maximization model of selfconcept. In M. D. Lynch, A. A. Norem-Hebeisen, & K. J. Gergen (Eds.), *Self-concept: Advances in theory and research* (pp. 133 - 146). Cambridge, MA: Ballinger.

Nozick, R. (1989). *The examined life: Philosophical meditations*. New York: Simon & Schuster.

Nurmi, J.-E. (1992). Age differences in adult life goals, concerns, and their temporal extension: A life course approach to futureoriented motivation. *International Journal of Behavioral Development*, *15*, 487 - 508.

Nurmi, J.-E. (1993). Adolescent development in an age-graded context: The role of personal beliefs, goals, and strategies in the tackling of developmental tasks and standards. *International Journal of Behavioral Development*, *16*, 169 - 189.

Nuttin, J. R. (1984). *Motivation, planning, and action: A relational theory of behavior dynamics*. Hillsdale, NJ: Erlbaum.

Oerter, R. (1991). Self-object relation as a basis of human development. In L. Oppenheimer & J. Valsiner (Eds.), *The origins of action: Interdisciplinary and international perspectives* (pp. 65 - 100). New York: Springer.

Olson, G. M., & Sherman, T. (1983). Attention, learning, and memory in infants. In M. Haith & J. J. Campos (Eds.), *Handbook of child psychology: Vol. 2. Infancy and developmental psychobiology* (pp. 1001 - 1080). New York: Wiley.

Oppenheimer, L., & Valsiner, J. (Eds.). (1991). *The origins of action: Interdisciplinary and international perspectives*. New York: Springer.

Overton, W. F. (Ed.). (1990). *Reasoning, necessity, and logic: Developmental perspectives*. Hillsdale, NJ: Erlbaum.

Overton, W. F., & Reese, H. W. (1981). Conceptual prerequisites for an understanding of stability-change and continuity-discontinuity. *International Journal of Behavioral Development*, *4*, 99 - 123.

Oyama, S. (1979). The concept of the sensitive period in developmental studies. *Merrill-Palmer Quarterly*, *25*, 83 - 103.

Papousek, H., & Papousek, M. (1987). Intuitive parenting: A dialectic counterpart to the infant's integrative competence. In J. D. Osofsky (Ed.), *Handbook of infant development* (2nd ed., pp. 669 - 720). New York: Wiley.

Papousek, M., & Papousek, H. (1989). Stimmliche Kommunikation im frühen Säuglingsalter als Wegbereiter der Sprachentwicklung. In H. Keller (Ed.). *Handbuch der Kleinkindforschung* (pp. 465 - 489). Berlin, Germany: Springer.

Parasuraman, R., & Davies, D. R. (1984). *Varieties of attention*. New York: Academic Press.

Parkinson, B., & Manstead, A. S. R. (1992). Appraisal as a cause of emotion. In M. S. Clark (Ed.), *Emotion* (pp. 122 - 149). Newbury Park, CA: Sage.

Parsons, T., & Shils, E. A. (Eds.). (1962). *Toward a general theory of action* (2nd ed.). New York: Harper & Row.

Pennebaker, J. W. (1989). Stream of consciousness and stress: Levels of thinking. In J. S. Uleman & J. A. Bargh (Eds.), *Unintended thought* (pp. 327 - 349). New York: Guilford Press.

Pervin, L. A. (1991). Self-regulation and the problem of volition. In M. L. Maehr & P. R. Pintrich (Eds.), *Advances in motivation and achievement* (Vol. 7, pp. 1 - 20). Greenwich, CT: JAI Press.

Piaget, J. (1932). *The moral judgement of the child*. New York: Harcourt & Brace.

Piaget, J. (1952). *The origins of intelligence in children*. New York: International Universities Press. (Original work published 1936 in French)

Piaget, J. (1970). Piaget's theory. In P. H. Mussen (Ed.), *Carmichael's handbook of child psychology* (Vol. 1, pp. 703 - 732). New York: Wiley.

Piaget, J. (1976). *The grasp of consciousness: Action and concept in the young child*. Cambridge, MA: Harvard University Press.

Piaget, J. (1978). *Success and understanding*. Cambridge, MA: Harvard University Press.

Piaget, J. (1986). Essay on necessity. *Human Development*, *29*, 301 - 314.

Piaget, J. (1987). *Possibility and necessity: Vol. 2. The role of necessity in cognitive development*. Minneapolis: University of Minnesota Press.

Piaget, J., & Garcia, R. (1991). *Toward a logic of meanings* (P. M. Davidson & J. Easley, Eds.). Hillsdale, NJ: Erlbaum. (Original work published 1983)

Piaget, J., & Inhelder, B. (1974). *The child's conception of quantities: Conservation and atomism*. London: Routledge & Kegan Paul. (Original work published 1942 in French).

Plomin, R. (1986). *Development, genetics and psychology*. Hillsdale, NJ: Erlbaum.

Popper, K. M. (1961). *The poverty of historicism*. London: Routledge & Kegan Paul.

Powers, W. T. (1973). *Behavior: The control of perception*. Chicago: Aldine.

Pulkkinen, L., Nurmi, J. E., & Kokko, K. (2002). Individual differences in personal goals in mid-thirties. In L. Pulkkinen & A. Caspi (Eds.), *Paths to successful development: Personality in the life course* (pp. 331 - 352). Cambridge, England: Cambridge University Press.

Putnam, H. (1975). *Philosophical papers: Vol. 2. Mind, language, and reality*. Cambridge, MA: Cambridge University Press.

Quine, W. V. O. (1951). Two dogmas of empiricism. *Philosophical Review*, *60*, 2 - 43.

Rawls, J. (1971). *A theory of justice*. Cambridge, MA: Cambridge University Press.

Raynor, J. O. (1981). Future orientation and achievement motivation: Toward a theory of personality functioning and change. In G. D'Ydewalle & W. Lens (Eds.), *Cognition in human motivation and learning* (pp. 199 - 231). Leuven. Belgium: Leuven University Press.

Raynor, J. O. (1982). A theory of personality functioning and change. In J. O. Raynor & E. E. Entin (Eds.), *Motivation, career striving, and aging* (pp. 13 - 82). Washington. DC: Hemisphere.

Raynor, J. O., & Entin. E. E. (Eds.). (1982). *Motivation, career striving, and aging*. Washington, DC: Hemisphere.

Raynor, J. O., & Entin, E. E. (1983). The function of future orientation as a determinant of human behavior in step-path theory of action. *International Journal of Psychology*, *18*, 436 - 487.

Reese, H. W., & Overton. W. F. (1970). Models of development and theories of development. In L. R. Goulet & P. B. Baltes (Eds.), *Life-span developmental psychology: Research and theory* (pp. 116 - 149). New York: Academic Press.

Reinert, G. (1976). Grundzüge einer Geschichte der Human-Entwicklungspsychologie. In H. Balmer (Ed.), *Die Psychologie des 20. Jahrhunderts: Bd. 1. Die europäische Tradition. Tendenzen, Schulen. Entwicklungslinien* (pp. 862 - 896). Zürich, Switzerland: Kindler.

Reisenzein, R., & Schönpflug, U. (1992). Stumpf's cognitiveevaluative theory of emotion. *American Psychologist*, *47*, 34 - 45.

Resnick, L. R. (Ed.). (1973). Hierarchies in children's learning: A symposium. *Instructional Science*, *2*, 311 - 362.

Rest, J. (1982). Morality. In J. H. Flavell & E. M. Markman (Eds.), *Handbook of child psychology: Vol. 3. Cognitive development* (pp. 556 - 630). New York: Wiley.

Ricco, R. B. (1993). Revising the logic of operations as a relevance logic: From hypothesis testing to explanation. *Human Development*, *36*, 125 -146.

Riegel, K. F. (1976). The dialectics of human development. *American Psychologist*, *31*, 689 - 700.

Rodin, J. (1987). Personal control through the life course. In R. P. Abeles (Ed.), *Life-span perspective and social psychology* (pp. 103 - 119). Hillsdale, NJ: Erlbaum.

Rogoff, B. (1990). *Apprenticeship in thinking: Cognitive development in social context*. New York: Oxford University Press.

Rommetveit, R. (1980). On "meanings" of acts and what is meant and made known by what is said in a pluralistic social world. In M. Brenner (Ed.), *The structure of action* (pp. 108 - 149). Oxford, England: Blackwell.

Rosch, E. (1977). Human categorization. In N. Warren (Ed.), *Studies in cross-cultural psychology* (Vol. 1, pp. 1 - 49). New York: Academic Press.

Rosch, E. (1978). Principles of categorization. In E. Rosch & B. B. Lloyd (Eds.), *Cognition and categorization* (pp. 27 - 48). Hillsdale, NJ: Erlbaum.

Rosenberg, M. (1979). *Conceiving the self*. New York: Basic Books.

Rosenberg, M., & Rosenberg, F. (1981). The occupational self: A developmental study. In M. D. Lynch, A. A. Norem-Hebeisen, & K. J. Gergen (Eds.), *Self-concept: Advances in theory and research* (pp. 173 - 189). Cambridge, MA: Ballinger.

Rothbaum, F., Weisz, J. R., & Snyder, S. S. (1982). Changing the world and changing the self: A two-process model of perceived control. *Journal of Personality and Social Psychology*, *42*, 5 - 37.

Rothermund, K. (2003). Motivation and attention: Incongruent effects of feedback on the processing of valence. *Emotion*, *3*, 223 - 238.

Rowe, J. W., & Kahn, R. L. (1987). Human aging: Usual and successful. *Science*, *237*, 143 - 149.

Russell, G., & Smith, J. (1979). Girls can be doctors, can't they: Sex differences in career aspirations. *Australian Journal of Social Issues*, *14*, 91 - 102.

Rutter, M. (1984). Continuities and discontinuities in socioemotional development: Empirical and conceptual perspectives. In R. N. Emde & R. J. Harmon (Eds.), *Continuities and discontinuities in development* (pp. 41 - 68). New York: Plenum Press.

Salthouse, T. A. (1987). Age, experience, and compensation. In K. Schooter & K. W. Schaie (Eds.), *Cognitive functioning and social structure over the life course* (pp. 142 - 150). Norwood. NJ: Ablex.

Sameroff, A (1975). Transactional models in early social relations. *Human Development*, *18*, 65 - 79.

Samuelson, P. A., & Nordhaus. W. D. (1985). *Economics* (12th ed.). New York: McGraw-Hill.

Scarr, S. (1982). On quantifying the intended effects of interventions: A proposed theory of the environment. In L. A. Bond & J. M. Joffe (Eds.), *Facilitating infant and early childhood development* (pp. 466 - 485). Hanover, NH: University Press of New England.

Scarr, S., & McCartney, K. (1983). How people make their own environments: A theory of genotype-environment effects. *Child Development*, *54*, 424 - 435.

Schaie, K. W (Ed.). (1983). *Longitudinal studies of adult psychological development*. New York: Guilford Press.

Schank, R. C., & Abelson, R. P. (1977). *Scripts, plans, goals and understanding: An inquiry into human knowledge structures*. Hillsdale, NJ: Erlbaum.

Schmitz, U., Saile, H., & Nilges, P. (1996). Coping with chronic pain: Flexible goal adjustment as an interactive buffer against painrelated distress. *Pain*, *67*, 41 - 51.

Schneider, E. L., & Rowe, J. W. (Eds.). (1991). *Handbook of the biology of aging* (3rd ed.). San Diego, CA: Academic Press.

Schulz, R., & Decker, S. (1985). Long-term adjustment to physical disability: The role of social support, perceived control, and selfblame. *Journal of Personality and Social Psychology*, *48*, 1162 - 1172.

Schunk, D. (1991). Goal-setting and self-evaluation: A social-cognitive perspective on self-regulation. In M. L. Maehr & P. R. Pintrich (Eds.), *Advances in motivation and achievement* (Vol. 7. pp. 85 - 113). Greenwich, CT: JAI Press.

Schütz, A. (1962). *Collected papers* (Vol. 1). Den Haag, The Netherlands: Martinus Nijhoff.

Searle, J. R. (1969). *Speech acts*. London: Cambridge University Press.

Seligman, M. E. P. (1990). Why is there so much depression today? The waxing of the individual and the waning of the commons. In R. E. Ingram (Ed.), *Contemporary psychological approaches to depression* (pp. 1 - 9). New York: Plenum Press.

Selman, R. (1980). *The growth of interpersonal understanding*. New York: Academic Press.

Selman, R., & Damon, W. (1975). The necessity (but insufficiency) of social perspective taking for conceptions of justice at three early levels. In D. J. DePalma & J. M. Foley (Eds.), *Moral development: Current theory and research* (pp. 57 - 74). Hillsdale, NJ: Erlbaum.

Shiffrin, R. M., & Dumais, S. T. (1981). The development of automatism. In J. R. Anderson (Ed.), *Cognitive skills and their acquisition* (pp. 111 - 140). Hillsdale, NJ: Erlbaum.

Shiffrin, R. M., & Schneider, W. (1977). Controlled and automatic human information processing: Ⅱ. Perceptual learning, automatic attending, and a general theory. *Psychological Review*, *84*, 127 - 190.

Shweder, R. A. (1990). Cultural psychology: What is it. In J. W. Stigler, R. A. Shweder, & G. Herdt (Eds.), *Cultural psychology: Essays on comparative human development* (pp. 1 - 43). Cambridge, England: Cambridge University Press.

Siegler, R. S. (1981). Developmental sequences within and between concepts. *Monographs of the Society for Research in Child Development*, *46*, Serial No. 189.

Silbereisen, R. K., Eyferth, K., & Rudinger, G. (Eds.). (1987). *Development as action in context*. New York: Springer.

Simon, H. A. (1983). *Reason in human affairs*. Oxford, England: Basil Blackwell.

Skinner, B. F. (1953). *Science and human behavior*. New York: Macmillan.

Skinner, E. A. (1985). Action, control judgments, and the structure of control experience. *Psychological Review*, *92*, 39 - 58.

Skinner, E. A. (1991). Development and perceived control: A dynamic model of action in context. In M. Gunnar & L. A. Sroufe (Eds.), *Minnesota Symposium on Child Psychology* (Vol. 22, pp. 167 - 216). Hillsdale, NJ: Erlbaum.

Skinner, E. A. (1995). *Perceived control, motivation, and coping*. Thousand Oaks, CA: Sage.

Skinner, E. A., Chapman, M., & Baltes, P. B. (1988). Control, meansends, and agency beliefs: A new conceptualization and its measurement during childhood. *Journal of Personality and Social Psychology*, *54*, 117 - 133.

Skinner, E. A., & Connell, J. P. (1986). Control understanding: Suggestions for a developmental framework. In M. M. Baltes & P. B. Baltes (Eds.), *The psychology of control and aging* (pp. 35 - 69). Hillsdale, NJ: Erlbaum.

Smedslund, J. (1979). Between the analytic and the arbitrary: A case study of psychological research. *Scandinavian Journal of Psychology*, *20*, 129 -140.

Smedslund, J. (1984). What is necessarily true in psychology? *Annals of Theoretical Psychology*, *2*, 241 - 272.

Smith, J. (1996). Planning about life: An area in need of socialinteractive paradigms. In P. B. Baltes & U. M. Staudinger (Eds.), *Interactive minds: Life-span perspectives on the social foundations of cognition* (pp. 242 - 275). New York: Cambridge University press.

Smith, J. (1999). Life planning: Anticipating future life goals and managing personal development. In J. Brandtstädter & R. M. Lerner (Eds.), *Action and self-development: Theory and research through the life span* (pp. 223 - 255). Thousand Oaks, CA: Sage.

Smith, M. J. (1982). *Persuasion and human action: A review and critique of social influence theories*. Belmont, CA: Wadsworth.

Snyder, C. R., & Higgins, R. L. (1988). Excuses: Their effective role in the negotiation of reality. *Psychological Bulletin*, *104*, 23 - 35.

Snyder, M. (1979). Self-monitoring processes. In L. Berkowitz (Ed.), *Advances in experimental social psychology* (Vol. 12, pp. 85 - 128). New York: Academic Press.

Snyder, M., & Campbell, B. H. (1982). Self-monitoring: The self in action. In J. Suls (Ed.), *Psychological perspectives on the self* (Vol. 1, pp. 185 - 208). Hillsdale, NJ: Erlbaum.

Spranger, E. (1914). *Lebensformen: Geisteswissenschaftliche Psychologie und Ethik der Persönlichkeit*. Tübingen, Germany: Niemeyer.

Stull, T. K., & Wyer, R. S., Jr. (1986). The role of chronic and temporary goals in social information processing. In R. M. Sorrentino & E. T. Higgins (Eds.), *Handbook of motivation and cognition: Foundations of social behavior* (pp. 503 - 549). New York: Guilford Press.

Stangor, C., & Ruble, D. N. (1987). Development of gender role knowledge and gender constancy. In L. S. Liben & M. L. Signorella (Eds.), *New directions for child development: Vol. 39. Children's gender schemata* (pp. 5 - 22). San Francisco: Jossey-Bass.

Stangor, C., & Ruble, D. N. (1989). Differential influence of gender schemata and gender constancy on children's information processing and behavior. *Social Cognition*, *7*, 353 - 372.

Staudinger, U. M., Marsiske, M., & Baltes, P. B. (1995). Resilience and reserve capacity in later adulthood: Potentials and limits of development across the life span. In D. Cicchetti & D. Cohen (Eds.), *Developmental psychopathology: Vol. 2. Risk disorder and adaptation* (pp. 801 - 847). New York: Wiley.

Steele, C. M. (1988). The psychology of self-affirmation: Sustaining the integrity of the self. In L. Berkowitz (Ed.), *Advances in experimental social psychology: Vol. 21. Social psychological studies of the self—Perspectives and programs* (pp. 261 - 302). New York: Academic Press.

Sternberg, R. J., & Wagner, R. K. (Eds.). (1986). *Practical intelligence: Nature and origins of competence in the everyday world*. New York: Cambridge University Press.

Stock, W. A., Okun, M. A., Haring, M. J., & Witter, R. A. (1983). Age and subjective well-being: A meta-analysis. In R. J. Light (Ed.), *Evaluation studies: Review annual* (Vol. 8. pp. 279 - 302). Beverly Hills, CA: Sage.

Strack, F., Schwarz, N., Chassein, B., Kern, D., & Wagner, D. (1990). Salience of comparison standards and the activation of social norms: Consequences for judgements of happiness and their communication. *British Journal of Social Psychology*, *29*, 303 - 314.

Strauss, S., & Ephron-Wertheim, T. (1986). Structure and process: Developmental psychology as looking in the mirror. In I. Levin (Ed.), *Stage and structure: Reopening the debate* (pp. 59 - 76). Norwood, NJ: Ablex.

Super, C. M., & Harkness, S. (1986). The developmental niche. *International Journal of Behavioral Development*, *9*, 545 - 570.

Swann, W. B. (1983). Self-verification: Bringing the social reality in harmony with the self. In I. Suls & A. G. Greenwald (Eds.), *Psychological perspectives on the self* (Vol. 2, pp. 33-66). Hillsdale, NJ: Erlbaum.

Swann, W. B., Jr., Griffin, J. J., Jr., Predmore, S. C., & Gaines, B. (1987). The cognitive-affective crossfire: When self-consistency confronts self-enhancement. *Journal of Personality and Social Psychology*, *52*, 881-889.

Tatarkiewicz, W. (1976). *Analysis of happiness*. Den Haag, The Netherlands: Martinus Nijhoff.

Taylor, C. (1989). *Sources of the self: The making of the modern identity*. Cambridge, MA: Harvard University Press.

Taylor, C., & Schneider, S. K. (1989). Coping and the simulation of events. *Social Cognition*, *7*, 174-194.

Taylor, S. E. (1989). *Positive illusions: Creative self-deception and the healthy mind*. New York: Basic Books.

Taylor, S. E. (1991). Asymmetrical effects of positive and negative events: The mobilization-minimization hypothesis. *Psychological Bulletin*, *110*, 67-85.

Taylor, S. E., & Crocker, J. (1981). Schematic bases of social information processing. In E. T. Higgins, C. P. Herman, & M. P. Zanna (Eds.), *Social cognition* (pp. 89-134). Hillsdale, NJ: Erlbaum.

Tesser, A. (1986). Some effects of self evaluation maintenance on cognition and action. In R. M. Sorrentino & E. T. Higgings (Eds.), *Handbook of motivation and cognition: Foundations of social behavior* (pp. 435-464). New York: Guilford Press.

Tetens, J. N. (1777). *Philosophische Versuche über die menschliche Natur und ihre Entwicklung* (Vol. 1). Leipzig, Germany: M. G. Weidmanns Erben und Reich.

Thalberg, J. (1977). *Perception, emotion, and action: A component approach*. Oxford, England: Blackwell.

Thomae, H. (1968). *Das Individuum und seine Welt*. Göttingen, Germany: Hogrefe.

Thomas, A., & Chess, S. (1977). *Temperament and development*. New York: Brunner & Mazel.

Thompson, S. C., Cheek, P. R., & Graham, M. A (1988). The other side of perceived control: Disadvantages and negative effects. In S. Spacapan & S. Oskamp (Eds.), *The social psychology of health* (pp. 69-93). Newbury Park, CA: Sage.

Tipper, S. P., & Cranston, M. (1985). Selective attention and priming: Inhibitory and facilitatory effects of ignored primes. *Quarterly Journal of Experimental Psychology*, *37A*, 591-611.

Tobach, E. (1981). Evolutionary aspects of the activity of the organism and its development. In R. M. Lerner & N. A. BuschRossnagel (Eds.), *Individuals as producers of their development: A life-span perspective* (pp. 37-68). New York: Academic Press.

Toulmin, S. E. (1969). Concepts and the explanation of human behavior. In T. Mischel (Ed.), *Human action: Conceptual and empirical issues* (pp. 71-104). New York: Academic Press.

Toulmin, S E. (1974). Rules and their relevance for understanding human behavior. In T. Mischel (Ed.), *Understanding other persons* (pp. 185-215). Oxford, England: Blackwell.

Toulmin, S. E. (1977). The end of the Parmenidean era. In Y. Elkana (Ed.), *The interaction between science and philosophy* (pp. 171-193). Atlantic Highlands, NJ: Humanities Press.

Trudewind, C., Unzner, L., & Schneider, K. (1989). Die Entwicklung der Leistungsmotivation. In H. Keller (Ed.), *Handbuch der Kleinkindforschung* (pp. 491-524). Berlin, Germany: Springer.

Turiel, E., & Davidson, P. (1986). Heterogenity, inconsistency, and asynchrony in the development of cognitive structures. In I. Levin (Ed.), *Stage and structure: Reopening the debate* (pp. 106-143). Norwood. NJ: Ablex.

Tyler, S. A. (Ed.). (1969). *Cognitive anthropology*. New York: Holt, Rinehart and Winston.

Vallacher, R. R., & Wegner, D. M. (1987). What do people think they're doing? Action identification and human behavior. *Psychological Review*, *94*, 3-15.

Valle, V. A., & Frieze, I. H. (1976). Stability of causal attributions as a mediator in changing expectations for success. *Journal of Personality and Social Psychology*, *33*, 579-587.

Valsiner, J. (1987a). *Culture and the development of children's action*. New York: Wiley.

Valsiner, J. (1987b). *Developmental psychology in USSR*. Brighton, England: Harvester Press.

Valsiner, J. (Ed.). (1988a). *Child development within culturally structured environments: Vol. 1. Parental cognition and adult-child interaction*. Norwood, NJ: Ablex.

Valsiner, J. (Ed.). (1988b). *Child development within culturally structured environments: Vol. 2. Social co-construction and environmental guidance in development*. Norwood, NJ: Ablex.

Valsiner, J. (1988c). Ontogeny of co-construction of culture within socially organized environmental settings. In J. Valsiner (Ed.), *Child development within culturally structured environments: Vol. 2. Social co-construction and environmental guidance in development* (pp. 283-297). Norwood, NJ: Ablex.

Valsiner, J. (1989). *Human development and culture*. Lexington, MA: D. C. Heath.

Valsiner, J. (1998). *The guided mind*. Cambridge, MA: Harvard University Press.

van der Veer, R., & Valsiner, J. (1991). *Understanding Vygotsky: A quest for synthesis*. Oxford, England: Blackwell.

Vico, G. B. (1948). *The new science of Giambattista Vico* (T. G. Bergin & M. H. Fisch, Trans., 3rd ed.). Ithaca, NY: Cornell University Press. (Original work published 1725 in Italian)

von Cranach, M. (1982). The psychological study of goal-directed action: Basic issues. In M. von Cranach & R. Harré (Eds.), *The analysis of action: Recent theoretical and empirical advances* (pp. 35-75). Cambridge, England: Cambridge University Press.

Vroom, V. H. (1964). *Work and motivation*. New York: Wiley.

Vygotsky, L. S. (1978). *Mind in society*. Cambridge, MA: Harvard University Press.

Vygotsky, L. S. (1979). The instrumental method in psychology. In J. V. Wertsch (Ed.), *The concept of activity in Soviet psychology* (pp. 134-143). Armonk, NY: Sharpe. (Original work published 1960 in Russian)

Vygotsky, L. S. (1986). *Thought and language* (2nd ed. rev.). Cambridge, MA: MIT Press. (Original work published 1934 in Russian)

Waismann, F. (1979). *Wittgenstein and the Vienna Circle*. New York: Barnes & Noble.

Ward, R. A. (1984). The marginality and salience of being old: When is age relevant? *Gerontologist*, *24*, 227-232.

Warren, N. (1980). Universality and plasticity, ontogeny and phylogeny: The resonance between culture and cognitive development. In J. Sants (Ed.), *Developmental psychology and society* (pp. 290-326). London: Macmillan.

Wartofsky, M. W. (1971). From praxis to logos: Genetic epistemology and physics. In T. Mischel (Ed.), *Cognitive development and epistemology* (pp. 129-147). New York: Academic Press.

Watkins, J. W. N. (1957). Historical explanation in the social sciences. *British Journal for the Philosophy of Science*, *8*, 104-117.

Watson, J. B. (1930). *Behaviorism*. New York: Norton.

Watson, J. S. (1966). The development of "contingency awareness" in early infancy: Some hypotheses. *Merrill-Palmer-Quarterly*, *12*, 123-135.

Weiner, B. (1982). An attributionally based theory of motivation and emotion: Focus, range, and issues. In N. T. Feather (Ed.), *Expectations and actions: Expectancy-value models in psychology* (pp. 163-206). Hillsdale, NJ: Erlbaum.

Weisz, J. R. (1983). Can I control it? The pursuit of veridical answers across the life span. In P. B. Baltes & O. G. Brim (Eds.), *Life-span development and behavior* (Vol. 5, pp. 233-300). New York: Academic Press.

Weisz, J. R., & Cameron, A. M. (1985). Individual differences in the student's sense of control. In C. Ames & R. E. Ames (Eds.), *Research on motivation and education: The classroom milieu* (Vol. 2, pp. 93-140). New York: Academic Press.

Wells, L. E., & Stryker, S. (1988). Stability and change in self over the life course. In P. B. Baltes, D. L. Featherman, & R. M. Lerner (Eds.), *Life-span development and behavior* (Vol. 8, pp. 191-229). Hillsdale, NJ: Erlbaum.

Wentura, D. (1995). *Verfügbarkeit entlastender Kognitionen: Zur Verarbeitung negativer Lebenssituationen*. Weinheim, Germany: Psychologie Verlags Union.

Wertsch, J. V. (Ed.). (1981). *The concept of activity in Soviet psychology*. Armonk, NY: Sharpe.

Wertsch, J. V. (1984). The zone of proximal development: Some conceptual issues. In B. Rogoff & J. V. Wertsch (Eds.), *Children's learning in the zone of proximal development: New directions in child development* (Vol. 23, pp. 7-18). San Francisco: Jossey-Bass.

White, R. W. (1959). Motivation reconsidered: The concept of competence. *Psychological Review*, *66*, 297-333.

Wicklund, R. A., & Brehm, J. W. (1976). *Perspectives on cognitive dissonance*. Hillsdale, NJ: Erlbaum.

Wicklund, R. A., & Gollwitzer, P. M. (1982). *Symbolic selfcompletion*. Hillsdale, NJ: Erlbaum.

Wills, T. A. (1991). Similarity and self-esteem in downward comparison. In J. Suls & T. A. Wills (Eds.), *Social comparison: Contemporary theory and research* (pp. 51 - 78). Hillsdale, NJ: Erlbaum.

Winch, P. (1958). *The idea of a social science*. London: Routledge & Kegan Paul.

Wittgenstein, L. (1969). *Über Gewißheit* [On certainty]. (G. E. M. Anscombe & G. H. von Wright, Eds.). Oxford, England: Blackwell.

Wollheim, R. (1984). *The thread of life*. Cambridge, MA: Harvard University Press.

Wong, P. T. P., & Watt. L. M. (1991). What types of reminiscence are associated with successful aging? *Psychology and Aging*, *6*, 272 - 279.

Wood, D., Bruner, J. S., & Ross, G. (1976). The role of tutoring in problem-solving. *Journal of Child Psychology and Psychiatry*, *17*, 89 - 100.

Wortman, C. B., & Brehm, J. W. (1975). Responses to uncontrollable outcomes: An integration of reactance theory and the learned helplessness model. In L. Berkowitz (Ed.), *Advances in experimental social psychology* (Vol. 8, pp. 278 - 336). New York: Academic Press.

Wozniak, R. H. (1993). Co-constructive metatheory for psychology: Implications for an analysis of families as specific social contexts for development. In R. H. Wozniak & K. W. Fischer (Eds.), *Development in context: Acting and thinking in specific environments* (pp. 77 - 92). Hillsdale, NJ: Erlbaum.

Wright, R. A., & Brehm, J. W. (1989). Energization and goal attractiveness. In L. A. Pervin (Ed.), *Goal concepts in personality and social psychology* (pp. 169 - 210). Hillsdale, NJ: Erlbaum.

Zéleny, M. (Ed.). (1981). *Autopoiesis: A theory of living organization*. New York: North Holland.

Zirkel, S., & Cantor, N. (1990). Personal construal of life tasks: Those who struggle for independence. *Journal of Personality and Social Psychology*, *58*, 172 - 195.

Zivin, G. (Ed.). (1979). *The development of self-regulation through private speech*. New York: Wiley.

第 11 章

发展心理学中的毕生发展理论

PAUL B. BALTES, ULMAN LINDENBERGER 和 URSULA M. STAUDINGER

毕生发展心理学，现在经常被简称为毕生心理学，涵盖从受精卵到老年的个体发展(个体发生)研究(P. B. Baltes, 1987, 1997, 2005; P. B. Baltes & Goulet, 1970; P. B. Baltes & Smith, 2004; Brim & Wheeler, 1966; Dixon & Lerner, 1988; Li & Freund, 2005; Neugarten, 1969; J. Smith & Baltes, 1999; Staudinger & Lindenberger, 2003; Thomae,

1979)。毕生心理学的一个核心假设是发展并没有在成年(成熟)时结束。相反,个体发生延伸至整个生命过程,终生的适应过程都包括在内。进一步的假定是发展的概念能够被用来组织毕生适应过程中的现象,为了这一目的,有必要对传统的发展概念作新的界定(Harris, 1957)。相比于传统的发展概念以成熟和进步意义上的成长为焦点,重新界定需要强调,毕生的适应变化可能更为开放、更多方向。

毕生发展的顺序,指定了生命早期时间和事件的暂时优先领域。然而,除了任何发展过程的这一暂时次序之外,毕生研究者们预期毕生的每个年龄阶段(如婴儿期、儿童期、青少年期、成年期、老年期,有各自发展的议程,并对整合过去、现在和未来的个体发生发展作出了某种不可替代的贡献。此外,毕生发展学者如果关注心灵与行为(如自我同一性、工作记忆)的过程和机制,而不是年龄,那么,他们是出于这样的假定,即这些过程和机制本身表达了贯穿整个生命历程的发展的连续性和变化性。

570

心理学是对心灵和行为的科学研究,也包括源于这些科学研究在实际生活中的应用。在这一心理学的基本领域中,毕生心理学的目标是:(a) 系统地描述毕生发展的总体结构和序列;(b) 识别早期和后期发展事件和过程之间的相互关联;(c) 描述构成毕生发展基础的生物、心理、社会和环境的因素与机制;(d) 详述塑造个体毕生发展的生物和环境的机会与限制,这也包括个体的可塑性(可变性)范围。基于这样的信息,毕生发展学者接下来渴望判定个体可能的发展区间,使个体能够生活得尽可能理想(和有效),并帮助他们避免功能失调和不良的行为后果。

为此,毕生研究者一直关注于寻找成功(有效)发展的原型和定义。尽管在寻找普遍性的描述,但总体上,毕生研究者在考虑什么是成功或健康时总是强调个体和文化上的差异。一直以来,这一主题的一个总的方法是将成功发展定义为获得的最大化和丧失的最小化,并在定义什么构成了获得和丧失时,考虑个体、群体和文化因素(M. M. Baltes & Carstensen, 1996; P. B. Baltes, 1987; P. B. Baltes & Baltes, 1990a, 1990b; Brandtstädter & Wentura, 1995; Marsiske, Lang, Baltes, & Baltes, 1995)。这种方法是基于这一假定,即不存在没有丧失的发展(个体变化),如同不存在没有获得的丧失一样(P. B. Baltes, 1987)。研究者认为,在个体发生的变化中,什么是获得和什么是丧失是理论研究和实证研究的主题,并且,与绝对论者的定义不符。研究者认为,获得和丧失的本质随着年龄而变化,其中包括主观和客观的标准,并受理论偏好、文化背景,以及时代因素的调节。

我们要进一步对与其他专业领域共有的毕生心理学的目标进行初步的观察。从方法学上讲,个体发生的研究先天地具有普通心理学和差异心理学的问题。因此,毕生的研究和理论意欲产生关于个体发展的三个方面的知识:(1) 发展的普遍性(规律性),(2) 发展的个体间差异,(3) 发展的个体内的可塑性(P. B. Baltes, Reese, & Nesselroade, 1977; R. M. Lerner, 1984; S.-C. Li & Freund, 2005; J. R. Nesselroade, 1991a, 1991b; Staudinger & Lindenberger, 2003)。共同注意于个体变化和个体内潜能的每个成分,并且描述它们与年龄相关的相互作用,是发展研究的概念和方法学基础。发展的普遍性、个体间差异、个体内的可塑性,意识到在这三者之间进行区分的方法学意义,以及之后三者间的理论整合,一直是自毕生研究开始以来，毕生研究和理论持续不断的主题(Tetens, 1777)。

在发展心理学领域，毕生心理学的身份和位置是什么？毕生发展心理学是一个特殊的发展心理学吗？它是一个总体上整合的个体发生的发展观吗？或者，它仅仅是有关发展的众多研究方向中的一个吗(P. B. Baltes, 1987)？或许，大多数学者视毕生心理学为发展心理学领域中的一个专门领域。顾名思义，也就是说，专门寻求理解个体发生的全部的年龄系列。在这个意义上，毕生心理学家的目光聚焦于整个生命历程，而较少考虑与年龄有关的具体细节。

然而，毕生理论也可以被视为一个有机的整合，即将各种专门基于年龄的发展研究整合为一个全部的、累积的个体发生的框架。采取这种毕生协调的视角，人们可以认为，如果有一个关于个体发生发展的一般理论，那么，这个理论需要考虑到个体发生是从受精卵开始一直到老年的。因此，即使一个人的主要兴趣在于研究幼儿和幼儿发展，他仍需要将一些注意力放在毕生发展上(Brim, 1976)。一个有关幼儿研究者的例子是对幼儿发展结果的兴趣，即跟踪幼儿发展的长期后果。另一个例子是幼儿的发展背景，这包括作为社会化媒介的、自身也在发展的成年人。因此，要意识到成年人并不是一成不变的，他们也有自身的发展目标和挑战，这对于理解幼儿和成人的互动是很重要的(Brim & Wheeler, 1966; Hetherington, Lerner, & Perlmutter, 1988; Lachman, 2001; 也参见 Elder & Shanahan, 本《手册》本卷第 12 章)。

571

毕生理论的组织化的框架是什么？在策略层面，有两种构建毕生理论的方式：以人为中心(整体的)或以功能为中心。整体的方法是出于将人视为一个系统的考虑，并且将各年龄阶段或发展状态整合为一个总体的、连续的个体毕生发展的模式，并试图通过这种方式来形成毕生发展的知识基础(参见 Magnusson, 2001; Magnusson & Strattin, 第 8 章; Thelen & Smith, 本《手册》本卷第 6 章)。一个例子是 Erikson(1959)的人生发展八阶段理论。通常，这种毕生的整体方法被称为生命历程心理学(Bühler, 1933; 参见 Elder, 1994; Elder & Shanahan, 本《手册》本卷第 12 章)。部分整体方法也包括这些努力，即努力将多种心理功能中的行为轮廓置于注意的中心，并且，不同年龄组在这些行为轮廓和纵向联系中进行比较(J. Smith & Baltes, 1997)。

第二个构建毕生理论的方法是关注各类行为或功能(如知觉、信息加工、行为控制、同一性、人格特质等)，并将机制和过程上的毕生变化特征与所选择的行为范畴相联系。一个例子是对工作记忆、流体智力或整个认知体系的发展组织、操作和变化的毕生比较研究(Craik & Bialystok, 出版中;Salthouse, 1991)。

为了将两种毕生个体发生的研究方法整合起来，即整体的以人为中心的和以功能为中心的方法，研究者提出了毕生发展心理学(P. B. Baltes & Goulet, 1970)的概念。在我们看来，生命过程心理学是毕生心理学的一种特殊情况。然而，生命过程和毕生发展心理学之间的区分不应该被视为绝对相互排斥的，这更多的是语用学和学术记录方式上的差异。在这一领域的历史中，靠近社会科学的学者、生活的传记研究和人格心理学更偏好使用生命过程心理学一词(例如 Bühler, 1933; Caspi, 1987; Elder, 1994; Settersten, 2005)。靠近心理学的学者——传统的兴趣在于机制和过程，以及将心灵和行为分解为各组成成分——似乎更偏好毕生发展心理学一词，这种用法最早见于“西弗吉尼亚会议丛书”(the West Virginia Conference Series)(Goulet & Baltes, 1970)。

历史介绍

这一部分可能看上去更多地在谈论过去而不是现在，然而，要意识到当前的理论偏好部分的是由于学科背景和文化假定的直接结果，而不是经由认真详细地理论争论的结果，意识到这一点是很重要的。除非放在历史和社会背景中来观察，否则毕生发展心理学当前的一些主题，以及它在发展心理学更大范围内的定位是很难被理解的(P. B. Baltes, 1983; Brim & Wheeler, 1966; R. M. Lerner, 1983; Lindenberger & Baltes, 1999; Reinert, 1979)。例如，特别是在北美，为什么毕生发展心理学相对最近才出现？在德国，却不是这样，那里毕生的思想已经有了很长一段历史。

许多德国发展历史学家认为，Johann Nicolaus Tetens 是发展心理学领域的奠基人(P. B. Baltes, 1983; Lindenberger & Baltes, 1999; Müller-Brettel & Dixon, 1990; Reinert, 1979)。然而，对英美的发展学者，Tetens 相对来说并非是很知名的人物。在 200 多年前的 1777 年，当 Tetens 出版他那具有里程碑意义的著作，两卷本的关于人性及其发展的《人的本质及其发展》(*Menschliche Natur and ihre Entwicklung*)时，这一开创性作品的视野就覆盖了从出生到老年的整个一生(参见 Carus, 1808，另一个早期对发展心理学领域的贡献)。此外，Tetens 的这一历史经典著作的评论和理论倾向包括了许多为人们所熟知的当前毕生发展理论倾向的内容。例如，Tetens 不仅将发展描述为一个终生的过程，同时也将它描述为包含获得和丧失的过程、植根于社会文化条件且由其所组成的过程，以及不断地被社会变化和历史变革改善和最优化(vervollkommnet)的过程(见表 11.1)。

572

表 11.1 内 容 列 表

章 节	标 题
1	关于人的心智(Seelennatur)的完全性和总体上它的发展
2	关于人的身体发展
3	关于心智(mind)发展和身体发展之间的相似性
4	关于人(humans)自身发展的差异
5	关于发展的限制和心理能力的衰退
6	关于人类种系的渐进性发展
7	关于人的最优化(Vervollkommnung)和他的生活满意度(Glückselegkeit)

来源：From *On the Perfectability and Development of Man*, volume 2, by J. N. Tetens, 1777, Leipzig, Germany: Weidmanns Erben und Reich.

第二个重要的关于人类发展的早期作品写于大约 150 年前，是由 Belgian Adolphe Quetelet(1835/1842)完成的，基本上延续了相似的传统。他对人的特性和能力的论述完全是毕生导向的，并且，因为他对个体和历史发展之间动力学的分析，Quetelet 预示了发展研究方法中的主要发展(P. B. Baltes, 1983)。例如，他预见到，横断研究设计和纵向研究设计之间的区别，以及为了分离长期变化和历史时期中的年龄效应，需要实施一系列的年龄研究(P. B. Baltes, 1968; Schaie, 1965; Schaie & Baltes, 1975)。

Johann Nicolaus Tetens 1777 年的作品从来没有被译为英文。这是很遗憾的，因为阅读 Tetens 的作品能让人感到自己的粗陋和浅薄。他的作品很深奥，对于个体因素、背景因素和历史因素之间的交互作用有大量的概念性的而非实证性的远见卓识。同样令人印象深刻的是他的许多具体的、来自于日常生活的例子，以及对人类发展现象的分析(例如在记忆功能领域)。他的分析解释了个体发生的发展并非仅仅是成长，而是复杂的、多线性的适应性变化过程的结果。因为在早期 Tetens 和 Quetelet 的作品和毕生发展的现代研究之间的一致性，所以毕生研究者倾向于认为，这些就是解释了毕生导向为什么和以何种方式产生一种特定的看待人类发展的理论和方法学风格的例子(P. B. Baltes, 1987; P. B. Baltes, Reese, & Lipsitt, 1980; Staudinger & Lindenberger, 2003)。

为什么德国发展心理学家过去和现在都将个体发生视为毕生的发展？有几个理由可以解释(P. B. Baltes et al., 1980; Groffmann, 1970; Reinert, 1979)。例如，在德语国家，除了生物学之外，哲学是毕生心理学出现的主要推动力。因为哲学和人文学科之间的密切联系，在德国，人类发展被普遍地理解为反映了教育、社会化和文化的因素。此外，人们关注的焦点在超越了成人早期的人类发展上。大量的知识和文章来探讨老年就是 19 世纪德国学者对超越成年早期之外发展主题充满兴趣的例证，譬如古代 Cicero(44B.C./1744)的文章或现代 Grimm(1860)的文章。按照这些传统，主要由哲学和人文学科提供动力，在德国学者中，一个被广泛支持的立场是，个体正是以"文化"为媒介"发展"起来的。在那时，由于几乎没有关于成熟或成长的生物科学，因此，没有理由假定发展应该等同于生理发育，因而应在青少年或成年早期结束。

与此相反，当发展心理学在世纪交替(1900)出现时，北美以及一些其他欧洲国家(如英国)的时代精神是与德国不同的。在那个时代，基因和生物进化(如达尔文学说)处于个体发生思想的最前沿。来自于生物学、基于成熟的生长概念，可能导致美国人的主导思想在发展心理学中强调儿童心理学和儿童发展。在北美，至少直到社会学习和基于操作心理学的理论在 20 世纪 60 年代出现之前(Bandura & Walters, 1963; Reese & Lipsitt, 1970)，在有关发展的思想中，生长和成熟的生物学观念(Harris, 1957)引导着组织和学界的议程。因此，与其他的政治和社会力量相结合，儿童成为北美发展心理学注意力的中心就不足为奇了。

573

对儿童的关注是如此的普遍，以至于在美国心理学诞生百年出版的对发展心理学的历史描述中(Parke, Ornstein, Rieser, & Zahn-Waxler, 1991)，全都被儿童和青少年发展占据了，完全没有提及历史上重要的毕生发展学者，如 Tetens、Bühler 或者 Pressey。G. Stanley Hall 是早期美国发展心理学界中的一个重要人物，他在职业生涯后期转向了成年和老年以完成他的发展研究议程(参见 Hall, 1922)。Sheldon White(1992)在百年纪念文章中是记述 G. Stanley Hall 的作者，甚至于他也忽略了将个体发生视为毕生现象的机会。

20世纪60年代和70年代,在个体发生的毕生观强有力地影响北美的发展心理学界之前,有几个较早时期的人物试图将发展心理学扩展至涵盖整个生命历程(如 Hollingworth, 1927; Pressey, Janney, & Kuhlen, 1939; Sanford, 1902)。这些美国早期的有关毕生发展主题的出版物并没有使发展心理学改变儿童心理学的方向,但是为成人发展和老化(老年学)领域的出现奠定了基础。事实上,许多活跃的毕生心理学家推动着毕生思想的发展,他们和建立老龄化心理科学的努力有密切的联系(Goulet & Baltes, 1970; Havighurst, 1948, 1973; Kuhlen, 1963; Neugarten, 1969; Riegel, 1958; Schaie, 1970; Thomae, 1959, 1979)。

结果,在儿童发展学家和成人发展及老化研究者之间,美国心理学界出现了强烈的分歧。这种分歧的一个明显的标记就是在美国心理学会中,有两个相对独立的分支与毕生个体发生有关(分支7: 发展心理学;分支20: 成熟和老年,后来更名为成人发展和老化)。这种分裂在涉及特定年龄的专业学术出版物中也有反映。一方面,许多组织和杂志的作品欢呼着个体发生的综合性行为科学的到来,这是一个仍在继续的趋势。最新增加的一个"新的"年龄是中年,对于新世纪的开端来讲,这并非是不合适的,这一主题的第一本《手册》已经出版了(Lachman, 2001)。中年发展领域的出现更多的是受麦克阿瑟中年发展网络(MacArthur Network on Midlife Development)的工作所推动,这一机构由毕生领域的早期领导者 Orville G. Brim(如,Brim & Wheeler, 1966; 也见于 Brim, Ryff, & Kessler, 2004)任主席。另一方面,对毕生发展学者来讲,出现这些特定年龄的作品是不幸的,因为他们不能促进构建毕生理论的整合性的努力。

毕生方法在最近十年变得日益突出,这依赖于多种其他因素和历史潮流。一个主要的因素是在邻近社会科学的学科中,毕生发展主题受到了同样的关注,特别是社会学和经济学。在社会学中,生命历程社会学占据有力的主导地位(Brim & Wheeler, 1966; Elder, 1985, 1994; Mayer, 2003; Riley, 1987; Riley, Johnson, & Foner, 1972; Settersten, 2005)。

在心理学内,除了毕生领域自身可能固有的学界力量之外(参见本章后面的部分),三个外部条件也为毕生发展兴趣的萌芽提供了养分(P. B. Baltes, 1987)。首先,就人口统计学来讲,总体上人口正在老化。与此同时,在人的发展上,这一人口统计学背景的历史性变化在美国心理学会(APA)的机构中也得到了充分反映。或许,会令儿童发展专家很奇怪,致力于成人发展和老化的分支(20)已经超过了被称为发展心理学的分支7。但是以被选为分支主席的学者的作品来看,或以主要杂志所涉及的范围为指标,分支7还是或多或少完全致力于从婴儿到青少年的发展主题。

在个体发生的研究中,第二个与毕生研究相关的历史事件是作为一个专门研究领域的老年学(老化的研究)的同时出现,它探究整个生命过程中老化的前兆(Birren, 1959; Birren & Schaie, 1996; Cowdry, 1939)。例如,美国老年学学会与相应的研究儿童发展的学会规模相当,甚至更大。事实上,将老年学的研究和毕生发展的研究联系起来,是当前发展理论的一个关键任务。发展理论和老化理论一样吗? 我们需要不同的个体发生观来描述发展和

574

老化吗(P. B. Baltes & Smith, 2004)? 例如,一种方法同时涵盖成长现象和衰退现象吗?

第三个因素,也是儿童发展学者和成人发展学者之间友好关系的主要来源,即始于20世纪20年代和30年代的几个关于儿童发展的经典跟踪研究中,参与者和研究者的"老化"(Elder, 1974; Kagan, 1964)。儿童发展对以后生活的影响是什么? 哪一个儿童发展因素对以后的健康发展是积极的或有危险倾向? 随着这些经典跟踪研究中的儿童来到成人早期和中年,自20世纪70年代起,这些问题不断地被追问。其中的一些研究甚至于已经为更好地理解生命最后阶段的过程奠定了基础(Block, 1971, 1993; Eichorn, Clausen, Haan, Honzik, & Mussen, 1981; Elder, 1985, 1986, 1994; Holahan, Sears, & Cronbach, 1995; Kagan & Moss, 1962; Sears & Barbee, 1977)。

在这些发展之外,发展的学识中已经出现了新的领域。在各年龄层次的发展学识中——也包括儿童发展领域,需要更好地协调,这已经成为当前发展心理学研究的责任(Hetherington et al., 1988)。但是为了发展出完善的毕生理论,这需要的不仅仅是相互仰慕和相互认识。还需要作出新的努力并进行认真严肃的理论探索——沿着Tetens(1777)的传统——首先要实质性地关注整个生命历程的结构、顺序和动力学。

走向毕生发展的心理学理论: 五个分析水平

我们依五个连续且相互关联的步骤来探讨毕生发展的心理学理论。每一步骤都将带我们更接近特定的毕生发展的心理学理论。如表11.2所示,在毕生个体发生的论述中,我们的趋势是由远及近,由一般到具体。这一动向也暗含了从元理论到实证的变化。

表11.2 走向毕生发展的心理学理论: 五个分析水平

层次1	生物和文化共同演化的观点: 关于人个体发生的不完全结构和生物与文化之间毕生发展的动力学
层次2	获得和丧失的动力学: 在成长功能、维持弹性功能、对丧失的调节功能的发展中,资源相对分配的毕生变化
层次3	有关毕生发展本质的一系列元理论假设
层次4	成功毕生发展的系统和整体理论的一个例子: 带有补偿的选择性最优化
层次5	在特定功能和领域的毕生理论: 智力、认知、人格、自我

让我们分别来看看五个分析水平。层次1,也就是宏观和概括程度最高的方法,使我们清楚了毕生个体发生的基础、"反应常模"或"潜力"(P. B. Baltes, 1997; P. B. Baltes & Smith, 2004; Brent, 1978a, 1978b; R. M. Lerner, 2002; S.-C. Li, 2003; Schneirla, 1957; 也可见 Gottlieb, Wahlsten, & Lickliter,本《手册》本卷第5章)。这种方法也和Schneirla或更近的S.-C. Li(2003)提出的整合水平的观点相一致,运用这种方法,基于以进化的、历史的和多学科的观点来处理个体发生过程中生物和文化的相互作用,我们获得了能够预期毕生发展的一般范围和形态的信息。

层次 2 和层次 3 趋向个体发展的心理学理论。在这些分析层次上，记住最初的总体框架的同时，我们将使用一个越来越细密的分析水平，来描述毕生发展心理学的具体概念。在层次 4，我们提出一个总体毕生发展理论的具体例子，这是一个以详细的说明为基础，并将三个过程——选择、最优化、补偿——和谐地结合起来的理论。之后，与假定的层次 5 相对应，我们来论述更基础的现象和功能。具体地讲，我们将描述毕生理论的特性，以及在如认知、智力、人格和自我这些心理功能领域的研究。

我们已经选择了这种方法——从一般的分析水平到越来越详细和微观的心理分析水平，这样做是因为此方法阐明了毕生心理学的一个核心假设，即发展植根于更大的进化、历史和文化背景中(P. B. Baltes et al., 1980; Durham, 1991; Elder & Shanahan，本《手册》本卷第 12 章；Finch & Zelinski, 2005; Hagen & Hammerstein, 2005; R. M. Lerner, 2002; S.-C. Li, 2003; Magnusson, 1996; Riegel, 1973; Schaie, Willis, & Pennak, 2005)。意识到生物和文化演化及共同演化对人类发展的强有力的决定作用，强调未来并非是固定不变的，而是具有一个开放系统的特性。换句话说，未来并不仅仅是简单的进入，也是我们帮助创造的，在某种程度上，未来总是基因、环境和文化条件的新的共同建构(P. B. Baltes, Reuter-Lorenz, & Rösler, 2006)。对于生命的后半段和老年，情况尤其如此。正是在这一时期，以生物和文化为基础的人类发展的结构的相对不完善变得最为显著(P. B. Baltes, 1997; P. B. Baltes & Smith, 2004)。

575

毕生发展的总体结构：来自于生物和文化共同演化和生物文化共同构建的首要观点(层次 1)

现在，我们从第一个分析层次上来追寻对毕生发展的理解，即毕生发展的总体的生物和文化结构(P. B. Baltes, 1997)。

对生物(遗传)和文化(环境)作用的方式和原因的询问已经形成了发展心理学中主要的理性框架。在个体发生中，文化因素和生物因素的作用是什么？他们是怎样互相影响、互相制约、互相调节的？什么是我们可以预测在个体发生过程中起作用的“发展区”、“反应常模”、“可塑性范围”？例如，基于以基因和进化为基础的因素和文化的结构，只有某些路径能够在个体发生过程中得以实施，并且，其中的一些路径比其他的路径更可能被实现。尽管人类有相当大的可塑性，但是在个体发生过程中并非一切皆有可能。发展遵循的原则使得普适的成长是不可能的(Hagen & Hammerstein, 2005; S.-C. Li & Freund, 2005)。

从未来和未来社会变化的视角来看，我们首先需要意识到人类发展的总体结构是不完善的(P. B. Baltes, 1997; P. B. Baltes & Smith, 2003)：人类发展的总体生物和文化结构继续演化，并且，在这一过程中共同构建和互相调节(P. B. Baltes et al., 2006)。第二点领悟是，在基因—环境的相互作用中，最“不发达的”是基因基础和老龄文化。而在生命历程的早期，有很长的生物和文化共同演化、共同构建(P. B. Baltes et al., 2006; Durham, 1991; Finch & Zelinski, 2005; Tomasello, 1999)和微调的传统。从历史的观点来讲，生命后半段生物和文化共同演化的人类学传统还很年轻。当我们从儿童时期到老年时，毕生总体结构演化(生物和文化的)的不完善性增加了。

图 11.1 描述了论证的主线(P. B. Baltes, 1997; 也见 Kirkwood, 2003)。首先要注意,用来描述总体毕生动力学的功能的具体形式(水平、轮廓)并不是最关键的。最关键的是介于这些功能之间的总体方向和相互关系。图 11.1 确定了三种这样的方向性原则,来调控个体发生发展的特征。

进化选择的优势,随着年龄的增加而下降

图 11.1 的第一部分表达了一个结论,这一结论源于有关基因组特性及其表达性上与年龄相关变化的进化观(Charlesworth, 1994; Finch, 1990, 1996; Kirkwood, 2003; Martin, Austad, & Johnson, 1996; Medawar, 1946)。核心观点是来自于进化选择的获益与年龄的相关是消极的,即以进化为基础的自然选择有一个与年龄相联系的衰退过程。

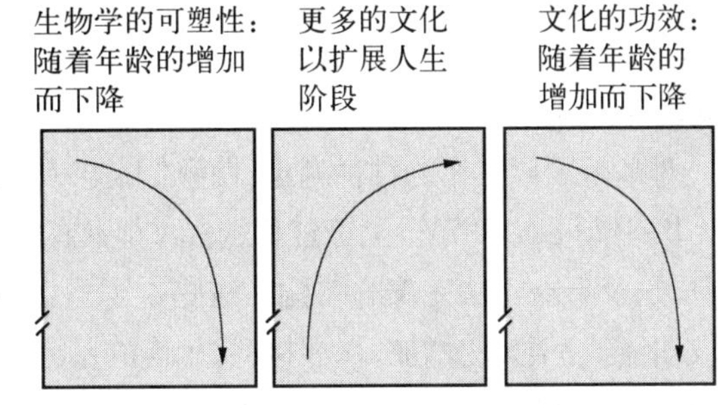

图 11.1 毕生生物与文化的一般动力学的基本情况图示。可能对于这些功能的特定形态有些争论,但是,对于方向性却很少有疑义。

来源于"On the Incomplete Architecture of Human Ontogeny: Selection, Optimization, and Compensation as Foundation of Developmental Theory," by P. B. Baltes, 1997, *American Psychologist*, 52, pp. 366 - 380.

576

在进化过程中,有机体年龄越大,从与进化选择相联的基因优势中获益的基因组就越少。结果是,随着有机体逐渐变老,基因组的表达和机制在功能的质量上会下降,当然,这发生于成熟之后。进化选择受生殖适宜性的过程及其定位所制约,而生殖适宜性定位于生命中期。因而,基于生殖适宜性的进化选择压力——这种压力最终导致基因组日益完善——主要是在生命的前半段发挥更强有力的作用。这一概括性的描述,即使存在诸如通过祖父母抚养过程、结婚或功能变异等被带入和定位于老年的、"间接的"积极的进化选择获益时,仍正确有效(Gould, 1984)。

在进化过程中,这一与年龄相联的进化选择优势的下降也因一个事实而被进一步强化,即在早期的人类历史中,只有很少人能活到老年。因而,当提到老年人时,进化选择通常不能像开始时那样起作用。大多数人在这些消极的遗传属性被激活之前,或早期发展事件可能的消极生物影响显现之前,生命就终结了。因而,除了老化的生物过程中的其他因素(Finch, 1990; Kirkwood, 2003; Martin et al., 1996; Osiewacz, 1995; Yates & Benton, 1995),研究者一直认为,与毕生的较早时期相比,在生命过程的后期,激活的基因常常是有害的或机能不良的。

有一个具体的例子可以说明进化选择的优势以年龄为基础而逐渐减弱,即老年疾病的存在,譬如说阿尔采默氏痴呆(其他的例子见 Martin et al., 1996)。通常情况下,这个疾病在 70 岁前并不多见。然而,在 70 岁后,发病率显著增加。如在 90—100 岁的老年人中,阿尔采默氏痴呆的流行率大约为 50%(Helmchen et al., 1999)。这个疾病至少部分的是老年病,因为基于进化压力的生殖适宜性无法选择与之对抗。Martin 等(1996)称这种结果为"选择中立"。

老化的生物学有许多其他的方面，这些方面意味着在生物功能上与年龄相联的丧失。其一是老化的处置细胞理论，即将衰老归因于在细胞和组织中破坏和缺陷的堆积。相关的生物老化模型是损耗理论，它基于熵的概念和解释——随着年龄而增加的生物突变的积聚。注意，其中的一些因素直接和个体发生本身的机制和运作过程相联。例如，通常与年龄相联的氧化损害的增加被作为一个关键的可能性，来说明与老化相联的生物效能的丧失(Kirkwood, 2003; Martin et al., 1996)。一个变式是所谓的老化的对称理论(Birren, 1988; Yates & Benton, 1995)。该理论提出，老化过程部分的是生命早期生长过程的消极的副产品。与这个观点相连的是"对手多效性"(antagonist pleiotropy)的基因机制(Martin et al., 1996)。

对基因因素作用的种种考虑，使我们在涉及毕生发展的生物结构时，得出了一致的结论(P. B. Batles, 1997)。至于进化选择和老化的个体发生生物学，人的一生显示出可塑性的丧失，以及日益无法完善的结构。这些见识可以用一句话来表达，即"生物学不是老年的好朋友"。随着年龄的增加，基因材料、相连的基因机制和基因表达的效能逐渐降低，并且越来越无法产生或维持较高的功能水平。

随着人类发展在水平和年龄范围上的扩展，对文化的需要不断增加

在个体发生的准备过程和发生过程中，文化及与文化相关的因素发挥了什么作用？文化在这里的含义是，人类在几千年的过程中所创造的、并经过一代代传递下来的、使我们所知的人类发展成为可能的，心理的、社会的、物质的以及符号的(以知识为基础)资源总和(P. B. Baltes et al., 2006; Cole, 1996; Damon, 1996; D'Andrade, 1995; Durham, 1991; S.-C. Li, 2003; Shweder, 1991; Tomasello, 1999; Valsiner & Lawrence, 1997)。这些文化资源包括认知技能、动机倾向、社会化策略、身体结构、经济世界、医疗技术和物理技术等。

577

图11.1总结了我们的毕生动力学观点，这一观点是与文化和以文化为基础的过程相联系的(P. B. Baltes, 1997; P. B. Baltes, Staudinger, & Lindenberger, 1999)。中间一幅图表达的主张是，因为个体发生发展在水平和广度上的扩展，需要提高文化资源的层次和质量，以维持毕生过程中文化和年龄之间有价值的相互作用。随着年龄的增加，对文化的需求更甚，这一观点包括两个部分。

第一个观点是，人类的个体发生已经达到了越来越高的功能水平，并且个体发生本身也延伸到了更长的生命历程，为此，无论是生理领域(如运动)还是在文化领域(如阅读和写作)，在文化的丰富性和传播上，必须有共同进化的增加。因而，我们所知的人类在现代世界上这一发展方式，与之在本质上必然相联系的是文化的进化、文化对基因进化的影响，以及人类个体在发展过程中经历的生活环境类型。并且，我们预期，随着人类个体发生日益向成年和老年延伸，必然需要出现更多的特定文化因素和资源，以使这一切成为可能。

为了理解在生物文化共同产生的过程中，诸如以文化为基础的资源进化的力量，可以想一下在20世纪的工业化国家中，人们平均预期寿命的变化。在这一时期，个体或人类的基因组成并没有出现显著的变化，经济和技术的创新才是主要因素。与之相似的情况是，在过去的几个世纪中，工业化国家中文化水平的显著增加也不是基因组变化的结果，而首要的原因是环境背景、文化资源和教育策略的变化。

要防止一个可能的误解：图 11.1 中间的一幅图所描绘的轨迹并不意味着儿童需要极少的文化输入和支持。虽然生物和文化相互结合的形式不断变化，生物文化共同构建总是发挥着作用(P. B. Baltes et al., 2006; P. B. Baltes & Singer, 2001; Li, 2003)。在个体发生的早期，因为有机体在生理上还没有充分发展，所以婴儿和儿童需要广泛的心理—社会—物质—文化支持。但是就总体的资源结构来说，在儿童期的这种支持集中于基本的功能水平上，如环境的感官刺激、营养、语言和社会接触。然而，在以后的年龄阶段，则需要逐渐增加越来越多的专门的文化资源，特别是如果一个人想要达到高水平的知识和技术时，而这些知识和技术是成人为了更好地适应现代社会而需要掌握的。这样，在生物文化共同构建的过程中，正是主要以更高层次的文化为媒介，个体才有机会在更高年龄阶段继续发展。

这个理论的第二个观点是，随着年龄的增加，越来越需要文化发挥支持性的作用。如图 11.1 中的左图所描述的那样，因为与年龄相连的生物学的衰退，以及可塑性的下降，与年龄相连的对文化需要的增加也是必然的，这是因为要维持功效就必然需要更多的环境支持。因而，如果且当个体渴望随着年龄的增加仍维持原有的功能水平时，以文化为基础的资源(物质的、社会的、经济的、心理的)是维持高水平的功能所必需的。在有关老化的文献中，Craik 的作品(1986; Craik & Bialystok, 出版中)——关于环境支持对于维持记忆功能的作用——是个代表性的例子。

文化的效能，随着年龄的增加而下降

图 11.1 中的右图进一步描述了介于生物、文化和年龄之间的毕生发展的动力学的总体特征。其焦点在于毕生总体结构的第三块基石，即文化因素和资源的功效或效能(P. B. Baltes, 1997)。

我们认为，在生命的后半段，文化因素的效能会随着年龄的增加而降低。伴随着年龄的增加，主要受生命过程中消极的生物学轨迹所调节，心理的、社会的、物质的和文化的干预的威力(有效性)变得越来越小。以老年认知学习为例(P. B. Baltes, 1993; Craik & Salthouse, 2000; Lindenberger, 2001; Salthouse, 2003; T. Singer, Lindenberger, & Baltes, 2003)，年龄越大，要达到同样的学习水平，需要花费的时间、实践和认知努力越多。此外，至少在某些信息加工领域，即使经过大量的训练，老年人可能仍无法达到年轻人所能达到的较高的功能水平(P. B. Baltes & Kliegl, 1992; Kliegl, Smith, & Baltes, 1990; T. Singer, Lindenberger, et al., 2003)。

578

我们认为，因为生物文化的不完善性，图 11.1 中所列的三种情况和轨迹形成了一个毕生的生物文化动力结构(P. B. Baltes, 1997)。这个生物文化结构并不是固定不变的，而是受生物文化共同构建的深层加工的支配。我们认为，这一生物文化结构的一般程式(script)代表着毕生理论的第一层级。它们表达了在发展的毕生体系中开放程度的限制。不管毕生连续性和变化性的特定心理学理论的具体内容和形式是什么，我们认为它需要和图 11.1 所示的框架相一致。例如，我们得出结论，如果任何毕生发展的理论断定，在成人后期的各个功能领域中“总体上”有积极的进展，那么这个理论就可能是错误的。

因而，在很大程度上，老人的未来将依赖于我们的能力——产生和利用文化和以文化为基础的技术，以此来补偿未完成的生物学结构、生物功能上与年龄相关的下降以及在心理和身体之间不断扩大的距离。最终，在基于基因组和文化因素的相对影响中，不断变化的动力学也表明，对生物基因体系本身进行干预对于产生更理想的老化状态是必需的，特别是对高龄老人。生物文化共同构建的概念反映出了这样的需要，即生物和文化需要相互协作以实现这样的目标(P. B. Baltes et al., 2006; P. B. Baltes & Singer, 2001; S.-C. Li, 2003)。

在不同功能的发展上，资源相对分配的毕生变化(层次 2)

在描述了人类发展的生物文化的总体图景后，我们来探讨更接近发展心理学核心概念的组织层面。在表 11.2 中，这被称为层次 2。我们通过反映发展的功能(目标)和结果来看这一层面。

成长、弹性(保持)、丧失的调节

图 11.1 所描述的总体的生物文化结构在多大程度上预示着发展之路？又在多大程度上预示着个体在生命历程中所面临的适应性的挑战类型？一种可能是在这三种个体发生发展的功能中进行区分。前两个来自于儿童发展的研究：功能的成长和弹性(保持和恢复)(Cicchetti, 1993; Garmezy, 1991; Rutter, 1987)。毕生研究者增加了丧失的调节或管理(P. B. Baltes, 1987, 1997; Brandtstädter & Greve, 1994; Brim, 1988; Dixon & Bäckman, 1995; Heckhausen & Schulz, 1993; Labouvie-Vief, 1982; Staudinger, Marsiske, & Baltes, 1993, 1995)。增加这一功能是因为，正如生物文化结构的不完善性逐渐增加所假定的那样，毕生发展的基础框架不仅包括成长和健康的情况，也包括永远的丧失，这种丧失原则上是无法避免的。

图 11.2 呈现的是一般的毕生发展的程式，这一程式是关于三个主要的适应任务——成长、保持/恢复(弹性)、丧失的调节——的可用资源的分配(P. B. Baltes, 1987; Staudinger et al., 1993, 1995)。对于成长的适应任务，我们指的是旨在达到更高功能水平或适应能力的行为。就保持和弹性而言，我们将行为进行分组，即在面临挑战时保持功能水平的行为或丧失后恢复到原有水平的行为。至于丧失调节或管理的适应任务，我们指的行为是，当保持或恢复不再可能时，譬如说因为外在资源或生物学的丧失，用以在较低水平上组织适当功能的行为。

储备能力的分配

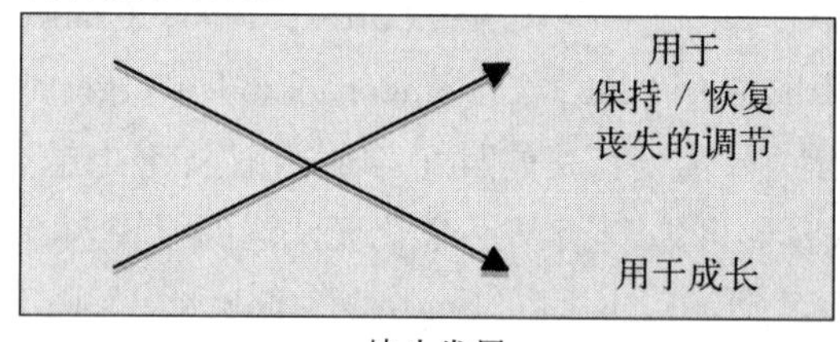

毕生发展

图 11.2 在不同功能(目标)的发展上，资源分配的毕生变化：成长、保持和恢复(弹性)，以及丧失的调节(管理)。

来源：From “Resilience and Reserve Capacity in Later Adulthood: Potentials and Limits of Development across the Life Span” (pp. 801-847), by U. M. Staudinger, M. Marsiske and P. B. Baltes, in *Developmental Psychopathology: Vol. 2. Risk, Disorder, and Adaptation*, D. Cicchetti & D. Cohen (Eds.), 1995, New York: Wiley.

在儿童时期和成人早期，资源分配主要是指向成长的。在成人时期，对于保持和恢复(弹性)的资源分配在不断增加。Freund 及其同事的研究已经表明，不同年龄的个体所持有的心理程式和偏好，与资源分配的毕生变化是相一致的(Freund & Ebner, 2005; Riediger & Freund, 出版中)。在成年后期，特别是在老年，越来越多的资源指向丧失的调节(管理)。由于实施补偿行为要付诸努力，这一需要并不总能如愿(P. B. Baltes & Baltes, 1990a; Freund & Baltes, 2002b)。在老年，几乎没有资源是用于成长的。与这一观点大体上相一致的是，老年人花费更多的时间用于补偿，而非最优化(M. M. Baltes & Carstensen, 1996; Freund, 出版中)。然而，一些寻求积极变化的目标仍是现实的，如在情绪和精神调节，或者智慧上的提高方面(P. B. Baltes & Staudinger, 2000; Carstensen, 1995; Carstensen, Isaacowitz, & Charles, 1999; Kunzmann, 2004; Staudinger, Freund, Linden, & Maas, 1999)。这样的表述过分简单了，因为需要将个体、领域和背景的差异考虑进来。因而，这种描述只是一种关于相对可能性的描述。

依我们看来(如，P. B. Baltes, 1987; Freund & Baltes, 2002b; Staudinger et al., 1995; 相关的观点，也可见 Brandtstädter & Greve, 1994; Brim, 1992; Edelstein & Noam, 1982; Heckhausen, 1997; Labouvie-Vief, 1982)，一生中生物和文化资源指向三种功能——成长、弹性和丧失管理的相对分配，是任何毕生发展理论的主要议题。即使是对于那些表面上只研究成长或积极老化的理论(如 Erikson, 1959; Perlmutter, 1988; Ryff, 1984, 1989a)，这也是适用的。例如，在 Erikson 的理论中，繁殖感和才智(wisdom)的获得是成人时期积极的发展目标。尽管这些结构是以成长为导向的，但是，即使是在 Erikson 的理论中，要达成这些目标也内在地与认识到和成功应对代际更迭、个人的局限、日益迫近死亡的问题相联系。另一个例子是对积极老年化的另一方面的研究，即才智(P. B. Baltes & Staudinger, 2000; Kunzmann & Baltes, 2003a, 2003b; Sternberg & Jordan, 2005)。随着晚年的到来，才智的表达变得越来越困难，其内容包括对生命丧失的承认和掌控。

为了阐明成长、保持和丧失的调节以适应性的方式相互协调的动力学，也可参见 Margret Baltes 及其同事的研究(M. M. Baltes, 1995, 1996; M. M. Baltes & Silverberg, 1994; M. M. Baltes & Wahl, 1992)。这一研究关注包括儿童和老年在内的不同年龄组，自主和依赖之间的相互作用。虽然前半生首要的焦点在于自主的最大化，但是，在老年，发展议程发生了变化。在老年，为了有效地应对基于年龄的丧失，以及保持一些独立性，有价值的、创造性地使用依赖变得至关重要。通过寻求支持和帮助，资源得以释放至其他的、涉及个人功效和成长的领域。

按照 Margret Baltes 的观点，老年人要在一流的功能领域保持自主性，做有效的练习和使用依赖行为是补偿所必需的。通过寻求支持和帮助，资源得以释放至其他的、涉及个人功效和成长的领域。此外，这种研究范式也表明，在其他人处理与不同年龄组成员的互动时，也有三重发展的功能程式。对于儿童，外界的首要程式是支持独立性。当与老年人互动时，情况正好相反(一个依赖支持的程式)(M. M. Baltes, 1996)。

总而言之，对于处在发展中的毕生理论而言，下一步是认清和详细描述个体的动力学特性，以及对成长、保持(弹性)和丧失调节的社会资源分配的动力学特性。其中尤为重要的是在这种贯穿生命历程的系统的相互作用和协调中变化的本质。本章稍后记述的有关带有补偿的选择性最优化理论(the theory of selective optimization with compensation)(P. B. Baltes & Baltes, 1990a; Freund & Baltes, 2002a)将说明，对一般概念的强调是如何落实到对特定领域——如认知或运动行为——的研究中的。

缺陷是进步(成长)的催化剂

图 11.1 和图 11.2 中，我们关注随年龄增长，生物基础日益弱化，这也许表明，生物学品质丧失的后果也意味着与年龄相关的行为功能的广泛丧失。换句话说，在生命的后半段，在那些生物学因素有重要影响的领域，可能毫无成长的机会。

580

为了防止这种可能出现的误解，我们接下来描述为什么并非必然如此，为什么在生物学状态上的缺陷也能成为进步的基础，即成为适应能力发生积极变化的前提。至少是自罗马俱乐部(the Club of Rome)出版“成长的限制”(Limits of Growth)开始，人们日益意识到，更多并非总是更好，即使在是有限或受约束的背景中，进步也是可能的。我们已经介绍过的生物文化共同构建是一个元脚本。相似的观点源于对进化过程中适应过程的考虑，以及对个体发生过程中补偿功能的考虑(也见 P. B. Baltes, 1991, 1997; Brandtstädter，本《手册》本卷第 10 章；Dixon & Bäckman, 1995; Durham, 1991)。

最激进的观点是缺陷能带来进步，这一观点包含于作为补偿的文化(culture as compensation)的观念中。即限制或丧失的状况产生了新形式的掌控和文化上的创新。当研究者研究未知领域时，文化的注意力转向了这些领域——存在客观的或主观认为的不足或缺陷的领域。在这一思路中，人类有机体生来就是一个“缺陷的存在”(being of deficits)(Mängelwesen; Gehlen, 1956)，并且，社会文化的进步或出现，部分的是特地用于处理生物缺陷的。

例如，记忆策略的发展部分的是由于人的记忆并不完美。再举一个例子，对于外界的温度变化，人类在生物学上是很脆弱的(缺乏理想的热调节能力)，这一缺陷正是有关纺织品和衣物的知识、价值和技术高度发达的原因之一。这也适用于在社会水平上的文化演化和个人的个体发生。缺陷可以成为适应能力发生积极变化的催化剂，关于心理补偿的研究有力地阐释了这一观点(Bäckman & Dixon, 1992; M. M. Baltes & Carstensen, 1996; P. B. Baltes & Baltes, 1990b; Dixon & Bäckman, 1995; Marsiske et al., 1995; Rowe & Kahn, 1987)。

有关毕生发展理论的一系列元理论假设(层次 3)

因为毕生个体发生过程的复杂性和整合合适理论概念的挑战，一直以来，在有关毕生的作品中有很多论述与发展的元理论有关(如 P. B. Baltes, 1987; P. B. Baltes et al., 1980; Labouvie-Vief, 1980, 1982; R. M. Lerner, 1991, 2002; J. R. Nesselroade & Reese, 1973; Overton & Reese, 1973; Reese, 1994; Riegel, 1976)。其中之一是关于现有发展概念缺点的持续探讨，这些概念主要是由儿童发展学家提出来的(如 Collins, 1982; Harris,

1957)。有一系列的元理论假设试图来描述毕生发展的本质,这是广泛探讨的结果之一(P. B. Baltes, 1979a, 1987; R. M. Lerner, 1983)。

在下面的论述中,我们试图修正有关毕生发展元理论的信息(表 11.3)。在这样做时,我们也指出,相似的元理论研究也存在于其他的发展理论领域,特别是在与文化心理学、进化心理学和系统理论相联系的概念研究中(也见 Fischer & Bidell, 第 7 章;Gottlieb et al., 第 5 章;Thelen & Smith, 第 6 章,本《手册》本卷)。然而,在当前的背景中,我们强调毕生学者提出的观点的独特性。

从机能主义者的观点重构发展的概念:发展即适应能力的变化

从毕生理论的观点来看,将超出单维和单向模式的发展概念整合起来非常重要。而这种单维、单向模式,通常与成长或生理成熟的传统生物学概念相联合。在这些传统的概念中(Harris, 1957; Sowarka & Baltes, 1986),诸如质变、次第顺序性、不可逆性,和最终状态的定义扮演着关键的角色。主要通过从机能主义者的观点来思考个体发生发展(Dixon & Baltes, 1986),传统的发展概念受到了挑战。

作为选择和选择性适应(最优化)的发展。传统的发展概念强调实体的一般的和普遍的发展。这种发展与更高水平的功能相适应,并且,不断的整合即使不是全部,也是绝大部分原先已经发展的能力(Harris, 1957; R. M. Lerner, 1983, 2002; H. Werner, 1948)。在历史上,个体发生发展的这种观点已经被描绘为实体的演变和出现,主要来源于实体内,并通过转化机制或类似阶段性的进展而实现。

581

表 11.3 一系列描述毕生发展心理学的元理论假设

毕生发展:个体发生发展是终生的过程,由生物和文化共同构建。没有哪个年龄段在调节发展的本质上享有主导权。

生物和文化动力间的毕生变化:随着年龄的增加,当然是在成人期之后,在生物潜能和个体文化目标之间的分歧日渐扩大。由于生命的生物学结构是不完善的,所以这种分歧是根本性的,并且,不可避免地导致适应功能的丧失,并最终死亡。

资源在不同功能的发展间分配的毕生变化:成长、保持、丧失调节:在系统水平上,个体发生发展包括资源分配在三个不同功能间的协调与竞争:(1) 成长,(2) 保持,包括恢复(弹性),和(3) 丧失的调节。在资源分配的剖面图中,毕生发展的变化包括一个转变,即越来越多的资源从成长(儿童期较为典型)转向于保持和丧失调节。

作为选择(专门化)的发展和适应能力中的选择性最优化:发展生来就是一个选择和选择性适应的过程。选择是由于生物、心理、文化和环境因素。发展中的进展是由于最优化的过程。因为发展是选择性的,且潜能随着年龄而变化,因此,补偿也是发展议程的一部分。

作为获得/丧失动力学的发展:在个体发生发展中,没有获得是不带着丧失的,也没有丧失是不伴有获得的。选择和选择性适应受空间、背景和时间的限制。因而,选择和选择性适应不仅意味着适应能力的提高,同时也意味着对另一条道路和适应性挑战能力的丧失。多维的、多方向的、多功能的发展观就来自于这样的观点。

可塑性:在心理发展中,发现了许多个体内的可塑性(个体内的可变性)。关键的发展议程是寻找可塑性的范围、与年龄相联的变化和限制。

作为范式的个体发生和历史情景主义:原则上,人类发展的生物学和文化的结构是不完善的,受许多因素不断变化的支配,如生物学和文化的因素、环境,以及彼此的共同构建和修正。因而,个体发生发展受历史—文化环境影响而变化显著。其中的机制可以被描述为与生物文化背景主义相连的原理。如上所述,发展可以被理解为在生物和环境影响的三个系统之间相互作用(辩证法)的结果:

(1) 规范的年龄阶段,(2) 规范的历史阶段,和(3) 非规范的(特异的)。这些来源中的每一个都表示着个体差异,此外,也都在不断变化。

走向一般的和机能主义者的发展理论: 选择、最优化和补偿的有效协调: 在一般的和机能主义者的分析水平上,成功的发展被定义为(主观的和客观的)获得的最大化和丧失的最小化。成功的发展可以被视为来自于三种成分之间相互协调性的相互作用: (1) 选择,(2) 最优化,(3) 补偿。随着人类发展中,生物和文化结构的相对不完善性变得日益明显,对这一个体发生的动力学压力随年龄而增加。

修订于"Erfolgreiches Altern als Ausdruck von Verhaltenskompetenz und-Unweltqualität"(pp. 353 - 377), by M. M. Baltes, in *Der Mensch im Zusammenspiel von Anlage und Umwelt*, C. Niemitz (Ed.), 1987, Frankfurt-am-Main, Germany: Suhrkamp; see also P. B. Baltes. 1987, 1997, and P. B. Baltes et al., 2006.

单向的、类似成长的发展观与毕生心理学的许多发现相矛盾,包括早期发展向后期发展结果的负迁移、发展速度的差异、发展轨迹的起始年龄和终止年龄、与年龄相关的多向变化模式,以及在预测上的非连续性。图 11.3 是这一由毕生思想和发现引发的不同的发展观的早期描述,这一发展观是对传统上单线性的、整体成长的发展观的挑战(也见 Labouvie-Vief, 1980, 1982)。

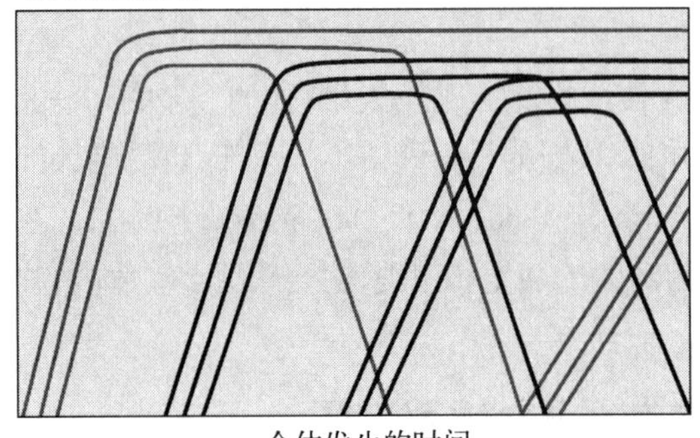

图 11.3 假定的毕生发展过程的例子。当在毕生过程的框架中进行描绘时,发展的功能(行为变化过程)在开始、过程中、结束和方向性上不同。此外,发展的变化既包括量变,也包括质变: 并非所有的发展变化都是和年龄变化有关,并且,最初的方向也并非总是递增的。

来源: From"Plasticity and Variability in Psychological Aging: Methodological and Theoretical Issues"(pp. 41 - 66), by P. B. Baltes and M. M. Baltes, in *Determining the Effects of Aging on the Central Nervous System*, G. E. Gurski(Ed.), 1980, Berlin, Germany: Schering.

在历史上,对于理论和发现之间的差异,有一个解决方法是探索在发展和老化之间区分的有效性(Birren, 1964)。至少在心理学内部,毕生理论家选择了一个不同的策略(P. B. Baltes, 1987)。他们试图调整对发展的传统界定方法,或者提出概念来强调个体发生发展与整体的且单向的成长观是不同的。在这些努力中,虽然毕生学者们在激进程度上和细节上有差异,但是他们共同承担了再次形成发展观的目标。例如,Labouvie-Vief (1980, 1982; 也见 Pascual-Leone, 1983; Riegel, 1976)介绍了成年期系统功能的新形式,这是基于适应性转变和结构重组的发展观,从而对新皮亚杰建构主义打开了新的远景。在我们的作品中(如 P. B. Baltes, 1983, 1987; P. B. Baltes et al., 1980),也包括一些他人的作品,如 Brandtstädter、Featherman 和 Lerner (Brandtstädter, 1984; Featherman & Lerner, 1985; Featherman, Smith, & Peterson, 1990; R. M. Lerner, 1983),我们可能在脱离现有的发展理论模型时,过于激进了。我们试图通过新机能主义(Dixon & Baltes, 1986)和情境主义(R. M. Lerner, 1991; Magnusson, 1996)的理论框架来形成发展的概念。在该途径中,随着生命的展开,人们会面对一系列的影响和各种挑战,对这些因素的考虑引

582

导着毕生发展适应性变化的本质。依我们看来,新机能主义者的这种观点是最具开放性的,充分考虑了毕生研究者所面对的个体发生变化的新方面(如多方向、多功能、适应的特异性和可预期的非连续性)。与此同时,这一扩展了的发展观也包容了传统的类似成长的发展观,将之视为一类特殊的发展现象。

结果是超越传统的作为成长的发展概念,发展的概念也被置身于更大的变化框架中。在我们的研究中,我们选择将发展视为在适应能力上,选择性的与年龄相关的变化。作为选择和选择性适应的发展具有多种特性。如,它可以是积极的或消极的、有意识的或无意识的、内在的或外在的、连续的或间断的。此外,最终或在不同的环境中,它可以是功能良好的或功能失调的。

向个体发生的机能主义观的理性转变,使许多特性成为必需。例如,为了更准确地反映他们对毕生变化经验证据的理解,也弄清个体发生的其他可选择的概念,如限渠化(canalization)和选择性神经生长(Edelman, 1987; Waddington, 1975)、自我组织(Barton, 1994; Maturana & Varela, 1980; Prigogine & Stengers, 1984)、专家系统(Chi, Glaser, & Rees, 1982; Ericsson & Smith, 1991; Weinert & Perner, 1996),毕生研究者开始强调,发展过程首先并不是实体的演化。相反地,他们的关注点在于视发展为个体发生选择——这种个体发生选择来自于大量的、或多或少受限的可能性——和后来的、进入这个路径后的选择性最优化,这包括并非原始系统一部分的新路径的构建(P. B. Baltes, 1987; Labouvie-Vief, 1982; Marsiske et al., 1995; Siegler, 1989)。随着一个特定的个体发生发展路径被选择和最优化,其他路径被忽略或压抑。简而言之,一些毕生理论者冒昧地提出了一个新开端,视个体发生发展为互动的和选择性适应的过程,这一过程反应了生物、文化和背景因素,以及在形成发展道路中前摄的个体作用之间的相互作用(P. B. Baltes, Reuter-Lorenz, et al., 2006; Brandtstädter & Lerner, 1999)。因而,伴随着对选择和选择性适应的关注,毕生研究者能够对毕生个体发生的道路持更为开放的态度。

作为获得—丧失动力学的发展。并不令人感到奇怪,毕生理论和研究首要强调的一个相关变化是,将发展视为总是由获得和丧失构成的(P. B. Baltes, 1979a, 1987; P. B. Baltes et al., 1980; Brandtstädter, 1984; Brim, 1992; Labouvie-Vief, 1980, 1982; J. Smith, 2003)。除了机能主义的主张之外,还有其他的经验证据促使人们关注这一点。

毕生研究者有一个很重要的例子,即智力的流体机械和晶体实用有着不同的毕生发展轨迹(P. B. Baltes, 1993; Cattell, 1971; Horn, 1970; Horn & Hofer, 1992; S.-C. Li, Lindenberger et al., 2004; McArdle, Ferrer-Caja, Hamagami, & Woodcock, 2002; Schaie, 1996, 2005)。研究者认为,反映了基于神经生物学机械智力方面的智能——如工作记忆和流体智力,其典型表现是自成人中期起,功能开始出现常态的(普遍的)衰退。这和图 11.1(p. 575)所表达的生物和文化之间的毕生动力学非常一致。相反地,主要反映基于文化的智力实用方面的智能——如专业知识、语言能力和才智,这方面的智力可能表现出稳定性,甚至于直到成人后期还在增加。至于智力的个体发生,获得和丧失一直是共同存在的。

583

因而，当一些毕生理论家考虑用与年龄相关的、基于选择的适应能力上的变化概念来代替发展的概念时，推动这一议程的一个重要主题是，与任何个体发生变化相联的获得与丧失都是同时发生的，对任何个体发生变化来说都是最根本的。从机能主义的观点来看(Dixon & Baltes, 1986)，多少可以这样理解适应能力的变化，即这种变化既可以是积极的，也可以是消极的，发展能力上的特定变化可能包含着不同的结构，这要由结果的标准和适应发生的背景来定。因而，最为激进的观点与传统的发展观完全相反，即发展中没有丧失就没有获得，没有获得就没有丧失(P. B. Baltes, 1987)。于是，毕生研究者认为个体发生发展并非是完全的完善和成长的过程，而是一个渐进的、不断变化的，并且在适应能力上获得和丧失相互作用的系统。在人的一生中，发展总是同时伴随着获得和丧失，不管是在功能领域之间，还是在各功能领域之内都是如此。这种方法并不排除在某些系统分析的水平上(如，考虑到在一个特定的文化背景中，适应能力的总体)，个体发生发展表现出总体上适应能力的增加或下降。

为了强调新形成的发展观与普遍情况相符，毕生研究者也提出要将这一多功能的、多维度的、多方向的发展观应用于儿童发展领域(P. B. Baltes, 1976, 1987; Labouvie-Vief, 1982)。儿童期语言再认和语言获得的个体发生就是一个好例子。当获得一种语言作为母语后，正确的再认和产生其他语言的能力下降，特别是如果第二种和第三种语言是在儿童早期以后获得的时候(Levelt, 1989)。

有些任务需要基于概率的不完美的方案，而不是基于逻辑的完美方案，对这些任务的研究是另一个例子(P. B. Baltes, 1987)。有的认知问题本质上是无法得到完美的解决方案的，因此需要使用最大化而不是最优化的策略，对于这些认知问题，儿童的认知水平越高级(就正式的逻辑推理能力而言)，就越不能应对。在基于概率的学习领域，Weir(1964)做了一个早期的重要实验。在没有完美答案的概率学习任务中，有一个看似不合理的发现，即较小的孩子的表现要超过较大的孩子和大学生。考虑到认知功能的各水平(阶段)间的交替，这一发现显得很有意义。较大的孩子和年轻的成人成绩较差，可能是因为他们将实验任务视为逻辑性的问题解决任务，因此，继续采取不适用于这一任务的，但是发展上更为“高级的”认知策略，以获得“完美的”解决方案。

获得—丧失的动力学主要由毕生研究者提出，并作为个体发生分析的中心议题。回顾过去，或许这并不令人感到奇怪。一方面，因为毕生研究者关注长期的过程，所以他们必须要认识到与文化演化相联系的发展变化的各种形式；另一方面，在主观—现象逻辑的水平上，当人们考虑成人发展和老化时，获得和丧失的议题会日益惹人注意。在生命的这一阶段，特别是因为生物的老化，衰退和丧失是无法视而不见的。

最近，研究者提出了另一个概念来描述适应能力毕生变化的特性，即等效(equifinality)。等效强调了这一事实，即同样的发展结果可以由不同的方法和多种方法的结合来实现(Kruglanski, 1996)。想一下人们可以通过多种方式达到相同水平的主观幸福感，这或许是等效作用的最好说明(P. B. Baltes & Baltes, 1990b; Brandtsädter & Greve, 1994; Staudinger et al., 1995)。其他的例子来自于行动心理学框架中的目标达成研究

584

(Brandtstädter, 本《手册》本卷第10章;Gollwitzer & Bargh, 1996)。在这个方法中,研究者已经区分出了两种类型的等效:与情境(偶然性)匹配相联系的等效和基于可代替性的等效(Kruglanski, 1996)。在毕生研究中,例如,在智力领域和人格领域,当试图提及通用目标机制和补偿途径时,等效的观点是很重要的。在等效的意义上,如果在个体发生过程中获得的资源可以通用于很大的范围,并且可以应用于不同的情境时,发展影响的潜能会更大。

关注可塑性和与年龄相联的可塑性的变化

按理说,可塑性是毕生研究者最为重视的概念(P. B. Baltes & Schaie, 1976; P. B. Baltes & Willis, 1982)。请注意,可塑性并不是指行为可以完全或任意地加以训练。相反地,它意味着行为总是既是开放的,又是受限的。因此,关注可塑性,强调的是寻找发展的潜能,也包括发展的边界条件。可塑性的观点意味着任何特定的发展结果都只是大量可能的结果中的一个,也意味着寻找个体发生可塑性的条件和范围及其与年龄相关的变化,对发展研究来说是最基本的。极端地讲,对于以基因为基础的个体发生的不变性,也包括恒定的反应范围观,可塑性的观点是对其概念基础的挑战(也见 Gottlieb, 1998)。展望这样的远景会刺激人的思想,他们可能超越了经验证据的范围,也超越了进化理论的限制(Hagen & Hammerstein, 2005)。生物可塑性的可塑性概念,依赖以基因为基础的前提条件和对生命及其发展过程的相关限制。

越来越多的毕生研究者趋向使可塑性研究成为他们元理论态度和实证工作的基础。追溯起来,我们认为主要有三个原因。首先,当许多毕生研究者在老化领域开展工作时,他们会用与可塑性相关的观点来对抗流行的对于老化的消极刻板印象,这种刻板印象视老化期为普遍性的衰退,毫无积极变化的机会(P. B. Baltes, 1987; P. B. Baltes & Labouvie, 1973; P. B. Baltes & Willis, 1977; Labouvie-Vief, 1977; S.-C. Li, 2003; Perlmutter, 1988)。因而,当老化研究者在干预导向的研究中论证老化过程中智力改善的可能性时,甚至于在如流体智力和记忆领域中(其中衰退是一种常态),可塑性都是与直觉相反的证据。那样的证据解释了这一问题,即正如今天我们看到的那样,老化只是表达了在原则上什么是可能的。为何仍在制定一些致力于成功老化的智力和社会项目,自然显而易见了(P. B. Baltes, 1987, 1997; Rowe, 1997)。

第二,可塑性的概念强调毕生发展并不遵循一个高度受限的(固定的)路线,特别是考虑到基于文化和知识的表达时。因而,以可塑性为中心带来了这一前景,即"在一生中,从出生到死亡,人都是有能力改变……(并且)儿童早期事件的结果不断地被后期经验所改变,从而使个体发展道路更为开放,超过许多人原以为的程度"(Brim & Kagan, 1980, p.1)。这样的毕生可塑性观在生物学领域也已变得日益突出(如 Cotman, 1985; Finch & Zelinski, 2005; Kempermann, 出版中)。

第三,可塑性的概念打开了多学科观点的新视野。一个最近才刚刚发展出来的观点(P. B. Baltes et al., 2006)是,可塑性的基本问题可以与社会科学的相似概念联系起来。因而,坚持毕生发展的可塑性也与最主要由社会科学家提出的观点相一致,即在生命历程中所发生的事件大多都是目标、资源和特定社会规范的直接反映,不同的社会背景在结构、重点和这些因素的先后顺序上有所区别(Brim & Wheeler, 1966; Mayer, 1990; Riley, 1987; Settersten, 2005)。因为这个目的,图 11.4 详细描述了三种类型的可塑性: 神经元的/身体的、行为的、社会的(也见 P. B. Baltes & Singer, 2001; Baltes, Reuter-Lorenz, & Rösler, 2006; S.-C. Li, 2003; S.-C. Li & Linderberger, 2002)。

神经元的/身体的、行为的、社会的可塑性,正如在图 11.4 说明的那样,这三者形成了一个结构。与人类发展研究有关的各种生活、行为和社会科学所呈现的潜能及其实现问题,均可以在该结构内得以理解和联系。图中所描述的每一成分并非独立发挥作用。相反地,在生物文化构成主义者看来,他们是相互作用、相互调节的。

585

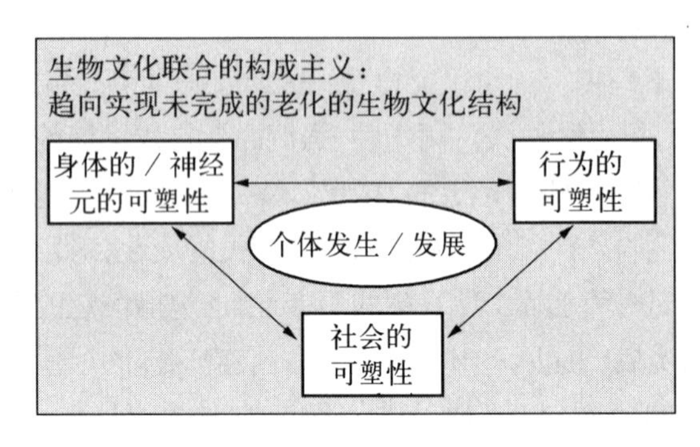

图 11.4 每一个重要的科学学科,只要和人的发展有关,都已发展出一种对可塑性的关注,以此来理解机制和变异: 基因的/神经元的/身体的、行为的和社会的可塑性是重要的例子。

Research Report of the Max Planck Institute for Human Development, 2003 - 2004. See P. B. Baltes, P. Reuter-Lorenz, & F. Rösler, 2006, for further elaboration.

对神经元的/身体的可塑性研究使用如神经发生、突触的动力估计和其他的脑差异指标来表示个体脑发展和个体间脑发展的差异。行为的可塑性研究强调在心灵和行为层面,与不同的个体生活经历状况及认知实践相联系的结果。社会的可塑性阐明在宏观水平上(如与性别、社会阶层、种族等相联的资源和社会规范)的差异以及社会制约和机会的作用。相关的证据并非来自于对个体的研究,而是主要来自于对群体和民族的比较社会科学研究,以及形成其发展轨迹和社会差异的社会影响理论(如社会规范和社会化)。社会的可塑性观假定,在不同群体中的个体有相似的潜能,然而,实现的度和性质并不相同(也见 Settersten, 2005)。

回到发展心理学: 随着个体行为可塑性研究的不断深入,并显示出在发展表现上的巨大差异,可塑性概念成为一个心理程式,这一程式与传统的儿童期行为发展观相比,总体上认为发展是更为开放的、兼具更多功能的,并且超越了曾经的设想。因而,可塑性的概念强调这一元理论的态度,即任何发展道路都仅仅是大量可能性中的一个;人类发展的"本质"不是一成不变的;并且人的发展(除了有限度这一事实之外)没有单一的终极状态。

或许,最重要的调查思路是寻求理解个体间的差异和与年龄相关的可塑性的发展变化。随着可塑性这一现象延伸到儿童期之外,有一些理论上和经验上的原因来说明为什么可塑性不应是随着年龄的增加而下降,而应是随着年龄而不断变化的。因而,探寻可塑性的变化范围不仅会带来可训练性及可塑性的证据,也会产生新的证据,即个体可能的发展变化范围(反应范围)的限制,以及以年龄为基础的限制(P. B. Baltes & Lindenberger, 1988; Kliegl et al., 1990; Plomin & Thompson, 1988)。例如,在认知老化的研究中,目标是知晓不同年龄群体的最大潜能。

这一调查思路提出了不同侧面的行为的/发展的可塑性。其中之一为基线储备能力和发展储备能力之间的差异。基线储备能力识别个体当前可以达到的可塑性水平。发展储备能力则旨在详细说明：如果采取最优化的干预来检验未来个体发生的潜能，那么在原则上什么是可能的。此外，研究者最重要的努力在于详细说明一套方法，如发展模拟、测试极限、认知工程，从而使他们充分探索个体发生的可塑性和限制(P. B. Baltes, 1987; P. B. Baltes & Willis, 1982; Kliegl & Baltes, 1987; Kliegl, Mayr, & Krampe, 1994; Lindenberger & Baltes, 1995b)。

因而，在宽泛的可塑性框架内，人类发展的表达意味着不同因素和机制间相互协作、共同构建。事实上，日渐成熟的构成主义者对人类潜能的观点，已经成为当代发展研究的主旋律(Aspinwall & Staudinger, 2003; P. B. Baltes et al., 2006; P. B. Baltes & Smith, 2004; Brandtstädter & Lerner, 1999; S.-C. Li, 2003; S.-C. Li & Lindenberger, 2002)。构成主义者强调这样的观点，即人的发展是由生物、心理和社会力量相互作用、共同构建的结果。这种构建部分地依赖个体的主动性行为。个体是自我发展的推动者。最终的概念是发展的生物文化的共同构成主义(P. B. Baltes, Freund, & Li, 2005; P. B. Baltes & Smith, 2004; S.-C. Li, 2003)。随着生物文化的共同构成主义的出现，对学科间协作的渴求就更为迫切。毕生的方法强调人类发展长远来看是不完善的，并且比传统上人们对人类发展的假设更为开放。在我们看来，这种毕生方法已成为推进这一理性立场的主要合伙者。

586

作为范式的个体发生和历史情境主义

对人类发展的毕生研究以可塑性的观点为基础，突出这一点间接提到了毕生元理论的另一个关键特点——情境主义的范式。在进化选择理论和适应适宜性的进化基础中，情境的作用是极为重要的。最近，P. B. Baltes 和 Smith(2004)已经说明，当代情境主义是如何包含了生物文化共同建构的观点，从而避免了最初情境仅仅限于环境这一局限。

因此，当发展心理学家试图超越作为经验标志的学习过程的微观基因表征，获得作为系统影响的情境时，他们自己也投身于情境主义的元理论观。这样的情境主义观点并非聚焦于“机械论者”或“有机体的”发展模式(Overton & Reese, 1973; Reese & Overton, 1970)，它形成于 20 世纪 70 年代(Datan & Reese, 1977; Riegel, 1976)，正如前面的章节中描述的那样，这种观点目前仍在继续。文化心理学提出的生态—情境主义者的观点的演化与这一观点相似(Bronfenbrenner, 1977; Bronfenbrenner & Ceci, 1994; Cole, 1996)。

按照情境主义和行为理论的观点(见于 Brandtstädter, 本《手册》本卷第 10 章)，个体存在于情境中，情境创造了个体发展之路的特别机会与限制。就宏观结构特点而言，像社会阶层、种族、社会角色、基于年龄的事件和历史时期，这些情境的描述是生命历程的社会学分析的主要目标(如 Elder, 1994; Elder & Shanahan, 本《手册》本卷第 12 章; Heckhausen, 2000; Kohli & Meyer, 1986; Mayer, 2003; Riley, 1987; Settersten, 2005)。事实上，社会学家和发展心理学家也正是在这一时期试图将他们的各种努力整合起来(如 Sorensen, Weinert, & Sherrod, 1986)。对毕生心理学家，或许也包括儿童发展学家(P. B. Baltes, 1979b)，这种对话在生物和社会力量的范围、短暂模式化、分化上打开了新的视野(附带地受到由美国社会科学研究会安排的各种关于人类发展的委员会的鼓动)。

发展影响的一个宏观模型

在这一时期,生命历程的社会学家(如 Riley et al., 1972)和毕生心理学家密切合作,第一作者和他的同事(P. B. Baltes, Cornelius, & Nesselroade, 1979; P. B. Baltes et al., 1980)提出了一个探索模型,试图将生物的、社会的和心理学的思考整合在一个研究框架中,以理解发展生成情境的整体结构:对于个体发生的基础,从三个生物文化成分进行考虑:年龄规范影响、历史规范影响、非规范影响。在这个情境中,规范因素指的是高度的普遍性。非规范因素则强调更为个体化的状况,如彩票中大奖。

为了理解特定的生命过程以及人生轨迹上的个体间差异,这一模型提出,考虑这三类影响的运作及相互作用是必要的(图11.5)。注意,这些来源促成了发展中的相似性,并且,由于他们存在系统性的群体差异,如社会阶层、基因特性和种族,他们也促成了系统性的个体性差异和特定亚群的毕生发展模式(P. B. Baltes & Nesselroade, 1984; Dannefer, 1989; Riley et al., 1972)。

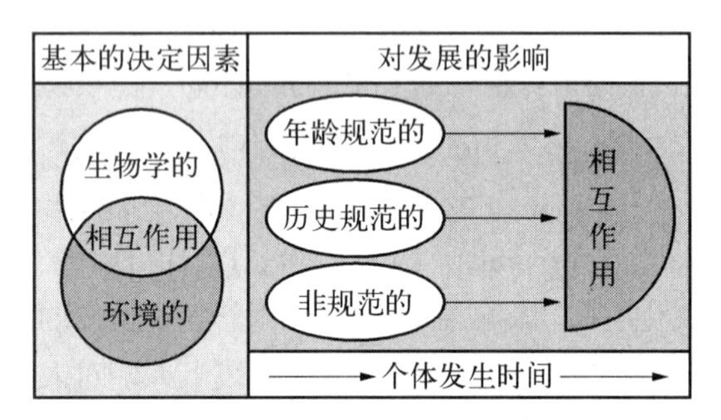

图 11.5 三种主要的生物文化影响系统对毕生发展的影响的图示:(1) 年龄规范的,(2) 历史规范的,和(3) 非规范的生活事件。对于不同的个体和不同的行为,这些影响系统在层次和相互作用上不断变化。作为一个整体,这些系统的运转产生了个体发生上的普遍性和个体差异。

来源:From "Plasticity and Variability in Psychological Aging: Methodological and Theoretical Issues" (pp. 41-66), by P. B. Baltes and M. M. Baltes, in *Determining the Effects of Aging on the Central Nervous System*, G. E. Gurski (Ed.), 1980, Berlin, Germany: Schering.

587

年龄规范影响指的是那些生物和环境方面,由于它们与年龄密切相关,对所有个体都以相对规范的方式塑造个体。我们可以想一下毕生发展任务的时空结构(Havighurst, 1948),以及以年龄为基础的生理成熟过程,或者发展背景的相继安排(家庭、学校、工作等),这些都是很好的例子。

历史规范影响所指的是,那些可能使个体发生发展在不同历史性群组和时期显示出差异的生物和环境方面的影响。教育和职业体系的历史演化就是一个例子,更为贴切的一个特定时期的例子是战争的出现。因而,一个特定的个体发生是既发生于基于年龄的个体发生时间背景中,同时也发生于历史性群组的时间背景中。Matilda Riley(1987)对这一观点进行了最为热烈地讨论。在毕生心理学的早期阶段,同时期出生群组效应已经充分考虑了历史情境主义(Elder, 1974, 1990; J. R. Nesselroade & Baltes, 1974; Schaie, 1965, 1996)。历史镶嵌性(historical embeddedness)的主题,以及基于年龄和基于群组的个体发生的区分,也构成了新的发展研究的方法论基础,如横断研究和纵向研究(见随后的讨论)。

最后,发展的非规范影响,反映了具有个体特异性的生物和环境事件,这些事件虽然并不频繁发生,但是会对个人发生发展产生强大的影响(Bandura, 1982; Brim & Ryff,

1980)。这些非规范性事件(如中了彩票大奖,在事故中失去一条腿)的影响特别强大,这是因为它们所带来的后果几乎是无法预测的,社会也难以控制和支持。因而,它们可能代表了挑战的极端情境(测试极限),而不像哲学家 Karl Jaspers 所介绍的边缘处境(Grenzsituation)的概念(Kruse, 1992; Maercker, 1995)。

在毕生理论中,这三种影响源创造着个体行动、反应和组织自我发展的情境,同时也影响着其他人的发展。这些以生物和环境为基础的影响模式是不可能脱离其他因素而独立发挥作用的。他们是生物文化共同构建的一部分,并相互影响、相互调节。关注生物文化共同构建的动力学阐明了人类发展是不可能被完全预测的,也阐明了当个体努力组织和掌控他们的生活时所体验到的限制(Brandtstädter, 1984; Brandtstädter & Lerner, 1999; R. M. Lerner, 1984, 1991)。最终,对情境主义的关注将个体发展置于其他人发展的情境之中。因此,毕生研究者很容易接纳这些观点就不令人奇怪了,如协作发展、协作认知或交互式的思想(P. B. Baltes & Staudinger, 1996a; Resnick, Levine, & Teasley, 1991)。然而,在毕生心理学中仍欠缺的是与这一理论观点相对应的实证研究。也只是在最近,我们才在交互作用网中看到了包括这些情境和社会交互作用方法的研究努力,如学习团体(Mandl, Gruber, & Renkl, 1996)、生命过程护航(Kahn & Antonucci, 1980)、导师(Bloom, 1985)、群组形成(Riley, 1987)、血缘关系(Hammerstein, 1996)、群组有关的教育和健康的变化(Schaie, 1996, 2005)、邻居的作用或退休和老年照料政策的变化。

方法论的发展

毕生研究打开了新的领域,因为其中所涉及的时间的、情境的和历史的复杂性,这就需要将更多的注意力放在发展的方法论上(P. B. Baltes, Reese, & Nesselroade, 1988; Cohen & Reese, 1994; Hertzog, 1985; Magnusson, Bergman, Rudinger, & Törestad, 1991; J. R. Nesselroade & Reese, 1973)。在我们看来,寻找合适的方法论对毕生研究者来说是非常重要的,这是因为他们对长期个体发生过程和联结的导向,以及生物文化动力学的分解,意味着对发展分析目标和方法的极度挑战。 588

从横断研究到纵向研究,再到序列研究的方法论。第一个例子是适于研究与年龄相关的变化、与年龄相关的变化中的个体差异以及发展情境中历史变化作用的方法之发展。传统上,发展心理学中所用的主要设计是横断研究方法和纵向研究方法(P. B. Baltes & Nesselroade, 1978, 历史综述)。然而,对介于年龄因素、历史因素和非规范因素之间相互作用的关注表明,这些方法是不够的(P. B. Baltes, 1968; N. B. Ryder, 1965; Schaie, 1965)。这一既追踪历史变化又追踪个体发生变化的挑战导致形成了所谓的序列方法(P. B. Baltes, 1968; Schaie, 1965, 1996, 2005)。

图 11.6 描述了 Schaie 和 Baltes(1975)称为横断和纵向序列的基本排列方法。横断序列由一系列连续的横断研究构成;纵向序列由一系列连续的纵向研究构成。当将两者结合起来应用时,在描述层面上,两种类型的序列设计就会产生详尽的有关年龄和同龄群体变化的信息,以及关于发展轨迹上个体间差异的信息。序列设计也容许分辨重要的历史效应,即所谓的时期效应。群组效应跨越的历史变化时间更长(如与大众教育或计算机技术的引入

相联系的效应)，与之相比，时期效应的概念主要是应用于更为短暂的历史事件及其后果，如一场大的自然灾难或战争。

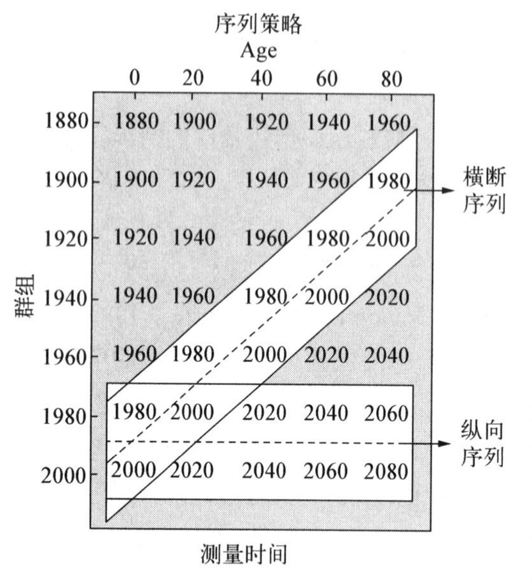

图 11.6 横断和纵向序列(底部)图示。

来源: From "Longitudinal and Cross-Sectional Sequences in the Study of Age and Generation Effects" by P. B. Baltes, 1968, *Human Development*, 11, pp. 145 - 171; From "A General Model for the Study of Developmental Problems" by K. W. Schaie, 1965, *Psychological Bulletin*, 64, pp. 92 - 107.

在人类发展的研究中，有许多研究都证明了历史群组效应的重要性。例如，Shaie(1996, 2005)运用横断序列和纵向序列研究方法，比较了几个群组成年时期的发展，研究一直从1956年持续到现在。该研究发现的证据令人印象深刻，即在成人中期，群组效应可能和年龄效应一样大。Schaie的工作也表明，年龄的方向性和群组曲线的方向性可以不同。相似地，J. R. Nesselroade和Baltes(1974)在一项应用纵向序列方法的早期研究中，以青少年为研究对象，研究发现，青少年人格发展中的成就和独立性，群组之间仅两年之隔就可以表现出显著的差异。他们在解释时强调越南战争的作用，认为这是一个关键的调节变量，影响了美国年轻人的文化，同时也强调青少年是如何在发展的人格曲线中变化的。

与此同时，通过应用序列方法，发展心理学领域获得了大量的群组效应证据，这在比较社会学领域中尤为明显；有证据阐释了毕生理论的一个重要因素，即个体发展和不断变化的社会之间的相互作用(比较 Elder & Shanahan, 本《手册》本卷第12章；Settersten, 2005)。

589

在这方面的研究中，逐步认清什么时候群组效应可能是相关的，什么时候又可能并不相关，也很重要。例如，毕生研究者现在至少分辨出了三种类型的群组效应，这些群组效应需要从不同的方向进行解释(J. R. Nesselroade & Baltes, 1979)：(1) 作为理论过程的群组，它从根本上改变个体发生(如改变性别角色)；(2) 作为数量概括维度的群组(如由于教育上的增加，从而导致认知技能的提高)；(3) 作为短暂干扰的群组(如由于个体事件所导致的态度波动，常常通过民意调查的方式被报告出来)。

从某种程度上讲，作为对日益增加的纵向研究和序列研究数据的回应，来自于不同研究传统的方法论者(也包括毕生心理学)一直在完善和扩展研究发展轨迹上个体间差异的统计方法(Baltes, Reese, & Nesselroade, 1977; 近期的综述可见 Hertzog & Nesselroade, 2003)。各种纵向建模技术使研究者能够检验在变化上个体间差异的结构，如多层次建模、潜在增长曲线建模和潜在差异分数建模(如 Ghisletta & Lindenberger, 2004)。这些方法减少了通常与变化分数相联的难题，如缺乏信度(如 Cronbach & Furby, 1970)。并且，其中的一些方法，如双重变化分数模型，可以检验某些动力学的假设——将行为的一个方面与另一方面的变化联系起来(如 McArdle, Hamagami, Meredith, & Bradway, 2000; 在智力与感觉功能方面的变化上的应用,见 Ghisletta & Lindenberger, 2005)。生命历程社会学家推动了一个相关的方法论发展,这一发展特别关注组织和研究生活事件的时间流、相关和后果。事件史分析模型及相关的方法尤为重要,如风险性分析(Blossfeld, Hamerle, & Mayer, 1991; Blossfeld & Rohwer, 2001; Featherman & Lerner, 1985; Greve, Tuma, & Strang, 2001; Magnusson et al., 1991; Schaie, 1988; Willett & Singer, 1991)。然而,必须注意到,分析多变量纵向变化的高级统计方法往往基于某种强烈的假设,如样本在总体上的同质性,特别是横断/纵向聚合。同时,这些方法的心理测量特性尚未得到充分的探索和理解(Hertzog, Lindenberger, Ghisletta, & Oertzen, 2004)。

发展的实验模拟。毕生研究者提出了一个更进一步的策略,即在个体发展研究中直接采用模拟范式。毕生个体发生过程历时很长,如果不模拟则难以研究,这一事实再次强化了对这一方法的应用(P. B. Baltes & Goulet, 1971; Lindenberger & Baltes, 1995b)。

表 11.4 是发展模拟方法的概要。在一般意义上,实验模拟方法是理论检验的工具,用于安排被认为与感兴趣的现象有关的条件。因而,实验发展模拟模仿被认为存在于真实时空中的个体发生的变化。作为一个研究策略,发展模拟设计由七个相互协同的步骤组成,然而,这七个步骤并不需要严格按先后顺序实施。如果能够获得基于这七个步骤上的信息,那么一个发展现象就能得到很好的理解。

表 11.4 发展研究中的实验模拟逻辑:相互协同的步骤

1	对所要研究的目标发展现象进行定义和描述
2	对于潜在的机制和背景条件作出因果假设或因果结构的假定
3	在实验室中对相关变量进行实验操作
4	检验与目标现象相反的实验数据:异种同形检验
5	再次检验因果假设或因果结构(确认/拒绝/调整),寻找另一种解释
6	评估外部效度:描述性证据
7	评估外部效度:干预性证据

来源:改编自"Testing-the-Limits and Experimental Simulation: Two Methods to Explicate the Role of Learning in Development," by U. Lindenberger and P. B. Baltes, 1995b, *Human Development*, 38, pp. 349 - 360; and *Life-Span Developmental Psychology: Introduction to Research Methods*, by P. B. Baltes, H. W. Reese, and J. R. Nesselroade, 1988, Hillsdale, NJ: Erlbaum. Reprint of the 1977 edition.

毕生研究中已经采用了这种模拟,例如,在检验感觉输入中与年龄相关的变化效应时。为了达到研究目标,将成人的听觉和视觉敏锐性降至年龄较大人群的水平,然后对认知水平进行检测(Dickinson & Rabbitt, 1991; Lindenberger, Scherer, & Baltes, 2001)。另一个例子是 Margret Baltes 的一个研究项目,这个项目涉及老年人依赖与自主的多个方面(1988, 1996; M. M. Baltes & Wahl, 1992)。在这一研究项目中,最关键的问题是自主和独立的条件与范围,也包括独立与自主的多方面功能的特点和可塑性。 590

Margret Baltes 和她的同事所做的老年独立与依赖的研究中,开始的步骤(表 11.4 中的 1—3)是观察生活环境中老年人与其他人的交往。她们假定,通常观察到的与年龄相连的依赖行为而不是独立行为的出现中,消极的老化原型发挥了重要的作用。为了检验这一假设,研究者做了一系列实验室研究来探索老年自我照料行为上的学习条件效应(刺激控制、实践、强化进度表)。这一研究证明,老年依赖行为的许多方面都是可逆的,从而支持了这一观点——环境因素(如行为的偶然性)在与年龄相联的依赖或自主丧失的出现中施加了一定程度的影响。在接下来的工作中,也就是表 11.4 中的 4—6 步,Margret Baltes 和她的同事观察了自然环境中与老年自我照料的出现相关的社会条件。支持他们观点的是,一个支持依赖的程式和一个忽视独立的程式都得到确认。换句话说,在自我照料情境中的老年人的社会伙伴中,支持依赖的行为迹象出现频率很高。最终,通过操纵老年人所处的自然环境中的原因变量,研究得以实施。为了达成这一目的,研究者(见 M. M. Baltes, 1996; M. M. Baltes, Neumann, & Zank, 1994)介入了疗养院中老年人所处的社会环境。为使研究得以实施,研究者对疗养院员工进行了训练,使他们忽视支持依赖的程式,转而重视支持独立的程式,总体上,这些自然环境中的变化得到了预期的结果。老年人在自我照料中表现了较高水平的独立性。

有的研究者兴趣集中于更为狭窄的年龄带,他们使用相似的发展实验模拟策略(Siegler,本《手册》本卷第 11 章)。然而,我们认为,毕生研究者特别依赖于这种安排的创造性使用;此外,毕生研究者对许多与年龄比较研究有关的方法论局限也有更为清醒的认识(如缺乏等值测量、同构、外部效度)。明确地使用模拟一词来表明这些限制强调了这一意识。

测试极限。另一个方法论创新的例子涉及由毕生研究者提出的,用以检验行为可塑性的范围和限制的策略(P. B. Baltes, 1987; Kliegl & Baltes, 1987),则涉及毕生研究者提出的这一系列主张的另一个关键方面。这一方法类似于儿童发展中研究最近发展区的努力,例如,通过微观遗传分析或认知工程的方法来研究(Brown, 1982; Kliegl & Baltes, 1987; Kuhn, 1995; Siegler & Crowley, 1991)。

再者,因为毕生个体发生的时间跨度很长,毕生研究者很难确认个体内可塑性(可训练性)的来源和范围及其伴随年龄的变化。与此同时,对于毕生研究者来说,一个关键问题是:大体上,在贯穿毕生的个体发展中什么是可能的?因而,对于认知老化的研究者来说,一个长期存在的问题就是,是否功能上的老化丧失只是反映了实验实施中的缺陷,而并非反映了生物老化的效应(P. B. Baltes & Labouvie, 1973; Denney, 1984; Salthouse, 1991; Willis & Baltes, 1980)。

由此所产生的方法总是被贯以测试极限范式的标签(Kliegl & Baltes, 1987; Lindenberger & Baltes, 1995b; Schmidt, 1971)。在测试极限研究中,目标是通过提供高强度的发展经验来压缩时间;并且,通过尽可能安排最优化的条件来发现成绩潜能(可塑性)的渐近线。这些渐近线是在假定的最优环境中获得的,以期通过这些渐近线来估计特定年龄发展潜能的上限,可以与传统的"反应常模"的上限相比较。使用测试极限程序已经使我们对发展中什么是可能的,什么是不可能的,产生了新的认识。

591 然而,测试极限研究不仅和长期的个体发生过程的研究相关,同样也与发展研究和理论的其他重要方面有关。下面举两个例子。第一个例子是认知功能的性别差异问题。远离简单的、非干预性的、比较性的研究,将科学资源投入到测试极限研究中,这将会是最有必要的。测试极限方法会基于这样一个前提,即相关的信息是关于功能的渐近线(顶峰)水平差异的知识。为了这一目的,将精心挑选小样本(如 P. B. Baltes & Kliegl, 1992; Kliegl & Baltes, 1987; Lindenberger, Kliegl, & Baltes, 1992)。对另一争论激烈的主题,即基因差异的研究来说,上述观点也将同样适用。并非要将大多数可用资源都投入到主要是描述性的行为遗传学研究,另一种做法是选择更少的被试,使他们接受时间压缩的实验干预,进而研究功能的上限和下限上的个体间差异(如 S. - C. Li, Huxhold, & Schmiedek, 2004; Lindenberger & Oertzen, 出版中)。

毕生发展的系统和整体理论的一个例子:带有补偿的选择性最优化(层次 4)

接下来,让我们进一步从更为心理学的层面对毕生发展的特性进行分析。为了这一目的,我们要描述一个发展的模型——带有补偿的选择性最优化(SOC),在过去的十年间,Margret Baltes、Paul Baltes 和他们的同事已经发展了这一理论(M. M. Baltes, 1987; M. M. Baltes & Carstensen, 1996; P. B. Baltes, 1987; P. B. Baltes & Baltes, 1980, 1990b; P. B. Baltes, Dittmann-Kohli, & Dixon, 1984; Freund & Baltes, 2002b; S. - C. Li & Freund, 2005; Marsiske et al. , 1995; Riediger, S. - C. Li, & Lindenberger, 出版中;也见 Featherman et al. , 1990)。这一模型从一个系统化的视角来看毕生的个体发展,涵盖了前面所提到过的毕生发展的大部分特点。Heckhausen 和 Schulz (1995; Schulz & Heckhausen, 1996)也曾提出过一个相似的模型。最终,强调地理分隔,主要在法语区和发展心理学(如 Lautrey, 2003; 比较 Reuchlin, 1978)领域,和 SOC 理论中的补偿观有许多相似之处。

SOC 模型在原则上仍然是定位于分析水平,并非具体的理论。因而,当这一模型应用于具体的心理功能领域(如自主性或专业技能)时,就需要根据要应用的功能领域的知识基础,进一步的细化(如 Abraham & Hansson, 1995; B. B. Baltes & Heydens-Gahir, 2003; M. M. Baltes & Lang, 1997; Featherman et al. , 1990; Freund & Baltes, 1998, 2002b; S. - C. Li & Freund, 2005; Marsiske et al. , 1995)。然而,与此同时,因为在应用时的普适性,就其部署能力和特定领域的细节而言,SOC 模型是相当开放的。

选择、最优化和补偿的定义

正如早先所提到的那样,我们从任何发展过程都包含选择和适应能力的选择性变化这一假定开始(P. B. Baltes, 1987; Featherman et al. , 1990; Freund & Baltes, 2002b; Krampe & Baltes, 2003; Marsiske et al. , 1995)。从大量的潜在发展道路中选择,为发展定向,使得高层次的功能水平成为可能。我们进一步假设,选择要带来成功的发展(获得的最大化,同时丧失的最小化),就需要与最优化和补偿的过程联合起来,共同发挥作用。

在行为理论的框架内——这只是许多可能的理论框架之一,三个成分可描述为:选择包括目标或结果;最优化包括旨在取得成功(理想的结果)的、与目标相关的手段;补偿包括在目标相关的手段中对丧失的回应,目的是为了保持成功或理想的功能水平(结果)。表11.5概述了这一方法,并提供了例子,这个例子来自于对谚语和用来评估个体使用SOC相关行为程度的自我报告问卷项目的研究。选择、最优化和补偿的定义可能暗示着相关的过程通常都是有意识的和有目的的。然而,事实并不必然如此。每一成分都可能是积极的或消极的、内部的或外部的、有意识的或无意识的。

表11.5　选择、最优化和补偿:简明定义和来自于谚语和问卷项目例子

策　略	在发展中的作用	谚语举例(Freund & Baltes, 2002a)	调查问卷项目举例(Freund & Baltes, 2002b)
选　择[a]	涉及方向性,关注发展结果,如目标。	杂而不精,一事无成。 每一个道路都走,永远也达不到终点。 不当机立断,必两头落空。	我总是集中于特定时间内最重要的目标。 当我考虑在生活中什么是我想要的时候,我会致力于1—2个重要目标。 为了实现某个目标,我愿意放弃其他的目标。
最优化	涉及获得和优化方法,并将之整合以达成目标/结果。	熟能生巧。 如果你最初不成功,那就努力、努力、再努力。 趁热打铁。	我一直依既定计划而努力,直到成功。 我一直努力,直到成功实现目标。 当我想要得到某些东西时,我会等待最佳时机。
补　偿	在原有方法丧失的情况下,通过替代的方法来达到功能的维持。	没有马就步行。 人手很多;一个人不能做的事情,总会有人能做。 没有风的时候,就拿起桨。	当事情不像原先那样运作时,我会寻找其他方式来做到。 当事情不再顺利时,我接受他人的帮助。 当事情不如原先运作的那样好时,我总是尝试其他方法,直到达到过去我所能达到的同样结果。

[a] SOC理论中选择可以分为两个方面:(1)选择性选择和(2)基于丧失的选择,这包括重新设计目标层次,减少目标数或各种过程,如调节渴望的水平,或制定新的可能的目标以匹配可用资源。

以下六点有助于将SOC置于一个更大的视角中。第一,我们假定SOC类似于一个通用的发展机制。如果在发展中加以运用,并很好地进行训练,那么,在所有功能领域的功能都会提升。第二,我们假定,SOC行为是发展中普遍发生的过程。第三,我们假定,SOC具有内在的相对性,他们的表现型要取决于特定个体和情境的特点。第四,SOC自身是一个发展性的结构。我们假定,它的表现在成年期达到顶峰。在儿童和青少年时期,系统还需要充实和历练。在老年,个体主要致力于维持(见Freund & Baltes, 2002b,年龄轨迹上的数据)。第五,SOC的功用并不是确定的,仍然存在经验效度的问题。在有些情况下,SOC可能是不适用的。第六,SOC各成分的功能在特定的行为系列中并不是一成不变的,如补偿。它们的逻辑身份会发生变化,如从积极到消极。相似地,一个原来在补偿情境中发展起来的应对丧失的行为可能在后来被激活,服务于最优化的过程。

一个来自于日常生活的例子可能有助于澄清三者之间的区别,该例子来自于老化研究,我们在早期致力于发展 SOC 模型时曾使用过(P. B. Baltes, 1984)。钢琴家 Arthur Rubinstein 在他 80 岁左右时仍然演奏得非常成功。当问他怎样做到高水平的演奏时,他在几次采访中间接地提到了三种策略之间的协调。首先,他讲到,他只演奏为数不多的几个曲目(选择);第二,他表示,现在练习得更为频繁(最优化);第三,为了应对演奏时手部机械速度的下降,他在速度上表现出更大的对比,以使快速乐章听上去比较快(补偿)。

593

选择: 选择性的和基于丧失的。正如上文中已经讲到的那样,选择涉及发展的方向、目标和具体结果。有两种类型的选择: 选择性选择和基于丧失的选择。选择性选择涉及个体自己选择的、自认为理想的方向。它的动力来自于动机驱动。基于丧失的选择是功能丧失的后果,典型的情况是包括作出调整,如改变渴望水平或改变目标结构、目标的次序。

严格地讲,在胚胎期的发展中,选择就出现了。这时的选择具有感觉系统的特点,如对光的不同敏感性和模式结构。信息加工的神经生理过程是另一个选择和基于选择的适应性变化的基本例子。在早期生物发展中细胞的选择性修剪(pruning)是另一个例子。另一个发展中选择的具体例子可能与来自于发展生物学的概念有关: 选择是一系列"个体发生潜能"(可塑性)结果"限渠化"(Waddington, 1975)的实现。还有一个选择的例子是目标体系(从技能到态度和价值观依次排列),这个体系定义社会和个体理想的发展框架。选择也可能包括避免某一发展结果,如非理想的自我。事实上,毕生发展可以被视为在趋向性和回避性目标上,权重和频率系统的、与年龄有关的变化(Freund & Ebner, 2005)。

最优化。最优化的关注点在于与目标或结果有关的手段或资源。因而,当选择是实现发展(定义为获得的最大化和丧失的最小化)的必要条件时,选择并不是发展呈现的充分条件。

此外,实现目标的条件和程序机制也是需要的,即最优化的方法或手段。最优化涉及旨在结果—方法资源和动机—目标发展的产生和精炼的过程,从而达到发展导向的积极结果(目标)。对心理学家来说,方法包括如技能学习的过程,以及坚持或延迟满足的动机能力的获得过程。总体上,最优化体系的复杂程度依赖于目标或结果的追求。如果这些是复杂的,那么最优化不是单一方法的精炼。相反,在更为复杂的情境中,最优化需要多种因素的相互结合和共同改善,这包括健康、环境和心理状况。

正如选择一样,最优化可能是积极的和消极的、有意识的和潜意识的、内在的或外在的。此外,最优化可以是特定领域和特定目标的,也可以是一般领域和一般目标的。最优化的最一般领域的观点是我们称之为发展储备能力(developmental reserve capacity)的产生(P. B. Baltes, 1987; Kliegl & Baltes, 1987),或发展的生命科学家可能称之为在神经的、行为的和社会的水平上的一般可塑性。因为它介入许多活动,产生高水平的一般可塑性可能是成功发展的最重要目标。

补偿。补偿是对与目标相关手段丧失的功能性反应(也见 Brandtstädter & Wentura, 1995; Dixon & Bäckman, 1995)。相比 Bäckman 和 Dixon(1992)提出的定义——将补偿限

制为对曾经用以达成目标的手段(资源)丧失的反应,补偿的这一定义更为具体,有更多限制。

有两个主要原因会导致补偿情境(Freund & Baltes, 2002b; Marsiske et al., 1995)。补偿可能正是选择和最优化的后果。由于有限的时间和精力,对某一目标的选择和最优化,相应地就意味着追求其他目标的时间和相关资源的丧失。发展总是得与失的动力学。当一个运动员努力在推铅球项目中达到高水平时,在其他运动项目上,如体操,就不可能达到相对比较高水平的表现。另一个例子是负迁移。目标技能体系 A 的获得可能导致给另一技能体系 B 带来负迁移(Ericsson & Smith, 1991)。

补偿的第二类原因,源于资源的根基及用于发展的生物、社会和环境资源的消极变化(也见于 Hobfoll, 2001, 关于资源理论)。从一个环境到另一个环境的变化可以涉及基于环境的资源(手段)丧失,或可能使得一些个体已经获得的方法变得功能失调。由生物老化造成的丧失或许是最知名的与年龄相关的资源的消极变化。伴随着老化,可塑性的程度和范围也会下降(Cotman, 1985; Finch & Zelinski, 2005; S.-C. Li & Freund, 2005; Nelson, 2006; Reuter-Lorenz, 2002)。结果,除了基于丧失的选择之外,补偿反应的演化也在不断地改变着生命后半段中的发展动态。

594

要对最优化和补偿在概念上进行区分,理解这一变化中发展的动态特别重要(Marsiske et al., 1995)。例如,在最初时,一些行为可能是补偿性的(如由于外语不熟练,从而获得非语言的交流技巧),而在后来的个体发生中或在不同的情境中,这些同样基于补偿的行为手段(非语言的交流技巧)可以被用为最优化的技巧,如提高水平,成为一名演员。因而,当判断应归为选择、最优化还是补偿时,分清某一行为发生的情境和发展的空间是非常重要的。

由于 SOC 模型并不涉及发展的具体内容和理想发展结果的形态,所以,它可以应用于多种发展的目标和手段。因而,在这一意义上,SOC 既是普遍的,又是相对的。它的普遍性在于任何发展过程都包括选择、最优化和补偿(P. B. Baltes & Baltes, 1990b; Marsiske et al., 1995)。它的相对性在于动机的、社会的和智力的资源上的变化,也包括定义成功发展的标准的多样性,这一标准可能是多变量的,既包括客观指标,又包括主观指标(P. B. Baltes & Baltes, 1990a)。

在下面两个部分,主要探讨在两个功能领域中的毕生发展理论和研究,我们偶尔还会回到与 SOC 相关的解释中。然而,我们的目的并不是将这一毕生发展的理论描述为包罗万象的。这也是不恰当的。在我们看来,带有补偿的选择性最优化模型仅仅是毕生研究和理论已经出现的一种理论上的努力。然而,我们认为,SOC 模型在各种分析水平上都表现出相当程度的一致性,可以有效地与当前发展心理学中其他的理论潮流联系起来,如动态系统理论(dynamic systems theory)。Krampe 和 Baltes(2003)已经在另一个领域阐明,智力领域是如何应用 SOC 理论,从而对智力的结构和功能进行不同的概念化分析。

SOC 理论的经验证据

SOC 理论的表述和检验正在各个领域延续。总体上,证据一直支持这种理论方法。报告使用 SOC 相关行为的人们也表现出更高水平的功能。此外,在行为层面,研究已经表明,个体表现出与 SOC 理论相一致的行为。这些结果是可以检验的。

年龄曲线。图 11.7 概述了横断年龄曲线上的证据。运用自我报告工具，对年轻人、中年人和老年人的 SOC 策略使用偏好进行评估。正如所预期的那样，使用所有的 SOC 成分的顶峰是在成年时期。在生命的早期和后期，SOC 系统似乎并没有充分地获得、激活或整合。在成人早期，以聚焦、协调的方式来进行人生计划，需要实践和改进（如 J. Smith, 1999）。愿望和意志没有充分协调。同样地，在老年人中，他们需要掌控仅有很少资源的情境。SOC 行为本身是需要努力和资源的。因而，年龄越大，越少使用最优化和补偿就不令人奇怪了。正如图 11.7 中所示的那样，老年人首要关注的是选择性选择和基于丧失的选择。

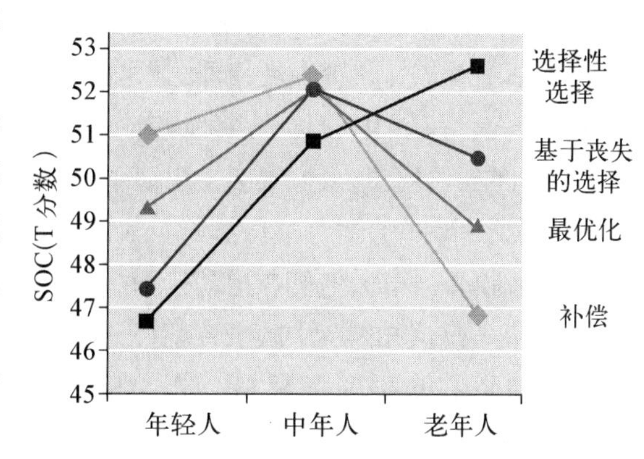

图 11.7 在四个 SOC 的成分上（选择性选择、基于丧失的选择、最优化和补偿），各年龄组的平均差异：中年人报告了最高，也许是整合度最高的 SOC 认可。

来源：改编自 "Life-Management Strategies of Selection, Optimization, and Compensation: Measurement by Self-Report and Construct Validity" by A. M. Freund and P. B. Baltes, 2002b, *Journal of Personality and Social Psychology*, 82, pp. 642 - 662.

595

选择、最优化和补偿的过程也存在于有关日常生活管理的心理表征中。Freund 和 Baltes(2002a)使用谚语来研究了这一问题。他们向人们呈现生活中的问题，然后询问哪一个谚语最适合这一情境。成年人偏好使用表明 SOC 行为的谚语。此外，当都是选择了相称谚语时，最年长者的选择反应时和年轻人一样快。因为在年龄跨度的研究中，反应时通常都会随着年龄而下降，所以这一发现表明，基于 SOC 的心理表征得到了充分的练习。

生活任务的管理和掌控。研究的另一领域是家庭职业界面的管理(B. B. Baltes & Heydens-Gahir, 2003; Wiese, Freund, & Baltes, 2002)。在横断研究和纵向研究中，配偶报告 SOC 相关行为使用得越多，他们在两个领域中感受到的发展状态得分也越高，幸福感也越强。大学学习行为任务中也获得了相近的发现(Wiese & Schmitz, 2002)。至于老年的任务，Margret Baltes、Frieder Lang 及其同事的研究也是相关的(如 Lang, Rieckmann, & Baltes, 2002)。他们证明，特别是在高度困难的情境中，表现出与 SOC 理论相一致行为的年长者，会从中获益。毕生研究的另一主题涉及重大生活事件如疾病的管理。在沿这一主线的调查中，Gignac、Cott 和 Badley(2002)已经表明，患骨关节炎的老年人通过采用与选择、最优化和补偿相一致的行为，成功应对了他们的疾病。

双重任务研究和行为指标。双重任务研究是 SOC 理论被证明充满希望的另一领域。双重或多重任务研究探索个体能同时执行多个任务的程度，以及多个任务的表现(如边走边记)是相互促进还是相互干扰。这种多任务情境是以日常行为生态学为原型的。而且，随着年龄的增加，儿童越来越善于同时处理多个任务，并使所谓的双重任务消耗最小化。而在老化的进程中，情况则正好相反。

将发展视为一个共变和协调过程的系统,以及不同的资源分配过程的系统,双重任务研究正是一个主要从这一角度研究发展的模型。有几个研究已经对这一模型内的 SOC 理论进行了检验,并检验了研究发现与理论预测之间的一致性。在后面的章节中,我们将详细地记述这些研究。在这里,对这一系列研究作简要的叙述。

在我们的实验室中,我们集中关注动作行为(如走、保持运动平衡)与各种记忆过程和解决认知任务之间的联合表现。虽然老年人的双重任务耗费更高,但是他们在任务分配上表现出清晰的偏好。例如,他们在运动行为(可能因为在老年摔倒是高危行为)上投入更多的资源,更倾向于从认知任务中减少资源投入。此外,在行为层面,老年人能有效地应用补偿技能以维持更高水平的表现(K. Z. H. Li, Lindenberger, Freund, & Baltes, 2001; Lindenberger, Marsiske, & Baltes, 2000)。

这些初步的自我报告和观察及实验研究支持适应性发展的 SOC 理论的观点。研究发现的模式表明,运用选择、最优化和补偿的个体能更好地产生新的发展资源,并且通过有效的分配,而产生更为有效的可用资源以应对生活中的任务。因而,SOC 的功能就像强化发展和预防丧失的通用机制。作为适应性发展的一般理论,它描述一系列的策略,使个体掌握生活中的一般任务,包括那些来自于早先概括出的总体毕生程式,即我们提到的资源分配上的一个系统性的变化——应对丧失的资源比例越来越高。

层次 5 的第一个例子: 毕生的智力功能

在下面两部分,我们将聚焦于两个重要的个体发展领域——智力功能和人格,从而呈现更为具体的毕生研究和理论。总体上,我们呈现这一研究的方法是,简要叙述一般理论观点,在这一框架下,对某一研究进行定位和解释。自始至终,我们也努力强调发展的生物文化共同建构论的观点(P. B. Baltes et al., 2006)。

596

毕生导向对发展变化所起的作用,关键在于将有关个体发生全过程的宏观总体理论假设,与更为微观的关于特定发展功能、过程和年龄阶段的研究整合起来。具体地讲,兴趣在于婴儿期、儿童期、青少年期、成年期、老年期发展不同方面的研究者,所得到的知识基础需要相互结合与比较,用导向毕生途径的主题和假设予以组织。反过来,人们希望毕生观点和发现的整合,反馈于更为具体的年龄和过程的发展领域,提供更大的解释框架,唤起对新的或原来被忽视的研究问题的调查(Lindenberger, 2001)。

智力发展领域很早就受到毕生心理学的关注(Hollingworth, 1927; Sanford, 1902),并且这种关注仍在持续(如 Craik & Bialystok, 出版中),最适合演示这一动力学的潜能。智力发展的中心主题,如相对的稳定性(也就是与时间一起的协变性)、方向性(也就是平均水平随着时间而变化)、可塑性(也就是平均水平和协变性变化的可训练性),以及认知发展中以知识为基础的过程的作用,这些主题在毕生理论化的过程中一直发挥着重要作用,很适合例证专门的研究内容和毕生发展的全部概念之间的动力学。

毕生智力发展的生物学和文化

图 11.1 概述了我们提出的个体发生的总体观点。关于毕生智力发展理论的可能形式和内容,这一总体观点施加了许多限制。最为重要的是,毕生智力发展的任何模型或理论需要承认,个体发生是由生物和文化这两种与生俱有的、相互交织的维度共同建构的(Durham, 1991; 也见 P. B. Baltes et al., 2006; S.-C. Li, 2003),需要在不同的领域和不同的分析水平上,为这两种与生俱有的维度,提供一个发展调查的框架。具体地讲,这一模型应该和图 11.1 中概述的生物和文化之间的毕生动力学的三方面特征相一致,也应该和表 11.3 概述的一系列理论假设相一致。

毕生认知的双成分模型:机械对实用

在过去,由我们中的一个(P. B. Baltes, 1987, 1993, 1997)发起,但是很快就和其他人(如 P. B. Baltes et al., 1984; P. B. Baltes, Staudinger, & Lindenberger, 1999; S.-C. Li, 2002; Lindenberger, 2001)共同发展,曾提出了一个理论框架来研究智力的发展。在这一框架中,将智力功能分为两类或两个成分:认知机械和认知实用。将这两类并列,并不意味着他们是独立的或相互排斥的;相反,在智力行为的产生中,他们之间的相互作用贯穿个体发生和微观发生的过程中。作为一个一般原则,认知机械因为它的演化基础,从而在个体发生的早期就开始不断演化,并且,致力于获得更高的以知识为基础的认知功能(相似的假设见于 Gf/Gc 理论,Cattell, 1971)。

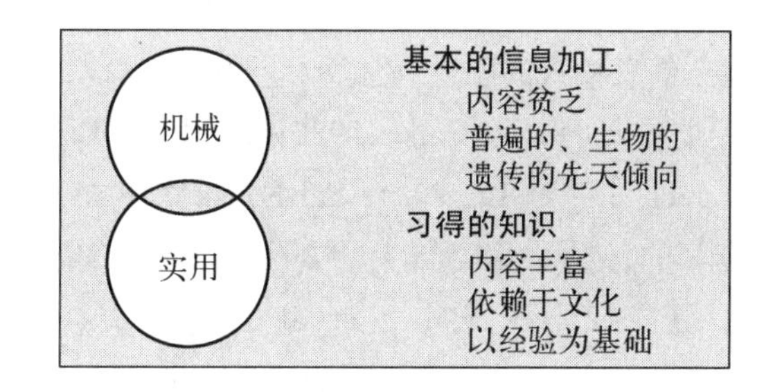

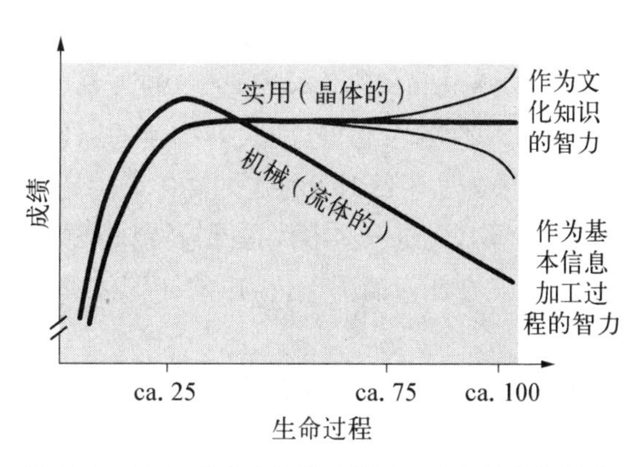

图 11.8 认知双成分的毕生研究:(1) 流体机械和 (2) 晶体实用。上图对两类认知进行定义;下图描述了假定的毕生轨迹。

来源:改编自 "Psychological Aspects of Aging: Facts and Frontiers" (pp. 427 - 459), by P. B. Baltes and P. Graf, in *The Life-Span Development of Individuals: Behavioural, Neurobiological and Psychosocial Perspectives*, D. Magnusson (Ed.), 1996, Cambridge, England: Cambridge University Press; From "Major Abilities and Development in the Adult Period" (pp. 44 - 99), by J. L. Horn and S. M. Hofer, in *Intellectual Development*, R. J. Sternberg & C. A. Berg (Eds.), 1992, New York: Cambridge University Press.

历史上,我们对人类发展总体图景的观点形成,是与机械—实用之间区别的扩大和系统化紧密联系的(P. B. Baltes, 1987, 1997; P. B. Baltes, Lindenberger, & Staudinger, 1998; S.-C. Li, 2003)。具体地讲,我们将认知机械解释为智力的神经生理学结构的表达,它们在生物演化中不断演化(比较 Gigerenzer & Todd, 1999),在个体发生过程中逐渐展开(McClelland, 1996; W. Singer, 1995)。相比较,认知实用与来自文化中的或以文化为媒介的知识体相联系(见图 11.8 的上部)。

认知机械。认知机械与生物的，包括神经生理的脑生理状态联系密切，主导性的以年龄分级的个体发生模式是，成熟、稳定和年龄导致的衰退。特别是在个体发生的早期和后期，研究者认为，在这一成分中以年龄为基础的变化主要反映了与脑生理状态紧密相关的因素，虽然在早期和后期是以完全不同的方式(P. B. Baltes, 1997; S.-C. Li, Lindenberger, et al., 2004; Lindenberger, 2001)。在个体发生的早期(如胚胎期、婴儿期和儿童早期)，研究者假设，机械中基于年龄的变化大部分由或多或少特定领域的和遗传预先设置的加工能力的展开和积极构建而组成(Elman, et al., 1996; Wellman, 2003)。相比较而言，在生命后期，认知机械所出现的消极变化可能来自于这一时期种系发生的选择压力效力下降对大脑的影响(Kirkwood, 2003; Thaler, 2002; 见"老年人的机械与实用")。在那一意义上，认知机械的毕生水平变化的轨迹可源于图 11.1 左图中所展示的毕生变化。

597

因而，认知机械反映了中枢神经系统的组织特性(W. Singer, 1995)。就心理操作而言，我们假定认知机械以速度、精确性和基本过程加工的协调性为指标，可以在下列任务中加以测量：信息输入的质量、感觉和运动记忆、分辨、分类和选择性注意，以及在过度学习或新领域中的推理能力(Craik, 1986; Craik & Bialystok, 出版中; Craik & Salthouse, 2000; Hommel, Li, & Li, 2004; Salthouse & Kail, 1983)。在神经元水平，大脑中以年龄分级的解剖学的、化学的和功能上的变化及其与认知机械的复杂联系被逐渐揭开，认识日益精确，范围更广(P. B. Baltes et al., 出版中; Cabeza, Nyberg, & Park, 2004; Craik & Bialystok, 出版中; Lindenberger, Li, & Bäckman, 出版中)。

认知实用。与认知机械相比，认知实用展现了人类行为和文化的力量(Boesch, 1997; Cole, 1996; Valsiner & Lawrence, 1997; S.-C. Li, 2003; Shweder, 1991)。认知实用也处于社会化事件的中心，遵循共同构建的原则(P. B. Baltes et al., 出版中; S.-C. Li, 2003)。其中一些事件对于特定的文化来讲是常态的(如正式的学校教育)，其他的更具普遍性(如辅导)，还有一些事件是比较特殊的或是针对特定个人的(如特定的生态学的和职业的知识)。在任何情况下，相应的知识体都有内在的(如语义结构)或外在的(如书籍)表征。

认知实用将毕生发展学家的注意力导向了以知识为基础的智力形式，而这种智力形式在个体发生过程中日益重要(P. B. Baltes & Baltes, 1990a; Ericsson & Smith, 1991; Hambrick & Engle, 2002; Krampe & Baltes, 2003; Labouvie-Vief, 1982; Rybash, Hoyer, & Roodin, 1986)。典型的例子不仅包括阅读和写作技能、教育资历、职业技能和日常问题解决的多样性，也包括关于自我、生命的意义及道德的知识(P. B. Baltes & Staudinger, 2000; Blanchard-Field, 1996; Bosman & Charness, 1996; Marsiske et al., 1995; Staudinger et al., 1995; 见"Face and Facets of the Study of Personality Development across the Life Span")。这种认知实用知识是在个体发生过程中获得的，但是许多是建立在进化预先建构的、特定领域的知识之上(Charness, 2005; Elman et al., 1996; Tomasello, 1999)。

机械和实用在毕生轨迹上的分离。前面的描述也包含着对两种认知功能——机械和实用——个体发生轨迹的明确预测(见图 11.8 中下面的部分)。具体地讲,研究者假定,两种不同的影响源决定着两类认知功能的成绩水平:对机械来讲是生物—基因,对实用来讲是环境—文化。年龄轨迹上的预期分离被视为这种差异的结果。 598

支持毕生认知双成分设想的经验证据来自于各种不同的研究传统(见后面的讨论)。或许,时间最久的证据是智力的不变性和易变性之间的差异(Salthouse, 1991; 比较 Jones & Conrad, 1933)。主要包括机械的能力,如推理、记忆、空间定向和知觉速度,在成人期总体上呈现出单向的、大致线性的下降,并且在老年晚期会出现加速下降。相比较,更具实用特点的能力,如言语知识和某些数方面的能力,在六七十岁时仍然保持稳定或增加,只有在老年晚期才会开始出现下降的迹象。

图 11.9 基于西雅图纵向研究(the Seattle Longitudinal Study)第五次收集的数据(Schaie, 1996; 也见 Schaie et al., 2005),可以作为证据。它表现了智力的六个能力指标上的成人横断年龄曲线(Schaie & Willis, 1993)。言语能力和数理能力在成年中期达到顶峰,在 74 岁之前很少或没有随着年龄的增加而下降,而知觉速度、归纳推理、空间定向和言语记忆则表现出稳定的单向下降。对于在成年和老年期,机械和实用的年龄曲线基本分离,近期基于纵向和纵向/横断综合研究的数据所作的分析提供了另外的且更为直接的支持(Salthouse, 1991; Schaie, 1996; Schaie, Maitland, Willis, & Intieri, 1998; T. Singer, Verhaeghen, Ghisletta, Lindenberger, & Baltes, 2003)。

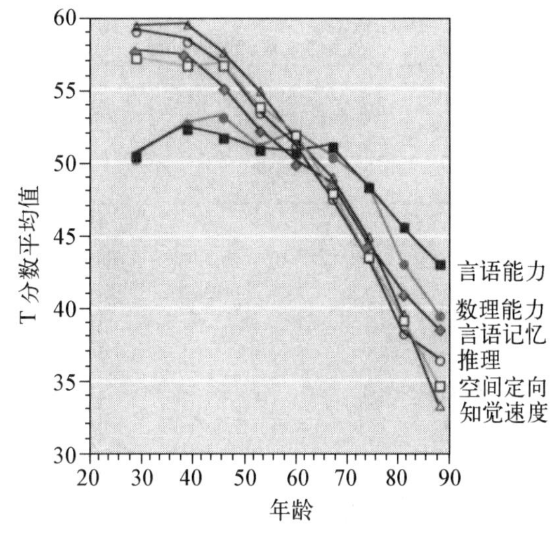

图 11.9 在六个主要智力功能上的横断年龄曲线(N=1628)。采用 3—4 个不同的测验对能力进行评估,然后转换成 T 分数(即平均数=50,标准差=10)。言语能力和数理能力在成人中期达到顶峰,在 74 岁之前表现出很少甚至于没有表现出年龄带来的衰退。相比较,知觉速度、归纳推理、空间定向和言语记忆表现出稳定且单向的衰退。这种不同的模式——即普遍性的成长、保持和随后的丧失,支持毕生智力发展的双成分模型,如 Cattell(1971)和 J. L. Horn(1982)提出的流体和晶体智力的区分或 P. B. Baltes(1987,1993)提出的认知机械和实用的并存。

来源:From "Age Difference Patterns of Psychometric Intelligence in Adulthood: Generalizability within and across Ability Domains," by K. W. Schaie and S. L. Willis, 1993, *Psychology and Aging*, 8, pp. 44 - 55.

在最近进行的一项横断研究中,Shu-Chen Li 和他的同事(2004)做了一个调查,即机械和实用的智力能力在年龄轨迹上的分离,是否如毕生心理学所预测的那样可以在整个生命过程中观察到。作者使用了由 15 个测验组成的心理测量组,以此来评估流体机械的三个具指标意义的能力(知觉速度、推理和流畅性),以及晶体实用的两个具指标意义的能力(言语知识和流畅性),实验对象的年龄介于 6—89 岁之间。被试被分为六个年龄组,儿童组(6—11 岁)、青少年组(12—17 岁)、成人早期组(18—35 岁)、成人中期组(36—54 岁)、成人后期组(55—69 岁)和老年组(70—89 组)。此外,S.-C. Li 等人(2004)也

599

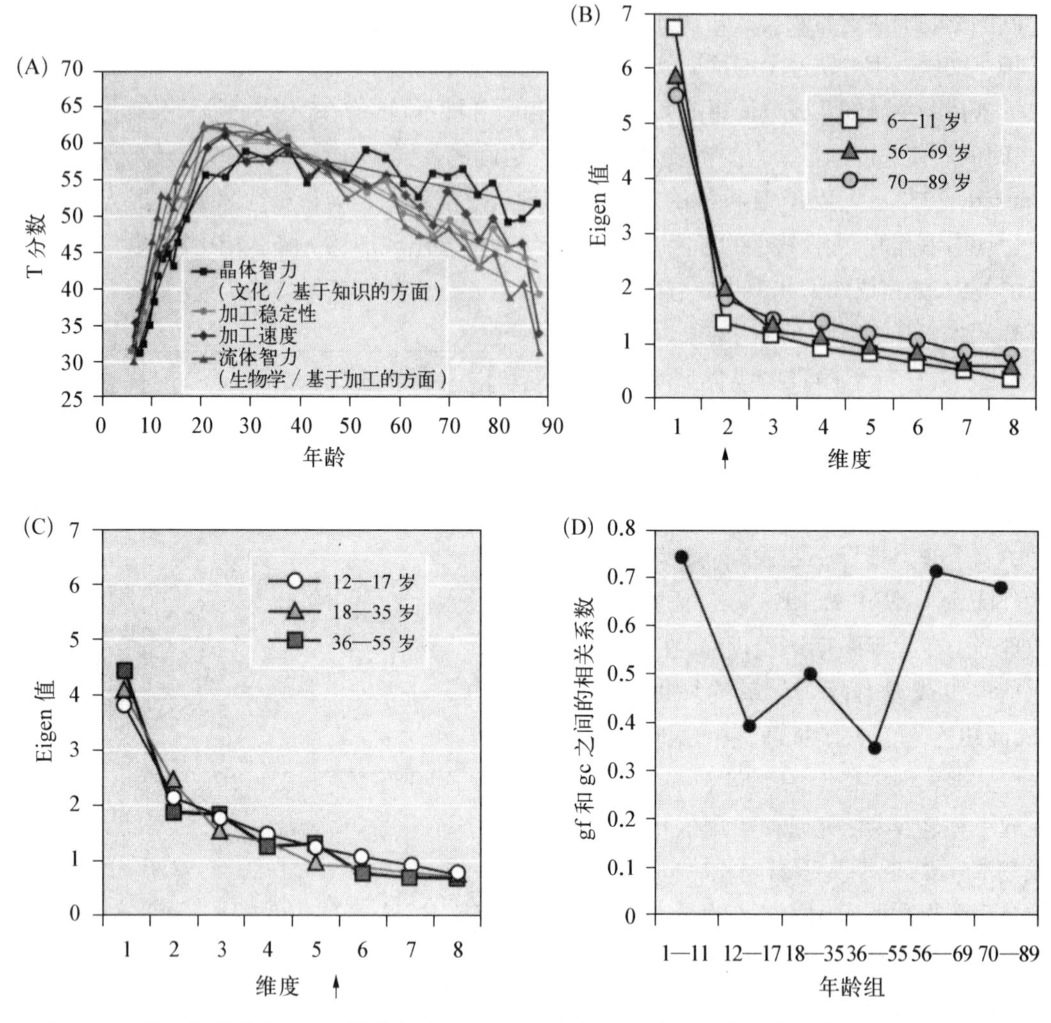

图 11.10 毕生智慧能力。(A) 晶体智力、加工稳定性、加工速度和流体智力的横断年龄曲线。晶体智力代表着认知实用,而加工稳定性、加工速度和流体智力代表着认知机械。实用和机械间年龄曲线上的差异支持认知发展的双成分模型。(B, C) 六个年龄组 15 个智力测验的基本成分分析结果。(D) 六个年龄组流体智力和晶体智力间的相关系数。B—D 图支持这一假设,即与青春期和成人期相比,智慧能力在儿童期和老年期的区分较小。

来源: From "Transformations in the Couplings among Intellectual Abilities and Constituent Cognitive Processes across the Life Span" by S.-C. Li, U. Lindenberger, B. Hommel, G. Aschersleben, W. Prinz, and P. B. Baltes, 2004, *Psychological Science*, 15, pp. 155-163.

使用了一个基本反应时任务,以此来作为加工速度(如五个任务上个体的平均反应速度)和加工稳定性(如任务内个体反应时的平均波动的相反情况)的指标。正如所预测的那样,两种信息加工和流体—机械成分的毕生轨迹与晶体—机械成分的轨迹有明显差异(见图 11.10)。此外,在机械领域内,两种信息加工指标的轨迹与流体机械成分的轨迹相比,达到横断研究毕生顶峰的时间更早。这也支持这一观点,即实用变量的混入污染了一般流体智力的标准评估。

600

双成分模型：与其他多成分理论的相关

可以证明的是，Tetens(1777)提供了毕生认知双成分模型的早期综合性表述(Lindenberger & Baltes, 1999)；他提出了绝对能力和相对能力的定义，这非常接近认知机械和实用的定义。不管是在概念上还是在历史上，相对最为接近毕生智力发展双成分模型的理论是流体智力(Gf)和晶体智力(Gc)，这是由Cattell(1971)和Horn(1982；比较性的讨论见P. B. Baltes et al., 1998; Lindenberger, 2001)提出的。其他的和双成分模型相关的分析包括Ackerman(如1996)的过程、人格、兴趣和知识(PPIK)模型，Hebb(1949)在智力A(如智力动力)和智力B(如智力产品)之间的区分，Rybash等人(1986; Hoyer, 1987)提出的成人智力的包装模型，以及Sternberg(1985)的智力三成分理论，特别是Berg和Sternberg(1985a)对三成分理论的发展性解释。

在这里，我们将进一步分三个部分详细描述双成分模型：机械、实用和它们之间的相互关系。这三部分的目的并非是为了全面，而是要进一步详细描述认知的双成分及它们之间的互动。

认知的流体机械

在开始这一部分时，我们首先简述一个毕生的结构，这一结构一直被认为促成或调节在认知机械中基于年龄的变化。然后，我们认为，在机械中，许多基于年龄的变化的证据所依据的测量并不纯净，即被认知的实用污染了，并且，我们强调，有必要对机械功能上限的个体差异作更为有效地评估。与双成分模型相一致，我们预测，在纯净的测量条件下，机械上的年龄差异会增大。并且，我们会提供一个来自于成人期的实证例子，以支持这种预测。

寻找机械发展的决定因素

尽管智力发展在研究方法上存在大量的重叠，但令人奇怪的是，几乎没有研究试图追踪从婴儿、儿童发展到成人和老年时期的主题，或在儿童期就确认成人期和老年期的主题和可预测的前提条件(见S.-C. Li, Lindenberger et al., 2004)。在这方面有一个很重要的例外情况，即有关智力功能上一般信息加工限制的毕生年龄变化之研究，或也可以称之为在认知机械中基于年龄变化的前提因素之研究。在儿童发展(Bjorklund, 1997; Case, 1992; McCall, 1994; Pascual-Leone, 1983)和认知老化(Birren, 1964; Cerella, 1990; Craik & Byrd, 1982; Hasher & Zacks, 1988; S.-C. Li, Lindenberger, & Sikström, 2001; Salthouse, 1996)两个领域的研究者，一直努力识别发展的决定性因素或"可发展因素"(developables)(Flavell, 1992)，正是这些因素在调节着认知和智力功能中基于年龄的变化速度。一些学者已经开始将这两个调查思路联系在一起，对于结构和/或信息加工的效率中基于年龄的变化提供统一的描述(如Craik & Bialystok, 2006; Hommel, Li, & Li, 2004; S.-C. Li, Lindenberger, et al., 2004; Salthouse & Kail, 1983; Wellman, 2003)。

在许多情况下，这些努力的中心目标是确定认知机械中以年龄分级的变化的数量(维数)、特性和因果动力学。虽然这一任务看起来概念清晰，但是在方法论上却相当复杂(P. B. Baltes & Labouvie, 1973; Hertzog, 1985; Hertzog & Nesselroade, 2003;

Lindenberger & Pötter, 1998; Reinert, Baltes, & Schmidt, 1966)。实足年龄夹带着大量的动因,这些动因有着不同的且相互交织的时间动力学和时间表,如离出生的时间、离死亡的时间、离疾病发生的时间,但是也包括长时间的实践或形式训练。例如,当假设两个动因指标的两个变量遵循一个相似的个体发生路径,这并不意味着两个动因在功能上是相关的。因而,关于认知机械发展的决定因素的证据需要谨慎地进行评估,特别是在基于异质年龄的横断研究数据系列时(Lindenberger & Pötter, 1998)。

601 在接下来的部分中,我们有选择地论述认知机械中毕生变化的可能决定因素的研究。我们从定位于信息加工分析水平的三个结构开始,以描述在神经元水平上年龄分级的变化结束。在认知机械领域,要深入理解毕生变化的决定因素,将依赖于两种分析水平的整合,即经验和概念水平(Buckner, 2004; Craik & Bialystok, 出版中;S.-C. Li, 出版中;S.-C. Li & Lindenberger, 1999; Lindenberger, Li, & Bäckman, 出版中)。

在信息加工水平上,加工速度(Cerella, 1990; Salthouse, 1996)、工作记忆(Baddeley, 2000; Just, Carpenter, & Keller, 1996)和抑制(Hasher & Zacks, 1988)得到了最为广泛的研究。很明显,根据认知机械的双成分模型,这三个机制的功能水平遵循倒"U"型模式。因而,在原则上,这些机能的任一结合能在认知机械中作为毕生发展的引导者发挥作用。

加工速度。在各种各样的认知和知觉任务中,从儿童期到成人早期,反应速度显著增加,然后逐渐下降。这一观察发现引出了毕生认知发展的加工速度假设。很可能,与儿童发展研究(如 Hale, 1990; Kail, 1996)相比,在认知老化研究中(如 Birren, 1964; Cerella, 1990; Salthouse, 1996; Welford, 1984),这一假设占有更为中心的位置。在认知老化的例子中,随着年龄的增加,认知行为总体上的减速被描绘为是信息加工速度衰减的结果。在横断研究中,心理测量评估的知觉速度解释了其他能力中大多数或全部消极的成人年龄差异,即使这些其他能力在评估时处于时间较为宽松或不限时的测验条件下(综述见 Verhaeghen & Salthouse, 1997)。然而,心理测量评估的知觉速度并不是一个单一的结构或原始的加工处理,而是一个因素的复杂整体,它的组成可能随着年龄的功能而变化。确认加工速度的年龄差异与神经元之间的相关的尝试,也产生了混合的结果(如 Bashore, Ridderinkhof, & van der Molen, 1997)。

工作记忆。通常,工作记忆是指在转换同样的或其他信息的同时,对信息进行短暂保存的能力(Baddeley, 2000; Just et al., 1996)。工作记忆上的年龄差异一直被视为儿童期智力成长(Case, 1985; Chapman & Lindenberger, 1992; Halford, 1993; Pascual-Leone, 1970)及成人期和老年期智力衰退(Craik, 1983; Oberauer & Kliegl, 2001)的可能原因。就儿童期而言,新皮亚杰主义的理论家一直主张,工作记忆上的变化是儿童智力发展的主要引导者之一(如 Pascual-Leone, 1970)。

当对加工的需要增加时,儿童期积极的年龄差异和成人期消极的年龄差异会变得更为显著(Mayr, Kliegl, & Krampe, 1996)。尽管有这一支持性的证据,但是工作记忆结构的解释效力仍难以判断。例如,工作记忆中基于年龄的变化常常间接地由加工速度上的变化来解释(Case, 1985; Salthouse, 1996)。另一个问题涉及我们对工作记忆核心功能——行动或思想的(有意识的)控制——的了解还非常有限。在最有影响的工作记忆模型中(Baddeley, 2000),这一任务被定为中央执行。来自于发展心理学(Houdé, 1995; McCall, 1994)、认知实验和比较心理学(Engle, Kane, & Tuholski, 1999)以及认知神经科学(Miller & Cohen, 2001)的证据表明,行为和思想的抑制能力以及避免来自于其他加工流的干扰,而并非工作记忆容量本身,对这一部分功能的有效发挥来讲是关键性的。

抑制和干扰。在过去的十年中,来自于不同传统和研究领域的发展学家们一直着力于抑制和干扰机制的研究(Bjorklund, 1997; Engle, Conway, Tuholski, & Shishler, 1995; Hasher & Zacks, 1988; Houdé, 1995; McCall, 1994)。与知觉速度测量中的发现相似,毕生年龄曲线的研究一直使用一些典型的干扰倾向测验,如 Stroop 彩色单词测验。研究结果表明,儿童和老年人在同时抑制无关行为倾向上,比青年人更为困难,尤其是在老年人中更为明显(Dempster, 1992; Hommel et al., 2004; Mayr, 2001)。然而,已经证明,对于这一现象以抑制为基础的解释,还是以激活为基础的选择性注意和工作记忆容量解释,两者难以分离(Engle et al., 1995; Hommel et al., 2004)。

602

机械发展的认知神经科学方法:前额回的例子。脑成像方法的发明使研究者可以进一步深入地了解行为层面和神经层面之间的实证联系。这一趋势对于发展心理学在概念上和实证上的意义在别的地方再作更为全面的探讨(如 P. B. Baltes et al., 出版中;Cabeza et al., 2004; Craik & Bialystok, 出版中;S.-C. Li, 2002; Lindenberger et al., 出版中)。在接下来的讨论中,我们将仅限于前额回中成熟和衰老的变化。已有证据表明,这些变化可能在促成儿童期和老年期认知机制的变化中发挥了重要作用。

我们首先从一些区域性的脑发展现象开始。在早期的个体发生中,前额皮层及相连的神经网络经历了复杂而深刻的解剖的、化学的和功能上的变化,这种变化一直延续到青少年。在皮层发生过程中,神经系统的可塑性使得神经元联结的生成和依赖于经验的消除成为必需(Huttenlocher & Dabholkar, 1997)。在脑发展中,可塑性最大的区域从基本的感觉和运动区向随后的前额区发展(Chugani, Phelps, & Mazziotta, 1987)。计算机模型表明,较晚成熟的区域需要早期成熟区域的信息输入,以表征更高层次的概念(Shrager & Johnson, 1996)。可以证明,促肾上腺皮质波的渐进依次发展为大脑皮层组织的发展提供了一个局部时程的限制。

在成人后期,与大多数其他脑区相比,前额皮层及功能上相连的基底神经节也出现了更大的衰退,衰退迹象出现得也更早。在一个神经解剖学的文献综述中,Raz(2000)报告,脑重的下降在成年期是每十年下降总重的 2%,脑前部的下降尤为显著(纵向研究的证明见 Raz, Lindenberger, et al., 2005)。在神经化学水平,儿茶酚胺系统的变化发挥了重要的作用,最为显著的是多巴胺(Bäckman & Farde, 2004)。最终,神经功能研究指向了在前额皮层的功能组织中与年龄相联的变化,如大脑半球活动不对称的下降(如 Cabeza, 2002)。

行为发展和不同脑区之间的联系仅仅是刚开始出现(如 Lindenberger et al., 出版中),并且,前额回的毕生变化和行为变化之间的精确联系仍尚未明了。类似于工作记忆的功能和通常会归入“执行功能”或“认知控制”名下的功能看起来与之相关(Engle et al., 1999;

Kliegl, Krampe, & Mayr, 2003)。人们认为特别依赖于前额回的情境往往需要多任务或多种任务成分的协调。典型的例子包括刺激驱动的行为倾向的抑制(Metcalfe & Mischel, 1999; Salthouse & Meinz, 1995)、实施多任务(Mayr et al., 1996; Salthouse, Hambrick, Lukas, & Dell, 1996)和在刺激高度模糊下的反应选择(Kramer, Hahn, & Gopher, 1999; Kray & Lindenberger, 2000)。对协调需求的不同感受性可能有助于解释这一现象,即当让被试不限时间来解决问题时,为什么在流体智力的标志性测验中,如瑞文智力测验,毕生年龄差异趋于持续存在(比较同时性机制,Salthouse, 1996)。

对于前额回的毕生变化与认知实用之间的联系,未来的研究还需要作更为精细的阐释。考虑到在个体发生的早期和后期,前额回变化的原因有着根本的不同,并且生命后期的变化发生于一个具有丰富且异质学习史的认知体系中,因此,对于生命的早期和后期之间脑—行为匹配紧密相似的任何预测,看起来都不够可靠。

认知机械中基于年龄的差异:对测量纯化的需要

正如在标准的横断和实时纵向研究中所获知的那样,在智力任务和测验中,所观察到的年龄差异或变化不能认为是直接和纯粹地反映了认知机械。事实上,除了认知机械本身,这种差异或变化受到了多种因素的影响,范围从认知实用的各个成分(如与任务相关的前实验知识)到其他的个人特征(如测验焦虑或成就动机;比较 Fisk & Warr, 1996)。对于这种混入了认知实用变量的认知机械的测量来说,一个可能的标志是在典型的流体智力测验中成绩的长期升高(比较 Flynn, 1987; Schaie et al., 2005)。在我们看来,这是一个开放的问题,即是否 Flynn 所认同的解释——这些历史变化反映了流体智力本身的变化——是正确的。除非将基本的流体智力的纯净测量包括进去,否则,我们认为更可能的是,这些历史变化是认知实用的变化,而非认知机械(也见 Schaie et al., 2005)。

603

更好地估计认知机械中个体的操作潜能,这种需要根植一个毕生主张,即渐成是随机的,但并非任意的;因而,可塑性或多或少会受限制(P. B. Baltes, 1987; Gottlieb, 1998; Hagen & Hammerstein, 2005; R. M. Lerner, 1984; 见表 11.3)。如果是想将年龄增长过程中的可能性与不可能性相互分离,并充实在认知机械中年龄差异的证据,测量的内容需要趋向成绩潜能的上限。这一推理思路和其他研究传统的主张相像,如临床的和发展的诊断(Carlson, 1994; Guthke & Wiedl, 1996)、成绩和能力之间的区别、格式塔和文化—历史理论导向(Vygotsky, 1962; H. Werner, 1948),以及早期对毕生学习差异的研究(B. Levinson & Reese, 1967)。虽然在方法论和目的上各有不同,但是所有这些传统都是由探索个体智力水平的上限这一兴趣激发的。

测试认知机械中年龄差异的极限。在毕生发展心理学中,也正如前面间接提到的那样,测试极限范式作为一种研究策略已经被引入,以揭开毕生机械功能上限的年龄差异(P. B. Baltes, 1987; Kliegl & Baltes, 1987; Lindenberger & Baltes, 1995b)。这一范式的中心在于创设实验条件,以达到最佳(渐近的)成绩水平。因而,与生物学和医学中的压力测验相似(M. M. Baltes, Kühl, Gutzmann, & Sowarka, 1995; Fries & Crapo, 1981),测试极限的方法旨在提供大量的实践和(或)训练,并结合任务难度上系统的变化,以此使认知成绩达到最佳水平。此外,与研究变化的微观遗传学方法相一致(Siegler & Crowley, 1991; Siegler, 本《手册》本卷第11章),测试极限范式也基于同样的假设,即微观遗传上的变化和可变性可能有助于找出潜藏在个体发生变化中的机制(见 H. Werner, 1948)。因而,除了更为一般的测量净化的目标之外,人们假定,详细分析压缩时间内的发展变化功能增加了我们对中期和长期发展变化的机制及范围的理解(Hulsch & MacDonald, 2004; S.-C. Li, Huxhold, et al., 2004; Lindenberger & von Oertzen, 出版中)。

一个原型的例子:在短时记忆上限的成人年龄差异(系列单词回忆)

图11.11显示了一个研究结果,这一研究包括共38次训练和实践,均采用位置记忆法,这是一个词表的序列回忆方法的记忆技巧。这一研究的两个发现值得注意。第一,两个年龄组的记忆成绩都有大幅改善。这一发现证实了早期的研究,即在认知健康(也就是没有痴呆)的老年人中,认知可塑性仍然存在(P. B. Baltes & Lindenberger, 1988; P. B. Baltes & Willis, 1982; Verhaeghen, Marcoen, & Goossens, 1992)。第二,实践和训练产生了近乎完美的两个年龄组的分离,从而表明,在功能极限上,存在相当大的消极的年龄差异。即使在38次训练后,大多数老年人也没有达到年轻人仅几次训练后的水平。此外,在研究结束时,没有一个老年人的功能达到年轻组的平均数之上。最近刚刚进行的一个调查发现,在老年的最晚期,成绩上限的水平进一步下降(T. Singer, Lindenberger, & Baltes, 2003)。

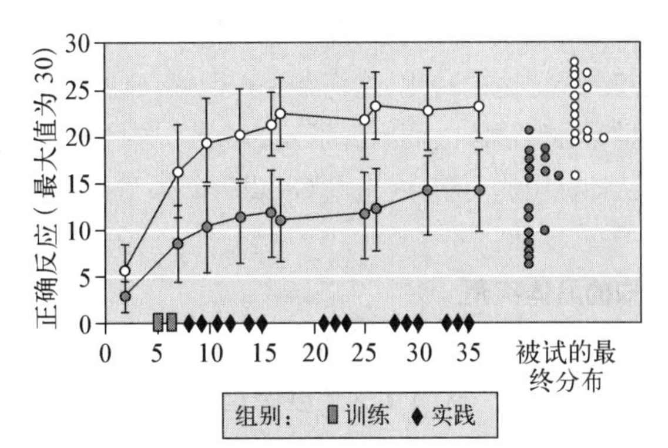

图11.11 测试极限研究,旨在找出成绩潜能的渐近线,研究表明,在认知机械上存在与年龄相连的丧失。上述例子包含一个记忆技巧——位置记忆法。38次训练后,大多数老年人达不到年轻人仅几次训练后的水平。在最终的分布中,没有老年人达到年轻人的平均数之上。改编自 P. B. Baltes & Kliegl, 1992。

604

我们一般都会认为,认知机能在成人期和老年期会下降,这种观念和测试极限范式中的发现相一致。考虑到我们关于认知机械适应能力上毕生变化的假设和标准测验受到知识污染的特性,我们预测,当个体有机会接近机能潜力的上限时,一生中成绩水平的顶点还会发生在更为年轻时。近期的实验研究也证实了这些预测(Brehmer, Li, Müller, Oertzen, & Lindenberger, 2005)。

除了包括很宽的年龄范围之外,未来对行为可塑性上毕生差异的探索也可能包括功能和解剖的神经测量,以识别在行为和神经可塑性之间相关的毕生差异(相关的例子见 Kramer et al., 出版中; Nyberg et al., 2003)。关注最大水平的年龄差异,应该通过强调训练上年龄差异变化的变异和协方差来予以补充(Hertzog, Cooper, & Fisk, 1996; Labouvie, Frohring, Baltes, & Goulet, 1973)。具体地讲,为了更好地理解在技能获得中年龄差异的神经系统的相关,研究经强化训练后脑适应上的毕生差异是有价值的。

对于认知机械的毕生可塑性，目前的主要结论是，在儿童时期可塑性可能非常强，然后随着年龄的增加而显著下降，而在成人中期以后，至多具有中度的可塑性。在评估一个特定的训练方案是否导致了认知机械本身的提高时，如果设定一个较高的标准，上述结论尤为有效(Baltes & Lindenberger, 1988)。例如，很难反驳其他的解释，譬如说认知系统中的提高是由于认知实用的提高，而不是解决问题过程中机械成分的提高。我们需要对认知机械进行更为纯粹的测量，而不是像现在所进行的测量一样。此外，转换和维持的主题正面临挑战。如果结果表明是认知机械本身的提高，证据应该包括在相当大范围的新任务中，通过学习得到收获和提高，或者，至少在"模块"内，训练任务被公认为存在其中。这种证据的缺乏可能是由于这一事实，即许多训练方案最初都是行为的。让我们来看看，是否生物化学干预会以更为直接的方式在提高认知机械中表现得更为有效，譬如利用记忆药物来促进初级记忆向次级记忆的转化，这将会令人很感兴趣。这里，生物化学导向的神经科学家与行为导向的学习心理学家之间出现了新的合作，这种合作可能也提供了一个新的视角来观察在成人期认知机械的可塑性(也见 Goldberg & Weinberger, 2004; Kempermann, 2006)。

认知的晶体实用

现在，我们将注意力转向认知实用的个体发生，或者文化和知识维度智力的毕生发展。首先，我们从演化的角度来讨论机械和实用之间的关系。然后，我们介绍实用知识的规范形式和具体个体形式之间的区别，并讨论阶段导向和知识导向的方法。最后，将介绍我们自己所做的关于生命的基本实用的专家知识研究实例(才智)，并以此来结束这一部分。

机械和实用：演化的视角

在最近十年，先天论者对婴儿认知发展的研究已经充分揭示了人类加工系统的进化特性(如 Spelke, Vishton, & von Hofsten, 1995)。由于实验方法的创造性进展，人们渐渐意识到，婴儿和幼儿的认知并非极端的建构主义者(如 Piaget, 1967/1971, but see Piaget, 1980, pp. 11—12)或行为主义者(如 B. F. Skinner, 1966)的理论所表明的那样，是认知的白板。相反，并非和其他种系成员不同，通过一系列协调的特定领域的限制和期望——这些限制和期望指引着行为，并构成后期习得的基础，人类个体开始了子宫外的生活(Elman et al., 1996; Saffran, Aslin, & Newport, 1996)。

605

我们假定，认知实用，或文化提供的知识体，建立、扩充和重组了这些预构的核心领域，这既发生于进化过程中，也发生于个体发生过程中(Gigerenzer, 2003; Wellman, 2003)。这些扩充和转化过程最终产生了多种形式的知识和行为，这些知识和行为与智力的生物学结构相协调——部分的是由于必需，但这并不是进化选择压力的直接结果。

人类个体发生所产生的潜能——创造和适应新生事物(Gottlieb, 1998)或当前功能和进化史之间的产生性紧张，一直被称之为联适应的概括或联适应(exaptative)(Gould & Vrba, 1982)。作为生物文化共同建构的机制，联适应有助于解释为什么人类成员善于做那些毫无疑问并非是自然选择直接关注的事情，如读书或驾车(Sherry & Schacter, 1987)。用更为概括化的解释来讲，联适应提醒我们，文化的演化必须在一定程度上反映与基于进化的基因倾向的匹配和相互影响(Durham, 1991; Gottlieb et al., 本《手册》本卷第15章)。例如，实用知识可能演化自进化主导的领域中预设的知识和/或模仿自这些知识，但是具有已融入特定文化、变迁史和背景的特殊需要的优势(Siegler & Crowley, 1994)。

然而，要注意，文化有时看起来生产出大量的知识，这些知识与生物的预设正相反、相互分离，或至少不易与之相连。例如，Gigerenzer 和 Todd(1999)曾经认为，形式逻辑表达，如 Bayes 定理，没有利用人类的预设，即基于频次上关于特征联合概率的判断。换言之，关于条件概率的数学形式体系并不是建立在直接支持联合特征频次探测的知觉和行动机制之上，相反，这种形式体系是文化的产品，它的获得需要专业化的教育。另一个来自于完全不同领域的例子是一种需要，即对于基于进化的攻击性和人际间力量倾向的表达来讲，存在着在文化上反对它形成和出现的需要。

规范的实用知识与个性化的实用知识

一个虽并不完美，但重要的认知实用间的区别涉及规范的和个性化的实用知识。对于一个特定文化来讲，规范的知识体系具有普遍价值。典型的例子包括言语能力、数字熟练程度和关于世界的一般基本知识(如 Ackerman, Beier, & Bowen, 2000)。在这些领域中的个体差异与教育年限和社会阶层的其他方面等紧密相连，可以由心理测量检验(Cattell, 1971)。与此相反，个性化的知识体系是规范知识获得路径的分支，与强制社会化事件之间的关联不很密切，它是经验背景、个性特点、动机丛和认知能力或天赋之间个性化结合的产物(Marsiske et al., 1995)。结果，这些知识体系常常无法进行心理测量，更适合在专门知识的范式内研究(Ericsson & Smith, 1991; Gobet et al., 2001; Krampe & Baltes, 2003)。因而，晶体能力的心理测量需要一些方法的补充，这些方法要更为直接地关注知识的获得和使用，从而更为全面地理解实用知识的多样性和特异性。

在大部分情况下(例外情况见 Brown, 1982; Chi & Koeske, 1983; Schneider & Bjorklund, 2003; Weinert & Perner, 1996; Wilkening & Anderson, 1990)，对于个性化知识体系的发展研究一直以成人为对象。一个一直以来使用的识别特定领域知识效应的典型方法是，在专家领域内和专家领域外，比较专家和新手的成绩。这些例子包括专门知识研究的经典领域，如国际象棋(Charness, 1981)和纸牌游戏(Bosman & Charness, 1996)，也包括如棒球知识(Hambrick & Engle, 2002)或职业的专门技术(如 Salthouse, 2003; 综述见 Charness, 2005)。

这一研究可以得出两个主要的结论。首先，专门知识的效应，或者称之为特定陈述性知识和程序性知识的影响很少逾越目标领域的边界。具体地讲，没有证据表明，认知机械被特定领域的知识所改变(Salthouse, 2003)。不管什么时候，当更具普遍性效应的证据出现时，至少是在儿童期和青少年期之后，实用知识的转化(积极的或消极的)这一解释看起来比机械的基本改变更为合理。一个例子来自于 Kohn 和 Schooler(1983 Schooler, Mulatu, & Oates, 1999)的纵向研究，这一研究是关于工作复杂性和观念灵活性之间的关系。Kohn 和 Schooler 发现，工作的复杂性预测了十年后观念灵活性的增加，即使控制了观念灵活性上最

606

初的差异后也是如此。一个相关的发现是最近的一个观察,即社会参与减缓了老年及晚年期间认知机械的衰退(Lövdén, Ghisletta, & Lindenberger, 2005)。然而,需要注意的是,就实验因素而言,对这些发现的解释非常复杂,因为它并非将被试随机地安排于实验情境中,并且所使用的认知机械测量包括晶体实用成分(Scarr & McCartney, 1983)。

第二个主要的结论涉及专门知识领域中,实用知识在补偿认知机械的丧失时的效力(Charness, 2005; Krampe & Baltes, 2003)。在这里,来自于几个研究的结果表明,后天获得的知识赋予老化中的个体一种自然、局部的(如限定领域的)能力,以此来对抗或者至少是减缓机械中老化导致的丧失。这一发现对成功的智力老龄化这一议题具有核心意义,并且支持一般的毕生理论——带有补偿的选择性最优化(P. B. Baltes, 1993; Freund & Baltes, 2000; Staudinger et al., 1995)。在日常生活中的知识密集领域,不同年龄成人间的差异减小,这一现象也支持了实用知识获得和机械衰退之间补偿性关系的理论假设。例如,与标准的心理测量或认知实验评估相比较,消极的成人年龄间差异在下列任务中趋向于减小或消失:实际问题的解决(Sternberg, Wagner, Williams, & Hovath, 1995)、社会智力(Blanchard-Fields, 1996)、情境中的记忆(Hess & Pullen, 1996)和交互式智力认知(P. B. Baltes & Staudinger, 1996b; Dixon & Gould, 1996; T. Singer et al., 2004; Staudinger, 1996; Staudinger & Baltes, 1996)。

成人期的智力成长:阶段观对机能主义者的方法

在历史上,许多针对推理和思维的更高级形式的研究都是源于皮亚杰的认知发展理论(Chapman, 1988b; Pascual-Leone, 1983; Piaget, 1970; Riegel, 1976),它们假定形式运算之后出现一个或更多的认知发展的后形式或辩证阶段。这些阶段的概念表述往往将人格发展(如埃里克森主义者所指的传承)和逻辑的考虑(如对矛盾的意识和接受)结合起来。作为特定联系的产物,阶段的出现被假定为增加了灵活性和对个体环境的总体意识(见下一节)。支持这种阶段的证据非常少,考虑到获得阶段性认知改变的可靠指标的难度,这也就不奇怪了(如 Molenaar, 1986; L. B. Smith & Thelen, 2003)。

尽管具有构成主义和辩证的认识论(如 Chapman, 1988; Lourenco & Machado, 1996; Piaget, 1980),但是 Piaget 本身并不情愿假定任何超出形式运算的阶段。然而,他曾经在一个场合主张(Piaget, 1972),在他的理论内,发展的水平滞差为成人智力成长和变化提供了足够的空间。具体地讲,他预测到,青少年后期和成人期将表现出形式运算推理,这种形式运算出现在他们各自的专门技术领域内,而不必然遍及所有可能的知识领域。这种观点看起来和流体—晶体或机械—实用的智力双成分模型相一致,因为成人智力成长的潜能和领域内的因素起效有关,而不是跨领域的(Flavell, 1970; Krampe & Baltes, 2003)。

然而,在毕生发展过程中,找出思维和行为组织中结构性的转变,这种追求仍旧具有极强的理论吸引力(L. B. Smith & Thelen, 2003)。为易化对这种转变的探寻——如果它们真的存在——增加个体内观察的密度,并使用数据分析工具及理论方法,而不是去揭示人们寻求识别的结构动力学,看来是可行的(如 Lindenberger & von Oertzen, 出版中; Molenaar, Huizenga, & Nesselroade, 2003; C. S. Nesselroade & Schmidt McCollam,

2000)。经验上，技能获得中自动性的出现或许提供了结构变化的最佳证据(如 Ackerman & Cianciolo, 2000)，这虽然与结构主义的毕生理论家预想的类型不同。 607

扩展认知实用的概念：作为生活基本实用专长的才智

智力功能的个体差异也反映并影响着个体在人格和动机上的差异。在儿童发展的文献中，学校成绩是一个很好的例子，它与能力、努力和其他人格特点相关。在毕生心理学中，当试图理解智力表现的专家水平时，如借助于专长模型，这样的观点尤为凸显(Ericsson & Smith, 1991)。同样地，智力的投资理论强调，认知渗透于行为的认知、动机和情感方面(Krampe & Baltes, 2003)。

为了在更为广阔的人类功能背景中陈述智力的观点，我们采用了有关才智(wisdom)的研究(也见 P. B. Baltes & Kunzmann, 2004; Kunzmann & Baltes, 2003a)。才智接近于人们通常认为的智力概念，因为它意味着在现实和社会智力领域中的优异表现。与此同时，才智也是一个人格特征，因为它的获得与表达依赖于价值观和动机。例如，才智同时导向于个体自身的幸福和其他人的幸福，理解这一点是与才智相关的知识的一部分。这种对共同幸福的投入强调在才智相关的思维和行为中，人格和动机成分的作用。因此，我们视才智为智力和美德的完美结合(P. B. Baltes & Kunzmann, 2004; P. B. Baltes & Smith, 1990; P. B. Baltes & Staudinger, 2000)。认知的、动机的和情感的品质需要聚合以产生才智——人类智力和品性卓越的最高形式。因而，严格地讲，除非扩展智力的概念，使之涵盖人格，否则，智力只是才智的一部分(这些主题的进一步讨论，见 Ardelt, 2004; Aspinwall & Staudinger, 2003; P. B. Baltes & Kunzmann, 2004; Krampe & Baltes, 2003; Sternberg, 2004)。

在针对才智的柏林研究中(如 P. B. Baltes & Kunzmann, 2004; P. B. Baltes & Smith, 1990; P. B. Baltes & Staudinger, 2000)，我们视才智为包括生活的意义和操行在内的人类美德的知识和判断的最高形式。具体地讲，我们将才智定义为“关于生活的基本实用的专长体系，这包括对人类环境中复杂和不确定的事物——包括发展和背景的变化性、可塑性和限制，容许有不同的见识和判断。”操作意义上，这一定义相应于五个标准：事实性知识、程序知识、情境主义、价值相对主义和不确定性。很明显，这些维度上的进展需要认知、动机和情感因素的共同运作。

迄今，在研究才智——这一生活基本实用的专长体系时，我们主要的方法论策略一直是要求被试出声思考困难的生活问题，如“想象一个 14 岁的女孩，她想离开家结婚，人们会怎么考虑这件事？”然后，对相同或相似的生活问题的出声思考反应从与才智相关的五个标准进行评估，由受过训练的一组评分者完成。图 11.12 显示的是其中一项研究的结果(P. B. Baltes, Staudinger, Maercker, & Smith, 1995)。在图中，基于全部五个标准的总体才智分数按四个不同的年龄组被绘在图中：才智提名组(用两步德尔菲技术选出的被提名为才智者的著名人物)、有经验的临床心理学家和由相比较受教育水平较高的成人组成的两个控制组(年轻的和年长的)。 608

有两个发现值得关注。第一，比较大约 25 岁到 75 岁的成人之间与才智相关的成绩，没

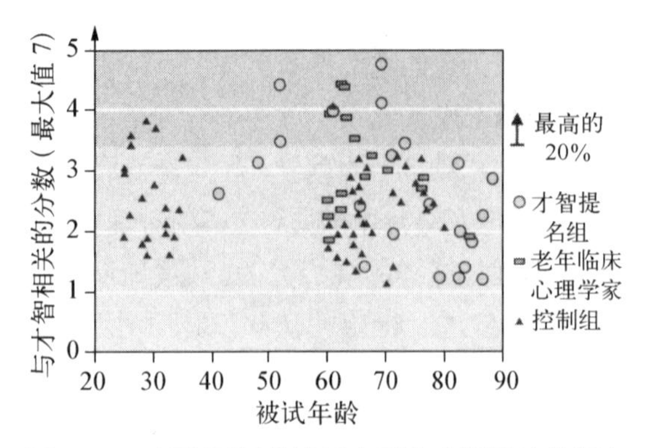

图 11.12 四组不同的被试在两个才智相关的任务中，以五个评估标准(事实性知识、程序知识、情境主义、价值相对主义和不确定性)所得出的与才智相关的成绩。25 岁到 80 岁这个年龄范围中，不存在年龄差异。此外，相比于老年控制组，才智提名组和临床心理学家的成绩有更多人处于高水平组(最高的 20%)。Max. =maximum.

来源：From "People Nominated as Wise: A Comparative Study of Wisdom-Related Knowledge," by P. B. Baltes, U. M. Staudinger, A. Maercker, and J. Smith, 1995, *Psychology and Aging*, 10, pp. 155 - 166.

有消极年龄趋势的迹象。这一发现已经被五个其他的研究重复验证(Staudinger, 1999a)。第二，才智经验高的老年人(如老年临床心理学家和才智提名人士)作出高水平应答的比例超乎寻常地高(也见 J. Smith, Staudinger, & Baltes, 1994; Staudinger, Smith, & Baltes, 1992)。这两个发现都与认知机械中观察到的消极的年龄趋势截然相反(见图 11.10,两组)，因而，对双成分模型提供了更进一步的支持。

这些发现也强调，生命的长度(年龄)本身并不是才智发展(或其他任何形式的专长发展)的充分条件。相反，正如我们在才智个体发生的工作模型所表明的那样(见图 11.13)，积极的宏观结构背景(如历史时期)、特定的专门知识因素(如生活的实用知识的经验和训练、对卓越的追求、良师益友的指导)和一般个体因素(如流体机械、认知风格、对经验的开放性)，看来这些因素需要联合发挥作用才能使人们趋向才智(如 Staudinger, 1999b)。其中一些促进才智的因素，如传承，是与年龄相关的；然而，也有一些削弱才智的影响因素，如僵化和认知机械的衰退，这会伴随着年龄的增长而发生。平均起来，与年龄相关的促进因素和不利因素的净结果看起来是相互抵消了。只有在有利的条件下，促进因素才会超过不利因素，并使得与才智相关的成绩随着年龄而增加。

我们对才智研究的理论框架及其与人格维度和情绪性之间的紧密联系，一直得到了大量发现的支持(P. B. Baltes & Kunzmann, 2004; P. B. Baltes & Staudinger, 2000; Kunzmann & Baltes, 2003b)。例如，在成人期，相比于传统的智力测量，对人格和认知风格的测量更能准确地预测与才智相关的成绩(Staudinger, Lopez, & Baltes, 1997; Staudinger, Maciel, Smith, & Baltes, 1998)。与此相反，在青少年期，智力则是更为显著的预测因素。在这一时期，与才智相关的特征，如自我反省和去中心化的能力，这些特征的先决条件正经历着快速的发展(Pasupathi, Staudinger, & Baltes, 2001)。为了将才智植入更为整体的、涉及人格和自我的背景中，我们也检验了与才智相关的知识和与美德相关的行为——如亲社会价值观和人际间的冲突解决风格——之间的相关(Kunzmann & Baltes, 2003b; 也见 Sternberg, 1998)。与才智相关的知识中表现较好的个体表现出更为复杂的、经过调整的情感结构，并且更偏好的冲突解决策略是基于对话的，而不是权力的。其中特别有趣的是，具有丰富的与才智相关的知识，与对个人享乐和物质幸福的追求之间，存在负相关。

609

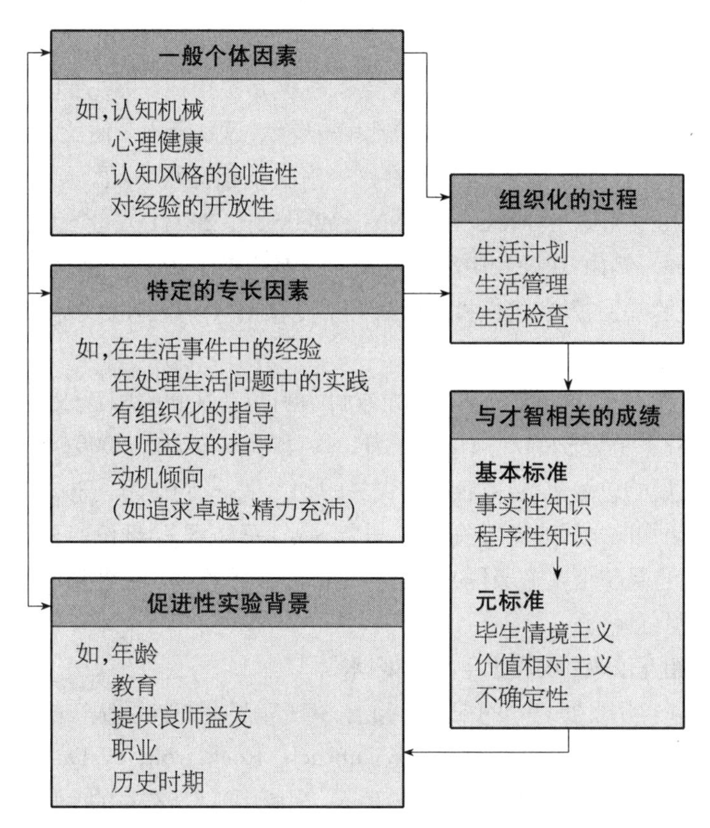

图 11.13 这是一个研究框架，描述了毕生中，与才智相关的知识和技能的获得与维持的前提因素和中介过程。在这个认知实用的原型领域，达到专家水平成绩的可能性被假定依赖于经验的、特定专门知识的因素和一般的与个体相关的因素之间的有效结合(modified after Baltes & Smith, 1990; Baltes & Staudinger, 2000)。

改编自"The Psychology of Wisdom and Its Ontogenesis"(pp. 87 - 120), by P. B. Baltes and J. Smith, 1990, in *Wisdom: Its Nature, Origins, and Development*, R. J. Sternberg(Ed.), New York: Cambridge University Press; and "Wisdom: A Metaheuristic to Orchestrate Mind and Virtue Towards Excellence," by P. B. Baltes and U. M. Staudinger, 2000, *American Psychologist*, *55*, pp. 122 - 136.

除了阐明认知实用是如何与人的发展的其他部分相互交织之外，我们对才智的研究也描述了文化和基于文化的活动是如何在成人期塑造发展的。在常态的成人时期，身体和大脑的生理发育达到顶峰，随时准备投入。正是基于文化的学习和发展定义着日程(也见 P. B. Baltes, Freund, & Li, 出版中；Lachman, 2001)。在这一意义上，对才智的研究是为了强调认知实用和以生物学为基础的机械之间的相对独立性。在成人机械功能的正常范围内，机械对与才智相关的任务上的个体差异的影响是比较小的，在绝对意义上和相对于其他因素——如与人格和任务相关的生活经验——都是如此。在成人期，对与才智相关的成绩的最重要的影响因素更可能是 NEO 个性问卷(NEO)所测量的人格特征，以及与才智相关的职业训练和毕生经验的特性，而并非心理测量上所评估的智力或年龄的变化。然而，在老年晚期，如果他们降到一个功能整合的关键门槛之下的话，认知机械看来将再次界定与才智相关的成绩(P. B. Baltes et al., 1995)。

机械/实用相互依赖的变化

正如现在已经阐明的一样,毕生智力发展的机械和实用在许多方面及各个分析水平上(比较 Charness, 出版中;Salthouse, 2003)都相互交织,这既发生于彼此之间,也发生在与其他方面的行为之间。在种系发生上,它们在这一意义上相互联结:即人类成员在生物学上做了获取文化知识的预设(如 Plessner, 1965; Wellman, 2003)。在个体发生上,相互依赖也发生在彼此之间。例如,获得和使用实用知识的潜能受认知机械的发展所调节。与此同时,在高度专门化的知识领域,仅仅机械能力几乎没有任何作用;在许多情况下,特定领域的知识才最为关键(Gobet et al., 2001)。

在接下来的讨论中,我们进一步从不同方面阐明两者之间的相互依赖。这一方法与前面提到的生物文化共同建构的观点相一致(P. B. Baltes et al., 2006; S.-C. Li, 2003)。因而,至于毕生发展的总体前景,或获得与丧失的动力学,我们认为,机械和实用的相互依赖在机械效能和实用知识之间的补偿关系上达成一致。正如 SOC 理论所表明的那样,这一补偿关系是相互的,也是整个生命历程的一部分。然而,我们认为,在老年阶段,补偿作用的重要性增加,并且达到顶峰。

机械实用的相互依赖:皮层水平上的证据

在机械发展和实用发展之间的相互依赖上,有一个早期的神经认知的例子,即弦乐演奏者左手的皮层表征增加(Elbert, Pantev, Wienbruch, Rockstroh, & Taub, 1995; 其他的例子,见 Draganski et al, 2004; Petersson & Reis, 出版中)。与常态的个体相比较,在弦乐演奏者身上,表征左手手指的躯体感觉皮层所占的空间更大。最有可能的是,皮层表征的增加是由大量目标明确的有意训练造成的(比较,Ericsson, Krampe, & Tesch-Römer, 1993)。和生物文化共同构建大脑的观点相一致(P. B. Baltes et al., 出版中;S.-C. Li & Lindenberger, 2002),这一研究发现阐明了个体获得和表达实用知识的潜能。

Elbert 等人(1995)也提供了证据以支持大脑皮层可塑性上以年龄分级的差异。具体地讲,人们发现,为左手手指提供更大的大脑皮层空间这一生理倾向依赖于音乐实践开始时年龄的大小。正如这一例子所表明的那样,获得实用知识的能力(如在实用成分中发展变化的潜能)受以年龄分级的机械的状态所调节(Güntürkün, 出版中;Kempermann, 出版中)。

复杂技能达到最佳时的年龄

认知机械不仅调节着实用知识的获得,也调节着实用知识的表达,特别是在高端表现上(Bosman & Charness, 1996; Hambrick & Engle, 2002; Molander & Bäckman, 1993)。一个很好的例子是国际象棋锦标赛和通信赛中,夺冠者年龄上的差异。在通信赛中,世界冠军获得者大约在 46 岁,但是在国际象棋锦标赛中,冠军获得者的年龄大约在 30 岁。在通信赛中,选手可以用三天的时间来思考每一步,而在锦标赛中,平均每步用时三分钟。因而,两种活动中冠军年龄的差异看起来反映了认知/知觉速度和知识相对重要性的差异(如 Burns, 2004)。

610

这个例子指出了一个影响机械、实用和年龄/时机三者之间关系的普遍难题。专长的获得需要时间。例如,Simon 和 Chase(1973)认为,要在某一特定功能领域达到优秀,需要十年有意识的实践。单是这一个原因,专家更可能是年龄较大者,而并非新手(比较 Lehman, 1953)。另一方面,在机械的某些方面,如知觉速度,在 30 岁以后,的确会出现衰退(S. - C. Li, Lindenberger, et al. , 2004; Salthouse, 1991)。因而,不同领域间达到顶峰状态时的年龄差异可以被视为个体发生在生物和文化之间的妥协,并且,这种年龄差异很可能是实用知识和机械加工功效之间相对重要性的良好指标。

只关注最佳生产力或最佳成绩的年龄会隐藏生命后期智力成长的本质和独特特征。例如,一些杰出的个体看起来在 90 多岁时仍旧免于机械的衰退。如果这些个体也成为某一领域的专家,那么他们在一生中都能创造杰出的作品。古希腊剧作家 Sophocles(公元前 497—前 406)就是一个例证,他在 28 岁就赢得了第一个最佳剧本的桂冠,一生共创作了超过 120 个剧本,并且,在 80 多岁时还发展出了新的戏剧风格。谈到生命后期他的艺术发展时,Sophocles 说,他最终使自己摆脱了早期矫揉造作的风格,并发现了一种最完美的、最合乎道德的语言(Schadewaldt, 1975, p. 75; 经典作家的相关证据见 Simonton, 1988, 1989)。

第三个原型例子:老龄打字员身上的速度和知识

对于认知机械和认知实用之间的获得/丧失动力学,一个很好的实证例子来自于对老龄打字员的研究,这一研究使用所谓的摩尔等值(molar equivalence)或分子分解方法(molecular decomposition approach)(Salthouse, 1984)。在这一范式中,不同年龄的成人在总体(如摩尔的)任务熟练程度上进行匹配,通过"分子"成分过程的年龄差异剖面图,调查他们是否达到了相同水平的成绩标准(Charness, 1989)。从而,在分子分析水平上,年龄差异被视为反映了在知识的相对分布中和对标准成绩的基本加工效能上基于年龄的变化。

Salthouse(1984)对 74 名年龄在 19 岁到 72 岁之间的转录打字员进行了研究。图 11. 14 展示了就双成分模型而言,对这一研究中主要发现的解释。在这个样本中,年龄和打字技能的水平(也就是每分钟的净字数)是不相关的。年龄与知觉/动作速度(如敲击速度)之间存在负相关,但是与眼—手跨度(eye-hand span)之间存在正相关。换句话说,年龄较大的打字员敲击速度较慢,但是对于将要输入的内容看到得更多。上年龄的打字员扩展了眼—手跨度以抗衡在知觉/动作速度上的老化丧失,这些发现与上述解释相一致,并且,也阐明了在知识和速度之间的补偿关系。

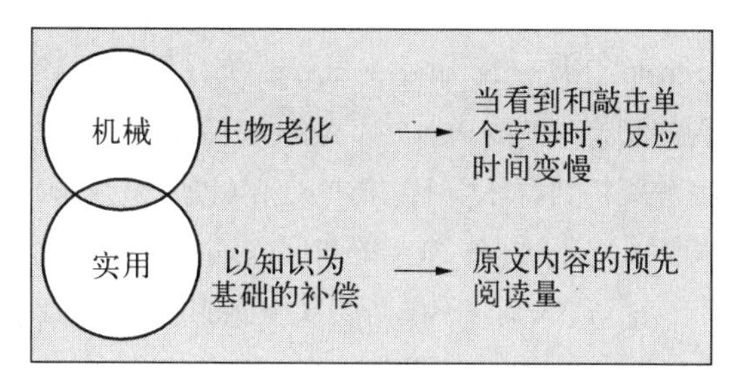

图 11. 14 尽管敲击单个字母的速度下降,但是年龄较大的打字员能够通过看更多的将要输入的内容而维持较高的功能水平。这一例子阐明了认知实用和认知机械之间的补偿关系,并且也表明,在成功适应老化导致的认知机械的丧失上,带有补偿的选择性最优化可以发挥重要的作用。

来源:From"Effects of Age and Skill in Typing," by T. A. Salthouse, 1984, *Journal of Experimental Psychology: General*, 113, pp. 345 - 371.

就选择性削弱的作用并不显著而言,老年打字员的成绩模式可能部分地反映了丧失诱发的发展,或严格意义上的补偿(P. B. Baltes & Baltes, 1990b; Dixon & Bäckman, 1995; Salthouse, 1995)。就方法而言,这个例子提供了一个实例,证明了专长和信息加工方法之间的相互结合是怎样导致更好地理解这一补偿关系——即后天习得的文化知识体与信息加工效能的基本方面之间的关系(比较 Abraham & Hansson, 1995; Lang et al., 2002)。

611

贯穿于历史和个体发生期中智力功能的可训练性(可塑性)

正如对发展而言在总体上是正确的一样,在智力功能上的毕生变化也是由多种因素决定的,包括先决条件、相关条件和多种多样不同影响源(如认知机械、实用、动机、人格、社会机会结构)的结果。因此,在以年龄分级的认知的机械提供的边界之内,智力表现上的差异反映了环境条件的生理和社会文化方面的变化(P. B. Baltes et al., 出版中;Klix, 1993)。接下来,我们报告两个相关的研究思路,以支持这一观点。第一个研究思路强调在宏观时间背景(也就是历史的)中的环境变化。第二个例子探讨在认知干预研究背景中,成人智力功能的可训练性。

群组效应、时期效应和环境变化

和基于毕生情境主义的预测相同,个体发生过程在一个不断变化的社会和文化环境中展开。因而,智力能力的年龄曲线并不是固定不变的,而是反映了以历史分级的影响的系统性,如个体间由于出生时代不同所造成的经历上的差异(群组效应)、成长过程中特定历史事件的影响(时期效应)、或在影响所有年龄和随后的群组的环境中普遍的和持续存在的转变(一般环境变化)。因为方法论的原因,在这些种类丰富的环境变化中进行区分并不容易(P. B. Baltes, 1968; P. B. Baltes et al., 1979; Lövdén, Ghisletta, & Lindenberger, 2004; Magnusson et al., 1991; Schaie, 1965, 1994, 2005)。

要分辨大环境变化的效应,第一步是比较不同时代相同年龄个体间的成绩(即时间滞后比较)。这种比较所得出的总体图像是,时代越近,分数越高,当然也有一些例外(如数理能力;比较 Schaie, 1989; Schaie, et al., 2005)(Flynn, 1987; Schaie, 1996)。很可能,随着时代变化而出现的测验分数的增加并不是因为人口的基因组成发生了改变,或者抽样误差所致,而是反映了在健康和教育环境上总体的变化(也就是改善)。这些效应可能相当大。例如,对于 20 世纪的美国人口来讲,在 30 年的时间内,他们有时超出了一个标准差(Schaie, 1996)。然而,我们应该非常谨慎,我们并不清楚所观察到的同样数量级的环境变化效应是否完全反映了智力机械。例如,在西雅图纵向研究(the Seattle Longitudinal Study, Schaie, 1996)中所使用的许多测量中,包含了大量的文化知识成分,并且,相比于较少包含知识成分的大脑效能测量,它更可能受到历史变化和损耗的影响。就西雅图纵向研究(Schaie, 1996)而言,在横断研究和独立样本的相同群组之间比较的会聚结果表明,在纵向样本中发现的更为积极的年龄曲线,可能部分的是由于实践效应和选择性损耗(也见 Salthouse, 1991)。来自于柏林老化研究(the Berlin Aging Study, BASE)的追踪数据分析和这两个预测完全一致(Lindenberger, Singer & Baltes, 2002; Lövdén, Ghisletta, & Lindenberger, 2004; T. Singer, Verhaeghen, et al., 2003)。

理论上,历史变化效应的方向和精确大小基本上是不重要的。然而,从科学史的观点来看，这种效应，特别是作为基于文化的群组效应的解释，有助于指出成人各个时期智力成绩的巨大可训练性(可塑性)(P. B. Baltes, 1973)。这使得人们日益意识到毕生可塑性的存在，并最终导致毕生理论化的进展，以及对智力的可塑性范围及基于年龄的限制进行更为严格控制的调查(P. B. Baltes & Kliegl, 1992; P. B. Baltes & Lindenberger, 1988; P. B. Baltes & Willis, 1982; T. Singer, Lindenberger, & Baltes, 2003; Willis, 1990)。具体地讲，在智力轨迹上多方向的群组差异可能诱使医学、营养科学、教育神经科学和社会学等多学科之间的协调，以理解它们最近似的前提因素和结果(Schaiel et al., 2005)。 612

认知干预研究：老年人学习潜能的激活

相比于群组比较研究，干预性研究(P. B. Baltes & Willis, 1982; Kramer & Willis, 2002; Willis, 2001)是探索智力功能可塑性程度更直接(也就是进行实验控制)的方式。在成人发展和老化领域，干预性研究一直被用来检验在智力功能的标准心理测验中基于年龄的衰退，是否可以通过训练和实践，部分地或完全地逆转(Willis & Nesselroade, 1990)。在大多数情况下，干预仅仅涉及老年人，并且集中来自于一般流体领域的测验。

这一认知干预研究的主要结果可被归纳为五点(如 P. B. Baltes & Lindenberger, 1988; Kramer & Willis, 2002)：(1) 健康老年人中，对熟悉的测验，训练收益是巨大的(也就是，大致相当于 60 到 80 岁之间自然发生的下降量)；(2) 然而，转变只限于相同能力的相似测验；(3) 训练收益维持了较长时间，可达数年(Neely & Bäckman, 1993; Willis & Nesselroade, 1990)；(4) 经过训练，能力的因素结构并未发生显著变化(Schaie, Willis, Hertzog, & Schulenberg, 1987)；(5) 对于阿尔采姆症患者或其他形式的脑病理疾病患者，训练收益总是只限于得到高度支持的外部环境中(Bäckman, Josephsson, Herlitz, Stigsdotter, & Viitanen, 1991)，或者根本不存在任何收益(M. M. Baltes et al., 1995; M. M. Baltes, Kühl, & Sowarka, 1992)。

这些结果显示，大多数健康的老年人，也包括在那些未训练的情况下，认知机械(如流体智力)出现与年龄相关的典型丧失模式者，经过一系列相关任务的训练或实践，他们的成绩能得到大幅提高。因而，在健康的老年人中，认知机械获得了足够的保留，以获得相关任务的陈述性和程序性知识。然而，几乎没有证据表明，训练任务泛化到了相关的能力或日常功能。此外，前面提到的测试极限研究清晰地表明，可塑性的量(范围)随着年龄的增长而下降，至少在成人期如此。在机械功能的限度上，老年人明显地表现出更低的潜能。老年人的认知训练在多大程度上改变了认知机械本身尚不清楚，但这是有可能的(Kempermann, 2006)。

一个相关的干预研究已经发现，有氧健身减缓了老年人认知控制(如执行多种任务)中与年龄相关的衰退(Kramer et al., 1999)。这个发现至少能以两种方式解释。首先，从 SOC 理论的观点来看，身体健康状况的不断增加降低了老年人所需持续投入认知资源的比例，这些资源用于协调日益衰弱的感觉和运动功能(如 Lindenberger et al., 2000)。换句话说，训练身体功能所需要的感觉运动功能“释放”了资源，这些被“释放”的资源可用于其他认知任务。第二，近期的脑成像证据表明，有氧健身对前额皮层功能有直接的正面效应(Colcombe et al., 2003)，这可能改善了认知任务的成绩，对认知控制提出了更高的要求。很明显，这两种解释并不相互排斥。

认知功能毕生的相对稳定性

连续和间断,或者稳定和改变的主题,整体而言在发展心理学中有一个长期的传统(Kagan, 1980),尤其是对毕生智力发展来说(P. B. Baltes & Smith, 2003; Hertzog, 1985; Lövdén & Lindenberger, 2004; McArdle & Epstein, 1987; J. R. Nesselroade, 1991; Schaie, 1965)。不同形式的稳定性,如稳定性水平、等级次序和侧面,已可彼此分离(Caspi & Bem, 1990)。下面毕生智力发展的概要主要强调个体间的等级次序,或 Kagan(1980)所称的相对稳定性。他指的是,基于个体发生早期所观察到的个体差异,能够在多大程度上预测个体发生后期的个体差异。

在大多数情况下,婴儿期后智力相对稳定性的证据是基于对一般智力的未分化的测量,或 IQ 测验。我们同意其他人的观点,即仅仅关注这些混合的测量隐藏了毕生智力发展和智力结构的本质特征(Cattell, 1971; Horn, 1989)。具体地讲,这种测量可以被视为智力功能的机械成分和规范的实用成分之混合,在不同程度上,这接近于智力因素空间的中心(也就是 Spearman 的 g)。记住这一限定,我们将接下来的讨论限制于未分化的或类似 IQ 的智力功能测量,只有一个例外(即婴儿发展)。

613

根据婴儿行为预测儿童期的智力

直到 20 世纪 50 年代,人们普遍认为,智力是不可改变的个体特征,这带来了无法挑战的假设,即在一生智力功能的测量中,个体的等级次序保持不变。然而,自 20 世纪 60 年代开始,人们发现,早期智力测验成绩的稳定性很低(McCall, 1979)。基于这一证据,人们推断,在 18 到 24 个月之前,婴儿发展的标准化测验无法对后来的智力做出有效预测。在婴儿期,个体间的差异是不稳定的,这一主流观点再一次受到挑战,最终被最近的研究所取代,这些研究使用了习惯化和认知—记忆范式。与标准化的婴儿感觉运动能力测验相反,这两个范式最初是基于操作—条件和/或信息加工观点,指的是对于先前暴露的刺激,婴儿改变他们行为的倾向(如在习惯化中注意力的减弱,或者在认知记忆中对新刺激的偏好)。平均起来,在 2 到 8 个月大时,习惯化和认知记忆成绩上的个体差异与 1 到 8 岁时的标准智力测验成绩具有中等程度的相关,这些标准智力测验包括 Wechsler, Bayley 或 Binet 等(中度相关,$r=.45$;去掉不可靠的数据后,$r=.70$;Bornstein, 1989; McCall & Carriger, 1993; 最近的证据见 F. Smith, Fagan, & Ulvund, 2002)。最近的一项元分析也证实了这些结果(Kavsek, 2004)。行为遗传学研究表明,至少在一些被用于预测的测验中,个体差异包含了遗传成分(Benson, Cherny, Haith, & Fulker, 1993; Cardon & Fulker, 1991)。

从一出生,相对的变化和相对的稳定性就塑造着毕生的智力发展。按照一项解释(如 Bornstein, 1989),习惯化效率较高的婴儿和倾向于注视新物体而不是旧物体的婴儿,能更好地抑制与现存表征关联的行为倾向(如 Diamond, 2002; McCall, 1994)。抑制可能对预测性的联系起着中介作用,这一假设与婴儿再认记忆的神经心理学调查相一致(如 Diamond, 200; Johnson, Posner, & Rothbart, 1991)。这也支持更一般的主张,即抑制能力和对新事物的偏好是智力的核心特征(Berg & Sternberg, 1985a)。

婴儿期之后个体间的相对稳定性

基于尚未被充分理解的原因(Cardon & Fulker, 1991; McCall & Carriger, 1993),婴

儿习惯化的测量(即2到8个月大时)和儿童期智力的测量(即1岁到12岁)之间的相关大小具有时间上的稳定性,甚至于会不断增加(Cardon & Fulker, 1991),而不是随着时间而下降。相反,根据准单一假设,婴儿期后的相对稳定性得到了相当好的描述(Humphreys & Davey, 1988; Molenaar, Boomsma, & Dolan, 1991)。因而,个体发生中邻近时间点的相关程度高于间隔长的时间点。此外,从儿童期到青少年期,再到成人中期和老年早期,相同时间间隔的稳定性系数表现出相当程度的增加(Hertzog & Schaie, 1986, 1988; Humphreys & Davey, 1988; 综述见 Lövdén & Lindenberger, 2004)。

与其他人的观点相一致(如 Humphreys & Davey, 1988; Molenaar, Boomsma, & Dolan, 1993),我们提议,这些个体间相对的稳定性应该结合基于年龄的水平变化来解释(如 Lövdén & Lindenberger, 2004)。按照这一推理思路,在发展的早期,个体间差异变化更为迅速,这是因为与个体发生的后期相比,智力的构成单一,但是发展更快,从而在单位时间里为新变化留出了更大的空间(环境的和遗传的)。基于同样理由,年龄诱发的丧失和与年龄相连的病理学(如阿尔采姆症)可能不仅导致了层次上的下降,也导致了在老年晚期个体差异的重组(Mitrushina & Satz, 1991; 比较 P. B. Baltes & Smith, 2004)。

毕生遗传力的变化

614

现在,我们转而研究基于年龄的改变,在智力的个体间可变性到个体差异中,遗传和环境资源所起的作用。我们从思考一般的和特定能力的效应开始,然后,将注意力转向对遗传力估计的毕生变化,以作为毕生智力的一般的(即未分化的)测量。

行为遗传学证据本质的一个注释

在我们概述相关证据之前,我们将罗列出我们对行为遗传学方法的意义、优点和局限的观点(P. B. Baltes et al., 1988)。鉴于围绕行为遗传学数据解释的激烈争论(如 Bronfenbrenner & Ceci, 1994; Gottlieb et al., 本《手册》本卷第5章; R. M. Lerner, 1995; Molenaar et al., 2003; Scarr, 1993),这样的注释可能有助于避免可能的误解。我们的论述限于三点,和下文中的智力功能及人格与自我均有关系。P. B. Baltes 等人(1998)提供了更为详尽的论述。

首先,人类研究中(在这里,选择性的近亲繁殖和极端环境的暴露受到了限制)的遗传力系数更多指的是个体间差异的范围,而并非个体和个体内分析水平上基因表达的过程和机制。换句话说,基于人群的行为遗传学提供了在特定人群中,存在基于遗传的变化线索,但是没有提供直接的证据以说明促成这一变化的基因定位或渐成事件(有关不断出现的介于行为和分子遗传学之间联系,例如 Dick & Rose, 2002; de Geus & Boomsma, 2002)。

第二,标准的行为遗传模型没有提供环境力量总体作用的最佳测验。通过检验人群中和基因构成上的个体间差异,研究环境因素影响的作用,这种力量的效力得到了更好的检验。具体地讲,高度的遗传力估计并不排除环境因素的存在,这些环境因素改变了特定样本的全部被试的成绩水平(实验证明见 Fox, Hershberger, & Bouchard, 1996)。

第三,遗传力估计是固定水平的统计(P. B. Baltes et al., 1988; Plomin & Thompson,

1988)，它用来说明基于特定的个体间遗传和环境条件差异，会出现什么样的结果(原型表达)。有力的证据表明遗传力估计的环境可塑性，这些证据来自于参与全国协作围产期项目(National Collaborative Perinatal Project)中7岁双胞胎的研究数据(Turkheimer, Haley, Waldron, D'Onofrio, & Gottesman, 2003)。这一样本中的大多数双胞胎生活在贫困线以下或附近的家庭中。作者发现，可归因于遗传和环境的IQ变异随着社会经济地位的变化而出现非线性的变化。在贫困家庭中，环境解释了IQ变异的60%，并且，遗传的贡献接近于零。在富裕家庭中，结果几乎截然相反。很明显，与低社会经济地位相连的因素，如发展机会的剥夺，阻碍了智力功能中以基因为基础的个体间差异的行为表达。

尽管这些限制，行为遗传证据提供了关于毕生发展中个体间差异源的重要信息，特别是如果与特定的遗传多态性的分子研究(Goldberg & Weinberger, 2004)或/和在脑组织水平上的中间表型(如Anokhin et al.，出版中)相联系时。尤其是在基于追踪研究(如Finkel, Pedersen, McClearn, Plomin, & Berg, 1996)、实验研究(如Fox et al.，1996)和跨文化研究(如Turkheimer et al.，2003)时，这些发现提供了在群体分析水平上，发展结果的个体间差异受个体间遗传素质差异和外部环境变化共同决定的程度的估计。因而，如果其他条件都相同，特定行为结果的高遗传力估计表明，与低遗传力估计的行为结果的个体间差异相比，在这一行为结果和"生活空间"的个体间差异被基因施加了更为有力的影响。

个体发生时间的遗传和环境影响：特定的和一般的效应

大量研究已经表明，遗传和环境能够在调节个体差异中发挥作用，在特定能力和更一般水平上均是如此(如Cardon & Fulker, 1994)。从丰富的遗传数据集中获得有层级组织的智力能力，在对这些智力能力的纵向分析中，我们可以测定遗传和环境对等级的稳定性和变化的贡献，以及在特定能力和一般因素层面的平均水平(如Cardon & Fulker, 1994)。用这一方法获得的这类发现中，一个有趣的例子来自于儿童认知发展。具体地讲，来自于科罗拉多领养项目(the Colorado Adoption Project)的数据显示，在一般能力层面，遗传变异强烈而不同寻常的贡献出现在3岁和7岁，但是，从儿童期到青少年期的转变中却没有影响，此时，遗传变异仅仅影响个体差异的连续性。

615

毕生个体间差异的遗传力估计

和稳定性的毕生变化相似，智力功能的遗传力(如可归因于遗传差异的个体间差异量)在儿童期和青少年期大约从20%增加到50%，在成人早期和中期大约增加到80%(如McGue, Bouchard, Iacono, & Lykken, 1993)。有趣的是，遗传力在老年(如75岁以上)趋于下降到60%左右(如McClearn et al.，1997)。与此相反，相同的环境对个体间差异的影响总体上并不会在共同抚养时期以外继续存在(McGue, Bouchard, et al.，1993)。正如前面所叙述的那样，这些发现是基于代表着常态环境和基因的样本，这些发现不能被推广到超出这一常态范围(如极端的环境剥夺或重组的环境)。然而，在这一常态范围内，个体间差异的遗传力的毕生增加与这一观点相一致，即相对于婴儿和儿童，青少年和成人有更多的机会，可以积极地选择适合他们遗传特征的环境(Scarr & McCartney, 1983)。

基于前述的概要，看来相对稳定性和遗传力展现了相似的毕生年龄曲线(见 Plomin & Thompson, 1988)。需要更多的多变量和纵向的行为遗传证据以充分理解这一毕生相应现象的协变动力学。一种可能性是，中年期智力功能的个体差异具有高度的稳定性，这是因为遗传变异成分一直维持在较高的水平(如没有更多的遗传变化因时间的变化而加入)，并且，因为环境(部分地，基于遗传天资，环境已经被选定)在毕生的这一时期也趋于稳定。相似地，在老年晚期，协调的基因组表现的解体可能导致了生命后期在水平、相对稳定性和遗传力上的衰退。然而，需要注意的是，在晚年人群中，选择性的死亡率可能抵消了这些趋势的显现(T. Singer, Verhaeghen et al., 2003)。

晚年的机械和实用

到目前为止，我们对毕生智力发展的讨论是按主题来组织的，而不是按年龄阶段。在最后一节中，我们将偏离这一方式，对生命的晚年期投入特别的关注。在我们看来，这一生命的最后阶段值得这样的关注，因为对于智力和认知的双成分模型来说，它代表着自然的边界状态。具体地讲，我们预料，晚年人口中不断增加的那部分人最终达到了相当低的机械功能水平，对整体智力功能造成损伤。最近，许多来自于 BASE(P. B. Baltes & Mayer, 1999; P. B. Baltes, Mayer, Helmchen, & Steinhagen-Thiessen, 1993)的实证横断和纵向观察支持和证明了这一预测(更详细的概要见 Lövdén et al., 2004)。来自于这一晚年样本的三个结果与双成分模型相关最为明显(P. B. Balates & Lindenberger, 1997; Lindenberger & Baltes, 1995a)。

协变退行

首先，在流体机械和规范实用领域之间及之中，相比于成人中期和早期，老年人能力的组间相关要高出很多。基于这些数据，智力能力的个体间差异中协变的量，或者 g 因素的显著程度，似乎在晚年出现了增加(P. B. Baltes & Lindenberger, 1997)。g 因素随着年龄和/或能力水平的功能而变化，这种观点可追溯到 Spearman(Deary & Pagliari, 1991)，并且，已经促成了毕生智力的分化和退行假设(Garrett, 1946; Lienert & Crott, 1964; Reinert, 1970)。尽管检验这一假设存在方法论的难题(J. R. Nesselroade & Thompson, 1995)，但迄今所得到的证据看起来总体上是支持这一假设的(概要见 Lövdén & Lindenberger, 2004)。例如，Li、Lindenberger 等人(2004)对 15 个智力测验的基本成分进行了毕生比较性的初步分析。这些分析的结果见图 11.10 中的下部。在儿童期、成人后期和老年期，只有两个特征值(eigenvalues)大的成分被提取出来，但是，在青少年期、年轻期和成人中期，有五个成分的特征值高于整体。另外，相对于青少年期、年轻期和成人中期，在儿童期、成人后期和老年期，流体和晶体智力之间有更高的相关。

616

从认知发展的双成分模型来看，儿童期能力的组间相关的下降和晚年组间相关的增加都指向了基于年龄的(也就是下降和增加)一般领域加工限制的重要性的变化。来自于 BASE 的横断研究数据(P. B. Baltes & Lindenberger, 1997; Lindenberger & Baltes, 1994)表明，老年期的退行超出了认知领域，也影响了感觉功能(如 Ghisletta &

Lindenberger, 2005)和感觉运动功能(如平衡和步态)。与这些发现相一致,近期的神经认知证据证明,与年轻的成人相比,加工路径和脑活动模式在老年人中较少分化(Cabeza et al., 2004; Park et al., 2004)。

方向性的退行

来自于BASE的第二个发现是关于年龄曲线的方向性(Lindenberger & Baltes, 1997)。在晚年,介于机械和规范实用能力之间的横断年龄曲线的方向性差异在降低。然而,消极性的增加已经被观察到,知觉速度与年龄的消极相关最强,而言语知识最弱。

横断的观察一直被纵向的证据所证实(T. Singer, Verhaeghen, et al., 2003)。使用潜变量生长曲线模型(见 McArdle, Hamagami, Ellias, & Robbins, 1991), T. Singer、Verhaeghen 等人(2003)在三种不同的数据选择条件下比较了横断的和纵向的年龄曲线:(1) 使用所有可用的数据(也就是 T1、T3 和 T4 数据),绘出 T4 纵向样本(n=132)的横断/纵向的聚合年龄曲线;这些曲线综合了实足年龄的横断和纵向的信息(因此会聚);(2) T4 纵向样本(即前面提到的样本;n=132)的横断 T1 曲线;这里,T1 的横断年龄曲线以幸存的和一直参与到 T4 的个体来检验;并且(3) 原始 T1 样本(n=516)的横断 T1 曲线。图 11.15 显示了这三个年龄曲线。

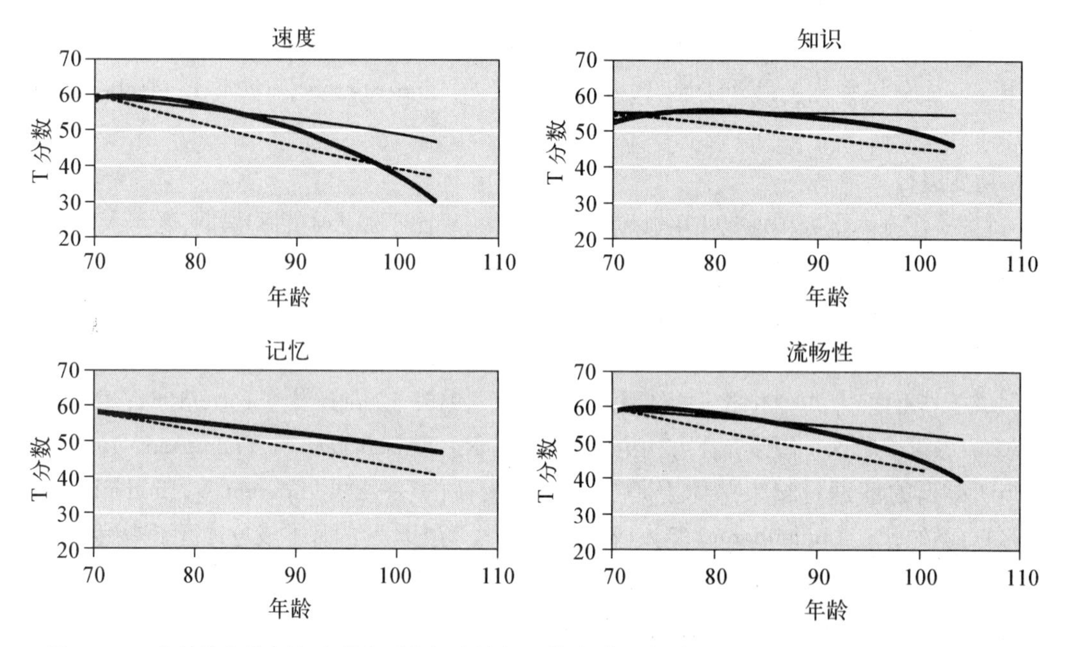

617 **图 11.15** 在柏林老化研究中观察到的智力的年龄曲线,作为样本和测量时机的功能。粗实线代表纵向样本(n=132)的横断/纵向聚合曲线,包括来自于 T1、T3 和 T4 的测量,这些测量包括平均 6 年的纵向观察。细实线代表相同纵向样本(n=132)的横断曲线,基于对 T1 的测量。最后,虚线代表全部 T1 样本(n=156)的横断曲线。

来源: From "The Fate of Cognition in Very Old Age: Six-Year Longitudinal Findings in the Berlin Aging Study," by T. Singer, P. Verhaeghen, P. Ghisletta, U. Lindenberger, and P. B. Baltes, 2003, *Psychology and Aging*, 18, pp. 318 - 331. Copyright © 2003 by the American Psychological Association. Adapted with permission.

至于流体机械和晶体实用,与全部的T1横断样本相比,认知上与年龄相连的衰退在T1的纵向样本中并不显著。具体地讲,消极的曲线在全部T1样本的所有四个能力上占上风,但是在纵向样本中,言语知识并没有显著下降。年龄曲线的这一模式表明,在流体机械中衰退是常态的,是以年龄为基础的,而言语知识的衰退看起来部分或主要地与接近死亡相联系。第三类年龄曲线,即T4样本纵向聚合曲线,强化了这一印象。

在探索性的相关模式中,分歧的维持

鉴于前面提到的两个发现,有人可能开始疑惑:是否在晚年,认知的机械和实用之间的区分丧失了所有的经验基础。使用与在社会结构—传记的或生物学状态上的个体差异相关的变量,图11.16比较了知觉速度、一种流体机械能力和言语知识、一种规范实用指标之间的相关模式,结果表明,情况并非如此。

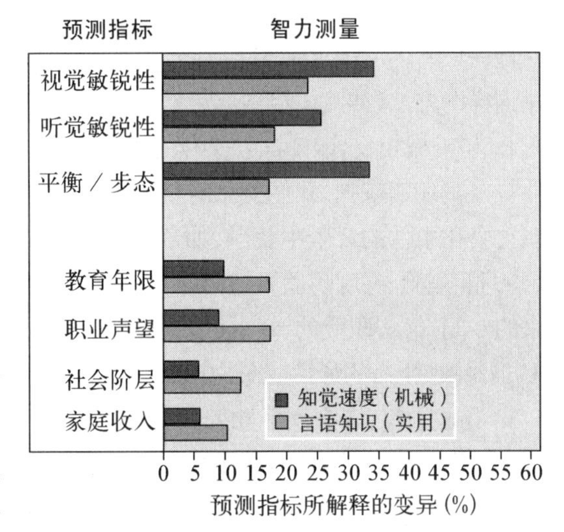

图11.16 在晚年,毕生智力发展的双成分模型的区分效度继续存在。图中显示,流体机械指标知觉速度和晶体实用指标言语知识,和社会结构—自传的及生物学的(如感觉)状态之间不同的相关联系。知觉速度与生物学指标有着相比于言语知识更高的相关,社会结构—自传的指标与言语知识的相关也比知觉速度更为显著。因而,尽管由于机械中基于年龄的丧失,总体的趋势是朝向退行,但是,毕生认知的双成分模型显示出有区分的外部效度的迹象。数据来自于柏林老化研究(N=519,年龄范围=70—103岁)。

来源:From "the Fate of Cognition in Very Old Age: Six-Year Longitudinal Findings in the Berlin Aging Study," by T. Singer, P. Verhaeghen, P. Ghisletta, U. Lindenberger, and P. B. Baltes, 2003, *Psychology and Aging*, 18, pp. 318 - 331.

无一例外,相对于言语知识(如实用),知觉速度与生物功能指标的相关更为显著(如机械)。反过来也是如此:社会结构—自传的指标与言语知识的相关也比知觉速度更为显著。那么,很明显,机械—实用之间的区别在晚年并没有完全消失,而是假借与生物的和文化的影响体系相关上的分歧予以表现。

毕生智力发展:结论

基于前文(诚然有所选择)的研究和理论综述,我们将在下面提出有关毕生智力发展的个体发生的完整图景。

1. 为了理解在智力和认知领域,生物和文化间的毕生动力学和生物文化共同建构(P. B. Baltes, 1987, 1997; P. B. Baltes et al., 1998),我们将认知机械和认知实用相比较,并提出了智力发展的双成分模型。这一模型受流体和晶体智力的心理测量理论的启发(Cattell, 1971; Horn, 1970, 1989; 比较 Tetens, 1777),但需要更为广泛的概念化,这包括进化心理学、认知-实验、专长和神经科学方法,从而实现毕生智力发展的更有效和更广泛的表征。双成分模型精确地预测出,在毕生的相对后期,知识的实用达到顶峰,并在之后得以保持;而在毕生的较早时期,认知机械达到顶峰,然后出现单向的衰退。这一模型也精确地预测出解释的不同个体

618

发生来源。

2. 就机制而言，在信息加工速度、工作记忆容量和无关信息的抑制中与年龄相关的变化，是解释认知机械毕生变化的因素中最突出的候选因素。目前，这些结构往往还没有定形，缺乏心理层面的直接证据，并且在作出有区分的预测时存在困难。人们期待，进一步密切与认知神经科学的联系，特别是在前额功能中与化学的、解剖的和功能性的毕生变化，会促进这一研究领域的进一步深入。

3. 机械功能的现有测量往往受到了实用因素的污染。要实现对认知机械的毕生曲线进行更为精确的描述，并对关键成分和机制进行解释，测量还需要进一步纯化，这要借助能更好地评估个体功能上限的方法来实现。正如理论所预测的那样，与使用标准的测验相比，使用这样的方法(如测试极限)导致了不同年龄被试更为纯净的分离(见图 11.9)。

4. 与机械相反，以知识和文化为基础的认知实用提供了成人期和老年期积极变化的可能性。在实用领域内，我们主张对规范的和特定个体的知识体进行区分。规范的知识体在一般社会化事件的背景中获得，如基本的文化技能和教育课程，并且，在总体上可由心理测验(如词汇测验、态度测验)来测量。特定个体的知识指的是从规范的(平均的)路径中分支出来的专门知识，职业的专门技能是迄今研究中最为突出的例子。我们的观点是，这也基于 SOC 理论，在生命的最后三分之一，最高水平的实用技能带有强烈的个体化成分。

5. 在成人期，专家水平知识的获得可能导致智力系统的支离破碎，但是也提供了获得具有大范围的适用性、一般性和整合的知识体的机会。与才智相关的知识，或者关于生命意义和操行的知识是一个原型。获得这种特定个体的一般领域知识体的可能性，依赖于经验、特定专门知识和个体相关因素的特定联合(Krampe & Baltes, 2003; Sternberg, 1985)。

6. 贯穿于整个个体发生中，认知实用和机械是相互交织的。在日常生活中，智力功能和智力产品代表着双方的联合效应。例如，实用知识领域的出现是建立在进化预设的领域之上，并且很可能还对之进行了扩展和变更。在特定种系结构上，文化知识的修剪机制还有待进一步的研究。实用/机械互相依赖的另一个例子是获得和使用实用知识以补偿机械的衰退。与我们对毕生发展的总体图景的一般概念完全一致，实用的补偿功能随着年龄的增长，重要性增加，但功效受损。

7. 智力功能的可塑性(可训练性)研究已经成为毕生研究的里程碑(P. B. Baltes)。在认知机械所赋予的限度内——这一限度尚需要充分地探索，智力的性能毕生都是可以训练的。长期的环境变化研究和认知干预研究都提供了支持这一观点的证据。在所有年龄、所有个体中，都有相当大的可塑性空间，当然，也有一些例外(如阿尔采姆型老年痴呆)。然而，可塑性随着年龄的增长而下降，这反映了认知机械的丧失。所带来的毕生智力发展有界限的开放性与毕生心理学中生物文化情境主义的框架相一致。

8. 不同线索研究的综合考虑显示，在三种不同的毕生轨迹之间存在显著的一致性：规范实用(如晶体智力)中个体间差异的遗传力、相对的稳定性和层次变化。在所有三种情况下，从儿童期到成人中期和后期，规范实用会出现增加，同时，在晚年，会出现衰退的迹象。个体间差异的遗传成分、个体间差异的连续性和一般知识之间存在平行，这一平行与行为遗

619

传学中基因—环境相关的观点(Scarr & McCartney, 1983)及生态学中的小环境观点(Dawkins, 1982)相一致。不管喜欢与否,这一平行证明,在社会结构和遗传的个体间差异之间,存在强大的、毕生的协同作用,至少在西方发达社会提供的发展环境中是如此。

层次5的第二个例子：毕生人格发展的研究

接下来,我们阐述在组织和促进人格发展的研究中,毕生理论该发挥什么样的作用。首先介绍在研究人格发展时在我们看来必须考虑的三种方法：(1) 特质方法;(2) 自我系统方法;(3) 自我控制方法。* 这三种方法通常会在不同的文献中出现,之间的联系极少,特别是关于毕生发展。接下来,不管在什么时候,只要使用人格或人格系统一词时,我们都会考虑全部三种方法。

在本章开始时介绍的分析层面的方法被用于作为一个整合的框架,以整合当前来自于三种方法的研究。因而,在毕生人格发展上可用的理论和证据被用来阐明生物—文化的相互关系和资源的差异化分配观点。此外,前面介绍的三种毕生假设与毕生人格发展有特别的相关,这里会进行更为详尽的讨论。这三个议题是毕生人格发展的稳定性和变化、人格发展的机会和限制,以及人格的适应能力或储备能力。

人格发展研究的三种方法

人格探索中建立起来的研究和理论一直都相当丰富(如 Pervin & John, 1999)。然而,可以发现有三个长期存在且贯穿始终的关注点：结构/内容、动力学和人格的发展(Funder, 2001)。历史上,这三个关注点总是和前面提到的人格研究的三种方法相关联(Staudinger, 出版中)。

依照人格研究的特质方法,我们着力于用基本属性和行为倾向来描述个体,这包括主要源于心理测量传统的一系列研究。这一领域的研究集中于识别人格结构、个体间的差异和纵向的稳定性程度(如 Costa & McCrae, 1994; Goldberg, 1993)。人格结构的出现、保持和变化,以及个体间差异的稳定性与变化的条件,这些很明显对人格的毕生观来讲非常重要(Brim & Kagan, 1980)。然而,除此之外,毕生的观点也致力于洞悉这些人格特性和行为倾向显示个体内变化轨迹和可塑性(可训练性)的程度。这样的问题在一些有代表性的研究项目中得到了追踪,包括学者如 Block(如 1995)、Helson(如 Helson & Kwan, 2000)或 John Nesselroade(如 2002)等人所做的研究。

内容和结构一直以来也是人格研究的自我系统方法的兴趣中心。但是,自我系统方法一直以来也非常感兴趣于理解人格的动力学(Markus & Wurf, 1987)。在自我系统方法的

---

* 注意,选择"人格"作为总标题并不意味着我们认为特质方法更为重要。在本章1998年的版本中,我们选择"自我和人格"作为标题。然而,这看起来是不切实际的,偏离了整合三种方法的目标。因而,我们打算提出"人格"或"人格系统"作为总标题,这暗示着这一研究领域包括所有的三种方法。这也与早期的人格理论家——如 Allport 或 Murray——相一致,这些早期的理论家当然不会将人格一词的使用与仅仅关注特质方法联系起来。

主题下,我们归入了许多这样的研究思路——将个体描述为一系列相对稳定的自我概念的多方面的动力学结构(如 Baumeister, 1992; Greenwald & Pratkanis, 1984; Markus & Wurf, 1987)。自我概念并不意味着包括所有与自我有关的态度,而是仅限定于构成重要的(基本的)自我成分的那些信念或认知。不管什么时候,当谈及以自我为对象的态度的社会意义时,所用的是"同一性"的观点,而不是自我概念(如 Waterman & Archer, 1990)。不同的情况或背景激活了自我概念或自我图式复合结构的不同子集。Markus 和 Wurf(1987)曾称之为工作的自我概念。这一自我系统的观点既包括稳定性,也包括动态性,适合于毕生的概念——即强调在发展过程中,作为交互适应典型特征的连续性和变化性的潜能。

620

人格的特质方法旨在"从外部"推断行为倾向,与此相反,自我概念研究常常(但并不必然)与 J. L. Singer(1984)所称的私人经验或个人人格相关联,并且,Ryff(1984)称之为"从内部"研究人格。然而,在操作上,至少是大部分的两种传统的成人研究——即特质和自我系统方法——依赖于自我报告。除了如 Erikson(如 1959)或 Bühler(如 1933)的经典研究,Loevinger(如 1976)、D. J. Levinson(如 1986)、Ryff(如 1991)、Whitbourne(如 1987)、Dittmann-Kohli(如 Dittmann-Kohli, Bode, & Westerhof, 2001)、Diehl(如 Diehl, Hastings, & Stanton, 2001),以及 Herzog 和 Markus(1999)等学者的研究项目都集中于自我概念及其适应特性的毕生发展。

关注人格的动力学或潜在的微观发生人格变化的过程是第三种方法,即研究自我调节过程(Carver & Scheier, 1998)。在自我调节过程的主题下,我们归入了所有这样的努力,即旨在描述个体在监控行为时的有组织的能力和技能。就毕生发展而言,促进成长的调控行为,以及达到、保持和重新获得心理平衡的调控行为,包括在与年龄相关的丧失背景中的这些行为——特别是在微观发生和个体发生变化的条件下,个体的一致感、连续性和目标——这些议题是研究的兴趣所在。

在文献中所讨论的大量用语可以被归于这一主题下,如自我评价过程、目标相关的过程、应对、控制信念和自我效能,或者情绪调节。这一研究的焦点在于,调查在毕生发展的过程中,与自我相关的潜能和储备能力,以及它们的限制。因为这一领域包括许多不同的用语,所以投身于这一主题的学者群体相当庞大,并且仍然在增长。因而,从毕生的角度,为了阐述在自我调控过程主题下的此类研究,我们只能提及其中的一些实验,如 Brandtstädter 所发起的一些研究(如 1998; Brandtstädter & Rothermund, 2003; Greve & Wentura, 2003)、Cantor(如 Cantor & Fleeson, 1994)、Carstensen(如 Carstensen et al., 1999)、Filipp(如 1996)、Labouvie-Vief(如 Labouvie-Vief et al., 2003)、Lachman(如 Lachman & Weaver, 1998)和 Blanchard-Fields(如 1996)。其他的例子是带有补偿的选择性最优化理论(如 P. B. Baltes & Baltes, 1990a; Freund & Baltes, 2002b)和由 Heckhausen 和 Schulz (1995)提出的构建以自我为基础的毕生发展控制理论。

近期的大量研究致力于整合这些相当凌乱的研究领域(如 Cloninger, 2003; Hooker, 2002; McAdams, 1996; McCrae et al., 2000)。在这些整合努力中的毕生焦点清晰地指向于关联的结构、内容和过程相关的动力学,如以稳定性和变化来描述成人期的人格发展特点

(如 Roberts & Caspi, 2003; Staudinger & Pasupathi, 2000)。在接下来的内容中,我们不仅呈现相关的信息,并且还尝试以毕生的观点来整合这三个人格研究方法。当我们尝试整合时,必然会产生一个副产品,即我们可能偶尔会改变最初提倡者核心工作的焦点。

人格发展研究之毕生方法的关键特征

我们将人格定义为,人类与自身、他人和现实世界之间行为/行动、体验、信任和感受的方式。考虑到人类发展的源泉和结果,人格有多种原因和功能(比较多重因果关系和多重功能的原理)。首先,人格发展是发展过程的结果。不同的道路可能导致即使不是相同也是相近的结果。第二,人格也会成为发展过程和共同调节结果的前提条件。最后,人格与其他发展过程相关。

621

持毕生的观点意味着(a)我们关注个体间人格发展方式的共同性。这不仅在如 Erikson (1959)所提出的发展模型中得到反映,而且体现在关于人格发展的驱力和机制的理论中(如 Bandura, 1984; R. W. White, 1959)。与此同时,作为毕生发展学家,我们感兴趣于(b)人格发展的个体间差异。例如,在生命过程中,随着特定人格组成和特别的环境条件之间的相互作用日益累积,发展轨迹间的相似性是否日益降低?最后,我们想要了解(c)人类个体与自身、他人和现实世界之间行为/行动、体验、信任和感受的方式的个体内可变性或可塑性。例如,有没有可能一个外向的人在特定环境中变得行为举止更像一个内向者?在极端的情况下,这种可塑性也会导致系统的不稳定,并缺乏一致性。随着年龄的增长,这些与可塑性相关的现象会增加还是降低,或者保持不变?

共同性、个体间差异和个体内可变性(可塑性),这三个问题可以用研究人格及其发展的结构和过程导向的方法进行追踪。在形式或结构的主题下,主要考虑的正是传统的人格倾向和自我概念、图式或想象。在过程研究的主题下,自我调控机制最为突出。这一主题至少可以区分出五类:情绪调节、控制信念、应对、自我评价和目标系统(目标寻找、目标追求、目标重构)。

最后,结构、过程和功能这三个方面都可以从成分的(多变量的)和整体的(自比的, ipsative)观点进行研究。大五人格因素(the Big Five personality factors)证明了成分的方法(如 Costa & McCrae, 1994; Goldberg, 1993)。和 Magnusson 所做的概念和实证的研究(如 Magnusson & Mahoney, 2003)一样,Block 对人格评估的自比方法(如 Block, 1995)是整体方法的一个令人鼓舞的例子。用类型学的方法对人格发展进行研究,如使用聚类分析也能被归入那一类中(如 P. B. Baltes & Smith, 2003)。和 Magnusson、John Nesselroade 和其他人一样,我们认为,人格发展的毕生研究能获益于成分的和整体的方法的整合。

寻找人格发展领域的通用机制

在本章中,我们自始至终都强调在毕生研究中,寻找成功(适应的)发展的条件的重要性。从认知心理学领域,我们已经吸取了通用机制的思想。因而,我们询问,在人格领域是否可能表述出通用的机制,我们希望最好如此。对于通用机制,我们指的是个体可以在不同的背景中,不同的发展阶段,用于掌控发展中的变化(内部的和外部的)的资源和能力。在人格领域，通用机制可能有助于个体组织和协调他或她与自身、他人和现实世界之间行为、体验、信任和感受的方式。譬如人们对最大化的获得与最小化的丧失的目标之研究。在我们的研究中，带有补偿的选择性最优化理论(如 P. B. Baltes, 1997)是一个这样的通用机制；它定位于高水平的集成。

当探索通用机制的观点时，似乎构筑什么是研究的基础。特别是当纵向研究聚焦于寻找成功发展结果的预测因素时，经验证据已经发现了大量的备选概念。例如，冲动控制或自我控制、有意识的控制、延迟满足和自我弹性/灵活性提示我们，它们可能具有人格领域中通用机制的特征(如 Bandura, 1993; Block, 1993; Capspi, 1998; Masten, 2001; Mischel, Shoda, & Rodriguez, 1989; Rutter & Rutter, 1993; E. E. Werner, 1995)。与认知心理学中一样，这样的通用机制不会独自起作用。相反，它们是人格特征系统和自我监控系统的一部分，只在特定的环境中起作用或具有适应性。

我们为什么选择探索通用机制观的效力，一个原因是人类发展的相对开放性(Maciel, Heckhausen, & Baltes, 1994)。从毕生的观点来看，自我和人格任何方面的发展都没有单一的终点。挑战在于协调不断变化的环境中的资源。因而，这看来是下述假设的理论和经验基础，即如果(a) 有许多不同方式的存在(如内部和外部控制、乐观和悲观、内向和外向)和如果(b) 监控介于这些假想敌对状态间辩证思维的渐进性算法可以达到(如 Blanchard-Fields & Norris, 1994; Colvin & Block, 1994; Staudinger, 1999b)，那么人格功能是有效的。利用这种算法，特定时间、地点和环境的最有效的人格特征得以显现。这以不同的术语重述了智慧个体的特征(如 Staudinger, 1999a; Sternberg, 1998)。这种方法也和智力功能领域中流体智力的观点相近(见前面的讨论)。它是这类智者的特别特征，在通用机制的意义上，它能被用于(投入)多种认知问题(Cattell, 1971)。

622

人格的执行功能

毕生理论进一步提出了一个心理现象的系统观点。对于我们思考人格的方式，这一系统的观点至少有两个影响(Staudinger, 1999b)。首先，我们认为，前面介绍的不同的人格成分共同形成了人格系统。动力系统理论假定，依靠循环式的交互作用，这些成分形成了自我组织的基础，以及新形式的出现和稳定性(如 Ford & Lerner, 1992; Thelen & Smith, 1998)。第二，系统的观点也使我们的注意力指向于发展中的个体人格和其他子系统——如生理和认知功能——之间的交叉结合(如 Mischel, 2004; Pervin, 2001)。正如前面已经提到的那样，对于其他系统及其发展变化，人格似乎具有某些类似协调或执行的功能(如 Erikson, 1959; Waterman & Archer, 1990)。除了人格研究的(动力学)系统方法，行动心理学已经被提议作为一个统合框架，以统一认知、情感和动机之间相互作用的微观发生学研究(Gollwitzer & Bargh, 1996)。人们已经开始探索行为心理学向毕生发展这一主题的推广(如 Brandtstädter, 1998; Brandtstädter & Rothermund, 2003)。第一个证据正在出现，前面介绍的带有补偿的选择性最优化的发展模型在这方面也有希望(如 Freund & Baltes, 2002b)。

第三，也是最后一个，人格发展出自我反省功能。人格反映和评价了其他子系统的发展变化,并试图整合他们。人格的整合和适应功能也可见于这一事实中,即对适应的主观测量,如主观幸福感或快乐,甚至于被用来作为对自我的测量(如 Bengtson, Reedy, & Gordon, 1985)。在可能生活目标和结果的发展性矩阵中,自我反省对于评估个人在其中的位置具有关键作用(如 Staudinger, 2001)。

提供从婴儿到老年的联系

对于人格发展研究的毕生观点,一个更深入的主题涉及整合从婴儿到老年的个体发生历程。经验上和理论上,二者间的距离通常仍存在着鸿沟。婴儿和儿童的研究是一方面,而成人和老年的研究是另一方面,典型的情况是,他们彼此之间相互独立地开展研究,在概念、方法论和相应的实证资料基础上几乎没有重叠。虽然已经取得了很大的进展,特别是对于纵向研究者来说,他们的被试已经成长为大人(Pulkkinen & Caspi, 2002),但是,过去所提出的告诫依然存在:例如,哪一个测量是与年龄无关的变量?当将描述的不连续性结合在一起时,怎样理解解释的连续性?

为这一分歧架起桥梁,并建立实质性的联系是不容易的(如 Brim & Kagan, 1980)。找出一直被用于描述毕生人格发展的结构,或者至少已经显示出预测性联系的结构,这看来是必要的。这涉及同型连续性和异型连续性这样一个由 Kagan 和 Moss(1962)引入的术语,或 Block 的时间一致性思想(如 Block, 1993)。异型连续性的思想意味着在儿童期和成人期之间,表现型的行为可能改变,但是,儿童期的特定行为可能仍在概念上与成人行为相一致。表现型不同但是概念上相关的反应,可能派生于早期行为(如 Moss & Sussman, 1980)。例如,R. G. Ryder(1967)发现,儿童对任务的坚持与成人的成就导向相关。

623

有许多令人感兴趣的候选因素适合作为毕生结构的例子,如依恋方式、控制信念、自我概念或气质。例如,对于气质特征来说,大量的纵向证据已经证明,在婴儿期的气质和成人期的个性,甚至于老年期的个性之间存在相当强烈的预测性联系,在这一研究中,气质特征分为五个方面,即活动水平、积极情感、消极情感、回避/接近、坚持性。举例来说,纵向的相关表明,活动水平与外向相关,而责任心低或消极的易感性预示着神经质和低水平的宜人性(如 Caspi, 1998; Friedman et al., 1995; Kagan & Snidman, 1991; J. V. Lerner & Lerner, 1983)。然而,这些各种类型的预测性相关不应该被解释为决定性的。相反,Chess 和 Thomas(1984)的研究与 J. V. Lerner 和 Lerner(1983)的研究证明,依靠儿童气质和环境期望之间的"拟合度",气质群可以被加强或削弱。

近来,在识别婴儿气质和成人个性之间联系的机制上,已经取得了显著的进展,这使气质和个性概念的共同组织成为可能(如 Strelau & Angleitner, 1991; Zuckerman, 1995)。例如,Zuckerman(1995)已经提出了一个这样的人格模型,自称为人格的海龟模型(the turtle model of personality)。在这一模型中,在顶端的人格特质与底端的基因通过(从高到低)社会行为、条件作用、生理学、生物化学和神经学相连。这一模型并不意味着还原论;研究智力活动的每一个分析水平,以获取全面的理解是必要的。正如 Zuckerman(1995, p. 331)所提出的一样,"我们并没有遗传同样的气质模式。遗传的是产生和调控蛋白质的化学模型,包括建立神经系统的结构,以及调节他们的神经递质、酶、激素。"与我们对系统的强调非常一致,这也被包括在 Zuckerman 的多层次分析模型中,即气质模式的类型最初可能有强烈的遗传成分,但最终达到了基于情境的自我组织的特征。因而,气质模式被情境和经验所改变,最终,成为多种原因和自我组织过程的结果。

总而言之,在这第一部分,我们一直努力使读者以整体的观点来看待对人格、自我概念和自我调控过程发展的研究。为了实现对自我和人格毕生发展的理解,看起来考虑结果、过程及功能是有效的(Mischel & Shoda, 1999)。发展的动力系统方法提供了一个有用的理论框架,以此来整合文献中所讨论的人格的不同成分。此外,毕生观的兴趣中心在于下列特点,即可以研究整个生命历程的连续性和间断性,并且也证明从儿童到成人的预测力的特征,譬如说气质。基于这一概念,我们现在将本章开始所介绍的层次分析方法应用于自我和人格领域。

阐述人格发展中生物学和文化的作用

图 11.1 怎么应用于人格领域? 依靠进化的手段,基因组及其表达在老年并没有达到最优化,相比于成人早期,遗传程序潜在地出现条理性和整合性的下降(如 Kirkwood, 2003),这些假设对于毕生人格功能来说,有什么含义呢? 最近,对阐明人格演化基础的兴趣日益增加,在共同演化的意义上,这既包括生物作用方面,也包括社会—文化作用方面(如 Barkow, Cosmides, & Tooby, 1992; Klix, 1993)。然而,这一趋势仅仅是达到生命后半段的开始(如 Plomin & Caspi, 1999)。

正如选择主要通过生殖和抚养行为起作用一样,大多数人格领域的进化研究(在最宽泛的意义上)总是集中于在利他主义、合作性行为、性别竞争、嫉妒上的性别差异(如 DeKay & Buss, 1992; Hammerstein, 1996)。然而,除了前面所提到的之外,自欺能力可能也得到了进化的偏爱,因为它似乎增加了欺骗他人的能力,因而增加了存活的机会(如 Gigerenzer, 1996; Triver, 1985)。欺骗他人的能力在进化上的重要性,也和就生殖适宜性而言极为关键的交互关系有关(如 Axelrod, 1984)。我们想要表明,"欺骗自己"的能力,或可称之为"重新定义现实"的能力,的确是贯穿一生的重要的适应功能,在老年也可能增加。

624

因而,相比于年青时代,在后生殖阶段,进化基础的"最优化"程度下降,这一事实对于自我和人格的个体发生而言,可能不像对生物功能和认知功能那样具有破坏性。或许,在这里相关的因素是显示了明确老化丧失的(见前面的讨论)"心理机械",它对人格功能几乎没有意义,或者,人类的进化选择为人格提供了一个优于智力功能的基础。

相对于认知和生物学功能,人格处于一个相对有利的位置。来自于进化心理学的上述发现的解释,即行为遗传学研究提出的人格功能的个体间差异的遗传成分,得到了相关研究发现的支持。对人格特征的基因型和表现型的横断分析和纵向分析证据表明,所有的人格特质都有 40%—50%的遗传变异成分。然而,想要解开方法效应,数据集仍然太少。大多数双胞胎和领养研究使用自我报告的数据来评估人格。当将分别得自于自我报告和同伴评价的遗传变异成分进行比较时,出现了明显的差异,这表明,观察评估和/或基于人格测验的评估仍可能导致其他结果。根据这些为数不多的使用多方法评估的数据集,似可以看到遗传因素在很大程度上解释了跨评估方法的普遍性(Plomin & Caspi, 1999)。在毕生过程中,遗传变异成分似乎遵循了一个和智力功能领域所不同的模式。在生命历程中,遗传力系数的稳定性或者甚至轻微的下降已经得到证实(如 Pedersen & Reynolds, 2002)。

这一非常普通的概述需要限定和区分。迄今,基于纵向数据、有着较大年龄跨度的行为遗传学研究数量很少,更不用说使用多种评估技术了。通过同时考虑平均水平和生长曲线(如 McArdle & Bell, 1999; J. R. Nesselroade & Ghisletta, 2003),现在已经可以借助非常复杂的统计学方法对发展的遗传学结构(Pedersen, 1991)进行建模。然而,由于缺乏合适的数据集,并且这些可用数据都是新近的,所以这种方法还不能被广泛地应用。因而,在行为遗传学领域的作者只能对可获得的证据作初步的考虑(如 Pedersen & Reynolds, 2002)。

将这些限制考虑进去,下面对人格的发展行为遗传学的初步认识看起来在行为遗传学家中得到了一致认可(如 Pedersen & Reynolds, 2002)。首先,人格评估的行为遗传学分析结果是难以和智力评估的同样分析相比较的,因为后者基于行为的表现测量,而人格测量通常都是依靠自我报告。因而,严格地讲,与人格相关的分析所指的遗传力及其毕生变化在于人们怎么报告。第二,在人格测量中,遗传影响在多大程度上解释表现型的变化,其程度小于智力测量。依赖于人格特质和评估年龄,遗传力系数在 0.4—0.6 之间。第三,对于人格的个体间差异来说,遗传影响的重要性似乎随着年龄的增加出现轻微下降(如 McGue, Bacon, & Lykken, 1993; Pedersen & Reynolds, 2002)。第四,有一些初步的证据显示,在不同年龄的人格表达上,遗传效应(即稳定性)存在高度的重叠,虽然在每一个时间点上它们只解释了不超过半数的变异(如 McGue, Bacon, et al., 1993; Pedersen & Reynolds, 2002)。

在人格的遗传学研究上,一个最近出现的、令人兴奋的方向涉及使用分子遗传学技术来辨认对人格的遗传影响起作用的特定基因(Hamer & Copeland, 1998)。现在还太早,尚难以确定,但是最终这种分子基因分析方法很可能会变得越来越重要。这将会使我们的注意力从关注量化遗传影响,转而关注从细胞到社会系统的因果机制上,这将会阐明基因是怎么影响人格,及被人格所影响。当前,对于一些气质特征——如接近/回避、积极/消极心境——的分子分析来说,已经取得了进展(见下面的讨论)。最终,相比于当前的行为测量,这种分子基因分析可能有助于更清晰地回答异型连续性的问题(Plomin & Caspi, 1999)。

625

人格功能的资源分配

在前面的章节,我们强调了资源重新分配的毕生发展程式,从主要分配于成长,然后对维持、修复和丧失管理的分配比重逐步增加(也见 Staudinger et al., 1995)。在认知功能领域,老年期的资源被消耗于维持一定的功能水平,与此相反,毕生自我和人格成长的资源状况要好得多。用系统的观点来看待心理功能,我们能够假定,依靠"人"这一生物系统自我反省的大脑(在儿童期出现的一种品质),对于管理各个功能领域间的获得和丧失,人格可能继续发挥它的协调或执行功能,这至少要持续到第三年龄阶段(比较 Staudinger et al., 1995)。

然而，越来越不能确定，是否平均起来，与人格相关的资源可以在老年用来促进人格系统自身的进一步发展。换句话说，当生命进入老年，与人格相关的资源被用于应对认知的、生理的和社会的衰退和丧失，这会变得越来越必要。很可能，只有在非常有利的发展条件下，才会有充足的与人格相关的资源被用于人格本身的进一步发展。虽然原则上说，人格的毕生变化可能包括进步，但是，我们并不期望这会发生在每个人身上。然而，在非常有利的条件下，人格成长甚至于可能包括如才智这样的高级目标(比较 Erikson, 1959；也见 P. B. Baltes, Smith, & Staudinger, 1992)。

更进一步，我们假定，通过参照他人以及生理的、制度性的背景资源，人格系统也管理和组织内部资源的扩展(如认知能力、体力和人格特点)(综述见 Staudinger et al., 1995)。其他人能帮助做自己的身体条件或时间与能力不容许做的事情。外在的记忆辅助物有助于补偿记忆表现上的损失。根据这一思路，我们可以想像一种情境，在这一情境中，人格可以充分利用外界资源，以至于可以留出充足的内部资源用于人格的进一步发展，如才智。对于这种针对选择性最优化的以人格为基础的资源协调，一个极端的例子是独立功能的丧失。在这种情况下，为了解放资源用于其他目的，任务就是接受如在家务管理等领域的依赖性(M. M. Baltes, 1996)。

对于资源的管理和识别，人格发挥了协调或执行功能，这一观点提出了下述问题：是否有可能将这些支持总体协调和执行功能的机制和特点，从那些构成三个心理功能领域(即智力和认知、自我和人格、社会关系)的某一个中分离出来？或者两者不可避免地相互交织？这一问题在对弹性的研究中进行了讨论(Staudinger et al., 1995)。通过采取这样一个研究观来看待人格的起源、保持和结果——理想的是以纵向的方式——有可能去识别，例如，当同时必须应对非同一般的挑战，如认知功能的丧失、重要他人的死亡导致的丧失，或对自身界限的挑战时，人格是否或以什么方式进行自我管理。因而，构成人格的每一过程和每一特点本身能被确认为一个现象，同时也具有执行和协调功能。

接下来，我们对毕生人格发展的三个议题进行更详细地讨论。第一个是毕生的稳定性和变化的问题。除了在个体等级上的稳定性之外，这一议题也被描述为调查人格功能平均水平上的获得、保持和丧失。第二个议题与人格发展的机会和限制有关。最后，第三个议题将阐述毕生中与人格相关的适应潜能，这会展示毕生发展中最广泛的通用机制。

626

作为终生交互适应的人格发展：连续性和变化

在我们进一步探索人格发展中的连续性和变化(获得、丧失)问题之前，看起来考虑这一问题——在人格功能背景中，谈论获得和丧失意味着什么——是有用的。将成长和衰退，或者获得和丧失的观点运用于人格特点，这使得什么是获得、什么是丧失的标准问题甚至于比运用于智力功能时更为突出和迫切。在认知研究中，一个人能够记得的单词越多越好；我们完成问题解决任务越快，成绩水平就越高。但是，即使是智力功能，这样的适应适宜性标准——什么是获得，什么是丧失——也受制于情境条件。当谈到人格时，我们面临决定人格发展的“最佳”方向的问题。什么是理想的人格发展目标状态？依赖于我们检验结果的标准，有一个或许多潜在地相互矛盾的目标状态吗？主观和客观的标准会在多大程度上聚合？

让我们以外向为例，假定成为外向者被设为人格发展的一个追求目标。然而，我们可以想到，正相反，有些时候，内向才是更适应的人格特点。同样地，在合群与独处，或自主与独立之间追求一种平衡是非常重要的。这样的考虑使我们想起了前面提到的通用机制观点。在那里，我们认为，算法监控灵活性和有效性是"最佳"的自我和人格功能，而并非某一人格特征(如 Aspinwall & Staudinger, 2003; Staudinger, 1999b)。同样的观点也可应用于应对研究中。研究者已经发现，应对行为的功能具有高度的领域特异性。此外，作为紧急响应的适应性应对行为并不需要总具有适应性。因而，甚至于应对，对于日常功能的意义也尚未被充分知晓(Filipp & Klauer, 1991)。

采用主观评估是解决功能性问题的一个方法，例如，与自我相关的某一属性的主观满意度或不满意度。在一系列关于发展的信念和期望的研究中，Heckhausen 和 Baltes 发现，对于什么是理想的及不理想的发展结果，也包括什么时候应该出现，人们对此有相当清晰的概念。例如，人们报告，继续在老年期成长的理想的人格特质只有两个，即才智和尊严；而在成人早期和中期，人们提到了许多其他的积极特征(Heckhausen, Dixon, & Baltes, 1989)。研究者也在这些研究中发现，处于不同年龄和社会经济背景的人们对于人格是如何发展的，以及什么是理想的和什么是不理想的人格发展持相同的观点，即什么是获得或丧失。

接下来，我们在描述自我和人格的毕生发展中获得和丧失的特征时，将使用两种方法(也见 Staudinger & Kunzmann, 2005)。第一个是基于从主观(如主观幸福感)或客观(如寿命)角度，对个体结果的适应性和功能性发展变化的评估。第二个是当作出获得和丧失的判断时，人格成长的理论模型(如自我成熟、整合、繁殖)。我们将读者引向这一问题，即这些分类是初步的，并且决不是绝对的。

不管是获得还是丧失，毕生观的核心假设在于，人格并非消极的展开，并非仅仅是按预设线路逐步成熟或对环境刺激的机械反应的结果。人格的发展出自于一个长期的、积极的过程，在这一过程中，个体和不断变化的内部和外部环境相互作用，这包括生物学变化和社会历史条件的变化。"相互影响的适应"(如 R. M. Lerner, 1984, 2002)或人—环境的交互作用(如 Magnusson, 1990; Magnusson & Stattin, 本《手册》本卷第 8 章)被认为是核心发展过程。在人格的相互影响的适应过程中，自我组织的系统原则是最关键的要素。机械和实用之间的区分进一步详细阐述了这一基本的人格发展的毕生前提，以及它是如何适合于我们对人格发展的理解的。

与人格功能相关的机械和实用

正如前面描述的那样，机械和实用及其动态的相互作用对认知发展的作用得到了充分的理解(也见 P. B. Baltes et al., 2006; Cabeza, 2002)。然而，对于人格来说，我们在理解机械和实用成分在生成发展轨迹上的相互作用方面，尚处于开始阶段。至少在行为层面，认知的机械和实用的发展轨迹业已很好地形成。我们也知道，随着年龄的增长，认知实用帮助补偿机械中的功能缺陷(如 Salthouse, 1984；也见 P. B. Baltes et al., 1998; Staudinger et

627

al., 1995)。在调查机械和实用与人格功能的相关时,我们预料会有相似的发展趋势吗?

扩展认知的机械和实用的观点,以包容人格功能,这可能是有用的。因而,我们可以考虑使用更广泛的概念,即以生活的机械和实用来代替认知的机械和实用的说法(也见 Staudinger & Pasupathi, 2000)。很明显,这一模型具有探索的性质;也就是说,我们并不假定在人格领域中的任何现象可能被归为仅仅代表机械或实用。相反,我们假设,按照在生活的实用和机械间连续体上的相对位置,对各方面的人格功能进行归类,这可能是有用的。接下来,我们将阐述,更具广泛意义的机械和实用概念与人格功能和发展的相关。

与人格功能相关的机械。与人格功能相关的生活机械指的是一个特有的多成分结构,这一结构促成了在自我概念、自我调控上的个体间差异,并促成了在如基本的情绪和动机倾向等人格特质上的个体间差异,就像在气质中所研究的(积极的/消极的心境、接近/回避、新事物探索;Schindler & Staudinger, 2005a; Staudinger & Pasupathi, 2000)。这一结构伴随着基本的情绪和动机倾向,以及可以在行为和神经生理学层面观察的认知过程。

生活机械包括细胞、神经系统、内分泌和免疫系统间复杂的相互作用,反过来,又为认知、情感、动机和行为/动作这些基本的行为指标提供了基础。在行为层面,涉及到情感、运动和注意的反应性等气质特征及其调节(如 Rothbart, 2001)。在生理指标层面,作为认知、情感、动机基础的多个方面机械不可能彼此完全分离。例如,如心跳加速这样的心率变化可以在消极心境中观察到,也可以在心算过程中观察到(比较 Baltissen, 2005; Levenson, 2000)。在神经解剖学中,有证据显示专门脑区(如杏仁核、前额叶)促成了基本的情感和动机倾向的形成,但是并没有促成更高级的认知功能(如 Davidson, Jackson, & Kalin, 2000)。然而,在情感和动机之间作进一步的区分,现在看来还不可能。例如,害怕这种情感和逃避动机无法分割地联系在一起。气质维度也倾向于显示出重要的相互关联,反映了一个潜在的情感—动机系统,而不是相互分离的品质(比较 Rothbart & Bates, 1998)。

与人格功能相关的生活实用。当生活实用与人格功能相关时,它们代表着经验和情境影响的力量。它们包括自我相关的知识及自我调控能力(Staudinger & Pasupathi, 2000)。关于自我的知识符合人格的特质概念及自我概念。它包括我们所有的关于行为、过去经验、期待的和理想的未来、需要和愿望、能力或自身弱点的知识,这些刻画着我们的性格。我们是谁和我们像什么的概念与我们怎么追求目标、评估我们自身或在威胁中调整自我观或目标有密切的关系。因而,自我调控构成了我们的自我知识的程序性部分。

与人格功能相关的生活机械和实用之间的动态相互作用。生活机械和实用彼此相互影响。正如前面提到的那样,我们遵循 Cattell(如 1971)的投资理论,将生活机械视为推动生活实用发展进步的积木(Staudinger & Pasupathi, 2000)。乍一看,似乎机械限制了实用。在某种程度上,这是正确的。但是大多数遗传研究及最近的脑研究已经证明,例如,我们积累的(事实性和程序性)知识的丰富或贫乏反作用于生活机械,并且甚至真的改变了它们(基因表达、脑结构;Kirkwood, 2003; W. Singer, 2003; 也见 S.-C. Li, 2003)。例如,极端抵制的儿童能够控制他们的害怕行为,这不仅改变他们的心理状态,也改变了潜在的交感神经系统的反应(Kagan, 1998)。机械和实用的这一交互作用强调了前面介绍的硬件—软件比喻

628

的限制(至少就我们当前对硬件的理解而言)。

个体发生的毕生观(如 P. B. Baltes et al., 1998; Brandtstädter, 1998)作为介于生物学(即生活的机械)、文化,和自动的及有目的调节个体发展的努力(也就是实用)之间相互作用的产品,这意味着将生活实用和机械完全分开是不可能的。从概念开始,生物学、文化和正在发展中的"人"就相互作用。例如,我们刚刚说明,基本的气质维度(也就是机械)和人格特征(也就是实用)显示出贯穿一生的预测性关系(如 Caspi & Silva, 1995)。但是,我们尚不完全清楚潜在的机械是如何在特质发展中发挥作用的。例如,生活机械上的变化导致了在经验的开放性上与年龄相关的衰退(如方法系统的生理基础减退,或生物资源减少"需要"节俭;也就是习惯化,而并非新异功能),或者这是多年经验的结果(如因为我已经在之前看到了全部,所以兴趣丧失),即生活实用?或者两者都是?尽管表面上不可分隔的相互作用,但是,在人格的生活实用和机械之间进行探索性的区分,并用这种区分来更好地理解毕生人格发展,可能仍然是有用的。我们首先综述一些第一手的、仍然很少见的关于机械的毕生发展的证据,然后综述一些有关人格的生活实用的研究结果。

人格生活机械的神经生理学指标的发展

当我们考虑生活机械时,确定主要侧重机械方面的指标,并同时在整个生命过程中用这些指标来评估被试,这些并非是不重要的琐事。特别是在行为层面,如气质的基本行为指标通常不会在毕生中被应用,而是在成人评估时,以人格特质的测量来代替。然而,我们的术语中,人格特质测量是介于人格的生物基础、背景和个人选择之间许多累积的相互作用的结果。因而,他们更接近于连续体中实用的一端,而不是机械的这端。

很明显,基本气质维度的行为操作化更接近于连续体中机械的一端,即使我们需要意识到,当使用自我报告时,实用成分的重要性增加了(比较 P. B. Baltes et al., 1998; Kagan, 1998)。然而,对于情绪状态,从毕生情绪研究中查阅基本的行为发现是可能的。尽管非常少,但也有一些接近/回避系统上的行为证据,这些证据源于目标系统研究。

此外,为了了解生活机械的发展,研究者可以参考人格功能的神经生理学指标。研究者已经确认了——非常可靠,在不同的实验中都有发现——如下两个神经生理学指标作为情感性和动机基本维度的生物学指标:(1) 自主反应和(2) 大脑不对称(也见 Schindler & Staudinger, 2005a)。在当前可以使用的测量图式中,这两个指标看来相当"纯粹"地反映了生活机械,他们已经受到了大多数实证研究的关注。* 接下来,我们将首先介绍这两个神经生理指标的发展证据。然后,从机械上稍许离开,而走近维度中实用的一端,我们将介绍关于心境和接近/回避倾向上行为资料的发展证据。

自主反应(心率、心率的变化性)。自主神经系统中的副交感神经和交感神经影响了心脏的活动。高度的交感神经反应(如 Kagan, 1998)和副交感神经系统的较弱影响(如 Porges

---

* 这两个指标仅仅呈现了气质的一小部分生理指标,在这一背景中可以探讨的其他指标是杏仁核的兴奋性水平、杏仁核的不对称激活、去甲肾上腺素、皮质醇或多巴胺水平(如 Davidson et al., 2000; Depue & Collins, 1999; Kagan, 1998; Rothbart & Baltes, 1998)。

& Doussard-Roosevelt, 1997)总是和行为抑制相联系(也就是退缩/回避)。我们的焦点在于心率及其变化性与基本的性情,如接近/回避或积极/消极心境之间的关系。

一方面,较慢的、易变的静止心率通常与接近行为和积极的情感相连,但是也和调节障碍、生气易怒的情感相连(如 Porges & Doussard-Roosevelt, 1997; Rothbart & Bates, 1998)。这两个发现看上去似乎自相矛盾,但是与愤怒的独特性质相匹配。虽然愤怒被认为是一种消极的情感状态,但是,愤怒与接近的动机而不是回避或退缩的动机相连(如 Davidson et al., 2000; Harmon-Jones & Allen, 1998)。另一方面,伴有较低的可变性和高度反应性的较高静止心率与抑制或回避行为相关(如 Kagan, 1998)。除了静止心率外,还必须考虑心率在刺激反应时的调控。事实上,心理活动的生理调节一直被认为是"情绪、认知和行为调节的前提基质"(Doussard-Roosevelt, McClenny, & Porges, 2001, p. 58)。那些静止心率慢且易变、心率调节适当的婴儿,倾向于表现出更理想的发展结果(在 3 岁时),如更少抑郁和攻击行为,并且更多社会化行为(如 Porges & Doussard-Roosevelt, 1997)。

静止心率和压力测试心率在儿童期的稳定性及其可变性接近完美水平(Porges, Doussard-Roosevelt, Portales, & Suess, 1994)。在 9 个月和 3 岁之间,可以观察到静止心率平均水平的下降和可变性的增加(Porges et al., 1994)。令人遗憾的是,尚没有研究来调查从儿童期到成人期和老年,心率的平均稳定性水平和变化性。但是,有证据显示,老年人的静止心率几乎和年轻人没有区别,但是,最大心率随着年龄的增加而相当显著地下降(Folkow & Svanborg, 1993)。在老年人中,心率的反应性也变弱(如 Levenson, Carstensen, Friesen, & Ekman, 1991; 见 Baltissen, 2005, 综述)。此外,一旦 ANS 被激活,至少有来自于情绪研究的第一个迹象表明,与青年人相比,激活在老年人身上倾向于持续更长时间(Levenson et al., 1991)。然而,到目前为止,在毕生过程中,有关自主反应和接近/回避的行为指标或其他人格指标之间关系可能的变化,还没有资料出现。

大脑不对称。在过去 15 年间,不同的实验室一直在完善理论,积累关于下述思想的实证证据,即一方面是接近(Gray, 1981)、激活(Cloninger, 1987)和参与(Depue, Krauss, & Spoont, 1987)动机,另一方面是回避、退缩(Davidson, 1984)和抑制(Cloninger, 1987; Gray, 1981)动机,它们和不同的神经基质、不同的基本情感相关,对行为有不同的影响。接近/参与系统促进竞争性行为,产生某种与接近相关的积极情感,并且和大脑左侧前额叶激活的相对增加有关。有证据显示,多巴胺通路在这一系统中起着核心作用(如 Depue & Collins, 1999)。相反,退缩/抑制系统响应惩罚的威胁或信号。它的参与抑制了正在进行的行为(Gray, 1981)或支持退缩行为(Davidson, 1984),并且伴随消极情绪状态,如焦虑、厌恶和警戒增强。抑制/退缩系统的激活和大脑右侧前额叶相对增强的激活相关。

大脑前额叶激活的基线水平不对称所致的个体间差异,与情感倾向、抑制和对消极刺激不同的反应性差异相关(Davidson et al., 2000)。例如,相比于那些没有表现出不对称激活模式的婴儿,右前皮层基线激活水平相对较高的婴儿更可能以哭来回应与母亲的分离。具有不对称的右侧前部激活的儿童表现出抑制的行为倾向。在成年期,安静时右前皮层相对激活水平较高，与更高水平的一般负性情绪、更高的自我报告的行为抑制、在看令人不快的电影片断时有更强的消极情感，以及从消极情绪刺激中更慢恢复有关（综述见 Davidson et al., 2000）。

虽然有证据显示，大脑前额叶不对称的测量具有内在一致性和重测信度（Tomarken, Davidson, Wheeler, & Kinney, 1992），但是，我们关于大脑不对称在个体内发展的知识仍然非常有限，特别是在较长的时间跨度内。前额叶不对称的基线等级次序的稳定性，似乎在儿童前 8 年非常低（Davidson & Rickman, 1999），但是，在青春期之后，当前额皮层已经不再发展变化时，研究者假设稳定性增加（Davidson et al., 2000）。

630

另外，尚没有研究来比较婴儿、儿童和成人间，前额叶不对称的相对大小。在生命的第一年中，大脑的不对称已经得到证实（比较 Davidson et al., 2000），但是，尚不清楚是否这些脑激活上的个体间差异在进一步发展过程中保持稳定。研究者推测，左脑能力的后期发展可能同时伴随着朝向更好情绪调节的成熟性变化（见 Rothbart & Bates, 1998）。和心率及其可变性的研究相一致，在老年，似乎没有任何证据显示前额叶不对称的平均水平的稳定性。我们只能发现一项老年人的味觉研究，它显示响应愉快刺激的左前额叶大脑激活没有受到危害。然而，响应不愉快刺激的脑激活和响应于中性刺激的脑激活却无法区分（Kline, Blackhart, Woodward, Williams, & Schwartz, 2000）。这可能意味着，右前额叶皮层比左前额叶区域遭受了更严重的与年龄相关的功能丧失。在下一节我们将看到，在行为评估层面，证据显示，负性情绪的频率降低及对负性刺激的反应性降低，出现了有差别的增加。

人格功能机械的神经生理指标发展的一些结论。到目前为止，对于人格的生活机械，关于所挑选的生理指标的平均水平或等级次序的研究还非常少见，大多数现有的发现来自于对婴儿和儿童期的研究。因而，我们只能得到一些关于毕生发展的非常初步的结论。在青少年之后，研究者获得了有效的稳定性系数。因而，这些生理指标可能促成了行为层面的连续性。在毕生中，作为动机和情绪倾向的基础机械与认知机械相比，表现出更小的平均水平的变化。但也有一些降低，如在老年，ANS 的生理反应性下降，并且，前额叶大脑激活中的不对称性也可能降低。请注意，机械上的这些变化决不必然导致行为层面的丧失，而是——如前面讨论的——情况可能正相反。

总体上，我们对人格的生活机械的毕生变化及它们与行为指标之间关系的理解仍然有限。我们需要这样的研究，即将生理指标上与年龄相关的不同变化和人格上个体内的不同变化联系起来。例如，抑制的个体有一个倾向，即在响应挑战时表现出更强的心率加速，那么，当他们到了老年，会发生什么呢？我们知道，由于对 ANS 的反应性下降，随着年龄的增长心率加速可能衰退。但是，在行为抑制上，有没有任何与年龄相关的变化是心率反应性衰退的结果？或者，由于前面讨论的大脑活动的变化，老年人的情绪调节会发生什么变化？在情绪调节上发现的与年龄相关的变化，有一个机械的基础吗（如 Labouvie-Vief, Lumley, Jain, & Heinze, 2003）？当我们接下来描述和解释关于心境和接近/回避——它们更接近于人格实用——的行为指标的发展时，这些问题及相关的问题是特别重要的。

人格生活机械的行为指标发展

心境和反应性。生理模式保持不变,然而,生理反应的大小似乎降低了(如 Levenson et al., 1991)。通过自我报告积极和消极情绪来评估情绪——这更接近于情绪调节的实用面,这些研究支持老年情绪功能改善的观点。总体上,情绪的主观显著性似乎随着年龄而增加(如 Carstensen et al., 1999)。研究者发现,消极情绪在老年要么保持稳定,要么下降。根据研究和调查的年龄区间,积极情绪相当稳定或甚至于随着年龄而增加(如 Charles, Reynolds, & Gatz, 2001; Diener & Suh, 1998; Kunzmann, Little, & Smith, 2000)。情绪复杂性的增加(即更多的因素制约着情绪体验,再加上积极情绪和消极情绪共同发生的可能性更大)和自我报告情绪控制的改善也与年龄的增长相联系(如 Gross et al., 1997)。对这些发现的一个共同解释是,与年龄相关的情绪成熟是有关情绪的经验和知识累积,以及时间层面不断变化的结果(如 Carstensen et al., 1999),也就是在人格的生活实用上变化的结果。基于前面描述的人格机械的神经生理指标的发现,我们打算提出一些推测,以推断那些变化是以什么方式促成行为层面上观察到的心境和情绪调节上的这些改变。

631

首先,正如我们已知的那样,有迹象表明,与年轻人相比,在对唤起情绪的反应中,老年人的 ANS 活性(特别是心血管系统)更弱,作出回应性情绪的时间更长。此外,前额叶大脑机能的不对称似乎也随着年龄的增加而降低。这些变化(我们看到的仅仅是一小部分经选择的可能机械指标)可能导致了心境和情绪调节上所观察到的变化。例如,较低的 ANS 反应性可能使得应对烦恼情绪更为容易。在情绪体验过程中,前额叶大脑激活的不对称降低,导致特定情绪体验相对频率上的差异,并引发对某种特定类型情绪品质的加工。

第二,至于情绪控制,有迹象显示,与自我报告的评估结果相反,情绪控制的行为测量事实上没有发现与年龄相关的增加——如生理指标的测量,而是,老年人似乎高估了他们自己调控情绪的能力(Kunzmann, Kupperbusch, & Levenson, 2005)。第一个迹象是,当使用与年龄高度相关的情绪刺激(爱人的丧失),与年轻人相比,老年人事实上会报告体验到了更强的消极反应(哀伤)(Kunzmann & Grühn, 出版中)。因而,情况可能是这样的,某一类情绪反应常常会比其他类型的情绪得到更多的实践,因而,通过实用手段(即练习),基于人格的生活机械的发展趋势得到了"补偿"。总而言之,我们提出,人格发展的机械和实用成分之间的相互作用还远远没有被理解,但是,为了增加我们对毕生情绪功能的理解,在生活机械和实用之间进行探索性的区分可能是非常有帮助的。

接近和回避目标。相应于生活机械中与年龄相关的衰退,研究者预测,焦点目标随着年龄的增加从成长——即努力达到更高的功能水平,转向维持——即在面临挑战时保持功能水平,和丧失调节——即在更低的功能水平上进行组织(Staudinger et al., 1995)。检查来自于目标系统的研究发现(如 Emmons, 1996),即区分集中于获得的目标(即接近目标)和集中于丧失回避的目标(即回避目标)能被用来检验这一假定的发展趋势。事实上,和假定相一致,研究者已经证明,成长(接近)目标在青少年期更为常见,而维持(免于丧失)目标在成人中期和老年时频率增加了(Ebner & Freund, 2003; Freund, 2002; Heckhausen, 1997; Ogilvie, Rose, & Heppen, 2001)。此外,在晚年,维持目标的频率仍在增加(J. Smith &

Freund, 2002)。然而,尽管中年人和老年人对维持和丧失管理的投入增加,但是接近目标仍然在毕生过程中持续存在(Ogilvie et al., 2001)。当问及未来的自我时,即使是处于晚年的老人,大多数人在接近和回避两个测量点上也总是报告追求改善的目标(J. Smith & Freund, 2002)。并且,选择性选择作为 SOC 理论的一部分,也保持到了老年(Freund & Baltes, 2002b)。这一模式的发现被复制于不同方法论的方法中,如评分者目标编码、目标自我评估和目标选择行为。此外,关于目标的系统观,研究者已经证明,一个目标可以从接近维度还有回避维度得到评估(Ebner & Freund, 2003)。将这些在接近和回避上的行为及自我报告的发现与基于神经生理学指标的发现关联起来,引人注目的是,大脑右前皮层——和回避行为相关——似乎经历了严重的与年龄相关的功能衰退,这表明,与目标相关的接近/回避的研究发现,与生活实用的联系更为紧密,而不是人格的生活机械。

人格生活实用的发展证据

在综述人格发展证据的最后一部分中,我们转向结构。在我们的机械—实用的连续体中,这更接近于实用端,如人格特质、自我概念,但是也包括自我调节过程。在人格和老化的综述中(Kogan, 1990),所得出的一个通常的区别出现在人格发展的特质和成长模型之间。 632

激进的特质理论家将人格等同于人格特质,即倾向性的行为和特征。一些人甚至主张,在 30 岁以后,人格就“像水泥一样被固定”(Costa & McCrae, 1994)。人格的特质模型是从连续的一端出发,来研究连续性和不连续性、稳定性和不稳定性的问题。特质导向的研究者感兴趣于探索和尽可能找到一个人格特征的结构,从而,最大程度地以综合的、连续的方式来理解个体的经验和行为。

在大量的人格特质研究者中,一致同意人格可以被合理地描述为所谓的“大五”(Big Five)。虽然在不同的作者间所使用的标签有所不同,但是,通过因素分析的方法,大五已经在不同的工具和不同的样本间得到确认。我们选择 Costa 和 McCrae 的因素名来表述这一信息:外向性、宜人性、责任感、神经质和对经验的开放性。

相反,人格的成长模型主张,我们不断适应变化中的内在和外在要求,从而成长,例如最有影响的 Erik Erikson(如 1959)提出的模型。如果所有的要求都得以满足,在理想发展路径的终点上,Erikson 想像,个体将充满希望、意志力、生活目标、能力、忠诚、爱、关心和智慧。很明显,这种结果并非常例,而是例外。

然而,越来越多的基于这两个模型的实证证据证明,在成人和老年期,人格发展兼具稳定性和变化的特征(也就是获得和丧失)。因而,本综述的焦点将放在呈现证据,并提出方法以更好地理解人格发展的稳定性和变化之间的逻辑。

人格特质的发展。当问及人格特质的稳定性和变化时,这意味着三个问题而非一个,即(1) 一组个体的平均水平的稳定性和变化,(2) 个体间差异(变异)的稳定性和变化,(3) 人格维度的结构性相互关系(共变)的稳定性和变化。在一开始,如果人格维度测量了不同年龄间的同一特征,那么,在不同年龄组间进行有意义的比较是完全可能的。对于人格的大五因素模型,结构不变性的横断和纵向信息均可得到(Costa & McCrae, 1994; Small, Hertzog, Hultsch, & Dixon, 2003)。这些研究已经证明,在成长期和老年期,存在高度的结构不变性。

按照最近的一项元分析(Roberts & DelVecchio, 2000),大五的等级次序稳定性在毕生中几乎呈线性增加,在青少年期稳定性系数为 0.40 到 0.50,而成人中期(50 到 59 岁)达到顶峰,稳定性系数达到 0.75。在 50 岁到 60 岁,人格稳定性达到顶峰,这和前面的观点——即人格特质的稳定性应该在 30 岁后达到高原状态(Costa & McCrae, 1994)——相矛盾。五个维度间的比较显示,外向性和宜人性的稳定性要稍高于其他三个维度(也见 Vaidya Gray, Haig, & Watson, 2002)。在这一元分析中(Roberts & DelVecchio, 2000),稳定性估计既没有因评估方法(也就是自我报告、他人报告、投射测验)而变化,也没有因性别而变化。最终,控制样本损耗也没有改变这一结果。至于从老年到晚年,这一元分析的发现得到了来自于两个纵向老化研究近期发表的结果的证实(Mroczek & Spiro, 2003; Small et al., 2003)。这两个研究分别持续了 12 年和 6 年,研究发现稳定性系统大约在 0.70。没有证据显示群组差异的稳定性。请注意,即使在 50 岁和 60 岁,0.75 的稳定性系数非常高,并且假设信度比稳定性更高,但是,仍然为个体留出了改变的空间。同样,最近一些研究使用潜在增长建模发现,随着年龄的增长,人格变化的个体差异也增加了(Pedersen & Reynolds, 2002; Small et al., 2003)。研究者发现,随着年龄的增长,遗传影响对人格发展的相对重要性没有增加,而是下降了。因而,这一日益增加的个体间变化的可变性最有可能与生活环境上的个体间差异有关(Pedersen & Reynolds, 2002)。另一种可能的情况是,总体的系统稳定性随着年龄的增加而降低,因而,出现了更大的个体内可变性(S. - C. Li, Aggen, Nesselroade, & Baltes, 2001; J. R. Nesselroade, 2002)。

633

最后,人格特质的平均水平发生了什么变化?当我们从成人到老年,我们是否变得更少外向和更少开放,但是也更少神经质?综合考虑横断研究和纵向研究的证据,似乎神经质在成人期中降低(Mroczek & Spiro, 2003),同时在生命的晚期又表现出一定程度的增加(Small et al., 2003)。对经验的开放性和外向性也出现了一定程度的下降(如 Costa, Herbst, McCrae, & Siegler, 2000)。相反,宜人性和责任感却出现了一定程度的增加(Helson & Kwan, 2000)。

从成人期到老年,神经质的平均水平下降,宜人性和责任感增加,这可以被表述为社会适应力的提高,因为情绪变得更为稳定,与社会要求更为协调(Helson & Wink, 1987; Staudinger, 2005; Whitbourne & Waterman, 1979)。相反,经验开放性的降低适合于一个不同的发展模式,这将在下面进行讨论。

不久前,McCrae 和其他研究者(如 2000)提供了一个有趣的纵向研究例子。他们对来自于韩国、葡萄牙、意大利、德国、捷克、土耳其,年龄在 14 岁和 83 岁之间的样本进行了比较,结果发现,上述的平均水平的变化模式,具有跨国的一致性。作者认为,考虑到在这些国家中完全不同的历史和文化环境,所观察到的跨文化的相似性可以证实,这种年龄差异是不可能由真正的群组差异造成的。作者从而提出,这种发展模式反映了进化选择的基因表达上的变化(McCrae et al., 2000)。因而,使用本章所介绍的术语,McCrae 和其他研究者将这些结果视为反映了作为人格功能基础的生活的机械的变化。

基因和环境以许多不同的方式相互作用以实现稳定性(比较 Plomin, DeFries, & Loehlin, 1977; Roberts & Caspi, 2003),特定的生活经历在人格发展中是多么的重要(如 Magnus, Diener, Fujita, & Pavot, 1993),在了解了这些知识之后,我们有点不情愿地接受这一解释作为唯一有效的选择。例如,成人早期在向伴侣关系转变的同时,伴随着神经质和害羞的降低,以及责任感的增加(Neyer & Asendorpf, 2001)。因而,在跨文化的意义上,人格变化也能归因于常态的生活事件。例如,近期的一项横断序列研究发现,两个群组在介于70岁到75岁之间的神经质发展上有所区别(Mroczek & Spiro, 2003)。年龄较大的群组(1897到1919)表现出神经质的稳定性,而年龄较轻的群组(1920到1929)表现出神经质的下降,这表明了一个事实,即老化可能在不同的群组中以不同的方式进行自我表达。

总而言之,当我们回到探索性的生活机械和实用双成分模型时,我们怀疑大五在多大程度上代表生活机械的原型成分,这正如McCrae和其他研究者(2000)所提出的那样。在我们看来,大五是生活实用的原型成分。它们是生物、文化和个体之间持续不断地、大量地互动的结果。因而,除了稳定的遗传成分之外,它们相对较高的稳定性也存在于个体所生活的物理和社会环境中,正如人类发展和社会差异的社会学理论所表明的那样(Settersten, 2005),这些物理和社会环境也表明了系统的和稳定的个体间差异。因而,我们认为,人格特质可能并非仅仅具有生物性质,而应更多地被假定为人格系统的基本成分,如基本心境和基本的动机倾向。

使用心理测量方法对人格的成长面进行研究,这重复和扩展了刚刚描述的大五人格中社会适应力增加的发现。对如"环境掌控力"、"自主性"或"个人成长"和"生活目的"这些维度进行测量,Ryff和Keyes(1995)发现,前两个维度在成人期和老年随着年龄的增长而增加,后两个维度则在中年以后趋于稳定。环境掌控力和自主性的增加可以被描述为对掌控成人生活具有高度的功能性和适应性。

然而,在生活中,个人成长和目标在中年后趋于稳定。这一发展趋势完全符合于所观察到的老年人对新经验的开放性降低。研究者认为(Staudinger, 2005),这些在自我报告的开放性、个体成长和生活目标上所观察到的下降可能表明,与社会适应相反,对大多数人来说,个人成熟不可能随着年龄的增长自然发生。事实上,才智(如 Staudinger, 1999b)和自我发展(如 Labouvie-Vief et al., 1987)的研究发现,在成人期,随着年龄的增长,并没有出现常态性的增加。

自我概念的发展。当研究自我概念时,内容和结构都需要考虑到(如 Filipp & Mayer, 2005; Staudinger & Pasupathi, 2000)。因而,接下来的讨论中,两方面的发展路径都将被包括在内。 634

自我概念的内容指的是我们持有的自我信念和我们在描述自己时所使用的范畴。对像"我是谁"(如 Freund & Smith, 1999)这样的问题的回答是自我概念的内容指标。自发的自我描述的内容不仅有变化,也表现出稳定性(Filipp & Klauer, 1986)。例如,当谈到核心的生活领域时(如健康、社会关系;Filipp & Klauer, 1986),不同年龄组间自我定义的内容具有高度的稳定性。但是也存在一些变化,这些变化可以被归因于一系列发展任务、关键性的生活事件以及生活机械中变化的影响。在儿童期，学业自我概念和学校成绩承担核心角色，而在青春期，我们更关心的是外貌(综述可比较 Filipp & Mayer, 2005)。然而，随着年龄的增长，人们定义自我时越来越依据健康和生理功能、生活经验和习惯(Dittmann-Kohli, 1991; Freund & Smith, 1999)。适应老化的另一方面似乎是，活动性和能量成为老年自我定义的重要部分，因为它们不再是不言而喻的了(Freund & Smith, 1999; Herzog, Franks, Markus, & Holmberg, 1998)。

自我概念的结构指的是自我概念的组织。这个组织通常是从复杂性和整合入手进行研究(比较 Campbell, Assanand, & Di Paula, 2003)。一个经典的复杂性(或分化)界定，要扣合自我定义中不可或缺的自我侧面或内容范畴的数目(Linville, 1987)。整合通常借由不同领域自我概念间特质的相关系数来评估(Donahue, Robins, Roberts, & John, 1993)。

自我的认知表征在 2 岁时出现(比较 Harter, 1998)，并且，早在 4 岁到 5 岁时，就可以辨别它的分化程度(通过不同自我概念领域间的相关进行测量)(Marsh et al., 2002)。在儿童期，自我概念各领域间的平均相关变得越来越小。这一下降的整合趋势在青春期趋于稳定，在青春前期和青春后期之间，研究者已经证明，平均相关没有进一步的下降(比较 Marsh et al., 2002)。相反，有证据显示，在 18 岁到 22 岁之间，自我结构又会日益整合，自我的复杂性也会增加(Elbogen et al., 2001)。在 20 岁到 88 岁这一年龄范围内，横断研究的发现表明，在自我概念的整合和年龄之间有 U 形的相关(Diehl et al., 2001)。当前，在自我的复杂性或分化的等级次序的稳定性上，还没有更多的证据。对于自我复杂性和整合的测量，一周的重测相关系数在 0.60 左右(Campbell et al., 2003)。尚没有关于长期稳定性的资料。

大体上，似乎自我概念整合的平均水平直到青春期才开始增加，到中年时开始下降，此后再一次增加。相反，自我复杂性的路径(在所提到的相关自我领域数目的意义上)在成人期遵循一个倒 U 形的函数。因而，与 Heinz Werner(1926)——发展心理学的一位先驱——所提出的直接遗传原则相反，在常态情况下，复杂性和整合似乎没有共存。同样地，研究者最近作出努力以完善对自我概念成长的测量，这包括分化和整合的结合，结果没有发现在成人期存在显著的年龄差异(Staudinger, Dörner, & Mickler, 2005)。

自我调控过程的发展。我们已经讨论了一些关于自我和人格的结构和内容的主要证据，接下来，我们转而讨论与自我相关的过程。情绪调节既包括动因性的(同化、初级控制、问题中心的应对)，也包括妥协性的品质(适应、次级控制、情绪中心的应对；P. B. Baltes & Baltes, 1990b; Brandtstädter & Greve, 1994; Brandtstädter & Rothermund, 2003; Heckhausen & Schulz, 1995)。适应和妥协的品质总是随着年龄的增加而增长(如 Brandtstädter & Renner, 1990)。最有可能的情况是，这是对生活机械中的衰退的一种实用的反应。相反，关于动因性的和同化的品质之发展，各种理论预测和发现并不一致。有的作者提及衰退(Brandtstädter & Renner, 1990)，有的谈到稳定(Heckhausen & Schulz, 1995)，甚至于有的人提到了初级控制在成人期出现了增长(Heckhausen, 2000)。与初级控制的增加和稳定的发现相一致的证据证明，老年人报告有意的、自我管理的选择(在带有补偿的选择性最优化的模型内)是他们基本的行为策略(Freund & Baltes, 2002b)。

635

人类是自我发展的缔造者(R. M. Lerner & Busch-Rossnagel, 1981),但是,有时我们也要接受自身力量的限制,也要面对挑战、威胁和丧失(见 P. B. Baltes et al., 1998; P. B. Baltes & Smith, 2004; Brandtstädter, 1998; Staudinger & Lindenberger, 2003)。事实上,很可能随着年龄的增长,自我调控行为在优先处理能力上出现显著的区别。人们为了维持积极的卷入,成为自己生活的设计者,下述信念是至关重要的,即相信自己有能力控制、选择环境,使结果最优化,在失败和压力的情境中具有处理情绪的补偿策略(如 Freund & Baltes, 2002b)。接下来,我们的兴趣在于各种不同侧面的自我调节的发展路径,如(a) 内部的和外部的控制信念,(b) 情绪调节,及(c) 目标设定和目标追求。

控制和自我效能信念。当考虑控制信念和相关的信念——如自我效能感(Bandura, 1997)——的发展时,一个变量肯定是当前心理和非心理资源所提供的真实控制潜能。基于前面提到的总体毕生结构(P. B. Baltes, 1997),有理由假定,我们影响外部世界结果的能力遵循一个倒 U 形的毕生轨迹(初级控制潜能: Heckhausen & Schulz, 1995)。因而,在儿童期和青春期,客观控制潜能的增长可能反映在内部控制信念的不断增长上,而老年人控制潜能的衰退可能伴随着内在的和不断增加的外在控制信念的下降。然而,控制信念的个体发生要比这一假设所表明的更为复杂一些。

如果两个维度分开考虑——这是控制信念研究中目前的技术状况(E. A. Skinner, 1996),研究者发现在内在的和外在的控制信念的发展上存在令人感兴趣的差异。例如,儿童从 8 岁到 14 岁,在内部控制信念上没有表现出系统性的平均水平的变化,但是外部的控制信念(有影响力的他人)衰退(比较 E. A. Skinner & Connell, 1986)。此外,研究观察到了内部控制信念随着年龄的增长保持稳定,甚至于增加。在成人样本中,研究者发现,在所知觉到的内部控制中没有出现清晰的变化,并且,老年人有报告较多外部控制的倾向(Brandtstädter & Rothermund, 1994)。所知觉到的内部控制的整体测量证明,在年轻人和老年人之间出现了增加(直到 75 岁;Lachman & Weaver, 1998)。

最近,来自于柏林老化研究(以老年和晚年成人为样本)的发现表明,高度的内部控制感可能维持到晚年,也就是说,尽管丧失和功能衰退,但是,老年人并没有报告对理想结果的内部控制感减小。然而,与此同时,所知觉到的他人控制的平均水平增加(Kunzmann, Little, & Smith, 2002)。因而,随着年龄的不断增长,似乎存在一个外部控制信念不断增长的模式。内部控制信念的研究结果尚不清楚。我们可以推断,对控制理想结果的个人能力的信念在成人期相对稳定,甚至于可能随着年龄的增长而表现出一定程度的增长。换句话说,对我们能力的信念"拯救"了资源的真正丧失。在特定领域的控制信念上存在年龄差异,即在年轻人和老年人之间,对孩子和性生活的控制减弱,而对工作、资金和婚姻的控制增加(Lachman & Weaver, 1998)。在晚年,对心理功能和健康的控制减弱(Lachman, 1991)。

控制信念的等级次序稳定性上,有证据表明存在中度的稳定性估计值,介于 r=0.45 和 r=0.57 之间(Brandtstädter & Rohtermund, 1994; Kunzmann et al., 2002; Lachman, 1986b)。总而言之,在控制信念稳定性上的发现表明,随年龄的变化,稳定性会增加(外部控制)或维持(内部控制),个体间差异具有中等的稳定性。

应对。当我们转向应对的年龄比较研究时,例如,Folkman、Lazarus、Pimley 和 Novacek(1987)发现,老年回答者较少可能寻求社会帮助或使用挑战性的应对,而更可能使用远离(distancing)和积极重评。事实上,越来越多的最新证据支持成人期和老年这一"成长"的应对观(如 Aldwin, Sutton, & Lachman, 1996; Costa & McCrae, 1993; Labouvie-Vief, Hakim-Larson, & Hobart, 1987; Rott & Thomae, 1991),或者,至少会提及应对行为的稳定性。关于成人期应对行为发展的稳定性,研究者已经观察到,在应对机制使用上的个体差异更多的是压力事件的类型造成的,而不是年龄造成的(McCrae, 1989)。

636

此外,在调整应对反应以适合情境特征上(如控制力),老年人似乎比年轻人更为灵活(如 Aldwin et al., 1996)。这种现象与下述发现相一致,即与年轻人相比较,老年人在面对逆境和失败时采取了适应性的应对方式;也就是说,与年轻人相比,老年人更为灵活,能更好地调整他们的努力以适应已经变化了的环境(Brandtstädter & Renner, 1990)。相反地,年轻人更可能坚持他们已经建立的目标(如同化应对),即使他们已经无法实现。Brandtstädter和 Renner(1990)已经证明,随着年龄的增长,成人偏爱适应应对(目标灵活性)胜过同化应对(目标坚持)。在相似的情况下,Heckhausen 和 Schulz(1993)已经提出了实证证据(Heckhausen, 2000),即为了掌控老化任务,初级控制策略向次级控制策略的转变随着年龄的增长发生了。

个人生活投入(PLI)和目标系统。自我调节也反映在目标设定和目标追求上(比较 Cantor & Blanton, 1996)。在生命中不同的时间点上,人们所持有的目标和努力实现目标的方式部分地反映了发展的背景和任务。例如,虽然与家庭相关的目标在整个成人期都非常突出,但是,年轻人通常提到的是婚姻和家庭目标,而中年人的目标往往和孩子的生活密切相关(Nurmi, 1992)。另一个已经得以证实的发现是,随着年龄的增长,职业目标的优先性丧失,而被与健康相关的追求取而代之(如 Frazier, Hooker, Johnson, & Klaus, 2000)。Ryff(1989b)证明,年轻人渴望成就和事业,而老年人更可能追求健康和接受改变的能力。在另一种情况下,Riediger、Freund 和 Baltes(2005)已经提出,目标趋同和冲突的程度可以被视为目标系统中另一种类型的与年龄相关的变化。

因而,目标系统是表现出更多的变化性还是稳定性,这似乎是一个看法的问题。虽然,目标系统中的变化是明显的,但是连续性也已经得到了证明(Frazier et al., 2000; Smith & Freund, 2002)。例如,在 5 年的时间里,经过两次不同时间的测量,成人后期和老年人倾向于一贯地提及相同领域的可能的(未来的)自我(Frazier et al., 2000)。并且,即使是处于老年和晚年的人们,在 4 年的时间里,对于可能的自我领域中稳定性的报告也高于变化性(Smith & Freund, 2002)。很明显,和我们在特质文献的讨论中一样,证据表明,连续性及间断性在目标系统与年龄相关的变化中都发挥了作用。

个人生活投入(PLI)是目标系统的一个方面,被定义为人们在核心生活领域中投入的能量和努力的大小(依据其行动和思考)(如 Staudinger et al., 1999)。根据思想和行动,这一宽泛的投入概念可以涵盖动机过程的所有方面,也就是目标选择、计划和目标追求,也包括脱离受阻的目标和目标层级的重建。在十个生活领域中(健康、认知适宜性、独立、家庭幸福、朋友关系、性生活、爱好、职业或相似的活动、对生命的思考,以及面对濒死和死亡),PLI的发展已经在整个成人期得到了研究。

来自于14岁到103岁样本的一个横断研究证明,在这十个生活领域中,投入模式的确反映了各自生命时期的发展任务(Staudinger & Schindler, 2005)。当然,年龄及其相关的社会和生物学要求仅仅是一个影响投入模式的发展背景。此外,在缓和年龄相关的投入模式差异上,社会经济特点和人格发挥了重要作用。最后,区分以年龄分级的社会和生物要求的投入(强制性的)和自我选择的投入(随意的)证明是有用的。这两种类型的投入各自遵循稳定的和衰退的轨迹,这正如来自于BASE的纵向数据分析所显示的那样(Schindler & Staudinger, 2005b)。

毕生人格稳定性和变化性的小结

637

仅仅考虑人格结构发展的证据只呈现了整幅图景的一半。没有对人格过程进行调查,可能会使我们认为,人格和老化可能是在社会适应上出现一些增长,而在个人成长上衰退。但是将自我调节和发展调节考虑进来,则使得这一描述变得"复杂"。然而,也存在着稳定性,这可以与持续存在的基因和情境影响相联系。并且,对于一致性和稳定性具有心理上的需要,这可以使我们有连续的自我感。然而,稳定性并不完全等同于一成不变。相反,稳定性也反映了弹性。大量的调控过程"制造"了稳定性。除了生物学变化之外,当自我调节不再能承受修正的压力时,人格结构层面的变化发生了。在未来,我们需要更好地理解人格功能的生物基础,以及它们如何与年龄一起变化,并与情境特征和个体选择相互作用。

自我的储备能力和人格发展

作为一个有待解决的毕生的问题,我们选择储备能力和弹性的概念作进一步的详尽阐释。这个概念作为人格发展的机能性观点受到了特别重视,也就是,这些观点旨在分析作为一个适应性机能系统的自我与人格的协调。在自我和人格领域中,储备能力和弹性与早先提到的资源分配有关,但现在在一个更加微观的分析水平上讨论这个主题。是与自我有关的什么机制和特征,既表现出储备能力,又促成了储备能力?

传统上,储备能力的核心作用或者诸如弹性等相关的概念在儿童发展领域已经得到了清楚的阐释(如Cicchetti & Cohen, 1995)。最近,这一观点扩展到了成年和老年领域(如Brandtstädter, Wentura, & Rothermund, 1999; Staudinger et al., 1995; Vaillant, 1993)。为了这一目的,我们以老化为例子来进行讨论。选择老化有几个原因。一个原因是在儿童发展研究中选择这一年龄段比较新颖。另一个原因是现有的老化研究使我们能更清楚地阐明获得与丧失,以及阐明成长、维持和管理丧失中不同资源分配的动态变化。

我们讨论过,在年龄和基于特质的人格结构之间极少或者没有任何相关。同样,在年龄和与各种自我有关的适应指标之间也几乎没什么相关(如P. B. Baltes, 1993; Brandtstädter, Wentura, & Greve, 1993),这些适应指标包括自尊(如Bengtson et al., 1985)、个人控制感(如Lachman, 1986b)、快乐和主观幸福感(如Costa et al., 1987; Ryff, 1989a)。这也包括70—80岁的老人(J. Smith & Baltes, 1993)。只是在老年后期,我们似乎才观察到在类似特质的性格倾向上，有趋向低机能水平的明显变化(P. B. Baltes & Smith, 2003; J. Smith & Baltes, 1999)。因而，在群体水平上，对大多数成人年龄范围而言，人格系统的这些特性，年龄似乎不是一个“风险”因素(然而，要注意，当要求与年少者作比较时，年龄作用变大)。

尽管我们前面描述过风险和潜在的损失随年龄增长而增加，但在年龄和与自我相关的幸福指标之间缺少强烈的联系，这在理论上和方法上是重要的，尤其是对于那些处境特别不利的群体而言。事实上，一方面是日益增多的风险，另一方面是自我适应性机能的维持，这两者之间的差异或许是人格系统应对现实能力的最具说服力的指标(P. B. Baltes & Baltes, 1990b; Greve & Staudinger, 出版中；Staudinger et al. , 1995)。这表明，在面对与年龄有关的风险和主要与健康有关的丧失时，人格系统展现出了弹性或储备能力。同样，在发展病理心理学领域中，童年期的研究认为，特定的自我与环境群使得适应性发展即使面临逆境时也能得以维持(如 Garmezy，1991)。

要理解与年龄相关的风险增加和幸福感的自我相关指标的稳定性之间的这种矛盾，有多种观点可以介绍(Staudinger, 2000)。首要的和最重要的，自我应用各种保护性机制以重新解释或转化现实，以保持或重新获得幸福感水平(如 M. M. Baltes & Baltes, 1986; Filipp, 1996; Greve & Wentura, 2003)。第二，年龄只是风险增加的一个粗略指标。并不是特定年龄群组的每个人都需要涉及到。这样，负面效应并不必须在群体层面得以显示。第三，和刚才的主张一样，自我对连续性和成长有强烈的兴趣。过了特定的时间段，自我适应了逆境，仿佛什么都没有发生或只发生了很小的影响一样。因而，对于兴趣在于“工作的自我”的研究者，在适应过程选择哪一时间点开始评估是至关重要的。第四，因风险增加而导致的变化可能是慢性的，而非急性的。因此，可能不是突然地而是逐步地影响着自我。所以，在自我报告式测量中，自我去识别并反映出它们可能是困难的。

638

接下来，我们将根据前面介绍过的(a) 人格系统的形式和结构与(b) 自我调节和自我转化过程的差异，引用一些精选的研究发现来举例说明人格系统的储备能力。除了极少数研究使用了诸如寿命或职业成功等客观的适应性指标外，在大多数研究中，通过适应性幸福感的自我报告指标来测量适应性。首先，关于形式或结构，我们将突出在人格与自我特征的适应适宜性方面的差异性信息。其次，我们将选择在三个领域内的自我调节过程的适应价值证据，来进一步证明毕生的发展变化：(1) 目标寻找和重组；(2) 自我评价的比较过程；(3) 应对。最后，特别提到，下面描述的保护性机制是成功发展理论中固有的一部分，就如带有补偿的选择性最优化理论(P. B. Baltes, 1990b)。

人格结构指标中储备能力的证据

有纵向研究和横断研究表明，在大体稳定的人格特征基础上的个体差异有益于适应，甚至有时提高了适应水平。根据毕生的观点，重要的是要注意，适应模式的差异有点依赖于第一次评估的时间(也就是青春期或成人期)，因而，短期或长期的预测就都需要。这特别适用于被广泛假定为构成风险或保护性因素的两个特质，即神经质和乐观主义或愉悦(Friedman et al. , 1995; Scheier & Carver, 1987)。关于愉悦和乐观主义相互矛盾的发现可以解释为，青春期的愉悦与某些危险行为相联系，而成人期的乐观主义却与较高水平的积极情绪相关，并在面临压力时起到了保护作用(如 Fredrickson & Levenson, 1998)。由于极少有毕生的研究，所以迄今，我们对长期保护性人格特征的了解仍旧非常有限。然而，可以有把握地说，纵观大量的研究，以下人格特征的积极表达通常都会带来积极的结果，因而，可以被称之为通用机制(比较 Friedman et al., 1995; Helson & Wink, 1987; Manners & Durkin, 2000; Peterson, Seligman, Yurko, Martin, & Friedman, 1998)：责任感、外向、经验的开放性、行为灵活性、自我弹性、自我水平、内部控制或主体(效能)信念，以及认知投入。

另一部分研究较少关注基于特质的人格特征，而是关注自我概念的结构和内容。越来越多的证据显示，一个积极的、多焦点的、多样化的并且整合的结构，该结构具有先后等级、自我概念或同一性，使得对发展变化的主动适应更为容易(如 Diehl et al., 2001; Freund, 1995; Riediger et al., 2005)。

正是最近的研究工作才表明，对自我定义的适应性理解比原来想像得更为复杂。把自我定义的各个维度整合在一个理论框架中，如数量、丰富性、积极性、整合、重要性，以及区分真实的自我和可能的自我，这对于理解自我知识的适应性毕生动力学将是重要的一步。同样非常重要的是更清楚地认识情境因素，包括诸如夫妻间的集体自我概念问题(M. M. Baltes & Carstensen, 1999; Hermans, 1996)。

自我调节过程中储备能力的证据：目标系统和自我评价

目标选择和生活优先等级。毕生理论(P. B. Baltes, 1997)强调，领域选择和生活优先等级对于有效调节像提高、维持、复原和丧失调节等发展过程是至关重要的。在这个意义上，人格特质和可能的自我发挥着动力源的作用，同时与追求或回避的目标相联系。

639

上述报告的关于生活优先级和个人生活投入模式的毕生发展证据毫无疑问地指向了对个体生活背景的选择，以及在定义自我的突出特征时毕生的内部和外部背景的重要性(也见 Brandtstädter & Rothermund, 1994; Cantor & Fleeson, 1994; Carstensen, 1995; Staudinger & Schindler, 2005)。例如，社会情绪选择性理论主张，社会目标的毕生变化是系统的、适应的(如 Carstensen et al., 1999)。因而，像临近生命终点的时间限制可能改变用来选择社会关系的标准，这需要判断特定关系是否适应的标准也作出相应的改变(如 Carstensen et al., 1999)。

在社会领域之外，生活优先等级的适应价值总体上似乎也在变化。例如，老年人主要通过寻找"心满意足"来发现生命的意义，而年轻人报告的是寻找"幸福"(Dittmann-Kohli, 1991)。年轻人倾向于根据成就和职业来评估他们的主观幸福感，而老年人则将幸福感与健康的身体和接受改变的能力联系起来(Ryff, 1989a)。这些变化具有高度的适应性，并且阐明了灵活性的重要意义——当不再可行时，放弃或减少在这些角色和责任方面的投入，转而承担起适合于现有生活条件的责任(如 Brim, 1992; Dittmann-Kohli, 1991; Freund & Baltes, 2002b)。丰富多样的自定义概念用以选择和划分优先权，这当然促进了目标和投入的灵活性或优先等级。在这个意义上，丰富多样的良好整合且相关的生活目标是个体发展储备能力的一部分(比较 Staudinger et al., 1995; Riediger et al., 2005)。

除了全部技能和目标选择,目标追求的其他方面也和适应相关。实现目标通常是适应性的,但是目标的意义和投入程度可能强化或限制这种适应(也见 Brunstein, 1993; Emmons, 1996)。此外,个人必须去行动,有研究证实,个人目标和幸福感之间的关系主要取决于个人在所选择领域内的行为(Holahan, 1988; 也见 Harlow & Cantor, 1996)。最新证据显示,对接近目标的追求(自我希望的)与更强的幸福感相连,而回避目标(自我害怕的)与幸福感降低相连(如 Carver & Scheier, 2003; Elliot, Sheldon, & Church, 1997)。大多数这种研究是以年轻人为被试,对于毕生的变化很少涉及。由于资源减少和风险增加,回避目标似乎在生命后期更为常见,并且,在年轻人身上出现的机能不良效应也消失了(Freund & Ebner, 出版中)。在老年,正是维持目标表现出最高的适应价值。

目标投入的适应性也会因生活环境而改变。在一个高度受限的环境中,譬如说重大的健康受损,有所选择的关注少数几个目标有助于维持主观幸福感水平(Staudinger & Fleeson, 1996)。这一发现已经在柏林老化研究的纵向研究数据中得到了证实(Schindler & Staudinger, 2005b)。当考虑一个毕生样本时,有研究发现,正是在中年时期和进入老年时,投入模式(即选择模式)的精确组织显著地提高了主观幸福感(Staudinger & Schindler, 2005)。

自我评价的适应价值。除了在自我概念和目标的内容、等级和效价上的变化之外,自我评价过程也可以被视为保护性的或风险性的因素。自我评价的三个动机可以服务于保护性功能——自我证实、自我提升(如 Taylor & Brown, 1988)和自我完善(如 Taylor, Neter, & Wayment, 1995)。

泛泛地说诸如"积极错觉是适应性的"之类,太过简单(比较 Taylor & Brown, 1988; Colvin & Block, 1994; Baumeister, 1989)。重要的是知晓积极错觉在何时是适应性的(如在行为序列的哪一点上;见如 Schwarz & Bohner, 1996)。例如,在行为完成之前,持有积极的错觉对于保持动机可能具有适应价值。但是,在执行过程中和解释结果时,保持积极的错觉可能就是功能失调的,因为这会降低作出恰当反应的可能性(Oettingen, 1997)。与这一推理相一致,人们在设定目标时,要比实施目标时考虑得更现实一些(Taylor & Gollwitzer, 1995)。错觉的具体内容也是重要的。例如,对行为结果的积极期待比对同一结果的消极想像更能导致最佳的行为结果(Oettingen, 1996)。这些尚未解决的新近议题限定了关于自我评价适应性的现有文献,下面我们将谈到这些文献。

640

自我评价:社会比较。毕生期间,在任何活动中都会有目标改变,这些改变导致了在选择和权衡比较信息时的变化(Bandura & Cervone, 1983; Frey & Ruble, 1990)。个体为了适应行为能力的降低或健康状况的恶化,也会在特定领域内调整自我评价的标准,从而维持稳定的自我观(Buunk & Gibbons, 1997; Frey & Ruble, 1990)。

社会比较和其他形式的相互作用心理(P. B. Baltes & Staudinger, 1996a)是一个重要的自我调节机制(如 Wood, 1996)。个体为了评价标准的重新组织,而去选择新的参照群体,有时甚至去构造新的参照群体(如 Buunk, 1994)。向下比较是指个体把自己和那些在相关功能领域中更差的人作比较。随着年龄的增长,风险水平不断增加,或者通过工具性行为也不能补救的丧失增多，向下比较可能变得越来越重要(如 Filipp & Mayer, 2005; Heckhausen & Krueger, 1993; Heidrich & Ryff, 1993)。当然，关于人们日常生活中，在哪一意识水平上作这样的比较，我们几乎一无所知。

然而，向下比较的情况并非像看上去那样简单(也见 Wood, 1996)。各个研究中所使用的向下社会比较的操作方法变化很大。有的研究评估被试"实时"给出的自我评价的自发原因，而后进行比较标准编码。有些研究让被试追溯过去，询问所用过的向上、向下及横向的社会比较的频率，并把这与幸福感的测量联系起来(如 Filipp & Buch-Bartos, 1994)。还有一些研究让被试在特定的人格维度上评定自己和一个无显著特点的其他人，然后，间接地推断向上或向下比较(如 Heckhausen & Krueger, 1993)。如上所述，适应性的最关键的议题可能是，在人与情境交互作用期间，在恰当的时间使用最有效的比较，而在这些研究中很少提及。

自我评价：毕生比较。除了社会比较之外，比较一生中不同时间的自己，也构成了自我的一个重要来源。正如前面提到的那样，关于社会比较和毕生比较的毕生轨迹的研究仍然十分少见。在一项研究中，老年被试更高频率地使用未来取向的比较与幸福感的降低相关(Filipp & Buch-Bartos, 1994)。相反，在困境中援引过去的成功，能产生适应性的结果(Aldwin, Sutton, Chiara, & Spiro, 1996; 也见 Staudinger & Fleeson, 1996)。很明显，区分指向过去和指向未来的比较是至关重要的，因为过去比较和未来比较可能涉及机能改善或恶化的标准。并非是时间比较本身具有保护性或危害性；相反，依赖于特征或领域，以及自我评价过程，毕生比较能导致自我评价的提高，或者带来丧失和衰退感。选择性地关注一生不同时间中自我的积极面，会加强现在积极的自我感。采用选择性的毕生比较可能有助于消除在同时进行自我评价时的年龄差异。

纵向研究已经证明，自我觉察的人格变化可能因个体所谓的"时间提升"(time enhancement)而出现偏差(Woodruff & Birren, 1972)。被试觉得与过去相比有了改善，但两个时间点(相隔 25 年)所收集到的实际评定并没有出现显著的变化(也见 Ross, 1997)。可惜的是，这种提升过去的倾向与年龄的交互作用没有被检验。其他对自我觉察的人格变化的研究表明，在年轻人身上，过去的、现在的、未来的及理想的人格评定之间的差异特别明显，而对于老年人，这种差异则几乎不存在(Ryff, 1991; 也见 Ross & Bühler, 2001)。这看起来是适应的——并且与各自的发展任务相一致——年轻人追求进步，因而认为过去和未来是不同的(对比效应，Schwarz & Strack, 1999)。而老年人的资源不断减少，把未来想像成接近现在和过去是有利于适应的，因而认为它们是相同的(同化效应，Schwarz & Strack, 1999)。与此相类似，最近的一个研究发现，与青年和中年时期相比，老年时期对过去和未来的自我知觉对当前的幸福感具有更强的预测价值，这可能事实上也导致知觉到较少的变化(Staudinger, Bluck, & Herzberg, 2003)。

641

人们当前对自我的看法可能没多大意义，除非我们理解他们如何看待曾经是什么和将来要成为什么。过去非常外向，而现在中等外向，这与过去内向而现在中等外向相比，意味着不同的幸福感。Fleeson 和 Baltes(1998)表明，人格的过去和未来评定对幸福感的预测超过了现在的评定。只评估当前的人格时，人格变化信息的缺失可能掩盖了人格知觉与幸福感之间的关系(也见 Fleeson & Heckhausen, 1997)。同样的注意事项也适用于目标评估。对过去未实现目标的遗憾在预示较低的主观幸福感方面，远远超过了当前的目标评定和消极情绪的一般倾向(Lecci, Okun, & Karoly, 1994)。

应对和控制策略：与自我调节过程相关的储备能力的进一步证据

在当代的应对情境模型中(如 Brandstädter & Greve, 1994; Filipp, 1999; Heckhausen & Schulz, 1995; Lazarus, 1996; Staudinger et al., 1995)，适应性问题受特定情境的调节，这包括情境的所有内在限制和要求。一个应对行为是否是适应的，完全取决于行为是谁作出的，是对哪一个压力源的反应，以及是在什么情境下发生的。在这种情况下，越来越多的证据强调情境的重要性。例如，根据个人身体残疾水平，不同的应对方式与主观幸福感相关(Aldwin & Revenson, 1987; Staudinger & Fleeson, 1996)。在“常态”的生活环境中，被标签为“退行”的、机能不良的应对(如“我想要找个人来管我”、“否认”、“我放弃”)，在身体残疾的状况下是适应的。因而，如果考虑到老年人身体受限的发生率较高，老年人的“退行”应对可能就是适应的(Staudinger et al., 1999)。当然，即使是“通常”的适应性行为如果没有得到很好地执行也是无效的(如 Suls & David, 1996)。

除了特定应对行为的适应性之外，重要的是有多种应对方式可以从中进行选择，同时拥有选择能力。那些报告有灵活的应对选择的老年人，即非常强烈地赞同某些应对方式，而完全不赞同其他应对方式的老人，也显示出高水平的幸福感(Staudinger Fleeson, 1996)。对老年期抑郁的研究中，也报告了相似的发现。良好的心理健康意味着能从几种不同的反应中选择，而不是任何特定的应对形式(Forster & Gallagher, 1986)。与此相类似，整合了多样性和选择性(有关重要性)的自我定义具有保护作用，并且，有多重功能的社会关系与其他类型的关系相比，是一种更丰富的资源(综述见 Staudinger et al., 1995)。这一证据表明，可以使用全部的调节技能或特征(如应对、自我定义、关系的功能、生活投入)，并灵活地从中选择，这可能是个体在前摄适应中使用的一种关键资源。

很明显，人们所表现出的高度适应性的应对行为也顺利地进入了老年。与把老年人视为僵化的刻板印象不同，基于自我表征、自我调节和自我提升的社会认知过程的证据显示，老年人具有很强的适应能力和掌控生活要求的能力。当然，这种适应能力可能不能解决极端情境中的问题，比如晚年后期的挑战(P. B. Baltes & Smith, 2003; J. Smith & Baltes, 1999)。

然而，许多方面的应对与控制过程都还没有进行研究，或者我们了解得很少，这包括应对过程的微观发生(如 Lazarus, 1996)。概述一个例子——有发现表明，成功戒烟的关键因素包括计划阶段的深思熟虑(如情绪/自我中心)，以及实质戒除过程中的问题中心和行为(Perz, DiClemente, & Carbonari, 1996)。就自我评价的认知来说，关注应对的时机也是至关重要的。我们需要考虑，在应对过程中，什么应对行为在什么时机出现(如 Suls, David, & Harvey, 1996)。例如，在应对癌症(如 Filipp, 1999)和亲人去世(如 Wortman & Silver, 2001)中的纵向研究证明，像“将威胁最小化”和“希望有人来接管”等策略在重大事件出现后长达 9 个月的时间里，仍具适应性。相比之下，“沉思”策略仅在最初的 3 个月里表现出积极联系，随后则变得适应不良。

毕生人格发展的焦点和多方面总结

642

在这一部分，我们汇集了三个不同研究领域中的理论和研究，即特质人格、自我系统和自我调节过程。每一领域都以自己关注的焦点和方法论为标志。我们认为，人格发展的毕生观就是要包括和整合这些领域内的理论和实证证据，而不是把这三种研究倾向视为彼此相对独立或相互排斥的。动态学系统理论和相似的理论观点，如成功发展模型，为这一努力提供了有价值的理论导向。

1. 人格发展的一个核心特征是结构、一个与自我调节机制关联的系统的出现，这些调节着成功的交互式适应。我们有可靠的证据表明，结构、一致感和一些稳定的适应行为模式，自童年期就开始存在(如 Caspi & Bem, 1990)。这一观点在发展的动态系统模型中有所阐述(Magnusson, 1996)，在这一模型中，结构的出现和自我组织的原则对于成功的个体发生是关键性的。结构组织和人格一致性，自我，以及自我调节机制，是良好适应并进一步成长的一个必要前提(制约)。从这一意义上说，整体特征将功能描述为通用机制。

2. 理论和研究已经超越了传统的特质与变化的比较。特质本身是动态的人格系统的一部分。因而，即使稳定性也是发展的，在这一意义上，它是历经连续性挑战的结果。毫无疑问，我们在成年期和老年期的确发生了变化，但是，变化的程度并没有危及我们的连续感。人格发展在运转时具有特质表达和自我调节之间辩证关系的特征。

3. 我们已经开始探索把生物驱动的认知机械和文化驱动的认知实用之间的区分延伸到人格功能领域。该努力的结果是一个探索模型，用于区分生物驱动的生活机械与文化驱动的生活实用。用以表征生活机械的两个神经生理学指标是，心率的活动性和大脑的不对称。这两项指标似乎显示，在生命的开始阶段，出现不太急剧的增长，而在生命的最后阶段，出现轻微的下降；在与已有的认知生活机械相比较时，这两项指标的个体间差异的纵向稳定性较低。生命轨迹中的这一差异的一个来源或许是，由于进化的原因，相比较于高级认知功能，儿童基本的情绪和动机倾向得到了进一步的发展。因此，我们可以推测，遵循“先进后出”的法则，这些情绪和动机功能的基本指标，比认知机械指标维持着更高的功能水平，直到生命晚期。这样的解释将使我们更容易理解，为什么许多人格机制在老年时仍保持良好，只是在晚年末期才出现衰退。

4. 对于人格的生活机械和实用之间的相互作用，尚没有系统的研究。我们关于神经生理水平和行为水平之间关联的了解才刚刚开始。因此，对生活机械和实用之间功能的联系，我们的了解也相当有限。不过，已知的有限证据预示着，丰富而复杂的相互作用发生在人格的生活机械和实用之间的连续统一体上。自我在生活机械和实用发展中的特殊作用使这一图景进一步复杂化。自我不仅在这个系统中是一个发展着的元素，而且具有协调功能，它协调着认知、情绪和动机的发展。当谈及作为一个整体的生命时，可以假定自我在组织人们的行动和思维中发挥着核心的作用。但是，我们需要承认，至少有意识地积极自我只是行为组织中的一部分。

5. 与这一背景相对，我们认为，与认知领域相比，在人格系统领域中，发展增长和稳定性的动力学扩展到了更长的时间范围中。事实上，我们一直主张，成人生活中的丧失和压力源，甚至可以提高自我调节技能的获得和精练。尽管如此，当研究老化自我的弹性时，我们也需要考虑，是否潜在的生理系统和神经系统对自我和人格功能起着弱化和/或促进作用。在老年晚期，少有积极的人格功能证据支持这一猜想。

643

6. 人格作为一个由各种具有不同属性的成分组成的动态系统，对于发展中的有机体的交互适应，具有领域一般的潜能。我们主张并提出证据证明，人格对个体发生中的获得和丧失的管理来说，发挥着执行或协调功能。人格具有一种卓然的能力，能调和随年龄、历史和特殊的条件而出现的各种发展机会和限制。我们所称的通用机制在这一适应过程中发挥着核心作用。除了保护性的人格结构和内容，对人格适应力起促进作用的主要是，各种自我调节机制的有效性和监控应用的适应性算法的有效性。表 11.6 更详细地概括了这些保护性特征。这一适应性的潜能在老年晚期达到了极限，此时，由于生物学过程，越来越多人的功能丧失达到了无法抗拒的程度；也可能在更早的年龄达到极限，这是由于其他极端的生活环境导致了获得与丧失的失衡。

表 11.6　自我与人格的保护性和最优化特征的概述

自我和人格成分	保护性和最优化的特征(实例)
人　格	责任心、外向、对经验的开放性、行为的灵活性、自我弹性、高级自我水平、认知投入
自我概念	各种各样相关的、整合良好的自我概念和生活优先等级积极的主体(效能)信念
自我调节和生活管理机制	
—自我评价	在适应过程中，在恰当的时间，应用一类功能性的比较(向上的、向下的、横向的、时间的)
—目标设定和重构	生活优先等级的选择和重组
—应对方式	在应对方式和补偿策略上，个体内的可变性和灵活性在使目标适应环境时的灵活性
—系统的过程	带有补偿的选择性最优化(SOC)

7. 在分析自我和人格的适应潜能时，本章第一部分介绍的带有补偿的选择性最优化理论是一个有用的理论工具(P. B. Baltes & Baltes, 1990b)。当通过如选择和补偿过程将发展的最优化协调起来时，资源评估是非常重要的。如何发展一个目标框架及与目标相关的手段和动机投入策略、如何处理与选择有关的对其他可能目标的放弃、何时接受一个丧失并重新定位自己的生活，以及因为当前的行为尚未付出最大的能力，何时需更加努力地奋斗，诸如此类的问题在构成生命发展中是至关重要的。例如，Brim 一直主张，作出这一决定的

一个标准可能是考虑类似于“成绩/能力比”的因素(Brim, 1992)。按照这一比率,当行为表现需要“功能失调的”大量的储备能力时,接受必然的丧失是有必要的。

总结性评论

本章的目的是介绍毕生发展心理学作为一种研究人类发展的理论导向。因为发展心理学中主导的理论取向一直以来都是主要源于对婴儿、儿童和青少年的研究,所以,我们特别致力于强调源于毕生发展框架的发展理论的独特性。这一介绍策略的一个令人遗憾的副产品是,相对较少地关注在专门年龄的发展理论和毕生研究的理论努力之间重要的共同性。

特定年龄的发展理论和毕生的发展理论之间,在理论方法上的共同性要比基于本章前面所介绍的内容看起来更大(并且正在增长)。这个判断是正确的部分原因源于几个新的资料来源(在本章只是间接地提到)。在这几个资料中,发展心理学各个分支创新的理论努力已经出现,其中包括与在毕生发展理论的短暂历史中提出的观点相类似的争论。在文化心理学中的研究、动态系统理论、个体发生中其他形式的自我组织,这些都是个体发生的这一新理论动向的例子,并逐渐开始在整个发展心理学领域中流行。 644

正如毕生心理学家得益于与老化的生物学相联系一样,这些新的理论努力已经从学科间的对话中获益,特别是与当代发展生物学家,也包括人类学家。或许,生物学家一直引导着研究趋向,使之从单线的、机体的和宿命论的个体发生模型走向一个强调情境的、适应的、随机的和自我组织的个体发生的动态方面的理论框架(P. B. Baltes & Graf, 1996; Magnusson, 1996)。相似地,文化心理学家和人类学家(如 Cole, 1996, Durham, 1991; Valsiner & Lawrence, 1997)已经同样令人信服地证明,人类个体发生不仅受文化的强烈调节,而且,对于文化驱动的道路和可能的终点,人类发展的结构在本质上是不完善的(P. B. Baltes, 1997)。

尤其因为这一多学科的对话,一个新的关于人类发展的“本质”的概念已经出现(Kagan, 1984)。在当代背景中,人类发展的本质不再指不变的生物因素(P. B. Baltes, 1991; R. M. Lerner, 1984; Magnusson, 1996)。相反,在当代版本的个体发生中,人类发展的本质既是生物的,又是文化的,它们都发生着动态的和交互式的变化及系统的改变。在所有的发展领域中,毕生发展因为其与个体发展的长期过程、文化演化和代际传递之间的密切联系,或许最依赖、并且也最忠于这一观点(如 P. B. Baltes, Reuter-Lorenz, & Rösler, 2006; P. B. Baltes & Smith, 2004; S. - C. Li, 2003)。最近,生物文化共同构建主义观点的出现是这一趋向的又一理由。

毕生发展理论的未来将主要依赖于所提出的元理论观点在实证研究过程中显示的有效性程度。在这一方面,20 世纪 80 年代已经见证了令人印象深刻的成长。如在智力发展领域(见后文),我们可以获得扩展至近 50 年的群组序列和年龄序列研究(Schaie, 2005),并且证实了改变了的环境和结果。当将成人发展置于历史变化的背景中,并且考虑个体分化过程时,我们可以观察到这一点。在证实毕生方法对其他领域的有效性上,如临床心理学

(Staudinger et al., 1995; Vaillant, 1990)和应用心理学(Abraham & Hansson, 1995; B. B. Baltes & Dickson, 2001; Sterns & Dorsett, 1994),一直以来都有进展。事实上,研究人类发展的毕生方法与其他的心理学领域之间的这些交叉,需要被识别和培育。

大约在25年前,我们中有一个人曾经写道:"可能没有哪个毕生发展心理学领域没有一个基于儿童期的坚实基础,或与儿童期的联系。出于同样的原因,儿童发展的研究也并不是存在于真空之中,而是必然因对儿童期后果的考虑而丰富。"(P. B. Baltes, 1979b, p. 1)从那时起,在阐释年龄中心的发展领域和将之整合于人类发展的毕生观之间的相互关联上,已经取得了许多进展,但是与此同时,这一挑战就一直与我们同在。

(桑标、陈伟民译)

参考文献

Abraham, J. D., & Hansson, R. O. (1995). Successful aging at work: An applied study of selection, optimization, and compensation through impression management. *Journal of Gerontology: Psychological Sciences*, *50B*, 94 - 103.

Ackerman, P. L. (1996). A theory of adult intellectual development: Process, personality, interests, and knowledge. *Intelligence*, *22*, 227 - 257.

Ackerman, P. L., Beier, M. E., & Bowen, K. R. (2000). Explorations of crystallized intelligence. *Learning and Individual Differences*, *12*(1), 105.

Ackerman, P. L., & Cianciolo, A. T. (2000). Cognitive, perceptualspeed, and psychomotor determinants of individual differences during skill acquisition. *Journal of Experimental Psychology: Applied*, *6*, 259 -290.

Aldwin, C. M., & Revenson, T. A. (1987). Does coping help? A reexamination of the relation between coping and mental health. *Journal of Personality and Social Psychology*, *53*, 337 - 348.

Aldwin, C. M., Sutton, K. J., Chiara, G., & Spiro, A., Ⅲ. (1996). Age differences in stress, coping, and appraisal: Findings from the Normative Aging Study. *Journal of Gerontology: Psychological Sciences*. *51B*. 179 - 188.

Aldwin, C. M., Sutton, K. J., & Lachman, M. (1996). The development of coping resources in adulthood. *Journal of Personality 64*, 837 - 871.

Anokhin. A. P., Müller, V., Lindenberger, U., & Heath, A. C. (in press). Genetic influences on dynamic complexity of brain oscillations. *Neuroscience Letters*.

Ardelt. M. (2004). Wisdom as expert knowledge system: A critical review of a contemporary operationalization of an ancient concept. *Human Development*, *47*, 257 - 285.

Aspinwall. L. G., & Staudinger, U. M. (2003). A psychology of human strengths: Some central issues of an emerging field. In L. G. Aspinwall & U. M. Staudinger (Eds.), *A psychology of human strengths* (pp. 9 -22). Washington. DC: American Psychological Association.

Axelrod, R. (1984). *The evolution of cooperation*. New York: Basic Books.

Bäckman, L., & Dixon, R. A. (1992). Psychological compensation: A theoretical framework. *Psychological Bulletin*, *112*, 1 - 25.

Bäckman, L., & Farde, L. (2004). The role of dopamine systems in cognitive aging. In R. Cabeza, L. Nyberg, & D. Park (Eds.), *Cognitive neuroscience of aging: Linking cognitive and cerebral aging*. New York: Oxford University Press.

Bäckman, L., Josephsson, S., Herlitz, A., Stigsdotter, A., & Viitanen, M. (1991). The generalizability of training gains in dementia: Effects of an imagery-based mnemonic on face-name retention duration. *Psychology and Aging*, *6*, 489 - 492.

Baddeley, A. D. (2000). The episodic buffer: A new component of working memory? *Trends in Cognitive Science*, *4*, 417 - 423.

Baltes, B. B., & Dickson, M. W. (2001). Using life-span models in industrial-organizational psychology: The Theory of Selective Optimization with Compensation. *Applied Developmental Science*, *5*, 51 - 61.

Baltes, B. B., & Heydens-Gahir, H. A. (2003). Reduction of workfamily conflict through the use of selection, optimization, and compensation behaviors. *Journal of Applied Psychology*, *88*, 1005 - 1018.

Baltes, M. M. (1987). Erfolgreiches altern als ausdruck von verhaltenskompetenz und umweltqualität. In C. Niemitz (Ed.), *Der mensch im zusammenspiel von anlage und umwelt* (pp. 353 - 377). Frankfurt-am-Main, Germany: Suhrkamp.

Baltes, M. M. (1988). The etiology and maintenance of dependency in the elderly: Three phases of operant research. *Behavior Therapy*, *19*, 301 - 319.

Baltes, M. M. (1995). Dependency in old age: Gains and losses. *Current Directions in Psychological Science*, *4*, 14 - 19.

Baltes, M. M. (1996). *The many faces of dependency in old age*. New York: Cambridge University Press.

Baltes, M. M., & Baltes, P. B. (Eds.). (1986). *The psychology of control and aging*. Hillsdale, NJ: Erlbaum.

Baltes, M. M., & Carstensen, L. L. (1996). The process of successful ageing. *Aging and Society*, *16*, 397 - 422.

Baltes, M. M., & Carstensen, L. L. (1999). Social psychological theories and their applications to aging: From individual to collective social psychology, In V. L. Bengtson & K. W. Schaie (Eds.), *Handbook of theories of aging* (pp. 209 - 226). New York: Springer.

Baltes, M. M., Kühl, K. -P., Gutzmann, H., & Sowarka, D. (1995). Potential of cognitive plasticity as a diagnostic instrument: A crossvalidation and extension. *Psychology and Aging*, *10*, 167 - 172.

Baltes, M. M., Kühl, K. -P., & Sowarka, D. (1992). Testing the limits of cognitive reserve capacity: A promising strategy for early diagnosis of dementia? *Journal of Gerontology: Psychological Sciences*, *47*, 165 - 167.

Baltes, M. M., & Lang, F. R. (1997). Everyday functioning and successful aging: The impact of resources. *Psychology and Aging*, *12*, 433 - 443.

Baltes, M. M., Neumann, E. -M., & Zank, S. (1994). Maintenance and rehabilitation of independence in old age: An intervention program for staff. *Psychology and Aging*, *9*, 179 - 188.

Baltes, M. M., & Silverberg, S. B. (1994). The dynamics between dependency and autonomy: Illustrations across the life span. In D. L. Featherman, R. M. Lerner, & M. Perlmutter (Eds.), *Life span development and behavior* (Vol. 12, pp. 41 - 90). Hillsdale, NJ: Erlbaum.

Baltes, M. M., & Wahl, H. -W. (1992). The dependency-support script in institutions: Generalization to community settings. *Psychology and Aging*, *7*, 409 - 418.

Baltes, P. B. (1968). Longitudinal and cross-sectional sequences in the study of age and generation effects. *Human Development*, *11*, 145 - 171.

Baltes, P. B. (1973). Life span models of psychological aging: A white elephant? *Gerontologist*, *13*, 457 - 512.

Baltes, P. B. (Ed.). (1976). Symposium on implications of life span developmental psychology for child development. *Advances in Child Development and Behavior*, *11*, 167 - 265.

Baltes, P. B. (1979a). Life span developmental psychology: Some converging observations on history and theory. In P. B. Baltes & O. G. Brim Jr. (Eds.), *Life span development and behavior* (Vol. 2, pp. 255 - 279). New York: Academic Press.

Baltes, P. B. (1979b, Summer). On the potential and limits of child development: Life span developmental perspectives. *Newsletter of Society for Research in Child Development*, 1 - 4.

Baltes, P. B. (1983). Life span developmental psychology: Observations on history and theory revisited. In R. M. Lerner (Ed.), *Developmental psychology: Historical and philosophical perspectives* (pp. 79 - 111). Hillsdale, NJ: Erlbaum.

Baltes, P. B. (1984). Intelligenz im alter [Intelligence in old age]. *Spektrum der Wissenschaft*, *5*, 46 - 60.

Baltes, P. B. (1987). Theoretical propositions of life span developmental psychology: On the dynamics between growth and decline. *Developmental Psychology*, *23*, 611 - 626.

Baltes, P. B. (1991). The many faces of human aging: Toward a psychological culture of old age. *Psychological Medicine*, *21*, 837 - 854.

Baltes, P. B. (1993). The aging mind: Potential and limits. *Gerontologist*, *33*, 580 - 594.

Baltes, P. B. (1997). On the incomplete architecture of human ontogeny: Selection, optimization, and compensation as foundation of developmental theory. *American Psychologist*, *52*, 366 - 380.

Baltes, P. B. (Guest Ed.). (2005). Theoretical approaches to life span development: Interdisciplinary perspectives [Special issue]. *Research in Human Development*, *2*(1/2).

Baltes, P. B., & Baltes, M. M. (1980). Plasticity and variability in psychological aging: Methodological and theoretical issues. In G. E. Gurski (Ed.), *Determining the effects of aging on the central nervous system* (pp. 41 - 66). Berlin, Germany: Schering.

Baltes, P. B., & Baltes, M. M. (1990a). Psychological perspectives on successful aging: The model of selective optimization with compensation. In P. B. Baltes & M. M. Baltes (Eds.), *Successful aging: Perspectives from the behavioral sciences* (pp. 1 - 34). New York: Cambridge University Press.

Baltes, P. B., & Baltes, M. M. (Eds.). (1990b). *Successful aging: Perspectives from the behavioral sciences*. New York: Cambridge University Press.

Baltes, P. B., Cornelius, S. W., & Nesselroade, J. R. (1979). Cohort effects in developmental psychology. In J. R. Nesselroade & P. B. Baltes (Eds.), *Longitudinal research in the study of behavior and development* (pp. 61 - 87). New York: Academic Press.

Baltes, P. B., Dittmann-Kohli, F., & Dixon, R. A. (1984). New perspectives on the development of intelligence in adulthood: Toward a dual-process conception and a model of selective optimization with compensation. In P. B. Baltes & O. G. Brim Jr. (Eds.), *Life span development and behavior* (Vol. 6, pp. 33 - 76). New York: Academic Press.

Baltes, P, B., Freund, A. M., & Li, S. -C. (2005). The psychological science of human aging. In M. Johnson, V. L. Bengston, P. G. Coleman, & T. Kirkwood (Eds.), *Cambridge handbook of age and aging*. Cambridge, England: Cambridge University Press.

Baltes, P. B., & Goulet, L. R. (1970). Status and issues of a life span developmental psychology. In L. R. Goulet & P. B. Baltes (Eds.), *Life span developmental psychology: Research and theory* (pp. 4 - 21). New York: Academic Press.

Baltes, P. B., & Goulet, L. R. (1971). Exploration of developmental variables by manipulation and simulation of age differences in behavior. *Human Development*, *14*, 149 - 170.

Baltes, P. B., & Graf, P. (1996). Psychological aspects of aging: Facts and frontiers, in D. Magnusson (Ed.), *The life span development of individuals: Behavioural, neurobiological and psychosocial perspectives* (pp. 427 -459). Cambridge, England: Cambridge University Press.

Baltes, P. B., & Kliegl, R. (1992). Further testing of limits of cognitive plasticity: Negative age differences in a mnemonic skill are robust. *Developmental Psychology*, *28*, 121 - 125.

Baltes, P. B., & Kunzmann, U. (2003). Wisdom. *Psychologist*, *16*, 131 - 133.

Baltes, P. B., & Kunzmann, U. (2004). The two faces of wisdom: Wisdom as a general theory of knowledge and judgment about excellence in mind and virtue versus wisdom as everyday realization in people and products. *Human Development*, *47*, 290 - 299.

Baltes, P. B., & Labouvie, G. V. (1973). Adult development of intellectual performance: Description, explanation, modification. In C. Eisdorfer & M. P. Lawton (Eds.), *The psychology of adult development and aging* (pp. 157 - 219). Washington, DC: American Psychological Association.

Baltes, P. B., & Lindenberger, U. (1988). On the range of cognitive plasticity in old age as a function of experience: 15 years of intervention research. *Behavior Therapy*, *19*, 283 - 300.

Baltes, P. B., & Lindenberger, U. (1997). Emergence of a powerful connection between sensory and cognitive functions across the adult life span: A new window at the study of cognitive aging? *Psychology and Aging*, *12*, 12 - 21.

Baltes, P. B. Lindenberger, U., & Staudinger, U. M. (1998). Life span theory in developmental psychology. In W. Damon (Editor-in -Chief) & R. M. Lerner (Vol. Ed.), *Handbook of child psychology: Vol. 1. Theoretical models of human development* (5th ed., pp. 1029 - 1143). New York: Wiley.

Baltes, P. B., & Mayer, K. U. (Eds.). (1999). *The Berlin Aging Study: Aging from 70 to 100*. New York: Cambridge University Press.

Baltes, P. B., Mayer, K. U., Helmchen, H., & Steinhagen-Thiessen, E. (1993). The Berlin Aging Study (BASE): Overview and design. *Ageing and Society*, *13*, 483 - 515.

Baltes, P. B., & Nesselroade, J. R. (1978). Multivariate antecedents of structural change in adulthood. *Multivariate Behavioral Research*, *13*, 127 - 152.

Baltes, P. B., & Nesselroade, J. R. (1984). Paradigm lost and paradigm regained: Critique of Dannefer's portrayal of life span developmental psychology. *American Sociological Review*, *49*, 841 - 846.

Baltes, P. B., Reese, H. W., & Lipsitt, L. P. (1980). Life span developmental psychology. *Annual Review of Psychology*, *31*, 65 - 110.

Baltes, P. B., Reese, H. W., & Nesselroade, J. R. (1977). *Life span developmental psychology: Introduction to research methods*. Monterey, CA: Brooks/Cole.

Baltes, P. B., Reese, H. W., & Nesselroade, J. R. (1988). *Life span developmental psychology: Introduction to research methods*. Hillsdale, NJ: Erlbaum. (Original work published 1977)

Baltes, P. B., Rösler, F., & Reuter-Lorenz, P. A. (2006). Prologue: The perspective of biocultural co-constructivism. In P. B. Baltes, P. A. Reuter-Lorenz, & F. Rösler (Eds.), *Lifespan development and the brain: The perspective of biocultural co-constructivism* (pp. 3 - 39). Cambridge, England: Cambridge University Press.

Baltes, P. B., Reuter-Lorenz, P., & Rosler, F. (Eds.). (2006). *Lifespan development and the brain: The perspective of biocultural co-constructivism*. Cambridge, England: Cambridge University Press.

Baltes, P. B., & Schaie, K. W. (1976). On the plasticity of intelligence in adulthood and old age: Where Horn and Donaldson fail. *American Psychologist*, *31*, 720 - 725.

Baltes, P. B., & Singer, T. (2001). Plasticity and the ageing mind: An exemplar of the biocultural orchestration of brain and behaviour. *European Review: Interdisciplinary Journal of the Academia Europaea*, *9*, 59 - 76.

Baltes, P. B., & Smith, J. (1990). The psychology of wisdom and its ontogenesis. In R. J. Sternberg (Ed.), *Wisdom: Its nature, origins, and development* (pp. 87 - 120). New York: Cambridge University Press.

Baltes, P. B., & Smith, J. (2003). New frontiers in the future of aging: From successful aging of the young old to the dilemmas of the fourth age. *Gerontology*, *49*, 123 - 135.

Baltes, P. B., & Smith, J. (2004). Life span psychology: From developmental contextualism to developmental biocultural co-constructivism. *Research in Human Development*, *1*(3), 123 - 143.

Baltes, P. B, , Smith, J., & Staudinger, U. M. (1992). Wisdom and successful aging. In T. Sonderegger (Ed.), *Nebraska Symposium on Motivation* (Vol. 39, pp. 123 - 167). Lincoln: University of Nebraska Press.

Baltes, P. B., & Staudinger, U. M. (Eds.). (1996a). *Interactive minds: Life span perspectives on the social foundation of cognition*. New York: Cambridge University Press.

Baltes, P. B., & Staudinger, U. M. (1996b). Interactive minds in a life span perspective: Prologue. In P. B. Baltes & U. M. Staudinger (Eds.), *Interactive minds: Life span perspectives on the social foundation of cognition* (pp. 1 - 32). New York: Cambridge University Press.

Baltes, P. B., & Staudinger, U. M. (2000). Wisdom: A metaheuristic to orchestrate mind and virtue towards excellence. *American Psychologist*, *55*, 122 - 136.

Baltes, P. B., Staudinger, U. M., & Lindenberger, U. (1999). Life span psychology: Theory and application to intellectual functioning [Review]. *Annual Review of Psychology*, *50*, 471 - 507.

Baltes, P. B., Staudinger, U, M., Maercker, A., & Smith, J. (1995). People nominated as wise: A comparative study of wisdomrelated knowledge. *Psychology and Aging*, *10*, 155 - 166.

Baltes, P. B., & Willis, S. L. (1982). Plasticity and enhancement of intellectual functioning in old age: Penn State's Adult Development and Enrichment Project ADEPT. In F. I. M. Craik & S. E. Trehub (Eds.), *Aging and cognitive processes* (pp. 353 - 389). New York: Plenum Press.

Baltes, P. B., & Willis, S. W. (1977). Toward psychological theories of aging and development. In J. E. Birren & K. W. Schaie (Eds.), *Handbook of the psychology of aging* (pp. 128 - 154). New York: Van Nostrand Reinhold.

Baltissen, R. (2005). Psychophysiologische aspekte des mittleren und höheren erwachsenenalters [Psychophysiological aspects of middle and older age]. In S. H. Filipp & U. M. Staudinger (Eds.), *Entwicklungspsychologie des mittleren und höheren erwachsenalters: Enzyklopädie der psychologie* [Developmental psychology of the middle and older age] (pp. 123 - 173). Göttingen, Germany: Hogrefe.

Bandura, A. (1982). Self-efficacy mechanism in human agency. *American Psychologist*, *37*, 122 - 147.

Bandura, A. (1984). Representing personal determinants in causal structures. *Psychological Review*, *91*, 508 - 511.

Bandura, A. (1993). Perceived self-efficacy in cognitive development and functioning. *Educational Psychologist*, *28*, 117 - 148.

Bandura, A. (1997). *Self-efficacy: The exercise of control*. New York: Freeman.

Bandura, A., & Cervone, D. (1983). Self-evaluative and self-efficacy mechanisms governing the motivational effects of goal systems. *Journal of Personality and Social Psychology*, *45*, 1017 - 1028.

Bandura, A., & Walters, R, H. (1963). *Social learning and personality development*. New York: Holt, Rinehart and Winston.

Barkow, J. H., Cosmides, L., & Tooby, J. (1992). *The adapted mind: Evolutionary psychology and the generation of culture*. New York: Oxford University Press.

Barton, S. (1994). Chaos, self-organization, and psychology. *American Psychologist*, *49*, 5 - 14.

Bashore, T. R., Ridderinkhof, K, R., & van der Molen, M. W. (1997). The decline of cognitive processing speed in old age. *Current Directions in Psychological Science*, *6*, 163 - 169.

Basseches, M. (1984). *Dialectical thinking and adult development*. Norwood, NJ: Ablex.

Baumeister, R. F. (1989). The optimal margin of illusion. *Journal of Social and Clinical Psychology*, *8*, 176 - 189.

Baumeister, R. F. (1992). Neglected aspects of self theory: Motivation, interpersonal aspects, culture, escape, and existential value. *Psychological Inquiry*, *3*, 21 - 25.

Bengtson, V. L., Reedy, M. N., & Gordon, C. (1985). Aging and self-conceptions: Personality processes and social contexts. In J. E. Birren & K. W. Schaie (Eds.), *Handbook of the psychology of aging* (2nd ed., pp. 544 - 593). New York: Van Nostrand Reinhold.

Benson, F. B., Cherny, S. S., Haith, M. M., & Fulker, D. W. (1993). Rapid assessment of infant predictors of adult IQ: Midtwinmidparent analyses. *Developmental Psychology*, *29*, 434 - 447.

Berg, C. A., & Sternberg, R. J. (1985a). A triarchic theory of intellectual development during adulthood. *Developmental Review*, *5*, 334 - 370.

Berg, C. A., & Sternberg, R. J. (1985b). Response to novelty: Continuity versus discontinuity in the developmental course of intelligence. In H. W. Reese (Ed.), *Advances in child development and behavior* (pp. 2 - 47). New York: Academic Press.

Birren, J. E. (1959). Principles of research on aging. In J. E. Birren (Ed.), *Handbook of aging and the individual: Psychological and biological aspects* (pp. 3 - 42). Chicago: University of Chicago Press.

Birren, J. E. (1964). *The psychology of aging*. Englewood Cliffs, NJ: Prentice-Hall.

Birren, J. E. (1988). A contribution to the theory of the psychology of aging: As a counterpart of development. In J. E. Birren & V. L. Bengtson (Eds.), *Emergent theories of aging* (pp. 153 - 176). New York: Springer.

Birren, J. E., & Fisher, L. M. (1995). Aging and speed of behavior: Possible consequences for psychological functioning. *Annual Review of Psychology*, *46*, 329 - 353.

Birren, J. E., & Schaie, K. W. (Eds.). (1996). *Handbook of the psychology of aging* (3rd ed.). San Diego, CA: Academic Press.

Bjorklund, D. F. (1997). The role of immaturity in human development. *Psychological Bulletin*, *122*, 153 - 169.

Blanchard-Fields, F. (1996). Social cognitive development in adulthood and aging. In F. Blanchard-Fields & T. M. Hess (Eds.), *Perspectives on cognitive change in adulthood and aging* (pp. 454 - 487). New York: McGraw-Hill.

Blanchard-Fields, F., & Norris, L. (1994). Causal attributions from adolescence through adulthood: Age differences, ego level, and generalized response style. *Aging and Cognition*, *1*, 67 - 86.

Block, J. (1971). *Lives through time*. Berkeley, CA: Bancroft Books.

Block, J. (1993). Studying personality the long way. In D. C. Funder, R. D. Parke, C. Tomlinson-Keasey, & K. Widaman (Eds.), *Studying lives through time: Personality and development—APA science volumes* (pp. 9 - 41). Washington, DC: American Psychological Association.

Block, J. (1995). A contrarian view of the five-factor approach to personality description. *Psychological Bulletin*, *117*, 187 - 215.

Bloom, B. (1985). *Developing talent in young people*. New York: Ballantine Books.

Boesch, E. E. (1997). Boesch and cultural psychology [Special issue]. *Culture and Psychology*, *3*(3).

Bornstein, M. H. (1989). Stability in early mental development: From attention and information processing in infancy to language and cognition in childhood. In M. H. Bornstein & N. A. Krasnegor (Eds.), *Stability and continuity in mental development* (pp. 147 - 170). Hillsdale, NJ: Erlbaum.

Bosman, E. A., & Charness, N. (1996). Age-related differences in skilled performance and skill acquisition. In F. Blanchard-Fields & T. M. Hess (Eds.), *Perspectives on cognitive change in adulthood and aging* (pp. 428 - 453). New York: McGraw-Hill.

Brandtstädter, J. (1984). Personal and social control over development: Some implications of an action perspective in life span developmental psychology. In P. B. Baltes & O. G. Brim Jr. (Eds.), *Life span development and behavior* (Vol. 6, pp. 1 - 32). New York: Academic Press.

Brandtstädter, J. (1998). Action perspectives on human development. In W. Damon (Editor-in-Chief) & R. M. Lerner (Vol. Ed.), *Handbook of child psychology: Vol. 1. Theoretical models of human development* (5th ed., pp. 807 - 866). New York: Wiley.

Brandtstädter, J., & Baltes-Götz, B. (1990). Personal control over development and quality of life perspectives in adulthood. In P. B. Baltes & M. M. Baltes (Eds.), *Successful aging: Perspectives from the behavioral sciences* (pp. 197 - 224). New York: Cambridge University Press.

Brandtstädter, J., & Greve, W. (1994). The aging self: Stabilizing and protective processes. *Developmental Review*, *14*, 52 - 80.

Brandtstädter, J, & Lerner, R. M. (Eds.). (1999). *Action and self development: Theory and research through the life span*. Thousand Oaks, CA: Sage.

Brandtstädter, J., & Renner, G. (1990). Tenacious goal pursuit and flexible goal adjustment: Explication and age-related analysis of assimilative and accommodative models of coping. *Psychology and Aging*, *5*, 58 - 67.

Brandtstädter, J., & Rothermund, K. (1994). Self-perceptions of control in middle and later adulthood: Buffering losses by rescaling goats. *Psychology and Aging*, *9*, 265 - 273.

Brandtstädter, J., & Rothermund, K. (2003). Intentionality and time in human development and aging: Compensation and goal adjustment in changing developmental contexts. In U. M. Staudinger & U. Lindenberger (Eds.), *Understanding human development: Dialogues with life span psychology* (pp. 105 -124). Boston: Kluwer Academic.

Brandtstädter, J., & Wentura, D. (1995). Adjustment to shifting possibility frontiers in later life: Complementary adaptive modes. In R. A. Dixon & L. Bäckman (Eds.), *Psychological compensation: Managing losses and promoting gains* (pp. 83 - 106). Hillsdale, NJ: Erlbaum.

Brandtstädter, J., Wentura, D., & Greve, W. (1993). Adaptive resources of the aging self: Outlines of an emergent perspective. *International Journal of Behavioral Development*, *16*, 323 - 349.

Brandtstädter, J., Wentura, D., & Rothermund, K. (1999). Intentional self-development through adulthood and later life: Tenacious pursuit and flexible adjustment of goals. In J. Brandtstädter & R. M. Lerner (Eds.), *Action and self-development: Theory and research through the life span* (pp. 373 - 400). Thousand Oaks, CA: Sage.

Brehmer, Y., Li, S. -C., Müller, V., von Oertzen, T., & Lindenberger, U. (2005). *Memory plasticity across the lifespan: Uncovering children's latent potential*. Unpublished manuscript, Max Planck Institute for Human Development, Berlin, Germany.

Brent, S. B. (1978a). Individual specialization, collective adaptation and rate of environmental change. *Human Development*, *21*, 21 - 23.

Brent, S. B. (1978b). Prigogine's model for self-organization in non-equilibrium systems: Its relevance for developmental psychology. *Human Development*, *21*, 374 - 387.

Brim, O. G., Jr. (1976). Life span development of the theory of oneself: Implications for child development. In P. B. Baltes (Ed.), *Advances in Child Developmen: and Behavior*, *11*, 242 - 251.

Brim, O. G., Jr. (1988). Losing and winning: The nature of ambition in everyday life. *Psychology Today*, *9*, 48 - 52.

Brim, O. G., Jr. (1992). *Ambition: How we manage success and failure throughout our lives*. New York: Basic Books.

Brim, O. G., Jr., & Kagan, J. (1980). Constancy and change: A view of the issues. In O. G. Brim Jr. & J. Kagan (Eds.), *Constancy and change in human development* (pp. 1 - 25). Cambridge, MA: Harvard University Press.

Brim, O. G., Jr., & Ryff, C. D. (1980). On the properties of life events. In P. B. Baltes & O. G. Brim Jr. (Eds.), *Life span development and behavior* (Vol. 3. pp. 367 - 388). New York: Academic Press.

Brim, O. G., Jr., Ryff, C. D., & Kessler, R. C. (Eds.). (2004). *How healthy are we? A national study of well-being at midlife*. Chicago: Chicago University Press.

Brim, O. G., Jr., & Wheeler. S. (1966). *Socialization after childhood: Two essays*. New York: Wiley.

Bronfenbrenner, U. (1977). Toward an experimental ecology of human development. *American Psychologist*, *32*, 513 - 532.

Bronfenbrenner. U., & Ceci, S. J. (1994). Nature-nuture reconceptualized in developmental perspective: A bioecological model. *Psychological Review*, *101*, 568 - 586.

Brown, A. L. (1982). Learning and development: The problem of compatibility, access, and induction. *Human Development*, *25*, 89 - 115.

Brunstein, J. C. (1993). Personal goals and subjective well-being: A longitudinal study. *Journal of Personality and Social Psychology*, *65*, 1061 - 1070.

Buckner, R. I. (2004). Three principles for cognitive aging research: Multiple causes and sequelae, variance in expression, and the need for integrative theory. In R. Cabeza, L. Nyberg, & D. Park (Eds.), *Cognitive neuroscience of aging: Linking cognitive and cerebral aging*. New York: Oxford University Press.

Bühler, C. (1933). *Der menschliche lebenslauf als psychologisches problem* [The human life course as a psychological problem]. Göttingen, Germany: Hogrefe.

Burgess, R. L., & Molenaar, P. C. M. (1995). Commentary. *Human Development*, *38*, 159 - 164.

Burns, B. D. (2004). The effects of speed on skilled chess performance. *Psychological Science*, *7*, 52 - 55.

Buss, A. H., & Plomin, R. (1984). *A temperament theory of personality development*. New York: Wiley.

Buunk, B. P. (1994). Social comparison processes under stress: Towards an integration of classic and recent perspectives. *European Review of Social Psychology*, *5*, 211 - 241.

Buunk, B. P., & Gibbons, F. X. (1997). *Health, coping, and well-being: Perspectives from social comparison theory*. Mahwah, NJ: Erlbaum.

Cabeza, R. (2002). Hemispheric asymmetry reduction in older adults: The HAROLD model. *Psychology and Aging*, *17*(1), 85 - 100.

Cabeza, R., Daselaar, S. M., Dolcos, F., Prince, S. E., Budde, M., & Nyberg, L. (2004). Task-independent and task-specific age effects on brain activity during working memory, visual attention and episodic retrieval. *Cerebral Cortex*, *14*, 364 - 375.

Cabeza, R., Nyberg, L., & Park, D. (Eds.). (2004). *Cognitive neuroscience of aging: Linking cognitive and cerebral aging*. New York: Oxford University Press.

Campbell, J. D., Assanand, S., & Di Paula, A. (2003). The structure of the self-concept and its relation to psychological adjustment. *Journal of Personality*, *71*, 115 - 140.

Cantor, N., & Blanton, H. (1996). Effortful pursuit of personal goals in daily life. In P. M. Gollwitzer & J. A. Bargh (Eds.), *The psychology of action: Linking cognition and motivation to behavior* (pp. 338 - 359). New York: Guilford Press.

Cantor, N., & Fleeson, W. (1994). Social intelligence and intelligent goal pursuit: A cognitive slice of motivation. *Nebraska Symposium on Motivation* (Vol. 41, pp. 125 - 179). Lincoln: University of Nebraska Press.

Cardon, L. R., & Fulker, D. W. (1991). Sources of continuity in infant predictors of later IQ. *Intelligence*, *15*, 279 - 293.

Cardon, L. R., & Fulker, D. W. (1994). A model of developmental change in hierarchical phenotypes with application to specific cognitive abilities. *Behavior Genetics*, *24*, 1 - 16.

Carlson, J. S. (1994). Dynamic assessment of mental abilities. In R. J. Sternberg (Ed.), *Encyclopedia of intelligence* (pp. 368 - 372). New York: Macmillan.

Carstensen, L. L. (1995). Evidence for a life span theory of socioemotional selectivity. *Current Directions in Psychological Science*, *4*, 151 - 156.

Carstensen, L. L., Isaacowitz, D. M., & Charles, S. T. (1999). Taking time seriously: A theory of socioemotional selectivity. *American Psychologist*, *54*, 165 - 181.

Carus, F. A. (1808). *Psychologie: Zweiter Tell: Specialpsychologie* [Psychology: Pt. 2. Special psychology]. Leipzig, Germany: Barth & Kummer.

Carver, C. S., & Scheier, M. F. (1998). *On the self-regulation of behavior*. New York: Cambridge University Press.

Carver, C S., & Scheier, M. F. (2003). Three human strengths. In U. M. Staudinger & L. G. Aspinwall (Eds.), *A psychology of human strengths* (pp. 87 - 102). Washington, DC: American Psychological Association.

Case, R. (1985). *Intellectual development: From birth to adulthood*. New York: Academic Press.

Case, R. (1992). The role of the frontal lobes in the regulation of human development. *Brain and Cognition*, *20*, 51 - 73.

Caspi, A. (1987). Personality in the life course. *Journal of Personality and Social Psychology*, *53*, 1203 - 1213.

Caspi, A. (1998). Personality development across the life course. In W. Damon (Editor-in-Chief) & N. Eisenberg (Vol. Ed.), *Handbook of child psychology: Vol. 3. Social emotional, and personality development* (5th ed., pp. 311 - 387). New York: Wiley.

Caspi, A., & Bem, D. J. (1990). Personality continuity and change across the life course. In L. A. Pervin (Ed.), *Handbook of personality: Theory and research* (pp. 549 - 575). New York: Guilford Press.

Caspi, A., & Silva, P. A. (1995). Temperamental qualities at age 3 predict personality traits in young adulthood: Longitudinal evidence from a birth cohort. *Child Development*, *66*, 486 - 498.

Cattell, R. B. (1971). *Abilities: Their structure, growth, and action*. Boston: Houghton Mifflin.

Cerella, J. (1990). Aging and information processing rate. In J. E. Birren & K. W. Schaie (Eds.), *Handbook of the psychology of aging* (pp. 201 - 221). San Diego, CA: Academic Press.

Chapman, M. (1988a). *Constructive evolution: Origins and development of Piaget's thought*. New York: Cambridge University Press.

Chapman, M. (1988b). Contextuality and directionality of cognitive development. *Human Development*, *31*, 92 - 106.

Chapman, M., & Lindenberger, U. (1992). Transitivity judgments, memory for premises, and models of children's reasoning. *Developmental Review*, *12*, 124 - 163.

Charles, S. T., Reynolds, C. A., & Gatz, M. (2001). Age-related differences and change in positive and negative affect over 23 years. *Journal of Personality and Social Psychology*, *80*, 136 - 151.

Charlesworth, B. (1994). *Evolution in age-structured populations* (2nd ed.). Cambridge: Cambridge University Press.

Charness, N. (1981). Search in chess: Age and skill differences. *Journal of Experimental Psychology: Human Perception and Performance*, *7*, 467 - 476.

Charness, N. (1989). Age and expertise: Responding to Talland's challenge. In L. W. Poon (Ed.), *Everyday cognition in adulthood and late life* (pp. 437 - 456). Cambridge, England: Cambridge University Press.

Charness, N. (2005). Work/occupation: Macro-structural dimensions of experience and skills training — A developmental perspective. In P. B. Baltes, P. Reuter-Lorenz, & F. Rösler (Eds.), *Life span development and the brain: The perspective of biocultural co-constructivism*. Cambridge, England: Cambridge University Press.

Charness, N. (2006). The influence of work and occupation on brain development. In P. B. Baltes, P. A. Reuter-Lorenz, & F. Rösler (Eds.), *Lifespan development and the brain: The perspective of biocultural co-constructivism* (pp. 306 - 325). Cambridge, England: Cambridge University Press.

Chess, S., & Thomas, A. (1984). *Origins and evolution of behaviour disorders*. New York: Brunner/Mazel.

Chi, M. T. H., Glaser, R., & Rees, E. (1982). Expertise in problem solving. In R. J. Sternberg (Ed.), *Advances in the psychology of human intelligence* (Vol. 1, pp. 7 - 75). Hillsdale, NJ: Erlbaum. Chi, M. T., & Koeske, R. D. (1983). Network representation of a child's dinosaur knowledge. *Developmental Psychology*, *19*, 29 - 39.

Chugani, H. T., Phelps, M. E., & Mazziotta, J. C. (1987). Positron emission tomography study of human brain development. *Annals of Neurology*, *22*, 487 - 497.

Cicchetti, D. (1993). Developmental psychopathology: Reactions, reflections, projections — Setting a path for the coming decade: Some goals and challenges [Special issue]. *Developmental Review*, *13*, 471 - 502.

Cicchetti, D., & Cohen, D. J. (Eds.). (1995). *Developmental psychopathology* (Vols. 1 - 2). New York: Wiley.

Cicero, M. T. (44B. C. /1744). *Cato major: De senectute* [Cato major or His discourse of old age] (J. Logan, Trans.). Philadelphia: Benjamin Franklin.

Cloninger, C. R. (1987). A systematic method of clinical description and classification of personality variants: A proposal. *Archives of General Psychiatry*, *44*, 573 - 588.

Cloninger, C. R. (2003). Completing the psychobiological architecture of human personality development: Temperament, character, and coherence. In U. M. Staudinger & U. Lindenberger (Eds.), *Understanding human development: Dialogues with life span psychology* (pp. 159 - 181). Boston:

Kluwer Academic.

Cohen, S. H., & Reese, H. W. (Eds.). (1994). *Life span developmental psychology: Methodological contributions*. Hillsdale, NJ: Erlbaum.

Colcombe, S. J., Erickson, K. I., Raz, N., Webb, A. G., Cohen, N. J., McAuley, E., et al. (2003). Aerobic fitness reduces brain tissue loss in aging humans. *Journals of Gerontology: Biological Sciences and Medical Sciences*, *58*(2, Series A), 176-180.

Cole, M. (1996). Interacting minds in a life span perspective: A cultural/historical approach to culture and cognitive development. In P. B. Baltes & U. M. Staudinger (Eds.), *Interactive minds: Life span perspectives on the social foundation of cognition* (pp. 59-87). New York: Cambridge University Press.

Collins, W. A. (Ed.). (1982). *Minnesota Symposia on Child Psychology: Vol. 15. The concept of development* (pp. 55-81). Hillsdale, NJ: Erlbaum.

Colvin, C. R., & Block, J. (1994). Do positive illusions foster mental health? An examination of the Taylor and Brown formulation. *Psychological Bulletin*, *116*, 3-20.

Costa, P. -T., Jr., Herbst, J. H., McCrae, R. R., & Siegler, I. C. (2000). Personality at midlife: Stability, intrinsic maturation, and response to life events. *Assessment*, *7*, 365-378.

Costa, P. T., Jr., & McCrae, R. R. (1993). Psychological stress and coping in old age. In L. Goldberger & S. Breznitz (Eds.), *Handbook of stress: Theoretical and clinical aspects* (2nd ed., pp. 403-412). New York: Free Press.

Costa, P. T., & McCrae, R. R. (1994). Set like plaster? Evidence for the stability of adult personality. In T. F. Heatherton & J. L. Weinberger (Eds.), *Can personality change?* (pp. 21-40). Washington, DC: American Psychological Association.

Costa, P. T., Zondermann, A. B., McCrae, R. R., Cornoni-Huntley, J., Locke, B. Z., & Barbano, H. E. (1987). Longitudinal analyses of psychological well-being in a national sample: Stability of mean levels. *Journal of Gerontology*, *42*, 50-55.

Cotman, C. W. (Ed.). (1985). *Synaptic plasticity*. New York: Guilford Press.

Cowdry, E. V. (1939). *Problems of ageing: Biological and medical aspects*. Baltimore: Williams & Wilkins.

Craik, F. I. M. (1983). On the transfer of information from temporary to permanent memory. *Philosophical Transactions of the Royal Society of London B*, *302*, 341-359.

Craik, F. I. M. (1986). A functional account of age differences in memory. In F. Klix & H. Hagendorf (Eds.), *Human memory and cognitive capabilities, mechanisms, and performance* (pp. 409-422). Amsterdam: North-Holland.

Craik, F. I. M., & Bialystok, E. (Eds.). (2006). *Life span cognition: Mechanisms of change*. Oxford, England: Oxford University Press. Craik, F. I. M., & Byrd, M. (1982). Aging and cognitive deficits: The role of attentional resources. In F. I. M. Craik & S. Trehub (Eds.), *Aging and cognitive processes* (pp. 191-211). New York: Plenum Press.

Craik, F. I. M., & Salthouse, T. A. (Eds.). (2000). *The handbook of aging and cognition* (2nd ed.). Hillsdale, NJ: Erlbaum.

Damon, W. (1996). The lifelong transformation of moral goals through social influence. In P. B. Baltes & U. M. Staudinger (Eds.), *Interactive minds: Life span perspectives on the social foundation of cognition* (pp. 198-220). New York: Cambridge University Press.

D'Andrade, R. (1995). *The development of cognitive anthropology*. Cambridge, England: Cambridge University Press.

Dannefer, D. (1989). Human action and its place in theories of aging. *Journal of Aging Studies*, *3*, 1-20.

Datan, N., & Reese, H. W. (Eds.). (1977). *Life span developmental psychology: Dialectical perspectives on experimental research*. New York: Academic Press.

Davidson, R. J. (1984). Affect, cognition, and hemispheric specialization. In C. E. Izard, J. Kagan, & R. Zajonc (Eds.), *Emotion, cognition, and behavior* (pp. 320-365). New York: Cambridge University Press.

Davidson, R. J., Jackson, D. C., & Kalin, N. H. (2000). Emotion, plasticity, context, and regulation: Perspectives from affective neuroscience. *Psychological Bulletin*, *126*, 890-909.

Davidson, R. J., & Rickman, M. (1999). Behavioral inhibition and the emotional cirquitry of the brain: Stability and plasticity during the early childhood years. In L. A. Schmidt & J. Schulkin (Eds.), *Extreme fear and shyness: Origins and outcomes* (pp. 67-87). New York: Oxford University Press.

Dawkins, R. (1982). *The extended phenotype: The gene as the unit of selection*. Oxford, England: Oxford University Press.

Deary, I. J., & Pagliari, C. (1991). The strength of g at different levels of ability: Have Detterman and Daniel rediscovered Spearmans law of diminishing returns? *Intelligence*, *15*, 251-255.

de Geus, E. J. C., & Boomsma, D. I. (2002). A genetic neuroscience approach to human cognition. *European Psychologist*, *6*, 241-253.

DeKay, W. T., & Buss, D. M. (1992). Human nature, individual differences, and the importance of context: Perspectives from evolutionary psychology. *Current Directions in Psychological Science*, *1*, 184-189.

Dempster, F. N. (1992). The rise and fall of the inhibitory mechanism: Toward a unified theory of cognitive development and aging. *Developmental Review*, *12*, 45-75.

Denney, N. W. (1984). A model of cognitive development across the life span. *Developmental Review*, *4*, 171-191.

Depue, R. A., & Collins, P. F. (1999). Neurobiology of the structure of personality: Dopamine, facilitation of incentive motivation, and extraversion. *Behavioral and Brain Sciences*, *22*, 491-569.

Depue, R. A., Krauss, S. P., & Spoont, M. R. (1987). A two-dimensional threshold model of seasonal bipolar affective disorder. In D. Magnusson & A. Oehman (Eds.), *Psychopathology: An interactional perspective — Personality, psychopathology, and psychotherapy* (pp. 95-123). Orlando, FL: Academic Press.

Diamond, A. (2002). Normal development of prefrontal cortex from birth to young adulthood: Cognitive functions, anatomy, and biochemistry. In D. T. Stuss & R. T. Kinght (Eds.), *Principles offrontal lobe function* (pp. 466-503). London: Oxford University Press.

Dick, D. M., & Rose, R. J. (2002). Behavior genetics: What's new? What's next? *Current Direction in Psychological Science*, *11*, 70-74.

Dickinson, C. M., & Rabbitt, P. M. A. (1991). Simulated visual impairment: Effects on text comprehension and reading speed. *Clinical Vision Sciences*, *6*, 301-308.

Diehl, M., Hastings, C. T., & Stanton, J. M. (2001). Self-concept differentiation across the adult life span. *Psychology and Aging*, *16*, 643-654.

Diener, E., & Suh, E. (1998). Subjective well-being and age: An international analysis. *Annual Review of Gerontology and Geriatrics*, *17*, 304-324.

Dittmann-Kohli, F. (1991). Meaning and personality change from early to late adulthood. *European Journal of Personality*, *1*, 98-103.

Dittmann-Kohli, F., Bode, C., & Westerhof, G. J. (2001). Selbst- und lebensvorstellungen in der zweiten lebenshälfte: Ergebnisse aus dem alters-survey, In F. U. J. Bundesministerium für Familie, Senioren (Ed.), *Die zweite lebenshälfte: Psychologische perspektiven—Ergebnisse des alters-survey* (pp. 549-584). Stuttgart, Germany: Kohlhammer.

Dixon, R. A., & Bäckman, L. (Eds.). (1995). *Compensating for psychological deficits and declines: Managing losses and promoting gains*. Mahwah, NJ: Erlbaum.

Dixon, R. A., & Baltes, P. B. (1986). Toward life span research on the functions and pragmatics of intelligence. In R. J. Sternberg & R. K. Wagner (Eds.), *Practical intelligence: Nature and origins of competence in the everyday world* (pp. 203-234). New York: Cambridge University Press.

Dixon, R. A., & Gould, O. N. (1996). Adults telling and retelling stories collaboratively. In P. B. Baltes & U. M. Staudinger (Eds.), *Interactive minds: Life span perspective on the social foundation of cognition* (pp. 221-241). New York: Cambridge University Press.

Dixon, R. A., & Lerner, R. M. (1988). A history of systems in developmental psychology. In M. H. Bornstein & M. E. Lamb (Eds.), *Developmental psychology: An advanced textbook* (2nd ed., pp. 3-50). Hillsdale, NJ: Erlbaum.

Donahue, E. M., Robins, R. W., Roberts, B. W., & John, O. P. (1993). The divided self: Concurrent and longitudinal effects of psychological adjustment and social roles on self-concept differentiation. *Journal of Personality and Social Psychology*, *64*, 834-846.

Doussard-Roosevelt, J. A., McClenny, B. D., & Porges, S. W. (2001). Neonatal cardiac vagal tone and school-age development outcome in very low birth weight infants. *Developmental Psychology*, *38*, 56-66.

Draganski, B., Gaser, C., Busch, V., Schuierer, G., Bogdahn, U., & May, A. (2004). Changes in gray matter induced by training. *Nature*, *427*, 311-312.

Durham, W. H. (1991). *Coevolution: Genes, culture and human diversity*. Stanford, CA: Stanford University Press.

Ebner, N. C., & Freund, A. M. (2003, August). *Win or don't lose: Age differences in personal goal focus*. Poster presented at the 111th Meeting of the American Psychological Association, Toronto, Canada.

Edelman, G. M. (1987). *Neural Darwinism: The theory of neuronal group selection*. New York: Basic Books.

Edelstein, W., & Noam, G. (1982). Regulatory structures of the self and "postformal" stages in adulthood. *Human Development*, *6*, 407 - 422.

Eichorn, D. H., Clausen, J. A., Haan, N., Honzik, M. P., & Mussen, P. H. (Eds.). (1981). *Present and past in middle life*. New York: Academic Press.

Elbert, T., Pantev, C., Wienbruch, C., Rockstroh, B., & Taub, E. (1995). Increased cortical representation of the fingers of the left hand in string players. *Science*. *270*, 305 - 307.

Elbogen, E. B., Carlo, G., & Spaulding, W. (2001). Hierarchical classification and the integration of self-structure in late adolescence. *Journal of Adolescence*, *24*, 657 - 670.

Elder, G. H., Jr. (1974). *Children of the Great Depression*. Chicago: University of Chicago Press.

Elder, G. H., Jr. (Ed.). (1985). *Life course dynamics: Trajectories and transitions 1968 - 1980*. Ithaca, NY: Cornell University Press.

Elder, G. H., Jr. (1986). Military times and turning points in men's lives. *Developmental Psychology*, *22*, 233 - 245.

Elder, G. H., Jr. (1990). Studying lives in a changing society: Sociological and personological explorations. In A. Rabin, R. Zucker, R. Emmons, & S. Frank (Eds.), *Studying persons and lives* (pp. 201 - 247). New York: Springer.

Elder, G. H., Jr. (1994). Time, human agency, and social change: Perspectives on the life course. *Social Psychology Quarterly*, *57*, 4 - 15.

Elliot, A. J., Sheldon, K. M., & Church, M. A. (1997). Avoidance personal goals and subjective well-being. *Personality and Social Psychology Bulletin*, *23*(9), 915 - 927.

Elman, J. L., Bates, E. A., Johnson, M. H., Karmiloff-Smith, A., Parisi, D., & Plunkett, K. (1996). *Rethinking innateness: A connectionist perspective on development*. Cambridge, MA: MIT Press.

Emmons, R. A. (1996). Striving and feeling: Personal goals and subjective well-being. In P. M. Gollwitzer & J. A. Bargh (Eds.), *The psychology of action: Linking cognition and motivation to behavior* (pp. 313 - 337). New York: Guilford Press.

Engle, R. W., Conway, A. R. A., Tuholski, S. W., & Shishler, R. J. (1995). A resource account of inhibition. *Psychological Science*, *6*, 122 - 125.

Engle, R. W., Kane, M. J., & Tuholski, S. W. (1999). Individual differences in working memory capacity and what they tell us about controlled attention, general fluid intelligence, and functions of the prefrontal cortex. In A. Miyake & S. Priti (Eds.), *Models of working memory: Mechanisms of active maintenance and executive control* (pp. 102 - 134). Cambridge, England: Cambridge University Press.

Ericsson, K. A., Krampe, R. T., & Tesch-Römer, C. (1993). The role of deliberate practice in the acquisition of expert performance. *Psychological Review*, *100*, 363 - 406.

Ericsson, K. A., & Smith, J. (Eds.). (1991). *Towards a general theory of expertise: Prospects and limits*. New York: Cambridge University Press.

Erikson, E. H. (1959). Identity and the life cycle. *Psychological Issues Monograph 1*. New York: International University Press.

Featherman, D. L., & Lerner, R. M. (1985). Ontogenesis and sociogenesis: Problematics for theory and research about development and socialization across the life span. *American Sociological Review*, *50*, 659 - 676.

Featherman, D. L., Smith, J., & Peterson, J. G. (1990). Successful aging in a "post-retired" society. In P. B. Baltes & M. M. Baltes (Eds.), *Successful aging: Perspectives from the behavioral sciences* (pp. 50 - 93). New York: Cambridge University Press.

Filipp, S. -H. (1996). Motivation and emotion. In J. E. Birren & K. W. Schaie (Eds.), *Handbook of the psychology of aging* (pp. 218 - 235). San Diego, CA: Academic Press.

Filipp, S. -H. (1999). A three-stage model of coping with loss and trauma: Lessons from patients suffering from severe and chronic disease. In A. Maercker, M. Schützwohl, & Z. Solomon (Eds.), *Posttraumatic stress disorder: A life span developmental perspective* (pp. 43 - 80). Seattle, WA: Hogrefe & Huber.

Filipp, S. -H., & Buch-Bartos, K. (1994). Vergleichsprozesse und lebenszufriedenheit im alter: Ergebnisse einer pilotstudie [Comparison processes and life satisfaction in old age]. *Zeitschrift für Entwicklungspsychologie und Pädagogische Psychologie*, *26*, 22 - 34.

Filipp, S. -H., & Klauer, T. (1986). Conceptions of self over the life span: Reflections on the dialectics of change. In M. M. Baltes & P. B. Baltes (Eds.), *The psychology of aging and control* (pp. 167 - 204). Hillsdale, NJ: Erlbaum.

Filipp, S. -H., & Klauer, T. (1991). Subjective well-being in the face of critical life events: The case of successful coping. In F. Strack, M. Argyle, & N. Schwarz (Eds.), *The social psychology of subjective well-being* (Vol. 21. pp. 213 - 234). Oxford, England: Pergamon Press.

Filipp, S. -H., & Mayer, A. K. (2005). Selbstkonzepentwicklung [Self-concept development]. In J. B. Asendorpf & H. Rauh (Eds.), *Soziale, emotionale und Persönlichkeitsentwicklung: Enzyklopädie der Psychologie* [Social, emotional, and personality development: Encyclopedia of psychology]. Göttingen, Germany: Hogrefe.

Filipp, S. -H., & Staudinger, U. M. (Hrsg.). (2005). *Entwicklungspsy-chologie des mittleren und hoheren Erwachsenenalters* (Enzyklopädie für Psychologie: Entwicklungspsychologie, Vol. 6). Göttingen: Hogrefe.

Finch, C. E. (1990). *Longevity, senescence, and the genome*. Chicago: University of Chicago Press.

Finch, C. E., & Zelinski, E. M. (2005). Normal aging of brain structure and cognition: Evolutionary perspectives. *Research in Human Development*, *2*(1/2), 69 - 82.

Finkel, D., Pedersen, N. L., McClearn, G. E., Plomin, R., & Berg, S. (1996). Cross-sequential analysis of genetic influences on cognitive ability in the Swedish Adoption/Twin Study of Aging. *Aging, Neuropsychology, and Cognition*, *3*, 84 - 99.

Fisk, J. E., & Warr, P. (1996). Age-related impairment in associative learning: The role of anxiety, arousal, and learning self-efficacy. *Personality and Individual Differences*, *21*, 675 - 686.

Fiske, S. T., & Taylor, S. E. (1991). *Social cognition* (2nd ed.). New York: McGraw-Hill.

Flavell, J. H. (1970). Cognitive changes in adulthood. In L. R. Goulet & P. B. Baltes (Eds.), *Life span developmental psychology: Research and theory* (pp. 247 - 253). New York: Academic Press.

Flavell, J. H. (1992). Cognitive development: Past, present, and future. *Developmental Psychology*, *28*, 998 - 1005.

Fleeson, W., & Baltes, P. B. (1998). Beyond present-day personality assessment: An encouraging exploration of the measurement properties and predictive power of subjective lifetime personality. *Journal of Research in Personality*, *32*, 411 - 430.

Fleeson, W., & Heckhausen, J. (1997). More or less "me" in past, present, and future: Perceived lifetime personality during adulthood. *Psychology and Aging*, *12*, 125 - 136.

Flynn, J. R. (1987). Massive IQ gains in 14 nations: What IQ tests really measure. *Psychological Bulletin*, *101*, 171 - 191.

Folkman, S., Lazarus, R. S., Pimley, S., & Novacek, J. (1987). Age differences in stress and coping processes. *Psychology and Aging*, *2*, 171 - 184.

Folkow, B., & Svanborg, A. (1993). Physiology of cardiovascular aging. *Psysiological Reviews*, *73*, 725 - 764.

Ford, D. H., & Lerner, R. M. (1992). *Developmental systems theory: An integrative approach*. London: Sage.

Forster, J. M., & Gallagher, D. (1986). An exploratory study comparing depressed and nondepressed elders coping strategies. *Journals of Gerontology*, *41*, 91 - 93.

Fox, P. W., Hershberger, S. L., & Bouchard, T. J. (1996). Genetic and environmental contributions to the acquisition of a motor skill. *Nature*, *384*, 356 - 358.

Frazier, L. D., Hooker, K., Johnson, P. M., & Klaus, C. R. (2000). Continuity and change in possible selves in later life: A 5-year longitudinal study. *Basic and Applied Social Psychology*, *22*, 237 - 243.

Fredrickson, B. L., & Levenson, R. W. (1998). Positive emotions speed recovery from the cardiovascular sequelae of negative emotions. *Cognition and Emotion*, *12*, 191 - 220.

Freund, A. (1995). *Wer bin ich? Die sebstdefinition alter menschen* [Who am I? The self-definition of older people]. Berlin, Germany: Sigma.

Freund, A. M. (2002). Selection, optimization, and compensation. In D. J. Ekerdt, R. A. Applebaum. K. C. Holden, S. G. Post, K. Rockwood, R. Schulz, et al. (Eds.), *Encyclopedia of aging* (Vol. 4, pp. 1257 -1260). New York: Macmillan.

Freund, A. M. (in press). Differential motivational consequences of goal focus in younger and older adults. *Psychology and Aging*. Freund, A. M., & Baltes, P. B. (1998). Selection, optimization, and compensation as strategies of life-management: Correlations with subjective indicators of successful aging. *Psychology and Aging*, *13*, 531 - 543.

Freund, A. M., & Baltes, P. B. (2000). The orchestration of selection, optimization, and compensation: An action-theoretical conceptu- alization of a theory of developmental regulation. In W. J. Perrig & A. Grob (Eds.), *Control of human behavior, mental processes, and consciousness* (pp. 35 -

58). Mahwah, NJ: Erlbaum.

Freund, A. M., & Baltes, P. B. (2002a). The adaptiveness of selection, optimization, and compensation as strategies of life management: Evidence from a preference study on proverbs. *Journal of Gerontology: Psychological Sciences*, *57B*, 426 - 434.

Freund, A. M., & Baltes, P. B. (2002b). Life-management strategies of selection, optimization, and compensation: Measurement by self-report and construct validity. *Journal of Personality and Social Psychology*, *82*, 642 - 662.

Freund, A. M., & Ebner, N. C. (2005). The aging self: Shifting from promoting gains to balancing losses. In W. Greve, K. Rothermund, & D. Wentura (Eds.), *The adaptive self: Personal continuity and intentional self-development* (pp. 185 - 202). New York: Hogrefe.

Freund, A. M., & Smith, J. (1999). Content and function of the self-definition in old and very old age. *Journal of Gerontology: Psychological Sciences*, 55 - 67.

Frey, K. S., & Ruble, D. N. (1990). Strategies for comparative evaluation: Maintaining a sense of competence across the life span. In R. J. Sternberg & J. John Kolligian (Eds.), *Competence considered* (pp. 167 - 189). New Haven, CT: Yale University Press.

Friedman, H. S., Tucker, J. S., Schwartz, J. E., Tomlinson-Keasey, C., Martin, L. R., Wingard, D. L., et al. (1995). Psychosocial and behavioral predictors of longevity: The aging and death of the "Termites". *American Psychologist*, *50*, 69 - 78.

Friedman, H. S., Tucker, J. S., Tomlinson-Keasey, C., Schwartz, J. E., Wingard, D. L., & Criqui, M. H. (1993). Does childhood personality predict longevity? *Journal of Personality and Social Psychology*, *65*, 176 - 185.

Fries, J. F., & Crapo, L. M. (1981). *Vitality and aging*. San Francisco: Freeman.

Funder, D. C. (2001). Personality. *Annual Review of Psychology*, *52*, 197 - 221.

Garmezy, N. (1991). Resilience in children's adaptation to negative life events and stressed environments. *Pediatric Annals*, *20*, 459 - 466.

Garrett, H. E. (1946). A developmental theory of intelligence. *American Psychologist*, *1*, 372 - 378.

Gehlen, A. (1956). *Urmensch und Spätkultur*. Bonn, Germany: Athenäum.

George, L. K., & Okun, M. A. (1985). Self-concept content. In E. Palmore, E. W. Busse, G. L.

Ghisletta, P., & Lindenberger, U. (2005). Exploring structural dynamics within and between sensory and intellectual functioning in old and very old age: Longitudinal evidence from the Berlin Aging Study. *Intelligence*, *33*, 555 - 587.

Gigerenzer, G. (1996). Rationality: Why social context matters. In P B. Baltes & U. M. Staudinger (Eds.), *Interactive minds: Life span perspectives on the social foundation of cognition* (pp. 317 - 346). New York: Cambridge University Press.

Gigerenzer, G. (2003). The adaptive toolbox and life span development: Common questions. In U. M. Staudinger & U. Lindenberger (Eds.), *Understanding human development: Dialogues with life span psychology* (pp. 423 - 435). Boston: Kluwer Academic.

Gigerenzer, G., & Todd, P. M. (Eds.). (1999). *Simple heuristics that make us smart*. Oxford University Press.

Gignac, M. A. M., Cott, C., & Badley, E. M. (2002). Adaptation to disability: Applying selective optimization with compensation to the behaviors of older adults with osteoarthritis. *Psychology and Aging*, *17*, 520 - 524.

Gobet, F., Lane, P. C. R., Croker, S., Cheng, P. C. -H., Jones, G., Oliver, I., et al. (2001). Chunking mechanisms in human learning. *Trends in Cognitive Neuroscience*, *6*(6), 236 - 243.

Goldberg, L. R. (1993). "The structure of phenotypic personality traits": Author's reactions to the six comments. *American Psychologist*, *48*, 1303 - 1304.

Goldberg, T. E., & Weinberger, D. R. (2004). Genes and the parsing of cognitive processes. *Trends in Cognitive Sciences*, *8*, 325 - 335.

Gollwitzer, P. M., & Bargh, J. A. (Eds.). (1996). *The psychology of action: Linking cognition and motivation to action*. New York: Guilford Press.

Gottlieb, G. (1998). Normally occurring environmental and behavioral influences on gene activity: From central dogma to probalistic epigenesis. *Psychological Review*, *105*, 792 - 802.

Gould, S. J. (1984). Relationship of individual and group change: Ontogeny and phylogeny in biology. *Human Development*, *27*, 233 - 239.

Gould, S. J., & Vrba, E. S. (1982). Exaptation — A missing term in the science of form. *Paleobiology*, *8*, 4 - 15.

Goulet, L. R., & Baltes, P. B. (Eds.). (1970). *Life span developmental psychology: Research and theory*. New York: Academic Press.

Gray, J. A. (1981). A critique of Eysenck's theory of personality. In H. J. Eysenck (Ed.), *A model of personality* (pp. 246 - 276). Berlin, Germany: Springer-Verlag.

Greenwald, A. G., & Pratkanis, A. R. (1984). The self. In R. S. Wyer & T. K. Srull (Eds.), *Handbook of social cognition* (Vol. 3, pp. 129 - 178). Hillsdale, NJ: Erlbaum.

Greve, W., & Staudinger, U. M. (in press). Resilience in later adulthood and old age: Resources and potentials for successful aging. To appear in D. Cicchetti & A. Cohen (Eds.), *Developmental Psychopathology* (2nd ed.).

Greve, W., & Wentura, D. (2003). Immunizing the self: Self-concept stabilization through reality-adaptive self-definitions. *Personality and Social Psychology Bulletin*, *29*, 39 - 50.

Grimm, J. (1860). Rede über das alter. In *Kleinere Schriften von Jacob Grimm* (Vol. 1, pp. 188 - 210). Berlin, Germany: Harrwitz und Grossmann.

Groffmann, K. I. (1970). Life span developmental psychology in Europe. In L. R. Goulet & P. B. Baltes (Eds.), *Life span developmental psychology: Research and theory* (pp. 54 - 68). New York: Academic Press.

Gross, J. J., Carstensen, L. L., Pasupathi, M., Tsai, J., Skorpen, C. G., & Hsu, A. Y. C. (1997). Emotion and aging: Experience, expression, and control. *Psychology and Aging*, *12*, 590 - 599.

Güntürkün, O. (2006). Epilogue: Letters on nature and nurture. In P. B. Baltes, P. Reuter-Lorenz, & F. Rösler (Eds.), *Lifespan development and the brain: The perspective of biocultural co-constructivism* (pp. 379 - 397). Cambridge, England: Cambridge University Press.

Guthke, J., & Wiedl, K. H. (Eds.). (1996). *Dynamisches Testen*. Göttingen, Germany: Hogrefe.

Hagen, E. H., & Hammerstein, P. (2005). Evolutionary biology and the strategic view of ontogeny: Genetic strategies provide robustness and flexibility in the life course. *Research in Human Development*, *2*(1/2), 83 - 97.

Hale, S. (1990). A global developmental trend in cognitive processing speed. *Child Development*, *61*, 653 - 663.

Halford, G. S. (1993). *Children's understanding: The development of mental models*. Hillsdale, NJ: Erlbaum.

Hall, G. S. (1922). *Senescence: The last half of life*. New York: Appleton. Hambrick, D. Z., & Engle, R. W. (2002). Effects of domain knowledge, working memory capacity, and age on cognitive performance: An investigation of the knowledge-is-power hypothesis. *Cognitive Psychology*, *44*, 339 - 387.

Hamer, D., & Copeland, P. (1998). *Living with our genes*. New York: Doubleday.

Hammerstein, P. (1996). The evolution of cooperation within and between generations. In P. B. Baltes & U. M. Staudinger (Eds.), *Interactive minds: Life span perspectives on the social foundation of cognition* (pp. 35 - 58). New York: Cambridge University Press.

Harlow, R. E., & Cantor, N. (1996). Still participating after all these years: A study of life task participation in later life. *Journal of Personality and Social Psychology*, *71*, 1235 - 1249.

Harmon-Jones, E., & Allen, J. J. B. (1998). Anger and frontal brain activity: EEG asymmetry consistent with approach motivation despite negative affective valence. *Journal of Personality and Social Psychology*, *74*, 1310 - 1316.

Harris, D. B. (Ed.). (1957). *The concept of development*. Minneapolis: University of Minnesota Press.

Harter, S. (1998). The development of self-representations. In W. Damon (Editor-in-Chief) & N. Eisenberg (Vol. Ed.), *Handbook of child psychology: Vol. 3. Social, emotional, and personality development* (5th ed., pp. 553 - 617). New York: Wiley.

Hasher, L., & Zacks, R. T. (1988). Working memory, comprehension, and aging: A review and a new view. *Psychology of Learning and Motivation*, *22*, 193 - 225.

Havighurst, R. J. (1948). *Developmental tasks and education*. New York: Davis McKay.

Havighurst, R. J. (1973). History of developmental psychology: Socialization and personality development through the life span. In P. B. Baltes & K. W. Schaie (Eds.), *Life span developmental psychology* (pp. 3 - 24). New York: Academic Press.

Hebb, D. O. (1949). *The organization of behavior*. New York: Wiley.

Heckhausen, J. (1997). Developmental regulation across adulthood: Primary and secondary control of age-related challenges. *Developmental Psychology*, *33*, 176 - 187.

Heckhausen, J. (Ed.). (2000). *Motivational psychology of human development: Developing motivation and motivating development*. Oxford,

England: Elsevier.

Heckhausen, J., Dixon, R. A., & Baltes, P. B. (1989). Gains and losses in development throughout adulthood as perceived by different adult age groups. *Developmental Psychology*, *25*, 109 - 121.

Heckhausen, J., & Krueger, J. (1993). Developmental expectations for the self and most other people: Age-grading in three functions of social comparison. *Developmental Psychology*, *29*, 539 - 548.

Heckhausen, J., & Schulz, R. (1993). Optimization by selection and compensation: Balancing primary and secondary control in life span development. *International Journal of Behavioral Development*, *16*, 287 - 303.

Heckhausen, J., & Schulz, R. (1995). A life span theory of control. *Psychological Review*, *102*, 284 - 304.

Heidrich, S. M., & Ryff, C. D. (1993). The role of social comparison processes in the psychological adaptation of the elderly. *Journals of Gerontology: Psychological Sciences*, *48*, 127 - 136.

Helmchen, H., Baltes, M. M., Geiselmann, B., Kanowski, S., Linden, M., Reischies, F. M., et al. (1999). Psychiatric illnesses in old age. In P. B. Baltes & K. U. Mayer (Eds.), *Berlin Aging Study: Aging from 70 to 100* (pp. 167 - 196). New York: Cambridge University Press.

Helson, R., & Kwan, V. S. Y. (2000). Personality development in adulthood: The broad picture and processes in one longitudinal sample. In S. Hampson (Ed.), *Advances in personality psychology* (Vol. 1, pp. 77 - 106). London: Routledge.

Helson, R., & Wink, P. (1987). Two conceptions of maturity examined in the findings of a longitudinal study. *Journal of Personality and Social Psychology*, *53*, 531 - 541.

Hermans, H. J. M. (1996). Voicing the self: From information processing to dialogical interchange. *Psychological Bulletin*, *119*(1), 31 - 50.

Hertzog, C. (1985). An individual differences perspective: Implications for cognitive research in gerontology. *Research on Aging*, *7*, 7 - 45.

Hertzog, C., Cooper, B. P., & Fisk, A. D. (1996). Aging and individual differences in the development of skilled memory search performance. *Psychology and Aging*, *11*, 497 - 520.

Hertzog, C., & Nesselroade, J. R. (2003). Assessing psychological change in adulthood: An overview of methodological issues. *Psychology and Aging*, *18*, 639 - 657.

Hertzog, C., & Schaie, K. W. (1986). Stability and change in adult intelligence: Pt. 1. Analysis of longitudinal covariance structures. *Psychology and Aging*, *1*, 159 - 171.

Hertzog, C., & Schaie, K. W. (1988). Stability and change in adult intelligence: Pt. 2. Simultaneous analysis of longitudinal means and covariance structures. *Psychology and Aging*, *3*, 122 - 130.

Herzog, A. R., Franks, M. M., Markus, H. R., & Holmberg, D. (1998). Activities and well-being in older age: Effects of self-concept and educational attainment. *Psychology and Aging*, *13*, 179 - 185.

Herzog, A. R., & Markus, H. R. (1999). The self-concept in life span and aging research. In V. L. Bengtson & K. W. Schaie (Eds.), *Handbook of theories of aging* (pp. 227 - 252). New York: Springer.

Hess, T. M., & Pullen, S. M. (1996). Memory in context. In F. Blanchard-Fields & T. M. Hess (Eds.), *Perspectives on cognitive change in adulthood and aging* (pp. 387 - 427). New York: McGraw-Hill.

Hetherington, E. M., Lerner, R. M., & Perlmutter, M. (Eds.). (1988). *Child development in life span perspective*. Hillsdale, NJ: Erlbaum.

Hobfoll, S. E. (2001). The influence of culture, community, and the nested-self in the stress process: Advancing conservation of resources theory. *Applied Psychology: An International Review*, *50*, 337 - 421.

Holahan, C. K. (1988). Relation of life goals at age 70 to activity participation and health and psychological well-being among Terman's gifted men and women. *Psychology and Aging*, *3*, 286 - 291.

Holahan, C. K., Sears, R. R., & Cronbach, L. J. (1995). *The gifted group in later maturity*. Stanford, CA: Stanford University Press.

Hollingworth, H. L. (1927). *Mental growth and decline: A survey of developmental psychology*. New York: Appleton.

Hommel, B., Li, K. Z. H., & Li, S. -C. (2004). Visual search across the life span. *Developmental Psychology*, *40*, 545 - 558.

Hooker, K. (2002). New directions for research in personality and aging: A comprehensive model for linking level, structure, and processes. *Journal of Research in Personality*, *36*, 318 - 334.

Horn, J. L. (1970). Organization of data on life span development of human abilities. In L. R. Goulet & P. B. Baltes (Eds.), *Life span developmental psychology: Research and theory* (pp. 423 - 466). New York: Academic Press.

Horn, J. L. (1982). The theory of fluid and crystallized intelligence in relation to concepts of cognitive psychology and aging in adulthood. In F. I. M. Craik & S. Trehub (Eds.), *Aging and cognitive processes* (pp. 237 - 278). New York: Plenum Press.

Horn, J. L. (1989). Model of intelligence. In R. L. Linn (Ed.), *Intelligence: Measurement, theory, and public policy* (pp. 29 - 73). Urbana: University of Illinois Press.

Horn, J. L., & Hofer, S. M. (1992). Major abilities and development in the adult period. In R. J. Sternberg & C. A. Berg (Eds.), *Intellectual development* (pp. 44 - 99). New York: Cambridge University Press.

Houdé, O. (1995). *Rationalité, développement, et inhibition*. Paris: Presses Universitaires de France.

Hoyer, W. J. (1987). Acquisition of knowledge and the decentralization of g in adult intellectual development. In C. Schooler & K. W. Schaie (Eds.), *Cognitive functioning and social structure over the life course* (pp. 120 - 141). Norwood, NJ: Ablex.

Hultsch, D. F., & MacDonald, S. W. S. (2004). Intraindividual variability in performance as a theoretical window onto cognitive aging. In R. A. Dixon, L. Bäckman, & L. -G. Nilsson (Eds.), *New frontiers in cognitive aging* (pp. 65 - 88). New York: Oxford University Press.

Humphreys, L. G., & Davey, T. C. (1988). Continuity in intellectual growth from 12 months to 9 years. *Intelligence*, *12*, 183 - 197.

Huttenlocher, P. R., & Dabholkar, A. S. (1997). Regional differences in synaptogenesis in human cerebral cortex. *Journal of Comparative Neurology*, *387*, 167 - 178.

Johnson, M. H., Posner, M. I., & Rothbart, M. K. (1991). Components of visual orienting in early infancy: Contingency learning, anticipatory looking, and disengaging. *Journal of Cognitive Neuroscience*, *3*, 335 - 344.

Jones, H. E., & Conrad, H. (1933). The growth and decline of intelligence: A study of a homogeneous group between the ages of 10 and 60. *Genetic Psychological Monographs*, *13*, 223 - 298.

Just, M. A., Carpenter, P. A., & Keller, T. A. (1996). The capacity theory of comprehension: New frontiers of evidence and arguments. *Psychological Review*. *103*(4), 773 - 780.

Kagan, J. (1964). American longitudinal research on psychological development. *Child Development*. *35*, 1 - 32.

Kagan, J. (1980). Perspectives on continuity. In O. G. Brim Jr. & J. Kagan (Eds.), *Constancy and change in human development* (pp. 26 - 74). Cambridge, MA: Harvard University Press.

Kagan, J. (1984). *The nature of the child*. New York: Basic Books.

Kagan, J. (1998). *Three seductive ideas*. Cambridge, MA: Harvard University Press.

Kagan, J., & Moss, H. (1962). *Birth to maturity*. New York: Wiley.

Kagan, J., & Snidman, N. (1991). Temperamental factors in human development. *American Psychologist*, *46*, 856 - 862.

Kahn, R. L., & Antonucci, T. C. (1980). Convoys over the life course: Attachment, roles, and social support. In P. B. Baltes & O. G. Brim Jr. (Eds.), *Life span development and behavior* (Vol. 3, pp. 253 - 286). New York: Academic Press.

Kail, R. (1996). Nature and consequences of developmental change in speed of processing. *Swiss Journal of Psychology*, *55*, 133 - 138.

Kavsek, M. (2004). Predicting later IQ from infant visual habituation and dishabituation: A meta-analysis. *Journal of Applied Developmental Psychology*, *25*, 369 - 393.

Kempermann, G. (2006). Adult neurogenesis. In P. B. Baltes, P. Reuter-Lorenz, & F. Rösler (Eds.), *Lifespan development and the brain: The perspective of biocultural co-constructivism* (pp. 82 - 107). Cambridge, England: Cambridge University Press.

Kirkwood, T. B. L. (2003). Age differences in evolutionary selection benefits. In U. M. Staudinger & U. Lindenberger (Eds.), *Understanding human development: Dialogues with life span psychology* (pp. 45 - 57). Boston: Kluwer Academic.

Kliegl, R., & Baltes, P. B. (1987). Theory-guided analysis of mechanisms of development and aging mechanisms through testing-the-limits and research on expertise. In C. Schooler & K. W. Schaie (Eds.), *Cognitive functioning and social structure over the life course* (pp. 95 - 119). Norwood, NJ: Ablex.

Kliegl, R., Krampe, R., & Mayr, U. (2003). Formal models of age differences in task-complexity effects. In U. M. Staudinger & U. Lindenberger (Eds.), *Understanding human development: Dialogues with life span psychology* (pp. 289 - 313). Boston: Kluwer Academic.

Kliegl, R., Mayr, U., & Krampe, R. T. (1994). Time-accuracy functions for determining process and person differences: An application to cognitive aging. *Cognitive Psychology*, *26*, 134 - 164.

Kliegl, R., Smith, J., & Baltes, P. B. (1990). On the locus and process of magnification of age differences during mnemonic training.

Developmental Psychology, *26*, 894 - 904.

Kline, J. P., Blackhart, G. C., Woodward, K. M., Williams, S. R., & Schwartz. G. E. R. (2000). Anterior electroencephalographic asymmetry changes in elderly women in response to a pleasant and an unpleasant odor. *Biological Psychology*, *52*, 241 - 250.

Klix, F. (1993). *Erwachendes Denken: Geistige Leistungen aus evolutionspsychologischer Sicht*. Heidelberg, Germany: Spektrum Akademischer Verlag.

Kogan, N. (1990). Personality and aging. In J. E. Birren & K. W. Schaie (Eds.), *Handbook of the psychology of aging* (pp. 330 - 346). New York: Academic Press.

Kohli, M., & Meyer, J. W. (1986). Social structure and social construction of life stages. *Human Development*, *29*, 145 - 180.

Kohn, M. L., & Schooler, C. (1983). *Work and personality*. Norwood, NJ: Ablex.

Kramer, A. F., Hahn, S., Cohen, N. J., Banich, M. T., McAuley, E., Harrison, C. R., et al. (1999). Ageing, fitness and neurocognitive function. *Nature*, *400*, 418 - 419.

Kramer, A. F., Hahn, H., & Gopher, D. (2000). Task coordination and aging: Explorations of executive control processes in the task switching paradigm. *Acta Psychologica*, *101*, 339 - 378.

Kramer, A. F., Louis, B., Coats, E. J., Colcombe, S., Dong, W., & Greenough, W. T. (in press). Environmental influences on cognitive and brain plasticity during aging. *Journal of Gerontology*.

Kramer, A. F., & Willis, S. L. (2002). Enhancing the cognitive vitality of older adults. *Current Directions in Psychological Science*, *11*, 173 - 177.

Krampe, R. T., & Baltes, P. B. (2003). Intelligence as adaptive resource development and resource allocation: A new look through the lenses of SOC and expertise. In R. J. Sternberg & E. L. Grigorenko (Eds.), *Perspectives on the psychology of abilities, competencies, and expertise* (pp. 31 - 69). New York: Cambridge University Press.

Kray, J., & Lindenberger, U. (2000). Adult age differences in task switching. *Psychology and Aging*, *15*, 126 - 147.

Kruglanski, A. W. (1996). Goals as knowledge structures. In P. M. Gollwitzer & J. A. Bargh (Eds.), *The psychology of action: Linking cognition and motivation to behavior* (pp. 599 - 618). New York: Guilford Press.

Kruse, A. (1992). Alter im Lebenslauf. In P. B. Baltes & J. Mittelstraß (Eds.), *Zukunft des Alterns und gesellschaftliche Entwick-lung* (pp. 331 - 355). Berlin, Germany: W. de Gruyter.

Kuhlen, R. G. (1963). Age and intelligence: The significance of cultural change in longitudinal versus cross-sectional findings. *Vita Humana*, *6*, 113 - 124.

Kuhn, D. (1995). Microgenetic study of change: What has it told us? *Psychological Science*, *6*, 133 - 139.

Kunzmann, U. (2004). The emotional-motivational side to wisdom. In P. A. Linley & S. Joseph (Eds.), *Positive psychology in practice*. Hoboken, NJ: Wiley.

Kunzmann, U., & Baltes, P. B. (2003a). Beyond the traditional scope of intelligence: Wisdom in action. In R. J. Sternberg, J. Lautrey, & T. I. Lubart (Eds.), *Models of intelligence: International perspectives* (pp. 329 - 343). Washington, DC: American Psychological Association.

Kunzmann, U., & Baltes, P. B. (2003b). Wisdom-related knowledge: Affective, motivational, and interpersonal correlates. *Personality and Social Psychology Bulletin*, *29*, 1104 - 1119.

Kunzmann, U., & Grühn, D. (2005). Age differences in emotional reactivity: The sample case of sadness. *Psychology and Aging*, *20*, 47 - 59.

Kunzmann, U., Kupperbusch, C. S., & Levenson, R. W. (2005). Emotion regulation in adulthood: A comparison of two age groups. *Psychology and Aging*, *20*, 144 - 159.

Kunzmann, U., Little, T., & Smith, J. (2000). Is age-related stability of subjective well-being a paradox? Cross-sectional and longitudinal evidence from the Berlin Aging Study. *Psychology and Aging*, *15*(511 - 526).

Kunzmann, U., Little, T., & Smith, J. (2002). Perceiving control: A double-edged sword in old age. *Journal of Gerontology*, *57B*, 484 - 491.

Labouvie, G. V., Frohring, W., Baltes, P. B., & Goulet, L. R. (1973). Changing relationship between recall performance and abilities as a function of stage of learning and timing of recall. *Journal of Educational Psychology*, *64*, 191 - 198.

Labouvie-Vief, G. (1977). Adult cognitive development. In search of alternative interpretations. *Merrill Palmer Quarterly*, *23*, 277 - 263.

Labouvie-Vief, G. (1980). Beyond formal operations: Uses and limits of pure logic in life span development. *Human Development*, *23*, 141 - 161.

Labouvie-Vief, G. (1982). Dynamic development and mature autonomy: A theoretical prologue. *Human Development*, *25*, 161 - 191.

Labouvie-Vief, G., Hakim-Larson, J., & Hobart, C. J. (1987). Age, ego level, and the life span′ development of coping and defense processes. *Psychology and Aging*, *2*, 286 - 293.

Labouvie-Vief, G., Lumley, M. A., Jain, E., & Heinze, H. (2003). Age and gender differences in cardiac reactivity and subjective emotion responses to emotional autobiographical memories. *Emotion*, *3*, 115 - 126.

Lachman, M. E. (1986a). Locus of control in aging research: A case for mulitdimensional and domain-specific assessment. *Psychology and Aging*, *1*, 34 - 40.

Lachman, M. E. (1986b). Personal control in later life: Stability, change, and cognitive correlates. In M. M. Bakes & P. B. Baltes (Eds.), *The psychology of control and aging* (pp. 207 - 236). Hillsdale, NJ: Erlbaum.

Lachman, M. E. (1991). Perceived control over memory aging: Developmental and intervention perspectives. *Journal of Social Issues*, *47*, 159 - 175.

Lachman, M. E. (2001). *Handbook of midlife development*. New York: Wiley.

Lachman, M E., & Weaver, L. (1998). Sociodemographic variations in the sense of control by domain: Findings from the MacArthur Studies of Midlife. *Psychology and Aging*, *13*, 553 - 562.

Lang, F. R., Rieckmann, N., & Baltes, M. M. (2002). Adapting to aging losses: Do resources facilitate strategies of selection, compensation, and optimization in everyday functioning? *Journals of Gerontology: Psychological Sciences*. *57B*, P501 - P509.

Lautrey, J. (2003). A pluralistic approach to cognitive differentiation and development. In R. J. Sternberg & J. Lautrey (Eds.), *Models of intelligence: International perspectives* (pp. 117 - 131). Washington, DC: American Psychological Association.

Lazarus, R. S. (1996). The role of coping in the emotions and how coping changes over the life course. In C. Magai & S. H. McFaden (Eds.), *Handbook of emotion, adult development, and aging* (pp. 284 - 306). San Diego, CA: Academic Press.

Lazarus, R. S., & Golden, G. Y. (1981). The function of denial in stress, coping, and aging. In J. L. Lecci, L., Okun, M. A., & Karoly, P. (1994). Life regrets and current goals as predictors of psychological adjustment. *Journal of Personality and Social Psychology*, *66*(4), 731 - 741.

Lehman, H. C. (1953). *Age and achievement*. Princeton, NJ: Princeton University Press.

Lerner, J. V., & Lerner, R. M. (1983). Temperament and adaptation across life: Theoretical and empirical issues. In P. B. Baltes & O. G. Brim Jr. (Eds.), *Life span development and behavior* (Vol. 5, pp. 198 - 231). New York: Academic Press.

Lerner, R. M. (Ed.). (1983). *Developmental psychology: Historical and philosophical perspectives*. Hillsdale, NJ: Erlbaum.

Lerner, R. M. (1984). *On the nature of human plasticity*. New York: Cambridge University Press.

Lerner, R. M. (1991). Changing organism-context relations as the basic process of development: A developmental contextual perspective. *Developmental Psychology*, *27*, 27 - 32.

Lerner, R. M. (1995). The limits of biological influence: Behavioral genetics as the emperor's new clothes. *Psychological Inquiry*, *6*, 145 - 156.

Lerner, R. M. (2002). *Concepts and theories of human development* (3rd ed.). Mahwah, NJ: Erlbaum.

Lerner, R. M., & Busch-Rossnagel, N. (Eds.). (1981). *Individuals as producers of their development: A life span perspective*. New York: Academic Press.

Levelt, W. J. M. (1989). *Speaking: From intention to articulation*. Cambridge, MA: MIT Press.

Levenson, R. W. (2000). Expressive, physiological, and subjective changes in emotion across adulthood. In S. H. Qualls & N. Abeles (Eds.), *Dialogues about aging: Psychology responds to the aging revolution* (pp. 123 - 140). Washington, DC: American Psychological Association.

Levenson, R. W., Carstensen, L. L., Friesen, W. V., & Ekman, P. (1991). Emotion, physiology, and expression in old age. *Psychology and Aging*, *6*, 28 - 35.

Levinson, B., & Reese, H. W. (1967). Patterns of discrimination learning set in preschool children, fifth-graders, college freshmen, and the aged. *Monographs of the Society for Research in Child Development*, *32*.

Levinson, D. J. (1986). A conception of adult development. *American Psychologist*, *41*, 3 - 13.

Li, K. Z. H., Lindenberger, U., Freund, A. M., & Baltes, P. B. (2001). Walking while memorizing: Age-related differences in compensatory behavior. *Psychological Science*, *12*, 230 - 237.

Li, S. -C. (2002). Connecting the many levels and facets of cognitive aging. *Current Directions in Psychological Science*, *11*, 38 - 43.

Li, S. -C. (2003). Biocultural orchestration of developmental plasticity across levels: The interplay of biology and culture in shaping the mind and behavior across the life span. *Psychological Bulletin*, *129*(2), 171 - 194.

Li, S. -C. (in press). Neurocomputational perspectives linking neuromodulation, processing noise, representational distinctiveness, and cognitive aging. In R. Cabeza, L. Nyberg, & D. Park (Eds.), *Cognitive neuroscience of aging: Linking cognitive and cerebral aging*. New York: Oxford University Press.

Li, S. -C., Aggen, S. H., Nesselroade, J. R., & Baltes, P. B. (2001). Short-term fluctuations in elderly people's sensorimotor functioning predict text and spatial memory performance: The MacArthur Successful Aging Studies. *Gerontology*, *47*(2), 100 - 116.

Li, S. -C., & Freund, A. M. (2005). Advances in life span psychology: A focus on biocultural and personal influences. *Research in Human Development*, *2*(1 & 2), 1 - 23.

Li, S. -C., Huxhold, O., & Schmiedek, F. (2004). Aging and attentuated processing robustness: Evidence from cognitive and sensorimotor functioning. *Gerontology*, *50*, 28 - 34.

Li, S. -C., & Lindenberger, U. (1999). Cross-level unification: A computational exploration of the link between deterioration of neurotransmitter systems and dedifferentiation of cognitive abilities in old age. In L. -G. Nilsson & H. J. Markowitsch (Eds.), *Cognitive neuroscience of memory* (pp. 103 - 146). Seattle, WA: Hogrefe & Huber.

Li, S. -C., & Lindenberger, U. (2002). Coconstructed functionality instead of functional normality: Commentary. *Behavioral and Brain Sciences*, *25*(6), 761 - 762.

Li, S. -C., Lindenberger, U., Hommel, B., Aschersleben, G., Prinz, W., & Baltes, P. B. (2004). Transformations in the couplings among intellectual abilities and constituent cognitive processes across the life span. *Psychological Science*, *15*, 155 - 163.

Li, S. -C., Lindenberger, U., & Sikström, S. (2001). Aging cognition: From neuromodulation to representation. *Trends in Cognitive Science*, *5*(11), 479 - 486.

Lienert, G. A., & Crott, H. W. (1964). Studies on the factor structure of intelligence in children, adolescents, and adults. *Vita Humana*, *7*, 147 - 163.

Lindenberger, U. (2001). Life span theories of cognitive development. In N. J. Smelser & P. B. Baltes (Eds.), *International encyclopedia of the social and behavioral sciences* (pp. 8848 - 8854). Oxford, England: Elsevier Science.

Lindenberger, U., & Baltes, P. B. (1994). Sensory functioning and intelligence in old age: A strong connection. *Psychology and Aging*, *9*, 339 - 355.

Lindenberger, U., & Baltes, P. B. (1995a). Kognitive Leistungsfähigkeit im hohen Alter: Erste Ergebnisse aus der Berliner Altersstudie. *Zeitschrift für Psychologie*, *203*, 283 - 317.

Lindenberger, U., & Baltes, P. B. (1995b). Testing-the-limits and experimental simulation: Two methods to explicate the role of learning in development. *Human Development*, *38*, 349 - 360.

Lindenberger, U., & Baltes, P. B. (1999). Die Entwicklungspsychologie der lebensspanne: Johann Nicolaus Tetens zu Ehren (1736 - 1807) [Life span psychology: In honor of Johann Nicolaus Tetens (1736 - 1807)]. *Zeitschrift für Psychologie*, *207*, 299 - 323.

Lindenberger, U., Kliegl, R., & Baltes, P. B. (1992). Professional expertise does not eliminate negative age differences in imagerybased memory performance during adulthood. *Psychology and Aging*, *7*, 585 - 593.

Lindenberger, U., Li. S. -C., & Bäckman, L. (Eds.). (in press). Methodological and conceptual advances in the study of brainbehavior dynamics: A multivariate life span perspective [Special issue]. *Neuroscience and Biobehavioral Reviews*.

Lindenberger, U., Marsiske, M., & Baltes, P. B. (2000). Memorizing while walking: Increase in dual-task costs from young adulthood to old age. *Psychology and Aging*, *15*, 417 - 436.

Lindenberger, U., & Pötter, U. (1998). The complex nature of unique and shared effects in hierarchical linear regression: Implications for developmental psychology. *Psychological Methods*, *3*, 218 - 230.

Lindenberger, U., Scherer, H., & Baltes, P. B. (2001). The strong connection between sensory and cognitive performance in old age: Not due to sensory acuity reductions operating during cognitive assessment. *Psychology and Aging*, *2*, 196 - 205.

Lindenberger, U., Singer, T., & Baltes, P. B. (2002). Longitudinal selectivity in aging populations: Separating mortality-associated versus experimental components in the Berlin Aging Study (BASE). *Journal of Gerontology: Psychological Sciences*, *57B*(6), 474 - 482.

Lindenberger, U., & Oertzen, T. von (in press). Variability in cognitive aging: From taxonomy to theory. In F. I. M. Craik & E. Bialystok (Eds.), *Life span cognition: Mechanisms of change*. Oxford, England: Oxford University Press.

Linville, P. W. (1987). Self-complexity as a cognitive buffer against stress-related depression and illness. *Journal of Personality and Social Psychology*, *52*, 663 - 676.

Loevinger, J. (1976). *Ego development: Conception and theory*. San Francisco: Jossey-Bass.

Lourenço, O., & Machado, A. (1996). In defense of Piaget's theory: A reply to 10 common criticisms. *Psychological Review*, *103*, 143 - 164.

Lövdén, M., Ghisletta, P., & Lindenberger, U. (2004). Cognition in the Berlin Aging Study (BASE): The first 10 years. *Aging, Neuropsychology, and Cognition*, *11*, 104 - 133.

Lövdén, M., Ghisletta, P., & Lindenberger, U. (2005). Social participation attenuates decline in perceptual speed in old and very old age. *Psychology and Aging 20*, 423 - 434.

Lövdén, M., & Lindenberger, U. (2005). Development of intellectual abilities in old age: From age gradients to individuals. In O. Wilhelm & R. W. Engle (Eds.), *Handbook of understanding and measuring intelligence* (pp. 203 -221). Thousand Oaks, CA: Sage. Maciel, A. G., Heckhausen, J., & Baltes, P. B. (1994). A life span perspective on the interface between personality and intelligence. In R. J. Sternberg & P. Ruzgis (Eds.), *Intelligence and personality* (pp. 61 - 103). New York: Cambridge University Press.

Maercker, A. (1995). *Existentielle konfrontation: Eine untersuchung im rahmen eines psychologischen weisheitsparadigmas* [*Existential confrontation: A study in the framework of a psychological wisdom paradigm*] (Studien und Berichte Nr. 62). Berlin, Germany: Max Planck Institute for Human Development.

Magnus, K., Diener, E., Fujita, F., & Pavot, W. (1993). Extraversion and neuroticism as predictors for objective life events: A longitudinal analysis. *Journal of Personality and Social Psychology*, *65*, 1046 - 1053.

Magnusson, D. (1990). Personality development from an interactional perspective. In L. A. Pervin (Ed.), *Handbook of personality: Theory and research* (pp. 193 - 222). New York: Guilford Press.

Magnusson, D. (Ed.). (1996). *The life span development of individuals: Behavioural, neurobiological and psychosocial perspectives*. Cambridge, England: Cambridge University Press.

Magnusson, D. (2001). The holistic-interactionistic paradigm: Some directions for empirical developmental research. *European Psychologist*, *6*, 153 - 162.

Magnusson, D., Bergman, L. R., Rudinger, G., & Törestad, B. (Eds.). (1991). *Problems and methods in longitudinal research: Stability and change*. Cambridge, England: Cambridge University Press.

Magnusson, D., & Mahoney, J. (2003). A holistic person approach for research on positive development. In L. G. Aspinwall & U. M. Staudinger (Eds.), *A psychology of human strengths: Fundamental questions and future directions for a positive psychology* (pp. 227 - 243). Washington, DC: American Psychological Association.

Mandl, H., Gruber, H., & Renkl, A. (1996). Communities of practice toward expertise: Social foundation of university instruction. In P. B. Baltes & U. M. Staudinger (Eds.), *Interactive minds: Life span perspectives on the social foundation of cognition* (pp. 394 - 411). New York: Cambridge University Press.

Manners, J., & Durkin, K. (2000). Processes involved in adult ego development: A conceptual framework. *Developmental Review*, *20*, 475 - 513.

Markus, H. R., & Wurf, E. (1987). The dynamic self-concept: A social psychological perspective. *Annual Review of Psychology*, *38*, 299 - 337.

Marsh, H. W., Ellis, L. A., & Craven, R. G. (2002). How do preschool children feel about themselves? Unraveling measurement and multidimensional self-concept structure. *Developmental Psychology*, *38*, 376 - 393.

Marsiske, M., Lang, F. R., Baltes, M. M., & Baltes, P. B. (1995). Selective optimization with compensation: Life span perspectives on successful human development. In R. A. Dixon & L. Bäckman (Eds.), *Compensation for psychological defects and declines: Managing losses and promoting gains* (pp. 35 - 79). Hillsdale, NJ: Erlbaum.

Martin, G. M., Austad, S. N., & Johnson, T. E. (1996). Genetic analysis of ageing: Role of oxidative damage and environmental stresses. *Nature Genetics*, *13*, 25 - 34.

Masten, A. S. (2001). Ordinary magic: Resilience processes in development. *American Psychologist*, *56*, 227 - 238.

Maturana, H., & Varela, F. (1980). *Autopoiesis and cognition: The realization of the living*. Boston: D. Riedel.

Max Planck Institute for Human Development. (2005). *Research Report 2003 - 2004*. Berlin, Germany: Author.

Mayer, K. U. (1990). Lebensverläufe und sozialer Wandel: Anmerkungen zu einem forschungsprogramm. *Kölner Zeitschrift für Soziologie und Sozialpsychologie*, *42*(Sonderheft 31), 7 - 21.

Mayer, K. U. (2003). The sociology of the life course and life span psychology: Diverging or converging pathways. In U. M. Staudinger & U. Lindenberger (Eds.), *Understanding human development: Dialogues with life span psychology* (pp. 463 - 481). Boston: Kluwer Academic.

Mayr, U. (2001). Age differences in the selection of mental sets: The role of inhibition, stimulus ambiguity, and response-set overlap. *Psychology and Aging*, *16*, 96 - 109.

Mayr, U., Kliegl, R., & Krampe, R. T. (1996). Sequential and coordinative processing dynamics in figural transformations across the life span. *Cognition*, *59*, 61 - 90.

McAdams, D. P. (1996). Personality, modernity, and the storied self: A contemporary framework for studying persons. *Psychological Inquiry*, *7*, 295 - 321.

McArdle, J. J., & Bell, R. Q. (1999). An introduction to latent growth models for developmental data analysis. In T. D. Little, K. U. Schnabel, & J. Baumert (Eds.), *Modeling longitudinal and multilevel data: Practical issues, applied approaches, and specific examples* (pp. 69 - 107). Mahwah, NJ: Erlbaum.

McArdle, J. J., & Epstein, D, (1987). Latent growth curves within developmental structural equation models. *Child Development*, *58*, 110 - 133.

McArdle, J. J., Ferrer-Caja, E., Hamagami, F., & Woodcock, R. W. (2002). Comparative longitudinal structural analyses of the growth and decline of multiple intellectual abilities over the life span. *Developmental Psychology*, *38*, 115 - 142.

McArdle, J. J., Hamagami, F., Ellias, M. F., & Robbins, M. A. (1991). Structural modeling of mixed longitudinal and cross-sectional data. *Experimental Aging Research*, *17*, 29 - 51.

McCall, R. M. (1979). The development of intellectual functioning in infancy and the prediction of later, I. Q. In J. D. Osofsky (Ed.), *Handbook of infant development* (pp. 707 - 740). New York: Wiley.

McCall, R. M. (1994). What process mediates predictions of childhood IQ from infant habituation and recognition memory? Speculations on the roles of inhibition and rate of information processing. *Intelligence*, *18*, 107 - 125.

McCall, R. M., & Carriger, M. S. (1993). A meta-analysis of infant habituation and recognition memory performance as predictors of later IQ. *Child Development*, *64*, 57 - 79.

McClearn, G. E., Johansson, B., Berg, S., Pedersen, N. L., Ahern, F., Petrill, S. A., et al. (1997). Substantial genetic influence on cognitive abilities in twins 80 or more years old. *Science*, *276*, 1560 - 1563.

McClelland, J. L. (1996). Integration of information: Reflections on the theme of Attention and Performance XVI. In I. Toshui & J. L. McClelland (Eds.), *Attention and Performance XVI* (pp. 633 - 656). Cambridge, MA: MIT Press.

McCrae, R. R. (1989). Age differences and changes in the use of coping mechanisms. *Journal of Gerontology: Psychological Sciences*, *44*, 919 - 928.

McCrae, R. R., Costa, P. T., Ostendorf, F., Angleitner, A., Hrebickova, M., Avia, M. D., et al. (2000). Nature over nurture: Temperament, personality, and life span development. *Journal of Personality and Social Psychology*, *78*, 173 - 186.

McGue, M., Bacon, S., & Lykken, D. T. (1993). Personality stability and change in early adulthood: A behavioral genetic analysis. *Developmental Psychology*, *29*, 96 - 109.

McGue, M., Bouchard, T. J., Jr., Iacono, W. G., & Lykken, D. T. (1993). Behavioral genetics of cognitive ability: A life span perspective. In R. Plomin & G. E. McClearn (Eds.), *Nature, nurture, and psychology* (pp. 59 - 76). Washington, DC: American Psychological Association.

Medawar, P. B. (1946). Old age and natural death. *Modern Quarterly*, *1*, 30 - 56.

Metcalfe, J., & Mischel, W. (1999). A hot/cool-system analysis of delay of gratification: Dynamics of willpower. *Psychological Review*, *106*, 3 - 19.

Miller, E. K., & Cohen, J. D. (2001). An integrative theory of prefrontal cortex function. *Annual Review of Neuroscience*, *24*, 167 - 202.

Mischel, W. (1996). Principles of self-regulation: The nature of willpower and self-control. In E. T.

Mischel, W. (2004). Toward an integrative science of the person. *Annual Review of Psychology*, *55*, 1 - 22.

Mischel, W., & Shoda, Y. (1999). Integrating dispositions and processing dynamics within a unified theory of personality: The cognitive-affective personality system. In L. Pervin & O. John (Eds.), *Handbook of personality: Theory and research* (pp. 197 - 218). New York: Guilford Press.

Mischel, W., Shoda, Y., & Rodriguez, M. L. (1989). Delay of gratification in children. *Science*, *244*, 933 - 938.

Mitrushina, M., & Satz, P. (1991). Stability of cognitive functions in young-old versus old-old individuals. *Brain Dysfunction*, *4*, 174 - 181.

Molander, B., & Bäckman, L. (1993). Performance of a complex motor skill across the life span: General trends and qualifications. In J. Cerella, J. Rybash, W. Hoyer, & M. L. Commons (Eds.), *Adult information processing: Limits on loss* (pp. 231 - 257). San Diego, CA: Academic Press.

Molenaar, P. C. M. (1986). On the impossibility of acquiring more powerful structures: A neglected alternative. *Human Development*, *29*, 245 - 251.

Molenaar, P. C. M., Boomsma, D. I., & Dolan, C. V. (1991). Genetic and environmental factors in a developmental perspective. In D. Magnusson, L. R. Bergman, G. Rudinger, & B. Törestad (Eds.), *Problems and methods in longitudinal research: Stability and change* (pp. 250 - 273). Cambridge, England: Cambridge University Press.

Molenaar, P. C. M., Boomsma, D. I., & Dolan, C. V. (1993). Genetic and environmental factors in a developmental perspective. In D. Magnusson, L. R. Bergman, G. Rudinger, & B. Törestad (Eds.), *Problems and methods in longitudinal research: Stability and change* (pp. 250 - 273). Cambridge, England: Cambridge University Press.

Molenaar, P. C. M., Huizenga, H. M., & Nesselroade, J. R. (2003). The relationship between the structure of interindividual and intraindividual variability: A theoretical and empirical vindication of development systems theory. In U. M. Staudinger & U. Lindenberger (Eds.), *Understanding human development: Dialogues with life span psychology* (pp. 339 - 360). Boston: Kluwer Academic.

Moss, H. A., & Susman, E. J. (1980). Longitudinal study of personality development. In O. G. Brim Jr. & J. Kagan (Eds.), *Constancy and change in human development* (pp. 530 - 595). Cambridge, MA: Harvard University Press.

Mroczek, D. K., & Spiro, R. A., III. (2003). Modeling intraindividual change in personality traits: Findings from the Normative Aging Study. *Journals of Gerontology*, *58B*, P153 - P165.

Müller-Brettel, M., & Dixon, R. A. (1990). Johann Nicolas Tetens: A forgotten father of developmental psychology? *International Journal of Behavioral Development*, *13*, 215 - 230.

Neely, A. S., & Bäckman, L. (1993). Long-term maintenance of gains from memory training in older adults: Two 3½-year follow-up studies. *Journal of Gerontology*, *48*, 233 - 237.

Nelson, C. A. (2006). Neurobehavioral development in the context of biocultural co-constructivism. In P. B. Baltes, P. Reuter-Lorenz, & F. Rösler (Eds.), *Lifespan development and the brain: The perspective of biocultural co-constructivism* (pp. 61 - 81). Cambridge, England: Cambridge University Press.

Nesselroade, C. S., & Schmidt McCollam, K. M. (2000). Putting the process in development processes. *International Journal of Behavioral Development*, *24*(3), 295 - 300.

Nesselroade, J. R. (1991). Interindividual differences in intraindividual change. In L. M. Collins & J. L. Horn (Eds.), *Best methods for the analysis of change: Recent advances, unanswered questions, future directions* (pp. 92 - 105). Washington, DC: American Psychological Association.

Nesselroade, J. R. (2002). Elaborating the differential in differential psychology. *Multivariate Behavioral Research*, *37*, 543 - 561.

Nesselroade, J. R. (2002). Elaborating the differential in differential psychology. *Multivariate Behavioral Research*, *37*, 543 - 561.

Nesselroade, J. R., & Baltes, P. B. (1974). Adolescent personality development and historical change: 1970 - 1972. *Monographs of the Society for Research in Child Development*, *39*.

Nesselroade, J. R., & Baltes, P. B. (Eds.). (1979). *Longitudinal research in the study of behavior and development*. New York: Academic Press.

Nesselroade, J. R., & Ghisletta, P. (2003). Structuring and measuring change over the life span. In U. M. Staudinger & U. Lindenberger (Eds.), *Understanding human development: Dialogues with life span psychology* (pp. 317 - 337). Boston: Kluwer Academic.

Nesselroade, J. R., & Reese, H. W. (Eds.). (1973). *Life span developmental psychology: Methological issues*. New York: Academic Press.

Nesselroade, J. R., & Thompson, W. W. (1995). Selection and related threats to group comparisons: An example comparing factorial structures of higher and lower ability groups of adult twins. *Psychological Bulletin*, *117*, 271 - 284.

Neugarten, B. L. (1969). Continuities and discontinuities of psychological issues into adult life. *Human Development*, *12*, 121 - 130.

Neyer, F. J., & Asendorpf, J. B. (2001). Personality-relationship transaction in young adulthood. *Journal of Personality and Social Psychology*, *81*, 1190 - 1204.

Nurmi, J. -E. (1992). Age differences in adult life goals, concerns, and their temporal extension: A life course approach to futureoriented motivation. *International Journal of Behavioral Development*, *15*, 487 - 508.

Nyberg, L., Sandblom, J., Jones, S., Neely, A. S., Petersson, K. M., Ingvar, M. I., et al. (2003). Neural correlates of training-related memory improvement in adulthood and aging. *Proceedings of the National Academy of Sciences*, *USA*. *100*(23), 13728 - 13733.

Oberauer, K., & Kliegl, R. (2001). Beyond resources: Formal models for complexity effects and age differences in working memory. *European Journal of Cognitive Psychology*, *13*, 187 - 215.

Oettingen, G. (1996). Positive fantasy and motivation. In P. M. Gollwitzer & J. A. Bargh (Eds.), *The psychology of action: Linking cognition and motivation to action* (pp. 236 - 259). New York: Guilford Press.

Oettingen, G. (1997). *Die psychologie des zukunftsdenkens* [Psychology of thinking about the future]. Göttingen, Germany: Hogrefe.

Ogilvie, D. M., Rose, K. M., & Heppen, J. B. (2001). A comparison of personal project motives in three age groups. *Basic and Applied Social Psychology*, *23*, 207 - 215.

Osiewacz, H. D. (1995). Molekulare mechanismen biologischen alterns [Molecular models of biological aging]. *Biologic in unserer Zeit*, *25*, 336 - 344.

Overton, W. F., & Reese, H. W. (1973). Models of development: Methodological implications. In J. R. Nesselroade & H. W. Reese (Eds.), *Life span developmental psychology: Methodological issues* (pp. 65 - 86). New York: Academic Press.

Park, D. C., Polk, T. A., Park, R., Minear, M., Savage, A., & Smith, M. R. (2004). Aging reduces neural specialization in ventral visual cortex. *Proceedings of the National Academy of Sciences*, *USA*, *101*, 13091 - 13095.

Parke, R. D., Ornstein, P. A., Rieser, J. J., & Zahn-Waxler, C. (1991). Editors' introduction to the APA Centennial Series. *Developmental Psychology*, *28*, 3 - 4.

Pascual-Leone, J. (1970). A mathematical model for the transition rule in Piaget's developmental stages. *Acta Psychologica*, *32*, 301 - 342.

Pascual-Leone, J. (1983). Growing into human maturity: Toward a metasubjective theory of adulthood stages. In P. B. Baltes & O. G. Brim Jr. (Eds.), *Life span development and behavior* (Vol. 5. pp. 117 - 156). New York: Academic Press.

Pasupathi, M., Staudinger, U, M., & Baltes, P. B. (2001). Seeds of wisdom: Adolescents' knowledge and judgment about difficult life problems. *Developmental Psychology*, *37*, 351 - 361.

Pedersen, N. L. (1991). Behavioral genetic concepts in longitudinal analyses. In D. Magnusson, L. R. Bergman, G. Rudinger, & B. Törestad (Eds.), *Problems and methods in longitudinal research: Stability and change* (Vol. 5, pp. 236 - 249). Cambridge, England: Cambridge University Press.

Pedersen, N. L., & Reynolds, C. A. (2002). Stability and change in adult personality: Genetic and environmental components. *European Journal of Personality*, *16*, 77 - 78.

Perlmutter, M. (1988). Cognitive potential throughout life. In J. E. Birren & V. L. Bengtson (Eds,), *Emergent theories of aging* (pp. 247 - 268). New York: Springer.

Pervin. L. (2001). A dynamic systems approach to personality. *European Psychologist*, *6*(3), 172 - 176.

Pervin, L., & John, O. (1999). *Handbook of personality: Theory and research* (2nd ed.) New Brunswick. NJ: Rutgers University Press.

Perz, C. A., DiClemente, C. C., & Carbonari, J. P. (1996). Doing the right thing at the right time? The interaction of stages and processes of change in successful smoking cessation. *Health Psychology* *15*(6), 462 - 468.

Peterson, C., Seligman, M. E. P., Yurko, K. H., Martin, L. R., & Friedman, H. S. (1998). Catastrophizing and untimely death. *Psychological Science*, *9*, 127 - 130.

Petersson, K. M., & Reis, A. (2006). Characteristics of illiterate and literate cognitive processing: Implications of brain-behavior co-constructivism. In P. B. Baltes, P. Reuter-Lorenz, & F. Rösler (Eds.), *Lifespan development and the brain: The perspective of biocultural co-constructivism* (pp. 279 - 305). New York: Cambridge University Press.

Piaget, J. (1970). Piaget's theory. In P. H. Mussen (Ed.), *Carmichaels manual of child psychology* (pp. 703 - 732). New York: Wiley.

Piaget, J. (1971). *Biologie et connaissance: Essai sur les relations entre les régulations organiques et les processes cognitifs* [Biology and knowledge: An essay on the relations between organic regulations and cognitive processes]. Chicago: University of Chicago Press. (Original work published in French, 1967)

Piaget, J. (1972). Intellectual evolution from adolescence m adulthood. *Human Development*, *15*, 1 - 12.

Piaget, J. (1980). *Les formes elementaires de la dialectique* [Elementary forms of dialectic]. Paris: Gallimard.

Plessner, H. (1965). *Die Stufen des Organischen und der Mensch: Einleitung in die philosophische Anthropologie*. Berlin, Germany: W. de Gruyter.

Plomin, R. (1994). *Genetics and experience: The interplay between nature and nurture*. Thousand Oaks, CA: Sage.

Plomin, R., & Caspi, A. (1999). Behavioral genetics and personality. In L. A. Pervin & O. P. John (Eds.), *Handbook of personality theory and research* (Vol. 2, pp. 251 - 276). New York: Guilford Press.

Plomin, R., DeFries, J. C., & Loehlin, J. C. (1977). Genotype-environment interaction and correlation in the analysis of human behavior. *Psychological Bulletin*, *84*, 309 - 322.

Plomin, R., & Thompson, L. (1988). Life span developmental behavioral genetics. In P. B. Baltes, D. L. Featherman, & R. M. Lerner (Eds.), *Life span development and behavior* (Vol. 8, pp. 1 - 31). Hillsdale. NJ: Erlbaum.

Porges, S. W., & Doussard-Roosevelt, J, A. (1997). The psychophysiology of temperament. In J. D. Noshpitz (Ed.), *The handbook of child and adolescent psychiatry* (pp. 250 - 268). New York: Wiley.

Porges, S. W., Doussard-Roosevelt, J. A., Portales, A. L., & Suess, P. E. (1994). Cardiac vagal tone: Stability and relation to difficulties in infants and 3-year-olds. *Developmental Psychology*, *27*, 289 - 300.

Pressey, S. L., Janney, J. E., & Kuhlen, R. G. (1939). *Life: A psychological survey*. New York: Harper.

Prigogine, I., & Stengers, I. (1984). *Order out of chaos*. New York: Bantam.

Pulkkinen, L., & Caspi, A. (Eds.). (2002). *Paths to successful development: Personality in the life course*. New York: Cambridge University Press.

Quetelet, A. (1835). *Sur l'homme et de développememt de ses facultés*. Paris: Bachelier.

Quetelet, A. (1842). *A treatise on man and the development of his faculties*. Edinburgh, Scotland: Chambers.

Raz, N. (2000). Aging of the brain and its impact on cognitive performance: Integration of structural and functional findings. In F. I. M. Craik & T. A. Salthouse (Eds.), *The handbook of aging and cognition* (2nd ed., pp. 1 - 90). Mahwah, NJ: Erlbaum.

Raz, N., Lindenberger, U., Rodrique, K. M., Kennedy, K. M., Head, D., Williamson, A., et al. (2005). Regional brain changes in aging healthy adults: General trends, individual differences, and modifiers. *Cerebral Cortex*, *15*, 1676 - 1689.

Reese, H. W. (1994). The data/theory dialectic: The nature of scientific progress. In S. H. Cohen & H. W. Reese (Eds.), *Life span developmental psychology: Methodological contributions* (pp. 1 - 27). Hillsdale, NJ: Erlbaum.

Reese, H. W., & Lipsitt, L. P. (1970). *Experimental child psychology*. New York: Academic Press.

Reese, H. W., & Overton, W. F. (1970). Models of development and theories of development. In L. R. Goulet & P. B. Baltes (Eds.), *Life span developmental psychology: Research and theory* (pp. 115 - 145). New York: Academic Press.

Reinert, G. (1970). Comparative factor analytic studies of intelligence throughout the life span. In L. R. Goulet & P. B. Baltes (Eds.), *Life span developmental psychology: Research and theory* (pp. 476 - 484). New York: Academic Press.

Reinert, G. (1979). Prolegomena to a history of life span developmental psychology. In P. B. Baltes & O. G. Brim Jr. (Eds.), *Life span development and behavior* (Vol. 2, pp. 205 - 254). New York: Academic Press.

Reinert, G., Baltes, P. B., & Schmidt, G. (1966). Kritik einer Kritik der Differenzierungshypothese der Intelligenz. *Zeitschrift für Experimentelle und Angewandte Psychologie*, *13*, 602 - 610.

Resnick, L. B., Levine, J. M., & Teasley, S. D. (Eds.). (1991). *Perspectives on socially shared cognition*. Washington, DC: American Psychological Association.

Reuchlin, M. (1978). Processus vicariants et différences individuelles [Vicariant processes and individual differences]. *Journal de Psychologie*, *2*, 133 - 145.

Reuter-Lorenz, P. A. (2002). New visions of the aging mind and brain. *Trends in Cognitive Sciences*, *6*, 394 - 400.

Riediger, M., & Freund, A. M. (in press). Focusing and restricting: Two aspects of motivational selectivity in adulthood. *Psychology and Aging*.

Riediger, M., Freund, A. M., & Baltes, M. M. (2005). Managing life through personal goals: Intergoal facilitation and intensity of goal pursuit in younger and older adulthood. *Journal of Gerontology: Psychological Sciences*, *6OB*, 84 - 91.

Riediger, M., Li, S. -C., & Lindenberger, U. (in press). Selection, optimization, and compensation (SOC) as developmental mechanisms of adaptive resource allocation: Review and preview. In J. E. Birren & K. W. Schaie (Eds.), *Handbook of the psychology of aging* (6th ed.). Amsterdam: Elsevier.

Riegel, K. F. (1958). Ergebnisse und probleme der psychologischen alternsforschung [Conclusions and problems of psychological aging research.]. *Vita Humana*, *1*, 52 - 64 and 111 - 127.

Riegel, K. F. (1973). Developmental psychology and society: Some historical and ethical considerations. In J. R. Nesselroade & H. W. Reese (Eds.), *Life span developmental psychology: Methodological issues* (pp. 1 - 23). New York: Academic Press.

Riegel, K. F. (1976). The dialectics of human development. *American Psychologist*, *31*, 689 - 700.

Riley, M. W. (1987). On the significance of age in sociology. *American Sociological Review*, *52*, 1 - 14.

Riley, M. W., Johnson, M., & Foner, A. (Eds.). (1972). *Aging and society: A sociology of age stratification* (Vol. 3). New York: Sage.

Roberts, B., & Caspi, A. (2003). The cumulative continuity model of personality development: Striking a balance between continuity and change in personality traits across the life course. In U. M. Staudinger & U. Lindenberger (Eds.), *Understanding human development: Dialogues with life span psychology* (pp. 183 - 214). Boston: Kluwer Academic.

Roberts, B. W., & DelVecchio, W. F. (2000). The rank-order consistency of personality traits from childhood to old age: A quantitative review of longitudinal studies. *Psychological Bulletin*, *126*, 3 - 25.

Ross, M. (1997). Validating memories. In N. L. Stein, P. A. Ornstein, B. Tversky, & C. Brainerd (Eds.), *Memory for everyday and emotional events* (pp. 49 - 82). Mahwah, NJ: Erlbaum.

Ross, M., & Bühler, R. (2001). Identity through time: Constructing personal pasts and futures. In A. Tesser & N. Schwarz (Eds.), *Blackwell handbook in social psychology: Intrapersonal processes* (pp. 518 - 544). Malden, MA: Blackwell.

Rothbart, M. K. (2001). Temperament and human development. In N. J. Smelser & P. B. Baltes (Eds.), *International encyclopedia of the social and behavioral sciences* (pp. 15586 - 15591). New York: Elsevier.

Rothbart, M. K., & Bates, J. E. (1998). Temperament. In W. Damon (Editor-in-Chief) & N. Eisenberg (Vol. Ed.), *Handbook of child psychology: Vol. 3. Social, emotional, and personality development* (5th ed., pp. 619 - 700). New York: Wiley.

Rott, C., & Thomae, H. (1991). Coping in longitudinal perspective: Findings from the Bonn Longitudinal Study on Aging. *Journal of Cross-Cultural Gerontology*, *6*, 23 - 40.

Rowe, J. W. (1997). Editorial: The new gerontology. *Science*, *278*, 367.

Rowe, J. W., & Kahn, R. L. (1987). Human aging: Usual and successful. *Science*, *237*, 143 - 149.

Rutter, M. (1987). Resilience in the face of adversity: Protective factors and resistance to psychiatric disorder. *British Journal of Psychiatry*, *147*, 598 - 611.

Rutter, M., & Rutter, M. (1993). *Developing minds: Challenge and continuity across the life span*. New York: Basic Books.

Rybash, J. M., Hayer, W. J., & Roodin, P. A. (1986). *Adult cognition and aging: Developmental changes in processing, knowing, and thinking*. New York: Pergamon Press.

Ryder, N. B. (1965). The cohort as a concept in the study of social change. *American Sociological Review*, *30*, 843 - 861.

Ryder, R. G. (1967). Birth to maturity revisited: A canonical reanalysis. *Journal of Personality and Social Psychology*, *7*, 168 - 172.

Ryff, C. D. (1984). Personality development from the inside: The subjective experience of change in adulthood and aging. In P. B. Baltes & O. G. Brim Jr. (Eds.), *Life span development and behavior* (Vol. 6, pp. 249 - 279). New York: Academic Press.

Ryff, C. D. (1989a). Beyond Ponce de Leon and life satisfaction: New directions in quest of successful aging. *International Journal of Behavioral Development*, *12*, 35 - 55.

Ryff, C. D. (1989b). Happiness is everything, or is it? Explorations on the meaning of psychological well-being. *Journal of Personality and Social Psychology*, *57*, 1069 - 1081.

Ryff, C. D. (1991). Possible selves in adulthood and old age: A tale of shifting horizons. *Psychology and Aging*, *6*, 286 - 295.

Ryff, C. D., & Keyes, C. L. M. (1995). The structure of psychological well-being revisited. *Journal of Personality and Social Psychology*, *69*, 719 - 727.

Saffran, J. R., Aslin, R. N., & Newport, E. L. (1996). Statistical learning by 8-month-old infants. *Science*, *274*(5294), 1926 - 1928.

Salthouse, T. A. (1984). Effects of age and skill in typing. *Journal of Experimental Psychology: General*, *113*, 345 - 371.

Salthouse, T. A. (1991). *Theoretical perspectives on cognitive aging*. Hillsdale, NJ: Erlbaum.

Salthouse, T. A. (1995). Refining the concept of psychological compensation. In R. A. Dixon & L. Bäckman (Eds.), *Compensating for psychological deficits and declines* (pp. 21 - 34). Mahwah, NJ: Erlbaum.

Salthouse, T. A. (1996). The processing-speed theory of adult age differences in cognition. *Psychological Review*, *103*, 403 - 437.

Salthouse, T. A. (2003). Interrelations of aging, knowledge, and cognitive performance. In U. M. Staudinger & U. Lindenberger (Eds.), *Understanding human development: Dialogues with life span psychology* (pp. 265 - 287). Boston: Kluwer Academic.

Salthouse, T. A., Hambrick, D. Z., Lukas, K. E., & Dell, T. C. (1996). Determinants of adult age differences on synthetic work performance. *Journal of Experimental Psychology: Applied*, *2*, 305 - 329.

Salthouse, T. A., & Kail, R. (1983). Memory development throughout the life span: The role of processing rate. In P. B. Baltes (Ed.), *Life span development and behavior* (Vol. 5, pp. 89 - 116). New York: Academic Press.

Salthouse, T. A., & Meinz, E. J. (1995). Aging, inhibition, working memory, and speed. *Journal of Gerontology: Psychological Sciences*, *50B*, 297 - 306.

Sanford, E. C. (1902). Mental growth and decay. *American Journal of Psychology*, *13*, 426 - 449.

Scarr, S. (1993a). Biological and cultural diversity: The legacy of Darwin for development. *Child Development*, *64*, 1333 - 1353.

Scarr, S. (1993b). Genes, experience, and development. In D. Magnusson & P. Casaer (Eds.), *Longitudinal research on individual development: Present status and future perspectives* (pp. 26 - 50). Cambridge, England: Cambridge University Press.

Scarr, S., & McCartney, K. (1983). How people make their own environments: A theory of genotype environment effects. *Child Development*, *54*, 424 - 435.

Schadewaldt, W. (1975). *Nachwort zu Elektra* [Epilogue to Electra]. Stuttgart, German: Reclam.

Schaie, K. W. (1965). A general model for the study of developmental problems. *Psychological Bulletin*, *64*, 92 - 107.

Schaie, K. W. (1970). A reinterpretation of age-related changes in cognitive structure and functioning. In L. R. Goulet & P. B. Baltes (Eds.), *Life span developmental psychology: Research and theory* (pp. 485 - 507). New York: Academic Press.

Schaie, K. W. (1989). The hazards of cognitive aging. *Gerontologist*, *29*, 484 - 493.

Schaie, K. W. (1994). The course of adult intellectual development. *American Psychologist*, *49*, 304 - 313.

Schaie, K. W. (1996). *Intellectual development in adulthood: The Seattle Longitudinal Study*. New York: Cambridge University Press.

Schaie, K. W. (2005). *Developmental influences on intelligence: The Seattle Longitudinal Study*. New York: Oxford University Press.

Schaie, K. W., & Baltes, P. B. (1975). On sequential strategies in developmental research: Description or explanation? *Human Development*, *18*, 384 - 390.

Schaie, K. W., Maitland, S. B., Willis, S. L., & Intieri, R. C. (1998). Longitudinal invariance of adult psychometric ability factor structures across 7 years. *Psychology and Aging*, *13*, 8 - 20.

Schaie, K. W., & Willis, S. L. (1993). Age difference patterns of psychometric intelligence in adulthood: Generalizability within and across ability domains. *Psychology and Aging*, *8*, 44 - 55.

Schaie, K. W., Willis, S. L., Hertzog, C., & Schulenberg, J. E. (1987). Effects of cognitive training on primary mental ability structure. *Psychology and Aging*, *2*, 233 - 242.

Schaie, K. W., Willis, S. L., & Pennak, S. (2005). An historical framework for cohort differences in intelligence. *Research in Human Development*, *2*(1 & 2), 43 - 67.

Scheier, M. F., & Carver, C. S. (1987). Dispositional optimism and physical well-being: The influence of generalized outcome expectancies on health. *Journal of Personality*, *55*, 169 - 210.

Schindler, I., & Staudinger, U. M. (2005a). Life span perspectives on self and personality: The dynamics between the mechanics and pragmatics. In W. Greve, K. Rothermund, & D. Wentura (Eds.), *The adaptive self: Personal continuity and intentional self-development* (pp. 3 - 30). Göttingen, Germany: Hogrefe & Huber.

Schindler, I., & Staudinger, U. M. (2005b). *Obligatory and optional personal life investments in old age*. Manuscript submitted for publication.

Schmidt, L. R. (1971). Testing the limits im Leistungsverhalten: Möglichkeiten und Grenzen. In E. Duhm (Ed.), *Praxis der klinischen Psychologie* (Vol. 2, pp. 9 - 29). Göttingen, Germany: Hogrefe & Huber.

Schneider, W., & Bjorklund, D. F. (2003). Memory and knowledge development. In D. Kuhn & Siegler (Eds.), *Handbook of child psychology: Vol. 2. Cognition, perception, and language* (pp. 467 - 521). New York: Wiley.

Schneirla, T. C. (1957). The concept of development in comparative psychology. In D. B. Harris (Ed.), *The concept of development* (pp. 78 - 108). Minneapolis: University of Minnesota Press.

Schooler, C., Mulatu, M. S., & Oates, G. (1999). The continuing effects of substantively complex work on the intellectual functioning of older workers. *Psychology and Aging*, *14*, 406 - 483.

Schulz, R., & Heckhausen, J. (1996). A life span model of successful aging. *American Psychologist*, *51*, 702 - 714.

Schwarz, N., & Bohner, G. (1996). Feelings and their motivational implications: Moods and the action sequence. In P. M. Gollwitzer & J. A. Bargh (Eds.), *The psychology of action* (pp. 119 - 145). New York: Guilford Press.

Schwarz, N., & Strack, F. (1999). Reports of subjective well-being: Judgmental processes and their methodological implications. In D. Kahneman, E. Diener, & N. Schwarz (Eds.), *Well-being: The foundation of hedonic psychology* (*pp. 61 - 84*). New York: Russell Sage Foundation.

Sears, P. S., & Barbee, A. H. (1977). Career and life satisfactions among Terman's gifted women. In J. Stanley, W. George, & C. Solano (Eds.), *The gifted and the creative: A fifty-year perspective* (pp. 28 - 65). Baltimore: Johns Hopkins University Press.

Settersten, R. A., Jr. (2005). Toward a stronger partnership between life-course sociology and life span psychology. *Research in Human Development*, *2*(1).

Sherry, D. F., & Schacter, D. L. (1987). The evolution of multiple memory systems. *Psychological Review*, *94*, 439 - 454.

Shrager, J., & Johnson, M. H. (1996). Dynamic plasticity influences the emergence of function in a simple cortical array. *Neural Networks*, *9*, 111 - 129.

Shweder, R. A. (1991). *Thinking through cultures*. Cambridge, MA: Harvard University Press.

Siegler, R. S. (1989). Mechanisms of cognitive development. *Annual Review of Psychology*, *40*, 353 - 379.

Siegler, R. S., & Crowley, K. (1991). The microgenetic method: A direct means for studying cognitive development. *American Psychologist*, *46*, 606 - 620.

Siegler, R. S., & Crowley, K. (1994). Constraints on learning in non-privileged domains. *Cognitive Psychology*, *27*, 194 - 226.

Simon, H. A., & Chase, W. G. (1973). Skill in chess. *American Scientist*, *61*, 394 - 403.

Simonton, D. K. (1988). Age and outstanding achievement: What do we know after a century of research? *Psychological Bulletin*, *104*, 251 - 267.

Simonton, D. K. (1989). The swan-song phenomenon: Last-works effects for 172 classical composers. *Psychology and Aging*, *4*, 42 - 47.

Singer, J. L. (1984). The private personality. *Personality and Social Psychology Bulletin*, *10*, 7 - 30.

Singer, T., Lindenberger, U., & Baltes, P. B. (2003). Plasticity of memory for new learning in very old age: A story of major loss? *Psychology and Aging*, *18*, 306 - 317.

Singer, T., Seymour, B., O'Doherty, J., Kaube, H., Dolan, R. J., & Frith, C. D. (2004). Empathy for pain involves the affective but not the sensory components of pain. *Science*, *303*, 1157 - 1162.

Singer, T., Verhaeghen, P., Ghisletta, P., Lindenberger, U., & Baltes, P. B. (2003). The fate of cognition in very old age: Six-year longitudinal findings in the Berlin Aging Study. *Psychology and Aging*, *18*, 318 - 331.

Singer, W. (1995). Development and plasticity of cortical processing architectures. *Science*, *270*, 758 - 764.

Singer, W. (2003). The nature-nurture problem revisited. In U. M. Staudinger & U. Lindenberger (Eds.), *Understanding human development: Dialogues with life span psychology* (pp. 437 - 447). Boston: Kluwer Academic.

Skinner, B F. (1966). The phylogeny and ontogeny of behavior. *Science*, *153*, 1205 - 1213.

Skinner, E A. (1996). A guide to constructs of control. *Journal of Personality and Social Psychology*, *71*, 549 - 570.

Skinner, E. A., & Connell, J. P. (1986). Control understanding: Suggestions form a developmental framework. In M. M. Baltes & P. B. Baltes (Eds.), *The psychology of control and aging* (pp. 35 - 69). Hillsdale, NJ: Erlbaum.

Small, B. J., Hertzog, C., Hultsch, D. F., & Dixon, R. A. (2003). Stability and change in adult personality over 6 years: Findings from the Victoria Longitudinal Study. *Journals of Gerontology*, *58B*, 166 - 176.

Smith, F., Fagan, J. F., & Ulvund, S. E. (2002). The relation of recognition memory in infancy and parental socioeconomic status to later intellectual performance. *Intelligence*, *30*, 247 - 259.

Smith, J. (1999). Life planning: Anticipating future life goals and managing personal development. In J. Brandtstädter & R. M. Lerner (Eds.), *Action and self-development: Theory and research through the life span* (pp. 223 - 255). Thousand Oaks, CA: Sage.

Smith, J. (2003). The gain-loss dynamic in life span development: Implications for change in self and personality during old and very old age. In U. M. Staudinger & U. Lindenberger (Eds.), *Understanding human development: Dialogues with life span psychology* (pp. 215 - 241).

Smith, J., & Baltes, P. B. (1993). Differential psychological aging: Profiles of the old and very old. *Ageing and Society*, *13*, 551 - 587.

Smith, J., & Baltes, P. B. (1997). Profiles of psychological functioning in the old and oldest old. *Psychology and Aging*, *12*, 458 - 472.

Smith, J., & Baltes, P. B. (1999). Trends and profiles of psychological functioning in very old age. In P. B. Baltes & K. U. Mayer (Eds.), *The Berlin Aging Study: Aging from 70 to 100* (pp. 197 - 226). New York: Cambridge University Press.

Smith, J., & Freund, A. M. (2002). The dynamics of possible selves in old age. *Journal of Gerontology: Psychological Sciences*, *57B*, P492 - P500.

Smith. J., Staudinger, U. M., & Baltes, P. B. (1994). Occupational settings facilitative of wisdom-related knowledge: The sample case of clinical psychologists. *Journal of Consulting and Clinical Psychology*, *62*, 989 - 1000.

Smith, L. B., & Thelen, E. (2003). Development as a dynamic system. *Trends in Cognitive Science*, *7*(8), 343 - 348.

Sorensen, A. B., Weinert, F. E., & Sherrod, L. (Eds.). (1986). *Human development and the life course: Multidisciplinary perspectives*. Hillsdale, NJ: Erlbaum.

Sowarka, D., & Baltes, P. B. (1986). Intelligenzentwicklung. In W. Sarges & R. Fricke (Eds.), *Psychologie für die Erwachsenenbildung-Weiterbildung* (pp. 262 - 272). Göttingen, Germany: Hogrefe & Huber.

Spelke, E., Vishton, P., & von Hofsten, C. (1995). Object perception, object-directed action, and physical knowledge in infancy. In M. S. Gazzaniga (Ed.), *The cognitive neurosciences* (pp. 165 - 179). Cambridge, MA: MIT Press.

Staudinger, U. M. (1996). Wisdom and the social-interactive foundation of the mind. In P. B. Baltes & U. M. Staudinger (Eds.), *Interactive minds: Life span perspectives on the social foundation of cognition* (pp. 276 - 315). New York: Cambridge University Press.

Staudinger, U. M. (1999a). Older and wiser? Integrating results on the relationship between age and wisdom-related performance. *International Journal of Behavioral Development*, *23*(3), 641 - 664.

Staudinger, U. M. (1999b). Social cognition and a psychological approach to an art of life. In F. Blanchard-Fields & T. Hess (Eds.), *Social cognition, adult development and aging* (pp. 343 - 375). New York: Academic Press.

Staudinger, U. M. (2000). Viele Gründe sprechen dagegen und trotzdem fühlen viele Mnschen sich wohl: Das Paradox des subjektiven Eohlbefindens [Many reasons speak against it, nevertheless many people are happy: The paradox of subjective well-being]. *Psychologische Rundschau*, *51*, 185 - 197.

Staudinger, U. M. (2001). Life reflection: A social-cognitive analysis of life review. *Review of General Psychology*, *5*, 148 - 160.

Staudinger, U. M. (2005). Personality and aging. In M. Johnson, V. L. Bengtson, P. G. Coleman, & T. Kirkwood (Eds.), *Cambridge handbook of age and ageing*. Cambridge, England: Cambridge University Press.

Staudinger, U. M. (in press). Personality and aging. In M. Johnson, V. L. Bengtson. P. G. Coleman, & T. Kirkwood (Eds.), *Cambridge handbook of age and ageing*. Cambridge, England: Cambridge University Press.

Staudinger, U. M., & Baltes, P. B. (1996). Interactive minds: A facilitative setting for wisdom-related performance? *Journal of Personality and Social Psychology*, *71*, 746 - 762.

Staudinger, U. M., Bluck, S., & Herzberg, P. Y. (2003). Looking back and looking ahead: Adult age differences in consistency of diachronous ratings of subjective well-being. *Psychology and Aging*, *18*, 13 - 24.

Staudinger, U. M., Dörner, J., & Mickler, C. (2005). *Self-insight: Measurement, validation and plasticity*. Manuscript in preparation.

Staudinger, U. M., & Fleeson, W. (1996). Self and personality in old and very old age: A sample case of resilience? *Development and Psychopathology*, *8*, 867 - 885.

Staudinger, U. M., Freund, A. M., Linden, M., & Maas, I. (1999). Self, personality, and life management: Psychological resilience and vulnerability. In P. B. Baltes & K. U. Mayer (Eds.), *The Berlin Aging Study: Aging from 70 to 100* (pp. 302 - 328). New York: Cambridge University Press.

Staudinger, U. M., & Kunzmann, U. (2005). Positive adult personality development: Adjustment and/or growth? *European Psychologist*, *10*, 320 - 329.

Staudinger, U. M., & Lindenberger, U. (Eds.). (2003). *Understanding human development: Life span psychology in exchange with other disciplines*. Boston: Kluwer Academic.

Staudinger, U. M., Lopez, D., & Baltes, P. B. (1997). The psychometric location of wisdom-related performance: Intelligence, personality, and more? *Personality and Social Psychology Bulletin*, *23*, 1200 - 1214.

Staudinger, U. M., Maciel, A. G., Smith, J., & Baltes, P. B. (1998). What predicts wisdom-related performance? A first look at personality, intelligence, and facilitative experiential contexts. *European Journal of Personality*, *12*, 1 - 17.

Staudinger, U. M., Marsiske, M., & Baltes, P. B. (1993). Resilience and levels of reserve capacity in later adulthood: Perspectives from life span theory. *Development and Psychopathology*, *5*, 541 - 566.

Staudinger, U. M., Marsiske, M., & Baltes, P. B. (1995). Resilience and reserve capacity in later adulthood: Potentials and limits of development across the life span. In D. Cicchetti & D. Cohen (Eds.), *Developmental psychopathology: Vol. 2. Risk, disorder, and adaptation* (pp. 801 - 847). New York: Wiley.

Staudinger, U. M., & Pasupathi, M. (2000). Life span perspectives on self, personality, and social cognition. In F. I. M. Craik & T. A. Salthouse (Eds.), *The handbook of aging and cognition* (2nd ed., pp. 633 - 688). Mahwah, NJ: Erlbaum.

Staudinger, U. M., & Schindler, I. (2005). *Personal life investment: A window on adaptation across the life span*. Manuscript submitted for publication.

Staudinger, U. M., Smith, J., & Baltes, P. B. (1992). Wisdom-related knowledge in a life review task: Age differences and the role of professional specialization. *Psychology and Aging*, *7*, 271 - 281.

Sternberg, R. J. (1985). *Beyond IQ: A triarchic theory of human intelligence*. New York: Cambridge University Press.

Sternberg, R. J. (1998). A balance theory of wisdom. *Review of General Psychology*, *2*, 347 - 365.

Sternberg, R. J. (2004). Words to the wise about wisdom? *Human Development*, *47*, 286 - 289.

Sternberg, R. J., & Jordan, J. (Eds.). (2005). *A handbook of wisdom: Psychological perspectives*. New York: Cambridge University Press.

Sternberg, R. J., Wagner, R. K., Williams, W. M., & Horvath, J. A. (1995). Testing common sense. *American Psychologist*, *50*, 912 - 927.

Sterns, H. L., & Dorsett, J. G. (1994). Career development: A life span issue. *Experimental Aging Research*, *20*, 257 - 264.

Strelau, J., & Angleitner, A. (Eds.). (1991). *Explorations in temperament: International perspectives on theory and measurement*. New York: Plenum Press.

Suls, J., & David, J. P. (1996). Coping and personality: Third time's the charm? *Journal of Personality*, *64*, 993 - 1005.

Suls, J., David, J. P., & Harvey, J. H. (1996). Personality and coping: Three generations of research. *Journal of Personality*, *64*, 711 - 735.

Taylor, S. E., & Brown, J. D. (1988). Illusion and well-being: A social psychological perspective on mental health. *Psychological Bulletin*, *103*, 193 - 210.

Taylor, S. E., & Gollwitzer, P. M. (1995). Effects of mindset on positive illusions. *Journal of Personality and Social Psychology*, *69*, 213 - 226.

Taylor, S. E., Neter, E., & Wayment, H. A. (1995). Self-evaluation processes. *Personality and Social Psychology Bulletin*, *21*(12), 1278 - 1287.

Tetens, J. N. (1777). *Philosophische Versuche über die menschliche Natur und ihre Entwicklung*. Leipzig, Germany: Weidmanns Erben und Reich.

Thaler, D. S. (2002). Design for an aging brain. *Neurobiology of Aging*, *23*, 13 - 15.

Thelen, E., & Smith, L. B. (1998). Dynamic systems theories. In W. Damon (Editor-in-Chief) & R. M. Lerner (Vol. Ed.), *Handbook of child psychology: Vol. 1. Theoretical models of human developmen* (pp. 563 - 635). New York: Wiley.

Thomae, H. (1959). *Entwicklungspsychologie* [Developmental psychology]. Göttingen, Germany: Hogrefe & Huber.

Thomae, H. (Ed.). (1979). The concept of development and life span developmental psychology. In P. B. Baltes & O. G. Brim Jr. (Eds.), *Life span development and behavior* (Vol. 2, pp. 282 - 312). New York: Academic Press.

Tomasello, M. (1999). *The cultural origins of human cognition*. Cambridge, MA: Harvard University Press.

Tomarken, A. J., Davidson, R. J., Wheeler, R. E., & Kinney, L. (1992). Psychometric properties of resting anterior EEG asymmetry: Temporal stability and internal consistency. *Psychophysiology*, *29*, 576 - 592.

Trivers, R. L. (1985). *Social evolution*. Menlo Park, CA: Benjamin/Cummings.

Turkheimer, E., Haley, A., Waldron, M., D'Onofrio, B., & Gottesman, I. I. (2003). Socioeconomic status modifies heritability of IQ in young children. *Psychological Science*, *14*(6), 623 - 628.

Vaidya, J. G., Gray, E. K., Haig, J., & Watson, D. (2002). On the temporal stability of personality: Evidence for differential stability and the role of life experience. *Journal of Personality and Social Psychology*, *83*, 1469 - 1484.

Vaillant, G. E. (1990). Avoiding negative life outcomes: Evidence from a forty-five year study. In P. B. Baltes & M. M. Baltes (Eds.), *Successful aging: Perspectives from the behavioral sciences* (pp. 332 - 355). New York: Cambridge University Press.

Vaillant, G. E. (1993). *The wisdom of the ego*. Cambridge, MA: Harvard University Press.

Valsiner, J., & Lawrence, J. A. (1997). Human development in culture across the life span. In J. W. Berry, P. R. Dasen, & T. S. Saraswathi (Eds.), *Handbook of cross-cultural psychology* (Vol. 2, pp. 69 - 106). Boston: Allyn & Bacon.

Verhaeghen, P., Marcoen, A., & Goossens, L. (1992). Improving memory performance in the aged through mnemonic training: A meta-analytic study. *Psychology and Aging*, *7*, 242 - 251.

Verhaeghen, P., & Salthouse, T. A. (1997). Meta-analyses of age-cognition relations in adulthood: Estimates of linear and nonlinear age effects and structural models. *Psychological Bulletin*, *122*, 231 - 249.

Vygotsky, L. S. (1962). *Thought and language*. Cambridge, MA: MIT Press. Waddington, C. H. (1975). *The evolution of an evolutionist*. Edinburgh, Scotland: Edinburgh University Press.

Waterman, A. S., & Archer, S. L. (1990). A life span perspective on identity formation: Developments in form, function, and process. In P. B. Baltes, D. L. Featherman, & R. M. Lerner (Eds.), *Life span development and behavior* (Vol. 10, pp. 29 - 57). Hillsdale, NJ: Erlbaum.

Weinert, F. E., & Perner, J. (1996). Cognitive development. In D. Magnusson (Ed.), *The life span development of individuals: Behavioural, neurobiological and psychosocial perspectives* (pp. 207 - 222). Cambridge, England: Cambridge University Press.

Weir, M. W. (1964). Developmental changes in problem-solving strategies. *Psychological Review*, *71*, 473 - 490.

Welford, A. T. (1984). Between bodily changes and performance: Some possible reasons for slowing with age. *Experimental Aging Research*, *10*, 73 - 88.

Wellman, H. M. (2003). Enablement and constraint. In U. M. Staudinger & U. Lindenberger (Eds.), *Understanding human development: Dialogues with life span psychology* (pp. 245 - 263). Boston: Kluwer Academic.

Werner, E. E. (1995). Resilience in development. *Current Directions in Psychological Science*, *4*, 81 - 85.

Werner, H. (1926). *Einführung in die Entwicklungspsychologie*. München, Germany: Barth.

Werner, H. (1948). *Comparative psychology of mental development*. New York: International Universities Press.

Whitbourne, S. K. (1987). Personality development in adulthood and old age: Relationships among identity style, health, and well-being. *Annual Review of Gerontology and Geriatrics*, *7*, 189 - 216.

Whitbourne, S. K., & Waterman, A. S. (1979). Psychosocial development during the adult years: Age and cohort comparisons. *Developmental Psychology*, *15*, 373 - 378.

White, R. W. (1959). Motivation reconsidered: The concept of competence. *Psychological Review*, *66*, 297 - 333.

White, S. H. (1992). G. Stanley Hall: From philosophy to developmental psychology. *Developmental Psychology*, *28*, 25 - 34.

Wiese, B. S., Freund, A. M., & Baltes, P. B. (2002). Subjective career success and emotional well-being: Longitudinal predictive power of selection, optimization and compensation. *Journal of Vocational Behavior*, *60*, 321 - 335.

Wiese, B. S., & Schmitz, B. (2002). Studienbezogenes Handeln im Kontext eines entwicklungspsychologischen Meta-Modells. *Zeitschrift für Entwicklungspsychologie und Pädagogische Psychologie*, *34*, 80 - 94.

Wilkening, F., & Anderson, N. H. (1990). Representation and diagnosis of knowledge structures in developmental psychology. In N. H. Anderson (Ed.), *Contributions to information integration theory* (pp. 45 - 80). Hillsdale, NJ: Erlbaum.

Willis, S. L. (1990). Contributions of cognitive training research to understanding late life potential. In M. Perlmutter (Ed.), *Latelife potential* (pp. 25 - 42). Washington, DC: Gerontological Society of America.

Willis, S. L. (2001). Methodological issues in behavioral intervention research with the elderly. In J. E. Birren (Ed.), *Handbook of the psychology of aging* (5th ed., pp. 78 - 108). San Diego, CA: Academic Press.

Willis, S. L., & Baltes, P. B. (1980). Intelligence in adulthood and aging: Contemporary issues. In L. W. Poon (Ed.), *Aging in the 1980's: Psychological issues* (pp. 260 - 272). Washington, DC: American Psychological Association.

Willis, S. L., & Nesselroade, C. S. (1990). Long-term effects of fluid ability training in old-old age. *Developmental Psychology*, *26*, 905 - 910.

Wood, J. V. (1996). What is social comparison and how should we study it? *Personality and Social Psychology Bulletin*, *22*, 520 - 537.

Woodruff, D. S., & Birren, J. E. (1972). Age changes and cohort differences in personality. *Developmental Psychology*, *6*, 252 - 259.

Wortman, C. B., & Silver, R. C. (2001). The myths of coping with loss revisited. In M. S. Stroebe & R. O. Hansson (Eds.), *Handbook of bereavement research: Consequences, coping, and care* (pp. 405 - 429). Washington, DC: American Psychological Association.

Yates, E., & Benton, L. A. (1995). Biological senescence: Loss of integration and resilience. *Canadian Journal on Aging*, *14*, 106 - 120.

Zuckerman, M. (1995). Good and bad humors: Biochemical bases of personality and its disorders. *Psychological Science*, *6*, 325 - 332.

第12章

生命历程和人类发展*

GLEN H. ELDER Jr. 和 MICHAEL J. SHANAHAN

665 生命历程和人类发展研究在20世纪近几十年来已经成为一大蓬勃兴起的领域，可以说它跨越了行为科学实在和理论的边界(Mortimer & Shanahan, 2003)，而且眼下也出现在行为科学的众多子领域中。随着这一变化，人们开始不断关注情境变化和人类发展之间的关系。情境(Context)是指个体的社会嵌入，通常需要对纵向的、历史的以及空间性的变异进行研究。"人类发展"则表示从出生到死亡的成长与适应模式。

与生命历程框架相关的概念性突破，随着纵向研究的急速增长，已经产生了比以往多得多的、关于真实世界中行为适应的研究与知识。我们也同样越来越清楚个体也是自己生命的主宰者。新的研究大道打开了，未来给我们提供了令人兴奋的前景，以进一步理解情境与

* 我们感谢 Ross Parke, Avshalom Caspi 和 Richard Lerner，他们为本章第一版(Elder, 1998a)作出了精彩的评述。年长作者曾得到 Spencer 基金会的高级学者奖学金资助，对此深表感谢。Carolina 人口中心的工作人员为本章第一版和第二版的准备工作提供了有价值的帮助。我们还要特别感谢 Lilly Shanahan 为本章第二版所作的详细评述。

人之间的动态观(包括生物维度)是如何交互作用从而影响成就、生理与心理健康度以及社会介入的。

要把握这一变化的规模,不妨看看 20 世纪 60 年代的人与社会。C. Wright Mills (1959)在其广为人知的《社会学的相象力》(*The Sociological Imagination*)一书中鼓励“对自传、历史及其在社会结构内的交叉点进行研究”(p. 149)。Mills 从个体开始,探讨社会的哪些特点会导致这样一个人的产生。他认为如果从更广的社会性张力之后果的角度来看,能够更好地理解一个人自传中似乎是“个人的问题”。他没有什么实证研究的例子,而且也不太关注人与情境之间的关系。相反,他关注的是社会类型和成人行为模式,而对社会变化、发展与成熟,或者人类分化的认识并不多。事实上,人类生命的纵向研究是一个不同寻常的研究对象,尤其是其社会和历史情境。生命历程的概念那时还没有出现在学术文献中,在一流的研究生教育中也没有它的影子。 666

生命历程理论到达今天的盛况,得感谢 60 多年以前加州大学伯克利分校儿童福利研究所(今天的人类发展研究所)的开创性系列研究——即奥克兰成长研究(Oakland Growth Study)(出生年为 1920—1921 年),以及伯克利成长指导研究(Berkeley Growth and Guidance Studies)(出生年为 1929—1929 年)。这些研究开始之际,没有人会想到它们最终对儿童发展领域意义有多大。调查者没有想到过研究会延续到调查对象的成年期,甚至到达其晚年阶段。之所以在预期上如此不足,有许多原因。除了洛克菲勒基金会的支持外,当时几乎没有任何针对纵向研究的资助。此外,行为科学家当时还没有关于成年期发展的任何观念。关于成人发展与老龄化这一领域是在几十年后才真正成熟起来的。

尽管如此,这些问题并不妨碍相关研究延续到成年和中年。在 20 世纪 50 年代初期和晚期人类发展研究所(UC-Berkeley)联系了奥克兰和伯克利成长研究的被试们。另一个在 1972 年到 1973 年间进行的跟踪研究,采取了代际的框架,不仅包括所有研究对象,还加入了其父母及后代。

到 20 世纪 70 年代,Jack Block(1971)在 Morma Haan 的协助下,完成了一个开创性的纵向研究,研究了奥克兰和伯克利研究对象们从青春早期到中年生命中人格的延续与变化。同样也在 20 世纪 70 年代,George Vaillant(1977)跟踪了一组哈佛男性(约 1940 年生)直到中年阶段的生活,评估他们的防御应对机制。人类发展研究所的另外一个研究(Elder, 1974/1999),将奥克兰成长研究参与者们的生活放在大萧条情境下,分析了贫困体验对中年以后家庭生活、职业和健康的影响。为了概括这活跃的 20 年,伯克利人类发展研究所的学者们完成了多层面的研究,揭示了社会角色、健康和人格的延续变化模式,同时也强调了整个中年期生活模式的重要性(Eichorn, Clausen, Haan, Honzik, & Mussen, 1981)。历史出生组比较和代际联结都是该课题的部分内容。

在斯坦福大学,一个由 Robert Sears 领导的研究团队,积极研究了一组名为 Lewis Terman 天才儿童样本的成员,一直跟踪到他们晚年的生活。这是目前仍在进行的最早的长期跟踪研究,从 1903 年到 1920 年左右开始。至 20 世纪 90 年代,这一课题已经积累了跨度达 70 年的近 12 波的数据(Holahan & Sears, 1995);而且当时有关研究(Elder, Pavalko &

Hastings,1991)已经开始揭示时代在研究对象生命中留下的历史印记了,跨度从 20 世纪 20 年代起直到二战后和成年晚期(Crosnoe & Elder, 2004; Shanahan & Elder, 2002)。

从儿童早期一直延续到成年阶段的样本,为成人发展的科学研究提供了新鲜动力,也让人强烈地意识到需要寻求一种全新的研究范式,即人们应该关注儿童期外的人类发展和轨迹。什么样的成人社会路径有助于行为的连续或者变化? 哪一条路线能让问题儿童回头,让他们成长为有效的成年人? 基于儿童的发展模型难以回答上述问题,因为它们根本没有提及成年、老年生命历程的发展。有关儿童期到成年期的连续性和改变的研究,大多数局限于时间 1 和时间 2 之间的相关分析资料(Johnes Bayley,Macfarlane,& Honzik,1971;Kagan & Moss,1962),而中间的时间里所发生的一切仍然是"黑箱"。用这种分析方法很难了解相互联系的事件及其过程。

例如,Kagan 和 Moss(1962)研究了 Fels"出生—成熟"样本中的儿童,他们运用相关系数描述行为跨时间的稳定性,但该研究在分析时忽略了青年到成年早期的不同路径。在这些孩子 23 岁时,有一部分已经完成学业,全职工作并且结婚,而另外一些则进入军队服役,或者兼职工作并受教育。这类转变的发生时间(timing)对于判断其意义和含义非常重要。例如,与符合正常时间表的婚育相比,青春期就早婚早育会伴随更多的社会经济制约,而较晚建立家庭会使经济优势最大化,减少养育孩子的损失。不管如何,对情境和发生时间的考虑(对生命如此丰富的描绘)当时并没有过多引人关注。很大程度上,这种关注不足反映了这样一种观点:行为和心理特点的持续性除了用"稳定性"做标签外,并不需要过多的解释。

667

从儿童到成人以及中年生活的实证研究,揭示了关于人类发展传统知识的主要局限,这些局限反过来也为未来的行为研究提出了大量的挑战:

- 应该用跨越整个生命历程的发展与成熟模型取代基于儿童的成长定向解释。
- 应该思考人类生命是如何随时间组织和深化的,展示其持续和变化的模式。
- 应该将生命与不断变化的社会相联系,同时强调社会变迁与转变的发展效应。

整体来说,这些挑战揭示了情境心理学(如 Cairns & Cairns,见本《手册》本卷第 3 章)以及几十年前芝加哥社会学派(Abbott,1997),特别是 William I. Thomas 的观点。随着 19 世纪的结束并在伴随而来的 20 世纪的头几十年中,Thomas 在研究移民及其后代的生活时所提出的"自然实验"(experiments of nature),是一个非常有说服力的情况。受 Tomas 和 Znaniecki 的《身处欧美的波兰农民(1918—1920)》(*The Polish Peasant in Europe and America*, 1918—1920)一书的影响,研究者们开始用生活史资料调查社会变化的后果。在众多纵向研究先驱的尝试开始之前,托马斯在 20 世纪 20 年代中叶就督促人们需要首先关注"生活史的纵向研究"(Volkart,1951, p. 593)。他认为研究应该调查"不同类型的个体在不同状态下的体验及其生命史",而且应该跟踪"群体在未来的生活,连续性地采集各种体验的记录"。

20 世纪的社会变迁提出了大量家庭生活和家庭之外的情境,如学校和社区的历史变化问题。经典的中城研究(Lynd & Lynd,1929,1937)中,那些关于 20 世纪 20 年代家庭的研究发现,似乎与大萧条时期的家庭生活无关。生命历程理论在 20 世纪 60 年代出现,就是对这类主题、成熟群体的挑战以及纵向研究迅速增加的一种回应。用本章的术语来说，生命历程指的是一种广义的理论取向(或范式)，鼓励在变化的情境下研究变化的生命。借用 Robert Merton(1968)的区分，理论取向会通过定义一种框架，指导研究的问题确认与形成、变量的选择与原理阐释、设计和分析策略，以此创造一种共同的研究领域。

生命历程的概念基于对社会文化理论和社会关系理论的大量调查(Elder，1975；Neugarten，1968；Ryder，1965)，是指个体随时间变化会遭遇到的、社会规定的、按年龄划分的事件和角色。社会文化的视角强调年龄的社会意义。出生、青春期及至死亡，都是生物现实，但它们在生命历程中的意义是社会现实或者社会建构的。无论是提早、及时或是太晚，年龄区分都是一种对变化时间和序列的期望表达。当我们将出生记录与特定的变迁或者出生组地位的意义相联系时，这种生命历程同样也可以被置于历史之中进行分析(Riley，Johnson & Foner，1972)。出生年份把人们放入特定的出生组中，可以与特定的社会变化联系进行研究。

本文第一作者是在1960年左右接触到有关年龄和生命历程的理念的，当时他到人类发展所(伯克利大学，1962)，和后来的社会学家 John Clausen 一起从事奥克兰成长样本的研究。整个20世纪30年代家庭和个体生命的急剧变化，让他花了很多精力思考生命的模式，及其对社会经济体制改变的反应。在为个体生命进行编码时，采取了能够抓住人们生命轨迹的代码，而不是传统的某一时间点的状态代码，例如家庭社会经济地位(SES)和个人的成功或失败。将年龄和时间联结是沿这一方向迈出的重要一步，譬如年龄分层事件。这种生命变化观提供了一种思考个体生命社会建构的途径，与芝加哥社会学派的主张不谋而合。因此，《大萧条的孩子》(*Children of the Great Depression*，Elder，1974/1999)一书是生命历程更新自己理论框架的最初努力的文本反映。 668

从其孕育开始，生命历程研究就已经将其范围从历史变量扩展到群组(cohort)的情境动态模式中去了。这些研究揭示了不同群组在贫困体验和经济财富，居住流动和邻里构成，家庭结构和同户成员，以及不同压力源、职业模式和移民所造成的不同体验(Shanahan，Sulloway & Hofer，2000)。每一个生命都由这些方面的社会变化分界，生命历程框架也被证实在研究这些动力如何塑造生命，个体生命模式的社会整合如何影响社会制度的过程中非常有效。

本章开篇将把生命历程的出现，视为一种对我们所提到的各种挑战的反应，尤其是从儿童到中年和老年期的这些挑战。发展心理学中有关毕生发展的一些观念，在这一概念集群中非常重要，正如生命周期理论中角色序列的概念、生命历程中年龄层级的概念一样。20世纪70年代末，一种新的体系，关于关系、年龄和生物的联系观，开始在生命历程理论中形成新的理论取向。

接下来我们将概述生命历程理论的基本概念和特点。在强调个体生命历程的同时，分析其制度化途径(institutionalized pathways)、发展轨迹和转变。此外，我们会分析生命历程理论的范式主题，并通过研究课题来说明。这些主题包括人类主动性和生命建构中的选择行为，生命各阶段出现的时间点，相互联系或相互依赖的生命以及历史时空中的人类生命。

该解释将探索生命历程理论对儿童和青少年研究及成年早期研究的杰出贡献。结尾部分描述了生命历程研究最新出现的发展，特别强调了生物性方面的重要性，认为将生物性、社会性以及文化影响和心理学结合在一起的理论框架将让人们大有可为。

生命历程理论的出现：历史原因

在过去30年中，行为科学和社会科学的不同领域都出现了生命历程理论的前沿研究，同时提出了关键问题和定义方法。这些进展涉及社会学（Elder, 1975, 1985; Riley, Jonhnson, & Foner, 1972）、人口学（Ryder, 1965）、历史学（Hareven, 1978, 1982; Modell, 1989）、人类学（Kertzer & Keith, 1984），以及生态心理学（Bronfenbrenner, 1979）和毕生发展心理学（Baltes & Baltes, 1990）。主要的例子有：

- 人类发展的生命历程思潮得到认可，从出生拓展到成熟，纵向研究的迅速增长将儿童期与成年期以及后期的生活适应联系到了一起（Phelps, Furstenberg, & Colby, 2002; Young, Savola, & Phelps, 1991）。
- 生活史日志得到发展，便于收集对生活事件的回溯式资料（Caspi et al., 1996; Freedman, Thornton, Camburn, Alwin, & Young-DeMarco, 1988）。
- 对具有丰富情境信息的纵向数据之必要性有了新的理解（Hofer & Slivinski, 2002; Little, Bovaird, & Marquis, 发表中）；恰当的统计技术；结构与动力模型，个人中心和变量中心的统计（例如，Bergman, Magnusson, & El-Khouri, 2003; Collins & Sayer, 2001; Little, Schnabel, & Baumert, 2000）。
- 跨学科合作模式开始建立（Elder, Modell, & Parke, 1993），尤其是心理学和历史学，但现在开始扩展到令人激动的生理和情感健康研究的发展亚领域中（Halfon & Hochstein, 2002; Hertzman & Power, 2003; Kuh, Ben-Shlomo, Lynch, Hallqvist, & Power, 2003）。本章将从这些资源里自由抽取一些来探讨当代有关儿童、青少年和成人发展研究的最新进展。
- 越来越意识到除了历史和群组的体验差异外，社会变化可能指的是出生组内通过不同的生活史所体现出的动态情境模式。另外，许多情境特点是相关的，而且它们间的互动是理解时空性的关键所在。

恰如我们将看到的，这些发展将与对个体的生命历程、它与社会历史条件变化之间的关系、它对发展过程的意义的研究有关。在这方面，生命历程理论在很大程度上和互动论及个人情境模型（Magnusson & Stattin，本《手册》本卷第8章）类似，但它也力图组织或重组织毕生发展中的社会结构和路径。正如预期的那样，它与人类发展生态理论的许多内容和概念有共通之处（Bronfenbrenner, 1979; Bronfenbrenner & Morris，本《手册》本卷第14章），包括从微观到宏观多水平环境的概念。生命历程模型同时也和毕生发展心理学（Baltes, 1994; Baltes, Lindenberg, & Staudinger，本《手册》本卷第11章）一样，在重新思考人类发展及成熟的实质方面雄心勃勃，但它相对更关注情境变化与毕生发展之间的联系。

669

图 12.1 说明了产生生命历程理论的主要传统：发展的毕生概念、社会关系、年龄和时间性。

发展的毕生概念	**生命周期和世代**	**年龄和时间性**
社会心理阶段、发展的成人阶段	社会角色的生命周期、世代延续	人类学年龄、年龄分层、期望、地位认同概念、回顾性或前瞻性年龄规则
发展的多向性	社会角色，地位和角色扮演	儿童期和家庭的历史
持续一生的人格发展	角色变化及序列	群组—出生组和社会变化、结构性滞后
带有补偿的选择最优化	角色社会化/社会学习	年龄与生命历程的变式
生命回顾、自传式记忆	代际关系、相对弹性	转变与轨迹
人—情境互动	社会网络交换、资本	

生命历程理论
20 世纪 60 年代至今

图 12.1 生命历程理论的出现(20 世纪 60 年代至今)：研究传统及其概念。

第一支主干(人类发展的毕生概念)，包括 Erik Erikson(1950，1963)的发展之心理社会阶段理论和 Paul Baltes(1997)的带有补偿的选择最优化过程理论这样的开创性研究。此外，Richard Lerner(1982，1991)强调了成熟机体的相对弹性和主动性(也见 Schaie，1965，该文更强调成熟晚期)、毕生发展的多向性、人和社会持续一生的交互作用。发展任务的概念，最早由 Robert Havighurst(1949)提出，它也代表了一种看待跨越不同生命阶段发展的方式。该概念提醒人们分析生命不同点上的特定经验，它可能非常显眼，虽然来自不同心理社会阶段实证证据的说服力还不是很强。知觉和体验到的生命历程在成熟的过程中会改变。Staudinger(1989)的兴趣就在于，将“生命回顾”过程作为一种研究智力毕生发展的方式。

第二支主干(社会关系)，包括 W. I. Thomas 关于生活史的早期工作(Thomas & Znaniecki，1918—1920)，G. H. Mead 关于社会化和自我的概念，Everett Hughes 关于工作和自我的研究，Kurt Liewin 关于权力—依赖关系的论述，以及 L. S. Vygotsky 在语言、自我和社会关系方面的观点(1978；同见 Clausen，1968；Parke，Ornstein，Rieser & Zahn-Waxler，1994)。社会角色发展和自我理论也属于这一传统，集中表现在Robert Merton 关于角色系列与参照群组的著作中(1968)，Morris Rosenberg(1979)关于自尊的概念，以及 Urie Bronfenbrenner 关于社会化的概念中(1970)。代际关系的领域如今已经从两代人的研究拓展到三代、甚至四代的研究，这方面的重要贡献包括 Reuben Hill(1970)、Vern Bengtson 和 Laufer(1974)关于三代人的研究，James Jackson(2000)对三代非洲裔美国人的研究，以及 Ross Park(Parke & Ladd，1992)的贡献。

670

第三支主干(生命中的年龄和时间性)上，有杰出贡献的主题也非常多。其中有社会和文化人类学者所作出的关于年龄分层的早期贡献，Karl Mannheim 在 20 世纪 20 年代做的出生组和世代群体的研究(Elder, 1975)。Bernice Neugarten关于年龄的社会心理学研究也同样涉及,Matilda Riley及其同事所作的开创性的社会学贡献。人口学家Uhelnberg (Hareven, 1974)和Hogan(1981)开创性地分析了群组生命模式和年龄分层。社会史方面,Hareven(1978, 1982)和Modell(1989),还有其他一些人,为我们从历史角度理解生命历程作出了贡献。Silbereisen (Silbereisen & Schmitt-Rodermund, 1995; Silberesien & Wiesner, 2000, 2002)关于两德统一对青年影响的范式化研究中,非常好地证明了年龄期望和时间表在青少年发展中的作用。

我们现在将依次说明每一主干对生命历程理论的影响。

人类毕生发展的概念

二战后心理学领域内,大量研究都试图将儿童与成人的发展轨迹和社会结构、社会变迁结合起来进行研究,当然这一领域的典型研究仍然从机体的成熟或成长入手。很多研究问题根本不关注环境变化对个体发展的意义。Erik Erikson(1950,1963)提出的心理社会阶段理论,对文化变量予以了关注,但他也大量从机体发展的角度来评述社会系统和文化的影响。Daniel Levinson(1978)《人生的季节》(*The Seasons of a Man's Life*)一书,提出了生命结构理论,但它忽略了社会结构和文化会随着历史时间而变迁。心理社会转变被限定为随年龄变化的,似乎与制度化变化无关,如中年期就是40到45岁间的阶段。对于Erikson、Levinson以及其他的遗传发生论者来说,其出发点是所有人都必须经历的阶段序列。

该观点将社会情境视为那些背负着自己的"自然天性"(nature predispositions)的个人所必须通过的"场景或环境"(scene or setting)。相反,生命历程范式将社会情境与机体之间的互动视为一种形成过程,正是这一过程使得人们成其为自己。个体不是"按照自己的天性来发展",而是,甚至是,他们不断地被其所在的社会情境产生、维持和改变(见Gottlieb, Wahlsten, & Lickliter, 本《手册》本卷第5章)。事实上,Mitterauer(1993)观察到,在很多时空中,历史学家们找不到Erikson这些心理社会阶段的证据。

毕生发展心理学(早在1969年命名的一个研究领域)的内容回应了这种环境观的挑战,它努力从人的毕生跨度中寻找一种更令人满意的发展与老龄化概念,更强调老龄化过程中文化影响和习得的经验技巧的作用。理论上,历史和文化变量的出现,是作为成人适应和发展的特殊的影响变量。正如Balts(1979)观察到的,如"仅仅把发展限定为一种具有生物性成长特点的概念,与其说是帮助,还不如说是一种阻碍"(p. 265)。

自20世纪60年代以来,Paul Baltes(1993,1994)成为毕生发展领域内一位概念建构的主要人物。若干年以来,这一领域中的绝大部分内容,都和生命历程理论的观点和特点相交织(见Baltes et al.,本《手册》本卷第11章)。毕生发展的下列特点单独来说并不新奇,但其聚合却使毕生发展理论成为一种独特的观点:

- 毕生发展是终生适应过程的结果。有的过程是延续性和积累性的,也有的过程可能与前期的事件或过程没什么联系,表现出不连续和创新性的特点。
- 发生学意义上的发展是特定时间地点的产物;它不是一种完全的适应。发展既非完全的进步也不是完全的丧失。

671

- 年龄分层的影响在依赖期最为重要，如儿童、青少年期和老年期，但在其他阶段，成年早期和中期，历史和非常态事件的影响就大得多。
- 随着期望丧失之可能性的增加，改变也会到来，它和积极—消极事件、获得—丧失感有关。虽然生物资源在整个生命期是不断下降的，但文化资源却可能增长，比如智慧的积累。
- 毕生发展促成了"选择"、"优化"和"补偿"。这些机制目的在于使获得最大化，丧失最小化。与补偿相伴随的选择性优化，代表了"一种心理管理的毕生发展模型：个体如何处理生命成熟的两面性？成熟会令获得与丧失的平衡逐渐走向不平衡，个体是如何面对这种不平衡的"(Baltes, 1993, p. 590)。

这些机制或策略在以后的生活中也会发生作用，在对钢琴家阿瑟·鲁宾斯坦的一次访谈中就清楚地说明了这一点。当被人问及在后期生涯中他如何维持杰出钢琴家的声誉时，鲁宾斯坦回答说他有三个策略："(1) ……减少表演的曲目，(2) 比以前更努力地练习，(3) 在快板之前弹更多的慢章，这样快板听上去会显得比实际上要快一点。"(Baltes, 1993, p. 590) 鲁宾斯坦选曲更少，这实际上是一种选择的策略，每首曲子练习更多，则说明了优化策略的运用，而对速度对比的逐渐依赖则代表了补偿效应。

这种心理模型不仅适用于成熟期，对儿童期、青少年期等所有年龄段来说都具适用性。青少年期适应，用选择最大化的术语来看，在这一阶段，需要令获得最大化，令风险、损失或贫困最小化。青年具有了能力，无论是运动员、学者或者流浪者，都会通过资源、时间、精力和关系的投入来使自己的收获最大化，这就是他们的选择活动。Marsiske, Lang, Balter 和 Baltes(1995, pp. 35—36)宣称，把带补偿性质的选择最优化视为毕生发展的元模型，是最恰当不过的了，因为它可以被运用到发展性的"个人—情境矩阵"的很多方面。毕生发展学派的发展心理学家，比如 Baltes, Warner Schaie 和其他人，丰富了我们对跨生命历程的发展与老龄化的思考，他们同时也注意到了社会、文化和历史力量在心理发展中的作用。

然而，毕生发展的概念在把社会结构作为发展的一种制度化力量方面却比较失败。问题源于毕生发展框架中的情境概念，它指的是年龄分层、历史分层或非常规的影响：年龄分层的影响会改变所有人都会大量穿越的常规性道路，历史分层的影响会为不同的群组塑造不同的路径，非常规性影响代表了特殊性(比如在事故中断了一条腿)。这种观点在两种意义上来说都过分严格了。首先，群组内变量很大程度上代表了非常规性影响，这很难开展科学研究(Dannefer, 1984)。这样，群组内差异的社会基础就变成一个残余的类别。第二，正如 Mayer(2003)提到的，毕生发展心理学把历史和非常规性影响视为是具有个体特殊性的(如独特的、不可重复性的)，只承认年龄分层的影响，将其视为很大程度上都基于生物和年龄规则。

由于对产生年龄规则的更大的社会力量并不关注，行为的群组内规律仅仅用个人特质(生物和内在法则)来解释。最后，对群组中情境影响的研究受到了很大的阻碍，因为其得出的模式多为年龄分层的不变模式，或者认为情境影响过于随机，根本无法研究。尽管存在这些概念性困难，事实上，今天的毕生发展研究已经开始关注更广泛的社会情境和个人功能之间的关系(例，Heckhausen, 1999)。

此处的重要主题在于，应该认识到并不存在研究人类毕生发展的“最佳”进入点(Point of Entry)(同见 Shanahan & Porfeli, 2002)。事实上，人类发展的多重性质决定了需要从不同进入点进行研究，需要带着特定的研究问题，从文化、社会制度和人类机体各个方面进入。发展过程的进入点之间经常互为联系或跨越不同水平，同一个研究通常采用不同的进入点，虽然也会围绕中心问题所在的进入点展开构架。因此，像“乡村变化对青少年社会与情感发展的影响”这一类的研究课题，研究框架首先应该围绕变化这一社会过程，如经济贫困及其产生。研究问题应该探讨这种变化对儿童发展体验造成的不同影响。研究的另一部分内容也可以关注特定情感和社会发展后果的决定因素、家庭内部相关的保护性资源，或采取以儿童发展状态为中心的进入点。其他进入点还可以包括，亲子互动或兄妹关系。上述每一种进入点都可能成为架构独立研究的框架。

672

生命是如何进行社会性组织的：角色、周期和年龄

图 12.1 的第二栏指的是，个体的生命模式是如何由多重角色序列和转变构成的。一生中，进入或脱离某一角色的转变，造成了地位和身份、社会和个人的变化(Glaser & Strauss, 1971)。人类学家据其现场研究提出，人类从出生到死亡的模式化角色序列实际上是一种“生命周期”(Kerter & Keith,1984)。主要角色的变化，比如从青年到结婚，到养育，通常代表着生命周期中不同社会阶段的变化。

就概念而言，生命周期将生命视为一种社会关系，尤其是亲属关系和代际延续的组织。生命周期作为毕生发展中最关键的一个术语，自 1900 至 1960 年间都是指个体与家庭之间的一系列社会角色。我们可以从为人父母的不同阶段中，从孩子出生到离家独立，再到他们开始抚养自己的孩子这一过程中，更清晰地发现生命周期的社会意义。从此意义上来说，角色序列的变化指的是人类身上不断重复的这样一种再生产过程。在代际延续的生命周期中，新生儿社会化为成人，繁衍下一代，老去，最后死亡。这种“周期”在人类身上是一代代重复的(O'Rand & Krecker,1990)。

生命周期作为生育周期，在其进化过程中变化相当大。初潮不久后就育子，会加速周期循环，并减小代际距离。如果大女儿在 13 岁前育子，她的母亲就可以在 30 岁前做祖母，而母亲的母亲则可以在 50 岁之前做曾祖母。早育如果延续几代，就会削弱基于代际和年龄的基础，从而影响家庭权威与社会控制。相反，晚育则会减慢周期，并使相临两代之间的年龄共性减少。在变化迅速的社会中，父母、祖父母和孩子之间共享的文化与历史情境正在趋于消失。

生命周期的概念包含了社会化和社会控制两个过程。特定生命阶段的主要角色，会给人们提供方向和规则，将其锁定在一系列常规期望和非正式鼓励之中。对重要他人的责任，会随着时间流逝，产生一种坚持某种行动路线的承诺感(Becker, 1961, 1964)。稳定的角色关系保证了人格的稳定性，同时进入这一类的关系能够使个体的生活保持稳定，使各种涉足危险与意外活动的可能性最小化。Sampson 和 Laub(1993)从他们的一个低收入都市男性样本中观察到,很多儿童期有偏差行为与经济贫困历史的成人,如果与传统人物建立联系,保持传统的行动路线,在成年后能为自己设定一种脱离偏差行为的路径。

战后,家庭主义盛行,Paul Glick 和 Reuben Hill 在其著作中提出的家庭生命周期的概念,是一系列根据家庭结构与规模变化来划分的有序育儿阶段,使生命周期的概念也变得老少皆知(Elder,1978)。重要的转变点包括恋爱、订婚、结婚、第一个到最后一个孩子的出生、孩子求学升学、最大和最小孩子的相继离家、伴侣死亡带来的婚姻解体。这一年代的家庭生活比当代家庭生活更适合用这些角色序列来描述。当代婚姻与养育行为很大程度上并不匹配(Bumpass & Lu, 2000)。孩子更多的在婚前或婚外出生。在美国,离婚率不断上升,导致个体生命中拥有多个家庭,而且在成年前,大部分孩子都有单亲家庭的经验。

生命周期与家庭生命周期的概念,将生命阶段序列和世代紧密地结合在一起,同时也让人洞察到贯穿毕生的社会控制和社会化过程,这些过程将个体的发展和他们的职业相联系。正如我们前面提到过的,非常值得注意的是,生命周期强调再生产和养育,这限制了其分析儿童和成人生命及其发展轨迹的价值。因为它不能用于解释未婚、未育以及多次离婚的人,而这些人在当代社会中正变得越来越常见(如 Fussell, 2002)。它过于强调单一职业,也忽略了现实生活中多种职业的可能,每个人通常都在同一时间扮演多个角色(或者伴侣和父母,或者伴侣和雇员),但这些同时性的角色都不在生命周期的范畴之内。相应地,生命或家庭周期的概念也不能指导多重角色的管理与协调的研究,如婚姻与工作。20 世纪 60 年代末期,是生命周期研究的鼎盛时期,Young 和 Willmott(1973)的一个调查概括说,工作和家庭研究遵循了不同的路线,二者没有作出明显的联合努力,来检测彼此的相互依赖。这种分裂对于日益繁荣的工作和家庭关系研究(强调轨迹的交叉性)来说是一种强烈的对比(Blair-Loy, 2003; Crouter, Maguire, Helms-Erikson, & McHale, 1999; Drobnic, Blossfeld, & Roweer, 1999; Moen, 2003; van Der Lippe & van Dijk, 2002)。

673

另外,生命周期对时间位置与发生时间的重要性不敏感。该概念描述了社会角色及其转变的序列。社会角色是有序的,但并不按时间分布在个体生命中。以家庭生命周期为例,养育的每个阶段都可以按顺序排列,但不能被年龄或以一种基于年龄阶段的生命历程观点的时间性标志所局限。某人的生命周期模式可能将婚姻置于第一个孩子诞生之前,但却无法告诉你缔结婚姻到底是在 20 岁还是 40 岁。因此,序列模型只能提供生活情境的部分故事。

"世代"这一血缘性术语也是生命周期思潮的一部分,同样也无视时间属性。上一世代的成员,就事件与长期趋势而言,并不一定是拥有共同历史位置的人。比如,父辈世代,出生年代的范围可能上下近 30 年,这一时间框架可能包括大萧条时期、20 世纪的世界大战与和平年代。时间跨度越大,同一世代的历史经验差异越大。从此角度出发,显然,世代性的角色或位置无法将人类生命与社会变化准确地联系在一起。事实上,代际研究最显著的特点就是对历史时间或位置不敏感。世代被置于一种没有时间的抽象现实之中。

这类时间性的局限也是基于角色理论上的各种特质模型的普遍特点的。Ebaugh(1988)

近来对角色退出的研究，进一步显示了这种缺陷。角色退出包括新角色及前一角色所带来的身份变化，但 Ebaugh 的研究竟然对一生的时间过程或历史时代毫无介绍。从这类分析去判断，人们可能以为，生病或死亡的是儿童还是祖父母无关紧要，家庭的解体发生在 20 岁还是 50 岁没有差异，解雇出现在职业生涯的开端或终点都完全一样。相反，事实证明，时间记录在所有这些方面都非常重要，因为我们是受社会时间表、年龄规则以及年龄分层约束的共同制约的。

总之，角色序列和身份变化，社会化和社会控制过程，生命周期以及世代，都是 19 世纪以来用“关系”来看待生命模式和机体这一观点的概念元素。这一派别最早的理论代表之一为社会学家 W. I. Thomas，他运用生活纪录(life record)数据，来研究 19 世纪初移民欧洲和美国城市的波兰农民(Thomas & Znaniecki, 1918—1920)。这一先驱性的工作，被称为“美国社会学家最伟大的单一性研究”(Nisbet, 1969, p. 316)，移民的生命包括了非连续性的年龄，他们的社会化来自一个只存在于记忆中的世界。他们离开和进入的社会，其“发生路线”(Lines of Genesis)是互相对立的，或者说，对个体的发展和适应来说，社会角色的基本顺序是互相对立的。虽然 Thomas 和 Znaniecki 还没有敏感地觉察到，但此课题中已经明显提出了社会或历史时间的影响。

多年以来，虽然在很多方面存在局限，但关系与生命周期的观点，就如何思考社会塑造(patterning)和生命的相互联系，提供了一种有意义的途径。20 世纪 60 年代中叶，这一思潮开始融入对年龄的最新理解，形成了一种生命历程理论模型，该模型综合了两种理论传统的可贵处：一方面将生命与毕生和世代相联系，另一方面通过变迁社会中事件和社会角色的年龄序列将时间属性包含了进去。另外，这些模型还包含了毕生发展的理念，强调个体在生命和生命历程的社会构造中的主动性。

年龄与生命历程

674

20 世纪 60 年代是一个非常重要的年代，它将关于生命的理论传统互为贯通，使其以新的方式来思考年龄，比如对其多元意义和后果的理解(见图 12.1 第三栏)。这些新方式包括对社会年龄结构，尤其是以 Bernice Neugarten 为代表的先驱性工作中提到的，对个体自我构建的生命历程的主观体验的强调(Neugarten, 1996; Neugarten & Datan, 1973)。在芝加哥大学的人类发展委员会中，像堪萨斯城市计划(Kansans City Project)这样的二战后研究，和当时其他研究相比，更好地把人类延续到成人期的发展与人们生存其中的社会结构联系在了一起。比方说，Neugarten 和 Peterson(1957)观察到，和年龄有关的自我概念，与社会经济地位决定的生命阶段之间存在相关。与高阶层的人相比，工薪阶层的男性和女性，要在年龄更大一些时才认为自己进入了中年。Neugarten 在这一早期研究中，将社会经济职业和成人心理、角色变化和代际概念联系在一起，作了大量的贡献。我们在讨论生命历程的年龄视角时将会再回到这些贡献。在 Norman Ryder(1965) 和 Matilda Riley(Riley et al., 1972) 等人的开创性研究努力下，这些新方式更清晰地呈现了历史时代和生命的发展性关系，如出生组(Age Cohort)和连续性年龄分层的成员关系。这一研究第一次将年龄(Elder, 1975)

和(1) 社会文化,(2) 历史群组这两条相对独立的路线融合在一起。

人类经验中的社会文化模式

年龄对于生命系统的社会文化意义,和针对年龄分层和定向的社会研究 (Kertzer & Keith,1984)一样,人类学家多年前在人种志研究中已经涉及了。虽然该研究关注的只是特定文化下的年龄结构,但是,它所提出的新问题,探索了个体对年龄以及年龄分层的体验,从新的角度为研究人类的生命提出了一些社会和心理的变量。

与文化研究中年龄模式的结构化观点(Eisenstadt, 1956; Kertzer & Keith, 1984)不同,研究显示,同龄人在生命历程中的主要事件并不一定协调同步。此外,他们的转变期节奏和结果都不一样,而且他们所选择的方式也会给家庭压力、儿童社会化以及个体健康带来影响。当我们解释选择不同社会轨迹的人的不同成熟过程时,这种差异也会出现。

20 世纪 50 年代晚期到 60 年代早期,Bernice Neugarten 指导了一项研究,该研究提出了常规时间表的概念,以及个体对这些常规期望的偏离(Bernice & Datan, 1973)。生命历程的时间表指的是社会年龄,其定义为人们对生活事件的期望。理论上,年龄期望确定了主要转变的适当时间,违背这类期望可能导致他人的苛责反应。如入学、离家、结婚、生育以及退休,都有一个恰当的时间。Neugarten、Moore 和 Lowe(1965)在中产阶层成人中,观察了 15 种左右与年龄相关的特点,发现其中存在高度一致。数据揭示,男性和女性对女性适婚年龄都有一致的看法,这一点支持了非正式约束与早婚和晚婚有关的假设。另外,女性在结婚或其他角色变化时,事实上清楚自己是恰到时机,还是太迟或太早。

虽然随后的研究进一步沿此方向拓展(Settersten & Mayer, 1997),但对于年龄期望、界限和相关约束,人们所知仍旧不多(Marini, 1984);这些问题显然还需要比目前更多的关注。有观点认为,生命历程的阶段划分应采取认知描述或预测,而不是常规的回顾性或前瞻性解释。然而,这些描述或年龄期望的建构、变化以及习得的过程,至今为止仍旧是一个所知不多的领域。

几十年来,人们提到年龄分层或分类时往往指的是其拥有的共性,并没有注意到其对于涉及其中的个体的意义。幼儿是从何时开始采用学生的视角,年轻人从何时开始采用成年人的视角,并用此身份看待自己?对于成年人视角来说,是婚姻、第一个孩子出生,还是开始工作是关键?这些有趣的问题是 Neugarten 的研究所关注的,她开创了新天地,并在努力证明这样一个假设:生命阶段部分的是一个人的社会经济地位与职业的函数。

50 年代中期,Neugarten 发现,社会阶层较低的男性与中产阶层男性相比,可能在生命的年龄段体验上要快得多:他们的生命周期里,成熟、中年、老年会更快地来到,原因可能在于与阶层有关的职业要求和压力(Neugarten & Perterson, 1957)。靠脑力劳动的高级从业者,其能从事生产的时间相对更长,而用双手劳动的人在退休前从事生产的时间则相对更短。这一研究为现在被称作"生命历程结构学派"提供了最早贡献之一,该学派重视人的主动性和选择。

675

年龄区分为社会角色赋予了顺序(比如 Neugarten 研究中的社会文化视角),但它同时也按不同年龄或出生组为人们排序。群组对于人口学有关婚姻、生育和离婚的研究来说很久以来就是一个十分常见的概念。然而,生命历程研究一度对此并不感兴趣。后来也许是受新发现的激励,即发现生活方式(Life Pattern)与社会变化之间存在联系(Schaie, 1965),20世纪60年代开始出现致力于反映这种联系的重要理论工作,如Norman Ryder那篇影响深远的论文《社会变迁研究中的群组概念》(*The Cohort as a Concept in the Study of Social Change*)。这方面最容易读懂的著作是Matilda Riley和她的同事一起写的《成熟与社会》(*Aging and Society*, Riley et al., 1972)。

生命的年龄群组

20世纪60年代开始出现致力于反映这种联系的重要理论工作,如Norman Ryder那篇影响深远的论文《社会变迁研究中的群组概念》。这方面最全面的著作是Matilda Riley和她的同事一起写的《成熟与社会》。Riley及其同事,将年龄视为划分整个生命历程的历史体验和角色顺序的基础。"如果说排列社会经济地位等级的目的在于形成社会阶层,年龄分层就是一种典型的时间序列(因此,更类似于地质分层)。"(p. 23)出生年份显示的是历史时间,实际年龄的意义则是生命的社会性期望时间点和生命阶段。出生组在历史变化与生命历程之间提供了一种联结。

出生年份或进入某一体系的日期(如毕业或结婚),将个体按历史时间和相关的社会变化定位:当个体沿年龄分层的角色序列前进时,他和出生组中的同龄伙伴一样,经历了特定部分的历史体验。为了把握出生年份和所属出生组的意义与内涵,分析者需要说明同一时代的重要历史事件和过程,同时还要说明出生组本身的特征,比如规模和构成。这些特点自身就是历史变化在出生率、死亡率、迁徙和移民上的表现。

在社会迅速变化的过程中,相邻出生组的分化是最为明显的,出生组间的差异程度代表了社会变化的程度。由于相邻出生组会在生命历程的不同阶段遇到相同的历史事件,这意味着不同出生组势必会对同一变化有不同的生命体验。相应地,历史事件的影响,就要视该出生组在遭遇社会变化时所处的生命阶段而定了。Ryder(1965)在解释生命历程中的群组差异时强调"生命阶段原则"(life stage)。当每个出生组遭遇某一历史事件时,无论是大萧条还是繁荣时期,这些出生组都"明显由其所属的不同职业阶段而分界"(p. 846)。样本包括不同年龄入伍的美国二战服役老兵。年龄跨度约20年:有的刚刚高中毕业,而有的则35岁左右,有家庭和职业。

从这一有利点切入,生命体验的历史影响在群组研究中可以采取不同的形式。一种形式即群组效应(cohort effect),社会变化对相邻出生组生命模式的分化,如20世纪20年代年长和年幼组的"大萧条孩子"。和生命阶段原则一致,年幼组儿童,特别是男孩,受经济崩溃压力的负面影响最大(Elder, 1974/1999)。群组差异同样也可以通过某一行为或实践的显著性表现出来,比如受二战创伤的生命历程重组或平衡。

群组效应也可能以社会机制的变化得以表现,如美国纽约郊区4个出生组(birth cohort)的白人女性向为人父母阶段的转变(Forest, Moen, & Dempster-McClain, 1995):1907—1918,1919—1923,1924—1928,1929—1933。第一个出生组在大萧条中进入成人期。第二个出生组在二战期间进入成人期,第三个在战后早期进入,第四个在20世纪50年代为人父母。研究发现,在头两个出生组的女性身上,婚前就业是造成生育延迟的主要原因。然而,在更为年轻的出生组中,教育水平提高是头胎推迟的主要原因,其作用远远超过了婚前就业。高等教育在女性生命中正变得越来越重要。这一趋势同样也影响了女性在婚后和孩子出生后继续回到学校,特别是在第三和第四个出生组中。 676

除了群组效应外,历史还会以时期效应(period effect)的形式发生影响,即某一时期社会变化会相对一致地影响连续出生组。Rodgers和Thornton(1985)认为,"20世纪结婚比率的大部分改变是时代特征的结果"(p. 21),而不是群组的差异。他们在离婚和婚姻不稳定现象方面也得出了同样的结论:"……历史效应会以惊人的一致影响所有的人口亚群体。"(p. 29)离婚方面,他们注意到直到20世纪30年代都处于上升趋势,大萧条时期下降,然后迅速攀升,到40年代中期达到高峰,60年代和70年代继续保持上升趋势。影响这一时期波动的确切因素还需要进一步讨论。

将这些效应(群组和时期效应)及其与成熟或老龄化之间的联系分解开来,目前这方面的努力还不能完全解释生命中的社会变化。群组研究很少能提出涉及改变产生的社会变化或过程的问题。比如,毕生发展研究,可能用错误的术语来说明环境变化,或把群组视为检测行为结果普遍性的界标,比如群组序列设计(Baltes, Cornelius, & Nesselroade, 1979)。但是历史即便是非常重要的,可能被作为时期或群组效应来操作,从而对于分析过程的确切性质帮助并不大。

另一种分析历史变化的方法——比较亚群组——这样做的前提假设是,每一出生组的成员对趋势和事件的感受不同。不是所有经历过大萧条的孩子都会遇到严重贫困的;不是所有的二战老兵都会经历过许多战争的。在大萧条中,经济衰退并不是对所有家庭产生统一的影响的,不是所有的孩子都会以同样方式感受到家庭艰辛的(Elder, 1974/1999)。特定出生组内子群体的体验变化,代表了一种显著的概念差异。然而,精确地聚焦特定的变化事件或过程能够更多地提供发展的意义和启示,因为它可以指导研究解释特定的变化过程,比如家庭对移民生活的适应。

群组成员关系对于生命有特别的意义,尤其是当特定出生组的规模与能否获得经济机会相关时。Ridchard Easterlin(1980)在解释男性职业生涯战后的变化时,继续分析了这一问题。他的出发点是年轻人的数量及其相对经济地位之间的联系。其他条件一样时,青年男工越多,他们的经济地位和收入越少。1960年以前,年轻男性的出生组规模相对较小,这使他们得到大量的机会,经济地位也改变很快(与年纪较大的人比较而言)。1960年以后,婴儿潮(baby boom)出生组开始进入年轻成人的范畴,劳动力供应过剩,限制了其经济地位的改善。

这些出生组的行为,成为了他们所遭遇的"相对经济压榨"现象的代名词。与上一代年纪更大的男性相比,这一代人的经济地位下降很多,年轻成年人的数量增加令家庭建立更迟,年轻女性比年老女性的就业率要增加得快得多。这一时期的出生组身上,我们看到了高离婚率、自杀率、犯罪率;看到了自20世纪40年代持续增长的高校就读率开始下降。Easterlin所开展的研究产生了混合的结果,然而却说明这一模型可能过于简化(Pampel &

Peters, 1995)。

这种简化部分反映了群组研究普遍存在的一个问题：理论和研究主要集中于群组层面时，很难锁定生命与时代变化之间的联结机制。群组可能成为一个没有任何因果动力和联结信息的“黑箱”。从群组间的行为差异中，并不是那么容易找到一个能进行解释的社会或历史因素。思辨往往代替了严格的解释。问题主要在于，出生组中的个体对这种或那种环境变化的体验程度不同。因此，一些中小学生会由于某一企业的关闭而遇到经济压力，而另一些孩子却能免于此类压力。针对这种社会异质性，越来越多的研究开始采取通过群组内分析(Intracohort analyse)调查特定类型的社会变化的方法。

677

我们将介绍这些研究中由 Reuben Hill 做的一个研究，介绍之前，我们先简要总结一下年龄的时间性，主要结合儿童发展，分析三种与之有关的意义，即生命年龄或者生命时间，社会时间的多元意义，以及历史时间。生命时间(life time)是指实际年龄，或者说个体在发展成熟过程中所处的位置。从发展的观点看，年龄提醒调查者要注意不同的亚群组受社会变化的影响不同。年龄的生命时间意义需要特别说明变量所代表的意义。社会时间(social time)，比如社会事件的不同年龄模式结果，包括不同养育阶段和代际更替的“家庭时间”(family time)。家庭时间的通常概念是指因为结婚或者育子而离家的恰当时间。最后，历史时间(historical time)指个体在历史中的位置，属于哪一出生组就代表了其历史位置。

生命周期和生命历程

任何理论变化的时期，新老模型都可能共同指导研究。20 世纪 60 年代中我们就看到了新老模型的这种混合使用。Hill(1970)关于三代人的研究就是这样的实例。祖父母一代在 1915 年前结婚，父母一代在 20 世纪 20 年代和 30 年代中期之间结婚。Hill 在其关于家庭生命周期及其发展的文章中，对于生命周期模型作出了杰出的贡献，他进行这项多世代研究的目的，在于继续讨论代际延续与变化的问题。但当时社会的剧烈变化，低估了代际成员关系的历史意义，因为每一代的年轻成员与年长成员被放在不同的历史点上。1920 年左右结婚的父母们比 1930 年大萧条时期结婚的父母拥有更多的孩子。这两组人的生命历程有明显的不同，因此也是不同的人口样本。

世代历史体验的异质性，使分析家开始在每一世代中区分群组，Hill 在其工作中也采取了这一修正。他调查了家庭管理的策略，包括结婚与为人父母的发生时间，孩子的空间安排，夫妻进入或重新进入工作，以及物质获取的时间。与生命历程模型一致处在于，他注意到在快速变化的时代，“每一世代出生组在结婚时所遇到的历史条件和动机不同，这些会影响关键性生命决策的发生时间，而正是这些决策造成了生命周期生涯上的世代差异”(1970, p. 322)。Hill 的研究中，中间世代内显然表现出了这种群组的不同模式。

某种意义上，生命周期模型中的世代维度，强调了“彼此联系的生命”的社会动力——父母子女、丈夫妻子、祖辈孙辈以及兄弟朋友，从而赋予了个体的生命周期以意义。为人父母与祖父母不仅代表了生命的一个阶段，其本身还作为一种毕生的联系出现。从这一角度来看，生命周期模型使得成人发展对于理解儿童发展尤为重要，关于儿童的研究却并没有完全意识到这一重要的洞见。父母的人格变化或社会变化都对儿童发展产生后果;反过来,儿童行为的变化也会改变父母的行为和心理(Crouter & Booth, 2003)。就概念来说,儿童也在自己生命周期中积极发挥了主动性。

生命周期对生命历程课题的这些贡献,在奥克兰成长研究对加州人的长期研究中也有所呈现,这些加州人出生在20世纪20年代早期,在20世纪30年代的大萧条时期度过了青少年阶段,体会到了二战对人力的需要(Elder, 1974/1999)。这一研究的中心问题,在于大萧条对奥克兰样本中这些孩子的生命和发展的影响。代际的框架对研究这一问题非常适合,因为它强调经济贫困改变了家庭机制及其社会化,从而对儿童生命造成不同影响。

但从20世纪20年代到30年代晚期,生活体验的剧烈变化,也提出了一些用生命周期模型无法完全回答的问题。变化的效应受制于很多方面,包括个体经受该事件的程度、年龄、发展阶段以及父母的年龄。经济和家庭环境迅速变化,需要将其和父母年龄、儿童年龄相联系。这些观察使得出生组与生命阶段的区分变得非常重要:

> 30年代早期,经济贫困最为严重时候,奥克兰孩子已安然度过儿童早期的依赖阶段,智力和情感发展良好。当他们成年的时候,又遇上了全国范围内的战争动员,当然这时候机会也增加了。在经济崩溃最严重的时候,早十年出生的奥克兰孩子已经加入劳动力大军,而1929年出生组孩子的福利还完全依赖于其家庭条件。(Elder,1974/1999,p. 16)

678

家庭对经济贫困的适应能力,将20世纪30年代的经济崩溃与儿童发展联系起来。该研究放弃了静态的家庭生活概念,转而从家庭经济及其多重影响因素的角度,思考经济危机及其对儿童的意义。通过这种互为联系的关系和影响因素,经济角色和地位的变化塑造了孩子的体验。因此,在社区里从事过带薪工作的孩子比其他孩子更独立于其父母。

评价大萧条中孩子的成长,需要掌握通向成人阶段的路径知识,比如教育、婚姻、职业生涯的进步以及服兵役。大量的年轻人可能通过提早工作或服兵役解脱贫困。另外一些人可能通过接受高等教育或结婚来解脱贫困。但有些后果可能比这些事件本身与发生时间的关联更大。婚姻就是一个例子。早婚会因为减少接受高等教育的机会或使得家庭生活乏味而导致贫困。另外,发展理论认为青少年早期的工作体验会促使孩子考虑工作,考虑进入成人工作角色的时间。

这一类及其他的概念性主题,使得年龄分层的生命历程对于此研究特别具有理论意义。考虑一下联结青少年早期工作经验与成人工作之间事件的顺序。家庭贫困让男孩更多地参与带薪工作,继而,这一体验提高了他们的社会独立性和对职业的敏感度。这种敏感度以对职业的早期关注和工作责任感表现出来,进入工作生涯后,这种敏感度能够有效地补偿家庭贫困造成的教育不足。就长远来看,家庭收入降低对奥克兰男性的职业地位或女性婚后地位并无不利影响。

恰如这一解释中提到的一样,《大萧条的孩子》(Elder, 1974/1999)一书是从生命周期和传统关系概念开始的，如角色序列和世代概念；但它很快就转向分析年龄这一概念的意义，将家庭和个体的体验（尤其是出生组和生命阶段）与历史变化相联系，用年龄层级事件和社会角色的概念，区分出贯穿生命历程的不同轨迹。上述两种理论路线都在时间、情境和过程三个维度上描述生命历程理论。生命历程是通过社会制度和结构实现年龄分层的，同时它嵌套在各种关系中，从而支持和限制各种行为。另外，出生组将人们放置到特定的历史环境中，同时，亲属与朋友关系也将跨世代的人们联系在一起。《大萧条的孩子》第 25 版（Elder, 1974/1999）包括了另外一章，这一章比较了奥克兰组与更年幼出生组——伯克利组的生命模式，后一组的成员出生于 1928 年到 1929 年间。伯克利男性与其他性别/群组等亚群组相比，受大萧条贫困的负面影响最大。

当代生命历程理论及其社会维度已经不同于早期，它将社会关系的生命周期过程与年龄的时间性和情境性结合。作为这种改变的一个例子，我们只需要比较一下 Thomas 和 Znaniecki 的《欧美的波兰农民（1918—1920）》就可以了。该书将其对世代和血缘分析置于一个完全无时间的非现实空间。而《家庭时间与工业时代》（*Family Time and Industrial Time*, Hareven, 1982）的代际主题，研究了一家大型纺织企业 20 世纪 20 年代到 20 世纪 30 年代期间，几个连续工人出生组及其家庭在经济衰退中的情况。虽然《欧美的波兰农民（1918—1920）》明显是历史研究，但它却没有按年龄和历史情境来将移民归类，也没有描述他们移民时所处的生命阶段。Hareven 的研究就提供了这些界限，并利用它们评估了产业变化对新罕布什尔州曼彻斯特市工人家庭、亲子的意义。

通过将社会关系概念、基于年龄的区分和人类机体的毕生发展概念相整合（见图12.1），生命历程理论成为 20 世纪 70 年代到 80 年代间一个重要的、迅速扩张的研究领域。个体的生命历程以及作为一个人的发展轨迹，与他人的生命与发展相互关联起来。生命历程理论和毕生发展理论产生了争论，后者将个体发展视为不受历史情境下社会与文化过程限制的一种发展过程。该理论今天很大程度上认同 Bronfenbrenner 的生态理论（1989）、Lerner（1991, p. 27）对情境变量的进一步重视，以及发展科学中最新出现的跨水平和跨领域研究（Cairns, Elder, & Costello, 1996; Ford & Lerner, 1992; Thelen & Smith, 1994，本《手册》本卷第 6 章）。

679

生命历程理论的情境视角，和 Urie Bronfenbrenner 的人类发展生态理论，即现在的生物生态理论有很多共性（Bronfenbrenner & Ceci, 1994），但不同在于它更强调历史、家庭和生命情境等的时间维度。Bronfenbrenner 的《人类发展的生态学》（*Ecology of Human Development*）一书提出了社会文化环境从宏观到微观的多重水平观点，但没有包括变化的环境中个人发展的时间性方面。生命历程研究中，这一方面包括年龄分层的社会轨迹或路径，同样还包括历史情境。若干年以后，在提出个体—过程—情境模型后，Bronfenbrenner（1989, p. 201）注意到了他和 Lewin 原创的公式中都忽略掉了的一个主要缺陷——时间维度。为了改正这一制约，他提出了“时间系统”（Chronosystem）这一概念，以及三大随时间变化的互动要素：(1) 发展的人，(2) 变化的环境，和(3) 他们的近体过程。虽然这一概念未被广泛采用，生态观自身也已在儿童发展方面促成了大量的情境研究（Moen, Elder &

Lüscher, 1995; 同见 Bronfenbrenner & Morris,本《手册》本卷第 14 章)。

生命历程理论中的人类发展,代表了机体—环境随时间而产生的互动,在这一过程中机体在塑造自己的发展方面发挥了积极主动性。发展的个体被视为一个动力性的整体,而不是单独的体系、层面或领域,比如情感、认知、动机等元素。发展过程是嵌套在一种动态系统中的,这一系统中不同水平间和水平内部存在社会交换与相互依赖。正如 Bronfenbrenner (1996)提到的,生命历程的这种动态性,充分表现在互为联系的生命身上,表现在家庭成员受其所处的社会变化的不同影响上。最后,生命历程理论更致力于去解释,社会变化是以何种方式在近体过程和儿童发展中发挥作用的。

我们现在将回过去介绍一些基本概念和观点,它们主要集中于个人生命历程和发展过程。其中包括了关于多重水平的根本概念——轨迹与转变。

个体生命历程的基本概念与观点

个体的生命历程及其与发展轨迹的关系,代表了生命历史理论与发展科学的共同基础,因为其"个体功能性的观点,强调过程在时间框架、分析水平和情境三者之间的动态互动"(Cairns et al. , 1996)。基于 20 世纪 60 年代以来的理论发展,生命历程理论已经成功地在心理发展过程、生命历程和社会正在发生的变化之间架起了一种概念性的桥梁,其基本假设即是年龄将人们放置于社会结构和特定的出生组中。

要理解这座概念性的桥梁,我们需回到一些基本概念。首先,我们将从生命历程的多重水平开始,从制度性道路到个体的行为路线到塑造个体生命历程的情境的积累模式。第二,其他一些关键性的时间概念,比如轨迹、转变和转折点也会提到,我们会尤其强调社会转变的重要性。第三,我们将关注已经被证实在情境影响研究中非常有用的联系机制。从大萧条前出生的孩子开始,研究已经揭示了一系列联结情境与个体生命历程的机制。这些机制有利于更新生命历程普遍原则的概念性意义。

主动性在塑造生命中的核心作用,在这些早期研究中得到了证实,随后的研究强调的是其与社会情境之间的联结。虽然主动性的概念包括了许多现象——特别是从心理结构,诸如动机、价值和欲望、人格的角度来看——其在生命历程理论中的完全意义,在其与社会方位的动态互动中已经发现(Hitlin & Elder,发表中)。最后,我们会考虑有关选择的主题,它指的是将人们引向情境和经验的因素(Caspi, 2004)。每一个关于生命的经验研究会进入人与情境之间的交换发生系统。选择及其相关概念承认这种复杂性,并鼓励对围绕确认情境影响力这一类挑战的高度敏感性。生命历程理论的范式化主题就是从这些基本概念中演化出来的,注重特有的概念取向,比如变化的时代和生命之间的关系。 680

社会路径,积累过程与个体生命历程

社会路径(social pathway)和积累过程模式(cumulative pattern)代表了情境的动态视角。路线指的是组织和制度内部及其彼此间的社会位置序列。制度化路径通常有特定的时

间界限，Merton(1982)将此称为"社会期望时间"。法定选举年龄和婚龄，就可视为一种认可的依赖阶段结束标志。社会路径通常是按年龄划分的，因此可以分为过早、适时和延迟的转变。在学校留级的儿童可以从教育梯级上知道自己处于落后状态(Alexander, Entwisle, & Dauber, 1994)。公司经理会谈论年龄层次与职位提升的关系(Sofer, 1970, p. 239)。

除了年龄分层性质外，路线还使得人们的生命方向结构化。Pallas(2003, pp. 168 - 169)观察到，路线的显著特点即能够决定人们的轨迹和行为多大程度上被塑造，比如，某一路线中的选项数量，有可能体验到的波动程度，污名和外在奖励，个人选择的重要性等都是有待决定的。有的路线能够为基于个人动机的向上流动提供机会，而另外一些则可能不论个体如何努力都无法获得令人看好的前景。

路线同样也是一个多水平的现象，反映了文化、国家、社会制度与组织以及场所等不同水平的位置安排。人们不同程度地沿着已经设定好的或制度化的路线设计自己的生命历程。这一多水平系统的宏观一端，通常由政府来建立路线(Leisering, 2003)。在微观层面，由制度部门(经济、教育等等)或者当地社区(学校系统、劳动力市场和邻里)来指导路线。每一个系统水平，从宏观到微观，都会对生命历程的决策和行动过程部分地进行社会性调节，产生协调或不协调甚至冲突(如婚姻、离婚和领养法律)的领域。在个体行动者这一基本水平，有的决策压力和限制与联邦调控有关，有的与雇主调控有关，有的则与国家和社区立法有关。

Mayer (1986)在他确认重要的社会机制时将国家—州牢记在心，"是它们给生命施加着秩序和限制"(pp. 166—167)。这其中包括延迟转变、固定化职业、与特定出生组相关联的历史环境以及州政府干预等的累积性效应。州政府在社会调节方面的加强抵消了由于社会分化所造成的潜在的碎片化效应。在个体水平上，州政府"对大部分进入点和退出点进行立法、定义和标准化：受雇与解雇、结婚与离婚、进入和退出生病状态和残疾状态、受教育与离开教育。州政府作为守门人和分类者的角色，使得这些转变成为界定明确的公共事件与行为"(p. 167)。Buchmann(1989, p. 28)恰当地把这些称为在"公共生命历程"中的事件。

生命历程的多水平解释用向成人期过渡的跨国研究来说明最为恰当(Settersten, Furstenberg, & Rumbaut, 2005)，特别是在从中学到就业这一类的社会路径上(Kerckhoff, 2003; Marshall Heinz, Krueger, & Verma, 2001)。在英国，中等教育毕业生可以选择这样一条就业道路，参加技术培训项目或学校以取得专门的技术证书。虽然有大量选择的自由，但不少学生仍旧会错过满意的工作机会。在德国，中等教育系统使工作培训和教育实习制度相联系，从而为德国劳工阶层青年提供了更多的结构。而技术职位也能有效保证青年完成实习。在日本，职业招聘往往针对从中等学校到高等学校的学生，专门的培训往往由特定的公司来完成，而不是由学校或职校来完成。在美国，青少年在学校与就业之间的固定联系最少。中等学校职业训练与特定公司、招募与技能需求都没有什么密切的联系。在许多欠发达国家，年轻人为了支持家庭而被迫离开学校；反过来，他们的低教育水平导致低薪，这又会让他们的孩子一样不得不过早离开学校(Shanahan, Mortimer & Krueger, 2002)。这

一缺陷的代际循环说明了从学校到工作的社会路径是如何通过代际进行复制的。 681

在各个社会中，角色序列随着时间的流逝，在文化中成为已有或制度化的东西。比如，职业方面，Spilerman(1977)用“职业路线”(Career Lines)这一术语，来指由分化和聚合的工作轨迹或个人历史定义的路线。在他看来，职业路线是“由产业结构的性质(如职业分布，征用方式，如从外部招募和内部提升)和劳动力市场的制度化人口结构塑造的”(p. 522)。在广义的市场中，这种职业路线跨越了公司和产业的界限。职业路线随各自对就业时间的要求不同而不同：贸易行业通常要求通过培训计划促成早期就业，相反的是公共学校的教职和服务行业，它们对年龄层次不是那么关注。恰当就业时间的选择与安排，是随后的收入和工作轨迹的主要决定因素。

然而，工作之前，年轻人会遇到教育路线。有关美国教育系统的研究表明，这些路径在生命中开始得非常早，其产生的效应积累起来会给学生及工作者带来显著的差异。故而，Entwisle、Alexander 和 Olson(2003)在巴尔的摩的学校生涯开端研究(Beginning School Study)中，收集了从一年级开始的教育路径。在一个 88%的学生都依靠助学金的学校中，几乎每个一年级学生在第一阶段考试中都会得到一个很差的阅读分数。低社会经济地位(SES)学校中，这一现象更为普遍，一年级平均阅读分数为 1. 64(低于 C)，而在高社会经济地位的学校中，学生平均成绩为 2. 15(高于 C)。研究者还发现，即便控制家庭情境因素，同时将分数标准化，一年级黑人学生的阅读和数学分数仍然较低，而这些种族差异随后还会进一步被放大。

虽然所有种族和社会经济地位的群体都会同样受益于学校教育，低 SES 学生的阅读能力在暑假后会下降，而高 SES 学生会提高。基于最初阅读和数学能力的差异，夏季的发展趋势，Entwisle 总结道“早期名次的长期持续意味着一年级就可见到的不平等变成了整条路线上都可见的缺陷”(p. 239)。事实上，基于此样本的近期研究指出，一年级的特点——包括时间因素、年级和标准化测试分数——可以预测 22 岁的教育获得状况，以及 16 岁时同样的一些特点(Entwisle, Alexander & Olson, 2005)。有趣的是，高中阶段所评价的父母影响，会严重低估父母对孩子教育获得的影响，因为这些很大程度上已经被转化成为教育结果。

Kerckhoff(1993)有关英国学校和工作之间的联系研究也证实了相同的分化模式。成就方面，他发现了学生在学校系统中的位置随时间变化具有连续性。因此早期就进入重点小学，能够确保踏上通往高等学府的“阳光大道”。而进入较差的学校会使孩子走相反的道路。学校生活的每一阶段，差异都会被最大化，从初中到中等学校，可能产生最大的偏斜。到成年早期，23 岁的年龄上，一个人的职业潜力往往反映了其早期生命历程中积累的结构化影响。

考虑到路线，我们对选择和行动的理解会更全面，这些会塑造个体的生命历程及其发展意义。从这一视角出发，个体随时间变化的生命历程是由具有普遍性和特定性的社会路径指导的。对于非常年幼的孩子来说，这些路线通常很大程度上是从父母的居住史和社会经济史开始的。细小的差异随时间积累，到成人早期，导致了成就和前途的显著性差异。就像教育路线的研究显示的一样，研究开始表明职业路线是如何在青年期形成并产生了截然不同的发展模式。比如,社会学家通常把学业完成后的首次带薪工作视为个体的职业生涯开端,但现在的研究却认为,工作经验开始的早晚程度,至少在高中开始,才对以后的成就和收益有影响(Mortimer, 2003)。

研究生命历程变化所带来的发展结果时,比较理想的是,应该考虑到与特定路线有关的潜在限制与机会。然而,各学科领域的研究现状却有所不同。社会(Mayer,2004)和历史学家在其历史分析和比较研究中采用了生命历程的多水平观。他们都同意情境变量的重要性。正如历史学家 E. P. Thomas 曾经指出过的,“历史研究首先就是情境研究”(引自 Goldthorpe, 1991, p. 212)。发展心理学家可能更关注生命历程变化所带来的影响(Noack, Hofer, & Youniss, 1995),或者干脆忽略,通常后一种情况更为常见。至少到 20 世纪 90 年代,儿童社会发展的典型纵向研究,比如《儿童发展》(*Children Development*)中发表的那些文章,都只是在研究的最初关注了社会经济环境(Elder & Pellerin, 1995)。大部分研究运用的还是非时间指标,抓拍某一时间点的家庭和儿童,尽管越来越多的证据表明,家庭的动态调整经常对孩子的幸福感与成就有重要的影响作用。

682

社会路径包括积累过程,该过程指的是维持行为连续性或导致变化的长期性体验模式。有的积累过程反映了对长期持续的社会体验。持续的概念指的是,两个相连续的状态变化之间的时间跨度。长期或短暂性处于某一状态下的全部意义,取决于状态本身。例如,离婚之前是否存在长时期的家庭冲突?虽然人们以种种方式努力提高行为的持续性,比如责任、投入和习惯(Becker,1964),但我们对于短暂和长期时期的体验真的知之不多。例如,婚姻的持续时期越长,婚姻稳定的可能性越大(Cherlin, 1993);另一方面,婚姻幸福可能在所有的婚姻持续中都会下降,尤其是在婚姻初期和晚期会急速下降(VanLaningham, Johnson, & Amato, 2001)。婚姻稳定与婚姻长度之间的联系,与婚后共有的物质财产有密切关系(Booth, Johnson, White, & Edwards, 1986),这些与防止人们因为婚姻不幸而离婚的关系并不大(White & Booth, 1991)。不同的持续及其发展意义对婚姻质量的影响还需要进一步的探索(Hetherington, 1999)。

失业的持续也会增加永久性失业的风险。后者原因既可能在于失业的惰性,也可能在于技能下降,最后导致无法工作。确实是这样,很多类社会阶层和经济贫困都是会延续的。在两个英国出生组中,Schoon 及其同事(2002)发现“存在风险因素的明显链接和连续”,比如父母的社会阶层,能很大程度预测整个儿童期、青春期直到成年早期的物质贫困状况。但是社会经济体验的巨大多样性在整个生命历程过程中也曾观察到过,这会产生复杂的持续模式。要完全理解介于不同的持续与发展之间的协变量,我们还需要进一步从人际和发展性过程的角度了解持续概念。

Mortimer(2003)关于青少年就业的圣保罗跟踪研究就是一个好例子,该研究发现持续及其潜在的意义具有复杂性。利用教育和就业的月度数据,Mortimer 及其同事绘制了关于持续(在 48 个月的高中生活中工作是否超过 18 个月)和强度(在受雇期间,学生工作平均时间是否超过每周 20 小时)的工作模式剖面图。Mortimer、Staff 和 Oesterle(2003)指出升学可能较大的 9 年级学生——正如年级和抱负显示的那样——更乐意选择强度不高的工作。

低强度工作者也更可能把自己赚到的钱存下来为上大学作准备。相反,“踏实工作者”(高持续低强度)与高持续高强度工作者相比,更可能在高中毕业9年内取得学士学位。实际上,升学可能不大的学生中间,那些选择踏实工作模式的人,与那些选择高持续高强度工作的学生相比,更有可能成为学士。这类发现说明不同持续和强度的工作有不同的意义和后果,而且突出了横断面研究的误导性。

在1至17岁之间,约三分之一的美国儿童至少有一年处于贫困之中(Rank & Hirschl, 1999)。在有贫困体验的个体中,约一半的黑人和三分之一的白人在随后10年中有5年或者更多的时间会陷入贫困中(Stevens, 1999)。Bane和Ellwood(1986)推断,“普通的黑人穷孩子似乎会处于近20年的贫困持续中”(p. 21)。但我们会发现事实上大部分持续最后都非常短,原因在于收入的大幅度提高(Bane & Ellwood, 1986)。Bane和Ellwood研究的对象,超过40%在一年内结束贫困。约70%的人在三年内结束贫困。除了贫困潜在的复杂模式随生命历程而变化外,第一次陷入贫困的转变——尤其是意料外的——可能对儿童的健康特别具有破坏性(Oh, 2001)。

683

除了贫困的持续期外,在各种社会阶级里所处的时间也对健康和成就很重要,但是,社会阶级的时间模式同样可能是复杂的。McDonoug、Duncan、Williams和House(1997)指出,低收入(例如,每户低于20000美元)状况持续4到5年的,和那些仅仅在转折期遭遇贫困的家庭相比,孩子成年后的死亡风险明显更高。中等收入的成人,如果他们的收入波动超过5年以上,死亡风险也会增加。Power、Manor和Matthews(1999)在1958年英国出生组数据的基础上,指出社会阶级(根据出生时父亲的职业地位以及后来自己的职业地位确定)的存活模式能够预测到33岁时的健康状况。健康不佳的风险对于SES优越阶级的男性来说这时候为4%,而SES不利的男性风险为19%(参见Mare, 1990)。

社会经济应激源的持续效应可能是非线性的,这时顶点可能在负面结果观察到之前就出现。贫困状态中所花的多余时间可能导致重度焦虑的非线性增长。例如,Wadsworth、Montgomery和Bartley(1999)观察到有长期失业(连续3年以上)体验的英国男性报告说,随后会出现健康不良的状况,尽管这种效应在非长期失业中并没有出现。

持续贫穷、低收入和其他形式的社会经济不利,可能和调适与成就方面的大量指标相关,然而我们对其联结机制所知甚少。其中一个可能机制是暴露在应激源下、支持与应对机制的可获得性等因素。虽然物质资源无疑会影响应激过程(Link & Phelan, 1995),与应激源、支持和应对机制相联系的社会阶级时间模式具体是怎么样的,提到的人并不多。此外,一个人带薪工作的质量是另一个联结社会阶层与长期结果的一个可能机制。

大家都知道带薪工作的特质确实与生理心理功能发挥有关,但很少有研究调查过工作特质的时间模式。Amick及其同事(2002)的报告是这方面的一个明显例外,研究发现从事低控制水平工作的男性,与从事高控制水平工作的男性相比,死亡可能要高43%。因此社会阶级虽然可能在很多方面对健康很重要,但其相关性还要取决于相应体验的持续时间。

许多积累过程指的并不是特定社会环境的持续,而是指相互关联事件链的启动,该启动对较晚阶段的健康与成就具有显著意义(Rutter,1989)。贯穿整个生命历程的行为连续性,可能在社会互动中找到。这种社会互动的维持,是由互动的后果(累积, cumulative)和从环境中唤醒维持反应的类型趋势(交互,Reciprocal; Caspi, Bem & Elder, 1989)决定的。在连续性的累积中,无论是从个体品质还是家庭价值出发,都愿意作出与环境相协调的选择,这反过来会强化或继续这种平衡。所以,反社会青年会倾向遵从其他问题青年,他们之间的互动会进一步放大他们的行为,产生所谓的跨时性缺点累积(Cairns & Cairns,1994; Sampson & Laub, 1997; Simmons, Burgeson, Scarlton-Ford, & Blyth, 1987)。那些来自内城社区邻里的问题青年中,最缺乏近亲和朋友支持的人,最可能向他们生命的负面方向发展,他们缺乏支持性的年长兄弟姊妹,最可能混迹于出轨的朋友中(Furstenberg, Cook, Eccles, Elder, & Sameroff, 1999)。

交互性连续(Reciprocal Continuity)指的是人与环境之间连续性的交换,在这种交换中,行动在反应以及下一轮反应—行动的循环中形成。与累积性连续一样,交互性连续的连锁反应结果是,那些能维持并强化同样行为后果的体验不断累积。Baldwin(1985)曾把这种交换称为是发生学上的"循环函数"(Circulate Function)。

青少年坏脾气爆发,可能唤起父母的怒气和侵犯,以及烦恼的进一步扩散,最后,父母退让,而这种退让会进一步强化青少年最初的侵犯(Pepler & Rubin,1991)。经年累月下来,侵犯性儿童的互动体验让他们建立起一种可以普遍投射到新社会事件和关系上去的解释,因此这种特点也进一步巩固了他们自己所预想的行为。侵犯性儿童普遍认为他人是敌意的,所以,激发敌意的种种行为,会巩固他们最初的猜想,并强化他们的行为。

684

越来越多的证据表明,积累效应与早期社会体验(特别是不平等形式)、后期的健康与福利有关(Power & Hertzman, 1997)。例如,Poulton 及同事(2002)在 Dunedin 样本的基础上发现,即便控制成人社会经济地位,儿童期社会经济地位(基于职业分类)仍然是其 26 岁时生理健康的重要预测指标。那些成长于较差社会经济条件家庭的儿童,和成长于较好社会经济条件家庭的儿童相比,无论其成人后的社会经济地位如何,总体健康状况(如,定义为体重指数和心肺耐力)都更糟。将这种早期体验和后期生理健康相联系的积累机制,我们所掌握的信息并不多,尽管我们所知道的可能机制中包括了与健康相关的行为(van de Mheen, Stronks, Looman, & Mackenbach, 1998)。

积累机制所导致的不良后果是否会被随后的体验中和?这种可能性并不常见,答案有可能取决于所研究的过程,它们的时间性特点,以及所讨论的健康和成就指标。但是,这类问题反映了人们对于生命历程理论所激发的情境和因果关系的兴趣。例如,研究显示,涉及丧偶的婚姻转变与成人健康的下降有关。那么随后的再婚是否会改善健康?有可能是这样的(Willitts, Benzevel, & Stansfeld, 2004),但其健康效应似乎受先前婚姻转变数量的影响(Barrett, 2000)。

同样,失业也被视为不利成年福利及家庭对儿童支持的因素。在什么情况下重新进入劳动力市场会带来健康的改善呢?Bartley 和 Plewis(2002)根据英国威尔士工作男性的抽样样本,测量了职业分类和 1971、1981 及 1991 年失业状况——覆盖了男性的大部分职业生命——对长期疾病的影响。1971 年和 1981 年失业及三个时间点上的职业阶层,对疾病具有独立效应，这为积累效应提供了强有力的证据。就意义而言，近期受雇至少部分上能够补偿前期失业期间的损失，改善人的职业地位(见 Poulton 等，2002)。

如果社会环境基本稳定，或者能够带来人与组织机构介入之间的"功能性等价"关系，相关体验就可能积累。后一种情况下，互为关联的体验链条可能鼓励同样的行为结果。

轨迹、转变和转折点

社会路径和体验积累代表了情境中具有时间敏感性的内容。轨迹(trajectory)提供了一种关于行为和成就的动态观，特别是毕生过程中的关键部分。转变(transition)指的是一种或多种状态的变化，比如青年离开家庭。转变期行为轨迹的关系性变化可能是转折点(turning point)的代表。轨迹和转变都是已有路线、个体生命历程和发展模式的一部分。在个体身上，社会角色的发展需要一生中较长的时间，而工作或家庭轨迹，其改变则在较短的时间内发生。后者可能以特定的事件为标志，如第一次入学、顺利结束一年级的学业，从高中毕业。每一次转变，都包括角色的脱离和进入，嵌套在赋予其特定形式和意义的轨迹之中。所以，工作转变是职业生涯轨迹的核心，出生则是父母养育轨迹的关键标志。

社会轨迹和转变所指代的过程，在职业生涯和家庭事件研究中非常常见。职业生涯一词在职业和行业领域有悠久的历史，它至今仍是一个很少见的具有时间性含义的词。职业路线和路径一样，指的是相应位置的序列，而职业生涯指的是将行为和成就相融合的轨迹。工作职业生涯曾经被定义为有序和无序并存的，无论早或晚，快或慢，而成就都代表着一种职业的发展(Wilensky, 1960)。职业生涯一词也可以用于婚姻和为人父母的轨迹(Hill, 1970)。所有这些用法都属于生命历程轨迹定义的范畴，但轨迹这一术语并没有预设历程变化的方向、程度和频率。 685

发展轨迹指的是同一行为或倾向随着时间产生的变化和一致性，但很多情况中，测量一致性可能会很困难，特别是攻击和依赖的测量(Kagan & Moss, 1962)。无论如何，个体内变化的轨迹，显然与横断研究获得的轨迹完全不同，前一概念才与大家通常理解的发展观相一致(Molenaar, Huizenga, & Nesselroade, 发表中; Tremblay, 2004)。此外，轨迹建模已经越来越成熟复杂，能够为分析人员思考改变之模式提供更多的选择(如 Collins & Sayer, 2001; T. E. Duncan, Duncan, S. Strycker, Li, & Anthony, 1999; Singer & Willett, 2003)。

发展轨迹同样也是生命历程理论的一部分，特别是将其视为与社会轨迹改变动力有关时。在一个关于早期青少年的四波研究中，Ge 及其同事(1994)运用成长曲线模型(Growth Curve Model)发现，(a) 白人女孩忧郁症状的轨迹增长得特别快，远远超过 13 岁男孩的相应症状水平；(b) 女孩的这种增长，与其所处的负面事件增加有关；(c) 而母亲最初的温暖和支持会使女儿受忧郁和负面事件的影响最小化。这一类的研究鼓励人们努力将发展轨迹与情境相关联，虽然大家经常忽略了社会环境变化的性质。

越来越多的注意开始投向行为轨迹的分类研究，这是出于这样一个假设：人们有可能在发展模式上存在性质差异(Bauer & Curran, 2004; Nagin, 1999; Nagin & Tremblay,

2001)。根据这一观点,人口在行为轨迹方面是具有异质性的;这样一来,可以区分出不同的亚群组,并测量他们的协变。例如,Moffitt(1993;同见 Moffit, Caspi, Harrington, & Milne, 2002)假设反社会行为的聚合模式隐藏着两种不同的群体:(1) 小比例的青年会在每个生命阶段介入反社会行为("生命历程一致性"),(2) 大多数年轻人只会在青春期介入反社会行为("青春期限制")。事实上,研究者已经在半参数模型的基础上发现了反社会行为独特轨迹的证据(如 Nagin & Land, 1993)。随着这种模型的广泛应用,对方法论问题的理解也在不断扩大(见 Bauer & Curran, 2003 以及相应的交流;Eggleston, Laub, Sampson, 2004; Nagin, 2004),同时人们也关注将行为轨迹的不同性质类型互相区分的理论细节(Nagin & Paternoster, 2000)。不管怎么样,这种方法确实大大提高了将行为模式与情境、体验中的变化和稳定性相联系的可能性。

生活模式的多重角色轨迹需要协调或同步策略。多种需求都会争夺个体或家庭有限的资源、时间、精力和金钱。Goode(1960)证明个体的关系集是"独特和超负荷"的,需要采取策略尽可能使要求最小化,如果有可能,就通过对转变进行计划和再计划,以减小负荷。对付同时性的、互相联系的轨迹,对事件和责任进行计划成为资源和压力管理的基本任务。举个例子,儿童的需要和经济的需求,在工作和闲暇选择中,起到了重要的作用。

转变的意义与其在轨迹中的发生时间(timing)密切相关。比如为人父母(Furstenberg, Brooks-Gunn, & Morgan, 1987),这一事件发生得越早,母亲和儿童在社会和健康问题上所冒的风险越大。即便多年以后,早期生命转变也会通过影响其随后的转变,对发展产生影响。其影响渠道是行为后果,它们会积累优劣点,并将其意义辐射到其他生命领域。这种影响最简单的例子之一就是,如果从童年到成人都拥有优秀的学业史,往往随后能在职业发展和心理发展中保持着这种上升曲线。同样在巴尔的摩的研究中,从 1966 年到 1984 年跟踪了少女母亲的发展(Furstenberg, Brooks-Gunn, & Morgan, 1987),青春期的个人资源变化(如智商)会影响她们的经济成功,因为它会影响她们如何安排和选择从婚姻到教育以及就业这些早期事件的发生时间。这些研究的优势在于,生命早期转变体验的质量,可能会预测未来整个生命历程中的转变是成功还是不成功。

巴尔的摩的研究还发现,从青少年向父母阶段的生命转变会带来另外一个重要的区分:生命转变可以被视为一种迷你转变点或选择点的连线。从结婚到离婚的转变,不仅是状态的变化,这一过程从魅力消失开始,到离婚的压力、分居,然后是填写有关离婚表格。不同的因果要素都可能会对过程的每一阶段产生影响。使魅力消失的风险增大的"原创性"因素,可能与后来令离婚这一过程继续的因素不同。以类似的方式,我们可以将从青少年向母亲角色的转变视为多阶段过程(multiphasic process),每一阶段都由选择点分界,分别有各自的选择和社会制约。

686

例如,年轻女性可以选择婚前性生活也可以不选择,可以避孕也可以不避孕,可以打胎也可以不打胎,可以与孩子的父亲结婚也可以不结婚。这其中只有一种选择会导致非婚生子女。孩子出生后,她们还会面对许多抉择,比如是请求自己母亲帮助照顾小孩,还是让其被领养,是结婚还是保持单身,再生几个不受婚姻束缚的孩子,继续职业或教育,或者加入福利保障体系。非婚生的意义因为这些不同的选择而不同。有些选择意味着适应的策略，会导致正面的结果，另外的则不会。

图12.2介绍了一系列可能导致未婚妈妈的转变，就像巴尔的摩研究中的一样。每一选择点在年轻女孩生命的不同点发生，因而会涉及不同的生命历程动力和解释。成为少女妈妈的过程，要求有性行为，不避孕或避孕失败，怀孕，决定生下并抚养孩子。这一过程的各阶段中，主体“有好几个点可以介入，从而有目的地干预：性行为开始时、使用避孕工具或者怀孕后人工流产”(Hofferth, 1987, p. 78)。

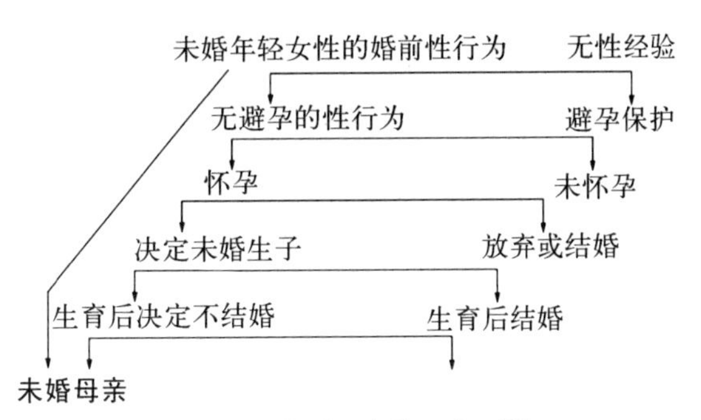

图12.2 未婚母亲的生命历程。

修订自《家庭转变》(*Family Transitions*), P. A. Cowan & M. Hetherington, 1991. Hillsdale, NJ: Erlbaum. 编重印许可。

分解这一过程的意义非常明显，如果我们像原来一样，仅把未婚母亲简单视为一次转变，这种看法会使我们在生命历程中进行干预的决策点模糊。由于具有多重阶段性，许多转变都可能会花相对较长的时期。例如，女性青春期转变在月经初潮前就开始，可能持续时间远远超过这一事件。正如Dorn及其同事(Dorn, Susman, & Ponirakis, 2003)观察到的，“虽然初潮(第一次出血)本身是一种事件，我们对初潮前后荷尔蒙分泌变化的研究发现，初潮是长期性生物过程的一个有机部分”(p. 300)。同样，向成人期转变——正如人口学指标所显示的——从青年完成中学教育就开始了，在美国通常是17岁或18岁，到建立家庭为止，这可能在35岁左右发生(Fussell & Furstenber, 2005)。发展学家倾向于把转变视为在相对短的时期内发生的非连续性事件，因此，很少人知道迷你转变对整个转变所造成的影响。

687

转变具有两面性，即离开一种状态，进入另一种新状态，这种两面性可能有不同的因果解释，比如离婚，而后再婚。此外，“离开某状态”也是个人历史的一部分，它会修正新角色或新情境的意义(Wheaton, 1990)。离开一个充满暴力和冲突的婚姻，这时候的单身生活意味着压力的解脱。转变的意义和发展价值，也取决于这一转变应该发生的时间，而这种时间是由社会规则和认知期望决定的。一些关于约会行为的研究(McLanaha & Sorensen, 1985; Wortman & Silver, 1990)表明，守寡对年轻妇女来说最令人悲伤，因为这一事件对这一阶段来说，是预期最低或最不常见的。相反，失业在成年早期较为常见，与老年失业相比，这一事件在这一年龄段引起的情感风险要小得多。

社会路径规定的制度化转变与个人风格的特性转变之间存在明显对立，这种对立有可能会曲解现实。许多情况中，生命转变可能是由相同出生组制度化了的一种生命历程，也可能是由个体特定情境和社会历史决定的转变。后一种情况可能表现为前一种情况的个人化设计。转变的这些方面适用于生命中的常规性变化，如出生、升学、结婚、养育及退休。这种转变与非常规性事件相比，更为常见和结构化，但事实上，所有的转变都可以根据结构程度，或外部调控程度、时期、定时点、预测性和新颖性来进行分类。

进入不同环境，这种生命转变可能成为问题生命历程轨迹中的潜在转折点，从而促进转变过程。这一类转折点有时指的是，“踢开”过去的体验会创造新机会和新的行为模式。转折点的一个例子是脱离犯罪活动，这就是一种“踢开”过去的行为，包括进入新情境所带来的转变，新情境能提供掌控、社会支持、成长体验以及出现新的自我认同(Laub & Sampson, 2003)。军队服役、有收益的职业以及婚姻都是全新的角色责任，它们能提供和过去断裂的机会融合，实现社会融合(同见 Bouffard & Laub, 2004)。

转折点的更进一步证据——这次是教育轨迹——可以在高中的教育模式中找到。在美国学校体系中，初中和高中的路径是以不同方式建构的，这会影响一个人的初中同学中升入与其相同高中的比例。Schiller(1999)关于不同的教育模式如何影响后继成绩的研究揭示，初中阶段大部分是 C 的同学，随高中同班同学比例的增加，成绩会出现下降。正如 Schiller 提出的，初中学生分散到不同的高中里时，成绩最差的同学进步机会似乎更多，因为同伴网络中断了。和转折点观点一致，旧有的社会圈子被踢开了，新的成长机会和认同变化出现在他们面前。

转折点概念也适用于人们看待自己生命轨迹的特定方式——对已有生命体验的主观解释，这种解释会随情境、行为或意义的变化而变化。Maruna 及其同事(2001)对有前科而不再重犯者的访谈，是关于转折点中自我改变性质的为数不多的几个研究之一。这些改过自新者的生命叙述包括对过去罪行的认识，对自我原因的理解，以及重新控制自我并重新开始。Clausen(1995)曾运用过生活史的细节分析，来评估过一些参与 60 年或更长时间纵向研究的人们的主观转变点。在这项工作的基础上，他得出结论：“当人们感觉到转变点到来时，他们的生活不一定会完全朝不同的方向发展。但是他们肯定有一种获得新意义感的体验，无论这种生活体验的改变程度是多少。”(p. 371)

生命历程研究的挑战在于，理解路径变化、生活方式以及发展轨迹之间的联系。沿此方向迈出第一步，会让我们注意到生命转变及其发展潜力。下面，我们将介绍它的一些基本概念和特点。

选择、内生性与情境效应

688

生命历程分析调查了社会情境的动态性特点，致力于了解时空对人类发展产生影响的机制。任何关于情境和行为的研究必须首先强调人们选择和体验的特定环境(Caspi, 2004)。如生活事件，无数的研究都将其定义为潜在的压力源。事实上所有关于生活事件的研究都把其视为烦恼的源泉(如抑郁症状)，只有极少认识到：(a) 烦恼会增加遭遇生活事件的可能，(b) 不同的环境(比如工作条件、社会经济地位)都可能导致生活事件和抑郁症状。如果没有考虑到这些外源性过程，生活事件的估计效应可能出现偏差。此外，这一任务还会涉及理论和方法两方面的重要议题。

Thoits(1994)关于生活事件及其掌控的研究具有指导性。她在两次测量的基础上，将与个人工作空间和恋爱生活中的主要事件相关的压力分为：(a) 已解决的，(b) 未解决但试图解决的，(c) 未解决也不想解决的。时间 1 上掌控量表分数最高的成人在时间 2 上报告说不存在问题情境。遇到生活事件并解决的那些成人分数下降很快,但分数最低的人是遇到生活事件但不去解决的人。掌控性能够预测随后对生活事件的体验,以及是否会努力减少由此产生的烦恼。同样,Shanahan 和 Bauer(2005)指出,高中阶段低水平的掌控力会增加毕业后遇到生活事件的可能性,这些事件反过来会造成成年早期掌控力的下降。实际上,越来越多的证据表明内化和外化的症状会增加遭遇应激源的可能性(Aseltine, Gore, & Gordon, 2000; Hoffman & Cerbone, 1999; Kim, Conger, Elder, & Lorenz, 2003; Leadbeater, Kuperminc, Blatt, & Herzog, 1999)。就意义而言,如果不能发现这些最初的差异,可能会高估这一类应激源对个体健康的真实影响规模。

更广义来说,前期差异的存在会引导人们进入相应情境并促成相应行为后果,这一挑战在人类发展研究中已经变得非常迫切。因此,高中学生会选择与其人格特点相匹配的高校(Alwin, Cohen, & Newcomb, 1991);分类过程在建立友谊和异性关系中,起到了迎合同质需要的作用(Caspi & Herbener, 1990);服役时的冒险者可能在战斗中牺牲(Gimbel & Booth, 1996)。这一类的转变通常会促进所选择特质的行为效应,在组间造成更大的个体差异和异质性。Cairns 和 Cairns(1994, p. 117)观察到,社会选择和社会促进在同伴群组的形成过程中会同时出现。一旦群组形成了某种选择性特质(如攻击),这些选择的行为就会得到进一步促进。当不法行为介入时,这一过程就有明显的社会意义,要区分“同伴效应”就会特别困难。

许多研究都测量了高中阶段带薪工作对成绩的影响,却忽略了认真学习的学生选择长时间工作的可能性更小。调整这种选择过程后,工作时间对成绩的影响就变得微不足道或没有显著性了(Schoenhals, Tienda, & Schneider, 1998; Warren, LePore, & Mare, 2000; 带薪工作对反社会行为的影响同见 Paternoster, Bushway, Brame, & Apel, 2003)。这一问题也可以用实验室术语来看待:先前存在的个体差异如果不能通过随机分配(如认真学习的不同程度)消除,那么实验操作的“纯效应”(如高中阶段每周带薪工作时间)对结果(如高中学习成绩)的影响就肯定无法决定。

有的情况下,该问题可能以完全随机的事件表现出来。例如,居住地改变的意义何在?从城市贫民区迁出,搬到条件更优越的邻里中,可能会改善儿童的生活。他们是否从这种变化中受益?由于特定类型的家庭(那些已经拥有较多资源的家庭),他们更有可能搬家,这个问题很难回答。但是,自 1994 年起在 5 个美国城市(巴尔的摩、波士顿、芝加哥、洛杉矶和纽约)中开展的“向机遇搬迁”(Moving to Opportunity, MTO)课题(Katz, Kling, & Liebman, 2001; Ludwig, Duncan, & Hirschfield, 2001),通过随机化研究,使这个问题变得可以回答了。只有居住在经济保障房或 8 区房,邻里贫穷率高于 40%的有子女家庭才有资格参加调查。有兴趣申请参与的家庭被随机分入三组之一:实验组(在低贫穷率区接受租房优惠券),8 区对照组(接受不受限制的租房优惠券),控制组(没有租房优惠券)。这种设计对于了解邻里如何影响健康非常有帮助,因为普通环境下,特定类型的家庭往往居住在特定类型的邻里中,这会使得随机分配家庭和邻里变得非常困难。

689

这类向欧裔美国白人中产阶层居住郊区的典型搬迁中,非裔美国母亲和孩子会逐渐进入一个不同的环境，拥有了更高的行动需求和典型的欧裔白人同伴。搬迁前无业的非裔母亲，同样是搬家，搬到欧裔白人聚集的郊区，和搬到城市其他地方的母亲相比较，就业的动力更大。而后期的跟踪发现，郊区的少数民族裔孩子更愿意升学，读 2 到 4 年制大学的比例更高。即使不读大学，他们和城市内部搬迁的孩子相比，从事全职工作的薪水几乎是后者的两倍。郊区青少年同样也更愿意与欧裔白人孩子交往，更不容易受种族问题的威胁和恐吓。

搬迁事前和事后的比较表明，搬迁会增加生活机会，至少对女性来说是如此。接受 MTO 优惠券搬迁 4 年到 7 年以后，与当初比较，女孩的心理健康水平得到改善，虽然男孩的问题行为有可能进一步强化(G. J. Duncan, Clark-Kauffman, & Snell, 发表中)。实验组的女孩还报告说，她们的风险行为更少，教育成果更好，但男性却表现出更多的风险行为和生理健康问题(Kling & Liebman, 2004)。MTO 实验组中的男性缺少优势很难解释，虽然 Kling 和 Liebmab 反思说，实验组的男性可能体验到更多的刻板印象，没有减少与老邻居的联系，与同伴群体的交往更深，这些都会产生负面影响。Rabinowitz 和 Rosenbaum(2000)在他们对于芝加哥 Gautreaux 计划中这一类搬迁体验的解释中，提出了更具价值的发展性思考，该计划的目标在于帮助家庭离开公共住房，搬迁到郊区或经济条件更好的城市邻里中。

很多情况下，像 MTO 这样的随机化实验自身并不可能提供完美的解决方案(Kaufman, Kaufman, & Poole, 2003)。这种情况下，统计模型可能在判断社会情境的无偏效应方面很有帮助。但是，不存在毫无缺陷和没有假设的统计解决方式(如 Bound, Jaeger, & Baker, 1995，关于工具性变量估计的论述)。更重要的是，这一类问题可以通过生命历程理论来分析。恰如 George(2003)提出的，选择和外生性与其说是一种方法困扰，不如说是另外一种描述性思路，这种思路长期以来就是生命历程理论的核心，特别是在路径和主动性方面。在生命历程中，情境体验最可能反映出先前的环境。这种先前条件和体验代表了生命历程研究的实质性兴趣所在，虽然他们也可以视为对如何区分当前环境与行为关系的一种威胁。

生命转变与历史变化

我们已经区分了关于转变的大量特性，足以提供一种思考社会变迁及其心理社会效应的方式。根据这种解释，社会变化指的是一种更广范围内的转变现象，比如居住处的改变。这方面的另外一种贡献来自于机制，它将转变和生活模式与历史变化联系在了一起，比如大萧条时期和二战，同时还将其与范式原则联系在一起，从而使生命历程成为一种理论取向。这些机制包括生命阶段及其社会角色的观点，对新角色或情境的社会需要，情境转变体验中个人控制感的丧失与重获的循环，变化的环境中个体性格的强调。这些机制中的每一个都涉及互相联系的生命。从这些机制中归纳出来的范式原则——毕生发展和成熟、选择中的人类主动性、生命发生时间的重要性、互为联系的生命以及历史时空(Elder, 1998b)——勾勒出了生命历程研究的特点。这些原则代表了一些更具广泛性的理论主题，从而共同确定了生命历程理论的分析范围。

联结机制

联结机制指的是社会变化和行为发展互为关联的过程。最早由《大萧条的孩子》(Elder,1974/1999)一书提出相关证据,该书是一个关于20世纪20年代初和20年代末出生的两个出生组的研究,在经济崩溃时这两个出生组分别处于不同的生命阶段。根据前面提到过的生命阶段原则,不同年龄的年轻人可能会接触到不同的历史片段。事实上,奥克兰组儿童在大萧条最恶劣的阶段度过了自己的整个青春期,而伯克利组儿童在二战中才十几岁。随后,工作缺乏、经济压力、情感应激代表了奥克兰出生组从儿童向成年早期转变时的一些特点。相反,伯克利出生组成员受到二战"空巢家庭"的影响,父母们不得不在家庭前线工业里从日出工作到日落。 690

由于在生命不同时间上遭遇了大萧条和其他历史事件,奥克兰和伯克利出生组关于童年、青春期和成年期都有各自不同的故事。经济繁荣时代、萧条时代和战争年代特定的序列和发生时间使得两个出生组的发展体验各不相同。"匹配度"(Goodness of fit)这一概念强调人—环境之间的平衡,是生命阶段原则重要的特点,对人类发展也具有重要的意义(Eccles & Midgley, 1989, p. 9)。

伯克利男性在他们完全依赖家庭及其保护的时候遇到了大萧条危机,更容易受家庭不稳定的影响。经济贫困更早地来到他们的生命中,造成了更长时间的贫困体验,一直从20世纪30年代的经济低谷持续到战争年代,这时候他们才离开家庭。相对比而言,在贫困袭击家庭时奥克兰男性更年长也更独立。他们在家庭经济中担负了更重要的作用,在进入成年期时对其职业目标有更清晰的理念。虽然存在教育缺陷,但他们会设法在中年结束之前占据更高一点的职业地位。奥克兰组男性的生命阶段与伯克利男性相比,代表了一种个人与环境的更佳匹配度。

这样一来,贫困的男孩和没有经历过这种贫困的人相比,对自己的未来更缺乏希望、自我取向和自信。伯克利男孩的易受伤害性,和另外研究的发现一致,这些研究显示家庭应激源对于处于儿童早期的男性来说更具有病理性(Ruuter & Madge, 1976)。那我们如何解释略年长奥克兰男性到中年后的成就?其中一个解释是他们在家庭贫困当中承担了更有价值的经济和家庭角色。这一类的家庭体验提高了他们的社会独立性,降低了他们暴露于家庭冲突下的可能。另外的解释则强调服兵役体验对这些年轻男性的作用。GI. Bill[①] 法案让军队服役后接受更高教育的可能性提高,最终往往也会带来更具支持性的婚姻。

另外一种联结机制即情境需要原则(situateional imperatives),指对行为的规定或新情境的要求。情境要求越高,个体行为越多受到迎合角色期望需要的制约。在紧急家庭情境中,帮助性反应对于成员来说非常必要,就像大萧条期间最恶劣的几年中贫困压力极大的家庭一样。Rachman(1979)将其称之为"需要性帮助"(Required helpness)。奥克兰儿童在20世纪30年代早期已经长大,可以响应需要帮助家庭满足不断增长的经济和劳力需要,他们中的大部分设法通过带薪工作赚钱,帮助持家。这些钱通常被用在支付传统性家庭支出项

---

① 指《退伍军人权利法案》,1944年6月22日由罗斯福总统签署。——译者注

目上，比如学费。

在贫困家庭中，女孩通常更多地从事家务，而男孩常常从事带薪工作。这种性别差异使女孩更依赖于家庭，而男孩则相对更有自主性。20世纪30年代青少年从事的工作通常包括侍应生、报童和跑腿，这些活儿往往是成人世界的一些杂活。此类职业可能看上去没有什么发展性意义，尽管对于依靠这些职业的人来说可能也是非常重要的。事实上职业观察家用系列量表对工作男孩进行评价时，与其他男孩相比，对前者的评价更具活力和效率。这类影响无疑是有回报的。越努力地寻找工作越有可能在工作中成功，而这反过来会进一步强化他们的雄心。除了家中的杂务，工作男孩还能体验到成人身份所具有的责任感。对于了解他们的旁观者来说，与其他年轻人相比，他们在价值、兴趣和活动上都会更具有成人取向。

同时从事家庭和带薪工作的男孩最可能思考将来，特别是将来的职业。进入成年期后，和其他年轻人相比，这些年轻人由于定位清楚，对工作的自我要求高，因此也更容易适应。他们能更快地在工作上稳定下来，在二十几岁时的波动性更小。除了教育水平外，这种工作生活和成长于30年代贫困家庭的男性的职业成就及道德有很大相关。年轻人们对大萧条时代需要的反应在其生命和价值中产生了持久的后果。

适应新情境需要和挑战的发展性意义，在整个生命历程以及其他的文化中都得以体现。691 以两德统一为例，这一事件产生了一个全新的世界，“几乎一两天内，新法律、新制度以及新经济体制就占据了东德人民的生活”(Pinquart & Silberesien, 2004, p. 290)。对于年轻人来说，学校体系一夜之间就改变了，学生很快也得同样面对截然不同的经济制度。Silberesien开展了一个研究东德崩溃后变化及其发展性效应的课题——1991年对两德13到29岁的青年进行调查，1996年再测。在受调查对象中对统一的适应来得很慢，特别是对于那些前东德的人来说，比如低阶层女性。和西德人相比，他们1996年所报告的家庭变化和经济改善都更晚。

情境需要是新情境的元素，其特点在于控制周期(control cycle)，这一概念，正如W. I. Thomas(参见Elder & Caspi, 1988)所描述的，指的是期望和资源之间的变化关系，这种关系反映了人们的个人控制感。当资源低于期望水平时，就会产生失控感。在大萧条期间，严重的收入降低会对儿童产生影响，有时候也可能相反，如果家庭能够很好地适应大萧条中的这类贫困。比如削减家庭支出，更多的家庭成员就业，以及降低生活水平(Elder, 1974/1999)。这类经济压力大的家庭如果能够实现期望和资源的匹配，就可以重新获得平衡。Brehm和Brehm(1982)详细地介绍了这种心理循环过程，将其称为“拮抗”(reactance)。哪怕一点自由或期望未满足或受威胁，就会产生拮抗感。这种情绪会激发重获或保持控制的努力。“有威胁才有控制(如果有过的话)，它会激发人们应对环境”(p. 375)。一旦获得控制，期望或要求就会提高，从而激发另一轮平衡动机。

最后一个机制，即我们所说的强调动力(accentuation dynamic)，它将转变的体验和个体生命史中以前发生的生活事件、已有的性格和意义联系在一起。如果某种转变强化了某种特质，那人们就会将这种特质带入新角色或新情境中。我们就将这种变化称为强调效应。进入新情境或角色的入口往往是可选择的，强调动力会放大这种选择行为。从此角度来说，早期转变是成人转变的序幕，会增加整个生命历程的异质程度。我们可以在有关离婚的长期研究中看到这种发展趋势，同时也会看到其给整个生命历程和代际带来的行为改变(Amato, 2000; Amato & Cheadle, 2005)。儿童和成人一样，离婚这一变化会强化事件发生以前就已经存在的某些取向。例如，离婚后出现问题行为的男孩可能早在离婚前就已出现相应的问题行为。

选择和社会因果过程在这种强调过程中是互为交织的。Quinton 及其同事(Quinton, Pickles, Maughan, & Rutter,1993)通过行为失调男孩的历史来说明了这一过程。行为障碍与父母对孩子冲突性的、不正常的养育有关。这种环境下长大的儿童在父母发生冲突时，最可能出现结交问题朋友的风险。和谐家庭会最大程度地减少这种风险。下一步涉及问题同伴选择，这是一个通过问题同伴网络实现的过程。对于女孩来说，特别是那些不喜欢规划的女孩，在和问题男友交往过程中会出现早孕。放眼未来的年轻人都会尽力避免这种后果，更可能与非问题伴侣建立稳定的关系。

总的来说，这些联结机制——生命阶段、情境需要、控制循环和强调动力——代表了对个体生命、发展轨道以及变化的社会环境之间联系的不同理解。它们是嵌套于由生命历程的范式原则定义的理论框架中的，共同说明了发生作用的动力。比如，想一想关于毕生过程中人类发展与成熟的第一条原则。生命历程中的新转变会设立不同的生命阶段，并倾向于强化人们根据社会需要塑造的相应行为及性格。生活转变同样也会激发一些个人控制的丧失，鼓励人们努力去重新掌控。

生命历程理论的范式原则

下面的原则萌生于《大萧条的孩子》(Elder, 1974/1999)、后继性的研究，以及当代有关智力和社会力量复杂互动的研究(Elder, Johnson, & Crosnoe, 2003)，当代的研究强调了把人类发展放在毕生情境下的重要性。总的来看，它们将生命历程定义为一种理论取向，这种取向为研究发生于社会变迁、社会路径和发展轨迹的交织点上的现象提供了一个框架。我们将从毕生发展原则开始。

692

毕生发展原则：人类发展及成熟是一个毕生的过程

多年以来，毕生发展被视为生命阶段序列的一种代表，从婴儿到儿童早期再到老年。每一阶段都被作为一个年龄特殊性领域来进行专门的研究。但是，我们现在也认识到发展和成熟过程只有从毕生的角度才能完全理解(Kuh, Power, Blane, & Bartley, 1997)。中年生活的行为模式不仅仅受当前环境和对未来预期的影响，同时还会受到孕期及童年早期体验的影响。病变早期生物指标可以回溯到早年(Singer & Ryff, 2001)，甚至可以回溯到子宫内由母亲情况和体验所影响的经历。纵向研究已经证实晚年生活适应和毕生发展的形成阶段存在相关。这些研究包括英国国家出生组纵向研究，收集了 1946、1958、1970 和 2000 年 4 个时间点出生的人群。计划准备一直跟踪到这些人的晚年生活(Ferri, Bynner, & Wadsworth, 2002)。这一类的长期纵向研究仍然是比较少见的。

这种时间性框架在提出了主要挑战的同时也提供了令人振奋的机会。对一个生命的研究时间越长,受社会变化影响的风险越大。人们在80多岁或90多岁时候最可能反映出特定的社会变化轮廓。纵向研究档案数据通常缺乏足够的社会关系、社会组织以及居住生态等方面变化情况的信息。但是,地理邮编等数据和地图结合等分析方式现在已经能够帮助调查者评估情境变化及其对生命的影响。

毕生发展和老龄化原则所提出的另外一个挑战主要集中于这样的问题,为什么有的行为模式会持续而另外一些却会消失?是什么在这一变化中产生了影响?我们刚刚开始区分促使连续和变化的机制。例如,Caspi和Bem(1990)区分了人与环境之间与连续、变化有关的三种互动模式:(1)唤起性互动;(2)反应性互动;(3)主动性互动。唤起性互动指的是个体外表、行为或人格方面产生的与他人不同的反应过程。反应性互动是指遇到相同情境,但对其产生不同解释和反应的人们。例如学业上的失败,父母分居,及其在不同生命阶段的不同意义。主动性互动指的是对环境的选择,比如友谊。

整个生命历程中的转变体验包括个人动力、情境限制和机会、人们带入新情境的性格和先前体验,以及他人的影响 。虽然影响生命的因素很多,年轻人经由自己的选择,在建构自己的生命方面还是起到了重要的作用。

人类能动性原则:个体通过选择和行动建构了自己的生命,他们接受了历史和社会环境的机会与制约

人类能动性的元素在生命研究中一度非常重要(Haidt & Rodin, 1999; Thomas & Ananiecki, 1918—1920),同时也是研究生命与更广泛社会情境关系的核心所在。人们在有制约的环境里作选择,这种行为使得他们能够对自己的生命历程施加一定规模的控制。选择确保了社会转变与生命阶段之间的松散性匹配(loose coupling)。即使是在20世纪30年代经济萧条和崩溃的情境下,母亲们也能在极少的机会中找到工作,当然她们的孩子也得承担相应的家庭与社区责任。贫困的父母把家搬到更便宜的小区,搜寻各种形式的收入,他们实际上卷入了一种“建立新的生命历程”(Building a new life course)的过程。该过程的一部分出现在年轻人响应家庭经济需要的反应上。就像前面提到的,他们被号召去完成贫困家庭的经济和劳动力需要,很多人承担了家庭的任务,依靠带薪工作挣钱。

大萧条时期经济贫困家庭年轻人的这些动力,很大程度上类似于衣阿华纵向研究中贫困乡村的当代青年(Elder & Conger, 2000)。这个先驱性的研究从20世纪80年代开始,调查了美国衣阿华州中北部地区451个来自农场和小城镇的青少年及其家庭。这些青少年现在已经快30岁了。该区域贫困家庭的儿童会承受更多的责任,比如不带薪的家务及农场劳动。如果同时受到农场家庭家务和经济压力的困扰,这些男孩和女孩也会去寻找带薪工作。不论是否居住在农场中,有工作的青少年与其他年轻人相比,都会把自己描述为刻苦和有效率的人。他们中的许多人最终不得不在其他社区中掘金,而且我们知道这些流动者是年轻乡村一代中最有能力的成员。有流动意向的年轻人在学校中也表现得很好,可是他们在本地知觉到的生活机会却少得可怜。

693

移民选择在Hagan(2001)对越战期间美国反战者的解释中表述得非常生动。他们的恼人选择在于通过“北方通道”到加拿大多伦多,这是一种合法逃避美国兵役体系的方式。近

10000名男性以此来挑战军队命令和家庭意见，有的还和女友一起开始这一旅程。大部分人会继续在北部社区以此方式抗议战争。虽然越战危机已经过去多年了，原来的这些反战者(大部分仍然居住在加拿大)仍然记得他们选择决策过程中那种复杂情绪和失调感。反战者在无数次申请和抗议后才决定在加拿大安家，他们清楚自己的行动会在美国公众中被打上怎样一种道德标签。被访谈者回忆了当时的创伤性记忆和过程："每一个反兵役的决策"都构成了与美国社会发展背道而驰的道路。这一道路让他们和兄弟姐妹们踏上的道路完全不同。反战者们更可能从事人力服务和艺术类的职业，通常低薪，但随着他们越多地介入战争抗议活动，这类不平等待遇就越厉害，这同样也改变了他们对自己的看法，及其与家庭朋友的关系。

"计划性"是否会使得生活选择和主动性性质有所不同？在《美国人的生命》(*American Lives*，1993)一书中，John Clausen集中讨论了这一问题，他特别重视奥克兰和伯克利研究中的加州人的青少年形成期。他假设有能力的青年在考虑未来时有更强的个人效能感，因此，在向成人期的转变过程中，他们会以一种更有效的方式作出合理的选择并付诸实施。这种更富"计划性的决策"会导致整个成人期工作和家庭方面更多的成功。计划能力从三个维度定义：(1) 自信，(2) 信赖和(3) 智力投入。能力强的青少年能够有效利用关于自我、他人和可行选择的信息，来准确评价自己的努力以及他人动机和行动，并通过自我约束来达到选择的目标。Clausen发现，除去智商和阶层情境，首先能力强的男性在青春期更可能通过教育、职业以及家庭，来为自己获得一个成功的开端。此外，这一开端预示着整个生命历程，甚至到60多岁的成就。拥有计划能力的年轻男性更可能拥有稳定的婚姻和职业，更可能在他们生命最后的几十年拥有满足感和实现感。这种社会稳定性也反映在人格中。计划能力强的人同样具有更强的人格稳定性。

这些发现是否反映了研究对象早期成人岁月中特定环境——二战开始和极不相称的经济繁荣年代——的影响？老兵战后可以获得大学教育的收益，他们也会受此鼓励积极上学读书。然而如果我们再往回走20年、40年，大萧条和全球战争都迫在眉睫的时候会怎么样呢？要回答这一问题，让我们看看Lewis Terman样本档案(Holahan & Sears, 1995)，这是一个关于最聪明的加州人的跟踪研究。早在20年代早期大萧条中就开始了对这些加州天才儿童的研究，当时国家经济条件恶劣，提供的条件非常有限。一半的儿童在1911年以前出生，另一半生于20年代早期。由于只选择了其中能力最强的儿童进行研究，Terman可以把注意力直接指向成就和领导能力所需要的先天条件和预期。

但是，历史变迁却改变了他们的人生轨迹(Shanahan & Elder, 2002; Shanahan, Elder, & Miech, 1997)。年长出生组在股票市场崩溃和劳动力市场停滞下降前完成了大部分高中后学业，而年幼组则在大萧条后20年才有了再读大学的机会。找不到好工作，大量的年长组男性留在学校开始读研究生，继续提高自己的学历水平。相反，二战显著减少了年轻男性的继续教育权利，却对年长的男性受教育没有影响，让他们安然度过了自己的大学生活。

694

只要记住这些不同的历史道路，我们就不会奇怪，为什么青少年期的计划能力对年轻组比年长组的未来更为重要。年长组男性青少年期的计划性，并不能预测他们获得的教育水平和未来的职业成就。该结果很大一部分反映的是“避风港”现象,年轻人在经济困难时期躲在学校里,延长自己的教育。读书时间和个人动机不太有关,不过是一种躲避贫困的方式。生活制约和职业的发生时间改变了人类能动的选择。

发生时间的原则: 生命转变、事件和行为模式的发展性前提与后果,随着生命历程中的发生时间不同而不同

人类发展的毕生过程以及人类能动性,强调了生命发生时间及社会情境的思考方式。就像 Bernice Neugarten(1968)在她的前沿工作中所展示的那样,人们不总是协调一致地走过生命旅程的。在不同的年龄度过各种生活转变——学业开始及结束,第一次就业,建立独立的住处,与朋友共居一室,结婚,生孩子,送孩子离家,父母去世——他们需要随之调整变化。另外当他们把自己知觉为青年、中年和老年时也需要调整变化。

《大萧条的孩子》(Elder, 1974/1999)一书中,有的群组成员在 20 岁生日前就进入了婚姻,而其他的人在 20 年后可能仍然未婚。早婚可能会带来各种生命缺陷,从社会经济贫困到教育丧失。过早养育孩子也会产生同样的后果。所有这些年龄变化或差异,都可能通过在动机中植入事件和过程的积累动力,造成发展差异。要说明这一点,我们需要转向儿童体验到家庭断裂的年龄,以及他们介入引发一系列缺陷行为的最初年龄。

对于儿童来说,因分居或离婚而失去父母,在任何时段发生都不好,然而这类改变发生时儿童的年龄,却可能在后果上产生重要的区别。为了说明单亲家庭的影响,Krein 和 Beller(1988)运用来自国家纵向样本(National Longitudinal Surveys)的配对母女和母子样本,调查了三个相关假设: (1) 向单亲身份转变在儿童学前早期阶段的破坏性最大,因为这需要大量的时间;(2) 单亲户居住延续的时间越长,家庭的社会资源会越少,子女的教育成就也会越低;(3) 由于模仿过程,男孩比女孩更容易受到伤害(同见 McLanahan & Sandefur, 1994)。虽然 Krein 和 Beller 设计了关于儿童居住在单亲户的年龄和时间长度的精确测量方法,家庭结构报告仍然是回溯性的,母亲在 30 岁到 44 岁之间的年龄接受访问,子女在 14 岁到 24 岁之间接受访问。不过,这种回溯性研究还是准确的。

该研究发现发生时间是和持续时间及性别共同发生作用的: (a) 这一效应在学龄前比以后要大得多;(b) 单亲户生活的负面效应,随着儿童在这一类家庭中居住时间(延续效应)增加而增加;(c) 男性的负面效应远远胜过女性。控制收入后,在白人男性这一亚群组身上,研究者发现了最强、持续最长的延续效应和发生时间效应。黑人男性和女性在这一效应的路线上排第二位,再隔一段距离的是白人女性。这一结果的意义在该研究中没有继续讨论,虽然单亲母亲的幼年女儿,也可能从母系这一边的保护或自给自足(self-sufficient)的母亲榜样中获得更多的支持。关于家庭结构的实际生活及其儿童不同阶段承受这种生活的知识,目前仍然所知甚少。

家庭解体、养育偏差、低社会经济地位等造成的社会不利,在青年卷入反社会行为的过程中发挥了重要的作用(Sampson & Laub, 1993)。这种卷入如果在较早的时间发生,会增加此类行为成为持久模式的风险。35 年以前 Lee Robins(1966)发现,反社会性男孩可能找到非技术性的工作,经受失业的折磨,工作时间更长,婚姻也不稳定。近来,一份对伯克利指导研究中坏脾气男孩的研究发现，这些男孩会出现非常类似的生命历程非组织化风险(Caspi, Elder, & Bem, 1987)。他们可能无法维持社会关系或工作。负面事件的后果处于生命缺点积累过程的核心。这一过程是如何开始的是许多理论和研究都非常关注的话题。Patterson (1996)用次级问题的瀑布式引发来将此过程概念化，比如学校失败、抑郁情绪和父母拒绝。通过这些问题化过程，早期反社会行为史和青少年晚期行为被联系在一起。 695

这一研究和有关成年生活的研究，为缺陷性的生命历程确立了三大标志：(1) 第一次被捕时的年龄，(2) 监禁或入狱时间，(3) 失业时的年龄。综合起来，它们进一步强调了"问题行为第一次发生时间"的重要性。第一次被捕的年龄越小，未来步入犯罪生涯的可能性更高(Farrington et al., 1990)。对于这一前景来说，第一次被捕的年龄是有效预测指标，因为它会明显增加成为长期性、暴力化、违抗成人以及监禁的风险。虽然入狱可能是对犯罪问题的普遍性反应，但实证证据显示，监禁本身是问题的很大一部分，因为它会扩大缺陷性人群的范围。Freeman(引自 Sampson & Laub, 1996)运用全国和当地的样本，发现所有的样本中"入过狱都是就业最重要的障碍"。该结果甚至在调整了与失业有关的个体差异后，仍然保持显著。

问题轨迹早期出现的法则，定义为 14 岁以前发生第一次被捕。至今为止的研究将(问题轨迹的)早期出现与更早时候的反社会行为联系了起来(Patterson & Yoerger, 1996)。也许在 6 岁或 7 岁时，父母养育过程的中断会增加粗暴行为(回嘴、爆发性行为、打人)，结果导致了打架、偷盗和玩忽职守。反社会行为是偏差行为的原型，比如从父母处偷东西，殴打父母，而结交问题朋友会增加偏差行为的风险。较晚出现问题行为，即便是在传统青少年身上也可能有，这就可能是我们所谓的"过渡期问题"。他们比没进入这一阶段的青年显得更为反社会，但没有早期出现的青年那么厉害。Patterson 及 Yoerger 推断说，最复杂的是晚期出现问题的男孩比早期出现问题的男孩，在社会技巧上的缺陷更多。他们认为这是预测哪些男孩在成年后会继续犯罪，哪些不会的关键。

早期卷入反社会行为对生命历程具有深远意义，这方面的实证工作会继续遵循一种双重通道假设(Farrington & West, 1990; Moffitt, 1993; Moffitt, Caspi, Dickson, Silva, & Stanton, 1996; Nagin, Farrington, & Moffitt, 1995)。Dunedin 的纵向研究中，Moffitt (1993)用量表和访谈区分了两个小组：儿童期和青少年期开始反社会行为的小组。和同事一起，她跟踪了其中的男性直至其 26 岁(Moffitt et al., 2002)，这个年龄仍然早于新泽西男性首次结婚的年龄中位数。在这一年龄，儿童期开始出现反社会行为的小组表现出最高的心理病理人格特质、心理健康问题、暴力和毒品相关罪行、物质依赖和经济工作问题模式。青少年期开始出现偏差行为的小组在这些测量上不那么极端。实际上，任何一组的年轻人都没有显示出行为的转折点，这可能是由于他们还未完全进入成熟的成年期，仍然维持原有的身份。正如 Laub 和 Sampson(2003)在偏差青年及其不同的成年生活的研究中所指出的，有质量的工作和婚姻也可能产生这一类的转折点。

用生命历程的术语来说，对反社会行为发生年龄最恰当的表述，应该为一种连续的时间依赖性的过程。就目前能查到的研究，人们可以说，早年的因果因素比如父母养育过程和极端抑郁指标都可能构成神经或社会技巧的缺陷。而略迟一点，其他的因素也会掺杂进来，比如说问题同伴活动，但事实上，这些因素什么时候成为主导因素还是要取决于特定的生态条件，或者是内城的高风险环境，或者是小乡村环境的闭塞网络。运用这一分析模型，基于不同标准的实证研究，可以判断两种类型因果影响之间是否以及何时发生了断裂。

反社会行为的开始或发生时间，通常在整个生命历程中被视为处于社会关系或互相联系的生命的矩阵中。事实上，从犯罪生活转向传统生活方式包括了年轻人最好朋友的更替，就像婚姻或服兵役所带来的改善一样(Laub & Sampson, 2003)。

互为联系的生命原则：生命是互相依赖的，社会历史影响通过共同的关系网络表达

发生时间和互相联系的生命原则，强调了时间性、过程、生命情境与人类发展之间互为补充的方式。互相依赖的生命，则突出了显著他人如何通过非正式控制网络，调控和塑造生命轨迹发生时间。这种网络可以被视为一种“发展性情境”(Hartup & Laursen, 1991)，以及显著他人在整个生命中的“护航”(Antonucci & Akiyama, 1995)。不管个人的计划是什么，这些“显著他人”都会激发或经历生活转变，而这也会促使其自身的生活发生转变。就像Becker(1964)曾经观察到的，这些“他人”的期望和非正式约束为行为和生命历程指定了特定的方向。

696

互相联系的生命在《大萧条的孩子》(Elder, 1974/1999)一书中用代际来加以表述，如父母的婚姻、父母与兄弟姐妹的关系。年长或年幼的兄弟姐妹通过他们彼此之间的交往而直接影响对方，不管这种交往是互助性的、竞争性的还是冲突性的(Brody, 1996)。在一个非裔美国人样本中，Brody及其同事(2003)发现年长和年幼兄弟姐妹的反社会行为之间存在明显联系，但这种效应在处境不利的邻里间最为明显，因为这些邻里会为年幼的兄弟姐妹们做出相应行为提供丰富的资源，而那些居住在富人区的孩子则得不到。间接路径的例子包括父母对老大的体验会降低或增强他们的养育能力感。第三个是潜在的兄弟姐妹联系，涉及父母、亲戚及教师对不同排行子女的不同态度。但目前有关兄弟姐妹关系从儿童到成年阶段变化和连续性的研究还非常少。

婚姻和伴侣双方相互的调控影响，说明了生活以及每个家庭成员生活的互相嵌套在发生时间上是一个同步性过程。例如，Caspi 和 Herbener(1990)调查了婚姻关系对丈夫和妻子发展轨迹的影响。“如果个体选择与自己个性相协调的情境，与类似自己的人结婚，他们就可能进入一个能够跨时间情境也能维持自己个性的社会交换动机过程。”(p. 250)在牢固的婚姻关系中，他们观察到了超过20年的平行发展轨迹。丈夫和妻子不需要为更类似的发展轨迹而改变自己，但他们确实表现出了平行的发展过程。当婚姻解体时，以前的伴侣会力图采取不那么平行的轨迹。从20世纪30年代开始的Bennington大学毕业生晚年生活跟踪研究(Alwin, et al., 1991)也得到了类似的结论。女性更可能选择和她们政治信仰一致的大学就读，她们会和有类似信仰的男性结婚，这使得她们能够在晚年仍旧保持自己的信仰。

家庭变化和互相联系的生命这一原则及其意义有着特别的关联。Hernandez(1993)提到了儿童和成人生活中大量的革命性家庭变迁，包括家庭规模缩减、离开土地、女性就业的增长、离婚和单亲养育。美国中西部农场家庭研究的特点在于，强调了社区和代际联系之间的关系,而那些在农场出生但成长于都市环境的家庭中,这种关系就弱得多。衣阿华州中北部的纵向研究记录了这种不同,发现有土地的家庭中年轻人拥有更多的社会资源(Elder & Conger,2000)。这些年轻人是研究中能力最强、资源最丰富的一批,他们在学校的成绩以及社会领导能力都和他们与家庭、教堂以及社区的联系有关。他们可能更多地和父母一起参加活动,并报告说自己和祖辈及教师的关系更密切。他们的社会责任培养了一种对他人来说的"重要"感和显著感,因为其他人需要依靠他们。在这样的社会圈子里,互相联系的生命调控着个人的发展,并为其增强力量,这种社会控制也可以通过阻碍人们改变居住地,或不提供搬到其他地方去的渠道等方式表现出来。

一代人的体验和特点,比如父母的工作价值,有可能通过代际关系传递到年轻一代身上。比如,Ryu 和 Mortimer(1996)在青年发展研究(Youth Development Study)基础上,发现父母工作体验和价值与儿童工作价值相关。具有外在工作价值(比如金钱、安全)的母亲,会在她们处于青春期和成年早期的女儿身上培养出类似的价值,而具有内在工作价值(包括工作自由度和对工作的兴趣)的母亲,最不可能拥有重视高薪和地位这类外在回报的女儿。至于儿子,父母的支持比父母实际的工作价值和职业体验更重要。父亲和母亲的支持度越高,儿子的内在价值越强。代际关系也是工作价值传递的重要中介。

互相依赖的生命也可能由家庭扩展到外部的朋友、教师和邻里中。弹性理论(Resilience)通常认为积极影响可以抵消负面影响(Luthar, 2003; Werner & Smith, 2001)。同学和教师构成的积极学校环境可以补偿儿童惩罚型家庭环境或毒品滥用邻里的不良影响。与此类问题相关的一个纵向研究,是对华盛顿特区 Prince George 镇青少年的短期研究(Cook, Herman, Phillips, & Settersten, 2002)。研究分别评估了 20 世纪 90 年代核心家庭、朋友团体、学校和邻里因素对非裔、欧裔美国 7 年级、8 年级学生的影响。四种情境性质都对青少年成年后的成就有独立的且具有累加性的影响,这些成就被界定为学校成绩、社会行为、心理健康等综合指标。没有观察到这四种情境因素间存在稳定的交互作用。任何一种情境的单独效应都不大,但情境性效应的总和相当明显。

697

将同伴或朋友作为相互联系的生命来进行研究的传统方法,仅仅从儿童或青少年的角度来看待这些关系。"他人"的影响很少被评估。研究同样也忽略了朋友和同伴体验的发展史。Bearman 和 Brückner(1999)在他们关于女孩友谊和同伴群体的调查中,提出这些忽略的因素都是青少年期性体验的贡献性因素。他们的研究,基于青少年健康全国纵向研究,提供了同伴在多重水平上发挥积极影响的证据。少女及其朋友按照学业取向、成绩,以及喝酒、逃学、打架等健康风险行为被划分为高风险或低风险组。女孩自己的风险度对于她第一次性行为和怀孕的影响,不及她男性和女性朋友的风险度产生的影响大。另外,女孩朋友的年龄也比她本人的年龄更为重要。拥有年长朋友的女孩更可能出现性行为。还有,女孩的密友圈子及其更广的同伴网络,比她最要好的朋友更为关键。这些效应无疑具有保护性。如果她们的密友圈子或同伴群体中的朋友是低风险度的话,她们出现性行为或怀孕的可能更低。

少女怀孕可能对他人产生后果,比如完全改变她母亲、祖母的生活。当一名 13 岁的孩子有了孩子,她28岁的母亲就成了祖母,而她的祖母则成了曾祖母。Burton(1985; Burton & Bengtson, 1985)运用都市黑人多代家庭中41位女性的年龄轴线,创新性地探索了不同世代中少女怀孕的"涟漪"效应。年龄轴线中调查对象的年龄跨度为:年轻组母亲从11岁到18岁,祖母年龄从25到38岁,曾祖母年龄从46到57岁。母亲、祖母和曾祖母的年龄分别为21到26岁,42到57岁,60到73岁。

那些"及时"的角色转变通常是受欢迎的。一位22岁的母亲评论说她在"正确的时间"做了妈妈。"我已经准备好了,我父亲也准备好了,我的祖母已经不能再等了"。相对照的是,早期转变加重了社会重度焦虑和家庭系统内部的贫困,代表了一种对预期的违背。几乎毫无例外的,年轻母亲都希望自己的母亲帮助照料孩子。然而,这种期望在80%的情况下不能实现,部分原因在于这些母亲觉得自己做祖母太早。就像一位女性说的,"我不能同时做年轻母亲和祖母。这看上去很可笑,你不这样想吗?"许多母亲都会抗拒祖父母的身份,因为这会与她们是否还能成为约会对象和性伴侣相冲突。

母亲拒绝成为祖母,及她们正常的照料儿童期望,会让很多年轻母亲把这些职责推到祖母身上,即现在宝宝的曾祖母。但是这些妇女中的一部分,会感到这种变化让她们的生命消逝得太快。用一位妇女多次宣称的话说就是:"我没有自己的时间了。我照料宝宝,养育孩子,还有老人。我也工作……"这些被催促成为曾祖母的人感到,她们无法抓住自己的生命"除非老一代去世或更年轻的三代长大"。这种错误时间的怀孕在代际中造成的后果,强调了生命之间相互依赖的代价以及他们可能提供的支持。

历史时空原则:个体整个生命历程是嵌套于历史时空中并由其塑造的

698

《大萧条的孩子》(Elder, 1974/1999)的研究基于特定历史时空下出生并养育大的儿童们,这些时空由文化、社会制度以及20世纪30年代加州圣弗兰西斯科东湾人群的多样性所决定。这本书也描述了英国、德国和日本完全不同的大萧条体验。即便在美国不同城市,比如东部和西部,乡村和都市,在大萧条时的条件也各不相同。从这种变化的观点来看,该研究是否能泛化不得而知。同样,这种不确定性在跨历史时代的泛化中也存在,比如不同时期的经济衰落和萧条。

生命历程与人类发展的历史时空变化方面,最好的例子莫过于服兵役期间的生活。比方说,在二战后接下来的几年里,欧洲和亚洲的许多地方都受到了贫困的影响,这正好和美国的经济繁荣形成对比。大萧条期间成长于经济困扰家庭的美国儿童,往往把服兵役视为"通向更多机会的桥梁"。但是,他们进入军队的年龄却影响到这一事件对他们生活的意义。如果用付出和收益来评价,美国人服兵役更乐于在完成中等教育后很快开始。这一入伍时间远远早于接受高等教育、寻找结婚伴侣、生育孩子以及工作发展的时间。

相反,晚入伍会中断所有这些活动。一项实证研究(Clipp & Elder, 1996; Elder, 1986, 1987; Elder, Shanahan, & Clipp, 1994; Sampson & Laub, 1993, 1996)记录了大量早期动员入伍的生命历程优势,以及相对晚期入伍的缺点,当然战争年代战斗对心理健康的影响及死亡效应不算。这些缺点包括家庭破裂、父亲缺席时间延长、被战争破坏的父职以及夫妻关系、家庭不协调和离婚(Clipp & Elder, 1996)。在具体介绍特定研究的细节之前,我们先结合二战年代、朝鲜冲突和越南战争,说说服兵役这一转变的基本特点。

首先,战争动员有助于把年轻人从他们的过去中拖出来,不管是特权还是声名狼藉的阶层,为发展性的生活变化创造一个新的起点。基本训练并不关心新兵的过去。这种定义促成了独立和责任感,把新兵们从社区和家庭的影响中分离出来,在创建新的社会联系时,也适当允许一定程度的社会自由度。基本训练也促成了集体成员之间的平等和同志关系,与先前的身份失去关联,要求统一的制服和外表,让隐私最小化,在群体绩效的基础上奖励成绩。

第二个明显的特点在于,“和职业的年龄分层完全断裂”,服役完全不管时间,并且会整顿事务以创造新的开端。军队责任合法地让教育、工作和家庭时间消失,把新兵从各种对年龄层级职业的传统期望中解脱出来,比如关于进步和生活决策的期望。

只要呆在部队里就行了,这会把士兵们从来自父母的生活选择压力中解放出来(比如,你想好从事什么工作或职业吗?你什么时候会晋升或结婚?)。正如 Samuel Stouffer 及其同事在“美国士兵研究”(1949, Vol. 2, p. 572) 中提到的,对于二战期间的许多战士,“就绝大部分来说,也许军队服务带来的中断,是一个评价自己已经走到哪儿,以后将向哪儿去的机会”。对于已经处于家庭中以及在尽职业责任的男性和女性来说,这种时间消失就远非那么恰到时机了。

动员的第三个特点,是提供了更大的发展体验和知识范围,既包括接受部队技能培训和参加教育项目,也包括通过在国内或海外服役路线体验新的互动以及文化。这一类经验会带来更多的人际交往、社会榜样和职业技能。眼界开阔了,理想提升了。二战后不久访谈一位老兵 (Havighurst, Baughman, Burgess, & Eaton, 1951, p. 188)时,他评价了自己服役后最显著的不同,及其对自己观点的影响。就像他所说的,“打开你的各种眼界……你开始用比以前广阔得多的思路思考。”战后老兵的收益,特别是 GI 法案,给这些新理想提供了明显的支持。

新起点的创造,时间的消失或者重新思考和计划自己的未来,拥有更多的技术、人际交往和文化体验,这些还没有穷尽新兵们军队体验的关键特点。如果综合来说,特别是对于那些弱势青年,这是一座通往更多生活机会的桥梁,一个潜在的转折点。作为一个需要迫使人们全方位服从的机构,军队特别适合重新设置生活轨道。事实上,多年以前,Mattick(1960)就发现,和未参过军的假释青年相比,假释的年轻男性参军后重犯率要低很多。基本训练的特点以及入伍这一转变,多年以来已经作为社会干预的一种手段采用,特别是 20 世纪 30 年代的美国公民保护队(Civilian Conservation Corps)。

699

早参军有利于最小化生活中断,并最大化各种生命历程的收益,比如职业教育、技能训练以及 GI 法案对老兵教育和住房的支持力度。奥克兰成长样本和伯克利指导样本(Elder. 1986, 1987)中,20 世纪 20 年代出生的年轻男性,如果有这样或那样的缺陷,他们都可能会尽快入伍。有三种类型的缺陷特别具有连续性:(1) 经济贫困家庭的成员,(2) 高中学校成绩差,(3) 青春期个人的不充分感。综合起来,这些因素能够预测是否早参军,以及人们在军队中找到个人成长和更多机会的路径。早入伍者,与晚入伍的人比较,他们从服兵役这一过程中获得的收益直到中年阶段都多于后者。

服兵役会为早入伍的士兵提供更多的生活发展的机会，它主要通过两种方式来实现。一条路线包括情境改变，它令早入伍的士兵在中年以前获得相对多的雄心、决断力和自我指导(Elder, 1986)。第二条路线包括通过 GI 法案大量获得政府教育和住房方面的利益，这一重要法案，与美国马歇尔计划类似，适合于 25 岁以前入伍的新兵。奥克兰和伯克利两个出生组中早入伍的士兵，最有可能在培训和大学教育中运用自己所获得的收益(Elder, 1987)。

早入伍的新兵虽然最初表现可能更差，他们至少在中年就能赶上未入伍者的职业地位，来自贫困家庭的伯克利男性在 40 岁的时候表现出更大的发展性收益。运用 Q 分类方法评价青少年期和中年期的人格(Elder, 1986)，研究发现，早入伍者比晚入伍者更多地表现出自我指导和自信。暴露于战争所带来的心理风险也没有改变这两个出生组中的生命阶段和发生时间效应。

为什么来自 20 世纪 30 年代贫困家庭的男性，在成年后发展得相当不错？他们即便不能超过，至少也能和有优越家庭情境的男性在职业成就方面不相上下。参军有助于对其进行解释。但是，服兵役的体验本身还很大程度上是一个“黑箱”，还是一个需要进一步思考的对象。发展性变化的机制到底是什么？Sampon 和 Laub(1996)通过对早期服役假设的一次令人信服的检验，为这一问题提供了一些答案。他们从近 1000 名成长于波士顿贫民区的男性样本中(出生年份，1925—1930)，其中超过 70%的男性有过服役史，找到他们的生活史数据。该样本最初是由 Sheldon Glueck 和 Eleanor Glueck(1968)设计的一个针对少年罪犯群体的纵向研究。所匹配的控制样本，包括 500 位少年罪犯成员和 500 位控制组成员。

白人男性的少年罪犯样本，年龄从 10 到 17 岁，抽取自被限令进入马萨诸塞州两所工读学校的青年。控制组(在年龄、智商、种族和邻里的贫困状况方面控制)包括 500 位来自波士顿公立学校的白人男性，年龄也是 10 到 17 岁。两个样本在所有的分析上都独立处理。从 1940 年到 1965 年，Glueck 们在研究对象身上收集了丰富的生活史信息。由于特别关注服役体验，他们在男性的服役体验上收集了多于其他方面的细节——这些年轻人在服役中所接受的培训项目、专门学校、对军队裁决系统以及被逮捕的经验。Sampon 和 Laub 编码了其中少年犯罪青年的生活史数据。

少年犯罪男性和控制组男性通常都在 18 到 19 岁入伍，大部分服役时间超过两年(60%以上的在海外)。和他们的历史相一致，少年罪犯样本在服役中比控制组更多地卷入各种反社会行为中(官方不端行为记录、逮捕、不诚实起诉的次数)，他们所接受的服役内培训以及从 GI 法案处得到收益的更少。虽然如此，来自少年罪犯样本的男性，在他们的整个生命历程中，与控制组相比，更可能从服役中受益，特别是对于那些入伍时年纪很轻的男性来说。部队教育、海外职责以及 GI 法案的运用明显提高了他们工作的稳定性、经济健康以及职业地位，不受他们各自童年阶段和社会经济起点差异的影响。然而，对于有少年犯罪历史的老兵来说，尤其当他们在很年轻时就入伍的话，GI 法案的收益更大。GI 法案和海外职责对社会经济地位的显著影响，在持续到 47 岁的成年岁月里都可以观察到。

700

综合来说，这些发现一致支持了二战时期早入伍存在生命历程优势的观点，另外一个研究显示,它也能很好地适用于朝鲜战争(Elder, 1986)。然而,就像人们可能想到的,生态情境非常重要。入伍的发生时间在战败国中有非常不同的意义,比如二战战败的德国和日本。出生在 1915 年到 1925 年的西德男性,被严重卷入军队活动中(同一年龄出生组中超过97%—Mayer, 1988, p. 234)。这些士兵群体因为战争失去了达九年之多的职业生涯时间。在战争中和战后,他们中很大一部分受到了监禁,死亡率也达到了 25%。根据柏林生活史课题(Berlin Life History Project)的数据 (Mayert & Huinink 1990, p. 220),出生于 20 世纪 30 年代的德国儿童在战争年代也受到了严重打击。战争中断了他们的家庭和教育,他们在战争摧毁经济的情境下进入劳动力市场。工作的地方通常很差,夹杂着失业的陷阱,改善是不可想象的。即便在由于战后恢复而贫困的年代之后到来的经济繁荣时代中,也不足以完全补偿更年轻的这一代人在战争年代所损失的职业成就。日本的两个出生组(分别出生于 1920 年和 1930 年)述说了同样的生活故事(Elder & Meguro, 1987),稍微的不同在于,年轻的出生组曾被组织参加农田和工厂工作。同时研究还报告了大量被战争破坏的家庭和被迫向乡村逃亡的现象。

今天,服兵役发生在完全不同的生命历程中,由于大学取向,兵役成为较晚进入成年期的标志(Settersten et al., 2005)。服役的性质在很多方面也有所改变,从强迫变为志愿。人类社会的老龄化,使得向成年早期的转变,从青少年期的家庭开始推迟到 30 多岁或近 40 岁的时候建立自己的家庭。在美国,尤其对于中产阶级来说,年轻人向成人期过渡面临的是教育要求更高、组建家庭更迟这样的年代。这恰恰与劳工阶级或贫穷家庭的速成时间表形成对比——他们的转变期事件往往发生得早得多。

我们已经用服兵役说明了历史时空在生命中的作用。服兵役对于从二战中存活下来的大萧条青年来说,是一种起到了摆脱不利地位作用的途径,但这种逃离是受历史时空的限制的:无数欧洲和亚洲的青年就失去了机会和生命本身。

生命历程理论对人类发展研究的贡献

综合来说,生命历程理论的这些范式主题,已经说明了其核心特点,以及对人类发展研究的潜在贡献。首先,这一视角将研究置于毕生框架下。人类发展和成熟是一个毕生的过程,以连续和改变的形式表现出来,同时也是一种生物学、社会学和心理学的用语。早期儿童发展对于以后的生活轨迹和健康适应具有构成意义。成熟过程中,个体通过不同的解释、选择、为情境和个人体验分配意义,以此来改变他们的环境和社会路径。这一过程借个人能动性原则表达——生命历程选择是在结构化的环境下作出的。整个生命历程中,路径也会通过社会需求和挑战性选择塑造个体行为。情境和个体因此产生了相关。这一类的互动过程在早期生活中就得以建立,并对生命历程的连续产生明显促进。当情境需求变化和促使个人改变生命历程的压力加大时,生活也会随之改变(比如婚姻和参军)。

很少有概念比年龄和发生时间更适合于理解发展性变化以及儿童的生命了。所以,非裔美国儿童在 3 年级以后长期依赖福利会产生完全负面的影响(Guo, Brooks-Gunn, Harris, 1996)。对福利的长期依赖会增加 3—9 年级留级的风险。年龄和发生时间的不同,使得研究可以将儿童与他们生活中的重要他人的生命历程互相关联。中年父母和他们的生理体验是其子女青春期体验的有机部分，而年轻人的感受也是父母社会圈子的重要内容。从社会意义或功能上来说，只要父母和孩子都活着，父母就总是父母。但是，祖孙间的密切关系对他们各自的生活质量和模式就有显著的影响。生命和发展性轨迹也因而嵌套进了一个代际关系的动态系统中。

701

作为一种理论取向或者框架，生命历程完善了个体环境变化及其发展性相关的概念。这种完善将儿童及其家庭放在了特定的历史时空中。而文化脚本和社会结构，在像生命历程这样的人类生命组织中，与人类行动和自我调控的内在力量一起，共同发挥了重要的作用。理论上，宏观变化会通过改变多水平过程和社会结构改变个体生命历程，从而影响发展过程。对于大萧条中长大的孩子来说，贫困年代改变了他们的家庭体验和轨迹，影响了他们的生命历程。历史影响被 1929 年出生组的成员关系及社会阶层过滤了。地域同样也会造成差异，因为经济崩溃席卷美国东部早于西部。

生物模型与生命历程的整合：大有可为的学术前沿

行为与生物学研究的新发展，为生命历程研究提供了各种令人激动的可能性。关于邻里和社区(Morenoff, 2003; Sampson, Morenoff, & Gannon-Rowley, 2002)，自传式记忆(如 Fivush & Haden, 2003)，和对自我的主观理解(Macmillan, Hitlin, & Elder,发表中)的研究已经变得越来越成熟。压力范式与生命历程原则的整合方面，已经取得了关键性进步(Elder, George, & Shanahan, 1996)。这些进步不仅仅来自于新的数据收集工作，还来自于理论本身把注意力指向了随时间、空间和年龄一起变化的行为模式。

生物过程和行为的研究，说明确实需要同时涵盖社会环境与发展的整合模型。对行为的生物性研究兴趣虽然日涨，这一工作——包括进化过程，和内分泌、免疫系统相关的新陈代谢过程，基因，以及神经科学——还没有对情境及其动态特征予以足够的重视，而这是生命历程理论的关键性洞察。如果行为发展代表了人与情境之间的不断交换，那研究也需要对此加以关注，建立生物与社会过程的长期观。所以，生命历程与行为生物模型的整合代表了一种新兴的、大有可为的学术前沿领域。

可以从两方面来促进这种整合。首先，生命历程许多有趣的主题都与生物过程有着明显的联系。这些主题包括，比如，生理和心理健康轨迹、压力过程、攻击和罪错模式、性行为、生育、养育以及成熟和死亡的多元维度。第二，其他主题也可能与生物过程有关，虽然显著程度可能低一些，比如教育和职业、家庭内外的亲密人际关系，以及人们在组织中卷入程度和地位。

此外，近几十年间，行为的生物模型范式已经从生物决定主义转到更广为人知的“先天与后天”的复杂互动，如果没有这种转移，该模型不会引起人们的重视。这种新观点与系统理论的观点相一致(Lerner，本《手册》本卷第 1 章)，这些观点中的一部分与生物学及生命历程的讨论关系密切。首先，人类行为是多重水平分析的产物，比如说，分别与社会学、心理学、生物学和人类学相关的特质性水平。引申开来,我们不应该带着预设性的理由去相信任何一种水平有特殊的解释性价值。例如,基因不是行为的唯一理由(见 Gottlieb et al.,本《手册》本卷第 5 章),同时行为也不仅仅是社会力量的结果。

第二,所有的分析水平都具有弹性的特点,即都有一个可能的范围(Lerner, 1984)。因此,每个人的行为都代表了一个确定范围内的可能性所带来的一系列可能;同样,每一种社会秩序都代表了一种来自一定范围的社会秩序的组织形式。第三,虽然每种水平可能有自己的运作法则,水平之间仍然可能由互动产生行为(Cairns, McGuire, & Gariepy, 1993)。即,系统理论认为多重水平的众多因素彼此互动会形成系列"相关制约",这些制约包括目标行为及其协变量。这些行为及其协变量代表了组织化的系统,以及在这些水平间正在进展中的交互性互动,这些互动能够解释连续性并能提供变化所需机遇的概貌。 702

如果综合起来看,这些原则是在行为研究中使用基因、代谢和进化方法的中心主题:社会与生物原因以复杂动态的方式互动,定义了可能的行为范围。就自身而言,这一主题认可情境及其与生物因素互动的重要性。但是另外一个更为直接地将行为的生物模型与生命历程联系起来的主题是:行为反映了人(包括生物性构成)与情境之间持续一生的相互交换。该主题认为如果不参照以前的体验是无法完全理解行为的。为探索这些主题,我们将在此讨论一下行为遗传学和生命历程(有关生命历程、进化及内分泌过程的讨论,请参见 Shanahan, Hofer, & Shanahan, 2003)。

差不多所有生命历程研究都没有考虑到基因对行为的影响,同样,行为基因研究的开展也没有考虑到业已成熟的社会情境模型,该模型通常具有生命历程研究的特点。但是,许多研究路线已经达成共识:基因型(Genotype)并非以一种单一的模式来产生行为的(Gotlieb et al.,本书本册第 5 章)。此外,表现型(Phenotype)有可能只是反映了个体基因型(如组织的基因构成)、表现型(如机体任何可观察到的特点,包括行为)和情境的积累历史。事实上,行为遗传学家普遍赞同,基因型和表现型之间的联系很大程度上受社会位置和个体体验的制约。而没有被人们足够认识到的,是情境动态特点决定了它对个体的意义。换句话说,社会情境对于基因表达的意义常常依赖于生命历程中发生的各种过程,比如路径、轨迹、转变、转折点和持续时间。行为遗传学的前沿之一——基因—环境的交互作用——就是这条原则的最好例证。

基因—环境互动机制

当基因改变了机体对于特定环境特点的敏感性,或环境特点对基因效应产生了特殊影响时,基因和环境(GE)之间的互动就产生了(Kendler& Eaves, 1986)。也就是说,基因有可能表现也有可能不表现,这取决于情境,抑或情境效应可能取决于基因类型。许多人类行为、发展和老龄化方面的研究者认为,GE 互动的研究会促进对于复杂人类行为的更好理解(如 McClean, Vogler, & Hofer, 2002; Sawa & Snyder, 2002; van Os & Marcelis, 1998; Wahlsten, 1999)。但是,在人类行为表现型的研究中很少有 GE 互动的实证例子,并且还有文献表明无法发现这种互动(如 Heath et al., 2002; McGue & Bouchard, 1998, p. 12)。

GE 互动假设的共性与发现其存在的困难，二者之间的失衡无疑反映出了方法论的不足（如统计力问题、测量水平、对横断面设计的过分依赖），或者对社会情境过分简单的概念化和测量。与基因型互动并产生行为的社会情境是什么？要回答这一问题，得区分出 4 种社会机制（Shanahan & Hofer, 2005）。

首先，社会应激源可能激发某种基因素质，比方说，大量研究发现，生活事件会在心理问题高基因风险人群中激发不同形式的抑郁（例 Kendler & Kessler, 1995; Silberg & Rutter, 2001）。其次，社会情境可能会补偿基因素质，也就是说显著应激源的缺乏，或提供资源丰富的环境，可以防止基因风险出现。例如高抑郁基因风险的人群，如果没有体验到典型的生活事件是不会表现出抑郁的。老鼠研究显示，丰富的环境完全可以补偿走迷宫这一认知任务所难以避免的基因风险（Rampon, Tang, Goodouse, Shimuzu, & Tsien, 2000; Rampon & Tsien, 2000）。

第三，社会情境也可能通过社会控制过程阻止基因风险的表现。大量研究显示，社会控制源——如宗教、监管、匿名、文化价值和规则——会令酒精消费下降，尽管可能存在基因偏好。或者相反，社会控制源也可能在基因抑制酗酒的情况下，带来高水平的酒精消费（如 Dick & Rose, 2001; Higuchi et al., Koopmans & Slutske, 1999）。最后，Bronfenbrenner 和 Ceci（1994）的生物生态模型认为，近体过程会促进基因潜能的实现：恰如近体过程——一种具有进展复杂性的社会互动形式——所证明的，促进积极发展的基因潜能可以越来越多地实现。例如，Rowe 和 Jacobson（1999）指出，言语智力的遗传在高教育水平的家庭中比低教育水平家庭更为明显。他们的研究结果显示，父母受过良好教育的家庭，言语智力的基因潜能实现得更为充分，因为这些家庭能够提供更为丰富的近体过程（例 Guo & Stearns, 2002）。

703

生命历程中的基因—环境互动

关于所有这些过程值得注意的是，它们在生命历程中产生，或者说它们是构成轨迹或路径的一种年龄分层体验。那么生命历程该如何去完备基因表现的研究？首先，激发、补偿、社会控制和近体过程是人生大部分时期都会出现的机制，因此在研究它们时需要运用生命历程的观点。第二，这些过程的实质是多层次的，而且在生命不同阶段都会有所变化，例如，构成儿童期社会控制的因素和青少年期的社会控制机制完全不同，而后者与成年早期的控制相比又是不一样的。当考虑到行为遗传学领域中现有的情境研究思潮时，这些主题——情境的动态与多维性——的重要性就不会被忽略。

情境的动态模式

由 GE 激发的互动，例如生活事件和抑郁，说明了随时间发展对情境进行概念化和测量的重要性。就像人们注意到的，许多研究显示生活事件是明显的应激源，它们会在有基因性失调倾向的人们身上唤起抑郁感。这一类研究会要求人们从一张生活事件表中选出特定期间内发生的事件，然后将发生的生活事件总量与抑郁联系起来。

但是，生活事件和抑郁或抑郁类的症状这一类重度焦虑指标之间的相关程度通常是中等的(Turner, Wheaton, & Lloyd, 1995),而且越来越多的证据表明这些中等相关能够观察到,部分原因在于,应激源是否有害取决于个体先前、同期以及随后的体验(Elder, et al., 1996)。因此,生活事件——类似所有潜在的压力、补偿、改善和控制资源——只有在生命历程轨迹所嵌套的情境中才能理解。

事实上,有大量研究检测了生活事件对健康的消极意义,或者讨论过哪些条件会强化其负面效应,生活事件实际上对健康也有积极效应,这取决于其先前的环境。例如,Wheaton(1990)就曾指出,如果能够解决前期慢性重度焦虑来源的话,严重的生活事件对于心理健康也有积极效应。所以,对于失去配偶的成年人来说,曾报告有高水平的前期婚姻问题的人,与低水平前期婚姻问题的人相比,重度焦虑度明显低得多。同样的模式在早期离婚、婚前分手、孩子离家中观察到,而在失业、退休和结婚等事件中这些模式的存在已有充分的证据。Wheaton 总结说,生活事件的意义通常由角色历史决定(有关生活事件积极意义的其他例子也可参见,Amato, Loomis, & Booth, 1995; Sweeney & Horwitz, 2001)。

此外,早期创伤体验(包括生活事件)对后期健康的影响可能取决于压力源累积的复杂模式。Turner 和 Lloyd(1995)报告说,一生中创伤的积累数量对精神障碍(大量抑郁或者物质滥用)的产生有明显的预测作用,但无法预测其复发。然而,第一次发病之后,创伤体验的数量就对复发有明显预测作用了。控制近期生活事件后,作者发现发病后创伤数量和慢性应激源会增加严重抑郁症和物质滥用,而发病前创伤数量却会降低严重抑郁的风险。作者总结说,如果不考虑创伤和障碍阶段的话,生活事件对于重度焦虑的效应会明显被低估(要了解早期和晚期应激源的独立效应,请参阅 Ensel & Lin, 2000; Hayward & Gorman, 2004; Poulton et al., 2002)。

有关生活事件的相应体验,研究显示生活事件效应的因果性,通常表现在其对晚期生命模式的意义上。例如,有关儿童期逆境及其对成年适应的研究中,Mcleod 和 Almazan(2003)注意到,失去父母(除父母分居外)的效应可以被随后的体验调节。研究认为,良好的儿童看护、学校整合以及学业成绩、不错的同伴关系以及支持性的近亲关系,都可以帮助中断失去父母和成人期不良心理社会后果之间的联系(如 Quinton & Rutter, 1988; Rutter, 1989)。而到成年期后,生活事件的效应往往取决于这些事件如何解决。 704

我们对于生活事件的文献综述还远远谈不上全面,但这些综述显示,压力负荷增加会激发诱使心理社会失序的基因素质,这在对生活事件影响后果的横断测量中可以看出。同时,代表其他形式应激源的变量——和社会补偿、控制以及改善一样——只有在被视为生命历程轨迹的一部分时,才可能获得其意义和影响力。行为遗传学家努力提高自己模型的准确度和效度,为此他们开始用发展性术语评价行为。要完全把握社会情境的意义,同样的动态取向也十分必要。

除体验的动态特点外,生命历程也注重生命阶段的社会过程性质变化。社会情境是"联系瀑流"(cascade of associations, Johnston & Edwards, 2002)或者说中介机制的一部分,这种机制构成了这种而不是那种行为。恰如 Rutter 和 Pickles(1991)观察到的,GE 互动并非一种解释而是有待解释的东西。例如,Link 和 Phelan(1995)认为社会经济地位是健康的

"根本性原因"(Fundamental cause),也就是说,高社会经济地位和良好的健康有关。然而,高社会经济地位的保健效应机制变化还要取决于时空条件。例如,社会经济地位可能通过保护性行为、控制和治疗、减缓压力源、提供刺激性的健康环境等方式促进多维度的健康和福利。也许所有这些机制都会发生作用,或者也可能在生命的不同时点上他们各自的重要性会有所不同。

Sampson 和 Laub(1993)对非正式社会控制的研究说明了该机制的多水平性质。儿童期,非正式控制指的是养育行为、同伴关系以及与学校宗教力量的联系等相当复杂的范围。青春期,这些资源的重要性会在某种程度上减弱,而亲密人际关系与工作空间的重要性会增加。成年早期的非正式社会控制常常涉及劳动力、婚姻、为人父母、服役以及宗教和公民事务的归属。整个生命阶段中,这些控制资源都可能积极地互为关联,当然,按 Sampson 和 Laub 的说法,青春期有低控制体验的可能在向成年期转变的过程中感到控制感增强。因此,社会控制指的是生命历程早期大量变化的互为相关的过程。例如,那种以为在 5 岁以前对养育进行测量就可以把握这些复杂性的观点,就将是一种错误。

情境的多维实质

能证实 GE 互动的那些实证研究,几乎都包括了基因风险指标和社会经验维度之间的互动。例如,抑郁被视为是对应激源的反应,但经典研究只测量了应激源的一个维度(比如生活事件)。对情境这一维度的关注很可能被低估为情境因素效应,被视为一种"相关限制"或者同时产生和发生作用的群体变量。情境的多维性会带来两大复杂性源泉。

首先,高水平的互动可能会成为激发、补偿、控制和改善指标的特点。高压力环境(能够产生 GE 激发性互动)、受限制的环境(能够在互动中产生 GE 社会控制)、改善性环境(能够产生 GE 改善或补偿性互动)有可能反映了情境的多面性,它以系列变量而非单独变量的形式对个人施加影响。例如, Rutter(1990)认为 3 个以上风险因素的出现能够预测互动模式的适应不良。同时,弱势邻里的集中所带来的发展性挑战是大规模的、互为相关的,有可能以非辅助的形式施加其消极影响。事实上, McLeod 和 Almazan(2003)在他们对儿童期逆境及其对成年期意义的研究综述中,观察到:

705

> 分解逆境集合效应的努力,可能为理解风险和弹性过程提供的洞察非常少。儿童所经历的不同事件集合有不同的意义,一旦孤立地看它们,这些意义就会丧失。(p. 104)

虽然行为遗传学家已经对基因——基因(GG)和基因——环境(GE)互动非常感兴趣,环境因素还可能创造一种环境—环境(EE)互动,这种互动中,情境因素发挥的就不再是对行为的辅助性效应了。特别是,如果只有极端环境会调节基因表达(Scarr, 1992),那这一类环境就极可能包括 EE 互动。如果忽略互动的出现的话,在解释有关基因型和背景因素的双变量研究时,对于观察到的背景变量间的高相关必须持谨慎态度(如 Caspi & Sugden, 2003)。这一点在青少年及其同伴的性行为研究中非常明显。

青少年童贞誓言的例子说明,延迟第一次性行为发生的社会控制形式,具有高度的互动性。根据 Add Health 的数据，Bearman 和 Brückner(2001)观察到，发过童贞誓言的青少年首次性行为的风险，比没发过童贞誓言的青少年要低 34%。但是，誓言的效应还要取决于其他情境性特点，这些情境性特点共同创建了控制性的环境。其他人还发现誓言效应在青春期早期和中期更强，但并不能起到阻止婚前性行为的作用。此外，誓言效应的变化还要取决于学生就读的学校类型，以及学校里起誓的人数比例。在“社交开放学校”——很多学生报告与他校学生有友谊或恋爱关系——中，如果没有其他起誓的人出现的话，发誓将没有任何效果。这一类学校中，每增加 1%的同性起誓者，第一次性行为的比例就延迟 2%。在社交封闭学校——友谊和恋爱关系只限于学校内——中，会观察到相反的现象：由于不存在其他起誓者，起誓者体验到初夜的可能性更低。当其他起誓者出现时，起誓者的转变率与没有其他起誓者的学校相比更高。如果学校里有超过 30%的起誓者，已经达到了失去起誓效应的阈限值。也就是说，就自身而言，起誓这一身份几乎不能告知任何关于如何控制性行为的信息。只有把这种形式的社会控制视为创造 EE 互动的变量群——包括身份、学校类型、学校中起誓者的比例——时，我们才能更深入地理解情境的控制实质。

其次，殊途同归和同途异归原则(该原则认为终极表型可能是多种不同因果路径的结果，而单一原因可能导致多种不同的表型表达)与社会情境和基因表达之间的联系有关。例如，Kendler、Gardner 和 Prescott(2002)检测了整个生命历程中 18 种风险因素(其中一些是回溯性的记忆)与抑郁症状之间的关联。即便是匹配最佳最经济的模型在风险因素和严重抑郁发生之间也包括了 64 种路径，这是一个简单但令人难忘的例子，充分说明了多水平中介路径可能会是什么样子。大家都知道重度焦虑是多种应激源的反映，反过来说，应激源也可能以多种形式表现。同样，人们也区分了多种抑制反社会行为的社会控制形式，包括温暖抚育型的养育、与学校及无关成人的积极联系、亲密的人际关系、婚姻、为人父母以及与劳动力市场的有意义关系(Sampson & Laub, 1993)。这些考虑认为，涵盖社会情境和生物基础的因果路径，可能包括了不同因素的复杂结合，而这些因素最后会导致同样的后果。

生命历程和行为遗传学的未来方向

总而言之，这些主题强调了社会过程的动态性、高偶然性以及多维性，同时社会过程也可能是基因表达的有机部分。这一类主题的探索将改变过去行为遗传学典型的研究方式(Coll, Bearer, Lerner, 2004)。虽然生命历程研究指出，建构性社会过程能显示生命阶段的变化和持续模式，而且是这些动态模式决定了情境对于行为的显著性，典型的行为遗传学研究还是把社会情境视为一维、静态的术语。因此，将社会过程的生命历程模型与行为遗传学研究进行整合，从而为我们以更精确的方式来理解行为发展呈现激动人心的新机遇。

理论上来说，这类整合性努力符合生命历程研究的长期兴趣，同时也方便对不同社会情境的人们进行比较。该兴趣也可能涉及社会变化的研究，包括人的生命、移民和跨国模式的转变情境。所有此类研究均创造了有关情境和行为的重要变量，对于研究发展非常有利。有关酒精中毒的行为遗传学研究就利用了这些方法。例如 Higuchi 等(1994)指出，当 ALDH2*2 基因型(无效等位基因的纯合体)抑制效应抑制日本人的酒精中毒时，杂合基因

706

型(如一个无效等位基因和一个正常等位基因)的抑制效应在相连续的几个出生组中就逐渐降低。作者还反思了自20世纪以来就有所松动的有关酗酒的社会控制。

功能性多态ADH2*2对酒精中毒也能起到防护作用,但其效果要取决于相应情境。犹太人比其他高加索人要少饮酒,人们认为这是因为前一人群中ADH2*2要显著得多。然而,犹太人中,ADH2*2抑制效应可能还要取决于环境因素。Hasin等人(2002)报告说ADH2*2降低酒精消费效应在俄裔犹太人中较少,因为他们通常处于一个大量饮酒的环境,而以色列、东欧和西班牙犹太人就没有处在这样一种环境中,所以相应的效应更大,当然此研究所基于的样本量还较小。该研究说明了社会变化和生命历程在基因表达研究中可能会具有什么样的战略意义,因为他们所创造的"自然实验"可以完全改变能影响基因表达的情境因素。

结论

过去30年中生命历程理论的出现及其完善,可以被视为一种对传统发展研究观念和经典成果的重要挑战。这些包括:

1. 提出儿童期或青春期后的发展和人格概念的必要性。

2. 当社会模式和随时间发展的生命动力与发展有关时,我们需要将二者联系起来进行思考。

3. 生命和发展轨迹可能通过改变社会来改变,对此的认识不断深入。

早期纵向研究发现,早期面临的挑战,会一直延续到成年和晚年的生活中,儿童期的发展故事可以一直续写到成年期。此外,这些挑战很大程度上还和老龄社会的人口政治压力有关。

20世纪60年代,随着毕生发展的概念出现,有关关系和年龄的社会理论产生融合,促成了生命历程的理论导向。和其他理论的产生不同的是,毕生发展心理学的产生是为了回应个体和人格毕生发展中所提出的概念挑战。结果之一即产生了发生学意义上的发展概念,社会结构和文化只是创造了一种行为环境。相反,生命历程理论把人类发展视为一种社会文化、生物和心理力量长期交互作用的产物。社会结构和文化是共同构建发展过程的因素。个体在生命历程的塑造中发挥着重要的作用,虽然其选择和进取总是会受到社会力量和生物性的制约。

概念上,正如本章所探讨过的,个体的生命历程也面临第二种挑战,它提供了一种思考生命模式或组织的方式。跨时间的生命不仅仅是环境或个体环境相互作用的结果。相反,生命历程也被视为是一种按年龄分层的序列,包括社会定义的种种纠结甚至重现的跨时性角色和事件。它由多种互相交叉的轨迹构成,比如当工作和家庭状态过渡或改变时,这些轨迹会互为交错。人们在构建自己的生命历程时,通常会受已有的习俗使然的路径的影响,同时还受常规路线的制约,如学校的课程或路线,家庭的年龄层级期望,文化或公司所要求的职业生涯。

个体的生命历程，发展轨迹和过渡(如身心的连续性或变化)，已有路径，都是有关人类发展的生命历程研究中非常重要的元素。个体生命历程中的任何变化都是他们发展轨迹的结果，而历史变化可能通过对已有路径的重塑，对上述二者产生影响。因此，二战期间，社会对生产工作的成人式期望被下延到儿童期，促使年轻人尽快填补社会需要的角色。生命历程理论把人放到历史位置中，从而将研究指向了第三种挑战，即我们需要理解过程，在这一过程中，社会变化给儿童的最初世界和发展带来了差异。

707

本章中有关生命历程理论的解释，代表了一条漫长旅程的开端，沿着这条旅程我们将以多种方式进一步了解人类发展，将其扩展到个体整个生命、代际以及历史时代中去。正如一个世纪以前的发展心理学的主要议题，包括遗传影响、情感调节和荷尔蒙研究，正在当代学术领域中重获重视一样(Parke et al.，1994)，生命历程理论也可以视作过去重要议题(如社会背景和社会变化，生活史)的复兴(如社会情境和变化，生活史)，这些在过去，特别是在早期的社会学芝加哥学派中，都是非常重要的课题。然而，可观察到的这些延续性，在面对当代理论的新整合和新方向时仍然显得非常苍白。要建立一种跨学科的发展心理科学网络，时间、情境和过程的区别已经成为儿童、青少年以及成人发展生命历程中非常关键的话题。生物模型与生命历程的整合，则代表了该领域大有可为的一种跨学科性学术前沿。

(包蕾萍译，桑标审校)

参考文献

Abbott. A. (1997). Of time and space: The contemporary relevance of the Chicago school. *Social Forces*, *75*(4), 1149 - 1182.

Alexander, K. L., Entwisle, D. R., & Dauber, S. L. (1994). *On the success of failure: A reassessment of the effects of retention in the primary grades*. New York: Cambridge University Press.

Alwin, D. F., Cohen, R. L., & Newcomb, T. M. (1991). *Political attitudes over the life-span: The Bennington women after fifty years*. Madison: University of Wisconsin Press.

Amato, P. R. (2000). Consequences of divorce for adults and children. *Journal of Marriage and the Family*, *62*, 1269 - 1287.

Amato, P. R., & Cheadle, J. (2005). The long reach of divorce: Divorce and child well-being across three generations. *Journal of Marriage and the Family*, *67*, 191 - 206.

Amato, P. R., Loomis, S. L., & Booth, A. (1995). Parental divorce, marital conflict, and off-spring well-being during early adulthood. *Social Forces*, *73*, 895 - 915.

Amick, B. C., McDonough, P., Chang, H., Rogers, W. H., Pieper, C. F., & Duncan, G. (2002). Relationship between all-cause mortality and cumulative working life course psychosocial and physical exposures in the United States labor market from 1968 to 1992. *Psychosomatic Medicine*, *64*, 370 - 381.

Antonucci, T. C., & Akiyama, H. (1995). Convoys of social relations: Family and friendships within a life-span context. In R. Blieszner & V. H. Bedford (Eds.), *Handbook of Aging and the Family* (pp. 355 - 371). Westport, CT: Greenwood Press.

Aseltine, R. H., Gore, S., & Gordon, J. (2000). Life stress, anger and anxiety, and delinquency: An empirical test of general strain theory. *Journal of Health and Social Behavior*, *41*(3), 256 - 275.

Baldwin, J. M. (1895). *Mental Development in the child and the race: Methods and processes*. New York: Macmillan.

Baltes, P. B. (1979). Life-span developmental psychology: Some converging observations on history and theory. In P. B. Baltes & O. G. Brim Jr. (Eds.), *Life-span development and behavior* (Vol. 2, pp. 256 - 281). New York: Academic Press.

Baltes, P. B. (1993). The aging mind: Potential and limits. *Gerontologist*, *33*, 580 - 594.

Baltes, P. B. (1994, August). *Life-span developmental psychology: On the overall landscape of human development*. Invited address at the 102nd Annual Convention of the American Psychological Association (Division 7), Los Angeles.

Baltes, P. B. (1997). On the incomplete architecture of human ontogenesis: Selection, optimization, and compensation as foundations of developmental theory. *American Psychologist*, *52*, 366 - 381.

Baltes, P. B., & Baltes, M. M. (1990). *Successful aging: Perspectives from the behavioral sciences*. New York: Cambridge University Press.

Baltes, P. B., Cornelius, S. W., & Nesselroade, J. R. (1979). Cohort effects in developmental psychology. In J. R. Nesselroade & P. B. Baltes (Eds.), *Longitudinal research in the Study of Behavior and Development* (pp. 61 - 87). New York: Academic Press.

Bane, M. J., & Ellwood, D. T. (1986). Slipping into and out of poverty: The dynamics of spells. *Journal of Human Resources*, *21*(1), 1 - 23.

Barrett, A. E. (2000, December). Marital trajectories and mental health. *Journal of Health and Social Behavior*, *41*, 451 - 464.

Bartley, M., & Plewis, I. (2002). Accumulated labour market disadvantage and limiting long-term illness: Data from the 1971 - 1991 Office for National Statistics' Longitudinal Study. *International Journal of Epidemiology*, *31*, 336 - 341.

Bauer, D., & Curran, P. J. (2003). Distributional assumptions of growth mixture models: Implications for over-extraction of latent trajectory classes. *Psychological Methods*, *8*, 338 - 363.

Bauer, D., & Curran, P. J. (2004). The integration of continuous and discrete latent variable models: Potential problems and promising opportunities. *Psychological Methods*, *9*, 3 - 29.

Bearman, P., & Brückner, H. (1999). *Power in numbers: Peer effects on adolescent girls' sexual debut and pregnancy*. Washington, DC: National Campaign to Prevent Teen Pregnancy.

Bearman, P., & Brückner, H. (2001). Promising the future: Virginity pledges and first intercourse. *American Journal of Sociology*, *106*(4), 859 - 912.

Becker, H. S. (1961). Notes on the concept of commitment. *American Journal of Sociology*, *66*(1), 32 - 40.

Becker, H. S. (1964). Personal change in adult life. *Sociometry*, *27*(1), 40 - 53.

Bengtson, V. L., & Laufer, R. S. (1974). Youth, generations, and social change. *Journal of Social Issues*, *30*(2/3, Pts. I & II).

Bergman, L. R., Magnusson, D., & El-Khouri, B. M. (2003). *Studying individual development in an interindividual context: A personoriented approach* (Vol. 4). Mahwah, NJ: Erlbaum.

Blair-Loy, M. (2003). *Competing devotions: Career and family among women executives*. Cambridge, MA: Harvard University Press.

Block, J. (with N. Haan). (1971). *Lives through time*. Berkeley, CA: Bancroft.

Booth, A., Johnson, D. R., White, L. K., & Edwards, J. N. (1986). Divorce and marital instability over the life course. *Journal of Family Issues*, *7*(4), 421 - 442.

Bouffard, L. A., & Laub, J. H. (2004). Jail or the army: Does military service facilitate desistance from crime. In R. Immarigeon & S. Maruna (Eds.), *After crime and punishment: Pathways to offender reintegration* (pp. 129 - 151). Devon, England: Willan.

Bound, J., Jaeger, D. A., & Baker, R. M. (1995). Problems with instrumental variables estimation when the correlation between the instruments and the endogenous explanatory variable is weak. *Journal of the American Statistical Association*, *90*(430), 443 - 450.

Brehm, S. S., & Brehm, J. W. (1982). *Psychological reactance: A theory of freedom and control*. New York: Academic Press.

Brody, G. (Ed.). (1996). *Sibling relationships: Their causes and consequences* (Advances in Applied Developmental Psychology Series). Norwood, NJ: Ablex.

Brody, G. H., Ge, X., Kim, S. Y., Murry, V. M., Simons, R. L., Gibbons, F. X., et al. (2003). Neighborhood disadvantage moderates associations of parenting and older sibling problem attitudes and behavior with conduct disorders in African American children. *Journal of Consulting and Clinical Psychology*, *71*, 211 - 222.

Bronfenbrenner, U. (1970). *Two worlds of childhood: US and USSR*. New York: Russell Sage.

Bronfenbrenner, U. (1979). *The ecology of human development: Experiments by nature and design*. Cambridge, MA: Harvard University Press.

Bronfenbrenner, U. (1989). Ecological systems theory. In R. Vasta (Ed.), *Six theories of child development: Revised formulations and current issues* (pp. 185 - 246). Greenwich, CT: JAI Press.

Bronfenbrenner, U. (1996). Foreword. In R. B. Cairns, G. H. Elder Jr., & E. J. Costello (Eds.), *Developmental science* (pp. ix - xvii). New York: Cambridge University Press.

Bronfenbrenner, U., & Ceci, S. J. (1994). Nature-nurture reconceptualized in developmental perspective: A bioecotogical model. *Psychological Review*, *101*(4), 568 - 586.

Brooks-Gunn, J., & Duncan, G. J. (1997). The effects of poverty on children. *Future of Children*, *7*(2), 55 - 71.

Buchmann, M. (1989). *The script of life in modern society: Entry into adulthood in a changing world*. Chicago: University of Chicago Press.

Bumpass, L., & Lu, H. H. (2000). Trends in cohabitation and implications for children's family contexts in the United States. *Population Studies: A Journal of Demography*, *54*(1), 29 - 41.

Burton, L. M. (1985). *Early and on-time grandmotherhood in multigenerational Black families*. Unpublished doctoral dissertation, University of Southern California.

Burton, L. M., & Bengtson, V. L. (1985). Black grandmothers: Issues of timing and continuity of roles. In V. L. Bengtson & J. F. Robertson (Eds.), *Grandparenthood* (pp. 61 - 77). Beverly Hills: Sage.

Cairns, R. B., & Cairns, B. (1994). *Lifelines and risks: Pathways of youth in our time*. Cambridge, England: Cambridge University Press.

Cairns, R. B., Elder, G. H., Jr., & Costello, E. J. (1996). *Developmental science: Cambridge Studies in Social and Emotional Development*. New York: Cambridge University Press.

Cairns, R. B., McGuire, A. M., & Gariepy, J.-L. (1993). Developmental behavior genetics: Fusion, correlated constraints, and timing. In D. F. Hay & A. Angold (Eds.), *Precursors and causes in development and psychopathology* (pp. 87 - 122). New York: Wiley.

Caspi, A. (2004). Life-course development: The interplay of social selection and social causation within and across the generations. In P. L. Chase-Lansdale, K. Kiernan, & R. J. Friedman (Eds.), *Human development across lives and generations: The potential for change* (pp. 8 - 27). New York: Cambridge University Press.

Caspi, A., & Bem, D. J. (1990). Personality continuity and change across the life course. In L. A. Pervin (Ed.), *Handbook of personality: Theory and research* (pp. 549 - 575). New York: Guilford Press.

Caspi, A., Bem, D. J., & Elder, G. H., Jr. (1989). Continuities and consequences of interactional styles across the life course. *Journal of Personality*, *57*(2), 375 - 406.

Caspi, A., Elder, G. H., Jr., & Bem, D. J. (1987). Moving against the world: Life course patterns of explosive children. *Developmental Psychology*, *23*(2), 308 - 313.

Caspi, A., & Herbener, E. (1990). Continuity and change: Assortative marriage and the consistency of personality in adulthood. *Journal of Personality and Social Psychology*, *58*(2), 250 - 258.

Caspi, A., Moffitt, T. E., Thornton, A., Freedman, D., Amell, J. W., Harrington, H., et al. (1996). The life history calendar: A research and clinical assessment method for collecting retrospective event-history data. *International Journal of Methods in Psychiatric Research*, *6*, 101 - 114.

Caspi, A., & Sugden, K. (2003). Influence of life stress on depression: Moderation in the 5-HTT gene. *Science*, *301*, 386 - 389.

Cherlin, A. J. (1993). *Marriage, divorce, and remarriage*. Cambridge, MA: Harvard University Press.

Clausen, J. A. (1968). *Socialization and society*. Boston: Little, Brown.

Clausen, J. A. (1993). *American lives: Looking back at the children of the great depression*. New York: Free Press.

Clausen, J. A. (1995). Gender, contexts and turning points in adults' lives. In P. Moen, G. H. Elder, Jr., & K. Lüscher (Eds.), *Examining Lives in Context: Perspectives on the geology of human development* (pp. 365 - 389). Washington, DC: American Psychological Association.

Clipp, E. C., & Elder, G. H., Jr. (1996). The aging veteran of World War II: Psychiatric and life course insights. In P. E. Ruskin & J. A. Talbott (Eds.), *Aging and post-traumatic stress disorder* (pp. 19 - 51). Washington, DC: American Psychiatric Press.

Coll, C. G., Bearer, E. L., & Lerner, R. M. (Eds.). (2004). *Nature and nurture: The complex interplay of genetic and environmental influences on human behavior and development*. Mahwah, NJ: Erlbaum.

Collins, L. M., & Sayer, A. G. (2001). *New methods for the analysis of change: Decade of behavior*. Washington, DC: American Psychological Association.

Cook, T. D., Herman, M., Phillips, M., & Settersten, R. A., Jr. (2002). Some ways in which neighborhoods, nuclear families, friendship groups and schools jointly affect changes in early adolescent development. *Child Development*, *73*, 1283 - 1309.

Crosnoe, R., & Elder, G. H., Jr. (2004). From childhood to the later years: Pathways of human development. *Research on Aging*, *26*(6), 623 - 654.

Crouter, A. C., & Booth, A. (2003). *Children's influence on family dynamics: The neglected side of family relationships*. Mahwah, NJ: Erlbaum.

Crouter, A. C., Maguire, M. C., Helms-Erikson. H., & McHale, S. N. (1999). Parental work in middle childhood: Links between employment and the division of housework, parent-child activities, and parental monitoring. In T. L. Parcel (Ed.), *Work and family: Research in the sociology of work series* (pp. 31 - 54). Greenwich, CT: JAI Press.

Dannefer, D. (1984). The role of the social in life-span developmental psychology, past and future: Rejoinder to Baltes and Nesselroade. *American Sociological Review*, *49*(6), 847 - 850.

Dick, D. M., & Rose, R. J. (2001). Exploring gene-environment interactions: Socioregional moderation of alcohol use. *Journal of Abnormal Psychology*, *110*(4), 625 - 632.

Dorn, L. D., Susman, E. J., & Ponirakis, A. (2003). Pubertal timing and adolescent adjustment and behavior: Conclusions vary by rater. *Journal of Youth and Adolescence*, *32*(3), 157 - 167.

Drobnic, S., Blossfeld, H.-P., & Rohwer, G. (1999, February). Dynamics of women's employment patterns over the family life course: A comparison of the United States and Germany. *Journal of Marriage and the Family*, *61*, 133 - 146.

Duncan, G. J., Brooks-Gunn, J., & Klebanov, P. K. (1994). Economic deprivation and early-childhood development. *Child Development*, *65*(2), 296 - 318.

Duncan, G. J., Clark-Kauffman, E., & Snell, E. (in press). *Residential morbidity interventions as treatment for the sequelae of neighborhood violence* [*Mimeo*]. Evanston, IL: Northwestern University, Institute for Poverty Research.

Duncan, T. E., Duncan, S. C., Strycker, L. A., Li, F., & Anthony, A. (1999). *An introduction to latent variable growth curve modeling: Concepts, issues, and applications — Quantitative methodology series*. Mahwah, NJ: Erlbaum.

Easterlin, R. A. (1980). *Birth and fortune: The impact of numbers on personal welfare*. New York: Basic Books.

Ebaugh, H. R. F. (1988). *Becoming an ex: The process of role exit*.

Chicago: University of Chicago Press.

Eccles, J. S., & Midgley, C. (1989). Stage-environment fit: Developmentally appropriate classrooms for early adolescents. In R. E. Ames & C. Ames (Eds.), *Research on motivation in education* (Vol. 3, pp. 139 - 186). New York: Academic Press.

Eggleston, E. P., Laub, J. H., & Sampson, R. J. (2004). Methodological sensitivities to latent class analysis of long-term criminal trajectories. *Journal of Quantitative Criminology*, *20*(1), 1 - 26.

Eichorn, D. H., Clausen, J. A., Haan, N., Honzik, M. P., & Mussen, P. H. (1981). *Present and past in middle life*. New York: Academic Press.

Eisenstadt, S. N. (1956). *From generation to generation: Age groups and social structure*. Glencoe, IL: Free Press.

Elder, G. H., Jr. (1975). Age differentiation and the life course. *Annual Review of Sociology*, *1*, 165 - 190.

Elder, G. H., Jr. (1978). Family history and the life course. In T. K. Haraven (Ed.), *Transitions* (pp. 17 - 64). New York: Academic Press.

Elder, G. H., Jr. (1985). Perspectives on the life course. In G. H. Elder Jr. (Ed.), *Life course dynamics: Trajectories and transitions, 1968 - 1980* (pp. 23 - 49). Ithaca, NY: Cornell University Press.

Elder, G. H., Jr. (1986). Military times and turning points in men's lives. *Developmental Psychology*, *22*(2), 233 - 245.

Elder, G. H., Jr. (1987). War mobilization and the life course: A cohort of World War II veterans. *Sociological Forum*, *2*(3), 449 - 472.

Elder, G. H., Jr. (1991). Family transitions, cycles, and social change. In P. A. Cowan and M. Hetherington (Eds.), *Family Transitions* (pp. 31 - 57). Hillsdale, NJ: Erlbaum.

Elder, G. H., Jr. (1998a). The life course and human development. In W. Damon (Editor-in-Chief) & R. M. Lerner (Vol. Ed.), *Handbook of child psychology: Vol. 1. Theoretical models of human development* (5th ed., pp. 939 - 991). New York: Wiley.

Elder, G. H., Jr. (1998b). The life course as developmental theory. *Child Development*, *69*(1), 1 - 12.

Elder, G. H., Jr. (1999). *Children of the great depression: Social change in life experience*. Chicago: University of Chicago Press. (Original work published 1974)

Elder, G. H., Jr., & Caspi, A. (1988). Human development and social change: An emerging perspective on the life course. In N. Bolger, A. Caspi, G. Downey, & M. Moorehouse (Eds.), *Persons in context: Developmental processes* (pp. 77 - 113). New York: Cambridge University Press.

Elder, G. H., Jr., & Conger, R, D. (2000). Children of the land: Adversity and success in rural America. In *Studies on Successful Adolescent Development* (John D. and Catherine T. MacArthur Foundation Series on Mental Health and Development). Chicago: University of Chicago Press.

Elder, G. H., Jr., George, L. K., & Shanahan, M. J. (1996). Psychosocial stress over the life course. In H. B. Kaplan (Ed.), *Psychosocial stress: Perspectives on structure, theory, life course, and methods* (pp. 247 - 292). Orlando, FL: Academic Press.

Elder, G. H., Jr., Johnson, M. K., & Crosnoe, R. (2003). The emergence and development of the life course. In J. T. Mortimer & M. J. Shanahan (Eds.), *Handbook of the life course* (pp. 3 - 19). New York: Plenum Press.

Elder, G. H., Jr., & Meguro, Y. (1987). Wartime in men's lives: A Comparative Study of American and Japanese Cohorts. *International Journal of Behavioral Development*, *10*, 439 - 466.

Elder, G. H., Jr., Modell, J., & Parke, R. D. (1993). *Children in time and place: Developmental and historical insights — Cambridge Studies in Social and Emotional Development*. New York: Cambridge University Press.

Elder, G. H., Jr., Pavalko, E. K., & Hastings, T. J. (1991). Talent, history, and the fulfillment of promise. *Psychiatry*, *54*, 251 - 267.

Elder, G. H., Jr., & Pellerin, L. A. (April 1995). *Social development research in historical perspective, 1965 - 1989: Is it more longitudinal and contextual today?* Poster session presented at the biennial meeting of the Society for Research in Child Development.

Elder, G. H., Jr., Shanahan, M. J., & Clipp, E. C. (1994). When war comes to men's lives: Life course patterns in family, work, and health [Special issue]. *Psychology and Aging*, *9*(1), 5 - 16.

Ensel, M., & Lin, N. (2000). Age, the stress process, and physical distress: The role of distal stressors. *Journal of Aging and Health*, *12*, 139 - 168.

Entwisle, D. R., Alexander, K. L., & Olson, L. S. (2003). The firstgrade transition in life course perspective. In J. T. Mortimer & M. J. Shanahan (Eds.), *Handbook of the life course* (pp. 229 - 250). New York: Plenum Press.

Entwisle, D. R., Alexander, K. L., & Olson, L. S. (2005). First grade and educational attainment by age 22. *American Journal of Sociology*, *110*, 1458 - 1502.

Erikson, E. H. (1950). *Childhood and society*. New York: Norton.

Erikson, E. H. (1963). *Childhood and society* (2nd ed.). New York: Norton.

Farrington, D. P., Loeber, R., Elliott, D. S., Hawkins, J. D., Kandel, D. B., Klein, M. W., et al. (1990). Advancing knowledge about the onset of delinquency and crime. In B. B. Lahey & A. E. Kazdin (Eds.), *Advances in clinical child psychology* (Vol. 13, pp. 283 - 342). New York: Plenum Press.

Farrington, D. P., & West, D. J. (1990). The Cambridge Study of Delinquent Development: A long-term follow-up of 411 London males. In H. J. Kerner & G. Kaiser (Eds.), *Kriminalitat: Personlichkeit, Lebensgeschichte und Verhalten* [Criminology: Personality, Behavior and Life History] (pp. 115 - 138). New York: Springer-Verlag.

Ferri, E., Bynner, J., & Wadsworth, M. (2002). *Changing Britain, changing lives: Three generations at the turn of the century* (Bedford Way Papers Series, No. 18). London: Institute of Education.

Fivush, R., & Haden, C. A. (Eds.) (2003). *Autobiographical memory and the construction of the narrated self: Developmental and cultural perspectives*. Mahwah, NJ: Erlbaum.

Ford, D. H., & Lerner, R. M. (1992). *Developmental systems theory: An integrative approach*. Newbury Park, CA: Sage.

Forest, K. B., Moen, P., & Dempster-McClain, D. (1995). Cohort differences in the transition to motherhood: The variable effects of education and employment before marriage. *Sociological Quarterly*, *36*(2), 315 - 336.

Freedman, D., Thornton, A., Camburn, D., Alwin, D., & Young-DeMarco, L. (1988). The life history calendar: A technique for collecting retrospective data. *Sociological Methodology*, *18*, 37 - 68.

Furstenberg, F. F., Jr., Brooks-Gunn, J., & Morgan, S. P. (1987). *Adolescent mothers in later life*. New York: Cambridge University Press.

Furstenberg, F. F., Jr., Cook, T. D., Eccles, J., Elder, G. H., Jr., & Sameroff, A. (1999). Managing to make it: Urban families and adolescent success. In *Studies on Successful Adolescent Development* (John D. and Catherine T. MacArthur Foundation Series on Mental Health and Development). Chicago: University of Chicago Press.

Fussell, E. (2002). Youth in aging societies. In J. T. Mortimer & R. W. Larsen (Eds.), *The changing adolescent experience: Societal trends and the transition to adulthood* (pp. 18 - 51). New York: Cambridge University Press.

Fussell, E., & Furstenberg, F. F., Jr. (2005). The transition to adulthood during the twentieth century: Race, nativity, and gender. In R. A. Settersten, Jr., F. F. Furstenberg, Jr., & R. G. Rumbaut (Eds.), *On the Frontier of Adulthood: Theory, Research, and Public Policy*. Chicago: University of Chicago Press.

Ge, X., Lorenz, F. O., Conger, R. D., Elder, G. H., Jr., & Simons, R. L. (1994). Trajectories of stressful life events and depressive symptoms during adolescence. *Developmental Psychology*, *30*(4), 467 - 483.

George, L. K. (2003). Life course research: Achievements and potential. In J. T. Mortimer & M. J. Shanahan (Eds.), *Handbook of the life course* (pp. 671 - 680). New York: Plenum Press.

Gimbel, C., & Booth, A. (1996). Who fought in Vietnam? *Social Forces*, *74*(4), 1137 - 1157.

Glaser, B. G., & Strauss, A. L. (1971). *Status passage*. Chicago: Aldine.

Glueck, S., & Glueck, E. (1968). *Delinquents and nondelinquents in perspective*. Cambridge, MA: Harvard University Press.

Goldthorpe, J. H. (1991). The uses of history in sociology: Reflections on some recent tendencies. *British Journal of Sociology*, *42*(2), 211 - 230.

Goode, W. J. (1960). The theory of role strain, *American Sociological Review*, *25*(4), 483 - 496.

Guo, G., Brooks-Gunn, J., & Harris, K. M. (1996). Parental laborforce attachment and grade retention among urban Black children. *Sociology of Education*, *69*, 217 - 236.

Guo, G., & Stearns, E. (2002). The social influences on the realization of genetic potential for intellectual development. *Social Forces*, *80*, 881 - 910.

Hagan, J. (2001). *Northern passage: American Vietnam War resisters in Canada*. Cambridge, MA: Harvard University Press.

Haidt, J., & Rodin, J. (1999). Control and efficacy as interdisciplinary bridges. *Review of General Psychology*, *3*(4), 317 - 337.

Halfon, N., & Hochstein, M. (2002). Life course health development: An integrated framework for developing health, policy, and research. *Milbank Quarterly*, *80*(3); 433 - 479.

Hareven, T. K. (1978). *Transitions: The family and the life course in historical perspective*. New York: Academic Press.

Hareven, T. K. (1982). *Family time and industrial time*. New York: Cambridge University Press.

Hartup, W. W., & Laursen, B. (1991). Relationships as developmental contexts. In R. Cohen & A. Siegel (Eds.), *Context and development* (pp. 253 - 279). Hillsdale, NJ: Erlbaum.

Hasin, D., Aharonovich, E., Liu, X., Mamman, Z., Matseoane, K., Carr, L., et al. (2002). Alcohol and ADH2 in Israel: Ashkenazis, Sephardic, and recent Russian immigrants. *American Journal of Psychiatry*, *159*, 1432 - 1434.

Havighurst, R. J. (1949). *Developmental tasks and education*. Chicago: University of Chicago Press.

Havighurst, R. J., Baughman, J. W., Burgess, E. W., & Eaton, W. H. (1951). *The American veteran back home*. New York: Longmans, Green.

Hayward, M. D., & Gorman, B. K. (2004). The long arm of childhood: The influence of early-life social conditions on men's mortality. *Demography*, *41*(1), 87 - 107.

Heath, A. C., Todorov, A. A., Nelson, E. C., Madden, P. A. F., Bucholz, K. K., & Martin, N. G. (2002). Gene-environment interaction effects on behavioral variation and risk of complex disorders: The example of alcoholism and other psychiatric disorders. *Twin Research*, *5*, 30 - 37.

Heckhausen, J. (1999). *Developmental regulation in adulthood: Agenormative and sociostructural constraints as adaptive challenges*. New York: Cambridge University Press.

Hernandez, D. J. (1993). *America's children: Resources from family, government, and the economy — The Population of the United States in the 1980s*. New York: Russell Sage.

Hertzman, C., & Power, C. (2003). Health and human development: Understandings from life-course research. *Developmental Neuropsychology*, *24*(2/3), 719 - 744.

Hetherington, E. M. (Ed.). (1999). *Coping with divorce, single parenting, and remarriage: A risk and resiliency perspective*. Mahwah, NJ: Erlbaum.

Higuchi, S., Matsushita, S., Imazeki, H., Kinoshita, T., Takagi, S., & Kono, H. (1994). Aldehyde dehydrogenase genotypes in Japanese alcoholics. *Lancet*, *343*, 741 - 742.

Hill, R. (1970). *Family development in three generations*. Cambridge, MA: Schenkman Books.

Hitlin, S., & Elder, G. H., Jr. (in press). Agency: An empirical model of an abstract concept. In R. MacMillan (Ed.), *Advances in life course research*. Greenwich, CT: JAI Press.

Hofer, S, M., & Sliwinski, M. J. (2002). Understanding ageing: An evaluation of research designs for assessing the interdependence of ageing-related changes. *Gerontology*, *47*, 341 - 352.

Hofferth. S. L. (1987). Teenage pregnancy and its resolution. In S. L. Hofferth & C. Hayes (Eds.), *Risking the future: Adolescent sexuality, pregnancy, and childbearing* (Vol. 2, pp. 78 - 92). Washington, DC: National Academy Press.

Hoffman, J. P., & Cerbone, F. G. (1999). Stressful life-events and delinquency escalation in early adolescence. *Criminology*, *37*, 343 - 373.

Hogan, D. P. (1981). *Transitions and social change: The early lives of American man*. New York: Academic.

Holahan, C. K., & Sears, R. R. (1995). *The gifted group in later maturity*. Stanford, CA: Stanford University Press.

Hughes, E. (1971). *The sociological eye: Selected papers on work, self, and the study of society* (Vol. 1). Chicago: Aldine-Atherton.

Jackson, J. S. (Ed.). (2000). *New directions: African Americans in a diversifying nation*. Washington, DC: National Policy Association.

Jarjoura, G. R., Triplett, R. A., & Brinker, G. P. (2002). Growing up poor: Examining the link between persistent childhood poverty and delinquency. *Journal of Quantitative Criminology*, *18*(2), 159 - 187.

Johnston, T. D., & Edwards, L. (2002). Genes, interactions, and the development of behavior. *Psychological Review*, *109*, 26 - 34.

Jones, M. C., Bayley, N., Macfarlane, J. W., & Honzik, M. E. (1971). *The course of human development: Selected Papers from the Longitudinal Studies. University of California, Berkeley, Institute of Human Development*. Waltham, MA: Xerox College Publishing.

Kagan, J., & Moss, H. A. (1962). *Birth to maturity: A Study in Psychological Development*. New York: Wiley.

Katz, L. F., Kling, J., & Liebman, J. (2001). Moving to opportunity in Boston: Early impacts of a housing mobility program. *Quarterly Journal of Economics*, *116*(2), 607 - 654.

Kaufman, J. S., Kaufman, S., & Poole, C. (2003). Causal Inference from randomized trials in social epidemiology. *Social Science Medicine*, *57*(12), 2397 - 2409.

Kendler, K. S., & Eaves, L. (1986). Models for the joint effect of genotype and environment on liability to psychiatric illness. *American Journal of Psychiatry*, *143*, 279 - 289.

Kendler, K. S., Gardner, C. O., & Prescott, C. A. (2002). Toward a comprehensive developmental model for major depression in women. *American Journal of Psychiatry*, *159*, 1133 - 1145.

Kendler, K. S., & Kessler, R. C. (1995). Stressful life events, genetic liability, and onset of an episode of major depression in women. *American Journal of Psychiatry*, *152*(6), 833 - 842.

Kerckhoff, A. C. (1993). *Diverging pathways: Social structure and career deflections*. New York: Cambridge University Press.

Kerckhoff, A. C. (2003). From student to worker. In J. T. Mortimer & M. J. Shanahan (Eds.), *Handbook of the life course* (pp. 251 - 267). New York: Plenum Press.

Kertzer, D. I., & Keith, J. (1984). *Age and anthropological theory*. Ithaca, NY: Cornell University Press.

Kim, K. J., Conger, R. D., Elder, G. H., Jr., & Lorenz, F. O. (2003). Reciprocal influences between stressful life-events and adolescent internalizing and externalizing problems. *Child Development*, *74*, 127 - 143.

Kling, J. R., & Liebman, J. B. (2004). Experimental analysis of neighborhood effects on youth. *Princeton IRS Working Paper, No. 483*.

Koopmans, J. R., & Slutske, W. S. (1999). The influence of religion on alcohol use initiation: Evidence for genotype x environment interaction. *Behavior Genetics*, *29*(6), 445 - 453.

Krein, S. F., & Beller, A. H. (1988). Educational attainment of children from single-parent families: Differences by exposure, gender, and race. *Demography*, 25(2), 221 - 234.

Kuh, D., Ben-Shlomo, Y., Lynch, J., Hallqvist, J., & Power, C. (2003). Life course epidemiology. *Journal of Epidemiology and Community Health*, *57*(10), 778 - 783.

Kuh, D., Power, C., Blane, D., & Bartley, M. (1997). Social pathways between childhood and adult health. In D. Kuh & Y. Ben-Shlomo (Eds.), *A life course approach to chronic disease epidemiology* (pp. 169 - 198). New York: Oxford University Press.

Laub, J. H., & Sampson, R. J. (2003). *Shared beginnings, divergent lives*. Cambridge, MA: Harvard University Press.

Leadbeater, B. J., Kuperminc, G. P., Blatt, S. J., & Hertzog, C. (1999). A multivariate model of gender differences in adolescents' internalizing and externalizing problems. *Developmental Psychology*, *35*, 1268 - 1282.

Leisering, L. (2003). Government and the life course. In J. T. Mortimer & M. J. Shanahan (Eds.), *Handbook of the life course* (pp. 205 - 225). New York: Plenum Press.

Lerner, R. M. (1982). Children and adolescents as producers of their own development. *Developmental Review*, *2*(4), 342 - 370.

Lerner, R. M. (1984). *On the nature of human plasticity*. Cambridge: Cambridge University Press.

Lerner, R. M. (1991). Changing organism-context relations as the basic process of development: A developmental contextual perspective. *Developmental Psychology*, *27*(1), 27 - 32.

Levinson, D. J. (1978). *The seasons of a man's life*. New York: Knopf.

Lewin, K. (1948). *Resolving social conflicts: Selected papers on group dynamics*. New York: Harper.

Link, B. G., & Phelan, J. (1995). Social conditions as fundamental causes of disease [Special issue: Forty years of medical sociology: The state of the art and directions for the future]. *Journal of Health and Social Behavior*, *35*, 80 - 94.

Little, T. D., Bovaird, J., & Marquis, J. (in press). *Modeling developmental processes in context*. Mahwah, NJ: Erlbaum.

Little, T. D., Schnabel, K. U., & Baumert, J. (2000). *Modeling longitudinal and multilevel data: Practical issues, applied approaches, and specific examples*. Mahwah, NJ: Erlbaum.

Ludwig, J., Duncan, G. J., & Hirschfield, P. (2001). Urban poverty and juvenile crime: Evidence from a randomized housing-mobility experiment. *Quarterly Journal of Economics*, *116*(2), 655 - 680.

Luthar, S. S. (2003). *Resilience and vulnerability: Adaptation in the context of childhood adversities*. New York: Cambridge University Press.

Lynd, R. S., & Lynd, H. M. (1929). *Middletown*. New York: Harcourt, Brace and Company.

Lynd, R. S., & Lynd, H. M. (1937). *Middletown in transition: A Study in Cultural Conflicts*. New York: Harcourt, Brace and Company.

Macmillan, R., Hitlin, S., & Elder, H. E., Jr. (in press). *Constructing adulthood: Agency and subjectivity in the life course — Advances in life course research* (Vol. 10). New York: Elsevier/JAI Press.

Mare, R. D. (1990). Socio-economic careers and differential mortality among older men in the United States. In J. Vallin, S. D'Souza, & A. Palloni (Eds.), *Comparative Studies of Mortality and Morbidity: Old and new approaches to measurement and analysis*. London: Oxford University Press.

Marini, M. M. (1984). Age and sequencing norms in the transition to adulthood. *Social Forces*, *63*, 229 - 244.

Marshall, V. W., Heinz, W. R., Kruger, H., & Verma, A. (2001). *Restructuring work and the life course*. Toronto, Ontario, Canada: University of Toronto Press.

Marsiske, M., Lang, F. R., Baltes, P. B., & Baltes, M. M. (1995). Selective optimization with compensation: Life-span perspectives on successful human development. In R. A. Dixon & L. Bäckman (Eds.), *Compensation for psychological deficits and declines: Managing losses and promoting gains* (pp. 35 - 79). Mahwah, NJ: Erlbaum.

Maruna, S. (2001). *Making good: How ex-convicts reform and rebuild their lives*. Washington, DC: American Psychological Association.

Mattick, H. W. (1960). Parolees in the army during World War II. *Federal Probation*, *24*, 49 - 55.

Mayer, K. U. (1986). Structural constraints on the life course. *Human Development*, *29*(3), 163 - 170.

Mayer, K. U. (1988). German survivors of World War II: The impact on the life course of the collective experience of birth cohorts. In M. W. Riley (Ed., with B. J. Huber & B. B. Hess) *Social change and the life course: Vol. I. Social structures and human lives* (pp. 229 - 246). Newbury Park, CA: Sage.

Mayer, K. U. (2003). The sociology of the life course and lifespan psychology: Diverging or converging pathways. In U. M. Staudinger and U. Lindberger (Eds.), *Understanding human development: Dialogues with lifespan psychology* (pp. 463 - 481). Boston: Kluwer.

Mayer, K. U. (2004). Whose lives? How history, societies, and institutions define and shape life courses. *Research in Human Development*, *1*(3), 161 - 187.

Mayer, K. U., & Huinink, J. (1990). Age, period, and cohort in the Study of the Life Course: A comparison of classical A-P-C analysis with event history analysis or farewell to lexis. In D. Magnus son & L. R. Bergman (Eds.), *Data quality in longitudinal research* (pp. 211 - 232). New York: Cambridge University Press.

McClearn, G. E., Vogler, G. M., & Hofer, S. M. (2001). Gene-gene and gene-environment interactions. In *Handbook of the biology of aging* (pp. 423 - 444). San Diego, CA: Academic Press.

McDonough, P., Duncan, G. J., Williams, D., & House, J. (1997). Income dynamics and adult mortality in the United States, 1972 - 1989. *American Journal of Public Health*, *87*(9), 1476 - 1483.

McGue, M. (1999). The behavioral genetics of alcoholism. *Current Directions in Psychological Science*, *8*(4), 109 - 115.

McGue, M., & Bouchard, T. J. (1998). Genetic and environmental in fluences on human behavioral differences. *Annual Review of Neuroscience*, *21*, 1 - 24.

McLanahan, S. S., & Sandefur, G, (1994). *Growing up with a single parent: What hurts, what helps*. Cambridge, MA: Harvard University Press.

McLanahan, S. S., & Sorensen, A. B. (1985). Life events and psychological well-being over the life course. In G. H. Elder Jr. (Ed.), *Life course dynamics: Trajectories and transitions, 1968 - 1980* (pp. 217 - 238). Ithaca, NY: Cornell University Press.

McLeod, J, D., & Almazan, E. P. (2003). Connections between childhood and adulthood. In J. T. Mortimer & M. J. Shanahan (Eds.), *Handbook of the life course* (pp. 391 - 411). New York: Plenum Press.

Mead, G. H. (1934). *Mind, self, and society*. Chicago: University of Chicago Press.

Merton, R. K. (1968). *Social theory and social structure*. New York: Free Press.

Merton, R. K. (1982). *Socially expected durations*. Paper presented at the annual meeting of the American Sociological Association, San Francisco.

Merton, R. K. (1984). Socially expected durations: A case study of concept formation in sociology. In W. W. Powell & Richard Robbins (Eds.), *Conflict and consensus: A festschrift for Lewis A. Coser*. New York: The Free Press.

Mills, C. W. (1959). *The sociological imagination*. New York: Oxford University Press.

Mitterauer, M. (1993). *A history of youth*. Oxford, England: Blackwell.

Modell, J. (1989). *Into one's own: From youth to adulthood in the United States 1920 - 1975*. Berkeley, CA: University of California Press.

Moen, P. (2003). *It's about time: Couples and careers*. Ithaca, NY: Cornell University Press.

Moen, P., Elder, G. H., Jr., & Lüscher, K. (Eds.). (1995). *Examining lives in context: Perspectives on the ecology of human development — Essays in honor of Urie Bronfenbrenner*. Washington, DC: American Psychological Association.

Moffitt, T. E. (1993). Adolescence-limited and life-course-persistent antisocial behavior: A developmental taxonomy. *Psychological Review*, *100*(4), 674 - 701.

Moffitt, T. E., Caspi, A., Dickson, N., Silva, P., & Stanton, W. (1996). Childhood-onset versus adolescent-onset antisocial conduct problems in males: Natural history from age 3 to 18. *Development and Psychopathology*, *8*, 399 - 424.

Moffitt, T. E., Caspi, A., Harrington, H., & Milne, B. J. (2002). Males on the life-course-persistent and adolescence-limited antisocial pathways: Follow-up at age 26 years. *Development and Psychopathology*, *14*(1), 179 - 207.

Molenaar, P. C. M., Huizenga, H. M., & Nesselroade, J. R. (in press). The relationship between the structure of intra-individual and inter-individual variability: A theoretical and empirical vindication of developmental systems theory. In U. M. Staudinger & U. Lindenberger (Eds.), *Understanding human development*. Boston: Kluwer Press.

Morenoff, J. D. (2003). Neighborhood mechanisms and the spatial dynamics of birth weight. *American Journal of Sociology*, *108*, 976 - 1017.

Mortimer, J. T. (2003). *Working and growing up in America*. Cambridge, MA: Harvard University Press.

Mortimer, J. T., & Shanahan, M. J. (2003). *Handbook on the life course*. New York: Plenum Press.

Mortimer, J. T., Staff, J., & Oesterle, S. (2003). Adolescent work and the early socioeconomic career. In J. T. Mortimer & M. J. Shanahan (Eds.), *Handbook of the life course*. New York: Plenum Press.

Nagin, D. S. (1999). Analyzing developmental trajectories: A semiparametric group-based approach. *Psychological Methods*, *4*(2), 139 - 157.

Nagin, D. S. (2004). Response to "methodological sensitivities to latent class analysis of long-term criminal trajectories." *Journal of Quantitative Criminology*, *20*(1), 27 - 35.

Nagin, D. S., Farrington, D. P., & Moffitt, T. E. (1995). Lifecourse trajectories of different types of offenders. *Criminology*, *33*(1), 111 - 139.

Nagin, D, S., & Land, K. C. (1993). Age, criminal careers and population heterogeneity: Specification and estimation of a nonparametric, mixed poisson model. *Criminology*, *31*, 327 - 362.

Nagin, D. S., & Paternoster, R. (2000). Population heterogeneity and state dependence: State of the evidence and directions for future research. *Journal of Quantitative Criminology*, *16*(2), 117 - 144.

Nagin, D. S., & Tremblay, R. E. (2001). Analyzing developmental trajectories of distinct but related behaviors: A group-based method. *Psychological Methods*, *6*(1), 18 - 34.

Neugarten, B. L. (1968). *Middle age and aging: A reader in social psychology*. Chicago: University of Chicago Press.

Neugarten, B. L. (Ed.) (with a foreword by D. A. Neugarten). (1996). *The meanings of age: Selected papers of Bernice L. Neugarten*. Chicago: University of Chicago Press.

Neugarten, B. L., & Datan, N. (1973). Sociological perspectives on the life cycle. In P. B. Baltes & K. W. Schaie (Eds.), *Life-span developmental psychology: Personality and socialization* (pp. 53 - 69). New York: Academic Press.

Neugarten, B. L., Moore, J. W., & Lowe, J. C. (1965). Age norms, age constraints, and adult socialization. *American Journal of Sociology*, *70*(6), 710 - 717.

Neugarten, B. L., & Peterson, W. A. (1957). A Study of the American Age-Grade System. *Proceedings from the Fourth Congress of the International Association of Gerontology*, *3*, 497 - 502.

Nisbet, R. (1969). *Social change and history*. New York: Oxford University Press.

Noack, P., Hofer, M., & Youniss, J. (1995). *Psychological responses to social change: Human development in changing environments*. New York: Walter de Gruyter.

Oh, H. J. (2001, February). An exploration of the influence of household poverty spells on mortality risk. *Journal of Marriage and Family*, *63*, 224 - 234.

O'Rand, A. M., & Krecker, M. L. (1990). Concepts of the life cycle: Their history, meanings and uses in the social sciences. *Annual Review of Sociology*, *16*, 241 - 262.

Pallas, A. M. (2003). Educational transitions, trajectories, and pathways. In J. T. Mortimer & M. J. Shanahan (Eds.), *Handbook of the life course* (pp. 165 - 184). New York: Plenum Press.

Pampel, F. C., & Peters, H. E. (1995). The Easterlin effect. *Annual Review of Sociology*, *21*, 163 - 194.

Parke, R. D., & Ladd, G. W. (1992). *Family-peer relationship: Modes of linkage*. Hillsdale, NJ: Erlbaum.

Parke, R. D., Ornstein, P. A., Rieser, J, J., & Zahn-Waxler, C. (1994). *A century of developmental psychology*. Washington, DC: American Psychological Association.

Paternoster, R., Bushway, S., Brame, R., & Apel, R. (2003). The effect of teenage employment on delinquency and problem behaviors. *Social Forces*, *82*(1), 297 - 335.

Patterson, G. R. (1996). Some characteristics of a developmental theory of early-onset delinquency. In M. F. Lenzenweger & J. J. Haugaard (Eds.), *Frontiers of developmental psychopathology* (pp. 81 - 124). New York: Oxford University Press.

Patterson, G. R., & Yoerger, K. (1996). A developmental model for late-onset delinquency. In D. W. Osgood (Ed.), *Nebraska Symposium on Motivation: Motivation and delinquency* (pp. 119 - 177). Lincoln: University of Nebraska Press.

Pepler, D. J., & Rubin, K. H. (1991). *The development and treatment of childhood aggression*. Hillsdale, NJ: Erlbaum.

Phelps, E., Furstenberg, F. F., Jr., & Colby, A. (2002). *Looking at lives: American Longitudinal Studies of the Twentieth Century*. New York: Russell Sage Foundation.

Pinquart, M., & Silbereisen, R. K. (2004). Human development in times of social change: Theoretical considerations and research needs. *International Journal of Behavioral Development*, *28*(4), 289 - 298.

Poulton, R., Caspi, A., Milne, B. J., Thomson, W. M., Taylor, A., & Sears, M. R. (2002). Association between children's experience of socioeconomic disadvantage and adult health: A Life-Course Study. *Lancet*, *360*, 1640 - 1645.

Power, C., & Hertzman, C. (1997). Social and biological pathways linking early life and adult disease. *British Medical Bulletin*, *53* (1), 210 - 221.

Power, C., Manor, O., & Matthews, S. (1999). The duration and timing of exposure: Effects of socioeconomic environment on adult health. *American Journal of Public Health*, *89*(7), 1059 - 1065.

Quinton, D., Pickles, A., Maughan, B., & Rutter, M. (1993). Partners, peers, and pathways: Assortative pairing and continuities in conduct disorder. *Development and Psychopathology*, *5*(4), 763 - 783.

Quinton, D., & Rutter, M. (1988). *Parenting breakdown: The making and breaking of intergenerational links*. Aldershot, England: Avebury.

Rabinowitz, L. S., & Rosenbaum, J, E. (2000). *Crossing the class and color lines: From public housing to White suburbia*. Chicago: University of Chicago Press.

Rachman, S. (1979). The concept of required helpfulness. *Behavior Research and Therapy*, *17*(1), 1 - 6.

Rampon, C., Tang, Y.-P., Goodhouse, J., Shimuzu, M., Kyin, M., & Tsien, J. M. (2000). Enrichment induces structural changes and recovery from nonspatial memory deficits in CA1 NMDAR1-knockout mice. *Nature Neuroscience*, *3*(3), 238 - 244.

Rampon, C., & Tsien, J. Z. (2000). Genetic analysis of learning behavior-induced structural plasticity. *Hippocampus*, *10*, 605 - 609.

Rank, M. R., & Hirschl, T. A. (1999). The economic risk of childhood in America: Estimating the probability of poverty across the formative years. *Journal of Marriage and the Family*, *61*(4), 1058 - 1067.

Riley, M. W., Johnson, M. E., & Foner, A. (1972). *Aging and society*. New York: Russell Sage.

Robins, L. (1966). *Deviant children grown up*. Baltimore: Williams & Wilkins.

Rodgers, W. L., & Thornton, A. (1985). Changing patterns of first marriage in the United States. *Demography*, *22*(2), 265 - 279.

Rosenberg, M. (1979). *Conceiving the self*. New York: Basic Books.

Rowe, D. C. (2001). Assessing genotype-environment interactions and correlations in the postgenomic era. In R. Plomin, J. C. DeFries, G. E. McClearn, & P. McGuffin (Eds.), *Behavioral genetics* (4th ed., pp. 71 - 86). New York: Worth.

Rowe, D. C., & Jacobson, K. C. (1999). Genetic and environmental influences on vocabulary IQ: Parental education level as moderator. *Child Development*. 70(5), 1151 - 1162.

Rutter, M. (1989). Pathways from childhood to adult life. *Journal of Child Psychology and Psychiatry*, *30*(1), 23 - 51.

Rutter, M. (1990). Psychosocial resilience and protective mechanisms. In J. E. Rolf, A. S. Masten, D. Cicchetti, K. H. Neuchterlein, & S. Weintraub (Eds.), *Risk and protective factors in the development of psychopathology* (pp. 181 - 214). New York: Cambridge.

Rutter, M., & Madge, N. (1976). *Cycles of disadvantage: A review of research*. London: Heinemann.

Rutter, M., & Pickles, A. (1991). Person-environment interactions: Concepts, mechanisms, and implications for data analysis. In T. E. Wachs & R. Plomin (Eds.), *Conceptualization and measurement of organism-environment interaction* (pp. 105 - 141). Washington, DC: American Psychological Association.

Rutter, M., & Silberg, J. (2002). Gene-environment interplay in relation to emotional and behavioral disturbance. *Annual Review of Psychology*, *53*, 463 - 490.

Ryder, N. B. (1965). The cohort as a concept in the Study of Social Change. *American Sociological Review*, *30*(6), 843 - 861.

Ryu, S., & Mortimer, J. T. (1996). The "occupational linkage hypothesis" applied to occupational value formation in adolescence. In J. T. Mortimer & M. D. Finch (Eds.), *Adolescents, work, and family: An intergenerational developmental analysis* (pp. 167 - 190). Thousand Oaks, CA: Sage.

Sampson, R. J., & Laub, J. H. (1993). *Crime in the making: Pathways and turning points through life*. Cambridge, MA: Harvard University Press.

Sampson, R. J., & Laub, J. H. (1996). Socioeconomic achievement in the life course of disadvantaged men: Military service as a turning point, circa 1940 - 1965. *American Sociological Review*, *61*(3), 347 - 367.

Sampson, R. J., & Laub, J. H. (1997). A life-course theory of cumulative disadvantage and the stability of delinquency. In T. P. Thornberry (Ed.), *Developmental theories of crime and delinquency: Advances in criminological theory* (Vol. 7, pp. 133 - 161). New Brunswick, NJ: Transaction.

Sampson, R. J., Morenoff, J. D., & Gannon-Rowley, T. (2002). Assessing "neighborhood effects": Social processes and new directions in research. *Annual Review of Sociology*, *28*, 443 - 478.

Sawa, A., & Snyder, S. H. (2002). Schizophrenia: Diverse approaches to a complex disease. *Science*, *296*, 692 - 695.

Schaie, K. W. (1965). A general model for the Study of Developmental Problems. *Psychological Bulletin*, *64*(2), 92 - 107.

Schiller, K. S. (1999, October). Effects of feeder patterns on students' transition to high school. *Sociology of Education*, *72*, 216 - 233.

Schoenhals, M., Tienda, M., & Schneider, B. (1998). The educational and personal consequences of adolescent employment. *Social Forces*, *77*(2), 723 - 761.

Schoon, I., Bynner, J., Joshi, H., Parsons, S., Wiggins, R. W., & Sacker, A. (2002). The influence of context, timing, and duration of risk experiences for the passage from childhood to midadulthood. *Child Development*, *73*(5), 1486 - 1504.

Settersten, R. A., Jr., Furstenberg, F. F., Jr., & Rumbaut, R. (2005). *On the frontier of adulthood: Theory, research and public policy*. Chicago: University of Chicago Press.

Settersten, R. A., Jr., & Mayer, K. U. (1997). The Measurement of Age, Age Structuring, and the Life Course. *Annual Review of Sociology*, *23*, 233 - 261.

Shanahan, M. J., & Bauer, D. (2005). Developmental properties of transactional models: The case of life-events and mastery from adolescence to young adulthood. *Development and Psychopathology*, *16*, 1095 - 1117.

Shanahan, M. J., & Elder, G. H., Jr. (2002). History, agency, and the life course. In L. J. Crockett (Ed.), *Agency, motivation, and the life course* (pp. 145 - 185). Lincoln: University of Nebraska Press.

Shanahan, M. J., Elder, G. H., Jr., & Miech, R. A. (1997). History and agency in men's lives: Pathways to achievement in cohort perspective. *Sociology of Education*, *70*(1), 54 - 67.

Shanahan, M. J., & Hofer, S. M. (2005). Social context in geneenvironment interactions: Retrospect and prospect [Special issue on the future of behavioral genetics and aging]. *Journal of Gerontology: Social*, *60B* 65 - 76.

Shanahan, M. J., Hofer, S. M., & Shanahan, L. (2003). Biological models of behavior and the life course. In J. T. Mortimer & M. J. Shanahan (Eds.), *Handbook of the life course* (pp. 597 - 622). New York: Plenum Press.

Shanahan, M. J., Mortimer, J. T., & Kruger, H. (2002). Adolescence and adult work in the twenty-first century. *Journal of Research in Adolescence*, *12*, 99 - 120.

Shanahan, M. J., & Porfeli, E. (2002). Integrating the life course and life-span: Formulating research questions with dual points of entry. *Journal of Vocational Behavior*, *61*, 398 - 406.

Shanahan, M. J., Sulloway, F. J., & Hofer, S. M. (2000). Conceptual models of context in developmental studies. *International Journal of Behavioral Development*, *24*, 421 - 427.

Silbereisen, R. K., & Schmitt-Rodermund, E. (1995). German immigrants in Germany: Adaptation of adolescents' timetables for autonomy. In P. Noack, M. Hofer, & J. Youniss (Eds.), *Psychological responses to social change: Human development in changing environments* (pp. 105 - 125). Berlin, Germany: Walter de Gruyter.

Silbereisen, R. K., & Wiesner, M. (2000). Cohort change in adolescent developmental timetables after German unification: Trends and possible reasons. In J. Heckhausen (Ed.), *Motivational psychology of human development: Developing motivation and motivating development* (pp. 271 - 284). Amsterdam: Elsevier.

Silbereisen, R. K., & Wiesner, M. (2002). Lessons from research on the consequences of German unification: Continuity and discontinuity of self-efficacy and the timing of psychosocial transitions. *Applied Psychology: An International Review*, *51*, 290 - 316.

Silberg, J., & Rutter, M. (2001). Genetic moderation of environmental risk for depression and anxiety in adolescent girls. *British Journal of Statistical Psychiatry*, *179*, 116 - 121.

Simmons, R. G., Burgeson, R., Carlton-Ford, S., & Blyth, D. A. (1987). The impact of cumulative change in early adolescence. *Child Development*, *58*(5), 1220 - 1234.

Singer, B. H., & Ryff, C. D. (2001). *New horizons in health: An integrative approach*. Washington, DC: National Academy Press.

Singer, J. D., & Willett, J. B. (2003). *Applied longitudinal data analysis: Modeling change and event occurrence*. New York: Oxford University Press.

Sofer, C. (1970). *Men in mid-career: A Study of British Managers and Technical Specialists*. Cambridge, England: Cambridge University Press.

Spilerman, S. (1977). Careers, labor market structure, and socioeconomic achievement. *American Journal of Sociology*, *83*(3), 551 - 593.

Staudinger, U. M. (1989). *The Study of Life Review: An approach to the investigation of intellectual development across the life-span*. Berlin, Germany: Max-Planck-Institut.

Stevens, A. H. (1999). Measuring the persistence of poverty over multiple spells: Climbing out of poverty, falling back. *Journal of Human Resources*, *34*(3), 557 - 588.

Stolz. L. M. (1954). *Father relations of war-born children*. Stanford, CT: Stanford University Press.

Stouffer, S. A., Lumsdaine, A. A., Lumsdaine, M. H., Williams, R. M., Jr., Smith, M. B., Janis, I. L., et al. (1949). *The American soldier: Studies in Social Psychology in World War II*. Princeton, NJ: Princeton University Press.

Sweeney, M. M., & Horwitz, A. V. (2001). Infidelity, initiation, and the emotional climate of divorce: Are there implications for mental health? *Journal of Health and Social Behavior*, *42*. 295 - 309.

Thoits, P. A. (1994). Stressors and problem-solving: The individual as psychological activist. *Journal of Health and Social Behavior*, *35*(2), 143 - 160.

Thomas, W. I., & Znaniecki, F. (1918 - 1920). *The Polish peasant in Europe and America* (Vols. 1 - 2). Boston: Badger.

Tremblay. R. E. (2004). The development of human physical aggression: How important is early childhood. In L. A. Leavitt & D. M. B. Hall (Eds.), *Social and moral development: Emerging evidence on the toddler years* (pp. 221 - 238). New Brunswick, NJ: Johnson and Johnson Pediatric Institute.

Turner, R. J., & Lloyd, D. A. (1995). Lifetime traumas and mental health: The significance of cumulative adversity. *Journal of Health and Social Behavior*, *36*, 360 - 376.

Turner, R. J., Wheaton, B., & Lloyd, D. A. (1995). The epidemiology of social stress. *American Sociological Review*, *60*, 104 - 125.

Uhlenberg, P. (1974). Cohort variations in family life-cycle experiences of US women. *Journal of Marriage and Family*, *36*, 282 - 294.

Vaillant, G. E. (1977). *Adaptation to life*. Boston: Little, Brown.

van de Mheen, H., Stronks, K., Looman, C. W., & Mackenbach, J. P. (1998). Does childhood socioeconomic status influence adult health through behavioral factors? *International Journal of Epidemiology*, *27*(3), 431 - 437.

van der Lippe, T., & van Dijk, L. (2002). Comparative research on women's employment. *Annual Review of Sociology*, *28*, 221 - 241.

van Os, J., & Marcelis, M, (1998). The ecogenetics of schizophrenia: A review. *Schizophrenia Research*, *32*, 127 - 135.

VanLaningham, J., Johnson, D. R., & Amato, P. (2001). Marital happiness, marital duration, and the u-shaped curve: Evidence from a Five-Wave Panel Study. *Social Forces*, *78*(4), 1313 - 1341.

Volkart, E. H. (1951). *Social behavior and personality: Contributions of W. I. Thomas to theory and social research*. New York: Social Science Research Council.

Vygotsky, L. S. (1978). *Mind in society: The development of higher psychological processes*. Cambridge, MA: Harvard University Press.

Wadsworth, M. E. J., Montgomery, S. M., & Bartley, M. J. (1999). The persisting effect of unemployment on health and social wellbeing in men early in working life. *Social Science and Medicine*, *48*, 1491 - 1499.

Wahlsten, D. (1999). Single-gene influences on brain and behavior. *Annual Review of Psychology*, *50*, 599 - 624.

Warren, J. R., LePore, P. C., & Mare, R. D. (2000). Employment during high school: Consequences for students' grades in academic courses. *American Educational Research Journal*, *37*(4), 943 - 969.

Werner, E. E., & Smith, R. S. (2001). *Journeys from childhood to midlife: Risk, resilience, and recovery*. New York: Cornell University Press.

Wheaton, B. (1990). Life transitions, role histories, and mental health. *American Sociological Review*, *55*(2), 209 - 223.

Wheaton, B., & Clarke, P. (2003). Space meets time: Integrating temporal and contextual influences on mental health in early adulthood. *American Sociological Review*, *68*, 680 - 706.

White, L. K., & Booth, A. (1991). Divorce over the life course: The role of marital happiness. *Journal of Family Issues*, *12*(1), 5 - 21.

Wilensky, H. L. (1960). Work, career, and social integration. *International Social Science Journal*, *12*(4), 543 - 560.

Willitts, M., Benzeval, M., & Stansfeld, S. (2004). Partnership history and mental health over time. *Journal of Epidemiology and Community Health*, *58*(1), 53 - 58.

Wortman, C. B., & Silver, R. C. (1990). Successful mastery of bereavement and widowhood: A life-course perspective. In P. B. Baltes & M. M. Baltes (Eds.), *Successful aging: Perspectives from the behavioral sciences* (pp. 225 - 264). New York: Cambridge University Press.

Young, C. H., Savola, K. L., & Phelps, E. (1991). *Inventory of Longitudinal Studies in the Social Sciences*. Newbury Park, CA: Sage.

Young, M. D., & Willmott, P. (1973). *The symmetrical family*. New York: Pantheon.

第 13 章

发展的文化心理学*
——一个心理，多种心性

RICHARD A. SHWEDER, JACQUELINE J. GOODNOW, GIYOO HATANO, ROBERT A. LeVINE, HAZEL R. MARKUS 和 PEGGY J. MILLER

* 本章在本《手册》初始版的基础上进行修订和更新，初始版的合著者那时都是社会科学研究理事会(Social Science Research Council)文化、健康和人类发展规划委员会的成员。我们能够承担这项合作性计划，进行合理的分工和写作，得益于我们在SSRC的讨论。SSRC的Diana Colbert和芝加哥大学的Katia Mitova为初始版的完成贡献良多，在此深表感谢。此外，我们还要感谢我们在SSRC的项目负责人Frank Kessel，他不仅大力推动了本章的出版，更重要的是，自SSRC诞生以来的数年里，他在文化、健康和人类发展领域组织了大量的活动，其间他所表现出来的组织能力、统筹协调和勇气深得赞赏。规划委员会还得到了来自John. D和Catherine T. MacArthur基金和W. T. Grant基金的健康计划的大力赞助。行为科学的高等研究中心(1995/1996学年期间Shweder和Markus在该中心工作)和关于中年成功发展的MacArthur基金研究网络(MacArthur Foundation Research Network on Successful Midlife Development, MIDMAC)在我们进行最初的回顾时，提供了资料方面的协助。本章内容的这次修订是在2003/2004学年。Richard A. Shweder，一名Carnegie学者，希望向Carnegie基金表达他的谢意，感谢他们慷慨的帮助。作者还希望向Michele Wittels表达由衷感谢，他为本章的修订和更新过程及协调工作作出了出色的贡献。

本章还归功于我们的一位朋友和同事，Giyoo Hatano，他的人格、生活和工作都值得我们敬仰。最近他的突然离世让我们深感震惊，但是，怀念这位友好、优雅、专注于世的朋友足以让我们面露微笑，温暖在心。

文化心理学并不是心理学研究的新生领域，准确地说，它是一个复苏的领域(Jahoda, 1990, 1992)。我们从18、19世纪的一些学者，比如Johann Gottfried von Herder、Giovanni Vico、Wilhelm Dilthey和Wilhelm Wundt等人的著作中可寻得他们对人类心理研究的深刻烙印。Herder和Vico为了区别特定民族和历史传统的独特特征，率先开展了比较研究。Dilthey曾提出这样的问题：自然科学取向和心灵或精神科学取向在理解人类和解释其行为上存在什么不同。现代科学心理学之父Wundt，深刻思考了心理学作为实验性学科的局限，并且探索了民俗心理学研究的可能性。Herder提出"个体要成为群体的一员，意味着他将根据特定的目标、价值观和世界观，采用特定的方式进行思考和行动，他采用这样的思考和行动的方式为的是被该群体接纳"(Berlin, 1976, p. 195)，这个论述开启了当代文化心理学的发展之门。

717

文化心理学旨在说明人类心理历史的和跨文化的多样性。文化心理学的心理学层面研究的是个体如何依照特定的目标、价值观和世界观进行思考和行动。这类心理学研究将心理定义为个体的愿望、感觉、思维、知识和价值观的总合。文化心理学的文化层面探索的是，个体成为群体一员的过程中，由社会促进的学习过程和图式激活过程。文化心理学这门学科尤其关注历史上一些著名的群落及本土的风俗活动，这些活动所体现的关于该群落的需要、情感、知识、推理和价值观等方面即是文化心理学的关注焦点，特别是(但不仅仅是)那些能通过亲属网络或婚姻关系不断纳入新成员的文化群落，这些文化群落希望能延续他们特定的生活方式，使之生生不息。

自20世纪80年代以来，不同领域的发展研究者的共同努力促成了文化心理学的复苏(如，Bruner, 1990a, 1990b; Cole, 1990, 1996; Goodnow, 1990a; A. Gottlieb, 2004; Greenfield, 1997; Greenfield, Keller, Fuligni, & Maynard, 2003; Haidt, Koller, & Dias,

1993;Lave, 1990;R. A. LeVine, 1989, 2004;Levy, 1973, 1984;Markus & Kitayama, 1991b;Menon, 2002;J. G. Miller, 1984, 1994b;P. J. Miller & Hoogstra, 1992;Much, 1992, 1993;Rogoff, 1990;Ross, Medin, Coley, & Atran, 2003;Rozin & Nemeroff, 1990; Shweder, 1990a, 1991, 1996a, 1996b, 2003a, 2003b;Shweder & Haidt, 2000;Shweder & LeVine, 1984;Stigler, Shweder, & Herdt, 1990;Super & Harkness, 1997;Weisner, 1984, 1987, 2001;Weisner & Lowe,出版中;Wertsch, 1985, 1992)。文化心理学这个提法在欧洲的"活动理论家"(Boesch, 1991;Eckensberger, 1990, 1995;参考 Brandtstädter,本《手册》本卷第10章)、社会历史学派的情境心理学家(Cole, 1995;Rogoff, 1990;Wertsch, 1991;参考 Cole,本《手册》第二卷第15章;Elder & Shanahan,本《手册》本卷第12章),以及那些对人类心理功能总体差异中的符号和意义之间的关系感兴趣的人类学家(D'Andrade, 1995; Howard, 1985;R. A. LeVine; 1990a, 1990b; Levy, 1984; Lutz & White, 1986; Shore, 1996;Shweder & LeVine, 1984;G. M. White & Kirkpatrick, 1985)中日渐流行,并且越来越被寻求大于个体的更大的科学分析单元的心理学家,包括认知、社会、发展等方向的心理学家所关注(Bruner, 1986, 1990a, 1990b;Cole, 1988, 1992;Goodnow, Miller, & Kessel, 1995;Kitayama & Markus, 1994;Medin, 1989;P. J. Miller & Hoogstra, 1992;Nisbett, 2003;Nisbett & Cohen, 1996;Rogoff, 1990;Yang, 1997)。

718

现在文化心理学的研究成果在很多期刊中渐成气候,其中比较著名的有《文化、心理和活动》(*Culture, Mind and Activity*)、《文化、医药和精神病学》(*Culture, Medicine and Psychiatry*)、《文化和心理学》(*Culture and Psychology*)、《民族:心理人类学协会杂志》(*Ethos: Journal of the Society for Psychological Anthropology*)、《心理学评论》(*Psychological Review*)、《人格和社会心理学杂志》(*The Journal of Personality and Social Psychology*)以及《儿童发展》(*Child Development*)。理论、方法论和实证研究等各方面都涌现了一批引人瞩目的论文(Goodnow et al., 1995;Holland & Quinn, 1987;Jessor, Colby, & Shweder, 1996; Kitayama & Markus, 1994; Rosenberger, 1992; Schwartz, White, & Lutz, 1992;Shweder, 1991, 2003a, 2003b;Shweder & LeVine, 1984;Stigler et al., 1990;G. M. White & Kirkpatrick, 1985)。并且出版了一系列重要的专题论文和实证研究(D'Andrade, 1995;Fiske, 1991;Kakar, 1982;Kripal, 1995;Levy, 1973;Lucy, 1992a; Lutz, 1988;Menon & Shweder, 1994;J. G. Miller, 1984;P. J. Miller, 1982;Parish, 1991;Seymour, 1999;Shimizu & LeVine, 2001;Shwalb & Shwalb, 1996)。文化和认知(Cole, 1990;D'Andrade, 1995;Lave, 1990;Lucy, 1992a, 1992b;Shore, 1996)、文化和情绪(Kitayama & Markus, 1994;Mesquita & Frijda, 1992;Russell, 1991;Shweder, 1991, 2003a, 2003b, 2004;Shweder & Haidt, 2000;Wierzbricka, 1992, 1993)、文化和道德(Haidt et al., 1993;Jensen, 2005;J. G. Miller, 1994a;Shweder, Mahapatra, & Miller, 1990;Shweder, Much, Mahapatra, & Park, 1997)以及文化和自我(Doi, 1981;Herdt, 1981, 1990;Kurtz, 1992;Lebra, 1992;Markus & Kitayama, 1991a, 1991b, 2003;J. G. Miller, 1994b, 1997a;Shweder & Sullivan, 1990)等方面都推出了一系列极具潜力的比较研究计

划。这个领域从各种角度得到了概念化、再概念化和评价：从大篇幅的历史角度(Jahoda, 1992)、从来源于社会历史理论的关于文化心理学的长篇规划(Cole, 1996)、从《手册》的各章节中(Greenfield, 1997;Greenfield et al. , 2003;Markus,Kitayama,& Heiman, 1996;J. G. Miller, 1997b)、从《心理学评论年刊》中(*Annual Review of Psychology*, Shweder & Sullivan, 1993;Greenfield et al. , 2003)、从关于儿童心理学的 Minnesota 讨论会上(Masten, 1999)以及 Nebraska 的动机讨论会(Markus & Kitayama, 2003)等等。

另外,这一章是在本《手册》上一版的相关内容初始版本的基础上进行更新和修正,它的出版说明了文化心理学之于发展研究的价值和参考作用持续得到重视。《儿童心理学手册》上一版首次以“文化心理学”为名用一章的篇幅予以介绍。应该承认,本章将延续自 1931 年 Margaret Mead 的《手册》第一版及其后诸多版本的贡献,对文化和个体发展的关系进行了更广泛的探讨。本章中关于童年期的人际世界部分是对第三版(1970 年)Robert LeVine 所写章节的更新,本《手册》第四版中人类认知比较研究实验室(Laboratory of Comparative Human Cognition,LCHC)关于文化和认知发展,特别是认知发展部分,是本章的重要参考之一。这里我们继续推进 LCHC 对经验的符号中介作用的强调,并且从个体的社会和文化环境入手分析个体,而不是单纯关注个体在“皮肤之下”、“头脑之内”有些什么。

本章中,我们选择性地讨论个体发展的文化心理学,着重关注自我组织、思维、知识、感觉、需要和价值观等领域里文化和心理如何相互塑造。本章由五部分组成：首先是绪论部分,列举主要的概念性问题,接着就四个主题进行探讨,分别是早期经验的文化组织、语言和社会化、自我发展和认知发展。而且在本章中,有关道德发展问题和心理功能的价值负载性质贯穿始终。

上文提及的几个主题在发展的文化心理学中较有代表性,但是我们应该清醒地认识到还有一些很有价值的课题目前只是短暂地得到零星关注,例如性别、游戏、情绪和情感、灵性以及身体发展等。毫无疑问,我们不能涵盖这个领域的所有研究事务和概念,只能对文化心理学家已经有所探究的有关心理发展的人际、观念和社交等维度着重描述。文化心理学特别重视文化内和文化间的比较研究,因此,我们特别努力地探索一种提取实证资料的方式,使其能最大程度表征不同人类群体在心理功能上的文化差异。

719

文化心理学：与文化和心理学其他研究取向的相异之处

文化心理学的主要设想(main wager)是,人类的心理机制中几乎没有哪一部分是先天强制性赋予、硬件线路的(hardwired),换言之,没有哪部分的发展路径是预先设定,并且不会经由文化的参与而转换或改变。文化心理学断言,大多数人类心理功能都是来自符号中介的经验自然发生的产物,这些经验包括特定文化社群中人的实践活动和历史积累下来的观念和理解。这是 18 世纪的 Herder 和 Vico, 19 世纪的 Wundt 和 Dilthey,以及 20 世纪上半叶的 Ruth Benedict、Margaret Mead、Edward Sapir 和很多其他心理人类学家的断言,也是复苏的文化心理学的断言。文化心理学受到当代其他学科研究的鼓舞,准备再书篇章。

定向性定义

至少从18世纪的Herder和Vico以来，文化心理学就已经成了有关文化社群(cultual community)的心理学基础和有关心理的文化基础两者交叉研究的标志。它研究的是文化和心理两者如何相互形成。换句话说，文化心理学研究的是各种群体中的群体成员所有的心理体验(包括所知、所思、所需、所感以及评价)，及其随后的行为，这取决于他在特定的文化传统中扮演的角色，如受益人、监护人或是传承者。

大致上，我们可以将文化定义为继承自祖先和历史的符号和行为遗产，它为群体中他人指向的替代学习和"什么是真、善、美及常态"的集体思考提供架构。尽管很有必要对一个文化社群中的符号遗产和行为遗产进行区分(不管是从社会化的角度还是发展的角度，理解和行为并不总是相互对应，有时行动胜于空谈)，由于文化既定的复杂性和丰富性，真正的文化社群通常是同时从符号和行为两方面的历史遗产中受惠(Shweder, 2003b)。

分析文化这个概念时，现存著述对它的定义多数倾向于要么纯粹强调它的符号性(即将文化理解为人们用以将自己的生活合理化的信念或教义)，要么纯粹强调它的行为性(即将文化理解为可习得的并且能代代相传的行为模式)。在我们看来，同时吸收这两方面的遗产才能对文化下最实用的定义。而且这样的定义所关注的分析单元往往兼具符号性和行为性(例如，1941年，Robert Redfield将文化定义为"从行为和人工制品中表现出来的常规理解，这些理解显示当时社会的特征"，p. 132)。在本章的稍后部分，我们将具体讨论文化心理学中一个具有两面性的分析单元，叫做习俗复合体(custom complex, J. W. M. Whiting, & Child, 1953)，并且尽量兼顾所有文化社群的符号遗产和行为遗产两个方面。

文化社群的符号遗产由继承得的一系列观念和理解组成，包括了关于人、社会、自然以及形而上的神灵领域等，既有外显的，也有内隐的。举例来说，欧裔美国文化区域中许多历时已久的文明民族所持有的观念和理解包括以下几方面，这是它们符号遗产的一部分：

- 认为婴儿生来无知、纯洁，不带有任何的罪和恶。
- 认为个体的需要、偏好和体验很重要并且应该公开地表达，由此得到调整。
- 相信维护规则、规定和其他权威形式是为了促进社会公正，个体由此能无伤害地追求各自的利益，拥有他们想要拥有的东西。
- 认为除了人性，物质世界不具备意向性，也不具备自己的意志。
- 认为上帝和神灵属于古老且过时的概念，应该被取代。
- 认为我们所生活的时代在人类历史上是最文明的、最不寻常的，应该被归类为理性时期，并加以宣扬。

720

文化社群的行为遗产包括常规的或体制化的家庭生活、社会、经济和政治活动。以南亚印度的很多农村地区为例，那里所盛行的常规或体制化的家庭生活包括：

- 大家庭生活(成年的兄弟和他们的父母及各自的妻子共同居住在一个住所)。
- 儿童与父母睡在一起。
- 丈夫和妻子分开用餐(即家人不在一起吃饭)。
- 家务劳动按性别分工。

- 女性月经期间休息并且被隔离。
- 儿童从婴儿期到儿童中期得到的来自父母的照料。
- 婚前禁止约会和性行为。
- 对不守规矩或不好的行为予以体罚。
- 提倡门当户对的包办婚姻(主要根据世袭阶级、本地区域和相对财产)。

个体发展的文化心理学,其与众不同之处在于人类不仅能从文化传统中受益,而且能将它发扬光大。人们努力将他们的理解和实践活动公布、推广,与他们的孩子、亲属以及整个群体分享。他们是传承符号遗产的活化剂,很大程度上是因为(还可能存在其他动机)他们从过去历史中继承来的观念和价值对他们而言正确、公正、宝贵而且实用,至少值得尊重。

在传承行为遗产方面,他们同样也是活跃的主体。他们对群体中的实践活动竭尽全力地支持并予以贯彻执行,在一定程度上他们彼此之间需要妥协或顺从,主要是因为(还可能存在其他动机)这些活动对他们而言合乎道德、健康、自然、合理且值得推广,至少是正常的。

Alma Gottlieb 在最近(2004)出版的书中提到的西非社会中关于重生的信念,以及它们在婴儿发展模式化中的作用,这是将文化心理学中的符号和行为取向相结合的一个著名例子。在科特迪瓦的 Beng 族,人们认为新生儿具有古老的灵魂——他们拥有强大的精神力量、复杂的心理以及成熟的社会性,他们保留了关于前世和精神家园中的安宁时光的记忆。至少对于 Beng 族人来说,婴儿并不是一无所有地来到这个世界。Gottlieb 的《我们来自来世》(*The Afterlife Is Where We Come From*)这本书为我们启发性地诠释了有关发展的重要事件的本土文化含义,比如从爬行到行走的转折阶段(这是 Beng 族的家长努力阻止的)和儿童早期可懂言语能够清晰发音的时候(父母对此是欢迎的,但同时伴随着担心)。从以上 Gottlieb 所做的将 Beng 族婴儿的发展与本土有关重生的信念相结合的研究中,我们可以看到,如果将某种具有文化特异性的人类发展模式猜测性地进行推广,普遍运用到其他文化中,是很危险的。正如她所说的,世界上其他任何地方可能不会或者不应该和 Beng 族共有相同的关于婴儿发展的观念。

从文化心理学的观点看,文化最让人满意的这个定义还暗示着存在一个活跃的心理主体,他不仅是文化传统的接受者和保护人,同时也受它激励,积极地投身于某种特定的生活方式。因此,我们定义文化时需要同时强调它的符号性和行为性。这个取向意味着开展文化心理学研究的一个重要的先决条件是,我们必须将我们的怀疑或疑惑暂时放在一边(例如,我们可以不相信在婴儿体内存在的生命力即是古老的灵魂),并且能撇开(至少是暂时的)他人的理解和行为在道德和情绪上给我们带来的消极反应(比如焦虑、反对、愤慨甚至嫌恶)。为了实践文化心理学,我们必须诚心诚意地进入其他人的关于公正、正常、美好和真实的概念(Shweder, 1996b),此外,至少我们应该尽可能用他们的目标、价值观和世界观对他们的行为进行可理解的(甚至在理性上能辩护的)说明(虽然我们很可能会失败,但是这样的尝试本身就是对研究方法的丰富)。

因此,文化心理学研究的是与特定文化社群中的符号遗产和行为遗产有关的个体心理 721

生活。文化心理学的研究针对文化、群体和精神三者之间如何相互阐释、相互支持，以及如何相互调整使得彼此得以发展。如果一个群体不实践其教义，没有共享的意义，或者抛弃了他们的生活方式，就意味着其文化传统的消亡（只能继续存在于图书馆书架上的典籍和民族志类书籍中）。同样，特指的类别或人（例如，拉丁美洲人，非西班牙籍白人，太平洋岛的居民，或者美国公民等）不一定等同于文化社群，除非这些人相互之间能通过从过去历史和祖先那里继承来的符号和行为遗产达成理解，并且积极地对它们贯彻执行和思考，他们从这些遗产中获得如何成其为人的认同，并且将它们宣为已有。

文化心理学与跨文化心理学的区别

文化心理学的众多支持者主张将文化心理学和跨文化心理学区分开，文化心理学领域的一些学者强调两者在研究目标和研究方法上都存在差异。

关于文化心理学的研究目标，Shweder 和 Sullivan（1993；Shweder, 1990a）认为，文化心理学研究的是造成自我组织、认知加工、情绪功能和道德评价等方面心理多样性的种族和文化来源。他们将文化心理学描述为“重新评估心理单元中的均一不变原则（与跨文化心理学有关），并且旨在发展出可靠的心理多元理论”。他们认为，不同人群在表现和反应上存在差异主要是因为他们对刺激情境和材料的标准理解不同[即“部分转述”（partial translation）或“有限通约性”（limited commensurability）问题]。Shweder 和 Sullivan 提出文化心理学的特征之一是“通过对特定刺激情境中不可通约的具体来源进行系统研究（即所谓的深描，thick description），一种文化的独特心理（即人们根据特定的目标、价值观和世界观，采用特定的方式进行思考和行动）才有可能得以揭示”。例如，Shweder，（1997；Jensen, 2005；Shweder et al., 1990）描述了来自不同社会儿童的道德发展路径和道德判断模式，分别有崇尚“自主性规范”的社会（即个人主义，个体追求自己想要的事物，伤害、权力和公正这些概念起主导作用）、崇尚“集体规范”的社会（这些社会中，基于共产主义的道德概念诸如义务、牺牲、忠诚和阶层相倚以及其他一些社会规则占主导地位）和崇尚“神学”的社会（这些社会中，神圣、纯洁、污染，以及宗教顺序和自然顺序之间的联结占主导地位）。

Greenfield（1997）也作过类似的描述，她说：“人类具有创造共享的意义的能力，这个能力对文化心理学的研究方法具有独特的贡献。”她进一步指出，总的来说当代心理学，尤其是跨文化心理学存在局限，它们将文化视角（一个群体共享的意义即是一种文化视角）视为一种偏差形式，从而将它从研究程序中剔除出去。Greenfield 将文化心理学和跨文化心理学进行了比较，总结如下：

> 典型的跨文化心理学在方法论上追求的是，首先在一种文化的基础上发展出一套具有心理测量特性的研究程序，然后将它运用到其他某种或某些文化中，进而进行跨文化的比较（Berry, Poortinga, Segall, & Dasen, 1992）。相比之下，典型的文化心理学家所追求的是从每一种文化所具有的生活方式和沟通模式中发展出相应的研究程序。

从文化心理学的这个研究模式我们可以看出解释性的方法(interpretive methods),尤其是民族志类的方法(ethnographic methods)对于很多文化心理学家而言极其重要。民族志学的研究取向最初是文化人类学家设计的,他们试图用其他文化自身的术语来理解这种文化,而不是基于研究者种族中心主义的假设(Malinowski, 1922)。研究的目标就是从文化内部成员的角度来理解他们的言行举止,并在他们共享的意义框架中予以解释。从这个角度来看,只有根据研究对象所持有的本土文化的意义进行文化内或文化间的比较,其结论才是有意义的。同时,这种研究取向能让研究者反观自身,即他们本身也从属于特定的文化社群,通过研究那些与他们理解世界的方式完全不一样的人,他们可以从一个全新的角度重新审视他们原来拥有的意义框架。

儿童研究中也采用了解释性和民族志学研究方法,更深入的探讨可参考 C. D. Clark (2003),Corsaro 和 Miller(1992),Erickson(1986),Jessor 等人(1996),P. J. Miller、Hengst 和 Wang(2003)等。 722

人类语言学家 Anna Wierzbicka 和 Cliff Goddard 提出了一种有用的元语言或理论框架,用以对心理功能的文化特异性方面进行去种族中心主义的说明和对比转化(Goddard, 1997, 2001; Goddard & Wiezbicka, 1994; Wierzbicka, 1986, 1990, 1993, 1999; 也见 Shweder, 2003a, 2004)。Wierzbicka 和 Goddard 界定了一系列语义简单、直观且普遍适用的民众概念(比如善、真、想要、感觉、坐等),在此基础上阐释不同群体的成员在心理状态上有何差异。例如,情绪情感领域的作者曾明确指出当代美国关于"哀伤"(sadness)的提法具有一些文化特异性特征(甚至区别于北欧的各个亚文化群),因此他们认为情绪(与感受相对)这个概念不能算是语义简单、直观、普遍适用的民众概念。

回到 Greedfield 的分析,其中似乎包含着一个强烈的暗示(可以说是讽刺性的),那就是,跨文化心理学的方法论假设中不存在真正不同的文化现实。更确切地说,如果你的研究程序和工具总能畅通无阻地使用(比如,它们很容易实施,从一个测验总体到另一个总体表现出一致的心理测量特性),可能意味着你还未能足够深入到另一种文化中去。

这可以解释为什么长期或短期的现场研究、语言学习、自然观察、详尽的人种学研究以及对日常言论和交流的语义和语用分析对于文化心理学研究如此重要,而这些方法在跨文化心理学中并不常见。也可以解释为什么跨文化心理学中的大多数证据是在大学的实验室里得到的,或者来自世界性大学中的学生在他国所作的调查或测验(在文化心理学中几乎不存在这种情况)。

西方的大学机构中充斥着全球一体的文化,这种文化已经散播到世界各地。东京、内罗毕、新德里和纽约等地方的大学生相互之间的相似程度(也接近西方的研究者)可能远远超过他们与各自所来自的社会中的成员的相似程度,因为后者的生活方式中所包含的本土理解、制度和活动,这些大学生比较不熟悉。不管你去往多远的另一片土地,那里的大学环境可能比你想象的还要熟悉。

Much(1995)在下述观察的基础上,阐明了这个观点:

> 搞清楚一个区别非常重要，即文化心理学和跨文化心理学不是一回事。跨文化心理学是实验社会心理学、认知心理学和人格心理学的一个分支。两者最主要的区别在于，我们所理解的"跨文化心理学"，其实验研究或者问卷调查的类别和模型是预设好的……那些想当然的对绝大多数研究学生行为的策略进行调整的争论基于一个广泛但毫无根据的普遍主义的假设——既然我们都是人类，我们重要的心理功能基本上都是相似的，文化(或社会)环境的多样性不会对我们心理的重要的"深层"或"硬件线路"结构造成影响。上述这个观点存在以下几个问题。首先，我们很难找到让人满意的深层、硬件线路，并且稳定不变的心理结构的描述。而且它还独立于起作用时的情境和内容，这涉及到实验心理学中的"方法不一致"的问题。其次，即使心理结构存在相应的生物学基础，也不能说明：(1)不同的个体或总体具有一样的心理结构；(2)心理结构形成以及起作用时文化不会影响其发展。

Greefield 和 Much 比较了文化心理学和跨文化心理学的方法论，J. G. Miller(1997b)注意到两者在理论术语上有所区别(尽管 Greenfield 和 Much 也有类似的发现)。她指出，"文化心理学最重要的观点之一是，它认为文化和心理相互促进，而不是相互削弱。"她补充道，"相比之下，跨文化心理学的取向将文化看作是对个体心理的因变量产生效应的独立变量。"

723 Markus 等(1996)发展了这个观点。他们试图同时研究心理的文化起源和文化的心理层面，认为"不管在什么水平上进行分析，文化和心理相互依赖，相互影响"。Markus 等提出：

> 个体所处的群体、社会和文化环境为他提供了相应的解释框架——包括意象、概念和叙事，同时还有方法、习惯和行为模式，通过这个解释框架个体建构意义(比如，对他们正经历的体验赋予意义、整合和结构化)并组织他们的实践活动。尽管这些组织框架(也可以叫做文化图式、模型、生活设计、存在模式)以这样方式被个体体验，但它们并不完全是私人或个人的，事实上它们是共享的。

Markus 等还指出：

> 另外，需要说明的很重要的一点是，这些建立在群体基础之上的意义和实践活动与个体可观察的行为紧密相连，但它们并不是"行为"发生之后的解释框架，而是在行为发生的过程中一直活跃的起作用。个体的行为和体验所采用的方式取决于这些来自群体的意义和实践活动，因此在分析行为时必须加以考虑。我们主张个体的心理水平不能脱离文化水平，个体的许多心理加工过程与他们所处的社会文化环境中的意义和实践活动是完全相互作用的。从这个角度看，心理可能是多重的、多样的，而不是单一的。

心理的多重性和多样性

文化心理学(与意识和心理生活的其他研究取向相比)最核心的主张可能就在于"心理是多重的、多样的,而不是单一的",而这个领域最核心的问题就是如何设法证明这个不同反响的主张。那么,它是否意味着对普遍性的否定? 如果不是,心理的普遍性在文化心理学中又是如何体现的? 在不忽视心理多样性或不仅仅将它看作心理内容的情况下,普遍性和不同人群间的心理多样性如何相互协调?

当前,所有的文化心理学家对上述问题可能都有自己的看法。其中一种回答可追溯到 Vico 的观点(Berlin, 1976),他认为,"人类的本质并不像长期以来我们所认为的那样,静态、不可改变,或者甚至是不会改变的。它未必具有一个随着时间改变完全保持不变的核心或本质。人类努力地去理解他们所处的世界,并适应世界满足自身所需,包括身体的和精神的,这些努力不断地转换为他们所处的世界和他们自身"。(p. xvi)

第二种答案则是本章我们要阐述的,其前提条件是我们基于某个立场试图理解并作出解释的所有人性一定具有"一个核心或本质",但这并不是一个强制性的约束。根据第二种答案,人性的核心或本质由一组相互对立的结构或倾向组成,来自不同文化社群的各种历史体验有区别并且选择性地将它们激活、运作,并赋予特征和内容。"一个心理,多种心性: 不统一的普遍性"这个口号正是对我们的主张的呼吁,即心理可能是多重的、多样的,而不是单一的。

在这个口号的宣传之下,一门学科应运而生,它的基本原理是: 人类心理的潜力是抽象的,但其倾向是具体的、异质的,这两个方面具有普遍性,但是只有在特定的行为、活动环境或生活方式的具体现实中才获得其特征、内容、定义和激发力(Cole, 1990; D'Andrade, 1995; Goodnow et al., 1995;Greenfield, 1997;Greenfield et al., 2003;Lave, 1990;Markus et al., 1996;Much, 1992;Nisbett & Cohen, 1995;Rogoff, 1990;Shweder, 1991;Shweder & LeVine, 1984)。这个口号将当前文化心理学领域的研究者和像 Kant、Hegel 这样的哲人联系在一起,他们都认为"没有内容的形式空洞乏力,没有形式的内容毫无意义"。

至少有 200 年时间,文化心理学的宗旨一直宣称心理的普遍性和任何可接受的心性或生活方式的丰富性,两者之间是相辅相成的。Herder、Vico 和 Wundt 等学者搜索了历史纪录中形式和内容的成功(凝聚的、共享的、稳定的)结合的例子,在这些例子中人类的想象力已经必然地超越了相对无意义的逻辑和纯粹知觉的限制,去建构关于世界潜在本质的充满想象力(和具有文化特异性)的看法,经过不断评价,形成了一种由某种心性支持的生活方式(比如,荷马时代的心性、印度的心性、正统派基督教信徒的心性等)。 724

文化心理学研究中用人类创造的伟大的符号形式作为研究资料: 数学、民间传说、语言模式、命名系统、种族的科学性教义以及民族、社会和宗教哲学。他们还将人类创造的伟大的行为形式作为研究资料,包括各种各样的风俗活动: 生存活动、游戏、仪式、禁食、性别角色、劳动分工以及婚姻规则等。文化心理学家将这些符号和行为形式解释为心理普遍性抽象潜力的一种具体化、实例化的可变表达，文化心理学的任务就是对它们予以说明和解释。

文化心理学中的意义之意义和情境之情境

当代文化心理学认为，由一种心理转译和转换为多种心性的过程中，不管是在个体心理系统的内部还是外部，情境和意义都是其最活跃的两个核心成分。文化心理学有时将这个过程描述为文化和心理相互形成的过程。

文化心理学主张情境和意义，而不是影响因素或外部条件，在理论上被表征为心理系统的一部分，这点是文化心理学和其他心理学研究取向的区别之处，文化心理学认为它们自身就是前后相承的。文化心理学的目标首先不是将心理系统与非心理的情境分离，然后引出影响心理功能的外部条件或者外部情境因素。其目标和挑战恰恰在于彻底改变或者模糊人和情境的对立(内部对外部，主观角度对外部现实)。如此，情境影响的观念就有了全新的诠释。因为，我们描述心理的理论语言将从情境入手。某种意义上，文化心理学研究所涉及的真实事物不可能独立存在于群体共享的观点之外。本章稍后部分，我们将对这个问题进行详细讨论(参考 Overton，本《手册》本卷第 2 章)。

文化心理学和心理学其他情境取向之间的区别很微妙但是很重要，因为心理学中所有强调情境重要性的研究取向之间有很多共同之处，尤其体现在它们都反对将心理科学看作是固定、普遍、抽象的过程或形式，也正是因为这样，很多时候它们之间的区别很容易被忽视。文化心理学和其他情境心理学的共同假设是，人类的心理(包括知道、想要、感觉和评价等方面)只有通过情境化或本土化的心理加工过程才能被意识到，这个加工过程是有限制的、有条件的，与共享的意义、目标、刺激领域、可用的资源、本地的人工制品、认知辅助等有关。除了上述的基本相似点，文化心理学作为一种情境研究取向有其特殊之处。

本章所发展的文化心理学概念中，心理的实现的相关情境包括习俗、传统、实践活动和共享的意义，以及一些自我监管和自我延续的群体的视角。心理实现过程之所以重视情境的作用主要是因为，正是通过这些情境的作用，普遍心理才转换为个体与众不同的心性，人们因此能以一种独特的方式“根据特定的目标、价值观和世界观进行思考和行为”(Berlin, 1976)。从这个意义上说，文化心理学不是情境心理学的延伸。更重要的是，文化心理学将内部和外部、个体和情境、主观角度和外部现实之间的对比重新概念化为一个过程，在这个过程中文化和心理持续不断地互相塑造。

分析单元问题

725 心理学领域在整体上对研究对象的概念比较模糊，我们不确定应该研究行为还是意识，或者应该对心理生活(这个研究对象较意识更宽泛，因为它包含了未被察觉的心理状态)进行研究。文化心理学也一样，研究者们目前还没有在什么是适当的分析单元这个问题上达成共识。他们所研究的对象包括心性、民俗模型(folk models)、实践活动、活动场景(activity

setting)、情境认知(situated cognition)和生活方式等。我们不清楚在不同著作中提到的这些分析单元是否是同一对象的不同表达,或者是否可以将它们整合成一个统一的分析单元。

为了消除这些歧义,我们采用了上一代(J. W. M. Whiting & Child, 1953)人类学家和心理学家共同提出的为文化心理学寻求一个共同的分析单元的建议。Whiting & Child 提出将心性和实践活动结合成一个单一的分析单元,称为"习俗复合体",它由"惯常的实践活动及与之相随的信念、价值观、许可、规则、动机和满足感等组成"(p. 27)。假如我们采用了这个提议,文化心理学就可以定义为研究习俗复合体的学科。

尽管 J. W. M. Whiting & Child 在 1953 年就提出了习俗复合体这个概念,但是当时它的理论含义并没有得到广泛应用,也没有受到足够重视。让人好奇的是,这个概念在 20 世纪 50 年代并没有得到致力于传统研究的心理人类学家的使用和推广。直到 20 世纪八九十年代,随着聚焦于心理和文化如何相互形成的文化心理学的复苏,以及对"活动场景"(Cole, 1992, 1995; Weisner, 1984, 1996, 2001, 2002)和发展研究的"实践取向"兴趣的回归,J. W. M. Whiting & Child 提出的概念受到了注意和广泛使用。

如果习俗复合体的定义是由"惯常的实践活动及与之相随的信念、价值观、许可、规则、动机和满足感等组成",那么它与社会心理学的"生活空间"(life space, Lewin, 1943)、社会学中的"状态"(habitus, Bourdieu, 1972, 1990)和历史学中的划时代"心性"等概念则有相似之处。

用习俗复合体这个概念作为分析单元,文化心理学可以被描述为研究文化和心理如何社会性地相互形成和再塑造,最终达成心性和实践活动的结合,以及个人与情境、内部和外部、主观角度和外部现实部分融合的学科。

习俗复合体的例子太过常见反而很容易视而不见。无微不至的养育、家人同床睡觉、家人一起用餐、执行严格的基督教戒律、"今天在学校里做了什么"之类的例行活动、或者用来增强自尊感的活动等都属于习俗复合体的例子。

习俗复合体例解:在家里谁和谁一起睡觉

个体的心性(包括他的所知、所思、所感、所需和评价,及随后选择的行为)与家庭中"谁和谁睡在一起"这个实践活动的关系是说明习俗复合体的一个很好例子。在家里谁和谁一起睡觉是一个具有社会意义的习惯化的实践活动,也暗示着在某些舆论敏感或具有强制性规范的文化社群中个人的立场(比如道德、合理性和能力感)。

对美国的不同群体(Abbott, 1992; Okami & Weisner, 出版中; Okami, Weisner, & Olmstead, 2002; Weisner, Bausano, & Kornfein, 1983)和其他世界各地(Caudill & Plath, 1966; LeVine, 1989, 1990a, 1990b; McKenna et al., 1993; Morelli, Rogoff, Oppenheimer, & Goldsmith, 1992; Shweder, Balle-Jensen, & Goldstein, 1995; J. W. M. Whiting, 1964, 1981)的家庭生活习惯所做的研究证明,在全世界范围内关于"谁和谁一起睡"存在几种不同的习俗复合体,每一种都是由实践活动、信念、价值观、许可、规则、动机和满足感等相互交织、相互支持组成的网络。事实上,就全世界范围来讲,各群体通过各种正式和非正式的力

量产生、复制、执行其习俗复合体，而欧裔美国社会中的“谁和谁睡在一起”的习俗复合体并不是其中最典型的形式。

欧裔美国中产阶级的习俗复合体包括夜间与儿童仪式化的分离，就寝时间的惯例，由文化规范支持夫妇排他地共同睡觉来保护他们的隐私等。这个习俗复合体与下列命题态度有一定的关系，即用思维、感觉、需要和价值观来界定的一系列潜在态度，用命题形式可以表达如下：

我很看重自主性和独立性，因此希望我的孩子长大后也能成为拥有自主性和独立性的人。我知道在婴儿期和儿童期可以通过让他们一个人睡觉来培养他的自主性和独立性。我也很重视和配偶之间的性亲密，睡觉空间是保持和配偶之间性亲密的一个很合适的环境。如果我们睡觉空间的私密性被干扰，那么就很难和配偶维持性亲密。而且为了孩子的心理健康考虑，成人不应该唤起或刺激他们的性冲动和性幻想。我不希望孩子的心理健康受到伤害，也不希望他们对性和触摸感到不快或紧张。与小孩长时间的肌肤接触会让我感到紧张，因此，应该鼓励、训练，甚至强迫婴儿或儿童单独睡觉。

这个习俗复合体在欧裔美国人的文化区域是许可的、合理的、受赞赏的，并且有多种实施方式。而在亚洲、非洲或者中美洲上述的任何一条态度都有可能被认为是错误的、奇怪的，不能被那里的成人和儿童接受。在那些地区，儿童习惯上和父母之一或双方、或兄弟姐妹睡在一起，即使有足够的空间可以让他们分开睡觉，他们还是倾向于睡在一起(Abbott, 1992; Brazelton, 1990;Caudill & Plath, 1966; Shweder et al., 1995)。

在 20 世纪 60 年代早期，Caudill 和 Plath(1966)发现：(1) 日本城市中的父母认为父母之一陪孩子一起睡觉是他们道德上的义务；(2) 夫妇双方愿意分开睡；(3) 日本城市中将近 50%的 11—15 岁的男孩和女孩与父亲或母亲或父母双方睡在同一个房间。另一个例子是，Shweder 及其同事(1995)对印度 Orissa 邦的 160 个高社会地位家庭的夜间睡觉安排进行观察，发现只有 12%的家庭和欧裔美国人的习俗复合体一致，即父母睡在一起，孩子分开单独睡。

世界其他地区是否也存在父母与孩子共同睡觉的习俗复合体，这个问题有待进一步研究(参考 Morelli et al., 1992)。日本的这一习俗复合体包含以下命题态度：

我很重视而且希望促进家庭中的相互依赖性以及亲密感和安定感。我知道一起睡觉能帮助儿童克服与家庭其他较年长或异性成员之间的疏离感。

印度 Oriya 州的这一习俗复合体包含的命题态度是：

我非常重视将儿童作为家庭一员看待，我知道他们很脆弱，很艰难，容易受到伤害，因此在夜间不能让他们一个人呆着，不能得不到其他人的保护。

在 Oriya 的习俗复合体中青春期女性的贞洁焦虑和女伴的陪同在其中也起着一定的作用 (Shweder et al. , 1995)。

"亲爱的 Abby"和"Ann Landers"收到很多关于父母和孩子是否应该一起睡觉的问题的信件,我们从他们对此类信件的回复中可以观察到,欧裔美国人社会中的一些专家(比如儿科医生、专栏作家或者社工)如何对他们的习俗复合体进行合理化、提供支持和权威。下面就是发表于 1994 年 5 月 26 日《芝加哥论坛报》读者来信和回复,为我们提供了与一个欧裔美国人文化区域相关的成人如何就这个问题进行交流的典型例子:

> 亲爱的 Abby:
>
> 我的侄女 Carol,是一位带着 4 岁儿子(Johnny)的单亲母亲。Carol 刚满 40 岁。从 Johnny 出生的那天起,他就和她母亲一起睡在一张床上,他们每天晚上 8 到 10 点就上床睡觉,而且经常会在床上吃点儿东西或者喝点儿东西。他们也看看电视,直到 Johnny 在妈妈的怀里睡着。Carol 和她的父母亲住在一起,而且他们家并不缺床。近来 Carol 和 Johnny 到我的农舍里来拜访我,我就给他们提供了两张床的卧室。第二天早上我发现 Carol 把两张床拉到了一起,这样她和 Johnny 就不会分开了。我觉得 Carol 的情感需要太强烈,以致对 Johnny 的成长造成了不利。他没有父亲,而他的祖父母对他的成长也没什么发言权。我希望你能帮我分析一下这个情况。
>
> 一位担心的姑姑
>
> 亲爱的担心的姑姑:
>
> 你有足够多的理由可以担心。你说的很对,与其说 Johnny 需要和母亲睡在一起,不如说是母亲需要和 Johnny 睡在一起。如果你能建议 Carol 去咨询一下如何养育她的儿子,会对她很有帮助。虽然她的意向都是好的,但是她会让她的儿子喘不过气来。Johnny 的儿科医生也许可以给他们推荐很好的咨询师。这的确非常需要。

727

奇怪的是,世界各地对于夜里分开睡或是一起睡的长期效应是什么研究甚少,这是文化心理学研究史的一大片空白。不过,随着 Okami 及其同事一项重要的纵向研究的出版(2002;参考 Okami & Weisner,出版中),我们就有了实证背景去质疑任何有关对儿童夜间睡觉各种安排的长期效应的激烈的或泛泛的观点。

习俗复合体:文化社群支持下的心性和实践活动之间的紧密联系

习俗复合体这个概念预先假定在心性和实践活动之间存在着紧密的联系,这个联系得到文化社群其成员的支持、实施、辩护和合理化。如果它们之间的联系恰当,文化社群中的其他成员就会将与实践活动相联系的心性判断为正常的、合理的,而这个实践活动的参与者则能发自内心地体验到与实践活动相联系的心性。这种心性逐渐习惯化、自动化,不需要熟虑或有意识的积累就能被激活,并且逐渐内化。虽然心性和实践活动之间存在着紧密的(也有人称之为近似体验的)联系或者部分结合,我们仍可以从实例中分析两者之间的区别。

研究习俗复合体要求我们分析心性(文化社群的符号遗产)和一个或多个具体实践活动(文化社群的行为遗产)之间紧密联系的两面性。分析开始于通过对一些自我监管(self-monitoring)和自我管理(self-regulating)群体成员进行观察和访谈,获取关于他们仪式化或习惯的生活方式和社会活动的资料,并对它进行系统的描述。外来的观察者可能会对有些活动感到惊讶、不舒服,甚至愤怒。但对于群体内的成员而言,这些实践活动则是平常、得体、合理的,至少是正常的。

下文提及的各种活动,至少对于支持这种活动的特定文化社群成员而言,都极其平常。例如,在一种文化中,2 岁的孩子睡觉时候可以解开妈妈的衣服,吮吸着她的乳房,可以整晚都睡在她的旁边;而在另一种文化中,所有的孩子都单独睡,并且与成人的睡觉空间是隔开的。在一种文化中,女性从市场买回食物,烹调好,然后和丈夫一起享用;而另一种文化中,由丈夫从市场买回食物,回到家中交给妻子烹调,然后丈夫先吃,妻子稍后自己一个人吃。在一种文化中,父母把孩子交给社会中比较富裕、兴旺的家庭养育,这些家庭可以要求这些孩子经受各种困难、身体惩罚、忠诚度测试等种种考验,要求他们为服务家庭而工作,直到儿童经受住了各种考验,通过各种测试之后(Bledsoe, 1990),这些家庭会收养这些儿童,并且给予终生的资助和支持;然而,另一种文化中,如果孩子被其他成人触碰、训斥、指使或者导致孩子遭受任何形式的虐待,父母就会不高兴(甚至发怒)。

正如之前已经提过的,如果能清楚地说明群体成员(内隐的和外显的,意识的和无意识的)的知晓、思维、感受、需要和价值观,并且能解释他们的行为,就意味着完成了对一个习俗复合体的分析。可以这么说,分析习俗复合体,通常从描述实践活动开始,并在达到对独特心性进行详细说明之后完成。

文化心理学感兴趣于独特的心性和相应文化社群的实践活动之间的联系,这个特征将它与其他研究实践活动的取向区别开来,而后者假设人类活动来自于自然领域或者说是普遍共有的(例如,宗教、经济、家庭生活、学校教育或政治等),而且不同文化社群中其成员的思考和行为方式大致相似,因为不管是什么群体,各种活动都受到巨大限制。习俗复合体这个提法带来全新的视角,它假定不同文化社群的成员各自拥有独特的心性,并且与各种实践活动领域相联系(比如,台湾地区关于家庭生活的心性和新英格兰关于家庭生活的心性),使得不同文化社群中的成员在表面相似的领域里拥有不同的行为模式。

728

习俗复合体这个概念还引起了文化心理学家对一个问题的关注,即,特定的文化社群是否具有一种典型心性(比如,新教的心性),而且这种心性广泛地影响该文化社群的多个领域,比如,新教的经济、宗教、家庭生活等领域,使得他们彼此之间的相似程度大于与另一种文化社群中相应的自然领域之间的相似程度。

但是需要强调的是,文化心理学并不认为一种文化的所有实践活动领域内存在全方位的一致性或主题性融合。Ruth Benedict(1934)明确指出很多文化都不能用一个简单的模型(比如酒神、阿波罗)或者主题(比如职业道德)来说明其模式。她还提出,用一小簇核心信念、目标或动机去解释群体成员很多生活领域中(家庭、工作、政治等)的意义和行为是一个完全开放的研究课题,这一点我们也清楚地意识到了。

开展研究之前，我们无法预知是否有一种特定的心性贯穿该文化社群的各个实践活动领域。尽管如此，即使一个文化社群不是这样由一个主题整合的（即通过少数的核心意义就能揭示大多数领域），习俗复合体仍可作为文化心理学理论分析的自然框架。关于文化和心理如何相互形成，习俗复合体提供了概念化和模型说明的参数空间，由此对全世界范围内相对稳定、平衡条件下心性和实践活动相互支撑、相互确定的多个实例进行分析。尽管并不是所有的习俗复合体都用同样的方式整合，彼此融合的程度也不完全一致，但是，我们仍然可以用这个概念去探究它们用什么方式，以及在多大程度上达到了相对的稳定和平衡（本土心性和文化活动的紧密联系）。

实践活动的类别

为实施一个相对完整、系统的社群文化心理学的实证研究，我们有必要鉴别其成员的实践活动，并将之归为不同领域。由于分类图式很大程度上依赖研究者所持有的关于人类需要（身体、社会、心理和精神等需要）的理论及其手边的研究问题，因此实践活动的分类方式也呈现出多样性。

实践活动的其中一种分类方式从个体发生的角度出发，根据某些心理功能专门领域（会意、思考、感受、需要和评价等）的熟练和专门化发展来分类。因此，可以根据个体某种实质性能力的发展对相应的实践活动进行界定和分类（比如，增进社交敏感性、道德发展、认知发展等的实践）。举例来说，最近一项针对四种文化中（肯尼亚的 Logoli，尼泊尔的 Newars，伯利兹的 Black Carib，以及美属萨摩亚）3—9 岁儿童的研究（Munroe，出版中）得到了一些比较有趣的结果，研究发现，在体制化的家长制或父权制社会中，这些社会通常是由男性主导的，性别隔离严重，以及严格按性别劳动分工，其儿童更愿意在性别角色扮演游戏中扮演异性角色，而且较少体会到性别混乱的威胁。尽管 Munroe 的研究结果只能作为参考，在此基础上我们可以进一步提出假设，那些文化鼓励以性别作为社会组织基础的社会中，个体跨越性别分界，高度发展了采择异性观点的兴趣和能力。

发展问题的研究者不是依据个体获得某种实质性的能力（比如采择他人观点的能力），而是依据个体获得某种实质性能力的过程对实践活动进行分类。Werker（1989；另外见 G. Gottlieb, 1991）浓缩地概括了经验（在文化实践中解读或者参与）如何对个体心理技能或能力发展产生影响，她提出了五种假设性的影响方式：

1. 成熟（实践活动不起作用；能力自然发展的过程）。
2. 助长（因为有了实践活动的参与，个体能更快地获得某种能力）。
3. 归纳（若没有这项实践活动，个体不能获得相应领域的任何能力）。
4. 协调（与其他情况相比，实践活动使得个体获得了更高的能力水平）。
5. 保持/丧失（某种能力预先存在，但是如果不通过参与相应的实践活动予以强化，则可能丧失或退化）。

729

在个体发展的文化心理学的早期阶段，我们只能兴奋地期盼有朝一日能拥有属于文化心理学的研究设计、方法论以及系统收集的证据,允许我们能在此方面对实践活动进行分类。我们期待着有朝一日能对文化实践之于心理状态或能力影响的上述五种解释进行区分。

但是,文化心理学信奉的不是白板学习理论(白板状态相当于稻草人,不同于 John Locke 所假设的从未获得任何经验的完全空白的主体性),也不是心理发展的归纳理论。恰恰相反,当前文化心理学领域的很多研究与协调,或保持/丧失,这两个影响作用契合(甚至可能是预设的),来解释特定心理状态如何差异性地出现、激活以及选择性保持。我们将在稍后部分就文化学习进行讨论,尤其是它们与先天观念之间的关系。

对于上述的几种关于参与文化活动如何影响心理状态的激活,或某项心理功能的出现的解释(成熟,协调,保持/丧失等),在本章中我们不作选择。但是,作为建立成熟完备的关于个体发展的文化心理学体系的一个过渡步骤,我们所能做的,是指出文化心理学某些学识和研究的方向,这些研究试图去描述和解释不同个体发生的出现、激活和选择性保持,包括对"自我"的研究,研究在不同群体中"主体我"的知晓、思考、感受、需要、价值及其选择行动是怎样的。本章稍后部分,我们将深入探究发展的文化心理学研究的一条重要线索,即相互依赖的自我(社会中心论,或集体主义取向)对独立自我(自主性,个体主义取向)。但是文化心理学研究一般蕴涵着关于心理发展的这一主张:心理发展相对独立于任何特定领域的任何特定发现。

例如,Ross 等(2003)通过比较研究指出,认知发展理论推测性假定儿童关于大众生物知识的发展普遍存在一个以人类为中心的阶段,但是更准确地说,这是因为在城市中长大的儿童缺乏人类以外的自然知识和体验,他们的心理发展过程才表现出这样的特征。来自美国本土的 Menominee 儿童和农村儿童,因为文化信念以及各种活动的媒介作用和积极建构,他们接触植物和非人类动物的机会比较多,因此没有表现出上述的普遍发展模式,反而表现出了美国社会中城市主流儿童所不具备的生态推理能力。

此外,将文化活动归类为各种领域的方式还有很多。从个人和社会同一性角度看,文化活动可以通过它们所关注的存在性问题(existential problem)进行描述和分类。任何社会中都存在大量的存在性问题,出于个体的心理健康和社交协调的考虑,这些问题必须得到回答:

- "自我"实践活动回答:"什么是我或我的?什么不是我或我的?"
- "性别"实践活动回答:"什么是男性?什么是女性?"
- "纪律"实践活动回答:"规范和规则应该怎么执行?"
- "分配"实践活动回答:"责任和收益应该如何分担?"(Shweder, 1982)

Fiske(1991, 1992)曾提出一个与此紧密相关的研究取向,他认为社会生活由四种社会关系组成:公共分享(communal sharing)、权利分等(authority ranking)、平等配对(equality matching)、市场定价(market pricing)。运用 Fiske 的这一图式可以很容易地对实践活动(那些能促进集体感、等级的重要性和合法性的实践活动)进行分类。一些研究者倾向于根据实践活动的发生机构将其分类(比如,家庭生活、学校生活)。而另一些持有不同研究目的

730

和倾向的研究者，则偏向根据这些实践活动所提供的生物需要或身体生存功能进行分类(比如饮食、健康、性等实践活动)。

还有一些研究者采用的分类方式与上述的几种都不相同(Pike, 1967)，他们试图将活动领域的分类和文化社群的心性的具体化相结合，期望能产生不同反响的效应。在某些文化社群中，比如印度的 Brahman 人中存在着一些高度精细化的活动领域，人们称之为供奉、祭祀或圣典仪式等，包括日常的准备和饮食，以及其他一些活动(例如，祈祷、以动物为祭品等)。而西方的研究者往往不能将这些活动自然地结合在一起。在印度 Brahman 人中，食物不是表达个人偏好的一个系统。本土的文化将之视为对居住在庙(人体)里的神明的供奉行为(自我即被概念化为神的一种)。吃什么，怎么吃，谁准备了这些食物，以及什么情况下吃，这些因素都反映了个体的精神境界和社会地位。

心性分析

心性是习俗复合体的另一面，对心性的研究可以通过以下几种方式：(1) 分析它的各个组成部分：知晓、思考、感受、需要和评价；(2) 将参与这种或那种实践活动的理想的或原型的“主体我”(主体、主体性、个体或自我)的所知、所思、所感、所需和价值模式化；(3) 实证的手段确证，文化社群中现实主体在不同实践领域中，其心性的各成分的概括性和具体化水平；(4) 指出心性存在的时间和场合的普遍模式。

比如，我们有足够的实证性理由相信，心性复制的相互依赖性、社会中心论或集体主义在日本某些人群的各个领域整个的实践活动中得到支持和维持，而在美国的一些群体各种实践活动中支持并且维护的是对独立性、自主性和个人主义心性的复制(Markus & Kitayama, 1991a, 1991b; Triandis, 1989, 1990)。

因此，从某种主要的意义上说，文化心理学是对文化和心理相互形成的方式的研究。从另一层相关的意义上说，它研究的是心性和实践活动之间的紧密联系，即我们所称的习俗复合体的起源、结构、功能、操作和社会复制。

文化心理学的两面性

文化心理学研究的是文化和心理如何相互形成，最后产生习俗复合体的。文化心理学以习俗复合体为分析单元，来描述说明从普遍存在的心理的各种抽象潜能中发展而来的具体多样的心理现实。之所以产生多元心理，至少有一部分原因在于人们是根据特定的目标、价值观和世界观进行思考和行动的。但在不同的文化社群中，这些影响因素往往相差甚远。

文化心理学的文化层面研究的是附载心性的实践活动(比如，符号形成、沟通交流、仪式、道德观念、社会习俗和惯例)的出现、促进、推广、颁布和执行(由此被判断为常规的、正常的、合法的、道德的，或合理的)。参与其中的是特定群体的“主体我”(即主体、主体性、个体或自我)。

文化心理学的心理层面研究的是与实践活动相联系的心理状态,及特定群体的“主体我”(即主体、主体性、个体,或自我)所知、所思、所感、所需,和评价的对象 ,以及他们随后决定付诸行动的选择以维持社会的正常活动。

文化心理学以上述两个方面为基础,并且融入习俗复合体概念,它的研究目的在于精确地探究符合下述三个条件的各个案例:

1. “实践活动”必须体现出不同群体之间的显著差异,以及同一群体内各变量之间的不同模式(比如,南亚和非洲的父母和孩子夜间同睡的概率远远高于欧洲和美国,并且南亚和美国社会中,社会地位与是否一起睡的相关也不同)。

731

2. 心性的各成分(知晓、思维、情感、需要和评价),以情感为例,如不同群体对父母和孩子的肌肤接触产生的是亲密感、愉悦感和平静还是焦虑、不安,表现出显著差异,而且同一群体内各变量之间的具有不同的模式(例如,与南亚的男性相比,欧美社会中的男性对亲子间的肌肤接触的焦虑感更高,而亲子间肌肤接触能否带来亲密感、愉悦感和平静等,在欧美社会中与性别相关,在南亚社会中则不存在这一现象)。

3. 实践活动总是与一定的心性相伴随出现,反之亦然。

因此可见,通过习俗复合体这一概念,文化心理学将个体心理状态的研究与文化活动的研究结合起来。一方面,研究者探索的是个体的知晓、思维、感受、需要和价值观以及由此选择的行为等方面的特征,这些方面可以从舆论敏感(consensus-sensitive)或强制规范(norm-enforcing)的群体参与符号形成、沟通交流、仪式、道德观念、社会习俗和惯例等实践活动的过程中进行追溯或推导。

另一方面,研究者关注的是特定群体附载心性的实践活动(习俗复合体)如何从特定的心理状态中获得可靠性、合理性和激发力,这些心理状态激活了相应的实践活动,并从中获得生命力。因此文化心理学研究的是文化和心理的相互结合以及从这个交互作用中产生的各种联结模式(习俗复合体)。

文化心理学关于心的理论

在全世界范围内,存在着保存完好的关系到发展的各种文化活动,这些活动使得特定群体的“主体我”的知晓、思维、感受、需要和价值观及其由此选择的行为各方面得以促进、维持和确定。

因此,文化心理学关注的不仅仅是人类心理固有的、必然的、根本的属性,事实上,它特别关注的是人们所知、所思、所感、所需和价值,因此而决定行动,它们是条件性的、选择的或者任意的,通过参与特定群体的符号性和行为性传承活动得以获得和激活。实际上,文化心理学这门学科旨在研究不同群体或亚群体间的心理差异,以及文化活动和个体心理状态之间稳定、相对清晰、紧密的联结的出现(或消解)。

但是,要想研究差异性,需要预先假定大量共通性、相似性或普遍性, 因为只有在这个基础上才能理解差异的贡献。文化心理学概念的一个显著特征是,关于人类心理功能中哪些方面是(以及哪些方面不是)内在固有的,它预先假定了一些普遍真理。最低限度上,我们所追求的有关心理的理论是人类的心理,世界上任何地方的人都拥有心理生活(包括知道、思考、使用语言及其他符号形式等),并且对特定的事物产生感受、需要和评价,并以此来解释他们的行为(Donagan, 1987)。

更进一步地,我们认为心理由某些心理能力组成,最明显地包括:(1) 表征能力,以形成对他人、社会、自然和神明的信念,以及各种手段—目的之间的联系;(2) 意向能力,通过意志活动的方式影响有关将来事态的设想,人类有能力通过决策或选择行为,对世界产生偶然影响。

如果表征能力是人类心理的本质特征,那么我们至少可以将人类心理作为知识结构进行部分研究。如果意向能力是人类心理的本质特征,我们可以将它作为内在的目的取向进行部分研究,至少意味着人类心理是主体性的,拥有自由意志。

关于人类心理具有内在固有能力的观点跟 William James(1950)对"心理"标记的描述一致,James 认为:

> 追求将来的目标,以及选择相应手段实现目标,标志着在某一现象中表现出心性。我们以此来区别智能表现和机械表现。棍棒和石头没有心性,因为它们从来都不会出于任何目的而自行移动,除非是被推动,但那也只是漠然地移动,它们本身并没有选择。所以我们可以不加考虑地将它们归为无意识的一类……针对一定目的的行动,且体现出对达成目的手段的选择,即是心理的表现,这点毋庸置疑。(p. 1)

732

正如之前提到的人类语言学家 Anna Wierzbicka(1986, 1991)和 Cliff Goddard(1997, 2001),他们已经枚举了一系列有关心理主体或主体性("主体我")的提法和心理状态的概念,比如知道、思考、感觉、需要和评价(好或坏),世界上所有的语言中都有这样的词汇,并且广泛地被民俗心理学采用来说明人们的行为。Collingwood(1961, pp. 303, 306; Shweder et al., 1997)及很多其他研究者指出,民俗心理学对于"原因"这个概念的基本理解,其中之一是"原因"即"有意识且负责的机体自由而熟虑的行为",我们可以从机体努力达到的目标和机体相信能帮助它们达到目标的可用的手段来理解。关于心性的组成成分,民俗心理学和文化心理学对人类心理内在、普遍的特征有很多相似的预先假定,包括表征、意向性、知道、思考、需要、评价和由此决定采取的行为。

尽管文化心理学主要关注的是心理多元性的出现和发展,它利用有限的心理状态概念作为理解不同群体"主体我"心理差异性结构的普遍框架。这些差异性及其发展模式的性质和结构将在稍后的章节中予以讨论。

文化心理学对心理状态概念的特殊使用

文化心理学用心理状态概念指代人类心理本质中内在的因果动力。这些概念并不必然意味着对人类意识或审慎觉知(deliberative awareness)的描述。

用心理状态概念去解释人们的行为时,不需要假设待考察的心理事件都处于意识状态中。个体的所知、所思、所需和评价并不总是能被个体觉察到,虽然它们对个体的行为起了因果作用。至于这个因果过程如何起作用,并且如何产生特定效应,这是未解决(也可能是根本无法解决的)的身心问题或心脑问题的最核心谜团之一。并不是所有关于人类行为的解释都涉及到这个假设,即从某个意义上说心理会对身体产生因果效应。文化心理学关于心理状态的假设是,它们是真实存在的,不是附属现象。

这个观点提出了人类心理中另一个内在固有的能力,即将自我意识的审慎加工转变为惯例化、无意识、习惯化的加工。这个能力将一个缓慢的累加过程转变为一个快速反应加工,使得个体在特定情境下以特定方式熟练、顺畅地作出反应,并且没有自我意识到(事实上往往是不假思索的)。一旦这个转变过程得以实现,相关的心性就与实践活动形成了联结,而且内隐地表现在其中。

正如 J. W. M. Whiting 和 Child(1953)很久之前指出的那样,关于实践活动中内隐的信念,"实践活动的执行者不需要在每个表现中预演其中的信念(比如,欧裔美国社会典型的中产阶级家长并不会在每个晚上都能有意识地想到:让孩子一个人睡觉可以培养他们的自主性和独立性),但是如果被问及,他们一般都能立即报告出至少部分相关的信念。在这种情况下,我们可以推测对信念的预演不是习俗当前表现的刺激模式,而是更早时候习俗形成过程中的刺激模式的重要组成部分"(p. 28)。

J. W. M. Whiting 和 Child 上述观点的重要意义表现在两个方面。首先,他强调了无意识的发展过程,而大部分的发展理论家,从 Vygotsky 到 Piaget 到 Kohlberg,都更重视意识和反映性(reflective)的发展过程。J. W. M. Whiting 和 Child 指出大多数的社会行为都是习惯化、自动化的,并且他们还指出如果社会生活不似 Bourdieu(1972, 1990, 1991)、Packer(1987)及其他关注参与和有意识的深思熟虑之间区别的研究者所认为的那样,几乎是不可能实现的。

Bourdieu 认为,如果实践活动不断得到重复,它们便被视为自然顺序的一部分,其最初发生的外在理由很难再受到注意。Packer 证明了一个论点,即典型的发展包括更流畅地参与某些活动,但不一定意味着对该活动的反映性变得更强(很多运动员都很明了这点;参考 Keil,本《手册》第 2 卷第 14 章)。

733

随着习俗复合体概念的提出,以及关于惯例或习惯化活动研究兴趣的回归,引起了人们关于发展本质的一些基本、经典的观点的重新思索(关于"习惯"概念的研究历史参考 Charles Camic, 1986)。有人将前进性的发展用一些正式的标准界定,比如从直觉性到反映性或从情境依存到情境独立,这个观点有一定的误导作用,我们需要更多地加以澄清(Kessen, 1990)。

我们可以用更多的两分法词汇来对那些前进的、方向性的改变的传统理解进行补充说明。在关于认知发展的大量文献中,有人指出充分发展的心理应该是复杂的(相对于简单)、完整的(相对于不完整的)、外显的(相对于隐性的)、非个人的(相对于个人的)、分类的(相对于关联的)、详尽的(相对于有限的)、概念驱动的(相对于知觉驱动的)、超然的(相对于负载情感的)、连贯的(相对于不连贯的)等等。从有关习俗复合体的分析和关于隐性理解、习惯、未经深思但流畅的技能等方面的发展优势的讨论中,我们可以很清楚地看出,文化心理学强烈质疑任何将前进性发展用普遍存在的(去情境化的)正规标准加以界定的意图。在某些情况下,认知的发展是减少反映性的过程,而不是增加反映性的过程。再强调一次,有时候,隐性理解的累积即是智能发展的全部。但是所有这些都要视情形而定。

J. W. M. Whiting 和 Child 的观点的第二个重要意义体现在,它强调,文化心理学中任何针对个人或民族的完备研究,以及有关习俗复合体的描述都必须说明与特定文化活动相联系的相关心性的意识水平。激活相关的信念、价值观、动机和满意感是否需要深思熟虑,或者是否需要可报告的反映过程等?一旦涉及到参与特定文化社群的习俗复合体,在何种程度上发展过程从熟虑到自动化、从自我意识作用到流畅运作、从详细解说到隐性理解?至少,发展的文化心理学关于任何文化社群中习俗活动的研究可能就是对发展性转变的叙述,即从熟虑和自我意识到不假思索且直觉性的流畅表达的转变。有关儿童发展的这方面研究很少受到重视,大部分研究感兴趣的是身体技能的获得,比如,下楼梯、打字或者击打高尔夫球等。

儿童期不同人际环境中的社会性发展

从文化心理学的角度看,儿童的本土环境——尤其是那些影响其行为和心理发展的方面——很大程度上是通过本土具有文化特异性的育儿心性及实践活动起中介作用。通过记载不同总体之间的变异性,文化心理学率先思考群体中负责照料和教育儿童的他人,这些他人特别重视为他们的行为提供支持的本土的观念和意义,如何按惯例组织儿童的体验。如果人们的思考和行动依据的是特定的目标、价值观和世界观(即心性),那么不同文化社群其成员拥有的目标、价值观和世界观又是什么呢?儿童的世界存在什么差异以及为什么出现这样的差异?他们的世界又是怎么建构的?这些问题是否具有普遍性的答案?

正如人类学著作中所描绘的,根据儿童发展的物质、社会和文化条件,不同人类总体间儿童世界的变异性可以粗略地分为三类(R. A. LeVine, 1989)。第一,物质条件,包括饮食、居所、婴儿夹具,以及预防疾病和其他健康风险的保护方式;第二,社会条件,包括家庭、同伴和人际环境的其他方面;第三,文化条件,指的是本土的观念模式,结合了信念和道德规范为儿童世界和儿童发展的所有特征赋予意义。

这部分章节我们将集中在儿童世界的人际方面,世界各地的不同文化在其中起了中介作用。在过去的35年里,有关这个课题我们已经积累了相当可观的证据(自第三版中相关的文献回顾开始;参考 R. A. LeVine, 1970;以及甚至从1931年本《手册》第一版中 Margaret Mead 的评论开始),因此我们可以从中概括儿童世界变异的范围及其含义。不同文化社群中的儿童,从出生到青春期他们的人际环境在很多维度上都发生了重大变化,这些变化可以用定量或定性的术语进行描述,在这个过程中,我们可以看到行为和心理发展的路径是多种

734

多样的，尤其用发展的交互理论进行分析时，我们尤其能看到这点。

首先，我们要描述的是不同的组织环境、养育关系、育儿活动以及按年龄段参与的活动如何为不同文化的儿童提供各种社交和符号中介的经验模式。其次，我们转向对文化心性的关注，它们不仅使这些社交模式合理化、合法化，同时也促进了父母的养育行为。第三，我们要考虑的是儿童期文化造成的社交经验差异在何种程度上影响了个体的心理发展——他们成年后的依恋、技巧、能力、表现、关系和情绪体验等方面。最后，我们试图归纳社会发展中的普遍性和变异性，以及它们对发展理论和研究的启示。

儿童期经验的社会性组织

这一部分中，我们要讨论的是家庭团体的特征和组成部分，以及他们在功能、规模、密度和界线上的变异。

组织环境

大多数社会中的儿童在其最初的几年，甚至更长时间里，都是在家庭团体中(即照料他们的成人正常定居的住所)成长的。家庭的功能及规模、组成部分、社交密度和界线等，因文化的不同而不同，在既定社会中，儿童所获得的社会经验在质的方面和量的方面都会受其影响。这些特征中的多数和作为内部团体的家庭其社会空间的整体安排往往不是个人选择的结果，而是本土实践活动标准化的结果，这些实践活动取决于当地经济生产的主导模式和盛行的道德观念。

家庭团体的功能

在农业或手工业社会中，每个家庭都在家参与生产劳动，因此儿童成长的本土环境既是经济活动的场所也是家庭成员的居所。像美国这样的城市工业化社会中，大约只有2%的成人参与食物生产，家庭专门设计养育儿童的环境，与成人的经济活动隔离开来。

一种文化中，家庭和工作混合，另一种文化中，家庭和工作分离(在一些情况下，比如欧裔美国上层中产阶级文化区域，家庭的作用或多或少像 Montesson 学校)，这两种模式下儿童的发展具有显著的差异。如果家庭同时也是生产食物和手工制作的场所，母亲的注意力通常分配在照料孩子和其他费力的任务上。家庭更像是一个需要等级结构，儿童通常处于最底端，而且他们还是各种成人活动的旁观者，在很小年纪就要参与家庭活动(Rogoff, Mistry, Göncü, & Mosier, 1993)。像现在大多数第三世界国家以及前工业期的欧洲和北美社会，家庭作为经济生产单元，期望儿童参与劳动，而且他们的游戏和教育必须与工场及家庭日常事务相调和，所有这些方面构成了儿童成长的独特环境。

在这些家庭中儿童劳动力对家庭的实际贡献因人而异(Nag, White, & Peet, 1978)。在科技水平比较低的地区，比如撒哈拉以南的非洲地区，儿童需要做很多他们力所能及的工作，比如打水、放牧、照顾婴儿、辅助农耕等。这样成人就能更专注于难度较大或者更繁重的工作，比如锄地、种植、除草、收割和食物加工。在农业水平更高的社会中，涉及的劳动包括灌溉、役畜、犁地(比如,印度的农民),需要家庭劳力卷入较少,那里儿童就能得到较多的纵容,因此有更多的自由时间。特定情境下儿童劳动力的实际用途取决于具体栽种的作物、它们的季节性周期和可获得的资源,比如水,以及儿童能否被家庭外的他人租用。新技术引进以后,情况发生了很大的改变,儿童从劳动中解放出来,除非他们转向家庭中的手工制作或者被他人租用。

在觅食(捕猎和采摘)和渔业社会以及草原游牧民族中,儿童同样也要早早地参与生产性活动(根据当代工业化社会的标准),但是儿童在一天中和一年中自由游戏的时间随着工作周期节律的变化而不同。农业社会中情况相似,家庭的经济状况很大程度上决定了儿童社会生活的功能。

735

家庭群体的规模

家庭单元内共同居住的成员数量在不同的人类社会中完全不一致,尽管有时候数量不一致是因为对家庭单元的定义不一致。毫无疑问,欧洲和北美的核心家庭组织形式在全世界只占很少一部分。人类学家报告在新几内亚岛、南美低地、西非和北美土著都存在规模庞大的家庭团体(甚至可能超过 100 人),尽管这些团体内部各自都有社交界线,但是对各个年龄的儿童来说,他们得到了和各种不同的人打交道的机会。

在另一些社会中存在着扩大的家庭或几代同堂的家庭结构,这些家庭单元中两代或两代以上共同居住在一起,因此它们拥有两个或两个以上的核心家庭。B. B. Whiting 和 Whiting(1975)指出如果成年女性共享烹饪设备或者院落空间,她们与对方的孩子互动的可能性更大,在照料儿童方面有更多的合作。印度的大家庭就是这样的一个例子,此外还有尼日利亚西南部的 Yoruba 地区的大型混合家庭,肯尼亚沿海的 Giriama 地区(Wenger, 1989)和尼日利亚西北部的 Hausa 地区(R. A. LeVine, LeVine, Iwanaga, & Marvin, 1970; Marvin, VanDevender, Iwanaga, LeVine, & LeVine, 1977)的小型混合家庭。在所有的这些环境中,家庭团体的绝对规模保证了儿童从婴儿期起就可以和很多其他女性或儿童交往。

家庭团体的成分

在当代城市化工业社会中,家庭团体与家庭是同一个概念,有孩子的家庭通常根据家长双方是否都住在家里或者祖父母是否一起居住进行分类。在农耕社会或其他非工业化的社会中,情况可能更复杂,这些社会中家庭作为一个物理结构被置于更大的家庭单元中,即被人类学家所指的混合家庭或家园。

在肯尼亚西南部的 Gusii,已婚的女性和她们较年幼的孩子单独住在一处房子里,而这所房子只是她的丈夫或公公拥有的家宅的一个单位,附近还居住着她的公公婆婆、姻亲兄弟或丈夫的其他妻子。如果丈夫拥有多个妻子,他可能与其他的妻子住在一起,也可能单独住在一处,但是距离不会很远,以保证孩子能给他拿来还热着的食物。

当孩子长大一些后,他们离开母亲的住处,男孩搬去和哥哥一起住,女孩搬去和祖母一起住,但是仍然在这所家宅内。Gusii 的母子独立成户形式是家庭居所的基本单元,而在成人的观点里,整个家宅又是本土社会生活的基本单元,其中的男性成员组成了本土父系家族的核心(R. A. LeVine et al., 1994; R. A. LeVine & LeVine, 1966)。在很多非工业化社会中这种复杂的家庭团体成分比较常见，儿童成长的环境也要比普通的美国儿童更复杂。

家庭团体的社交密度

不管家庭团体的规模及其成分复杂程度如何，儿童早期的互动环境——包括饮食、睡觉、工作和游戏——其社交密度在不同文化之间差别很大。Gusii 的儿童所成长的家宅中可能居住着 58 个人，但是他所有的时间都只是活动在母亲的住所内或周围，与他产生互动的人只是他的母亲，在上学前还有年长的兄弟姐妹。

相比之下，Hausa 的儿童，他们混合家庭规模相对小，但是体验到的社交密度大的多，因为 Hausa 的女性共享烹饪设备和大墙围住的院落空间，为他们提供了较拥挤的日常互动空间，儿童也能参与其中。儿童体验到的社交密度，尤其在早期移动能力不够强的几年里，不仅仅取决于家庭的财富或资源，还取决于管理家庭互动的规则。对美国和欧洲人来说，可能不太容易理解其他的一些文化中人们很乐意、甚至是偏好在较拥挤的环境中吃、睡、工作、玩甚至给婴儿哺乳(Tronick,Morelli, & Winn, 1987)，但是这种偏好在世界各地广泛存在着，哪怕他们有足够的居住空间来各自做所有这些事情。

736

家庭团体的界线

儿童世界的互动模式受到成人设立的社交界线的限制。这些界线在形式上可以是物理的，比如 Yoruba 或 Hausa 混合家庭中的泥墙，或者 Gusii 家宅中将各个母子住所相互分隔开来的农田。界线还可以是不可见的或者概念的障碍，比如西方和日本的城市中，家庭内部的互访、问候和好客这些本土传统限制了邻居之间互动。

与之对应的是，印度的城市中，中产阶级的公寓住所经常被亲属家庭占领，他们的孩子在彼此家中进进出出，不受任何限制。在儿童看来，邻近环境中家庭单元之间的相互渗透为他们的社交世界提供了认知地图的基础。

照料关系

在绝大多数人类社会中，在儿童的最初两年内母亲是他们的主要照料者。但是也有例外，还存在一些辅助的照料者，他们/她们协助母亲并且和年幼的儿童建立关系，但是辅助照料者这一人群在不同文化之间也有很大的变异性。根据民族志记载，总的来说，人类关于如何养育孩子不存在单一的系统，而是存在着一系列适用于不同经济、人口统计和科技条件的灵活可变的育儿模式，并且相应有各种不同的育儿活动安排，这些活动安排影响成长中的儿童的人际体验。

如果女性在食物生产上承担了繁重的工作量，相应的结果是她们没有足够的时间或精力来照顾她们的孩子，因此需要辅助的育儿安排。有些成年女性自己没有孩子(由于高不育率、高婴儿和儿童死亡率以及避孕行为)，这些没有生育或者另外一些绝经的女性可能很渴望去照料其他人生的孩子。随着乳母和人工奶粉的出现，母乳喂养开始减少。就这样，人类总体所适应的不同情况催生了各种育儿活动和相应的育儿关系。

一些人类总体中，2 岁以下的儿童与母亲之外的其他人住在一起并由他/她照料。在 Micronesia(Carroll, 1970)和西非(Bledsoe, 1989)有这种收养和领养方式的记载。在这些案例中，婴儿分散到亲属中去，通常是送去他们的母亲的母亲或姐妹那里。所有人都不会对原始关系加以隐瞒，几年后儿童往往回到他们的母亲身边去。尽管有些母亲这么做是因为她们认为她们有必要去满足母亲和姐妹的需要，但是同时她们也觉得儿童能从其他人的支持中获益，Goody(1982)所描述的加纳的 Gonja 地区人们收养较年长儿童就是这种情况。亲属意识形态的假设灌输在所有的这些实践活动中，儿童不仅仅属于他们的亲生父母，也是属于整个家族的，而且是家族的潜在受益人。在这些文化社群中，如果母亲不照料儿童不会被看作是不负责任的或者怠慢的表现。

大部分社会中儿童是由母亲抚养的，尽管往往需要其他人的帮助，比如家中较大的孩子、祖母或其他相关的成年女性、父亲或其他男性。

由家中较大的孩子照料婴儿这种模式不止在非洲撒哈拉以南地区(在这里这种方式几乎无处不在)普遍存在，在其他的一些地区也广泛存在，比如，大洋洲、冲绳岛和东南亚的部分地区。这些地区的母亲承担了更多的农活。

由家中较大的孩子照料婴儿这种模式一旦成型成了一种习俗复合体，并且成为整个群体的常规性实践活动，它带来的问题是，将婴儿留给 5—10 岁的儿童照料会不会对儿童造成伤害？在美国，这种行为很可能被看作是不负责任的行为，甚至构成犯罪。

目前已有的证据对这个问题的回答是，这种方式不会给婴儿带来伤害。原因有以下几点：首先，5 岁的儿童能成为，或者说能被训练为可靠的、起保护作用的照料者，尤其将婴儿背在背上进行照顾时，但未必足够敏感。第二，在白天，大部分的照料工作都是在露天进行的，一旦有什么问题，邻居就能听到声音过来帮忙。第三，一般来说，他们不能完全取代母亲，而只是作为对母亲照料的补充，在几个小时内给婴儿喂食并提供保护。主要还是由母亲在日间给婴儿喂母乳，晚上和孩子睡在一起，这种条件下长大的儿童与母亲形成依恋关系。

最后总结一下，根据前面所述，美国人和欧裔美国人关注的心理伤害很可能是夸大的。婴儿能很好地适应哥哥姐姐的照料，背背式及其他普遍存在的触觉刺激方式都能促进儿童第一年里的身体发育和心理依恋(R. A. LeVine et al., 1994, pp. 257—258)。 737

此外，兄弟姐妹的照料能促发年长的姐姐和年幼的弟弟之间终生的紧密关系，这正是一些文化想要达成的。在 Hausa，与表亲婚姻形式相比，姐姐的儿子娶她照顾过的弟弟的女儿这种婚姻形式更受欢迎。从短期看，学步儿童与照料他/她的哥哥姐姐之间的关系能把他/她带入更大的儿童圈子里，这些人将成为儿童生活中除父母之外的重要榜样人物。

祖母和其他的成年女性通常也是很重要的辅助照料者，尤其对成长在大家庭中的儿童而言。从西非到中国，祖母不仅仅在儿童年幼时给予照料，在儿童稍稍长大些后，祖母也会提供她们无条件的养育和情感支持来协助母亲充当训导的角色。儿童往往也能和大家庭中的其他共同居住的女性建立长期紧密的关系。

父亲和其他男性作为年幼儿童照料者的相对较少，但是不同的群体中情况也有所不同。Hewlett(1992)通过观察不同的人群收集了一些重要的依据。他将父亲对儿童的投资和卷入进行区分，前者通常是间接的，包括通过母亲提供相应资源，而后者指的是与孩子的互动。

尽管父亲与年幼儿童之间的互动和母亲或其他女性与年幼儿童的互动之间没有很大关

系，而且父亲作为婴儿或学步儿童长期负责的照料者（与偶尔的玩伴角色相对应）在不同文化间并不普遍存在，但是父亲在一定程度上参与了对儿童的照料，不过其程度因文化而异。例如，在苏丹的 Dinka，父亲不参与儿童从出生到童年期前几年的生活，而且他只和家中较年长的儿童交流(Deng, 1972)。然而喀麦隆 Aka pygmy 地区的父亲基本上参与了对儿童的照料(Hewlett, 1991)，位于尼泊尔 Katmandu Vally 的社会地位高的印度农民中，大家庭中的不少男性都要在白天某段时间内参与照料婴儿和学步儿童(S. LeVine, n. d.)。正如 Harkness 和 Super(1992)指出的，父亲可以在孩子在场时不与他们互动，而且只有当得到文化活动和相应的心性支持时，父亲或其他男性才承担照料儿童的责任，并且与儿童交流。如果与父亲或其他男性有互动，婴儿也能和他们建立依恋关系，就像与母亲、哥哥姐姐、祖母或其他的成年女性一样(Ainsworth, 1967)。

养育活动

构成儿童社交环境的一个具有文化变异性的重要部分是父母和其他人为他们安排的习俗活动。人类和其他灵长类后代的观察研究者创造了一系列二分类别来描述这些活动：以儿童为中心的沟通和儿童不参与的沟通，远端刺激（通常是言语的）和近端刺激（通常是身体的），不时的相互发声和对儿童的单向言语，积极的情感唤醒和消极的情感唤醒，对婴儿发出信号的敏感和不敏感。

上述二分类别来自于对不同情境下灵长类动物的行为进行观察的结果，但是它们仍然反映了欧裔美国中产阶级偏向以儿童为中心的、远端的、言语的、相互的、积极情感的、刺激性的和敏感的亲自互动模式。使用这些二分类别作跨文化研究，结果显示其他文化下的父母与欧裔美国中产阶级的父母相比，前者较少表现出其中某些行为甚至所有的上述行为(R. A. LeVine et al., 1994; Richman et al., 1988; Richman, Miller, & LeVine, 1992)。

不管这个差异看起来多显著，也只说明了部分问题。用欧裔美国人的习俗复合体作为比较参照不可避免会忽略掉一些其他文化中的重要活动和维度。如果不对其他文化的心性和观念进行补充说明，这样的研究结果基本说明不了任何问题，就像非洲人可以认为美国家庭缺少牲畜和农作物一样。

738

这些研究结果告诉我们，其他文化中的父母遵从的是不同的习俗复合体，而且与欧裔美国人的心性也存在差异，这点体现在他们可观察的实践活动中。但是这些研究并没有同时告诉我们，他们所遵从的是什么样的习俗复合体，以及他们实际上在实践活动中采用了什么目标、价值观和世界观。为了弄清楚父母行为中可观察的差异，我们有必要对父母社会关系的文化模式予以描述，有必要对引导他们的行为并且为他们的活动和儿童的社交生活赋予意义的心性进行描述。下部分章节中我们对此详细予以说明。

按年龄分段的活动

所有社会中的儿童在学校和家里根据年龄参与相应活动，因而他们的社交生活随年龄而改变。学校教育的机构使得按年龄分段的活动形式更彻底。在大多数学校中，5—8 岁及更大些的儿童,他们的日常活动严格地按年龄与大于他们的和小于他们的儿童隔离开来。

由此产生的同伴群体既不具自然性又不具普遍性。在没有学校的社会中,儿童在兄弟姐妹之间或者其他多种年龄混合的青少年群体内彼此建立联系(Konner, 1975)。在这些多年龄群体内,权威感和知识将其参与者很明显地区分开来,学校中形成的同伴团体不具有这个特点。这些群体中,年长儿童和年幼儿童之间的互动能帮助年幼儿童更容易学到一些技能,他们可以观察年长儿童的成熟、熟练的表现,但是年幼儿童的年纪要足够接近才能比较容易模仿年长儿童的行为(Dunn, 1983)。

就年长儿童而言,兄弟姐妹的关系也可以促进他们的人际责任感、合作,以及对他人的脆弱敏感(Schieffelin, 1990; Weisner, 1982, 1987, 1989b; B. B. Whiting & Edwards, 1988)。然而,学校可能带来的是同伴之间的比较和竞争,而且因为妨碍了儿童观察成熟行为,从而使儿童的学习更加困难,也因此更自我意识(Lave, 1990; R. A. LeVine, 1978; Scribner & Cole, 1973)。由于兄弟姐妹、本土的学校和工作等各方面的具体结合,儿童在按年龄分段的社交活动中体现出更大的文化变异性,而具有文化变异性的规则有可能强化也可能弱化这种年龄等级。

关注儿童社交关系的文化心性

父母不会始终想要事无巨细地掌控儿童的人际环境,尤其在儿童 2—3 岁以后。如果他们想要这么做,结果往往也是不成功的。但是,父母很注意儿童与他人比如照料者、伙伴互动的环境,以及具体发生的互动,而且通常能对此产生影响(B. B. Whiting & Edwards, 1988; B. B. Whiting & Whiting, 1975)。因此,父母对这些问题的看法和感觉很重要,而社会传承的信念、价值观和世界观往往塑造了家长的看法和感觉。父母是文化的持有人,他们关于儿童社交关系的模型随着他们对什么是好生活以及如何过好生活的概念的改变而改变。(Harkness & Super, 1996; R. A. LeVine et al., 1994; R. A. LeVine, Miller, & West, 1988)。

养育模型和策略

Geertz 将养育行为理解为一种象征性行动,它通过特定文化的符号明确叙述,反映了本土关于父母身份和儿童的发展是什么或者应该是什么的心性。本土的文化心性为父母和儿童的行为赋予意义,并且推动父母发展其中一些特定行为,而抑制另外一些行为。关于育儿的文化心性有三个组成部分:(1) 道德指向;(2) 实用的设计;(3) 常规的互动程式(R. A. LeVine et al., 1994)。

道德指向

儿童照料的文化心性是目标驱动的,它们通过美德的文化概念表达,而美德是儿童行为发展的方向。本地词汇(比如,欧裔美国中产阶级的独立性、自主性、自恃等)和与之相连的意象所表征的品德发展目标为父母可观察的儿童照料行为提供了原理依据。

但是,有关道德规范和发展的比较研究显示,文化对人类可识别的美德或道德目标的组织方式并不一定特别重视"自主性规范"(Haidt et al., 1993;Jensen, 1996, 2005;Shweder, 1990b;Shweder et al., 1990, 1997),在有些社会中,"集体规范"或者"神明规范"导致了对另外一些美德和发展目标的重视,比如责任感、尊重、阶层相倚、圣洁等。

739

此外,每一种规范都强调了与自我相关的某个特定观点。Shweder 及其同事(1997)提出:(a)与自主性规范相联系的自我概念是个体偏好结构,其相关的道德评价是增加个体的选择和个人自由;(b)与集体规范相联系的自我概念相当于公务员,个人的角色和立场与他的身份内在一致;(c)与神明规范相联系的自我概念则是与某些事物的神圣顺序相联系的精神实体,以及高尚纯洁的传承的持有者。任何特定群体中的儿童照料活动,从纪律训练到睡觉的安排到割礼,其意义往往是通过本土文化中的父母所持有的特定道德目标来理解的,这些道德目标用以证明和合理化相应的活动(关于成人仪式和割礼,参考 Kratz, 1994, pp. 341—347)。

实用的设计

育儿的文化心性包含的策略不仅仅能使儿童的行为朝着美德的方向发展,同时也能实现其他的目标(比如,生存、健康和经济回报等),并且还能克服实现这些目标过程中遇到的困难。育儿心性的功利主义方面具有实用的价值,使得父母相信他们所做的是必要的,而且是正确的。

常规的互动程式

育儿心性的道德和实用方面不一定能通过通常的术语明确表述出,但是它们始终体现在引导母亲或其他照料者与年长或年幼儿童进行互动的社会风俗中。例如,从社交互动的这个特性水平而言,肯尼亚的 Gusii 地区回应婴儿哭的程式是立即予以安抚。这个反应有助于让婴儿安静下来,并且培养他们的顺从性(道德指向),以及促进在最初几个月里婴儿的健康和生存(实用性设计的一部分)。由于这个惯例如此深入人心,因此对于 Gusii 的成人来说,让他们的孩子哭超过几秒钟就是对育儿规范不能容忍的违背。

早期人际体验的影响

人际环境和符号中介的体验中所体现的文化变异性对儿童的行为和心理发展有何影响?聚焦文化社群或总体水平的研究与聚焦个体心理差异的研究相比,前者能更清晰地告诉我们早期经验的影响(R. A. LeVine, 1990a)。例如,在中国成长的儿童显然学会的是中文,而土耳其的儿童学会的是土耳其语。研究儿童语言的社会语言研究者确证,年幼儿童在获得第一门语言的同时,也掌握了用以调整群体中人际交往行为的沟通技巧(Ochs & Schieffelin, 1984;Schieffelin & Ochs, 1986a, 1986b)。

符号中介的体验和沟通活动将在下一部分讨论。这里要强调的重点很简单:对于年幼儿童而言,沟通能力的发展反映了他们在特定语言环境中的早期体验,并且是他们早期文化适应的重要组成部分。

到 3 岁时，儿童已经拥有了某些具有文化特异性的能力，他们的人际交往行为中出现了显著的情感取向。在具体的关系中，体现在他们的言行举止和其他面对面互动的习俗中(Schieffelin, 1990)。他们的行为发展在文化上具有独特的特征和方向，区别于其他文化下的行为发展。

关于早期社交体验中文化变异性导致的行为结果，目前相关的研究较少，但是我们还是得到了关于其影响的一些可测量的证据。来自不同文化的儿童样本表现出不同的社交行为，包括母婴依恋(Grossmann & Grossmann, 1981, 1991; Grossmann, Grossmann, Spangler, Suess, & Unzner, 1985)、寻求注意(R. A. LeVine et al., 1994; B. B. Whiting & Whiting, 1975)、依赖性(Caudill & Scooler, 1973)、合作(Thomas, 1978)以及性别取向(B. B. Whiting & Edwards, 1988)。对这些案例，研究者关于其结果中体现的行为差异的解释是，它反映了各种文化环境中儿童的早年经验的影响，但是具体是什么影响目前我们还不能区分(比如，促进，调整，保持/丧失等；Werker, 1989)。 740

Grossmann(1981, 1991; Grossmann et al., 1985)在德国北部的 Bielefeld 所做的母婴依恋研究是关于婴儿研究的例子之一。这是 Mary Ainsworth(Ainsworth, Blehar, Waters, & Wall, 1978)在 Baltimore 所做的研究的德国版，根据录像的"陌生人情境"试验，研究结果发现 12 个月大的婴儿非临床样本中大部分都可被归类为"不安全依恋型"，样本中将近 4/9 属于"A"类或者称为"焦虑—回避型"，这个比例几乎是美国样本的两倍。Grossmann 将这个研究结果与美国标准的分离用德国母亲的习俗复合体进行解释——即她们的心性和实践活动。在德国地区的德国母亲，与美国母亲相比，在与儿童互动时身体距离较远，让孩子单独呆着的时候较多，有时候甚至把孩子推开。在她们看来，研究者眼里"最理想依恋"的美国婴儿都是被过度溺爱的。

根据 Grossmann 的解释，德国母亲的文化具体偏好以更宽广的文化心性、甚至意识形态为基础。它强调的是纯粹的独立性，更甚于欧裔美国人所强调的自主性规范。对于这些母亲，意识形态转化为她们的养育活动，不只是影响了婴儿对社会互动和安慰的惯常期待，而且还影响了在"陌生人情境"中与母亲分离和重聚时的反应。尽管 Grossmann 没有明确指出，但是他对这些研究结果的解释暗示了美国婴儿在"陌生人情境"中的依恋情况反映的只是受欧裔美国人的文化影响的育儿活动，而不是适用于所有人类总体的普遍标准(LeVine & Norman, 2001)。

如果真是这样的话，声称"陌生人情境"中观察到的依恋的典型种类具有普遍性，还为时过早。12 个月大的婴儿在与母亲短暂分离后重聚时的反应可以被解释为儿童早期文化适应的指标，即对人际距离的文化标准的适应，这个文化标准通过婴儿照料过程中的养育活动得以调解。

从德国的研究开始，研究者对 Bowlby-Ainsworth 的依恋模型提出文化上的批评，特别针对它声称已经找到了人类社会关系的起源和早期发展中的最优性、常态和病理判断的生物学基础。随着各种文化中行为发展研究的推进，更详细、包含更多文化因素的实验结果的累积，对发展模型提出文化上的质疑逐渐有了实际意义，而有些模型本身仍对早期社交体验中的文化变异性置之不理。

在这一点上，基于对不同文化进行比较的早期人际经验的心理效应还不能获得强有力的普遍结论。随着对婴儿照料过程和儿童早期沟通交流的观察技术和记录技术及其概念的提高，以及随着比较证据的发展，我们有理由相信，从儿童早期开始，人类行为的发展就因文化不同而有所不同。

经验的符号中介：文化心理学中的语言和交流习俗

文化心理学的一个重要假设是，通过经验的符号中介一个心理转化为多种心性，而且人类具有既支持文化又支持语言使用的概念能力，而语言使用是将文化传统中的符号和行为遗产代代相传的主要手段。正是因为有了语言，人类能够协商他们的不同观点，建构共享的文化现实。在这一部分中，我们将选择性地讨论发展的文化心理学研究中一些实用的言语分析的作用。

在学习语言的过程中，儿童进入了现存的意义系统，并获得了对这些系统予以重建和转换的工具。在一份涉及广泛的文献评论中，Nelson(1996)总结道，"语言及周围的文化占领了人类心理"，在儿童2—6岁这段时间内，深刻地改变了他们的认知特点和沟通特点。语言不仅仅对意义构建至关重要，对同一性也是如此。通过与特定情境的结合，语言开始具有象征意义，并且从属于一定的群体。简单地说，没有语言，就没有文化心理学。

741

这个论述可以追溯到当代文化心理学的先行者，包括为文化心理学打下根基的18世纪的欧洲哲学家(Jahoda, 1992)，Wilhelm Wundt等19世纪"第二次"心理学的支持者(Cahan & White, 1992)，和致力于社会生活中语言研究的人类语言学家Edward Sapir (Mandelbaum, 1951)、Edward Sapir关于文化和人格的研究开启了当代文化心理学家感兴趣的课题。

本章这一部分中，我们首先讨论与文化心理学的研究目的最相容的语言概念，以及从持有该论述的相关研究领域中获得资源来深化我们对文化生活中的语言的理解。然后我们将转向社会化的讨论，这也是文化心理学的一个基本问题，并回顾一些研究，这些研究通过探究日常言论的形式和功能获得对社会化实际过程的深刻理解。最后我们以口头叙事作为日常言论的实际例子，来讨论多样性的问题。为了与文化心理学比较研究的主张保持一致，我们尽量在讨论中涉及文化内和文化间的各种变化。

作为实践活动的语言

语言在文化心理学中的中心地位不仅仅来自于历史传承，还因为语言本身具有的二元性。与其他的研究领域不同，语言兼具研究的工具和研究对象双重身份。一方面，我们普遍使用语言作为研究工具，任何关于人类发展的研究都需要依靠某种方式的口头交流，比如，询问儿童他们道德判断的依据是什么，与家长作关于育儿信念的访谈，将口头行为组织到观察编码图式中去,向参与者解释实验任务等。另一方面,如要探究语言自身的发展性质,语言,包括它的各种子系统(比如,句法、词法等)就成了研究的对象。

通过进一步检视研究者使用语言进行研究的方式,以及承认继续理解语言有关功能的重要性,语言作为研究工具和研究对象之间的区别为文化心理学提供了独特的研究兴趣。但是同时它又带来了限制,因为对于文化心理学来说,还存在着第三类感兴趣的研究课题,很难被语言包含在内。

这些研究聚焦在交谈上,但是他们关注的不是语言自身的发展,而是探究交谈如何组织儿童其他发展领域的经验(Garvey, 1992),比如,社会性发展(如,Dunn, 1993)、自我建构(如,Bruner, 1990a, 1990)和同伴文化(如,Corsaro, 1992, 1997)。这些研究郑重地视交谈为"实质性的、结构性的、将内在发展意义结构化的活动"(Packer, 1987, p. 253)。这个研究角度的一个重要提示是,同一文化内或不同文化间组织特定社会现象的方式可能存在质的差别,而这些差别有一部分是通过交谈造成的。

我们有必要检视最近关于游戏的研究,因为它不仅很好地说明了上述问题,而且代表着发展的文化心理学中情境化最丰富的研究课题。儿童使用言语的和非言语的方式建构他们的非文字游戏,角色扮演,以及与伙伴协商虚构的交易等(比如,Garvey & Kramer, 1989; Sawyer, 1997)。但是,本土习俗和信念系统在很多维度上都存在巨大差异,包括儿童和谁一起玩,他们之间如何交流等(比如,C. D. Clark, 2003; Göncü, 1999; Göncü, Patt, & Kouba, 2002; Haight, Wang, Fung, Williams, & Mintz, 1999; Lancy, 1996; Schwartzman, 1978)。例如,如果儿童与一个看不见的他人长时间地交谈,美国中产阶级的家长很可能假定他在和一个想象中的朋友交谈,而印度的家长则会认为他在和一种真实的精神存在交谈(M. Taylor & Carlson, 2000)。欧裔美国中产阶级的父母通过促进、详述,以及示范来引导儿童学习假装(Haight & Miller, 1993),与之对比的是,Yucatec Mayan 的家长不与孩子一起玩(Gaskins, 1999)。Mayan 儿童的社会假装也只是和其他的孩子一起玩时才出现的。类似地,印度尼西亚和墨西哥的儿童,他们也是通过与年长的兄弟姐妹进行游戏来促进他们的社会化(Farver, 1999)。尽管所有群体中的儿童都参与扮演游戏,但是他们各自按照本地的社交和沟通惯例。因此,游戏具有了不同的形式和重要性,并且对儿童的总体发展也很可能具有不同的贡献。 742

在这些研究中隐含着一个语言概念,即语言往往用于具体情境,脱离上下文语言本身是多义的。(Bauman & Sherzer, 1989; Duranti & Goodwin, 1992; Hanks, 1996)。这个概念与大多数人类发展和跨文化研究中盛行的关于语言的狭义参照概念截然不同。语言与文化心理学的目标一致并不意味着将语言削减为只是表征系统或知识的存储库。事实上,语言超越了它的语法和词汇意义,包括了索引意义的过程,形成了有关言语和非言语的情境及未说出口的背景假设。

Hanks(1996)将言语描述为"参与世界的一种方式……说即是对世界的拥有,而不只是表征,这种拥有可以有多种模式来表达,但是它的命题含义始终如一"(p. 236)。说的过程即是创造社会现实的过程——游戏、取笑、指导、支配和改变自己等等。正如语言在社会生活中无处不在一样，沉默、凝视、姿态、手势、面部表情和其他肢体活动，也都处处透露着信息。从这个角度看，语言构成了活动，但活动不是在句子水平上组织的，而是段落式的、类型化的、多通道的表现。这些较大的沟通事件作为分析单元时，它们本身就嵌入到了更大的社会文化背景和文化活动网络之中，而有些研究以脱离情境的单个的词、句子或文本为分析单元，与之相比，前者使更深入的文化分析成为可能，因为他认识到文化原理不仅仅表现在交谈的内容中，还体现在这些言论的内在组织方式，以及它与更大的事件的关系和交谈的顺序中。

当今众多的研究趋势中，关注符号中介活动(Cole, 1996; Wertsch, 1985)、语言人类学、尤其是人种学中关于沟通的领域(如，Bauman & Sherzer, 1989; Hymes, 1974)和语言社会化(将在稍后更充分讨论)等方面的社会历史理论渗透进了语言以活动为中心的观点。这些领域得到了跨文化比较的重点关注，因此与文化心理的比较研究尤其密切相关。每种文化中的日常交谈都是普遍的、有序的、由文化组织的社会生活，基于这个假设，他们力求理解在引导和组织社会生活中语言使用的多样性。

这些领域为文化心理学提供了丰富的概念、方法论和实证资源。文化心理学应该更充分地开发利用。包括用参与者在互动中系统地展开的公共线索，采用相关的程序为沟通活动的解释提供根基，以及对我们自己的社会科学方法的批评，因为我们的研究对象并不一定持有与我们自己的沟通活动一致的意义。比如，C. Briggs(1986)将面试作为社会和文化活动进行分析仍是适时的，它证明了将面试的研究纳入到本土的元交流实践中去的绝对重要性(参考 P. J. Miller et al., 2003；关于本研究取向的应用)。

从这些领域中我们得到的另一个重要认识涉及到情境问题。与发展研究中经常假定的概念相比，对自然发生的无层次活动的关注带来的是关于情境和活动更动态的概念。情境并不等同于社会和物理环境的静态、现成的存在，而是与参与者不断协调的成果。情境化这个术语标志着从静态到动态的转化，它聚焦的是一个解释过程，即参与者用它来决定哪些正在发生的方面是相关的(比如，Bauman & Briggs, 1990; Duranti & Goodwin, 1992)。这个概念上的创新为个体和情境提供了一个相当于连锁系统的整体概念，在这个系统里，语言活动随着个体的发展而相应改变(参考 Goodnow et al., 1995，对此有更详细的讨论)。

通过语言实现社会化

关于语言社会化越来越多的著述值得我们予以进一步关注，因为这个领域对文化心理学来说不可缺少。文化心理学认识到儿童的发展与社会化过程密不可分——即个体在特定意义系统中为自己定位的过程——并且设法达成对这个过程的本质的理解。文化心理学由于其跨学科的性质，以及对意义的重视和主张充分研究社会化，因此在这一领域具有独特的地位。因为社会化将人类行为分割开来加以研究，因此在任何学科中都处于边缘地位。结果是，我们很难界定一种既不忽视文化也不忽视儿童的整合的社会化概念。

743

语言社会化这个领域为我们提供了一个重要模式来推进这项工作。Edward Sapir 曾说过:“语言是社会化的巨大推动力,而且很可能是现存最大的推动力。”(Mandelbaum, 1951, p. 15)语言社会化领域认为儿童不仅仅通过语言实现社会化,同时也通过社会化而学会使用语言(Ochs & Schieffelin, 1984)。Vygotsky的观点提供了另外一个标准,即社会文化意义是通过使用语言创造的,其特定目的是为了达成社会定义的活动(Vygotsky, 1934/1987; Wertsch, 1985)。如果语言不只反映了意义,而且还构造了意义,那么完备的社会化理论应该原则地将交谈体现其中。

这个理论具有三个优点。第一,通过分析日常言论的形式和功能,可以实现对社会化实际过程的理解。第二,通过关注儿童与照料者在言谈活动中相互的、协商式的互动,我们认为儿童具有主动性的主体性(Brandtstädter,本《手册》本卷第10章;Rogoff, 1990),这与当代发展心理学的基本论调一致。第三,语言活动对社会地位和意识形态具有系统的索引作用,这个事实有助于解释各种情感态度,比如渴望被接受、抗拒和顽皮等,这些都是儿童在努力为文化资源赋予意义的过程中所体会到的(Watson-Gegeo & Gegeo, 1999)。社会化环境的非中立性质以及意识形态在其中的作用,与情境中的儿童必然的评价反应,这两个方面都已予以考虑(Goodnow, 1990a)。

从20世纪70年代开始,在Ochs和Schieffelin(1984)开拓性工作的带领下,研究者开始将这些观念转化为特定的实证研究,设计相应程序对之进行宏观和微观水平的分析。为了揭示群体如何建构儿童的意义获得,他们将民族志的现场研究与精确记录相结合,分析群体成员与儿童在日常生活中所展开的互动。尽管我们认为语言社会化的过程是终生的,但研究者大多集中在这项过程的最初几年里。与人类发展的很多领域相反,这个领域里一些保存最好的案例都属于非西方文化(如,Ochs, 1988; Schieffelin, 1990; Watson-Gegeo & Gegeo, 1990, 1999)或者美国社会的工人阶层和少数民族群体(如,Health, 1983; P. J. Miller, 1982)。

关于语言社会化的研究已经形成了很多评论(如,P. J. Miller & Hoogstra, 1992; Schieffelin & Ochs, 1986a)和文集(如,Bayley & Schecter, 2003; Corsaro & Miller, 1992; Schieffelin & Ochs, 1986b)的主题。这一系列工作为我们展现了一个重要结论,那就是,关于育儿和语言学习的文化组织种类繁多,为许多欧裔美国中产阶级所熟悉的模式,比如父母与儿童持久地交谈以及相互协商以获得意义等,只是众多变化中的一种。如前所提,各个群体关于育儿的物理环境和社会生态都存在差别,具体表现在语言观、关于儿童及其发展的性质的民众理论、促进儿童言语成熟发展的实践活动、以及用以组织互动的原则中。

例如,新几内亚岛Papua的Kaluli母亲认为儿童还不具有理解能力,因此她们不会与儿童交谈(Schieffelin, 1990)。取而代之的是,她们将婴儿的脸朝向外面,这样婴儿就成了社会流的一部分。当年长的兄弟姐妹来向婴儿问好时,母亲代替婴儿用稍年长的哥哥姐姐能理解的语言回答。母亲对婴儿的发音不作解释或修正,这个行为反映了他们谈论他人的思想和感受时不具偏向性。在Health所描述的非洲裔美国工人阶层中,一群人一起交谈很常见,因此儿童通常不会一个人呆着。成人往往在儿童旁边聊天而不是直接与儿童交谈,对语言的新学员而言,这是最主要的言语资源。在墨西哥南部的Mayan群落,双方互动的和上述的"窃听"模式在儿童的语言学习中都存在,而且非言语的互动对组织儿童的参与有更重要的作用(de León, 2000)。

除了上述差异之外,还存在另外一些重要的相似点。例如,很多群体中儿童的语言社会化过程就是掌握各种戏语或反语的精细形式的过程(如,Briggs, 1998;Corsaro, Molinari, & Rosier, 2002;de León, 2000;Eisenberg, 1986)。但是更常见的是,用外在的指导帮助儿童掌握受尊重的行为方式、感受方式和说话方式(P. J. Miller & Hoogstra, 1992)。这是其中一个我们可以借以进行下述推论的理由(在开始关于习俗复合体的讨论中已涉及),即儿童的前进性发展过程有时是从反映性到非反映性、从外显到隐性的过程。例如,Watson-Gegeo 和 Gegeo(1990)发现 Kwara'ae(Solomon 岛)的家长用一种极具象征性且情感强烈的言论,称之为"塑造心灵",来传承传统知识并鼓励儿童练习推理和辩论。

744

关于语言社会化的研究还揭示了许多最有力的社会化信息,它们都是内隐的、无意识的。它们通过关于时间和空间的隐性的常规组织及其相关的日常事务和社会角色的分配,以及指示意义的语言的形式和功能的对比分类进行传达。它暗示了仅仅依赖通过询问照料者关于他们的社会化目标这种方式很可能会遗失掉一些最深层、最微妙的维度,那些普遍存在的根本的文化序列对于参与者来说再自然不过,所以仅仅依赖询问这种方式往往不能反映这些方面。例如,西 Samoan 儿童不仅仅通过参与地位高的照料者指导地位低的照料者照顾他们过程的互动,还通过观察不同等级的照料者在家庭空间中的不同分布状态,开始接触和学习盛行于他们社会的阶层化现象(Ochs, 1988)。

沟通能力的发展有多种途径,语言社会化的研究也说明了这点,它证明儿童慢慢展现出多种存在于世界的方式。与文化心理学尤其相关的是关于情感社会化的研究。早期(如,P. J. Miller & Sperry, 1987;Schieffelin & Ochs, 1986a, 1986b)和现在的研究都表明儿童很小时就具有通过惯常的沟通方式表达情感的能力,并且配置了大量的沟通资源,而不仅仅是情绪状态术语(如,Clancy, 1999)。一些研究关注的是儿童情感社会化过程中其照料者的风格(如,Cervantes, 2002)。另一些研究说明了儿童如何通过对言谈中反复出现的模式的习惯化,从而形成文化中突出的情感体验,比如台湾儿童的羞耻感(Fung, 1999),Inuit 儿童的人际危机感(J. Briggs, 1998)等。

对发展文化心理学而言,这些证据都是可取的,但是仍然不足以描绘文化的独特性。第一个阶段的语言社会化研究的一个无心之作是,它试图提炼跨文化的差异,而将文化内部和跨时间维度的变化最小化(Ochs, 1999)。幸运的是,近来语言社会化的研究趋势开始关注双语或多语群体或其他语言和文化相互交融的情境(Bayley & Schecter, 2003; Garrett & Baquedano-López, 2002)。Kulick(1992)在新几内亚的 Papua 的 Gapun 所做的关于语言转换和语言社会化的研究即是这个视角的标志。Gapun 这个群体规模不大,成年人既能说传统方言,也能说其他的语言。但是在现代化浪潮的影响下,Gapun 人开始确立本地的 Creole 语。Kulick 发现那里的成人与儿童互动时,下意识地阻止他们学会使用传统方言,导致了传统方言的迅速衰落。这个研究不仅将两个改变轨迹(历史性改变和儿童社会化)联系在一起,而且还表明了将性别、情感和语言相联系的语言观对传统方言而言是个很大的威胁。

当研究者将他们的注意力转移到异质情境中的语言社会化问题后，比如民族国家中语言政策改变、跨国移民、殖民地时期之后的社会环境，以及使用不同语言的机构(如，Fader, 2001; González, 2001; He, 2001; Sandel, 2003)，他们开始质疑一些重要观点。Garrett 和 Baquedano-López(2002)指出这些研究揭示了语言群体之间的界线是模糊、可渗透、可转移的，群体不再"用地理位置，使用的语言以及范围较广的假定的社会类别，比如种族进行定义，而是用相互之间的社交和互动来定义"(p. 347)。这些研究强调我们需要更深入地了解儿童如何操作多种语言、意义系统、类型，并将它们交织在一起。这个过程也得到了叙事研究的相关关注。

叙事：了解故事

叙事是人类所拥有的最有力的解释工具之一，在各种文化中普遍存在，人类用以及时地组织他们的体验以及解释、评价人类行动。关于叙事的文献很多，与文化心理学相关的课题也很丰富，包括叙事和记忆之间的关系(如，Neisser & Fivush, 1994)、叙事在建构自我和同一性中的作用(如，Bruner, 1990a, 1990b; Gergen, 1991; Holland, Lachicotte, Skinner, & Cain, 1998; Wortham, 2001)、叙事在心理治疗和精神分析中作为一种治疗技术(如，Polkinghorne, 1988; Spence, 1982)以及家庭生活中的叙事(Pratt & Fiese, 2004)。儿童的叙事引起了学者浓厚的兴趣，因为它促发了儿童的言语发展(Berman & Slobin, 1994)、同伴文化(Corsaro, 1997; Goodwin, 1990)、读写能力(如，Michaels, 1991; Wolf & Heath, 1992)和班级生活(Dyson & Genishi, 1994; Nicolopoulou, 1997)。关于叙事的相关研究非常丰富、庞杂，这里我们集中讨论一个问题：口头叙事在早期社会化中的作用。在此基础上继续讨论之前章节的主题，即社会化，通过对各种无层次的实践活动的研究，我们可以在更深的层次上探索文化多样性。

745

口头叙事的种类

Keith Basso(1996)在他的关于西部 Apache 口头叙事的经典论文中，以一个解释性谜题作为开篇。西部 Apache 中的长者如果作以下陈述，他的含义是什么？

> 我们的孩子正在失去土地，土地对于他们不再起任何作用了。他们不了解在这些地方上发生的故事。这就是为什么有人陷入困境的原因。(p. 38)
>
> ……我回忆起关于那座山以前是怎么样的故事，那些讲给我听的故事就像一支箭。就算在其他地方，只要我一听到这座山的名字，我就像又看到了它一样，名字就像是图片。这些故事就像箭一样对你起作用。故事能让你正确地生活，故事能让你取代自己。(p. 38)

Basso(1996)尝试理解这些陈述的重要含义，关于群体对口头叙事如何在他们的生活中起作用的共享理解，他找到了一个最具解释力的说明。通过和一名他认识多年的调查对象合作,Basso 发现西部 Apache 通过说故事利用了两个符号资源——土地和叙事来维持道德秩序。

西部 Apache 利用有关群体早年历史的故事在个体与自然景观的特征之间建立持久的联系。正是因为这种联结,当个体有不恰当的行为时,他们可以反观自身,并且纠正他们的不恰当行为。有时候,群体中的成员发现用故事来对付冒犯者很有用,如果故事能打动对方,那么这个故事以及与故事相联系的地点就会潜入冒犯者体内使之产生有利的改变。

Basso 的研究阐明了作为社会化媒介之一的口头叙事研究中的三个多元性问题。第一,最明显的,不同社会文化社群之间存在着叙事多元性。Basso 描述了一个独特的文化案例,因为他的描述非常详细,我们能够将它与别的文化案例形成对照,进行精确的比较。第二,尽管这个研究集中于一种口头叙事,即历史传说,但是所有的本地叙事类别都可以加入研究,包括神话、传奇、谣言等,一种文化中口头叙事种类的多元性由此得以体现。第三,叙事类型的理解和所有权是社会配置的,这就带来了另一种文化内的差异来源。

儿童很早就开始说故事

有一个问题 Basso 还没说明,即西部 Apache 的叙事活动如何与儿童交汇,比如,对于那些流浪儿童他们什么时候能听到这些历史故事?近来的发展研究开始对年幼儿童的叙事产生浓厚兴趣。越来越多的证据表明来自美国或美国以外很多其他文化背景的儿童在第二或第三年就开始在交谈中讲故事(如,Eisenberg, 1985;Engel, 1995;McCabe & Peterson, 1991;Meng, 1992;Ochs & Capps, 2001)。儿童还很小时就开始进入家庭和群体的叙事活动,从中获得重要的文化资源来构建他们自己的社会化(Bruner, 1990a, 1990b)。即使是与言语隔绝的耳聋儿童,哪怕他们的父母没让他们接触平常的符号系统,他们也能发展出用手势说故事的能力(van Deusen-Phillips, Goldin-Meadow, & Miller, 2001)。这些故事都带着文化特异性的意义,意味着对话式的叙事是最有力的社会化媒介。

个人故事不仅在个体生命早期就出现,而且在各个群体的日常生活中经常出现,在工人阶层的群体中尤其常见。例如,台湾地区和欧裔美国的中产阶级家庭中,两岁半儿童的个人故事平均出现率是每小时 3 到 4 次(P. J. Miller, Wiley, Fung, & Liang, 1997;Wiley, Rose, Burger, & Miller, 1998)。阿拉巴马 Black Belt 的非洲裔美国工人阶层家庭中,在 2 岁儿童自然发生的交谈中,叙事占其中的 1/4。在芝加哥的欧裔美国工人阶层家庭中,3 岁儿童参与共同叙事的概率相当高,大约每小时 6 次(Burger & Miller, 1999)。当个人叙事大量地出现时,这些故事开始悄悄地、密集地交织进年幼儿童的社会经验结构中。

746

此外,不管这些平凡的小故事发生在哪里,它们都渗透着价值观,充满了特定文化模式的信息。同一文化内或不同文化间的故事在很多参数上存在区别,故事类型就是通过这些参数定义并实践的(P. J. Miller & Moore, 1989)。例如,Heath(1983)在关于 Piedmont Carolinas 两个相邻的工人阶层群体的人种学经典研究中,她发现居住在 Roadville 的欧裔美国居民讲述个人经历时恪守字面上的真实性。而位于 Trackton 的非洲裔美国人群体与之相反,他们相当偏好虚构的修饰。Roadville 和 Trackton 两个群体所制定的规范也截然相反,前者反对自我夸大,而后者崇尚自我夸大。Trackton 的儿童不仅将自我塑造为醒目、成功的领导者，他们还能熟练地形成成人的言语、掌握发言权以及使所表达的言语充满艺术性，并由此获得成人的嘉许，通过这些方式他们主张自己说故事的权利。

Sperry 和 Sperry(1995, 1996)研究了阿拉巴马农村的非洲裔美国人群体，结果发现 2 岁儿童关于过去经历的叙述中，虚幻的故事多于真实的故事。"照料者和儿童都喜欢讲一些诸如在一个雾蒙蒙的晚上，狼人或幽灵鹿等怪物('Nicoudini'、'Boogabear'、'Werewolf'、and spectral deer)潜入他们家中，他们如何逃脱之类的故事。在家中很容易而且经常地听到这些故事，儿童们围在一起，被这些虚构的恐怖吓得发抖，然后学着自己创造这样的故事"(p. 462; Sperry & Sperry, 1996)。男孩讲虚幻的故事获得的支持比女孩多，这个发现有助于解释为什么这个群体中的男性都擅长吹牛。

P. J. Miller、Fung 以及他们的同事比较了台北市的中产阶级家庭和芝加哥的欧裔美国中产阶级家庭，发现叙事者都会采用人际词汇来说明年幼儿童的过去经历，将儿童置于与他们的关系之中(P. J. Miller et al., 1997; P. J. Miller, Fung, & Mintz, 1996)。同时，个人所讲的故事也存在很大的差别：与欧裔美国家庭相比，台湾家庭更倾向于将儿童故事的主角设定为违规者。这与本土的信念相一致，即家长应该抓住一切机会纠正儿童。被关注的儿童一旦犯错误，相应的故事马上就产生了。台湾家庭反复引用道德和社会规则构造他们的故事，将儿童犯的错作为故事的重点，最后以说教结尾。相反，欧裔美国家庭中出现的是自我袒护(self-favorability)的偏差，抹去或忽视儿童所犯的错。这些差异也反映了两地的父母对说故事(P. J. Miller, Sandel, Liang, & Fung, 2001)和假装游戏(Haight et al., 1999)所持的信念不同。

Wang、Leightman 和他们的同事比较了中国儿童和欧裔美国儿童所讲的故事，得出了相似的结论。来自北京的中国母亲们在和她们 3 岁大的孩子一起讲故事时更关注道德规则和行为准则(Han, Leichtman, & Wang, 1998; Wang, Leichtman, & Davies, 2000)，6 岁儿童所讲的故事中也同样表现出对道德正确性的关注(Wang & Leichtman, 2000)。

个人故事为欧裔美国儿童提供的是丰富的价值观，对于台北和北京的儿童而言，他们习得的个人故事版本更倾向于说教，并且反映、强化了将道德教育放在首位的更大的意义系统。Fung、Miller 和 Lin(2004)将这个说教的倾向和孔子的有关教诲、倾听和自我促进(self-improvement)的言论联系在一起。本土和国际双重影响下的复杂局势中这些言论仍然发挥着作用，为当代台湾的育儿和教育打开了新局面。Li(2002)发现中国的大学生将学习看作是道德过程，他们被灌输给特定的目的，通过勤奋、坚持、谦卑等美德实现，贯彻始终的是一个更大的工程，即自我完善。而美国大学生将学习看作是中立的、知识获得的心理过程。北京儿童和他们的母亲所讲述的故事中都包含着相似的道德角色。

总而言之，有关儿童早期在家庭和群体中说故事的研究表明叙事类型在一开始就具有文化差异。一旦儿童开始练习讲述个人故事，就带有本土色彩，吸收本土的价值观、情感态度和道德取向。当儿童常规地参与个人叙事，他们开始塑造个人经验的不同版本。个人叙事强调个体很早就开始创造着个人和文化，同时儿童的早期发展也牵涉到个人叙事。当叙事者和倾听者就此时此地的社会偶然性进行创造和反映时，与文化意义的大趋势相联系的

747

特定评价和解释框架在口头故事中一而再、再而三地起着作用。每个共同创造的故事，每个讲给儿童听或者儿童在一旁听到的故事为儿童提供了另一个机会学习哪些经验可以报告，以及这些经验是如何被评价的。由此，解释框架不止是被简单复制，儿童还用个人相关词汇将它反复实例化。回到有关欧裔美国人的比较研究，另一方是中国大陆和台湾地区居民，我们粗略地了解了文化如何在一开始就对自我发展有不同影响。简单地说，明显自我偏袒的叙事中体现的是积极的自我关注，而关于犯错或道德标准外在调用的叙事中体现的是自我促进的倾向(参考下一部分："自我的发展")。

尽管从比较研究中我们能看到各地相异的实践活动和理解，从而能帮助我们认识各种互不相同的发展途径，我们必须再次强调不能将这些差异一分为二，从而抹去不同群体间的相似性和同一群体内的变异，这点很重要。这方面的研究成果逐渐增多，例如，在个人叙事中体现的和性别有关的意义尤其丰富(Nicolopoulou, 1997; Ochs & Taylor, 1995)。而且，在儿童早期就能观察到显著的性别差异。Fivush和她的同事发现欧裔美国中产阶级儿童从学龄前开始就在口头叙事的很多方面体现出性别差异。例如，当要求母亲讲述她们的孩子在过去经历中体验到的一些具体情绪时，在关于女儿的故事中，母亲更多地提到和伤心有关的情绪(Fivush, 1993)。如果参与者是父亲，得到的结论是相似的。甚至只是要求父母讲述他们的孩子刚刚发生的经历(没有说明需要体现某种具体情绪)，研究发现，关于3岁的女儿，母亲和父亲讲述了更多与情绪相关的事件，尤其是伤心的情绪(Kuebli & Fivush, 1992)。Fivush和Buckner(2000)根据上述及其他的一些研究，得出这样的结论：到学龄前为止，女孩比男孩更容易谈及伤心的事，而且她们和父母或朋友都会谈论这些事件，这可能可以归因于女孩对抑郁的耐受性较低。

可变性和异质性

儿童的早期叙事在同一文化内或不同文化间都存在差异，叙事研究的实践模式可以揭示这种可变性更多的来源和维度。Ochs和Capps(2001)发展了一套多维度程序(dimensional approach)来研究个人经验的对话式故事，他们提出个人叙事往往在整合的愿望和保持真实性的愿望之间摇摆，而这项研究倾向于前者。"缺省"的故事需要一个主动的叙事者，并且为值得说的事件设计一套线性的发展顺序和保证其连贯性的解释。这些故事设定在恒定的道德立场中，而且很容易与周围的言论脱离。研究者应该要认识到这种缺省的故事不是成人唯一的叙事模式，也不是其发展的重点。Ochs和Capps提出发展沿着两条线推进。一是儿童逐渐学会报告违反规范的事件，以及产生有时间顺序并且前后连贯的叙事。二是他们同时学会用非线性的方式讲故事，以对一些事件作思考，并权衡各种选择。

Ochs和Capps(2001)对说故事中很多被忽视或研究不够的方面投入了大量的精力，他们的研究结果丰富了文化心理学家对作为社会化媒介的叙事的理解。儿童如何利用叙事来解决问题，表达、协商或者对于不同观点协商失败，如何在道德两难情境中作抉择，以及设想将来？儿童的故事如何嵌入到周围的言论和活动中去？儿童能得到哪些参与者角色？

大多数针对学前儿童叙事的发展研究，都集中在儿童作为一个共同叙事者如何与父母或其他家庭成员合作产生故事。而关于儿童作为倾听者、接收者、无意听到的人或偷听者的研究较少。为了阐明这些其他参与者角色的重要性，我们来看两个例子。Baltimore 南部的工人阶层群体中，成人和年长的儿童相互讲述大量关于个人经历的故事(P. J. Miller, 1994)。年幼儿童则以旁观者的身份在场，可以听也可以不听。许多故事都是以 Ochs 和 Capps(2001)所强调的连续统一体的缺省结尾结束的，带有高度的表演性，用吸引人的方式解释说明，从欢闹(比如，Sharon 阿姨在浴缸里的时候，整个浴缸穿透地板掉下来)到悲伤(比如，在学校或街上遭遇暴力)。这样的活动不仅将叙事塑造得很精彩，还为好奇的年幼儿童不断更新重要他人的生活信息，包括母亲在学校、职场的经历，以及男性和女性的关系。

748

从这个研究中表明，可能有多么丰富多彩的社会化媒介的故事环绕着儿童，C. E. Taylor (1995)非常透彻地分析了儿童对他们周围的故事的敏锐性。在一个中产阶级家庭的个案研究中，当爸爸妈妈在晚餐桌上发生叙事冲突时，5 岁的妹妹和 8 岁的哥哥马上安静下来。最后，妹妹抗议父母吵架，他们在交谈继续展开过程中忽略了冲突点并将之合理化了。由此可见，儿童不仅很认真地监控成人的言论，而且在两个重要方面还是很有力的提醒者：家庭内的叙事有时候是不友好的，甚至带有威胁性，可能会激化问题而不是解决问题；参与者扮演的关系和故事内容都可以帮助儿童社会化，而且两者对儿童的影响程度相当，在上述例子中，参与者扮演的关系指的是父母的冲突。

与本章这一部分所提及的其他几位学者一样，C. E. Taylor(1995)的分析借用了苏联文学家和语言哲学家 Mikhail Bakhtin 的观点。Mikhail Bakhtin 认为语言是由文化塑造的，而且适用于特定的社会，这个观点与之前我们描述的语言概念一致(Bakhtin, 1981; Wertsch, 1991)。Bakhtin(1986)强调语言根据其特定的言语环境被组织成各种类型。他认为语言不可能摆脱类型的限制，但是使用者可以通过对现存的类型创造性地挪用、结合、重新强调等形成个性化的表达方式。当研究者采用 Bakhtin 的结构来分析儿童的言论时，我们能很清晰地发现意义建构(sense-making)的叙事中包括多种的甚至冲突的见解和观念的并置或交织，任何一个群体都具有这种异质性(如，Cazden, 1993; Dyson, 1993; Hicks, 1994; Tobin, 2000; Wertsch, 1991; Wortham, 2001)。

这个研究角度不仅强调研究儿童叙事库的重要性(如，Preece, 1987; Sperry & Sperry, 1995)，还注意到了一个故事与其他故事、类型、活动互相嵌套、融合或相伴随的方式。例如，民族志的研究表明对于各种年龄的非洲裔美国工人阶层的儿童而言，对抗的谈话(oppositional talk)是建构同一性、形成友谊以及维持同伴文化的重要手段，叙事经常并入对抗的谈话以引起争论或者观点冲突(如，Goodwin, 1990; Shuman, 1986)。在 Corsaro 及其同事的研究中，学前儿童已经熟练掌握了这种交谈方式，并且和她要好的同伴进行假装游戏时同时使用了对抗交谈和叙事两种因素。Fung 和 Chen(2001)关于台湾家庭中愧疚感的社会化研究显示，自然发生的羞愧感事件包括多个片断，并且贯穿多个时空。成人带领年幼的儿童对现在和过去所犯的错误进行重新体验和反思，目的是让自我得到更好的发展。这两个研究表明故事不一定包装整齐并且清晰明了地反映儿童的日常生活，而是与其他的构造相异的故事类型交叠或嵌套，从而不断地为年幼的参与者提供特定的意义线索。

叙事活动的动态性

叙事被认为是情境化的，而不是脱离情境的文本，因此，说故事很显然是一个动态的过程，从特定的环境中产生，由感兴趣的叙事者予以雕琢，以不同的组合重复出现，并给儿童提供了丰富的参与者角色。儿童反复地参与叙事活动，并且具有了系统可变性和横切的冗余度等特征。如我们之前所讨论的，这是个体和文化相互共同创造的手段之一。但是，叙事也是个体用以带来改变和转化同一性的手段之一(Holland et al. , 1998；Wortham, 2001)。

当叙事者反复讲述同一个故事时，叙事活动的动态性尤其显著。个体终生的社会化中这些故事都具有重要的作用。自己或他人生活中的故事可能数十年地萦绕着一些成人，这些故事可能起着阻碍作用，也可能起着支持作用(如，Coles, 1989；Fung, 2003；Gone, 1999；Hudley, Haight, & Miller, 2003；Steedman, 1986)。当个体反复地跟自己和他人讲述同一个故事时，其含义往往随之层层叠加，个体很可能不断强化他所偏好的解释或者建构新的解释。对个人经历的反复讲述和重新解释在心理治疗、匿名戒毒会、宗教皈依中十分常见(Holland et al. , 1998；Stromberg, 1993)。2 岁左右的儿童就已经对某些故事形成强烈的依恋，他们会在几个星期、几个月甚至几年里不断复述这个故事(如，Alexander, Miller, & Hengst, 2001；P. J. Miller, Hoogstra, Mintz, Fung, & Williams, 1993；Nelson, 1989；Wolf & Heath, 1992)。这些研究中的欧裔美国中产阶级儿童将他们的特殊故事看作是讨论和假装的资源，并将它们用于思考问题、管理情绪和其他父母支持的活动中。这些研究显示年幼儿童开始通过叙事理解世界时，他们就具有了对平常叙事流区别对待的能力，他们可以抓住某些故事予以积极的关注和参与。

很少有研究描绘儿童生活中的故事的自然发生史。这对文化心理学来说不是个好消息，因为复述和修正故事的过程触及社会化过程的核心。从精神分析到西部 Apache 的历史叙事模式各种理论都认为复述和修正故事的过程具有改造的作用。文化心理学尤其需要更多地了解故事在儿童的长期生活中的作用。

西部 Apache 的例子再次令人注目。Basso(1996)讲述了这样的一件小事，一位少女带着卷发夹到了一个仪式现场，这个做法有违本土群体的相关规范。几个星期之后，她出席了祖母家的一个派对，祖母给他们讲了一个故事，是关于一位 Apache 警察因为表现得太像白种人而得到很悲惨的下场。故事讲完后，少女就离开了派对。当 Basso 问祖母她的孙女为什么突然离开派对时，祖母的解释是，她向她的孙女射了一支“箭”。两年之后，已经成为少妇的少女告诉 Basso，她听完祖母的故事后就把卷发夹扔了。当提到那位 Apache 警察以前居住的地方，她说：“我知道那个地方，它每天都笼罩着我。”(Basso, 1996, p. 57)。

自我的发展

如前所述，文化心理学的心理学方面研究的是特定文化社群中的“主体我”(主体、机体或自我)的所知、所思、所感、所需及其评价，包括对作为拥有主观体验的心理存在的自我和参与特定文化社群机体的所知、所思、所感、所需及评价。我们认为，文化和心理相互建构进而对个体行为产生影响的一个重要途径，就是通过成为社交世界的主体或主体性，即我们通常称之为的自我功能(self-functioning)。

事实上，自我可以被概念化为文化—心理互动的重要场所和具有文化特异性的存在(参考 Baltes, Lindenberger, & Staudinger，本《手册》本卷第 11 章)。在这里，个体从生物实体变成有意义的实体——人，即社会世界的参与者(P. J. Miller, 1994; Rogoff, Radziszewska, & Masiello, 1995; Weigert, Teitge, & Teitge, 1990)。作为主体性的、有目的能量连续实体，自我感的发展来自于高度个人化的特殊体验：欧裔美国人的自我定义为个体化的，区别于他人的自我。但是，尽管研究强调自我的体验、结构和过程主要是个人的创造，他们同时也是文化和历史的建构(Markus & Kitayama, 2003; J. G. Miller, 2003; Oyserman & Markus, 1993)。

在开始讨论关于自我的文化心理学之前，我们必须先确认这个领域中的几个问题和引起争论的焦点。哲学中的几个潮流、社会科学和全球事务集中到自我和同一性问题上，形成了当前研究的热点课题。最显而易见的是，正如所有报纸的大标题所呈现的，东欧、中东、非洲和亚洲等地区开始强烈关注民族主义，并且重视维持和主张种族与文化认同。在种族认同和冲突日益加剧的世界局势下，我们不可能忽视文化活动和心性对个人和社会认同所具有的作用，以及自我管理和自我关注在所有社会生活方面所起的作用，尤其在社会冲突中(如，Crocker, Major, & Steele, 1998; Kakar, 1996)。

关于个人同一性的特征及其在心理功能中因果作用的一些无休止的争论再次浮出水面，不过这点可能比较不明显。几个迥然不同的思潮，包括批判的后现代主义、人工智能中联结—平行式分布的加工模型以及佛教的哲学心性(Elster, 1987; Gergen, 1991; Sass, 1992; Varela, Thompson, & Rosch, 1993)认为自我是虚幻的，属于副现象，在心理功能中不具有因果作用，还有些人认为自我是"多重的"，是"千变万化"的(Lifton, 1993)。 750

佛教认为自我是虚幻的，而印度人相信自我是纯粹存在的真实成分，在这里对这些观点谁对谁错不予讨论。我们将简单说明，人类社会和道德生活的存在似乎与一种物种的进化密切相关，这种物种的核心心理成分由具有积极因果关系的、但有时是一元的自我来定义(借用哲学家 Daniel Dennett 的话说就是"每位消费者都是一个自我"；Flanagan, 1992)：自我是自由的、充满意志的、自我管理的、道德上负责的、有意识的；自我是行动的发起者，叙事文本的作者，权利的持有者；当有关理性、责任、常态和病态的问题产生时，自我是社会审查和评价的主体。

撇开"副现象主义"(自我是虚构的)，在自我概念的"机械论"和"活力论"之间选择似乎也无意义(参考 Kapstein, 1989)。当代关于个人同一性的机械论取向认为我们的自我感(比如，随着时间推移的连续性)不过是对离散的心理状态(知觉、愉快、痛苦等)的记忆的延续。活力论取向认为我们的自我感是在人类大脑中预设的。至于个人同一性的建构和维持中所涉及的社会、人际和文化过程，这两个观点都没有留下足够的研究空间。

如果上述主张没有把自我完全简化为记忆或者大脑加工，这些研究取向的一些变式还是有可能与文化心理学兼容。文化心理学关于个人同一性的路径探究的是，我们的自我感如何通过本土文化社群的成员以及相应活动符号中介的经验而发展。这一路径考察标签和原型、对话和叙事的效应，以及社会实践和道德代理人于诸如自重、自信和自我定义等自我功能之上的效应。它关注的是自我如何被他人描述、回应、评价和调整的。尽管文化心理学家承认“主体我”不是由群体中占支配地位的意识形态或人际影响力单方面完全决定的，他们的目的是阐明文化中的心性和实践活动（包括关于自我的观念和符号产品，比如群体榜样的传记）如何强有力地构建个体的自我感。

文化心理学的研究角度深化了我们对自我发展的理解，它强调，自我同时作为经验的主体和客体，其表征和存在方式，在既定的社会文化和历史背景中，建立在关于自我的标准理解和常规行为的基础上（Benson, 2001; Murphy-Berman & Berman, 2003; Oyserman & Kemmelmeier, 1995; Oyserman & Markus, 1993）。

从文化心理学的角度看，自我建立在与特定群体中如何成为“主体我”的相关心理和实践活动（习俗复合体）的基础上。回顾这个领域中的一些早期理论（如，Dewey, 1938; Erikson, 1968），我们发现，文化不仅仅包围或覆盖着“全世界”的儿童，而且完善着儿童（Bruner, 1990a, 1990b; Tomasello, 1999）。文化为如何在特定的文化社群和社会情境中“成为”声誉良好的群体成员提供了程式。同时，文化心理学家认识到成人和儿童都在积极构建自己的文化，改变和他人的关系，从而改变与他们最接近的文化环境（参考Brandtstädter，第10章；Rathunde & Csikszentmihalyi，第9章，本《手册》本卷）。

自我的定义和定位：动态、多水平和多方面

自我可以被定义为对行为起调整和中介作用的多方面的动态系统（Banaji & Prentice, 1994; Markus & Wurf, 1986）。Neisser(1988, 1991)明确地将自我建构为多水平的实体，并定位了五种自我知识：(1) 生态的；(2) 私人的；(3) 人际的；(4) 概念的；(5) 他称之为“长期的”（例如，随着时间推移而变化的关于自我的知识）。Neisser认为，抛开对自我的不同定位或信念，自然和社会环境中的人是主动、具体的主体性，因此生态自我和人际自我才得以形成（Neisser & Jopling, 1997）。

751

人们相信，多水平的自我总体而言是个体广泛经验的结果：个体经验为心理提供了蓝图、框架和根基。无论文化呈现什么形式，成为一个人(being a person)的主观方式支撑并限制着个体的感受、评价、承担的责任、知觉、思考以及支撑限制着他/她如何组织、理解其经验并赋予意义。

在过去的十年里，研究者对自我的本质、功能以及发展的兴趣锐增，并出现了很多令人瞩目的理论活动。关于什么是自我，如何确定谁拥有自我，以及自我在何时以什么方式出现、起作用、发展，这些充满挑战性的问题来自几个主题。许多研究者提倡将自我不只是作为知识客体来分析，而且要作为经验的主体。我们需要将研究的注意力放在具体化的自我，自我建构中的主体间性，自我参与的情境、环境和小生境，以及作为社会参与的自我而不是孤立或脱离情境的自我等方面（Cole, 1999; Crook, 2003; Harter, 1996; Higgins &

Parsons, 1983; Stern, 1985; Tomasello, Kruger, & Ratner, 1993)。文化心理学的研究非常重视这些问题的重要性,并提出了很多补充的关注点(如,Greenfield & Cocking, 1994; Valsiner, 1988)。

概念自我

关于自我的定义五花八门,可能来自权威人士对人的理解,也可能来自"我是谁"这个问题的回答,还可能是某种为个体提供连续感的理论或图式系列等。但是这些定义都将自我作为知识客体来关注(Allport, 1937;Eder & Mangelsdorf, 1997;Epstein, 1973;Kihlstrom & Cantor, 1984;Sullivan, 1940)。在历史上,尽管有很多相反的理论陈述,但总体趋势是将自我具体化,将它看作是一个事物,就像数以千计的关于自我概念、自我、自尊的研究中所体现的。

关于自我发展的研究趋向集中在 Neisser 所称的"概念自我"。既定的欧裔美国人群体中,其总体倾向是将心理看作是体验的来源,因此他们将自我等同于心理,并且重视儿童怎么看待自我,以及如何表征自我。这个理论角度的自我成了知识客体,因此很自然就把表征的自我或自我概念看作是个体经验中最重要的方面。

在自我概念发展的研究中,自我的关键指标是可见的自我识别,即用镜子或照片评估自我。Bullock 和 Lütkenhaus(1990)总结了这个范式中的研究,得到的结论是,9—16 个月大的儿童就开始具有自我识别能力,大多数 2 岁的儿童都可以从镜子和照片中辨认自己。有人(如,M. Lewis, Sullivan, Stanger, & Weiss, 1989)认为自我觉知需要以自我识别为前提。另外还有研究探究言语在自我的认知表征中的作用:在 2—3 岁之间,儿童开始使用他们的名字,发出"我"的音,并且将一些物体宣为己有(L. E. LeVine, 1983;van der Meulen, 1986)。

思考自我是自我的要素,这一观点得到很多研究的重视,这些研究明确地将自我的发展和认知能力的进步联系在一起(Leadbeter & Dionne, 1981; Leahy & Shirk, 1985; Montemayor & Eisen, 1977;Rosenberg, 1986)。许多基于皮亚杰认知发展模式的研究表明,当儿童从前运算阶段发展到具体运算阶段,其自我定义的焦点从心理内部具体、客观、可见的特征转移到抽象、私人的方面。广被引用的 Harter(1983)的一篇评论有如下叙述:

> 年幼的儿童聚焦在自我具体的、可观察的方面,比如身体属性和行为,而年长些的儿童逐渐开始采用表征特质的术语来自我描述。青少年则会更进一步地转变为用抽象的、表征心理加工的词汇来定义自我,比如思维、态度和情绪等。(p. 305)

还有一些研究显示了认知发展和自我概念的特征之间的联系,比如层次结构,关于自我对立概念的整合,以及自我概念跨时间、跨情境的稳定性等(参考 Harter, 1990;Rosenberg, 1986)。

事实上,关于欧裔美国人的研究证明存在这样的自我概念,这些自我概念包括关于当下的人的意向和概念，还包括过去和将来的人的意向和概念，即关于已经发生了什么和可能将会发生什么的叙事(Higgins, 1990; Markus & Nurius, 1986; Oosterwegel & Oppenheimer, 1993)。自我概念具有一定的功能性：它对行为起中介作用，并且体现在行为的各个方面，从学业和运动表现到总体的幸福感和生活满意度。消极的自我概念与违规行为、药物使用和抑郁等相关(参考 Bracken 的评论，1996)。

文化自我

文化心理学的取向强调，我们需要更广泛地分析经验和更深刻地理解自我，并且还要批判地检验隐含在很多关于自我发展的研究中的文化预设。如前所述，有关发展研究的文化心理学取向质疑多数用抽象标准来定义前进性发展的尝试，比如，从行为到特质，或从情境依赖到情境自由。

对非欧裔美国人的文化情境中的自我进行研究时，我们很快发现不能很容易地用特质、属性、倾向、状态等的复杂心理表征对那里的自我进行特征描述。显然，关于自我发展的研究主要从一种文化观点中展开，并产生一系列不可见的、未经证实的关于作为观念或作为客观化的认知表征实体的自我假设。

其他文化社群中的比较研究表明，自我不是一个基本、稳定的概念，而是一系列存在的过程和方式。此外，在一些群体中，不能用内部的、去情境化的属性或品质来简单描述自我和他人(Fajans, 1985; Hart, Fegley, Hung Chan, Mulvey, & Fischer, 1993; Lillard, 1996; J. G. Miller, 1984; Ochs, 1988; Rosen, 1995; Shweder & Bourne, 1984)。Hart 和 Edelstein (1992)讲述了在一项针对冰岛青少年的研究中，其中一名学生很努力地尝试回答"我是谁"这个问题，最后失望地从他的空白问卷转向研究者问道："人都应该有这些关于他们自己的想法吗?"在很多文化社群中，自我的本质涉及的不是内部的自我，而是特定社会情境下的自我，在情境之外赋予自我特征是不自然、不恰当的。

Goodnow(1990a, 1990b)曾经提出认知发展包括学习群体所定义的智能。同样，发展自我需要纳入群体关于如何成其为自我的定义。一旦在文化情境中考虑自我发展，关于什么是自我，以及成为被接纳的或者好的自我意味着什么，我们马上就能观察到这些问题在不同的文化区域中是截然不同的(Markus & Kitayama, 1991b; Shweder & Bourne, 1984)。如 C. Taylor(1989)所提出的：

> 我的自我定义可以被理解为"我是谁"这个问题的答案，而这个问题是从交谈者双方的相互交换中初露端倪的。关于我是谁的定义则要根据说话的地点，即是在家庭谱系中、社交空间中，还是社会地位和功能的地理位置中。我们一开始从与养育我们的人所进行的交谈中学习道德和精神洞察力的语言。我们最初对那些关键字的理解即是他们传递给我们的意义，这里的我们包括我和交谈伙伴。所以，我只能从一些公共场合中自己和他人之于我们的经验中整体地学习愤怒、爱、焦虑和渴望等是什么。(p. 35)

自我的本体论基础

心理学中关于自我以及儿童发展的很多其他方面的研究都吸收了欧裔美国人关于“成其为人”的定义，并且深植于个人主义的本体论中(Greenfield & Cocking, 1994；Ho, 1993；Markus & Kitayama, 1994a；Sampson, 1988)。这个本体论已经广泛地体现在大部分的育儿活动和主要的社会机构比如学校中。

作为个体的人

拉丁语中“个体”的意思是不可分割和整体，个人主义的核心原则是在认识论上首先认为个体是分离的、本质上非社会的。如果假定个人是独立存在的，基于自己的需要及与其他个体的相互赞许(mutual consent)进入社会关系，其关注的焦点是个体而不是个体作为其中一部分的社会单元。人被铸造为一个实体，他的行为由除外部环境以外的内部属性的混合物决定。

个人主义被认为是西方社会的典型要素(如，Baumeister, 1987；Carrithers，Collins, & Lukes, 1987；Guisinger & Blatt, 1994；Sampson, 1985；Triandis，Bontempo, & Villareal, 1988)。而且许多分析家认为教化产生了康德式的个体，并且强化了个人原因和自我意志的重要性。另外有人认为个人主义带有工业资本主义后期的印记，是严格区分自我和他人的笛卡儿分类系统(Cartesian categorization system)的成果(Lebra, 1992)。 753

在个人主义的框架里，我们很自然地将自我假定为客体，认为它应该被整合为一体，反映他人的关注但并不以此为中心。因此，儿童的核心任务是逐渐认识到他/她与他人是分离的，并且他/她能自主有效地控制自己的行为。有界的个体与他人相分离而且不会过度受他人影响，这个观念与另一个信念一致，即好的或真正的自我应该是跨情境一致的(更深入的讨论参考 Fiske，Kitayama，Markus, & Nisbett, 1998；Gergen, 1968；Johnson, 1985；Markus & Kitayama, 1994b；Morris, 1994；Shweder & Bourne, 1984)。

关于自我发展的文献中也充满了未经检验的预设，它反映了个人主义与其他文化和历史性假设的交织。文献感兴趣的依然是成为真实的而不是虚假的自我，后者可能反映了维多利亚时代所关注的自我的秘密部分或隐藏部分(Baumeister, 1987；Harter, 1986)。当前，越来越关注要培养儿童对自己有好的感觉及高自尊，学会表达自己的感受而不是掩藏，实现自我及充分发挥潜力(Maslow, 1954)。关于自我发展的文献还包含了关于什么类型的育儿活动能培养出具有上述特征的好的或正确的自我的预设。因此，我们相信，高自尊的儿童是接纳和赞许式的育儿活动的结果，它强调儿童的成功之处而不是失败(如，Coopersmith, 1967；Heine，Lehman，Markus, & Kitayama, 1999)。

关系中的人

自我的个人主义模型所提供的用以理解自我的基础结构对欧美的研究者而言，是显而易见且自然的。这个模型植根于一系列西方哲学有关人性的立场以及层层叠加的赋予其客观实体的活动和机构中。这个模型对在欧美背景下的自我的理解是有力且实用的。但是它不是唯一存在的关于如何发展自我的模型。但是关于自我发展的这些著述中尚未呈现其他存在的关于人性的本体论和意识形态。在文化背景中分析自我使得这些其他的本体论和意识形态得以发现。

与个人主义相对的另一个有关自我的模型广泛存在于中国、日本、韩国、南亚以及南美大部分和非洲(Triandis, 1989)。从这个角度理解的自我不会也不能与他人和周围社会情境分离,它与社会情境是相互依赖的:处于与他人的关系中的自我(self-in-relation-to-other)是个体经验的焦点(Markus, Mullally, & Kitayama, 1997;Triandis, 1989, 1990)。按照Kondo(1990)的观点,日本人认为自我与他人在根本上是相互依赖的,要理解日本人的自我感首先需要消解在欧美模型中显而易见的自我—他人以及自我—社会的界线。

该模型的一个重要原则在于,存在的另一种方式是避免分离或独立,而应该相互适应,并且创造和履行义务,总而言之,成为各种人际关系的一部分。自然地,个体被理解为与他人相互依赖而存在。分享、交织或主体间性是已建立的文化规则,而不是神秘或神奇的投射(Ames, Dissanayake, & Kasulis, 1994)。这个视角下的个体是关系中开放的沟通中心,从而与其他的自我紧密相连。按照儒家的观点,团体离不开个人。个体的本质需要通过他人才能体现,他们必须成为团体的一部分,比如家庭、社区、国家(Tu, 1994)。此外,个人的行动来源是与他人互动的模式,而不是其内部的心理状态或过程。

自我相互依赖的观点并不会不像欧裔美国人的立场所认为的那样,可能会导致自我和他人的融合,也不意味着人们缺少将自己作为发动行为的主体性的自我感。这种相互依赖的观点需要高度的自我控制、自律,以及有效调整自己以适应各种人际关系的技能。而控制主要是指向破坏人际交往的平衡态的个人愿望、目标或情绪。

754

关于自我的这种理解与欧美的控制观对立,后者重视主张个人的愿望、目标和情绪,并且试图改变社会环境的特征。例如,Hamaguchi(1985)报告称,日本人认为"无修饰本我的直白表达"(p. 303)是孩子气的行为。自我肯定(self-assertion)不是真实的表现而是不成熟的标志。M. I. White和LeVine(1986)对sunao① 的意义的描述也反映了这点,sunao是一个日本的父母评价他们的孩子时用来说明其特征的词汇:

> 一个Sunao的儿童是没有发展出个人自律以与他人合作的儿童:合作并不意味着放弃自我,在西方社会也是如此——它指与他人合作是表达自我和促进自我的正确方式。参与并与他人取得和谐是能得到积极的评价,并且是促进友好合作的桥梁。(p. 58)

回应他人或受他人影响并不意味着运转着的自我是矛盾的或是不真实的。相反,它体

---

① 日语,天真,孩子气的意思。——译者注

现了宽容、自我控制、弹性和成熟。在很多亚洲人看来,儿童本性是好的,而且有能力通过鼓励和榜样作用发展出必需的对他人的敏感性和同情心。我们相信好孩子是具有高度反应性的养育活动的产物。

尽管如此,好的养育不会忽视儿童的失败、缺点或所做的坏事。在日本,人们鼓励儿童进行自我反思以及自我批评,将其作为自我提高和掌握技巧的必要步骤(如,C. C. Lewis, 1995)。相似地,中国的家长经常对他们的孩子使用的是外在评价的和自我批评的框架,而不是过于自我肯定的框架(P. J. Miller et al., 1996)。中国的照料者声称,羞耻体验作为育儿操行能防止儿童做出不体面的行为,或者失去和他人之间的重要关系。

关于本体论假设中的这些相当令人瞩目的差别,我们可以而且必须予以更多说明,当我们在其他文化社群中实施研究时尤其需要注意。全面地调查研究不应该只是对比了"个人主义"和"相互依赖性",还应该吸收全世界范围内存在的其他本体论。也不能就此意味着在中国、日本和韩国人口中缺少其他变异性。我们只是强调比较研究揭示了关于自我的不同观点,而且比较研究应该在全世界范围内进行,其关于自我的观点对与自我有关的体验起决定性的支持作用。

如果自我对个体的行为有解释说明、整合和定位作用,那么由欧美的本体论传统塑造的自我和由亚洲的本体论传统塑造的自我,两者对个体的心理加工有很大的不同影响。比较由欧美个人主义框架建构的行为和其他文化框架建构的行为,可以阐释文化加工如何体现在心理系统的功能、天性和病源论等方面,以及"多样的、不同的心理"如何产生。

存在方式中的文化多样性

关于自我发展中文化变异的文献越来越多,但是很少有研究如同在美国和欧洲所做的研究一样直接关注心理的自我系统的本质和功能。尽管如此,这些比较文献与具有文化特异性的自我的起源研究相关。

为了探究自我的文化特异性本质,Markus 等(1997)描述了与成为人有关的习俗复合体。他们认为任何一个历史时期中文化和社会群体都与特有的社会文化活动模式相联系,或者,更具体地说,与成为人的特有方式相联系,他们称之为自我方式(selfways)。自我方式指的是模式或取向,包括思维、感觉、需要和行为等的方式,这些方式从由特定的意义、活动、机构建构的特定社会文化环境下的具体生活中产生。人们的生活并不是概括而抽象的:他们往往是根据具体、实在的文化理解(目标、价值观、世界观)生活。因此自我方式包括重要的文化观念、价值观,以及关于自我意味着什么和如何发展好自我的理解。但是,自我方式不只是信念、教条或观念的问题,它们体现在日常的行为、语言活动、养育模式、学校教育、宗教、工作、媒体和社交情节中,包括正式的非正式的。

自我方式的提法意味着每个自我感都以共享的理解和常规活动为基础,建立在相同基础上的自我之间很可能具有相似的意义。依据这个观点,在既定文化中生活、活动意味着对如何行为的潜在文化观点的实践。尽管两位美国人或两位日本人之间的自我可能在诸多方 755

面都存在显著差异,但是他们各自的活动和机构中融入的文化参与能分别带来一些关键的相似之处。

从概率和中心倾向来讲,欧美文化可接受的自我可能是:(1) 分离的、有界的、稳定的、连续的;(2) 基于属性的(比如,基于特质、偏好、目标等);(3) 清晰的、自信的、详细的;(4) 处于控制下的;(5) 不同于他人的,独特性取向;(6) 对积极关注、自我提升尤其敏感;(7) 成功取向的;(8) 表达性的,热情的。东亚文化可接受的自我可能是:(1) 联系的;(2) 基于情境的;(3) 关系中的、弹性的、可变的,对他人的期望、偏好和感受有回应;(4) 与他人相似而且关注如何适应他人;(5) 对潜在的不恰当尤其敏感,自我批评的;(6) 提高和掌握取向;(7) 开放,能接纳的;(8) 充分参与的。

从出生的那一刻起(一些文化背景中甚至更早),个体就被赋予意义并作为人存在。通过文化参与,他们成为自己。从而,婴儿的心性或他在世界上的存在方式根据既定的文化社群的意义和活动得以模式化,反过来,文化社群通过这些心性得以维持。这两者互相调整、协调成一个连续的循环将心理倾向和社会现实联系在一起,借助这些社会现实心理倾向得以形成、运作。根据我们的观点,文化系统的特征,比如引导个体对他人予以关注和照顾的典型方式,可以直接整合到个体体验和组织世界的系统中。它们变成了自我方式。如Ingold(1986, 1991)所描述的:

> 像有机体一样,自我得以形成,而且这是在与他人的关系矩阵中实现的。这些关系在社会生活中的演变过程同时也是被纳入自我的过程,而自我也正是在这个过程中形成其觉知和反应的具体结构,同时,这些结构又体现了个人同一性。(p. 367)

在下一部分中,我们简要地回顾有关自我方式如何通过对习俗复合体的文化参与得以发展的研究,主要还是在欧美和东亚的文化背景中。我们旨在突出从这种参与中发展而来的多种自我方式。大多数的近期研究集中在文化参与模式的比较,即将人作为独立、自主的实体来分析和将人作为更大的社会单元中相互依赖的部分来分析两种模式。一些研究者指出世界上约70%的人口属于相互依赖模式(Greenfield & Cocking, 1994;Triandis, 1989)。

一些欧美背景中的自我方式

从整体和概率的角度来说,促进自我独立性的自我方式构成了欧美中产阶级文化区域的特征。作为欧美人,需要将体验个人化。个人的主观性被理解为整合的整体,由各种不同于其他社会的属性和价值观配置而成(参考Geertz, 1984)。自我是个体的意义中心,它植根于一系列内部属性,比如能力、才能、个人特质、偏好、主观感觉状态和态度。照料者、朋友、老师的一个主要文化任务是持续地、循序渐进地帮助儿童个体化。当研究者认识到将自我概念化为客体以及用抽象的心理学术语描述自我都带有文化特异性倾向时,他们可以就哪些活动能支持这些倾向进行研究。

撇开文化外在地强调个体要友好、关心他人、帮助他人外(Bellah, Madsen, Sullivan,

Swidler, & Tipton, 1985; Deci & Ryan, 1990),欧美式的发展几乎等同于个体化和自我的去情境化。即使当人们寻求并维持与他人的相互依赖——这是在任何地方都需要完成的社会任务——他们也会保持边界感,与他人相对分离,并且自我控制。关爱、联结、关系更倾向于采取个体化的主格(agentic)形式。许多有助于主体感(a sense of agency)建立的文化活动往往是日常一部分,对于所有实际目的而言,与人共处的生活是无形的。

756

在很多说英语的文化社群中,英语本身就能用来帮助建立去情境化的主体性的"主体我"。Ikegama(1991)注意到英语这门语言"关注人类,并且在言语上突出表现人类想法,而日语倾向于抑制人类的想法,即使是某事件中涉及的人"(p. 301)。为了说明一个事件,英语聚焦的是其中涉及的特定的人,而日语强调的是整个事件,个人浸没其中。因为英语中通常将人类主体放在前面的位置,我们会说"我发烧了",而在日语中可能会粗略地表达为"对于我来说,可能有点发烧",或者"有点发烧,在我身上"。英语中"John 没钱了"到了日语中,则变成"对于 John 来说,钱已经没了"。

英语中除了主语("主体我")前置外,美国的英语使用者倾向于直接表达,而且假定说话的人必须要让倾听的人明白他要说什么。这种倾向很早就开始出现。与日本母亲相比,美国母亲与儿童交谈得更多,而且更直接(Azuma, Kashiwagi, & Hess, 1981; Caudill & Weinstein, 1969)。在一项关于母婴互动模式的研究中,Morikawa, Shand 和 Kosawa(1988)比较了美国和日本母亲与 3 个月大婴儿的互动。美国的母亲有着更多的发声以及积极情感的表达,当母亲看着儿童发声时,儿童很愉快并处于激起状态。与之相比的是,日本的母亲更频繁地表达消极情感,尤其在儿童转开去看其他东西时。

在美国文化背景中,老师—儿童互动采取的是直接、外在的言语指导(Tobin, Wu, & Davidson, 1989; Wu, 1994)。在这样的互动中,儿童独特的品质得以识别,随后持续得到注意和确定。自我是以个人的品质和能力定义的——维持个体的独特性并且驱动现在、过去和将来可能的行动。明确的目标是发展个体的潜力。美国的相关机构可能认识到,儿童可以通过根据其能力进行分组并因材施教,由此定义其品质(Stevenson & Stigler, 1992)。因为我们假设每位儿童都具有独一无二的学习风格和步调,因此一旦资源允许,课程的设置通常也是个体化的。

美国的学龄儿童都是具体化的,他们觉得自己是特别的,往往被表扬、鼓励、称赞。在很多学校,儿童可以当一天或一个星期的 VIP 或明星,来庆祝他们的生日,并且很受尊敬(Markus & Kitayama, 1994a)。写作任务往往涉及的是自传或个人叙事,艺术活动聚焦的是自我表现。许多中产阶级的美国儿童因此能不断地得到鼓励,有机会表现自己以及在演讲或写作中表达自己的观点。学校中一个常见的基本活动是演和说(show-and-tell):儿童自己准备好主题,然后在全班同学面前讲一个有关这个主题的故事。所有这些日常的活动促进了自我的对象化,培养了作为行动来源的自我感(Heine et al., 1999)。

此外,总体上,人们鼓励每个儿童都积极地看待自己,把自己当作明星、优胜者,认为自己在一般水准之上,并汇集了各种特殊的品质。每位参加足球队或篮球队的儿童都能得到奖品,这已经成了惯例。这个举动可能会阻止团队成员之间的竞争和不公平的比较,但是它强调了每个个体的重要性，而不是团体。像很多教育者担心的那样，过去他们过于滥用奖励，而且主要集中在学习过程上而不是对儿童的评价上(Damon, 1984, 1995; Damon & Hart, 1988)，现在他们不断鼓励老师去发现每个儿童成果中独特的方面。

美国儿童还被鼓励独立自主，自我决断(Bellah et al., 1985)。欧美中产阶级家庭通常给儿童提供他们自己的床和卧室来培养其自主性(Shweder et al., 1995)。同样，大多数发展性里程碑着重在自主性活动上——翻滚、坐立、走，以及自己吃饭。

另外，美国儿童的社会化过程也是形成独特偏好的过程。在儿童远远还不能回答之前，照料者设置问题的方式是这样的"你想要蓝色的杯子还是红色的杯子?"照料者的问题告诉儿童独立选择的能力是必需的，而且是值得赞赏的品质(Markus & Kitayama, 1994a)，由此特定文化社群中盛行的"自主规范"得以实例化(Haidt et al., 1993; Shweder et al., 1997)。而且，有机会选择是个体选择偏好的必要条件。学前儿童的环境就是这样设置的，有很多活动机会供他们选择，因此一天之中除了很有限的时间之外，他们大部分时间都不需要与团体保持一致(C. C. Lewis, 1995)。大概，将自我决断并入日常教学的努力为的是保护儿童的内部动机。

757

这是文化和心理相互形成的例子之一。特定的心理过程(比如，将自我建构为积极、独特的实体)通过数年的社会化和文化适应后出现，即个体接收并保存那些在给定的文化社群中反复发生的社会活动和意义(Kitayama, Markus, Matsumoto, & Norasakkunkit, 1997)。反过来，这些心理过程复制了同样的文化模式。欧美社会中自我的形成(有意义的文化参与者)包括维持自主性的自我，并且与他人的自我和社会情境分离。拥有独立自我的个体可能更关注自我中的积极特征，而且可能更有动机去发现它们，公开表达，以及在私下予以确定。他们经常寻找机会借助一些活动来提升自己的自尊。

欧美中产阶级背景中自我的研究数据支持上述概括。Wang(2001a)通过考察最早的儿童期记忆和自我报告，发现美国人往往使用个人属性来描述他们自己，他们所报告的记忆冗长、具体、关注自我，且情感复杂。中国人的自我报告更简略，往往应答性地用角色描述自己。他们的记忆着重在集体活动、普遍性的常规和情绪中立的事件。

在一系列针对年幼儿童的研究中，Hart 和他的同事(Hart, 1988; Hart & Edelstein, 1992)要求美国儿童想象有一种"人机器"(person machine)，可以让原来的人(应答者)消失，但同时制造出其他具有原来的人部分而不是全部特征的人(对原来的人的复制)。应答者的任务是判断新制造的人是否具有相同的物理属性(长得像应答者)、社会属性(拥有同样的家庭和朋友)或心理属性(相同的想法和感觉)。他们发现 9 年级的大部分应答者认为复制心理特征的最像原来的人。

与以前的一系列关于自我概念的发展的研究(如，Harter, 1983)一致，Stein、Markus 和 Moeser(1996)发现，要求 11—14 岁的欧裔美国人描述他们自己时，他们描述的是交感性的自我(consensual self)，包括关爱他人、友好、替他人担心等品质。此外，青少年高自尊的自我描述比低自尊的自我描述与交感性的自我更相似。从这些结果我们可以看出，青少年倾向于用源自关于"如何成为"(how-to-be)的特定集体观念的抽象词汇，而不是从提高了的认知能力出发来描述他们自己。这些发现与其他一些关于自我分类(self-categorization)中的文化变异性的研究结果一致(Cousins, 1989;Harter, 1983;Triandis, 1990),认为自我的内部特征——特质、属性以及态度——更受重视,而且被看作是自我定义的关键特征。

此外,在一项比较来自洛杉矶、东柏林、西柏林和莫斯科的儿童自我效能感水平的研究中,研究者(Little,Oettingen,Stetsenko, & Baltes, 1995)发现来自洛杉矶的儿童具有最乐观的自我效能信念,而来自东柏林的儿童关于个人效能的信念是最悲观的。作者认为来自洛杉矶的小学生他们较高的自我效能感等级反映了他们较高水平的个人主义,以及学生和老师之间距离较小。

Oettingen(1995)提出,效能感不只是取决于个人主义文化中个人自己的评价,在集体主义文化中主要取决于团体内其他成员的评价。在成员之间力量十分悬殊的文化中,儿童倾向于将家长和老师作为他们明确的上级。成员之间力量差异较小的文化中的儿童有更多的机会将他们自己看作是自己行为的"发出者"。德国北部的 Bielefeld 的儿童,他们从小被培养具有高度独立性且不被宠坏,我们很有兴趣知道他们在自我效能感的指标上会有怎样的表现。

研究者开发了一些方法来评估更年幼的儿童的自我,他们发现个人主义文化社群中儿童很小就开始通过有界的自我方式来理解和体验世界。欧美儿童在 3 岁左右就开始出现关于他们是谁的一些意识,以及哪些属性可以来说明他们(Eder & Mangelsdorf, 1997),4 岁左右他们表现出一些心理倾向,反映文化上强调的个人主义以及与他人的分离。他们在所有领域对自己的描述都超过同伴,关于成人的研究显示这种利己主义的倾向或者不真实的独特性与自尊呈正相关(Josephs,Markus, & Tarafode, 1992)。在以促进个性和自我的独特性为目标组织的文化系统中,总体上积极自我关注的倾向能带来积极的社会和心理结果。

758

东亚文化背景中的自我方式

现在,越来越多的心理学、人类学、哲学著述为我们提供了关于日本人、中国人和韩国人的自我文化形式稍有不同的理解。对日本环境的系统分析显示,他们普遍关注社会生活的关系方面和个人在社会结构中的位置(Bachnik, 1994; Lebra, 1993; Peak, 1987; Rosenberger, 1992)。Markus 和 Kitayama(1991a, 1991b)认为亚洲人的自我方式强调个体之间相互的基本关联性,而且意识的功能单元是关系而非个体,他们主张:

> 体验相互依赖性需要将个人看作是周围社会关系的一部分,而且要意识到个人的行为是由个人觉察到的关系中他人的想法、感觉和行动决定、组织的。(p. 227)

Lebra(1994)提出,对于日本人来说共情是主要的心理支持,理解共情就能理解日本人行为的任何方面。共情"指的是能够并且愿意感觉其他人的感觉,间接地体会他人经历的快乐和痛苦,并且帮助他们满足愿望"(Lebra, 1976, p. 38)。Lebra 认为这与很多欧美实践活动中常见的自我聚焦(self-focus)恰好相反。

对共情的重视说明，日本人的自我不应该被概念化为个体化欠缺或分离的同一性，或者在日本自主性不是重要因素（Greenfield & Cocking, 1994; Kim, 1987; Oerter, Oerter, Agostiani, Kim, & Wibowo, 1996）。这种共情的自我方式明确强调存在于关系中的状态，然而，这确实意味着它不同于重视个体并且将之具体化的自我方式。这种特定的日本存在模式中，主观性被看作是与更大的整体之间的相互依赖，这个更大的整体包括个人和他人，并且通过将自我和环境或背景不断参照配置而成。

世界大部分地区的育儿工作都不是欧美社会的方式，即将依赖他人的婴儿培养成为独立的成人，而是将无规矩的自我中心的婴儿培养为文明的社会性动物（Caudill & Weinstein, 1969）。社会生活的各个层面都高度体现维护人际责任以及与他人保持联系与和谐的需要。Caudill 和 Weinstein(1986)发现，日本的母亲比美国的母亲，对 3—4 个月大的婴儿抱得更多，而且有更多的身体交流。除此之外，之前我们也曾提过，日本母亲与孩子一起睡觉、一起洗澡的更多。在日本，睡着的婴儿很少被单独留在一个地方。亲密、完全相互依赖的母子在日本尤其典型，而且其他的关系（比如，上司和下属）也依据相似的模式组织。Greenfield 和 Cocking(1994)将相互依赖的发展程式和独立的发展程式描述为对比性强、相互交织但是不能完全平衡的两种模式。按照东亚文化的观点，欧美式的自我——独特、积极、基于属性的——不是人类主体性成熟、充分文明的形式。强烈持有的、清晰的自我感标记为孩子气是因为它没有充分考虑到，也没有充分尊重，自我作为其中一部分的关系。主体性的日本风格源之于如下见识：(1) 自我是通过它所参与的关系被给予和被赏识的；(2) 自我必须灵活地维持并促进这些关系的福利。

这种主体感并不意味着自我是消极的或者只是随大流的。个体之间的和谐需要主动的关注。Mulder(1992)在描述印度尼西亚的和谐(rukun)时提到，“和谐不是天生就有的，它来自积极的相互尊重、相互调整”。从这个取向看，个体必须能够共情，而且需要用行动灵活地避免伤害他人或者使他人难堪。Oerter 等(1996) 在描述日本人关于人性的看法时，引用了一位应答者的回答作为他的主张，即“成年”意味着“具有好的理解力、柔韧性，并且遵守社会规定的基本规则。越成熟意味着个人的幻想世界趋于缩小……最后，个体变得更柔软，更适应社会，但是同时也更不敏感”。(p. 41)

759

相互依赖性刻画了日本人生活的很多方面。我们之前已经提过，日语将作为主体性的个人最小化。日本人的自我参照(self-reference)通过一系列精细的沟通惯例实现，这些惯例建立在特定关系中的个体状态的基础上。“自我”(jibun)在日语中的意思是“我们共享的空间中属于我的部分”。日本式的相互依赖性强调的是正确地生活以及自我提高。

在日本，母亲指向婴儿的活动也涉及向婴儿传达正确的、预期的反应方式。Caudill 和 Schooler(1973)注意到，日本母亲的言语似乎旨在直接塑造婴儿标准化的身体和情绪状态。她们尤其关注如何阻止婴儿啼哭，以及当婴儿不安静时怎么安抚他们（Morikawa et al., 1988）。与欧美的母亲相比，日本的母亲对婴儿的发声尤其紧张，因为她们往往将之解读为婴儿不舒服的迹象，因此必须作出回应（Bornstein, Azuma, TamisLeMonda, & Ogino, 1990）。相比而言，美国母亲与婴儿交谈更多，但并不试图直接影响婴儿的行为。Bornstein

和他的同事引述了一位日本母亲所说的话，当她3个月大的孩子看往别处时，她说的是，“你怎么了”，“看着我”。显然，当婴儿盯着别的东西看，母亲们试图重新建立双方的联系时，日本的母亲比美国的母亲更倾向于表现出消极情绪，以及试图与婴儿形成互相凝视，或者寻求信息(参考 Rothbaum, Pott, & Azuma, 2000; Rothbaum, Weisz, & Pott, 2000; Shimizu & LeVine, 2001)。

东亚的养育和教育模式是通过相互作用和相互契合培养儿童的相互依赖性。当美国母亲和学步儿童一起玩新玩具时，她们往往聚焦在物体上，并且将儿童的注意力引到玩具上去。而日本的母亲则利用玩具引导儿童参与特定关系中的互动游戏，而与儿童之间的交谈、解释、提问等行为较美国母亲要少得多(Bornstein et al., 1990; Fernald & Morikawa, 1993)。Lewis(1995)对超过50所日本幼儿园进行了调查，结果显示他们关注的是成长中的儿童相互之间的联系，以及引导儿童体会集体生活的乐趣。他们不庆祝个人的成功，重视的是能够代表整个集体的特殊事件。孩子们经常小组创作图画或故事，而且孩子们通常不会单独去操场玩，除非所有孩子都准备好了，他们才一起去。关注他人是日本教育的首要目标，而且体现在很多日常活动中。教室的墙壁上往往书写着集体的目标，比如，“合作”、“凝聚我们的力量”等(C. C. Lewis, 1995)。

类似地，中国的父母和老师认为“团结”(connectedness)的发展对儿童的社会化至关重要。育儿活动聚焦在顺从、可靠、恰当的行为、社会责任和集体目标上(P. J. Miller et al., 1997; Mullen & Yi, 1995; Wu, 1996)。在一项对儿童的故事和早期记忆进行内容分析的研究中，Wang 和 Leichtman(2000)发现与美国的儿童相比，中国儿童表现出更强的社会参与取向，更关注道德正确性和权威感，更少的自主性取向，更多的情绪表达，以及更多的情境细节。为了阐明这些差别，Wang 和 Leichtman 给出了下面两个同样来自6岁儿童的例子：

> 记忆1(美国男孩)：如果我没拿到我想要的玩具，我喜欢拿很多 Lego[1]，其中有一个在水里，但是它稍微大了点，另一个中等大小，而且有我一直想要的一个东西，但是我忘了是什么了。
>
> 记忆2(中国男孩)：有一天，我妈妈带回来很多花籽，它们都是活的，妈妈就把它们种在那里了。我不小心踩了上去，然后妈妈骂了我，还打了我两下。我就哭了，我感到有点生气，因为她打了我。

文化背景带来的差异在情绪表达上尤为显著(Mesquita, 2001; Tsai, Simenova, & Watanabe, 1999)。欧裔美国中产阶级中，情绪被认为是自我的重要组成部分，在个体发展过程中必须得到重视和解释。在中国，情绪来自于儿童与重要他人的关系，而且具有促进儿童的恰当行为和强化团结的双重作用(Wang, 2001b)。

关于东亚的育儿和学校教育活动的研究显示，他们尤其强调了解对方的位置、身份、地

---

① 垒高拼装玩具(商标名称)。——译者注

位和在社会秩序中的职责,尤其是中国文化环境,特别重视自我提高、秩序和等级。Chao(1992)在关于美籍华人母亲和欧裔美国母亲有关养育信念的研究中发现,美籍华人母亲重视的是对他人的期望和情境的敏感性,而欧裔美国母亲强调培养儿童的自我感。前者主要关注的是自我和他人分等级的相互依赖关系,以及从履行个人职责中获得的完整性。而后者关注的是加强儿童的独立性,发展强有力、积极,甚至果断的自我关注(self-regard)。

760

Chao(1993a, 1993b)在美籍华人母亲中同样发现她们对秩序比较重视,对等级比较关注。在父母的管教、权威主义,以及 Chao 称之为"中国育儿观"(Chinese child-rearing ideologies)等维度上得分较欧裔美国母亲高。美籍华人母亲更倾向于赞同这样的话,比如,"我对我的孩子要求很严格","我不允许孩子质疑我的决定","我确信每时每刻我都知道我的孩子在哪儿,在干什么","我告诉我的孩子,如果他们犯了错,就要得到惩罚","母亲可以通过指出别的孩子身上的那些好的行为来教育她们自己的孩子","如果孩子一再不听话,就要挨打","儿童必须时时刻刻都得到母亲或其他家人的照顾"。

自我方式的差异在游戏活动中也有所体现。Farver、Kim 和 Lee(1995)发现欧裔的美国学前儿童和韩国裔的美国学前儿童进行自由游戏时,前者通常描述的是他们自己的行为,拒绝伙伴的建议,并且使用指令式语言(比如,"我是你们的国王,不要服从那个坏的国王,我来保护你们")。而后者倾向于描述伙伴的行为,使用疑问句式、语义联结(semantic ties)、肯定句,以及礼貌的请求等(比如,"他是国王,不是吗? 他是坏人,不是吗? 好人抓住他了,对吗?")。

总的来说,在很多东亚文化背景中,个人的幸福感(sense of well-being)与个人目标的达成(即自主性规范)之间的联系较小,而与达到特定情境中的要求或用正确、恰当的方式行事(即集体主义规范;更多相关内容参考 Shweder et al., 1997)之间的关系较大。在幼儿园的第一个月,日本的儿童就已经被要求完成较复杂的活动,比如按要求的方式整理午餐盒,换上室外活动课的服装等(Peak, 2001)。作为一名儿童,成为家庭一员或学校集体的一分子意味着要开始考虑到这整个社会单元以及个人在其中的位置,然后做出适合符合情境的行为。所要考虑的事情包括,"我父母或同伴希望我做些什么?"或者"我是否做了他们希望我做的事情?"在日本文化中,自我感是通过与他人期望良好调和,得到他人的共情,以及确定为社交过程的一部分从而得到发展的。他人,即所包含的社会单位、集体及其关于优秀的标准,在知觉上、认知上、情绪上和动机上都极其重要。因此,关于自我的最有用信息指的是个人的缺点、问题或其他负面特征。从教室到会议室,所有社会场景都鼓励自我批评。文化参与需要个体发现其行为上的缺憾,从而拉近现实行为和期望行为之间的距离(Kitayama et al., 1997; Markus & Kitayama, 1994a, 1994b)。

在日本,对他人期望以及如何满足的关注和对自我提高与自我批评的重视两者携手并进。有关比较自我提高和自我提升(self-enhancing)的动机的研究中(Heine et al., 1999, 2001),日本的参与者如果在开始的任务中失败,比起一开始成功的参与者,他们在接下来的任务中更坚持。相反,北美的参与者如果一开始失败,他们在接下来的任务中也更容易放弃。在日本文化中,失败很重要,而且具有诊断的作用,个体由此得知需要在哪些方面继续努力。对自我提高的重视被看作是美德,在日本人的生活中随处可见。一则鼓励日本职员休假的广告这样忠告他们:"让我们成为放松自己的大师吧"(《纽约时报》, 1995 年 5 月)。

日本人自我提高的愿望产生的认知结果是,很多人倾向于关注需要提高的领域,因此他们对自己表现中好的方面打折扣。欧裔美国人将这种倾向误解为自我贬低(self-depreciation)。但是在日本,个人作为群体成员要建立良好身份非常必要采取这种做法。日本文化所推崇的这种性格称之为谦逊更合适。欧裔美国人通常关注的是自我的积极特征,并且将自我提高等同于个人成就,与此相反,日本人对给定情境下自我的消极方面更敏感。 761

此外,日本人的实践活动通常以普通人(hitonami)为标准。对欧美人来说这可能是很难理解的,但是很多日本人得知他们很平凡反而觉得放松,因为与众不同会带来被冷漠对待以及脱离群体的危险。根据相互依赖性的观点,自我最好被描述为对他人期望敏感且不破坏和谐或平衡态的自我提高的过程。

所有亚洲文化背景中的自我研究都指出自我批评是构成自我整体必不可少的部分。中国的应答者在回答"20 命题测验"(the Twenty Statements Test)时比美国应答者对自己的积极描述较少(Bond & Cheung, 1983;Karasawa, 1998)。Ryff、Lee 和 Na(1995)也发现韩国应答者关于自己的消极描述多于积极描述,欧美应答者的反应模式则刚好相反。Stigler、Smith 和 Mao(1985)在中国和美国小学生的能力知觉的实验中发现了类似的结果: 中国学生对自己认知、身体以及整体能力上的评定低于欧裔美国学生。

这些研究显示亚洲文化背景中,有地位的人不会将他人的注意力吸引到他的自我上,而是削弱他们自己的特殊性,并且调整自己以适应他们所处的情境。虽然社会性任务普遍需要个体化、独立性和保持自主性,但是在这些文化中仍然建立在重视相互依赖性的基础上。

上述的取向与个人的自我描述活动极不相容,因此与通常使用的社会科学的研究方法有出入,因为它要求人们进行自我评价,然后在此基础上进行分类。相互依赖性(或社会中心论)和个人主义(独立性或自我中心论),这两者的心性和实践活动大相径庭,因此可能需要采用不同的研究方法。在它们各自的文化中予以考虑,显然这两种自我方式同样都是正常、合理、可行的存在方式,尽管它们在心理功能上存在模式化的或系统的差异。

个人主义和相互依赖这两种自我方式都需要他人的参与和支持,而且都富含着文化意义。个人主义的具体化或实现也是相互依赖的一种方式,是社会认可和建构的文化活动。如 Vygotsky(1987)所指出的:"儿童发展中的每个功能出现两次: 首先在社会水平上,然后在个体水平上;首先在人与人之间(心理之间),然后在儿童内部(心理内部)。"(p. 57)

其他文化背景中的自我方式

之前我们聚焦在欧裔美国儿童和东亚儿童的比较上,强调他们自我方式上的差异。然而,在文化社群内部,我们还可以发现自我方式的其他重要变异,这些变异已经引起了越来越多的研究注意(Strickland, 2000)。比如,Harwood 和他的同事(Harwood & Miller, 1991;Harwood,Schoelmerich,Ventura-Cook,Schultz, & Wilson, 1996)对在美国的 Anglo

和 Puerto Rican 的母亲进行比较，他们发现相对于 Puerto Rican 母亲，不管是中产阶级的还是较低阶层的 Anglo 母亲都显著地更重视自信和独立性，而不强调服从性、关系能力(capacity for relatedness)和恰当的行为举止。Miller、Potts、Fung、Hoogstra 和 Mintz, 1990; Miller 和 Hoogstra, 1992; Miller、Mintz、Fung、Hoogstra 和 Potts, 1992，称美国社会中中产阶级和工人阶级都很重视自主性，但是不同的社会等级采用的培养方式不一样。在一项母亲和学步儿童共同叙事的研究中，他们发现中产阶级的母亲于儿童的言语同步，更重视创造关于过去的事件的故事，并且与工人阶级的母亲相比，她们比较不强调故事是否与现实相符。工人阶层的母亲也给予儿童说话的权利，而且她们比中产阶级的母亲与儿童共同叙事的时间更长，但是她们通常强调要讲述"真实"的故事，而不是创造儿童自己的故事。同样，最近有关工人阶级的自我的人种学研究显示他们对自信、自我表达以及潜力发展的关注较少，而对稳定性、完整性和弹性的关注较多(Harwood, Miller, & Irizarary, 1995; Kusserow, 1999; Snibbe & Markus, 2004)。

Rogoff 等(1993)对美国中产阶级学步儿童和 Guatemalan Mayan 学步儿童进行比较，研究结果显示，自主性在 Mayan 儿童的社会化过程中也很重要，尤其对于学步儿童而言，因为他们享有特权可以不遵守较他们年长的兄弟姐妹要遵守的那些规则。但是，与美国儿童相比，较年长的 Mayan 儿童需要在没有照料者干预的情况下与学步儿童相互配合，这说明在 Mayan，自主性发展的同时，个体还需要懂得他们也是群体中与他人相互依赖的成员，他们不再享有婴儿所拥有的完全的自主性。

762

最近才有研究者开始描述欧裔美国和东亚文化之外的其他文化是如何影响自我的构成的。例如，回顾关于美国拉丁美洲家庭中的养育的研究，我们发现虽然群体内部存在相当的异质性，但是拉丁美洲的父母都倾向于重视两个主要的文化价值：respeto 和 familismo (Harwood, Leyendecker, Carlson, Asencio, & Miller, 2002)。Respeto 指的是保持举止得体，包括了解由特定年龄、性别、社会地位的人组成的特定场合中的礼貌行为。Familismo 指的是与忠诚感、互惠性和家庭成员之间的团结相联系的信念系统，这些都被看作是自我的延伸(Cortés, 1995)。

根据 McAdoo(2002)的评论，非裔美国人的养育必须经常顾及那些长期存在的问题，这些问题他们的儿童也必须面对，比如对自己的价值和将来的潜力的贬低，经济收入不足，以及对儿童进行种族教育的困难等。此外，在非裔美国文化背景中维持共有的家庭传统至关重要。共同居住的大家庭及其支持系统在这个文化中十分常见，并且对于非裔美国家庭而言这是很重要的生存系统(Hatchett, Cochran, & Jackson, 1991)。

文化心理学的研究动摇了自我和自我发展的一部分已有的结论，但同时也巩固了另一部分结论。在接下来的十年里，这些改变很可能会带来自我研究的新范式。近来，在心理学和人类学中存在一些理论上的争论，其目的是为了阐明有关自我的一些基本命题：(1) 自我在与他人的互动中形成；(2) 自我通过有选择的社会文化参与而建构；(3) 自我是历史产物(参考 Elder & Shanahan，本《手册》本卷第 12 章)。上述命题反映了文化心理学的一个中心主张，即，自我功能的过程涉及的不是单一心理，而是多元心理。

自我在与他人的互动中形成

自我不能自己发展而来,这个观念由来已久。尽管欧裔美国文化区域中的中产阶级生活强调的是概念自我,其他文化区域中的自我研究强调的则是 Neisser(1988, 1991)所称的关系自我的重要方面。自我是通过与具体他人的互动中形成和发展的(J. M. Baldwin, 1911; M. W. Baldwin & Holmes, 1987; Cooley, 1902; Hallowell, 1955; Ingold, 1991; Rosaldo, 1984; Shweder & LeVine, 1984)。回顾 Mead(1934)及早期的符号互动论(symbolic interactionist),关于自我的文献越来越重视自我的动态性及其社会建构的本质。这个观点要求将两种倾向潜在地联系起来,即主要关注作为文化学习者的个体和主要关注个体作为其中相互依赖的组成部分的文化集体(Cole, 1995)。这两方面的综合即可实现个人回归到活动以及活动回归到个人。

自我和他人如何在自我发展中共同形成,或者自我和他人如何相互形成,我们对这些问题的理解逐渐深入。欧裔美国中产阶级以外的其他文化社群中,很多人都更喜欢拥挤的居住条件,并且将他人尤其是家人的在场看作是心理健康和幸福感的基本要素。专门记述日本的 Peak(1987)主张成为人的过程包括学会欣赏团体生活的乐趣,以及居住在人类社会中。类似地,Ochs(1988)报告称 Samoan 人对他人对自己的承认和共情很敏感。Menon(1995)对生活在大家庭中的 Oriya 印度女性进行访谈,揭示了本土的道德领域中包含了一种集体主义的规范,在这里,独自居住与健康快乐是两个矛盾的概念(参考 Kakar, 1978)。

在很多关于欧裔美国自我发展的研究中,当自我学习采择他人观点并试图理解他人想法时(Flavell, Green, & Flavell, 1995),或者当自我与特定他人形成具体关系时,他人才是相关的。但是,越来越多的证据显示,在各种文化背景中,他人对任何个人心理的终生发展都具有普遍深入的影响。甚至在出生之前,个体就开始涉及社会关系和活动。人类婴儿只有通过参与文化组织的特定环境才能成长为自我(Markus et al., 1997; Weisner, 1982, 1984, 1987)。现在有更多的研究者假设自我和他人的相互卷入是人类起作用的基本条件,他人自动被知觉为与个人的自我感有关。Gopnik(1993)提到自我和他人之间存在天生的桥梁或主体间性。婴儿对他人的情感表达有反应,这样一来,他人立即受到期望和暗示,并卷入个体自我发展的过程中(参考 Ingold, 1991)。 763

通过社会文化参与发展自我

文化心理学视角相当重视自我的集体建构(collective construction of self),这是 Kitayama 及其同事(Kitayama, Markus, Matsumoto, & Norasakkunkit, 1995; Markus et al., 1997)提出的术语。这个概念指的是自我的发展是动态、递归的过程,在这个过程中,由意义、实践和机构构成的既定文化系统中的社会文化参与为自我提供了特征化倾向,并进一步将个人整合进既定文化社群的意义和实践中(参考 Bourdieu, 1972; Giddens, 1984; Martin, Nelson, & Tobach, 1995)。这个研究角度强调的是,从最早时候开始,自我就从个人在特定世界的生活中产生了。儿童从他最初的时间开始,他的局部的、不完整的、未充分发展的手势和发音"具有特定的意义和重要性,使得儿童能逐渐成为更有能力的参与者"(Bruner, 1993, p. 532)。儿童一出生就参与到日常生活的场景中,受到具体的标准化期望和体制限制的支配，Super 和 Harkness(1986)称之为“发展的小生境”(developmental niche)。人们通常以具有文化特异性的方式生活，除此之外没有其他可能。

心理学过分强调发展是自然成长或能力的按阶段展开的过程，而人类学则过分强调发展是文化成型或条件化的过程，Super 和 Harkness 的理论是众多解决上述两方面的拉锯状态的尝试之一。他们主张儿童的发展经历是通过以下几方面调整的：(1) 儿童生活的环境，包括物理的和社会的；(2) 儿童照料和养育的习俗；(3) 照料者的心性。这三个相互之间交互作用的子系统与更大的文化和环境中的其他因素共同作用构成具有文化特异性的儿童。

文化心理学对自我的研究并不否认即使在组织最严密、最具凝聚力的集体中也可观察到个性、特性和自我的独特性。儿童并不是成长为一般的人，而是成长为特定的人或自我。Geertz 写道，关于我们的一个最重要的事实是，“我们都开始于能有一千种可能生活的自然配置，但是最后我们只是生活了其中一种”(p. 45)。每个人都参与到重要文化场景或小生境的集合中，在当代美国社会中包括具体的群体，比如家庭或工作场所，以及按种族、宗教、职业、社会阶层、性别、出生组和性取向划分的环境。人与人之间的差别至少部分来自于他们参与的不是同一群体结构。即使生活在相似文化环境中的个体在日常符号中介的体验上也会产生各种各样的差异，而且由于自我感中与生俱来的、后天接受的或气质引起的差异，他们会留意、搜索、阐述或反映这些体验而非其他体验的特征。此外，既定文化场景中的活动参与可以有多种形式。文化参与可以是直截了当、不加疑问的，也可以是抵抗、讽刺的。因此，几乎不存在相同社会文化和历史小生境中的个体相互克隆的危险。群体之间存在差异并不意味着群体内部是同质的。

作为历史产物的自我

关于自我发展的文化心理学取向引导研究者重视 Bourdieu 的观点，即自我的过程是“历史进入自然的过程”(1997, p. 7)。很多关注自我的西方研究者参与学科的时间相当长，以致能从欧裔美国文化区的自然自我和规范自我中观察到历史性改变。在 20 世纪 60 年代末 70 年代初，出现了发现真实自我和真实感受的需要。当前产生的需要是对体验和创造恰当自我(proper self)说不，而不是说是。Dr. Spock 的育儿宝典养育了很多现在的自我研究者，但是他的育儿对策在真正的父母看来是僵化且不合时宜的。同时，美国的教育者注意到要求儿童快乐且对自己满意产生了一代高自尊但缺乏基本技能的儿童。新的发展方案的目的是提高对美国儿童的教育期望，更强调具体技能的培养，而不是积极自我评价(Damon, 1995)。

广告公司和媒体所宣传的社会整体对“成长之路”(the way to be)的要求、对育儿活动以及自我的两个方面，及其科学概念都带来了不小的影响 Cushman(1995, p. 24)。在对美国人的自我进行综合的历史概述时指出，要理解美国人的自我的形成，必须先理解这个国家与国家之于美国人的意义之间的相互影响，理解作为美国人的意义与作为人的意义之间的相互影响，理解自我的建构和国家的建构之间的相互影响。对于文化心理学这个复苏的领域而言，再次注意到 Kessen 的主张(1983)具有十分重要的意义：

764

儿童的研究不能只是，或不能主要是狭义的科学事业，而应该延伸到哲学、历史和人口统计学。如果我们认识到关于儿童研究的这个扩展定义，我们也许就可以预见一门新科学，它的研究对象不再是真实的儿童或真实儿童的一部分，而是不断变化着的儿童的多样性。（pp. 37—38；参考 Bronfenbrenner，1979；Bronfenbrenner，Kessel，Kessen，& White，1985；Kessel & Siegel，1983；Lerner，本《手册》本卷第1章）

文化心理学和认知发展

在之前的章节中，我们已经选择性地涉及一些内容领域，并且从中看出了文化心理学的一些特征，以及它如何通过影响概念、方法和研究的问题，改变了我们对发展的理解和分析。这些内容领域包括儿童期的人际关系、语言和沟通活动，以及自我的发展。第四部分内容我们将关注的是认知的发展，这也是最后一部分内容。其实整个章节中已经充满了与认知相关的术语，比如心理、心性、意义、理解、能力等。但是，认知发展这一部分将对这些术语着重说明，并进行进一步分析。

首先有必要对材料进行选择，我们偏重关注那些不止是改变了我们对认知发展的看法，同时也改变了对发展的一般看法的提案和问题，并且集中在概念、可研究的问题和可能的方法上。从结构上看，这部分分为三个小部分，每一小部分关注如何跨越一个强制性区分。

开篇的材料——关于思维和行为的分离——关注如何将思维方式和行为方式联系起来，关注活动或实践的本质以及参与的概念。接下来的第二小部分——重新审视心与心理的分离——将思维方式和感受、评价、同一性联系起来。对于认知发展的分析来说可能存在争议，我们需要将相随的情感状态纳入研究，同时我们还需要进一步认识到能力范围和学习方式对于个人和他人的重要程度不同，对于个人当前自我和可能自我的适当程度也不同。

第三个大关注点是如何跨越传统取向中人和情境的分离，分为两个部分阐述，这两个部分都产生于理清关于人和情境如何相互形成的总体认识时所遇到的挑战。首先考虑的是具体描述情境的方法上的改变，探究这些改变如何与认知发展的观点相符。这里我们尤其关注的是对情境的解释，情境被解释为施予压力的同时允许创新，它是变化的而非静态的，是异质而非同一的，并且由竞争性的或对抗的立场构成，为个体提供空间以相互协商将学习什么或什么可能受到了质疑。然后考虑的是对认知和认知发展的解释的改变，探究的是情境如何进入认知和认知发展。这里我们应特别关注认知在对比性的领域中的解释(即生物倾向占主导地位的领域和以获得的技能为基础的领域)；技能的本质；以及语言和沟通在我们称之为“心理理论”领域中的具体作用，在心理理论领域中，与年龄相关的改变主要基于生物性变化，社会文化体验的影响较小。

最后，简要地作点评，总结关于文化心理学视角所重视的方法的评论，这些方法适用于发展研究的所有方面，在认知发展的研究中尤能得到说明。

重新审视思维和行为

常规的假设是，心理是第一位的，思维先于行动，至少在发展中这样的假设很理想。随后我们发现它用于解释人们的认知发展是合理的。例如，在法律上，询问儿童是否足够大，以此判断他们是否有能力分辨是非，是否具有相关的知识，以及是否能对他们的行为负责任，这是很合理的。我们还看到在发展研究中，比较恰当的做法是重视人们思维上的改变和变异，而不是行为上的变化或变异。

765

这个常规假设在很多方面都受到质疑，在之前的版本中特别提出了另外两个备选方案。第一，将顺序倒过来，即从行动到思维而不是思维到行动。举一个众所周知的例子，我们都开始于"表现社会性别"(doing gender)。我们给男性和女性规定了不同名字、游戏、衣服、空间、任务，而且看到其他人也如此。这些日常活动为性别分类提供了根基。它们引导我们将性别差异看作是固定、自然的，而且将发展引到较少反映性的方向上，而不是更多。

第二个方案是我们分别详细描述活动、实践的情境和过程，以及参与的本质。比如，在一个社会中，儿童主要的活动带有很明显的年龄特征，每个学习团体或游戏团体都有相似年纪的儿童组成，而且儿童比较远离成人的活动。在另一社会中，学校活动起的作用较小，年幼儿童与年长儿童可能更经常地参与同一团体，当成人在工作、交谈或玩时，儿童也可以在场。

上述两个方案推动了我们对下面两个主要方向的进一步关注：(1) 特定的思维方式和特定的行为方式之间的联系；(2) 对活动、实践以及参与形式进行详细说明的方式。依循这几个方向，我们探究自上一版出版以来这个领域中又增加了什么，尤其关注还留下来的哪些缺口。

在探测思维方式和行为方式的联系时，关于行为和观念内在地相互交织的观点是习俗复合体这一概念的核心部分。难点在于如何找到有效的方式引出这种相互交织的形式。目前比较突出的有两种方式，一种是从特定的行为方式出来，探究相关的思维方式；另外一种开始于特定的思维方式，探究它是由哪种活动或实践建立并维持的。

本章关于第一种方法，即从特定的行为出发，已经举了一个例子，也就是采取对语言和沟通活动进行研究的方式，寻求适当的例子以说明这些活动与真实和虚构之间的特定区分、与不同关系或事件之间的特定差异，以及与感知自我和表征自我的特定方式等如何相关。这种方法还能明确地分析我们对"心理"理解的程度，以及他人所知道的和所相信的内容的分析，这些内容由思维或信念的呈现、成人对儿童的提问、或"我是间谍"(I spy)及"20项提问"(20 questions)等游戏形成。在获得成人的语言的同时，也获得了他们的心理理论(如，Vinden, 1996; Vinden & Astington, 2000)。

提及和语言有关的更深入的例子，我们可以转向与正在探索的这个问题尤其相关的另外一个研究，这个问题就是：哪些行为方式可以互相代替？我们当然可以通过多种途径或者参与多种活动来学会区分各种关系。但是，关于可交换性(interchangeability)的性质，我们仍然知之甚少。这个研究挑选出来的内容领域与叙事的发展有关，研究者比较了父母皆耳聋的听力正常儿童与其他儿童，发现两者在叙事的发展上相差无几(van Deusen-Phillips et al., 2001)。似乎父母之外的他人的叙事活动,足以为预期结构提供示范作用。

口语和沟通活动并不是唯一持续获得认知发展研究青睐的领域。人类学和文化心理学还注意到了其他的很多工具,从棍棒到书面程式、数字系统或地图:这些工具能同时呈现文化变异和历史性改变的性质。到目前为止,已经出现了很多关于如何获得各种工具,以及如何使用和改造这些工具的分析,并且大量地分析了这些工具如何塑造进行思维或问题解决的方式。Cole、Engeström 和 Vasquéz(2000)集中了一系列包含上述问题的文章。Hatano 和 Weretsch(2001)编辑的一些章节中提供了一些更深入的例子,从学习天文过程中地球仪的使用(Schoultz, Säljö, & Wyndhamn, 2001)到计划建构时模型和图表的使用(Gauvain, 2001)。

基于上述材料,我们从中抽取两点,这两点可以很好地扩展开来解释多种活动。第一点是,通过拓展使用,我们很可能不只是学会了如何使用某种特定的工具,同时还可能发展出了对它的认识、关于它如何工作的思维模式及其他的可能性(Oura & Hatano, 2001,描述了学习弹钢琴过程中某特定方面的发展)。另一点是,这个理解过程是社会塑造的,这点我们应该牢记。例如,记录下来并用作阅读的基础和目的的材料在一些群体中涵盖大量的素材和情境,而在另一些群体中,这些素材和目的都被严格限制,只能写某些字母,保留某些解释,或者形成宗教信奉(Scribner & Cole, 1981)。 766

至于第二种方法,即从思维方式出发探究它可能的背景,我们指出,作为一个特例,思维即预示着改变和革新。

例如,在很多情况下人们能发明一些原创的方法或者创造性地改变某些方法,而不是单纯地机械复制。教导方法和定义技术的方式对上述发展有一定的影响作用,它们允许存在个性化的表达而不是严格遵照说明书的要求执行。比如,烹饪和音乐表演,通常是允许个性化表达的,至少在一些能力水平上比喂养动物或种植植物这些活动灵活(Hatano & Inagaki, 1992; Oura & Hatano, 2001)。

另外还有很多时候,人们会对思维和行为的惯常方式进行反思、质疑和抵抗,而不是简单地全盘接受。大多数关于实践活动的分析都使得我们偏离了对发展的这个方面的探索,他们强调的是常规或活动的日常性质在何种程度上削弱了人们对它们的反思、质疑和抵抗。而认知发展强调人们通过科学的最佳方式来理解世界,即提出问题、对矛盾敏感、努力解决不确定性等,这两者形成了强烈的对比。关于常规的看法和实践活动在个体终生时间里以及几代之间如何转变,这个问题尚无定论。

到目前为止几乎没有发展研究的证据表明什么情况鼓励质疑和抵抗。但是,其中一种与之对应的情形是儿童了解了发问者的命运和状态,那就是,他们被看作是怪人,不敬神的或者灵魂迷失的人,他们不能得到他们希望得到的来生。经常的说法是“好奇杀死猫”(Curiosity killed the cat),而不是反驳者所说的,“信息能带来改变”。

另外一种更有可能出现的情形和相同信息的不断重复有关。但是重复本身就是一个有待进一步揭示的概念。通常所见的形式是所有人都在传递统一信息。例如,有研究显示舆论——尤其是和特定观念的情感意义相关的舆论——倾向于限制对特例的监控程度(Frijda

& Mesquita, 1994)。重复还有可能以这样的形式出现,即数个活动中出现同样的信息。比如Samoa儿童参与西方式学校教育的程度较低。而学校外的成人和在Samoa学校活动的性质都传达着这样的信息,即学校与儿童当前和将来的生活方式无关(Watson-Gegeo, 1993)。

在具体分析活动以及参与和不参与(nonparticipation)的形式时,任何强调活动的重要性的研究取向都有必要将活动进行区分。比如,可以通过活动地点、出席人员以及出席人员的心理(比如他们对发展是如何发生的看法,如,Super & Harkness, 1986)对活动进行区分。也可以通过活动可得的或使用的工具或人工制品(如,Gauvain, 2001)、陪同交谈的模式(Gutiérrez, 2002)以及重复的形式和影响(如,Hatano & Inagaki, 1992)来对活动进行区分。例如,实践活动就是通过自己或他人的重复从而产生的自然且恰当的行为方式的活动(如,Goodnow et al., 1995;P. J. Miller & Goodnow, 1995)。

不同的活动所允许的参与方式在多样性上存在差别,这方面我们尤其关注。原因之一在于,参与的变化被认为是描述发展所采取的形式的一种很有效的途径,有关发展的形式和基础的特点由此得以描述。另一个原因在于,对参与的描述是建立在关于活动的共同特征的描述和活动之间有何区别的描述两者结合的基础上,因为所参与的两个人或多个人对活动的贡献不同。

当前,最常见的参与的变化体现在教师—学习者和专家—新手的关系中。根据Vygotsky的理论,发展的过程通常被看作是专家为新手提供指导,并且将任务以允许新手逐步接手的方式建构。

对这个转变过程进行描述是研究的良好起点,但是仍然需要在以下几方面进行扩充:(1) 参与涉及的关系的种类;(2) 参与涉及的步骤或过程;(3) 不参与的性质。

767

关于第一方面(即关系的性质),我们需要继续质疑诸如教师—学习者关系中所呈现的良性的、合作的特点。教师和专家并不总是愿意放弃他们的控制权,而新手也并不总是渴望学会或承担责任(Goodnow, 1996b)。教师—学习者关系也不是唯一采用的关系形式。比如在某些情形下,人们是以团队的形式运作的,或者说希望以团队的形式更好地发挥作用。在另外一些情形下,看起来似乎只有一个人(比如音乐会的钢琴演奏者)在起作用,但是事实上,观众们在聆听,他们还预期将会演奏什么,以及演奏得如何。表演者将观众的期望列入考虑,同时尽力用表演说服观众,他的选择和解释是合理的,甚至让人激动的(Oura & Hatano, 2001)。

至于第二个方面的扩展(即参与的步骤和过程),我们可以参考Rogoff和H. Clark的提议。Rogoff(2003)将参与描述为两个阶段。在第一个阶段中,人们寻求达到相互的理解:例如,了解双方所知道的,双方所寻求的,以及双方对任务的理解等。在第二个阶段中,人们设法建构双方的行为,各自提供一些选择,引起特定的行动或者引导事态使得某些行动更容易发生。事实上,他们进行的是"相互建构的参与"(Rogoff, 2003, p. 287)。

H. Clark(1996)的分析从对话或"使用中的语言"开始,并把它们作为"共同活动"的最初例子。他的分析不是发展取向的,但是为发展研究指出了一些新的方向。Clark(1996)认为，在所有的共同活动中，我们应该探究每个人贡献了什么，应该贡献什么，他们将什么视为共同任务，并且如何着手这些任务，以及什么时候到了他们能力所及的底线。例如，电话接线员和访客之间的对话，一方询问信息，而另一方提供相应信息。双方都不时地确定对方是否听清并且准确理解了彼此所说的话，以及所提供的信息是否就是所询问的，而且问讯的一方是否理解了这些信息。（本质上说，就是“你明白我的意思了吗？”）达成相互理解的步骤不仅仅是描述人们行为的一种方式，也是一种特定能力的标示，这种能力如何获得正是我们努力追溯的。

H. Clark 还认为，在任何共同活动中，我们应该详细说明应用于其中的规则、规定和礼节等。例如，在所有队制比赛中，参加的人可能是参赛者、裁判员、教练员、球迷或观察者。每个人的行为都有一定的限制，违反了这些限制就要受到处罚。对于任何比赛而言，它是由参加的人数和比赛的规则共同定义的。比如，即使达不到要求的人数，人们还是可以踢足球，但是不能算是正式比赛。再比如，下象棋时，你也可以改变每个棋子的规则，但是这就不再是象棋了。

上述描述表明，在任何领域中，技能的获得在于同时习得游戏规则和行为限制。比如，我们可能学到，游戏中违反某些规则或者偏离某些步骤可能会被淘汰出局，而另一些可能会得到容忍。我们还可以学到，没有掌握预期的模式（比如交谈模式）可能不会使你马上结束游戏，但是很可能会导致以后参加同类活动的机会减少。

学习合作规则（Goodnow, 1996b）似乎适用于很多情境，从轮流交谈到讲故事、学校作业，或者任何团队活动。然而，儿童如何习得这些规则，仍有待研究。Martini（1994）对年幼儿童的观察是一个有趣的开端，他注意到经常与年长儿童在一起的年幼儿童（前者通常也是后者的照顾者）很快就懂得只要他们不干扰年长儿童的游戏，他们可以在旁边呆着。家务劳动也能带来这方面的发展。家务活动还能在一定程度上让参与者明白他们需要学习和磋商的方面有：参与的理由，关于如何做的预期风格，个人责任的变动限制（比如，哪些事情可以拖延、缩小规模、委托他人、交易、代替或者被接管等方面的变动；Fuligni, 2001；Goodnow, 1996c, 2004b）。

我们指出的第三个也是最后一个需要扩展的方面与不参与的发生及其性质有关。大多数关于参与的分析都假定参与总是存在的，只是有时候不容易被观察到，比如音乐会上的观众。所以需要予以解释的是参与的时机和参与方式如何变化。但是，不参与还是会发生的，甚至有时候还是被鼓励的，比如参与的方式会起到干扰活动的效果的时候（Goodnow, 1996a）。在这个时候，学习如何用可接受的方式不干扰活动，可能是技能发展的一个主要方面（Goodnow, 2004a）。　768

在这一点上，在进一步探讨其来源之前，我们有必要对不参与的形式进行区分。比如，人们可能是身体上缺席，更微妙的情况是，他们出席了但是没有投入到正在进行的活动中。例如对于儿童来说，呆在教室里就等同于参与（身体上没有退出）。但是，他们很可能对班级的正式活动漠不关心、不积极投入或者不参与其中（行为上、认知上和情绪上）。这种不参与吸引了越来越多的注意和关于它的影响的建议，人们认为困难更多来自于社交和班级环境的性质而不是不参与者自身的特征(Blumenfeld et al.,出版中)。描绘不参与的方式,明确它们是如何发生的,并且找到合适的方式予以改变,这些方面似乎是分析思维和行为如何相互联系会遇到的下一个挑战。

心(hearts)和心理(minds)

文化人类学长久以来包含着这样的认识,即心理的问题与心的问题是不可分割的。感情不能被看作是与思维相分离的状态,也不能简单地看作是刺激思维的动力(Shweder, 1992)。各种能力可以被看作是群体重视的技能(D'Andrade, 1981)。而发展总是相对于一定的社会群体而言的,即个体努力融入该群体的过程,比如,"成为 Kwoma"(J. W. M. Whiting, 1941)。在争论时,采纳已经盛行的言论所居的立场,是心和心理之间的一场战争。

认知心理学试图兼顾几个稍有不同的关注角度。Hatano、Okada 和 Tanabe(2001)编辑的一系列关于"情绪心理"(affective minds)的章节中阐述了两条循环的研究思路。第一条思路聚焦的是情绪如何影响加工性质,产生的效应从赋予某些加工优先权到影响信息收集的程度等。另一条思路聚焦在认知方面促发各种情绪的方式,包括面对感知到的威胁产生的恐惧,到骄傲、羞愧或尴尬等如何出现在对自己和标准的认识上。

文化心理学视角可以为心和心理的分析带来什么新的思路呢?为了回答这个问题,我们就情感(feeling)、价值(values)和同一性(identity)三方面,再次简要总结以前的版本涉及的要点,并且探究现在又有哪些更新。

情感

在之前的版本中唯一涉及的一点是,我们必须避免关于思维和情感的二元取向(two-box approach),这一点已取得广泛认同。这里我们就三个方面予以扩展说明。

第一,用情感状态区分各种共享的观点(D'Andrade, 1992)。例如,文化社群中的所有成员可能都持有"每个人都应该帮助穷人"或者"只要努力,我们就能成为任何想成为的人"这样的观点。但是对群体中的一些人来说,这些看法都是陈词滥调。对另外一些人来说,当面临选择时,他们可能用这些观点指导自己的行为。还有一些人视这些观点是他们行为的出发点,并且寻求各种方式来实现它们。至于为什么群体中不同的人对某些观点的信奉水平不一致,到目前为止这个问题仍有待研究。

第二,在某些情形下,思维或问题解决过程会产生严重的负面情绪。这种情况下我们可能深受打击,认为自己犯了很大的错误,或者违反了某些基本规则,或者做了某些过分、异端、禁忌的行为(Fiske & Tetlock, 1997;Tetlock, Kristel, Elson, Green, & Lerner, 2000)。这些情感是构成我们的理智的重要部分,在不同的文化中也存在很大差异。他们还认为人可能不仅仅是"直觉科学家",还是"直觉神学家"(Tetlock, McGraw, & Kristel, 2004)。这种说法不只是对认知是"冷静的科学家"这一观点的有趣挑战,还恰好与一种实用的方法相联系:呈现存在各种各样错误的人,然后探索对错误的严重程度的判断以及所报告的情绪种类两个方面。

第三,情感之所以引起认知研究的注意是因为它对一些常规的概念和特定的方法提出了挑战。理解他人时如果将情感状态作为其中一部分，注意力水平便会发生变化。下面关于注意在词的两方面如何分配的研究可以说明这个问题。以说英语和日语的成年人为被试，向他们呈现两种词汇，在意义上分别是愉快的和不愉快的，呈现方式为用平顺、圆润的语调读出或者以刺耳、挤压的语调读出，然后要求被试忽略语调来判断呈现的词汇在意义上是愉快的或是不愉快的，或者要求被试忽略意义来判断语调是愉快的或是不愉快的。结果显示，说日语的被试认为第一个任务的难度更大，而说英语的被试认为第二个任务的难度更大(Ishii & Kitayama, 2001)。这种差异如何发展而来是个很有趣的课题，其中一种可能性是以英语为母语使人在语言发展中缺乏对语调的最初敏感性，而专注于词汇意义的发展。

769

价值

乍一看，将价值和认知联系在一起可能让人觉得奇怪。价值毫无疑问与社会性和道德发展是一体的。认知价值更是无处不在，体现在以下各组对比中：所谓的基本要素和补充修饰，重大问题和普通探索，精练地解决问题和毫无想象地解决问题，写作的初始版本和反复推敲的版本，正确合计数字的方式和其他奇怪的方式等。

在以前的版本中，我们已经注意到了认知价值的普遍存在，并且提出了这样的问题：认知价值是如何获得的？认知社会化的本质是什么(Goodnow, 1990a)？这里我们将在三个方面展开分析，第一涉及价值在哪里起作用；第二涉及这些价值如何获得；第三涉及价值标签或价值判断的范围。

在一些领域中价值的作用很突出，以前的版本中我们聚焦的是最终产品的性质，比如，关于我们将学习的，所说的，所理解的，所写的，或所研究的。价值还与加工或学习的特定方式相联系。例如，在很多文化中，通过观察进行学习比通过动手进行学习更受推崇(Rogoff, 2003)。所有文化中，教师和学生对不同的学习方式持有不同的价值认定。比如，西方社会中的很多教师喜欢探索式的学习，通过争论或者尝试消解不同观点来逐个探索备选项。但是小学生们并不热衷于此，而且尽量避免这种方式，因为他们认为这么做会损害他们的友情(Lampert, Rittenhouse, & Crumbaugh, 1996)。对游戏和正规学习所具有的价值的不同看法可以进一步说明问题。中国学前儿童的家长比起欧裔美国家长来，较少将游戏视为认知发展的源泉。此外，中国的学前儿童自身也视具有“美德和学习统一意识”的学习方式更有价值(Li, 2004, p. 126)，而欧裔美国学前儿童在这方面的发展要慢些。这个差别说明，对于中国的学前儿童而言，联合起“心和心理投入于学习”，这是学习的文化模式的核心(Li, 2002, p. 246)。

关于认知价值的获得，我们可以参考以前版本中的解释，这个解释在本质上借鉴了社会学习理论。它强调的是双向互动的过程，比如，在互动中，对一方所说的话，另一方可能回应、支持，也可能忽视、斥责或者主动纠正。Wertsch(1991)注意到儿童甚至在低年级时就学会使用“科学的声音”(the voice of science)，即：根据数字来叙述他们的故事或论点，引用“证据”，谈论物体的物理属性而不是这些物体对讲述者的主观意义。同时他还进一步观察到，如果儿童带到学校里来的讲话方式或者说故事的方式不是老师偏好的风格，他们很快就意识到他们的故事或讲故事的方式不好，而老师会积极地设法消解(Michaels, 1991)这些孩子的风格。

但是,我们获得认知价值的方式不局限于这种直接的人际互动。价值还体现在实践活动中。以学校的时间表或课程表为例,一些学习科目占据了一天中的大部分时间,每天都教,而且很少重新排定。而另一些科目享受的优先权相对低,一旦课程有所修改,这些科目就不可避免地被终止或缩减。而且教材中可能不会提及儿童的祖国,没有儿童认同群体中的成员的意象,也不包括那些作为儿童继承物一部分的故事。幼儿园的老师甚至也不会意识到在Samoa班级中讲述"小红帽"的故事是一件荒唐的事情(Watson-Gegeo, 1993)。学习科目也可被标定为很多种:有些被认为是必修的,有些只是针对最聪明的学生的(比如拉丁文和希腊文),还有一些课程适合于比较不聪明的学生(比如打字)。另外还有一些可有可无的课程,比如大多数现在的西方学校中,即使设置宗教和圣经这样的课程也只是作为选修课存在,而且通常是由学校正式职工以外的人员来教的。而目前对如何以宗教方式看待事件和人的发展的分析关注度较低(Hudley et al., 2003),这些课程的地位与之相适应。因此,我们中的多数人没有认识到世界上其他地区存在的宗教思想的意义,这点不足为奇。

770 由此看来,直接的社会学习和群体中具体的教学和言语活动是认知社会化的两条线索。除此之外,我们需要再增加一条,到目前为止它只是用于判断成人的工作,但是可以扩展到儿童中去。并且它还指出了实践活动之间可以如何相互联系,而这正是本章一直强调的一点。其核心提法来自于Bourdieu(1979)关于智力价值的分析,即关于"品味"或"特性"的分析:这个分析显示了在何种程度上相同的价值判断标准可以运用于不同的情境。例如,我们借用了很多用于判断智力产品的相同维度来判断食品,看它是丰富的或是稀少的,精制的还是粗糙的,摆放得好不好等。Bourdieu(1979)指出,对于欧洲中产阶级而言,品味的精髓在于其价值,而它附属于不同呈现方式,对物质产品或智力产品都是如此。这个提法不仅有助于阐释在不同群体之间存在差异的领域,而且还提出了一些发展性的问题,这些问题是关于在连续情境中,什么程度的通用展现(common presence)能使得价值更容易被提取或者更难被忽视。

有关价值的第三个方面,也是最后一个方面与价值判断的范围有关。到目前为止,我们对各种思维、学习或问题解决的描述只停留在哪些更受重视或者哪些更优先,这样的描述显然还不够充分。至少,我们可以加入来自Ochs(1990, p. 299)的提法——"非首选的"(dispreferred),来指代那些不会被主动选择的方式。我们还可以进一步扩展,用哪些方式是理想的,哪些是可接受的,而哪些是不被推崇的来描述其价值,还可以用诸如毫无疑问的、不可能的、不能容忍的(Goodnow, 1995, 1996a)、怪异的、不可思议的(Fiske & Tetlock, 1997; Tetlock et al., 2000)等词汇来描述价值。

与预期的思维方式最格格不入的方式是什么,我们仍知之甚少。基于Fiske(1991)关于社会取向的解释,Tetlock和他的同事提出设想,认为其潜在的基础是对"交换领域"(sphere of exchange)的违反。其中一个例子是,商品(可交易、出售或丢弃)和非商品之间存在区别,模糊两者之间的界限即是对预期思维方式的一种违背。例如,所有文化都会各自形成关于可以买卖的和不可以买卖的之间的差别。他们可能关于什么可以买卖(比如,人,性,忠诚)

有不同的看法，但是这些差别深入人心。此外，我们还需要更多地了解形成这些差别的发展背景和与之相连的情感。但是，这些判断仅是价值尺度的很小一部分，因此我们必须在思维方式的判断上加入更多的价值标签，扩展价值判断的范围，而不仅仅是将它们简单归类为是否受重视。

同一性

在以前的版本中，我们出于将认知发展和同一性问题联合分析的需要，将这部分的讨论分为三种方式，但这往往割裂了有关认知发展的分析思路。

首先我们注意到的是，特定的思维、问题解决和自我表达方式能表明一个人是受过训练或受过教育的，当其他条件允许时，他们对接下来要做的事情有更多的选择(Nunes, 1995)，通常也有足够的动力去学习复杂技能(Hatano, 1995)。第二，能力的改变能带来他人赋予我们的同一性的一些相应变化，例如，一个人可能现在被看作是某从业者群体的合法成员(Lave & Wenger, 1991)，但这种身份上的显著变化并不常见。第三，获得能力只是事情的一面，没有获得某些能力也可以标志同一性(如，被当作是“自己人”，Willis, 1977)，或者作为保护个人的同一性的方式，保护个人认为自己在本质上是有能力的自我感(如，Cole & Traupmann, 1981)。关键的技巧可能在于经营维持双重自我：例如，面对老师，维持官方的同一性，讲道理并且遵守规则。而面对同伴时，看起来似乎有章可循，但事实上很少服从或对规则嗤之以鼻(Corsaro, 1992)。

以前的版本中，我们已知，在发展过程中同一性的策略性呈现，以及在保持与被赋予的同一性(比如，儿童或初学者的同一性)协调的表现，我们在这些方面仍需要更多探索。例如，与儿童的定义不相符的，过早地知晓了有关性和金钱价值观的知识。又如，与初学者概念不符，公开且不恭地夸耀技能或者表现悠闲。

这些，还有什么需要补充呢？似乎我们尤其需要在以下三个方面展开讨论：(1) 成员的本质；(2) 探究群体中哪些成员更重要；(3) 逐步认识社会和个人同一性、多重同一性，以及当前自我和可能自我等概念的含义。

第一(即关于成员)，当前发展问题的研究者对下述论点相当熟悉，即个体能力的提高不仅仅被看作是个体的变化，还关系到个体正逐渐成为群体中被接纳、被认可的成员。这里我们需要补充说明的是，它所提及的第二方面的变化并不一定会发生。我们的世界还不够理想，因此对接纳可能还是有所保留的。官方的资格认证总是供不应求。我们现在需要更细微地探究诸如群体和成员这些术语的意义。

771

Rogoff(2003)提供了一个例子，将参与从成员关系中区分出来。她描述的是她自己的例子，虽然她已经“参与了 Guatemala 的 Mayan 社群数十年，但是那个社群中的人(包括我自己)不会将我看作是那个社群的成员”(p. 83)。她接着说，我们最好聚焦在“参与这个更动态的概念上而不是绝对的成员关系概念”(p. 83)。我们还应该再深入思考社群的定义性特征，比如说，社群不应该被局限地定义为“面对面交往或者居住的地理位置接近的人”(p. 81)，而应该被定义为“拥有共同、长久的组织、价值观、理解、历史和实践活动的人的集合……社群中的人努力共同完成某些事情，并且稳定地参与其中……社群包含几代之间的传承,而且拥有常规的处理方式来实现代与代之间的过渡"(pp. 80—81)。此外,"社群中的参与者通常持续地将他们的卷入和他们与其他成员的长久关系看作是生活中的核心,可能表现为情感、忠诚感,也可能表现为努力回避社群方式"(p. 81)。至于人们如何获得这些社群中的理解以及相应的归属感,仍有待进一步研究予以揭示。

关于第二方面(即社群中的一些人比另一些人更重要),我们以 Minsky(2000, 2001)的一些提法为例。这些提法的出发点将人看作天生就是赞扬和批评的"探测器"。但是赞扬或批评的影响取决于作判断的人和接受判断的人之间的依恋程度或亲密度。比如,陌生人的评论所引起羞愧感不如父母的评论引起的羞愧感强烈,因为儿童与父母之间形成了依恋关系。类似骄傲或羞愧这样的情绪体验,以及 M. Lewis(1993)认为的作为其基础的标准、规则、目标的发展,这两方面都取决于依恋关系的发展以及和儿童有直接利害关系的人员的范围,在任何文化中这些人都是儿童获得赞扬和批评的来源。

最后的扩充(对同一性的进一步分析)采取几种形式,每种形式着重描述发展内容的一个方面,在有些情况下,包括对认知发展所需的条件的描述。

首先,关于社会同一性和个人同一性的区别。个人同一性指的是人们是否将自己视为有能力或有创造力的个体,或者现在的自己和以前的自己是否仍是同一个人。社会同一性指的是我们将自己归为特定社会类别,或归为他人置于我们的社会类别。比如说,我们可能将我们自己描述为亚裔美国人、中国人或广东人,以及是第一代的,还是第二代或第三代的。还有些人可能用一个比较松散的类别来指代个体,比如不管是印度人还是日本人,一律称之为亚洲人。对社会同一性和社会类别的兴趣由来已久,尤其自 Tajfel(1981)的研究开始。不过他的大部分研究还停留在社会心理学的角度,而且只涉及成年人的生活。现在越来越多的证据表明我们需要对发展进行进一步分析。

在各种情形下以及不同的人面前用恰当的方式描述自己,这种能力的提高可以被看作是认知发展的标志(如,Banarjee, 2002)。儿童关于某些问题回答的适当性随年龄不同而不同,比如,"假设你在商场里走失了,而我就是要找到你的侦探,如果我没有见过你,也没有你的照片,告诉我要找到你的话我需要知道哪些信息?"另外一个随年龄增加而发展的能力是形成适合个人战略性需要的同一性表达方式。以 Cooper、Garcia Coll、Thorne 和 Orellana(出版中)等人的观察研究为例,一家奥克兰学校中的两个女孩很习惯于她们的混合背景(混合这个词在这家学校中经常使用),其中一个女孩的母亲是美籍华人,她的父亲是犹太人,另一个女孩的母亲是白人,父亲是埃及人。我们注意到这两个女孩都会用她们的混合背景来避免争吵(混合意味着在一些和人种有关的冲突中保持中立),或者避开成为白人的轻微污名,并且用她们混合背景来建立联盟(比如"我告诉那些黑人小孩我是埃及人,埃及在非洲")。

772

其次,关于个人同一性和集体同一性的区别。"我们"这个概念中涉及的就是集体同一性(Thoits & Virshup, 1997),相当于之前我们提过的 J. W. M. Whiting 对发展的描述,即"成为 Kwoma"。正如 Ruble 和她的同事所指出的,大部分有关集体、社会或文化同一性的研究都是针对成人的,相比之下,关于儿童的研究大多数涉及的是性别和性别恒常性(Ruble et al.，出版中）。关于种族恒常性和性别恒常性在何种程度上遵循相似线索发展，这方面已经有了初步研究（Rhee，Cameron，& Ruble，被 Ruble 等引用，出版中）。另外，关于儿童的集体同一性是否与所观察到的成人的集体同一性有相似的结果，如果是，那么是什么时候（如，对意向内容和信息加工过程的作用，或者，Yip 和 Fuligni 的研究中指出的，如何从集体同一性中获取力量来成功应对转折期，比如转学），这方面的研究也已经有所开展。

第三，对同一性多重性的认识，因为人们往往处于多个社交情境。比如，大多数的儿童涉及的社交环境包括家庭、学校和同伴。尤其是父母出生在国外的儿童，他们的社交环境与他们的言语活动或价值观很可能具有很大的反差，在这两个世界中穿梭发展不可避免会有撕裂的感觉。因此他们——也包括其他儿童——会相应地发展出穿越边界的能力，使得他们自己能在多种场景中协调获得比较舒适的时机（Phelan，Davidson，& Yu，1988）。

最后，关于当前自我和将来可能自我之间的区别。对儿童在学校里的表现或参与有重要影响的不仅仅是儿童对当前自己的认识，还包括将来能成为什么样的人的想象，以及把将来变成现实需要采取哪些步骤的觉知。这个提案在直观上很好理解，也得到了加州计划（California program）的成果的相应支持。加州计划旨在帮助移民家庭的儿童了解在学校从一个等级到另一个等级所要经历的途径（比如，不同等级所需的特定数学水平），以及帮助他们加强信念，使他们相信自己有能力通过过渡期的考验，并且更确信他们自己的“同一性路径”（identity pathways）（Cooper，Dominguéz，& Rosas，出版中）。

这方面的研究还在起步阶段。但是不难看出，这些研究方向能极大地拓展我们的视野，丰富我们关于同一性问题，以及情感和价值观作为认知发展的组成部分的认识。

个人与情境

在发展的很多领域中，其中一个很突出的问题是如何界定个体和个体所生活的社会环境对个体发展的贡献。这两个方面都必须得到重视，不可偏颇，因为有时候只强调教学或社会化似乎是将个体看作是白板或海绵，即只需要接受适量的信息个体就能得到发展。而有时候只强调个体对意义的积极建构作用，似乎将外在世界看作在本质上空白的，忽视了个体必须投入和理解的历史与方向性：

> 既然承认了这两方面的贡献，那么接下来的问题是它们是如何相互交织作用的。首先，我们必须认识到“人”和“情境”相互影响的方式并非是单向、静态、线形的。其次就是它们之间的相互依赖具体表现在哪些方面。例如，关于人和情境的关系，可以被描述为“相互创造”（Briggs，1992）、“相互塑造”（Cole，1990）、“相互形成”（Shweder，1990a）、“共同建构”（Valsiner，1994）。

这些表述的具体意义，特别是和认知发展有关时，体现在哪里？为了回答这个问题，我们根据不同出发点将大量材料分为两部分。一部分材料从对情境的描述出发，探究情境对发展的态势或过程有何影响。另一部分材料从认知发展的角度出发，探究社会和文化情境如何介入发展过程。

这两部分材料都暗含了一个先决条件，即我们描述其中任何一个术语(情境或个体发展)时都不可避免牵涉另一方的性质。情境的生态学描述(比如，将世界描述为一系列嵌套的循环，始于家庭，通过工作延伸到社会各部分去)将发展看作是一次旅程，个体自己寻找航线，获得航行技能，以及发现有用的指南。还有一种观点将世界看作是一个舞台，我们在其中各自扮演一定的角色，寻找自己的位置，这种描述暗含的意思是发展需要获得自我表达和情绪管理的有效方式。

773

从另一个方向来看，如果将发展描述为逐渐懂得事件的意义或者发现其中规律，意味着我们对世界的理解不是一蹴而就的，世界的顺序或结构潜藏在其变化的外表之下。如果将发展描述为逐渐学会有效使用符号或可用的人工制品，则意味着在世界上存在着各种可用的工具，其中一些比另一些更容易获得，或者更先进。如果将发展描述为参与活动及其形式的改变，意味着世界为我们提供了不同的参与机会使得我们能在其中建立常规。事实上，关于个人/情境领域，对其中一部分的描绘方式总是已经暗含了关于另一部分的描绘方式。这种交叉制图(cross-mapping)的方式似乎比用分离的维度分别描述个人和情境，然后再将两者进行联系的方式更有价值(Goodnow，2004a，2004b，出版中)。

从描述情境出发

到目前为止，描述情境的方式很丰富，相关的内容可参考Cooper和Denner(1988；也可参考Cole，本《手册》第二卷第21章)的总结。

首先，我们就内容描述和性质描述进行区别。比如，将文化描述为共享的意义、实践活动或叙事库，侧重的是内容方面。如果将文化描述为不断变化的，或者多元的、竞争性的，侧重的是性质上。

我们选择来作特别评论的内容描述通常无法穷尽，只选择其中某些内容又会让我们对遗漏的部分感到不安。所以，我们往往侧重于描述那些有助于儿童和家长建立常规的各种机会，或者对发展具有至关重要作用的日常活动(如，Gallimore，Weisner，Guthrie，Bernheimer，& Nihira，1993；Weisner，2002)。然而，选来进行深入评论的描述因为在一定程度上改变了我们对发展形态和过程的理解，并且包含了某种特别的裂缝，往往给我们以冲击。

我们从情境描述的几个例子开始。前两个是将文化情境视为联系的实践活动和叙事库的描述。在这两个以及其他的各种描述中，我们理所当然地认为，同人一样，文化是不断变化着的。

情境：联系的实践活动。我们注意到，在以前的版本中(p. 913)提到“从不同的实践活动领域中是否能概括出一种心性(比如印度心性)，或者具体的实践活动领域各自有特定的心性(比如印度睡觉安排的心性)，这始终是个开放的需要实证的问题”。本章中这个问题也很突出。但是，我们还缺乏足够的证据来考察实践活动之间相互联系的实质。之前我们曾提到，其中一种可能的联系方式与对产品进行评价性判断时所使用的维度相似，比如Bourdieu(1979)关于食品和其他智能产品的评价都用了“品味”和“特性”分析。另一个例子来自 Rogoff(2003)关于实践活动的分析,与之相随的各种安排在西方的学校中较常见,比如,按年龄分年级,对不同年龄准备状态的关注,用表扬的手段鼓励儿童发展兴趣或作为其成就的奖励,提一些答案已知的问题,儿童用各种方式寻求成人关注,将学校中的对话方式移植到家中等,所有这些方面很可能同时发生。另一种可能的联系方式,如 Rogoff(2003)注意到,对特定的关系(水平关系或垂直关系,双方或多方关系)的重视与各种安排中体现的差异有关,比如"睡觉安排,纪律,合作,性别角色,道德发展和学习中的辅助形式"等(p. 9)。

我们现在需要更深入的例子来说明这些可能的联系方式,需要进一步的线索来说明发生的事件以及联系的程度,而且,如果相互联系的实践活动发生了,我们需要确证它是否会给发展模式带来变化。成人为儿童塑造社交世界的方式不能显著地体现其联系性,那么儿童能否轻易地从一个相互联系的实践活动转移到另一个?如果他们已经体验过一种实践活动,那么他们能否更快学会与之相联系的另一种实践活动所体现的独特性?

情境:叙事库或解释库。文化情境的这个观点引发了另一个相应的论点,即所有的社交情境都应该从历史的角度来看待。从根本上说,这个论点的含义在于过去为我们提供了一系列的文本或叙事。从这个叙事库中,我们可以提取,可以补充,也可能发现一些已经被遗忘的财富。每一代人对叙事库的态度也不尽相同,从充满尊敬到漠视、玷污、不屑。在所有的文化心理学家中,Wertsch(1991)从这个角度对文化作了最佳阐释。更广义地看,这个概念对 Bakhtin 的研究极为重要,他注意到比如 Rabelais 或 Joyce 这样的小说家打破以往一贯的叙事模式的几种方式:其中一种方式是通过覆盖之前不恰当的主题;另一种是改变结构,甚至在句子水平上进行改变(Kristeva, 1980,从而提供简洁、易阅读的数量)。这个论点还包括,一些打破过去模式的方式及时地被其他方式吸收,由此成了 Valsiner(1994)所描述的影响的螺旋(spiral of influence)的一部分,使所提取的内容的性质发生改变,或者这种打破过去模式的方式被看作是合理的选择:

774

> 我们要补充的是,小说不是唯一引起我们注意的文本或叙事,也不是唯一对选择和转化的各方面提出质疑的文本或叙事。比如,Martin-Barbero(1993)曾提出一种相似的分析方法研究文化如何通过艺术、音乐、电影或电视的形式表达,从而从一种文化传播到另一种文化中去。他指出,尽管如此,但并不会发生这样的情况,比如南美地区的文化被北美地区的文化"侵占"或"淹没"。事实上,这是一个选择、利用和适应的过程。

上述观点对认知发展的性质有何含义?其中一方面,现在我们认为发展包括获得关于过去的文本的态度或立场。这种态度或立场可能是充满敬意的,认为解决问题或者论证某个观点最佳的方式就是从过去寻找答案和支持。相反地,也有人认为过去与现在没有任何关系,或者认为过去不可避免地有所偏差(比如,认为过去是老人的产物)。对于后者,由于各种原因我们需要再证实,而随着个体发展,这个态度也会发生相应的变化。

总而言之,将情境解释为叙事库提醒我们,最最核心的过程可能就是选择和转化的过程。这些过程进入发展形式就为个体带来了挑战。如本章稍前部分所指出的，儿童对叙事的选择和转化是一个十分有价值的开端，由此儿童能从中寻求特定的叙事或叙事风格作为其最佳模版。此外，我们还要探索儿童如何将所读到的文本结合运用到他们自己创作的文本或叙事中去。比如，如果一位10岁的男孩以这样的一个句子开始讲他的故事：太阳冉冉升起在两个世界之上——一个是Sven已经熟悉的，而另一个是他将被流放的。我们可能很快就会产生这样的猜想，这个小男孩的阅读背景可能包括一些科幻读物。什么样场景、对白或人物更容易被吸收利用或者更容易转化为其他文本？什么因素决定这些场景、对白或人物的处理方式？总之，叙事的选择和转化似乎能很好地获取儿童所遇到的历史和文化变异，并且引起选择、拒绝、转化的过程。

情境：共享的意义或实践活动。将情境描述为共享的意义或实践活动在人类学中尤其引人注目，即强调文化模型（共享的看待事物和人的方式）、文化实践活动（共享的行动方式）或者习俗复合体（行动和意义结合的一种取向）的存在。在本章中，我们已经涉及了一些有关发展研究相关观点。现在，基于对认知发展的和共享的观念或实践活动的性质的关注，我们补充说明另外一些用于发展研究的观点或立场。

在一些人类学研究中，共享的本质带来了一系列问题，比如社群在什么程度上意见一致，以及个人观点被奉为社群模版的人其立场被看作是对抗变异性的发生（如，Romney, Weller, & Batchelder, 1986）。这些研究都是针对成人的，但是为我们指出了一种看待发展的新方式。任何内容领域和所有年龄段中，在什么程度上社群意见一致？是否存在特定的领域或年龄段，如果个体不趋同于社群的一致意见，即游离于社群一致意见之外或者不赞同，会几乎被看作是禁忌之一，应当尽力避免？是什么因素促使人们愿意和他人共享同样的理解或者用同样的方式行动？通常的解释是人们希望能用容易交流意义的方式理解他人，并且被他人理解。其中的原因可能还包括自我的策略性展示。

775

共享的本质还带来了一些其他问题，比如，如果持有一种心理或者用一种方式行动的人之间产生很大分歧，会怎么样？儿童会如何处理这样的状况？我们用来自加州的班级为例，这个班级是研究者观察儿童如何处理社会类属的基地之一（Cooper, Garcia Coll, et al.，出版中）。在这个班级中，儿童来自不同的种族背景，有时候皮肤颜色或者穿着风格会把他们突显出来，穿着标志最显著的是来自伊斯兰家庭的女孩，因为她们戴着面纱，其他的小孩可能会取笑她们穿着怪异，其中一个伊斯兰女孩的回答是："这是我们传统的一部分。"这个回答体现了这所学校的教育取向，即尊重他人的传统，在很多课程都会传达这点。事实上，共享的意义通常用于证明某个未被共享的实践活动是正当的。对回答的选择及其快速效应阐明了共享的意义和实践活动的一些方面，但仍需要其他发展例子的进一步阐释。

情境：多元和竞争性。没有哪个社会是完全统一的。比如，在最发达的工业社会中，往往不止一种宗教、一个政党或一种学校教育形式，通常存在多个阶层，多个原产国（country of origin）。还有一些其他的形式，从表征它们的形容词中即可看出它们是为少数人所用（比如另类医学，另类学校教育，独立电影制作等）。不仅多样性的存在很重要，它们之间如何相互竞争、相互协商也很重要。比如，一个社群中的人可能认为对另一社群成员最好采取回避，或者交往时保持一臂距离，或者直接拒绝。一旦这些举动不能达到个体的目的，那么交往双方可能需要进行磋商或者中止交往。教堂可以联合起来，组织、推进一些共同的活动。独立电影制作者可以形成工作室联盟，以合作的方式制作电影。

文化研究领域普遍对情境持上述观点（Martin-Barbero 所引用的文献即来自文化研究领域，1993）之所以引起了发展研究的注意，部分原因在于它使我们摆脱了将文化或情境看作是状态或事物的观点，相反，它强调的是文化社群多样性的存在，以及它们之间的相互了解和所形成的关系。并且，人们逐渐了解与他人或其他观点在什么程度上碰撞是允许的。

对获取知识过程的控制是社会学分析中一个由来已久的主题（如，Bourdieu & Passeron, 1977；Foucault, 1980）。在发展研究中，体现在比较儿童的动物生物学知识是通过亲自喂养动物获得还是由老师根据一些规定程序教授得到（Hatano & Inagaki, 1986）。而在社交性更强的方面，则体现在儿童与他人碰撞的本质带来的相关问题，父母往往用蚕茧的方式建构儿童的世界，以致至少延迟了儿童与不同的他人交往的经验（Goodnow, 1997），或者他们用更直接的方式进行预备工作。比如，一旦发现儿童可能会遭受歧视，父母可能马上就会通过强调社群自己的历史来激励儿童的自豪感，或者教导儿童具体回应骂人或其他贬损行为的方式（Hughes & Chen, 1999）。这两种体验都会影响儿童在社会类属、针对他人的观点，以及对人与人之间的差异的反映性程度等方面的发展。关于这些效应的本质我们目前还知之甚少，但是他们为我们提供了很多有说服力的例子，有助于说明社会/文化情境的特定性质与认知发展的特定性质如何有关。

从描述认知发展出发

之前的章节中，我们从描述文化情境出发，探究其与认知发展的关系，并且注意到了所有暗含的看待发展的新角度或新的研究问题。现在我们从另外一个方向出发，换种方法来研究，即从认知发展的特定描述出发，探究文化情境如何介入认知发展。

描述认知发展的方式也很多。在以前的版本中，我们介绍了其中三种：(1) 从最初微弱的流体状态到较完备或者功能更平顺的状态的转变；(2) 信息加工的性质发生改变：比如，关注或复述的内容有所变化；(3) 趋向于将认知发展分为两个领域，因为两个领域具有不同的发展性质。

一直以来对第三个方向的关注最多。这个关注反映了有关领域特殊性的争论在一定程度上已经成了探索类似本章一开始就强调的问题的最佳场所，即在认知发展领域中是否有留给社会/文化因素的位置（先天倾向可能已经足以解释发展）？如果有，社会/文化在其中具有什么样的位置？以及，既定的能力和文化环境如何融合？

从根本上说，这两个领域推进认知发展的方式存在很大的差异。相当于核心或优势领域和其他领域之间的区别（Keil, 1984；Siegler & Crowley, 1994；Wellman & Gelman, 1988）。首先，在优势领域中，人们通常准备着获取处理重要事件的知识系统。第二，在非优势领域中，发展依赖于一般的学习机制（Keil, 1984）或采集模块的模块（Sperber, 2002），在这个领域中，认知发展通常被概念化为专业技能的获得。对于这两个领域来说，社会文化视

776

角都有一定的贡献。因为对这两个领域的概念化不同，因此文化心理学对两者的观点也不尽相同。

非优势领域：作为专业技能的认知发展。从传统角度说，专业技能意味着丰富、结构良好的领域知识的累积，它由一系列易于使用的“组块”组成(Chi, Glaser, & Farr, 1988)。认知研究者普遍赞同，专业技能的获得需要数年在相关领域解决问题的经验，并且需要高度投入，而且往往是一些审慎的实践活动(Ericsson, 1996)。

文化心理学之于上述描绘有什么补充呢？正如我们看到的，一个核心的补充是，文化心理学详细地阐述了专业技能的组成成分，以及它是如何获得的。

通常认为，儿童和外行的成人通过反复参加文化组织的实践活动，从而获得胜任这些实践活动所需的技术和知识(Goodnow et al., 1995)。这里我们可以补充的是，首先，重复参加实践活动的时间数很重要，但是更重要的是重复的性质。Oura 和 Hatano(2001)针对一组非专业的钢琴演奏者的研究很有力地说明了这一点，所有的这些钢琴演奏者都是从 6 岁甚至更小时开始练习弹钢琴，但是其中一些已经达到了初级专家水平，而有些仍然处于新手状态。那些达到初级专家水平的演奏者往往从听众的角度来检验并且精炼自己的表演。事实上，这两部分人所进行的练习本身就存在差异。比较不成功的这部分演奏者是为了老师而练习的，他们期望老师来评价他们的演奏是否顺畅、是否准确。而那些成功的演奏者他们进行练习是为了能在公众面前表演，因为他们会考虑到发展属于自己的表达方式。

第二点要补充的是，获得专业技能的过程离不开他人和一些人工制品的帮助：人们并不会期望新手完全依靠自己的力量来解决问题。Takahashi 和 Tokoro(2002)对有经验的业余摄影师(高级摄影爱好者)的研究说明了这一点。大多数的摄影爱好者都明确地表达了他们对所拥有的支持网络的感激：这个支持网络包括同伴、指导老师以及为他们提供交通工具和食物的家人等。尽管有时候学习者看起来是单独进行问题解决活动的，但是其他人仍然会以竞争者或者他们产品的购买者之类的身份参与到他的活动中来。比如，这些摄影爱好者希望能抓拍到每一个他自己和其他人都觉得好的镜头。和学校学习不同的地方在于，他们的技术之所以能提高很多时候是因为将受众装在心里的缘故。

第三点补充同样开阔了我们关于专业技能的获得过程的理解，强调知识和技能获得过程中伴随着社会情感的改变，比如兴趣、价值观或同一性的改变。Lave(1991)认为发展中的个体所参与的实践活动往往还涉及大量其他的参与者，他的这个论点很大程度上体现了我们现在所表述的观点。人们认识到所有的实践活动都包括社会情感互动和劳动的认知分工两部分。获得专业技能的过程也不能例外，它不可能纯粹只涉及认知。例如，那些会使用算盘的日本学生，他们之所以能掌握这项技能是因为首先全国上下充满了欣赏专业技能的氛围，其次他们是和算盘俱乐部里的其他成员一起学习，或者因为有竞争对手的存在促使他们不断进步(Hatano, 1995)。再比如，在为无家可归的人设立的流动厨房中服务的志愿者，他们不仅能学会熟练地帮助需要帮助的人，更重要的是，他们更乐于帮助他们，而且具有更强的共情能力(Youniss & Yates, 1997)。

最后，文化视角还有助于我们用获得的专业技能和是否有所革新对各个领域进行区分。

有些专业技能领域中知识很贫乏：这些领域中的专业技能在本质上是复制的。而另一些领域则包含很丰富的知识：在这些领域中，个体获得了专业技能后，往往有可能带来文化上的改变。比如，专业厨师可能通过组合各种材料和烹调方法来发明新的菜式。如果这项新产品能吸引厨师团体的大部分成员，那么新发明的菜式可能被烹饪文化吸收。

777

核心或优势领域中的概念发展。优势领域中认知发展的概念化与非优势领域中相差甚远。其出发点在于人类具有先天的生物学倾向，在获得任何专业技能之前就倾向于注意某些事件或产生某些推论(如，Keil, 1984)。在此基础上，个体建立了他们关于世界的重要方面的相干知识体系。许多研究者假设核心领域的思想，比如朴素物理学、心理学和生物学思想，儿童很早就能轻松获得，而且这是普遍共有的现象。但是其建构的方式是多种多样的。如 Karmiloff-Smith(1992)所注意到的，与生俱来的约束条件可能“通过限制涉及的假设来加强学习”(p. 11)，但是它们同样也限制了那些容易习得的部分。早期存在这样一个假设，有关先天倾向的种种证据极大地削弱了文化在早期概念发展中的作用，尤其在儿童最早的几年里(如，Carey & Spelke, 1994)。

文化心理学如何挑战这种只重视人类由进化而来的遗传方面的观点？朴素心理学或心理理论(TOM)领域对此作出了较好的阐释，这些领域告诉我们文化心理学观点不仅改变了关于发展过程的特征描述，还带来了研究方法的相应变化。

比如，Wellman、Cross 和 Watson(2001)通过大规模的元分析研究发现，出现的大量研究都集中在依赖年龄发展模式的描述上。其结果大致如下：年幼的儿童还无法认识到人们的行为往往取决于他们对当下的事实的理解，而这与儿童逐渐懂得现实可能一致，也可能不一致，稍年长的儿童则能准确地认识到这点。总的来说，它的前提假设是，经验对发展次序影响甚微。

越来越多的革新性研究与文化心理学的观点是相容的，也有可能是受其影响。其中一些研究提出关注儿童与重要他人的沟通形式可能会为探索 TOM 发展带来新的视角。另外一些研究，我们之前也曾提过，则认为使用语言作为表征心理状态的工具对 TOM 发展极为重要(Astington & Baird，出版中)。

至于研究方法，这些研究旨在将儿童的社会文化经验与他们关于自己和他人的心理状态的理解的发展结合起来。其中一种方法是，先分析儿童在家庭中的日常对话，然后检验他们对决定性行为的信念的理解。比如，有研究发现，家庭中解释性对话的差异与儿童随后的 TOM 的发展有关(如，Dunn, Brown, Slomkowski, Tesla, & Youngblade, 1991; Dunn, 2000)。另一种研究策略是比较不同总体中的儿童的 TOM 表现，其中，Peterson 和 Siegal (1995)的研究为我们提供了有力证据说明与重要他人的复杂沟通对于 TOM 的发展极为重要：对聋哑儿童而言，如果他们的父母听力正常，那么他们必须在往后的岁月里学会手语，这种情况下聋哑儿童的 TOM 发展可能会受到延迟，如果父母本身就会很流畅的手语，他们的孩子的 TOM 发展不会受到影响。还有一种方法，由一系列训练研究(training studies)组成，可以呈现言语互动在 TOM 发展中的因果作用。比如 Lohmann 和 Tomasello(2003)已经证明了 3 岁儿童对错误信念的理解可以通过以下两种方式促进，一是可以通过视角转换

(perspective-shifting)的言论,二是可以通过对表征脱离现实的信念的句法进行句子填充。

朴素生物学领域同样也包含了占主流地位的传统的用依赖年龄模式进行的发展研究,以及创新的社会文化研究。例如,Inagaki 和 Hatano(2002)所回顾的大量研究中,大部分都是从发展的传统观点出发,并且聚焦在儿童何时能自动获得生物学知识。但是,也有一小部分研究(与文化心理学观点相称)表明在城市儿童(这些儿童往往是典型的实验参与者)中观察到的发展的年龄规律并不普遍适用,事实上,儿童所获得的经验不同,他们的发展模式也各不相同。

大多数研究都显示年幼儿童的朴素生物学知识是以人为中心的:他们倾向于用人的情况来概括其他动物所具有的属性。但是在那些平时有很多机会与非人类动物或植物直接接触的儿童中,这种倾向相对较弱,甚至根本不存在(Atran et al., 2001;Ross et al., 2003)。即使在城市儿童中,如果他们积极地、长期地喂养过小动物,他们以人为中心的倾向也会得到减弱。从喂养过的动物那里获得的知识可以作为一个额外的资源,帮助他们类推不曾接触过的动物的认识(Inagaki, 1990)。儿童的这些认识还会受到文化如何对人、动物、植物进行归类的观点的影响(Hatano et al., 1993;Stavy & Wax, 1989)。简言之,不同的社会文化环境下,儿童的朴素生物学知识得到的实例表征不同。

从知识的具体领域出发,为了进一步探索这个问题,一些研究者提出了几种关于遗传倾向和社会文化的促进因素或约束条件交互作用的观点。比如,Gelman(1990)提出先天的限制提供了一个框架,后天的社会文化可以对它进行不断填充。另外一种说法是,这两方面的限制通常是以相互促进、相互引导的方式运作的,而且随着文化学习各个领域获得越来越多的知识,先天的限制作用逐渐减小。Worth 特别注意到,在出生后的几年里,儿童开始用一种人类特有的方式学习,具体表现在他将注意和模仿结合起来(Tomasello et al., 1993)。

这几种提法都超越了将发展只看作遗传倾向的产物或者只看作社会文化环境的产物的观点。毫无疑问,一些区分能力是与生俱来的——比如对内部和外部的区分,对生命体和非生命体的区分。但是,文化为我们提供了整个社群或子社群共享的便于使用的人工制品,包括物质设施和工具、社会机构和组织、记录下来的知识以及公众信念等。此外,还包括他人的行为、与他人的互动以及共同创造的社会情境。我们最好将认知发展看作是社会文化环境和遗传倾向两方面限制交互作用的结果(Hatano & Inagaki, 2000)。

简评认知发展:方法问题

在通常被看作是先天遗传的认知领域中,人们开始探索社会文化经验在其中的位置,这些尝试使得很多相关的研究方法浮出水面。方法的多样性使得认知发展这部分章节再次重申、强调了本章之前部分关于方法的诸多要点的陈述:尤其重要的一点是,各种方法地位的转变是文化心理学视角的主要特征之一。

跨文化的比较并不是唯一可行的方法,尽管这种方法通常也能提供一些信息。最有效的程序应该是聚焦于特定的文化及本土的一些实践活动或思维方式。其他有价值的手段还包括从本土的实践活动出发探究与之相伴随的观念,或者换个角度,即从特定的信念出发探究与之相联系的实践活动。

关于方法的这个方面(文化内研究还是跨文化研究)不只是一个关乎实用性的问题。正如Cole(2001)所指出的,它还反映了我们是否认识到,“所有的人类群体都生活在一个充满了祖先遗留下来的历史的世界中……文化和文化媒介是人类生活的普遍特征,也是构成人类发展必不可少的部分。因此,文化媒介过程的研究可以放在任何一个大规模的、具有人口统计特征并且由一定文化构造的群体中,通过研究其中的各种实践活动来实现”(p. 168)。

我们希望这已经是个显而易见的事实,大量地借用实验研究和人种学研究两种取向为我们的研究带来了很多好处,心理学家也能更充分地了解如何借用人种学研究的诸多方法(P. J. Miller et al., 2003,常被引用)。从心理学之外借用一些概念分析也很重要。我们有时还会汲取人类学、社会学以及文化或叙事研究的一些方法,文化或叙事研究在我们的研究中可能比其他方法出现得稍微少些。很遗憾,我们很少采用历史的研究方法,Cole(2001)曾指出,若要对人类发展的文化本质进行心理学分析,这是个不足之处。比如,关于心理、身体、灵魂或心灵在不同时间如何彼此分离或相互融合的历史性分析,在实质上即可实现本章我们试图做到的对当前二元论的超越。

我们希望,文化心理学之于认知发展分析的益处,不仅仅体现在它为发展内容和发展过程这些问题提供了全新的思考角度,还应该体现在文化心理学丰富了认知发展的研究方法方面。

结论

所有欢迎文化心理学回归并且恢复活力的人都希望,越来越多的社会科学家(心理学家、人类学家、语言学家、社会学家)能够成为研究世界各地特定文化社群成员的心理功能的发展专家。只有到那时,本章中提出的诸多问题才能一一得到回答。也只有到那时,我们所谓的“一个心理,多个心性”这个抽象的多元观念才能实在化、具体化,从而真正成立。当我们遭遇那些在其他文化中视为当然,而对于我们而言是违反直觉或者不符合我们早期经验的范畴时,也正是有必要重新思考我们关于自然的认识的时候。

779

(胡淑珍译,李晓文审校)

参考文献

Abbott, S. (1992). Holding on and pushing away: Comparative perspectives on an eastern Kentucky child-rearing practice. *Ethos*, *1*, 33-65.

Ainsworth, M. D. S. (1967). *Infancy in Uganda*. Baltimore: Johns Hopkins University Press.

Ainsworth, M. D. S., Blehar, M. C., Waters, E., & Wall, S. (1978). *Patterns of attachment: A Psychological Study of the Strange Situation*. Hillsdale, NJ: Erlbaum.

Alexander, K. J., Miller, P. J., & Hengst, J. A. (2001). Young children's emotional attachments to stories, *Social Development*, *10* (3), 374-398.

Allport, G. W. (1937). *Personality: A psychological interpretation*. New York: Holt.

Ames, R. T., Dissanayake, W., & Kasulis, T. P. (1994). *Self as person in Asian theory and practice*. Albany: State University of New York Press.

Astington, J. W., & Baird, J. (Eds.) (in press). *Why language matters for theory of mind*. New York: Oxford University Press.

Atran, S., Medin, D., Lynch, E., Vapnarsky, V., Ek, E. U., & Sousa, P. (2001). Folkbiology doesn't come from folkpsychology: Evidence from Yukatek Maya in cross-cultural perspective. *Journal of Cognition and Culture*, *1*, 3-43.

Azuma, H., Kashiwagi, K., & Hess, R. D. (1981). *The influence of attitude and behavior upon the child's intellectual development*. Tokyo: University of Tokyo Press.

Bachnik, J. M. (1994). Uchi/soto — Challenging our conceptualizations of self, social order, and language, In J. M. Bachnik & C. J. Quinn Jr. (Eds.), *Situated meaning: Inside and outside in Japanese self, society, and language* (pp. 3-37). Princeton, NJ: Princeton University Press.

Bakhtin, M. M. (1981). *The dialogic imagination*. Austin: University of Texas Press.

Bakhtin, M. M. (1986). *Speech genres and other late essays*. Austin: University of Texas Press.

Baldwin, J. M. (1911). *The individual and society*. Boston: Boston Press.

Baldwin, M. W., & Holmes, J. G. (1987). Salient private audiences and awareness of the self. *Journal of Personality and Social Psychology*, *52*, 1087 - 1098.

Banaji, M., & Prentice, D. (1994). The self in social contexts. *Annual Review of Psychology*, *45*, 297 - 332.

Banarjee, R. (2002). Audience effects of self-presentation in childhood. *Social Development*, *11*, 487 - 507.

Basso, K. (1996). *Wisdom sits in places: Landscape and language among the Western Apache*. Albuquerque: University of New Mexico Press.

Bauman. R., & Briggs, C. L. (1990). Poetics and performance as critical perspectives on language and social life. *Annual Review of Anthropology*, *19*, 59 - 88.

Bauman, R., & Sherzer, J. (Eds.). (1989). *Explorations in the ethnography of speaking* (2nd ed.). New York: Cambridge University Press.

Baumeister, R. F. (1987). How the self became a problem: A psychological review of historical research. *Journal of Personality and Social Psychology*, *52*, 163 - 176.

Bayley, R., & Schecter, S. R. (Eds.). (2003). *Language socialization in bilingual and multilingual societies*. Tonawanda, NY: Multilingual Matters Ltd.

Bellah, R. N., Madsen, R., Sullivan, W. M., Swidler, A., & Tipton, S. M. (1985). *Habits of the heart: Individualism and commitment in American life*. New York: Harper & Row.

Benedict, R, (1934). *Patterns of culture*. New York: Houghton Mifflin.

Benson, C. (2001). *The cultural psychology of self: Place, morality and art in human worlds*. New York: Routledge.

Berlin, I. (1976). *Vico and Herder*. London: Hogarth Press.

Berman, R., & Slobin, D. (1994). *Relating events in narrative: A crosslinguistic developmental study*. Hillsdale: NJ: Erlbaum.

Berry, J. W., Poortinga, Y. H., Segall, M. H., & Dasen. P. R. (1992). *Cross-cultural psychology: Research and applications*. Cambridge, England: Cambridge University Press.

Bledsoe, C. (1989). Strategies of child-fosterage among Mende grannies in Sierra Leone. In R. J. Lesthaeghe (Ed.), *Reproduction and social organization in sub-Saharan Africa*. Berkeley: University of California Press.

Bledsoe, C. (1990). No success without struggle: Social mobility and hardship for foster children in Sierra Leone. *Man*, *25*, 70 - 88.

Blumenfeld, P., Modell, J., Bartko, T., Secada, W., Fredricks, J., Friedel, J., et al. (in press). School engagement of inner city students during middle childhood. In C. R. Cooper, C. Garcia Coll, T. Bartko, H. Davis, & C. Chapman (Eds.), *Hills of gold: Rethinking diversity and contexts as resources for children's developmental pathways*. New York: Oxford University Press.

Boesch, E. E., (1991). *Symbolic action theory and cultural psychology*. New York: Springer-Verlag.

Bond, M. H., & Cheung, T. S. (1983). College students' spontaneous self-concept: The effect of culture among respondents in Hong Kong, Japan, and the United States. *Journal of Cross-Cultural Psychology*, *14*, 153 - 171.

Bornstein, M. H., Azuma, H., Tamis-LeMonda, C. S., & Ogino, M. (1990). Mother and infant activity and interaction in Japan and in the United States: I. A comparative macroanalysis of naturalistic exchanges. *International Journal of Behavioral Development*, *13*(3), 267 - 287.

Bornstein, M. H., & Cote, L. R. (2004). Mothers' parenting cognitions in cultures of origin, acculturating cultures, and cultures of destination. *Child Development*, *75*(1), 221 - 235.

Bourdieu, P. (1972). *Outline of a theory of practice*. Cambridge, England: Cambridge University Press.

Bourdieu, P. (1979). *Distinction: A social critique of the judgment of taste*. London: Routledge & Kegan Paul.

Bourdieu, P. (1990). *A logic of practice*. Stanford, CA: Stanford University Press.

Bourdieu, P. (1991). *Language and symbolic power*. Cambridge, MA: Harvard University Press.

Bourdieu, P., & Passeron, J.-C. (1977). *Reproduction in education, society and culture*. Beverly Hills: Sage.

Bracken, B. A. (1996). Clinical applications of a context-dependent, multidimensional model of self-concept. In B. Bracken (Ed.), *Handbook of self concept*. New York: Wiley.

Brazelton, T. B. (1990). Parent-infant co-sleeping revisited. *Ab Initio: An International Newsletter for Professionals Working with Infants and Their Families*, *1*, 1 - 7.

Briggs, C. L. (1986). *Learning how to ask: A sociolinguistic appraisal of the role of the interview in social science research*. New York: Cambridge University Press.

Briggs, J. L. (1992). Mazes of meaning: How a child and a culture create each other. In W. A. Corsaro & P. J. Miller (Eds.), *Interpretive approaches to child socialization* (pp. 25 - 50). San Francisco: Jossey-Bass.

Briggs, J. L. (1998). *Inuit morality play: The emotional education of a three-year-old*. New Haven, CT: Yale University Press.

Bronfenbrenner, U. (1979). *The ecology of human development*. Cambridge, MA: Harvard University Press.

Bronfenbrenner, U., Kessel, F., Kessen, W., & White, S. (1985). Toward a critical social history of developmental psychology. *American Psychologist*, *41*, 1218 - 1230.

Bruner, J. S. (1986). *Actual minds, possible worlds*. Cambridge, MA: Harvard University Press.

Bruner, J. S. (1990a). *Acts of meaning*. Cambridge, MA: Harvard University Press.

Bruner, J. S. (1990b). Culture and human development: A new look. *Human Development*, 33, 344 - 355.

Bruner, J. S. (1993). Do we "acquire" culture or vice versa: Reply to M. Tomasello, A. C. Kruger, & H. H. Ratner, Cultural learning. *Behavioral and Brain Sciences*, *163*(3), 515 - 516.

Bullock, M., & Lütkenhaus, P. (1990). Who am I? Self-understanding in toddlers. *Merrill-Palmer Quarterly*, *36*(2), 217 - 238.

Burger, L. K., & Miller, P. J. (1999). Early talk about the past revisited: A comparison of working-class and middle-class families. *Journal of Child Language*, *26*, 1 - 30.

Cahan, E. D., & White, S. H. (1992). Proposals for a second psychology. *American Psychologist*, *47*, 224 - 235.

Camic, C. (1986). The matter of habit. *American Journal of Sociology*, *91*, 1039 - 1087.

Carey, S., & Spelke, E. (1994). Domain-specific knowledge and conceptual change. In L. A. Hirschfeld & S. Gelman (Eds.), *Mapping the mind: Domain specificity in cognition and culture* (pp. 169 - 200). Hillsdale, NJ: Erlbaum.

Carrithers, M., Collins, S., & Lukes, S. (1987). *The category of the person: Anthropology, philosophy, history*. Cambridge, England: Cambridge University Press.

Carroll, V. (Ed.). (1970). *Adoption in Eastern Oceania*. Honolulu: University of Hawaii Press.

Caudill, W., & Plath, D. W. (1966). "Who sleeps by whom? Parent-child involvement in urban Japanese Families." *Psychiatry*, *29*, 344 - 366.

Caudill, W., & Schooler, C. (1973). Child behavior and child rearing in Japan and the United States: An interim report. *Journal of Nervous and Mental Diseases*, *157*, 323 - 338.

Caudill, W., & Weinstein, H. (1969). Maternal care and infant behavior in Japan and America. *Psychiatry*, *32*, 12 - 43.

Caudill, W., & Weinstein, H. (1986). Maternal care and infant behavior in Japan and America. In T. S. Lebra & W. P. Lebra (Eds.), *Japanese culture and behavior: Selected readings* (pp. 201 - 246). Honolulu: University of Hawaii Press.

Cazden, C. B. (1993). Vygotsky, Hymes, and Bakhtin: From word to utterance and voice. In E. A. Forman, N. Minick, & C. A. Stone (Eds.), *Contexts for learning: Sociocultural dynamics in children's development* (pp. 197 - 212). New York: Oxford University Press.

Cervantes, C. A. (2002). Explanatory emotion talk in Mexican-immigrant and Mexican-American families. *Hispanic Journal of Behavioral Sciences*, *24*, 139 - 164.

Chao, R. K. (1992). Immigrant Chinese mothers and European American mothers: Their aims of control and other child-rearing aspects related to school achievement. *Dissertation Abstracts International*, *53*(6-A), 1787 - 1788.

Chao, R. K. (1993a). *Clarification of the authoritarian parenting style and parental control: Cultural concepts of Chinese child rearing*. Paper presented at the meeting of the Society for Research in Child Development, New Orleans, LA.

Chao, R. K. (1993b). *East and West concepts of the self reflecting in mothers' reports of their child rearing*. Los Angeles: University of California.

Chi, M. T. H., Glaser, R., & Farr, M. J. (Eds.). (1988). *The nature of expertise*. Hillsdale, NJ: Erlbaum.

Clancy, P. (1999). The socialization of affect in Japanese mother child conversation. *Journal of Pragmatics*, *31*(4), 1397 - 1421.

Clark, C. D. (2003). *In sickness and in play: Children coping with chronic illness*. New Brunswick, NJ: Rutgers University Press.

Clark, H. (1996). *Language in use*. New York: Cambridge University Press.

Cole, M. (1988). Cross-cultural research in the sociohistorical tradition. *Human Development*, *31*, 137 - 157.

Cole, M. (1990). Cultural psychology: A once and future discipline. In J. J. Berman (Ed.), *Nebraska Symposium on Motivation: Vol. 37. Cross-cultural perspectives*. Lincoln: University of Nebraska Press.

Cole, M. (1992). Context, maturity, and the cultural constitution of development. In L. T. Winegar & J. Valsiner (Eds.), *Children's development within social context: Vol. 2. Research and methodology* (pp. 5 - 31). Hillsdale, NJ: Erlbaum.

Cole, M. (1995). The supra-individual envelope of development: Activity and practice, situation and context. In J. J. Goodnow, P. J. Miller, & F. Kessel (Eds.), *Cultural practices as contexts for development: New directions for child development*. San Francisco: Jossey-Bass.

Cole, M. (1996). *Cultural psychology: A once and future discipline*. Cambridge, MA: Harvard University Press.

Cole, M. (1999). Culture in development. In M. H. Bornstein & M. E. Lamb (Eds.), *Developmental psychology: An advanced textbook* (4th ed., pp. 73 - 123). Mahwah, NJ: Erlbaum.

Cole, M. (2001). Remembering history in sociocultural research. *Human Development*, *44*, 166 - 169.

Cole, M., Engeström, Y., & Velasquéz, O. (2000). *Mind, culture, and activity*. New York: Cambridge University Press.

Cole, M., & Traupmann, K. (1981). Comparative cognitive research: Learning from learning disabled children. In W. A. Collins (Ed.), *Minnesota Symposia on Child Psychology: Vol. 14. Aspects of the development of competence* (pp. 125 - 155). Hillsdale, NJ: Erlbaum.

Coles, R. (1989). *The call of stories*. Boston: Houghton Mifflin Company.

Collingwood, R. G. (1961). On the so-called idea of causation. In H. Morris (Ed.), *Freedom and responsibility: Readings in philosophy and law*. Stanford, CA: Stanford University Press.

Cooley. D. H. (1902). *Human nature and the social order*. New York: Scribners.

Cooper, C. R., & Denner, J. (1998). Theories linking culture and psychology: Universal and community-specific processes. *Annual Review of Psychology*, *49*, 559 - 584.

Cooper, C. R., Dominguez, E., & Rosas, S. (in press). Soledad's dream: Immigration, children's worlds, and immigration pathways to college. In C. R. Cooper, C. García Coll, T. Bartko, H. Davis, & C. Chapman (Eds.), *Hills of gold: Rethinking diversity and contexts as resources for children's developmental pathways*. New York: Oxford University Press.

Cooper, C. R., García Coll, C., Thorne, B., & Orellana, M. F. (in press). Beyond social categories: Studying four social processes in immigration, ethnicity, and race in children's lives at school. In C. R. Cooper, C. García Coll, T. Bartko, H. Davis, & C. Chapman (Eds.), *Hills of gold: Rethinking diversity and contexts as resources for children's developmental pathways*. New York: Oxford University Press.

Coopersmith, S. A. (1967). *The antecedents of self-esteem*. San Francisco: Freeman.

Corsaro, W. A. (1992). Interpretive reproduction in children's peer culture. *Social Psychology Quarterly*, *55*, 160 - 177.

Corsaro, W. A. (1997). *The sociology of childhood*. Thousand Oaks, CA: Pine Forge Press.

Corsaro, W. A., & Miller, P. J. (Eds.). (1992). *Interpretive approaches to childhood socialization — New directions for child development: Vol. 58*. San Francisco: Jossey-Bass.

Corsaro, W. A., Molinari, L., & Rosier, K. A. (2002). Zena and Carlotta: Transition narratives and early education in the United States and Italy. *Human Development*, *45*, 323 - 348.

Cortés, D. E. (1995). Variations in familism in two generations of Puerto Ricans. *Hispanic Journal of Behavioral Sciences*, *17*, 249 - 255.

Cousins, S. D. (1989). Culture and self-perception in Japan and the United States. *Journal of Personality and Social Psychology*, *56*, 124 - 131.

Crocker, J., Major, B., & Steele, C. (1998). Social stigma. In D. Gilbert, S. Fiske, & L. Gardner (Eds.), *The handbook of social psychology* (Vol. 2, 4th ed., pp. 504 - 553). New York: McGrawHill.

Crook, C. (2003). The cultural nature of human development. *British Journal of Developmental Psychology*, *21*(4), 618 - 619.

Cushman, P. (1995). *Constructing the self, constructing America: A cultural history of psychotherapy*. Boston: Addison-Wesley.

Damon, W. (1984). Peer interaction: The untapped potential. *Journal of Applied Developmental Psychology*, *5*, 331 - 343.

Damon, W. (1995). *Greater expectations: Overcoming the culture of indulgence in America's homes and schools*. New York: Free Press.

Damon, W., & Hart, D. (1988). *Self understanding in childhood and adolescence*. New York: Cambridge University Press.

D'Andrade, R. G. (1981). The cultural part of cognition. *Cognitive Science*, 5, 179 - 195.

D'Andrade, R. G. (1992). Schemas and motivations. In R. G. D'Andrade & C. Strauss (Eds.), *Human motives and cultural models* (pp. 23 - 44). New York: Cambridge University Press.

D'Andrade, R. G. (1995). *The development of cognitive anthropology*. Cambridge, England: Cambridge University Press.

Deci, E. L., & Ryan, R. M. (1990). A motivational approach to self: Integration in personality. In R. A. Dienstbier (Ed.), *Nebraska Symposium on Motivation: Vol. 38. Perspectives on motivation* (pp. 237 - 288). Lincoln: University of Nebraska Press.

de León, L. (2000). The emergent participant: Interactive patterns in the socialization of Tzotzil (Mayan) infants. *Journal of Linguistic Anthropology*, *8*(2), 131 - 161.

Deng, F. M. (1972). *The Dinka of the Southern Sudan*. New York: Holt, Rinehart and Winston.

Dewey, J. (1938). *Experience and education*. New York: Macmillan.

Doi, T. (1981). *The anatomy of dependence*. Tokyo: Kodansha.

Donagan, A. (1987). *Choice, the essential element in human action*. London: Routledge & Kegan Paul.

Dunn, J. (1983). Sibling relationships in early childhood. *Child Development*, *54*, 787 - 811.

Dunn, J. (1993). *Young children's close relationships: Beyond attachment*. Newbury Park, CA: Sage.

Dunn, J. (2000). Mind-reading, emotion understanding, and relationships. *International Journal of Behavioral Development*, *24*, 142 - 144.

Dunn, J., Brown, J., Slomkowski, C., Tesla, C., & Youngblade, L. (1991). Young children's understanding of other people's feelings and beliefs: Individual differences and their antecedents. *Child Development*, *62*, 1352 - 1366.

Duranti, A., & Goodwin, C. (1992). *Rethinking context: Language as an interactive phenomenon*. New York: Cambridge University Press.

Dyson, A. H. (1993). *Social worlds of children learning to write in an urban primary school*. New York: Teachers College Press.

Dyson, A. H., & Genishi, C. (Eds.). (1994). *The need for story: Cultural diversity in classroom and community*. Urbana, IL: National Council of Teachers of English.

Eckensberger, L. H. (1990). From cross-cultural psychology to cultural psychology. *Quarterly Newsletter of the Laboratory of Human Cognition*, *12*, 37 - 52.

Eckensberger, L. H. (1995). Activity or action: Two different roads towards an integration of culture into psychology. *Culture and Psychology*, *1*, 67 - 80.

Eder, R. A., & Mangelsdorf, S. (1997). The emotional basis of early personality development: Implications for the emergent selfconcept. In R. Hogan, J. Johnson, & S. Briggs (Eds.), *Handbook of personality psychology*. Orlando, FL: Academic Press.

Eisenberg, A. R. (1985). Learning to describe past experiences in conversation. *Discourse Processes*, *8*, 177 - 204.

Eisenberg, A. R. (1986). Teasing: Verbal play in two Mexicano homes. In B. B. Schieffelin & E. Ochs (Eds.), *Language socialization across cultures* (pp. 182 - 198). New York: Cambridge University Press.

Elster, J. (1987). *The multiple self*. Cambridge, England: Cambridge University Press.

Engel, S. (1995). *The stories children tell: Making sense of the narratives of childhood*. New York: Freeman.

Epstein, S. (1973). The self-concept revisited or a theory of a theory. *American Psychologist*, *28*, 405 - 416.

Erickson, F. D. (1986). Qualitative methods in research on teaching. In M. C. Wittrock (Ed.), *Handbook of research on teaching* (3rd ed.). New York: Macmillan.

Ericsson, K. A. (Ed.). (1996). *The road to excellence*. Mahwah, NJ: Erlbaum.

Erikson, E. (1968). *Identity: Youth and crisis*. New York: Norton.

Fader, A. (2001). Literacy, bilingualism and gender in a Hasidic community. *Linguistics and Education*, *12*(3), 261 - 283.

Fajans, J. (1985). The person in social context: The social character of Baining "psychology." In G. M. White & W. J. Kirkpatrick (Eds.), *Person, self, and experience* (pp. 367 - 400). Berkeley: University of California Press.

Farver, J. M. (1999). Activity setting analysis: A model for examining the role of culture in development. In A. Göncü (Ed.), *Children's engagement in the world* (pp. 99 - 127). New York: Cambridge University Press.

Farver, J. M., Kim, Y. K., & Lee, Y. (1995). Cultural differences in Korean- and Anglo-American preschoolers' social interaction and play behaviors. *Child Development*, *66*(4), 1088 - 1099.

Fernald, A., & Morikawa, H. (1993). Common themes and cultural variations in Japanese and American mothers' speech to infants. *Child Development*, *64*(3), 637 - 656.

Fiske, A., Kitayama, S., Markus, H. R., & Nisbett, R. E. (1998). The cultural matrix of social psychology. In D. Gilbert, S. Fiske, & G. Lindzey (Eds.), *The handbook of social psychology* (pp. 915 - 981). San Francisco: McGraw-Hill.

Fiske, A. P. (1991). *Structures of social life: The four elementary forms of human relations*. New York: Free Press.

Fiske, A. P. (1992). The four elementary forms of sociality: Framework for a unified theory of social relations. *Psychological Review*, *99*, 689 - 723.

Fiske, A. P., & Tetlock, P. E. (1997). Taboo trade-offs: Reactions to transgressions that transgress spheres of exchange. *Political Psychology*, *18*, 255 - 297.

Fivush, R. (1993). Emotional content of parent-child conversations about the past. In C. A. Nelson (Ed.), *Minnesota Symposia on Child Psychology: Vol. 26. Memory and affect in development* (pp. 39 - 77). Hillsdale, NJ: Erlbaum.

Fivush, R., & Buckner, J. P. (2000), Gender, sadness, and depression: The development of emotional focus through gendered discourse. In A. H. Fischer (Ed.), *Gender and emotion: Social psychological perspectives* (pp. 232 - 253). New York: Cambridge University Press.

Flanagan, O. (1992). *Consciousness reconsidered*. Cambridge, MA: MIT Press.

Flavell, I. H., Green, F. L., & Flavell, E. R. (1995), Young children's knowledge about thinking. *Monographs of the Society for Research in Child Development*, *60*(1, Serial No. 243).

Foucault, M. (1980). *Power-knowledge: Selected interviews and other writings*. Brighton, Great Britain: Harvester Press.

Frijda, N. H., & Mesquita, B. (1994). The social roles and functions of emotions. In S. Kitayama & H. R. Markus (Eds.), *Emotion and culture* (pp. 51 - 87). Washington, DC: American Psychological Association.

Fuligni, A. (2001). Family obligation and academic motivation of adolescents from Asian, Latin American, and European backgrounds. In A. J. Fuligni (Ed.), *Family obligation and assistance during adolescence: Contextual variations and developmental implications* (pp. 61 - 76). San Francisco: Jossey-Bass.

Fung, H. (1999). Becoming a moral child: The socialization of shame among young Chinese children. *Ethos*, *27*, 180 - 209.

Fung, H. (2003). When culture meets psyche: Understanding the contextualized self through the life and dreams of an elderly Taiwanese woman. *Taiwan Journal of Anthropology*, *1*(2), 149 - 175.

Fung, H., & Chen, E. C. (2001). Across time and beyond skin: Self and transgression in the everyday socialization of shame among Taiwanese preschool children. *Social Development*, *10*, 419 - 436.

Fung, H., Miller, P. J., & Lin, L. (2004). Listening is active: Lessons from the Narrative Practices of Taiwanese Families. In M. W. Pratt & B. H. Fiese (Eds.), *Family stories and the life course* (pp. 303 - 323). Mahwah, NJ: Erlbaum.

Gallimore, R., Weisner, T., Guthrie, D., Bernheimer, L. P., & Nihira, K. (1993). Family responses to young children with developmental delays: Accommodation activity in ecological and cultural context. *American Journal of Mental Retardation*, *98*, 185 - 206.

Garrett, P. B., & Baquedano-López, P. (2002). Language socialization: Reproduction and continuity, transformation and change. *Annual Review of Anthrolopology*, *31*, 339 - 361.

Garvey, C. (Ed.). (1992). Introduction: Talk in the study of socialization and development [Invitational issue]. *Merrill-Palmer Quarterly*, *38*(1), iii - viii.

Garvey, C., & Kramer, T. (1989). The language of social pretend play. *Developmental Review*, *9*, 364 - 382.

Gaskins, S. (1999). Children's daily lives in a Mayan village: A Case Study of Culturally Constructed Roles and Activities. In A. Göncü (Ed.), *Children's engagement in the world* (pp. 25 - 61). New York: Cambridge University Press.

Gauvain, M. (2001). Cultural tools, social interaction, and the development of thinking. *Human Development*, *44*, 126 - 143.

Geertz, C. (1973a). The impact of the concept of culture on the concept of man. In C. Geertz (Ed.), *The interpretation of cultures*. New York: Basic Books.

Geertz, C. (Ed.). (1973b). *The interpretation of cultures*. New York: Basic Books.

Geertz, C. (1984). From the natives' point of view. In R. A. Shweder & R. A. LeVine (Eds.), *Culture theory: Essays on mind, self and emotion*. New York: Cambridge University Press.

Gelman, R. (1990). First principles organize attention to and learning about relevant data: Numbers and the animate-inanimate distinction as examples. *Cognitive Science*, *14*, 79 - 106.

Gergen, K. J. (1968). Personal consistency and the presentation of self. In C. Gordon & K. J. Gergen (Eds.), *The self in social interaction* (pp. 299 - 308). New York: Wiley.

Gergen, K. J. (1991). *The saturated self*. New York: Basic Books.

Giddens, A. (1984). *The constitution of society*. Oxford, England: Polity Press.

Gilmore, P., & Glatthorn, A. A. (Eds.). (1982). *Children in and out of school: Ethnography and education*. Washington, DC: Center for Applied Linguistics.

Goddard, C. (1997). Constrastive semantics and cultural psychology: "Surprise" in Malay and English. *Culture and Psychology*, *2*, 153 - 181.

Goddard, C. (2001). Lexico-semantic universals: A critical overview. *Linguistic Typology*, *5*, 1 - 66.

Goddard, C., & Wierzbicka, A. (1994). *Semantic and lexical universals: Theory and empirical findings*. Amsterdam: Benjamins.

Göncü, A. (Ed.). (1999). *Children's engagement in the world*. New York: Cambridge University Press.

Göncü, A., Patt, J., & Kouba, E. (2002). Understanding young children's play in context. In P. Smith & C. Hart (Eds.), *Handbook of social development*. London: Blackwell.

Gone, J. P. (1999). We were through as keepers of it: The "missing pipe narrative" and Gros Ventre cultural identity. *Ethos*, *27*(4), 415 - 440.

González, N. (2001). *I am my language: Discourses of women and children in the borderlands*. Tucson: University of Arizona Press.

Goodnow, J. J. (1990a). The socialization of cognition: What's involved. In J. W. Stigler, R. A. Shweder, & G. Herdt (Eds.), *Cultural psychology: Essays on comparative human development* (pp. 259 - 286). New York: Cambridge University Press.

Goodnow, J. J. (1990b). Using sociology to extend psychological accounts of cognitive development. *Human Development*, *33*, 81 - 107.

Goodnow, J. J. (1995). Acceptable disagreement across generations. In J. Smetana (Ed.), *Parents' socio-cognitive models of development: New directions for child development* (pp. 51 - 64). San Francisco: Jossey-Bass.

Goodnow, J. J. (1996a). Acceptable ignorance, negotiable disagreement: Alternative views of learning. In D. Olson & N. Torrance (Eds.), *Handbook of psychology in education* (pp. 345 - 368). Oxford, England: Blackwell.

Goodnow, J. J. (1996b). Collaborative rules: How are people supposed to work with one another. In P. B. Baltes & U. M. Staudinger (Eds.), *Interactive minds: Life-span perspectives on the social foundation of cognition* (pp. 163 - 197). New York: Cambridge University Press.

Goodnow, J. J. (1996c). From household practices to parents' ideas about work and interpersonal relationships. In S. Harkness & C. Super (Eds.), *Parents' cultural belief systems* (pp. 313 - 344). New York: Guilford Press.

Goodnow, J. J. (1997). Parenting and the "transmission" and "internalization" of values: From social-cultural perspectives to within-family analyses. In J. E. Grusec & L. Kuczynski (Eds.), *Handbook of parenting and the transmission of values* (pp. 333 - 361). New York: Wiley.

Goodnow, J. J. (2004a, April). *Development as changing participation*. Paper presented at biennial meeting of Child Development Association, Washington, DC.

Goodnow, J. J. (2004b). Relational models theory: The domain of household work. In N. Haslam (Ed.), *Relational models theory: Applications in research and practice*. Mahwah, NJ: Erlbaum.

Goodnow, J. J. (in press). Contexts, diversity, pathways: Linking and expanding with a view to theory and practice. In C. R. Cooper, C. García Coll, T. Bartko, H. Davis, & C. Chapman (Eds.), *Hills of gold: Rethinking diversity and contexts as resources for children's developmental pathways*. New York: Oxford University Press.

Goodnow, J. J., Miller, P. J., & Kessel, F. (Eds.). (1995). *Cultural practices as contexts for development: Vol. 67. New directions for child development*. San Francisco: Jossey-Bass.

Goodwin, M. H. (1990). *He-said-she-said: Talk as social organization among black children*. Bloomington: Indiana University Press.

Goody, E. (1982). *Parenthood and social reproduction*. Cambridge,

England: Cambridge University Press.

Gopnik, A. (1993). Psychopsychotogy. *Consciousness and Cognition*, *2*, 264-280.

Gottlieb, A. (2004). *The afterlife is where we came from: The culture of infancy in West Africa*. Chicago: University of Chicago Press.

Gottlieb, G. (1991). The experiential canalization of behavioral development. *Developmental Psychology*, *27*, 4-13.

Greenfield, P. (1997). Culture as process: Empirical methodology for cultural psychology. In J. W. Berry, Y. H. Poortinga, & J. Pandey (Eds.), *Handbook of cross-cultural psychology: Vol. 1. Theory and method*. Boston: Allyn & Bacon.

Greenfield, P., & Cocking, R. (1994). *Cross-cultural roots of minority child development*. Hillsdale, NJ: Erlbaum.

Greenfield, P. M., Keller, H., Fuligni, A., & Maynard, A. (2003). Cultural pathways through development. *Annual Review of Psychology*, *54*, 461-490.

Grossmann, K. E., & Grossmann, K. (1981). Parent-infant attachment relationships in Bielefeld. In K. Immelman, G. Barlow, L. Petrovich, & M. Main (Eds.), *Behavioral development: The Bielefeld interdisciplinary project*. New York: Cambridge University Press.

Grossmann, K., & Grossmann, K. E. (1991). Newborn behavior, the quality of early parenting and later toddler-parent relationships in a group of German infants. In J. K. Nugent, B. M. Lester, & T. B. Brazelton (Eds.), *The cultural context of infancy* (Vol. 2). Norwood, NJ: Ablex.

Grossmann, K., Grossmann, K. E., Spangler, G., Suess, G., & Unzner, L. (1985). Maternal sensitivity and newborns' orientation responses as related to quality of attachment in northern Germany. In I. Bretherton & E. Waters (Eds.), *Monographs of the Society for Research in Child Development: Growing points of attachment theory and research*, *50* (Serial Nos. 1-2). Chicago: University of Chicago press.

Guisinger, S., & Blatt, S. J. (1994). Individuality and relatedness: Evolution of a fundamental dialect. *American Psychologist*, *49*, 104-111.

Gutiérrez, K. D. (2002). Studying cultural practices in urban learning communities. *Human Development*, *45*, 312-321.

Haidt, J., Koller, S., & Dias, M. (1993). Affect, culture, and morality, or is it wrong to eat your dog? *Journal of Personality and Social Psychology*, *65*, 613-628.

Haight, W. L., & Miller, P. J. (1993). *Pretending at home: Early development in sociocultural context*. Albany: State University of New York Press.

Haight, W. L., Wang, X., Fung, H., Williams, K., & Mintz, J. (1999). Universal, developmental, and variable aspects of young children's play: A cross-cultural comparison of pretending at home. *Child Development*, *70*, 1477-1488.

Hallowell, A. I. (1955). *Culture and experience*. Philadelphia: University of Pennsylvania Press.

Hamaguchi, E. (1985). A contextual model of the Japanese: Toward a methodological innovation in Japan studies. *Journal of Japanese Studies*, *11*, 289-321.

Hah, J. J., Leichtman, M. D., & Wang, Q. (1998). Autobiographical memory in Korean, Chinese, and American children. *Developmental Psychology*, *34*(4), 701-713.

Hanks, W. F. (1996). *Language and communicative practices*. Boulder, CO: Westview Press.

Harkness, S., & Super, C. M. (1992). The cultural foundations of fathers' roles: Evidence from Kenya and the United States. In B. S. Hewlett (Ed.), *Father-child relations: Cultural and biosocial contexts*. New York: Aldine de Gruyter.

Harkness, S., & Super, C. M. (Eds.). (1996). *Parents' cultural belief systems*. New York: Guilford Press.

Hart, D. (1988). The adolescent self-concept in social context. In D. Lapsley & F. Power (Eds.), *Self, ego, and identity: Integrative approaches* (pp. 71-90). New York: Springer-Verlag.

Hart, D., & Edelstein, W. (1992). The relationship of selfunderstanding in childhood to social class, community type, and teacher-rated intellectual and social competence. *Journal of Cross-Cultural Psychology*, *23*(3), 353-365.

Hart, D., Fegley, S., Hung Chan, Y., Mulvey, D., & Fischer, L. (1993). Judgment about personal identity in childhood and adolescence. *Social Development*, *2*(1), 66-81.

Harter, S. (1983). Developmental perspectives on the self system. In E. M. Hetherington (Ed.), *Handbook of child psychology: Vol. 4. Socialization, personality, and social development*. New York: Wiley.

Harter, S. (1986). Processes underlying the construction, maintenance and enhancement of self-concept in children. In J. Suls & A. Greenwald (Eds.), *Psychological perspective on the self* (Vol. 3, pp. 136-182). Hillsdale, NJ: Erlbaum.

Harter, S. (1990). Causes, correlates and the functional role of global self-worth: A life span perspective. In R. J. Sternberg & J. J. Kolligian (Eds.), *Competence considered* (pp. 67-97). New Haven, CT: Yale University Press.

Harter, S. (1996). Historical roots of contemporary issues involving self-concept. In B. A. Bracken (Ed.), *Handbook of self-concept*. New York: Wiley.

Harwood, R., Leyendecker, B., Carlson, V., Asencio, M., & Miller, A. (2002). Parenting among Latino families in the US. In M. H. Bornstein (Ed.), *Handbook of parenting: Vol. 4. Social conditions and applied parenting* (2nd ed., pp. 21-46). Mahwah, NJ: Erlbaum.

Harwood, R., & Miller, J. (1991). Perceptions of attachment behavior: A comparison of Anglo and Puerto-Rican mothers. *Merrill-Palmer Quarterly*, *3*(4), 583-599.

Harwood, R. L., Miller, J. G., & Irizarry, N. L. (1995). *Culture and attachment: Perceptions of the child in context*. New York: Guilford Press.

Harwood, R. L., Schoelmerish, A., Ventura-Cook, E., Schulze, P., & Wilson, S. (1996). Culture and class influences on Anglo and Puerto-Rican mothers: Regarding long-term socialization goals and child behavior. *Child Development*, *62*, 2446-2462.

Hatano, G. (1995). The psychology of Japanese literacy: Expanding "the practice account." In L. Martin, K. Nelson, & E. Tobach (Eds.), *Sociocultural psychology: Theory and practice of doing and knowing* (pp. 250-275). New York: Cambridge University Press.

Hatano, G., & Inagaki, K. (1986). Two courses of expertise. In H. Stevenson, H. Azuma, & K. Hakuta (Eds.), *Child development and education in Japan* (pp. 262-272). San Francisco: Freeman.

Hatano, G., & Inagaki, K. (1992). Desituating cognition through the construction of conceptual knowledge. In P. Light & G. Butterworth (Eds.), *Context and cognition: Ways of learning and knowing* (pp. 115-133). London: Harvester Wheatsheaf.

Hatano, G., & Inagaki, K. (2000). Domain-specific constraints of conceptual development. *International Journal of Behavioral Development*, *24*, 267-275.

Hatano, G., Okada, N., & Tanabe, H. (Eds.). (2001). *Affective minds*. Amsterdam: Elsevier.

Hatano, G., Siegler, R. S., Richards, D. D., Inagaki, K., Stavy, R., & Wax, N. (1993). The development of biological knowledge: A multinational study. *Cognitive Development*, *8*, 47-62.

Hatano, G., & Wertsch, J. V. (Eds.). (2001). *Cultural minds: Human Development*, *44* (Serial Nos. 2-3) [Special issue].

Hatchett, S. J., Cochran, D. L., & Jackson, J. S. (1991). Family life. In J. S. Jackson (Ed.), *Life in Black America* (pp. 46-83). Newbury Park, CA: Sage.

He, A. W. (2001). The language of ambiguity: Practices in Chinese heritage language classes. *Discourse Studies*, *3*(1), 75-96.

Heath, S. B. (1983). *Ways with words: Language, life and work in communities and classrooms*. New York: Cambridge University Press.

Heine, S. H., Lehman, D. R., Markus, H. R., & Kitayama, S. (1999). Is there a universal need for positive self-regard? *Psychological Review*, *106*(4), 766-794.

Heine, S. J., Kitayama, S., Lehman, D. R., Takata, T., Ide, E., Leung, C., et al. (2001). Divergent consequences of success and failure in Japan and North America: An investigation of self-improving motivations and malleable selves. *Journal of Personality and Social Psychology*, *81* (4), 599-615.

Herdt. G. (1981). *Guardians of the flutes*. New York: McGraw-Hill.

Herdt, G. (1990). Sambia nosebleeding rites and male proximity to women. In J. Stigler, R. A. Shweder, & G. Herdt (Eds.), *Cultural psychology: Essays on comparative human development*. New York: Cambridge University Press.

Hewlett, B. S. (1991). *Intimate fathers: The nature and context of Aka Pygmy paternal infant care*. Ann Arbor: University of Michigan Press.

Hewlett, B. S. (Ed.). (1992). *Father-child relations: Cultural and biosocial contexts*. New York: Aldine de Gruyter.

Hicks, D. A. (1994). Individual and social meanings in the classroom: Narrative discourse as a boundary phenomenon. *Journal of Narrative and Life History*, *4*, 215-240.

Higgins, E. T. (1990). Self-state representations: Patterns of interconnected beliefs with specific holistic meanings and importance. *Bulletin of the Psychonomic Society*, *28*, 248-253.

Higgins, E. T., & Parsons, J. (1983). Social cognition and the social life of the child: Stages as subcultures. In E. T. Higgins, D. N. Ruble, & W. W. Hartup (Eds.), *Social cognition and social development: A sociocultural perspective* (pp. 15 - 62). New York: Cambridge University Press.

Ho, D. Y. (1993). Relational orientation in Asian social psychology. In U. Kim & J. W. Berry (Eds.), *Indigenous psychologies: Research and experiences in cultural context*. Newbury Park, CA: Sage.

Holland, D., Lachicotte, W., Jr., Skinner, D., & Cain, C. (1998). *Identity and agency in cultural worlds*. Cambridge, MA: Harvard University Press.

Holland, D. C., & Quinn, N. (Eds.). (1987). *Cultural models in language and thought*. New York: Cambridge University Press.

Howard, A. (1985). Ethnopsychology and the prospects for a cultural psychology. In G. M. White & J. Kirkpatrick (Eds.), *Person, self and experience: Exploring specific ethnopsychologies*. Berkeley: University of California Press.

Hudley, E. V. P., Haight, W., & Miller, P. J. (2003). *"Raise up a child": Human development in an African American family*. Chicago: Lyceum.

Hughes, D., & Chen, L. (1999). The nature of parents' race-related communications to children: A developmental perspective. In L. Balter & C. S. Tamis-LeMonda (Eds.), *Child psychology: A handbook of contemporary issues* (pp. 467 - 490). Philadelphia: Psychology Press.

Hymes, D. (1974). *Foundations in sociolinguistics: An ethnographic approach* (pp. 29 - 66). Philadelphia: University of Pennsylvania Press.

Ikegama, Y. (1991). "DO-language" and "BECOME-language": Two contrasting types of linguistic representation. In Y. Ikegama (Ed.), *The empire of signs: Semiotic Essays on Japanese Culture* (Vol. 8, pp. 286 - 327). Philadelphia: Benjamins.

Inagaki, K. (1990). The effects of raising animals on children's biological knowledge. *British Journal of Developmental Psychology*, *8*, 119 - 129.

Inagaki, K., & Hatano, G. (2002). *Young children's naive thinking about the biological world*. New York: Psychology Press.

Ingold, T. (1986). *Evolution and social life*. New York: Cambridge University Press.

Ingold, T. (1991). Becoming persons: Consciousness and sociality in human evolution. *Cultural Dynamics*, *4*(3), 355 - 378.

Ishii, K., & Kitayama, S. (2001). Spontaneous attention to emotional speech in Japan and the United states. In G. Hatano, N. Okada, & H. Tanabe (Eds.), *Affective minds* (pp. 243 - 248). Amsterdam: Elsevier.

Iahoda, G. (1990). Our forgotten ancestors. In J. J. Berman (Ed.), *Nebraska Symposium on Motivation, 1989: Cross-cultural perspectives* (pp. 1 - 40). Lincoln: University of Nebraska Press.

Jahoda, G. (1992). *Crossroads between culture and mind: Continuities and change in theories of human nature*. Cambridge, MA: Harvard University Press.

James, W. (1950). *The principles of psychology*. New York: Dover.

Jensen, L. A. (1996). *Different habits, different hearts: Orthodoxy and progressivism in the United States and India*. Unpublished PhD thesis, University of Chicago, Illinois.

Jensen, L. A. (2005). *Through two lenses: A cultural-developmental approach to moral psychology*. Available from JensenL@cua.edu.

Jessor, R., Colby, A, & Shweder, R. A. (Eds.). (1996). *Ethnography and human development: Context and meaning in social inquiry*. Chicago: University of Chicago Press.

Johnson, F. (1985). The Western concept of self. In A. Marsella, G. DeVos, & F. L. K. Hsu (Eds.), *Culture and self*. London: Tavistock.

Josephs, R. A., Markus, H., & Tarafodi, R. W. (1992). Gender and self-esteem. *Journal of Personality and Social Psychology*, *63*, 391 - 402.

Kakar, S. (1978). *The inner world: A psychoanalytic study of childhood and society in India*. New York: Oxford University Press.

Kakar, S. (1982). *Shamans, mystics and doctors*. Boston: Beacon Press.

Kakar, S. (1996). *The colors of violence: Cultural identities, religion and conflict*. Chicago: University of Chicago Press.

Kapstein, M. (1989). Santaraksita on the fallacies of personalistic vitalism. *Journal of Indian Philosophy*, *17*, 43 - 59.

Karasawa, M. (1998). *The cultural basis of self-and other-perceptions: Self-criticism and other-enhancement in Japan*. Unpublished PhD dissertation, Shirayuri College, Tokyo, Japan.

Karmiloff-Smith, A. (1992). *Beyond modularity*. Cambridge, MA: MIT Press.

Keil, F. C. (1984). Mechanisms in cognitive development and the structure of knowledge. In R. J. Sternberg (Ed.), *Mechanisms of cognitive development* (pp. 81 - 99). New York: Freeman.

Kessel, F. S., & Siegel, A. W. (Eds.). (1983). *The child and other cultural inventions*. New York: Praeger.

Kessen, W. (1983). The child and other cultural inventions. In F. S. Kessel & A. W. Siegel (Eds.), *The child and other cultural inventions*. New York: Praeger.

Kessen, W. (Ed.). (1990). *The rise and fall of development*. Worcester, MA: Clark University Press.

Kihlstrom, J. F., & Cantor, N. (1984). Mental representations of the self. *Advances in Experimental Social Psychology*, *17*, 1 - 47.

Kim, U. (1987). *The parent-child relationship: The core of Korean collectivism*. Paper presented at the meeting of the International Association for Cross-Cultural Psychology, Newcastle, Australia.

Kitayama, S., & Markus, H. R. (1994). *Emotion and culture: Empirical studies of mutual influences*. Washington, DC: American Psychological Association.

Kitayama, S., Markus, H., Matsumoto, H., & Norasakkunkit, V. (1995). *Individual and collective processes of self-esteem management: Self enhancement in the United States and self-depreciation in Japan*. Kyoto, Japan: Kyoto University.

Kitayama, S., Markus, H. R., Matsumoto, H., & Norasakkunkit, V. (1997). Individual and collective processes in the construction of the self: Self-enhancement in the United States and selfcriticism in Japan. *Journal of Personality and Social Psychology*, *72*(6), 1245 - 1267.

Kondo, D. (1990). *Crafting selves: Power, gender, and discourses of identity in a Japanese workplace*. Chicago: University of Chicago Press.

Konner, M. J. (1975). Relations among infants and juveniles in comparative perspective. In M. Lewis & L. Rosenblum (Eds.), *Friendship and peer relations*. New York: Wiley.

Kratz, C. (1994). *Affecting performance: Meaning, movement and experience in Okiek women's initiation*. Washington, DC: Smithsonian Institution Press.

Kripal, J. (1995). *Kali's child: The mystical and the erotic in the life and teachings of Rama Krishna*. Chicago: University of Chicago Press.

Kristeva, J. (1980). *Desire in language: A semiotic approach to literature and art*. New York: Columbia University Press.

Kuebli, J., & Fivush, R. (1992). Gender differences in parent-child conversations about past emotions. *Sex Roles*, *27*, 683 - 698.

Kulick, D. (1992). *Language shifts and cultural reproduction: Socialization, self, and syncretism in a Papua New Guinean village*. New York: Cambridge University Press.

Kurtz, S. N. (1992). *All the mothers are one: Hindu India and the cultural reshaping of psychoanalysis*. New York: Columbia University Press.

Kusserow, A. S. (1999). De-homogenizing American individualism: Socializing hard and soft individualism in Manhattan and Queens. *Ethos*, *27*(2), 210 - 234.

Laboratory of Comparative Human Cognition. (1983). Culture and cognitive development. In P. Mussen (Series Ed.) & W. Kessen (Vol. Ed.), *Handbook of child psychology: Vol. 1. History, theory and methods*. New York: Wiley.

Lampert, M., Rittenhouse, P., & Crumbaugh, C. (1996). Agreeing to disagree: Developing sociable mathematical discourse. In D. R. Olson & N. Torrance (Eds.), *Handbook of education and human development: New models of learning, teaching, and schooling* (pp. 731 - 764). Cambridge, MA: Blackwell.

Lancy, D. (1996). *Playing on the mother ground: Cultural routines for children's development*. New York: Guilford Press.

Lave, J. (1990). *Cognition in practice: Mind, mathematics, and culture in everyday life*. Cambridge, England: Cambridge University Press.

Lave, J. (1991). Situating learning in communities of practice. In L. B. Resnick, J. M. Levine, & S. D. Teasley (Eds.), *Perspectives on socially shared cognition* (pp. 63 - 82). Washington, DC: American Psychological Association.

Lave, J., & Wenger, E. (1991). *Situated learning: Legitimate peripheral participation*. New York: Cambridge University Press.

Leadbeater, B. J., & Dionne, J. P. (1981). The adolescent's use of formal operational thinking in solving problems related to identity resolutions. *Adolescence*, *16*, 111 - 121.

Leahy, R., & Shirk, S. (1985). Social cognition and the development of the self. In R. Leahy (Ed.), *The development of the self*. New York: Academic Press.

Lebra, T. S. (1976). *Japanese patterns of behavior*. Honolulu: University of Hawaii Press.

Lebra, T. S. (1992). *Culture, self, and communication*. Ann Arbor: University of Michigan.

Lebra, T. S. (1993). Culture, self, and communication in Japan and the United States. In W. B. Gudykunst (Ed.), *Communication in Japan and the United States* (pp. 51 - 87). Albany: State University of New York Press.

Lebra, T. S. (1994). Mother and child in Japanese socialization: A Japan-US comparison. In P. M. Greenfield & R. R. Cocking (Eds.), *Cross-cultural roots of minority child development* (pp. 259 - 274). Hillsdale, NJ: Erlbaum.

LeVine, L. E. (1983). Mine: Self-definition in 2-year-old-boys. *Developmental Psychology*, *19*, 544 - 549.

LeVine, R. A. (1970). Cross-cultural study in child psychology. In P. H. Mussen (Ed.), *Carmichael's manual of child psychology* (3rd ed.). New York: Wiley.

LeVine, R. A. (1978). Western schools in non-Western societies: Psychosocial impact and cultural response. *Teachers College Record*, *79*.

LeVine, R. A. (1989). Cultural environments in child development. In W. Damon (Ed.), *Child development today and tomorrow*. San Francisco: Jossey-Bass.

LeVine, R. A. (1990a). Enculturation: A biosocial perspective on the self. In D. Cicchetti & M. Beeghly (Eds.), *The self in transition: Infancy to childhood*. Chicago: University of Chicago Press.

LeVine, R. A. (1990b). Infant environments in psychoanalysis: A cross-cultural view. In J. W. Stigler, R. A. Shweder, & G. Herdt (Eds.), *Cultural psychology: Essays on comparative human development* (pp. 454 - 474). New York: Cambridge University Press.

LeVine, R. A. (2004). Challenging expert knowledge: Findings from an African study of child care and development. In U. P. Gielen & J. P. Roopnaraine (Eds.), *Childhood and adolescence in cross-cultural perspective*. Westport, CT: Greenwood Press.

LeVine, R. A., Dixon, S., LeVine, S., Richman, A., Leiderman, P. H., Keefer, C., et al. (1994). *Child care and culture: Lessons from Africa*. New York: Cambridge University Press.

LeVine, R. A., & LeVine, B. B. (1966). *Nyansongo: A Gusii community in Kenya*. New York: Wiley.

LeVine, R. A., LeVine, S., Iwanaga, M., & Marvin, R. (1970). *Child care and social attachment in a Nigerian community: A preliminary report*. Paper presented at the American Psychological Association meetings.

LeVine, R. A., Miller, P., & West, M. (Eds.). (1988). *Parental behavior in diverse societies*. San Francisco: Jossey-Bass.

LeVine, R. A., & Norman, K. (2001). The infant's acquisition of culture: Early attachment re-examined from an anthropological perspective. In C. Moore & H. Mathews (Eds.), *The psychology of cultural experience*. New York: Cambridge University Press.

LeVine, S. (n.d.). *Caregiving in Godavari, Nepal, 1990* [Videotape].

Levy, R. I. (1973). *Tahitians: Mind and experience in the Society Islands*. Chicago: University of Chicago Press.

Levy, R. I. (1984). Emotion, knowing and culture. In R. A. Shweder & R. A. LeVine (Eds.), *Culture theory: Essays on mind, self and emotion*. New York: Cambridge University Press.

Lewin, K. (1943). Defining the field at given time. *Psychological Review*, *50*, 292 - 310.

Lewis, C. C. (1995). *Educating hearts and minds*. New York: Cambridge University Press.

Lewis, M. (1993). Self-conscious emotions: Embarrassment, pride, shame, and guilt. In M. Lewis & J. Haviland (Eds.), *Handbook of emotions* (pp. 563 - 573). New York: Guilford Press.

Lewis, M., Sullivan, M., Stanger, C., & Weiss, M. (1989). Self-development and self-conscious emotions. *Child Development*, *60*, 146 - 156.

Li, J. (2002). A cultural model of learning: Chinese "heart and mind for wanting to learn." *Journal of Cross-Cultural Psychology*, *33*, 246 - 267.

Li, J. (2004). "I learn and grow big": Chinese preschoolers' purposes for learning. *International Journal of Behavioral Development*, *28*, 116 - 128.

Lifton, R. J. (1993). *The Protean self*. New York: Harper.

Lillard, A. (1996). Body or mind: Children's categorizing of pretense. *Child Development*, *67*(4), 1717 - 1734.

Little, T. O., Oettingen, G., Stetsenko, A., & Baltes, P. B. (1995). *Children's school performance-related beliefs: How do American children compare to German and Russian children*. Berlin, Germany: Max Planck Institute for Human Development and Education.

Lohmann, H., & Tomasello, M. (2003). The role of language in the development of false belief understanding: A training study. *Child Development*, *74*, 1130 - 1144.

Lucy, J. A. (1992a). *Grammatical categories and cognition: A case study of the linguistic relativity hypothesis*. New York: Cambridge University Press.

Lucy, J. A. (1992b). *Language diversity and thought: A reformulation of the linguistic relativity hypothesis*. New York: Cambridge University Press.

Lutz, C. (1988). *Unnatural emotions: Everyday sentiments on a Micronesian Atoll and their challenge to Western theory*. Chicago: University of Chicago Press.

Lutz, C., & White, G. (1986). The anthropology of emotions. *Annual Review of Anthropology*, *15*, 405 - 436.

Malinowski, B. (1922). *Argonauts of the Western Pacific*. New York: Dutton.

Mandelbaum, D. G. (Ed.). (1951). *Selected writings of Edward Sapir in language, culture, and personality*. Berkeley: University of California Press.

Markus, H. R., & Kitayama, S. (1991a). Cultural variation in the selfconcept. In J. Strauss & G. R. Goethals (Eds.), *The self: Interdisciplinary approaches* (pp. 18 - 48). New York: Springer-Verlag.

Markus, H. R., & Kitayama, S. (1991b). Culture and the self: Implications for cognition, emotion, and motivation. *Psychological Review*, *98*, 224 - 253.

Markus, H. R., & Kitayama, S. (1994a). The cultural construction of self and emotion: Implications for social behavior. In S. Kitayama & H. R. Markus (Eds.), *Emotion and culture: Empirical studies of mutual influences* (pp. 89 - 130). Washington, DC: American Psychological Association.

Markus, H. R., & Kitayama, S. (1994b). The cultural shaping of emotion: A conceptual framework. In S. Kitayama & H. R. Markus (Eds.), *Emotion and culture: Empirical studies of mutual influences* (pp. 339 - 351). Washington, DC: American Psychological Association.

Markus, H., & Kitayama, S. (2003). Models of agency: Sociocultural diversity in the construction of action. In R. A. Dienstbier (Series Ed.) & V. Murphy-Berman & J. J. Berman (Vol. Eds.), *Nebraska Symposium on Motivation: Vol. 49. Cross-cultural differences in perspectives on the self* (pp. 1 - 57). Lincoln: University of Nebraska Press.

Markus, H. R., Kitayama, S., & Heiman, R. J. (1996). Culture and "basic" psychological principles. In E. T. Higgins & A. W. Kruglanski (Eds.), *Social psychology: Handbook of basic principles*. New York: Guilford Press.

Markus, H. R., Mullally, P. R., & Kitayama, S. (1997). Collective self-schemas: The sociocultural grounding of the personal. In U. Neisser & D. Jopling (Eds.), *The conceptual self in context: Culture, experience, self-understanding*. Cambridge, England: Cambridge University Press.

Markus, H. R., & Nurius, P. (1986). Possible selves. *American Psychologist*, *41*, 954 - 969.

Markus, H. R., & Wurf, E. (1986). The dynamic self-concept: A social psychological perspective. *Annual Review of Psychology*, *38*, 299 - 337.

Martin, L., Nelson, D., & Tobach, E. (1995). *Sociocultural psychology: Theory and practice of doing and knowing*. New York: Cambridge University Press.

Martin-Barbero, J. (1993). *Communication, culture and hegemony: From media to mediations*. Thousand Oaks, CA: Sage.

Martini, M. (1994). Peer interactions in Polynesia: A view from the Marquesas. In J. L. Roopmarine, J. E. Johnson, & F. H. Hooper (Eds.), *Children's play in diverse cultures*. Albany: State University of New York Press.

Marvin, R., VanDevender, T., Iwanaga, M., LeVine, S., & LeVine, R. (1977). Infant-caregiver attachment among the Hausa of Nigeria. In H. McGurk (Ed.), *Ecological factors in human development*. Amsterdam: North-Holland.

Maslow, A. H. (1954). *Motivation and personality*. New York: Harper.

Masten, A. S. (1999). Cultural processes of child development. *Minnesota Symposia on Child Development* (29).

McAdoo, H. P. (2002). African American parenting. In M. H. Bornstein (Ed.), *Handbook of parenting: Vol. 4. Social conditions and applied parenting* (2nd ed., pp. 47 - 58). Mahwah, NJ: Erlbaum.

McCabe, A., & Peterson, A. (1991). *Developing narrative structure*. Hillsdale, NJ: Erlbaum.

McKenna, J. J., Thoman, E. B., Anders, T. F., Sadeh, A., Schechtman, V. L., & Glotzbach, S. F. (1993). Infant-parent co-steeping in an evolutionary perspective: Implications for understanding infant sleep development and the sudden infant death syndrome. *Sleep*, *16*, 263 - 282.

Mead, G. H. (1934). *Mind, self, and society*. Chicago: University of Chicago Press.

Mead, M. (1931). *A handbook of child psychology* (Carl Murchison, Ed.). Worcester, MA: Clark University Press.

Medin, D. L. (1989). Concepts and conceptual structure. *American Psychologist*, *89*, 1969 - 1981.

Meng, K. (1992). Narrating and listening in kindergarten. *Journal of*

Narrative and Life History, 2(3), 235 - 276.

Menon, U. (1995). *Receiving and giving: Distributivity as the source of women's wellbeing*. Unpublished PhD thesis, University of Chicago, IL.

Menon, U. (2002). Neither victim nor rebel: Feminism and the morality of gender and family life in a Hindu temple town. In R. A. Shweder, M. Minow, & H. R. Markus (Eds.), *Engaging cultural differences: The multicultural challenge in liberal democracies* (pp. 288 - 308). New York: Russell Sage Foundation.

Menon, U., & Shweder, R. (1994). Kali's tongue: Cultural psychology and the power of shame in Orissa, India. In S. Kitayama & H. R. Markus (Eds.), *Emotion and culture: Empirical studies of mutual influence* (pp. 241 - 284). Washington, DC: American Psychological Association.

Mesquita, B. (2001). Culture and emotion: Different approaches to the question. In T. J. Mayne & G. A. Bonanno (Eds.), *Emotions: Current issues and future directions* (pp. 214 - 250). New York: Guilford Press.

Mesquita, B., & Frijda, N. H. (1992). Cultural variations in emotions: A review. *Psychological Bulletin*, *112*, 179 - 204.

Michaels, S. (1991). The dismantling of narrative. In A. McCabe & C. Peterson (Eds.), *Developing narrative structure* (pp. 303 - 351). Hillsdale, NJ: Erlbaum.

Miller, J. G. (1984). Culture and the development of everyday social explanation. *Journal of Personality and Social Psychology*, *46*, 961 - 978.

Miller, J. G. (1994a). Cultural diversity in the morality of caring. *Cross-Cultural Research*, *28*, 3 - 39.

Miller, J. G. (1994b). Cultural psychology: Bridging disciplinary boundaries in understanding the cultural grounding of self. In P. K. Bock (Ed.), *Handbook of psychological anthropology*. Westport, CT: Greenwood Press.

Miller, J. G. (1997a). Culture and self: Uncovering the cultural grounding of psychological theory. In J. G. Snodgrass & R. L. Thompson (Eds.), *The self across psychology: Self-recognition, self-awareness, and the self concept* (pp. 217 - 231). New York: New York Academy of Sciences.

Miller, J. G. (1997b). Theoretical issues in cultural psychology and social constructionism. In J. W. Berry, Y. Poortinga, & J. Pandey (Eds.), *Handbook of cross-cultural psychology: Theoretical and methodological perspectives* (Vol. 1). Boston: Allyn & Bacon.

Miller, J. G. (2003). Culture and agency: Implications for psychological theories of motivation and social development. In R. A. Dienstbier (Series Ed.) & V. Murphy-Berman & J. J. Berman (Vol. Eds.), *Nebraska Symposium on Motivation: Vol. 49. Cross-Cultural difference in perspectives on the self* (pp. 59 - 99). Lin-coln: University of Nebraska Press.

Miller, P. J. (1982). *Amy, Wendy, and Beth: Learning language in South Baltimore*. Austin: University of Texas Press.

Miller, P. J. (1994). Narrative practices: Their role in socialization and self construction. In U. Neisser & R. Fivush (Eds.), *The remembering self: Construction and accuracy in the self-narrative* (pp. 158 - 179). New York: Cambridge University Press.

Miller, P. J., Fung, H., & Mintz, J. (1996). Self-construction through narrative practices: A Chinese and American comparison of early socialization. *Ethos*, *24*, 237 - 279.

Miller, P. J., & Goodnow, J. J. (1995). Cultural practices: Toward an integration of development and culture. In J. J. Goodnow, P. J. Miller, & F. Kessel (Eds.), *Cultural practices as contexts for development: New directions for child development* (Vol. 67, pp. 5 - 16). San Francisco: Jossey-Bass.

Miller, P. J., Hengst, J. A., & Wang, S.-H. (2003). Ethnographic methods: Applications from developmental cultural psychology. In P. Camic, J. Rhodes, & L. Yardley (Eds.), *Qualitative research in psychology: Expanding perspectives in methodology and design*. Washington, DC: American Psychological Association.

Miller, P. J., & Hoogstra, L. (1992). Language as tool in the socialization and apprehension of cultural meanings. In T. Schwartz, G. M. White, & G. A. White (Eds.), *New directions in psychological anthropology* (pp. 83 - 101). New York: Cambridge University Press.

Miller, P, J., Hoogstra, L., Mintz, J., Fung, H., & Williams, K. (1993). Troubles in the garden and how they get resolved: A young child's transformation of his favorite story. In C. A. Nelson (Ed.), *Minnesota Symposia on Child Psychology: Vol. 26. Memory and affect in development* (pp. 87 - 114). Hillsdale, NJ: Erlbaum.

Miller, P. J., Mintz, J., Fung, H., Hoogstra, L., & Potts, R. (1992). The narrated self: Young children's construction of self in relation to others in conversational stories of personal experience. *Merrill-Palmer Quarterly*, *38*, 45 - 67.

Miller, P. J., & Moore, B. B. (1989). Narrative conjunctions of caregiver and child: A comparative perspective on socialization through stories. *Ethos*, *17*, 43 - 64.

Miller, P. J., Potts, R., Fung, H., Hoogstra, L., & Mintz, J. (1990). Narrative practices and the social construction of self in childhood. *American Ethnologist*, *17*(2), 292 - 311.

Miller, P. J., Sandel, T., Liang, C.-H., & Fung, H. (2001). Narrating transgressions in Longwood: The discourses, meanings, and paradoxes of an American socializing practice. *Ethos*, *29*(2), 1 - 27.

Miller, P. J., & Sperry, L. L. (1987). The socialization of anger and aggression. *Merrill-Palmer Quarterly*, *33*, 1 - 31.

Miller, P. J., Wiley, A., Fung, H., & Liang, C. (1997). Personal storytelling as a medium of socialization in Chinese and American families. *Child Development*, *68*, 557 - 568.

Minsky, M. (2000). Attachments and goals. In G. Hatano, N. Okada, & H. Tanabe (Eds.), *Affective minds* (pp. 27 - 40). Amsterdam: Elsevier.

Minsky, M. (2001). *The emotion machine*. New York: Pantheon.

Montemayor, R., & Eisen, M. (1977). The development of selfconceptions from childhood to adolescence. *Developmental Psychology*, *13*, 314 - 319.

Morelli, G. A., Rogoff, B., Oppenheimer, D., & Goldsmith, D. (1992). Cultural variations in infants' sleeping arrangements: Question of independence. *Developmental Psychology*, *28*, 604 - 613.

Morikawa, H., Shand, N., & Kosawa, Y. (1988). Maternal speech to prelingual infants in Japan and the United States: Relationships among functions, forms and referents. *Journal of Child Language*, *15*, 237 - 256.

Morris, B. (1994). *Anthropology of the self: The concept of the individual in the west*. Boulder, CO: Pluto Press.

Much, N. C. (1992). The analysis of discourse as methodology for a semiotic psychology. *American Behavioral Scientist*, *36*, 52 - 72.

Much, N. C. (1993). Personal psychology and cultural discourse: Context analysis in the construction of meaning and a women's devotional life in an Indian village. In J. Smith, R. Harre, & L. van Langenhove (Eds.), *Rethinking psychology: Vol. 1. Conceptual foundations*. London: Sage.

Much, N. C. (1995). Cultural psychology. In J. Smith, R. Harre, & L. van Langenhove (Eds.), *Rethinking psychology*. London: Sage.

Mulder, N. (1992). *Individual and society in Java: A cultural analysis* (2nd ed.). Yogyakarta, Indonesia: Gajah Mada University Press.

Mullen, M. K., & Yi, S. (1995). The cultural context of talk about the past: Implications for the development of autobiographical memory. *Cognitive Development*, *10*, 407 - 419.

Munroe, R. H. (in press). Social structure and sex-role choices among children in four cultures. *Cross-Cultural Research*.

Murphy-Berman, V., & Berman, J. J. (Eds.). (2003). Cultural difference in perspectives on the self. In R. A. Dienstbier (Series Ed.), *Nebraska Symposium on Motivation: Vol. 49. Cross*. Lincoln: University of Nebraska Press.

Nag, M., White, B., & Peet, R. C. (1978). An anthropological approach to the study of the economic value of children. *Current Anthropology*, *19*, 293 - 306.

Neisser, U. (1988). Five kinds of self-knowledge. *Philosophical Psychology*, *1*, 35 - 59.

Neisser, U. (1991). Two perceptually given aspects of the self and their development. *Developmental Review*, *11*(3), 197 - 209.

Neisser, U., & Fivush, R. (1994). *The remembering self: Construction and accuracy in the self-narrative*. New York: Cambridge University Press.

Neisser, U., & Jopling, D. (Eds.). (1997). *The conceptual self in context: Culture, experienee, self-understanding*. Cambridge, England: Cambridge University Press.

Nelson, K. (Ed.). (1989). *Narratives from the crib*. Cambridge, MA: Harvard University Press.

Nelson, K. (1996). *Language in cognitive development: The emergence of the mediated mind*. New York: Cambridge University Press.

Nicolopoulou, A. (1997). Children and narratives: Toward an interpretive and sociocultural approach. In M. Bamberg (Ed.), *Narrative development: Six approaches* (pp. 179 - 215). Hillsdale, NJ: Erlbaum.

Nisbett, R. (2003). *The geography of thought*. New York: Free Press.

Nisbett, R., & Cohen, D. (1995). *The culture of honor: The psychology of violence in the South*. Boulder, CO: Westview Press.

Nunes, T. (1995). Cultural practices and the conception of individual differences: Theoretical and empirical considerations. In J. J. Goodnow, P. J. Miller, & F. Kessel (Eds.), *Cultural practices as contexts for development* (pp. 91 - 104). San Francisco: Jossey-Bass.

Ochs, E. (1988). *Culture and language development: Language acquisition and language socialization in a Samoan village*. Cambridge, England: Cambridge University Press.

Ochs, E. (1990). Indexicality and socialization. In J. W. Stigler, R. A. Shweder, & G. Herdt (Eds.), *Cultural psychology: Essays on comparative human development* (pp. 287 - 308). New York: Cambridge University Press.

Ochs, E. (1999). Socialization. *Journal of Linguistic Anthropology*, *9* (1/2), 230 - 233.

Ochs, E., & Capps, L. (2001). *Living narrative: Creating lives in everyday storytelling*. Cambridge, MA: Harvard University Press.

Ochs, E., & Schieffelin, B. (1984). Language acquisition and socialization: Three developmental stories. In R. Shweder & R. A. LeVine (Eds.), *Culture theory: Essays on mind, self, and emotion*. New York: Cambridge University Press.

Ochs, E., & Taylor, C. E. (1995). The father knows best dynamic in dinnertime narratives. In K. Hall & M. Bucholtz (Eds.), *Gender articulated: Language and the socially constructed self* (pp. 97 - 120). New York: Routledge.

Oerter, R., Oerter, R., Agostiani, H., Kim, H., & Wibowo, S. (1996). The concept of human nature in East Asia: Etic and emic characteristics. *Culture and Psychology*, *2*(1), 9 - 51.

Oettingen, G. (1995). Cross-cultural perspectives on self-efficacy. In A. Bandura (Ed.), *Self-efficacy in changing societies* (pp. 149 - 176). New York: Cambridge University Press.

Okami, P., & Weisner, T. (in press). Is parent-child bedsharing psychologically harmful? Data from the UCLA Family Lifestyles Project. In J. McKenna (Ed.), *Safe co-sleeping with baby: Scientific, medical and political perspectives*.

Okami, P., Weisner, T. S., & Olmstead, R. (2002). Outcome correlates of parent-child bedsharing: An 18-year longitudinal study. *Journal of Developmental and Behavioral Pediatrics*, *23*(4), pp. 244 - 253.

Oosterwegel, A., & Oppenheimer, L. (1993). *The self-system: Developmental changes between and within self-concepts*. Hillsdale, NJ: Erlbaum.

Oura, Y., & Hatano, G. (2001). The constitution of general and specific mental models of other people. *Human Development*, *44*, 144 - 159.

Oyserman, D., & Kemmelmeier, M. (1995, June). *Viewing oneself in light of others: Gendered impact of social comparisons in the achievement domain*. Paper presented at the 7th annual convention of the American Psychological Society, New York.

Oyserman, D., & Markus, H. R. (1993). The sociocultural self. In J. Suls (Ed.), *Psychological perspectives on the self* (Vol. 4, pp. 187 - 220). Hillsdale, NJ: Erlbaum.

Packer, M. J. (1987). Social interaction as practical activity: Implications for the study of social and moral development. In W. Kurtines & J. Gewirtz (Eds.), *Moral development through social interaction* (pp. 245 - 280). New York: Wiley.

Parish, S. (1991). The sacred mind: Newar cultural representations of mental life and the production of moral consciousness. *Ethos*, *19* (3), 313 - 351.

Peak, L. (1987). *Learning to go to school in Japan: The transition from home to preschool life*. Berkeley: University of California Press.

Peak, L. (2001). Learning to become part of the group: The Japanese child's transition to preschool life. In H. Shimizu & R. A. LeVine (Eds.), *Japanese frames of mind: Cultural perspectives on human development* (pp. 143 - 169). New York: Cambridge University Press.

Peterson, C. C., & Siegal, M. (1995). Deafness, conversation and theory of mind. *Journal of Child Psychology and Psychiatry*, *36*, 459 - 474.

Phelan, P., Davidson, A. L., & Yu, H. C. (1998). *Adolescents' worlds: Negotiating family, peers, and school*. Mahwah, NJ: Erlbaum.

Pike, K. L. (1967). *Language in relation to a unified theory of the structure of human behavior*. The Hague, The Netherlands: Mouton.

Polkinghorne, D. E. (1988). *Narrative knowing and the human sciences*. Albany: State University of New York Press.

Pratt, M. W., & Fiese, B. H. (2004). *Family stories and the life course: Across time and generations*. Mahwah, NJ: Erlbaum.

Preece, A. (1987). The range of narrative forms conversationally produced by young children. *Journal of Child Language*, *14*, 353 - 373.

Redfield, R. (1941). *The folk culture of Yucatan*. Chicago: University of Chicago Press.

Richman, A., LeVine, R. A., New, R. S., Howrigan, G., Welles-Nystrom, B., & LeVine, S. (1988). Maternal behavior to infants in five societies. In R. A. LeVine, P. Miller, & M. M. West (Eds.), *Parental behavior in diverse societies: Vol. 40. New directions for child development*. San Francisco: Jossey-Bass.

Richman, A., Miller, P., & LeVine, R. A. (1992). Cultural and educational variations in maternal responsiveness. *Developmental Psychology*, *28*, 614 - 621.

Rogoff, B. (1990). *Apprenticeship in thinking: Cognitive development in social context*. New York: Oxford University Press.

Rogoff, B. (2003). *The cultural nature of human development*. New York: Oxford University Press.

Rogoff, B., Mistry, J. J., Göncü, A., & Mosier, C. (1993). Guided participation in cultural activity by toddlers and caregivers. *Monographs of the Society for Research in Child Development*, *58*(7, Series No. 236).

Rogoff, B., Radziszewska, B., & Masiello, T. (1995). Analysis of developmental processes in sociocultural activity. In L. M. Nelson & E. Tobach (Eds.), *Sociocultural psychology: Theory and practice of doing and knowing*. New York: Cambridge University Press.

Rohner, R. P. (1984). *Handbook for the study of parental acceptance and rejection* (Rev. ed.). Storrs: University of Connecticut.

Rohner, R. P., & Pettengill, S. (1985). Perceived parental acceptance-rejection and parental control among Korean adolescents. *Child Development*, *56*, 524 - 528.

Romney, A. K., Weller, S. C., & Batchelder, W. H. (1986). Culture as consensus: A theory of culture and informant accuracy. *American Anthropologist*, *88*, 313 - 332.

Rosaldo, M. Z. (1984). Toward an anthropology of self and feeling. In R. A. Shweder & R. A. LeVine (Eds.), *Culture theory: Essays on mind, self, and emotion* (pp. 137 - 157). New York: Cambridge University Press.

Rosen, L. (1995). *Other intentions*. Santa Fe, NM: School of American Research.

Rosenberg, M. (1986). Self-concept from middle child-hood through adolescence. In J. Suls & A. Greenwald (Eds.), *Psychological perspectives on the self* (Vol. 3, pp. 107 - 136). Hillsdale, NJ: Erlbaum.

Rosenberger, N. R. (1992). *Japanese sense of self*. New York: Cambridge University Press.

Ross, N., Medin, D., Coley, J. D., & Atran, S. (2003). Cultural and experiential differences in the development of folkbiological induction. *Cognitive Development*, *18*, 25 - 47.

Rothbaum, F., Pott, M., & Azuma, H. (2000). The development of close relationships in Japan and the United States: Paths of symbolic harmony and generative tension. *Child Development*, *71*(5), 1121 - 1142.

Rothbaum, F., Weisz, J., & Pott, M. (2000). Attachment and culture: Security in the United States and Japan. *American Psychologist*, *55* (10), 1093 - 1104.

Rozin, P., & Nemeroff, C. (1990). The law of sympathetic magic. In J. Stigler, R. A. Shweder, & G. Herdt (Eds.), *Cultural psychology: Essays on comparative human development*. New York: Cambridge University Press.

Ruble, D. N., Alvarez, J., Bachman, M., Cameron, J., Fuligni, A., Garcia Coll, C., et al. (in press). The development of a sense of "we": The emergence and implications of children's collective identity. In M. Bennett & F. Sani (Eds.), *The development of the social self*. East Sussex, England: Psychology Press.

Russell, J. A. (1991). Culture and the categorization of emotions. *Psychological Bulletin*, *110*, 426 - 450.

Ryff, C., Lee, Y., & Na, K. (1995). *Through the lens of culture: Psychological well-being at midlife*. Unpublished manuscript.

Sampson, E. E. (1985). The decentralization of identity: Toward a revised concept of personal and social order. *American Psychologist*, *40*, 1203 - 1211.

Sampson, E. E. (1988). The debate on individualism: Indigenous psychologies of the individual and their role in personal and societal functioning. *American Psychologist*, *43*, 15 - 22.

Sandel, T. L. (2003). Linguistic capital in Taiwan: The KMT's Mandarin language policy and its perceived impact on language practices of bilingual Mandarin and Tai-gi speakers. *Language in Society*, *32*, 523 - 551.

Sass, L. A. (1992). The epic of disbelief: The postmodernist turn in contemporary psychoanalysis. In S. Kvale (Ed.), *Psychology and postmodernism* (pp. 166 - 182). London: Sage.

Sawyer, R. (1997). *Pretend play as improvisation: Conversation in the preschool classroom*. Mahwah, NJ: Erlbaum.

Schieffelin, B. B. (1990). *The give and take of everyday life: Language socialization of Kaluli children*. New York: Cambridge University Press.

Schieffelin, B. B., & Ochs, E. (1986a). Language socialization. In B. Siegel (Ed.), *Annual review of anthropology*. Palo Alto, CA: Annual Reviews.

Schieffelin, B. B., & Ochs, E. (Eds.). (1986b). *Language socialization across cultures*. New York: Cambridge University Press.

Schoneman, T. J. (1981). Reports of the sources of self-knowledge. *Journal of Personality*, *49*, 284 - 294.

Schoultz, J., Säljö, R., & Wyndhamn, J. (2001). Heavenly talk: Discourse, artifacts, and children's understanding of elementary astronomy. *Human Development*, *44*, 103 - 118.

Schwartz, T., White, G., & Lutz, C. (1992). *New directions in psychological anthropology*. New York: Cambridge University Press.

Schwartzman, H. (1978). *Tranformations: The anthropology of children's play*. New York: Plenum Press.

Scribner, S., & Cole, M. (1973). The cognitive consequences of formal and informal education. *Science*, *182*, 553 - 559.

Scribner, S., & Cole, M. (1981). *The psychology of literacy*. Cambridge, MA: Harvard University Press.

Seymour, S. (1999). *Women, family and child care in India: A world in transition*. New York: Cambridge University Press.

Shimizu, H., & LeVine, R. (2001). *Japanese frames of mind: Cultural perspectives and human development*. New York: Cambridge University Press.

Shore, B. (1996). *Culture in mind: Cognition, culture and the problem of meaning*. New York: Oxford University Press.

Shuman, A. (1986). *Storytelling rights: The uses of oral and written texts by urban adolescents*. New York: Cambridge University Press.

Shwalb, D., & Shwalb, B. J. (1996). *Japanese childrearing: Two generations of scholarship*. New York: Guilford.

Shweder, R. A. (1982). Beyond self-constructed knowledge: The study of culture and morality. *Merrill-Palmer Quarterly*, *28*, 41 - 69.

Shweder, R. A. (1990a). Cultural psychology: What is it. In J. W. Stigler, R. A. Shweder, & G. Herdt (Eds.), *Cultural psychology: Essays on comparative human development*. Cambridge, England: Cambridge University Press.

Shweder, R. A. (1990b). In defense of moral realism. *Child Development*, *61*, 2060 - 2067.

Shweder, R. A. (1991). *Thinking through cultures: Expeditions in cultural psychology*. Cambridge, MA: Harvard University Press.

Shweder, R. A. (1992). Ghost busters in anthropology. In C. Strauss & R. G. D'Andrade (Eds.), *Human motives and cultural models*. New York: Cambridge University Press.

Shweder, R. A. (1996a). "The 'mind' of cultural psychology." In P. Baltes & U. Staudinger (Eds.), *Interactive minds: Life-span perspectives on the social foundations of cognition*. New York: Cambridge University Press.

Shweder, R. A. (1996b). True ethnography: The lore, the law and the lure. In R. Jessor, A. Colby, & R. A. Shweder (Eds.), *Ethnography and human development: Context and meaning in social inquiry*. Chicago: University of Chicago Press.

Shweder, R. A. (2003a). Toward a deep cultural psychology of shame. *Social Research*, *70*, 1401 - 1422.

Shweder. R. A. (2003b). *Why do men barbecue? Recipes for cultural psychology*. Cambridge, MA: Harvard University Press.

Shweder, R. A. (2004). Deconstructing the emotions for the sake of comparative research. In A. S. R. Manstead, N. Frijda, & A. Fischer (Eds.), *Amsterdam Symposium: Feelings and emotions*. Cambridge, England: Cambridge University Press.

Shweder, R. A., Balle-Jensen, L., & Goldstein, W. (1995). Who sleeps by whom revisited: A method for extracting the moral goods implicit in praxis. In J. J. Goodnow, P. J. Miller, & F. Kessell (Eds.), *Cultural practices as contexts for development: New directions for child development*. San Francisco: Jossey-Bass.

Shweder, R. A., & Bourne, L. (1984). Does the concept of the person vary cross-culturally. In R. A. Shweder & R. A. LeVine (Eds.), *Culture theory: Essays on mind, self, and emotion* (pp. 158 - 199). New York: Cambridge University Press.

Shweder, R. A., & Haidt, J. (2000). The cultural psychology of the emotions: Ancient and new. In M. Lewis & J. Haviland (Eds.), *Handbook of Emotions*. NY: Guildford Press.

Shweder, R. A., & LeVine, R. A. (1984). *Culture theory: Essays on mind, self, and emotion*. New York: Cambridge University Press.

Shweder, R. A., Mahapatra, M., & Miller, J. G. (1990). Culture and moral development. In J. Stigler, R. A. Shweder, & G. Herdt (Eds.), *Cultural psychology: Essays on comparative human development*. New York: Cambridge University Press.

Shweder, R. A., Much, N. C., Mahapatra, M., & Park, L. (1997). The big three of morality (autonomy, community, divinity) and the big three explanations of suffering. In A. Brandt & P. Rozin (Eds.), *Morality and health*. New York: Routledge & Kegan Paul.

Shweder, R. A., & Sullivan, M. (1990). The semiotic subject of cultural psychology. In L. Pervin (Ed.), *Handbook of personality: Theory and research* (pp. 399 - 416). New York: Guilford Press.

Shweder, R. A., & Sullivan, M. (1993). Cultural psychology: Who needs it? *Annual Review of Psychology*, *44*, 497 - 523.

Siegler, R. S., & Crowley, K. (1994). Constraints on learning in nonprivileged domains. *Cognitive Psychology*, *27*, 194 - 226.

Snibbe, A. C., & Markus, H. R. (2004). *You can't always get what you want: Social class, agency and choice*. Unpublished manuscript.

Spence, D. P. (1982). *Narrative truth and historical truth: Meaning and interpretation in psychoanalysis*. New York: Norton.

Sperber, D. (2002). In defense of massive modularity. In E. Dupoux (Ed.), *Language, brain, and cognitive development* (pp. 47 - 57). Cambridge, MA: MIT Press.

Sperry, L. L., & Sperry, D. E. (1995). Young children's presentation of self in conversational narration. In L. L. Sperry & P. A. Smiley (Eds.), *Exploring young children's concepts of self and other through conversation: Vol. 69. New directions for child development*. San Francisco: Jossey-Bass.

Sperry, L. L., & Sperry, D. E. (1996). The early development of narrative skills. *Cognitive Development*, *11*, 443 - 465.

Stavy, R., & Wax, N. (1989). Children's conceptions of plants as living things. *Human Development*, *32*, 88 - 94.

Steedman, C. K. (1986). *Landscape for a good woman: A story of two lives*. New Brunswick, NJ: Rutgers University Press.

Stein, K., Markus, H., & Moeser, R. (1996). *The sociocultural shaping of self-esteem of American adolescent girls and boys*.

Stern, D. (1985). *The interpersonal world of the infant*. New York: Basic Books.

Stevenson, H. W. (1994). Moving away from stereotypes and preconceptions: Students and their education in East Asia and the United States. In P. M. G. R. R. Cocking (Ed.), *Cross-cultural roots of minority child development*. Hillsdale, NJ: Erlbaum.

Stevenson, H. W., & Stigler, J. W. (1992). *The learning gap: Why our schools are failing and what we can learn from Japanese and Chinese education*. New York: Summit Books.

Stigler, J. W., Shweder, R. A., & Herdt, G. (Eds.). (1990). *Cultural psychology: Essays on comparative human development* (pp. 259 - 286). Cambridge, England: Cambridge University press.

Stigler, J. W., Smith, S., & Mao, L. (1985). The self-perception of competence by Chinese children. *Child Development*, *56*, 1259 - 1270.

Strickland, B. R. (2000). Misassumptions, misadventures, and the misuse of psychology. *American Psychologist*, *55*, 331 - 338.

Stromberg, P. G. (1993). *Language and self-transformation: A study of the Christian conversion narrative*. Cambridge: Cambridge University Press.

Sullivan, H. S. (1940). *Conceptions of modern psychiatry*. New York: Wiley.

Super, C., & Harkness, S. (1986). The developmental niche: A conceptualization at the interface of child and culture. *International Journal of Behavioral Development*, *9*, 545 - 569.

Super, C., & Harkness, S. (1997). The cultural structuring of child development. In J. Berry, P. R. Dasen, & T. S. Saraswathi (Eds.), *Handbook of cross-cultural psychology* (Vol. 2, pp. 3 - 29). Boston: Allyn & Bacon.

Tajfel, H. (1981). *Human groups and social categories*. Cambridge, England: Cambridge University Press.

Takahashi, K., & Tokoro, M. (2002). Senior shutterbugs: Successful aging through participation in social activities. *International Society for Study of Behavioural Development Newsletter* (Serial No. 41, 9 - 11).

Taylor, C. (1989). *Sources of the self: The making of modern identities*. Cambridge, MA: Harvard University Press.

Taylor, C. E. (1995). "You think it was a fight?": Co-constructing (the struggle for) meaning, face, and family in everyday narrative activity. *Research on Language and Social Interaction*, *28*(3), 283 - 317.

Taylor, M., & Carlson, S. M. (2000). The influence of religious beliefs on parental attitude about children's fantasy behavior. In K. S. Rosengren, C. N. Johnson, & P. L. Harris (Eds.), *Imagining the impossible* (pp. 247 - 268). New York: Cambridge University Press.

Tetlock, P. E., Kristel, O. V., Elson, S. E., Green, M. C., & Lerner, J. S. (2000). The psychology of the unthinkable: Taboo trade-offs, forbidden base rates, and heretical counterfactuals. *Journal of Personality and Social Psychology*, *78*, 853 - 870.

Tetlock, P. E., McGraw, A. P., & Kristel, O. V. (2004). Proscribed forms of social cognition: Taboo tradeoffs, blocked exchanges, forbidden base rates, and heretical counterfactuals. In N. Haslam (Ed.), *Relational models theory: A contemporary overview* (pp. 247 - 262). Mahwah, NJ: Erlbaum.

Thoits, P. A., & Virshup, L. K. (1997). Me's and we's: Forms and functions of social identities. In R. D. Ashmore & L. J. Jussim (Eds.), *Rutger Series on self and social identity: Vol. 1. Self and identity — Fundamental issues* (pp. 106 - 133). New York: Oxford University Press.

Thomas, D. (1978). Cooperation and competition among children in the Pacific Islands and New Zealand: The school as an agent of social change. *Journal of Research and Development in Education*, *12*, 88 - 95.

Tobin, J. (2000). *Good guys don't wear hats*. New York: Teachers

College Press.

Tobin, J. J., Wu, D. Y. H., & Davidson, D. H. (1989). *Preschool in three cultures: Japan, China, and the United States*. New Haven, CT: Yale University Press.

Tomasello, M. (1999). *The cultural origins of human cognition*. Cambridge, MA: Harvard University Press.

Tomasello, M., Kruger, A. C., & Ratner, H. H. (1993). Cultural learning. *Behavioral and Brain Sciences*, *16*, 495 - 552.

Triandis, H. C. (1989). The self and social behavior in differing cultural contexts. *Psychological Review*, *93*(3), 506 - 520.

Triandis, H. C. (1990). Cross-cultural studies of individualism and collectivism. In J. Berman (Ed.), *Nebraska Symposium on Motivation* (pp. 41 - 133). Lincoln: University of Nebraska Press.

Triandis, H. C., Bontempo, R., & Villareal, M. (1988). Individualism and collectivism: Cross-cultural perspectives on selfingroup relationships. *Journal of Personality and Social Psychology*, *54*, 323 - 338.

Tronick, E. Z., Morelli, G., & Ivey, P. K. (1992). The Efe forager infant and toddler's pattern of social relationships: Multiple and simultaneous. *Developmental Psychology*, *28*, 568 - 577.

Tronick, E. Z., Morelli, G., & Winn, S. (1987). Multiple caretaking of Efe (Pygmy) infants. *American Anthropologist*, *89*, 96 - 106.

Tsai, J. L., Simenova, D., & Watanabe, J. (1999). Somatic and social: Chinese Americans talk about emotion — Personality and Social Psychology Bulletin. In M. Tomasello (Ed.), *The cultural origins of human cognition*. Cambridge, MA: Harvard University Press.

Tu, W. (1994). Embodying the universe: A note on Confucian self-realization. In R. T. Ames, W. Dissanayake, & T. P. Kasulis (Eds.), *Self as person in Asian theory and practice* (pp. 177 - 186). Albany: State University of New York Press.

Valsiner, J. (1988). *Child development within culturally structured environments: Social co-construction and environmental guidance in development* (Vol. 2). Norwood, NJ: Ablex.

Valsiner, J. (1994). Co-construction: What is (and what is not) in a name. In P. van Geert & L. Mos (Eds.), *Annals of theoretical psychology* (Vol. 10, pp. 343 - 368). New York: Plenum Press.

van der Meulen, M. (1986). Zelfconceptieproblemen bij jonge kinderen: Een analyse van spontane, zelfbeschouwende uitspraken. *Nederlands Tijdschrift voor de Psychologie en haar Grensgebieden*, *41* (6), 261 - 267.

van Deusen-Phillips, S. B., Goldin-Meadow, S., & Miller, P. J. (2001). Enacting stories, seeing worlds: Similarities and differences in the cross-cultural narrative development of linguistically isolated deaf children. *Human Development*, *44*, 311 - 336.

Varela, F. J., Thompson, E., & Rosch, E. (1993). *The embodied mind: Cognitive science and human experience*. Cambridge, MA: MIT Press.

Vinden, P. G. (1996). Junin Quechua children's understanding of mind. *Child Development*, *67*, 1701 - 1716.

Vinden, P. G., & Astington, J. W. (2000). Culture and understanding other minds. In S. Baron-Cohen, H. Tager-Flusberg, & D. J. Cohen (Eds.), *Understanding other minds: Perspectives from developmental cognitive neuroscience* (pp. 504 - 519). Oxford, England: Oxford University Press.

Vygotsky, L. S. (1987). *The collected works of L. S. Vygotsky: Vol. 1. Problems of general psychology*. New York: Plenum Press. (Original work published 1934)

Walkerdine, V. (1988). *The mastery of reason*. London: Routledge & Kegan Paul.

Wang, Q. (2001a). Culture effects on adults' earliest childhood recollection and self-description: Implications for the relation between memory and the self. *Journal of Personality and Social Psychology*, *81* (2), 220 - 233.

Wang, Q. (2001b). "Did you have fun?": American and Chinese mother-child conversations about shared emotional experiences. *Cognitive Development*, *16*, 693 - 715.

Wang, Q., & Leichtman, M. D. (2000). Same beginnings, different stories: A comparison of American and Chinese children's narratives. *Child Development*, *71*(5), 1329 - 1346.

Wang, Q., Leichtman, M. D., & Davies, K. I. (2000). Sharing memories and telling stories: American and Chinese mothers and their 3 - year-olds. *Memory*, *8*(3), 159 - 178.

Watson-Gegeo, K. A. (1993). Thick explanation in the ethnographic study of child socialization: A longitudinal study of the problem of schooling for Kwara'ae (Solomon Island) children. In W. A. Corsaro & P. J. Miller (Eds.), *Interpretive approaches to childhood socialization* (pp. 51 - 66). San Francisco: Jossey-Bass.

Watson-Gegeo, K. A., & Gegeo, D. W. (1990). Shaping the mind and straightening out conflicts: The discourse of Kwara'ae family counseling. In K. A. Watson-Gegeo & G. M. White (Eds.), *Disentangling: Conflict discourse in Pacific societies* (pp. 161 - 213). Stanford, CA: Stanford University Press.

Watson-Gegeo, K., & Gegeo, D. W. (1999). Remodeling culture in Kwara'ae: The role of discourse in children's cognitive development. *Discourse Studies*, *1*(2), 227 - 245.

Weigert, A. J., Teitge, J, S., & Teitge, D. W. (1990). *Society and identity: Towards a sociological psychology*. New York: Cambridge University Press.

Weisner, T. S. (1982). Sibling interdependence and sibling caretaking: A cross-cultural view. In M. Lamb & B. Sutton-Smith (Eds.), *Sibling relationships: Their nature and significance across the lifespan*. Hillsdale, NJ: Erlbaum.

Weisner, T. S. (1984). A cross-cultural perspective: Ecological niches of middle childhood. In A. Collins (Ed.), *The elementary school years: Understanding development during middle childhood* (pp. 335 - 369). Washington, DC: National Academy.

Weisner, T. S. (1987). Socialization for parenthood in sibling caretaking societies. In J. Lancaster, A. Rossi, & J. Altmann (Eds.), *Parenting across the lifespan*. New York: Aldine.

Weisner, T. S. (1989a). Comparing sibling relationships across cultures. In P. Zukow (Ed.), *Sibling interaction across cultures*. New York: Springer-Verlag.

Weisner, T. S. (1989b). Cultural and universal aspects of social support for children: Evidence from the Alaluyia of Kenya. In D. Belle (Ed.), *Children's social networks and social supports*. New York: Wiley.

Weisner, T. S. (1996a). The 5 - 7 transition as an ecocultural project. In A. Sameroff & M. Haith (Eds.), *Reason and responsibility: The passage through childhood*. Chicago: University of Chicago Press.

Weisner, T. S. (1996b). Why ethnography should be the most important method in the study of human development. In R. Jesser, A. Colby, & R. A. Shweder (Eds.), *Ethnography and human development*. Chicago: University of Chicago Press.

Weisner, T. S. (2001). Anthropological aspects of childhood. In *International encyclopedia of the social and behavioral sciences* (Vol. 3, pp. 1697 - 1701). Oxford, England: Elsevier.

Weisner, T. S. (2002). Ecocultural understanding of children's developmental pathways. *Human Development*, *45*, 275 - 281.

Weisner, T. S., Bausano, M., & Kornfein, M. (1983). Putting family ideals into practice. *Ethos*, *11*, 278 - 304.

Weisner, T. S., & Gallimore, R. (1977). My brother's keeper: Child and sibling caretaking. *Current Anthropology*, *18*, 169 - 180.

Weisner, T. S., & Lowe, E. D. (in press). Gtobalization, childhood, and psychological anthropology. In C. Casey & R. Edgerton (Eds.), *A companion to psychological anthropology: Modernity and psychocultural change*. Oxford, England: Blackwell.

Wellman, H. M., Cross, D., & Watson, J. (2001). Meta-analysis of theory-of-mind development: The truth about false belief. *Child Development*, *72*, 655 - 684.

Wellman, H. M., & Gelman, S. A. (1998). Knowledge acquisition in foundational domains. In W. Damon (Editor-in-Chief) & D. Kuhn & R. S. Siegler (Vol. Eds.), *Handbook of child psychology: Vol. 2. Cognition, perception and language* (5th ed., pp. 523 - 573). New York: Wiley.

Wenger, M. (1989). Work, play and social relationships among children in a Giriama community. In D. Belle (Ed.), *Children's social networks and social supports*. New York: Wiley.

Werker, J. (1989). Becoming a native listener. *American Scientist*, *77*, 54 - 59.

Wertsch, J. V. (1985). *Vygotsky and the social formation of mind*. Cambridge, MA: Harvard University Press.

Wertsch. J. V. (1991). *Voices of the mind*. Cambridge, MA: Harvard University Press.

Wertsch, J. V. (1992). Keys to cultural psychology. *Culture, Medicine and Psychiatry*, *16*(3), 273 - 280.

White, G. M., & Kirkpatrick, J. (1985). *Person, self and experience: Exploring Pacific ethnopsychologies*. Berkeley: University of California Press.

White, M. I., & LeVine, R. A. (1986). What is an li ko (good child)? In H. Stevenson, H. Azuma, & K. Hakuta (Eds.), *Child development and education in Japan* (pp. 55 - 62). New York: Freeman.

Whiting, B. B., & Edwards, C. P. (1988). *Children of different worlds*. Cambridge, MA: Harvard University Press.

Whiting, B. B., & Whiting, J. W. M. (1975). *Children of six cultures*. Cambridge, MA: Harvard University Press.

Whiting, J. W. M. (1941). *Becoming a Kwoma*. New Haven, CT:

Yale University Press.

Whiting, J. W. M. (1964). Effects of climate on certain cultural practices. In W. H. Goodenough (Ed.), *Explorations in cultural anthropology*. New York: McGraw-Hill.

Whiting, J. W. M. (1981). Environmental constraints on infant care practices. In R. H. Munroe, R. L. Munroe, & B. B. Whiting (Eds.), *Handbook of cross-cultural human development*. New York: Garland.

Whiting, J. W. M., & Child, I. (1953). *Child training and personality*. New Haven, CT: Yale University Press.

Wierzbicka, A. (1986). Human emotions: Universal or culture-specific? *American Anthropologist*, *88*(3), 584 - 594.

Wierzbicka, A. (1990). Semantics of the Emotions [Special issue]. *Australian Journal of Linguistics*, *10*(2).

Wierzbicka, A. (1991). *Cross-cultural pragmatics: The semantics of human interaction*. Berlin, Germany: W. de Gruyter.

Wierzbicka, A. (1992). *Semantics, culture and cognition: Universal human concepts in culture-specific configurations*. New York: Oxford University Press.

Wierzbicka, A. (1993). A conceptual basis for cultural psychology. *Ethos*, *21*(2), 205 - 231.

Wierzbicka, A. (1999). *Emotions across languages and cultures: Diversity and universals*. Paris: Cambridge University Press.

Wiley, A. R., Rose, A. J., Burger, L. K., & Miller, P. J. (1998). The construction of autonomy through narrative practices: A comparative study. *Child Development*, *69*, 833 - 847.

Willis, P. (1977). *Learning to labor: How working class kids get working class jobs*. New York: Columbia University Press.

Wolf, S. A., & Heath, S. B. (1992). *The braid of literature: Children's worlds of reading*. Cambridge, MA: Harvard University Press.

Wortham, S. (2001). *Narratives in action: A strategy for research and analysis*. New York: Teachers College Press.

Wu, D. Y. H. (1994). Self and collectivity: Socialization in Chinese preschools. In R. T. Ames, W. Dissanayake, & T. P. Kasulis (Eds.), *Self as person in Asian theory and practice*. Albany: State University of New York Press.

Wu, D. Y. H. (1996). Chinese childhood socialization. In M. H. Bond (Ed.), *The handbook of Chinese psychology* (pp. 143 - 154). Hong Kong, China: Oxford University Press.

Yang, K.- S. (1997). Indiginizing westernized Chinese psychology. In M. H. Bond (Ed.), *Working at the interface of culture: 18 lives in social science*. London: Routledge & Kegan Paul.

Yip, T., & Fuligni, A. J. (in press). Daily variation in ethnic identity, ethnic behaviors, and psychological well being among American adolescents of Chinese descent. *Child Development*.

Youniss, J., & Yates, M. (1997). *Community service and social responsibility in youth*. Chicago: The University of Chicago Press.

第 14 章

人类发展的生物生态学模型*

URIE BRONFENBRENNER 和 PAMELA A. MORRIS

生物生态学模型(the bioecological model)及其相应的研究设计，对于多年的有关人类发展的科学研究来说，是一个正在演进着的理论体系(Bronfenbrenner, 2005)。在生物生态

* 我们尤其感谢对本手稿的草稿慷慨地提出富有思想性评论的以下同事：Jay Belsky、Rick Canfield、Nancy Darling、Glen H. Elder Jr.、Steven F. Hamilton、Melvin L. Kohn、Kurt Lüscher、Phyllis Moen、Donna Dempster-McLain、Laurence Steinberg 和 Sheldon H. White。我们也特别感谢 Susan Crockenberg 教授和她在 Vermont 大学的学生，他们在一个研究生讨论会的课程中，认真阅读了本章的草稿，并且提出了很多建设性的建议。我们已尽力去达到他们完美设定的高标准。我们想表达对 Richard M. Lerner 和 William Damon(1998 年分卷和整书的编者)的感激，感谢他们明智的意见、鼓励和耐心。最后，特别感谢给我们提出最严厉和最有建设性批评的 Liese Bronfenbrenner。

学模型中,发展被定义为人类(既作为个体也作为群体)生物心理学特征连续和变化的一种现象。这种现象扩展到生命全程,经过世世代代,穿越包含过去和未来的历史时光。未来这一术语引发了一个问题: 怎么可能对还没有发生的现象进行科学的研究呢? 这个问题并不是一个新问题;实际上它遍及科学事业的每一个领域。然而,我们是经过历史时光,可以发展出成功地致力于科学研究能力的唯一物种,并且因此在很多方面已经能够改变我们生活的世界的特征。结果,在某种限制下,我们人类已经改变了作为一个物种的我们自己的发展性特征和进程(Bronfenbrenner & Evans, 2000; Bronfenbrenner & Morris, 1998)。

为了将人类发展的生物生态学理论置于一个更大的背景中,意识到这个理论中的很多先进的和复杂的一般性观点也是其他有关人类发展的理论与实证研究的组成部分是很重要的。例子包括生命全程心理学(Baltes, Lindenberger, & Staudinger,本《手册》本卷第 11 章),文化心理学(Cole, 1995; Shweder et al. ,本《手册》本卷第 13 章),Magnusson 的情境—相互作用的整体观的发展理论(Magnusson's developmental theory of contextual-interactive holism)(Magnusson & Stattin,本《手册》本卷第 8 章),以及,尤其是 Robert Cairns 的著作(本《手册》本卷第 3 章),从相互交流到正式出版持续了 30 年以上,这部著作对生物生态学模型中的四个定义性特征——(1) 过程,(2) 个人,(3) 情境和(4) 时间——的演进起着主要的作用。Cairns 以作为发展科学的创立者和主要的倡导者而声名远扬,并且在他的与生物生态学模型的演进最有关的书籍和文章中就有许多极好的例子(Bergman, Cairns, Nilsson, & Nysted, 2000; Cairns, 1970; Cairns & Cairns, 1994)。人类发展的生物生态学模型的特殊之处,在于它的跨学科性和综合关注儿童期和青少年期的年龄阶段,以及它对运用与加强青年和家庭发展有关的方法和计划的明显的兴趣。

在本章中,我们着手呈现人类发展的生态学模型,这个模型已经在本《手册》的前两版中被介绍过了(Bronfenbrenner & Crouter, 1983; Bronfenbrenner & Morris, 1998)。1983 版的章节主要关注已被使用的模型的实证和理论根源,集中于环境在塑造发展中的作用。相反,本章则导向于未来。当前的模型,在形式和内容两个方面介绍了区别于 1983 版章节的主要的理论创新。当前的表述并没有要求被看作是一种范式转换(如果有这一现象);更可能是它在模型重点的中心继续着一种明显的转换。在这种明显的转换中,早期版本模型的特征刚开始被称为问题,但是,后来与新的因素重新组合成了一个更复杂和更动态的结构。

这个模型在形式和内容上的转换,经过一段相当长的时间的确发生了,一种表达对于读者来说都将变得太熟悉了(Bronfenbrenner, 2005)。从关注环境转换到关注过程,在 Bronfenbrenner 未出版的演讲、提交的学术报告以及给专题论文集的投稿中,被首次介绍。直到 1986 年,它作为一个新模型的附注才第一次出现在出版物中(Bronfenbrenner, 1986b)。下面大段的摘录传达了它的精神和秉持的主旨。因为这两方面特性与生物生态学模型逐渐演进到当前的形式有关,所以我们相当详尽地引用了 1986 年的阐述:

在距今十多年以前,稍微年轻点的时候,我通过把当时的发展性研究描述为“在最短暂的可能的一段时间内,在陌生的情境中对儿童的陌生行为进行的研究”,而自以为是地挑战当时正盛行于我们领域的习俗惯例(Bronfenbrenner, 1974)。相反,我提出(好像它仅仅是一个选择的问题),我们应该在生态情境中,也就是在人类生活的真实环境中,研究发展。然后,我在一系列出版物中,继续勾画出在情境中分析发展的概念性框架,并且为如何将图式中的各种因素运用到过去的研究和即将到来的研究中提供了具体的例子。在两个方向上,在发展性研究和公共政策之间,我也强调科学利益和实际利益的更密切联系(Bronfenbrenner, 1974, 1975, 1977a, 1977b, 1979a, 1979b, 1981)。现在,12 年以后,有人可能会认为我有充足的理由去满意地休息。带着真实生活的影响,在真实生活背景中研究儿童和成人,现在在有关人类发展的研究文献中很普遍,正如本卷所证明的,无论是在美国还是在欧洲均如此。我相信,这种科学的发展正在发生,不是过多的因为我的著作,而是因为我已经正在传播的观念,即谁的时代已经来临的想法……

很明显,如果有人把这种科学发展看作是可取的,有很多令人满意的理由。然而,伴随着满意的感觉,我必须承认有一些不满意。我的不安来自两个互相依赖的忧虑。第一个与当代研究已采取的主要方法之一有关;第二个与一些更有希望的途径正在被忽视有关。

795

哎呀,或许我不得不为我认为是固执的行动方向(course)负某种责任。它是一个或许可以被称为"成功的失败"的例子。很多年以来,我向我的同事们大声疾呼,要避免在真实生活的背景中研究发展。我已经找到了一种新的最憎恶的东西(*bête noir*),而不必再抱怨评分。为了取代太多的"去情境化"的发展性研究,我们现在有了过量的"无发展的情境化"研究。

一个人不能擅自作如此时髦(brass)的断言,却不准备去证明自己的立场。我准备着。(Bronfenbrenner, 1986a, pp. 286 - 288)

接下来是新近演进的理论框架的一种早期版本,但是现在本章的目的是为了更好地介绍当前的模型,虽然仍然在演进着,但还是形成了现在所称的生物生态学模型。演进(evolving)这一术语,强调了这个模型随着它的相应的研究设计,已经在它的生命全程中经历了一个发展过程(Bronfenbrenner, 2005)。生物生态学模型阐述了两个密切相关却又根本不同的发展过程,每一个过程都随着时间而发生。第一个过程在调查研究中定义了现象——人类的生物心理学特征的连续性与变化性。第二个过程关注于科学工具的发展——用来评估连续性与变化性的理论模型和相应的研究设计。

这两个任务不能单独实施,因为它们是产生和整合观念的联合产物,是基于理论和实证的基础——一个在发现模式(the discovery mode)中被称为发展科学的过程(Bronfenbrenner & Evans, 2000, pp. 999—1000)。在更熟悉的验证模式(the verification mode)中,目标是为了在其他的背景下重复先前的研究结果,以确信这些结果仍然可用。相比较而言,在发现模式中,目标是完成两个更概括但却相关的目的:

1. 思索新的可选择的假设和相应的研究设计,不仅质疑存在的结果而且也产生新的、更有区分性的、更精确的、可重复的研究结果,并且因此产生更多有效的科学知识。

2. 为设计有效的社会政策和计划以抵消新出现的发展性的破坏影响提供科学基础。这是生物生态学模型从一开始就有的一个明确的目的。为了使读者适应生物学模型的现在的表述，下面就先预览一下。

概述

我们先从这个模型的定义性特征来说明，定义性特征涉及四个主要的成分和它们之间动态的、相互作用的关系。第一个成分是过程(Process)，它构成了模型的核心。更明确地说，过程建构了包含有机体和环境之间相互作用的特殊形式，被称为最近过程(proximal processes)。最近过程随着时间而起作用，并且被认为是引起人类发展的主要机制。然而，此过程影响发展的动力(power)是被这样假设和说明的，即随着最近过程在其中发生的发展中的个人(Person)特征、即时的和更远端的环境情境(Contexts)以及时间(Time)期的作用，最近过程会产生相当大的改变。

下面的部分将详细地考察这个模型中其他三个定义性特征的每一个，先从个人的生物心理学特征开始。这个领域随即被首先用来填补一个意识到的生态学模型早期原型的缺口。因而，在当前模型发展的中期，Bronfenbrenner 批评了它理论中原先的东西，并且自认他对未能提出实证性的建议负有责任：

> 支持生态模型的已有发展性研究已提供了关于或近或远的发展性相关环境本质的大量知识，要比有关过去和现在的发展个体特征的知识多……我所作的批评也会应用到我的著作中……无论是在 1979 年的专题著作中，还是直到今天的别处，都不能找到一套把发展中的个人特征概念化的平行结构。(Bronfenbrenner, 1989a, p. 188)

个人特征的三种类型被看作是在塑造未来发展的过程中，通过它们的能力去影响生命全程中最近过程的方向和动力的最有影响力的因素。首先，倾向(dispositions)能够使最近过程在特殊的发展领域中处于运转状态，并且继续保持它们的作用。其次，能力、体验、知识和技能的生物生态学资源(resources)，在发展的特定阶段使最近过程发挥有效的功能。最后，需要(demand)特征会助长或者破坏来自社会环境的反应，这些社会环境能够形成或者破坏最近过程的操作。这三种形式的区分导致了它们在个人结构类型上的结合。它们的结合能够进一步说明作为结果而发生的最近过程在方向和动力上的不同以及它们的发展性影响。

796

塑造了他或她未来发展的有关个人特质的这些新的表述，根据从微(micro)到宏(macro)的鸟巢式的系统，已经对进一步区分、扩展和整合原先 1979 年的环境概念化产生了不曾预料到的影响(Bronfenbrenner, 1979b)。例如，先前勾画的个人特征的三种类型也被并入微系统(microsystem)的定义中。微系统包括这些人的特征：父母、亲戚、亲密朋友、老师、指导者、同事、配偶或者其他长期在相当经常的基础上参与到发展中的个人生活中的人。

生物生态学模型也介绍了微系统结构中的一个更重要的领域，这个领域强调不涉及与人而只涉及与物体和象征的相互作用对于最近发展的独特贡献。甚至更加广泛地采用概念和标准，以区分助长或者干扰最近过程发展的那些环境特征。在后者的领域中，尤其重要的是，在塑造人类能力和性格的主要背景——家庭、育儿机构、学校、同伴群体和邻里关系——中成长的不安、不稳定和混乱。

最近的主题谈到生物生态学模型的第四个和最后一个定义性特征，并且也是与前三个定义性特征相比移动最远的一个定义性特征——时间(Time)维度。1979 年版本的卷册中很少提及这个术语，然而在当前的表述中，它在三个继时性水平——(1) 微时间，(2) 中间时间和(3) 宏时间——上占有一个显著的位置。微时间(microtime)指的是正在进行的最近过程情境中的连续性与不连续性。中间时间(mesotime)是指这些情境经过较长的时间间隔(像天和周)的周期性。最后，宏时间(macrotime)在更广阔的社会(既包括代内也包括代际)中关注不断变化的预期和事件，因为它们既影响着跨越生命全程的人类发展的过程和结果，而且也为其所影响。最后一个主题的论述吸收了本《手册》本卷第 12 章中的 Elder 和 Shanahan 的理论成果。然而，随着时间在更广阔社会的状态和结构上产生了随着时间而进行的大规模变化，我们主要强调的是其中的发展过程和结果的作用，而且这些变化暗示着社会的未来。

在转向手边的任务之前，明确三个成拱形的倾向性(overarching orientations)是很重要的，这些倾向性从总体上界定了本章的内容和结构。首先，我们用术语发展去指跨越生命全程和世世代代的人类生物心理学特征的稳定性和变化性。对于同一个人的特征随着时间的延续是变得更好还是连续性的，并没有限制性的假设。反而，这些是还需研究的问题。

第二，从生物生态学模型的观点来看，使经过连续世世代代的人类特征产生稳定性和变化性的动力，与同一个人的特征在其一生中的稳定性和变化性同等重要。

第三个倾向性或许是最基本的，并且也是最难实现的。Kurt Lewin(引自 Marrow, 1977)曾说过，没有什么东西能像一个好理论一样实际了。但是要成为“好的”，一个理论也必须是“实际的”。在科学中，一个好的理论是那种能被转化为与理论的定义性特征相匹配的相应的研究设计的理论。缺乏了这样的研究设计——或者也许更糟的是，运用的研究设计不能匹配甚至违背了理论的定义性特征——科学将不能向前发展。因此，当我们继续行进在理论表述的连续阶段上的时候，我们试图详细说明和尽可能地解释与提出的理论结构相符合或者至少相接近的研究设计的特征。

生物生态学模型的定义性特征

在生物生态学模型的定义中，一个早期的关键成分是体验(experience)。它表明人类发展环境在科学上的相关特征不仅包括其客观性特征，也包括生活在环境中的个人主观性体验的特征。这种对经验和客观观点的同等强调，既不是源自对行为主义概念的反感，也不是源自对存在哲学基础的偏好，而是基于这样一个简单的事实，即有极少明显影响人类行为和

797

发展的外部影响因素能单独描述为客观的物理条件和事件(Bronfenbrenner & Evans, 2000; Bronfenbrenner & Morris, 1998)。

对于先前表述的批评在于独自地(solely)这个单词。在生物生态学模型中,客观成分和主观成分都被断定为推动了人类发展的进程;任何一种单独的成分都被认为是不充分的。此外,这些成分并不总是朝着同一个方向起作用。因此,起始于现象或者经验的一方,来理解这两个动态力量(dynamic forces)每一个的特征是很重要的。这两个术语是相关联的,然而尽管彼此相关联,它们还是通常被应用到有些不同的领域。经验更经常地被用于与认知发展有关的地方,并且主要和环境在生命全程的连续阶段如何被认识的变化有关。生命全程的连续阶段开始于婴儿早期,并且相继经过儿童期、青少年期、成年期和最后的老年期。

相比较而言,体验更多地属于情感的领域——期待、预感、希望、怀疑,或者个人信念。出现在儿童期早期并持续一生的情感,以稳定性和变化性为特征:它们与自我有关,或者与他人,尤其是家人、朋友和其他的亲密同伴有关。它们也可以应用到我们所从事的活动中;例如,那些我们最喜欢或最不喜欢从事的活动。但是这些经验等同物(experiential equalities)的最明显的特征在于,它们负载着情绪和动机,包括爱与恨、高兴与悲伤、好奇与厌烦、期望与反感,两极经常是同时但通常以不同的程度存在。大量的研究证据表明,这些从过去发展出来的正向的和负向的主观力量,也能够有助于以强有力的方式塑造未来的发展过程(Bronfenbrenner & Evans, 2000; Bronfenbrenner & Morris, 1998)。

但是这些力量不是在起作用的唯一有影响的力量,其他的力量在本质上更客观一些。然而,这个存在不意味着力量必然会有或多或少的影响,这主要是因为这两组力量是相互依赖和相互影响的。如同其主观对立面,这些更客观的因素也依赖于随着时间而演进的对相应的理论模型和相关的研究设计的评估。这些更客观的关系被后面呈现的命题所证明(见Bronfenbrenner & Evans, 2000; Bronfenbrenner & Morris, 1998)。第一个命题详细说明了这一理论模型,并且提供了具体的例子;第二个命题提出一个为评估它们的相应的研究设计。

然而,在开始讲正式的定义以前,指出传统的像亲子相互作用的现象——或者,在更普遍的意义上,朝向发展中的个人的他人行为——已经被纳入更具有包容性的环境类型中,或许是有用的。在生物生态学模型中,区分环境和过程概念的一个关键之处,在于后者不仅占据了一个中心地位,而且还有一个相当具体的含义。出现在命题Ⅰ中的建构确定了该模型的定义性特征。为了在上下文中弄懂它的含义,我们也引用了命题Ⅱ。

命题Ⅰ

在生命全程尤其是生命的早期阶段,人类的发展通过日渐复杂的相互作用过程而发生。这些活跃的、演进中的生物心理学的人类有机体与他人、物体和象征之间的相互作用发生在即时的外部环境中。要想有效,相互作用必须经过很长的时间发生在相当有规律的基础之上。在即时环境中，如此持久的相互作用的形式，指的就是最近过程。最近过程持久方式的例子在下列活动中被发现：喂养或者安慰婴儿，与幼儿玩耍，儿童与儿童的活动，群体或者独自的游戏，阅读，学习新技能，体育活动，问题解决，照顾悲痛中的他人，制订计划，完成复杂任务，以及获取新知识与技能。

对于年轻一代来说，随着时间的推移，参与到这些相互作用的过程，产生了既可以和他人一起也能独自从事活动的能力、动机、知识和技能。例如，通过与父母之间日渐复杂的相互作用，儿童日益变成自己发展的动因，当然只是部分的。

最近过程被断定为是发展的首要引擎(见 Gottlieb, Wahlsten, & Lickliter, 本《手册》本卷第 5 章；Tobach, 1981; Tobach & Schneirla, 1968)。第二个定义性特征，这些动态力量的四种来源将在命题Ⅱ中被确认。 798

命题Ⅱ

由于发展中的个人的特征、环境——包括即时的和更远端的——最近过程在其中发生、在考虑中的发展性结果的性质、随着时间而跨越生命全程和个人生活的历史时期而发生的社会连续性和变化性的联合作用，影响发展的最近过程的形式、动力、内容和方向会系统地发生改变。

命题Ⅰ和Ⅱ在理论上是相互依赖的，并且易于进行实证式测验。允许它们同时进行考察的一种操作性的研究设计指的就是过程—个人—情境—时间(PPCT)模型(the Process-Person-Context-Time model)。

个人特征在生物生态学模型中实际上出现过两次——第一次是作为影响最近过程的形式、动力、内容和方向的四个成分之一。然后再是作为发展的结果——发展中的个人的特性，这些特性作为该模型先前提到的四个主要成分联合、相互作用、相互增强效果的结果，适时地出现在了发展的后点。总之，在生物生态学模型中，个人特征既可以作为一个间接的生产者也可以作为一个发展的产物而起作用(见 Lerner, 1982, 2002; Lerner & Busch-Rossnagel, 1981)。

最后，因为在生物生态学模型中，最近过程的概念有特殊的含义，所以明确它的显著特征是很重要的。就现在的目的来说，构建以下特征尤其值得注意：

1. 要想产生发展，个人必须从事活动。
2. 要想有效，活动必须发生“在相当有规律的基础之上，经过很长的时间”。例如，这意味着周末妈妈或爸爸和孩子一起做事，不做工作，也不做那些经常被打断的活动。
3. 为什么不能做呢？一个原因就是为了发展的有效性，活动必须持续足够长的时间以致变得“日益复杂”。几乎不重复的事就不会起作用。
4. 发展的有效的最近过程并不是单向性的，必须是双向性的影响。对于人际之间的相互作用来说，这意味着主动性并不只是来自一方；在交流中必须有某种程度的交互作用。

5. 最近过程并不限于与人的相互作用，它们也涉及与物体和象征的相互作用。在后面的情形中，为了使交互式的相互作用发生，在即时环境中的物体和象征必须是能引起注意、探索、操纵、精心组织和想象的其中的一种。
6. 在命题Ⅱ中详细说明的强有力的调节因素，引发了最近过程在内容、时间安排、有效性方面的重要变化。尤其是：
   a. 当儿童长得大一些时，他们的发展能力在水平上与范围上都增长了；因此，为了继续有效，相应的最近过程必须也变得更加广泛和复杂，从而为实现将来演进着的潜能做准备。同时，考虑到正在进行的发展优势，在"日益复杂"的活动时期之间的时间间隔应该更长些，尽管它们必须仍然发生在一个"相当有规律的基础"之上。否则，发展的速度会减慢，或者它的行动方向甚至可能是反方向的。
   b. 与幼儿"在相当有规律的基础之上，经过很长的时间"进行相互作用的主要人物是父母，但是，尤其当儿童长得大一些的时候，其他的人——诸如养育者、亲戚、兄弟姐妹和同伴——也起作用了。很快跟上来的是在其他活动中的教师或指导者，然后是同性或异性的亲密朋友、配偶或他们的同伴、同事、工作中的领导和下属。正如例子中所表明的，涉及的起作用的人并不只限于形成中的几年。借用 G. H. Mead(1934)的一个术语，我们称这样的人为重要的他人(significant others)。

799

前面叙述构成了新理论模型的主要成分。如果这样的话，问题出现了，生物生态学模型的意义是什么？生物学是从哪里和怎么样进入这一模型的？我们按照减少它们有效性的必然性的顺序，提供了问题的三种答案。第一个答案因不合格而被放弃。下面很少谈到在有机体之内的生物学系统的操作。相比较而言，相当多的科学关注和影响最近过程及其发展性结果且一般被看作是生物学基础的个人特征相一致。最后，当前的模型依赖于这个假设，即生物学因素和演进过程不仅限制了人类的发展，而且也施加了关于人类潜能实现所需的环境条件和体验的驱力。采取的立场是，在一定程度上没有提供必要的条件和体验，这些潜能将不会实现(Bronfenbrenner & Ceci, 1993, 1994a, 1994b)。

我们相信，生物生态学模型在被使用的时候是有科学的生产价值的。然而目前，它最显著的特征不是其被证实的科学动力，而是它的稀有性。确实，考虑到这个新出现的模型不断地被修订，并只在过去的几年中才开始出版的这个事实，它的稀有性就几乎不那么令人惊奇了(Bronfenbrenner, 1989a, 1990, 1993, 1994, 1995; Bronfenbrenner & Morris, 1998; Bronfenbrenner & Ceci, 1994a)。相矛盾的是，一些具体的例子还是更早一些就存在了。它们是 Bronfenbrenner 和 Crouter 在本《手册》1983 年版中提到的作为"潜在的范式"(latent paradigms)的产物；也就是说，并没有被清晰表述的理论模型，却在研究设计中被深信不疑地用来分析数据(Bronfenbrenner & Crouter, 1983, pp. 373—376)。确实，生物生态学模型的部分前身以"个人—过程—情境模型"(person-process-context model)的名称出现在 1983 年版《手册》的章节中。然而，在那一章中，通过过程意味着什么，从来也没有被详细说明，并且大量被引用的例子，没有包括一个在命题Ⅰ中被定义的最近过程的成分。个人的发展性的相关特征也不被包含在内。1983 年版《手册》的章节也没有将时间作为理论模型的一个定义性特征。在这些和接下来的其他方面,今天的生物生态学模型,在基本结构方面及其双向的、互相促进的相互关系方面,远远超越了它的前身。

从理论到研究设计:操作生物生态学模型

我们已经逐渐清楚了到哪里去考察由生物生态学模型给相应的研究设计施加的要求的可能性和必要性。我们从近来的一个具体的例子开始。

在 20 世纪 50 年代和 60 年代,内科医生并兼任 Edinburgh 大学儿童生命和健康教授的 Cecil Mary Drillien(1957, 1964),对两组人实施了一项关于心理发展的长达七年的纵向研究:360 个低出生体重的儿童和一个"通过从医院提供的名单中挑出紧挨着的到期出生的个体"(1957, p. 29)组成的控制组。在她的追踪评估中,研究者发现,低出生体重的儿童更有可能出现问题,表现在身体生长、对疾病的敏感性、受损的智力发展和更差的班级表现方面。所有这些倾向在男孩身上表现得更明显(1964)。通过比较儿童在学校中的表现和基于他们的智力测验分数作出的预期,Drillien 发现,那些低出生体重的儿童尤其可能表现的要低于他们的智能。对于这个结果,作者评述如下:"在大多数个案中,无法获得标准化的能力匹配是与行为问题相联系的,行为问题被发现随着出生体重的降低而增加,它在低出生体重的儿童身上有所增加,[并且]在男孩身上更普遍。"(1964, p. 209)

图 14.1 描述了结果。这个图没有出现在 Drillien 的专著中,但是这个图是根据卷中表格中的数据构造出来的。它表明 2 岁时母婴相互作用的质量,影响 4 岁时被观察的问题行为的数量,这些被观察的问题行为的数量是社会阶层和三种水平的低出生体重——标准出生体重以下一磅或一磅多的,少于一磅的和正常出生体重的——联合作用。母亲敏感性的测量是基于在家庭中的观察和对母亲的访谈。调查者有关社会阶层的测量是一个合成的指标,它不仅考虑了父母的收入和教育,而且也考虑了家庭居住地内邻居的社会经济水平。相互作用的质量是通过母亲对婴儿状态和行为的变化的敏感程度来评估。发展性结果的测量是被报告的行为失调,诸如活动过度、过分依赖、羞怯和抗拒性的频率。

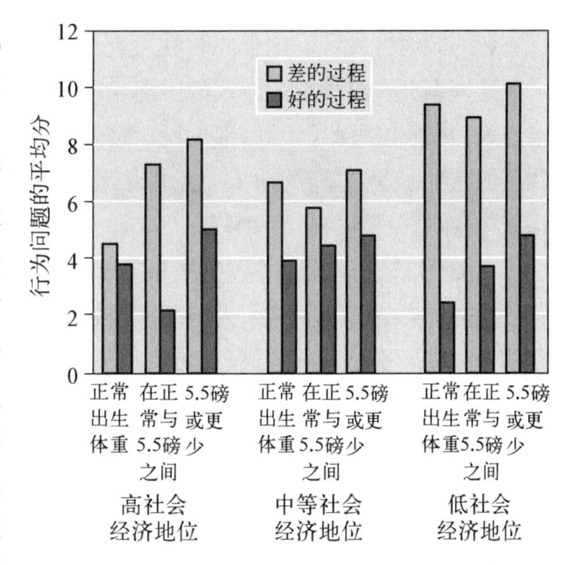

图 14.1 母亲对 4 岁儿童问题行为的反应在出生体重和社会阶层上的效应。

800

我们的主要兴趣不在研究结果上,而在于研究设计的结构与生物生态学理论模型的定义性特征相一致的程度。在这方面需注意的第一点是命题Ⅰ将最近过程定义为双向的。然而，Drillien 对过程的测量只是基于母亲对婴儿状态和行为变化的敏感性，但并没有允许计算婴儿对母亲状态和行为变化的敏感性的补充性测量的数据被报告。这意味着，在 Drillien 的研究中所获得的操作性测量，只是触及了最近过程理论定义的一个方面。因此，可能是，在一定程度上婴儿对交互式相互作用的贡献在任何体重上都有，所获得的结果可能低估了被观察效应的真实大小。

然而，正如图 14.1 中所示，母亲跨越时间的敏感性——最近过程的一个单方面的测量——仍然作为发展性结果的最有力的预测者出现了。在所有的情况下，敏感母亲的处理明显降低了儿童表现出的行为失衡的程度。

在一方面最近过程和另一方面过程发生的环境之间作出区分的主要理由就在这里，即与命题Ⅰ相一致，最近过程证明是影响发展性结果(在这一案例中，指 4 岁儿童问题行为的频率)的最强有力的力量。此外，正如在命题Ⅱ中所确定的，过程的动力作为环境情境(如社会阶层)的功能和个人特征(如出生时的体重)的功能而系统地发生变化。这个过程看起来对成长在最不利的环境(如最低的社会经济水平)中的幼儿产生了最大的影响，但是在那种环境中，那些出生时体重正常的幼儿受益最多。另外，在同样的不利情境中，在高水平的母亲敏感性下，出生体重显示了它最一致的效应，即随着出生体重的降低，行为问题的数量在稳步地增加。最后，从总体上说，母亲的敏感性具有了一般的结果，即减少或减缓环境在发展性结果上的不同。因此，在高水平的母婴相互作用中，社会阶层在问题行为上的差异变得更小。

从发展科学的观点来看，这些研究结果的最值得关注之处，不在于它们的特殊内容，而在于它们的同时性发现。这个同时性发现由于一个基于理论模型的研究设计而成为可能。这个理论模型允许这种形式方式的出现。不仅过程、个人、情境和时间四个关键的成分都呈现了出来，而且也提供了设计，提供设计是为了检测在生物生态学模型中被论断为动态的理论体系的这些成分之间的协同* 互相依赖的种类。如此相互依赖的两个特殊的例子在 Drillien 的数据分析中被揭示出来：

801

1. 命题Ⅱ确定了最近过程的发展效果随着个人与情境的联合作用而发生变化；也就是，在过程到结果的关系上，个人与情境所起的间接效果并不被认为是简单的累加。与这个预期相一致的发现是，最近过程在最不利环境中的但是最健康的婴儿身上具有最大的影响。个人和情境的联合在作为“发展的引擎”的最近过程的动力上显示出一个相互之间加强、增值、间接的效果。

2. 在 Drillien 的研究中，问题行为的频率在时间的两个点上——首先当婴儿 2 岁的时候，然后再是 4 岁的时候——被评估。如果有人作出合理的假设，即母亲在两个年龄段之间仍继续与她们的孩子相互作用，那么图 14.2 中所显示的结果，就为经过一个相当长的时期

---

* 协同是指“分离动作的合作行动所产生的总效果要比两个或更多的单独行动所产生的效果的总和大得多”。(《Webster 第三版新国际词典》)

而产生的最近过程的效果提供了证据。儿童经历了与其母亲低水平的相互作用,则问题行为的数量从 2 岁到 4 岁会表现出一个加速增长,而那些处于最近过程的明显高一些水平的儿童问题行为的数量则只显示了一个适度的增长。

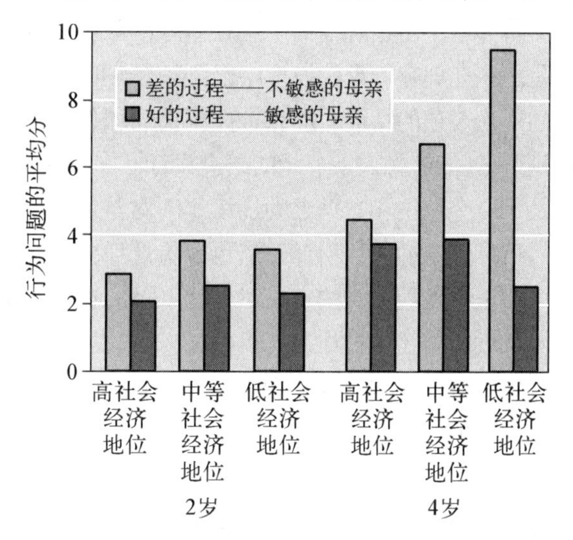

图 14.2 母亲的敏感性在不同社会阶层的 2 岁和 4 岁儿童问题行为上的效应。

发现模式中的发展科学

前述的结果是偶然发现的可能性如何? 它们中的一些达到了统计学上的显著性,而另一些却不能被检验,因为需要计算估计误差的变量没有被报告出来。但是那不是面临的主要的问题。由于理论和操作模型之间关系的具体例子现在呈现在我们面前,我们能够说明什么会变成一个复杂和必然的问题: 在生物生态学模型中,研究设计的功能是什么? 在这方面所作的第一点回答是,主要的功能不是为统计学上的显著性所做的一般性检验,而是研究设计必须提供实施科学过程同样基本和必要的早期阶段: 那就是具有充分解释力和保证从属于实验检验的精确性的发展假设。我们是在发现模式中而不是在验证模式中研究科学。在更早的阶段,理论起着一个更关键的作用。从一开始,生物生态学模型就通过其连续的再形成,呈现出一种满足这个科学需要的持续性的努力。

在发现模式中,对于发展科学的研究设计的特有特征是什么? 发现这个问题的答案是复杂的,事实是与物理科学和自然科学相比,发展科学的确仍处于发展的早期阶段。另外,因为它的范围处于自然科学和社会科学之间,所以这个发现的过程在某种程度上必须适应两者的要求。或许部分地由于这些原因,我们不能在发展的文献中找到任何关于这个问题的讨论。在这些情况下,我们得出结论,即我们能够做到最好的就是尽力明确研究设计的特征,这些特征在过去几年曾经被用来达到生物生态学模型连续地越来越不同的表述。

这些设计特征,依赖于在发展的现阶段的理论模型中被提出的结构和它们之间可能的关系。这些结构和相互之间可能的关系已在命题Ⅰ和命题Ⅱ中被说明,但是它们却以一种相对不可区分的形式出现。例如,个人和情境在最近过程上不同类型结果的期望效应的方向并没有被详细说明。缺乏详细说明的原因在于,一种更精确的表述,既不能从它现在仍处于演进中的理论中推论出来,也不能从任何已获得的数据(至少就我们的知识而言)中归纳出来。考虑到这些局限,我们得出结论,即在这点上,在发现过程中的一种恰当的设计策略可能涉及了一系列的日益更不同的表述和相应的数据分析,每一个相继步骤中的结果都为下一步打好基础。使用的研究设计必须主要是生成的,而不是确定 VS. 不确定的。 802

在这个生成的过程中,来自理论模型的推论比那些来自研究发现的推论,起着一个更显著的作用,但是后者也很关键。它们的重要性通过详细说明相应的研究设计的一个关键特征而被最好地传达：它必须在某种程度上提供一个结构性的框架来展示出现的研究结果，这些研究结果更精确地揭示了在有效的数据中获得的相互依赖的方式。主要的科学兴趣，不是那些在现存的理论模型中已经被预期的可观察到的方面，而是那些指向更不同和更精确的理论表述的特征。那么，这些特征根据新的证据能被估计出来，并且如果认为是科学性的预期，就能够融入下一步的研究设计。在发现模式中为发展性的调查研究所提出的策略，涉及了一个理论和数据之间连续不断对抗的反复过程，这个数据指向能够明确表述假设的最终目标，这些假设既有优点，也容易受到在验证模式中的科学评估的影响。

在呈现发现模式的定义时，我们承认，在真正的科学实践中，它几乎不可能成为一个发现。我们所描述的过程或者类似的东西，是科学家们总是在做的事情。我们试图让那个过程明确的主要原因，是如此做就能够促进发现过程的信念。但是我们也希望，在本章中所呈现的发现模式的解释和例子，将在发展性研究中有更广泛的效用。

返回到手边的任务，提出的准则有更加明确的含义，因为统计分析在研究设计中起着关键的作用。首先，在发现时期，Ⅰ类错误比Ⅱ类错误可能需要更大的风险。为了更广泛地阐明这个问题，把在调查研究下的一个更全面、更精确的对现象的解释摒弃为无效的结果，比通过接受一个相当显著的结果可能会导致更大的损失，由于还没有差异，因此混淆了导致处于问题(例如，不能从情境中区分过程)中现象的因素。在拒绝结果为Ⅰ类错误的发现过程中，更大的风险是，早期环境的差异随着时间而扩大的现象进一步增加。因此，正如通过图14.2中所显示的最近过程的增强效应所阐明的，与时间1的最近过程相联系的结果的变化十分小，并且在统计学上不显著。然而，正如所示的，它们是几年以后(很有可能的事实是，在介入时期过程继续被保持)在发展性结果上的一个显著增长的强有力的预测者。

在这一点上，一个方法学上的注意是适宜的。统计学模型被广泛应用于假设检验这个目的，它经常不适用于作为在发现模式中发展调查研究的操作性模型。当模型仅仅通过控制统计学上研究设计中因素之间的线性关系，以获得统计学模型中的每个因素对调查研究结果的独立贡献的估计时，这尤其正确。如此分析的效度依赖于数学统计上的被称为"回归的同质性假设"(the assumption of homogeneity of regression)。以它的最简单普通的例子来说明这个假设：给出一个因变量 y 和两个自变量 x_1 和 x_2，然后，x_1 与 y 之间的关系必须在 x_2 的所有水平上是相同的。这个假设在发展的数据中经常不符合。例如，正如在图14.2中所运用的分析，它要求在每个社会阶层水平上，最近过程和问题行为频率的关系是相同的，事实上并不是这样的。这一要求似乎也不能保证关于生物生态学模型四个定义性特征的任何联合。正如Bronfenbrenner在其1979年的专著中所说，"*在生态学研究中，首要的主效应可能就是相互作用*"(p. 38，在原作中是斜体字)。

基于生物生态学模型的任何研究设计，必须考虑到这种相互作用的可能性。然而，也是基本的，尤其在发现时期，特殊的相互作用将以理论为基础被考察，并且——如果可能的话——它们预期的方向和形式能被提前详细说明，以便理论预期和观察到的现实之间的差异能够被容易识别，这样，就为在寻找更不同的表述的特别缓慢、反复的过程中，提供了下一步的基础，这有益于在理论的和经验的基础上进一步探索。在每一种情况下，新的表述应该

803

与生物生态学模型已有的理论规范相一致，但是它也必须考虑一些老的或新的有关这个问题的研究结果。

前述发现模式中的研究准则，并不意味着对信度和效度传统问题的忽视。它们以稍微不同的理论指导方式为荣。从本质上说，过程是在两个水平上的交叉效度分析之一。首先，在已给出的研究中，分析的每一个连续阶段的结果，在下一个更不同的表述中都是有效的。其次，从已有调查研究中出现的普遍化是具有交叉效度的，它不同于其他理论上相关现象研究的发现，而是特别关注于生物生态学模型的定义性成分。

在我们继续讲具体的例子之前，强调我们在发现模式中第一次试图建构一种工作模型，提出并且运用到实施发展科学的准则是很重要的。另外，工作模型易受精细条件的影响，它本身就是其提出的相同连续设计的产物。这些准则通过考察生物生态学模型演进中的每一个连续阶段的变化而发展，以确定导致模型的预测力提高的理论性和操作性特征。下面的例子说明了这些同时的过程。

不同的途径到不同的结果：机能障碍与能力

在这种情况下，当违反了命题Ⅱ中的规定，即依赖于发展性结果最近过程的效果系统性地改变时，我们采取了探测性的努力。再一次，不是花费时间去重走我们的路，而是我们从我们结束的地方开始；也就是说，从下面最初的表述开始。

> 在不利的或无组织的环境中成长的儿童，他们受到最近过程施加的较大的发展影响，这些影响被预计所产生的主要结果就是表现为发展性的机能障碍。相比较，对表明发展性能力的结果而言，最近过程被认为很有可能是在更加有优势和稳定的环境中有了较大的影响。

术语机能障碍(dysfunction)指的是部分发展中的个人在不同情境下，保持控制和整合行为困难的反复性的表现。而能力(competence)被定义为，已被证实获得和进一步发展的知识和技能——无论是智力的、身体的、社会情感的，或者是它们的组合(例如，学习如何照料一个小婴儿就涉及所有的这三方面)。

前面呈现的表述是基于下面的考虑。大部分父母有能力和动机去对他们孩子的部分身体上的或者心理上的苦恼表现作出反应。在被剥夺的或者无组织的环境中，这种机能障碍的表现已经被表明不仅是更经常，而且是更严重的(例如，在 Drillien 的研究中)，这样就吸引了更多父母有效的时间和精力。据此，从某种程度上说，在不利的背景下，父母能够参与到最近过程，这些可能对减少机能障碍，而不是对加强他们的孩子在有关外部环境的知识和处理外部环境的技能方面有更大的影响。考虑到机能障碍的问题，在被剥夺的环境中，通常在幼儿的需求和他们的父母满足这些需求的能力之间有一个匹配。然而，这并不意味着，在这种环境中的儿童和在更优越的环境中长大的同龄人一样，将以机能正常而结束，但是经过相似的时间段，由于父母敏感性反应的作用，他们在控制自己的问题行为方面将显示出更大的进步。

在优越和稳定的环境中的情形就相当不同了。机能障碍的表现很可能发生得不经常和不严重。在这些情形下,父母更倾向于被他们孩子不断增长的能力的更频繁和更满意的信号所吸引,并作出反应,结果是,最近过程可能被主要集中在后者的范围。另外,生活在中产阶级世界里的父母,更倾向于拥有并且展示他们希望其孩子获得的知识和技能。他们也更接近能为其孩子提供所需经验的家庭外的资源和机会。综合起来,前述的考虑导致了先前被叫做"初期一假设"(proto-hypothesis)的表述。

由于 Drillien 有关母婴相互作用影响的研究只处理了一种发展的结果,所以得在别的地方寻找证据,即这种过程的效果依据考虑中的结果的性质而变化。Small 和 Luster(1990)对威斯康星州中处于危险的年轻人进行的全州范围的研究,大量获得的丰富的档案数据满足了这个要求。* 图 14.3 描述了来自父母对在从总共超过 2500 个样本中发现的三种最普通家庭结构之一中生活的中学生学业成就的监控,所产生的差异效应的分析的结果。** 学生在 14 至 16 岁之间,按照母亲受教育的两种水平,以中学毕业作为分界线,将样本进行分层也是可能的。父母监控是指父母对他们孩子在家庭以外的活动进行了解和限制的努力。在本研究中,它是由在学校班级中对青少年实施的一套问卷中的一系列项目来评估的。所有的项目是指父母双方,至于是母亲还是父亲在进行监控是没有区别的。父母监控的水平,从 0 到 12 的范围,被标明在横轴上,平均等级点(grade point average, GPA)被标明在纵轴上。每条曲线右边的标记记录了六组中每一组的平均 GPA。

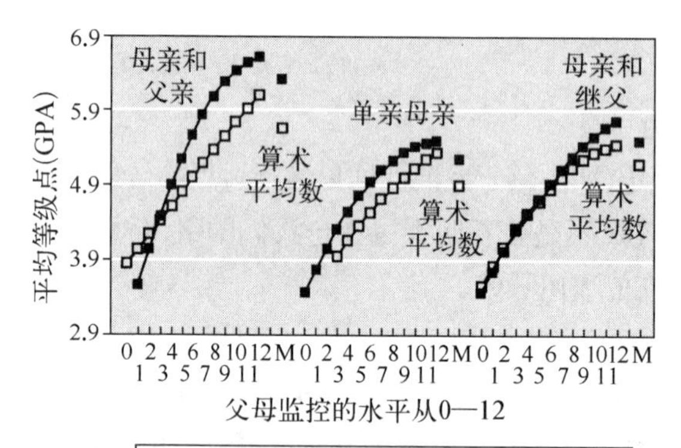

804

图 14.3 父母监控在不同家庭结构和母亲受教育水平的中学等级上的效应。基于档案数据的分析和图表是由 Stephen A. Small 教授(威斯康星大学)和 Tom Luster 教授(密歇根大学)慷慨提供。

结果再一次表明,最近过程的效果

---

* 在本章中被报告的来自威斯康星州档案的数据分析,是 Stephen A. Small(威斯康星大学)和 Tom Luster(密歇根大学)合作进行的。他们设计并实施了这个调查,并从中得出数据。我们因为基于调查构想的理论思维而深深地感激他们。它是发现模式中发展科学的一个杰出的例子。我们也感谢 Regina Cannon(那时是康乃尔大学的研究生),他仔细而快速地进行了统计分析。

** 在本研究中的大量案例,并不应该意味着生物生态学模型只能被用在有大 N 的样本中。正如在这里所说明的,理论模型表述中的精确性和它转换为密切符合的研究设计中的精确性,能够产生可信的结果,即使当在模型的一些或所有的部分中,只有相对很少的几个个案。实际上,这种情况之所以会发生,是因为生物生态学模型要求在其发现时期,预先地明确说明主要地不仅是关于它的主效应,而且是为说明演进着的理论模型和随后可获得的研究证据的最合理的相互作用的形式和方向。这对于设计良好的实验来说,尤其是正确的。例如,见 pp. 808—809。

比那些它们发生于其中的环境情境更有效。然而,在这个例子中,过程在最优越的生态学位置——有两个亲生父母的家庭并且母亲的受教育水平超过中学——上出现,其影响是最大的。此外,最近过程在学校等级上的发展效应——能力的一种测量——对于生活在更优越的社会经济环境中的家庭来说更强一些。这个发现直接反对了由 Drillien 的数据分析所揭示的,即结果是心理机能的障碍之一(例如,问题行为的频率)。同时,来自两个研究的主要发现,都证明了最近过程在人类发展上的强效应,这个结果与在命题Ⅰ中规定的生物生态学模型的第一个定义性特征相一致。

读者可能会问,为什么在每一个散点图中的数据,适合绘制一条倾斜的曲线而不只是一条直线。为了与发现模式中研究的准则相一致,二次方程式术语的介绍是基于理论上的考虑。更高水平的学业表现需要掌握更复杂的任务,所以也就更难去达到。结果,在每一个连续的步骤中,相同程度的积极努力将被预计产生稍微小一些的结果。更明确地说,对于那些在学校中表现不好的学生来说,父母监控能通过保证时间和地点的更多稳定性以使某些学习发生,而具有相当的影响。但是对于优秀的学校成绩来说,学生需要额外高水平的动机,集中注意,更重要的知识,以及——尤其是——真正操作要学习的材料。这些是时间和地点的稳定性本身所不能提供的特性。

805

从图 14.3 中能够看出,父母监控和学校等级之间的关系呈现出一种曲线的趋势。另外,为了与发现模式中的研究准则相一致(见 pp. 801—803),当母亲受过中学以上的教育,尤其是在双亲的家庭结构中,既在方向上也在形式上,这个与理论预期相一致的趋势更加明显。回归的异质性检验证实了视觉上的考察。两种教育水平之间的斜率呈高显著性差异($p \leqslant .01$),只在高一些受教育水平的组中,出现的二次方程式的成分才是可信的。* 在每一种母亲受教育水平的不同家庭结构上,学校成绩也具有统计学上的显著差异,即成长在双亲家庭中的学生得到最高的等级,那些来自单亲家庭的学生所得等级最低,与每一组中最近过程的动力相一致的等级顺序,是由相关的回归系数的斜率所测量。

最后,没有显示在图上的一个结果,提供了指向另一个假定性归纳的额外证据。第一个暗示出现在 Drillien 的数据分析中,在其他的研究发现中,揭示了母亲敏感性具有减少或者缓冲在发展性结果中的环境差异的普遍作用。所以,在高水平的母子相互作用中,问题行为中的社会阶层的差异就变得更小了。一个相似的方式出现在父母监控在学校等级的效应上。通过图 14.3 中所显示的六个组来看,较强的父母监控不仅与学校表现的一个较高平均分有关,而且也与一个较小的标准差有关。这些差异也具有统计学上的可信性。因此,下面就提出工作假设:

> 对于能力的结果,最近过程不仅导致了更高水平的发展功能,而且也适合减少和缓冲不利的及混乱的环境的影响。

---

* 曲线的程度是由相关的回归系数来测量的,而不是由每条曲线从顶端到底部的长度差异测量的。后者是由在散点图中,低于或者高于有效进入的监控水平和 GPA 的空格决定的。

为了从内容(substance)转向方法,前述的研究结果也表明,显著性检验在发现模式的研究中也占有一席之地,但是尽管有假设检验,也只有在一个明确的理论预期之后才可以被预先表述出来。

然而,在发现的情境中,目的并不是批评一个特定理论表述的实验效度,而是阐明它包含在探索性工作后继阶段的研究设计中的合理性。毫无疑问,这样做也许会导致回答的失败。但是,不像这样冒险失去可能重要的东西来做,理论指导研究的机会也不会被发现。Garmezy 和 Rutter(1983),在他们的里程碑式的有关儿童发展中的压力与应对的研究中,没有在那些发源于环境的保护性或者破坏性的力量和那些个人所固有的生物心理学的特征之间作出区分。正如来自于在图 14.1 中所显示的 Drillien 的数据分析的证据,这些向量并不总是朝着相同的方向起作用。然而,Garmezy 和 Rutter 的表述和研究结果在过程的早期阶段起着一个显著的作用,通过它,生物生态学模型达到了它现在的、仍在演进着的形式。

仍在演进着的形式,使我们有义务利用现存的机会去继续探索。考虑到现在的调查研究,过程中的下一步再一次提出了这一问题,即关于研究设计在多大程度上满足生物生态学模型的定义性特征的问题。首先,我们似乎面临 Drillien 在研究中遇到的相同问题。命题 I 定义最近过程是双向的。正如前面所说的,Small 和 Luster(1990)将父母监控定义为,父母对他们孩子在家庭以外的活动进行了解和限制的努力。正如所阐明的,这样的行为意味着影响只来自于一方——父母。然而,用在他们问卷中的确切项目的测试,揭示出它们是两种。一些被投射在父母的期望和命令的语言中(例如,“如果我打算回家晚些,我被期望着打电话给我父母,以便让他们知道”;“当我要出去的时候,我的父母问我打算去哪里”)。相比较而言,另一些项目意味着,想要的期望或者建议正被满足(例如,“我父母知道放学之后我在哪”;“在出去之前,我告诉父母我打算和谁去”)。尽管第一种类型的项目是单向的,但是第二种类型需要某种程度的交互作用,在一定程度上,青少年正提供父母所希望的信息。因此,我们假设第二种类型的项目,比那些只是描述他们如何希望其孩子去做父母所期待的项目,将显示出与发展性结果有着更强的关系。

806

对基于每种类型项目的量表的单独分析,为我们的工作假设提供了相当大的支持。尽管对于两种类型问题的反应显示了在学校表现上的可信的效应,但是对于交互作用方面的关系则显著加强,并且更可能表现出曲线效应。因此,后者是被用于分析在图 14.3 中呈现的结果的方面。

从生物学模型的观点来看,在图中显示的研究设计所产生的结果,缺失了一个重要的个人成分。在教育研究中有一个普遍的发现,即中学水平的女生在学业表现测量上的得分,要高于男生。因此问题就产生了:这种性别差异在多大程度上归因于最近过程中的变异?图 14.4 对于那些其母亲受过高于高中教育的学生,就这个问题提供了一个假定性的回答。在每一种家庭结构中,父母监控对女孩的学校成绩比对男孩的施加了更强的影响,与此相同的一个结果是,两种性别在平均的 GPA 上相应的差异。* 在三种家庭结构的每一种中,女孩

* 在每一对中,平均数和回归系数都具有统计学上的显著性。后者证实了斜率上的可信的差异。

比男孩获得更高的等级，这种差异在双亲家庭中最明显，并且在单亲母亲家庭中最低。

然而，正如在图 14.4 中所看到的，女孩图形的一个独特特征就是曲线的明显变平，尤其对于单亲母亲的女儿们来说。这个结果表明，在三种家庭结构的每一种中，母亲可能推动其已经成功的女儿到达一个点，在这个点上，女儿遵从母亲的控制不再带来教育的回报，尤其当母亲是单亲的时候。

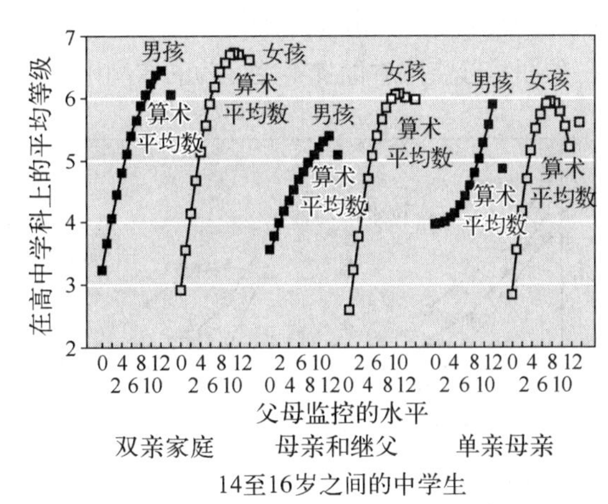

图 14.4 在性别上的父母监控和高中等级：母亲受过高于高中的教育。基于档案数据的分析和图表是由 Stephen A. Small 教授（威斯康星大学）和 Tom Luster 教授（密歇根大学）慷慨提供。

一个有关母亲没有受过高中以上教育的学生的数据分析显示了一个相似的普遍方式，但是作用不明显。监控的影响略微更弱些，并且对于女孩较大的益处也减少了。然而，拥有较低受教育水平母亲的女孩，不管是在单亲家庭还是在有继父的家庭中，仍获得了比男孩更高的 GPA 分数。这意味着，有某种还没有被确定的其他因素应当解释这种差异。

尽管考虑到这个未知，我们会想到许多可能性，但遗憾的是威斯康星州的档案没有包含关于这个主要怀疑的任何数据。所获得的是关于我们已经开始探究的另一个发现线索的信息。我们后续的更不同的工作模型（既有概念的也有操作的）为评估父母监控在学校成绩上的作用，已经为试探性假设提供了越来越多的支持，即结果反映了发展的能力，最近过程很可能在最有优势的环境中有最大的影响。但是另一半的最初表述会如何：补充的假定是，生长在差的环境中的最近过程的较大发展影响，会被预期为主要是为了反映发展性机能障碍的结果而产生的吗？

来自 Small 和 Luster 档案的数据，也提供了对这个假定性主张进行交叉效度研究的机会。除了学业成就的测量，威斯康星州的研究也包括了十几岁青少年的性行为的信息。在生物生态学模型的情境中分析这个结果的决定，是由 Small 和 Luster（1990）有关这种行为随着家庭结构而发生系统变化的研究发现引起的。性行为是由一个单个的问题来测量："你曾经和另一个人发生过性关系吗？"

807

鉴于在当代美国社会，巨大的社会改变发生在儿童、年轻人的生活和家庭中，由家庭结构而引发的性行为变异的文献资料具有特殊的意义。今天，美国在发达国家中拥有最高的青少年怀孕率，几乎与它最接近的竞争者的两倍一样高（Bronfenbrenner, McClelland, Wethington, Moen, & Ceci, 1996, p. 117）。青少年性行为也是所谓的青少年综合征中最突出的成分之一。青少年综合征是一种并发行为的逐步上升的类型，包括吸烟、喝酒、过早的和过频的性经历、青少年怀孕、对教育和工作的一种愤世嫉俗的态度，以及在更极端的例子中，有吸毒、自杀、恶意破坏文物的行为、暴力和犯罪行为（证据的参考和连续性的摘要，见

Bronfenbrenner, 1970, 1975, 1986a, 1989c, 1990, 1992; Bronfenbrenner et al., 1996; Bronfenbrenner & Neville, 1994)。

在预期父母监控对青少年性行为的作用中,我们再一次面临着影响的可能方向的问题。然而,关于作为一种结果的行为,因为每一个方向都被预期产生相反的作用,所以就提供了解决这一问题的某些手段。一方面,如果父母监控对延缓性行为起作用,那么越多的监控,就会有越少的性行为。另一方面,如果父母只在事实发生之后才开始监控,关系将会由于监控的发生是对青少年行为的反映而颠倒;因此,有性行为的青少年将会被监控得更多。

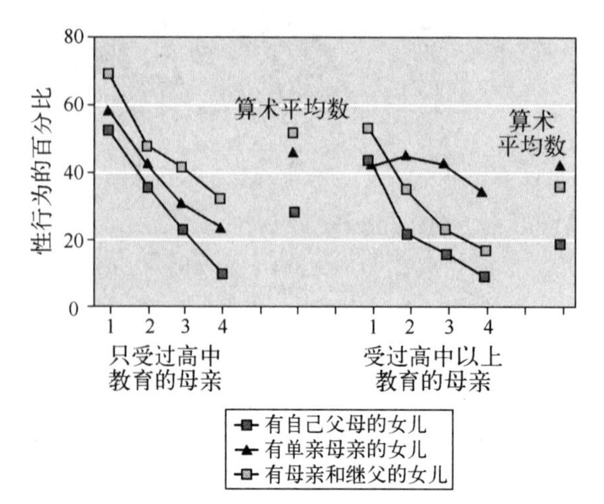

图 14.5 监控在女孩性行为上的效应(14 至 16 岁之间的高中生)。

分析的结果显示在图 14.5 和图 14.6中。* 对两性来说,最显著的研究发现是父母监控确实明显减少了青少年的性行为。然而,在许多其他方面,男女青少年的方式是非常不同的。图 14.5 中女孩的结果显示,父母监控的作用对于母亲没有受过高中以上教育的女儿来说更大一些——这个结果和工作假设相一致,因为结果反映了缺少控制,最近过程在较差的环境中有更大的影响。回归的异质性检验证实这一研究结果在三种家庭形式的每一种中都存在。

然而,正如图 14.6 所示,对男孩数据的相应分析揭示了截然相反的结果。父母监控对那些其母亲已受过较多教育的男孩,比对那些其母亲受过较少教育的男孩,具有更有力的作用。再一次,在每一种家庭结构中,这一研究结果都存在,并被回归的异质性检验所证实。

808

这并不是对最近的工作模型所产生的预期的唯一偏离。例如,在一个给定家庭结构中的最近过程的发展动力,与在那种结构中的青少年性行为的百分比之间,并不总是相一致的:在母亲只受过高中教育的继父家庭中,母亲对女儿

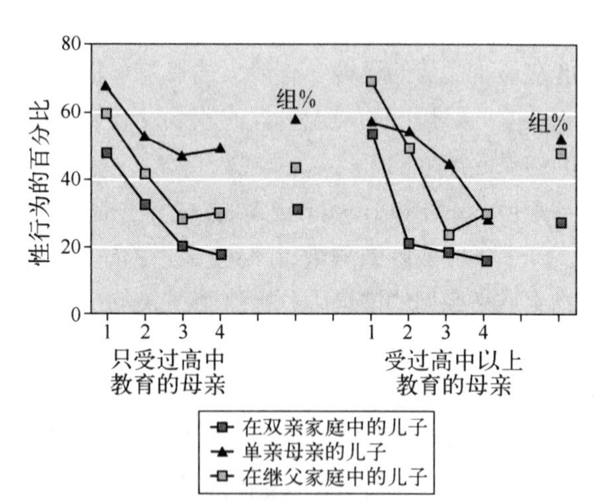

图 14.6 父母监控在男孩性行为上的效应(14 至 16 岁之间的高中生)。

---

* 我们也感激 Kristen Jacobson,她现在是宾夕法尼亚州立大学的博士生,这是为了她在将不同计算机系统上所记录的档案数据转化为一种普通的格式化数据中所表现出的创造力和准确性。

的监控跟双亲家庭中的一样高,但是女孩性行为的百分比,甚至比具有相同教育水平的单亲母亲的女孩更高。这一研究结果与研究所表明的相一致:生活在有继父的家庭中,引起了女孩的一种特殊的发展危机(Hetherington & Clingempeel, 1992)。

所以,我们发现自己致力于发现过程的下一个阶段,在其中我们通过一个相应的研究设计试图发展出一种更不同的表述,这种表述将对减小基于现存工作模型的预期与观察到的实证之间的背离是最有效的。第一步是问一个明显的问题:什么最可能去解释这种矛盾呢?从生物生态学模型的观点重新陈述这个问题,四个成分中的哪一个有可能是被怀疑的对象?那得是已经在现场的某人。父母已经在那儿了。周围的其他什么人能够对中学生的性行为施加某些影响呢?问题自己就回答了——同伴群体。如果这的确是正确的,那么最近过程至少与个人特征或者环境特征一样,是发展的强有力的决定因素,那个过程可能会是什么呢?

第一个试探性的解释是,与已经有过性行为的同伴之间日益增多的强烈的相互作用。在其他的考虑之中,这个假设被这种可能性引导着,即从事性行为的同伴压力,以及这种行为所带来的名声,可能对那些来自教育水平较低的家庭的男孩来说会更高,结果父母监控就不是那么有效了。考虑到模型中的其他成分,根据刚刚报告的研究结果,性别仍然是一个重中之重的个人特征。一个适当的环境情境的选择,依赖于正在被问及的明确的研究问题。家庭结构也仍将是适当的。但是从生物生态学模型的观点来看,要考虑的一种选择,将是父母关于他们想要其青少年儿子或者女儿从事的或者抑制的行为的信念,以及亲子关系的亲密度。

我们提出的这些建议,不是因为它们与这一特殊问题的关联,而是为了说明生物生态学模型的另外出现的两个推论:

1. 包含在一个特定的调查研究中的具体成分——过程、个人、情境和时间——从理论的观点来看,应该是那些最大程度地与调查中的研究问题相关,并且在与特定发展性结果的联系中相互补充。

2. 从理论的观点来看,PPCT 设计的动力通过在模型中包含多于一种的最近过程而被有效地加强了。

下面的部分还导向另一个推论。

生物生态学模型中实验的作用

迄今考虑的例子基本上是自然实验:它们表明,发展是如何受在已存在的社会中发生的生物生态学模型成分变异的影响。它们没有告诉我们,这些成分及其组合是否、在什么程度上、或者如何能被改变。这种限制尤其被用到生物生态学模型的最重要的成分——最近过程上。我们知道没有研究特别关注这个问题,但是一些间接的证据确实存在。在已经呈现的研究结果中,改善环境的质量已经被表明增加了最近过程的发展动力。间接的证据来自于这样的实验,即研究者系统地将条件引入人们居住的环境,这被假设为可以增强他们的心理功能以超过现有水平。

这儿有两个在相比照年龄的例子。

老年期的环境动力学

第一个例子是 Langer 和 Rodin 的经常被引用的对住在新天堂疗养院(a New Haven nursing home)的老人们进行的实验干预研究(Langer & Rodin, 1976; Rodin & Langer, 1977)。这项研究中被运用的情境操作在作者的话中进行了很好的概括:

809

> 医院管理者对实验组的住院人员作了一次讲话,强调他们对自己的责任,而对第二组(对照组)的谈话则强调工作人员对身为病人的他们的责任。为了支持这个谈话,实验组的住院人员被提供植物自己去照料,而对照组的住院人员被给予的植物则由工作人员来浇水。(Rodin & Langer, 1977, p. 897)

住院人员被随机分配到实验组或者控制组中。关于心理特征和健康特征的数据在三个时间点被收集:(1) 就在实验被引入之前;(2) 3 周以后,当实验正式结束时;以及(3) 18 个月以后进行一个追踪研究。

在实验末(Langer & Rodin, 1976)发现的干预的实际效果,在追踪评估中仍然是显而易见的。当然因为住院人员几乎是日渐衰微的老人,所以增加的年龄已经造成了某些损失。但是,在"激发责任感"组中的那些人,不仅明显地超出了他们的控制,而且与干预开始之前的早几个月相比,在心理上和身体上还略微好些。在由对实验条件一无所知的观察者评定中,他们被判断为更加活跃的、社会化的和精力旺盛的。最显著的结果出现在对这两个处理组之间的死亡率的比较中。将最初的干预开始之前的 18 个月作为一个专断的比较时期,在干预之后的 18 个月中,"激发责任感"组中死亡率为 15%,而在控制组中死亡率则为 30%。

婴儿期的环境动力学

Langer 和 Rodin 的主要假设的一个显著的、独立的交叉效度,出现在另一个干预实验的研究结果中——这个几乎都不知道——这个干预实验是在大约同一时间,以 Nijmegen 的 Dutch 市中的 100 名 9 个月的婴儿及其母亲作为样本而进行的(Riksen-Walraven, 1978)。尽管这个作者,Marianne Riksen-Walraven,看起来并没有注意到 Langer 和 Rodin 在同一时期所做的研究。她对其婴儿样本所使用的两个干预策略中的一个,与在新天堂的研究中对老年病人所使用的干预策略相似。母亲被随机分配到 Riksen-Walraven 所称的"敏感性"组,给她们一本"父母操作手册",强调这样的观念,即"婴儿从自己行为的效果中学习大部分"(p. 113):

> 照料者被建议不要过多指导孩子的行为,而是给孩子机会自己去发现东西,因为他的努力而表扬他,并且对他的相互作用的开始作出反应。(p. 113)

相比较而言,"激励"组中的婴儿母亲得到了一本操作手册,强调提供给婴儿大量各种各样的感知的经验的重要性,"指向并命名物体和人",以及"对他们的婴儿多讲话"(p. 112)。

在三个月以后所进行的追踪评估中,被鼓励对她们的婴儿最初展现的较高水平的探索性行为作出反应的母亲的婴儿,更可能喜欢一件新异的物品,而不是那个已经熟悉的物品。在一项学习偶然性的任务中,这些婴儿也学得更快些。

先前的调查研究都没有包括任何的系统性评估,包括对实验中的被试后来所从事的活动的评估,对在两组中平衡单向行为和双向行为的评估,或者对任何其他的具体特征的评估,这些具体特征能够提供有关最近过程在两种相对照的实验条件的每一种中操作程度的测量。

在先前的两个实验研究中,它们是简练的,生物生态学模型的基础——最近过程的测量——没有被包括在研究设计中。另外,家庭结构和父母的受教育水平在最近过程和学校等级关系上联合的、间接的效应的证明(在图 14.3 中),只做了一半的工作,因为它没有提供有关学生个人特征(像性别)的差异是否施加了类似的间接效应的信息。然而,从生物生态学模型的理论观点来看,所有这些研究结果与来自于模型的预期是相当一致的;这些研究结果说明了模型的实用性,以及——或许对于发展科学的未来是最有希望的——产生了问题,当这些问题被回答时提供方法以加强模型的科学力。在下面的部分中将阐述这些问题和答案。

至此,我们的说明主要关注于最近过程的核心概念以及它在作为整体的生物生态学模型中的关键位置上。我们现在要继续对模型的其他三个定义性特征——个人、情境和时间——的每一个,进行更细致的检验。 810

个人特征如何影响后期的发展?

正如已经说明的,在生物生态学模型发展的中间阶段,人们已开始力图对此问题作出一些解释,时至今日仍在继续。正如以前,我们并不是描述这一出现的再构想(this emergent reconception)的连续性的阶段,而是用最近的仍在演进中的形式来呈现。

大部分发展性研究把个人的认知与社会情感特征作为因变量,也就是说,将其作为发展性结果的测量指标。这些特征很少被认为是后来发展的始作俑者。从生物生态学模型的观点来看,它们在后来的作用中所产生的效果,源于它们能够影响最近过程的出现和操作的能力。

据此,为了证实这些过程相关的个人特征,我们在前面部分的描述中应用了一系列的设计策略。开始的应用源自与那时存在的研究发现相关的理论模型,而这一策略的连续应用导致了三种过程相关的个人特征的概念化,为简便起见,我们称之为个人动力、个人资源和个人需要(Person force, resources, and demands)。*

---

* 如本章后面所证明的(p. 819),行为遗传学者宣称,最近更新的、说服力更强大的遗传因素对于决定在人类特征的所有形式上的个体差异和群体差异起主要作用,而这受到了来自生物生态学模型的选择性解释和研究发现的直接挑战。

作为发展塑造者的动力特征

在生物生态学模型中,最有可能影响未来发展的个人特征将是积极的行为倾向,它们将促进最近过程的活动并维持其操作,或者——相反地——积极地干扰、延缓甚至阻碍其发生。因此有必要区分这两种倾向。我们将前者称为发展性生成(developmentally generative)特征,将后者称为发展性破坏(developmentally disruptive)特征。

这种发展性破坏倾向的例子唾手可得。一方面,它们包括这种特征,像冲动、暴躁、分心、不能延迟满足,或者,以一种更极端的形式,如准备诉诸攻击与暴力;简言之,在情感与行为方面难以保持控制。相反另一方面的个人特征,如冷漠、漠视、无敏感反应性、兴趣缺乏、不安全感、羞涩或者避免或退缩活动的倾向。* 具有任何一种前述倾向的个人很难致力于最近过程,而最近过程需要在很长时期内有日益更复杂的交互式相互作用方式的参与。

相比之下,发展性生成特征包括这种积极的倾向,诸如好奇心、独立或者合作发动和致力于活动的倾向、对他人主动性的敏感反应性、追求长远目标而延迟满足的准备性。

在以往的调查研究中,我们已发现,有很少的调查研究可以说明最近过程动力特征的类型及其结果的发展性影响。造成这一缺陷的主要原因,是缺乏对从婴儿早期到青春期直至成年早期这一发展过程中不断变化的特性进行概念化的理论建构。下述的框架可以作为一种满足个人领域概念定义的更大需要的最初基础——也就是发展性生成特征。那么,发展性破坏个人特征的相应结构可以通过前者的翻转镜像得到。**

生命全程观中的发展性生成倾向

生成倾向的最初和最早的表现所采用的形式是我们所称的选择性反应(selective responsiveness),它涉及对物理环境和社会环境方面的不同反应、吸引程度以及探索。

811 下一步生成性特征的演进,不只包括选择性反应,还包括致力于和坚持日益更复杂的活动的倾向;比如,在我们的环境中阐述、重构甚至创造新的特征——不仅包括物理的与社会的,而且包括象征性的。我们将这种倾向称为建构性倾向(structuring proclivities)。

在由 Leila Beckwith、Sarale Cohen、Claire Kopp 和 Arthur Parmelee 于 UCLA 进行的一项婴儿追踪研究的一系列出版物中,阐明了儿童早期这些倾向性的动态形式从一种到另一种的转变(Beckwith & Cohen, 1984; Beckwith, Rodning, & Cohen, 1992; Cohen & Beckwith, 1979; Cohen, Beckwith, & Parmelee, 1978; Cohen & Parmelee, 1983; Cohen, Parmelee, Beckwith, & Sigman, 1986)。他们富有想象力的和细致的工作,揭示了儿童从出生到 7 岁的一种环境导向倾向的渐进顺序。因此,出生伊始,婴儿尤其能对身边的刺激(vestibular stimulation)作出反应(被举起来并使其处于靠近身体的垂直位置),这些刺激具有抚慰婴儿的作用,以至于他们开始进行相互注视;经过三个月,婴儿的视觉探索已超出最近的物体,尤其在母子相互发音时,母亲的声音最可能诱发婴儿的反应。

从大约六个月起,婴儿开始有目的地、积极自发地操纵物体,并重新安排物理环境。到

---

* 依赖于有利性选择,退缩也许是处理无法忍受的情形下的唯一选择。

** 作者随后呈现的进一步发展的材料最初是由 Bronfenbrenner(1989)介绍的。

目前为止,婴儿用发声与姿态吸引父母的注意,并继而影响他们的行为。此外,在儿童的即时环境中,有一个不断增长的准备性,即通过各种形式发起并维持与更广圈子里的其他人之间的交互式相互作用。我们所称的建构性倾向出现了。

大量的其他调查研究也得出了类似的研究结果,并将其扩展到其他仍在活动的领域;例如:在游戏和想象行为中的儿童创造性的个体差异(Connolly & Doyle, 1984; MacDonald & Parke, 1984)或者 Jean 和 Jack Block 的有关"自我恢复力"和"自我控制"的追踪研究(J. H. Block & Block, 1980; J. Block, Block, & Keyes, 1988)。

随着儿童的长大和他们经验的概念化,发展性生成个人特征的第三个和最后一个层次的特征,反映了儿童逐渐增强的能力和积极的倾向。它用来处理我们所称的指导信念系统(directive belief systems),即将自己作为联系自我和环境的积极媒介物,或者简称为指导信念。这种最早的概念是 Rotter 对"控制点"(locus of control)的建构和测量(Rotter, 1966)。接着,Bandura(1977, 1982)以自我效能(self-efficacy)为题目介绍了一种更复杂的概念表述。这些早期的概念建构和生物生态学模型中的概念建构的主要区别,在于后者概念化时主要考虑的不是充分的个人特征本身,而是为促进一系列连续水平的发展而与环境特定特征发生协同相互作用的直接倾向。

与操作性的生物生态学模型中作为个人特征的指导信念功能最接近的,出现在 Tulkin 博士论文的一系列研究结果中(1973, 1977; Tulkin & Cohler, 1973; Tulkin & Kagan, 1972)。调查者研究了 10 个月大女孩的母亲在行为和信念上的社会阶层差异。该研究是在家庭中实施的,采用访谈法和观察法。中产阶层的母亲与工薪阶层母亲的差异,不仅表现在她们与婴儿间高水平的交互式相互作用上,还表现在她们对 10 个月大的婴儿能够做什么及其影响婴儿发展的自身能力的看法上;更有优势的母亲认为她们的婴儿和她们自己有更大的潜力。此外,中产阶层母亲的行为和态度之间的相关比低阶层的母亲明显地大。几年后,Tulkin 及同事(Tulkin & Covitz, 1975)对上学后的同样儿童再一次进行评价。这些儿童在心理能力和言语技能测验上的表现,与先前交互式的母婴相互作用的测量之间有显著相关。

细心的读者可能已察觉出,我们在以生物生态学模型的观点分析 Tulkin 的研究时采取了一些巧妙的手段。在那个框架中,我们一直在讨论影响最近过程及其结果的发展中的个人特征。在 Tulkin 的研究中,这些发展中的个人即婴儿。而我们一直在讨论的指导信念即母亲的信念。替代的原因如下。尽管在 Rotter 和 Bandura 推动的研究工作中,有许多关于个人信念和发展之间关系的调查研究,但在我们的知识范围内,有关个人信念对发展中的他或她开始致力于最近过程的影响还没有什么研究。为了提供一些例子,我们诉诸一种作用的替代。 812

这种替代也为引入一种推论的陈述提供了机会,其证据出现于本章的后面及随后的章节中。

在涉及人际相互作用的最近过程中,影响过程的动力和效果的个人特征,对于所有的参与部分都是一样的。

回到手头的任务上，我们呈现出影响未来心理成长的个人特征的第二种形式——我们将其称为发展性资源。

作为发展塑造者的个人资源特征

有些个人特征本身并没有对行为倾向进行选择，但也构成了影响有机体有效致力于最近过程的能力的生物心理学的倾向和有用的资源。在第一种类型中是那些限制或者瓦解有机体机能整体性的条件。一些明显的例子包括遗传缺陷、出生体重低、躯体残障、严重而持久的疾病、或者由于事故或退化过程而损害了大脑功能。相反，发展性的条件诸如能力、知识、技能和体验等的进展几乎贯穿生命全程，拓宽了最近过程从事建设性活动的领域——因此组成了最近过程一个定义性特征的另一个日益复杂的相互作用方式的资源。

两类发展性资源定义间的类似处，以及反映在机能障碍与能力方面的发展性结果间的早期差别，得自于已经阐述的事实，即个人特征出现在生物生态学等式的两边。时间1的发展性结果通过它们在介入期间对最近过程的作用，而间接影响了时间2的发展性结果。因此，差异不在于概念本身，而在于它们在生物生态学模型中的位置。

有关发展性资源的缺陷的具体例子，已经在图14.1中所描述的关于Drillien的研究结果的分析中被证实了。最近过程对生长在最不利环境中的儿童施加了最强有力的影响，但是处于那种环境中的正常出生体重的儿童却获益最多。出生体重并非具有一种致力于或者限制某种行为的直接倾向。它所呈现的是有效的生物资源的变化，以致力于长时期需要直接的活动或反应的活动中。因此，在目前的例子中，对于所观察到的这个不对称方式的一个可信的解释就是，居住在压力环境的家庭中，出生身体健康的婴儿比那些有生物缺陷的婴儿更能够致力于交互式的相互作用。

然而，这种解释产生了一些问题，如同样的图表所显示的关于在最有利的社会经济条件下被养育的婴儿的相应结果。正常出生体重的婴儿在与母亲的相互作用中获益最少。这个矛盾如何解决呢？

即使相应的相互作用术语具有统计学上的显著性，在正常环境下，前述的结果将会——并且完全应该——作为post hoc的研究结果而产生问题。但是，在当前的例子中并非完全如此。当然，没有一个先验的假设去预测已获得结果的精确的方式。然而，方式与为第三个个人特征所想象的几种可能性相一致，因为它被假定影响最近过程及其发展性结果。对于发现模式中的科学，理论上相关的post hoc的研究结果不能被轻易地忽略掉。

作为发展影响因素的个人需要特征

作为影响发展的个人特征的最后一个区别性特征，是个体在能延缓或加速心理发展进程的社会环境中引起或阻止反应的能力：比如，一个烦躁的婴儿与一个快乐的婴儿，有吸引力的外表与不具吸引力的外表，极度活跃性与消极被动性。半世纪以前，Gordon Allport (1937)借用Mark A. May(1932)最初介绍的一个术语，将这种特征解释为以“社会刺激价值”的形式定义的构成“人格”。我们根据当代知觉理论类似的概念来改撰这个概念，将这种

813

个人特质定义为需要特征(demand characteristics)。

有关需要特征影响发展的显著例子作为一项主要发现结果,出现在了 Elder 及其同事进行的一项大萧条时期儿童的追踪研究中(Elder, van Nguyen, & Caspi, 1985)。调查研究者发现,经济的艰难通过增加拒绝父亲的行为倾向,会对女孩(而不是男孩)的心理社会幸福产生不利的影响。然而,拒绝的结果与女儿的外表吸引力呈反方向变化。按照作者的话说,"不管经济压力多大,外表有吸引力的女孩也不太可能遭到父亲的虐待,[结果]强调了看待经济下降在儿童特征和父母行为关系中的重要性"(p. 361)。这是个 PPCT 模型在揭示有机体和环境之间复杂的相互作用以推动发展过程中动力的一个经典例证。

需要特征的概念还提供了一个新的角度,来解释图 14.1 所示的出生体重在社会阶层上的对比发展效应。如先前所述,在最低的社会经济水平,正常出生体重的儿童从母亲的敏感性中获益最多。但这是否意味着他们也是得到母亲注意最多的儿童呢? 相矛盾的是,结果正好相反。这些低社会阶层的母亲中只有 14%的人被断定为对婴儿的状态或行为的变化敏感,而低出生体重婴儿的母亲的比例却是高出两倍之多(平均 37%)。简言之,即使对她们投入的回报很低,低社会阶层的母亲仍主要对那些最需要她们注意的婴儿作出反应。

但是这些婴儿的哪些特征引起母亲的注意呢? 似乎在这种情况中,母亲主要对婴儿悲伤的表现作出反应——在那些正常出生体重婴儿中发生这种行为的倾向较低。如果我们看一下最高社会经济水平家庭的相关数据,我们会发现一种相当不同的图景。相对于那些最低体重的婴儿,母亲对最健康的婴儿作出的反应更多一些。但如图 14.1 所示,她们从其痛苦中得到了最少的回报。关键问题再次变成了"什么引起了母亲的注意呢?"对于那些生活在有利环境中的正常出生体重的儿童来说,一个似乎可信的答案是,他们的母亲主要不是对儿童的问题行为的表现作出反应,而是对他们增长的能力的表现作出反应。

最近过程中注意焦点的作用

先前由数据和理论的对峙所产生的分歧,要求我们在现存的生物生态学模型中做更加具有区分性的表述。下面是两个尝试性的表述之一:

> **当最近过程涉及与他人的相互作用时,通过在研究设计中包含对他人在主体行为特定方面的注意焦点的测量,而这些注意焦点在理论和实证基础上,都被假定为与发展性结果最为密切相关,从而使得生物生态学模型的动力显著增强。**

对于 Drillien 的研究来说,最近过程的测量是母亲的敏感性,但我们不知道母亲对婴儿的何种行为作出反应。正如已提出的,与减少将来问题行为最相关的方面或许是悲伤的表达。如果是这样,那么在本研究中,最近过程的一个更确切的概念性的和操作性的定义应该是反应悲伤表现的比例,并通过成功的努力减少悲伤。

然而,即使在 Drillien 的研究中,母亲注意的焦点是未知的,她的敏感性的程度依旧是结果的一个强大的预测者。即使生物生态学模型的理论性的和操作性的要求并未完全满足，研究结果依旧有利于理解塑造人类发展的力量。

第二种补充性的尝试性表述源于将最近过程定义为双向的。简洁地说，该尝试性表述假定先前的表述反过来也是正确的：

814

当最近过程涉及与他人的相互作用时，通过在研究设计中包含对发展中的个人在他人行为特定方面的注意焦点的测量，而这些注意焦点在理论和实证基础上，都被假定为是与发展性结果最为密切相关，从而使得生物生态学模型的动力显著增强。*

在涉及物体和象征的单独活动中的最近过程

前面的复杂阐述增加了最近过程的重要性，它并未涉及人际间的相互作用，而是关注于物体和象征间日益增加得更加复杂的交互式的相互作用。这些活动可以在他人缺失的情况下进行，因此，最近过程的重要性和有效性可以不受其他参与者行为的影响。我们因此可以预计，个体自身的倾向和资源比在人际间相互作用的情况下，在影响最近过程的方向和动力上起着一个更加强大的作用。而且，这种单独活动显著地改变涉及他们的收益以及变得更加相关的环境特征的过程。在所有三个领域的对比中，一方面涉及对人类关系的关注，另一方面涉及对任务的关注。为了理解这种对比的发展的重要性，需要对影响最近过程及其效果的环境特征作一个更充分的说明。

但在转向这个主题之前，我们必须识别在同一个方向上推动我们的三个其他的个人特征。它们如此广泛地影响未来的发展，以至于一般都要结合调查研究中的独特现象来考虑它们可能的影响。这些个人特征就是我们所熟悉的年龄、性别和种族等人口统计学因素。推荐这三个因素的另一个原因在于，尽管基于个人不同的身体特征，但是它们能将个人置于一个特定环境的适当位置中，而这个适当位置确定他或她在社会中的位置和作用。对它们的含糊认知，使我们关注的焦点实现了从个人的发展性相关特征，到环境情境的结构和部分中影响发展过程和结果的相对应的人或物的转变。

扩大的微系统：活动，关系和角色

在说明这个主题时，我们先回到生物生态学模型的最早的表述。而今依旧和当时一样，“认为生态环境是一套鸟巢式的结构，每一个都在另一个里面，像一套俄罗斯玩偶”(Bronfenbrenner, 1979b, p. 3)。这些结构最里面成分的当代定义是相似的，但是包含了与

* 根据研究设计，通过直接观察对两种表述作最好的评估，但是假定所预测的关系具有清晰的和对比的性质，那么可以通过设计好的访谈调查对年长儿童和成人进行有效的测量，甚至可以通过由父母和其他家庭成员所提供的信息对年幼儿童进行有效的测量。

生物生态范例的“重心”相连的额外成分：

> 微系统是一种通过发展中的个人在一种既定的面对面背景中所经历的活动、社会角色和人际关系的方式，该背景具有特定的物理的、社会的和象征的特征，吸引、允许或禁止个人与即时的环境发生持续增多的更加复杂的相互作用以及在其中从事活动。(Bronfenbrenner, 1994, p. 1645)*

我们开始探究先前定义中的第一个环境特征。

物理环境对心理发展的影响

这一领域的先驱性工作是由 Theodore Wachs 进行的。1979 年，他发表了一篇重要的论文，在这篇论文中，他呈现了婴儿最初两年生活的物理环境中的特定特征和他们同期的认知发展之间关系的一致性方式。为了便于检验跨时间的效果，数据集合为连续三个月的册子。结果是以早期环境特征和后期婴儿发展情形之间的相关性的形式被报告的。

从本研究的复杂结果来看，我们关注环境中的那些与认知功能联系最频繁的、最强的物理特征。这些物理特征包括物理反应环境，受保护区域的呈现，“家庭物理成分中允许探究的程度”，低水平的噪音和混乱，以及“现世的规律性程度”(Wachs, 1979, p. 30)。

815

遗憾的是，极少有研究者沿袭 Wachs 最先绘制的令人兴奋的科学的研究之路。总体上说，Wachs 最初及后继的研究(Wachs, 1987a, 1987b, 1989, 1990, 1991; Wachs & Chan, 1986)提出，有两个领域在概念化和测量两方面特别值得进一步进行系统的调查研究。前者在物理环境领域依旧是严密的，后者在与环境联系时提出了最近过程的问题。

在第一个领域，Wachs 的研究提出了能影响认知发展进程的物理环境的两个基本方面——较好的一面与较坏的一面。在具有建设性的一面，是引起操作和探究的物体和区域，而所具有的不稳定性、缺乏清晰的结构以及事件的不可预知性逐渐损害了发展的进程。从生态学的观点来看，在物理环境中这些不利力量的存在，导致了一种新的工作假设：

> 周围环境的发展性生成特征不仅在更稳定的背景中有更大的影响，而且它们也对缓冲无组织环境的破坏性影响起作用。

第二个问题将一个额外的成分引入研究设计。正如命题 I 所规定的，最近过程涉及不仅与他人而且与物体以及象征之间日益增加得更加复杂的相互作用。所以，问题再次提出，涉及物体和象征的单独活动——像玩玩具，从事业余爱好，阅读或者想象游戏——在多大程

---

* 1979 年的定义如下：“微系统是一种通过发展中的个人在一种既定背景中所经历的活动、社会角色和人际关系的模式，该背景具有特定的物理的和物质的特征。”

度上也能助长心理发展呢？涉及物体和象征的活动在多大程度上在每个领域中产生协同的发展效果呢？这些问题的答案尚未可知，但通过使用能够区分出过程的测量和环境结构的测量的适当的设计，我们能逐步发现。

不过，对于物理环境在人类发展中所扮演角色的研究的最有前途的未知领域，正好处于成人世界中的儿童期领域之外。对于这种前景的预览出现在社会学家 Melvin Kohn 及其同事的一系列出版物中(整合性的概要，参见 Kohn & Slomczynski, 1990)，其中证明了工作环境对成年期智力发展的强有力的影响。在这种关注中，其中特别重要的结果就是一个给定工作所赋予的任务的复杂性。

在前面部分的总结中，我们把注意放在了过程、个人、情境、发展性结果这四个领域所要共同面对的对比上。在所有四个领域中的对比涉及对关系与任务的基本关注。Wachs 和 Kohn 的研究发现主要处于后一个范畴，而 Drillien 有关母婴相互作用和低社会阶层家庭婴儿的问题行为的数据却处于前一个范畴(例如，母亲敏感性对情绪和行为控制领域问题的缓冲作用的增加)。

但是，这不是持续增长的最近过程水平的唯一影响。

作为发展情境的母婴双方

大量的研究表明，这种过程也能培养母子间强大的感情联结的发展，它可以提高双方之间将来相互作用的质量(Ainsworth, Blehar, Waters, & Wall, 1978; Bowlby, 1969, 1973)。除此之外，最近这一领域的更多研究强烈地表明，作为在这一亲密关系的情境下不断地交互作用的结果，婴儿开始发展一种关于自我的定义，来反映通过母子间相互交换的演进方式而表达的形式和内容(Sroufe, 1990)。因此，最近过程因带来的发展理论和研究早期所称的内化而成为了可测量的机制。* 而且，这一连续的过程具有双重作用。尽管操作主要是在关系一方，但它也促进了任务表现。

根据依恋理论，婴儿和主要养育者之间负载感情的交换过程方式，以“内部工作模型”的形式内化了(Bowlby, 1969, 1973)。这种工作模型是婴儿与他人关系的表征，成为婴儿自我发展的基础(Sroufe, 1990)。通过婴儿和主要养育者之间的相互作用，婴儿发展了养育者行为的期望和关于他或她自己的补充性的信念。例如，经历过从主要养育者处得到偶然的敏感性反应这一历史的婴儿，会发展一种可获得养育者的模型，并期待这样的行为。这种儿童也会发展一种补充性的自我感觉，即他或她值得获得反应性的照料。另一方面，经历过无敏感性反应照料的婴儿，会发展一种非常不同的关系模型，认为养育者是不可获得的。这种婴儿预计会发展一种以为不值得获得反应性照料的自我感觉。

一般来说，这些内化了的工作模型被看作是提供了将来相互作用的框架，导致了早期依恋关系的重复(Bowlby, 1973; Sroufe, 1990)。儿童基于他或她婴儿期发展的模型寻找、反

* 在 Kochanska 及其同事优秀研究的刺激之下，这一领域的理论和研究兴趣已经再现。

应和解释事件，这个模型在新体验的基础上与环境相适应。发展了一种安全型依恋关系的儿童，可能期待与教师产生积极的相互作用，因而诱发出对他或她的养育者行为的反应性照料的回忆。一个没有安全感的儿童，期望被拒绝，并将走向日益增加敌意的关系，最终导致被拒绝的进一步的体验。

对这些理论预期的支持来自于大量的研究。例如，研究发现，儿童和母亲早期依恋关系的质量，影响儿童以后在与教师和同伴的社会性相互作用中的功能。因此，在发展的始终，早期的最近过程产生最近过程。在婴儿期被断定为安全型依恋的儿童，在接近不熟悉的同伴和成年人时已表现得更加积极和具有更大的包容性(Booth, Rose-Krasnor, McKinnon, & Rubin, 1994; Main & Weston, 1981; Pastor, 1981)。此外，他们在幼儿园和同伴以及教师有更积极的关系(Sroufe, Fox, & Pancake, 1983; Turner, 1991)。由于安全型儿童与主要养育者在一种安全型依恋关系的情境中，已经发展了一种积极的内部工作模型，这些儿童期待并引发与其他社会同伴的积极相互作用。

这种依恋理论和研究的主体对生物生态学模型具有重要的含义。它的关联通过在研究设计的不同位置评估依恋的质量而用操作化的术语被最简洁地表达出来。例如，在时间 1 上的最近过程作为时间 2 的一个结果，或者，二者择一的，在时间 1 上以强的或弱的情境双方的形式缓和了影响时间 2 上的发展性结果的最近过程的动力。后者的设计适合一个源于生物生态学模型的长期存在的命题，描述如下：

> 为了儿童所需要的智力、情感、社会性和道德的发展，对于所有的儿童来说，相同的事情就是：要更多参与日益复杂的交互式活动，在一个有规律的基础上，经过很长的时间，与一个或多个他人发展一种强烈的、相互的、非理性的依恋*，并致力于儿童向更好的生活方向发展。(Bronfenbrenner, 1989c, p. 5)

第二个命题则更进一步：

> 养育者和儿童之间日益复杂的相互作用和情感依恋方式的建立和维持，在相当大的程度上取决于另一成人的可获得性和积极介入性，他要帮助、鼓励、吸引、尊重儿童，向所照料的儿童表达赞赏和友爱，并致力于与儿童的联合活动。(Bronfenbrenner, 1989c, p. 11)

综合起来看，前述命题对一般研究结果给出了重要的限定，即在单亲家庭中成长的儿童，比那些在双亲家庭结构中成长的儿童，有更大的发展性危机。计算最多的是在家庭中发生的活动和关系的质量，从这个角度看，在这个发生的情境中，质量重于数量(Hetherington & Clingempeel, 1992)。

---

* 术语“非理性的依恋”意味着什么？一种答案：这是你试图在火中救起的第一个孩子。

817 两个命题呈现出很大的重要性，因为两者的关联将扩展亲子关系，从而与其他养育者、亲戚、同伴、教师、指导者、同事和管理者建立亲密的关系。命题也适用于童年期与青春期之外的在成人期以及老年期中的关系。目前为止我们所能发现的是，这些可能性仍有待在相应的适当的研究设计中做系统的调查研究。

微系统之外

生态系统理论的一个基本前提，就是发展是源于多种背景和这些背景之间的关系的力量的一种功能。这种多重力量和它们之间的关系是如何被概念化的呢？哪种研究设计能被用来测量它们的共同影响呢？这种环境扩展模型中的第一个阶段涉及在生态系统理论中所称的中间系统(mesosystem)，它被定义为包含两种或多种背景之间的关系。简言之，它是一个由两个或多个微系统构成的系统。中间系统及其在研究设计中的操作化，可以通过一个具体的例子最好地表达出来。

Steinberg、Darling 和 Fletcher(1995)报告了他们描述为“一次生态之旅”的研究，这是他们在研究伊始深思熟虑后决定的结果。调查研究起初关注于权威型养育对青少年学业成就的影响。他们收集并处理了一系列数据，来自包括大量多种种族、多种社会阶层的几个家庭结构样本。在这些情况下，他们得出结论：

> 控制种族、社会阶层或家庭组成以试图隔离出“纯粹”的过程根本是徒劳的。没有任何过程发生在情境之外。若想理解情境，我们应该将之纳入考虑范围之内，而非妄想控制它。(Steinberg et al. , 1995, p. 424)

调查研究者一着手于这一非传统的工作，便遇到了一些意想不到的研究发现。第一个研究发现不是发生在环境情境领域，而是发生在发展性结果领域中。当他们分析青少年的学校表现时发现，与来自欧洲家庭背景的年轻人相比，西班牙裔、非裔或亚裔美国年轻人并未从权威型养育中受益。当调查研究者确认样本中九所高校的不同“同伴群体”(例如，运动员、智者、卑微者、预科生或者吸毒者)的价值观时，解答这一难题的第一条线索出现了。他们随后的分析显示，“来自于权威型养育家庭的欧裔美国年轻人，更可能归属于鼓励学业成就的同伴群体”(Steinberg et al. , 1995, p. 445)。

在这些以及相关研究发现的基础上，Steinberg 等人(1995)阐明了如下新的工作假说：

> 在父母的养育实践和青少年的同伴群体的加入之间，有着强烈但非直接的联系……通过按照特定的方式养育儿童，父母把儿童引向了特定的同伴群体。因此，在一定程度上，父母能通过青少年所联系的同伴群体影响其特征，父母能“控制”影响其孩子的同伴群体的类型……实质上，父母对青少年的行为方式——无论是亲社会的还是反社会的——有直接的和主要的影响。同伴群体主要是为增强建立起来的行为方式或者

倾向服务。(pp. 446－447)

但是当调查研究者将新的工作假说付诸测验时,他们遇到了另一种意想不到的结果:

当我们试图将这个模型应用到来自少数民族背景的年轻人时,我们震惊了。我们发现在黑人和亚洲学生中,养育实践和同伴群体成员资格之间没有关系。(p. 447)

研究者的“多重情境模型”(multiple context model)再次为解决这一难题铺平了道路:

为什么在少数民族年轻人中养育活动和同伴群体的选择之间没有显著的关系呢?我们发现答案在于假定同伴群体选择模型是一个开放的系统,青少年选择进入某个群体就像从饭店里的菜单点食物一样容易,但未将美国绝大多数中学以种族混合的社会结构为特征的惊人的种族歧视水平考虑在内。(pp. 447－448)

作者有关特定少数民族群体的发现是相当有趣的:

尽管[非裔美国的]父母在我们有关父母卷入学校教育中的测量上得分最高,但是[黑人青少年]发现更难加入到一个鼓励有同样目标的同伴群体中。(p. 449)　818

相比较而言:

亚裔美国学生除了进入鼓励和奖赏学业优秀的同伴群体外别无选择……亚裔美国人报告了同伴对学业成就的最高水平的支持。有意思的是,相对于通常信念,[他们的]父母是最少卷入孩子的学校教育的。(p. 448)

扩展性的生态学领域

Steinberg和他的同事似乎对没有面临另一种意想不到的研究结果感到失望,于是转而扩展生态模型到下一个更高的系统水平——即宏系统(exosystm)。这一环境结构的正式定义如下:

宏系统由发生在两个或多个背景之间的联结和过程组成,至少一个背景不包括发展中的个人,但该背景中,会有间接影响发展中的个人所生活的即时背景中的过程的事件发生。(Bronfenbrenner, 1993, p. 24)

Steinberg等人(1995)专门调查研究的宏系统是“通过儿童的同伴关系发展起来的家庭网络”,更明确地说,是“他们同伴的父母的养育实践”(p. 450)。调查研究者的分析导致了一

系列相关的研究发现,如下面两个例子中所示:

那些他们的朋友的父母是权威型的青少年,在学校中能获得较高等级,在家庭作业上花更多的时间……能更积极地感知他们的学术能力,而且报告较低水平的犯罪和物质滥用。

青少年中那些有较权威型父母的,似乎在和其他权威型中成长的年轻人的同伴网络的关系中,比在低权威型中成长的年轻人的同伴网络的关系中获益更多。似乎这种青少年需要某种“家庭优势”,以便在他们的社会网络中利用社会资本。(Steinberg et al., 1995, pp. 452 - 453)

推测起来,生态模型的研究只能到此为止,但是 Steinberg 及其同事似乎尝试着将之推到极限——他们的下一步分析从青少年同伴的双亲网络转向邻里关系的社会整合水平。整合测量建立在一系列问题上,诸如关于父母与其孩子的朋友的联系、参与社区和社会活动以及联系邻里的其他家庭等。数据分析显示邻里关系的整合对青少年发展有中等程度的影响。然而,这项发现被限定在一条重要的途径,即重新关注家庭过程所起的关键作用上。按作者的话说:

当我们重新单独分析以高比例的有效父母为特征的邻里关系和以高比例的无效父母为特征的邻里关系时,我们发现……社会整合只使那些家庭生活在以良好养育为特征的邻里关系中的青少年获益。以高比例的不利父母为特征的邻里关系的社会整合对青少年的学校表现和行为起到有害的效果。(Steinberg et al., 1995, p. 457)

继后的分析揭示了另一个同样是批评性的但并不令人吃惊的限定:“如果儿童的家庭也具有社会整合性,那么生活在以高度社会整合为特征的邻里关系中只能使青少年个人获益”(p. 457)。

Steinberg 等人的最终分析在社会结构上增加了心理根据。通过集合有关邻里关系中的养育实践和态度的信息,他与同事能够对既定邻里关系中父母的一致性程度的测量进行计算。分析中的主要研究结果再一次受心理现实所制约:

只有当邻里关系的一致性在良好养育的周围时,高邻里关系的一致性才会增加养育和青少年发展性结果之间的联系……换句话说,就是父母同意什么,而不只是他们是否同意,这会造成差别。(Steinberg et al., 1995, p. 458)

在这项专门研究中,调查研究者并没有考察青少年或者他们父母的生物心理学特征影响发展过程和结果的程度。今天,一个成长中的研究者群体(e. g., Plomin, Reiss, Hetherington, & Howe, 1994),对于个人和群体在发展性结果的一个广度范围上的不同主

819

要是由不同的遗传天分驱使的这一观点,要求强有力的证据支持("能力测验",1992; Plomin, 1993; Plomin & Bergeman, 1991; Plomin & McClearn, 1993; Scarr, 1992)。然而,基于生物生态学模型的可选择性的解释和证据使这个要求产生了问题(也可见 Lerner, 1995, 2002, 2004a)。

天性—教养的概念再界定:生物生态学的解释

理论争论源于提出的一系列假设,每种假设伴随一种相应的研究设计(Bronfenbrenner & Ceci, 1994b)。

假设1:最近过程可提高有效发展性机能的水平,因而提高了可归于对这种结果的被实现的遗传潜力的个人差异的比例。这意味着遗传力(heritability, h^2)在最近过程强时会较高,而在最近过程弱时会较低。

假设2:最近过程实现了加强机能能力和减少机能障碍程度的遗传潜能。从操作上讲,这意味着随着最近过程的水平的提高,能力指数会提高,那些机能障碍会下降,h^2 的价值会在两个实例中变得更大。

1. 最近过程实现发展性能力(像用 h^2 中的增加来评估)的遗传潜能的动力,在有利和稳定的环境中会比在不利和无组织的环境中更强。

2. 最近过程缓冲发展性机能障碍的遗传潜能的动力,在不利和无组织的环境中会比在有利和稳定的环境中更强。

假设3:如果个人长时间暴露在处于一定程度上所生活的其他背景中所没有体验过的提供发展性资源和鼓励致力于最近过程的背景中,那么最近过程实现发展性能力的遗传潜能的力量对那些生活在较不利和无组织的环境中的人来说较强。

为了检验前面的假设,Bronfenbrenner 和 Ceci(1994b)回顾了有关基因遗传的文献:

> 我们已能发现,没有基因遗传的研究在对比性环境中也包含有关最近过程的数据,因而将进行关于前面假设的测验。因此,大多数有用的证据都是间接的。
>
> 只有当遗传力的估计被报告出来在不同环境中具有相同的发展性结果时,间接测验才能实施。幸运的是已有几个研究达到了这一标准。起初,Scarr-Salapatek(1971)和 Fischbein(1980)发现了对预言的支持,即 h^2 的价值对于 IQ 来说会比在较低社会阶层组中更大。随后,一组挪威调查研究者(Sundet, Tambs, Magnus, & Berg, 1988)澄清了一系列近几十年来长期地对遗传力影响认知机能的测量的研究成果。将 IQ 分数作为发展性结果数据,调查研究者发现了一些先前教育成果的支持(Heath et al., 1985),如1940年后生的双胞胎在 h^2 方面的提高。然而,他们的心理测验数据的趋势在显著减弱。作者对观测到的相似性和差异性作了如下解释:
>
> > 这可能至少部分地源于这一事实,即挪威政府在战后时期向寻求教育的年轻人提供贷款,这样,使得有贫穷父母的年轻人能够接受较高水平的教育。这些因素,连同穷人对教育怀有更积极的态度,将倾向于降低家庭环境的作用,而使遗传

潜能达到最大。(Sundet et al., 1998, p. 58) *

820

当结果是发展性机能障碍之一时,也有大量的调查研究允许假设倒转模型的间接测验。例如,Jenkins 和 Smith(1990)发现,在儿童的问题行为上,良好的母子关系的积极效果在问题婚姻中比在和谐婚姻中要更好。更一般地说,在最近的一篇评论中,Rutter 和 Rutter(1992)得出结论,即在缓冲发展性失调上,保护性因素的影响要比在“危机环境”中更大些。(p. 56)

前面已述作为发展塑造者的过程、个人和情境,现在轮到时间(time)了。

生物生态学模型中的时间: 微长期、中长期和宏长期系统

时间,作为生物生态学范式的一个定义性特征,在生物生态学模型的多维度结构中出现已不止一次。事实上,它在命题Ⅰ第二句中的首次出现,或许已被完全忽视了。根据最近过程定义为涉及日益复杂的交互式相互作用,命题规定,为了有效果,相互作用必须发生在一个相当规律的基础上。

为何如此限制呢? 第一个暗示出现在 Wachs(1979)关于与认知能力的个体差异联系最频繁和最强的环境特征的研究中。其中显著的特征包括物理反应环境,受保护区域的呈现,事件的不稳定性和不可预知性,“家庭物理成分中允许探究的程度”,低水平的噪音和混乱,以及“现世的规律性程度”(p. 30)。如前面所述,研究结果包括最近过程不能在时间和空间上不稳定和不可预知的环境中发挥有效的功能。

研究结果还发现,这个中间系统水平的累积效应有可能危及人类发展的进程。期待这种逐步累积效应的原因之一在于,在下一个更高水平的环境结构中,互相联系的微系统的类似破坏性特征倾向于相互加强。

有关这一问题的提供信息最多的研究证据,来自于芬兰心理学家 Lea Pulkkinen(1983)进行的一项追踪研究中。研究伊始,参加研究的儿童是 8 岁,她研究了环境的稳定和变化对儿童经过青少年期和成年早期的发展的影响。家庭居住条件的“稳定性”和“不稳定性”,通过对如下事件的发生频率进行测量: 搬家的次数,日托或者学校安排的变化,家庭成员缺乏的程度,离婚发生率和再婚发生率,以及母亲的工作更换条件。家庭环境中较高的不稳定性,与以下方面相联系: 较高的顺从、攻击性、焦虑,以及处于儿童后期和青少年期中的儿童的社会问题,这些社会问题能导致成年早期较高的暴力和犯罪行为风险(Pulkkinen, 1983;

---

* 据 Sundet(个人交流,March 17, 1993)报告,在回应 Bronfenbrenner 和 Ceci(1994)的文章的初步说明中,他与同事进行了初步分析,并得到如下结果:“对于拥有最低教育水平母亲的双胞胎来说,同卵双生子间的相关是.80,而异卵双生子间的相关是.47。对于那些拥有较高教育水平母亲的双胞胎来说,这些相关分别是.82 和.39。正如你将看到的,这导致了第一组遗传力估计达到.66,而第二组达到了.86。如果我正确地理解了你的[假设 2],这与你的预言是一致的。然而,这两个 DZ[异卵的]之间相关的差异看起来并未达到统计学上的显著性,尽管已十分接近。”

Pulkkinen & Saastamoinen, 1986)。此外,家庭居住条件的稳定性因素,在影响后来发展方面比家庭的社会经济地位有更强的决定性。

在当代美国背景下获得了类似的研究结果,这是 Moorehouse(1986)在研究了儿童学前期母亲工作状况的稳定和变化如何影响母子交流的方式,以及这些方式反过来如何影响儿童入学第一年的学业成绩和社会行为中获得的。研究包括了一个关键的分析,即研究者比较了历经学习期获得了同样的工作状况的母亲以及那些在下列各方向上变化的母亲:即拥有更多、更少或者根本没有工作时间。结果显示,工作状况只对那些已变化了工作状况的组产生显著影响。尽管工作状况对那些已转向专职工作的母亲的破坏性影响最大,但对那些已经减少工作时间或者已经离开了不再从事工作的母亲还是表现出了影响。Moorehouse 得出结论,"从总体上说,不稳定性比稳定性与有益学校成果的联系要更少些"(p. 103)。

在发现模式的框架中,我们再一次处于一个点上,即一系列不同研究的发现结果提出了另一种尝试性的表述。此推论如下:

> 在组成人类发展生态学的系统各成分中,跨越时间的稳定性、一致性和可预知性的程度,对正在讨论的系统的有效操作是决定性的。相对于组成人类发展最佳条件的中等程度的系统弹性来说,结构或功能的极端无组织或僵化提供了潜在心理成长的危险信号。在研究设计中,关于在生态系统每一水平上的过程、个人和情境的特征,这一命题指向评估稳定性与不稳定性程度的重要性。

821

这个命题表述也适合宏观水平上的时间维度,包括个体的生命全程和个人所生活的历史时期(见命题Ⅱ)。这一调查引起了什么将成为人类发展的生态模型的第一个系统性表述。这一表述出现在将近 40 年前一篇题名为"穿越时空的社会化和社会阶层"(Socialization and Social Class through Time and Space)的文章中(Bronfenbrenner, 1958)。在那篇文章中,Bronfenbrenner 重新分析了关于不同社会阶层中儿童养育的方式和结果表现为相矛盾的研究结果。分析显示,当既得结果按数据搜集的年限重新编制时,矛盾的研究结果消失了。相反,就在二战后直到 20 世纪 50 年代后期,倒有一个系统性的渐进的变化,中产阶层的父母从原来较权威的方式向更自由化变化,而低社会阶层家庭则向相反方向变化。儿童养育方式的跨越历史时间的变化以及对儿童发展的影响,重新成为 20 世纪 50 年代后期(1958)开始的 Bronfenbrenner 研究工作的主题,并直至现在(Bronfenbrenner, 1970, 1975, 1990, 1994; Bronfenbrenner & Crouter, 1982; Bronfenbrenner et al., 1996);但是相比起 Elder 开始的经典研究,《大萧条的儿童》(*Children of the Great Depression*, Elder, 1974; 也见 Elder & Shanahan, 本《手册》本卷第 12 章),这项工作在理论和实证贡献方面则逊色了。

正如 Bronfenbrenner 所提到的,Elder 在生命全程发展方面的研究对最初生态模型的表述有重要作用(Bronfenbrenner, 1979a, 详见 pp. 266 - 285 和 pp. 273 - 285),并且对模型在相同领域中的随后的演进上施加了更大的影响(Bronfenbrenner, 1986a, 1986b, 1989,

1993, 1995)。

因为 Elder 的贡献,他的理论理所当然地被包含在本《手册》本卷第 12 章中,在最近的表述中,我们对生命全程理论限定了四个定义性原则(Elder, 1998)*,描述了相应研究设计的含义,并列举了相关研究发现的例子。

第一个原则是历史时间和地点(historical time and place),Elder 定义如下: 个体生命全程植根于并且被历史时间和他们在有生之年所经历的事件所塑造。

历史被开发为作为自然的一种试验。相应的研究设计在其他方面具有相似性的比较组,而这些方面是已被展示于和未被展示于某一特定的历史事件;比如,Elder 关于大萧条时期的研究(Elder, 1974; 也见 Elder, 1998; Elder & Shanahan, 本《手册》本卷第 12 章);二战和朝鲜战争中的军事服务和实际战争(Elder, 1986; Elder, Shanahan, & Clipp, 1994); Iowa 州农场危机(Conger & Elder, 1994; Elder, King, & Conger, 1996);城市不平等(Elder, Eccles, Ardelt, & Lord, 1995);以及 Elder 最近的工作,关于中国文化大革命期间的下乡青年的研究(Elder, Wu, & Jihui, 1993)。

第二个原则叫生命中的时间安排(timing in lives),陈述为: 连续的生活转换或事件的发展性影响,对于它们在个人生命中的发生是偶然的。

这有一个适当的研究设计,即比较早或晚达到某一特定的转换与其随后的生命全程。比如,Elder 等人(1994)重新分析了 Terman 1925 年经典的天才的遗传研究(Genetic Studies of Genius)(所有被试都具有很高的 IQ)中被试的追踪数据,依据战时进入军事服务的早或晚,在随后的成人发展中能够显示出明显的区别。晚进入者的一些代价包括:

- 离婚和分居的较高风险。
- 失望的工作生活和终生收入的丧失。
- 身体健康的加速下降,50 岁后最显著。

相反方面:

- 对于许多男性来说,尤其是那些在早期年龄进入的男性,参加军事服务是一个重铸的经历。它提供了一座获得更大机会的桥梁以及一个直至中年的发展性成长的原动力。

822 这使人想起了 Brutus 回应 Cassius 的催促时的命运选择:

> 世事的起伏本来是波浪式的,
> 人们要是趁着高潮勇往直前,
> 一定可以功成名就;
> 要是不能把握时机,
> 就要终生蹭蹬,
> 一事无成。
>
> ——Shakespeare, *Julius Caesar*(Ⅳ. iii. 218—221)

---

* 对于想理解更多的初学者,可见本《手册》本卷中 Elder 的第 16 章。

第三个原则是相联系的生命体(linked lives),陈述为:生命体是相互依存的生活,社会和历史的影响通过这个共享的关系网络显示出来。

相应于这一原则的基本研究设计,涉及考察历史事件和角色转换在经历同样的历史事件和转变的同样家庭的不同成员上的差异影响。在一项关于发生在二战时,在一个较广的社会变化历史背景下,母女双方性别角色转变的研究中,Moen 和 Erickson(1995)在他们对跨越两代人的数据进行统计分析的基础上,发表了如下结论性的评论:

> 拥有传统性别角色的传统母亲,可能会发现自己和已是妇女运动先锋的女儿在一起。一些母亲甚至会怂恿女儿去实现对她们自己来说几乎是不可能的事情。母亲和女儿从不同的有利位置经历历史时间和社会变化,这一事实意味着她们的生活体验是不同的,而且她们的观点也可能是完全有分歧的。(p. 180)

跨越历史时间的环境变化会产生任一方向上重要的发展变化。一方面,它们能扰乱生命全程中标准化转变的时间安排和持续时间,因而妨碍学习体验的顺序,而学习体验的顺序对个体年龄增长后的社会期望是必要的。另一方面,它们能提供给个体新的、更加稳定和更富有挑战性的机会,以促进心理生长或者甚至退回到原来的进程(比如,Elder 1974 年的关于军事征募对来自贫穷背景年轻人的影响的研究)。

从研究到现实

Elder 将他的生命全程发展的第四个也是最后一个原则称作人类动力(human agency)。它是指"个体通过在历史和社会环境的机遇和限制下采取的选择和活动来构建他们自己的生命全程"。他的研究发现中的一个显著的例子是,二战时那些最可能很早自愿参加军事服务的年轻人,常常是那些来自最贫困环境的年轻人,但是他们也通过军事提供的训练和经历的机会而获益最多。然而,他警告说,"没有机遇,在逆境中,甚至有天才和勤奋也不能保证生活的成功"(Elder, 1997)。

最后,相对于 Elder 的四个原则,我们添加第五个原则,实际上是倒转他的第一个有关历史变化在塑造人类发展全程的重要性的原则的方向。简单地说,第五个原则主张,生物生态学模型的四个定义性特征在时间上的变化,不仅是历史变化的产物,而且还是历史变化的生产者。下面清楚地说明第五原则基于的论点和证据:自从 20 世纪 50 年代后期以来,Bronfenbrenner 与他的同事们一起,周期性地发表证实在三个领域跨时间变化的论文:儿童养育实践,这些实践与儿童发展性结果的关系,以及每年的美国人口普查和其他政府出版物中报告的家庭人口统计。

有关这些分析的一篇报告出现在标题为《美国人的状态:这一代和下一代》(*The State of Americans: This Generation and the Next*)的卷册中(Bronfenbrenner et al., 1996)。该书由将近 300 页和 150 幅图表组成,但为了我们现在的目的,主要的研究结果可以总结为 10

点,如表 14.1 所示。总体上考虑,这些研究结果构成了我们提出的对 Elder 的四个原则有所补充的基础。

823

表 14.1 挑选的研究结果总结

1. 过去 20 年的年度调查显示了美国青年玩世不恭和理想破灭的上升倾向,反映在对他人、对政府、对社会公共机构以及对自己信心的丧失。
2. 在美国,很大比例的青年和妇女成为杀人犯的受害者,比例比其他发达国家高 10 倍。
3. 年轻人不仅可能成为谋杀的受害者,而且他们也更可能实施谋杀。年轻人(18—25 岁)在因涉嫌谋杀而被逮捕的人中占大多数。
4. 在监狱中的美国人的比例比其他发达国家高 4 倍,数量还在快速增长。
5. 尽管来自黑人家庭的青年最近得到些荣誉,美国中学生在学术成绩方面仍旧远远落后于那些来自其他发达国家的学生。这包括每个国家的前 10%的学生。这种趋势已经威胁我们未来的生产力和经济竞争能力。
6. 在单亲家庭中成长的儿童的比例中,美国排在第一位,它现在包括四分之一强的 6 岁以下的美国儿童。
7. 拥有 6 岁以下儿童的家庭中,尤其是那些单亲母亲,是那些最想寻找——而且是拼命需要——工作的。但是她们也有最高的失业率。做专职工作的黑人母亲的比例比白人母亲高得多(在 1994 年,76%VS. 29%)。
8. 今天生活在贫穷中的美国儿童的比例是任何其他发达国家的两倍。
9. 在发达国家中,美国富裕家庭的收入与贫穷家庭的收入的差距是最大的。我们迅速成为了一个两阶层国家。
10. 有三分之二的贫穷儿童生活在有成人工作的家庭中。不到三分之一的贫穷家庭中有一个年幼儿童只依赖于福利生活。

我们感谢我们的同事,他们作为《美国人的状态:这一代和下一代》(*The State of Americans: This Generation and the Next*)卷册章节的合著者,提供了表 14.1 的摘要性的研究结果。除了我们自己之外,他们包括:Steven J. Ceci, Helen Hembrooke, Peter McClelland, Phyllis Moen, Elaine Wethington 和 Tara L. White。来源:*The State of Americans: This Generation and the Next*, by U. Bronfenbrenner, P. McClelland, E. Wethington, P. Moen, and S. J. Ceci, 1996, New York: Free Press.

尽管最近过程功能充当发展的引擎,为了阐明这一推动它们发展的能量来自更深层次的资源,我们得以回到命题Ⅰ的经验世界(Bronfenbrenner et al., 1996; Bronfenbrenner & Evans, 2000; Bronfenbrenner & Morris, 1998)。在形成期间(从婴儿早期到成年初期),主观和客观力量都对发展施加了特别强有力的影响。上世纪大量充分的研究显示,二三十年前,这些力量主要出于家庭中,父母作为主要养育者和他们孩子情感支持的来源,生活在家庭中的其他成年家庭成员位居次席。在更小的程度上讲,其他亲戚、家庭朋友和邻居也以这种角色起到影响作用。

然而,这种方式在过去的 40 年中已有了一个明显的变化。父母连同其他成年家庭成员,已花费日益增多的时间变换成专职工作和从事专职工作(其中对额外工作时间的要求或期望日益增加)。这一趋势的本质及其与人类发展的关系,通过下述观念传达出来,即为了发展儿童的需要——智力上的、情感上的、社会上的和道德上的——对于所有这些需要来说,要做同样的事情:在儿童生活的更广的时间段内,在一个规律的基础上,与一个或多个人参与到日益复杂的活动中,这些人能和儿童发展一种强有力的、相互的情感依恋,并且能致力于儿童更适宜生活的幸福和发展(Bronfenbrenner & Evans, 2000; Bronfenbrenner &

Morris, 1998; 也见 Lerner, 2004b)。这种强有力的相互的情感依恋的建立,导致了父母行为和表达出的友爱之情的内化。这种相互维系激发了儿童的兴趣,并致力于在即时的物理的、社会的以及——在适当的进程中——引发探究、操作、精心组织和想象的象征环境中的相关活动。

亲子间日益复杂的相互作用和情感依恋方式的建立和维持,在相当程度上依赖于另一个成人——第三方——的有效性和介入。这个第三方帮助、鼓励、吸引、尊重儿童,并向所照料的儿童表达赞赏和友爱,而且致力于与儿童的联合活动。如果第三方与另一个照料儿童的人是异性,也是有帮助的,但并不是绝对必要的,因为这可能使儿童接触并且加入更多的发展性的鼓励活动和实践中(Bronfenbrenner et al., 1996)。这是一种对两个或多个亲人的依恋,每一个亲人相对于另一个人来说都可被看作是第三方。

这一观点的研究证据主要是来自第三方的缺少。人口统计学数据显示,单亲家庭的比例呈快速上升趋势。这一趋势从 20 世纪 80 年代开始,然后在 90 年代的大部分时间继续以更快的速度上升。绝大多数这种家庭是父亲缺失,而由母亲对抚养儿童承担主要的责任。

有关这种家庭的发展过程和结果的大量调查研究,曾经进行过广泛的跨文化和社会阶层团体的比较。研究结果导致了两个相补充的结论:

1. 即使是生活在良好社会经济环境的家庭中,单亲母亲或父亲的孩子由于没有其他人扮演可信赖的第三方的角色,便时常处于更危险的境地,更可能会经历以下一种或者多种发展性问题:多动或者退缩,注意力分散,延迟满足困难,学业成就差,学校品行不端,经常逃学。

824

2. 在一个更为严肃的水平上来讲,所谓的青少年行为综合征趋向整合在一起:退学;卷入社会疏远或者破坏性同伴群体;吸烟、喝酒、频繁的性经历:青少年怀孕;对工作的一种愤世嫉俗的态度;以及更极端的例子——吸毒、自杀、恶意破坏文物的行为、暴力和犯罪行为。上述大多数行为的影响,对男孩要比对女孩更明显一些(Bronfenbrenner et al., 1996)。

然而,并不是所有的单亲家庭都显现出这些令人担心的关系,以及它们对儿童发展的破坏性的影响。对这些例外的系统研究,已确认什么可以被描述为一般的免疫因素。例如,单亲家庭的儿童,尤其是在母亲(或者父亲)获得了来自生活在家庭中的其他成人强有力支持的家庭中,更可能少经历发展性问题。帮助也可来自于附近的亲戚、朋友、邻居、宗教团体的成员,以及可获得的给予家庭支持的职员和儿童照料计划。最要紧的不只是给予儿童注意,而且同样重要的是,向单亲父母提供帮助或者像先前提到的,由其他人以支持者的角色提供帮助。这如同在家庭舞会上,需要三个人来跳探戈。

但是跳舞并不是全部。在 20 世纪 80 年代之时,有关人类发展的生态学的理论和研究,已证明了一种加速的趋势,这种趋势朝向美国家庭儿童养育方式上的自由。同时,连续的科学调查研究,已揭示了不断强调父母的纪律和要求的策略的日益增大的发展优势。从对可获得的数据分析中得到的解释提出,这些研究结果的广泛应用,将会对发生在当代社会中的发展性破坏变化提供一种有效的回应。

在更一般的水平上来看,研究结果揭示了增长的混乱,如家庭生活中,儿童照料的背景中，学校中，同伴群体中，青年计划中，邻里关系中，工作场所中，以及其他人们生活居住的日常环境中。这些混乱妨碍并破坏了对心理成长来说必要的关系和行为的形成和稳定。此外，其中的许多条件导致了这种混乱，这是经常无法预料的由私人和公共部门共同制定的政策的产物。今天，在这两个场合中，我们正考虑深远的经济和社会变化，其中的一些威胁提高了在甚至更高和更低心理学上的（和生物学上的）承受水平上的混乱程度。这种提高的最可能和最早的观察结果，依旧是较高水平的青年犯罪和暴力、青少年怀孕以及单亲父母的身份*，同时也就相应地降低了学校的成绩，并且最终导致了我们国家人力资本质量的下降(Bronfenbrenner et al., 1996)。

这样，我们就达到了一个点，在这个点上，基础发展科学所关注的是我们整个国家所面对的最关键问题的聚集。这个聚集使既作为科学家也作为公民的我们面临着新的挑战和机遇。

生物生态学模型：一个发展性的评估

在本章中，我们尝试了两项富有挑战性的任务，在发现模式中每一项任务以发展科学为主旨列举了一个科学的例子。第一项任务描述了 20 年前第一次提出的人类发展的生态理论在演进过程中的下一个阶段。第二项任务未被意识到却还是开始了，因为本章也描述了设计三阶段模型的早期阶段。

作为那些早期阶段之一，我们发现在发现模式中清楚地说明实施发展性研究的需要是十分有必要的。据我们所知，这是如此有系统地去做的第一次努力，而且可能因此会得到——而且应该得到——比本章中任何其他部分更多的批评。但是至少读者将会知道我们试图符合什么样的标准，而且读者将会对所提出的策略的有效性评估提供一个基础，而这些策略则反映在更不同地摆脱了理论和数据不断对峙的理论模型和操作模型之中。

825

其中这种努力的较有前途的结果，是关于作为发展引擎的最近过程的动力的证明，以及它们系统的变化作为个人和情境特征的功能的证明。我们也呈现了证据，与生物生态学模型的详述相一致，不同的途径通过空间和时间导致不同的结果。在这点上，两种类型结果间的区别显得尤其相关：(1) 在能力的结果与机能障碍的结果之间；(2) 在聚焦于人际关系的活动与聚焦于物体和象征的活动之间。第三个具有潜在生产价值的对比通过鉴别个人倾向特征是发展性生成的还是发展性破坏的，来回答谁发展和谁不发展的问题。被认为对发展有重要性的两个其他的个人特征也被区分和举例说明了。第一个是关于能力和习得知识与技能的资源。第二个是引起或鼓励日益复杂的相互作用的需要特征。一种类似的分类被提议用于环境的质量，与之相伴随的是它们在最近过程和结果上相应的不同影响的例证。在每一个实例中，源自基于生物生态学模型的连续的更具区分性的表

---

* 我们再次强调所涉及父母和儿童间的关系和行为可以不考虑纯粹的人口统计学的因素影响，例如母亲的年龄和家庭的结构(p. 1015)。

述，演进中的尝试性假设伴随着它们关于相应的研究设计和由它们生成的结果的操作性类似物。

发现过程也指向包含在研究设计中针对同一主体的两个不同的互相补充的发展性结果的科学需要和利益。由于源自生物生态学模型的理论原因，可能更具生产价值的应该是在同样的研究设计中包含两个不同的但理论上相互补充的最近过程。

最后，我们认为，出现于本章阐述的发现过程的最具科学性得有前途的表述很容易被陈述，但是它也面临最大的理论挑战：

> 生物生态学模型的四个定义性成分，应该在理论上彼此相关，而且与调查研究下的发展性结果相关。这意味着代表每一个定义性特征的变量选择应该基于关于它们假定的相互关系的明确假设。

这么长的说明也许是一个令人失望的结论。或许，即使在发展科学中比在其他领域中会多一些，发现的途径仍不易被找到。足迹并未被标记，有许多死胡同，旅程比预期的要长得多，并且走到尽头，也许什么都没有。但有价值的是沿途学到了什么，为将来未知领域探险者留下了什么。这里有一些最终的想法给你们这些致力于填充发展科学未来美景的人们。在这个 21 世纪的早期，我们留下了一个令人麻烦的问题：从生物生态学模型的观点看，我们人类未来发展的前景是什么？这一问题的答案在于美国和其他经济发达国家是否愿意留意发展科学的新兴课程。此刻，很难知道答案将会是什么。未来难以预测。如果要作出选择的话，发展科学的责任在于要和我们拥有的知识产生共鸣，口头上如此说依旧能寻到回声。这里是第一份草稿：

> 在美国，对于年轻人来说，无论是男女，现在都有可能从中学或者大学毕业，而未曾照料过小孩；未曾照顾过病人、老人或者孤独的人；或者未曾安慰或帮助过另一个真正需要帮助的人。对这种人类经历的丧失的发展性结果迄今还未被科学地研究过。但是可能的社会含义是显而易见的，因为我们——迟早，并且通常是早早地——要遭受疾病、孤独，并且需要帮助、安慰和友谊。在一个社会中，其社会成员只有学会帮助和照料他人的敏感性、动机及技能，这个社会才能长久地维系。

（丁芳译）

参考文献

Ability testing [Special section]. (1992). *Psychological Science*, *3*, 266 - 278.

Ainsworth, M. D., Blehar, M. C., Waters, I., & Wall, S. (1978). *Patterns of attachment: A Psychological Study of the Strange Situation*. Hillsdale, NJ: Erlbaum.

Allport, G. W. (1937). *Personality: A psychosocial interpretation*. New York: Holt.

Bandura, A. (1977). Self-efficacy: Toward a unifying theory of behavior change. *Psychological Review*, *84*, 191 - 215.

Bandura, A. (1982). Self-efficacy mechanism in human agency. *American Psychologist*, *37*, 122 - 147.

Beckwith, L., & Cohen, S. E. (1984). Home environment and cognitive competence in preterm children during the first 5 years. In Allen W. Gottfried (Ed.), *Home environment and early cognitive development* (pp. 235 -

271). New York: Academic Press.

Beckwith, L., Rodning, C., & Cohen, S. (1992). Preterm children at early adolescence and continuity and discontinuity in maternal responsiveness from infancy. *Child Development*, *63*, 1198 - 1208.

Bergman, L. R., Cairns, R. B., Nilsson, L.-G., & Nysted, L. (Eds.). (2000). *Developmental science and the holistic approach*. Mahwah. NJ: Erlbaum.

Block, J., Block, J. H., & Keyes, S. (1988). Longitudinally foretelling drug usage in adolescence: Early childhood personality and environmental precursors. *Child Development*, *59*, 336 - 355.

Block, J. H., & Block, J. (1980). The role of ego-control and ego-resiliency in the organization of behavior. In W. A. Collins (Ed.), *Minnesota Symposia on Child Psychology* (Vol. 13, pp. 39 - 101). Hillsdale, NJ: Erlbaum.

Booth, C. L., Rose-Krasnor, L., McKinnon, J., & Rubin, K. H. (1994). Predicting social adjustment in middle childhood: The role of preschool attachment security and maternal style. *Social Development*, *3* (3), 189 - 204.

Bowlby, J. (1969). *Attachment and loss: Vol. 1. Attachment*. New York: Basic Books.

Bowlby, J. (1973). *Attachment and loss: Vol. 2. Separation*. New York: Basic Books.

Bronfenbrenner, U. (1958). Socialization and social class through time and space. In E. E. Maccoby, T. M. Newcomb, & E. L. Hartley (Eds.), *Readings in social psychology* (pp. 400 - 425). New York: Holt, Rinehart and Winston.

Bronfenbrenner, U. (1970). *Children and parents* (Report of Forum 15, pp. 241 - 255). Washington, DC: U.S. Government Printing Office.

Bronfenbrenner, U. (1974). Developmental research, public policy, and the ecology of childhood. *Child Development*, *45*, 1 - 5.

Bronfenbrenner, U. (1975). Reality and research in the ecology of human development. *Proceedings of the American Philosophical Society*, *119*, 439 - 469.

Bronfenbrenner, U. (1977a). Lewian space and ecological substance. *Journal of Social Issues*, *33*, 199 - 212.

Bronfenbrenner, U. (1977b). Toward an experimental ecology of human development. *American Psychologist*, *32*, 513 - 531.

Bronfenbrenner, U. (1979a). Contexts of child rearing. *American Psychologist*, *34*, 844 - 858.

Bronfenbrenner, U. (1979b). *The ecology of human development: Experiments by nature and design*. Cambridge, MA: Harvard University Press.

Bronfenbrenner, U. (1981). *Die Oekologie der menschlichen Entwickiung*. Stuttgart, Germany: Klett-Cotta.

Bronfenbrenner, U. (1986a, July 23). *A generation in jeopardy: America's hidden family policy*. Testimony presented to the committee on Rules and Administration, Washington, DC.

Bronfenbrenner, U. (1986b). Recent advances in research on the ecology of human development. In R. K. Silbereisen, K. Eyferth, & G. Rudinger (Eds.), *Development as action in context: Problem behavior and normal youth development* (pp. 286 - 309). New York: Springer-Verlag.

Bronfenbrenner, U. (1989a). Ecological systems theory. In R. Vasta (Ed.), *Annals of child development: Six theories of child development-Revised formulations and current issues* (pp. 187 - 249). London: JAI Press.

Bronfenbrenner, U. (1989b). The ecology of the family as a context for human development: Research perspectives. *Developmental Psychology*, *22*, 723 - 742.

Bronfenbrenner, U. (1989c). *Who cares for children?* Paris: United Nations Educational, Scientific and Cultural Organization.

Bronfenbrenner, U. (1990). Oekologische sozialisationsforschung. In L. Kurse, C.-F. Graumann, & E.-D. Lantermann (Eds.), *Oekologische psychologie: Ein handbuch in schlusselbegriffen* (pp. 76 - 79). Munich, Germany: Psychologie Verlags Union.

Bronfenbrenner, U. (1992). Child care in the Anglo-Saxon mode. In M. E. Lamb, K. J. Sternberg, C. P. Hwang, & A. G. Broberg (Eds.), *Child care in context* (pp. 281 - 291). Hillsdale, NJ: Erlbaum.

Bronfenbrenner, U. (1993). The ecology of cognitive development: Research models and fugitive findings. In R. H. Wozniak & K. Fischer (Eds.), *Scientific environments* (pp. 3 - 44). Hillsdale, NJ: Erlbaum.

Bronfenbrenner, U. (1994). Ecological models of human development. In T. Husen & T. N. Postlethwaite (Eds.), *International encyclopedia of education* (2nd ed., Vol. 3, pp. 1643 - 1647). Oxford, England: Pergamon Press/Elsevier Science.

Bronfenbrenner, U. (1995). Developmental ecology through space and time: A future perspective. In P. Moen, G. H. Elder Jr., & K. Lüscher (Eds.), *Examining lives in context: Perspectives on the ecology of human development* (pp. 619 - 648). Washington, DC: American Psychological Association.

Bronfenbrenner, U. (2005). *Making human beings human*. Thousand Oaks, CA: Sage.

Bronfenbrenner, U., & Ceci, S. J. (1993). Heredity, environment and the question "How?": A new theoretical perspective for the 1990s. In R. Plomin & G. E. McClearn (Eds.), *Nature, nurture, and psychology* (pp. 313 - 324). Washington, DC: American Psychological Association.

Bronfenbrenner, U., & Ceci, S. J. (1994a). Nature-nurture reconceptualized: A bioecological model. *Psychological Review*, *101*, 568 - 586.

Bronfenbrenner, U., & Ceci, S. J. (1994b). *"The Bell Curve": Are today's "New Interpreters" espousing yesterday's science?* Unpublished manuscript, Cornell University, Department of Human Development and Family Studies, Ithaca, NY.

Bronfenbrenner, U., & Crouter, A. C. (1982). Work and family through time and space. In S. Kamerman & C. D. Hayes (Eds.), *Children in a changing world* (pp. 39 - 83). Washington, DC: National Academy Press.

Bronfenbrenner, U., & Crouter, A. C. (1983). The evolution of environmental models in developmental research. In W. Kessen (Series Ed.) & P. H. Mussen (Vol. Ed.), *Handbook of child psychology: Vol. 1. History, theory, and methods* (4th ed., pp. 357 - 414). New York: Wiley.

Bronfenbrenner U., & Evans, G. W. (2000). Developmental science in the 21st century: Emerging questions, theoretical models, research designs, and empirical findings. *Social Development*, *9* (1), 15 - 25.

Bronfenbrenner, U., McClelland, P., Wethington, E., Moen, P., & Ceci, S. J. (1996). *The state of Americans: This generation and the next*. New York: Free Press.

Bronfenbrenner U., & Morris, P. A. (1998). The ecology of developmental processes. In R. M. Lerner (Ed.), *Handbook of Child Psychology* (5th ed., Vol. 1, pp. 993 - 1028). New York: Wiley.

Bronfenbrenner, U., & Neville, P. R. (1994). America's children and families: An international perspective. In S. L. Kagan & B. Weissbourd (Eds.), *Putting families first* (pp. 3 - 27). San Francisco: Jossey-Bass.

Cairns, R. B. (1970). Towards a unified science of development. *Contemporary Psychology*, *15*, 214 - 215.

Cairns, R. B., & Cairns, B. D. (1994). *Lifelines and risks: Pathways to youth in our time*. Cambridge, England: Cambridge University Press.

Cohen, S. E., & Beckwith, L. (1979). Preterm infant interaction with the caregiver in the first year of life and competence at age two. *Child Development*, *50*, 767 - 776.

Cohen, S. E., Beckwith, L., & Parmelee, A. H. (1978). Receptive language development in preterm children as related to caregiverchild interaction. *Pediatrics*, *61*, 16 - 20.

Cohen, S. E., & Parmelee, A. H. (1983). Prediction of 5-year Stanford-Binet scores in preterm infants. *Child Development*, *54*, 1242 - 1253.

Cohen, S. E., Parmelee, A. H., Beckwith, L., & Sigman, M. (1986). *Developmental and Behavioral Pediatrics*, *7*, 102 - 110.

Cole, M. (1995). Culture and cognitive development: From cross-cultural research to creating systems of cultural mediation. *Culture and Psychology*, *1*, 25 - 54.

Conger, R. D., & Elder, G. H., Jr. (1994). *Familieš in troubled times: Adapting to change in rural America*. Chicago: Aldine de Gruyter.

Connolly, J. A., & Doyle, A. (1984). Relation of social fantasy play to social competence in preschoolers. *Developmental Psychology*, *20*, 797 - 806.

Drillien, C. M. (1957). The social and economic factors affecting the incidence of premature birth. *Journal of Obstetrical Gynecology, British Empire*, *64*, 161 - 184.

Drillien, C. M. (1964). *Growth and development of the prematurely born infant*. Edinburgh, Scotland: Livingstone.

Elder, G. H., Jr. (1974). *Children of the great depression*. Chicago: University of Chicago Press.

Elder, G. H., Jr. (1986). Military times and turning points in men's lives. *Developmental Psychology*, *22*, 233 - 245.

Elder, G. H., Jr. (1998). Life course and development. In W. Damon (Editor-in-Chief) & R. M. Lerner (Vol. Ed.), *Handbook of child psychology: Vol. 1. Theoretical models of human development* (5th ed., pp. 1 - 24). New York: Wiley.

Elder, G. H., Jr., Eccles, J. S., Ardelt, M., & Lord, S. (1995). Inner city parents under economic pressure: Perspectives on the strategies of parenting. *Journal of Marriage and the Family*, *57*, 771 - 784.

Elder, G. H., Jr., King, V., & Conger, R. D. (1996). Intergenerational continuity and changes in rural lives: Historical and developmental insights. *International Journal of Behavioral Development*, *10*, 439 - 466.

Elder, G. H., Jr., Shanahan, M. J., & Clipp, E. C. (1994). When war comes to men's lives: Life course patterns in family, work, and health. *Psychology and Aging*, *9*, 5 - 16.

Elder, G. H., Jr., Van Nguyen, T. V., & Caspi, A. (1985). Linking family hardship to children's lives. *Child Development*, *56*, 361 - 375.

Elder, G. H., Jr., Wu, W., & Jihui, Y. (1993). *State-initiated change and the life course in Shanghai, China* (Unpublished project report). Chapel Hill, NC: Carolina Population Center.

Fischbein, S. (1980). IQ and social class. *Intelligence*, *4*, 51 - 63.

Garmezy, N., & Rutter M. (1983). *Stress, coping, and development in children*. New York: McGraw-Hill.

Heath, A. C., Berg, K., Eaves, L. J., Solaas, M. H., Corey, L. A., Sundet, J., et al. (1985). Educational policy and the heritability of educational attainment. *Nature*, *314*, 734 - 736.

Hetherington, E. M., & Clingempeel, W. G. (1992). Coping with marital transitions. *Monographs of the Society for Research in Child Development*, *57*(2/3).

Jenkins, J. M., & Smith, M. A. (1990). Factors protecting children living in disharmonious homes: Maternal reports. *Journal of the American Academy of Child and Adolescent Psychiatry*, *29*, 60 - 69.

Kohn, M. L., & Slomczynski, K. M. (1990). *Social structure and self-direction: A comparative analysis of the United States and Poland*. Oxford, England: Basil Blackwell.

Langer, E. J., & Rodin, J. (1976). The effects of choice and enhanced personal responsibility for the aged: A field experiment in an institutional setting. *Journal of Personality and Social Psychology*, *34*, 191 - 198.

Lerner, R. M. (1982). Children and adolescents as producers of their own development. *Developmental Review*, *2*, 342 - 370.

Lerner, R. M. (1995). The limits of biological influence: Behavioral genetics as the emperor's new clothes [Review of the book *The limits of family influence*]. *Psychological Inquiry*, *6*, 145 - 156.

Lerner, R. M. (2002). *Concepts and theories of human development* (3rd ed.). Mahwah, NJ: Erlbaum.

Lerner, R. M. (2004a). Genes and the promotion of positive human development: Hereditarian versus developmental systems perspectives. In C. Garcia Coll, E. Bearer, & R. M. Lerner (Eds.), *Nature and nurture: The complex interplay of genetic and environmental influences on human behavior and development* (pp. 1 - 33). Mahwah, NJ: Erlbaum.

Lerner, R. M. (2004b). *Liberty: Thriving and civic engagement among America's youth*. Thousand Oaks, CA: Sage.

Lerner, R. M., & Busch-Rossnagel, N. A. (Eds.). (1981). *Individual as producers of their development: A life-span perspective*. New York: Academic Press.

MacDonald, K., & Parke, R. D. (1984). Bridging the gap: Parent-child play interaction and peer interactive competence. *Child Development*, *55*, 1265 - 1277.

Main, M., & Weston, D. R. (1981). The quality of the toddler's relationship to mother and to father: Related to conflict behavior and the readiness to establish new relationships. *Child Development*, *52*, 932 - 940.

Marrow, A. J. (1977). *The practical theorist: The life and work of Kurt Lewin*. New York: Teachers College Press.

May, M. A. (1932). The foundations of personality. In P. S. Achilles (Ed.), *Psychology at work* (pp. 81 - 101). New York: McGraw-Hill.

Mead, G. H. (1934). *Mind, self, and society*. Chicago: University of Chicago Press.

Moen, P., & Erickson, M. A. (1995). Linked lives: A transgenerational approach to resilience. In P. Moen, G. H. Elder Jr., & K. Luscher (Eds.), *Examining lives in context: Perspectives on the ecology of human development* (pp. 169 - 210). Washington, DC: American Psychological Association.

Moorehouse, M. (1986). *The relationships among continuity in maternal employment, parent-child communicative activities, and the child's social competence*. Unpublished doctoral dissertation, Cornell University, Ithaca, NY.

Pastor, D. L. (1981). The quality of the mother-infant interaction and its relationship to toddlers' initial sociability with peers. *Developmental Psychology*, *17* (3), 326 - 335.

Plomin, R. (1993). Nature and nurture: Perspective and prospect. In R. Plomin & G. E. McClearn (Eds.), *Nature, nurture, and psychology* (pp. 459 - 486). Washington, DC: American Psychological Association.

Plomin, R., & Bergeman, C. S. (1991). The nature of nurture: Genetic influence on "environmental" measures. *Behavioral and Brain Sciences*, *4*, 373 - 427.

Plomin, R., & McClearn, G. E. (Eds.). (1993). *Nature, nurture, and psychology*. Washington, DC: American Psychological Association.

Plomin, R., Reiss, D., Hetherington, E. M., & Howe, G. W. (1994). Nature and nurture: Genetic contributions to measures of the family environment. *Developmental Psychology*, *30*, 32 - 43.

Pulkkinen, L. (1983). Finland: The search for alternatives to aggression. In A. P. Goldstein & M. Segall (Eds.), *Aggression in global perspective* (pp. 104 - 144). New York: Pergamon Press.

Pulkkinen, L., & Saastamoinen, M. (1986). Cross-cultural perspectives on youth violence. In S. J. Apter & A. P. Goldstein (Eds.), *Youth violence: Programs and prospects* (pp. 262 - 281). New York: Pergamon Press.

Riksen-Walraven, J. M. (1978). Effects of caregiver behavior on habituation rate and self-efficacy in infants. *International Journal of Behavioral Development*, *1*, 105 - 130.

Rodin, J., & Langer, E. J. (1977). Long-term effects of a control-relevant intervention with the institutionalized aged. *Journal of Personality and Social Psychology*, *35*, 897 - 902.

Rotter, J. (1966). Generalized expectancies for internal versus external locus of control of reinforcement. *Psychological Monographs: General and Applied*, *80*, 1 - 28.

Rutter, M., & Rutter, M. (1992). *Developing minds: Challenge and continuity across the life span*. New York: Penguin Books.

Scarr, S. (1992). Developmental theories for the 1990s: Development and individual differences. *Child Development*, *63*, 1 - 19.

Scarr-Salapatek, S. (1971). Race, social class, and IQ. *Science*, *174*, 1285 - 1295.

Small, S., & Luster, T. (1990, November). *Youth at risk for parenthood*. Paper presented at the Creating Caring Communities Conference, Michigan State University, East Lansing.

Sroufe, L. A. (1990). An organizational perspective on the self. In D. Cicchetti & M. Beeghly (Eds.), *The self in transition: Infancy to childhood* (pp. 281 - 307). Chicago: University of Chicago Press.

Sroufe, L. A., Fox, N. E., & Pancake, V. R. (1983). Attachment and dependency in developmental perspective. *Child Development*, *54*, 1615 - 1627.

Steinberg, L., Darling, N. E., & Fletcher, A. C. (1995). Authoritative parenting and adolescent adjustment: An ecological journey. In P. Moen, G. H. Elder Jr., & K. Luscher (Eds.), *Examining lives in context: Perspectives on the ecology of human development* (pp. 423 - 466). Washington, DC: American Psychological Association.

Sundet, J. M., Tambs, K., Magnus, P., & Berg, K. (1988). On the question of secular trends in the heritability of intelligence test scores: A study of Norwegian twins. *Intelligence*, *12*, 47 - 59.

Terman, L. M. (1925). *Genetic studies of genius: Vol. 1. Mental and physical traits of a thousand gifted children*. Stanford, CA: Stanford University Press.

Tobach, E. (1981). Evolutionary aspects of the activity of the organism and its development. In R. M. Lerner & N. A. Busch-Rossnagel (Eds.), *Individuals as producers of their development: A life-span perspective* (pp. 37 - 68). New York: Academic Press.

Tobach, E., & Schneirla, T. C. (1968). The biopsychology of social behavior of animals. In R. E. Cooke & S. Levin (Eds.), *Biologic basis of pediatric practice* (pp. 68 - 82). New York: McGraw-Hill.

Tulkin, S. R. (1973). Social class differences in infants' reactions to mothers' and stranger's voices. *Developmental Psychology*, *8*(1), 137.

Tulkin, S. R. (1977). Social class differences in maternal and infant behavior. In P. H. Leiderman, A. Rosenfeld, & S. R. Tulkin (Eds.), *Culture and infancy* (pp. 495 - 537). New York: Academic Press.

Tulkin, S. R., & Cohler, B. J. (1973). Child-rearing attitudes and mother-child interaction in the first year of life. *Merrill-Palmer Quarterly*, *19*, 95 - 106.

Tulkin, S. R., & Covitz, F. E. (1975, April). *Mother-infant inter-action and intellectual functioning at age six*. Paper presented at the meeting of the Society for Research in Child Development, Denver, CO.

Tulkin, S. R., & Kagan, J. (1972). Mother-child interaction in the first year of life. *Child Development*, *43*, 31 - 41.

Turner, P. J. (1991). Relations between attachment, gender, and behavior with peers in preschool. *Child Development*, *62*, 1475 - 1488.

Wachs, T. D. (1979). Proximal experience and early cognitive intellectual development: The physical environment. *Merrill-Palmer Quarterly*, *25*, 3 - 42.

Wachs, T. D. (1987a). The short-term stability of aggregated and non-aggregated measures of infant behavior. *Child Development*, *58*, 796 - 797.

Wachs, T. D. (1987b). Specificity of environmental action as manifest in environmental correlates of infant's mastery motivation. *Developmental*

Psychology, *23*, 782 - 790.

Wachs, T. D. (1989). The nature of the physical microenvironment: An expanded classification system. *Merrill-Palmer Quarterly*, *35*, 399 - 402.

Wachs, T. D. (1990). Must the physical environment be mediated by the social environment in order to influence development: A further test. *Journal of Applied Developmental Psychology*, *11*, 163 - 170.

Wachs, T. D. (1991). Environmental considerations in studies with non-extreme groups. In T. D. Wachs & R. Plomin (Eds.), *Conceptualization and measurement of organism-environment interaction* (pp. 44 - 67). Washington, DC: American Psychological Association.

Wachs, T. D., & Chan, A. (1986). Specificity of environmental actions as seen in physical and social environment correlates of three aspects of 12-month infants' communication performance. *Child Development*, *57*, 1464 - 1475.

第 15 章

现象学生态系统理论：多元群体的发展

MARGARET BEALE SPENCER

本章的内容主要是阐述现象学生态系统理论(phenomenological variant of ecological systems theory,PVEST)对现有人类发展理论的贡献。因此，在内容的安排上，我们会在简短的"引言"之后,对现象学生态系统理论的框架作一个详细而完整的介绍。虽然该理论当前主要应用于学前儿童和青少年,但我们宁愿把它看作是一个人类发展的毕生(life-span)模型。在第一部分接下来的内容中,我们还将通过举例说明,为什么该理论是对聚焦于同一性的文化生态(identity-focused cultural ecological, ICE)观的进一步发展。在第二部分,我们对以下问题作了回顾:(a) 人类脆弱性的客观事实(即风险因素和保护因素是同时并存的),(b) 压力的正规经验,(c) 反应性的应对反应的必要性,(d) 形成中的(稳定的)同一性的重要作用,(e) 某些特定发展阶段的不可回避性与模式化的应对结果之间的联系。由于生命具有历时性的特点,因此在生命的某个特定发展阶段的应对结果将直接关系到下一阶段的脆弱性水平。这样一来,我们其实也就说明了现象学生态系统理论所包含的动态性特点。我们认为,作为一种经验系统,对模式化的结果(即所谓的文化)的解释不论是对群体的经验(如耻辱、偏见或优越感)还是对个体仿效的支持性榜样的超越(如性格的发展)而言,都具有重要的启示意义。

830

在本章的第三部分,为了说明上述主题和对多元青年①(diverse youth)群体的经验进行比较,我们花了较多的笔墨来考察由现象学生态系统理论的递归特点所规定的人类发展的诸多不同的主题,我们会通过举例来说明个体特点与情境之间的交互作用。

需要指出的是,如果我们在文中未特意说明是"各类有色青年"(diverse youth of color),那么,本章所说的"多元青年"指的是所有民族和种族的青年。这一界定非常重要,因为人们通常假设,白人青年代表的是"标准"而非多元青年中的一员,白人青年没有包含在多元青年之中。我们的主要观点是,所有的青年群体都具有各自不同的历史和反应传统,这些历史和反应传统已经成为一种独一无二但同时也是相似的文化模式。因此,本章所描述的多元青年所受到的一个最大的影响就是各种族青年所拥有的独特条件和历史传统。

本章的第四部分引用1954年最高人民法院对Brown诉教育委员会(Brown v. Board of Education)的裁决来强调和说明政策变化所带来的影响及其在青年发展和教育中的长期影响。此外,我们还阐述了情境与文化之间的交互作用和批判种族理论(critical race theory, CRT)——该理论对白人青年的个体—情境过程作了详尽的阐述。通过对情境与文化之间的交互作用的分析,本章还对个体是否拥有白人优越地位(white privilege)的含义作了深刻的分析。

本章的第五部分以非裔美国男性青少年为例,用图示的方法说明了基于现象学生态系统理论的特定发展阶段的应对结果对脆弱性(即风险因素与保护因素之间的平衡)的递归影响过程。最后,本章的第六部分描述了现象学生态系统理论在解释上的独特优点,强调了其相对于传统理论的优势,当然,我们对该理论的局限性也作了解释。

① 在本章中,youth一词在多数情况下翻译为青年,只有当作者在标题或行文中特意指明是处于青春期(adolescence)的个体时才翻译为青少年。——译者注

引言和基本原理：呼唤新的理论

理解人类毕生发展的全纳性理论远未建立。狭隘的理论充其量只是立足于解释儿童的发展。这里所谓的全纳涉及各类群体的情境和文化经验。因此，一个全纳性的理论应该能够说明各类人群——如不同的种族、性别、民族、社会经济地位、移民、宗教信仰、肤色、土著居民——的发展历程。

现象学生态系统理论(Spencer，1995)是一个关注发展过程和情境敏感性的理论。因此，从微观的角度来说，该理论对发展心理学作出了独特的概念贡献；而从更广泛的意义上来说，该理论对人类发展的研究领域也作出了概念上的贡献。作为一个系统理论，现象学生态系统理论除了强调发展过程和情境之外，还关心多水平环境中的文化和个体自身的知觉。与 Glen Elder(1974)关于经济大萧条对人类发展影响的复杂分析一样，现象学生态系统理论也承认社会政策(如 Brown 诉教育委员会决议或移民政策的重大改变)给美国的多元青年及其家庭的社会、文化和政治环境所带来的历史和当代影响。综上所述，现象学生态系统理论的价值在于其同时关照到了以下几个方面的主题：(a) 环境的多层次性，(b) 在不同的环境下与不同的个体发生互动情境下的正常的人类发展历程，(c) 与长期存在的和当代的结构性条件和社会关系联系在一起的历史因素和社会政策，(d) 解释人类发展的真实的日常经验的文化敏感性。

以上主题的特定组合和整合促进了我们对人类毕生发展过程的理解，与此同时，我们也接受人类毕生发展的行为观和遗传观(如 Spencer & Harpalani，2004)。因此，作为一个考虑了个体视角或现象学的系统理论框架(见 Roger 的观点，参阅 Schultz，1976 的文献回顾)，现象学生态系统理论可以与 Bronfenbrenner(1977，1989，1992，1993)的生态系统理论所提倡的个体—情境—过程联结(the individual-context-process nexus)的详尽性相媲美。这种整合赋予了现象学生态系统理论以极大的优点。其中最大的一个优点是，由于该理论在客观的(观察到的)情境特点与主观的(知觉到的)情境特点之间建立了联系，因此，它促进了我们对各类人群和个体的基本发展过程和特定发展阶段的发展结果的理解(见 Spencer & Harpalani，2004)。具体而言，正如我们在上文所表述的，该理论通过详细阐述具有以下几个特征的各类人群的发展历程，促进了我们对不同的发展模式和发展结果的解释：(a) 似乎拥有相同的空间和机会，(b) 对表面上相似的人类发展任务和特定发展阶段对能力的期望的行为反应，(c) 但很多时候对多重挑战表现出不同的行为结果。

831

现象学生态系统理论是在 10 年前提出的(Spencer，1995)，本章试图对该理论作出重新表述和解释。在这 10 年中，发行了无数的分析该系统理论的经验出版物(如，Fegley，Spencer，Goss，Harpalani，Munoz-Miller，2003；Spencer，Dupree，Swanson，& Cunningham，1996，1998；Spencer，Fegley，& Harpalani，2003；Swanson，Spencer，Dell'Angelo，Harpalani，& Spencer，2002)。此外还有一些发表物利用该理论来澄清相关的概念和概念之间的关系(如，Lee，Spencer，& Harpalani，2003；Spencer，Dupree，&

Hartmann, 1997; Spencer & Harpalani, 2004; Spencer & Jones-Walker, 2004)。最后,基于现象学生态系统理论的质的分析(即,包括经验证明在内的单一方法研究或采用多重方法的发表物)提供了有益的说明。很明显,通过呈现青年本人的声音或青年本人所表达的对意义的寻求,上述的采用多重方法的发表物扩展并建立了推断性的理论联系(如,Spencer, Silver, Seaton, Tucker, Cunningham, & Harpalani, 2001; Youngblood & Spencer, 2002)。

当前的更新版本的现象学生态系统理论与已经建立的业已证明的关于幼儿的正常认知、情感和社会性发展历程的解释是一致的(如, Spencer, 1982, 1983, 1985, 1990)。该理论一再坚持知觉加工在发展(如社会认知发展、儿童的心理理论发展)中的基础性作用并再次强调与现象学视角进行整合以完成以下任务的必要性: (a) 解释毕生发展的过程和相关的发展结果,(b) 详细阐述文化的作用,(c) 详尽阐述历史[对移民和更长时期的土生土长的群体(见 Johnson-Powell & Yamamoto, 1997)]的影响,(d) 说明情境特点对个体与情境交互作用的重要影响。由于现象学生态系统理论扩展了情境的概念,这就使得该理论可以具体地说明历史因素在多个水平上的重要作用。该理论还接受个体在脆弱性(即风险因素和保护因素的并存)上的个体差异。现象学生态系统理论还提高了对各类群体的成员在所有情境下的任何一个过渡阶段的不同结果——即多产的结果和少产的结果——的解释力(见图 15.1)。此外,该理论框架还关注当个体处在人生的各个过渡期的时候,中介过程在个体体验到的脆弱水平和应对结果之间的作用。这一中介过程说明了个体在完成正规的发展任务——该概念最先由 Havighurst(1953)提出——的同时是如何应对自己面临的独特挑战和情境性挑衅的(见 Lee et al., 2003)。

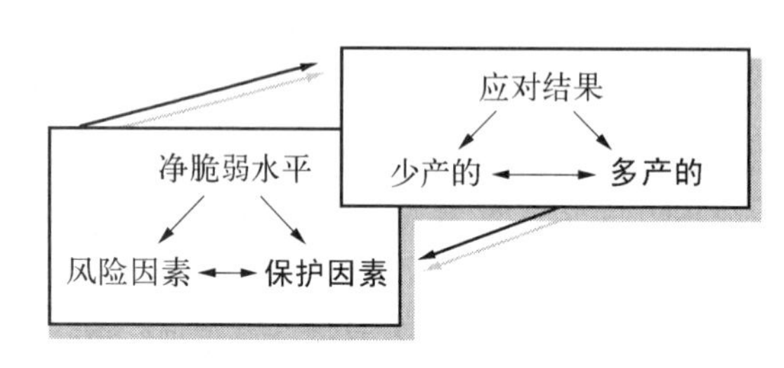

图 15.1 决定论思维: 关于青年特点与应对结果之间的线性假设的传统观点。

由于上面所提到的发展任务具有正规性的特点,因此,当我们试图尽可能地理顺和解释多种应对结果的时候,我们"总是"会忽略掉许多重要的影响因素。例如,脆弱性通常被认为只与风险因素有关,而没有看到风险因素与保护因素是并存的。然而,更糟糕的是,特定的结果被认为与特定的人群相关联。比方说,人们心照不宣地期望,处于边缘地位的人群与少产的结果是联系在一起的(见图 15.2)。

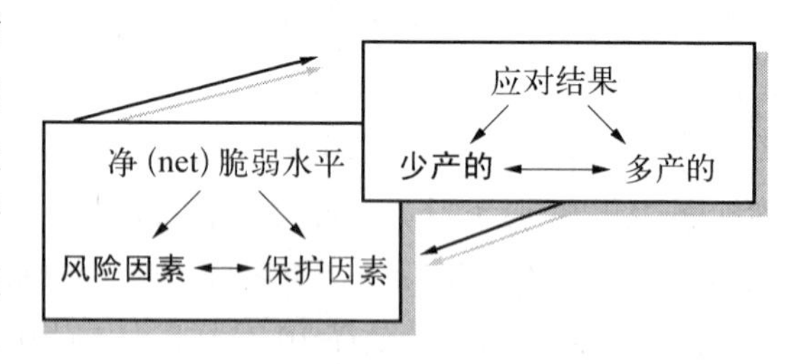

图 15.2 对缺陷的强调: 人们对少数民族群体成员的先验假设。

832

在关于现象学生态系统理论的第一本出版物中,只清晰地标明了风险因素,虽然保护因素的缓冲作用可以被推论出来。但是,当我们继续阅读文献时,可以发现这些文献存在着这样一种模式: 人们通常有意无意地假定,多产的结果和成功(可应用于所有人群的标准)通常被认为与有力量的人群(即男性、中等收入人群、一般是白人)联系在一起。即使人们承认处于优越地位的青年也存在脆弱性，并对其应对结果作了详细的说明，但这种说明也仅仅局限于多产的结果和成功。这在一定程度上导致了概念上的缺陷，这种概念缺陷最终导致决定论的思维，如图 15.1 所示。但是，另一个模式同样清晰可见：人们对那些被知觉为处于边缘地位的青年(即非裔美国人、资源匮乏人士、西班牙裔或某个亚裔群体——如 Hmong)，则更多的是强调其少产的应对结果。由于处于边缘地位的个体通常居住在贫穷的社区，因此，虽然这些群体也存在诸多保护因素，但这些保护因素往往被忽略掉了。虽然，起缓冲作用的保护因素对个体的总的脆弱水平具有深刻的含义，但是，不幸的是，如前文所述，那些被知觉为处于边缘地位青年的保护因素既没有被认识到也没有得到较多的探索。

同一性的形成过程——它可能是基本的气质和/或特定的社会化经验的产物，已经被证明起着特定的保护作用(如 Spencer，1983，1988)。不幸的是，除了大量的自尊研究外，同一性这一概念还很少在个体的脆弱水平的研究和理论建构中得到考虑。因此，如图 15.3 所示，本章和现象学生态系统理论还将探讨各种族青年所具有的特有的和共同的保护因素。

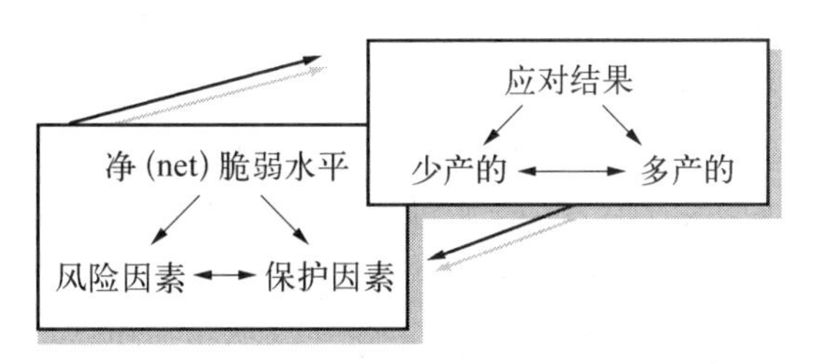

图 15.3 新的全纳性的理论构建要求同时分析保护因素和风险因素(如，截至目前为止未被承认的优越地位)的细微差异特点。

因此，许多重要的因素——被忽视的风险因素和保护因素——还要在本章中得到强调，即使它们对个体和群体的脆弱性的事先假设和推断起了当然的作用。而且，这些因素在基本的发展科学中的引领作用常常是被忽视的。我们不仅要把这些因素放在这里，而且要对它们予以特别的强调，因为这些因素代表了核心的观点并对特定的社会动力学有所贡献。其中，社会动力学的因素包括：(a) 社会耻辱——仅仅根据特定个体的特点(如肤色、种族/民族、移民身份、宗教信仰、社会阶级；见 Jaret，1995)就对群体和个体产生歧视；(b) 优越地位——无意识地将某些人放在有利地位，而将另一些人放在截然不同的地位(见 Ignatiev，1995；McIntosh，1989)；(c) 持续的经济和社会不平等——特定个体、家庭或群体所面临的不公平负担和挑战(见 Darity & Myers，1998；Jarrett，1994，1995)。

当同时考虑社会动力学的以上三个因素时，这种结合就表明了批判种族理论对现象学生态系统理论的重要贡献。虽然这些主题总是隐含在我们对现象学生态系统理论优点的阐述中，但对批判种族理论的特定整合和吸收使我们可以更好地思考种族问题。批判种族理论发轫于法律研究，它深刻地阐明了政策——这些政策虽然得到了法律的支持但却是由偏见和关于种族的观念所决定的——的采纳对个体的毕生发展过程具有怎样的重要影响(如 Bonilla-Silva，2001)。批判种族理论——该理论认识到法律在支持白人的优越地位以及性别、性取向、移民、信仰、社会阶级的等级性中曾经起过的历史性决定作用和影响(见 Crenshaw，Gotanda，Peller，& Thomas，1995)——证实了法律和政策是如何由种族决定的。所有这些对于将继续阻碍我们理解多元青年的发展过程和结果以及保护其健康和发展的研究的局限性来说，具有深刻的启发意义。

833 ## 多元青年研究中的概念缺陷：有色儿童和居于优越地位的儿童

对多元青年的短视和错误看法大致可以分为两大类。第一类是，认为白人儿童（或白人儿童发展假设）是所有儿童（发展的）正规性标准。白人儿童是发展科学和社会科学研究中最频繁的主题。第二类是，将少数民族青年或有色青年看作是非典型的代表。这种短视还包括我们对有色青年进行描述时背后所隐含的假设：在美国的人口统计学特征发生变化的条件下，以前所谓的少数民族正在成为多数民族，这些“多数民族”晚近被称为AHAANA（亚裔美国人、西班牙裔美国人、非裔美国人和土著居民），虽然这一称呼还不太普遍。与白人联系在一起的优越地位的一个方面是，“多元”或“多元青年”这一术语与白人青年无涉，这是非常可悲的。通常情况下，当我们提到“多元”这一概念时，仅仅表示的是对少数民族青年的特定问题或任务的关心。例如，多元任务力量的作用经常用于强调所有非白人青年的问题。毋庸讳言，这一称谓隐含的意思是，我们在传统上是忽视了非白人青年的：白人青年被认为代表的是正规的发展主题，而只有在谈论多元、病理学、偏差或问题等主题时，少数民族青年（或贫困青年）才成为关注的焦点。

在这一章里，我们提出了一种截然不同的方法。我们采用多元青年来指称欧裔美国青年（白人青年）和AHAANA（通常是处于边缘地位的）青年。与社会科学和发展科学中通常狭隘和排他地将欧裔美国人（白人）与积极的含义联系在一起，同时将有色青年更多地与消极含义联系在一起的做法不同的是，我们提出的方法可以消除诸多的概念缺陷。

缺陷一：对情境的忽视

首先，正如我们一贯主张的（如Spencer，1985，1995；Spencer et al.，2006），我们在考虑人类的发展时一直无视生态学的存在。因此，我们对情境的忽视自然也就不足为奇。当情境成为和谐的源泉（即将环境总体上知觉为支持性的），或者反之，当情境成为不和谐的来源时（即个体与环境之间拟合不佳），这个话题似乎就特别地重要。因此，当行为结果被认为存在问题时，这一模式并没有将情境考虑进来，而仅仅只是将问题归因于个体。如前所述，这种对人类发展的消极推论更多地与有色青年联系在一起（见Kardiner & Ovesey's，1951，*Mark of Oppression*；Pettigrew's，1964，*Profile of the Negro American*）。这些论文一直将病因归咎于个体或者在分析时将特定的行为与特定的环境特点联系在一起（见Elliott Liebow 1968年关于Tally's Corner的经典的社会学表述）。认识到这些早期重要的社会科学论著没有将原因归结为社会建构的情境是非常重要的。说得更明白一点，我们经常将问题报告为或推论为碰巧生活在这些情境中的人们。这种一贯性的主张其实是说，个体本身的病理创造了不良的处境。当然，我们也得承认，早期也存在一些明智和更为复杂的分析。

由早期的生态心理学家如Roger Barker、Herbert Wright和Paul Gump所提出的重要且影响深远的深刻主张（见Barker & Wright，1949，1954；Gump & Sutton-Smith，1955；

Wright,1967),以及随后 Urie Bronfenbrenner 对这些主张的扩展和进一步提炼(见 Bronfenbrenner,1985,1992,1993;Bronfenbrenner & Crouter,1983),哪怕在今天仍然存在并继续发挥着影响力。美国和英国的生态心理学家所进行的田野研究获得了关于人与情境之间存在相互作用的权威性研究成果:由 Bronfenbrenner 所提出的概念无可辩驳地证明了相互作用,而空间心理学家,如 Joachim Wohlwill 则进一步清晰地阐明了人与情境之间的相互联系(Wohlwill,1985;Wohlwill & Heft,1987)。综上所述,通过不同但却相似的方法和概念策略,这些心理学家令人信服地证明了个体经验与情境特点之间所存在的交互作用。

与此相关,如果情境的特点是社会建构出来的(即,政策决议和社会传统,它们决定了支持的存在与否),那么,根据批判种族理论的观点,以下政策将产生长期的影响:(a) 占有奴隶,(b) 奴隶家庭的隔离(即,将父亲与母亲和孩子隔离开来),(c) 移民和奴隶成为自由劳动力(见 Baron,1971),(d) 限制奴隶儿童接受教育的政策或传统做法(见 Spencer,Cross,et al.,2003)或者只允许作为自由劳动力者的男性进行移民。由此产生的长期影响是,伴随这些政策和传统而来的决策最终将袒护滋生耻辱的情境性条件和使下一代(包括被认为处于边缘地位的下一代和那些还未承认的处于优越地位的下一代)出现问题的特殊情境。因此,正如上述的例子所表明的,上述的观察结果对各类有色青年及其家庭教育具有特殊的含义。

834

有色青年的发展总是被假定为成长于经验为零的情境中,关于各类有色青年的发展与广阔的结构性情境、物理情境、历史和社会情境之间的联系的推论被忽视了。批判种族理论关于种族态度影响美国法庭决议的方法有助于阐明确保公平和公平经验中的短视。然而,在社会科学和儿童发展研究文献中,多元青年所继承、所生活的条件和历史环境上的不平等以及多元青年对这种不平等的心理反应并没有得到充分的考虑,甚至可以说是被完全忽视掉了。例如,对被认为反映了有色儿童和青年所遭遇的符号的和结构性的种族主义、经济困难、社会不公以及相关的种种障碍——这些障碍似乎已经成为有色儿童和青年生活环境的特点——视而不见。而且,有色儿童和青年所处的发展阶段(即由认知所决定的意义理解过程)决定了他们对自身所处情境进行意义推论的复杂水平。而且,脆弱水平作为文化社会化、父母监督和其他保护因素的一个影响因素,多元青年的反应性应对方式将会起到促进或恶化的作用。

在发展科学的研究设计和具体研究的实施中,保护因素往往未得到应有的关注,即使是人类学家,如果他们对感兴趣的群体一无所知,他们也绝不会宣称说自己做了田野研究。这种坦诚远远超越了自尊的知识(即许多社会科学家所选择的结构)。不幸的是,发展心理学研究者的普遍想法及隐含在这些想法背后的是,研究对象在社会生态的微观系统、中间系统和外层系统中的宏观水平条件中的经验(即通常所报告的样本的人口统计学特征)并不值得严肃地关注。但是,大量的研究、概念框架和新的理论业已证明,这些因素对儿童的生活产生了多么大的影响。

进一步来说,对于上述这些起着障碍和局限作用的短视,我们可以通过杂志政策和联邦投资改革来促使研究者意识到这些因素;Bronfenbrenner(1979)和其他研究者所描述的生态的多水平影响仅仅只是得到了承认(即作为统计控制的变量),但是没有作为影响研究问题、平衡研究对象、鉴别和测量结构的因素而得到重视。而且,研究者普遍忽视了个体本人对多水平的生态情境和心理上体验到的情境(见 Steele,1997;Steele & Aronson,1995)、自身的内外限制(见 Chestang,1972)的知觉和理解。知觉对于我们分析人类的情绪反应以及随后对反应性应对反应(Stevenson,1997)和稳定的重复应对的背后加工过程是非常重要的。这些批评凸显了该研究领域所存在的重大方法局限和概念缺陷(如,Banks,1976;Guthrie,1976),但是,非常遗憾的是,以上诸多短视即使在这些令人信服的批评提出后的 30 年里仍然存在着。例如,继续采用不匹配的对照组(如将低收入的多元青年与中等收入的欧裔美国青年进行比较)对于研究结果的解释和社会耻辱的长期存在具有深刻的启发意义(见 Steele,1997;Steele & Aronson,1995)。

上述的概念缺陷似乎总是很难被改变。即使当不匹配组的问题不再成为一个问题的时候,对研究变量的测量也往往是不充分的。这些变量和测量在不同的组之间缺乏心理测量的整体性和背后推论的意义是一个悬而未决的伤脑筋的问题:结构可能缺乏概念上的有效性(即,概念的意义并不相同)。在特定的个体与情境发生联系时所面对的挑战、应对要求(即个体所体验到的社会和谐或不和谐的程度)可能存在差异的条件下,特定群体成员在微系统水平上的经验很可能是不同的(见 Stevenson,1997)。而且,由于许多研究计划是多地点的纵向研究而得不到充足的经费支持,特别是对年轻的研究者和做学位论文的学生来说,他们总是被鼓励选择对二手资料进行分析——而不管这些研究存在多大的问题。因此,研究文献中的突出的不充分的概念化问题和数据解释问题仍将在很长的一段时间内存在。

835

各类有色青年所怀有的缺陷观和耻辱

如图 15.2 所示,对家庭、学校、社区和更概括的客观结构性环境中的有色青年的研究时至今日还是带有高度的缺陷取向的。在长达 50 多年的时间里,透过以缺陷为导向的、线性的、决定论的概念棱镜,有色青年被短视地视为受压迫的病理产品(如 Kardiner & Ovesey,1951),只有与这些青年联系在一起的消极结果才得到了研究。这种目光短浅的趋势在今天还在继续,与青年的应对努力联系在一起的弹性——高危环境下所表现出的健康和掌控——仍然普遍地被忽视。正如图 15.2 所表明的,关于青年经验的铁板一块的观点不仅在本质上是决定论的,而且忽视了某些青年在面临巨大障碍时所取得的成功。在当前大量论文关注弹性这一主题的条件下,对弹性的习惯性忽视可能是不想对有利于某些人但同时有损于另一些人的社会建构条件(见 Luthar & Cicchetti,2000)作过分的强调,这种做法在最好的情况下也会使特定青年的发展任务变得非常困难,最坏的情况是使人困惑不解(见 Boykin & Ellison,1995)。

对某些人来说,如果上述研究再将性别这一特殊的因素考虑进来并用来解释非裔男青年的经验时,情况似乎就变得更加难以理解了(Boykin,1986)。除了与种族和民族联系在一起的长期抗争外(见 Allen,Spencer,& Brookins,1985;LaFromboise,1988;Spencer,1990;Spencer & Markstrom-Adams,1990;Spencer & Dornbusch,1990),移民的地位(Huang,1989;Liu,Yu,Chang,& Fernandez,1990)和社会经济地位的挑战也还在继续。重要的是,这些挑战似乎非常常见,延续时间长,而且与教养条件(如,工作、住房和邻居的合宜性、稳定的关系、教养时间等)是联系在一起的。这些挑战还包括要照顾从低幼儿童(Jarrett,1994,1995)到处于儿童中期的儿童(McLoyd,1990)的成年人所面临的独特困难。他们可能还要应对一个更大的挑战,那就是要同时适应两种文化(LaFromboise,Coleman,& Gerton,1993)。青年所进行的抗争不仅包括家庭环境中的抗争(Boyd-Franklin,1989;Boykin & Toms,1985),而且还包括学校环境中的抗争(Ladson-Billings,1994;Lee et al.,2003)。在频繁的不安全的条件下,其影响对女孩来说要更消极(如 Ladner,1972)。虽然在当前世界的大部分地区中,男性被赋予了更重要的地位,因而社会在无任何必须支持的条件下对他们怀有很高期望,但大多数青年还是在努力地进行适应性的应对,虽然其适应性应对的努力很少得到认同并被放入研究的设计、结构的选择、所提出的具体问题和对结果的解释之中。

因此,上述对有色青年所提出的假设只是认定有色青年具有风险因素,而没有强调和探索这些青年所具有的保护因素。而且,这种将研究的焦点频繁地聚焦于风险因素及其与问题的联系的做法,致使社会科学家将有色青年看作是少产的和同质的,并给他们贴上了诸如种性制度中的少数民族(见 Fordham & Ogbu,1986;Ogbu,1985;Spencer,2001 的批评;Spencer,Cross,et al.,2003;Spencer,& Harpalani,under review)之类的标签。这种目光短浅的观点及与此伴随的假设助长了决定论的思维,后者又进一步强化了刻板印象(见图 15.2)。虽然人们并不承认处于优越地位的青年也具有风险因素,但事实上所有人在某个水平上都是脆弱的(即一方面受困于风险因素,另一方面受惠于保护因素)。然而,正如图 15.1 所指出的,我们仅仅根据风险因素和保护因素就可以决定一个人的脆弱水平。对与社会建构的风险条件联系在一起但同时却总是忽视保护因素的狭窄的高脆弱性的评估是不良科学的做法。因此,我们需要通过对保护因素的准确理解来达到对脆弱性的准确理解和评估。

如果我们与配药科学做一个类比的话,或许就可以很好地理解这个问题了。因为,如果药品不给出清楚的说明或者没有药物养生法,但公众却理解其他的"常识"或关于用药的保护因素的话,他们是不会服用该药品的。例如,与安全和保护有关的信息可能包括:(a) 服用者体重的每千克该服多少毫克的活性成分,(b) 服用者不能存在对该药物的已知的过敏反应,(c) 不能服用其他的影响该药物疗效或产生副作用的药物,(d) 不存在该药物产生副作用危险的条件(如孕妇孕期饮酒)。显然,这一类比是有帮助的,因为它提供了关于柜台药、非处方药(如阿斯匹林、治疗运动疾病的药物)对胎儿和新生儿发展的致畸性影响(注:致畸性物质指的是已发现的对胎儿、婴儿的健康成长和发展有负面影响的物质)。因此,在某些领域深入地理解个体和群体的脆弱性并不是什么新鲜的观点。我们可以通过同时思考预期的风险因素和保护因素来做到这一点。抛开具体的问题不谈,这种做法似乎是有关联性的(如,申请工作,谋划建立可视或激光手术、思考药物对维护健康的养生作用,或思考结婚事宜)。因此,非常奇怪的是,正如我们前面所论证的,在我们思考种族、民族和社会经济地位差异背后的推论意义时,在头脑中同时考虑风险因素和保护因素的决策风格却并不常见。

836

不幸的是,研究者对各类有色青年的过于简单的分析和对风险因素的过分倚赖已经成为一种习惯,而不是一种例外。正如我们在前面所指出的,这种方法不仅不可避免地将导致对有色青年的刻板印象,而且这种刻板印象还将进一步产生或强化耻辱和刻板印象。在我们所提出的替代性和全纳性的理论中,我们的分析对此将有所改进,且与以前的理论分析是不同的。本章所论述的概念策略可以帮助研究者对通常家庭、学校和邻居环境相同但所获得的研究结果却迥然不同的情况作出有效的解释。而且,一个承认、吸收和解释青年生活中的保护因素的更具分析色彩的方法可以促进我们对弹性——即在高风险因素的条件下存在积极的应对结果模式——的理解。我们所推崇的方法或许有助于寻找具有文化敏感性和情境特殊性的支持和矫治方法。总之,对于有色青年,社会科学过多地、错误地仰仗着消极的、线性的和决定论的思维(即高风险总是狭隘和单一地与消极结果相联系)。图 15.1 指出了对欧裔美国青年的另一种决定论思维模式。

正如我们在前面所指出的,图 15.2 所代表的普遍但简单的观点同样使研究者忽视了欧裔美国青年所存在的问题(如,少女怀孕和流产,白人的攻击性行为和高自杀率)。而且,在制定具体的矫治方法以提高青年多产的结果时,对有色青年的这种看法(即对保护因素的忽视)会使实务工作者抱有一种狭隘和错误的假设,即可以根据一个放之四海而皆准的理论来对青年的困难结果进行干预。正如图 15.3 所暗示的,认为处于优越地位的青年天生就具有保护因素,根本就没有认识到这些青年存在风险因素的事实,这可能会加剧这些青年的脆弱性水平。位于科罗拉多州 Littleton 镇的 Columbine 高中所发生的上层中等收入欧裔美国青年的谋杀案向我们清楚地展现了处于优越地位的青年所表现出的不良的一面,进一步提出了白人青年提升健康的同一性和发展特定发展阶段能力的重要性(参见图 15.3)。毋庸置疑,低收入青年、移民青年和少数民族青年弹性的具体表现并没有得到很好的研究,甚至往往被误解和忽视(如 Fordham & Ogbu,1986),这一点在 Ogbu 所提出的某些非裔和西班牙裔美国青年的低成就模式中的关于"效仿白人"的断言中可得到证明。不幸的是,虽然 Ogbu(1985)的观点频繁地出现在流行媒体中,他的这种有局限性的观点对耻辱观念和刻板印象起到了经常性的强化影响,但对结果和中介过程却并未给出充分的说明。如前所述,这种偏好常见诸于研究者对种族、民族和社会等级的讨论中。批判种族理论指出,研究者总是会提出关于种族、民族和社会等级的假设,这无疑损害了公正对待的可能性。

缺陷二:对种族主义的忽视

未得到解决的问题,诸如种族主义和阶级的不平等,可能会对儿童和青少年对自我的知觉、对他人的知觉、在正规和独特的挑战性环境下对社会对自己期望和要求的应对反应的知觉产生影响。同样,虽然我们对有色青年过早的性行为、行为问题、低成就和攻击非常关注,但是,当我们对欧裔美国青年进行界定和研究时,我们却对这些青年对优越地位(或优越地位的缺失)的信念很少有认识和考虑,尽管近期出现了某些例外(如,Luthar,2003; McIntosh,1989)。

837

如前所述，由于研究者对普遍和长期的经济和社会障碍视若罔闻，于是便推论说所有的问题都缘于个体。而且，更重要的是，当种族与特定的优越地位存在密切联系时，未被承认的、经常由欧裔美国人所体验的社会和谐(即人与情境的最佳拟合)强行地被设定为所有人的标准和对所有人的期望。然而，对有色青年来说，起着保护因素作用的支持(如，包括参加教堂和严密的父母监控在内的早期文化社会化经验)和个体水平或家庭水平的弹性因素很少被提及。尤为重要的是，研究者对群体之间以及群体内部所存在的不平等的漠视而进行的社会建构很少被认识到。研究者在实际的研究和干预计划中远不止于不承认这一点，甚至可以说是经常性的忽视。更糟糕的是，在对干预项目的评价及随之而来的社会政策的制订中，我们对这一点也是视而不见。已经发表的回顾性论文通常只是列出研究中所存在的大量局限性(见 Fisher et al. ,2002)，在我们考虑"什么"可以得到研究经费的资助，该采用何种研究策略，为什么在学术研究领域中一直缺乏有色教授，该如何教导学生理解该问题时，我们对这些研究局限性的长期存在以及这些局限性对政策制订的制擎很少在实际的操作中当作约束性条件加以使用。不仅研究项目及伴随的出版物继续忽视上文所提到的诸多概念缺陷，而且，诚如我们在上文所表明的那样，研究者没能考虑这种概念缺陷与白人青年的发展经验之间的特殊联系。

优越地位的问题对西方青年的发展尤其重要。不和谐的消失或表现出最大的社会和谐(即个体与情境达到最佳的拟合)可以与青年的重要的应对技能(即处理正规的和独特挑战的能力)和健康的同一性并行不悖。积极的应对技能在人的一生中都是一种重要的习得技能，因为它们可以在青年完成特定发展阶段的任务中和追求能力的过程中，以及应对无法避免的、发展过程中出现的诸多挑战中提供心理保护和跨越时空的稳定性(见 Havighurst, 1953)。而且缺乏与稳定的应对过程联系在一起的真实的同一性对他人喜欢(或不喜欢)的情境特点具有重要的启发意义。在任何一个人的毕生发展中都要有效应对特定发展阶段的挑战和保持平衡的条件下，这一点尤为重要。Robert White 雄辩地描述了"效果动机"在满足对外部世界施加影响的需要中的重要作用(即表现出能力；R. White, 1959, 1960)。即使在"客观需要"得到满足之后，这种需要也一直被描述为个人的原因(见 DeCharms, 1968)。总之，凭意志的历史事件和有效应对的历史对于在整个生命历程由于应对无数独特和正规的挑战而表现出的能力来说具有重要的启示意义。许多年轻人要面临的一个重大挑战便是家庭结构的巨大改变(如，在欧裔美国人中，双亲都要就业的家庭的数量在增加；在有色青年中，三代同堂的家庭越来越少)。

Hetherington 和 Kelly(2003)以及其他研究者对离婚作为欧裔美国青年的挑战来源作过大量的描述。他们提出的一个推论是，缺乏挑战和压力的经验对寻求支持和获得支持的能力、尊重和适宜应对技能的练习可能具有一定的隐含意义。虽然欧裔美国男性一路稳升的自杀致亡率并未在青年发展研究中得到一般意义上的解决，但它并未为几十年来这一统计数字及其稳定性所应该隐含的意义敲响警钟。在各社会阶层的欧裔美国男人和有色青年可获得经济支持、社会支持和特定发展阶段支持的条件下(见 Sullivan, 1989)，大范围地针对理解这一模式的病因学研究努力并没有解决这一伤脑筋的问题。与五年前 Carroll 和 Tyler

838

(2001)对1940至1989年(长达50年)的分析结果一致的是,25—34岁的黑人和白人在自杀率上并不存在差异。虽然该时期处于黑人青年自杀率的巅峰时期,但青年时期至85岁的欧裔美国人的自杀率来得更早并存在持续的上升。在该年龄段内,平均报告的自杀率是成年早期自杀率的三倍。Carroll和Tyler(under review)在分析数据的走势时指出,在对压力的非适应性应对方面,性别与种族存在交互作用。与此同时,即使欧裔美国男性在整个一生中似乎一直处于有利的地位,但当收入和受教育的年限过长时,这些男性的自杀率非常高,这是非常奇怪的。虽然研究的注意力一直放在黑人男青年自杀峰值的变化上(见Joe & Kaplan,2002),但是,当我们同时对若干年来平均的毕生收入(life income)、受教育年限和自杀身亡等数据进行比较时,对欧裔美国人的数据的相等性(可比较性)应持警醒的态度。

缺陷三:在研究有色青年时,普遍缺乏发展的视角

正如我们前面所指出的,关于发展的研究文献不成比例地集中于欧裔美国人的经验。换言之(如图15.2所示),有关有色青年发展的理论建构总是不太关注发展的过程,但却对风险因素和少产的特定发展阶段的结果(如少女怀孕、高的监禁率、学业失败和攻击)作了不恰当的强调。这种模式既有趣又令人困惑,因为有色青年所经历的正规发展压力,如生理性早熟、社会性早熟和同伴压力问题,可能与情境因素是联系在一起的。这些情境因素与种族耻辱和与肤色联系在一起的传统——这些传统往往假设各种族青年的经验和所遭遇的耻辱是相等的——相连(见Spencer,1985;Spencer & Dornbusch,1990;Spencer & Markstom-Adams,1990)。如果我们对种族和经济方面所存在的差异(如,父母无法就业,资金匮乏的学校,不安全的邻居,隐蔽的种族主义)同时加以考虑的话,那么,哪怕是正规的儿童和青少年的发展过程,如早熟,也往往意味着非同寻常的压力性情境。这种状况可能对以下现象具有重要的启示意义,如早孕、犯罪、学习成绩差。然而除了新近的一篇论著外(见Spencer et al.,2001),这些观点很少在这个主题的出版物中得到体现。总之,基于发展的、以过程为导向的、与情境有联系的分析未在有色青年的研究中得到应有的重视。换句话说,在对欧裔美国青年的研究中,与隐蔽的优越地位及其不良影响(如,与高自杀率有关的不充分的应对机会)同时并存的压力和挑战很少被整合进发展的概念中,这是非常不幸的。毋庸讳言,正如我们在前面所指出的,后一现象对发展心理学中忽视应对技能的发展也具有深刻的启示意义。当我们审视多个发生在校园里的谋杀案时,我们一眼就可以看出这样一个现状:还没有出版物研究过优越地位的负面影响。上面的几件谋杀案是非常相似的,因为做恶者的人口统计学特征大大地出乎人们的意料,正如我们所注意到的,其中最近的一个案件是哥伦巴高中(Columbine High School)的三个男生所犯下的罪行,他们都来自富有的家庭和社区,而恰恰在这种环境中,人们是意识不到潜在的威胁的。

人类发展和能力的领域

从总体上来说,关于青年的社会科学研究既缺乏对文化的理解(cultural understandings)(见Lee et al.,2003),又意识不到情感成分在认知功能中的作用(如,见Decharms,1968),而且还缺乏对社会能力的形成的理解(即,效果动机;R. White,1959,

1960)。这种局限性在研究者对有色青年的研究设计和结果解释上尤其明显。同样,研究者通常还缺乏对文化(白人青年所体验到的优越地位也是一种文化)的全纳性理解。关于生活在独特的家庭结构和文化环境中的少数民族儿童和青少年,(a) 一般来说,未得到很好的理解,(b) 其行为被错误地解释了,(c) 被赋予了错误的研究假设,(d) 通常未被纳入到关心正规的人类发展过程的发展科学之中。这种忽视对教育经验(即包括师资培训和专职教师的管理)和更广泛的与能力的形成和人类的发展有关的、与情境联系在一起的社会化经验具有深刻的含义。总之,发展科学要确立的这种概念上的全纳性方法对以下几个方面具有重要的启示意义:该如何制订和实施政策,该如何划分情境;社会化进程中的成人(如教师、行政人员和服务的提供者)该如何给有色青年提供其真正需要的服务。为人类经验的范围确立良好的科学标准可以促进最佳的实践和政策。因此,在实现青年福祉最大化的过程中,我们要为儿童的发展确立全纳性的方法。

839

人类发展全纳性方法的必要性

某些被体验为挑战,特别是导致偏见(即不管是对群体还是个体而言)的社会因素(如社会耻辱)对个体——尤其是处于儿童期和青少年期的个体——的发展起着非常重要的作用。而且,这些社会因素有助于解释个体在特定发展阶段的发展结果。例如,青年所知觉到的教师对他(她)的消极知觉有助于解释该青年与其他群体的儿童和本群体中其他儿童的学业成绩的差距(见 Spencer, 1999a; Spencer & Harpalani, under review; Steele, 1997)。相当长时间以来,对教师的推论有助于解释欧裔美国学生在学业成绩上的性别差异(见 Dweck, 1978)。Dweck 的研究表明,在小学阶段,欧裔美国女生往往会把失败归结为内部原因而把成功归结为外部原因。同时,观察还发现,初中男生表现出了相反的模式,他们很早就学会了把成功归结为内部原因,把失败归结为外部因素。这一研究结果与另一研究结果——男生和女生对学校的体验截然不同(Irvine, 1988)——是一致的。

Dweck(1978)的研究结果暗示,由于初中教师大多是男教师,这些男教师在预期和评价女生的行为方面可能更准确。换言之,男生往往发现,在教师给他们提供的反馈中,至少有半数是错误的。Dweck(1978)建议,男生应该通过将教师的反馈"打折"来进行补偿,同时,在获得成功时只相信自己以庆祝自己的成功。然而,虽然 Dweck 没有对这个问题进行研究,但其他的一些概念分析表明,如果我们对有色女生的体验进行研究,将会得到完全不同的归因模式(见 Irvine, 1988)。有色青年增加了一个任务,那就是要抛弃教师的种族态度和偏见,后两者与学业评价和行为反馈是交织在一起的。除了某些例外(如 Dweck, 1978; Ladson-Billings, 1994),在我们评价青年的能力和他(她)们社会关系的特点时,与反馈模式联系在一起的学生特点很少甚至根本就没有得到认真的考虑。

推论的或发自内心的偏见在人际关系中可能是有意识的也可能是无意识的。偏见往往代表的是对特定个体隐蔽的不利信念,并且常常被体验为无形的压力,因为偏见会引发情绪上的极度不适。那些认识到偏见的存在或对偏见视而不见的人是很容易在情绪上表现出差异的。正如 Chestang(1972)所描述的,重要的是,不管属于哪种情况,对偏见的情绪反应都可以与特定发展阶段的性格形成(即不管是模式化的行为反应还是一般的发展过程)同时进行。随着认知图式的逐渐出现,情绪反应在很多方面与呆小症(marasmus,无法长大综合征)的体验是不一样的。对于婴儿来说,这种综合征意味着对不适宜的情绪或身体照顾的表达性反应。或者,拿育有高度脆弱婴儿的成人来说,Kennell、Trause 和 Klaus(1975)描述了成人在与病入膏肓的婴儿的情感联结方面所遭遇的困难。在那种情况下,所采取的干预措施必须使婴儿—养育者的联结最大化。因此,在我们考虑成人与儿童之间或两个人群内部的社会关系时,偏见的存在与否不仅对某些人来说是消极刻板印象和羞怯的一个来源,而且,正如 McIntosh(1989)所说,它还代表了对其他人来说不成比例的保护因素(即在概念上指的是处于优越地位)。因此,除了某些例外之外(如,Spencer, Brookins, & Allen, 1985),对某些人来说体现的是个体—情境的和谐(即某些欧洲裔美国青年的优越地位经验),对另一些人来说却是不和谐的心理体验(即通常是有色青年的体验;见 Chestang, 1972),这种两难的处境是不相等的。这个伤脑筋的问题仍未得到有效的整合,当前的主流心理学杂志对该问题也未加以思考,而且大多数对人类发展——特别是青年发展,尤其是有色青年的发展(见 Spencer, 1999)——进行理论化的人也未考虑该问题。这一概念上的缺陷(即解释和最终作为社会政策和改革性的项目设计)对于促进人类的发展、维护人类的基本权利和社会正义具有普适性的含义。具体而言,在描述多元青年时,这种概念上的缺陷对精确政策的设计、对支持最佳实践的刺激性结构,对评价研究结果的解释、对以法律公平系统为基础的经验和结果的特点和过程,以及关于意在提供支持的基本项目研究过程中的决策(即现实的问题种类和范畴)均具有深刻的含义。本章所提供的具体理论观点支持我们要采用更大的概念全纳性,即它超越了在一个研究设计或研究项目中仅仅将多元青年包含进来的做法。如前所述,要很好地构建一个人类发展的理论,它必须代表真实的时间和有效的人类发展经验,其成员也应该具有重要的解释和决策功能。作为一种策略,它通过作为社会政策的内隐的社会工程对儿童发展的质量和青年的发展结果产生影响。这样一种策略为我们清晰表达挑战和具体说明促进最佳实践的确切支持方法(即政策和应用)提供了路径,与此同时,它可以改变对提升多产的应对方法产生干扰作用的有害的情境,这样一来,我们就可以将积极的青年结果的各种不同表达最大化为反应性的应对实践和稳定而健康的同一性。

840

特别是对高度耻辱化的群体,研究者很少认识到群体内所存在的差异,相反,他们往往把这些群体假设为同质性的群体。通过比较的方法,群体与群体之间的差异总是被用来使得分偏离正常值的那个群体进一步被边缘化或被耻辱化。这种观察到的组内与组间差异的来源非常广泛,可能源于人类多种特点或多种情境,这些特点或情境可能作为过程和中介因素——个体的脆弱水平与特定发展阶段的应对结果——起作用。例如,与处于优越地位的青年的高得分对某些青年来说是一个有效的解释;换言之,有色青年的高得分也许可以归因于高水平的适应性应对和弹性。当以上两个群体中的个体面对相似的挑战和同样多的支持时,它对每个个体所隐含的意义可能是不同的。弹性青年也许可以从额外的支持中获得更多的收益,因为他(她)们已经有过应对挑战的经验,因而也就具备了高水平的应对技能。然而,对处于优越地位的青年来说,相同水平的挑战可能会使他(她)们产生比预期水平更高的困扰,因为优越地位的人生经验并没有为他们提供发展多种应对策略的机会。同样,对标准水平的支持的反应也可能随优越地位者的个人脆弱性的水平——从人生经历来讲，如果最大化的支持保持在标准水平，它可能并不是一个问题——而不同。然而，随着支持的标准降低至与个体的经历不同的水平，个体的脆弱性特点也许就提供了解释预期差异的方法。对这种群体内差异的讨论和探索经常可以在对白人青年的研究中得到解决。而有色青年在应对挑战上的个体差异一般不会被探究，也许，它是受到了研究设计的损害(如，经常对中等收入的欧裔美国青年与低收入的有色青年进行对比研究)。

因此，不管我们探究的是群体内差异还是群体间差异，个体脆弱性水平的增加表示的是风险因素与现有保护因素之间的平衡。一方面，风险因素的类型对个体经验或预期的挑战的特点具有启示意义。另一方面，保护因素可能是变化的，可以是代际间相同的文化传统，也可以是累积财富的突然增加。很明显，当每个保护因素作为支持来源起作用时，他们会表现出不同的作用。而且，认识到以下一点也很重要，两类保护因素(如文化社会化与累积财富的代际间传递)对于预期支持的确切性质和特点(如稳定性、持续性或内部支持与外部支持)具有重要的启示意义。

当种族/民族、性别、信仰、体格类型、是否移民、肤色、是否处于优越地位、健康状况或残疾情况、文化传统、社会阶级和气质特点等存在不同时，风险因素和保护因素也可能表现出不同的形式。以上所有因素均与情境的特点、个体的发展史，甚至是该群体在该国家中的历史(如作为新来者的移民的经验和对土生土长的群体，如土著居民、西班牙裔和非裔美国青年，及其家庭的适应)有关。在将其体验为压力性挑战或支持时，群体内部和群体之间的变异可能源于先天的生物因素(如气质、肤色或体格类型的可遗传性)，也可能源自社会建构的因素(如关于种族/民族、社会阶级和身体吸引力的信念和偏见)。综上所述，也正如我们在前面所指出的，上面所提到的变异的基础其实指的是与人类特定的脆弱性水平联系在一起的风险因素或保护因素。个体脆弱性水平的真正特点不可避免地与情境的特点和该情境是否提供了额外的挑战或支持联系在一起。脆弱的水平对达到特定发展阶段的能力(White，1959，1960)、弹性(Anthony，1974，1987；Luthar，2003)或低于正常的发展水平具有深刻的含义。此外，正如我们在图 15.4 中作为非决定论理论建构的一个例子所描述的，经常被忽视或得不到应有认识的(即特别是在儿童发展和青少年经验方面)恰恰是，强调和承认个体(依赖于认知的)对知觉的意识和特定发展阶段的寻求意义的过程。

841

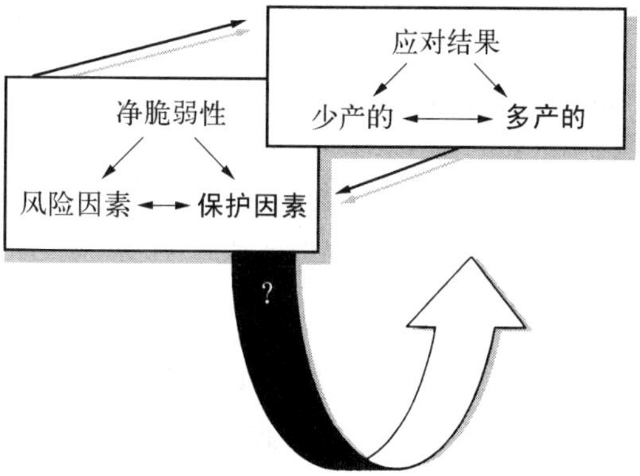

图 15.4 非决定论的理论建构：在独特的人与情境存在交互作用的情况下，由于承认中介/调节过程的介入，因而也就说明了发展结果可能存在的多样性。

脆弱性与应对结果之间的中介过程

根据我们的概念性观点(见图 15.4)，我们假设，脆弱水平与应对结果之间的中介过程已经超越了我们关于人与情境关系的"什么"问题的理解。对中介过程的关注有助于回答发展是"如何"发生的这样一个问题(Spencer & Harpalani,2004),而不再仅仅局限于是"什么"的问题了,后一问题已经在 Bronfenbrenner 的模型(Bronfenbrenner,1989)中得到了雄辩的证明。个体对(依赖于认知的)知觉意识和在特定发展阶段中寻求意义的过程很值得我们去思考青年所作出的重要推论,这些推论对于我们理解青年的应对和同一性的形成过程是非常重要的。而且,正是建立在社会联系和成熟基础上的青年的(依赖于认知的)知觉所具有的多样性使青年不可避免地意识到自身(即假想的内部状态)和社会他人的观点。例如,对儿童作为一种社会范畴的种族的意识(即理解或知道种族)——它常常被看作是种族态度和偏好行为的指标,证明了青年寻找意义的过程具有怎样的复杂性(如,见 Spencer,1982,1983,1985;Spencer & Markstrom-Adams,1990)。具体来说,这种探究很值得我们更好地去理解,当儿童和青少年处于不同的脆弱水平(即与种族联系在一起的情境性风险因素和与白人及其优越地位联系在一起的保护因素),且与情境联系在一起的挑战(如遭遇种族偏见)发生联系的时候,儿童和青少年的认知能力、社会能力和情感能力是如何逐渐发展的。研究者所观察到的、被描述为若干稳定条件模式的情境特点及其背后的推论意义在青年身上同样适用。因此,作为一种与情境有联系的系统理论框架远远超越了仅仅将人类的脆弱性(即保护因素被认为与风险因素相对)与特定发展阶段的应对结果进行线性和决定论式思考的做法。而且,在思考被体验为挑战的特定发展阶段的发展任务时,该理论框架承认并具体地说明了可获得的支持范围;与此同时,该理论框架还赞成这样一个观点:支持对于特定发展阶段的多产的应对结果具有积极的作用(见图 15.5)。

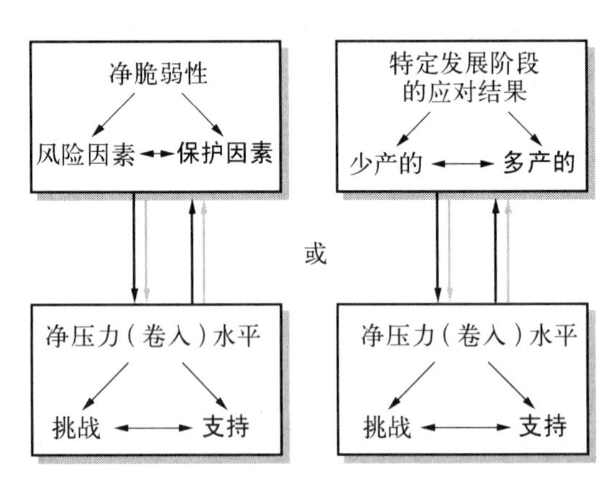

图 15.5 关注压力研究的例子:压力条件可能与个体的脆弱水平有关,也可能与特定发展阶段的应对结果有关。

842

该理论框架还强调净压力反应(net stress responses)和经由社会化成长史所形成的反应性应对方式(reactive coping styles)的中介/调节作用(见图 15.6),而且,与 Erikson(1959)的自我心理学理论一致的是,该理论框架非常重视同一性形成过程在其中的重要作用(见图 15.7)。

关于第三个中介过程,我们在前面已作了粗略介绍(见图 15.4),该中介过程被刻画为脆弱性与特定发展阶段的应对结果之间的大问号和粗箭头。中介过程有助于解释个体—情境—过程这一中介联系中的多样性。这些相互联系的关系说明了我们为什么要同时考虑以下一些因素:结构性因素、文化影响、个体对自我的知觉加工、与他人的双向互动、对个体的脆弱水平、多产的应对结果以及某些人所表现出的弹性等产生影响的大量的日常生活经验。当个体在探索诸多情境的过程中追求能力的表现且在不可避免地受到效果动机的影响(R. White,1959,1960)中勇敢地面对发展任务时,其知觉和模式化的反应由此形成。因此，在包括多元的个体及相关的情境异质性而产生的群体间和群体内的变异时，由此导致的中介/调节效应的人与情境交互作用的过程也是不同的。正如图 15.5 所描绘的，研究文献往往狭隘地将某些群体（如欧裔美国人）集中于与脆弱性有关的压力问题（即，挑战与支持之间的平衡）的讨论，但与此同时，提供的却是压力与能力的结果之间的探讨，而对其他的群体（如，各类有色青年）提供的却是压力与失败的结果之间的探讨，这是非常有趣的。我们认为，该领域的研究者所采用的研究方法往往随种族的不同而发生改变。例如，如果我们的研究对象是非裔美国人或穷人，那么，与此有关的研究通常是对黑人的压力进行研究。虽然离婚作为一个巨大的压力源往往与欧裔美国人的特定应对结果相联系（参见图 15.5），但直到晚近，处于优越地位的欧裔美国青年的支持水平才成为发展科学中关于非适应性应对研究的焦点（见 Luthar，2003；图 15.6）。

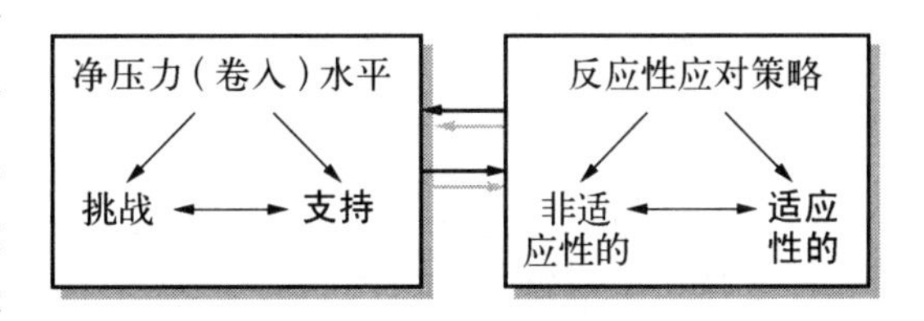

图 15.6 压力与应对之间的联系：强调反应性应对方式与个体体验到的净压力水平之间的联系。

与 Cross（1991）关于参照群体导向和 Erikson（1959）关于广泛的自我加工的出色描述和理论建构一致的是，同一性过程的多重功能也是该理论框架的基本组成部分。具体而言，同一性过程的核心地位体现在，它是人类应对（即净反应性应对）与广泛的自我加工（即稳定的发展中的同一性；见 Spencer，1985；Spencer & Dornbusch，1990；Spencer & Markstrom-Adams，1990；Swanson，Spencer，& Petersen，1998）之间发生联系的中介因素。

同一性和自我加工的核心作用为该理论框架和基于同一性的文化生态（ICE）观提供了理论支持，因为这两种理论都强调了社会认知、知觉加工和情境特点所起的重要的内因作用（如 Spencer，1984，1985）。如图 15.7 所示，有色青年的消极同一性加工一直被假定为对种族群体认同的反应性应对反应；这种假定的关系被特别地赋予了非裔美国青年。但这一假设并未得到经验研究的支持（见 Hare & Castenell，1985；Spencer & Dornbusch，1990；Spencer & Markstrom-Adams，1990）。肇始于 Kardiner 和 Ovesey（1951）、Pettigrew（1964）等理论家的研究和根据 Brown 诉教育委员会决议所作出的推论（可参阅 Kenneth 和 Mamie Clark 在研究中的引文和 Cross，1991 的引文），人们总是一贯地假定心理病理和消极的同一性加工与假定的内在风险因素是联系在一起的，后者是与肤色和可识别性联系在一起的耻辱（即，偏见处遇的含义；见图 15.8 和 15.9；Cross，1991，文献综述）。

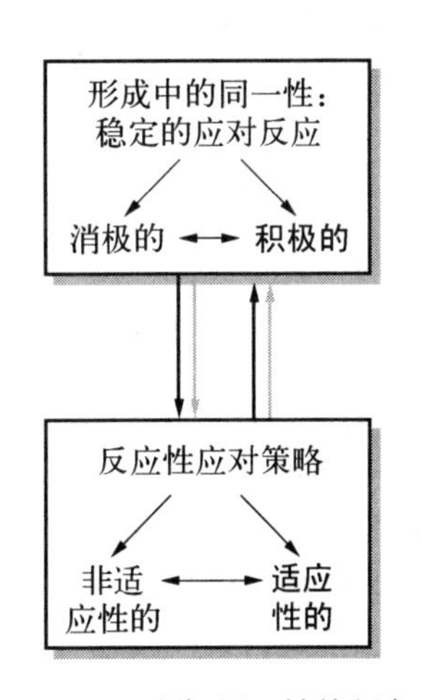

图 15.7 强调同一性的研究。

843

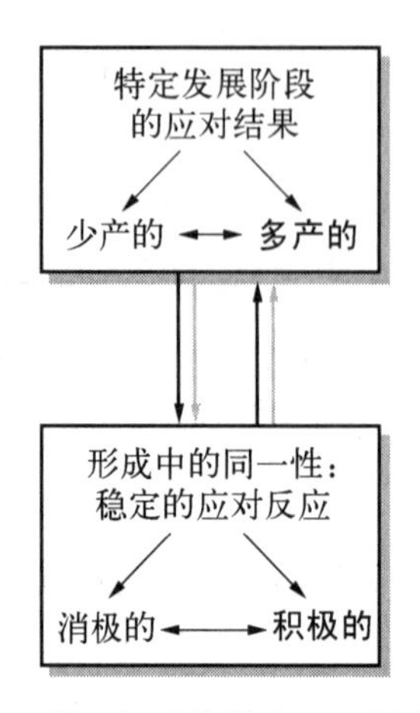

图 15.8 强调应对结果和同一性的理论建构：该方法狭隘地集中于特定发展阶段的应对结果并对同一性的特点提出假设。

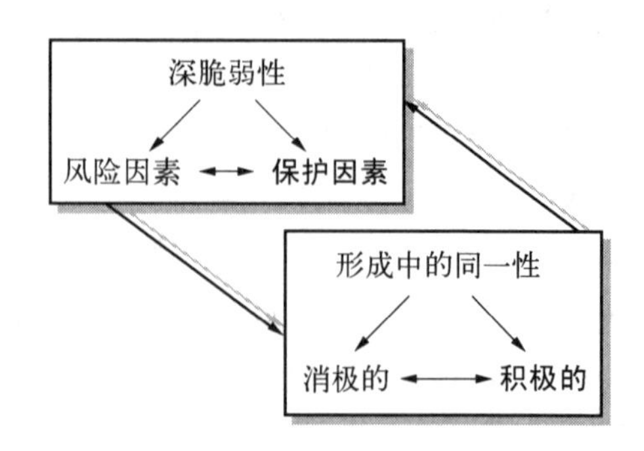

图 15.9 关注同一性和脆弱水平的方法：该理论主要关注与推测的同一性水平联系在一起的个体脆弱性。

非常有趣的是，对于经常与少产的特定发展阶段的应对结果(如学业失败)的发生同时出现的非裔美国青年的同一性加工却未得到更为细致的分析和解释。预期的自我概念与少产的应对结果之间的联系(即负向的联系)之所以未出现，可能缘于期望中的同群体中的重要他人对儿童的心理功能和健康起到了更大的保护作用。换句话说，青年的家庭、朋友、邻居和扩大的家庭成员代表的是比较他人(comparison others)对非裔美国青年社会情绪功能的作用(即推论的自我价值由于受到了参照他人的影响而得以表现)，而不是对特定发展阶段应对结果的外部的消极评价。

特别是在将理论应用于有色青年的研究时，以过程为导向的理论建构是非常必要的，即，在认识情境作用的同时要说明中介过程，同时还要避免概念上的假设和对过去作出错误的结论。最后，与许多仅仅是蜻蜓点水提到情境和承认过程重要性的人类发展理论不同的是，我们的概念性方法更直接也更明确地说明了 Bronfenbrenner(1985，1989)所提倡的人—情境—过程的理论观点。现象学生态系统理论提供了深入了解“发展”是“如何”发生的一个视角(见 Spencer & Harpalani，2004)，而且，我们相信，对于个体多重的生活情境，该理论在多元青年的日常生活经验和保护因素(即，种族民族、社会地位、宗教信仰、身体特点——肤色或体格类型)与环境特点(包括可获得的支持和面临的挑战)之间架起了更直接的联系。具体而言，各发展阶段的成功过渡要求人与情境的良好拟合以使人类的加工和行为结果实现功能的最大化和最佳化(见 Matute-Bianchi，1986；Spencer & Harpalani，2004)。这样一种方法有助于解释积极的青年发展理论家，包括本卷中出现的 Benson(Benson，Scales，Hamilton，& Sesma，本《手册》本卷第 16 章)和 Lerner(本《手册》本卷第 1 章)，所提出关于青年发展结果的“如何”或“为什么没有”(“how”or“why not”)的问题。截至目前为止，现象学生态系统理论所倡导的与多元青年联系在一起的广阔的、动态的、发展的、关注同一性的、与情境有联系的理论观点既未在儿童和青少年的发展理论中得到体现(见 Spencer，1999；

Swanson & Spencer, 1999; Swanson et al., 1998)，也未在毕生发展理论中得到有特色的体现。

小结

总之，本章旨在阐述现象学生态系统理论的优势和贡献，使其最大限度地应用于多元青年或多元群体(既包括有色人种，也包括欧裔美国人)发展的理论建构。第一部分的内容表明本章的主要关注点在于学前至青少年这一人生阶段，并解释了为什么该理论可以胜任人类毕生发展和关注同一性的理论建构的任务。关注同一性的理论观点强调的是与情境特点联系在一起的文化模式。接下来，我们将详细地阐述现象学生态系统理论的理论框架，并对该理论框架的动态观展开讨论。我们将采用若干个没有内在关联的人类发展主题来说明个体特点与情境互动之间的内在联系，这样一来，也就为我们提供了一个文化模式之间存在细微差异的机制性解释。Brown诉教育委员会案件的引入，意在强调和证明政策变化的影响及其在决定青年的长期经验和教育中的作用。最后的两大块内容是本章的结尾部分，意在介绍该理论独特的解释优势。

844

现象学生态系统理论：多学科的、动态的、系统的影响以及综合的递归过程框架

个体表达其生命意义的过程源自基本的社会性发展和认知发展过程。这种表达会随着社会经验的拓展和认知的日臻成熟而变得日益复杂(Flavell, 1968; Spencer, 1982, 1983, 1985; Spencer & Markstrom-Adams, 1990)。我们可以同时从两个理论视角来实现对这种关系的更好的理解：第一种视角是动态的框架，它打破了学科与学科之间的界限(如个体和群体的经验、生物学基础、文化传统)，该理论视角不可避免地与情境的影响发生关联；第二种理论视角是认识到个体具有的信息加工能力以及不同的发展阶段所拥有的不同机会和限制。

社会认知的基本作用及其与现象学的联系：推论、知觉和青年的日常经验

关于儿童心理理论的更晚近的理论促进了我们对递归的、依赖于发展的过程的理解(Frye, 1992; Frye & Moore, 1991; Nguyen & Frye, 1999)。我们知道，这些递归过程的特点对于随着生命的发展(见图15.10)而发生的更一般的能力的发展具有重要的启示意义，而且，作为社会反馈的重要来源，社会环境是这一过程中不可或缺且具有极端重要性的成分(见图15.11)。

从婴儿与作为抚育者的成人之间的最早互动开始，反馈即对儿童针对环境的行为产生着影响，当然，相反的互动过程也在发生(或者，我们可以思考Kennell, Trause和Klaus, 1975描述的由于缺乏反馈而导致的不敏感的婴儿)，Piaget(1926, 1967)把婴儿的认知意识描述为逐渐展开的图式。同时，早期的自我功能成为Erikson(1968)等人所构建的理论的主

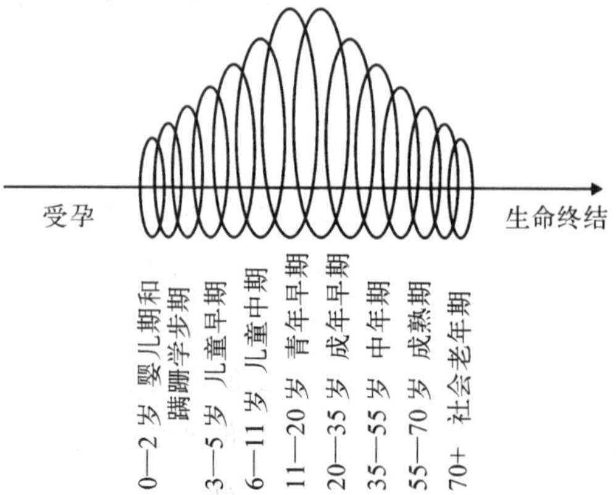

受孕
生命终结
0—2岁 婴儿期和蹒跚学步期
3—5岁 儿童早期
6—11岁 儿童中期
11—20岁 青年早期
20—35岁 成年早期
35—55岁 中年期
55—70岁 成熟期
70+ 社会老年期

图 15.10 螺旋和交互系统过程：一个假想的关于从受孕到死亡的生命历程的“慢慢打开”过程。

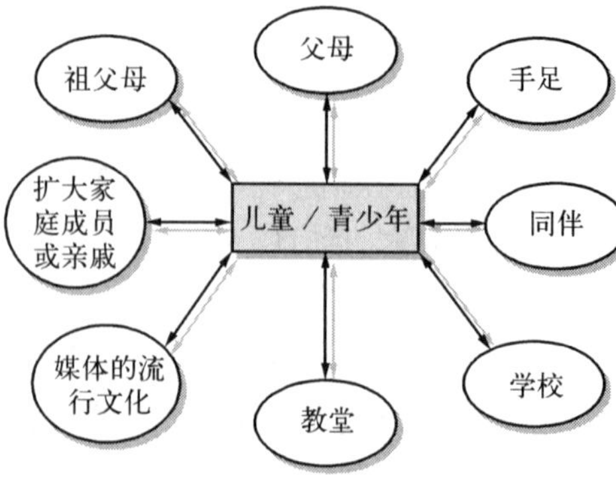

父母
祖父母
手足
扩大家庭成员或亲戚
儿童/青少年
同伴
媒体的流行文化
教堂
学校

图 15.11 重要他人对青年发展的双向影响。

845 题，并被认为与认知发展存在特定的联系。以上两个领域均与极其重要的人格发展或早期的关于人类功能的自我加工有关。这些相互关联的过程在社会情境中是同时发生的，并且对个体的毕生发展起着极其重要的作用。除了其主要的应用领域或理论方法外，社会反馈对 R. White(1959,1960)所谓的一般能力发展的重要启示意义也是不言自明的。儿童对依赖于认知的社会线索的成功使用强化和支持其对环境的有效管理，使其表现出特定发展阶段的能力。在这一递归过程的作用下，关于成功影响环境的反馈对随后的精力投入具有重要的启示意义，这就是 R. White 所阐述的“效果动机”的基本内涵。因此，正如图 15.10 和 15.11 所显示的，处于社会化进程中的成人或其他人对这些双向过程起着至关重要的作用。

社会认知和发展

对经验的自动推论可能与个体寻求意义的过程是联系在一起的。这一推论包括：(a) 对面临的挑战和可获得的资源的知觉；(b) 采用典型的策略来作出反应性的应对；(c) 经推论并实施的自我加工过程的特点，它有助于形成稳定的同一性。根据这一逻辑，个体某一发展阶段特定的应对结果(即由于稳定的同一性所带来的具有跨时空稳定性的应对反应)与情境的特点是联系在一起的，这一结果对于 Damon(2002)所谓的崇高的“事实”与可耻的“事实”具有深刻的含义。我们认为，经常被忽视的这一过程深深地植根于情境之中，而且这一情境随风险水平和可获得的具体保护因素而变化。举例来说，事先就存在的、内外部施加的假设会严重影响并与青年逐渐发展的目的感相重合(如，媒体把某一特定青年群体描绘为行为脱轨或有犯罪倾向，但却对另一青年群体的错误行为或不成熟行为视而不见，这会强化将某类青年群体假设为处于优越地位，同时假设另一青年群体存在病理学倾向的做法)。风险水平对此也会产生重要的影响，因为风险水平与我们关于人性的基本假设和自动推论(即社会知觉)是联系在一起的。自动的、依赖于认知的知觉加工和事先就存在的情境的风险水平都会对自我加工过程产生影响(如 Spencer,1981a,1981b)。被体验为耻辱的、未进行详细分析或妄自的先见性假定可能会以核心特征的形式对某些人的情境特点产生影响(如住房条件不好和更具一般意义的社区环境不佳)，而且，这种假定还会以刻板印象的方式对自我加工产生额外的风险因素的作用。

多元青年的自我加工

在我们考察处于文化边缘地位的青年或各类有色青年时，其发展的生态学可能会显现出令人困惑的色彩(如，Chestang，1972)。青年关于世界的知识和推论将对其心理社会功能产生重要的影响。当我们运用认识论来解释有色青年的经验时，在研究文献中它很少是一个受关注的主题。认识论是研究知识的本质属性的一门哲学分支学科(见 Piaget 的观点，引自 Hergenhahn & Olsen，1993，p. 275 的回顾)。相比较于成就模式和少数民族的地位问题，根据特定的人种学假设和分析(如 Fordham & Ogbu，1986)而提出的仿效白人的假设就提供了这方面的一个例子。虽然在理论上受到了批判(如 Spencer et al.，2001；Spencer & Harpalani，under review)且经验研究也表明其存在不完善之处(如见 Steele & Aronson，1995)，但与成就联系在一起的耻辱对学习和发展的生态学影响是非常不幸的，且不可否认，这种不幸对非裔美国青年的影响尤甚。具体而言，在这一被 Chestang(1972)称之为“充满敌意的条件”过程中，妄自推断的耻辱使青年很难形成积极的性格(还可参阅，如 Phelan，Davidson，& Cao，1991)。而且，当这种情形发生在非裔美国青年与情境有关的体验时，与耻辱的联系可导致青年产生如 Stevenson(1997)所说的“失败、不满和愤怒”的感受。

社会科学总是受惠于可提供人类以外的视角的分析。然而，我们再次重申，承认个体本身的现象学的重要而持续的作用或个体自身的独特知觉的系统分析也是必不可少的。这样一种观点强调要对一直以来备受忽视的个体与情境的交互作用进行分析，因此，也就需要对情境以及与情境和文化联系在一起的行为反应进行分析。如上文所述，后一分析尤为重要，因为它是生态学的题中应有之义，而且代表的是与特定情境联系在一起的经验的特点。Claude Steele 及其同事向我们很好地解释了一个长期以来遭受耻辱的群体——非裔美国学生，该群体被媒体推论为缺乏目的——的成就行为和学业取向(如，Steele & Aronson，1995)。 846

由于青年本人对(过去和现在的)社会情境的知觉与其独特的个体的脆弱水平是并存的，因此，我们不能期望与它联系在一起的对压力的净体验会发生变化和产生重要的影响。这种突出的联系很少在研究设计中得到承认和考虑，也很少被直接测量。总体而言，这种短视极大地限制了我们对目的感的看法，同时也暗示我们关于外在行为的“崇高”与“可耻”的二分法是错误的(见 Spencer，Fegley，& Harpalani，2003)。在传统的关于目的感的表征假设中，面对巨大压力时的崇高的努力行为很少得到承认和认同，也很少得到重视。我们对有色青年或低资源青年群体更可能得出他们缺乏目的的先见性错误假定。这些青年试图作出正确行为的努力(见 Spencer，1999a)经常受到极具挑战性的情境和环境的阻碍(如，警察对他们抱有消极的印象，结交同伴往往被认为是拉帮结派，驾车出行往往被认为是驾车贩毒)。最重要的是，欧裔美国青年不像有色青年那样如此频繁地遭遇类似的耻辱；大多数欧裔美国青年享有以下“优待”：袭击他人却被宣告无罪，生活在富裕而偏僻的郊区，很少受到基于种族、民族、社会阶级、宗教信仰、国籍或肤色的骚扰。正如 Erikson(1968)所认为的，与欧裔美国青年的经验正好相反的是，各类有色青年并未得到具有重要的后果和个人危险的社会实验的机会。

正如我们在前面所指出的，我们把基于同一性的文化生态(ICE)观(Spencer，1995；

Spencer et al.,2006)看作是可以解释所有文化环境下青年的经验和正规同一性需要的人类发展的理论框架。由于发展的轨迹拥有无数的可能性,因此,青年会自动地推论自己在支持上的可获得性,会立即对逆境作出反应性的应对(见 Stevenson,1997),并将对特定发展阶段的应对结果有重要影响的形成中的同一性加以内化。特别是对非裔和西班牙裔美国青年来说,他们的社会经验连同形成中的自我感可能是高度耻辱的,两者都将对日后的应对结果产生影响。正因为如此,我们建议采用理论驱动的分析(the theory-driven analysis)来避免继续对青年在困难情境(传统的发展科学和社会科学往往忽视了青年遭遇种种困难情境的事实)下努力表现出能力或达到目的感的行为作出错误的解释。

因此,现象学生态系统理论采用的是基于同一性的文化生态观,将文化、社会和历史情境、正规的发展过程等问题整合进同一性的形成和广泛的心理社会过程之中(见 Dupree, Spencer, & Bell, 1997; Spencer, 1995; Spencer & Harpalani, 2004; Spencer, Hartmann, & Dupree,1997)。虽然 Scarr(1988)正确地提出了"经验的现象学与作为个体的知觉者和加工者的遗传型是相关的"这一观点(引自 p. 241),但我们认为,这一观点过于简单。我们在一项对诸多行为遗传学研究的回顾中指出,这一论述虽然精确,但过于简单(见 Spencer & Harpalani,2004)。我们认为,说明二者的相互作用过程,而不是仅仅简单地说二者存在显著的相关,对我们理解人类发展中的天性—教养交互作用是非常必要的。要更好地理解过程和情境,就必须理解遗传型是如何影响发展的。由于遗传型是人类发展的一个重要和有相当影响的部分,因此,我们采取了与 Bronfenbrenner 相同的处理方法,但遗传型在情境中的表达是发展系统中的一个组成部分却是一个不争的事实。

现象学和情境特点

现象学生态系统理论实现了现象学与 Bronfenbrenner 的生态系统理论(1989)的整合,从而在情境与知觉之间建立了联系。现象学在历史上的重要作用可以在 Carl Rogers 的人格理论中得到最好的体现,后者在 20 世纪上半叶曾经对现象学作过精辟的描述(如,见 Schultz,1976)。在生态观与现象学的联姻中,这种整合为我们理解同一性发展和应对结果背后的个体寻求意义的过程提供了一种分析的手法(Spencer,1995;Spencer,Dupree,et al.,1997)。作为一种理论模型,现象学生态系统理论既可以考察正规的人类发展——主要是通过考察同一性、文化和(特定心理历史时期的)经验的交互作用来实现,事实上,它还是一个关于所有种族的个体及其毕生的递归发展过程的理论框架。如上文所述,现象学生态系统理论由于采用了基于同一性的文化生态观,从而实现了文化情境与正规的发展过程二者的有机整合。以上每个成分都是嵌套于青年的多水平情境经验系统中的有机组成部分。

847

生态系统中的系统框架

如前所述,现象学生态系统理论在考虑宏系统、外层系统和中间系统的结构性因素、文化影响、个体对自我的知觉、重要他人、生活经验和个体生活于其中并发挥作用的环境的同时,也承认知觉的重要作用(Spencer,1995),而且非常关注同一性的形成。同一性的形成可以发生在生命的任何一个阶段,但由于青少年期的个体处在自我意识的高度萌芽状态之中,因此,该时期的个体的同一性尤其显得重要。现象学生态系统理论将这种强调个体知觉的作用的观点与Bronfenbrenner的生态系统理论(1979)进行了整合,因而也就在情境与知觉之间建立了联系。与古典的、生态心理学观点一致的是,Bronfenbrenner的理论模型提供了一个描述多水平的情境是如何可以影响个体发展的方法。此外,现象学生态系统理论直接证明了个体在情境中的毕生发展。这样一来,现象学生态系统理论就可以对同一性的发展和行为结果背后的意义寻求过程进行分析(Spencer,1995a;Spencer,Dupree,& Hartmann,1997)。这一点是非常重要的,因为,如前文所述,大多数关于发展的理论事先就假定高危人群存在着偏差的行为和心理病理;但是,这些理论无法解释相同情境下的个体为什么会出现不同的发展结果(如,同一家庭、邻居和社会经济地位中手足的发展,在不同的生命发展阶段通常所表现出的不同结果——一个儿童蹲了大牢,但他/她的手足却顺利地完成了初中的学业)。

如图15.12所示,现象学生态系统理论由五个基本成分组成,这五个基本成分是一个递归系统,由此构成了一个动态的理论模型。

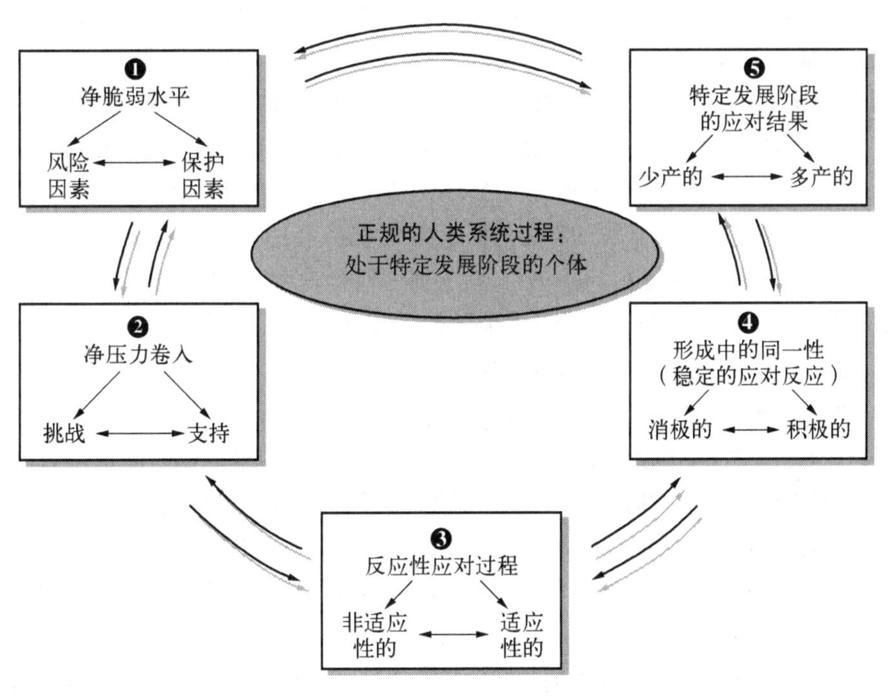

图15.12 现象学生态系统理论(PVEST):对强调过程的理论的修订(2004)。

现象学生态系统理论的第一个基本成分,净脆弱水平(1)指的是,在个体发展中起风险因素和保护因素作用(或者说,同时起风险因素和保护因素的作用,具体情况视发展阶段而定)的个体、家庭和社区的特点。这里所谓的"净"指的是,如果没有所谓的保护因素,风险因素通常是不存在的:因此,风险因素的作用可能会由于保护因素(如,隶属于优越地位人群、某一特定的文化社会化成长史、肤色、脸部特征、体格类型、智力超常、吸引力、经济的稳定性、受过良好教育的父母和具有保护性的扩大家庭网络、可提供情绪支持和照顾的成人或无血缘关系的成人、个体在此之前的某个发展阶段所取得的多产的应对结果)的出现或获得而被抵消或被平衡掉。我们认为，明显的风险因素与可获得的保护因素之间的平衡决定了个体在某一特定发展阶段的净脆弱水平。某个发展阶段(如儿童期)所拥有的保护因素的内容和特点对另一个发展阶段(如青少年期)可能并不充分。特别是对边缘化的青年来说(如有色青年、移民青年和低资源青年)，已发现的风险因素可能包括社会经济条件(如生活在贫困中)，基于种族、移民、不稳定的家庭经济状况和由于刻板的性别印象而产生的期望。

如图 15.12 所示，净脆弱水平的双向箭头表示的是风险因素与保护因素之间的必然联系，反映的是个体特定的脆弱水平，它将随着时间的发展而变得日益复杂。风险因素和保护因素之间的平衡以及脆弱水平所导致的结果会产生特定的心理社会结果，这种心理社会结果为日后所创造的条件是更好还是更差，取决于之前或与之伴随的经验。最重要的是，当个体处在时空的过渡阶段时，随着个体每天的压力与多水平的、具有不同特点的环境产生的交互作用，个体的净脆弱水平本身也会对自身的变化产生递归的影响。

848 现象学生态系统理论的第二个成分，净压力卷入(2)，指的是可对个体的健康产生影响的、对挑战和支持的真实经验。相对于净脆弱水平中的风险因素而言，压力源指的是个体遭遇的真实的风险因素，这些因素要求个体作出一定水平的反应，因为它们被个体体验为特定的挑战。净压力卷入与净压力水平之间存在递归的联系，这种联系指的是个体所遭遇的真实挑战与可获得的支持之间的平衡。挑战和支持可能是一种真实客观的经验，也可能是经个体的评估所体验到的一种象征性的经验，这种象征性经验的重要性是经推论而获得的(如，对预期的优越地位和可获得的支持的假设或对考验、经历危难而存活的知觉)。

还是 Steele，他(2004)描述了同一性或社会耻辱对行为表现结果的影响。他描述了个体对“期望的”行为表现特征的耻辱内容(即体验为一定水平的挑战)的推论意义：Steele 及其同事所提出的社会实验的概念暗示，其效应或影响可能会由于特定支持的出现进而导致社会期望的改变而被抵消或削弱。“所获得的平衡”(体验到的净压力水平)的特点对个体的心理健康具有深远的意义。因此，在媒体对非裔美国青年的成就差距(如，假定仿效白人的非裔美国青年具有较高的成就信念，或者对非裔美国青年抱有较低的成就预期)进行大肆宣传而造成的耻辱的情况下，成就测验情境或其他的评价性情境(如工作场所)的形成方式或对个人表现的推论进行传达的方式可能是心理挑战的重要来源，也可能是可获得的支持的重要来源(见 Spencer & Harpalani，under review)。非常有趣的是，关于耻辱的特点和效用，不同群体对耻辱的社会建构的方式是非常独特和不同的。例如，Lesser 和 Stodolsky(1967，1970)的研究发现，犹太裔美国人的成就要高于白人和其他人群。但是，其他人群追求高成就的努力从未被描述为“对犹太人的仿效”。同样，在我们对亚裔美国学生与白人学生、西班牙裔学生和非裔学生进行的比较研究中，当我们思考亚裔美国学生的高得分时，只有非裔美国学生追求高得分的行为被描述为“仿效白人”，真是咄咄怪事！虽然白人儿童的成绩相较于犹太裔儿童的成绩要更低，但研究者对此却从未以消极的方式予以描述，但非裔美国学生

849 的成绩差距却总是被认为与自我或该群体的有缺陷的特点联系在一起。如果我们事先考虑到媒体所建构的关于各类边缘化青年的非常结构化的，且广为传播的形象时，我们就不会为文化社会化的研究文献(见 Arrington，2002；Slaughter & Johnson，1988；Spencer，1983，

1990)为我们提供的关于各类特定文化的策略是如何起着为特定群体提供支持作用的证明而感到奇怪了。Jackson、Boostrom 和 Hansen(1993)罗列了个体所拥有的、特定系统所拥有的或情境本身(如,教师、学生或班级)所表现出来的一系列积极的品质或优点,这样一来,我们就可以最大限度地寻找积极的品质。他们建议,要做到这一点,最佳的策略是"怀着赞赏的眼光,探察在寻找积极品质方面可能存在偏差的任务,挖掘优点,而不是相反,寻找缺点……因为教师、学生和班级表达优点的诸多方式是相当微妙的,当我们仔细探察并怀着赞赏的眼光时,我们是可以发现这些优点的"(Jackson,Boostrom,& Hansen,p. 258)。边缘化青年所遭遇的不幸的尴尬处境是,上面所描述的积极看待他人的过程通常是预留给那些处于优越地位的青年的。因此,各类青年也会接收到关于自己的地位及其背后的社会含义的诸多反馈,这一过程绝非独立于保护因素,并且会对青年的净脆弱水平(现象学生态系统理论的第一个成分)产生重要的影响。

如前所述,可获得的社会支持可以转化为现象学生态系统理论第一个成分中所描述的保护因素。这些社会支持有助于青年度过具有挑战性的经验从而有助于减少或抵消青年所体验到的净压力水平。社会支持可以通过多种方式转化为现实的保护因素。虽然风险因素和保护因素指的是个体、家庭或社区的人口统计学特征或其他的一些特征,但净压力水平指的是挑战与支持之间的平衡。这种平衡的特点或属性隐含的是对情境中的危险因素和保护因素的真实的现象学经验。例如,对于某个家庭来说,一个成年男子的加入可能是一个压力,但也可能是一个支持,这取决于当下的情境和存在问题的孙辈的性别和婚姻状况。一个单身母亲可以与她众多孩子中的一个孩子的亲生父亲结婚。这个男子的加入可能被母亲和其他的家庭成员知觉为一个重要的支持来源,特别是当这个男子给这个家庭增加了重要的经济来源的时候。但是,这个陌生的男子也可能使该家庭中的青少年产生完全不同的知觉,后者与这个陌生的成年男子不存在血缘上的关系,且该男子也不符合其预想的支持来源的角色。例如,一个处于青少年期的男孩可能会把这个陌生男子的到来知觉为自己在这个家庭中作为男人地位的丧失;支持的来源在现实中也可能被推论为对自身地位和同一性的严重威胁。

当处于青少年期的女孩寻求一个安全的成人来给她的女性气质和性别认同的其他方面提供反馈时,实际的情况又会呈现出完全不同的情境。然而,作为一个不存在血缘关系的男子——母亲的丈夫,也许无法正确地理解女儿对特定和安全的反馈的意图或需要。该成年男子也许会(错误地)把女孩的行为解释为过分性别化的表演。他可能并不理解这个十几岁女孩的真正兴趣在于想获得对女性气质的肯定。于是,该女孩与母亲互动的结果可能会增加其面临的风险,因为这给女孩与母亲的互动产生了更大的挑战: 该女孩的母亲可能会把自己女儿的行为看作是性挑逗而非该女孩的真实意图(即唤起反馈以促进自己心理性别的发展)。

或者在第二个脚本中,对于在家境贫困的家庭中长大的青年来说,由于母亲需要获得工作以维持家庭经济,因此,她期望子女共同承担起养家的责任,这可能会使青年产生更大的压力。不熟悉如何成功地应对课堂作业,同时又要承担起养家责任的、处于优越地位的青年可能会发现,当家庭突然遭遇经济困顿及随之而来的压力源时,他们可能很少有较长的时间来培养自己应对新的家庭压力及随之而来的角色的扩展所需的技能。当同时面临多个相关的挑战(如,做饭、洗衣服、照顾弟妹)而不得不应对上述的角色挑战及伴随而来的传统上对同伴的预期压力和新的家庭压力时,可能会提高青年体验到的总的压力水平。在存在一定的可获得的支持的情况下——这些支持可影响青年总的压力水平,社会支持不仅可以平衡掉当前的挑战,而且可以平衡掉当前挑战与净脆弱水平之间的递归联系,因为随着家庭为保持以前的保护因素而可能发生变化的同时,家庭环境的风险水平也在提高。总之,在净脆弱水平与当前体验到的净压力水平存在递归联系的条件下,青年可能会采取立即的反应性应对反应来作出反应。

850

在对上述的挑战和可获得的支持作出反应的过程中,个体所体验到的净压力水平的高低还与现象学生态系统理论的第三个成分——反应性应对过程(3) ——有关。根据图 15.12,反应性应对反应既包括了具有适应功能的问题解决策略,也包括了非适应性的问题解决策略。例如,在上面的那个例子中,在母亲的关注和照顾时间减少且需要青年承担更多家庭责任的情况下,青年可能会表现出更多的冒险行为(非适应性反应)或通过与扩大家庭的亲属(如祖父母)和不具有血缘关系的成人(如学校的心理咨询师、教师或宗教领袖)进行更频繁的互动以寻求更多的支持。因此,当同伴关系、家庭系统或社会机构(如学校)再出现什么问题的时候,其应对反应的结果可能是适应性的,也可能是非适应性的。反之,反应性应对反应也可能是非适应性的问题解决应对策略(如,离家出走、远离支持、使用药品、辍学或学坏样)。

当青年在各种不同的时空条件下稳定地使用各种反应性应对策略时,其自我评价的过程也在随之继续,而且那些产生满意结果的策略(即客观上为积极或消极的结果)也不断地得到重复的使用。例如,具有消极作用的、来自同伴的认可在青年的内心可能感到满意和有安全感,而力图创造更具适应性结果的解决办法却不会产生类似的满意和安全感,后者要求改变同伴关系。反应性应对模式的连贯一致性对心理社会过程具有重要的启示意义。如图 15.12 所示,反应性应对策略会变成稳定的应对反应,随着时间的延长,这种稳定的应对反应就会产生形成中的同一性(4) 。因此,现象学生态系统理论的第四个成分——形成中的同一性,指的是个体如何看待自身以及自身与不同的发展情境(如,家庭、学校、同伴群体和邻居)之间的关系。诸如文化/种族背景、对性别角色的理解、自我评价和来自同伴的评价等等,所有这些因素的有机组合决定了一个人的同一性。在遭遇新的挑战时,这种稳定的应对反应对决策加工、方法选择、个体情境的交互影响、刻板印象和耻辱的作用、客观的可选择性等具有重要的启示意义。

正如我们在其他文章中更详细地指出的(如,Spencer & Markstrom-Adams,1990;Swanson et al. ,1998),同一性的过程确保了行为具有跨时空的稳定性,并为日后的知觉、自我评价和行为(如决策)奠定了基础。在面临 Harighurst(1953)所描述的各特定发展阶段的诸多发展任务时,作为结果并具有时间延续性的问题解决行为和决策行为所产生的特定于某发展阶段的应对结果(5) 既可能是消极的,也可能是积极的(多产的)。图 15.12 描绘了现象学生态系统理论的第五个成分。该图还表明,多产的应对结果可能包括学校卷入、积极的家庭关系、充分的就业准备、无入狱记录、较低水平的高风险行为。或者换言之,消极的应对结果可以包括辍学、学业成绩差、非法敛财、健康状况差、入狱、早孕或非婚生子。

在降低风险因素的同时寻找和搜集保护因素以降低个体的脆弱水平,这是一个动态和连续的递归过程,这一过程在各发展阶段之间、各发展阶段内部以及整个生命全程一直在继续。说得更具体一点是,当个体遭遇新的压力源(即通过挑战与支持之间的平衡)、创造更多的满足应对需要的机会(即提供可带来非适应性和适应性应对的“机会”)和对自我的重新界定(这同时也会影响他人对自己的界定)时,这一递归过程便会发生。正如 Erikson(1968)所言,在某个发展阶段未得到解决的问题会对日后的应对和同一性的形成产生影响。因此,现象学生态系统理论的目的不仅在于说明这一发展过程,而且力图把这一过程放在更广泛的社会情境中来理解。如图 15.13 所示,我们可以利用这一理论框架来检验作为整个系统中

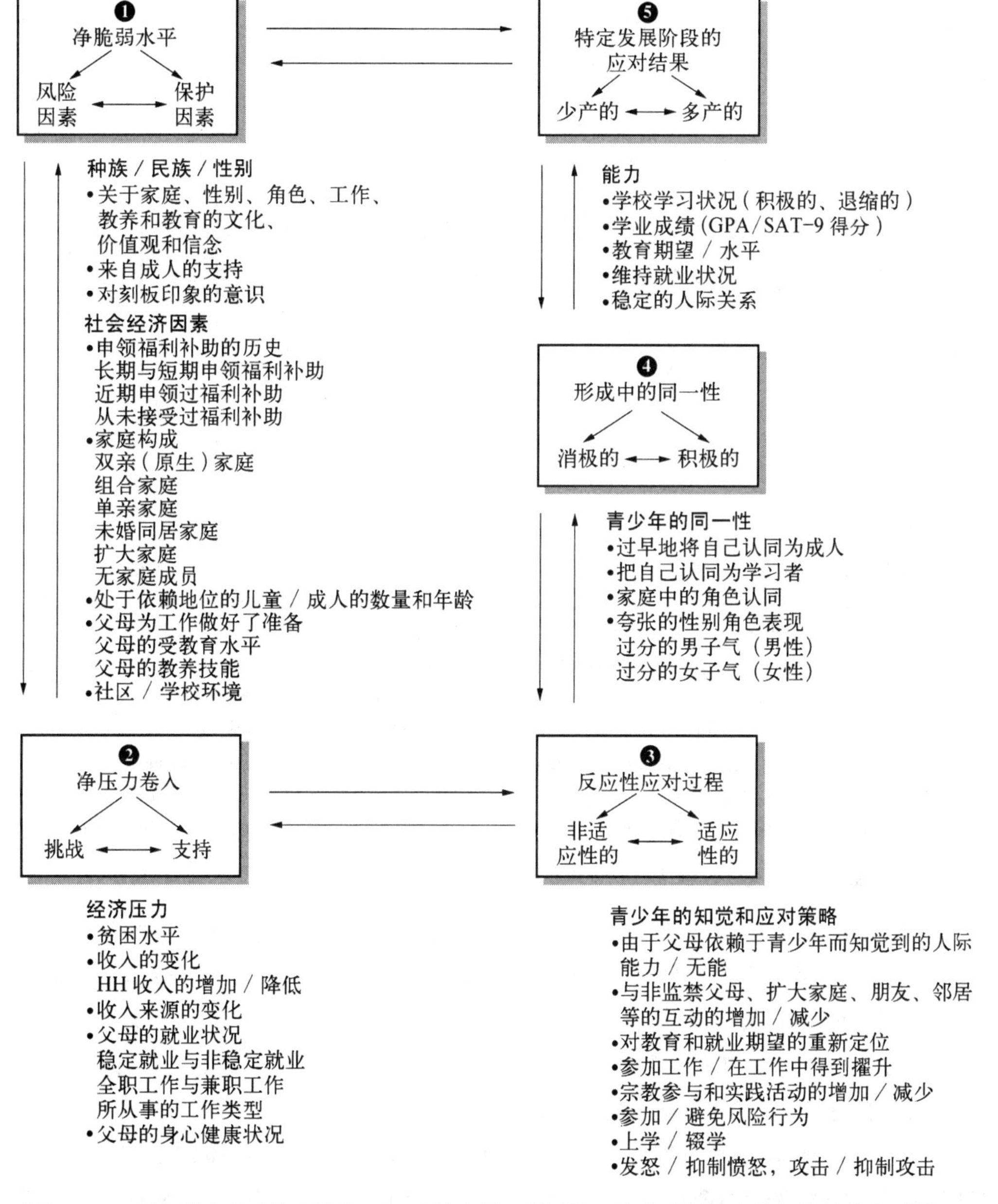

图 15.13 现象学生态系统理论(PVEST)的应用:利用该理论来分析特定的经济政策和对父母的要求对青少年的学业和就业结果的影响。

的一系列的问题，或者，通过考察变量关系来探讨两个成分或三个成分之间的关系(如净脆弱水平与体验到的净压力水平之间的关系)。如该图所示，通过考察成分5中的青年结果我们可以探讨成分1至4中的父母变量或政策水平上的变量。事实上，图15.13展示了我们在思考现象学生态系统理论框架的五个成分时可考察的诸多结构。

852 上图中各成分之间关系的可能性会随着研究对象的人口学特征和个体所处的特定的发展阶段而变化。而且，我们还有必要理解性别在其中的重要作用，因为，举例来说，当我们研究的是男孩的结果时，上图中的结构表示的是男孩在不同成分上的特有的独特经验。正如我们在引言和图15.14中所说明的，现象学生态系统理论是诸多理论的综合，它为我们提供了一个关于人类发展的基于同一性的文化生态(ICE)的视角。

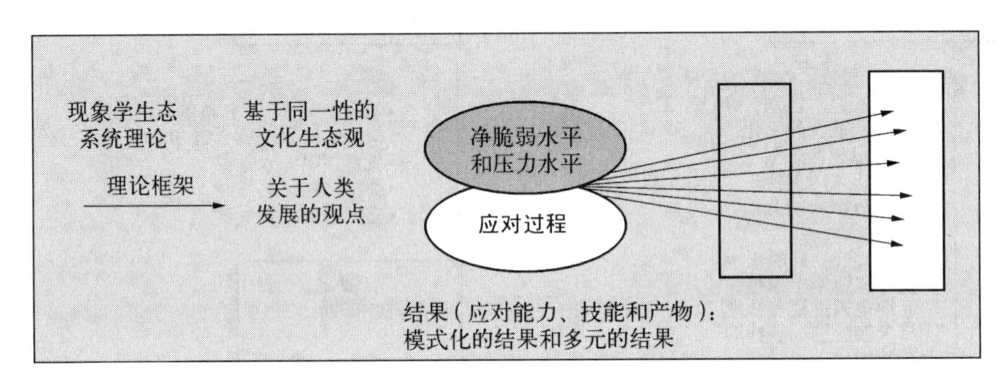

理论和概念的表述

- Erikson关于同一性的理论
- Du Bois关于双重意识的观点
- 关于现象学过程的符号互动理论(如，Sullivan & Mead)
- 关于能力和社会化的观点(如，Robert White & Brewster Smith)
- 弹性和脆弱性(如，J. Anthony)
- Cross的参照群体导向(Reference Group Orientation, RGO)理论框架
- Chestang关于性格发展和情境特点的观点
- 批判种族理论(Grenshaw et al.)
- Spencer关于社会认知/文化认知交汇的观点
- 生态心理学和Brenfenbrenner关于情境的观点
- Boykin的"三倍困惑"观
- 正规的人类毕生发展理论(如，Brim关于发展的连续性和变化的观点)
- 历史观(如，V. P. Franklin, John Hope Franklin, & Glen Eleder; Brown诉教育委员会案)
- 关于白人的优越地位的观点(McIntosh)

图15.14 对现象学生态系统理论(PVEST)作出了重要的概念贡献的研究者。

在考查净脆弱水平与净压力水平之间的关系方面，现象学生态系统理论探索了其对特定发展阶段的对过程的联合影响。借助于自身所包含的多个理论视角，现象学生态系统理论有助于我们对相同和不同的应对结果作出解释和分析。如图15.15所示，这些交互作用的结果和过程发生于呈嵌套关系的生态系统之中，在该生态系统中，作为特定社会结构、个人特点、发展史和经验结果的情境特点存在着极大的差异。

如图15.16所示，最重要的是，不仅群体与群体之间，而且在各群体(如民族、种族和家庭)内部，其应对结果也可能存在差异。具有相同的种族、家庭情境的青年在意义寻求过程方面可能存在诸多的差异。

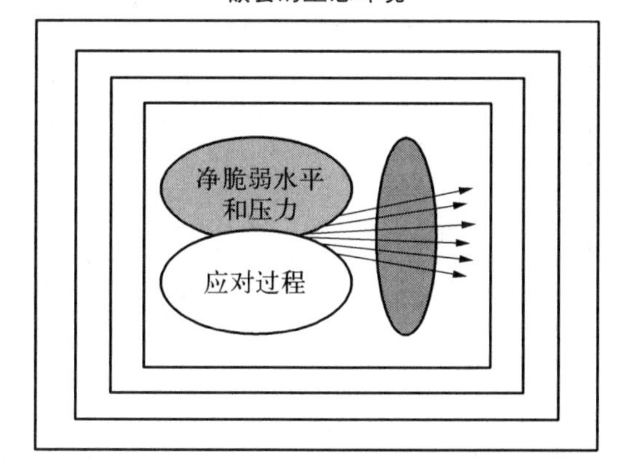

图 15.15 现象学生态系统理论的优势：现象学生态系统理论(PVEST)提高了人类对脆弱和应对过程的解释能力，这一应对过程与生命全程(特别是特定的发展阶段)的结果的多样性是联系在一起的。

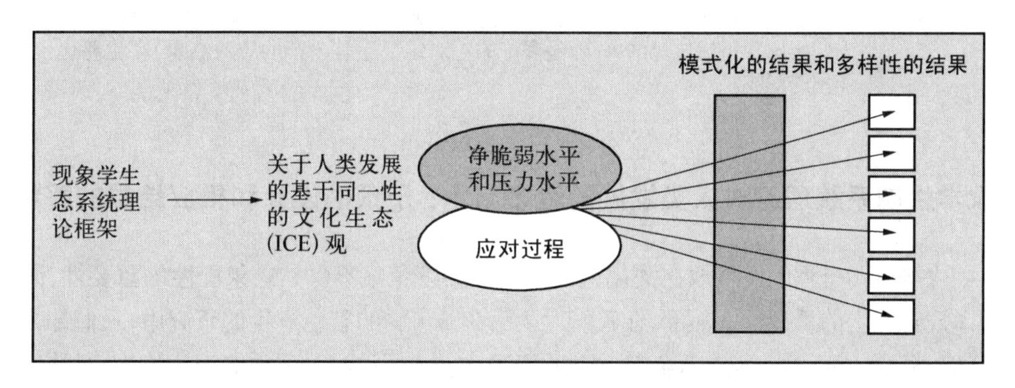

图 15.16 对多样性结果的预测：现象学生态系统理论(PVEST)说明了独特的和模式化的结果的可能性。

我们的方法与那些预期群体会出现同质性结果(通常是缺陷假设或优越地位推论)的方法之间存在巨大的差异。更为重要的是，在情境对个体或群体的态度和信念产生影响的情况下，应对结果的模式可能会对脆弱的水平产生影响。图 15.17 还画出了反馈环，意在表示社会刻板印象的作用，即该反馈环说明了所产生的独特和模式化的结果与它对随后的净脆弱水平、体验到的净压力、起调节作用的应对过程和产生的应对结果之间的递归关系。

853

现象学生态系统理论所建构的递归反馈环有助于解释 Claude Steele 所提出的与社会耻辱联系在一起的成就表现。Steele(2004)的理论认为，每个人都存在不同程度的同一性不安全感，而且社会性的偶发事件(即社会知觉的启动效应)对成就表现具有深刻的影响。与我们的解释一样，他的理论观点对于设计干预计划以提高青年的学业成绩具有重要的启示意义。现象学生态系统理论中的所有成分之间所存在的双向影响关系对于预防和干预策略的设计和支持具有重要的启示意义。

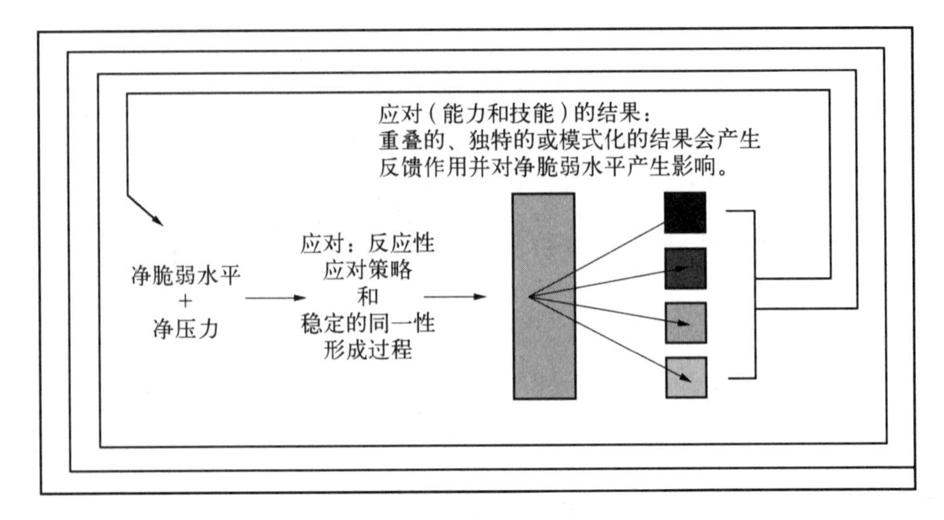

854

图 15.17 基于现象学生态系统理论(PVEST)的分析实现了个体的应对与情境特点的整合：作为一种基于同一性的文化生态(ICE)观的理论视角，由于同时考虑到了个体所经验的、与应对过程(即表现为应对策略和同一性形成的努力)联系在一起的净脆弱水平和净压力水平，现象学生态系统理论(通过承认生态情境的系统性)向人们指出了可对应对结果(即是多产的应对结果还是少产的应对结果)产生恶化作用的影响。

现象学生态系统理论对人类发展的诸多启示：干预的设计和相应结果的解释

将人类生命全程的发展放在文化这一情境中加以考察不仅具有象征性的重要性，而且具有本质意义上的重要性。然而，在我们对生活在城市中的有色青年的研究中，我们却很少采用这一概念方法，这一点在我们对问题的表述、结构的寻找、对现象的理论建构、对结果的解释和社会政策的实施等诸多方面都有所体现。这种现象——未将生命放在情境中进行研究——在对城市边缘青年的发展研究中更是司空见惯。而且，当我们从个体的毕生发展这一视角来审视这一问题时，这种短见在以处于儿童中期和青少年期的个体为对象的研究、理论、实践和政策中更是产生了最恶劣的影响。

广阔的文化全纳性和情境的重要性

对心理科学和文化历史心理学的发展史作一个简短回顾有助于我们清楚地认识文化的意义和经验在我们思考人类发展中的重要性。虽然城市特点作为一个社会建构物并未得到普遍的认同，但是，描述和探索它对我们思考文化、心理科学的实践、教育实践和人类毕生发展的经验的越来越重要的影响是非常重要的。从现象学生态系统理论的视角来考虑，所有这些对某些特定群体所遭遇的独特挑战，以及另一些群体所谓的优越地位和非常重要但未被发现的支持来说具有深刻的启示意义。

将生命放在情境中加以考虑：文化的意义和经验

作为一个研究领域，发展心理学大约在 100 年前的 20 世纪初便进入了人们的生活

(S. H. White,1996)。Sheldon White 指出,在发展心理学诞生之前的 19 世纪,曾经涌现了大量关于儿童的作品。他报告说,这些作品对儿童的生活和情境做了哲学、教学法、医学、政治、自传体、统计学、说教、情感和富有启示意义的考察:这其实就是对儿童发展的科学研究的投入。他接着报告说,一开始,考察的方法并不可靠,因为这些方法建立在一些零星的事实基础之上,并与大量的鱼目混杂的理论纠缠在一起。随后,Darwin 把对儿童、动物、跨文化的信念和实践、心理病理学等等加以糅合,描绘出了人类智力的进化图像。但当时发展心理学还是一门充满风险和依赖推测而形成的科学。Sheldon White 报告说,Williams James 在其《心理学原理》(*Principles of Psychology*)一书将发展心理学称为“疯狂的工作”(S. H. White,1996,p. x)。

855

S. H. White 把 19 世纪晚期和 20 世纪早期看作是发展心理学开展有组织的合作研究的历史时期,该时期的发展心理学还比较幼稚,它奉自然科学为圭臬,怀抱野心勃勃的幻想,并渴望成为一门真正意义上的科学。S. H. White 把它称之为“物理学羡慕”,因为当时的物理学已经相当成熟,所产生的研究结果在理论上饶有趣味,在实践中亦非常有用(S. H. White,p. xi)。S. H. White 的以上描述使我们可以得出这样一个推论,即当前的情境和彼时的历史情境是大致相似的。这样一来,我们也就可以合理地解释为什么心理学家要仿效物理学家开展合作研究;这种解释为我们提供了一个模型,它决定了该方法在多大程度上可以承载一门新兴的科学。由于过多地关注自然科学的问题和方法,心理学家回避掉了许多需要技巧且充满风险的研究问题(S. H. White,1996,p. xi)。

S. H. White 的分析揭示,新兴的心理学也同样存在这些令人尴尬的局限。依赖于自然科学方法的研究揭示了人类的知觉、学习和发展所存在的特定模式,这些研究还宣称,这种模式适用于任何情境中的任何个体(S. H. White, 1996, p. xi)。更重要的是,S. H. White(1996)拥趸 Michael Cole 所提出的对 21 世纪的心理学所存在的问题的善意提醒:早期关于研究结论的普遍性的诸多方面都是错误的。White 参考了 Michael Cole 于 20 世纪 60 年代关于非洲柯贝列人(Kpelle)的研究,该研究获得了如下重要的发现:

> 虽然原始部落的儿童在日常生活中要进行分类、学习、记忆、形成概念和进行推理,但他们在西方研究者所设计的用于研究这些能力的年龄变化的实验程序上的得分却并未得到体现。西方的研究程序依据的是这样一个世界:儿童 6 岁上学,并且被现代社会的生活、语言和思维所包围。我们所认为的大多数的、所谓儿童的正常发展仅仅只是反映了生活在西方世界中的儿童所经常发生的事情或情况。(S. H. White,1996,p. xii)

S. H. White 的观点再明白不过了:Cole 及其他文化心理学家的研究表明,利用传统的自然科学研究方法来对跨文化的人们进行比较的做法存在极大的困难。这一点同样存在于城市青年的研究中,因为这些研究普遍假设,地理位置上的接近就意味着经验上的相似,这显然又是一个谬误。S. H. White 还指出:

> 20世纪的心理学家所获得的研究结果只适用于特定的情境，这是一个事实，也丝毫不令人奇怪。在20世纪之前，许多著名的哲学家都曾经指出，为了充分地理解人类的心智是如何工作的，我们需要两种不同水平的心理学。我们需要自然科学类的心理学，这种心理学是我们所熟知的心理学，利用它，我们可以分析知觉、观念、联想、反射或知觉运动图式的心智成分。除此之外，我们还需要我们不太熟悉的“第二种心理学”，利用它来描述高级的心理现象，这些高级的心理现象是如下一些实体：语言、神话和个体的社会实践。我们不指望这种所谓的第二种心理学能获得一般化的结论。因为高级的心理活动过程是由文化形成的，而不同社会的文化是不一样的。(1996，p. xii)

除了Cole，S. H. White还假定存在着一派持以下观点的文化心理学家：

> 强调情境中起调节作用的行动，利用已获得广泛理解的“遗传学方法”将历史的、发生学的和微观遗传学水平的分析都囊括在内；将分析建立在对日常生活事件的分析上；假设心灵出现于人的活动之中并且两者是同时建构的；假设个体在其发展过程中是一个积极的动因；抛弃了因—果解释和刺激—反应解释，推崇解释的科学，该科学强调心智在活动中的形成性特点并且承认解释的核心重要性；采用人文科学、社会科学和生物科学的方法开展研究。(1996，p. xii)

Sheldon White描述了第二种心理学的努力，该努力肇始于20世纪20年代Vygotsky的研究。Vygotsky认为需要建立人文科学的心理学，它可以与当时的自然科学的心理学并驾齐驱。Vygotsky争论说，要“理解”人类的心理生活，就必须深刻地理解我们这个世界的人造物。人类生活在一个人造物的世界——工具、词语、规则和习惯——和先人的思维和判断的知识宝库之中(1996，xiii)。正如S. H. White所报告的，在Michael Cole看来(基于文化—历史心理学的视角)，将文化纳入到心理学中加以考虑就意味着必须认识到，只有当研究的程序可以使人们经验“并”理解当前的世界时，心理学才能还原为生活。正如S. H. White所指出的，Vygotsky在这方面作出了重要的哲学主张上的贡献。“人造物是以目标为导向的人类活动过程中被改变的物质世界的一个方面。通过人类对人造物的创造和使用上的变化，人造物兼具精神(概念)和物质两种属性。”(p. xiv)S. H. White非常肯定的是，“人造物”属于文化的基本构成物。要想理解人类心智的发展历程，就必须正确理解与之伴随的人类活动和人造物的进化。人类所说的话语(words)，当前的社会风俗，人类专用的人造物理世界，所有这些都兼具工具和符号两种作用。它们在人类的生活中无处不在。它们组织着人类在这个世界的注意和活动，总之，它们创造了“另一个世界”(p. xiv)。事实似乎是，将个体对“另一个世界”中的具体对象的自我报告(即作为现象学)包括进来对于我们理解个体随时间的成熟、在多个情境和物理空间的过渡和应对与环境伴随的要求而作出的寻求特定意义的过程是非常重要的。

856

因此，很少有地方像生活在城市的青年的应对过程存在这么明显的现象了。再也没有比各类城市青年及其家庭为表现出弹性而作出独特努力而令人伤心的事例了。S. H. White(1996)建议,“采用文化—历史方法来研究人类的心智必须强行规定,在我们研究人类的发展时,我们必须把对社会实践活动的研究当作我们研究的重要组成部分来做”。至于政策和干预项目的问题,“同样,如果我们想改变人类活动的模式,就必须关注这些活动所在的周围环境”(p. xiv)。

随着越来越多的学者和研究者喜欢从宏大的视角来研究人类的发展,再也没有比对引导研究产业和政策事业的假设和问题进行考察更重要的了。这种两难处境的一个清晰表现就是移民青年的经验(见 Spencer, Harpalani, Cassidy, et al. ,2006)。在我们阐述移民的独特经验之前,先来看一个案例,了解一下非裔美国男青年的文化情境。

非裔美国男性的文化情境

S. H. White 关于“另一个世界”的观点在非裔美国男孩的应对过程中表现得尤为明显,这些男孩生活在社会建构的城市情境中,特别是资源匮乏的公立学校和不同寻常的耻辱化社会系统中。Boykin(1986)暗示,非裔美国男孩在当代社区中表现出的行为和实践活动可以溯源于非洲文化。这些行为和实践活动的表现形式多种多样,其具体形式取决于与非裔美国男孩产生互动的社会、物理、历史和经济情境。虽然这一论断隐含着诸多的政治含义,但它确实是关于文化具有动态性特点的一个很有见地的观点。仅仅通过与主流文化的对比,就将非裔美国男孩特有的行为和实践活动断定为不是一种文化,而是一种偏差性的行为(Jarrett, 1994; Oyemade, 1985)。Kottak(1987)指出,文化是习得的,文化的习得取决于“人类独一无二的使用符号的能力,符号与符号所代表的意义之间并不存在必然的或天然的联系……在任何一个地方出生的人从其出生开始便立即通过有意和无意的学习、与他人的互动和文化适应,实现对文化传统的内化或吸收”(p. 23)。正如 Kottak 所暗示的,大量的文化体现在人类将意义和价值赋予事物、活动或事件的过程之中。下面,我们将把阐述的重点放在解读非裔儿童及其家庭独特经验的意义上。关于这一点,最好的证据是关于种族意识和种族态度的研究结果。

通过对非裔美国男孩从儿童早期到青少年期的种族意识、种族态度和自尊的研究,Spencer 及其同事获得了非常有趣的研究结果。该结果表明,从学前期开始(如, Spencer, 1970; Spencer & Horowitz, 1973),黑人男孩就以与女孩相同的速度获得了关于不同群体的文化象征意义。学前儿童关于非裔美国人的黑白色调的欧洲中心(即白人高贵,黑人低贱)的评价性判断不存在显著的性别差异,而且,3 岁儿童可以像 5 岁儿童那样有效地习得这种文化象征意义(见 Spencer, 1970, 1999b; Spencer & Horowitz, 1993)。正如 Spencer(2005)所指出的,这些文化象征意义和对黑人自我加工的意义到青少年期时将变得愈发的复杂。

857

非裔美国男性青少年的独特经验

正如 Spencer(1999a)在一篇回顾性文章中所指出的,对于那些被社会普遍认为存在一定程度的不协调和恐慌的非裔美国男孩来说,他们在应对一般化的消极意象的同时要管理好自我支持的同一性,显然,这一任务过于艰巨。从一般的意义上讲,这一艰难处境或许类似于男性青少年的艰难处境,但是,具体到非裔美国男性青少年,他们被期望承载传统的、与男性青少年联系在一起的消极的刻板印象，此外，还得承载与少数民族的身份联系在一起的、通常很难察觉的消极意象。人们常常忽略的一点是，消极的刻板印象会对性格和社会化努力——如校内外的社会化活动——产生影响。这些状况和经验并未得到正式的承认（虽然这种经验是青少年日常经验的一部分），这就使得个体对正规的发展任务的管理更具挑战性。具体而言，在伴随多种可能更为消极的发展结果并更容易被误解的条件下，那些与建立道德同一性或学业（与成就联系在一起的）同一性的发展任务就显得尤为困难。因此，拥有较少资源和支持的非裔美国男性青少年在努力应对正规发展任务的时候，可能会采用被证明不那么具有建设性作用的应对方法。非裔美国青少年所采用的反应性应对方法（即通常所说的应对方式）可能是使自己在情绪上暂时感到舒适的方法。处于优越地位的青少年在追求自主性的过程中也会采用此种策略。但是，在存在社会刻板印象的情况下，这种策略最终往往导致的是青少年处境的进一步恶化。

与自主性的发展任务联系在一起的抗争也具有挑战性。理论家指出，价值自主性的发展与期望的认知变化是联系在一起的。我们认为，在对这些认知变化进行考虑时，要对情境的特征非常敏感并且将情境和认知综合起来进行考虑，附带说一句，研究者是很少考虑非裔美国青少年，尤其是男性青少年的认知变化的。这种将认知和情境的综合考虑包括，将非裔美国青少年对世界的渐进性理解过程和结果、特定发展阶段的正规的发展过程、价值自主性的发展与他们对不平等条件的抗争联系起来，对非裔美国青少年对正规的发展任务的反应抱有积极的期望。不管其社会地位如何，青少年的成就期望在不同的人群间并不存在差异，因此，不管某个特定群体遭遇了怎样的挑战，我们都应对他们的能力和弹性怀有同等的期望。对大多数人来说，虽然我们期望所有人在任何发展阶段都能获得能力、身心健康和广义的成就等积极的结果，但优越地位和额外的挑战往往被忽视。然而，在我们思考与成就有关的结果（如黑人和白人青少年的学业成就差异）时，我们的思维往往缺乏的是对青少年解释框架和关于以下几方面理解的领悟：(a) 情境的风险因素和保护因素的并存性，(b) 压力和可获得的支持的相伴相生性，(c)（为确保身心健康）可采用的反应性应对方法，(d) 稳定的应对过程（同一性）的模式和模式化的应对结果（如，与成就和道德同一性联系在一起的应对结果）。意识到青少年寻求意义的过程（包括对资源和挑战的评估）对于他们应对模式化的和独特的心理和生理挑战具有深刻的启发意义。而且，因素之间还存在有趣的交互作用。

再也没有哪种经验比非裔美国男性青少年的经验在面临竞争性的拥护（三倍困惑；见 Boykin，1986）和竞争性的社会化情境（见 Allen，1985；Boykin & Ellison，1995；Boykin & Toms，1985；Brookins，1985，1988；Hare & Castenell，1985；Johnson，1988）时所处的两难处境更清楚的了。价值自主性的发展也许可以透过城市青少年对尊重的追求和获得来证明，这是富有戏剧性的。对许多生活在资源匮乏社区的男性青少年来说，他们对独立和责任的要求和表现很早就出现了（见 Holliday，1985a，1985b）。这些特征的价值和对它们的认同在微系统——如家庭、社区、教堂——中非常清晰。这种认同和早期便将男性特点赋予非裔美国男孩的现象是非常有趣的。根据广为流传的逸闻，人们通常喜欢把男婴或蹒跚学步的男孩称为“小男人”。经常采用这一称谓背后所隐含的动机是对男性的普遍的重视，但可能并术表达要将一个男孩"成人化"的有意识的努力。相反,对这一术语的广泛使用(尤其是非裔美国男人对该术语的广泛使用)表明的是,努力避免白人把他们称作男孩从而拒绝黑人的成人地位,并且避免白人仅仅只是把他们看作是奴隶。因此,从非裔美国男人的视角来看,当一个父亲用"小男人"这一称谓来称呼他的儿子时,它仅仅表示的是一种爱慕。使用这一特定的称谓隐含着父亲对儿子的自豪和对儿子将来成为男人的一种期望。 858

这种语言的目的在于试图对社会上流行的、对黑人男性的刻板印象和贬损进行抵制。但是,幼儿首先要经历一段自我中心期,这种自我中心状况一直要持续到六七岁(见 Spencer,1976,1982)。因此,观点采择依赖于认知成熟和社会情境二者的联合作用。这样一来,儿童只能根据自己有限的认知能力来听、使用和理解语言,并解释语言背后的意图。因此,就非裔美国男人和男孩而论,"小男人"这一术语的使用也许不可避免地将导致儿童在十几岁时即作出许多关于成年男性的行为和责任的期望的推论。根据现象学生态系统理论,父母所采用的、意在避免将社会流行的刻板印象内化的特定的社会化策略(表现为反应性的应对方法)本身可能使个体产生错误的自我知觉。文化社会化是所有父母所要承担的又一传统的社会化服务。因此,对当代成年黑人额外增加的、要求对历史条件(如奴隶主通过有策略的言语将非裔美国成人贬损为儿童)作出敏感的应对所导致的最终结果是,非裔美国父母所承担的抚养孩子的责任将变得异常艰巨(见 Spencer, 1983, 1990)。

非裔美国男性青少年追求和获得他人(如教师、警官、素不相识的市民)尊重的敏感性可能存在诸多的问题(见 Spencer,1999a)。不论非裔和西班牙裔美国学生体验到的学校情感气氛问题有多么的严重和频繁,老师总是希望儿童表现出学生的样子和行为。在特定的文化传统下,对各类青少年(尤其是男性青少年)而言,性别因素可能会使问题加剧。由于没有将从父母所具有的连贯一致的文化社会化努力中获得的反应性应对策略进行仔细的内化,在社会耻辱被体验为一种早期的社会挑战的条件下,非裔男性青少年将会产生不协调感。作为一种基本的自我需要,青少年对尊重的追求可能比具有高度共同度和重要性的学业成就的追求更为重要(Spencer,1999a)。Irvine(1988)对开始于低年级的老师与男生之间的紧张关系进行了研究。根据作者的报告,在缺乏父母严密监控的条件下,如果无法得到社会和学校的一般化的尊重,男性青少年的反应性(或具有较少的建设性的)应对反应可能是成问题的。具体而言,肩负"习惯性的正确行动"——它是社会和学校所推崇和期望的行为的对立面——可能往往意味着消极的学业成就(见 Cunningham, Swanson, Spencer, & Dupree, 2003)。特别是在伴随基于生物学基础的正规挑战的情况下,如成熟速度的差异,对不平等的知觉和对尊重的需要可能会使家庭的动力关系变得相当复杂(Swanson, Cunningham, & Spencer, 2003)。

在青少年看来,与性别联系在一起的起恶化作用的行为,如表现出过分男子气的行为,在为自己赢得尊重方面比工具性行为和与将来联系在一起的结果——学业成就——可能更为有效。另一个起恶化作用但却正常的因素是相对较晚地获得时间观(对未来的正确知觉),作为一种认知建构物和认知成就,它与当前和过去是联系在一起的,而且,它的发展一直要持续到青少年中晚期。而在此之前,青少年需要获得重要的帮助,以理解和执行当前的行为投资(如,努力学习和不辍学)和长期的重要收益(如初中毕业和成功的就业准备)之间所存在的内在联系。按照正常的发展速度,儿童要到较晚才能形成正确的时间观,因此,毫不奇怪的是,许多男性青少年并不明白,12年的中小学学习为其提供了极其重要的机会。这也成为解释父母监控与青少年的学业成就存在普遍联系的另一个原因,而且,在存在刻板印象威胁的情况下(具体参见Claude Steele及其同事的描述),正确的时间观对非裔美国青少年尤为重要(见Spencer et al.,1996;Spencer & Swanson,2000)。教育,作为一个长期以来一直被非裔美国人拥护的价值——这一点在奴隶制度废除之前和之后都有记载(Spencer, Cross, Harpalani, & Goss, 2003)——和与父母的社会化努力整合而形成的文化价值,历来为非裔美国人所重视(Spencer,1983,1990)。教育上的成功提高了(但不能确保)获得尊重的可能性,而这恰恰是过分男子气反应性应对行为所期望的,也是黑人男孩和青少年所竭力寻求和需要的(Swanson, Cunningham, & Spencer, 2003)。但是,历史的、结构的和当代的诸多障碍和挑战使得教育并不适合于某些青少年。同样,根据现象学生态系统理论,美国移民的正规经验似乎并不比这更为复杂,它只是说明了可能提高青少年脆弱水平的不同的风险因素。对各类群体面临的风险因素的全纳性和广泛性的理解有助于我们发现所需要的基本的支持和特定于某种文化的干预措施,这些对于青少年获得能力是非常必要的。在可以获得个体的知觉发展水平、预期的脆弱水平和最佳的可能的发展结果所需要的支持类型等信息的情况下,现象学生态系统理论的方法——个体—情境分析——提供了一个将独特的风险因素和保护性因素与特定群体所面临的情境特征联系起来的、具有文化敏感性的机制性解释。

859

移民的特殊经验

参照S. H. White(1996)所提出的关于需要采用文化历史研究方法的提醒,本部分主要探讨生活在美国的、来自集体主义社会的第二代移民可能面临的风险因素和保护因素。我们将特别关注亚裔第二代移民的经验,具体而言是南亚裔第二代移民的经验,但必须强调指出的是,并非所有的南亚裔第二代移民都存在本文所提到的问题。与Cole(1996)的文化心理学视角和S. H. White(1996)的批判一致的是,我们认为个体是以其自身独特的方式建构其世界观的。然而,这一建构过程不可避免地与情境特点是联系在一起的(Lee et al., 2003)。正如我们在其他文章中所讨论过的(Spencer, Harpalani, Cassidy, et al.,2006),这里所谓的"南亚裔美国人"或"第二代南亚裔儿童"其实指的是在美国出生并在美国抚养长大但其父母是来自下列国家的移民:印度、巴基斯坦、斯里兰卡、孟加拉国。正如图15.12所展示的,现象学生态系统理论为我们探索南亚裔美国人的同一性的发展提供了一个有益的框架。当我们对个人主义社会(如美国)与集体主义文化(如南亚国家)之间的差异进行讨论时,我们会发现,在现象学生态系统理论的第一个成分——净脆弱水平(风险因素与保护因素之间的平衡)方面,南亚裔美国人的风险因素显得非常突出。

个人主义社会崇尚个人自由、独立和依靠自己。这些社会要培养的是能够独立于他人和情境的个体。具有独特性的个体被认为是一个不随情境的变化而变化的稳定的实体。"因此,独立的自我系统寻求的是自我特点的展现。社会情境中的他人确实很重要,但其重要性主要在于其作为社会比较或社会反馈的标准,并以此作为自我特点有效性的衡量。”(Markus & Kitayama,1991,p. 22)

而集体主义社会强调的是顺从和服从。集体主义社会的主要目标在于将个体塑造为在人际关系中相互依存的人。相互依存的自我被看作是灵活的(当周围的环境发生变化时个体也随之作出改变)、动态的、对个体角色的界定也主要是依据情境来进行。“这样一种相互依存的自我并不是一个固化的整体,因为自我会随特定社会情境的特点而发生结构上的变化。”(Markus & Kitayama,1991,p. 23)

由于这两种社会固有的巨大差异,因此,当来自集体主义社会的移民进入美国时,他们在使自身适应新的环境方面可能遭遇诸多的困难。当某个个体决定移民海外时,他其实是带着原籍国的许多实用知识来到移民目的国的。但是许多移民无法清楚地知道自己所要移民并将成为自己新家园的国家的文化和社会价值观、信念和态度等。这种状况可能会使许多移民产生极大的问题,特别是那些在文化适应方面存在困难的移民尤其如此。即使这些移民可能意识到自己不可避免地将经历激烈的情绪和心理变化,但他们还是不愿意从外人(包括心理健康专业人员)那里寻求帮助。这种“不愿意”可以归因为猜疑、疑惑、恐惧、不确定性、迷惑、耻辱或对西方心理学和心理学家的无知。这种分析和决策——克制自己不寻求客观的支持对于移民自身来说是可以接受的,但对于移民儿童会怎么样呢?对于早在祖国生活即已形成强烈的同一性和自我的移民来说,文化适应的过程可能无法完成。但是,对于生活在美国的第二代移民儿童,其文化适应和同一性的发展必将暗流汹涌(Spencer, Harpalani, Cassidy, et al. ,2006)。 860

Mehta(1998)所提出的理论解决了南亚裔美国人的文化适应过程的问题,该理论还暗示,“第二代移民所面对的语言、目标、食品、习惯、衣着、音乐、风景和价值与他们的父母存在明显的不同。这部分缘于经济收入的增加,虽然第二代移民快速地意识到美国的价值观与祖国的价值观的差异,但其父母强烈地鼓励他们维持对自己种族的认同”(p. 133)。由于种族认同和国籍认同之间的这种不一致,南亚裔美国儿童面临着文化上的冲突:源自家庭的集体主义思想与来自周围环境的个人主义思想存在冲突。第二代南亚裔美国儿童必须努力并成功地解决相互矛盾的哲学观上的冲突这一极其困难的任务方能生存。根据现象学生态系统理论,我们可以肯定地说,在某种文化环境中起保护作用的因素,在适应新文化的过程中可能无法起到支持源的作用。

许多南亚裔美国人所体验到的由于文化冲突而产生的紧张是一个重要的风险因素,它提高了南亚裔美国人的脆弱水平和净压力水平,这一点对同一性的发展具有重要的启示意义(Spencer et al. ,2006)。与其他一眼就很容易辨别的多元青年一样,南亚裔青年的身体特征也是一个风险因素,因为易识别的身体特征可能会使其他人把他们看作外国人,虽然他们在美国出生并拥有美国国籍。这种生理我和心理我的对立可能会导致自我意象和自尊的混乱,这将影响其能力的发展和心理健康。有趣的是,在存在保护因素、社会支持和可供模仿的适应性应对方法的条件下,许多青少年还是维持着健康的自我感并表现出弹性。

与许多有色家庭一样,现象学生态系统理论中的一个保护因素,也是作为支持的一个潜在的来源是南亚裔移民的家庭。为了理解自我与家庭的联系(家庭可能是一个风险因素),对集体主义文化情境中的内群体(in-group)和外群体(out-group)这两个概念进行讨论是非常重要的。内群体构成了个体即时的社会环境。在南亚国家中,内群体可能包括家庭(包括核心家庭和扩大家庭)、朋友、同事和同伴(Markus & Kitayama,1991)。个体与其特定的内群体存在密切的联系,因此,根据 Sethi、Lepper 和 Ross(1999)的观点,“自我和相关的内群体成员可能成为在推论、判断、归因、动机和知觉的偏差上具有一定相似性的心理实体”(p. 10)。这样一来,集体主义的自我便根据其内群体得到界定。然而,移民的过程打乱了内群体的概念。

就儿童而论,当他(她)们移民到另一个国家,将大家庭、朋友、同事和同伴抛在身后时,必将导致个体的社交、社会和文化环境发生极大的改变。这些移民儿童必须打破其在南亚业已建立的内群体的密切联结,远离稳定和安全的生活,在另一个国家努力实现自己的目标和抱负。对于那些相互依存的人来说,离开内群体可能是一种带来极大创伤的经验。这种联结的割断可能是非常困难的,特别是在移民目的国尚未建立起广泛的家人和亲戚网络的时候尤其如此。根据现象学生态系统理论,为了使支持最大化以抵消挑战的影响,移民必须学会在新环境中如何与其他的移民构建起自己的家庭和亲戚网络。尽管在移民国所形成的友谊可以使人感到安心并提供情感、心理和可能的经济支持,但是,它的积极作用与移民在祖国业已建立的家庭成员之间的或终生的朋友关系可能是无法相比的。因此,发现和寻找支持本身可能会引致挑战,这一挑战会打乱个体总的净压力水平的积极平衡。

内群体的特点和经验在异国他乡可能起着完全不同的作用。Triandis(1989)就认为,“集体主义与强调顺从、服从和可靠性的儿童抚养方式是联系在一起的。这种模式通常与对内群体目标一致行为的奖赏——该奖赏导致对内群体目标的内化——联系在一起。因此,人们经常会按照他人的希望来决定自己做什么事情,即使这件事情令他们不快”(p. 513)。但是,在原籍国可能起着心理保护作用的性格特点在移民目的国可能起着不同的作用。例如,对顺从和服从的过分强调,特别是那些在维持其文化习俗方面保持高度传统和守旧的个体往往倾向于对子女进行严厉的家庭管教。这无疑是将一个风险因素施加给了生活在一个强调独立和自由的个人主义社会的南亚裔美国儿童的身上(Spencer, Harpalani, Cassidy, et al. ,2006)。

861

南亚裔家庭的经济状况也是一个风险因素,并可能使移民儿童受到由于优越地位所带来的负面影响。Mehta 认为,“来自印度的移民主要局限于受过良好教育的群体,这些人与美国的其他移民群体不一样,他们已经实现了巨大的经济富裕”(Mehta,1998,p. 132)。而事实上,亚裔美国人被看作是美国文化中少数民族的榜样。南亚裔移民在经济上的成功可能会唤起其他种族和民族群体的敌意,这可能会导致种族冲突,从而使南亚裔美国儿童容易遭受威胁、骚扰和潜在的暴力。因此,根据现象学生态系统理论,如果情境中存在着与耻辱、刻板印象以及与其相关的压力的话,在通常情况下可以抵消更多传统风险因素的保护因素可能并不一定能起到保护因素的作用。

性别可能是另一个重要的提高脆弱性的风险因素。尽管在南亚文化中对两种性别的期望和观点存在极大的差异,但我们仍然可以预期的是,同一性发展背后的这一期望过程在男女两性之间存在极大的差异。但是,由于目前缺乏对南亚裔群体的大量研究,因此,最好的一个办法是把南亚裔美国人作为一个集体主义的整体来加以研究。

Spencer,Harpalani,Cassidy 等人(2006)认为,从理论上来讲,在集体主义文化中有望起保护作用的因素在个人主义文化中可能会摇身一变而成为压力的来源。在南亚裔美国人的生活中,存在最大问题、最引起争论和情绪困扰的两个问题是职业和恋爱关系的选择,因为这两个问题是对青年的亲—子关系产生直接影响的两个最为重要的决策。Mehta 通过将“性别冲突”和“职业冲突”这两个概念纳入其假设的五个发展性冲突领域之中而支持这一论断(1998)。然而,从更一般的意义上来说,压力源可以是移民父母的期望与美国社会期望之间存在冲突的任何一种情境。与其他各类有色青年一样,南亚裔美国青年必须面对美国的复杂社会情境,包括中小学、大学、同辈群体、媒体等等。后者教会他们做自己的主人、发挥自己的自主性和独立性,向着自己的抱负和渴望前进。移民青年看到,摆在他们面前的不止一种选择,他们被鼓励作出自己的最佳选择(包括使自己最快乐的选择)。但与此同时,南亚裔美国儿童还被期望要听父母话并实现对家庭的义务。“安格鲁美国人(Anglo-American)的那种自立、自由和个人责任通常被移民父母错误地解释为自私,而且移民父母对其子女限制过多。”(Mehta,1998,p. 150)

因此,第二代南亚裔美国人接收到的是两种完全不同的关于如何建构自我的信息。这种两难处境对于同一性的成功发展是一个严峻的挑战。南亚裔的家庭单元可以成为一个重要的起安慰作用的支持来源,特别是当它具有封闭和亲密特点的时候。换言之,在青年完全被动地接受同一性的信息方面,家庭也可以是一个重要的压力来源。作为南亚裔家属和亲戚网络中一员的家庭朋友和来自不同社会背景(包括学校和邻居)的南亚裔美国人的同伴也可以作为潜在的支持起作用。然而,这些支持也可能成为痛苦和混乱的潜在来源,这取决于南亚裔美国人如何处理择偶和择业的决策问题。

在某些南亚裔人的家庭中,对于子女选择适应和顺从美国文化的行为,父母的态度可能是接受和感到安然的。但是,儿童与这些观念较为开放的父母之间发生冲突的可能性还是存在的,因为大多数南亚裔美国儿童都曾经述说过受困于两种文化中的生活:“9 点到 5 点过的是美国的生活,5 点至 9 点过的是印度的生活。这种两重性代表了南亚裔第二代移民的一种非常严重的自我分裂感。”(Mehta,1998,p. 137)在理想的状态下,这些冲突可能是非常小的,它们无法阻碍南亚裔美国人的同一性的发展,但事实并非如此。

在大多数情况下,儿童总会在生命的某个时间在二者之中选择其一。问题在于,他们必须选择集体主义还是个人主义?他们该如何作出选择?关于这一点,现象学生态系统理论详细阐述了反应性应对策略的作用,明确说明了其对同一性过程的重要启示意义,这显然具有重要的意义。可能恰恰就是在这一递归的发展阶段,净反应性应对策略、形成中的同一性过程和南亚裔美国人的自我知觉可以共同决定一个人是使用还是不使用某些能力,是炫耀还是掩盖某些身体特征,是接受还是压制某些行为,是参与还是逃避某些活动(Spencer,

862

Hartmann, et al., 1997, p. 47)。

如果一个南亚裔美国人选择的是通过将自己完全认同为美国人和违拗父母的意愿并参加正常的美国文化活动，如约会、跳舞，甚至选择父母无法接受的职业发展道路来适应自己的环境，那么，这种行为既可以看作是适应性的，也可以看作是非适应性的，因此，青年对行为后果的权衡是至关重要的。一方面，这种应对策略可以明确地被看作是一种在社会巨大压力下与同伴保持一致行为的积极的应对行为。但它同时也可以被看作是一种消极的应对策略，当我们考虑到家庭成员之间的强有力的联结时，如果第二代南亚裔美国儿童践行美国文化的这句格言，那么他们就必须面对以自己家庭为耻的严重的创伤："跟着自己的心跳，追逐自己的梦想。"此外，视家庭的保守程度而定，南亚裔美国儿童由于追求个人的独立还可能存在失去家庭的危险。根据南亚裔父母的观点，这种耻辱感和家庭的丧失之所以发生，原因在于南亚裔美国儿童自主选择自己生活的行为被父母理解为对长者和家庭的全然不顾和不敬，表现的是彻头彻尾的不服从。

然而，如果南亚裔美国儿童选择的是顺从家庭的意愿，但同时其内心却倾向于另一个选择，那么，这种选择也可能同时兼具消极的含义和积极的含义。由于顺从父母，这些儿童可能会过着不幸福的生活，因为他们没有实现自己的梦想。当南亚裔美国人开始感觉到与自己的同伴失去联系，特别是当他们不被允许参加在美国文化中最为重要的活动或事件时(如，与朋友外出，约会)，他们立即就会有这种体验。当南亚裔美国人对这些改变生活的重大决策进行思考，特别是当他(她)们后悔当初听从了家庭的决策并陷入他(她)们认为难以容忍的不满和不幸的工作或婚姻时，这种对自我愿望的放弃是很成问题的。他(她)们最终可能会觉得自己的生命被浪费在了家庭和文化的梦想和期望上，并最终对家庭和文化产生仇恨的心理(Spencer, Harpalani, Cassidy, et al., 2006)。

Phoebe Eng 在其一本题为《勇士的教训》(*Warrior Lessons*)的书中回答了许多亚裔美国儿童的这一选择问题："当被问到我们为什么总是放弃自己的愿望以满足父母的期望时，我们中的大多数人是这样回答的，是出于子女的孝顺和对长者的尊敬。"(p. 25)根据已有的观察结果(如 Eng 的观察结果)，我们可以看到，从家庭中习得的集体主义思想是如何对南亚裔美国儿童产生影响的。"子女的孝顺"的力量可能是无法承受的，有时甚至是令人窒息的，特别是当我们考虑到该情感由于进一步与愧疚联系在一起而变得更加复杂时，对此我们也就更加地容易理解。Eng 这样评论到，"'子女的孝顺'通常是回报的同义词——[子女]的愧疚和顺从换来的是[父母]永远心照不宣的支持。我们的愧疚可能源于父母多种形式的表达"(p. 26)。Eng 继续说到，这些表达的形式包括父母的言语，父母会指出自己作出的诸多牺牲。子女目前所拥有的优越和奢侈的成长机会是父母从来不曾拥有过的，但却是父母努力工作所换取的，这种成长机会会使子女产生愧疚感，这种愧疚感可能会导致南亚裔美国人觉得有义务或责任顺从自己的父母。

指出一点是非常重要的，即我们不能把移民父母看作是自私或错误的。对子女的这些观念和态度深深地植根于南亚的文化之中，它在集体主义社会中是非常正常的。然而，当南亚裔移民被放置在一个个人主义的文化框架下的时候，他们可能还没有意识到，他们在祖国所秉持的规则和社会规范不一定适应于所有的情境。移民父母的保守程度与他们本身是否成功地实现了文化适应和应对移民的过程存在直接的关系。

因此,南亚裔美国人会根据他们对自己应该如何行事的知觉来选择不同的适应方式。他们可能会选择一个极端,即反叛自己的父母,将自己完全地认同为美国人,其实质是反叛父母的文化;他们也可能选择另一个极端,即完完全全认同自己的种族文化,否认自己的国籍认同。亚裔美国人的第三种可能性是两者都不选择。这三种应对策略可能是非适应性的并可能导致问题的产生。第四种可能性在于,南亚裔美国人可以在两种认同之间达成妥协和平衡,这明显是最积极和最具适应价值的解决方法。

现象学生态系统理论模型接下来的阶段是形成中的同一性。如果南亚裔美国人选择的是反叛,而且他们可以从美国同伴或朋友那里得到支持的话,那么,他们可以对自己产生积极的看法。Mehta(1998)把这种同一性称之为"美国中心认同"(Amerocentric identity)。持这种同一性的南亚裔美国人怀有"强烈的美国价值观,且与自己的种族背景少有接触"(p. 134)。在美国社会中,他们很可能会感到内心舒适,但同时又会觉得与自己的家庭失去了联系。南亚裔美国儿童也可能会对自己产生消极的看法,特别是当他们被父母贴上"坏孩子"的标签时,这一标签可以转译为如下含义:他们是一个失败的产品,或者,他们使家庭蒙受了耻辱。在极端严厉的南亚裔移民家庭中,南亚裔美国人可能最终会与家庭断绝关系或被家庭抛弃。他们最终形成的同一性是:自己是家庭的害群之马。

如果南亚裔美国人顺从了家庭的期望,他们在与父母的关系方面就可能形成积极的同一性。他们的家庭和文化也就成为支持的重要来源,同时,他们也被视为是好孩子和听话的孩子,他们本人最终也会形成相同的看法。然而,这些儿童可能要面对孤独,而且可能会受到同伴的当众羞辱或嘲笑,特别是当他们将主要精力花在学习上而不参加社交性聚会、活动或事件时。Mehta(1998)把这些人称之为已经形成了"种族中心认同"(Ethnocentricidentity)(p. 134)。

当南亚裔美国人既不选择美国中心认同也不选择种族中心认同时,他们形成的是"折衷的认同"(Compromised identity),Mehta认为这种认同/同一性是最成问题的。持这种同一性的南亚裔美国人既无法与周围的环境形成有效的联系,也无法与家庭的文化形成有效的联系,他们变成了迷途人或被疏远的人。有趣的是,如果南亚裔移民父母未能成功地解决文化适应的问题,并且从自己移民开始就感到迷惑或在自己的同一性发展上存在着冲突,那么,南亚裔移民儿童在同一性的发展上也可能存在相同的问题(Mehta,1998)。

由于在国籍认同和种族认同之间达成妥协而产生的"双元文化认同"(Bicultural identity)一般发生在这样的儿童身上:他们的父母对美国的文化愿意持灵活和开放的态度,并且他们本人已经实现了对美国的成功适应。这些儿童既与他们的南亚传统有联系,也与他们对美国的国籍认同有联系(Mehta,1998)。

这就导致了现象学生态系统理论模型的最后一个成分:"特定发展阶段的结果或应对产物"(Spencer,1999a,p. 47)。南亚裔美国人可能获得积极的结果,如与家庭、朋友、亲戚网络、学校或邻里同伴形成了健康的关系,具体情况视最终形成的是何种同一性而定。他们可能会形成健康的同一性,但也可能会产生同一性混乱、心理问题、与家庭断绝关系,产生心理障碍等等,这些状况最终可能导致抑郁,甚至自杀。

当我们对导致消极的同一性和少产结果的可能的非适应性应对策略进行思考时,南亚裔美国人所处的困境是非常严重的。我们不能对这些问题轻描淡写或视而不见。南亚裔美国人群中正越来越多地出现心理紊乱、心理病理和自杀的案例。虽然我们很难确定这些问题的确切原因,但据我们的保守猜测,婚姻、恋爱关系、学业和职业冲突极大地困扰了南亚裔美国人的生活,使他们的生活变得异常的复杂。

虽然关于心理健康和心理问题的消极耻辱被赋予了南亚裔美国人,但对这个问题我们还需要更多的研究。此外,临床心理学家在治疗南亚裔美国人案主时必须认识到以上问题的重要性。本节所阐述的问题强调了这样一个事实,即美国的心理学家急需在关注少数民族问题方面接受训练,并要对案主的需要保持高度的敏感性。通过对移民儿童所生活的文化情境的理解,心理学家可以帮助南亚裔美国人形成积极的同一性,这种积极的同一性会使他们取得稳定和积极的应对结果。

不管是对一般意义上的边缘青年(即移民青年)来说,还是对在个体与情境之间形成了协调关系的青年来说(即,如我们前面所阐述的,欧裔美国人可能容易受到优越地位的消极影响),情境在这一过程中都起着重要的作用。现象学生态系统理论所形成的整合和复杂的视角以及独特地应用于青年的经验业已表明,当服务计划、社会化努力、社会实践和广泛的政策与情境特点存在关联时,积极的结果总会发生。目前,我们已经拥有了关于生态情境的多种理论视角,这些理论视角对不同的成分各有侧重,也为我们理解个体与情境之间的交互作用作出了独特的贡献。

生态观:对生物生态模型的探索

正如我们在多篇回顾性文章中所指出的(如,Spencer & Harpalani,2004),Bronfenbrenner和Ceci(1994)提出了生物生态模型(the Bioecological Model)的四个显著特点。首先,他们界定了可测量的机制——即众所周知的最近过程(proximal processes),通过这一过程,基因的影响才能转化为现实的、可观察的现象。因此,作为遗传与环境对人类发展影响的中介变量的最近过程是该模型的一个基本成分。其次,Bronfenbrenner(1994)强调了基因的多样性,他们指出,生物生态模型将可遗传的系统变异规定为最近过程与最近过程发挥作用的环境特点的联合功能(p. 570)。正是有了第二个特点,生物生态模型才为可遗传性(heritability)提供了测量的方法。但是,颇具讽刺意味的是,其测量方法与大多数行为遗传学研究中的测量方法是完全相同的。生物生态模型将可遗传性解释为可归因于实际发生作用的遗传潜能的方差的比例(Bronfenbrenner & Ceci, 1993, 1994),而不仅仅是基因的影响。Bronfenbrenner和Ceci(1994)着重指出了可遗传性的重要作用。他们认为可遗传性在社会科学中最重要的贡献在于其变异性。可遗传性的变异性使得可遗传性与发展功能建立了联系,当然,正如我们在生物生态模型的第一个特点中所指出的,最近过程是二者建立联系的概念桥梁。生物生态模型的第三个特点是,该模型认为可遗传性的变异与特定的发展结果是联系在一起的(见图 15.18)。

生物生态模型的第四个特点是,它同时对可遗传性和绝对的发展能力作出了评价。Bronfenbrenner 和 Ceci(1994)推断,提高最近过程的质量将导致可遗传性水平和发展功能水平的提高。后一推断的逻辑似乎非常容易理解:可遗传性之所以提高,是因为,当最近过程提高了特定人群中个体的素质时,这些个体将使自己的可遗传性潜能最大化,而这些可观察到的人群中的差异可归因于遗传潜能的差异。

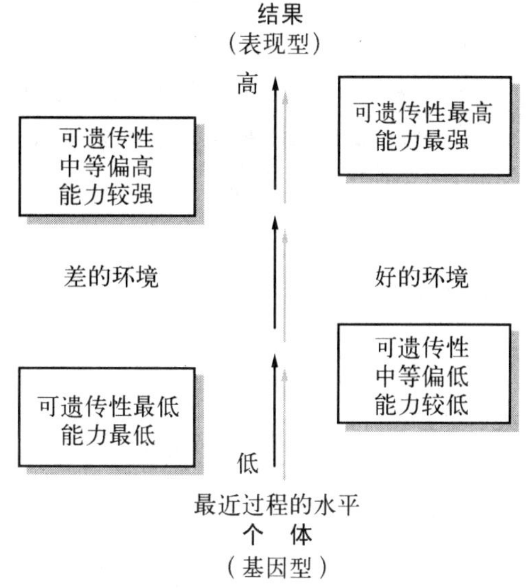

图 15.18 生物生态模型。该图改编自 Bronfenbrenner 和 Ceci(1994)。

来源: Spencer & Harpalani, 2004。

Bronfenbrenner 和 Ceci(1994)根据他们的生物生态模型推导出了三个命题,他们利用这三个命题来提出研究的假设。第一个命题阐述的是人类发展过程中人与环境的交互作用,它是这样表述的:"人类的发展产生于积极的、处于不断进化发展中的生物心理人类机体、人、客体和个体即时环境中的符号之间的日益复杂的交互作用过程。"(p. 572)Bronfenbrenner 和 Ceci(1994)指出,这种交互作用必须长时间保持连贯一致才能有效地促进个体的发展。所谓连贯一致的交互作用模式,其实就是我们前面所定义的最近过程。比方说,最近过程可以包括儿童与父母、同伴的互动、问题解决的能力和技能的发展、知识的获得,等等。

生物生态模型的第二个命题指出,"最近过程对发展的影响方式、大小、内容和方向将随发展中的个体、最近过程发生的环境——包括近端环境和较远端的环境——和感兴趣的发展性结果的特点三者的联合作用而发生系统的变化"(Bronfenbrenner & Ceci, 1994, p. 572)。利用这一命题,Bronfenbrenner 和 Ceci(1994)引入了以下一些对最近过程及其影响起支配作用的因素:人和环境的特点、研究者正在分析的发展结果的特点。

865

在生物生态模型的第三个命题中,Bronfenbrenner 和 Ceci(1994)重申了是最近过程将遗传潜能转变为现实结果(表现型)的,并指出,支配最近过程的因素会发挥其将遗传潜能转变为现实能力的作用。根据这三个命题,Bronfenbrenner 和 Ceci(1994)提出了三个假设。第一,他们重申了这样一个观点,即通过提高可转变为现实的遗传潜能变异的比例,有效的最近过程可以提高可遗传性。第二,他们假设,在将遗传潜能转变为现实能力的过程中,最近过程会努力提高能力、降低功能障碍,从而提高二者的可遗传性。第二个假设的启示意义有二:

1. 最近过程在有组织的、良好的环境中将遗传潜能转变为积极发展结果的能力要强于其在不一致和不良环境中的转变能力。

2. 最近过程在不一致和不良环境中对遗传潜能转变为消极发展结果的缓冲作用要大于其在有组织的、优越环境中的缓冲作用。

前两个假设其实指的是,可遗传性(指的是可转变为现实能力的遗传潜能的方差)是最近过程和环境质量的直接函数,它随二者的变化而变化。Bronfenbrenner 和 Ceci(1994)的第三个假设是,最近过程将生活于不太一致和不太好的条件中个体的遗传潜能转化为现实的积极发展结果的能力更强。Bronfenbrenner 和 Ceci(1994)引用了许多研究来支持他们的前两个假设(Fischbein, 1980; Riksen-Walraven, 1978; Scarr-Salapatek, 1971),他们指出,由前两个假设推导出的第三个假设对干预显然具有重要的启示意义。但是,这两位作者还指出,该模型还需要接受广泛的检验。

生态系统理论

虽然生物生态模型描述了遗传的影响、可遗传性和发生于特定环境的最近过程三者之间的关系,但生态系统理论(Ecological Systems Theory; Bronfenbrenner, 1979, 1989, 1993)根据人与环境关系的动态性、交互性和系统性刻画了环境影响的不同水平的不同特点(见图 15.19)。

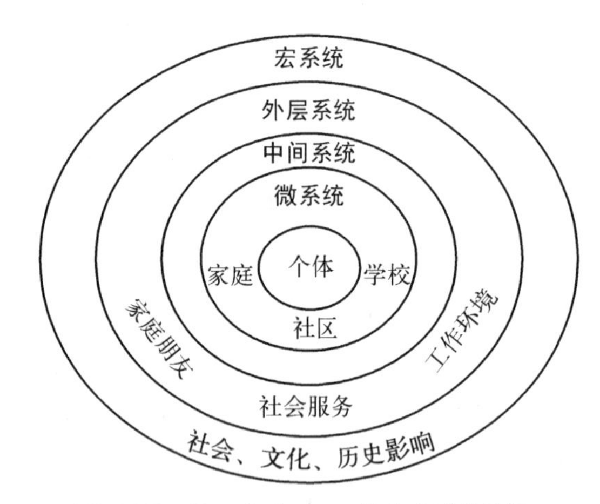

866 **图 15.19** Bronfenbrenner 的生态系统理论。

来源:"Ecological System Theory"(pp. 187 - 248), by U. Bronfenbrenner, in *Annals of Child Development*. R. Vasta (Ed.), 1989, Greenwich, CT: JAI; and "The Ecology of Cognitive Development" (pp. 3 - 44), by U. Bronfenbrenner, in *Development in Context: Acting and Thinking Is Specific Environments*, R. H. Wozniak & K. W. Fischer (Eds.), 1993, Hillsdale, NJ: Erlbaum.

如图 15.19 所示,也正如 Spencer 和 Harpalani(2004)所详尽评述的,生态系统理论是以层次的顺序呈现的,在该人类发展的理论框架中,各系统之间的交互作用越来越复杂。Bronfenbrenner 是从修正 Lewin(1935)关于行为是人和环境的联合(coupled)函数的观点开始建构其理论的(1979, 1993)。他用"发展"替代了"行为",并指出,发展也是时间历程中人与环境的联合函数。他还指出,发展的功能取决于时间。每个具有连续性的发展时期取决于前面所有的发展时期。

Bronfenbrenner(1993)指出,在整个发展心理学的发展历程中,大多数意在描述人的特点的理论并没有将情境考虑进来;研究者在思考个体的发展质量时并没有参考个体所生活的环境(见图 15.19)。比方说,这种发展质量包括了标准化的心理测量,如人格测验、智商测验。这种分析反映的是个体归因模型(Bronfenbrenner, 1989),即,将分析过分狭隘地聚焦于个体。这一分析背后所隐含的假设是,可以在不考虑情境的条件下将标准化的测验结果进行推论。Bronfenbrenner(1993)对个体归因模型背后的环境的可推论性假设提出了质疑。他不否认标准化测验的益处,但他坚称,研究设计必须同时考虑社会、文化和历史情境等问题，并且应该采纳情境取向的(context-oriented)测量。

与之相对的是，社会归因模型(Bronfenbrenner，1989)——也是最常见的方法，只考虑环境因素，如社会阶级、家庭规模以及其他的人口统计学变量。在社会归因模型中，环境的具体特点、发生于特定环境中的活动以及这些活动对个体的影响往往被忽略掉了(Bronfenbrenner & Crouter，1983)。人与情境交互作用模型同时对个体和情境进行考察，但并没有对发展的过程进行分析。人与情境交互作用模型具体说明了生态系统的构成及相互关系(Bronfenbrenner，1989)，但它并没有阐述发展结果的内在过程。

与之相对的是，Bronfenbrenner(1979，1989，1993)的生态系统理论是一个过程—人—情境模型，该模型与生物生态模型一样，强调了发展过程的变异性，这一变异性是个体特点和环境特点的函数。生态系统理论将环境分解为四个有组织的水平，这些不同水平的环境是人与情境发生交互作用的中介变量：微系统、中间系统、外层系统和宏系统(参见图 15.19)。Bronfenbrenner 模型的第一个层次——微系统，指的是人与近端的社会和物理环境——家庭或学校——之间的交互作用。所有水平的环境对个体的影响都会通过微系统加以过滤，在这里，真实的体验得以产生。从本质上来说，最近过程——前面所提到的生物生态模型将它定义为遗传影响转化为可观察的现象的机制(Bronfenbrenner & Ceci，1994；参见图 15.18)，其实就是微系统中人与情境交互作用的模式，它会随个体的发展而发生相应的变化(Bronfenbrenner，1979，1989，1993)。中间系统描述了生活中不同微系统之间的交互作用，实际上是构成了不同环境下的人际关系网络。外层系统指的是更远端的影响，包括个人所生活的社区的结构和与个体并不直接相关的环境。最后，宏系统由更广阔的社会机构组成，如政府、经济、媒体，等等，它们为个体的发展创造了社会和历史环境(Bronfenbrenner，1979，1989，1993)。

Spencer 和 Harpalani(2004)的分析揭示，生态系统理论为我们提供了一个可以对环境和遗传—环境的交互作用进行分析的动态的、对情境敏感的理论框架。该理论对上述的行为遗传理论也提供了一些启示。例如，不管遗传和环境的相关性有多大，这种相关的积极影响和消极影响(Plomin，DeFries，& Loehlin ，1977；Scarr & McCartney，1983)主要发生于该模型的较低水平之中。在微系统水平，甚至在中间系统的水平上，个体可以在一定程度上塑造它们自身的环境和他们亲属(或许得根据遗传关系的远近)的环境。然而，根据定义，个体无法塑造影响其发展的外层系统，因为很少有人能够影响宏系统，尽管存在不少例外的情况(如，Dr. Martin Luther King 和 Mahatma Gandhi)。广阔的社会影响，如结构性的种族主义(Spencer，Cross，et al. ，2003；Swanson，Cunningham，& Spencer，2003)和关于种族的刻板印象(Harpalani，1999)会通过微系统的过滤对少数民族青年的发展和经验产生影响。不管其遗传的构成如何，个体很难祛除这些影响。甚至非常平淡的压力情境——如在商业活动中遭冷遇(如未得到服务)或在某个商业区被跟踪或被密切监控，也可以被累积地体验为“轻微压迫”；如果这种影响呈现出一定的模式且持续存在的话，那么这种累积的压力可能会对耻辱化的群体(如非裔美国人)产生强大的影响(如，Carroll，1998)。

除了宏系统影响的不可控性和他们对日常经验的影响外，对许多青年来说，他们对近端

867 环境的塑造能力也是有限的。例如，Stevenson(1997)描述了非裔美国青年是如何被主流美国社会所忽视和抛弃的，以及这种处境和社区因素与非裔美国青年因无法管理愤怒而“捣乱”之间是如何相关的。黑人青年之所以被忽视，是因为持刻板印象的媒体所塑造的影响扭曲了黑人青年的社会表现和情感表现的意义——当然，这种扭曲是负面的扭曲。因此，这些独特的表现是一种充满傲慢的贬损和看法——抛弃，这些都是由个人无法支配的宏系统所带来的影响。带着这些错误的表征，许多黑人青年生活在高危的情境之中。于是，在某些高危的微系统情境下(如社区)，愤怒也许真就成了一种可行的、表达社会和情绪的能力。这种行为在其他的微系统(如学校)中，也可能被误解或被建构为不适宜的行为。因此，错误的表征、不敬和充满危险的处于不同水平的情境因素在引发黑人青年的愤怒中是相互影响的。Phelan 等人(1991)描述了各微系统之间的不协调是如何对弹性和健康发展起作用的，因此，这一过程发生于中间系统的水平上。

让我们来分析一下基因型在生态系统理论中的作用也许会有帮助。生态系统理论关注的是环境的影响而不是遗传的影响。基因型(即基因的构成)显然是 Bronfenbrenner 已经考虑到的一个内隐成分，但我们在他的模型中并没有发现它。这大概是因为基因型仅仅与人有关，而与人一情境的交互作用是无关的；它并不会因环境的影响而发生变化。事实上，对基因型的割裂式关注(即只关注基因型本身，对环境不予关注)往往导致行为遗传学家对人的发展持静止的观点。但是，正如 Spencer 和 Harpalani(2004)所评述的，发展的重要成分可能并不是基因型本身，而是基因型的表达(表现型)。基因的表达取决于基因与环境的交互作用，而且，如果我们不能对基因型在特定环境中的表达进行现实的观察，我们也就无法对这种表达加以确定(Gottlieb，1995)。在我们对发展进行分析时，虽然基因型是一个重要和可测量的成分，但它的表达(因此也是真实的影响)应该结合环境的影响和发展过程来考虑。说得具体一点是，与认知联系在一起的知觉在其中起着重要的作用。

对于 20 世纪的美国来说，很少有最近过程不受特定的基因表达——表现为肤色——的影响(见 Franklin，1968)。此外，最近过程还要受到许许多多与之伴随的历史条件(Du Bois，1903)、对种族的社会建构的意义(Pettigrew，1964)、与之相关的职业实践活动、观念(如，Kardiner & Ovesey，1951)和政策决策(见 Grenshaw et al.，1995)等的影响。但是，在整个 20 世纪，很少有政策变化所隐含的意义比 Brown 诉教育委员会所隐含的意义更为丰富。与关于移民青年的经验一致的是，移民政策对美国的新移民产生了同样的影响。

不幸的是，关于诸多重大的移民政策对当代儿童，特别是边缘化青年的发展结果的影响，我们还未进行过完整和整合的探察。但是，精彩的述评还是有的。Prashad(2000)的分析对于我们理解南亚裔美国人的经验具有特殊的重要性。而且，在移民存在更大的群体内多样性和历史上特定移民潮的时间点的情况下，许多早期的移民政策对今天的新移民仍然具有特殊的重要性。移民在价值观上的多元性、信念、全球经济因素、社会所持有的与推论和耻辱联系在一起的广泛的观点(如典型的对少数民族的刻板印象)对所有有色青年移民，特别是新移民(如，Hmong)和亚裔第二代移民来说具有特殊的相关性(如，参阅 Koshy，1998)。

然而，除了其确切的真实存在之外，对多元群体成员的心理功能的社会建构和推论也起着重要的作用。他们代表了这个时代对多元群体成员的心理健康的社会理解和推论。最重要的是，根据现象学生态系统理论（该理论承认生态学和现象学因素的核心重要性），来自外部的假设和对政策重要性的评估的真正作用可能与其初衷是背离的。作为对政策决策的重要影响，已颁行的政策在不经意间可能起着风险因素的作用，这与其初始的和预想的保护性功能（降低特定公民的极大的社会脆弱性）是背道而驰的，这一点尤其适用于被贬损的（边缘化的）青年及其家庭。

20世纪的社会科学假设和实践、法庭决议及其对多元青年的净脆弱水平的启示意义

868

为了构建一个解释多元青年发展的替代的和全纳性的理论基础，让我们阐述一下现象学生态系统理论的优点。支持使用现象学生态系统理论的一个重要的理论基础在于，该理论可应用于所有的个体，而无须考虑群体的人口统计学特征（如，经济状况、种族、民族、本地居民、移民）。之所以说全纳性是该理论的一个主要优点，原因在于，已有的文献总是狭隘地将那些被归类为“不同的”人群（即与白人和中等收入人群联系在一起的被广为接纳和非耻辱化的标准不同的群体）推论为存在偏差、病理和问题。如前所述，关于黑人儿童的早期研究在概念上存在诸多的缺陷（见 Spencer，2005）。与此同时，传统的广为传播的儿童发展研究作出了这样的假设：这些研究结果代表了所有青少年的经验（即群体内不存在多样性）。具体而言，这种观点暗示，欧裔美国人的经验是所有人的正规标准。在大多数情况下，以过程为导向的对发展的分析一直以来仅仅局限于对中等收入者或欧裔美国人的分析。与之相反的是，从总体上来说，在社会科学的研究文献中，以问题为导向或以病理为导向的研究被认为代表了少数民族的经验，而且这种观点将继续成为发展科学的特点。

推论、假设和 Brown 诉教育委员会本应该考虑到的：对研究、实践和理论建构的当代启示意义

已发表的研究所存在的模式表明，我们对群体存在特定的假设，如某些人处于未被承认的优越地位（即他们是所有人的正规标准），同时，大多数的其他人被推论为存在同质性的非典型性经验。根据发展科学的知识，我们可以作出的一个推论是，正规一直是属于欧裔美国人和中等收入人群的。而与此相对的另一个极端是，边缘化的群体成员被界定为“其他人”。这些人的经验被错误地假设为与少数民族一样，是同质性的，而且，正如我们前面所表明的，在研究文献中，他们代表的总是这样一类人：偏差、差异、问题、病理和缺陷（见 Spencer，Brookins，& Allen，1985）。而且，这两种不同的思想对比总是忽略了社会和物理生态的多重贡献：除了在考虑各类有色青年时会考虑其情境特点外，但因此，也就找到了该群体高脆弱性的来源（相较于可获得的保护因素，该群体存在更高的风险）。

不幸的是,从严格的意义上讲,后一观点仍然关注的是某些青少年(如移民青年、低收入家庭青年和有色青年)的劣势,因为它传达了这样一种偏好,即个体应该为其社会情境承担全部的责任。这种观点强化了这样一种刻板印象,即问题或风险主要缘于个体,个体在创造其情境的过程中起着决定性的作用。因此,其假设是,这些青少年应该为自己的不利处境负责。这种不断得到狭隘的、不科学的研究努力所强化的刻板印象没能产生全纳性的理论、积极的研究传统和可以为多元群体充分解决和促进其特定发展阶段的结果的、具有文化真实性的项目应用。作为一个以过程为导向、具有文化敏感性、关注同一性、可以回答“如何”问题(它对应用是非常重要的)的理论框架,现象学生态系统理论有助于填补 S. H. White (1996),Cole(1996),Lee 等人(2003)以及其他人所提到的长期空白。

S. H. White(1996)对当代研究的历史和文化缺陷的编年史研究表明,我们的理论建构严重缺乏全纳性的思考。考虑到 S. H. White 的批评,作为回应,现象学生态系统理论所提供的基于同一性的文化生态(ICE)观使我们注意到了已有研究所存在的模式化的、对文化缺乏关注和广泛存在的不合适的研究视角(包括承认群体内和群体间所存在的广泛多样性)。除了偶尔抱怨这些研究缺陷外,我们很少认识到,问题行为、问题人物和对这种研究项目的成问题的解释在社会科学,特别是在教育和健康研究文献中,仍然随处可见,而且最近一直被强调为“结果的差异”。其最后的结局只能是,由于上述的这种缺陷,社会政策本身既无法提供观念上的引领作用,也无法像好的社会政策的初衷或推论那样,提供社会和心理上的保护作用。

869 与此同时,与中等社会经济地位人群和欧裔美国人联系在一起的广泛的优越性仍然被低估,更多的时候是被普遍忽略掉了(见 McIntosh,1989)。Luthar(2003)关于富裕白人城市青年的研究项目为我们理解处于优越地位的青年独特的脆弱性提供了一个可能的开端。这与 Roediger(2002)的分析是相似的,与 Moore(2002 及数据, http://www.bowlingforcolumbine.com)关于大量的校园枪杀案(如 Columbine 高中的惨剧)的观点也同样相关。考虑到 Luthar 的分析,我们有必要对优越地位消极影响的证据予以关注。一般而言,我们在设计和实施干预和预防策略的时候,需要对优越地位与较低的应对技能之间的关系进行思考。对许多常见但却非常痛苦的青少年期和儿童期压力,如嘲弄和处于边缘地位,特别是它们与优越地位、应对策略和成功自杀率之间的关系,并未在研究文献中得到解答。儿童和青少年研究文献中的这种疏忽尤其令人不安,因为从平均值来说,白人男性在青少年期和成年中期的成功自杀率是最高的(见 Carroll, & Tyler, under review)。然而,从平均值来说,白人男性也被期望最长的寿命和完成最高的受教育年限。由此看来,白人男性在青少年期和成年中期的高自杀率(见 Carroll, & Tyler, under review)似乎与平均的成功指标的增长是相矛盾的。这种矛盾和不一致说明,白人青年所需要的干预/预防策略和分析应有别于针对边缘青年(尤其是边缘男青年)的干预/预防策略和分析。

当我们在思考有色青年和社会经济资源较匮乏的青年所面临的挑战时,我们更容易将他们与缺乏机会、经济拮据、服务不足的社区联系起来。不管青年要遭遇多少挑战,也不管媒体报道了多少例失败应对的例子,大多数青年还是可以成功地解决 Havighurst(1953)所描述的诸多发展任务的。毋庸讳言，青年的成功并未得到广泛的共识；事实上，在面临持续的挑战但却表现出弹性的事实业已表明，许多青年已显露出历经磨炼而得到提高的适应性应对技能。但是，弹性的结果并不仅仅取决于环境的影响，在成功的应对和失败的应对中所表现出的多样性常常发生在同一个家庭之中。从表面上看来，在同一个家庭中，手足的环境影响可能是相似的(但结果却不一样：第一个儿子成为一名医学专业工作者，而第二个儿子却锒铛入狱)。现象学生态系统理论的突出优点在于，它通过对现象学的思考，可以达成对每个手足的独特经验的理解。举例来说，即使在人们看来兄弟之间得到了父母相同的教导，处于相同的生态结构条件下(包括社区资源和面临的挑战的特点)，他们寻求意义的过程也可能是完全不同的。

此外，明确的文化社会化经验和严密的父母监控策略可以正向地预测青年健康的同一性和特定发展阶段的应对结果(如，完成学业，成功就业，健康的生活方式；Spencer，1983，1990；Spencer et al.，1996)。因此，在可能存在多样性的条件下，与面临的挑战联系在一起的情境、所唤起的应对过程(即独立于共同的人口统计学特征、儿童抚养和学校环境)，不同群体之间与同一群体内部的结果可能是具有多样性的。一个全纳性的概念框架应该可以经得住如下问题的检验并可以有效地解释关于以下一些问题的"如何"问题：(a) 青年独特的寻求意义的过程，该过程对应对和同一性过程起支配作用；(b) 青少年对机会结构的积极利用或自我约束(如，充分地利用公办学校的教育机会，或重返学校接受教育)；(c) 儿童的行为存在巨大的群体内差异。儿童的适应性应对结果存在极大的多样性与以下这样一个事实是分不开的：当假设总是与优越地位的存在与否联系在一起的条件下，在青年处于时空的过渡阶段时，他们可能会(对自己或自己的参照群体)怀有刻板印象或耻辱化的意象和缺少积极或具有适应价值的应对经验。而且，由此所导致的青年关于社会的认识论(即处于特定发展阶段的青年在知觉过程和现象学上的变异)进一步提高了应对策略和应对结果的多样性。

根据 Chestang(1972)的观点，我们可以作这样一个推论，即充满敌意的环境往往只与群体性的耻辱——如，种族、性别、匮乏的社会经济资源、肤色、民族以及是否移民等——有联系。我们认为，要解释青年是如何寻求意义和应对挑战这样一个问题，我们需要的是一个动态的、递归的、具有文化敏感性的解释性框架。这些概念上的优点可以促进我们设计、决定和建构出最适宜、最有效的预防/干预方案。在描述应对策略的多样性和确定个体可能采用的应对策略的特点方面，现象学生态系统理论是一个有效的概念工具。有些应对策略可能使当事人锒铛入狱(如，见 Stevenson，1997)，也可能突然地激发起当事人的效果动机，该动机可能导致青年获得巨大的成功和能力的倍增(如，见 R. White，1959，1960)。对某些人来说，各种不同的反应性应对策略可能会导致弹性(即，在面对巨大挑战时产生积极的结果)，但对另一些人来说，却可能产生不幸的标签和少产的应对结果，这些标签和少产的应对结果往往就是通常所报告的在某个特定品质上的群体差异(如，学业成绩低下、健康状况差、特殊教育安置、犯罪的比例较高)。

870

相比较而言，发生在上世纪的大量校园枪杀案，最近的当数 Columbine 高中的那宗惨案

(Moore,2002及数据,http://bowlingforcolumbine.com),自然也就切中了对处于优越地位但很显然是脆弱的青年未做充分研究的弊端,这些青年的脆弱性与白人男性的高自杀率是相吻合的。虽然媒体对这类青年缺乏同等的关注(媒体的大量篇幅总是留给了资源匮乏的青年,尤其是有色青年的不幸),但这些不幸的情境还是应该被划入少产的应对过程和结果的范畴。处于优越地位的青年的模式化的品质说明他们也处于一定的脆弱水平之上,具有脆弱性的特点。这些主题虽然还缺乏普遍的讨论,但它们确实需要理论驱动下的学术分析,从而为干预和预防提供有益的信息。正如我们从边缘青年的刻板印象中所看到的,将大众的注意力引向某种特定的需要可能会导致消极的影响,因为由此导致的耻辱会使个体面临更多的风险因素,从而极大地表明其需要额外的保护因素。

例如,当媒体承认并强调特定的群体差异时,这会使参照群体的成员进一步被耻辱化,并可能导致使他们遭遇刻板印象威胁的情境(Steele,1997,2004;Steele & Aronson,1995)。因此,一个关于多元青年(即,包括处于优越地位的青年和遭遇巨大挑战的青年)的理论视角应该涵盖以下三个导致恶化作用的因素:(a)与成熟联系在一起的复杂性(即生理上的早熟与晚熟;Spencer,Dupree,Swanson,& Cunningham,1998),(b)交互作用决定的动态观(即,个体与情境的交互作用;如,对偏见的意识和知觉;Spencer,1985,1999b,2001),(c)文化根源(如,Lee et al.,2003)。作为一个以过程为导向的概念工具的理论,其有效性应体现在能有助于解释在经验范围广泛,情境的持续性和特点,儿童与这些情境进行斗争且很少能控制情境的条件下,所产生的结果的内在机制。例如,关于服务学习和志愿服务的传统研究文献只有在青年给他人或无关人群提供支持时才给予积极的承认和嘉奖。但是,对于某些儿童来说,比起为陌生人提供服务,收集并保存政府对他们近亲和远亲家庭、社区所提供的服务学习的赞赏、支持和认可同样也很重要,也应该得到同等的心理—社会奖赏和学业奖励(Spencer & Cassidy,2004)。

由于考虑到了情境的重要作用,现象学生态系统理论满足S. H. White(1996)所提出的好理论的标准。具体而言,现象学生态系统理论迎合了传统研究从外部获得研究对象信息的做法,如关于社区的特点和评估。这些信息的获取往往是通过对情境的“屏风”观察或相似的策略获得的。这一信息资源在对大年龄的处于儿童中期的青少年,尤其是由于需要把建立广泛的社会关系作为发展任务,从而在各社区间频繁穿梭的青少年来说,是特别相关的。根据现象学生态系统理论,父母的报告和其他的访谈信息来源在回答“如何”的问题上也是有用的情境性信息来源。学业成就测验的过程和结果资料是与教师的评定具有同等重要性的情境性信息来源。总之,现象学生态系统理论提供了对个体自身视角的分析和情境的交互作用的分析。因此,现象学生态系统理论提供的是基于同一性的文化生态(ICE)视角,该视角重视和认可从文化情境的角度来思考个体自身的视角或现象学。

青年丰富多彩的寻求意义的过程、应对过程和形成中的同一性可能与存在的诸多敌意性的环境或种族主义是联系在一起的,这些敌意或种族主义源于Steele及其同事(Steele,2004;Steele & Aronson,1995)所称的“刻板印象威胁”或推论的敌意等社会灌输(见Chestang,1972)。而且,当我们从发展的角度来思考该问题时,考虑到群体的社会安置和权利的剥夺(见 Spencer, 1990; Spencer & Markstrom-Adams, 1990; Swanson, Spencer, Harpalani, Noll, Seaton, et al., 2003),反应性的应对方式从本质上来说可能是异质的,而且它不一定指的是对社会强加在他们身上的广泛的消极情感的内化。从政策的角度来分析,当 1954 年法庭对 Brown 诉教育委员会案作出裁决时,在此前 25 年内所发表和出版的对差异和发展的研究都是不恰当的。作为一件重大的历史事件,Brown 诉教育委员会决议的重要性和后续影响极大地影响了社会和教育的政策、实践和法庭决议。最重要的是,该决议在今天——Brown 诉教育委员会案之后的 50 年——仍然发挥着巨大的影响。

20 世纪中期社会科学的局限性对布朗案决议的影响

Kenneth 和 Mamie Clark(1939, 1940)的研究工作在美国高院具有里程碑式意义的 Brown 诉教育委员会决议中被当作脚注加以引用(见 Lal, 2002)。当时发表的学术研究成果和著名的研究项目被用来支持这样一种观念,即,由于种族隔离,黑人儿童形成了较低的自尊,为了缓解其低人一等的感受,有必要进行种族融合。该决议 50 周年的纪念会提议,要对该法律决议对青年发展,尤其是边缘青年的学业经验和在美国学校环境下的结果重新进行整合、思考和分析。能够对 Clark 的研究进行解释的更好理论(而不是斥责研究者或对儿童作病理学的思考)还未诞生。该案例使我们认识到对多元文化的研究进行训练的重要性,认识到用真正全纳性的人类发展理论来解释研究结果的重要性,认识到为了共同的利益提升政策决策有效性的重要性。

Jack Balkin(2001)在其主编的一部书(《Brown 诉教育委员会本应说什么》(*What Brown versus Board of Education Should Have Said*)中报告了他对一组研究宪法的学者所进行的调查,在该研究中,Balkin 要求这些学者重新写下他们对 Brown 诉教育委员会的观点。他问的具体问题是:"如果当时你像现在这样了解美国 1954 年之后的历史和在过去的半个世纪中种族关系的进展,你在 1954 年对 Brown 判决会产生怎样的看法?"(Balkin, 2001, p. ix;注释:必须指出的是,布朗判决其实有三:Brown Ⅰ,1954 年 5 月 17 日;Brown Ⅱ,1955 年 5 月 31 日;Bolling 诉 Sharpe,1954 年 5 月 17 日)Balkin(2001)要求研究的参与者根据在 1954 年时可获得的材料草拟了一个观点(多数人的观点,同意还是不同意)。该书的著作者们解决了三个大的问题。在提供反馈和作了所有的个案分析之后,Balkin 很坚定地认为,Brown 决议在历史上是最被认同和诊视的法庭决议之一。Balkin 这样说道:

> 美国的公民权政策在过去的半个世纪中是建立在"Brown 案是正确的"这样一个前提基础之上的,尽管人们在"Brown 判决究竟代表什么"这个问题上存在着分歧,甚至是严重的分歧。在今天,没有一个联邦法院官员,也没有一个主流的政治家敢于表白说 Brown 案的判决是错误的。他们最多只是表示,该观点的表达不够有技巧,它极大地依赖于社会科学的研究文献,它走得不够远,它一直被那些为鼓吹不公平政治议程的法官和政治家错误地解读。利用 Brown 案来做文章通常会受到批评,但在美国的政治文化中,关于 Brown 决议的精神总的来说还是神圣的。(Balkin, 2001, p. 4)

但是，正如我们最近所作的分析（见 Spencer，2005）所表明的，在该决议后的第一个十年中，所描述的怜悯显然并不多见；事实上，在该决议之后的日子里发生了太多的剧变。许多反对者就认为，该决议与其说是法律决议，还不如说是社会学的表演，并宣称该决议忽视了历史和法律先例。南部美国兴起的大规模抵制则宣称，Brown 案是司法权的滥用。但是，Brown 决议最终还是逐渐得到了高度的尊重。Balkin（2001）宣称，Brown 决议与“伟大的进步宣言”是并行不悖的。该宣言说，美国通过它的《宪法》和历史正逐步向社会公正的目标前进，从本质上来说，美国是一个公正的社会，通过斗争并假以时日，这些目标终将被实现。Brown 决议的名声有些令人啼笑皆非，因为在今天，许多公立学校仍然是种族隔离的，任教的教师也常常很难胜任对某些儿童，尤其是缺乏历史的儿童进行教育的任务（见 Ladson-Billings，1994）。在 20 世纪 70 年代和 80 年代，美国南部的学校很快就废除了种族隔离，使南方变成了该国最融合的地区之一。然而，最近，主要根据具有结构化的资源差异的人口统计学特征和贫困线的种族隔离重新抬头，这种流行的做法已经产生了非常明显的种族后果。

872 20 世纪 70 年代中期，废除种族隔离的脚步放慢了，这部分是缘于高院的决议未能有效管制以白人为主的郊区和以少数民族为主的内城区的种族隔离的废除。例如，在 1974 年底特律 Milliken 诉 Bradley 一案中，法院宣判，“白人居住的郊区可以免于城市的废除种族隔离的做法”（p. 6）。尽管存在这些司法的含义，但废除种族隔离实际上一直持续到 20 世纪 80 年代。然而，正如 Balkin（2000）所列的编年史所表明的，在 20 世纪 90 年代，高院还在用以下决议积极地限制其对学区的监控：

- 1991 年，教育委员会诉 Dowell：高院认为，“在那些已经努力遵守种族隔离废除政策但却无效的学区，法院可以中止其废除种族隔离的命令”（p. 6）。这种用 1991 年的 Justice Clarence Thomas 来替代 Justice Thurgood Marshal（主要的公民权的支持者）的做法进一步推动了限制法院监控的趋势。
- 1992 年，Freeman 诉 Pitts：高院认为，“法院可以终止学校在废除种族隔离中的某些方面，即使其他的一些方面从未充分地被遵守过”（p. 7）。
- 1995 年，Missouri 诉 Jenkins：高院推翻了堪萨斯州野心勃勃的计划，该计划打算让有吸引力的学校吸引白人学生重新回到内城学校上学（p. 7）。

高院的以上判决产生了两个重要的启发意义和后果：(1) 联邦法院的废除种族隔离的命令被极大地停止了，(2) 有技巧地奉行法院命令的学区将废除种族隔离看作是一种非强制性的活动。因此，种族隔离的趋势在 20 世纪 90 年代重新抬头。其中隐含的一个意思是，学校可以根据种族实施隔离教育，只要它不是直接由政府推动的。Balkins（2001）这样分析道，“今天的种族隔离是社会、政治、法律和经济等诸多因素共同作用的结果，而不是各州强制推行种族隔离的结果……一个毋庸置疑的事实是，中心城区的少数民族儿童还是在几乎全部是少数民族儿童入学的学校接受教育，这些学校的设备和教育机会无疑非常得低劣”（p. 7）。事实再明白不过了，Brown 决议呼唤的是平等教育机会的重要性；但是，我们清楚地看到，与那些富裕的、白人更多的郊区的学区学校相比，少数民族的学生并未得到平等的教育。作为一种重要且具有连贯一致性的风险因素，有色青年的教育环境与处于优越地位的青年的教育环境并不对等。但是,关于二者学业成就差异的言论却说,那是个体自身的成就低下,个体本人是犯过者,而不是一系列由政策所决定、建构和支持的社会不平等所导致的。因此,全纳性的、敏感的理论建构对于培育最有成效的政策和实践是极为重要的。

传统的假设、信念和价值观:现象学生态系统理论的概念优点

参照图15.12强调过程的现象学生态系统理论,一个好的发展理论似乎是非常重要的,因为它可以解释青年"如何"对外部强加的不平等作出反应,如何应对充满逆境的生态条件或Chestang(1972)所指的在持续的充满挑战的环境下如何追求性格的完善和发展。关于Brown决议本身的含义,可谓仁者见仁,智者见智:不同的群体也在以不同的方式利用Brown决议。Brown决议的执行为的是支持公共汽车、游泳池、饭店、零售店的出口处等公共场所(即所有对青年的社会化和发展起重要作用的情境)的平等,其实,它已经成为超越种族平等的一般意义上的平等之象征了。回想一下该案件审判的初衷,这无疑是非常有趣和富有启示意义的。

Brown决议推翻了1896年Plessy诉Ferguson的判决,后一判决允许在公共场所实行种族隔离,从而宣布Jim Crow胜诉。反对这一决议的唯一法官是John Marshall Harlan,他坚称美国不应该支持等级森严的社会,而且美国必须是一个色盲的国家。他的言论得到了公民权支持者的拥趸。但是,更晚些时候,反分类与反等级之间的差异越来越明显,这种差异对青年的发展机会和经验是极其重要的。举一个例子来说,有人非常强烈地支持分类,认为这样可以提高黑人的平等地位(见Balkan,2001)。

根据反等级的思想,问题不在于法律是否根据种族来对人加以分类,而在于法律是在消除不平等还是在加剧不平等。由于法律目前并未直接对人进行强制性的分类,因此反分类的思想其实是试图使黑人的不平等永久地持续下去,因为它没有认识到黑人遭受累积影响的不同方式并继续为社会和经济的下等地位所困。因此,这就往往让许多间接地使黑人处于下等地位的实践活动(而不是直接的分类)合法化:"它鼓励人们将黑人长期的不平等解释为个人选择、文化差异或黑人天生低劣的结果,而不是至少有部分是缘于表面上中立的、有助于维持社会阶层的法规所导致的"(Balkin,2001,p. 13)。《纽约时报》(Rimer & Arensen,2004,June 24,Sec. A,P1)刊载了哈佛大学两位研究者:Skip Gates和Lani Guanier的分析。这两位研究者认为,在择校入学的黑人中,其主体是移民黑人和非土生土长的黑人,这两个人群都不是Brown决议的目标人群。允许移民择校意味着要努力维护法律,而不要根据种族和是否移民来考虑其精神和经验的多样性。各学校允许择校为我们提供了广阔的操作机会的例子,同时也表明,支持并不总是给了那些需要支持的人。可以择校的高校,如哈佛大学、耶鲁大学和普林斯顿大学表达了允许黑人入学的确凿的记录。但是,在实际操作中,允许择校的程序事实上是允许第一代或第二代移民择校,这些人的学业记录和受教育经验未受到美国长期的种族敌意累积的代际间影响,而后者恰恰是Brown决议试图补救的。

873

色盲论(color-blindness)和平等公民权思想之间的广泛争论蔓延到了反歧视性法律和

政策的每一个部分。双方都证明自己对 Brown 决议的理解是正确的。Balkin(2001)对反馈的分析对于当时的政治观点起到了重要的作用。事实上,Balkin 的观点强调的是政治生态的重要作用并认为,法院的裁决与当时的政治气氛惊人地吻合,而不是像某些人所说的,法院的裁决与当时的情境无关。甚至 Brown 决议从单独的意义上来说也不是革命性的。从一个总体的、心理历史的观点来看,它与当时的冷战气氛和美国领导人想在海外塑造的形象以减少对 Jim Crow 的批评是相关的:借用 Chestang(1972)对生态学的分析,其目的在于为那些与 Jim Crow 具有同样经验的人营造一个不那么有敌意的发展环境。Brown 决议是明智的,它表明了我们这个制度所具有的民主优点和美国支持民主的方式,尽管该社会也存在不一致之处。从现象学生态系统理论的视角来考虑,这种嗜好在一定程度上为官方的推诿扯皮提供了借口:官方可以不用为多元青年毕生的应对模式、应对过程和应对结果承担责任。

许多批评家坚持认为,总体而言,作为一个勇敢、进步和反多数主义者的机构,高院的做法让人捉摸不透,在面对大多数人反抗的情况下,没有尽最大努力维护少数民族的利益。正如 Derrick Bell 所断言的(引自 Balkin,2001),Brown 决议符合利益重合的原则,也就是说,只有当黑人的进步对白人有好处时才可能发生。Bell 争辩说,“对 Jim Crow 的终结——至少是形式上的终结,对北方白人的利益和针对外国人的政策制订是有利的。但是,黑人和白人在利益上的重合并不意味着白人与黑人在社会和经济方面的利益是完全重合的,现存的有限的利益重合无法长期维持下去。废除种族隔离的真正良药还远未找到,为黑人提供真正平等的教育机会也远未实现”(见 Balkin,2001,p. 22)。从儿童发展和父母社会化的视角来看,理解这种精到的分析是必要的,而且它本身就代表了少数民族群体和被剥夺了选举权的父母的不公平负担。恰当地使用法律的视角需要一种将复杂的、与政策有关的信息转化为具体的教养策略的能力:对欧裔美国人或资源丰富的青年来说,其教养目标可以是防止青年轻易地推论出关于优越地位的假设。对于贫穷和处于边缘地位的青年来说,其教养目标可以是,通过强化其效果动机,为正确应对社会不承认的、不公平的、与种族联系在一起的挑战所需要的适应性应对策略作出榜样,以此监控和支持青年的发展。

批评家坚持认为,Brown 决议标志着高院在推动社会变革方面是多么的无能。他们认为,Brown 决议未得到很好的贯彻及其在 20 世纪 90 年代的倒退表明了法律改革是无效的。例如,如 Balkin(2001)所报告的,Rosenberg 在其 1991 年撰写的一本书——《空洞的希望:法院可以导致社会变化吗?》(*The Hollow Hope: Can Courts Bring about Social Change?*)——中就认为,Brown 决议在促进社会平等中的作用一直被作了过分的炒作。Rosenberg 认为,直到 1964 年《公民权法》(*the Civil Rights Acts*)获得通过,Brown 决议才得以继续推行,或者更准确地说,是 Brown 决议引致了南方民主党的强力抵制。批评家还反对这样一种观点,即 Brown 决议是公民权利运动的开端,该观点还指出有多家草根组织在 Brown 决议之后投身其中。Balkin(2001)宣称,诸如 Brown 决议法律上的先例是非常重要的,因为它构建了可以续写下去的篇章。Brown 决议为我们提供了一个象征,从而将《宪法》和法规与公民权利和种族平等联系在一起。Balkin 坚称,就目前来说,Brown 决议是非常重要的,我们关心的不是它是否正确,而是它所代表的显意和隐意。有趣的是,50 年后,争论的

874

焦点关注的是 Brown 决议所提供的《宪法》平等原则是反分类的还是反等级的。“是根据种族将人进行分类，还是将一个种族凌驾于另一个种族之上才是真正的邪恶?”(Balkin，2001，p. 55)。对 Brown 决议的遵守和贯彻，并未导致平等和真正的融合，而仅仅只是明确了这样一条法律条款，即州政府不能只根据种族来分配学生。许多州接受了备择计划，即利用私立学校来避免与 Brown 决议产生直接的抵制。Balkin 说:“事实上，由于学校表面的根据种族分配学生的做法被终止从而使其可以有技巧地‘废除种族隔离’，我们可能会争辩说，我们再也没有义务来使学校间的设施平等化了;他指出，这种状况甚至比 Plessy 之前的状况还要更糟。”(p. 65)重要的是，在以青年为研究对象的社会科学研究中，我们很少讨论这些事件对儿童发展的心理情境、儿童日常生活中的应对或青年的多水平社会化情境的影响。

20 世纪 90 年代，由于大多数黑人仍然在日益恶化的学校接受低于标准的教育，而且废除种族隔离的推行也在大多数地方遭致抵制，因此，Brown 决议的幻想宣告破灭。具体来说，在市区的公立学校就读的主要还是黑人儿童:“1998 年至 1999 年间，在芝加哥的公立学校中，90%是非裔美国儿童或拉丁美洲裔儿童;83%的儿童生活在贫困的家庭。在底特律，90%的公立学校的学生是黑人，70%的学生因家贫可以享受学校的免费午餐;超过一半的市区学生没能顺利从高中毕业。”(Balkin，2001，p. 211)此外，许多大型的学区，如克利夫兰、达拉斯、丹佛、孟灰斯等，“在 20 世纪 90 年代末期得到了法院的允许，可以逐步退出或立即退出政府的监管”(p. 212)。因此，学校融合的速度在 20 世纪 90 年代末期极大地下降了。

20 世纪 90 年代末期的许多法院决议终结了废除种族隔离的努力(如乘公共汽车)，同时终结的还有许多学校仅仅根据种族所作出的学生安置决策，因此也就取消了充满期待的行动实践。数据表明，黑人学生与白人学生的学业成绩之间的差距在 20 世纪七八十年代轻微缩小后，在 20 世纪 90 年代重又拉大。但是，数据还表明，实行种族融合的学区与高经济地位学区的黑人儿童与白人儿童的学业差距是相等的。家庭经济、收入水平和教育水平似乎并没有改变这种差距。

跨学科的贡献: 法律研究

与 Balkin 一样，Sarat(1997)认为，Brown 决议挑战了法律先例，对法律可以推动社会向前发展的方式重新作出了安排。Sarat 说:“Brown 决议立即成为一个转折点和抵制的来源、骄傲之源和污蔑的对象。与历史上所有伟大事件的遗产一样，Brown 决议的遗产甚至在今天都充满了争论和不确定性。”(p. 5)尽管人们并不承认，但一个不容争辩的事实是，人们对等级划分还是抱有很强烈的法律主张: 种族主义、刻板印象和低期望仍然“纠缠着”西班牙裔儿童和黑人儿童，它们已经成为这些儿童社会生态的一个有机和永久的组成部分了。重要的是，可以为训练托儿所至 12 年级及更高年级的师资培训起指导作用的发展理论既不恰当，也没有真正说明多元青年的个体与情境的交互作用。多元青年的父母也似乎总是无法有效为青年提供必要的支持，以抵消由于种族所带来的挑战。教师和管理人员不仅未能充分利用所接受的关于有色青年的信息，而且总是不对自身关于低人一等信念的分析进行反省。除了批判种族理论的学术创新性，一般意义上的白人研究和具体的白人优越地位观点之外，在社会科学和发展科学中似乎存在着一种很强的模式，即未能充分地思考或没能尽可能地减少种族对青年的应对过程的影响，也没能对种族的影响进行统计上的控制。

875 **批判种族理论(CRT)：贡献和局限**

作为对种族主义学术研究的重要发展(Delgado & Stefancic, 2001)，批判种族理论滥觞于法律研究，它代表了历史上的另一个重要的革命。起初，批判种族理论是作为对自由主义的后公民权利思想的批判而出现的，后一思想没有重视种族在美国社会中的作用。批判种族理论运动引起了包括教育学、人文科学和社会科学在内的众多学科的关注。与社会学的理论建构相似，批判种族理论突出强调了种族主义是社会的一个正常的组成部分，而不是社会的偏差，并考察了种族层级比较鲜明的社会中的细微的种族兴趣、法律决议和政策的明确后果。此外，批判种族理论的研究者经常采用修辞的手法和讲故事的(通常是自传体式的)描述性方法来说明种族是怎样存在于每天的生活之中以及它们与广泛的、结构性的力量之间的联系。作为一种现象学的理论视角，批判种族理论开始将个体的经验与种族化的社会理论联系起来，从而实现了对种族主义在日常生活中的结构、思想和物质表达三者的整合。

批判种族理论：理论主张、分析式应用和种族的理论表演。作为一个既是理论取向又是行动主义者取向的运动，批判种族理论起源于法律研究。当批判种族理论试图命名当前社会中的不平等并重新挖掘我们这个社会用于形塑社会的范畴和假设时，它与许多其他的学科范式分道扬镳了。从20世纪70年代中期正式开始，由于Derrick Bell(如，Bell, 1995, 2000a, 2000b)和Alan Freeman(如，Freeman, 1995)的奠基性工作，批判种族理论所提出的批评撕破了社会系统所编织的、试图使大众无法看见种族主义的遮羞布。这种观点促使社会承认话语和社会结构在创造不平等和种族主义中的协同作用。

批判种族理论的方法起源于特定的历史时期，主要是作为与公民权利运动的对话和回应而产生的。批判种族理论理论家对公民权利运动所带来的变化(尤其是美国社会在种族融合方面缺乏稳定的进步)提出了批评。对于早些时候法律取得进步而晚近却发生倒退的现象(Delgado & Stefancic, 2000)，Bell(1999a)说，“关于贫困、失业和收入的统计数据表明，我们对以下这个问题的关心是有道理的：20世纪60和70年代缓慢的种族进步中止了脚步，倒退重又回来了。”(Bell, 1999a, p. 2)

作为一门学科，批判种族理论建立在批判性的法律研究和女权主义的基础之上，其学理渊源甚至可以追溯至美国的哲学家，如W. E. B. Du Bois，和欧洲的理论家，如Gramsci和Derrida(Delgado & Stefancic, 2000, 2001)。根据现象学生态系统理论，批判种族理论详细阐述了种族所蕴涵的脆弱含义，通过呈现有色青年及其家庭所面临的许多或隐或现的日常挑战，证明了种族导致有色青年净压力水平增高的无穷多种方式。批判种族理论对法律的理性基础提出了质疑，虽然该理论截至目前为止仍然主要还是以发表新的法律文本为主，但基于该理论的分析在应用领域上变得更加的广阔，如，应用在教育中——该理论的主要观点被用于理解分组教育、课程、智商记录和成就测验(Delgado & Stefancic, 2001)。因此，从社会科学关于儿童和青少年发展的视角来看，批判种族理论通过界定与种族相关的情境，为我们提供了一个重要、但往往被忽略的情境性视角。从本质上来说，批判种族理论并不含有发展的视角。但是,它为我们说明种族主义和耻辱对青年的正规发展任务的潜在或现实影响提供了途径。批判种族理论的全纳性视角代表着与传统的儿童发展研究方法的巨大变化,后者主要通过将种族分类,应用统计的技术来说明种族对假设的发展结果的重要影响。而且,作为对这一规律的支持,批判种族理论对日常实践做了大量的描述,从而具体地说明了边缘青年所经历的与种族有关的日常实践的不同特点。当我们从现象学生态系统理论来考虑这个问题时,批判种族理论通过详尽地说明导致多元青年脆弱水平增高的各种因素,对社会科学不无助益。与来自法律研究的支持一样,批判种族理论具体而微地说明了有色青年所经历的高风险的发展情境,与此同时,它还非常明确地说明了种族群体身份,尤其是欧裔美国儿童的身份,所具有的潜在的保护特点。

批判种族理论从批判性的法律研究领域中吸收了两个主要的概念。第一个概念是法律的不确定性,该概念承认法律结果的主观性,而且,"并不是每个法律案例都会产生正确的结果"(Delgado & Stefancic,2001,p. 5)。法律的结果取决于谁拥有解释上的特权——它往往是由解释各方的力量大小和权力高低所规定的。第二个概念是有利的先例,它往往会由于低一级的法院通过采用狭隘的定义来解释先例以及由于普遍存在的对法律信条的不执行而随着时间的延长会受到侵蚀(Delgado & Stefancic,2001)。

876

批判种族理论还从女权主义那里吸收了一些概念和术语。具体来说,该理论从理论的层面上应用了女权主义关于权力、社会中社会角色的建构和支配权等概念。正如 Hall (2000)所指出的,支配权这一概念是 Gramsci 提出的,指的是通过胁迫和同意的联合使用而获得的在经济、政治、思想、智力和道德水平上的总的"社会权威"。此外,该理论还探索了女权主义的前提:法律和社会理论会在社会中产生实践性后果,而且,这些实践性后果必须得到解决(Armour,2000;Delgado & Stefancic, 2001)。

Delgado 和 Stefancic(2000,2001)归纳了批判种族理论的四个基本理论主张。第一个理论主张宣称,"在美国社会中,种族主义是正常的,而不是失常的"(Delgado & Stefancic, 2000,p. xvi)。与 Bronfenbrenner 将种族主义降级为宏系统中无差别的生态水平不同的是,在批判种族理论那里,种族主义被定义为美国日常生活中的一个错综复杂的组成部分,它与所有的社会机构和社会互动是交织在一起的。种族主义是我们这个社会中根深蒂固的一部分,以至于种族主义的实践和互动被认为是正常的。最重要的是,与社会科学一般意义上的理解和儿童研究中具体的理解一样,这些非正义的根源往往为大众所忽视或很少被知觉到。关于平等机会的形式化的法规针对的是极端的、非常明显的不公正,它们无论如何也解决不了种族主义在微观水平上的日常生活中的表达。但是,这种所谓的种族主义行为的"意图"往往很难证明,种族主义常常被植入到了美国的社会结构和机构之中,以至于某个特定的意图很难被立即察觉到。根据我们的观点,法律的条款并没有解决这种形式的种族主义的先例。

批判种族理论的第二个理论主张是对自由主义的批评。根据 Delgado 和 Stefancic (2000,2001)的观点,自由主义者支持法律的中立性,并把法律看作是客观和绝对精确的。但是,批判种族理论对这些假设和自由主义者所认为的法律将有一个渐进的发展过程的观点提出了质疑。正如本章前面所提到的，批判种族理论采用了 Derrick Bell 创造的一个概念——利益重合，该概念描述的是这样一种现象：只有当黑人的进步符合白人的利益时，白人才会支持黑人的进步。根据这一观点，批判种族理论家认为，公民权利运动和当前的法律结构并不能孕育出结构性的变化。只有通过系统、结构和思想基础的剧变才能真正实现种族的进步和平等。以上这些联系在儿童和青少年的研究设计、实施、理论建构和社会科学的解释中很少被考虑。

批判种族理论家坚持认为，社会中的“结构决定论”通过多种方式阻碍了种族变革。Freeman 指出，公民权法制约着种族进步以缓慢的速度进行，从而制造了一种社会控制机制，该机制可以确保一定量的变化以避免公民权的极速上升，以确保并不真正地改变种族地位本身(Delgado & Stefancic, 2001)。意识到这一点有助于我们更好地理解文化社会化和实践的差异，也有助于我们更好地理解青年文化认同的形成和某些青年所表现出的反应性应对策略和青年的个体—情境的拟合度(如见 Swanson et al. , 1998)。

批判种族理论所秉持的基本原则之一是，种族是社会建构的产物。批判种族理论家的分析表明，社会中的流行定义和假设从来就不能脱身于权力关系塑造的不平等之外。由于社会认知能力还不成熟，青少年虽然可以知觉到不平等，但却很难用语言把它表述出来，尽管如此，种族主义仍然不可避免地成为一个风险因素或保护因素。因此，从知觉成熟这个发展的视角来看，批判种族理论促进了我们对青年的脆弱水平、应对过程、特定发展阶段的应对结果的理解。

877

作为对儿童发展学术研究的一个重要的概念贡献，批判种族理论承认情境的重要性并利用法律研究的成果进一步说明了情境的影响。例如，法律是以具有普遍性的前提和简单明了的“对与错”的概念发挥作用的。这些前提并没有为我们思考个体所受到的不平等的影响和被特定的情境因素塑造的不平等的方式提供法律的空间。批判种族理论用“交互性”这一术语来承认种族、性别、阶级和性取向对个体在更大的社会结构中所处的地位的复杂、相互矛盾和累积的影响方式。该理论认为，种族主义不仅现在存在，而且还将继续存在下去，因为，尽管有公民权利运动的影响，但美国社会中的大多数人的观念集合并没有发生改变。由于观念集合的不变性而导致的一个固有的棘手问题是：虽然未得到承认，但它的影响涵盖了负责对有色儿童和欧裔美国儿童进行社会研究的投资、设计、实施、发表和结果解释的所有个体。它在专业人员训练和内容示范(如青年和家庭服务提供、教育实践)中的使用又进一步强化了其根深蒂固、难以克服和永久存在的特点。涵括在批判种族理论这把大伞之下的还有其他的一些不那么重要的研究，包括：关于白人、亚裔美国人和拉美裔美国人的批判研究，关于女权主义和男同性恋的批判研究。对亚裔美国人的研究批判性地审视了对模范少数民族的刻板印象，而女权主义和男同性恋研究则细致地考察了交互性的问题。批判的白人研究考察了白人被社会建构的方式以及该群体构成的历史变化。例如，在移民美国的早期被贴上“非白人”的标签之后，美国的某些种族人群(如犹太人、意大利人、爱尔兰人)进入了白人的行列。这类研究还考察了与这一标签联系在一起的优越地位建构权力关系的方式以及研究文献和文化文本是如何有力地强化了关于白人的刻板印象和与白人联系在一起的价值观(Delgado & Stefancic,2001)。

总之,与传统的儿童发展研究不同的是,批判性的白人研究通过解构和具体说明多元群体的正常发展而作出了巨大的贡献。Roediger(2002)在分析了对白种人的社会建构后指出,白种人在历史上一直备受忽视。而在青少年和儿童发展的研究文献中,这种状况尤其明显。Roediger 援引 Fusco 的观点作为证据,后者说,对这一群体的忽视往往是"通过将其自然化而加倍地突出其支配地位"(Roediger,2001,p. 327),这样一来,白人就进一步巩固了其作为正规标准的地位。Roediger 考察了移民赢得作为白人地位的历史过程。欧裔移民的美国化过程("白种人")使得欧裔移民可以作为白人(而不是爱尔兰人或波兰人)被接受。批判种族理论的潜在前提已经将批判的矛头指向了对社会产生更广泛影响的司法系统、教育系统和政策。

批判种族理论也可用来分析各种教育法规的变革,包括融合和肯定行动(该行动对包括教育系统在内的广泛的机构产生了影响)的启发意义。在一章名为《服侍两个主人》(*Serving Two Masters*)的文本中,Derrick Bell(2000b)对推行种族融合的结果进行了考察,并提出了一个重要的问题:学校中的种族达到了平衡就可以充分地保证教育的平等吗?Bell 认为,从历史上来考察,从 20 世纪 30 年代开始,有色人种促进联盟(Association for the Advancement of Colored People,NAACP)就一直努力在整个社会消除种族隔离。该措施首先从教育系统开始,特别是在 1954 年 Brown 决议通过之后。随后,由于许多学校不符合 Brown 决议所设定的先决条件,致使遵从 Brown 决议的学校减少了。在某些理论家看来,不遵从该决议是预料之中的事情,这再次证明了历史对当代实践活动的极端重要性,而且这种影响是根深蒂固的。

W. E. B. Du Bois 早在 1935 年就指出我们这个社会所面临的诸多教育窘境,他的担心即使在今天仍然很有市场,而且,虽然这种担心很少得到承认,但它在儿童发展领域中尤其适用。正如 Du Bois 所预料的,种族融合对我们这个社会的教育平等来说并不是银子弹(silver bullet),这已经是不争的事实,因此,在教育平等变成现实之前,我们还需要更全面的改革。Du Bois 这样说道:

> 黑人需要的既不是种族隔离的学校,也不是与白人混合的学校。他需要的是教育。他必须记住的是,不管是在种族隔离的学校还是在与白人混合的学校,都没有魔法。如果混合学校的教师没有同情心,师资缺乏,对公众怀有敌意,不把关于黑人的真实情况教给学生,那么,这种学校不是好学校。如果种族隔离学校的教师没有学识、设施不全、教师薪水低、住房条件恶劣,那同样也是差的学校。在其他条件相等的情况下,混合学校对所有青少年的教育来说,是一个更为广阔和更为自然的地方。它可以唤起学生更大的自信;抑制低人一等的复杂情感。但是,这里所谓的"其他条件"很少是相等的,因此,在这种情况下,同情、知识和关于黑人的真实情况比混合学校所能提供的任何其他东西都更为重要。(Bell,2000b,p. 243)

878

对批判种族理论的批评及其对儿童发展研究的启示。指出一点是非常重要的，即批判种族理论理论家从来就不避讳他人对该理论的批评。Delgado 和 Stefancic(2001)就收到并报告了对批判种族理论方法的种种批评。有些从事法学研究的学者也批评该理论采用讲故事的方法来进行法律研究。这些批评建立在几个假设的基础上，有点类似于儿童发展研究中采用质的方法与采用标准的量的研究方法的研究之间所存在的张力：(a) 这些故事没能代表更大的有色青年群体的典型经验，(b) 描述缺乏分析上的严谨性，(c) 由于通常所认为的描述者对种族的理解最为深刻，因此，采用有色个体的故事会限制更广泛的讨论。还有一些学者对批判性种族理论家所持的这样一种观点提出了批评，即，事实是一种社会建构物，这种社会建构物进一步维护了有权者的立场。

对批判种族理论的另一个批评是，该理论关注的是改变种族主义的话语和文化形式，而未涉及根深蒂固的结构性的/物质性的种族主义，后一种种族主义对穷人产生了更大的影响。根据这一批评意见，批判种族理论主要关注的是同一性的问题，而且没有进行全面而充分的阶级分析。甚至在批判种族理论内部，理论家们也曾经说过要构建一个关于种族和阶级之间交互作用的更深邃的理论之类的话。同样，批判种族理论家曾经表示要通过考察血汗工厂——对海外从事低收入工作的有色人种——与美国失业的有色人种的联系，对种族进行更广泛的全球性分析的必要性(Delgado & Stefancic，2001)。

综上所述，对白种人的研究揭示了种族主义和优越地位的影响，同时，批判种族理论促进了我们对 Brown 决议生效后美国多元青年的最近过程的理解。不幸的是，这种联系很少得到承认，这一忽视对于耻辱的继续蔓延和关于优越地位的毫无疑问的假设具有深刻的含义。正如我们在前面详细讨论过的，很少有研究领域像非裔美国青年的学业成就和应对模式上的仿效白人神话的研究那样，关注多个主题之间的交互作用(见 Spencer，Cross，et al.，2003，pp. 276—287)。

非裔美国人的一个例子和成就差距：耻辱化的情境、反应性应对反应和“仿效白人”神话之间的交互作用

在对仿效白人神话的分析和批判中，Spencer 和 Harpalani(under review)对 Fordham 和 Ogbu(1986)的观点作了描述，后者认为，黑人学生的学业成绩之所以那么差，其中的一个重要原因是，“他们在学业努力和成功上体验到极大的矛盾情感和情感的不协调性”(Fordham & Ogbu，1986，p. 177)。Fordham 和 Ogbu 进一步说道，黑人群体的文化取向是，努力学习就等于“仿效白人”。他们将黑人学生群体划分为三类：将人数最多的少数民族学生描述为“自主的”少数民族学生，将带着改善生活的愿望而自愿移民美国的黑人学生描述为“移民”少数民族学生，将由于奴隶制度或殖民征服而非自愿进入美国的黑人学生称为类似于“最低阶层”或非自愿的少数民族学生(如，黑人儿童、土著儿童和奇卡诺儿童)(Fordham & Ogbu，1986；Ogbu，1986)，这一观点受到了 Bronfenbrenner(1985)的直率批评。

通过集中考察类似于“最低阶层的”学生，即非自愿的少数民族学生，Fordham 和 Ogbu

试图考查少数民族与主流文化关系的表达维度。在对非裔美国人和欧裔美国人关系的探索中,他们关注的是两个相似的现象:相反的文化认同和相反的参照框架(Ogbu,1990)。他们的分析得出了这样一个结论:由于在政治和经济领域的待遇,非裔美国人形成了一种与白人完全相反的社会认同。Fordham 和 Ogbu(1986)的分析揭示,相反的参照框架可以起到保护因素的作用,作为一种策略,它可以提高黑人的同一性并培养其维持黑人/白人的文化界限。他们认为,这种黑人/白人界限的设定和维持强化了黑人的团结和整体性,这就表明,奴隶制度通过创造诸如家庭关系以外的义务关系(如,虚构的亲戚关系)信念的传统强化了这种趋势。

他们建议要重视少数民族群体在冲突和竞争性情境中的群体忠诚。Fordham 和 Ogbu (1986)认为,这些观念会对儿童对潜在成功的知觉产生影响(也可参阅 Fordham,1988,1996)。因此,正如 Spencer,Cross 等人(2003)所分析的,Fordham 和 Ogbu 的观点是,在实行种族融合且大多数学生为黑人的学校中,黑人学生,尤其是青少年,面临着是否要仿效白人学生的重负。这一推论暗示,黑人青年的学业成功既受群体外因素的控制,又受群体内因素的控制。因此,根据 Fordham 和 Ogbu 的观点,"很明显,黑人学生所持有的追求学业成功就是'仿效白人'的普遍知觉是在黑人群体内部习得的。因此,黑人群体关于学校文化意义的思想隐藏颇深,需要重新加以考察"(p. 203)。总之,Fordham 和 Ogbu 所得出的结论是,黑人在历史上并不看重教育的价值,同时把学业成就看作是白人文化的特征。这是该研究的概念化中的一个重要缺陷,这一概念缺陷与我们前面一开始就提出的需要新理论的理由时所提到的概念缺陷如出一辙。该观点的第一个缺陷是缺乏历史的准确性。

879

对非裔美国人成就动机的历史回顾

人们通常假设,奴隶制度使成就动机变得不可能。正如 Spencer,Cross 等人(2003)所描述、批判和分析的,这种观点表明,自奴隶制以来,黑人不仅要与来自外部的压迫源作斗争,还要与奴隶制的影响,如家庭的功能障碍、内心的仇恨、高犯罪率、低成就动机作斗争:这一模式是某些研究者为了说明黑人的"种种压迫"所作的推论(见 Kardiner & Ovesey,1951 年关于缺陷假设的经典证明)。但是,现存的历史证据使我们可以回溯黑人成就动机的演化进程。历史记录表明,从奴隶制终结到 20 世纪,无论是作为个体的黑人,还是作为一个社会群体的黑人,都表现出了高度的成就动机,这就迫使我们不得不回想起所有的白人种族(包括来自东欧的犹太裔美国人)——他们在美国国内战争结束到 20 世纪 30 年代早期之间的这段时间所表现出的更高的成就动机。这种没有将那么高的成就动机转化为社会流动的努力上的不足与奴隶制的余孽并无联系,但却与更广阔的社会环境有着紧密的裙带关系,即社会没能培养、赞美、强化和证明黑人所表现出的极高的成就动机。

20 世纪初,Garter G. Woodson 就惊异于关于黑人教育的大量研究证据(Woodson,1919),这些证据最终形成了一本 454 页的学术著作。在关于奴隶获得自由的理论思考中,有些奴隶主非常好奇,他们想知道获得解放的奴隶是否可以自如地处理作为一个自由人所拥有的自由和所必需的受教育水平。因此,某些单个的奴隶便成了检验这一理论思考的个案。Bullock(1967)描述了北卡罗来纳州的John Chavis是如何被选中作为实验个案并被送到普林斯顿大学的过程。Chavis不仅成功地通过了测验,而且回到北卡罗来纳州后成为了一名首屈一指的、为农场主阶层的孩子提供教育的教师。Bullock(1967)和Woodson(1919)都强调了这样一种观点,即,革命时期的气氛激发了社会对黑人正式教育的宽容,而农场主的好奇和心血来潮催生了受教育水平较高的奴隶。很多奴隶一跃成为当时流行文化的一部分,如Phyllis Wheatley(黑人诗人)和Benjamin Banneker[黑人数学家和美国第一部《农场主年鉴》(*Farmer's Almanac*)的作者]。正是在革命时期,对单个奴隶的解放促进了亚特兰大(Atlanta)、查尔斯顿(Charleston)以及南方其他城市中大批自由黑人的诞生。这群自由黑人形成了一个个的群体,而正式教育机构的发展也立即成为一项事业。

另外一个涟漪效应是废奴主义者运动的诞生。这场运动的白人领袖把帮助类似于Frederick Douglass之类的人接受正规教育和获得自由当作这场运动的神圣使命。除了为个体提供帮助外,该运动还帮助黑人寻找大学,使得考分达到一定分数的黑人可以获得接受高等教育的机会。那些无法充分地将美国认同为把黑人包括在内的国度,但其道德界限却要求黑人接受教育、获得自由,并被送回非洲(殖民地)的白人也为黑人创造了受教育的机会,甚至还为黑人创办学校。

黑人对自由的反应:教育的社会运动

正如Spencer、Cross等人(2003)在一篇历史回顾中所阐述的,整个黑人群体都喜欢广大的领导者、教师和潜在的教育管理人员。Du Bois估计,在400万奴隶中,有15万奴隶具备了读写能力,而获得自由的奴隶则普遍具备了读写能力(Du Bois,1935;p. 638)。因此,教育的社会运动的来源不由得使人想到前奴隶本身,因为当他们跨入自由行列那会儿,他们在破旧的口袋里其实就怀揣着教育计划。在国内战争结束之后,受过教育的黑人和他们的白人联盟者惊讶(甚至有些震惊)于前奴隶及其领导者本人所立即提出的受教育水平的要求(Anderson,1988):"一个Port Royal的教师曾经公开宣布说,他甚至无法用言语来表达获得自由的黑人要求学习字母表的那种渴望和决心。另一位教师则被一群冻得瑟瑟发抖、有些肮脏、半裸着身子,但渴望学习的黑人迎候着;(她发现他们不太关心衣食)但他们却非常急切地想知道,他们今天是否有来上课的优先权"(Butchart,1980,p. 169)。正如Spencer、Cross等人(2003)所报告的,已有的研究表明,渴望接受教育并不局限于黑人儿童,因为教师"在上日校的同时还要上夜校,以满足(成年)工人接受教育的渴望"(Butchart,1980;p. 170)。总之,黑人接受教育的内驱力是有发自内心的:它来自奴隶自身。

国内战争刚结束,John W. Alvord便被任命为自由人学校署(schools for the Freedman's Bureau)的全国负责人,1866年,他报告说,黑人控制的学校有500所,且遍布于美国的南部。仅仅过了三年,即在1869年,黑人学校(即目前通常与黑人教堂有联系的学校)的总数即达到了1512所,有6146名教师和107109名学生。对教育的急切需求和渴望由黑人教师来教育自己很快便使师资捉襟见肘。为了满足前奴隶的受教育要求,受过教育的黑人、北方社会和联邦政府着手援助建立新的实体性机构,如哈佛大学以及其他的一些黑人大学(Anderson,1988;Bullock,1967;Du Bois,1935)。Spencer、Cross 等人(2003)认为,只有把黑人教育在国内战争结束后的这股力量称为社会运动才是合适的——它不是一种潮流,也非一时之需,更不是北方的白人联盟者的发明。虽然受过教育的黑人和白人联盟者是不可或缺的要素,但前奴隶对教育的极大渴求揭示了黑人深刻的成就动机,该成就动机孕育在奴隶制本身之中。正如 Anderson 所指出的,"黑人对学会读和写的强烈信念崛起于奴隶制。这种信念体现在他们在谈起其他的在奴隶制中学会读写的前奴隶时的骄傲中,还体现在他们支持拥有读写能力的黑人的自尊中。此外,这种信念还体现在他们对使自己不会读写的奴隶制的极强和极频繁的愤怒之中。"(Anderson,1998;p. 5)

W. E. B. Du Bois 指出,前奴隶对教育的即时内驱力在西方历史文化中是令人惊奇的一幕(Du Bois,1935)。如果这种内驱力和成就动机得到了更大范围的社会的积极接受、培养、呵护和维持的话,那么,在 100 年之内,黑人在现代美国社会中的社会流动模式就应该已经超越了所有群体(包括东欧裔犹太人)的社会流动模式。正如 Spencer、Cross 等人(2003)所指出的,这就不由得使人想起,在 20 世纪初,当任何一个白人种族群体进入美国时,作为一个群体,他们的成就动机与黑人在国内战争结束后的成就动机是相当的。Spencer、Cross 等人(2003)认为,那些试图在今天的黑人教育问题与历史上的奴隶制度之间划直线的研究者,如 Fordham 和 Ogbu(1986),其实是忽视了这段弹性历史的。

对历史的重新建构并不能给前奴隶重新分配土地,也不能给他们带来教育、保护、自由、选举权和社会公正。在 1900 年至 1930 年那段荒凉的历史时期,历史学家记录了这样一个事实:黑人在创建和维护学校方面要付的税通常是白人的两至三倍,尽管他们未公平地享受已付的税额。

事实上,密西西比州、乔治亚州、北卡罗来纳州、南卡罗来纳州,以及美国其他南方州的黑人市民已经达到了赤贫的状况,但他们还是找到了推动他们支持子女接受教育所需要的资本——成就动机。因此,历史并不支持 Fordham 和 Ogbu(1986)关于黑人群体不重视教育且这种不重视是对白人种族主义的一种反应的观点。令人惋惜的是,Fordham 和 Ogbu(1986)的假设忽视了许多非裔美国人在面对满怀恶意的机构化的压迫而表现出的弹性。他们的短视正符合了 Claude Steele(2004)所说的对社会耻辱和个体情境不协调起强化作用的社会和自我认同之间的交互影响。 881

发展视角下的黑人学业成就研究

正如 Spencer、Cross 等人(2003)所分析的,除了忽视黑人成就动机的弹性发展史外,关于仿效白人的神话在对种族认同和文化对人类发展的影响的分析中也犯了很大的概念性错误。例如,仿效白人的假设在很多方面存在纰漏。该假设是根据社会历史资料(Trueba,1988)而作出的心理学推论,它忽视了黑人群体内部所存在的巨大差异,没能理解和把握导致学业成就和其他结果的心理过程和发展过程。正如 Obidah(2001)所指出的,Ogbu(1990)并未解释所谓的非自愿或最低等级的少数民族学生这一群体内的巨大差异,也未能注意到多数民族群体的某些成员所表现出的类似于非自愿少数民族群体成员的特点(MacLeod,1987)。而且,当我们参照 Bronfenbrenner(1989)的生态系统理论进行思考时,有一点是非常明显的，那就是 Ogbu(1987; Fordham & Ogbu,1986)将他们的大多数分析都集中在宏系统水平的分析之上，狭隘地集中于社会和历史条件对非裔美国人的学业成就的影响。他忽视了微系统和外层系统的影响，因而也就无法理解这些范围更为广泛的情境是如何在日常生活中发挥作用的。前面我们关于黑人的成就动机发展史的分析已经很好地说明了 Ogbu 的宏系统水平上的分析在推论非裔美国人对教育的态度和动机上存在怎样的缺陷。

而且，正如 Spencer、Cross 等人(2003)所报告的，Ford、Harris、Webb 和 Jones(1994)指出，Fordham(1988)忽视了"代码转换"的现象——个体在不同的环境中会表现出不同的文化沟通形式和风格，而且，Fordham 还忽视了这样一个事实：黑人学生可以通过双文化的认同(而不是"无种族的"认同)来维持对自己所属种族的认同。双文化的认同是 Cross(1995)所描述的模型中的内化阶段的不同模式。双文化的认同同样也属于现象学生态系统理论框架中的"形成中的同一性"，该同一性的概念在 Fordham(1988,1996)或者 Fordham 和 Ogbu (1986)的研究中并未被提及。更一般的、适用于多元青年的其他的应对选择在 Datnow 和 Cooper(1996)的研究中有所涉及，这些概念说明了学校环境中的适应性应对，也说明了不同环境中的种族相同的个体是如何对同一现象作出不同解释的。正如我们在前面所指出的，Fordham 和 Ogbu(1986)对这种群体内的差异也同样是置若罔闻。

在一项对 562 名 11 岁至 16 岁来自美国东南城市的黑人青年的研究中，Spencer, Noll, Stolzfus 和 Harpalani(2001)发现，具有欧洲中心取向[以在 Cross(1971,1991)前遭遇阶段上的高得分为指标]的个体比那些具有非洲中心取向——处于内化阶段——的个体表现出更低的学业成就和自尊。该研究发现，对黑人青年来说，虽然持反应性非洲中心取向的个体在学业上的成绩更差，但是，对黑人文化的积极的认同感与积极的学业成就是联系在一起的。Spencer 等人(2001)的研究证明了在研究中同时考虑适应性和非适应性应对结果的重要性，并说明了黑人的种族认同与两种结果都可以有联系。这一结果与 Fordham 和 Ogbu(1986)和 Fordham(1988,1996)的主张——黑人要想在学业上取得成功就必须与黑人文化保持距离——是相矛盾的。正如 Spencer、Cross 等人(2003)所评述的，以下一点是非常有趣的：Fordham 和 Obgu(1986)的论文并不是使用"仿效白人"这一术语的第一篇文章。我们所查到的最早的参考文献是 McArdle 和 Young 在 1970 年写的一篇文章，文章的题目是《对种族认同的课堂讨论或如果不仿效白人我们怎样才能形成种族认同?》(*Classroom Discussion of Racial Identity or How Can We Make It Without 'Acting American'?*)McArdle 和 Young (1970)所提出的这个问题暗指，如果不仿效白人，我们也能形成种族认同。显然，Fordham (1988)、Fordham 和 Ogbu(1986)并不认同这一观点。

任何种族的青少年都会寻求种族认同并努力得到他人的接纳和认可。我们可以将 Cross(1971; Cross et al., 1991)所提出的沉浸—出现同一性阶段(Immersion-Emersion identity stage)描述为一种反白人的态度。虽然它可能是非适应性的，但它并不是对贬损的非正常的最初反应，特别是在这一重要的发展阶段。如果黑人青年把课堂、学校或其他的情境知觉为自己受到贬损的场所，他们可能会通过将该情境期望定义为仿效白人来作出反应性的应对。但是，这是一种对正规的自我认同发展过程的反省，而不是对教育的文化贬损。

正如 Spencer 等人(2001)所指出的,"仿效白人在不同的情境中可能存在相当大的差异"(p. 28)。正如 Fordham 和 Ogbu(1986)所认为的,仿效白人的现象不仅无法解释黑人的低学业成就,而且它所反映的也不是参照群体的广阔的文化框架。它仅仅只是对感到不受重视的众多应对反应中的一种。奇怪的是,Ogbu(1985)承认,在描述南亚裔第一代移民的高学业成就时,这种高的学业成就从未被描述为对白人的仿效。正如 Trueba(1988)所指出的,关于黑人的社会历史文化的假设在最好的情况下也是一个麻烦。在最糟糕的情况下,这些假设对黑人的学业成就和青年的效果动机而言就是额外的压力和挑战源。 882

正如 Harpalani 和 Spencer(2005)所评述的,不管种族主义是作为经济关系的产物,还是社会关系的产物,抑或是社会和经济联合的产物在起作用,"种族"被 Omi 和 Winant(2002)定义为"根据不同的身份类型来表示和象征社会冲突和利益的一个概念"(p. 123)。Stoler(2002)认为,历史上所出现的公然的、基于生物和心理因素的种族主义与潜在的、文化的和复杂的新种族主义是不同的,这一观点使种族的含义复杂化了。关于对种族主义的理解是可见的还是不可见,是被理解为显眼的文化还是更为微妙的文化,在历史上是存在着分歧的。选择某些生物特质和/或文化特征来进行分类是社会和历史的过程,而不是建立在特定生物学要素基础之上的。随着时间的发展,一旦经济和社会条件发生变化,各种族的人员构成将发生变化。因此,我们可以将各种种族主义理解为具体的社会、文化和经济因素的复杂关系的结果(Hall,2002;Omi & Winant,2002;Stoler,2002)。Omi 和 Winant(2002)把"种族的形成"描述为"种族类型被创造、稳定、变化和破坏的社会历史过程"(p. 124)。

另外一个对种族主义进行分类的方法是由 Omi 和 Winant(2002)提出来的,他们解释了对种族主义的定义和理解在最近为什么会变得越来越复杂的方式。他们认为,在 20 世纪 60 年代之前,人们对种族主义的理解方式是非常有限的:认为种族主义是通过人际关系和个体的偏见得以表达。在 20 世纪 60 年代,我们对种族主义的理解扩展到了对歧视的更广泛的形式的理解,也认识到了种族主义存在于结构性的不平等体制性的原因之中。

Essed(2002)也提出了一个对种族主义的概念理解,这一概念理解概括了种族主义是如何在系统的不平等与微观的攻击的联合作用下而产生的。Essed 将"日常的种族的主义"定义为:

> (1) 社会化的种族主义者的观念被整合为使实践立即可以定义和管理的有意义的过程,(2) 通过日常情境中的这些习惯或熟悉的实践来实现和强化潜在的种族和民族关系的过程。(p. 190)

而且,日常的种族主义不一定是通过与有色人种的直接互动来传递的。例如,新闻工作者每天的作品都充斥着种族主义的话语,政策制订者提出的服务项目可能无意中总是存在不平等的地方。Essed 坚称,"当种族主义者的观念和行动渗入到日常生活并成为该系统再生产的一部分时,该系统就会产生日常种族主义"(2002,p. 188)。因此,种族主义的微观形式和宏观形式是以一种微观进攻的方式相互扩展的,但我们并不总是能发现种族主义者的偏见是有意的。

Omi 和 Winant(2002)提出了对种族主义的"常识"理解,他们认为,它是一个观念和实践的正常系统——通过教育、媒体、政策等使种族主义永远存在下去。与 Essed 对日常种族主义的描述一样,种族不平等是通过交谈的常识方式和隐含在社会结构中的方式(而不是赤裸裸地表达对某个种族的偏见)而永存的。但是,这种形式的种族主义与社会中更直接的表达歧视的方式是同时并存的。说得更明白一点的是,Omi 和 Winant 坚称,我们对种族主义的理解已经得到了极大的扩展,以至于它可以以多种形式存在,并通过多种情境和强有力的动力关系而产生作用。

恰恰是通过这种正常系统的发展,霸权才得以发挥作用。霸权界定了权力关系框定种族主义形成的方式。正如我们前面讨论过的,这种形式的种族主义与历史情境和当代情境是相关的。这种情境也是由权力关系塑造而成的,这种形式的种族不平等是通过胁迫,尤其是通过同意使权力产生作用的方式而形成的。Omi 和 Winant(2002)认为,在许多社会中,当种族规则从独裁向民主过渡时,规则更多的是直接建立在同意而不是胁迫过程的基础之上的,而且,关于种族优劣的信念也是话语的一部分。

883

Cornel West(2002)试图将黑人的种族劣等观的根本原因归结为西方文化。他的研究努力包括:通过对文化话语的具体考察来刻画现代种族主义的家谱学特征。他通过工作证明了现代的话语与支配白人处于优越地位的话语表达方式是联系在一起的。West 认为,关于 17 世纪晚期、18 世纪西欧和启蒙运动期间的现代话语的结构方式使得与白人标准相等的关于黑人美丽和聪明的话语是沉默的。关于科学和理性的现代性话语培养了人们对人体特征的观察、比较、等级排列和顺序排列。对美和文化的经典标准的聪明排序和多重选择使黑人的美丽和聪明的平等不仅是非理性的,而且也是野蛮的。West(2002)认为,白人的优越地位不仅与白人这个统治阶级的经济关系和心理需要联系在一起,而且与话语的结构方式也是有关系的。只有根据占支配地位的现代话语的结构我们才可以知觉到某些观念。

Goldberg(2002)通过将历史上关于道德主观性的定义、种族排斥的产生与现代性建立联系而将 West 的分析进一步复杂化。他认为,只有到了 20 世纪下半叶,权力才被认为是"一种主观的东西"(p. 298)。对权力的这种看法使得对种族话语的批判有据可循。但是,Goldberg 引用了 MacIntyre 将权力描述为道德虚构物的观点,该观点宣称,正当理由被宣称是建立在道德的客观观念的基础之上的,但实际上,道德顺序是建立在随时空而发生变化的主观标准之上的。Goldberg 指出了道德顺序的主观性以及历史上人们是如何以多种方式来使用道德来支持和批判种族秩序的。道德范畴源自社会结构,而道德建构是不鼓励某些形式的种族主义者的表达的,虽然道德建构无法识别和不鼓励其他形式的种族主义者的表达。Goldberg(2002)认为,"其他人所喜欢的话语仍然拒绝有色人群,因为黑色、棕色、红色和黄色的主观性仍然受到贬损;这种主观性的贬损至少确定了权利的可应用性或限制了有色人群可能呼吁的应用范围"(p. 299)。这样一来,种族信念及特定社会成员所知觉到的劣等感和优越感的渐进的微妙性和主观性特点就并非独立于发展因素。因此,我们最后想表达的是,也正如 Harpalani 和 Spencer(2005)所评述到的,当我们特别考虑儿童和青少年时,重要的是详细地说明人类发展过程中个体主观体验到的被剥夺的权利的影响。

种族主义和人类发展

正如我们在其他地方所描述的(见 Harpalani & Spencer, 2005),也可以根据本文前面的分析进行推论的是,种族主义是一种阴险的、无处不在的现象,它经由社会、文化和历史情境的多水平的交互作用转化而来,对人类的生活产生着巨大的影响。传统的将种族主义仅仅视为基于种族歧视的定义并没有涵盖该现象的多种表现形式。正如青年所体验到的,种族主义不仅表现为歧视性的行为,而且还体现在结构性的关系、政治思想和机构的实践之中,所有这些通常被看作是我们这个社会的正常组成部分和每个人日常生活的重要方面。这些结构性的成分和思想性的成分被高度地机构化了,因而,它们不仅会影响处于劣势地位的有色人群的经验和生活轨迹,而且也会影响处于优越地位的白人个体的经验和生活轨迹。为了帮助大家理解种族主义是如何起作用的,我们在这里将整合各种理论框架,对塑造历史和社会的政治、文化和社会力量以及这些力量是如何影响个体的同一性和日常生活方式进行考察。

关于种族主义的经典观点虽然承认种族主义的破坏性影响,但却倾向于把这种现象看作是由于错误观念和错误教育所导致的一组越轨态度和行为。更晚近的一些理论对这种观点提出了批评,并提供了对社会的种族等级的更为广泛和更为系统的阐述。为了理解种族主义对人类发展和某个发展阶段的特定结果的重要影响,有必要先来考察一下种族主义的广泛性和系统性特点。但是,对于发展科学来说,社会学方法本身是不充分的;这就有必要对青年应对种族主义经验的不同方式进行考察。在这里,种族主义对有色青年而言代表的是诸多的挑战,对白人青年来说代表的是未被承认的优越地位。为了完成这一目标,关于种族主义的社会学理论和关于人类发展的、对情境敏感的理论框架都是有益的,我们可以将这两类理论进行整合,从而对系统性的种族主义是如何影响青年的生活达成理解。

884

在关于种族主义的社会历史形成的研究成果中,被广泛引用的一项成果是 Omi 和 Winant(1994)所著的专题论文集:《美国社会中种族的形成》(*Racial Formation in the United States*)。该著作概括地描述了 20 世纪的社会学家用于理解种族和种族主义的诸多研究范式。这两位作者强调了对种族的社会建构:种族群体并不反映截然不同的生物类别,反映的是基于表面的身体特征而作的社会和政治区分——这种区分主要是出于经济和政治降格的目的(即种族主义)。Omi 和 Winant(1994)指出,在社会学的理论建构中,对种族和种族主义的分析通常是被涵括在其他的范式之中的,包括民族(强调的是文化和同化过程)、阶级(马克思主义取向,强调的是经济和劳动区分)和国家(关注的是反殖民的斗争和在这些斗争中形成的集体意识)。Omi 和 Winant(1994)的观点主要关注的是种族形成,他们将种族形成定义为,“种族类型被创造、形成、变化和破坏的社会历史过程”(p. 55)。种族形成强调的是在种族化过程中各种影响的交互作用,并且把种族形成看作是发生于多水平的一种现象,即种族主义在宏观结构中的表现可以转化为微观水平上的个体的日常经验。

Omi 和 Winant(1994)根据不同的历史时期和不同种族的发展历程讨论了种族的形成，这种方法将对种族的动态发展的解释置于社会之中，从而把资源再分配给不同的种族群体。种族主义是由那些根据精英主义的种族而“创造或产生的占支配地位的”种族工程构成的。

根据 Omi 和 Winant(1994)关于种族形成的观点，Bonilla-Silva(2001)勾勒出了一个基于结构取向和过程取向的种族主义理论：种族化的社会系统理论框架。根据该理论框架，在种族化的社会系统中，物质和社会奖赏的分配是根据种族的差异来进行的，这种社会形成了特定的种族结构：一系列的社会关系、文化实践和心照不宣的假设，而所有这一切都是建立在身体特征差异的基础之上的，这种身体上的差异决定了社会对种族群体的社会建构。

全纳性的人类发展理论，连同可以在批判种族理论(CRT)中找到的对种族主义的系统分析，有助于解释种族主义是如何对发展结果产生影响的。例如，Bronfenbrenner(1989)的生态系统理论提供了一个对人类发展中的社会、文化和历史情境的作用进行分析的有效理论框架，因此，该框架也就有力地说明了种族主义在多水平上的影响。正如 Harpalani 和 Spencer(2005)所评述的，作为一个以过程为导向的理论工具，生态系统理论提供了发生在日常生活中的种族主义的即时环境与更大的结构性过程之间的中介作用点。发展科学家对种族主义影响的最后一步是采用发展的视角，采用关注同一性、敏感于环境、可以说明偏见(如种族主义)是如何影响经验、应对、同一性的形成和结果(生命全程的发展结果)的人类发展理论。可以肯定地说，现象学生态系统理论(Spencer，1995)就是这样一个理论框架(见图 15.12)。

如前所述，现象学生态系统理论就是从人类发展的视角，在情境和个体寻求意义和同一性形成的经验之间建立起了联系。虽然生态系统理论提供了描述情境不同等级水平的手段，但现象学生态系统理论直接展现了受这些不同水平的情境影响的人类发展历程。该理论可以被当作一个考察所有种族青年的正规发展过程的模型——其手段是考查同一性、鲜活的文化经验、可感知的种族主义的表现，包括白人的优越地位。这样一来，现象学生态系统理论就考虑到了个体在经验、知觉、对压力和不协调的妥协上所存在的个体差异。现象学生态系统理论向我们展示了这样一个毕生发展的循环过程：个体遭遇新的风险因素和保护因素、体验到新的压力源(可能被支持抵消)，形成更多的应对策略，重新调整对自我的看法，与此同时也会影响他人对自己的看法。因此，正如 Harpalani 和 Spencer(2005)所阐述的，现象学生态系统理论是一个依赖于时间的理论模型，它说明了个体前一发展阶段的结果如何影响个体当下所面临的发展性挑战。许多研究者已经考察了系统的种族主义与结果之间的关系。但是，现象学生态系统理论强调的是作为风险因素的种族与可知觉到的结果之间的中介过程。正如图 15.20 所展示的，从本质上来说，现象学生态系统理论使我们可以对处于不同的生命阶段中的个体“如何”应对种族主义进行考察。

885

将来的种族主义研究，连同试图减轻种族主义影响的社会、政治和法律努力，必须同时考虑到难以察觉和正规的种族主义表现，也必须考虑到种族主义表现的不同水平。个体水平的干预是必需的，但是从长远来看，机构的改革及其实践也相当重要。以上所提到的理论连同其他的许多理论，为我们探索种族主义的本质特征及其对人类生活的广泛影响提供了不同的视角。发展科学家通过有选择地采用其中的理论框架来推动科学的进一步发展，使所有青年(无论其种族)都可以充分地实现其潜能。

总之，我们的意图已经非常明显，本章所探讨的诸多主题对于不变的线性或决定论的思维具有深刻的启示意义，这种决定论的思维仍然在对青年的毕生应对努力作出不恰当的分析。因此，非常明显的是，当人类在时空上处于过渡阶段时，文化传统和正规的人类发展过程起着重要的作用，且彼此之间存在交互作用。把现象学生态系统理论作为一个起组织作用的理论框架，本章的最后一部分为研究者对预期结果作出敏感和有效的结论提供了一个富有启发意义的工具。发展科学研究的终极目的在于减少耻辱和刻板印象的广泛传播：在了解青年的净压力和应对过程的情况下，其净脆弱性的两个方面(即风险因素和保护因素的水平)可以对特定发展阶段的应对结果(少产还是多产)作出最佳的推论和预期。

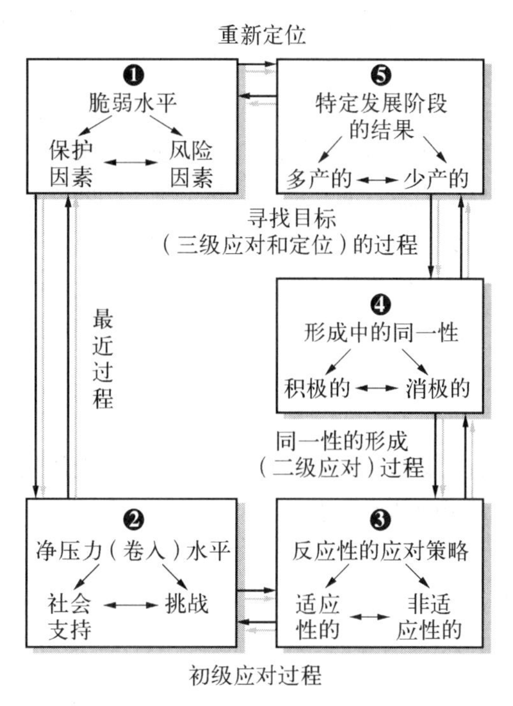

图 15.20 强调过程的现象学生态系统理论(PVEST)。

来源：Spencer & Harpalani, 2004。

886

结论和现象学生态系统理论对青年特定发展阶段的应对结果受其净脆弱水平影响的非凡解释力

从以上我们关于多学科的整合分析和关于现象学生态系统理论优点的阐述中可以得出一个重要和确定无疑的观点，那就是，任何关于人类发展的全纳性理论都应该承载特定的任务。具体而言，现象学生态系统理论不仅应该承认和吸收客观的、很容易识别的人类差异的表现(如，种族、性别、独特的生命阶段——婴儿与老年人)，人类的这些差异可能与情境存在不同的交互作用，而且，现象学生态系统理论还应该对导致“什么”或特定的模式化结果的人类发展过程——关于人类发展的“如何”的问题——做出充分的解释。

人类发展的独特的结构化和经验的过程与由于特定情境中的个体所面临的发展任务、心理历史的影响、对能力的期望等所产生的张力存在紧密的联系。但是，无法避免的张力也可能缘于儿童自身的特点，如儿童所属的群体和所处的情境的特点；后者虽然很少受到研究者的注意，但它与种族、种族主义、白人的优越地位联系在一起的结构性条件是紧密联系在一起的。总之，除了事先假定有色青年与偏差、病理和问题联系在一起外，儿童心理学研究文献对这种无法改变的两难处境是置若罔闻的。而且，被体验为耻辱的情境与历史条件是联系在一起的,并且作为价值观、信念、态度、情境的不对等性和心理社会经验等长期存在。总之,当个体体验到净压力时,这种情境既非作为风险因素永远起作用,也不是作为保护因素出现的反应性应对反应被唤起,而是会导致青年形成特定的同一性。因此,在特定的文化传统中,随着青年的逐步发展,他们与特定发展阶段的结果是联系在一起的。因此,我们把现象学生态系统理论当作基于同一性的文化生态(ICE)视角来介绍这本身就表明,随着人与情境交互作用的继续进行,逐渐展开的应对过程和随后的某个发展阶段的应对产物会成为个体后一发展阶段的净脆弱水平的重要来源。

因此,作为一个动态的递归理论框架,现象学生态系统理论是对狭隘的人类发展的决定论思维的一个超越。

作为人类发展的双轴应对结果解释框架的现象学生态系统理论的概念优点:传统的和存在局限性的双轴观

如图 15.21 所示,一般而言,传统的、存在局限性的人类发展观会用风险因素的水平和保护因素水平的强度来思考各类有色青年的经验。

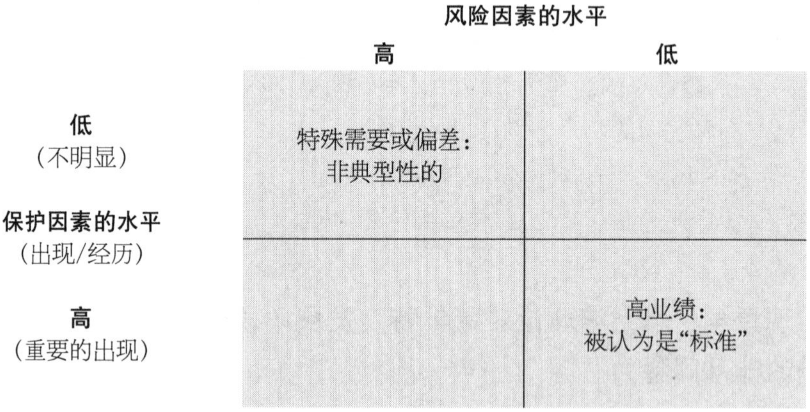

保护因素的水平(出现/经历) \ 风险因素的水平	高	低
低(不明显)	特殊需要或偏差:非典型性的	
高(重要的出现)		高业绩:被认为是"标准"

图 15.21 传统的和存在局限性的双轴观:这种观点只是狭隘地对极端情况进行比较。

来源:"What Does 'Acting White' Actually Mean: Racial Identity, Adolescent Development, and Academic Achievement among African American Youth," by M. B. Spencer and V. Harpalani, in Minority Status, Collective Identity and Schooling, J. U. Ogbu (Ed.), submitted, Mahwah, NJ: Erlbaum; Adapted from "Introduction: The Syndrome of the Psychologically Vulnerable Child" (pp. 3 - 10), by E. J. Anthony, in The Child in His Family: Children at Psychiatric Risk, E. J. Anthony and C. Koupernik (Eds.), 1974, New York: Wiley.

前面所回顾的研究文献业已表明,在对有色青年的分析中,高风险的评估一般未将可获得的保护因素考虑在内。与此同时,关于欧裔美国人的未被承认的白人优越观一般未与对脆弱的估计联系起来(即,只考虑保护因素,如种族)。更成问题的是,与中等收入的欧裔美国人联系在一起的高成就被认定为所有青年的预期标准;超出该标准的特异值被认为是偏差或非典型的表现,对此,我们前面已经做过说明:在开展多元青年的研究中,通常是对两类青年群体进行比较;中等收入群体的白人总是被拿来与一个或几个低资源的边缘化群体青年进行比较。这种缺乏对等性的比较在儿童发展研究中仍然是一个很大的问题,这一点我们已在前面的多个地方谈论过了。但是,如图 15.21 所示,如果我们将图 15.21 与图 15.22进行比较,对脆弱性的双轴分析所表现出的概念缺陷和假设的过于简单性便一目了然了。

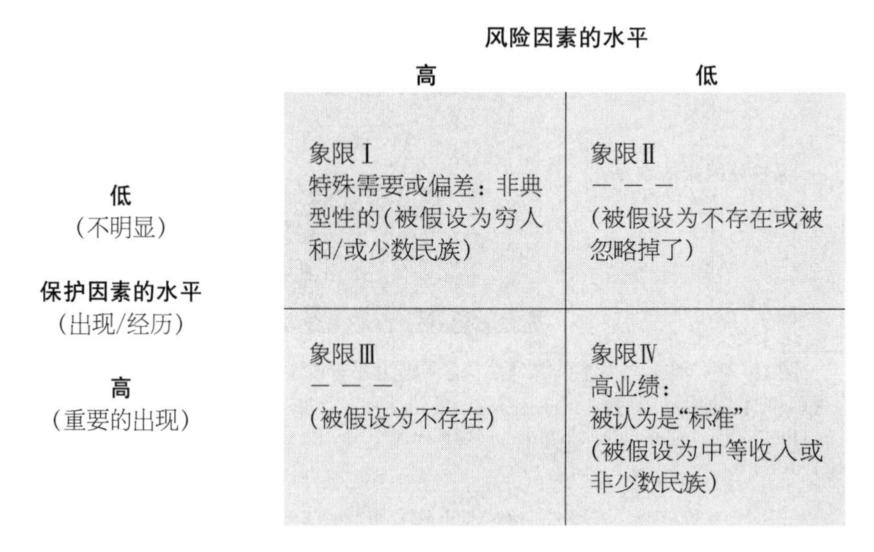

图 15.22 传统的双轴模型的缺点和假设。

来源:改编自"Introduction: The Syndrome of the Psychologically Vulnerable Child" (pp. 3 - 10), by E. J. Anthony, in The Child in His Family: Children at Psychiatric Risk, E. J. Anthony and C. Koupernik (Eds.), 1974, New York: Wiley.

如前所述,在脆弱性的双轴模型中,一方面,象限Ⅰ总是被假定为与穷人和少数民族联系在一起,象限Ⅳ被假定为与中等收入和非少数民族(或模范的少数民族)青年联系在一起。另一方面,除了 Luthar(2003)对极其富裕的郊区欧裔美国青年的研究外,象限Ⅱ在研究文献中一般是被忽视的。换言之,儿童心理学的大量研究文献忽视了这个既有高风险因素又有高保护因素的群体(象限Ⅲ中的群体)。或者干脆假设该群体不存在。已经有很多理论对诸如父母的监控、文化社会化、具体的学业促进服务项目和参照群体认同等保护因素进行过探讨(如,Spencer, 1983; Spencer, Fegley, & Harpalani, 2003; Spencer, Noll, et al., 2001; Swanson et al., 2002; Youngblood & Spencer, 2002)。综上所述,真实的情况似乎是,作为一个以具体结果为导向的理论视角的现象学生态系统理论,图 15.23 对我们理解弹性,尤其是 Anthony 所定义的弹性概念具有重要的启示意义。

887

对挑战情境下的积极结果的预测

James Anthony(1974)关于弹性定义的优点之一是,该概念承认保护因素与风险因素的同时性交互作用。他将弹性定义为面临风险因素时达到的积极结果。从他的定义中可以得出这样一个推论,即,只有当一个人面临高风险并与保护因素存在净平衡时,我们才可以说一个人是弹性的。因此,如图 15.23 所示,由于缺乏高水平的保护因素,象限Ⅰ中的青年可以被称为高脆弱性;但是象限Ⅱ中青年的风险因素水平却比较低,虽然他们通常缺乏高水平的保护因素;因此,图 15.23 将象限Ⅱ中的青年描述为缺乏重要症状但表现出总体的"隐匿的脆弱性"。

	风险因素的水平：高	风险因素的水平：低
保护性因素的水平（出现/经历）：低（不明显）	特殊需要非常明显：象限Ⅰ（高脆弱性）	症状不明显/被忽视：象限Ⅱ（"隐匿的"脆弱性）
保护性因素的水平（出现/经历）：高（重要的出现）	预期中的弹性：象限Ⅲ（低脆弱性）	未被经验的：象限Ⅳ（未被决定的脆弱性）

图 15.23 现象学生态系统理论关于脆弱水平和弹性预测的双轴应对结果模型

来源：改编自"Introduction：The Syndrome of the Psychologically Vulnerable Child"（pp. 3—10），by E. J. Anthony，in The Child in His Family：Children at Psychiatric Risk，E. J. Anthony and C. Koupernik（Eds.），1974，New York：Wiley.

如前文所述,象限Ⅳ中的青年一般是那些在拥有高水平保护因素的同时拥有较低或根本就不存在明显的风险因素的青年。但是,当这类青年通常被当作所有青年的标准使用时,这是有问题的。所以,如图 15.23 所示,在现象学生态系统理论关于脆弱水平和弹性预测的双轴应对结果模型中,象限Ⅳ中的青年被描述为具有"未被检验的"或实际上具有"未被决定的脆弱性"。当我们根据 James Anthony 的理论视角进行仔细思考时,作为对现象学生态系统理论框架的一个主要贡献来源的弹性只能是对象限Ⅲ中的青年的期望结果,因为,根据 Anthony 的定义,弹性与那些在经验高水平风险因素的同时可获得高水平保护因素的那些人是联系在一起的。如前所述,我们认为这一双轴模型为我们无须采用不公平和耻辱化的分析便可达到对脆弱水平和弹性预测估计的理解提供了一个清晰和富有启示意义的工具。

888

不幸的是,这不是思考多元青年经验的大多数人类发展理论的取向。重要的是,现象学生态系统理论不仅可应用于多元青年和敏感于多元青年的独特文化和情境特点,而且,由于该理论对脆弱性、压力水平、应对过程(即,反应性的应对、作为形成中的同一性的稳定的应对)、所有青年(包括处于优越地位的青年)生命全程中特定发展阶段的结果、社会结构之间的交互作用可以作出有效的分析,因此,它可以作为一个广泛的人类毕生发展理论起作用。

总之,现象学生态系统理论及其人类发展的双轴应对结果模型为解释人类发展在文化情境中的多样性表达提供了概念的工具和有启示意义的方法。

（曾守锤译）

参考文献

Allen, W. R. (1985). Race, income and family dynamics: A study of adolescent male socialization processes and outcomes. In M. B. Spencer, G. K. Brookins, & W. R. Allen (Eds.), *Beginnings: The social and affective development of Black children* (pp. 273 - 292). Hillsdale, NJ: Erlbaum.

Allen, W. R., Spencer, M. B., & Brookins, G. K. (1985). Synthesis: Black children keep on growing. In M. B. Spencer, G. K. Brookins, & W. R. Allen (Eds.), *Beginnings: The social and affective development of Black children* (pp. 301 - 314). Hillsdale, NJ: Erlbaum.

Anderson, J. D. (1988). *The education of Blacks in the south, 1860 - 1935*. Chapel Hill: University of North Carolina Press.

Anthony, E. J. (1974). Introduction: The syndrome of the psychologically vulnerable child. In E. J. Anthony & C. Koupernik (Eds.), *The child in his family: Children at psychiatric risk* (pp. 3 - 10). New York: Wiley.

Anthony, E. J. (1987). Risk, vulnerability, and resilience: An overview. In E. J. Anthony & B. J. Cohler (Eds.), *The invulnerable child* (pp. 3 - 48). New York: Guilford Press.

Armour, J. D. (2000). Race *Ipsa Loquitur:* Of reasonable racists, intelligent bayesians, and involuntary negrophobes. In R. Delgardo & J. Stefancic (Eds.), *Critical race theory* (chap. 17). Philadelphia: Temple University Press.

Arrington, E. G. (2002). Negotiating race and racism: Black youth in racially dissonant schools. *Dissertation Abstracts International*, *62*, 12. (UMI No. AA13031636)

Balkin, J. M. (2001). *What Brown versus Board of Education should have said*. New York: New York University Press.

Banks, W. C. (1976). White preference in Blacks: A paradigm in search of phenomenon. *Psychological Bulletin*, *83*, 1179 - 1186.

Barker, R. G., & Wright, H. F. (1949). Psychological ecology and the problem of psychosocial development. *Child Development*, *20*, 131 - 143.

Barker, R. G., & Wright, H. F. (1954). *Midwest and its children: The psychological ecology of an American town*. Evanston, IL: Row and Peterson.

Baron, H. (1971). The demand for Black labor: Historical notes on the political economy of racism. *Radical American*, *5*(2), 1 - 46.

Bell, D. A. (1992). *Faces at the bottom of the well: The permanence of racism*. New York: Basic Books.

Bell, D. A. (1995). Brown v. Board of Education and the interest convergence dilemma. In K. Crenshaw, N. Gotanda, G. Peller, & K. Thomas (Eds.), *Critical race theory: The key writings that formed the movement* (pp. 20 - 28). New York: New Press.

Bell, D. A. (2000a). After we've gone: Prudent speculations on America in a post-racial epoch. In R. Delgado & J. Stefancic (Eds.), *Critical race theory: The cutting edge* (pp. 2 - 8). Philadelphia: Temple University Press.

Bell, D. A. (2000b). Serving two masters: Integration ideals and client interests in school desegregation litigation. In R. Delgado & J. Stefancic (Eds.), *Critical race theory: The cutting edge* (pp. 236 - 246). Philadelphia: Temple University Press.

Board of Education of Oklahoma City v. Dowell, 49. 8 U. S. 237 (1991).

Bolling v. Sharpe, 347 U.S. 497 (1954).

Bonilla-Silva, E. (2001). *White supremacy and racism in the post-civil rights era*. Boulder, CO: Lynne Rienner Publishers.

Boyd-Franklin, N. (1989). *Black families in therapy: A multisystems approach*. New York: Guilford Press.

Boykin, A. W. (1986). The triple quandary and the schooling of Afro-American children. In U. Neisser (Ed.), *The school achievement of minority children* (pp. 57 - 92). Hillsdale, NJ: Erlbaum.

Boykin, A. W., & Ellison, C. M. (1995). The multiple ecologies of Black youth socialization: An afrographic analysis. In R. L. Taylor (Ed.), *African-American youth: Perspectives on their status in the United States* (pp. 93 - 128). Westport, CT: Praeger.

Boykin, A. W., & Toms, F. (1985). Black child socialization: A conceptual framework. In H. P. McAdoo & J. McAdoo (Eds.), *Black children: Social, educational, and parental environments* (pp. 33 - 52). Newbury Park, CA: Sage.

Bronfenbrenner, U. (1977). Toward an experimental ecology of human development. *American Psychologist*, *32*, 513 - 531.

Bronfenbrenner, U. (1979). *The ecology of human development: Experiments by nature and design*. Cambridge, MA: Harvard University Press.

Bronfenbrenner, U. (1985). Summary. In M. B. Spencer, G. K. Brookins, & W. R. Allen (Eds.), *Beginnings: Social and affective development of Black children* (pp. 67 - 73). Hillsdale, NJ: Erlbaum.

Bronfenbrenner, U. (1989). Ecological systems theory. In R. I. Vasta (Ed.), *Annals of Child Development: Vol. 6. Six theories of child development* (pp. 187 - 249). Greenwich, CT: JAI Press.

Bronfenbrenner, U. (1992). *The process-person-context model in development research: Principles, applications and implications*. Unpublished manuscript, Cornell University, Department of Human Development and Family Studies, Ithaca, NY.

Bronfenbrenner, U. (1993). The ecology of cognitive development. In R. H. Wozniak & K. W. Fischer (Eds.), *Development in context: Acting and thinking is specific environments* (pp. 3 - 44). Hillsdale, NJ: Erlbaum.

Bronfenbrenner, U., & Ceci, S. J. (1993). Heredity, environment, and the question "How?": A first approximation. In R. Plomin & G. E. McClearn (Eds.), *Nature, nurture, and psychology* (pp. 313 - 324). Washington. DC: American Psychological Association.

Bronfenbrenner, U., & Ceci, S. J. (1994). Nature-nurture reconceptualized in developmental perspective: A bioecological mode. *Psychological Review*, *101* (4), 568 - 586.

Bronfenbrenner. U., & Crouter, A. C. (1983). The evolution of environmental models in developmental research. In P. H. Mussen (Series Ed.) & W. Kessen (Vol. Ed.), *Handbook of child psychology: Vol. I. History, theory, and methods* (pp. 357 - 414). New York: Wiley.

Brookins, G. K. (1985). Black children's sex role ideologies and occupational choices in families of employed mothers. In M. B. Spencer, G. K. Brookins, & W. R. Allen (Eds.), *Beginnings: Social and affective development of Black children* (pp. 257 - 272). Hillsdale, NJ: Erlbaum.

Brookins, G. K. (1988). Making the honor roll: A Black parent's perspective on private education. In D. T. Slaughter & D. J. Johnson (Eds.), *Visible now: Blacks in private school* (pp. 12 - 20). New York: Greenwood Press.

Brown I. 347 U.S. 483 (1954).

Brown II. 349 U.S. 294 (1955).

Bullock, H. A. (1967). *A history of Negro education in the south: From 1619 - present*. Cambridge, MA: Harvard University Press.

Butchart, R. E. (1980). *Northern schools, southern Blacks, and reconstruction: Freedmen's education, 1862 - 1875*. Westport, CT: Greenwood Press.

Carroll, G. (1998). Mundane extreme environmental stress and African American families: A case for recognizing different realities. *Journal of Comparative Family Studies*, *29*(2), 271 - 283.

Carroll, G., & Tyler, K. (under review). A portrait of African American suicide: An interaction of racism and stress.

Ceci, S. J. (1994). Cognitive and social factors in children's testimony. In B. D. Sales & G. R. VandenBos (Eds.), *Psychology in litigation and legislation* (pp. 11 - 54). Washington, DC: American Psychological Association.

Chestang, L. W. (1971). The dilemma of biracial adoptions. *Social Work*, *17*, 100 - 105.

Chestang, L. W. (1972). *Character development in a hostile environment* (Occasional Paper, No. 3). Chicago: University of Chicago, School of Social Service Administration.

Clark, K. B., & Clark, M. P, (1939). The development of consciousness of self and the emergence of racial identity in Negro preschool children. *Journal of Social Psychology*, *10*, 591 - 599.

Clark, K. B., & Clark, M. P. (1940). Skin color as a factor in racial identification of Negro preschool children. *Journal of Social Psychology*, *2*, 159 - 169.

Cole, M. (1996). *Cultural psychology: A once and future discipline*. Cambridge, MA: Harvard University Press.

Crenshaw, K., Gotanda, N., Peller, G., & Thomas, K. (1995). *Critical race theory: Key writings that formed the movement*. New York: New Press.

Cross, W. E., Jr. (1971, July). The Negro-to-Black conversion experience. *Black World*, 13 - 27.

Cross, W. E., Jr. (1991). *Shades of Black: Diversity in African-American identity*. Philadelphia: Temple University Press.

Cross, W. E., Jr. (1995). The psychology of nigrescence. In J. Ponterotto, J. Casas, L. Suzuki, & C. Alexander (Eds.), *Handbook of counseling* (pp. 93 - 122). Thousand Oaks, CA: Sage.

Cross, W. E., Jr. (2001). Encountering nigrescence. In J. Ponterotto, J. M. Casas, L. A. Suzuki, & C. M. Alexander (Eds.), *Handbook of mulicultural counseling* (pp. 30 - 44). Thousand Oaks, CA: Sage.

Cross, W. E., Jr., & Vandiver, B. J. (2001). Nigrescence theory and measurement. In J. G. Ponterotto, et al. (Eds.), *Handbook of multicultural counseling* (pp. 371 - 393). Thousand Oaks, CA: Sage.

Cunningham, M. (1993). Sex role influences of African American adolescent males: A literature review. *Journal of African American Male Studies*, *1*, 30 - 37.

Cunningham, M., Swanson, D. P., Spencer, M. B., & Dupree, D. (2003). The association of physical maturation with family hassles in African American adolescent males. *Journal of Cultural Diversity and Ethnic Minority Psychology*, *9*, 274 - 276.

Damon, W. (2002, February). *The development of purpose during adolescence*. Paper presented at the Fuller Thrive Author Conference for beyond the Self: Perspectives on Transcendence and Identity Development, Pasadena, CA.

Darity, W. A., Jr., & Myers, S. L., Jr. (1998). *Persistent disparity: Race and economic inequality in the United States since 1945*. Northampton,

MA: E. Elgar.

Datnow, A., & Cooper, R. (1996). Peer networks of African-American students in independent schools: Affirming academic success and racial identity. *Journal of Negro Education*, *65*(4), 56-72.

DeCharms, R. (1968). *Personal causation: The internal affective determinant of behavior*. New York: Academy Press.

Delgado, R., & Stefancic, J. (2000). Introduction. In R. Delgado & J. Stefancic (Eds.), *Critical race theory: The cutting edge* (pp. xv - xix). Philadelphia: Temple University Press.

Delgado, R., & Stefancic, J. (2001). *Critical race theory: An introduction*. New York: New York University Press.

Du Bois, W. E. B. (1903). *The souls of Black folk*. Greenwich, CT: Fawcett Publications.

Du Bois, W. E. B. (1935). *Black reconstruction*. New York: S. A. Russell.

Dupree, D., Spencer, M. B., & Bell, S. (1997). The ecology of African American child development: Normative and non-normative outcomes. In G. Johnson-Powell & Y. Yamamoto (Eds.), *Transcultural child psychiatry: A portrait of America's children* (pp. 237 - 268). New York: Wiley.

Dweck, C. S. (1978). Achievement. In M. Lamb (Ed.), *Social and personality development* (pp. 114-130). New York: Holt Reinhart.

Elder, G. H., Jr. (1974). *Children of the great depression*. Chicago: University of Chicago Press.

Eng, P. (1999). *Warrior lessons*. New York: Pocket Books.

Erikson, E. H. (1959). Identity and the life cycle. *Psychological Issues*, *1*, 1-171.

Erikson, E. H. (1968). *Identity: Youth and crisis*. New York: Norton.

Essed, P. (2002). Everyday racism: A new approach to the study of racism. In P. Essed & D. T. Goldberg (Eds.), *Race critical theories: Test and context* (pp. 176-194). Malden, MA: Blackwell.

Fegley, S. G., Spencer, M. B., Gross, T. N., Harpalani, V., & Charles, N. (in press). Bodily self-awareness: Skin color and psychosocial well-being in adolescence. In W. Overton & U. Mueller (Eds.), *Body in mind, mind in body: Developmental perspectives on embodiment and consciousness*. Mahwah, NJ: LEA.

Fischbein, S. (1980). IQ and social class. *Intelligence*, *4*, 51-63.

Fisher, C. B., Hoagwood, K., Boyce, C., Duster, T., Frank, D., Grisso, T., et al. (2002). Research ethics for mental health science involving ethnic minority children and youths. *American Psychologist*, *57* (12), 1024-1040.

Flavell, J. H. (1968). *The development of role-taking and communication skills in children*. New York: Wiley.

Ford, D. Y., Harris, J. J., Webb, K. S., & Jones, D. L. (1994). Rejection or confirmation of racial identity: A dilemma for highachieving Blacks? *Journal of Educational Thought*, *28*(1), 7-33.

Fordham, S. (1988). Racelessness as a strategy in Black students' school success: Pragmatic strategy or pyrrhic victory? *Harvard Educational Review*, *58*(1), 54-84.

Fordham, S. (1996). *Blacked out: Dilemmas of race, identity and success at Capital High*. Chicago: University of Chicago Press.

Fordham, S., & Ogbu, J. U. (1986). Black students' school success: Coping with the "burden of 'acting White.'" *Urban Review*, *18*, 176-206.

Freeman, A. D. (1995). Legitimizing racial discrimination through antidiscrimination law: A critical review of Supreme Court doctrine. In. K. Crenshaw, N. Gotanda, G. Peller, & K. Thomas (Eds.), *Critical race theory: The key writings that formed the movement* (pp. 29-45). New York: New Press.

Freeman v. Pitts, 503 U.S. 467 (1992).

Frye, D. (1992). Causes and precursors of children's theories of mind. In D. Hay & A. Angold (Eds.), *Precursors and causes in development and psychopathology* (pp. 145-168). West Sussex, England: Wiley.

Frye, D., & Moore, C. (1991). *Children's theories of mind: Mental states and social understanding*. Hillsdale, NJ: Erlbaum.

Goldberg, D. T. (2001). *Race critical theories* (P. Essed & D. T. Goldbert, Eds.). Malden, MA: Blackwell.

Goldberg, D. T. (2002). Modernity, race, and morality. In P. Essed & D. T. Goldberg (Eds.), *Race critical theories: Text and context* (pp. 14-40). Malden, MA: Blackwell.

Gottlieb, G. (1995). Some conceptual deficiencies in "developmental" behavior genetics. *Human Development*, *38*, 131-141.

Gump, P. V., & Sutton-Smith, B. (1955). The "It" in children's games. *Group*, *17*, 3-8.

Guthrie, R. (1976). *Even the rat was White: A historical view of psychology*. New York: Harper & Row.

Hall, S. (2000). In R. Delgardo, & J. Stefancic (Eds.), *Critical race theory: An introduction*. Philadelphia: Temple University Press.

Hall, S. (2002). Race, articulation, and societies structured in dominance. In P. Essed & D. T. Goldberg (Eds.), *Race critical theories: Text and context* (pp. 38-68). Malden, MA: Blackwell.

Hare, B. R., & Castenell, L. A., Jr. (1985). No place to run, no place to hide: Comparative status and future prospects of Black boys. In M. B. Spencer, G. K Brookins, & W. R. Allen (Eds.), *Beginnings: The social and affective development of Black children* (pp. 201 - 214). Hillsdale, NJ: Erlbaum.

Harpalani, V. (1999). *A critique of Hoberman's Darwin's athletes: Invalid psychological inferences from a sociohistorical framework*. Unpublished manuscript, University of Pennsylvania, Philadelphia, Graduate School of Education.

Harpalani, V., & Spencer, M. B. (2005). Racism. In C. B. Fisher & R. M. Lerner (Eds.), *Applied developmental science: An encyclopedia of research, policies, and programs* (pp. 905-909). Thousand Oaks: Sage.

Havighurst, R. J. (1953). *Human development and education*. New York: McKay.

Hergenhahn, B. R., & Olson, M. H. (1993). *An introduction to theories of learning*. Englewood Cliffs, NJ: Prentice-Hall.

Hetherington, E. M., & Kelly, J. (2003). *For better or for worse: Divorce reconsidered*. New York: Free Press.

Holliday, B. G. (1985a). Developmental imperatives of social ecologies: Lessons learned from Black children. In H. P. McAdoo & J. L. McAdoo (Eds.), *Black children: Social, educational and parental environments*. Beverly Hills, CA: Sage.

Holliday, B. G. (1985b). Towards a model of teacher-child transactional processes affecting Black children's academic achievement. In M. B. Spencer, G. K. Brookins, & W. R. Allen (Eds.), *Beginnings: The social and affective development of Black children* (pp. 117 - 130). Hillsdale, NJ: Erlbaum.

Huang, L. N. (1989). Southeast Asian refugee children and adolescents. In J. T. Gibbs & L. N. Huang (Eds.). *Children of color* (pp. 278-321). San Francisco: Jossey-Bass.

Ignatiev, N. (1995). *How the Irish became White*. New York: Routledge & Kegan Paul.

Irvine, J. J. (1988). *Black students and school failure*. New York: Greenwood Press.

Jackson, P. W., Boostrom, R. E., & Hansen D. T. (1993). *The moral life of schools*. San Francisco, CA: Jossey-Bass.

Jaret, C. (1995). *Contemporary racial and ethnic relations*. New York: HarperCollins.

Jarrett, R. L. (1994). Living poor: Family life among single parent, African American women. *Social Problems*, *41*, 30-49.

Jarrett, R. L. (1995). Growing up poor: The family experiences of socially mobile youth in low-income African-American neighborhoods. *Journal of Adolescent Research*, *10*, 111-135.

Joe, S., & Kaplan, M. S. (2002, March). Firearm-related suicide among young African American males. *Psychiatric Services*, *53*(3), 332-334.

Johnson, D. J. (1988). Racial socialization strategies of parents in three Black private schools. In D. T. Slaughter & D. J. Johnson (Eds.), *Visible now: Blacks in private schools* (pp. 251-267). New York: Greenwood Press.

Johnson-Powell, G., & Yamamoto, Y. (Eds.). (1997). *Transcultural child psychiatry: A portrait of American's children*. New York: Wiley.

Kardiner, A., & Ovesey, L. (1951). *The mark of oppression: Explorations in the personality of the American Negro*. New York: Norton.

Kennell, J., & Klaus, M. (1982). *Parent-infant bonding* (2nd ed.). St. Louis: Mosby.

Kennell, J. H., Trause, M. A., & Klaus, M. H. (1975). Evidence for a sensitive period in the human mother. In *Ciba Foundation Symposium: Vol. 33. Parent-infant interaction* (New series, pp. 87-102).

Klaus, M. H., & Kennel, J. H. (1976). *Maternal-infant bonding*. St. Louis, MO: Mosby.

Klaus, M. H., & Kennel, J. H. (1976). *Maternal-infant bonding: The impact of early separation or loss on family development*. St. Louis, MO: Mosby.

Klaus, M., & Kennel, J. (1983). *Parent-infant bonding*. St. Louis, MO: Mosby.

Klaus, P. H., Kennel, J. H., & Klaus, M. H. (1995). *Bonding: Building the foundations of secure attachment and independence*. Reading, MA: Addison-Wesley.

Koshy, S. (1998). Category crisis: South Asian Americans and questions of race and ethnicity. *Diaspora*, *7*(3), 285-320.

Kottak, C. P. (1987). *Cultural anthropology*. New York: Random

House.

Ladner, J. A. (1972). *Tomorrow's tomorrow: The Black woman*. New York: Doubleday.

Ladson-Billings, G. (1994). *The dream keepers: Successful teachers of African-American children*. San Francisco: Jossey-Bass.

LaFromboise, T. D., Coleman, H. L., & Gerton, J. (1993). Psychological impact of biculturalism: Evidence and theory. *Psychological Bulletin*, *114*, 395 - 412.

Lal, S. (2002). Giving children security: Mamie Phipps Clark and the racializing of child psychology. *American Psychologist*, *57* (1), 20 - 28.

Lee, C., Spencer, M. B., & Harpalani, V. (2003). Every shut eye ain't sleep: Studying how people live culturally. *Educational Researcher*, *32*, 6 - 13.

Lesser, G., & Stodolsky, S. (1967). Learning patterns in the disadvantaged. *Harvard Educational Review*, *37*, 546 - 593.

Lesser, G., & Stodolsky, S. (1970). Equal opportunity for maximum development. In J. S. Coleman (Ed.), *Equal educational opportunity: Harvard Educational Review* (pp. 127 - 138). Cambridge, MA: Harvard University Press.

Lewin, K. (1935). *A dynamic theory of personality*. New York: McGraw-Hill.

Liebow, E. (1968). *Tally's corner: A study of Negro streetcorner men*. Boston: Little, Brown.

Liu, W. T., Yu, E., Chang, C. F., & Fernandez, M. (1990). The mental health of Asian American teenagers: A research challenge. In A. R. Stiffman & L. E. Davis (Eds.), *Ethnic issues in adolescent mental health* (pp. 92 - 112). Newbury Park: Sage.

Luthar, S. S. (2003). *Resilience and vulnerability: Adaptation in the context of childhood adversities*. Cambridge: Cambridge University Press.

Luthar, S. S., & Cicchetti, D. (2000). The construct of resilience: Implications for interventions and social policies. *Development and Psychopathology*, *12*, 857 - 885.

MacLeod, J. (1987). *Ain't no makin' it: Leveled aspirations in a lowincome neighborhood*. Boulder, CO: Westview Press.

Markus, H. R., & Kitayama, S. (1991). Cultural variation in the self-concept. In G. R. Goethals & J. Strauss (Eds.), *Multidisciplinary perspectives on the self* (pp. 18 - 48). New York: Springer-Verlag.

Matute-Bianchi, M. E. (1986). Ethnic identity and patterns of school success and failures among Mexican descendants and Japanese-American students in a California high school: An ethnographic analysis. *American Journal of Education*, *95*, 233 - 255.

McArdle, C. G., & Young, N. F. (1970). Classroom discussion of racial identity or how can we make it without "acting White"? *American Journal of Orthopsychiatry*, *40*(1), 135 - 141.

McIntosh, P. (1989). White privilege: Unpacking the invisible knapsack. *Peace and Freedom*, 10 - 12.

McLoyd, V. C. (1990). The impact of economic hardship on Black families and children: Psychology distress, parenting, and socioemotional development. *Child Development*, *61*, 311 - 346.

Mehta, P. (1998). The emergence, conflicts, and integration of the bicultural self. In S. Akhtar & S. Kramer (Eds.), *The colors of childhood* (pp. 129 - 168). Northvale, NJ: Aronson.

Milliken v. Bradley, 418 U.S. 717 (1974).

Missouri v. Jenkins, 515 U.S. 70 (1995).

Moore, M. (2002). *Stupid white men... and other sorry excuses for the state of the nation!* New York: Regan Books.

Moore, M. (Director). (2002). *Bowling for Columbine* [Motion picture]. U.S. Columbia Tristar Home Video. Available from http://www.bowlingforcolumbine.com.

Nanda, S. (1974). *Cultural anthropology*. New York: VanNostrand.

Nguyen, L., & Frye, D. (1999). Children's theory of mind: Understanding desire, belief, and emotion with social referents. *Social Development*, *8*, 70 - 92.

Obidah, J. E. (2001). In search of a theoretical framework. In R. O. Mabokela & A. L. Green (Eds,), *Sisters of the academy: Emergent Black weomen scholars in higher education* (pp. 43 - 54). Sterling, VA: Stylus Publishing.

Ogbu, J. (1985). A cultural ecology of competence among inner-city Blacks. In M. B. Spencer, G. K. Brookins, & W. R. Allen (Eds.), *Beginnings: The social and affective development of Black children* (pp. 45 - 66). Hillsdale, NJ: Erlbaum.

Ogbu, J. U. (1986). The consequences of the American caste system. In U. Neisser (Ed.), *The school achievement of minority children: New perspectives* (pp. 19 - 56). Hillsdale, NJ: Erlbaum.

Ogbu, J. U. (1987). Variability in minority school performance: A problem in search of an explanation. *Anthropology and Education Quarterly*, *18*, 312 - 334.

Ogbu, J. U. (1990). Minority education in a comparative perspective. *Journal of Negro Education*, *59*(1), 45 - 56.

Omi, M., & Winant, H. (1994). *Racial formation in the United States* (2nd ed.). New York: Routledge.

Omi, M., & Winant, H. (2002). Racial formation. In P. Essed & D. T. Goldberg (Eds.), *Race critical theories: Text and context* (*pp. 123 - 145*). Malden, MA: Blackwell.

Oyemade, U. J. (1985). The rationale for Head Start as a vehicle for the upward mobility of minority families: A minority perspective. *American Journal of Orthopsychiatry*, *55*(4), 591 - 602.

Pettigrew, T. F. (1964). *A profile of the Negro American*. Princeton, NJ: Van Nostrand.

Phelan, P., Davidson, A. L., & Cao, H. T. (1991). Students' multiple worlds: Negotiating the boundaries of family, peer, and school cultures. *Anthropology and Education Quarterly*, *22*, 224 - 250.

Piaget, J. (1926). *The language and thought of the child*. New York: Harcourt, Brace and World.

Piaget, J. (1967). *Six psychological studies*. New York: Vintage.

Plessy v. Ferguson, 163 U.S. 537 (1896), pp. 550 - 551.

Plomin, R., DeFries, J. C., & Loehlin, J. C. (1977). Genotypeenvironment interaction and correlation in the analysis of human behavior. *Psychological Bulletin*, *84*, 309 - 322.

Prashad, V. (2000). *The karma of Brown folk*. Minneapolis, MN: University of Minnesota Press.

Riksen-Walraven, J. M. A. (1978). Effects of caregive behavior on habituation rate and self-efficacy in infants. *International Journal of Behavioral Development*, *1*, 105 - 130.

Rimer, S., & Arenson, K. W. (2004, June). Top colleges take more blacks, but which ones? Retrieved December 6, 2005 from the *New York Times* website: http://select.nytimes.com/gst/abstract.html? res = F00917FC355D0C778EDDAF0894DC404482

Roediger, D. R. (1991). *The wages of whiteness: Race and the making of the American working class*. New York: Verso.

Roediger, D. R. (1994). *The abolition of whiteness*. New York: Verso.

Roediger, D. R. (2001). Whiteness and ethnicity in the history of "White Ethnics" in the United States. In P. Essed & D. T. Goldberg (Eds.), *Race critical theories: Text and context* (pp. 325 - 343). Malden, MA: Blackwell.

Sarat, A. (1997). *Race, law and culture: Reflections on Brown v. Board of Education*. New York: Oxford University Press.

Scarr, S. (1988). How genotypes and environments combine: Development and individual differences. In N. Bolger & A. Caspi (Eds.), *Persons in context: Developmental processes—Human development in cultural and historical contexts* (pp. 217 - 244). New York: Cambridge University Press.

Scarr, S., & McCartney, K. (1983). How people make their own environments: A theory of genotype-environment effects. *Child Development*, *54*, 424 - 435.

Scarr-Salapatek, S. (1971). Race, social class, and IQ. *Science*, *174*, 1285 - 1295.

Schultz, D. (1976). *Theories of personality*. Monterey, CA: Brooks/Cole.

Sethi, S., Lepper, M. R., & Ross, L. (1999). Independence from whom? Interdependence with whom? Cultural perspectives on ingroups versus outgroups. in D. Miller & D. Prentice (Eds.), *Cultural divides: Understanding and overcoming group conflicts* (pp. 273 - 301). New York: Sage.

Slaughter, D. T., & Johnson, D. (1988). *Visible now: Blacks in private schools*. New York: Greenwood Press.

Spencer, M. B. (1970). *The effects of systematic social (puppet) and token reinforcement on the modification of racial and color concept-attitudes in preschool aged children*. Unpublished master's thesis, University of Kansas, Lawrence.

Spencer, M. B. (1976, August). *The competence model as a viable alternative to IQ test gamesmanship*. Proceedings of the Association of Black Psychologists, Chicago.

Spencer, M. B. (1981a). Personal and group identity of Black children: An alternative synthesis. *Genetic Psychology Monographs*, *106*, 59 - 84.

Spencer, M. B. (1981b). Preschool children's social cognition and cultural cognition: A cognitive developmental interpretation of race dissonance findings. *Journal of Psychology*, *112*, 275 - 286.

Spencer, M. B. (1982). Preschool children's social cognition and cultural cognition: A cognitive developmental interpretation of race dissonance findings. *Journal of Psychology*, *112*, 275 - 286.

Spencer, M. B. (1983). Children's cultural values and parental child rearing strategies. *Developmental Review*, *3*, 351 - 370.

Spencer, M. B. (1984). Black children's race awareness, racial attitudes and self-concept: A reinterpretation. *Journal of Child Psychology and Psychiatry*, *25*(3), 433 - 441.

Spencer, M. B. (1985). Cultural cognition and social cognition as identity factors in Black children's personal-social growth. In M. B. Spencer, G. K. Brookins, & W. R. Allen (Eds.), *Beginnings: The social and affective development of Black children* (pp. 215 - 230). Hillsdale, NJ: Erlbaum.

Spencer, M. B. (1988). Self-concept development. In D. T. Slaughter (Ed.), *Perspectives on Black child development: New directions for child development* (pp. 59 - 72). San Francisco: Jossey-Bass.

Spencer, M. B. (1990). Parental values transmission: Implications for the development of African-American children. In J. B. Stewart & H. Cheatham (Eds.), *Interdisciplinary perspectives on Black families* (pp. 111 - 130). Atlanta, GA: Transactions.

Spencer, M. B. (1995). Old issues and new theorizing about African American youth: A phenomenological variant of ecological systems theory. In R. L. Taylor (Ed.), *Black youth: Perspectives on their status in the United States* (pp. 37 - 70). Westport, CT: Praeger.

Spencer, M. B. (1999a). Social and cultural influences on school adjustment: The application of an identity-focused cultural ecological perspective. *Educational Psychologist*, *34*, 43 - 57.

Spencer, M. B. (1999b). Transitions and continuities in cultural values: Kenneth Clark revisited. In R. L. Jones (Ed.), *African American children, youth, and parenting* (pp. 183 - 208). Hampton, VA: Cobb & Henry.

Spencer, M. B. (2001). Identity, achievement orientation and race: "Lessons learned" about the normative developmental experiences of African American males. In W. Watkins, et al. (Eds.), *Race and education: The role of history and society in educating African American students* (pp. 100 - 127). Needham Heights, MA: Allyn & Bacon.

Spencer, M. B. (2005). Crafting identities and accessing opportunity post *Brown*. *American Psychologist*, *60*(8), 821 - 830.

Spencer, M. B., Brookins, G. K., & Allen, W. R. (Eds.). (1985). *Beginnings: Vol. 1. The social and affective development of Black children*. Hillsdale, NJ: Erlbaum.

Spencer, M. B., & Cassidy, E. (2004). *A broader view of service learning: Using a phenomenological approach to frame service learning among high-school-aged youth*. Chapter prepared for the Robert Wood Johnson Foundation.

Spencer, M. B., Cross, Jr., W. E., Harpalani, V., & Goss, T. N. (2003). Debunking the "acting white" myth and posing new directions for research. In C. C. Yeakey & R. D. Henderson (Eds.), *Surmounting all odds: Education, opportunity, and society in the new millennium* (pp. 273 - 304). Greenwich, CT: Information Age.

Spencer. M. B., & Dornbusch, S. (1990). Challenges in studying minority youth. In S. Feldman & G. Elliot (Eds.), *At the threshold: The developing adolescent* (pp. 123 - 146). Cambridge, MA: Harvard University Press.

Spencer, M. B., Dupree, D., Cunningham, M., Harpalani, V., & Munoz-Miller, M. (2003). Vulnerability to violence: A contextually-sensitive, developmental perspective on African American adolescents. *Journal of Social Issues*, *59*(1), 33 - 49.

Spencer, M. B., Dupree, D., & Hartmann, T. (1997). A Phenomenological Variant of Ecological Systems Theory (PVEST): A self-organization perspective in context. *Development and Psychopathology*, *9*, 817 - 833.

Spencer, M. B., Dupree, D., Swanson, D. P., & Cunningham, M. (1996). Parental monitoring and adolescents' sense of responsibility for their own learning: An examination of sex differences. *Journal of Negro Education*, *65*(1), 30 - 43.

Spencer, M. B., Dupree, D., Swanson, D. P., & Cunningham, M. (1998). The influence of physical maturation and hassles on African American adolescents' learning behaviors. *Journal of Comparative Family Studies*, *29*, 189 - 200.

Spencer, M. B., Fegley, S., & Harpalani, V. (2003). A theoretical and empirical examination of identity as coping: Linking coping resources to the self processes of African American youth. *Journal of Applied Developmental Science*, *7*(3), 181 - 187.

Spencer, M. B., & Harpalani, V. (2004). Nature, nurture, & the question of "How?": A phenomenological variant of ecological systems theory. In C. Garcia-Coll, K. Kearer, & R. Lerner (Eds.), *Nature and nurture: The complex interplay of genetic and environmental influences on human behavior and development* (pp. 53 - 77). Mahwah, NJ: Erlbaum.

Spencer, M. B., & Harpalani, V. (under review). What does "acting White" actually mean? Racial identity, adolescent development, and academic achievement among African American youth. In J. U. Ogbu (Ed.), *Minority status, collective identity and schooling*. Mahwah, NJ: Erlbaum.

Spencer, M. B., Harpalani, V., Cassidy, E., Jacobs, C., Donde, S., Goss, T., et al. (2006). Understanding vulnerability and resilience from a normative development perspe ctive: Vol. 1. Implications for racially and ethnically diverse youth (pp. 627 - 672). In D. Cicchetti & E. Cohen (Eds.), *Handbook of Development and Psychopathology*. Hoboken, NJ: Wiley.

Spencer, M. B., Hartmann, T. T., & Dupree, D. (1997). A Phenomenological Variant of Ecological Systems Theory (PVEST): A self-organization perspective in context. *Development and Psychopathology*, *9*, 817 - 833.

Spencer, M. B., & Horowitz, F. D. (1973). Effects of systematic social and token reinforcement on the modification of racial and color concept attitudes in Black and in White pre-school children. *Developmental Psychology*, *9*, 246 - 254.

Spencer, M. B., & Jones-Walker, C. (2004). Interventions and services offered to former juvenile offenders reentering their communities: An analysis of program effectiveness. *Journal of Youth Violence and Juvenile Justice*, *1*(2), 88 - 97.

Spencer, M. B., & Markstrom-Adams, C. (1990). Identity processes among racial and ethnic minority children in America. *Child Development*, *61*, 290 - 310.

Spencer, M. B., Noll, E., Stoltzfus, J., & Harpalani, V. (2001). Identity and school adjustment: Revisiting the "acting White" assumption. *Educational Psychologist*, *36*(1), 21 - 30.

Spencer, M. B., Silver, L. J., Seaton, G., Tucker, S. R., Cunningham, M., & Harpalani, V. (2001). Race and gender influences on teen parenting: An identity-focused cultural-ecological perspective. In T. Urdan & F. Pajares (Eds.), *Adolescence and education: General issues in the education of adolescents* (pp. 231 - 268). Greenwich, CT: Information Age Publishing.

Spencer, M. B., & Swanson, D. P. (2000). Promoting positive outcomes for youth: Resourceful families and communities. In S. Danziger & J. Waldfogel (Eds.), *Securing the future* (pp. 182 - 204). New York: Russell Sage Foundation Press.

Steele, C. (1997). A threat in the air: How stereotypes shape intellectual identity and performance. *American Psychologist*, *52*, 613 - 629.

Steele, C. (2004, April). *Endowed lectureship on stereotype threat*. Sponsored by the Provost Office, University of Michigan.

Steele, C. M., & Aronson, J. (1995). Stereotype threat and the intellectual test performance of African-Americans. *Journal of Personality and Social Psychology*, *69*, 797 - 811.

Steinberg, L. (1985). *Adolescence*. New York: Alfred A. Knopf.

Stevenson, H. C. (1997). Missed, dissed, and pissed: Making meaning of neighborhood risk, fear and anger management in urban Black youth. *Cultural Diversity and Mental Health*, *3*, 37 - 52.

Stoler, A. L. (2002). Racial histories and their regimes of truth. In P. Essed & D. T. Goldberg (Eds.), *Race critical theories: Text and context*. Malden, MA: Blackwell.

Sullivan, M. (1989). *Getting paid: Youth, crime and work in the inner city*. Ithaca, NY: Cornell University Press.

Swanson, D., Cunningham, M., & Spencer, M. B. (2003). Black males' structural conditions, achievement patterns, normative needs, and "opportunities." *Urban Education Journal*, *38*, 608 - 633.

Swanson, D. P., & Spencer, M. B. (1999). Developmental and cultural context considerations for research on African American adolescents. In H. Fitzgerald, B. M. Lester, & B. Zuckerman (Eds.), *Children of color: Research, health and public policy issues* (pp. 53 - 72). New York: Garland.

Swanson, D. P., Spencer, M. B., Dell'Angleo, T., Harpalani, V., & Spencer, T. (2002). Identity processes and the positive youth development of African Americans: An explanatory framework. In G. Noam (Series Ed.) & C. S. Taylor, R. M. Lerner, & A. von Eye (Eds.), *Pathways to positive youth development among gang and non-gang youth: New directions for youth development* (No. 95, pp. 73 - 99). San Francisco: Jossey-Bass.

Swanson, D. P., Spencer, M. B., Harpalani, V., Noll, L., Seaton, G., & Ginzberg, S. (2003). Psychosocial development in racially and ethnically diverse groups: Conceptual and methodological changes in the 21st century. *Development and Psychopathology*, *15*, 743 - 771.

Swanson, D. P., Spencer, M. B., & Petersen, A. (1998). Identity formation in adolescence. In K. Borman & B. Schneider (Eds.), *The adolescent years: Pt. 1. Social influences and educational challenges, ninety-seventh Yearbook of the National Society for the Study of Education* (pp. 18 - 41). Chicago: University of Chicago Press.

Triandis, H. C. (1989). The self and social behavior in differing cultural contexts. *Psychological Review*, *96*, 506 - 520.

Trueba, H. T. (1988). Culturally based explanations of minority students' academic achievement. *Anthropology and Education Quarterly*, *19*(3), 270 - 287.

West, C. (2002). A genealogy of modern racism. In P. Essed & D. T. Goldberg (Eds.), *Race critical theories: Text and context*. Malden, MA: Blackwell.

White, R. (1959). Motivation reconsidered: The concept of competence. *Psychological Review*, *66*, 297 - 333.

White, R. (1960). Competence and psychosexual development. In M. R. Riley (Ed.), *Nebraska Symposium on Motivation* (pp. 3 - 32). Lincoln: University of Nebraska Press.

White, S. H. (1996). Foreword. In M. Cole (Ed.), *Cultural psychology: A once and future discipline* (p. ix). Cambridge, MA: Belknap-Harvard Press.

Wohlwill, J. F. (1985). The confluence of environmental and developmental psychology: Signpost to an ecology of development? *Human Development*, *23*, 354 - 358.

Wohlwill, J. F., & Heft, H. (1987). The physical environment and the development of the child. In D. Stokols & I. Altman (Eds.), *Handbook of environmental psychology* (Vol. 1, pp. 281 - 328). New York: Wiley.

Woodson, C. G. (1919). *The education of the Negro prior to 1861: A history of the education of the colored people of the United States from the beginning of slavery to the Civil War*. Washington, DC: Associated.

Wright, H. F. (1967). *Recording and analyzing child behavior*. New York: Harper & Row.

Youngblood, J., & Spencer, M. B. (2002). Integrating normative identity processes and academic support requirements for special needs adolescents: The application of an Identity-Focused Cultural Ecological (ICE) Perspective. *Journal of Applied Developmental Science*, *6*, 95 - 108.

第 16 章

积极的青年发展：理论、研究与应用*

PETER L. BENSON, PETER C. SCALES, STEPHEN F. HAMILTON和ARTURO SESMA Jr.

积极的青年发展既是一个理论研究的领域，同时也是一个实践应用的舞台。它包含了越来越多的计划、中介机构、基金会组织、联邦教育拨款的项目、政策制定，还吸引了大量研究人员和从事青年服务工作的专业人员，产生了大量的概念、数据和资源。而上述一切都围绕着一个共同的目标：即促进青年的积极发展，并使他们最终发展成为健康、能干、成功的个体。与此同时，这一切释放出一股力量和一阵行动的浪潮，就像那些在社会运动中所出现的浪潮一样，大量的参与者致力于制定一套广泛适用的原理、概念和策略，从而增加青年接触到那些(被认为)有助于促进他们健康发展的人际关系、计划方案、背景以及活动的机会。

* 本章写作得到 The Lilly Endowment(美国印第安纳州的利里社区基金会)向搜索研究院(Search Institute)提供的经费资助。

积极的青年发展是一个结构庞大的术语，涉及多方面的工作，它是一个跨学科的研究领域、一种政策方法、一种哲学、一门大学主修课程、一种计划说明，也是一种职业身份(如，青年发展促进工作者)。积极的青年发展的思想可以延伸到许多领域，包括儿童和青少年发展心理学、公共卫生、健康促进、疾病预防、社会学、社会服务、医药以及教育。在过去的几年里，积极的青年发展已然成为包括《美国政治和社会科学学院年鉴》(*The Annals of the American Academy of Political and Social Science*, 2004 年 1 月)、《预防和治疗》(*Prevention and Treatment*, 2002 年 6 月)、《预防研究者》(*The Prevention Researcher*, 2004 年 4 月)和《美国健康行为杂志》(*American Journal of Health Behavior*, 2003 年 7 月)等在内的各种学术杂志的焦点论题。其中两本学术杂志《应用发展科学》(*Applied Developmental Science*)和《青少年发展新方向》(*New Directions in Youth Development*)更为这一领域的发展打下了基础。

积极的青年发展是科学探究中一个重要和正在迅速成长的领域，它包括了理论、研究，以及一套概念模型和理论框架，其中后者既指导着研究，又产生于研究中。本章将：(a) 对积极的青年发展的概念进行定义；(b) 介绍有关人类发展中涉及该领域的主要理论；(c) 分析探讨对于一系列理论驱动假设的实证支持；(d) 为理论重组，以及将来的研究和实践提出建议或启示。

895

对积极的青年发展的定义

如前所述，积极的青年发展这一领域涉及了大范围的学科、概念和策略等。最近一篇关于积极的青年发展的综述文献(Benson & Pittman, 2001a)指出了这一领域的四个显著特征。首先，在范围上具有广泛性(comprehensive)。它结合了各个不同的方面：从生态学情境(如各种关系、计划、家庭、学校、邻里、聚会、社区等)到那些能促进积极发展的经验、支持和机会的产生等。其次是具有促进性(promotion)，它的主要组织原则是帮助青年拥有积极的经验、资源和机会，并使其朝着一个对个人和社会都有用的方向发展。再次，正如术语所示，这一领域还具有发展性(developmental)。它强调成长的作用，并越来越重视使青年在积极发展的过程中可以(也应该)成为有准备的行动者。最后，它具有共生性(symbiotic)。来自许多领域的思想、策略和实践等都被纳入了它的范围(如复原力、预防、公共卫生、社区组织及发展心理学等)。

Damon(2004; Damon & Gregory, 2003)认为积极的青年发展代表了心理学理论与研究中的一种突变，并已经在包括教育和社会政策在内的各种领域中产生了令人瞩目的成果。本章将阐述其三个核心观点。首先，根据 Damon 的观点，积极的青年发展是用一种基于潜能的方法来定义和理解发展过程的。更确切地讲，它“重视年轻人身上表现出来的潜能，而非假定的能力缺陷……”(2004, p. 15)。然而，这一主张所要表达的远比最初呈现在我们眼前的要多。它的言外之意是对于普遍存在于积极的青年发展文献中的主流心理学探究的强烈批评，即目前我们对于儿童和青少年发展的理解过多集中在对病理学以及心理缺陷的考察和矫正上,而对于这些缺陷是如何在机体中发展起来的等问题,仍未有一个较为完整(如果不是歪曲)的理解。我们将在下一部分详细阐述关于此方面讨论的具体内容。

其次,就像许多其他积极的青年发展的倡导者一样,Damon 支持社区中心论,认为社区既是一个积极发展的摇篮,同时也是一个多层面的背景环境,年轻人可以在其中行使权力并反过来使那些影响他们发展的背景、场所、人物以及政策变得活跃起来。最后,Damon 还强调,虽然积极的青年发展致力于发现那些能给健康的发展轨迹注入活力的积极态度和才能,但它并不排斥将价值观、道德观念以及宗教的世界观等看作是青年发展的建设性资源,即使它们"公然违抗我们主流的非宗教社会科学传统"(2004, p. 21)。

同时,青年发展的研究文献中一些其他的观点或主题也逐渐变得越来越重要。其中有两个观点更是与这一领域在科学界地位的确立关系密切。许多学者认为,那些隐藏于美国国家政策和实践之中的所谓"发展成功"的定义,就是把健康想象成没有疾病和病理的状态。因此在近几十年里,推动美国国家、州和地方青年干预的都是一些占主导地位的关于风险行为(包括酒精、烟草和其他药物的滥用、未婚怀孕、自杀、反社会行为、暴力以及逃学等)的理论框架[Benson, 1997; Hein, 2003; National Research Council & Institute of Medicine (NRCIM), 2002; Takanishi, 1993]。虽然积极的青年发展倡导者逐渐承认这些健康危害性(health-compromising)行为的减少对于发展成功具有重要作用;然而同时他们对于定义"硬币的另一面",即那些在工作、家庭和公民生活各方面获得成功所需的品质、技能、才能以及潜力等也有着日渐浓厚的兴趣。因此,目前积极的青年发展科学的一个重要方面就是对积极发展成功各维度的概念化和测量。这部分的工作包括:对儿童幸福(Moore, 1997; Moore, Lippman, & Brown, 2004)、充分发展(Benson, 2003a; Lerner, 2004; Lerner et al., in press; Scales & Benson, 2004; Theokas et al., 2004)以及成功发展(Keyes, 2003)的指标进行定义。在影响成功的积极因素的探究过程中浮现出一个必须解决的问题,即对发展成功的概念进行扩展,使它不仅包括个人幸福的实现,还包括社会总体利益的实现(Benson & Leffert, 2001; Benson, Mannes, Pittman, & Ferber, 2004; Damon, 1997; Lerner, 2004)。

896

同时,这种对于积极指标的关注与另一种刚刚出现的声音如出一辙。这种声音主张重新定义"改善儿童和青年生活"的人口目标(population target)。这是一场关于"风险青年"与"全体青年"的争辩。在"积极的青年发展"这个术语出现的早期,它被倾向于定位为一种预防高风险行为的战略(对于减少风险的补充),并尤其针对那些对贫穷和家庭/社区功能失调所造成的伤害易感的青年群体。随着工作的不断推进,健康、幸福以及发展成功等概念得到了一定的扩展,其思想逐渐与历史和社会学上关于普遍深入的社会改变的理解融合在一起,积极的青年发展这一领域开始更多地呼吁国家和社区进行战略性投入,从而实现在更广泛的范围内促进发展(Bumbarger & Greenberg, 2002; Lerner, 2000; Lorion & Sokoloff, 2003)。最后,这一问题也许可以表述为,国家是应该促进"足够好"的发展,还是促进最理想的发展? Lorion 和 Sokoloff(2003)则用更具诗意的语言指出,这是在"'修理'问题青年"和

“为了培育好所有的花朵,我们可以使所有土地变得肥沃起来,使所有的水分和阳光得到最大程度的利用”这两种观点之间作出选择(p. 137)。

研究者们在对积极的青年发展领域的核心概念和原理进行清晰明确的阐述方面做过不少尝试(Benson & Pittman, 2001a, 2001b; Catalano, Berglund, Ryan, Lonczak, & Hawkins, 1999; Hamilton, Hamilton, & Pittman, 2004; NRCIM, 2002)。对这些文献的总结,可以得到以下较为一致的六项原则:

1. 所有青年都具有积极成长与发展的潜在能力。

2. 只有当青年处于孕育他们发展的关系、情境以及生态系统中时,才可能有一个积极的发展轨迹。

3. 对“积极发展”的促进则进一步要求青年参与到多元的、“营养”丰富的关系、情境和生态环境中去。

4. 这些关系、情境和生态环境对所有青年都有益。例如,支持、授权及参与等是所有不同种族、民族、性别和家庭青年的重要发展资源。然而,有关增加这些发展资源的策略则可以随社会定位的不同而有很大变化。

5. 社区对于积极的青年发展来说是一个关键的“传输系统”。

6. 青年是他们自己发展的主要行动者,同时也是创设“积极的青年发展”所需关系、情境和生态环境的重要(却仍未被利用的)资源。

目前关于积极的青年发展的定义有很多。事实上,大部分文献综述和许多积极的青年发展研究的作者们都给出了新的定义。定义数目的激增以及所伴随的对于具体定义缺乏共识,无不体现了这一领域的相对年轻及其深刻的跨学科性质。这些定义都集中在图 16.1 中的各个核心概念之间的某种关联(以及它们之间的相互作用)上。

如图 16.1 所示,积极的青年发展的核心概念包括:(a) 发展环境(如场所、背景、生态环境与人际关系等能产生支持、机会和资源的潜在因素);(b) 儿童所具有的充分发展的潜在

897

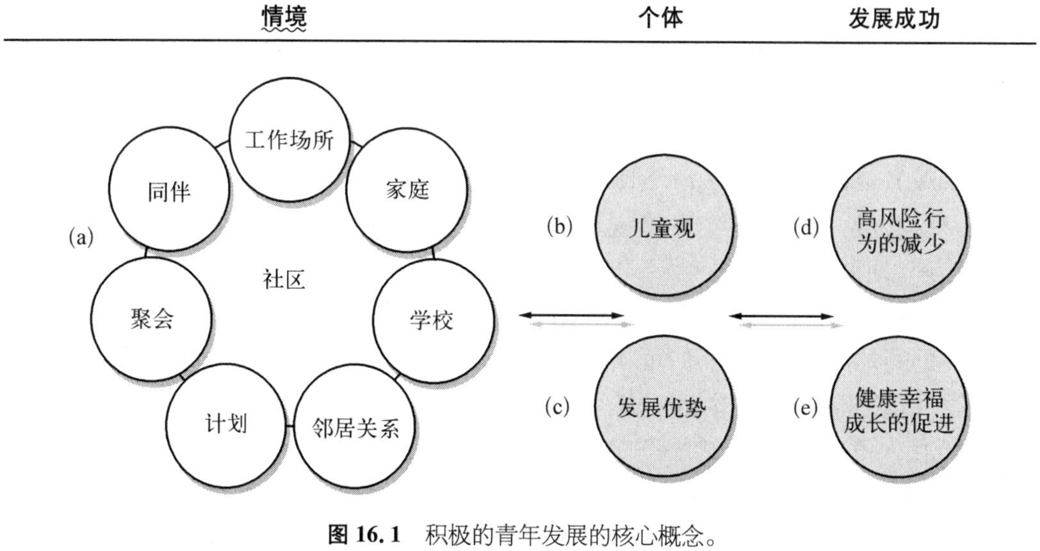

图 16.1 积极的青年发展的核心概念。

能力(并能主动融入到支持性情境中);(c) 发展优势(个体品质,包括技能、才能、价值观及气质等成功所需的重要因素);(d) 高风险行为的减少;以及(e) 促进儿童充分发展。其中双向的箭头体现了在对积极的青年发展的解释中日益盛行的个人—生态系统相互作用的动力学特征(Lerner, 2003, 2004)。

目前我们仍无任何定义能包含这一领域的全部内容。然而,以已有定义的典型例子来看,这些概念建构的丰富性是毋庸置疑的。不少研究者重视儿童的本质特征(b),如 Damon (2004)提出"积极的青年发展观点强调年轻人身上所表现出来的潜能,而非假定的能力缺陷——包括那些有着最不堪的发展背景以及问题青年们也不例外"(p. 17)。

Hamilton(1999; Hamilton et al., 2004) 则用三种方式解释这一术语。他的第一种定义与 Damon 相似,是对儿童本质特征的清楚表述[图 16.1(b)]:"青年发展的传统意义(同时也是最为广泛接受的意义)是指一个自然的过程: 一个年轻人理解并作用于环境的能力不断提高的过程"(Hamilton et al., 2004, p. 3)。他的第二种定义强调情境[图 16.1(a)] 对于发展优势(c)所起的作用:"在 20 世纪 90 年代,青年发展这一术语常被应用于一套原理、一种哲学或方法,它们强调个体、组织以及公共机构(尤其在社区层面)对于年轻人能力提高所提供的积极主动的支持。"(Hamilton et al., 2004, p. 4)最后,青年发展还指"一套推动年轻人发展进程的有计划的实践或活动"(Hamilton et al., 2004, p. 4)。这些实践活动在图16.1 的情境(a)中通过计划、组织或社区创立等来实现。

Catalano 等人(1999,2004)在美国国家儿童健康与人类发展研究所(NICHD)的支持下对积极的青年发展这一领域进行了一次主要的文献综述。其目的之一是"研究与建立积极的青年发展的理论和实证定义"(Catalano et al., 1999, p. ii)。他们没有发现关于这一术语的比较全面的定义,因此提出一种"积极的青年发展目标取向 "的定义,即积极的青年发展的目标在于促进以下一个或多个方面: 早期母子联结(bonding)、复原力、社会能力、情绪能力、认知能力、行为能力、道德能力、自我决定、精神性、自我效能、积极同一性、未来信念、积极行为识别、亲社会活动参与机会以及亲社会规范等。这一定义集中描述了图 16.1 中发展优势(c)与幸福(e)的范围。

2002 年,美国国家研究理事会与国家医学院(the National Research Council and Institute of Medicine)发表了一篇名为《促进青年发展的社区计划》(*Community Programs to Promote Youth Development*)(NRCIM, 2002)的极具影响力的报告。尽管这篇报告没有为这一术语提供一个清晰的定义,但是它定义并倡导了图 16.1 中的两个概念: 年轻人所需的"在青少年期和成年期作用良好"的"个人和社会资源"(c)以及积极发展背景的特点(a)。

Larson(2000)将积极的青年发展与发展心理病理学相比较,指出前者关心的是"事情是如何顺利进行的",而后者关心的是"事情是如何变坏的"。因此,他主张积极的青年发展应着重对关于"儿童和青少年发展成为有动机、有方向、社会能力强、富同情心以及精神上充满活力的成年人"的各种路径进行探究 (p. 170)。而这些发展路径与情境(a)、发展优势(c)以及发展成功(d 与 e)相联系。此外,Lerner 所给的定义(Lerner, Fisher, & Weinberg, 2000)也以类似的方式对照比较了病理学(减少取向)与资源创建两种取向的方法论,认为"阻止青

898

年风险行为的发生并不等同于促进了积极的青年发展(例如对关心/同情心、才能、性格、人际关系和自信心等品质的培养)。同样地,那些预防青年问题的计划与政策也不一定有助于青年更好地服务社会”(p. 12)。

新近的一些定义还特别重视通过设计和调动发展情境[图 16. 1(a)]来提升(c)(d)(e)以及它们交叠部分的过程与动力。例如 Benson 和 Saito(2001)提出,“青年发展激活了计划、组织、系统和社区,建立起发展优势,从而促进了健康与幸福的实现。”(p. 144)最后,Small 与 Memmo(2004)提出了积极的青年发展的一个变量,强调鼓励青年塑造他们自己的情境与社区。这种名为“社区青年发展”(Hughes & Curnan, 2000; Perkins, Borden, & Villarruel, 2001; Perkins, Borden, Keith, Hoppe-Rooney, & Villarruel, 2003)的定义方法很好地体现了图 16. 1 中联结(a)与(b)(c)的双箭头的意义。正如我们将要在青年发展的有关理论部分所谈到的一样,这种双向性是发展系统理论中的一个核心特征(Lerner, 2003, 2004; Lerner, Brentano, Dowling, & Anderson, 2002)。

积极的青年发展的历史和社会背景

青年发展这一术语最早被用于少年犯罪的文献中。1947 年,在美国蓝带(blue-ribbon)委员会发表了一篇报告,告诫人们州立犯罪儿童学校[①]的作用正在减弱之后,同年,德克萨斯州发展局正式成立。该报告指出环境因素是影响犯罪的众多因素之一,并暗示目前已经确立的通过“修理儿童”来改变行为的模式是不足够的。这种对于个体发展背景的全新理解从芝加哥大学的试验性“社区青年发展计划”(Community Youth Development Program)的专题文章中得到进一步的前进动力。这一计划的首要目的就是确认和组织社区内的资源,以更好地为那些有“特殊问题”或“特殊能力”的青年服务(Havighurst, 1953)。

处理少年犯罪的美国国家机构在其早期努力的基础上加以扩展,实现了重要的理论飞跃。1970 年,美国青年发展与犯罪预防管理局(the Youth Development and the Delinquency Prevention Administration,隶属于当时的健康教育福利部)提出一个犯罪预防计划,这个计划所关注的是“什么使好孩子不离正轨”,而非当时更为盛行的“为什么孩子总惹麻烦”问题(West, 1974)。美国联邦政府对“为何有些青年会成功”问题所给的答案中包含四个成分:胜任感、有用感、归属感和权力感(U. S. Department of Health and Human Services Administration for Children and Families, 1996, p. 4)。

从这些对于“问题青年”的表述方法中,我们可以看到当代青年发展观点的两大基石初显端倪:情境在塑造发展中的首要地位以及从优势而非缺陷的角度理解发展。尽管这些观点在现在看来很难说是一种学术进步,但我们应该承认它们在挑战历史上深受推崇的治疗学模式方面的重要意义。

随后,许多著名的基金会组织开始露面了。除了主要的来自凯洛格基金会(the Kellogg

---

① 类似于中国的工读学校。——译者注

Foundation)、利里社区基金会(the Lily Endowment)以及考夫曼基金会(the Kauffman Foundation)的青年发展赠款计划以外,卡耐基纽约公司(Carnegie Corporation of New York)和威廉姆·T·格兰特基金会(the William T. Grant Foundation)捐助并广泛传播了有关美国青年的发展轨迹的重要报告。这些极具影响的报告不再讨论"社会该如何最好地处理'风险青年'"的问题,相反开始探讨关于美国青年健康与幸福的更具生命力的、普遍深入的问题。在一定程度上,这些报告将对增加发展支持和机会的需要扩展到大多数青年群体。

1985年,卡耐基公司举办了卡耐基青少年发展讨论会(the Carnegie Council on Adolescent Development)。其总结报告《重大转折:帮助青少年做好迎接新世纪的准备》(*Great Transitions: Preparing Adolescents for a New Century*)尝试将国家的注意力吸引到青少年身上(Carnegie Council on Adolescent Development, 1995)。像许多之前的报告一样,该报告不仅悲叹青少年高风险行为的高发生率(如酒精滥用、违法药物滥用、未成年怀孕等)及他们在发展中所遭遇的威胁(如身体和性侵犯);更悲叹这些现象出现在10至15岁青少年身上的概率是令人担忧的高。然而,与其他关于青年健康的报告不同的是,卡耐基讨论会所提出的解决方案中少了对青年进行服务和治疗的建议,而多了关于改变家庭、学校、社区组织以及媒体等影响发展的情境背景的建议。这些关键的建议包括:使青少年重新参与家庭活动,建立"关注发展"学校,以及将媒体转变成一个社会建设性资源等。同时,在重申该讨论会先前的一篇报告《时间问题:校外时间的风险与机会》(*A Matter of Time: Risk and Opportunity in the Non School Hours*)(Carnegie Corporation of New York, 1992)时,这个1995年的报告呼吁社区投入资金进一步建设"安全和促进青少年成长的环境,因为在学校外的高风险时间里父母通常无法很好监督他们的孩子"(Hamburg & Takanishi, 1996, p. 387)。

899

几年前,美国威廉姆·T·格兰特基金会发表了一篇题为《被遗忘的一半:美国青年和年轻家庭成员走向成功的道路》(*The Forgotten Half: Pathways to Success for America's Youth and Young Families*)的报告(1988)。它所关注的是16至24岁群体以及处于青少年向成年过渡期的群体。报告指出,"我们的一半青年存在着一种危险,即他们无法充分参与到社会活动中,也无法充分发挥他们的天赋才能"(p. 1)。像卡耐基讨论会报告一样,《被遗忘的一半》所给出的建议集中于对社区和社会情境的改变,具体包括:更紧密的成人——青年关系,参与社区生活中成人所重视的活动的机会(包括社区服务),以及能为将来赖以生存的工作提供技能培养途径的良好工作经验。

这两份令人瞩目的报告共同向"'青年问题'只限于一小部分需要特殊挽救的青年"的设想提出了挑战,指出发展的"旅程"对于绝大部分青年来说都是有风险的。另外,两份报告都大力呼吁对影响青年的社区及其社会化系统做整体改变。

20世纪90年代以前,在青年发展领域中推行三个重要思想,它们是:识别出积极的、有利于发展的因素以使青年保持在成功的发展轨道上;将"青年问题"更多归因于环境和情境而非青年本身,并呼吁改善与/或改变情境;以及扩大需要被改变的青年群体(如:需要被改变的青年的比例远大于被贴上"风险青年"标签群体的比例)。这三股思潮所带来的必然结果是不断有重复的观点指出：青年是可以利用的资源而非需要"修理"的问题。

其他几项事件也为积极的青年发展提供了方向和动力。首先是一个有象征意义的、激奋人心的时刻——5位在世的美国总统[Carter, G. H. W. Bush, Clinton, Ford, Reagan(由 Nancy Reagan 代表参加)]与数百个极具影响的代表团会聚在费城举行总统高峰会，讨论有关青年的事宜。1997 年 4 月的事件提出了关于积极的发展中的五个基本发展资源(或承诺)——有爱心的成年人、安全的场所与高度组织的活动、社区服务、社会所需技能的培训，以及一个健康的开始——并呼吁将它们付诸行动。正是由于这个 1997 事件，才诞生了由美国前国务卿 Colin Powell 始创的、以服务青年人为宗旨的非盈利机构 ——"美国的承诺——"(America's Promise)。

这一机构的产生与一些其他方面的努力推动了积极的青年发展原理的发展，而一系列的文献则使青年发展的思想吸引了理论和学术界的高度注意。1998 年，在一次埃文·马里莲·考夫曼基金会在堪萨斯城举行的会议上，提出了"青年发展指导规划"(the Youth Development Directions Project, YDDP)，其目的是考察青年发展领域，并就今后研究、实践和政策的发展方向提出建议。有许多组织机构，如教育发展研究院(the Academy for Educational Development(青年发展与研究中心))、芝加哥大学的 Chapin Hall 儿童研究中心(Chapin Hall Center for Children)、国际青年基金会的青年投资论坛(The Forum for Youth Investment)、公/私营非盈利联盟(Public/Private Ventures, P/PV①)以及搜索研究院等，参与了这个为时两年的学习与写作计划，使得这一提升该领域广度和地位的首次努力达到高潮(Benson & Pittman, 2001b; Public/Private Ventures, 2000)。

另外，两份具有影响力的联邦政府报告回顾并评价了积极的青年发展领域，它们对青年发展的关注集中在建立发展关注计划的问题上。其中第一份为美国国家研究理事会的儿童、青年与家庭委员会(Board on Children, Youth and Families)所拟。该委员会建立了一个社区层面的青年计划委员会，通过研究那些促进健康发展的社区计划的质量和有效性，来评估与分析青少年发展。由此便产生了这篇颇具影响的报告《促进青年发展的社区计划》(*Community Programs to Promote Youth Development*)(NRCIM, 2002)。另一份报告是关于积极的青年发展计划评估的全面回顾，由美国国家儿童健康与人类发展研究所委托撰写(Catalano et al., 1999)。

900

积极的青年发展这一科学及应用领域的兴起得到了两类社会分析的支持。第一种分析描述了使儿童和青少年的社会化进程开始并成形的一系列普遍深入的社会变化。关于积极的青年发展策略的文献普遍强调社会的快速变化对青年获得发展资源的重要影响。在这类文献中所指的"社会变化"被假定为破坏家庭与社区形成发展资源的能力的因素，包括：由工作性质变化而引起的越来越多的父母缺席和母亲出外工作；公民离散(civic

① P/PV(Public/Private Ventures)是美国的一个全国性非盈利机构，其宗旨是促进(特别是对青年有影响的)社会政策、规划以及社区计划的有效性。——译者注

disengagement)的增加；对于发展目标缺乏共识；与日俱增的利己主义消遣方式；越发严重的年龄代沟；邻里凝聚力的减少；青少年与结构化计划的脱离；对青年的消极偏见；以及暴露在青年面前的媒体影响等等(参阅如 Benson, 1997; Benson, Leffert, Scales, & Blyth, 1998; Damon, 1997; Dryfoos, 1990; Furstenberg, 2000; Garbarino, 1995; Lerner, 1995; Mortimer & Larson, 2002; Scales, 1991, 2001)。经过对这些趋势进行强有力的分析之后，Bronfenbrenner 和 Morris(1998)提出以下概要：

> 以上这些研究结果揭示了在家庭生活、儿童抚养背景、学校、同伴群体、青年计划、邻居关系、工作场所以及其他人类日常生活的环境中存在的日益严重的混乱状况。这种混乱反过来妨碍和破坏了那些心理成长所需的关系和活动的产生与稳定。

在青年发展文献中普遍存在的第二种社会分析是一种针对缺陷模型的批评，这种模型为服务性职业、政策和研究所重视。事实上，这是关注风险行为减少的一类模型所面临的共同局限，即无论在理论上还是战略上都具有不充分性。此外，那些由风险、缺陷和病理学驱动的模型甚至可能成为问题的一部分(例如给青年贴上负面的标签，以及/或加重了对青年的偏见等)。这类观点已为许多已发表的积极的青年发展的文献所提及(Catalano et al., 1999; Lerner, 2004; Pittman, Irby, & Ferber, 2001; Roth & Brooks-Gunn, 2000; Villarruel, Perkins, Borden, & Keith, 2003)。其中 Larson(2000)在一篇重要的分析中指出，发展心理学已经形成了一种传统，即更重视对精神病理学方面的理解和治疗，而不重视对发展成功途径的理解与促进。在这一点上，积极的青年发展倡导者们赞成积极心理学对于病理学取向的研究和主流心理学中存在的实践应用问题所提出的批评(Seligman & Csikszentmihalyi, 2000)。

由于积极的青年发展所提出的理论模型与所谓缺陷/病理学/风险模型截然不同，因此值得对其予以进一步的说明与解释。人们对于近几十年来青少年心理学与青年研究的应用领域一直被“青年问题”的探究所支配这一事实是达成共识的。社会历史学家 Francis Fukuyama(1999)将这一现象部分归因为社会快速变化的合理结果。他指出，当社会制度变得缺乏稳定时——如 20 世纪 60 年代以来的美国——政府便不可避免地开始确定和测量社会剧变的相关指标，并制定政策和计划以减少那些社会变化可能带来的社会与个人问题(如暴力、酒精和其他药物滥用)。

社会学家 Frank Furstenberg(2000; Furstenberg, Modell, & Herschberg, 1976)则指出，在美国，大约从 20 世纪中期起，人们就开始从文化角度对青少年进行定义，认为青少年时期是指由上学代替工作而成为青年时期主要活动的一个生活阶段。全日制教育的出现“创建了一个青年自己的社会世界，年龄代沟开始出现，成人对他们的控制减少了，他们也就相对变得孤立起来了”(2000, p. 897)。因此，社会将这一剧变的结果诠释为“青年问题”也是可以理解的。与 Fukuyama 的分析一致，文化部门将注意力主要集中在那些与已有社会规范相悖的行为和方式上。因此，社会科学中的青年研究紧随其步伐，给予“问题行为”过度的关注，也就毫不奇怪了(Dryfoos, 1998; Larson, 2000; Roth & Brooks-Gunn, 2000; Steinberg & Lerner, 2004)。青年研究中这种主导思想可能反映了当代文化思潮与长时期以病理学为取向的传统心理学为主流思想的双重作用(Larson, 2000; Moore et al., 2004; Peterson, 2004)。Furstenberg(2000)就这些社会与科学趋势对于青年公众理解的暗示作用给出了强有力的解释：

> 这样一种观点不可避免地将成功的青少年与年轻成人看作是能成功避开成长中危险因子的“有脱身术的人”，而自然不会把注意力放在年轻人获得与掌握技能、形成积极的同一性以及学习如何同时在青年文化与成人世界里扮演好自身社会角色的方法上。(p. 900)

乍一看，积极的青年发展像是代表了一种在理论、研究和应用上代替“预防”领域——一个在美国有着深远历史，融咨询、计划、政策和实践为一体的跨学科领域——的新“范式”(Wandersman & Florin, 2003; Weissberg, Kumpfer, & Seligman, 2003)。然而，目前关于这一问题的一个重要主张是：预防与积极的青年发展之间有着概念的交叠(Benson et al., 2004; Bumbarger & Greenberg, 2002; Catalano & Hawkins, 2002; Roth & Brooks-Gunn, 2003; Sesma, Mannes, & Scales, in press; Small & Memmo, 2004)。

公共卫生与流行病学体现了预防与预防科学对于疾病预防的关注(Bloom, 1996; Small & Memmo, 2004)，因此尤其重视在重大问题出现之前采取预防措施，并关注那些容易出现问题的风险人群(Durlak, 1998; Munóz, Mrazek, & Haggerty, 1996)。这种预防方式叫做一级预防，与二级预防和三级预防相区别(Caplan, 1964)；或者用当前更流行的说法，叫做普遍性预防(universal prevention)，与指向性/目标性预防(targeted prevention)相区别(Weissberg et al., 2003)。现有预防研究的核心是关于风险因子(risk factors)和保护因子(protective factors)的概念(Jessor, 1993; Jessor, Turbin, & Costa, 1998; Rutter, 1987)。风险因子是指那些能增加消极结果发生概率的个体或/与环境变量。保护因子则是那些流行病学研究中所确定的能帮助个体成功处理危机的保护性变量。正如Rutter(1987)所指出的，只有当出现危险时，保护因子才发挥作用。

关于积极的青年发展与这种预防取向的风险和保护因子观之间的重叠与区别，存在一些重要的看法。一方面，这两种观点在减少问题行为与消极结果这一发展目标上有着一致的意见；然而另一方面，积极的青年发展更关注促进健康发展，包括技能和能力培养(Bumbarger & Greenberg, 2002; Pittman & Fleming, 1991)。同时二者在对于成功发展产生过程与机制的理解方面也存在一定的交叠。某些所谓减缓风险及减少消极结果的保护因子同时也在积极结果的产生中扮演着一定的角色(Catalano, Hawkins, Berglund, Pollard, & Arthur, 2002)。作为选择，积极的青年发展研究者还在对那些促进能力发展、成就和成长的环境与个体因素进行调查与研究的基础上，确定了一系列其他的支持、机会和发展性资源等(Benson, 2003a; Lerner, 2004; Scales, Benson, Leffert, & Blyth, 2000)。

由此可见,保护因子与积极的青年发展中核心的、具有更大范围的发展性资源并不是完全相同(isomorphic)的。

从另一层面看,预防与积极的青年发展是建立在不同的理论基础之上,并基于对青年潜能及影响其发展的生态和社会环境的不同理解而产生的(Damon & Gregory, 2003; Lerner, 2004)。

有关积极的青年发展的理论

一个庞大的积极的青年发展理论要求对多种理论倾向进行整合。其中部分因为积极的青年发展是一个"桥梁"领域,它涉及多种理论学科和实践领域。这一部分将讨论积极的青年发展三个核心的理论组成部分(其中将重点讨论第一个部分):人类发展、社区组织与发展、社会与社区改变。

902

人类发展理论

积极的青年发展理论的核心是来源于发展心理学科的一系列问题。这一理论的全部目标在于说明:青年向着既能实现个人幸福,又能实现社会利益的方向改变的能力;情境和生态因素是如何或是在什么条件下对这种改变起作用的(以及这些因素是如何反过来被发展中的青年影响着的);使情境与个体之间动态的、积极的相互影响最佳化的原理和机制是什么。

对于一个积极的青年发展的发展理论的阐述本身就是一个发展与动态的过程,形成于积极的青年发展作为一个实践领域诞生后的几十年中(Benson & Saito, 2001; Hamilton & Hamilton, 2004; Larson, 2000; Zeldin, 2000)。Zeldin(2000)提供了一个关于青年发展科学是如何形成的重要分析:

> 现在看来,积极的青年发展作为一种服务哲学和一个研究领域,是建立在专业人员(主要是那些工作在非盈利的、社区青年服务机构的人员)的研究之上的。这些研究的目的主要是为那些已经在社区中被实施的示范性应用提供"实证依据"。(p. 3)

在积极的青年发展科学的发展过程中很重要的一步是:由一群青年发展组织机构的研究者和领导者发起的"将号召转变为行动"(Zeldin, 1995)。1995年的这一文件在教育发展研究院的推动下,向学者们——特别是那些参与青少年研究的学者——提出了挑战,要求他们关注青少年发展中优势模型的研究,确定和研究积极的青年发展结果,以及发现在日常生活中能联系青年与其社区,使青年发展成热情、能干的个体的那些发展机会与支持(Zeldin, 2000, p. 3)。

20世纪90年代中期,随着关于公民参与、服务学习、联络性、慷慨、意图、授权及领导才能等话题的文献越来越多,积极的青年发展研究的"黄金阶段"开始了。在过去几年中,关于积极的青年发展理论基础的研究已经开始了。这种从实践到研究、再到理论的发展过程,也许并不是理想的科学发展模式,但是在这里我们必须弄清楚这一发展模式是如何对目前发展心理学与大部分人群及那些从事青年改革工作的国家机构之间的不相干性提出批判的。正如Larson(2000)所指,青年发展之所以从发展心理学中逐渐分离(evolved separately)出来,"其部分原因是之前我们心理学家所能贡献的东西太少"(p. 171)。相对地,这一过程也许为促进公民社会发展所需的居民—学者的合作关系提供了一个范式(Lerner et al., 2000)。

积极的青年发展理论的实质就是对人类能力与潜能有一个开放性的理解。这种对于人性的见解最初是建立在那些从事青年工作的专业人员的观点和价值观之上的,它承认对自我、社区和社会的发展进行积极、有建设性影响的可能性。正如本章前面所述,这是青年发展研究中常有的一种观点,它将青年看作是需要培养的"资源",而非需要处理的问题。这种观点是积极的青年发展理论的一个重要起点,因为它将一个这样的观念带到人们面前:即个体——而不仅仅是环境——是积极的发展轨迹形成过程中的重要行动者。

Damon(2004)在一篇名为"什么是积极的青年发展"的重要文章中指出,这种有关青年潜能的积极看法对研究、教育和社会政策都有一定启示。他还认为这一关于人性的设想受到近期三个科学探究的支持:关于复原力的研究(Garmezy, 1983)、新生儿的移情能力研究(Eisenberg & Fabes, 1998; Hoffman, 2000)以及关于道德意识与亲社会行为能力的研究(Feshbach, 1983; Madsen, 1971)。Damon还声称,这种获得能力、作出贡献的人类能力可以解释年轻人如何"在他们生活的不同背景中进行学习并得以充分发展"的。

积极的青年发展理论的实质还在于说明这种潜能是如何表现的。这一理论要求对个人与情境之间动力学的相互影响进行正确评价。因此,它与构成发展系统理论这一大的元理论的一系列理论探讨是最为相近的(Ford & Lerner, 1992; Gottlieb, 1997)。这个元理论包含几个重要的假设与成分,它们共同决定了人类发展在相关情境中的位置,而不像初期的发展理论那样将发展分成不同的倾向,例如:先天—教育,生物—文化,个体—社会(Lerner, 1998; Overton, 1998)。 903

尽管积极的青年发展理论是基于发展系统理论的关键概念形成的,但同时它也包括一些其他的核心概念,这些概念涉及对情境—个人双向关系进行控制以实现成长和发展的最大化等问题。由于积极的青年发展可以在很自然的情况下发生(正如俗语所说"当与家人一起度过了愉悦的一天,积极的青年发展就发生了"),这种适应性的发展调节机制(Lerner, 1998, 2004)受到情境设计方式及青年参与方式的控制和促进。

积极的青年发展理论的核心是关于发展中个体、个体所处情境,以及二者之间的动力相互作用的概念。在Lerner的倡导下(1984, 1998, 2002, 2003),所有参与人类发展(从生物学与人格气质到人际关系、社会制度、文化与历史)的组织机构被融合到一个统一的系统中。"发展"与这些不同层面的组织机构之间关系的改变有关。与生物学取向的系统一样,个体——通过他们与发展情境之间的动力相互作用——凭借他们的自我组织过程来体验模式

(pattern)与秩序。这一关键的“自我组织”动力指的是“在没有接受任何外在指令的情况下,模式与秩序形成于一个复杂系统各成分的相互作用之中。自我组织——凭借自身活动改变自己的过程——是生物的一大基本财富”(Thelen & Smith, 1998, p. 564)。从某一层面上说,这种对于遗传与环境之间的动力相互作用的假设,与早前那些将二者分裂开来的人类发展模型大相径庭(Lorenz, 1965; Skinner, 1938)。然而从另一层面上说,如 Lerner 所指(1976,2003),自我组织这一概念提出了发展的“第三来源”: 机体本身。Schneirla(1957, 1959)所提出的循环作用(circular functions)与自我刺激(self-stimulation)概念是对机体向心性及其在发展中表现出的主动参与性的重要说明。

这一论述指出,个体发展不能单一地由遗传或环境解释(Gottlieb, Wahlsten, & Lickliter, 1998),其论据来自“将具有相同基因的个体放在高度相同的环境下进行抚养,却表现出显著不同的特征类型”的研究(Gottlieb et al., p. 253)。由于被认为来源于基因和情境之外的因素,“个体差异”对于那些还原论取向的发展理论来说可能会是一种不利因素,但正是这种所谓的“噪音”或“偶然性”为我们指出了发展系统理论的核心——发展的“第三来源”。

积极的青年发展理论包含了有机体的另一个动力学特征,它与自我组织过程相一致,但并非由其简单推论而来。这便是关于个体如何作用于情境的概念。事实上,发展系统理论的其中一个核心原则就是对发展影响的双向性。也就是说,“个体既是积极的生产者,同时也是其个体发生的产物……”(Brandtstädter, 1998, p. 800)基于行动理论的人类发展理论寻求这种个体与情境相互作用的双重发展调节过程的解释。这一机体参与、影响和改变其发展情境(如: 同伴群体、家庭、学校与近邻)的过程不仅是积极的青年发展中一个关键的理论概念,也是“对发展科学的一次重要挑战”(Lerner, 2003, p. 228)。

究竟有哪些过程决定着青年参与和影响其情境的方式呢? 一系列的发展过程在青少年中表现得尤为突出,其中包括: 对自我评价、意义采择(meaning-making)以及自主性的形成及相关问题的认识。由于这些过程在青少年时期处于中心地位,积极的青年发展理论认为青少年为他们所处的关系与社会世界注入了极大的活力。作为发展的“共生物”,他们的活动由三个互相渗透的过程所指导,这些过程产生于更大的“发展系统理论体系”。事实上,我们认为这三个过程是发展“引擎”的首要特征。同时,它们使我们有可能对于积极的(即有利于发展的)情境进行有目的的搜寻。

904

Brandtstädter 的发展行动理论强调意向性(intentionality)在指导和调节个体在其社会及符号环境中的活动方面所起的作用(1998, 1999)。他的假设是,个体在自己的社会活动中反省、学习,并凭借活动过程中获得的反馈信息形成行为意图,指导接下来的行为。虽然这一假想的动力学过程可能存在于人生各个阶段,但它依然可以看作是青少年时期的一个标志。在个体通过他们周围的社会和符号世界对其内部活动进行自我调节的时候,会受到一系列可能的限制。正如 Brandtstädter 所说,“这些限制部分、甚至完全处于人们控制范围之外,但它们无疑构成了行为与发展的一系列不同选择。”(1998, p. 808)

除了意向性,选择(selection)和最优化(optimization)过程也同样告诉我们个体是如何与他们的环境相互影响的。与 Baltes 等人(Baltes & Baltes, 1990; Baltes, Dittmann-Kohli, & Dixon, 1984; Baltes, Lindenberger, & Staudinger, 1998)的主张一致,积极的青年发展理论认为,青年从一系列发展性支持与机会中选出那些最具心理和社会优势的部分去实现其个人目标。这种选择既与个体的偏好(如学习吹笛子、交朋友等)有关,同时也与个体所选择的生态环境有关。"最优化"则是一个指向已选目标的"获得、改进、调整以及对目标相关手段或资源进行应用的过程"(Lerner, 2002, p. 224)。在青年发展应用中的关键问题包括: 社区在为最优化提供重要机会方面做得怎么样;以及社区在为青年自创最优化机会(如开始一个新的体育或艺术计划或是给自己找一个合适的导师等)提供可能性方面做得怎么样。

对于情境活动的自我调节——即使在意向、选择和最优化过程引导的内在动力的支持下——对那些行动受到很大限制的人来说还是有一定的难度。这些"限制"在许多终身发展理论中都有清楚表述(如, Elder, 1974, 1980, 1998, 1999; Nesselroade, 1977; Schaie, 1965),但可能它们在青少年时期表现得尤为明显。毕竟,青年既是追求控制者,又是被控制者。在青年的生活中有着许多动因(agents),它们既能压制,也能激励青年的探究、选择和最优化过程。这些动因包括: 父母、邻居、教师、青年工作者、教练、牧师、雇员和同伴。积极的青年发展理论假设青少年会努力寻找和/或创造最优化的背景,即使当他们的自由受到限制时也不例外。这些背景有可能是反传统文化的和/或者是为社会所不允许的。这个设想得到 Heckhausen 和她的同事们的支持(Heckhausen, 1999; Heckhausen & Krueger, 1993; Heckhausen & Schulz, 1995)。正如在选择、最优化和补偿模型中(Baltes & Baltes, 1990)所述,她们所关心的是可能性(即可塑性)与限制/约束之间的逻辑关系。她们主张"初级控制(primary control)"(即指向并改变外部环境以适应个体需求的过程)是人类奋斗的一个主要过程,对青少年和青年来说更是如此。

Lerner(1998, 2002, 2003, 2004; Lerner, Anderson, Balsano, Dowling, & Bobek, 2003;Lerner et al., 2002)在发展系统理论的核心思想与新兴的积极的青年发展领域的结合方面做了许多工作。他的整体观点是"一切改变都可以看作是在个体与人类发展的多层生态环境(家庭、同伴群体、学校、社区、文化)之间动力关系的推动下,随着时间的推移发生在人生各个阶段的"(Lerner et al., 2002, pp. 13 - 14)。他对于"现时嵌入性(temporal embeddedness)、可塑性及发展性调节"三个核心概念的思考对于积极的青年发展理论的形成有着举足轻重的作用,同时也深化了之前对于个人—情境交互作用的假设。

现时嵌入性是指在人一生中改变个人—情境关系的潜能。这种潜能与我们前面所讨论的自我组织及个体积极塑造其情境的原则一起,把我们从遗传、环境,或二者相加即命运这样的观念中解放出来。正是现时嵌入性与其衍生出来的相对可塑性(relative plasticity)(即做出系统改变的潜能)一起为积极的青年发展提供了理论和实践的空间。现时性(temporality)和相对可塑性意味着,"提升人类生活质量的潜能"是永远存在的(Lerner et al., 2002, p. 14)。

最后,Lerner 将发展性调节的概念与对积极的青年发展的期望联系起来,从而为这一理

905 论提供了一种方式理解个体是如何处理和形成他们与各种情境的关系的。发展系统理论中的发展性调节概念是由相对可塑性的思想而来的。当个体主动调节他们的发展,发展变化的结果就在他们与情境的相互作用中产生了。适应的(健康的)发展性调节是指个体能力或权力与"社会世界所施加的成长促进性(growth-promoting)影响"处于平衡状态(Lerner, 2004, p. 44)。

因此,主动、投入、能干的个体与具有接纳性、支持性、培养性的环境相融合,就构成了积极的青年发展。这些和谐的相互作用结果——尤其当这种和谐得以持续时——在个人和社会层面上都能看到。在这些假设中既包括对个体充分发展的促进,也包括对健康危害性行为的减少(Benson, 1997; Benson et al., 1998; Lerner, 2004; Lerner & Benson, 2003; Scales, Benson, et al., 2000)。在积极的青年发展理论中用于描述这些效果的常用词汇是5C,即才能(competence)、信心(confidence)、人际关系(connection)、性格(character)和关心(caring)或同情(compassion)(NRCIM, 2002; Lerner, 2004; Lerner et al., 2000; Roth & Brooks-Gunn, 2003)。有人①从适应的发展性调节中总结出第6个C:贡献(contribution)。在他的框架中,这第六个C不仅对个体幸福不可或缺,而且也是创造健康、文明社会所必需的。

有些新近的探究与该思想不谋而合。例如,良好匹配模型(goodness-of-fit model)表明了在个体能力与其对发展背景(如家庭和学校)的要求、特征和回应的需求之间得以良好匹配的适应性结果(Bogenschneider, Small, & Tsay, 1997; Chess & Thomas, 1999; Galambos & Turner, 1999; Thomas & Chess, 1977)。与此相似地,Eccles及其同事(Eccles, 1997; Eccles & Harold, 1996)用一个阶段—环境匹配模型(stage-environment fit model)说明了合适的发展环境(如学校)是如何影响动机和学业成就的。

正如我们将要在本章稍后部分提及的,多样性是积极的青年发展讨论的重要问题。Spencer及其同事(Spencer, 1995, 1999; Spencer, Dupree, & Hartmann, 1997)对构成青年发展理论的社会生态学和系统动力学做了十分重要的改进与扩展。在其"生态系统理论的现象学变量"(phenomenological variant of ecological systems theory, PVEST)理论框架中,Spencer使用了同一性形成的概念,以及关于那些与个体在各种情境(如学校)中地位有关的自我评价过程是如何激活个体—情境的双向交流的概念。因此,"生态系统理论的现象学变量"将有关历史文化情境的问题(如种族与性别偏见、少数民族地位)整合到常规发展(normative development)过程中。这一理论已被广泛应用于对非裔美国青年的理解问题上。另外,新的工作也已经起步,力求理解那些能促进拉丁美洲青年发展的历史文化情境(Rodriguez & Morrobel, 2004)。

积极发展的概念模型

为了确认那些有助于个体与情境之间融合的积极发展经验,出现了一系列概念模型,由

① 原文缺漏了提出者,且未标注出处。——译者注

此也产生了丰富的词汇描述这些发展的促进性因素，如：支持、机会、发展所需的"营养"、发展优势以及发展性资源，等等。

促使这些概念形成的一个重要研究传统是关于复原力的研究。对于复原力，或在特大灾难情境中积极适应能力的（Masten, 2001）的正式探究始于20世纪60到70年代。为了更好地理解不良适应行为，心理学家和精神病学家们研究了那些被认为有病理学风险的儿童（如父母一方患有精神分裂症的儿童），同时也观察了一些发展正常的儿童（Masten & Coatsworth, 1998）。这些对"无风险儿童"（Werner & Smith, 1989）的理解早期主要集中于儿童的个人品质，如自尊或智商（Anthony, 1974）。最后研究者们逐渐认识到，复原力并非儿童固有的特质，而是儿童—环境相互影响的结果。这种更加生态化的观点促进了三套有助于发展复原力的保护因子的确定：（1）儿童已有的个体因素（认知能力、随和的气质）；（2）家庭因素（有组织的家庭环境、亲密的亲子关系）；（3）更广泛的社会生态因素（有秩序的学校、与有爱心的成人的关系等）（Luthar, Cicchetti, & Becker, 2000; Masten & Garmezy, 1985）。

复原力方法论尝试促进积极发展的主要机制是干预和预防计划。其中一个典型的例子是Hawkins的社会发展模型（Hawkins & Catalano, 1996）。这一模型主张，那些在他们的家庭、学校和社区中体验到有助其主动参与的发展适宜性机会，并且努力能得到认可的儿童更可能形成那些抑制异常或问题行为的积极依恋关系（Catalano et al., 2003）。按照上述作者的观点，以下保护因子有利于异常行为的预防： 906

社区保护因子

- 亲社会社区参与的机会。
- 对亲社会社区参与的奖赏。

学校保护因子

- 亲社会学校参与的机会。
- 对亲社会学校参与的奖赏。

家庭保护因子

- 亲社会家庭参与的机会。
- 对亲社会家庭参与的奖赏。
- 家庭依恋。

同伴与个体保护因子

- 虔诚。
- 道德秩序信念。
- 社会技能。
- 亲社会的同伴参与。
- 具复原力的气质。

● 社交能力。

从事青年发展研究的人们尤其重视对于发展促进性过程的定义和概念化，同时也有越来越多的文献对这许多理论框架进行综述(Benson & Saito, 2001; NRCIM, 2002; Roth & Brooks-Gunn, 2000; Small & Memmo, 2004)。其中有些文献在指导实践和政策方面极具影响力。Pittman及其同事(Pittman, Irby, & Ferber, 2000; Pittman, Irby, Tolman, Yohalem, & Ferber, 2001)提出了七种必不可少的发展性资源：稳定的计划；基本关心和服务；健康同伴及亲子关系；高期望和标准；角色榜样、资源与人际网络；具挑战性的经验和参与、贡献的机会；以及高质量的指导和培训。Connell、Gambone和Smith(2001)提出三种主要发展资源：创造能力、联想能力和操纵能力。Zeldin (1995; Zeldin, Kimball, & Price, 1995)也发现了三种有利发展的资源：安全的场所、具挑战性的经历和身边有爱心的人们。

发展资源(developmental assets)的概念形成于1990年(Benson, 1990, 1997, 2002, 2003a)，它引发了大量研究的出现，并推动了“社区改变方法”在美国和加拿大700个城市的使用。发展资源理论框架(见表16.1)是一个将生态环境特征(外部资源)与个人技能(内部资源)联系起来的理论模型。而指导这一模型的假设是：外部资源与内部资源就像一些动态互连的“积木”，共同抵抗高风险行为的发生，促进多种形式的发展成功(如，充分发展)。

正如一系列文献所指出的(Benson, 1997, 2002; Benson et al., 1998)，该理论框架建立了一套对所有青年都有着重要意义的发展性经验和支持。然而，也有假设认为，在婴儿期和儿童期的发展资源反映了与年龄并行的发展过程(Leffert, Benson, & Roehlkepartain, 1997; Mannes, Benson, Kretzmann, & Norris, 2003; Scales, Sesma, & Bolstrom, 2004)。

该理论框架综合了多个领域的研究，旨在挑选出具有以下特点的发展性资源：(a) 已被证明可以预防高风险行为(如物质滥用、暴力、逃学等)和促进充分发展或加强复原力；(b) 具有跨社会场所概括力(generalizability)的证据；(c) 促成整个理论框架的平衡(尤其是关于社会生态环境与个体层面因素的理论)；以及(d) 能够证明社区有能力影响它们的获得。

由于除了理论与研究目的以外，这一模型“还试图对推动社区发展产生实践影响”(Benson, 2002, p.127)，因此它将这些“资源”放在概念完整且易于被社区人们所理解的范畴中，将其分为20个外部资源(环境的健康促进性特征)和20个内部资源(技能、价值观、能力和自我知觉)。其中外部资源被分为四类：(1) 支持，(2) 授权，(3) 限制与期望，以及(4) 对时间的有效使用；内部资源也被分为四类：(1) 学习承诺，(2) 积极价值观，(3) 社会能力，以及(4) 积极同一性。一系列的文献描述了构成这8个类别以及40个“资源”中的每一个“资源”的科学基础(Scales & Leffert, 1999, 2004; Scales et al., 2004)。

表16.1 发展资源的理论框架

类　别	外部资源	定　义
支　持	1. 家庭支持	家庭生活提供了高水平的爱与支持。
	2. 积极的家庭沟通	年轻人与父母之间有积极的沟通,并愿意向父母咨询或寻求建议。
	3. 其他成年人关系	年轻人接受到来自三个或更多非父母成年人的支持。
	4. 有爱心的邻居	年轻人遇到有爱心的邻居。
	5. 关爱的学校氛围	学校提供一种关怀、激励人心的环境。
	6. 父母的学校教育参与	父母主动参与、帮助年轻人在学业上取得成功。
授　权	7. 社区重视青年	年轻人感受到社区里的成年人重视青年。
	8. 青年作为资源	年轻人在社区中被赋予有用的角色。
	9. 服务他人	年轻人一周服务社区1小时或更多。
	10. 安全	年轻人在家、学校和附近场所感觉到安全。
限制与期望	11. 家庭限制	家庭有明确的纪律和奖惩办法,并监督年轻人的去向。
	12. 学校限制	学校有明确的纪律与奖惩办法。
	13. 邻里限制	邻居负起监督年轻人行为的责任。
	14. 成人角色榜样	父母和其他成年人为年轻人提供了积极、负责的行为榜样。
	15. 积极同伴影响	年轻人最好的朋友们提供负责任的行为榜样。
	16. 高期望①	父母和教师都鼓励年轻人取得好成绩。

类　别	内部资源	定　义
学习承诺	21. 成就动机	年轻人在学校被激发取得好成绩的动机。
	22. 学校参与	年轻人主动投入到学习中去。
	23. 作业	年轻人报告在上学日至少做1小时作业。
	24. 学校联结	年轻人关心自己的学校。
	25. 阅读乐趣	年轻人每周为乐趣而读书3小时或更多。
积极价值观	26. 关怀	年轻人对于助人行为评价很高。
	27. 平等与社会公正	年轻人对促进平等和减少饥饿与贫穷的措施予以很高评价。
	28. 正直	年轻人支持自己的信念,并按其信念行动。
	29. 诚实	年轻人"即使很难做到也会选择说出事实"。

① 原文缺漏17—20项,现于Richard M. Lerner, Laurence Steinberg主编的*Handbook of Adolescent Psychologu* (Second Edition) pp. 789-791中找到同一表格,补缺内容如下:

对时间的有效使用	17. 创造性活动—年轻人每星期花3小时或更多时间在音乐、戏剧或其他艺术活动。
	18. 青年活动—年轻人每星期花3小时或更多时间参加体育、俱乐部、学校或社区的群体活动。
	19. 宗教社团—年轻人每星期花1小时或更多时间参加宗教机构的活动。
	20. 留在家里—年轻人每星期与朋友外出"无事消遣"少于两晚。

——译者注

续 表

类　别	内部资源	定　义
社会能力	30. 责任心	年轻人接受并担负起个人责任。
	31. 克制	年轻人相信不纵欲、不滥用酒精和药物很重要。
	32. 计划与决策	年轻人知道如何做好事前计划和做出选择。
	33. 人际交往能力	年轻人具有移情能力、灵活性和交友技巧。
	34. 文化能力	年轻人了解来自不同文化/种族/民族背景的人们，并能与他们愉快相处。
	35. 抵抗技能	年轻人能抵抗负面同伴压力与危险情境。
	36. 和平冲突解决	年轻人尝试非暴力解决冲突。
积极同一性	37. 个人潜能	年轻人感觉自己能控制"发生在我身上的事情"。
	38. 自尊	年轻人报告自己有高的自尊。
	39. 使命感/目标感	年轻人报告"我的人生有目标"。
	40. 对未来的积极看法	年轻人对自己的个人未来持乐观态度。

来源：From *All Kids Are Our Kids: What Communities Must Do to Raise Caring and Responsible Children and Adolescents*, by P. Benson, 1997, San Francisco: Jossey-Bass.

908

由美国国家研究理事会与国家医学院(NRCIM)提交的 2002 年报告《促进积极的青年发展的社区计划》(*Community Programs to Promote Positive Youth Development*)(NRCIM, 2002)中使用"资源"的概念描述那些既"促进青少年时期的成功发展"，又"推动青年向下一阶段——成年期实现最优化过渡"的经历、支持和机会(p. 67)。与搜索研究院一样(划分为外部和内部资源)，这个国家报告采用"个人"与"社会"资源的表达。报告的作者举出三类实证研究说明这些资源："将个人和社会资源与积极发展现状指标相联系的研究，将这些特征与将来的积极的成年发展相联系的研究，以及试图改变资源的实验研究。"(p. 82)

负责该报告的学术委员会提出了 28 种个人与社会资源。与搜索研究院所采用的发展资源分类法不同，这 28 个指标完全是人格学性质的，因此没有在情境因素和个体因素方面达到平衡。尽管如此，在这两种分类法之间有着相当多的交叠部分。表 16.2 显示了 NRCIM 的个人与社会资源分类法。然而值得注意的是，该委员会还创建了一个关于"积极的发展背景特征"的概念模型，它们为外部资源概念提供了某些类似的思想。这些"特征"将在下一部分被讨论。

在发展资源模型与美国国家研究理事会报告中隐藏着三个显假设(explicit hypotheses)，在本章稍后部分将对每一个假设进行评价。第一个假设是"资源越多越好"，它与资源的附加性或累积性有关。在美国国家研究理事会的报告中是这样陈述的："拥有更多个人与社会资源的青少年……更有机会实现当前的幸福和将来的成功。"(NRCIM, 2002, p. 42) Benson 与他的同事们(Benson, 2003a; Benson et al., 1998; Benson, Scales, & Mannes, 2003)将这一原理进行纵向表述，称为资源的"垂直堆积"。这两种表述都主张这一"累积资源"原理可以泛化到各种形式的行为中——从对高风险行为的预防到对学业成功等积极结果的促进(Benson et al., 2003; NRCIM, 2002; Scales & Roehlkepartain, 2003)。

表 16.2 促进积极的青年发展的个人与社会资源

身体发展：
- —良好的健康习惯
- —良好的健康风险处理技能

智力发展：
- —必需的生活技能知识
- —必需的职业技能知识
- —学业成功
- —理性的思维习惯——批判思维与推理技巧
- —对两种以上文化的深入了解
- —良好的决策技巧
- —驾驭于多个文化情境中所需的技巧知识

心理与情绪发展：
- —良好的心理健康状态(包括积极的自我肯定)
- —良好的情绪自我调节技能
- —良好的应对技能
- —良好的冲突解决技能
- —掌握性动机(mastery motivation)与积极的成就动机
- —个体效能信念
- — "计划性"——为将来和将来生活事件做计划
- —个人自主性/为自己负责
- —乐观主义与现实主义的结合
- —一致、积极的个体与社会同一性
- —亲社会的、具文化敏感性的价值观
- —活力性(spirituality)或对生活有"更大"的目标感
- —良好道德品质
- —充分利用时间的责任感(commitment)

社会发展：
- —联系感(connectedness)——感知到与父母、同伴和其他成年人之间的良好关系与信任
- —社会整合感——被更大的社会网络所联系和重视
- —对亲社会/正规机构(如学校、教堂、非学校青年计划)的依恋
- —能驾驭多个文化情境的能力
- —公民参与义务感

来源：From *Community Programs to Promote Youth Development: Committee on Community-Level Programs for Youth*, by the National Research Council and Institute of Medicine, J. Eccles and J. A. Gootman (Eds), Board on Children, Youth and Families, Division of Behavioral and Social Sciences and Education, 2002, Washington, D. C.: National Academy Press.

与此密切相关的是关于支持性情境"堆积"的思想。也就是，不管是否有意，当许多背景相互合作而产生提升资源的支持与机会时，同样也促进了积极发展。引用美国国家研究理事会的表述是(2002)：

> 研究表明，青少年经历越多反映这些特征的背景，就越可能获得与当前和将来幸福密切关联的个人与社会资源。(p. 43)

Scales 与 Roehlkepartain (2004)最近称之为"水平堆积"原理，这一概念与发展冗余性

(developmental redundancy)的思想相似(Benson, 1997; Benson et al., 1998)。新近关于青少年社会学的文献也证明了这一动力(Furstenberg, 2000)。

第二个假设认为,资源具有普遍相关性,虽然在不同的领域表现或体验常会有所不同。研究青年发展的学者们普遍认为,养分/资源等概念模型中的基本假设对处于各种社会位置的青年都通用。这一主张在美国国家研究理事会报告与加强发展资源模型的研究中表述得尤为明确。然而同时,两个模型都证明了提升资源的方法与过程具有多样性,同时也证明了形成资源提升策略的重要性,而对于这些策略的构思则需要那些处于不同种族、民族、宗教和经济群体中的人们运用其智慧、能力及其对经验的深刻感受才能实现(Hamilton et al., 2004)。

第三个假设虽然目前对它还存在着争议,但却体现了积极的青年发展领域中学者、研究计划及实践者之间的理论一致性。该假设相信,只要以特定的方式设计和组织情境与背景,资源就能得到提升。情境内容与情境本身都可以被改变。这一原理可以被简单表述为:

910

积极的发展背景提升个人与社会资源。(NRCIM, 2002, p. 43)

因此,关于情境与生态环境是如何或在什么条件下促进积极发展的研究成为一个如此重要的研究方向,也就不奇怪了。这些工作将分析的单位从个体转移到情境、环境和社区。相应地,它也把我们指向已知发展心理学研究之外的许多更广阔的领域。我们认为,对于描述积极的青年发展的范围和独特性来说,一个有关个体、情境以及他们的交叠(如本章前述)的理论是一套必要却不充分的思想。我们对于这一问题讨论的主要空白点是有关意向性改变(intentional change)的思想。积极的青年发展思想与研究的中心就在于如何促进个体与情境之间的健康/和谐/适应性融合。正是这一思想——创造改变的可能性——支持着数十年来的实践工作,并在最近为研究和政策提供了重要的支持。

因此可以说,一个缺乏"意向性改变"概念的积极的青年发展理论是不完整的。因为如果没有这个概念,充其量这只是一个关于青少年发展的理论,而非积极的青年发展理论。意向性改变是促进个体与情境的融合向着更健康的方向发展的一种有目的的努力。基于这种交互作用的动态双向性,有三个主要的潜在干预点。这三个干预点共同增加了适应性发展调节的可能性。

1. 增加情境的发展关注性(developmental-attentiveness)(增强它们培养、支持及为发展中个体提出建设性挑战的能力)。

2. 提升青年的技能与能力(进一步发展他们参与、联系、改变以及从社会情境中学习的"天赋"才能)。

3. 创造机会使青年主动锻炼自己、利用他们的才能参与和改变社会情境。在实践与研究中,这种意向性改变的形式通常通过"青年领导能力"、"服务学习"、"青年授权"和"青年参与"等概念体现。

一个关于积极的青年发展的全面的方法论要求对三个理论进行整合:即人类发展理论

(为本章重点所在),情境与社区影响理论,以及情境与社区变化理论。这三个理论如图 16.2 所示。

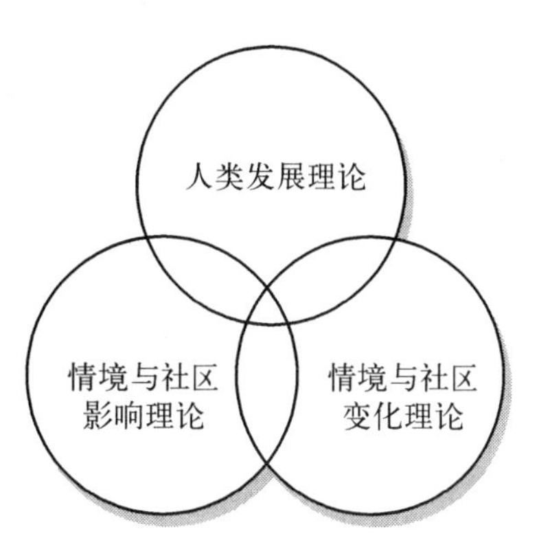

图 16.2 一个全面的积极的青年发展理论。

情境与社区影响理论

目前已有越来越多的文献广泛考察了发展支持性情境的特征和动力学作用。在此我们所要讨论的是 Bronfenbrenner(1979; Bronfenbrenner & Morris, 1998)的主要研究成果。他的生态学发展理论对于塑造、研究和实践积极的青年发展理论起了举足轻重的作用。假如我们要陈述青年发展的准则,那么就必须从《人类发展生态学》(*The Ecology of Human Development*, 1979)说起。其中他提出了一个极具影响力的定义,该定义不仅支持了目前发展系统理论中的关键概念,还形成了一代新的观点。以下为他的表述:

> 人类发展生态学是关于一个主动发展中的个体与其所生活的直接背景的变化特性之间渐进的相互调节过程的科学研究。这一过程受到这些背景之间的关系以及背景所在的更大情境的影响。(p. 21)

Bronfenbrenner 的贡献之一是对发展情境的性质和动力学作用的概念表述。他将影响发展的子系统描述为相互依赖的关系;它们的影响是交互式的,没有谁能单独施加影响。例如在一个微观系统(如一间教室)中所发生的一切都受到税收政策与媒体的影响,而那些宏观系统的元素则为微观系统所解释和影响。这一思想对青年发展的一个重要启示是,为了有效地提升资源,必须改变一个以上的系统或系统水平。单独改变学校或(甚至)家庭不如改变多个系统或背景有效。 911

Wynn(1997)和她的同事们设想社区组织是作为一个"部门"影响着青年发展的,其中"初级支持"(primary support)则是一个强有力却未受重视的影响源。初级支持具有随意性:青年自愿参与并决定自己将做些什么、怎么做。它给年轻人提供机会,让他们发挥主动性积极参与,而不像他们的学生角色那样被动。典型的初级支持包括"艺术与课外辅导计划,有组织的体育活动,社区服务与青年企业家机会,以及公园、图书馆、博物馆和社区中心的开放"(p. 1)。

与 Bronfenbrenner 关于系统间联系的重要性的观点一致,Wynn(1997)主张,初级支持在与其他"部门"——尤其是家庭、学校、保健和其他服务——相结合时能发挥最好的作用。有效初级支持的关键在于:高期待,群体问题解决,具体的产品和绩效,进步的前景与扩展的机会,成年人作为监护人、推动者以及指导者,成员身份,有效性与连续性,尊敬与互惠,以及成年人时间或帮助的投入(pp. 5 - 7)。

目前有越来越多的概念模型将发展情境看作是积极的青年发展的潜在来源(见,例如,

Benson & Saito, 2001; Benson et al., 2003; Gambone, Klem, & Connell, 2002; Hamilton & Hamilton, 2004; Pittman et al., 2000)。一系列正在形成的重要理论与研究尝试说明情境是在什么条件下、如何促进积极发展的。有些论题更是成为积极的青年发展理论的核心内容。Bronfenbrenner和Morris(1998)就其中的两个论题进行阐述。首先,发展出现于个体与"人、物及符号"的相互作用中,这一过程被称为"最近过程"(proximal processes),并被认为是"发展的主要引擎"(p. 996)。不仅在家庭中,而且在青年所处的整个背景中,关爱的关系都是很关键的因素。同样地,青年也需要大量具有挑战性的活动。而无论是人还是活动,都只有当他们提供了最适宜的挑战与支持时,才能最好地推动发展。据Bronfenbrenner与Morris所述,那些最有效的活动与关系具有可预测性和持久性。

关于各种关系如何促进发展和学习的最经典描述当属Vygotsky(1978)的"最近发展区"(zone of proximal development)。根据Vygotsky所述,当发展中的个体在他人的协助下完成某些他们无法单独完成的任务时,在"能力提高"意义上的"发展"就发生了。即随着经验的增加,这种协助逐渐变得不需要,个体可以独立完成任务。有些认知科学家在阐述这一概念时将其比喻成逐步撤掉的"脚手架"(如,Bruner, 1983; Rogoff, 1990)。尽管这个比喻并不完美(暗示着脚手架支撑一个建筑直到它有能力独自矗立起来为止),但其思想是合理的:高水平者(尤其是那些熟知应在何时提供帮助的高水平者)的协助能使青年的能力逐渐提高。Bronfenbrenner(1979)在Vygotsky的基础上提出以下假设:

> 当发展中个体与那些他们已经与其发展起强烈、持久的情感依恋的人们共同参与形式日益复杂的互惠活动时,以及当力量的平衡点逐步向着有利于发展中个体的方向移动时,学习与发展就得到了促进。(p. 60)

Benson等人(2003)列举了与积极的青年发展密切联系的各种关系的五个方面。第一,在各种研究和人口学背景资料中显示,与直、旁系亲属之间的支持性关系能增强其发展优势,并能提供抵抗风险的保护性缓冲(Rhodes & Roffman, 2003)。第二,与非父母成年人之间的支持性关系对于促进积极发展同样很必要,对青少年来说尤其如此(Scales, Benson, & Mannes, 2002; Scales & Leffert, 2004; Scales, Leffert, & Vraa, 2003)。第三,支持性成年人关系的数量可能提供一种附加的影响:教养关系的数量越多,就越可能形成发展优势,例如关怀的价值观、自尊及对个人将来的积极观念(Benson, 1997)。另一个关于非父母成人的假设则与关系的可持续性有关,认为非父母成人关系的作用随其关系维持的时间长短而有比例地增加。

912

第四,暴露于积极的同伴影响——如定义为亲社会与成就价值观的同伴榜样——既能增强发展优势,也能抑制风险行为(Leffert et al., 1998; Scales, Benson, et al., 2000)。最后,有三个因素可以提高各种关系的发展优势:其质量、数量和可持续性。

Bronfenbrenner与Morris(1998)提出的第二个论题与活动的重要性和必要性有关。Csikszentmihalyi(1990)指出某些特定的活动能激励发展。例如,他证明攀岩者、舞者以及其他参与高度挑战性活动的人们可以获得一种通过挑战的成就感。该文献有助于说明为何某些活动比其他活动创造更多的青年资源。如棋艺、乐器表演或计划实施一项社区服务方案等活动就比看电视或与朋友闲谈要创造出更多的发展资源。

在说明活动如何有助于促进积极发展的另一综述中，Larson(2000)指出主动性的发展是关键。它与内在动机和深度注意(deep attention)一起，形成于包括运动、艺术和相关青年发展规划等设计良好的活动中。

关于人际关系和发展适宜性活动的讨论在大部分描述积极发展情境的本质特征的概念模型中处于突出位置(Gambone & Arbreton, 1997; Mclaughlin, Irby, & Langman, 1994; Quinn, 1999; Roth & Brooks-Gunn, 2000, 2003)。在关于这类研究的一个综述中，NRCIM (2002)提出了计划的八个特征，并假设它们能“增加青年获得个人与社会资源的机会”(p. 8)。这些特征如表 16.3 所示。

表 16.3　积极发展背景的特征

特　征	描　述　说　明
身心安全	增加安全同伴群体影响、减少不安全或对抗性同伴影响的安全与健康促进性设施与实践
适当的结构	有限的背景，明确、一致的纪律与期望，足够严格的控制，连续性与预测性，清晰的界限，以及适合年龄特点的监控
支持性关系	温暖，亲密，交往能力(connectedness)，良好交流，关心，支持，指导，安全依恋，以及回应性
归属机会	有意义融入(meaningful inclusion，不论性别、民族、性倾向)、社会融入、社会参与和融合的机会；社会文化同一性形成的机会；以及对文化与二元文化能力的支持
积极的社会规范	行为规则、期望、指令，做事方式，价值观与道德观，以及服务职责
对效能与事情处理的支持	支持自主性、在社区中有很大影响、并备受重视的青年授权实践活动；包含授权、责任许可和有意义挑战的实践活动；注重进步而非当前成就的实践活动
形成技能的机会	学习生理技能、智力技能、心理技能、情绪技能和社会技能的机会；意向性学习(intentional learning)经验的呈现；学习文化知识、交际技能和良好思维习惯的机会；成年职业准备培训；以及发展社会文化资源的机会
家庭、学校与社区力量的整合	家庭、学校与社区之间的和谐、协调与合作

来源：From *Community Programs to Promote Youth Development: Committee on Community-Level Programs for Youth*, by the National Research Council and Institute of Medicine, J. Eccles and J. A. Gootman (Eds), Board on Children, Youth and Families, Division of Behavioral and Social Sciences and Education, 2002, Washington, D. C.: National Academy Press.

如前所述，这八个积极发展背景的特征与发展资源理论框架中的“外部资源”有某些概念的交叠(Benson, 1997; Benson et al., 2003; Scales & Leffert, 1999, 2004)。 913

积极的青年发展理论主张,当我们按照这些发展原则对情境进行设定和组织时,发展就可以得到促进。如前所述,与“情境可以被改变”这一设想紧密相关的是“水平堆积”原理。该概念指的是存在于年轻人整体生态环境中的跨情境的生态资源,如家庭、邻里、学校、同伴群体、校外辅导计划以及其他的联合课程机构。正如 Benson 等人所述(2003):

> 与极具发展性的生态环境进行多层面、大量的接触,可以增加年轻人的安全感、被支持感以及胜任感。经验到这种冗余的年轻人应该比没有经历这种资源“水平堆积”的年轻人更可能避免风险,实现充分发展。(p. 387)

这一“发展冗余性”的思想支持了积极的青年发展中一个重要概念:即社区产生内部与生态资源的可持续性。这一关于社区如何促进发展的问题已经成为一个充满活力的探究领域(Benson et al., 1998; Blyth, 2001; Booth & Crouter, 2001; Comer, 1980; Comer, Haynes, Joyner, & Ben-Avie, 1996; Connell et al., 2001; Earls & Carlson, 2001; Hughes & Curnan, 2000; Kretzmann & McKnight, 1993; Mannes et al., 2003; Sampson, 2001; Spencer, 2001)。

研究者们将社区作为一个分析单位,提出了许多社区作用与动力关系,并认为它们在建立那些促进积极发展的关系和情境方面有非常重要的作用。Scales 与他的同事们(Scales et al., 2001, 2002, 2003)提出了支持与儿童和青少年接触的亲儿童社会规范。有些理论学者则强调以共同目标将各个社会系统整合在一起的共同理想和期望的价值(Benson, 1997; Damon, 1997)。Zeldin (2002)提出成人的社区感对于其与青年的关系有重要影响。另外,一些研究者指出在社区服务传递系统间进行战略性联盟的作用(Dorgan & Ferguson, 2004; Dryfoos, 1990; Mannes et al., 2003)。

社会资本(social capital)的概念阐释了社区动员的重要性,并为具体行动指明了道路。Coleman (1990, p. 304) 认为社会资本蕴涵于人类关系中。人类资本包括个体的各种能力。而正如人类资本与金融资本一样,社会资本使人们有可能创造性地完成任务。Coleman 指出,在有着高“亲密度”的社会网络(即许多人相互认识、交流与信任)中能产生更大的社会资本(pp. 319 - 320)。

Sampson 及其同事(Sampson, 2001; Sampson, Morenoff, & Earls, 1999; Sampson, Raudenbush, & Earls, 1997)提出有助于社会资本产生的社区机制。其中最主要的部分是关于集体效能(collective efficacy)的概念,该概念指的是“对邻里间共同行动以达到预期目标的能力的共同信念,也就是个体作为居民而有的一种主动参与感”(Sampson, 2001, p. 10)。Benson 等人(Benson, 1997; Benson et al., 1998)的研究表明,集体效能的一个重要来源是社区对发展资源有共同的看法,以及对社会情境影响资源获取能力有共同的认识。

情境与社区改变理论

积极的青年发展完整理论的第三部分集中讨论那些能直接或间接改变情境和社区的过

程与策略,它是我们所设想的三个理论基础中最晚发展起来的。新近一篇关于"改变如何发生"的回顾文献提出在有关动态和双向的积极发展资源的新近研究中出现了一个重要问题,该问题与以下方面有关:

> 在相当大的范围内增加与"发展资源"的接触。尽管所有发展资源模型的倡导者们都对实践有着浓厚的兴趣,但对于"改变如何发生"的科学研究却仍处于"幼年"阶段。我们的研究力量主要集中在对于发展积极成分的命名以及对它们在促进健康与学业发展方面的预测作用的说明上,而没有具体探讨那些推进发展的一系列复杂的策略与程序。

914

对于这种改变的思考是一个复杂的过程。由于积极的青年发展对实践有着明显的影响,一个有关"改变"的完整理论需要在指导研究的同时,还指导那些在成百上千的社区、组织机构与系统中正在进行的改变促进(change-making)工作。将这一理论和研究议程与前面部分的情境与社区影响理论相结合,可以看到一些值得探究的核心概念,它们包括:形成共同的视野,激活集体与个体效能,增强社会信任感,重构公民对青年的看法,推动成人—青年关系,创造有效的跨部门合作,促进各种关系与发展适宜性活动在社会系统和计划中的开展。

在这个复杂的"改变"领域中,人们提出了许多看法,包括:社会政策(Blum & Ellen, 2002; Halfon, 2003);社会规范(Scales et al., 2003);社区建设(Hyman, 2002; Mannes et al., 2003);学校(Gambone et al., 2002);邻里(Sampson, 2001);家庭(Simpson & Roehlkepartain, 2003);成人作为"改变"实施者的推动作用(Rhodes & Roffman, 2003);以及青年作为改变实施者的推动作用(Earls & Carlson, 2002)。

最近,研究者提出了两个概念框架对有关改变的理论研究进行指导。首先是Granger(2002)提出的两个核心概念:增强改变意志的干预策略和提高改变能力的干预策略。针对后者,他提出五个重要策略:人类资本创造,再分配策略,投资策略,社会资本创造,以及效能策略。

第二个是Benson等人(2003)提出的干预的五个彼此联系的方面。基于组织系统理论(organizational systems theory),该模型认为其中任何一方面的改变都会影响到其他方面。这一主张与发展系统理论的核心原则有着密切的理论联系。理论上,这个"五层"模型有助于创建一个"发展关注的社区"(p. 389)。这样一个社区能组织和激活其居民(包括成人与青年)、部门(家庭、邻里、学校、青年组织机构、聚会等)的资源创造能力。一个发展关注的社区还表现为支持和维持以上这些直接影响的更为间接的影响,它们包括那些促进成人对青年的关注的政策、金融资源及社会规范等(Scales et al., 2001, 2003)。

另外,Benson等人(2003)还为这类社区提出了战略目标,包括"垂直堆积"(青年逐渐拥有大量发展资源),"水平堆积"(青年在多个情境中创造资源)以及"发展广度"(有目的、有计划地提升所有儿童和青少年的资源创造力,而不仅仅是那些处于风险之中、作为传统"预防"

计划服务对象的儿童和青少年)。

因此,他们所提出的促进社区改变的五个相互影响的策略是:

1. 增加成人参与:社区中的成年人在家庭内外创建与儿童的青年之间持久的"资源创造"关系。

2. 鼓励青年参与:青少年运用他们的资源创造能力,与同伴及年幼儿童一起参与那些有助于提升其社区质量的活动。

3. 激活部门:家庭、邻里、学校、聚会与青年组织机构的"资源创造"潜能被激活。

4. 为计划注入活力:儿童和青少年能接触并参与高质量的童年早期计划、课外计划、周末计划和暑假计划等。

5. 影响公民决定:金融、领导、媒体及政策等资源被用以支持与维持以上四个领域的改变。

积极的青年发展重要假设的研究证据

在积极的青年发展的理论研究与实践中,人们提出了几个重要假设。本章稍后将介绍和考察对于这七个假设的实证支持,并就这些原理对于理解与促进积极的青年发展的启示方面提出我们的观点。但在这之前,我们将对相关研究成果的性质与解释力进行简单说明。

915 **积极的青年发展研究综述**

虽然结果不太一致,但支持这些假设的研究成果还是很丰富的。过去考察发展资源的文献主要采用变量中心的研究方法,重视独立变量,采用横断样本设计及线性递加(linear-additive)的理论分析策略。而目前所需的则是重视变量模式与群集、采取纵向样本设计及动态非线性(dynamic nonlinear)理论分析策略的个体中心的研究方法 (Lerner, Lerner, De Stefanis, & Apfel, 2001)。

除了反映时间状态点的结果(如当前酒精使用、个体对社区服务的贡献等),青年发展结果还包括一些同样重要的过程,如:重组(Sroufe,1979),持续作出改变的能力(Baltes & Freund, 2003),以及处于一条通向美好未来的道路上(Lerner et al., 2002; Scales & Benson, 2004)。随着时间的推移,也许状态结果就无法充分地反映个体与情境之间的交互作用了(如个体—家庭与家庭—社区)(Lerner, Freund, De Stefanis, & Habermas, 2001)。

另外,文献对于年轻人所体验到的发展"养分"或"资源"累积所产生的相互作用相对讨论得较少。许多研究集中在少数资源(尤其是父母/家庭资源及学校取向的资源,同时也给予同伴、课外活动及积极的青年发展计划活动一定的重视),以及这些资源是如何互相影响的。

我们对于积极的青年发展假设研究的阐述集中在少数已被很好解释,具有强有力研究基础,并受到研究者、实践者及政策制定者的广泛支持的结果:酒精与其他药物滥用,暴力/

反社会行为,学业成功,公民参与等。在这里引用的大部分(并非所有)研究都是属于对这四种类型结果的考察。

对解释力的合理预期

在本章及其他综合性回顾文献(Scales & Leffert, 2004; Scales et al., 2004)中所引用的成百上千个研究已经为发展资源与发展结果之间存在的横向和纵向的广泛理论联系提供了强有力的证据(Miller & Thoresen, 2003)。尤其当我们将年轻人体验到的资源看作一个独立变量考虑时,或将那些拥有更高/更低水平资源的青年之间进行比较时更是如此。

文献中的积极结果对于积极的青年发展概念的解释力有着一定的说服力与一致性。但究竟发展资源对于复杂结果的合理解释力应是多少呢? Luthar 等人(2000)发现那些基于主效应的研究结果经常报告 10%到 20%的个体保护因子效应。而当在这些资源的影响中有交互作用时,其效应值则变得更小,大约在 2%到 5%之间。近年来的一些理论与实证工作体现了一种研究倾向的转变,即从单纯的发展资源的作用研究向考察资源如何促进发展结果的具体过程与交互作用的研究转变(Collins, Maccoby, Steinberg, Heatherington, & Bornstein, 2000; Davey, Eaker, & Walters, 2003; Luthar et al., 2000),由此可以预期,许多已报告的效应值将会变得更小。

生态与发展系统理论已经成为儿童和青少年发展研究借鉴的重要理论框架(Lerner et al., 2002)。另外,个体发展及更广泛的社区和社会改变过程越来越多地被结合到积极的青年发展的理论框架中(Benson et al., 1998, 2003; Connell & Kubisch, 2001; Hawkins & Catalano, 1996)。由 Wandersman 和 Florin(2003)所撰的一篇新近的回顾文献总结道,这些理论所暗示的是,基于那些理论与框架的研究所得出的效应可能是比较适中的。以上因素为我们在积极的青年发展服务中进行广泛的社区改变提出了科学挑战(Berkowitz, 2001)。

基于前述有关积极的青年发展研究的评论,接下来我们将对每一积极的青年发展假设的研究证据进行具体阐述。

假设一

916

第一个假设被称为情境改变假设(contextual change hypothesis),其中包含两个设想。第一,情境可以被有意改变以促进发展成功;第二,个体为这些情境的改变所改变。

目前已有大量证据表明,生态情境能被改变以促进积极的青年发展,同样也有很多数据显示了这种改变之所以能产生积极作用的原因。大部分研究已经证明了那些为青年提供有利发展经验的干预与预防计划的功效。例如,Roth、Brooks-Gunn、Murray 与 Foster(1998)在其对 60 个青年发展计划的评价结果中提到:

> 青年发展计划的最重要特征是:它们将青年看作是需要发展的资源,而非需要处理的问题;另外它们通过增加青年接触外部资源与支持的机会来帮助青年变得更健康、

快乐及富创造力。(p.427)

美国华盛顿大学社会发展研究小组撰写了一份包含范围最广的关于积极的青年发展计划的回顾文献(Catalano et al., 2004)。他们发现了161个受到良好评价、对行为结果有着显著效应的计划,并具体讨论了其中的25个。这些被选择的计划必须蕴含以下关于形成发展资源的一个或多个目标:促进亲子关系,培养复原力,提高社会能力,提高情感能力,提高认知能力,提高行为能力,提高道德能力,培养自控能力,培养灵性,培养自我效能,培养明确、积极的同一性,培养对未来的信念,承认积极行为,提供亲社会卷入的机会,以及培养亲社会规范信念。另外,这些计划还必须体现多个社会领域(家庭、学校或社区)中的多个资源或单一资源,而那些仅仅体现了单一领域单一资源的计划则被排除在外。能力、自我效能及亲社会规范在所有25个计划中都有所体现,而在大部分计划的评价体系中既包括问题行为的减少,也包括积极结果的测量。在这25个计划中有19个已被证实对积极的青年发展结果有显著影响,这些发展结果包括:交际技能、同伴与成人关系、自我控制能力、问题解决能力、认知能力、自我效能、学校参与及学业成就等方面的改善。另外,其中的24个计划还表明了问题行为(如酒精与其他药物滥用、学校问题、攻击行为、暴力及风险性行为等)的显著减少。

在一个基于1200多个儿童和青少年预防计划结果研究的回顾文献中,Durlak(1998)发现在那些成功预防了问题行为、学业失败、身体不健康及未成年怀孕等问题的计划中,有着八个共同的保护因子:社会支持,个体与社会技能,自我效能,良好亲子关系,积极同伴榜样,高质量学校教育,有效社会政策,以及积极社会规范。该文献还在多个基于不同方法的研究所得出的"同步证据"(synchronous evidence)基础上提出三类关键保护因子:与关心、支持青年的成人的亲密关系,有效的学校教育,与更广大社区中的亲社会成人的积极关系(Luthar et al.,2000)。

Durlak与Wells(1997)通过对177个预防儿童和青少年行为与心理健康问题的一级预防计划进行元分析发现,大部分一级预防计划(不管是个体或环境中心的预防,普遍性或目标指向性的预防)既有助于减少问题,也有助于提高能力。然而这些计划中只有15%尝试改变儿童的环境,而作为积极的青年发展领域基础的主要发展系统与生态理论却非常重视情境的作用。

发展理论认为,由于个体与环境的融合,发展情境中的改变必须与发展结果的改变相联系。例如,有关暴力和反社会行为发展的理论提出了几条有代表性的路径。比如,那些在儿童和青少年时期长期实施反社会行为的儿童被认为有生理或遗传方面的缺陷,主要表现为注意力集中的问题,而这些问题又与早期学业失败和同伴拒绝密切相关(Moffitt,1993)。另917外,不良教养方式也可能对这一路径有影响。而那些在儿童晚期或青少年期发展起更高水平反社会行为的儿童则被认为更容易受到不良同伴群体的影响(Dishion, Andrews, & Crosby, 1995; Patterson, Reid, & Dishion, 1992)。一个对几百个城市男性儿童(大部分是非裔美国人)从一年级到七年级的跟踪研究支持了这些不同的路径(Schaeffer, Petras,

Ialongo, Poduska, & Kellam, 2003)。因此,在理论上看来,所有改善家庭相关资源、社会能力及学业成功的早期努力都对反社会行为路径的发展有纠正效果。事实上,Furlong、Paige 与 Osher(2003)发现,这种证据结果将暴力预防与儿童—成人接触、社会/情感技能,以及促进胜任感与学业成功的正确指导和学业支持等联系起来。

同样地,在一个关于学业成功的研究中,Gutman、Sameroff 与 Eccles(2002)指出发展资源可能同时具有促进(有助于所有青年)和保护功能(有助于某些处于风险条件的青年)。他们研究了超过 800 个 7 年级的非裔美国学生,发现一致的纪律与父母的学校介入与所有青年的高 GPAs(学业成绩平均点数)及学校出席率相关,但与数学测验分数不相关。而同伴支持则仅对那些同时暴露于多种风险(如母亲教育程度低及低家庭收入)学生的数学分数来说是一个有用的资源。父母对民主决策的倡导则与那些经历多种风险学生的 GPAs 和数学测验分数相关,然而在学业上取得最好成绩的却是那些父母不提倡民主决策的高风险学生。对此这些研究者解释为,父母根据环境风险水平来调整他们的教养实践,即当儿童生活在高风险环境中时,强的父母控制对儿童更加有益。

在一个高中学生样本的研究中,McLellan 与 Youniss(2003)运用同一性发展理论的框架对不同种类的社区服务——即不同服务情境——在发展中的作用进行描述。根据他们的观点,服务提供了青年接触到不同"意义先验系统"(transcendent systems of meaning)的机会,这些系统使年轻人有能力将自己与那些历史的、宗教的、民族的或政治的传统相联系(p. 57)。若处于一个父母与朋友都付出服务的生活网络中,并且与青年组织和宗教机构有所接触,年轻人会更可能参与志愿者活动。即与其说服务是一种个体的、自发的行为,倒不如说是一个由资源创造性关系与规范所组成的网络将服务提升为一个社会期望的结果。

阐述有关改变过后的情境对个体改变与发展成功的作用的最重要研究之一是 P/PV (Public/Private Ventures)实施的对于"兄弟姐妹会"(Big Brothers/Big Sisters)的评价研究(Tierney, Grossman, & Resch, 1995)。研究者们设计了一个真实的试验,随机将一半等待工作安排的个体分配到一个"延迟"控制组,而为另一半个体寻找到适合他们的工作。结果发现处理组个体比控制组表现出几个发展优势:滥用药物与酒精或击打他人的可能性更小,对学校态度更好,有更好的成绩和更高的学校出席率。另外,他们还报告了与家庭、同伴之间关系的改善。

综上所述,大量有意识改变情境以促进年轻人发展成功的努力已被证明是有效的。一连串的干预成分显得尤其重要,它们包括:稳固的成人—青年关系,基于理想行为的社会规范,社会能力的发展,以及为青年提供的发展机会等。

假设二

第二个假设是青年行动假设(youth action hypothesis)。构成这一假设的三个部分是:(1) 青年行动影响情境与个体。当青年采取行动改善其所处情境时,这种影响就产生了,因为这类基于正确指导与反省的行动具有发展促进性,假若成功,它将使目标情境变得更加有益于自身及其他青年的发展。(2) 该影响具有累积性,因为那些实施行动的青年比不实施行动的青年更可能在将来继续采取行动，因此也就进一步促进了他们的个人发展及情境的改善，同时，他们的榜样作用也激励着其他青年采取行动。(3) 对于加强青年对情境与自身的影响这一过程——青年的参与和领导过程——进行计划与实施。

918 发展的系统与生态模型认为，个体既是环境的产品也是环境的创造者，而正是个体与环境之间的这种关系影响了发展(Bronfenbrenner & Morris, 1998; Hamilton et al., 2004; Lerner, 2002; Zeldin, 2004)。正如 Hamilton 等人(2004, p. 15)所提到的："人类是通过主动参与到环境中、作出选择及塑造环境等来发展自己，同时指导自己的发展的。"在这当中有两个相关的过程在起作用。年轻人的参与可能改变他人与其相处的方式，而同时那些采取行动改善情境的年轻人对于情境的主观评价也可能更高。

提供机会只是事情的一个方面，而青年参与本身就是积极或充分发展结果的体现(Lerner, Dowling, & Anderson, 2003)。根据 Lerner 的假设，当这个双向过程发生在"创建一个公民社会"的条件下时——即当有关平等、民主、社会公平及个人自由的理想得到支持时——以及当青年将其自身看作是一个活动或事件的一部分时，则它将不仅推动个体的健康发展，还将对社区产生有益的影响(Lerner, Dowling, et al., 2003; 又见 Nakamura, 2001; Pancer, Rose-Krasnor, & Loiselle, 2002)。

"青年参与"是一个多维术语，大体上它指的是诸如积极的居民身份、志愿者活动、亲社会行为、卷入与参与、社区服务及青年言论等活动和概念(O'Donoghue, Kirshner, & McLaughlin, 2002; Zaff & Michelsen, 2002)。其中最为核心的是"对一个活动有意义的参与"，而这一活动通过行动与承诺，将个体与其情境联系起来(Nakamura, 2001; Pancer et al., 2002)。正是这一最后部分使个体"超越了一己私利"(Lerner, Dowling, et al., 2003; p. 176)，把"青年参与"与青年可能参加的其他课外活动区分开来。

个体与情境之间的相互影响不仅指情境的改变可以改变个体，还指年轻人的行动不可避免地改变其所处的发展情境，并为其发展(也为他们生活的*社区*的积极发展，见下)带来积极或消极的相关结果。例如，为了考察生活"参与"的理论意义，Hunter 与 Csikszentmihalyi(2003)研究了包含 6、8、10、12 年级学生的一个全国性样本。他们比较了那些对生活有着"持久热情"的青少年与那些认为生活只是一种无聊习惯的青少年，发现前者比后者有着显著更高的自尊和内控点，并比后者对未来更乐观。

Hunter 与 Csikszentmihalyi(2003)的解释是，随着时间推移，比起不"参与"的青少年，"参与"的青少年将发展更多内部资源(或"心理资本")，如自信心和热情，因为他们把自己看成是构建其生命之流的更有效动因。不仅如此，他们的开放性和与其经验的密切联系部分提升了他们的社会资本，这种提升是基于成人对其兴趣的提高和指导的。同时，他们这种对万事充满兴趣的天性必将吸引更多的资源，从而有助于青少年创建新的社会资源。Ryff 与 Singer(1998)也认为个体对于事件或环境的理解对其心理应对方式的影响是极其重要的。

这些有关社会和心理资本以及联结二者的过程的描述与 Benson 等人(1998)把"外部"与"内部"发展资源作为重要"成功基础"的论述十分相似；同时与 Lerner、Wertlieb 和 Jacobs(2003)对于发展系统理论的核心——个体—情境交互作用——的描述也颇为相像。

Dworkin、Larsen 与 Hansen(2003)也提供了一个理论解释说明青年在某类发展情境中的参与——课外或社区活动——是如何通过其行动积极影响发展的。他们假定这类活动有助于六个不同的发展过程：同一性探究，主动性（“把注意和努力贯注在一个挑战性目标上的能力”）与目标导向行为的发展，情感能力的发展，新的、各式各样的同伴群体的形成，社会技能的发展，以及与非家庭成员成人的发展性关系。Dworkin 等人认为，联系这些过程的一条共同线索是，那些参与青年计划活动的年轻人有一种施事感(a sense of agency)，并且将他们自己看作是其自身发展的创造者。这一结论支持了生态与(尤其是)发展系统理论的基本原则之一——儿童与青年帮助建构他们的情境，而并非简单地与其“交互作用”而已(Lerner, 2002)。

919

Masten 等人(1999)运用多种方法对一组分布在 200 个城市的 8—12 岁儿童进行长达十年的跟踪研究，考察复原的路径。结果发现，那些在学业成就、操行及同伴关系上有着足够能力的个体，即使经历到高强度的不幸，也能适应得很好。他们与那些经历较少不幸和有能力的同伴一样，体验到积极的适应性系统，包括充分的智商、高质量家庭教养、高自尊以及一种愉快、积极的态度。与积极的青年发展“假设二”相一致，儿童时期的能力纵向预测青少年时期的家庭教养质量，儿童时期家庭教养质量则纵向影响青少年时期同伴社会能力的积极改变。儿童自身的行为改变了他们所处的家庭情境类型(主要表现为家庭教养方式)，并通过此路径改变其另一发展情境——青少年时期的同伴关系。

当青年提供社区服务时，他们是参与到了一个以同时改变个体与情境为目的的活动中。例如，Metz、McLellan 与 Youniss(2003)研究了 367 个主要为欧裔美籍的、来自中产阶级家庭的波士顿公立高中的学生，考察不同类型的社区服务在学年期间是如何推动公民发展的(如：关注贫穷、投票意向、为理想而示威和将来的志愿者活动等)。研究发现，不管是社会事业服务(social cause service, 如纠正一个社会问题)还是常规服务(standard service, 从各种培训到扫树叶)，都与将来更强的服务意向相关联。然而，比起常规服务或零服务，学年期间的社会事业服务与社会问题关注及非传统公民卷入(unconventional civic involvement)有着更高的相关。

Eccles 与 Barber(1999)考察了 10 年级学生的亲社会活动卷入(教堂活动和/或参与志愿者和社区服务活动)对当前和将来(两年后)风险行为与学业结果的影响，发现参与亲社会活动的学生比不参与这些活动的学生更少滥用酒精与药物。另外，在控制了初始水平之后，参与亲社会活动的学生也比不参与活动的同伴在学业上获得更高的等级分数。

Scales、Blyth、Berkas 与 Kielsmeier(2000)比较了那些参与学习服务项目的中学生与一个控制组学生的社会责任感与学业成功。通过一个学年的研究发现，青年行动显著影响了年轻人的社会情境：参与学习服务项目的青年比控制组青年更可能持续地关心他人幸福。此外，比起控制组学生，参加学习服务的学生(尤其是女学生)与父母谈论学校事情的频率更少下降，而这一情境影响(家长介入)与积极的学业成就相关。

在 Allen、Philliber、Herrling 与 Kuperminc(1997)的一项研究中，约 700 名高中学生被随机分配到一个处理组和一个控制组中，其中处理组包括了志愿者社区服务的时间和一个以班级为单位的相关课程。结果发现,参与志愿者活动的学生在课程不及格率、休学率和怀孕率(女生怀孕的概率和男生应为女生怀孕负责任的概率)等方面显著比控制组学生要低。

在一个样本为972名来自城市、(大部分是)非欧裔美国籍的7、8年级学生的研究中,O'Donnell等人(1999)在控制了暴力行为初始水平、性别、民族和社会期许性反应等变量之后发现,那些参与社区服务的学生比控制组学生报告了更少的暴力行为。而经过六个月的跟踪调查,他们发现那些只参加暴力预防课程学生的暴力水平则与控制组并无显著差异,这一结果说明参与社区服务对于行为的改变尤其关键。

这些研究说明了不同种类的青年参与对发展结果"改变"的重要性。尤其在许多研究中这些效应是在控制了潜在的混淆变量之后获得的(Atkins & Hart, 2003),因此这些结果可以表明,来自任何背景的所有青年都能从这类经验中得益。

Youniss及其同事(Yates & Youniss, 1996; Youniss, McLellan, & Yates, 1997)提供了一个更具体的模型解释了"青年参与"是如何在推动同一感形成的同时还促进了公民同一性形成的。他们认为,"参与性行为"在青少年同一性形成过程中融合了个体的自我感与公民成分;那么,这一公民成分便成为青少年看待自我的一个不可分割的部分(Youniss et al., 1997)。

920

Youniss提出了三个"青年参与"影响同一性形成的相关结果。首先,对社区活动的参与"使青年将社会看作一个由人类参与、指向一定政治和道德目标的构造,而非一个遥不可及的物体"(Youniss et al., 1997)。其次,由于对这类活动的参与,青年形成了关于自己有能力影响周围情境的施事感。第三,通过参与社区活动,青年被灌输了一种为社区和其他成员的福祉服务的责任感(又见Lerner, Dowling, et al., 2003)。这些过程对个体的态度与行为具有终身的影响。Youniss等人(1997)为这一假设提供了支持。他们在其回顾文献中指出,在青少年时期参与青年组织活动的青年更可能在15年后的成年期实施公民行为(如在当地具有公民、教堂、服务及职业群体的成员资格等),并认为青年参与行为是将来参与公民活动的通道(Tolman & Pittman, 2001)。

总之,研究证明了青年行动对个体——他们自身——和社会情境都有积极的影响。但大部分研究都只关注社区服务或服务学习计划,而它们代表的仅是"青年行动"或领导能力的其中一种。一份包含800多个研究的回顾文献提到,青年"授权"虽然已得到广泛解释,但却仍是积极的青年发展研究中一个相对涉及较少的领域(Scales & Leffert, 2004)。

假设三

"共变假设"(co-variation hypothesis)主张,个体因素(如成就动机)与情境因素(如关怀的学校氛围或学校限制)是共变且互相加强的。也就是说,生态因素与个体特征是直接联系的,增加其中一种资源,另一个也必定随之增加。

发展理论已证实个体和情境确实是相互作用的。因此个体自身的发展资源,如社会能力或积极同一性,应该与那些在不同情境中、存在于个体外的发展资源(如家庭、学校、同伴、社区)共同作用,促进青年健康、全面地发展。该假设得到了许多研究的支持,这些研究一致发现一系列包括内部与外部因素在内的发展“养分”与不同的发展结果相关。例如，Dukes与Stein(2001)考察了几个保护因子，包括：自尊、积极学业态度、亲社会活动(家庭作业、社团、服务)、人生目标和亲社会联结(如对警察的态度)。发展结果有药物滥用、犯罪和武器拥有。在美国科罗拉多州的13000名6—12年级学生样本中，一个包含该资源的二阶因子显著预测了更低的问题行为水平。同样，在美国“全国青少年健康纵向调查”(National Longitudinal Study of Adolescent Health, Add Health)研究中，父母—家庭联系、父母的教育期待(弱预测)及学校联系显著预测了更低水平的暴力。然而，父母—青少年活动或自尊则没能预测更低水平的暴力(Resnick et al., 1997)。

Leffert等人(1998)研究了一个包含将近100000名来自200多个美国社区的青年样本，并报告了四种资源——积极同伴影响、和平冲突解决、学校参与以及安全——在预测暴力发生方面相比人口统计学变量的8%增加了30%的解释率。

Crosnoe、Erickson与Dornbusch(2002)研究了一个分布在美国加利福尼亚州和威斯康星州的9个中学的青少年样本，发现那些拥有抵抗犯罪和物质滥用的“保护”因子的青少年具有如下特征：温暖的亲子关系体验、来自相对组织良好的家庭、重视学业成就、参与学校活动、对教师有亲密感以及在学校表现良好。

Catterall(1998)对美国全国教育纵向调查(National Educational Longitudinal Study)1998年的子样本进行分析，以探究承诺复原(commitment resilience)与学业复原(academic resilience)的概念。承诺复原是指那些在8年级时对自己能顺利毕业有“一定程度怀疑”的青少年到10年级时恢复了对毕业的信心。而学业复原则指那些在8年级时英语科得分是C或更低的青少年到10年级时在该科目的表现显著更好了。不论是哪一种复原，都受到一组类似的积极资源的推动。这些资源包括家庭对学校的介入与支持[如家中书籍、家中学习场所、关于观看电视的规矩(只对学业复原而言)]、教师责任感(倾听和关注学生)、学校纪律政策的公平性以及学生对学校和课外活动的参与。 921

这些研究证明了个体与情境因素在积极的青年发展中的联系。某些资源，如学校联结，则是“内部”与“外部”资源之间微小差别的很好例子。学校联结是一个尤其重要的发展资源，与积极发展结果(如物质滥用、反社会行为、风险行为、犯罪行为的减少等等)密切相关。目前发现的四个学校联结的维度分别是：学校依恋(青年关心其学校)、学校人员依恋(与学校中成年人的联系)、学校承诺(学校给予青年优先权)及学校卷入(学校活动参与)。在社会发展模型中，卷入被看作是对学校联结的“贡献者”而非其“结果”，但该建构(由内、外维度组成)强调个体与情境对发展的共变影响。

假设四

假设四被称为“堆积”(pile-up)假设，认为所有积极经验(即资源的堆积)都同时与积极和消极结果相联系。不仅如此，资源的作用是相等的；重要的是资源的数量，而非具体的资源或资源组合，因为情境—个体的融合创造出了无数种“最重要”的资源组合。研究为该假设的前半部分——“堆积”效应与更大数量的资源相关——提供了大量支持。然而，同样有大量证据表明,特定的资源或资源群对特定青年有着或多或少的影响,并且这一影响依赖于不同资源所预测的不同发展结果。

对于发展优势的重复累积已被证明能使数量较小优势的积极效应增值。正如 Benson 等人(2003)所讨论的,这一“堆积”有两大表现: 水平与垂直“堆积”。“水平堆积”指的是,青年拥有更多相关资源的体验能增加资源与结果在某单一时间点上的联系。“水平堆积”还指资源的情境宽度,即比起单一情境中的资源,在多个生态情境(如家庭、学校、社区、同伴)中体验到的资源的累积与积极发展结果的相关更大。

Jessor、Van Den Bos、Vanderryn、Costa 和 Turbin (1995)对于 7—9 年级学生的纵向研究是最早证明不仅风险因子的累积与问题行为的增加相关,而且保护因子的累积也与问题行为的减少有关的研究之一。包含在其“保护因子目录”(Protective Factor Index)中的是各种情境的代表要素,包括学校、朋友、家庭和社区。Gutman 与 Midgely(2000)对非裔美籍的贫困小学毕业生的研究发现,发展资源对学业成就具有乘法效应。拥有家庭(高父母介入)或学校保护因子(教师支持或学校归属感)的学生比没有经历这些的同学获得更高的 GPAs。然而,那些同时拥有家庭和学校资源的学生比仅拥有其中一种资源的学生取得更高的 GPAs。

在一个超过 100000 名青年的样本中,Benson、Scales、Leffert 和 Roehlkepartain(1999)发现在年轻人拥有资源的四分位水平上,从资源贫乏(0—10 个资源)到资源富足(31—40 个资源)的每一个连续增长都与青少年的更充分发展(如学业成功、克服困难等)和风险行为(如问题酒精使用和过早性行为等)的减少显著相关。

随后一个对 217000 名来自 300 多个美国社区的初、高中学生更加多样化的样本分析研究显示了相同的“水平堆积”证据(*Developmental assets*, 2001)。[①] 那些拥有 0—10 个资源的年轻人报告了平均值为 4.1 的高风险行为模式;拥有 11—20 个资源的青年报告了 2.3 的风险模式;拥有 21—30 个资源的青年只报告了 1 个高风险行为模式;而那些拥有 31—40 个资源的资源富足青年则只报告了平均值为 0.3 的高风险模式。

Hollister-Wagner、Foshee 和 Jackson(2001)考察了发展资源(他们采用的术语是保护因子)是如何可能促进青少年对攻击的复原能力的。他们在其关于 8、9 年级的农村学生的研究中发现了以下保护因子: 宗教意义、自尊、与至少一个成人的亲密感、人际交往能力、积极的交流技能和积极的愤怒回应。研究者发现,对女孩而言,随着保护因子数量的增加,风险因子(如被打经历、曾目睹父母暴力等)与击打其他同伴的行为的关系会变弱。拥有所有六种保护因子的 8、9 年级女孩报告击打他人的概率要比那些只拥有两种保护因子的女孩低三倍,比那些不拥有任何保护因子的女孩低四倍。

与学校和社区中成人的关系同样为风险行为提供了宝贵的保护源。例如,在美国“全国青少年健康纵向调查”(Add Health)中,Resnick 等人(1997)报告道,那些与家庭和学校成员联系更加密切的年轻人显著比其他青少年更少参与各种风险行为。每一种情境本身便解释

922

① 原文如是标明出处。——译者注

了相对适中比例(5%—18%)的结果(如情绪困扰、暴力和物质滥用)变异。但如果将其他情境(如家庭或学校)的影响和在其他情境中的资源(如宗教活动)也包含进来,那么这些资源对结果变异的贡献率则将增至50%以上。

另外一个基于 Add Health(U. S. Department of Health and Human Services, 1999)的报告也指出了在7—12年级学生中存在的几种积极行为,如取得B或更高的平均分数、参加课外活动以及每月参加一次以上宗教活动等。学生的积极行为越多,其风险行为就越少。

研究已经证明累积的环境风险可以预测内、外化问题,这种风险累积不仅表现在风险绝对数量的增加,而且表现在社会领域(如家庭、同伴、学校、邻里等)高风险数量的增加(Gerard & Buehler, 2004)。Sanders(1998)有关800多名非裔美籍的8年级城市学生的研究为该假设提供了进一步的支持,即在不同生态领域中堆积起来的各种发展优势扩大了积极经验在单一情境中的保护效应。

他指出,当所有三个支持性情境—家庭、学校和教堂—结合在一起时,它们对学业自我概念(高度预测实际成就水平)和成就意识的影响要比任何单一个体情境的影响更大(将学校行为的组合影响与教师支持的个体影响进行比较)。该结果表明,"当学生同时接受到来自家庭、教堂和学校的支持时,对他们关于自我和学校教育重要性态度的影响被扩大了"(Sanders, 1998, p. 402)。

跨情境积极经验的影响同样在Scales、Benson等人(2000)关于发展资源与充分发展指标之间关系的研究中有所体现。例如,在欧裔美籍的6—12年级学生中,成就动机单独解释了学业成功(自我报告分数)中19%的变异。而学校参与、参与青年计划的时间、在家时间、计划与决策、学校中的父母介入以及自尊等则解释了另外12%的变异(Scales, Benson, et al., 2000)。另外,搜索研究院的结果与 Eccles、Early、Frasier、Belansky 和 McCarthy(1997)所报告的结果一致。他们在研究中发现,当所有情境变量(家庭、学校和同伴)都被放入回归方程时,青少年发展结果中能被解释的变异"显著增加了",这一结果使研究者相信,跨情境积极经验对于积极发展的影响是"线性且是独立"的。

Brody、Dorsey、Forehand 和 Armistead (2002)研究了支持性父母教养和班级教育过程对那些生活在美国南部贫困地区的非裔美籍小学和中学生的心理调适能力的影响。他们发现接受高质量父母教养(高度控制和一种支持性的、参与性的母子/女关系)或班级教育(高水平组织、明确的纪律和学生的参与)的学生比那些在两个情境中都接受低质量教育的学生具有更好的调适能力。其中在两个情境中都接受高质量教育/教养的学生具有最佳心理调适能力,表现为自我调节的最高分和外向问题与抑郁的最低分。

Paulson、Marchant 与 Rothlisberg(1998)也在其关于跨情境资源对5、6年级儿童影响的研究中报告了类似的结果。那些在学业上取得最高成就的学生有如下特点:倾向于认为父母教养方式和教师教育方式是一致的、处于一个充满关怀的学校氛围中、父母在学校的高度介入。由家庭与学校同时提供的资源使得这些学生比那些只拥有单一情境资源的儿童有能力获得更多的积极发展结果。

923

一个对社会发展模型的检验性研究(Catalano & Kosterman, 1996)发现,那些用来考察亲社会与反社会影响的变量很好地预测了590名17、18岁从小学五年级到中学学生的药物使用情况。除了药物使用结果，该模型还包括一些保护因子，如：能感知到的亲社会参与机会和奖赏(知道如何参加社团、参与家庭决策、拥有大量机会参与课外活动)、自我报告的亲社会活动参与(包括教堂出席和社区团体成员资格)、社会能力、对亲社会他人的依恋和联结，以及道德秩序信念(如说真话的重要性、欺骗是否能被允许)。这些保护因子对药物使用的所有路径系数都显著并指向预期方向。

在一个对于12500名9—12年级学生(选自原Add Health研究中的7—12年级学生)的研究中，Zweig、Phillips和Lindberg (2002)报告了那些接触到更高水平保护因子(如决策技能、体育活动参与)的学生表现出更低水平的性行为、酒精使用、狂饮、其他药物使用、打架和自杀等行为。

同样，Jessor等人(1998)考察了尤其在弱势学生中的风险与保护，在此对于“弱势”的定义包括：父母职业地位低、父母受教育水平低和单亲家庭结构。研究关心的结果变量是：学校参与、低问题行为发生率以及两者的结合(标记为“Making It”)。他们在报告中指出，一个保护因子指标对成功发展结果的影响几乎与一个风险因子指标的影响一样大。例如，风险因子对于“Making It”变量(学校参与 + 低问题行为发生率)的贡献率是32%，而保护因子的贡献率则是26%。

Benson与Roehlkepartain(2004)基于一个由217000多名6—12年级学生组成的横断样本研究了资源与物质使用的关系。他们在报告中指出，拥有低水平发展资源(40个资源中的0—10个)的青年使用酒精、烟草和其他药物的可能性比那些拥有平均或更高水平资源(21或更多资源)的学生高出2.4至4.4倍。资源影响比社会经济地位(SES)或单亲家庭结构的影响都大。

堆积效应在其他结果中同样存在。例如，有关资源与更大学业成就之间理论联系的大部分证据(Miller & Thoresen, 2003)是极富说服力的，它们受到同行评审(peer-reviewed)研究结果的支持。然而，这一结论成立的前提是，大量资源和其他因素(如教师的集体效能)是共同起作用的；几乎没有任何单一资源或其他因素(除了相邻重复，如先前等级预测将来等级)能较好解释学业成功结果中的变异(Wang, Hartel, & Walberg, 1990)。例如Benson等人(1999)的报告指出，在一个将近100000名6—12年级学生的样本中，学生在40个发展资源中的水平每增加一个四分位点(即从0—10，10—20)，自我报告的等级成绩将显著提高。

与此相似，Scales与Benson(2004)融合了一些体现青少年帮助他人态度的项目，以及一些有关青少年帮助他们所需的意图、做出行动改善其学校、或在下一年将对年幼儿童加以指导或培训等问题的项目，最终提出了一种测量亲社会倾向的方法。他们随后考察了亲社会倾向性与青少年所报告的发展资源数量的关系。在一个包含5000多名来自不同种族/民族的6—12年级学生的样本中，他们发现资源领域变量水平每提高一个四分位点(0—2，3—5，6—8，或9—12个资源)，则亲社会倾向的平均分显著提高。研究还发现，在控制了学校年级、种族/民族和父母受教育水平等变量后，亲社会倾向得分高于平均水平的学生(不论是男孩还是女孩)报告在过去一年间至少每周一小时实际志愿者服务行为的概率比得分低于平均水平的学生高出将近 4 倍。

总而言之，有关青少年经历的资源数量与积极发展结果(包括更充分的发展及更少的风险行为)之间理论关系的实证研究证据是一致并极具说服力的。

假设五

“纵向假设”(longitudinal hypothesis)被定义为：在高水平发展资源面前的情境/个体的动力学融合，随着时间推移，这种融合将导致(a) 风险行为的减少，(b) 学业成就的增加，(c) 贡献的增加，以及(d) 更高水平的其他充分发展指标。

大量研究已经证明，发展资源对于积极的青年发展结果的影响不仅限于当前，还包括将来。例如，在有关青少年(Scales & Leffert, 2004)与儿童中期(Scales et al., 2004)发展资源研究的全面文献回顾中，列举了超过 30 个体现这一关系的纵向研究。尽管所有这些研究都只关注一个或少数几个资源，而不是搜索研究院所提出的全部 40 个资源，然而其结果却是一致的：即发展资源的经验显著影响随后对风险行为的预防和对充分发展的促进。 924

例如 Moore 和 Glei(1995)发现那些在儿童和青少年时期显著比其同伴参加更多学校社团的年轻人更可能在成年早期(18—22 岁)报告更多的积极结果。这些结果包括与父母更亲密的关系和参与更多的社区事务或志愿者工作。

在一个来自不同种族/民族的低收入家庭的小样本(N＝100)中，Way 与 Robinson(2003)发现正如他们所预想的，比起家庭和朋友支持所带来的影响，积极的学校氛围资源与两年后的自尊水平相关更高。Masten 等人(1999)对一个 8—12 岁城市儿童样本进行了长达十年的跟踪调查，发现在控制了 IQ 和社会经济地位变量之后，青少年中期父母教养的质量预测了青少年晚期的学业、行为和社会能力。也许更惊人的是，儿童时期父母教养的质量预测了十年后青少年晚期的社会能力。

Pettit、Bates 与 Dodge(1997)在其对 500 多个拥有幼儿园孩子的美国田纳西州与印第安纳州家庭的七年跟踪研究中报告了相似的结果。儿童在幼儿园时期所接受到的支持性父母教养质量(如父母的温暖和介入、积极教学、冷静讨论等)在预测其幼儿园后期和小学 6 年级的表现情况时，对结果变异的解释率虽小(1%—3%)但却是唯一的；其中表现情况包括是否表现出问题行为、是否有社会技能以及是否在学校表现良好等。值得一提的是，该研究的结果表明积极教养的存在与粗暴教养的缺失一样，对儿童发展有着重要的短期和长期影响。

另外，根据那些体现水平堆积效应的研究，在多个情境中经验到的资源优势同样是随着时间推移而不断发展的。Cook、Herman、Phillips 和 Settersten(2002)在其关于青少年早期发展变化的研究中指出，个别情境对发展的影响一般是相当有限的，而青少年的多个积极情境的累积影响则是巨大的。另一研究结果则显示了年轻人拥有跨情境的发展资源“冗余”的重要性(Benson et al., 2003)。

最后，积极发展最重要的“结果”是更积极的发展。衣阿华青年与家庭计划的研究结果很好地说明了这一点。研究者们(Conger & Conger, 2002)在报告中指出，7 年级学生所接受到的培养和介入型的父母教养资源能帮助年轻人减少情绪与行为问题，并在青少年期表现出更强的能力,即使在面对家庭经济困难时也不例外。而在青少年时期经验到那些家庭资源的年轻人自己在多年后的成年早期(高中毕业后 5 年)也将成为更能干的父母,拥有更成功的恋爱关系。

Gambone 等人(2002)提出了一些考察最佳青少年发展结果(具有生产力,易于沟通,并能有效驾驭其世界)和最佳青年发展结果(个体正处于追求经济自我效能、拥有健康的家庭与社会关系,以及参与社区活动的过程中)的指标。大约有一半青年在整个成年早期都发展较为顺利,而其中那些在高中时期拥有最佳发展资源的 69%青年在随后的发展尤其顺利,他们经验到这种最佳青年发展结果的机会比别人高 41%。不仅如此,那些在高中早期经验到最佳水平发展资源的青年更可能在高中后期拥有积极的发展里程碑。例如,在高中早期拥有与父母、教师及朋友的支持性关系的青年在高中后期拥有最佳发展结果的几率比别人高出一倍。

搜索研究院(2004)对一个来自美国明尼苏达州圣路易斯帕克市的 370 名 7—9 年级学生样本历时三年的跟踪研究的分析显示,基本上,学生在 1998 年报告的资源数量更多,他们在 2001 年报告的风险行为模式(如驾驶和酒精问题、学校问题等)就更少,而充分发展指标(如延迟满足、身体健康等)则更多(为本章撰写的未发表分析;详见 Scales, Benson, Roehlkepartain, Sesma, & van Dulmen, in press; Scales & Roehlkepartain, 2003)。该结果在控制了结果变量的初始水平之后维持不变。在资源变量上,三年间保持稳定或上升 0.5 个标准差的学生比那些资源下降了 0.5 个标准差的学生显著拥有更少的酒精使用问题或学校问题,并表现出更多的非正式帮助行为、更高的领导能力和困难克服能力以及更大的学业成功。

925

不仅如此,资源数量的每一个四分位点的增加都与更高的 GPA 分数有显著的横向和纵向相关,而该纵向相关更是在控制了先前的 GPA 效应基础上得出的(Scales & Roehlkepartain, 2003)。资源富足(拥有 31—40 个资源)型学生与资源贫乏(拥有 0—10 个资源)型学生在平均 GPA 上的差别等同于一个 B+等级与一个 C 等级之间的差别。另外,成长曲线分析显示了资源增加与 GPA 提高之间小而显著的相关,如每增加一种资源,平均 GPA 也随时间升高一个等级点的 1/5。

在一个对 95 名 6—8 年级的市中心区学生(约 60%的非欧裔美国人)进行考察的小型研究中,Dubow、Arnett、Smith 和 Ippolito(2001)报告,在 9 月份测量到的“对未来的积极期待”这一资源显著预测了次年 6 月的更低问题行为水平,如酒精使用。另外,更高的问题解决效能和家庭支持的初始水平预测了整个学年期间对未来积极期待的增加。在另一研究中,社会发展模型被应用于促进西雅图儿童的学校联结。当那些在 5 年级时参与了一个重视社会能力发展和学校联结计划的儿童成长到 21 岁时,比那些没有参与计划的同伴显著拥有更多负责任的性行为,包括更少更换恋人及更少感染性传染疾病等(Lonczak, Abbott, Hawkins, Kosterman, & Catalano, 2002)。

Benson 与 Roehlkepartain(2004)也对一个初中学生样本进行了跟踪分析,样本中的学生都在 1997 年报告了对酒精、烟草或药物(alcohol, tobacco, or drug, ATOD)滥用的节制经历。那些四年后在高中继续节制的学生比那些重新开始使用 ATOD 的学生在 1997 年和 2001 年拥有显著更高水平的资源,尤其在支持、限制与期望等方面表现更明显。这些结果为发展资源在避免青年使用 ATOD 方面的作用提供了另一证据。

青年计划参与和学业成功的相关已经被搜索研究院 Scales、Benson 等人(2000)与 Scales、Roehlkepartain(2003)的研究所证实。在一个有关这类课外计划在高中后教育成就作用的研究中,Mahoney、Cairns 和 Farmer(2003)基于美国卡罗来纳州纵向研究(Carolina Longitudinal Study)对近 700 名学生从 4 年级到 12 年级进行每年的跟踪调查,最后在这些青年 20 岁时与他们进行面谈。结果发现,随着时间的推移,稳定的课外计划参与与人际交往能力、青少年晚期的教育渴望有显著相关,而后两个因素都与青年 20 岁时的教育状况(不管是否是后中等教育)相关。研究者对该结果的理论基础进行了解释,指出与持续的课外活动参与所伴随的同伴和成人关系及技能促进了社会接纳、积极的社会同一性、更少的抑郁情绪和反社会行为、更多的学校参与以及更高的教育期望。

在一个对 1988 年全美教育纵向研究(National Education Longitudinal Study)数据的分析报告中,Zaff、Moore、Papillo 和 Williams(2003)指出,那些在 8—12 年级时经验到关键发展资源(如拥有高水平的父母支持和监督、积极的同伴影响、参与宗教服务等)的学生更可能在高中毕业两年后从事志愿者工作。不仅如此,如果学生在 8—12 年级期间坚持参加课外活动——不管那些活动是运动、学校社团、还是社区社团——他们在高中毕业后两年参与志愿者服务和在地方或全国性选举中投票的可能性比那些只是偶尔参加课外活动的学生高两倍。

总的说来这些结果表明,发展优势对发展结果的影响将随时间的推移而不断发展和扩大。他们之间较高程度的即时相关和较低—中等程度的纵向相关,为“发展资源积极影响发展轨迹”这一理论主张提供了一定的支持。

假设六 926

社区假设(Community Hypothesis)强调社区是一个理解和促进最大化情境/个体关系动态作用的重要场所。与公共健康相类似,积极的青年发展会随那些社区改变取向(而非个体取向)的干预/计划而得到最大的改善。对社区的定义依赖于干预/计划的目标。

个体化治疗的不足与公共健康和预防的原理有关。虽然医疗水平已经大大提高,但 Kreipe、Ryan 和 Seibold-Simpson(2004, p. 104) 指出,“事实上,那些改善的公共卫生和工作环境、免疫规划以及安全措施等……在改善健康方面比一对一的医疗救治所起的作用更大。”

同样,为了促进积极的青年发展,社区动员必须不仅包括正规的组织和计划,还应包括非正式的规范和关系。研究表明,如果在青年所处的社区中,成年人对一些基本价值、规范和期望(如对于什么行为是可被接受的理解,以及当有人跨越这一界限时应怎么做等)持有共识,则青年会发展得更好(Damon, 1997; Sampson et al, 1997)。

我们认为社区是由那些对发展有调节作用的情境、生态和背景所构成的连锁系统。因此,在这个广泛的概念中包含了大量影响发展的因素,如家庭、邻里、学校、操场与聚会,这些背景内外的关系,以及一个社区的政策、商业和经济基础。

Tolan、Gorman-Smith 与 Henry(2003)对几百名非裔美籍和拉丁美洲男性青少年和他们的主要监护人进行了六年的跟踪研究。正如生物生态学理论所预测的一样(Bronfenbrenner & Morris, 1998),他们报告了社区结构特征、邻里作用、父母教养行为和青年暴力行为之间的复杂关系。结果发现,邻里的贫穷程度和犯罪率可以预测邻里间的问题和和睦程度,另外它们也直接预测父母的教养行为,即高度贫穷和高犯罪率使父母的教养行为更具限制性,由于父母限制了青年与犯罪团伙的接触,因此也就减少了暴力行为的发生。

Scales 和 Roehlkepartain(2003)发现,研究中的学生样本在 1998 年时的发展资源因素(其与社区联系程度)得分每高一学分,他们 2001 年时的成绩处于 GPA 高分组(B+及其以上)的可能性就比其他学生高三倍。在这一因素中包含的资源有:青年计划、宗教社区、服务他人、创造性活动、阅读乐趣、其他成人关系和成人角色榜样。该研究的结果表明了反映“社区”关注发展的各种资源是如何积极影响青年学业成功的。

同样,Greenberg 等人(2003)回顾了大量证据,显示最有效的学校预防计划和青年发展数据是那些能“提升学生的个体与社会资源”,并改善学校—社区环境的计划和数据(p. 467)。最有效的方法不是那些只关注单一问题的狭隘的计划——这类计划经常是弊大于利——而是那些尝试同时关注学生健康、性格、公民权利义务与社区联系、学校定位以及学业表现等多方面的综合性计划。“美国心理学会的预防工作组”(The American Psychological Association's Task Force on Prevention)、“促进优势复原力”(Promoting Strength Resilience)和“年轻人的健康”(Health in Young People)等计划也赞成将问题行为的预防与对青年能力、人际关系和社区贡献能力的培养结合起来(Weissberg et al., 2003)。

前述研究与积极的青年发展的假设一(即情境可以被改变,而且这些情境中的改变对青年的发展结果有影响)有关,与研究相呼应的一系列策略不断出现在一些成功实践的报告中。他们是:学校、家庭和社区共同努力,培养学生的社会情绪学习技能、为学生参与社区服务等活动提供经常性的机会、鼓励学生关怀他人、促进学生、教师和家长间支持性关系的形成以及通过学校、家长、社区间的合作持续对积极的社会、健康和学业行为加以奖赏。

许多社区影响来源于青年家庭以外的成年人。新近研究已经证明了正式指导关系的价值(DuBois, Holloway, Valentine, & Cooper, 2002; Rhodes et al., 2000)。那些自然出现在年轻人生活中的“其他成年人资源”(如邻居)的整体影响可以是深远的,然而这方面的研究目前还较为欠缺。其中有限的证据表明,仅 15%的年轻人报告与父母以外的其他成年人拥有“较丰富”的关系(Scales, 2003; Scales et al., 2002)。

927

另外,社会期待的气氛也很关键。那些在参与方面具有高社会期待的美国成年人中有 62%会与他人小孩进行高水平接触,而那些在参与方面具有中等期待的人中只有 41%、具有弱社会期待更是只有 22%会做出此类行为(Scales, 2003)。因此,虽然研究清楚表明了“社区”作为一种发展资源的作用,然而若要加强积极社区在青年发展中的整体影响,我们应该对有关成人—青年活动的现有社会规范作出改变。

一些企图在社区水平进行干预的更大计划是由一些全国性的基金会发起的。例如，1987年发起的凯洛格青年伙伴计划(the Kellogg Youth Initiative Partnerships,KYIP),用以协助美国密歇根州的三个社区扩大在“纠正年轻人问题”上的经济投入,加强促进青年潜能的社区合作。Annie E. Casey基金也于1987年在高风险青年比例较高的五个城市中发起了一个名为New Futures的五年计划,该计划企图将服务整合与青年发展原则和学校改革相结合。1995年,在基金会联盟的资助下,P/PV发起了青年发展社区改变计划(Community Change for Youth Development Initiative,CCYD)。该计划为社区提供了一套基于研究的核心原则及实施这些原则的策略,这些原则包括成人支持与指导以及校外时间中有组织的活动。

在以上这些计划中没有任何一个报告了在青年发展方面有大而一致的效果。但一些新的计划、组织和领导者则显示了持久的影响。例如,在New Futures停止资助后五年,研究者们(Hahn & Lanspery, 2001)将“有效的改变”归因于社区改变时机的“成熟”,包括:领导能力、对问题的广泛认识以及对其他有一致性目标的资源与计划的利用。

类似地, Kellogg基金会在实施KYIP计划第一个十年后所作的一个报告强调社区参与的重要性。关键的是这类参与必须包括青年本身。另外,Gambone等人(2002)在吸取了CCYD教训的基础上,提出并证明了一个极具说服力的基本原理,用以评价这类计划为青年创造的“机会”,而不是单独集中在青年个体发展的结果及对其的影响上。“青年发展社区行动框架”(Connell et al. , 2001)则将此类机会隐藏在一个改变理论中,该理论可能与理想的发展结果有着中期或长期的理论上和实证上的联系。

在一个对于社区计划的有效分析中,Dorgan与Ferguson(2004)考察了那些对New Futures计划和纽约市灯塔(New York City Beacons)计划(致力于公立学校建筑工作的团体)的成败至关重要的因素。虽然以上两个计划有着相似的目标,但他们受到不同的改变理论和实施策略的指导。该分析作者认为Beacons计划的成功在于,它重视并强制性要求附近学校提供协同定位的服务、支持和机会,为青年创建一个“安全港口”。另外,Beacons对于直接与青年有关的职业以及对志愿者、父母及附近居民的基本支持的关注,使它比通过创造全城范围内的合作来计划和调整青年服务与计划的New Futures更快达到预定目标。

另一个稍微有些不同的改变理论为搜索研究院的全国性“健康社区·健康青年”运动提供了支持。此项改变策略动员了600个社区(Benson, 2003a),创设各种创新型“试验”来改变情境和生态环境,尤其着眼于对具资源创造性的成人和同伴关系的动员。大量研究已经或正在对有效改变产生的方式,以及这些改变与青少年健康、幸福的关系这两个方面进行探究(Mannes, Lewis, Hintz, Foster, & Nakkula, 2002; Whitlock & Hamilton, 2003)。美国明尼苏达州圣路易斯帕克市的一个纵向研究提供了启发性的证据,表明在社区范围内长期、持续的资源创造性活动对几种幸福指标都有群体水平的影响(Roehlkepartain, Benson, & Sesma, 2003)。

这些研究基本上支持了那些将“社区”看作一个重要的积极的青年发展资源的假设。然

928 而，还需要大量研究以更好地理解“社区”积极影响年轻人的具体机制，以及这些影响是如何随着个体—情境融合情况的改变而不同的。

假设七

“普遍性/多样性”假设（Universality/Diversity Hypothesis）认为有些发展支持和机会是促进所有青年成功发展的，但它们促进成功的策略和途径有所不同。此外，因为所有青年都需要发展资源，所以许多社区水平的干预将有利于所有或几乎所有青年。然而，那些只有少数或没有资源的青年则可能需要一些专门针对他们及其特殊需求的干预。这些特别干预的作用之一就是使那些青年可以从更一般性的干预中得益。

随着年轻人所处情境与发展历史的不同，在发展资源对发展结果的解释程度以及哪些资源在促进特定结果方面可能最为关键等问题上也有着差异性。但研究（如 Montemayor, Adams, & Gullotta, 2000; Scales et al., 2004; Scales & Leffert, 2004）提出了与绝大部分青年有关的重要理论与实践思考，这些思考以一种发展优势的眼光看待青年发展。

然而，与那些有关发展优势和不同性别、年龄、种族/民族、社会经济地位的青年的研究文献相比，还很缺乏关于发展优势与其他维度的差异——如性倾向、家庭背景或不同暴力情境——之间关系的实证研究。例如，Goldfried 和 Bell（2003）指出关于性少数群体（sexual minorities）的研究在主流心理学和青少年发展中尤其受到“忽视”。现有证据表明，至少某些发展优势，如自尊、尤其是家庭支持，似乎减少或消除了不同性倾向人们之间心理或行为健康问题的差异（Blum, Beuhring, & Rinehart, 2000）。

青年发展研究

接下来，我们将简单列举一些与性别、年龄、社会经济地位以及种族/民族有关的积极的青年发展研究成果。

性别

研究一致发现，除了自尊以外，女性在大部分发展资源上比男性报告更高的水平（参见 Scales & Leffert, 2004; Scales et al., 2004）。这一跨研究、跨方法的一致性结果为这一基本结论的有效性提供了证据。然而，这些系统差异可能是由于缺乏对那些在年轻男性中更常见的潜在资源（如信心和竞争性）敏感的测量方法而导致的。在某些资源上报告的性别差异还可能是由系统反应偏好造成的，即年轻人以一种性别刻板化的方式进行反应（如，女孩更倾向于报告亲社会态度和行为——Eisenberg & Fabes, 1998）。然而除了频率上的差异，大量研究显示资源可能以不同的方式对男性和女性起作用。

Huebner 与 Betts（2002）运用社会控制理论设计了一个研究，样本是 911 名来自美国西南部的一个煤矿社区的 7—12 年级学生。他们发现，依恋联结（与父母、其他成人以及同伴的联系）与卷入联结（用于学校/校外活动的时间，包括用于宗教活动、志愿者活动以及社团或组织的时间)都预测了更少的不良行为和更大的学业成就(自我报告的等级分数)。卷入联结对于男性不良行为的预测力比女性强,而在依恋联结对于女性学业成就的预测力比男性强。

Hollister-Wagner 等人(2001)研究了与攻击性(击打一个同伴)有关的复原力。在一个8、9年级农村学生的大样本中,他们发现了支持保护因子有助于减少女性暴力的证据,却没发现有关男性这方面的证据。研究者的解释是,由于攻击性榜样和攻击性社会强化的影响对男性来说更大,因此保护因子对他们的影响虽然仍是积极的,但却比其对女性的影响显得要弱。

年龄

研究一致发现,高中学生比初中学生拥有更少的发展资源。例如,在一个包含217000多名6—12年级学生(平均拥有40个资源中的19.3个)的横向样本中,6年级学生报告了23.1个资源,8年级报告了19.6个资源,而10年级学生则报告了17.8个资源(Benson, 2001)。11、12年级学生的资源水平有所上升(分别上升为18.1与18.3个资源),但仍低于低年级学生的资源水平。同样地,在一个对中等西部城市超过5000名6—12年级学生的研究中,Scales、Leffert 等人(2003)发现,6—8年级学生显著比9—12年级学生报告了更多的资源,包括与非父母成年人的积极关系和行为期待的一致性。在一个样本为370名学生的纵向研究中,Roehlkepartain 等人(2003)报告,资源水平在6—8年级之间急剧下降,并在9—11年级时降到最低,而后在12年级有轻微的回弹。在对同一个样本的另一分析中,Scales 与 Roehlkepartain(2003)发现其中41%学生所拥有的资源水平在他们初中升高中阶段下降了至少0.5个标准差。另外34%保持了相对稳定,而只有24%学生在这一阶段的资源水平上升了至少0.5个标准差。

929

同样地,Scales 等人(2004)发现4、5年级学生报告了比6年级学生更多的资源(与6年级的24.7相比,分别是26.6与26)。只有在"安全"这一变量上,6年级学生报告了比4、5年级更高的水平。尽管纵向研究的数据还不足以证明那些引起年级差异的资源水平同样是随着年龄的增长而逐渐下降的,但该研究关于更大年龄青年的结果则表明了这一解释的有效性。

种族/民族与社会经济地位

通过对7个包含不同种族/民族青少年样本的国家、州和地方性研究的分析,Rowe、Vazsonyi 和 Flannery(1994)认为发展过程对不同种族/民族的发展结果(如IQ、成就和社会调节)具有相似的影响。研究变量包括父母介入与控制、自我效能、学业自尊、父母的学业鼓励、家庭沟通以及对教师的依恋。这些发展影响与发展结果之间关系的协方差矩阵在非裔美籍、亚洲、西班牙和欧裔美籍青少年之间有显著和相似的拟合指数。不同种族/民族之间的相似程度不亚于单一种族/民族群体中随机选取的两部分样本在协方差矩阵中所表现出的相似程度。而后者曾一度被认为具有更高的相似程度。

Rowe 等人(1994)没有具体考察在不同种族/民族之间资源和结果是如何联系的。虽然一般而言,对大部分青年群体来说,发展资源与发展结果有着积极的关系,但是特定资源作用于促进积极结果的方式可能根据差异的不同维度而有所不同。例如,Bean、Bush、McKenry 与 Wilson(2003)研究了权威性教养的有关成分与学业成就(自我报告的等级分数)的关系,其样本是 155 名非裔美籍和欧裔美籍的高中学生。他们发现,父母支持、行为控制和心理控制与年级的关系随父母的种族和性别而显著不同。对非裔美籍学生来说,母亲支持与学业成就显著相关,而在其他成分上没有发现相关,并且没有在任何一个父母教养成分中发现有关非裔美籍父亲的相关。对于欧裔美籍学生来说,不管是母亲还是父亲支持都没有预测学业成就;其中父亲更多的行为控制,以及母亲更多的行为控制和更少的心理控制显著预测了学业成功。

Sesma 与 Roehlkepartain(2003)考察了 217277 名来自 318 个美国社区的 6—12 年级学生(包括 69731 名有色人种青年)在 1999/2000 学年的发展资源与发展结果。在所有种族/民族群体中,更多的发展资源与更少的风险行为模式和更多的充分发展指标相关。这些相关是在控制了社会经济地位之后得出的。例如,在所有种族/民族群体中,那些不具有 10 种高风险行为模式中任何一种的年轻人平均拥有约 23 个资源,而那些报告了 5 种及其以上风险模式的青年只拥有 15 个或更少的发展资源。

同时,也有研究发现了种族/民族差异。例如,限制与期望资源(如家规、邻里社会控制和成人角色榜样)在帮助避免反社会行为方面对所有青年来说都很重要,但研究发现它们对美国印第安人、多种族混血儿及欧裔美籍的青年具有特别强的预防作用(Sesma & Roehlkepartain, 2003)。

930

Scales、Benson 等人(2000)也报告了特定群体的资源可以解释在 6 个不同种族/民族学生群体中自我报告的等级分数的 19%—32%变异。这种解释超出了人口统计学意义。成就动机、学校参与、参与青年计划的时间、在家时间和个体权利等资源对其中 3 个以上种族/民族群体中的年级差异有显著影响。

在对于 45 名男性非裔美籍犯罪团伙成员和 50 名与社区组织有联系的相似背景青年的访谈研究中,Taylor 等人(2003)发现非犯罪团伙青年显著报告了更多的积极发展经验。然而,在反映发展资源的 9 类积极属性上,平均 28%的团伙成员的得分高于那些非团伙青年的平均分,这一结果表明,即使是在那些支持他们积极成长的"异常"青年资源当中可能同样存在着发展优势的储备。例如,超过三分之一的团伙青年比非团伙青年拥有更多与家庭、学校和教育的积极关系,五分之一团伙青年比非团伙青年拥有更多的积极角色榜样。Tayor 等人(2002)对该样本进行了一年的跟踪分析,发现从时间段 1 到时间段 2 的发展资源变化与个体在积极的个体和社会作用下发生的成长变化之间有着相当大的相关(.67, $p \leqslant .01$)。这些结果指向两个初步结论:(1) 即使是那些正"处于高风险(如团伙暴力、药物滥用和家庭支持不良)[和]……周围的贫穷与种族歧视环境中"的年轻人也同样可能拥有支持积极结果的发展资源(p. 513);(2) 提升发展资源有助于这类有缺陷的青年朝着更积极的轨迹发展。

在关于几百名团伙和非团伙青少年的另一研究中,Li 等人(2002)同样发现,如预期的一样,团伙成员平均报告了更少的复原力因素。但与 Taylor 等人(2003)一样,Li 等人也发现在许多影响复原力的因素上团伙与非团伙青年并没有显著差异，这些因素包括：社会问题解决技能、自尊、体育活动和学业表现。也就是说，这些研究都表明，促进健康和充分发展的个体与生态特征存在于相当大比例的"迷失"青年身上，这代表了社区行动一个重要的潜在目标，即为所有青年创设更好的发展途径。

目前关于混种族或多种族青少年身上发展资源的研究很少。一个新近的报告基于仅仅关注风险行为的全国 Add Health 数据库提出，混种族青少年（不管是哪些种族/民族群体的结合）倾向于有更高的健康和行为风险。虽然无法通过那些数据加以证明，但研究者们推测其结果与理论解释相一致，即混种族地位增加了年轻人面临的压力（Udry, Li, & Hendrickson-Smith, 2003）。

在一个包含多种族青年的积极发展研究中，Scales、Benson 等人（2000）报告了对充分发展的当前指标有显著解释力的发展资源群，样本为 6000 名来自不同种族/民族（美国印第安人、非裔美国人、亚洲人、西班牙人、多种族人和欧裔美国人）的初、高中学生。例如，将指标统合成一个充分发展的指标之后，该资源群在除性别、年级和母亲受教育水平之外解释了美国印第安青年中的 47％变异和多种族青年中的 54％变异。另外不同群体间也有些差异。如，与非父母成人的支持性关系对多种族、美国印第安和欧裔美籍青年的充分发展指数有重要影响，而"阅读乐趣"则对非裔美籍和西班牙籍青年影响更大。然而，一些核心资源对所有群体都很重要。用于青年方案的时间、文化能力、自尊、个人权利（一个类似于自我效能的概念）、成就动机、计划与决策技能等每一资源都对（6 个中的）至少 3 个种族/民族群体青年的（7 个中的）至少 2 个以上充分发展指标的变异有一定的贡献。

将来的研究方向

尽管在过去的十年中，已经出现了大量概念模型尝试阐述积极发展的必要成分，并伴随出现了大量对这些模型的验证性研究，但总体上，比起我们所未知的，我们所知道的还太少。目前我们对以下领域已经较为熟悉：

- 与积极结果相关因素的分类。
- 证明各种关系、机会、社会规范与积极发展结果之间联系的横断研究。
- 对于有效的计划能促进青年行为短期改变的认识。

931

我们对于发展资源的以下方面仍欠缺了解：

- 能清楚阐述青年、成人和社区系统是如何获得更大发展关注的改变理论。
- 对于社区—青年改变的相互影响性的探究；也就是说，既考察社区（非正式或计划性）如何影响青年，同时也考察青年如何反过来影响及帮助塑造他们的生态系统。
- 对于"社区非正式的、自然的、非计划性的能力"的重要性的实证了解（Benson & Saito, 2001, p. 146）。
- 理解在多个社区和人类群体中传递发展资源的可变性。虽然我们已经可以确定其必要成分，但仍然无法很好地理解那些成分是如何在多样化的文化背景中"起作用"的。

- 理解那些关于社区参与的广泛、扩展性模型是如何与受关注的计划相结合的(即前者的存在是否能调节后者的功效?)。

此外,目前的实证文献对于以下更具体的理论问题只提供了有限的答案:

- 联系资源和充分发展结果的理论与联系资源和风险减少结果的理论有何异同?“内部”资源类(如积极价值观或积极同一性)是否相对更多地被看作是幸福结果的指标?
- 发展资源的作用是普遍性的,还是依赖于所关注结果的不同方面?
- 资源的影响在不同情境中是不变的吗?或者不同社会领域中的资源影响结果的方式是否不同?例如,能在学校范围内解释延迟满足的资源能同样在同伴范围内解释延迟满足吗?
- 是否存在这样一种情况:过量的特定发展资源不再是资源,而是转变成了缺陷或风险因子(如家庭支持变为敌意,或高期待变为一个减少胜任感的因素)?
- 是否存在仍未被研究发现的天花板效应?例如,与至少一名有爱心成人的亲密关系很明显是重要的,或许同时与几位成人有亲密关系则效果会更好,然而拥有一打这类关系真的比拥有5、6个这类关系的效果更好吗?Whitlock(2003)在报告中指出,那些报告拥有10个中9或10个潜在发展支持的青年并不比拥有7或8个这些支持的青年有更多的学校联系。但发展支持显示出与社区联系的连续线性关系,即在社区联系方面没有发现天花板效应。
- 如果所有资源的促进效价和保护效价是不相等的,那么是基于什么使得某些资源被认为在某些情境中,对某些青年来说(如果不是全部),在促进某些积极结果方面比其他资源更重要?
- 比起其他资源,是否某些资源作为“发展通道”的作用更为明显,从而使年轻人有可能体验到附加的资源,以共同促进积极的发展结果?例如,Scales与Roehlkepartain(2004)发现那些在中学期间提供社区服务的学生比没有贡献服务的学生更可能在高中时拥有丰富的资源。
- 是否某些资源在某些发展阶段对健康发展更关键?例如,与青少年晚期相比,来自教师与父母的高期待是否在中学和青少年早期(对于能力信念的挑战日益增加的时期)显得更为关键?同样,文化能力资源是否会随着儿童年龄的增长及其遭遇到不同同伴和成人数量的增长而变得更为重要呢?
- 相对来说,是否某些资源在关键发展转折点的影响要比其他时候大?例如,年轻人的价值感和有用感这一资源是否在他们小学升初中、初中升高中的转折点时比在青少年早期或晚期的其他时候显得更加重要呢?
- 个体在哪一段时期、需要多少发展资源才能有效影响特定的理想结果?

932

除此之外,在关于这些问题如何被陈述的研究设计问题上也需要继续探讨。关于评价全面积极的青年发展计划的改变策略理论等方法论已经被讨论了一段时间(见Connell & Kubisch, 2001; Connell, Kubisch, Schorr, & Weiss, 1995)。然而只有少数例子显示这种技术得到实际应用,并且人们在关于什么是社区计划的合理结果方面仍未有广泛共识

(Berkowitz, 2001; Spilka, 2004)。

此外,虽然当今研究已经有了瞩目的结果,但大部分现有文献还仅仅集中在评价青少年问题行为(如酒精和其他药物滥用、青少年怀孕和反社会行为)的社区干预效果上。与社区计划的创意相比,除了学业成功以外的积极结果也很少得到测评(Greenberg et al., 2003; Wandersman & Florin, 2003)。

MacDonald 与 Valdivieso(2001)也观察到缺陷倾向的研究在全美跟踪系统中盛行。他们描述了大量可以用于收集以下四个关键领域数据的潜在积极建构和测量方法：年轻人自身、父母与其他成人、为年轻人服务的组织机构以及关于政策、资源和服务的社区层面的数据。

Weissberg 等人(2003)注意到,虽然目前已经有大量文献证实了优势论对于预防和青年发展的作用,但仍需要更多对历时多年、指向多个结果的综合性青年发展计划的评价分析。尤其需要对影响计划效果和调节作用的研究,以及对"优势"论在不同地理和情境中作用异同的研究。最后,他们认为还需要更多标准化的测量方法以考察核心的青年发展结果,以使不同研究结果之间的比较更容易。

这一对"一般性测量方法的欠缺"的指责并非只在青年发展中存在。Ryff 与 Singer (1998)在讨论年长成人"健康"的研究时敲响了同样的警钟。他们认为,这类研究例行公事地将健康定义为没有消极结果(如没有能力自己穿衣吃饭),不去探究那些人生目标和参与的积极指标,而事实上这些指标可能更好地预测健康结果。为了更准确地理解健康,他们主张应该讨论诸如个体今天做了哪些"有意义或令人满意"的事,或者他们是否"热爱和关心他人"之类的问题(p. 21)。

最近人们作出一些努力对以上两大问题——缺乏对积极结果的考察以及在积极的青年发展研究中缺乏一般性的测量工具——进行回应。例如,塔夫茨大学设立的青年发展应用研究机构"搜索研究院"和富勒神学院(Fuller Theological Seminary)在斯坦福大学和青年充分发展基金会(Thrive Foundation for Youth)的指导下,发起了一个历时多年的"充分发展指标项目"(Thriving Indicator Project),旨在产生关于"充分发展"的有效测量工具和方法,使其在深奥科学的基础上被更广泛运用和发展。

最初的活动包括了一个有关充分发展及相关概念的全面的文献回顾,以及与学者、积极的青年发展实践者、青年及其父母的访谈(了解他们对于何谓"一个充分发展的青年"的看法)(King et al., in press)。一组充分发展的核心维度也正在形成(如 Teokas et al., in press),它们有助于将充分发展研究工具的发展应用于临床、计划、社区改变和全国的跟踪系统中。

"儿童趋势"(Child Trends)研究中心领导发起了一个类似的活动,旨在发展标准化的积极的青年发展结果测量工具,并将其运用到美国国家和地方的数据跟踪系统中。学者与政策制定者们建议对亲社会倾向、宗教笃信和社会能力等领域进行可靠、有效并相对简短的测量研究(Moore & Lippman, 2004),而这些领域有助于对发展优势的追踪及对儿童和青年政策的长期重塑。

结语

尽管在术语定义和复杂性方面存在着一定的差异,积极的青年发展的各模型也具有明显的相似性,其中大量研究都支持了那些在积极的青年发展实践与多个发展理论的融合中形成的假设。"年轻人经验到足够的支持和机会"既能促进积极的青年发展,同时也是积极的青年发展的体现。这类经验在多个背景下的可持续性尤其重要。它们有助于青年发展关键的能力、技能、价值观和自我知觉,而随着时间的推移,这些资源使个体对自身需求进行适应性的自我调节,以成功塑造和驾驭生活。

933

这些发展资源有着许多不同的来源,其中包括年轻人对其自身环境的积极影响。不仅只是基因遗传、家庭、学校、聚会、同伴或其他开创青年发展新路径的影响,而是以上所有资源共同作用、相互影响所形成的一个比这些部分简单相加更大的系统。支持这一结论的研究结果对实践有以下两个重要启示。

首先,那些只改变青年个体而不改变其所处环境的单一计划可能有局限性,即它们只能取得短期成功,而无法支持长期的积极发展或者根本改变那些易感青年的发展路径。青年人生中的各种情境需要同时得以加强,这样才能为所有青年的普遍、可持续的积极发展提供系统支持。

其次,家庭与学校在邻里、社区和更广的社会层面上对青年进行培育。这意味着,在社区范围内对与积极的青年发展相关的一般规范、价值观和目标进行长期的动员是必不可少的。必须努力从正式和非正式的日常生活方面来获得对文化广度、深度及渗透性的理解,以根本改变大批美国年轻人的发展不均衡状态。

尽管研究支持了积极的青年发展作为一个改变这些发展不均的方法的功效,然而结合使用其他的方法也是必要的。贫穷、家庭暴力和虐待等都是危害发展的风险因子。减少风险和增加资源也许是促进积极发展结果相互补充的策略。目前还需要更多的理论与研究以更好地理解风险与资源之间的相互作用。另外,对风险减少和资源建设相结合的干预策略是如何在不同社会情境下作用于青年这一问题的确认也同样重要。

积极的青年发展理论与研究的主要贡献之一是提出了有助于发展轨迹的各种情境和背景。作为一个应用领域,积极的青年发展与其倡导者们所面临的一个需要解决的问题是:如何作出意向性改变以及从何做起。虽然各种计划的发展和/或丰富是干预的一个主要核心点,但理论与研究也需要确认一个范围更广的发展可能性。青年对发展资源的使用水平同样可以通过转变社会化系统(如学校和邻里)或动员成人建立与社区青年的持久关系等方法得以提升。

正是在这个有关社区和社会不断变化的复杂世界中才尤其需要新思想的诞生。正如本章前面多处所指,积极的青年发展理论最为薄弱的部分是有关如何理解(与应用)意向性改变的问题。该问题的复杂性(及其促进积极发展的社会意义)要求我们进行跨学科研究,并将不同领域统一于对"如何提升生态与个体水平发展优势的动力学融合"这一问题的共同探究之中。

这个跨学科研究的日程表应首先将发展情境作为分析的单位，探究那些能提升学校、邻里、家庭和聚会培育发展优势的能力和意向的相关策略。而这种探究务必会引出有关各个层面改变之间的配合问题，包括创建关注发展型社区的策略问题。与积极发展理论一样，我们假设情境与社区中最成功的转变是那些由青年主动计划和实施所带来的改变。

（张卫译）

参考文献

Allen, J. P., Philliber, S., Herrling, S., & Kuperminc, G. P. (1997). Preventing teen pregnancy and academic failure: Experimental evaluation of a developmentally based approach. *Child Development*, *68*, 729 - 742.

Anthony, E. J. (1974). The syndrome of the psychologically vulnerable child. In E. J. Anthony & B. J. Cohler (Eds.), *The invulnerable child* (pp. 103 - 148). New York: Guilford Press.

Atkins, R., & Hart, D. (2003). Neighborhoods, adults, and the development of civic identity in urban youth. *Applied Developmental Science*, *7*, 156 - 165.

Baltes, P. B., & Baltes, M. M. (1990). Psychological perspectives on successful aging: The model of selective optimization with compensation. In P. B. Baltes & M. M. Baltes (Eds.), *Successful aging: Perspectives from the behavioral sciences* (pp. 1 - 34). New York: Cambridge University Press.

Baltes, P. B., Dittmann-Kohli, F., & Dixon, R. A. (1984). New perspectives on the development of intelligence in adulthood: Toward a dual-process conception and a model of selective optimization with compensation. In P. B. Baltes & O. G. Brim (Eds.), *Life-span development and behavior* (Vol. 6, pp. 33 - 76). Orlando, FL: Academic Press.

Baltes, P. B., & Freund, A. M. (2003). Human strengths as the orchestration of wisdom and selective optimization with compensation. In L. G. Aspinwall & U. M. Staudinger (Eds.), *A psychology of human strengths: Fundamental questions and future directions for a positive psychology* (pp. 23 - 36). Washington, DC: American Psychological Association.

Baltes, P. B., Lindenberger, U., & Staudinger, U. M. (1998). Lifespan theory in developmental psychology. In W. Damon & R. M. Lerner (Eds.), *Handbook of child psychology* (pp. 1029 - 1143). New York: Wiley.

Bean, R. A., Bush, K. R., McKenry, P. C., & Wilson, S. M. (2003). The impact of parental support, behavioral control, and psychological control on the academic achievement and self-esteem of African American and European American adolescents. *Journal of Adolescent Research*, *18*, 523 - 541.

Benson, P. L. (1990). *The troubled journey: A portrait of 6th to 12th grade youth*. Minneapolis, MN: Search Institute.

Benson, P. L. (1997). *All kids are our kids: What communities must do to raise caring and responsible children and adolescents*. San Francisco: Jossey-Bass.

Benson, P. L. (2002). Adolescent development in social and community context: A program of research. *New Directions for Youth Development*, *95*, 123 - 147.

Benson, P. L. (2003a). Developmental assets and asset-building community: Conceptual and empirical foundations. In R. M. Lerner & P. L. Benson (Eds.), *Developmental assets and asset-building communities: Implications for research, policy, and practice* (pp. 19 - 43). New York: Kluwer Academic/Plenum Press.

Benson, P. L. (2003b). Toward asset-building communities: How does change occur. In R. M. Lerner & P. L. Benson (Eds.), *Developmental assets and asset-building communities: Implications for research, policy, and practice* (pp. 213 - 221). New York: Kluwer Academic/Plenum Press.

Benson, P. L., & Leffert, N. (2001). Childhood and adolescence: Developmental assets. In N. J. Smelser & P. G. Baltes (Eds.), *International encyclopedia of the social and behavioral sciences* (pp. 1690 - 1697). Oxford, England: Pergamon Press.

Benson, P. L., Leffert, N., Scales, P. C., & Blyth, D. A. (1998). Beyond the "village" rhetoric: Creating healthy communities for children and adolescents. *Applied Developmental Science*, *2*(3), 138 - 159.

Benson, P. L., Mannes, M., Pittman, K., & Ferber, T. (2004). Youth development, developmental assets and public policy. In R. M. Lerner & L. Steinberg (Eds.), *Handbook of adolescent psychology* (2nd ed., pp. 781 - 814). New York: Wiley.

Benson, P. L., & Pittman, K. (2001a). Moving the youth development message: Turning a vague idea into a moral imperative. In P. L. Benson & K. J. Pittman (Eds.), *Trends in youth development: Visions, realities, and challenges* (pp. vii - xii). Norwell, MA: Kluwer Academic.

Benson, P. L., & Pittman, K. (2001b). *Trends in youth development: Visions, realities, and challenges*. Norwell, MA: Kluwer Academic.

Benson, P. L., & Roehlkepartain, E. C. (2004). Preventing alcohol, tobacco, and other drug use: Rethinking the role of community. *Search Institute Insights and Evidence*, *2*(1), 5.

Benson, P. L., & Saito, R. N. (2001). The scientific foundations of youth development. In P. L. Benson & K. J. Pittman (Eds.), *Trends in youth development: Visions, realities, and challenges* (pp. 135 - 154). Norwell, MA: Kluwer Academic.

Benson, P. L., Scales, P., Leffert, N., & Roehlkepartain, E. (1999). *The fragile foundation: The state of developmental assets among American youth*. Minneapolis, MA: Search Institute.

Benson, P. L., Scales, P. C., & Mannes, M. (2003). Developmental strengths and their sources: Implications for the study and practice of community building. In R. M. Lerner, F. Jacobs, & D. Wertlieb (Eds.), *Handbook of applied developmental science: Vol. 1. Promoting positive child, adolescent, and family development through research, policies and programs — Applying developmental science for youth and families: Historical and theoretical foundations* (pp. 369 - 406). Newbury Park, CA: Sage.

Berkowitz, W. (2001). Studying outcomes of community-based coalitions. *American Journal of Community Psychology*, *29*, 213 - 239.

Bloom, M. (1996). *Primary prevention practices*. Thousand Oaks, CA: Sage.

Blum, R. W., Beuhring, T., & Rinehart, P. M. (2000). *Protecting teens: Beyond race, income, and family structure*. Minneapolis, MN: University of Minnesota, Center for Adolescent Health.

Blum, R. W., & Ellen, J. (2002). Work group V: Increasing the capacity of schools, neighborhoods, and communities to improve adolescent health outcomes. *Journal of Adolescent Health*, *31*(Suppl. 6), 288 - 292.

Blyth, D. A. (2001). Community approaches to improving outcomes for urban children, youth, and families. In A. Booth & A. C. Crouter (Eds.), *Does it take a village? Community effects on children, adolescents, and families* (pp. 223 - 227). Mahwah, NJ: Erlbaum.

Bogenschneider, K., Small, S. A., & Tsay, J. C. (1997). Child, parent, and contextual influences on perceived parenting competence among parents of adolescents. *Journal of Marriage and the Family*, *59*, 345 - 362.

Booth, A., & Crouter, A. C. (2001). *Does it take a village? Community effects on children, adolescents, and families*. Mahwah, NJ: Erlbaum.

Brandtstadter, J. (1998). Action perspectives on human development. In W. Damon (Editor-in-Chief) & R. M. Lerner (Vol. Ed.), *Handbook of child psychology: Vol. 1. Theoretical models of human development* (5th ed., pp. 807 - 863). New York: Wiley.

Brandtstadter, J. (1999). *Action and self-development: Theory and research through the lifespan*. Thousand Oaks, CA: Sage.

Brody, G. H., Dorsey, S., Forehand, R., & Armistead, L. (2002). Unique and protective contributions of parenting and classroom processes to the adjustment of African American children living in single-parent families. *Child Development*, *73*(1), 274 - 286.

Bronfenbrenner, U. (1979). *The ecology of human development*. Cambridge, MA: Harvard University Press.

Bronfenbrenner, U., & Morris, P. (1998). The ecology of developmental processes. In W. Damon (Editor-in-Chief) & R. M. Lerner

(Vol. Ed.), *Handbook of child psychology: Vol. 1. Theoretical models of human development* (5th ed., pp. 993 - 1028). New York: Wiley.

Bruner, J. S. (1983). *Child's talk: Learning to use language*. New York: Norton.

Bumbarger, B., & Greenberg, M. T. (2002). Next steps in advancing research on positive youth development. *Prevention and Treatment*, *5*(16).

Caplan, G. (1964). *Principles of preventive psychiatry*. New York: Basic Books.

Carnegie Corporation of New York. (1992). *A matter of time: Risk and opportunity in the non-school hours*. Waldorf, MD: Carnegie Council on Adolescent Development.

Carnegie Council on Adolescent Development. (1995). *Great transitions: Preparing adolescents for a new century*. New York: Carnegie Corporation of New York.

Catalano, R. F., Berglund, M. L., Ryan, J. A., Lonczak, H. S., & Hawkins, J. D. (1999). *Positive youth development in the United States: Research findings on evaluations of positive youth development programs*. Seattle, WA: Social Development Research Group.

Catalano, R. F., Berglund, M. L., Ryan, J. A. M., Lonczak, H. S., & Hawkins, J. D. (2004). Positive youth development in the United States: Research findings on evaluations of positive youth development programs. *Annals of the American Academy of Political and Social Science*, *591*, 98 - 124.

Catalano, R. F., & Hawkins, J. D. (2002). Response from authors to comments on "Positive youth development in the United States: Research findings on evaluations of positive youth development programs." *Prevention and Treatment*, *5*(article 20).

Catalano, R. F., Hawkins, J. D., Berglund, M. L., Pollard, J. A., & Arthur, M. W. (2002). Prevention science and positive youth development: Competitive or cooperative frameworks? *Journal of Adolescent Health*, *31*, 230 - 239.

Catalano, R. F., & Kosterman, R. (1996). Modeling the etiology of adolescent substance use: A test of the social development model. *Journal of Drug Issues*, *26*(2), 429 - 456.

Catalano, R. F., Mazza, J. J., Harachi, T. W., Abbott, R. D., Haggerty, K. P., & Fleming, C. B. (2003). Raising healthy children through enhancing social development in elementary school: Results after 1.5 years. *Journal of School Psychology*, *41*(2), 143 - 164.

Catterall, J. S. (1998). Risk and resilience in student transitions to high school. *American Journal of Education*, *106*(2), 302 - 334.

Chess, S., & Thomas, A. (1999). *Goodness of fit: Clinical applications from infancy through adult life*. Philadelphia: Brunner/ Mazel.

Coleman, J. S. (1990). *Foundations of social theory*. Cambridge, MA: Belknap Press.

Collins, W. A., Maccoby, E. E., Steinberg, L., Heatherington, E. M., & Bornstein, M. (2000). Contemporary research on parenting: The case for nature and nurture. *American Psychologist*, *55*, 218 - 232.

Comer, J. (1980). *School power*. New York: Free Press.

Comer, J. P., Haynes, N. M., Joyner, E. T., & Ben-Avie, M. (1996). *Rallying the whole village: The Comer process for reforming education*. New York: Teachers College Press.

Conger, R. D., & Conger, K. J. (2002). Resilience in Midwestern families: Selected findings from the first decade of a prospective, longitudinal study. *Journal of Marriage and Family*, *64*, 361 - 373.

Connell, J. P., Gambone, M. A., & Smith, T. J. (2001). Youth development in community settings: Challenges to our field and our approach. In P. L. Benson & K. J. Pittman (Eds.), *Trends in youth development: Visions, realities, and challenges* (pp. 291 - 307). Boston: Kluwer Academic.

Connell, J. P., & Kubisch, A. C. (2001). Community approaches to improving outcomes for urban children, youth, and families: Current trends and future directions. In A. Booth & A. C. Crouter (Eds.), *Does it take a village? Community effects on children, adolescents, and families* (pp. 177 - 201). Mahwah, NJ: Erlbaum.

Connell, J. P., Kubisch, A. C., Schorr, L. B., & Weiss, C. H. (1995). *New approaches to evaluating community initiatives: Concepts, methods, and contexts*. Washington, DC: Aspen Institute.

Cook, T. D., Herman, M. R., Phillips, M., & Settersten, R. A., Jr. (2002). Some ways in which neighborhoods, nuclear families, friendship groups, and schools jointly affect changes in early adolescent development. *Child Development*, *73*, 1283 - 1309.

Crosnoe, R., Erickson, K. G., & Dornbusch, S. (2002). Protective functions of family relationships and school factors on the deviant behavior of adolescent boys and girls: Reducing the impact of risky friendships. *Youth and Society*, *33*(4), 515 - 544.

Csikszentmihalyi, M. (1990). *Flow: The psychology of optimal experience*. New York: Harper-Collins.

Damon, W. (1997). *The youth charter: How communities can work together to raise standards for all our children*. New York: Free Press.

Damon, W. (2004). What is positive youth development? *Annals of the American Academy of Political and Social Science*, *591*(1), 13 - 24.

Damon, W., & Gregory, A. (2003). Bringing in a new era in the field of youth development. In R. M. Lerner & P. L. Benson (Eds.), *Developmental assets and asset-building communities: Implications for research, policy, and practice* (pp. 47 - 64). New York: Kluwer Academic/ Plenum Press.

Davey, M., Eaker, D. G., & Walters, L. H. (2003). Resilience processes in adolescents: Personality profiles, self-worth, and coping. *Journal of Adolescent Research*, *18*(4), 347 - 362.

Dishion, T. J., Andrews, D. W., & Crosby, L. (1995). Antisocial boys and their friends in adolescence: Relationship characteristics, quality and interactional processes. *Child Development*, *66*, 139 - 151.

Dorgan, K. A., & Ferguson, R. F. (2004). Success factors in community-wide initiatives for youth development. In S. F. Hamilton & M. A. Hamilton (Eds.), *The youth development handbook: Coming of age in American communities* (pp. 271 - 300). Thousand Oaks, CA: Sage.

Dryfoos, J. G. (1990). *Adolescents at risk: Prevalence and prevention*. New York: Oxford University Press.

Dryfoos, J. G. (1998). *Safe passage: Making it through adolescence in a risky society*. New York: Oxford University Press.

DuBois, D. L., Holloway, B. E., Valentine, J. C., & Cooper, H. (2002). Effectiveness of mentoring programs for youth: A meta-analytic review. *American Journal of Community Psychology*, *30*, 157 - 197.

Dubow, E. F., Arnett, M., Smith, K., & Ippolito, M. F. (2001). Predictors of future expectations of inner-city children: A 9-month prospective study. *Journal of Early Adolescence*, *21*(1), 5 - 28.

Dukes, R., & Stein, J. (2001). Effects of assets and deficits on the social control of at risk behavior among youth. *Youth and Society*, *32*(3), 337 - 360.

Durlak, J. A. (1998). Common risk and protective factors in successful prevention programs. *American Journal of Orthopsychiatry*, *68*(4), 512 - 520.

Durlak, J. A., & Wells, A. M. (1997). Primary prevention mental health programs: A meta-analytic review. *American Journal of Community Psychology*, *25*(2), 115 - 153.

Dworkin, J. B., Larson, R., & Hansen, D. (2003). Adolescents' accounts of growth experiences in youth activities. *Journal of Youth and Adolescence*, *32*, 17 - 26.

Earls, F., & Carlson, M. (2001). The social ecology of child health and well-being. *Annual Review of Public Health*, *22*, 143 - 166.

Earls, F., & Carlson, M. (2002). Adolescents as collaborators: In search of well-being. In M. Tienda & W. J. Wilson (Eds.), *Youth in cities: A cross-national perspective* (pp. 58 - 83). New York: Cambridge University Press.

Eccles, J. S. (1997). User-friendly science and mathematics: Can it interest girls and minorities in breaking through the middle school wall. In D. Johnson (Ed.), *Minorities and girls in school: Effects on achievement and performance: Vol. 1. Leaders in psychology* (pp. 65 - 104). Thousand Oaks, CA: Sage.

Eccles, J. S., & Barber, B. L. (1999). Student council, volunteering, basketball, or marching band: What kind of extracurricular involvement matters? *Journal of Adolescent Research*, *14*(1), 10 - 43.

Eccles, J. S., Early, D., Frasier, K., Belansky, E., & McCarthy, K. (1997). The relation of connection, regulation, and support for autonomy to adolescents' functioning. *Journal of Adolescent Research*, *12*, 263 - 286.

Eccles, J. S., & Harold, R. D. (1996). Family involvement in children's and adolescents' schooling. In A. Booth & J. F. Dunn (Eds.), *Family-school links: How do they affect educational outcomes?* (pp. 3 - 34). Mahwah, NJ: Erlbaum.

Eisenberg, N., & Fabes, R. A. (1998). Meta-analysis of age and sex differences in children's and adolescents' prosocial behavior. In W. Damon (Editor-in-Chief) & N. Eisenberg (Vol. Ed.), *Handbook of child psychology: Vol. 3. Social, emotional, and personality development* (5th ed., pp. 701 - 778). New York: Wiley.

Elder, G. H., Jr. (1974). *Children of the great depression*. Chicago: University of Chicago Press.

Elder, G. H., Jr. (1980). Adolescence in historical perspective. In J. Adelson (Ed.), *Handbook of adolescent psychology* (pp. 3 - 46). New York: Wiley.

Elder, G. H., Jr. (1998). The life course and human development. In W. Damon (Editor-in-Chief) & R. M. Lerner (Vol. Ed.), *Handbook of child psychology: Vol. 1. Theoretical models of human development* (5th ed., pp. 939-991). New York: Wiley.

Elder, G. H., Jr. (1999). *Children of the great depression: Social change in life experience* (25th anniv. ed.). Boulder, CO: Westview Press.

Feshbach, N. (1983). Sex differences in empathy and social behavior in children. In N. Eisenberg (Ed.), *The development of prosocial behavior* (pp. 11-47). New York: Academic Press.

Ford, D. H., & Lerner, R. M. (1992). *Developmental systems theory: An integrative approach*. Newbury Park, CA: Sage.

Fukuyama, F. (1999). *The great disruption: Human nature and the reconstitution of social order*. New York: Free Press.

Furlong, M., Paige, L. Z., & Osher, D. (2003). The Safe Schools/Healthy Students (SS/HS) Initiative: Lessons learned from implementing comprehensive youth development programs. *Psychology in the Schools*, *40*, 447-456.

Furstenberg, F. F., Jr. (2000). The sociology of adolescence and youth in the 1990s: A critical commentary. *Journal of Marriage and the Family*, *62*, 896-910.

Furstenberg, F. F., Jr., Modell, J., & Herschberg, T. (1976). Social change and transitions to adulthood in historical perspective. *Journal of Family History*, *1*(1), 7-32.

Galambos, N., & Turner, P. (1999). Parent and adolescent temperament and the quality of parent-adolescent relations. *MerrillPalmer Quarterly*, *45*, 493-511.

Gambone, M. A., & Arbreton, A. J. A. (1997). *Safe havens: The contributions of youth organizations to healthy adolescent development*. Philadelphia: Public/Private Ventures.

Gambone, M. A., Klem, A. M., & Connell, J. P. (2002). *Finding out what matters for youth: Testing key links in a community action framework for youth development*. Philadelphia: Youth Development Strategies and Institute for Research and Reform in Education.

Garbarino, J. (1995). *Raising children in a socially toxic environment*. San Francisco: Jossey-Bass.

Garmezy, N. (1983). *Stress, coping and development in children*. New York: McGraw-Hill.

Gerard, J. M., & Buehler, C. (2004). Cumulative environmental risk and youth problem behavior. *Journal of Marriage and the Family*, *66*, 702-720.

Goldfried, M. R., & Bell, A. C. (2003). Extending the boundaries of research on adolescent development. *Journal of Clinical Child and Adolescent Psychology*, *32*, 531-535.

Gottlieb, G. (1997). *Synthesizing nature-nurture: Prenatal roots of instinctive behavior*. Mahwah, NJ: Erlbaum.

Gottlieb, G., Wahlsten, D., & Lickliter, R. (1998). The significance of biology for human development: A developmental psychobiological systems view. In W. Damon (Editor-in-Chief) & R. M. Lerner (Vol. Ed.), *Handbook of child psychology: Vol. 1. Theoretical models of human development* (5th ed., pp. 233-273). New York: Wiley.

Granger, R. C. (2002). Creating the conditions linked to positive youth development. *New Directions for Youth Development*, *95*, 149-164.

Greenberg, M. T., Weissberg, R. P., O'Brien, M. U., Zins, J. E., Fredericks, L., Resnick, H., et al. (2003). Enhancing schoolbased prevention and youth development through coordinated social, emotional, and academic learning. *American Psychologist*, *58*(6/7), 466-474.

Gutman, L. M., & Midgley, C. (2000). The role of protective factors in supporting the academic achievement of poor African American students during the middle school transition. *Journal of Youth and Adolescence*, *29*(2), 223-248.

Gutman, L. M., Sameroff, A. J., & Eccles, J. S. (2002). The academic achievement of African American students during early adolescence: An examination of multiple risk, promotive, and protective factors. *American Journal of Community Psychology*, *30*(3), 367-399.

Hahn, A., & Lanspery, S. (2001). *Change that abides: A retrospective look at five community and family strengthening projects, and their enduring results*. Waltham, MA: Brandeis University.

Halfon, N. (2003). Afterword: Toward an asset-based policy agenda for children, families, and communities. In R. M. Lerner & P. L. Benson (Eds.), *Developmental assets and asset-building communities: Implications for research, policy, and practice* (pp. 223-229). New York: Kluwer Academic/Plenum Press.

Hamburg, D. A., & Takanishi, R. (1996). Great transitions: Preparing American youth for the 21st century — The role of research. *Journal of Research on Adolescence*, *6*(4), 379-396.

Hamilton, S. (1999). *A three-part definition of youth development*. Unpublished manuscript, Cornell University College of Human Ecology, Ithaca, NY.

Hamilton, S. F., & Hamilton, M. A. (2004). *The youth development handbook: Coming of age in American communities*. Thousand Oaks, CA: Sage.

Hamilton, S. F., Hamilton, M. A., & Pittman, K. (2004). Principles for youth development. In S. F. Hamilton & H. M. A. Hamilton (Eds.), *The youth development handbook: Coming of age in American communities* (pp. 3-22). Thousand Oaks, CA: Sage.

Havighurst, R. J. (1953). *Human development and education*. London: Longmans, Green.

Hawkins, J. D, & Catalano, R. F. (1996). *Parents who care: A stepby-step guide for families with teens*. San Francisco: JosseyBass/Pfeiffer.

Heckhausen, J. (1999). *Developmental regulation in adulthood: Agenormative and sociocultural constraints as adaptive challenges*. New York: Cambridge University Press.

Heckhausen, J., & Krueger, J. (1993). Developmental expectations for the self and most other people: Age grading in three functions of social comparison. *Developmental Psychology*, *29*, 539-548.

Heckhausen, J., & Schulz, R. (1995). A life-span theory of control. *Psychological Review*, *102*, 284-304.

Hein, K. (2003). Enhancing the assets for positive youth development: The vision, values, and action agenda of the W. T. Grant Foundation. In R. M. Lerner & P. L. Benson (Eds.), *Developmental assets and asset-building communities: Implications for research, policy, and practice* (pp. 97-117). New York: Kluwer Academic/Plenum Press.

Hoffman, M. L. (2000). *Empathy and moral development: Implications for caring and justice*. New York: Cambridge University Press.

Hollister-Wagner, G. H., Foshee, V. A., & Jackson, C. (2001). Adolescent aggression: Models of resiliency. *Journal of Applied Social Psychology*, *31*(3), 445-466.

Huebner, A. J., & Betts, S. C. (2002). Exploring the utility of social control theory for youth development: Issues of attachment, involvement, and gender. *Youth and Society*, *34*(2), 123-145.

Hughes, D., & Curnan, S. P. (2000). Community youth development: A framework for action. *CYD Journal*, *1*(1), 7-13.

Hunter, J. P., & Csikszentmihalyi, M. (2003). The positive psychology of interested adolescents. *Journal of Youth and Adolescence*, *32*, 27-35.

Hyman, J. B. (2002). Exploring social capital and civic engagement to create a framework for community building. *Applied Developmental Science*, *6*(4), 196-202.

Jessor, R. (1993). Successful adolescent development among youth in high-risk settings. *American Psychologist*, *48*(2), 117-126.

Jessor, R., Turbin, M, S., & Costa, F. M. (1998). Risk and protection in successful outcomes among disadvantaged adolescents: *Applied Developmental Science*, *2*(4), 194-208.

Jessor, R., Van Den Bos, J., Vanderryn, J., Costa, F. M., & Turbin, M. S. (1995). Protective factors in adolescent problem behavior: Moderator effects and developmental change. *Developmental Psychology*, *31*(6), 923-933.

Keyes, C. L. M. (2003). Complete mental health: An agenda for the 21st century. In C. L. M. Keyes & J. Haidt (Eds.), *Flourishing: Positive psychology and the life well-lived* (pp. 293-312). Washington, DC: American Psychological Association.

King, P. E., Dowling, E. M., Mueller, R. A., White, K., Schultz, W., Osborn, P., et al. (in press). Thriving in adolescence: The voices of youth-serving practitioners, parents, and early and late adolescents. *Journal of Early Adolescence*.

Kreipe, R. E., Ryan, S. A., & Seibold-Simpson, S. M. (2004). Youth development and health. In S. F. Hamilton & M. A. Hamilton (Eds.), *The youth development handbook: Coming of age in American communities* (pp. 103-126). Thousand Oaks, CA: Sage.

Kretzmann, J., & McKnight, J. (1993). *Building communities from the inside out: A path toward finding and mobilizing a community's assets*. Chicago: ACTA Publication.

Larson, R. W. (2000). Toward a psychology of positive youth development. *American Psychologist*, *55*(1), 170-183.

Leffert, N., Benson, P. L., & Roehlkepartain, J. L. (1997). *Starting out right: Developmental assets for children*. Minneapolis, MN: Search Institute.

Leffert, N., Benson, P. L., Scales, P. C., Sharma, A. R., Drake, D. R., & Blyth, D. A. (1998). Developmental assets: Measurement and prediction of risk behaviors among adolescents. *Applied Developmental Science*, *2*(4), 209-230.

Lerner, R. M. (1976). *Concepts and theories of human development*. Reading, MA: Addison-Wesley.

Lerner, R. M. (1984). *On the nature of human plasticity*. New York: Cambridge University Press.

Lerner, R. M. (1995). *America's youth in crisis: Challenges and options for programs and policies*. Thousand Oaks, CA: Sage.

Lerner, R. M. (1998). Theories of human development: Contemporary perspectives. In W. Damon (Editor-in-Chief) & R. M. Lerner (Vol. Ed.), *Handbook of child psychology: Vol. 1. Theoretical models of human development* (5th ed., pp. 1 - 24). New York: Wiley.

Lerner, R. M. (2000). Developing civil society through the promotion of positive youth development. *Journal of Developmental and Behavioral Pediatrics*, *21*, 48 - 49.

Lerner, R. M. (2002). *Concepts and theories of human development* (3rd ed.). Mahwah, NJ: Erlbaum.

Lerner, R. M. (2003). Developmental assets and asset-building communities: A view of the issues. In R. M. Lerner & P. L. Benson (Eds.), *Developmental assets and asset-building communities: Implications for research, policy, and practice* (pp. 3 - 18). New York: Kluwer Academic/Plenum Press.

Lerner, R. M. (2004). *Liberty: Thriving and civic engagement among America's youth*. Thousand Oaks, CA: Sage.

Lerner, R. M., Anderson, P. M., Balsano, A. B., Dowling, E. M., & Bobek, D. L. (2003). Applied developmental science of positive human development. In R. M. Lerner, M. A. Easterbrooks, & J. Mistry (Eds.), *Handbook of psychology: Vol. 6. Developmental psychology* (pp. 535 - 558). New York: Wiley.

Lerner, R. M., & Benson, P. L. (2003). *Developmental assets and asset-building communities: Implications for research, policy, and practice*. Norwell, MA: Kluwer Academic.

Lerner, R. M., Brentano, C., Dowling, E. M., & Anderson, P. M. (2002). Positive youth development: Thriving as the basis of personhood and civil society. *New Directions for Youth Development: Pathways to Positive Development Among Diverse Youth*, *95*, 11 - 33.

Lerner, R. M., Dowling, E. M., & Anderson, P. M. (2003). Positive youth development: Thriving as the basis of personhood and civil society. *Applied Developmental Science*, *7*(3), 172 - 180.

Lerner, R. M., Fisher, C. B., & Weinberg, R. A. (2000). Toward a science for and of the people: Promoting civil society through the application of developmental science. *Child Development*, *71*, 11 - 20.

Lerner, R. M., Freund, A. M., De Stefanis, I., & Habermas, T. (2001). Understanding developmental regulation in adolescence: The use of the selection, optimization, and compensation model. *Human Development*, *44*, 29 - 50.

Lerner, R. M., Lerner, J. V., Alermigi, J., Theokas, C., Phelps, E., Gestsdottir, S., et al. (in press). Positive youth development, participation in community youth development programs, and community contributions of fifth grade adolescents: Findings from the first wave of the 4-H Study of Positive Youth Development. *Journal of Early Adolescence*.

Lerner, R. M., Lerner, J. V., De Stefanis, I., & Apfel, A. (2001). Understanding developmental systems in adolescence: Implications for methodological strategies, data analytic approaches, and training. *Journal of Adolescent Research*, *16*, 9 - 27.

Lerner, R. M., Wertlieb, D., & Jacobs, F. (2003). Historical and theoretical bases of applied developmental science. In R. M. Lerner, D. Wertlieb, & F. Jacobs (Eds.), *Handbook of applied developmental science: Vol. 1. Applying developmental science for youth and families — Historical and theoretical foundations* (pp. 1 - 28). Thousand Oaks, CA: Sage.

Li, X., Stanton, B., Pack, R., Harris, C., Cottrell, L., & Burns, J. (2002). Risk and protective factors associated with gang involvement among urban African American adolescents. *Youth and Society*, *34*(2), 172 - 194.

Lonczak, H. S., Abbott, R. D., Hawkins, J. D., Kosterman, R., & Catalano, R. F. (2002). Effects of the Seattle Social Development Project on sexual behavior, pregnancy, birth, and sexually transmitted disease outcomes by age 21 years. *Archives of Pediatric and Adolescent Medicine*, *156*, 438 - 447.

Lorenz, K. (1965). *Evolution and modification of behavior*. Chicago: University of Chicago Press.

Lorion, R. P., & Sokoloff, H. (2003). Building assets in real-world communities. In R. M. Lerner & P. L. Benson (Eds.), *Developmental assets and asset-building communities* (pp. 121 - 156). New York: Kluwer Academic.

Luthar, S. S., Cicchetti, D., & Becker, B. (2000). The construct of resilience: A critical evaluation and guidelines for future work. *Child Development*, *71*(3), 543 - 562.

MacDonald, G. B., & Valdivieso, R. (2001). Measuring deficits and assets: How we track youth development now, and how we should track it. In P. L. Benson & K. J. Pittman (Eds.), *Trends in youth development: Visions, realities, and challenges* (pp. 155 - 186). Boston: Kluwer Press.

Maddox, S. J., & Prinz, R. J. (2003). School bonding in children and adolescents: Conceptualization, assessment, and associated variables. *Clinical Child and Family Psychology Review*, *6*(1), 31 - 49.

Madsen, M. C. (1971). Developmental and cross-cultural differences in the cooperative and competitive behavior of young children. *Journal of Cross-Cultural Psychology*, *2*, 365 - 371.

Mahoney, J. L., Cairns, B. D., & Farmer, T. W. (2003). Promoting interpersonal competence and educational success through extracurricular activity participation. *Journal of Educational Psychology*, *95*, 409 - 418.

Mannes, M., Benson, P. L., Kretzmann, J., & Norris, T. (2003). The American tradition of community development: Implications for guiding community engagement in youth development. In R. M. Lerner, F. Jacobs, & D. Wertlieb (Eds.), *Handbook of applied developmental science: Promoting positive child, adolescent, and family development through research, policies and programs: Vol. 1. Applying developmental science for youth and families — Historical and theoretical foundations* (pp. 469 - 499). Newbury Park, CA: Sage.

Mannes, M., Lewis, S., Hintz, N., Foster, K., & Nakkula, M. (2002). *Cultivating developmentally attentive communities: A report on the first wave of the National Asset-Building Case Study Project*. Minneapolis, MN: Search Institute.

Masten, A. S. (2001). Ordinary magic: Resilience processes in development. *American Psychologist*, *56*, 227 - 238.

Masten, A. S., & Coatsworth, J. D. (1998). The development of competence in favorable and unfavorable environments: Lessons from research on successful children. *American Psychologist*, *53*(2), 205 - 220.

Masten, A. S., & Garmezy, N. (1985). Risk, vulnerability and protective factors in developmental psychology. In B. B. Lahey & A. E. Kazdin (Eds.), *Advances in child clinical psychology* (Vol. 8, pp. 1 - 52). New York: Plenum Press.

Masten, A. S., Hubbard, J. J., Gest, S. D., Tellegen, A., Garmezy, N., & Ramirez, M. L. (1999). Competence in the context of adversity: Pathways to resilience and maladaptation from childhood to late adolescence. *Development and Psychopathology*, *11*, 143 - 169.

McLaughlin, M. W., Irby, M. A., & Langman, J. (1994). *Urban sanctuaries: Neighborhood organizations in the lives and futures of inner-city youth*. San Francisco: Jossey-Bass.

McLellan, J. A., & Youniss, J. (2003). Two systems of youth service: Determinants of voluntary and required youth community service. *Journal of Youth and Adolescence*, *32*, 47 - 58.

Metz, E., McLellan, J., & Youniss, J. (2003). Types of voluntary service and adolescents' civic development. *Journal of Adolescent Research*, *18*, 188 - 203.

Miller, W. R., & Thoresen, C. E. (2003). Spirituality, religion, and health: An emerging research field. *American Psychologist*, *58*, 24 - 35.

Moffitt, T. E. (1993). Life-course-persistent and adolescence-limited antisocial behavior: A developmental taxonomy. *Psychological Review*, *100*, 674 - 701.

Montemayor, R., Adams, G. R., & Gullotta, T. P. (2000). *Advances in adolescent development: Vol. 10. Adolescent diversity in ethnic, economic, and cultural contexts*. Thousand Oaks, CA: Sage.

Moore, K. A. (1997). Criteria for indicators of child well-being. In R. M. Hauser, B. V. Brown, & W. R. Prosser (Eds.), *Indicators of children's well-being* (pp. 36 - 44). New York: Russell Sage Foundation.

Moore, K. A., & Glei, D. (1995). Taking the plunge: An examination of positive youth development. *Journal of Adolescent Research*, *10* (1), 15 - 40.

Moore, K. A., & Lippman, L. (2004). *What do children need to flourish? Conceptualizing and measuring indicators of positive development*. New York: Kluwer Academic/Plenum Press.

Moore, K. A., Lippman, L., & Brown, B. (2004). Indicators of child well-being: The promise for positive youth development. *The Annals of the American Academy of Political and Social Science*, *591*, 125 - 147.

Mortimer, J., & Larson, R. (2002). *The changing adolescent experience: Societal trends and the transition to adulthood*. New York: Cambridge University Press.

Munóz, R. F., Mrazek, P. J., & Haggerty, R. J. (1996). Institute of Medicine report on prevention of mental disorders: Summary and commentary. *American Psychologist*, *51*(11), 1116 - 1122.

Nakamura, J. (2001). The nature of vital engagement in adulthood. In M. Michaelson & J. Nakamura (Eds.), *Supportive frameworks for youth engagement: New directions for child and adolescent development*, *No. 93*. San Francisco: Jossey-Bass.

National Research Council and Institute of Medicine. (2002). *Community programs to promote youth development: Committee on community-level programs for youth* (J. Eccles & J. A. Gootman, Eds.) [Division of Behavioral and Social Sciences and Education, Board on Children, Youth and Families]. Washington, DC: National Academy Press.

Nesselroade, J. R. (1977). Issues in studying developmental change in adults from a multivariate perspective. In J. E. Birren & K. W. Schaie (Eds.), *Handbook of the psychology of aging* (pp. 59 - 69). New York: Van Nostrand Reinhold.

O'Donnell, L., Stueve, A., San Doval, A., Duran, R., Atnafou, R., Haber, D., et al. (1999). Violence prevention and young adolescents' participation in community youth service — Implications for intervention. *Journal of Adolescent Health*, *24*(1), 28 - 37.

O'Donoghue, J. L., Kirshner, B., & McLaughlin, M. (2002). Introduction: Moving youth participation forward. *New Directions for Youth Development*, *96*, 15 - 26.

Overton, W. F. (1998). Developmental psychology: Philosophy, concepts, and methodology. In W. Damon (Editor-in-Chief) & R. M. Lerner (Vol. Ed.), *Handbook of child psychology: Vol. 1. Theoretical models of human development* (5th ed., pp. 107 - 187). New York: Wiley.

Pancer, M., Rose-Krasnor, L., & Loiselle, L. (2002). Youth conferences as a context for engagement. *New Directions, for Youth Development*, *96*, 47 - 64.

Patterson, G. R., Reid, J. B., & Dishion, T. (1992). *Antisocial boys: A social interactional approach* (Vol. 4). Eugene, OR: Castalia.

Paulson, S. E., Marchant, G. Z., & Rothlisberg, B. A. (1998). Early adolescents' perceptions of patterns of parenting, teaching, and school atmosphere: Implications for achievement. *Journal of Early Adolescence*, *18*, 5 - 26.

Perkins, D. F., Borden, L. M., Keith, J. G., Hoppe-Rooney, T., & Villarruel, F. A. (2003). Community youth development: A partnership for creating a positive world. In F. A. Villarruel, D. F. Perkins, L. M. Borden, & J. G. Keith (Eds.), *Community youth development: Practice, policy, and research* (pp. 1 - 23). Thousand Oaks, CA: Sage.

Perkins, D. F., Borden, L. M., & Villarruel, F. A. (2001). Community youth development: A partnership for change. *School Community Journal*, *11*, 39 - 56.

Peterson, C. (2004). Positive social science. *Annals of the American Academy of Political and Social Science*, *591*, 186 - 201.

Pettit, G. S., Bates, J. E., & Dodge, K. A. (1997). Supportive parenting, ecological context, and children's adjustment: A 7-year longitudinal study. *Child Development*, *68*, 908 - 923.

Pittman, K. J., & Fleming, W. P. (1991). *A new vision: Promoting youth development* (Testimony of Karen J. Pittman before the House Select Committee on Children, Youth, and Families). Washington, DC: Center for Youth Development and Policy Research.

Pittman, K. J., Irby, M., & Ferber, T. (2000). Unfinished business: Further reflections on a decade of promoting youth development. In Public/Private Ventures (Ed.), *Youth development: Issues, challenges and directions* (pp. 17 - 64). Philadelphia: Public/Private Ventures.

Pittman, K. J., Irby, M., & Ferber, T. (2001). Unfinished business: Further reflections on a decade of promoting youth development. In P. L. Benson & K. Pittman (Eds.), *Trends in youth development: Visions, realities and challenges* (pp. 3 - 50). Boston: Kluwer Academic.

Pittman, K. J., Irby, M., Tolman, J., Yohalem, N., & Ferber, T. (2001). *Preventing problems, promoting development, encouraging engagement: Competing priorities or inseparable goals?* Retrieved on August 31, 2005, from www.forumforyouthinvestment.org.

Public/Private Ventures. (2000). *Youth development: Issues, challenges and directions*. Philadelphia: Public/Private Ventures.

Quinn, J. (1999). Where need meets opportunity: Youth development programs for early teens. *Future of Children*, *9*(2), 96 - 116.

Resnick, M. D., Bearman, P. S., Blum, R. W., Bauman, K. E., Harris, K. M., & Jones, J. (1997). Protecting adolescents from harm: Findings from the National Longitudinal Study on Adolescent Health. *Journal of the American Medical Association*, *278*(10), 823 - 832.

Rhodes, J. E., Grossman, J. B., & Resch, N. R. (2000). Agents of change: Pathways through which mentoring relationships influence adolescents' academic adjustment. *Child Development*, *71*, 1662 - 1671.

Rhodes, J. E., & Roffman, J. G. (2003). Nonparental adults as developmental assets in the lives of youth. In R. M. Lerner & P. L. Benson (Eds.), *Developmental assets and asset-building communities: Implications for research, policy, and practice* (pp. 195 - 212). Boston: Kluwer Academic.

Rodriguez, M. C., & Morrobel, D. (2004). A review of Latino youth development research and a call for an asset orientation. *Hispanic Journal of Behavioral Science*, *26*(2), 107 - 127.

Roehlkepartain, E. C., Benson, P. L., & Sesma, A. (2003). *Signs of progress in putting children first: Developmental assets among youth in St. Louis Park, 1997 - 2001*. Minneapolis, MN: Search Institute.

Rogoff, B. (1990). *Apprenticeship in thinking: Cognitive development in social context*. New York: Oxford University Press.

Roth, J., & Brooks-Gunn, J. (2000). What do adolescents need for healthy development: Implications for youth policy. *Social Policy Report*, *14* (1), 3 - 19.

Roth, J., & Brooks-Gunn, J. (2003). What exactly is a youth development program? Answers from research and practice. *Applied Developmental Science*, *7*(2), 94 - 111.

Roth, J., Brooks-Gunn, J., Murray, L., & Foster, W. (1998). Promoting healthy adolescents: Synthesis of youth development program evaluations. *Journal of Research on Adolescence*, *8*(4), 423 - 459.

Rowe, D. C., Vazsonyi, A. T., & Flannery, D. J. (1994). No more than skin deep: Ethnic and racial similarity in developmental process. *Psychological Review*, *101*(3), 396 - 413.

Rutter, M. (1987). Psychosocial resilience and protective mechanisms. *American Journal of Orthopsychiatry*, *57*(3), 316 - 331,

Ryff, C. D., & Singer, B. (1998). The contours of positive human health. *Psychological Inquiry*, *9*, 1 - 28.

Sampson, R. J. (2001). How do communities undergird or undermine human development? Relevant contexts and social mechanisms. In A. Booth & A. C. Crouter (Eds.), *Does it take a village? Community effects on children, adolescents, and families* (p. 3). Mahwah, NJ: Erlbaum.

Sampson, R. J., Morenoff, J., & Earls, F. (1999). Beyond social capital: Spatial dynamics of collective efficacy for children. *American Sociological Review*, *64*, 633 - 660.

Sampson, R, J., Raudenbush, S. W., & Earls, F. C. (1997). Neighborhoods and violent crime: A multilevel study of collective efficacy. *Science*, *277*, 918 - 924.

Sanders, M. G. (1998). The effects of school, family, and community support on the academic achievement of African American adolescents. *Urban Education*, *33*, 385 - 409.

Scales, P. C. (1991). *A portrait of young adolescents in the 1990s: Implications for promoting healthy growth and development*. Minneapolis, MN: Search Institute.

Scales, P. C. (2001). The public image of adolescents. *Social Science and Modern Society*, *38*(4), 64 - 70.

Scales, P. C. (2003). *Other people's kids: Social expectations and American adults' involvement with children and adolescents*. New York: Kluwer Academic/plenum Press.

Scales, P. C., & Benson, P. L. (2004). Prosocial orientation and community service. In K. A. Moore & L. Lippman (Eds.), *What do children need to flourish* (pp. 339 - 356). New York: Kluwer Academic/Plenum Press.

Scales, P. C., Benson, P. L., Leffert, N., & Blyth, D. A. (2000). Contribution of developmental assets to the prediction of thriving among adolescents. *Applied Developmental Science*, *4*(1), 27 - 46.

Scales, P. C., Benson, P. L., & Mannes, M. (2002). *Grading grown-ups 2002: How do American kids and adults relate?* Minneapolis, MN: Search Institute.

Scales, P. C., Benson, P. L., Roehlkepartain, E. C., Hintz, N. R., Sullivan, T. K., Mannes, M., et al. (2001). The role of neighborhood and community in building developmental assets for children and youth: A national study of social norms among American adults. *Journal of Community Psychology*, *29*(6), 703 - 727.

Scales, P. C., Benson, P. L., Roehlkepartain, E. C., Sesma, A., Jr., & van Dulmen, M. (in press). The role of developmental assets in predicting academic achievement: A longitudinal study. *Journal of Adolescence*.

Scales, P. C., Blyth, D. A., Berkas, T. H., & Kielsmeier, J. C. (2000). The effects of service-learning on middle school students' social responsibility and academic success. *Journal of Early Adolescence*, *20* (3), 332 - 359.

Scales, P. C., & Leffert, N. (1999). *Developmental assets: A synthesis of the scientific research on adolescent development*. Minneapolis, MN: Search Institute.

Scales, P. C., & Leffert, N. (2004). *Developmental assets: A synthesis of the scientific research on adolescent development* (2nd ed.). Minneapolis, MN: Search Institute.

Scales, P. C., Leffert, N., & Vraa, R. (2003). The relation of community developmental attentiveness to adolescent health. *American Journal of Health Behavior*, *27*(Suppl. 1), S22 - S34.

Scales, P. C., & Roehlkepartain, E. C. (2003). Boosting student achievement: New research on the power of developmental assets. *Search Institute Insights and Evidence*, *1*(1), 1-10.

Scales, P. C., & Roehlkepartain, E. C. (2004). Service to others: A "gateway" asset for school success and healthy development. In National Youth Leadership Council (Eds.), *Growing to greatness: The state of service-learning report* (pp. 26-32). Saint Paul: National Youth Leadership Council.

Scales, P. C., Sesma, A., & Bolstrom, B. (2004). *Coming into their own: How developmental assets promote positive growth in middle childhood*. Minneapolis, MN: Search Institute.

Schaeffer, C. M., Petras, H., Ialongo, N., Poduska, J., & Kellam, S. (2003). Modeling growth in boys' aggressive behavior across elementary school: Links to later criminal involvement, conduct disorder, and antisocial personality disorder. *Developmental Psychology*, *39*, 1020-1035.

Schaie, K. W. (1965). A general model for the study of developmental problems. *Psychological Bulletin*, *64*, 92-107.

Schneirla, T. C. (1957). The concept of development in comparative psychology. In D. B. Harris (Ed.), *The concept of development: An issue in the study of human behavior* (pp. 78-108). Minneapolis: University of Minnesota Press.

Schneirla, T. C. (1959). An evolutionary and developmental theory of biphasic processes underlying approach and withdrawal. In M. R. Jones (Ed.), *Nebraska Symposium on Motivation* (pp. 1-42). Lincoin: University of Nebraska Press.

Seligman, M. E. P., & Csikszentmihalyi, M. (2000). Positive psychology: An introduction. *American Psychologist*, *55*(1), 5-14.

Sesma, A., Jr., Mannes, M., & Scales, P. C. (in press). Positive adaptation, resilience, and the developmental assets framework. In S. Goldstein & R. Brooks (Eds.), *Handbook of resilience in children*. New York: Springer.

Sesma, A., & Roehlkepartain, E. C. (2003). Unique strengths, shared strengths: Developmental assets among youth of color. *Search Institute Insights and Evidence*, *1*(2), 1-13.

Simpson, A. R., & Roehlkepartain, J. L. (2003). Asset building in parenting practices and family life. In R. M. Lerner & P. L. Benson (Eds.), *Developmental assets and asset-building communities: Implications for research, policy, and practice* (pp. 157-193). New York: Kluwer Academic/Plenum Press.

Skinner, B. F. (1938). *The behavior of organisms*. New York: Appleton.

Small, S., & Memmo, M. (2004). Contemporary models of youth development and problem prevention: Toward an integration of terms, concepts, and models. *Family Relations*, *53*, 3-11.

Spencer, M. B. (1995). Old issues and new theorizing about African American youth: A phenomenological variant of ecological systems theory. In R. L. Taylor (Ed.), *Black youth: Perspectives on their status in the United States* (pp. 37-69). Westport, CT: Praeger.

Spencer, M. B. (1999). Social and cultural influences on school adjustment: The application of an identity-focused cultural ecological perspective. *Educational Psychologist*, *34*, 43-57.

Spencer, M. B. (2001). Research on African-American adolescents. In J. V. Lerner & R. M. Lerner (Eds.), *Adolescence in America: An encyclopedia* (pp. 30-32). Santa Barbara, CA: ABC-CLIO.

Spencer, M. B., Dupree, D., & Hartmann, T. (1997). A Phenomenological Variant of Ecological Systems Theory (PVEST): A self-organization perspective in context. *Development and Psychopathology*, *9*, 817-833.

Spilka, G. (2004). On community-based evaluations: Two trends. *Evaluation Exchange*, *9*(4), 6. (Harvard Family Research Project)

Sroufe, L. A. (1979). The coherence of individual development: Early care, attachment, and subsequent developmental issues. *American Psychologist*, *34*, 834-841.

Steinberg, L., & Lerner, R. M. (2004). The scientific study of adolescence: A brief history. *Journal of Early Adolescence*, *24*(1), 45-54.

Takanisni, R. (1993). An agenda for the integration of research and policy during early adolescence. In R. M. Lerner (Ed.), *Early adolescence: Perspectives on research, policy, and intervention* (pp. 457-469). Hillsdale, NJ: Erlbaum.

Taylor, C. S., Lerner, R. M., von Eye, A., Bobek, D. L., Balsano, A. B., Dowling, E,, et al. (2002). Stability of attributes of positive functioning and of developmental assets among African American adolescent gang members and community-based organization members. *New Directions for Youth Development*, *95*, 35-55.

Taylor, C. S., Lerner, R. M., von Eye, A., Bobek, D. L., Balsano, A. B., Dowling, E., et al. (2003). Positive individual and social behavior among gang and non-gang African American male adolescents. *Journal of Adolescent Research*, *18*, 496-522.

Thelen, E., & Smith, L. B. (1998). Dynamic systems theories. In W. Damon (Series Ed.) & R. M. Lerner (Vol. Ed.), *Handbook on child psychology: Vol. 1. Theoretical models of human development* (5th ed., pp. 563-634). New York: Wiley.

Theokas, C., Almerigi, J., Lerner, R. M., Dowling, E. M., Benson, P. L., Scales, P. C., et al. (2004). Conceptualizing and modeling individual and ecological asset components of thriving in early adolescence. *Journal of Early Adolescence*.

Thomas, A., & Chess, S. (1977). *Temperament and development*. New York: Brunner/Mazel.

Tierney, P., Grossman, J. B., & Resch, N. L. (1995). *Making a difference: An impact study of Big Brothers/Big Sisters*. Philadelphia Public/Private Ventures.

Tolan, P. H., Gorman-Smith, D., & Henry, D. B. (2003). The developmental ecology of urban males' youth violence. *Developmental Psychology*, *39*, 274-291.

Tolman, J., & Pittman, K. (2001). *Youth acts, community impacts: Stories of yonth engagement with real results*. Tahoma Park, MD: The Forum for Youth Investment.

U. S. Department of Health and Human Services. (1999). *Trends in the well-being of America's children and youth*. Washington, DC: U. S. Government Printing Office.

U. S. Department of Health and Human Services Administration for Children and Families. (1996). *Reconnecting youth and community: A youth development approach*. Washington, DC: U. S. Government Printing Office.

Udry, J. R., Li, R. M., & Hendrickson-Smith, J. (2003). Health and behavior risks of adolescents with mixed-race identity. *American Journal of Public Health*, *93*, 1865-1870.

Villarruel, F. A., Perkins, D. F., Borden, L. M., & Keith, J. G. (2003). *Community youth development: Practice, policy, and research*. Thousand Oaks, CA: Sage.

Vygotsky, L. S. (1978). *Mind in society: The development of higher educational processes* (M. Cole, V. John-Steiner, S. Scribner, & E. Souberman, Eds.). Cambridge, MA: Harvard University Press.

Wandersman, A., & Florin, P. (2003). Community interventions and effective prevention. *American Psychologist*, *58*, 441-448.

Wang, M. C., Hartel, G. D., & Walberg, H. J. (1990). What influences learning? A content analysis of review literature. *Journal of Educational Research*, *84*, 30-43.

Way, N., & Robinson, M. G. (2003). A longitudinal study of the effects of family, friends, and school experiences on the psychological adjustment of ethnic minority, low-SES adolescents. *Journal of Adolescent Research*, *18*(4), 324-346.

Weissberg, R. P., Kumpfer, K. L., & Seligman, M. E. P. (2003). Prevention that works for children and youth. *American Psychologist*, *58*, 425-432.

Werner, E. E., & Smith, R. S. (1989). *Vulnerable but invincible: A Longitudinal Study of Resilient Children and Youth*. New York: Adams, Bannister and Cox.

West, D. D. (1974, December). Youth development: A new look at an old concept. *Youth Reporter*, 5-8.

Whitlock, J. L. (2003). *Voice, visibility, place, and power: Correlates of school and community connectedness among eighth, tenth and twelfth grade youth*. Unpublished doctoral dissertation, Cornell University.

Whitlock, J. L., & Hamilton, S. F. (2003). The role of youth surveys in community youth development initiatives. *Applied Developmental Science*, *7*(1), 39-51.

W. K. Kellogg Foundation. (n. d.). *Kellogg Youth Initiative Partnerships 1978-1997: Lessons learned from the crucial first decade of positive youth development through community-based programming*. Battle Creek, MI: Author. Retrieved September 22, 2004, from http://www.wkkf.org/Pubs/YouthEd/KYIP/Pub3174.pdf.

W. T. Grant Foundation. (1988). *The forgotten half: Pathways to success for America's youth and young families*. New York: W. T. Grant Foundation.

Wynn, J. (1997). *Primary supports, schools, and other sectors: Implications for learning and civic life*. Paper presented at the Harvard Project on Schooling and Children. Chicago, IL: Chapin Hall Center for Children.

Yates, M., & Youniss, J. (1996). A developmental perspective on community service in adolescence. *Social Development*, *5*, 85-111.

Youniss, J., McLellan, J., & Yates, M. (1997). What we know about engendering civic identity. *American Behavioral Scientist*, *40*, 620-631.

Zaff, J., & Michelsen, E. (2002). *Encouraging civic engagement: How teens are (or are not) becoming responsible citizens*. Washington, DC: Child Trends.

Zaff, J. F., Moore, K. A., Papillo, A. R., & Williams, S. (2003). Implications of extracurricular activity participation during adolescence on positive outcomes. *Journal of Adolescent Research*, *18*, 599 - 630.

Zeldin, S. (1995). Community-university collaborations for youth development: From theory to practice. *Journal of Adolescent Research*, *10*(4), 449 - 469.

Zeldin, S. (2000). Integrating research and practice to understand and strengthen communities for adolescent development: An introduction to the special issue and current issues. *Applied Developmental Science*, *4*(Suppl. 1), 2 - 10.

Zeldin, S. (2002). Sense of community and positive adult beliefs toward adolescents and youth policy in urban neighborhoods and small cities. *Journal of Youth and Adolescence*, *31*(5), 331 - 342.

Zeldin, S. (2004). Youth as agents of adult and community development: Mapping the processes and outcomes of youth engaged in organizational governance. *Applied Developmental Science*, *8*(2), 75 - 90.

Zeldin, S., Kimball, M., & Price, L. (1995). *What are the day-to-day experiences that promote youth development? An annotated bibliography of research on adolescents and their families*. Washington, DC: Academy for Educational Development, Center for Youth Development and Policy Research.

Zweig, J. M., Phillips, S. D., & Lindberg, L. D. (2002). Predicting adolescent profiles of risk: Looking beyond demographics. *Journal of Adolescent Health*, *31*(4), 343 - 353.

第 17 章

宗教信仰与精神信仰的毕生发展*

FRITZ K. OSER, W. GEORGE SCARLETT 和 ANTON BUCHER

* 作者感谢 Kathryn Tabone、Mitchael Steorts 和 Alexis Gerber 在初稿写作过程中提供的帮助。本章的写作得到了泰姆布赖顿基金会(Templeton Foundation)的资助。

一位年轻人遇到他过去的一位教授,说他近来坠入爱河。他说,他的爱情是命运的安排,是好运气给予的一份礼物。这位老教授认真地听着,然后指出,爱情不是偶然的,它确实是一份礼物,但这份礼物是爱情双方与上帝同时赐予的。他还指出,这种发展总是具有某种潜在的、超越性的意义。 942

在这番对话中,我们需要对一种重要的生活事件——恋爱的意义作出判断。一种判断好像与宗教信仰或精神信仰没有什么关联,而另一种判断与宗教信仰的关联好像非常紧密。宗教信仰发展理论必须解释的正是这类判断,正是以这样一种方式,我们才能理解个体的变化、转换、进步和倒退以及个体之间、群体之间和不同年龄阶段之间的共性。 943

30年前,宗教信仰发展理论就回避了对我们所关注的这个问题——有关信仰和超越性问题——的解释。相反,它却从Piaget的认知学说出发,解释有关的概念和知识——例如,解释儿童是如何理解神这个概念的(Goldman, 1964)。

宗教信仰思维被认为采用了一般的认知结构,以至于低水平的宗教信仰思维被看作不成熟的、神秘的和自我中心的思维的表现。因此,宗教信仰和精神信仰发展方面的研究者毫不重视低水平的意义建构。他们没有看到较低阶段对于较高阶段的宗教与精神信仰的理性有什么意义。在本章,我们考察了与Piaget阶段论不同的、解释宗教与精神信仰发展的一些理论。

有另外一个故事,它有助于界定我们的研究领域:一位年轻妇女去参加一个生日宴会,一到那里就发现了每个受邀佳宾面前的蜡烛。过了一会,主人要求每位客人集中注意蜡烛,安静下来,闭上眼睛,共同分享对过生日的主人的美好祝愿。房间里没有人说话,在分享祝愿时,每个字都很重要。这里发生的事情不仅是走进自我的一种形式,而且是超越自我的一种形式——许多人把它看作一种精神的东西。

如同宗教信仰的发展一样,精神信仰的发展也与变化、转换、进步和倒退相联系。然而,如果脱离宗教信仰的发展,精神信仰发展的内容似乎就是不固定的,向更高、更复杂水平的发展情况也不太明确了。如今,纯粹的精神信仰发展理论不存在了。也正因为这一点,我们在本章中讨论了好几种精神信仰发展理论的替代理论,并使用了*宗教信仰*(religious)与*精神信仰*(spiritual)这两个含义高度重叠的概念,在绝大多数情况下,这两个词可以一起使用。

我们认为,宗教信仰与精神信仰的发展(religious and spiritual development)是一项常规性的社会化任务。同样,宗教与(或)精神本身的发展也是重要的,因为它将狭隘的宗教信仰行为和思想转变为开放的、完整的宗教信仰与精神信仰,因而避免了一些主要的问题,包括正统派基督教运动(religious fundamentalism)、互不相容和战争。然而,我们需要记住任何一种常规性的社会化任务都会面对的挑战,尤其应该重视关于发展终点的各种观点——包括没有绝对的发展终点这种观点。

因而,本章的目的就在于,从各种观点出发,尤其是从那些具有革命性的观点出发,考察宗教信仰与精神信仰的发生和发展。本章主要采用了两种突出的范式或理论框架。其一是与 Piaget、Werner、Kohlberg 的阶段论相联系的结构主义或认知—结构理论范式;其二是在过去 20 年中引人注目的发展系统观范式(Lerner, 2002)。在某种意义上,发展系统观范式包含了结构主义范式,它们处于不同的概念水平上。在理论上,二者是相容的,我们实际上就是把它们作为相容的两种理论加以使用的。然而,在实践中,接受发展系统观的理论经常停留于提出有关宗教信仰和精神信仰发展的简单的定义层面上。结构主义范式的影响和贡献在于,它迫使人们关注定义的问题。这也是我们引入阶段这个概念的一个主要原因。我们采用结构主义范式更好地界定宗教信仰和精神信仰的发展——随后主要采用发展系统观来讨论有关环境、情境影响、支持、结果与影响的研究。

本章着重考察以下几个关键问题:

- 我们应该如何界定宗教信仰和精神信仰的发展?
- 在宗教信仰和精神信仰的发展方面,哪些是具有普遍性的?哪些是与文化背景有关的?
- 激发、引起和支持宗教信仰和精神信仰发展的因素是什么?
- 有哪些证据表明,宗教信仰和精神信仰的发展在总体上促进了品格的发展,避免了危险行为,并促进了个体的健康成长?
- 我们有哪些证据表明,宗教信仰和精神信仰的发展在生理与心理上促进了不健康行为的发展?

一种发展的观点

944

要解释宗教信仰和精神信仰的发展,就要解释宗教信仰和精神信仰发展的内容和信念产生的前因后果、宗教信仰和精神信仰的现实生活、宗教信仰和精神信仰的结构(Baltes, Lindenberger, & Staudinger, 1998)。还需要解释,一种存在的经验,如何在一生的不同时期,从不同的复杂性、风格和意义建构能力给予不同的解释。最后,还要解释,宗教信仰和精神信仰的发展如何阐明了现实生活中发生的成长与变化,这些成长变化未必与现代、后现代社会的一般启蒙过程相矛盾。

我们的分析方法是以个体为中心的,因为宗教和精神信仰行为的根源在于个人,他们专心于各种生活事件、学习和文化修养,并为它们所影响。

怎样从很简单的发展水平转化为复杂的形式,这是一个核心问题(Case, 1985; Fischer & Bidell, 1997; Fischer & Rose, 1999; Pascual-Leone, 1983)。我们坚持非连续的发展观,但同时,由于生活风格、宗派、文化、情境、智力和种族经验的不同,这种观点又有极不相同的表现形式。我们没有描绘固定的阶段,而是描述和解释了现代社会中个体的宗教信仰态度、判断和情感是怎样在一生中转化发展的。发展是核心——因而就不再涉及宗教心理学和社会学方面的一般讨论(Brown, 1987; Durkheim, 1915/1995; Grom, 1992; Hood,

Spilka, Hunsberger, & Gorsuch, 1996; Wulff, 1991)。

从发展的观点看待宗教信仰和精神信仰,对于设计帮助干预措施具有重要意义。当宗教信仰和精神信仰使生活变得不可控制,并发展为盲目信仰的时候,它们就容易成为野蛮行为、褊狭和因依赖于不正常群体而痛苦的根源。但是,当宗教信仰和精神信仰获得了真正发展时,这种发展就类似于灵活而复杂的人格的其他任何引起得失的发展性转换了。

因而,宗教信仰和精神信仰的发展在广义上包括了人格和同一性的发展。宗教信仰和精神信仰方面的知识、情感、归属感、自我效能感和同一性的发展——都是发展和变化的一部分,而且都必须——在能够研究的范围内——成为我们整个发展框架的一部分。

本章我们坚持这样一种观点:宗教信仰和精神信仰方面的思想、行为和情感既不来源于也不能归结为别的东西。它们具有自身的意义、根源和内核——就像道德、数学和音乐一样。在后面的部分,我们会提到,宗教信仰具有一种基本的母结构,它部分地产生于生命是脆弱的这样一种普遍的体验。甚至在生命的早年,儿童也会提出关于死亡的意义、必然性与偶然性的问题,提出为什么会有不幸和邪恶这样的问题。这种提问显示了宗教信仰的母结构,成为精神信仰发展的一种表现,同时也促进了精神信仰的发展。

宗教信仰和精神信仰的发展与后现代路线是相互对立的吗?

1791年,法国教育部长Condorcet(1789/1976)预测,随着人类智能的发展,在一个主要由科学占统治地位的文化中,宗教将没有必要存在。19世纪和20世纪最重要的思想家,其中包括Karl Marx、Sigmund Freud和James Leuba,对宗教的看法一致。Marx将宗教斥为"麻醉人民的鸦片",因为,他认为宗教使人们变得疏远,并将资本家对无产阶级的剥削合理化。Freud则把宗教信仰看作一种强迫性神经症,一种人类必须通过走向"理性之神"加以克服的婴儿期幻想。Leuba,宗教心理学的奠基人之一,认为宗教信仰与理性呈负相关,这意味着,宗教信仰是有待克服的东西。

然而,在21世纪初,研究告诉我们,Condorcet的预测并没有实现。事实恰好相反。认为后现代社会的宗教信仰会持续削弱的典型的世俗化论调遭到驳斥。96%的美国人承认自己相信上帝存在(Gallup, 1995),75%的美国青少年说他们想接受宗教教学(P. King & C. Boyatzis, 2004)。在大多数欧洲国家,这些比例明显较少,但即使在法国这样的拥有独特的世俗历史的国家,仍然有大约67%的人相信上帝(Denz, 2002, p. 40)。

从总体上看,在欧洲,我们发现在新千年人们较少倾向于归属某个教派,但是,他们仍然认为自己是有宗教信仰和(或)精神信仰的。例如,在澳大利亚开展的一项大规模的社会学研究中,Zulehner、Hager和Polak(2001)发现,尽管样本中只有27%的人说他们是基督徒,30%的人说他们信仰多种宗教,30%的人说他们是人文主义者,13%的人说他们是无神论者,而且只有少数人说他们积极地参加教会的活动,但是,其中94%的人都认为自己有强烈的宗教信仰倾向。另外,社会参与与宗教信仰之间具有很高的相关,一项研究表明,人们参

945

加志愿者服务的热情与宗教信仰的稳定发展或上升趋势呈正相关,这与许多研究的结果都是一致的(Donnelly, Matsuba, Hart, & Atkins, 2005; Youniss, McLellan, Su, & Yates, 1999)。

如果说有什么不同的话,那么,后现代社会显示了信仰宗教的人增加而不是减少的势头。新的宗教运动经常带有正统派基督教的性质,它们正在激励着千百万人。越来越多的宗教团体接二连三地出现,其中包括极权主义教派。就精神信仰的形式来看,它的极其多样化表明我们今天正处于精神信仰的"繁荣"时代。

可以从几个方面找到说明我们正处于精神信仰繁荣期的证据。有许多关于精神信仰的新书出版,书名诸如《心与家》(*Heart and Home*)、《在日常生活中拥抱精神信仰》(*Embracing the Spiritual in Everyday Life*)(Benish, 2001)、《路》(*The Way*)、《用卡巴拉的智慧形成和实践精神信仰》(*Using the Wisdom of Kabbalah for Spiritual Transformation and Fulfillment*)(Berg, 2001)。还有的心理学期刊开专刊讨论精神信仰问题,例如,《个体心理学期刊》(*Journal of Individual Psychology*)(2000, Vol. 3),《应用发展科学》(*Applied Developmental Science*)(2004, Vol. 8)。甚至随便在网络上查询一下,都会发现人们对精神信仰发展的巨大兴趣。例如,在 *PsycInfo* 这样的数据库中查找"精神信仰的发展"方面的文献,会查到比"宗教信仰的发展"更多的相关资料。

毫无疑问,与精神信仰的多样化和繁荣有关的一个事实是:在发达国家,宗教信仰自由已经被确立为一种宪法规定的权利,以至于不必再像过去那样,强迫人们接受宗教和精神信仰,加入教会。与此相联系的另一现象是,精神信仰已经从宗教团体的权力控制下解放出来。结果,许多人都在形成自己的宗教思想,从事自己的宗教活动。这些宗教思想和活动可能被看作"菜单式宗教"(religion à la carte),遭到人们的排斥,但是,它们也可以被积极地看作在后现代主义的影响下冒出来的混合式宗教和精神信仰。

而且,在学术界,我们发现人们对宗教信仰和精神信仰重新发生了兴趣,同时,也出现了一些新学说,它们把宗教信仰与精神信仰看作人性的核心。我们发现,这种复兴的兴趣在宗教心理学中表现得尤其明显,多年以前人们并没有这种兴趣,那时人们的研究兴趣只限于教会里的宗教信仰,而近年来,人们转而探讨各种形式的精神信仰(Argyle, 2000; Beit-Hallahmi & Argyle, 1997; Hood, 1995; Hood et al., 1996; Wulff, 1991)。同时,我们还发现,许多科学家想通过推测性反思,把宗教信仰生活与自然科学联系起来(Reich, 2004)。至于新学说,我们发现,它们都认为宗教信仰和精神信仰的发展对于人的正常生活是不可缺少的。例如,现在,社会生物学家主张,宗教信仰是由遗传决定的,宗教信仰过去是而且现在仍然是在进化中幸存的重要因素(Burkert, 1996; Daecke & Schnakenberg, 2000; Wilson, 1998)。他们认为,宗教信仰有利于人类在自然选择中生存下来;昆虫可以作为特别典型的例子——因为它们通过加强群体的凝聚力生存下来,而且,它们能集体抗击来自群体外部的威胁者。

因而,复兴的宗教心理学家们(Hood et al., 1996, p. 44)曾经质问,"宗教存在于我们的基因里吗?"在这里,他们指的不是带有社会文化印记、在特定文化中形成的具体的宗教,而是一种基本的宗教信仰倾向。Oerter(1980, p. 293)认为,这种倾向在幼儿意识到他们在现实生活中所受的限制时就产生了,这种经验使他们专注于宗教和超自然的问题,而这种专注又是由儿童的本性所决定的。而且,精神信仰还被看作人类对其自身有限性的适应方式(Socha, 1999)。

以科学为基础的现代宗教和精神信仰学说把宗教与精神信仰的发展解释为满足人类对活动进行控制的需要的一种方式,人类确实需要控制此时此地的内在的纯粹的体验,并且要超越这种体验,进入伟大的超越性的彼岸世界(Flammer, 1994)。

在整个人类进化过程中,对神灵的信仰发挥了重要作用,因为它可以帮助人类应付威胁性的、艰险的环境。另外,宗教还使权力合法化,给人们带来安全感——例如,通过咒语可使人们产生安全感,而且,人们期望付出会有回报,对互惠报应的这种期望也能带给人们安全感(Burkert, 1996)。

另一个对宗教信仰和精神发展持积极看法的新学说的例子是 Huntington 的观点。据他推论(1998, p. 61),每种文化都是建立在某一种宗教基础之上的,这种宗教带有潜在倾向的性质,甚至在屈从于世俗化的浪潮之后,它仍然保持着增长和扩充的力量。而且,文化人类学家也指出,每种文化都会产生一套宗教符号系统,它控制着个体与神灵的关系,并造成最基本的权力系统。这意味着"宗教可被看作文化的一个前提条件,或者说,宗教与文化具有相同的根"(Ohlig, 2002, p. 101)。 946

然而,间断性、繁荣、遗传问题与新发展,并不是用来解释 Condorcet 的预测为什么错误的仅有的几个术语。目前,宗教与精神信仰的发展仍然保持着与过去的连续性。就像过去一样,儿童和青年仍然会遇到宗教信仰现象,诸如教堂建筑、身着橘黄色长袍的僧侣、修女、蒙着面纱的伊斯兰学生教徒、戴圆顶小帽和一侧留着头发的正统犹太教徒、用手划十字的足球运动员和在葬礼上祈祷的人们。而且,精神信仰活动的场所仍然是寺院和修道院、精神静修室和偏远而宁静的祈祷场所。精神信仰还包括传统的思想——不仅包括与痛苦和禁欲主义有关的消极的思想,而且也包括与信守誓言的生活、健康意识和寻求幸福有关的积极的思想。

总之,宗教信仰与精神信仰仍然以传统的方式和 Condorcet 没有想到的方式活跃着、兴盛着。现在,我们比过去更需要理解这种广泛存在、形式多样的人类现象——尤其要理解它的发展。

历史回顾

对宗教信仰发展的科学研究可以追溯到 1882 年,在这一年,G. Stanley Hall 在他的"儿童研究"的背景下,考察了儿童的宗教信仰想象(参见 Huxel, 2000, 95f)。然而,宗教信仰的发展这个概念的历史比这还要长。关于古埃及和西藏死人的书籍描绘了死后分别通向神灵与极乐世界的阶段。在《圣经》中,the Apostle Paul 提到,儿童的生活方式在性质上与成人不同,他写道,"我做孩子的时候,话语像孩子,心思像孩子,意念像孩子;既成了人,就把孩子的事丢弃了。"(《哥林多前书》(*I Corinthians*),第 13 章第 11 节,新修订标准版)。

在基督教的信仰传统中,发展和阶段概念经常被用来说明宗教信仰与精神信仰生活——使用频率如此之高,以至于人们会怀疑,现在的阶段发展理论是否起源于这类西方传统的思想。有许多例子可以说明这一点。早期的教父之一,Ambrosias(dec. 379),描绘了趋向上帝的四个阶段,纽西亚(Nursia)的 Benedict(dec. 547)描绘了正常情况下做到谦卑的十二个阶段。

在宗教信仰和精神信仰发展这个概念形成的过程中,神秘主义也发挥了关键作用,近来,神秘主义者提出的一些著名的阶段论曾被拿来与现代学者提出的阶段论进行比较。因而, M. J. Meadow(1992)对比了阿维拉的 Teresa 提出的个人灵魂与神统一的七个阶段与 Jane Loevinger 的自我发展模型,发现二者几乎是平行的。Steele(1994)从超个人心理学的角度,重新建构了"带十字架的约翰"精神信仰发展阶段论,Oser(2002)把 Meister Eckhart 与 Margerethe Porete 提出的人神合一的步骤比作 Oser 和 Gmünder(1991)提出的宗教判断发展的阶段。

这些前科学的阶段描述并没有形成系统的理论,没有系统地描述随年龄发生的变化。相反,它们阐释了*全部*宗教信仰生活的理想。尽管如此,他们说明了,很早以前宗教领袖就经常使用阶段和步骤的比喻叙述他们自身的发展思想。

Jean-Jacques Rousseau(1712—1768)也明确地提到宗教信仰的发展这种现象。在《爱弥儿》(*Emile*, 1762/1979)这部教育名著中,Rousseau 观察到年幼儿童倾向于把神想象成一个人,而且,他们也不能理解抽象的教义问答手册上的语言。根据这些观察,Rousseau 建议,在青春期之前,不要对儿童进行宗教方面的教学。几个世纪之后,Ronald Goldman 提出了类似的建议,不过是从皮亚杰的理论出发提出的。

在宗教信仰教育方面,像 Salzmann、Basedow、Jean Paul 和 Jean Calvin 这样的经典作家都非常细致地谈到了如何和谐地促进儿童宗教信仰的发展(Schweitzer, 1992)。例如,Jean Calvin(1834, p. 200) 主张让年幼的儿童学习《旧约全书》(the Old Testament),而让青少年学习《新约全书》(the New Testament),G. Stanley Hall 在 19 与 20 世纪之交也曾经建议采取这种做法(Hall, 1900, 1908)。Calvin 设想,《旧约全书》中生动的故事要适应儿童的兴趣和心理能力,同样,《新约全书》中抽象的教义也要适应青少年的兴趣和心理能力。

947

到 20 世纪初,人们才真正从心理学意义上对宗教信仰的发展进行了探索,并出现了三种可以解释宗教信仰和精神信仰发展的主要的理论范式:

1. 作为成熟过程的宗教与精神信仰的发展。
2. 作为应对过程的宗教与精神信仰的发展。
3. 作为自我完善过程的宗教与精神信仰的发展。

在第一种理论范式中,成熟,其定义并非严谨,是宗教信仰和精神信仰发展的最终目标。成熟是一个被赋予重要价值的概念,但是,这种理论范式明确提到的这些价值是大多数人都可以获得的。在这种理论范式中,在宗教信仰和精神信仰上成熟,并不是要成为一个圣徒,而是要成为一个文化所规定的成人。

在第二种理论范式中，成熟也是最终目标，但它更强调原初的和不成熟的状态——因而成熟意味着应对个人的局限性。这里，我们会看到功能观——重视宗教信仰和精神信仰的发展帮助我们适应环境的功能。我们还可以看到，*健康*和*成熟*这两个概念几乎可以互换使用。这种理论的运用远不如精神分析理论普遍——因而，我们在讨论这种理论范式时，仍然以精神分析理论为核心。

第三种理论范式明确地把自我完善作为发展的目标。这里的终极目标完全是概念性的——尽管偶尔也会提到宗教或精神信仰的典范。但是，甚至在这些典范故事中，这种理论范式的假设也不是典范人物完美无缺，而是典范人物力求完美，力求达到发展的最高标准或理想，它允许我们把不同的发展阶段或水平评价和解释为不断接近完美的过程。

下面用这三种理论范式来组织本章其余部分的内容。

作为成熟过程的宗教与精神信仰的发展

在 20 世纪最初的几十年中，对宗教信仰发展的研究达到了第一次高潮，部分原因是美国宗教心理学的先驱者，尤其是 Hall、Leuba、Starbuck(参见 Huxel, 2000; Wulff, 1991, pp. 41—53)在这方面的贡献。在这个时期，德国的神学家也进行了大量的研究，他们注重实际的效果，希望宗教心理学的知识能够使宗教教学收到最佳效果。

这些早期的研究者和神学家考察了儿童关于天堂(Barth, 1911)、上帝(Nobiling, 1929)、宗教怀疑(Wunderle, 1932)和一般宗教思想(Voss, 1926)的看法。他们研究的主要焦点是描绘年龄差异而不是建构理论。对大多数早期的研究者来说，宗教信仰的发展是一个逐渐成熟的过程(Gesell, 1977; Kroh, 1965)。没有什么理论能比 G. Stanley Hall 的阶段论更能让我们清楚地看到这一点。

G. Stanley Hall

Hall(1904, 1923)认为，个体宗教信仰的发展复演了人类宗教信仰的发展历程。因此，宗教信仰的发展是从无意识开始的，随后经历了拜物主义和自然崇拜阶段——拜物主义和自然崇拜正是远古盲目崇拜的宗教的突出特征，也是认为上帝是具体的、人格化的学龄期儿童的突出特征。

Hall 还认为，儿童必须先经过宗教信仰的这些早期(即在历史上出现较早)阶段，才能进入更高级的、最近达到的阶段。因此，如前所述，他认为对儿童进行宗教信仰教育，重点应放在《旧约全书》中的具体形象和故事上，随后，到了青少年时期，才能把重点放在《新约全书》中的抽象的原则和价值上。

Hall 的影响和贡献还在于，他不仅推动了细致的实证研究，而且说明了为什么青少年时期是精神信仰发展的一个重要转折期。

Hall 把个体的宗教信仰发展与种系的宗教信仰发展联系起来，这遭到了批评和驳斥(Gould, 2003a)。然而，他对于宗教信仰发展心理学的影响是巨大的，这不仅因为他让别人以发展的观点思考宗教信仰问题，而且因为他主张，宗教信仰的发展是一个应当进行科学研究的领域。Hall 的种系发生说是一种成熟说，因为它假定，宗教信仰的发展是以受生物学深刻影响的方式展开的。在 Hall 之后很长时间——甚至到了 20 世纪后半叶，这种成熟说对宗教信仰的理解和观点仍然发挥着影响。

Gordon W. Allport

948 把宗教信仰和精神信仰的发展看作一个成熟过程的第三个例子是Gordon W. Allport 的研究。在《个人及其宗教》(*The Individual and His Religion*)(Allport, 1950)一书中，Allport 描述了两类宗教信仰，它们依次发展。第一类是较年幼儿童的"以自我为中心"的宗教信仰(self-interested religiousness)，他们把祈祷看作获得物质利益的手段。儿童还把神的形象具体化、人格化。因而，它构成了"外在的宗教信仰"(extrinsic religiousness)这个概念的前身。

在青春期之前的几年中，儿童以自我为中心的宗教信仰会带来失望(例如，没有得到物质上的好处，对自然神学的体验，都可能带来失望)。随后，儿童会形成新的、较抽象的宗教观念，形成成熟的非利己主义的宗教信仰。在最理想的情况下，宗教信仰会成为青少年人格的一部分，与机能自主的标准相符合：他们的宗教信仰成为"内在的宗教信仰"(intrinsic religiousness)。

在接下来的几十年中，外在宗教信仰与内在宗教信仰的区别成为宗教心理学研究最多的区别之一。数百项研究表明，内在的宗教信仰与众多的像幸福感这样的积极发展结果呈正相关，而外在的宗教信仰与偏见这样的消极后果呈正相关(参见综述：Wulff, 1991, pp. 217—242；另见 Hood et al., 1996)。

通过运用第一种理论范式讨论以前的研究，我们知道了宗教信仰与精神信仰的成熟是怎样代表了一种可以达到的、有价值的终极目标。而且，我们知道了成熟与个体在他们的文化中正常发挥功能、为社会作贡献具有怎样的关系。在第一种理论范式指导下开展的这些早期研究，可以被看作现在关于宗教信仰成熟性的研究的前身(Benson, Donahue, & Erickson, 1993)。而且，它们还可以被看作目前关于适应力(resilience)研究的前身，以及青少年时期积极的宗教信仰和精神信仰发展研究的前身(Lerner, Dowling, & Anderson, 2003)。后面，我们还有较多内容涉及这种把宗教信仰和精神信仰的发展看作一种逐渐成熟的过程的传统，以及在这种传统下开展的研究。

作为应对过程的宗教与精神信仰的发展：精神分析理论

精神分析理论——如果看作发展心理学理论——实质上是一种动机理论。更确切地说，它是相关理论的一个合集，这些理论因探讨共同的无意识、内心冲突问题而联系在一起。在说明宗教信仰和精神信仰的发展及其功能时，精神分析理论发挥了重要作用。它的观点颇有争议而又相互矛盾——同属精神分析学派的理论家经常根据相同的理论出发点，得出相反的结论。没有比 Freud 与 Jung 的相互竞争的理论更能清楚地证明这一点了。持弗洛伊德理论、自我分析理论、客体关系理论观点的心理学家，以极为不同的方式评价了宗教信仰和精神信仰的发展。

Sigmund Freud

Sigmund Freud 一再对宗教信仰问题提出相反的观点，产生了深刻的影响。在此过程中，他激发了数千项考察宗教信仰问题的精神分析研究(Beit-Hallahmi, 1996a; 另见 Shafranske, 1995; Wulff, 1991, pp. 253—316)。早在1907年，他就提出宗教信仰是一种强迫性神经症。在 Freud 看来，宗教观念只是一些幻想，它们可以为那些遭受自然力量、不可抗拒的年老和死亡以及他人的攻击威胁的人带来安慰和安全感，其根源可以追溯到儿童早期关系亲密的保护者。

在 Freud 看来，最重要的保护者是父亲，在俄狄浦斯情结阶段(Oedipal phase)，男孩对父亲怀有敌对情感，这使他们把父亲的意象投射到超自然的事物上。在他后来的著作中，Freud 这样叙述他的上帝的心理起源说："首先，我们知道，上帝是父亲的替代者；或者更准确地说，他是儿童在童年期——也是每个人在自己的童年期——所看到、体验到的父亲的复制品……"(Freud, 1923a, p. 85)。

然而，在经典的弗洛伊德精神分析理论中，宗教信仰的发展不仅是投射的结果，而且是性欲里必多升华的结果。在一篇题为《强迫性行为与宗教信仰活动》(*Obsessive Actions and Religious Practices*)的论文中，Freud(1907)提出，宗教信仰起源于"某些冲动的自我克制……其中不排除性冲动"。Freud 的学生，Schroedter(1908)由此得出一般性的结论：宗教信仰，特别是激发感情的、神秘的宗教信仰形式，都是由性本能的压抑所促成的。他认为，被压制的性本能会以近似于癔病的虔诚信仰行为这类扭曲的形式表现出来。

最早熟悉弗洛伊德学说的神学家之一，Pfister(1911)，运用弗洛伊德学说解释了中世纪全盛时期的神秘主义者——Margarethe Ebner 的宗教信仰的发展。Ebner 有靠着十字架躺卧的习惯，体验"最甜蜜"的感觉——在 Pfister 看来，这是未满足的性欲升华的证据。Pfister (1925)对摩拉维亚教派的创始人——Count Ludwig von Zinzendorf (1700—1760)进行了相同的分析。von Zinzendorf 在40岁时，开始崇拜耶稣肋下的创伤——在 Pfister 看来，这是同性恋情感升华的证据。

949

许许多多的未解决的俄狄浦斯情结(Oedipal feelings)、同性恋倾向(homoerotic inclinations)、升华(sublimation)、压抑(repression)和神经症(neurosis)，后来一般都会在许多杰出的宗教界人物的传记中得到解释(参见对《圣经》人物的宗教信仰发展的综述：Bucher, 2004; Hitschmann, 1947; Zeligs, 1974)。

毫不奇怪，经典的弗洛伊德理论关于宗教信仰发展的观点招来大量的批评(参见综述：Beit-Hallahmi, 1996a; Meissner, 1984)。例如，Greve 和 Roos(1996)对俄狄浦斯情结的普遍适用性提出质疑，认为俄狄浦斯的故事毕竟是一个神话，并不能准确地代表某种普遍的现象。Freud 把上帝归结为俗世的父亲的观点也遭到了攻击。例如，根据临床个案研究，Schjelderup 和 Schjelderup (1932)描述了人们，尤其是东方文化背景下的人们是如何形成他们自己本土的宗教信仰的。然而，对 Freud 的宗教信仰发展心理学思想的最激烈的批评可能是：没有办法对 Freud 的理论观点进行证伪，因为这些观点不可能被证伪，它们超出了科学的范围。

Carl Jung

Carl Gustav Jung 是一位牧师的儿子,在他看来,宗教在他的学说与个人生活中都发挥了积极作用。Jung 秉承了精神分析的传统,提出了与弗洛伊德学说完全不同的理论——个体化(individuation)概念(1968)。个体化概念把个体的发展解释为心理结构逐步整合的过程,通过这个过程,个体创造出完全整合了意识和无意识的和谐自我。

至于他的理论与宗教信仰和精神信仰的发展之间的联系,Jung 提到了"个人无意识"(personal unconscious)或潜藏的心理区域,他称之为"阴影"(shadow)。在 Jung 看来,每个人都必须应付个人生活中遭遇的压制、忽视和怠慢。在此过程中,个体会逐渐趋向于成为一个整体,形成完全整合的自我。在这个成为完整自我的过程(个体化)中,宗教发挥了重要的作用。

个体的目标是在现实的需要与个人的需要之间达成平衡。这种平衡是在集体无意识的(collective unconscious)遗传原型(archetype)的帮助下实现的,而集体无意识是每个人遗传的一部分。精神原型的组织原则是通过梦境显示出来的,但不能通过意志和反省显示出来。宗教通过影响原型,对这种平衡过程施加影响,进而发挥重要的作用。因为宗教神话是原型投射的结果,所以,心理的内容信息与宗教的内容信息形式相似,可以相互转译。在此过程中,个体可以与他们的阴影达成和谐,从而更好地适应环境。

因而,Freud 的发展观让我们拒绝宗教,而 Jung 的发展观主张接纳宗教,利用宗教支持发展。

Erik Erikson

Erik Erikson 代表了精神分析学派关于宗教与精神信仰发展的第三个分支理论。就像 Freud 和 Jung 一样,Erikson 也主要用无意识的内心冲突解释推动发展的因素。然而,Erikson 的理论更强调,内心冲突不仅反映了家庭方面的主题,而且反映了社会文化方面的主题。在许多方面,Erikson 都更适合参加现在关于环境、文化和发展的讨论。

至于 Erikson 与宗教信仰和精神信仰的发展,需要提到两个主要的概念:"基本信任感"(basic trust)与"同一性"(identity)。在 Erikson 看来,形成基本的信任感,是一个核心的宗教信仰问题——不仅信任上帝,而且信任为我们提供条件、让我们生活得有价值的世界。

然而,Erikson 认为,正是个人自我同一性的形成,需要引起我们格外的关注。在 Erikson 看来,宗教是个体获得自我同一性的方式之一。在 Erikson(1958)影响较大的著作《青年路德》(*Young Man Luther*)中,他分析了 Luther 如何运用宗教信仰形成和建构了他的同一性。

在《青年路德》这本书中,Erikson 说明了宗教意识形态和宗教机构如何创造了有利条件,让青少年摆脱旧式的、对父母的认同,从而获得一种能适应成年期风暴的、更有助于他们为社会作贡献的新的同一性。在《青年路德》中,Erikson 说明了 Luther 是如何选择成为一名僧侣的,作为一名年轻的僧侣他表现出怎样的强迫性行为,以及他是如何成为一名伟大的改革家的,所有这些,都表明了他内心的斗争,他努力与父亲、教会保持一致,同时又使自己避免成为一个具有自私的生活目的的罪人。

950

客体关系理论家

在过去的几十年中,新精神分析主义心理学越来越关心人际关系的质量,关注内化的自我意象和重要他人的意象对人际关系的影响。从那些自称是客体关系心理学家的研究,我们会更清晰地看到这一点。他们关注的主要焦点是想象(imagination)和幻想的形成(illusion-making)。

持客体关系说的心理学家承袭了 Freud 把宗教想象(religious imaginings)称为幻想(illusions)的做法,同时他们还为幻想的形成赋予积极的意义,认为它把想象当成了冲动与客观现实之间的楔子,一方面,它是可以抵抗冲动和我向思维的危险后果的楔子,另一方面,它又是抵挡由厄运和自己的无能带来的打击和伤害的楔子。用 Paul Pruyser (1991)的话来说就是:

> 幻想不是幻觉(hallucination)或错觉(delusion),但是可以退化为幻觉或错觉。幻想的形成是起源于想象的一种独特的心理过程。它不限于我向思维的过程,也不能为常识所描绘的现实检验方法所局限。(p. 176)

客体关系心理学家把想象界定为一种转折现象,在想象过程中,主观与客观的界限变得模糊起来。内部与外部在一定程度上的分化使个体不仅能够创造性地控制,而且能够创造性地转化。Pruyser(1991)举了 Martin Luther King Jr. 的一个例子和他的"我有一个梦想"的演说,来说明宗教想象是一种包括创造性的控制和转化的转折现象意味着什么。他写道:

> 那次演说横跨了思想世界与现实世界;它在一种旧的范式消失之后,引进了一种新的范式;它融合了雅威[①]的愤怒与基督上帝的仁慈。但是,就 King 所有的独特的创造性来说,他又是何等依赖于《圣经》、秘密传教、甘地的非暴力运动中所体现的伟大的幻想传统!对他来说,吸收运用这些传统成为一种神圣的游戏——一方面,他看到了现实世界中残酷的事实,另一方面,他又觉察到自我世界中经常存在的爆发性的骚乱。(p. 179)

King 的这个例子让我们更深刻地理解了精神分析学派关于宗教信仰和精神信仰成熟性的观念,同时也让我们更深刻地看到了宗教—精神想象在达到成熟目标过程中的作用。Pruyser 的意思是,King 的宗教想象抓住了真理——尽管不是科学意义上的真理。显然,这种情况下的真理不是指或真或假的命题。这种意义上的真理很可能与"真正"的永生有关。

我们只是不知道该怎样评价一种宗教想象是不是真理。我们很想知道,Pruyser 所讲的真理是指宗教信仰想象过程中表现的普遍真理,还是只有特定的群体和个体才能发现的真理。下面的故事表明,也许二者兼有。Pruyser(1991)写道:

---

① 最早的《旧约全书》首六卷的作者称为雅威(Yahwist),称上帝为耶和华。——译者注

我进了一所教会学校……它代表着更为伟大的加尔文教派的传统，而不是我的家庭所代表的宗教传统。因而，家庭和学校把我置于两种不同的宗教信仰和情感世界中。我的家庭信奉的宗教传统温和、乐观、仁慈；而学校信奉的传统严厉、压抑而注重惩罚——但两种传统都以《圣经》为基础……没有哪一种培养能如此让一位年幼的男孩相信，宗教就是你自己创造的东西，宗教就是我现在称之为"幻想"的东西。幸运的是，家庭传统战胜了学校传统，这无疑是因为经过童年期的具有转折意义的训练，它在我的心里扎下了更深的根。学校里一再提到的上帝的手，更像母亲温和而结实的手，而不像老师充满威胁、经常进行极端的惩罚的手。(p. 180)

换句话说，对 Pruyser 来说——同时也是对许多受到客体关系传统的训练的人来说——他们的宗教与精神信仰发展中决定性的一步是，在两种可供选择的宗教想象中作出了选择。在 Pruyser 看来，想象的真理或价值不在于它的结构而在于它的内容，在于它促进心理健康发展的内容的价值。对 Pruyser 来说，在家庭生活中形成的温和的、养育的想象要比在学校生活中形成的惩罚的想象更健康。

951

但是，"更健康"的精确含义是什么？更健康等于成熟吗？从总体上看，Pruyser 与客体关系理论并没有具体说明健康与宗教与精神信仰发展的关系——这也许具有充足的理由。健康不能被具体化，不能具体化为一个"东西"，相反，它是用来评价功能的，功能的发挥是个人与情境之间相适应的过程。

客体关系说还拓展了我们对上帝观念的起源问题的理解。例如，Rizzuto(1979)认为，Freud 把俄狄浦斯情结阶段看作上帝表征产生的时期，时间太晚了。她认为，上帝表征产生于童年早期。无论儿童是否在宗教环境中长大，他们都会形成对上帝的表征，或者形成佛等神圣人物的表征。这些表征或形象可能来自父亲、母亲或重要他人的综合体。而且，这些形象所描绘的关系的性质取决于早期的人际关系的性质。这些表征或形象可以为儿童提供最好的保护。随着年龄的增长，他们可能遵守或违反官方的规定——继续保持、改变或抛弃这些表征或形象。

总之，经典精神分析理论和新精神分析理论都有很多研究是在应对范式下开展的。而且，这些研究都是当前应对范式指导下的研究的前身。后面，我们还要对当前在应对范式下进行的研究，像 Susan Kwilecki(1999)的个案研究等，进行更多的讨论。

作为自我完善过程的宗教与精神信仰的发展

与单纯的变化(发展)过程不同的是一种趋向完善的动态过程，这一过程就像思想建构的可能性一样多种多样。(Kaplan, 1983a)

在描述宗教与精神信仰的发展时，前面提到的两种范式更接近真正的现实。人们在发展，一些人成熟了，但是发展和成熟都没有什么不寻常的。与此相反，第三种范式则从不寻常的意义上界定和评价宗教与精神信仰的发展，以至于人们几乎找不到一个例子，可以说明某个人达到了最终的目标或获得了充分的发展。

初看起来，第三种理论范式好像回到了前科学时代，那时宗教与精神信仰的发展意味着逐渐趋向人神同一的状态。然而，这种范式的研究取向与此有很大的不同。它为界定和评价发展、明确所有的发展模型中时常暗示或隐含的价值观提供了具体的标准。后面将举出许多例子来说明这种研究范式。这里，为了从历史的角度分析问题，我们仅举一例，那就是，William James 与他的不朽著作《宗教信仰体验的多样性》(*The Varieties of Religious Experience*, 1902)。

可以说，这是最有影响力的一本宗教心理学著作。甚至在这本书出版一个世纪之后，读者仍然可以从中找到与我们现在直接有关的一些思想(Taylor, 2002)。然而，它通常并不被看作宗教与精神信仰的发展方面的著作。首先，它几乎没有提到儿童。其次，它提出了一些宗教信仰的类型，但这些类型的宗教信仰本身更像是平行排列的，而不是以垂直的、发展的顺序排列的。James 提到两种主要的宗教信仰类型，即“精神健康的人”或“生而信之者”与“灵魂不健全的人”或感到自己需要“重生”的人，似乎特别能说明这一点。

尽管如此，仔细读一下《宗教信仰体验的多样性》这本书，仍然能发现 James 在很大程度上是代表第三种范式的发展心理学家。尤其是 James 认为灵魂不健全的人比健全的人对现实的理解更成熟——他们具有更大的精神发展潜能。在从生而信之者或精神健康的人谈到需要重生的灵魂不健全的人时，他说明了两类宗教信仰的发展次序：

> 让我们坚决地拒绝生而信之者和他们天蓝色的乐观的福音吧；让我们不要无视各种现象，而只知道叫喊“向宇宙欢呼吧！——上帝在天堂里，世界是如此美好！”相反，我们应该明白，遗憾、痛苦、恐惧和人类的无助感可能会促成一种更深刻的观点，并把关于环境意义的更复杂的答案放到我们手中。(James, 1902, pp. 135 - 136)

简言之，灵魂不健全的人能够更好地理解现实，因而也拥有进一步发展的更有利的条件。 952

发展可能包括哪些内容？James 在后面讨论圣洁(saintliness)时告诉了我们。经过第二次(精神信仰的)诞生，以前不健全的灵魂对世界的偶然性更为敏感。这对于成长是必要的，它说明了 James 为什么被看作代表第三种范式研究传统的发展心理学家。

圣洁是 James 提出的一个理想目标，以此来界定、评价和解释宗教信仰和精神信仰的发展。他把圣洁的图画描绘为一幅综合的图画、一种理想的类型，而不是一个个具体个人的图画，由此强调说明这一点。简言之，James 所说的圣洁是一种完美的标准，它有助于界定宗教与精神信仰的发展。

James 的圣洁概念不是指日常生活中使用宗教语言的道德典范这样一个概念。相反，它在本质上是一个宗教或精神信仰方面的概念，而不是一个道德概念。用他的话来说就是，成为一位圣徒意味着，“要胸怀宽阔，而不是为个人狭隘的私利而生活；不仅在理智上坚信某种完美力量的存在，而且能敏锐地感受到某种完美力量的存在”(p. 272)。随后，他进一步指出,圣徒"能够友善地意识到这种完美力量与我们的生活之间的连续性,能够心甘情愿地臣服于它"(p. 273)。在James看来,宗教信仰与精神信仰情感是最关键的,而道德只是一种副产品。

在《宗教信仰体验的多样性》这本书中,圣徒是一种理想类型的人,它阐明了宗教与精神信仰发展的终极目标。James认为,自我分裂的体验、急需得到拯救的体验以及精神失落或痛苦的体验都有利于一个人圣洁性的发展。宗教信仰或精神信仰的发展意味着,至少在一段时间内,情况会变得更糟而不是更好。在James看来,仅仅成熟和适应本身还不足以说明我们的宗教与精神信仰发展的最终目标。对James和其他代表第三种理论范式的学者来说,一个人是否真正达到圣徒的境界、是否完美并不重要,重要的是我们可以想象圣徒的境界和完美,并由此更好地界定、评价和解释宗教与精神信仰的发展。

就像先前的学者们在另两种理论范式指导的研究中预见了当前的研究一样,James的著作也预见了当前采用第三种理论范式的研究和理论。尤其是James的理想类型,圣洁,预见了当前的阶段说,特别是Fowler(1981)与Oser和Gmünder(1991)的理论,它们也都是以完美作为终极目标的。后面,我们会进一步深入讨论目前作为自我完善过程的宗教与精神信仰发展的理论范式。

从目前的研究来看,这三种探讨宗教信仰发展的理论范式都把同一性的形成作为主要的发展目标。就像King(2003)所指出的那样,"从宗教信仰中发展起来的同一性是一种超越自我、可以促进责任感发展的同一性,这种责任感不仅可以提高个体的幸福感,而且可以增进社会的福利"(p. 197)。因而,这三种研究范式都是从整体上考察宗教与精神信仰发展的,在本章后面的内容中,我们还会多次提到。

宗教与精神信仰发展的界定

在Goethe(1974)的《浮士德》(*Faust*)中,当Gretchen问Faust对宗教信仰的态度时,她想到了自己对教会的信仰、灵魂的救赎和对地狱的恐惧。Faust很可能也是如此。如果她在今天问这个问题,她可能会在"宗教信仰"这个词上打上引号,尽量去解释Faust的回答指的是宗教信仰的几种意义中的哪一种。今天,宗教与精神信仰发展心理学的主要问题之一——就像本章开头提到的——是宗教信仰与精神信仰的定义问题。

这个定义问题一点也不新鲜。几乎在一个世纪之前,James Leuba(1912, p. 341)就列出了48种不同的宗教信仰定义,他甚至由此得出结论:要给*宗教信仰*下一个精确的定义简直是妄想。后来,宗教信仰的界定变得更为困难,因为*精神信仰*也需要加以界定,而且宗教信仰—精神信仰的图景也已变得更为多样化。并不存在人们普遍接受的定义(Beile, 1998, p. 24),对公认的定义的搜寻可以说前途未卜(Brown, 1987, p. 17)。也正因为这个原因,权威的宗教心理学教材一般都不提供可用的或操作性的定义(Beit-Hallahmi, 1989, p. 11; Beit-Hallahmi & Argyle, 1997, p. 5; Hood et al., 1996, p. 7)。

尽管不存在公认的定义，却存在一些公认的区别，尤其是宗教(religion)与宗教信仰(religiousness)、宗教信仰与精神信仰(spirituality)以及内容(content)、形式(form)与功能(function)之间的区别，这些区别有助于界定宗教与精神信仰的发展。我们将讨论每一种区别，以阐明定义问题。另外，我们还将讨论*结构*和*阶段*的概念，这是界定和解释个体的宗教与精神信仰发展，而非孤立的行为、思想和情感发展的必要手段。

宗教、宗教信仰与精神信仰

宗教是指包括传达特定思想和信念的组织化的结构、行为代码和符号系统在内的机构和系统，旨在形成人们坚定的、全面的、稳定的世界观和态度。照此而论，宗教主要是社会学分析的对象。

宗教信仰是指*主观*的经验和解释模式，这决定了它主要是心理学分析的对象。同一种宗教，可能被以截然不同的方式去体验和重构，从而形成截然不同的宗教信仰。例如，同样是天主教，一个人可能会因其苛刻的要求而倍感焦虑，而对另一个人来说，可能是一个充满温暖的、安全的家。因而，宗教信仰归根结底是个体根据他或她的主观体验决定的："如果一个人这样界定感情事件的话，那么，感情事件就只能是'宗教信仰事件'。"(Stark, 1965, p. 99)宗教信仰远不止像参加宗教服务、加入宗教机构这样的宗教信仰活动。即使不参加宗教服务活动，不加入宗教机构，许多人也认为自己是有宗教信仰的。

对精神信仰下定义并不比给宗教信仰下定义更容易。对许多专家来说，提到精神信仰，界定会更难一些(Hood et al., 1996, p. 115)。然而，现在几乎没有信仰方面的讨论不使用*精神信仰*这个概念，也几乎没有一本宗教方面的书不使用它，在这种情况下，我们没有办法回避这个问题。实际上，*精神信仰*这个术语明显超过了*宗教信仰*这个术语。人们越来越多地使用精神信仰这个概念，在很大程度上是因为宗教机构和传统不再实用。许多人认为自己不相信宗教传统，却信仰精神上的理想(见 p. 943 上的故事)。

为了不把这些人排除在外，Utsch(1998, p. 97)主张让精神信仰成为一个独立于宗教信仰的研究主题。在他看来，在宗教"只包含行为规则、与经验无关的神学和无法理解的仪式"(p. 99)的情况下，它可以脱离精神信仰而存在。因而，精神信仰被称为*非消极信仰*(ex negativo)，并且被界定为对人类现实存在的主观体验。

然而，许多学者却把精神信仰与超越性体验联系起来，保持了宗教信仰与精神信仰的历史联系。例如，Pargament(1997)把精神信仰界定为"个体按照自己的方式寻找与某种超越性力量的连通感的活动"(p. 38)。McFadden(1996)在她对精神信仰的定义中也包含了宗教成分，她把精神信仰界定为一种"动机—情绪现象，它跟自我，跟他人和社会以及跟上帝的有意义的整合感相联系"(p. 387)。类似地，Miller 和 Martin(1988)也认为，"精神信仰需要承认有一种超越于我们自身的超越性的存在、力量或事实"(p. 14)。

概言之，通过建立与上帝或某种超越性力量的关系，精神信仰可以等同于宗教信仰；而通过强调其哲学化倾向，精神信仰又可以独立于宗教信仰。换言之，精神信仰指能够激起宗教信仰的行动或不涉及宗教信仰的活动，诸如有自制力的无神论者的放松练习。因而，宗教信仰与精神信仰这两个概念不是完全相反的,而应是部分重叠的(Reich, Oser, & Scarlett, 1999, 另参见 p. 943)。

最近的几项研究结果支持了宗教信仰与精神信仰既相互独立又相互重叠的观点。例如,Dowling 等人(2004)采用因子分析与结构方程模型的方法,把调查研究所(Search Institute)数据库问卷中包含的精神信仰与宗教信仰因子区分开来。他们把精神信仰等同于个体在形成公民意识、为社会作贡献的过程中所表现的自我超越。

在另一项研究中,Zinnbauer 等(1997)选取了 350 人的样本,调查了他们的宗教信仰与精神信仰情况,询问他们属于下面的哪一种情况:

954

- 有精神信仰和宗教信仰(74%)。
- 有精神信仰但没有宗教信仰(19%)。
- 有宗教信仰但没有精神信仰(4%)。
- 既没有精神信仰又没有宗教信仰(3%)。

从这些调查数据中,我们可以看到,绝大多数人都认为自己既有精神信仰又有宗教信仰(74%)。只有 19%的人认为自己只有精神信仰。但是,尽管只有相当少的人认为自己只有精神信仰,但精神信仰的发展却是个体毕生积极发展的很有潜力的资源(Benson, Roehlkepartain, & Rude, 2003, p. 205)。然而,精神信仰的发展仍然是一个有待于深入研究的、复杂的、多层面的概念,它与宗教信仰的发展在许多方面意义重叠,而且同时受到个体的能力与生态环境的影响,后文还会继续讨论这些问题。

相对较少的一部分人认为自己只有精神信仰而没有宗教信仰,这支持了一种流行的偏见:宗教因为它的制度化和教条化而过时了,而精神信仰因为它是个人的和开放性的事情而变得十分重要。针对这种被广泛接受的偏见,Hill(2000)提醒人们不要把宗教信仰看作极坏的东西,也不要把精神信仰看作极好的东西——因为所有的宗教信仰实际上都增进了人们的精神信仰,所有的精神信仰活动实际上都曾经为宗教信仰的传统所促进。

在社会科学中,人们更注重研究宗教信仰与精神信仰的区别,而较少揭示他们的共同之处。在社会科学领域之外,人们对这个问题讨论得更多一些。Wilfred Cantwell Smith (Smith, 1998a, 1998b)关于信仰的研究最有影响。

Smith,这位长期主持比较宗教研究的历史学家,一直认为信仰是宗教与非宗教性精神的核心范畴。在他看来,信仰是指一个人对某种信仰传统的象征符号的投入,而不是对象征符号本身。信仰与其说是一个名词,还不如说是一个动词;与其说它是教条、信念或象征符号这类静态的东西,不如说它是行动和特定的生活方式。Smith 指出,信仰的这层含义比信仰即信念这样一层新的含义出现得还要早(Smith, 1998a)。正是 18 世纪的启蒙运动使信仰具有了这层新的意义,并使宗教退化为信念活动,或者它的替代品——情感。

Smith(1998a)描绘的有信仰的生活重视个体是如何通过分享信仰传统的象征符号而发生改变的:

过一种有宗教信仰的生活不仅是面对特定的象征符号,而且是以某种相当特殊的方式，利用或通过这些象征符号卷入宗教活动。这种特殊的方式可能使个体远远超越于这些象征符号，可能要求个体作出反应，而且，它不仅可能影响个体与这些象征符号的关系，而且可能影响个体与其他一切事物的关系：与个体自身的关系、与邻舍的关系和与星辰的关系。(p. 3)

但是，他的主要思想是，信仰是与分享和反应有关而不是与信念有关的东西。"人们不是相信某种象征符号。相反，他们是对它作出反应。"(Smith, 1998a, p. 146)

把信仰与信念合并的结果是使宗教边缘化，并把精神信仰贬低为低于理性的东西：

信念成为……思想的范畴，无神论者由此把信仰转化为世俗的术语，把他人的信仰看作是驯服。他们对于那些生命为信仰所支撑和增强的人们的不寻常的心理过程和概念框架感兴趣，而对于把信念看作信仰的做法不再感兴趣……人与外在的、高级的事物之间的关系被这种对自身存在的世俗心理活动的新思想所改变……设想信徒们"相信"这或那是一种在理性上占优势的思维方式，它就会让人感到很舒服，而实际上人们并没有真正地看清它的本质。(W. C. Smith, 1998a, p. 144)

从宗教信仰与精神信仰的区别来看：信仰不一定是指宗教信仰。个体卷入某种象征符号系统而形成的信仰要阐释和支持善的生活，这种信仰可能是一种完全世俗化的信仰。例如，古希腊和罗马遗留下来的信仰就是一种世俗的信仰。Smith 认为：

它是一种活跃的传统，它拥有自己形而上学的理论基础，拥有自己伟大的拥护者甚至殉教者，有自己的制度，有自己对神的理解或对神的敬畏，而且……还拥有自己的信仰类型。(1998a, p. 134)

以 Smith 对信仰的看法，我们能够从一个方面理解宗教信仰与精神信仰的共同特点：它们都以信仰为基础。

内容、形式与功能

955

最后一组公认的区别是最难以解释的，然而对于界定宗教与精神信仰的发展可能是最重要的。这里，我们的目标不仅仅是揭示宗教信仰与精神信仰的内容、形式与功能。而且，我们还要揭示如何综合考虑这三者，界定宗教与精神信仰的发展的结构，把这种发展看作个体的发展。尽管我们在内容、形式和功能上达成了普遍的一致，但在结构和结构的发展上并没有达成这种一致。从我们可能达成一致的地方入手，有助于澄清宗教信仰与精神信仰结构的发展。

为了说明内容、形式与功能之间的区别，我们来分析个人祈祷现象(Scarlett & Perriello, 1991)。个人祈祷与宗教仪式中常见的非个人的团体祈祷不同，它合理地解释了这种区别。因为个人祈祷本质上是普遍存在的，而且具有明确的宗教信仰性质——在个体投入感情进行祈祷时尤其如此。而且，随着年龄的增长，个人祈祷不仅会发生变化，而且会进一步发展。我们主要讨论祈求性的个人祈祷，因为在各种类型的祈祷中，它们是最常见的。

祈祷的内容指祈祷中包含的具体主题、思想和信念。祈祷可能是为了身体康复、避免危险、获得成功——几乎任何事情都可能成为祈祷的内容。它可能是向神、祖先或圣徒祈祷。祈祷的内容小到找一个停车位这样一件微不足道的事情，大到实现世界和平这样一种崇高的目标。

个人祈祷(personal prayer)这类现象所反映的内容的多样性表明，仅从内容上理解宗教信仰和精神信仰发展有它的价值，也有它的局限性。一方面，内容提供了一个透视人们特殊境遇的窗口，一个透视个体思想的窗口，一个透视个体如何以他或她的家庭、社区和文化所特有的方式思考问题的窗口。另一方面，内容的无限多样性又降低了仅从内容界定发展的意义。例如，我们应如何在发展意义上，把向独一无二的神的祈祷与向多位神灵或祖先进行的祈祷分开？假定没有一致的标准，我们就不能做到这一点。

尽管如此，内容仍然成为对宗教信仰和精神信仰的发展，尤其是祈祷发展的分析的一个方面——在一定程度上，内容偶尔支持了界定宗教信仰和宗教信仰成熟性的标准(例如，以非自私的方式行动，追求高尚的目的)；在一定程度上，内容揭示了内容、形式和功能的整体结构的某些方面。例如，如果在祈求性祈祷的内容中包括了“如果您愿意……”这样的话，那么，这种内容就清楚地显示，正在祈祷的人已经认识到还可能存在别的观点或意志——这是一种去中心化的表现，因而也是一种发展的表现。在平衡了所有其他的变量之后，可以合理地认为，显示了这种可能性的祈求性祈祷比没有显示这种可能性的祈求性祈祷的发展水平更高。

通常，形式上的差异是发展差异的更好的指标。祈祷(prayer)具有类型的差异——祈求性祈祷、忏悔性祈祷、感恩性祈祷等等——发展很可能与识别、理解以及进行每一类祈祷的能力有关。然而，每一类祈祷都有着不同的形式，它们具有不同的发展性意义。例如，有两种忏悔性祈祷，每种都说明了相同的越轨行为，如撒谎。然而，只有在其中一种祈祷中，表明了将来要诚实的计划。多这么一种计划，其意义要大于内容的增加。它使忏悔性的祈祷成为一种发展水平更高的形式，就其组成部分来说，这种形式更为分化。还以包含“如果您愿意……”的祈祷为例，其中增加的内容显然没有使整个祈祷变成更为分化的成分。相反，增加的内容是个体潜在的态度的指标，是个人对自己与祈祷对象的关系的理解能力的指标。

在功能方面，祈祷也能作为例证。从定义来看，祈求性祈祷的外在功能是提出请求。然而，再认真思考一下，我们就会发现，祈求性祈祷有时还具有其他的功能。而且，这些额外的功能有时会有助于界定发展。例如，一个儿童和一个成人可能同时为一位生病的亲戚祈祷健康。然而，相比儿童，成人可能会增加“如果生病的亲戚病情恶化或者死去，不知道该怎么办”这样的话。这些话表明，祈祷还可以发挥另外的功能：帮助祈祷者考虑、思索解决办法，或寻求理解或对付危机的办法。在儿童的祈祷中几乎没有看到过这种情况，在成人的祈祷

956

中也只是偶尔会看到这种情况——这暗示我们,这种祈祷还能够帮助我们界定发展。

因而,通过分别分析和评价祈祷这样的宗教信仰与精神信仰现象的内容、形式和功能,我们常常可以更好地理解宗教信仰和精神信仰的发展。然而,在此过程中,我们仍然不能说明和解释个体的人是如何发展的。因此,我们需要用到*阶段*(stage)和*结构*(structure)这两个概念。

阶段和结构

阶段和结构这两个概念为解释和说明个人的宗教信仰和精神信仰的发展提供了必需的手段。这首先是因为它们能够组织内容、形式和功能,揭示宗教信仰和精神信仰生活的全部含义。分别或依次从内容、形式与功能进行分析,可能使我们忽视了那些能区分成熟与不成熟的主要特征——这些内在的结构不仅可以让我们评价个体的行为,而且可以让我们评价个人的发展。

阶段和结构还为我们提供了解释宗教信仰和精神信仰发展动力性的方法。在上述祈求性祈祷的额外功能的例子中,我们会发现一个人的自我组织生活的方式发生的转变——从自我依靠某种神圣的力量到自我的行动与神灵相呼应。从一种状态到另一种状态的转变既不是主观任意的,也不是随机发生的。事实上,这种变化对适应有着深刻的意义——这是我们认为第二种结构方式发展水平更高的主要原因。

对阶段和结构的这种看法明显不同于批评当前阶段说的学者的观点——包括批评宗教信仰与精神信仰阶段说的学者的观点。后皮亚杰主义的批评者不接受阶段—结构说(stage-structural theory),主要是因为它不能充分地解释多样性,不能解释转变的过程。然而,许多学者最近对批评家们进行了反击,通过反击,他们让阶段—结构说得以复兴。David Henry Feldman 的讨论(in press)特别值得一提。

在列出了对 Piaget 阶段—结构说的各种主要批评之后,D. H. Feldman 提出了回答这些批评的方法,他仍然把阶段看作一个有用的甚至是不可缺少的解释性概念。他的提议主要包括以下两个,我们认为这两点是最重要的。

对 Piaget 学说这类阶段—结构说提出的第一个主要的批评是,它们不能解释任何一个特定的阶段中出现的多种情况。D. H. Feldman 认为,可以这样来回应这个批评,即我们可以认为阶段包括两个子阶段——第一个子阶段用来构成阶段的主要结构,第二个子阶段用来尽可能广地扩展和应用这个阶段系统。这两个阶段以它们的中点为标志。

按照这种思考问题的方式,阶段不过是逐渐地产生,并且在扩展和应用开始失效时,逐渐地被下一个阶段所代替。换言之,不要把阶段看作一些结构化的整体,认为它们恰好在个体发展过程中的特定时间和位置上出现和消失。阶段的发展有获得也有丧失,行为或行为模式的多变性,而不是阶段观念的消除,才是阶段发展的另一个指标。

对阶段—结构说的第二种主要批评是,他们没有充分地解释转折的机制。就拿 Piaget 的阶段论来说,平衡这种转折机制不足以解释转折。D. H. Feldman 认为,可以这样回应这种批评:保留 Piaget 的平衡机制,但同时更重视用其他的机制——包括成熟与学习——解释转折。

像D. H. Feldman这样的建议(待发表),让我们能够坚持用阶段和结构概念,来界定和解释宗教信仰和精神信仰的发展。我们再次发现,泼洗澡水把盆子里的小孩一起泼出去,是没有道理的。

总之,内容、形式和功能是公认的可以用来界定和评价宗教信仰和精神信仰发展的概念和区分标准。然而,在单独使用某个概念时,它们并不能充分地解释个体的发展。阶段和结构这两个概念较少得到人们的认可。然而,如果能够应付阶段—结构说的主要批评,在界定和解释个人的宗教与精神信仰发展时,阶段和结构就成为不可缺少的概念了。

957

新康德主义哲学家Ernst Cassirer举例说明了阶段—结构说在界定和解释个人的宗教与精神信仰发展时如何是不可缺少的。在Cassirer看来,在宗教与精神信仰发展的低级阶段,个体过着一种神话—诗意的生活,符号与符号所指的事物是混在一起的,意义与存在没有分别(Cassirer, 1955)。Cassirer把神话式的意识与宗教信仰意识区分开来,认为后者发展水平更高。然而,神话(一种传统的想象)与宗教信仰却是不可分割的。Cassirer写道:

> 如果想从宗教信仰中把基本的神话成分分开和剔除,我们就不再有现实生活中和历史上客观存在的宗教信仰;剩下的只是它的影子,一个空洞的抽象物。然而,尽管神话和宗教信仰在内容上不可避免地相互交织,但它们却没有相同的形式。从意识对神话意象世界的态度的变化,我们也可以看到宗教信仰形式的特殊性。没有神话的意象世界,宗教信仰就无从谈起,它不能直接拒斥这个意象世界;但是,通过宗教信仰的态度这个中介,这个意象世界逐渐具有了一种新的意义。
>
> 通过宗教建立起来的这种新的想象、新的精神信仰不仅赋予神话一种新的含义,而且把"意义"与"存在"之间的对立引入神话。宗教采取了把它自身与神话从本质上区分开来的决定性步骤:用美妙的意象和符号——作为一种表达的手段——在这种表达过程中,尽管它们表明了一种确定的意义,但仍有必要让这种表达不够充分,让它们"指代"此意但从未彻底穷尽此意。(p. 239)

在Cassirer的论述中,我们会看到结构的差异对于说明宗教与精神信仰发展的本质多么重要。在Cassirer看来,从一种神话—诗意的生活,到个体把信仰传统中的神话和诗歌作为揭示生命真理的符号系统的生活,其中经历了一个转换过程。另外一些研究阶段—结构说的学者各自以不同的方式说明了宗教与精神信仰发展的实质。无论是哪种方式,他们的努力都是相同的:不仅要解释行为、思想和情感的发展,而且要解释不同个体的发展。从总体上看,批评家们都忘记了阶段和结构是理解这种发展的启发性的工具:它们是信仰的启发式和思想的框架,而不是可触摸的现实。

说明了使用阶段和结构的概念的理由,我们再回过头来讨论宗教与精神信仰发展的阶段—结构说。

阶段—结构说

这里要讨论的阶段—结构说都属于与 Piaget 的研究相联系的结构主义传统。因为 Piaget 的学说侧重认识论(epistemology)和认知的发展(cognitive development),宗教与精神信仰发展的阶段—结构模型常常被批评太偏重认知。批评家们假定,任何一种扎根于皮亚杰学说的理论也一定是偏重认知的。

具有讽刺意味的是,几乎没有人了解 Piaget 关于宗教与精神信仰发展的早期观点——通常被认为是皮亚杰学派对宗教与精神信仰发展的研究——它们根本没有皮亚杰主义的色彩。我们先简要地介绍 Piaget 对宗教与精神信仰发展的真实研究,以便更好地展开对阶段—结构说的讨论。

他从青少年后期一直到三十几岁,一直潜心研究一个人是怎样信仰上帝并保持客观这个问题(Reich, 2005)。他的疑问导致了他思想的重要发展:他把超越性的上帝(transcendent God)与无所不在的上帝(immanent God)区分开来。在 Piaget 看来,上帝最初意味着保守神学中的上帝——一位超越性的、神秘的上帝,人们必须卑微地遵守他的律令。随后,经过热烈的争辩和讨论,Piaget 对上帝形成了一种迥然不同的理解,在他看来,上帝最终是内化的。Piaget 舍弃了上帝的超越性,而赞同上帝的无所不在性,他逐渐认为上帝就是自己的心,就是理性规则,就是内化的基督榜样。

Piaget 关于宗教信仰发展的理论模型是围绕从超越性的神到无所不在的神的转换过程展开的。这种转换远不限于认知的转换,当然也不止是形成对理性的信仰。可以确定,在这个模型中,不仅有理性,而且有心和某种信仰的传统。在 1929 年对瑞士基督学生联合会(Swiss Christian Students Association)的一次演讲中,他清楚地阐明了这一观点:

> 如果有人考察一下代代相传的流行的思潮,上帝的无所不在性就像神圣化的冲动一样持续存在,这是神灵观念史的特点。从掌握超自然因果律的超越性的上帝,发展为人们体验到的、无所不在的、完全精神化的上帝,就如同从原始宗教中半物质化的上帝发展为形而上学的上帝一样,同样是一个进步。现在——这是实质性的一点——与智力方面的这种进步相应的是道德与社会的进步,也就是最终的内在生命的解放。(Vidal, p. 287)

958

Piaget 从未开展什么研究来验证他关于宗教信仰与精神信仰的发展理论。无论 Piaget 出于什么原因舍弃了他关于宗教信仰与精神信仰发展的公开观点,他早期的讨论都清楚地表明,皮亚杰主义对宗教与精神信仰发展的真正观点所关注的远不止认知和推理过程。

然而,在 20 世纪 60 年代初期,在皮亚杰的认知发展理论让其他的认知发展学说黯然失色的时候,Piaget 早期的思想实际上被遗忘了。结果,Piaget 的应用一点也没有了皮亚杰主义的特点,并且确实是过分偏重认知的。Ronald Goldman 的研究最能说明这一点。

Ronald Goldman 的认知—阶段说

Goldman(1964)的经典研究《从童年期到青少年时期的宗教思维》(*Religious Thinking from Childhood to Adolescence*),是宗教信仰发展研究的里程碑。归根究底,这本著作的主要关注点是源自宗教信仰的教育学:"知道儿童在智力上能够掌握什么才是教育更可靠的基础,这比只知道成人认为儿童应该掌握什么更重要。"(p. xi)。Goldman 提到了 Jean Piaget 的关键性的研究——而没有太重视 Piaget 的早期研究《儿童的世界观》(*The Child's Conception of the World*, 1929),其中考察了儿童的理论——同时考察了认知发展的阶段。基于此,Goldman 表达了这样的观点:"宗教思维在方式和方法上与非宗教思维并没有什么不同。宗教思维是……以宗教为对象的思维活动。"(p. 3)

不像早期的宗教心理学研究只描述儿童的宗教概念而不进行解释,Goldman 的研究把儿童的不同观念在理论上进行了排序,这是它的优点。Goldman 向儿童和青少年提出一些诸如"神的万能"、"圣经"和"基督"方面的问题,了解他们的宗教观念。他还考察了儿童如何解释《圣经》中的三个故事:摩斯与燃烧的灌木丛、横越红海和基督受试探。他把儿童的解释分为三个宗教认知阶段,并把它们与 Piaget 的认知发展阶段相对应——如表 17.1 所示。

表 17.1 Piaget 与 Goldman 的阶段比较

Piaget	Goldman
前运算阶段 (Preoperational)	直觉的宗教思维(Intuitive Religious Thought) 不系统的、零碎的、经常以神秘的方式理解宗教内容,把上帝人格化;经常得出转导性结论(transductive conclusion):"为什么摩斯不去灌木丛?""因为有一块牌子,上面写着'不要践踏草丛'。"
具体运算阶段 (Concrete operational)	具体的宗教思维(Concrete Religious Thought) 神秘的、万物有灵的思维成分减少;宗教概念更连贯、更客观——尽管他们还不能理解这些概念的符号—比喻性质:"燃烧的灌木丛后有一簇火,它只是看起来像在燃烧。"
形式运算阶段 (Formal operational)	抽象的宗教思维(Abstract Religious Thought) 能够对宗教内容进行假设—演绎思维,把宗教内容看作象征:"燃烧的灌木丛是上帝在那里的标志。"

从这个概括表中,我们可以发现,Goldman 认为,成熟的宗教思维要从"儿童幼稚和不成熟的宗教思想"(p. 67),逐渐发展到能够看到一般的符号—比喻式的宗教语言结构,尤其是《圣经》的语言结构。Goldman 的研究对宗教信仰教育产生了引导性的后果,特别是不再要求儿童读《圣经》,因为他们明显不能理解《圣经》的文本。

Goldman 激起了许多验证性的研究(参见综述:Hyde, 1990, pp. 15—63; Slee, 1986a)。Peatling(1974)的多选测验与他设计的"《圣经》思维测验"(Thinking about the Bible Test)广为人知和应用。另一些宗教心理学家采用了半临床访谈法(semi-clinical interview)(Elkind, 1964),他们还用皮亚杰的认知发展阶段分析宗教观念。他们所描绘的整幅图画是:随着年龄的增长,具体的思维方式削弱,取而代之的是更抽象的宗教思维

(e. g. , Tamminnen, 1976)。

然而,甚至在 Goldman 鼓励其他人用 Piaget 的阶段说分析宗教信仰材料时,他就招来了广泛的批评。人们批评他的研究采用了错误的方法(Langdon, 1969; Slee, 1986a, 1986b)。例如,宗教语义更适合采用以词汇选择程序为基础的研究方法,而不是采用与儿童自然的思维方式不同的访谈法(Murphy, 1978)。而且,研究表明,抽象的宗教思维并不与儿童接纳宗教内容尤其是《圣经》内容的态度相一致,而是与他们拒绝这些内容的态度相一致(Hoge & Petrillo, 1978),儿童对《圣经》内容的理解可以用 Oser 和 Gmünder 等其他的阶段—结构说给予更充分的解释(Bucher, 1991)。

最近,熟悉"心理理论"(theory of mind)与认知人类学(cognitive anthropology)研究的认知心理学家对 Goldman 的研究提出疑问,认为他夸大了儿童的宗教思维方式与成人的宗教思维方式的差异。一方面,儿童对于诸如"能看到一切的上帝"这类反直觉的宗教概念(counterintuitive religious concepts)的思维,必须放到儿童的直觉心理学(intuitive psychology)背景中去理解,必须放到成人教儿童宗教概念的背景中去理解。据此,儿童的思维要比 Goldman 所说的更合理、更复杂(Boyer & Walker, 2000; Harris, 2000)。另一方面,在回答有关宗教概念的问题时,成人经常给出理论上正确的答案,但在个人的生活中,他们却践行着与 Goldman 所谓的儿童宗教概念无异的宗教概念(J. Barrett & Keil, 1996)。在后面讨论儿童宗教概念方面的研究时,我们对这种批评还要进行深入讨论。

到目前为止,对 Goldman 的研究最常见的批评是认为 Goldman 的研究对象十分狭隘,过分强调认知。批评家们指出,宗教意识包括的内容远不止 Goldman 的研究内容,尤其是在宗教符号的运用方面(Godin, 1968b)。一个特殊的问题是,Goldman 研究的并不是个人独特的宗教信仰的发展,而是认知结构,它们在一定程度上消除了宗教的内容。

20 世纪 80 年代,第一个以实验研究为基础的宗教与精神信仰发展理论在本质上是整体性的,包括了社会、道德、宗教、精神与同一性形成(identity formation)等内容,认为信仰(faith)的意义比信念(belief)更宽泛。这种理论的提出很可能是对 Goldman 高估了认知过程这一做法的反应。我们下面要讨论的 James Fowler 的理论正是这种理论。

James Fowler 的信仰发展理论

Fowler 关注的问题是宽泛的,因为他对信仰的看法是宽泛的。在继承了神学家 Paul Tillich、H. Richard Niebuhr 和 Wilfred Cantwell Smith 的研究传统的基础上,Fowler (1981)把信仰界定为个人所具有的一种普遍的品质,由个体自身在宇宙,在高级阶段,在某种理想的然而有待实现或经验的终极环境中的倾向所说明的品质。在犹太教与基督教共有的思维方式中,这种终极环境被界定为"神的国度"、人类历史的终点。这样界定的信仰反映在个体如何建构或寻找意义,他们如何说明价值与权力的核心,以及他们如何使用象征符号系统和故事来解释或表达他们的信仰。在 Fowler 看来,信仰远不止信念或推理过程。

Fowler(1981)关注的问题宽泛还有一个原因,即信仰发展理论的目的就是要考察人们全面的心理发展情况。他的理论大量借鉴 Erikson、Piaget 和 Kohlberg 的理论,而较少借鉴

Sullivan、Stern、Rizzuto 和 Kegan 的学说。他的阶段论考虑了个体发展过程中主要的发展任务，包括同一性获得、认知发展、道德判断（moral judgment）、象征形成（symbol formation）、社会观点采择（social perspective taking）与控制点（locus of control）。在 Fowler 看来，信仰的发展与个人的发展相互交织，以至于在很大程度上成为同一种东西。

960 Fowler(1981)信仰发展观的核心是多元社会中的个性化问题。这种观点认为，个体最大的困境在于，一方面，我们拥有真实的情感、直觉、信念和理解力，另一方面，又要与日益多样化的社会保持或建构符合伦理的、积极的关系。

起初，这种困境表现在家庭中，表现在家庭之外固有的社区和信仰传统中，然后，表现于个人自觉接受的社会和信仰传统中，最后，表现于人类社会中。就像 Oser 和 Gmünder (1991)的阶段理论一样，Fowler 的信仰发展理论要规定一种理想的顺序(趋向完善的模式)。只有一部分人能够达到最高阶段。

Fowler 分析信仰和人类发展的方式体现在他对信仰发展阶段的描述中。表 17.2 简洁地概括了这些阶段(Fowler，1981)。

表 17.2 Fowler 的信仰发展阶段

阶段 1：原始信仰(Primal Faith)(婴儿期)

前语言期的信仰(prelinguistic faith)，婴儿与养育者之间建立起的相互信任的发展，情感的默契所促成的心理联系定义。

阶段 2：直觉—投射型的信仰(Intuitive-Projective Faith)(童年早期)

形成那些代表既可带来威胁又可施加保护的力量的意象；与重要看护者在一起的经验促成神的表征；道德标准开始形成；继续依赖看护者，继续从看护者那里获得参照。

阶段 3：神话—字面型的信仰(Mythic-Literal Faith)(小学时期)

权威人物增多，包括家庭外的成员在内，以形成志同道合的教会；喜欢听那些口头讲述的、褒扬那种解释和表达信仰能力的神话和故事；产生人格化的上帝意象或观念。

阶段 4：综合—习俗型的信仰(Synthetic-Conventional Faith)(青春期和成年期)

从习俗的权威或大众一致认可的权威那里形成世界观；自我同一性(self-identity)与对他人的知觉相结合，以至于同一性表现为(对家庭、民族、性别角色、宗教的)归属感与(或)拥有感；理解、认同与自身世界观不同的群体的能力尚未发展起来。

阶段 5：个体—反思型的信仰(Individuative-Reflective Faith)(青春期后期到成年期)

自觉地运用外部行为检验内在的责任感、信念和价值观，进而检验自身的信仰和自觉地选择自己要归属的信仰传统和教会。本阶段的信仰表明，个体通过定义自我和责任感能够对他或她的生活负责——经常把自己的能力与自己对团体和精神传统的信仰联系起来，能够采择其他群体的观点。

阶段 6：关联型的信仰(Conjunctive Faith)(平均年龄约 30 岁)

能根据完全内化的原则自觉地参与道德活动，形成了特定的意义观、和谐观和价值观，能够完全接纳自身局限性以充分地理解事物，进行完美的行动。在本阶段，即使没有外部权威的支持，也能坚持信仰，并且由于在自我怀疑和失望的情况下，个体会欣赏其他的观点，但也有可能产生消极心理，丧失行动的能力，因而这种信仰也可以称为相互矛盾的信仰。

阶段 7：普遍化的信仰(Universalizing Faith)(平均年龄至少在 40 岁左右)

通过认同终极的存在("神的国度")，克服了矛盾心理。与阶段 5 和阶段 6 相比，阶段 7 的信仰似乎比较简单。在阶段 7，个体能够从宇宙的、超越的视角观察和理解自我、他人，从而产生天人统一感和意义感。

Fowler 用他的阶段模型分析了从 350 名被试中收集的持续两小时的访谈转写资料。访谈采用了专门设计的"信仰发展研究方法"，以引起和支持与被试的信仰直接相关的讨论，这里的信仰就是 Fowler 所界定的信仰。

Fowler(1981)的研究结果显示,研究样本中几乎所有的学前儿童都是直觉—投射型的信仰;几乎四分之三的小学儿童属于神话—字面型的信仰,大约一半接受访谈的青少年属于综合—习俗型的信仰。成年人的情况比较多样,40%的 30 岁以下的人属于个体—反思型的信仰,18%属于综合—习俗型的信仰。关联型的信仰很少,并且只是在 40 岁以后出现。只有一个被试被划为普遍化的信仰类型。

至少有 11 项实证研究重复验证了 Fowler 最初的研究,另外,还有 26 项研究采用了信仰发展访谈法(Streib, 2001)。好几项跨文化研究结果都没有完全证明,Fowler 的阶段论适用于研究非西方文化背景中的信仰发展问题。其中部分困难在于信仰发展访谈法的使用方面。人们试图设计一种更简短的方法测量信仰的发展,但都没有成功。

自 20 世纪 70 年代的研究以来,Fowler(1981)更侧重为实践工作者,特别是牧师咨询与宗教教育工作者,提供实用的信仰发展理论。然而,面对批评他一直在修正他的理论。考虑到阶段 4 存在性别偏见和过分注重自主性问题,Fowler 更强调阶段 4 信仰中的关系认知(relational knowing)特点;针对来自文化偏差的批评,Fowler 更注重对具体的文化背景的影响进行剖析,主张人们应重视在特定的文化背景中理解信仰的发展,以及需要具备特定的条件才能越过较低的发展阶段。

961

最近,信仰阶段—结构发展说再次提到 Piaget 和 Kohlberg 的发展理论;然而,他们的理论在考察逻辑思维和认知发展的一般阶段时,都没有考虑宗教信仰与精神信仰的经验,而这些较新的理论在考察宗教信仰中的判断、推理和认知的过程中,则考察了个体真实的宗教信仰体验、情感和信念。对此,可以 Oser, Gmünder 和 Reich 的研究为例进行说明——我们下文将进行讨论。

Fritz Oser 与 Paul Gmünder 的宗教判断与推理阶段说

Goldman 的研究主要考察了对宗教内容和概念的判断和推理过程。Oser 与 Gmünder 的研究则主要考察对不具体的内容进行的宗教判断和推理过程(Oser & Gmünder, 1991)。二者之间的这种区别具有重要的意义。在 Goldman 的研究中,判断和推理是问题,而宗教是内容;在 Oser 和 Gmünder 的研究中,宗教信仰是问题,而判断和推理是理解宗教信仰的一种手段。在 Goldman 的研究中,研究重点在认知方面;而在 Oser 和 Gmünder 的研究中,研究重点在宗教信仰方面。这里,我们会发现被看作"母结构"(mother structure)的宗教判断和推理,或不能归于一些别的思维方式的思维方式。

然而,因为宗教判断和推理构成了对某些事物的判断和推理,所以,就产生了宗教判断和推理的意义是什么这样一个问题。在 Oser 和 Gmünder(1991)看来,宗教判断和推理不是指对生命全程的意义进行建构,而是指从测量的角度,解决特定类型的情境,即这里所说的*偶然性情境*(contingency situations)中模糊不清的问题时进行的判断和推理。

偶然性情境之所以能引发宗教判断和推理活动,主要是因为它们引出了谁或什么是终极的控制力量的问题,也引出了与个人跟某种终极存在或现实的冲突有关的问题。偶然性情境具有模糊性,可以通过 Oser 和 Gmünder(1991)所谓的对宗教信仰或精神信仰性质的特定解释,消除这种模糊性。在本章开头的那个例子中——一个人把另一个人的好运解释为宗教信仰。另一些例子则包括了对不幸的解释。因而,研究个体对于偶然性情境的反应,为我们理解宗教判断和推理的发展提供了一条途径。

表 17.3 宗教判断和推理过程中需要协调的对立性极端

自由对依赖
超越对无所不在
希望对荒诞
透明对模糊
永恒对短暂
信任对怀疑
神圣对世俗

Oser 和 Gmünder(1991)侧重研究个体对于偶然性情境所引起的冲突进行的不同性质的宗教推理方式。在人类生活中,偶然性情境是不可控制的。它们使宗教信仰得以发生,但它们也激起了人们内心的冲突,这些冲突可以说成是需要分化和协调的两个对立性的极端。在解释偶然性情境的过程中,每个对立性的极端都可以回答某个问题。如表 17.3 所示,Oser 和 Gmünder 列出了其中几对重要的对立性极端。

在宗教推理过程中,可以用这些对立性的极端,最恰当地解释偶然性情境并对它们作出反应。它们的作用类似于组织一般性思维活动时需要用到的康德的思维范畴(时间、空间、因果律等)。

从发生的角度来看,在较低的发展阶段,个体只是在两个对立性极端中选择其一。他们要么是依赖的,要么是自由的;要么神圣,要么世俗——以此类推。到青春期前,个体通常能同时考虑两端,同时考虑到信任与怀疑、超越与无所不在等等。而且,他们认识到,在生活中,每个对立性的极端都有意义。这是超越,那是无所不在,而且两者可能同时存在。到较高的发展阶段之后,一个极端可能会成为另一个极端出现的基本条件,例如,荒唐的经历会成为希望产生的条件,自由会成为健康的依赖产生的先决条件。

962

但是,在七对对立性的极端的帮助下进行的推理活动到底组织和完成了什么? Oser 和 Gmünder(1991)的回答是: 它帮助揭示了个体是如何理解他与神或信仰对象的关系的。因为一些信仰传统涉及许多个人所信仰的力量(神灵、祖先等),而另一些信仰传统只涉及非个人化的力量或实在(印度教、道教等),Oser 和 Gmünder 指的是个人的"终极"关系——个体与他信仰的终极存在的关系。例如,虔诚的佛教徒经常把佛法(宇宙大法)当作自己追求的终极实在(W. C. Smith, 1998a)。

个体面对偶然性情境,思考自己是依赖某种高高在上的神灵,还是处于自由状态,这个例子充分地说明,人们在对个人—终极实在的关系进行宗教推理时,是如何运用对立性极端的。偶然性情境毕竟提出了谁或什么是终极的控制力量这样一个问题。这里的主要假定是,对个人与终极实在的关系进行合理的思考,可以促成更适宜的生活方式,这不仅有利于个人,而且有利于周围的人。

这并不意味着水平较低的推理一定是适应性较差的——因为适应总是个人与环境相匹配的过程。一个儿童的推理方式可能会非常适合他(或她)的保护环境。这种理论表明,儿童进行宗教推理时,好像没有因丑恶、悲剧和不公正而带来明显的冲突,这对他们来说是适宜的。然而,成年人在推理过程中,如果不考虑这些冲突以及其他的冲突,就是不适宜的。

简言之,对成年人来说,适应性行为的标准提高了。

而且,说发展是一种适应问题,并不意味着一定要贬低不成熟的思维方式。相反,这种理论模型认为,在大多数情况下,宗教推理都是为了适应环境,必要时可以随时改变和转化。回顾一下前面有关阶段的巩固、扩展以及转折机制的讨论,Oser 和 Gmünder 的阶段说就会更明确了。

宗教推理发展的意义在于,在发展过程中,个体适应多种环境或情境的能力逐渐增强——不仅是适应如童年期那样狭隘的生活环境及其经历的情境。而且,这里的发展被认为有助于防止消极的依赖、专断、褊狭的行为和以攻击性的形式表达宗教信仰。

就像我们将在后文所看到的那样,从理论上看,发展与适应(adaptation)的意义有所不同。这里,发展被界定为结构的发展和不断趋向理想终点(完善范式)的过程。在其他的理论中,发展则可能更强调发展的内容、强度和对特定环境的应对(应对范式)。

还有两种观点可以阐明宗教判断发展的阶段说:一、尽管这里讨论的重点是偶然性情境,但这种理论表明,宗教判断和推理可能发生在各种各样的情境中,而不仅仅是偶然性情境。Williams James 的圣徒们毕竟从未停止过宗教判断和推理活动。二、尽管这种理论是针对宗教判断和推理而言的,但*精神信仰的判断*(spiritual judgment)这个术语和精神信仰的推理仍然有存在的必要——在某些形式的无神论(atheism)和不可知论(agnosticism)对个人与终极实在的关系问题仍坚持自己的看法的情况下,尤其如此。

963

最后,我们可以看到这种理论的核心:对立性的极端是怎样越来越分化、越来越协调的?它们又是如何构成了各个阶段,以说明个体对于自身与终极实在关系的理解的?表17.4列出了这些阶段,并给出简要的描述。

表 17.4 Oser 和 Gmünder(1991)的宗教判断发展阶段模型

阶段 1:宗教信仰的他律定向——解围的人(Orientation of Religious Heteronomy — Deus ex Machina)
认为上帝(终极实在)总是无法预料地、积极地干预世事;人们主要是对上帝(终极实在)的力量和干预作出反应。

阶段 2:Do et Des 定向——"付出才能得到回报"(Orientation of Do et Des — "Give so you may receive")
认为上帝(终极实在)是外在的、全能的、干预世事的,可以通过许愿、祈祷和行动,影响上帝(终极实在)。

阶段 3:自律和单向的责任定向(Orientation of Ego Autonomy and One-Sided Responsibility)
有意识地降低上帝(终极实在)的影响。认为个体应为他(或她)自己的生活负责。终极实在(如果认为是真实的)会独立而隐性地存在,承担相应的责任,发挥相应的功能。

阶段 4:间接的自律定向(Orientation of Mediated Autonomy)
认为上帝(终极实在)是通过他的无所不在发挥作用的——就像在形成对神的计划和永生的信仰时一样。参与社会活动成为表达宗教信仰/精神信仰的一种形式。

阶段 5:无条件的诚信定向(Orientation of Unconditional Religiosity)
个体认为,他(或她)总是而且无条件地与终极实在相联系——以至于每时每刻都在或都能够过一种宗教信仰/精神信仰生活。在宗教与精神信仰的推理过程中,七种对立的极点完全分化和协调起来。

无论对于哪一个教派(犹太教、天主教、新教),都表现出以下发展规律:

- 在发展的低级阶段,个体没有或很少协调对立性的极端。上帝(终极实在)要么干预世事，要么不干预世事。我们要么充满希望，要么看不到希望。上帝（终极实在）的意志要么通过一个事件显示出来，要么高深莫测。其他对立性的极端以此类推，个体可以继续以"要么……要么……"的形式设想下去。

- 在发展的中间阶段，对立性的极端相互分化和对立——没有办法对它们进行协调或平衡。例如，在中间阶段，他们可能发现自己能够自由地作出选择，同时他们也可能认为上帝（终极实在）同时也在作出选择，而上帝（终极实在）的选择可能与他们的选择正好相反。
- 在发展的高级阶段，对立性的极端相互渗透，例如，可以通过依赖于上帝（终极实在）而获得自由；超越性通过具体的行动间接地表现出来，以至于无所不在性与超越性相互交织，透明性与模糊性结合为一体，就如《圣经》所言："我们如今仿佛对着镜子观看，模糊不清。"（《哥林多前书》，13：12，新标准修订版）就对立性的极端来说，最初对于对立面之间的冲突的体验，逐渐转化为融为一体的双重体验，这种双重体验说明了宗教信仰与精神信仰体验的特点。

在 Oser 和 Gmünder(1991)的宗教判断发展阶段说形成以及被检验和证实的过程中，都采用了半结构的临床访谈法，要求被试对假设的偶然性情境作出反应。最有名的故事情境是"保罗困境"(Paul dilemma)。首先告诉被试一个年轻人的故事，这位年轻人乘坐的飞机将要坠毁了，这时，他向上帝承诺，如果他能活下来，他就发起一种大有希望的事业，为第三世界国家的人们服务。保罗幸存下来了。这时，要求被试回答一系列问题，让他们对保罗的承诺进行推理：他应该向神兑现他的承诺吗？如果他不兑现，将会发生什么？通常情况下，在空难中幸存下来，他会怎么想？怎么做？

研究中有一个专门的编码手册，从七个对立性的维度，对被试对于保罗困境以及其他假设的故事情境的回答进行分析——可以把被试划入宗教判断发展的特定阶段。这里是对"保罗是否应该兑现他的承诺"这个问题的典型回答：

阶段 1："保罗必须兑现他的承诺，否则上帝会让他肚子痛。"

阶段 2："上帝帮助了保罗，因此保罗必须做些好事。"或者"如果保罗不遵守他的承诺，他就必须做些别的事情。他必须祈祷以避免遭到惩罚。"

阶段 3："这与上帝没有关系。保罗必须作出自己的决定。如果上帝存在的话，他还有别的事情要处理。"

阶段 4："无论保罗作出了怎样的决定，他都可能利用对上帝的信仰负责任地去做——因为负责的行动才真正符合上帝的意志。因而，结果最终都会是好的。"

阶段 5："他去不去（第三世界国家服务）都不重要；重要的是保罗要遵守他更大的承诺，即按照他所理解的上帝的意志迎接一生中的许多挑战。上帝可以与每个人进行沟通，因此，保罗最终去哪儿并不重要。"

不能只根据哪一个回答或反应就把被试划到某个特殊的阶段。正是被试所有的回答共同决定了他/她被划到哪个阶段。

最初的研究和随后的研究结果都证明，本阶段模型可用于(a) 描述随年龄增长发生的变化,(b) 理解宗教信仰行为,(c) 探查皈依神的过程,(d) 证明培养宗教判断和推理能力的意义和价值。

从个体随年龄增长发生的变化来看,对欧洲被试的研究发现了明显的年龄发展趋势,这种趋势不仅表现于横断研究中(Oser & Gmünder, 1991),而且表现于追踪研究中(Di Loreto & Oser, 1996)。横断研究与追踪研究都表明,在正常情况下,儿童和青少年能够达到宗教判断的前三个阶段。在青少年期之后,大部分成年人都处于第三阶段。本结果可以部分地从认知的发展(如对矛盾的推理能力的发展)得到解释,在低级阶段,认知的发展是其主要的转折机制,而在高级阶段,情感的发展会起到更大的作用(Beile, 1998)。 964

这些研究结果在印度(印度教徒和佛教徒)、西藏和卢旺达(祖先崇拜; Dick, 1981)等不同的社会文化背景中得到重复验证。另一个研究结果是,在青少年时期,女孩要比男孩得分高——尽管差异较小,并且到成年期差异消失(Reich, 1997; Schweitzer, 1992)。

就这些阶段对于理解宗教信仰行为的用途来说,这些阶段表明了个体以下几个方面的差异: (a) 对教会活动的卷入程度,(b) 对宗教经文的解释,(c) 宗教信仰的自我效能感。

在个体卷入教会活动的程度方面,阶段 1 和阶段 2 的个体可能更喜欢让信徒进行无条件服务的教会,而处于高级阶段的个体可能更喜欢自由主义的教会(Zondag & Belzen, 1999)。而且,处于阶段 2 的个体更可能与宗教信仰机构具有密切的联系,更重视圣礼,而且期望从教会获取更多的支持(Kager, 1995)。最后,就教会来说,低级阶段的个体可能更喜欢类似于母子关系的宗教联系,但高级阶段的个体可能更喜欢朋友合作式的关系。

在宗教经文的解释方面,阶段 1 和阶段 2 的个体倾向于从字面上,而不是从比喻或象征意义上理解宗教经文(Zondag & Belzen, 1999)——这种理解方式与“付出才有回报”的倾向是一致的。例如,处于阶段 2 的个体倾向于把《圣经》中讲到的奇迹解释为《圣经》中的人物做好事得到的善报,把“葡萄园中工作了一个时辰的工人得到一整天的酬劳”这样的比喻解释为上帝奖赏干得好的工作(Bucher, 1991)。

在皈依神的过程方面,皈依开放的而不是封闭的、狭隘的宗教团体,这与个体所处的发展阶段相联系(Wenger Jindra, 2004)。

在宗教信仰的自我效能感方面(SEB),处于阶段 3 的个体比处于低级阶段和高级阶段的个体自我效能感更低(Rollett & Kager, 1999)。阶段 2 的自我效能感最强,这与阶段 2 强调个体对上帝或终极实在的影响这一总体倾向是一致的。

至于宗教判断发展的意义和价值,有三项研究表明,宗教判断的发展阶段可能会对个体适应逆境,学会积极地思考产生影响。在一项以患唐氏综合征或自闭症儿童的父母为对象的研究中,研究者发现,与处于阶段 3 的父母相比,处于较高阶段的父母们更可能利用社会支持(Gnos, 2003)。与此相似,另一项研究表明,战胜了悲伤的寡妇达到的宗教判断发展阶段或水平要比未丧偶妇女高,这表明,至少对一些寡妇来说,宗教判断的发展可能帮助她们适应了配偶的死亡(Zenklusen, 2003)。最后,一项研究发现,提高个体对精神信仰方面的内容的思维能力,直接影响着个体的社会意识和幸福感(Blakeney & Blakeney, 2005)。

因而,Oser 和 Gmünder(1991)的阶段说证明是有用的,其用途表现在许多方面。特别值得一提的是,这种理论有助于我们理解宗教判断和推理在总体的宗教信仰发展中的作用。

Fowler 理论与 Oser 和 Gmünder 的理论比较

Fowler(1981)的理论与 Oser 和 Gmünder(1991)的理论具有明显的相似性。二者都属于发生结构主义理论。二者都符合文艺复兴的传统。二者都描绘了从特殊到一般,从他律到自律的发展趋势。二者都描绘了个体随年龄增长而表现的发展趋势,它们所描绘的发展阶段在一定程度上是相互平行的。例如,Tamminnen(1994)对两种理论进行了直接对比,结果显示,成年组的大部分被试处于 Oser 和 Gmünder 理论中的阶段 3,与 Fowler 的阶段 4 平行。尽管二者具有这些相似之处,但它们仍然存在差异(更全面的讨论参见文献 Nipkow, Schweitzer, & Fowler, 1988)。

首先,Fowler(1981)在他的阶段模型中,整合了多种不同的心理成分,包括道德和社会成分、自我和自我同一性的形成、思维类型、符号理解。相反,Oser 和 Gmünder(1991)侧重考察个体在上帝或神面前用来适应生活的宗教信仰问题。

965

Fowler(1981)在非常一般的意义上研究信仰,因此引起了人们的批评:我们正在研究"全有和全无的信仰观"(Fernhout, 1986, p. 66)。相反,Oser 和 Gmünder(1991)研究了生活情境中的宗教判断,依据这种宗教判断,个体通过调节自身与上帝或神的关系(联系),形成对生活的控制感。

Fowler(1981)运用《圣经》中的"天国"(或"神的疆域")这一比喻,来描绘宗教教育的常规目标,而 Oser 和 Gmünder(1991)认为,这个目标并不能决定阶段的特征。

Fowler(1981)的理论,更适合引出与生活史和存在主题有关的问题;而 Oser 和 Gmünder(1991)的理论更关注认知结构转换的动力机制。Fowler 对他的阶段说在支持牧师提供精神援助方面的意义更感兴趣,而 Oser 和 Gmünder 对证实诸如宗教信仰的发展阶段这种科学问题更感兴趣。

两种研究都有自己的发展历史,有自己的优点和缺点。诚然,Oser 和 Gmünder(1991)的研究解释性较差,明显更侧重神与人的联系,但这可能被解释为一种力量。Fowler(1981)的研究主要与信仰有关,因而整体性更强,信仰也可能被看作一种力量。因而,在理解宗教信仰和精神信仰的发展时,这些研究或理论可以在一定程度上相互补充。

Helmut Reich: 关系与背景发展模型

对许多宗教信仰现象,都要求个体进行更特殊的推理,而不是像 Oser 和 Gmünder(1991)的阶段模型中所说的推理。特别是一些宗教教条和宗教信仰冲突,会对任何一个感到必须进行科学的逻辑思维的教徒,带来智力上的挑战。这些更具体的挑战要求个体形成一种特殊的推理方式,Reich(1993)称之为关系与背景推理(relational and contextual reasoning, RCR)。

在包括了相互竞争的、真实的解释情境中,关系与背景推理是有用的。它有用是因为,它潜在的三维逻辑(trivalent logic)可以把相互竞争的解释分为兼容与不兼容两类。不兼容是指*就特定的背景而言*，两种或多种相互竞争的解释都是正确的。

Reich(1993)采用关系与背景推理，依据 Oser 和 Gmünder(1991)的理论框架，集中考察了个体如何解决有宗教意义的明显的矛盾。魔鬼问题(为什么有一位正义的、全能的上帝，还会有魔鬼和灾难?)和《圣经》与科学对宇宙形成的对立鲜明的解释，就是其中的两个例子。

Reich(1993)的研究表明，随着年龄的增长和身心的发展，个体是怎样采用关系与背景推理解决这些明显的宗教信仰矛盾的。下列阶段描绘了个体的发展：

阶段 1：只认可一种竞争性的解释。

阶段 2：认可一种或多种竞争性的解释。

阶段 3：认为竞争性的解释是全面理解事物所必需的。

阶段 4：对竞争性的解释之间的关系进行分析，至少会说明每种解释都与特殊的情境相联系，因而都具有相对贡献。

阶段 5：形成一种主要的理论或纲要，具体说明竞争性的解释之间的复杂关系、影响每种解释重要性的情境特殊性。

例如，处于阶段 5 的个体面对《圣经》与科学对宇宙和人类起源的解释的对立，可能会强调上帝干预了 Darwin 的进化过程，并且(或者)强调《圣经》的解释实质上具有道德—精神信仰的意义，而科学的解释实质上具有物质—物理学的意义。

在介绍关系判断和推理这个研究焦点的末尾，我们承认，由于这些阶段都明确界定了宗教与精神信仰的发展，因而都没有必要把宗教与精神信仰的发展归为一般的认知发展阶段(如 Piaget 的认知发展阶段)。而且，我们会发现，围绕这样一个焦点开展研究，可以进行更精确的测量和解释。

对阶段—结构说的批评

阶段—结构说关于一般发展尤其是宗教与精神信仰发展的观点屡遭批评，这主要有以下几个方面的原因：(a) 把发展看成是线性的和有规则的，(b) 强调认知、判断和推理，(c) 强调假定的普遍规律，而忽视了个体之间和文化之间的差异，(d) 对结构发展主要持积极、乐观的态度，而忽视了处于高级阶段的人群中存在的变态行为。要公平地评价阶段—结构说，就必须提出这些问题——在后面介绍其他的宗教与精神信仰发展研究时，我们要进行专门讨论。 966

反对阶段—结构说的线性和规则性的学者通常把发展等同于随时间发生的变化。他们比阶段—结构论者更强调信仰在个体生活中发挥的短期功能。关于宗教信仰与精神信仰的这两种思维方式让我们注意到，阶段—结构说没有抓住个体宗教信仰方式与(或)精神信仰方式的变化和一致性(Wulff, 1993)。

阶段—结构模型的提出者甚至也批评阶段—结构说过于强调发展的线性和规则性，例如，Oser 和 Gmünder(1991)以及 Fowler(1981)都曾指出，采用他们提出的阶段说描绘随年龄发生的变化可以揭示被试,尤其是成人中存在的明显非线性的发展模式。

然而,如果像我们一贯认为的那样,发展与随时间而发生的变化不同,那么,我们就会发现,阶段—结构说强调发展的线性特点有它重要的价值:有助于*界定*宗教与精神信仰的发展,让我们能够*评价*任何一种给定的信仰模式。为了界定和评价,我们需要线性模型,而要证明阶段—结构模型是正确的或有效的,随年龄发生的变化未必一定是线性的(Kaplan, 1983b)。

至于批评阶段—结构说过于强调认知、判断和推理在宗教与精神信仰发展中的作用,需要说明这样几点。首先,我们知道,Goldman(1964)的理论以及认为宗教与精神信仰的发展只是体现了普遍的认知结构的其他阶段—认知说,确实过于强调认知的作用了。

然而,过于强调认知,并不是阶段—认知说所固有的缺点。实际上,Oser 和 Gmünder (1991)以及 Fowler(1981)在其阶段描述中,提到许多明显具有社会性和情感性的问题、冲突。例如,两种理论都没有把逻辑思维能力作为宗教与精神信仰发展的核心,而是把协调个性化与积极建立跟上帝(终极实在)和各种教会的联系之间的冲突的能力,放在发展的核心位置。而且,如同 Rest(1983)与 Oser(1988)所指出的那样,因为根本不存在没有情感的推理活动,所以,不可能把情绪情感与认知区分开来。最后,沿着 Piaget 的研究路线,Oser 和 Fowler 这些阶段论者假定,情绪情感是阶段转折的"发动机"。实际上,对于高级阶段之间的转折尤其如此 (Rollett & Kager, 1999)。

第三种批评是认为阶段—结构说强调普遍性,而忽视了文化间的差异。我们在后文会看到,重视非普遍性与文化(语言)差异,已经成为近来人们关注的焦点,甚至于人们经常不再讨论普遍性问题。

然而,普遍性问题是一个合理的研究焦点。我们需要侧重研究普遍性,以充分地揭示人的毕生发展规律。我们也需要重视那些因为是揭示发展含义的必要手段而得以表现的一般规律。阶段—结构说只是试图:通过侧重研究结构的发展而不是内容,让我们理解"发展"对我们意味着什么,以及揭示发展含义的规则是否具有普遍性。而且,如同跨文化研究所表明的那样,至少有足够的实证研究表明,在宗教与精神信仰的发展方面,存在着普遍的规律。

但是,内容就不重要了吗?这引出了最后一个批评:阶段—结构模型过于积极或乐观。我们自己的观点是:这种批评是有道理的——尽管有讨论指出,甚至在高级阶段都会有一些潜在的问题(Kohlberg, 1981)。然而,这里的关键是内容而不是结构。内容很重要,在个体或群体的意象和信念是支持还是损害了道德生活这个问题上,显得尤其重要。处于阶段—结构模型的低级阶段的个体,可能比许多仅仅根据结构标准而被划入高级阶段的人表现出更多的同情,对公平问题更为敏感。换句话说,在所有的阶段都存在精神信仰问题——在最后一部分,我们还要讨论像宗教恐怖主义这样的宗教信仰与(或)精神信仰的性质。我们需要开展这方面的研究,以查明和解释在宗教与精神信仰发展的不同阶段存在的问题的本质。

967

我们已经讨论了研究宗教与精神信仰发展的阶段—结构说,接着,我们会根据这种理论评价当前的实证研究。因为这种理论涉及信仰发展和个人成长的规则，所以，对当前研究的讨论，主要针对它们没有提到的信仰或个人发展的内容，或发展规则之外的内容展开。

阶段—结构说之外的其他理论

宗教与精神信仰的发展是否可以被设想成朝着某个复杂而普遍存在的终点行进的征程？在这个过程中，如果一个人要发展，他就必须遵守普遍的规则，它们推动着个体走向终点，界定着个体要到达的终点。宗教信仰与精神信仰的发展是否可以被设想成从山坡顺势而下的水流？被设想成长满枝杈的灌木？或者以某种别的比喻方式加以说明？这些比喻都说明了从多种途径达到多个终点的发展过程所具有的特征。

被设想成向完美境界攀登的发展可以被界定为不断地接近完美的过程。被设想成从多个方向达到多个终点的发展，可以被界定为个体在面对意外事件和遭遇特殊的环境和文化时发生的变化。

对于专门研究宗教与精神信仰发展的社会科学家来说，这两种发展观会形成相当不同的目标。按照规范的发展观，人们倾向于用结构的发展解释宗教与精神信仰的发展，认为结构的发展决定或揭示了宗教与精神信仰发展的"低"与"高"、"不成熟"与"成熟"，而且倾向于运用普遍的规律进行解释。按照非规范的发展观，人们在解释宗教与精神信仰的发展时，更类似于描述随着年龄增长而发生的变化，这种变化不仅或主要地表现于个体中，而且表现于个体与环境和文化相互影响、相互适应的过程中。

下面，我们将讨论四种非常不同的理论，它们具有一种共同的观点：宗教与精神信仰的发展不必也不应该用阶段和普遍的终点来描述。每种理论都批评了规范的阶段—结构说，认为它不能解释人们在宗教信仰和精神信仰的毕生发展过程中经常出现的非线性变化，认为阶段—结构模型忽视了人们表现自身宗教信仰与精神信仰的多种方式，对结构发展的结果过于乐观，而且把西方的自由价值观看得高于一切。David Wulff(1993)这样概括了这些批评：

> 对宗教信仰与精神信仰的发展，尤其是对以不断提高的、不可逆的阶段形式表现的宗教与精神信仰发展给予定位，需要假定信徒具有与特定宗教相应的人格倾向或结构，具有最充分地实现天赋潜能的特定目标状态。然而，很难说清这些极少实现的目标状态到底包含哪些内容。而且，确定这些状态，需要以某些哲学观和神学观为指导，因而相应地削弱了普遍性观点。(p. 182)

我们回顾了当前的宗教与精神信仰发展的研究，以及对规范的阶段—结构说的具体与一般的批评，即使它们部分属于理论推测。下面，我们首先讨论符合宗教研究传统的Susan Kwilecki的实质—功能说(Kwilecki, 1999)的贡献和对这种学说的批评。

968

Susan Kwilecki 的实质—功能说

Kwilecki 的研究对象是成年人而不是儿童，因为她认为，“童年期不是宗教信仰表现的最高发展阶段”(1999, p. 264)。因而，她批评当前关于宗教与精神信仰发展的研究“谨慎地解释了 5 到 9 岁儿童……的宗教概念发展的差异，却没有说明成人极其多样的宗教观点”(p. 264)。由于存在这种多样性，Kwilecki 以量化的方式界定了宗教与精神信仰的发展。她说：

> 在超自然的思想和体验日益明显，对个体的影响日益增强时，个体的宗教信仰就获得了提高或发展……我的宗教信仰发展的标准——生活中超自然的思想和体验的范围、深度和渗透程度——本质上是量化的。(pp. 32 - 33)

在 Kwilecki 看来，成长或发展跟想象的关系要比它跟感知和推理的关系更为密切：

> 具有宗教信仰……意味着，意识到我们的命运依赖于那些超过了我们通常最有效的适应手段——感官和推理——的力量，并且我们越来越按照这种意识去行动。为了控制那些重要但难以捉摸的力量，信仰宗教的人每天都要运用想象这种难以控制而又不可信的能力。在与看不见的存在进行沟通的过程中，他们甚至运用了原始人类的符号化的能力。不是每个人的信仰都能达到这种程度。(p. 31)

由于生命以想象的方式延续，因而 Kwilecki 认为，信仰宗教的人不能用 Piaget 和 Kohlberg 的认知—发展理论进行评价。

对于宗教与精神信仰的发展的定义问题，Kwilecki(1999)提醒我们，重点要放在生活于复杂而不断变化的环境条件下的整体的人身上。为了界定宗教与精神信仰的发展，我们不能只使用诸如阶段—结构说这类一般性的描述体系。我们需要了解个体生活的细节、个体面对的挑战以及他们内心的思想、幻想和情感。

Kwilecki(1999)还向我们展示了某些思维和行动方式的重要性，而它们经常被阶段—结构说明确或不明确地贬低。例如，Kwilecki 在一项个案研究中，研究了一个叫 Jack McCullers 的技工，Jack McCullers 说他有一次得到神的命令，要求他去为一辆丰田汽车买一个盖垫密片，而当时他还没有丰田汽车，也不知道谁有。Kwilecki 对 McCullers 这个宗教想象的反应是：“还有什么比认为宇宙的主宰者会干预这类事情并为此发出信息更愚蠢的呢？还有什么比认为宇宙主宰者如此亲密而幽默更可爱的呢？”(个人的沟通；Kwilecki，2003 年 9 月)简言之，在 Kwilecki 的理论中，我们看到了宗教想象固有的模糊性，而这些想象经常为规范的阶段—结构说所忽略。

Kwilecki(1999)的理论纠正了规范的阶段—结构说的缺点。但是，她界定发展的方式完全是量化的、无规范的吗？在她的著作中，我们有时会发现发展的规范的质的定义，如果使用这种定义不是不可避免的话，那么，这种做法似乎就是明智的。纵览她的著作，我们会发现，Kwilecki 有时描述作为个案研究对象的普通人，有时描述杰出的宗教信仰与精神信仰的典范人物。在她对普通信徒的赞美中，尤其是在对典范人物的赞美中，人们能发现暗含的、用质的差异界定发展的方法。无论是研究 Mother Teresa、Black Elk，还是写禅宗的尼姑 Satori Myods，Kwilecki 都很钦佩信徒们追求高尚目的的能力，尤其是面对逆境时坚持追求高尚目的的能力——她总是迷恋于信徒透过现象想象现实的能力、保持乐观的能力和利用想象适应环境的能力。因此，她以个人为中心的研究方式，可能为关注文化、环境和个体的人格因素、强调一般发展规则的研究奠定了基础。

Kwilecki(1999)重点研究成年人，因为她认为，只有在成年之后，信仰才能以变化多端的、有时十分高尚的形式表现出来。她的理论不强调一般的发展规则，她用量化的方式，把宗教与精神信仰的发展界定为使个体获得力量的信仰。尽管没有充分的实证研究的支持，她的理论给了我们一种没有外部的一般规则的发展。下一个例子是以儿童为重心的新近理论，因为它认为阶段—结构模型忽视了儿童丰富多彩的精神信仰体验。它重点评价儿童的精神信仰而不是发展。

儿童精神信仰运动

近年来，许多心理学家和教育学家一直在讨论“有精神信仰的儿童”(Coles, 1990; Hart, 2005; Hay & Nye, 1998; Reimer & Furrow, 2003)，有关的著述很多，以至于我们可以说兴起了一场儿童精神信仰运动，这部分是对宗教与精神信仰发展的阶段—结构说的反应，从总体上看，这可以看作人们在沿着 Goldman 开创的路线前进。同样，这场运动的倡导者提出的主要批评之一是，阶段—结构说过于强调认知。例如，David Hay (Hay & Nye, 1998)这样写道：

969

> 在纵览了儿童期精神信仰方面的研究之后，我越来越感到，要讲清发展说(指阶段—结构说)的充分性是不容易的……(阶段—结构说的)主要问题是狭隘，几乎把宗教信仰解释为推理，进而把儿童的宗教信仰仅仅看作一种不成熟或不充分的发展形式。(pp. 50, 51)

儿童具有精神信仰这种观点并不新鲜。不同历史时期的信仰传统都表明，儿童具有某种天生的精神信仰——正如《马可福音》第 10 章第 15 节(新标准修订版)所表明的那样：“凡要承受天国的，若不像小孩子，断不能进去”；以寻找新生的达赖喇嘛为核心的灵魂转世信仰(Thurman, 1991)，《象牙海岸的大麻》(the Beng of Ivory Coast)中对待儿童的方式(Gottlieb, 2005)，都证明了这一点。在不同的时期，人们都会发现儿童具有某种天生的、不严肃的信仰，具有认清事物真相的天然的智慧和能力，具有对古老灵魂的精神信仰。因而，当前儿童精神信仰运动的新意不在于它认为儿童具有精神信仰的思想，而在于它对阶段—结构说太重视认知的批评。

儿童精神信仰运动的思想基础是，精神信仰扎根于个人的经验、感情和生物学因素。这场运动的领导者也承认,有一种他们称之为"精神信仰体验"的认知成分。要获得这种精神信仰体验,至少需要一种认知能力,即把自己降到毫无意义的地位,从而理解更宏大的图景、生命的神秘以及超出我们感知范围的东西。但是,根据一些说法,在 4 岁时就已经具备了这种能力,其实,可以肯定的是,儿童要到 6 岁才能有这种能力。

按照运动支持者的观点,儿童在年幼时就已经具有精神信仰的意识,因为这是人类在进化过程中逐渐形成的(Hart, 2005; Hay & Nye, 1998)。精神信仰能力是遗传的,是脑发展的产物。它是由生物学因素,而不是由父母、教师或文化决定的——尽管儿童的精神信仰要获得发展,需要很多鼓励和支持。总之,儿童精神信仰运动旨在宣扬的主要思想是,儿童能够拥有丰富多彩的精神信仰体验,这种能力构成了(或者说经过鼓励和支持应该构成)宗教信仰、道德和精神信仰发展的基础。

有什么证据可以支持儿童能够拥有真正的精神信仰体验这一观点?对儿童的访谈研究,用纸笔调查法对成人进行的回顾性研究,对逸事趣闻集的研究,都可以作为证据。

这场运动的支持者最先指出,他们的方法和已有的研究并不符合严格的科学标准。他们甚至承认,即使能够界定,要给出儿童精神信仰的定义也是有难度的,也许不可能对儿童的精神信仰下定义。他们认为,在定义儿童的精神信仰时,主观性不可避免。例如,Rebecca Nye(1999)提到,她在访谈研究中发现,在对儿童的精神信仰体验进行访谈时,儿童不能用口语把它们说清楚。儿童产生精神信仰体验的那些时刻很特殊,因为根据儿童的描述,那时他们"似乎换了挡"(Nye, 1999, p. 62)。

就当前的证据和方法来看,我们可以嫌它缺乏坚实的科学研究依据,而轻易地摒弃这场运动。然而,这样做却忽视了我们所正在讨论的这种真实存在的现象。主要的问题不是这种现象是否真实,而是它是否配得上使用这个称呼。用其他的术语,即这场运动的领导者所用的术语——*惊奇*、*敬畏*、*智慧*、*关系意识*——称呼它也很好。加上*精神信仰*这个术语可能就增加了一个不必要的解释。

而且,儿童精神信仰运动的推动者让我们关注儿童的"精神信仰体验",因而自觉地降低了判断、推理和思维在总体上的作用,甚至于走向与 Goldman 相反的另一极端。上面提到的 David Hay 就是一例。

最后,本理论可能会遭到质问:它是如何看待发展的(或没有以什么方式看待发展)。指出儿童生活中经历的敬畏、惊奇和智慧的时刻是一个方面,而界定信仰和信仰的发展是另一个方面,其中第二个方面显得更重要。产生敬畏、惊奇、智慧和关系意识的时刻不可能在很大程度上为宗教与精神信仰的发展奠定基础。至少,有关的研究还没有证明这一点。而且,即使这些时刻本身不重要,而是儿童固有的能力更重要,我们仍然有这样一个问题:这些固有的能力是怎样发展为成熟的信仰模式的?假定发展与惊奇、敬畏和智慧有关,我们仍然想知道,一个儿童的惊奇、敬畏和智慧与 John Muir 把大山说成是"上帝的教堂"(Cronon, 1997),Gandhi 践行印度古吉拉特人(Gujarati)的智慧箴言"以德报怨"这类成人的惊奇、敬畏和智慧有什么区别(Gandhi, 1993)。

970

在接下来对后面的一种理论的讨论中,还有对儿童能够理解多少的评价——而且还评价了年长者和文化的影响。然而，与前面的这两种理论不同，接下来的这种理论是以后皮亚杰主义和后传统的认知发展心理学的实验研究为基础的——偏重领域特殊性的发展和文化的多样性。

认知—文化说

阶段—结构说假定存在能够说明发展本质的一般规则，因而，它对文化的多样性不敏感。认知人类学这类新的学科领域的大量研究表明，没有一种阶段—结构说能够公平地对待各种文化中以及文化间的丰富多彩的思维和行为。今天的认知发展心理学家像他们之前的 Darwin 一样，没有接受成熟模型，而是接纳了不断分化的理论模型。

目前的认知—文化说(如 Johnson & Boyatzis, 2005)探讨特定领域的能力，而不是跨领域的能力(例如，客体永久性)。这种研究提出了一种更详细的智力发展观。领域(domain)这个词可以是广义的，如物理学领域；也可以是狭义的，例如棒球运动和敲一敲游戏(knock-knock jokes domain)(Feldman, 1980)。当前的认知研究考察的主要是广义上的领域——物理、生物与心理(心理理论)这三大领域一直是儿童认知研究的重点。儿童在早期被认为在这三个领域形成了直觉知识，以至于到 4 岁时，大多数儿童就形成了相当发达的直觉的本体论知识(intuitive ontology)(Boyer & Walker, 2000; Harris, 2000)。

认为儿童具有相当发达的直觉的本体论知识这种观点，是与 Piaget 的观点直接相矛盾的，后者认为 4 岁儿童的思维是前逻辑思维。按照这种新观点，儿童既不是理性的，又不是非理性的。他们已经能够熟练地使用各种不同的现实思维系统。这里，我们重点讨论两种思维系统。

第一种是对日常生活事件的思维系统。这是一种默认使用的思维系统。它以直接的观察以及发现模式和因果关系的内在动力为基础。它不考虑神秘和反直觉的东西。相反，它完全是一种实证性的思维系统。学前儿童可能会假装做什么事，但这时他们都把假装称为“骗人”(make believe)。在没有假装时，如果他们的因果推论看起来是非理性的，那么，与其说是因为他们的思维过程天生是非理性的，不如说是他们缺少信息和经验。

另一种是反直觉的(counterintuitive)思维系统。这种思维系统的运用与其说是因为儿童对现实的反思，不如说是因为文化与可信的养育者所提供的证据。在早期，儿童就受到反直觉的思想和反直觉的生活事实的影响，这是他们所在文化中的宗教遗产，很明显，他们容易接受这些思想和事实，使之成为他们知识的一部分(Harris, 2003)。

这是由多种原因导致的。其一，他们相信他们的养育者和启蒙者——那些证明反直觉事实正确的人(Harris, 2000)。其二，因为宗教思想是反直觉的，而且是被作为真理告诉儿童的，所以，这些知识给儿童留下难忘的、深刻的印象(Atran & Norenzayan, 2005)。其三，儿童能够采用两种思维——大部分时间采用直觉的本体论，在适当的场合则采用新形成的反直觉的本体论(Harris, 2003)。其四，甚至在同化反直觉的宗教信念系统时，儿童也要借鉴直觉的本体论知识——从反直觉的事实推论日常生活，反之亦然(Harris, 2000)。

可见，这些问题是各个领域之间的界限和区别问题，而不是朝向特定方向的阶段发展问

971 题。而且,4岁以后,儿童的基本思维方式要比皮亚杰理论所说的更类似于成人。最后,文化,而不仅是机体的发展,解释了儿童思维随年龄发生的变化。

这对于理解宗教与精神信仰的发展以及有关的研究的意义是什么?首先,它意味着拒绝在神学方面有影响的发展理论,而接受以跨文化研究为基础的描述。其次,它意味着,宗教信仰的发展不是一个孤立的认知发展问题,而是一个用认知发展的成就解决日常问题的过程。再次,它意味着,宗教思维既不比别的思维方式更原始,也不比别的思维方式更成熟。它只是相对不同而已。任何一种宗教传统影响下的个体只要形成了基本的(物理的、生物的、心理的)直觉本体论,只要反直觉的宗教信仰因素与生活能够发挥它通常的适应功能,增强人们的道德(社会)责任,减轻他们的生活焦虑,那么,这种相对的差异就会进一步扩大成为宗教传统本身之间的差异(Atran & Norenzayan, 2005)。

从认知—文化说来看,这是目前宗教思维发展的一种综合性观点。我们应该如何看待它?它的优点和缺点是什么?这种观点的主要优点是,它更好地揭示了宗教信念是如何获得的。它的主要缺点是,把信念与信仰混为一谈——以至于研究主题有时好像是宗教与精神信仰发展之外的东西。例如,这种观点没有指出,儿童提出"天使为什么不会掉在地上"这类问题(Harris, 2000)与成人"好人为什么会有厄运"这样的问题(Kushner, 1981)之间有什么差异。第一个问题缺少道德意义。第二个问题迫使我们考虑我们生活于什么样的世界中,以及我们应该如何面对不公和不幸。尽管对于两种提问是否都是宗教与精神信仰发展方面的问题可能还存在争议,但是,第二种提问显然与过去被界定为信仰的东西具有更密切的关系。

发展系统说

发展系统说把关注的焦点从个体转向个体与他们所在的环境之间的互动(Lerner et al., 2003)。也就是说,发展系统说本质上是相互作用论。这意味着,发展不在于个体,而是表现于个体与其所在的多层次环境之间的互动过程。我们这里考虑的是个体与环境的适配程度。宗教信仰与精神信仰在一定程度上表明,它们可以帮助人们更好地适应环境。实际上,根据发展系统说进行的研究的主要发现之一,就是宗教信仰与精神信仰确实更可能使个体健康发展,因为他们的行为不仅改善了环境,而且得到了环境的回报。总之,健康发展是主要的研究目的;宗教与精神信仰的发展只有在促进了个体的健康发展时才是有意义的。

在多种把宗教信仰和精神信仰的发展与健康发展相联系的研究中,有一些考察了有信仰的社区及其对于青少年的积极帮助作用(Benson et al., 2003; King & Boyatzis, 2004; King & Furrow, 2004; Roehlkepartain, 1995)。Regnerus 与 Elder 的研究就是其中的一个主要例证(Regnerus & Elder, 2003)。

这项研究从几个方面说明了发展系统说,首先,它把参加社区宗教信仰活动说成是一种潜在的"*康复途径*"(resilient pathway)。这个术语不仅表明了这种学说关于可塑性的主要假设,而且表明了它的主要兴趣所在——是什么导致了个体的健康发展。这项研究的结果表明,在具有高度危险性的社区,作为一种保护性机制的教会参与活动,"可以促进问题青少年在生活中康复”——教会参与活动与学业正常之间具有正相关就说明了这一点。

然而，发展系统说的主要观点表现在 Regnerus 与 Elder(2003)对研究结果的解释而不是研究结果本身中。下面是 Regnerus 与 Elder 对研究结果的解释：

> 与参加宗教活动、宗教信念二者在神学意义上存在显著的差异相反，参加宗教崇拜或服务这些仪式性的活动，似乎是特定的信念系统和参加宗教机构的活动所促成的一种过程。参加教会活动可能构成了——哪怕是偶然的——个体融入社会的一种形式，其结果增强了可以促进学业成就与目标设定的价值观……(另外)……参加教会的活动、努力学习都需要责任感、勤奋和做日常事务。基督复活、去教会或做弥撒等宗教仪式活动——无论是出自个体自身的信仰还是父母的要求——都能使青少年参与一种社会活动，形成一种惯例，发展起一种技能，而这又可以转化为学业成功的必要条件。(p. 646)

972

换句话说，对于这项研究中的问题青少年来说，经常去教会意味着，他们受到了可以促进学业的价值观和良好生活习惯的影响。

显然，我们很需要这类研究，尤其是关于如何支持问题青少年的研究。但是，它们是宗教与精神信仰发展方面的研究，还是广义的积极的发展研究？我们认为是后一种研究，因为它们没有描绘和解释信仰及其发展过程。尽管这些研究经常承认信仰是一种独特的、重要的变量，但它们并不解释信仰是如何发展的。因此，它们没有考虑界定和解释个体的宗教与精神信仰发展的内部工作方式。

后面，我们还要讨论发展系统说及其对于理解宗教信仰与精神信仰的积极相关因素的贡献。然而，在下一部分，我们主要讨论目前阶段—结构说与认知—文化说的争论——我们的任务是解释宗教与精神信仰发展方面的概念的形成过程。

宗教与精神信仰发展中的概念发展

只有了解宗教与精神信仰发展中概念的发展过程，我们才能更清晰地看到阶段—结构说与认知—文化说的不同。阶段—结构说对宗教与精神信仰的发展作了以下综合的描绘：

- 随着年龄的增长，儿童对超自然力量的观念从人格化的、具体的水平，逐渐发展为主要是象征性的、抽象的水平。
- 随着年龄的增长，儿童从依赖于神秘的和自我中心—想象性的反思，包括对超自然的力量和祈祷的思考，逐渐发展为理性的和去中心化的思维。

与此相反，认知—文化说则作了如下综合描述：

- 随着年龄的增长，儿童、青少年和成人一直具有这样的观念：超自然力量既是人格化的，又是非人格化的。
- 随着年龄的增长，儿童、青少年和成人形成了与他们的直接理解有关的、直觉的本体论,它与超出他们的直接理解水平的反直觉的本体论同时存在。个体形成的后一种本体论既不是构成神秘—自我中心的思维的成分,又不是构成逻辑—去中心化的思维的成分。

支持这些观点的证据是什么?在寻找证据时,我们能找到协调它们之间差异的方法吗?为了回答这两个问题,下面我们讨论从每种理论出发开展的研究——首先讨论从阶段—结构说出发开展的研究。我们主要比较这两类研究在考察发展时所涉及的下列概念:(a) 超自然力量(supernatural agencies),(b) 宗教机构(religious institutions)和祈祷(prayer),(c) 死后的生与死(death/life after death)。

然而,在讨论宗教信仰方面的概念及其发展时,我们提醒读者,这些概念根本不能被简单地分为宗教信仰(religious)概念与非宗教信仰(nonreligious)概念两类。某些概念好像与宗教信仰或精神信仰的发展无关。尽管如此,考虑到这些概念使用的背景,也把它们列为宗教信仰或精神信仰概念。例如,从表面上看,"工作"与"家"这两个概念好像没有宗教信仰或精神信仰方面的意义。然而,把它们放在特定的背景中进行考察,它们的意义就发生了变化,以至于具有了某种宗教信仰或精神信仰意义——Shakers 提到的"神圣的工作"与 Mormons 提到的"永恒的家"就是如此。意义不仅取决于发展,而且取决于文化和信仰传统。

从阶段—结构说出发开展的研究

从阶段—结构说出发对宗教信仰概念的发展进行的研究,主要遵循了以 Piaget 的研究为代表的理性主义传统。在这种传统的影响下,儿童的概念反映了性质不同、缺乏理性(与成人相比)的思维方式。看一看各种宗教信仰概念,其中最突出的概念是与超自然力量、宗教机构、祈祷和死亡有关的概念,就可以发现这一点。

973

超自然力量

到目前为止,研究最充分的宗教信仰概念是上帝(God)这个概念。人们运用各种方法考察了儿童的上帝观,其中最常用的方法是问儿童一些问题,引出他们在听到上帝这个词时心中的上帝形象。让儿童为上帝画像,给上帝写信,以及其他的相对无结构的投射法,能比封闭的方法更有效地揭示儿童的上帝观(Klepsch & Logie, 1982, p. 36; Tamminnen, 1991, p. 160)。

这些无结构的投射法不是没有问题。尤其是它们鼓励把上帝人格化,在只用于儿童时,由于对儿童与成人的评价方法不同,这些方法可能导致儿童与成人比较的偏差(J. Barrett, 2001)。

尽管存在方法上的问题,仍然有大量研究(Bucher, 1994; Hanisch, 1996; Heller, 1986; Nye & Carlson, 1984; Pitts, 1977; Pnevmatikos, 2002)证实了 Harms(1944)所描绘的发展趋势。根据 4800 多幅(次)绘画和访谈,Harms 发现,3—6 岁儿童主要是描述上帝的神话形象,年龄较大的儿童则以人格化的方式描绘上帝。只有到青少年时期,儿童才能提出抽象—象征性的上帝观。

自 Harms 以来，研究一再证明，幼儿经常把上帝看作一位友好的、微笑的老人，经常是长着胡子，住在天堂里，天堂则被描述为地球之上的某个地方(Bucher, 1994; Goldman, 1964; Heller, 1986; Tamminnen, 1991, p.195)。大量调查研究表明，随着年龄的增长，以人格化的方式描绘上帝的儿童越来越少，而以符号或比喻代表上帝的儿童越来越多——如用光、自然或爱代表上帝(Bucher, 1994; Goldman, 1964; Hanisch, 1996)。把上帝描绘为严厉的或魔鬼般形象的儿童很少(Frielingsdorf, 1992)。

根据这种研究，儿童的上帝观是从人格化的、具体的水平逐渐发展到象征性的、抽象的水平，尽管在不同宗教中发展的速度是不同的。例如，Pitts(1977)发现，摩门教儿童坚持人格化的上帝观的时间比一般儿童要长，而犹太儿童正好相反。

儿童的绘画反映了他们真正的上帝观吗？答案是不清楚的。在绘画作品中，尽管儿童内心的上帝观已经变了，但他们仍可能画出神圣化的内容，且绘画的内容可能比较稳定(Freeman, 1980)。

然而，童年期把上帝人格化，不能只归因于让儿童绘画这种方法，因为运用别的研究方法也发现了儿童的上帝观表现出相似的发展趋势。例如，在访谈研究中，许多研究者发现，幼儿以人格化的描述为主，这一时期比以后的各个时期都更多地采用这种描述方式(Barnes, 1892; Vogel, 1936)。相似地，Thun(1959)记录了德国小学生在宗教信仰教学中的课堂对话，Deconchy(1967)采用词语联想法把法国儿童的上帝形象进行分类，他们都发现，11 岁以前的儿童以人格化的方式想象上帝，而青少年则以抽象而模糊的方式想象上帝。Hyde(1965)也采用绘画法以外的方法考察了青少年对上帝的想象，发现上帝的拟人化倾向稳定地减弱，而定期去教会的儿童(这种情况的发生)要晚一些。

总之，根据阶段—结构说开展的许多研究都发现，随着年龄的增长，儿童上帝观的拟人化倾向越来越不明显，越来越不具体，而象征性和抽象性越来越明显。在儿童对宗教机构和祈祷的看法的研究中，也发现了相似的结果。

宗教机构观、祈祷观和死亡观

宗教信仰与精神信仰并不是一再翻新的。相反，它们通过信仰团体的传统代代相传。因而，儿童对宗教信仰的机构和活动的看法不仅引起了研究者的兴趣，而且引起了宗教信仰教师的关注。这方面的主要研究仍然是 Elkind 与他的合作者(1961, 1962, 1963)开展的那些研究，在这些研究中，研究者询问了犹太教儿童、天主教儿童与新教儿童是怎样理解他们所属的教派和教会的。结果支持了以下关于年龄特征的描述：

- 未分化的观念 (undifferentiated conceptions)(7 岁前)，在这个阶段，甚至一只家猫也可能被看作天主教徒。
- 具体分化的观念 (concretely differentiated conceptions)(9 岁前)，在这个阶段，通过某个方面的具体行为，如去教会或犹太教会堂，来说明一个人所属的教派或教会。
- 抽象分化的观念 (abstractly differentiated conceptions)(10 岁以后)，在这个阶段，能够参考信念和意识形态，来说明一个人所属的教派或教会。

974

在祈祷方面，由于祈祷的多样性和普遍性，宗教心理学从一开始就考察了祈祷的发展问题(Brown, 1994; Hyde, 1990)。这一点并不令人感到惊奇。早期的研究是Pratt(1910)完成的,他认为祈祷从原始的、自发的恳求逐渐发展为越来越仪式化的形式。

Goldman(1964)把祈祷概念的发展划分为三个阶段。第一个阶段通常在9岁之前,儿童把祈祷想象成魔术。而且,幼儿认为,上帝逐字听取了祈祷词,并且被迫应允了祈祷者的祈求,因为祈祷者作了合理的祈祷,并且是一个好人。年龄稍大,儿童会认为,祈祷的效果依赖于祈祷的内容;如果祈祷只涉及物质方面的、自私的愿望,这种祈祷就可能不被应允。到青少年时期,发展会继续,祈祷被看作信仰的表现,被看作一种超自然的心灵—精神的自助形式。

Rosenberg(1989)考察了几种祈祷内容随年龄发生的变化:怎样(如祈祷者所在的物理位置),什么(祈祷的内容),谁(祈祷者或人们所想象的上帝的接收者),祈祷的反思—主观性方面。在研究中,向儿童和青少年呈现正在祈祷的人们的图画,然后让他们就自己看到过的情境进行自由的联想。结果表明,随着年龄的增长,"怎样"这部分内容变得越来越不重要。对比较年幼的孩子来说,祈祷时外在的形式,如祈祷时戴帽子,显得很重要,祈求以及把上帝人格化占主要地位。青少年更强调祈祷的心理意义,以至于他们认为,祈祷的价值与祈祷对祈祷者本人产生的影响有关。

其他研究证实了祈祷从神秘的言语行为到精神信仰对话的这种发展趋势。例如,Long、Elkind和Spilka(1967)划分了祈祷发展的三个阶段。9岁之前的儿童认为祈祷实际上是索要东西的一种方式。从9岁左右开始,与索要东西有关的祈祷逐渐减少,祈祷逐渐成为个人在内心与上帝的对话(Godin, 1968a; Thouless & Brown, 1964)。Brown(1967)还发现,随年龄的增长,认为祈祷会产生神秘—因果性影响的儿童逐渐减少。

在一项关于青少年祈祷及其发展的研究中,Scarlett和Perriello(1991)让被试为需要祈祷的假设情境进行祈祷(如为一名垂死的朋友祈祷)。结果表明,随着年龄的增长,祈求上帝直接干预以促成戏剧性变化(如治疗一位生病的朋友)的青少年逐渐减少,而祈求上帝提供支持和指导的青少年越来越多。而且,随着年龄的增长,青少年从"对上帝说话"逐渐发展为"与上帝谈话",以至于他们越来越关心与上帝分享感情,共同解决问题和面对疑惑,而不仅是请求。

从总体上看,这些对儿童和青少年祈祷与认识祈祷的方式的年龄特征的研究让我们想起了William James(1902)对祈祷发展问题所说的话:

> 信念,不是在监督我们的上帝的调和下,作为依赖上帝的报偿而变得对我们更有利的特定事件,而是通过培养与恢复事物本来面目的上帝的持久联系感,我们更为温和地、充满希望地接受这些事物。自然事物的外在表现不必改变,需要改变的是自然事物意义的表现。(p. 474)

许多人认为,死亡,或死后生的可能性,是一种宗教信仰现象,这意味着,应该考虑儿童和青年人的死亡观(参见综述: Faulkner, 1993; Ramachers, 1994; Wittkowski, 1990)。早先,Anthony(1940)访谈了128位儿童对死亡的定义,发现随着年龄的增长,儿童只是逐渐地意识到死亡是生命机能的终止,具有必要的生物学意义。此后的许多研究都表明,3—5岁的儿童无法理解死亡是普遍存在的(主要是认为老人会死,自己的父母不会死),他们也认识不到死亡是不可逆转的。通常情况下,到7岁时,儿童至少会对死亡的不可逆性和普遍性产生最初的理解,以至于大部分儿童9岁时就形成了相对成熟的死亡观(Wittkowski, 1990, p. 58)。

关于死后生命观的发展变化的研究相对较少(Tamminnen, 1991, p. 262)。Barth(1911)对德国儿童的调查研究表明,儿童会把天堂想象成地球之上的某个具体的地点。Burgardsmeier(1951)对德国义务教育阶段儿童的调查研究发现,儿童把天堂想象成某个离奇、美丽而神圣的地方,随后会想象成充满空气的天空、上帝的住处,最后把它想象成一种象征符号。Blum(引自Ratcliff, 1985)指出,儿童对死后生命的看法随着年龄的增长越来越模糊不清,年龄要比宗教信仰背景可以解释更多的变异。Tamminnen(1991, pp. 260—278)对这些研究结果进行了验证,发现年幼的学生在描绘永生和天堂时使用的绘画式的细节多于一般水平(p. 278)。年龄较大的孩子难以确定天堂在宇宙中的位置,要不就用学到的神学知识来回答问题(如"天堂在我们心里")。

975

根据阶段—结构说开展的研究不仅强调了儿童、青少年与成人宗教信仰概念方面的差异,而且强调了使用人格化—非人格化、具体和字面化—抽象和象征化的标准,描述和评价了宗教与精神信仰发展的有效性。根据认知—文化说开展的研究则不是这样——接下来的讨论要对此进行说明。

从认知—文化说出发开展的研究

在前面,我们全面评述了认知—文化说的观点或研究。后面我们主要讨论支持认知—文化说的研究证据和论据,以及它对于宗教信仰和精神信仰发展中的概念发展的观点。我们首先讨论与超自然力量有关的研究证据和论据。

从认知—文化说出发开展的研究主要围绕两个问题展开。第一个问题是,"就像阶段—结构说所说的那样——儿童主要是以人格化的方式思考诸如上帝这样的超自然力量吗?"第二个问题是,"就像阶段—结构说所说的那样——儿童关于超自然力量的概念与成人关于超自然力量的概念具有本质的不同吗?"

通过询问儿童对诸如人这样的普通力量的看法,研究者考察了第一个问题。我们首先来看Wimmer和Perner(1983)的研究。它表明,5岁大的儿童就能根据他人为他们提供的信息,认识到别人的思想与他们自身的思想可能是不同的。例如,一个发现在食品盒中装有石头的、5岁大的儿童可以正确地预测,一个成年人第一次遇到这只盒子时会认为,里面只有食品而不是石头。因而,甚至幼儿就具有了心理理论。

然而,当问儿童上帝是否会犯同样的错误时,5岁儿童就能回答"不会的"。甚至幼儿都已经认识到上帝不是一种普通的力量——上帝具有超自然的、反直觉的能力。简言之,儿童对上帝的概念并不像过去所描绘的那样是人格化的。相反,儿童能够明确地区分人与上帝。

在信仰上帝之外的超自然的宗教力量——如印度克利须那神(Krishna)和祖先——的文化与信仰传统中长大的儿童,也能做到这一点。

第二个问题与儿童和成人的上帝观的差异有关,这方面的研究表明,儿童以及成年人都会以人格化的方式想象上帝。引用最多的是 J. Barrett 和 Keil(1996)的研究。Barrett 和 Keil 发现,在直接问上帝的本质是什么时,成年被试往往直接用神学中的正确观点来回答,避免了对上帝进行人格化的定义。然而,当要求他们讲述包括上帝的故事时,相同的被试却在故事中增加了人格化的上帝,或者以人格化的形式歪曲了故事内容——例如,说上帝"没有注意到"或是按照一定顺序做事的。Barrett 和 Keil 总结指出,成年人会形成并保持像儿童一样的上帝观:把上帝作为一种超自然力量的反直觉的看法,与他们对普通力量如何行动的理解结合起来。这种把直觉的看法与反直觉的看法结合起来的上帝观也适用于信仰其他超自然力量(灵魂和祖先)的宗教传统。

在祈祷方面,Woolley 的研究结论与 Barrett 和 Keil(1996)的研究结论相似。Woolley(2000)要求 3—8 岁的儿童教一个木偶做祈祷。她还运用访谈法考察了儿童对于祈祷、祈祷的作用以及为什么祈祷有时没有得到回应的理解。她的某些研究结果与阶段—结构说的研究结果相同。然而,在她比较了儿童对祈祷的理解与他们关于因果关系的直觉性知识时,发现了一些重要的差异。

首先,Woolley(2000)的研究表明,5 岁大的儿童对祈祷的看法就已经具有心灵主义的色彩——这比 Long 等人 1967 年报告的年龄还要提前。其次,她发现,到 5 岁时,儿童就不再相信自己期望得到什么就能得到什么,而开始相信祈祷的力量。因而,在总体上,儿童对祈祷作用的信念不能归因于通常情况下他们对因果关系力量的神秘看法,也不能归因于特殊情况下个人的愿望。相反,他们相信祈祷的作用是教育或社会化的结果。Woolley 研究中的被试来自有宗教信仰的家庭。而且,他们相信祈祷的作用而不相信愿望的作用,似乎取决于他们的这样一种看法:祈祷与愿望不同,它是以上帝这种超自然的力量为中介的。

976

在儿童对死亡与死后生活的看法方面,人们同样从认知—文化说出发进行了研究。在直接地回答死亡问题的过程中,儿童建构了自己关于死亡的直觉本体论,以至于他们在比阶段—结构说所说的年龄还要小的年龄,就理解了死亡是不可逆的、不可避免的(Slaughter, Jaakola, & Carey, 1999)。然而,在回答死亡方面的问题的过程中,儿童还形成了对死亡和死后生活的反直觉的信念——这种信念通过儿童所信任的人的见证而由文化和信仰传统传递下来(Harris, 2000)。

认知—文化说对儿童宗教概念的研究为我们描绘了一幅相当不同的儿童能力发展图景,解释了文化在宗教与精神信仰发展中的作用。尽管一些研究者认为,儿童的能力有限,文化有责任帮助儿童克服他们天生的神秘思维倾向,但另一些研究者认为,儿童拥有相当强的能力,文化有责任教给他们或向他们传递反直觉的信念。因而,直觉本体论与反直觉本体论的区别是这幅新图景的核心内容。

然而,因为许多反直觉的信念(如 Darwin 的进化概念)在童年期是学不到的,所以,产生了这样一个问题:为什么儿童那么早就掌握了反直觉的宗教概念? Harris(2000)给出了一个令人信服的答案。掌握那些作为超自然力量存在的上帝、灵魂、祖先这些反直觉的宗教概念,并不要求儿童放弃他们对普通力量的直觉的常识性知识。相反,掌握像 Darwin 的进化这样的科学概念,却要求儿童放弃他们直觉的常识性知识。例如,一个儿童不会同时具有直觉的神创论观点(creationist view)与反直觉的达尔文主义的观点,前者认为物种是不变的,而后者恰恰相反。与反直觉的科学概念相比,反直觉的宗教概念与直觉的非宗教信念的形成过程是平行的——至少在大多数情况下对大多数人是这样。

一种综合的观点

对这些截然不同的观点,在目前和将来对宗教与精神信仰发展的研究中,我们应该持一种什么样的立场? 一种可能是,我们被迫拒绝其中的一种观点,而赞同另一种观点。一方面,越来越多的研究结果表明,儿童理解宗教概念的方式与青少年和成年人确实具有重要的差异。这些差异不仅仅是不完善的研究方法、社会化程度不同导致的结果。另一方面,对直觉本体论与反直觉的本体论(counterintuitive ontology)进行的认真深入的比较研究结果表明,儿童、青少年与成人理解宗教概念的方式具有重要的相似性。

我们认为,这两种观点并不像它们初看起来那样截然对立,形成一种综合性的观点是有可能的。看到它们之间的差异,并不意味着忽略它们的相似性。而且,这两种观点是互补的,而不是相互矛盾的。认知—文化说的优点在于,它更好地解释了宗教*信念*(religious beliefs)是如何获得的。注重一般规则的阶段—结构说的优点在于,它使我们有可能解释宗教信念之间是如何与现实生活建立联系的,或者,就像 Johnson 和 Boyatzis(2005)所说的那样,宗教概念是如何帮助个体把自己与某种有价值的现实联系在一起的。换句话说,阶段—结构说可以更有效地解释信念如何与情感、行为结合为一体,形成某种信仰模式,从而使个体过一种高层次的宗教或精神信仰生活。毕竟,宗教与精神信仰的典范人物主要是因为他们的积极而坚定的信仰,而不是因为他们的宗教概念和信念而成为典范的。

影响宗教信仰和精神信仰发展的环境因素

977

宗教与精神信仰的发展总是在多样性的、多层次的环境中发生的。而且,每种环境本身由其内部的各种要素共同构成一个系统——各个不同的系统本身又一起构成更大的系统。这种环境观使我们对任何事物原因的分析复杂化——显然,最终分析的结果总是由无限多的原因共同构成的综合体(Lerner, 2002)。

下面,我们着重看影响或支持宗教与精神信仰发展的三种主要环境因素。它们分别是家庭、宗教学校、宗教集会。我们着重考察这三种环境,不仅是因为它们与宗教信仰和精神信仰的发展具有逻辑联系,而且是因为人们在这些方面进行了大量的实证研究。

家庭环境

正如几位学者指出的那样,家庭是影响儿童宗教与精神信仰发展的最重要的因素

(Boyatzis, Dollahite, & Marks, 2005)。它的影响表现在两个方面。首先,作为一种社会化场所,家庭直接影响着发展中的儿童。这发生在当父母把习惯、信念、传统和价值观传递给儿童时。其次,儿童宗教和精神信仰的发展间接地受到他们在家庭中形成的依恋的影响。上帝会成为依恋的对象,儿童对上帝形成的依恋或者是其安全依恋的延续,或者是弥补其不安全依恋的一种方式。总之,父母和家庭会直接地、有目的地影响儿童宗教与精神信仰的发展,尤其是通过宗教方面的教学和实践活动施加影响,而且,还能间接地、无目的地影响儿童的发展,尤其是通过培养儿童的依恋施加影响。

社会化和社会实践

实证研究反复证明,在宗教信仰的发展方面,母亲和父亲的影响最为重要(Beit-Hallahmi & Argyle, 1997; Hood et al., 1996)。例如,Ozorak(1989)发现父母对儿童宗教信仰发展的影响要比同伴大得多,而且要比父母对儿童政治发展和安排空余时间能力的影响持久。如表17.5所示,CavalliSforza(1982)得到的相关与另一些研究的结果和解释是一致的。

表 17.5 父母影响与同伴影响的比较

	父母—儿童	朋友—儿童
宗教信仰行为	0.57	0.20
政治行为	0.32	0.16
娱乐活动	0.16	0.10
体育活动	0.13	0.16

对青年人进行的自我报告研究也得到了相似的结果。例如,B. Hunsberger和Brown(1984)的访谈研究报告指出,对青年人宗教与精神信仰的发展影响最大的是母亲,其次是教会和父亲,朋友和媒体的作用较小。B. Hunsberger(1995)也发现,年龄较大的被试认为,他们宗教信仰的发展受母亲的影响最大,其次是父亲和教会,再次是媒体、朋友和学校。

在许多研究中,母亲都被认为对孩子宗教与精神信仰的发展具有主要的影响(Boyatzis et al., 2005)。其中有几个原因可以解释这种现象。首先,母亲在教会活动和家庭祈祷这类宗教活动中保持极高的积极性(Beit-Hallahmi & Argyle, 1997)。其次,与父亲相比,母亲更可能跟孩子交谈宗教信仰问题。例如,Strommen和Hardell(2000)在对传统的青少年新教徒进行的一项研究中发现,母亲与孩子交流信仰和生命问题的频率几乎是父亲的2.5倍。最后,母亲最经常地让孩子介入宗教活动,例如,领孩子在家中进行祈祷,带着他们参加宗教服务活动(Hood et al., 1996)。

研究者在比较了父母对孩子的宗教信仰*活动*(religious practices)的影响程度与他们对孩子宗教*信念*(religious beliefs)的影响程度之后,得到一个最有趣的研究发现:父母的宗教*活动*与孩子的宗教*活动*之间的相关要比父母的宗教*信念*与孩子的宗教信念之间的相关更密切。Gibson(Gibson, 1990)发现,父母去教堂的行为与他们的青年子女去教堂的行为之间的相关(r=.60),比他们对基督教信念的态度之间的相关(r=.50)更高。类似地,Ozorak

978

(1989)发现,家庭的亲密度会影响孩子的宗教信仰活动而不是宗教信念。随着年龄的增长,儿童的信念越来越具有个人的特点。而且,高度个性化的信仰总是与高智商相伴随。

已有研究表明,在家庭环境中,宗教信仰的发展受多种因素的推动,其中包括支持性的家庭氛围,主要是鼓励孩子具有自己的独立观点,鼓励参与讨论和亲子之间的亲密程度。例如,父母与孩子的亲密程度可以预测父母的宗教信仰与孩子的宗教信仰之间的高度正相关。在孩子进入青少年时期之后依然如此(Erickson, 1992)。

在双父母家庭中,这种支持还取决于父母是否具有相同的宗教信仰。与父母具有不同的宗教信仰的家庭相比,当父母具有相同的宗教信仰时,会对孩子的宗教虔诚产生更大的影响(Hoge & Petrillo, 1982)。父母持有不同的宗教信仰与子女的背教行为之间相联系(Caplovitz & Sherrow, 1977)。

放弃宗教信仰(背教)现象一直是许多研究的主题(Caplovitz & Sherrow, 1977; Hood et al., 1996)。Caplovitz 和 Sherrow(1977)发现,家庭压力与脱离父母是预测背教行为的两个主要的先行因素。L. Hunsberger(1980)也发现,背教的先行因素包括了不良的亲子关系。另外,B. Hunsberger 和 Brown(1984)发现,背教者常常回忆说,在他们的童年时期家里不重视宗教,不严格要求孩子忠诚于家庭的宗教信仰。因此,宗教教育太少可能导致个体的背教行为,而宗教教育过多不会导致背教行为。总之,背教行为是因为缺乏对个体宗教信仰活动的鼓励——Niggli(1988)的研究表明,鼓励个体的宗教信仰活动,确实可以对个体宗教信仰的发展产生重要的影响。

Niggli 还编制了量表,用来测量宗教教育的方式及其对宗教信仰发展的影响:尤其是强制宗教信仰(religious compulsion)与鼓励宗教信仰(religious encouragement)的影响。Niggli 的研究发现,认为自己受到父母较多鼓励(如,"当我对于宗教问题有自己的想法时,我的父母就会对我严肃起来")的青年在宗教判断的阶段量表(Oser & Gmünder, 1991)上的得分,要显著地高于没有或很少受到鼓励的青年。

然而,这种影响具有双面性,儿童的发展水平是决定他们的宗教态度和家庭整体环境的宗教氛围的一种因素。例如,Klaghofer 和 Oser(1987)随机抽取瑞士的父母和他们的孩子作为研究样本,结果发现,被划入 Oser 和 Gmünder(1991)量表中阶段 2 的儿童,比那些被划入阶段 3 的儿童,拥有更积极的家庭氛围。本研究的发现是在意料之中的,因为与阶段 4 和阶段 2 的儿童相比,阶段 3 的儿童更倾向于把较低的地位归因于宗教信仰。

与此相似,最近的研究强调亲子交谈对儿童的宗教与精神信仰发展的积极作用。Boyatzis 和 Janicki(2003)在一项对亲子交谈的日记进行的研究中,发现儿童在发起、终止和推动宗教谈话方面发挥着主动作用。而且,他们发现,父母倾向于提出开放式的问题,这些问题本身不包含可以表明父母个人观点的建议。在另一项对犹太青年的研究中,Herzbrun(1993)发现,家庭中进行宗教讨论的频率对青年人,尤其是对女青年会产生持久的影响。

总之,家庭环境中宗教社会化的整体情况支持了建构主义的观点,揭示了父母与儿童之间的互动过程,在此过程中,父母与儿童都为对方的言谈所影响(Boyatzis, Dollahite, & Marks, 2005)。与父母的交谈为儿童提供了一个机会,使他们能够对宗教与精神信仰问题提出疑问和建构自己的观点。而且,父母向孩子传承宗教观点,也不是说教的结果,而是父母和孩子一起建构他们的精神信仰同一性的结果。因而,儿童参与他们自身宗教信仰的发展,支持而不是损害了代际连续性。

有足够的证据表明,家庭,尤其是家庭中的宗教教育或宗教信仰教育的类型,可以深刻地影响宗教信仰的发展。大部分一直属于某个教派的人都是在这种宗教影响下出生,并在这种宗教影响下成长起来的。甚至那些信仰激进宗教的青年,他们的信仰与其父母的宗教信仰之间也通常具有连续性。20 世纪 70 年代,对社会影响较大的基督徒运动(Jesus-people movement)就是一个例子。其大部分信徒来自信奉正统派基督教的家庭。尽管这些青年背叛了他们的父母,但他们仍然内化了父母的宗教态度,与他们在一起生活——虽然是以一种激进的方式生活(Richardson, Stewart, & Simmonds, 1979)。

宗教信仰的发展还受到教养方式(parenting style)的影响。已有的研究表明,父母强调服从,会鼓励孩子形成这样的宗教态度:人性是堕落的,罪恶要受到惩罚,必须逐字逐句按原意解释《圣经》(Ellison & Sherkat, 1993)。Nunn(1964)在 20 世纪 60 年代初的访谈研究中发现,有 66%的儿童报告说父母曾经威胁他们,说上帝会惩罚他们,尽管这种情况更经常地发生在社会处境不利的家庭中。但是,在父母感到自己无能,需要联合一位强有力的、能进行复仇的上帝时,也会发生这种情况。相似地,Potvin 和 Sloane(1985)发现,被父母严厉控制和管教的青少年更可能认为,上帝会惩罚离经叛道的越轨行为。

依恋

在有关依恋的研究中,上帝的意象与依恋的相关更密切。父母对孩子的宗教与精神信仰发展的影响不限于他们直接地教育孩子,鼓励孩子和传递信仰传统。还有另一种更微妙的方式,即父母通过与孩子的相互作用,决定孩子依恋的性质,间接地影响孩子精神信仰的发展。

Ana-Maria Rizzuto(1979)在研究这种间接影响方面作出了重要贡献。运用她编制的上帝和家庭问卷,Rizzuto 查明了个体的上帝意象与他们和父母关系的意象之间的密切联系。

自从 Rizzuto 的研究以来,对父母的间接影响的研究都不是根据精神分析理论进行的。在这类研究中,大部分是采用依恋理论的结构,分析早期的亲子依恋模式如何影响了个人后来与上帝的关系。正如 Granqvist(1998)和 Kirkpatrick(1995)所指出的那样,上帝之所以成为一个依恋的对象,是因为信徒们把上帝想象成了在陷入困境时可以进去的避风港和安全基地——所有能够对其依恋的人所提出的要求都能在这里得到满足。

大部分关于宗教与精神信仰发展的依恋研究都采用了 Ainsworth(如, Ainsworth, 1978)的分类——来检验两种可能性。第一种可能性是,在早期形成了与养育者的安全依恋模式(secure attachment pattern)的人,倾向于把上帝想象成一位亲密的、总是富有保护性的人。这种可能性经常被称为"对应假设"(correspondence thesis)。根据对应假设,在童年早期形成的安全性依恋会使个体以后与上帝形成一种相应的安全依恋。

第二种可能性是,在童年早期形成了不安全依恋模式(insecure attachment pattern),即矛盾型依恋(ambivalent attachment)或回避型依恋(avoidant attachment)的人,倾向于把上帝想象成一位能够提供保护和安全的担保人。这种可能性经常被称为“*弥补假设*”(compensation thesis)。根据这种弥补假设,上帝成为一位代理的依恋对象,弥补了童年期没有形成的内在安全型依恋。

Kirkpatrick 和 Shaver(1990)对 213 个成年人进行的调查研究证实了弥补假设。他们根据不同的依恋类型,把被试分类,然后比较了被试的上帝意象,而且还考虑了被试属于外在的宗教信仰还是内在的宗教信仰。属于回避型依恋的被试显然最虔诚。他们在忠实上帝和内在的测量维度上,在参与宗教服务上,在个人与上帝的关系上,得分都是最高的。自称很少在父母家里进行宗教活动的人尤其如此(Kirkpatrick & Shaver, 1990, p. 325)。而且,回避型依恋组中有一半被试自称是突然转意皈依宗教的,而另外两组中这种情况只占 1/9。安全型依恋组与矛盾型依恋组的差异非常小。

在后来的追踪研究中,Kirkpatrick(1997)得出的结果与最初的研究结果相同。在研究中,首先对妇女进行访谈,确定她们的依恋类型,四年以后,再次对她们进行访谈,看她们的宗教信仰是否发生了变化。在第二次访谈中,40%以前自称是回避型依恋的妇女报告说,自从第一次访谈以来,他们“与上帝建立了一种新的关系”。在自称是安全依恋的妇女中,这类人所占的比例很小。 980

Grangvist(1998)还检验了弥补假设。在对 203 个瑞典学生进行的一项研究中,他收集了母亲的依恋行为资料与父亲的依恋行为资料、父母记忆中的宗教信仰情况方面的资料。Grangvist 把矛盾型依恋者与回避型依恋者合并为一组,即不安全依恋组,他发现,不安全依恋组在宗教虔诚性、与上帝的关系、一神论等方面的得分较高——但这种情况只发生在那些认为父母的宗教信仰不虔诚的学生身上。然而,在父亲非常虔诚的学生中,安全依恋者对宗教更虔诚,与上帝的关系更亲密:在这些情况下,验证了对应假设。

比较一下那些父母行为差别明显的文化中的神,可以进一步支持这种对应假设。例如,Lambert、Triandis 和 Wolf(1959)研究发现,在以儿童为中心的社会中,儿童得到充分的关爱,人们倾向于认为上帝和别的神灵是仁慈的,而在以拒绝的教养方式为主的文化中,人们倾向于认为上帝和别的神灵是恶毒的。

从这些研究结果,我们可以清楚地看到,童年早期的依恋经验与后来的宗教信仰具有复杂的、非直接的联系。对宗教的虔诚信仰不仅以弥补的方式发挥作用,而且延续了幼儿与父母的关系。然而,这种关系不是随机的。它们是多种先行条件综合作用的结果。

宗教学校和宗教信仰教育

在美国、欧洲和澳大利亚,对宗教学校进行的大部分研究都是针对基督教教会创办的学校开展的。主要的研究问题都与宗教学校对学生的宗教信念和实践的影响有关。学校体制和学生群体差异很大,难以进行比较(如 Hyde, 1990)。然而,从总体上看,宗教学校对宗教信仰的发展和宗教态度都没有产生有力的影响(Hood et al. , 1996)。

Francis(1987a)调查了英国天主教私立学校的近 5000 名青少年学生,发现这些学校几乎没有影响到学生对基督教信念的态度。决定性因素是父母和家庭。如果父母所上的学校是同样的教会学校,接受了同样的宗教教育,那么,这种学校对学生的信仰以及后来的信教行为都会产生较大的影响。Spencer(1971)总结指出,在没有家庭的强化时,没有理由期望宗教学校会改变学生的价值观以及相应的行为。

在宗教信仰的发展方面,宗教学校好像根本没有发挥其弥补作用,没有独立地发挥它的辅助性功能。澳大利亚对宗教学校影响的研究也得出相同的结论(Hyde, 1990)。Andersen(Andersen, 1988)发现,学生是否选择天主教私立学校,在很大程度上取决于父母,尤其是母亲的宗教和哲学态度;学校本身对学生态度和实践的改变很小。

就公立学校中明显的宗教教育来说,学校的做法因国家的政策不同而各不相同。在法国的公立学校中,根本没有宗教教育;而在英国,宗教教育却得到了政府的赞助和支持;在德国,宗教教育是在教会的赞助和支持下开展的,而且得到了政府的财政支持。

在宗教教育的内容上,对宗教知识和宗教教育目标的内容,存在着不同的观点。对宗教教育的期望包括多种,从传授一般的宗教知识,到激起学生的信仰、推动学生参加宗教信仰活动和宗教集会这种雄心勃勃的目标,不一而足。

对宗教教育影响的研究相对较少,这些研究一致表明,随着儿童年龄的增长,宗教教育越来越不受欢迎,尤其是在青少年阶段。Francis(1987b)调查了 800 多名英国学生,结果表明,宗教教育是一年级(英国的小学一年级)学生第二受欢迎的课程——比它更受欢迎的只有体育("游戏"),但是,到了九年级(英国的中学四年级),宗教教育却成为最不受欢迎的课程。在德国的一项研究中,调查了 7000 名学生对宗教教育的受欢迎性和作用的看法,得到了相似的结果。在小学阶段,宗教教育是受欢迎的,而到了高中二年级,它的受欢迎性就跌落到倒数第三位,物理和拉丁语最不受欢迎(Bucher, 2000)。

981

随着年龄的增长,宗教教育的影响也有显著的下降;它对学生的一般知识,包括对其他宗教的知识影响最大,而对于学生参加教会活动和对宗教的投入影响较小。

我们怎样解释宗教教育的受欢迎性和影响的显著下降呢?第一种可能的解释是,因为随着年龄的增长,学校总体的受欢迎性下降了,所以,宗教教育的受欢迎性也相应地下降了。然而,这种说法不能解释学生对其他课程(如数学和英语)的兴趣保持不变这种现象。

第二种可能的解释来自 Oser 和 Gmünder 的理论(Oser & Gmünder, 1991):确信上帝能够干预世事,他能够被祈祷所影响——这是阶段 2 的特征——处于这个阶段的学生更倾向于接受宗教教育,认为宗教教育与个人生活有着密切的关系,而青少年不然,他们的宗教判断处于阶段 3(Bucher, 2000, p. 128)。在阶段 2,儿童认为服从上帝的期望很重要,而当他们发展到阶段 3,即自然神论阶段,自我决定则占有主要地位。

然而,宗教教育能否继续发挥影响,可能取决于宗教教育的性质或方法。例如,Oser 和 Gmünder (1996)在一项准实验干预研究中,让两个实验组对长期存在的宗教两难问题进行讨论,而控制组被试没有集体讨论和解决问题的机会,结果发现,实验组被试的一般判断能力比控制组有显著的提高。而且,6 个月后开展的追踪调查再次发现了这种稳定的差异。Caldwell 和 Berkowitz(1987)让 15—18 岁的高中生讨论宗教两难问题,共讨论 12 课时,这项研究得到了相似的结果。随后的测验显示,通过这种讨论,一半以上的学生的宗教判断能力都有了显著提高。

使用有针对性的教学策略,改善学生宗教信仰的发展,是可能的。然而,要做到这一点,需要让学生进行宗教讨论,鼓励他们提问,改变他们先前对宗教问题的解释方式。

宗教集会

在家庭之外,很少有哪些环境比宗教集会更可能影响和支持宗教与精神信仰的发展。宗教集会对于宗教信念的形成具有潜在的重要作用,因为它们"提供了一种宗教信仰环境,在这种环境中青少年可以超越日常的生活,体验与上帝和别人紧密相连的感受……宗教集会提供了一种独特的环境,使青少年能够探讨对形成自我同一性十分重要的(宗教信仰)问题"(King, 2003, p. 200)。而且,宗教集会把青少年与他们所在的社区联系起来,因为他们不是孤立地存在而是生活在广阔社会中的一个小社会中(Roehlkepartain, 2005)。

如果是这样,那么,考察宗教集会对宗教与精神信仰发展的影响的实证研究之少,就很奇怪了。就像 Roehlkepartain 所指出的那样,宗教集会从心理学对个体的研究与社会学对机构的研究之间的缝隙中溜掉了(Roehlkepartain, 2005)。

宗教集会对个体的影响是双向的:宗教集会塑造了参加集会的个体成员,而宗教集会中的个体成员又进一步促成了集会的目标、氛围和活动。

Roehlkepartain(2005)列出了可能会推动宗教信仰发展的多种条件和过程。首先,宗教集会为形成有意义的、积极的人际关系提供了机遇。青少年能够与那些对他们感兴趣的成年人和同伴形成有意义的、积极的人际关系,而这种关系又为传递、建构信念和价值观创造了条件。其次,宗教集会创设了一种支持宗教信仰发展的氛围。对参加者持欢迎态度的、气氛温暖的宗教集会,以及鼓励人们思考和服务的宗教集会,更可能促进宗教信仰的发展,促进信仰的成熟。

然而,在宗教集会真正发挥的影响与它们的潜在影响之间,好像存在着一道鸿沟(如 Oser & Schweitzer, 2003; Prell, 1995; Roehlkepartain, 2005; Yust, 2003)。全美宗教集会生活调查研究(The National Congregational Life Survey; Woolever & Bruce, 2004)发现,50%以下或更少的宗教集会(n=2000)能够积极地关怀儿童和青少年,在研究者所考察的10个积极因素中,大部分集会尚不能具备其中的5个。这些结果表明,花时间参加形式活泼、精神意义丰富的宗教集会这类团体信仰活动的青少年好像太少(Roehlkepartain, 2005)。

982

然而,参加宗教集会的青少年所报告的积极结果在一定程度上弥补了上述结果。例如,C. Smith(2003)在一项调查研究中发现,62%的青少年认为,宗教集会能够帮助他们思考重要的问题;75%的青少年认为,这些集会是温暖的,而且对青少年持欢迎态度;82%的青少年认为,定期集会为他们提供了从事服务和领导活动的机会。

因而,宗教集会是一个有趣的矛盾统一体。它们对于促成和引导精神信仰和宗教信仰的发展,可能具有巨大的影响。然而,它们又没有成为大量实证研究的焦点,已有的研究表明,要确定任何一种影响,我们都有一段长长的路要走。而且,现有的数据主要来自北美的基督徒——还没有科学的根据认为，基于这些样本的研究结果可以推广到其他人群中。

宗教和精神信仰发展的积极相关因素

宗教信仰与精神信仰对个体的健康和幸福感具有怎样的影响呢？果真如 Freud(1961)所认为的那样，宗教信仰会导致神经质行为吗？还是像人们通常所认为的那样，宗教信仰提高了信徒的道德水平(Walker & Pitts, 1998)？精神信仰，尤其是在精神信仰发展的高级阶段，能增强个体适应社会的意识和能力吗？在这一部分，我们要考察宗教信仰和精神信仰与下列因素的关系：

- 健康和幸福。
- 道德发展和社会良心。
- 应对。
- 老年适应。

健康和幸福

大量研究证明了宗教信仰与精神信仰对健康和身心幸福的影响。Plante 和 Sherman (2001)查阅了至少 350 项与身体健康有关的研究以及 850 项与心理健康有关的研究，这些研究都把宗教信仰作为一个独立的变量。其中大部分研究表明，参与宗教信仰和精神信仰活动，与良好的健康状况相联系。甚至在排除了那些有严重的方法论错误的研究之后，仍然有足够的证据表明，宗教信仰与精神信仰对健康以及延长生命，都具有重要的影响。定期参加宗教集会的人死亡率下降了 30%。甚至在控制了人口学变量和社会经济学变量之后，这种影响仍然很高。而且，定期参加宗教服务活动的人活得更长(Oman, Kurata, Strawbridge, & Cohen, 2002)。

无疑，这些正相关不仅与宗教信仰推动着人们参加服务活动有关，而且与宗教信仰促成了人们健康的生活方式有关。参与宗教信仰活动和宗教服务，减少了信徒的抽烟、酗酒、淫乱等威胁健康的行为。

Powell、Shababi 和 Thoresen(2003)从具体的心血管疾病和癌症入手，证实了宗教信仰与健康的生活方式之间的联系。他们的研究结果表明，宗教团体提供的社会支持可以减轻损害身体健康的痛苦和孤独感。宗教支持、吸毒和酗酒方面的研究得到了相似的结果——宗教信仰可以帮助成瘾者避免或者远离吸毒和酗酒(Blakeney, Blakeney, & Reich, 2005)。

长期以来，冥想一直是一种可以促进健康和幸福的宗教与精神信仰活动。部分是由于这个原因，大多数宗教传统都有冥想。冥想是宗教心理学研究最多的问题之一(Andresen, 2002)，大多数研究都证明了冥想的积极影响。冥想，如超觉静坐与瑜伽，可以降低心脏的舒张压和收缩压，加快肾脏之外的器官的血流以及降低呼吸和心率(Andresen, 2002)。这些生理效应降低了焦虑、抑郁和压力(Austin, 1997)。长期的冥想可以使个体体验到更多的快乐、意义、爱和清醒的意识(Andresen, 2002)。

在心理障碍与宗教和精神信仰的发展方面，最一致的研究结果很可能是，与物质滥用方面有关的障碍和宗教信仰，尤其是以投入社区信仰活动为标准来衡量宗教信仰，具有负相关。换句话说，在平衡其他变量的情况下，宗教与精神信仰的发展是防止个体发生物质滥用障碍的重要保护因素(Benson, 1992)。

不仅个体对社区的宗教信仰活动的参与会影响健康，宗教信仰的性质或特点也会影响健康。内在的宗教信仰对身体健康和心理健康的影响更大、更积极(Argyle, 2000)。Batson、Schoenrade和Ventis(1993)分析了115项研究，发现大部分研究都表明内在的宗教信仰与健康，尤其是与心理健康呈正相关，而外在的宗教信仰与健康呈负相关(也可参见Plante & Bovccaccini, 1997)。而且，内在的宗教信仰与增强身心幸福的和谐感呈正相关。另外，具有内在宗教信仰的人一般感到更幸福，尤其是在他们感到与上帝很亲近的时候(Pollner, 1989)。

总之，宗教信仰会对身心健康和幸福、快乐会产生积极的影响。Argyle(1999, p. 366)认为，这些结果部分是由宗教团体提供的社会支持引起的。

道德发展

在社会科学研究历史上，人们一直认为，宗教信仰对道德的影响很小，或者根本没有影响。好几项著名的研究都支持了这种观点。例如，Hartshorne和May(1928)研究表明，宗教皈依与宗教导向的品格教育对道德行为都没有任何影响。Darley和Batson(1973)的观察研究发现，在那些到教堂听"乐善好施"布道讲座的大学本科生中，近2/3的人都不会去帮助一个躺在路边需要帮助的人。在目前关于品格教育的辩论中，经常会把宗教信仰排除在外(Damon, 2002; Schwartz, 2002)。然而，迄今最能支持这种宗教信仰与道德相互独立观点的研究是Lawrence Kohlberg的研究。

道德判断

在二十多年间，Lawrence Kohlberg一直把道德发展看作一个独立的、自主的领域——认为道德发展的主要动力是儿童和青少年在日常生活中所遇到的平常的冲突。据此，Kohlberg反对神的命令说，以及那些认为道德由宗教教条发展而来的观点。在Kohlberg的大部分研究生涯中，都是把道德发展与宗教和精神信仰的发展分开的。如果说二者有什么关系的话，那么，在他看来就是，宗教信仰由于压制了个体辨别是非的主动性，而对道德发展产生了潜在的消极影响。

然而，到了晚年，面对元伦理问题"为什么在不道德的社会环境中却有道德行为?"Kohlberg的这种立场不再那么坚定。他接受了一种积极的观点：宗教信仰的发展(或者更明确地说，信仰的发展)可以支持道德的发展。他逐渐认为，宗教认知结构的主要功能是证实道德行为的正确性，进而会支持道德行为。宗教认知结构不是把道德建立在对个人会得到什么的承诺上，而是建立在对人性和宇宙秩序的信仰基础上(Kohlberg, 1981)。

Kohlberg在一定程度上把宗教信仰的发展看作道德发展的副产品或结果。因而，就像逻辑认知结构是道德认知结构发展的必要非充分条件一样，道德认知结构也是宗教信仰(信仰)认知结构发展的必要非充分条件(Kohlberg, 1981)。

这与我们对于道德与宗教信仰发展的常识正好相反。通常情况下,道德都被看作宗教与精神信仰发展的结果。这是门外汉的看法,而 William James 也这样认为。James(1902)在论述圣洁时,不是从道德问题开始,而是从圣徒与看不见的、仁慈的力量联系为一体的体验开始的。在 James 看来,这种体验的副产品或"结果"就是一种强有力的、积极的道德。

我们该怎样理解道德发展与宗教和精神信仰的发展之间的关系呢——应相信 Kohlberg 的观点,相信 James 的观点,还是相信另外的观点?这些研究结果是怎样帮助我们作出决策的呢?

984 好几项研究检验了这种必要非充分假设(Kohlberg & Power, 1981, p. 227)——研究结果并不统一。Caldwell 和 Berkowitz(1987)访谈了 50 个威斯康星州的学生(平均年龄为 16. 4岁),结果发现,他们的道德判断所处的阶段通常要高于其根据 Oser 和 Gmünder 的标准划分的宗教判断阶段。相比较而言,Gut(1984)在他的研究中发现,1/4 的研究对象在宗教判断上的得分都高于他们在道德判断上的得分。面对这类不一致的研究结果,我们还需要进行更多的研究,以确定道德发展与宗教判断的关系。

然而,近来对于与道德判断相对的道德功能(moral functioning)的研究表明,道德发展与宗教和精神信仰发展的关系,要比关于道德与宗教判断的讨论中所说的更为密切而微妙。例如,Colby 和 Damon(1992)对成人道德典范的研究发现,大多数人的道德行为都是由个体对超越性力量的某种感觉引起的,通过对生命的持续关爱,道德、精神信仰和同一性融合在一起。换言之,对他们来说,关爱意味着他们是什么样的人或他们会成为什么样的人。相似地,Walker 及其同事的研究从总体上支持了 William James 的假设:真实的宗教信仰体验存在于个体成熟地发挥道德功能的过程中(Walker, 2003; Walker & Pitts, 1998; Walker, Pitts, Hennig, & Matsuba, 1995; Walker & Reimer, 2005)。

这些研究结果指的是"真实的宗教信仰体验"与"成熟发挥的道德功能"。但是,不真实的宗教信仰体验,或与某种信仰传统的核心价值观和信念不一致的宗教信仰体验又是怎样的呢?研究结果表明,宗教信仰与道德之间具有消极的或模糊的联系:例如,许多研究发现,对仪式化活动的参与、正统信念与种族偏见之间具有明显的正相关(Batson et al., 1993)。另一些研究(B. Hunsberger, 1995)则发现了一种曲线效应:宗教信仰最强的人与完全没有宗教信仰的人偏见最小。宗教信仰对与偏见有关的道德并没有直接的影响。与此相似,有几项研究发现,宗教信仰对于防止犯罪只起到微弱的影响(Hood et al., 1996)。似乎在较高的发展阶段,或者当宗教和精神信仰体验开始变得真实、与积极的信仰传统一致时,道德发展与宗教和精神信仰的发展的正相关关系最明显。

服务

对道德典范的研究提醒我们,道德的发展包括了判断和推理之外的许多东西。它还包括行动。测量道德发展的一个指标是对他人的服务。从那些成为道德典范的人物来看,宗教与精神信仰的发展与社区服务具有怎样的关系?大部分研究都与青少年及其参与宗教机构活动和社区服务的情况有关。

大量研究证明，参与宗教机构的活动与参与社区活动之间具有正相关。例如，Youniss等人(1999)发现，重视宗教信仰的高中生对学校具有积极的态度，在改善社区的活动中也很活跃。

对青少年来说，与其他背景下开展的社区服务相比，在宗教机构中开展的社区服务似乎具有不同的意义，而且具有更积极的意义。例如，Donnelly与其同事(Donnelly et al., 2005)的研究证实，参加宗教机构中开展的社区服务的青少年比那些参加了在其他背景下开展的社区服务的青少年，在以后甚至成年以后，都更可能参加社区服务。

应对

宗教信仰最基本的、无疑也是最普遍的功能之一是应对，尤其是在面对所爱的亲人死亡和严重的疾病这类重要的生活事件时。当然，在心理学家们研究应对过程之前很久，宗教已经开始努力帮助人们进行应对了。

在过去的几十年里，应对一直是宗教心理学的一个十分重要的概念(Pargament & Brant, 1998)。Pargament和Brant区分了以下类型的宗教应对：

- **自我指导的应对**(self-directed coping)：个体用上帝赐予的资源，自己解决问题。
- **服从的应对**(deferring coping)：个体，尤其是在似乎无望的境况下，把自己置于高级的力量或上帝的控制之下，因而自相矛盾地控制自身(Baugh, 1988)。
- **合作性应对**(collaborative coping)：个体把上帝看作助人的合作伙伴。

在数百项关于宗教应对的研究中，大部分都支持了以下观点：

985

- 最常用的宗教应对策略之一是祈祷。
- 宗教应对在女性、老人、黑人以及受教育程度较低的人群中更普遍。
- 如果个体对一位慈爱的上帝充满信心，宗教应对就常常能够减轻个体的压力和焦虑感，增强其幸福感和应对困难的能力，这比把消极事件看作是上帝的惩罚要好得多。
- 通常，合作性应对的结果比其他应对方式的后果更让人充满希望。

但一个人如何培养应对的能力呢？人们为什么喜欢采用不同的应对方式？我们明显缺少应对发展(宗教判断的不同发展阶段的应对方式等)方面的研究——这种局限性使我们难以回答上述问题，也难以回答与应对、宗教和精神信仰发展有关的其他重要问题。

高龄期宗教信仰的积极相关因素

高龄期的宗教信仰与精神信仰的许多益处理当引起特殊的关注。Argyle(1987)概括指出，对老年人来说，宗教信仰与健康密切相关。Levin(1997)也证实，对许多老年人来说，宗教信仰都具有重要而积极的影响。

显然，宗教信仰对老年人的生活具有显著影响。例如，对1011名老年男性进行的一项调查研究表明，绝大多数人都认为宗教信仰比中年时对他们更重要(Koenig, 1994)。老年女性似乎更是如此(Mc Fadden, 1996)。个体的年龄越大，他们对自己的上帝的信仰越坚定，他们的信仰越能够帮助他们解决生活中的问题(Jörns, 1997)。

然而，老年人的宗教活动减少了(Blazer & Palmore, 1976)。许多老年人由于身体虚弱和疾病，都不能再积极参加宗教集会。然而，无组织的、个人私下的宗教信仰活动，尤其是祈祷，弥补了这种缺陷。

宗教信仰和精神信仰为老年人带来的明显的好处是整合和社会支持、意义和目的的创建，形成较强的控制感和保持良好的健康状态。这些益处可以概括为以下几点：

- 宗教团体提供了整合的机会和社会支持。老年人的孤独感与年龄的负相关比青年人和中年人更高，加入教会对于退休老人或丧偶老人的好处更大一些(Argyle, 1987)。宗教团体创造了一种支持性的环境，在这种环境中，丧失等令人难以承受的生活事件变得更容易应对。宗教团体还创设了一种接纳、希望和宽恕的氛围(Koenig, 1992)。Idler(1994)在大范围的"耶鲁健康和老龄化工程"(Yale Health and Aging Project)中，发现个人与宗教团体的整合可以预测较少的抑郁和较低的自杀倾向。
- 宗教可以通过有意义的仪式和符号，增加人们内部的安全感(Argyle, 1987)。它能让人们意识到，生活有高潮，也有低谷，生活不是无限的，从整体上看，生活是有意义的。宗教信仰是解决生活意义问题的保护性因素(Dittmann-Kohli, 1990)。
- 从宗教的角度来看，老年期无情迫近的死亡可以被解释为更美好的生活的开始，被解释为向永生的过渡或自然而积极的事件。正如 Meadow 和 Kahoe(1984)的研究表明，不朽的永生似乎是随年龄增长而显著增强的信仰中单独的一项内容。
- 即使我们可能认为一个信徒会把自己交给上帝控制(产生控制幻觉)，宗教信仰也总是与他所确信的控制感相联系。幸福以对自身的控制感为前提条件。Baugh(1988)把控制感的这种矛盾简缩为这样一句话："通过放弃控制而获得控制感。"把对自己的控制权交给神，可以卸下精神的负担，从而更容易应对。例如，在 Duke 的追踪研究中，100 位老年人在回答如何应对压力事件(亲戚的死亡等)的问题时，他们经常回答"相信上帝"(Koenig, George, & Siegler, 1988)。
- 大多数宗教都规定了一种能够促进身体健康的行为代码，这与健康、生活满意度都呈高相关(Argyle, 1987, p. 176)。老年信徒很少吸烟、喝酒，饮食适度，这可以在很大程度上解释他们的幸福。

986

宗教信仰的消极相关因素和相关的病理学问题

前面提到，精神信仰与宗教信仰具有积极的影响。然而，*宗教信仰*这个词也会让人想起 2001 年 9 月 11 日和圭亚那州琼斯镇(Jonestown, Guyana)发生的悲剧场面。我们必须找到证据，以说明宗教信仰也有其消极相关因素，而不仅仅有其积极相关因素。然而，我们这里要先讨论一下对宗教信仰存在的消极认知偏差，在社会科学中，这种偏差曾经妨碍了研究者从问题的积极方面看到其消极方面。

在宗教与精神信仰发展的心理学研究与临床实践历史中，一直存在消极的认知偏差和成见。认知偏差和成见现在仍然存在，但也许已经减轻了——这既是因为近年来人们对文化多样性持一种宽容的态度,也因为实证研究对旧的刻板印象提出了挑战。尽管如此,我们仍要先简要地讨论一下最明显的认知偏差和成见,因为它们大大妨碍了我们对宗教与精神信仰发展的消极相关因素和有关的病理学问题的理解。

消极的认知偏差在刻板印象中尤其明显——人们倾向于把宗教信仰看作一个消极的范畴,不对它进行有意义的区分。刻板地看待宗教信仰,与不明确地区分宗教信仰与别的事物,都是在心理学研究者与临床心理学家中存在的消极认知偏差。对有关文献的综述表明,在讨论信念、信仰和启示(revelation)这类核心的宗教概念时,我们几乎不作区分。然而,这三个概念中的每个概念都有多个义项,差异十分明显。

就信念这个概念来说,尽管信念(belief)与宗教信念(religious belief)这两个概念具有不同的含义,但心理学研究者与临床心理学家通常都把宗教信念的意义等同于信念的意义,比如,等同于对树和狗的信念,我们通常也是这样(Blackstone, 1963)。如前所述,就信仰这个概念来说,尽管在信仰传统历史上,信仰与信念这两个概念的意义差别很大,但心理学研究者与临床心理学家通常把这两个概念等同(W. C. Smith, 1998a)。就启示这个概念来说,他们通常只给出它的一种含义,而实际上启示有几个义项,其中包括对经文和宗教信仰体验的多种公认的解释(Dulles, 1994)。

如果对这些概念以及其他核心的宗教概念的意义不作重要的区分,那么,人们很容易误认为,宗教信仰主要是非理性的信念,它专断而幼稚地否认真理是一种解释和论断。如果我们再从量化的角度看这场讨论的话,那么,对宗教信仰的这些消极看法经常会转化为把宗教信仰严肃地看作一种病态。人们会想起 Albert Ellis(1980)的话,"人们越不信仰宗教,他们的情绪健康状况越好"(p. 637)。

不能进行有意义的区分,一直是一个问题。进行错误的区分则是另外一个问题。错误区分的最明显的例子也许是对科学与宗教的区分,以至于这两个概念被认为是非此即彼的对立关系。尽管大部分既是科学家又是信徒的人们并没有发现这两种身份有什么冲突,尽管只有少数信徒相信非科学的神创论(creationism),但是,这种区分没有遇到什么挑战(Gould, 2003b)。

提到神创论,让我们想起了心理学研究者与临床心理学家中第三种有偏见的做法——选取没有代表性的例子来支持自己反对宗教的论点。一个例子是,在 *DSMIII-R* 的术语表中,举了许多与宗教内容有关的例子,来解释多种心理障碍(Larson et al. , 1993)。

第四种有偏见的做法是,把那些通过有缺点和价值偏见的方法得到的研究发现,当作客观的事实来报告。例如,如果对于明尼苏达多相个性问卷(MMPI)中的题目"我是一个正统的宗教信徒",回答"是",那么就会降低一个人的总分(Gartner, 1996)。这类不严格的测量方式反映了某个群体——经常是世俗的人本主义和自我实现理论的支持者的价值观(Maslow, 1971)。

宗教心理学研究者十分严厉地批评了正统派基督教信徒。人们在日常生活中对正统派基督教信徒形成了一种消极的刻板印象:认为他们具有不成熟、教条化、刻板、有偏见等人格特点。有证据支持了这样一种观点:正统派基督教确实与高度的偏见、独断和"我们—他 987

们"的心理倾向相联系(Altemeyer, 2003),然而,至少有一项研究表明,偏见不限于任何一个群体,由所谓健康的、喜欢探索真理的人组成的群体也存在偏见,尤其是对正统派基督教信徒(Goldfried & Miner, 2002)。

这里的关键不在于,宗教信仰没有问题,或没有与宗教和精神信仰发展有关的病理学问题。我们不必走极端。然而,在宗教信仰研究和临床实践的历史上,对宗教信仰一直存在消极的偏见。宗教和精神信仰的发展是一种复杂的现象,要求我们进行无数次区分,小心谨慎地求证和测量。宗教信仰者的病理特征是现实存在的,而在教理神学者看来,宗教信仰不会导致病态行为,但在使用病理这样一个概念时要格外小心。

在澄清了一些妨碍研究进步的误解之后,我们来看最近与宗教和精神信仰的发展有关的心理病理学(psychopathology)研究。我们要讨论异教(cult)、神秘主义活动(occultist practice)、恐怖主义团体(terrorist group)、心理障碍(mental disorder)与作为病原的(pathogenic)(有害的)宗教信仰活动和信念——看它们与宗教和精神信仰的发展具有怎样的关系。

异教、神秘主义活动、恐怖主义团体

关于异教、神秘主义活动和恐怖主义团体的研究主要存在以下两个特点。第一,定义问题导致的偏差阻碍了对异教的深入研究。第二,并没有确凿的证据表明,所谓的异教徒比没有加入异教或恐怖主义团体的人有更多的心理发展问题或病态行为。

异教和神秘主义活动

从历史的角度看,异教这个术语的意义是中性的——在信仰传统中以及宗教社会学领域都是如此。然而,自20世纪60年代,特别是自从琼斯镇(Jonestown)和韦科市(Waco)的悲剧发生以来[912个圣殿派(the Temple Sect)教徒在琼斯镇有组织地自杀;大卫教派(David Koresh)]的74个信徒被集体屠杀),媒体和某些政府机构开始用这个术语指一种特殊类型的团体,它拥有自行指定的、专断的、具有超凡魅力的领袖,他采用欺骗、强制的手法让人们加入,笼络个体成为极权主义团体的一员,有组织地敛财和赢得支持,既不为团体成员谋利,又不为社会带来福利(Barrett, 2001)。媒体有时会用"洗脑"(brain-washing)这类消极的词形容异教徒的社会化过程。在辨别有害的异教时,异教的这种消极定义很适用,但这种定义常常被不加区分地使用,而且被用于不适合这个定义的宗教团体。结果,关于异教的讨论常常是分歧很大,研究者可以分为"异教批评者"与"异教同情者"两类。

异教同情者更可能使用新宗教运动(new religious movements, NRM)和另类宗教(alternative religions)而不是异教,来称呼异教,尽管这些术语也有问题。某些被大部分人认为是异教的团体其实并不是新产生的,在一些背景下它们也不是主流宗教之外的另类宗教。"国际克利须那觉悟会"(The International Society for Krishna Consciousness),也称为"兔子克利须那"(Hare Krishna),就是一个例子(Daner, 1976)。尽管如此,新宗教运动或另类宗教仍然是普遍使用的术语。异教同情者指出,严格地说,一种异教与某一种宗教的教徒人数应该相差一百万左右(D. Barrett, 2001)。

人们对于异教徒的平均年龄也存在着误解。异教与20世纪70年代达到高潮的“青少年宗教”(youth religion)有关。然而,异教徒的平均年龄估计在25到40岁之间(Schmitz & Friebe, 1992)。活跃在俄勒冈州的Bhagwan Shree Rajneesch教徒的平均年龄为34岁(Richardson, 1995)。

从加入异教的人来看,已有的研究表明,异教成员的病态行为在总体上并不比那些没有加入异教的人多(Richardson, 1995)。从历史的角度而不是心理学角度进行分析,可以最好地解释一个人为什么以及怎样逐渐加入某一种异教,这是因为环境发挥了决定性的作用。例如,一位刚入学的大学新生可能与其他的新生一样,感到孤独,没有努力的方向,但是不加入异教同样可以自我调整,然而,如果那位新生碰巧遇到一位异教的成员,他或她就可能最终加入异教(D. Barrett, 2001)。

这些提醒我们要谨慎地判断异教的话,坚持错误路线的宗教这种极端的例子,仍然被作为判断异教的标准。绝大多数欧洲人都对异教保持警觉(Schmidtchen, 1987),在美国也存在类似的消极看法。Pfeiffer(1992)研究表明,绝大多数(82%)美国学生完全以消极的词描述异教成员,认为他们不幸福,不聪明,也不自由。

988

与发展心理学关系特别密切的一个问题是,什么因素使个体加入了异教?几项主要对脱离异教的教徒进行的临床研究表明,在加入异教之前,许多人在家庭中和家庭之外都有严重的问题(Klosinski, 1996)。根据一些人的叙述,加入异教之前,他们与父母和同伴的关系往往很差(Silverstein, 1988)。Rollett(1996)也发现,经历过严重危机的青少年更倾向于加入异教。另一些研究还发现,那些加入异教的人在童年期常常没有父亲,而且难以应对复杂的生活(Ullman, 1982)。一项研究表明,新加入异教的人比未加入者具有更强烈的专制主义价值观(Shaver, Leneuaer, & Sadd, 1980),这与上述研究结果是一致的。

现在流行的实证研究经常作出这样的综合判断:异教剥夺了教徒的自由、个性和财富。这种观点谴责异教鼓励信徒脱离现实、精神麻痹和倒退(Lademann-Priemer, 1998)。实际上,许多异教教义好像在较低的发展阶段上思考问题——异教把人类简单地分成两类:堕落的坏人与从大多数堕落的坏人中被拯救出来的好人(Brickerhoff & MacKie, 1986)。克利须那教把一个木偶当作神本身进行崇拜,好像没有区分宗教符号与符号所指称的神(Cassirer, 1955; Fowler, 1981)。

然而,加入异教者的消极特征可能是访谈法导致的,被访谈者主要是那些因为不满意而脱离异教的人——研究可能倾向于得出一种消极的观点,因为所选取的异教成员样本是一个有偏样本(Richardson, van der Lans, & Derks, 1986)。

从加入异教的影响来看,在最坏的情况下,后果是非常严重的,在专制的领导者或封闭的团体妨碍了教徒的宗教信仰成熟性和自主性的发展,而教徒又对异教形成了非常幼稚而顽固的依赖时,后果尤其严重。无论程度如何,都可能产生非常有害的影响,在异教徒参加神秘主义活动的情况下,尤其如此。在过去的十年里,至少在欧洲,青少年群体中以神秘形式出现的宗教成为一个流行的话题(Helsper, 1992)。在参加如去眼镜(moving glasses)、降神会(holding séances)之类的神秘主义活动之后,都会有青少年惨死的报道。

然而,一些研究却表明了异教的积极影响。Salzman(1953)发现,异教有时会帮助个体适应环境。在一项对 517 名统一教(the Unification Church)和阿南达·玛嘎教(Ananda Marga)的成员进行的调查研究中,Kuner(1981)发现,长期加入异教会产生“再社会化”和“治疗性”的效果。Schibilsky(1976)发现,加入异教有助于个体完成同一性形成、自我管理之类的发展任务。另一个说明异教的积极影响的例子是,巫术迷信团体被认为赋予了妇女权利,帮助他们治疗了社会给她们造成的创伤,因为这些妇女,尤其是女同性恋者被社会剥夺了权利,或者因同性恋恐怖而受到伤害(Warwick, 1995)。

伴随着这种对异教的积极看法,有时还有一些观察可以证明,异教有助于个体完成过渡。人们经常临时加入异教,把它们当作“避风港”(Hood et al., 1996)。Richardson(1995)对加入异教的心理学影响方面的研究进行了深入的元分析,得出结论:加入异教经常产生治疗性的作用而不是有害的影响。

与神秘主义活动有关的研究结果表明,初看像是宗教或精神信仰性质的病理性特征,细察则可能是精神信仰发展的一种方式。例如,Streib(1999)把欧洲青少年群体的神秘主义活动描绘为“脱轨的宗教”,意思是,这些活动与青少年的年龄以及所处的阶段是相称的,他们正在形成成年的同一性。而且,与流行的消极看法相反,绝大多数研究都表明,只有少数青少年定期参加神秘主义活动,而且其中大部分人只是出于好奇,而不是真正的投入。

神秘主义活动,而不是病理性行为表现,表明了个体属于哪个教派及其宗教信仰处于哪个发展阶段。Rollett(1992)证实,与没有宗教信仰的青少年相比,信仰天主教的青少年更容易被神秘主义吸引,Bucher(1994)研究表明,根据 Oser 和 Gmünder(1991)的宗教判断发展标准,被划入阶段 2 的青少年比阶段 3 的青少年更可能认为神秘主义活动是似是而非的。

恐怖主义团体

与异教相似,恐怖主义团体的意义也取决于人们的看法(Scarlett, 2003)。那些认同或参加了恐怖主义团体的人,对恐怖主义团体的定义与局外人显著不同——他们认为恐怖主义者是遭受暴力和不公的愤怒的受害者(Silke, 2003)。对他们来说,恐怖主义团体完全是为了正义和自由而战,而不是像*恐怖主义团体*这个词所表示的那样。成为一名恐怖主义分子,被认为是完全正常的、自然的事情——有点像在战争或危机时期去参军或当警察(Silke, 2003)。总之,恐怖主义者一般没有明显的心理病理学症状,他们的受教育水平和社会经济地位也很平常。看起来,与其说恐怖主义是一种个人现象,不如说它是一种群体现象——我们应该以这样的态度去研究它。

989

特别需要研究宗教对于恐怖主义的激励作用,及其对于深入理解宗教发动的罪恶的作用。Kimball(2002)提出了一个解释框架——可以用下列征兆评价宗教是否有支持罪恶的危险:

- 禁止了(宗教信仰)自主性和自由。
- 宣扬绝对真理。
- 盲目服从。
- 确定了某个理想的时间。

- 宣称目的决定手段的正义性。
- 宣扬圣战。

从异教、神秘主义活动、恐怖主义团体方面的讨论,我们能得出什么结论呢?如果这些人在平均水平上并不比正常人有更多的心理病理学症状,那么,他们一点问题也没有吗?显然,他们有许多严重的问题。有的异教欺骗、虐待和杀害无辜,恐怖主义团体则为成千上万无辜的人带来了无数的伤害和痛苦。然而,这些问题并不能简单地划入心理病理学症状这一类——除非我们扩展这个类型本身的外延,使它几乎适用于每一个人。下面是关于异教的主要结论:

- 我们要把有害的异教与无害的新宗教运动区分开来。我们可以确定诸如蒙骗、操纵、强迫群众和处于什么发展阶段等这样一些标准,但是要认真地收集证据。
- 我们要形成可靠的测量方法,评价短期性与长期性的异教活动。

下面是关于恐怖主义的主要结论:

- 我们要注意改变导致正常的信徒加入恐怖主义团体的社会和政治条件。
- 我们要注意针对社会和政治条件,教育普通大众,在最大程度上减少导致暴力循环的因素。

心理障碍

这里使用的心理障碍概念与《美国精神病学协会诊断与统计手册(*DSM*)》的分类等主要的分类系统是一致的。相对于确定心理障碍的维度的做法,这些分类系统在理论和实践上都有许多优点(Cantwell & Rutter, 2002)。然而,这种分类系统也有缺点。专家们一致认为,这些分类系统应结合确定维度的做法,以弥补其固有的缺陷。让我们记住这种警告,讨论人们在目前的研究中是如何看待宗教与精神信仰的发展与心理障碍分类系统,尤其是与 *DSM-IV* 所界定的心理障碍的关系的。

首先,就 *DSM-IV* 本身来说,这种修订的标准包括了代表"其他情形"的 V 这种情形——在这些情形下,个体偶尔需要临床医生的帮助,但不会构成心理障碍。一个例子是"药物治疗引发的运动障碍"(Medication-induced movement disorder),另一个例子是"宗教或精神信仰问题"(Religious or spiritual problem)。

把 V 情形下的"宗教或精神信仰问题"包括在内,标志着我们向前迈了一步——因为它指出,不应自动地把宗教或精神信仰方面的问题看作病态行为。然而,一些人认为,把宗教和精神信仰问题作为"其他情形"之一,实际上是把这些问题边缘化了,在某些情况下,它们不应被边缘化(Scott, Garver, Richards, & Hathaway, 2003)。

心理障碍的其他分类方法显得更为复杂。也许对这类研究特点的最全面的概括是,采用这些其他的障碍分类方法(精神病障碍、心境障碍等),宗教信仰与精神信仰构成了这类障碍的内容(例如,具有宗教内容的错觉),但是没有证据表明,宗教信仰和精神信仰会导致这些障碍。例如,精神病人出现宗教错觉的比例在很大程度上取决于研究样本(Kingdom, Siddle, & Rathod, 2001)——在 7%到 45%之间——这表明,精神病人用自己文化的内容建构了他们的错觉。

990 对症状相同而宗教信仰不同的人进行分析，可以进一步说明这种分类的复杂性。例如，就适应能力来说，在具有坚定的宗教信仰的情况下，个体的抑郁可能与无信仰者的抑郁具有截然不同的意义，而且具有更积极的意义(Stone, 2000)。我们还应该考虑个体所处的阶段。

致病(有害)的宗教信念、宗教信仰活动与态度

也许这类问题中研究得最多的是偏见及其与宗教信仰的关系。对宗教信仰活动的中等程度以及表面的参与，可以预测高度的偏见，这是最一致的研究结果之一(Allport & Ross, 1967)。这里要区分内在的宗教信仰倾向与外在的宗教信仰倾向，或者，区分把宗教信仰作为增加社会联系的方式等自我服务手段的人与那些通过信仰传统形成核心同一性的人。重要的不是宗教信仰培养了偏见，而是个体怎样利用他们的宗教信仰。而为什么具有内在宗教信仰的人与没有宗教信仰的人具有相似的偏见，对这一点还不清楚。

然而，有一些例子可以清晰地说明，应当把宗教信仰引起的偏见与外在的宗教信仰倾向中的心理偏见区分开来。例如，一些正统派基督教徒在《圣经》中找出了把同性恋看作一种罪恶的理论根据。宗教信仰引起的偏见与外在的宗教信仰倾向中的心理偏见在性质上是不同的，应该分别进行讨论和解释，应区别对待。在讨论异教与恐怖主义团体时，也要区分个体的心理问题与那些和群体思想有关的问题。

宗教归因(religious attribution)(见 Spilka & McIntosh, 1995)可以改善自尊和心理平衡，但是，它们也能削弱自尊，破坏心理平衡。如果像传统的宗教教育所鼓励的那样，把重要的生活事件归因于上帝的惩罚，就会损害一个人的应对能力。这种归因导致了愤怒、无助、羞愧、恐惧等消极情感(Pargament, Ensing, & Falgout, 1990)，进而降低了自我效能感(Di Loreto & Oser, 1996)。例如，Croog 和 Levine(1972)的访谈研究发现，13%的心脏病人相信，他们的病是对自己过去的罪恶的一种惩罚，这种归因方式损害了他们的应对能力——他们的康复时间比那些没有进行这种消极的宗教归因的病人长，幸福感也比他们低。报复性的上帝会带来负罪感，并且，如果一个人认为自己没有顺从上帝，他也会自己惩罚自己(Hood, 1992, p. 118)。在另一个例子中，Frielingsdorf(1992)在临床研究的基础上，描述了一些让人吃惊的案例来说明这一点，在这些案例中，由于上帝具有魔鬼般的形象，人们便丧失了所有的自尊，感到自己“像灰尘”一样。他发现，这些人经常不为孩子所欢迎，容易被孩子们忽略。

从对于与宗教和精神信仰发展有关的病理特征以及消极相关因素的研究中，我们能得出什么呢？首先，我们似乎还处于研究的开始阶段。为了奠定充分的研究基础，我们必须形成一种更细致的描述系统，以阐明什么是宗教与精神信仰性质的问题。例如，为了理清概念而把不同形式的有问题的信仰区分开来。有问题的信仰可以分为盲目崇拜的信仰(idolatrous faith)、结构不成熟的信仰(structurally immature faith)、功能不良的信仰(dysfunctional faith)与结构良好而内容邪恶的信仰(structurally developed faith whose content promotes evil)(Scarlett, 2003)。我们需要更多的研究，以确定能否科学地利用这些分类以及其他的分类方法，进一步阐明有问题的宗教与精神信仰发展的含义。在讨论与宗教信仰和精神信仰有关的问题时，我们之所以采用强调一般规则的阶段—结构分析法来考察宗教与精神信仰的发展，其中的一个主要原因就在于此。要对这些问题进行评估，找到适当的问题解决办法，强调一般规则的分析是至关重要的。

结论

本章的一个目标是，把发展心理学一般领域中的各种不同的声音，以及宗教与精神信仰的发展这一特殊的研究领域中的声音联系在一起。显然，一个领域会因存在不同的声音和观点而变得丰富多彩。特别是在宗教与精神信仰发展方面的研究课题是关于文化、发展阶段以及信念与信仰发展的关系时，我们还需要提出一些新的观点，需要进行更多的研究。尽管如此，在这一章，我们仍然认为，在关注普遍存在的一般规律的同时，还要有意义地考察个体和文化间的差异。我们必须找到能够同时研究多样性与普遍原则的途径，而且，不仅要关注信念问题，还要关注信仰问题。

本章的另一个目标是表明我们的立场，说明我们为什么认为强调一般规则的、结构主义的阶段—结构说总是必要的。要界定宗教与精神信仰的发展，阶段说是不可缺少的，我们有可能在它的指导下制定出支持宗教与精神信仰发展的干预方案。另外，阶段—结构说可以解释宗教与精神信仰发展的普遍规律。

991

我们主张，积极的宗教与精神信仰发展的高级阶段可以发挥适应功能。当前的大量研究好像已经支持了我们的观点。成熟而积极的信仰的主要功能有，让人类充满对美好生活的希望，培养对他人的宽容和尊重，提高为正义而工作的动机，充满爱心，甚至在面对逆境时也能体验到幸福。

然而，本章的主要目标是，展示宗教与精神信仰发展方面的丰富而重要的思想和研究。本章“宗教信仰与精神信仰的发展”第一次在《儿童心理学手册》中出现，尽管人们大约在十年前就已预料到了(Cairns, 1998; 也可参见 Cairns, 第 3 章；Lerner, 第 1 章，本《手册》本卷)，假如研究宗教与精神信仰的发展对于理解人类的毕生发展是至关重要的——那么，我们希望同时也相信这不是最后一次。

而且，这个领域正在迅速地发展，在下一版《手册》中，可能会报告一些令人激动的新的研究，这些研究领域甚至在本章中没有提到。例如，现在人们开始把脑发展的研究与宗教和精神信仰发展的研究联系起来，而目前还没有很好的中介理论(J. A. Feldman，出版中)把心理与脑联系起来，使脑能够真正有效地解释宗教与精神信仰的发展，到下一版《手册》面世时，这些理论可能就出现了。对于本章未涉及或者只是简单提到的其他领域，我们也可以作出同样的预测。例如，我们估计，关于宗教信仰在青少年发展过程中作用的研究，会更充分地描述影响宗教与精神信仰发展的核心因素——机体与环境之间的相互作用。总之，宗教与精神信仰发展的理论和研究看起来将迎来一个硕果累累的光明未来。

（谷传华、周宗奎译，周宗奎审校）

参考文献

Ainsworth, M. D. S. (1978). *Patterns of attachment: A psychological study of the strange situation*. Hillsdale NJ: Erlbaum.

Allport. G. W. (1950). *The individual and his religion: A psychological interpretation*. New York: Macmillan.

Allport, G. W., & Ross, J. (1967). Personal religious orientation and prejudice. *Journal of Personality and Social Psychology*, *5*, 432 - 443.

Altemeyer, B. (2003). Why do religious fundamentalists tend to be prejudiced? *International Journal for the Psychology of Religion*, *13* (1), 17 - 28.

Andersen, D. S. (1988). Values, religion, social class and the choice of private school in Australia. *International Journal of Educational Research*, *12*, 351 - 373.

Andresen, J. (2002). Meditation meets behavioral medicine: The story of experimental research on meditation. In I. J. A. R. K. Forman (Ed.), *Cognitive models and spiritual maps* (pp. 17 - 64). Charlottesville, VA: Imprint Academic.

Anthony, S. (1940). *The child's discovery of death*. London: Routledge & Kegan.

Argyle, M. (1987). *The psychology of happiness*. London: Methuen & Co.

Argyle, M. (1999). Causes and correlates of happiness. In I. D. Kahnemann, E. Diener, & N. Schwartz (Eds.), *Well-being: The foundations of hedonic psychology* (pp. 353 - 373). New York: Russell Sage Foundation.

Argyle, M. (2000). *Psychology of religion: An introduction*. New York: Routledge.

Aronoff, J. S., & Lynn, S. (2000). Are cultic environments psychologically harmful? *Clinical Psychology Review*, *20*(1), 91 - 111.

Atran, S., & Norenzayan, A. (2005). Religion's evolutionary landscape: Counterintuition, commitment, compassion, communion. *Behavioral and Brain Sciences*, *27*(6).

Austin, J. A. (1997). Stress reduction through mindfulness meditation: Effects on psychological symptomatology, sense of control, and spiritual experiences. *Psychotherapy and Psychosomatics*, *66*, 97 - 106.

Baltes, P. B., Lindenberger, U., & Staudinger, U. M. (1998). Lifespan theory in developmental psychology. In W. Damon (Editorin-Chief) & R. M. Lerner (Vol. Ed.), *Handbook of child psychology: Vol. 1. Theoretical models of human development* (5th ed., 1029 - 1144). New York: Wiley.

Barnes, E. (1892). Theological life of a Californian child. *On Pedagogical Seminary*, *2*, 442 - 448.

Barrett, D. (2001). *The new believers: A survey of sects, cults, and alternative religions*. London: Cassell.

Barrett, J. (2001). Do children experience God as adults do. In J. Andresen (Ed.), *Religion in mind: Cognitive perspectives on religious belief, ritual, and experience* (pp. 173 - 191). Cambridge, England: Cambridge University Press.

Barrett, J., & Keil, F. (1996). Conceptualizing a non-natural entity: Anthropomorphism in God concepts. *Cognitive Psychology*, *31*, 219 - 247.

Barth, C. (1911). Der Himmel in der Gedankenwelt 10- und 11-jähriger Kinder. *Monatsblätter für den Evangelischen Religionsunterricht*, *4*, 336 - 338.

Batson, C. D. V. W. L., Schoenrade, P., & Ventis, W. L. (1993). *Religion and the individual*. New York: Oxford University Press.

Baugh, J. R. (1988). Gaining control by giving up control: Strategies for coping with powerlessness. In I. W. R. Miller & J. E. Martin (Eds.), *Behavior therapy and religion* (pp. 125 - 138). Newbury Park, CA: Sage Publications.

Beile, H. (1998). *Religiöse Emotionen und religiöses Urteil: Eine empirische Studie über Religiosität bei Jugendlichen*. Ostfildern: Schwabenverlag.

Beit-Hallahmi, B. (1989). *Prolegomena to the psychological study of religion*. Lewisburg, PA: Bucknell University Press.

Beit-Hallahmi, B. (1996a). *Psychanalytic studies of religion: A critical assessment and annotated bibliography*. Westport, CT: Greenwood Press.

Beit-Hallahmi, B. (1996b). Sense in nonsense: The psychoanalytic approach to religion. In J. Rozenberg (Ed.), *Sense and nonsense: Philosophical, clinical and ethical perspectives*. Jerusalem: Hebrew University Magnes Press.

Beit-Hallahmi, B., & Argyle, M. (1997). *The psychology of religious behavior, belief, and experience*. New York: Routledge.

Benish, G. (2001). *Heart and home: Embracing the spiritual in everyday life*. New York: Kensington.

Benson, P. L. (1992). Religion and substance use. In I. J. Schumaker (Ed.), *Religion and mental health* (pp. 157 - 179). New York: Oxford University Press.

Benson, P. L., Donahue, M. J., & Erickson, J. A. (1993). The faith maturity scale: Conceptualization, measurement, and empirical validation. *Research in the Social Scientific Study of Religion*, *5*, 1 - 26.

Benson, P. L., Roehlkepartain, E. C., & Rude, S. P. (2003). Spiritual development in childhood and adolescence: Toward a field of inquiry. *Applied Developmental Science*, *7*, 205 - 213.

Berg, M. (2001). *The way: Using the wisdom of Kabbalah for spiritual transformation and fulfillment*. New York: Wiley.

Blackstone, W. (1963). *The problem of religious knowledge*. Englewood Cliffs, NJ: Prentice-Hall.

Blakeney, C. D., & Blakeney, R. F. (2005). Delinquency: A quest for moral and spiritual integrity? In E. C. Roehlkepartain, P. King, L. Wagener, & P. Benson (Eds.), *The handbook of spiritual development in childhood and adolescence* (pp. 371 - 383). Thousand Oaks, CA: Sage.

Blakeney, C. D., Blakeney, R. F., & Reich, K. H. (2005). Leaps of faith: The role of spirituality in recovering integrity among Jewish alcoholics and drug addicts. *Mental Health, Religion and Culture*, *8*, 1 - 19.

Blazer, D., & Palmore, E. (1976). Religion and aging in a longitudinal panel. *Gerontologist*, *16*, 82 - 85.

Boyatzis, C., Dollahite, D., & Marks, L. (2005). The family context of children's spiritual and religious development. In E. C. Roehlkepartain, P. King, L. Wagener, & P. Benson (Eds.), *The handbook of spiritual development in childhood and adolescence* (pp. 297 - 309). Thousand Oaks, CA: Sage.

Boyatzis, C. J., & Janicki, D. (2003). Parent-child communication about religion: A survey and diary assessment of unilateral transmission and bi-directional reciprocity. *Review of Religious Research*, *44*, 252 - 270.

Boyer, P., & Walker, S. (2000). Intuitive ontology and cultural input in the acquisition of religious concepts. In K. Rosengren, C. Johnson, & P. Harris (Eds.), *Imagining the impossible* (pp. 130 - 156). New York: Cambridge University Press.

Brickerhoff, M. B., & MacKie, M. (1986). The applicability of social distance for religious research. *Review of Religious Research*, *28*, 151 - 167.

Brown, L. B. (1967). Egocentric thought in petitionary prayer: A cross-cultural study. *Journal of Social Psychology*, *68*, 197 - 210.

Brown, L. B. (1987). *The psychology of religious belief*. London: Academic Press.

Brown, L. B. (1994). *The human side of prayer: The psychology of praying*. Birmingham, AL: Religious Education Press.

Bucher, A. (1991). Understanding parables: A developmental analysis. In F. K. Oser & G. W. Scarlett (Eds.), *New Directions for child development: Religious development in childhood and adolescence* (pp. 101 - 105). San Francisco: Jossey-Bass.

Bucher, A. (1994). Ist Okkultismus die neue Jugendreligion? Eine empirische Untersuchung an 650 jugendlichen. *Archiv fur Religionpsychologie*, *21*, 248 - 266.

Bucher, A. (2000). *Religionsunterricht zwischen Lernfach und Lebenshilfe: Eine empirische Untersuchung zum katholiscchen Religionsunterricht in der Bundesrepublik Deutschland*. Stuttgart, Germany: Kohlhammer.

Bucher, A. (2004). *Psychobiographien religioser Entwicklung Glaubensprofile zwischen Individualitat und Universalitat*. Stuttgart, Germany: Kohlhammer.

Burgardsmeier, A. (1951). *Gott und Himmel in der psychischen Welt der Jugend: Vom dritten Schuljahr bis zum Ausgang des Volksschulalters*. Düsseldorf, Germany: Schwann/Patmos-Verlag.

Burkert, W. (1996). *Creation of the sacred: Tracks of biology in early religions*. Cambridge, MA: Harvard University Press.

Cairns, R. B. (1998). The making of developmental psychology. In W. Damon (Editor-in-Chief) & R. M. Lerner (Vol. ed.), *Handbook of child psychology: Vol. 1. Theoretical models of human development* (5th ed., pp. 25 - 105). New York: Wiley.

Caldwell, J. A., & Berkowitz, M. L. (1987). Die Entwicklung religiösen und moralischen Denkens in einem Programm zum Religionsunterricht. *Unterrichtswissenschaft*, *15*, 157 - 176.

Calvin, J. (1834). Commentarius in Epistolam ad Ephesios. *Corpus Reformatorum, Berlin*, *79*, 141 - 240.

Cantwell, D., & Rutter, M. (2002). Classification: Conceptual issues and substantive findings. In S. B. Thielman (Ed.), *Child and adolescent psychiatry* (4th ed., pp. 3 - 19). Cambridge, MA: Blackwell Science.

Caplovitz, D., & Sherrow, F. (1977). *The religious drop-outs: Apostasy among college graduates*. Beverly Hills, CA: Sage.

Case, R. (1985). *Intellectual development: Birth to adulthood*. New York: Academic Press.

Cassirer, E. (1955). *The philosophy of symbolic forms: Vol. 2. Mythical thought*. New Haven, CT: Yale University Press.

Cavilli-Sforza, L. (1982). Theory and observation in cultural transmission. *Science*, *218*, 19-27.

Colby, A., & Damon, W. (1992). *Some do care: Contemporary lives of moral commitment*. New York: Free Press.

Coles, R. (1990). *The spirituallife of children*. Boston: Houghton Mifflin.

Condorcet, J. A. (1976). *Entwurf einer historischen Darstellung der Fortschritte des menschlichen Geistes*. Frankfurt, Germany: Suhrkamp. (Original work published 1789)

Cronon, W. (Ed.). (1997). *John Muir: Nature writings*, New York: Penguin Putnam.

Croog, S., & Levine, S. (1972). Religious identity and response to serious illness: A report on heart patients. *Social Science and Medicine*, *6*, 17-32.

Daecke, M., & Schnakenberg, J. (2000). *Gottesglaube — ein Selektionsvorteil? Religion in der Evolution*. München, Germany: Kaiser.

Damon, W. (Ed.). (2002). *Bringing in a new era in character education*. Stanford. CA: Hoover Institution Press.

Daner, F. (1976). *The American children of Krsna: A study of the Hare Krsna movement*. Stanford, CA: Stanford University Press.

Darley, J. M., & Batson, C. D. (1973). From Jerusalem to Jericho: A study of situational and dispositional variables in helping behavior. *Journal of Personality and Social Psychology*, *27*, 100-108.

Deconchy, J.-P. (1967). *Structure génétique de l'idée de Dieu chez des Catholics Français*. Brussels, Belgium: Lumen Vitae Press.

Denz, H. (2002). *Die europäische Seele: Leben und Glauben in Europa*. Wien: Czernin Verlag.

Dick, A. (1981). *Drei transkulturelle Erhebungen des religiösen Urteils: Eine Pilotstudie*. Unveröffentlichte Lizentiatsarbeit, Freiburg, Switzerland: CH.

Di Loreto, O., & Oser, F. (1996). Entwicklung des religiösen Urteils und religiöser Selbstwirksamkeitsüberzeugung: Eine Längsschnittstudie. In F. Oser & K. H. Reich (Eds.), *Eingebettet ins Menschsein: Beispiel Religion* (pp. 69-87). Lengerich, Germany: Papst.

Dittmann-Kohli, F. (1990). Sinngebung im Alter. In P. Mayring & W. Saup (Eds.), *Entwicklungsprozesse im Alter* (pp. 145-166). Stuttgart, Germany: Kohlhammer.

Donnelly, T., Matsuba, M. K., Hart, D., & Atkins, R. (2005). The relationship between spiritual development and civic development. In E. C. Roehlkepartain, P. E. King, L. M. Wagener, & P. L. Benson (Eds.), *Handbook of spiritual development in childhood and adolescence* (pp. 239-251). Thousand Oaks, CA: Sage.

Dowling, E., Gestsdottir, S., Anderson, P., von Eye, A., Almerigi, J., & Lerner, R. (2004). Structural relations among spirituality, religiosity, and thriving in adolescence. *Applied Developmental Science*, *8(1)*, 7-16.

Dulles, A. (1994). *Models of revelation*. Maryknoll, NY: Orbis Books.

Durkheim, E. (1995). Elementary forms of the religious life (Karen E. Fields, Trans.). New York: Free Press. (Original work published 1915)

Elkind, D. (1961). The child's conception of his religious denomination: Vol. 1. The Jewish child. *Journal of Genetic Psychology*, *99*, 209-225.

Elkind, D. (1962). The child's conception of his religious denomination: Vol. 2. The Catholic child. *Journal of Genetic Psychology*, *101*, 185-193.

Elkind, D. (1963). The child's conception of his religious denomination: Vol. 3. The Protestant child. *Journal of Genetic Psychology*, *103*, 291-304.

Elkind, D. (1964). Piaget's semiclinical interview and the Study of the Spontaneous Religion. *Journal for the Scientific Study of Religion*, *4*, 40-46.

Ellis, A. (1980). Psychotherapy and atheistic values: A response to A. E. Bergin's "Psychotherapy and religion values." *Journal of Consulting and Clinical Psychology*, *48*, 639-653.

Ellison, C. G., & Sherkat, D. E. (1993). Obedience and autonomy: Religion and parental values reconsidered. *Journal for the Scientific Study of Religion*, *32*, 313-329.

Erickson, J. A. (1992). Adolescent religious development and commitment: A structural equation model of the role of family, peer group, and educational influences. *Journal for the Scientific Study of Religion*, *31* (2), 131-152.

Erikson, E. (1958). *Young man Luther: A study in psychoanalysis and history*. New York: Norton.

Faulkner, K. W. (1993). Children's understanding of death. In A. Armstrong-Daily & S. Z. Goltzer (Eds.), *Hospice Care for Children* (pp. 9-21). London: Oxford University Press.

Feldman, D. H. (1980). *Beyond universals in cognitive development*. Norwood, NJ: Ablex.

Feldman, D. H. (in press). Piaget's stages: The unfinished symphony of cognitive development. *New Ideas in Psychology*.

Feldman, J. A. (in press). *From molecules to metaphor: A neural theory of language*. Cambridge, MA: MIT Press.

Fernhout, J. W. (1986). Where is faith? Searching for the core of the cube. In C. Dykstra & S. Parks (Eds.), *Faith development and Fowler* (pp. 65-89). Birmingham, AL: Religious Education Press.

Fischer, K. W., & Bidell, T. R. (1997). Dynamic development of psychological structures in action and thought. In W. Damon (Editorin-Chief) & R. M. Lerner (Vol. Ed.), *Handbook of child psychology: Vol. 1. Theoretical models of human development* (5th ed., pp. 467-561). New York: Wiley.

Fischer, K. W., & Rose, S. P. (1999). Rulers, models, and nonlinear dynamics: Measurement and method in developmental research. In G. Savelsbergh, H. van der Maas, & P. van Geert (Eds.), *Nonlinear developmental processes* (pp. 197-212). Amsterdam, the Netherlands: Royal Netherlands Academy of Arts and Sciences.

Flammer, A. (1994). Mit Risiko und Ungewissheit leben: Zur psychol ogischen Funktionalität und Religiosität in der Entwicklung. In G. Klosinski (Ed.), *Religion als Chance oder Risiko* (pp. 20-34). Bern, Switzerland: Huber.

Flavell, J. H. (1972). An analysis of cognitive-developmental sequences. *Genetic Psychology Monographs*, *86*, 279-350.

Fowler, J. (1980). *Faith and structuring of meaning*. Morristown, NJ: Silver Burdett.

Fowler, J. (1981). *Stages of faith: The psychology of human development and the quest for meaning*. New York: Harper & Row.

Francis, L. (1987a). Denominational schools and pupils' attitudes towards Christianity. *British Educational Research Journal*, *12*, 145-152.

Francis, L. (1987b). The decline in attitudes towards religion among 8-to 15-year-olds. *Educational Studies*, *13*, 125-134.

Freeman, N. (1980). *Strategies of representation in young children: Analysis of spatial skills and drawing processes*. London: Academic Press.

Freud, S. (1907). Obsessive actions and religious practices. In J. Strachey (Ed.), *The standard edition of the complete works of Sigmund Freud* (pp. 432-451). London: Hogarth Press and the Institute of Psychoanalysis.

Freud, S. (1923a). The ego and the id. *Standard Edition*, *19*, 3-66.

Freud, S. (1923b). A seventeenth-century demonological neurosis. *Standard Edition*, *19*, 67-105.

Freud, S. (1961). The future of an illusion. In J. Strachey (Ed.), *The standard edition of the complete works of Sigmund Freud* (Vol. 21, pp. 1-56). London: Hogarth Press and the Institute of Psychoanalysis.

Frielingsdorf, K. (1992). *Dämonische Gottesbilder: Ihre Entstehung, Entlarvung und Überwindung*. Mainz, Germany: Grünewald.

Gandhi, M. K. (1993). *Gandhi: An autobiography — The story of my experiments with truth*. Boston: Beacon Press.

Gartner, J. (1996). Religious commitment, mental health, and prosocial behavior: A review of the empirical literature. In E. Shafranske (Ed.), *Religion and the clinical practice of psychology* (pp. 301-319). Washington, DC: American Psychological Association.

Gesell, A. (1977). *The child from five to ten*. New York: Norton.

Gibson, H. (1990). The relationship between social class and attitude towards Christianity among 14- and 15-year old adolescents. *Personality and Individual Differences*, *11*, 631-635.

Gnos, C. (2003). *Bewältigungsverhalten, religiöses Urteil und Werthaltungen*. Unpublished master's thesis, University of Freiburg, Educational Department, Freiburg, Switzerland.

Godin, A. (1968a). *From cry to word: Contributions toward a psychology of religion*. Brussels, Belgium: Lumen Vitae Press.

Godin, A. (1968b). Genetic development and the symbolic function: Meaning and limits of the work of Goldman. *Religious Education*, *63*, 439-445.

Goethe, J. W. (1974). *Faust: Erster Teil*. Frankfurt am Main, Germany: Insel.

Goldfried, J., & Miner, M. (2002, December). Quest religion and the problem of limited compassion. *Journal for the Scientific Study of Religion*, *41*, 685-695.

Goldman, R. (1964). *Religious thinking from childhood to adolescence*. New York: Seabury.

Gottlieb, A. (2005). Non-western approaches to spiritual development among infants and young children. In P. L. Benson, P. E. King, L. M. Wagener, & E. C. Roehlkepartain (Ed.), *The handbook of spiritual development in childhood and adolescence* (pp. 150-162). Thousand Oaks,

CA: Sage.

Gould, S. J. (2003a). *Ontogeny and phylogeny*. Cambridge, MA: Harvard University Press.

Gould, S. J. (2003b). *The hedgehog, the fox, and the magister's pox: Mending the gap between science and the humanities*. New York: Harmony Books.

Grangvist, P. (1998). Religiousness and perceived childhood attachment: On the question of compensation or correspondence. *Journal for the Scientific Study of Religion*, *37*, 350-367.

Greve, W., & Roos, J. (1996). *Der Untergang des Ödipuskomplexes: Argumente gegen einen Mythos*. Bern, Switzerland: Huber.

Gut, U. (1984). *Analyse der vorraussetzungen der stufen des moralischen und des reliosen urteils*. Zurich, Switzerland: Benzinger.

Hall, G. S. (1900). The religious content of the child-mind. In I. N. M. Butler (Ed.), *Principles of religious education* (pp. 161-189). New York: Longmans, Green.

Hall, G. S. (1904). *Adolescence: Its psychology and its relation to physiology, anthropology, sociology, crime, religion, and education*. Boston: Appleton.

Hall, G. S. (1908). A glance at the phyletic background of genetic psychology. *American Journal of Psychology*, *19*, 149-212.

Hall, G. S. (1923). *Life and confessions of a psychologist*. New York: D. Appleton.

Halperin, D. (Ed.). (1983). *Psychodynamic perspectives on religion, sect, and cult*. Littleton, MA: PSG.

Hanisch, H. (1996). *Die zeichnerische Entwicklung des Gottesbildes bei Kindern und Jugendlichen*. Stuttgart, Germany: Calwer.

Harms, E. (1944). The development of religious experience in children. *American Journal of Sociology*, *50*, 112-122.

Harris, P. L. (2000). On not falling down to earth: Children's metaphysical questions. In K. S. Rosengren, C. N. Johnson, & P. L. Harris (Eds.), *Imagining the impossible: Magical, scientific, and religious thinking in children* (pp. 157-178). Cambridge, England: Cambridge University Press.

Harris, P. L. (2003). Les dieux, les ancêtres et les enfants [Gods, ancestors and children]. *Terrain*, *40*, 81-98.

Hart, T. (2005). Spiritual experiences and capacities of children and youth. In P. L. Benson, P. E. King, L. M. Wagener, & E. C. Roehlkepartain (Eds.), *The handbook of spiritual development in childhood and adolescence* (pp. 163-178). Thousand Oaks, CA: Sage.

Hartshorne, H., & May, M. A. (1928). *Studies in the nature of character: Vol. 1. Studies in deceit*. New York: Macmillan.

Hay, D., & Nye, R. (1998). *The spirit of the child*. London: Fount.

Helsper, W. (1992). *Okkultismus, die neue Jugendreligion? Die Symbolik des Todes und des Bösen in der Jugendkultur*. Opladen, Germany: Leske & Budrich.

Herzbrun, M. (1993). Father-adolescent religious consensus in the Jewish community: A preliminary report. *Journal for the Scientific Study of Religion*, *32*, 163-166.

Hill, P. C. (2000). Conceptualizing religion and spirituality: Points of commonality, points of departure. *Journal for the Theory of Social Behavior*, *30*, 51-77.

Hitschmann, E. (1947). New varieties of religious experience: From William James to Sigmund Freud. In G. Roheim (Ed.), *Psychoanalysis and the social sciences* (pp. 195-233). New York: International Universities Press.

Hoge, D., & Petrillo, D. (1978). Development of religious thinking in adolescence. *Journal for the Scientific Study of Religion*, *17*, 139-154.

Hoge, D., & Petrillo, D. (1982). Transmission of religious and social values from parents to teenage children. *Journal of Marriage and the Family*, *44*, 569-580.

Hood, R. W. (1992). Sin and guilt in faith traditions: Issues of selfesteem. In J. Schumaker (Ed.), *Religion and Mental Health* (pp. 110-121). New York: Oxford University Press.

Hood, R. (Ed.). (1995). *Handbook of religious experience*. Birmingham, AL: Religious Education Press.

Hood, R., Spilka, B., Hunsberger, B., & Gorsuch, R. (1996). *The psychology of religion: An empirical approach*. New York: Guilford Press.

Hunsberger, B. (1995). Religion and prejudice: The role of religious fundamentalism, quest, and right-wing authoritarianism. *Journal of Social Issues*, *51*, 113-129.

Hunsberger, B., & Brown, L. B. (1984). Religious socialization, apostasy, and the impact of family background. *Journal for the Scientific Study of Religion*, *23*, 239-251.

Hunsberger, L. (1980). A re-examination of the antecedents of apostasy. *Review of Religious Research*, *25*, 21-38.

Huntington, S. P. (1996). *The clash of civilsations*. New York: Simon & Schuster.

Huntington, S. P. (1998). *Kampf der Kulturen: Die Neugestaltung der Weltpolitik im 21 — Jahrhundert*. München, Germany: Siedler.

Huxel, K. (2000). *Die empirische Psychologie des Glaubens: Historische und systematische Studien zu den Pionieren der Religionspsychologie*. Stuttgart, Germany: Kohlhammer.

Hyde, K. (1965). *Religious learning in adolescence*. Edinburgh, Scotland: Oliver & Boyd.

Hyde, K. (1990). *Religion in childhood and adolescence*. Birmingham, AL: Religious Education Press.

Idler, E. (1994). *Cohesiveness and coherence: Religion and the health of the elderly*. New York: Taylor & Frances.

James, W. (1902). *The varieties of religious experience*. New York: Longmans, Green.

James, W. (1961). *The principles of psychology* (Rev. ed.). New York: Holt. (Original work published 1892)

Jarvis, G., & Northcott, H. (1987). Religion and differences in morbidity and mortality. *Social Science and Medicine*, *25*, 813-824.

Johnson, C. N., & Boyatzis, C. J. (2005). Cognitive-cultural foundations of spiritual development. In E. C. Roehlkepartaim, P. E. King, L. M. Wagener, & P. L. Benson (Eds.), *The handbook of spiritual development in childhood and adolescence* (pp. 211-223). Thousand Oaks, CA: Sage.

Jörns, K. P. (1997). *Die neuen Gesichter Gottes: Was die Menschen heute wirklich glauben*. München, Germany: Beck.

Jung, C. G. (1968). Concerning the archetypes, with special reference to the anima concept. In M. F. H. Read & G. Adler (Eds.), *The collected works of C. G. Jung* (2nd ed., Vol. 9, pp. 54-72). Princeton, NJ: Princeton University Press.

Kager, A. (1995). *Die Stufen des religiösen Urteils in Ordensgemeinschaften*. Eine Pilotstudie: Unveröffentliche Magisterarbeit an der Universität Wien.

Kaplan, B. (1983a). Genetic-dramatism: Old wine in new bottles. In S. Wapner & B. Kaplan (Eds.), *Toward a holistic developmental psychology* (pp. 53-74). Hillsdale, NJ: Erlbaum.

Kaplan, B. (1983b). Reflections on culture and personality from the perspective of genetic-dramatism. In S. Wapner & B. Kaplan (Eds.), *Toward holistic developmental psychology* (pp. 95-110). Hillsdale, NJ: Erlbaum.

Kimball, C. (2002). *When religion becomes evil*. San Francisco: Harper & Row.

King, P. E. (2003). Religion and identity: The role of ideological, social, and spiritual contexts. *Applied Developmental Science*, *7*, 196-203.

King, P. E., & Boyatzis, C. (2004). Exploring adolescent spiritual and religious development: Current and future theoretical and empirical perspectives. *Applied Developmental Science*, *8*(1), 2-6.

King, P. E., & Furrow, J. L. (2004). Religion as a resource for positive youth development: Religion, social capital, and moral outcomes. *Developmental Psychology*, *40*(5), 703-713.

Kingdom, D., Siddle, R., & Rathod, S. (2001). Spirituality, psychosis, and the development of "normalising rationales." In I. Clarke (Ed.), *Psychosis and spirituality* (pp. 177-198). London: Whurr.

Kirkpatrick, L. (1995). Attachment theory and religious experience. In I. R. W. Hood (Ed.), *Handbook of religious experience* (pp. 446-475). Birmingham, AL: Religious Education Press.

Kirkpatrick, L. (1997). A longitudinal study of changes in religious belief and behavior as a function of individual differences in adult attachment style. *Journal for the Scientific Study of Religion*, *36*, 207-217.

Kirkpatrick, L., & Shaver, P. (1990). Attachment theory and religion: Childhood attachments, religious beliefs, and conversion. *Journal for the Scientific Study of Religion*, *29*, 315-334.

Klaghofer, R., & Oser, F. (1987). Dimensionen und Erfassung des religisen Familienklimas. *Unterrichtswissenschaft*, *15*, 190-206.

Klepsch, M., & Logie, L. (1982). *Children draw and tell*. New York: Brunner/Mazel.

Klosinski, G. (1996). *Psychokulte: Was Sekten für Jugendliche so attraktiv macht*. München, Germany: Beck.

Koenig, H. (1992). Religion and mental health in later life. In J. F. Schumaker (Ed.), *Religion and mental health* (pp. 155-174). New York: Oxford University Press.

Koenig, H. G. (1994). *Aging and God: Spiritual pathways to mental health in midlife and later years*. New York: Haworth Pastoral Press.

Koenig, H., George, L., & Siegler, I. (1988). The use of religion and other emotion-regulating coping strategies among older adults. *Gerontologist*, *28*, 303-310.

Kohlberg, L. (1981). *Essays on moral development: Vol. 1. The philosophy of moral development*. San Francisco: Harper & Row.

Kohlberg, L., & Power, C. (1981). Moral development, religious thinking, and the question of a seventh stage. *Zygon*, *16*, 203 - 258.

Kroh, O. (1965). *Entwicklungspsychologie des Grundschulkindes*. Weinheim, Germany: Beltz.

Kuner, W. (1981, September). Jugendsekten: Ein Sammelbecken für Verrückte? *Psychologie Heute*, *8*, 53 - 61.

Kushner, H. (1981). *When bad things happen to good people*. New York: Avon Books.

Kwilecki, S. (1999). *Becoming religious*. Cranbury, NJ: Associated University Press.

Lademann-Priemer, G. (1998). *Warum faszinieren Sekten? Psychologische Aspekte des Relgionsmissbrauchs*. München, Germany: Claudius.

Lambert, W., Triandis, L., & Wolf, M. (1959). Some correlates of beliefs in malevolence and benevolence of supernatural beings: A cross-societal study. *Journal of Abnormal and Social Psychology*, *58*, 162 - 169.

Langdon, A. (1969). A critical examination of Dr. Goldman's research study on religious thinking from childhood to adolescence. *Journal of Christian Education*, *12*, 37 - 63.

Larson, D. B., Thielman, S. B., Greenwold, M. A., Lyons, J. S., Post, S. G., Sherrill, K. A., et al. (1993). Religious content in the *DSMIIIR* glossary of technical terms. *American Journal of Psychiatry*, *150* (12), 1884 - 1885.

Lerner, R. (2002). *Concepts and theories of human development* (3rd ed.). Mahwah, NJ: Erlbaum.

Lerner, R., Dowling, E., & Anderson, P. (2003). Positive youth development: Thriving as the basis of personhood and civil society. *Applied Developmental Science*, *7*(3), 172 - 180.

Leuba, J. (1912). *A psychological study of religion*. New York: Macmillan.

Levin, J. S. (1997). Religious research in gerontology, 1980 - 1994: A systematic review. *Journal of Religious Gerontology*, *10*, 3 - 31.

Lindenthal, J. J., Myers, J. K., Pepper, M. P., & Stern, M. S. (1970). Mental status and religious behavior. *Journal for the Scientific Study of Religion*, *9*(2), 143 - 149.

Long, D., Elkind, D., & Spilka, B. (1967). The child's conception of prayer. *Journal for the Scientific Study of Religion*, *6*, 101 - 109.

Maslow, A. H. (1971). *The farther reaches of human behavior*. New York: Viking.

May, A. (1997). Psychopathology and religion in the era of "enlightened science": A case report. *European Journal of Psychiatry*, *11* (1), 14 - 20.

McFadden, S. H. (1996). Religion and spirituality. In J. E. Birren (Ed.), *Encyclopedia of Gerontology* (Vol. 2, pp. 387 - 397). San Diego, CA: Academic Press.

Meadow, M. J. (1992). Personality maturity and Teresa's interior castle. *Pastoral Psychology*, *40*(5), 293 - 302.

Meadow, M. J., & Kahoe, R. D. (1984). *Psychology of religion: Religion in individual lives*. New York: Harper & Row.

Meissner, W. W, (1984). *Psychoanalysis and religious experience*. New Haven, CT: Yale University Press.

Miller, W. R., & Martin, J. E. (1988). Spirituality and behavioral psychology: Toward integration. In W. R. Miller & J. E. Martin (Eds.), *Behavior therapy and religion: Integrating spiritual and behavioral approaches to change* (pp. 13 - 23). Newbury Park, CA: Sage.

Murphy, R. J. L. (1978). A new approach to the Study of the Development of Religious Thinking in Children. *Educational Studies*, *4*, 19 - 22.

Niggli, A. (1988). *Familie und religiöse Erziehung in unserer Zeit: Eine empirische Studie über elterliche Erziehungspraktiken und religiöse Merkmale bei Erzogenen*. Frankfurt, Germany: Lang.

Nipkow, K. E., Schweitzer, F., & Fowler, J. W. (1988). *Glaubensentwicklung und Erziehung*. Gütersloh, Germany: Gerd Mohn.

Nobiling, E. (1929). Der Gottesgedanke bei Kindern und Jugendlichen. In W. Gruehn (Ed.), *Atrchiv für Religionspsychologie und Seelenführung* (Vol. 4, pp. 43 - 216). Leipzig, Germany: Eduard Pfeiffer.

Nunn, C. Z. (1964). Child-control through a "coalition with God." *Child Development*, *34*, 417 - 432.

Nye, R. (1999). Relational consciousness and the spiritual lives of children: Convergence with children's theory of mind. In H. Reich, F. K. Oser, & W. G. Scarlett (Eds.), *Psychological studies on spiritual and religious development* (pp. 57 - 82). Lengerich, Germany: Pabst Science.

Nye, W. C., & Carlson, J. S. (1984). The development of the concept of God in children. *Journal of Genetic Psychology*, *145*, 137 - 142.

Oerter, R. (1980). *Moderne Entwicklungspsychologie*. Donauwörth, Germany: Auer.

Ohlig, K. H. (2002). *Religion in der Geschichte der Menschheit: Die Entwicklung des religiösen Bewusstseins*. Darmstadt, Germany: Wissenschaftliche Buchgesellschaft.

Oman, D., Kurata, J. H., Strawbridge, W. J., Cohen, R. D. (2002). Religious attendance and cause of death over 31 years. *International Journal of Psychiatry in Medicine*, *32*, 69 - 89.

Oser, F. (1988a). Genese und Logik der Entwicklung des religiösen Bewusstseins: Eine Entgegnung auf Kritiken. In K. E. Nipkow, F. Schweitzer, & J. W. Fowler (Eds.), *Glaubensentwicklung und Erziehung* (pp. 48 - 88). Gütersloh, Germany: Güterloher Verlagshaus Gerd Mohn.

Oser, F. (1988b). Wieviel Religion braucht der Mensch? Erziehung und Entwicklung zur religiösen Autonomie. Gütersloh, Germany: Güterloher Verlagshaus Gerd Mohn.

Oser, F. (1991). The development of religious judgment. In F. Oser & W. G. Scarlett (Eds.), *Religious development in childhood and adolescence* (pp. 5 - 26). San Francisco: Jossey-Bass.

Oser, F. (2002). Mystische und psychologische Stufen der religiösen Entwicklung: Inkompatibel, analog, ergänzungsbedürftig? Ein spekulativer Vergleich. In W. Simon (Ed.), *Meditatio* (pp. 67 - 80). FS für Günter Stachel, Münster, Germany: Lit-Verlag.

Oser, F., & Gmünder, P. (1991). *Religious judgement: A developmental approach*. Birmingham, AL: Religious Education Press.

Osmer, R. R., & Schweitzer, F. (2003). *Religious education between modernization and globalization: New perspectives on the United States and Germany*. Grand Rapids, MI: Eerdmans.

Ozarak, E. (1989). Social and cognitive influences on the development of religious beliefs and commitment in adolescence. *Journal for the Scientific Study of Religion*, *28*, 448 - 463.

Pargament, K. I. (1997). *The psychology of religious coping: Theory, research, practice*. New York: Guilford Press.

Pargament, K,, & Brant, C. (1998). Religion and coping. In H. Koenig (Ed.), *Handbook of religion and mental health* (pp. 112 - 129). Boston: Academic Press.

Pargament, K. I., Ensing, D. S., & Falgout, K. (1990). God help me: Religious coping effects as predictors of the outcomes of significant negative life events. *American Journal of Community and Psychology*, *18*, 793 - 824.

Pascual-Leone, J. (1983). Growing into human maturity: Toward a metasubjective theory of adulthood stages. In P. B. Baltes & O. G. J. Brim (Eds.), *Life-span development and behavior* (Vol. 5, pp. 117 - 156). New York: Academic Press.

Pfeiffer, J. E. (1992). The psychological framing of cults: Schematic representations and cult evaluations. *Journal of Applied Social Psychology*, *22*, 531 - 544.

Pfister, O. (1911). Hysterie und Mystik bei Margaretha Ebner (1291 - 1351). *Zentralblatt für Psychoanalyse und Psychotherapie*, *1*, 468 - 485.

Pfister, O. (1925). *Die Frömmigkeit des Grafen Ludwig von Zinzendorf: Eine psychoanalytische Studie*. Zweite verbesserte Auflage, Leipzig, Germany und Wien: Franz Deuticke.

Piaget, J. (1928). Immanence et transcendence. In J. Piaget & J. de la Harpe (Eds.), *Deux types d'attitude religieuse: Immanance et transcendence* (pp. 5 - 40). Editions de L'Association Chretienne dE'tudiants de Suisse Romande, Depot, Geneva, Switzerland: Labor.

Piaget, J. (1929). *The child's conception of the world*. New York: Harcourt.

Pitts, V. P. (1977). Drawing pictures of God. *Learning for Living*, *16*, 123 - 131.

Plante, T. G., & Bovccaccini, M. T. (1997). The Santa Clara strength of religious faith questionnaire. *Pastoral Psychology*, *45*, 375 - 387.

Plante, T. G., & Sherman, A. (Eds.). (2001). *Faith and health: Psychological perspectives*. New York: Guilford Press.

Pnevmatikos, D. (2002). Conceptual changes in religious concepts of elementary schoolchildren: The case of the house where God lives. *Educational Psychology*, *22*, 93 - 112.

Pollner, M. (1989). Divine relations, social relations, and well being. *Journal of Health and Social Behaviour*, *30*, 92 - 104.

Potvin, R. H., & Sloane, D. M. (1985). Parental control, age, and religious practice. *Review of Religious Research*, *27*, 3 - 14.

Powell, L. H., Shahabi, L., & Thoresen, C. E. (2003). Religion and spirituality: Linkages to physical health. *American Psychologist*, *58*, 36 - 52.

Pratt, J. B. (1910). An empirical study of prayer. *American Journal of Religious Psychology and Education*, *4*, 48 - 67.

Prell, R.-E. (1995). Reflections on the social science of American Jews and its implications for Jewish education. In A. Aron, S. Lee, & S. Rossel (Eds.), *A congregation of learners: Transforming the synagogue into a learning community* (pp. 139 - 153). New York: URJ Press.

Pruyser, P. (1991). Forms and functions of the imagination in religion. In H. N. Maloney & B. Spilka (Eds.), *Religion in psychodynamic perspective* (p. 179). New York: Oxford University Press.

Ramachers, G. (1994). *Entwicklung und Bedingungen von Todeskonzepten bei Kindern*. Frankfurt-am-Main, Germany: Peter Lang.

Ratcliff, D. (1985). The development of children's religious concepts: Research review. *Journal of Psychology and Christianity*, *1*, 35 - 43.

Regnerus, M., & Elder, G. H., Jr. (2003). Staying on track in school: Religious influences in high- and low-risk settings. *Journal for the Scientific Study of Religion*, *42*(4), 633 - 649.

Reich, H. (1993). Integrating different theories. The case of religious development. *Journal of Empirical Theology*, *6*(1), 39 - 49. (Reprinted from *The psychology of religion: Theoretical approaches*, pp. 105 - 113, by B. Spilka & D. M. McIntosh, Eds., 1997, Boulder, CO: Westview)

Reich, H. (1997). Do we need a theory for the religious development of women. *International Journal for the Psychology of Religion*, *7*, 67 - 86.

Reich, H. (2004, November). *The role of cognition in religious development: The contribution of Relational and Contextual Reasoning (RCR) to religious development*. Unpublished doctoral dissertation, Universität Utrecht, Theologische Fakultät.

Reich, H. (2005). *Jean Piaget's views on religion*. Unpublished manuscript, University of Fribourg, Switzerland.

Reich, H., Oser, F. O., & Scarlett, W. G. (1999). Spiritual and religious development: Transcendence and transformations of the self. In K. H. Reich, F. O. Oser, & W. G. Scarlett (Eds.), *Psychological Studies on Spiritual and Religious Development: Vol. 2. Being human — The case of religion*. Scottsdale, AZ: Pabst Science.

Reimer, K. S., & Furrow, J. L. (2003). *A qualitative exploration of relational consciousness in Christian children*. Pasadena, CA: Fuller Theological Seminary, Graduate School of Psychology.

Rest, J. R. (1983). Morality. In P. H. Mussen (Series Ed.) & J. Flavell & E. Markman (Vol. Eds.), *Handbook of child psychology: Vol. 3. Cognitive development* (4th ed., pp. 556 - 629). New York: Wiley.

Richardson, J., Stewart, M., & Simmonds, R. (1979). *Organized miracles*. New Brunswick, NJ: Transaction Books.

Richardson, J. T. (1995). Clinical and personality assessment of participants in new religions. *The International Journal for the Psychology of Religion*, *5*, 145 - 170.

Richardson, J. T., van der Lans, J., & Derks, F. (1986). Leaving and labeling: Voluntary and coerced disaffiliation from new religion movements. *Social Movement, Conflict, and Change*, *8*, 385 - 393.

Rizzuto, A.-M. (1979). *The birth of the living God: A psychoanalytic study*. Chicago: Chicago University Press.

Roehlkepartain, E. C. (1995). *Youth development in congregations: An exploration of the potential and barriers*. Minneapolis, MN: Search Institute.

Roehlkepartain, E. C. (2005). Congregations: Unexamined crucibles for spiritual development. In E. C. Roehlkepartain, P. E. King, L. M. Wagener, & P. L. Benson (Eds.), *The handbook of spiritual development in childhood and adolescence* (pp. 324 - 336). Thousand Oaks, CA: Sage.

Rollett, B. (1992). *Religiöse Entwicklung und Interesse an Jugendsekten*. Forschungsbericht Universität Wien: Abteilung für Entwicklungspsychologie und Pädagogische Psychologie.

Rollett, B. (Ed.). (1996). *Religiose Entwicklung im Jugendalter*. Göttingen, Germany: Hogrefe.

Rollett, B., & Kager, A. (Eds.). (1999). *Post-modern religiousness: A prerogative of the "new religion"? Religious emotions and religious development — Finding of a pilot study*. Lengerich, Germany: Papst.

Rosenberg, R. (1989). Die Entwicklung von Gebetskonzepten. In A. Bucher & K. H. Reich (Ed.), *Entwicklung von Religiosität* (pp. 175 - 198). Fribourg, Germany: Universitätsverlag.

Rousseau, J. J. (1979). Emile: *Or, On Education*. New York: Basic Books. (Original work published 1762)

Salzman, L. (1953). The psychology of religious and ideological conversion. *Psychiatry*, *16*, 177 - 187.

Scarlett, W. G. (2003 July). *Healthy and pathological spirituality*. Paper presented at the Association for Moral Education, Krakow, Poland.

Scarlett, W. G., & Perriello, L. (1991). The development of prayer in adolescence. In F. Oser & W G. Scarlett (Eds.), *Religious development in childhood and adolescence* (pp. 63 - 76). San Francisco: Jossey-Bass.

Schibilsky, M. (1976). *Religiöse Erfahrung und Interaktion: Die Lebenswelt Jugendlicher Randgruppen*. Stuttgart, Germany: Kohlhammer.

Schjelderup, H., & Schjelderup, K. (1932). *Über drei Haupttypen der religiösen Erlebnisformen und ihre psychologische Grundlage*. Berlin, Germany: W. de Gruyter.

Schmidtchen, G. (1987). *Sekten und Psychokultur: Reichweite und Attraktivität von Jugendreligionen in der Bundesrepublik Deutschland*. Freiburg, Germany: Herder.

Schmitz, E., & Friebe, S. (Eds.). (1992). *Die neuen Jugendreligionen: Öffentliche Akzeptanz und Konversionsmotive*. Göttingen, Germany: Hogrefe.

Schroedter, T. (1908). Erotogenese der Religion. *Zeitschriftfür Religionspsychologie: Grenzfragen der Theologie und Medizin*, *1*, 445 - 455.

Schwartz, A. (2002). Transmitting moral wisdom in an age of the autonomous self. In W. Damon (Ed.), *Bringing in a new era in character education* (pp. 1 - 22). Stanford, CA: Hoover Institution Press.

Schweitzer, F. (1992). *Die Religion des Kindes: Zur Problemgeschichte einer religionspädagogischen Grundfrage*. Gütersloh, Germany: Gerd Mohn.

Scott, S., Garver, S., Richards, J., & Hathaway, W. (2003). Religious issues in diagnosis: The V-Code and beyond. *Mental Health, Religion and Culture*, *6*(2), 160 - 173.

Shafranske, E. P. (1995). Freudian theory and religious experience. In R. W. Hood Jr. (Ed.), *Handbook of religious experience* (pp. 200 - 230). Birmingham, AL: Religious Education Press.

Shaver, P., Leneuaer, M., & Sadd, M. (1980). Religousness, conversion, and subjective well-being: The "healthy-minded" religion of modern American women. *American Journal of Psychiatry*, *137*, 1563 - 1568.

Silke, A. (Ed.). (2003). *Terrorists, victims, and society: Psychological perspectives on terrorism and its consequences*. Southern Gate, England: Wiley.

Silverstein, S. M. (1988). A study of religious conversion in North America. *Genetic, Social, and General Psychology Monographs*, *114*, 261 - 305.

Slaughter, V., Jaakola, R., & Carey, S. (1999). Constructing a coherent theory: Children's biological understanding of life and death. In M. Siegal & C. Peterson (Eds.), *Children's understanding of biology, health, and ethics* (pp. 71 - 96). Cambridge: Cambridge University Press.

Slee, N. (1986a). Goldman yet again: An overview and critique of his contribution to research. *British Journal of Religious Education*, *8*, 33 - 84.

Slee, N. (1986b). A note on Goldman's methods of data analysis with special reference to scalogram analysis. *British Journal of Religious Education*, *8*, 168 - 175.

Smith, C. (2003). Religious participation and network closure among American adolescents. *Journal for the Scientific Study of Religion*, *42*(2), 259 - 267.

Smith, W. C. (1998a). *Faith and belief: The difference between them*. Oxford, England: Oneworld Publications.

Smith, W. C. (1998b). *Patterns of faith around the world*. Boston: Oneworld Publications.

Socha, P. (1999). The existential human situation: Spirituality as a way of coping. In H. K. Reich, F. Oser, & W. G. Scarlett (Eds.), *Psychological studies on spiritual and religious development: Vol. 2. Being human — The case of religion*. Langerich, Germany: Pabst Science Publishers.

Spencer, A. E. (1971). *The future of Catholic education in England and Wales*. London: Catholic Renewal Movement.

Spilka, B., & McIntosh, D. N. (1995). Attribution theory and religious experience. In R. W. Hood Jr. (Ed.), *Handbook of religious experience: Theory and practice* (pp. 421 - 445). Birmingham, AL: Religious Education Press.

Stark, R. A. (1965). A taxonomy of religious experience. *Journal for the Scientific Study of Religion*, *5*, 97 - 116.

Steele, S. (1994). The multistage paradigm and the spiritual path of John of the cross. *Journal of Transpersonal Psychology*, *26*, 55 - 80.

Stone, M. (2000). Psychopathology: Biological and psychological correlates. *Journal of the American Academy of Psychoanalysis*, *28*(2), 203 - 235.

Streib, H. (1999). Off-road religion? A narrative approach to fundamentalist and occult orientations. *Journal of Adolescence*, *22*(2), 255 - 267.

Streib, H. (2001, September). *Faith development research at 20 years*. Paper presented at the 14th Conference of the International Association for the Psychology of Religion, Soesterberg, The Netherlands.

Strommen, M. P., & Hardel, R. A. (2000). *Passing on the faith: A radical new model for youth and family*. Winona, MN: Saint Mary's Press.

Tamminnen, K. (1976). Research concerning the development of religious thinking in Finnish students. *Character potential*, *7*, 206 - 219.

Tamminnen, K. (1991). *Religious development in childhood and youth*. Helsinki, Finland: Suomalainen Tiedeakatemia.

Tamminnen, K. (1994). Comparing Oser's and Fowler's developmental stages. *Journal of Empirical Theology*, *7*, 75-112.

Taylor, C. (2002). *Varieties of religion today: William James revisted*. Cambridge, MA: Harvard University Press.

Thouless, R. H., & Brown, L. B. (1964). Petitionary prayer: Belief in its appropriateness and causal efficacy among adolescent girls. *Lumen Vitae*, *23*, 123-136.

Thun, T. (1959) *Die Religion des Kindes: Eine Untersuchung nach Klassengesprächen mit katholischen und evangelischen Kindern in der Grundschule*. Stuttgart, Germany: Ernst Klett.

Thurman, R. (1991). *Wisdom and compassion: The scared art of Tibet*. New York: Thames and Hundson.

Ullman, C. (1982). Cognitive and emotional antecedents of religious conversion. *Journal of Personality and Social Psychology*, *43*, 183-192.

Vidal, F. (1987). Jean Piaget and the liberal Protestant tradition. In M. Ash & W. Woodward (Eds.), *Psychology in twentieth-century thought and society* (pp. 271-294). Cambridge University Press.

Vogel, P. (1936). Ein Beitrag zur Religionspsychologie des Kindes. *Archiv für die Gesamte Psychologie*, *36*, 311-466.

Voss, T. (1926). Die Entwicklung der religiösen Vorstellungen. *Archiv für die Gesamte Psychologie*, *57*, 1-86.

Walker, L. (2003). Morality, religion, spirituality: The value of saintliness. *Journal of Moral Education*, *32*(4).

Walker, L., & Pitts, R. (1998). Naturalistic conceptions of moral maturity. *Developmental Psychology*, *34*, 403-419.

Walker, L., Pitts, R., Hennig, K., & Matsuba, M. K. (1995). Reasoning about morality and real-life problems. In M. Killen & D. Hart (Eds.), *Morality in everyday life: Developmental perspectives* (pp. 371-407). Cambridge, England: Cambridge University Press.

Walker, L., & Reimer, K. S. (2005). The relationship between moral and spiritual development. In E. C. Roehlkepartain, P. E. King, L. Wagener, & P. Benson (Eds.), *The handbook of spiritual development in childhood and adolescence* (pp. 224-238). Thousand Oaks, CA: Sage.

Warwick, L. (1995). Feminist Wicca: Paths to empowerment. *Women and Therapy*, *16*(2/3), 121-133.

Wenger Jindra, I. (2004). *Konversion und Stufentransformation: Ein kompliziertes Verhältnis*. Münster, Germany: Waxmann.

Wilson, E. O. (1998). *Consilience: The unity of knowledge*. New York: Alfred A. Knopf.

Wimmer, H., & Perner, J. (1983). Beliefs about beliefs: Representation and constraining function of wrong beliefs in young children's understanding of deception. *Cognition*, *13*, 103-128.

Wink, P. D. M. (2002). Spiritual development across the adult life course: Findings from a longitudinal study. *Journal of Adult Development*, *9*(1), 79-94.

Wittkowski, J. (1990). *Psychologie des Todes*. Darmstadt, Germany: Wissenschaftliche Buchgesellschaft.

Woolever, C., & Bruce, D. (2004). *Beyond the ordinary: 10 strengths of U.S. congregations*. Louisville, KY: Westminster/John Knox Press.

Woolley, J. (2000). The development of beliefs about direct mentalphysical causality on imagination, magic, and religion. In K. S. Rosengren, C. N. Johnson, & P. L. Harris (Eds.), *Imagining the impossible: Magical, scientific, and religious thinking in children* (pp. 99-129). Cambridge, England: Cambridge University Press.

Wulff, D. M. (1991). *Psychology of religion: Classic and contemporary views*. New York: Wiley.

Wulff, D. M. (1993). On the origins and goals of religious development. *The International Journal for the Psychology of Religion*, *3*(3), 181-186.

Wunderle, G. (1932). *Glaube und Glaubenszweifel moderner Jugend: Das ja und nein katholischer Schüler und Schülerinnen zur Glaubensdarbietung*. Düsseldorf, Germany: Pädagogischer Verlag.

Youniss, J., McLellan, J. A., Su, Y., & Yates, M. (1999). Religion, community service, and identity in American youth. *Journal of Adolescence*, *22*, 243-253.

Yust, K. -M. (2003, June). *Challenges of faith formation in children's ministries*. Paper presented at the Children's Spirituality Conference, Christian Perspectives, Chicago, IL.

Zeligs, D. F. (1974). *Psychoanalysis and the Bible: A study in depth of seven leaders*. New York: Bloch Publishing.

Zenklusen, B. (2003). *Witwen — Erlebter Verlust durch den Tod und religiöses Urteil: Eine Untersuchung über den Zusammenhang zwischen den religiösen Stufen und dem erlebten Verlust des Ehepartners durch den Tod*. Unpublished master's thesis. University of Freiburg, Educational Department, Freiburg, Switzerland.

Zinnbauer, B. J., Pargament, K., Reye, B., Butter, M., Blavich, E., Hipp, T., et al. (1997). Religiousness and spirituality: Unfuzzing the fuzzy. *Journal for the Scientific Study of Religion*, *36*(4), 549-564.

Zondag, H. J., & Belzen, J. A. (1999). Between reduction of uncertainty and reflection: The range and dynamics of religious judgment. *International Journal for the Psychology of Religion*, *9*, 63-81.

Zulehner, P., Hager, I., & Polak, R. (2001). *Kehrt die Religion wieder: Religion im Leben der Menschen 1970-2000*. Ostfildern: Schwabenverlag.

主题索引①

① 主题索引中各名词后的页码,均为英文原版的页码,也就是中文版的边码。——编辑注

图书在版编目(CIP)数据

儿童心理学手册:第6版.第1卷,人类发展的理论模型/(美)戴蒙,(美)勒纳主编;林崇德等译.—上海:华东师范大学出版社,2015.1

ISBN 978-7-5675-3002-7

Ⅰ.①儿… Ⅱ.①戴…②勒…③林… Ⅲ.①儿童心理学—手册 Ⅳ.①B844.1-62

中国版本图书馆CIP数据核字(2015)第018851号

本书由上海文化发展基金会图书出版专项基金资助出版。

儿童心理学手册(第六版)
第一卷 人类发展的理论模型

英文版总主编 WILLIAM DAMON RICHARD M. LERNER
英文版本卷主编 RICHARD M. LERNER
中文版总主持 林崇德 李其维 董 奇
责任编辑 彭呈军
文字编辑 刘荣飞 李艳璐 王 晴 刘 涛
责任校对 乔惠文
装帧设计 卢晓红

出版发行 华东师范大学出版社
社 址 上海市中山北路3663号 邮编 200062
电话总机 021-60821666 行政传真 021-62572105
客服电话 021-62865537(兼传真)
门市(邮购)电话 021-62869887
门市地址 上海市中山北路3663号华东师范大学校内先锋路口
网 址 www.ecnupress.com.cn

印 刷 者 苏州工业园区美柯乐制版印务有限责任公司
开 本 787×1092 16开
印 张 75.5
字 数 1926千字
版 次 2015年3月第二版
印 次 2024年9月第十次
书 号 ISBN 978-7-5675-3002-7/B·907
定 价 180.00元

出 版 人 王 焰

(如发现本版图书有印订质量问题,请寄回本社客服中心调换或电话021-62865537联系)